W. SCHMIDT · DER RECHNER

Der Rechner

von Walter Schmidt

Tafeln zum Ablesen fertiger Resultate
aus Rechnungsarten
mit ganzen Zahlen und Brüchen

Technischer Verlag Herbert Cram, Berlin W 35
1955

EIN VORWORT
muß nicht langweilig sein

Mit Lust und Laune wollen wir gemeinsam den Zahlenwald durchstreifen und Stämme wie Zweige seines Bereiches betrachten, ja, uns sogar seine manchmal seltsamen Blüten anschauen, als zünftige Zahlenbotaniker. Seine Dynamik rauscht in den Wipfeln, seine Statik ruht in den Stämmen. Wohl uns, daß wir die Zahl kennen, um die Umwelt zu ermessen. Ja, Maß der Dinge ist die Zahl. Und das Instrument zur Handhabung der wendigen, schlüpfenden, geheimnisvollen Zahl sei uns die sinnvolle Tabelle, die sie in strenger Ordnung hält. Durch ständigen Umgang mit ihr vollendet sich die Übung, neue und interessante Wege und Möglichkeiten eröffnen sich. Wir gewöhnen uns immer mehr an sie und werden schließlich von ihr unzertrennlich. Je mehr wir uns mit ihr beschäftigen, desto mehr neue und interessante Eigenschaften entdecken wir an ihr. Nicht mit mühsamer Errechnung dringen wir zur Erkenntnis des gesuchten Zahlenwertes vor, sondern durch Ablesen fertiger Summen oder Zwischensummen stellen wir das Resultat her.

Es gibt wohl wenig Menschen, denen Rechenarbeit Vergnügen bereitet. Erleichterung dieser nötigen und sich täglich wiederholenden Mühsal ist um so willkommener, als sie nicht nur Zeit, Mühe und Nerven spart, sondern auch Fehler vermeiden hilft.

Die Technik gibt das Beispiel

Die hochentwickelte Technik unserer Zeit kommt nicht mehr mit der Genauigkeit aus, die vor 100 Jahren noch genügte. Sie rechnet nicht mehr mit Millimetern, sondern mit Hundertsteln davon. Ja, für die Wissenschaft ist selbst diese Feinheit zu grob. Sie rechnet bei Strahlenforschungen mit Millionstel-Millimetern. Wenn ein solcher Maßstab unserm Begriffsvermögen auch völlig entschwindet, so erkennt, beherrscht und vergleicht ihn der Wissenschaftler durch Einschaltung geeigneter Instrumente. Das Hundertstel-Millimeter ist jedoch bereits unserm Tastgefühl und damit der sinnlichen Wahrnehmung unmittelbar zugänglich. Genau so ist es mit der geldlichen Erfassung von Ware oder Leistung. Der Zielstrebung nach dem richtigen Preis und dem richtigen Lohn ist der Wertbegriff des Pfennigs bereits zu grob. Sie rechnet mit Zehntel-, Sechstel-, Viertel-Pfennigen, -Stunden usw. Und in der Tat weiß jeder Lohnbuchhalter, daß die Zeit- und Stücklöhne sowie die prozentualen Aufschläge und Abzüge sich in ganzen Pfennigen nicht immer darstellen lassen, sondern, je für sich aufgerundet, zu abweichenden Endsummen führen und Meinungsverschiedenheiten mit den Empfängern der Lohntüte hervorrufen. Um die nötige Genauigkeit hierbei wie bei vielen anderen Erfordernissen des täglichen Lebens erzielen zu können, sind in den Tafeln die Resultate der Zahlen in Bruchteilen bis zu drei Dezimalstellen festgelegt.

Wie funktionieren die Tabellen?

Die erste und letzte Längsspalte zeigen die Zahlen von 1 bis 100. Mit diesen sind die im Tabellenkopf verzeichneten Zahlen multipliziert, und zwar in Spalte 2 die Tabellenziffer, in Spalte 3 die Tabellenziffer + 10% und so fort. Dieses System wirkt sich praktisch wie folgt aus: Angenommen, wir rechnen mit Tabelle 113. In Spalte 2 sind die Ergebnisse der Multiplikationen, von 113 mit 1 bis 100 abzulesen, in Spalte 3 desgleichen mit $1^{1}/_{10}$ bis $100^{1}/_{10}$ oder mit 1,1 bis 100,1 oder, unter Weglassung des Kommas, mit 11 bis 1001. Die anderen Spalten sind ebenso geordnet, z. B. Spalte 15: 113 multipliziert mit $1^{5}/_{6}$ bis $100^{5}/_{6}$ oder 1,833... bis 100,833... oder 1833... bis 100833...
Mengen oder Summen einschließlich prozentualer Zuschläge werden wie folgt abgelesen: 100 (Menge) + 10% (Zuschlag) = zusammen 110, mithin 1 Stunde einschl. 10% Zuschlag zu 113 Pf ist gleich $1^{1}/_{10} \times 113 = 1$ DM $24^{3}/_{10}$ Pf (s. Spalte 3, Zeile 1)
Krumme Prozentzuschläge können auch abgelesen werden, z. B. 113 Pf Stundenlohn und 19% Zuschlag = 100 + 19 = 119 (wie $11^{9}/_{10}$), Komma eine Stelle nach links vorrücken = 1 DM 34,47 Pf abgerundet 1,34½ DM (s. Spalte 11, Zeile 11).
Der Weg zu weiteren Kombinationsmöglichkeiten ist damit angedeutet. Es ist ein reizvoller Denksport, selbst neue zu entdecken.

Ablesen von Zuschlag- oder Gewinnprozenten, gleich fertig mit der Grundzahl addiert

Z.B. Grundzahl 100:

		Spalte	Zeile	
$100 + {}^{1}/_{10}\,\% = 100^{1}/_{10}$,	abzulesen Spalte	3,	Zeile 100	
$100 + {}^{2}/_{10}\,\% = 100^{2}/_{10}$		4	100,	usw. ${}^{3\text{-}9}/_{10}$, Spalte 5 — 11
$100 + {}^{1}/_{6}\,\% = 100^{1}/_{6}$		12	100	
$100 + {}^{1}/_{3}\,\% = 100^{1}/_{3}$		13	100	
$100 + {}^{2}/_{3}\,\% = 100^{2}/_{3}$		14	100	
$100 + {}^{5}/_{6}\,\% = 100^{5}/_{6}$		15	100	
$100 + {}^{1}/_{4}\,\% = 100^{1}/_{4}$		16	100	
$100 + {}^{3}/_{4}\,\% = 100^{3}/_{4}$		17	100	
100 + 1 % = 101		3	10	
100 + 2 % = 102		4	10	usw. 3—9, Spalte 5 — 11
100 + 10 % = 110		2	11	
100 + 11 % = 111		3	11	
100 + 12 % = 112,	abzulesen Spalte	4,	Zeile 11,	usw. 13—19, Spalte 5—11
100 + 20 % = 120,		2	12	
100 + 21 % = 121		3	12,	usw. 13—19, Spalte 4—11
100 + 101 % = 201		3	20,	usw. 102–109, Spalte 4—11
100 + 110 % = 210		2	21	
100 + 111 % = 211		3	21,	
100 + 211 % = 311		3	31	
100 + 311 % = 411		3	41,	usw. usw.

Die fertigen Ergebnisse für die anderen Zahlen stehen immer in der gleichen Spalte und Zeile, wie oben angegeben, in der entsprechenden Tabelle (z.B. 96 in Tabelle 96, für 137 in Tabelle 137 usw.).

Multiplizieren der Tabellenzahl mit Multiplikatoren von 101 bis 1009 sowie mit irrationalen Zahlen

Die Brüche im Tabellenkopf lassen sich unmittelbar an die Multiplikatorenspalte 1 anschließen und ergeben mit dieser zusammen neue Multiplikatoren eines höheren Wertes, daß heißt, verständlicher ausgedrückt:
Ich finde in Spalte 1, Zeile 10, den Multiplikator 10. In Spalte 3 der gleichen Zeile finde ich die Multiplikation mit $10^{1}/_{10}$, also mit 10,1. Lasse ich nun das Komma einfach weg, so habe ich den Multiplikator 101. Die Summe 101 × Tabellenzahl steht in Spalte 3, Zeile 10, ich brauche nur das Komma wegzulassen. Oder ich will z. B. mit 237 multiplizierren. Diesen Multiplikator finde ich als $23^{7}/_{10}$ in Zeile 23, Spalte 9 (${}^{7}/_{10}$), das ist 23,7 oder, unter Weglassung des Kommas, der gesuchte Multiplikator 237. Ebenso lassen sich alle anderen Zahlen behandeln, z.B.:

$37^{1}/_{10}$	= 37,1	= 371,	Zeile 37,	Spalte 3
$37^{2}/_{3}$	= 37,666...	= 37666...,	Zeile 37,	Spalte 14
$96^{7}/_{10}$	= 96,7	= 967	Zeile 96,	Spalte 9
$96^{5}/_{6}$	= 96,833...	= 96833...,	Zeile 96,	Spalte 15

Berechnungsbeispiel

$87\frac{3}{4}$ Std. zu $92\frac{5}{6}$ Pf
Abzulesen aus Tabelle 87 und 75, Spalte 17, Zeile 92

$$87 \times 92\tfrac{5}{6} = 8076{,}5 \text{ Pf}$$
$$0{,}75 \times 92\tfrac{5}{6} = 69{,}625 \text{ Pf}$$
$$8146{,}125 \text{ Pf} = 81 \text{ DM } 46\tfrac{1}{8} \text{ Pf}$$

Berechnung ohne Tabelle:

```
87 × 92 Pf
─────────
  174
 783
─────────
 8004   Pf                              8004

87 × 5/6 = 87 × 5 = 435 : 6 = 72,5      72,5 (4/8)
                    42
                    ──
                     15
                     12
                     ──
                      30

3/4 × 92 = 3 × 92 = 276 : 4 = 69        69
                    24
                    ──
                    36

3/4 × 5/6 = 3 × 5  = 15 = 5
            ─────    ──   ─
            4 × 6    24   8              5/8
                                     ─────────
                                      8146 1/8
             = 81 DM 46 1/8 Pf
```

Beide Lösungen ohne Tabelle erfordern zeitraubende und umständliche Berechnungen und bergen zweifellos Fehlerquellen.

oder

$$87\tfrac{3}{4} = 87 \times 4 = 348 + 3 = \frac{351}{4}$$

$$92\tfrac{5}{6} = 92 \times 6 = 552 + 5 = \frac{557}{6}$$

$$= \frac{351 \times 557}{4 \times 6} = \frac{195507}{24} = 8146{,}125$$

Zwischenrechnungen hierzu:

```
351 × 557
─────────
     2457
    1755
   1755
─────────
   195507 : 24 = 8146,125
   192
   ───
     35
     24
     ───
     110
      96
     ───
      147
      144
      ───
        30
        24
        ──
         60
         48
         ──
         120
```

$= 81$ DM $46\frac{1}{8}$ Pf

Ablesebeispiele

Aus Tafel 113:

			Spalte	Zeile
95	× 113 =	10735	2,	95
981	× 113 =	110853	3	98
898	× 113 =	101474	10	89
96833...	× 113 =	10942166...	15	96
8775	× 113 =	991575	17	87
$76\frac{7}{10}$	× 113 =	$8667\frac{1}{10}$	9	76
$94\frac{1}{3}$	× 113 =	$10659\frac{2}{3}$	13	94
$88\frac{5}{6}$	× 113 =	$10038\frac{1}{6}$	15	88
$93\frac{3}{4}$	× 113 =	$10593\frac{3}{4}$	17	93

Es ist möglich, Überstunden, Warenpreise u. dgl. mit dem dazugezählten Prozentzuschlag, Gewinn usw. sofort in einer Summe abzulesen:

Bei einer Lohnstunde von 113 Pf

			Spalte	Zeile
1 Überstunde einschl. 1% Zuschlag =	114,13	Pf.	3,	10
2%	115,26	Pf,	4,	10
3%	116,39	Pf,	5,	10
4 bis 9%, Spalte 6 bis 11, Zeile 10				
$\frac{1}{10}$%	113,113	Pf,	3,	100
$\frac{1}{10}$%	113,226	Pf,	4,	100

3/10 bis 9/10 %, Spalte 5 bis 11, Zeile 100
1/6, 1/3, 2/3, 5/6, 1/4, 3/4 %, Spalte 12 bis 17, Zeile 100

		Betrag	Spalte	Zeile
10%	Zuschlag =	124,3 Pf,	Spalte 3,	Zeile 1
11%		125,4 Pf,	3,	11
12%		126,6 Pf,	4,	11

13 bis 19%, Spalte 5 bis 11, Zeile 11

		Betrag	Spalte	Zeile
20%	Zuschlag =	135,6 Pf,	Spalte 4,	Zeile 1
30%		146,9 Rpf.,	5,	1

40 bis 90%, Spalte 6 bis 11, Zeile 1

		Betrag	Spalte	Zeile
16 2/3%	Zuschlag =	131,8 Pf,	Spalte 12,	Zeile 1
33 1/3%	=	150,7 Pf,	13,	1
66 2/3%	=	188,3 Pf,	14,	1
83 1/3%	=	207,2 Pf.	15,	1
25%	=	141,3 Pf,	16,	1
75%	=	197,8 Pf,	17,	1
100%	=	226 Pf,	2,	2

Die Zuschläge von mehr als 100% lassen sich genau ebenso ablesen, nur ist statt der Zeile 1 dann Zeile 2 oder statt Zeile 11 nun Zeile 21 zu lesen. Bei Zuschlägen von 200% ab liest man statt Zeile 1 dann Zeile 3 oder statt Zeile 11 jetzt Zeile 31.

1 kg	zu 113 Pf	einschl. 110 %	Zuschlag =	237,3 Pf,	Spalte 3,	Zeile 2
1	113 Pf	112 %		239,56 Pf,	4,	21
1 m	113 Pf	333 1/3%		489,7 Pf,	13,	4

Oder, nochmals kurz und anders gesagt, will ich einen Betrag einschl. 110% Zuschlag ablesen, so stelle ich mir die Aufgabe wie folgt:

Betrag = 100 % + Zuschlag = 110 %, zusammen 210 %. Ich kann nun den Betrag einfach mit 210 multiplizieren und zwei Stellen von rechts das Komma einsetzen. Das Resultat finde ich in Spalte 3, Zeile 2.

Von Zahlen und vom Zählen

Die Zahl ist das Mittel zur Erfassung des Meßbaren. Durch die Zahl ergriff der Mensch sinnvollen Besitz von seiner Umwelt. Die Zahl ist nicht naturgegeben, sondern ein Produkt des menschlichen Geistes, von ihm frei erfunden und weiterentwickelt. Und doch zeigt dieses Kind des Menschengeistes ein unheimliches Eigenleben und weist Eigenschaften auf, die seines Erzeugers spotten. Ja, sie verwehren ihm heute noch das Eindringen in ihre letzten Geheimnisse. Aber erst die Zahl erweckte die Begriffe von Maß, Menge und Art und verhalf dem Menschen dazu, die Dinge zu beherrschen. Die Erforschung und Beherrschung der Naturkräfte ist ohne die Zahl undenkbar, ebenso die Himmelskunde, Erdmessung, Statistik, Wirtschaftslehre, das Versicherungs- und Bankwesen.

Die Kunst des fortgesetzten Zählens in der einfachen Zahlengeraden von Eins an, das sich bei genügendem Zeitaufwand unendlich fortsetzen ließe, ist nicht alt, obwohl sie jetzt sehr einfach erscheint. Abgesehen davon, daß es heute noch primitive Völker gibt, deren Zahlenreihe nur bis „Drei" reicht und danach sogleich der unbestimmte Begriff „Viele" folgt, ganz gleich, ob es sich um Vier oder Tausend handelt, hatten auch die hochkultivierten Griechen der Antike andere Begriffe vom Zählen als wir. Die Eins erschien ihnen z. B. keineswegs als Zahl. Ihr Zahl- und Zählbegriff begann mit der Zwei, und die Null war ihnen nicht bekannt. Die Erfindung der Null glückte dem indischen Geiste. Hier wurde mit großer Kühnheit ein Symbol für die Darstellung des Nichts geschaffen und die Möglichkeit zum Aufbau unseres dekadischen Zahlensystems gegeben, in dem die Null bekanntlich, ohne selbst einen Zahlwert zu besitzen, den Stellenwert der vor ihr stehenden Zahl um das Zehnfache erhöht (1, 10, 100 usw.). Die periodisch sich erneuernde Zahlenreihe von 1 bis 9 genügt durch Einschiebung der Null zur Darstellung aller möglichen Zahlwerte, während sonst für jede Zahl und Wertsteigerung ein besonderes bildliches und wörtliches Symbol nötig wäre und das Weiterzählen über eine gewisse Menge hinaus dem menschlichen Gedächtnis unmöglich würde.

Das Skelett der Zahl

Neben dem Zahlwert (1, 2, 3 usw.) besitzt jede Zahl noch den Stellenwert, der von dem Platz abhängt, den sie in der Gesamtzahl findet. In der Gesamtzahl 123456789 haben die Einzelzahlen folgende Stellenwerte:

1 Hundertmillioner
2 Zehnmillioner
3 Millioner
4 Hunderttausender
5 Zehntausender
6 Tausender
7 Hunderter
8 Zehner
9 Einer

Dieses Beispiel klärt völlig den ebenso einfachen wie genialen Aufbau unseres Zahlensystems, das mit neun Zahlensymbolen und einer Null in beliebig wandelbarer Zusammensetzung die Darstellung jedes möglichen Zahlenwertes erlaubt.

1 2 3 4 5 6 7 8 9
einhundertdreiundzwanzigmillionenvierhundertsechsundfünfzigtausendsiebenhundertneunundachtzig

Die Brüche

Sehr bald erschien die Wertdarstellung durch ganze Zahlen dem gliedernden und zergliedernden menschlichen Verstande zu grob. Er suchte für feinere Begriffe nach neuen Maßstäben und zerteilte die Zahlen genau so, wie er ein Stück Holz mit Beil und Messer zerkleinern konnte. Damit war der Bruch gefunden, der einen Teil von einer ganzen Zahl darstellt und die Lücken zwischen den einzelnen Zahlen größtenteils ausfüllt:

1 2 3
$^1/_{10}$ $^2/_{10}$ $^3/_{10}$ $^4/_{10}$ $^5/_{10}$ $^6/_{10}$ $^7/_{10}$ $^8/_{10}$ $^9/_{10}$ $2\,^1/_6$ $^2/_6$ $^3/_6$ $^4/_6$ $^5/_6$ $3\,^1/_5$ $^2/_5$ $^3/_5$ $^4/_5$
4 5 6
$4\,^1/_4$ $^2/_4$ $^3/_4$ $5\,^1/_3$ $^2/_3$ $6\,^1/_2$

$^1/_3$ heißt: teile Eins durch Drei. Es ist also der dritte Teil von Eins. $^{13}/_{68}$ sind der achtundsechzigste Teil von 13. Jeder derartige Bruch läßt sich durch Multiplikation in eine ganze Zahl zurückverwandeln. $3 \times \frac{1}{3} = 1$; $68 \times {}^{13}/_{68} = 13$. Alle Brüche, bei denen der Zähler ($^1/$) kleiner ist als der Nenner ($/_3$), stellen einen Wert von weniger als Eins dar und heißen echte Brüche. Ist der Zähler größer als der Nenner, z. B. $^4/_3$, so haben wir es mit einem unechten Bruch zu tun, dessen Wert im vorliegenden Falle $1\,^1/_3$ ist. Ohne Änderung des Bruchwertes kann man Nenner und Zähler vervielfachen $\left(\text{z. B. } \frac{3}{7} = \frac{12}{28}\right)$ oder kürzen $\left(\text{z. B. } \frac{3}{9} = \frac{1}{3}\right)$

Jeder Bruch hat einen reziproken Bruch, der durch Umkehrung seines Nenners und Zählers entsteht $\left(\text{z. B. } \frac{3}{4}\ \frac{4}{3}\right)$ und mit dem multipliziert jeder Bruch das Resultat 1 ergibt $\left(\frac{3}{4} \times \frac{4}{3} = \frac{12}{12} = 1\right)$

Der Konflikt der Unendlichkeiten

Man kann die einfache Zahlengerade durch bloßes Weiterzählen bei genügendem Zeitaufwand unendlich fortsetzen. Es ergeben sich dann Zahlenungeheuer, wie sie uns manchmal aus astronomischen Entfernungsberechnungen bekannt werden, und die uns mit ehrfürchtigem Erschauern erfüllen; z. B.:

1 Eins
10 Zehn
100 Hundert
1 000 Tausend
1 000 000 Million
1 000 000 000 Milliarde
1 000 000 000 000 Billion
1 000 000 000 000 000 000 Trillion
1 000 000 000 000 000 000 000 000 Quadrillon
1 000 000 000 000 000 000 000 000 000 000 Quintillion

und die weiteren Potenzen der Million (Sextillion, die sechste, Septillion, die siebente usw.), jedesmal um sechs Nullen vergrößert. Gewiß erscheint uns diese Unendlichkeit sehr weit gespannt und unseren Wertbegriffen ähnlich entrückt wie das Heer der Fixsterne, das nachts vom Firmament herabstrahlt, unserm Distanzbegriff entrückt ist.

Der Abstand von 0 zu 1 oder von 1 zu 2 hingegen ist uns begrifflich wohlbekannt und an vielen Beispielen von Wert, Maß und Menge sofort darstellbar. Und doch birgt dieser kleingespannte Begriff neue Unendlichkeiten in sich. Die Nenner und Zähler der echten Brüche lassen sich nämlich beliebig vergrößern, den Bruch damit verfeinernd. $^8/_9$ ist nicht weit vom Ganzen entfernt, $^{99998}/_{99999}$ steht ihm aber viel näher. Da theoretisch keine Grenzen für die Vergrößerung des Nenners sowohl als auch des Zählers bestehen, haben wir hier gleich zwei neue Unendlichkeiten räumlich kleinerer Ordnung, die aber hinsichtlich der Zahlenreihe jede für sich keineswegs kleiner sind. Die dritte Unendlichkeit zwischen 1 und 2 bilden dann die so unendlich zusammengesetzten echten Brüche selber. Wir werden aber noch erkennen, daß dies keineswegs die letzte der Unendlichkeiten zwischen 1 und 2, also gleichsam zwischen Lipp' und Kelchesrand ist.

Sollten wir uns jetzt nicht, verzweifelnd an unseren Mitteln zur Erkenntnis, zurufen: „Wanderer, steh!"? Zum Glück haben wir in unserer räumlich begrenzten Umwelt nicht fortgesetzt mit Unendlichkeiten zu rechnen, und so finden wir uns mit unseren nach allen Richtungen ins Unendliche strebenden Zahlen ganz gut ab. Aber geheimnisvoll und ein bißchen schaurig bleibt die Sache doch, wie die vom Menschengeist geschaffene Zahl ihrem Schöpfer entwächst. Ein wenig gleichen wir darin dem Zauberlehrling. Man sollte nun meinen, daß die unendliche Verfeinerung der echten Brüche den Raum zwischen den ganzen Zahlen völlig ausfüllen müßte. Ähnlich, wie Meter, Zentimeter und Millimeter die Strecken zwischen den Kilometersteinen einer Eisenbahnlinie ausfüllen. Aber weit gefehlt: zwischen die eng zusammengedrängten echten Brüche schieben sich die phantastischen Wunder neuer Unendlichkeiten ein. Wir nennen sie

Die geheimnisvollen Dezimalbrüche

Während beim echten Bruch ein unausgeführter Rechnungsbefehl vorliegt ($^1/_3$, d. h. „Teile Eins durch Drei"), ist beim Dezimalbruch dieser Rechnungsbefehl ausgeführt, er zeigt uns das Resultat ($1 : 3 = 0{,}333...$). Nun lassen sich die aus echten Brüchen entstandenen Dezimalbrüche selbstverständlich durch Multiplikation mit ihrem Nenner ohne weiteres in ganze Zahlen zurückverwandeln $^1/_{10} = 0{,}1 \times 10 = 1$, $^3/_{10} = 0{,}3 \times 10 = 3$). Die Zehntel-Dezimalbrüche sind hübsche, glatte und abgeschlossene Zahlen, ihre Rückwandlung geschieht ganz einfach durch Verschiebung des Kommas um eine Stelle nach links. Merkwürdig wird aber die Sache bereits bei der Umwandlung des echten Bruchs $^1/_3$ in einen Dezimalbruch, also 0,333... Hier erscheint plötzlich eine unendliche Reihe von Dreien nach dem Komma. Dieser Teil eines Ganzen findet kein Ende, er kommt nicht zur Ruhe, ebenso wie die Stücke eines auseinandergeschnittenen Aales noch fortleben und sich bewegen. Der Dezimalbruch von $^1/_7$ sieht so aus: $0,\overline{142857}$, die nach der Null verzeichneten Zahlen wiederholen sich in gleicher Folge unendlich. Wir haben es, soweit sich Zahlen oder Zahlengruppen wiederholen, mit periodischen unendlichen Dezimalbrüchen zu tun. Schon die alten Griechen, unter denen ja bekanntlich ausgezeichnete Mathematiker waren, kannten solche nicht zu Ende kommenden Zahlen. Infolge ihrer gleitenden, nicht genau festzulegenden Gestaltung erschienen sie ihnen sinnwidrig, so daß sie ihnen den Namen „Irrationale" gaben (ratio = Vernunft, irrational also: der Vernunft widersprechend). Dieser Name haftet solchen Zahlen heute noch an. Immerhin lassen sich die bisher genannten unendlichen Dezimalbrüche durch Multiplikation ohne weiteres in ganze Zahlen zurückverwandeln: $3 \times 0,333\ldots = 1$; $7 \times 0,\overline{142857} = 1$. Aber geheimnisvoll bleibt die Sache doch. „Eins" ist ein unverrückbar feststehender Begriff. Teile von ihm verhalten sich teils ebenso, teils aber ganz anders. $^1/_2 = 0,5$, $^1/_4 = 0,25$, $^1/_5 = 0,2$, $^1/_8 = 0,125$ stehen fest, $^1/_3 = 0,333\ldots$, $^1/_6 = 0,166\ldots$, $^1/_7 = 0,\overline{142857}$, $^1/_9 = 0,111\ldots$ entgleiten uns in die Unendlichkeit, stehen aber sofort wieder fest, wenn wir sie mit dem Nenner ihres echten Bruches multiplizieren, indem sie dann alle „Eins" ergeben. Es sind Zahlen eines ganz anderen Charakters, dem Zahl und Zählbegriff, der doch gerade der Maßstab für die genaue Festlegung der Dinge ist, entgegengesetzt. Gleichsam die Kometen am Fixsternhimmel unseres Zahlensystems. Sie sind kaum als Zahl, sondern nur als Richtung zu einer Zahl hin anzusprechen. Man könnte sie wegen ihrer fortlaufenden Bewegung „dynamisch" nennen und die normalen, feststehenden Zahlen „statisch". Noch geheimnisvoller, um nicht zu sagen unheimlicher, sind die

Zahlen aus der vierten Dimension

Die Dezimalbrüche, von denen jetzt die Rede ist, lassen sich durch keine Rechenoperation, weder durch Addieren, Subtrahieren, Multiplizieren, Dividieren, Potenzieren, Radizieren oder sonstwie in ganze Zahlen verwandeln. Sie haben anscheinend überhaupt keine verwandtschaftlichen Beziehungen zu den Zahlen, bilden eine besondere Rasse, ja, noch mehr, sie scheinen Wesen einer anderen Welt zu sein. Deshalb nennt sie der Fachmann „imaginär" (nur in der Einbildung vorhanden). Diese Übersetzung ist aber nicht genau, denn die Zahlen, die wir jetzt betrachten, sind außerordentlich wichtig, wirksam, beweiskräftig; ohne sie müßte das stolze Gebäude unserer Mathematik wegen Einsturzgefahr geschlossen werden. Sie sind bestimmt auch in unendlicher Anzahl vorhanden, aber es sind bis jetzt nicht sehr viele davon entdeckt. Sie halten sich, wie es Gespenstern zukommt, verborgen und sind schwer zu packen. Gleichwohl sind als imaginär die wichtigsten mathematischen Zahlbegriffe erkannt, entlarvt und festgenagelt. Es sind dies die Zahlen

$$\pi = 3,14159\ldots$$
$$e = 2,71828\ldots$$
$$i = ?$$

π ist uns allen von der Schule her wohlbekannt. Es ist die Kreiszahl, der Schlüssel zur Berechnung des Kreises nach Umfang und Fläche. Also eine Zahl, mit der täglich tausendfach gerechnet wird, ohne die viele Aufgaben der Technik gar nicht zu lösen wären, und doch ein Gespenst, mit keiner der natürlichen (ganzen) Zahlen verwandt. Schon die Ägypter kannten zur Kreisberechnung Werte, die der Zahl π sehr nahe kamen. Genau berechnet hat die Größe Ludolf von Ceulen (1540—1610), daher wird sie auch Ludolfsche Zahl genannt. Näherungswerte der Zahl π sind $\frac{22}{7}$ und $\frac{355}{113}$

e

leugnet gleichfalls alle Verwandtschaft mit den ganzen Zahlen und ist doch mit allen verschwägert! Dies erscheint unglaublich, und doch ist dem so. Sie ist aus folgender Reihe entstanden:

$$1 \times \frac{1}{2} \times \frac{1}{1\times 2} \times \frac{1}{1\times 2\times 3} \times \frac{1}{1\times 2\times 3\times 4} \times \frac{1}{1\times 2\times 3\times 4\times 5}$$ und so unendlich weiter.

Man sollte meinen, es müßte eine schrecklich große Zahl dabei herauskommen, es ist aber nicht so schlimm, denn das Ergebnis lautet: 2,71828...

Diese Zahl, ein Eckpfeiler im stolzen Bau der mathematischen Wissenschaft, ist gleichfalls ein Gespenst. Gefunden hat sie der große Mathematiker Euler (1707 bis 1783).

i

ist die dritte dieser vertrackten Zahlen und das Zeichen für $\sqrt{-1}$. Mit ihr ist es aber noch viel schlimmer. Denn diese Zahl, nämlich das Resultat des vorstehenden Rechenbefehls, hat noch kein Menschenauge erblickt. Sie läßt sich auch mit aller Schläue nicht ausrechnen. Das liegt an dem eigenartigen Verhalten der negativen Zahlen bei Rechenoperationen. Trotzdem rechnen Technik und Wissenschaft täglich mit der geheimnisvollen Zahl i. Man kann mit ihr Quadratwurzeln aus gewissen negativen Zahlen ziehen, die sich sonst nicht berechnen lassen. Sie ist als imaginär erkannt, aber gesehen hat sie noch keiner. Ein echtes Gespenst!

Vom gähnenden Nichts

Im menschlichen Vorstellungskreis spielt das Nichts eine unheimliche Rolle. Von leisem Grauen ist jeder Versuch begleitet, sich das Nichts gedanklich vorzustellen, sei es als das Jenseits vom All oder vielleicht als das Land der Ungeborenen. Unsere Gedankenkraft versagt, selbst bei vorhandenem Willen, vor dieser Vorstellung. Um so mehr ist die Kühnheit des indischen Geistes zu bewundern, der es wagte, für dieses Undenkbare, Unwägbare ein Symbol, nämlich die Null, zu formen. Und siehe da, so ordentlich etikettiert, wird das Nichts als Null von unseren Gedanken leicht gepackt und bearbeitet. Ohne eigenen Zahlenwert erhöht die Null den Wert jeder Zahl, hinter die sie sich stellt, um das Zehnfache oder vermindert ihn um den gleichen Betrag, wenn sie sich vor eine Zahl stellt. Sie kann auch gar nicht anders, denn wo das Nichts ist, muß das Etwas weichen, so können sich beide nicht vermischen. Darum schiebt die Null jede andere Zahl von sich; eine Stelle nach links, ihren Wert damit erhöhend, oder nach rechts und dadurch wertmindernd. Die Null kann mit keiner anderen Zahl addiert oder davon subtrahiert werden. Alle derartigen Versuche lassen die Zahl unverändert. Jedes Kind lernt in der frühesten Schulzeit schon auswendig: Eins und Eins ist Zwei, Eins und Null ist Eins. Zwei weniger Eins ist Eins, Zwei weniger Null ist Zwei.

Ganz unheimlich wird die Sache aber bei der Multiplikation. Hierbei vernichtet die Null sofort jede andere Zahl. Sie tötet sie, verschlingt sie, verdaut sie. Jede andere Zahl, und möge sie noch so groß und so vielseitig sein, ist nach der Multiplikation mit Null verschwunden, eskamotiert. $0 \times 1 = 0$, $0 \times 428 = 0$, $0 \times 346738862 = 0$.

Das erscheint dir seltsam, Freund? Erinnere dich an deine Schulzeit und multipliziere mit mir:

336 × 110		Wir fingen an:
0	0 × 336	0 × 336 = 0
336	1 × 336	Ja, ja, es stimmt schon.
336	1 × 336	
36960		

Ungebärdige Zahlen

Eine ganz besondere Sorte von Zahlen sind die unteilbaren. Sie widersetzen sich jedem Versuch der Zerstückelung durch Division und halten unserm geistigen Angriff, sie mit Klugheit oder List restlos in gleiche Teile zu zerlegen, eisern stand. Rochers de bronze der Zahl. Wie kommt das nur? Wir können doch sogar ein Stück Eisen in gleiche Teile ohne Rest zerlegen! Warum nicht eine bestimmte Sorte von Zahlen? Ja, es ist geheimnisvoll, aber es geht wirklich nicht. Die unteilbaren Zahlen, genannt Primzahlen, trotzen unserer Weisheit und unseren Künsten. Sie fügen sich auch keinem Gesetz. Es ist bisher nicht gelungen, ein periodisches System oder irgendeine Reihenfolge zu entdecken, nach der man sie in der fortlaufenden Zahlengeraden erkennen könnte. Nein, in völlig regelloser Folge, bald ziemlich dicht aufeinanderfolgend, bald weit auseinanderstehend, tauchen sie auf. Mit der zunehmenden Zahlengröße folgen sie zwar seltener, setzen sich aber in der unendlichen Zahlenreihe selbst unendlich fort, dadurch wieder eine Unendlichkeit besonderer Art bildend. Die Primzahlen sind alle ungerade, bis auf eine, und das ist die Zwei (2), die von den meisten nicht für eine Primzahl gehalten wird. Sehr große Primzahlen sind schwer zu erkennen und schwierig zu berechnen, denn nur die Berechnung gibt den Beweis ihrer Identität. Die Zahlenreihe bis zu 100 Millionen enthält 5 761 460 Primzahlen. Sie widersetzen sich unserem Ordnungssinn, diese eigenwilligen, seltsamen Zahlen, es bleibt geheimnisvoll um sie.

Die Primzahlen

Wir multiplizieren

Jede Multiplikation ist eine fortgesetzte Addition, z. B.

$$4 \times 8 = 32 \qquad \begin{array}{r} 8 \\ 8 \\ 8 \\ 8 \\ \hline 32 \end{array}$$

Die umständliche Rechenoperation des Addierens wird vereinfacht durch die Zerlegung der Faktoren, z.B.

$$\begin{array}{rl} 32 \times 16 & \\ \hline 12 & (\ 6 \times\ \ 2) \\ 180 & (\ 6 \times 30) \\ 320 & (10 \times 32) \\ \hline 512 & \end{array}$$

Bei Ausführung der Multiplikation wird der Multiplikator (16) in Zehner (1) und Einer (6) zerlegt und dann mit dem gleichfalls zerlegten Multiplikandus (32) wie folgt multipliziert: Bei 6 × 2 = 12 werden nur die 2 (Einer) hingeschrieben; 6 × 30 wird unter Weglassung der Null als 6 × 3 = 18 multipliziert und die Zehner (8) mit dem noch unverrechneten Zehner (1) zu 19 addiert und vor die Einer (2) geschrieben. Es bleibt noch Zehner (1) mit 32 zu multiplizieren (10 × 32) = 320. Dieses Resultat wird unter Weglassung der Null, eine Stelle nach links vorgerückt, (Zehner unter Zehner) niedergeschrieben. Hierauf erfolgt die Addition der beiden Zwischensummen zur Endsumme:

$$\begin{array}{rl} 32 \times 16 & \\ \hline 192 & (6 \times 2 + 6 \times 3) \\ 32\ & (1 \times 32) \\ \hline 512 & \end{array}$$

Die mühsame Errechnung der Zwischensummen und Additionen brauchen wir bei Benutzung der Tafeln nicht auszuführen. Lediglich bei umfangreichen Multiplikationen sind Zwischensummen abzulesen und zu addieren.

Und dividieren

Die Division ist sozusagen die Kehrseite oder Umkehrung der Multiplikation ($4 \times 8 = 32$) ($32 : 4 = 8$). Sie kann sich demzufolge gar nicht anders darstellen als eine fortgesetzte Subtraktion:

$$\begin{array}{r} 32 \\ -\ 8 \\ \hline 24 \\ -\ 8 \\ \hline 16 \\ -\ 8 \\ \hline 8 \end{array}$$

Die Ausführung wird auch hier durch das Divisionsverfahren vereinfacht ($32 : 4 = 8$). Durch die schulmäßige Einprägung des Einmaleins wird die Rechnungsfindung erleichtert. Das erweiterte Einmaleins von 1 bis 1000 oder 10 000 kann kein Mensch auswendig lernen. Es liegt aber in unsern Tabellen fertig ausgerechnet und abgedruckt vor. Wir brauchen nur noch abzulesen.

Eine vergnügte Wurzelzieherei

gibt es bestimmt beim Zahnarzt nicht, ebensowenig beim Stubbenroden. Aber auch die Zahl hat eine Wurzel, die sich uns, von Rechenkünsten bezwungen, zeigt. Als Wurzel birgt sich der Teil einer Zahl, der, mit sich selbst multipliziert, als Ganzes sich enthüllt.

Also, kurz gesagt, 2 ist die Wurzel aus 4 ($\sqrt{4} = 2$), denn $2 \times 2 = 4$. Die Wurzel (2), mit sich selbst multipliziert, zeigt sich als Ganzes (4). Hier haben wir es mit der Quadratwurzel zu tun ($\sqrt[2]{\ }$). Es gibt aber auch tiefer dringende Wurzeln, z. B. die Kubikwurzel ($\sqrt[3]{\ }$), die, dreimal erscheinend, zweimal mit sich multipliziert, die ganze Zahl ergibt. Z.B. 3 ist die Kubikwurzel aus 27 ($\sqrt[3]{27} = 3$), denn $3 \times 3 \times 3 = 27$. Es gibt aber auch vierte, sechste Wurzeln usw., ja, theoretisch sind Wurzeln in unendlicher Gliederung denkbar. Errechnen kann sie aber dann niemand mehr.

Vergnüglich ist die Wurzelzieherei auch bei den Zahlen nur für den, der Spaß an Zahlenrätseln hat und gerne harte Nüsse knackt. Wer von Berufs wegen viel damit zu tun hat, bedient sich der Hilfe der Logarithmen, mittels derer er die Radizierung (Wurzelziehung) in eine Division verwandeln kann.

Die Radizierung (Wurzelausziehung) ist die umgekehrte Potenzierung. Genausogut, wie die Subtraktion die umgekehrte Addition und die Division die umgekehrte Multiplikation ist. Wir machen uns ihre Berechnung daher am besten an einer Zahl klar, die wir in die entsprechende Potenz heben. Dies geschieht nach der Formel, die wohl alle in der Schule früher gelernt und dann wieder vergessen haben:

$a^2+2ab+b^2$ ab
also beispielsweise bei 98

a^2 (die Quadratzahl von 90) (90×90) =	8100
$2ab$ ($2 \times 90 = 180 \times 8$)	1440
$b^2 = 8 \times 8$	64
	9604

Wenn wir jetzt in der umgekehrten Reihenfolge vorgehen, müssen wir aus 9604 die Quadratwurzel 98 errechnen können. Wir wollen es versuchen.

	$\sqrt[2]{96/04} = 98$	
	81	(a^2)
18 in	150	$(2a = 2 \times 9 = 18)$
	144	$(2ab)$
	64	(b^2)
	64	

Zunächst teilen wir die beiden letzten Stellen, die 2ab und b^2 enthalten, durch einen senkrechten Strich ab. Dadurch behalten wir 9 Tausender und 6 Hunderter übrig, die gemeinsam das Quadrat der Zehner bilden. Oder, einfacher ausgedrückt: Such die Wurzel aus 96. Du erkennst sie mit einem Blick als 9, denn $9 \times 9 = 81$. Schreib diese unter die 96. Es bleibt Rest 15. Um b herauszubekommen, mußt du $2a = 18$ in 150 (15 mit heruntergezogener 0) dividieren. Es geht 8mal (144). Bleibt Rest 6. Dazu 4 herunter = 64. $b^2 = 8 \times 8 = 64$. Die Rechnung geht auf.

Ein feiner Trick

Die Vielseitigkeit der Tabellen sei an einem kleinen Beispiel erläutert: Angenommen, wir hätten zu rechnen
978 786 × 187

und erkennen sogleich, daß wir

978 × 187 =	182 886	in Tab. 187,	Spalte 10,	Zeile 97	
786 × 187 =	146 982	187	8	78	finden.

Jetzt soll der Multiplikator aber auch sechsstellig sein: 187 196. Das bringt uns nicht aus der Fassung, wir schlagen Tabelle 196 auf und lesen ab:

978 × 196 =	191 688	in Tab. 196,	Spalte 10,	Zeile 97
786 × 196 =	154 056	196	8	78

978 786 × 187 196 = 183 224 824 056

Ein immerhin schon zwölfstelliges Resultat mit zwei Blicken und einer leichten Addition. Das Verfahren läßt sich, wie ersichtlich, mit beliebig hohen Zahlen, vorn und hinten angekoppelt fortsetzen.

Wir machen die Probe auf die Richtigkeit, indem wir das Resultat durch den Multiplikator dividieren, und ersehen daraus gleich, wie man laut Tabelle mit vielstelligen Divisoren umspringt.

183224824056 : 187196 = 978786	
182886	(187 × 978)
338824	
191688	(196 × 978), drei Stellen nach rechts
147136	
146982	(187 × 786)
154056	
154056	(196 × 786), drei Stellen nach rechts

$$\frac{1}{2}$$

Die Bruchrechnung

wird durch Umwandlung der echten Brüche in Dezimalbrüche zu einer normalen Multiplikation bzw. Division, Addition oder Subtraktion, z. B.:

$1/2 \times 1/4 = 0{,}5 \times 0{,}25 = 0{,}125$ $(1/8)$
$1/2 : 1/4 = 0{,}5 : 0{,}25 = 2$
$1/2 + 1/4 = 0{,}5 + 0{,}25 = 0{,}75$ $(3/4)$
$1/2 - 1/4 = 0{,}5 - 0{,}25 = 0{,}25$ $(1/4)$

Nachstehend bringen wir die Berechnung der echten Brüche mit den Nennern 1 bis 10 zu Dezimalbrüchen, zum Ablesen für den Bedarfsfall:

1/2 = 0,5	1/3 = 0,333...	1/4 = 0,25	1/5 = 0,2	1/6 = 0,166...
	2/3 = 0,666...	3/4 = 0,75	2/5 = 0,4	2/6 = 0,333...
			3/5 = 0,6	3/6 = 0,5
			4/5 = 0,8	4/6 = 0,666...
				5/6 = 0,833...

1/7 = $0,\overline{142857}$	1/8 = 0,125	1/9 = 0,111...
2/7 = 0,285714	2/8 = 0,25	2/9 = 0,222...
3/7 = 0,428571	3/8 = 0,375	3/9 = 0,333...
4/7 = 0,571428	4/8 = 0,5	4/9 = 0,444...
5/7 = 0,714285	5/8 = 0,625	5/9 = 0,555...
6/7 = 0,857142	6/8 = 0,75	6/9 = 0,666...
	7/8 = 0,875	7/9 = 0,777...
		8/9 = 0,888...

Die fertig ausgerechneten Bruchwerte für jede Zahl können aus den Tabellen abgelesen werden, und zwar stehen sie in jeder Tabelle an der gleichen Stelle, wie fogt:

1/10 bis 9/10, Spalte 3 bis 11, Tabellenkopf

1/5 4/5	4, 6, 8, 10		1/8 (0,125)	Spalte 7,	Zeile 12
1/6 5/6	12 bis 15		3/8 (0,375)	7	37
1/3, 2/3, 3/9, 6/9	13, 14		5/8 (0,625)	7	62
1/4, 3/4, 2/8, 6/8	16, 17		7/8 (0,875)	7	87
1/7 (0,143)	Spalte 5,	Zeile 14	1/9 (0,111)	3	11
2/7 (0,286)	8	28	2/9 (0,222)	4	22
3/7 (0,429)	11	42	4/9 (0,444)	6	44
4/7 (0,571)	3	57	5/9 (0,556)	8	55
5/7 (0,714)	6	71	7/9 (0,778)	10	77
6/7 (0,857)	9	85	8/9 (0,889)	11	88

Soll aus irgendeinem Grunde mit echten Brüchen gerechnet werden, so erinnern wir uns:

Multiplikation $\frac{1}{3} \times \frac{1}{4} = \frac{1 \times 1}{3 \times 4} = \frac{1}{12}$

Division $\frac{1}{3} : \frac{1}{4} = \frac{1 \times 4}{3 \times 1}$ $\frac{4}{3} = 1\frac{1}{3}$ (Divisorbruch umkehren)

Subtraktion $\frac{1}{3} - \frac{1}{4} = \frac{4}{12}$ gleichnamig machen, d. h. gemeinsamen Nenner
$- \frac{3}{12}$ suchen ($3 \times 4 = 12$)
$\frac{1}{12}$

Addition $\frac{1}{3} + \frac{1}{4} + \frac{1}{6} = \frac{4}{12}$ gemeinsamer Nenner $3 \times 4 = 12$, 6 geht auch in 12
$+ \frac{3}{12}$
$+ \frac{2}{12}$
$\frac{9}{12} = \frac{3}{4}$

Die verzwickte Prozentrechnung

Sie löst sich bei gutem Willen ganz einfach. Prozente sind Brüche mit dem Nenner 100, während der dazugehörige Zähler stets den Prozentsatz angibt, z. B.: 1/100 = 1 %, 2/100 = 2%, 15/100 = 15% usw.

1%	2%	3%	4%	5%
1/100	1/50	3/100	1/25	1/20
0,01	0,02	0,03	0,04	0,05
6%	10%	20%	25%	50%
3/50	1/10	1/5	¼	½
0,06	0,1	0,2	0,25	0,5

$^1/_2\,\%$	$2\frac{1}{2}\,\%$	$3\frac{1}{3}\,\%$	$4^1/_6\,\%$	$6^1/_4\,\%$
$^1/_{200}$	$^1/_{40}$	$^1/_{30}$	$^1/_{24}$	$^1/_{16}$
0,005	0,025	0,033...	0,042	0,063
$6^2/_3\,\%$	$8^1/_3\,\%$	$12^1/_2\,\%$	$16^2/_3$	$33^1/_3\,\%$
$^1/_{15}$	$^1/_{12}$	$^1/_8$	$^1/_6$	$^1/_3$
0,067	0,083	0,125	0,167	0,333...

Mit drei sich wiederholenden Größen kommen wir bei der Prozentrechnung aus:
a) Grundwert (das ist die Summe, von der Gewinn oder Verlust zu berechnen ist)
b) Prozentwert (das ist der Verlust oder Gewinn im ganzen)
c) Prozentsatz (Verlust oder Gewinn auf 100 Teile des Ganzen)

Suchen wir einmal den Prozentwert:

Wieviel sind 4% von 800 DM?

Gleichung: $\dfrac{\text{Prozentsatz} \times \text{Grundwert}}{\text{100 (Vergleichswert)}} = \dfrac{4 \times 800}{100} = 32\ \text{DM}$

Bei diesem Beispiel sind also 800 der Grundwert
32 der Prozentwert
4 der Prozentsatz

Nähere Erläuterungen sind nicht nötig.

Nun forschen wir einmal nach dem Grundwert.

Von welcher Summe sind 35 DM = 5%?

Gleichung: $\dfrac{\text{Prozentwert} \times 100}{\text{Prozentsatz}} = \dfrac{35 \times 100}{5} = 700\ \text{DM}$

Jetzt versuchen wir auch den versteckten Prozentsatz zu finden.

20 DM sind wieviel Prozent von 400 DM?

Gleichung: $\dfrac{\text{Prozentwert} \times 100}{\text{Grundwert}} = \dfrac{20 \times 100}{400} = 5\%$

Mit dem Endwert wollen wir uns auch noch ein wenig beschäftigen. Der Endwert stellt sich vor als der Betrag Einkauf + Gewinn oder
Einkauf — Verlust.

Er ist also nichts anderes als der um den Prozentwert vermehrte oder verminderte Grundwert.

Endwert 525 DM, Gewinn 5% = Einkaufspreis?
Gewinn?

Gleichung $\dfrac{100 \times \text{Endwert}}{100 + \text{Gewinn}} = \dfrac{100 \times 525}{105} =$ 500 DM Einkaufspreis, 25 RM Gewinn

Endwert 475 DM, Verlust 5% = Einkaufspreis?
Verlust?

Gleichung $\dfrac{100 \times \text{Endwert}}{100 - \text{Verlust}} = \dfrac{100 \times 475}{95} =$ 500 DM Einkaufspreis, 25 DM Verlust

Die ehrwürdige Potenz

ist sozusagen die Summe aus den multiplizierten Wurzeln. Sie stellt sich vor als Quadratzahl (2. Potenz), geschrieben 2^2, in Zahlen ausgedrückt: $2 \times 2 = 4$ (4 ist also die 2. Potenz von 2), oder als Kubikzahl (3. Potenz), geschrieben 2^3, in Zahlen: $2 \times 2 \times 2 = 8$ (8 ist die 3. Potenz von 2), oder als 4. Potenz: geschrieben 2^4, $2 \times 2 \times 2 \times 2 = 16$, $a^2 = (a \cdot a)$, $a^3 = (a \cdot a \cdot a)$, $a^4 = (a \cdot a \cdot a \cdot a)$ usw. Theoretisch kann man die Potenzen unendlich vermehren. Es entstehen jedoch bald Zahlen, die sich wegen ihrer Größe und Vielseitigkeit unserm Begriffsvermögen und unseren Rechenkünsten entziehen.

Der (kategorische) Imperativ

Den Imperativ nennt man eine Rechenoperation, welche in ihrer Durchführung die zu berechnende Zahl mit sämtlichen auf der Zahlengeraden vor ihr stehenden Zahlen multipliziert. Der Rechenbefehl dazu heißt: ! Also

2!	1 × 2	=	2
3!	1 × 2 × 3	=	6
4!	1 × 2 × 3 × 4	=	24
5!	1 × 2 × 3 × 4 × 5	=	120
6!	1 × 2 × 3 × 4 × 5 × 6	=	720
7!	1 × 2 × 3 × 4 × 5 × 6 × 7	=	5040
8!	1 × 2 × 3 × 4 × 5 × 6 × 7 × 8	=	40320
9!	1 × 2 × 3 × 4 × 5 × 6 × 7 × 8 × 9	=	362880

Man kommt auch hierbei rasch zu sehr hohen Zahlen.

Die Sicherheit der Zahlen- oder Buchstabenschlösser gegen Auffindung der ihre Öffnung bewirkenden Formel ist enorm.

Ein dreistelliges Schloß aus 3 Zahlenringen zu je 1 bis 0 ergibt 30! Möglichkeiten, also 1 × 2 × 3 × 4 bis 30.

Das Ergebnis ist eine Zahl, die alle Versuche, sie durch Probieren aufzufinden, hoffnungslos macht.

Die Hexer

Logarithmen sind ganz besondere Organe jeder Zahl. Sie besitzen die Kraft der Verzauberung. Sie können nämlich die Multiplikation in eine Addition verwandeln, ebenso wie die Division in eine Subtraktion, die Radizierung in eine Division und die Potenzierung in eine Multiplikation verzaubern. Daß sie dadurch bei schwierigen und umständlichen Rechenoperationen sehr arbeitserleichternd wirken, liegt auf der Hand. Das Arbeiten mit ihnen ist allerdings ziemlich umständlich, denn man muß mit sechs- bis neunstelligen, fast stets irrationalen Zahlen rechnen, zunächst den Numerus (die umzuwandelnde reelle Zahl) in den Logarithmen verwandeln und nach Abschluß der Rechenoperation rückwandeln. Man wird daher das Verfahren nicht bei normalen Multiplikationen und Divisionen anwenden (die lösen wir mit unseren Tabellen leichter), sondern lediglich Radizierungen und Potenzierungen damit bearbeiten.

log

Schon um 1600 rechnete Briggs die dekadischen Logarithmen aus, die sich auf der 10 aufbauen und mit denen in der Praxis noch heute hauptsächlich gearbeitet wird. Sie bestehen aus der Charakteristik, die vor dem Komma steht (10 = 1, 100 = 2, 1000 = 3, usw.), und der Mantisse, die, fünf- und achtstellig, nach dem Komma erscheint ($10^1 = 10$, $10^2 = 100$, $10^3 = 1000$). Die kleinen hochstehenden Zahlen (Potenzen) zeigen gleichzeitig die Zahl der Nullen an und ergeben, miteinander addiert, wieder die Zahl der Nullen des Resultats der Multiplikation (10 × 100 = 1000) = ($10^1 \times 10^2 = 10^3$) ($^{1+2} = {}^{3}$, $10^3 = 1000$).

Wer sich eingehender über die Arbeitsmöglichkeiten mit den Logarithmen zu unterrichten wünscht, sei auf die im Handel erhältlichen Logarithmentafeln und die umfangreiche Literatur hierüber hingewiesen.

Zahlenallotria

Können Zahlen Allotria treiben? Gewiß! So, wie auch ein geistiger Mensch manchmal von Herzen harmlosen Unfug treiben kann.

Lassen wir also mal die Zahlen sportlich aufmarschieren:

$$\begin{array}{rlrl} 3 \times 37 = 111 & & 33 \times 3367 = 111111 \\ 6 \times 37 = 222 & & 66 \times 3367 = 222222 \\ 9 \times 37 = 333 & & 99 \times 3367 = 333333 \\ 12 \times 37 = 444 & & 132 \times 3367 = 444444 \\ 15 \times 37 = 555 & & 165 \times 3367 = 555555 \\ 18 \times 37 = 666 & & 198 \times 3367 = 666666 \\ 21 \times 37 = 777 & & 231 \times 3367 = 777777 \\ 24 \times 37 = 888 & & 264 \times 3367 = 888888 \\ 27 \times 37 = 999 & & 297 \times 3367 = 999999 \end{array}$$

Jetzt ist der Ordner am linken Flügel. Der Mann am rechten Flügel nennt die Zahl der Gruppenfolge:

$$\begin{array}{rlrl} 33 \times 37 = 1221 & & 363 \times 3367 = 1222221 \\ 36 \times 37 = 1332 & & 396 \times 3367 = 1333332 \\ 39 \times 37 = 1443 & & 429 \times 3367 = 1444443 \\ 42 \times 37 = 1554 & & 462 \times 3367 = 1555554 \\ 45 \times 37 = 1665 & & 495 \times 3367 = 1666665 \\ 48 \times 37 = 1776 & & 528 \times 3367 = 1777776 \\ 51 \times 37 = 1887 & & 561 \times 3367 = 1888887 \\ 54 \times 37 = 1998 & & 594 \times 3367 = 1999998 \end{array}$$

Nun bitten wir die Zahlen um ein Tänzchen.

$^1/_7$ wird zur Tänzerin, wenn wir sie in den Dezimalbruch verwandeln. Die Tochter der bösen Sieben zeigt einen originellen Rhythmus, bleibt aber ebenso geheimnisvoll wie ihre Mutter, die Primzahl:

$$\left.\begin{array}{l} ^1/_7 = 0{,}142\,857\ldots \\ ^6/_7 = 0{,}857\,142\ldots \\ ^2/_7 = 0{,}285\,714\ldots \\ ^5/_7 = 0{,}714\,285\ldots \\ ^3/_7 = 0{,}428\,571\ldots \\ ^4/_7 = 0{,}571\,428\ldots \end{array}\right\} \text{Kreuzpolka}$$

$^1/_9$, der Sohn der wichtigen Quadratzahl der 3, nämlich 9, tritt als Steptänzer auf:

$$\begin{array}{l} ^1/_9 = 0{,}11111111\ldots \\ ^2/_9 = 0{,}22222222\ldots \\ ^3/_9 = 0{,}33333333\ldots \\ ^4/_9 = 0{,}44444444\ldots \\ ^5/_9 = 0{,}55555555\ldots \\ ^6/_9 = 0{,}66666666\ldots \\ ^7/_9 = 0{,}77777777\ldots \\ ^8/_9 = 0{,}88888888\ldots \end{array}$$

Aber beide haben den Veitstanz. Sie können nicht zur Ruhe kommen, sondern müssen weitertanzen bis in die Unendlichkeit. Eigentlich ein Stoff zu einem sehr lehrreichen und moralischen Märchen.

In der nächsten Abteilung sehen wir die Akrobatenfamilie Pyramidal, die Könige der Pyramidenbauer:

$$\begin{array}{lrr} 1 & \times 8 = & 8+1 = 9 \\ 12 & \times 8 = & 96+2 = 98 \\ 123 & \times 8 = & 984+3 = 987 \\ 1234 & \times 8 = & 9872+4 = 9876 \\ 12345 & \times 8 = & 98760+5 = 98765 \\ 123456 & \times 8 = & 987648+6 = 987654 \\ 1234567 & \times 8 = & 9876536+7 = 9876543 \\ 12345678 & \times 8 = & 98765424+8 = 98765432 \\ 123456789 & \times 8 = & 987654312+9 = 987654321 \end{array}$$

Die mittlere Pyramide will nicht gleich stehen. Aber der Schlußmann bringt sie sogleich in Ordnung.

Es gibt viele Zahlenscherze und -rätsel. Ihre ausführliche Behandlung läßt der Rahmen dieses Buches nicht zu. Es sollte nur angedeutet werden, daß die Zahl nicht ständig ein strenges Gesicht zeigt, bereit, selbst deine gute Laune durch exakte Messung einzugrenzen, sondern daß sie sich auch gern mit dir neckt.

1

		1/10 0,1	2/10 0,2	3/10 0,3	4/10 0,4	5/10 0,5	6/10 0,6	7/10 0,7	8/10 0,8	9/10 0,9	1/6 0,166	2/6 0,333	4/6 0,666	5/6 0,833	1/4 0,25	3/4 0,75	
1	1	1,1	1,2	1,3	1,4	1,5	1,6	1,7	1,8	1,9	1,2	1,3	1,7	1,8	1,3	1,8	1
2	2	2,1	2,2	2,3	2,4	2,5	2,6	2,7	2,8	2,9	2,2	2,3	2,7	2,8	2,3	2,8	2
3	3	3,1	3,2	3,3	3,4	3,5	3,6	3,7	3,8	3,9	3,2	3,3	3,7	3,8	3,3	3,8	3
4	4	4,1	4,2	4,3	4,4	4,5	4,6	4,7	4,8	4,9	4,2	4,3	4,7	4,8	4,3	4,8	4
5	5	5,1	5,2	5,3	5,4	5,5	5,6	5,7	5,8	5,9	5,2	5,3	5,7	5,8	5,3	5,8	5
6	6	6,1	6,2	6,3	6,4	6,5	6,6	6,7	6,8	6,9	6,2	6,3	6,7	6,8	6,3	6,8	6
7	7	7,1	7,2	7,3	7,4	7,5	7,6	7,7	7,8	7,9	7,2	7,3	7,7	7,8	7,3	7,8	7
8	8	8,1	8,2	8,3	8,4	8,5	8,6	8,7	8,8	8,9	8,2	8,3	8,7	8,8	8,3	8,8	8
9	9	9,1	9,2	9,3	9,4	9,5	9,6	9,7	9,8	9,9	9,2	9,3	9,7	9,8	9,3	9,8	9
10	10	10,1	10,2	10,3	10,4	10,5	10,6	10,7	10,8	10,9	10,2	10,3	10,7	10,8	10,3	10,8	10
11	11	11,1	11,2	11,3	11,4	11,5	11,6	11,7	11,8	11,9	11,2	11,3	11,7	11,8	11,3	11,8	11
12	12	12,1	12,2	12,3	12,4	12,5	12,6	12,7	12,8	12,9	12,2	12,3	12,7	12,8	12,3	12,8	12
13	13	13,1	13,2	13,3	13,4	13,5	13,6	13,7	13,8	13,9	13,2	13,3	13,7	13,8	13,3	13,8	13
14	14	14,1	14,2	14,3	14,4	14,5	14,6	14,7	14,8	14,9	14,2	14,3	14,7	14,8	14,3	14,8	14
15	15	15,1	15,2	15,3	15,4	15,5	15,6	15,7	15,8	15,9	15,2	15,3	15,7	15,8	15,3	15,8	15
16	16	16,1	16,2	16,3	16,4	16,5	16,6	16,7	16,8	16,9	16,2	16,3	16,7	16,8	16,3	16,8	16
17	17	17,1	17,2	17,3	17,4	17,5	17,6	17,7	17,8	17,9	17,2	17,3	17,7	17,8	17,3	17,8	17
18	18	18,1	18,2	18,3	18,4	18,5	18,6	18,7	18,8	18,9	18,2	18,3	18,7	18,8	18,3	18,8	18
19	19	19,1	19,2	19,3	19,4	19,5	19,6	19,7	19,8	19,9	19,2	19,3	19,7	19,8	19,3	19,8	19
20	20	20,1	20,2	20,3	20,4	20,5	20,6	20,7	20,8	20,9	20,2	20,3	20,7	20,8	20,3	20,8	20
21	21	21,1	21,2	21,3	21,4	21,5	21,6	21,7	21,8	21,9	21,2	21,3	21,7	21,8	21,3	21,8	21
22	22	22,1	22,2	22,3	22,4	22,5	22,6	22,7	22,8	22,9	22,2	22,3	22,7	22,8	22,3	22,8	22
23	23	23,1	23,2	23,3	23,4	23,5	23,6	23,7	23,8	23,9	23,2	23,3	23,7	23,8	23,3	23,8	23
24	24	24,1	24,2	24,3	24,4	24,5	24,6	24,7	24,8	24,9	24,2	24,3	24,7	24,8	24,3	24,8	24
25	25	25,1	25,2	25,3	25,4	25,5	25,6	25,7	25,8	25,9	25,2	25,3	25,7	25,8	25,3	25,8	25
26	26	26,1	26,2	26,3	26,4	26,5	26,6	26,7	26,8	26,9	26,2	26,3	26,7	26,8	26,3	26,8	26
27	27	27,1	27,2	27,3	27,4	27,5	27,6	27,7	27,8	27,9	27,2	27,3	27,7	27,8	27,3	27,8	27
28	28	28,1	28,2	28,3	28,4	28,5	28,6	28,7	28,8	28,9	28,2	28,3	28,7	28,8	28,3	28,8	28
29	29	29,1	29,2	29,3	29,4	29,5	29,6	29,7	29,8	29,9	29,2	29,3	29,7	29,8	29,3	29,8	29
30	30	30,1	30,2	30,3	30,4	30,5	30,6	30,7	30,8	30,9	30,2	30,3	30,7	30,8	30,3	30,8	30
31	31	31,1	31,2	31,3	31,4	31,5	31,6	31,7	31,8	31,9	31,2	31,3	31,7	31,8	31,3	31,8	31
32	32	32,1	32,2	32,3	32,4	32,5	32,6	32,7	32,8	32,9	32,2	32,3	32,7	32,8	32,3	32,8	32
33	33	33,1	33,2	33,3	33,4	33,5	33,6	33,7	33,8	33,9	33,2	33,3	33,7	33,8	33,3	33,8	33
34	34	34,1	34,2	34,3	34,4	34,5	34,6	34,7	34,8	34,9	34,2	34,3	34,7	34,8	34,3	34,8	34
35	35	35,1	35,2	35,3	35,4	35,5	35,6	35,7	35,8	35,9	35,2	35,3	35,7	35,8	35,3	35,8	35
36	36	36,1	36,2	36,3	36,4	36,5	36,6	36,7	36,8	36,9	36,2	36,3	36,7	36,8	36,3	36,8	36
37	37	37,1	37,2	37,3	37,4	37,5	37,6	37,7	37,8	37,9	37,2	37,3	37,7	37,8	37,3	37,8	37
38	38	38,1	38,2	38,3	38,4	38,5	38,6	38,7	38,8	38,9	38,2	38,3	38,7	38,8	38,3	38,8	38
39	39	39,1	39,2	39,3	39,4	39,5	39,6	39,7	39,8	39,9	39,2	39,3	39,7	39,8	39,3	39,8	39
40	40	40,1	40,2	40,3	40,4	40,5	40,6	40,7	40,8	40,9	40,2	40,3	40,7	40,8	40,3	40,8	40
41	41	41,1	41,2	41,3	41,4	41,5	41,6	41,7	41,8	41,9	41,2	41,3	41,7	41,8	41,3	41,8	41
42	42	42,1	42,2	42,3	42,4	42,5	42,6	42,7	42,8	42,9	42,2	42,3	42,7	42,8	42,3	42,8	42
43	43	43,1	43,2	43,3	43,4	43,5	43,6	43,7	43,8	43,9	43,2	43,3	43,7	43,8	43,3	43,8	43
44	44	44,1	44,2	44,3	44,4	44,5	44,6	44,7	44,8	44,9	44,2	44,3	44,7	44,8	44,3	44,8	44
45	45	45,1	45,2	45,3	45,4	45,5	45,6	45,7	45,8	45,9	45,2	45,3	45,7	45,8	45,3	45,8	45
46	46	46,1	46,2	46,3	46,4	46,5	46,6	46,7	46,8	46,9	46,2	46,3	46,7	46,8	46,3	46,8	46
47	47	47,1	47,2	47,3	47,4	47,5	47,6	47,7	47,8	47,9	47,2	47,3	47,7	47,8	47,3	47,8	47
48	48	48,1	48,2	48,3	48,4	48,5	48,6	48,7	48,8	48,9	48,2	48,3	48,7	48,8	48,3	48,8	48
49	49	49,1	49,2	49,3	49,4	49,5	49,6	49,7	49,8	49,9	49,2	49,3	49,7	49,8	49,3	49,8	49
50	50	50,1	50,2	50,3	50,4	50,5	50 6	50,7	50,8	50,9	50,2	50,3	50,7	50,8	50,3	50,8	50
51	51	51,1	51,2	51,3	51,4	51,5	51,6	51,7	51,8	51,9	51,2	51,3	51,7	51,8	51,3	51,8	51
52	52	52,1	52,2	52,3	52,4	52,5	52,6	52,7	52,8	52,9	52,2	52,3	52,7	52,8	52,3	52,8	52
53	53	53,1	53,2	53,3	53,4	53,5	53,6	53,7	53,8	53,9	53,2	53,3	53,7	53,8	53,3	53,8	53
54	54	54,1	54,2	54,3	54,4	54,5	54,6	54,7	54,8	54,9	54,2	54,3	54,7	54,8	54,3	54,8	54
55	55	55,1	55,2	55,3	55,4	55,5	55,6	55,7	55,8	55,9	55,2	55,3	55,7	55,8	55,3	55,8	55
56	56	56,1	56,2	56,3	56,4	56,5	56,6	56,7	56,8	56,9	56,2	56,3	56,7	56,8	56,3	56,8	56
57	57	57,1	57,2	57,3	57,4	57 5	57,6	57,7	57,8	57,9	57,2	57,3	57,7	57,8	57,3	57,8	57
58	58	58,1	58,2	58,3	58,4	58,5	58,6	58,7	58,8	58,9	58,2	58,3	58,7	58,8	58,3	58,8	58
59	59	59,1	59,2	59,3	59,4	59,5	59,6	59,7	59,8	59,9	59,2	59,3	59,7	59,8	59,3	59,8	59
60	60	60,1	60,2	60,3	60,4	60,5	60,6	60,7	60,8	60,9	60,2	60,3	60,7	60,8	60,3	60,8	60
61	61	61,1	61,2	61,3	61,4	61,5	61,6	61,7	61,8	61,9	61,2	61,3	61,7	61,8	61,3	61,8	61
62	62	62,1	62,2	62,3	62,4	62,5	62,6	62,7	62,8	62,9	62,2	62,3	62,7	62,8	62,3	62,8	62
63	63	63,1	63,2	63,3	63,4	63,5	63,6	63,7	63,8	63,9	63,2	63,3	63,7	63,8	63,3	63,8	63
64	64	64,1	64,2	64,3	64,4	64,5	64,6	64,7	64,8	64,9	64,2	64,3	64,7	64,8	64,3	64,8	64
65	65	63,1	65,2	65,3	65,4	65,5	65,6	65,7	65,8	65,9	65,2	65,3	65,7	65,8	65,3	65,8	65
66	66	66,1	66,2	66,3	66,4	66,5	66,6	66,7	66,8	66,9	66,2	66,3	66,7	66,8	66,3	66,8	66
67	67	67,1	67,2	67,3	67,4	67,5	67,6	67,7	67,8	67,9	67,2	67,3	67,7	67,8	67,3	67,8	67
68	68	68,1	68,2	68,3	68,4	68,5	68,6	68,7	68,8	68,9	68,2	68,3	68,7	68,8	68,3	68,8	68
69	69	69,1	69,2	69,3	69,4	69,5	69,6	69,7	69,8	69,9	69,2	69,3	69,7	69,8	69,3	69,8	69
70	70	70,1	70,2	70,3	70,4	70,5	70,6	70,7	70,8	70,9	70,2	70,3	70,7	70,8	70,3	70,8	70
71	71	71,1	71,2	71,3	71,4	71,5	71,6	71,7	71,8	71,9	71,2	71,3	71,7	71,8	71,3	71,8	71
72	72	72,1	72,2	72,3	72,4	72,5	72,6	72,7	72,8	72,9	72,2	72,3	72,7	72,8	72,3	72,8	72
73	73	73,1	73,2	73,3	73,4	73,5	73,6	73,7	73,8	73,9	73,2	73,3	73,7	73,8	73,3	73,8	73
74	74	74,1	74,2	74,3	74,4	74,5	74,6	74,7	74,8	74,9	74,2	74,3	74,7	74,8	74,3	74,8	74
75	75	75,1	75,2	75,3	75,4	75,5	75,6	75,7	75,8	75,9	75,2	75,3	75,7	75,8	75,3	75,8	75
76	76	76,1	76,2	76,3	76,4	76,5	76,6	76,7	76,8	76,9	76,2	76,3	76,7	76,8	76,3	76,8	76
77	77	77,1	77,2	77,3	77,4	77,5	77,6	77,7	77,8	77,9	77,2	77,3	77,7	77,8	77,3	77,8	77
78	78	78,1	78,2	78,3	78,4	78,5	78,6	78,7	78,8	78,9	78,2	78,3	78,7	78,8	78,3	78,8	78
79	79	79,1	79,2	79,3	79,4	79,5	79,6	79,7	79,8	79,9	79,2	79,3	79,7	79,8	79,3	79,8	79
80	80	80,1	80,2	80,3	80,4	80,5	80,6	80,7	80,8	80,9	80,2	80,3	80,7	80,8	80,3	80,8	80
81	81	81,1	81,2	81,3	81,4	81,5	81,6	81,7	81,8	81,9	81,2	81,3	81,7	81,8	81,3	81,8	81
82	82	82,1	82,2	82,3	82,4	82,5	82,6	82,7	82,8	82,9	82,2	82,3	82,7	82,8	82,3	82,8	82
83	83	83,1	83,2	83,3	83,4	83,5	83,6	83,7	83,8	83,9	83,2	83,3	83,7	83,8	83,3	83,8	83
84	84	84,1	84,2	84,3	84,4	84,5	84,6	84,7	84,8	84,9	84,2	84,3	84,7	84,8	84,3	84,8	84
85	85	85,1	85,2	85,3	85,4	85,5	85,6	85,7	85,8	85,9	85,2	85,3	85,7	85,8	85,3	85,8	85
86	86	86,1	86,2	86,3	86,4	86,5	86,6	86,7	86,8	86,9	86,2	86,3	86,7	86,8	86,3	86,8	86
87	87	87,1	87,2	87,3	87,4	87,5	87,6	87,7	87,8	87,9	87,2	87,3	87,7	87,8	87,3	87,8	87
88	88	88,1	88,2	88,3	88,4	88,5	88,6	88,7	88,8	88,9	88,2	88,3	88,7	88,8	88,3	88,8	88
89	89	89,1	89,2	89,3	89,4	89,5	89,6	89,7	89,8	89,9	89,2	89,3	89,7	89,8	89,3	89,8	89
90	90	90,1	90,2	90,3	90,4	90,5	90,6	90,7	90,8	90,9	90,2	90,3	90,7	90,8	90,3	90,8	90
91	91	91,1	91,2	91,3	91,4	91,5	91,6	91,7	91,8	91,9	91,2	91,3	91,7	91,8	91,3	91,8	91
92	92	92,1	92,2	92,3	92,4	92,5	92,6	92,7	92,8	92,9	92,2	92,3	92,7	92,8	92,3	92,8	92
93	93	93,1	93,2	93,3	93,4	93,5	93,6	93,7	93,8	93,9	93,2	93,3	93,7	93,8	93,3	93,8	93
94	94	94,1	94,2	94,3	94,4	94,5	94,6	94,7	94,8	94,9	94,2	94,3	94,7	94,8	94,3	94,8	94
95	95	95,1	95,2	95,3	95,4	95,5	95,6	95,7	95,8	95,9	95,2	95,3	95,7	95,8	95,3	95,8	95
96	96	96,1	96,2	96,3	96,4	96,5	96,6	96,7	96,8	96,9	96,2	96,3	96,7	96,8	96,3	96,8	96
97	97	97,1	97,2	97,3	97,4	97,5	97,6	97,7	97,8	97,9	97,2	97,3	97,7	97,8	97,3	97,8	97
98	98	98,1	98,2	98 3	98,4	98,5	98,6	98,7	98,8	98,9	98,2	98,3	98,7	98,8	98,3	98,8	98
99	99	99,1	99,2	99,3	99,4	99,5	99,6	99,7	99,8	99,9	99,2	99,3	99,7	99,8	99,3	99,8	99
100	100	100,1	100,2	100,3	100,4	100,5	100,6	100,7	100,8	100,9	100,2	100,3	100,7	100,8	100,3	100,8	100

2

		1/10 0,2	2/10 0,4	3/10 0,6	4/10 0,8	5/10 1,0	6/10 1,2	7/10 1,4	8/10 1,6	9/10 1,8	1/6 0,333	2/6 0,666	4/6 1,333	5/6 1,666	1/4 0,5	3/4 1,5	
1	2	2,2	2,4	2,6	2,8	3,0	3,2	3,4	3,6	3,8	2,3	2,7	3,3	3,7	2,5	3,5	1
2	4	4,2	4,4	4,6	4,8	5,0	5,2	5,4	5,6	5,8	4,3	4,7	5,3	5,7	4,5	5,5	2
3	6	6,2	6,4	6,6	6,8	7,0	7,2	7,4	7,6	7,8	6,3	6,7	7,3	7,7	6,5	7,5	3
4	8	8,2	8,4	8,6	8,8	9,0	9,2	9,4	9,6	9,8	8,3	8,7	9,3	9,7	8,5	9,5	4
5	10	10,2	10,4	10,6	10,8	11,0	11,2	11,4	11,6	11,8	10,3	10,7	11,3	11,7	10,5	11,5	5
6	12	12,2	12,4	12,6	12,8	13,0	13,2	13,4	13,6	13,8	12,3	12,7	13,3	13,7	12,5	13,5	6
7	14	14,2	14,4	14,6	14,8	15,0	15,2	15,4	15,6	15,8	14,3	14,7	15,3	15,7	14,5	15,5	7
8	16	16,2	16,4	16,6	16,8	17,0	17,2	17,4	17,6	17,8	16,3	16,7	17,3	17,7	16,5	17,5	8
9	18	18,2	18,4	18,6	18,8	19,0	19,2	19,4	19,6	19,8	18,3	18,7	19,3	19,7	18,5	19,5	9
10	20	20,2	20,4	20,6	20,8	21,0	21,2	21,4	21,6	21,8	20,3	20,7	21,3	21,7	20,5	21,5	10
11	22	22,2	22,4	22,6	22,8	23,0	23,2	23,4	23,6	23,8	22,3	22,7	23,3	23,7	22,5	23,5	11
12	24	24,2	24,4	24,6	24,8	25,0	25,2	25,4	25,6	25,8	24,3	24,7	25,3	25,7	24,5	25,5	12
13	26	26,2	26,4	26,6	26,8	27,0	27,2	27,4	27,6	27,8	26,3	26,7	27,3	27,7	26,5	27,5	13
14	28	28,2	28,4	28,6	28,8	29,0	29,2	29,4	29,6	29,8	28,3	28,7	29,3	29,7	28,5	29,5	14
15	30	30,2	30,4	30,6	30,8	31,0	31,2	31,4	31,6	31,8	30,3	30,7	31,3	31,7	30,5	31,5	15
16	32	32,2	32,4	32,6	32,8	33,0	33,2	33,4	33,6	33,8	32,3	32,7	33,3	33,7	32,5	33,5	16
17	34	34,2	34,4	34,6	34,8	35,0	35,2	35,4	35,6	35,8	34,3	34,7	35,3	35,7	34,5	35,5	17
18	36	36,2	36,4	36,6	36,8	37,0	37,2	37,4	37,6	37,8	36,3	36,7	37,3	37,7	36,5	37,5	18
19	38	38,2	38,4	38,6	38,8	39,0	39,2	39,4	39,6	39,8	38,3	38,7	39,3	39,7	38,5	39,5	19
20	40	40,2	40,4	40,6	40,8	41,0	41,2	41,4	41,6	41,8	40,3	40,7	41,3	41,7	40,5	41,5	20
21	42	42,2	42,4	42,6	42,8	43,0	43,2	43,4	43,6	43,8	42,3	42,7	43,3	43,7	42,5	43,5	21
22	44	44,2	44,4	44,6	44,8	45,0	45,2	45,4	45,6	45,8	44,3	44,7	45,3	45,7	44,5	45,5	22
23	46	46,2	46,4	46,6	46,8	47,0	47,2	47,4	47,6	47,8	46,3	46,7	47,3	47,7	46,5	47,5	23
24	48	48,2	48,4	48,6	48,8	49,0	49,2	49,4	49,6	49,8	48,3	48,7	49,3	49,7	48,5	49,5	24
25	50	50,2	50,4	50,6	50,8	51,0	51,2	51,4	51,6	51,8	50,3	50,7	51,3	51,7	50,5	51,5	25
26	52	52,2	52,4	52,6	52,8	53,0	53,2	53,4	53,6	53,8	52,3	52,7	53,3	53,7	52,5	53,5	26
27	54	54,2	54,4	54,6	54,8	55,0	55,2	55,4	55,6	55,8	54,3	54,7	55,3	55,7	54,5	55,5	27
28	56	56,2	56,4	56,6	56,8	57,0	57,2	57,4	57,6	57,8	56,3	56,7	57,3	57,7	56,5	57,5	28
29	58	58,2	58,4	58,6	58,8	59,0	59,2	59,4	59,6	59,8	58,3	58,7	59,3	59,7	58,5	59,5	29
30	60	60,2	60,4	60,6	60,8	61,0	61,2	61,4	61,6	61,8	60,3	60,7	61,3	61,7	60,5	61,5	30
31	62	62,2	62,4	62,6	62,8	63,0	63,2	63,4	63,6	63,8	62,3	62,7	63,3	63,7	62,5	63,5	31
32	64	64,2	64,4	64,6	64,8	65,0	65,2	65,4	65,6	65,8	64,3	64,7	65,3	65,7	64,5	65,5	32
33	66	66,2	66,4	66,6	66,8	67,0	67,2	67,4	67,6	67,8	66,3	66,7	67,3	67,7	66,5	67,5	33
34	68	68,2	68,4	68,6	68,8	69,0	69,2	69,4	69,6	69,8	68,3	68,7	69,3	69,7	68,5	69,5	34
35	70	70,2	70,4	70,6	70,8	71,0	71,2	71,4	71,6	71,8	70,3	70,7	71,3	71,7	70,5	71,5	35
36	72	72,2	72,4	72,6	72,8	73,0	73,2	73,4	73,6	73,8	72,3	72,7	73,3	73,7	72,5	73,5	36
37	74	74,2	74,4	74,6	74,8	75,0	75,2	75,4	75,6	75,8	74,3	74,7	75,3	75,7	74,5	75,5	37
38	76	76,2	76,4	76,6	76,8	77,0	77,2	77,4	77,6	77,8	76,3	76,7	77,3	77,7	76,5	77,5	38
39	78	78,2	78,4	78,6	78,8	79,0	79,2	79,4	79,6	79,8	78,3	78,7	79,3	79,7	78,5	79,5	39
40	80	80,2	80,4	80,6	80,8	81,0	81,2	81,4	81,6	81,8	80,3	80,7	81,3	81,7	80,5	81,5	40
41	82	82,2	82,4	82,6	82,8	83,0	83,2	83,4	83,6	83,8	82,3	82,7	83,3	83,7	82,5	83,5	41
42	84	84,2	84,4	84,6	84,8	85,0	85,2	85,4	85,6	85,8	84,3	84,7	85,3	85,7	84,5	85,5	42
43	86	86,2	86,4	86,6	86,8	87,0	87,2	87,4	87,6	87,8	86,3	86,7	87,3	87,7	86,5	87,5	43
44	88	88,2	88,4	88,6	88,8	89,0	89,2	89,4	89,6	89,8	88,3	88,7	89,3	89,7	88,5	89,5	44
45	90	90,2	90,4	90,6	90,8	91,0	91,2	91,4	91,6	91,8	90,3	90,7	91,3	91,7	90,5	91,5	45
46	92	92,2	92,4	92,6	92,8	93,0	93,2	93,4	93,6	93,8	92,3	92,7	93,3	93,7	92,5	93,5	46
47	94	94,2	94,4	94,6	94,8	95,0	95,2	95,4	95,6	95,8	94,3	94,7	95,3	95,7	94,5	95,5	47
48	96	96,2	96,4	96,6	96,8	97,0	97,2	97,4	97,6	97,8	96,3	96,7	97,3	97,7	96,5	97,5	48
49	98	98,2	98,4	98,6	98,8	99,0	99,2	99,4	99,6	99,8	98,3	98,7	99,3	99,7	98,5	99,5	49
50	100	100,2	100,4	100,6	100,8	101,0	101,2	101,4	101,6	101,8	100,3	100,7	101,3	101,7	100,5	101,5	50
51	102	102,2	102,4	102,6	102,8	103,0	103,2	103,4	103,6	103,8	102,3	102,7	103,3	103,7	102,5	103,5	51
52	104	104,2	104,4	104,6	104,8	105,0	105,2	105,4	105,6	105,8	104,3	104,7	105,3	105,7	104,5	105,5	52
53	106	106,2	106,4	106,6	106,8	107,0	107,2	107,4	107,6	107,8	106,3	106,7	107,3	107,7	106,5	107,5	53
54	108	108,2	108,4	108,6	108,8	109,0	109,2	109,4	109,6	109,8	108,3	108,7	109,3	109,7	108,5	109,5	54
55	110	110,2	110,4	110,6	110,8	111,0	111,2	111,4	111,6	111,8	110,3	110,7	111,3	111,7	110,5	111,5	55
56	112	112,2	112,4	112,6	112,8	113,0	113,2	113,4	113,6	113,8	112,3	112,7	113,3	113,7	112,5	113,5	56
57	114	114,2	114,4	114,6	114,8	115,0	115,2	115,4	115,6	115,8	114,3	114,7	115,3	115,7	114,5	115,5	57
58	116	116,2	116,4	116,6	116,8	117,0	117,2	117,4	117,6	117,8	116,3	116,7	117,3	117,7	116,5	117,5	58
59	118	118,2	118,4	118,6	118,8	119,0	119,2	119,4	119,6	119,8	118,3	118,7	119,3	119,7	118,5	119,5	59
60	120	120,2	120,4	120,6	120,8	121,0	121,2	121,4	121,6	121,8	120,3	120,7	121,3	121,7	120,5	121,5	60
61	122	122,2	122,4	122,6	122,8	123,0	123,2	123,4	123,6	123,8	122,3	122,7	123,3	123,7	122,5	123,5	61
62	124	124,2	124,4	124,6	124,8	125,0	125,2	125,4	125,6	125,8	124,3	124,7	125,3	125,7	124,5	125,5	62
63	126	126,2	126,4	126,6	126,8	127,0	127,2	127,4	127,6	127,8	126,3	126,7	127,3	127,7	126,5	127,5	63
64	128	128,2	128,4	128,6	128,8	129,0	129,2	129,4	129,6	129,8	128,3	128,7	129,3	129,7	128,5	129,5	64
65	130	130,2	130,4	130,6	130,8	131,0	131,2	131,4	131,6	131,8	130,3	130,7	131,3	131,7	130,5	131,5	65
66	132	132,2	132,4	132,6	132,8	133,0	133,2	133,4	133,6	133,8	132,3	132,7	133,3	133,7	132,5	133,5	66
67	134	134,2	134,4	134,6	134,8	135,0	135,2	135,4	135,6	135,8	134,3	134,7	135,3	135,7	134,5	135,5	67
68	136	136,2	136,4	136,6	136,8	137,0	137,2	137,4	137,6	137,8	136,3	136,7	137,3	137,7	136,5	137,5	68
69	138	138,2	138,4	138,6	138,8	139,0	139,2	139,4	139,6	139,8	138,3	138,7	139,3	139,7	138,5	139,5	69
70	140	140,2	140,4	140,6	140,8	141,0	141,2	141,4	141,6	141,8	140,3	140,7	141,3	141,7	140,5	141,5	70
71	142	142,2	142,4	142,6	142,8	143,0	143,2	143,4	143,6	143,8	142,3	142,7	143,3	143,7	142,5	143,5	71
72	144	144,2	144,4	144,6	144,8	145,0	145,2	145,4	145,6	145,8	144,3	144,7	145,3	145,7	144,5	145,5	72
73	146	146,2	146,4	146,6	146,8	147,0	147,2	147,4	147,6	147,8	146,3	146,7	147,3	147,7	146,5	147,5	73
74	148	148,2	148,4	148,6	148,8	149,0	149,2	149,4	149,6	149,8	148,3	148,7	149,3	149,7	148,5	149,5	74
75	150	150,2	150,4	150,6	150,8	151,0	151,2	151,4	151,6	151,8	150,3	150,7	151,3	151,7	150,5	151,5	75
76	152	152,2	152,4	152,6	152,8	153,0	153,2	153,4	153,6	153,8	152,3	152,7	153,3	153,7	152,5	153,5	76
77	154	154,2	154,4	154,6	154,8	155,0	155,2	155,4	155,6	155,8	154,3	154,7	155,3	155,7	154,5	155,5	77
78	156	156,2	156,4	156,6	156,8	157,0	157,2	157,4	157,6	157,8	156,3	156,7	157,3	157,7	156,5	157,5	78
79	158	158,2	158,4	158,6	158,8	159,0	159,2	159,4	159,6	159,8	158,3	158,7	159,3	159,7	158,5	159,5	79
80	160	160,2	160,4	160,6	160,8	161,0	161,2	161,4	161,6	161,8	160,3	160,7	161,3	161,7	160,5	161,5	80
81	162	162,2	162,4	162,6	162,8	163,0	163,2	163,4	163,6	163,8	162,3	162,7	163,3	163,7	162,5	163,5	81
82	164	164,2	164,4	164,6	164,8	165,0	165,2	165,4	165,6	165,8	164,3	164,7	165,3	165,7	164,5	165,5	82
83	166	166,2	166,4	166,6	166,8	167,0	167,2	167,4	167,6	167,8	166,3	166,7	167,3	167,7	166,5	167,5	83
84	168	168,2	168,4	168,6	168,8	169,0	169,2	169,4	169,6	169,8	168,3	168,7	169,3	169,7	168,5	169,5	84
85	170	170,2	170,4	170,6	170,8	171,0	171,2	171,4	171,6	171,8	170,3	170,7	171,3	171,7	170,5	171,5	85
86	172	172,2	172,4	172,6	172,8	173,0	173,2	173,4	173,6	173,8	172,3	172,7	173,3	173,7	172,5	173,5	86
87	174	174,2	174,4	174,6	174,8	175,0	175,2	175,4	175,6	175,8	174,3	174,7	175,3	175,7	174,5	175,5	87
88	176	176,2	176,4	176,6	176,8	177,0	177,2	177,4	177,6	177,8	176,3	176,7	177,3	177,7	176,5	177,5	88
89	178	178,2	178,4	178,6	178,8	179,0	179,2	179,4	179,6	179,8	178,3	178,7	179,3	179,7	178,5	179,5	89
90	180	180,2	180,4	180,6	180,8	181,0	181,2	181,4	181,6	181,8	180,3	180,7	181,3	181,7	180,5	181,5	90
91	182	182,2	182,4	182,6	182,8	183,0	183,2	183,4	183,6	183,8	182,3	182,7	183,3	183,7	182,5	183,5	91
92	184	184,2	184,4	184,6	184,8	185,0	185,2	185,4	185,6	185,8	184,3	184,7	185,3	185,7	184,5	185,5	92
93	186	186,2	186,4	186,6	186,8	187,0	187,2	187,4	187,6	187,8	186,3	186,7	187,3	187,7	186,5	187,5	93
94	188	188,2	188,4	188,6	188,8	189,0	189,2	189,4	189,6	189,8	188,3	188,7	189,3	189,7	188,5	189,5	94
95	190	190,2	190,4	190,6	190,8	191,0	191,2	191,4	191,6	191,8	190,3	190,7	191,3	191,7	190,5	191,5	95
96	192	192,2	192,4	192,6	192,8	193,0	193,2	193,4	193,6	193,8	192,3	192,7	193,3	193,7	192,5	193,5	96
97	194	194,2	194,4	194,6	194,8	195,0	195,2	195,4	195,6	195,8	194,3	194,7	195,3	195,7	194,5	195,5	97
98	196	196,2	196,4	196,6	196,8	197,0	197,2	197,4	197,6	197,8	196,3	196,7	197,3	197,7	196,5	197,5	98
99	198	198,2	198,4	198,6	198,8	199,0	199,2	199,4	199,6	199,8	198,3	198,7	199,3	199,7	198,5	199,5	99
100	200	200,2	200,4	200,6	200,8	201,0	201,2	201,4	201,6	201,8	200,3	200,7	201,3	201,7	200,5	201,5	100

		1/10 0,3	2/10 0,6	3/10 0,9	4/10 1,2	5/10 1,5	6/10 1,8	7/10 2,1	8/10 2,4	9/10 2.7	1/6 0,5	2/6 1,0	4/6 2,0	5/6 2,5	1/4 0,75	3/4 2,25	
1	3	3,3	3,6	3,9	4,2	4,5	4,8	5,1	5,4	5,7	3,5	4,0	5,0	5,5	3,8	5,3	1
2	6	6,3	6,6	6,9	7,2	7,5	7,8	8,1	8,4	8,7	6,5	7,0	8,0	8,5	6,8	8,3	2
3	9	9,3	9,6	9,9	10,2	10,5	10,8	11,1	11,4	11,7	9,5	10,0	11,0	11,5	9,8	11,3	3
4	12	12,3	12,6	12,9	13,2	13,5	13,8	14,1	14,4	14,7	12,5	13,0	14,0	14,5	12,8	14,3	4
5	15	15,3	15,6	15,9	16,2	16,5	16,8	17,1	17,4	17,7	15,5	16,0	17,0	17,5	15,8	17,3	5
6	18	18,3	18,6	18,9	19,2	19,5	19,8	20,1	20,4	20,7	18,5	19,0	20,0	20,5	18,8	20,3	6
7	21	21,3	21,6	21,9	22,2	22,5	22,8	23,1	23,4	23,7	21,5	22,0	23,0	23,5	21,8	23,3	7
8	24	24,3	24,6	24,9	25,2	25,5	25,8	26,1	26,4	26,7	24,5	25,0	26,0	26,5	24,8	26,3	8
9	27	27,3	27,6	27,9	28,2	28,5	28,8	29,1	29,4	29,7	27,5	28,0	29,0	29,5	27,8	29,3	9
10	30	30,3	30,6	30,9	31,2	31,5	31,8	32,1	32,4	32,7	30,5	31,0	32,0	32,5	30,8	32,3	10
11	33	33,3	33,6	33,9	34,2	34,5	34,8	35,1	35,4	35,7	33,5	34,0	35,0	35,5	33,8	35,3	11
12	36	36,3	36,6	36,9	37,2	37,5	37,8	38,1	38,4	38,7	36,5	37,0	38,0	38,5	36,8	38,3	12
13	39	39,3	39,6	39,9	40,2	40,5	40,8	41,1	41,4	41,7	39,5	40,0	41,0	41,5	39,8	41,3	13
14	42	42,3	42,6	42,9	43,2	43,5	43,8	44,1	44,4	44,7	42,5	43,0	44,0	44,5	42,8	44,3	14
15	45	45,3	45,6	45,9	46,2	46,5	46,8	47,1	47,4	47,7	45,5	46,0	47,0	47,5	45,8	47,3	15
16	48	48,3	48,6	48,9	49,2	49,5	49,8	50,1	50,4	50,7	48,5	49,0	50,0	50,5	48,8	50,3	16
17	51	51,3	51,6	51,9	52,2	52,5	52,8	53,1	53,4	53,7	51,5	52,0	53,0	53,5	51,8	53,3	17
18	54	54,3	54,6	54,9	55,2	55,5	55,8	56,1	56,4	56,7	54,5	55,0	56,0	56,5	54,8	56,3	18
19	57	57,3	57,6	57,9	58,2	58,5	58,8	59,1	59,4	59,7	57,5	58,0	59,0	59,5	57,8	59,3	19
20	60	60,3	60,6	60,9	61,2	61,5	61,8	62,1	62,4	62,7	60,5	61,0	62,0	62,5	60,8	62,3	20
21	63	63,3	63,6	63,9	64,2	64,5	64,8	65,1	65,4	65,7	63,5	64,0	65,0	65,5	63,8	65,3	21
22	66	66,3	66,6	66,9	67,2	67,5	67,8	68,1	68,4	68,7	66,5	67,0	68,0	68,5	66,8	68,3	22
23	69	69,3	69,6	69,9	70,2	70,5	70,8	71,1	71,4	71,7	69,5	70,0	71,0	71,5	69,8	71,3	23
24	72	72,3	72,6	72,9	73,2	73,5	73,8	74,1	74,4	74,7	72,5	73,0	74,0	74,5	72,8	74,3	24
25	75	75,3	75,6	75,9	76,2	76,5	76,8	77,1	77,4	77,7	75,5	76,0	77,0	77,5	75,8	77,3	25
26	78	78,3	78,6	78,9	79,2	79,5	79,8	80,1	80,4	80,7	78,5	79,0	80,0	80,5	78,8	80,3	26
27	81	81,3	81,6	81,9	82,2	82,5	82,8	83,1	83,4	83,7	81,5	82,0	83,0	83,5	81,8	83,3	27
28	84	84,3	84,6	84,9	85,2	85,5	85,8	86,1	86,4	86,7	84,5	85,0	86,0	86,5	84,8	86,3	28
29	87	87,3	87,6	87,9	88,2	88,5	88,8	89,1	89,4	89,7	87,5	88,0	89,0	89,5	87,8	89,3	29
30	90	90,3	90,6	90,9	91,2	91,5	91,8	92,1	92,4	92,7	90,5	91,0	92,0	92,5	90,8	92,3	30
31	93	93,3	93,6	93,9	94,2	94,5	94,8	95,1	95,4	95,7	93,5	94,0	95,0	95,5	93,8	95,3	31
32	96	96,3	96,6	96,9	97,2	97,5	97,8	98,1	98,4	98,7	96,5	97,0	98,0	98,5	96,8	98,3	32
33	99	99,3	99,6	99,9	100,2	100,5	100,8	101,1	101,4	101,7	99,5	100,0	101,0	101,5	99,8	101,3	33
34	102	102,3	102,6	102,9	103,2	103,5	103,8	104,1	104,4	104,7	102,5	103,0	104,0	104,5	102,8	104,3	34
35	105	105,3	105,6	105,9	106,2	106,5	106,8	107,1	107,4	107,7	105,5	106,0	107,0	107,5	105,8	107,3	35
36	108	108,3	108,6	108.9	109,2	109,5	109,8	110,1	110,4	110,7	108,5	109,0	110,0	110,5	108,8	110,3	36
37	111	111,3	111,6	111,9	112,2	112,5	112,8	113,1	113,4	113,7	111,5	112,0	113,0	113,5	111,8	113,3	37
38	114	114,3	114,6	114,9	115,2	115,5	115,8	116,1	116,4	116,7	114,5	115,0	116,0	116,5	114,8	116,3	38
39	117	117,3	117,6	117,9	118,2	118,5	118,8	119,1	119,4	119,7	117,5	118,0	119,0	119,5	117,8	119,3	39
40	120	120,3	120,6	120,9	121,2	121,5	121,8	122,1	122,4	122,7	120,5	121,0	122,0	122,5	120,8	122,3	40
41	123	123,3	123,6	123,9	124,2	124,5	124,8	125,1	125,4	125,7	123,5	124,0	125,0	125,5	123,8	125,3	41
42	126	126,3	126,6	126,9	127,2	127,5	127,8	128,1	128,4	128,7	126,5	127,0	128,0	128,5	126,8	128,3	42
43	129	129,3	129,6	129,9	130,2	130,5	130,8	131,1	131,4	131,7	129,5	130,0	131,0	131,5	129,8	131,3	43
44	132	132,3	132,6	132,9	133,2	133,5	133,8	134,1	134,4	134,7	132,5	133,0	134,0	134,5	132,8	134,3	44
45	135	135,3	135,6	135,9	136,2	136,5	136,8	137,1	137,4	137,7	135,5	136,0	137,0	137,5	135,8	137,3	45
46	138	138,3	138,6	138,9	139,2	139,5	139,8	140,1	140,4	140,7	138,5	139,0	140,0	140,5	138,8	140,3	46
47	141	141,3	141,6	141,9	142,2	142,5	142,8	143,1	143,4	143,7	141,5	142,0	143,0	143,5	141,8	143,3	47
48	144	144,3	144,6	144,9	145,2	145,5	145,8	146,1	146,4	146,7	144,5	145,0	146,0	146,5	144,8	146,3	48
49	147	147,3	147,6	147,9	148,2	148,5	148,8	149,1	149,4	149,7	147,5	148,0	149,0	149,5	147,8	149,3	49
50	150	150,3	150,6	150,9	151,2	151,5	151,8	152,1	152,4	152,7	150,5	151,0	152,0	152,5	150,8	152,3	50
51	153	153,3	153,6	153,9	154,2	154,5	154,8	155,1	155,4	155,7	153,5	154,0	155,0	155,5	153,8	155,3	51
52	156	156,3	156,6	156,9	157,2	157,5	157,8	158,1	158,4	158,7	156,5	157,0	158,0	158,5	156,8	158,3	52
53	159	159,3	159,6	159,9	160,2	160,5	160,8	161,1	161,4	161,7	159,5	160,0	161,0	161,5	159,8	161,3	53
54	162	162,3	162,6	162,9	163,2	163,5	163,8	164,1	164,4	164,7	162,5	163,0	164,0	164,5	162,8	164,3	54
55	165	165,3	165,6	165,9	166,2	166,5	166,8	167,1	167,4	167,7	165,5	166,0	167,0	167,5	165,8	167,3	55
56	168	168,3	168,6	168,9	169,2	169,5	169,8	170,1	170,4	170,7	168,5	169,0	170,0	170,5	168,8	170,3	56
57	171	171,3	171,6	171,9	172,2	172,5	172,8	173,1	173,4	173,7	171,5	172,0	173,0	173,5	171,8	173,3	57
58	174	174,3	174,6	174,9	175,2	175,5	175,8	176,1	176,4	176,7	174,5	175,0	176,0	176,5	174,8	176,3	58
59	177	177,3	177,6	177,9	178,2	178,5	178,8	179,1	179,4	179,7	177,5	178,0	179,0	179,5	177,8	179,3	59
60	180	180,3	180,6	180,9	181,2	181,5	181,8	182,1	182,4	182,7	180,5	181,0	182,0	182,5	180,8	182,3	60
61	183	183,3	183,6	183,9	184,2	184,5	184,8	185,1	185,4	185,7	183,5	184,0	185,0	185,5	183,8	185,3	61
62	186	186,3	186,6	186,9	187,2	187,5	187,8	188,1	188,4	188,7	186,5	187,0	188,0	188,5	186,8	188,3	62
63	189	189,3	189,6	189,9	190,2	190,5	190,8	191,1	191,4	191,7	189,5	190,0	191,0	191,5	189,8	191,3	63
64	192	192,3	192,6	192,9	193,2	193,5	193,8	194,1	194,4	194,7	192,5	193,0	194,0	194,5	192,8	194,3	64
65	195	195,3	195,6	195,9	196,2	196,5	196,8	197,1	197,4	197,7	195,5	196,0	197,0	197,5	195,8	197,3	65
66	198	198,3	198,6	198,9	199,2	199,5	199,8	200,1	200,4	200,7	198,5	199,0	200,0	200,5	198,8	200,3	66
67	201	201,3	201,6	201,9	202,2	202,5	202,8	203,1	203,4	203,7	201,5	202,0	203,0	203,5	201,8	203,3	67
68	204	204,3	204,6	204,9	205,2	205,5	205,8	206,1	206,4	206,7	204,5	205,0	206,0	206,5	204,8	206,3	68
69	207	207,3	207,6	207,9	208,2	208,5	208,8	209,1	209,4	209,7	207,5	208,0	209,0	209,5	207,8	209,3	69
70	210	210,3	210,6	210,9	211,2	211,5	211,8	212,1	212,4	212,7	210,5	211,0	212,0	212,5	210,8	212,3	70
71	213	213,3	213,6	213,9	214,2	214,5	214,8	215,1	215,4	215,7	213,5	214,0	215,0	215,5	213,8	215,3	71
72	216	216,3	216,6	216,9	217,2	217,5	217,8	218,1	218,4	218,7	216,5	217,0	218,0	218,5	216,8	218,3	72
73	219	219,3	219,6	219,9	220,2	220,5	220,8	221,1	221,4	221,7	219,5	220,0	221,0	221,5	219,8	221,3	73
74	222	222,3	222,6	222,9	223,2	223,5	223,8	224,1	224,4	224,7	222,5	223,0	224,0	224,5	222,8	224,3	74
75	225	225,3	225,6	225,9	226,2	226,5	226,8	227,1	227,4	227,7	225,5	226,0	227,0	227,5	225,8	227,3	75
76	228	228,3	228,6	228,9	229,2	229,5	229,8	230,1	230,4	230,7	228,5	229,0	230,0	230,5	228,8	230,3	76
77	231	231,3	231,6	231,9	232,2	232,5	232,8	233,1	233,4	233,7	231,5	232,0	233,0	233,5	231,8	233,3	77
78	234	234,3	234,6	234,9	235,2	235,5	235,8	236,1	236,4	236,7	234,5	235,0	236,0	236,5	234,8	236,3	78
79	237	237,3	237,6	237,9	238,2	238,5	238,8	239,1	239,4	239,7	237,5	238,0	239,0	239,5	237,8	239,3	79
80	240	240,3	240,6	240,9	241,2	241,5	241,8	242,1	242,4	242,7	240,5	241,0	242,0	242,5	240,8	242,3	80
81	243	243,3	243,6	243,9	244,2	244,5	244,8	245,1	245,4	245,7	243,5	244,0	245,0	245,5	243,8	245,3	81
82	246	246,3	246,6	246,9	247,2	247,5	247,8	248,1	248,4	248,7	246,5	247,0	248,0	248,5	246,8	248,3	82
83	249	249,3	249,6	249,9	250,2	250,5	250,8	251,1	251,4	251,7	249,5	250,0	251,0	251,5	249,8	251,3	83
84	252	252,3	252,6	252,9	253,2	253,5	253,8	254,1	254,4	254,7	252,5	253,0	254,0	254,5	252,8	254,3	84
85	255	255,3	255,6	255,9	256,2	256,5	256,8	257,1	257,4	257,7	255,5	256,0	257,0	257,5	255,8	257,3	85
86	258	258,3	258,6	258,9	259,2	259,5	259,8	260,1	260,4	260,7	258,5	259,0	260,0	260,5	258,8	260,3	86
87	261	261,3	261,6	261,9	262,2	262,5	262,8	263,1	263,4	263,7	261,5	262,0	263,0	263,5	261,8	263,3	87
88	264	264,3	264,6	264,9	265,2	265,5	265,8	266,1	266,4	266,7	264,5	265,0	266,0	266,5	264,8	266,3	88
89	267	267,3	267,6	267,9	268,2	268,5	268,8	269,1	269,4	269,7	267,5	268,0	269,0	269,5	267,8	269,3	89
90	270	270,3	270,6	270,9	271,2	271,5	271,8	272,1	272,4	272,7	270,5	271,0	272,0	272,5	270,8	272,3	90
91	273	273,3	273,6	273,9	274,2	274,5	274,8	275,1	275,4	275,7	273,5	274,0	275,0	275,5	273,8	275,3	91
92	276	276,3	276,6	276,9	277,2	277,5	277,8	278,1	278,4	278,7	276,5	277,0	278,0	278,5	276,8	278,3	92
93	279	279,3	279,6	279,9	280,2	280,5	280,8	281,1	281,4	281,7	279,5	280,0	281,0	281,5	279,8	281,3	93
94	282	282,3	282,6	282,9	283,2	283,5	283,8	284,1	284,4	284,7	282,5	283,0	284,0	284,5	282,8	284,3	94
95	285	285,3	285,6	285,9	286,2	286,5	286,8	287,1	287,4	287,7	285,5	286,0	287,0	287,5	285,8	287,3	95
96	288	288,3	288,6	288,9	289,2	289,5	289,8	290,1	290,4	290,7	288,5	289,0	290,0	290,5	288,8	290,3	96
97	291	291,3	291,6	291,9	292,2	292,5	292,8	293,1	293,4	293,7	291,5	292,0	293,0	293,5	291,8	293,3	97
98	294	294,3	294,6	294,9	295,2	295,5	295,8	296,1	296,4	296,7	294,5	295,0	296,0	296,5	294,8	296,3	98
99	297	297,3	297,6	297,9	298,2	298,5	298,8	299,1	299,4	299,7	297,5	298,0	299,0	299,5	297,8	299,3	99
100	300	300,3	300,6	300,9	301,2	300 5	301,8	302,1	302,4	302,7	300,5	301,0	302,0	302,5	300,8	302,3	100

4

		1/10 0,4	2/10 0,8	3/10 1,2	4/10 1,6	5/10 2,0	6/10 2,4	7/10 2,8	8/10 3,2	9/10 3,6	1/6 0,666	2/6 1,333	4/6 2,666	5/6 3,333	1/4 1,0	3/4 3,0	
1	4	4,4	4,8	5,2	5,6	6,0	6,4	6,8	7,2	7,6	4,7	5,3	6,7	7,3	5,0	7,0	1
2	8	8,4	8,8	9,2	9,6	10,0	10,4	10,8	11,2	11,6	8,7	9,3	10,7	11,3	9,0	11,0	2
3	12	12,4	12,8	13,2	13,6	14,0	14,4	14,8	15,2	15,6	12,7	13,3	14,7	15,3	13,0	15,0	3
4	16	16,4	16,8	17,2	17,6	18,0	18,4	18,8	19,2	19,6	16,7	17,3	18,7	19,3	17,0	19,0	4
5	20	20,4	20,8	21,2	21,6	22,0	22,4	22,8	23,2	23,6	20,7	21,3	22,7	23,3	21,0	23,0	5
6	24	24,4	24,8	25,2	25,6	26,0	26,4	26,8	27,2	27,6	24,7	25,3	26,7	27,3	25,0	27,0	6
7	28	28,4	28,8	29,2	29,6	30,0	30,4	30,8	31,2	31,6	28,7	29,3	30,7	31,3	29,0	31,0	7
8	32	32,4	32,8	33,2	33,6	34,0	34,4	34,8	35,2	35,6	32,7	33,3	34,7	35,3	33,0	35,0	8
9	36	36,4	36,8	37,2	37,6	38,0	38,4	38,8	39,2	39,6	36,7	37,3	38,7	39,3	37,0	39,0	9
10	40	40,4	40,8	41,2	41,6	42,0	42,4	42,8	43,2	43,6	40,7	41,3	42,7	43,3	41,0	43,0	10
11	44	44,4	44,8	45,2	45,6	46,0	46,4	46,8	47,2	47,6	44,7	45,3	46,7	47,3	45,0	47,0	11
12	48	48,4	48,8	49,2	49,6	50,0	50,4	50,8	51,2	51,6	48,7	49,3	50,7	51,3	49,0	51,0	12
13	52	52,4	52,8	53,2	53,6	54,0	54,4	54,8	55,2	55,6	52,7	53,3	54,7	55,3	53,0	55,0	13
14	56	56,4	56,8	57,2	57,6	58,0	58,4	58,8	59,2	59,6	56,7	57,3	58,7	59,3	57,0	59,0	14
15	60	60,4	60,8	61,2	61,6	62,0	62,4	62,8	63,2	63,6	60,7	61,3	62,7	63,3	61,0	63,0	15
16	64	64,4	64,8	65,2	65,6	66,0	66,4	66,8	67,2	67,6	64,7	65,3	66,7	67,3	65,0	67,0	16
17	68	68,4	68,8	69,2	69,6	70,0	70,4	70,8	71,2	71,6	68,7	69,3	70,7	71,3	69,0	71,0	17
18	72	72,4	72,8	73,2	73,6	74,0	74,4	74,8	75,2	75,6	72,7	73,3	74,7	75,3	73,0	75,0	18
19	76	76,4	76,8	77,2	77,6	78,0	78,4	78,8	79,2	79,6	76,7	77,3	78,7	79,3	77,0	79,0	19
20	80	80,4	80,8	81,2	81,6	82,0	82,4	82,8	83,2	83,6	80,7	81,3	82,7	83,3	81,0	83,0	20
21	84	84,4	84,8	85,2	85,6	86,0	86,4	86,8	87,2	87,6	84,7	85,3	86,7	87,3	85,0	87,0	21
22	88	88,4	88,8	89,2	89,6	90,0	90,4	90,8	91,2	91,6	88,7	89,3	90,7	91,3	89,0	91,0	22
23	92	92,4	92,8	93,2	93,6	94,0	94,4	94,8	95,2	95,6	92,7	93,3	94,7	95,3	93,0	95,0	23
24	96	96,4	96,8	97,2	97,6	98,0	98,4	98,8	99,2	99,6	96,7	97,3	98,7	99,3	97,0	99,0	24
25	100	100,4	100,8	101,2	101,6	102,0	102,4	102,8	103,2	103,6	100,7	101,3	102,7	103,3	101,0	103,0	25
26	104	104,4	104,8	105,2	105,6	106,0	106,4	106,8	107,2	107,6	104,7	105,3	106,7	107,3	105,0	107,0	26
27	108	108,4	108,8	109,2	109,6	110,0	110,4	110,8	111,2	111,6	108,7	109,3	110,7	111,3	109,0	111,0	27
28	112	112,4	112,8	113,2	113,6	114,0	114,4	114,8	115,2	115,6	112,7	113,3	114,7	115,3	113,0	115,0	28
29	116	116,4	116,8	117,2	117,6	118,0	118,4	118,8	119,2	119,6	116,7	117,3	118,7	119,3	117,0	119,0	29
30	120	120,4	120,8	121,2	121,6	122,0	122,4	122,8	123,2	123,6	120,7	121,3	122,7	123,3	121,0	123,0	30
31	124	124,4	124,8	125,2	125,6	126,0	126,4	126,8	127,2	127,6	124,7	125,3	126,7	127,3	125,0	127,0	31
32	128	128,4	128,8	129,2	129,6	130,0	130,4	130,8	131,2	131,6	128,7	129,3	130,7	131,3	129,0	131,0	32
33	132	132,4	132,8	133,2	133,6	134,0	134,4	134,8	135,2	135,6	132,7	133,3	134,7	135,3	133,0	135,0	33
34	136	136,4	136,8	137,2	137,6	138,0	138,4	138,8	139,2	139,6	136,7	137,3	138,7	139,3	137,0	139,0	34
35	140	140,4	140,8	141,2	141,6	142,0	142,4	142,8	143,2	143,6	140,7	141,3	142,7	143,3	141,0	143,0	35
36	144	144,4	144,8	145,2	145,6	146,0	146,4	146,8	147,2	147,6	144,7	145,3	146,7	147,3	145,0	147,0	36
37	148	148,4	148,8	149,2	149,6	150,0	150,4	150,8	151,2	151,6	148,7	149,3	150,7	151,3	149,0	151,0	37
38	152	152,4	152,8	153,2	153,6	154,0	154,4	154,8	155,2	155,6	152,7	153,3	154,7	155,3	153,0	155,0	38
39	156	156,4	156,8	157,2	157,6	158,0	158,4	158,8	159,2	159,6	156,7	157,3	158,7	159,3	157,0	159,0	39
40	160	160,4	160,8	161,2	161,6	162,0	162,4	162,8	163,2	163,6	160,7	161,3	162,7	163,3	161,0	163,0	40
41	164	164,4	164,8	165,2	165,6	166,0	166,4	166,8	167,2	167,6	164,7	165,3	166,7	167,3	165,0	167,0	41
42	168	168,4	168,8	169,2	169,6	170,0	170,4	170,8	171,2	171,6	168,7	169,3	170,7	171,3	169,0	171,0	42
43	172	172,4	172,8	173,2	173,6	174,0	174,4	174,8	175,2	175,6	172,7	173,3	174,7	175,3	173,0	175,0	43
44	176	176,4	176,8	177,2	177,6	178,0	178,4	178,8	179,2	179,6	176,7	177,3	178,7	179,3	177,0	179,0	44
45	180	180,4	180,8	181,2	181,6	182,0	182,4	182,8	183,2	183,6	180,7	181,3	182,7	183,3	181,0	183,0	45
46	184	184,4	184,8	185,2	185,6	186,0	186,4	186,8	187,2	187,6	184,7	185,3	186,7	187,3	185,0	187,0	46
47	188	188,4	188,8	189,2	189,6	190,0	190,4	190,8	191,2	191,6	188,7	189,3	190,7	191,3	189,0	191,0	47
48	192	192,4	192,8	193,2	193,6	194,0	194,4	194,8	195,2	195,6	192,7	193,3	194,7	195,3	193,0	195,0	48
49	196	196,4	196,8	197,2	197,6	198,0	198,4	198,8	199,2	199,6	196,7	197,3	198,7	199,3	197,0	199,0	49
50	200	200,4	200,8	201,2	201,6	202,0	202,4	202,8	203,2	203,6	200,7	201,3	202,7	203,3	201,0	203,0	50
51	204	204,4	204,8	205,2	205,6	206,0	206,4	206,8	207,2	207,6	204,7	205,3	206,7	207,3	205,0	207,0	51
52	208	208,4	208,8	209,2	209,6	210,0	210,4	210,8	211,2	211,6	208,7	209,3	210,7	211,3	209,0	211,0	52
53	212	212,4	212,8	213,2	213,6	214,0	214,4	214,8	215,2	215,6	212,7	213,3	214,7	215,3	213,0	215,0	53
54	216	216,4	216,8	217,2	217,6	218,0	218,4	218,8	219,2	219,6	216,7	217,3	218,7	219,3	217,0	219,0	54
55	220	220,4	220,8	221,2	221,6	222,0	222,4	222,8	223,2	223,6	220,7	221,3	222,7	223,3	221,0	223,0	55
56	224	224,4	224,8	225,2	225,6	226,0	226,4	226,8	227,2	227,6	224,7	225,3	226,7	227,3	225,0	227,0	56
57	228	228,4	228,8	229,2	229,6	230,0	230,4	230,8	231,2	231,6	228,7	229,3	230,7	231,3	229,0	231,0	57
58	232	232,4	232,8	233,2	233,6	234,0	234,4	234,8	235,2	235,6	232,7	233,3	234,7	235,3	233,0	235,0	58
59	236	236,4	236,8	237,2	237,6	238,0	238,4	238,8	239,2	239,6	236,7	237,3	238,7	239,3	237,0	239,0	59
60	240	240,4	240,8	241,2	241,6	242,0	242,4	242,8	243,2	243,6	240,7	241,3	242,7	243,3	241,0	243,0	60
61	244	244,4	244,8	245,2	245,6	246,0	246,4	246,8	247,2	247,6	244,7	245,3	246,7	247,3	245,0	247,0	61
62	248	248,4	248,8	249,2	249,6	250,0	250,4	250,8	251,2	251,6	248,7	249,3	250,7	251,3	249,0	251,0	62
63	252	252,4	252,8	253,2	253,6	254,0	254,4	254,8	255,2	255,6	252,7	253,3	254,7	255,3	253,0	255,0	63
64	256	256,4	256,8	257,2	257,6	258,0	258,4	258,8	259,2	259,6	256,7	257,3	258,7	259,3	257,0	259,0	64
65	260	260,4	260,8	261,2	261,6	262,0	262,4	262,8	263,2	263,6	260,7	261,3	262,7	263,3	261,0	263,0	65
66	264	264,4	264,8	265,2	265,6	266,0	266,4	266,8	267,2	267,6	264,7	265,3	266,7	267,3	265,0	267,0	66
67	268	268,4	268,8	269,2	269,6	270,0	270,4	270,8	271,2	271,6	268,7	269,3	270,7	271,3	269,0	271,0	67
68	272	272,4	272,8	273,2	273,6	274,0	274,4	274,8	275,2	275,6	272,7	273,3	274,7	275,3	273,0	275,0	68
69	276	276,4	276,8	277,2	277,6	278,0	278,4	278,8	279,2	279,6	276,7	277,3	278,7	279,3	277,0	279,0	69
70	280	280,4	280,8	281,2	281,6	282,0	282,4	282,8	283,2	283,6	280,7	281,3	282,7	283,3	281,0	283,0	70
71	284	284,4	284,8	285,2	285,6	286,0	286,4	286,8	287,2	287,6	284,7	285,3	286,7	287,3	285,0	287,0	71
72	288	288,4	288,8	289,2	289,6	290,0	290,4	290,8	291,2	291,6	288,7	289,3	290,7	291,3	289,0	291,0	72
73	292	292,4	292,8	293,2	293,6	294,0	294,4	294,8	295,2	295,6	292,7	293,3	294,7	295,3	293,0	295,0	73
74	296	296,4	296,8	297,2	297,6	298,0	298,4	298,8	299,2	299,6	296,7	297,3	298,7	299,3	297,0	299,0	74
75	300	300,4	300,8	301,2	301,6	302,0	302,4	302,8	303,2	303,6	300,7	301,3	302,7	303,3	301,0	303,0	75
76	304	304,4	304,8	305,2	305,6	306,0	306,4	306,8	307,2	307,6	304,7	305,3	306,7	307,3	305,0	307,0	76
77	308	308,4	308,8	309,2	309,6	310,0	310,4	310,8	311,2	311,6	308,7	309,3	310,7	311,3	309,0	311,0	77
78	312	312,4	312,8	313,2	313,6	314,0	314,4	314,8	315,2	315,6	312,7	313,3	314,7	315,3	313,0	315,0	78
79	316	316,4	316,8	317,2	317,6	318,0	318,4	318,8	319,2	319,6	316,7	317,3	318,7	319,3	317,0	319,0	79
80	320	320,4	320,8	321,2	321,6	322,0	322,4	322,8	323,2	323,6	320,7	321,3	322,7	323,3	321,0	323,0	80
81	324	324,4	324,8	325,2	325,6	326,0	326,4	326,8	327,2	327,6	324,7	325,3	326,7	327,3	325,0	327,0	81
82	328	328,4	328,8	329,2	329,6	330,0	330,4	330,8	331,2	331,6	328,7	329,3	330,7	331,3	329,0	331,0	82
83	332	332,4	332,8	333,2	333,6	334,0	334,4	334,8	335,2	335,6	332,7	333,3	334,7	335,3	333,0	335,0	83
84	336	336,4	336,8	337,2	337,6	338,0	338,4	338,8	339,2	339,6	336,7	337,3	338,7	339,3	337,0	339,0	84
85	340	340,4	340,8	341,2	341,6	342,0	342,4	342,8	343,2	343,6	340,7	341,3	342,7	343,3	341,0	343,0	85
86	344	344,4	344,8	345,2	345,6	346,0	346,4	346,8	347,2	347,6	344,7	345,3	346,7	347,3	345,0	347,0	86
87	348	348,4	348,8	349,2	349,6	350,0	350,4	350,8	351,2	351,6	348,7	349,3	350,7	351,3	349,0	351,0	87
88	352	352,4	352,8	353,2	353,6	354,0	354,4	354,8	355,2	355,6	352,7	353,3	354,7	355,3	353,0	355,0	88
89	356	356,4	356,8	357,2	357,6	358,0	358,4	358,8	359,2	359,6	356,7	357,3	358,7	359,3	357,0	359,0	89
90	360	360,4	360,8	361,2	361,6	362,0	362,4	362,8	363,2	363,6	360,7	361,3	362,7	363,3	361,0	363,0	90
91	364	364,4	364,8	365,2	365,6	366,0	366,4	366,8	367,2	367,6	364,7	365,3	366,7	367,3	365,0	367,0	91
92	368	368,4	368,8	369,2	369,6	370,0	370,4	370,8	371,2	371,6	368,7	369,3	370,7	371,3	369,0	371,0	92
93	372	372,4	372,8	373,2	373,6	374,0	374,4	374,8	375,2	375,6	372,7	373,3	374,7	375,3	373,0	375,0	93
94	376	376,4	376,8	377,2	377,6	378,0	378,4	378,8	379,2	379,6	376,7	377,3	378,7	379,3	377,0	379,0	94
95	380	380,4	380,8	381,2	381,6	382,0	382,4	382,8	383,2	383,6	380,7	381,3	382,7	383,3	381,0	383,0	95
96	384	384,4	384,8	385,2	385,6	386,0	386,4	386,8	387,2	387,6	384,7	385,3	386,7	387,3	385,0	387,0	96
97	388	388,4	388,8	389,2	389,6	390,0	390,4	390,8	391,2	391,6	388,7	389,3	390,7	391,3	389,0	391,0	97
98	392	392,4	392,8	393,2	393,6	394,0	394,4	394,8	395,2	395,6	392,7	393,3	394,7	395,3	393,0	395,0	98
99	396	396,4	396,8	397,2	397,6	398,0	398,4	398,8	399,2	399,6	396,7	397,3	398,7	399,3	397,0	399,0	99
100	400	400,4	400,8	401,2	401,6	402,0	402,4	402,8	403,2	403,6	400,7	401,3	402,7	403,3	401,0	403,0	100

5

		1/10	2/10	3/10	4/10	5/10	6/10	7/10	8/10	9/10	1/6	2/6	4/6	5/6	1/4	3/4	
		0,5	1,0	1,5	2,0	2,5	3,0	3,5	4,0	4,5	0,833	1,666	3,333	4,166	1,25	3,75	
1	5	5,5	6,0	6,5	7,0	7,5	8,0	8,5	9,0	9,5	5,8	6,7	8,3	9,2	6,3	8,8	1
2	10	10,5	11,0	11,5	12,0	12,5	13,0	13,5	14,0	14,5	10,8	11,7	13,3	14,2	11,3	13,8	2
3	15	15,5	16,0	16,5	17,0	17,5	18,0	18,5	19,0	19,5	15,8	16,7	18,3	19,2	16,3	18,8	3
4	20	20,5	21,0	21,5	22,0	22,5	23,0	23,5	24,0	24,5	20,8	21,7	23,3	24,2	21,3	23,8	4
5	25	25,5	26,0	26,5	27,0	27,5	28,0	28,5	29,0	29,5	25,8	26,7	28,3	29,2	26,3	28,8	5
6	30	30,5	31,0	31,5	32,0	32,5	33,0	33,5	34,0	34,5	30,8	31,7	33,3	34,2	31,3	33,8	6
7	35	35,5	36,0	36,5	37,0	37,5	38,0	38,5	39,0	39,5	35,8	36,7	38,3	39,2	36,3	38,8	7
8	40	40,5	41,0	41,5	42,0	42,5	43,0	43,5	44,0	44,5	40,8	41,7	43,3	44,2	41,3	43,8	8
9	45	45,5	46,0	46,5	47,0	47,5	48,0	48,5	49,0	49,5	45,8	46,7	48,3	49,2	46,3	48,8	9
10	50	50,5	51,0	51,5	52,0	52,5	53,0	53,5	54,0	54,5	50,8	51,7	53,3	54,2	51,3	53,8	10
11	55	55,5	56,0	56,5	57,0	57,5	58,0	58,5	59,0	59,5	55,8	56,7	58,3	59,2	56,3	58,8	11
12	60	60,5	61,0	61,5	62,0	62,5	63,0	63,5	64,0	64,5	60,8	61,7	63,3	64,2	61,3	63,8	12
13	65	65,5	66,0	66,5	67,0	67,5	68,0	68,5	69,0	69,5	65,8	66,7	68,3	69,2	66,3	68,8	13
14	70	70,5	71,0	71,5	72,0	72,5	73,0	73,5	74,0	74,5	70,8	71,7	73,3	74,2	71,3	73,8	14
15	75	75,5	76,0	76,5	77,0	77,5	78,0	78,5	79,0	79,5	75,8	76,7	78,3	79,2	76,3	78,8	15
16	80	80,5	81,0	81,5	82,0	82,5	83,0	83,5	84,0	84,5	80,8	81,7	83,3	84,2	81,3	83,8	16
17	85	85,5	86,0	86,5	87,0	87,5	88,0	88,5	89,0	89,5	85,8	86,7	88,3	89,2	86,3	88,8	17
18	90	90,5	91,0	91,5	92,0	92,5	93,0	93,5	94,0	94,5	90,8	91,7	93,3	94,2	91,3	93,8	18
19	95	95,5	96,0	96,5	97,0	97,5	98,0	98,5	99,0	99,5	95,8	96,7	98,3	99,2	96,3	98,8	19
20	100	100,5	101,0	101,5	102,0	102,5	103,0	103,5	104,0	104,5	100,8	101,7	103,3	104,2	101,3	103,8	20
21	105	105,5	106,0	106,5	107,0	107,5	108,0	108,5	109,0	109,5	105,8	106,7	108,3	109,2	106,3	108,8	21
22	110	110,5	111,0	111,5	112,0	112,5	113,0	113,5	114,0	114,5	110,8	111,7	113,3	114,2	111,3	113,8	22
23	115	115,5	116,0	116,5	117,0	117,5	118,0	118,5	119,0	119,5	115,8	116,7	118,3	119,2	116,3	118,8	23
24	120	120,5	121,0	121,5	122,0	122,5	123,0	123,5	124,0	124,5	120,8	121,7	123,3	124,2	121,3	123,8	24
25	125	125,5	126,0	126,5	127,0	127,5	128,0	128,5	129,0	129,5	125,8	126,7	128,3	129,2	126,3	128,8	25
26	130	130,5	131,0	131,5	132,0	132,5	133,0	133,5	134,0	134,5	130,8	131,7	133,3	134,2	131,3	133,8	26
27	135	135,5	136,0	136,5	137,0	137,5	138,0	138,5	139,0	139,5	135,8	136,7	138,3	139,2	136,3	138,8	27
28	140	140,5	141,0	141,5	142,0	142,5	143,0	143,5	144,0	144,5	140,8	141,7	143,3	144,2	141,3	143,8	28
29	145	145,5	146,0	146,5	147,0	147,5	148,0	148,5	149,0	149,5	145,8	146,7	148,3	149,2	146,3	148,8	29
30	150	150,5	151,0	151,5	152,0	152,5	153,0	153,5	154,0	154,5	150,8	151,7	153,3	154,2	151,3	153,8	30
31	155	155,5	156,0	156,5	157,0	157,5	158,0	158,5	159,0	159,5	155,8	156,7	158,3	159,2	156,3	158,8	31
32	160	160,5	161,0	161,5	162,0	162,5	163,0	163,5	164,0	164,5	160,8	161,7	163,3	164,2	161,3	163,8	32
33	165	165,5	166,0	166,5	167,0	167,5	168,0	168,5	169,0	169,5	165,8	166,7	168,3	169,2	166,3	168,8	33
34	170	170,5	171,0	171,5	172,0	172,5	173,0	173,5	174,0	174,5	170,8	171,7	173,3	174,2	171,3	173,8	34
35	175	175,5	176,0	176,5	177,0	177,5	178,0	178,5	179,0	179,5	175,8	176,7	178,3	179,2	176,3	178,8	35
36	180	180,5	181,0	181,5	182,0	182,5	183,0	183,5	184,0	184,5	180,8	181,7	183,3	184,2	181,3	183,8	36
37	185	185,5	186,0	186,5	187,0	187,5	188,0	188,5	189,0	189,5	185,8	186,7	188,3	189,2	186,3	188,8	37
38	190	190,5	191,0	191,5	192,0	192,5	193,0	193,5	194,0	194,5	190,8	191,7	193,3	194,2	191,3	193,8	38
39	195	195,5	196,0	196,5	197,0	197,5	198,0	198,5	199,0	199,5	195,8	196,7	198,3	199,2	196,3	198,8	39
40	200	200,5	201,0	201,5	202,0	202,5	203,0	203,5	204,0	204,5	200,8	201,7	203,3	204,2	201,3	203,8	40
41	205	205,5	206,0	206,5	207,0	207,5	208,0	208,5	209,0	209,5	205,8	206,7	208,3	209,2	206,3	208,8	41
42	210	210,5	211,0	211,5	212,0	212,5	213,0	213,5	214,0	214,5	210,8	211,7	213,3	214,2	211,3	213,8	42
43	215	215,5	216,0	216,5	217,0	217,5	218,0	218,5	219,0	219,5	215,8	216,7	218,3	219,2	216,3	218,8	43
44	220	220,5	221,0	221,5	222,0	222,5	223,0	223,5	224,0	224,5	220,8	221,7	223,3	224,2	221,3	223,8	44
45	225	225,5	226,0	226,5	227,0	227,5	228,0	228,5	229,0	229,5	225,8	226,7	228,3	229,2	226,3	228,8	45
46	230	230,5	231,0	231,5	232,0	232,5	233,0	233,5	234,0	234,5	230,8	231,7	233,3	234,2	231,3	233,8	46
47	235	235,5	236,0	236,5	237,0	237,5	238,0	238,5	239,0	239,5	235,8	236,7	238,3	239,2	236,3	238,8	47
48	240	240,5	241,0	241,5	242,0	242,5	243,0	243,5	244,0	244,5	240,8	241,7	243,3	244,2	241,3	243,8	48
49	245	245,5	246,0	246,5	247,0	247,5	248,0	248,5	249,0	249,5	245,8	246,7	248,3	249,2	246,3	248,8	49
50	250	250,5	251,0	251,5	252,0	252,5	253,0	253,5	254,0	254,5	250,8	251,7	253,3	254,2	251,3	253,8	50
51	255	255,5	256,0	256,5	257,0	257,5	258,0	258,5	259,0	259,5	255,8	256,7	258,3	259,2	256,3	258,8	51
52	260	260,5	261,0	261,5	262,0	262,5	263,0	263,5	264,0	264,5	260,8	261,7	263,3	264,2	261,3	263,8	52
53	265	265,5	266,0	266,5	267,0	267,5	268,0	268,5	269,0	269,5	265,8	266,7	268,3	269,2	266,3	268,8	53
54	270	270,5	271,0	271,5	272,0	272,5	273,0	273,5	274,0	274,5	270,8	271,7	273,3	274,2	271,3	273,8	54
55	275	275 5	276,0	276,5	277,0	277,5	278,0	278,5	279,0	279,5	275,8	276,7	278,3	279,2	276,3	278,8	55
56	280	280,5	281,0	281,5	282,0	282,5	283,0	283,5	284,0	284,5	280,8	281,7	283,3	284,2	281,3	283,8	56
57	285	285,5	286,0	286,5	287,0	287,5	288,0	288,5	289,0	289,5	285,8	286,7	288,3	289,2	286,3	288,8	57
58	290	290 5	291,0	291,5	292,0	292,5	293,0	293,5	294,0	294,5	290,8	291,7	293,3	294,2	291,3	293,8	58
59	295	295,5	296,0	296,5	297,0	297,5	298,0	298,5	299,0	299,5	295,8	296,7	298,3	299,2	296,3	298,8	59
60	300	300,5	301,0	301,5	302,0	302,5	303,0	303,5	304,0	304,5	300,8	301,7	303,3	304,2	301,3	303,8	60
61	305	305,5	306,0	306,5	307,0	307,5	308,0	308,5	309,0	309,5	305,8	306,7	308,3	309,2	306,3	308,8	61
62	310	310,5	311,0	311,5	312,0	312,5	313,0	313,5	314,0	314,5	310,8	311,7	313,3	314,2	311,3	313,8	62
63	315	315,5	316,0	316,5	317,0	317,5	318,0	318,5	319,0	319,5	315,8	316,7	318,3	319,2	316,3	318,8	63
64	320	320,5	321,0	321,5	322,0	322,5	323,0	323,5	324,0	324,5	320,8	321,7	323,3	324,2	321,3	323,8	64
65	325	325,5	326,0	326,5	327,0	327,5	328,0	328,5	329,0	329,5	325,8	326,7	328,3	329,2	326,3	328,8	65
66	330	330,5	331,0	331,5	332,0	332,5	333,0	333,5	334,0	334,5	330,8	331,7	333,3	334,2	331,3	333,8	66
67	335	335,5	336,0	336,5	337,0	337,5	338,0	338,5	339,0	339,5	335,8	336,7	338,3	339,2	336,3	338,8	67
68	340	340,5	341,0	341,5	342,0	342,5	343,0	343,5	344,0	344,5	340,8	341,7	343,3	344,2	341,3	343,8	68
69	345	345,5	346,0	346,5	347,0	347,5	348,0	348,5	349,0	349,5	345,8	346,7	348,3	349,2	346,3	348,8	69
70	350	350,5	351,0	351,5	352,0	352,5	353,0	353,5	354,0	354,5	350,8	351,7	353,3	354,2	351,3	353,8	70
71	355	355,5	356,0	356,5	357,0	357,5	358,0	358,5	359,0	359,5	355,8	356,7	358,3	359,2	356,3	358,8	71
72	360	360,5	361,0	361,5	362,0	362,5	363,0	363,5	364,0	364,5	360,8	361,7	363,3	364,2	361,3	363,8	72
73	365	365,5	366,0	366,5	367,0	367,5	368,0	368,5	369,0	369,5	365,8	366,7	368,3	369,2	366,3	368,8	73
74	370	370,5	371,0	371,5	372,0	372,5	373,0	373,5	374,0	374,5	370,8	371,7	373,3	374,2	371,3	373,8	74
75	375	375,5	376,0	376,5	377,0	377,5	378,0	378,5	379,0	379,5	375,8	376,7	378,3	379,2	376,3	378,8	75
76	380	380,5	381,0	381,5	382,0	382,5	383,0	383,5	384,0	384,5	380,8	381,7	383,3	384,2	381,3	383,8	76
77	385	385,5	386,0	386,5	387,0	387,5	388,0	388,5	389,0	389,5	385,8	386,7	388,3	389,2	386,3	388,8	77
78	390	390,5	391,0	391,5	392,0	392,5	393,0	393,5	394,0	394,5	390,8	391,7	393,3	394,2	391,3	393,8	78
79	395	395,5	396,0	396,5	397,0	397,5	398,0	398,5	399,0	399,5	395,8	396,7	398,3	399,2	396,3	398,8	79
80	400	400,5	401,0	401,5	402,0	402,5	403,0	403,5	404,0	404,5	400,8	401,7	403,3	404,2	401,3	403,8	80
81	405	405,5	406,0	406,5	407,0	407,5	408,0	408,5	409,0	409,5	405,8	406,7	408,3	409,2	406,3	408,8	81
82	410	410,5	411,0	411,5	412,0	412,5	413,0	413,5	414,0	414,5	410,8	411,7	413,3	414,2	411,3	413,8	82
83	415	415,5	416,0	416,5	417,0	417,5	418,0	418,5	419,0	419,5	415,8	416,7	418,3	419,2	416,3	418,8	83
84	420	420,5	421,0	421,5	422,0	422,5	423,0	423,5	424,0	424,5	420,8	421,7	423,3	424,2	421,3	423,8	84
85	425	425,5	426,0	426,5	427,0	427,5	428,0	428,5	429,0	429,5	425,8	426,7	428,3	429,2	426,3	428,8	85
86	430	430,5	431,0	431,5	432,0	432,5	433,0	433,5	434,0	434,5	430,8	431,7	433,3	434,2	431,3	433,8	86
87	435	435,5	436,0	436,5	437,0	437,5	438,0	438,5	439,0	439,5	435,8	436,7	438,3	439,2	436,3	438,8	87
88	440	440,5	441,0	441,5	442,0	442,5	443,0	443,5	444,0	444,5	440,8	441,7	443,3	444,2	441,3	443,8	88
89	445	445,5	446,0	446,5	447,0	447,5	448,0	448,5	449,0	449,5	445,8	446,7	448,3	449,2	446,3	448,8	89
90	450	450,5	451,0	451,5	452,0	452,5	453,0	453,5	454,0	454,5	450,8	451,7	453,3	454,2	451,3	453,8	90
91	455	455,5	456,0	456,5	457,0	457,5	458,0	458,5	459,0	459,5	455,3	456,7	458,3	459,2	456,3	458,8	91
92	460	460,5	461,0	461,5	462,0	462,5	463,0	463,5	464,0	464,5	460,8	461,7	463,3	464,2	461,3	463,8	92
93	465	465,5	466,0	466,5	467,0	467,5	468,0	468,5	469,0	469,5	465,8	466,7	468,3	469,2	466,3	468,8	93
94	470	470,5	471,0	471,5	472,0	472,5	473,0	473,5	474,0	474 5	470,8	471,7	473,3	474,2	471,3	473,8	94
95	475	475,5	476,0	476,5	477,0	477,5	478,0	478,5	479,0	479,5	475,8	476,7	478,3	479,2	476,3	478,8	95
96	480	480,5	481,0	481,5	482,0	482,5	483,0	483,5	484,0	484,5	480,8	481,7	483,3	484,2	481,3	483,8	96
97	485	485,5	486,0	486,5	487,0	487,5	488,0	488,5	489,0	489,5	485,8	486,7	488,3	489,2	486,3	488,8	97
98	490	490,5	491,0	491,5	492,0	492,5	493,0	493,5	494,0	494,5	490,8	491,7	493,3	494,2	491,3	493,8	98
99	495	495,5	496,0	496,5	497,0	497,5	498,0	498,5	499,0	499,5	495,8	496,7	498,3	499,2	496,3	498,8	99
100	500	500,5	501,0	501,5	502,0	502,5	503,0	503,5	504,0	504,5	500,8	501,7	503,3	504,2	501,3	503,8	100

6

		1/10 0,6	2/10 1,2	3/10 1,8	4/10 2,4	5/10 3,0	6/10 3,6	7/10 4,2	8/10 4,8	9/10 5,4	1/6 1,0	2/6 2,0	4/6 4,0	5/6 5,0	1/4 1,5	3/4 4,5	
1	6	6,6	7,2	7,8	8,4	9,0	9,6	10,2	10,8	11,4	7,0	8,0	10,0	11,0	7,5	10,5	1
2	12	12,6	13,2	13,8	14,4	15,0	15,6	16,2	16,8	17,4	13,0	14,0	16,0	17,0	13,5	16,5	2
3	18	18,6	19,2	19,8	20,4	21,0	21,6	22,2	22,8	23,4	19,0	20,0	22,0	23,0	19,5	22,5	3
4	24	24,6	25,2	25,8	26,4	27,0	27,6	28,2	28,8	29,4	25,0	26,0	28,0	29,0	25,5	28,5	4
5	30	30,6	31,2	31,8	32,4	33,0	33,6	34,2	34,8	35,4	31,0	32,0	34,0	35,0	31,5	34,5	5
6	36	36,6	37,2	37,8	38,4	39,0	39,6	40,2	40,8	41,4	37,0	38,0	40,0	41,0	37,5	40,5	6
7	42	42,6	43,2	43,8	44,4	45,0	45,6	46,2	46,8	47,4	43,0	44,0	46,0	47,0	43,5	46,5	7
8	48	48,6	49,2	49,8	50,4	51,0	51,6	52,2	52,8	53,4	49,0	50,0	52,0	53,0	49,5	52,5	8
9	54	54,6	55,2	55,8	56,4	57,0	57,6	58,2	58,8	59,4	55,0	56,0	58,0	59,0	55,5	58,5	9
10	60	60,6	61,2	61,8	62,4	63,0	63,6	64,2	64,8	65,4	61,0	62,0	64,0	65,0	61,5	64,5	10
11	66	66,6	67,2	67,8	68,4	69,0	69,6	70,2	70,8	71,4	67,0	68,0	70,0	71,0	67,5	70,5	11
12	72	72,6	73,2	73,8	74,4	75,0	75,6	76,2	76,8	77,4	73,0	74,0	76,0	77,0	73,5	76,5	12
13	78	78,6	79,2	79,8	80,4	81,0	81,6	82,2	82,8	83,4	79,0	80,0	82,0	83,0	79,5	82,5	13
14	84	84,6	85,2	85,8	86,4	87,0	87,6	88,2	88,8	89,4	85,0	86,0	88,0	89,0	85,5	88,5	14
15	90	90,6	91,2	91,8	92,4	93,0	93,6	94,2	94,8	95,4	91,0	92,0	94,0	95,0	91,5	94,5	15
16	96	96,6	97,2	97,8	98,4	99,0	99,6	100,2	100,8	101,4	97,0	98,0	100,0	101,0	97,5	100,5	16
17	102	102,6	103,2	103,8	104,4	105,0	105,6	106,2	106,8	107,4	103,0	104,0	106,0	107,0	103,5	106,5	17
18	108	108,6	109,2	109,8	110,4	111,0	111,6	112,2	112,8	113,4	109,0	110,0	112,0	113,0	109,5	112,5	18
19	114	114,6	115,2	115,8	116,4	117,0	117,6	118,2	118,8	119,4	115,0	116,0	118,0	119,0	115,5	118,5	19
20	120	120,6	121,2	121,8	122,4	123,0	123,6	124,2	124,8	125,4	121,0	122,0	124,0	125,0	121,5	124,5	20
21	126	126,6	127,2	127,8	128,4	129,0	129,6	130,2	130,8	131,4	127,0	128,0	130,0	131,0	127,5	130,5	21
22	132	132,6	133,2	133,8	134,4	135,0	135,6	136,2	136,8	137,4	133,0	134,0	136,0	137,0	133,5	136,5	22
23	138	138,6	139,2	139,8	140,4	141,0	141,6	142,2	142,8	143,4	139,0	140,0	142,0	143,0	139,5	142,5	23
24	144	144,6	145,2	145,8	146,4	147,0	147,6	148,2	148,8	149,4	145,0	146,0	148,0	149,0	145,5	148,5	24
25	150	150,6	151,2	151,8	152,4	153,0	153,6	154,2	154,8	155,4	151,0	152,0	154,0	155,0	151,5	154,5	25
26	156	156,6	157,2	157,8	158,4	159,0	159,6	160,2	160,8	161,4	157,0	158,0	160,0	161,0	157,5	160,5	26
27	162	162,6	163,2	163,8	164,4	165,0	165,6	166,2	166,8	167,4	163,0	164,0	166,0	167,0	163,5	166,5	27
28	168	168,6	169,2	169,8	170,4	171,0	171,6	172,2	172,8	173,4	169,0	170,0	172,0	173,0	169,5	172,5	28
29	174	174,6	175,2	175,8	176,4	177,0	177,6	178,2	178,8	179,4	175,0	176,0	178,0	179,0	175,5	178,5	29
30	180	180,6	181,2	181,8	182,4	183,0	183,6	184,2	184,8	185,4	181,0	182,0	184,0	185,0	181,5	184,5	30
31	186	186,6	187,2	187,8	188,4	189,0	189,6	190,2	190,8	191,4	187,0	188,0	190,0	191,0	187,5	190,5	31
32	192	192,6	193,2	193,8	194,4	195,0	195,6	196,2	196,8	197,4	193,0	194,0	196,0	197,0	193,5	196,5	32
33	198	198,6	199,2	199,8	200,4	201,0	201,6	202,2	202,8	203,4	199,0	200,0	202,0	203,0	199,5	202,5	33
34	204	204,6	205,2	205,8	206,4	207,0	207,6	208,2	208,8	209,4	205,0	206,0	208,0	209,0	205,5	208,5	34
35	210	210,6	211,2	211,8	212,4	213,0	213,6	214,2	214,8	215,4	211,0	212,0	214,0	215,0	211,5	214,5	35
36	216	216,6	217,2	217,8	218,4	219,0	219,6	220,2	220,8	221,4	217,0	218,0	220,0	221,0	217,5	220,5	36
37	222	222,6	223,2	223,8	224,4	225,0	225,6	226,2	226,8	227,4	223,0	224,0	226,0	227,0	223,5	226,5	37
38	228	228,6	229,2	229,8	230,4	231,0	231,6	232,2	232,8	233,4	229,0	230,0	232,0	233,0	229,5	232,5	38
39	234	234,6	235,2	235,8	236,4	237,0	237,6	238,2	238,8	239,4	235,0	236,0	238,0	239,0	235,5	238,5	39
40	240	240,6	241,2	241,8	242,4	243,0	243,6	244,2	244,8	245,4	241,0	242,0	244,0	245,0	241,5	244,5	40
41	246	246,6	247,2	247,8	248,4	249,0	249,6	250,2	250,8	251,4	247,0	248,0	250,0	251,0	247,5	250,5	41
42	252	252,6	253,2	253,8	254,4	255,0	255,6	256,2	256,8	257,4	253,0	254,0	256,0	257,0	253,5	256,5	42
43	258	258,6	259,2	259,8	260,4	261,0	261,6	262,2	262,8	263,4	259,0	260,0	262,0	263,0	259,5	262,5	43
44	264	264,6	265,2	265,8	266,4	267,0	267,6	268,2	268,8	269,4	265,0	266,0	268,0	269,0	265,5	268,5	44
45	270	270,6	271,2	271,8	272,4	273,0	273,6	274,2	274,8	275,4	271,0	272,0	274,0	275,0	271,5	274,5	45
46	276	276,6	277,2	277,8	278,4	279,0	279,6	280,2	280,8	281,4	277,0	278,0	280,0	281,0	277,5	280,5	46
47	282	282,6	283,2	283,8	284,4	285,0	285,6	286,2	286,8	287,4	283,0	284,0	286,0	287,0	283,5	286,5	47
48	288	288,6	289,2	289,8	290,4	291,0	291,6	292,2	292,8	293,4	289,0	290,0	292,0	293,0	289,5	292,5	48
49	294	294,6	295,2	295,8	296,4	297,0	297,6	298,2	298,8	299,4	295,0	296,0	298,0	299,0	295,5	298,5	49
50	300	300,6	301,2	301,8	302,4	303,0	303,6	304,2	304,8	305,4	301,0	302,0	304,0	305,0	301,5	304,5	50
51	306	306,6	307,2	307,8	308,4	309,0	309,6	310,2	310,8	311,4	307,0	308,0	310,0	311,0	307,5	310,5	51
52	312	312,6	313,2	313,8	314,4	315,0	315,6	316,2	316,8	317,4	313,0	314,0	316,0	317,0	313,5	316,5	52
53	318	318,6	319,2	319,8	320,4	321,0	321,6	322,2	322,8	323,4	319,0	320,0	322,0	323,0	319,5	322,5	53
54	324	324 6	325,2	325,8	326,4	327,0	327,6	328,2	328,8	329,4	325,0	326,0	328,0	329,0	325,5	328,5	54
55	330	330,6	331,2	331,8	332,4	333,0	333,6	334,2	334,8	335,4	331,0	332,0	334,0	335,0	331,5	334,5	55
56	336	336,6	337,2	337,8	338,4	339,0	339,6	340,2	340,8	341,4	337,0	338,0	340,0	341,0	337,5	340,5	56
57	342	342,6	343,2	343,8	344,4	345,0	345,6	346,2	346,8	347,4	343,0	344,0	346,0	347,0	343,5	346,5	57
58	348	348,6	349,2	349,8	350,4	351,0	351,6	352,2	352,8	353,4	349,0	350,0	352,0	353,0	349,5	352,5	58
59	354	354,6	355,2	355,8	356,4	357,0	357,6	358,2	358,8	359,4	355,0	356,0	358,0	359,0	355,5	358,5	59
60	360	360,6	361,2	361,8	362,4	363,0	363,6	364,2	364,8	365,4	361,0	362,0	364,0	365,0	361,5	364,5	60
61	366	366,6	367,2	367,8	368,4	369,0	369,6	370,2	370,8	371,4	367,0	368,0	370,0	371,0	367,5	370,5	61
62	372	372,6	373,2	373,8	374,4	375,0	375,6	376,2	376,8	377,4	373,0	374,0	376,0	377,0	373,5	376,5	62
63	378	378,6	379,2	379,8	380,4	381,0	381,6	382,2	382,8	383,4	379,0	380,0	382,0	383,0	379,5	382,5	63
64	384	384,6	385,2	385,8	386,4	387,0	387,6	388,2	388,8	389,4	385,0	386,0	388,0	389,0	385,5	388,5	64
65	390	390,6	391,2	391,8	392,4	393,0	393,6	394,2	394,8	395,4	391,0	392,0	394,0	395,0	391,5	394,5	65
66	396	396,6	397,2	397,8	398,4	399,0	399,6	400,2	400,8	401,4	397,0	398,0	400,0	401,0	397,5	400,5	66
67	402	402,6	403,2	403,8	404,4	405,0	405,6	406,2	406,8	407,4	403,0	404,0	406,0	407,0	403,5	406,5	67
68	408	408,6	409,2	409,8	410,4	411,0	411,6	412,2	412,8	413,4	409,0	410,0	412,0	413,0	409,5	412,5	68
69	414	414,6	415,2	415,8	416,4	417,0	417,6	418,2	418,8	419,4	415,0	416,0	418,0	419,0	415,5	418,5	69
70	420	420,6	421,2	421,8	422,4	423,0	423,6	424,2	424,8	425,4	421,0	422,0	424,0	425,0	421,5	424,5	70
71	426	426,6	427,2	427,8	428,4	429,0	429,6	430,2	430,8	431,4	427,0	428,0	430,0	431,0	427,5	430,5	71
72	432	432,6	433,2	433,8	434,4	435,0	435,6	436,2	436,8	437,4	433,0	434,0	436,0	437,0	433,5	436,5	72
73	438	438,6	439,2	439,8	440,4	441,0	441,6	442,2	442,8	443,4	439,0	440,0	442,0	443,0	439,5	442,5	73
74	444	444,6	445,2	445,8	446,4	447,0	447,6	448,2	448,8	449,4	445,0	446,0	448,0	449,0	445,5	448,5	74
75	450	450,6	451,2	451,8	452,4	453,0	453,6	454,2	454,8	455,4	451,0	452,0	454,0	455,0	451,5	454,5	75
76	456	456,6	457,2	457,8	458,4	459,0	459,6	460,2	460,8	461,4	457,0	458,0	460,0	461,0	457,5	460,5	76
77	462	462,6	463,2	463,8	464,4	465,0	465,6	466,2	466,8	467,4	463,0	464,0	466,0	467,0	463,5	466,5	77
78	468	468,6	469,2	469,8	470,4	471,0	471,6	472,2	472,8	473,4	469,0	470,0	472,0	473,0	469,5	472,5	78
79	474	474,6	475,2	475,8	476,4	477,0	477,6	478,2	478,8	479,4	475,0	476,0	478,0	479,0	475,5	478,5	79
80	480	480,6	481,2	481,8	482,4	483,0	483,6	484,2	484,8	485,4	481,0	482,0	484,0	485,0	481,5	484,5	80
81	486	486,6	487,2	487,8	488,4	489,0	489,6	490,2	490,8	491,4	487,0	488,0	490,0	491,0	487,5	490,5	81
82	492	492,6	493,2	493,8	494,4	495,0	495,6	496,2	496,8	497,4	493,0	494,0	496,0	497,0	493,5	496,5	82
83	498	498,6	499,2	499,8	500,4	501,0	501,6	502,2	502,8	503,4	499,0	500,0	502,0	503,0	499,5	502,5	83
84	504	504,6	505,2	505,8	506,4	507,0	507,6	508,2	508,8	509,4	505,0	506,0	508,0	509,0	505,5	508,5	84
85	510	510,6	511,2	511,8	512,4	513,0	513,6	514,2	514,8	515,4	511,0	512,0	514,0	515,0	511,5	514,5	85
86	516	516,6	517,2	517,8	518,4	519,0	519,6	520,2	520,8	521,4	517,0	518,0	520,0	521,0	517,5	520,5	86
87	522	522,6	523,2	523,8	524,4	525,0	525,6	526,2	526,8	527,4	523,0	524,0	526,0	527,0	523,5	526,5	87
88	528	528,6	529,2	529,8	530,4	531,0	531,6	532,2	532,8	533,4	529,0	530,0	532,0	533,0	529,5	532,5	88
89	534	534,6	535,2	535,8	536,4	537,0	537,6	538,2	538,8	539,4	535,0	536,0	538,0	539,0	535,5	538,5	89
90	540	540,6	541,2	541,8	542,4	543,0	543,6	544,2	544,8	545,4	541,0	542,0	544,0	545,0	541,5	544,5	90
91	546	546,6	547,2	547,8	548,4	549,0	549,6	550,2	550,8	551,4	547,0	548,0	550,0	551,0	547,5	550,5	91
92	552	552 6	553,2	553,8	554,4	555,0	555,6	556,2	556,8	557,4	553,0	554,0	556,0	557,0	553,5	556,5	92
93	558	558,6	559,2	559,8	560,4	561,0	561,6	562,2	562,8	563,4	559,0	560,0	562,0	563,0	559,5	562,5	93
94	564	564,6	565,2	565,8	566,4	567,0	567,6	568,2	568,8	569,4	565,0	566,0	568,0	569,0	565,5	568,5	94
95	570	570,6	571,2	571,8	572,4	573,0	573,6	574,2	574,8	575,4	571,0	572,0	574,0	575,0	571,5	574,5	95
96	576	576,6	577,2	577,8	578,4	579,0	579,6	580,2	580,8	581,4	577,0	578,0	580,0	581,0	577,5	580,5	96
97	582	582,6	583,2	583,8	584,4	585,0	585,6	586,2	586,8	587,4	583,0	584,0	586,0	587,0	583,5	586,5	97
98	588	588,6	589,2	589,8	590,4	591,0	591,6	592,2	592,8	593,4	589,0	590,0	592,0	593,0	589,5	592,5	98
99	594	594,6	595,2	595,8	596,4	597,0	597,6	598,2	598,8	599,4	595,0	596,0	598,0	599,0	595,5	598,5	99
100	600	600,6	601,2	601,8	602,4	603,0	603,6	604,2	604,8	605,4	601,0	602,0	604,0	605,0	601,5	604,5	100

		1/10 0,7	2/10 1,4	3/10 2,1	4/10 2,8	5/10 3,5	6/10 4,2	7/10 4,9	8/10 5,6	9/10 6,3	1/6 1,166	2/6 2,333	4/6 4,666	5/6 5,833	1/4 1,75	3/4 5,25	**7**
1	7	7,7	8,4	9,1	9,8	10,5	11,2	11,9	12,6	13,3	8,2	9,3	11,7	12,8	8,8	12,3	**1**
2	14	14,7	15,4	16,1	16,8	17,5	18,2	18,9	19,6	20,3	15,2	16,3	18,7	19,8	15,8	19,3	**2**
3	21	21,7	22,4	23,1	23,8	24,5	25,2	25,9	26,6	27,3	22,2	23,3	25,7	26,8	22,8	26,3	**3**
4	28	28,7	29,4	30,1	30,8	31,5	32,2	32,9	33,6	34,3	29,2	30,3	32,7	33,8	29,8	33,3	**4**
5	35	35,7	36,4	37,1	37,8	38,5	39,2	39,9	40,6	41,3	36,2	37,3	39,7	40,8	36,8	40,3	**5**
6	42	42,7	43,4	44,1	44,8	45,5	46,2	46,9	47,6	48,3	43,2	44,3	46,7	47,8	43,8	47,3	**6**
7	49	49,7	50,4	51,1	51,8	52,5	53,2	53,9	54,6	55,3	50,2	51,3	53,7	54,8	50,8	54,3	**7**
8	56	56,7	57,4	58,1	58,8	59,5	60,2	60,9	61,6	62,3	57,2	58,3	60,7	61,8	57,8	61,3	**8**
9	63	63,7	64,4	65,1	65,8	66,5	67,2	67,9	68,6	69,3	64,2	65,3	67,7	68,8	64,8	68,3	**9**
10	70	70,7	71,4	72,1	72,8	73,5	74,2	74,9	75,6	76,3	71,2	72,3	74,7	75,8	71,8	75,3	**10**
11	77	77,7	78,4	79,1	79,8	80,5	81,2	81,9	82,6	83,3	78,2	79,3	81,7	82,8	78,8	82,3	**11**
12	84	84,7	85,4	86,1	86,8	87,5	88,2	88,9	89,6	90,3	85,2	86,3	88,7	89,8	85,8	89,3	**12**
13	91	91,7	92,4	93,1	93,8	94,5	95,2	95,9	96,6	97,3	92,2	93,3	95,7	96,8	92,8	96,3	**13**
14	98	98,7	99,4	100,1	100,8	101,5	102,2	102,9	103,6	104,3	99,2	100,3	102,7	103,8	99,8	103,3	**14**
15	105	105,7	106,4	107,1	107,8	108,5	109,2	109,9	110,6	111,3	106,2	107,3	109,7	110,8	106,8	110,3	**15**
16	112	112,7	113,4	114,1	114,8	115,5	116,2	116,9	117,6	118,3	113,2	114,3	116,7	117,8	113,8	117,3	**16**
17	119	119,7	120,4	121,1	121,8	122,5	123,2	123,9	124,6	125,3	120,2	121,3	123,7	124,8	120,8	124,3	**17**
18	126	126,7	127,4	128,1	128,8	129,5	130,2	130,9	131,6	132,3	127,2	128,3	130,7	131,8	127,8	131,3	**18**
19	133	133,7	134,4	135,1	135,8	136,5	137,2	137,9	138,6	139,3	134,2	135,3	137,7	138,8	134,8	138,3	**19**
20	140	140,7	141,4	142,1	142,8	143,5	144,2	144,9	145,6	146,3	141,2	142,3	144,7	145,8	141,8	145,3	**20**
21	147	147,7	148,4	149,1	149,8	150,5	151,2	151,9	152,6	153,3	148,2	149,3	151,7	152,8	148,8	152,3	**21**
22	154	154,7	155,4	156,1	156,8	157,5	158,2	158,9	159,6	160,3	155,2	156,3	158,7	159,8	155,8	159,3	**22**
23	161	161,7	162,4	163,1	163,8	164,5	165,2	165,9	166,6	167,3	162,2	163,3	165,7	166,8	162,8	166,3	**23**
24	168	168,7	169,4	170,1	170,8	171,5	172,2	172,9	173,6	174,3	169,2	170,3	172,7	173,8	169,8	173,3	**24**
25	175	175,7	176,4	177,1	177,8	178,5	179,2	179,9	180,6	181,3	176,2	177,3	179,7	180,8	176,8	180,3	**25**
26	182	182,7	183,4	184,1	184,8	185,5	186,2	186,9	187,6	188,3	183,2	184,3	186,7	187,8	183,8	187,3	**26**
27	189	189,7	190,4	191,1	191,8	192,5	193,2	193,9	194,6	195,3	190,2	191,3	193,7	194,8	190,8	194,3	**27**
28	196	196,7	197,4	198,1	198,8	199,5	200,2	200,9	201,6	202,3	197,2	198,3	200,7	201,8	197,8	201,3	**28**
29	203	203,7	204,4	205,1	205,8	206,5	207,2	207,9	208,6	209,3	204,2	205,3	207,7	208,8	204,8	208,3	**29**
30	210	210,7	211,4	212,1	212,8	213,5	214,2	214,9	215,6	216,3	211,2	212,3	214,7	215,8	211,8	215,3	**30**
31	217	217,7	218,4	219,1	219,8	220,5	221,2	221,9	222,6	223,3	218,2	219,3	221,7	222,8	218,8	222,3	**31**
32	224	224,7	225,4	226,1	226,8	227,5	228,2	228,9	229,6	230,3	225,2	226,3	228,7	229,8	225,8	229,3	**32**
33	231	231,7	232,4	233,1	233,8	234,5	235,2	235,9	236,6	237,3	232,2	233,3	235,7	236,8	232,8	236,3	**33**
34	238	238,7	239,4	240,1	240,8	241,5	242,2	242,9	243,6	244,3	239,2	240,3	242,7	243,8	239,8	243,3	**34**
35	245	245,7	246,4	247,1	247,8	248,5	249,2	249,9	250,6	251,3	246,2	247,3	249,7	250,8	246,8	250,3	**35**
36	252	252,7	253,4	254,1	254,8	255,5	256,2	256,9	257,6	258,3	253,2	254,3	256,7	257,8	253,8	257,3	**36**
37	259	259,7	260,4	261,1	261,8	262,5	263,2	263,9	264,6	265,3	260,2	261,3	263,7	264,8	260,8	264,3	**37**
38	266	266,7	267,4	268,1	268,8	269,5	270,2	270'9	271,6	272,3	267,2	268,3	270,7	271,8	267,8	271,3	**38**
39	273	273,7	274,4	275,1	275,8	276,5	277,2	277,9	278,6	279,3	274,2	275,3	277,7	278,8	274,8	278,3	**39**
40	280	280,7	281,4	282,1	282,8	283,5	284,2	284,9	285,6	286,3	281,2	282,3	284,7	285,8	281,8	285,3	**40**
41	287	287,7	288,4	289,1	289,8	290,5	291,2	291,9	292,6	293,3	288,2	289,3	291,7	292,8	288,8	292,3	**41**
42	294	294,7	295,4	296,1	296,8	297,5	298,2	298,9	299,6	300,3	295,2	296,3	298,7	299,8	295,8	299,3	**42**
43	301	301,7	302,4	303,1	303,8	304,5	305,2	305,9	306,6	307,3	302,2	303,3	305,7	306,8	302,8	306,3	**43**
44	308	308,7	309,4	310,1	310,8	311,5	312,2	312,9	313,6	314,3	309,2	310,3	312,7	313,8	309,8	313,3	**44**
45	315	315,7	316,4	317,1	317,8	318,5	319,2	319,9	320,6	321,3	316,2	317,3	319,7	320,8	316,8	320,3	**45**
46	322	322,7	323,4	324,1	324,8	325,5	326,2	326,9	327,6	328,3	323,2	324,3	326,7	327,8	323,8	327,3	**46**
47	329	329,7	330,4	331,1	331,8	332,5	333,2	333,9	334,6	335,3	330,2	331,3	333,7	334,8	330,8	334,3	**47**
48	336	336,7	337,4	338,1	338,8	339,5	340,2	340,9	341,6	342,3	337,2	338,3	340,7	341,8	337,8	341,3	**48**
49	343	343,7	344,4	345,1	345,8	346,5	347,2	347,9	348,6	349,3	344,2	345,3	347,7	348,8	344,8	348,3	**49**
50	350	350,7	351,4	352,1	352,8	353,5	354,2	354,9	355,6	356,3	351,2	352,3	354,7	355,8	351,8	355,3	**50**
51	357	357,7	358,4	359,1	359,8	360,5	361,2	361,9	362,6	363,3	358,2	359,3	361,7	362,8	358,8	362,3	**51**
52	364	364,7	365,4	366,1	366,8	367,5	368,2	368,9	369,6	370,3	365,2	366,3	368,7	369,8	365,8	369,3	**52**
53	371	371,7	372,4	373,1	373,8	374,5	375,2	375,9	376,6	377,3	372,2	373,3	375,7	376,8	372,8	376,3	**53**
54	378	378,7	379,4	380,1	380,8	381,5	382,2	382,9	383,6	384,3	379,2	380,3	382,7	383,8	379,8	383,3	**54**
55	385	385,7	386,4	387,1	387,8	388,5	389,2	389,9	390,6	391,3	386,2	387,3	389,7	390,8	386,8	390,3	**55**
56	392	392,7	393,4	394,1	394,8	395,5	396,2	396,9	397,6	398,3	393,2	394,3	396,7	397,8	393,8	397,3	**56**
57	399	399,7	400,4	401,1	401,8	402,5	403,2	403,9	404,6	405,3	400,2	401,3	403,7	404,8	400,8	404,3	**57**
58	406	406,7	407,4	408,1	408,8	409,5	410,2	410,9	411,6	412,3	407,2	408,3	410,7	411,8	407,8	411,3	**58**
59	413	413,7	414,4	415,1	415,8	416,5	417,2	417,9	418,6	419,3	414,2	415,3	417,7	418,8	414,8	418,3	**59**
60	420	420,7	421,4	422,1	422,8	423,5	424,2	424,9	425,6	426,3	421,2	422,3	424,7	425,8	421,8	425,3	**60**
61	427	427,7	428,4	429,1	429,8	430,5	431,2	431,9	432,6	433,3	428,2	429,3	431,7	432,8	428,8	432,3	**61**
62	434	434,7	435,4	436,1	436,8	437,5	438,2	438,9	439,6	440,3	435,2	436,3	438,7	439,8	435,8	439,3	**62**
63	441	441,7	442,4	443,1	443,8	444,5	445,2	445,9	446,6	447,3	442,2	443,3	445,7	446,8	442,8	446,3	**63**
64	448	448,7	449,4	450,1	450,8	451,5	452,2	452,9	453,6	454,3	449,2	450,3	452,7	453,8	449,8	453,3	**64**
65	455	455,7	456,4	457,1	457,8	458,5	459,2	459,9	460,6	461,3	456,2	457,3	459,7	460,8	456,8	460,3	**65**
66	462	462,7	463,4	464,1	464,8	465,5	466,2	466,9	467,6	468,3	463,2	464,3	466,7	467,8	463,8	467,3	**66**
67	469	469,7	470,4	471,1	471,8	472,5	473,2	473,9	474,6	475,3	470,2	471,3	473,7	474,8	470,8	474,3	**67**
68	476	476,7	477,4	478,1	478,8	479,5	480,2	480,9	481,6	482,3	477,2	478,3	480,7	481,8	477,8	481,3	**68**
69	483	483,7	484,4	485,1	485,8	486,5	487,2	487,9	488,6	489,3	484,2	485,3	487,7	488,8	484,8	488,3	**69**
70	490	490,7	491,4	492,1	492,8	493,5	494,2	494,9	495,6	496,3	491,2	492,3	494,7	495,8	491,8	495,3	**70**
71	497	497,7	498,4	499,1	499,8	500,5	501,2	501,9	502,6	503,3	498,2	499,3	501,7	502,8	498,8	502,3	**71**
72	504	504,7	505,4	506,1	506,8	507,5	508,2	508,9	509,6	510,3	505,2	506,3	508,7	509,8	505,8	509,3	**72**
73	511	511,7	512,4	513,1	513,8	514,5	515,2	515,9	516,6	517,3	512,2	513,3	515,7	516,8	512,8	516,3	**73**
74	518	518,7	519,4	520,1	520,8	521,5	522,2	522,9	523,6	524,3	519,2	520,3	522,7	523,8	519,8	523,3	**74**
75	525	525,7	526,4	527,1	527,8	528,5	529,2	529,9	530,6	531,3	526,2	527,3	529,7	530,8	526,8	530,3	**75**
76	532	532,7	533,4	534,1	534,8	535,5	536,2	536,9	537,6	538,3	533,2	534,3	536,7	537,8	533,8	537,3	**76**
77	539	539,7	540,4	541,1	541,8	542,5	543,2	543,9	544,6	545,3	540,2	541,3	543,7	544,8	540,8	544,3	**77**
78	546	546,7	547,4	548,1	548,8	549,5	550,2	550,9	551,6	552,3	547,2	548,3	550,7	551,8	547,8	551,3	**78**
79	553	553,7	554,4	555,1	555,8	556,5	557,2	557,9	558,6	559,3	554,2	555,3	557,7	558,8	554,8	558,3	**79**
80	560	560,7	561,4	562,1	562,8	563,5	564,2	564,9	565,6	566,3	561,2	562,3	564,7	565,8	561,8	565,3	**80**
81	567	567,7	568,4	569,1	569,8	570,5	571,2	571,9	572,6	573,3	568,2	569,3	571,7	572,8	568,8	572,3	**81**
82	574	574,7	575,4	576,1	576,8	577,5	578,2	578,9	579,6	580,3	575,2	576,3	578,7	579,8	575,8	579,3	**82**
83	581	581,7	582,4	583,1	583,8	584,5	585,2	585,9	586,6	587,3	582,2	583,3	585,7	586,8	582,8	586,3	**83**
84	588	588,7	589,4	590,1	590,8	591,5	592,2	592,9	593,6	594,3	589,2	590,3	592,7	593,8	589,8	593,3	**84**
85	595	595,7	596,4	597,1	597,8	598,5	599,2	599,9	600,6	601,3	596,2	597,3	599,7	600,8	596,8	600,3	**85**
86	602	602,7	603,4	604,1	604,8	605,5	606,2	606,9	607,6	608,3	603,2	604,3	606,7	607,8	603,8	607,3	**86**
87	609	609,7	610,4	611,1	611,8	612,5	613,2	613,9	614,6	615,3	610,2	611,3	613,7	614,8	610,8	614,3	**87**
88	616	616,7	617,4	618,1	618,8	619,5	620,2	620,9	621,6	622,3	617,2	618,3	620,7	621,8	617,8	621,3	**88**
89	623	623,7	624,4	625,1	625,8	626,5	627,2	627,9	628,6	629,3	624,2	625,3	627,7	628,8	624,8	628,3	**89**
90	630	630,7	631,4	632,1	632,8	633,5	634,2	634,9	635,6	636,3	631,2	632,3	634,7	635,8	631,8	635,3	**90**
91	637	637,7	638,4	639,1	639,8	640,5	641,2	641,9	642,6	643,3	638,2	639,3	641,7	642,8	638,8	642,3	**91**
92	644	644,7	645,4	646,1	646,8	647,5	648,2	648,9	649,6	650,3	645,2	646,3	648,7	649,8	645,8	649,3	**92**
93	651	651,7	652,4	653,1	653,8	654,5	655,2	655,9	656,6	637,3	652,2	653,3	655,7	656,8	652,8	656,3	**93**
94	658	658,7	659,4	660,1	660,8	661,5	662,2	662,9	663,6	664,3	659,2	660,3	662,7	663,8	659,8	663,3	**94**
95	665	665,7	666,4	667,1	667,8	668,5	669,2	669,9	670,6	671,3	666,2	667,3	669,7	670,8	666,8	670,5	**95**
96	672	672,7	673,4	674,1	674,8	675,5	676,2	676,9	677,6	678,3	673,2	674,3	676,7	677,8	673,8	677,3	**96**
97	679	679,7	680,4	681,1	681,8	682,5	683,2	683,9	684,6	685,3	680,2	681,3	683,7	684,8	680,8	684,3	**97**
98	686	686,7	687,4	688,1	688,8	689,5	690,2	690,9	691,6	692,3	687,2	688,3	690,7	691,8	687,8	691,3	**98**
99	693	693,7	694,4	695,1	695,8	696,5	697,2	697,9	698,6	699,3	694,2	695,3	697,7	698,8	694,8	698,3	**99**
100	700	700,7	701,4	702,1	702,8	703,5	704,2	704,9	705,6	706,3	701,2	702,3	704,7	705,8	701,8	705,3	**100**

8		1/10 0,8	2/10 1,6	3/10 2,4	4/10 3,2	5/10 4,0	6/10 4,8	7/10 5,6	8/10 6,4	9/10 7,2	1/6 1,333	2/6 2,666	4/6 5,333	5/6 6,666	1/4 2,0	3/4 6,0	
1	8	8,8	9,6	10,4	11,2	12,0	12,8	13,6	14,4	15,2	9,3	10,7	13,3	14,7	10,0	14,0	1
2	16	16,8	17,6	18,4	19,2	20,0	20,8	21,6	22,4	23,2	17,3	18,7	21,3	22,7	18,0	22,0	2
3	24	24,8	25,6	26,4	27,2	28,0	28,8	29,6	30,4	31,2	25,3	26,7	29,3	30,7	26,0	30,0	3
4	32	32,8	33,6	34,4	35,2	36,0	36,8	37,6	38,4	39,2	33,3	34,7	37,3	38,7	34,0	38,0	4
5	40	40,8	41,6	42,4	43,2	44,0	44,8	45,6	46,4	47,2	41,3	42,7	45,3	46,7	42,0	46,0	5
6	48	48,8	49,6	50,4	51,2	52,0	52,8	53,6	54,4	55,2	49,3	50,7	53,3	54,7	50,0	54,0	6
7	56	56,8	57,6	58,4	59,2	60,0	60,8	61,6	62,4	63,2	57,3	58,7	61,3	62,7	58,0	62,0	7
8	64	64,8	65,6	66,4	67,2	68,0	68,8	69,6	70,4	71,2	65,3	66,7	69,3	70,7	66,0	70,0	8
9	72	72,8	73,6	74,4	75,2	76,0	76,8	77,6	78,4	79,2	73,3	74,7	77,3	78,7	74,0	78,0	9
10	80	80,8	81,6	82,4	83,2	84,0	84,8	85,6	86,4	87,2	81,3	82,7	85,3	86,7	82,0	86,0	10
11	88	88,8	89,6	90,4	91,2	92,0	92,8	93,6	94,4	95,2	89,3	90,7	93,3	94,7	90,0	94,0	11
12	96	96,8	97,6	98,4	99,2	100,0	100,8	101,6	102,4	103,2	97,3	98,7	101,3	102,7	98,0	102,0	12
13	104	104,8	105,6	106,4	107,2	108,0	108,8	109,6	110,4	111,2	105,3	106,7	109,3	110,7	106,0	110,0	13
14	112	112,8	113,6	114,4	115,2	116,0	116,8	117,6	118,4	119,2	113,3	114,7	117,3	118,7	114,0	118,0	14
15	120	120,8	121,6	122,4	123,2	124,0	124,8	125,6	126,4	127,2	121,3	122,7	125,3	126,7	122,0	126,0	15
16	128	128,8	129,6	130,4	131,2	132,0	132,8	133,6	134,4	135,2	129,3	130,7	133,3	134,7	130,0	134,0	16
17	136	136,8	137,6	138,4	139,2	140,0	140,8	141,6	142,4	143,2	137,3	138,7	141,3	142,7	138,0	142,0	17
18	144	144,8	145,6	146,4	147,2	148,0	148,8	149,6	150,4	151,2	145,3	146,7	149,3	150,7	146,0	150,0	18
19	152	152,8	153,6	154,4	155,2	156,0	156,8	157,6	158,4	159,2	153,3	154,7	157,3	158,7	154,0	158,0	19
20	160	160,8	161,6	162,4	163,2	164,0	164,8	165,6	166,4	167,2	161,3	162,7	165,3	166,7	162,0	166,0	20
21	168	168,8	169,6	170,4	171,2	172,0	172,8	173,6	174,4	175,2	169,3	170,7	173,3	174,7	170,0	174,0	21
22	176	176,8	177,6	178,4	179,2	180,0	180,8	181,6	182,4	183,2	177,3	178,7	181,3	182,7	178,0	182,0	22
23	184	184,8	185,6	186,4	187,2	188,0	188,8	189,6	190,4	191,2	185,3	186,7	189,3	190,7	186,0	190,0	23
24	192	192,8	193,6	194,4	195,2	196,0	196,8	197,6	198,4	199,2	193,3	194,7	197,3	198,7	194,0	198,0	24
25	200	200,8	201,6	202,4	203,2	204,0	204,8	205,6	206,4	207,2	201,3	202,7	205,3	206,7	202,0	206,0	25
26	208	208,8	209,6	210,4	211,2	212,0	212,8	213,6	214,4	215,2	209,3	210,7	213,3	214,7	210,0	214,0	26
27	216	216,8	217,6	218,4	219,2	220,0	220,8	221,6	222,4	223,2	217,3	218,7	221,3	222,7	218,0	222,0	27
28	224	224,8	225,6	226,4	227,2	228,0	228,8	229,6	230,4	231,2	225,3	226,7	229,3	230,7	226,0	230,0	28
29	232	232,8	233,6	234,4	235,2	236,0	236,8	237,6	238,4	239,2	233,3	234,7	237,3	238,7	234,0	238,0	29
30	240	240,8	241,6	242,4	243,2	244,0	244,8	245,6	246,4	247,2	241,3	242,7	245,3	246,7	242,0	246,0	30
31	248	248,8	249,6	250,4	251,2	252,0	252,8	253,6	254,4	255,2	249,3	250,7	253,3	254,7	250,0	254,0	31
32	256	256,8	257,6	258,4	259,2	260 0	260,8	261,6	262,4	263,2	257,3	258,7	261,3	262,7	258,0	262,0	32
33	264	264,8	265,6	266,4	267,2	268,0	268,8	269,6	270,4	271,2	265,3	266,7	269,3	270,7	266,0	270,0	33
34	272	272,8	273,6	274,4	275,2	276,0	276,8	277,6	278,4	279,2	273,3	274,7	277,3	278,7	274,0	278,0	34
35	280	280,8	281,6	282,4	283,2	284,0	284,8	285,6	286,4	287,2	281,3	282,7	285,3	286,7	282,0	286,0	35
36	288	288,8	289,6	290,4	291,2	292,0	292,8	293,6	294,4	295,2	289,3	290,7	293,3	294,7	290,0	294,0	36
37	296	296,8	297,6	298,4	299,2	300,0	300,8	301,6	302,4	303,2	297,3	298,7	301,3	302,7	298,0	302,0	37
38	304	304,8	305,6	306,4	307,2	308,0	308,8	309,6	310,4	311,2	305,3	306,7	309,3	310,7	306,0	310,0	38
39	312	312,8	313,6	314,4	315,2	316,0	316,8	317,6	318,4	319,2	313,3	314,7	317,3	318,7	314,0	318,0	39
40	320	320,8	321,6	322,4	323,2	324,0	324,8	325,6	326,4	327,2	321,3	322,7	325,3	326,7	322,0	326,0	40
41	328	328,8	329,6	330,4	331,2	332,0	332,8	333,6	334,4	335,2	329,3	330,7	333,3	334,7	330,0	334,0	41
42	336	336,8	337,6	338,4	339,2	340,0	340,8	341,6	342,4	343,2	337,3	338,7	341,3	342,7	338,0	342,0	42
43	344	344,8	345,6	346,4	347,2	348,0	348,8	349,6	350,4	351,2	345,3	346,7	349,3	350,7	346,0	350,0	43
44	352	352,8	353,6	354,4	355,2	356,0	356,8	357,6	358,4	359,2	353,3	354,7	357,3	358,7	354,0	358,0	44
45	360	360,8	361,6	362,4	363,2	364,0	364,8	365,6	366,4	367,2	361,3	362,7	365,3	366,7	362,0	366,0	45
46	368	368,8	369,6	370,4	371,2	372,0	372,8	373,6	374,4	375,2	369,3	370,7	373,3	374,7	370,0	374,0	46
47	376	376,8	377,6	378,4	379,2	380,0	380,8	381,6	382,4	383,2	377,3	378,7	381,3	382,7	378,0	382,0	47
48	384	384,8	385,6	386,4	387,2	388,0	388,8	389,6	390,4	391,2	385,3	386,7	389,3	390,7	386,0	390,0	48
49	392	392,8	393,6	394,4	395,2	396,0	396,8	397,6	398,4	399,2	393,3	394,7	397,3	398,7	394,0	398,0	49
50	400	400,8	401,6	402,4	403,2	404,0	404,8	405,6	406,4	407,2	401,3	402,7	405,3	406,7	402,0	406,0	50
51	408	408,8	409,6	410,4	411,2	412,0	412,8	413,6	414,4	415,2	409,3	410,7	413,3	414,7	410,0	414,0	51
52	416	416,8	417,6	418,4	419,2	420,0	420,8	421,6	422,4	423,2	417,3	418,7	421,3	422,7	418,0	422,0	52
53	424	424,8	425,6	426,4	427,2	428,0	428,8	429,6	430,4	431,2	425,3	426,7	429,3	430,7	426,0	430,0	53
54	432	432,8	433,6	434,4	435,2	436,0	436,8	437,6	438,4	439,2	433,3	434,7	437,3	438,7	434,0	438,0	54
55	440	440,8	441,6	442,4	443,2	444,0	444,8	445,6	446,4	447,2	441,3	442,7	445,3	446,7	442,0	446,0	55
56	448	448,8	449,6	450,4	451,2	452,0	452,8	453,6	454,4	455,2	449,3	450,7	453,3	454,7	450,0	454,0	56
57	456	456,8	457,6	458,4	459,2	460,0	460,8	461,6	462,4	463,2	457,3	458,7	461,3	462,7	458,0	462,0	57
58	464	464,8	465,6	466,4	467,2	468,0	468,8	469,6	470,4	471,2	465,3	466,7	469,3	470,7	466,0	470,0	58
59	472	472,8	473,6	474,4	475,2	476,0	476,8	477,6	478,4	479,2	473,3	474,7	477,3	478,7	474,0	478,0	59
60	480	480,8	481,6	482,4	483,2	484,0	484,8	485,6	486,4	487,2	481,3	482,7	485,3	486,7	482,0	486,0	60
61	488	488,8	489,6	490,4	491,2	492,0	492,8	493,6	494,4	495,2	489,3	490,7	493,3	494,7	490,0	494,0	61
62	496	496,8	497,6	498,4	499,2	500,0	500,8	501,6	502,4	503,2	497,3	498,7	501,3	502,7	498,0	502,0	62
63	504	504,8	505,6	506,4	507,2	508,0	508,8	509,6	510,4	511,2	505,3	506,7	509,3	510,7	506,0	510,0	63
64	512	512,8	513,6	514,4	515,2	516,0	516,8	517,6	518,4	519,2	513,3	514,7	517,3	518,7	514,0	518,0	64
65	520	520 8	521,6	522,4	523,2	524,0	524,8	525,6	526,4	527,2	521,3	522,7	525,3	526,7	522,0	526,0	65
66	528	528,8	529,6	530,4	531,2	532,0	532,8	533,6	534,4	535,2	529,3	530,7	533,3	534,7	530,0	534,0	66
67	536	536,8	537,6	538,4	539,2	540,0	540,8	541,6	542,4	543,2	537,3	538,7	541,3	542,7	538,0	542,0	67
68	544	544,8	545,6	546,4	547,2	548,0	548,8	549,6	550,4	551,2	545,3	546,7	549,3	550,7	546,0	550,0	68
69	552	552,8	553,6	554,4	555,2	556,0	556,8	557,6	558,4	559,2	553,3	554,7	557,3	558,7	554,0	558,0	69
70	560	560,8	561,6	562,4	563,2	564,0	564,8	565,6	566,4	567,2	561,3	562,7	565,3	566,7	562,0	566,0	70
71	568	568,8	569,6	570,4	571,2	572,0	572,8	573,6	574,4	575,2	569,3	570,7	573,3	574,7	570,0	574,0	71
72	576	576,8	577,6	578,4	579,2	580,0	580,8	581,6	582,4	583,2	577,3	578,7	581,3	582,7	578,0	582,0	72
73	584	584,8	585,6	586,4	587,2	588,0	588,8	589,6	590,4	591,2	585,3	586,7	589,3	590,7	586,0	590,0	73
74	592	592,8	593,6	594,4	595,2	596,0	596,8	597,6	598,4	599,2	593,3	594,7	597,3	598,7	594,0	598,0	74
75	600	600,8	601,6	602,4	603,2	604,0	604,8	605,6	606,4	607,2	601,3	602,7	605,3	606,7	602,0	606,0	75
76	608	608,8	609,6	610,4	611,2	612,0	612,8	613,6	614,4	615,2	609,3	610,7	613,3	614,7	610,0	614,0	76
77	616	616,8	617,6	618,4	619,2	620,0	620,8	621,6	622,4	623,2	617,3	618,7	621,3	622,7	618,0	622,0	77
78	624	624,8	625,6	626,4	627,2	628,0	628,8	629,6	630,4	631,2	625,3	626,7	629,3	630,7	626,0	630,0	78
79	632	632,8	633,6	634,4	635,2	636,0	636,8	637,6	638,4	639,2	633,3	634,7	637,3	638,7	634,0	638,0	79
80	640	640,8	641,6	642,4	643,2	644,0	644,8	645,6	646,4	647,2	641,3	642,7	645,3	646,7	642,0	646,0	80
81	648	648,8	649,6	650,4	651,2	652,0	652,8	653,6	654,4	655,2	649,3	650,7	653,3	654,7	650,0	654,0	81
82	656	656,8	657,6	658,4	659,2	660,0	660,8	661,6	662,4	663,2	657,3	658,7	661,3	662,7	658,0	662,0	82
83	664	664,8	665,6	666,4	667,2	668,0	668,8	669,6	670,4	671,2	665,3	666,7	669,3	670,7	666,0	670,0	83
84	672	672,8	673,6	674,4	675,2	676,0	676,8	677,6	678,4	679,2	673,3	674,7	677,3	678,7	674,0	678,0	84
85	680	680,8	681,6	682,4	683,2	684,0	684,8	685,6	686,4	687,2	681,3	682,7	685,3	686,7	682,0	686,0	85
86	688	688,8	689,6	690,4	691,2	692,0	692,8	693,6	694,4	695,2	689,3	690,7	693,3	694,7	690,0	694,0	86
87	696	696,8	697,6	698,4	699,2	700,0	700,8	701,6	702,4	703,2	697,3	698,7	701,3	702,7	698,0	702,0	87
88	704	704,8	705,6	706,4	707,2	708,0	708,8	709,6	710,4	711,2	705,3	706,7	709,3	710,7	706,0	710,0	88
89	712	712,8	713,6	714,4	715,2	716,0	716,8	717,6	718,4	719,2	713,3	714,7	717,3	718,7	714,0	718,0	89
90	720	720,8	721,6	722,4	723,2	724,0	724,8	725,6	726,4	727,2	721,3	722,7	725,3	726,7	722,0	726,0	90
91	728	728,8	729,6	730,4	731,2	732,0	732,8	733,6	734,4	735,2	729,3	730,7	733,3	734,7	730,0	734,0	91
92	736	736,8	737,6	738,4	739,2	740,0	740,8	741,6	742,4	743,2	737,3	738,7	741,3	742,7	738,0	742,0	92
93	744	744,8	745,6	746,4	747,2	748,0	748,8	749,6	750,4	751,2	745,3	746,7	749,3	750,7	746,0	750,0	93
94	752	752,8	753,6	754,4	755,2	756,0	756,8	757,6	758,4	759,2	753,3	754,7	757,3	758,7	754,0	758,0	94
95	760	760,8	761,6	762,4	763,2	764,0	764,8	765,6	766,4	767,2	761,3	762,7	765,3	766,7	762,0	766,0	95
96	768	768,8	769,6	770,4	771,2	772,0	772,8	773,6	774,4	775,2	769,3	770,7	773,3	774,7	770,0	774,0	96
97	776	776,8	777,6	778,4	779,2	780,0	780,8	781,6	782,4	783,2	777,3	778,7	781,3	782,7	778,0	782,0	97
98	784	784,8	785,6	786,4	787,2	788,0	788,8	789,6	790,4	791,2	785,3	786,7	789,3	790,7	786,0	790,0	98
99	792	792,8	793,6	794,4	795,2	796,0	796,8	797,6	798,4	799,2	793,3	794,7	797,3	798,7	794,0	798,0	99
100	800	800,8	801,6	802,4	803,2	804,0	804,8	805,6	806,4	807,2	801,3	802,7	805,3	806,7	802,0	806,0	100

		1/10 0,9	2/10 1,8	3/10 2,7	4/10 3,6	5/10 4,5	6/10 5,4	7/10 6,3	8/10 7,2	9/10 8,1	1/6 1,5	2/6 3,0	4/6 6,0	5/6 7,5	1/4 2,25	3/4 6,75	**9**
1	9	9,9	10,8	11,7	12,6	13,5	14,4	15,3	16,2	17,1	10,5	12,0	15,0	16,5	11,3	15,8	**1**
2	18	18,9	19,8	20,7	21,6	22,5	23,4	24,3	25,2	26,1	19,5	21,0	24,0	25,5	20,3	24,8	**2**
3	27	27,9	28,8	29,7	30,6	31,5	32,4	33,3	34,2	35,1	28,5	30,0	33,0	34,5	29,3	33,8	**3**
4	36	36,9	37,8	38,7	39,6	40,5	41,4	42,3	43,2	44,1	37,5	39,0	42,0	43,5	38,3	42,8	**4**
5	45	45,9	46,8	47,7	48,6	49,5	50,4	51,3	52,2	53,1	46,5	48,0	51,0	52,5	47,3	51,8	**5**
6	54	54,9	55,8	56,7	57,6	58,5	59,4	60,3	61,2	62,1	55,5	57,0	60,0	61,5	56,3	60,8	**6**
7	63	63,9	64,8	65,7	66,6	67,5	68,4	69,3	70,2	71,1	64,5	66,0	69,0	70,5	65,3	69,8	**7**
8	72	72,9	73,8	74,7	75,6	76,5	77,4	78,3	79,2	80,1	73,5	75,0	78,0	79,5	74,3	78,8	**8**
9	81	81,9	82,8	83,7	84,6	85,5	86,4	87,3	88,2	89,1	82,5	84,0	87,0	88,5	83,3	87,8	**9**
10	90	90,9	91,8	92,7	93,6	94,5	95,4	96,3	97,2	98,1	91,5	93,0	96,0	97,5	92,3	96,8	**10**
11	99	99,9	100,8	101,7	102,6	103,5	104,4	105,3	106,2	107,1	100,5	102,0	105,0	106,5	101,3	105,8	**11**
12	108	108,9	109,8	110,7	111,6	112,5	113,4	114,3	115,2	116,1	109,5	111,0	114,0	115,5	110,3	114,8	**12**
13	117	117,9	118,8	119,7	120,6	121,5	122,4	123,3	124,2	125,1	118,5	120,0	123,0	124,5	119,3	123,8	**13**
14	126	126,9	127,8	128,7	129,6	130,5	131,4	132,3	133,2	134,1	127,5	129,0	132,0	133,5	128,3	132,8	**14**
15	135	135,9	136,8	137,7	138,6	139,5	140,4	141,3	142,2	143,1	136,5	138,0	141,0	142,5	137,3	141,8	**15**
16	144	144,9	145,8	146,7	147,6	148,5	149,4	150,3	151,2	152,1	145,5	147,0	150,0	151,5	146,3	150,8	**16**
17	153	153,9	154,8	155,7	156,6	157,5	158,4	159,3	160,2	161,1	154,5	156,0	159,0	160,5	155,3	159,8	**17**
18	162	162,9	163,8	164,7	165,6	166,5	167,4	168,3	169,2	170,1	163,5	165,0	168,0	169,5	164,3	168,8	**18**
19	171	171,9	172,8	173,7	174,6	175,5	176,4	177,3	178,2	179,1	172,5	174,0	177,0	178,5	173,3	177,8	**19**
20	180	180,9	181,8	182,7	183,6	184,5	185,4	186,3	187,2	188,1	181,5	183,0	186,0	187,5	182,3	186,8	**20**
21	189	189,9	190,8	191,7	192,6	193,5	194,4	195,3	196,2	197,1	190,5	192,0	195,0	196,5	191,3	195,8	**21**
22	198	198,9	199,8	200,7	201,6	202,5	203,4	204,3	205,2	206,1	199,5	201,0	204,0	205,5	200,3	204,8	**22**
23	207	207,9	208,8	209,7	210,6	211,5	212,4	213,3	214,2	215,1	208,5	210,0	213,0	214,5	209,3	213,8	**23**
24	216	216,9	217,8	218,7	219,6	220,5	221,4	222,3	223,2	224,1	217,5	219,0	222,0	223,5	218,3	222,8	**24**
25	225	225,9	226,8	227,7	228,6	229,5	230,4	231,3	232,2	233,1	226,5	228,0	231,0	232,5	227,3	231,8	**25**
26	234	234,9	235,8	236,7	237,6	238,5	239,4	240,3	241,2	242,1	235,5	237,0	240,0	241,5	236,3	240,8	**26**
27	243	243,9	244,8	245,7	246,6	247,5	248,4	249,3	250,2	251,1	244,5	246,0	249,0	250,5	245,3	249,8	**27**
28	252	252,9	253,8	254,7	255,6	256,5	257,4	258,3	259,2	260,1	253,5	255,0	258,0	259,5	254,3	258,8	**28**
29	261	261,9	262,8	263,7	264,6	265,5	266,4	267,3	268,2	269,1	262,5	264,0	267,0	268,5	263,3	267,8	**29**
30	270	270,9	271,8	272,7	273,6	274,5	275,4	276,3	277,2	278,1	271,5	273,0	276,0	277,5	272,3	276,8	**30**
31	279	279,9	280,8	281,7	282,6	283,5	284,4	285,3	286,2	287,1	280,5	282,0	285,0	286,5	281,3	285,8	**31**
32	288	288,9	289,8	290,7	291,6	292,5	293,4	294,3	295,2	296,1	289,5	291,0	294,0	295,5	290,3	294,8	**32**
33	297	297,9	298,8	299,7	300,6	301,5	302,4	303,3	304,2	305,1	298,5	300,0	303,0	304,5	299,3	303,8	**33**
34	306	306,9	307,8	308,7	309,6	310,5	311,4	312,3	313,2	314,1	307,5	309,0	312,0	313,5	308,3	312,8	**34**
35	315	315,9	316,8	317,7	318,6	319,5	320,4	321,3	322,2	323,1	316,5	318,0	321,0	322,5	317,3	321,8	**35**
36	324	324,9	325,8	326,7	327,6	328,5	329,4	330,3	331,2	332,1	325,5	327,0	330,0	331,5	326,3	330,8	**36**
37	333	333,9	334,8	335,7	336,6	337,5	338,4	339,3	340,2	341,1	334,5	336,0	339,0	340,5	335,3	339,8	**37**
38	342	342,9	343,8	344,7	345,6	346,5	347,4	348,3	349,2	350,1	343,5	345,0	348,0	349,5	344,3	348,8	**38**
39	351	351,9	352,8	353,7	354,6	355,5	356,4	357,3	358,2	359,1	352,5	354,0	357,0	358,5	353,3	357,8	**39**
40	360	360,9	361,8	362,7	363,6	364,5	365,4	366,3	367,2	368,1	361,5	363,0	366,0	367,5	362,3	366,8	**40**
41	369	369,9	370,8	371,7	372,6	373,5	374,4	375,3	376,2	377,1	370,5	372,0	375,0	376,5	371,3	375,8	**41**
42	378	378,9	379,8	380,7	381,6	382,5	383,4	384,3	385,2	386,1	379,5	381,0	384,0	385,5	380,3	384,8	**42**
43	387	387,9	388,8	389,7	390,6	391,5	392,4	393,3	394,2	395,1	388,5	390,0	393,0	394,5	389,3	393,8	**43**
44	396	396,9	397,8	398,7	399,6	400,5	401,4	402,3	403,2	404,1	397,5	399,0	402,0	403,5	398,3	402,8	**44**
45	405	405,9	406,8	407,7	408,6	409,5	410,4	411,3	412,2	413,1	406,5	408,0	411,0	412,5	407,3	411,8	**45**
46	414	414,9	415,8	416,7	417,6	418,5	419,4	420,3	421,2	422,1	415,5	417,0	420,0	421,5	416,3	420,8	**46**
47	423	423,9	424,8	425,7	426,6	427,5	428,4	429,3	430,2	431,1	424,5	426,0	429,0	430,5	425,3	429,8	**47**
48	432	432,9	433,8	434,7	435,6	436,5	437,4	438,3	439,2	440,1	433,5	435,0	438,0	439,5	434,3	438,8	**48**
49	441	441,9	442,8	443,7	444,6	445,5	446,4	447,3	448,2	449,1	442,5	444,0	447,0	448,5	443,3	447,8	**49**
50	450	450,9	451,8	452,7	453,6	454,5	455,4	456,3	457,2	458,1	451,5	453,0	456,0	457,5	452,3	456,8	**50**
51	459	459,9	460,8	461,7	462,6	463,5	464,4	465,3	466,2	467,1	460,5	462,0	465,0	466,5	461,3	465,8	**51**
52	468	468,9	469,8	470,7	471,6	472,5	473,4	474,3	475,2	476,1	469,5	471,0	474,0	475,5	470,3	474,8	**52**
53	477	477,9	478,8	479,7	480,6	481,5	482,4	483,3	484,2	485,1	478,5	480,0	483,0	484,5	479,3	483,8	**53**
54	486	486,9	487,8	488,7	489,6	490,5	491,4	492,3	493,2	494,1	487,5	489,0	492,0	493,5	488,3	492,8	**54**
55	495	495,9	496,8	497,7	498,6	499,5	500,4	501,3	502,2	503,1	496,5	498,0	501,0	502,5	497,3	501,8	**55**
56	504	504,9	505,8	506,7	507,6	508,5	509,4	510,3	511,2	512,1	505,5	507,0	510,0	511,5	506,3	510,8	**56**
57	513	513,9	514,8	515,7	516,6	517,5	518,4	519,3	520,2	521,1	514,5	516,0	519,0	520,5	515,3	519,8	**57**
58	522	522,9	523,8	524,7	525,6	526,5	527,4	528,3	529,2	530,1	523,5	525,0	528,0	529,5	524,3	528,8	**58**
59	531	531,9	532,8	533,7	534,6	535,5	536,4	537,3	538,2	539,1	532,5	534,0	537,0	538,5	533,3	537,8	**59**
60	540	540,9	541,8	542,7	543,6	544,5	545,4	546,3	547,2	548,1	541,5	543,0	546,0	547,5	542,3	546,8	**60**
61	549	549,9	550,8	551,7	552,6	553,5	554,4	555,3	556,2	557,1	550,5	552,0	555,0	556,5	551,3	555,8	**61**
62	558	558,9	559,8	560,7	561,6	562,5	563,4	564,3	565,2	566,1	559,5	561,0	564,0	565,5	560,3	564,8	**62**
63	567	567,9	568,8	569,7	570,6	571,5	572,4	573,3	574,2	575,1	568,5	570,0	573,0	574,5	569,3	573,8	**63**
64	576	576,9	577,8	578,7	579,6	580,5	581,4	582,3	583,2	584,1	577,5	579,0	582,0	583,5	578,3	582,8	**64**
65	585	585,9	586,8	587,7	588,6	589,5	590,4	591,3	592,2	593,1	586,5	588,0	591,0	592,5	587,3	591,8	**65**
66	594	594,9	595,8	596,7	597,6	598,5	599,4	600,3	601,2	602,1	595,5	597,0	600,0	601,5	596,3	600,8	**66**
67	603	603,9	604,8	605,7	606,6	607,5	608,4	609,3	610,2	611,1	604,5	606,0	609,0	610,5	605,3	609,8	**67**
68	612	612,9	613,8	614,7	615,6	616,5	617,4	618,3	619,2	620,1	613,5	615,0	618,0	619,5	614,3	618,8	**68**
69	621	621,9	622,8	623,7	624,6	625,5	626,4	627,3	628,2	629,1	622,5	624,0	627,0	628,5	623,3	627,8	**69**
70	630	630,9	631,8	632,7	633,6	634,5	635,4	636,3	637,2	638,1	631,5	633,0	636,0	637,5	632,3	636,8	**70**
71	639	639,9	640,8	641,7	642,6	643,5	644,4	645,3	646,2	647,1	640,5	642,0	645,0	646,5	641,3	645,8	**71**
72	648	648,9	649,8	650,7	651,6	652,5	653,4	654,3	655,2	656,1	649,5	651,0	654,0	655,5	650,3	654,8	**72**
73	657	657,9	658,8	659,7	660,6	661,5	662,4	663,3	664,2	665,1	658,5	660,0	663,0	664,5	659,3	663,8	**73**
74	666	666,9	667,8	668,7	669,6	670,5	671,4	672,3	673,2	674,1	667,5	669,0	672,0	673,5	668,3	672,8	**74**
75	675	675,9	676,8	677,7	678,6	679,5	680,4	681,3	682,2	683,1	676,5	678,0	681,0	682,5	677,3	681,8	**75**
76	684	684,9	685,8	686,7	687,6	688,5	689,4	690,3	691,2	692,1	685,5	687,0	690,0	691,5	686,3	690,8	**76**
77	693	693,9	694,8	695,7	696,6	697,5	698,4	699,3	700,2	701,1	694,5	696,0	699,0	700,5	695,3	699,8	**77**
78	702	702,9	703,8	704,7	705,6	706,5	707,4	708,3	709,2	710,1	703,5	705,0	708,0	709,5	704,3	708,8	**78**
79	711	711,9	712,8	713,7	714,6	715,5	716,4	717,3	718,2	719,1	712,5	714,0	717,0	718,5	713,3	717,8	**79**
80	720	720,9	721,8	722,7	723,6	724,5	725,4	726,3	727,2	728,1	721,5	723,0	726,0	727,5	722,3	726,8	**80**
81	729	729,9	730,8	731,7	732,6	733,5	734,4	735,3	736,2	737,1	730,5	732,0	735,0	736,5	731,3	735,8	**81**
82	738	738,9	739,8	740,7	741,6	742,5	743,4	744,3	745,2	746,1	739,5	741,0	744,0	745,5	740,3	744,8	**82**
83	747	747,9	748,8	749,7	750,6	751,5	752,4	753,3	754,2	755,1	748,5	750,0	753,0	754,5	749,3	753,8	**83**
84	756	756,9	757,8	758,7	759,6	760,5	761,4	762,3	763,2	764,1	757,5	759,0	762,0	763,5	758,3	762,8	**84**
85	765	765,9	766,8	767,7	768,6	769,5	770,4	771,3	772,2	773,1	766,5	768,0	771,0	772,5	767,3	771,8	**85**
86	774	774,9	775,8	776,7	777,6	778,5	779,4	780,3	781,2	782,1	775,5	777,0	780,0	781,5	776,3	780,8	**86**
87	783	783,9	784,8	785,7	786,6	787,5	788,4	789,3	790,2	791,1	784,5	786,0	789,0	790,5	785,3	789,8	**87**
88	792	792,9	793,8	794,7	795,6	796,5	797,4	798,3	799,2	800,1	793,5	795,0	798,0	799,5	794,3	798,8	**88**
89	801	801,9	802,8	803,7	804,6	805,5	806,4	807,3	808,2	809,1	802,5	804,0	807,0	808,5	803,3	807,8	**89**
90	810	810,9	811,8	812,7	813,6	814,5	815,4	816,3	817,2	818,1	811,5	813,0	816,0	817,5	812,3	816,8	**90**
91	819	819,9	820,8	821,7	822,6	823,5	824,4	825,3	826,2	827,1	820,5	822,0	825,0	826,5	821,3	825,8	**91**
92	828	828,9	829,8	830,7	831,6	832,5	833,4	834,3	835,2	836,1	829,5	831,0	834,0	835,5	830,3	834,8	**92**
93	837	837,9	838,8	839,7	840,6	841,5	842,4	843,3	844,2	845,1	838,5	840,0	843,0	844,5	839,3	843,8	**93**
94	846	846,9	847,8	848,7	849,6	850,5	851,4	852,3	853,2	854,1	847,5	849,0	852,0	853,5	848,3	852,8	**94**
95	855	855,9	856,8	857,7	858,6	859,5	860,4	861,3	862,2	863,1	856,5	858,0	861,0	862,5	857,3	861,8	**95**
96	864	864,9	865,8	866,7	867,6	868,5	869,4	870,3	871,2	872,1	865,5	867,0	870,0	871,5	866,3	870,8	**96**
97	873	873,9	874,8	875,7	876,6	877,5	878,4	879,3	880,2	881,1	874,5	876,0	879,0	880,5	875,3	879,8	**97**
98	882	882,9	883,8	884,7	885,6	886,5	887,4	888,3	889,2	890,1	883,5	885,0	888,0	889,5	884,3	888,8	**98**
99	891	891,9	892,8	893,7	894,6	895,5	896,4	897,3	898,2	899,1	892,5	894,0	897,0	898,5	893,3	897,8	**99**
100	900	900,9	901,8	902,7	903,6	904,5	905,4	906,3	907,2	908,1	901,5	903,0	906,0	907,5	902,3	906,8	**100**

10		1/10 1,0	2/10 2,0	3/10 3,0	4/10 4,0	5/10 5,0	6/10 6,0	7/10 7,0	8/10 8,0	9/10 9,0	1/6 1,666	2/6 3,333	4/6 6,666	5/6 8,333	1/4 2,5	3/4 7,5	
1	10	11,0	12,0	13,0	14,0	15,0	16,0	17,0	18,0	19,0	11,7	13,3	16,7	18,3	12,5	17,5	1
2	20	21,0	22,0	23,0	24,0	25,0	26,0	27,0	28,0	29,0	21,7	23,3	26,7	28,3	22,5	27,5	2
3	30	31,0	32,0	33,0	34,0	35,0	36,0	37,0	38,0	39,0	31,7	33,3	36,7	38,3	32,5	37,5	3
4	40	41,0	42,0	43,0	44,0	45,0	46,0	47,0	48,0	49,0	41,7	43,3	46,7	48,3	42,5	47,5	4
5	50	51,0	52,0	53,0	54,0	55,0	56,0	57,0	58,0	59,0	51,7	53,3	56,7	58,3	52,5	57,5	5
6	60	61,0	62,0	63,0	64,0	65,0	66,0	67,0	68,0	69,0	61,7	63,3	66,7	68,3	62,5	67,5	6
7	70	71,0	72,0	73,0	74,0	75,0	76,0	77,0	78,0	79,0	71,7	73,3	76,7	78,3	72,5	77,5	7
8	80	81,0	82,0	83,0	84,0	85,0	86,0	87,0	88,0	89,0	81,7	83,3	86,7	88,3	82,5	87,5	8
9	90	91,0	92,0	93,0	94,0	95,0	96,0	97,0	98,0	99,0	91,7	93,3	96,7	98,3	92,5	97,5	9
10	100	101,0	102,0	103,0	104,0	105,0	106,0	107,0	108,0	109,0	101,7	103,3	106,7	108,3	102,5	107,5	10
11	110	111,0	112,0	113,0	114,0	115,0	116,0	117,0	118,0	119,0	111,7	113,3	116,7	118,3	112,5	117,5	11
12	120	121,0	122,0	123,0	124,0	125,0	126,0	127,0	128,0	129,0	121,7	123,3	126,7	128,3	122,5	127,5	12
13	130	131,0	132,0	133,0	134,0	135,0	136,0	137,0	138,0	139,0	131,7	133,3	136,7	138,3	132,5	137,5	13
14	140	141,0	142,0	143,0	144,0	145,0	146,0	147,0	148,0	149,0	141,7	143,3	146,7	148,3	142,5	147,5	14
15	150	151,0	152,0	153,0	154,0	155,0	156,0	157,0	158,0	159,0	151,7	153,3	156,7	158,3	152,5	157,5	15
16	160	161,0	162,0	163,0	164,0	165,0	166,0	167,0	168,0	169,0	161,7	163,3	166,7	168,3	162,5	167,5	16
17	170	171,0	172,0	173,0	174,0	175,0	176,0	177,0	178,0	179,0	171,7	173,3	176,7	178,3	172,5	177,5	17
18	180	181,0	182,0	183,0	184,0	185,0	186,0	187,0	188,0	189,0	181,7	183,3	186,7	188,3	182,5	187,5	18
19	190	191,0	192,0	193,0	194,0	195,0	196,0	197,0	198,0	199,0	191,7	193,3	196,7	198,3	192,5	197,5	19
20	200	201,0	202,0	203,0	204,0	205,0	206,0	207,0	208,0	209,0	201,7	203,3	206,7	208,3	202,5	207,5	20
21	210	211,0	212,0	213,0	214,0	215,0	216,0	217,0	218,0	219,0	211,7	213,3	216,7	218,3	212,5	217,5	21
22	220	221,0	222,0	223,0	224,0	225,0	226,0	227,0	228,0	229,0	221,7	223,3	226,7	228,3	222,5	227,5	22
23	230	231,0	232,0	233,0	234,0	235,0	236,0	237,0	238,0	239,0	231,7	233,3	236,7	238,3	232,5	237,5	23
24	240	241,0	242,0	243,0	244,0	245,0	246,0	247,0	248,0	249,0	241,7	243,3	246,7	248,3	242,5	247,5	24
25	250	251,0	252,0	253,0	254,0	255,0	256,0	257,0	258,0	259,0	251,7	253,3	256,7	258,3	252,5	257,5	25
26	260	261,0	262,0	263,0	264,0	265,0	266,0	267,0	268,0	269,0	261,7	263,3	266,7	268,3	262,5	267,5	26
27	270	271,0	272,0	273,0	274,0	275,0	276,0	277,0	278,0	279,0	271,7	273,3	276,7	278,3	272,5	277,5	27
28	280	281,0	282,0	283,0	284,0	285,0	286,0	287,0	288,0	289,0	281,7	283,3	286,7	288,3	282,5	287,5	28
29	290	291,0	292,0	293,0	294,0	295,0	296,0	297,0	298,0	299,0	291,7	293,3	296,7	298,3	292,5	297,5	29
30	300	301,0	302,0	303,0	304,0	305,0	306,0	307,0	308,0	309,0	301,7	303,3	306,7	308,3	302,5	307,5	30
31	310	311,0	312,0	313,0	314,0	315,0	316,0	317,0	318,0	319,0	311,7	313,3	316,7	318,3	312,5	317,5	31
32	320	321,0	322,0	323,0	324,0	325,0	326,0	327,0	328,0	329,0	321,7	323,3	326,7	328,3	322,5	327,5	32
33	330	331,0	332,0	333,0	334,0	335,0	336,0	337,0	338,0	339,0	331,7	333,3	336,7	338,3	332,5	337,5	33
34	340	341,0	342,0	343,0	344,0	345,0	346,0	347,0	348,0	349,0	341,7	343,3	346,7	348,3	342,5	347,5	34
35	350	351,0	352,0	353,0	354,0	355,0	356,0	357,0	358,0	359,0	351,7	353,3	356,7	358,3	352,5	357,5	35
36	360	361,0	362,0	363,0	364,0	365,0	366,0	367,0	368,0	369,0	361,7	363,3	366,7	368,3	362,5	367,5	36
37	370	371,0	372,0	373,0	374,0	375,0	376,0	377,0	378,0	379,0	371,7	373,3	376,7	378,3	372,5	377,5	37
38	380	381,0	382,0	383,0	384,0	385,0	386,0	387,0	388,0	389,0	381,7	383,3	386,7	388,3	382,5	387,5	38
39	390	391,0	392,0	393,0	394,0	395,0	396,0	397,0	398,0	399,0	391,7	393,3	396,7	398,3	392,5	397,5	39
40	400	401,0	402,0	403,0	404,0	405,0	406,0	407,0	408,0	409,0	401,7	403,3	406,7	408,3	402,5	407,5	40
41	410	411,0	412,0	413,0	414,0	415,0	416,0	417,0	418,0	419,0	411,7	413,3	416,7	418,3	412,5	417,5	41
42	420	421,0	422,0	423,0	424,0	425,0	426,0	427,0	428,0	429,0	421,7	423,3	426,7	428,3	422,5	427,5	42
43	430	431,0	432,0	433,0	434,0	435,0	436,0	437,0	438,0	439,0	431,7	433,3	436,7	438,3	432,5	437,5	43
44	440	441,0	442,0	443,0	444,0	445,0	446,0	447,0	448,0	449,0	441,7	443,3	446,7	448,3	442,5	447,5	44
45	450	451,0	452,0	453,0	454,0	455,0	456,0	457,0	458,0	459,0	451,7	453,3	456,7	458,3	452,5	457,5	45
46	460	461,0	462,0	463,0	464,0	465,0	466,0	467,0	468,0	469,0	461,7	463,3	466,7	468,3	462,5	467,5	46
47	470	471,0	472,0	473,0	474,0	475,0	476,0	477,0	478,0	479,0	471,7	473,3	476,7	478,3	472,5	477,5	47
48	480	481,0	482,0	483,0	484,0	485,0	486,0	487,0	488,0	489,0	481,7	483,3	486,7	488,3	482,5	487,5	48
49	490	491,0	492,0	493,0	494,0	495,0	496,0	497,0	498,0	499,0	491,7	493,3	496,7	498,3	492,5	497,5	49
50	500	501,0	502,0	503,0	504,0	505,0	506,0	507,0	508,0	509,0	501,7	503,3	506,7	508,3	502,5	507,5	50
51	510	511,0	512,0	513,0	514,0	515,0	516,0	517,0	518,0	519,0	511,7	513,3	516,7	518,3	512,5	517,5	51
52	520	521,0	522,0	523,0	524,0	525,0	526,0	527,0	528,0	529,0	521,7	523,3	526,7	528,3	522,5	527,5	52
53	530	531,0	532,0	533,0	534,0	535,0	536,0	537,0	538,0	539,0	531,7	533,3	536,7	538,3	532,5	537,5	53
54	540	541,0	542,0	543,0	544,0	545,0	546,0	547,0	548,0	549,0	541,7	543,3	546,7	548,3	542,5	547,5	54
55	550	551,0	552,0	553,0	554,0	555,0	556,0	557,0	558,0	559,0	551,7	553,3	556,7	558,3	552,5	557,5	55
56	560	561,0	562,0	563,0	564,0	565,0	566,0	567,0	568,0	569,0	561,7	563,3	566,7	568,3	562,5	567,5	56
57	570	571,0	572,0	573,0	574,0	575,0	576,0	577,0	578,0	579,0	571,7	573,3	576,7	578,3	572,5	577,5	57
58	580	581,0	582,0	583,0	584,0	585,0	586,0	587,0	588,0	589,0	581,7	583,3	586,7	588,3	582,5	587,5	58
59	590	591,0	592,0	593,0	594,0	595,0	596,0	597,0	598,0	599,0	591,7	593,3	596,7	598,3	592,5	597,5	59
60	600	601,0	602,0	603,0	604,0	605,0	606,0	607,0	608,0	609,0	601,7	603,3	606,7	608,3	602,5	607,5	60
61	610	611,0	612,0	613,0	614,0	615,0	616,0	617,0	618,0	619,0	611,7	613,3	616,7	618,3	612,5	617,5	61
62	620	621,0	622,0	623,0	624,0	625,0	626,0	627,0	628,0	629,0	621,7	623,3	626,7	628,3	622,5	627,5	62
63	630	631,0	632,0	633,0	634,0	635,0	636,0	637,0	638,0	639,0	631,7	633,3	636,7	638,3	632,5	637,5	63
64	640	641,0	642,0	643,0	644,0	645,0	646,0	647,0	648,0	649,0	641,7	643,3	646,7	648,3	642,5	647,5	64
65	650	651,0	652,0	653,0	654,0	655,0	656,0	657,0	658,0	659,0	651,7	653,3	656,7	658,3	652,5	657,5	65
66	660	661,0	662,0	663,0	664,0	665,0	666,0	667,0	668,0	669,0	661,7	663,3	666,7	668,3	662,5	667,5	66
67	670	671,0	672,0	673,0	674,0	675,0	676,0	677,0	678,0	679,0	671,7	673,3	676,7	678,3	672,5	677,5	67
68	680	681,0	682,0	683,0	684,0	685,0	686,0	687,0	688,0	689,0	681,7	683,3	686,7	688,3	682,5	687,5	68
69	690	691,0	692,0	693,0	694,0	695,0	696,0	697,0	698,0	699,0	691,7	693,3	696,7	698,3	692,5	697,5	69
70	700	701,0	702,0	703,0	704,0	705,0	706,0	707,0	708,0	709,0	701,7	703,3	706,7	708,3	702,5	707,5	70
71	710	711,0	712,0	713,0	714,0	715,0	716,0	717,0	718,0	719,0	711,7	713,3	716,7	718,3	712,5	717,5	71
72	720	721,0	722,0	723,0	724,0	725,0	726,0	727,0	728,0	729,0	721,7	723,3	726,7	728,3	722,5	727,5	72
73	730	731,0	732,0	733,0	734,0	735,0	736,0	737,0	738,0	739,0	731,7	733,3	736,7	738,3	732,5	737,5	73
74	740	741,0	742,0	743,0	744,0	745,0	746,0	747,0	748,0	749,0	741,7	743,3	746,7	748,3	742,5	747,5	74
75	750	751,0	752,0	753,0	754,0	755,0	756,0	757,0	758,0	759,0	751,7	753,3	756,7	758,3	752,5	757,5	75
76	760	761,0	762,0	763,0	764,0	765,0	766,0	767,0	768,0	769,0	761,7	763,3	766,7	768,3	762,5	767,5	76
77	770	771,0	772,0	773,0	774,0	775,0	776,0	777,0	778,0	779,0	771,7	773,3	776,7	778,3	772,5	777,5	77
78	780	781,0	782,0	783,0	784,0	785,0	786,0	787,0	788,0	789,0	781,7	783,3	786,7	788,3	782,5	787,5	78
79	790	791,0	792,0	793,0	794,0	795,0	796,0	797,0	798,0	799,0	791,7	793,3	796,7	798,3	792,5	797,5	79
80	800	801,0	802,0	803,0	804,0	805,0	806,0	807,0	808,0	809,0	801,7	803,3	806,7	808,3	802,5	807,5	80
81	810	811,0	812,0	813,0	814,0	815,0	816,0	817,0	818,0	819,0	811,7	813,3	816,7	818,3	812,5	817,5	81
82	820	821,0	822,0	823,0	824,0	825,0	826,0	827,0	828,0	829,0	821,7	823,3	826,7	828,3	822,5	827,5	82
83	830	831,0	832,0	833,0	834,0	835,0	836,0	837,0	838,0	839,0	831,7	833,3	836,7	838,3	832,5	837,5	83
84	840	841,0	842,0	843,0	844,0	845,0	846,0	847,0	848,0	849,0	841,7	843,3	846,7	848,3	842,5	847,5	84
85	850	851,0	852,0	853,0	854,0	855,0	856,0	857,0	858,0	859,0	851,7	853,3	856,7	858,3	852,5	857,5	85
86	860	861,0	862,0	863,0	864,0	865,0	866,0	867,0	868,0	869,0	861,7	863,3	866,7	868,3	862,5	867,5	86
87	870	871,0	872,0	873,0	874,0	875,0	876,0	877,0	878,0	879,0	871,7	873,3	876,7	878,3	872,5	877,5	87
88	880	881,0	882,0	883,0	884,0	885,0	886,0	887,0	888,0	889,0	881,7	883,3	886,7	888,3	882,5	887,5	88
89	890	891,0	892,0	893,0	894,0	895,0	896,0	897,0	898,0	899,0	891,7	893,3	896,7	898,3	892,5	897,5	89
90	900	901,0	902,0	903,0	904,0	905,0	906,0	907,0	908,0	909,0	901,7	903,3	906,7	908,3	902,5	907,5	90
91	910	911,0	912,0	913,0	914,0	915,0	916,0	917,0	918,0	919,0	911,7	913,3	916,7	918,3	912,5	917,5	91
92	920	921,0	922,0	923,0	924,0	925,0	926,0	927,0	928,0	929,0	921,7	923,3	926,7	928,3	922,5	927,5	92
93	930	931,0	932,0	933,0	934,0	935,0	936,0	937,0	938,0	939,0	931,7	933,3	936,7	938,3	932,5	937,5	93
94	940	941,0	942,0	943,0	944,0	945,0	946,0	947,0	948,0	949,0	941,7	943,3	946,7	948,3	942,5	947,5	94
95	950	951,0	952,0	953,0	954,0	955,0	956,0	957,0	958,0	959,0	951,7	953,3	956,7	958,3	952,5	957,5	95
96	960	961,0	962,0	963,0	964,0	965,0	966,0	967,0	968,0	969,0	961,7	963,3	966,7	968,3	962,5	967,5	96
97	970	971,0	972,0	973,0	974,0	975,0	976,0	977,0	978,0	979,0	971,7	973,3	976,7	978,3	972,5	977,5	97
98	980	981,0	982,0	983,0	984,0	985,0	986,0	987,0	988,0	989,0	981,7	983,3	986,7	988,3	982,5	987,5	98
99	990	991,0	992,0	993,0	994,0	995,0	996,0	997,0	998,0	999,0	991,7	993,3	996,7	998,3	992,5	997,5	99
100	1000	1001,0	1002,0	1003,0	1004,0	1005,0	1006,0	1007,0	1008,0	1009,0	1001,7	1003,3	1006,7	1008,3	1002,5	1007,5	100

		1/10 1,1	2/10 2,2	3/10 3,3	4/10 4,4	5/10 5,5	6/10 6,6	7/10 7,7	8/10 8,8	9/10 9,9	1/6 1,833	2/6 3,666	4/6 7,333	5/6 9,166	1/4 2,75	3/4 8,25	
1	11	12,1	13,2	14,3	15,4	16,5	17,6	18,7	19,8	20,9	12,8	14,7	18,3	20,2	13,8	19,3	**1**
2	22	23,1	24,2	25,3	26,4	27,5	28,6	29,7	30,8	31,9	23,8	25,7	29,3	31,2	24,8	30,3	**2**
3	33	34,1	35,2	36,3	37,4	38,5	39,6	40,7	41,8	42,9	34,8	36,7	40,3	42,2	35,8	41,3	**3**
4	44	45,1	46,2	47,3	48,4	49,5	50,6	51,7	52,8	53,9	45,8	47,7	51,3	53,2	46,8	52,3	**4**
5	55	56,1	57,2	58,3	59,4	60,5	61,6	62,7	63,8	64,9	56,8	58,7	62,3	64,2	57,8	63,3	**5**
6	66	67,1	68,2	69,3	70,4	71,5	72,6	73,7	74,8	75,9	67,8	69,7	73,3	75,2	68,8	74,3	**6**
7	77	78,1	79,2	80,3	81,4	82,5	83,6	84,7	85,8	86,9	78,8	80,7	84,3	86,2	79,8	85,3	**7**
8	88	89,1	90,2	91,3	92,4	93,5	94,6	95,7	96,8	97,9	89,8	91,7	95,3	97,2	90,8	96,3	**8**
9	99	100,1	101,2	102,3	103,4	104,5	105,6	106,7	107,8	108,9	100,8	102,7	106,3	108,2	101,8	107,3	**9**
10	110	111,1	112,2	113,3	114,4	115,5	116,6	117,7	118,8	119,9	111,8	113,7	117,3	119,2	112,8	118,3	**10**
11	121	122,1	123,2	124,3	125,4	126,5	127,6	128,7	129,8	130,9	122,8	124,7	128,3	130,2	123,8	129,3	**11**
12	132	133,1	134,2	135,3	136,4	137,5	138,6	139,7	140,8	141,9	133,8	135,7	139,3	141,2	134,8	140,3	**12**
13	143	144,1	145,2	146,3	147,4	148,5	149,6	150,7	151,8	152,9	144,8	146,7	150,3	152,2	145,8	151,3	**13**
14	154	155,1	156,2	157,3	158,4	159,5	160,6	161,7	162,8	163,9	155,8	157,7	161,3	163,2	156,8	162,3	**14**
15	165	166,1	167,2	168,3	169,4	170,5	171,6	172,7	173,8	174,9	166,8	168,7	172,3	174,2	167,8	173,3	**15**
16	176	177,1	178,2	179,3	180,4	181,5	182,6	183,7	184,8	185,9	177,8	179,7	183,3	185,2	178,8	184,3	**16**
17	187	188,1	189,2	190,3	191,4	192,5	193,6	194,7	195,8	196,9	188,8	190,7	194,3	196,2	189,8	195,3	**17**
18	198	199,1	200,2	201,3	202,4	203,5	204,6	205,7	206,8	207,9	199,8	201,7	205,3	207,2	200,8	206,3	**18**
19	209	210,1	211,2	212,3	213,4	214,5	215,6	216,7	217,8	218,9	210,8	212,7	216,3	218,2	211,8	217,3	**19**
20	220	221,1	222,2	223,3	224,4	225,5	226,6	227,7	228,8	229,9	221,8	223,7	227,3	229,2	222,8	228,3	**20**
21	231	232,1	233,2	234,3	235,4	236,5	237,6	238,7	239,8	240,9	232,8	234,7	238,3	240,2	233,8	239,3	**21**
22	242	243,1	244,2	245,3	246,4	247,5	248,6	249,7	250,8	251,9	243,8	245,7	249,3	251,2	244,8	250,3	**22**
23	253	254,1	255,2	256,3	257,4	258,5	259,6	260,7	261,8	262,9	254,8	256,7	260,3	262,2	255,8	261,3	**23**
24	264	265,1	266,2	267,3	268,4	269,5	270,6	271,7	272,8	273,9	265,8	267,7	271,3	273,2	266,8	272,3	**24**
25	275	276,1	277,2	278,3	279,4	280,5	281,6	282,7	283,8	284,9	276,8	278,7	282,3	284,2	277,8	283,3	**25**
26	286	287,1	288,2	289,3	290,4	291,5	292,6	293,7	294,8	295,9	287,8	289,7	293,3	295,2	288,8	294,3	**26**
27	297	298,1	299,2	300,3	301,4	302,5	303,6	304,7	305,8	306,9	298,8	300,7	304,3	306,2	299,8	305,3	**27**
28	308	309,1	310,2	311,3	312,4	313,5	314,6	315,7	316,8	317,9	309,8	311,7	315,3	317,2	310,8	316,3	**28**
29	319	320,1	321,2	322,3	323,4	324,5	325,6	326,7	327,8	328,9	320,8	322,7	326,3	328,2	321,8	327,3	**29**
30	330	331,1	332,2	333,3	334,4	335,5	336,6	337,7	338,8	339,9	331,8	333,7	337,3	339,2	332,8	338,3	**30**
31	341	342,1	343,2	344,3	345,4	346,5	347,6	348,7	349,8	350,9	342,8	344,7	348,3	350,2	343,8	349,3	**31**
32	352	353,1	354,2	355,3	356,4	357,5	358,6	359,7	360,8	361,9	353,8	355,7	359,3	361,2	354,8	360,3	**32**
33	363	364,1	365,2	366,3	367,4	368,5	369,6	370,7	371,8	372,9	364,8	366,7	370,3	372,2	365,8	371,3	**33**
34	374	375,1	376,2	377,3	378,4	379,5	380,6	381,7	382,8	383,9	375,8	377,7	381,3	383,2	376,8	382,3	**34**
35	385	386,1	387,2	388,3	389,4	390,5	391,6	392,7	393,8	394,9	386,8	388,7	392,3	394,2	387,8	393,3	**35**
36	396	397,1	398,2	399,3	400,4	401,5	402,6	403,7	404,8	405,9	397,8	399,7	403,3	405,2	398,8	404,3	**36**
37	407	408,1	409,2	410,3	411,4	412,5	413,6	414,7	415,8	416,9	408,8	410,7	414,3	416,2	409,8	415,3	**37**
38	418	419,1	420,2	421,3	422,4	423,5	424,6	425,7	426,8	427,9	419,8	421,7	425,3	427,2	420,8	426,3	**38**
39	429	430,1	431,2	432,3	433,4	434,5	435,6	436,7	437,8	438,9	430,8	432,7	436,3	438,2	431,8	437,3	**39**
40	440	441,1	442,2	443,3	444,4	445,5	446,6	447,7	448,8	449,9	441,8	443,7	447,3	449,2	442,8	448,3	**40**
41	451	452,1	453,2	454,3	455,4	456,5	457,6	458,7	459,8	460,9	452,8	454,7	458,3	460,2	453,8	459,3	**41**
42	462	463,1	464,2	465,3	466,4	467,5	468,6	469,7	470,8	471,9	463,8	465,7	469,3	471,2	464,8	470,3	**42**
43	473	474,1	475,2	476,3	477,4	478,5	479,6	480,7	481,8	482,9	474,8	476,7	480,3	482,2	475,8	481,3	**43**
44	484	485,1	486,2	487,3	488,4	489,5	490,6	491,7	492,8	493,9	485,8	487,7	491,3	493,2	486,8	492,3	**44**
45	495	496,1	497,2	498,3	499,4	500,5	501,6	502,7	503,8	504,9	496,8	498,7	502,3	504,2	497,8	503,3	**45**
46	506	507,1	508,2	509,3	510,4	511,5	512,6	513,7	514,8	515,9	507,8	509,7	513,3	515,2	508,8	514,3	**46**
47	517	518,1	519,2	520,3	521,4	522,5	523,6	524,7	525,8	526,9	518,8	520,7	524,3	526,2	519,8	525,3	**47**
48	528	529,1	530,2	531,3	532,4	533,5	534,6	535,7	536,8	537,9	529,8	531,7	535,3	537,2	530,8	536,3	**48**
49	539	540,1	541,2	542,3	543,4	544,5	545,6	546,7	547,8	548,9	540,8	542,7	546,3	548,2	541,8	547,3	**49**
50	550	551,1	552,2	553,3	554,4	555,5	556,6	557,7	558,8	559,9	551,8	553,7	557,3	559,2	552,8	558,3	**50**
51	561	562,1	563,2	564,3	565,4	566,5	567,6	568,7	569,8	570,9	562,8	564,7	568,3	570,2	563,8	569,3	**51**
52	572	573,1	574,2	575,3	576,4	577,5	578,6	579,7	580,8	581,9	573,8	575,7	579,3	581,2	574,8	580,3	**52**
53	583	584,1	585,2	586,3	587,4	588,5	589,6	590,7	591,8	592,9	584,8	586,7	590,3	592,2	585,8	591,3	**53**
54	594	595,1	596,2	597,3	598,4	599,5	600,6	601,7	602,8	603,9	595,8	597,7	601,3	603,2	596,8	602,3	**54**
55	605	606,1	607,2	608,3	609,4	610,5	611,6	612,7	613,8	614,9	606,8	608,7	612,3	614,2	607,8	613,3	**55**
56	616	617,1	618,2	619,3	620,4	621,5	622,6	623,7	624,8	625,9	617,8	619,7	623,3	625,2	618,8	624,3	**56**
57	627	628,1	629,2	630,3	631,4	632,5	633,6	634,7	635,8	636,9	628,8	630,7	634,3	636,2	629,8	635,3	**57**
58	638	639,1	640,2	641,3	642,4	643,5	644,6	645,7	646,8	647,9	639,8	641,7	645,3	647,2	640,8	646,3	**58**
59	649	650,1	651,2	652,3	653,4	654,5	655,6	656,7	657,8	658,9	650,8	652,7	656,3	658,2	651,8	657,3	**59**
60	660	661,1	662,2	663,3	664,4	665,5	666,6	667,7	668,8	669,9	661,8	663,7	667,3	669,2	662,8	668,3	**60**
61	671	672,1	673,2	674,3	675,4	676,5	677,6	678,7	679,8	680,9	672,8	674,7	678,3	680,2	673,8	679,3	**61**
62	682	683,1	684,2	685,3	686,4	687,5	688,6	689,7	690,8	691,9	683,8	685,7	689,3	691,2	684,8	690,3	**62**
63	693	694,1	695,2	696,3	697,4	698,5	699,6	700,7	701,8	702,9	694,8	696,7	700,3	702,2	695,8	701,3	**63**
64	704	705,1	706,2	707,3	708,4	709,5	710,6	711,7	712,8	713,9	705,8	707,7	711,3	713,2	706,8	712,3	**64**
65	715	716,1	717,2	718,3	719,4	720,5	721,6	722,7	723,8	724,9	716,8	718,7	722,3	724,2	717,8	723,3	**65**
66	726	727,1	728,2	729,3	730,4	731,5	732,6	733,7	734,8	735,9	727,8	729,7	733,3	735,2	728,8	734,3	**66**
67	737	738,1	739,2	740,3	741,4	742,5	743,6	744,7	745,8	746,9	738,8	740,7	744,3	746,2	739,8	745,3	**67**
68	748	749,1	750,2	751,3	752,4	753,5	754,6	755,7	756,8	757,9	749,8	751,7	755,3	757,2	750,8	756,3	**68**
69	759	760,1	761,2	762,3	763,4	764,5	765,6	766,7	767,8	768,9	760,8	762,7	766,3	768,2	761,8	767,3	**69**
70	770	771,1	772,2	773,3	774,4	775,5	776,6	777,7	778,8	779,9	771,8	773,7	777,3	779,2	772,8	778,3	**70**
71	781	782,1	783,2	784,3	785,4	786,5	787,6	788,7	789,8	790,9	782,8	784,7	788,3	790,2	783,8	789,3	**71**
72	792	793,1	794,2	795,3	796,4	797,5	798,6	799,7	800,8	801,9	793,8	795,7	799,3	801,2	794,8	800,3	**72**
73	803	804,1	805,2	806,3	807,4	808,5	809,6	810,7	811,8	812,9	804,8	806,7	810,3	812,2	805,8	811,3	**73**
74	814	815,1	816,2	817,3	818,4	819,5	820,6	821,7	822,8	823,9	815,8	817,7	821,3	823,2	816,8	822,3	**74**
75	825	826,1	827,2	828,3	829,4	830,5	831,6	832,7	833,8	834,9	826,8	828,7	832,3	834,2	827,8	833,3	**75**
76	836	837,1	838,2	839,3	840,4	841,5	842,6	843,7	844,8	845,9	837,8	839,7	843,3	845,2	838,8	844,3	**76**
77	847	848,1	849,2	850,3	851,4	852,5	853,6	854,7	855,8	856,9	848,8	850,7	854,3	856,2	849,8	855,3	**77**
78	858	859,1	860,2	861,3	862,4	863,5	864,6	865,7	866,8	867,9	859,8	861,7	865,3	867,2	860,8	866,3	**78**
79	869	870,1	871,2	872,3	873,4	874,5	875,6	876,7	877,8	878,9	870,8	872,7	876,3	878,2	871,8	877,3	**79**
80	880	881,1	882,2	883,3	884,4	885,5	886,6	887,7	888,8	889,9	881,8	883,7	887,3	889,2	882,8	888,3	**80**
81	891	892,1	893,2	894,3	895,4	896,5	897,6	898,7	899,8	900,9	892,8	894,7	898,3	900,2	893,8	899,3	**81**
82	902	903,1	904,2	905,3	906,4	907,5	908,6	909,7	910,8	911,9	903,8	905,7	909,3	911,2	904,8	910,3	**82**
83	913	914,1	915,2	916,3	917,4	918,5	919,6	920,7	921,8	922,9	914,8	916,7	920,3	922,2	915,8	921,3	**83**
84	924	925,1	926,2	927,3	928,4	929,5	930,6	931,7	932,8	933,9	925,8	927,7	931,3	933,2	926,8	932,3	**84**
85	935	936,1	937,2	938,3	939,4	940,5	941,6	942,7	943,8	944,9	936,8	938,7	942,3	944,2	937,8	943,3	**85**
86	946	947,1	948,2	949,3	950,4	951,5	952,6	953,7	954,8	955,9	947,8	949,7	953,3	955,2	948,8	954,3	**86**
87	957	958,1	959,2	960,3	961,4	962,5	963,6	964,7	965,8	966,9	958,8	960,7	964,3	966,2	959,8	965,3	**87**
88	968	969,1	970,2	971,3	972,4	973,5	974,6	975,7	976,8	977,9	969,8	971,7	975,3	977,2	970,8	976,3	**88**
89	979	980,1	981,2	982,3	983,4	984,5	985,6	986,7	987,8	988,9	980,8	982,7	986,3	988,2	981,8	987,3	**89**
90	990	991,1	992,2	993,3	994,4	995,5	996,6	997,7	998,8	999,9	991,8	993,7	997,3	999,2	992,8	998,3	**90**
91	1001	1002,1	1003,2	1104,3	1005,4	1006,5	1007,6	1008,7	1009,8	1010,9	1002,8	1004,7	1008,3	1010,2	1003,8	1009,3	**91**
92	1012	1013,1	1014,2	1015,3	1016,4	1017,5	1018,6	1019,7	1020,8	1021,9	1013,8	1015,7	1019,3	1021,2	1014,8	1020,3	**92**
93	1023	1024,1	1025,2	1026,3	1027,4	1028,5	1029,6	1030,7	1031,8	1032,9	1024,8	1026,7	1030,3	1032,2	1025,8	1031,3	**93**
94	1034	1035,1	1036,2	1037,3	1038,4	1039,5	1040,6	1041,7	1042,8	1043,9	1035,8	1037,7	1041,3	1043,2	1036,8	1042,3	**94**
95	1045	1046,1	1047,2	1048,3	1049,4	1050,5	1051,6	1052,7	1053,8	1054,9	1046,8	1048,7	1052,3	1054,2	1047,8	1053,3	**95**
96	1056	1057,1	1058,2	1059,3	1060,4	1061,5	1062,6	1063,7	1064,8	1065,9	1057,8	1059,7	1063,3	1065,2	1058,8	1064,3	**96**
97	1067	1068,1	1069,2	1070,3	1071,4	1072,5	1073,6	1074,7	1075,8	1076,9	1068,8	1070,7	1074,3	1076,2	1069,8	1075,3	**97**
98	1078	1079,1	1080,2	1081,3	1082,4	1083,5	1084,6	1085,7	1086,8	1087,9	1079,8	1081,7	1085,3	1087,2	1080,8	1086,3	**98**
99	1089	1090,1	1091,2	1092,3	1093,4	1094,5	1095,6	1096,7	1097,8	1098,9	1090,8	1092,7	1096,3	1098,2	1091,8	1097,3	**99**
100	1100	1101,1	1102,2	1103,3	1104,4	1105,5	1106,6	1107,7	1108,8	1109,9	1101,8	1103,7	1107,3	1109,2	1102,8	1108,3	**100**

12		1/10 1,2	2/10 2,4	3/10 3,6	4/10 4,8	5/10 6,0	6/10 7,2	7/10 8,4	8/10 9,6	9/10 10,8	1/6 2,0	2/6 4,0	4/6 8,0	5/6 10,0	1/4 3,0	3/4 9,0	
1	12	13,2	14,4	15,6	16,8	18,0	19,2	20,4	21,6	22,8	14,0	16,0	20,0	22,0	15,0	21,0	1
2	24	25,2	26,4	27,6	28,8	30,0	31,2	32,4	33,6	34,8	26,0	28,0	32,0	34,0	27,0	33,0	2
3	36	37,2	38,4	39,6	40,8	42,0	43,2	44,4	45,6	46,8	38,0	40,0	44,0	46,0	39,0	45,0	3
4	48	49,2	50,4	51,6	52,8	54,0	55,2	56,4	57,6	58,8	50,0	52,0	56,0	58,0	51,0	57,0	4
5	60	61,2	62,4	63,6	64,8	66,0	67,2	68,4	69,6	70,8	62,0	64,0	68,0	70,0	63,0	69,0	5
6	72	73,2	74,4	75,6	76,8	78,0	79,2	80,4	81,6	82,8	74,0	76,0	80,0	82,0	75,0	81,0	6
7	84	85,2	86,4	87,6	88,8	90,0	91,2	92,4	93,6	94,8	86,0	88,0	92,0	94,0	87,0	93,0	7
8	96	97,2	98,4	99,6	100,8	102,0	103,2	104,4	105,6	106,8	98,0	100,0	104,0	106,0	99,0	105,0	8
9	108	109,2	110,4	111,6	112,8	114,0	115,2	116,4	117,6	118,8	110,0	112,0	116,0	118,0	111,0	117,0	9
10	120	121,2	122,4	123,6	124,8	126,0	127,2	128,4	129,6	130,8	122,0	124,0	128,0	130,0	123,0	129,0	10
11	132	133,2	134,4	135,6	136,8	138,0	139,2	140,4	141,6	142,8	134,0	136,0	140,0	142,0	135,0	141,0	11
12	144	145,2	146,4	147,6	148,8	150,0	151,2	152,4	153,6	154,8	146,0	148,0	152,0	154,0	147,0	153,0	12
13	156	157,2	158,4	159,6	160,8	162,0	163,2	164,4	165,6	166,8	158,0	160,0	164,0	166,0	159,0	165,0	13
14	168	169,2	170,4	171,6	172,8	174,0	175,2	176,4	177,6	178,8	170,0	172,0	176,0	178,0	171,0	177,0	14
15	180	181,2	182,4	183,6	184,8	186,0	187,2	188,4	189,6	190,8	182,0	184,0	188,0	190,0	183,0	189,0	15
16	192	193,2	194,4	195,6	196,8	198,0	199,2	200,4	201,6	202,8	194,0	196,0	200,0	202,0	195,0	201,0	16
17	204	205,2	206,4	207,6	208,8	210,0	211,2	212,4	213,6	214,8	206,0	208,0	212,0	214,0	207,0	213,0	17
18	216	217,2	218,4	219,6	220,8	222,0	223,2	224,4	225,6	226,8	218,0	220,0	224,0	226,0	219,0	225,0	18
19	228	229,2	230,4	231,6	232,8	234,0	235,2	236,4	237,6	238,8	230,0	232,0	236,0	238,0	231,0	237,0	19
20	240	241,2	242,4	243,6	244,8	246,0	247,2	248,4	249,6	250,8	242,0	244,0	248,0	250,0	243,0	249,0	20
21	252	253,2	254,4	255,6	256,8	258,0	259,2	260,4	261,6	262,8	254,0	256,0	260,0	262,0	255,0	261,0	21
22	264	265,2	266,4	267,6	268,8	270,0	271,2	272,4	273,6	274,8	266,0	268,0	272,0	274,0	267,0	273,0	22
23	276	277,2	278,4	279,6	280,8	282,0	283,2	284,4	285,6	286,8	278,0	280,0	284,0	286,0	279,0	285,0	23
24	288	289,2	290,4	291,6	292,8	294,0	295,2	296,4	297,6	298,8	290,0	292,0	296,0	298,0	291,0	297,0	24
25	300	301,2	302,4	303,6	304,8	306,0	307,2	308,4	309,6	310,8	302,0	304,0	308,0	310,0	303,0	309,0	25
26	312	313,2	314,4	315,6	316,8	318,0	319,2	320,4	321,6	322,8	314,0	316,0	320,0	322,0	315,0	321,0	26
27	324	325,2	326,4	327,6	328,8	330,0	331,2	332,4	333,6	334,8	326,0	328,0	332,0	334,0	327,0	333,0	27
28	336	337,2	338,4	339,6	340,8	342,0	343,2	344,4	345,6	346,8	338,0	340,0	344,0	346,0	339,0	345,0	28
29	348	349,2	350,4	351,6	352,8	354,0	355,2	356,4	357,6	358,8	350,0	352,0	356,0	358,0	351,0	357,0	29
30	360	361,2	362,4	363,6	364,8	366,0	367,2	368,4	369,6	370,8	362,0	364,0	368,0	370,0	363,0	369,0	30
31	372	373,2	374,4	375,6	376,8	378,0	379,2	380,4	381,6	382,8	374,0	376,0	380,0	382,0	375,0	381,0	31
32	384	385,2	386,4	387,6	388,8	390,0	391,2	392,4	393,6	394,8	386,0	388,0	392,0	394,0	387,0	393,0	32
33	396	397,2	398,4	399,6	400,8	402,0	403,2	404,4	405,6	406,8	398,0	400,0	404,0	406,0	399,0	405,0	33
34	408	409,2	410,4	411,6	412,8	414,0	415,2	416,4	417,6	418,8	410,0	412,0	416,0	418,0	411,0	417,0	34
35	420	421,2	422,4	423,6	424,8	426,0	427,2	428,4	429,6	430,8	422,0	424,0	428,0	430,0	423,0	429,0	35
36	432	433,2	434,4	435,6	436,8	438,0	439,2	440,4	441,6	442,8	434,0	436,0	440,0	442,0	435,0	441,0	36
37	444	445,2	446,4	447,6	448,8	450,0	451,2	452,4	453,6	454,8	446,0	448,0	452,0	454,0	447,0	453,0	37
38	456	457,2	458,4	459,6	460,8	462,0	463,2	464,4	465,6	466,8	458,0	460,0	464,0	466,0	459,0	465,0	38
39	468	469,2	470,4	471,6	472,8	474,0	475,2	476,4	477,6	478,8	470,0	472,0	476,0	478,0	471,0	477,0	39
40	480	481,2	482,4	483,6	484,8	486,0	487,2	488,4	489,6	490,8	482,0	484,0	488,0	490,0	483,0	489,0	40
41	492	493,2	494,4	495,6	496,8	498,0	499,2	500,4	501,6	502,8	494,0	496,0	500,0	502,0	495,0	501,0	41
42	504	505,2	506,4	507,6	508,8	510,0	511,2	512,4	513,6	514,8	506,0	508,0	512,0	514,0	507,0	513,0	42
43	516	517,2	518,4	519,6	520,8	522,0	523,2	524,4	525,6	526,8	518,0	520,0	524,0	526,0	519,0	525,0	43
44	528	529,2	530,4	531,6	532,8	534,0	535,2	536,4	537,6	538,8	530,0	532,0	536,0	538,0	531,0	537,0	44
45	540	541,2	542,4	543,6	544,8	546,0	547,2	548,4	549,6	550,8	542,0	544,0	548,0	550,0	543,0	549,0	45
46	552	553,2	554,4	555,6	556,8	558,0	559,2	560,4	561,6	562,8	554,0	556,0	560,0	562,0	555,0	561,0	46
47	564	565,2	566,4	567,6	568,8	570,0	571,2	572,4	573,6	574,8	566,0	568,0	572,0	574,0	567,0	573,0	47
48	576	577,2	578,4	579,6	580,8	582,0	583,2	584,4	585,6	586,8	578,0	580,0	584,0	586,0	579,0	585,0	48
49	588	589,2	590,4	591,6	592,8	594,0	595,2	596,4	597,6	598,8	590,0	592,0	596,0	598,0	591,0	597,0	49
50	600	601,2	602,4	603,6	604,8	606,0	607,2	608,4	609,6	610,8	602,0	604,0	608,0	610,0	603,0	609,0	50
51	612	613,2	614,4	615,6	616,8	618,0	619,2	620,4	621,6	622,8	614,0	616,0	620,0	622,0	615,0	621,0	51
52	624	625,2	626,4	627,6	628,8	630,0	631,2	632,4	633,6	634,8	626,0	628,0	632,0	634,0	627,0	633,0	52
53	636	637,2	638,4	639,6	640,8	642,0	643,2	644,4	645,6	646,8	638,0	640,0	644,0	646,0	639,0	645,0	53
54	648	649,2	650,4	651,6	652,8	654,0	655,2	656,4	657,6	658,8	650,0	652,0	656,0	658,0	651,0	657,0	54
55	660	661,2	662,4	663,6	664,8	666,0	667,2	668,4	669,6	670,8	662,0	664,0	668,0	670,0	663,0	669,0	55
56	672	673,2	674,4	675,6	676,8	678,0	679,2	680,4	681,6	682,8	674,0	676,0	680,0	682,0	675,0	681,0	56
57	684	685,2	686,4	687,6	688,8	690,0	691,2	692,4	693,6	694,8	686,0	688,0	692,0	694,0	687,0	693,0	57
58	696	697,2	698,4	699,6	700,8	702,0	703,2	704,4	705,6	706,8	698,0	700,0	704,0	706,0	699,0	705,0	58
59	708	709,2	710,4	711,6	712,8	714,0	715,2	716,4	717,6	718,8	710,0	712,0	716,0	718,0	711,0	717,0	59
60	720	721,2	722,4	723,6	724,8	726,0	727,2	728,4	729,6	730,8	722,0	724,0	728,0	730,0	723,0	729,0	60
61	732	733,2	734,4	735,6	736,8	738,0	739,2	740,4	741,6	742,8	734,0	736,0	740,0	742,0	735,0	741,0	61
62	744	745,2	746,4	747,6	748,8	750,0	751,2	752,4	753,6	754,8	746,0	748,0	752,0	754,0	747,0	753,0	62
63	756	757,2	758,4	759,6	760,8	762,0	763,2	764,4	765,6	766,8	758,0	760,0	764,0	766,0	759,0	765,0	63
64	768	769,2	770,4	771,6	772,8	774,0	775,2	776,4	777,6	778,8	770,0	772,0	776,0	778,0	771,0	777,0	64
65	780	781,2	782,4	783,6	784,8	786,0	787,2	788,4	789,6	790,8	782,0	784,0	788,0	790,0	783,0	789,0	65
66	792	793,2	794,4	795,6	796,8	798,0	799,2	800,4	801,6	802,8	794,0	796,0	800,0	802,0	795,0	801,0	66
67	804	805,2	806,4	807,6	808,8	810,0	811,2	812,4	813,6	814,8	806,0	808,0	812,0	814,0	807,0	813,0	67
68	816	817,2	818,4	819,6	820,8	822,0	823,2	824,4	825,6	826,8	818,0	820,0	824,0	826,0	819,0	825,0	68
69	828	829,2	830,4	831,6	832,8	834,0	835,2	836,4	837,6	838,8	830,0	832,0	836,0	838,0	831,0	837,0	69
70	840	841,2	842,4	843,6	844,8	846,0	847,2	848,4	849,6	850,8	842,0	844,0	848,0	850,0	843,0	849,0	70
71	852	853,2	854,4	855,6	856,8	858,0	859,2	860,4	861,6	862,8	854,0	856,0	860,0	862,0	855,0	861,0	71
72	864	865,2	866,4	867,6	868,8	870,0	871,2	872,4	873,6	874,8	866,0	868,0	872,0	874,0	867,0	873,0	72
73	876	877,2	878,4	879,6	880,8	882,0	883,2	884,4	885,6	886,8	878,0	880,0	884,0	886,0	879,0	885,0	73
74	888	889,2	890,4	891,6	892,8	894,0	895,2	896,4	897,6	898,8	890,0	892,0	896,0	898,0	891,0	897,0	74
75	900	901,2	902,4	903,6	904,8	906,0	907,2	908,4	909,6	910,8	902,0	904,0	908,0	910,0	903,0	909,0	75
76	912	913,2	914,4	915,6	916,8	918,0	919,2	920,4	921,6	922,8	914,0	916,0	920,0	922,0	915,0	921,0	76
77	924	925,2	926,4	927,6	928,8	930,0	931,2	932,4	933,6	934,8	926,0	928,0	932,0	934,0	927,0	933,0	77
78	936	937,2	938,4	939,6	940,8	942,0	943,2	944,4	945,6	946,8	938,0	940,0	944,0	946,0	939,0	945,0	78
79	948	949,2	950,4	951,6	952,8	954,0	955,2	956,4	957,6	958,8	950,0	952,0	956,0	958,0	951,0	957,0	79
80	960	961,2	962,4	963,6	964,8	966,0	967,2	968,4	969,6	970,8	962,0	964,0	968,0	970,0	963,0	969,0	80
81	972	973,2	974,4	975,6	976,8	978,0	979,2	980,4	981,6	982,8	974,0	976,0	980,0	982,0	975,0	981,0	81
82	984	985,2	986,4	987,6	988,8	990,0	991,2	992,4	993,6	994,8	986,0	988,0	992,0	994,0	987,0	993,0	82
83	996	997,2	998,4	999,6	1000,8	1002,0	1003,2	1004,4	1005,6	1006,8	998,0	1000,0	1004,0	1006,0	999,0	1005,0	83
84	1008	1009,2	1010,4	1011,6	1012,8	1014,0	1015,2	1016,4	1017,6	1018,8	1010,0	1012,0	1016,0	1018,0	1011,0	1017,0	84
85	1020	1021,2	1022,4	1023,6	1024,8	1026,0	1027,2	1028,4	1029,6	1030,8	1022,0	1024,0	1028,0	1030,0	1023,0	1029,0	85
86	1032	1033,2	1034,4	1035,6	1036,8	1038,0	1039,2	1040,4	1041,6	1042,8	1034,0	1036,0	1040,0	1042,0	1035,0	1041,0	86
87	1044	1045,2	1046,4	1047,6	1048,8	1050,0	1051,2	1052,4	1053,6	1054,8	1046,0	1048,0	1052,0	1054,0	1047,0	1053,0	87
88	1056	1057,2	1058,4	1059,6	1060,8	1062,0	1063,2	1064,4	1065,6	1066,8	1058,0	1060,0	1064,0	1066,0	1059,0	1065,0	88
89	1068	1069,2	1070,4	1071,6	1072,8	1074,0	1075,2	1076,4	1077,6	1078,8	1070,0	1072,0	1076,0	1078,0	1071,0	1077,0	89
90	1080	1081,2	1082,4	1083,6	1084,8	1086,0	1087,2	1088,4	1089,6	1090,8	1082,0	1084,0	1088,0	1090,0	1083,0	1089,0	90
91	1092	1093,2	1094,4	1095,6	1096,8	1098,0	1099,2	1100,4	1101,6	1102,8	1094,0	1096,0	1100,0	1102,0	1095,0	1101,0	91
92	1104	1105,2	1106,4	1107,6	1108,8	1110,0	1111,2	1112,4	1113,6	1114,8	1106,0	1108,0	1112,0	1114,0	1107,0	1113,0	92
93	1116	1117,2	1118,4	1119,6	1120,8	1122,0	1123,2	1124,4	1125,6	1126,8	1118,0	1120,0	1124,0	1126,0	1119,0	1125,0	93
94	1128	1129,2	1130,4	1131,6	1132,8	1134,0	1135,2	1136,4	1137,6	1138,8	1130,0	1132,0	1136,0	1138,0	1131,0	1137,0	94
95	1140	1141,2	1142,4	1143,6	1144,8	1146,0	1147,2	1148,4	1149,6	1150,8	1142,0	1144,0	1148,0	1150,0	1143,0	1149,0	95
96	1152	1153,2	1154,4	1155,6	1156,8	1158,0	1159,2	1160,4	1161,6	1162,8	1154,0	1156,0	1160,0	1162,0	1155,0	1161,0	96
97	1164	1165,2	1166,4	1167,6	1168,8	1170,0	1171,2	1172,4	1173,6	1174,8	1166,0	1168,0	1172,0	1174,0	1167,0	1173,0	97
98	1176	1177,2	1178,4	1179,6	1180,8	1182,0	1183,2	1184,4	1185,6	1186,8	1178,0	1180,0	1184,0	1186,0	1179,0	1185,0	98
99	1188	1189,2	1190,4	1191,6	1192,8	1194,0	1195,2	1196,4	1197,6	1198,8	1190,0	1192,0	1196,0	1198,0	1191,0	1197,0	99
100	1200	1201,2	1202,4	1203,6	1204,8	1206,0	1207,2	1208,4	1209,6	1210,8	1202,0	1204,0	1208,0	1210,0	1203,0	1209,0	100

		1/10 1,3	2/10 2,6	3/10 3,9	4/10 5,2	5/10 6,5	6/10 7,8	7/10 9,1	8/10 10,4	9/10 11,7	1/6 2,166	2/6 4,333	4/6 8,666	5/6 10,833	1/4 3,25	3/4 9,75	
1	13	14,3	15,6	16,9	18,2	19,5	20,8	22,1	23,4	24,7	15,2	17,3	21,7	23,8	16,3	22,8	1
2	26	27,3	28,6	29,9	31,2	32,5	33,8	35,1	36,4	37,7	28,2	30,3	34,7	36,8	29,3	35,8	2
3	39	40,3	41,6	42,9	44,2	45,5	46,8	48,1	49,4	50,7	41,2	43,3	47,7	49,8	42,3	48,8	3
4	52	53,3	54,6	55,9	57,2	58,5	59,8	61,1	62,4	63,7	54,2	56,3	60,7	62,8	55,3	61,8	4
5	65	66,3	67,6	68,9	70,2	71,5	72,8	74,1	75,4	76,7	67,2	69,3	73,7	75,8	68,3	74,8	5
6	78	79,3	80,6	81,9	83,2	84,5	85,8	87,1	88,4	89,7	80,2	82,3	86,7	88,8	81,3	87,8	6
7	91	92,3	93,6	94,9	96,2	97,5	98,8	100,1	101,4	102,7	93,2	95,3	99,7	101,8	94,3	100,8	7
8	104	105,3	106,6	107,9	109,2	110,5	111,8	113,1	114,4	115,7	106,2	108,3	112,7	114,8	107,3	113,8	8
9	117	118,3	119,6	120,9	122,2	123,5	124,8	126,1	127,4	128,7	119,2	121,3	125,7	127,8	120,3	126,8	9
10	130	131,3	132,6	133,9	135,2	136,5	137,8	139,1	140,4	141,7	132,2	134,3	138,7	140,8	133,3	139,8	10
11	143	144,3	145,6	146,9	148,2	149,5	150,8	152,1	153,4	154,7	145,2	147,3	151,7	153,8	146,3	152,8	11
12	156	157,3	158,6	159,9	161,2	162,5	163,8	165,1	166,4	167,7	158,2	160,3	164,7	166,8	159,3	165,8	12
13	169	170,3	171,6	172,9	174,2	175,5	176,8	178,1	179,4	180,7	171,2	173,3	177,7	179,8	172,3	178,8	13
14	182	183,3	184,6	185,9	187,2	188,5	189,8	191,1	192,4	193,7	184,2	186,3	190,7	192,8	185,3	191,8	14
15	195	196,3	197,6	198,9	200,2	201,5	202,8	204,1	205,4	206,7	197,2	199,3	203,7	205,8	198,3	204,8	15
16	208	209,3	210,6	211,9	213,2	214,5	215,8	217,1	218,4	219,7	210,2	212,3	216,7	218,8	211,3	217,8	16
17	221	222,3	223,6	224,9	226,2	227,5	228,8	230,1	231,4	232,7	223,2	225,3	229,7	231,8	224,3	230,8	17
18	234	235,3	236,6	237,9	239,2	240,5	241,8	243,1	244,4	245,7	236,2	238,3	242,7	244,8	237,3	243,8	18
19	247	248,3	249,6	250,9	252,2	253,5	254,8	256,1	257,4	258,7	249,2	251,3	255,7	257,8	250,3	256,8	19
20	260	261,3	262,6	263,9	265,2	266,5	267,8	269,1	270,4	271,7	262,2	264,3	268,7	270,8	263,3	269,8	20
21	273	274,3	275,6	276,9	278,2	279,5	280,8	282,1	283,4	284,7	275,2	277,3	281,7	283,8	276,3	282,8	21
22	286	287,3	288,6	289,9	291,2	292,5	293,8	295,1	296,4	297,7	288,2	290,3	294,7	296,8	289,3	295,8	22
23	299	300,3	301,6	302,9	304,2	305,5	306,8	308,1	309,4	310,7	301,2	303,3	307,7	309,8	302,3	308,8	23
24	312	313,3	314,6	315,9	317,2	318,5	319,8	321,1	322,4	323,7	314,2	316,3	320,7	322,8	315,3	321,8	24
25	325	326,3	327,6	328,9	330,2	331,5	332,8	334,1	335,4	336,7	327,2	329,3	333,7	335,8	328,3	334,8	25
26	338	339,3	340,6	341,9	343,2	344,5	345,8	347,1	348,4	349,7	340,2	342,3	346,7	348,8	341,3	347,8	26
27	351	352,3	353,6	354,9	356,2	357,5	358,8	360,1	361,4	362,7	353,2	355,3	359,7	361,8	354,3	360,8	27
28	364	365,3	366,6	367,9	369,2	370,5	371,8	373,1	374,4	375,7	366,2	368,3	372,7	374,8	367,3	373,8	28
29	377	378,3	379,6	380,9	382,2	383,5	384,8	386,1	387,4	388,7	379,2	381,3	385,7	387,8	380,3	386,8	29
30	390	391,3	392,6	393,9	395,2	396,5	397,8	399,1	400,4	401,7	392,2	394,3	398,7	400,8	393,3	399,8	30
31	403	404,3	405,6	406,9	408,2	409,5	410,8	412,1	413,4	414,7	405,2	407,3	411,7	413,8	406,3	412,8	31
32	416	417,3	418,6	419,9	421,2	422,5	423,8	425,1	426,4	427,7	418,2	420,3	424,7	426,8	419,3	425,8	32
33	429	430,3	431,6	432,9	434,2	435,5	436,8	438,1	439,4	440,7	431,2	433,3	437,7	439,8	432,3	438,8	33
34	442	443,3	444,6	445,9	447,2	448,5	449,8	451,1	452,4	453,7	444,2	446,3	450,7	452,8	445,3	451,8	34
35	455	456,3	457,6	458,9	460,2	461,5	462,8	464,1	465,4	466,7	457,2	459,3	463,7	465,8	458,3	464,8	35
36	468	469,3	470,6	471,9	473,2	474,5	475,8	477,1	478,4	479,7	470,2	472,3	476,7	478,8	471,3	477,8	36
37	481	482,3	483,6	484,9	486,2	487,5	488,8	490,1	491,4	492,7	483,2	485,3	489,7	491,8	484,3	490,8	37
38	494	495,3	496,6	497,9	499,2	500,5	501,8	503,1	504,4	505,7	496,2	498,3	502,7	504,8	497,3	503,8	38
39	507	508,3	509,6	510,9	512,2	513,5	514,8	516,1	517,4	518,7	509,2	511,3	515,7	517,8	510,3	516,8	39
40	520	521,3	522,6	523,9	525,2	526,5	527,8	529,1	530,4	531,7	522,2	524,3	528,7	530,8	523,3	529,8	40
41	533	534,3	535,6	536,9	538,2	539,5	540,8	542,1	543,4	544,7	535,2	537,3	541,7	543,8	536,3	542,8	41
42	546	547,3	548,6	549,9	551,2	552,5	553,8	555,1	556,4	557,7	548,2	550,3	554,7	556,8	549,3	555,8	42
43	559	560,3	561,6	562,9	564,2	565,5	566,8	568,1	569,4	570,7	561,2	563,3	567,7	569,8	562,3	568,8	43
44	572	573,3	574,6	575,9	577,2	578,5	579,8	581,1	582,4	583,7	574,2	576,3	580,7	582,8	575,3	581,8	44
45	585	586,3	587,6	588,9	590,2	591,5	592,8	594,1	595,4	596,7	587,2	589,3	593,7	595,8	588,3	594,8	45
46	598	599,3	600,6	601,9	603,2	604,5	605,8	607,1	608,4	609,7	600,2	602,3	606,7	608,8	601,3	607,8	46
47	611	612,3	613,6	614,9	616,2	617,5	618,8	620,1	621,4	622,7	613,2	615,3	619,7	621,8	614,3	620,8	47
48	624	625,3	626,6	627,9	629,2	630,5	631,8	633,1	634,4	635,7	626,2	628,3	632,7	634,8	627,3	633,8	48
49	637	638,3	639,6	640,9	642,2	643,5	644,8	646,1	647,4	648,7	639,2	641,3	645,7	647,8	640,3	646,8	49
50	650	651,3	652,6	653,9	655,2	656,5	657,8	659,1	660,4	661,7	652,2	654,3	658,7	660,8	653,3	659,8	50
51	663	664,3	665,6	666,9	668,2	669,5	670,8	672,1	673,4	674,7	665,2	667,3	671,7	673,8	666,3	672,8	51
52	676	677,3	678,6	679,9	681,2	682,5	683,8	685,1	686,4	687,7	678,2	680,3	684,7	686,8	679,3	685,8	52
53	689	690,3	691,6	692,9	694,2	695,5	696,8	698,1	699,4	700,7	691,2	693,3	697,7	699,8	692,3	698,8	53
54	702	703,3	704,6	705,9	707,2	708,5	709,8	711,1	712,4	713,7	704,2	706,3	710,7	712,8	705,3	711,8	54
55	715	716,3	717,6	718,9	720,2	721,5	722,8	724,1	725,4	726,7	717,2	719,3	723,7	725,8	718,3	724,8	55
56	728	729,3	730,6	731,9	733,2	734,5	735,8	737,1	738,4	739,7	730,2	732,3	736,7	738,8	731,3	737,8	56
57	741	742,3	743,6	744,9	746,2	747,5	748,8	750,1	751,4	752,7	743,2	745,3	749,7	751,8	744,3	750,8	57
58	754	755,3	756,6	757,9	759,2	760,5	761,8	763,1	764,4	765,7	756,2	758,3	762,7	764,8	757,3	763,8	58
59	767	768,3	769,6	770,9	772,2	773,5	774,8	776,1	777,4	778,7	769,2	771,3	775,7	777,8	770,3	776,8	59
60	780	781,3	782,6	783,9	785,2	786,5	787,8	789,1	790,4	791,7	782,2	784,3	788,7	790,8	783,3	789,8	60
61	793	794,3	795,6	796,9	798,2	799,5	800,8	802,1	803,4	804,7	795,2	797,3	801,7	803,8	796,3	802,8	61
62	806	807,3	808,6	809,9	811,2	812,5	813,8	815,1	816,4	817,7	808,2	810,3	814,7	816,8	809,3	815,8	62
63	819	820,3	821,6	822,9	824,2	825,5	826,8	828,1	829,4	830,7	821,2	823,3	827,7	829,8	822,3	828,8	63
64	832	833,3	834,6	835,9	837,2	838,5	839,8	841,1	842,4	843,7	834,2	836,3	840,7	842,8	835,3	841,8	64
65	845	846,3	847,6	848,9	850,2	851,5	852,8	854,1	855,4	856,7	847,2	849,3	853,7	855,8	848,3	854,8	65
66	858	859,3	860,6	861,9	863,2	864,5	865,8	867,1	868,4	869,7	860,2	862,3	866,7	868,8	861,3	867,8	66
67	871	872,3	873,6	874,9	876,2	877,5	878,8	880,1	881,4	882,7	873,2	875,3	879,7	881,8	874,3	880,8	67
68	884	885,3	886,6	887,9	889,2	890,5	891,8	893,1	894,4	895,7	886,2	888,3	892,7	894,8	887,3	893,8	68
69	897	898,3	899,6	900,9	902,2	903,5	904,8	906,1	907,4	908,7	899,2	901,3	905,7	907,8	900,3	906,8	69
70	910	911,3	912,6	913,9	915,2	916,5	917,8	919,1	920,4	921,7	912,2	914,3	918,7	920,8	913,3	919,8	70
71	923	924,3	925,6	926,9	928,2	929,5	930,8	932,1	933,4	934,7	925,2	927,3	931,7	933,8	926,3	932,8	71
72	936	937,3	938,6	939,9	941,2	942,5	943,8	945,1	946,4	947,7	938,2	940,3	944,7	946,8	939,3	945,8	72
73	949	950,3	951,6	952,9	954,2	955,5	956,8	958,1	959,4	960,7	951,2	953,3	957,7	959,8	952,3	958,8	73
74	962	963,3	964,6	965,9	967,2	968,5	969,8	971,1	972,4	973,7	964,2	966,3	970,7	972,8	965,3	971,8	74
75	975	976,3	977,6	978,9	980,2	981,5	982,8	984,1	985,4	986,7	977,2	979,3	983,7	985,8	978,3	984,8	75
76	988	989,3	990,6	991,9	993,2	994,5	995,8	997,1	998,4	999,7	990,2	992,3	996,7	998,8	991,3	997,8	76
77	1001	1002,3	1003,6	1004,9	1006,2	1007,5	1008,8	1010,1	1011,4	1012,7	1003,2	1005,3	1009,7	1011,8	1004,3	1010,8	77
78	1014	1015,3	1016,6	1017,9	1019,2	1020,5	1021,8	1023,1	1024,4	1025,7	1016,2	1018,3	1022,7	1024,8	1017,3	1023,8	78
79	1027	1028,3	1029,6	1030,9	1032,2	1033,5	1034,8	1036,1	1037,4	1038,7	1029,2	1031,3	1035,7	1037,8	1030,3	1036,8	79
80	1040	1041,3	1042,6	1043,9	1045,2	1046,5	1047,8	1049,1	1050,4	1051,7	1042,2	1044,3	1048,7	1050,8	1043,3	1049,8	80
81	1053	1054,3	1055,6	1056,9	1058,2	1059,5	1060,8	1062,1	1063,4	1064,7	1055,2	1057,3	1061,7	1063,8	1056,3	1062,8	81
82	1066	1067,3	1068,6	1069,9	1071,2	1072,5	1073,8	1075,1	1076,4	1077,7	1068,2	1070,3	1074,7	1076,8	1069,3	1075,8	82
83	1079	1080,3	1081,6	1082,9	1084,2	1085,5	1086,8	1088,1	1089,4	1090,7	1081,2	1083,3	1087,7	1089,8	1082,3	1088,8	83
84	1092	1093,3	1094,6	1095,9	1097,2	1098,5	1099,8	1101,1	1102,4	1103,7	1094,2	1096,3	1100,7	1102,8	1095,3	1101,8	84
85	1105	1106,3	1107,6	1108,9	1110,2	1111,5	1112,8	1114,1	1115,4	1116,7	1107,2	1109,3	1113,7	1115,8	1108,3	1114,8	85
86	1118	1119,3	1120,6	1121,9	1123,2	1124,5	1125,8	1127,1	1128,4	1129,7	1120,2	1122,3	1126,7	1128,8	1121,3	1127,8	86
87	1131	1132,3	1133,6	1134,9	1136,2	1137,5	1138,8	1140,1	1141,4	1142,7	1133,2	1135,3	1139,7	1141,8	1134,3	1140,8	87
88	1144	1145,3	1146,6	1147,9	1149,2	1150,5	1151,8	1153,1	1154,4	1155,7	1146,2	1148,3	1152,7	1154,8	1147,3	1153,8	88
89	1157	1158,3	1159,6	1160,9	1162,2	1163,5	1164,8	1166,1	1167,4	1168,7	1159,2	1161,3	1165,7	1167,8	1160,3	1166,8	89
90	1170	1171,3	1172,6	1173,9	1175,2	1176,5	1177,8	1179,1	1180,4	1181,7	1172,2	1174,3	1178,7	1180,8	1173,3	1179,8	90
91	1183	1184,3	1185,6	1186,9	1188,2	1189,5	1190,8	1192,1	1193,4	1194,7	1185,2	1187,3	1191,7	1193,8	1186,3	1192,8	91
92	1196	1197,3	1198,6	1199,9	1201,2	1202,5	1203,8	1205,1	1206,4	1207,7	1198,2	1200,3	1204,7	1206,8	1199,3	1205,8	92
93	1209	1210,3	1211,6	1212,9	1214,2	1215,5	1216,8	1218,1	1219,4	1220,7	1211,2	1213,3	1217,7	1219,8	1212,3	1218,8	93
94	1222	1223,3	1224,6	1225,9	1227,2	1228,5	1229,8	1231,1	1232,4	1233,7	1224,2	1226,3	1230,7	1232,8	1225,3	1231,8	94
95	1235	1236,3	1237,6	1238,9	1240,2	1241,5	1242,8	1244,1	1245,4	1246,7	1237,2	1239,3	1243,7	1245,8	1238,3	1244,8	95
96	1248	1249,3	1250,6	1251,9	1253,2	1254,5	1255,8	1257,1	1258,4	1259,7	1250,2	1252,3	1256,7	1258,8	1251,3	1257,8	96
97	1261	1262,3	1263,6	1264,9	1266,2	1267,5	1268,8	1270,1	1271,4	1272,7	1263,2	1265,3	1269,7	1271,8	1264,3	1270,8	97
98	1274	1275,3	1276,6	1277,9	1279,2	1280,5	1281,8	1283,1	1284,4	1285,7	1276,2	1278,3	1282,7	1284,8	1277,3	1283,8	98
99	1287	1288,3	1289,6	1290,9	1292,2	1293,5	1294,8	1296,1	1297,4	1298,7	1289,2	1291,3	1295,7	1297,8	1290,3	1296,8	99
100	1300	1301,3	1302,6	1303,9	1305,2	1306,5	1307,8	1309,1	1310,4	1311,7	1302,2	1304,3	1308,7	1310,8	1303,3	1309,8	100

14		1/10 1,4	2/10 2,8	3/10 4,2	4/10 5,6	5/10 7,0	6/10 8,4	7/10 9,8	8/10 11,2	9/10 12,6	1/6 2,333	2/6 4,666	4/6 9,333	5/6 11,666	1/4 3,5	3/4 10,5	
1	14	15,4	16,8	18,2	19,6	21,0	22,4	23,8	25,2	26,6	16,3	18,7	23,3	25,7	17,5	24,5	1
2	28	29,4	30,8	32,2	33,6	35,0	36,4	37,8	39,2	40,6	30,3	32,7	37,3	39,7	31,5	38,5	2
3	42	43,4	44,8	46,2	47,6	49,0	50,4	51,8	53,2	54,6	44,3	46,7	51,3	53,7	45,5	52,5	3
4	56	57,4	58,8	60,2	61,6	63,0	64,4	65,8	67,2	68,6	58,3	60,7	65,3	67,7	59,5	66,5	4
5	70	71,4	72,8	74,2	75,6	77,0	78,4	79,8	81,2	82,6	72,3	74,7	79,3	81,7	73,5	80,5	5
6	84	85,4	86,8	88,2	89,6	91,0	92,4	93,8	95,2	96,6	86,3	88,7	93,3	95,7	87,5	94,5	6
7	98	99,4	100,8	102,2	103,6	105,0	106,4	107,8	109,2	110,6	100,3	102,7	107,3	109,7	101,5	108,5	7
8	112	113,4	114,8	116,2	117,6	119,0	120,4	121,8	123,2	124,6	114,3	116,7	121,3	123,7	115,5	122,5	8
9	126	127,4	128,8	130,2	131,6	133,0	134,4	135,8	137,2	138,6	128,3	130,7	135,3	137,7	129,5	136,5	9
10	140	141,4	142,8	144,2	145,6	147,0	148,4	149,8	151,2	152,6	142,3	144,7	149,3	151,7	143,5	150,5	10
11	154	155,4	156,8	158,2	159,6	161,0	162,4	163,8	165,2	166,6	156,3	158,7	163,3	165,7	157,5	164,5	11
12	168	169,4	170,8	172,2	173,6	175,0	176,4	177,8	179,2	180,6	170,3	172,7	177,3	179,7	171,5	178,5	12
13	182	183,4	184,8	186,2	187,6	189,0	190,4	191,8	193,2	194,6	184,3	186,7	191,3	193,7	185,5	192,5	13
14	196	197,4	198,8	200,2	201,6	203,0	204,4	205,8	207,2	208,6	198,3	200,7	205,3	207,7	199,5	206,5	14
15	210	211,4	212,8	214,2	215,6	217,0	218,4	219,8	221,2	222,6	212,3	214,7	219,3	221,7	213,5	220,5	15
16	224	225,4	226,8	228,2	229,6	231,0	232,4	233,8	235,2	236,6	226,3	228,7	233,3	235,7	227,5	234,5	16
17	238	239,4	240,8	242,2	243,6	245,0	246,4	247,8	249,2	250,6	240,3	242,7	247,3	249,7	241,5	248,5	17
18	252	253,4	254,8	256,2	257,6	259,0	260,4	261,8	263,2	264,6	254,3	256,7	261,3	263,7	255,5	262,5	18
19	266	267,4	268,8	270,2	271,6	273,0	274,4	275,8	277,2	278,6	268,3	270,7	275,3	277,7	269,5	276,5	19
20	280	281,4	282,8	284,2	285,6	287,0	288,4	289,8	291,2	292,6	282,3	284,7	289,3	291,7	283,5	290,5	20
21	294	295,4	296,8	298,2	299,6	301,0	302,4	303,8	305,2	306,6	296,3	298,7	303,3	305,7	297,5	304,5	21
22	308	309,4	310,8	312,2	313,6	315,0	316,4	317,8	319,2	320,6	310,3	312,7	317,3	319,7	311,5	318,5	22
23	322	323,4	324,8	326,2	327,6	329,0	330,4	331,8	333,2	334,6	324,3	326,7	331,3	333,7	325,5	332,5	23
24	336	337,4	338,8	340,2	341,6	343,0	344,4	345,8	347,2	348,6	338,3	340,7	345,3	347,7	339,5	346,5	24
25	350	351,4	352,8	354,2	355,6	357,0	358,4	359,8	361,2	362,6	352,3	354,7	359,3	361,7	353,5	360,5	25
26	364	365,4	366,8	368,2	369,6	371,0	372,4	373,8	375,2	376,6	366,3	368,7	373,3	375,7	367,5	374,5	26
27	378	379,4	380,8	382,2	383,6	385,0	386,4	387,8	389,2	390,6	380,3	382,7	387,3	389,7	381,5	388,5	27
28	392	393,4	394,8	396,2	397,6	399,0	400,4	401,8	403,2	404,6	394,3	396,7	401,3	403,7	395,5	402,5	28
29	406	407,4	408,8	410,2	411,6	413,0	414,4	415,8	417,2	418,6	408,3	410,7	415,3	417,7	409,5	416,5	29
30	420	421,4	422,8	424,2	425,6	427,0	428,4	429,8	431,2	432,6	422,3	424,7	429,3	431,7	423,5	430,5	30
31	434	435,4	436,8	438,2	439,6	441,0	442,4	443,8	445,2	446,6	436,3	438,7	443,3	445,7	437,5	444,5	31
32	448	449,4	450,8	452,2	453,6	455,0	456,4	457,8	459,2	460,6	450,3	452,7	457,3	459,7	451,5	458,5	32
33	462	463,4	464,8	466,2	467,6	469,0	470,4	471,8	473,2	474,6	464,3	466,7	471,3	473,7	465,5	472,5	33
34	476	477,4	478,8	480,2	481,6	483,0	484,4	485,8	487,2	488,6	478,3	480,7	485,3	487,7	479,5	486,5	34
35	490	491,4	492,8	494,2	495,6	497,0	498,4	499,8	501,2	502,6	492,3	494,7	499,3	501,7	493,5	500,5	35
36	504	505,4	506,8	508,2	509,6	511,0	512,4	513,8	515,2	516,6	506,3	508,7	513,3	515,7	507,5	514,5	36
37	518	519,4	520,8	522,2	523,6	525,0	526,4	527,8	529,2	530,6	520,3	522,7	527,3	529,7	521,5	528,5	37
38	532	533,4	534,8	536,2	537,6	539,0	540,4	541,8	543,2	544,6	534,3	536,7	541,3	543,7	535,5	542,5	38
39	546	547,4	548,8	550,2	551,6	553,0	554,4	555,8	557,2	558,6	548,3	550,7	555,3	557,7	549,5	556,5	39
40	560	561,4	562,8	564,2	565,6	567,0	568,4	569,8	571,2	572,6	562,3	564,7	569,3	571,7	563,5	570,5	40
41	574	575,4	576,8	578,2	579,6	581,0	582,4	583,8	585,2	586,6	576,3	578,7	583,3	585,7	577,5	584,5	41
42	588	589,4	590,8	592,2	593,6	595,0	596,4	597,8	599,2	600,6	590,3	592,7	597,3	599,7	591,5	598,5	42
43	602	603,4	604,8	606,2	607,6	609,0	610,4	611,8	613,2	614,6	604,3	606,7	611,3	613,7	605,5	612,5	43
44	616	617,4	618,8	620,2	621,6	623,0	624,4	625,8	627,2	628,6	618,3	620,7	625,3	627,7	619,5	626,5	44
45	630	631,4	632,8	634,2	635,6	637,0	638,4	639,8	641,2	642,6	632,3	634,7	639,3	641,7	633,5	640,5	45
46	644	645,4	646,8	648,2	649,6	651,0	652,4	653,8	655,2	656,6	646,3	648,7	653,3	655,7	647,5	654,5	46
47	658	659,4	660,8	662,2	663,6	665,0	666,4	667,8	669,2	670,6	660,3	662,7	667,3	669,7	661,5	668,5	47
48	672	673,4	674,8	676,2	677,6	679,0	680,4	681,8	683,2	684,6	674,3	676,7	681,3	683,7	675,5	682,5	48
49	686	687,4	688,8	690,2	691,6	693,0	694,4	695,8	697,2	698,6	688,3	690,7	695,3	697,7	689,5	696,5	49
50	700	701,4	702,8	704,2	705,6	707,0	708,4	709,8	711,2	712,6	702,3	704,7	709,3	711,7	703,5	710,5	50
51	714	715,4	716,8	718,2	719,6	721,0	722,4	723,8	725,2	726,6	716,3	718,7	723,3	725,7	717,5	724,5	51
52	728	729,4	730,8	732,2	733,6	735,0	736,4	737,8	739,2	740,6	730,3	732,7	737,3	739,7	731,5	738,5	52
53	742	743,4	744,8	746,2	747,6	749,0	750,4	751,8	753,2	754,6	744,3	746,7	751,3	753,7	745,5	752,5	53
54	756	757,4	758,8	760,2	761,6	763,0	764,4	765,8	767,2	768,6	758,3	760,7	765,3	767,7	759,5	766,5	54
55	770	771,4	772,8	774,2	775,6	777,0	778,4	779,8	781,2	782,6	772,3	774,7	779,3	781,7	773,5	780,5	55
56	784	785,4	786,8	788,2	789,6	791,0	792,4	793,8	795,2	796,6	786,3	788,7	793,3	795,7	787,5	794,5	56
57	798	799,4	800,8	802,2	803,6	805,0	806,4	807,8	809,2	810,6	800,3	802,7	807,3	809,7	801,5	808,5	57
58	812	813,4	814,8	816,2	817,6	819,0	820,4	821,8	823,2	824,6	814,3	816,7	821,3	823,7	815,5	822,5	58
59	826	827,4	828,8	830,2	831,6	833,0	834,4	835,8	837,2	838,6	828,3	830,7	835,3	837,7	829,5	836,5	59
60	840	841,4	842,8	844,2	845,6	847,0	848,4	849,8	851,2	852,6	842,3	844,7	849,3	851,7	843,5	850,5	60
61	854	855,4	856,8	858,2	859,6	861,0	862,4	863,8	865,2	866,6	856,3	858,7	863,3	865,7	857,5	864,5	61
62	868	869,4	870,8	872,2	873,6	875,0	876,4	877,8	879,2	880,6	870,3	872,7	877,3	879,7	871,5	878,5	62
63	882	883,4	884,8	886,2	887,6	889,0	890,4	891,8	893,2	894,6	884,3	886,7	891,3	893,7	885,5	892,5	63
64	896	897,4	898,8	900,2	901,6	903,0	904,4	905,8	907,2	908,6	898,3	900,7	905,3	907,7	899,5	906,5	64
65	910	911,4	912,8	914,2	915,6	917,0	918,4	919,8	921,2	922,6	912,3	914,7	919,3	921,7	913,5	920,5	65
66	924	925,4	926,8	928,2	929,6	931,0	932,4	933,8	935,2	936,6	926,3	928,7	933,3	935,7	927,5	934,5	66
67	938	939,4	940,8	942,2	943,6	945,0	946,4	947,8	949,2	950,6	940,3	942,7	947,3	949,7	941,5	948,5	67
68	952	953,4	954,8	956,2	957,6	959,0	960,4	961,8	963,2	964,6	954,3	956,7	961,3	963,7	955,5	962,5	68
69	966	967,4	968,8	970,2	971,6	973,0	974,4	975,8	977,2	978,6	968,3	970,7	975,3	977,7	969,5	976,5	69
70	980	981,4	982,8	984,2	985,6	987,0	988,4	989,8	991,2	992,6	982,3	984,7	989,3	991,7	983,5	990,5	70
71	994	995,4	996,8	998,2	999,6	1001,0	1002,4	1003,8	1005,2	1006,6	996,3	998,7	1003,3	1005,7	997,5	1004,5	71
72	1008	1009,4	1010,8	1012,2	1013,6	1015,0	1016,4	1017,8	1019,2	1020,6	1010,3	1012,7	1017,3	1019,7	1011,5	1018,5	72
73	1022	1023,4	1024,8	1026,2	1027,6	1029,0	1030,4	1031,8	1033,2	1034,6	1024,3	1026,7	1031,3	1033,7	1025,5	1032,5	73
74	1036	1037,4	1038,8	1040,2	1041,6	1043,0	1044,4	1045,8	1047,2	1048,6	1038,3	1040,7	1045,3	1047,7	1039,5	1046,5	74
75	1050	1051,4	1052,8	1054,2	1055,6	1057,0	1058,4	1059,8	1061,2	1062,6	1052,3	1054,7	1059,3	1061,7	1053,5	1060,5	75
76	1064	1065,4	1066,8	1068,2	1069,6	1071,0	1072,4	1073,8	1075,2	1076,6	1066,3	1068,7	1073,3	1075,7	1067,5	1074,5	76
77	1078	1079,4	1080,8	1082,2	1083,6	1085,0	1086,4	1087,8	1089,2	1090,6	1080,3	1082,7	1087,3	1089,7	1081,5	1088,5	77
78	1092	1093,4	1094,8	1096,2	1097,6	1099,0	1100,4	1101,8	1103,2	1104,6	1094,3	1096,7	1101,3	1103,7	1095,5	1112,5	78
79	1106	1107,4	1108,8	1110,2	1111,6	1113,0	1114,4	1115,8	1117,2	1118,6	1108,3	1110,7	1115,3	1117,7	1109,5	1116,5	79
80	1120	1121,4	1122,8	1124,2	1125,6	1127,0	1128,4	1129,8	1131,2	1132,6	1122,3	1124,7	1129,3	1131,7	1123,5	1130,5	80
81	1134	1135,4	1136,8	1138,2	1139,6	1141,0	1142,4	1143,8	1145,2	1146,6	1136,3	1138,7	1143,3	1145,7	1137,5	1144,5	81
82	1148	1149,4	1150,8	1152,2	1153,6	1155,0	1156,4	1157,8	1159,2	1160,6	1150,3	1152,7	1157,3	1159,7	1151,5	1158,5	82
83	1162	1163,4	1164,8	1166,2	1167,6	1169,0	1170,4	1171,8	1173,2	1174,6	1164,3	1166,7	1171,3	1173,7	1165,5	1172,5	83
84	1176	1177,4	1178,8	1180,2	1181,6	1183,0	1184,4	1185,8	1187,2	1188,6	1178,3	1180,7	1185,3	1187,7	1179,5	1186,5	84
85	1190	1191,4	1192,8	1194,2	1195,6	1197,0	1198,4	1199,8	1201,2	1202,6	1192,3	1194,7	1199,3	1201,7	1193,5	1200,5	85
86	1204	1205,4	1206,8	1208,2	1209,6	1211,0	1212,4	1213,8	1215,2	1216,6	1206,3	1208,7	1213,3	1215,7	1207,5	1214,5	86
87	1218	1219,4	1220,8	1222,2	1223,6	1225,0	1226,4	1227,8	1229,2	1230,6	1220,3	1222,7	1227,3	1229,7	1221,5	1228,5	87
88	1232	1233,4	1234,8	1236,2	1237,6	1239,0	1240,4	1241,8	1243,2	1244,6	1234,3	1236,7	1241,3	1243,7	1235,5	1242,5	88
89	1246	1247,4	1248,8	1250,2	1251,6	1253,0	1254,4	1255,8	1257,2	1258,6	1248,3	1250,7	1255,3	1257,7	1249,5	1256,5	89
90	1260	1261,4	1262,8	1264,2	1265,6	1267,0	1268,4	1269,8	1271,2	1272,6	1262,3	1264,7	1269,3	1271,7	1263,5	1270,5	90
91	1274	1275,4	1276,8	1278,2	1279,6	1281,0	1282,4	1283,8	1285,2	1286,6	1276,3	1278,7	1283,3	1285,7	1277,5	1284,5	91
92	1288	1289,4	1290,8	1292,2	1293,6	1295,0	1296,4	1297,8	1299,2	1300,6	1290,3	1292,7	1297,3	1299,7	1291,5	1298,5	92
93	1302	1303,4	1304,8	1306,2	1307,6	1309,0	1310,4	1311,8	1313,2	1314,6	1304,3	1306,7	1311,3	1313,7	1305,5	1312,5	93
94	1316	1317,4	1318,8	1320,2	1321,6	1323,0	1324,4	1325,8	1327,2	1328,6	1318,3	1320,7	1325,3	1327,7	1319,5	1326,5	94
95	1330	1331,4	1332,8	1334,2	1335,6	1337,0	1338,4	1339,8	1341,2	1342,6	1332,3	1334,7	1339,3	1341,7	1333,5	1340,5	95
96	1344	1345,4	1346,8	1348,2	1349,6	1351,0	1352,4	1353,8	1355,2	1356,6	1346,3	1348,7	1353,3	1355,7	1347,5	1354,5	96
97	1358	1359,4	1360,8	1362,2	1363,6	1365,0	1366,4	1367,8	1369,2	1370,6	1360,3	1362,7	1367,3	1369,7	1361,5	1368,5	97
98	1372	1373,4	1374,8	1376,2	1377,6	1379,0	1380,4	1381,8	1383,2	1384,6	1374,3	1376,7	1381,3	1383,7	1375,5	1382,5	98
99	1386	1387,4	1388,8	1390,2	1391,6	1393,0	1394,4	1395,8	1397,2	1398,6	1388,3	1390,7	1395,3	1397,7	1389,5	1396,5	99
100	1400	1401,4	1402,8	1404,2	1405,6	1407,0	1408,4	1409,8	1411,2	1412,6	1402,3	1404,7	1409,3	1411,7	1403,5	1410,5	100

		1/10 1,5	2/10 3,0	3/10 4,5	4/10 6,0	5/10 7,5	6/10 9,0	7/10 10,5	8/10 12,0	9/10 13,5	1/6 2,5	2/6 5,0	4/6 10,0	5/6 12,5	1/4 3,75	3/4 11,25	**15**
1	15	16,5	18,0	19,5	21,0	22,5	24,0	25,5	27,0	28,5	17,5	20,0	25,0	27,5	18,8	26,3	**1**
2	30	31,5	33,0	34,5	36,0	37,5	39,0	40,5	42,0	43,5	32,5	35,0	40,0	42,5	33,8	41,3	**2**
3	45	46,5	48,0	49,5	51,0	52,5	54,0	55,5	57,0	58,5	47,5	50,0	55,0	57,5	48,8	56,3	**3**
4	60	61,5	63,0	64,5	66,0	67,5	69,0	70,5	72,0	73,5	62,5	65,0	70,0	72,5	63,8	71,3	**4**
5	75	76,5	78,0	79,5	81,0	82,5	84,0	85,5	87,0	88,5	77,5	80,0	85,0	87,5	78,8	86,3	**5**
6	90	91,5	93,0	94,5	96,0	97,5	99,0	100,5	102,0	103,5	92,5	95,0	100,0	102,5	93,8	101,3	**6**
7	105	106,5	108,0	109,5	111,0	112,5	114,0	115,5	117,0	118,5	107,5	110,0	115,0	117,5	108,8	116,3	**7**
8	120	121,5	123,0	124,5	126,0	127,5	129,0	130,5	132,0	133,5	122,5	125,0	130,0	132,5	123,8	131,3	**8**
9	135	136,5	138,0	139,5	141,0	142,5	144,0	145,5	147,0	148,5	137,5	140,0	145,0	147,5	138,8	146,3	**9**
10	150	151,5	153,0	154,5	156,0	157,5	159,0	160,5	162,0	163,5	152,5	155,0	160,0	162,5	153,8	161,3	**10**
11	165	166,5	168,0	169,5	171,0	172,5	174,0	175,5	177,0	178,5	167,5	170,0	175,0	177,5	168,8	176,3	**11**
12	180	181,5	183,0	184,5	186,0	187,5	189,0	190,5	192,0	193,5	182,5	185,0	190,0	192,5	183,8	191,3	**12**
13	195	196,5	198,0	199,5	201,0	202,5	204,0	205,5	207,0	208,5	197,5	200,0	205,0	207,5	198,8	206,3	**13**
14	210	211,5	213,0	214,5	216,0	217,5	219,0	220,5	222,0	223,5	212,5	215,0	220,0	222,5	213,8	221,3	**14**
15	225	226,5	228,0	229,5	231,0	232,5	234,0	235,5	237,0	238,5	227,5	230,0	235,0	237,5	228,8	236,3	**15**
16	240	241,5	243,0	244,5	246,0	247,5	249,0	250,5	252,0	253,5	242,5	245,0	250,0	252,5	243,8	251,3	**16**
17	255	256,5	258,0	259,5	261,0	262,5	264,0	265,5	267,0	268,5	257,5	260,0	265,0	267,5	258,8	266,3	**17**
18	270	271,5	273,0	274,5	276,0	277,5	279,0	280,5	282,0	283,5	272,5	275,0	280,0	282,5	273,8	281,3	**18**
19	285	286,5	288,0	289,5	291,0	292,5	294,0	295,5	297,0	298,5	287,5	290,0	295,0	297,5	288,8	296,3	**19**
20	300	301,5	303,0	304,5	306,0	307,5	309,0	310,5	312,0	313,5	302,5	305,0	310,0	312,5	303,8	311,3	**20**
21	315	316,5	318,0	319,5	321,0	322,5	324,0	325,5	327,0	328,5	317,5	320,0	325,0	327,5	318,8	326,3	**21**
22	330	331,5	333,0	334,5	336,0	337,5	339,0	340,5	342,0	343,5	332,5	335,0	340,0	342,5	333,8	341,3	**22**
23	345	346,5	348,0	349,5	351,0	352,5	354,0	355,5	357,0	358,5	347,5	350,0	355,0	357,5	348,8	356,3	**23**
24	360	361,5	363,0	364,5	366,0	367,5	369,0	370,5	372,0	373,5	362,5	365,0	370,0	372,5	363,8	371,3	**24**
25	375	376,5	378,0	379,5	381,0	382,5	384,0	385,5	387,0	388,5	377,5	380,0	385,0	387,5	378,8	386,3	**25**
26	390	391,5	393,0	394,5	396,0	397,5	399,0	400,5	402,0	403,5	392,5	395,0	400,0	402,5	393,8	401,3	**26**
27	405	406,5	408,0	409,5	411,0	412,5	414,0	415,5	417,0	418,5	407,5	410,0	415,0	417,5	408,8	416,3	**27**
28	420	421,5	423,0	424,5	426,0	427,5	429,0	430,5	432,0	433,5	422,5	425,0	430,0	432,5	423,8	431,3	**28**
29	435	436,5	438,0	439,5	441,0	442,5	444,0	445,5	447,0	448,5	437,5	440,0	445,0	447,5	438,8	446,3	**29**
30	450	451,5	453,0	454,5	456,0	457,5	459,0	460,5	462,0	463,5	452,5	455,0	460,0	462,5	453,8	461,3	**30**
31	465	466,5	468,0	469,5	471,0	472,5	474,0	475,5	477,0	478,5	467,5	470,0	475,0	477,5	468,8	476,3	**31**
32	480	481,5	483,0	484,5	486,0	487,5	489,0	490,5	492,0	493,5	482,5	485,0	490,0	492,5	483,8	491,3	**32**
33	495	496,5	498,0	499,5	501,0	502,5	504,0	505,5	507,0	508,5	497,5	500,0	505,0	507,5	498,8	506,3	**33**
34	510	511,5	513,0	514,5	516,0	517,5	519,0	520,5	522,0	523,5	512,5	515,0	520,0	522,5	513,8	521,3	**34**
35	525	526,5	528,0	529,5	531,0	532,5	534,0	535,5	537,0	538,5	527,5	530,0	535,0	537,5	528,8	536,3	**35**
36	540	541,5	543,0	544,5	546,0	547,5	549,0	550,5	552,0	553,5	542,5	545,0	550,0	552,5	543,8	551,3	**36**
37	555	556,5	558,0	559,5	561,0	562,5	564,0	565,5	567,0	568,5	557,5	560,0	565,0	567,5	558,8	566,3	**37**
38	570	571,5	573,0	574,5	576,0	577,5	579,0	580,5	582,0	583,5	572,5	575,0	580,0	582,5	573,8	581,3	**38**
39	585	586,5	588,0	589,5	591,0	592,5	594,0	595,5	597,0	598,5	587,5	590,0	595,0	597,5	588,8	596,3	**39**
40	600	601,5	603,0	604,5	606,0	607,5	609,0	610,5	612,0	613,5	602,5	605,0	610,0	612,5	603,8	611,3	**40**
41	615	616,5	618,0	619,5	621,0	622,5	624,0	625,5	627,0	628,5	617,5	620,0	625,0	627,5	618,8	626,3	**41**
42	630	631,5	633,0	634,5	636,0	637,5	639,0	640,5	642,0	643,5	632,5	635,0	640,0	642,5	633,8	641,3	**42**
43	645	646,5	648,0	649,5	651,0	652,5	654,0	655,5	657,0	658,5	647,5	650,0	655,0	657,5	648,8	656,3	**43**
44	660	661,5	663,0	664,5	666,0	667,5	669,0	670,5	672,0	673,5	662,5	665,0	670,0	672,5	663,8	671,3	**44**
45	675	676,5	678,0	679,5	681,0	682,5	684,0	685,5	687,0	688,5	677,5	680,0	685,0	687,5	678,8	686,3	**45**
46	690	691,5	693,0	694,5	696,0	697,5	699,0	700,5	702,0	703,5	692,5	695,0	700,0	702,5	693,8	701,3	**46**
47	705	706,5	708,0	709,5	711,0	712,5	714,0	715,5	717,0	718,5	707,5	710,0	715,0	717,5	708,8	716,3	**47**
48	720	721,5	723,0	724,5	726,0	727,5	729,0	730,5	732,0	733,5	722,5	725,0	730,0	732,5	723,8	731,3	**48**
49	735	736,5	738,0	739,5	741,0	742,5	744,0	745,5	747,0	748,5	737,5	740,0	745,0	747,5	738,8	746,3	**49**
50	750	751,5	753,0	754,5	756,0	757,5	759,0	760,5	762,0	763,5	752,5	755,0	760,0	762,5	753,8	761,3	**50**
51	765	766,5	768,0	769,5	771,0	772,5	774,0	775,5	777,0	778,5	767,5	770,0	775,0	777,5	768,8	776,3	**51**
52	780	781,5	783,0	784,5	786,0	787,5	789,0	790,5	792,0	793,5	782,5	785,0	790,0	792,5	783,8	791,3	**52**
53	795	796,5	798,0	799,5	801,0	802,5	804,0	805,5	807,0	808,5	797,5	800,0	805,0	807,5	798,8	806,3	**53**
54	810	811,5	813,0	814,5	816,0	817,5	819,0	820,5	822,0	823,5	812,5	815,0	820,0	822,5	813,8	821,3	**54**
55	825	826,5	828,0	829,5	831,0	832,5	834,0	835,5	837,0	838,5	827,5	830,0	835,0	837,5	828,8	836,3	**55**
56	840	841,5	843,0	844,5	846,0	847,5	849,0	850,5	852,0	853,5	842,5	845,0	850,0	852,5	843,8	851,3	**56**
57	855	856,5	858,0	859,5	861,0	862,5	864,0	865,5	867,0	868,5	857,5	860,0	865,0	867,5	858,8	866,3	**57**
58	870	871,5	873,0	874,5	876,0	877,5	879,0	880,5	882,0	883,5	872,5	875,0	880,0	882,5	873,8	881,3	**58**
59	885	886,5	888,0	889,5	891,0	892,5	894,0	895,5	897,0	898,5	887,5	890,0	895,0	897,5	888,8	896,3	**59**
60	900	901,5	903,0	904,5	906,0	907,5	909,0	910,5	912,0	913,5	902,5	905,0	910,0	912,5	903,8	911,3	**60**
61	915	916,5	918,0	919,5	921,0	922,5	924,0	925,5	927,0	928,5	917,5	920,0	925,0	927,5	918,8	926,3	**61**
62	930	931,5	933,0	934,5	936,0	937,5	939,0	940,5	942,0	943,5	932,5	935,0	940,0	942,5	933,8	941,3	**62**
63	945	946,5	948,0	949,5	951,0	952,5	954,0	955,5	957,0	958,5	947,5	950,0	955,0	957,5	948,8	956,3	**63**
64	960	961,5	963,0	964,5	966,0	967,5	969,0	970,5	972,0	973,5	962,5	965,0	970,0	972,5	963,8	971,3	**64**
65	975	976,5	978,0	979,5	981,0	982,5	984,0	985,5	987,0	988,5	977,5	980,0	985,0	987,5	978,8	986,3	**65**
66	990	991,5	993,0	994,5	996,0	997,5	999,0	1000,5	1002,0	1003,5	992,5	995,0	1000,0	1002,5	993,8	1001,3	**66**
67	1005	1006,5	1008,0	1009,5	1011,0	1012,5	1014,0	1015,5	1017,0	1018,5	1007,5	1010,0	1015,0	1017,5	1008,8	1016,3	**67**
68	1020	1021,5	1023,0	1024,5	1026,0	1027,5	1029,0	1030,5	1032,0	1033,5	1022,5	1025,0	1030,0	1032,5	1023,8	1031,3	**68**
69	1035	1036,5	1038,0	1039,5	1041,0	1042,5	1044,0	1045,5	1047,0	1048,5	1037,5	1040,0	1045,0	1047,5	1038,8	1046,3	**69**
70	1050	1051,5	1053,0	1054,5	1056,0	1057,5	1059,0	1060,5	1062,0	1063,5	1052,5	1055,0	1060,0	1062,5	1053,8	1061,3	**70**
71	1065	1066,5	1068,0	1069,5	1071,0	1072,5	1074,0	1075,5	1077,0	1078,5	1067,5	1070,0	1075,0	1077,5	1068,8	1076,3	**71**
72	1080	1081,5	1083,0	1084,5	1086,0	1087,5	1089,0	1090,5	1092,0	1093,5	1082,5	1085,0	1090,0	1092,5	1083,8	1091,3	**72**
73	1095	1096,5	1098,0	1099,5	1101,0	1102,5	1104,0	1105,5	1107,0	1108,5	1097,5	1100,0	1105,0	1107,5	1098,8	1106,3	**73**
74	1110	1111,5	1113,0	1114,5	1116,0	1117,5	1119,0	1120,5	1122,0	1123,5	1112,5	1115,0	1120,0	1122,5	1113,8	1121,3	**74**
75	1125	1126,5	1128,0	1129,5	1131,0	1132,5	1134,0	1135,5	1137,0	1138,5	1127,5	1130,0	1135,0	1137,5	1128,8	1136,3	**75**
76	1140	1141,5	1143,0	1144,5	1146,0	1147,5	1149,0	1150,5	1152,0	1153,5	1142,5	1145,0	1150,0	1152,5	1143,8	1151,3	**76**
77	1155	1156,5	1158,0	1159,5	1161,0	1162,5	1164,0	1165,5	1167,0	1168,5	1157,5	1160,0	1165,0	1167,5	1158,8	1166,3	**77**
78	1170	1171,5	1173,0	1174,5	1176,0	1177,5	1179,0	1180,5	1182,0	1183,5	1172,5	1175,0	1180,0	1182,5	1173,8	1181,3	**78**
79	1185	1186,5	1188,0	1189,5	1191,0	1192,5	1194,0	1195,5	1197,0	1198,5	1187,5	1190,0	1195,0	1197,5	1188,8	1196,3	**79**
80	1200	1201,5	1203,0	1204,5	1206,0	1207,5	1209,0	1210,5	1212,0	1213,5	1202,5	1205,0	1210,0	1212,5	1203,8	1211,3	**80**
81	1215	1216,5	1218,0	1219,5	1221,0	1222,5	1224,0	1225,5	1227,0	1228,5	1217,5	1220,0	1225,0	1227,5	1218,8	1226,3	**81**
82	1230	1231,5	1233,0	1234,5	1236,0	1237,5	1239,0	1240,5	1242,0	1243,5	1232,5	1235,0	1240,0	1242,5	1233,8	1241,3	**82**
83	1245	1246,5	1248,0	1249,5	1251,0	1252,5	1254,0	1255,5	1257,0	1258,5	1247,5	1250,0	1255,0	1257,5	1248,8	1256,3	**83**
84	1260	1261,5	1263,0	1264,5	1266,0	1267,5	1269,0	1270,5	1272,0	1273,5	1262,5	1265,0	1270,0	1272,5	1263,8	1271,3	**84**
85	1275	1276,5	1278,0	1279,5	1281,0	1282,5	1284,0	1285,5	1287,0	1288,5	1277,5	1280,0	1285,0	1287,5	1278,8	1286,3	**85**
86	1290	1291,5	1293,0	1294,5	1296,0	1297,5	1299,0	1300,5	1302,0	1303,5	1292,5	1295,0	1300,0	1302,5	1293,8	1301,3	**86**
87	1305	1306,5	1308,0	1309,5	1311,0	1312,5	1314,0	1315,5	1317,0	1318,5	1307,5	1310,0	1315,0	1317,5	1308,8	1316,3	**87**
88	1320	1321,5	1323,0	1324,5	1326,0	1327,5	1329,0	1330,5	1332,0	1333,5	1322,5	1325,0	1330,0	1332,5	1323,8	1331,3	**88**
89	1335	1336,5	1338,0	1339,5	1341,0	1342,5	1344,0	1345,5	1347,0	1348,5	1337,5	1340,0	1345,0	1347,5	1338,8	1346,3	**89**
90	1350	1351,5	1353,0	1354,5	1356,0	1357,5	1359,0	1360,5	1362,0	1363,5	1352,5	1355,0	1360,0	1362,5	1353,8	1361,3	**90**
91	1365	1366,5	1368,0	1369,5	1371,0	1372,5	1374,0	1375,5	1377,0	1378,5	1367,5	1370,0	1375,0	1377,5	1368,8	1376,3	**91**
92	1380	1381,5	1383,0	1384,5	1386,0	1387,5	1389,0	1390,5	1392,0	1393,5	1382,5	1385,0	1390,0	1392,5	1383,8	1391,3	**92**
93	1395	1396,5	1398,0	1399,5	1401,0	1402,5	1404,0	1405,5	1407,0	1408,5	1397,5	1400,0	1405,0	1407,5	1398,8	1406,3	**93**
94	1410	1411,5	1413,0	1414,5	1416,0	1417,5	1419,0	1420,5	1422,0	1423,5	1412,5	1415,0	1420,0	1422,5	1413,8	1421,3	**94**
95	1425	1426,5	1428,0	1429,5	1431,0	1432,5	1434,0	1435,5	1437,0	1438,5	1427,5	1430,0	1435,0	1437,5	1428,8	1436,3	**95**
96	1440	1441,5	1443,0	1444,5	1446,0	1447,5	1449,0	1450,5	1452,0	1453,5	1442,5	1445,0	1450,0	1452,5	1443,8	1451,3	**96**
97	1455	1456,5	1458,0	1459,5	1461,0	1462,5	1464,0	1465,5	1467,0	1468,5	1457,5	1460,0	1465,0	1467,5	1458,8	1466,3	**97**
98	1470	1471,5	1473,0	1474,5	1476,0	1477,5	1479,0	1480,5	1482,0	1483,5	1472,5	1475,0	1480,0	1482,5	1473,8	1481,3	**98**
99	1485	1486,5	1488,0	1489,5	1491,0	1492,5	1494,0	1495,5	1497,0	1498,5	1487,5	1490,0	1495,0	1497,5	1488,8	1496,3	**99**
100	1500	1501,5	1503,0	1504,5	1506,0	1507,5	1509,0	1510,5	1512,0	1513,5	1502,5	1505,0	1510,0	1512,5	1503,8	1511,3	**100**

16		1/10 1,6	2/10 3,2	3/10 4,8	4/10 6,4	5/10 8,0	6/10 9,6	7/10 11,2	8/10 12,8	9/10 14,4	1/6 2,666	2/6 5,333	4/6 10,666	5/6 13,333	1/4 4,0	3/4 12,0	
1	16	17,6	19,2	20,8	22,4	24,0	25,6	27,2	28,8	30,4	18,7	21,3	26,7	29,3	20,0	28,0	1
2	32	33,6	35,2	36,8	38,4	40,0	41,6	43,2	44,8	46,4	34,7	37,3	42,7	45,3	36,0	44,0	2
3	48	49,6	51,2	52,8	54,4	56,0	57,6	59,2	60,8	62,4	50,7	53,3	58,7	61,3	52,0	60,0	3
4	64	65,6	67,2	68,8	70,4	72,0	73,6	75,2	76,8	78,4	66,7	69,3	74,7	77,3	68,0	76,0	4
5	80	81,6	83,2	84,8	86,4	88,0	89,6	91,2	92,8	94,4	82,7	85,3	90,7	93,3	84,0	92,0	5
6	96	97,6	99,2	100,8	102,4	104,0	105,6	107,2	108,8	110,4	98,7	101,3	106,7	109,3	100,0	108,0	6
7	112	113,6	115,2	116,8	118,4	120,0	121,6	123,2	124,8	126,4	114,7	117,3	122,7	125,3	116,0	124,0	7
8	128	129,6	131,2	132,8	134,4	136,0	137,6	139,2	140,8	142,4	130,7	133,3	138,7	141,3	132,0	140,0	8
9	144	145,6	147,2	148,8	150,4	152,0	153,6	155,2	156,8	158,4	146,7	149,3	154,7	157,3	148,0	156,0	9
10	160	161,6	163,2	164,8	166,4	168,0	169,6	171,2	172,8	174,4	162,7	165,3	170,7	173,3	164,0	172,0	10
11	176	177,6	179,2	180,8	182,4	184,0	185,6	187,2	188,8	190,4	178,7	181,3	186,7	189,3	180,0	188,0	11
12	192	193,6	195,2	196,8	198,4	200,0	201,6	203,2	204,8	206,4	194,7	197,3	202,7	205,3	196,0	204,0	12
13	208	209,6	211,2	212,8	214,4	216,0	217,6	219,2	220,8	222,4	210,7	213,3	218,7	221,3	212,0	220,0	13
14	224	225,6	227,2	228,8	230,4	232,0	233,6	235,2	236,8	238,4	226,7	229,3	234,7	237,3	228,0	236,0	14
15	240	241,6	243,2	244,8	246,4	248,0	249,6	251,2	252,8	254,4	242,7	245,3	250,7	253,3	244,0	225,0	15
16	256	257,6	259,2	260,8	262,4	264,0	265,6	267,2	268,8	270,4	258,7	261,3	266,7	269,3	260,0	268,0	16
17	272	273,6	275,2	276,8	278,4	280,0	281,6	283,2	284,8	286,4	274,7	277,3	282,7	285,3	276,0	284,0	17
18	288	289,6	291,2	292,8	294,4	296,0	297,6	299,2	300,8	302,4	290,7	293,3	298,7	301,3	292,0	300,0	18
19	304	305,6	307,2	308,8	310,4	312,0	313,6	315,2	316,8	318,4	306,7	309,3	314,7	317,3	308,0	316,0	19
20	320	321,6	323,2	324,8	326,4	328,0	329,6	331,2	332,8	334,4	322,7	325,3	330,7	333,3	324,0	332,0	20
21	336	337,6	339,2	340,8	342,4	344,0	345,6	347,2	348,8	350,4	338,7	341,3	346,7	349,3	340,0	348,0	21
22	352	353,6	355,2	356,8	358,4	360,0	361,6	363,2	364,8	366,4	354,7	357,3	362,7	365,3	356,0	364,0	22
23	368	369,6	371,2	372,8	374,4	376,0	377,6	379,2	380,8	382,4	370,7	373,3	378,7	381,3	372,0	380,0	23
24	384	385,6	387,2	388,8	390,4	392,0	393,6	395,2	396,8	398,4	386,7	389,3	394,7	397,3	388,0	396,0	24
25	400	401,6	403,2	404,8	406,4	408,0	409,6	411,2	412,8	414,4	402,7	405,3	410,7	413,3	404,0	412,0	25
26	416	417,6	419,2	420,8	422,4	424,0	425,6	427,2	428,8	430,4	418,7	421,3	426,7	429,3	420,0	428,0	26
27	432	433,6	435,2	436,8	438,4	440,0	441,6	443,2	444,8	446,4	434,7	437,3	442,7	445,3	436,0	444,0	27
28	448	449,6	451,2	452,8	454,4	456,0	457,6	459,2	460,8	462,4	450,7	453,3	458,7	461,3	452,0	460,0	28
29	464	465,6	467,2	468,8	470,4	472,0	473,6	475,2	476,8	478,4	466,7	469,3	474,7	477,3	468,0	476,0	29
30	480	481,6	483,2	484,8	486,4	488,0	489,6	491,2	492,8	494,4	482,7	485,3	490,7	493,3	484,0	492,0	30
31	496	497,6	499,2	500,8	502,4	504,0	505,6	507,2	508,8	510,4	498,7	501,3	506,7	509,3	500,0	508,0	31
32	512	513,6	515,2	516,8	518,4	520,0	521,6	523,2	524,8	526,4	514,7	517,3	522,7	525,3	516,0	524,0	32
33	528	529,6	531,2	532,8	534,4	536,0	537,6	539,2	540,8	542,4	530,7	533,3	538,7	541,3	532,0	540,0	33
34	544	545,6	547,2	548,8	550,4	552,0	553,6	555,2	556,8	558,4	546,7	549,3	554,7	557,3	548,0	556,0	34
35	560	561,6	563,2	564,8	566,4	568,0	569,6	571,2	572,8	574,4	562,7	565,3	570,7	573,3	564,0	572,0	35
36	576	577,6	579,2	580,8	582,4	584,0	585,6	587,2	588,8	590,4	578,7	581,3	586,7	589,3	580,0	588,0	36
37	592	593,6	595,2	596,8	598,4	600,0	601,6	603,2	604,8	606,4	594,7	597,3	602,7	605,3	596,0	604,0	37
38	608	609,6	611,2	612,8	614,4	616,0	617,6	619,2	620,8	622,4	610,7	613,3	618,7	621,3	612,0	620,0	38
39	624	625,6	627,2	628,8	630,4	632,0	633,6	635,2	636,8	638,4	626,7	629,3	634,7	637,3	628,0	636,0	39
40	640	641,6	643,2	644,8	646,4	648,0	649,6	651,2	652,8	654,4	642,7	645,3	650,7	653,3	644,0	652,0	40
41	656	657,6	659,2	660,8	662,4	664,0	665,6	667,2	668,8	670,4	658,7	661,3	666,7	669,3	660,0	668,0	41
42	672	673,6	675,2	676,8	678,4	680,0	681,6	683,2	684,8	686,4	674,7	677,3	682,7	685,3	676,0	684,0	42
43	688	689,6	691,2	692,8	694,4	696,0	697,6	699,2	700,8	702,4	690,7	693,3	698,7	701,3	692,0	700,0	43
44	704	705,6	707,2	708,8	710,4	712,0	713,6	715,2	716,8	718,4	706,7	709,3	714,7	717,3	708,0	716,0	44
45	720	721,6	723,2	724,8	726,4	728,0	729,6	731,2	732,8	734,4	722,7	725,3	730,7	733,3	724,0	732,0	45
46	736	737,6	739,2	740,8	742,4	744,0	745,6	747,2	748,8	750,4	738,7	741,3	746,7	749,3	740,0	748,0	46
47	752	753,6	755,2	756,8	758,4	760,0	761,6	763,2	764,8	766,4	754,7	757,3	762,7	765,3	756,0	764,0	47
48	768	769,6	771,2	772,8	774,4	776,0	777,6	779,2	780,8	782,4	770,7	773,3	778,7	781,3	772,0	780,0	48
49	784	785,6	787,2	788,8	790,4	792,0	793,6	795,2	796,8	798,4	786,7	789,3	794,7	797,3	788,0	796,0	49
50	800	801,6	803,2	804,8	806,4	808,0	809,6	811,2	812,8	814,4	802,7	805,3	810,7	813,3	804,0	812,0	50
51	816	817,6	819,2	820,8	822,4	824,0	825,6	827,2	828,8	830,4	818,7	821,3	826,7	829,3	820,0	828,0	51
52	832	833,6	835,2	836,8	838,4	840,0	841,6	843,2	844,8	846,4	834,7	837,3	842,7	845,3	836,0	844,0	52
53	848	849,6	851,2	852,8	854,4	856,0	857,6	859,2	860,8	862,4	850,7	853,3	858,7	861,3	852,0	860,0	53
54	864	865,6	867,2	868,8	870,4	872,0	873,6	875,2	876,8	878,4	866,7	869,3	874,7	877,3	868,0	876,0	54
55	880	881,6	883,2	884,8	886,4	888,0	889,6	891,2	892,8	894,4	882,7	885,3	890,7	893,3	884,0	892,0	55
56	896	897,6	899,2	900,8	902,4	904,0	905,6	907,2	908,8	910,4	898,7	901,3	906,7	909,3	900,0	908,0	56
57	912	913,6	915,2	916,8	918,4	920,0	921,6	923,2	924,8	926,4	914,7	917,3	922,7	925,3	916,0	924,0	57
58	928	929,6	931,2	932,8	934,4	936,0	937,6	939,2	940,8	942,4	930,	933,3	938,7	941,3	932,0	940,0	58
59	944	945,6	947,2	948,8	950,4	952,0	953,6	955,2	956,8	958,4	946,7	949,3	954,7	957,3	948,0	956,0	59
60	960	961,6	963,2	964,8	966,4	968,0	969,6	971,2	972,8	974,4	962,7	965,3	970,7	973,3	964,0	972,0	60
61	976	977,6	979,2	980,8	982,4	984,0	985,6	987,2	988,8	990,4	978,7	981,3	986,7	989,3	980,0	988,0	61
62	992	993,6	995,2	996,8	998,4	1000,0	1001,6	1003,2	1004,8	1006,4	994,7	997,3	1002,7	1005,3	996,0	1004,0	62
63	1008	1009,6	1011,2	1012,8	1014,4	1016,0	1017,6	1019,2	1020,8	1022,4	1010,7	1013,3	1018,7	1021,3	1012,0	1020,0	63
64	1024	1025,6	1027,2	1028,8	1030,4	1032,0	1033,6	1035,2	1036,8	1038,4	1026,7	1029,3	1034,7	1037,3	1028,0	1036,0	64
65	1040	1041,6	1043,2	1044,8	1046,4	1048,0	1049,6	1051,2	1052,8	1054,4	1042,7	1045,3	1050,7	1053,3	1044,0	1052,0	65
66	1056	1057,6	1059,2	1060,8	1062,4	1064,0	1065,6	1067,2	1068,8	1070,4	1058,7	1061,3	1066,7	1069,3	1060,0	1068,0	66
67	1072	1073,6	1075,2	1076,8	1078,4	1080,0	1081,6	1083,2	1084,8	1086,4	1074,7	1077,3	1082,7	1085,3	1076,0	1084,0	67
68	1088	1089,6	1091,2	1092,8	1094,4	1096,0	1097,6	1099,2	1100,8	1102,4	1090,7	1093,3	1098,7	1101,3	1092,0	1100,0	68
69	1104	1105,6	1107,2	1108,8	1110,4	1112,0	1113,6	1115,2	1116,8	1118,4	1106,7	1109,3	1114,7	1117,3	1108,0	1116,0	69
70	1120	1121,6	1123,2	1124,8	1126,4	1128,0	1129,6	1131,2	1132,8	1134,4	1122,7	1125,3	1130,7	1133,3	1124,0	1132,0	70
71	1136	1137,6	1139,2	1140,8	1142,4	1144,0	1145,6	1147,2	1148,8	1150,4	1138,7	1141,3	1146,7	1149,3	1140,0	1148,0	71
72	1152	1153,6	1155,2	1156,8	1158,4	1160,0	1161,6	1163,2	1164,8	1166,4	1154,7	1157,3	1162,7	1165,3	1156,0	1164,0	72
73	1168	1169,6	1171,2	1172,8	1174,4	1176,0	1177,6	1179,2	1180,8	1182,4	1170,7	1173,3	1178,7	1181,3	1172,0	1180,0	73
74	1184	1185,6	1187,2	1188,8	1190,4	1192,0	1193,6	1195,2	1196,8	1198,4	1186,7	1189,3	1194,7	1197,3	1188,0	1196,0	74
75	1200	1201,6	1203,2	1204,8	1206,4	1208,0	1209,6	1211,2	1212,8	1214,4	1202,7	1205,3	1210,7	1213,3	1204,0	1212,0	75
76	1216	1217,6	1219,2	1220,8	1222,4	1224,0	1225,6	1227,2	1228,8	1230,4	1218,7	1221,3	1226,7	1229,3	1220,0	1228,0	76
77	1232	1233,6	1235,2	1236,8	1238,4	1240,0	1241,6	1243,2	1244,8	1246,4	1234,7	1237,3	1242,7	1245,3	1236,0	1244,0	77
78	1248	1249,6	1251,2	1252,8	1254,4	1256,0	1257,6	1259,2	1260,8	1262,4	1250,7	1253,3	1258,7	1261,3	1252,0	1260,0	78
79	1264	1265,6	1267,2	1268,8	1270,4	1272,0	1273,6	1275,2	1276,8	1278,4	1266,7	1269,3	1274,7	1277,3	1268,0	1276,0	79
80	1280	1281,6	1283,2	1284,8	1286,4	1288,0	1289,6	1291,2	1292,8	1294,4	1282,7	1285,3	1290,7	1293,3	1284,0	1292,0	80
81	1296	1297,6	1299,2	1300,8	1302,4	1304,0	1305,6	1307,2	1308,8	1310,4	1298,7	1301,3	1306,7	1309,3	1300,0	1308,0	81
82	1312	1313,6	1315,2	1316,8	1318,4	1320,0	1321,6	1323,2	1324,8	1326,4	1314,7	1317,3	1322,7	1325,3	1316,0	1324,0	82
83	1328	1329,6	1331,2	1332,8	1334,4	1336,0	1337,6	1339,2	1340,8	1342,4	1330,7	1333,3	1338,7	1341,3	1332,0	1340,0	83
84	1344	1345,6	1347,2	1348,8	1350,4	1352,0	1353,6	1355,2	1356,8	1358,4	1346,7	1349,3	1354,7	1357,3	1348,0	1356,0	84
85	1360	1361,6	1363,2	1364,8	1366,4	1368,0	1369,6	1371,2	1372,8	1374,4	1362,7	1365,3	1370,7	1373,3	1364,0	1372,0	85
86	1376	1377,6	1379,2	1380,8	1382,4	1384,0	1385,6	1387,2	1388,8	1390,4	1378,7	1381,3	1386,7	1389,3	1380,0	1388,0	86
87	1392	1393,6	1395,2	1396,8	1398,4	1400,0	1401,6	1403,2	1404,8	1406,4	1394,7	1397,3	1402,7	1405,3	1396,0	1404,0	87
88	1408	1409,6	1411,2	1412,8	1414,4	1416,0	1417,6	1419,2	1420,8	1422,4	1410,7	1413,3	1418,7	1421,3	1412,0	1420,0	88
89	1424	1425,6	1427,2	1428,8	1430,4	1432,0	1433,6	1435,2	1436,8	1438,4	1426,7	1429,3	1434,7	1437,3	1428,0	1436,0	89
90	1440	1441,6	1443,2	1444,8	1446,4	1448,0	1449,6	1451,2	1452,8	1454,4	1442,7	1445,3	1450,7	1453,3	1444,0	1452,0	90
91	1456	1457,6	1459,2	1460,8	1462,4	1464,0	1465,6	1467,2	1468,8	1470,4	1458,7	1461,3	1466,7	1469,3	1460,0	1468,0	91
92	1472	1473,6	1475,2	1476,8	1478,4	1480,0	1481,6	1483,2	1484,8	1486,4	1474,7	1477,3	1482,7	1485,3	1476,0	1484,0	92
93	1488	1489,6	1491,2	1492,8	1494,4	1496,0	1497,6	1499,2	1500,8	1502,4	1490,7	1493,3	1498,7	1501,3	1492,0	1500,0	93
94	1504	1505,6	1507,2	1508,8	1510,4	1512,0	1513,6	1515,2	1516,8	1518,4	1506,7	1509,3	1514,7	1517,3	1508,0	1516,0	94
95	1520	1521,6	1523,2	1524,8	1526,4	1528,0	1529,6	1531,2	1532,8	1534,4	1522,7	1525,3	1530,7	1533,3	1524,0	1532,0	95
96	1536	1537,6	1539,2	1540,8	1542,4	1544,0	1545,6	1547,2	1548,8	1550,4	1538,7	1541,3	1546,7	1549,3	1540,0	1548,0	96
97	1552	1553,6	1555,2	1556,8	1558,4	1560,0	1561,6	1563,2	1564,8	1566,4	1554,7	1557,3	1562,7	1565,3	1556,0	1564,0	97
98	1568	1569,6	1571,2	1572,8	1574,4	1576,0	1577,6	1579,2	1580,8	1582,4	1570,7	1573,3	1578,7	1581,3	1572,0	1580,0	98
99	1584	1585,6	1587,2	1588,8	1590,4	1592,0	1593,6	1595,2	1596,8	1598,4	1586,7	1589,3	1594,7	1597,3	1588,0	1596,0	99
100	1600	1601,6	1603,2	1604,8	1606,4	1608,0	1609,6	1611,2	1612,8	1614,4	1602,7	1605,3	1610,7	1613,3	1604,0	1612,0	100

		1/10 1,7	2/10 3,4	3/10 5,1	4/10 6,8	5/10 8,5	6/10 10,2	7/10 11,9	8/10 13,6	9/10 15,3	1/6 2,833	2/6 5,666	4/6 11,333	5/6 14,166	1/4 4,25	3/4 12,75	**17**
1	17	18,7	20,4	22,1	23,8	25,5	27,2	28,9	30,6	32,3	19,8	22,7	28,3	31,2	21,3	29,8	**1**
2	34	35,7	37,4	39,1	40,8	42,5	44,2	45,9	47,6	49,3	36,8	39,7	45,3	48,2	38,3	46,8	**2**
3	51	52,7	54,4	56,1	57,8	59,5	61,2	62,9	64,6	66,3	53,8	56,7	62,3	65,2	55,3	63,8	**3**
4	68	69,7	71,4	73,1	74,8	76,5	78,2	79,9	81,6	83,3	70,8	73,7	79,3	82,2	72,3	80,8	**4**
5	85	86,7	88,4	90,1	91,8	93,5	95,2	96,9	98,6	100,3	87,8	90,7	96,3	99,2	89,3	97,8	**5**
6	102	103,7	105,4	107,1	108,8	110,5	112,2	113,9	115,6	117,3	104,8	107,7	113,3	116,2	106,3	114,8	**6**
7	119	120,7	122,4	124,1	125,8	127,5	129,2	130,9	132,6	134,3	121,8	124,7	130,3	133,2	123,3	131,8	**7**
8	136	137,7	139,4	141,1	142,8	144,5	146,2	147,9	149,6	151,3	138,8	141,7	147,3	150,2	140,3	148,8	**8**
9	153	154,7	156,4	158,1	159,8	161,5	163,2	164,9	166,6	168,3	155,8	158,7	164,3	167,2	157,3	165,8	**9**
10	170	171,7	173,4	175,1	176,8	178,5	180,2	181,9	183,6	185,3	172,8	175,7	181,3	184,2	174,3	182,8	**10**
11	187	188,7	190,4	192,1	193,8	195,5	197,2	198,9	200,6	202,3	189,8	192,7	198,3	201,2	191,3	199,8	**11**
12	204	205,7	207,4	209,1	210,8	212,5	214,2	215,9	217,6	219,3	206,8	209,7	215,3	218,2	208,3	216,8	**12**
13	221	222,7	224,4	226,1	227,8	229,5	231,2	232,9	234,6	236,3	223,8	226,7	232,3	235,2	225,3	233,8	**13**
14	238	239,7	241,4	243,1	244,8	246,5	248,2	249,9	251,6	253,3	240,8	243,7	249,3	252,2	242,3	250,8	**14**
15	255	256,7	258,4	260,1	261,8	263,5	265,2	266,9	268,6	270,3	257,8	260,7	266,3	269,2	259,3	267,8	**15**
16	272	273,7	275,4	277,1	278,8	280,5	282,2	283,9	285,6	287,3	274,8	277,7	283,3	286,2	276,3	284,8	**16**
17	289	290,7	292,4	294,1	295,8	297,5	299,2	300,9	302,6	304,3	291,8	294,7	300,3	303,2	293,3	301,8	**17**
18	306	307,7	309,4	311,1	312,8	314,5	316,2	317,9	319,6	321,3	308,8	311,7	317,3	320,2	310,3	318,8	**18**
19	323	324,7	326,4	328,1	329,8	331,5	333,2	334,9	336,6	338,3	325,8	328,7	334,3	337,2	327,3	335,8	**19**
20	340	341,7	343,4	345,1	346,8	348,5	350,2	351,9	353,6	355,3	342,8	345,7	351,3	354,2	344,3	352,8	**20**
21	357	358,7	360,4	362,1	363,8	365,5	367,2	368,9	370,6	372,3	359,8	362,7	368,3	371,2	361,3	369,8	**21**
22	374	375,7	377,4	379,1	380,8	382,5	384,2	385,9	387,6	389,3	376,8	379,7	385,3	388,2	378,3	386,8	**22**
23	391	392,7	394,4	396,1	397,8	399,5	401,2	402,9	404,6	406,3	393,8	396,7	402,3	405,2	395,3	403,8	**23**
24	408	409,7	411,4	413,1	414,8	416,5	418,2	419,9	421,6	423,3	410,8	413,7	419,3	422,2	412,3	420,8	**24**
25	425	426,7	428,4	430,1	431,8	433,5	435,2	436,9	438,6	440,3	427,8	430,7	436,3	439,2	429,3	437,8	**25**
26	442	443,7	445,4	447,1	448,8	450,5	452,2	453,9	455,6	457,3	444,8	447,7	453,3	456,2	446,3	454,8	**26**
27	459	460,7	462,4	464,1	465,8	467,5	469,2	470,9	472,6	474,3	461,8	464,7	470,3	473,2	463,3	471,8	**27**
28	476	477,7	479,4	481,1	482,8	484,5	486,2	487,9	489,6	491,3	478,8	481,7	487,3	490,2	480,3	488,8	**28**
29	493	494,7	496,4	498,1	499,8	501,5	503,2	504,9	506,6	508,3	495,8	498,7	504,3	507,2	497,3	505,8	**29**
30	510	511,7	513,4	515,1	516,8	518,5	520,2	521,9	523,6	525,3	512,8	515,7	521,3	524,2	514,3	522,8	**30**
31	527	528,7	530,4	532,1	533,8	535,5	537,2	538,9	540,6	542,3	529,8	532,7	538,3	541,2	531,3	539,8	**31**
32	544	545,7	547,4	549,1	550,8	552,5	554,2	555,9	557,6	559,3	546,8	549,7	555,3	558,2	548,3	556,8	**32**
33	561	562,7	564,4	566,1	567,8	569,5	571,2	572,9	574,6	576,3	563,8	566,7	572,3	575,2	565,3	573,8	**33**
34	578	579,7	581,4	583,1	584,8	586,5	588,2	589,9	591,6	593,3	580,8	583,7	589,3	592,2	582,3	590,8	**34**
35	595	596,7	598,4	600,1	601,8	603,5	605,2	606,9	608,6	610,3	597,8	600,7	606,3	609,2	599,3	607,8	**35**
36	612	613,7	615,4	617,1	618,8	620,5	622,2	623,9	625,6	627,3	614,8	617,7	623,3	626,2	616,3	624,8	**36**
37	629	630,7	632,4	634,1	635,8	637,5	639,2	640,9	642,6	644,3	631,8	634,7	640,3	643,2	633,3	641,8	**37**
38	646	647,7	649,4	651,1	652,8	654,5	656,2	657,9	659,6	661,3	648,8	651,7	657,3	660,2	650,3	658,8	**38**
39	663	664,7	666,4	668,1	669,8	671,5	673,2	674,9	676,6	678,3	665,8	668,7	674,3	677,2	667,3	675,8	**39**
40	680	681,7	683,4	685,1	686,8	688,5	690,2	691,9	693,6	695,3	682,8	685,7	691,3	694,2	684,3	692,8	**40**
41	697	698,7	700,4	702,1	703,8	705,5	707,2	708,9	710,6	712,3	699,8	702,7	708,3	711,2	701,3	709,8	**41**
42	714	715,7	717,4	719,1	720,8	722,5	724,2	725,9	727,6	729,3	716,8	719,7	725,3	728,2	718,3	726,8	**42**
43	731	732,7	734,4	736,1	737,8	739,5	741,2	742,9	744,6	746,3	733,8	736,7	742,3	745,2	735,3	743,8	**43**
44	748	749,7	751,4	753,1	754,8	756,5	758,2	759,9	761,6	763,3	750,8	753,7	759,3	762,2	752,3	760,8	**44**
45	765	766,7	768,4	770,1	771,8	773,5	775,2	776,9	778,6	780,3	767,8	770,7	776,3	779,2	769,3	777,8	**45**
46	782	783,7	785,4	787,1	788,8	790,5	792,2	793,9	795,6	797,3	784,8	787,7	793,3	796,2	786,3	794,8	**46**
47	799	800,7	802,4	804,1	805,8	807,5	809,2	810,9	812,6	814,3	801,8	804,7	810,3	813,2	803,3	811,8	**47**
48	816	817,7	819,4	821,1	822,8	824,5	826,2	827,9	829,6	831,3	818,8	821,7	827,3	830,2	820,3	828,8	**48**
49	833	834,7	836,4	838,1	839,8	841,5	843,2	844,9	846,6	848,3	835,8	838,7	844,3	847,2	837,3	845,8	**49**
50	850	851,7	853,4	855,1	856,8	858,5	860,2	861,9	863,6	865,3	852,8	855,7	861,3	864,2	854,3	862,8	**50**
51	867	868,7	870,4	872,1	873,8	875,5	877,2	878,9	880,6	882,3	869,8	872,7	878,3	881,2	871,3	879,8	**51**
52	884	885,7	887,4	889,1	890,8	892,5	894,2	895,9	897,6	899,3	886,8	889,7	895,3	898,2	888,3	896,8	**52**
53	901	902,7	904,4	906,1	907,8	909,5	911,2	912,9	914,6	916,3	903,8	906,7	912,3	915,2	905,3	913,8	**53**
54	918	919,7	921,4	923,1	924,8	926,5	928,2	929,9	931,6	933,3	920,8	923,7	929,3	932,2	922,3	930,8	**54**
55	935	936,7	938,4	940,1	941,8	943,5	945,2	946,9	948,6	950,3	937,8	940,7	946,3	949,2	939,3	947,8	**55**
56	952	953,7	955,4	957,1	958,8	960,5	962,2	963,9	965,6	967,3	954,8	957,7	963,3	966,2	956,3	964,8	**56**
57	969	970,7	972,4	974,1	975,8	977,5	979,2	980,9	982,6	984,3	971,8	974,7	980,3	983,2	973,3	981,8	**57**
58	986	987,7	989,4	991,1	992,8	994,5	996,2	997,9	999,6	1001,3	988,8	991,7	997,3	1000,2	990,3	998,8	**58**
59	1003	1004,7	1006,4	1008,1	1009,8	1011,5	1013,2	1014,9	1016,6	1018,3	1005,8	1008,7	1014,3	1017,2	1007,3	1015,8	**59**
60	1020	1021,7	1023,4	1025,1	1026,8	1028,5	1030,2	1031,9	1033,6	1035,3	1022,8	1025,7	1031,3	1034,2	1024,3	1032,8	**60**
61	1037	1038,7	1040,4	1042,1	1043,8	1045,5	1047,2	1048,9	1050,6	1052,3	1039,8	1042,7	1048,3	1051,2	1041,3	1049,8	**61**
62	1054	1055,7	1057,4	1059,1	1060,8	1062,5	1064,2	1065,9	1067,6	1069,3	1056,8	1059,7	1065,3	1068,2	1058,3	1066,8	**62**
63	1071	1072,7	1074,4	1076,1	1077,8	1079,5	1081,2	1082,9	1084,6	1086,3	1073,8	1076,7	1082,3	1085,2	1075,3	1083,8	**63**
64	1088	1089,7	1091,4	1093,1	1094,8	1096,5	1098,2	1099,9	1101,6	1103,3	1090,8	1093,7	1099,3	1102,2	1092,3	1100,8	**64**
65	1105	1106,7	1108,4	1110,1	1111,8	1113,5	1115,2	1116,9	1118,6	1120,3	1107,8	1110,7	1116,3	1119,2	1109,3	1117,8	**65**
66	1122	1123,7	1125,4	1127,1	1128,8	1130,5	1132,2	1133,9	1135,6	1137,3	1124,8	1127,7	1133,3	1136,2	1126,3	1134,8	**66**
67	1139	1140,7	1142,4	1144,1	1145,8	1147,5	1149,2	1150,9	1152,6	1154,3	1141,8	1144,7	1150,3	1153,2	1143,3	1151,8	**67**
68	1156	1157,7	1159,4	1161,1	1162,8	1164,5	1166,2	1167,9	1169,6	1171,3	1158,8	1161,7	1167,3	1170,2	1160,3	1168,8	**68**
69	1173	1174,7	1176,4	1178,1	1179,8	1181,5	1183,2	1184,9	1186,6	1188,3	1175,8	1178,7	1184,3	1187,2	1177,3	1185,8	**69**
70	1190	1191,7	1193,4	1195,1	1196,8	1198,5	1200,2	1201,9	1203,6	1205,3	1192,8	1195,7	1201,3	1204,2	1194,3	1202,8	**70**
71	1207	1208,7	1210,4	1212,1	1213,8	1215,5	1217,2	1218,9	1220,6	1222,3	1209,8	1212,7	1218,3	1221,2	1211,3	1219,8	**71**
72	1224	1225,7	1227,4	1229,1	1230,8	1232,5	1234,2	1235,9	1237,6	1239,3	1226,8	1229,7	1235,3	1238,2	1228,3	1236,8	**72**
73	1241	1242,7	1244,4	1246,1	1247,8	1249,5	1251,2	1252,9	1254,6	1256,3	1243,8	1246,7	1252,3	1255,2	1245,3	1253,8	**73**
74	1258	1259,7	1261,4	1263,1	1264,8	1266,5	1268,2	1269,9	1271,6	1273,3	1260,8	1263,7	1269,3	1272,2	1262,3	1270,8	**74**
75	1275	1276,7	1278,4	1280,1	1281,8	1283,5	1285,2	1286,9	1288,6	1290,3	1277,8	1280,7	1286,3	1289,2	1279,3	1287,8	**75**
76	1292	1293,7	1295,4	1297,1	1298,8	1300,5	1302,2	1303,9	1305,6	1307,3	1294,8	1297,7	1303,3	1306,2	1296,3	1304,8	**76**
77	1309	1310,7	1312,4	1314,1	1315,8	1317,5	1319,2	1320,9	1322,6	1324,3	1311,8	1314,7	1320,3	1323,2	1313,3	1321,8	**77**
78	1326	1327,7	1329,4	1331,1	1332,8	1334,5	1336,2	1337,9	1339,6	1341,3	1328,8	1331,7	1337,3	1340,2	1330,3	1338,8	**78**
79	1343	1344,7	1346,4	1348,1	1349,8	1351,5	1353,2	1354,9	1356,6	1358,3	1345,8	1348,7	1354,3	1357,2	1347,3	1355,8	**79**
80	1360	1361,7	1363,4	1365,1	1366,8	1368,5	1370,2	1371,9	1373,6	1375,3	1362,8	1365,7	1371,3	1374,2	1364,3	1372,8	**80**
81	1377	1378,7	1380,4	1382,1	1383,8	1385,5	1387,2	1388,9	1390,6	1392,3	1379,8	1382,7	1388,3	1391,2	1381,3	1389,8	**81**
82	1394	1395,7	1397,4	1399,1	1400,8	1402,5	1404,2	1405,9	1407,6	1409,3	1396,8	1399,7	1405,3	1408,2	1398,3	1406,8	**82**
83	1411	1412,7	1414,4	1416,1	1417,8	1419,5	1421,2	1422,9	1424,6	1426,3	1413,8	1416,7	1422,3	1425,2	1415,3	1423,8	**83**
84	1428	1429,7	1431,4	1433,1	1434,8	1436,5	1438,2	1439,9	1441,6	1443,3	1430,8	1433,7	1439,3	1442,2	1432,3	1440,8	**84**
85	1445	1446,7	1448,4	1450,1	1451,8	1453,5	1455,2	1456,9	1458,6	1460,3	1447,8	1450,7	1456,3	1459,2	1449,3	1457,8	**85**
86	1462	1463,7	1465,4	1467,1	1468,8	1470,5	1472,2	1473,9	1475,6	1477,3	1464,8	1467,7	1473,3	1476,2	1466,3	1474,8	**86**
87	1479	1480,7	1482,4	1484,1	1485,8	1487,5	1489,2	1490,9	1492,6	1494,3	1481,8	1484,7	1490,3	1493,2	1483,3	1491,8	**87**
88	1496	1497,7	1499,4	1501,1	1502,8	1504,5	1506,2	1507,9	1509,6	1511,3	1498,8	1501,7	1507,3	1510,2	1500,3	1508,8	**88**
89	1513	1514,7	1516,4	1518,1	1519,8	1521,5	1523,2	1524,9	1526,6	1528,3	1515,8	1518,7	1524,3	1527,2	1517,3	1525,8	**89**
90	1530	1531,7	1533,4	1535,1	1536,8	1538,5	1540,2	1541,9	1543,6	1545,3	1532,8	1535,7	1541,3	1544,2	1534,3	1542,8	**90**
91	1547	1548,7	1550,4	1552,1	1553,8	1555,5	1557,2	1558,9	1560,6	1562,3	1549,8	1552,7	1558,3	1561,2	1551,3	1559,8	**91**
92	1564	1565,7	1567,4	1569,1	1570,8	1572,5	1574,2	1575,9	1577,6	1579,3	1566,8	1569,7	1575,3	1578,2	1568,3	1576,8	**92**
93	1581	1582,7	1584,4	1586,1	1587,8	1589,5	1591,2	1592,9	1594,6	1596,3	1583,8	1586,7	1592,3	1595,2	1585,3	1593,8	**93**
94	1598	1599,7	1601,4	1603,1	1604,8	1606,5	1608,2	1609,9	1611,6	1613,3	1600,8	1603,7	1609,3	1612,2	1602,3	1610,8	**94**
95	1615	1616,7	1618,4	1620,1	1621,8	1623,5	1625,2	1626,9	1628,6	1630,3	1617,8	1620,7	1626,3	1629,2	1619,3	1627,8	**95**
96	1632	1633,7	1635,4	1637,1	1638,8	1640,5	1642,2	1643,9	1645,6	1647,3	1634,8	1637,7	1643,3	1646,2	1636,3	1644,8	**96**
97	1649	1650,7	1652,4	1654,1	1655,8	1657,5	1659,2	1660,9	1662,6	1664,3	1651,8	1654,7	1660,3	1663,2	1653,3	1661,8	**97**
98	1666	1667,7	1669,4	1671,1	1672,8	1674,5	1676,2	1677,9	1679,6	1681,3	1668,8	1671,7	1677,3	1680,2	1670,3	1678,8	**98**
99	1683	1684,7	1686,4	1688,1	1689,8	1691,5	1693,2	1694,9	1696,6	1698,3	1685,8	1688,7	1694,3	1697,2	1687,3	1695,8	**99**
100	1700	1701,7	1703,4	1705,1	1706,8	1708,5	1710,2	1711,9	1713,6	1715,3	1702,8	1705,7	1711,3	1714,2	1704,3	1712,8	**100**

18		1/10 1,8	2/10 3,6	3/10 5,4	4/10 7,2	5/10 9,0	6/10 10,8	7/10 12,6	8/10 14,4	9/10 16,2	1/6 3,0	2/6 6,0	4/6 12,0	5/6 15,0	1/4 4,5	3/4 13,5	
1	18	19,8	21,6	23,4	25,2	27,0	28,8	30,6	32,4	34,2	21,0	24,0	30,0	33,0	22,5	31,5	1
2	36	37,8	39,6	41,4	43,2	45,0	46,8	48,6	50,4	52,2	39,0	42,0	48,0	51,0	40,5	49,5	2
3	54	55,8	57,6	59,4	61,2	63,0	64,8	66,6	68,4	70,2	57,0	60,0	66,0	69,0	58,5	67,5	3
4	72	73,8	75,6	77,4	79,2	81,0	82,8	84,6	86,4	88,2	75,0	78,0	84,0	87,0	76,5	85,5	4
5	90	91,8	93,6	95,4	97,2	99,0	100,8	102,6	104,4	106,2	93,0	96,0	102,0	105,0	94,5	103,5	5
6	108	109,8	111,6	113,4	115,2	117,0	118,8	120,6	122,4	124,2	111,0	114,0	120,0	123,0	112,5	121,5	6
7	126	127,8	129,6	131,4	133,2	135,0	136,8	138,6	140,4	142,2	129,0	132,0	138,0	141,0	130,5	139,5	7
8	144	145,8	147,6	149,4	151,2	153,0	154,8	156,6	158,4	160,2	147,0	150,0	156,0	159,0	148,5	157,5	8
9	162	163,8	165,6	167,4	169,2	171,0	172,8	174,6	176,4	178,2	165,0	168,0	174,0	177,0	166,5	175,5	9
10	180	181,8	183,6	185,4	187,2	189,0	190,8	192,6	194,4	196,2	183,0	186,0	192,0	195,0	184,5	193,5	10
11	198	199,8	201,6	203,4	205,2	207,0	208,8	210,6	212,4	214,2	201,0	204,0	210,0	213,0	202,5	211,5	11
12	216	217,8	219,6	221,4	223,2	225,0	226,8	228,6	230,4	232,2	219,0	222,0	228,0	231,0	220,5	229,5	12
13	234	235,8	237,6	239,4	241,2	243,0	244,8	246,6	248,4	250,2	237,0	240,0	246,0	249,0	238,5	247,5	13
14	252	253,8	255,6	257,4	259,2	261,0	262,8	264,6	266,4	268,2	255,0	258,0	264,0	267,0	256,5	265,5	14
15	270	271,8	273,6	275,4	277,2	279,0	280,8	282,6	284,4	286,2	273,0	276,0	282,0	285,0	274,5	283,5	15
16	288	289,8	291,6	293,4	295,2	297,0	298,8	300,6	302,4	304,2	291,0	294,0	300,0	303,0	292,5	301,5	16
17	306	307,8	309,6	311,4	313,2	315,0	316,8	318,6	320,4	322,2	309,0	312,0	318,0	321,0	310,5	319,5	17
18	324	325,8	327,6	329,4	331,2	333,0	334,8	336,6	338,4	340,2	327,0	330,0	336,0	339,0	328,5	337,5	18
19	342	343,8	345,6	347,4	349,2	351,0	352,8	354,6	356,4	358,2	345,0	348,0	354,0	357,0	346,5	355,5	19
20	360	361,8	363,6	365,4	367,2	369,0	370,8	372,6	374,4	376,2	363,0	366,0	372,0	375,0	364,5	373,5	20
21	378	379,8	381,6	383,4	385,2	387,0	388,8	390,6	392,4	394,2	381,0	384,0	390,0	393,0	382,5	391,5	21
22	396	397,8	399,6	401,4	403,2	405,0	406,8	408,6	410,4	412,2	399,0	402,0	408,0	411,0	400,5	409,5	22
23	414	415,8	417,6	419,4	421,2	423,0	424,8	426,6	428,4	430,2	417,0	420,0	426,0	429,0	418,5	427,5	23
24	432	433,8	435,6	437,4	439,2	441,0	442,8	444,6	446,4	448,2	435,0	438,0	444,0	447,0	436,5	445,5	24
25	450	451,8	453,6	455,4	457,2	459,0	460,8	462,6	464,4	466,2	453,0	456,0	462,0	465,0	454,5	463,5	25
26	468	469,8	471,6	473,4	475,2	477,0	478,8	480,6	482,4	484,2	471,0	474,0	480,0	483,0	472,5	481,5	26
27	486	487,8	489,6	491,4	493,2	495,0	496,8	498,6	500,4	502,2	489,0	492,0	498,0	501,0	490,5	499,5	27
28	504	505,8	507,6	509,4	511,2	513,0	514,8	516,6	518,4	520,2	507,0	510,0	516,0	519,0	508,5	517,5	28
29	522	523,8	525,6	527,4	529,2	531,0	532,8	534,6	536,4	538,2	525,0	528,0	534,0	537,0	526,5	535,5	29
30	540	541,8	543,6	545,4	547,2	549,0	550,8	552,6	554,4	556,2	543,0	546,0	552,0	555,0	544,5	553,5	30
31	558	559,8	561,6	563,4	565,2	567,0	568,8	570,6	572,4	574,2	561,0	564,0	570,0	573,0	562,5	571,5	31
32	576	577,8	579,6	581,4	583,2	585,0	586,8	588,6	590,4	592,2	579,0	582,0	588,0	591,0	580,5	589,5	32
33	594	595,8	597,6	599,4	601,2	603,0	604,8	606,6	608,4	610,2	597,0	600,0	606,0	609,0	598,5	607,5	33
34	612	613,8	615,6	617,4	619,2	621,0	622,8	624,6	626,4	628,2	615,0	618,0	624,0	627,0	616,5	625,5	34
35	630	631,8	633,6	635,4	637,2	639,0	640,8	642,6	644,4	646,2	633,0	636,0	642,0	645,0	634,5	643,5	35
36	648	649,8	651,6	653,4	655,2	657,0	658,8	660,6	662,4	664,2	651,0	654,0	660,0	663,0	652,5	661,5	36
37	666	667,8	669,6	671,4	673,2	675,0	676,8	678,6	680,4	682,2	669,0	672,0	678,0	681,0	670,5	679,5	37
38	684	685,8	687,6	689,4	691,2	693,0	694,8	696,6	698,4	700,2	687,0	690,0	696,0	699,0	688,5	697,5	38
39	702	703,8	705,6	707,4	709,2	711,0	712,8	714,6	716,4	718,2	705,0	708,0	714,0	717,0	706,5	715,5	39
40	720	721,8	723,6	725,4	727,2	729,0	730,8	732,6	734,4	736,2	723,0	726,0	732,0	735,0	724,5	733,5	40
41	738	739,8	741,6	743,4	745,2	747,0	748,8	750,6	752,4	754,2	741,0	744,0	750,0	753,0	742,5	751,5	41
42	756	757,8	759,6	761,4	763,2	765,0	766,8	768,6	770,4	772,2	759,0	762,0	768,0	771,0	760,5	769,5	42
43	774	775,8	777,6	779,4	781,2	783,0	784,8	786,6	788,4	790,2	777,0	780,0	786,0	789,0	778,5	787,5	43
44	792	793,8	795,6	797,4	799,2	801,0	802,8	804,6	806,4	808,2	795,0	798,0	804,0	807,0	796,5	805,5	44
45	810	811,8	813,6	815,4	817,2	819,0	820,8	822,6	824,4	826,2	813,0	816,0	822,0	825,0	814,5	823,5	45
46	828	829,8	831,6	833,4	835,2	837,0	838,8	840,6	842,4	844,2	831,0	834,0	840,0	843,0	832,5	841,5	46
47	846	847,8	849,6	851,4	853,2	855,0	856,8	858,6	860,4	862,2	849,0	852,0	858,0	861,0	850,5	859,5	47
48	864	865,8	867,6	869,4	871,2	873,0	874,8	876,6	878,4	880,2	867,0	870,0	876,0	879,0	868,5	877,5	48
49	882	883,8	885,6	887,4	889,2	891,0	892,8	894,6	896,4	898,2	885,0	888,0	894,0	897,0	886,5	895,5	49
50	900	901,8	903,6	905,4	907,2	909,0	910,8	912,6	914,4	916,2	903,0	906,0	912,0	915,0	904,5	913,5	50
51	918	919,8	921,6	923,4	925,2	927,0	928,8	930,6	932,4	934,2	921,0	924,0	930,0	933,0	922,5	931,5	51
52	936	937,8	939,6	941,4	943,2	945,0	946,8	948,6	950,4	952,2	939,0	942,0	948,0	951,0	940,5	949,5	52
53	954	955,8	957,6	959,4	961,2	963,0	964,8	966,6	968,4	970,2	957,0	960,0	966,0	969,0	958,5	967,5	53
54	972	973,8	975,6	977,4	979,2	981,0	982,8	984,6	986,4	988,2	975,0	978,0	984,0	987,0	976,5	985,5	54
55	990	991,8	993,6	995,4	997,2	999,0	1000,8	1002,6	1004,4	1006,2	993,0	996,0	1002,0	1005,0	994,5	1003,5	55
56	1008	1009,8	1011,6	1013,4	1015,2	1017,0	1018,8	1020,6	1022,4	1024,2	1011,0	1014,0	1020,0	1023,0	1012,5	1021,5	56
57	1026	1027,8	1029,6	1031,4	1033,2	1035,0	1036,8	1038,6	1040,4	1042,2	1029,0	1032,0	1038,0	1041,0	1030,5	1039,5	57
58	1044	1045,8	1047,6	1049,4	1051,2	1053,0	1054,8	1056,6	1058,4	1060,2	1047,0	1050,0	1056,0	1059,0	1048,5	1057,5	58
59	1062	1063,8	1065,6	1067,4	1069,2	1071,0	1072,8	1074,6	1076,4	1078,2	1065,0	1068,0	1074,0	1077,0	1066,5	1075,5	59
60	1080	1081,8	1083,6	1085,4	1087,2	1089,0	1090,8	1092,6	1094,4	1096,2	1083,0	1086,0	1092,0	1095,0	1084,5	1093,5	60
61	1098	1099,8	1101,6	1103,4	1105,2	1107,0	1108,8	1110,6	1112,4	1114,2	1101,0	1104,0	1110,0	1113,0	1102,5	1111,5	61
62	1116	1117,8	1119,6	1121,4	1123,2	1125,0	1126,8	1128,6	1130,4	1132,2	1119,0	1122,0	1128,0	1131,0	1120,5	1129,5	62
63	1134	1135,8	1137,6	1139,4	1141,2	1143,0	1144,8	1146,6	1148,4	1150,2	1137,0	1140,0	1146,0	1149,0	1138,5	1147,5	63
64	1152	1153,8	1155,6	1157,4	1159,2	1161,0	1162,8	1164,6	1166,4	1168,2	1155,0	1158,0	1164,0	1167,0	1156,5	1165,5	64
65	1170	1171,8	1173,6	1175,4	1177,2	1179,0	1180,8	1182,6	1184,4	1186,2	1173,0	1176,0	1182,0	1185,0	1174,5	1183,5	65
66	1188	1189,8	1191,6	1193,4	1195,2	1197,0	1198,8	1200,6	1202,4	1204,2	1191,0	1194,0	1200,0	1203,0	1192,5	1201,5	66
67	1206	1207,8	1209,6	1211,4	1213,2	1215,0	1216,8	1218,6	1220,4	1222,2	1209,0	1212,0	1218,0	1221,0	1210,5	1219,5	67
68	1224	1225,8	1227,6	1229,4	1231,2	1233,0	1234,8	1236,6	1238,4	1240,2	1227,0	1230,0	1236,0	1239,0	1228,5	1237,5	68
69	1242	1243,8	1245,6	1247,4	1249,2	1251,0	1252,8	1254,6	1256,4	1258,2	1245,0	1248,0	1254,0	1257,0	1246,5	1255,5	69
70	1260	1261,8	1263,6	1265,4	1267,2	1269,0	1270,8	1272,6	1274,4	1276,2	1263,0	1266,0	1272,0	1275,0	1264,5	1273,5	70
71	1278	1279,8	1281,6	1283,4	1285,2	1287,0	1288,8	1290,6	1292,4	1294,2	1281,0	1284,0	1290,0	1293,0	1282,5	1291,5	71
72	1296	1297,8	1299,6	1301,4	1303,2	1305,0	1306,8	1308,6	1310,4	1312,2	1299,0	1302,0	1308,0	1311,0	1300,5	1309,5	72
73	1314	1315,8	1317,6	1319,4	1321,2	1323,0	1324,8	1326,6	1328,4	1330,2	1317,0	1320,0	1326,0	1329,0	1318,5	1327,5	73
74	1332	1333,8	1335,6	1337,4	1339,2	1341,0	1342,8	1344,6	1346,4	1348,2	1335,0	1338,0	1344,0	1347,0	1336,5	1345,5	74
75	1350	1351,8	1353,6	1355,4	1357,2	1359,0	1360,8	1362,6	1364,4	1366,2	1353,0	1356,0	1362,0	1365,0	1354,5	1363,5	75
76	1368	1369,8	1371,6	1373,4	1375,2	1377,0	1378,8	1380,6	1382,4	1384,2	1371,0	1374,0	1380,0	1383,0	1372,5	1381,5	76
77	1386	1387,8	1389,6	1391,4	1393,2	1395,0	1396,8	1398,6	1400,4	1402,2	1389,0	1392,0	1398,0	1401,0	1390,5	1399,5	77
78	1404	1405,8	1407,6	1409,4	1411,2	1413,0	1414,8	1416,6	1418,4	1420,2	1407,0	1410,0	1416,0	1419,0	1408,5	1417,5	78
79	1422	1423,8	1425,6	1427,4	1429,2	1431,0	1432,8	1434,6	1436,4	1438,2	1425,0	1428,0	1434,0	1437,0	1426,5	1435,5	79
80	1440	1441,8	1443,6	1445,4	1447,2	1449,0	1450,8	1452,6	1454,4	1456,2	1443,0	1446,0	1452,0	1455,0	1444,5	1453,5	80
81	1458	1459,8	1461,6	1463,4	1465,2	1467,0	1468,8	1470,6	1472,4	1474,2	1461,0	1464,0	1470,0	1473,0	1462,5	1471,5	81
82	1476	1477,8	1479,6	1481,4	1483,2	1485,0	1486,8	1488,6	1490,4	1492,2	1479,0	1482,0	1488,0	1491,0	1480,5	1489,5	82
83	1494	1495,8	1497,6	1499,4	1501,2	1503,0	1504,8	1506,6	1508,4	1510,2	1497,0	1500,0	1506,0	1509,0	1498,5	1507,5	83
84	1512	1513,8	1515,6	1517,4	1519,2	1521,0	1522,8	1524,6	1526,4	1528,2	1515,0	1518,0	1524,0	1527,0	1516,5	1525,5	84
85	1530	1531,8	1533,6	1535,4	1537,2	1539,0	1540,8	1542,6	1544,4	1546,2	1533,0	1536,0	1542,0	1545,0	1534,5	1543,5	85
86	1548	1549,8	1551,6	1553,4	1555,2	1557,0	1558,8	1560,6	1562,4	1564,2	1551,0	1554,0	1560,0	1563,0	1552,5	1561,5	86
87	1566	1567,8	1569,6	1571,4	1573,2	1575,0	1576,8	1578,6	1580,4	1582,2	1569,0	1572,0	1578,0	1581,0	1570,5	1579,5	87
88	1584	1585,8	1587,6	1589,4	1591,2	1593,0	1594,8	1596,6	1598,4	1600,2	1587,0	1590,0	1596,0	1599,0	1588,5	1597,5	88
89	1602	1603,8	1605,6	1607,4	1609,2	1611,0	1612,8	1614,6	1616,4	1618,2	1605,0	1608,0	1614,0	1617,0	1606,5	1615,5	89
90	1620	1621,8	1623,6	1625,4	1627,2	1629,0	1630,8	1632,6	1634,4	1636,2	1623,0	1626,0	1632,0	1635,0	1624,5	1633,5	90
91	1638	1639,8	1641,6	1643,4	1645,2	1647,0	1648,8	1650,6	1652,4	1654,2	1641,0	1644,0	1650,0	1653,0	1642,5	1651,5	91
92	1656	1657,8	1659,6	1661,4	1663,2	1665,0	1666,8	1668,6	1670,4	1672,2	1659,0	1662,0	1668,0	1671,0	1660,5	1669,5	92
93	1674	1675,8	1677,6	1679,4	1681,2	1683,0	1684,8	1686,6	1688,4	1690,2	1677,0	1680,0	1686,0	1689,0	1678,5	1687,5	93
94	1692	1693,8	1695,6	1697,4	1699,2	1701,0	1702,8	1704,6	1706,4	1708,2	1695,0	1698,0	1704,0	1707,0	1696,5	1705,5	94
95	1710	1711,8	1713,6	1715,4	1717,2	1719,0	1720,8	1722,6	1724,4	1726,2	1713,0	1716,0	1722,0	1725,0	1714,5	1723,5	95
96	1728	1729,8	1731,6	1733,4	1735,2	1737,0	1738,8	1740,6	1742,4	1744,2	1731,0	1734,0	1740,0	1743,0	1732,5	1741,5	96
97	1746	1747,8	1749,6	1751,4	1753,2	1755,0	1756,8	1758,6	1760,4	1762,2	1749,0	1752,0	1758,0	1761,0	1750,5	1759,5	97
98	1764	1765,8	1767,6	1769,4	1771,2	1773,0	1774,8	1776,6	1778,4	1780,2	1767,0	1770,0	1776,0	1779,0	1768,5	1777,5	98
99	1782	1783,8	1785,6	1787,4	1789,2	1791,0	1792,8	1794,6	1796,4	1798,2	1785,0	1788,0	1794,0	1797,0	1786,5	1795,5	99
100	1800	1801,8	1803,6	1805,4	1807,2	1809,0	1810,8	1812,6	1814,4	1816,2	1803,0	1806,0	1812,0	1815,0	1804,5	1813,5	100

		1/10 1,9	2/10 3,8	3/10 5,7	4/10 7,6	5/10 9,5	6/10 11,4	7/10 13,3	8/10 15,2	9/10 17,1	1/6 3,166	2/6 6,333	4/6 12,666	5/6 15,833	1/4 4,75	3/4 14,25	
1	19	20,9	22,8	24,7	26,6	28,5	30,4	32,3	34,2	36,1	22,2	25,3	31,7	34,8	23,8	33,3	1
2	38	39,9	41,8	43,7	45,6	47,5	49,4	51,3	53,2	55,1	41,2	44,3	50,7	53,8	42,8	52,3	2
3	57	58,9	60,8	62,7	64,6	66,5	68,4	70,3	72,2	74,1	60,2	63,3	69,7	72,8	61,8	71,3	3
4	76	77,9	79,8	81,7	83,6	85,5	87,4	89,3	91,2	93,1	79,2	82,3	88,7	91,8	80,8	90,3	4
5	95	96,9	98,8	100,7	102,6	104,5	106,4	108,3	110,2	112,1	98,2	101,3	107,7	110,8	99,8	109,3	5
6	114	115,9	117,8	119,7	121,6	123,5	125,4	127,3	129,2	131,1	117,2	120,3	126,7	129,8	118,8	128,3	6
7	133	134,9	136,8	138,7	140,6	142,5	144,4	146,3	148,2	150,1	136,2	139,3	145,7	148,8	137,8	147,3	7
8	152	153,9	155,8	157,7	159,6	161,5	163,4	165,3	167,2	169,1	155,2	158,3	164,7	167,8	156,8	166,3	8
9	171	172,9	174,8	176,7	178,6	180,5	182,4	184,3	186,2	188,1	174,2	177,3	183,7	186,8	175,8	185,3	9
10	190	191,9	193,8	195,7	197,6	199,5	201,4	203,3	205,2	207,1	193,2	196,3	202,7	205,8	194,8	204,3	10
11	209	210,9	212,8	214,7	216,6	218,5	220,4	222,3	224,2	226,1	212,2	215,3	221,7	224,8	213,8	223,3	11
12	228	229,9	231,8	233,7	235,6	237,5	239,4	241,3	243,2	245,1	231,2	234,3	240,7	243,8	232,8	242,3	12
13	247	248,9	250,8	252,7	254,6	256,5	258,4	260,3	262,2	264,1	250,2	253,3	259,7	262,8	251,8	261,3	13
14	266	267,9	269,8	271,7	273,6	275,5	277,4	279,3	281,2	283,1	269,2	272,3	278,7	281,8	270,8	280,3	14
15	285	286,9	288,8	290,7	292,6	294,5	296,4	298,3	300,2	302,1	288,2	291,3	297,7	300,8	289,8	299,3	15
16	304	305,9	307,8	309,7	311,6	313,5	315,4	317,3	319,2	321,1	307,2	310,3	316,7	319,8	308,8	318,3	16
17	323	324,9	326,8	328,7	330,6	332,5	334,4	336,3	338,2	340,1	326,2	329,3	335,7	338,8	327,8	337,3	17
18	342	343,9	345,8	347,7	349,6	351,5	353,4	355,3	357,2	359,1	345,2	348,3	354,7	357,8	346,8	356,3	18
19	361	362,9	364,8	366,7	368,6	370,5	372,4	374,3	376,2	378,1	364,2	367,3	373,7	376,8	365,8	375,3	19
20	380	381,9	383,8	385,7	387,6	389,5	391,4	393,3	395,2	397,1	383,2	386,3	392,7	395,8	384,8	394,3	20
21	399	400,9	402,8	404,7	406,6	408,5	410,4	412,3	414,2	416,1	402,2	405,3	411,7	414,8	403,8	413,3	21
22	418	419,9	421,8	423,7	425,6	427,5	429,4	431,3	433,2	435,1	421,2	424,3	430,7	433,8	422,8	432,3	22
23	437	438,9	440,8	442,7	444,6	446,5	448,4	450,3	452,2	454,1	440,2	443,3	449,7	452,8	441,8	451,3	23
24	456	457,9	459,8	461,7	463,6	465,5	467,4	469,3	471,2	473,1	459,2	462,3	468,7	471,8	460,8	470,3	24
25	475	476,9	478,8	480,7	482,6	484,5	486,4	488,3	490,2	492,1	478,2	481,3	487,7	490,8	479,8	489,3	25
26	494	495,9	497,8	499,7	501,6	503,5	505,4	507,3	509,2	511,1	497,2	500,3	506,7	509,8	498,8	508,3	26
27	513	514,9	516,8	518,7	520,6	522,5	524,4	526,3	528,2	530,1	516,2	519,3	525,7	528,8	517,8	527,3	27
28	532	533,9	535,8	537,7	539,6	541,5	543,4	545,3	547,2	549,1	535,2	538,3	544,7	547,8	536,8	546,3	28
29	551	552,9	554,8	556,7	558,6	560,5	562,4	564,3	566,2	568,1	554,2	557,3	563,7	566,8	555,8	565,3	29
30	570	571,9	573,8	575,7	577,6	579,5	581,4	583,3	585,2	587,1	573,2	576,3	582,7	585,8	574,8	584,3	30
31	589	590,9	592,8	594,7	596,6	598,5	600,4	602,3	604,2	606,1	592,2	595,3	601,7	604,8	593,8	603,3	31
32	608	609,9	611,8	613,7	615,6	617,5	619,4	621,3	623,2	625,1	611,2	614,3	620,7	623,8	612,8	622,3	32
33	627	628,9	630,8	632,7	634,6	636,5	638,4	640,3	642,2	644,1	630,2	633,3	639,7	642,8	631,8	641,3	33
34	646	647,9	649,8	651,7	653,6	655,5	657,4	659,3	661,2	663,1	649,2	652,3	658,7	661,8	650,8	660,3	34
35	665	666,9	668,8	670,7	672,6	674,5	676,4	678,3	680,2	682,1	668,2	671,3	677,7	680,8	669,8	679,3	35
36	684	685,9	687,8	689,7	691,6	693,5	695,4	697,3	699,2	701,1	687,2	690,3	696,7	699,8	688,8	698,3	36
37	703	704,9	706,8	708,7	710,6	712,5	714,4	716,3	718,2	720,1	706,2	709,3	715,7	718,8	707,8	717,3	37
38	722	723,9	725,8	727,7	729,6	731,5	733,4	735,3	737,2	739,1	725,2	728,3	734,7	737,8	726,8	736,3	38
39	741	742,9	744,8	746,7	748,6	750,5	752,4	754,3	756,2	758,1	744,2	747,3	753,7	756,8	745,8	755,3	39
40	760	761,9	763,8	765,7	767,6	769,5	771,4	773,3	775,2	777,1	763,2	766,3	772,7	775,8	764,8	774,3	40
41	779	780,9	782,8	784,7	786,6	788,5	790,4	792,3	794,2	796,1	782,2	785,3	791,7	794,8	783,8	793,3	41
42	798	799,9	801,8	803,7	805,6	807,5	809,4	811,3	813,2	815,1	801,2	804,3	810,7	813,8	802,8	812,3	42
43	817	818,9	820,8	822,7	824,6	826,5	828,4	830,3	832,2	834,1	820,2	823,3	829,7	832,8	821,8	831,3	43
44	836	837,9	839,8	841,7	843,6	845,5	847,4	849,3	851,2	853,1	839,2	842,3	848,7	851,8	840,8	850,3	44
45	855	856,9	858,8	860,7	862,6	864,5	866,4	868,3	870,2	872,1	858,2	861,3	867,7	870,8	859,8	869,3	45
46	874	875,9	877,8	879,7	881,6	883,5	885,4	887,3	889,2	891,1	877,2	880,3	886,7	889,8	878,8	888,3	46
47	893	894,9	896,8	898,7	900,6	902,5	904,4	906,3	908,2	910,1	896,2	899,3	905,7	908,8	897,8	907,3	47
48	912	913,9	915,8	917,7	919,6	921,5	923,4	925,3	927,2	929,1	915,2	918,3	924,7	927,8	916,8	926,3	48
49	931	932,9	934,8	936,7	938,6	940,5	942,4	944,3	946,2	948,1	934,2	937,3	943,7	946,8	935,8	945,3	49
50	950	951,9	953,8	955,7	957,6	959,5	961,4	963,3	965,2	967,1	953,2	956,3	962,7	965,8	954,8	964,3	50
51	969	970,9	972,8	974,7	976,6	978,5	980,4	982,3	984,2	986,1	972,2	975,3	981,7	984,8	973,8	983,3	51
52	988	989,9	991,8	993,7	995,6	997,5	999,4	1001,3	1003,2	1005,1	991,2	994,3	1000,7	1003,8	992,8	1002,3	52
53	1007	1008,9	1010,8	1012,7	1014,6	1016,5	1018,4	1020,3	1022,2	1024,1	1010,2	1013,3	1019,7	1022,8	1011,8	1021,3	53
54	1026	1027,9	1029,8	1031,7	1033,6	1035,5	1037,4	1039,3	1041,2	1043,1	1029,2	1032,3	1038,7	1041,8	1030,8	1040,3	54
55	1045	1046,9	1048,8	1050,7	1052,6	1054,5	1056,4	1058,3	1060,2	1062,1	1048,2	1051,3	1057,7	1060,8	1049,8	1059,3	55
56	1064	1065,9	1067,8	1069,7	1071,6	1073,5	1075,4	1077,3	1079,2	1081,1	1067,2	1070,3	1076,7	1079,8	1068,8	1078,3	56
57	1083	1084,9	1086,8	1088,7	1090,6	1092,5	1094,4	1096,3	1098,2	1100,1	1086,2	1089,3	1095,7	1098,8	1087,8	1097,3	57
58	1102	1103,9	1105,8	1107,7	1109,6	1111,5	1113,4	1115,3	1117,2	1119,1	1105,2	1108,3	1114,7	1117,8	1106,8	1116,3	58
59	1121	1122,9	1124,8	1126,7	1128,6	1130,5	1132,4	1134,3	1136,2	1138,1	1124,2	1127,3	1133,7	1136,8	1125,8	1135,3	59
60	1140	1141,9	1143,8	1145,7	1147,6	1149,5	1151,4	1153,3	1155,2	1157,1	1143,2	1146,3	1152,7	1155,8	1144,8	1154,3	60
61	1159	1160,9	1162,8	1164,7	1166,6	1168,5	1170,4	1172,3	1174,2	1176,1	1162,2	1165,3	1171,7	1174,8	1163,8	1173,3	61
62	1178	1179,9	1181,8	1183,7	1185,6	1187,5	1189,4	1191,3	1193,2	1195,1	1181,2	1184,3	1190,7	1193,8	1182,8	1192,3	62
63	1197	1198,9	1200,8	1202,7	1204,6	1206,5	1208,4	1210,3	1212,2	1214,1	1200,2	1203,3	1209,7	1212,8	1201,8	1211,3	63
64	1216	1217,9	1219,8	1221,7	1223,6	1225,5	1227,4	1229,3	1231,2	1233,1	1219,2	1222,3	1228,7	1231,8	1220,8	1230,3	64
65	1235	1236,9	1238,8	1240,7	1242,6	1244,5	1246,4	1248,3	1250,2	1252,1	1238,2	1241,3	1247,7	1250,8	1239,8	1249,3	65
66	1254	1255,9	1257,8	1259,7	1261,6	1263,5	1265,4	1267,3	1269,2	1271,1	1257,2	1260,3	1266,7	1269,8	1258,8	1268,3	66
67	1273	1274,9	1276,8	1278,7	1280,6	1282,5	1284,4	1286,3	1288,2	1290,1	1276,2	1279,3	1285,7	1288,8	1277,8	1287,3	67
68	1292	1293,9	1295,8	1297,7	1299,6	1301,5	1303,4	1305,3	1307,2	1309,1	1295,2	1298,3	1304,7	1307,8	1296,8	1306,3	68
69	1311	1312,9	1314,8	1316,7	1318,6	1320,5	1322,4	1324,3	1326,2	1328,1	1314,2	1317,3	1323,7	1326,8	1315,8	1325,3	69
70	1330	1331,9	1333,8	1335,7	1337,6	1339,5	1341,4	1343,3	1345,2	1347,1	1333,2	1336,3	1342,7	1345,8	1334,8	1344,3	70
71	1349	1350,9	1352,8	1354,7	1356,6	1358,5	1360,4	1362,3	1364,2	1366,1	1352,2	1355,3	1361,7	1364,8	1353,8	1363,3	71
72	1368	1369,9	1371,8	1373,7	1375,6	1377,5	1379,4	1381,3	1383,2	1385,1	1371,2	1374,3	1380,7	1383,8	1372,8	1382,3	72
73	1387	1388,9	1390,8	1392,7	1394,6	1396,5	1398,4	1400,3	1402,2	1404,1	1390,2	1393,3	1399,7	1402,8	1391,8	1401,3	73
74	1406	1407,9	1409,8	1411,7	1413,6	1415,5	1417,4	1419,3	1421,2	1423,1	1409,2	1412,3	1418,7	1421,8	1410,8	1420,3	74
75	1425	1426,9	1428,8	1430,7	1432,6	1434,5	1436,4	1438,3	1440,2	1442,1	1428,2	1431,3	1437,7	1440,8	1429,8	1439,3	75
76	1444	1445,9	1447,8	1449,7	1451,6	1453,5	1455,4	1457,3	1459,2	1461,1	1447,2	1450,3	1456,7	1459,8	1448,8	1458,3	76
77	1463	1464,9	1466,8	1468,7	1470,6	1472,5	1474,4	1476,3	1478,2	1480,1	1466,2	1469,3	1475,7	1478,8	1467,8	1477,3	77
78	1482	1483,9	1485,8	1487,7	1489,6	1491,5	1493,4	1495,3	1497,2	1499,1	1485,2	1488,3	1494,7	1497,8	1486,8	1496,3	78
79	1501	1502,9	1504,8	1506,7	1508,6	1510,5	1512,4	1514,3	1516,2	1518,1	1504,2	1507,3	1513,7	1516,8	1505,8	1515,3	79
80	1520	1521,9	1523,8	1525,7	1527,6	1529,5	1531,4	1533,3	1535,2	1537,1	1523,2	1526,3	1532,7	1535,8	1524,8	1534,3	80
81	1539	1540,9	1542,8	1544,7	1546,6	1548,5	1550,4	1552,3	1554,2	1556,1	1542,2	1545,3	1551,7	1554,8	1543,8	1553,3	81
82	1558	1559,9	1561,8	1563,7	1565,6	1567,5	1569,4	1571,3	1573,2	1575,1	1561,2	1564,3	1570,7	1573,8	1562,8	1572,3	82
83	1577	1578,9	1580,8	1582,7	1584,6	1586,5	1588,4	1590,3	1592,2	1594,1	1580,2	1583,3	1589,7	1592,8	1581,8	1591,3	83
84	1596	1597,9	1599,8	1601,7	1603,6	1605,5	1607,4	1609,3	1611,2	1613,1	1599,2	1602,3	1608,7	1611,8	1600,8	1610,3	84
85	1615	1616,9	1618,8	1620,7	1622,6	1624,5	1626,4	1628,3	1630,2	1632,1	1618,2	1621,3	1627,7	1630,8	1619,8	1629,3	85
86	1634	1635,9	1637,8	1639,7	1641,6	1643,5	1645,4	1647,3	1649,2	1651,1	1637,2	1640,3	1646,7	1649,8	1638,8	1648,3	86
87	1653	1654,9	1656,8	1658,7	1660,6	1662,5	1664,4	1666,3	1668,2	1670,1	1656,2	1659,3	1665,7	1668,8	1657,8	1667,3	87
88	1672	1673,9	1675,8	1677,7	1679,6	1681,5	1683,4	1685,3	1687,2	1689,1	1675,2	1678,3	1684,7	1687,8	1676,8	1686,3	88
89	1691	1692,9	1694,8	1696,7	1698,6	1700,5	1702,4	1704,3	1706,2	1708,1	1694,2	1697,3	1703,7	1706,8	1695,8	1705,3	89
90	1710	1711,9	1713,8	1715,7	1717,6	1719,5	1721,4	1723,3	1725,2	1727,1	1713,2	1716,3	1722,7	1725,8	1714,8	1724,3	90
91	1729	1730,9	1732,8	1734,7	1736,6	1738,5	1740,4	1742,3	1744,2	1746,1	1732,2	1735,3	1741,7	1744,8	1733,8	1743,3	91
92	1748	1749,9	1751,8	1753,7	1755,6	1757,5	1759,4	1761,3	1763,2	1765,1	1751,2	1754,3	1760,7	1763,8	1752,8	1762,3	92
93	1767	1768,9	1770,8	1772,7	1774,6	1776,5	1778,4	1780,3	1782,2	1784,1	1770,2	1773,3	1779,7	1782,8	1771,8	1781,3	93
94	1786	1787,9	1789,8	1791,7	1793,6	1795,5	1797,4	1799,3	1801,2	1803,1	1789,2	1792,3	1798,7	1801,8	1790,8	1800,3	94
95	1805	1806,9	1808,8	1810,7	1812,6	1814,5	1816,4	1818,3	1820,2	1822,1	1808,2	1811,3	1817,7	1820,8	1809,8	1819,3	95
96	1824	1825,9	1827,8	1829,7	1831,6	1833,5	1835,4	1837,3	1839,2	1841,1	1827,2	1830,3	1836,7	1839,8	1828,8	1838,3	96
97	1843	1844,9	1846,8	1848,7	1850,6	1852,5	1854,4	1856,3	1858,2	1860,1	1846,2	1849,3	1855,7	1858,8	1847,8	1857,3	97
98	1862	1863,9	1865,8	1867,7	1869,6	1871,5	1873,4	1875,3	1877,2	1879,1	1865,2	1868,3	1874,7	1877,8	1866,8	1876,3	98
99	1881	1882,9	1884,8	1886,7	1888,6	1890,5	1892,4	1894,3	1896,2	1898,1	1884,2	1887,3	1893,7	1896,8	1885,8	1895,3	99
100	1900	1901,9	1903,8	1905,7	1907,6	1909,5	1911,4	1913,3	1915,2	1917,1	1903,2	1906,3	1912,7	1915,8	1904,8	1914,3	100

20

		1/10	2/10	3/10	4/10	5/10	6/10	7/10	8/10	9/10	1/6	2/6	4/6	5/6	1/4	3/4	
		2,0	4,0	6,0	8,0	10,0	12,0	14,0	16,0	18,0	3,333	6,666	13,333	16,666	5,0	15,0	
1	20	22,0	24,0	26,0	28,0	30,0	32,0	34,0	36,0	38,0	23,3	26,7	33,3	36,7	25,0	35,0	1
2	40	42,0	44,0	46,0	48,0	50,0	52,0	54,0	56,0	58,0	43,3	46,7	53,3	56,7	45,0	55,0	2
3	60	62,0	64,0	66,0	68,0	70,0	72,0	74,0	76,0	78,0	63,3	66,7	73,3	76,7	65,0	75,0	3
4	80	82,0	84,0	86,0	88,0	90,0	92,0	94,0	96,0	98,0	83,3	86,7	93,3	96,7	85,0	95,0	4
5	100	102,0	104,0	106,0	108,0	110,0	112,0	114,0	116,0	118,0	103,3	106,7	113,3	116,7	105,0	115,0	5
6	120	122,0	124,0	126,0	128,0	130,0	132,0	134,0	136,0	138,0	123,3	126,7	133,3	136,7	125,0	135,0	6
7	140	142,0	144,0	146,0	148,0	150,0	152,0	154,0	156,0	158,0	143,3	146,7	153,3	156,7	145,0	155,0	7
8	160	162,0	164,0	166,0	168,0	170,0	172,0	174,0	176,0	178,0	163,3	166,7	173,3	176,7	165,0	175,0	8
9	180	182,0	184,0	186,0	188,0	190,0	192,0	194,0	196,0	198,0	183,3	186,7	193,3	196,7	185,0	195,0	9
10	200	202,0	204,0	206,0	208,0	210,0	212,0	214,0	216,0	218,0	203,3	206,7	213,3	216,7	205,0	215,0	10
11	220	222,0	224,0	226,0	228,0	230,0	232,0	234,0	236,0	238,0	223,3	226,7	233,3	236,7	225,0	235,0	11
12	240	242,0	244,0	246,0	248,0	250,0	252,0	254,0	256,0	258,0	243,3	246,7	253,3	256,7	245,0	255,0	12
13	260	262,0	264,0	266,0	268,0	270,0	272,0	274,0	276,0	278,0	263,3	266,7	273,3	276,7	265,0	275,0	13
14	280	282,0	284,0	286,0	288,0	290,0	292,0	294,0	296,0	298,0	283,3	286,7	293,3	296,7	285,0	295,0	14
15	300	302,0	304,0	306,0	308,0	310,0	312,0	314,0	316,0	318,0	303,3	306,7	313,3	316,7	305,0	315,0	15
16	320	322,0	324,0	326,0	328,0	330,0	332,0	334,0	336,0	338,0	323,3	326,7	333,3	336,7	325,0	335,0	16
17	340	342,0	344,0	346,0	348,0	350,0	352,0	354,0	356,0	358,0	343,3	346,7	353,3	356,7	345,0	355,0	17
18	360	362,0	364,0	366,0	368,0	370,0	372,0	374,0	376,0	378,0	363,3	366,7	373,3	376,7	365,0	375,0	18
19	380	382,0	384,0	386,0	388,0	390,0	392,0	394,0	396,0	398,0	383,3	386,7	393,3	396,7	385,0	395,0	19
20	400	402,0	404,0	406,0	408,0	410,0	412,0	414,0	416,0	418,0	403,3	406,7	413,3	416,7	405,0	415,0	20
21	420	422,0	424,0	426,0	428,0	430,0	432,0	434,0	436,0	438,0	423,3	426,7	433,3	436,7	425,0	435,0	21
22	440	442,0	444,0	446,0	448,0	450,0	452,0	454,0	456,0	458,0	443,3	446,7	453,3	456,7	445,0	455,0	22
23	460	462,0	464,0	466,0	468,0	470,0	472,0	474,0	476,0	478,0	463,3	466,7	473,3	476,7	465,0	475,0	23
24	480	482,0	484,0	486,0	488,0	490,0	492,0	494,0	496,0	498,0	483,3	486,7	493,3	496,7	485,0	495,0	24
25	500	502,0	504,0	506,0	508,0	510,0	512,0	514,0	516,0	518,0	503,3	506,7	513,3	516,7	505,0	515,0	25
26	520	522,0	524,0	526,0	528,0	530,0	532,0	534,0	536,0	538,0	523,3	526,7	533,3	536,7	525,0	535,0	26
27	540	542,0	544,0	546,0	548,0	550,0	552,0	554,0	556,0	558,0	543,3	546,7	553,3	556,7	545,0	555,0	27
28	560	562,0	564,0	566,0	568,0	570,0	572,0	574,0	576,0	578,0	563,3	566,7	573,3	576,7	565,0	575,0	28
29	580	582,0	584,0	586,0	588,0	590,0	592,0	594,0	596,0	598,0	583,3	586,7	593,3	596,7	585,0	595,0	29
30	600	602,0	604,0	606,0	608,0	610,0	612,0	614,0	616,0	618,0	603,3	606,7	613,3	616,7	605,0	615,0	30
31	620	622,0	624,0	626,0	628,0	630,0	632,0	634,0	636,0	638,0	623,3	626,7	633,3	636,7	625,0	635,0	31
32	640	642,0	644,0	646,0	648,0	650,0	652,0	654,0	656,0	658,0	643,3	646,7	653,3	656,7	645,0	655,0	32
33	660	662,0	664,0	666,0	668,0	670,0	672,0	674,0	676,0	678,0	663,3	666,7	673,3	676,7	665,0	675,0	33
34	680	682,0	684,0	686,0	688,0	690,0	692,0	694,0	696,0	698,0	683,3	686,7	693,3	696,7	685,0	695,0	34
35	700	702,0	704,0	706,0	708,0	710,0	712,0	714,0	716,0	718,0	703,3	706,7	713,3	716,7	705,0	715,0	35
36	720	722,0	724,0	726,0	728,0	730,0	732,0	734,0	736,0	738,0	723,3	726,7	733,3	736,7	725,0	735,0	36
37	740	742,0	744,0	746,0	748,0	750,0	752,0	754,0	756,0	758,0	743,3	746,7	753,3	756,7	745,0	755,0	37
38	760	762,0	764,0	766,0	768,0	770,0	772,0	774,0	776,0	778,0	763,3	766,7	773,3	776,7	765,0	775,0	38
39	780	782,0	784,0	786,0	788,0	790,0	792,0	794,0	796,0	798,0	783,3	786,7	793,3	796,7	785,0	795,0	39
40	800	802,0	804,0	806,0	808,0	810,0	812,0	814,0	816,0	818,0	803,3	806,7	813,3	816,7	805,0	815,0	40
41	820	822,0	824,0	826,0	828,0	830,0	832,0	834,0	836,0	838,0	823,3	826,7	833,3	836,7	825,0	835,0	41
42	840	842,0	844,0	846,0	848,0	850,0	852,0	854,0	856,0	858,0	843,3	846,7	853,3	856,7	845,0	855,0	42
43	860	862,0	864,0	866,0	868,0	870,0	872,0	874,0	876,0	878,0	863,3	866,7	873,3	876,7	865,0	875,0	43
44	880	882 0	884,0	886,0	888,0	890,0	892,0	894,0	896,0	898,0	883,3	886,7	893,3	896,7	885,0	895,0	44
45	900	902,0	904,0	906,0	908,0	910,0	912,0	914,0	916,0	918,0	903,3	906,7	913,3	916,7	905,0	915,0	45
46	920	922,0	924,0	926,0	928,0	930,0	932,0	934,0	936,0	938,0	923,3	926,7	933,3	936,7	925,0	935,0	46
47	940	942,0	944,0	946,0	948,0	950,0	952,0	954,0	956,0	958,0	943,3	946,7	953,3	956,7	945,0	955,0	47
48	960	962,0	964,0	966,0	968,0	970,0	972,0	974,0	976,0	978,0	963,3	966,7	973,3	976,7	965,0	975,0	48
49	980	982,0	984,0	986,0	988,0	990,0	992,0	994,0	996,0	998,0	983,3	986,7	993,3	996,7	985,0	995,0	49
50	1000	1002,0	1004,0	1006,0	1008,0	1010,0	1012,0	1014,0	1016,0	1018,0	1003,3	1006,7	1013,3	1016,7	1005,0	1015,0	50
51	1020	1022,0	1024,0	1026,0	1028,0	1030,0	1032,0	1034,0	1036,0	1038,0	1023,3	1026,7	1033,3	1036,7	1025,0	1035,0	51
52	1040	1042,0	1044,0	1046,0	1048,0	1050,0	1052,0	1054,0	1056,0	1058,0	1043,3	1046,7	1053,3	1056,7	1045,0	1055,0	52
53	1060	1062,0	1064,0	1066,0	1068,0	1070,0	1072,0	1074,0	1076,0	1078,0	1063,3	1066,7	1073,3	1076,7	1065,0	1075,0	53
54	1080	1082,0	1084,0	1086,0	1088,0	1090,0	1092,0	1094,0	1096,0	1098,0	1083,3	1086,7	1093,3	1096,7	1085,0	1095,0	54
55	1100	1102,0	1104,0	1106,0	1108,0	1110,0	1112,0	1114,0	1116,0	1118,0	1103,3	1106,7	1113,3	1116,7	1105,0	1115,0	55
56	1120	1122,0	1124,0	1126,0	1128,0	1130,0	1132,0	1134,0	1136,0	1138,0	1123,3	1126,7	1133,3	1136,7	1125,0	1135,0	56
57	1140	1142,0	1144,0	1146,0	1148,0	1150,0	1152,0	1154,0	1156,0	1158,0	1143,3	1146,7	1153,3	1156,7	1145,0	1155,0	57
58	1160	1162,0	1164,0	1166,0	1168,0	1170,0	1172,0	1174,0	1176,0	1178,0	1163,3	1166,7	1173,3	1176,7	1165,0	1175,0	58
59	1180	1182,0	1184,0	1186,0	1188,0	1190,0	1192,0	1194,0	1196,0	1198,0	1183,3	1186,7	1193,3	1196,7	1185,0	1195,0	59
60	1200	1202,0	1204,0	1206,0	1208,0	1210,0	1212,0	1214,0	1216,0	1218,0	1203,3	1206,7	1213,3	1216,7	1205,0	1215,0	60
61	1220	1222,0	1224,0	1226,0	1228,0	1230,0	1232,0	1234,0	1236,0	1238,0	1223,3	1226,7	1233,3	1236,7	1225,0	1235,0	61
62	1240	1242,0	1244,0	1246,0	1248,0	1250,0	1252,0	1254,0	1256,0	1258,0	1243,3	1246,7	1253,3	1256,7	1245,0	1255,0	62
63	1260	1262,0	1264,0	1266,0	1268,0	1270,0	1272,0	1274,0	1276,0	1278,0	1263,3	1266,7	1273,3	1276,7	1265,0	1275,0	63
64	1280	1282,0	1284,0	1286,0	1288,0	1290,0	1292,0	1294,0	1296,0	1298,0	1283,3	1286,7	1293,3	1296,7	1285,0	1295,0	64
65	1300	1302,0	1304,0	1306,0	1308,0	1310,0	1312,0	1314,0	1316,0	1318,0	1303,3	1306,7	1313,3	1316,7	1305,0	1315,0	65
66	1320	1322,0	1324,0	1326,0	1328,0	1330,0	1332,0	1334,0	1336,0	1338,0	1323,3	1326,7	1333,3	1336,7	1325,0	1335,0	66
67	1340	1342,0	1344,0	1346,0	1348,0	1350,0	1352,0	1354,0	1356,0	1358,0	1343,3	1346,7	1353,3	1356,7	1345,0	1355,0	67
68	1360	1362,0	1364,0	1366,0	1368,0	1370,0	1372,0	1374,0	1376,0	1378,0	1363,3	1366,7	1373,3	1376,7	1365,0	1375,0	68
69	1380	1382,0	1384,0	1386,0	1388,0	1390,0	1392,0	1394,0	1396,0	1398,0	1383,3	1386,7	1393,3	1396,7	1385,0	1395,0	69
70	1400	1402,0	1404,0	1406,0	1408,0	1410,0	1412,0	1414,0	1416,0	1418,0	1403,3	1406,7	1413,3	1416,7	1405,0	1415,0	70
71	1420	1422,0	1424,0	1426,0	1428,0	1430,0	1432,0	1434,0	1436,0	1438,0	1423,3	1426,7	1433,3	1436,7	1425,0	1435,0	71
72	1440	1442,0	1444,0	1446,0	1448,0	1450,0	1452,0	1454,0	1456,0	1458,0	1443,3	1446,7	1453,3	1456,7	1445,0	1455,0	72
73	1460	1462,0	1464,0	1466,0	1468,0	1470,0	1472,0	1474,0	1476,0	1478,0	1463,3	1466,7	1473,3	1476,7	1465,0	1475,0	73
74	1480	1482,0	1484,0	1486,0	1488,0	1490,0	1492,0	1494,0	1496,0	1498,0	1483,3	1486,7	1493,3	1496,7	1485,0	1495,0	74
75	1500	1502 0	1504,0	1506,0	1508,0	1510,0	1512,0	1514,0	1516,0	1518,0	1503,3	1506,7	1513,3	1516,7	1505,0	1515,0	75
76	1520	1522,0	1524,0	1526,0	1528,0	1530,0	1532,0	1534,0	1536,0	1538,0	1523,3	1526,7	1533,3	1536,7	1525,0	1535,0	76
77	1540	1542,0	1544,0	1546,0	1548,0	1550,0	1552,0	1554,0	1556,0	1558,0	1543,3	1546,7	1553,3	1556,7	1545,0	1555,0	77
78	1560	1562 0	1564,0	1566,0	1568,0	1570,0	1572,0	1574,0	1576,0	1578,0	1563,3	1566,7	1573,3	1576,7	1565,0	1575,0	78
79	1580	1582,0	1584,0	1586,0	1588,0	1590,0	1592,0	1594,0	1596,0	1598,0	1583,3	1586,7	1593,3	1596,7	1585,0	1595,0	79
80	1600	1602,0	1604,0	1606,0	1608,0	1610,0	1612,0	1614,0	1616,0	1618,0	1603,3	1606,7	1613,3	1616,7	1605,0	1615,0	80
81	1620	1622,0	1624,0	1626,0	1628,0	1630,0	1632,0	1634,0	1636,0	1638,0	1623,3	1626,7	1633,3	1636,7	1625,0	1635,0	81
82	1640	1642,0	1644,0	1646,0	1648,0	1650,0	1652,0	1654,0	1656,0	1658,0	1643,3	1646,7	1653,3	1656,7	1645,0	1655,0	82
83	1660	1662,0	1664,0	1666,0	1668,0	1670,0	1672,0	1674,0	1676,0	1678,0	1663,3	1666,7	1673,3	1676,7	1665,0	1675,0	83
84	1680	1682,0	1684,0	1686,0	1688,0	1690,0	1692,0	1694,0	1696,0	1698,0	1683,3	1686,7	1693,3	1696,7	1685,0	1695,0	84
85	1700	1702,0	1704,0	1706,0	1708,0	1710,0	1712,0	1714,0	1716,0	1718,0	1703,3	1706,7	1713,3	1716,7	1705,0	1715,0	85
86	1720	1722,0	1724,0	1726,0	1728,0	1730,0	1732,0	1734,0	1736,0	1738,0	1723,3	1726,7	1733,3	1736,7	1725,0	1735,0	86
87	1740	1742,0	1744,0	1746,0	1748,0	1750,0	1752,0	1754,0	1756,0	1758,0	1743,3	1746,7	1753,3	1756,7	1745,0	1755,0	87
88	1760	1762,0	1764,0	1766,0	1768,0	1770,0	1772,0	1774,0	1776,0	1778,0	1763,3	1766,7	1773,3	1776,7	1765,0	1775,0	88
89	1780	1782,0	1784,0	1786,0	1788,0	1790,0	1792,0	1794,0	1796,0	1798,0	1783,3	1786,7	1793,3	1796,7	1785,0	1795,0	89
90	1800	1802,0	1804,0	1806,0	1808,0	1810,0	1812,0	1814,0	1816,0	1818,0	1803,3	1806,7	1813,3	1816,7	1805,0	1815,0	90
91	1820	1822,0	1824,0	1826,0	1828,0	1830,0	1832,0	1834,0	1836,0	1838,0	1823,3	1826,7	1833,3	1836,7	1825,0	1835,0	91
92	1840	1842,0	1844,0	1846,0	1848,0	1850,0	1852,0	1854,0	1856,0	1858,0	1843,3	1846,7	1853,3	1856,7	1845,0	1855,0	92
93	1860	1862,0	1864,0	1866,0	1868,0	1870,0	1872,0	1874,0	1876,0	1878,0	1863,3	1866,7	1873,3	1876,7	1865,0	1875,0	93
94	1880	1882 0	1884,0	1886,0	1888,0	1890,0	1892,0	1894,0	1896,0	1898,0	1883,3	1886,7	1893,3	1896,7	1885,0	1895,0	94
95	1900	1902,0	1904,0	1906,0	1908,0	1910,0	1912,0	1914,0	1916,0	1918,0	1903,3	1906,7	1913,3	1916,7	1905,0	1915,0	95
96	1920	1922,0	1924,0	1926,0	1928,0	1930,0	1932,0	1934,0	1936,0	1938,0	1923,3	1926,7	1933,3	1936,7	1925,0	1935,0	96
97	1940	1942,0	1944,0	1946,0	1948,0	1950,0	1952,0	1954,0	1956,0	1958,0	1943,3	1946,7	1953,3	1956,7	1945,0	1955,0	97
98	1960	1962,0	1964,0	1966,0	1968,0	1970,0	1972,0	1974,0	1976,0	1978,0	1963,3	1966,7	1973,3	1976,7	1965,0	1975,0	98
99	1980	1982,0	1984,0	1986,0	1988,0	1990,0	1992,0	1994,0	1996,0	1998,0	1983,3	1986,7	1993,3	1996,7	1985,0	1995,0	99
100	2000	2002,0	2004,0	2006,0	2008,0	2010,0	2012,0	2014,0	2016,0	2018,0	2003,3	2006,7	2013,3	2016,7	2005,0	2015,0	100

		1/10 2,1	2/10 4,2	3/10 6,3	4/10 8,4	5/10 10,5	6/10 12,6	/10 14,7	8/10 16,8	9/10 18,9	1/6 3,5	1/3 7,0	2/3 14,0	5/6 17,5	1/4 5,25	3/4 15,75	
1	21	23,1	25,2	27,3	29,4	31,5	33,6	35,7	37,8	39,9	24,5	28,0	35,0	38,5	26,3	36,8	1
2	42	44,1	46,2	48,3	50,4	52,5	54,6	56,7	58,8	60,9	45,5	49,0	56,0	59,5	47,3	57,8	2
3	63	65,1	67,2	69,3	71,4	73,5	75,6	77,7	79,8	81,9	66,5	70,0	77,0	80,5	68,3	78,8	3
4	84	86,1	88,2	90,3	92,4	94,5	96,6	98,7	100,8	102,9	87,5	91,0	98,0	101,5	89,3	99,8	4
5	105	107,1	109,2	111,3	113,4	115,5	117,6	119,7	121,8	123,9	108,5	112,0	119,0	122,5	110,3	120,8	5
6	126	128,1	130,2	132,3	134,4	136,5	138,6	140,7	142,8	144,9	129,5	133,0	140,0	143,5	131,3	141,8	6
7	147	149,1	151,2	153,3	155,4	157,5	159,6	161,7	163,8	165,9	150,5	154,0	161,0	164,5	152,3	162,8	7
8	168	170,1	172,2	174,3	176,4	178,5	180,6	182,7	184,8	186,9	171,5	175,0	182,0	185,5	173,3	183,8	8
9	189	191,1	193,2	195,3	197,4	199,5	201,6	203,7	205,8	207,9	192,5	196,0	203,0	206,5	194,3	204,8	9
10	210	212,1	214,2	216,3	218,4	220,5	222,6	224,7	226,8	228,9	213,5	217,0	224,0	227,5	215,3	225,8	10
11	231	233,1	235,2	237,3	239,4	241,5	243,6	245,7	247,8	249,9	234,5	238,0	245,0	248,5	236,3	246,8	11
12	252	254,1	256,2	258,3	260,4	262,5	264,6	266,7	268,8	270,9	255,5	259,0	266,0	269,5	257,3	267,8	12
13	273	275,1	277,2	279,3	281,4	283,5	285,6	287,7	289,8	291,9	276,5	280,0	287,0	290,5	278,3	288,8	13
14	294	296,1	298,2	300,3	302,4	304,5	306,6	308,7	310,8	312,9	297,5	301,0	308,0	311,5	299,3	309,8	14
15	315	317,1	319,2	321,3	323,4	325,5	227,6	329,7	331,8	333,9	318,5	322,0	329,0	332,5	320,3	330,8	15
16	336	338,1	340,2	342,3	344,4	346,5	348,6	350,7	352,8	354,9	339,5	343,0	350,0	353,5	341,3	351,8	16
17	357	359,1	361,2	363,3	365,4	367,5	369,6	371,7	373,8	375,9	360,5	364,0	371,0	374,5	362,3	372,8	17
18	378	380,1	382,2	384,3	386,4	388,5	390,6	392,7	394,8	396,9	381,5	385,0	392,0	395,5	383,3	393,8	18
19	399	401,1	403,2	405,3	407,4	409,5	411,6	413,7	415,8	417,9	402,5	406,0	413,0	416,5	404,3	414,8	19
20	420	422,1	424,2	426,3	428,4	430,5	432,6	434,7	436,8	438,9	423,5	427,0	434,0	437,5	425,3	435,8	20
21	441	443,1	445,2	447,3	449,4	451,5	453,6	455,7	457,8	459,9	444,5	448,0	455,0	458,5	446,3	456,8	21
22	462	464,1	466,2	468,3	470,4	472,5	474,6	476,7	478,8	480,9	465,5	469,0	476,0	479,5	467,3	477,8	22
23	483	485,1	487,2	489,3	491,4	493,5	495,6	497,7	499,8	501,9	486,5	490,0	497,0	500,5	488,3	498,8	23
24	504	506,1	508,2	510,3	512,4	514,5	516,6	518,7	520,8	522,9	507,5	511,0	518,0	521,5	509,3	519,8	24
25	525	527,1	529,2	531,3	533,4	535,5	537,6	539,7	541,8	543,9	528,5	532,0	539,0	542,5	530,3	540,8	25
26	546	548,1	550,2	552,3	554,4	556,5	558,6	560,7	562,8	564,9	549,5	553,0	560,0	563,5	551,3	561,8	26
27	567	569,1	571,2	573,3	575,4	577,5	579,6	581,7	583,8	585,9	570,5	574,0	581,0	584,5	572,3	582,8	27
28	588	590,1	592,2	594,3	596,4	598,5	600,6	602,7	604,8	606,9	591,5	595,0	602,0	605,5	593,3	603,8	28
29	609	611,1	613,2	615,3	617,4	619,5	621,6	623,7	625,8	627,9	612,5	616,0	623,0	626,5	614,3	624,8	29
30	630	632,1	634,2	636,3	638,4	640,5	642,6	644,7	646,8	648,9	633,5	637,0	644,0	647,5	635,3	645,8	30
31	651	653,1	655,2	657,3	659,4	661,5	663,6	665,7	667,8	669,9	654,5	658,0	665,0	668,5	656,3	666,8	31
32	672	674,1	676,2	678,3	680,4	682,5	684,6	686,7	688,8	690,9	675,5	679,0	686,0	689,5	677,3	687,8	32
33	693	695,1	697,2	699,3	701,4	703,5	705,6	707,7	709,8	711,9	696,5	700,0	707,0	710,5	698,3	708,8	33
34	714	716,1	718,2	720,3	722,4	724,5	726,6	728,7	730,8	732,9	717,5	721,0	728,0	731,5	719,3	729,8	34
35	735	737,1	739,2	741,3	743,4	745,5	747,6	749,7	751,8	753,9	738,5	742,0	749,0	752,5	740,3	750,8	35
36	756	758,1	760,2	762,3	764,4	766,5	768,6	770,7	772,8	774,9	759,5	763,0	770,0	773,5	761,3	771,8	36
37	777	779,1	781,2	783,3	785,4	787,5	789,6	791,7	793,8	795,9	780,5	784,0	791,0	794,5	782,3	792,8	37
38	798	800,1	802,2	804,3	806,4	808,5	810,6	812,7	814,8	816,9	801,5	805,0	812,0	815,5	803,3	813,8	38
39	819	821,1	823,2	825,3	827,4	829,5	831,6	833,7	835,8	837,9	822,5	826,0	833,0	836,5	824,3	834,8	39
40	840	842,1	844,2	846,3	848,4	850,5	852,6	854,7	856,8	858,9	843,5	847,0	854,0	857,5	845,3	855,8	40
41	861	863,1	865,2	867,3	869,4	871,5	873,6	875,7	877,8	879,9	864,5	868,0	875,0	878,5	866,3	876,8	41
42	882	884,1	886,2	888,3	890,4	892,5	894,6	896,7	898,8	900,9	885,5	889,0	896,0	899,5	887,3	897,8	42
43	903	905,1	907,2	909,3	911,4	913,5	915,6	917,7	919,8	921,9	906,5	910,0	917,0	920,5	908,3	918,8	43
44	924	926,1	928,2	930,3	932,4	934,5	936,6	938,7	940,8	942,9	927,5	931,0	938,0	941,5	929,3	939,8	44
45	945	947,1	949,2	951,3	953,4	955,5	957,6	959,7	961,8	963,9	948,5	952,0	959,0	962,5	950,3	960,8	45
46	966	968,1	970,2	972,3	974,4	976,5	978,6	980,7	982,8	984,9	969,5	973,0	980,0	983,5	971,3	981,8	46
47	987	989,1	991,2	993,3	995,4	997,5	999,6	1001,7	1003,8	1005,9	990,5	994,0	1001,0	1004,5	992,3	1002,8	47
48	1008	1010,1	1012,2	1014,3	1016,4	1018,5	1020,6	1022,7	1024,8	1026,9	1011,5	1015,0	1022,0	1025,5	1013,3	1023,8	48
49	1029	1031,1	1033,2	1035,3	1037,4	1039,5	1041,6	1043,7	1045,8	1047,9	1032,5	1036,0	1043,0	1046,5	1034,3	1044,8	49
50	1050	1052,1	1054,2	1056,3	1058,4	1060,5	1062,6	1064,7	1066,8	1068,9	1053,5	1057,0	1064,0	1067,5	1055,3	1065,8	50
51	1071	1073,1	1075,2	1077,3	1079,4	1081,5	1083,6	1085,7	1087,8	1089,9	1074,5	1078,0	1085,0	1088,5	1076,3	1086,8	51
52	1092	1094,1	1096,2	1098,3	1100,4	1102,5	1104,6	1106,7	1108,8	1110,9	1095,5	1099,0	1106,0	1109,5	1097,3	1107,8	52
53	1113	1115,1	1117,2	1119,3	1121,4	1123,5	1125,6	1127,7	1129,8	1131,9	1116,5	1120,0	1127,0	1130,5	1118,3	1128,8	53
54	1134	1136,1	1138,2	1140,3	1142,4	1144,5	1146,6	1148,7	1150,8	1152,9	1137,5	1141,0	1148,0	1151,5	1139,3	1149,8	54
55	1155	1157,1	1159,2	1161,3	1163,4	1165,5	1167,6	1169,7	1171,8	1173,9	1158,5	1162,0	1169,0	1172,5	1160,3	1170,8	55
56	1176	1178,1	1180,2	1182,3	1184,4	1186,5	1188,6	1190,7	1192,8	1194,9	1179,5	1183,0	1190,0	1193,5	1181,3	1191,8	56
57	1197	1199,1	1201,2	1203,3	1205,4	1207,5	1209,6	1211,7	1213,8	1215,9	1200,5	1204,0	1211,0	1214,5	1202,3	1212,8	57
58	1218	1220,1	1222,2	1224,3	1226,4	1228,5	1230,6	1232,7	1234,8	1236,9	1221,5	1225,0	1232,0	1235,5	1223,3	1233,8	58
59	1239	1241,1	1243,2	1245,3	1247,4	1249,5	1251,6	1253,7	1255,8	1257,9	1242,5	1246,0	1253,0	1256,5	1244,3	1254,8	59
60	1260	1262,1	1264,2	1266,3	1268,4	1270,5	1272,6	1274,7	1276,8	1278,9	1263,5	1267,0	1274,0	1277,5	1265,3	1275,8	60
61	1281	1283,1	1285,2	1287,3	1289,4	1291,5	1293,6	1295,7	1297,8	1299,9	1284,5	1288,0	1295,0	1298,5	1286,3	1296,8	61
62	1302	1304,1	1306,2	1308,3	1310,4	1312,5	1314,6	1316,7	1318,8	1320,9	1305,5	1309,0	1316,0	1319,5	1307,3	1317,8	62
63	1323	1325,1	1327,2	1329,3	1331,4	1333,5	1335,6	1337,7	1339,8	1341,9	1326,5	1330,0	1337,0	1340,5	1328,3	1338,8	63
64	1344	1346,1	1348,2	1350,3	1352,4	1354,5	1356,6	1358,7	1360,8	1362,9	1347,5	1351,0	1358,0	1361,5	1349,3	1359,8	64
65	1365	1367,1	1369,2	1371,3	1373,4	1375,5	1377,6	1379,7	1381,8	1383,9	1368,5	1372,0	1379,0	1382,5	1370,3	1380,8	65
66	1386	1388,1	1390,2	1392,3	1394,4	1396,5	1398,6	1400,7	1402,8	1404,9	1389,5	1393,0	1400,0	1403,5	1391,3	1401,8	66
67	1407	1409,1	1411,2	1413,3	1415,4	1417,5	1419,6	1421,7	1423,8	1425,9	1410,5	1414,0	1421,0	1424,5	1412,3	1422,8	67
68	1428	1430,1	1432,2	1434,3	1436,4	1438,5	1440,6	1442,7	1444,8	1446,9	1431,5	1435,0	1442,0	1445,5	1433,3	1443,8	68
69	1449	1451,1	1453,2	1455,3	1457,4	1459,5	1461,6	1463,7	1465,8	1467,9	1452,5	1456,0	1463,0	1466,5	1454,3	1464,8	69
70	1470	1472,1	1474,2	1476,3	1478,4	1480,5	1482,6	1484,7	1486,8	1488,9	1473,5	1477,0	1484,0	1487,5	1475,3	1485,8	70
71	1491	1493,1	1495,2	1497,3	1499,4	1501,5	1503,6	1505,7	1507,8	1509,9	1494,5	1498,0	1505,0	1508,5	1496,3	1506,8	71
72	1512	1514,1	1516,2	1518,3	1520,4	1522,5	1524,6	1526,7	1528,8	1530,9	1515,5	1519,0	1526,0	1529,5	1517,3	1527,8	72
73	1533	1535,1	1537,2	1539,3	1541,4	1543,5	1545,6	1547,7	1549,8	1551,9	1536,5	1540,0	1547,0	1550,5	1538,3	1548,8	73
74	1554	1556,1	1558,2	1560,3	1562,4	1564,5	1566,6	1568,7	1570,8	1572,9	1557,5	1561,0	1568,0	1571,5	1559,3	1569,8	74
75	1575	1577,1	1579,2	1581,3	1583,4	1585,5	1587,6	1589,7	1591,8	1593,9	1578,5	1582,0	1589,0	1592,5	1580,3	1590,8	75
76	1596	1598,1	1600,2	1602,3	1604,4	1606,5	1608,6	1610,7	1612,8	1614,9	1599,5	1603,0	1610,0	1613,5	1601,3	1611,8	76
77	1617	1619,1	1621,2	1623,3	1625,4	1627,5	1629,6	1631,7	1633,8	1635,9	1620,5	1624,0	1631,0	1634,5	1622,3	1632,8	77
78	1638	1640,1	1642,2	1644,3	1646,4	1648,5	1650,6	1652,7	1654,8	1656,9	1641,5	1645,0	1652,0	1655,5	1643,3	1653,8	78
79	1659	1661,1	1663,2	1665,3	1667,4	1669,5	1671,6	1673,7	1675,8	1677,9	1662,5	1666,0	1673,0	1676,5	1664,3	1674,8	79
80	1680	1682,1	1684,2	1686,3	1688,4	1690,5	1692,6	1694,7	1696,8	1698,9	1683,5	1687,0	1694,0	1697,5	1685,3	1695,8	80
81	1701	1703,1	1705,2	1707,3	1709,4	1711,5	1713,6	1715,7	1717,8	1719,9	1704,5	1708,0	1715,0	1718,5	1706,3	1716,8	81
82	1722	1724,1	1726,2	1728,3	1730,4	1732,5	1734,6	1736,7	1738,8	1740,9	1725,5	1729,0	1736,0	1739,5	1727,3	1737,8	82
83	1743	1745,1	1747,2	1749,3	1751,4	1753,5	1755,6	1757,7	1759,8	1761,9	1746,5	1750,0	1757,0	1760,5	1748,3	1758,8	83
84	1764	1766,1	1768,2	1770,3	1772,4	1774,5	1776,6	1778,7	1780,8	1782,9	1767,5	1771,0	1778,0	1781,5	1769,3	1779,8	84
85	1785	1787,1	1789,2	1791,3	1793,4	1795,5	1797,6	1799,7	1801,8	1803,9	1788,5	1792,0	1799,0	1802,5	1790,3	1800,8	85
86	1806	1808,1	1810,2	1812,3	1814,4	1816,5	1818,6	1820,7	1822,8	1824,9	1809,5	1813,0	1820,0	1823,5	1811,3	1821,8	86
87	1827	1829,1	1831,2	1833,3	1835,4	1837,5	1839,6	1841,7	1843,8	1845,9	1830,5	1834,0	1841,0	1844,5	1832,3	1842,8	87
88	1848	1850,1	1852,2	1854,3	1856,4	1858,5	1860,6	1862,7	1864,8	1866,9	1851,5	1855,0	1862,0	1865,5	1853,3	1863,8	88
89	1869	1871,1	1873,2	1875,3	1877,4	1879,5	1881,6	1883,7	1885,8	1887,9	1872,5	1876,0	1883,0	1886,5	1874,3	1884,8	89
90	1890	1892,1	1894,2	1896,3	1898,4	1900,5	1902,6	1904,7	1906,8	1908,9	1893,5	1897,0	1904,0	1907,5	1895,3	1905,8	90
91	1911	1913,1	1915,2	1917,3	1919,4	1921,5	1923,6	1925,7	1927,8	1929,9	1914,5	1918,0	1925,0	1928,5	1916,3	1926,8	91
92	1932	1934,1	1936,2	1938,3	1940,4	1942,5	1944,6	1946,7	1948,8	1950,9	1935,5	1939,0	1946,0	1949,5	1937,3	1947,8	92
93	1953	1955,1	1957,2	1959,3	1961,4	1963,5	1965,6	1967,7	1969,8	1971,9	1956,5	1960,0	1967,0	1970,5	1958,3	1968,8	93
94	1974	1976,1	1978,2	1980,3	1982,4	1984,5	1986,6	1988,7	1990,8	1992,9	1977,5	1981,0	1988,0	1991,5	1979,3	1989,8	94
95	1995	1997,1	1999,2	2001,3	2003,4	2005,5	2007,6	2009,7	2011,8	2013,9	1998,5	2002,0	2009,0	2012,5	2000,3	2010,8	95
96	2016	2018,1	2020,2	2022,3	2024,4	2026,5	2028,6	2030,7	2032,8	2034,9	2019,5	2023,0	2030,0	2033,5	2021,3	2031,8	96
97	2037	2039,1	2041,2	2043,3	2045,4	2047,5	2049,6	2051,7	2053,8	2055,9	2040,5	2044,0	2051,0	2054,5	2042,3	2052,8	97
98	2058	2060,1	2062,2	2064,3	2066,4	2068,5	2070,6	2072,7	2074,8	2076,9	2061,5	2065,0	2072,0	2075,5	2063,3	2073,8	98
99	2079	2081,1	2083,2	2085,3	2087,4	2089,5	2091,6	2093,7	2095,8	2097,9	2082,5	2086,0	2093,0	2096,5	2084,3	2094,8	99
100	2100	2102,1	2104,2	2106,3	2108,4	2110,5	2112,6	2114,7	2116,8	2118,9	2103,5	2107,0	2114,0	2117 5	2105,3	2115,8	100

22

		1/10 2,2	2/10 4,4	3/10 6,6	4/10 8,8	5/10 11,0	6/10 13,2	7/10 15,4	8/10 17,6	9/10 19,8	1/6 3,666	2/6 7,333	4/6 14,666	5/6 18,333	1/4 5,5	3/4 16,5	
1	22	24,2	26,4	28,6	30,8	33,0	35,2	37,4	39,6	41,8	25,7	29,3	36,7	40,3	27,5	38,5	1
2	44	46,2	48,4	50,6	52,8	55,0	57,2	59,4	61,6	63,8	47,7	51,3	58,7	62,3	49,5	60 5	2
3	66	68,2	70,4	72,6	74,8	77,0	79,2	81,4	83,6	85,8	69,7	73,3	80,7	84,3	71,5	82,5	3
4	88	90,2	92,4	94,6	96,8	99,0	101,2	103,4	105,6	107,8	91,7	95,3	102,7	106,3	93,5	104,5	4
5	110	112,2	114,4	116,6	118,8	121,0	123,2	125,4	127,6	129,8	113,7	117,3	124,7	128,3	115,5	126,5	5
6	132	134,2	136,4	138,6	140,8	143,0	145,2	147,4	149,6	151,8	135,7	139,3	146,7	150,3	137,5	148,5	6
7	154	156,2	158,4	160,6	162,8	165,0	167,2	169,4	171,6	173,8	157,7	161,3	168,7	172,3	159,5	170,5	7
8	176	178,2	180,4	182,6	184,8	187,0	189,2	191,4	193,6	195,8	179,7	183,3	190,7	194,3	181,5	192,5	8
9	198	200,2	202,4	204,6	206,8	209,0	211,2	213,4	215,6	217,8	201,7	205,3	212,7	216,3	203,5	214,5	9
10	220	222,2	224,4	226,6	228,8	231,0	233,2	235,4	237,6	239,8	223,7	227,3	234,7	238,3	225,5	236,5	10
11	242	244,2	246,4	248,6	250,8	253,0	255,2	257,4	259,6	261,8	245,7	249,3	256,7	260,3	247,5	258,5	11
12	264	266,2	268,4	270,6	272,8	275,0	277,2	279,4	281,6	283,8	267,7	271,3	278,7	282,3	269,5	280,5	12
13	286	288,2	290,4	292,6	294,8	297,0	299,2	301,4	303,6	305,8	289,7	293,3	300,7	304,3	291,5	302,5	13
14	308	310,2	312,4	314,6	316,8	319,0	321,2	323,4	325,6	327,8	311,7	315,3	322,7	326,3	313,5	324,5	14
15	330	332,2	334,4	336,6	338,8	341,0	343,2	345,4	347,6	349,8	333,7	337,3	344,7	348,3	335,5	346,5	15
16	352	354,2	356,4	358,6	360,8	363,0	365,2	367,4	369,6	371,8	355,7	359,3	366,7	370,3	357,5	368,5	16
17	374	376,2	378,4	380,6	382,8	385,0	387,2	389,4	391,6	393,8	377,7	381,3	388,7	392,3	379,5	390,5	17
18	396	398,2	400,4	402,6	404,8	407,0	409,2	411,4	413,6	415,8	399,7	403,3	410,7	414,3	401,5	412,5	18
19	418	420,2	422,4	424,6	426,8	429,0	431,2	433,4	435,6	437,8	421,7	425,3	432,7	436,3	423,5	434,5	19
20	440	442,2	444,4	446,6	448,8	451,0	453,2	455,4	457,6	459,8	443,7	447,3	454,7	458,3	445,5	456,5	20
21	462	464,2	466,4	468,6	470,8	473,0	475,2	477,4	479,6	481,8	465,7	469,3	476,7	480,3	467,5	478,5	21
22	484	486,2	488,4	490,6	492,8	495,0	497,2	499,4	501,6	503,8	487,7	491,3	498,7	502,3	489,5	500,5	22
23	506	508,2	510,4	512,6	514,8	517,0	519,2	521,4	523,6	525,8	509,7	513,3	520,7	524,3	511,5	522,5	23
24	528	530,2	532,4	534,6	536,8	539,0	541,2	543,4	545,6	547,8	531,7	535,3	542,7	546,3	533,5	544,5	24
25	550	552,2	554,4	556,6	558,8	561,0	563,2	565,4	567,6	569,8	553,7	557,3	564,7	568,3	555,5	566,5	25
26	572	574,2	576,4	578,6	580,8	583,0	585,2	587,4	589,6	591,8	575,7	579,3	586,7	590,3	577,5	588,5	26
27	594	596,2	598,4	600,6	602,8	605,0	607,2	609,4	611,6	613,8	597,7	601,3	608,7	612,3	599,5	610,5	27
28	616	618,2	620,4	622,6	624,8	627,0	629,2	631,4	633,6	635,8	619,7	623,3	630,7	634,3	621,5	632,5	28
29	638	640,2	642,4	644,6	646,8	649,0	651,2	653,4	655,6	657,8	641,7	645,3	652,7	656,3	643,5	654,5	29
30	660	662,2	664,4	666,6	668,8	671,0	673,2	675,4	677,6	679,8	663,7	667,3	674,7	678,3	665,5	676,5	30
31	682	684,2	686,4	688,6	690,8	693,0	695,2	697,4	699,6	701,8	685,7	689,3	696,7	700,3	687,5	698,5	31
32	704	706,2	708,4	710,6	712,8	715,0	717,2	719,4	721,6	723,8	707,7	711,3	718,7	722,3	709,5	720,5	32
33	726	728,2	730,4	732,6	734,8	737,0	739,2	741,4	743,6	745,8	729,7	733,3	740,7	744,3	731,5	742,5	33
34	748	750,2	752,4	754,6	756,8	759,0	761,2	763,4	765,6	767,8	751,7	755,3	762,7	766,3	753,5	764,5	34
35	770	772,2	774,4	776,6	778,8	781,0	783,2	785,4	787,6	789,8	773,7	777,3	784,7	788,3	775,5	786,5	35
36	792	794,2	796,4	798,6	800,8	803,0	805,2	807,4	809,6	811,8	795,7	799,3	806,7	810,3	797,5	808,5	36
37	814	816,2	818,4	820,6	822,8	825,0	827,2	829,4	831,6	833,8	817,7	821,3	828,7	832,3	819,5	830,5	37
38	836	838,2	840,4	842,6	844,8	847,0	849,2	851,4	853,6	855,8	839,7	843,3	850,7	854,3	841,5	852,5	38
39	858	860,2	862,4	864,6	866,8	869,0	871,2	873,4	875,6	877,8	861,7	865,3	872,7	876,3	863,5	874,5	39
40	880	882,2	884,4	886,6	888,8	891,0	893,2	895,4	897,6	899,8	883,7	887,3	894,7	898,3	885,5	896,5	40
41	902	904,2	906,4	908,6	910,8	913,0	915,2	917,4	919,6	921,8	905,7	909,3	916,7	920,3	907,5	918,5	41
42	924	926,2	928,4	930,6	932,8	935,0	937,2	939,4	941,6	943,8	927,7	931,3	938,7	942,3	929,5	940,5	42
43	946	948,2	950,4	952,6	954,8	957,0	959,2	961,4	963,6	965,8	949,7	953,3	960,7	964,3	951,5	962,5	43
44	968	970,2	972,4	974,4	976,8	979,0	981,2	983,4	985,6	987,8	971,7	975,3	982,7	986,3	973,5	984,5	44
45	990	992,2	994,4	996,6	998,8	1001,0	1003,2	1005,4	1007,6	1009,8	993,7	997,3	1004,7	1008,3	995,5	1006,5	45
46	1012	1014,2	1016,4	1018,6	1020,8	1023,0	1025,2	1027,4	1029,6	1031,8	1015,7	1019,3	1026,7	1030,3	1017,5	1028,5	46
47	1034	1036,2	1038,4	1040,6	1042,8	1045,0	1047,2	1049,4	1051,6	1053,8	1037,7	1041,3	1048,7	1052,3	1039,5	1050,5	47
48	1056	1058,2	1060,4	1062,6	1064,8	1067,0	1069,2	1071,4	1073,6	1075,8	1059,7	1063,3	1070,7	1074,3	1061,5	1072,5	48
49	1078	1080,2	1082,4	1084,6	1086,8	1089,0	1091,2	1093,4	1095,6	1097,8	1081,7	1085,3	1092,7	1096,3	1083,5	1094,5	49
50	1100	1102,2	1104,4	1106,6	1108,8	1111,0	1113,2	1115,4	1117,6	1119,8	1103,7	1107,3	1114,7	1118,3	1105,5	1116,5	50
51	1122	1124,2	1126,4	1128,6	1130,8	1133,0	1135,2	1137,4	1139,6	1141,8	1125,7	1129,3	1136,7	1140,3	1127,5	1138,5	51
52	1144	1146,2	1148,4	1150,6	1152,8	1155,0	1157,2	1159,4	1161,6	1163,8	1147,7	1151,3	1158,7	1162,3	1149,5	1160,5	52
53	1166	1168,2	1170,4	1172,6	1174,8	1177,0	1179,2	1181,4	1183,6	1185,8	1169,7	1173,3	1180,7	1184,3	1171,5	1182,5	53
54	1188	1190,2	1192,4	1194,6	1196,8	1199,0	1201,2	1203,4	1205,6	1207,8	1191,7	1195,3	1202,7	1206,3	1193,5	1204,5	54
55	1210	1212,2	1214,4	1216,6	1218,8	1221,0	1223,2	1225,4	1227,6	1229,8	1213,7	1217,3	1224,7	1228,3	1215,5	1226,5	55
56	1232	1234,2	1236,4	1238,6	1240,8	1243,0	1245,2	1247,4	1249,6	1251,8	1235,7	1239,3	1246,7	1250,3	1237,5	1248,5	56
57	1254	1256,2	1258,4	1260,6	1262,8	1265,0	1267,2	1269,4	1271,6	1273,8	1257,7	1261,3	1268,7	1272,3	1259,5	1270,5	57
58	1276	1278,2	1280,4	1282,6	1284,8	1287,0	1289,2	1291,4	1293,6	1295,8	1279,7	1283,3	1290,7	1294,3	1281,5	1292,5	58
59	1298	1300,2	1302,4	1304,6	1306,8	1309,0	1311,2	1313,4	1315,6	1317,8	1301,7	1305,3	1312,7	1316,3	1303,5	1314,5	59
60	1320	1322,2	1324,4	1326,6	1328,8	1331,0	1333,2	1335,4	1337,6	1339,8	1323,7	1327,3	1334,7	1338,3	1325,5	1336,5	60
61	1342	1344,2	1346,4	1348,6	1350,8	1353,0	1355,2	1357,4	1359,6	1361,8	1345,7	1349,3	1356,7	1360,3	1347,5	1358,5	61
62	1364	1366,2	1368,4	1370,6	1372,8	1375,0	1377,2	1379,4	1381,6	1383,8	1367,7	1371,3	1378,7	1382,3	1369,5	1380,5	62
63	1386	1388,2	1390,4	1392,6	1394,8	1397,0	1399,2	1401,4	1403,6	1405,8	1389,7	1393,3	1400,7	1404,3	1391,5	1402,5	63
64	1408	1410,2	1412,4	1414,6	1416,8	1419,0	1421,2	1423,4	1425,6	1427,8	1411,7	1415,3	1422,7	1426,3	1413,5	1424,5	64
65	1430	1432,2	1434,4	1436,6	1438,8	1441,0	1443,2	1445,4	1447,6	1449,8	1433,7	1437,3	1444,7	1448,3	1435,5	1446,5	65
66	1452	1454,2	1456,4	1458,6	1460,8	1463,0	1465,2	1467,4	1469,6	1471,8	1455,7	1459,3	1466,7	1470,3	1457,5	1468,5	66
67	1474	1476,2	1478,4	1480,6	1482,8	1485,0	1487,2	1489,4	1491,6	1493,8	1477,7	1481,3	1488,7	1492,3	1479,5	1490,5	67
68	1496	1498,2	1500,4	1502,6	1504,8	1507,0	1509,2	1511,4	1513,6	1515,8	1499,7	1503,3	1510,7	1514,3	1501,5	1512,5	68
69	1518	1520,2	1522,4	1524,6	1526,8	1529,0	1531,2	1533,4	1535,6	1537,8	1521,7	1525,3	1532,7	1536,3	1523,5	1534,5	69
70	1540	1542,2	1544,4	1546,6	1548,8	1551,0	1553,2	1555,4	1557,6	1559,8	1543,7	1547,3	1554,7	1558,3	1545,5	1556,5	70
71	1562	1564,2	1566,4	1568,6	1570,8	1573,0	1575,2	1577,4	1579,6	1581,8	1565,7	1569,3	1576,7	1580,3	1567,5	1578,5	71
72	1584	1586,2	1588,4	1590,6	1592,8	1595,0	1597,2	1599,4	1601,6	1603,8	1587,7	1591,3	1598,7	1602,3	1589,5	1600,5	72
73	1606	1608,2	1610,4	1612,6	1614,8	1617,0	1619,2	1621,4	1623,6	1625,8	1609,7	1613,3	1620,7	1624,3	1611,5	1622,5	73
74	1628	1630,2	1632,4	1634,6	1636,8	1639,0	1641,2	1643,4	1645,6	1647,8	1631,7	1635,3	1642,7	1646,3	1633,5	1644,5	74
75	1650	1652,2	1654,4	1656,6	1658,8	1661,0	1663,2	1665,4	1667,6	1669,8	1653,7	1657,3	1664,7	1668,3	1655,5	1666,5	75
76	1672	1674,2	1676,4	1678,6	1680,8	1683,0	1685,2	1687,4	1689,6	1691,8	1675,7	1679,3	1686,7	1690,3	1677,5	1688,5	76
77	1694	1696,2	1698,4	1700,6	1702,8	1705,0	1707,2	1709,4	1711,6	1713,8	1697,7	1701,3	1708,7	1712,3	1699,5	1710,5	77
78	1716	1718,2	1720,4	1722,6	1724,8	1727,0	1729,2	1731,4	1733,6	1735,8	1719,7	1723,3	1730,7	1734,3	1721,5	1732,5	78
79	1738	1740,2	1742,4	1744,6	1746,8	1749,0	1751,2	1753,4	1755,6	1757,8	1741,7	1745,3	1752,7	1756,3	1743,5	1754,5	79
80	1760	1762,2	1764,4	1766,6	1768,8	1771,0	1773,2	1775,4	1777,6	1779,8	1763,7	1767,3	1774,7	1778,3	1765,5	1776,5	80
81	1782	1784,2	1786,4	1788,6	1790,8	1793,0	1795,2	1797,4	1799,6	1801,8	1785,7	1789,3	1796,7	1800,3	1787,5	1798,5	81
82	1804	1806,2	1808,4	1810,6	1812,8	1815,0	1817,2	1819,4	1821,6	1823,8	1807,7	1811,3	1818,7	1822,3	1809,5	1820,5	82
83	1826	1828,2	1830,4	1832,6	1834,8	1837,0	1839,2	1841,4	1843,6	1845,8	1829,7	1833,3	1840,7	1844,3	1831,5	1842,5	83
84	1848	1850,2	1852,4	1854,6	1856,8	1859,0	1861,2	1863,4	1865,6	1867,8	1851,7	1855,3	1862,7	1866,3	1853,5	1864,5	84
85	1870	1872,2	1874,4	1876,6	1878,8	1881,0	1883,2	1885,4	1887,6	1889,8	1873,7	1877,3	1884,7	1888,3	1875,5	1886,5	85
86	1892	1894,2	1896,4	1898,6	1900,8	1903,0	1905,2	1907,4	1909,6	1911,8	1895,7	1899,3	1906,7	1910,3	1897,5	1908,5	86
87	1914	1916,2	1918,4	1920,6	1922,8	1925,0	1927,2	1929,4	1931,6	1933,8	1917,7	1921,3	1928,7	1932,3	1919,5	1930,5	87
88	1936	1938,2	1940,4	1942,6	1944,8	1947,0	1949,2	1951,4	1953,6	1955,8	1939,7	1943,3	1950,7	1954,3	1941,5	1952,5	88
89	1958	1960,2	1962,4	1964,6	1966,8	1969,0	1971,2	1973,4	1975,6	1977,8	1961,7	1965,3	1972,7	1976,3	1963,5	1974,5	89
90	1980	1982,2	1984,4	1986,6	1988,8	1991,0	1993,2	1995,4	1997,6	1999,8	1983,7	1987,3	1994,7	1998,3	1985,5	1996,5	90
91	2002	2004,2	2006,4	2008,6	2010,8	2013,0	2015,2	2017,4	2019,6	2021,8	2005,7	2009,3	2016,7	2020,3	2007,5	2018,5	91
92	2024	2026,2	2028,4	2030,6	2032,8	2035,0	2037,2	2039,4	2041,6	2043,8	2027,7	2031,3	2038,7	2042,3	2029,5	2040,5	92
93	2046	2048,2	2050,4	2052,6	2054,8	2057,0	2059,2	2061,4	2063,6	2065,8	2049,7	2053,3	2060,7	2064,3	2051,5	2062,5	93
94	2068	2070,2	2072,4	2074,6	2076,8	2079,0	2081,2	2083,4	2085,6	2087,8	2071,7	2075,3	2082,7	2086,3	2073,5	2084,5	94
95	2090	2092,2	2094,4	2096,6	2098,8	2101,0	2103,2	2105,4	2107,6	2109,8	2093,7	2097,3	2104,7	2108,3	2095,5	2106,5	95
96	2112	2114,2	2116,4	2118,6	2120,8	2123,0	2125,2	2127,4	2129,6	2131,8	2115,7	2119,3	2126,7	2130,3	2117,5	2128,5	96
97	2134	2136,2	2138,4	2140,6	2142,8	2145,0	2147,2	2149,4	2151,6	2153,8	2137,7	2141,3	2148,7	2152,3	2139,5	2150,5	97
98	2156	2158,2	2160,4	2162,6	2164,8	2167,0	2169,2	2171,4	2173,6	2175,8	2159,7	2163,3	2170,7	2174,3	2161,5	2172,5	98
99	2178	2180,2	2182,4	2184,6	2186,8	2189,0	2191,2	2193,4	2195,6	2197,8	2181,7	2185,3	2192,7	2196,3	2183,5	2194,5	99
100	2200	2202,2	2204,4	2206,6	2208,8	2211,0	2213,2	2215,4	2217,6	2219,8	2203,7	2207,3	2214,7	2218,3	2205,5	2216,5	100

23

		1/10 2,3	2/10 4,6	3/10 6,9	4/10 9,2	5/10 11,5	6/10 13,8	7/10 16,1	8/10 18,4	9/10 20,7	1/6 3,833	2/6 7,666	4/6 15,333	5/6 19,166	1/4 5,75	3/4 17,25	
1	23	25,3	27,6	29,9	32,2	34,5	36,8	39,1	41,4	43,7	26,8	30,7	38,3	42,2	28,8	40,3	1
2	46	48,3	50,6	52,9	55,2	57,5	59,8	62,1	64,4	66,7	49,8	53,7	61,3	65,2	51,8	63,3	2
3	69	71,3	73,6	75,9	78,2	80,5	82,8	85,1	87,4	89,7	72,8	76,7	84,3	88,2	74,8	86,3	3
4	92	94,3	96,6	98,9	101,2	103,5	105,8	108,1	110,4	112,7	95,8	99,7	107,3	111,2	97,8	109,3	4
5	115	117,3	119,6	121,9	124,2	126,5	128,8	131,1	133,4	135,7	118,8	122,7	130,3	134,2	120,8	132,3	5
6	138	140,3	142,6	144,9	147,2	149,5	151,8	154,1	156,4	158,7	141,8	145,7	153,3	157,2	143,8	155,3	6
7	161	163,3	165,6	167,9	170,2	172,5	174,8	177,1	179,4	181,7	164,8	168,7	176,3	180,2	166,8	178,3	7
8	184	186,3	188,6	190,9	193,2	195,5	197,8	200,1	202,4	204,7	187,8	191,7	199,3	203,2	189,8	201,3	8
9	207	209,3	211,6	213,9	216,2	218,5	220,8	223,1	225,4	227,7	210,8	214,7	222,3	226,2	212,8	224,3	9
10	230	232,3	234,6	236,9	239,2	241,5	243,8	246,1	248,4	250,7	233,8	237,7	245,3	249,2	235,8	247,3	10
11	253	255,3	257,6	259,9	262,2	264,5	266,8	269,1	271,4	273,7	256,8	260,7	268,3	272,2	258,8	270,3	11
12	276	278,3	280,6	282,9	285,2	287,5	289,8	292,1	294,4	296,7	279,8	283,7	291,3	295,2	281,8	293,3	12
13	299	301,3	303,6	305,9	308,2	310,5	312,8	315,1	317,4	319,7	302,8	306,7	314,3	318,2	304,8	316,3	13
14	322	324,3	326,6	328,9	331,2	333,5	335,8	338,1	340,4	342,7	325,8	329,7	337,3	341,2	327,8	339,3	14
15	345	347,3	349,6	351,9	354,2	356,5	358,8	361,1	363,4	365,7	348,8	352,7	360,3	364,2	350,8	362,3	15
16	368	370,3	372,6	374,9	377,2	379,5	381,8	384,1	386,4	388,7	371,8	375,7	383,3	387,2	373,8	385,3	16
17	391	393,3	395,6	397,9	400,2	402,5	404,8	407,1	409,4	411,7	394,8	398,7	406,3	410,2	396,8	408,3	17
18	414	416,3	418,6	420,9	423,2	425,5	427,8	430,1	432,4	434,7	417,8	421,7	429,3	433,2	419,8	431,3	18
19	437	439,3	441,6	443,9	446,2	448,5	450,8	453,1	455,4	457,7	440,8	444,7	452,3	456,2	442,8	454,3	19
20	460	462,3	464,6	466,9	469,2	471,5	473,8	476,1	478,4	480,7	463,8	467,7	475,3	479,2	465,8	477,3	20
21	483	485,3	487,6	489,9	492,2	494,5	496,8	499,1	501,4	503,7	486,8	490,7	498,3	502,2	488,8	500,3	21
22	506	508,3	510,6	512,9	515,2	517,5	519,8	522,1	524,4	526,7	509,8	513,7	521,3	525,2	511,8	523,3	22
23	529	531,3	533,6	535,9	538,2	540,5	542,8	545,1	547,4	549,7	532,8	536,7	544,3	548,2	534,8	546,3	23
24	552	554,3	556,6	558,9	561,2	563,5	565,8	568,1	570,4	572,7	555,8	559,7	567,3	571,2	557,8	569,3	24
25	575	577,3	579,6	581,9	584,2	586,5	588,8	591,1	593,4	595,7	578,8	582,7	590,3	594,2	580,8	592,3	25
26	598	600,3	602,6	604,9	607,2	609,5	611,8	614,1	616,4	618,7	601,8	605,7	613,3	617,2	603,8	615,3	26
27	621	623,3	625,6	627,9	630,2	632,5	634,8	637,1	639,4	641,7	624,8	628,7	636,3	640,2	626,8	638,3	27
28	644	646,3	648,6	650,9	653,2	655,5	657,8	660,1	662,4	664,7	647,8	651,7	659,3	663,2	649,8	661,3	28
29	667	669,3	671,6	673,9	676,2	678,5	680,8	683,1	685,4	687,7	670,8	674,7	682,3	686,2	672,8	684,3	29
30	690	692,3	694,6	696,9	699,2	701,5	703,8	706,1	708,4	710,7	693,8	697,7	705,3	709,2	695,8	707,3	30
31	713	715,3	717,6	719,9	722,2	724,5	726,8	729,1	731,4	733,7	716,8	720,7	728,3	732,2	718,8	730,3	31
32	736	738,3	740,6	742,9	745,2	747,5	749,8	752,1	754,4	756,7	739,8	743,7	751,3	755,2	741,8	753,3	32
33	759	761,3	763,6	765,9	768,2	770,5	772,8	775,1	777,4	779,7	762,8	766,7	774,3	778,2	764,8	776,3	33
34	782	784,3	786,6	788,9	791,2	793,5	795,8	798,1	800,4	802,7	785,8	789,7	797,3	801,2	787,8	799,3	34
35	805	807,3	809,6	811,9	814,2	816,5	818,8	821,1	823,4	825,7	808,8	812,7	820,3	824,2	810,8	822,3	35
36	828	830,3	832,6	834,9	837,2	839,5	841,8	844,1	846,4	848,7	831,8	835,7	843,3	847,2	833,8	845,3	36
37	851	853,3	855,6	857,9	860,2	862,5	864,8	867,1	869,4	871,7	854,8	858,7	866,3	870,2	856,8	868,3	37
38	874	876,3	878,6	880,9	883,2	885,5	887,8	890,1	892,4	894,7	877,8	881,7	889,3	893,2	879,8	891,3	38
39	897	899,3	901,6	903,9	906,2	908,5	910,8	913,1	915,4	917,7	900,8	904,7	912,3	916,2	902,8	914,3	39
40	920	922,3	924,6	926,9	929,2	931,5	933,8	936,1	938,4	940,7	923,8	927,7	935,3	939,2	925,8	937,3	40
41	943	945,3	947,6	949,9	952,2	954,5	956,8	959,1	961,4	963,7	946,8	950,7	958,3	962,2	948,8	960,3	41
42	966	968,3	970,6	972,9	975,2	977,5	979,8	982,1	984,4	986,7	969,8	973,7	981,3	985,2	971,8	983,3	42
43	989	991,3	993,6	995,9	998,2	1000,5	1002,8	1005,1	1007,4	1009,7	992,8	996,7	1004,3	1008,2	994,8	1006,3	43
44	1012	1014,3	1016,6	1018,9	1021,2	1023,5	1025,8	1028,1	1030,4	1032,7	1015,8	1019,7	1027,3	1031,2	1017,8	1029,3	44
45	1035	1037,3	1039,6	1041,9	1044,2	1046,5	1048,8	1051,1	1053,4	1055,7	1038,8	1042,7	1050,3	1054,2	1040,8	1052,3	45
46	1058	1060,3	1062,6	1064,9	1067,2	1069,5	1071,8	1074,1	1076,4	1078,7	1061,8	1065,7	1073,3	1077,2	1063,8	1075,3	46
47	1081	1083,3	1085,6	1087,9	1090,2	1092,5	1094,8	1097,1	1099,4	1101,7	1084,8	1088,7	1096,3	1100,2	1086,8	1098,3	47
48	1104	1106,3	1108,6	1110,9	1113,2	1115,5	1117,8	1120,1	1122,4	1124,7	1107,8	1111,7	1119,3	1123,2	1109,8	1121,3	48
49	1127	1129,3	1131,6	1133,9	1136,2	1138,5	1140,8	1143,1	1145,4	1147,7	1130,8	1134,7	1142,3	1146,2	1132,8	1144,3	49
50	1150	1152,3	1154,6	1156,9	1159,2	1161,5	1163,8	1166,1	1168,4	1170,7	1153,8	1157,7	1165,3	1169,2	1155,8	1167,3	50
51	1173	1175,3	1177,6	1179,9	1182,2	1184,5	1186,8	1189,1	1191,4	1193,7	1176,8	1180,7	1188,3	1192,2	1178,8	1190,3	51
52	1196	1198,3	1200,6	1202,9	1205,2	1207,5	1209,8	1212,1	1214,4	1216,7	1199,8	1203,7	1211,3	1215,2	1201,8	1213,3	52
53	1219	1221,3	1223,6	1225,9	1228,2	1230,5	1232,8	1235,1	1237,4	1239,7	1222,8	1226,7	1234,3	1238,2	1224,8	1236,3	53
54	1242	1244,3	1246,6	1248,9	1251,2	1253,5	1255,8	1258,1	1260,4	1262,7	1245,8	1249,7	1257,3	1261,2	1247,8	1259,3	54
55	1265	1267,3	1269,6	1271,9	1274,2	1276,5	1278,8	1281,1	1283,4	1285,7	1268,8	1272,7	1280,3	1284,2	1270,8	1282,3	55
56	1288	1290,3	1292,6	1294,9	1297,2	1299,5	1301,8	1304,1	1306,4	1308,7	1291,8	1295,7	1303,3	1307,2	1293,8	1305,3	56
57	1311	1313,3	1315,6	1317,9	1320,2	1322,5	1324,8	1327,1	1329,4	1331,7	1314,8	1318,7	1326,3	1330,2	1316,8	1328,3	57
58	1334	1336,3	1338,6	1340,9	1343,2	1345,5	1347,8	1350,1	1352,4	1354,7	1337,8	1341,7	1349,3	1353,2	1339,8	1351,3	58
59	1357	1359,3	1361,6	1363,9	1366,2	1368,5	1370,8	1373,1	1375,4	1377,7	1360,8	1364,7	1372,3	1376,2	1362,8	1374,3	59
60	1380	1382,3	1384,6	1386,9	1389,2	1391,5	1393,8	1396,1	1398,4	1400,7	1383,8	1387,7	1395,3	1399,2	1385,8	1397,3	60
61	1403	1405,3	1407,6	1409,9	1412,2	1414,5	1416,8	1419,1	1421,4	1423,7	1406,8	1410,7	1418,3	1422,2	1408,8	1420,3	61
62	1426	1428,3	1430,6	1432,9	1435,2	1437,5	1439,8	1442,1	1444,4	1446,7	1429,8	1433,7	1441,3	1445,2	1431,8	1443,3	62
63	1449	1451,3	1453,6	1455,9	1458,2	1460,5	1462,8	1465,1	1467,4	1469,7	1452,8	1456,7	1464,3	1468,2	1454,8	1466,3	63
64	1472	1474,3	1476,6	1478,9	1481,2	1483,5	1485,8	1488,1	1490,4	1492,7	1475,8	1479,7	1487,3	1491,2	1477,8	1489,3	64
65	1495	1497,3	1499,6	1501,9	1504,2	1506,5	1508,8	1511,1	1513,4	1515,7	1498,8	1502,7	1510,3	1514,2	1500,8	1512,3	65
66	1518	1520,3	1522,6	1524,9	1527,2	1529,5	1531,8	1534,1	1536,4	1538,7	1521,8	1525,7	1533,3	1537,2	1523,8	1535,3	66
67	1541	1543,3	1545,6	1547,9	1550,2	1552,5	1554,8	1557,1	1559,4	1561,7	1544,8	1548,7	1556,3	1560,2	1546,8	1558,3	67
68	1564	1566 3	1568,6	1570,9	1573,2	1575,5	1577,8	1580,1	1582,4	1584,7	1567,8	1571,7	1579,3	1583,2	1569,8	1581,3	68
69	1587	1589,3	1591,6	1593,9	1596,2	1598,5	1600,8	1603,1	1605,4	1607,7	1590,8	1594,7	1602,3	1606,2	1592,8	1604,3	69
70	1610	1612,3	1614,6	1616,9	1619,2	1621,5	1623,8	1626,1	1628,4	1630,7	1613,8	1617,7	1625,3	1629,2	1615,8	1627,3	70
71	1633	1635,3	1637,6	1639,9	1642,2	1644,5	1646,8	1649,1	1651,4	1653,7	1636,8	1640,7	1648,3	1652,2	1638,8	1650,3	71
72	1656	1658,3	1660,6	1662,9	1665,2	1667,5	1669,8	1672,1	1674,4	1676,7	1659,8	1663,7	1671,3	1675,2	1661,8	1673,3	72
73	1679	1681,3	1683,6	1685,9	1688,2	1690,5	1692,8	1695,1	1697,4	1699,7	1682,8	1686,7	1694,3	1698,2	1684,8	1696,3	73
74	1702	1704,3	1706,6	1708,9	1711,2	1713,5	1715,8	1718,1	1720,4	1722,7	1705,8	1709,7	1717,3	1721,2	1707,8	1719,3	74
75	1725	1727,3	1729,6	1731,9	1734,2	1736,5	1738,8	1741,1	1743,4	1745,7	1728,8	1732,7	1740,3	1744,2	1730,8	1742,3	75
76	1748	1750,3	1752,6	1754,9	1757,2	1759,5	1761,8	1764,1	1766,4	1768,7	1751,8	1755,7	1763,3	1767,2	1753,8	1765,3	76
77	1771	1773,3	1775,6	1777,9	1780,2	1782,5	1784,8	1787,1	1789,4	1791,7	1774,8	1778,7	1786,3	1790,2	1776,8	1788,3	77
78	1794	1796,3	1798,6	1800,9	1803,2	1805,5	1807,8	1810,1	1812,4	1814,7	1797,8	1801,7	1809,3	1813,2	1799,8	1811,3	78
79	1817	1819,3	1821,6	1823,9	1826,2	1828,5	1830,8	1833,1	1835,4	1837,7	1820,8	1824,7	1832,3	1836,2	1822,8	1834,3	79
80	1840	1842,3	1844,6	1846,9	1849,2	1851,5	1853,8	1856,1	1858,4	1860,7	1843,8	1847,7	1855,3	1859,2	1845,8	1857,3	80
81	1863	1865,3	1867,6	1869,9	1872,2	1874,5	1876,8	1879,1	1881,4	1883,7	1866,8	1870,7	1878,3	1882,2	1868,8	1880,3	81
82	1886	1888,3	1890,6	1892,9	1895,2	1897,5	1899,8	1902,1	1904,4	1906,7	1889,8	1893,7	1901,3	1905,2	1891,8	1903,3	82
83	1909	1911,3	1913,6	1915,9	1918,2	1920,5	1922,8	1925,1	1927,4	1929,7	1912,8	1916,7	1924,3	1928,2	1914,8	1926,3	83
84	1932	1934,3	1936,6	1938,9	1941,2	1943,5	1945,8	1948,1	1950,4	1952,7	1935,8	1939,7	1947,3	1951,2	1937,8	1949,3	84
85	1955	1957,3	1959,6	1961,9	1964,2	1966,5	1968,8	1971,1	1973,4	1975,7	1958,8	1962,7	1970,3	1974,2	1960,8	1972,3	85
86	1978	1980,3	1982,6	1984,9	1987,2	1989,5	1991,8	1994,1	1996,4	1998,7	1981,8	1985,7	1993,3	1997,2	1983,8	1995,3	86
87	2001	2003,3	2005,6	2007,9	2010,2	2012,5	2014,8	2017,1	2019,4	2021,7	2004,8	2008,7	2016,3	2020,2	2006,8	2018,3	87
88	2024	2026,3	2028,6	2030,9	2033,2	2035,5	2037,8	2040,1	2042,4	2044,7	2027,8	2031,7	2039,3	2043,2	2029,8	2041,3	88
89	2047	2049,3	2051,6	2053,9	2056,2	2058,5	2060,8	2063,1	2065,4	2067,7	2050,8	2054,7	2062,3	2066,2	2052,8	2064,3	89
90	2070	2072,3	2074,6	2076,9	2079,2	2081,5	2083,8	2086,1	2088,4	2090,7	2073,8	2077,7	2085,3	2089,2	2075,8	2087,3	90
91	2093	2095,3	2097,6	2099,9	2102,2	2104,5	2106,8	2109,1	2111,4	2113,7	2096,8	2100,7	2108,3	2112,2	2098,8	2110,3	91
92	2116	2118,3	2120,6	2122,9	2125,2	2127,5	2129,8	2132,1	2134,4	2136,7	2119,8	2123,7	2131,3	2135,2	2121,8	2133,3	92
93	2139	2141,3	2143,6	2145,9	2148,2	2150,5	2152,8	2155,1	2157,4	2159,7	2142,8	2146,7	2154,3	2158,2	2144,8	2156,3	93
94	2162	2164,3	2166,6	2168,9	2171,2	2173,5	2175,8	2178,1	2180,4	2182,7	2165,8	2169,7	2177,3	2181,2	2167,8	2179,3	94
95	2185	2187,3	2189,6	2191,9	2194,2	2196,5	2198,8	2201,1	2203,4	2205,7	2188,8	2192,7	2200,3	2204,2	2190,8	2202,3	95
96	2208	2210,3	2212,6	2214,9	2217,2	2219,5	2221,8	2224,1	2226,4	2228,7	2211,8	2215,7	2223,3	2227,2	2213,8	2225,3	96
97	2231	2233,3	2235,6	2237,9	2240,2	2242,5	2244,8	2247,1	2249,4	2251,7	2234,8	2238,7	2246,3	2250,2	2236,8	2248,3	97
98	2254	2256,3	2258,6	2260,9	2263,2	2265,5	2267,8	2270,1	2272,4	2274,7	2257,8	2261,7	2269,3	2273,2	2259,8	2271,3	98
99	2277	2279,3	2281,6	2283,9	2286,2	2288,5	2290,8	2293,1	2295,4	2297,7	2280,8	2284,7	2292,3	2296,2	2282,8	2294,3	99
100	2300	2302,3	2304,6	2306,9	2309,2	2311,5	2313,8	2316,1	2318,4	2320,7	2303,8	2307,7	2315,3	2319,2	2305,8	2317,3	100

24		1/10 2,4	2/10 4,8	3/10 7,2	4/10 9,6	5/10 12,0	6/10 14,4	7/10 16,8	8/10 19,2	9/10 21,6	1/6 4,0	2/6 8,0	4/6 16,0	5/6 20,0	1/4 6,0	3/4 18,0	
1	24	26,4	28,8	31,2	33,6	36,0	38,4	40,8	43,2	45,6	28,0	32,0	40,0	44,0	30,0	42,0	1
2	48	50,4	52,8	55,2	57,6	60,0	62,4	64,8	67,2	69,6	52,0	56,0	64,0	68,0	54,0	66,0	2
3	72	74,4	76,8	79,2	81,6	84,0	86,4	88,8	91,2	93,6	76,0	80,0	88,0	92,0	78,0	90,0	3
4	96	98,4	100,8	103,2	105,6	108,0	110,4	112,8	115,2	117,6	100,0	104,0	112,0	116,0	102,0	114,0	4
5	120	122,4	124,8	127,2	129,6	132,0	134,4	136,8	139,2	141,6	124,0	128,0	136,0	140,0	126,0	138,0	5
6	144	146,4	148,8	151,2	153,6	156,0	158,4	160,8	163,2	165,6	148,0	152,0	160,0	164,0	150,0	162,0	6
7	168	170,4	172,8	175,2	177,6	180,0	182,4	184,8	187,2	189,6	172,0	176,0	184,0	188,0	174,0	186,0	7
8	192	194,4	196,8	199,2	201,6	204,0	206,4	208,8	211,2	213,6	196,0	200,0	208,0	212,0	198,0	210,0	8
9	216	218,4	220,8	223,2	225,6	228,0	230,4	232,8	235,2	237,6	220,0	224,0	232,0	236,0	222,0	234,0	9
10	240	242,4	244,8	247,2	249,6	252,0	254,4	256,8	259,2	261,6	244,0	248,0	256,0	260,0	246,0	258,0	10
11	264	266,4	268,8	271,2	273,6	276,0	278,4	280,8	283,2	285,6	268,0	272,0	280,0	284,0	270,0	282,0	11
12	288	290,4	292,8	295,2	297,6	300,0	302,4	304,8	307,2	309,6	292,0	296,0	304,0	308,0	294,0	306,0	12
13	312	314,4	316,8	319,2	321,6	324,0	326,4	328,8	331,2	333,6	316,0	320,0	328,0	332,0	318,0	330,0	13
14	336	338,4	340,8	343,2	345,6	348,0	350,4	352,8	355,2	357,6	340,0	344,0	352,0	356,0	342,0	354,0	14
15	360	362,4	364,8	367,2	369,6	372,0	374,4	376,8	379,2	381,6	364,0	368,0	376,0	380,0	366,0	378,0	15
16	384	386,4	388,8	391,2	393,6	396,0	398,4	400,8	403,2	405,6	388,0	392,0	400,0	404,0	390,0	402,0	16
17	408	410,4	412,8	415,2	417,6	420,0	422,4	424,8	427,2	429,6	412,0	416,0	424,0	428,0	414,0	426,0	17
18	432	434,4	436,8	439,2	441,6	444,0	446,4	448,8	451,2	453,6	436,0	440,0	448,0	452,0	438,0	450,0	18
19	456	458,4	460,8	463,2	465,6	468,0	470,4	472,8	475,2	477,6	460,0	464,0	472,0	476,0	462,0	474,0	19
20	480	482,4	484,8	487,2	489,6	492,0	494,4	496,8	499,2	501,6	484,0	488,0	496,0	500,0	486,0	498,0	20
21	504	506,4	508,8	511,2	513,6	516,0	518,4	520,8	523,2	525,6	508,0	512,0	520,0	524,0	510,0	522,0	21
22	528	530,4	532,8	535,2	537,6	540,0	542,4	544,8	547,2	549,6	532,0	536,0	544,0	548,0	534,0	546,0	22
23	552	554,4	556,8	559,2	561,6	564,0	566,4	568,8	571,2	573,6	556,0	560,0	568,0	572,0	558,0	570,0	23
24	576	578,4	580,8	583,2	585,6	588,0	590,4	592,8	595,2	597,6	580,0	584,0	592,0	596,0	582,0	594,0	24
25	600	602,4	604,8	607,2	609,6	612,0	614,4	616,8	619,2	621,6	604,0	608,0	616,0	620,0	606,0	618,0	25
26	624	626,4	628,8	631,2	633,6	636,0	638,4	640,8	643,2	645,6	628,0	632,0	640,0	644,0	630,0	642,0	26
27	648	650,4	652,8	655,2	657,6	660,0	662,4	664,8	667,2	669,6	652,0	656,0	664,0	668,0	654,0	666,0	27
28	672	674,4	676,8	679,2	681,6	684,0	686,4	688,8	691,2	693,6	676,0	680,0	688,0	692,0	678,0	690,0	28
29	696	698,4	700,8	703,2	705,6	708,0	710,4	712,8	715,2	717,6	700,0	704,0	712,0	716,0	702,0	714,0	29
30	720	722,4	724,8	727,2	729,6	732,0	734,4	736,8	739,2	741,6	724,0	728,0	736,0	740,0	726,0	738,0	30
31	744	746,4	748,8	751,2	753,6	756,0	758,4	760,8	763,2	765,6	748,0	752,0	760,0	764,0	750,0	762,0	31
32	768	770,4	772,8	775,2	777,6	780,0	782,4	784,8	787,2	789,6	772,0	776,0	784,0	788,0	774,0	786,0	32
33	792	794,4	796,8	799,2	801,6	804,0	806,4	808,8	811,2	813,6	796,0	800,0	808,0	812,0	798,0	810,0	33
34	816	818,4	820,8	823,2	825,6	828,0	830,4	832,8	835,2	837,6	820,0	824,0	832,0	836,0	822,0	834,0	34
35	840	842,4	844,8	847,2	849,6	852,0	854,4	856,8	859,2	861,6	844,0	848,0	856,0	860,0	846,0	858,0	35
36	864	866,4	868,8	871,2	873,6	876,0	878,4	880,8	883,2	885,6	868,0	872,0	880,0	884,0	870,0	882,0	36
37	888	890,4	892,8	895,2	897,6	900,0	902,4	904,8	907,2	909,6	892,0	896,0	904,0	908,0	894,0	906,0	37
38	912	914,4	916,8	919,2	921,6	924,0	926,4	928,8	931,2	933,6	916,0	920,0	928,0	932,0	918,0	930,0	38
39	936	938,4	940,8	943,2	945,6	948,0	950,4	952,8	955,2	957,6	940,0	944,0	952,0	956,0	942,0	954,0	39
40	960	962,4	964,8	967,2	969,6	972,0	974,4	976,8	979,2	981,6	964,0	968,0	976,0	980,0	966,0	978,0	40
41	984	986,4	988,8	991,2	993,6	996,0	998,4	1000,8	1003,2	1005,6	988,0	992,0	1000,0	1004,0	990,0	1002,0	41
42	1008	1010,4	1012,8	1015,2	1017,6	1020,0	1022,4	1024,8	1027,2	1029,6	1012,0	1016,0	1024,0	1028,0	1014,0	1026,0	42
43	1032	1034,4	1036,8	1039,2	1041,6	1044,0	1046,4	1048,8	1051,2	1053,6	1036,0	1040,0	1048,0	1052,0	1038,0	1050,0	43
44	1056	1058,4	1060,8	1063,2	1065,6	1068,0	1070,4	1072,8	1075,2	1077,6	1060,0	1064,0	1072,0	1076,0	1062,0	1074,0	44
45	1080	1082,4	1084,8	1087,2	1089,6	1092,0	1094,4	1096,8	1099,2	1101,6	1084,0	1088,0	1096,0	1100,0	1086,0	1098,0	45
46	1104	1106,4	1108,8	1111,2	1113,6	1116,0	1118,4	1120,8	1123,2	1125,6	1108,0	1112,0	1120,0	1124,0	1110,0	1122,0	46
47	1128	1130,4	1132,8	1135,2	1137,6	1140,0	1142,4	1144,8	1147,2	1149,6	1132,0	1136,0	1144,0	1148,0	1134,0	1146,0	47
48	1152	1154,4	1156,8	1159,2	1161,6	1164,0	1166,4	1168,8	1171,2	1173,6	1156,0	1160,0	1168,0	1172,0	1158,0	1170,0	48
49	1176	1178,4	1180,8	1183,2	1185,6	1188,0	1190,4	1192,8	1195,2	1197,6	1180,0	1184,0	1192,0	1196,0	1182,0	1194,0	49
50	1200	1202,4	1204,8	1207,2	1209,6	1212,0	1214,4	1216,8	1219,2	1221,6	1204,0	1208,0	1216,0	1220,0	1206,0	1218,0	50
51	1224	1226,4	1228,8	1231,2	1233,6	1236,0	1238,4	1240,8	1243,2	1245,6	1228,0	1232,0	1240,0	1244,0	1230,0	1242,0	51
52	1248	1250,4	1252,8	1255,2	1257,6	1260,0	1262,4	1264,8	1267,2	1269,6	1252,0	1256,0	1264,0	1268,0	1254,0	1266,0	52
53	1272	1274,4	1276,8	1279,2	1281,6	1284,0	1286,4	1288,8	1291,2	1293,6	1276,0	1280,0	1288,0	1292,0	1278,0	1290,0	53
54	1296	1298,4	1300,8	1303,2	1305,6	1308,0	1310,4	1312,8	1315,2	1317,6	1300,0	1304,0	1312,0	1316,0	1302,0	1314,0	54
55	1320	1322,4	1324,8	1327,2	1329,6	1332,0	1334,4	1336,8	1339,2	1341,6	1324,0	1328,0	1336,0	1340,0	1326,0	1338,0	55
56	1344	1346,4	1348,8	1351,2	1353,6	1356,0	1358,4	1360,8	1363,2	1365,6	1348,0	1352,0	1360,0	1364,0	1350,0	1362,0	56
57	1368	1370,4	1372,8	1375,2	1377,6	1380,0	1382,4	1384,8	1387,2	1389,6	1372,0	1376,0	1384,0	1388,0	1374,0	1386,0	57
58	1392	1394,4	1396,8	1399,2	1401,6	1404,0	1406,4	1408,8	1411,2	1413,6	1396,0	1400,0	1408,0	1412,0	1398,0	1410,0	58
59	1416	1418,4	1420,8	1423,2	1425,6	1428,0	1430,4	1432,8	1435,2	1437,6	1420,0	1424,0	1432,0	1436,0	1422,0	1434,0	59
60	1440	1442,4	1444,8	1447,2	1449,6	1452,0	1454,4	1456,8	1459,2	1461,6	1444,0	1448,0	1456,0	1460,0	1446,0	1458,0	60
61	1464	1466,4	1468,8	1471,2	1473,6	1476,0	1478,4	1480,8	1483,2	1485,6	1468,0	1472,0	1480,0	1484,0	1470,0	1482,0	61
62	1488	1490,4	1492,8	1495,2	1497,6	1500,0	1502,4	1504,8	1507,2	1509,6	1492,0	1496,0	1504,0	1508,0	1494,0	1506,0	62
63	1512	1514,4	1516,8	1519,2	1521,6	1524,0	1526,4	1528,8	1531,2	1533,6	1516,0	1520,0	1528,0	1532,0	1518,0	1530,0	63
64	1536	1538,4	1540,8	1543,2	1545,6	1548,0	1550,4	1552,8	1555,2	1557,6	1540,0	1544,0	1552,0	1556,0	1542,0	1554,0	64
65	1560	1562,4	1564,8	1567,2	1569,6	1572,0	1574,4	1576,8	1579,2	1581,6	1564,0	1568,0	1576,0	1580,0	1566,0	1578,0	65
66	1584	1586,4	1588,8	1591,2	1593,6	1596,0	1598,4	1600,8	1603,2	1605,6	1588,0	1592,0	1600,0	1604,0	1590,0	1602,0	66
67	1608	1610,4	1612,8	1615,2	1617,6	1620,0	1622,4	1624,8	1627,2	1629,6	1612,0	1616,0	1624,0	1628,0	1614,0	1626,0	67
68	1632	1634,4	1636,8	1639,2	1641,6	1644,0	1646,4	1648,8	1651,2	1653,6	1636,0	1640,0	1648,0	1652,0	1638,0	1650,0	68
69	1656	1658,4	1660,8	1663,2	1665,6	1668,0	1670,4	1672,8	1675,2	1677,6	1660,0	1664,0	1672,0	1676,0	1662,0	1674,0	69
70	1680	1682,4	1684,8	1687,2	1689,6	1692,0	1694,4	1696,8	1699,2	1701,6	1684,0	1688,0	1696,0	1700,0	1686,0	1698,0	70
71	1704	1706,4	1708,8	1711,2	1713,6	1716,0	1718,4	1720,8	1723,2	1725,6	1708,0	1712,0	1720,0	1724,0	1710,0	1722,0	71
72	1728	1730,4	1732,8	1735,2	1737,6	1740,0	1742,4	1744,8	1747,2	1749,6	1732,0	1736,0	1744,0	1748,0	1734,0	1746,0	72
73	1752	1754,4	1756,8	1759,2	1761,6	1764,0	1766,4	1768,8	1771,2	1773,6	1756,0	1760,0	1768,0	1772,0	1758,0	1770,0	73
74	1776	1778,4	1780,8	1783,2	1785,6	1788,0	1790,4	1792,8	1795,2	1797,6	1780,0	1784,0	1792,0	1796,0	1782,0	1794,0	74
75	1800	1802,4	1804,8	1807,2	1809,6	1812,0	1814,4	1816,8	1819,2	1821,6	1804,0	1808,0	1816,0	1820,0	1806,0	1818,0	75
76	1824	1826,4	1828,8	1831,2	1833,6	1836,0	1838,4	1840,8	1843,2	1845,6	1828,0	1832,0	1840,0	1844,0	1830,0	1842,0	76
77	1848	1850,4	1852,8	1855,2	1857,6	1860,0	1862,4	1864,8	1867,2	1869,6	1852,0	1856,0	1864,0	1868,0	1854,0	1866,0	77
78	1872	1874,4	1876,8	1879,2	1881,6	1884,0	1886,4	1888,8	1891,2	1893,6	1876,0	1880,0	1888,0	1892,0	1878,0	1890,0	78
79	1896	1898,4	1900,8	1903,2	1905,6	1908,0	1910,4	1912,8	1915,2	1917,6	1900,0	1904,0	1912,0	1916,0	1902,0	1914,0	79
80	1920	1922,4	1924,8	1927,2	1929,6	1932,0	1934,4	1936,8	1939,2	1941,6	1924,0	1928,0	1936,0	1940,0	1926,0	1938,0	80
81	1944	1946,4	1948,8	1951,2	1953,6	1956,0	1958,4	1960,8	1963,2	1965,6	1948,0	1952,0	1960,0	1964,0	1950,0	1962,0	81
82	1968	1970,4	1972,8	1975,2	1977,6	1980,0	1982,4	1984,8	1987,2	1989,6	1972,0	1976,0	1984,0	1988,0	1974,0	1986,0	82
83	1992	1994,4	1996,8	1999,2	2001,6	2004,0	2006,4	2008,8	2011,2	2013,6	1996,0	2000,0	2008,0	2012,0	1998,0	2010,0	83
84	2016	2018,4	2020,8	2023,2	2025,6	2028,0	2030,4	2032,8	2035,2	2037,6	2020,0	2024,0	2032,0	2036,0	2022,0	2034,0	84
85	2040	2042,4	2044,8	2047,2	2049,6	2052,0	2054,4	2056,8	2059,2	2061,6	2044,0	2048,0	2056,0	2060,0	2046,0	2058,0	85
86	2064	2066,4	2068,8	2071,2	2073,6	2076,0	2078,4	2080,8	2083,2	2085,6	2068,0	2072,0	2080,0	2084,0	2070,0	2082,0	86
87	2088	2090,4	2092,8	2095,2	2097,6	2100,0	2102,4	2104,8	2107,2	2109,6	2092,0	2096,0	2104,0	2108,0	2094,0	2106,0	87
88	2112	2114,4	2116,8	2119,2	2121,6	2124,0	2126,4	2128,8	2131,2	2133,6	2116,0	2120,0	2128,0	2132,0	2118,0	2130,0	88
89	2136	2138,4	2140,8	2143,2	2145,6	2148,0	2150,4	2152,8	2155,2	2157,6	2140,0	2144,0	2152,0	2156,0	2142,0	2154,0	89
90	2160	2162,4	2164,8	2167,2	2169,6	2172,0	2174,4	2176,8	2179,2	2181,6	2164,0	2168,0	2176,0	2180,0	2166,0	2178,0	90
91	2184	2186,4	2188,8	2191,2	2193,6	2196,0	2198,4	2200,8	2203,2	2205,6	2188,0	2192,0	2200,0	2204,0	2190,0	2202,0	91
92	2208	2210,4	2212,8	2215,2	2217,6	2220,0	2222,4	2224,8	2227,2	2229,6	2212,0	2216,0	2224,0	2228,0	2214,0	2226,0	92
93	2232	2234,4	2236,8	2239,2	2241,6	2244,0	2246,4	2248,8	2251,2	2253,6	2236,0	2240,0	2248,0	2252,0	2238,0	2250,0	93
94	2256	2258,4	2260,8	2263,2	2265,6	2268,0	2270,4	2272,8	2275,2	2277,6	2260,0	2264,0	2272,0	2276,0	2262,0	2274,0	94
95	2280	2282,4	2284,8	2287,2	2289,6	2292,0	2294,4	2296,8	2299,2	2301,6	2284,0	2288,0	2296,0	2300,0	2286,0	2298,0	95
96	2304	2306,4	2308,8	2311,2	2313,6	2316,0	2318,4	2320,8	2323,2	2325,6	2308,0	2312,0	2320,0	2324,0	2310,0	2322,0	96
97	2328	2330,4	2332,8	2335,2	2337,6	2340,0	2342,4	2344,8	2347,2	2349,6	2332,0	2336,0	2344,0	2348,0	2334,0	2346,0	97
98	2352	2354,4	2356,8	2359,2	2361,6	2364,0	2366,4	2368,8	2371,2	2373,6	2356,0	2360,0	2368,0	2372,0	2358,0	2370,0	98
99	2376	2378,4	2380,8	2383,2	2385,6	2388,0	2390,4	2392,8	2395,2	2397,6	2380,0	2384,0	2392,0	2396,0	2382,0	2394,0	99
100	2400	2402,4	2404,8	2407,2	2409,6	2412,0	2414,4	2416,8	2419,2	2421,6	2404,0	2408,0	2416,0	2420,0	2406,0	2418,0	100

25

		1/10 2,5	2/10 5,0	3/10 7,5	4/10 10,0	5/10 12,5	6/10 15,0	7/10 17,5	8/10 20,0	9/10 22,5	1/6 4,166	2/6 8,333	4/6 16,666	5/6 20,833	1/4 6,25	3/4 18,75	
1	25	27,5	30,0	32,5	35,0	37,5	40,0	42,5	45,0	47,5	29,2	33,3	41,7	45,8	31,3	43,8	1
2	50	52,5	55,0	57,5	60,0	62,5	65,0	67,5	70,0	72,5	54,2	58,3	66,7	70,8	56,3	68,8	2
3	75	77,5	80,0	82,5	85,0	87,5	90,0	92,5	95,0	97,5	79,2	83,3	91,7	95,8	81,3	93,8	3
4	100	102,5	105,0	107,5	110 0	112,5	115,0	117,5	120,0	122,5	104,2	108,3	116,7	120,8	106,3	118,8	4
5	125	127,5	130,0	132,5	135,0	137,5	140,0	142,5	145,0	147,5	129,2	133,3	141,7	145,8	131,3	143,8	5
6	150	152,5	155,0	157,5	160,0	162,5	165,0	167,5	170,0	172,5	154,2	158,3	166,7	170,8	156,3	168,8	6
7	175	177,5	180,0	182,5	185,0	187,5	190,0	192,5	195,0	197,5	179,2	183,3	191,7	195,8	181,3	193,8	7
8	200	202,5	205,0	207,5	210,0	212,5	215,0	217,5	220,0	222,5	204,2	208,3	216,7	220,8	206,3	218,8	8
9	225	227,5	230,0	232,5	235,0	237,5	240,0	242,5	245,0	247,5	229,2	233,3	241,7	245,8	231,3	243,8	9
10	250	252,5	255,0	257,5	260,0	262,5	265,0	267,5	270,0	272,5	254,2	258,3	266,7	270,8	256,3	268,8	10
11	275	277,5	280,0	282,5	285,0	287,5	290,0	292,5	295,0	297,5	279,2	283,3	291,7	295,8	281,3	293,8	11
12	300	302,5	305,0	307,5	310,0	312,5	315,0	317,5	320,0	322,5	304,2	308,3	316,7	320,8	306,3	318,8	12
13	325	327,5	330,0	332,5	335,0	337,5	340,0	342,5	345,0	347,5	329,2	333,3	341,7	345,8	331,3	343,8	13
14	350	352,5	355,0	357,5	360,0	362,5	365,0	367,5	370,0	372,5	354,2	358,3	366,7	370,8	356,3	368,8	14
15	375	377,5	380,0	382,5	385,0	387,5	390,0	392,5	395,0	397,5	379,2	383,3	391,7	395,8	381,3	393,8	15
16	400	402,5	405,0	407,5	410,0	412,5	415,0	417,5	420,0	422,5	404,2	408,3	416,7	420,8	406,3	418,8	16
17	425	427,5	430,0	432,5	435,0	437,5	440,0	442,5	445,0	447,5	429,2	433,3	441,7	445,8	431,3	443,8	17
18	450	452,5	455,0	457,5	460,0	462,5	465,0	467,5	470,0	472,5	454,2	458,3	466,7	470,8	456,3	468,8	18
19	475	477,5	480,0	482,5	485,0	487,5	490,0	492,5	495,0	497,5	479,2	483,3	491,7	495,8	481,3	493,8	19
20	500	502,5	505,0	507,5	510,0	512,5	515,0	517,5	520,0	522,5	504,2	508,3	516,7	520,8	506,3	518,8	20
21	525	527,5	530,0	532,5	535,0	537,5	540,0	542,5	545,0	547,5	529,2	533,3	541,7	545,8	531,3	543,8	21
22	550	552,5	555,0	557,5	560,0	562,5	565,0	567,5	570,0	572,5	554,2	558,3	566,7	570,8	556,3	568,8	22
23	575	577,5	580,0	582,5	585,0	587,5	590,0	592,5	595,0	597,5	579,2	583,3	591,7	595,8	581,3	593,8	23
24	600	602,5	605,0	607,5	610,0	612,5	615,0	617,5	620,0	622,5	604,2	608,3	616,7	620,8	606,3	618,8	24
25	625	627,5	630,0	632,5	635,0	637,5	640,0	642,5	645,0	647,5	629,2	633,3	641,7	645,8	631,3	643,8	25
26	650	652,5	655,0	657,5	660,0	662,5	665,0	667,5	670,0	672,5	654,2	658,3	666,7	670,8	656,3	668,8	26
27	675	677,5	680,0	682,5	685,0	687,5	690,0	692,5	695,0	697,5	679,2	683,3	691,7	695,8	681,3	693,8	27
28	700	702,5	705,0	707,5	710,0	712,5	715,0	717,5	720,0	722,5	704,2	708,3	716,7	720,8	706,3	718,8	28
29	725	727,5	730,0	732,5	735,0	737,5	740,0	742,5	745,0	747,5	729,2	733,3	741,7	745,8	731,3	743,8	29
30	750	752,5	755,0	757,5	760,0	762,5	765,0	767,5	770,0	772,5	754,2	758,3	766,7	770,8	756,3	768,8	30
31	775	777,5	780,0	782,5	785,0	787,5	790,0	792,5	795,0	797,5	779,2	783,3	791,7	795,8	781,3	793,8	31
32	800	802,5	805,0	807,5	810,0	812,5	815,0	817,5	820,0	822,5	804,2	808,3	816,7	820,8	806,3	818,8	32
33	825	827,5	830,0	832,5	835,0	837,5	840,0	842,5	845,0	847,5	829,2	833,3	841,7	845,8	831,3	843,8	33
34	850	852,5	855,0	857,5	860,0	862,5	865,0	867,5	870,0	872,5	854,2	858,3	866,7	870,8	856,3	868,8	34
35	875	877,5	880,0	882,5	885,0	887,5	890,0	892,5	895,0	897,5	879,2	883,3	891,7	895,8	881,3	893,8	35
36	900	902 5	905,0	907,5	910,0	912,5	915,0	917,5	920,0	922,5	904,2	908,3	916,7	920,8	906,3	918,8	36
37	925	927,5	930,0	932,5	935,0	937,5	940,0	942,5	945,0	947,5	929,2	933,3	941,7	945,8	931,3	943,8	37
38	950	952,5	955,0	957,5	960,0	962,5	965,0	967,5	970,0	972,5	954,2	958,3	966,7	970,8	956,3	968,8	38
39	975	977,5	980,0	982,5	985,0	987,5	990,0	992,5	995,0	997,5	979,2	983,3	991,7	995,8	981,3	993,8	39
40	1000	1002,5	1005,0	1007,5	1010,0	1012,5	1015,0	1017,5	1020,0	1022,5	1004,2	1008,3	1016,7	1020,8	1006,3	1018,8	40
41	1025	1027,5	1030,0	1032,5	1035,0	1037,5	1040,0	1042,5	1045,0	1047,5	1029,2	1033,3	1041,7	1045,8	1031,3	1043,8	41
42	1050	1052,5	1055,0	1057,5	1060,0	1062,5	1065,0	1067,5	1070,0	1072,5	1054,2	1058,3	1066,7	1070,8	1056,3	1068,8	42
43	1075	1077,5	1080,0	1082,5	1085,0	1087,5	1090,0	1092,5	1095,0	1097,5	1079,2	1083,3	1091,7	1095,8	1081,3	1093,8	43
44	1100	1102,5	1105,0	1107,5	1110,0	1112,5	1115,0	1117,5	1120,0	1122,5	1104,2	1108,3	1116,7	1120,8	1106,3	1118,8	44
45	1125	1127,5	1130,0	1132,5	1135,0	1137,5	1140,0	1142,5	1145,0	1147,5	1129,2	1133,3	1141,7	1145,8	1131,3	1143,8	45
46	1150	1152,5	1155,0	1157,5	1160,0	1162,5	1165,0	1167,5	1170,0	1172,5	1154,2	1158,3	1166,7	1170,8	1156,3	1168,8	46
47	1175	1177,5	1180,0	1182,5	1185,0	1187,5	1190,0	1192,5	1195,0	1197,5	1179,2	1183,3	1191,7	1195,8	1181,3	1193,8	47
48	1200	1202,5	1205,0	1207,5	1210,0	1212,5	1215,0	1217,5	1220,0	1222,5	1204,2	1208,3	1216,7	1220,8	1206,3	1218,8	48
49	1225	1227,5	1230,0	1232,5	1235,0	1237,5	1240,0	1242,5	1245,0	1247,5	1229,2	1233,3	1241,7	1245,8	1231,3	1243,8	49
50	1250	1252,5	1255,0	1257,5	1260,0	1262,5	1265,0	1267,5	1270,0	1272,5	1254,2	1258,3	1266,7	1270,8	1256,3	1268,8	50
51	1275	1277,5	1280,0	1282,5	1285,0	1287,5	1290,0	1292,5	1295,0	1297,5	1279,2	1283,3	1291,7	1295,8	1281,3	1293,8	51
52	1300	1302,5	1305,0	1307,5	1310,0	1312,5	1315,0	1317,5	1320,0	1322,5	1304,2	1308,3	1316,7	1320,8	1306,3	1318,8	52
53	1325	1327,5	1330,0	1332,5	1335,0	1337,5	1340,0	1342,5	1345,0	1347,5	1329,2	1333,3	1341,7	1345,8	1331,3	1343,8	53
54	1350	1352,5	1355,0	1357,5	1360,0	1362,5	1365,0	1367,5	1370,0	1372,5	1354,2	1358,3	1366,7	1370,8	1356,3	1368,8	54
55	1375	1377,5	1380,0	1382,5	1385,0	1387,5	1390,0	1392,5	1395,0	1397,5	1379,2	1383,3	1391,7	1395,8	1381,3	1393,8	55
56	1400	1402,5	1405,0	1407,5	1410,0	1412,5	1415,0	1417,5	1420,0	1422,5	1404,2	1408,3	1416,7	1420,8	1406,3	1418,8	56
57	1425	1427,5	1430,0	1432,5	1435,0	1437,5	1440,0	1442,5	1445,0	1447,5	1429,2	1433,3	1441,7	1445,8	1431,3	1443,8	57
58	1450	1452,5	1455,0	1457,5	1460,0	1462,5	1465,0	1467,5	1470,0	1472,5	1454,2	1458,3	1466,7	1470,8	1456,3	1468,8	58
59	1475	1477,5	1480,0	1482,5	1485,0	1487,5	1490,0	1492,5	1495,0	1497,5	1479,2	1483,3	1491,7	1495,8	1481,3	1493,8	59
60	1500	1502,5	1505,0	1507,5	1510,0	1512,5	1515,0	1517,5	1520,0	1522,5	1504,2	1508,3	1516,7	1520,8	1506,3	1518,8	60
61	1525	1527,5	1530,0	1532,5	1535,0	1537,5	1540,0	1542,5	1545,0	1547,5	1529,2	1533,3	1541,7	1545,8	1531,3	1543,8	61
62	1550	1552,5	1555,0	1557,5	1560,0	1562,5	1665,0	1567,5	1570,0	1572,5	1554,2	1558,3	1566,7	1570,8	1556,3	1568,8	62
63	1575	1577,5	1580,0	1582,5	1585,0	1587,5	1590,0	1592,5	1595,0	1597,5	1579,2	1583,3	1591,7	1595,8	1581,3	1593,8	63
64	1600	1602,5	1605 0	1607,5	1610,0	1612,5	1615,0	1617,5	1620,0	1622,5	1604,2	1608,3	1616,7	1620,8	1606,3	1618,8	64
65	1625	1627,5	1630,0	1632,5	1635,0	1637,5	1640,0	1642,5	1645,0	1647,5	1629,2	1633,3	1641,7	1645,8	1631,3	1643,8	65
66	1650	1652,5	1655,0	1657,5	1660,0	1662,5	1665,0	1667,5	1670,0	1672,5	1654,2	1658,3	1666,7	1670,8	1656,3	1668,8	66
67	1675	1677,5	1680,0	1682,5	1685,0	1687,5	1690,0	1692,5	1695,0	1697,5	1679,2	1683,3	1691,7	1695,8	1681,3	1693,8	67
68	1700	1702,5	1705,0	1707,5	1710,0	1712,5	1715,0	1717,5	1720,0	1722,5	1704,2	1708,3	1716 7	1720,8	1706,3	1718,8	68
69	1725	1727,5	1730,0	1732,5	1735,0	1737,5	1740,0	1742,5	1745,0	1747,5	1729,2	1733,3	1741,7	1745,8	1731,3	1743,8	69
70	1750	1752,5	1755,0	1757,5	1760,0	1762,5	1765,0	1767,5	1770,0	1772,5	1754,2	1758,3	1766,7	1770,8	1756,3	1768,8	70
71	1775	1777,5	1780,0	1782,5	1785,0	1787,5	1790,0	1792,5	1795,0	1797,5	1779,2	1783,3	1791,7	1795,8	1781,3	1793,8	71
72	1800	1802,5	1805,0	1807,5	1810,0	1812,5	1815,0	1817,5	1820,0	1822,5	1804,2	1808,3	1816,7	1820,8	1806,3	1818,8	72
73	1825	1827,5	1830,0	1832,5	1835,0	1837,5	1840,0	1842,5	1845,0	1847,5	1829,2	1833,3	1841,7	1845,8	1831,3	1843,8	73
74	1850	1852,5	1855,0	1857,5	1860,0	1862,5	1865,0	1867,5	1870,0	1872,5	1854,2	1858,3	1866,7	1870,8	1856,3	1868,8	74
75	1875	1877,5	1880,0	1882,5	1885,0	1887,5	1890,0	1892,5	1895,0	1897,5	1879,2	1883,3	1891,7	1895,8	1881,3	1893,8	75
76	1900	1902,5	1905,0	1907,5	1910,0	1912,5	1915,0	1917,5	1920,0	1922,5	1904,2	1908,3	1916,7	1920,8	1906,3	1918,8	76
77	1925	1927,5	1930,0	1932,5	1935,0	1937,5	1940,0	1942,5	1945,0	1947,5	1929,2	1933,3	1941,7	1945,8	1931,3	1943,8	77
78	1950	1952,5	1955,0	1957,5	1960,0	1962,5	1965,0	1967,5	1970,0	1972,5	1954,2	1958,3	1966,7	1970,8	1956,3	1968,8	78
79	1975	1977,5	1980,0	1982,5	1985,0	1987,5	1990,0	1992,5	1995,0	1997,5	1979,2	1983,3	1991,7	1995,8	1981,3	1993,8	79
80	2000	2002,5	2005,0	2007,5	2010,0	2012,5	2015,0	2017,5	2020,0	2022,5	2004,2	2008,3	2016,7	2020,8	2006,3	2018,8	80
81	2025	2027,5	2030,0	2032,5	2035,0	2037,5	2040,0	2042,5	2045,0	2047,5	2029,2	2033,3	2041,7	2045,8	2031,3	2043,8	81
82	2050	2052,5	2055,0	2057,5	2060,0	2062,5	2065,0	2067,5	2070,0	2072,5	2054,2	2058,3	2066,7	2070,8	2056,3	2068,8	82
83	2075	2077,5	2080,0	2082,5	2085,0	2087,5	2090,0	2092,5	2095,0	2097,5	2079,2	2083,3	2091,7	2095,8	2081,3	2093,8	83
84	2100	2102,5	2105,0	2107,5	2110,0	2112,5	2115,0	2117,5	2120,0	2122,5	2104,2	2108,3	2116,7	2120,8	2106,3	2118,8	84
85	2125	2127,5	2130,0	2132,5	2135,0	2137,5	2140,0	2142,5	2145,0	2147,5	2129,2	2133,3	2141,7	2145,8	2131,3	2143,8	85
86	2150	2152,5	2155,0	2157,5	2160,0	2162,5	2165,0	2167,5	2170,0	2172,5	2154,2	2158,3	2166,7	2170,8	2156,3	2168,8	86
87	2175	2177,5	2180,0	2182,5	2185,0	2187,5	2190,0	2192,5	2195,0	2197,5	2179,2	2183,3	2191,7	2195,8	2181,3	2193,8	87
88	2200	2202,5	2205,0	2207,5	2210,0	2212,5	2215,0	2217,5	2220,0	2222,5	2204,2	2208,3	2216,7	2220,8	2206,3	2218,8	88
89	2225	2227,5	2230,0	2232,5	2235,0	2237,5	2240,0	2242,5	2245,0	2247,5	2229,2	2233,3	2241,7	2245,8	2231,3	2243,8	89
90	2250	2252,5	2255,0	2257,5	2260,0	2262,5	2265,0	2267,5	2270,0	2272,5	2254,2	2258,3	2266,7	2270,8	2256,3	2268,8	90
91	2275	2277,5	2280,0	2282,5	2285,0	2287,5	2290,0	2292,5	2295,0	2297,5	2279,2	2283,3	2291,7	2295,8	2281,3	2293,8	91
92	2300	2302,5	2305,0	2307,5	2310,0	2312,5	2315,0	2317,5	2320,0	2322,5	2304,2	2308,3	2316,7	2320,8	2306,3	2318,8	92
93	2325	2327,5	2330,0	2332,5	2335,0	2337,5	2340,0	2342,5	2345,0	2347,5	2329,2	2333,3	2341,7	2345,8	2331,3	2343,8	93
94	2350	2352,5	2355,0	2357,5	2360,0	2362,5	2365,0	2367,5	2370,0	2372,5	2354,2	2358,3	2366,7	2370,8	2356,3	2368,8	94
95	2375	2377,5	2380,0	2382,5	2385,0	2387,5	2390,0	2392,5	2395,0	2397,5	2379,2	2383,3	2391,7	2395,8	2381,3	2393,8	95
96	2400	2402,5	2405,0	2407,5	2410,0	2412,5	2415,0	2417,5	2420,0	2422,5	2404,2	2408,3	2416,7	2420,8	2406,3	2418,8	96
97	2425	2427,5	2430,0	2432,5	2435,0	2437,5	2440,0	2442,5	2445,0	2447,5	2429,2	2433,3	2441,7	2445,8	2431,3	2443,8	97
98	2450	2452,5	2455,0	2457,5	2460,0	2462,5	2465,0	2467,5	2470,0	2472,5	2454,2	2458,3	2466,7	2470,8	2456,3	2468,8	98
99	2475	2477,5	2480,0	2482,5	2485,0	2487,5	2490,0	2492,5	2495,0	2497,5	2479,2	2483,3	2491,7	2495,8	2481,3	2493,8	99
100	2500	2502,5	2505,0	2507,5	2510,0	2512,5	2515,0	2517,5	2520,0	2522,5	2504,2	2508,3	2516,7	2520,8	2506,3	2518,8	100

26		1/10 2,6	2/10 5,2	3/10 7,8	4/10 10,4	5/10 13,0	6/10 15,6	7/10 18,2	8/10 20,8	9/10 23,4	1/6 4,333	2/6 8,666	4/6 17,333	5/6 21,666	1/4 6,5	3/4 19,5	
1	26	28,6	31,2	33,8	36,4	39,0	41,6	44,2	46,8	49,4	30,3	34,7	43,3	47,7	32,5	45,5	1
2	52	54,6	57,2	59,8	62,4	65,0	67,6	70,2	72,8	75,4	56,3	60,7	69,3	73,7	58,5	71,5	2
3	78	80,6	83,2	85,8	88,4	91,0	93,6	96,2	98,8	101,4	82,3	86,7	95,3	99,7	84,5	97,5	3
4	104	106,6	109,2	111,8	114,4	117,0	119,6	122,2	124,8	127,4	108,3	112,7	121,3	125,7	110,5	123,5	4
5	130	132,6	135,2	137,8	140,4	143,0	145,6	148,2	150,8	153,4	134,3	138,7	147,3	151,7	136,5	149,5	5
6	156	158,6	161,2	163,8	166,4	169,0	171,6	174,2	176,8	179,4	160,3	164,7	173,3	177,7	162,5	175,5	6
7	182	184,6	187,2	189,8	192,4	195,0	197,6	200,2	202,8	205,4	186,3	190,7	199,3	203,7	188,5	201,5	7
8	208	210,6	213,2	215,8	218,4	221,0	223,6	226,2	228,8	231,4	212,3	216,7	225,3	229,7	214,5	227,5	8
9	234	236,6	239,2	241,8	244,4	247,0	249,6	252,2	254,8	257,4	238,3	242,7	251,3	255,7	240,5	253,5	9
10	260	262,6	265,2	267,8	270,4	273,0	275,6	278,2	280,8	283,4	264,3	268,7	277,3	281,7	266,5	279,5	10
11	286	288,6	291,2	293,8	296,4	299,0	301,6	304,2	306,8	309,4	290,3	294,7	303,3	307,7	292,5	305,5	11
12	312	314,6	317,2	319,8	322,4	325,0	327,6	330,2	332,8	335,4	316,3	320,7	329,3	333,7	318,5	331,5	12
13	338	340,6	343,2	345,8	348,4	351,0	353,6	356,2	358,8	361,4	342,3	346,7	355,3	359,7	344,5	357,5	13
14	364	366,6	369,2	371,8	374,4	377,0	379,6	382,2	384,8	387,4	368,3	372,7	381,3	385,7	370,5	383,5	14
15	390	392,6	395,2	397,8	400,4	403,0	405,6	408,2	410,8	413,4	394,3	398,7	407,3	411,7	396,5	409,5	15
16	416	418,6	421,2	423,8	426,4	429,0	431,6	434,2	436,8	439,4	420,3	424,7	433,3	437,7	422,5	435,5	16
17	442	444,6	447,2	449,8	452,4	455,0	457,6	460,2	462,8	465,4	446,3	450,7	459,3	463,7	448,5	461,5	17
18	468	470,6	473,2	475,8	478,4	481,0	483,6	486,2	488,8	491,4	472,3	476,7	485,3	489,7	474,5	487,5	18
19	494	496,6	499,2	501,8	504,4	507,0	509,6	512,2	514,8	517,4	498,3	502,7	511,3	515,7	500,5	513,5	19
20	520	522,6	525,2	527,8	530,4	533,0	535,6	538,2	540,8	543,4	524,3	528,7	537,3	541,7	526,5	539,5	20
21	546	548,6	551,2	553,8	556,4	559,0	561,6	564,2	566,8	569,4	550,3	554,7	563,3	567,7	552,5	565,5	21
22	572	574,6	577,2	579,8	582,4	585,0	587,6	590,2	592,8	595,4	576,3	580,7	589,3	593,7	578,5	591,5	22
23	598	600,6	603,2	605,8	608,4	611,0	613,6	616,2	618,8	621,4	602,3	606,7	615,3	619,7	604,5	617,5	23
24	624	626,6	629,2	631,8	634,4	637,0	639,6	642,2	644,8	647,4	628,3	632,7	641,3	645,7	630,5	643,5	24
25	650	652,6	655,2	657,8	660,4	663,0	665,6	668,2	670,8	673,4	654,3	658,7	667,3	671,7	656,5	669,5	25
26	676	678,6	681,2	683,8	686,4	689,0	691,6	694,2	696,8	699,4	680,3	684,7	693,3	697,7	682,5	695,5	26
27	702	704,6	707,2	709,8	712,4	715,0	717,6	720,2	722,8	725,4	706,3	710,7	719,3	723,7	708,5	721,5	27
28	728	730,6	733,2	735,8	738,4	741,0	743,6	746,2	748,8	751,4	732,3	736,7	745,3	749,7	734,5	747,5	28
29	754	756,6	759,2	761,8	764,4	767,0	769,6	772,2	774,8	777,4	758,3	762,7	771,3	775,7	760,5	773,5	29
30	780	782,6	785,2	787,8	790,4	793,0	795,6	798,2	800,8	803,4	784,3	788,7	797,3	801,7	786,5	799,5	30
31	806	808,6	811,2	813,8	816,4	819,0	821,6	824,2	826,8	829,4	810,3	814,7	823,3	827,7	812,5	825,5	31
32	832	834,6	837,2	839,8	842,4	845,0	847,6	850,2	852,8	855,4	836,3	840,7	849,3	853,7	838,5	851,5	32
33	858	860,6	863,2	865,8	868,4	871,0	873,6	876,2	878,8	881,4	862,3	866,7	875,3	879,7	864,5	877,5	33
34	884	886,6	889,2	891,8	894,4	897,0	899,6	902,2	904,8	907,4	888,3	892,7	901,3	905,7	890,5	903,5	34
35	910	912,6	915,2	917,8	920,4	923,0	925,6	928,2	930,8	933,4	914,3	918,7	927,3	931,7	916,5	929,5	35
36	936	938,6	941,2	943,8	946,4	949,0	951,6	954,2	956,8	959,4	940,3	944,7	953,3	957,7	942,5	955,5	36
37	962	964,6	967,2	969,8	972,4	975,0	977,6	980,2	982,8	985,4	966,3	970,7	979,3	983,7	968,5	981,5	37
38	988	990,6	993,2	995,8	998,4	1001,0	1003,6	1006,2	1008,8	1011,4	992,3	996,7	1005,3	1009,7	994,5	1007,5	38
39	1014	1016,6	1019,2	1021,8	1024,4	1027,0	1029,6	1032,2	1034,8	1037,4	1018,3	1022,7	1031,3	1035,7	1020,5	1033,5	39
40	1040	1042,6	1045,2	1047,8	1050,4	1053,0	1055,6	1058,2	1060,8	1063,4	1044,3	1048,7	1057,3	1061,7	1046,5	1059,5	40
41	1066	1068,6	1071,2	1073,8	1076,4	1079,0	1081,6	1084,2	1086,8	1089,4	1070,3	1074,7	1083,3	1087,7	1072,5	1085,5	41
42	1092	1094,6	1097,2	1099,8	1102,4	1105,0	1107,6	1110,2	1112,8	1115,4	1096,3	1100,7	1109,3	1113,7	1098,5	1111,5	42
43	1118	1120,6	1123,2	1125,8	1128,4	1131,0	1133,6	1136,2	1138,8	1141,4	1122,3	1126,7	1135,3	1139,7	1124,5	1137,5	43
44	1144	1146,6	1149,2	1151,8	1154,4	1157,0	1159,6	1162,2	1164,8	1167,4	1148,3	1152,7	1161,3	1165,7	1150,5	1163,5	44
45	1170	1172,6	1175,2	1177,8	1180,4	1183,0	1185,6	1188,2	1190,8	1193,4	1174,3	1178,7	1187,3	1191,7	1176,5	1189,5	45
46	1196	1198,6	1201,2	1203,8	1206,4	1209,0	1211,6	1214,2	1216,8	1219,4	1200,3	1204,7	1213,3	1217,7	1202,5	1215,5	46
47	1222	1224,6	1227,2	1229,8	1232,4	1235,0	1237,6	1240,2	1242,8	1245,4	1226,3	1230,7	1239,3	1243,7	1228,5	1241,5	47
48	1248	1250,6	1253,2	1255,8	1258,4	1261,0	1263,6	1266,2	1268,8	1271,4	1252,3	1256,7	1265,3	1269,7	1254,5	1267,5	48
49	1274	1276,6	1279,2	1281,8	1284,4	1287,0	1289,6	1292,2	1294,8	1297,4	1278,3	1282,7	1291,3	1295,7	1280,5	1293,5	49
50	1300	1302,6	1305,2	1307,8	1310,4	1313,0	1315,6	1318,2	1320,8	1323,4	1304,3	1308,7	1317,3	1321,7	1306,5	1319,5	50
51	1326	1328,6	1331,2	1333,8	1336,4	1339,0	1341,6	1344,2	1346,8	1349,4	1330,3	1334,7	1343,3	1347,7	1332,5	1345,5	51
52	1352	1354,6	1357,2	1359,8	1362,4	1365,0	1367,6	1370,2	1372,8	1375,4	1356,3	1360,7	1369,3	1373,7	1358,5	1371,5	52
53	1378	1380,6	1383,2	1385,8	1388,4	1391,0	1393,6	1396,2	1398,8	1401,4	1382,3	1386,7	1395,3	1399,7	1384,5	1397,5	53
54	1404	1406,6	1409,2	1411,8	1414,4	1417,0	1419,6	1422,2	1424,8	1427,4	1408,3	1412,7	1421,3	1425,7	1410,5	1423,5	54
55	1430	1432,6	1435,2	1437,8	1440,4	1443,0	1445,6	1448,2	1450,8	1453,4	1434,3	1438,7	1447,3	1451,7	1436,5	1449,5	55
56	1456	1458,6	1461,2	1463,8	1466,4	1469,0	1471,6	1474,2	1476,8	1479,4	1460,3	1464,7	1473,3	1477,7	1462,5	1475,5	56
57	1482	1484,6	1487,2	1489,8	1492,4	1495,0	1497,6	1500,2	1502,8	1505,4	1486,3	1490,7	1499,3	1503,7	1488,5	1501,5	57
58	1508	1510,6	1513,2	1515,8	1518,4	1521,0	1523,6	1526,2	1528,8	1531,4	1512,3	1516,7	1525,3	1529,7	1514,5	1527,5	58
59	1534	1536,6	1539,2	1541,8	1544,4	1547,0	1549,6	1552,2	1554,8	1557,4	1538,3	1542,7	1551,3	1555,7	1540,5	1553,5	59
60	1560	1562,6	1565,2	1567,8	1570,4	1573,0	1575,6	1578,2	1580,8	1583,4	1564,3	1568,7	1577,3	1581,7	1566,5	1579,5	60
61	1586	1588,6	1591,2	1593,8	1596,4	1599,0	1601,6	1604,2	1606,8	1609,4	1590,3	1594,7	1603,3	1607,7	1592,5	1605,5	61
62	1612	1614,6	1617,2	1619,8	1622,4	1625,0	1627,6	1630,2	1632,8	1635,4	1616,3	1620,7	1629,3	1633,7	1618,5	1631,5	62
63	1638	1640,6	1643,2	1645,8	1648,4	1651,0	1653,6	1656,2	1658,8	1661,4	1642,3	1646,7	1655,3	1659,7	1644,5	1657,5	63
64	1664	1666,6	1669,2	1671,8	1674,4	1677,0	1679,6	1682,2	1684,8	1687,4	1668,3	1672,7	1681,3	1685,7	1670,5	1683,5	64
65	1690	1692,6	1695,2	1697,8	1700,4	1703,0	1705,6	1708,2	1710,8	1713,4	1694,3	1698,7	1707,3	1711,7	1696,5	1709,5	65
66	1716	1718,6	1721,2	1723,8	1726,4	1729,0	1731,6	1734,2	1736,8	1739,4	1720,3	1724,7	1733,3	1737,7	1722,5	1735,5	66
67	1742	1744,6	1747,2	1749,8	1752,4	1755,0	1757,6	1760,2	1762,8	1765,4	1746,3	1750,7	1759,3	1763,7	1748,5	1761,5	67
68	1768	1770,6	1773,2	1775,8	1778,4	1781,0	1783,6	1786,2	1788,8	1791,4	1772,3	1776,7	1785,3	1789,7	1774,5	1787,5	68
69	1794	1796,6	1799,2	1801,8	1804,4	1807,0	1809,6	1812,2	1814,8	1817,4	1798,3	1802,7	1811,3	1815,7	1800,5	1813,5	69
70	1820	1822,6	1825,2	1827,8	1830,4	1833,0	1835,6	1838,2	1840,8	1843,4	1824,3	1828,7	1837,3	1841,7	1826,5	1839,5	70
71	1846	1848,6	1851,2	1853,8	1856,4	1859,0	1861,6	1864,2	1866,8	1869,4	1850,3	1854,7	1863,3	1867,7	1852,5	1865,5	71
72	1872	1874,6	1877,2	1879,8	1882,4	1885,0	1887,6	1890,2	1892,8	1895,4	1876,3	1880,7	1889,3	1893,7	1878,5	1891,5	72
73	1898	1900,6	1903,2	1905,8	1908,4	1911,0	1913,6	1916,2	1918,8	1921,4	1902,3	1906,7	1915,3	1919,7	1904,5	1917,5	73
74	1924	1926,6	1929,2	1931,8	1934,4	1937,0	1939,6	1942,2	1944,8	1947,4	1928,3	1932,7	1941,3	1945,7	1930,5	1943,5	74
75	1950	1952,6	1955,2	1957,8	1960,4	1963,0	1965,6	1968,2	1970,8	1973,4	1954,3	1958,7	1967,3	1971,7	1956,5	1969,5	75
76	1976	1978,6	1981,2	1983,8	1986,4	1989,0	1991,6	1994,2	1996,8	1999,4	1980,3	1984,7	1993,3	1997,7	1982,5	1995,5	76
77	2002	2004,6	2007,2	2009,8	2012,4	2015,0	2017,6	2020,2	2022,8	2025,4	2006,3	2010,7	2019,3	2023,7	2008,5	2021,5	77
78	2028	2030,6	2033,2	2035,8	2038,4	2041,0	2043,6	2046,2	2048,8	2051,4	2032,3	2036,7	2045,3	2049,7	2034,5	2047,5	78
79	2054	2056,6	2059,2	2061,8	2064,4	2067,0	2069,6	2072,2	2074,8	2077,4	2058,3	2062,7	2071,3	2075,7	2060,5	2073,5	79
80	2080	2082,6	2085,2	2087,8	2090,4	2093,0	2095,6	2098,2	2100,8	2103,4	2084,3	2088,7	2097,3	2101,7	2086,5	2099,5	80
81	2106	2108,6	2111,2	2113,8	2116,4	2119,0	2121,6	2124,2	2126,8	2129,4	2110,3	2114,7	2123,3	2127,7	2112,5	2125,5	81
82	2132	2134,6	2137,2	2139,8	2142,4	2145,0	2147,6	2150,2	2152,8	2155,4	2136,3	2140,7	2149,3	2153,7	2138,5	2151,5	82
83	2158	2160,6	2163,2	2165,8	2168,4	2171,0	2173,6	2176,2	2178,8	2181,4	2162,3	2166,7	2175,3	2179,7	2164,5	2177,5	83
84	2184	2186,6	2189,2	2191,8	2194,4	2197,0	2199,6	2202,2	2204,8	2207,4	2188,3	2192,7	2201,3	2205,7	2190,5	2203,5	84
85	2210	2212,6	2215,2	2217,8	2220,4	2223,0	2225,6	2228,2	2230,8	2233,4	2214,3	2218,7	2227,3	2231,7	2216,5	2229,5	85
86	2236	2238,6	2241,2	2243,8	2246,4	2249,0	2251,6	2254,2	2256,8	2259,4	2240,3	2244,7	2253,3	2257,7	2242,5	2255,5	86
87	2262	2264,6	2267,2	2269,8	2272,4	2275,0	2277,6	2280,2	2282,8	2285,4	2266,3	2270,7	2279,3	2283,7	2268,5	2281,5	87
88	2288	2290,6	2293,2	2295,8	2298,4	2301,0	2303,6	2306,2	2308,8	2311,4	2292,3	2296,7	2305,3	2309,7	2294,5	2307,5	88
89	2314	2316,6	2319,2	2321,8	2324,4	2327,0	2329,6	2332,2	2334,8	2337,4	2318,3	2322,7	2331,3	2335,7	2320,5	2333,5	89
90	2340	2342,6	2345,2	2347,8	2350,4	2353,0	2355,6	2358,2	2360,8	2363,4	2344,3	2348,7	2357,3	2361,7	2346,5	2359,5	90
91	2366	2368,6	2371,2	2373,8	2376,4	2379,0	2381,6	2384,2	2386,8	2389,4	2370,3	2374,7	2383,3	2387,7	2372,5	2385,5	91
92	2392	2394,6	2397,2	2399,8	2402,4	2405,0	2407,6	2410,2	2412,8	2415,4	2396,3	2400,7	2409,3	2413,7	2398,5	2411,5	92
93	2418	2420,6	2423,2	2425,8	2428,4	2431,0	2433,6	2436,2	2438,8	2441,4	2422,3	2426,7	2435,3	2439,7	2424,5	2437,5	93
94	2444	2446,6	2449,2	2451,8	2454,4	2457,0	2459,6	2462,2	2464,8	2467,4	2448,3	2452,7	2461,3	2465,7	2450,5	2463,5	94
95	2470	2472,6	2475,2	2477,8	2480,4	2483,0	2485,6	2488,2	2490,8	2493,4	2474,3	2478,7	2487,3	2491,7	2476,5	2489,5	95
96	2496	2498,6	2501,2	2503,8	2506,4	2509,0	2511,8	2514,2	2516,8	2519,4	2500,3	2504,7	2513,3	2517,7	2502,5	2515,5	96
97	2522	2524,6	2527,2	2529,8	2532,4	2535,0	2537,6	2540,2	2542,8	2545,4	2526,3	2530,7	2539,3	2543,7	2528,5	2541,5	97
98	2548	2550,6	2553,2	2555,8	2558,4	2561,0	2563,6	2566,2	2568,8	2571,4	2552,3	2556,7	2565,3	2569,7	2554,5	2567,5	98
99	2574	2576,6	2579,2	2581,8	2584,4	2587,0	2589,6	2592,2	2594,8	2597,4	2578,3	2582,7	2591,3	2595,7	2580,5	2593,5	99
100	2600	2602,6	2605,2	2607,8	2610,4	2613,0	2615,6	2618,2	2620,8	2623,4	2604,3	2608,7	2617,3	2621,7	2606,5	2619,5	100

		1/10 2,7	2/10 5,4	3/10 8,1	4/10 10,8	5/10 13,5	6/10 16,2	7/10 18,9	8/10 21,6	9/10 24,3	1/6 4,5	2/6 9,0	4/6 18,0	5/6 22,5	1/4 6,75	3/4 20,25	**27**
1	27	29,7	32,4	35,1	37,8	40,5	43,2	45,9	48,6	51,3	31,5	36,0	45,0	49,5	33,8	47,3	**1**
2	54	56,7	59,4	62,1	64,8	67,5	70,2	72,9	75,6	78,3	58,5	63,0	72,0	76,5	60,8	74,3	**2**
3	81	83,7	86,4	89,1	91,8	94,5	97,2	99,9	102,6	105,3	85,5	90,0	99,0	103,5	87,8	101,3	**3**
4	108	110,7	113,4	116,1	118,8	121,5	124,2	126,9	129,6	132,3	112,5	117,0	126,0	130,5	114,8	128,3	**4**
5	135	137,7	140,4	143,1	145,8	148,5	151,2	153,9	156,6	159,3	139,5	144,0	153,0	157,5	141,8	155,3	**5**
6	162	164,7	167,4	170,1	172,8	175,5	178,2	180,9	183,6	186,3	166,5	171,0	180,0	184,5	168,8	182,3	**6**
7	189	191,7	194,4	197,1	199,8	202,5	205,2	207,9	210,6	213,3	193,5	198,0	207,0	211,5	195,8	209,3	**7**
8	216	218,7	221,4	224,1	226,8	229,5	232,2	234,9	237,6	240,3	220,5	225,0	234,0	238,5	222,8	236,3	**8**
9	243	245,7	248,4	251,1	253,8	256,5	259,2	261,9	264,6	267,3	247,5	252,0	261,0	265,5	249,8	263,3	**9**
10	270	272,7	275,4	278,1	280,8	283,5	286,2	288,9	291,6	294,3	274,5	279,0	288,0	292,5	276,8	290,3	**10**
11	297	299,7	302,4	305,1	307,8	310,5	313,2	315,9	318,6	321,3	301,5	306,0	315,0	319,5	303,8	317,3	**11**
12	324	326,7	329,4	332,1	334,8	337,5	340,2	342,9	345,6	348,3	328,5	333,0	342,0	346,5	330,8	344,3	**12**
13	351	353,7	356,4	359,1	361,8	364,5	367,2	369,9	372,6	375,3	355,5	360,0	369,0	373,5	357,8	371,3	**13**
14	378	380,7	383,4	386,1	388,8	391,5	394,2	396,9	399,6	402,3	382,5	387,0	396,0	400,5	384,8	398,3	**14**
15	405	407,7	410,4	413,1	415,8	418,5	421,2	423,9	426,6	429,3	409,5	414,0	423,0	427,5	411,8	425,3	**15**
16	432	434,7	437,4	440,1	442,8	445,5	448,2	450,9	453,6	456,3	436,5	441,0	450,0	454,5	438,8	452,3	**16**
17	459	461,7	464,4	467,1	469,8	472,5	475,2	477,9	480,6	483,3	463,5	468,0	477,0	481,5	465,8	479,3	**17**
18	486	488,7	491,4	494,1	496,8	499,5	502,2	504,9	507,6	510,3	490,5	495,0	504,0	508,5	492,8	506,3	**18**
19	513	515,7	518,4	521,1	523,8	526,5	529,2	531,9	534,6	537,3	517,5	522,0	531,0	535,5	519,8	533,3	**19**
20	540	542,7	545,4	548,1	550,8	553,5	556,2	558,9	561,6	564,3	544,5	549,0	558,0	562,5	546,8	560,3	**20**
21	567	569,7	572,4	575,1	577,8	580,5	583,2	585,9	588,6	591,3	571,5	576,0	585,0	589,5	573,8	587,3	**21**
22	594	596,7	599,4	602,1	604,8	607,5	610,2	612,9	615,6	618,3	598,5	603,0	612,0	616,5	600,8	614,3	**22**
23	621	623,7	626,4	629,1	631,8	634,5	637,2	639,9	642,6	645,3	625,5	630,0	639,0	643,5	627,8	641,3	**23**
24	648	650,7	653,4	656,1	658,8	661,5	664,2	666,9	669,6	672,3	652,5	657,0	666,0	670,5	654,8	668,3	**24**
25	675	677,7	680,4	683,1	685,8	688,5	691,2	693,9	696,6	699,3	679,5	684,0	693,0	697,5	681,8	695,3	**25**
26	702	704,7	707,4	710,1	712,8	715,5	718,2	720,9	723,6	726,3	706,5	711,0	720,0	724,5	708,8	722,3	**26**
27	729	731,7	734,4	737,1	739,8	742,5	745,2	747,9	750,6	753,3	733,5	738,0	747,0	751,5	735,8	749,3	**27**
28	756	758,7	761,4	764,1	766,8	769,5	772,2	774,9	777,6	780,3	760,5	765,0	774,0	778,5	762,8	776,3	**28**
29	783	785,7	788,4	791,1	793,8	796,5	799,2	801,9	804,6	807,3	787,5	792,0	801,0	805,5	789,8	803,3	**29**
30	810	812,7	815,4	818,1	820,8	823,5	826,2	828,9	831,6	834,3	814,5	819,0	828,0	832,5	816,8	830,3	**30**
31	837	839,7	842,4	845,1	847,8	850,5	853,2	855,9	858,6	861,3	841,5	846,0	855,0	859,5	843,8	857,3	**31**
32	864	866,7	869,4	872,1	874,8	877,5	880,2	882,9	885,6	888,3	868,5	873,0	882,0	886,5	870,8	884,3	**32**
33	891	893,7	896,4	899,1	901,8	904,5	907,2	909,9	912,6	915,3	895,5	900,0	909,0	913,5	897,8	911,3	**33**
34	918	920,7	923,4	926,1	928,8	931,5	934,2	936,9	939,6	942,3	922,5	927,0	936,0	940,5	924,8	938,3	**34**
35	945	947,7	950,4	953,1	955,8	958,5	961,2	963,9	966,6	969,3	949,5	954,0	963,0	967,5	951,8	965,3	**35**
36	972	974,7	977,4	980,1	982,8	985,5	988,2	990,9	993,6	996,3	976,5	981,0	990,0	994,5	978,8	992,3	**36**
37	999	1001,7	1004,4	1007,1	1009,8	1012,5	1015,2	1017,9	1020,6	1023,3	1003,5	1008,0	1017,0	1021,5	1005,8	1019,3	**37**
38	1026	1028,7	1031,4	1034,1	1036,8	1039,5	1042,2	1044,9	1047,6	1050,3	1030,5	1035,0	1044,0	1048,5	1032,8	1046,3	**38**
39	1053	1055,7	1058,4	1061,1	1063,8	1066,5	1069,2	1071,9	1074,6	1077,3	1057,5	1062,0	1071,0	1075,5	1059,8	1073,3	**39**
40	1080	1082,7	1085,4	1088,1	1090,8	1093,5	1096,2	1098,9	1101,6	1104,3	1084,5	1089,0	1098,0	1102,5	1086,8	1100,3	**40**
41	1107	1109,7	1112,4	1115,1	1117,8	1120,5	1123,2	1125,9	1128,6	1131,3	1111,5	1116,0	1125,0	1129,5	1113,8	1127,3	**41**
42	1134	1136,7	1139,4	1142,1	1144,8	1147,5	1150,2	1152,9	1155,6	1158,3	1138,5	1143,0	1152,0	1156,5	1140,8	1154,3	**42**
43	1161	1163,7	1166,4	1169,1	1171,8	1174,5	1177,2	1179,9	1182,6	1185,3	1165,5	1170,0	1179,0	1183,5	1167,8	1181,3	**43**
44	1188	1190,7	1193,4	1196,1	1198,8	1201,5	1204,2	1206,9	1209,6	1212,3	1192,5	1197,0	1206,0	1210,5	1194,8	1208,3	**44**
45	1215	1217,7	1220,4	1223,1	1225,8	1228,5	1231,2	1233,9	1236,6	1239,3	1219,5	1224,0	1233,0	1237,5	1221,8	1235,3	**45**
46	1242	1244,7	1247,4	1250,1	1252,8	1255,5	1258,2	1260,9	1263,6	1266,3	1246,5	1251,0	1260,0	1264,5	1248,8	1262,3	**46**
47	1269	1271,7	1274,4	1277,1	1279,8	1282,5	1285,2	1287,9	1290,6	1293,3	1273,5	1278,0	1287,0	1291,5	1275,8	1289,3	**47**
48	1296	1298,7	1301,4	1304,1	1306,8	1309,5	1312,2	1314,9	1317,6	1320,3	1300,5	1305,0	1314,0	1318,5	1302,8	1316,3	**48**
49	1323	1325,7	1328,4	1331,1	1333,8	1336,5	1339,2	1341,9	1344,6	1347,3	1327,5	1332,0	1341,0	1345,5	1329,8	1343,3	**49**
50	1350	1352,7	1355,4	1358,1	1360,8	1363,5	1366,2	1368,9	1371,6	1374,3	1354,5	1359,0	1368,0	1372,5	1356,8	1370,3	**50**
51	1377	1379,7	1382,4	1385,1	1387,8	1390,5	1393,2	1395,9	1398,6	1401,3	1381,5	1386,0	1395,0	1399,5	1383,8	1397,3	**51**
52	1404	1406,7	1409,4	1412,1	1414,8	1417,5	1420,2	1422,9	1425,6	1428,3	1408,5	1413,0	1422,0	1426,5	1410,8	1424,3	**52**
53	1431	1433,7	1436,4	1439,1	1441,8	1444,5	1447,2	1449,9	1452,6	1455,3	1435,5	1440,0	1449,0	1453,5	1437,8	1451,3	**53**
54	1458	1460,7	1463,4	1466,1	1468,8	1471,5	1474,2	1476,9	1479,6	1482,3	1462,5	1467,0	1476,0	1480,5	1464,8	1478,3	**54**
55	1485	1487,7	1490,4	1493,1	1495,8	1498,5	1501,2	1503,9	1506,6	1509,3	1489,5	1494,0	1503,0	1507,5	1491,8	1505,3	**55**
56	1512	1514,7	1517,4	1520,1	1522,8	1525,5	1528,2	1530,9	1533,6	1536,3	1516,5	1521,0	1530,0	1534,5	1518,8	1532,3	**56**
57	1539	1541,7	1544,4	1547,1	1549,8	1552,5	1555,2	1557,9	1560,6	1563,3	1543,5	1548,0	1557,0	1561,5	1545,8	1559,3	**57**
58	1566	1568,7	1571,4	1574,1	1576,8	1579,5	1582,2	1584,9	1587,6	1590,3	1570,5	1575,0	1584,0	1588,5	1572,8	1586,3	**58**
59	1593	1595,7	1598,4	1601,1	1603,8	1606,5	1609,2	1611,9	1614,6	1617,3	1597,5	1602,0	1611,0	1615,5	1599,8	1613,3	**59**
60	1620	1622,7	1625,4	1628,1	1630,8	1633,5	1636,2	1638,9	1641,6	1644,3	1624,5	1629,0	1638,0	1642,5	1626,8	1640,3	**60**
61	1647	1649,7	1652,4	1655,1	1657,8	1660,5	1663,2	1665,9	1668,6	1671,3	1651,5	1656,0	1665,0	1669,5	1653,8	1667,3	**61**
62	1674	1676,7	1679,4	1682,1	1684,8	1687,5	1690,2	1692,9	1695,6	1698,3	1678,5	1683,0	1692,0	1696,5	1680,8	1694,3	**62**
63	1701	1703,7	1706,4	1709,1	1711,8	1714,5	1717,2	1719,9	1722,6	1725,3	1705,5	1710,0	1719,0	1723,5	1707,8	1721,3	**63**
64	1728	1730,7	1733,4	1736,1	1738,8	1741,5	1744,2	1746,9	1749,6	1752,3	1732,5	1737,0	1746,0	1750,5	1734,8	1748,3	**64**
65	1755	1757,7	1760,4	1763,1	1765,8	1768,5	1771,2	1773,9	1776,6	1779,3	1759,5	1764,0	1773,0	1777,5	1761,8	1775,3	**65**
66	1782	1784,7	1787,4	1790,1	1792,8	1795,5	1798,2	1800,9	1803,6	1806,3	1786,5	1791,0	1800,0	1804,5	1788,8	1802,3	**66**
67	1809	1811,7	1814,4	1817,1	1819,8	1822,5	1825,2	1827,9	1830,6	1833,3	1813,5	1818,0	1827,0	1831,5	1815,8	1829,3	**67**
68	1836	1838,7	1841,4	1844,1	1846,8	1849,5	1852,2	1854,9	1857,6	1860,3	1840,5	1845,0	1854,0	1858,5	1842,8	1856,3	**68**
69	1863	1865,7	1868,4	1871,1	1873,8	1876,5	1879,2	1881,9	1884,6	1887,3	1867,5	1872,0	1881,0	1885,5	1869,8	1883,3	**69**
70	1890	1892,7	1895,4	1898,1	1900,8	1903,5	1906,2	1908,9	1911,6	1914,3	1894,5	1899,0	1908,0	1912,5	1896,8	1910,3	**70**
71	1917	1919,7	1922,4	1925,1	1927,8	1930,5	1933,2	1935,9	1938,6	1941,3	1921,5	1926,0	1935,0	1939,5	1923,8	1937,3	**71**
72	1944	1946,7	1949,4	1952,1	1954,8	1957,5	1960,2	1962,9	1965,6	1968,3	1948,5	1953,0	1962,0	1966,5	1950,8	1964,3	**72**
73	1971	1973,7	1976,4	1979,1	1981,8	1984,5	1987,2	1989,9	1992,6	1995,3	1975,5	1980,0	1989,0	1993,5	1977,8	1991,3	**73**
74	1998	2000,7	2003,4	2006,1	2008,8	2011,5	2014,2	2016,9	2019,6	2022,3	2002,5	2007,0	2016,0	2020,5	2004,8	2018,3	**74**
75	2025	2027,7	2030,4	2033,1	2035,8	2038,5	2041,2	2043,9	2046,6	2049,3	2029,5	2034,0	2043,0	2047,5	2031,8	2045,3	**75**
76	2052	2054,7	2057,4	2060,1	2062,8	2065,5	2068,2	2070,9	2073,6	2076,3	2056,5	2061,0	2070,0	2074,5	2058,8	2072,3	**76**
77	2079	2081,7	2084,4	2087,1	2089,8	2092,5	2095,2	2097,9	2100,6	2103,3	2083,5	2088,0	2097,0	2101,5	2085,8	2099,3	**77**
78	2106	2108,7	2111,4	2114,1	2116,8	2119,5	2122,2	2124,9	2127,6	2130,3	2110,5	2115,0	2124,0	2128,5	2112,8	2126,3	**78**
79	2133	2135,7	2138,4	2141,1	2143,8	2146,5	2149,2	2151,9	2154,6	2157,3	2137,5	2142,0	2151,0	2155,5	2139,8	2153,3	**79**
80	2160	2162,7	2165,4	2168,1	2170,8	2173,5	2176,2	2178,9	2181,6	2184,3	2164,5	2169,0	2178,0	2182,5	2166,8	2180,3	**80**
81	2187	2189,7	2192,4	2195,1	2197,8	2200,5	2203,2	2205,9	2208,6	2211,3	2191,5	2196,0	2205,0	2209,5	2193,8	2207,3	**81**
82	2214	2216,7	2219,4	2222,1	2224,8	2227,5	2230,2	2232,9	2235,6	2238,3	2218,5	2223,0	2232,0	2236,5	2220,8	2234,3	**82**
83	2241	2243,7	2246,4	2249,1	2251,8	2254,5	2257,2	2259,9	2262,6	2265,3	2245,5	2250,0	2259,0	2263,5	2247,8	2261,3	**83**
84	2268	2270,7	2273,4	2276,1	2278,8	2281,5	2284,2	2286,9	2289,6	2292,3	2272,5	2277,0	2286,0	2290,5	2274,8	2288,3	**84**
85	2295	2297,7	2300,4	2303,1	2305,8	2308,5	2311,2	2313,9	2316,6	2319,3	2299,5	2304,0	2313,0	2317,5	2301,8	2315,3	**85**
86	2322	2324,7	2327,4	2330,1	2332,8	2335,5	2338,2	2340,9	2343,6	2346,3	2326,5	2331,0	2340,0	2344,5	2328,8	2342,3	**86**
87	2349	2351,7	2354,4	2357,1	2359,8	2362,5	2365,2	2367,9	2370,6	2373,3	2353,5	2358,0	2367,0	2371,5	2355,8	2369,3	**87**
88	2376	2378,7	2381,4	2384,1	2386,8	2389,5	2392,2	2394,9	2397,6	2400,3	2380,5	2385,0	2394,0	2398,5	2382,8	2396,3	**88**
89	2403	2405,7	2408,4	2411,1	2413,8	2416,5	2419,2	2421,9	2424,6	2427,3	2407,5	2412,0	2421,0	2425,5	2409,8	2423,3	**89**
90	2430	2432,7	2435,4	2438,1	2440,8	2443,5	2446,2	2448,9	2451,6	2454,3	2434,5	2439,0	2448,0	2452,5	2436,8	2450,3	**90**
91	2457	2459,7	2462,4	2465,1	2467,8	2470,5	2473,2	2475,9	2478,6	2481,3	2461,5	2466,0	2475,0	2479,5	2463,8	2477,3	**91**
92	2484	2486,7	2489,4	2492,1	2494,8	2497,5	2500,2	2502,9	2505,6	2508,3	2488,5	2493,0	2502,0	2506,5	2490,8	2504,3	**92**
93	2511	2513,7	2516,4	2519,1	2521,8	2524,5	2527,2	2529,9	2532,6	2535,3	2515,5	2520,0	2529,0	2533,5	2517,8	2531,3	**93**
94	2538	2540,7	2543,4	2546,1	2548,8	2551,5	2554,2	2556,9	2559,6	2562,3	2542,5	2547,0	2556,0	2560,5	2544,8	2558,3	**94**
95	2565	2567,7	2570,4	2573,1	2575,8	2578,5	2581,2	2583,9	2586,6	2589,3	2569,5	2574,0	2583,0	2587,5	2571,8	2585,3	**95**
96	2592	2594,7	2597,4	2600,1	2602,8	2605,5	2608,2	2610,9	2613,6	2616,3	2596,5	2601,0	2610,0	2614,5	2598,8	2612,3	**96**
97	2619	2621,7	2624,4	2627,1	2629,8	2632,5	2635,2	2637,9	2640,6	2643,3	2623,5	2628,0	2637,0	2641,5	2625,8	2639,3	**97**
98	2646	2648,7	2651,4	2654,1	2656,8	2659,5	2662,2	2664,9	2667,6	2670,3	2650,5	2655,0	2664,0	2668,5	2652,8	2666,3	**98**
99	2673	2675,7	2678,4	2681,1	2683,8	2686,5	2689,2	2691,9	2694,6	2697,3	2677,5	2682,0	2691,0	2695,5	2679,8	2693,3	**99**
100	2700	2702,7	2705,4	2708,1	2710,8	2713,5	2716,2	2718,9	2721,6	2724,3	2704,5	2709,0	2718,0	2722,5	2706,8	2720,3	**100**

28

		1/10 2,8	2/10 5,6	3/10 8,4	4/10 11,2	5/10 14,0	6/10 16,8	7/10 19,6	8/10 22,4	9/10 25,2	1/6 4,666	2/6 9,333	4/6 18,666	5/6 23,333	1/4 7,0	3/4 21,0	
1	28	30,8	33,6	36,4	39,2	42,0	44,8	47,6	50,4	53,2	32,7	37,3	46,7	51,3	35,0	49,0	1
2	56	58,8	61,6	64,4	67,2	70,0	72,8	75,6	78,4	81,2	60,7	65,3	74,7	79,3	63,0	77,0	2
3	84	86,8	89,6	92,4	95,2	98,0	100,8	103,6	106,4	109,2	88,7	93,3	102,7	107,3	91,0	105,0	3
4	112	114,8	117,6	120,4	123,2	126,0	128,8	131,6	134,4	137,2	116,7	121,3	130,7	135,3	119,0	133,0	4
5	140	142,8	145,6	148,4	151,2	154,0	156,8	159,6	162,4	165,2	144,7	149,3	158,7	163,3	147,0	161,0	5
6	168	170,8	173,6	176,4	179,2	182,0	184,8	187,6	190,4	193,2	172,7	177,3	186,7	191,3	175,0	189,0	6
7	196	198,8	201,6	204,4	207,2	210,0	212,8	215,6	218,4	221,2	200,7	205,3	214,7	219,3	203,0	217,0	7
8	224	226,8	229,6	232,4	235,2	238,0	240,8	243,6	246,4	249,2	228,7	233,3	242,7	247,3	231,0	245,0	8
9	252	254,8	257,6	260,4	263,2	266,0	268,8	271,6	274,4	277,2	256,7	261,3	270,7	275,3	259,0	273,0	9
10	280	282,8	285,6	288,4	291,2	294,0	296,8	299,6	302,4	305,2	284,7	289,3	298,7	303,3	287,0	301,0	10
11	308	310,8	313,6	316,4	319,2	322,0	324,8	327,6	330,4	333,2	312,7	317,3	326,7	331,3	315,0	329,0	11
12	336	338,8	341,6	344,4	347,2	350,0	352,8	355,6	358,4	361,2	340,7	345,3	354,7	359,3	343,0	357,0	12
13	364	366,8	369,6	372,4	375,2	378,0	380,8	383,6	386,4	389,2	368,7	373,3	382,7	387,3	371,0	385,0	13
14	392	394,8	397,6	400,4	403,2	406,0	408,8	411,6	414,4	417,2	396,7	401,3	410,7	415,3	399,0	413,0	14
15	420	422,8	425,6	428,4	431,2	434,0	436,8	439,6	442,4	445,2	424,7	429,3	438,7	443,3	427,0	441,0	15
16	448	450,8	453,6	456,4	459,2	462,0	464,8	467,6	470,4	473,2	452,7	457,3	466,7	471,3	455,0	469,0	16
17	476	478,8	481,6	484,4	487,2	490,0	492,8	495,6	498,4	501,2	480,7	485,3	494,7	499,3	483,0	497,0	17
18	504	506,8	509,6	512,4	515,2	518,0	520,8	523,6	526,4	529,2	508,7	513,3	522,7	527,3	511,0	525,0	18
19	532	534,8	537,6	540,4	543,2	546,0	548,8	551,6	554,4	557,2	536,7	541,3	550,7	555,3	539,0	553,0	19
20	560	562,8	565,6	568,4	571,2	574,0	576,8	579,6	582,4	585,2	564,7	569,3	578,7	583,3	567,0	581,0	20
21	588	590,8	593,6	596,4	599,2	602,0	604,8	607,6	610,4	613,2	592,7	597,3	606,7	611,3	595,0	609,0	21
22	616	618,8	621,6	624,4	627,2	630,0	632,8	635,6	638,4	641,2	620,7	625,3	634,7	639,3	623,0	637,0	22
23	644	646,8	649,6	652,4	655,2	658,0	660,8	663,6	666,4	669,2	648,7	653,3	662,7	667,3	651,0	665,0	23
24	672	674,8	677,6	680,4	683,2	686,0	688,8	691,6	694,4	697,2	676,7	681,3	690,7	695,3	679,0	693,0	24
25	700	702,8	705,6	708,4	711,2	714,0	716,8	719,6	722,4	725,2	704,7	709,3	718,7	723,3	707,0	721,0	25
26	728	730,8	733,6	736,4	739,2	742,0	744,8	747,6	750,4	753,2	732,7	737,3	746,7	751,3	735,0	749,0	26
27	756	758,8	761,6	764,4	767,2	770,0	772,8	775,6	778,4	781,2	760,7	765,3	774,7	779,3	763,0	777,0	27
28	784	786,8	789,6	792,4	795,2	798,0	800,8	803,6	806,4	809,2	788,7	793,3	802,7	807,3	791,0	805,0	28
29	812	814,8	817,6	820,4	823,2	826,0	828,8	831,6	834,4	837,2	816,7	821,3	830,7	835,3	819,0	833,0	29
30	840	842,8	845,6	848,4	851,2	854,0	856,8	859,6	862,4	865,2	844,7	849,3	858,7	863,3	847,0	861,0	30
31	868	870,8	873,6	876,4	879,2	882,0	884,8	887,6	890,4	893,2	872,7	877,3	886,7	891,3	875,0	889,0	31
32	896	898,8	901,6	904,4	907,2	910,0	912,8	915,6	918,4	921,2	900,7	905,3	914,7	919,3	903,0	917,0	32
33	924	926,8	929,6	932,4	935,2	938,0	940,8	943,6	946,4	949,2	928,7	933,3	942,7	947,3	931,0	945,0	33
34	952	954,8	957,6	960,4	963,2	966,0	968,8	971,6	974,4	977,2	956,7	961,3	970,7	975,3	959,0	973,0	34
35	980	982,8	985,6	988,4	991,2	994,0	996,8	999,6	1002,4	1005,2	984,7	989,3	998,7	1003,3	987,0	1001,0	35
36	1008	1010,8	1013,6	1016,4	1019,2	1022,0	1024,8	1027,6	1030,4	1033,2	1012,7	1017,3	1026,7	1031,3	1015,0	1029,0	36
37	1036	1038,8	1041,6	1044,4	1047,2	1050,0	1052,8	1055,6	1058,4	1061,2	1040,7	1045,3	1054,7	1059,3	1043,0	1057,0	37
38	1064	1066,8	1069,6	1072,4	1075,2	1078,0	1080,8	1083,6	1086,4	1089,2	1068,7	1073,3	1082,7	1087,3	1071,0	1085,0	38
39	1092	1094,8	1097,6	1100,4	1103,2	1106,0	1108,8	1111,6	1114,4	1117,2	1196,7	1101,3	1110,7	1115,3	1099,0	1113,0	39
40	1120	1122,8	1125,6	1128,4	1131,2	1134,0	1136,8	1139,6	1142,4	1145,2	1124,7	1129,3	1138,7	1143,3	1127,0	1141,0	40
41	1148	1150,8	1153,6	1156,4	1159,2	1162,0	1164,8	1167,6	1170,4	1173,2	1152,7	1157,3	1166,7	1171,3	1155,0	1169,0	41
42	1176	1178,8	1181,6	1184,4	1187,2	1190,0	1192,8	1195,6	1198,4	1201,2	1180,7	1185,3	1194,7	1199,3	1183,0	1197,0	42
43	1204	1206,8	1209,6	1212,4	1215,2	1218,0	1220,8	1223,6	1226,4	1229,2	1208,7	1213,3	1222,7	1227,3	1211,0	1225,0	43
44	1232	1234,8	1237,6	1240,4	1243,2	1246,0	1248,8	1251,6	1254,4	1257,2	1236,7	1241,3	1250,7	1255,3	1239,0	1253,0	44
45	1260	1262,8	1265,6	1268,4	1271,2	1274,0	1276,8	1279,6	1282,4	1285,2	1264,7	1269,3	1278,7	1283,3	1267,0	1281,0	45
46	1288	1290,8	1293,6	1296,4	1299,2	1302,0	1304,8	1307,6	1310,4	1313,2	1292,7	1297,3	1306,7	1311,3	1295,0	1309,0	46
47	1316	1318,8	1321,6	1324,4	1327,2	1330,0	1332,8	1335,6	1338,4	1341,2	1320,7	1325,3	1334,7	1339,3	1323,0	1337,0	47
48	1344	1346,8	1349,6	1352,4	1355,2	1358,0	1360,8	1363,6	1366,4	1369,2	1348,7	1353,3	1362,7	1367,3	1351,0	1365,0	48
49	1372	1374,8	1377,6	1380,4	1383,2	1386,0	1388,8	1391,6	1394,4	1397,2	1376,7	1381,3	1390,7	1395,3	1379,0	1393,0	49
50	1400	1402,8	1405,6	1408,4	1411,2	1414,0	1416,8	1419,6	1422,4	1425,2	1404,7	1409,3	1418,7	1423,3	1407,0	1421,0	50
51	1428	1430,8	1433,6	1436,4	1439,2	1442,0	1444,8	1447,6	1450,4	1453,2	1432,7	1437,3	1446,7	1451,3	1435,0	1449,0	51
52	1456	1458,8	1461,6	1464,4	1467,2	1470,0	1472,8	1475,6	1478,4	1481,2	1460,7	1465,3	1474,7	1479,3	1463,0	1477,0	52
53	1484	1486,8	1489,6	1492,4	1495,2	1498,0	1500,8	1503,6	1506,4	1509,2	1488,7	1493,3	1502,7	1507,3	1491,0	1505,0	53
54	1512	1514,8	1517,6	1520,4	1523,2	1526,0	1528,8	1531,6	1534,4	1537,2	1516,7	1521,3	1530,7	1535,3	1519,0	1533,0	54
55	1540	1542,8	1545,6	1548,4	1551,2	1554,0	1556,8	1559,6	1562,4	1565,2	1544,7	1549,3	1558,7	1563,3	1547,0	1561,0	55
56	1568	1570,8	1573,6	1576,4	1579,2	1582,0	1584,8	1587,6	1590,4	1593,2	1572,7	1577,3	1586,7	1591,3	1575,0	1589,0	56
57	1596	1598,8	1601,6	1604,4	1607,2	1610,0	1612,8	1615,6	1618,4	1621,2	1600,7	1605,3	1614,7	1619,3	1603,0	1617,0	57
58	1624	1626,8	1629,6	1632,4	1635,2	1638,0	1640,8	1643,6	1646,4	1649,2	1628,7	1633,3	1642,7	1647,3	1631,0	1645,0	58
59	1652	1654,8	1657,6	1660,4	1663,2	1666,0	1668,8	1671,6	1674,4	1677,2	1656,7	1661,3	1670,7	1675,3	1659,0	1673,0	59
60	1680	1682,8	1685,6	1688,4	1691,2	1694,0	1696,8	1699,6	1702,4	1705,2	1684,7	1689,3	1698,7	1703,3	1687,0	1701,0	60
61	1708	1710,8	1713,6	1716,4	1719,2	1722,0	1724,8	1727,6	1730,4	1733,2	1712,7	1717,3	1726,7	1731,3	1715,0	1729,0	61
62	1736	1738,8	1741,6	1744,4	1747,2	1750,0	1752,8	1755,6	1758,4	1761,2	1740,7	1745,3	1754,7	1759,3	1743,0	1757,0	62
63	1764	1766,8	1769,6	1772,4	1775,2	1778,0	1780,8	1783,6	1786,4	1789,2	1768,7	1773,3	1782,7	1787,3	1771,0	1785,0	63
64	1792	1794,8	1797,6	1800,4	1803,2	1806,0	1808,8	1811,6	1814,4	1817,2	1796,7	1801,3	1810,7	1815,3	1799,0	1813,0	64
65	1820	1822,8	1825,6	1828,4	1831,2	1834,0	1836,8	1839,6	1842,4	1845,2	1824,7	1829,3	1838,7	1243,3	1827,0	1841,0	65
66	1848	1850,8	1853,6	1856,4	1859,2	1862,0	1864,8	1867,6	1870,4	1873,2	1852,7	1857,3	1866,7	1871,3	1855,0	1869,0	66
67	1876	1878,8	1881,6	1884,4	1887,2	1890,0	1892,8	1895,6	1898,4	1901,2	1880,7	1885,3	1894,7	1899,3	1883,0	1897,0	67
68	1904	1906,8	1909,6	1912,4	1915,2	1918,0	1920,8	1923,6	1926,4	1929,2	1908,7	1913,3	1922,7	1927,3	1911,0	1925,0	68
69	1932	1934,8	1937,6	1940,4	1943,2	1946,0	1948,8	1951,6	1954,4	1957,2	1936,7	1941,3	1950,7	1955,3	1939,0	1953,0	69
70	1960	1962,8	1965,6	1968,4	1971,2	1974,0	1976,8	1979,6	1982,4	1985,2	1964,7	1969,3	1978,7	1983,3	1967,0	1981,0	70
71	1988	1990,8	1993,6	1996,4	1999,2	2002,0	2004,8	2007,6	2010,4	2013,2	1992,7	1997,3	2006,7	2011,3	1995,0	2009,0	71
72	2016	2018,8	2021,6	2024,4	2027,2	2030,0	2032,8	2035,6	2038,4	2041,2	2020,7	2025,3	2034,7	2039,3	2023,0	2037,0	72
73	2044	2046,8	2049,6	2052,4	2055,2	2058,0	2060,8	2063,6	2066,4	2069,2	2048,7	2053,3	2062,7	2067,3	2051,0	2065,0	73
74	2072	2074,8	2077,6	2080,4	2083,2	2086,0	2088,8	2091,6	2094,4	2097,2	2076,7	2081,3	2090,7	2095,3	2079,0	2093,0	74
75	2100	2102,8	2105,6	2108,4	2111,2	2114,0	2116,8	2119,6	2122,4	2125,2	2104,7	2109,3	2118,7	2123,3	2107,0	2121,0	75
76	2128	2130,8	2133,6	2136,4	2139,2	2142,0	2144,8	2147,6	2150,4	2153,2	2132,7	2137,3	2146,7	2151,3	2135,0	2149,0	76
77	2156	2158,8	2161,6	2164,4	2167,2	2170,0	2172,8	2175,6	2178,4	2181,2	2160,7	2165,3	2174,7	2179,3	2163,0	2177,0	77
78	2184	2186,8	2189,6	2192,4	2195,2	2198,0	2200,8	2203,6	2206,4	2209,2	2188,7	2193,3	2202,7	2207,3	2191,0	2205,0	78
79	2212	2214,8	2217,6	2220,4	2223,2	2226,0	2228,8	2231,6	2234,4	2237,2	2216,7	2221,3	2230,7	2235,3	2219,0	2233,0	79
80	2240	2242,8	2245,6	2248,4	2251,2	2254,0	2256,8	2259,6	2262,4	2265,2	2244,7	2249,3	2258,7	2263,3	2247,0	2261,0	80
81	2268	2270,8	2273,6	2276,4	2279,2	2282,0	2284,8	2287,6	2290,4	2293,2	2272,7	2277,3	2286,7	2291,3	2275,0	2289,0	81
82	2296	2298,8	2301,6	2304,4	2307,2	2310,0	2312,8	2315,6	2318,4	2321,2	2300,7	2305,3	2314,7	2319,3	2303,0	2317,0	82
83	2324	2326,8	2329,6	2332,4	2335,2	2338,0	2340,8	2343,6	2346,4	2349,2	2328,7	2333,3	2342,7	2347,3	2331,0	2345,0	83
84	2352	2354,8	2357,6	2360,4	2363,2	2366,0	2368,8	2371,6	2374,4	2377,2	2356,7	2361,3	2370,7	2375,3	2359,0	2373,0	84
85	2380	2382,8	2385,6	2388,4	2391,2	2394,0	2396,8	2399,6	2402,4	2405,2	2384,7	2389,3	2398,7	2403,3	2387,0	2401,0	85
86	2408	2410,8	2413,6	2416,4	2419,2	2422,0	2424,8	2427,6	2430,4	2433,2	2412,7	2417,3	2426,7	2431,3	2415,0	2429,0	86
87	2436	2438,8	2441,6	2444,4	2447,2	2450,0	2452,8	2455,6	2458,4	2461,2	2440,7	2445,3	2454,7	2459,3	2443,0	2457,0	87
88	2464	2466,8	2469,6	2472,4	2475,2	2478,0	2480,8	2483,6	2486,4	2489,2	2468,7	2473,3	2482,7	2487,3	2471,0	2485,0	88
89	2492	2494,8	2497,6	2500,4	2503,2	2506,0	2508,8	2511,6	2514,4	2517,2	2496,7	2501,3	2510,7	2515,3	2499,0	2513,0	89
90	2520	2522,8	2525,6	2528,4	2531,2	2534,0	2536,8	2539,6	2542,4	2545,2	2524,7	2529,3	2538,7	2543,3	2527,0	2541,0	90
91	2548	2550,8	2553,6	2556,4	2559,2	2562,0	2564,8	2567,6	2570,4	2573,2	2552,7	2557,3	2566,7	2571,3	2555,0	2569,0	91
92	2576	2578,8	2581,6	2584,4	2587,2	2590,0	2592,8	2595,6	2598,4	2601,2	2580,7	2585,3	2594,7	2599,3	2583,0	2597,0	92
93	2604	2606,8	2609,6	2612,4	2615,2	2618,0	2620,8	2623,6	2626,4	2629,2	2608,7	2613,3	2622,7	2627,3	2611,0	2625,0	93
94	2632	2634,8	2637,6	2640,4	2643,2	2646,0	2648,8	2651,6	2654,4	2657,2	2636,7	2641,3	2650,7	2655,3	2639,0	2653,0	94
95	2660	2662,8	2665,6	2668,4	2671,2	2674,0	2676,8	2679,6	2682,4	2685,2	2664,7	2669,3	2678,7	2683,3	2667,0	2681,0	95
96	2688	2690,8	2693,6	2696,4	2699,2	2702,0	2704,8	2707,6	2710,4	2713,2	2692,7	2697,3	2706,7	2711,3	2695,0	2709,0	96
97	2716	2718,8	2721,6	2724,4	2727,2	2730,0	2732,8	2735,6	2738,4	2741,2	2720,7	2725,3	2734,7	2739,3	2723,0	2737,0	97
98	2744	2746,8	2749,6	2752,4	2755,2	2758,0	2760,8	2763,6	2766,4	2769,2	2748,7	2753,3	2762,7	2767,3	2751,0	2765,0	98
99	2772	2774,8	2777,6	2780,4	2783,2	2786,0	2788,8	2791,6	2794,4	2797,2	2776,7	2781,3	2790,7	2795,3	2779,0	2793,0	99
100	2800	2802,8	2805,6	2808,4	2811,2	2814,0	2816,8	2819,6	2822,4	2825,2	2804,7	2809,3	2818,7	2823,3	2807,0	2821,0	100

29

		1/10 2,9	2/10 5,8	3/10 8,7	4/10 11,6	5/10 14,5	6/10 17,4	7/10 20,3	8/10 23,2	9/10 26,1	1/6 4,833	2/6 9,666	4/6 19,333	5/6 24,166	1/4 7,25	3/4 21,75	
1	29	31,9	34,8	37,7	40,6	43,5	46,4	49,3	52,2	55,1	33,8	38,7	48,3	53,2	36,3	50,8	1
2	58	60,9	63,8	66,7	69,6	72,5	75,4	78,3	81,2	84,1	62,8	67,7	77,3	82,2	65,3	79,8	2
3	87	89,9	92,8	95,7	98,6	101,5	104,4	107,3	110,2	113,1	91,8	96,7	106,3	111,2	94,3	108,8	3
4	116	118,9	121,8	124,7	127,6	130,5	133,4	136,3	139,2	142,1	120,8	125,7	135,3	140,2	123,3	137,8	4
5	145	147,9	150,8	153,7	156,6	159,5	162,4	165,3	168,2	171,1	149,8	154,7	164,3	169,2	152,3	166,8	5
6	174	176,9	179,8	182,7	185,6	188,5	191,4	194,3	197,2	200,1	178,8	183,7	193,3	198,2	181,3	195,8	6
7	203	205,9	208,8	211,7	214,6	217,5	220,4	223,3	226,2	229,1	207,8	212,7	222,3	227,2	210,3	224,8	7
8	232	234,9	237,8	240,7	243,6	246,5	249,4	252,3	255,2	258,1	236,8	241,7	251,3	256,2	239,3	253,8	8
9	261	263,9	266,8	269,7	272,6	275,5	278,4	281,3	284,2	287,1	265,8	270,7	280,3	285,2	268,3	282,8	9
10	290	292,9	295,8	298,7	301,6	304,5	307,4	310,3	313,2	316,1	294,8	299,7	309,3	314,2	297,3	311,8	10
11	319	321,9	324,8	327,7	330,6	333,5	336,4	339,3	342,2	345,1	323,8	328,7	338,3	343,2	326,3	340,8	11
12	348	350,9	353,8	356,7	359,6	362,5	365,4	368,3	371,2	374,1	352,8	357,7	367,3	372,2	355,3	369,8	12
13	377	379,9	382,8	385,7	388,6	391,5	394,4	397,3	400,2	403,1	381,8	386,7	396,3	401,2	384,3	398,8	13
14	406	408,9	411,8	414,7	417,6	420,5	423,4	426,3	429,2	432,1	410,8	415,7	425,3	430,2	413,3	427,8	14
15	435	437,9	440,8	443,7	446,6	449,5	452,4	455,3	458,2	461,1	439,8	444,7	454,3	459,2	442,3	456,8	15
16	464	466,9	469,8	472,7	475,6	478,5	481,4	484,3	487,2	490,1	468,8	473,7	483,3	488,2	471,3	485,8	16
17	493	495,9	498,8	501,7	504,6	507,5	510,4	513,3	516,2	519,1	497,8	502,7	512,3	517,2	500,3	514,8	17
18	522	524,9	527,8	530,7	533,6	536,5	539,4	542,3	545,2	548,1	526,8	531,7	541,3	546,2	529,3	543,8	18
19	551	553,9	556,8	559,7	562,6	565,5	568,4	571,3	574,2	577,1	555,8	560,7	570,3	575,2	558,3	572,8	19
20	580	582,9	585,8	588,7	591,6	594,5	597,4	600,3	603,2	606,1	584,8	589,7	599,3	604,2	587,3	601,8	20
21	609	611,9	614,8	617,7	620,6	623,5	626,4	629,3	632,2	635,1	613,8	618,7	628,3	633,2	616,3	630,8	21
22	638	640,9	643,8	646,7	649,6	652,5	655,4	658,3	661,2	664,1	642,8	647,7	657,3	662,2	645,3	659,8	22
23	667	669,9	672,8	675,7	678,6	681,5	684,4	687,3	690,2	693,1	671,8	676,7	686,3	691,2	674,3	688,8	23
24	696	698,9	701,8	704,7	707,6	710,5	713,4	716,3	719,2	722,1	700,8	705,7	715,3	720,2	703,3	717,8	24
25	725	727,9	730,8	733,7	736,6	739,5	742,4	745,3	748,2	751,1	729,8	734,7	744,3	749,2	732,3	746,8	25
26	754	756,9	759,8	762,7	765,6	768,5	771,4	774,3	777,2	780,1	758,8	763,7	773,3	778,2	761,3	775,8	26
27	783	785,9	788,8	791,7	794,6	797,5	800,4	803,3	806,2	809,1	787,8	792,7	802,3	807,2	790,3	804,8	27
28	812	814,9	817,8	820,7	823,6	826,5	829,4	832,3	835,2	838,1	816,8	821,7	831,3	836,2	819,3	833,8	28
29	841	843,9	846,8	849,7	852,6	855,5	858,4	861,3	864,2	867,1	845,8	850,7	860,3	865,2	848,3	862,8	29
30	870	872,9	875,8	878,7	881,6	884,5	887,4	890,3	893,2	896,1	874,8	879,7	889,3	894,2	877,3	891,8	30
31	899	901,9	904,8	907,7	910,6	913,5	916,4	919,3	922,2	925,1	903,8	908,7	918,3	923,2	906,3	920,8	31
32	928	930,9	933,8	936,7	939,6	942,5	945,4	948,3	951,2	954,1	932,8	937,7	947,3	952,2	935,3	949,8	32
33	957	959,9	962,8	965,7	968,6	971,5	974,4	977,3	980,2	983,1	961,8	966,7	976,3	981,2	964,3	978,8	33
34	986	988,9	991,8	994,7	997,6	1000,5	1003,4	1006,3	1009,2	1012,1	990,8	995,7	1005,3	1010,2	993,3	1007,8	34
35	1015	1017,9	1020,8	1023,7	1026,6	1029,5	1032,4	1035,3	1038,2	1041,1	1019,8	1024,7	1034,3	1039,2	1022,3	1036,8	35
36	1044	1046,9	1049,8	1052,7	1055,6	1058,5	1061,4	1064,3	1067,2	1070,1	1048,8	1053,7	1063,3	1068,2	1051,3	1065,8	36
37	1073	1075,9	1078,8	1081,7	1084,6	1087,5	1090,4	1093,3	1096,2	1099,1	1077,8	1082,7	1092,3	1097,2	1080,3	1094,8	37
38	1102	1104,9	1107,8	1110,7	1113,6	1116,5	1119,4	1122,3	1125,2	1128,1	1106,8	1111,7	1121,3	1126,2	1109,3	1123,8	38
39	1131	1133,9	1136,8	1139,7	1142,6	1145,5	1148,4	1151,3	1154,2	1157,1	1135,8	1140,7	1150,3	1155,2	1138,3	1152,8	39
40	1160	1162,9	1165,8	1168,7	1171,6	1174,5	1177,4	1180,3	1183,2	1186,1	1164,8	1169,7	1179,3	1184,2	1167,3	1181,8	40
41	1189	1191,9	1194,8	1197,7	1200,6	1203,5	1206,4	1209,3	1212,2	1215,1	1193,8	1198,7	1208,3	1213,2	1196,3	1210,8	41
42	1218	1220,9	1223,8	1226,7	1229,6	1232,5	1235,4	1238,3	1241,2	1244,1	1222,8	1227,7	1237,3	1242,2	1225,3	1239,8	42
43	1247	1249,9	1252,8	1255,7	1258,6	1261,5	1264,4	1267,3	1270,2	1273,1	1251,8	1256,7	1266,3	1271,2	1254,3	1268,8	43
44	1276	1278,9	1281,8	1284,7	1287,6	1290,5	1293,4	1296,3	1299,2	1302,1	1280,8	1285,7	1295,3	1300,2	1283,3	1297,8	44
45	1305	1307,9	1310,8	1313,7	1316,6	1319,5	1322,4	1325,3	1328,2	1331,1	1309,8	1314,7	1324,3	1329,2	1312,3	1326,8	45
46	1334	1336,9	1339,8	1342,7	1345,6	1348,5	1351,4	1354,3	1357,2	1360,1	1338,8	1343,7	1353,3	1358,2	1341,3	1355,8	46
47	1363	1365,9	1368,8	1371,7	1374,6	1377,5	1380,4	1383,3	1386,2	1389,1	1367,8	1372,7	1382,3	1387,2	1370,3	1384,8	47
48	1392	1394,9	1397,8	1400,7	1403,6	1406,5	1409,4	1412,3	1415,2	1418,1	1396,8	1401,7	1411,3	1416,2	1399,3	1413,8	48
49	1421	1423,9	1426,8	1429,7	1432,6	1435,5	1438,4	1441,3	1444,2	1447,1	1425,8	1430,7	1440,3	1445,2	1428,3	1442,8	49
50	1450	1452,9	1455,8	1458,7	1461,6	1464,5	1467,4	1470,3	1473,2	1476,1	1454,8	1459,7	1469,3	1474,2	1457,3	1471,8	50
51	1479	1481,9	1484,8	1487,7	1490,6	1493,5	1496,4	1499,3	1502,2	1505,1	1483,8	1488,7	1498,3	1503,2	1486,3	1500,8	51
52	1508	1510,9	1513,8	1516,7	1519,6	1522,5	1525,4	1528,3	1531,2	1534,1	1512,8	1517,7	1527,3	1532,2	1515,3	1529,8	52
53	1537	1539,9	1542,8	1545,7	1548,6	1551,5	1554,4	1557,3	1560,2	1563,1	1541,8	1546,7	1556,3	1561,2	1544,3	1558,8	53
54	1566	1568,9	1571,8	1574,7	1577,6	1580,5	1583,4	1586,3	1589,2	1592,1	1570,8	1575,7	1585,3	1590,2	1573,3	1587,8	54
55	1595	1597,9	1600,8	1603,7	1606,6	1609,5	1612,4	1615,3	1618,2	1621,1	1599,8	1604,7	1614,3	1619,2	1602,3	1616,8	55
56	1624	1626,9	1629,8	1632,7	1635,6	1638,5	1641,4	1644,3	1647,2	1650,1	1628,8	1633,7	1643,3	1648,2	1631,3	1645,8	56
57	1653	1655,9	1658,8	1661,7	1664,6	1667,5	1670,4	1673,3	1676,2	1679,1	1657,8	1662,7	1672,3	1677,2	1660,3	1674,8	57
58	1682	1684,9	1687,8	1690,7	1693,6	1696,5	1699,4	1702,3	1705,2	1708,1	1686,8	1691,7	1701,3	1706,2	1689,3	1703,8	58
59	1711	1713,9	1716,8	1719,7	1722,6	1725,5	1728,4	1731,3	1734,2	1737,1	1715,8	1720,7	1730,3	1735,2	1718,3	1732,8	59
60	1740	1742,9	1745,8	1748,7	1751,6	1754,5	1757,4	1760,3	1763,2	1766,1	1744,8	1749,7	1759,3	1764,2	1747,3	1761,8	60
61	1769	1771,9	1774,8	1777,7	1780,6	1783,5	1786,4	1789,3	1792,2	1795,1	1773,8	1778,7	1788,3	1793,2	1776,3	1790,8	61
62	1798	1800,9	1803,8	1806,7	1809,6	1812,5	1815,4	1818,3	1821,2	1824,1	1802,8	1807,7	1817,3	1822,2	1805,3	1819,8	62
63	1827	1829,9	1832,8	1835,7	1838,6	1841,5	1844,4	1847,3	1850,2	1853,1	1831,8	1836,7	1846,3	1851,2	1834,3	1848,8	63
64	1856	1858,9	1861,8	1864,7	1867,6	1870,5	1873,4	1876,3	1879,2	1882,1	1860,8	1865,7	1875,3	1880,2	1863,3	1877,8	64
65	1885	1887,9	1890,8	1893,7	1896,6	1899,5	1902,4	1905,3	1908,2	1911,1	1889,8	1894,7	1904,3	1909,2	1892,3	1906,8	65
66	1914	1916,9	1919,8	1922,7	1925,6	1928,5	1931,4	1934,3	1937,2	1940,1	1918,8	1923,7	1933,3	1938,2	1921,3	1935,8	66
67	1943	1945,9	1948,8	1951,7	1954,6	1957,5	1960,4	1963,3	1966,2	1969,1	1947,8	1952,7	1962,3	1967,2	1950,3	1964,8	67
68	1972	1974,9	1977,8	1980,7	1983,6	1986,5	1989,4	1992,3	1995,2	1998,1	1976,8	1981,7	1991,3	1996,2	1979,3	1993,8	68
69	2001	2003,9	2006,8	2009,7	2012,6	2015,5	2018,4	2021,3	2024,2	2027,1	2005,8	2010,7	2020,3	2025,2	2008,3	2022,8	69
70	2030	2032,9	2035,8	2038,7	2041,6	2044,5	2047,4	2050,3	2053,2	2056,1	2034,8	2039,7	2049,3	2054,2	2037,3	2051,8	70
71	2059	2061,9	2064,8	2067,7	2070,6	2073,5	2076,4	2079,3	2082,2	2085,1	2063,8	2068,7	2078,3	2083,2	2066,3	2080,8	71
72	2088	2090,9	2093,8	2096,7	2099,6	2102,5	2105,4	2108,3	2111,2	2114,1	2092,8	2097,7	2107,3	2112,2	2095,3	2109,8	72
73	2117	2119,9	2122,8	2125,7	2128,6	2131,5	2134,4	2137,3	2140,2	2143,1	2121,8	2126,7	2136,3	2141,2	2124,3	2138,8	73
74	2146	2148,9	2151,8	2154,7	2157,6	2160,5	2163,4	2166,3	2169,2	2172,1	2150,8	2155,7	2165,3	2170,2	2153,3	2167,8	74
75	2175	2177,9	2180,8	2183,7	2186,6	2189,5	2192,4	2195,3	2198,2	2201,1	2179,8	2184,7	2194,3	2199,2	2182,3	2196,8	75
76	2204	2206,9	2209,8	2212,7	2215,6	2218,5	2221,4	2224,3	2227,2	2230,1	2208,8	2213,7	2223,3	2228,2	2211,3	2225,8	76
77	2233	2235,9	2238,8	2241,7	2244,6	2247,5	2250,4	2253,3	2256,2	2259,1	2237,8	2242,7	2252,3	2257,2	2240,3	2254,8	77
78	2262	2264,9	2267,8	2270,7	2273,6	2276,5	2279,4	2282,3	2285,2	2288,1	2266,8	2271,7	2281,3	2286,2	2269,3	2283,8	78
79	2291	2293,9	2296,8	2299,7	2302,6	2305,5	2308,4	2311,3	2314,2	2317,1	2295,8	2300,7	2310,3	2315,2	2298,3	2312,8	79
80	2320	2322,9	2325,8	2328,7	2331,6	2334,5	2337,4	2340,3	2343,2	2346,1	2324,8	2329,7	2339,3	2344,2	2327,3	2341,8	80
81	2349	2351,9	2354,8	2357,7	2360,6	2363,5	2366,4	2369,3	2372,2	2375,1	2353,8	2358,7	2368,3	2373,2	2356,3	2370,8	81
82	2378	2380,9	2383,8	2386,7	2389,6	2392,5	2395,4	2398,3	2401,2	2404,1	2382,8	2387,7	2397,3	2402,2	2385,3	2399,8	82
83	2407	2409,9	2412,8	2415,7	2418,6	2421,5	2424,4	2427,3	2430,2	2433,1	2411,8	2416,7	2426,3	2431,2	2414,3	2428,8	83
84	2436	2438,9	2441,8	2444,7	2447,6	2450,5	2453,4	2456,3	2459,2	2462,1	2440,8	2445,7	2455,3	2460,2	2443,3	2457,8	84
85	2465	2467,9	2470,8	2473,7	2476,6	2479,5	2482,4	2485,3	2488,2	2491,1	2469,8	2474,7	2484,3	2489,2	2472,3	2486,8	85
86	2494	2496,9	2499,8	2502,7	2505,6	2508,5	2511,4	2514,3	2517,2	2520,1	2498,8	2503,7	2513,3	2518,2	2501,3	2515,8	86
87	2523	2525,9	2528,8	2531,7	2534,6	2537,5	2540,4	2543,3	2546,2	2549,1	2527,8	2532,7	2542,3	2547,2	2530,3	2544,8	87
88	2552	2554,9	2557,8	2560,7	2563,6	2566,5	2569,4	2572,3	2575,2	2578,1	2556,8	2561,7	2571,3	2576,2	2559,3	2573,8	88
89	2581	2583,9	2586,8	2589,7	2592,6	2595,5	2598,4	2601,3	2604,2	2607,1	2585,8	2590,7	2600,3	2605,2	2588,3	2602,8	89
90	2610	2612,9	2615,8	2618,7	2621,6	2624,5	2627,4	2630,3	2633,2	2636,1	2614,8	2619,7	2629,3	2634,2	2617,3	2631,8	90
91	2639	2641,9	2644,8	2647,7	2650,6	2653,5	2656,4	2659,3	2662,2	2665,1	2643,8	2648,7	2658,3	2663,2	2646,3	2660,8	91
92	2668	2670,9	2673,8	2676,7	2679,6	2682,5	2685,4	2688,3	2691,2	2694,1	2672,8	2677,7	2687,3	2692,2	2675,3	2689,8	92
93	2697	2699,9	2702,8	2705,7	2708,6	2711,5	2714,4	2717,3	2720,2	2723,1	2701,8	2706,7	2716,3	2721,2	2704,3	2718,8	93
94	2726	2728,9	2731,8	2734,7	2737,6	2740,5	2743,4	2746,3	2749,2	2752,1	2730,8	2735,7	2745,3	2750,2	2733,3	2747,8	94
95	2755	2757,9	2760,8	2763,7	2766,6	2769,5	2772,4	2775,3	2778,2	2781,1	2759,8	2764,7	2774,3	2779,2	2762,3	2776,8	95
96	2784	2786,9	2789,8	2792,7	2795,6	2798,5	2801,4	2804,3	2807,2	2810,1	2788,8	2793,7	2803,3	2808,2	2791,3	2805,8	96
97	2813	2815,9	2818,8	2821,7	2824,6	2827,5	2830,4	2833,3	2836,2	2839,1	2817,8	2822,7	2832,3	2837,2	2820,3	2834,8	97
98	2842	2844,9	2847,8	2850,7	2853,6	2856,5	2859,4	2862,3	2865,2	2868,1	2846,8	2851,7	2861,3	2866,2	2849,3	2863,8	98
99	2871	2873,9	2876,8	2879,7	2882,6	2885,5	2888,4	2891,3	2894,2	2897,1	2875,8	2880,7	2890,3	2895,2	2878,3	2892,8	99
100	2900	2902,9	2905,8	2908,7	2911,6	2914,5	2917,4	2920,3	2923,2	2926,1	2904,8	2909,7	2919,3	2924,2	2907,3	2921,8	100

	30	1/10 3,0	2/10 6,0	3/10 9,0	4/10 12,0	5/10 15,0	6/10 18,0	7/10 21,0	8/10 24,0	9/10 27,0	1/6 5,0	2/6 10,0	4/6 20,0	5/6 25,0	1/4 7,5	3/4 22,5	
1	30	33,0	36,0	39,0	42,0	45,0	48,0	51,0	54,0	57,0	35,0	40,0	50,0	55,0	37,5	52,5	1
2	60	63,0	66,0	69,0	72,0	75,0	78,0	81,0	84,0	87,0	65,0	70,0	80,0	85,0	67,5	82,5	2
3	90	93,0	96,0	99,0	102,0	105,0	108,0	111,0	114,0	117,0	95,0	100,0	110,0	115,0	97,5	112,5	3
4	120	123,0	126,0	129,0	132,0	135,0	138,0	141,0	144,0	147,0	125,0	130,0	140,0	145,0	127,5	142,5	4
5	150	153,0	156,0	159,0	162,0	165,0	168,0	171,0	174,0	177,0	155,0	160,0	170,0	175,0	157,5	172,5	5
6	180	183,0	186,0	189,0	192,0	195,0	198,0	201,0	204,0	207,0	185,0	190,0	200,0	205,0	187,5	202,5	6
7	210	213,0	216,0	219,0	222,0	225,0	228,0	231,0	234,0	237,0	215,0	220,0	230,0	235,0	217,5	232,5	7
8	240	243,0	246,0	249,0	252,0	255,0	258,0	261,0	264,0	267,0	245,0	250,0	260,0	265,0	247,5	262,5	8
9	270	273,0	276,0	279,0	282,0	285,0	288,0	291,0	294,0	297,0	275,0	280,0	290,0	295,0	277,5	292,5	9
10	300	303,0	306,0	309,0	312,0	315,0	318,0	321,0	324,0	327,0	305,0	310,0	320,0	325,0	307,5	322,5	10
11	330	333,0	336,0	339,0	342,0	345,0	348,0	351,0	354,0	357,0	335,0	340,0	350,0	355,0	337,5	352,5	11
12	360	363,0	366,0	369,0	372,0	375,0	378,0	381,0	384,0	387,0	365,0	370,0	380,0	385,0	367,5	382,5	12
13	390	393,0	396,0	399,0	402,0	405,0	408,0	411,0	414,0	417,0	395,0	400,0	410,0	415,0	397,5	412,5	13
14	420	423,0	426,0	429,0	432,0	435,0	438,0	441,0	444,0	447,0	425,0	430,0	440,0	445,0	427,5	442,5	14
15	450	453,0	456,0	459,0	462,0	465,0	468,0	471,0	474,0	477,0	455,0	460,0	470,0	475,0	457,5	472,5	15
16	480	483,0	486,0	489,0	492,0	495,0	498,0	501,0	504,0	507,0	485,0	490,0	500,0	505,0	487,5	502,5	16
17	510	513,0	516,0	519,0	522,0	525,0	528,0	531,0	534,0	537,0	515,0	520,0	530,0	535,0	517,5	532,5	17
18	540	543,0	546,0	549,0	552,0	555,0	558,0	561,0	564,0	567,0	545,0	550,0	560,0	565,0	547,5	562,5	18
19	570	573,0	576,0	579,0	582,0	585,0	588,0	591,0	594,0	597,0	575,0	580,0	590,0	595,0	577,5	592,5	19
20	600	603,0	606,0	609,0	612,0	615,0	618,0	621,0	624,0	627,0	605,0	610,0	620,0	625,0	607,5	622,5	20
21	630	633,0	636,0	639,0	642,0	645,0	648,0	651,0	654,0	657,0	635,0	640,0	650,0	655,0	637,5	652,5	21
22	660	663,0	666,0	669,0	672,0	675,0	678,0	681,0	684,0	687,0	665,0	670,0	680,0	685,0	667,5	682,5	22
23	690	693,0	696,0	699,0	702,0	705,0	708,0	711,0	714,0	717,0	695,0	700,0	710,0	715,0	697,5	712,5	23
24	720	723,0	726,0	729,0	732,0	735,0	738,0	741,0	744,0	747,0	725,0	730,0	740,0	745,0	727,5	742,5	24
25	750	753,0	756,0	759,0	762,0	765,0	768,0	771,0	774,0	777,0	755,0	760,0	770,0	775,0	757,5	772,5	25
26	780	783,0	786,0	789,0	792,0	795,0	798,0	801,0	804,0	807,0	785,0	790,0	800,0	805,0	787,5	802,5	26
27	810	813,0	816,0	819,0	822,0	825,0	828,0	831,0	834,0	837,0	815,0	820,0	830,0	835,0	817,5	832,5	27
28	840	843,0	846,0	849,0	852,0	855,0	858,0	861,0	864,0	867,0	845,0	850,0	860,0	865,0	847,5	862,5	28
29	870	873,0	876,0	879,0	882,0	885,0	888,0	891,0	894,0	897,0	875,0	880,0	890,0	895,0	877,5	892,5	29
30	900	903,0	906,0	909,0	912,0	915,0	918,0	921,0	924,0	927,0	905,0	910,0	920,0	925,0	907,5	922,5	30
31	930	933,0	936,0	939,0	942,0	945,0	948,0	951,0	954,0	957,0	935,0	940,0	950,0	955,0	937,5	952,5	31
32	960	963,0	966,0	969,0	972,0	975,0	978,0	981,0	984,0	987,0	965,0	970,0	980,0	985,0	967,5	982,5	32
33	990	993,0	996,0	999,0	1002,0	1005,0	1008,0	1011,0	1014,0	1017,0	995,0	1000,0	1010,0	1015,0	997,5	1012,5	33
34	1020	1023,0	1026,0	1029,0	1032,0	1035,0	1038,0	1041,0	1044,0	1047,0	1025,0	1030,0	1040,0	1045,0	1027,5	1042,5	34
35	1050	1053,0	1056,0	1059,0	1062,0	1065,0	1068,0	1071,0	1074,0	1077,0	1055,0	1060,0	1070,0	1075,0	1057,5	1072,5	35
36	1080	1083,0	1086,0	1089,0	1092,0	1095,0	1098,0	1101,0	1104,0	1107,0	1085,0	1090,0	1100,0	1105,0	1087,5	1102,5	36
37	1110	1113,0	1116,0	1119,0	1122,0	1125,0	1128,0	1131,0	1134,0	1137,0	1115,0	1120,0	1130,0	1135,0	1117,5	1132,5	37
38	1140	1143,0	1146,0	1149,0	1152,0	1155,0	1158,0	1161,0	1164,0	1167,0	1145,0	1150,0	1160,0	1165,0	1147,5	1162,5	38
39	1170	1173,0	1176,0	1179,0	1182,0	1185,0	1188,0	1191,0	1194,0	1197,0	1175,0	1180,0	1190,0	1195,0	1177,5	1192,5	39
40	1200	1203,0	1206,0	1209,0	1212,0	1215,0	1218,0	1221,0	1224,0	1227,0	1205,0	1210,0	1220,0	1225,0	1207,5	1222,5	40
41	1230	1233,0	1236,0	1239,0	1242,0	1245,0	1248,0	1251,0	1254,0	1257,0	1235,0	1240,0	1250,0	1255,0	1237,5	1252,5	41
42	1260	1263,0	1266,0	1269,0	1272,0	1275,0	1278,0	1281,0	1284,0	1287,0	1265,0	1270,0	1280,0	1285,0	1267,5	1282,5	42
43	1290	1293,0	1296,0	1299,0	1302,0	1305,0	1308,0	1311,0	1314,0	1317,0	1295,0	1300,0	1310,0	1315,0	1297,5	1312,5	43
44	1320	1323,0	1326,0	1329,0	1332,0	1335,0	1338,0	1341,0	1344,0	1347,0	1325,0	1330,0	1340,0	1345,0	1327,5	1342,5	44
45	1350	1353,0	1356,0	1359,0	1362,0	1365,0	1368,0	1371,0	1374,0	1377,0	1355,0	1360,0	1370,0	1375,0	1357,5	1372,5	45
46	1380	1383,0	1386,0	1389,0	1392,0	1395,0	1398,0	1401,0	1404,0	1407,0	1385,0	1390,0	1400,0	1405,0	1387,5	1402,5	46
47	1410	1413,0	1416,0	1419,0	1422,0	1425,0	1428,0	1431,0	1434,0	1437,0	1415,0	1420,0	1430,0	1435,0	1417,5	1432,5	47
48	1440	1443,0	1446,0	1449,0	1452,0	1455,0	1458,0	1461,0	1464,0	1467,0	1445,0	1450,0	1460,0	1465,0	1447,5	1462,5	48
49	1470	1473,0	1476,0	1479,0	1482,0	1485,0	1488,0	1491,0	1494,0	1497,0	1475,0	1480,0	1490,0	1495,0	1477,5	1492,5	49
50	1500	1503,0	1506,0	1509,0	1512,0	1515,0	1518,0	1521,0	1524,0	1527,0	1505,0	1510,0	1520,0	1525,0	1507,5	1522,5	50
51	1530	1533,0	1536,0	1539,0	1542,0	1545,0	1548,0	1551,0	1554,0	1557,0	1535,0	1540,0	1550,0	1555,0	1537,5	1552,5	51
52	1560	1563,0	1566,0	1569,0	1572,0	1575,0	1578,0	1581,0	1584,0	1587,0	1565,0	1570,0	1580,0	1585,0	1567,5	1582,5	52
53	1590	1593,0	1596,0	1599,0	1602,0	1605,0	1608,0	1611,0	1614,0	1617,0	1595,0	1600,0	1610,0	1615,0	1597,5	1612,5	53
54	1620	1623,0	1626,0	1629,0	1632,0	1635,0	1638,0	1641,0	1644,0	1647,0	1625,0	1630,0	1640,0	1645,0	1627,5	1642,5	54
55	1650	1653,0	1656,0	1659,0	1662,0	1665,0	1668,0	1671,0	1674,0	1677,0	1655,0	1660,0	1670,0	1675,0	1657,5	1672,5	55
56	1680	1683,0	1686,0	1689,0	1692,0	1695,0	1698,0	1701,0	1704,0	1707,0	1685,0	1690,0	1700,0	1705,0	1687,5	1702,5	56
57	1710	1713,0	1716,0	1719,0	1722,0	1725,0	1728,0	1731,0	1734,0	1737,0	1715,0	1720,0	1730,0	1735,0	1717,5	1732,5	57
58	1740	1743,0	1746,0	1749,0	1752,0	1755,0	1758,0	1761,0	1764,0	1767,0	1745,0	1750,0	1760,0	1765,0	1747,5	1762,5	58
59	1770	1773,0	1776,0	1779,0	1782,0	1785,0	1788,0	1791,0	1794,0	1797,0	1775,0	1780,0	1790,0	1795,0	1777,5	1792,5	59
60	1800	1803,0	1806,0	1809,0	1812,0	1815,0	1818,0	1821,0	1824,0	1827,0	1805,0	1810,0	1820,0	1825,0	1807,5	1822,5	60
61	1830	1833,0	1836,0	1839,0	1842,0	1845,0	1848,0	1851,0	1854,0	1857,0	1835,0	1840,0	1850,0	1855,0	1837,5	1852,5	61
62	1860	1863,0	1866,0	1869,0	1872,0	1875,0	1878,0	1881,0	1884,0	1887,0	1865,0	1870,0	1880,0	1885,0	1867,5	1882,5	62
63	1890	1893,0	1896,0	1899,0	1902,0	1905,0	1908,0	1911,0	1914,0	1917,0	1895,0	1900,0	1910,0	1915,0	1897,5	1912,5	63
64	1920	1923,0	1926,0	1929,0	1932,0	1935,0	1938,0	1941,0	1944,0	1947,0	1925,0	1930,0	1940,0	1945,0	1927,5	1942,5	64
65	1950	1953,0	1956,0	1959,0	1962,0	1965,0	1968,0	1971,0	1974,0	1977,0	1955,0	1960,0	1970,0	1975,0	1957,5	1972,5	65
66	1980	1983,0	1986,0	1989,0	1992,0	1995,0	1998,0	2001,0	2004,0	2007,0	1985,0	1990,0	2000,0	2005,0	1987,5	2002,5	66
67	2010	2013,0	2016,0	2019,0	2022,0	2025,0	2028,0	2031,0	2034,0	2037,0	2015,0	2020,0	2030,0	2035,0	2017,5	2032,5	67
68	2040	2043,0	2046,0	2049,0	2052,0	2055,0	2058,0	2061,0	2064,0	2067,0	2045,0	2050,0	2060,0	2065,0	2047,5	2062,5	68
69	2070	2073,0	2076,0	2079,0	2082,0	2085,0	2088,0	2091,0	2094,0	2097,0	2075,0	2080,0	2090,0	2095,0	2077,5	2092,5	69
70	2100	2103,0	2106,0	2109,0	2112,0	2115,0	2118,0	2121,0	2124,0	2127,0	2105,0	2110,0	2120,0	2125,0	2107,5	2122,5	70
71	2130	2133,0	2136,0	2139,0	2142,0	2145,0	2148,0	2151,0	2154,0	2157,0	2135,0	2140,0	2150,0	2155,0	2137,5	2152,5	71
72	2160	2163,0	2166,0	2169,0	2172,0	2175,0	2178,0	2181,0	2184,0	2187,0	2165,0	2170,0	2180,0	2185,0	2167,5	2182,5	72
73	2190	2193,0	2196,0	2199,0	2202,0	2205,0	2208,0	2211,0	2214,0	2217,0	2195,0	2200,0	2210,0	2215,0	2197,5	2212,5	73
74	2220	2223,0	2226,0	2229,0	2232,0	2235,0	2238,0	2241,0	2244,0	2247,0	2225,0	2230,0	2240,0	2245,0	2227,5	2242,5	74
75	2250	2253,0	2256,0	2259,0	2262,0	2265,0	2268,0	2271,0	2274,0	2277,0	2255,0	2260,0	2270,0	2275,0	2257,5	2272,5	75
76	2280	2283,0	2286,0	2289,0	2292,0	2295,0	2298,0	2301,0	2304,0	2307,0	2285,0	2290,0	2300,0	2305,0	2287,5	2302,5	76
77	2310	2313,0	2316,0	2319,0	2322,0	2325,0	2328,0	2331,0	2334,0	2337,0	2315,0	2320,0	2330,0	2335,0	2317,5	2332,5	77
78	2340	2343,0	2346,0	2349,0	2352,0	2355,0	2358,0	2361,0	2364,0	2367,0	2345,0	2350,0	2360,0	2365,0	2347,5	2362,5	78
79	2370	2373,0	2376,0	2379,0	2382,0	2385,0	2388,0	2391,0	2394,0	2397,0	2375,0	2380,0	2390,0	2395,0	2377,5	2392,5	79
80	2400	2403,0	2406,0	2409,0	2412,0	2415,0	2418,0	2421,0	2424,0	2427,0	2405,0	2410,0	2420,0	2425,0	2407,5	2422,5	80
81	2430	2433,0	2436,0	2439,0	2442,0	2445,0	2448,0	2451,0	2454,0	2457,0	2435,0	2440,0	2450,0	2455,0	2437,5	2452,5	81
82	2460	2463,0	2466,0	2469,0	2472,0	2475,0	2478,0	2481,0	2484,0	2487,0	2465,0	2470,0	2480,0	2485,0	2467,5	2482,5	82
83	2490	2493,0	2496,0	2499,0	2502,0	2505,0	2508,0	2511,0	2514,0	2517,0	2495,0	2500,0	2510,0	2515,0	2497,5	2512,5	83
84	2520	2523,0	2526,0	2529,0	2532,0	2535,0	2538,0	2541,0	2544,0	2547,0	2525,0	2530,0	2540,0	2545,0	2527,5	2542,5	84
85	2550	2553,0	2556,0	2559,0	2562,0	2565,0	2568,0	2571,0	2574,0	2577,0	2555,0	2560,0	2570,0	2575,0	2557,5	2572,5	85
86	2580	2583,0	2586,0	2589,0	2592,0	2595,0	2598,0	2601,0	2604,0	2607,0	2585,0	2590,0	2600,0	2605,0	2587,5	2602,5	86
87	2610	2613,0	2616,0	2619,0	2622,0	2625,0	2628,0	2631,0	2634,0	2637,0	2615,0	2620,0	2630,0	2635,0	2617,5	2632,5	87
88	2640	2643,0	2646,0	2649,0	2652,0	2655,0	2658,0	2661,0	2664,0	2667,0	2645,0	2650,0	2660,0	2665,0	2647,5	2662,5	88
89	2670	2673,0	2676,0	2679,0	2682,0	2685,0	2688,0	2691,0	2694,0	2697,0	2675,0	2680,0	2690,0	2695,0	2677,5	2692,5	89
90	2700	2703,0	2706,0	2709,0	2712,0	2715,0	2718,0	2721,0	2724,0	2727,0	2705,0	2710,0	2720,0	2725,0	2707,5	2722,5	90
91	2730	2733,0	2736,0	2739,0	2742,0	2745,0	2748,0	2751,0	2754,0	2757,0	2735,0	2740,0	2750,0	2755,0	2737,5	2752,5	91
92	2760	2763,0	2766,0	2769,0	2772,0	2775,0	2778,0	2781,0	2784,0	2787,0	2765,0	2770,0	2780,0	2785,0	2767,5	2782,5	92
93	2790	2793,0	2796,0	2799,0	2802,0	2805,0	2808,0	2811,0	2814,0	2817,0	2795,0	2800,0	2810,0	2815,0	2797,5	2812,5	93
94	2820	2823,0	2826,0	2829,0	2832,0	2835,0	2838,0	2841,0	2844,0	2847,0	2825,0	2830,0	2840,0	2845,0	2827,5	2842,5	94
95	2850	2853,0	2856,0	2859,0	2862,0	2865,0	2868,0	2871,0	2874,0	2877,0	2855,0	2860,0	2870,0	2875,0	2857,5	2872,5	95
96	2880	2883,0	2886,0	2889,0	2892,0	2895,0	2898,0	2901,0	2904,0	2907,0	2885,0	2890,0	2900,0	2905,0	2887,5	2902,5	96
97	2910	2913,0	2916,0	2919,0	2922,0	2925,0	2928,0	2931,0	2934,0	2937,0	2915,0	2920,0	2930,0	2935,0	2917,5	2932,5	97
98	2940	2943,0	2946,0	2949,0	2952,0	2955,0	2958,0	2961,0	2964,0	2967,0	2945,0	2950,0	2960,0	2965,0	2947,5	2962,5	98
99	2970	2973,0	2976,0	2979,0	2982,0	2985,0	2988,0	2991,0	2994,0	2997,0	2975,0	2980,0	2990,0	2995,0	2977,5	2992,5	99
100	3000	3003,0	3006,0	3009,0	3012,0	3015,0	3018,0	3021,0	3024,0	3027,0	3005,0	3010,0	3020,0	3025,0	3007,5	3022,5	100

		1/10 3,1	2/10 6,2	3/10 9,3	4/10 12,4	5/10 15,5	6/10 18,6	7/10 21,7	8/10 24,8	9/10 27,9	1/6 5,166	2/6 10,333	4/6 20,666	5/6 25,833	1/4 7,75	3/4 23,25	
1	31	34,1	37,2	40,3	43,4	46,5	49,6	52,7	55,8	58,9	36,2	41,3	51,7	56,8	38,8	54,3	1
2	62	65,1	68,2	71,3	74,4	77,5	80,6	83,7	86,8	89,9	67,2	72,3	82,7	87,8	69,8	85,3	2
3	93	96,1	99,2	102,3	105,4	108,5	111,6	114,7	117,8	120,9	98,2	103,3	113,7	118,8	100,8	116,3	3
4	124	127,1	130,2	133,3	136,4	139,5	142,6	145,7	148,8	151,9	129,2	134,3	144,7	149,8	131,8	147,3	4
5	155	158,1	161,2	164,3	167,4	170,5	173,6	176,7	179,8	182,9	160,2	165,3	175,7	180,8	162,8	178,3	5
6	186	189,1	192,2	195,3	198,4	201,5	204,6	207,7	210,8	213,9	191,2	196,3	206,7	211,8	193,8	209,3	6
7	217	220,1	223,2	226,3	229,4	232,5	235,6	238,7	241,8	244,9	222,2	227,3	237,7	242,8	224,8	240,3	7
8	248	251,1	254,2	257,3	260,4	263,5	266,6	269,7	272,8	275,9	253,2	258,3	268,7	273,8	255,8	271,3	8
9	279	282,1	285,2	288,3	291,4	294,5	297,6	300,7	303,8	306,9	284,2	289,3	299,7	304,8	286,8	302,3	9
10	310	313,1	316,2	319,3	322,4	325,5	328,6	331,7	334,8	337,9	315,2	320,3	330,7	335,8	317,8	333,3	10
11	341	344,1	347,2	350,3	353,4	356,5	359,6	362,7	365,8	368,9	346,2	351,3	361,7	366,8	348,8	364,3	11
12	372	375,1	378,2	381,3	384,4	387,5	390,6	393,7	396,8	399,9	377,2	382,3	392,7	397,8	379,8	395,3	12
13	403	406,1	409,2	412,3	415,4	418,5	421,6	424,7	427,8	430,9	408,2	413,3	423,7	428,8	410,8	426,3	13
14	434	437,1	440,2	443,3	446,4	449,5	452,6	455,7	458,8	461,9	439,2	444,3	454,7	459,8	441,8	457,3	14
15	465	468,1	471,2	474,3	477,4	480,5	483,6	486,7	489,8	492,9	470,2	475,3	485,7	490,8	472,8	488,3	15
16	496	499,1	502,2	505,3	508,4	511,5	514,6	517,7	520,8	523,9	501,2	506,3	516,7	521,8	503,8	519,3	16
17	527	530,1	533,2	536,3	539,4	542,5	545,6	548,7	551,8	554,9	532,2	537,3	547,7	552,8	534,8	550,3	17
18	558	561,1	564,2	567,3	570,4	573,5	576,6	579,7	582,8	585,9	563,2	568,3	578,7	583,8	565,8	581,3	18
19	589	592,1	595,2	598,3	601,4	604,5	607,6	610,7	613,8	616,9	594,2	599,3	609,7	614,8	596,8	612,3	19
20	620	623,1	626,2	629,3	632,4	635,5	638,6	641,7	644,8	647,9	625,2	630,3	640,7	645,8	627,8	643,3	20
21	651	654,1	657,2	660,3	663,4	666,5	669,6	672,7	675,8	678,9	656,2	661,3	671,7	676,8	658,8	674,3	21
22	682	685,1	688,2	691,3	694,4	697,5	700,6	703,7	706,8	709,9	687,2	692,3	702,7	707,8	689,8	705,3	22
23	713	716,1	719,2	722,3	725,4	728,5	731,6	734,7	737,8	740,9	718,2	723,3	733,7	738,8	720,8	736,3	23
24	744	747,1	750,2	753,3	756,4	759,5	762,6	765,7	768,8	771,9	749,2	754,3	764,7	769,8	751,8	767,3	24
25	775	778,1	781,2	784,3	787,4	790,5	793,6	796,7	799,8	802,9	780,2	785,3	795,7	800,8	782,8	798,3	25
26	806	809,1	812,2	815,3	818,4	821,5	824,6	827,7	830,8	833,9	811,2	816,3	826,7	831,8	813,8	829,3	26
27	837	840,1	843,2	846,3	849,4	852,5	855,6	858,7	861,8	864,9	842,2	847,3	857,7	862,8	844,8	860,3	27
28	868	871,1	874,2	877,3	880,4	883,5	886,6	889,7	892,8	895,9	873,2	878,3	888,7	893,8	875,8	891,3	28
29	899	902,1	905,2	908,3	911,4	914,5	917,6	920,7	923,8	926,9	904,2	909,3	919,7	924,8	906,8	922,3	29
30	930	933,1	936,2	939,3	942,4	945,5	948,6	951,7	954,8	957,9	935,2	940,3	950,7	955,8	937,8	953,3	30
31	961	964,1	967,2	970,3	973,4	976,5	979,6	982,7	985,8	988,9	966,2	971,3	981,7	986,8	968,8	984,3	31
32	992	995,1	998,2	1001,3	1004,4	1007,5	1010,6	1013,7	1016,8	1019,9	997,2	1002,3	1012,7	1017,8	999,8	1015,3	32
33	1023	1026,1	1029,2	1032,3	1035,4	1038,5	1041,6	1044,7	1047,8	1050,9	1028,2	1033,3	1043,7	1048,8	1030,8	1046,3	33
34	1054	1057,1	1060,2	1063,3	1066,4	1069,5	1072,6	1075,7	1078,8	1081,9	1059,2	1064,3	1074,7	1079,8	1061,8	1077,3	34
35	1085	1088,1	1091,2	1094,3	1097,4	1100,5	1103,6	1106,7	1109,8	1112,9	1090,2	1095,3	1105,7	1110,8	1092,8	1108,3	35
36	1116	1119,1	1122,2	1125,3	1128,4	1131,5	1134,6	1137,7	1140,8	1143,9	1121,2	1126,3	1136,7	1141,8	1123,8	1139,3	36
37	1147	1150,1	1153,2	1156,3	1159,4	1162,5	1165,6	1168,7	1171,8	1174,9	1152,2	1157,3	1167,7	1172,8	1154,8	1170,3	37
38	1178	1181,1	1184,2	1187,3	1190,4	1193,5	1196,6	1199,7	1202,8	1205,9	1183,2	1188,3	1198,7	1203,8	1185,8	1201,3	38
39	1209	1212,1	1215,2	1218,3	1221,4	1224,5	1227,6	1230,7	1233,8	1236,9	1214,2	1219,3	1229,7	1234,8	1216,8	1232,3	39
40	1240	1243,1	1246,2	1249,3	1252,4	1255,5	1258,6	1261,7	1264,8	1267,9	1245,2	1250,3	1260,7	1265,8	1247,8	1263,3	40
41	1271	1274,1	1277,2	1280,3	1283,4	1286,5	1289,6	1292,7	1295,8	1298,9	1276,2	1281,3	1291,7	1296,8	1278,8	1294,3	41
42	1302	1305,1	1308,2	1311,3	1314,4	1317,5	1320,6	1323,7	1326,8	1329,9	1307,2	1312,3	1322,7	1327,8	1309,8	1325,3	42
43	1333	1336,1	1339,2	1342,3	1345,4	1348,5	1351,6	1354,7	1357,8	1360,9	1338,2	1343,3	1353,7	1358,8	1340,8	1356,3	43
44	1364	1367,1	1370,2	1373,3	1376,4	1379,5	1382,6	1385,7	1388,8	1391,9	1369,2	1374,3	1384,7	1389,8	1371,8	1387,3	44
45	1395	1398,1	1401,2	1404,3	1407,4	1410,5	1413,6	1416,7	1419,8	1422,9	1400,2	1405,3	1415,7	1420,8	1402,8	1418,3	45
46	1426	1429,1	1432,2	1435,3	1438,4	1441,5	1444,6	1447,7	1450,8	1453,9	1431,2	1436,3	1446,7	1451,8	1433,8	1449,3	46
47	1457	1460,1	1463,2	1466,3	1469,4	1472,5	1475,6	1478,7	1481,8	1484,9	1462,2	1467,3	1477,7	1482,8	1464,8	1480,3	47
48	1488	1491,1	1494,2	1497,3	1500,4	1503,5	1506,6	1509,7	1512,8	1515,9	1493,2	1498,3	1508,7	1513,8	1495,8	1511,3	48
49	1519	1522,1	1525,2	1528,3	1531,4	1534,5	1537,6	1540,7	1543,8	1546,9	1524,2	1529,3	1539,7	1544,8	1526,8	1542,3	49
50	1550	1553,1	1556,2	1559,3	1562,4	1565,5	1568,6	1571,7	1574,8	1577,9	1555,2	1560,3	1570,7	1575,8	1557,8	1573,3	50
51	1581	1584,1	1587,2	1590,3	1593,4	1596,5	1599,6	1602,7	1605,8	1608,9	1586,2	1591,3	1601,7	1606,8	1588,8	1604,3	51
52	1612	1615,1	1618,2	1621,3	1624,4	1627,5	1630,6	1633,7	1636,8	1639,9	1617,2	1622,3	1632,7	1637,8	1619,8	1635,3	52
53	1643	1646,1	1649,2	1652,3	1655,4	1658,5	1661,6	1664,7	1667,8	1670,9	1648,2	1653,3	1663,7	1668,8	1650,8	1666,3	53
54	1674	1677,1	1680,2	1683,3	1686,4	1689,5	1692,6	1695,7	1698,8	1701,9	1679,2	1684,3	1694,7	1699,8	1681,8	1697,3	54
55	1705	1708,1	1711,2	1714,3	1717,4	1720,5	1723,6	1726,7	1729,8	1732,9	1710,2	1715,3	1725,7	1730,8	1712,8	1728,3	55
56	1736	1739,1	1742,2	1745,3	1748,4	1751,5	1754,6	1757,7	1760,8	1763,9	1741,2	1746,3	1756,7	1761,8	1743,8	1759,3	56
57	1767	1770,1	1773,2	1776,3	1779,4	1782,5	1785,6	1788,7	1791,8	1794,9	1772,2	1777,3	1787,7	1792,8	1774,8	1790,3	57
58	1798	1801,1	1804,2	1807,3	1810,4	1813,5	1816,6	1819,7	1822,8	1825,9	1803,2	1808,3	1818,7	1823,8	1805,8	1821,3	58
59	1829	1832,1	1835,2	1838,3	1841,4	1844,5	1847,6	1850,7	1853,8	1856,9	1834,2	1839,3	1849,7	1854,8	1836,8	1852,3	59
60	1860	1863,1	1866,2	1869,3	1872,4	1875,5	1878,6	1881,7	1884,8	1887,9	1865,2	1870,3	1880,7	1885,8	1867,8	1883,3	60
61	1891	1894,1	1897,2	1900,3	1903,4	1906,5	1909,6	1912,7	1915,8	1918,9	1896,2	1901,3	1911,7	1916,8	1898,8	1914,3	61
62	1922	1925,1	1928,2	1931,3	1934,4	1937,5	1940,6	1943,7	1946,8	1949,9	1927,2	1932,3	1942,7	1947,8	1929,8	1945,3	62
63	1953	1956,1	1959,2	1962,3	1965,4	1968,5	1971,6	1974,7	1977,8	1980,9	1958,2	1963,3	1973,7	1978,8	1960,8	1976,3	63
64	1984	1987,1	1990,2	1993,3	1996,4	1999,5	2002,6	2005,7	2008,8	2011,9	1989,2	1994,3	2004,7	2009,8	1991,8	2007,3	64
65	2015	2018,1	2021,2	2024,3	2027,4	2030,5	2033,6	2036,7	2039,8	2042,9	2020,2	2025,3	2035,7	2040,8	2022,8	2038,3	65
66	2046	2049,1	2052,2	2055,3	2058,4	2061,5	2064,6	2067,7	2070,8	2073,9	2051,2	2056,3	2066,7	2071,8	2053,8	2069,3	66
67	2077	2080,1	2083,2	2086,3	2089,4	2092,5	2095,6	2098,7	2101,8	2104,9	2082,2	2087,3	2097,7	2102,8	2084,8	2100,3	67
68	2108	2111,1	2114,2	2117,3	2120,4	2123,5	2126,6	2129,7	2132,8	2135,9	2113,2	2118,3	2128,7	2133,8	2115,8	2131,3	68
69	2139	2142,1	2145,2	2148,3	2151,4	2154,5	2157,6	2160,7	2163,8	2166,9	2144,2	2149,3	2159,7	2164,8	2146,8	2162,3	69
70	2170	2173,1	2176,2	2179,3	2182,4	2185,5	2188,6	2191,7	2194,8	2197,9	2175,2	2180,3	2190,7	2195,8	2177,8	2193,3	70
71	2201	2204,1	2207,2	2210,3	2213,4	2216,5	2219,6	2222,7	2225,8	2228,9	2206,2	2211,3	2221,7	2226,8	2208,8	2224,3	71
72	2232	2235,1	2238,2	2241,3	2244,4	2247,5	2250,6	2253,7	2256,8	2259,9	2237,2	2242,3	2252,7	2257,8	2239,8	2255,3	72
73	2263	2266,1	2269,2	2272,3	2275,4	2278,5	2281,6	2284,7	2287,8	2290,9	2268,2	2273,3	2283,7	2288,8	2270,8	2286,3	73
74	2294	2297,1	2300,2	2303,3	2306,4	2309,5	2312,6	2315,7	2318,8	2321,9	2299,2	2304,3	2314,7	2319,8	2301,8	2317,3	74
75	2325	2328,1	2331,2	2334,3	2337,4	2340,5	2343,6	2346,7	2349,8	2352,9	2330,2	2335,3	2345,7	2350,8	2332,8	2348,3	75
76	2356	2359,1	2362,2	2365,3	2368,4	2371,5	2374,6	2377,7	2380,8	2383,9	2361,2	2366,3	2376,7	2381,8	2363,8	2379,3	76
77	2387	2390,1	2393,2	2396,3	2399,4	2402,5	2405,6	2408,7	2411,8	2414,9	2392,2	2397,3	2407,7	2412,8	2394,8	2410,3	77
78	2418	2421,1	2424,2	2427,3	2430,4	2433,5	2436,6	2439,7	2442,8	2445,9	2423,2	2428,3	2438,7	2443,8	2425,8	2441,3	78
79	2449	2452,1	2455,2	2458,3	2461,4	2464,5	2467,6	2470,7	2473,8	2476,9	2454,2	2459,3	2469,7	2474,8	2456,8	2472,3	79
80	2480	2483,1	2486,2	2489,3	2492,4	2495,5	2498,6	2501,7	2504,8	2507,9	2485,2	2490,3	2500,7	2505,8	2487,8	2503,3	80
81	2511	2514,1	2517,2	2520,3	2523,4	2526,5	2529,6	2532,7	2535,8	2538,9	2516,2	2531,3	2531,7	2536,8	2518,8	2534,3	81
82	2542	2545,1	2548,2	2551,3	2554,4	2557,5	2560,6	2563,7	2566,8	2569,9	2547,2	2552,3	2562,7	2567,8	2549,8	2565,3	82
83	2573	2576,1	2579,2	2582,3	2585,4	2588,5	2591,6	2594,7	2597,8	2600,9	2578,2	2583,3	2593,7	2598,8	2580,8	2596,3	83
84	2604	2607,1	2610,2	2613,3	2616,4	2619,5	2622,6	2625,7	2628,8	2631,9	2609,2	2614,3	2624,7	2629,8	2611,8	2627,3	84
85	2635	2638,1	2641,2	2644,3	2647,4	2650,5	2653,6	2656,7	2659,8	2662,9	2640,2	2645,3	2655,7	2660,8	2642,8	2658,3	85
86	2666	2669,1	2672,2	2675,3	2678,4	2681,5	2684,6	2687,7	2690,8	2693,9	2671,2	2676,3	2686,7	2691,8	2673,8	2689,3	86
87	2697	2700,1	2703,2	2706,3	2709,4	2712,5	2715,6	2718,7	2721,8	2724,9	2702,2	2707,3	2717,7	2722,8	2704,8	2720,3	87
88	2728	2731,1	2734,2	2737,3	2740,4	2743,5	2746,6	2749,7	2752,8	2755,9	2733,2	2738,3	2748,7	2753,8	2735,8	2751,3	88
89	2759	2762,1	2765,2	2768,3	2771,4	2774,5	2777,6	2780,7	2783,8	2786,9	2764,2	2769,3	2779,7	2784,8	2766,8	2782,3	89
90	2790	2793,1	2796,2	2799,3	2802,4	2805,5	2808,6	2811,7	2814,8	2817,9	2795,2	2800,3	2810,7	2815,8	2797,8	2813,3	90
91	2821	2824,1	2827,2	2830,3	2833,4	2836,5	2839,6	2842,7	2845,8	2848,9	2826,2	2831,3	2841,7	2846,8	2828,8	2844,3	91
92	2852	2855,1	2858,2	2861,3	2864,4	2867,5	2870,6	2873,7	2876,8	2879,9	2857,2	2862,3	2872,7	2877,8	2859,8	2875,3	92
93	2883	2886,1	2889,2	2892,3	2895,4	2898,5	2901,6	2904,7	2907,8	2910,9	2888,2	2893,3	2903,7	2908,8	2890,8	2906,3	93
94	2914	2917,1	2920,2	2923,3	2926,4	2929,5	2932,6	2935,7	2938,8	2941,9	2919,2	2924,3	2934,7	2939,8	2921,8	2937,3	94
95	2945	2948,1	2951,2	2954,3	2957,4	2960,5	2963,6	2966,7	2969,8	2972,9	2950,2	2955,3	2965,7	2970,8	2952,8	2968,3	95
96	2976	2979,1	2982,2	2985,3	2988,4	2991,5	2994,6	2997,7	3000,8	3003,9	2981,2	2986,3	2996,7	3001,8	2983,8	2999,3	96
97	3007	3010,1	3013,2	3016,3	3019,4	3022,5	3025,6	3028,7	3031,8	3034,9	3012,2	3017,3	3027,7	3032,8	3014,8	3030,3	97
98	3038	3041,1	3044,2	3047,3	3050,4	3053,5	3056,6	3059,7	3062,8	3065,9	3043,2	3048,3	3058,7	3063,8	3045,8	3061,3	98
99	3069	3072,1	3075,2	3078,3	3081,4	3084,5	3087,6	3090,7	3093,8	3096,9	3074,2	3079,3	3089,7	3094,8	3076,8	3092,3	99
100	3100	3103,1	3106,2	3109,3	3112,4	3115,5	3118,6	3121,7	3124,8	3127,9	3105,2	3110,3	3120,7	3125,8	3107,8	3123,3	100

32		1/10 3,2	2/10 6,4	3/10 9,6	4/10 12,8	5/10 16,0	6/10 19,2	7/10 22,4	8/10 25,6	9/10 28,8	1/6 5,333	2/6 10,666	4/6 21,333	5/6 26,666	1/4 8,0	3/4 24,0	
1	32	35,2	38,4	41,6	44,8	48,0	51,2	54,4	57,6	60,8	37,3	42,7	53,3	58,7	40,0	56,0	1
2	64	67,2	70,4	73,6	76,8	80,0	83,2	86,4	89,6	92,8	69,3	74,7	85,3	90,7	72,0	88,0	2
3	96	99,2	102,4	105,6	108,8	112,0	115,2	118,4	121,6	124,8	101,3	106,7	117,3	122,7	104,0	120,0	3
4	128	131,2	134,4	137,6	140,8	144,0	147,2	150,4	153,6	156,8	133,3	138,7	149,3	154,7	136,0	152,0	4
5	160	163,2	166,4	169,6	172,8	176,0	179,2	182,4	185,6	188,8	165,3	170,7	181,3	186,7	168,0	184,0	5
6	192	195,2	198,4	201,6	204,8	208,0	211,2	214,4	217,6	220,8	197,3	202,7	213,3	218,7	200,0	216,0	6
7	224	227,2	230,4	233,6	236,8	240,0	243,2	246,4	249,6	252,8	229,3	234,7	245,3	250,7	232,0	248,0	7
8	256	259,2	262,4	265,6	268,8	272,0	275,2	278,4	281,6	284,8	261,3	266,7	277,3	282,7	264,0	280,0	8
9	288	291,2	294,4	297,6	300,8	304,0	307,2	310,4	313,6	316,8	293,3	298,7	309,3	314,7	296,0	312,0	9
10	320	323,2	326,4	329,6	332,8	336,0	339,2	342,4	345,6	348,8	325,3	330,7	341,3	346,7	328,0	344,0	10
11	352	355,2	358,4	361,6	364,8	368,0	371,2	374,4	377,6	380,8	357,3	362,7	373,3	378,7	360,0	376,0	11
12	384	387,2	390,4	393,6	396,8	400,0	403,2	406,4	409,6	412,8	389,3	394,7	405,3	410,7	392,0	408,0	12
13	416	419,2	422,4	425,6	428,8	432,0	435,2	438,4	441,6	444,8	421,3	426,7	437,3	442,7	424,0	440,0	13
14	448	451,2	454,4	457,6	460,8	464,0	467,2	470,4	473,6	476,8	453,3	458,7	469,3	474,7	456,0	472,0	14
15	480	483,2	486,4	489,6	492,8	496,0	499,2	502,4	505,6	508,8	485,3	490,7	501,3	506,7	488,0	504,0	15
16	512	515,2	518,4	521,6	524,8	528,0	531,2	534,4	537,6	540,8	517,3	522,7	533,3	538,7	520,0	536,0	16
17	544	547,2	550,4	553,6	556,8	560,0	563,2	566,4	569,6	572,8	549,3	554,7	565,3	570,7	552,0	568,0	17
18	576	579,2	582,4	585,6	588,8	592,0	595,2	598,4	601,6	604,8	581,3	586,7	597,3	602,7	584,0	600,0	18
19	608	611,2	614,4	617,6	620,8	624,0	627,2	630,4	633,6	636,8	613,3	618,7	629,3	634,7	616,0	632,0	19
20	640	643,2	646,4	649,6	652,8	656,0	659,2	662,4	665,6	668,8	645,3	650,7	661,3	666,7	648,0	664,0	20
21	672	675,2	678,4	681,6	684,8	688,0	691,2	694,4	697,6	700,8	677,3	682,7	693,3	698,7	680,0	696,0	21
22	704	707,2	710,4	713,6	716,8	720,0	723,2	726,4	729,6	732,8	709,3	714,7	725,3	730,7	712,0	728,0	22
23	736	739,2	742,4	745,6	748,8	752,0	755,2	758,4	761,6	764,8	741,3	746,7	757,3	762,7	744,0	760,0	23
24	768	771,2	774,4	777,6	780,8	784,0	787,2	790,4	793,6	796,8	773,3	778,7	789,3	794,7	776,0	792,0	24
25	800	803,2	806,4	809,6	812,8	816,0	819,2	822,4	825,6	828,8	805,3	810,7	821,3	826,7	808,0	824,0	25
26	832	835,2	838,4	841,6	844,8	848,0	851,2	854,4	857,6	860,8	837,3	842,7	853,3	858,7	840,0	856,0	26
27	864	867,2	870,4	873,6	876,8	880,0	883,2	886,4	889,6	892,8	869,3	874,7	885,3	890,7	872,0	888,0	27
28	896	899,2	902,4	905,6	908,8	912,0	915,2	918,4	921,6	924,8	901,3	906,7	917,3	922,7	904,0	920,0	28
29	928	931,2	934,4	937,6	940,8	944,0	947,2	950,4	953,6	956,8	933,3	938,7	949,3	954,7	936,0	952,0	29
30	960	963,2	966,4	969,6	972,8	976,0	979,2	982,4	985,6	988,8	965,3	970,7	981,3	986,7	968,0	984,0	30
31	992	995,2	998,4	1001,6	1004,8	1008,0	1011,2	1014,4	1017,6	1020,8	997,3	1002,7	1013,3	1018,7	1000,0	1016,0	31
32	1024	1027,2	1030,4	1033,6	1036,8	1040,0	1043,2	1046,4	1049,6	1052,8	1029,3	1034,7	1045,3	1050,7	1032,0	1048,0	32
33	1056	1059,2	1062,4	1065,6	1068,8	1072,0	1075,2	1078,4	1081,6	1084,8	1061,3	1066,7	1077,3	1082,7	1064,0	1080,0	33
34	1088	1091,2	1094,4	1097,6	1100,8	1104,0	1107,2	1110,4	1113,6	1116,8	1093,3	1098,7	1109,3	1114,7	1096,0	1112,0	34
35	1120	1123,2	1126,4	1129,6	1132,8	1136,0	1139,2	1142,4	1145,6	1148,8	1125,3	1130,7	1141,3	1146,7	1128,0	1144,0	35
36	1152	1155,2	1158,4	1161,6	1164,8	1168,0	1171,2	1174,4	1177,6	1180,8	1157,3	1162,7	1173,3	1178,7	1160,0	1176,0	36
37	1184	1187,2	1190,4	1193,6	1196,8	1200,0	1203,2	1206,4	1209,6	1212,8	1189,3	1194,7	1205,3	1210,7	1192,0	1208,0	37
38	1216	1219,2	1222,4	1225,6	1228,8	1232,0	1235,2	1238,4	1241,6	1244,8	1221,3	1226,7	1237,3	1242,7	1224,0	1240,0	38
39	1248	1251,2	1254,4	1257,6	1260,8	1264,0	1267,2	1270,4	1273,6	1276,8	1253,3	1258,7	1269,3	1274,7	1256,0	1272,0	39
40	1280	1283,2	1286,4	1289,6	1292,8	1296,0	1299,2	1302,4	1305,6	1308,8	1285,3	1290,7	1301,3	1306,7	1288,0	1304,0	40
41	1312	1315,2	1318,4	1321,6	1324,8	1328,0	1331,2	1334,4	1337,6	1340,8	1317,3	1322,7	1333,3	1338,7	1320,0	1336,0	41
42	1344	1347,2	1350,4	1353,6	1356,8	1360,0	1363,2	1366,4	1369,6	1372,8	1349,3	1354,7	1365,3	1370,7	1352,0	1368,0	42
43	1376	1379,2	1382,4	1385,6	1388,8	1392,0	1395,2	1398,4	1401,6	1404,8	1381,3	1386,7	1397,3	1402,7	1384,0	1400,0	43
44	1408	1411,2	1414,4	1417,6	1420,8	1424,0	1427,2	1430,4	1433,6	1436,8	1413,3	1418,7	1429,3	1434,7	1416,0	1432,0	44
45	1440	1443,2	1446,4	1449,6	1452,8	1456,0	1459,2	1462,4	1465,6	1468,8	1445,3	1450,7	1461,3	1466,7	1448,0	1464,0	45
46	1472	1475,2	1478,4	1481,6	1484,8	1488,0	1491,2	1494,4	1497,6	1500,8	1477,3	1482,7	1493,3	1498,7	1480,0	1496,0	46
47	1504	1507,2	1510,4	1513,6	1516,8	1520,0	1523,2	1526,4	1529,6	1532,8	1509,3	1514,7	1525,3	1530,7	1512,0	1528,0	47
48	1536	1539,2	1542,4	1545,6	1548,8	1552,0	1555,2	1558,4	1561,6	1564,8	1541,3	1546,7	1557,3	1562,7	1544,0	1560,0	48
49	1568	1571,2	1574,4	1577,6	1580,8	1584,0	1587,2	1590,4	1593,6	1596,8	1573,3	1578,7	1589,3	1594,7	1576,0	1592,0	49
50	1600	1603,2	1606,4	1609,6	1612,8	1616,0	1619,2	1622,4	1625,6	1628,8	1605,3	1610,7	1621,3	1626,7	1608,0	1624,0	50
51	1632	1635,2	1638,4	1641,6	1644,8	1648,0	1651,2	1654,4	1657,6	1660,8	1637,3	1642,7	1653,3	1658,7	1640,0	1656,0	51
52	1664	1667,2	1670,4	1673,6	1676,8	1680,0	1683,2	1686,4	1689,6	1692,8	1669,3	1674,7	1685,3	1690,7	1672,0	1688,0	52
53	1696	1699,2	1702,4	1705,6	1708,8	1712,0	1715,2	1718,4	1721,6	1724,8	1701,3	1706,7	1717,3	1722,7	1704,0	1720,0	53
54	1728	1731,2	1734,4	1737,6	1740,8	1744,0	1747,2	1750,4	1753,6	1756,8	1733,3	1738,7	1749,3	1754,7	1736,0	1752,0	54
55	1760	1763,2	1766,4	1769,6	1772,8	1776,0	1779,2	1782,4	1785,6	1788,8	1765,3	1770,7	1781,3	1786,7	1768,0	1784,0	55
56	1792	1795,2	1798,4	1801,6	1804,8	1808,0	1811,2	1814,4	1817,6	1820,8	1797,3	1802,7	1813,3	1818,7	1800,0	1816,0	56
57	1824	1827,2	1830,4	1833,6	1836,8	1840,0	1843,2	1846,4	1849,6	1852,8	1829,3	1834,7	1845,3	1850,7	1832,0	1848,0	57
58	1856	1859,2	1862,4	1865,6	1868,8	1872,0	1875,2	1878,4	1881,6	1884,8	1861,3	1866,7	1877,3	1882,7	1864,0	1880,0	58
59	1888	1891,2	1894,4	1897,6	1900,8	1904,0	1907,2	1910,4	1913,6	1916,8	1893,3	1898,7	1909,3	1914,7	1896,0	1912,0	59
60	1920	1923,2	1926,4	1929,6	1932,8	1936,0	1939,2	1942,4	1945,6	1948,8	1925,3	1930,7	1941,3	1946,7	1928,0	1944,0	60
61	1952	1955,2	1958,4	1961,6	1964,8	1968,0	1971,2	1974,4	1977,6	1980,8	1957,3	1962,7	1973,3	1978,7	1960,0	1976,0	61
62	1984	1987,2	1990,4	1993,6	1996,8	2000,0	2003,2	2006,4	2009,6	2012,8	1989,3	1994,7	2005,3	2010,7	1992,0	2008,0	62
63	2016	2019,2	2022,4	2025,6	2028,8	2032,0	2035,2	2038,4	2041,6	2044,8	2021,3	2026,7	2037,3	2042,7	2024,0	2040,0	63
64	2048	2051,2	2054,4	2057,6	2060,8	2064,0	2067,2	2070,4	2073,6	2076,8	2053,3	2058,7	2069,3	2074,7	2056,0	2072,0	64
65	2080	2083,2	2086,4	2089,6	2092,8	2096,0	2099,2	2102,4	2105,6	2108,8	2085,3	2090,7	2101,3	2106,7	2088,0	2104,0	65
66	2112	2115,2	2118,4	2121,6	2124,8	2128,0	2131,2	2134,4	2137,6	2140,8	2117,3	2122,7	2133,3	2138,7	2120,0	2136,0	66
67	2144	2147,2	2150,4	2153,6	2156,8	2160,0	2163,2	2166,4	2169,6	2172,8	2149,3	2154,7	2165,3	2170,7	2152,0	2168,0	67
68	2176	2179,2	2182,4	2185,6	2188,8	2192,0	2195,2	2198,4	2201,6	2204,8	2181,3	2186,7	2197,3	2202,7	2184,0	2200,0	68
69	2208	2211,2	2214,4	2217,6	2220,8	2224,0	2227,2	2230,4	2233,6	2236,8	2213,3	2218,7	2229,3	2234,7	2216,0	2232,0	69
70	2240	2243,2	2246,4	2249,6	2252,8	2256,0	2259,2	2262,4	2265,6	2268,8	2245,3	2250,7	2261,3	2266,7	2248,0	2264,0	70
71	2272	2275,2	2278,4	2281,6	2284,8	2288,0	2291,2	2294,4	2297,6	2300,8	2277,3	2282,7	2293,3	2298,7	2280,0	2296,0	71
72	2304	2307,2	2310,4	2313,6	2316,8	2320,0	2323,2	2326,4	2329,6	2332,8	2309,3	2314,7	2325,3	2330,7	2312,0	2328,0	72
73	2336	2339,2	2342,4	2345,6	2348,8	2352,0	2355,2	2358,4	2361,6	2364,8	2341,3	2346,7	2357,3	2362,7	2344,0	2360,0	73
74	2368	2371,2	2374,4	2377,6	2380,8	2384,0	2387,2	2390,4	2393,6	2396,8	2373,3	2378,7	2389,3	2394,7	2376,0	2392,0	74
75	2400	2403,2	2406,4	2409,6	2412,8	2416,0	2419,2	2422,4	2425,6	2428,8	2405,3	2410,7	2421,3	2426,7	2408,0	2424,0	75
76	2432	2435,2	2438,4	2441,6	2444,8	2448,0	2451,2	2454,4	2457,6	2460,8	2437,3	2442,7	2453,3	2458,7	2440,0	2456,0	76
77	2464	2467,2	2470,4	2473,6	2476,8	2480,0	2483,2	2486,4	2489,6	2492,8	2469,3	2474,7	2485,3	2490,7	2472,0	2488,0	77
78	2496	2499,2	2502,4	2505,6	2508,8	2512,0	2515,2	2518,4	2521,6	2524,8	2501,3	2506,7	2517,3	2522,7	2504,0	2520,0	78
79	2528	2531,2	2534,4	2537,6	2540,8	2544,0	2547,2	2550,4	2553,6	2556,8	2533,3	2538,7	2549,3	2554,7	2536,0	2552,0	79
80	2560	2563,2	2566,4	2569,6	2572,8	2576,0	2579,2	2582,4	2585,6	2588,8	2565,3	2570,7	2581,3	2586,7	2568,0	2584,0	80
81	2592	2595,2	2598,4	2601,6	2604,8	2608,0	2611,2	2614,4	2617,6	2620,8	2597,3	2602,7	2613,3	2618,7	2600,0	2616,0	81
82	2624	2627,2	2630,4	2633,6	2636,8	2640,0	2643,2	2646,4	2649,6	2652,8	2629,3	2634,7	2645,3	2650,7	2632,0	2648,0	82
83	2656	2659,2	2662,4	2665,6	2668,8	2672,0	2675,2	2678,4	2681,6	2684,8	2661,3	2666,7	2677,3	2682,7	2664,0	2680,0	83
84	2688	2691,2	2694,4	2697,6	2700,8	2704,0	2707,2	2710,4	2713,6	2716,8	2693,3	2698,7	2709,3	2714,7	2696,0	2712,0	84
85	2720	2723,2	2726,4	2729,6	2732,8	2736,0	2739,2	2742,4	2745,6	2748,8	2725,3	2730,7	2741,3	2746,7	2728,0	2744,0	85
86	2752	2755,2	2758,4	2761,6	2764,8	2768,0	2771,2	2774,4	2777,6	2780,8	2757,3	2762,7	2773,3	2778,7	2760,0	2776,0	86
87	2784	2787,2	2790,4	2793,6	2796,8	2800,0	2803,2	2806,4	2809,6	2812,8	2789,3	2794,7	2805,3	2810,7	2792,0	2808,0	87
88	2816	2819,2	2822,4	2825,6	2828,8	2832,0	2835,2	2838,4	2841,6	2844,8	2821,3	2826,7	2837,3	2842,7	2824,0	2840,0	88
89	2848	2851,2	2854,4	2857,6	2860,8	2864,0	2867,2	2870,4	2873,6	2876,8	2853,3	2858,7	2869,3	2874,7	2856,0	2872,0	89
90	2880	2883,2	2886,4	2889,6	2892,8	2896,0	2899,2	2902,4	2905,6	2908,8	2885,3	2890,7	2901,3	2906,7	2888,0	2904,0	90
91	2912	2915,2	2918,4	2921,6	2924,8	2928,0	2931,2	2934,4	2937,6	2940,8	2917,3	2922,7	2933,3	2938,7	2920,0	2936,0	91
92	2944	2947,2	2950,4	2953,6	2956,8	2960,0	2963,2	2966,4	2969,6	2972,8	2949,3	2954,7	2965,3	2970,7	2952,0	2968,0	92
93	2976	2979,2	2982,4	2985,6	2988,8	2992,0	2995,2	2998,4	3001,6	3004,8	2981,3	2986,7	2997,3	3002,7	2984,0	3000,0	93
94	3008	3011,2	3014,4	3017,6	3020,8	3024,0	3027,2	3030,4	3033,6	3036,8	3013,3	3018,7	3029,3	3034,7	3016,0	3032,0	94
95	3040	3043,2	3046,4	3049,6	3052,8	3056,0	3059,2	3062,4	3065,6	3068,8	3045,3	3050,7	3061,3	3066,7	3048,0	3064,0	95
96	3072	3075,2	3078,4	3081,6	3084,8	3088,0	3091,2	3094,4	3097,6	3100,8	3077,3	3082,7	3093,3	3098,7	3080,0	3096,0	96
97	3104	3107,2	3110,4	3113,6	3116,8	3120,0	3123,2	3126,4	3129,6	3132,8	3109,3	3114,7	3125,3	3130,7	3112,0	3128,0	97
98	3136	3139,2	3142,4	3145,6	3148,8	3152,0	3155,2	3158,4	3161,6	3164,8	3141,3	3146,7	3157,3	3162,7	3144,0	3160,0	98
99	3168	3171,2	3174,4	3177,6	3180,8	3184,0	3187,2	3190,4	3193,6	3196,8	3173,3	3178,7	3189,3	3194,7	3176,0	3192,0	99
100	3200	3203,2	3206,4	3209,6	3212,8	3216,0	3219,2	3222,4	3225,6	3228,8	3205,3	3210,7	3221,3	3226,7	3208,0	3224,0	100

33

		1/10 3,3	2/10 6,6	3/10 9,9	4/10 13,2	5/10 16,5	6/10 19,8	7/10 23,1	8/10 26,4	9/10 29,7	1/6 5,5	2/6 11,0	4/6 22,0	5/6 27,5	1/4 8,25	3/4 24,75	
1	33	36,3	39,6	42,9	46,2	49,5	52,8	56,1	59,4	62,7	38,5	44,0	55,0	60,5	41,3	57,8	1
2	66	69,3	72,6	75,9	79,2	82,5	85,8	89,1	92,4	95,7	71,5	77,0	88,0	93,5	74,3	90,8	2
3	99	102,3	105,6	108,9	112,2	115,5	118,8	122,1	125,4	128,7	104,5	110,0	121,0	126,5	107,3	123,8	3
4	132	135,3	138,6	141,9	145,2	148,5	151,8	155,1	158,4	161,7	137,5	143,0	154,0	159,5	140,3	156,8	4
5	165	168,3	171,6	174,9	178,2	181,5	184,8	188,1	191,4	194,7	170,5	176,0	187,0	192,5	173,3	189,8	5
6	198	201,3	204,6	207,9	211,2	214,5	217,8	221,1	224,4	227,7	203,5	209,0	220,0	225,5	206,3	222,8	6
7	231	234,3	237,6	240,9	244,2	247,5	250,8	254,1	257,4	260,7	236,5	242,0	253,0	258,5	239,3	255,8	7
8	264	267,3	270,6	273,9	277,2	280,5	283,8	287,1	290,4	293,7	269,5	275,0	286,0	291,5	272,3	288,8	8
9	297	300,3	303,6	306,9	310,2	313,5	316,8	320,1	323,4	326,7	302,5	308,0	319,0	324,5	305,3	321,8	9
10	330	333,3	336,6	339,9	343,2	346,5	349,8	353,1	356,4	359,7	335,5	341,0	352,0	357,5	338,3	354,8	10
11	363	366,3	369,6	372,9	376,2	379,5	382,8	386,1	389,4	392,7	368,5	374,0	385,0	390,5	371,3	387,8	11
12	396	399,3	402,6	405,9	409,2	412,5	415,8	419,1	422,4	425,7	401,5	407,0	418,0	423,5	404,3	420,8	12
13	429	432,3	435,6	438,9	442,2	445,5	448,8	452,1	455,4	458,7	434,5	440,0	451,0	456,5	437,3	453,8	13
14	462	465,3	468,6	471,9	475,2	478,5	481,8	485,1	488,4	491,7	467,5	473,0	484,0	489,5	470,3	486,8	14
15	495	498,3	501,6	504,9	508,2	511,5	514,8	518,1	521,4	524,7	500,5	506,0	517,0	522,5	503,3	519,8	15
16	528	531,3	534,6	537,9	541,2	544,5	547,8	551,1	554,4	557,7	533,5	539,0	550,0	555,5	536,3	552,8	16
17	561	564,3	567,6	570,9	574,2	577,5	580,8	584,1	587,4	590,7	566,5	572,0	583,0	588,5	569,3	585,8	17
18	594	597,3	600,6	603,9	607,2	610,5	613,8	617,1	620,4	623,7	599,5	605,0	616,0	621,5	602,3	618,8	18
19	627	630,3	633,6	636,9	640,2	643,5	646,8	650,1	653,4	656,7	632,5	638,0	649,0	654,5	635,3	651,8	19
20	660	663,3	666,6	669,9	673,2	676,5	679,8	683,1	686,4	689,7	665,5	671,0	682,0	687,5	668,3	684,8	20
21	693	696,3	699,6	702,9	706,2	709,5	712,8	716,1	719,4	722,7	698,5	704,0	715,0	720,5	701,3	717,8	21
22	726	729,3	732,6	735,9	739,2	742,5	745,8	749,1	752,4	755,7	731,5	737,0	748,0	753,5	734,3	750,8	22
23	759	762,3	765,6	768,9	772,2	775,5	778,8	782,1	785,4	788,7	764,5	770,0	781,0	786,5	767,3	783,8	23
24	792	795,3	798,6	801,9	805,2	808,5	811,8	815,1	818,4	821,7	797,5	803,0	814,0	819,5	800,3	816,8	24
25	825	828,3	831,6	834,9	838,2	841,5	844,8	848,1	851,4	854,7	830,5	836,0	847,0	852,5	833,3	849,8	25
26	858	861,3	864,6	867,9	871,2	874,5	877,8	881,1	884,4	887,7	863,5	869,0	880,0	885,5	866,3	882,8	26
27	891	894,3	897,6	900,9	904,2	907,5	910,8	914,1	917,4	920,7	896,5	902,0	913,0	918,5	899,3	915,8	27
28	924	927,3	930,6	933,9	937,2	940,5	943,8	947,1	950,4	953,7	929,5	935,0	946,0	951,5	932,3	948,8	28
29	957	960,3	963,6	966,9	970,2	973,5	976,8	980,1	983,4	986,7	962,5	968,0	979,0	984,5	965,3	981,8	29
30	990	993,3	996,6	999,9	1003,2	1006,5	1009,8	1013,1	1016,4	1019,7	995,5	1001,0	1012,0	1017,5	998,3	1014,8	30
31	1023	1026,3	1029,6	1032,9	1036,2	1039,5	1042,8	1046,1	1049,4	1052,7	1028,5	1034,0	1045,0	1050,5	1031,3	1047,8	31
32	1056	1059,3	1062,6	1065,9	1069,2	1072,5	1075,8	1079,1	1082,4	1085,7	1061,5	1067,0	1078,0	1083,5	1064,3	1080,8	32
33	1089	1092,3	1095,6	1098,9	1102,2	1105,5	1108,8	1112,1	1115,4	1118,7	1094,5	1100,0	1111,0	1116,5	1097,3	1113,8	33
34	1122	1125,3	1128,6	1131,9	1135,2	1138,5	1141,8	1145,1	1148,4	1151,7	1127,5	1133,0	1144,0	1149,5	1130,3	1146,8	34
35	1155	1158,3	1161,6	1164,9	1168,2	1171,5	1174,8	1178,1	1181,4	1184,7	1160,5	1166,0	1177,0	1182,5	1163,3	1179,8	35
36	1188	1191,3	1194,6	1197,9	1201,2	1204,5	1207,8	1211,1	1214,4	1217,7	1193,5	1199,0	1210,0	1215,5	1196,3	1212,8	36
37	1221	1224,3	1227,6	1230,9	1234,2	1237,5	1240,8	1244,1	1247,4	1250,7	1226,5	1232,0	1243,0	1248,5	1229,3	1245,8	37
38	1254	1257,3	1260,6	1263,9	1267,2	1270,5	1273,8	1277,1	1280,4	1283,7	1259,5	1265,0	1276,0	1281,5	1262,3	1278,8	38
39	1287	1290,3	1293,6	1296,9	1300,2	1303,5	1306,8	1310,1	1313,4	1316,7	1292,5	1298,0	1309,0	1314,5	1295,3	1311,8	39
40	1320	1323,3	1326,6	1329,9	1333,2	1336,5	1339,8	1343,1	1346,4	1349,7	1325,5	1331,0	1342,0	1347,5	1328,3	1344,8	40
41	1353	1356,3	1359,6	1362,9	1366,2	1369,5	1372,8	1376,1	1379,4	1382,7	1358,5	1364,0	1375,0	1380,5	1361,3	1377,8	41
42	1386	1389,3	1392,6	1395,9	1399,2	1402,5	1405,8	1409,1	1412,4	1415,7	1391,5	1397,0	1408,0	1413,5	1394,3	1410,8	42
43	1419	1422,3	1425,6	1428,9	1432,2	1435,5	1433,8	1442,1	1445,4	1448,7	1424,5	1430,0	1441,0	1446,5	1427,3	1443,8	43
44	1452	1455,3	1458,6	1461,9	1465,2	1468,5	1471,8	1475,1	1478,4	1481,7	1457,5	1463,0	1474,0	1479,5	1460,3	1476,8	44
45	1485	1488,3	1491,6	1494,9	1498,2	1501,5	1504,8	1503,1	1511,4	1514,7	1490,5	1496,0	1507,0	1512,5	1493,3	1509,8	45
46	1518	1521,3	1524,6	1527,9	1531,2	1534,5	1537,8	1541,1	1544,4	1547,7	1523,5	1529,0	1540,0	1545,5	1526,3	1542,8	46
47	1551	1554,3	1557,6	1560,9	1564,2	1567,5	1570,8	1574,1	1577,4	1580,7	1556,5	1562,0	1573,0	1578,5	1559,3	1575,8	47
48	1584	1587,3	1590,6	1593,9	1597,2	1600,5	1603,8	1607,1	1610,4	1613,7	1589,5	1595,0	1606,0	1611,5	1592,3	1608,8	48
49	1617	1620,3	1623,6	1626,9	1630,2	1633,5	1636,8	1640,1	1643,4	1646,7	1622,5	1628,0	1639,0	1644,5	1625,3	1641,8	49
50	1650	1653,3	1656,6	1659,9	1663,2	1666,5	1669,8	1673,1	1676,4	1679,7	1655,5	1661,0	1672,0	1677,5	1658,3	1674,8	50
51	1683	1686,3	1689,6	1692,9	1696,2	1699,5	1702,8	1706,1	1709,4	1712,7	1688,5	1694,0	1705,0	1710,5	1691,3	1707,8	51
52	1716	1719,3	1722,6	1725,9	1729,2	1732,5	1735,8	1739,1	1742,4	1745,7	1721,5	1727,0	1738,0	1743,5	1724,3	1740,8	52
53	1749	1752,3	1755,6	1758,9	1762,2	1765,5	1768,8	1772,1	1775,4	1778,7	1754,5	1760,0	1771,0	1776,5	1757,3	1773,8	53
54	1782	1785,3	1788,6	1791,9	1795,2	1798,5	1801,8	1805,1	1808,4	1811,7	1787,5	1793,0	1804,0	1809,5	1790,3	1806,8	54
55	1815	1818,3	1821,6	1824,9	1828,2	1831,5	1834,8	1838,1	1841,4	1844,7	1820,5	1826,0	1837,0	1842,5	1823,3	1839,8	55
56	1848	1851,3	1854,6	1857,9	1861,2	1864,5	1867,8	1871,1	1874,4	1877,7	1853,5	1859,0	1870,0	1875,5	1856,3	1872,8	56
57	1881	1884,3	1887,6	1890,9	1894,2	1897,5	1900,8	1904,1	1907,4	1910,7	1886,5	1892,0	1903,0	1908,5	1889,3	1905,8	57
58	1914	1917,3	1920,6	1923,9	1927,2	1930,5	1933,8	1937,1	1940,4	1943,7	1919,5	1925,0	1936,0	1941,5	1922,3	1938,8	58
59	1947	1950,3	1953,6	1956,9	1960,2	1963,5	1966,8	1970,1	1973,4	1976,7	1952,5	1958,0	1969,0	1974,5	1955,3	1971,8	59
60	1980	1983,3	1986,6	1989,9	1993,2	1996,5	1999,8	2003,1	2006,4	2009,7	1985,5	1991,0	2002,0	2007,5	1988,3	2004,8	60
61	2013	2016,3	2019,6	2022,9	2026,2	2029,5	2032,8	2036,1	2039,4	2042,7	2018,5	2024,0	2035,0	2040,5	2021,3	2037,8	61
62	2046	2049,3	2052,6	2055,9	2059,2	2062,5	2065,8	2069,1	2072,4	2075,7	2051,5	2057,0	2068,0	2073,5	2054,3	2070,8	62
63	2079	2082,3	2085,6	2088,9	2092,2	2095,5	2098,8	2102,1	2105,4	2108,7	2084,5	2090,0	2101,0	2106,5	2087,3	2103,8	63
64	2112	2115,3	2118,6	2121,9	2125,2	2128,5	2131,8	2135,1	2138,4	2141,7	2117,5	2123,0	2134,0	2139,5	2120,3	2136,8	64
65	2145	2148,3	2151,6	2154,9	2158,2	2161,5	2164,8	2168,1	2171,4	2174,7	2150,5	2156,0	2167,0	2172,5	2153,3	2169,8	65
66	2178	2181,3	2184,6	2187,9	2191,2	2194,5	2197,8	2201,1	2204,4	2207,7	2183,5	2189,0	2200,0	2205,5	2186,3	2202,8	66
67	2211	2214,3	2217,6	2220,9	2224,2	2227,5	2230,8	2234,1	2237,4	2240,7	2216,5	2222,0	2233,0	2238,5	2219,3	2235,8	67
68	2244	2247,3	2250,6	2253,9	2257,2	2260,5	2263,8	2267,1	2270,4	2273,7	2249,5	2255,0	2266,0	2271,5	2252,3	2268,8	68
69	2277	2280,3	2283,6	2286,9	2290,2	2293,5	2296,8	2300,1	2303,4	2306,7	2282,5	2288,0	2299,0	2304,5	2285,3	2301,8	69
70	2310	2313,3	2316,6	2319,9	2323,2	2326,5	2329,8	2333,1	2336,4	2339,7	2315,5	2321,0	2332,0	2337,5	2318,3	2334,8	70
71	2343	2346,3	2349,6	2352,9	2356,2	2359,5	2362,8	2366,1	2369,4	2372,7	2348,5	2354,0	2365,0	2370,5	2351,3	2367,8	71
72	2376	2379,3	2382,6	2385,9	2389,2	2392,5	2395,8	2399,1	2402,4	2405,7	2381,5	2387,0	2398,0	2403,5	2384,3	2400,8	72
73	2409	2412,3	2415,6	2418,9	2422,2	2425,5	2428,8	2432,1	2435,4	2438,7	2414,5	2420,0	2431,0	2436,5	2417,3	2433,8	73
74	2442	2445,3	2448,6	2451,9	2455,2	2458,5	2461,8	2465,1	2468,4	2471,7	2447,5	2453,0	2464,0	2469,5	2450,3	2466,8	74
75	2475	2478,3	2481,6	2484,9	2488,2	2491,5	2494,8	2498,1	2501,4	2504,7	2480,5	2486,0	2497,0	2502,5	2483,3	2499,8	75
76	2508	2511,3	2514,6	2517,9	2521,2	2524,5	2527,8	2531,1	2534,4	2537,7	2513,5	2519,0	2530,0	2535,5	2516,3	2532,8	76
77	2541	2544,3	2547,6	2550,9	2554,2	2557,5	2560,8	2564,1	2567,4	2570,7	2546,5	2552,0	2563,0	2568,5	2549,3	2565,8	77
78	2574	2577,3	2580,6	2583,9	2587,2	2590,5	2593,8	2597,1	2600,4	2603,7	2579,5	2585,0	2596,0	2601,5	2582,3	2598,8	78
79	2607	2610,3	2613,6	2616,9	2620,2	2623,5	2626,8	2630,1	2633,4	2636,7	2612,5	2618,0	2629,0	2634,5	2615,3	2631,8	79
80	2640	2643,3	2646,6	2649,9	2653,2	2656,5	2659,8	2663,1	2666,4	2669,7	2645,5	2651,0	2662,0	2667,5	2648,3	2664,8	80
81	2673	2676,3	2679,6	2682,9	2686,2	2689,5	2692,8	2696,1	2699,4	2702,7	2678,5	2684,0	2695,0	2700,5	2681,3	2697,8	81
82	2706	2709,3	2712,6	2715,9	2719,2	2722,5	2725,8	2729,1	2732,4	2735,7	2711,5	2717,0	2728,0	2733,5	2714,3	2730,8	82
83	2739	2742,3	2745,6	2748,9	2752,2	2755,5	2758,8	2762,1	2765,4	2768,7	2744,5	2750,0	2761,0	2766,5	2747,3	2763,8	83
84	2772	2775,3	2778,6	2781,9	2785,2	2788,5	2791,8	2795,1	2798,4	2801,7	2777,5	2783,0	2794,0	2799,5	2780,3	2796,8	84
85	2805	2808,3	2811,6	2814,9	2818,2	2821,5	2824,8	2828,1	2831,4	2834,7	2810,5	2816,0	2827,0	2832,5	2813,3	2829,8	85
86	2838	2841,3	2844,6	2847,9	2851,2	2854,5	2857,8	2851,1	2864,4	2867,7	2843,5	2849,0	2860,0	2865,5	2846,3	2862,8	86
87	2871	2874,3	2877,6	2880,9	2884,2	2887,5	2890,8	2894,1	2897,4	2900,7	2876,5	2882,0	2893,0	2878,5	2879,3	2895,8	87
88	2904	2907,3	2910,6	2913,9	2917,2	2920,5	2923,8	2927,1	2930,4	2933,7	2909,5	2915,0	2926,0	2931,5	2912,3	2928,8	88
89	2937	2940,3	2943,6	2946,9	2950,2	2953,5	2956,8	2960,1	2963,4	2966,7	2942,5	2948,0	2959,0	2964,5	2945,3	2961,8	89
90	2970	2973,3	2976,6	2979,9	2983,2	2986,5	2989,8	2993,1	2996,4	2999,7	2975,5	2981,0	2992,0	2997,5	2978,3	2994,8	90
91	3003	3006,3	3009,6	3012,9	3016,2	3019,5	3022,8	3026,1	3029,4	3032,7	3003,5	3014,0	3025,0	3030,5	3011,3	3027,8	91
92	3036	3039,3	3042,6	3045,9	3049,2	3052,5	3055,8	3059,1	3062,4	3065,7	3041,5	3047,0	3058,0	3053,5	3044,3	3060,8	92
93	3069	3072,3	3075,6	3078,9	3082,2	3085,5	3088,8	3092,1	3095,4	3098,7	3074,5	3080,0	3091,0	3096,5	3077,3	3093,8	93
94	3102	3105,3	3108,6	3111,9	3115,2	3118,5	3121,8	3125,1	3128,4	3131,7	3107,5	3113,0	3124,0	3129,5	3110,3	3126,8	94
95	3135	3138,3	3141,6	3144,9	3148,2	3151,5	3154,8	3158,1	3161,4	3164,7	3140,5	3146,0	3157,0	3162,5	3143,3	3159,8	95
96	3168	3171,3	3174,6	3177,9	3181,2	3184,5	3187,8	3191,1	3194,4	3197,7	3173,5	3179,0	3190,0	3195,5	3176,3	3192,8	96
97	3201	3204,3	3207,6	3210,9	3214,2	3217,5	3220,8	3224,1	3227,4	3230,7	3205,5	3212,0	3223,0	3228,5	3209,3	3225,8	97
98	3234	3237,3	3240,6	3243,9	3247,2	3250,5	3253,8	3257,1	3260,4	3263,7	3239,5	3245,0	3256,0	3261,5	3242,3	3258,8	98
99	3267	3270,3	3273,6	3276,9	3280,2	3283,5	3286,8	3290,1	3293,4	3296,7	3272,5	3278,0	3239,0	3294,5	3275,3	3291,8	99
100	3300	3303,3	3306,6	3309,9	3313,2	3316,5	3319,8	3323,1	3326,4	3329,7	3305,5	3311,0	3322,0	3327,5	3308,3	3324,8	100

34

	34	1/10 3,4	2/10 6,8	3/10 10,2	4/10 13,6	5/10 17,0	6/10 20,4	7/10 23,8	8/10 27,2	9/10 30,6	1/6 5,666	2/6 11,333	4/6 22,666	5/6 28,333	1/4 8,5	3/4 25,5	
1	34	37,4	40,8	44,2	47,6	51,0	54,4	57,8	61,2	64,6	39,7	45,3	56,7	62,3	42,5	59,5	1
2	68	71,4	74,8	78,2	81,6	85,0	88,4	91,8	95,2	98,6	73,7	79,3	90,7	96,3	76,5	93,5	2
3	102	105,4	108,8	112,2	115,6	119,0	122,4	125,8	129,2	132,6	107,7	113,3	124,7	130,3	110,5	127,5	3
4	136	139,4	142,8	146,2	149,6	153,0	156,4	159,8	163,2	166,6	141,7	147,3	158,7	164,3	144,5	161,5	4
5	170	173,4	176,8	180,2	183,6	187,0	190,4	193,8	197,2	200,6	175,7	181,3	192,7	198,3	178,5	195,5	5
6	204	207,4	210,8	214,2	217,6	221,0	224,4	227,8	231,2	234,6	209,7	215,3	226,7	232,3	212,5	229,5	6
7	238	241,4	244,8	248,2	251,6	255,0	258,4	261,8	265,2	268,6	243,7	249,3	260,7	266,3	246,5	263,5	7
8	272	275,4	278,8	282,2	285,6	289,0	292,4	295,8	299,2	302,6	277,7	283,3	294,7	300,3	280,5	297,5	8
9	306	309,4	312,8	316,2	319,6	323,0	326,4	329,8	333,2	336,6	311,7	317,3	328,7	334,3	314,5	331,5	9
10	340	343,4	346,8	350,2	353,6	357,0	360,4	363,8	367,2	370,6	345,7	351,3	362,7	368,3	348,5	365,5	10
11	374	377,4	380,8	384,2	387,6	391,0	394,4	397,8	401,2	404,6	379,7	385,3	396,7	402,3	382,5	399,5	11
12	408	411,4	414,8	418,2	421,6	425,0	428,4	431,8	435,2	438,6	413,7	419,3	430,7	436,3	416,5	433,5	12
13	442	445,4	448,8	452,2	455,6	459,0	462,4	465,8	469,2	472,6	447,7	453,3	464,7	470,3	450,5	467,5	13
14	476	479,4	482,8	486,2	489,6	493,0	496,4	499,8	503,2	506,6	481,7	487,3	498,7	504,3	484,5	501,5	14
15	510	513,4	516,8	520,2	523,6	527,0	530,4	533,8	537,2	540,6	515,7	521,3	532,7	538,3	518,5	535,5	15
16	544	547,4	550,8	554,2	557,6	561,0	564,4	567,8	571,2	574,6	549,7	555,3	566,7	572,3	552,5	569,5	16
17	578	581,4	584,8	588,2	591,6	595,0	598,4	601,8	605,2	608,6	583,7	589,3	600,7	606,3	586,5	603,5	17
18	612	615,4	618,8	622,2	625,6	629,0	632,4	635,8	639,2	642,6	617,7	623,3	634,7	640,3	620,5	637,5	18
19	646	649,4	652,8	656,2	659,6	663,0	666,4	669,8	673,2	676,6	651,7	657,3	668,7	674,3	654,5	671,5	19
20	680	683,4	686,8	690,2	693,6	697,0	700,4	703,8	707,2	710,6	685,7	691,3	702,7	708,3	688,5	705,5	20
21	714	717,4	720,8	724,2	727,6	731,0	734,4	737,8	741,2	744,6	719,7	725,3	736,7	742,3	722,5	739,5	21
22	748	751,4	754,8	758,2	761,6	765,0	768,4	771,8	775,2	778,6	753,7	759,3	770,7	776,3	756,5	773,5	22
23	782	785,4	788,8	792,2	795,6	799,0	802,4	805,8	809,2	812,6	787,7	793,3	804,7	810,3	790,5	807,5	23
24	816	819,4	822,8	826,2	829,6	833,0	836,4	839,8	843,2	846,6	821,7	827,3	838,7	844,3	824,5	841,5	24
25	850	853,4	856,8	860,2	863,6	867,0	870,4	873,8	877,2	880,6	855,7	861,3	872,7	878,3	858,5	875,5	25
26	884	887,4	890,8	894,2	897,6	901,0	904,4	907,8	911,2	914,6	889,7	895,3	906,7	912,3	892,5	909,5	26
27	918	921,4	924,8	928,2	931,6	935,0	938,4	941,8	945,2	948,6	923,7	929,3	940,7	946,3	926,5	943,5	27
28	952	955,4	958,8	962,2	965,6	969,0	972,4	975,8	979,2	982,6	957,7	963,3	974,7	980,3	960,5	977,5	28
29	986	989,4	992,8	996,2	999,6	1003,0	1006,4	1009,8	1013'2	1016,6	991,7	997,3	1008,7	1014,3	994,5	1011,5	29
30	1020	1023,4	1026,8	1030,2	1033,6	1037,0	1040,4	1043,8	1047,2	1050,6	1025,7	1031,3	1042,7	1048,3	1028,5	1045,5	30
31	1054	1057,4	1060,8	1064,2	1067,6	1071,0	1074,4	1077,8	1081,2	1084,6	1059,7	1065,3	1076,7	1082,3	1062,5	1079,5	31
32	1088	1091,4	1094,8	1098,2	1101,6	1105,0	1108,4	1111,8	1115,2	1118,6	1093,7	1099,3	1110,7	1116,3	1096,5	1113,5	32
33	1122	1125,4	1128,8	1132,2	1135,6	1139,0	1142,4	1145,8	1149,2	1152,6	1127,7	1133,3	1144,7	1150,3	1130,5	1147,5	33
34	1156	1159,4	1162,8	1166,2	1169,6	1173,0	1176,4	1179,8	1183,2	1186,6	1161,7	1167,3	1178,7	1184,3	1164,5	1181,5	34
35	1190	1193,4	1196,8	1200,2	1203,6	1207,0	1210,4	1213,8	1217,2	1220,6	1195,7	1201,3	1212,7	1218,3	1198,5	1215,5	35
36	1224	1227,4	1230,8	1234,2	1237,6	1241,0	1244,4	1247,8	1251,2	1254,6	1229,7	1235,3	1246,7	1252,3	1232,5	1249,5	36
37	1258	1261,4	1264,8	1268,2	1271,6	1275,0	1278,4	1281,8	1285,2	1288,6	1263,7	1269,3	1280,7	1286,3	1266,5	1283,5	37
38	1292	1295,4	1298,8	1302,2	1305,6	1309,0	1312,4	1315,8	1319,2	1322,6	1297,7	1303,3	1314,7	1320,3	1300,5	1317,5	38
39	1326	1329,4	1332,8	1336,2	1339,6	1343,0	1346,4	1349,8	1353,2	1356,6	1331,7	1337,3	1348,7	1354,3	1334,5	1351,5	39
40	1360	1363,4	1366,8	1370,2	1373,6	1377,0	1380,4	1383,8	1387,2	1390,6	1365,7	1371,3	1382,7	1388,3	1368,5	1385,5	40
41	1394	1397,4	1400,8	1404,2	1407,6	1411,0	1414,4	1417,8	1421,2	1424,6	1399,7	1405,3	1416,7	1422,3	1402,5	1419,5	41
42	1428	1431,4	1434,8	1438,2	1441,6	1445,0	1448,4	1451,8	1455,2	1458,6	1433,7	1439,3	1450,7	1456,3	1436,5	1453,5	42
43	1462	1465,4	1468,8	1472,2	1475,6	1479,0	1482,4	1485,8	1489,2	1492,6	1467,7	1473,3	1484,7	1490,3	1470,5	1487,5	43
44	1496	1499,4	1502,8	1506,2	1509,6	1513,0	1516,4	1519,8	1523,2	1526,6	1501,7	1507,3	1518,7	1524,3	1504,5	1521,5	44
45	1530	1533,4	1536,8	1540,2	1543,6	1547,0	1550,4	1553,8	1557,2	1560,6	1535,7	1541,3	1552,7	1558,3	1538,5	1555,5	45
46	1564	1567,4	1570,8	1574,2	1577,6	1581,0	1584,4	1587,8	1591,2	1594,6	1569,7	1575,3	1586,7	1592,3	1572,5	1589,5	46
47	1598	1601,4	1604,8	1608,2	1611,6	1615,0	1618,4	1621,8	1625,2	1628,6	1603,7	1609,3	1620,7	1626,3	1606,5	1623,5	47
48	1632	1635,4	1638,8	1642,2	1645,6	1649,0	1652,4	1655,8	1659,2	1662,6	1637,7	1643,3	1654,7	1660,3	1640,5	1657,5	48
49	1666	1669,4	1672,8	1676,2	1679,6	1683,0	1686,4	1689,8	1693,2	1696,6	1671,7	1677,3	1688,7	1694,3	1674,5	1691,5	49
50	1700	1703,4	1706,8	1710,2	1713,6	1717,0	1720,4	1723,8	1727,2	1730,6	1705,7	1711,3	1722,7	1728,3	1708,5	1725,5	50
51	1734	1737,4	1740,8	1744,2	1747,6	1751,0	1754,4	1757,8	1761,2	1764,6	1739,7	1745,3	1756,7	1762,3	1742,5	1759,5	51
52	1768	1771,4	1774,8	1778,2	1781,6	1785,0	1788,4	1791,8	1795,2	1798,6	1773,7	1779,3	1790,7	1796,3	1776,5	1793,5	52
53	1802	1805,4	1808,8	1812,2	1815,6	1819,0	1822,4	1825,8	1829,2	1832,6	1807,7	1813,3	1824,7	1830,3	1810,5	1827,5	53
54	1836	1839,4	1842,8	1846,2	1849,6	1853,0	1856,4	1859,8	1863,2	1866,6	1841,7	1847,3	1858,7	1864,3	1844,5	1861,5	54
55	1870	1873,4	1876,8	1880,2	1883,6	1887,0	1890,4	1893,8	1897,2	1900,6	1875,7	1881,3	1892,7	1898,3	1878,5	1895,5	55
56	1904	1907,4	1910,8	1914,2	1917,6	1921,0	1924,4	1927,8	1931,2	1934,6	1909,7	1915,3	1926,7	1932,3	1912,5	1929,5	56
57	1938	1941,4	1944,8	1948,2	1951,6	1955,0	1958,4	1961,8	1965,2	1968,6	1943,7	1949,3	1960,7	1966,3	1946,5	1963,5	57
58	1972	1975,4	1978,8	1982,2	1985,6	1989,0	1992,4	1995,8	1999,2	2002,6	1977,7	1983,3	1994,7	2000,3	1980,5	1997,5	58
59	2006	2009,4	2012,8	2016,2	2019,6	2023,0	2026,4	2029,8	2033,2	2036,6	2011,7	2017,3	2028,7	2034,3	2014,5	2031,5	59
60	2040	2043,4	2046,8	2050,2	2053,6	2057,0	2060,4	2063,8	2067,2	2070,6	2045,7	2051,3	2062,7	2068,3	2048,5	2065,5	60
61	2074	2077,4	2080,8	2084,2	2087,6	2091,0	2094,4	2097,8	2101,2	2104,6	2079,7	2085,3	2096,7	2102,3	2082,5	2099,5	61
62	2108	2111,4	2114,8	2118,2	2121,6	2125,0	2128,4	2131,8	2135,2	2138,6	2113,7	2119,3	2130,7	2136,3	2116,5	2133,5	62
63	2142	2145,4	2148,8	2152,2	2155,6	2159,0	2162,4	2165,8	2169,2	2172,6	2147,7	2153,3	2164,7	2170,3	2150,5	2167,5	63
64	2176	2179,4	2182,8	2186,2	2189,6	2193,0	2196,4	2199,8	2203,2	2206,6	2181,7	2187,3	2198,7	2204,3	2184,5	2201,5	64
65	2210	2213,4	2216,8	2220,2	2223,6	2227,0	2230,4	2233,8	2237,2	2240,6	2215,7	2221,3	2232,7	2238,3	2218,5	2235,5	65
66	2244	2247,4	2250,8	2254,2	2257,6	2261,0	2264,4	2267,8	2271,2	2274,6	2249,7	2255,3	2266,7	2272,3	2252,5	2269,5	66
67	2278	2281,4	2284,8	2288,2	2291,6	2295,0	2298,4	2301,8	2305,2	2308,6	2283,7	2289,3	2300,7	2306,3	2286,5	2303,5	67
68	2312	2315,4	2318,8	2322,2	2325,6	2329,0	2332,4	2335,8	2339,2	2342,6	2317,7	2323,3	2334,7	2340,3	2320,5	2337,5	68
69	2346	2349,4	2352,8	2356,2	2359,6	2363,0	2366,4	2369,8	2373,2	2376,6	2351,7	2357,3	2368,7	2374,3	2354,5	2371,5	69
70	2380	2383,4	2386,8	2390,2	2393,6	2397,0	2400,4	2403,8	2407,2	2410,6	2385,7	2391,3	2402,7	2408,3	2388,5	2405,5	70
71	2414	2417,4	2420,8	2424,2	2427,6	2431,0	2434,4	2437,8	2441,2	2444,6	2419,7	2425,3	2436,7	2442 3	2422,5	2439,5	71
72	2448	2451,4	2454,8	2458,2	2461,6	2465,0	2468,4	2471,8	2475,2	2478,6	2453,7	2459,3	2470,7	2476,3	2456,5	2473,5	72
73	2482	2485,4	2488,8	2492,2	2495,6	2499,0	2502,4	2505,8	2509,2	2512,6	2487,7	2493,3	2504,7	2510,3	2490,5	2507,5	73
74	2516	2519,4	2522,8	2526,2	2529,6	2533,0	2536,4	2539,8	2543,2	2546,6	2521,7	2527,3	2538,7	2544,3	2524,5	2541,5	74
75	2550	2553,4	2556,8	2560,2	2563,6	2567,0	2570,4	2573,8	2577,2	2580,6	2555,7	2561,3	2572,7	2578,3	2558,5	2575,5	75
76	2584	2587,4	2590,8	2594,2	2597,6	2601,0	2604,4	2607,8	2611,2	2614,6	2589,7	2595,3	2606,7	2612,3	2592,5	2609,5	76
77	2618	2621,4	2624,8	2628,2	2631,6	2635,0	2638,4	2641,8	2645,2	2648,6	2623,7	2629,3	2640,7	2646,3	2626,5	2643,5	77
78	2652	2655,4	2658,8	2662,2	2665,6	2669,0	2672,4	2675,8	2679,2	2682,6	2657,7	2663,3	2674,7	2680,3	2660,5	2677,5	78
79	2686	2689,4	2692,8	2696,2	2699,6	2703,0	2706,4	2709,8	2713,2	2716,6	2691,7	2697,3	2708,7	2714,3	2694,5	2711,5	79
80	2720	2723,4	2726,8	2730,2	2733,6	2737,0	2740,4	2743,8	2747,2	2750,6	2725,7	2731,3	2742,7	2748,3	2728,5	2745,5	80
81	2754	2757,4	2760,8	2764,2	2767,6	2771,0	2774,4	2777,8	2781,2	2784,6	2759,7	2765,3	2776,7	2782,3	2762,5	2779,5	81
82	2788	2791,4	2794,8	2798,2	2801,6	2805,0	2808,4	2811,8	2815,2	2818,6	2793,7	2799,3	2810,7	2816,3	2796,5	2813,5	82
83	2822	2825,4	2828,8	2832,2	2835,6	2839,0	2842,4	2845,8	2849,2	2852,6	2827,7	2833,3	2844,7	2850,3	2830,5	2847,5	83
84	2856	2859,4	2862,8	2866,2	2869,6	2873,0	2876,4	2879,8	2883,2	2886,6	2861,7	2867,3	2878,7	2884,3	2864,5	2881,5	84
85	2890	2893,4	2896,8	2900,2	2903,6	2907,0	2910,4	2913,8	2917,2	2920,6	2895,7	2901,3	2912,7	2918,3	2898,5	2915,5	85
86	2924	2927,4	2930,8	2934,2	2937,6	2941,0	2944,4	2947,8	2951,2	2954,6	2929,7	2935,3	2946,7	2952,3	2932,5	2949,5	86
87	2958	2961,4	2964,8	2968,2	2971,6	2975,0	2978,4	2981,8	2985,2	2988,6	2963,7	2969,3	2980,7	2986,3	2966,5	2983,5	87
88	2992	2995,4	2998,8	3002,2	3005,6	3009,0	3012,4	3015,8	3019,2	3022,6	2997,7	3003,3	3014,7	3020,3	3000,5	3017,5	88
89	3026	3029,4	3032,8	3036,2	3039,6	3043,0	3046,4	3049,8	3053,2	3056,6	3031,7	3037,3	3048,7	3054,3	3034,5	3051,5	89
90	3060	3063,4	3066,8	3070,2	3073,6	3077,0	3080,4	3083,8	3087,2	3090,6	3065,7	3071,3	3082,7	3088,3	3068,5	3085,5	90
91	3094	3097,4	3100,8	3104,2	3107,6	3111,0	3114,4	3117,8	3121,2	3124,6	3099,7	3105,3	3116,7	3122,3	3102,5	3119,5	91
92	3128	3131,4	3134,8	3138,2	3141,6	3145,0	3148,4	3151,8	3155,2	3158,6	3133,7	3139,3	3150,7	3156,3	3136,5	3153,5	92
93	3162	3165,4	3168,8	3172,2	3175,6	3179,0	3182,4	3185,8	3189,2	3192,6	3167,7	3173,3	3184,7	3190,3	3170,5	3187,5	93
94	3196	3199,4	3202,8	3206,2	3209,6	3213,0	3216,4	3219,8	3223,2	3226,6	3201,7	3207,3	3218,7	3224,3	3204,5	3221,5	94
95	3230	3233,4	3236,8	3240,2	3243,6	3247,0	3250,4	3253,8	3257,2	3260,6	3235,7	3241,3	3252,7	3258,3	3238,5	3255,5	95
96	3264	3267,4	3270,8	3274,2	3277,6	3281,0	3284,4	3287,8	3291,2	3294,6	3269,7	3275,3	3286,7	3292,3	3272,5	3289,5	96
97	3298	3301,4	3304,8	3308,2	3311,6	3315,0	3318,4	3321,8	3325,2	3328,6	3303,7	3309,3	3320,7	3326,3	3306,5	3323,5	97
98	3332	3335,4	3338,8	3342,2	3345,6	3349,0	3352,4	3355,8	3359,2	3362,6	3337,7	3343,3	3354,7	3360,3	3340,5	3357,5	98
99	3366	3369,4	3372,8	3376,2	3379,6	3383,0	3386,4	3389,8	3393,2	3396,6	3371,7	3377,3	3388,7	3394,3	3374,5	3391,5	99
100	3400	3403,4	3406,8	3410,2	3413,6	3417,0	3420,4	3423,8	3427,2	3430,6	3405,7	3411,3	3422,7	3428,3	3408,5	3425,5	100

35

		1/10 3,5	2/10 7,0	3/10 10,5	4/10 14.0	5/10 17,5	6/10 21,0	7/10 24,5	8/10 28,0	9/10 31,5	1/6 5,833	2/6 11,666	4/6 23,333	5/6 29,166	1/4 8,75	3/4 26,25	
1	35	38,5	42,0	45,5	49,0	52,5	56,0	59,5	63,0	66,5	40,8	46,7	58,3	64,2	43,8	61,3	1
2	70	73,5	77,0	80,5	84,0	87,5	91,0	94,5	98,0	101,5	75,8	81,7	93,3	99,2	78,8	96,3	2
3	105	108,5	112,0	115,5	119,0	122,5	126,0	129,5	133,0	136,5	110,8	116,7	128,3	134,2	113,8	131,3	3
4	140	143,5	147,0	150,5	154,0	157,5	161,0	164,5	168,0	171,5	145,8	151,7	163,3	169,2	148,8	166,3	4
5	175	178,5	182,0	185,5	189,0	192,5	196,0	199,5	203,0	206,5	180,8	186,7	198,3	204,2	183,8	201,3	5
6	210	213,5	217,0	220,5	224,0	227,5	231,0	234,5	238,0	241,5	215,8	221,7	233,3	239,2	218,8	236,3	6
7	245	248,5	252,0	255,5	259,0	262,5	266,0	269,5	273,0	276,5	250,8	256,7	268,3	274,2	253,8	271,3	7
8	280	283,5	287,0	290,5	294,0	297,5	301,0	304,5	308,0	311,5	285,8	291,7	303,3	309,2	288,8	306,3	8
9	315	318,5	322,0	325,5	329,0	332,5	336,0	339,5	343,0	346,5	320,8	326,7	338,3	344,2	323,8	341,3	9
10	350	353,5	357,0	360,5	364,0	367,5	371,0	374,5	378,0	381,5	355,8	361,7	373,3	379,2	358,8	376,3	10
11	385	388,5	392,0	395,5	399,0	402,5	406,0	409,5	413,0	416,5	390,8	396,7	408,3	414,2	393,8	411,3	11
12	420	423,5	427,0	430,5	434,0	437,5	441,0	444,5	448,0	451,5	425,8	431,7	443,3	449,2	428,8	446,3	12
13	455	458,5	462,0	465,5	469,0	472,5	476,0	479,5	483,0	486,5	460,8	466,7	478,3	484,2	463,8	481,3	13
14	490	493,5	497,0	500,5	504,0	507,5	511,0	514,5	518,0	521,5	495,8	501,7	513,3	519,2	498,8	516,3	14
15	525	528,5	532,0	535,5	539,0	542,5	546,0	549,5	553,0	556,5	530,8	536,7	548,3	554,2	533,8	551,3	15
16	560	563,5	567,0	570,5	574,0	577,5	581,0	584,5	588,0	591,5	565,8	571,7	583,3	589,2	568,8	586,3	16
17	595	598,5	602,0	605,5	609,0	612,5	616,0	619,5	623,0	626,5	600,8	606,7	618,3	624,2	603,8	621,3	17
18	630	633,5	637,0	640,5	644,0	647,5	651,0	654,5	658,0	661,5	635,8	641,7	653,3	659,2	638,8	656,3	18
19	665	668,5	672,0	675,5	679,0	682,5	686,0	689,5	693,0	696,5	670,8	676,7	688,3	694,2	673,8	691,3	19
20	700	703,5	707,0	710,5	714,0	717,5	721,0	724,5	728,0	731,5	705,8	711,7	723,3	729,2	708,8	726,3	20
21	735	738,5	742,0	745,5	749,0	752,5	756,0	759,5	763,0	766,5	740,8	746,7	758,3	764,2	743,8	761,3	21
22	770	773,5	777,0	780,5	784,0	787,5	791,0	794,5	798,0	801,5	775,8	781,7	793,3	799,2	778,8	796,3	22
23	805	808,5	812,0	815,5	819,0	822,5	826,0	829,5	833,0	836,5	810,8	816,7	828,3	834,2	813,8	831,3	23
24	840	843,5	847,0	850,5	854,0	857,5	861,0	864,5	868,0	871,5	845,8	851,7	863,3	869,2	848,8	866,3	24
25	875	878,5	882,0	885,5	889,0	892,5	896,0	899,5	903,0	906,5	880,8	886,7	898,3	904,2	883,8	901,3	25
26	910	913,5	917,0	920,5	924,0	927,5	931,0	934,5	938,0	941,5	915,8	921,7	933,3	939,2	918,8	936,3	26
27	945	948,5	952,0	955,5	959,0	962,5	966,0	969,5	973,0	976,5	950,8	956,7	968,3	974,2	953,8	971,3	27
28	980	983,5	987,0	990,5	994,0	997,5	1001,0	1004,5	1008,0	1011,5	985,8	991,7	1003,3	1009,2	988,8	1006,3	28
29	1015	1018,5	1022,0	1025,5	1029,0	1032,5	1036,0	1039,5	1043,0	1046,5	1020,8	1026,7	1038,3	1044,2	1023,8	1041,3	29
30	1050	1053,5	1057,0	1060,5	1064,0	1067,5	1071,0	1074,5	1078,0	1081,5	1055,8	1061,7	1073,3	1079,2	1058,8	1076,3	30
31	1085	1088,5	1092,0	1095,5	1099,0	1102,5	1106,0	1109,5	1113,0	1116,5	1090,8	1096,7	1108,3	1114,2	1093,8	1111,3	31
32	1120	1123,5	1127,0	1130,5	1134,0	1137,5	1141,0	1144,5	1148,0	1151,5	1125,8	1131,7	1143,3	1149,2	1128,8	1146,3	32
33	1155	1158,5	1162,0	1165,5	1169,0	1172,5	1176,0	1179,5	1183,0	1186,5	1160,8	1166,7	1178,3	1184,2	1163,8	1181,3	33
34	1190	1193,5	1197,0	1200,5	1204,0	1207,5	1211,0	1214,5	1218,0	1221,5	1195,8	1201,7	1213,3	1219,2	1198,8	1216,3	34
35	1225	1228,5	1232,0	1235,5	1239,0	1242,5	1246,0	1249,5	1253,0	1256,5	1230,8	1236,7	1248,3	1254,2	1233,8	1251,3	35
36	1260	1263,5	1267,0	1270,5	1274,0	1277,5	1281,0	1284,5	1288,0	1291,5	1265,8	1271,7	1283,3	1289,2	1268,8	1286,3	36
37	1295	1298,5	1302,0	1305,5	1309,0	1312,5	1316,0	1319,5	1323,0	1326,5	1300,8	1306,7	1318,3	1324,2	1303,8	1321,3	37
38	1330	1333,5	1337,0	1340,5	1344,0	1347,5	1351,0	1354,5	1358,0	1361,5	1335,8	1341,7	1353,3	1359,2	1338,8	1356,3	38
39	1365	1368,5	1372,0	1375,5	1379,0	1382,5	1386,0	1389,5	1393,0	1396,5	1370,8	1376,7	1388,3	1394,2	1373,8	1391,3	39
40	1400	1403,5	1407,0	1410,5	1414,0	1417,5	1421,0	1424,5	1428,0	1431,5	1405,8	1411,7	1423,3	1429,2	1408,8	1426,3	40
41	1435	1438,5	1442,0	1445,5	1449,0	1452,5	1456,0	1459,5	1463,0	1466,5	1440,8	1446,7	1458,3	1464,2	1443,8	1461,3	41
42	1470	1473,5	1477,0	1480,5	1484,0	1487,5	1491,0	1494,5	1498,0	1501,5	1475,8	1481,7	1493,3	1499,2	1478,8	1496,3	42
43	1505	1508,5	1512,0	1515,5	1519,0	1522,5	1526,0	1529,5	1533,0	1536,5	1510,8	1516,7	1528,3	1534,2	1513,8	1531,3	43
44	1540	1543,5	1547,0	1550,5	1554,0	1557,5	1561,0	1564,5	1568,0	1571,5	1545,8	1551,7	1563,3	1569,2	1548,8	1566,3	44
45	1575	1578,5	1582,0	1585,5	1589,0	1592,5	1596,0	1599,5	1603,0	1606,5	1580,8	1586,7	1598,3	1604,2	1583,8	1601,3	45
46	1610	1613,5	1617,0	1620,5	1624,0	1627,5	1631,0	1634,5	1638,0	1641,5	1615,8	1621,7	1633,3	1639,2	1618,8	1636,3	46
47	1645	1648,5	1652,0	1655,5	1659,0	1662,5	1666,0	1669,5	1673,0	1676,5	1650,8	1656,7	1668,3	1674,2	1653,8	1671,3	47
48	1680	1683,5	1687,0	1690,5	1694,0	1697,5	1701,0	1704,5	1708,0	1711,5	1685,8	1691,7	1703,3	1709,2	1688,8	1706,3	48
49	1715	1718,5	1722,0	1725,5	1729,0	1732,5	1736,0	1739,5	1743,0	1746,5	1720,8	1726,7	1738,3	1744,2	1723,8	1741,3	49
50	1750	1753,5	1757,0	1760,5	1764,0	1767,5	1771,0	1774,5	1778,0	1781,5	1755,8	1761,7	1773,3	1779,2	1758,8	1776,3	50
51	1785	1788,5	1792,0	1795,5	1799,0	1802,5	1806,0	1809,5	1813,0	1816,5	1790,8	1796,7	1808,3	1814,2	1793,8	1811,3	51
52	1820	1823,5	1827,0	1830,5	1834,0	1837,5	1841,0	1844,5	1848,0	1851,5	1825,8	1831,7	1843,3	1849,2	1828,8	1846,3	52
53	1855	1858,5	1862,0	1865,5	1869,0	1872,5	1876,0	1879,5	1883,0	1886,5	1860,8	1866,7	1878,3	1884,2	1863,8	1881,3	53
54	1890	1893,5	1897,0	1900,5	1904,0	1907,5	1911,0	1914,5	1918,0	1921,5	1895,8	1901,7	1913,3	1919,2	1898,8	1916,3	54
55	1925	1928,5	1932,0	1935,5	1939,0	1942,5	1946,0	1949,5	1953,0	1956,5	1930,8	1936,7	1948,3	1954,2	1933,8	1951,3	55
56	1960	1963,5	1967,0	1970,5	1974,0	1977,5	1981,0	1984,5	1988,0	1991,5	1965,8	1971,7	1983,3	1989,2	1968,8	1986,3	56
57	1995	1998,5	2002,0	2005,5	2009,0	2012,5	2016,0	2019,5	2023,0	2026,5	2000,8	2006,7	2018,3	2024,2	2003,8	2021,3	57
58	2030	2033,5	2037,0	2040,5	2044,0	2047,5	2051,0	2054,5	2058,0	2061,5	2035,8	2041,7	2053,3	2059,2	2038,8	2056,3	58
59	2065	2068,5	2072,0	2075,5	2079,0	2082,5	2086,0	2089,5	2093,0	2096,5	2070,8	2076,7	2088,3	2094,2	2073,8	2091,3	59
60	2100	2103,5	2107,0	2110,5	2114,0	2117,5	2121,0	2124,5	2128,0	2131,5	2105,8	2111,7	2123,3	2129,2	2108,8	2126,3	60
61	2135	2138,5	2142,0	2145,5	2149,0	2152,5	2156,0	2159,5	2163,0	2166,5	2140,8	2146,7	2158,3	2164,2	2143,8	2161,3	61
62	2170	2173,5	2177,0	2180,5	2184,0	2187,5	2191,0	2194,5	2198,0	2201,5	2175,8	2181,7	2193,3	2199,2	2178,8	2196,3	62
63	2205	2208,5	2212,0	2215,5	2219,0	2222,5	2226,0	2229,5	2233,0	2236,5	2210,8	2216,7	2228,3	2234,2	2213,8	2231,3	63
64	2240	2243,5	2247,0	2250,5	2254,0	2257,5	2261,0	2264,5	2268,0	2271,5	2245,8	2251,7	2263,3	2269,2	2248,8	2266,3	64
65	2275	2278,5	2282,0	2285,5	2289,0	2292,5	2296,0	2299,5	2303,0	2306,5	2280,8	2286,7	2298,3	2304,2	2283,8	2301,3	65
66	2310	2313,5	2317,0	2320,5	2324,0	2327,5	2331,0	2334,5	2338,0	2341,5	2315,8	2321,7	2333,3	2339,2	2318,8	2336,3	66
67	2345	2348,5	2352,0	2355,5	2359,0	2362,5	2366,0	2369,5	2373,0	2376,5	2350,8	2356,7	2368,3	2374,2	2353,8	2371,3	67
68	2380	2383,5	2387,0	2390,5	2394,0	2397,5	2401,0	2404,5	2408,0	2411,5	2385,8	2391,7	2403,3	2409,2	2388,8	2406,3	68
69	2415	2418,5	2422,0	2425,5	2429,0	2432,5	2436,0	2439,5	2443,0	2446,5	2420,8	2426,7	2438,3	2444,2	2423,8	2441,3	69
70	2450	2453,5	2457,0	2460,5	2464,0	2467,5	2471,0	2474,5	2478,0	2481,5	2455,8	2461,7	2473,3	2479,2	2458,8	2476,3	70
71	2485	2488,5	2492,0	2495,5	2499,0	2502,5	2506,0	2509,5	2513,0	2516,5	2490,8	2496,7	2508,3	2514,2	2493,8	2511,3	71
72	2520	2523,5	2527,0	2530,5	2534,0	2537,5	2541,0	2544,5	2548,0	2551,5	2525,8	2531,7	2543,3	2549,2	2528,8	2546,3	72
73	2555	2558,5	2562,0	2565,5	2569,0	2572,5	2576,0	2579,5	2583,0	2586,5	2560,8	2566,7	2578,3	2584,2	2563,8	2581,3	73
74	2590	2593,5	2597,0	2600,5	2604,0	2607,5	2611,0	2614,5	2618,0	2621,5	2595,8	2601,7	2613,3	2619,2	2598,8	2616,3	74
75	2625	2628,5	2632,0	2635,5	2639,0	2642,5	2646,0	2649,5	2653,0	2656,5	2630,8	2636,7	2648,3	2654,2	2633,8	2651,3	75
76	2660	2663,5	2667,0	2670,5	2674,0	2677,5	2681,0	2684,5	2688,0	2691,5	2665,8	2671,7	2683,3	2689,2	2668,8	2686,3	76
77	2695	2698,5	2702,0	2705,5	2709,0	2712,5	2716,0	2719,5	2723,0	2726,5	2700,8	2706,7	2718,3	2724,2	2703,8	2721,3	77
78	2730	2733,5	2737,0	2740,5	2744,0	2747,5	2751,0	2754,5	2758,0	2761,5	2735,8	2741,7	2753,3	2759,2	2738,8	2756,3	78
79	2765	2768,5	2772,0	2775,5	2779,0	2782,5	2786,0	2789,5	2793,0	2796,5	2770,8	2776,7	2788,3	2794,2	2773,8	2791,3	79
80	2800	2803,5	2807,0	2810,5	2814,0	2817,5	2821,0	2824,5	2828,0	2831,5	2805,8	2811,7	2823,3	2829,2	2808,8	2826,3	80
81	2835	2838,5	2842,0	2845,5	2849,0	2852,5	2856,0	2859,5	2863,0	2866,5	2840,8	2846,7	2858,3	2864,2	2843,8	2861,3	81
82	2870	2873,5	2877,0	2880,5	2884,0	2887,5	2891,0	2894,5	2898,0	2901,5	2875,8	2881,7	2893,3	2899,2	2878,8	2896,3	82
83	2905	2908,5	2912,0	2915,5	2919,0	2922,5	2926,0	2929,5	2933,0	2936,5	2910,8	2916,7	2928,3	2934,2	2913,8	2931,3	83
84	2940	2943,5	2947,0	2950,5	2954,0	2957,5	2961,0	2964,5	2968,0	2971,5	2945,8	2951,7	2963,3	2969,2	2948,8	2966,3	84
85	2975	2978,5	2982,0	2985,5	2989,0	2992,5	2996,0	2999,5	3003,0	3006,5	2980,8	2986,7	2998,3	3004,2	2983,8	3001,3	85
86	3010	3013,5	3017,0	3020,5	3024,0	3027,5	3031,0	3034,5	3038,0	3041,5	3015,8	3021,7	3033,3	3039,2	3018,8	3036,3	86
87	3045	3048,5	3052,0	3055,5	3059,0	3062,5	3066,0	3069,5	3073,0	3076,5	3050,8	3056,7	3068,3	3074,2	3053,8	3071,3	87
88	3080	3083,5	3087,0	3090,5	3094,0	3097,5	3101,0	3104,5	3108,0	3111,5	3085,8	3091,7	3103,3	3109,2	3088,8	3106,3	88
89	3115	3118,5	3122,0	3125,5	3129,0	3132,5	3136,0	3139,5	3143,0	3146,5	3120,8	3126,7	3138,3	3144,2	3123,8	3141,3	89
90	3150	3153,5	3157,0	3160,5	3164,0	3167,5	3171,0	3174,5	3178,0	3181,5	3155,8	3161,7	3173,3	3179,2	3158,8	3176,3	90
91	3185	3188,5	3192,0	3195,5	3199,0	3202,5	3206,0	3209,5	3213,0	3216,5	3190,8	3196,7	3208,3	3214,2	3193,8	3211,3	91
92	3220	3223,5	3227,0	3230,5	3234,0	3237,5	3241,0	3244,5	3248,0	3251,5	3225,8	3231,7	3243,3	3249,2	3228,8	3246,3	92
93	3255	3258,5	3262,0	3265,5	3269,0	3272,5	3276,0	3279,5	3283,0	3286,5	3260,8	3266,7	3278,3	3284,2	3263,8	3281,3	93
94	3290	3293,5	3297,0	3300,5	3304,0	3307,5	3311,0	3314,5	3318,0	3321,5	3295,8	3301,7	3313,3	3319,2	3298,8	3316,3	94
95	3325	3328,5	3332,0	3335,5	3339,0	3342,5	3346,0	3349,5	3353,0	3356,5	3330,8	3336,7	3348,3	3354,2	3333,8	3351,3	95
96	3360	3363,5	3367,0	3370,5	3374,0	3377,5	3381,0	3384,5	3388,0	3391,5	3365,8	3371,7	3383,3	3389,2	3368,8	3386,3	96
97	3395	3398,5	3402,0	3405,5	3409,0	3412,5	3416,0	3419,5	3423,0	3426,5	3400,8	3406,7	3418,3	3424,2	3403,8	3421,3	97
98	3430	3433,5	3437,0	3440,5	3444,0	3447,5	3451,0	3454,5	3458,0	3461,5	3435,8	3441,7	3453,3	3459,2	3438,8	3456,3	98
99	3465	3468,5	3472,0	3475,5	3479,0	3482,5	3486,0	3489,5	3493,0	3496,5	3470,8	3476,7	3488,3	3494,2	3473,8	3491,3	99
100	3500	3503,5	3507,0	3510,5	3514,0	3517,5	3521,0	3524,5	3528,0	3531,5	3505,8	3511,7	3523,3	3529,2	3508,8	3526,3	100

36

	36	1/10 3,6	2/10 7,2	3/10 10,8	4/10 14,4	5/10 18,0	6/10 21,6	7/10 25,2	8/10 28,8	9/10 32,4	1/6 6,0	2/6 12,0	4/6 24,0	5/6 30,0	1/4 9,0	3/4 27,0	
1	36	39,6	43,2	46,8	50,4	54,0	57,6	61,2	64,8	68,4	42,0	48,0	60,0	66,0	45,0	63,0	1
2	72	75,6	79,2	82,8	86,4	90,0	93,6	97,2	100,8	104,4	78,0	84,0	96,0	102,0	81,0	99,0	2
3	108	111,6	115,2	118,8	122,4	126,0	129,6	133,2	136,8	140,4	114,0	120,0	132,0	138,0	117,0	135,0	3
4	144	147,6	151,2	154,8	158,4	162,0	165,6	169,2	172,8	176,4	150,0	156,0	168,0	174,0	153,0	171,0	4
5	180	183,6	187,2	190,8	194,4	198,0	201,6	205,2	208,8	212,4	186,0	192,0	204,0	210,0	189,0	207,0	5
6	216	219,6	223,2	226,8	230,4	234,0	237,6	241,2	244,8	248,4	222,0	228,0	240,0	246,0	225,0	243,0	6
7	252	255,6	259,2	262,8	266,4	270,0	273,6	277,2	280,8	284,4	258,0	264,0	276,0	282,0	261,0	279,0	7
8	288	291,6	295,2	298,8	302,4	306,0	309,6	313,2	316,8	320,4	294,0	300,0	312,0	318,0	297,0	315,0	8
9	324	327,6	331,2	334,8	338,4	342,0	345,6	349,2	352,8	356,4	330,0	336,0	348,0	354,0	333,0	351,0	9
10	360	363,6	367,2	370,8	374,4	378,0	381,6	385,2	388,8	392,4	366,0	372,0	384,0	390,0	369,0	387,0	10
11	396	399,6	403,2	406,8	410,4	414,0	417,6	421,2	424,8	428,4	402,0	408,0	420,0	426,0	405,0	423,0	11
12	432	435,6	439,2	442,8	446,4	450,0	453,6	457,2	460,8	464,4	438,0	444,0	456,0	462,0	441,0	459,0	12
13	468	471,6	475,2	478,8	482,4	486,0	489,6	493,2	496,8	500,4	474,0	480,0	492,0	498,0	477,0	495,0	13
14	504	507,6	511,2	514,8	518,4	522,0	525,6	529,2	532,8	536,4	510,0	516,0	528,0	534,0	513,0	531,0	14
15	540	543,6	547,2	550,8	554,4	558,0	561,6	565,2	568,8	572,4	546,0	552,0	564,0	570,0	549,0	567,0	15
16	576	579,6	583,2	586,8	590,4	594,0	597,6	601,2	604,8	608,4	582,0	588,0	600,0	606,0	585,0	603,0	16
17	612	615,6	619,2	622,8	626,4	630,0	633,6	637,2	640,8	644,4	618,0	624,0	636,0	642,0	621,0	639,0	17
18	648	651,6	655,2	658,8	662,4	666,0	669,6	673,2	676,8	680,4	654,0	660,0	672,0	678,0	657,0	675,0	18
19	684	687,6	691,2	694,8	698,4	702,0	705,6	709,2	712,8	716,4	690,0	696,0	708,0	714,0	693,0	711,0	19
20	720	723,6	727,2	730,8	734,4	738,0	741,6	745,2	748,8	752,4	726,0	732,0	744,0	750,0	729,0	747,0	20
21	756	759,6	763,2	766,8	770,4	774,0	777,6	781,2	784,8	788,4	762,0	768,0	780,0	786,0	765,0	783,0	21
22	792	795,6	799,2	802,8	806,4	810,0	813,6	817,2	820,8	824,4	798,0	804,0	816,0	822,0	801,0	819,0	22
23	828	831,6	835,2	838,8	842,4	846,0	849,6	853,2	856,8	860,4	834,0	840,0	852,0	858,0	837,0	855,0	23
24	864	867,6	871,2	874,8	878,4	882,0	885,6	889,2	892,8	896,4	870,0	876,0	888,0	894,0	873,0	891,0	24
25	900	903,6	907,2	910,8	914,4	918,0	921,6	925,2	928,8	932,4	906,0	912,0	924,0	930,0	909,0	927,0	25
26	936	939,6	943,2	946,8	950,4	954,0	957,6	961,2	964,8	968,4	942,0	948,0	960,0	966,0	945,0	963,0	26
27	972	975,6	979,2	982,8	986,4	990,0	993,6	997,2	1000,8	1004,4	978,0	984,0	996,0	1002,0	981,0	999,0	27
28	1008	1011,6	1015,2	1018,8	1022,4	1026,0	1029,6	1033,2	1036,8	1040,4	1014,0	1020,0	1032,0	1038,0	1017,0	1035,0	28
29	1044	1047,6	1051,2	1054,8	1058,4	1062,0	1065,6	1069,2	1072,8	1076,4	1050,0	1056,0	1068,0	1074,0	1053,0	1071,0	29
30	1080	1083,6	1087,2	1090,8	1094,4	1098,0	1101,6	1105,2	1108,8	1112,4	1086,0	1092,0	1104,0	1110,0	1089,0	1107,0	30
31	1116	1119,6	1123,2	1126,8	1130,4	1134,0	1137,6	1141,2	1144,8	1148,4	1122,0	1128,0	1140,0	1146,0	1125,0	1143,0	31
32	1152	1155,6	1159,2	1162,8	1166,4	1170,0	1173,6	1177,2	1180,8	1184,4	1158,0	1164,0	1176,0	1182,0	1161,0	1179,0	32
33	1188	1191,6	1195,2	1198,8	1202,4	1206,0	1209,6	1213,2	1216,8	1220,4	1194,0	1200,0	1212,0	1218,0	1197,0	1215,0	33
34	1224	1227,6	1231,2	1234,8	1238,4	1242,0	1245,6	1249,2	1252,8	1256,4	1230,0	1236,0	1248,0	1254,0	1233,0	1251,0	34
35	1260	1263,6	1267,2	1270,8	1274,4	1278,0	1281,6	1285,2	1288,8	1292,4	1266,0	1272,0	1284,0	1290,0	1269,0	1287,0	35
36	1296	1299,6	1303,2	1306,8	1310,4	1314,0	1317,6	1321,2	1324,8	1328,4	1302,0	1308,0	1320,0	1326,0	1305,0	1323,0	36
37	1332	1335,6	1339,2	1342,8	1346,4	1350,0	1353,6	1357,2	1360,8	1364,4	1338,0	1344,0	1356,0	1362,0	1341,0	1359,0	37
38	1368	1371,6	1375,2	1378,8	1382,4	1386,0	1389,6	1393,2	1396,8	1400,4	1374,0	1380,0	1392,0	1398,0	1377,0	1395,0	38
39	1404	1407,6	1411,2	1414,8	1418,4	1422,0	1425,6	1429,2	1432,8	1436,4	1410,0	1416,0	1428,0	1434,0	1413,0	1431,0	39
40	1440	1443,6	1447,2	1450,8	1454,4	1458,0	1461,6	1465,2	1468,8	1472,4	1446,0	1452,0	1464,0	1470,0	1449,0	1467,0	40
41	1476	1479,6	1483,2	1486,8	1490,4	1494,0	1497,6	1501,2	1504,8	1508,4	1482,0	1488,0	1500,0	1506,0	1485,0	1503,0	41
42	1512	1515,6	1519,2	1522,8	1526,4	1530,0	1533,6	1537,2	1540,8	1544,4	1518,0	1524,0	1536,0	1542,0	1521,0	1539,0	42
43	1548	1551,6	1555,2	1558,8	1562,4	1566,0	1569,6	1573,2	1576,8	1580,4	1554,0	1560,0	1572,0	1578,0	1557,0	1575,0	43
44	1584	1587,6	1591,2	1594,8	1598,4	1602,0	1605,6	1609,2	1612,8	1616,4	1590,0	1596,0	1608,0	1614,0	1593,0	1611,0	44
45	1620	1623,6	1627,2	1630,8	1634,4	1638,0	1641,6	1645,2	1648,8	1652,4	1626,0	1632,0	1644,0	1650,0	1629,0	1647,0	45
46	1656	1659,6	1663,2	1666,8	1670,4	1674,0	1677,6	1681,2	1684,8	1688,4	1662,0	1668,0	1680,0	1686,0	1665,0	1683,0	46
47	1692	1695,6	1699,2	1702,8	1706,4	1710,0	1713,6	1717,2	1720,8	1724,4	1698,0	1704,0	1716,0	1722,0	1701,0	1719,0	47
48	1728	1731,6	1735,2	1738,8	1742,4	1746,0	1749,6	1753,2	1756,8	1760,4	1734,0	1740,0	1752,0	1758,0	1737,0	1755,0	48
49	1764	1767,6	1771,2	1774,8	1778,4	1782,0	1785,6	1789,2	1792,8	1796,4	1770,0	1776,0	1788,0	1794,0	1773,0	1791,0	49
50	1800	1803,6	1807,2	1810,8	1814,4	1818,0	1821,6	1825,2	1828,8	1832,4	1806,0	1812,0	1824,0	1830,0	1809,0	1827,0	50
51	1836	1839,6	1843,2	1846,8	1850,4	1854,0	1857,6	1861,2	1864,8	1868,4	1842,0	1848,0	1860,0	1866,0	1845,0	1863,0	51
52	1872	1875,6	1879,2	1882,8	1886,4	1890,0	1893,6	1897,2	1900,8	1904,4	1878,0	1884,0	1896,0	1902,0	1881,0	1899,0	52
53	1908	1911,6	1915,2	1918,8	1922,4	1926,0	1929,6	1933,2	1936,8	1940,4	1914,0	1920,0	1932,0	1938,0	1917,0	1935,0	53
54	1944	1947,6	1951,2	1954,8	1958,4	1962,0	1965,6	1969,2	1972,8	1976,4	1950,0	1956,0	1968,0	1974,0	1953,0	1971,0	54
55	1980	1983,6	1987,2	1990,8	1994,4	1998,0	2001,6	2005,2	2008,8	2012,4	1986,0	1992,0	2004,0	2010,0	1989,0	2007,0	55
56	2016	2019,6	2023,2	2026,8	2030,4	2034,0	2037,6	2041,2	2044,8	2048,4	2022,0	2028,0	2040,0	2046,0	2025,0	2043,0	56
57	2052	2055,6	2059,2	2062,8	2066,4	2070,0	2073,6	2077,2	2080,8	2084,4	2058,0	2064,0	2076,0	2082,0	2061,0	2079,0	57
58	2088	2091,6	2095,2	2098,8	2102,4	2106,0	2109,6	2113,2	2116,8	2120,4	2094,0	2100,0	2112,0	2118,0	2097,0	2115,0	58
59	2124	2127,6	2131,2	2134,8	2138,4	2142,0	2145,6	2149,2	2152,8	2156,4	2130,0	2136,0	2148,0	2154,0	2133,0	2151,0	59
60	2160	2163,6	2167,2	2170,8	2174,4	2178,0	2181,6	2185,2	2188,8	2192,4	2166,0	2172,0	2184,0	2190,0	2169,0	2187,0	60
61	2196	2199,6	2203,2	2206,8	2210,4	2214,0	2217,6	2221,2	2224,8	2228,4	2202,0	2208,0	2220,0	2226,0	2205,0	2223,0	61
62	2232	2235,6	2239,2	2242,8	2246,4	2250,0	2253,6	2257,2	2260,8	2264,4	2238,0	2244,0	2256,0	2262,0	2241,0	2259,0	62
63	2268	2271,6	2275,2	2278,8	2282,4	2286,0	2289,6	2293,2	2296,8	2300,4	2274,0	2280,0	2292,0	2298,0	2277,0	2295,0	63
64	2304	2307,6	2311,2	2314,8	2318,4	2322,0	2325,6	2329,2	2332,8	2336,4	2310,0	2316,0	2328,0	2334,0	2313,0	2331,0	64
65	2340	2343,6	2347,2	2350,8	2354,4	2358,0	2361,6	2365,2	2368,8	2372,4	2346,0	2352,0	2364,0	2370,0	2349,0	2367,0	65
66	2376	2379,6	2383,2	2386,8	2390,4	2394,0	2397,6	2401,2	2404,8	2408,4	2382,0	2388,0	2400,0	2406,0	2385,0	2403,0	66
67	2412	2415,6	2419,2	2422,8	2426,4	2430,0	2433,6	2437,2	2440,8	2444,4	2418,0	2424,0	2436,0	2442,0	2421,0	2439,0	67
68	2448	2451,6	2455,2	2458,8	2462,4	2466,0	2469,6	2473,2	2476,8	2480,4	2454,0	2460,0	2472,0	2478,0	2457,0	2475,0	68
69	2484	2487,6	2491,2	2494,8	2498,4	2502,0	2505,6	2509,2	2512,8	2516,4	2490,0	2496,0	2508,0	2514,0	2493,0	2511,0	69
70	2520	2523,6	2527,2	2530,8	2534,4	2538,0	2541,6	2545,2	2548,8	2552,4	2526,0	2532,0	2544,0	2550,0	2529,0	2547,0	70
71	2556	2559,6	2563,2	2566,8	2570,4	2574,0	2577,6	2581,2	2584,8	2588,4	2562,0	2568,0	2580,0	2586,0	2565,0	2583,0	71
72	2592	2595,6	2599,2	2602,8	2606,4	2610,0	2613,6	2617,2	2620,8	2624,4	2598,0	2604,0	2616,0	2622,0	2601,0	2619,0	72
73	2628	2631,6	2635,2	2638,8	2642,4	2646,0	2649,6	2653,2	2656,8	2660,4	2634,0	2640,0	2652,0	2658,0	2637,0	2655,0	73
74	2664	2667,6	2671,2	2674,8	2678,4	2682,0	2685,6	2689,2	2692,8	2696,4	2670,0	2676,0	2688,0	2694,0	2673,0	2691,0	74
75	2700	2703,6	2707,2	2710,8	2714,4	2718,0	2721,6	2725,2	2728,8	2732,4	2706,0	2712,0	2724,0	2730,0	2709,0	2727,0	75
76	2736	2739,6	2743,2	2746,8	2750,4	2754,0	2757,6	2761,2	2764,8	2768,4	2742,0	2748,0	2760,0	2766,0	2745,0	2763,0	76
77	2772	2775,6	2779,2	2782,8	2786,4	2790,0	2793,6	2797,2	2800,8	2804,4	2778,0	2784,0	2796,0	2802,0	2781,0	2799,0	77
78	2808	2811,6	2815,2	2818,8	2822,4	2826,0	2829,6	2833,2	2836,8	2840,4	2814,0	2820,0	2832,0	2838,0	2817,0	2835,0	78
79	2844	2847,6	2851,2	2854,8	2858,4	2862,0	2865,6	2869,2	2872,8	2876,4	2850,0	2856,0	2868,0	2874,0	2853,0	2871,0	79
80	2880	2883,6	2887,2	2890,8	2894,4	2898,0	2901,6	2905,2	2908,8	2912,4	2886,0	2892,0	2904,0	2910,0	2889,0	2907,0	80
81	2916	2919,6	2923,2	2926,8	2930,4	2934,0	2937,6	2941,2	2944,8	2948,4	2922,0	2928,0	2940,0	2946,0	2925,0	2943,0	81
82	2952	2955,6	2959,2	2962,8	2966,4	2970,0	2973,6	2977,2	2980,8	2984,4	2958,0	2964,0	2976,0	2982,0	2961,0	2979,0	82
83	2988	2991,6	2995,2	2998,8	3002,4	3006,0	3009,6	3013,2	3016,8	3020,4	2994,0	3000,0	3012,0	3018,0	2997,0	3015,0	83
84	3024	3027,6	3031,2	3034,8	3038,4	3042,0	3045,6	3049,2	3052,8	3056,4	3030,0	3036,0	3048,0	3054,0	3033,0	3051,0	84
85	3060	3063,6	3067,2	3070,8	3074,4	3078,0	3081,6	3085,2	3088,8	3092,4	3066,0	3072,0	3084,0	3090,0	3069,0	3087,0	85
86	3096	3099,6	3103,2	3106,8	3110,4	3114,0	3117,6	3121,2	3124,8	3128,4	3102,0	3108,0	3120,0	3126,0	3105,0	3123,0	86
87	3132	3135,6	3139,2	3142,8	3146,4	3150,0	3153,6	3157,2	3160,8	3164,4	3138,0	3144,0	3156,0	3162,0	3141,0	3159,0	87
88	3168	3171,6	3175,2	3178,8	3182,4	3186,0	3189,6	3193,2	3196,8	3200,4	3174,0	3180,0	3192,0	3198,0	3177,0	3195,0	88
89	3204	3207,6	3211,2	3214,8	3218,4	3222,0	3225,6	3229,2	3232,8	3236,4	3210,0	3216,0	3228,0	3234,0	3213,0	3231,0	89
90	3240	3243,6	3247,2	3250,8	3254,4	3258,0	3261,6	3265,2	3268,8	3272,4	3246,0	3252,0	3264,0	3270,0	3249,0	3267,0	90
91	3276	3279,6	3283,2	3286,8	3290,4	3294,0	3297,6	3301,2	3304,8	3308,4	3282,0	3288,0	3300,0	3306,0	3285,0	3303,0	91
92	3312	3315,6	3319,2	3322,8	3326,4	3330,0	3333,6	3337,2	3340,8	3344,4	3318,0	3324,0	3336,0	3342,0	3321,0	3339,0	92
93	3348	3351,6	3355,2	3358,8	3362,4	3366,0	3369,6	3373,2	3376,8	3380,4	3354,0	3360,0	3372,0	3378,0	3357,0	3375,0	93
94	3384	3387,6	3391,2	3394,8	3398,4	3402,0	3405,6	3409,2	3412,8	3416,4	3390,0	3396,0	3408,0	3414,0	3393,0	3411,0	94
95	3420	3423,6	3427,2	3430,8	3434,4	3438,0	3441,6	3445,2	3448,8	3452,4	3426,0	3432,0	3444,0	3450,0	3429,0	3447,0	95
96	3456	3459,6	3463,2	3466,8	3470,4	3474,0	3477,6	3481,2	3484,8	3488,4	3462,0	3468,0	3480,0	3486,0	3465,0	3483,0	96
97	3492	3495,6	3499,2	3502,8	3506,4	3510,0	3513,6	3517,2	3520,8	3524,4	3498,0	3504,0	3516,0	3522,0	3501,0	3519,0	97
98	3528	3531,6	3535,2	3538,8	3542,4	3546,0	3549,6	3553,2	3556,8	3560,4	3534,0	3540,0	3552,0	3558,0	3537,0	3555,0	98
99	3564	3567,6	3571,2	3574,8	3578,4	3582,0	3585,6	3589,2	3592,8	3596,4	3570,0	3576,0	3588,0	3594,0	3573,0	3591,0	99
100	3600	3603,6	3607,2	3610,8	3614,4	3618,0	3621,6	3625,2	3628,8	3632,4	3606,0	3612,0	3624,0	3630,0	3609,0	3627,0	100

		1/10 3,7	2/10 7,4	3/10 11,1	4/10 14,8	5/10 18,5	6/10 22,2	7/10 25,9	8/10 29,6	9/10 33,3	1/6 6,166	2/6 12,333	4/6 24,666	5/6 30,833	1/4 9,25	3/4 27,75	
1	37	40,7	44,4	48,1	51,8	55,5	59,2	62,9	66,6	70,3	43,2	49,3	61,7	67,8	46,3	64,8	1
2	74	77,7	81,4	85,1	88,8	92,5	96,2	99,9	103,6	107,3	80,2	86,3	98,7	104,8	83,3	101,8	2
3	111	114,7	118,4	122,1	125,8	129,5	133,2	136,9	140,6	144,3	117,2	123,3	135,7	141,8	120,3	138,8	3
4	148	151,7	155,4	159,1	162,8	166,5	170,2	173,9	177,6	181,3	154,2	160,3	172,7	178,8	157,3	175,8	4
5	185	188,7	192,4	196,1	199,8	203,5	207,2	210,9	214,6	218,3	191,2	197,3	209,7	215,8	194,3	212,8	5
6	222	225,7	229,4	233,1	236,8	240,5	244,2	247,9	251,6	255,3	228,2	234,3	246,7	252,8	231,3	249,8	6
7	259	262,7	266,4	270,1	273,8	277,5	281,2	284,9	288,6	292,3	265,2	271,3	283,7	289,8	268,3	286,8	7
8	296	299,7	303,4	307,1	310,8	314,5	318,2	321,9	325,6	329,3	302,2	308,3	320,7	326,8	305,3	323,8	8
9	333	336,7	340,4	344,1	347,8	351,5	355,2	358,9	362,6	366,3	339,2	345,3	357,7	363,8	342,3	360,8	9
10	370	373,7	377,4	381,1	384,8	388,5	392,2	395,9	399,6	403,3	376,2	382,3	394,7	400,8	379,3	397,8	10
11	407	410,7	414,4	418,1	421,8	425,5	429,2	432,9	436,6	440,3	413,2	419,3	431,7	437,8	416,3	434,8	11
12	444	447,7	451,4	455,1	458,8	462,5	466,2	469,9	473,6	477,3	450,2	456,3	468,7	474,8	453,3	471,8	12
13	481	484,7	488,4	492,1	495,8	499,5	503,2	506,9	510,6	514,3	487,2	493,3	505,7	511,8	490,3	508,8	13
14	518	521,7	525,4	529,1	532,8	536,5	540,2	543,9	547,6	551,3	524,2	530,3	542,7	548,8	527,3	545,8	14
15	555	558,7	562,4	566,1	569,8	573,5	577,2	580,9	584,6	588,3	561,2	567,3	579,7	585,8	564,3	582,8	15
16	592	595,7	599,4	603,1	606,8	610,5	614,2	617,9	621,6	625,3	598,2	604,3	616,7	622,8	601,3	619,8	16
17	629	632,7	636,4	640,1	643,8	647,5	651,2	654,9	658,6	662,3	635,2	641,3	653,7	659,8	638,3	656,8	17
18	666	669,7	673,4	677,1	680,8	684,5	688,2	691,9	695,6	699,3	672,2	678,3	690,7	696,8	675,3	693,8	18
19	703	706,7	710,4	714,1	717,8	721,5	725,2	728,9	732,6	736,3	709,2	715,3	727,7	733,8	712,3	730,8	19
20	740	743,7	747,4	751,1	754,8	758,5	762,2	765,9	769,6	773,3	746,2	752,3	764,7	770,8	749,3	767,8	20
21	777	780,7	784,4	788,1	791,8	795,5	799,2	802,9	806,6	810,3	783,2	789,3	801,7	807,8	786,3	804,8	21
22	814	817,7	821,4	825,1	828,8	832,5	836,2	839,9	843,6	847,3	820,2	826,3	838,7	844,8	823,3	841,8	22
23	851	854,7	858,4	862,1	865,8	869,5	873,2	876,9	880,6	884,3	857,2	863,3	875,7	881,8	860,3	878,8	23
24	888	891,7	895,4	899,1	902,8	906,5	910,2	913,9	917,6	921,3	894,2	900,3	912,7	918,8	897,3	915,8	24
25	925	928,7	932,4	936,1	939,8	943,5	947,2	950,9	954,6	958,3	931,2	937,3	949,7	955,8	934,3	952,8	25
26	962	965,7	969,4	973,1	976,8	980,5	984,2	987,9	991,6	995,3	968,2	974,3	986,7	992,8	971,3	989,8	26
27	999	1002,7	1006,4	1010,1	1013,8	1017,5	1021,2	1024,9	1028,6	1032,3	1005,2	1011,3	1023,7	1029,8	1008,3	1026,8	27
28	1036	1039,7	1043,4	1047,1	1050,8	1054,5	1058,2	1061,9	1065,6	1069,3	1042,2	1048,3	1060,7	1066,8	1045,3	1063,8	28
29	1073	1076,7	1080,4	1084,1	1087,8	1091,5	1095,2	1098,9	1102,6	1106,3	1079,2	1085,3	1097,7	1103,8	1082,3	1100,8	29
30	1110	1113,7	1117,4	1121,1	1124,8	1128,5	1132,2	1135,9	1139,6	1143,3	1116,2	1122,3	1134,7	1140,8	1119,3	1137,8	30
31	1147	1150,7	1154,4	1158,1	1161,8	1165,5	1169,2	1172,9	1176,6	1180,3	1153,2	1159,3	1171,7	1177,8	1156,3	1174,8	31
32	1184	1187,7	1191,4	1195,1	1198,8	1202,5	1206,2	1209,9	1213,6	1217,3	1190,2	1196,3	1208,7	1214,8	1193,3	1211,8	32
33	1221	1224,7	1228,4	1232,1	1235,8	1239,5	1243,2	1246,9	1250,6	1254,3	1227,2	1233,3	1245,7	1251,8	1230,3	1248,8	33
34	1258	1261,7	1265,4	1269,1	1272,8	1276,5	1280,2	1283,9	1287,6	1291,3	1264,2	1270,3	1282,7	1288,8	1267,3	1285,8	34
35	1295	1298,7	1302,4	1306,1	1309,8	1313,5	1317,2	1320,9	1324,6	1328,3	1301,2	1307,3	1319,7	1325,8	1304,3	1322,8	35
36	1332	1335,7	1339,4	1343,1	1346,8	1350,5	1354,2	1357,9	1361,6	1365,3	1338,2	1344,3	1356,7	1362,8	1341,3	1359,8	36
37	1369	1372,7	1376,4	1380,1	1383,8	1387,5	1391,2	1394,9	1398,6	1402,3	1375,2	1381,3	1393,7	1399,8	1378,3	1396,8	37
38	1406	1409,7	1413,4	1417,1	1420,8	1424,5	1428,2	1431,9	1435,6	1439,3	1412,2	1418,3	1430,7	1436,8	1415,3	1433,8	38
39	1443	1446,7	1450,4	1454,1	1457,8	1461,5	1465,2	1468,9	1472,6	1476,3	1449,2	1455,3	1467,7	1473,8	1452,3	1470,8	39
40	1480	1483,7	1487,4	1491,1	1494,8	1498,5	1502,2	1505,9	1509,6	1513,3	1486,2	1492,3	1504,7	1510,8	1489,3	1507,8	40
41	1517	1520,7	1524,4	1528,1	1531,8	1535,5	1539,2	1542,9	1546,6	1550,3	1523,2	1529,3	1541,7	1547,8	1526,3	1544,8	41
42	1554	1557,7	1561,4	1565,1	1568,8	1572,5	1576,2	1579,9	1583,6	1587,3	1560,2	1566,3	1578,7	1584,8	1563,3	1581,8	42
43	1591	1594,7	1598,4	1602,1	1605,8	1609,5	1613,2	1616,9	1620,6	1624,3	1597,2	1603,3	1615,7	1621,8	1600,3	1618,8	43
44	1628	1631,7	1635,4	1639,1	1642,8	1646,5	1650,2	1653,9	1657,6	1661,3	1634,2	1640,3	1652,7	1658,8	1637,3	1655,8	44
45	1665	1668,7	1672,4	1676,1	1679,8	1683,5	1687,2	1690,9	1694,6	1698,3	1671,2	1677,3	1689,7	1695,8	1674,3	1692,8	45
46	1702	1705,7	1709,4	1713,1	1716,8	1720,5	1724,2	1727,9	1731,6	1735,3	1708,2	1714,3	1726,7	1732,8	1711,3	1729,8	46
47	1739	1742,7	1746,4	1750,1	1753,8	1757,5	1761,2	1764,9	1768,6	1772,3	1745,2	1751,3	1763,7	1769,8	1748,3	1766,8	47
48	1776	1779,7	1783,4	1787,1	1790,8	1794,5	1798,2	1801,9	1805,6	1809,3	1782,2	1788,3	1800,7	1806,8	1785,3	1803,8	48
49	1813	1816,7	1820,4	1824,1	1827,8	1831,5	1835,2	1838,9	1842,6	1846,3	1819,2	1825,3	1837,7	1843,8	1822,3	1840,8	49
50	1850	1853,7	1857,4	1861,1	1864,8	1868,5	1872,2	1875,9	1879,6	1883,3	1856,2	1862,3	1874,7	1880,8	1859,3	1877,8	50
51	1887	1890,7	1894,4	1898,1	1901,8	1905,5	1909,2	1912,9	1916,6	1920,3	1893,2	1899,3	1911,7	1917,8	1896,3	1914,8	51
52	1924	1927,7	1931,4	1935,1	1938,8	1942,5	1946,2	1949,9	1953,6	1957,3	1930,2	1936,3	1948,7	1954,8	1933,3	1951,8	52
53	1961	1964,7	1968,4	1972,1	1975,8	1979,5	1983,2	1986,9	1990,6	1994,3	1967,2	1973,3	1985,7	1991,8	1970,3	1988,8	53
54	1998	2001,7	2005,4	2009,1	2012,8	2016,5	2020,2	2023,9	2027,6	2031,3	2004,2	2010,3	2022,7	2028,8	2007,3	2025,8	54
55	2035	2038,7	2042,4	2046,1	2049,8	2053,5	2057,2	2060,9	2064,6	2068,3	2041,2	2047,3	2059,7	2065,8	2044,3	2062,8	55
56	2072	2075,7	2079,4	2083,1	2086,8	2090,5	2094,2	2097,9	2101,6	2105,3	2078,2	2084,3	2096,7	2102,8	2081,3	2099,8	56
57	2109	2112,7	2116,4	2120,1	2123,8	2127,5	2131,2	2134,9	2138,6	2142,3	2115,2	2121,3	2133,7	2139,8	2118,3	2136,8	57
58	2146	2149,7	2153,4	2157,1	2160,8	2164,5	2168,2	2171,9	2175,6	2179,3	2152,2	2158,3	2170,7	2176,8	2155,3	2173,8	58
59	2183	2186,7	2190,4	2194,1	2197,8	2201,5	2205,2	2208,9	2212,6	2216,3	2189,2	2195,3	2207,7	2213,8	2192,3	2210,8	59
60	2220	2223,7	2227,4	2231,1	2234,8	2238,5	2242,2	2245,9	2249,6	2253,3	2226,2	2232,3	2244,7	2250,8	2229,3	2247,8	60
61	2257	2260,7	2264,4	2268,1	2271,8	2275,5	2279,2	2282,9	2286,6	2290,3	2263,2	2269,3	2281,7	2287,8	2266,3	2284,8	61
62	2294	2297,7	2301,4	2305,1	2308,8	2312,5	2316,2	2319,9	2323,6	2327,3	2300,2	2306,3	2318,7	2324,8	2303,3	2321,8	62
63	2331	2334,7	2338,4	2342,1	2345,8	2349,5	2353,2	2356,9	2360,6	2364,3	2337,2	2343,3	2355,7	2361,8	2340,3	2358,8	63
64	2368	2371,7	2375,4	2379,1	2382,8	2386,5	2390,2	2393,9	2397,6	2401,3	2374,2	2380,3	2392,7	2398,8	2377,3	2395,8	64
65	2405	2408,7	2412,4	2416,1	2419,8	2423,5	2427,2	2430,9	2434,6	2438,3	2411,2	2417,3	2429,7	2435,8	2414,3	2432,8	65
66	2442	2445,7	2449,4	2453,1	2456,8	2460,5	2464,2	2467,9	2471,6	2475,3	2448,2	2454,3	2466,7	2472,8	2451,3	2469,8	66
67	2479	2482,7	2486,4	2490,1	2493,8	2497,5	2501,2	2504,9	2508,6	2512,3	2485,2	2491,3	2503,7	2509,8	2488,3	2506,8	67
68	2516	2519,7	2523,4	2527,1	2530,8	2534,5	2538,2	2541,9	2545,6	2549,3	2522,2	2528,3	2540,7	2546,8	2525,3	2543,8	68
69	2553	2556,7	2560,4	2564,1	2567,8	2571,5	2575,2	2578,9	2582,6	2586,3	2559,2	2565,3	2577,7	2583,8	2562,3	2580,8	69
70	2590	2593,7	2597,4	2601,1	2604,8	2608,5	2612,2	2615,9	2619,6	2623,3	2596,2	2602,3	2614,7	2620,8	2599,3	2617,8	70
71	2627	2630,7	2634,4	2638,1	2641,8	2645,5	2649,2	2652,9	2656,6	2660,3	2633,2	2639,3	2651,7	2657,8	2636,3	2654,8	71
72	2664	2667,7	2671,4	2675,1	2678,8	2682,5	2686,2	2689,9	2693,6	2697,3	2670,2	2676,3	2688,7	2694,8	2673,3	2691,8	72
73	2701	2704,7	2708,4	2712,1	2715,8	2719,5	2723,2	2726,9	2730,6	2734,3	2707,2	2713,3	2725,7	2731,8	2710,3	2728,8	73
74	2738	2741,7	2745,4	2749,1	2752,8	2756,5	2760,2	2763,9	2767,6	2771,3	2744,2	2750,3	2762,7	2768,8	2747,3	2765,8	74
75	2775	2778,7	2782,4	2786,1	2789,8	2793,5	2797,2	2800,9	2804,6	2808,3	2781,2	2787,3	2799,7	2805,8	2784,3	2802,8	75
76	2812	2815,7	2819,4	2823,1	2826,8	2830,5	2834,2	2837,9	2841,6	2845,3	2818,2	2824,3	2836,7	2842,8	2821,3	2839,8	76
77	2849	2852,7	2856,4	2860,1	2863,8	2867,5	2871,2	2874,9	2878,6	2882,3	2855,2	2861,3	2873,7	2879,8	2858,3	2876,8	77
78	2886	2889,7	2893,4	2897,1	2900,8	2904,5	2908,2	2911,9	2915,6	2919,3	2892,2	2898,3	2910,7	2916,8	2895,3	2913,8	78
79	2923	2926,7	2930,4	2934,1	2937,8	2941,5	2945,2	2948,9	2952,6	2956,3	2929,2	2935,3	2947,7	2953,8	2932,3	2950,8	79
80	2960	2963,7	2967,4	2971,1	2974,8	2978,5	2982,2	2985,9	2989,6	2993,3	2966,2	2972,3	2984,7	2990,8	2969,3	2987,8	80
81	2997	3000,7	3004,4	3008,1	3011,8	3015,5	3019,2	3022,9	3026,6	3030,3	3003,2	3009,3	3021,7	3027,8	3006,3	3024,8	81
82	3034	3037,7	3041,4	3045,1	3048,8	3052,5	3056,2	3059,9	3063,6	3067,3	3040,2	3046,3	3058,7	3064,8	3043,3	3061,8	82
83	3071	3074,7	3078,4	3082,1	3085,8	3089,5	3093,2	3096,9	3100,6	3104,3	3077,2	3083,3	3095,7	3101,8	3080,3	3098,8	83
84	3108	3111,7	3115,4	3119,1	3122,8	3126,5	3130,2	3133,9	3137,6	3141,3	3114,2	3120,3	3132,7	3138,8	3117,3	3135,8	84
85	3145	3148,7	3152,4	3156,1	3159,8	3163,5	3167,2	3170,9	3174,6	3178,3	3151,2	3157,3	3169,7	3175,8	3154,3	3172,8	85
86	3182	3185,7	3189,4	3193,1	3196,8	3200,5	3204,2	3207,9	3211,6	3215,3	3188,2	3194,3	3206,7	3212,8	3191,3	3209,8	86
87	3219	3222,7	3226,4	3230,1	3233,8	3237,5	3241,2	3244,9	3248,6	3252,3	3225,2	3231,3	3243,7	3249,8	3228,3	3246,8	87
88	3256	3259,7	3263,4	3267,1	3270,8	3274,5	3278,2	3281,9	3285,6	3289,3	3262,2	3268,3	3280,7	3286,8	3265,3	3283,8	88
89	3293	3296,7	3300,4	3304,1	3307,8	3311,5	3315,2	3318,9	3322,6	3326,3	3299,2	3305,3	3317,7	3323,8	3302,3	3320,8	89
90	3330	3333,7	3337,4	3341,1	3344,8	3348,5	3352,2	3355,9	3359,6	3363,3	3336,2	3342,3	3354,7	3360,8	3339,3	3357,8	90
91	3367	3370,7	3374,4	3378,1	3381,8	3385,5	3389,2	3392,9	3396,6	3400,3	3373,2	3379,3	3391,7	3397,8	3376,3	3394,8	91
92	3404	3407,7	3411,4	3415,1	3418,8	3422,5	3426,2	3429,9	3433,6	3437,3	3410,2	3416,3	3428,7	3434,8	3413,3	3431,8	92
93	3441	3444,7	3448,4	3452,1	3455,8	3459,5	3463,2	3466,9	3470,6	3474,3	3447,2	3453,3	3465,7	3471,8	3450,3	3468,8	93
94	3478	3481,7	3485,4	3489,1	3492,8	3496,5	3500,2	3503,9	3507,6	3511,3	3484,2	3490,3	3502,7	3508,8	3487,3	3505,8	94
95	3515	3518,7	3522,4	3526,1	3529,8	3533,5	3537,2	3540,9	3544,6	3548,3	3521,2	3527,3	3539,7	3545,8	3524,3	3542,8	95
96	3552	3555,7	3559,4	3563,1	3566,8	3570,5	3574,2	3577,9	3581,6	3585,3	3558,2	3564,3	3576,7	3582,8	3561,3	3579,8	96
97	3589	3592,7	3596,4	3600,1	3603,8	3607,5	3611,2	3614,9	3618,6	3622,3	3595,2	3601,3	3613,7	3619,8	3598,3	3616,8	97
98	3626	3629,7	3633,4	3637,1	3640,8	3644,5	3648,2	3651,9	3655,6	3659,3	3632,2	3638,3	3650,7	3656,8	3635,3	3653,8	98
99	3663	3666,7	3670,4	3674,1	3677,8	3681,5	3685,2	3688,9	3692,6	3696,3	3669,2	3675,3	3687,7	3693,8	3672,3	3690,8	99
100	3700	3703,7	3707,4	3711,1	3714,8	3718,5	3722,2	3725,9	3729,6	3733,3	3706,2	3712,3	3724,7	3730,8	3709,3	3727,8	100

38	38	1/10 3,8	2/10 7,6	3/10 11,4	4/10 15,2	5/10 19,0	6/10 22,8	7/10 26,6	8/10 30,4	9/10 34,2	1/6 6,333	2/6 12,666	4/6 25,333	5/6 31,666	1/4 9,5	3/4 28,5	
1	38	41,8	45,6	49,4	53,2	57,0	60,8	64,6	68,4	72,2	44,3	50,7	63,3	69,7	47,5	66,5	1
2	76	79,8	83,6	87,4	91,2	95,0	98,8	102,6	106,4	110,2	82,3	88,7	101,3	107,7	85,5	104,5	2
3	114	117,8	121,6	125,4	129,2	133,0	136,8	140,6	144,4	148,2	120,3	126,7	139,3	145,7	123,5	142,5	3
4	152	155,8	159,6	163,4	167,2	171,0	174,8	178,6	182,4	186,2	158,3	164,7	177,3	183,7	161,5	180,5	4
5	190	193,8	197,6	201,4	205,2	209,0	212,8	216,6	220,4	224,2	196,3	202,7	215,3	221,7	199,5	218,5	5
6	228	231,8	235,6	239,4	243,2	247,0	250,8	254,6	258,4	262,2	234,3	240,7	253,3	259,7	237,5	256,5	6
7	266	269,8	273,6	277,4	281,2	285,0	288,8	292,6	296,4	300,2	272,3	278,7	291,3	297,7	275,5	294,5	7
8	304	307,8	311,6	315,4	319,2	323,0	326,8	330,6	334,4	338,2	310,3	316,7	329,3	335,7	313,5	332,5	8
9	342	345,8	349,6	353,4	357,2	361,0	364,8	368,6	372,4	376,2	348,3	354,7	367,3	373,7	351,5	370,5	9
10	380	383,8	387,6	391,4	395,2	399,0	402,8	406,6	410,4	414,2	386,3	392,7	405,3	411,7	389,5	408,5	10
11	418	421,8	425,6	429,4	433,2	437,0	440,8	444,6	448,4	452,2	424,3	430,7	443,3	449,7	427,5	446,5	11
12	456	459,8	463,6	467,4	471,2	475,0	478,8	482,6	486,4	490,2	462,3	468,7	481,3	487,7	465,5	484,5	12
13	494	497,8	501,6	505,4	509,2	513,0	516,8	520,6	524,4	528,2	500,3	506,7	519,3	525,7	503,5	522,5	13
14	532	535,8	539,6	543,4	547,2	551,0	554,8	558,6	562,4	566,2	538,3	544,7	557,3	563,7	541,5	560,5	14
15	570	573,8	577,6	581,4	585,2	589,0	592,8	596,6	600,4	604,2	576,3	582,7	595,3	601,7	579,5	598,5	15
16	608	611,8	615,6	619,4	623,2	627,0	630,8	634,6	638,4	642,2	614,3	620,7	633,3	639,7	617,5	636,5	16
17	646	649,8	653,6	657,4	661,2	665,0	668,8	672,6	676,4	680,2	652,3	658,7	671,3	677,7	655,5	674,5	17
18	684	687,8	691,6	695,4	699,2	703,0	706,8	710,6	714,4	718,2	690,3	696,7	709,3	715,7	693,5	712,5	18
19	722	725,8	729,6	733,4	737,2	741,0	744,8	748,6	752,4	756,2	728,3	734,7	747,3	753,7	731,5	750,5	19
20	760	763,8	767,6	771,4	775,2	779,0	782,8	786,6	790,4	794,2	766,3	772,7	785,3	791,7	769,5	788,5	20
21	798	801,8	805,6	809,4	813,2	817,0	820,8	824,6	828,4	832,2	804,3	810,7	823,3	829,7	807,5	826,5	21
22	836	839,8	843,6	847,4	851,2	855,0	858,8	862,6	866,4	870,2	842,3	848,7	861,3	867,7	845,5	864,5	22
23	874	877,8	881,6	885,4	889,2	893,0	896,8	900,6	904,4	908,2	880,3	886,7	899,3	905,7	883,5	902,5	23
24	912	915,8	919,6	923,4	927,2	931,0	934,8	938,6	942,4	946,2	918,3	924,7	937,3	943,7	921,5	940,5	24
25	950	953,8	957,6	961,4	965,2	969,0	972,8	976,6	980,4	984,2	956,3	962,7	975,3	981,7	959,5	978,5	25
26	988	991,8	995,6	999,4	1003,2	1007,0	1010,8	1014,6	1018,4	1022,2	994,3	1000,7	1013,3	1019,7	997,5	1016,5	26
27	1026	1029,8	1033,6	1037,4	1041,2	1045,0	1048,8	1052,6	1056,4	1060,2	1032,3	1038,7	1051,3	1057,7	1035,5	1054,5	27
28	1064	1067,8	1071,6	1075,4	1079,2	1083,0	1086,8	1090,6	1094,4	1098,2	1070,3	1076,7	1089,3	1095,7	1073,5	1092,5	28
29	1102	1105,8	1109,6	1113,4	1117,2	1121,0	1124,8	1128,6	1132,4	1136,2	1108,3	1114,7	1127,3	1133,7	1111,5	1130,5	29
30	1140	1143,8	1147,6	1151,4	1155,2	1159,0	1162,8	1166,6	1170,4	1174,2	1146,3	1152,7	1165,3	1171,7	1149,5	1168,5	30
31	1178	1181,8	1185,6	1189,4	1193,2	1197,0	1200,8	1204,6	1208,4	1212,2	1184,3	1190,7	1203,3	1209,7	1187,5	1206,5	31
32	1216	1219,8	1223,6	1227,4	1231,2	1235,0	1238,8	1242,6	1246,4	1250,2	1222,3	1228,7	1241,3	1247,7	1225,5	1244,5	32
33	1254	1257,8	1261,6	1265,4	1269,2	1273,0	1276,8	1280,6	1284,4	1288,2	1260,3	1266,7	1279,3	1285,7	1263,5	1282,5	33
34	1292	1295,8	1299,6	1303,4	1307,2	1311,0	1314,8	1318,6	1322,4	1326,2	1298,3	1304,7	1317,3	1323,7	1301,5	1320,5	34
35	1330	1333,8	1337,6	1341,4	1345,2	1349,0	1352,8	1356,6	1360,4	1364,2	1336,3	1342,7	1355,3	1361,7	1339,5	1358,5	35
36	1368	1371,8	1375,6	1379,4	1383,2	1387,0	1390,8	1394,6	1398,4	1402,2	1374,3	1380,7	1393,3	1399,7	1377,5	1396,5	36
37	1406	1409,8	1413,6	1417,4	1421,2	1425,0	1428,8	1432,6	1436,4	1440,2	1412,3	1418,7	1431,3	1437,7	1415,5	1434,5	37
38	1444	1447,8	1451,6	1455,4	1459,2	1463,0	1466,8	1470,6	1474,4	1478,2	1450,3	1456,7	1469,3	1475,7	1453,5	1472,5	38
39	1482	1485,8	1489,6	1493,4	1497,2	1501,0	1504,8	1508,6	1512,4	1516,2	1488,3	1494,7	1507,3	1513,7	1491,5	1510,5	39
40	1520	1523,8	1527,6	1531,4	1535,2	1539,0	1542,8	1546,6	1550,4	1554,2	1526,3	1532,7	1545,3	1551,7	1529,5	1548,5	40
41	1558	1561,8	1565,6	1569,4	1573,2	1577,0	1580,8	1584,6	1588,4	1592,2	1564,3	1570,7	1583,3	1589,7	1567,5	1586,5	41
42	1596	1599,8	1603,6	1607,4	1611,2	1615,0	1618,8	1622,6	1626,4	1630,2	1602,3	1608,7	1621,3	1627,7	1605,5	1624,5	42
43	1634	1637,8	1641,6	1645,4	1649,2	1653,0	1656,8	1660,6	1664,4	1668,2	1640,3	1646,7	1659,3	1665,7	1643,5	1662,5	43
44	1672	1675,8	1679,6	1683,4	1687,2	1691,0	1694,8	1698,6	1702,4	1706,2	1678,3	1684,7	1697,3	1703,7	1681,5	1700,5	44
45	1710	1713,8	1717,6	1721,4	1725,2	1729,0	1732,8	1736,6	1740,4	1744,2	1716,3	1722,7	1735,3	1741,7	1719,5	1738,5	45
46	1748	1751,8	1755,6	1759,4	1763,2	1767,0	1770,8	1774,6	1778,4	1782,2	1754,3	1760,7	1773,3	1779,7	1757,5	1776,5	46
47	1786	1789,8	1793,6	1797,4	1801,2	1805,0	1808,8	1812,6	1816,4	1820,2	1792,3	1798,7	1811,3	1817,7	1795,5	1814,5	47
48	1824	1827,8	1831,6	1835,4	1839,2	1843,0	1846,8	1850,6	1854,4	1858,2	1830,3	1836,7	1849,3	1855,7	1833,5	1852,5	48
49	1862	1865,8	1869,6	1873,4	1877,2	1881,0	1884,8	1888,6	1892,4	1896,2	1868,3	1874,7	1887,3	1893,7	1871,5	1890,5	49
50	1900	1903,8	1907,6	1911,4	1915,2	1919,0	1922,8	1926,6	1930,4	1934,2	1906,3	1912,7	1925,3	1931,7	1909,5	1928,5	50
51	1938	1941,8	1945,6	1949,4	1953,2	1957,0	1960,8	1964,6	1968,4	1972,2	1944,3	1950,7	1963,3	1969,7	1947,5	1966,5	51
52	1976	1979,8	1983,6	1987,4	1991,2	1995,0	1998,8	2002,6	2006,4	2010,2	1982,3	1988,7	2001,3	2007,7	1985,5	2004,5	52
53	2014	2017,8	2021,6	2025,4	2029,2	2033,0	2036,8	2040,6	2044,4	2048,2	2020,3	2026,7	2039,3	2045,7	2023,5	2042,5	53
54	2052	2055,8	2059,6	2063,4	2067,2	2071,0	2074,8	2078,6	2082,4	2086,2	2058,3	2064,7	2077,3	2083,7	2061,5	2080,5	54
55	2090	2093,8	2097,6	2101,4	2105,2	2109,0	2112,8	2116,6	2120,4	2124,2	2096,3	2102,7	2115,3	2121,7	2099,5	2118,5	55
56	2128	2131,8	2135,6	2139,4	2143,2	2147,0	2150,8	2154,6	2158,4	2162,2	2134,3	2140,7	2153,3	2159,7	2137,5	2156,5	56
57	2166	2169,8	2173,6	2177,4	2181,2	2185,0	2188,8	2192,6	2196,4	2200,2	2172,3	2178,7	2191,3	2197,7	2175,5	2194,5	57
58	2204	2207,8	2211,6	2215,4	2219,2	2223,0	2226,8	2230,6	2234,4	2238,2	2210,3	2216,7	2229,3	2235,7	2213,5	2232,5	58
59	2242	2245,8	2249,6	2253,4	2257,2	2261,0	2264,8	2268,6	2272,4	2276,2	2248,3	2254,7	2267,3	2273,7	2251,5	2270,5	59
60	2280	2283,8	2287,6	2291,4	2295,2	2299,0	2302,8	2306,6	2310,4	2314,2	2286,3	2292,7	2305,3	2311,7	2289,5	2308,5	60
61	2318	2321,8	2325,6	2329,4	2333,2	2337,0	2340,8	2344,6	2348,4	2352,2	2324,3	2330,7	2343,3	2349,7	2327,5	2346,5	61
62	2356	2359,8	2363,6	2367,4	2371,2	2375,0	2378,8	2382,6	2386,4	2390,2	2362,3	2368,7	2381,3	2387,7	2365,5	2384,5	62
63	2394	2397,8	2401,6	2405,4	2409,2	2413,0	2416,8	2420,6	2424,4	2428,2	2400,3	2406,7	2419,3	2425,7	2403,5	2422,5	63
64	2432	2435,8	2439,6	2443,4	2447,2	2451,0	2454,8	2458,6	2462,4	2466,2	2438,3	2444,7	2457,3	2463,7	2441,5	2460,5	64
65	2470	2473,8	2477,6	2481,4	2485,2	2489,0	2492,8	2496,6	2500,4	2504,2	2476,3	2482,7	2495,3	2501,7	2479,5	2498,5	65
66	2508	2511,8	2515,6	2519,4	2523,2	2527,0	2530,8	2534,6	2538,4	2542,2	2514,3	2520,7	2533,3	2539,7	2517,5	2536,5	66
67	2546	2549,8	2553,6	2557,4	2561,2	2565,0	2568,8	2572,6	2576,4	2580,2	2552,3	2558,7	2571,3	2577,7	2555,5	2574,5	67
68	2584	2587,8	2591,6	2595,4	2599,2	2603,0	2606,8	2610,6	2614,4	2618,2	2590,3	2596,7	2609,3	2615,7	2593,5	2612,5	68
69	2622	2625,8	2629,6	2633,4	2637,2	2641,0	2644,8	2648,6	2652,4	2656,2	2628,3	2634,7	2647,3	2653,7	2631,5	2650,5	69
70	2660	2663,8	2667,6	2671,4	2675,2	2679,0	2682,8	2686,6	2690,4	2694,2	2666,3	2672,7	2685,3	2691,7	2669,5	2688,5	70
71	2698	2701,8	2705,6	2709,4	2713,2	2717,0	2720,8	2724,6	2728,4	2732,2	2704,3	2710,7	2723,3	2729,7	2707,5	2726,5	71
72	2736	2739,8	2743,6	2747,4	2751,2	2755,0	2758,8	2762,6	2766,4	2770,2	2742,3	2748,7	2761,3	2767,7	2745,5	2764,5	72
73	2774	2777,8	2781,6	2785,4	2789,2	2793,0	2796,8	2800,6	2804,4	2808,2	2780,3	2786,7	2799,3	2805,7	2783,5	2802,5	73
74	2812	2815,8	2819,6	2823,4	2827,2	2831,0	2834,8	2838,6	2842,4	2846,2	2818,3	2824,7	2837,3	2843,7	2821,5	2840,5	74
75	2850	2853,8	2857,6	2861,4	2865,2	2869,0	2872,8	2876,6	2880,4	2884,2	2856,3	2862,7	2875,3	2881,7	2859,5	2878,5	75
76	2888	2891,8	2895,6	2899,4	2903,2	2907,0	2910,8	2914,6	2918,4	2922,2	2894,3	2900,7	2913,3	2919,7	2897,5	2916,5	76
77	2926	2929,8	2933,6	2937,4	2941,2	2945,0	2948,8	2952,6	2956,4	2960,2	2932,3	2938,7	2951,3	2957,7	2935,5	2954,5	77
78	2964	2967,8	2971,6	2975,4	2979,2	2983,0	2986,8	2990,6	2994,4	2998,2	2970,3	2976,7	2989,3	2995,7	2973,5	2992,5	78
79	3002	3005,8	3009,6	3013,4	3017,2	3021,0	3024,8	3028,6	3032,4	3036,2	3008,3	3014,7	3027,3	3033,7	3011,5	3030,5	79
80	3040	3043,8	3047,6	3051,4	3055,2	3059,0	3062,8	3066,6	3070,4	3074,2	3046,3	3052,7	3065,3	3071,7	3049,5	3068,5	80
81	3078	3081,8	3085,6	3089,4	3093,2	3097,0	3100,8	3104,6	3108,4	3112,2	3084,3	3090,7	3103,3	3109,7	3087,5	3106,5	81
82	3116	3119,8	3123,6	3127,4	3131,2	3135,0	3138,8	3142,6	3146,4	3150,2	3122,3	3128,7	3141,3	3147,7	3125,5	3144,5	82
83	3154	3157,8	3161,6	3165,4	3169,2	3173,0	3176,8	3180,6	3184,4	3188,2	3160,3	3166,7	3179,3	3185,7	3163,5	3182,5	83
84	3192	3195,8	3199,6	3203,4	3207,2	3211,0	3214,8	3218,6	3222,4	3226,2	3198,3	3204,7	3217,3	3223,7	3201,5	3220,5	84
85	3230	3233,8	3237,6	3241,4	3245,2	3249,0	3252,8	3256,6	3260,4	3264,2	3236,3	3242,7	3255,3	3261,7	3239,5	3258,5	85
86	3268	3271,8	3275,6	3279,4	3283,2	3287,0	3290,8	3294,6	3298,4	3302,2	3274,3	3280,7	3293,3	3299,7	3277,5	3296,5	86
87	3306	3309,8	3313,6	3317,4	3321,2	3325,0	3328,8	3332,6	3336,4	3340,2	3312,3	3318,7	3331,3	3337,7	3315,5	3334,5	87
88	3344	3347,8	3351,6	3355,4	3359,2	3363,0	3366,8	3370,6	3374,4	3378,2	3350,3	3356,7	3369,3	3375,7	3353,5	3372,5	88
89	3382	3385,8	3389,6	3393,4	3397,2	3401,0	3404,8	3408,6	3412,4	3416,2	3388,3	3394,7	3407,3	3413,7	3391,5	3410,5	89
90	3420	3423,8	3427,6	3431,4	3435,2	3439,0	3442,8	3446,6	3450,4	3454,2	3426,3	3432,7	3445,3	3451,7	3429,5	3448,5	90
91	3458	3461,8	3465,6	3469,4	3473,2	3477,0	3480,8	3484,6	3488,4	3492,2	3464,3	3470,7	3483,3	3489,7	3467,5	3486,5	91
92	3496	3499,8	3503,6	3507,4	3511,2	3515,0	3518,8	3522,6	3526,4	3530,2	3502,3	3508,7	3521,3	3527,7	3505,5	3524,5	92
93	3534	3537,8	3541,6	3545,4	3549,2	3553,0	3556,8	3560,6	3564,4	3568,2	3540,3	3546,7	3559,3	3565,7	3543,5	3562,5	93
94	3572	3575,8	3579,6	3583,4	3587,2	3591,0	3594,8	3598,6	3602,4	3606,2	3578,3	3584,7	3597,3	3603,7	3581,5	3600,5	94
95	3610	3613,8	3617,6	3621,4	3625,2	3629,0	3632,8	3636,6	3640,4	3644,2	3616,3	3622,7	3635,3	3641,7	3619,5	3638,5	95
96	3648	3651,8	3655,6	3659,4	3663,2	3667,0	3670,8	3674,6	3678,4	3682,2	3654,3	3660,7	3673,3	3679,7	3657,5	3676,5	96
97	3686	3689,8	3693,6	3697,4	3701,2	3705,0	3708,8	3712,6	3716,4	3720,2	3692,3	3698,7	3711,3	3717,7	3695,5	3714,5	97
98	3724	3727,8	3731,6	3735,4	3739,2	3743,0	3746,8	3750,6	3754,4	3758,2	3730,3	3736,7	3749,3	3755,7	3733,5	3752,5	98
99	3762	3765,8	3769,6	3773,4	3777,2	3781,0	3784,8	3788,6	3792,4	3796,2	3768,3	3774,7	3787,3	3793,7	3771,5	3790,5	99
100	3800	3803,8	3807,6	3811,4	3815,2	3819,0	3822,8	3826,6	3830,4	3834,2	3806,3	3812,7	3825,3	3831,7	3809,5	3828,5	100

39

		1/10	2/10	3/10	4/10	5/10	6/10	7/10	8/10	9/10	1/6	2/6	4/6	5/6	1/4	3/4	
		3,9	7,8	11,7	15,6	19,5	23,4	27,3	31,2	35,1	6,5	13,0	26,0	32,5	9,75	29,25	
1	39	42,9	46,8	50,7	54,6	58,5	62,4	66,3	70,2	74,1	45,5	52,0	65,0	71,5	48,8	68,3	1
2	78	81,9	85,8	89,7	93,6	97,5	101,4	105,3	109,2	113,1	84,5	91,0	104,0	110,5	87,8	107,3	2
3	117	120,9	124,8	128,7	132,6	136,5	140,4	144,3	148,2	152,1	123,5	130,0	143,0	149,5	126,8	146,3	3
4	156	159,9	163,8	167,7	171,6	175,5	179,4	183,3	187,2	191,1	162,5	169,0	182,0	188,5	165,8	185,3	4
5	195	198,9	202,8	206,7	210,6	214,5	218,4	222,3	226,2	230,1	201,5	208,0	221,0	227,5	204,8	224,3	5
6	234	237,9	241,8	245,7	249,6	253,5	257,4	261,3	265,2	269,1	240,5	247,0	260,0	266,5	243,8	263,3	6
7	273	276,9	280,8	284,7	288,6	292,5	296,4	300,3	304,2	308,1	279,5	286,0	299,0	305,5	282,8	302,3	7
8	312	315,9	319,8	323,7	327,6	331,5	335,4	339,3	343,2	347,1	318,5	325,0	338,0	344,5	321,8	341,3	8
9	351	354,9	358,8	362,7	366,6	370,5	374,4	378,3	382,2	386,1	357,5	364,0	377,0	383,5	360,8	380,3	9
10	390	393,9	397,8	401,7	405,6	409,5	413,4	417,3	421,2	425,1	396,5	403,0	416,0	422,5	399,8	419,3	10
11	429	432,9	436,8	440,7	444,6	448,5	452,4	456,3	460,2	464,1	435,5	442,0	455,0	461,5	438,8	458,3	11
12	468	471,9	475,8	479,7	483,6	487,5	491,4	495,3	499,2	503,1	474,5	481,0	494,0	500,5	477,8	497,3	12
13	507	510,9	514,8	518,7	522,6	526,5	530,4	534,3	538,2	542,1	513,5	520,0	533,0	539,5	516,8	536,3	13
14	546	549,9	553,8	557,7	561,6	565,5	569,4	573,3	577,2	581,1	552,5	559,0	572,0	578,5	555,8	575,3	14
15	585	588,9	592,8	596,7	600,6	604,5	608,4	612,3	616,2	620,1	591,5	598,0	611,0	617,5	594,8	614,3	15
16	624	627,9	631,8	635,7	639,6	643,5	647,4	651,3	655,2	659,1	630,5	637,0	650,0	656,5	633,8	653,3	16
17	663	666,9	670,8	674,7	678,6	682,5	686,4	690,3	694,2	698,1	669,5	676,0	689,0	695,5	672,8	692,3	17
18	702	705,9	709,8	713,7	717,6	721,5	725,4	729,3	733,2	737,1	708,5	715,0	728,0	734,5	711,8	731,3	18
19	741	744,9	748,8	752,7	756,6	760,5	764,4	768,3	772,2	776,1	747,5	754,0	767,0	773,5	750,8	770,3	19
20	780	783,9	787,8	791,7	795,6	799,5	803,4	807,3	811,2	815,1	786,5	793,0	806,0	812,5	789,8	809,3	20
21	819	822,9	826,8	830,7	834,6	838,5	842,4	846,3	850,2	854,1	825,5	832,0	845,0	851,5	828,8	848,3	21
22	858	861,9	865,8	869,7	873,6	877,5	881,4	885,3	889,2	893,1	864,5	871,0	884,0	890,5	867,8	887,3	22
23	897	900,9	904,8	908,7	912,6	916,5	920,4	924,3	928,2	932,1	903,5	910,0	923,0	929,5	906,8	926,3	23
24	936	939,9	943,8	947,7	951,6	955,5	959,4	963,3	967,2	971,1	942,5	949,0	962,0	968,5	945,8	965,3	24
25	975	978,9	982,8	986,7	990,6	994,5	998,4	1002,3	1006,2	1010,1	981,5	988,0	1001,0	1007,5	984,8	1004,3	25
26	1014	1017,9	1021,8	1025,7	1029,6	1033,5	1037,4	1041,3	1045,2	1049,1	1020,5	1027,0	1040,0	1046,5	1023,8	1043,3	26
27	1053	1056,9	1060,8	1064,7	1068,6	1072,5	1076,4	1080,3	1084,2	1088,1	1059,5	1066,0	1079,0	1085,5	1062,8	1082,3	27
28	1092	1095,9	1099,8	1103,7	1107,6	1111,5	1115,4	1119,3	1123,2	1127,1	1098,5	1105,0	1118,0	1124,5	1101,8	1121,3	28
29	1131	1134,9	1138,8	1142,7	1146,6	1150,5	1154,4	1158,3	1162,2	1166,1	1137,5	1144,0	1157,0	1163,5	1140,8	1160,3	29
30	1170	1173,9	1177,8	1181,7	1185,6	1189,5	1193,4	1197,3	1201,2	1205,1	1176,5	1183,0	1196,0	1202,5	1179,8	1199,3	30
31	1209	1212,9	1216,8	1220,7	1224,6	1228,5	1232,4	1236,3	1240,2	1244,1	1215,5	1222,0	1235,0	1241,5	1218,8	1238,3	31
32	1248	1251,9	1255,8	1259,7	1263,6	1267,5	1271,4	1275,3	1279,2	1283,1	1254,5	1261,0	1274,0	1280,5	1257,8	1277,3	32
33	1287	1290,9	1294,8	1298,7	1302,6	1306,5	1310,4	1314,3	1318,2	1322,1	1293,5	1300,0	1313,0	1319,5	1296,8	1316,3	33
34	1326	1329,9	1333,8	1337,7	1341,6	1345,5	1349,4	1353,3	1357,2	1361,1	1332,5	1339,0	1352,0	1358,5	1335,8	1355,3	34
35	1365	1368,9	1372,8	1376,7	1380,6	1384,5	1388,4	1392,3	1396,2	1400,1	1371,5	1378,0	1391,0	1397,5	1374,8	1394,3	35
36	1404	1407,9	1411,8	1415,7	1419,6	1423,5	1427,4	1431,3	1435,2	1439,1	1410,5	1417,0	1430,0	1436,5	1413,8	1433,3	36
37	1443	1446,9	1450,8	1454,7	1458,6	1462,5	1466,4	1470,3	1474,2	1478,1	1449,5	1456,0	1469,0	1475,5	1452,8	1472,3	37
38	1482	1485,9	1489,8	1493,7	1497,6	1501,5	1505,4	1509,3	1513,2	1517,1	1488,5	1495,0	1508,0	1514,5	1491,8	1511,3	38
39	1521	1524,9	1528,8	1532,7	1536,6	1540,5	1544,4	1548,3	1552,2	1556,1	1527,5	1534,0	1547,0	1553,5	1530,8	1550,3	39
40	1560	1563,9	1567,8	1571,7	1575,6	1579,5	1583,4	1587,3	1591,2	1595,1	1566,5	1573,0	1586,0	1592,5	1569,8	1589,3	40
41	1599	1602,9	1606,8	1610,7	1614,6	1618,5	1622,4	1626,3	1630,2	1634,1	1605,5	1612,0	1625,0	1631,5	1608,8	1628,3	41
42	1638	1641,9	1645,8	1649,7	1653,6	1657,5	1661,4	1665,3	1669,2	1673,1	1644,5	1651,0	1664,0	1670,5	1647,8	1667,3	42
43	1677	1680,9	1684,8	1688,7	1692,6	1696,5	1700,4	1704,3	1708,2	1712,1	1683,5	1690,0	1703,0	1709,5	1686,8	1706,3	43
44	1716	1719,9	1723,8	1727,7	1731,6	1735,5	1739,4	1743,3	1747,2	1751,1	1722,5	1729,0	1742,0	1748,5	1725,8	1745,3	44
45	1755	1758,9	1762,8	1766,7	1770,6	1774,5	1778,4	1782,3	1786,2	1790,1	1761,5	1768,0	1781,0	1787,5	1764,8	1784,3	45
46	1794	1797,9	1801,8	1805,7	1809,6	1813,5	1817,4	1821,3	1825,2	1829,1	1800,5	1807,0	1820,0	1826,5	1803,8	1823,3	46
47	1833	1836,9	1840,8	1844,7	1848,6	1852,5	1856,4	1860,3	1864,2	1868,1	1839,5	1846,0	1859,0	1865,5	1842,8	1862,3	47
48	1872	1875,9	1879,8	1883,7	1887,6	1891,5	1895,4	1899,3	1903,2	1907,1	1878,5	1885,0	1898,0	1904,5	1881,8	1901,3	48
49	1911	1914,9	1918,8	1922,7	1926,6	1930,5	1934,4	1938,3	1942,2	1946,1	1917,5	1924,0	1937,0	1943,5	1920,8	1940,3	49
50	1950	1953,9	1957,8	1961,7	1965,6	1969,5	1973,4	1977,3	1981,2	1985,1	1956,5	1963,0	1976,0	1982,5	1959,8	1979,3	50
51	1989	1992,9	1996,8	2000,7	2004,6	2008,5	2012,4	2016,3	2020,2	2024,1	1995,5	2002,0	2015,0	2021,5	1998,8	2018,3	51
52	2028	2031,9	2035,8	2039,7	2043,6	2047,5	2051,4	2055,3	2059,2	2063,1	2034,5	2041,0	2054,0	2060,5	2037,8	2057,3	52
53	2067	2070,9	2074,8	2078,7	2082,6	2086,5	2090,4	2094,3	2098,2	2102,1	2073,5	2080,0	2093,0	2099,5	2076,8	2096,3	53
54	2106	2109,9	2113,8	2117,7	2121,6	2125,5	2129,4	2133,3	2137,2	2141,1	2112,5	2119,0	2132,0	2138,5	2115,8	2135,3	54
55	2145	2148,9	2152,8	2156,7	2160,6	2164,5	2168,4	2172,3	2176,2	2180,1	2151,5	2158,0	2171,0	2177,5	2154,8	2174,3	55
56	2184	2187,9	2191,8	2195,7	2199,6	2203,5	2207,4	2211,3	2215,2	2219,1	2190,5	2197,0	2210,0	2216,5	2193,8	2213,3	56
57	2223	2226,9	2230,8	2234,7	2238,6	2242,5	2246,4	2250,3	2254,2	2258,1	2229,5	2236,0	2249,0	2255,5	2232,8	2252,3	57
58	2262	2265,9	2269,8	2273,7	2277,6	2281,5	2285,4	2289,3	2293,2	2297,1	2268,5	2275,0	2288,0	2294,5	2271,8	2291,3	58
59	2301	2304,9	2308,8	2312,7	2316,6	2320,5	2324,4	2328,3	2332,2	2336,1	2307,5	2314,0	2327,0	2333,5	2310,8	2330,3	59
60	2340	2343,9	2347,8	2351,7	2355,6	2359,5	2363,4	2367,3	2371,2	2375,1	2346,5	2353,0	2366,0	2372,5	2349,8	2369,3	60
61	2379	2382,9	2386,8	2390,7	2394,6	2398,5	2402,4	2406,3	2410,2	2414,1	2385,5	2392,0	2405,0	2411,5	2388,8	2408,3	61
62	2418	2421,9	2425,8	2429,7	2433,6	2437,5	2441,4	2445,3	2449,2	2453,1	2424,5	2431,0	2444,0	2450,5	2427,8	2447,3	62
63	2457	2460,9	2464,8	2468,7	2472,6	2476,5	2480,4	2484,3	2488,2	2492,1	2463,5	2470,0	2483,0	2489,5	2466,8	2486,3	63
64	2496	2499,9	2503,8	2507,7	2511,6	2515,5	2519,4	2523,3	2527,2	2531,1	2502,5	2509,0	2522,0	2528,5	2505,8	2525,3	64
65	2535	2538,9	2542,8	2546,7	2550,6	2554,5	2558,4	2562,3	2566,2	2570,1	2541,5	2548,0	2561,0	2567,5	2544,8	2564,3	65
66	2574	2577,9	2581,8	2585,7	2589,6	2593,5	2597,4	2601,3	2605,2	2609,1	2580,5	2587,0	2600,0	2606,5	2583,8	2603,3	66
67	2613	2616,9	2620,8	2624,7	2628,6	2632,5	2636,4	2640,3	2644,2	2648,1	2619,5	2626,0	2639,0	2645,5	2622,8	2642,3	67
68	2652	2655,9	2659,8	2663,7	2667,6	2671,5	2675,4	2679,3	2683,2	2687,1	2658,5	2665,0	2678,0	2684,5	2661,8	2681,3	68
69	2691	2694,9	2698,8	2702,7	2706,6	2710,5	2714,4	2718,3	2722,2	2726,1	2697,5	2704,0	2717,0	2723,5	2700,8	2720,3	69
70	2730	2733,9	2737,8	2741,7	2745,6	2749,5	2753,4	2757,3	2761,2	2765,1	2736,5	2743,0	2756,0	2762,5	2739,8	2759,3	70
71	2769	2772,9	2776,8	2780,7	2784,6	2788,5	2792,4	2796,3	2800,2	2804,1	2775,5	2782,0	2795,0	2801,5	2778,8	2798,3	71
72	2808	2811,9	2815,8	2819,7	2823,6	2827,5	2831,4	2835,3	2839,2	2843,1	2814,5	2821,0	2834,0	2840,5	2817,8	2837,3	72
73	2847	2850,9	2854,8	2858,7	2862,6	2866,5	2870,4	2874,3	2878,2	2882,1	2853,5	2860,0	2873,0	2879,5	2856,8	2876,3	73
74	2886	2889,9	2893,8	2897,7	2901,6	2905,5	2909,4	2913,3	2917,2	2921,1	2892,5	2899,0	2912,0	2918,5	2895,8	2915,3	74
75	2925	2928,9	2932,8	2936,7	2940,6	2944,5	2948,4	2952,3	2956,2	2960,1	2931,5	2938,0	2951,0	2957,5	2934,8	2954,3	75
76	2964	2967,9	2971,8	2975,7	2979,6	2983,5	2987,4	2991,3	2995,2	2999,1	2970,5	2977,0	2990,0	2996,5	2973,8	2993,3	76
77	3003	3006,9	3010,8	3014,7	3018,6	3022,5	3026,4	3030,3	3034,2	3038,1	3009,5	3016,0	3029,0	3035,5	3012,8	3032,3	77
78	3042	3045,9	3049,8	3053,7	3057,6	3061,5	3065,4	3069,3	3073,2	3077,1	3048,5	3055,0	3068,0	3074,5	3051,8	3071,3	78
79	3081	3084,9	3088,8	3092,7	3096,6	3100,5	3104,4	3108,3	3112,2	3116,1	3087,5	3094,0	3107,0	3113,5	3090,8	3110,3	79
80	3120	3123,9	3127,8	3131,7	3135,6	3139,5	3143,4	3147,3	3151,2	3155,1	3126,5	3133,0	3146,0	3152,5	3129,8	3149,3	80
81	3159	3162,9	3166,8	3170,7	3174,6	3178,5	3182,4	3186,3	3190,2	3194,1	3165,5	3172,0	3185,0	3191,5	3168,8	3188,3	81
82	3198	3201,9	3205,8	3209,7	3213,6	3217,5	3221,4	3225,3	3229,2	3233,1	3204,5	3211,0	3224,0	3230,5	3207,8	3227,3	82
83	3237	3240,9	3244,8	3248,7	3252,6	3256,5	3260,4	3264,3	3268,2	3272,1	3243,5	3250,0	3263,0	3269,5	3246,8	3266,3	83
84	3276	3279,9	3283,8	3287,7	3291,6	3295,5	3299,4	3303,3	3307,2	3311,1	3282,5	3289,0	3302,0	3308,5	3285,8	3305,3	84
85	3315	3318,9	3322,8	3326,7	3330,6	3334,5	3338,4	3342,3	3346,2	3350,1	3321,5	3328,0	3341,0	3347,5	3324,8	3344,3	85
86	3354	3357,9	3361,8	3365,7	3369,6	3373,5	3377,4	3381,3	3385,2	3389,1	3360,5	3367,0	3380,0	3386,5	3363,8	3383,3	86
87	3393	3396,9	3400,8	3404,7	3408,6	3412,5	3416,4	3420,3	3424,2	3428,1	3399,5	3406,0	3419,0	3425,5	3402,8	3422,3	87
88	3432	3435,9	3439,8	3443,7	3447,6	3451,5	3455,4	3459,3	3463,2	3467,1	3438,5	3445,0	3458,0	3464,5	3441,8	3461,3	88
89	3471	3474,9	3478,8	3482,7	3486,6	3490,5	3494,4	3498,3	3502,2	3506,1	3477,5	3484,0	3497,0	3503,5	3480,8	3500,3	89
90	3510	3513,9	3517,8	3521,7	3525,6	3529,5	3533,4	3537,3	3541,2	3545,1	3516,5	3523,0	3536,0	3542,5	3519,8	3539,3	90
91	3549	3552,9	3556,8	3560,7	3564,6	3568,5	3572,4	3576,3	3580,2	3584,1	3555,5	3562,0	3575,0	3581,5	3558,8	3578,3	91
92	3588	3591,9	3595,8	3599,7	3603,6	3607,5	3611,4	3615,3	3619,2	3623,1	3594,5	3601,0	3614,0	3620,5	3597,8	3617,3	92
93	3627	3630,9	3634,8	3638,7	3642,6	3646,5	3650,4	3654,3	3658,2	3662,1	3633,5	3640,0	3653,0	3659,5	3636,8	3656,3	93
94	3666	3669,9	3673,8	3677,7	3681,6	3685,5	3689,4	3693,3	3697,2	3701,1	3672,5	3679,0	3692,0	3698,5	3675,8	3695,3	94
95	3705	3708,9	3712,8	3716,7	3720,6	3724,5	3728,4	3732,3	3736,2	3740,1	3711,5	3718,0	3731,0	3737,5	3714,8	3734,3	95
96	3744	3747,9	3751,8	3755,7	3759,6	3763,5	3767,4	3771,3	3775,2	3779,1	3750,5	3757,0	3770,0	3776,5	3753,8	3773,3	96
97	3783	3786,9	3790,8	3794,7	3798,6	3802,5	3806,4	3810,3	3814,2	3818,1	3789,5	3796,0	3809,0	3815,5	3792,8	3812,3	97
98	3822	3825,9	3829,8	3833,7	3837,6	3841,5	3845,4	3849,3	3853,2	3857,1	3828,5	3835,0	3848,0	3854,5	3831,8	3851,3	98
99	3861	3864,9	3868,8	3872,7	3876,6	3880,5	3884,4	3888,3	3892,2	3896,1	3867,5	3874,0	3887,0	3893,5	3870,8	3890,3	99
100	3900	3903,9	3907,8	3911,7	3915,6	3919,5	3923,4	3927,3	3931,2	3935,1	3906,5	3913,0	3926,0	3932,5	3909,8	3929,3	100

40		1/10 4,0	2/10 8,0	3/10 12,0	4/10 16,0	5/10 20,0	6/10 24,0	7/10 28,0	8/10 32,0	9/10 36,0	1/6 6,666	2/6 13,333	4/6 26,666	5/6 33,333	1/4 10,0	3/4 30,0	
1	40	44,0	48,0	52,0	56,0	60,0	64,0	68,0	72,0	76,0	46,7	53,3	66,7	73,3	50,0	70,0	1
2	80	84,0	88,0	92,0	96,0	100,0	104,0	108,0	112,0	116,0	86,7	93,3	106,7	113,3	90,0	110,0	2
3	120	124,0	128,0	132,0	136,0	140,0	144,0	148,0	152,0	156,0	126,7	133,3	146,7	153,3	130,0	150,0	3
4	160	164,0	168,0	172,0	176,0	180,0	184,0	188,0	192,0	196,0	166,7	173,3	186,7	193,3	170,0	190,0	4
5	200	204,0	208,0	212,0	216,0	220,0	224,0	228,0	232,0	236,0	206,7	213,3	226,7	233,3	210,0	230,0	5
6	240	244,0	248,0	252,0	256,0	260,0	264,0	268,0	272,0	276,0	246,7	253,3	266,7	273,3	250,0	270,0	6
7	280	284,0	288,0	292,0	296,0	300,0	304,0	308,0	312,0	316,0	286,7	293,3	306,7	313,3	290,0	310,0	7
8	320	324,0	328,0	332,0	336,0	340,0	344,0	348,0	352,0	356,0	326,7	333,3	346,7	353,3	330,0	350,0	8
9	360	364,0	368,0	372,0	376,0	380,0	384,0	388,0	392,0	396,0	366,7	373,3	386,7	393,3	370,0	390,0	9
10	400	404,0	408,0	412,0	416,0	420,0	424,0	428,0	432,0	436,0	406,7	413,3	426,7	433,3	410,0	430,0	10
11	440	444,0	448,0	452,0	456,0	460,0	464,0	468,0	472,0	476,0	446,7	453,3	466,7	473,3	450,0	470,0	11
12	480	484,0	488,0	492,0	496,0	500,0	504,0	508,0	512,0	516,0	486,7	493,3	506,7	513,3	490,0	510,0	12
13	520	524,0	528,0	532,0	536,0	540,0	544,0	548,0	552,0	556,0	526,7	533,3	546,7	553,3	530,0	550,0	13
14	560	564,0	568,0	572,0	576,0	580,0	584,0	588,0	592,0	596,0	566,7	573,3	586,7	593,3	570,0	590,0	14
15	600	604,0	608,0	612,0	616,0	620,0	624,0	628,0	632,0	636,0	606,7	613,3	626,7	633,3	610,0	630,0	15
16	640	644,0	648,0	652,0	656,0	660,0	664,0	668,0	672,0	676,0	646,7	653,3	666,7	673,3	650,0	670,0	16
17	680	684,0	688,0	692,0	696,0	700,0	704,0	708,0	712,0	716,0	686,7	693,3	706,7	713,3	690,0	710,0	17
18	720	724,0	728,0	732,0	736,0	740,0	744,0	748,0	752,0	756,0	726,7	733,3	746,7	753,3	730,0	750,0	18
19	760	764,0	768,0	772,0	776,0	780,0	784,0	788,0	792,0	796,0	766,7	773,3	786,7	793,3	770,0	790,0	19
20	800	804 0	808,0	812,0	816,0	820,0	824,0	828,0	832,0	836,0	806,7	813,3	826,7	833,3	810,0	830,0	20
21	840	844,0	848,0	852,0	856,0	860,0	864,0	868,0	872,0	876,0	846,7	853,3	866,7	873,3	850,0	870,0	21
22	880	884,0	888,0	892,0	896,0	900,0	904,0	908,0	912,0	916,0	886,7	893,3	906,7	913,3	890,0	910,0	22
23	920	924,0	928,0	932,0	936,0	940,0	944,0	948,0	952,0	956,0	926,7	933,3	946,7	953,3	930,0	950,0	23
24	960	964,0	968,0	972,0	976,0	980,0	984,0	988,0	992,0	996,0	966,7	973,3	986,7	993,3	970,0	990,0	24
25	1000	1004,0	1008,0	1012,0	1016,0	1020,0	1024,0	1028,0	1032,0	1036,0	1006,7	1013,3	1026,7	1033,3	1010,0	1030,0	25
26	1040	1044,0	1048,0	1052,0	1056,0	1060,0	1064,0	1068,0	1072,0	1076,0	1046,7	1053,3	1066,7	1073,3	1050,0	1070,0	26
27	1080	1084,0	1088,0	1092,0	1096,0	1100,0	1104,0	1108,0	1112,0	1116,0	1086,7	1093,3	1106,7	1113,3	1090,0	1110,0	27
28	1120	1124,0	1128,0	1132,0	1136,0	1140,0	1144,0	1148,0	1152,0	1156,0	1126,7	1133,3	1146,7	1153,3	1130,0	1150,0	28
29	1160	1164,0	1168,0	1172,0	1176,0	1180,0	1184,0	1188,0	1192,0	1196,0	1166,7	1173,3	1186,7	1193,3	1170,0	1190,0	29
30	1200	1204,0	1208,0	1212,0	1216,0	1220,0	1224,0	1228,0	1232,0	1236,0	1206,7	1213,3	1226,7	1233,3	1210,0	1230,0	30
31	1240	1244,0	1248,0	1252,0	1256,0	1260,0	1264,0	1268,0	1272,0	1276,0	1246,7	1253,3	1266,7	1273,3	1250,0	1270,0	31
32	1280	1284,0	1288,0	1292,0	1296,0	1300,0	1304,0	1308,0	1312,0	1316,0	1286,7	1293,3	1306,7	1313,3	1290,0	1310,0	32
33	1320	1324,0	1328,0	1332,0	1336,0	1340,0	1344,0	1348,0	1352,0	1356,0	1326,7	1333,3	1346,7	1353,3	1330,0	1350,0	33
34	1360	1364,0	1368,0	1372,0	1376,0	1380,0	1384,0	1388,0	1392,0	1396,0	1366,7	1373,3	1386,7	1393,3	1370,0	1390,0	34
35	1400	1404,0	1408,0	1412,0	1416,0	1420,0	1424,0	1428,0	1432,0	1436,0	1406,7	1413,3	1426,7	1433,3	1410,0	1430,0	35
36	1440	1444,0	1448,0	1452,0	1456,0	1460,0	1464,0	1468,0	1472,0	1476,0	1446,7	1453,3	1466,7	1473,3	1450,0	1470,0	36
37	1480	1484,0	1488,0	1492,0	1496,0	1500,0	1504,0	1508,0	1512,0	1516,0	1486,7	1493,3	1506,7	1513,3	1490,0	1510,0	37
38	1520	1524,0	1528,0	1532,0	1536,0	1540,0	1544,0	1548,0	1552,0	1556,0	1526,7	1533,3	1546,7	1553,3	1530,0	1550,0	38
39	1560	1564,0	1568,0	1572,0	1576,0	1580,0	1584,0	1588,0	1592,0	1596,0	1566,7	1573,3	1586,7	1593,3	1570,0	1590,0	39
40	1600	1604,0	1608,0	1612,0	1616,0	1620,0	1624,0	1628,0	1632,0	1636,0	1606,7	1613,3	1626,7	1633,3	1610,0	1630,0	40
41	1640	1644,0	1648,0	1652,0	1656,0	1660,0	1664,0	1668,0	1672,0	1676,0	1646,7	1653,3	1666,7	1673,3	1650,0	1670,0	41
42	1680	1684,0	1688,0	1692,0	1696,0	1700,0	1704,0	1708,0	1712,0	1716,0	1686,7	1693,3	1706,7	1713,3	1690,0	1710,0	42
43	1720	1724,0	1728,0	1732,0	1736,0	1740,0	1744,0	1748,0	1752,0	1756,0	1726,7	1733,3	1746,7	1753,3	1730,0	1750,0	43
44	1760	1764,0	1768,0	1772,0	1776,0	1780,0	1784,0	1788,0	1792,0	1796,0	1766,7	1773,3	1786,7	1793,3	1770,0	1790,0	44
45	1800	1804,0	1808,0	1812,0	1816,0	1820,0	1824,0	1828,0	1832,0	1836,0	1806,7	1813,3	1826,7	1833,3	1810,0	1830,0	45
46	1840	1844,0	1848,0	1852,0	1856,0	1860,0	1864,0	1868,0	1872,0	1876,0	1846,7	1853,3	1866,7	1873,3	1850,0	1870,0	46
47	1880	1884,0	1888,0	1892,0	1896,0	1900,0	1904,0	1908,0	1912,0	1916,0	1886,7	1893,3	1906,7	1913,3	1890,0	1910,0	47
48	1920	1924,0	1928,0	1932,0	1936,0	1940,0	1944,0	1948,0	1952,0	1956,0	1926,7	1933,3	1946,7	1953,3	1930,0	1950,0	48
49	1960	1964,0	1968,0	1972,0	1976,0	1980,0	1984,0	1988,0	1992,0	1996,0	1966,7	1973,3	1986,7	1993,3	1970,0	1990,0	49
50	2000	2004,0	2008,0	2012,0	2016,0	2020,0	2024,0	2028,0	2032,0	2036,0	2006,7	2013,3	2026,7	2033,3	2010,0	2030,0	50
51	2040	2044,0	2048,0	2052,0	2056,0	2060,0	2064,0	2068,0	2072,0	2076,0	2046,7	2053,3	2066,7	2073,3	2050,0	2070,0	51
52	2080	2084,0	2088,0	2092,0	2096,0	2100,0	2104,0	2108,0	2112,0	2116,0	2086,7	2093,3	2106,7	2113,3	2090,0	2110,0	52
53	2120	2124,0	2128,0	2132,0	2136,0	2140,0	2144,0	2148,0	2152,0	2156,0	2126,7	2133,3	2146,7	2153,3	2130,0	2150,0	53
54	2160	2164,0	2168,0	2172,0	2176,0	2180,0	2184,0	2188,0	2192,0	2196,0	2166,7	2173,3	2186,7	2193,3	2170,0	2190,0	54
55	2200	2204,0	2208,0	2212,0	2216,0	2220,0	2224,0	2228,0	2232,0	2236,0	2206,7	2213,3	2226,7	2233,3	2210,0	2230,0	55
56	2240	2244,0	2248,0	2252,0	2256,0	2260,0	2264,0	2268,0	2272,0	2276,0	2246,7	2253,3	2266,7	2273,3	2250,0	2270,0	56
57	2280	2284,0	2288,0	2292,0	2296,0	2300,0	2304,0	2308,0	2312,0	2316,0	2286,7	2293,3	2306,7	2313,3	2290,0	2310,0	57
58	2320	2324,0	2328,0	2332,0	2336,0	2340,0	2344,0	2348,0	2352,0	2356,0	2326,7	2333,3	2346,7	2353,3	2330,0	2350,0	58
59	2360	2364,0	2368,0	2372,0	2376,0	2380,0	2384,0	2388,0	2392,0	2396,0	2366,7	2373,3	2386,7	2393,3	2370,0	2390,0	59
60	2400	2404,0	2408,0	2412,0	2416,0	2420,0	2424,0	2428,0	2432,0	2436,0	2406,7	2413,3	2426,7	2433,3	2410,0	2430,0	60
61	2440	2444,0	2448,0	2452,0	2456,0	2460,0	2464,0	2468,0	2472,0	2476,0	2446,7	2453,3	2466,7	2473,3	2450,0	2470,0	61
62	2480	2484,0	2488,0	2492,0	2496,0	2500,0	2504,0	2508,0	2512,0	2516,0	2486,7	2493,3	2506,7	2513,3	2490,0	2510,0	62
63	2520	2524,0	2528,0	2532,0	2536,0	2540,0	2544,0	2548,0	2552,0	2556,0	2526,7	2533,3	2546,7	2553,3	2530,0	2550,0	63
64	2560	2564,0	2568,0	2572,0	2576,0	2580,0	2584,0	2588,0	2592,0	2596,0	2566,7	2573,3	2586,7	2593,3	2570,0	2590,0	64
65	2600	2604,0	2608,0	2612,0	2616,0	2620,0	2624,0	2628,0	2632,0	2636,0	2606,7	2613,3	2626,7	2633,3	2610,0	2630,0	65
66	2640	2644,0	2648,0	2652,0	2656,0	2660,0	2664,0	2668,0	2672,0	2676,0	2646,7	2653,3	2666,7	2673,3	2650,0	2670,0	66
67	2680	2684,0	2688,0	2692,0	2696,0	2700,0	2704,0	2708,0	2712,0	2716,0	2686,7	2693,3	2706,7	2713,3	2690,0	2710,0	67
68	2720	2724,0	2728,0	2732,0	2736,0	2740,0	2744,0	2748,0	2752 0	2756,0	2726,7	2733,3	2746,7	2753,3	2730,0	2750,0	68
69	2760	2764,0	2768,0	2772,0	2776,0	2780,0	2784,0	2788,0	2792,0	2796,0	2766,7	2773,3	2786,7	2793,3	2770,0	2790,0	69
70	2800	2804,0	2808,0	2812,0	2816,0	2820,0	2824,0	2828,0	2832,0	2836,0	2806,7	2813,3	2826,7	2833,3	2810,0	2830,0	70
71	2840	2844,0	2848,0	2852,0	2856,0	2860,0	2864,0	2868,0	2872,0	2876,0	2846,7	2853,3	2866,7	2873,3	2850,0	2870,0	71
72	2880	2884,0	2888,0	2892,0	2896,0	2900,0	2904,0	2908,0	2912,0	2916,0	2886,7	2893,3	2906,7	2913,3	2890,0	2910,0	72
73	2920	2924,0	2928,0	2932,0	2936,0	2940,0	2944,0	2948,0	2952,0	2956,0	2926,7	2933,3	2946,7	2953,3	2930,0	2950,0	73
74	2960	2964,0	2968,0	2972,0	2976,0	2980,0	2984,0	2988,0	2992,0	2996,0	2966,7	2973,3	2986,7	2993,3	2970,0	2990,0	74
75	3000	3004,0	3008,0	3012,0	3016,0	3020,0	3024,0	3028,0	3032,0	3036,0	3006,7	3013,3	3026,7	3033,3	3010,0	3030,0	75
76	3040	3044,0	3048,0	3052,0	3056,0	3060,0	3064,0	3068,0	3072,0	3076,0	3046,7	3053,3	3066,7	3073,3	3050,0	3070,0	76
77	3080	3084,0	3088,0	3092,0	3096,0	3100,0	3104,0	3108,0	3112,0	3116,0	3086,7	3093,3	3106,7	3113,3	3090,0	3110,0	77
78	3120	3124,0	3128,0	3132,0	3136,0	3140,0	3144,0	3148,0	3152,0	3156,0	3126,7	3133,3	3146,7	3153,3	3130,0	3150,0	78
79	3160	3164,0	3168,0	3172,0	3176,0	3180,0	3184,0	3188,0	3192,0	3196,0	3166,7	3173,3	3186,7	3193,3	3170,0	3190,0	79
80	3200	3204,0	3208,0	3212,0	3216,0	3220,0	3224,0	3228,0	3232,0	3236,0	3206,7	3213,3	3226,7	3233,3	3210,0	3230,0	80
81	3240	3244,0	3248,0	3252,0	3256,0	3260,0	3264,0	3268,0	3272,0	3276,0	3246,7	3253,3	3266,7	3273,3	3250,0	3270,0	81
82	3280	3284,0	3288,0	3292,0	3296,0	3300,0	3304,0	3308,0	3312,0	3316,0	3286,7	3293,3	3306,7	3313,3	3290,0	3310,0	82
83	3320	3324,0	3328,0	3332,0	3336,0	3340,0	3344,0	3348,0	3352,0	3356,0	3326,7	3333,3	3346,7	3353,3	3330,0	3350,0	83
84	3360	3364,0	3368,0	3372,0	3376,0	3380,0	3384,0	3388,0	3392,0	3396,0	3366,7	3373,3	3386,7	3393,3	3370,0	3390,0	84
85	3400	3404,0	3408,0	3412,0	3416,0	3420,0	3424,0	3428,0	3432,0	3436,0	3406,7	3413,3	3426,7	3433,3	3410,0	3430,0	85
86	3440	3444,0	3448,0	3452,0	3456,0	3460,0	3464,0	3468,0	3472,0	3476,0	3446,7	3453,3	3466,7	3473,3	3450,0	3470,0	86
87	3480	3484,0	3488,0	3492,0	3496,0	3500,0	3504,0	3508,0	3512,0	3516,0	3486,7	3493,3	3506,7	3513,3	3490,0	3510,0	87
88	3520	3524,0	3528,0	3532,0	3536,0	3540,0	3544,0	3548,0	3552,0	3556,0	3526,7	3533,3	3546,7	3553,3	3530,0	3550,0	88
89	3560	3564,0	3568,0	3572,0	3576,0	3580,0	3584,0	3588,0	3592,0	3596,0	3566,7	3573,3	3586,7	3593,3	3570,0	3590,0	89
90	3600	3604,0	3608,0	3612,0	3616,0	3620,0	3624,0	3628,0	3632,0	3636,0	3606,7	3613,3	3626,7	3633,3	3610,0	3630,0	90
91	3640	3644,0	3648,0	3652,0	3656,0	3660,0	3664,0	3668,0	3672,0	3676,0	3646,7	3653,3	3666,7	3673,3	3650,0	3670,0	91
92	3680	3684,0	3688,0	3692,0	3696,0	3700,0	3704,0	3708,0	3712,0	3716,0	3686,7	3693,3	3706,7	3713,3	3690,0	3710,0	92
93	3720	3724,0	3728,0	3732,0	3736,0	3740,0	3744,0	3748,0	3752,0	3756,0	3726,7	3733,3	3746,7	3753,3	3730,0	3750,0	93
94	3760	3764,0	3768,0	3772,0	3776,0	3780,0	3784,0	3788,0	3792,0	3796,0	3766,7	3773,3	3786,7	3793,3	3770,0	3790,0	94
95	3800	3804,0	3808,0	3812,0	3816,0	3820,0	3824,0	3828,0	3832,0	3836,0	3806,7	3813,3	3826,7	3833,3	3810,0	3830,0	95
96	3840	3844,0	3848,0	3852,0	3856,0	3860,0	3864,0	3868,0	3872,0	3876,0	3846,7	3853,3	3866,7	3873,3	3850,0	3870,0	96
97	3880	3884,0	3888,0	3892,0	3896,0	3900,0	3904,0	3908,0	3912,0	3916,0	3886,7	3893,3	3906,7	3913,3	3890,0	3910,0	97
98	3920	3924,0	3928,0	3932,0	3936,0	3940,0	3944,0	3948,0	3952,0	3956,0	3926,7	3933,3	3946,7	3953,3	3930,0	3950,0	98
99	3960	3964,0	3968,0	3972,0	3976,0	3980,0	3984,0	3988,0	3992,0	3996,0	3966,7	3973,3	3986,7	3993,3	3970,0	3990,0	99
100	4000	4004,0	4008,0	4012,0	4016,0	4020,0	4024,0	4028,0	4032,0	4036,0	4006,7	4013,3	4026,7	4033,3	4010,0	4030,0	100

		1/10 4,1	2/10 8,2	3/10 12,3	4/10 16,4	5/10 20,5	6/10 24,6	7/10 28,7	8/10 32,8	9/10 36,9	1/6 6,833	2/6 13,666	4/6 27,333	5/6 34,166	1/4 10,25	3/4 30,75	
1	41	45,1	49,2	53,3	57,4	61,5	65,6	69,7	73,8	77,9	47,8	54,7	68,3	75,2	51,3	71,8	1
2	82	86,1	90,2	94,3	98,4	102,5	106,6	110,7	114,8	118,9	88,8	95,7	109,3	116,2	92,3	112,8	2
3	123	127,1	131,2	135,3	139,4	143,5	147,6	151,7	155,8	159,9	129,8	136,7	150,3	157,2	133,3	153,8	3
4	164	168,1	172,2	176,3	180,4	184,5	188,6	192,7	196,8	200,9	170,8	177,7	191,3	198,2	174,3	194,8	4
5	205	209,1	213,2	217,3	221,4	225,5	229,6	233,7	237,8	241,9	211,8	218,7	232,3	239,2	215,3	235,8	5
6	246	250,1	254,2	258,3	262,4	266,5	270,6	274,7	278,8	282,9	252,8	259,7	273,3	280,2	256,3	276,8	6
7	287	291,1	295,2	299,3	303,4	307,5	311,6	315,7	319,8	323,9	293,8	300,7	314,3	321,2	297,3	317,8	7
8	328	332,1	336,2	340,3	344,4	348,5	352,6	356,7	360,8	364,9	334,8	341,7	355,3	362,2	338,3	358,8	8
9	369	373,1	377,2	381,3	385,4	389,5	393,6	397,7	401,8	405,9	375,8	382,7	396,3	403,2	379,3	399,8	9
10	410	414,1	418,2	422,3	426,4	430,5	434,6	438,7	442,8	446,9	416,8	423,7	437,3	444,2	420,3	440,8	10
11	451	455,1	459,2	463,3	467,4	471,5	475,6	479,7	483,8	487,9	457,8	464,7	478,3	485,2	461,3	481,8	11
12	492	496,1	500,2	504,3	508,4	512,5	516,6	520,7	524,8	528,9	498,8	505,7	519,3	526,2	502,3	522,8	12
13	533	537,1	541,2	545,3	549,4	553,5	557,6	561,7	565,8	569,9	539,8	546,7	560,3	567,2	543,3	563,8	13
14	574	578,1	582,2	586,3	590,4	594,5	598,6	602,7	606,8	610,9	580,8	587,7	601,3	608,2	584,3	604,8	14
15	615	619,1	623,2	627,3	631,4	635,5	639,6	643,7	647,8	651,9	621,8	628,7	642,3	649,2	625,3	645,8	15
16	656	660,1	664,2	668,3	672,4	676,5	680,6	684,7	688,8	692,9	662,8	669,7	683,3	690,2	666,3	686,8	16
17	697	701,1	705,2	709,3	713,4	717,5	721,6	725,7	729,8	733,9	703,8	710,7	724,3	731,2	707,3	727,8	17
18	738	742,1	746,2	750,3	754,4	758,5	762,6	766,7	770,8	774,9	744,8	751,7	765,3	772,2	748,3	768,8	18
19	779	783,1	787,2	791,3	795,4	799,5	803,6	807,7	811,8	815,9	785,8	792,7	806,3	813,2	789,3	809,8	19
20	820	824,1	828,2	832,3	836,4	840,5	844,6	848,7	852,8	856,9	826,8	833,7	847,3	854,2	830,3	850,8	20
21	861	865,1	869,2	873,3	877,4	881,5	885,6	889,7	893,8	897,9	867,8	874,7	888,3	895,2	871,3	891,8	21
22	902	906,1	910,2	914,3	918,4	922,5	926,6	930,7	934,8	938,9	908,8	915,7	929,3	936,2	912,3	932,8	22
23	943	947,1	951,2	955,3	959,4	963,5	967,6	971,7	975,8	979,9	949,8	956,7	970,3	977,2	953,3	973,8	23
24	984	988,1	992,2	996,3	1000,4	1004,5	1008,6	1012,7	1016,8	1020,9	990,8	997,7	1011,3	1018,2	994,3	1014,8	24
25	1025	1029,1	1033,2	1037,3	1041,4	1045,5	1049,6	1053,7	1057,8	1061,9	1031,8	1038,7	1052,3	1059,2	1035,3	1055,8	25
26	1066	1070,1	1074,2	1078,3	1082,4	1086,5	1090,6	1094,7	1098,8	1102,9	1072,8	1079,7	1093,3	1100,2	1076,3	1096,8	26
27	1107	1111,1	1115,2	1119,3	1123,4	1127,5	1131,6	1135,7	1139,8	1143,9	1113,8	1120,7	1134,3	1141,2	1117,3	1137,8	27
28	1148	1152,1	1156,2	1160,3	1164,4	1168,5	1172,6	1176,7	1180,8	1184,9	1154,8	1161,7	1175,3	1182,2	1158,3	1178,8	28
29	1189	1193,1	1197,2	1201,3	1205,4	1209,5	1213,6	1217,7	1221,8	1225,9	1195,8	1202,7	1216,3	1223,2	1199,3	1219,8	29
30	1230	1234,1	1238,2	1242,3	1246,4	1250,5	1254,6	1258,7	1262,8	1266,9	1236,8	1243,7	1257,3	1264,2	1240,3	1260,8	30
31	1271	1275,1	1279,2	1283,3	1287,4	1291,5	1295,6	1299,7	1303,8	1307,9	1277,8	1284,7	1298,3	1305,2	1281,3	1301,8	31
32	1312	1316,1	1320,2	1324,3	1328,4	1332,5	1336,6	1340,7	1344,8	1348,9	1318,8	1325,7	1339,3	1346,2	1322,3	1342,8	32
33	1353	1357,1	1361,2	1365,3	1369,4	1373,5	1377,6	1381,7	1385,8	1389,9	1359,8	1366,7	1380,3	1387,2	1363,3	1383,8	33
34	1394	1398,1	1402,2	1406,3	1410,4	1414,5	1418,6	1422,7	1426,8	1430,9	1400,8	1407,7	1421,3	1428,2	1404,3	1424,8	34
35	1435	1439,1	1443,2	1447,3	1451,4	1455,5	1459,6	1463,7	1467,8	1471,9	1441,8	1448,7	1462,3	1469,2	1445,3	1465,8	35
36	1476	1480,1	1484,2	1488,3	1492,4	1496,5	1500,6	1504,7	1508,8	1512,9	1482,8	1489,7	1503,3	1510,2	1486,3	1506,8	36
37	1517	1521,1	1525,2	1529,3	1533,4	1537,5	1541,6	1545,7	1549,8	1553,9	1523,8	1530,7	1544,3	1551,2	1527,3	1547,8	37
38	1558	1562,1	1566,2	1570,3	1574,4	1578,5	1582,6	1586,7	1590,8	1594,9	1564,8	1571,7	1585,3	1592,2	1568,3	1588,8	38
39	1599	1603,1	1607,2	1611,3	1615,4	1619,5	1623,6	1627,7	1631,8	1635,9	1605,8	1612,7	1626,3	1633,2	1609,3	1629,8	39
40	1640	1644,1	1648,2	1652,3	1656,4	1660,5	1664,6	1668,7	1672,8	1676,9	1646,8	1653,7	1667,3	1674,2	1650,3	1670,8	40
41	1681	1685,1	1689,2	1693,3	1697,4	1701,5	1705,6	1709,7	1713,8	1717,9	1687,8	1694,7	1708,3	1715,2	1691,3	1711,8	41
42	1722	1726,1	1730,2	1734,3	1738,4	1742,5	1746,6	1750,7	1754,8	1758,9	1728,8	1735,7	1749,3	1756,2	1732,3	1752,8	42
43	1763	1767,1	1771,2	1775,3	1779,4	1783,5	1787,6	1791,7	1795,8	1799,9	1769,8	1776,7	1790,3	1797,2	1773,3	1793,8	43
44	1804	1808,1	1812,2	1816,3	1820,4	1824,5	1828,6	1832,7	1836,8	1840,9	1810,8	1817,7	1831,3	1838,2	1814,3	1834,8	44
45	1845	1849,1	1853,2	1857,3	1861,4	1865,5	1869,6	1873,7	1877,8	1881,9	1851,8	1858,7	1872,3	1879,2	1855,3	1875,8	45
46	1886	1890,1	1894,2	1898,3	1902,4	1906,5	1910,6	1914,7	1918,8	1922,9	1892,8	1899,7	1913,3	1920,2	1896,3	1916,8	46
47	1927	1931,1	1935,2	1939,3	1943,4	1947,5	1951,6	1955,7	1959,8	1963,9	1933,8	1940,7	1954,3	1961,2	1937,3	1957,8	47
48	1968	1972,1	1976,2	1980,3	1984,4	1988,5	1992,6	1996,7	2000,8	2004,9	1974,8	1981,7	1995,3	2002,2	1978,3	1998,8	48
49	2009	2013,1	2017,2	2021,3	2025,4	2029,5	2033,6	2037,7	2041,8	2045,9	2015,8	2022,7	2036,3	2043,2	2019,3	2039,8	49
50	2050	2054,1	2058,2	2062,3	2066,4	2070,5	2074,6	2078,7	2082,8	2086,9	2056,8	2063,7	2077,3	2084,2	2060,3	2080,8	50
51	2091	2095,1	2099,2	2103,3	2107,4	2111,5	2115,6	2119,7	2123,8	2127,9	2097,8	2104,7	2118,3	2125,2	2101,3	2121,8	51
52	2132	2136,1	2140,2	2144,3	2148,4	2152,5	2156,6	2160,7	2164,8	2168,9	2138,8	2145,7	2159,3	2166,2	2142,3	2162,8	52
53	2173	2177,1	2181,2	2185,3	2189,4	2193,5	2197,6	2201,7	2205,8	2209,9	2179,8	2186,7	2200,3	2207,2	2183,3	2203,8	53
54	2214	2218,1	2222,2	2226,3	2230,4	2234,5	2238,6	2242,7	2246,8	2250,9	2220,8	2227,7	2241,3	2248,2	2224,3	2244,8	54
55	2255	2259,1	2263,2	2267,3	2271,4	2275,5	2279,6	2283,7	2287,8	2291,9	2261,8	2268,7	2282,3	2289,2	2265,3	2285,8	55
56	2296	2300,1	2304,2	2308,3	2312,4	2316,5	2320,6	2324,7	2328,8	2332,9	2302,8	2309,7	2323,3	2330,2	2306,3	2326,8	56
57	2337	2341,1	2345,2	2349,3	2353,4	2357,5	2361,6	2365,7	2369,8	2373,9	2343,8	2350,7	2364,3	2371,2	2347,3	2367,8	57
58	2378	2382,1	2386,2	2390,3	2394,4	2398,5	2402,6	2406,7	2410,8	2414,9	2384,8	2391,7	2405,3	2412,2	2388,3	2408,8	58
59	2419	2423,1	2427,2	2431,3	2435,4	2439,5	2443,6	2447,7	2451,8	2455,9	2425,8	2432,7	2446,3	2453,2	2429,3	2449,8	59
60	2460	2464,1	2468,2	2472,3	2476,4	2480,5	2484,6	2488,7	2492,8	2496,9	2466,8	2473,7	2487,3	2494,2	2470,3	2490,8	60
61	2501	2505,1	2509,2	2513,3	2517,4	2521,5	2525,6	2529,7	2533,8	2537,9	2507,8	2514,7	2528,3	2535,2	2511,3	2531,8	61
62	2542	2546,1	2550,2	2554,3	2558,4	2562,5	2566,6	2570,7	2574,8	2578,9	2548,8	2555,7	2569,3	2576,2	2552,3	2572,8	62
63	2583	2587,1	2591,2	2595,3	2599,4	2603,5	2607,6	2611,7	2615,8	2619,9	2589,8	2596,7	2610,3	2617,2	2593,3	2613,8	63
64	2624	2628,1	2632,2	2636,3	2640,4	2644,5	2648,6	2652,7	2656,8	2660,9	2630,8	2637,7	2651,3	2658,2	2634,3	2654,8	64
65	2665	2669,1	2673,2	2677,3	2681,4	2685,5	2689,6	2693,7	2697,8	2701,9	2671,8	2678,7	2692,3	2699,2	2675,3	2695,8	65
66	2706	2710,1	2714,2	2718,3	2722,4	2726,5	2730,6	2734,7	2738,8	2742,9	2712,8	2719,7	2733,3	2740,2	2716,3	2736,8	66
67	2747	2751,1	2755,2	2759,3	2763,4	2767,5	2771,6	2775,7	2779,8	2783,9	2753,8	2760,7	2774,3	2781,2	2757,3	2777,8	67
68	2788	2792,1	2796,2	2800,3	2804,4	2808,5	2812,6	2816,7	2820,8	2824,9	2794,8	2801,7	2815,3	2822,2	2798,3	2818,8	68
69	2829	2833,1	2837,2	2841,3	2845,4	2849,5	2853,6	2857,7	2861,8	2865,9	2835,8	2842,7	2856,3	2863,2	2839,3	2859,8	69
70	2870	2874,1	2878,2	2882,3	2886,4	2890,5	2894,6	2898,7	2902,8	2906,9	2876,8	2883,7	2897,3	2904,2	2880,3	2900,8	70
71	2911	2915,1	2919,2	2923,3	2927,4	2931,5	2935,6	2939,7	2943,8	2947,9	2917,8	2924,7	2938,3	2945,2	2921,3	2941,8	71
72	2952	2956,1	2960,2	2964,3	2968,4	2972,5	2976,6	2980,7	2984,8	2988,9	2958,8	2965,7	2979,3	2986,2	2962,3	2982,8	72
73	2993	2997,1	3001,2	3005,3	3009,4	3013,5	3017,6	3021,7	3025,8	3029,9	2999,8	3006,7	3020,3	3027,2	3003,3	3023,8	73
74	3034	3038,1	3042,2	3046,3	3050,4	3054,5	3058,6	3062,7	3066,8	3070,9	3040,8	3047,7	3061,3	3068,2	3044,3	3064,8	74
75	3075	3079,1	3083,2	3087,3	3091,4	3095,5	3099,6	3103,7	3107,8	3111,9	3081,8	3088,7	3102,3	3109,2	3085,3	3105,8	75
76	3116	3120,1	3124,2	3128,3	3132,4	3136,5	3140,6	3144,7	3148,8	3152,9	3122,8	3129,7	3143,3	3150,2	3126,3	3146,8	76
77	3157	3161,1	3165,2	3169,3	3173,4	3177,5	3181,6	3185,7	3189,8	3193,9	3163,8	3170,7	3184,3	3191,2	3167,3	3187,8	77
78	3198	3202,1	3206,2	3210,3	3214,4	3218,5	3222,6	3226,7	3230,8	3234,9	3204,8	3211,7	3225,3	3232,2	3208,3	3228,8	78
79	3239	3243,1	3247,2	3251,3	3255,4	3259,5	3263,6	3267,7	3271,8	3275,9	3245,8	3252,7	3266,3	3273,2	3249,3	3269,8	79
80	3280	3284,1	3288,2	3292,3	3296,4	3300,5	3304,6	3308,7	3312,8	3316,9	3286,8	3293,7	3307,3	3314,2	3290,3	3310,8	80
81	3321	3325,1	3329,2	3333,3	3337,4	3341,5	3345,6	3349,7	3353,8	3357,9	3327,8	3334,7	3348,3	3355,2	3331,3	3351,8	81
82	3362	3366,1	3370,2	3374,3	3378,4	3382,5	3386,6	3390,7	3394,8	3398,9	3368,8	3375,7	3389,3	3396,2	3372,3	3392,8	82
83	3403	3407,1	3411,2	3415,3	3419,4	3423,5	3427,6	3431,7	3435,8	3439,9	3409,8	3416,7	3430,3	3437,2	3413,3	3433,8	83
84	3444	3448,1	3452,2	3456,3	3460,4	3464,5	3468,6	3472,7	3476,8	3480,9	3450,8	3457,7	3471,3	3478,2	3454,3	3474,8	84
85	3485	3489,1	3493,2	3497,3	3501,4	3505,5	3509,6	3513,7	3517,8	3521,9	3491,8	3498,7	3512,3	3519,2	3495,3	3515,8	85
86	3526	3530,1	3534,2	3538,3	3542,4	3546,5	3550,6	3554,7	3558,8	3562,9	3532,8	3539,7	3553,3	3560,2	3536,3	3556,8	86
87	3567	3571,1	3575,2	3579,3	3583,4	3587,5	3591,6	3595,7	3599,8	3603,9	3573,8	3580,7	3594,3	3601,2	3577,3	3597,8	87
88	3608	3612,1	3616,2	3620,3	3624,4	3628,5	3632,6	3636,7	3640,8	3644,9	3614,8	3621,7	3635,3	3642,2	3618,3	3638,8	88
89	3649	3653,1	3657,2	3661,3	3665,4	3669,5	3673,6	3677,7	3681,8	3685,9	3655,8	3662,7	3676,3	3683,2	3659,3	3679,8	89
90	3690	3694,1	3698,2	3702,3	3706,4	3710,5	3714,6	3718,7	3722,8	3726,9	3696,8	3703,7	3717,3	3724,2	3700,3	3720,8	90
91	3731	3735,1	3739,2	3743,3	3747,4	3751,5	3755,6	3759,7	3763,8	3767,9	3737,8	3744,7	3758,3	3765,2	3741,3	3761,8	91
92	3772	3776,1	3780,2	3784,3	3788,4	3792,5	3796,6	3800,7	3804,8	3808,9	3778,8	3785,7	3799,3	3806,2	3782,3	3802,8	92
93	3813	3817,1	3821,2	3825,3	3829,4	3833,5	3837,6	3841,7	3845,8	3849,9	3819,8	3826,7	3840,3	3847,2	3823,3	3843,8	93
94	3854	3858,1	3862,2	3866,3	3870,4	3874,5	3878,6	3882,7	3886,8	3890,9	3860,8	3867,7	3881,3	3888,2	3864,3	3884,8	94
95	3895	3899,1	3903,2	3907,3	3911,4	3915,5	3919,6	3923,7	3927,8	3931,9	3901,8	3908,7	3922,3	3929,2	3905,3	3925,8	95
96	3936	3940,1	3944,2	3948,3	3952,4	3956,5	3960,6	3964,7	3968,8	3972,9	3942,8	3949,7	3963,3	3970,2	3946,3	3966,8	96
97	3977	3981,1	3985,2	3989,3	3993,4	3997,5	4001,6	4005,7	4009,8	4013,9	3983,8	3990,7	4004,3	4011,2	3987,3	4007,8	97
98	4018	4022,1	4026,2	4030,3	4034,4	4038,5	4042,6	4046,7	4050,8	4054,9	4024,8	4031,7	4045,3	4052,2	4028,3	4048,8	98
99	4059	4063,1	4067,2	4071,3	4075,4	4079,5	4083,6	4087,7	4091,8	4095,9	4065,8	4072,7	4086,3	4093,2	4069,3	4089,8	99
100	4100	4104,1	4108,2	4112,3	4116,4	4120,5	4124,6	4128,7	4132,8	4136,9	4106,8	4113,7	4127,3	4134,2	4110,3	4130,8	100

42

	42	1/10 4,2	2/10 8,4	3/10 12,6	4/10 16,8	5/10 21,0	6/10 25,2	7/10 29,4	8/10 33,6	9/10 37,8	1/6 7,0	2/6 14,0	4/6 28,0	5/6 35,0	1/4 10,5	3/4 31,5	
1	42	46,2	50,4	54,6	58,8	63,0	67,2	71,4	75,6	79,8	49,0	56,0	70,0	77,0	52,5	73,5	1
2	84	88,2	92,4	96,6	100,8	105,0	109,2	113,4	117,6	121,8	91,0	98,0	112,0	119,0	94,5	115,5	2
3	126	130,2	134,4	138,6	142,8	147,0	151,2	155,4	159,6	163,8	133,0	140,0	154,0	161,0	136,5	157,5	3
4	168	172,2	176,4	180,6	184,8	189,0	193,2	197,4	201,6	205,8	175,0	182,0	196,0	203,0	178,5	199,5	4
5	210	214,2	218,4	222,6	226,8	231,0	235,2	239,4	243,6	247,8	217,0	224,0	238,0	245,0	220,5	241,5	5
6	252	256,2	260,4	264,6	268,8	273,0	277,2	281,4	285,6	289,8	259,0	266,0	280,0	287,0	262,5	283,5	6
7	294	298,2	302,4	306,6	310,8	315,0	319,2	323,4	327,6	331,8	301,0	308,0	322,0	329,0	304,5	325,5	7
8	336	340,2	344,4	348,6	352,8	357,0	361,2	365,4	369,6	373,8	343,0	350,0	364,0	371,0	346,5	367,5	8
9	378	382,2	386,4	390,6	394,8	399,0	403,2	407,4	411,6	415,8	385,0	392,0	406,0	413,0	388,5	409,5	9
10	420	424,2	428,4	432,6	436,8	441,0	445,2	449,4	453,6	457,8	427,0	434,0	448,0	455,0	430,5	451,5	10
11	462	466,2	470,4	474,6	478,8	483,0	487,2	491,4	495,6	499,8	469,0	476,0	490,0	497,0	472,5	493,5	11
12	504	508,2	512,4	516,6	520,8	525,0	529,2	533,4	537,6	541,8	511,0	518,0	532,0	539,0	514,5	535,5	12
13	546	550,2	554,4	558,6	562,8	567,0	571,2	575,4	579,6	583,8	553,0	560,0	574,0	581,0	556,5	577,5	13
14	588	592,2	596,4	600,6	604,8	609,0	613,2	617,4	621,6	625,8	595,0	602,0	616,0	623,0	598,5	619,5	14
15	630	634,2	638,4	642,6	646,8	651,0	655,2	659,4	663,6	667,8	637,0	644,0	658,0	665,0	640,5	661,5	15
16	672	676,2	680,4	684,6	688,8	693,0	697,2	701,4	705,6	709,8	679,0	686,0	700,0	707,0	682,5	703,5	16
17	714	718,2	722,4	726,6	730,8	735,0	739,2	743,4	747,6	751,8	721,0	728,0	742,0	749,0	724,5	745,5	17
18	756	760,2	764,4	768,6	772,8	777,0	781,2	785,4	789,6	793,8	763,0	770,0	784,0	791,0	766,5	787,5	18
19	798	802,2	806,4	810,6	814,8	819,0	823,2	827,4	831,6	835,8	805,0	812,0	826,0	833,0	808,5	829,5	19
20	840	844,2	848,4	852,6	856,8	861,0	865,2	869,4	873,6	877,8	847,0	854,0	868,0	875,0	850,5	871,5	20
21	882	886,2	890,4	894,6	898,8	903,0	907,2	911,4	915,6	919,8	889,0	896,0	910,0	917,0	892,5	913,5	21
22	924	928,2	932,4	936,6	940,8	945,0	949,2	953,4	957,6	961,8	931,0	938,0	952,0	959,0	934,5	955,5	22
23	966	970,2	974,4	978,6	982,8	987,0	991,2	995,4	999,6	1003,8	973,0	980,0	994,0	1001,0	976,5	997,5	23
24	1008	1012,2	1016,4	1020,6	1024,8	1029,0	1033,2	1037,4	1041,6	1045,8	1015,0	1022,0	1036,0	1043,0	1018,5	1039,5	24
25	1050	1054,2	1058,4	1062,6	1066,8	1071,0	1075,2	1079,4	1083,6	1087,8	1057,0	1064,0	1078,0	1085,0	1060,5	1081,5	25
26	1092	1096,2	1100,4	1104,6	1108,8	1113,0	1117,2	1121,4	1125,6	1129,8	1099,0	1106,0	1120,0	1127,0	1102,5	1123,5	26
27	1134	1138,2	1142,4	1146,6	1150,8	1155,0	1159,2	1163,4	1167,6	1171,8	1141,0	1148,0	1162,0	1169,0	1144,5	1165,5	27
28	1176	1180,2	1184,4	1188,6	1192,8	1197,0	1201,2	1205,4	1209,6	1213,8	1183,0	1190,0	1204,0	1211,0	1186,5	1207,5	28
29	1218	1222,2	1226,4	1230,6	1234,8	1239,0	1243,2	1247,4	1251,6	1255,8	1225,0	1232,0	1246,0	1253,0	1228,5	1249,5	29
30	1260	1264,2	1268,4	1272,6	1276,8	1281,0	1285,2	1289,4	1293,6	1297,8	1267,0	1274,0	1288,0	1295,0	1270,5	1291,5	30
31	1302	1306,2	1310,4	1314,6	1318,8	1323,0	1327,2	1331,4	1335,6	1339,8	1309,0	1316,0	1330,0	1337,0	1312,5	1333,5	31
32	1344	1348,2	1352,4	1356,6	1360,8	1365,0	1369,2	1373,4	1377,6	1381,8	1351,0	1358,0	1372,0	1379,0	1354,5	1375,5	32
33	1386	1390,2	1394,4	1398,6	1402,8	1407,0	1411,2	1415,4	1419,6	1423,8	1393,0	1400,0	1414,0	1421,0	1396,5	1417,5	33
34	1428	1432,2	1436,4	1440,6	1444,8	1449,0	1453,2	1457,4	1461,6	1465,8	1435,0	1442,0	1456,0	1463,0	1438,5	1459,5	34
35	1470	1474,2	1478,4	1482,6	1486,8	1491,0	1495,2	1499,4	1503,6	1507,8	1477,0	1484,0	1498,0	1505,0	1480,5	1501,5	35
36	1512	1516,2	1520,4	1524,6	1528,8	1533,0	1537,2	1541,4	1545,6	1549,8	1519,0	1526,0	1540,0	1547,0	1522,5	1543,5	36
37	1554	1558,2	1562,4	1566,6	1570,8	1575,0	1579,2	1583,4	1587,6	1591,8	1561,0	1568,0	1582,0	1589,0	1564,5	1585,5	37
38	1596	1600,2	1604,4	1608,6	1612,8	1617,0	1621,2	1625,4	1629,6	1633,8	1603,0	1610,0	1624,0	1631,0	1606,5	1627,5	38
39	1638	1642,2	1646,4	1650,6	1654,8	1659,0	1663,2	1667,4	1671,6	1675,8	1645,0	1652,0	1666,0	1673,0	1648,5	1669,5	39
40	1680	1684,2	1688,4	1692,6	1696,8	1701,0	1705,2	1709,4	1713,6	1717,8	1687,0	1694,0	1708,0	1715,0	1690,5	1711,5	40
41	1722	1726,2	1730,4	1734,6	1738,8	1743,0	1747,2	1751,4	1755,6	1759,8	1729,0	1736,0	1750,0	1757,0	1732,5	1753,5	41
42	1764	1768,2	1772,4	1776,6	1780,8	1785,0	1789,2	1793,4	1797,6	1801,8	1771,0	1778,0	1792,0	1799,0	1774,5	1795,5	42
43	1806	1810,2	1814,4	1818,6	1822,8	1827,0	1831,2	1835,4	1839,6	1843,8	1813,0	1820,0	1834,0	1841,0	1816,5	1837,5	43
44	1848	1852,2	1856,4	1860,6	1864,8	1869,0	1873,2	1877,4	1881,6	1885,8	1855,0	1862,0	1876,0	1883,0	1858,5	1879,5	44
45	1890	1894,2	1898,4	1902,6	1906,8	1911,0	1915,2	1919,4	1923,6	1927,8	1897,0	1904,0	1918,0	1925,0	1900,5	1921,5	45
46	1932	1936,2	1940,4	1944,6	1948,8	1953,0	1957,2	1961,4	1965,6	1969,8	1939,0	1946,0	1960,0	1967,0	1942,5	1963,5	46
47	1974	1978,2	1982,4	1986,6	1990,8	1995,0	1999,2	2003,4	2007,6	2011,8	1981,0	1988,0	2002,0	2009,0	1984,5	2005,5	47
48	2016	2020,2	2024,4	2028,6	2032,8	2037,0	2041,2	2045,4	2049,6	2053,8	2023,0	2030,0	2044,0	2051,0	2026,5	2047,5	48
49	2058	2062,2	2066,4	2070,6	2074,8	2079,0	2083,2	2087,4	2091,6	2095,8	2065,0	2072,0	2086,0	2093,0	2068,5	2089,5	49
50	2100	2104,2	2108,4	2112,6	2116,8	2121,0	2125,2	2129,4	2133,6	2137,8	2107,0	2114,0	2128,0	2135,0	2110,5	2131,5	50
51	2142	2146,2	2150,4	2154,6	2158,8	2163,0	2167,2	2171,4	2175,6	2179,8	2149,0	2156,0	2170,0	2177,0	2152,5	2173,5	51
52	2184	2188,2	2192,4	2196,6	2200,8	2205,0	2209,2	2213,4	2217,6	2221,8	2191,0	2198,0	2212,0	2219,0	2194,5	2215,5	52
53	2226	2230,2	2234,4	2238,6	2242,8	2247,0	2251,2	2255,4	2259,6	2263,8	2233,0	2240,0	2254,0	2261,0	2236,5	2257,5	53
54	2268	2272,2	2276,4	2280,6	2284,8	2289,0	2293,2	2297,4	2301,6	2305,8	2275,0	2282,0	2296,0	2303,0	2278,5	2299,5	54
55	2310	2314,2	2318,4	2322,6	2326,8	2331,0	2335,2	2339,4	2343,6	2347,8	2317,0	2324,0	2338,0	2345,0	2320,5	2341,5	55
56	2352	2356,2	2360,4	2364,6	2368,8	2373,0	2377,2	2381,4	2385,6	2389,8	2359,0	2366,0	2380,0	2387,0	2362,5	2383,5	56
57	2394	2398,2	2402,4	2406,6	2410,8	2415,0	2419,2	2423,4	2427,6	2431,8	2401,0	2408,0	2422,0	2429,0	2404,5	2425,5	57
58	2436	2440,2	2444,4	2448,6	2452,8	2457,0	2461,2	2465 4	2469,6	2473,8	2443,0	2450,0	2464,0	2471,0	2446,5	2467,5	58
59	2478	2482,2	2486,4	2490,6	2494,8	2499,0	2503,2	2507,4	2511,6	2515,8	2485,0	2492,0	2506,0	2513,0	2488,5	2509,5	59
60	2520	2524,2	2528,4	2532,6	2536,8	2541,0	2545,2	2549,4	2553,6	2557,8	2527,0	2534,0	2548,0	2555,0	2530,5	2551,5	60
61	2562	2566,2	2570,4	2574,6	2578,8	2583,0	2587,2	2591,4	2595,6	2599,8	2569,0	2576,0	2590,0	2597,0	2572,5	2593,5	61
62	2604	2608,2	2612,4	2616,6	2620,8	2625,0	2629,2	2633,4	2637,6	2641,8	2611,0	2618,0	2632,0	2639,0	2614,5	2635,5	62
63	2646	2650,2	2654,4	2658,6	2662,8	2667,0	2671,2	2675,4	2679,6	2683,8	2653,0	2660,0	2674,0	2681,0	2656,5	2677,5	63
64	2688	2692,2	2696,4	2700,6	2704,8	2709,0	2713,2	2717,4	2721,6	2725,8	2695,0	2702,0	2716,0	2723,0	2698,5	2719,5	64
65	2730	2734,2	2738,4	2742,6	2746,8	2751,0	2755,2	2759,4	2763,6	2767,8	2737,0	2744,0	2758,0	2765,0	2740,5	2761,5	65
66	2772	2776,2	2780,4	2784,6	2788,8	2793,0	2797,2	2801,4	2805,6	2809,8	2779,0	2786,0	2800,0	2807,0	2782,5	2803,5	66
67	2814	2818,2	2822,4	2826,6	2830,8	2835,0	2839,2	2843,4	2847,6	2851,8	2821,0	2828,0	2842,0	2849,0	2824,5	2845,5	67
68	2856	2860,2	2864,4	2868,6	2872,8	2877,0	2881,2	2885,4	2889,6	2893,8	2863,0	2870,0	2884,0	2891,0	2866,5	2887,5	68
69	2898	2902,2	2906,4	2910,6	2914,8	2919,0	2923,2	2927,4	2931,6	2935,8	2905,0	2912,0	2926,0	2933,0	2908,5	2929,5	69
70	2940	2944,2	2948,4	2952,6	2956,8	2961,0	2965,2	2969,4	2973,6	2977,8	2947,0	2954,0	2968,0	2975,0	2950,5	2971,5	70
71	2982	2986,2	2990,4	2994,6	2998,8	3003,0	3007,2	3011,4	3015,6	3019,8	2989,0	2996,0	3010,0	3017,0	2992,5	3013,5	71
72	3024	3028,2	3032,4	3036,6	3040,8	3045,0	3049,2	3053,4	3057,6	3061,8	3031,0	3038,0	3052,0	3059,0	3034,5	3055,5	72
73	3066	3070,2	3074,4	3078,6	3082,8	3087,0	3091,2	3095,4	3099,6	3103,8	3073,0	3080,0	3094,0	3101,0	3076,5	3097,5	73
74	3108	3112,2	3116,4	3120,6	3124,8	3129,0	3133,2	3137,4	3141,6	3145,8	3115,0	3122,0	3136,0	3143,0	3118,5	3139,5	74
75	3150	3154,2	3158,4	3162,6	3166,8	3171,0	3175,2	3179,4	3183,6	3187,8	3157,0	3164,0	3178,0	3185,0	3160,5	3181,5	75
76	3192	3196,2	3200,4	3204,6	3208,8	3213,0	3217,2	3221,4	3225,6	3229,8	3199,0	3206,0	3220,0	3227,0	3202,5	3223,5	76
77	3234	3238,2	3242,4	3246,6	3250,8	3255,0	3259,2	3263,4	3267,6	3271,8	3241,0	3248,0	3262,0	3269,0	3244,5	3265,5	77
78	3276	3280,2	3284,4	3288,6	3292,8	3297,0	3301,2	3305,4	3309,6	3313,8	3283,0	3290,0	3304,0	3311,0	3286,5	3307,5	78
79	3318	3322,2	3326,4	3330,6	3334,8	3339,0	3343,2	3347,4	3351,6	3355,8	3325,0	3332,0	3346,0	3353,0	3328,5	3349,5	79
80	3360	3364,2	3368,4	3372,6	3376,8	3381,0	3385,2	3389,4	3393,6	3397,8	3367,0	3374,0	3388,0	3395,0	3370,5	3391,5	80
81	3402	3406,2	3410,4	3414,6	3418,8	3423,0	3427,2	3431,4	3435,6	3439,8	3409,0	3416,0	3430,0	3437,0	3412,5	3433,5	81
82	3444	3448,2	3452,4	3456,6	3460,8	3465,0	3469,2	3473,4	3477,6	3481,8	3451,0	3458,0	3472,0	3479,0	3454,5	3475,5	82
83	3486	3490,2	3494,4	3498,6	3502,8	3507,0	3511,2	3515,4	3519,6	3523,8	3493,0	3500,0	3514,0	3521,0	3496,5	3517,5	83
84	3528	3532,2	3536,4	3540,6	3544,8	3549,0	3553,2	3557,4	3561,6	3565,8	3535,0	3542,0	3556,0	3563,0	3538,5	3559,5	84
85	3570	3574,2	3578,4	3582,6	3586,8	3591,0	3595,2	3599,4	3603,6	3607,8	3577,0	3584,0	3598,0	3605,0	3580,5	3601,5	85
86	3612	3616,2	3620,4	3624,6	3628,8	3633,0	3637,2	3641,4	3645,6	3649,8	3619,0	3626,0	3640,0	3647,0	3622,5	3643,5	86
87	3654	3658,2	3662,4	3666,6	3670,8	3675,0	3679,2	3683,4	3687,6	3691,8	3661,0	3668,0	3682,0	3689,0	3664,5	3685,5	87
88	3696	3700,2	3704,4	3708,6	3712,8	3717,0	3721,2	3725,4	3729,6	3733,8	3703,0	3710,0	3724,0	3731,0	3706,5	3727,5	88
89	3738	3742,2	3746,4	3750,6	3754,8	3759,0	3763,2	3767,4	3771,6	3775,8	3745,0	3752,0	3766,0	3773,0	3748,5	3769,5	89
90	3780	3784,2	3788,4	3792,6	3796,8	3801,0	3805,2	3809,4	3813,6	3817,8	3787,0	3794,0	3808,0	3815,0	3790,5	3811,5	90
91	3822	3826,2	3830,4	3834,6	3838,8	3843,0	3847,2	3851,4	3855,6	3859,8	3829,0	3836,0	3850,0	3857,0	3832,5	3853,5	91
92	3864	3868,2	3872,4	3876,6	3880,8	3885,0	3889,2	3893,4	3897,6	3901,8	3871,0	3878,0	3892,0	3899,0	3874,5	3895,5	92
93	3906	3910,2	3914,4	3918,6	3922,8	3927,0	3931,2	3935,4	3939,6	3943,8	3913,0	3920,0	3934,0	3941,0	3916,5	3937,5	93
94	3948	3952,2	3956,4	3960,6	3964,8	3969,0	3973,2	3977,4	3981,6	3985,8	3955,0	3962,0	3976,0	3983,0	3958,5	3979,5	94
95	3990	3994,2	3998,4	4002,6	4006,8	4011,0	4015,2	4019,4	4023,6	4027,8	3997,0	4004,0	4018,0	4025,0	4000,5	4021,5	95
96	4032	4036,2	4040,4	4044,6	4048,8	4053,0	4057,2	4061,4	4065,6	4069,8	4039,0	4046,0	4060,0	4067,0	4042,5	4063,5	96
97	4074	4078,2	4082,4	4086,6	4090,8	4095,0	4099,2	4103,4	4107,6	4111,8	4081,0	4088,0	4102,0	4109,0	4084,5	4105,5	97
98	4116	4120,2	4124,4	4128,6	4132,8	4137,0	4141,2	4145,4	4149,6	4153,8	4123,0	4130,0	4144,0	4151,0	4126,5	4147,5	98
99	4158	4162,2	4166,4	4170,6	4174,8	4179,0	4183,2	4187,4	4191,6	4195,8	4165,0	4172,0	4186,0	4193,0	4168,5	4189,5	99
100	4200	4204,2	4208,4	4212,6	4216,8	4221,0	4225,2	4229,4	4233,6	4237,8	4207,0	4214,0	4228,0	4235,0	4210,5	4231,5	100

		1/10 4,3	2/10 8,6	3/10 12,9	4/10 17,2	5/10 21,5	6/10 25,8	7/10 30,1	8/10 34,4	9/10 38,7	1/6 7,166	2/6 14,333	4/6 28,666	5/6 35,833	1/4 10,75	3/4 32,25	
1	43	47,3	51,6	55,9	60,2	64,5	68,8	73,1	77,4	81,7	50,2	57,3	71,7	78,8	53,8	75,3	**1**
2	86	90,3	94,6	98,9	103,2	107,5	111,8	116,1	120,4	124,7	93,2	100,3	114,7	121,8	96,8	118,3	**2**
3	129	133,3	137,6	141,9	146,2	150,5	154,8	159,1	163,4	167,7	136,2	143,3	157,7	164,8	139,8	161,3	**3**
4	172	176,3	180,6	184,9	189,2	193,5	197,8	202,1	206,4	210,7	179,2	186,3	200,7	207,8	182,8	204,3	**4**
5	215	219,3	223,6	227,9	232,2	236,5	240,8	245,1	249,4	253,7	222,2	229,2	243,7	250,8	225,8	247,3	**5**
6	258	262,3	266,6	270,9	275,2	279,5	283,8	288,1	292,4	296,7	265,2	272,3	286,7	293,8	268,8	290,3	**6**
7	301	305,3	309,6	313,9	318,2	322,5	326,8	331,1	335,4	339,7	308,2	315,3	329,7	336,8	311,8	333,3	**7**
8	344	348,3	352,6	356,9	361,2	365,5	369,8	374,1	378,4	382,7	351,2	358,3	372,7	379,8	354,8	376,3	**8**
9	387	391,3	395,6	399,9	404,2	408,5	412,8	417,1	421,4	425,7	394,2	401,3	415,7	422,8	397,8	419,3	**9**
10	430	434,3	438,6	442,9	447,2	451,5	455,8	460,1	464,4	468,7	437,2	444,3	458,7	465,8	440,8	462,3	**10**
11	473	477,3	481,6	485,9	490,2	494,5	498,8	503,1	507,4	511,7	480,2	487,3	501,7	508,8	483,8	505,3	**11**
12	516	520,3	524,6	528,9	533,2	537,5	541,8	546,1	550,4	554,7	523,2	530,3	544,7	551,8	526,8	548,3	**12**
13	559	563,3	567,6	571,9	576,2	580,5	584,8	589,1	593,4	597,7	566,2	573,3	587,7	594,8	569,8	591,3	**13**
14	602	606,3	610,6	614,9	619,2	623,5	627,8	632,1	636,4	640,7	609,2	616,3	630,7	637,8	612,8	634,3	**14**
15	645	649,3	653,6	657,9	662,2	666,5	670,8	675,1	679,4	683,7	652,2	659,3	673,7	680,8	655,8	677,3	**15**
16	688	692,3	696,6	700,9	705,2	709,5	713,8	718,1	722,4	726,7	695,2	702,3	716,7	723,8	698,8	720,3	**16**
17	731	735,3	739,6	743,9	748,2	752,5	756,8	761,1	765,4	769,7	738,2	745,3	759,7	766,8	741,8	763,3	**17**
18	774	778,3	782,6	786,9	791,2	795,5	799,8	804,1	808,4	812,7	781,2	788,3	802,7	809,8	784,8	806,3	**18**
19	817	821,3	825,6	829,9	834,2	838,5	842,8	847,1	851,4	855,7	824,2	831,3	845,7	852,8	827,8	849,3	**19**
20	860	864,3	868,6	872,9	877,2	881,5	885,8	890,1	894,4	898,7	867,2	874,3	888,7	895,8	870,8	892,3	**20**
21	903	907,3	911,6	915,9	920,2	924,5	928,8	933,1	937,4	941,7	910,2	917,3	931,7	938,8	913,8	935,3	**21**
22	946	950,3	954,6	958,9	963,2	967,5	971,8	976,1	980,4	984,7	953,2	960,3	974,7	981,8	956,8	978,3	**22**
23	989	993,3	997,6	1001,9	1006,2	1010,5	1014,8	1019,1	1023,4	1027,7	996,2	1003,3	1017,7	1024,8	999,8	1021,3	**23**
24	1032	1036,3	1040,6	1044,9	1049,2	1053,5	1057,8	1062,1	1066,4	1070,7	1039,2	1046,3	1060,7	1067,8	1042,8	1064,3	**24**
25	1075	1079,3	1083,6	1087,9	1092,2	1096,5	1100,8	1105,1	1109,4	1113,7	1082,2	1089,3	1103,7	1110,8	1085,8	1107,3	**25**
26	1118	1122,3	1126,6	1130,9	1135,2	1139,5	1143,8	1148,1	1152,4	1156,7	1125,2	1132,3	1146,7	1153,8	1128,8	1150,3	**26**
27	1161	1165,3	1169,6	1173,9	1178,2	1182,5	1186,8	1191,1	1195,4	1199,7	1168,2	1175,3	1189,7	1196,8	1171,8	1193,3	**27**
28	1204	1208,3	1212,6	1216,9	1221,2	1225,5	1229,8	1234,1	1238,4	1242,7	1211,2	1218,3	1232,7	1239,8	1214,8	1236,3	**28**
29	1247	1251,3	1255,6	1259,9	1264,2	1268,5	1272,8	1277,1	1281,4	1285,7	1254,2	1261,3	1275,7	1282,8	1257,8	1279,3	**29**
30	1290	1294,3	1298,6	1302,9	1307,2	1311,5	1315,8	1320,1	1324,4	1328,7	1297,2	1304,3	1318,7	1325,8	1300,8	1322,3	**30**
31	1333	1337,3	1341,6	1345,9	1350,2	1354,5	1358,8	1363,1	1367,4	1371,7	1340,2	1347,3	1361,7	1368,8	1343,8	1365,3	**31**
32	1376	1380,3	1384,6	1388,9	1393,2	1397,5	1401,8	1406,1	1410,4	1414,7	1383,2	1390,3	1404,7	1411,8	1386,8	1408,3	**32**
33	1419	1423,3	1427,6	1431,9	1436,2	1440,5	1444,8	1449,1	1453,4	1457,7	1426,2	1433,3	1447,7	1454,8	1429,8	1451,3	**33**
34	1462	1466,3	1470,6	1474,9	1479,2	1483,5	1487,8	1492,1	1496,4	1500,7	1469,2	1476,3	1490,7	1497,8	1472,8	1494,3	**34**
35	1505	1509,3	1513,6	1517,9	1522,2	1526,5	1530,8	1535,1	1539,4	1543,7	1512,2	1519,3	1533,7	1540,8	1515,8	1537,3	**35**
36	1548	1552,3	1556,6	1560,9	1565,2	1569,5	1573,8	1578,1	1582,4	1586,7	1555,2	1562,3	1576,7	1583,8	1558,8	1580,3	**36**
37	1591	1595,3	1599,6	1603,9	1608,2	1612,5	1616,8	1621,1	1625,4	1629,7	1598,2	1605,3	1619,7	1626,8	1601,8	1623,3	**37**
38	1634	1638,3	1642,6	1646,9	1651,2	1655,5	1659,8	1664,1	1668,4	1672,7	1641,2	1648,3	1662,7	1669,8	1644,8	1666,3	**38**
39	1677	1681,3	1685,6	1689,9	1694,2	1698,5	1702,8	1707,1	1711,4	1715,7	1684,2	1691,3	1705,7	1712,8	1687,8	1709,3	**39**
40	1720	1724,3	1728,6	1732,9	1737,2	1741,5	1745,8	1750,1	1754,4	1758,7	1727,2	1734,3	1748,7	1755,8	1730,8	1752,3	**40**
41	1763	1767,3	1771,6	1775,9	1780,2	1784,5	1788,8	1793,1	1797,4	1801,7	1770,2	1777,3	1791,7	1798,8	1773,8	1795,3	**41**
42	1806	1810,3	1814,6	1818,9	1823,2	1827,5	1831,8	1836,1	1840,4	1844,7	1813,2	1820,3	1834,7	1841,8	1816,8	1838,3	**42**
43	1849	1853,3	1857,6	1861,9	1866,2	1870,5	1874,8	1879,1	1883,4	1887,7	1856,2	1863,3	1877,7	1884,8	1859,8	1881,3	**43**
44	1892	1896,3	1900,6	1904,9	1909,2	1913,5	1917,8	1922,1	1926,4	1930,7	1899,2	1906,3	1920,7	1927,8	1902,8	1924,3	**44**
45	1935	1939,3	1943,6	1947,9	1952,2	1956,5	1960,8	1965,1	1969,4	1973,7	1942,2	1949,3	1963,7	1970,8	1945,8	1967,3	**45**
46	1978	1982,3	1986,6	1990,9	1995,2	1999,5	2003,8	2008,1	2012,4	2016,7	1985,2	1992,3	2006,7	2013,8	1988,8	2010,3	**46**
47	2021	2025,3	2029,6	2033,9	2038,2	2042,5	2046,8	2051,1	2055,4	2059,7	2028,2	2035,3	2049,7	2056,8	2031,8	2053,3	**47**
48	2064	2068,3	2072,6	2076,9	2081,2	2085,5	2089,8	2094,1	2098,4	2102,7	2071,2	2078,3	2092,7	2099,8	2074,8	2096,3	**48**
49	2107	2111,3	2115,6	2119,9	2124,2	2128,5	2132,8	2137,1	2141,4	2145,7	2114,2	2121,3	2135,7	2142,8	2117,8	2139,3	**49**
50	2150	2154,3	2158,6	2162,9	2167,2	2171,5	2175,8	2180,1	2184,4	2188,7	2157,2	2164,3	2178,7	2185,8	2160,8	2182,3	**50**
51	2193	2197,3	2201,6	2205,9	2210,2	2214,5	2218,8	2223,1	2227,4	2231,7	2200,2	2207,3	2221,7	2228,8	2203,8	2225,3	**51**
52	2236	2240,3	2244,6	2248,9	2253,2	2257,5	2261,8	2266,1	2270,4	2274,7	2243,2	2250,3	2264,7	2271,8	2246,8	2268,3	**52**
53	2279	2283,3	2287,6	2291,9	2296,2	2300,5	2304,8	2309,1	2313,4	2317,7	2286,2	2293,3	2307,7	2314,8	2289,8	2311,3	**53**
54	2322	2326,3	2330,6	2334,9	2339,2	2343,5	2347,8	2352,1	2356,4	2360,7	2329,2	2336,3	2350,7	2357,8	2332,8	2354,3	**54**
55	2365	2369,3	2373,6	2377,9	2382,2	2386,5	2390,8	2395,1	2399,4	2403,7	2372,2	2379,3	2393,7	2400,8	2375,8	2397,3	**55**
56	2408	2412,3	2416,6	2420,9	2425,2	2429,5	2433,8	2438,1	2442,4	2446,7	2415,2	2422,3	2436,7	2443,8	2418,8	2440,3	**56**
57	2451	2455,3	2459,6	2463,9	2468,2	2472,5	2476,8	2481,1	2485,4	2489,7	2458,2	2465,3	2479,7	2486,8	2461,8	2483,3	**57**
58	2494	2498,3	2502,6	2506,9	2511,2	2515,5	2519,8	2524,1	2528,4	2532,7	2501,2	2508,3	2522,7	2529,8	2504,8	2526,3	**58**
59	2537	2541,3	2545,6	2549,9	2554,2	2558,5	2562,8	2567,1	2571,4	2575,7	2544,2	2551,3	2565,7	2572,8	2547,8	2569,3	**59**
60	2580	2584,3	2588,6	2592,9	2597,2	2601,5	2605,8	2610,1	2614,4	2618,7	2587,2	2594,3	2608,7	2615,8	2590,8	2612,3	**60**
61	2623	2627,3	2631,6	2635,9	2640,2	2644,5	2648,8	2653,1	2657,4	2661,7	2630,2	2637,3	2651,7	2658,8	2633,8	2655,3	**61**
62	2666	2670,3	2674,6	2678,9	2683,2	2687,5	2691,8	2696,1	2700,4	2704,7	2673,2	2680,3	2694,7	2701,8	2676,8	2698,3	**62**
63	2709	2713,3	2717,6	2721,9	2726,2	2730,5	2734,8	2739,1	2743,4	2747,7	2716,2	2723,3	2737,7	2744,8	2719,8	2741,3	**63**
64	2752	2756,3	2760,6	2764,9	2769,2	2773,5	2777,8	2782,1	2786,4	2790,7	2759,2	2766,3	2780,7	2787,8	2762,8	2784,3	**64**
65	2795	2799,3	2803,6	2807,9	2812,2	2816,5	2820,8	2825,1	2829,4	2833,7	2802,2	2809,3	2823,7	2830,8	2805,8	2827,3	**65**
66	2838	2842,3	2846,6	2850,9	2855,2	2859,5	2863,8	2868,1	2872,4	2876,7	2845,2	2852,3	2866,7	2873,8	2848,8	2870,3	**66**
67	2881	2885,3	2889,6	2893,9	2898,2	2902,5	2906,8	2911,1	2915,4	2919,7	2888,2	2895,3	2909,7	2916,8	2891,8	2913,3	**67**
68	2924	2928,3	2932,6	2936,9	2941,2	2945,5	2949,8	2954,1	2958,4	2962,7	2931,2	2938,3	2952,7	2959,8	2934,8	2956,3	**68**
69	2967	2971,3	2975,6	2979,9	2984,2	2988,5	2992,8	2997,1	3001,4	3005,7	2974,2	2981,3	2995,7	3002,8	2977,8	2999,3	**69**
70	3010	3014,3	3018,6	3022,9	3027,2	3031,5	3035,8	3040,1	3044,4	3048,7	3017,2	3024,3	3038,7	3045,8	3020,8	3042,3	**70**
71	3053	3057,3	3061,6	3065,9	3070,2	3074,5	3078,8	3083,1	3087,4	3091,7	3060,2	3067,3	3081,7	3088,8	3063,8	3085,3	**71**
72	3096	3100,3	3104,6	3108,9	3113,2	3117,5	3121,8	3126,1	3130,4	3134,7	3103,2	3110,3	3124,7	3131,8	3106,8	3128,3	**72**
73	3139	3143,3	3147,6	3151,9	3156,2	3160,5	3164,8	3169,1	3173,4	3177,7	3146,2	3153,3	3167,7	3174,8	3149,8	3171,3	**73**
74	3182	3186,3	3190,6	3194,9	3199,2	3203,5	3207,8	3212,1	3216,4	3220,7	3189,2	3196,3	3210,7	3217,8	3192,8	3214,3	**74**
75	3225	3229,3	3233,6	3237,9	3242,2	3246,5	3250,8	3255,1	3259,4	3263,7	3232,2	3239,3	3253,7	3260,8	3235,8	3257,3	**75**
76	3268	3272,3	3276,6	3280,9	3285,2	3289,5	3293,8	3298,1	3302,4	3306,7	3275,2	3282,3	3296,7	3303,8	3278,8	3300,3	**76**
77	3311	3315,3	3319,6	3323,9	3328,2	3332,5	3336,8	3341,1	3345,4	3349,7	3318,2	3325,3	3339,7	3346,8	3321,8	3343,3	**77**
78	3354	3358,3	3362,6	3366,9	3371,2	3375,5	3379,8	3384,1	3388,4	3392,7	3361,2	3368,3	3382,7	3389,8	3364,8	3386,3	**78**
79	3397	3401,3	3405,6	3409,9	3414,2	3418,5	3422,8	3427,1	3431,4	3435,7	3404,2	3411,3	3425,7	3432,8	3407,8	3429,3	**79**
80	3440	3444,3	3448,6	3452,9	3457,2	3461,5	3465,8	3470,1	3474,4	3478,7	3447,2	3454,3	3468,7	3475,8	3450,8	3472,3	**80**
81	3483	3487,3	3491,6	3495,9	3500,2	3504,5	3508,8	3513,1	3517,4	3521,7	3490,2	3497,3	3511,7	3518,8	3493,8	3515,3	**81**
82	3526	3530,3	3534,6	3538,9	3543,2	3547,5	3551,8	3556,1	3560,4	3564,7	3533,2	3540,3	3554,7	3561,8	3536,8	3558,3	**82**
83	3569	3573,3	3577,6	3581,9	3586,2	3590,5	3594,8	3599,1	3603,4	3607,7	3576,2	3583,3	3597,7	3604,8	3579,8	3601,3	**83**
84	3612	3616,3	3620,6	3624,9	3629,2	3633,5	3637,8	3642,1	3646,4	3650,7	3619,2	3626,3	3640,7	3647,8	3622,8	3644,3	**84**
85	3655	3659,3	3663,6	3667,9	3672,2	3676,5	3680,8	3685,1	3689,4	3693,7	3662,2	3669,3	3683,7	3690,8	3665,8	3687,3	**85**
86	3698	3702,3	3706,6	3710,9	3715,2	3719,5	3723,8	3728,1	3732,4	3736,7	3705,2	3712,3	3726,7	3733,8	3708,8	3730,3	**86**
87	3741	3745,3	3749,6	3753,9	3758,2	3762,5	3766,8	3771,1	3775,4	3779,7	3748,2	3755,3	3769,7	3776,8	3751,8	3773,3	**87**
88	3784	3788,3	3792,6	3796,9	3801,2	3805,5	3809,8	3814,1	3818,4	3822,7	3791,2	3798,3	3812,7	3819,8	3794,8	3816,3	**88**
89	3827	3831,3	3835,6	3839,9	3844,2	3848,5	3852,8	3857,1	3861,4	3865,7	3834,2	3841,3	3855,7	3862,8	3837,8	3859,3	**89**
90	3870	3874,3	3878,6	3882,9	3887,2	3891,5	3895,8	3900,1	3904,4	3908,7	3877,2	3884,3	3898,7	3905,8	3880,8	3902,3	**90**
91	3913	3917,3	3921,6	3925,9	3930,2	3934,5	3938,8	3943,1	3947,4	3951,7	3920,2	3927,3	3941,7	3948,8	3923,8	3945,3	**91**
92	3956	3960,3	3964,6	3968,9	3973,2	3977,5	3981,8	3986,1	3990,4	3994,7	3963,2	3970,3	3984,7	3991,8	3966,8	3988,3	**92**
93	3999	4003,3	4007,6	4011,9	4016,2	4020,5	4024,8	4029,1	4033,4	4037,7	4006,2	4013,3	4027,7	4034,8	4009,8	4031,3	**93**
94	4042	4046,3	4050,6	4054,9	4059,2	4063,5	4067,8	4072,1	4076,4	4080,7	4049,2	4056,3	4070,7	4077,8	4052,8	4074,3	**94**
95	4085	4089,3	4093,6	4097,9	4102,2	4106,5	4110,8	4115,1	4119,4	4123,7	4092,2	4099,3	4113,7	4120,8	4095,8	4117,3	**95**
96	4128	4132,3	4136,6	4140,9	4145,2	4149,5	4153,8	4158,1	4162,4	4166,7	4135,2	4142,3	4156,7	4163,8	4138,8	4160,3	**96**
97	4171	4175,3	4179,6	4183,9	4188,2	4192,5	4196,8	4201,1	4205,4	4209,7	4178,2	4185,3	4199,7	4206,8	4181,8	4203,3	**97**
98	4214	4218,3	4222,6	4226,9	4231,2	4235,5	4239,8	4244,1	4248,4	4252,7	4221,2	4228,3	4242,7	4249,8	4224,8	4246,3	**98**
99	4257	4261,3	4265,6	4269,9	4274,2	4278,5	4282,8	4287,1	4291,4	4295,7	4264,2	4271,3	4285,7	4292,8	4267,8	4289,3	**99**
100	4300	4304,3	4308,6	4312,9	4317,2	4321,5	4325,8	4330,1	4334,4	4338,7	4307,2	4314,3	4328,7	4335,8	4310,8	4332,3	**100**

44

		1/10 4,4	2/10 8,8	3/10 13,2	4/10 17,6	5/10 22,0	6/10 26,4	7/10 30,8	8/10 35,2	9/10 39,6	1/6 7,333	2/6 14,666	4/6 29,333	5/6 36,666	1/4 11,0	3/4 33,0	
1	44	48,4	52,8	57,2	61,6	66,0	70,4	74,8	79,2	83,6	51,3	58,7	73,3	80,7	55,0	77,0	1
2	88	92,4	96,8	101,2	105,6	110,0	114,4	118,8	123,2	127,6	95,3	102,7	117,3	124,7	99,0	121,0	2
3	132	136,4	140,8	145,2	149,6	154,0	158,4	162,8	167,2	171,6	139,3	146,7	161,3	168,7	143,0	165,0	3
4	176	180,4	184,8	189,2	193,6	198,0	202,4	206,8	211,2	215,6	183,3	190,7	205,3	212,7	187,0	209,0	4
5	220	224,4	228,8	233,2	237,6	242,0	246,4	250,8	255,2	259,6	227,3	234,7	249,3	256,7	231,0	253,0	5
6	264	268,4	272,8	277,2	281,6	286,0	290,4	294,8	299,2	303,6	271,3	278,7	293,3	300,7	275,0	297,0	6
7	308	312,4	316,8	321,2	325,6	330,0	334,4	338,8	343,2	347,6	315,3	322,7	337,3	344,7	319,0	341,0	7
8	352	356,4	360,8	365,2	369,6	374,0	378,4	382,8	387,2	391,6	359,3	366,7	381,3	388,7	363,0	385,0	8
9	396	400,4	404,8	409,2	413,6	418,0	422,4	426,8	431,2	435,6	403,3	410,7	425,3	432,7	407,0	429,0	9
10	440	444,4	448,8	453,2	457,6	462,0	466,4	470,8	475,2	479,6	447,3	454,7	469,3	476,7	451,0	473,0	10
11	484	488,4	492,8	497,2	501,6	506,0	510,4	514,8	519,2	523,6	491,3	498,7	513,3	520,7	495,0	517,0	11
12	528	532,4	536,8	541,2	545,6	550,0	554,4	558,8	563,2	567,6	535,3	542,7	557,3	564,7	539,0	561,0	12
13	572	576,4	580,8	585,2	589,6	594,0	598,4	602,8	607,2	611,6	579,3	586,7	601,3	608,7	583,0	605,0	13
14	616	620,4	624,8	629,2	633,6	638,0	642,4	646,8	651,2	655,6	623,3	630,7	645,3	652,7	627,0	649,0	14
15	660	664,4	668,8	673,2	677,6	682,0	686,4	690,8	695,2	699,6	667,3	674,7	689,3	696,7	671,0	693,0	15
16	704	708,4	712,8	717,2	721,6	726,0	730,4	734,8	739,2	743,6	711,3	718,7	733,3	740,7	715,0	737,0	16
17	748	752,4	756,8	761,2	765,6	770,0	774,4	778,8	783,2	787,6	755,3	762,7	777,3	784,7	759,0	781,0	17
18	792	796,4	800,8	805,2	809,6	814,0	818,4	822,8	827,2	831,6	799,3	806,7	821,3	828,7	803,0	825,0	18
19	836	840,4	844,8	849,2	853,6	858,0	862,4	866,8	871,2	875,6	843,3	850,7	865,3	872,7	847,0	869,0	19
20	880	884,4	888,8	893,2	897,6	902,0	906,4	910,8	915,2	919,6	887,3	894,7	909,3	916,7	891,0	913,0	20
21	924	928,4	932,8	937,2	941,6	946,0	950,4	954,8	959,2	963,6	931,3	938,7	953,3	960,7	935,0	957,0	21
22	968	972,4	976,8	981,2	985,6	990,0	994,4	998,8	1003,2	1007,6	975,3	982,7	997,3	1004,7	979,0	1001,0	22
23	1012	1016,4	1020,8	1025,2	1029,6	1034,0	1038,4	1042,8	1047,2	1051,6	1019,3	1026,7	1041,3	1048,7	1023,0	1045,0	23
24	1056	1060,4	1064,8	1069,2	1073,6	1078,0	1082,4	1086,8	1091,2	1095,6	1063,3	1070,7	1085,3	1092,7	1067,0	1089,0	24
25	1100	1104,4	1108,8	1113,2	1117,6	1122,0	1126,4	1130,8	1135,2	1139,6	1107,3	1114,7	1129,3	1136,7	1111,0	1133,0	25
26	1144	1148,4	1152,8	1157,2	1161,6	1166,0	1170,4	1174,8	1179,2	1183,6	1151,3	1158,7	1173,3	1180,7	1155,0	1177,0	26
27	1188	1192,4	1196,8	1201,2	1205,6	1210,0	1214,4	1218,8	1223,2	1227,6	1195,3	1202,7	1217,3	1224,7	1199,0	1221,0	27
28	1232	1236,4	1240,8	1245,2	1249,6	1254,0	1258,4	1262,8	1267,2	1271,6	1239,3	1246,7	1261,3	1268,7	1243,0	1265,0	28
29	1276	1280,4	1284,8	1289,2	1293,6	1298,0	1302,4	1306,8	1311,2	1315,6	1283,3	1290,7	1305,3	1312,7	1287,0	1309,0	29
30	1320	1324,4	1328,8	1333,2	1337,6	1342,0	1346,4	1350,8	1355,2	1359,6	1327,3	1334,7	1349,3	1356,7	1331,0	1353,0	30
31	1364	1368,4	1372,8	1377,2	1381,6	1386,0	1390,4	1394,8	1399,2	1403,6	1371,3	1378,7	1393,3	1400,7	1375,0	1397,0	31
32	1408	1412,4	1416,8	1421,2	1425,6	1430,0	1434,4	1438,8	1443,2	1447,6	1415,3	1422,7	1437,3	1444,7	1419,0	1441,0	32
33	1452	1456,4	1460,8	1465,2	1469,6	1474,0	1478,4	1482,8	1487,2	1491,6	1459,3	1466,7	1481,3	1488,7	1463,0	1485,0	33
34	1496	1500,4	1504,8	1509,2	1513,6	1518,0	1522,4	1526,8	1531,2	1535,6	1503,3	1510,7	1525,3	1532,7	1507,0	1529,0	34
35	1540	1544,4	1548,8	1553,2	1557,6	1562,0	1566,4	1570,8	1575,2	1579,6	1547,3	1554,7	1569,3	1576,7	1551,0	1573,0	35
36	1584	1588,4	1592,8	1597,2	1601,6	1606,0	1610,4	1614,8	1619,2	1623,6	1591,3	1598,7	1613,3	1620,7	1595,0	1617,0	36
37	1628	1632,4	1636,8	1641,2	1645,6	1650,0	1654,4	1658,8	1663,2	1667,6	1635,3	1642,7	1657,3	1664,7	1639,0	1661,0	37
38	1672	1676,4	1680,8	1685,2	1689,6	1694,0	1698,4	1702,8	1707,2	1711,6	1679,3	1686,7	1701,3	1708,7	1683,0	1705,0	38
39	1716	1720,4	1724,8	1729,2	1733,6	1738,0	1742,4	1746,8	1751,2	1755,6	1723,3	1730,7	1745,3	1752,7	1727,0	1749,0	39
40	1760	1764,4	1768,8	1773,2	1777,6	1782,0	1786,4	1790,8	1795,2	1799,6	1767,3	1774,7	1789,3	1796,7	1771,0	1793,0	40
41	1804	1808,4	1812,8	1817,2	1821,6	1826,0	1830,4	1834,8	1839,2	1843,6	1811,3	1818,7	1833,3	1840,7	1815,0	1837,0	41
42	1848	1852,4	1856,8	1861,2	1865,6	1870,0	1874,4	1878,8	1883,2	1887,6	1855,3	1862,7	1877,3	1884,7	1859,0	1881,0	42
43	1892	1896,4	1900,8	1905,2	1909,6	1914,0	1918,4	1922,8	1927,2	1931,6	1899,3	1906,7	1921,3	1928,7	1903,0	1925,0	43
44	1936	1940,4	1944,8	1949,2	1953,6	1958,0	1962,4	1966,8	1971,2	1975,6	1943,3	1950,7	1965,3	1972,7	1947,0	1969,0	44
45	1980	1984,4	1988,8	1993,2	1997,6	2002,0	2006,4	2010,8	2015,2	2019,6	1987,3	1994,7	2009,3	2016,7	1991,0	2013,0	45
46	2024	2028,4	2032,8	2037,2	2041,6	2046,0	2050,4	2054,8	2059,2	2063,6	2031,3	2038,7	2053,3	2060,7	2035,0	2057,0	46
47	2068	2072,4	2076,8	2081,2	2085,6	2090,0	2094,4	2098,8	2103,2	2107,6	2075,3	2082,7	2097,3	2104,7	2079,0	2101,0	47
48	2112	2116,4	2120,8	2125,2	2129,6	2134,0	2138,4	2142,8	2147,2	2151,6	2119,3	2126,7	2141,3	2148,7	2123,0	2145,0	48
49	2156	2160,4	2164,8	2169,2	2173,6	2178,0	2182,4	2186,8	2191,2	2195,6	2163,3	2170,7	2185,3	2192,7	2167,0	2189,0	49
50	2200	2204,4	2208,8	2213,2	2217,6	2222,0	2226,4	2230,8	2235,2	2239,6	2207,3	2214,7	2229,3	2236,7	2211,0	2233,0	50
51	2244	2248,4	2252,8	2257,2	2261,6	2266,0	2270,4	2274,8	2279,2	2283,6	2251,3	2258,7	2273,3	2280,7	2255,0	2277,0	51
52	2288	2292,4	2296,8	2301,2	2305,6	2310,0	2314,4	2318,8	2323,2	2327,6	2295,3	2302,7	2317,3	2324,7	2299,0	2321,0	52
53	2332	2336,4	2340,8	2345,2	2349,6	2354,0	2358,4	2362,8	2367,2	2371,6	2339,3	2346,7	2361,3	2368,7	2343,0	2365,0	53
54	2376	2380,4	2384,8	2389,2	2393,6	2398,0	2402,4	2406,8	2411,2	2415,6	2383,3	2390,7	2405,3	2412,7	2387,0	2409,0	54
55	2420	2424,4	2428,8	2433,2	2437,6	2442,0	2446,4	2450,8	2455,2	2459,6	2427,3	2434,7	2449,3	2456,7	2431,0	2453,0	55
56	2464	2468,4	2472,8	2477,2	2481,6	2486,0	2490,4	2494,8	2499,2	2503,6	2471,3	2478,7	2493,3	2500,7	2475,0	2497,0	56
57	2508	2512,4	2516,8	2521,2	2525,6	2530,0	2534,4	2538,8	2543,2	2547,6	2515,3	2522,7	2537,3	2544,7	2519,0	2541,0	57
58	2552	2556,4	2560,8	2565,2	2569,6	2574,0	2578,4	2582,8	2587,2	2591,6	2559,3	2566,7	2581,3	2588,7	2563,0	2585,0	58
59	2596	2600,4	2604,8	2609,2	2613,6	2618,0	2622,4	2626,8	2631,2	2635,6	2603,3	2610,7	2625,3	2632,7	2607,0	2629,0	59
60	2640	2644,4	2648,8	2653,2	2657,6	2662,0	2666,4	2670,8	2675,2	2679,6	2647,3	2654,7	2669,3	2676,7	2651,0	2673,0	60
61	2684	2688,4	2692,8	2697,2	2701,6	2706,0	2710,4	2714,8	2719,2	2723,6	2691,3	2698,7	2713,3	2720,7	2695,0	2717,0	61
62	2728	2732,4	2736,8	2741,2	2745,6	2750,0	2754,4	2758,8	2763,2	2767,6	2735,3	2742,7	2757,3	2764,7	2739,0	2761,0	62
63	2772	2776,4	2780,8	2785,2	2789,6	2794,0	2798,4	2802,8	2807,2	2811,6	2779,3	2786,7	2801,3	2808,7	2783,0	2805,0	63
64	2816	2820,4	2824,8	2829,2	2833,6	2838,0	2842,4	2846,8	2851,2	2855,6	2823,3	2830,7	2845,3	2852,7	2827,0	2849,0	64
65	2860	2864,4	2868,8	2873,2	2877,6	2882,0	2886,4	2890,8	2895,2	2899,6	2867,3	2874,7	2889,3	2896,7	2871,0	2893,0	65
66	2904	2908,4	2912,8	2917,2	2921,6	2926,0	2930,4	2934,8	2939,2	2943,6	2911,3	2918,7	2933,3	2940,7	2915,0	2937,0	66
67	2948	2952,4	2956,8	2961,2	2965,6	2970,0	2974,4	2978,8	2983,2	2987,6	2955,3	2962,7	2977,3	2984,7	2959,0	2981,0	67
68	2992	2996,4	3000,8	3005,2	3009,6	3014,0	3018,4	3022,8	3027,2	3031,6	2999,3	3006,7	3021,3	3028,7	3003,0	3025,0	68
69	3036	3040,4	3044,8	3049,2	3053,6	3058,0	3062,4	3066,8	3071,2	3075,6	3043,3	3050,7	3065,3	3072,7	3047,0	3069,0	69
70	3080	3084,4	3088,8	3093,2	3097,6	3102,0	3106,4	3110,8	3115,2	3119,6	3087,3	3094,7	3109,3	3116,7	3091,0	3113,0	70
71	3124	3128,4	3132,8	3137,2	3141,6	3146,0	3150,4	3154,8	3159,2	3163,6	3131,3	3138,7	3153,3	3160,7	3135,0	3157,0	71
72	3168	3172,4	3176,8	3181,2	3185,6	3190,0	3194,4	3198,8	3203,2	3207,6	3175,3	3182,7	3197,3	3204,7	3179,0	3201,0	72
73	3212	3216,4	3220,8	3225,2	3229,6	3234,0	3238,4	3242,8	3247,2	3251,6	3219,3	3226,7	3241,3	3248,7	3223,0	3245,0	73
74	3256	3260,4	3264,8	3269,2	3273,6	3278,0	3282,4	3286,8	3291,2	3295,6	3263,3	3270,7	3285,3	3292,7	3267,0	3289,0	74
75	3300	3304,4	3308,8	3313,2	3317,6	3322,0	3326,4	3330,8	3335,2	3339,6	3307,3	3314,7	3329,3	3336,7	3311,0	3333,0	75
76	3344	3348,4	3352,8	3357,2	3361,6	3366,0	3370,4	3374,8	3379,2	3383,6	3351,3	3358,7	3373,3	3380,7	3355,0	3377,0	76
77	3388	3392,4	3396,8	3401,2	3405,6	3410,0	3414,4	3418,8	3423,2	3427,6	3395,3	3402,7	3417,3	3424,7	3399,0	3421,0	77
78	3432	3436,4	3440,8	3445,2	3449,6	3454,0	3458,4	3462,8	3467,2	3471,6	3439,3	3446,7	3461,3	3468,7	3443,0	3465,0	78
79	3476	3480,4	3484,8	3489,2	3493,6	3498,0	3502,4	3506,8	3511,2	3515,6	3483,3	3490,7	3505,3	3512,7	3487,0	3509,0	79
80	3520	3524,4	3528,8	3533,2	3537,6	3542,0	3546,4	3550,8	3555,2	3559,6	3527,3	3534,7	3549,3	3556,7	3531,0	3553,0	80
81	3564	3568,4	3572,8	3577,2	3581,6	3586,0	3590,4	3594,8	3599,2	3603,6	3571,3	3578,7	3593,3	3600,7	3575,0	3597,0	81
82	3608	3612,4	3616,8	3621,2	3625,6	3630,0	3634,4	3638,8	3643,2	3647,6	3615,3	3622,7	3637,3	3644,7	3619,0	3641,0	82
83	3652	3656,4	3660,8	3665,2	3669,6	3674,0	3678,4	3682,8	3687,2	3691,6	3659,3	3666,7	3681,3	3688,7	3663,0	3685,0	83
84	3696	3700,4	3704,8	3709,2	3713,6	3718,0	3722,4	3726,8	3731,2	3735,6	3703,3	3710,7	3725,3	3732,7	3707,0	3729,0	84
85	3740	3744,4	3748,8	3753,2	3757,6	3762,0	3766,4	3770,8	3775,2	3779,6	3747,3	3754,7	3769,3	3776,7	3751,0	3773,0	85
86	3784	3788,4	3792,8	3797,2	3801,6	3806,0	3810,4	3814,8	3819,2	3823,6	3791,3	3798,7	3813,3	3820,7	3795,0	3817,0	86
87	3828	3832,4	3836,8	3841,2	3845,6	3850,0	3854,4	3858,8	3863,2	3867,6	3835,3	3842,7	3857,3	3864,7	3839,0	3861,0	87
88	3872	3876,4	3880,8	3885,2	3889,6	3894,0	3898,4	3902,8	3907,2	3911,6	3879,3	3886,7	3901,3	3908,7	3883,0	3905,0	88
89	3916	3920,4	3924,8	3929,2	3933,6	3938,0	3942,4	3946,8	3951,2	3955,6	3923,3	3930,7	3945,3	3952,7	3927,0	3949,0	89
90	3960	3964,4	3968,8	3973,2	3977,6	3982,0	3986,4	3990,8	3995,2	3999,6	3967,3	3974,7	3989,3	3996,7	3971,0	3993,0	90
91	4004	4008,4	4012,8	4017,2	4021,6	4026,0	4030,4	4034,8	4039,2	4043,6	4011,3	4018,7	4033,3	4040,7	4015,0	4037,0	91
92	4048	4052,4	4056,8	4061,2	4065,6	4070,0	4074,4	4078,8	4083,2	4087,6	4055,3	4062,7	4077,3	4084,7	4059,0	4081,0	92
93	4092	4096,4	4100,8	4105,2	4109,6	4114,0	4118,4	4122,8	4127,2	4131,6	4099,3	4106,7	4121,3	4128,7	4103,0	4125,0	93
94	4136	4140,4	4144,8	4149,2	4153,6	4158,0	4162,4	4166,8	4171,2	4175,6	4143,3	4150,7	4165,3	4172,7	4147,0	4169,0	94
95	4180	4184,4	4188,8	4193,2	4197,6	4202,0	4206,4	4210,8	4215,2	4219,6	4187,3	4194,7	4209,3	4216,7	4191,0	4213,0	95
96	4224	4228,4	4232,8	4237,2	4241,6	4246,0	4250,4	4254,8	4259,2	4263,6	4231,3	4238,7	4253,3	4260,7	4235,0	4257,0	96
97	4268	4272,4	4276,8	4281,2	4285,6	4290,0	4294,4	4298,8	4303,2	4307,6	4275,3	4282,7	4297,3	4304,7	4279,0	4301,0	97
98	4312	4316,4	4320,8	4325,2	4329,6	4334,0	4338,4	4342,8	4347,2	4351,6	4319,3	4326,7	4341,3	4348,7	4323,0	4345,0	98
99	4356	4360,4	4364,8	4369,2	4373,6	4378,0	4382,4	4386,8	4391,2	4395,6	4363,3	4370,7	4385,3	4392,7	4367,0	4389,0	99
100	4400	4404,4	4408,8	4413,2	4417,6	4422,0	4426,4	4430,8	4435,2	4439,6	4407,3	4414,7	4429,3	4436,7	4411,0	4433,0	100

45

		1/10 4,5	2/10 9,0	3/10 13,5	4/10 18,0	5/10 22,5	6/10 27,0	7/10 31,5	8/10 36,0	9/10 40,5	1/6 7,5	2/6 15,0	4/6 30,0	5/6 37,5	1/4 11,25	3/4 33,75	
1	45	49,5	54,0	58,5	63,0	67,5	72,0	76,5	81,0	85,5	52,5	60,0	75,0	82,5	56,3	78,8	1
2	90	94,5	99,0	103,5	108,0	112,5	117,0	121,5	126,0	130,5	97,5	105,0	120,0	127,5	101,3	123,8	2
3	135	139,5	144,0	148,5	153,0	157,5	162,0	166,5	171,0	175,5	142,5	150,0	165,0	172,5	146,3	168,8	3
4	180	184,5	189,0	193,5	198,0	202,5	207,0	211,5	216,0	220,5	187,5	195,0	210,0	217,5	191,3	213,8	4
5	225	229,5	234,0	238,5	243,0	247,5	252,0	256,5	261,0	265,5	232,5	240,0	255,0	262,5	236,3	258,8	5
6	270	274,5	279,0	283,5	288,0	292,5	297,0	301,5	306,0	310,5	277,5	285,0	300,0	307,5	281,3	303,8	6
7	315	319,5	324,0	328,5	333,0	337,5	342,0	346,5	351,0	355,5	322,5	330,0	345,0	352,5	326,3	348,8	7
8	360	364,5	369,0	373,5	378,0	382,5	387,0	391,5	396,0	400,5	367,5	375,0	390,0	397,5	371,3	393,8	8
9	405	409,5	414,0	418,5	423,0	427,5	432,0	436,5	441,0	445,5	412,5	420,0	435,0	442,5	416,3	438,8	9
10	450	454,5	459,0	463,5	468,0	472,5	477,0	481,5	486,0	490,5	457,5	465,0	480,0	487,5	461,3	483,8	10
11	495	499,5	504,0	508,5	513,0	517,5	522,0	526,5	531,0	535,5	502,5	510,0	525,0	532,5	506,3	528,8	11
12	540	544,5	549,0	553,5	558,0	562,5	567,0	571,5	576,0	580,5	547,5	555,0	570,0	577,5	551,3	573,8	12
13	585	589,5	594,0	598,5	603,0	607,5	612,0	616,5	621,0	625,5	592,5	600,0	615,0	622,5	596,3	618,8	13
14	630	634,5	639,0	643,5	648,0	652,5	657,0	661,5	666,0	670,5	637,5	645,0	660,0	667,5	641,3	663,8	14
15	675	679,5	684,0	688,5	693,0	697,5	702,0	706,5	711,0	715,5	682,5	690,0	705,0	712,5	686,3	708,8	15
16	720	724,5	729,0	733,5	738,0	742,5	747,0	751,5	756,0	760,5	727,5	735,0	750,0	757,5	731,3	753,8	16
17	765	769,5	774,0	778,5	783,0	787,5	792,0	796,5	801,0	805,5	772,5	780,0	795,0	802,5	776,3	798,8	17
18	810	814,5	819,0	823,5	828,0	832,5	837,0	841,5	846,0	850,5	817,5	825,0	840,0	847,5	821,3	843,8	18
19	855	859,5	864,0	868,5	873,0	877,5	882,0	886,5	891,0	895,5	862,5	870,0	885,0	892,5	866,3	888,8	19
20	900	904,5	909,0	913,5	918,0	922,5	927,0	931,5	936,0	940,5	907,5	915,0	930,0	937,5	911,3	933,8	20
21	945	949,5	954,0	958,5	963,0	967,5	972,0	976,5	981,0	985,5	952,5	960,0	975,0	982,5	956,3	978,8	21
22	990	994,5	999,0	1003,5	1008,0	1012,5	1017,0	1021,5	1026,0	1030,5	997,5	1005,0	1020,0	1027,5	1001,3	1023,8	22
23	1035	1039,5	1044,0	1048,5	1053,0	1057,5	1062,0	1066,5	1071,0	1075,5	1042,5	1050,0	1065,0	1072,5	1046,3	1068,8	23
24	1080	1084,5	1089,0	1093,5	1098,0	1102,5	1107,0	1111,5	1116,0	1120,5	1087,5	1095,0	1110,0	1117,5	1091,3	1113,8	24
25	1125	1129,5	1134,0	1138,5	1143,0	1147,5	1152,0	1156,5	1161,0	1165,5	1132,5	1140,0	1155,0	1162,5	1136,3	1158,8	25
26	1170	1174,5	1179,0	1183,5	1188,0	1192,5	1197,0	1201,5	1206,0	1210,5	1177,5	1185,0	1200,0	1207,5	1181,3	1203,8	26
27	1215	1219,5	1224,0	1228,5	1233,0	1237,5	1242,0	1246,5	1251,0	1255,5	1222,5	1230,0	1245,0	1252,5	1226,3	1248,8	27
28	1260	1264,5	1269,0	1273,5	1278,0	1282,5	1287,0	1291,5	1296,0	1300,5	1267,5	1275,0	1290,0	1297,5	1271,3	1293,8	28
29	1305	1309,5	1314,0	1318,5	1323,0	1327,5	1332,0	1336,5	1341,0	1345,5	1312,5	1320,0	1335,0	1342,5	1316,3	1338,8	29
30	1350	1354,5	1359,0	1363,5	1368,0	1372,5	1377,0	1381,5	1386,0	1390,5	1357,5	1365,0	1380,0	1387,5	1361,3	1383,8	30
31	1395	1399,5	1404,0	1408,5	1413,0	1417,5	1422,0	1426,5	1431,0	1435,5	1402,5	1410,0	1425,0	1432,5	1406,3	1428,8	31
32	1440	1444,5	1449,0	1453,5	1458,0	1462,5	1467,0	1471,5	1476,0	1480,5	1447,5	1455,0	1470,0	1477,5	1451,3	1473,8	32
33	1485	1489,5	1494,0	1498,5	1503,0	1507,5	1512,0	1516,5	1521,0	1525,5	1492,5	1500,0	1515,0	1522,5	1496,3	1518,8	33
34	1530	1534,5	1539,0	1543,5	1548,0	1552,5	1557,0	1561,5	1566,0	1570,5	1537,5	1545,0	1560,0	1567,5	1541,3	1563,8	34
35	1575	1579,5	1584,0	1588,5	1593,0	1597,5	1602,0	1606,5	1611,0	1615,5	1582,5	1590,0	1605,0	1612,5	1586,3	1608,8	35
36	1620	1624,5	1629,0	1633,5	1638,0	1642,5	1647,0	1651,5	1656,0	1660,5	1627,5	1635,0	1650,0	1657,5	1631,3	1653,8	36
37	1665	1669,5	1674,0	1678,5	1683,0	1687,5	1692,0	1696,5	1701,0	1705,5	1672,5	1680,0	1695,0	1702,5	1676,3	1698,8	37
38	1710	1714,5	1719,0	1723,5	1728,0	1732,5	1737,0	1741,5	1746,0	1750,5	1717,5	1725,0	1740,0	1747,5	1721,3	1743,8	38
39	1755	1759,5	1764,0	1768,5	1773,0	1777,5	1782,0	1786,5	1791,0	1795,5	1762,5	1770,0	1785,0	1792,5	1766,3	1788,8	39
40	1800	1804,5	1809,0	1813,5	1818,0	1822,5	1827,0	1831,5	1836,0	1840,5	1807,5	1815,0	1830,0	1837,5	1811,3	1833,8	40
41	1845	1849,5	1854,0	1858,5	1863,0	1867,5	1872,0	1876,5	1881,0	1885,5	1852,5	1860,0	1875,0	1882,5	1856,3	1878,8	41
42	1890	1894,5	1899,0	1903,5	1908,0	1912,5	1917,0	1921,5	1926,0	1930,5	1897,5	1905,0	1920,0	1927,5	1901,3	1923,8	42
43	1935	1939,5	1944,0	1948,5	1953,0	1957,5	1962,0	1966,5	1971,0	1975,5	1942,5	1950,0	1965,0	1972,5	1946,3	1968,8	43
44	1980	1984,5	1989,0	1993,5	1998,0	2002,5	2007,0	2011,5	2016,0	2020,5	1987,5	1995,0	2010,0	2017,5	1991,3	2013,8	44
45	2025	2029,5	2034,0	2038,5	2043,0	2047,5	2052,0	2056,5	2061,0	2065,5	2032,5	2040,0	2055,0	2062,5	2036,3	2058,8	45
46	2070	2074,5	2079,0	2083,5	2088,0	2092,5	2097,0	2101,5	2106,0	2110,5	2077,5	2085,0	2100,0	2107,5	2081,3	2103,8	46
47	2115	2119,5	2124,0	2128,5	2133,0	2137,5	2142,0	2146,5	2151,0	2155,5	2122,5	2130,0	2145,0	2152,5	2126,3	2148,8	47
48	2160	2164,5	2169,0	2173,5	2178,0	2182,5	2187,0	2191,5	2196,0	2200,5	2167,5	2175,0	2190,0	2197,5	2171,3	2193,8	48
49	2205	2209,5	2214,0	2218,5	2223,0	2227,5	2232,0	2236,5	2241,0	2245,5	2212,5	2220,0	2235,0	2242,5	2216,3	2238,8	49
50	2250	2254,5	2259,0	2263,5	2268,0	2272,5	2277,0	2281,5	2286,0	2290,5	2257,5	2265,0	2280,0	2287,5	2261,3	2283,8	50
51	2295	2299,5	2304,0	2308,5	2313,0	2317,5	2322,0	2326,5	2331,0	2335,5	2302,5	2310,0	2325,0	2332,5	2306,3	2328,8	51
52	2340	2344,5	2349,0	2353,5	2358,0	2362,5	2367,0	2371,5	2376,0	2380,5	2347,5	2355,0	2370,0	2377,5	2351,3	2373,8	52
53	2385	2389,5	2394,0	2398,5	2403,0	2407,5	2412,0	2416,5	2421,0	2425,5	2392,5	2400,0	2415,0	2422,5	2396,3	2418,8	53
54	2430	2434,5	2439,0	2443,5	2448,0	2452,5	2457,0	2461,5	2466,0	2470,5	2437,5	2445,0	2460,0	2467,5	2441,3	2463,8	54
55	2475	2479,5	2484,0	2488,5	2493,0	2497,5	2502,0	2506,5	2511,0	2515,5	2482,5	2490,0	2505,0	2512,5	2486,3	2508,8	55
56	2520	2524,5	2529,0	2533,5	2538,0	2542,5	2547,0	2551,5	2556,0	2560,5	2527,5	2535,0	2550,0	2557,5	2531,3	2553,8	56
57	2565	2569,5	2574,0	2578,5	2583,0	2587,5	2592,0	2596,5	2601,0	2605,5	2572,5	2580,0	2595,0	2602,5	2576,3	2598,8	57
58	2610	2614,5	2619,0	2623,5	2628,0	2632,5	2637,0	2641,5	2646,0	2650,5	2617,5	2625,0	2640,0	2647,5	2621,3	2643,8	58
59	2655	2659,5	2664,0	2668,5	2673,0	2677,5	2682,0	2686,5	2691,0	2695,5	2662,5	2670,0	2685,0	2692,5	2666,3	2688,8	59
60	2700	2704,5	2709,0	2713,5	2718,0	2722,5	2727,0	2731,5	2736,0	2740,5	2707,5	2715,0	2730,0	2737,5	2711,3	2733,8	60
61	2745	2749,5	2754,0	2758,5	2763,0	2767,5	2772,0	2776,5	2781,0	2785,5	2752,5	2760,0	2775,0	2782,5	2756,3	2778,8	61
62	2790	2794,5	2799,0	2803,5	2808,0	2812,5	2817,0	2821,5	2826,0	2830,5	2797,5	2805,0	2820,0	2827,5	2801,3	2823,8	62
63	2835	2839,5	2844,0	2848,5	2853,0	2857,5	2862,0	2866,5	2871,0	2875,5	2842,5	2850,0	2865,0	2872,5	2846,3	2868,8	63
64	2880	2884,5	2889,0	2893,5	2898,0	2902,5	2907,0	2911,5	2916,0	2920,5	2887,5	2895,0	2910,0	2917,5	2891,3	2913,8	64
65	2925	2929,5	2934,0	2938,5	2943,0	2947,5	2952,0	2956,5	2961,0	2965,5	2932,5	2940,0	2955,0	2962,5	2936,3	2958,8	65
66	2970	2974,5	2979,0	2983,5	2988,0	2992,5	2997,0	3001,5	3005,0	3010,5	2977,5	2985,0	3000,0	3007,5	2981,3	3003,8	66
67	3015	3019,5	3024,0	3028,5	3033,0	3037,5	3042,0	3046,5	3051,0	3055,5	3022,5	3030,0	3045,0	3052,5	3026,3	3048,8	67
68	3060	3064,5	3069,0	3073,5	3078,0	3082,5	3037,0	3091,5	3096,0	3100,5	3067,5	3075,0	3090,0	3097,5	3071,3	3093,8	68
69	3105	3109,5	3114,0	3118,5	3123,0	3127,5	3132,0	3135,5	3141,0	3145,5	3112,5	3120,0	3135,0	3142,5	3116,3	3138,8	69
70	3150	3154,5	3159,0	3163,5	3168,0	3172,5	3177,0	3181,5	3186,0	3190,5	3157,5	3165,0	3180,0	3187,5	3161,3	3183,8	70
71	3195	3199,5	3204,0	3208,5	3213,0	3217,5	3222,0	3226,5	3231,0	3235,5	3202,5	3210,0	3225,0	3232,5	3206,3	3228,8	71
72	3240	3244,5	3249,0	3253,5	3258,0	3262,5	3267,0	3271,5	3276,0	3280,5	3247,5	3255,0	3270,0	3277,5	3251,3	3273,8	72
73	3285	3289,5	3294,0	3298,5	3303,0	3307,5	3312,0	3316,5	3321,0	3325,5	3292,5	3300,0	3315,0	3322,5	3296,3	3318,8	73
74	3330	3334,5	3339,0	3343,5	3348,0	3352,5	3357,0	3361,5	3366,0	3370,5	3337,5	3345,0	3360,0	3367,5	3341,3	3363,8	74
75	3375	3379,5	3384,0	3388,5	3393,0	3397,5	3402,0	3406,5	3411,0	3415,5	3382,5	3390,0	3405,0	3412,5	3386,3	3408,8	75
76	3420	3424,5	3429,0	3433,5	3438,0	3442,5	3447,0	3451,5	3456,0	3460,5	3427,5	3435,0	3450,0	3457,5	3431,3	3453,8	76
77	3465	3469,5	3474,0	3478,5	3483,0	3487,5	3492,0	3496,5	3501,0	3505,5	3472,5	3480,0	3495,0	3502,5	3476,3	3498,8	77
78	3510	3514,5	3519,0	3523,5	3528,0	3532,5	3537,0	3541,5	3546,0	3550,5	3517,5	3525,0	3540,0	3547,5	3521,3	3543,8	78
79	3555	3559,5	3564,0	3568,5	3573,0	3577,5	3582,0	3586,5	3591,0	3595,5	3562,5	3570,0	3585,0	3592,5	3566,3	3588,8	79
80	3600	3604,5	3609,0	3613,5	3618,0	3622,5	3627,0	3631,5	3636,0	3640,5	3607,5	3615,0	3630,0	3637,5	3611,3	3633,8	80
81	3645	3649,5	3654,0	3658,5	3663,0	3667,5	3672,0	3676,5	3681,0	3685,5	3652,5	3660,0	3675,0	3682,5	3656,3	3678,8	81
82	3690	3694,5	3699,0	3703,5	3708,0	3712,5	3717,0	3721,5	3726,0	3730,5	3697,5	3705,0	3720,0	3727,5	3701,3	3723,8	82
83	3735	3739,5	3744,0	3748,5	3753,0	3757,5	3762,0	3766,5	3771,0	3775,5	3742,5	3750,0	3765,0	3772,5	3746,3	3768,8	83
84	3780	3784,5	3789,0	3793,5	3798,0	3802,5	3807,0	3811,5	3816,0	3820,5	3787,5	3795,0	3810,0	3817,5	3791,3	3813,8	84
85	3825	3829,5	3834,0	3838,5	3843,0	3847,5	3852,0	3856,5	3861,0	3865,5	3832,5	3840,0	3855,0	3862,5	3836,3	3858,8	85
86	3870	3874,5	3879,0	3883,5	3888,0	3892,5	3897,0	3901,5	3905,0	3910,5	3877,5	3885,0	3900,0	3907,5	3881,3	3903,8	86
87	3915	3919,5	3924,0	3928,5	3933,0	3937,5	3942,0	3946,5	3951,0	3955,5	3922,5	3930,0	3945,0	3952,5	3926,3	3948,8	87
88	3960	3964,5	3969,0	3973,5	3978,0	3982,5	3987,0	3991,5	3996,0	4000,5	3967,5	3975,0	3990,0	3997,5	3971,3	3993,8	88
89	4005	4009,5	4014,0	4018,5	4023,0	4027,5	4032,0	4036,5	4041,0	4045,5	4012,5	4020,0	4035,0	4042,5	4016,3	4038,8	89
90	4050	4054,5	4059,0	4063,5	4068,0	4072,5	4077,0	4081,5	4086,0	4090,5	4057,5	4065,0	4080,0	4087,5	4061,3	4083,8	90
91	4095	4099,5	4104,0	4108,5	4113,0	4117,5	4122,0	4126,5	4131,0	4135,5	4102,5	4110,0	4125,0	4132,5	4106,3	4128,8	91
92	4140	4144,5	4149,0	4153,5	4158,0	4162,5	4167,0	4171,5	4176,0	4180,5	4147,5	4155,0	4170,0	4177,5	4151,3	4173,8	92
93	4185	4189,5	4194,0	4198,5	4203,0	4207,5	4212,0	4216,5	4221,0	4225,5	4192,5	4200,0	4215,0	4222,5	4196,3	4218,8	93
94	4230	4234,5	4239,0	4243,5	4248,0	4252,5	4257,0	4261,5	4266,0	4270,5	4237,5	4245,0	4260,0	4267,5	4241,3	4263,8	94
95	4275	4279,5	4284,0	4288,5	4293,0	4297,5	4302,0	4306,5	4311,0	4315,5	4282,5	4290,0	4305,0	4312,5	4286,3	4308,8	95
96	4320	4324,5	4329,0	4333,5	4338,0	4342,5	4347,0	4351,5	4356,0	4360,5	4327,5	4335,0	4350,0	4357,5	4331,3	4353,8	96
97	4365	4369,5	4374,0	4378,5	4383,0	4387,5	4392,0	4396,5	4401,0	4405,5	4372,5	4380,0	4395,0	4402,5	4376,3	4398,8	97
98	4410	4414,5	4419,0	4423,5	4428,0	4432,5	4437,0	4441,5	4446,0	4450,5	4417,5	4425,0	4440,0	4447,5	4421,3	4443,8	98
99	4455	4459,5	4464,0	4468,5	4473,0	4477,5	4482,0	4486,5	4491,0	4495,5	4462,5	4470,0	4485,0	4492,5	4466,3	4488,8	99
100	4500	4504,5	4509,0	4513,5	4518,0	4522,5	4527,0	4531,5	4536,0	4540,5	4507,5	4515,0	4530,0	4537,5	4511,3	4533,8	100

46

	46	1/10 4,6	2/10 9,2	3/10 13,8	4/10 18,4	5/10 23,0	6/10 27,6	7/10 32,2	8/10 36,8	9/10 41,4	1/6 7,666	2/6 15,333	4/6 30,666	5/6 38,333	1/4 11,5	3/4 34,5	
1	46	50,6	55,2	59,8	64,4	69,0	73,6	78,2	82,8	87,4	53,7	61,3	76,7	84,3	57,5	80,5	1
2	92	96,6	101,2	105,8	110,4	115,0	119,6	124,2	128,8	133,4	99,7	107,3	122,7	130,3	103,5	126,5	2
3	138	142,6	147,2	151,8	156,4	161,0	165,6	170,2	174,8	179,4	145,7	153,3	168,7	176,3	149,5	172,5	3
4	184	188,6	193,2	197,8	202,4	207,0	211,6	216,2	220,8	225,4	191,7	199,3	214,7	222,3	195,5	218,5	4
5	230	234,6	239,2	243,8	248,4	253,0	257,6	262,2	266,8	271,4	237,7	245,3	260,7	268,3	241,5	264,5	5
6	276	280,6	285,2	289,8	294,4	299,0	303,6	308,2	312,8	317,4	283,7	291,3	306,7	314,3	287,5	310,5	6
7	322	326,6	331,2	335,8	340,4	345,0	349,6	354,2	358,8	363,4	329,7	337,3	352,7	360,3	333,5	356,5	7
8	368	372,6	377,2	381,8	386,4	391,0	395,6	400,2	404,8	409,4	375,7	383,3	398,7	406,3	379,5	402,5	8
9	414	418,6	423,2	427,8	432,4	437,0	441,6	446,2	450,8	455,4	421,7	429,3	444,7	452,3	425,5	448,5	9
10	460	464,6	469,2	473,8	478,4	483,0	487,6	492,2	496,8	501,4	467,7	475,3	490,7	498,3	471,5	494,5	10
11	506	510,6	515,2	519,8	524,4	529,0	533,6	538,2	542,8	547,4	513,7	521,3	536,7	544,3	517,5	540,5	11
12	552	556,6	561,2	565,8	570,4	575,0	579,6	584,2	588,8	593,4	559,7	567,3	582,7	590,3	563,5	586,5	12
13	598	602,6	607,2	611,8	616,4	621,0	625,6	630,2	634,8	639,4	605,7	613,3	628,7	636,3	609,5	632,5	13
14	644	648,6	653,2	657,8	662,4	667,0	671,6	676,2	680,8	685,4	651,7	659,3	674,7	682,3	655,5	678,5	14
15	690	694,6	699,2	703,8	708,4	713,0	717,6	722,2	726,8	731,4	697,7	705,3	720,7	728,3	701,5	724,5	15
16	736	740,6	745,2	749,8	754,4	759,0	763,6	768,2	772,8	777,4	743,7	751,3	766,7	774,3	747,5	770,5	16
17	782	786,6	791,2	795,8	800,4	805,0	809,6	814,2	818,8	823,4	789,7	797,3	812,7	820,3	793,5	816,5	17
18	828	832,6	837,2	841,8	846,4	851,0	855,6	860,2	864,8	869,4	835,7	843,3	858,7	866,3	839,5	862,5	18
19	874	878,6	883,2	887,8	892,4	897,0	901,6	906,2	910,8	915,4	881,7	889,3	904,7	912,3	885,5	908,5	19
20	920	924,6	929,2	933,8	938,4	943,0	947,6	952,2	956,8	961,4	927,7	935,3	950,7	958,3	931,5	954,5	20
21	966	970,6	975,2	979,8	984,4	989,0	993,6	998,2	1002,8	1007,4	973,7	981,3	996,7	1004,3	977,5	1000,5	21
22	1012	1016,6	1021,2	1025,8	1030,4	1035,0	1039,6	1044,2	1048,8	1053,4	1019,7	1027,3	1042,7	1050,3	1023,5	1046,5	22
23	1058	1062,6	1067,2	1071,8	1076,4	1081,0	1085,6	1090,2	1094,8	1099,4	1065,7	1073,3	1088,7	1096,3	1069,5	1092,5	23
24	1104	1108,6	1113,2	1117,8	1122,4	1127,0	1131,6	1136,2	1140,8	1145,4	1111,7	1119,3	1134,7	1142,3	1115,5	1138,5	24
25	1150	1154,6	1159,2	1163,8	1168,4	1173,0	1177,6	1182,2	1186,8	1191,4	1157,7	1165,3	1180,7	1188,3	1161,5	1184,5	25
26	1196	1200,6	1205,2	1209,8	1214,4	1219,0	1223,6	1228,2	1232,8	1237,4	1203,7	1211,3	1226,7	1234,3	1207,5	1230,5	26
27	1242	1246,6	1251,2	1255,8	1260,4	1265,0	1269,6	1274,2	1278,8	1283,4	1249,7	1257,3	1272,7	1280,3	1253,5	1276,5	27
28	1288	1292,6	1297,2	1301,8	1306,4	1311,0	1315,6	1320,2	1324,8	1329,4	1295,7	1303,3	1318,7	1326,3	1299,5	1322,5	28
29	1334	1338,6	1343,2	1347,8	1352,4	1357,0	1361,6	1366,2	1370,8	1375,4	1341,7	1349,3	1364,7	1372,3	1345,5	1368,5	29
30	1380	1384,6	1389,2	1393,8	1398,4	1403,0	1407,6	1412,2	1416,8	1421,4	1387,7	1395,3	1410,7	1418,3	1391,5	1414,5	30
31	1426	1430,6	1435,2	1439,8	1444,4	1449,0	1453,6	1458,2	1462,8	1467,4	1433,7	1441,3	1456,7	1464,3	1437,5	1460,5	31
32	1472	1476,6	1481,2	1485,8	1490,4	1495,0	1499,6	1504,2	1508,8	1513,4	1479,7	1487,3	1502,7	1510,3	1483,5	1506,5	32
33	1518	1522,6	1527,2	1531,8	1536,4	1541,0	1545,6	1550,2	1554,8	1559,4	1525,7	1533,3	1548,7	1556,3	1529,5	1552,5	33
34	1564	1568,6	1573,2	1577,8	1582,4	1587,0	1591,6	1596,2	1600,8	1605,4	1571,7	1579,3	1594,7	1602,3	1575,5	1598,5	34
35	1610	1614,6	1619,2	1623,8	1628,4	1633,0	1637,6	1642,2	1646,8	1651,4	1617,7	1625,3	1640,7	1648,3	1621,5	1644,5	35
36	1656	1660,6	1665,2	1669,8	1674,4	1679,0	1683,6	1688,2	1692,8	1697,4	1663,7	1671,3	1686,7	1694,3	1667,5	1690,5	36
37	1702	1706,6	1711,2	1715,8	1720,4	1725,0	1729,6	1734,2	1738,8	1743,4	1709,7	1717,3	1732,7	1740,3	1713,5	1736,5	37
38	1748	1752,6	1757,2	1761,8	1766,4	1771,0	1775,6	1780,2	1784,8	1789,4	1755,7	1763,3	1778,7	1786,3	1759,5	1782,5	38
39	1794	1798,6	1803,2	1807,8	1812,4	1817,0	1821,6	1826,2	1830,8	1835,4	1801,7	1809,3	1824,7	1832,3	1805,5	1828,5	39
40	1840	1844,6	1849,2	1853,8	1858,4	1863,0	1867,6	1872,2	1876,8	1881,4	1847,7	1855,3	1870,7	1878,3	1851,5	1874,5	40
41	1886	1890,6	1895,2	1899,8	1904,4	1909,0	1913,6	1918,2	1922,8	1927,4	1893,7	1901,3	1916,7	1924,3	1897,5	1920,5	41
42	1932	1936,6	1941,2	1945,8	1950,4	1955,0	1959,6	1964,2	1968,8	1973,4	1939,7	1947,3	1962,7	1970,3	1943,5	1966,5	42
43	1978	1982,6	1987,2	1991,8	1996,4	2001,0	2005,6	2010,2	2014,8	2019,4	1985,7	1993,3	2008,7	2016,3	1989,5	2012,5	43
44	2024	2028,6	2033,2	2037,8	2042,4	2047,0	2051,6	2056,2	2060,8	2065,4	2031,7	2039,3	2054,7	2062,3	2035,5	2058,5	44
45	2070	2074,6	2079,2	2083,8	2088,4	2093,0	2097,6	2102,2	2106,8	2111,4	2077,7	2085,3	2100,7	2108,3	2081,5	2104,5	45
46	2116	2120,6	2125,2	2129,8	2134,4	2139,0	2143,6	2148,2	2152,8	2157,4	2123,7	2131,3	2146,7	2154,3	2127,5	2150,5	46
47	2162	2166,6	2171,2	2175,8	2180,4	2185,0	2189,6	2194,2	2198,8	2203,4	2169,7	2177,3	2192,7	2200,3	2173,5	2196,5	47
48	2208	2212,6	2217,2	2221,8	2226,4	2231,0	2235,6	2240,2	2244,8	2249,4	2215,7	2223,3	2238,7	2246,3	2219,5	2242,5	48
49	2254	2258,6	2263,2	2267,8	2272,4	2277,0	2281,6	2286,2	2290,8	2295,4	2261,7	2269,3	2284,7	2292,3	2265,5	2288,5	49
50	2300	2304,6	2309,2	2313,8	2318,4	2323,0	2327,6	2332,2	2336,8	2341,4	2307,7	2315,3	2330,7	2338,3	2311,5	2334,5	50
51	2346	2350,6	2355,2	2359,8	2364,4	2369,0	2373,6	2378,2	2382,8	2387,4	2353,7	2361,3	2376,7	2384,3	2357,5	2380,5	51
52	2392	2396,6	2401,2	2405,8	2410,4	2415,0	2419,6	2424,2	2428,8	2433,4	2399,7	2407,3	2422,7	2430,3	2403,5	2426,5	52
53	2438	2442,6	2447,2	2451,8	2456,4	2461,0	2465,6	2470,2	2474,8	2479,4	2445,7	2453,3	2468,7	2476,3	2449,5	2472,5	53
54	2484	2488,6	2493,2	2497,8	2502,4	2507,0	2511,6	2516,2	2520,8	2525,4	2491,7	2499,3	2514,7	2522,3	2495,5	2518,5	54
55	2530	2534,6	2539,2	2543,8	2548,4	2553,0	2557,6	2562,2	2566,8	2571,4	2537,7	2545,3	2560,7	2568,3	2541,5	2564,5	55
56	2576	2580,6	2585,2	2589,8	2594,4	2599,0	2603,6	2608,2	2612,8	2617,4	2583,7	2591,3	2606,7	2614,3	2587,5	2610,5	56
57	2622	2626,6	2631,2	2635,8	2640,4	2645,0	2649,6	2654,2	2658,8	2663,4	2629,7	2637,3	2652,7	2660,3	2633,5	2656,5	57
58	2668	2672,6	2677,2	2681,8	2686,4	2691,0	2695,6	2700,2	2704,8	2709,4	2675,7	2683,3	2698,7	2706,3	2679,5	2702,5	58
59	2714	2718,6	2723,2	2727,8	2732,4	2737,0	2741,6	2746,2	2750,8	2755,4	2721,7	2729,3	2744,7	2752,3	2725,5	2748,5	59
60	2760	2764,6	2769,2	2773,8	2778,4	2783,0	2787,6	2792,2	2796,8	2801,4	2767,7	2775,3	2790,7	2798,3	2771,5	2794,5	60
61	2806	2810,6	2815,2	2819,8	2824,4	2829,0	2833,6	2838,2	2842,8	2847,4	2813,7	2821,3	2836,7	2844,3	2817,5	2840,5	61
62	2852	2856,6	2861,2	2865,8	2870,4	2875,0	2879,6	2884,2	2888,8	2893,4	2859,7	2867,3	2882,7	2890,3	2863,5	2886,5	62
63	2898	2902,6	2907,2	2911,8	2916,4	2921,0	2925,6	2930,2	2934,8	2939,4	2905,7	2913,3	2928,7	2936,3	2909,5	2932,5	63
64	2944	2948,6	2953,2	2957,8	2962,4	2967,0	2971,6	2976,2	2980,8	2985,4	2951,7	2959,3	2974,7	2982,3	2955,5	2978,5	64
65	2990	2994,6	2999,2	3003,8	3008,4	3013,0	3017,6	3022,2	3026,8	3031,4	2997,7	3005,3	3020,7	3028,3	3001,5	3024,5	65
66	3036	3040,6	3045,2	3049,8	3054,4	3059,0	3063,6	3068,2	3072,8	3077,4	3043,7	3051,3	3066,7	3074,3	3047,5	3070,5	66
67	3082	3086,6	3091,2	3095,8	3100,4	3105,0	3109,6	3114,2	3118,8	3123,4	3089,7	3097,3	3112,7	3120,3	3093,5	3116,5	67
68	3128	3132,6	3137,2	3141,8	3146,4	3151,0	3155,6	3160,2	3164,8	3169,4	3135,7	3143,3	3158,7	3166,3	3139,5	3162,5	68
69	3174	3178,6	3183,2	3187,8	3192,4	3197,0	3201,6	3206,2	3210,8	3215,4	3181,7	3189,3	3204,7	3212,3	3185,5	3208,5	69
70	3220	3224,6	3229,2	3233,8	3238,4	3243,0	3247,6	3252,2	3256,8	3261,4	3227,7	3235,3	3250,7	3258,3	3231,5	3254,5	70
71	3266	3270,6	3275,2	3279,8	3284,4	3289,0	3293,6	3298,2	3302,8	3307,4	3273,7	3281,3	3296,7	3304,3	3277,5	3300,5	71
72	3312	3316,6	3321,2	3325,8	3330,4	3335,0	3339,6	3344,2	3348,8	3353,4	3319,7	3327,3	3342,7	3350,3	3323,5	3346,5	72
73	3358	3362,6	3367,2	3371,8	3376,4	3381,0	3385,6	3390,2	3394,8	3399,4	3365,7	3373,3	3388,7	3396,3	3369,5	3392,5	73
74	3404	3408,6	3413,2	3417,8	3422,4	3427,0	3431,6	3436,2	3440,8	3445,4	3411,7	3419,3	3434,7	3442,3	3415,5	3438,5	74
75	3450	3454,6	3459,2	3463,8	3468,4	3473,0	3477,6	3482,2	3486,8	3491,4	3457,7	3465,3	3480,7	3488,3	3461,5	3484,5	75
76	3496	3500,6	3505,2	3509,8	3514,4	3519,0	3523,6	3528,2	3532,8	3537,4	3503,7	3511,3	3526,7	3534,3	3507,5	3530,5	76
77	3542	3546,6	3551,2	3555,8	3560,4	3565,0	3569,6	3574,2	3578,8	3583,4	3549,7	3557,3	3572,7	3580,3	3553,5	3576,5	77
78	3588	3592,6	3597,2	3601,8	3606,4	3611,0	3615,6	3620,2	3624,8	3629,4	3595,7	3603,3	3618,7	3626,3	3599,5	3622,5	78
79	3634	3638,6	3643,2	3647,8	3652,4	3657,0	3661,6	3666,2	3670,8	3675,4	3641,7	3649,3	3664,7	3672,3	3645,5	3668,5	79
80	3680	3684,6	3689,2	3693,8	3698,4	3703,0	3707,6	3712,2	3716,8	3721,4	3687,7	3695,3	3710,7	3718,3	3691,5	3714,5	80
81	3726	3730,6	3735,2	3739,8	3744,4	3749,0	3753,6	3758,2	3762,8	3767,4	3733,7	3741,3	3756,7	3764,3	3737,5	3760,5	81
82	3772	3776,6	3781,2	3785,8	3790,4	3795,0	3799,6	3804,2	3808,8	3813,4	3779,7	3787,3	3802,7	3810,3	3783,5	3806,5	82
83	3818	3822,6	3827,2	3831,8	3836,4	3841,0	3845,6	3850,2	3854,8	3859,4	3825,7	3833,3	3848,7	3856,3	3829,5	3852,5	83
84	3864	3868,6	3873,2	3877,8	3882,4	3887,0	3891,6	3896,2	3900,8	3905,4	3871,7	3879,3	3894,7	3902,3	3875,5	3898,5	84
85	3910	3914,6	3919,2	3923,8	3928,4	3933,0	3937,6	3942,2	3946,8	3951,4	3917,7	3925,3	3940,7	3948,3	3921,5	3944,5	85
86	3956	3960,6	3965,2	3969,8	3974,4	3979,0	3983,6	3988,2	3992,8	3997,4	3963,7	3971,3	3986,7	3994,3	3967,5	3990,5	86
87	4002	4006,6	4011,2	4015,8	4020,4	4025,0	4029,6	4034,2	4038,8	4043,4	4009,7	4017,3	4032,7	4040,3	4013,5	4036,5	87
88	4048	4052,6	4057,2	4061,8	4066,4	4071,0	4075,6	4080,2	4084,8	4089,4	4055,7	4063,3	4078,7	4086,3	4059,5	4082,5	88
89	4094	4098,6	4103,2	4107,8	4112,4	4117,0	4121,6	4126,2	4130,8	4135,4	4101,7	4109,3	4124,7	4132,3	4105,5	4128,5	89
90	4140	4144,6	4149,2	4153,8	4158,4	4163,0	4167,6	4172,2	4176,8	4181,4	4147,7	4155,3	4170,7	4178,3	4151,5	4174,5	90
91	4186	4190,6	4195,2	4199,8	4204,4	4209,0	4213,6	4218,2	4222,8	4227,4	4193,7	4201,3	4216,7	4224,3	4197,5	4220,5	91
92	4232	4236,6	4241,2	4245,8	4250,4	4255,0	4259,6	4264,2	4268,8	4273,4	4239,7	4247,3	4262,7	4270,3	4243,5	4266,5	92
93	4278	4282,6	4287,2	4291,8	4296,4	4301,0	4305,6	4310,2	4314,8	4319,4	4285,7	4293,3	4308,7	4316,3	4289,5	4312,5	93
94	4324	4328,6	4333,2	4337,8	4342,4	4347,0	4351,6	4356,2	4360,8	4365,4	4331,7	4339,3	4354,7	4362,3	4335,5	4358,5	94
95	4370	4374,6	4379,2	4383,8	4388,4	4393,0	4397,6	4402,2	4406,8	4411,4	4377,7	4385,3	4400,7	4408,3	4381,5	4404,5	95
96	4416	4420,6	4425,2	4429,8	4434,4	4439,0	4443,6	4448,2	4452,8	4457,4	4423,7	4431,3	4446,7	4454,3	4427,5	4450,5	96
97	4462	4466,6	4471,2	4475,8	4480,4	4485,0	4489,6	4494,2	4498,8	4503,4	4469,7	4477,3	4492,7	4500,3	4473,5	4496,5	97
98	4508	4512,6	4517,2	4521,8	4526,4	4531,0	4535,6	4540,2	4544,8	4549,4	4515,7	4523,3	4538,7	4546,3	4519,5	4542,5	98
99	4554	4558,6	4563,2	4567,8	4572,4	4577,0	4581,6	4586,2	4590,8	4595,4	4561,7	4569,3	4584,7	4592,3	4565,5	4588,5	99
100	4600	4604,6	4609,2	4613,8	4618,4	4623,0	4627,6	4632,2	4636,8	4641,4	4607,7	4615,3	4630,7	4638,3	4611,5	4634,5	100

47

		1/10 4,7	2/10 9,4	3/10 14,1	4/10 18,8	5/10 23,5	6/10 28,2	7/10 32,9	8/10 37,6	9/10 42,3	1/6 7,833	2/6 15,666	4/6 31,333	5/6 39,166	1/4 11,75	3/4 35,25	
1	47	51,7	56,4	61,1	65,8	70,5	75,2	79,9	84,6	89,3	54,8	62,7	78,3	86,2	58,8	82,3	1
2	94	98,7	103,4	108,1	112,8	117,5	122,2	126,9	131,6	136,3	101,8	109,7	125,3	133,2	105,8	129,3	2
3	141	145,7	150,4	155,1	159,8	164,5	169,2	173,9	178,6	183,3	148,8	156,7	172,3	180,2	152,8	176,3	3
4	188	192,7	197,4	202,1	206,8	211,5	216,2	220,9	225,6	230,3	195,8	203,7	219,3	227,2	199,8	223,3	4
5	235	239,7	244,4	249,1	253,8	258,5	263,2	267,9	272,6	277,3	242,8	250,7	266,3	274,2	246,8	270,3	5
6	282	286,7	291,4	296,1	300,8	305,5	310,2	314,9	319,6	324,3	289,8	297,7	313,3	321,2	293,8	317,3	6
7	329	333,7	338,4	343,1	347,8	352,5	357,2	361,9	366,6	371,3	336,8	344,7	360,3	368,2	340,8	364,3	7
8	376	380,7	385,4	390,1	394,8	399,5	404,2	408,9	413,6	418,3	383,8	391,7	407,3	415,2	387,8	411,3	8
9	423	427,7	432,4	437,1	441,8	446,5	451,2	455,9	460,6	465,3	430,8	438,7	454,3	462,2	434,8	458,3	9
10	470	474,7	479,4	484,1	488,8	493,5	498,2	502,9	507,6	512,3	477,8	485,7	501,3	509,2	481,8	505,3	10
11	517	521,7	526,4	531,1	535,8	540,5	545,2	549,9	554,6	559,3	524,8	532,7	548,3	556,2	528,8	552,3	11
12	564	568,7	573,4	578,1	582,8	587,5	592,2	596,9	601,6	606,3	571,8	579,7	595,3	603,2	575,8	599,3	12
13	611	615,7	620,4	625,1	629,8	634,5	639,2	643,9	648,6	653,3	618,8	626,7	642,3	650,2	622,8	646,3	13
14	658	662,7	667,4	672,1	676,8	681,5	686,2	690,9	695,6	700,3	665,8	673,7	689,3	697,2	669,8	693,3	14
15	705	709,7	714,4	719,1	723,8	728,5	733,2	737,9	742,6	747,3	712,8	720,7	736,3	744,2	716,8	740,3	15
16	752	756,7	761,4	766,1	770,8	775,5	780,2	784,9	789,6	794,3	759,8	767,7	783,3	791,2	763,8	787,3	16
17	799	803,7	808,4	813,1	817,8	822,5	827,2	831,9	836,6	841,3	806,8	814,7	830,3	838,2	810,8	834,3	17
18	846	850,7	855,4	860,1	864,8	869,5	874,2	878,9	883,6	888,3	853,8	861,7	877,3	885,2	857,8	881,3	18
19	893	897,7	902,4	907,1	911,8	916,5	921,2	925,9	930,6	935,3	900,8	908,7	924,3	932,2	904,8	928,3	19
20	940	944,7	949,4	954,1	958,8	963,5	968,2	972,9	977,6	982,3	947,8	955,7	971,3	979,2	951,8	975,3	20
21	987	991,7	996,4	1001,1	1005,8	1010,5	1015,2	1019,9	1024,6	1029,3	994,8	1002,7	1018,3	1026,2	998,8	1022,3	21
22	1034	1038,7	1043,4	1048,1	1052,8	1057,5	1062,2	1066,9	1071,6	1076,3	1041,8	1049,7	1065,3	1073,2	1045,8	1069,3	22
23	1081	1085,7	1090,4	1095,1	1099,8	1104,5	1109,2	1113,9	1118,6	1123,3	1088,8	1096,7	1112,3	1120,2	1092,8	1116,3	23
24	1128	1132,7	1137,4	1142,1	1146,8	1151,5	1156,2	1160,9	1165,6	1170,3	1135,8	1143,7	1159,3	1167,2	1139,8	1163,3	24
25	1175	1179,7	1184,4	1189,1	1193,8	1198,5	1203,2	1207,9	1212,6	1217,3	1182,8	1190,7	1206,3	1214,2	1186,8	1210,3	25
26	1222	1226,7	1231,4	1236,1	1240,8	1245,5	1250,2	1254,9	1259,6	1264,3	1229,8	1237,7	1253,3	1261,2	1233,8	1257,3	26
27	1269	1273,7	1278,4	1283,1	1287,8	1292,5	1297,2	1301,9	1306,6	1311,3	1276,8	1284,7	1300,3	1308,2	1280,8	1304,3	27
28	1316	1320,7	1325,4	1330,1	1334,8	1339,5	1344,2	1348,9	1353,6	1358,3	1323,8	1331,7	1347,3	1355,2	1327,8	1351,3	28
29	1363	1367,7	1372,4	1377,1	1381,8	1386,5	1391,2	1395,9	1400,6	1405,3	1370,8	1378,7	1394,3	1402,2	1374,8	1398,3	29
30	1410	1414,7	1419,4	1424,1	1428,8	1433,5	1438,2	1442,9	1447,6	1452,3	1417,8	1425,7	1441,3	1449,2	1421,8	1445,3	30
31	1457	1461,7	1466,4	1471,1	1475,8	1480,5	1485,2	1489,9	1494,6	1499,3	1464,8	1472,7	1488,3	1496,2	1468,8	1492,3	31
32	1504	1508,7	1513,4	1518,1	1522,8	1527,5	1532,2	1536,9	1541,6	1546,3	1511,8	1519,7	1535,3	1543,2	1515,8	1539,3	32
33	1551	1555,7	1560,4	1565,1	1569,8	1574,5	1579,2	1583,9	1588,6	1593,3	1558,8	1566,7	1582,3	1590,2	1562,8	1586,3	33
34	1598	1602,7	1607,4	1612,1	1616,8	1621,5	1626,2	1630,9	1635,6	1640,3	1605,8	1613,7	1629,3	1637,2	1609,8	1633,3	34
35	1645	1649,7	1654,4	1659,1	1663,8	1668,5	1673,2	1677,9	1682,6	1687,3	1652,8	1660,7	1676,3	1684,2	1656,8	1680,3	35
36	1692	1696,7	1701,4	1706,1	1710,8	1715,5	1720,2	1724,9	1729,6	1734,3	1699,8	1707,7	1723,3	1731,2	1703,8	1727,3	36
37	1739	1743,7	1748,4	1753,1	1757,8	1762,5	1767,2	1771,9	1776,6	1781,3	1746,8	1754,7	1770,3	1778,2	1750,8	1774,3	37
38	1786	1790,7	1795,4	1800,1	1804,8	1809,5	1814,2	1818,9	1823,6	1828,3	1793,8	1801,7	1817,3	1825,2	1797,8	1821,3	38
39	1833	1837,7	1842,4	1847,1	1851,8	1856,5	1861,2	1865,9	1870,6	1875,3	1840,8	1848,7	1864,3	1872,2	1844,8	1868,3	39
40	1880	1884,7	1889,4	1894,1	1898,8	1903,5	1908,2	1912,9	1917,6	1922,3	1887,8	1895,7	1911,3	1919,2	1891,8	1915,3	40
41	1927	1931,7	1936,4	1941,1	1945,8	1950,5	1955,2	1959,9	1964,6	1969,3	1934,8	1942,7	1958,3	1966,2	1938,8	1962,3	41
42	1974	1978,7	1983,4	1988,1	1992,8	1997,5	2002,2	2006,9	2011,6	2016,3	1981,8	1989,7	2005,3	2013,2	1985,8	2009,3	42
43	2021	2025,7	2030,4	2035,1	2039,8	2044,5	2049,2	2053,9	2058,6	2063,3	2028,8	2036,7	3052,3	2060,2	2032,8	2056,3	43
44	2068	2072,7	2077,4	2082,1	2086,8	2091,5	2096,2	2100,9	2105,6	2110,3	2075,8	2083,7	2099,3	2107,2	2079,8	2103,3	44
45	2115	2119,7	2124,4	2129,1	2133,8	2138,5	2143,2	2147,9	2152,6	2157,3	2122,8	2130,7	2146,3	2154,2	2126,8	2150,3	45
46	2162	2166,7	2171,4	2176,1	2180,8	2185,5	2190,2	2194,9	2199,6	2204,3	2169,8	2177,7	2193,3	2201,2	2173,8	2197,3	46
47	2209	2213,7	2218,4	2223,1	2227,8	2232,5	2237,2	2241,9	2246,6	2251,3	2216,8	2224,7	2240,3	2248,2	2220,8	2244,3	47
48	2256	2260,7	2265,4	2270,1	2274,8	2279,5	2284,2	2283,9	2293,6	2298,3	2263,8	2271,7	2287,3	2295,2	2267,8	2291,3	48
49	2303	2307,7	2312,4	2317,1	2321,8	2326,5	2331,2	2335,9	2340,6	2345,3	2310,8	2318,7	2334,3	2342,2	2314,8	2338,3	49
50	2350	2354,7	2359,4	2364,1	2368,8	2373,5	2378,2	2382,9	2387,6	2392,3	2357,8	2365,7	2381,3	2389,2	2361,8	2385,3	50
51	2397	2401,7	2406,4	2411,1	2415,8	2420,5	2425,2	2429,9	2434,6	2439,3	2404,8	2412,7	2428,3	2436,2	2408,8	2432,3	51
52	2444	2448,7	2453,4	2458,1	2462,8	2467,5	2472,2	2476,9	2481,6	2486,3	2451,8	2459,7	2475,3	2483,2	2455,8	2479,3	52
53	2491	2495,7	2500,4	2505,1	2509,8	2514,5	2519,2	2523,9	2528,6	2533,3	2498,8	2506,7	2522,3	2530,2	2502,8	2526,3	53
54	2538	2542,7	2547,4	2552,1	2556,8	2561,5	2566,2	2570,9	2575,6	2580,3	2545,8	2553,7	2569,3	2577,2	2549,8	2573,3	54
55	2585	2589,7	2594,4	2599,1	2603,8	2608,5	2613,2	2617,9	2622,6	2627,3	2592,8	2600,7	2616,3	2624,2	2596,8	2620,3	55
56	2632	2636,7	2641,4	2646,1	2650,8	2655,5	2660,2	2664,9	2669,6	2674,3	2639,8	2647,7	2663,3	2671,2	2643,8	2667,3	56
57	2679	2683,7	2688,4	2693,1	2697,8	2702,5	2707,2	2711,9	2716,6	2721,3	2686,8	2694,7	2710,3	2718,2	2690,8	2714,3	57
58	2726	2730,7	2735,4	2740,1	2744,8	2749,5	2754,2	2758,9	2763,6	2768,3	2733,8	2741,7	2757,3	2765,2	2737,8	2761,3	58
59	2773	2777,7	2782,4	2787,1	2791,8	2796,5	2801,2	2805,9	2810,6	2815,3	2780,8	2788,7	2804,3	2812,2	2784,8	2808,3	59
60	2820	2824,7	2829,4	2834,1	2838,8	2843,5	2848,2	2852,9	2857,6	2862,3	2827,8	2835,7	2851,3	2859,2	2831,8	2855,3	60
61	2867	2871,7	2876,4	2881,1	2885,8	2890,5	2895,2	2899,9	2904,6	2909,3	2874,8	2882,7	2898,3	2906,2	2878,8	2902,3	61
62	2914	2918,7	2923,4	2928,1	2932,8	2937,5	2942,2	2946,9	2951,6	2956,3	2921,8	2929,7	2945,3	2953,2	2925,8	2949,3	62
63	2961	2965,7	2970,4	2975,1	2979,8	2984,5	2989,2	2993,9	2998,6	3003,3	2968,8	2976,7	2992,3	3000,2	2972,8	2996,3	63
64	3008	3012,7	3017,4	3022,1	3026,8	3031,5	3036,2	3040,9	3045,6	3050,3	3015,8	3023,7	3039,3	3047,2	3019,8	3043,3	64
65	3055	3059,7	3064,4	3069,1	3073,8	3078,5	3083,2	3087,9	3092,6	3097,3	3062,8	3070,7	3086,3	3094,2	3066,8	3090,3	65
66	3102	3106,7	3111,4	3116,1	3120,8	3125,5	3130,2	3134,9	3139,6	3144,3	3109,8	3117,7	3133,3	3141,2	3113,8	3137,3	66
67	3149	3153,7	3158,4	3163,1	3167,8	3172,5	3177,2	3181,9	3186,6	3191,3	3156,8	3164,7	3180,3	3188,2	3160,8	3184,3	67
68	3196	3200,7	3205,4	3210,1	3214,8	3219,5	3224,2	3228,9	3233,6	3238,3	3203,8	3211,7	3227,3	3235,2	3207,8	3231,3	68
69	3243	3247,7	3252,4	3257,1	3261,8	3266,5	3271,2	3275,9	3280,6	3285,3	3250,8	3258,7	3274,3	3282,2	3254,8	3278,3	69
70	3290	3294,7	3299,4	3304,1	3308,8	3313,5	3318,2	3322,9	3327,6	3332,3	3297,8	3305,7	3321,3	3329,2	3301,8	3325,3	70
71	3337	3341,7	3346,4	3351,1	3355,8	3360,5	3365,2	3369,9	3374,6	3379,3	3344,8	3352,7	3368,3	3376,2	3348,8	3372,3	71
72	3384	3388,7	3393,4	3398,1	3402,8	3407,5	3412,2	3416,9	3421,6	3426,3	3391,8	3399,7	3415,3	3423,2	3395,8	3419,3	72
73	3431	3435,7	3440,4	3445,1	3449,8	3454,5	3459,2	3463,9	3468,6	3473,3	3438,8	3446,7	3462,3	3470,2	3442,8	3466,3	73
74	3478	3482,7	3487,4	3492,1	3496,8	3501,5	3506,2	3510,9	3515,6	3520,3	3485,8	3493,7	3509,3	3517,2	3489,8	3513,3	74
75	3525	3529,7	3534,4	3539,1	3543,8	3548,5	3553,2	3557,9	3562,6	3567,3	3532,8	3540,7	3556,3	3564,2	3536,8	3560,3	75
76	3572	3576,7	3581,4	3586,1	3590,8	3595,5	3600,2	3604,9	3609,6	3614,3	3579,8	3587,7	3603,3	3611,2	3583,8	3607,3	76
77	3619	3623,7	3628,4	3633,1	3637,8	3642,5	3647,2	3651,9	3656,6	3661,3	3626,8	3634,7	3650,3	3658,2	3630,8	3654,3	77
78	3666	3670,7	3675,4	3680,1	3684,8	3689,5	3694,2	3698,9	3703,6	3708,3	3673,8	3681,7	3697,3	3705,2	3677,8	3701,3	78
79	3713	3717,7	3722,4	3727,1	3731,8	3736,5	3741,2	3745,9	3750,6	3755,3	3720,8	3728,7	3744,3	3752,2	3724,8	3748,3	79
80	3760	3764,7	3769,4	3774,1	3778,8	3783,5	3788,2	3792,9	3797,6	3802,3	3767,8	3775,7	3791,3	3799,2	3771,8	3795,3	80
81	3807	3811,7	3816,4	3821,1	3825,8	3830,5	3835,2	3839,9	3844,6	3849,3	3814,8	3822,7	3838,3	3846,2	3818,8	3842,3	81
82	3854	3858,7	3863,4	3868,1	3872,8	3877,5	3882,2	3886,9	3891,6	3896,3	3861,8	3869,7	3885,3	3893,2	3865,8	3889,3	82
83	3901	3905,7	3910,4	3915,1	3919,8	3924,5	3929,2	3933,9	3938,6	3943,3	3908,8	3916,7	3932,3	3940,2	3912,8	3936,3	83
84	3948	3952,7	3957,4	3962,1	3966,8	3971,5	3976,2	3980,9	3985,6	3990,3	3955,8	3963,7	3979,3	3987,2	3959,8	3983,3	84
85	3995	3999,7	4004,4	4009,1	4013,8	4018,5	4023,2	4027,9	4032,6	4037,3	4002,8	4010,7	4026,3	4034,2	4006,8	4030,3	85
86	4042	4046,7	4051,4	4056,1	4060,8	4065,5	4070,2	4074,9	4079,6	4084,3	4049,8	4057,7	4073,3	4081,2	4053,8	4077,3	86
87	4089	4093,7	4098,4	4103,1	4107,8	4112,5	4117,2	4121,9	4126,6	4131,3	4096,8	4104,7	4120,3	4128,2	4100,8	4124,3	87
88	4136	4140,7	4145,4	4150,1	4154,8	4159,5	4164,2	4168,9	4173,6	4178,3	4143,8	4151,7	4167,3	4175,2	4147,8	4171,3	88
89	4183	4187,7	4192,4	4197,1	4201,8	4206,5	4211,2	4215,9	4220,6	4225,3	4190,8	4198,7	4214,3	4222,2	4194,8	4218,3	89
90	4230	4234,7	4239,4	4244,1	4248,8	4253,5	4258,2	4262,9	4267,6	4272,3	4237,8	4245,7	4261,3	4269,2	4241,8	4265,3	90
91	4277	4281,7	4286,4	4291,1	4295,8	4300,5	4305,2	4309,9	4314,6	4319,3	4284,8	4292,7	4308,3	4316,2	4288,8	4312,3	91
92	4324	4328,7	4333,4	4338,1	4342,8	4347,5	4352,2	4356,9	4361,6	4366,3	4331,8	4339,7	4355,3	4363,2	4335,8	4359,3	92
93	4371	4375,7	4380,4	4385,1	4389,8	4394,5	4399,2	4403,9	4408,6	4413,3	4378,8	4386,7	4402,3	4410,2	4382,8	4406,3	93
94	4418	4422,7	4427,4	4432,1	4436,8	4441,5	4446,2	4450,9	4455,6	4460,3	4425,8	4433,7	4449,3	4457,2	4429,8	4453,3	94
95	4465	4469,7	4474,4	4479,1	4483,8	4488,5	4493,2	4497,9	4502,6	4507,3	4472,8	4480,7	4496,3	4504,2	4476,8	4500,3	95
96	4512	4516,7	4521,4	4526,1	4530,8	4535,5	4540,2	4544,9	4549,6	4554,3	4519,8	4527,7	4543,3	4551,2	4523,8	4547,3	96
97	4559	4563,7	4568,4	4573,1	4577,8	4582,5	4587,2	4591,9	4596,6	4601,3	4566,8	4574,7	4590,3	4598,2	4570,8	4594,3	97
98	4606	4610,7	4615,4	4620,1	4624,8	4629,5	4634,2	4638,9	4643,6	4648,3	4613,8	4621,7	4637,3	4645,2	4617,8	4641,3	98
99	4653	4657,7	4662,4	4667,1	4671,8	4676,5	4681,2	4685,9	4690,6	4695,3	4660,8	4668,7	4684,3	4692,2	4664,8	4688,3	99
100	4700	4704,7	4709,4	4714,1	4718,8	4723,5	4728,2	4732,9	4737,6	4742,3	4707,8	4715,7	4731,3	4739,2	4711,8	4735,3	100

48

		1/10	2/10	3/10	4/10	5/10	6/10	7/10	8/10	9/10	1/6	2/6	4/6	5/6	1/4	3/4	
		4,8	9,6	14,4	19,2	24,0	28,8	33,6	38,4	43,2	8,0	16,0	32,0	40,0	12	36,0	
1	48	52,8	57,6	62,4	67,2	72,0	76,8	81,6	86,4	91,2	56,0	64,0	80,0	88,0	60,0	84,0	1
2	96	100,8	105,6	110,4	115,2	120,0	124,8	129,6	134,4	139,2	104,0	112,0	128,0	136,0	108,0	132,0	2
3	144	148,8	153,6	158,4	163,2	168,0	172,8	177,6	182,4	187,2	152,0	160,0	176,0	184,0	156,0	180,0	3
4	192	196,8	201,6	206,4	211,2	216,0	220,8	225,6	230,4	235,2	200,0	208,0	224,0	232,0	204,0	228,0	4
5	240	244,8	249,6	254,4	259,2	264,0	268,8	273,6	278,4	283,2	248,0	256,0	272,0	280,0	252,0	276,0	5
6	288	292,8	297,6	302,4	307,2	312,0	316,8	321,6	326,4	331,2	296,0	304,0	320,0	328,0	300,0	324,0	6
7	336	340,8	345,6	350,4	355,2	360,0	364,8	369,6	374,4	379,2	344,0	352,0	368,0	376,0	348,0	372,0	7
8	384	388,8	393,6	398,4	403,2	408,0	412,8	417,6	422,4	427,2	392,0	400,0	416,0	424,0	396,0	420,0	8
9	432	436,8	441,6	446,4	451,2	456,0	460,8	465,6	470,4	475,2	440,0	448,0	464,0	472,0	444,0	468,0	9
10	480	484,8	489,6	494,4	499,2	504,0	508,8	513,6	518,4	523,2	488,0	496,0	512,0	520,0	492,0	516,0	10
11	528	532,8	537,6	542,4	547,2	552,0	556,8	561,6	566,4	571,2	536,0	544,0	560,0	568,0	540,0	564,0	11
12	576	580,8	585,6	590,4	595,2	600,0	604,8	609,6	614,4	619,2	584,0	592,0	608,0	616,0	588,0	612,0	12
13	624	628,8	633,6	638,4	643,2	648,0	652,8	657,6	662,4	667,2	632,0	640,0	656,0	664,0	636,0	660,0	13
14	672	676,8	681,6	686,4	691,2	696,0	700,8	705,6	710,4	715,2	680,0	688,0	704,0	712,0	684,0	708,0	14
15	720	724,8	729,6	734,4	739,2	744,0	748,8	753,6	758,4	763,2	728,0	736,0	752,0	760,0	732,0	756,0	15
16	768	772,8	777,6	782,4	787,2	792,0	796,8	801,6	806,4	811,2	776,0	784,0	800,0	808,0	780,0	804,0	16
17	816	820,8	825,6	830,4	835,2	840,0	844,8	849,6	854,4	859,2	824,0	832,0	848,0	856,0	828,0	852,0	17
18	864	868,8	873,6	878,4	883,2	888,0	892,8	897,6	902,4	907,2	872,0	880,0	896,0	904,0	876,0	900,0	18
19	912	916,8	921,6	926,4	931,2	936,0	940,8	945,6	950,4	955,2	920,0	928,0	944,0	952,0	924,0	948,0	19
20	960	964,8	969,6	974,4	979,2	984,0	988,8	993,6	998,4	1003,2	968,0	976,0	992,0	1000,0	972,0	996,0	20
21	1008	1012,8	1017,6	1022,4	1027,2	1032,0	1036,8	1041,6	1046,4	1051,2	1016,0	1024,0	1040,0	1048,0	1020,0	1044,0	21
22	1056	1060,8	1065,6	1070,4	1075,2	1080,0	1084,8	1089,6	1094,4	1099,2	1064,0	1072,0	1088,0	1096,0	1068,0	1092,0	22
23	1104	1108,8	1113,6	1118,4	1123,2	1128,0	1132,8	1137,6	1142,4	1147,2	1112,0	1120,0	1136,0	1144,0	1116,0	1140,0	23
24	1152	1156,8	1161,6	1166,4	1171,2	1176,0	1180,8	1185,6	1190,4	1195,2	1160,0	1168,0	1184,0	1192,0	1164,0	1188,0	24
25	1200	1204,8	1209,6	1214,4	1219,2	1224,0	1228,8	1233,6	1238,4	1243,2	1208,0	1216,0	1232,0	1240,0	1212,0	1236,0	25
26	1248	1252,8	1257,6	1262,4	1267,2	1272,0	1276,8	1281,6	1286,4	1291,2	1256,0	1264,0	1280,0	1288,0	1260,0	1284,0	26
27	1296	1300,8	1305,6	1310,4	1315,2	1320,0	1324,8	1329,6	1334,4	1339,2	1304,0	1312,0	1328,0	1336,0	1308,0	1332,0	27
28	1344	1348,8	1353,6	1358,4	1363,2	1368,0	1372,8	1377,6	1382,4	1387,2	1352,0	1360,0	1376,0	1384,0	1356,0	1380,0	28
29	1392	1396,8	1401,6	1406,4	1411,2	1416,0	1420,8	1425,6	1430,4	1435,2	1400,0	1408,0	1424,0	1432,0	1404,0	1428,0	29
30	1440	1444,8	1449,6	1454,4	1459,2	1464,0	1468,8	1473,6	1478,4	1483,2	1448,0	1456,0	1472,0	1480,0	1452,0	1476,0	30
31	1488	1492,8	1497,6	1502,4	1507,2	1512,0	1516,8	1521,6	1526,4	1531,2	1496,0	1504,0	1520,0	1528,0	1500,0	1524,0	31
32	1536	1540,8	1545,6	1550,4	1555,2	1560,0	1564,8	1569,6	1574,4	1579,2	1544,0	1552,0	1568,0	1576,0	1548,0	1572,0	32
33	1584	1588,8	1593,6	1598,4	1603,2	1608,0	1612,8	1617,6	1622,4	1627,2	1592,0	1600,0	1616,0	1624,0	1596,0	1620,0	33
34	1632	1636,8	1641,6	1646,4	1651,2	1656,0	1660,8	1665,6	1670,4	1675,2	1640,0	1648,0	1664,0	1672,0	1644,0	1668,0	34
35	1680	1684,8	1689,6	1694,4	1699,2	1704,0	1708,8	1713,6	1718,4	1723,2	1688,0	1696,0	1712,0	1720,0	1692,0	1716,0	35
36	1728	1732,8	1737,6	1742,4	1747,2	1752,0	1756,8	1761,6	1766,4	1771,2	1736,0	1744,0	1760,0	1768,0	1740,0	1764,0	36
37	1776	1780,8	1785,6	1790,4	1795,2	1800,0	1804,8	1809,6	1814,4	1819,2	1784,0	1792,0	1808,0	1816,0	1788,0	1812,0	37
38	1824	1828,8	1833,6	1838,4	1843,2	1848,0	1852,8	1857,6	1862,4	1867,2	1832,0	1840,0	1856,0	1864,0	1836,0	1860,0	38
39	1872	1876,8	1881,6	1886,4	1891,2	1896,0	1900 8	1905,6	1910,4	1915,2	1880,0	1888,0	1904,0	1912,0	1884,0	1908,0	39
40	1920	1924,8	1929,6	1934,4	1939,2	1944,0	1948,8	1953,6	1958,4	1963,2	1928,0	1936,0	1952,0	1960,0	1932,0	1956,0	40
41	1968	1972,8	1977,6	1982,4	1987,2	1992,0	1996,8	2001,6	2006,4	2011,2	1976,0	1984,0	2000,0	2008,0	1980,0	2004,0	41
42	2016	2020,8	2025,6	2030,4	2035,2	2040,0	2044,8	2049,6	2054,4	2059,2	2024,0	2032,0	2048,0	2056,0	2028,0	2052,0	42
43	2064	2068,8	2073,6	2078,4	2083,2	2088,0	2092,8	2097,6	2102,4	2107,2	2072,0	2080,0	2096,0	2104,0	2076,0	2100,0	43
44	2112	2116,8	2121,6	2126,4	2131,2	2136,0	2140,8	2145,6	2150,4	2155,2	2120,0	2128,0	2144,0	2152,0	2124,0	2148,0	44
45	2160	2164,8	2169,6	2174,4	2179,2	2184,0	2188,8	2193,6	2198,4	2203,2	2168,0	2176,0	2192,0	2200,0	2172,0	2196,0	45
46	2208	2212,8	2217,6	2222,4	2227,2	2232,0	2236,8	2241,6	2246,4	2251,2	2216,0	2224,0	2240,0	2248,0	2220,0	2244,0	46
47	2256	2260,8	2265,6	2270,4	2275,2	2280,0	2284,8	2289,6	2294,4	2299,2	2264,0	2272,0	2288,0	2296,0	2268,0	2292,0	47
48	2304	2308,8	2313,6	2318,4	2323,2	2328,0	2332,8	2337,6	2342,4	2347,2	2312,0	2320,0	2336,0	2344,0	2316,0	2340,0	48
49	2352	2356,8	2361,6	2366,4	2371,2	2376,0	2380,8	2385,6	2390,4	2395,2	2360,0	2368,0	2384,0	2392,0	2364,0	2388,0	49
50	2400	2404,8	2409,6	2414,4	2419,2	2424,0	2428,8	2433,6	2438,4	2443,2	2408,0	2416,0	2432,0	2440,0	2412,0	2436,0	50
51	2448	2452,8	2457,6	2462,4	2467,2	2472,0	2476,8	2481,6	2486,4	2491,2	2456,0	2464,0	2480,0	2488,0	2460,0	2484,0	51
52	2496	2500,8	2505,6	2510,4	2515,2	2520,0	2524,8	2529,6	2534,4	2539,2	2504,0	2512,0	2528,0	2536,0	2508,0	2532,0	52
53	2544	2548,8	2553,6	2558,4	2563,2	2568,0	2572,8	2577,6	2582,4	2587,2	2552,0	2560,0	2576,0	2584,0	2556,0	2580,0	53
54	2592	2596,8	2601,6	2606,4	2611,2	2616,0	2620,8	2625,6	2630,4	2635,2	2600,0	2608,0	2624,0	2632,0	2604,0	2628,0	54
55	2640	2644,8	2649,6	2654,4	2659,2	2664,0	2668,8	2673,6	2678,4	2683,2	2648,0	2656,0	2672,0	2680,0	2652,0	2676,0	55
56	2688	2692,8	2697,6	2702,4	2707,2	2712,0	2716,8	2721,6	2726,4	2731,2	2696,0	2704,0	2720,0	2728,0	2700,0	2724,0	56
57	2736	2740,8	2745,6	2750,4	2755,2	2760,0	2764,8	2769,6	2774,4	2779,2	2744,0	2752,0	2768,0	2776,0	2748,0	2772,0	57
58	2784	2788,8	2793,6	2798,4	2803,2	2808,0	2812,8	2817,6	2822,4	2827,2	2792,0	2800,0	2816,0	2824,0	2796,0	2820,0	58
59	2832	2836,8	2841,6	2846,4	2851,2	2856,0	2860,8	2865,6	2870,4	2875,2	2840,0	2848,0	2864,0	2872,0	2844,0	2868,0	59
60	2880	2884,8	2889,6	2894,4	2899,2	2904,0	2908,8	2913,6	2918,4	2923,2	2888,0	2896,0	2912,0	2920,0	2892,0	2916,0	60
61	2928	2932,8	2937,6	2942,4	2947,2	2952,0	2956,8	2961,6	2966,4	2971,2	2936,0	2944,0	2960,0	2968,0	2940,0	2964,0	61
62	2976	2980,8	2985,6	2990,4	2995,2	3000,0	3004,8	3009,6	3014,4	3019,2	2984,0	2992,0	3008,0	3016,0	2988,0	3012,0	62
63	3024	3028,8	3033,6	3038,4	3043,2	3048,0	3052,8	3057,6	3062,4	3067,2	3032,0	3040,0	3056,0	3064,0	3036,0	3060,0	63
64	3072	3076,8	3081,6	3086,4	3091,2	3096,0	3100,8	3105,6	3110,4	3115,2	3080,0	3088,0	3104,0	3112,0	3084,0	3108,0	64
65	3120	3124,8	3129,6	3134,4	3139,2	3144,0	3148,8	3153,6	3158,4	3163,2	3128,0	3136,0	3152,0	3160,0	3132,0	3156,0	65
66	3168	3172,8	3177,6	3182,4	3187,2	3192,0	3196,8	3201,6	3206,4	3211,2	3176,0	3184,0	3200,0	3208,0	3180,0	3204,0	66
67	3216	3220,8	3225,6	3230,4	3235,2	3240,0	3244,8	3249,6	3254,4	3259,2	3224,0	3232,0	3248,0	3256,0	3228,0	3252,0	67
68	3264	3268,8	3273,6	3278,4	3283,2	3288,0	3292,8	3297,6	3302,4	3307,2	3272,0	3280,0	3296,0	3304,0	3276,0	3300,0	68
69	3312	3316,8	3321,6	3326,4	3331,2	3336,0	3340,8	3345,6	3350,4	3355,2	3320,0	3328,0	3344,0	3352,0	3324,0	3348,0	69
70	3360	3364,8	3369,6	3374,4	3379,2	3384,0	3388,8	3393,6	3398,4	3403,2	3368,0	3376,0	3392,0	3400,0	3372,0	3396,0	70
71	3408	3412,8	3417,6	3422,4	3427,2	3432,0	3436,8	3441,6	3446,4	3451,2	3416,0	3424,0	3440,0	3448,0	3420,0	3444,0	71
72	3456	3460,8	3465,6	3470,4	3475,2	3480,0	3484,8	3489,6	3494,4	3499,2	3464,0	3472,0	3488,0	3496,0	3468,0	3492,0	72
73	3504	3508,8	3513,6	3518,4	3523,2	3528,0	3532,8	3537,6	3542,4	3547,2	3512,0	3520,0	3536,0	3544,0	3516,0	3540,0	73
74	3552	3556,8	3561,6	3566,4	3571,2	3576,0	3580,8	3585,6	3590,4	3595,2	3560,0	3568,0	3584,0	3592,0	3564,0	3588,0	74
75	3600	3604,8	3609,6	3614,4	3619,2	3624,0	3628,8	3633,6	3638,4	3643,2	3608,0	3616,0	3632,0	3640,0	3612,0	3636,0	75
76	3648	3652,8	3657,6	3662,4	3667,2	3672,0	3676,8	3681,6	3686,4	3691,2	3656,0	3664,0	3680,0	3688,0	3660,0	3684,0	76
77	3696	3700,8	3705,6	3710,4	3715,2	3720,0	3724,8	3729,6	3734,4	3739,2	3704,0	3712,0	3728,0	3736,0	3708,0	3732,0	77
78	3744	3748,8	3753,6	3758,4	3763,2	3768,0	3772,8	3777,6	3782,4	3787,2	3752,0	3760,0	3776,0	3784,0	3756,0	3780,0	78
79	3792	3796,8	3801,6	3806,4	3811,2	3816,0	3820,8	3825,6	3830,4	3835,2	3800,0	3808,0	3824,0	3832,0	3804,0	3828,0	79
80	3840	3844,8	3849,6	3854,4	3859,2	3864,0	3868,8	3873,6	3878,4	3883,2	3848,0	3856,0	3872,0	3880,0	3852,0	3876,0	80
81	3888	3892,8	3897,6	3902,4	3907,2	3912,0	3916,8	3921,6	3926,4	3931,2	3896,0	3904,0	3920,0	3928,0	3900,0	3924,0	81
82	3936	3940,8	3945,6	3950,4	3955,2	3960,0	3964,8	3969,6	3974,4	3979,2	3944,0	3952,0	3968,0	3976,0	3948,0	3972,0	82
83	3984	3988,8	3993,6	3998,4	4003,2	4008,0	4012,8	4017,6	4022,4	4027,2	3992,0	4000,0	4016,0	4024,0	3996,0	4020,0	83
84	4032	4036,8	4041,6	4046,4	4051,2	4056,0	4060,8	4065,6	4070,4	4075,2	4040,0	4048,0	4064,0	4072,0	4044,0	4068,0	84
85	4080	4084,8	4089,6	4094,4	4099,2	4104,0	4108,8	4113,6	4118,4	4123,2	4088,0	4096,0	4112,0	4120,0	4092,0	4116,0	85
86	4128	4132,8	4137,6	4142,4	4147,2	4152,0	4156,8	4161,6	4166,4	4171,2	4136,0	4144,0	4160,0	4168,0	4140,0	4164,0	86
87	4176	4180,8	4185,6	4190,4	4195,2	4200,0	4204,8	4209,6	4214,4	4219,2	4184,0	4192,0	4208,0	4216,0	4188,0	4212,0	87
88	4224	4228,8	4233,6	4238,4	4243,2	4248,0	4252,8	4257,6	4262,4	4267,2	4232,0	4240,0	4256,0	4264,0	4236,0	4260,0	88
89	4272	4276,8	4281,6	4286,4	4291,2	4296,0	4300,8	4305,6	4310,4	4315,2	4280,0	4288,0	4304,0	4312,0	4284,0	4308,0	89
90	4320	4324,8	4329,6	4334,4	4339,2	4344,0	4348,8	4353,6	4358,4	4363,2	4328,0	4336,0	4352,0	4360,0	4332,0	4356,0	90
91	4368	4372,8	4377,6	4382,4	4387,2	4392,0	4396,8	4401,6	4406,4	4411,2	4376,0	4384,0	4400,0	4408,0	4380,0	4404,0	91
92	4416	4420,8	4425,6	4430,4	4435,2	4440,0	4444,8	4449,6	4454,4	4459,2	4424,0	4432,0	4448,0	4456,0	4428,0	4452,0	92
93	4464	4468,8	4473,6	4478,4	4483,2	4488,0	4492,8	4497,6	4502,4	4507,2	4472,0	4480,0	4496,0	4504,0	4476,0	4500,0	93
94	4512	4516,8	4521,6	4526,4	4531,2	4536,0	4540,8	4545,6	4550,4	4555,2	4520,0	4528,0	4544,0	4552,0	4524,0	4548,0	94
95	4560	4564,8	4569,6	4574,4	4579,2	4584,0	4588,8	4593,6	4598,4	4603,2	4568,0	4576,0	4592,0	4600,0	4572,0	4596,0	95
96	4608	4612,8	4617,6	4622,4	4627,2	4632,0	4636,8	4641,6	4646,4	4651,2	4616,0	4624,0	4640,0	4648,0	4620,0	4644,0	96
97	4656	4660,8	4665,6	4670,4	4675,2	4680,0	4684,8	4689,6	4694,4	4699,2	4664,0	4672,0	4688,0	4696,0	4668,0	4692,0	97
98	4704	4708,8	4713,6	4718,4	4723,2	4728,0	4732,8	4737,6	4742,4	4747,2	4712,0	4720,0	4736,0	4744,0	4716,0	4740,0	98
99	4752	4756,8	4761,6	4766,4	4771,2	4776,0	4780,8	4785,6	4790,4	4795,2	4760,0	4768,0	4784,0	4792,0	4764,0	4788,0	99
100	4800	4804,8	4809,6	4814,4	4819,2	4824,0	4828,8	4833,6	4838,4	4843,2	4808,0	4816,0	4832,0	4840,0	4812,0	4836,0	100

		1/10 4,9	2/10 9,8	3/10 14,7	4/10 19,6	5/10 24,5	6/10 29,4	7/10 34,3	8/10 39,2	9/10 44,1	1/6 8,166	2/6 16,333	4/6 32,666	5/6 40,833	1/4 12,25	3/4 36,75	
1	49	53,9	58,8	63,7	68,6	73,5	78,4	83,3	88,2	93,1	57,2	65,3	81,7	89,8	61,3	85,8	1
2	98	102,9	107,8	112,7	117,6	122,5	127,4	132,3	137,2	142,1	106,2	114,3	130,7	138,8	110,3	134,8	2
3	147	151,9	156,8	161,7	166,6	171,5	176,4	181,3	186,2	191,1	155,2	163,3	179,7	187,8	159,3	183,8	3
4	196	200,9	205,8	210,7	215,6	220,5	225,4	230,3	235,2	240,1	204,2	212,3	228,7	236,8	208,3	232,8	4
5	245	249,9	254,8	259,7	264,6	269,5	274,4	279,3	284,2	289,1	253,2	261,3	277,7	285,8	257,3	281,8	5
6	294	298,9	303,8	308,7	313,6	318,5	323,4	328,3	333,2	338,1	302,2	310,3	326,7	334,8	306,3	330,8	6
7	343	347,9	352,8	357,7	362,6	367,5	372,4	377,3	382,2	387,1	351,2	359,3	375,7	383,8	355,3	379,8	7
8	392	396,9	401,8	406,7	411,6	416,5	421,4	426,3	431,2	436,1	400,2	408,3	424,7	432,8	404,3	428,8	8
9	441	445,9	450,8	455,7	460,6	465,5	470,4	475,3	480,2	485,1	449,2	457,3	473,7	481,8	453,3	477,8	9
10	490	494,9	499,8	504,7	509,6	514,5	519,4	524,3	529,2	534,1	498,2	506,3	522,7	530,8	502,3	526,8	10
11	539	543,9	548,8	553,7	558,6	563,5	568,4	573,3	578,2	583,1	547,2	555,3	571,7	579,8	551,3	575,8	11
12	588	592,9	597,8	602,7	607,6	612,5	617,4	622,3	627,2	632,1	596,2	604,3	620,7	628,8	600,3	624,8	12
13	637	641,9	646,8	651,7	656,6	661,5	666,4	671,3	676,2	681,1	645,2	653,3	669,7	677,8	649,3	673,8	13
14	686	690,9	695,8	700,7	705,6	710,5	715,4	720,3	725,2	730,1	694,2	702,3	718,7	726,8	698,3	722,8	14
15	735	739,9	744,8	749,7	754,6	759,5	764,4	769,3	774,2	779,1	743,2	751,3	767,7	775,8	747,3	771,8	15
16	784	788,9	793,8	798,7	803,6	808,5	813,4	818,3	823,2	828,1	792,2	800,3	816,7	824,8	796,3	820,8	16
17	833	837,9	842,8	847,7	852,6	857,5	862,4	867,3	872,2	877,1	841,2	849,3	865,7	873,8	845,3	869,8	17
18	882	886,9	891,8	896,7	901,6	906,5	911,4	916,3	921,2	926,1	890,2	898,3	914,7	922,8	894,3	918,8	18
19	931	935,9	940,8	945,7	950,6	955,5	960,4	965,3	970,2	975,1	939,2	947,3	963,7	971,8	943,3	967,8	19
20	980	984,9	989,8	994,7	999,6	1004,5	1009,4	1014,3	1019,2	1024,1	988,2	996,3	1012,7	1020,8	992,3	1016,8	20
21	1029	1033,9	1038,8	1043,7	1048,6	1053,5	1058,4	1063,3	1068,2	1073,1	1037,2	1045,3	1061,7	1069,8	1041,3	1065,8	21
22	1078	1082,9	1087,8	1092,7	1097,6	1102,5	1107,4	1112,3	1117,2	1122,1	1086,2	1094,3	1110,7	1118,8	1090,3	1114,8	22
23	1127	1131,9	1136,8	1141,7	1146,6	1151,5	1156,4	1161,3	1166,2	1171,1	1135,2	1143,3	1159,7	1167,8	1139,3	1163,8	23
24	1176	1180,9	1185,8	1190,7	1195,6	1200,5	1205,4	1210,3	1215,2	1220,1	1184,2	1192,3	1208,7	1216,8	1188,3	1212,8	24
25	1225	1229,9	1234,8	1239,7	1244,6	1249,5	1254,4	1259,3	1264,2	1269,1	1233,2	1241,3	1257,7	1265,8	1237,3	1261,8	25
26	1274	1278,9	1283,8	1288,7	1293,6	1298,5	1303,4	1308,3	1313,2	1318,1	1282,2	1290,3	1306,7	1314,8	1286,3	1310,8	26
27	1323	1327,9	1332,8	1337,7	1342,6	1347,5	1352,4	1357,3	1362,2	1367,1	1331,2	1339,3	1355,7	1363,8	1335,3	1359,8	27
28	1372	1376,9	1381,8	1386,7	1391,6	1396,5	1401,4	1406,3	1411,2	1416,1	1380,2	1388,3	1404,7	1412,8	1384,3	1408,8	28
29	1421	1425,9	1430,8	1435,7	1440,6	1445,5	1450,4	1455,3	1460,2	1465,1	1429,2	1437,3	1453,7	1461,8	1433,3	1457,8	29
30	1470	1474,9	1479,8	1484,7	1489,6	1494,5	1499,4	1504,3	1509,2	1514,1	1478,2	1486,3	1502,7	1510,8	1482,3	1506,8	30
31	1519	1523,9	1528,8	1533,7	1538,6	1543,5	1548,4	1553,3	1558,2	1563,1	1527,2	1535,3	1551,7	1559,8	1531,3	1555,8	31
32	1568	1572,9	1577,8	1582,7	1587,6	1592,5	1597,4	1602,3	1607,2	1612,1	1576,2	1584,3	1600,7	1608,8	1580,3	1604,8	32
33	1617	1621,9	1626,8	1631,7	1636,6	1641,5	1646,4	1651,3	1656,2	1661,1	1625,2	1633,3	1649,7	1657,8	1629,3	1653,8	33
34	1666	1670,9	1675,8	1680,7	1685,6	1690,5	1695,4	1700,3	1705,2	1710,1	1674,2	1682,3	1698,7	1706,8	1678,3	1702,8	34
35	1715	1719,9	1724,8	1729,7	1734,6	1739,5	1744,4	1749,3	1754,2	1759,1	1723,2	1731,3	1747,7	1755,8	1727,3	1751,8	35
36	1764	1768,9	1773,8	1778,7	1783,6	1788,5	1793,4	1798,3	1803,2	1808,1	1772,2	1780,3	1796,7	1804,8	1776,3	1800,8	36
37	1813	1817,9	1822,8	1827,7	1832,6	1837,5	1842,4	1847,3	1852,2	1857,1	1821,2	1829,3	1845,7	1853,8	1825,3	1849,8	37
38	1862	1866,9	1871,8	1876,7	1881,6	1886,5	1891,4	1896,3	1901,2	1906,1	1870,2	1878,3	1894,7	1902,8	1874,3	1898,8	38
39	1911	1915,9	1920,8	1925,7	1930,6	1935,5	1940,4	1945,3	1950,2	1955,1	1919,2	1927,3	1943,7	1951,8	1923,3	1947,8	39
40	1960	1964,9	1969,8	1974,7	1979,6	1984,5	1989,4	1994,3	1999,2	2004,1	1968,2	1976,3	1992,7	2000,8	1972,3	1996,8	40
41	2009	2013,9	2018,8	2023,7	2028,6	2033,5	2038,4	2043,3	2048,2	2053,1	2017,2	2025,3	2041,7	2049,8	2021,3	2045,8	41
42	2058	2062,9	2067,8	2072,7	2077,6	2082,5	2087,4	2092,3	2097,2	2102,1	2066,2	2074,3	2090,7	2098,8	2070,3	2094,8	42
43	2107	2111,9	2116,8	2121,7	2126,6	2131,5	2136,4	2141,3	2146,2	2151,1	2115,2	2123,3	2139,7	2147,8	2119,3	2143,8	43
44	2156	2160,9	2165,8	2170,7	2175,6	2180,5	2185,4	2190,3	2195,2	2200,1	2164,2	2172,3	2188,7	2196,8	2168,3	2192,8	44
45	2205	2209,9	2214,8	2219,7	2224,6	2229,5	2234,4	2239,3	2244,2	2249,1	2213,2	2221,3	2237,7	2245,8	2217,3	2241,8	45
46	2254	2258,9	2263,8	2268,7	2273,6	2278,5	2283,4	2288,3	2293,2	2298,1	2262,2	2270,3	2286,7	2294,8	2266,3	2290,8	46
47	2303	2307,9	2312,8	2317,7	2322,6	2327,5	2332,4	2337,3	2342,2	2347,1	2311,2	2319,3	2335,7	2343,8	2315,3	2339,8	47
48	2352	2356,9	2361,8	2366,7	2371,6	2376,5	2381,4	2386,3	2391,2	2396,1	2360,2	2368,3	2384,7	2392,8	2364,3	2388,8	48
49	2401	2405,9	2410,8	2415,7	2420,6	2425,5	2430,4	2435,3	2440,2	2445,1	2409,2	2417,3	2433,7	2441,8	2413,3	2437,8	49
50	2450	2454,9	2459,8	2464,7	2469,6	2474,5	2479,4	2484,3	2489,2	2494,1	2458,2	2466,3	2482,7	2490,8	2462,3	2486,8	50
51	2499	2503,9	2508,8	2513,7	2518,6	2523,5	2528,4	2533,3	2538,2	2543,1	2507,2	2515,3	2531,7	2539,8	2511,3	2535,8	51
52	2548	2552,9	2557,8	2562,7	2567,6	2572,5	2577,4	2582,3	2587,2	2592,1	2556,2	2564,3	2580,7	2588,8	2560,3	2584,8	52
53	2597	2601,9	2606,8	2611,7	2616,6	2621,5	2626,4	2631,3	2636,2	2641,1	2605,2	2613,3	2629,7	2637,8	2609,3	2633,8	53
54	2646	2650,9	2655,8	2660,7	2665,6	2670,5	2675,4	2680,3	2685,2	2690,1	2654,2	2662,3	2678,7	2686,8	2658,3	2682,8	54
55	2695	2699,9	2704,8	2709,7	2714,6	2719,5	2724,4	2729,3	2734,2	2739,1	2703,2	2711,3	2727,7	2735,8	2707,3	2731,8	55
56	2744	2748,9	2753,8	2758,7	2763,6	2768,5	2773,4	2778,3	2783,2	2788,1	2752,2	2760,3	2776,7	2784,8	2756,3	2780,8	56
57	2793	2797,9	2802,8	2807,7	2812,6	2817,5	2822,4	2827,3	2832,2	2837,1	2801,2	2809,3	2825,7	2833,8	2805,3	2829,8	57
58	2842	2846,9	2851,8	2856,7	2861,6	2866,5	2871,4	2876,3	2881,2	2886,1	2850,2	2858,3	2874,7	2882,8	2854,3	2878,8	58
59	2891	2895,9	2900,8	2905,7	2910,6	2915,5	2920,4	2925,3	2930,2	2935,1	2899,2	2907,3	2923,7	2931,8	2903,3	2927,8	59
60	2940	2944,9	2949,8	2954,7	2959,6	2964,5	2969,4	2974,3	2979,2	2984,1	2948,2	2956,3	2972,7	2980,8	2952,3	2976,8	60
61	2989	2993,9	2998,8	3003,7	3008,6	3013,5	3018,4	3023,3	3028,2	3033,1	2997,2	3005,3	3021,7	3029,8	3001,3	3025,8	61
62	3038	3042,9	3047,8	3052,7	3057,6	3062,5	3067,4	3072,3	3077,2	3082,1	3046,2	3054,3	3070,7	3078,8	3050,3	3074,8	62
63	3087	3091,9	3096,8	3101,7	3106,6	3111,5	3116,4	3121,3	3126,2	3131,1	3095,2	3103,3	3119,7	3127,8	3099,3	3123,8	63
64	3136	3140,9	3145,8	3150,7	3155,6	3160,5	3165,4	3170,3	3175,2	3180,1	3144,2	3152,3	3168,7	3176,8	3148,3	3172,8	64
65	3185	3189,9	3194,8	3199,7	3204,6	3209,5	3214,4	3219,3	3224,2	3229,1	3193,2	3201,3	3217,7	3225,8	3197,3	3221,8	65
66	3234	3238,9	3243,8	3248,7	3253,6	3258,5	3263,4	3268,3	3273,2	3278,1	3242,2	3250,3	3266,7	3274,8	3246,3	3270,8	66
67	3283	3287,9	3292,8	3297,7	3302,6	3307,5	3312,4	3317,3	3322,2	3327,1	3291,2	3299,3	3315,7	3323,8	3295,3	3319,8	67
68	3332	3336,9	3341,8	3346,7	3351,6	3356,5	3361,4	3366,3	3371,2	3376,1	3340,2	3348,3	3364,7	3372,8	3344,3	3368,8	68
69	3381	3385,9	3390,8	3395,7	3400,6	3405,5	3410,4	3415,3	3420,2	3425,1	3389,2	3397,3	3413,7	3421,8	3393,3	3417,8	69
70	3430	3434,9	3439,8	3444,7	3449,6	3454,5	3459,4	3464,3	3469,2	3474,1	3438,2	3446,3	3462,7	3470,8	3442,3	3466,8	70
71	3479	3483,9	3488,8	3493,7	3498,6	3503,5	3508,4	3513,3	3518,2	3523,1	3487,2	3495,3	3511,7	3519,8	3491,3	3515,8	71
72	3528	3532,9	3537,8	3542,7	3547,6	3552,5	3557,4	3562,3	3567,2	3572,1	3536,2	3544,3	3560,7	3568,8	3540,3	3564,8	72
73	3577	3581,9	3586,8	3591,7	3596,6	3601,5	3606,4	3611,3	3616,2	3621,1	3585,2	3593,3	3609,7	3617,8	3589,3	3613,8	73
74	3626	3630,9	3635,8	3640,7	3645,6	3650,5	3655,4	3660,3	3665,2	3670,1	3634,2	3642,3	3658,7	3666,8	3638,3	3662,8	74
75	3675	3679,9	3684,8	3689,7	3694,6	3699,5	3704,4	3709,3	3714,2	3719,1	3683,2	3691,3	3707,7	3715,8	3687,3	3711,8	75
76	3724	3728,9	3733,8	3738,7	3743,6	3748,5	3753,4	3758,3	3763,2	3768,1	3732,2	3740,3	3756,7	3764,8	3736,3	3760,8	76
77	3773	3777,9	3782,8	3787,7	3792,6	3797,5	3802,4	3807,3	3812,2	3817,1	3781,2	3789,3	3805,7	3813,8	3785,3	3809,8	77
78	3822	3826,9	3831,8	3836,7	3841,6	3846,5	3851,4	3856,3	3861,2	3866,1	3830,2	3838,3	3854,7	3862,8	3834,3	3858,8	78
79	3871	3875,9	3880,8	3885,7	3890,6	3895,5	3900,4	3905,3	3910,2	3915,1	3879,2	3887,3	3903,7	3911,8	3883,3	3907,8	79
80	3920	3924,9	3929,8	3934,7	3939,6	3944,5	3949,4	3954,3	3959,2	3964,1	3928,2	3936,3	3952,7	3960,8	3932,3	3956,8	80
81	3969	3973,9	3978,8	3983,7	3988,6	3993,5	3998,4	4003,3	4008,2	4013,1	3977,2	3985,3	4001,7	4009,8	3981,3	4005,8	81
82	4018	4022,9	4027,8	4032,7	4037,6	4042,5	4047,4	4052,3	4057,2	4062,1	4026,2	4034,3	4050,7	4058,8	4030,3	4054,8	82
83	4067	4071,9	4076,8	4081,7	4086,6	4091,5	4096,4	4101,3	4106,2	4111,1	4075,2	4083,3	4099,7	4107,8	4079,3	4103,8	83
84	4116	4120,9	4125,8	4130,7	4135,6	4140,5	4145,4	4150,3	4155,2	4160,1	4124,2	4132,3	4148,7	4156,8	4128,3	4152,8	84
85	4165	4169,9	4174,8	4179,7	4184,6	4189,5	4194,4	4199,3	4204,2	4209,1	4173,2	4181,3	4197,7	4205,8	4177,3	4201,8	85
86	4214	4218,9	4223,8	4228,7	4233,6	4238,5	4243,4	4248,3	4253,2	4258,1	4222,2	4230,3	4246,7	4254,8	4226,3	4250,8	86
87	4263	4267,9	4272,8	4277,7	4282,6	4287,5	4292,4	4297,3	4302,2	4307,1	4271,2	4279,3	4295,7	4303,8	4275,3	4299,8	87
88	4312	4316,9	4321,8	4326,7	4331,6	4336,5	4341,4	4346,3	4351,2	4356,1	4320,2	4328,3	4344,7	4352,8	4324,3	4348,8	88
89	4361	4365,9	4370,8	4375,7	4380,6	4385,5	4390,4	4395,3	4400,2	4405,1	4369,2	4377,3	4393,7	4401,8	4373,3	4397,8	89
90	4410	4414,9	4419,8	4424,7	4429,6	4434,5	4439,4	4444,3	4449,2	4454,1	4418,2	4426,3	4442,7	4450,8	4422,3	4446,8	90
91	4459	4463,9	4468,8	4473,7	4478,6	4483,5	4488,4	4493,3	4498,2	4503,1	4467,2	4475,3	4491,7	4499,8	4471,3	4495,8	91
92	4508	4512,9	4517,8	4522,7	4527,6	4532,5	4537,4	4542,3	4547,2	4552,1	4516,2	4524,3	4540,7	4548,8	4520,3	4544,8	92
93	4557	4561,9	4566,8	4571,7	4576,6	4581,5	4586,4	4591,3	4596,2	4601,1	4565,2	4573,3	4589,7	4597,8	4569,3	4593,8	93
94	4606	4610,9	4615,8	4620,7	4625,6	4630,5	4635,4	4640,3	4645,2	4650,1	4614,2	4622,3	4638,7	4646,8	4618,3	4642,8	94
95	4655	4659,9	4664,8	4669,7	4674,6	4679,5	4684,4	4689,3	4694,2	4699,1	4663,2	4671,3	4687,7	4695,8	4667,3	4691,8	95
96	4704	4708,9	4713,8	4718,7	4723,6	4728,5	4733,4	4738,3	4743,2	4748,1	4712,2	4720,3	4736,7	4744,8	4716,3	4740,8	96
97	4753	4757,9	4762,8	4767,7	4772,6	4777,5	4782,4	4787,3	4792,2	4797,1	4761,2	4769,3	4785,7	4793,8	4765,3	4789,8	97
98	4802	4806,9	4811,8	4816,7	4821,6	4826,5	4831,4	4836,3	4841,2	4846,1	4810,2	4818,3	4834,7	4842,8	4814,3	4838,8	98
99	4851	4855,9	4860,8	4865,7	4870,6	4875,5	4880,4	4885,3	4890,2	4895,1	4859,2	4867,3	4883,7	4891,8	4863,3	4887,8	99
100	4900	4904,9	4909,8	4914,7	4919,6	4924,5	4929,4	4934,3	4939,2	4944,1	4908,2	4916,3	4932,7	4940,8	4912,3	4936,8	100

50		1/10 5.0	2/10 10.0	3/10 15.0	4/10 20.0	5/10 25.0	6/10 30.0	7/10 35.0	8/10 40.0	9/10 45.0	1/6 8.333	2/6 16.666	4/6 33.333	5/6 41.666	1/4 12.5	3/4 37.5	
1	50	55,0	60,0	65,0	70,0	75,0	80,0	85,0	90,0	95,0	58,3	66,7	83,3	91,7	62,5	87,5	1
2	100	105,0	110,0	115,0	120,0	125,0	130,0	135,0	140,0	145,0	108,3	116,7	133,3	141,7	112,5	137,5	2
3	150	155,0	160,0	165,0	170,0	175,0	180,0	185,0	190,0	195,0	158,3	166,7	183,3	191,7	162,5	187,5	3
4	200	205,0	210,0	215,0	220,0	225,0	230,0	235,0	240,0	245,0	208,3	216,7	233,3	241,7	212,5	237,5	4
5	250	255,0	260,0	265,0	270,0	275,0	280,0	285,0	290,0	295,0	258,3	266,7	283,3	291,7	262,5	287,5	5
6	300	305,0	310,0	315,0	320,0	325,0	330,0	335,0	340,0	345,0	308,3	316,7	333,3	341,7	312,5	337,5	6
7	350	355,0	360,0	365,0	370,0	375,0	380,0	385,0	390,0	395,0	358,3	366,7	383,3	391,7	362,5	387,5	7
8	400	405,0	410,0	415,0	420,0	425,0	430,0	435,0	440,0	445,0	408,3	416,7	433,3	441,7	412,5	437,5	8
9	450	455,0	460,0	465,0	470,0	475,0	480,0	485,0	490,0	495,0	458,3	466,7	483,3	491,7	462,5	487,5	9
10	500	505,0	510,0	515,0	520,0	525,0	530,0	535,0	540,0	545,0	508,3	516,7	533,3	541,7	512,5	537,5	10
11	550	555,0	560,0	565,0	570,0	575,0	580,0	585,0	590,0	595,0	558,3	566,7	583,3	591,7	562,5	587,5	11
12	600	605,0	610,0	615,0	620,0	625,0	630,0	635,0	640,0	645,0	608,3	616,7	633,3	641,7	612,5	637,5	12
13	650	655,0	660,0	665,0	670,0	675,0	680,0	685,0	690,0	695,0	658,3	666,7	683,3	691,7	662,5	687,5	13
14	700	705,0	710,0	715,0	720,0	725,0	730,0	735,0	740,0	745,0	708,3	716,7	733,3	741,7	712,5	737,5	14
15	750	755,0	760,0	765,0	770,0	775,0	780,0	785,0	790,0	795,0	758,3	766,7	783,3	791,7	762,5	787,5	15
16	800	805,0	810,0	815,0	820,0	825,0	830,0	835,0	840,0	845,0	808,3	816,7	833,3	841,7	812,5	837,5	16
17	850	855,0	860,0	865,0	870,0	875,0	880,0	885,0	890,0	895,0	858,3	866,7	883,3	891,7	862,5	887,5	17
18	900	905,0	910,0	915,0	920,0	925,0	930,0	935,0	940,0	945,0	908,3	916,7	933,3	941,7	912,5	937,5	18
19	950	955,0	960,0	965,0	970,0	975,0	980,0	985,0	990,0	995,0	958,3	966,7	983,3	991,7	962,5	987,5	19
20	1000	1005,0	1010,0	1015,0	1020,0	1025,0	1030,0	1035,0	1040,0	1045,0	1008,3	1016,7	1033,3	1041,7	1012,5	1037,5	20
21	1050	1055,0	1060,0	1065,0	1070,0	1075,0	1080,0	1085,0	1090,0	1095,0	1058,3	1066,7	1083,3	1091,7	1062,5	1087,5	21
22	1100	1105,0	1110,0	1115,0	1120,0	1125,0	1130,0	1135,0	1140,0	1145,0	1108,3	1116,7	1133,3	1141,7	1112,5	1137,5	22
23	1150	1155,0	1160,0	1165,0	1170,0	1175,0	1180,0	1185,0	1190,0	1195,0	1158,3	1166,7	1183,3	1191,7	1162,5	1187,5	23
24	1200	1205,0	1210,0	1215,0	1220,0	1225,0	1230,0	1235,0	1240,0	1245,0	1208,3	1216,7	1233,3	1241,7	1212,5	1237,5	24
25	1250	1255,0	1260,0	1265,0	1270,0	1275,0	1280,0	1285,0	1290,0	1295,0	1258,3	1266,7	1283,3	1291,7	1262,5	1287,5	25
26	1300	1305,0	1310,0	1315,0	1320,0	1325,0	1330,0	1335,0	1340,0	1345,0	1308,3	1316,7	1333,3	1341,7	1312,5	1337,5	26
27	1350	1355,0	1360,0	1365,0	1370,0	1375,0	1380,0	1385,0	1390,0	1395,0	1358,3	1366,7	1383,3	1391,7	1362,5	1387,5	27
28	1400	1405,0	1410,0	1415,0	1420,0	1425,0	1430,0	1435,0	1440,0	1445,0	1408,3	1416,7	1433,3	1441,7	1412,5	1437,5	28
29	1450	1455,0	1460,0	1465,0	1470,0	1475,0	1480,0	1485,0	1490,0	1495,0	1458,3	1466,7	1483,3	1491,7	1462,5	1487·5	29
30	1500	1505,0	1510,0	1515,0	1520,0	1525,0	1530,0	1535,0	1540,0	1545,0	1508,3	1516,7	1533,3	1541,7	1512,5	1537,5	30
31	1550	1555,0	1560,0	1565,0	1570,0	1575,0	1580,0	1585,0	1590,0	1595,0	1558,3	1566,7	1583,3	1591,7	1562,5	1587,5	31
32	1600	1605,0	1610,0	1615,0	1620,0	1625,0	1630,0	1635,0	1640,0	1645,0	1608,3	1616,7	1633,3	1641,7	1612,5	1637,5	32
33	1650	1655,0	1660,0	1665,0	1670,0	1675,0	1680,0	1685,0	1690,0	1695,0	1658,3	1666,7	1683,3	1691,7	1662,5	1687,5	33
34	1700	1705,0	1710,0	1715,0	1720,0	1725,0	1730,0	1735,0	1740,0	1745,0	1708,3	1716,7	1733,3	1741,7	1712,5	1737,5	34
35	1750	1755,0	1760,0	1765,0	1770,0	1775,0	1780,0	1785,0	1790,0	1795,0	1758,3	1766,7	1783,3	1791,7	1762,5	1787,5	35
36	1800	1805,0	1810,0	1815,0	1820,0	1825,0	1830,0	1835,0	1840,0	1845,0	1808,3	1816,7	1833,3	1841,7	1812,5	1837,5	36
37	1850	1855,0	1860,0	1865,0	1870,0	1875,0	1880,0	1885,0	1890,0	1895,0	1858,3	1866,7	1883,3	1891,7	1862,5	1887,5	37
38	1900	1905,0	1910,0	1915,0	1920,0	1925,0	1930,0	1935,0	1940,0	1945,0	1908,3	1916,7	1933,3	1941,7	1912,5	1937,5	38
39	1950	1955,0	1960,0	1965,0	1970,0	1975,0	1980,0	1985,0	1990,0	1995,0	1958,3	1966,7	1983,3	1991,7	1962,5	1987,5	39
40	2000	2005,0	2010,0	2015,0	2020,0	2025,0	2030,0	2035,0	2040,0	2045,0	2008,3	2016,7	2033,3	2041,7	2012,5	2037,5	40
41	2050	2055,0	2060,0	2065,0	2070,0	2075,0	2080,0	2085,0	2090,0	2095,0	2058,3	2066,7	2083,3	2091,7	2062,5	2087,5	41
42	2100	2105,0	2110,0	2115,0	2120,0	2125,0	2130,0	2135,0	2140,0	2145,0	2108,3	2116,7	2133,3	2141,7	2112,5	2137,5	42
43	2150	2155,0	2160,0	2165,0	2170,0	2175,0	2180,0	2185,0	2190,0	2195,0	2158,3	2166,7	2183,3	2191,7	2162,5	2187,5	43
44	2200	2205,0	2210,0	2215,0	2220,0	2225,0	2230,0	2235,0	2240,0	2245,0	2208,3	2216,7	2233,3	2241,7	2212,5	2237,5	44
45	2250	2255,0	2260,0	2265,0	2270,0	2275,0	2280,0	2285,0	2290,0	2295,0	2258,3	2266,7	2283,3	2291,7	2262,5	2287,5	45
46	2300	2305,0	2310,0	2315,0	2320,0	2325,0	2330,0	2335,0	2340,0	2345,0	2308,3	2316,7	2333,3	2341,7	2312,5	2337,5	46
47	2350	2355,0	2360,0	2365,0	2370,0	2375,0	2380,0	2385,0	2390,0	2395,0	2358,3	2366,7	2383,3	2391,7	2362,5	2387,5	47
48	2400	2405,0	2410,0	2415,0	2420,0	2425,0	2430,0	2435,0	2440,0	2445,0	2408,3	2416,7	2433,3	2441,7	2412,5	2437,5	48
49	2450	2455,0	2460,0	2465,0	2470,0	2475,0	2480,0	2485,0	2490,0	2495,0	2458,3	2466,7	2483,3	2491,7	2462,5	2487,5	49
50	2500	2505,0	2510,0	2515,0	2520,0	2525,0	2530,0	2535,0	2540,0	2545,0	2508,3	2516,7	2533,3	2541,7	2512,5	2537,5	50
51	2550	2555,0	2560,0	2565,0	2570,0	2575,0	2580,0	2585,0	2590,0	2595,0	2558,3	2566,7	2583,3	2591,7	2562,5	2587,5	51
52	2600	2605,0	2610,0	2615,0	2620,0	2625,0	2630,0	2635,0	2640,0	2645,0	2608,3	2616,7	2633,3	2641,7	2612,5	2637,5	52
53	2650	2655,0	2660,0	2665,0	2670,0	2675,0	2680,0	2685,0	2690,0	2695,0	2658,3	2666,7	2683,3	2691,7	2662,5	2687,5	53
54	2700	2705,0	2710,0	2715,0	2720,0	2725,0	2730,0	2735,0	2740,0	2745,0	2708,3	2716,7	2733,3	2741,7	2712,5	2737,5	54
55	2750	2755,0	2760,0	2765,0	2770,0	2775,0	2780,0	2785,0	2790,0	2795,0	2758,3	2766,7	2783,3	2791,7	2762,5	2787,5	55
56	2800	2805,0	2810,0	2815,0	2820,0	2825,0	2830,0	2835,0	2840,0	2845,0	2808,3	2816,7	2833,3	2841,7	2812,5	2837,5	56
57	2850	2855,0	2860,0	2865,0	2870,0	2875,0	2880,0	2885,0	2890,0	2895,0	2858,3	2866,7	2883,3	2891,7	2862,5	2887,5	57
58	2900	2905,0	2910,0	2915,0	2920,0	2925,0	2930,0	2935,0	2940,0	2945,0	2908,3	2916,7	2933,3	2941,7	2912,5	2937,5	58
59	2950	2955,0	2960,0	2965,0	2970,0	2975,0	2980,0	2985,0	2990,0	2995,0	2958,3	2966,7	2983,3	2991,7	2962,5	2987,5	59
60	3000	3005,0	3010,0	3015,0	3020,0	3025,0	3030,0	3035,0	3040,0	3045,0	3008,3	3016,7	3033,3	3041,7	3012,5	3037,5	60
61	3050	3055,0	3060,0	3065,0	3070,0	3075,0	3080,0	3085,0	3090,0	3095,0	3058,3	3066,7	3083,3	3091,7	3062,5	3087,5	61
62	3100	3105,0	3110,0	3115,0	3120,0	3125,0	3130,0	3135,0	3140,0	3145,0	3108,3	3116,7	3133,3	3141,7	3112,5	3137,5	62
63	3150	3155,0	3160,0	3165,0	3170,0	3175,0	3180,0	3185,0	3190,0	3195,0	3158,3	3166,7	3183,3	3191,7	3162,5	3187,5	63
64	3200	3205,0	3210,0	3215,0	3220,0	3225,0	3230,0	3235,0	3240,0	3245,0	3208,3	3216,7	3233,3	3241,7	3212,5	3237,5	64
65	3250	3255,0	3260,0	3265,0	3270,0	3275,0	3280,0	3285,0	3290,0	3295,0	3258,3	3266,7	3283,3	3291,7	3262,5	3287,5	65
66	3300	3305,0	3310,0	3315,0	3320,0	3325,0	3330,0	3335,0	3340,0	3345,0	3308,3	3316,7	3333,3	3341,7	3312,5	3337,5	66
67	3350	3355,0	3360,0	3365,0	3370,0	3375,0	3380,0	3385,0	3390,0	3395,0	3358,3	3366,7	3383,3	3391,7	3362,5	3387,5	67
68	3400	3405,0	3410,0	3415,0	3420,0	3425,0	3430,0	3435,0	3440,0	3445,0	3408,3	3416,7	3433,3	3441,7	3412,5	3437,5	68
69	3450	3455,0	3460,0	3465,0	3470,0	3475,0	3480,0	3485,0	3490,0	3495,0	3458,3	3466,7	3483,3	3491,7	3462,5	3487,5	69
70	3500	3505,0	3510,0	3515,0	3520,0	3525,0	3530,0	3535,0	3540,0	3545,0	3508,3	3516,7	3533,3	3541,7	3512,5	3537,5	70
71	3550	3555,0	3560,0	3565,0	3570,0	3575,0	3580,0	3585,0	3590,0	3595,0	3558,3	3566,7	3583,3	3591,7	3562,5	3587,5	71
72	3600	3605,0	3610,0	3615,0	3620,0	3625,0	3630,0	3635,0	3640,0	3645,0	3608,3	3616,7	3633,3	3641,7	3612,5	3637,5	72
73	3650	3655,0	3660,0	3665,0	3670,0	3675,0	3680,0	3685,0	3690,0	3695,0	3658,3	3666,7	3683,3	3691,7	3662,5	3687,5	73
74	3700	3705,0	3710,0	3715,0	3720,0	3725,0	3730,0	3735,0	3740,0	3745,0	3708,3	3716,7	3733,3	3741,7	3712,5	3737,5	74
75	3750	3755,0	3760,0	3765,0	3770,0	3775,0	3780,0	3785,0	3790,0	3795,0	3758,3	3766,7	3783,3	3791,7	3762,5	3787,5	75
76	3800	3805,0	3810,0	3815,0	3820,0	3825,0	3830,0	3835,0	3840,0	3845,0	3808,3	3816,7	3833,3	3841,7	3812,5	3837,5	76
77	3850	3855,0	3860,0	3865,0	3870,0	3875,0	3880,0	3885,0	3890,0	3895,0	3858,3	3866,7	3883,3	3891,7	3862,5	3887,5	77
78	3900	3905,0	3910,0	3915,0	3920,0	3925,0	3930,0	3935,0	3940,0	3945,0	3908,3	3916,7	3933,3	3941,7	3912,5	3937,5	78
79	3950	3955,0	3960,0	3965,0	3970,0	3975,0	3980,0	3985,0	3990,0	3995,0	3958,3	3966,7	3983,3	3991,7	3962,5	3987,5	79
80	4000	4005,0	4010,0	4015,0	4020,0	4025,0	4030,0	4035,0	4040,0	4045,0	4008,3	4016,7	4033,3	4041,7	4012,5	4037,5	80
81	4050	4055,0	4060,0	4065,0	4070,0	4075,0	4080,0	4085,0	4090,0	4095,0	4058,3	4066,7	4083,3	4091,7	4062,5	4087,5	81
82	4100	4105,0	4110,0	4115,0	4120,0	4125,0	4130,0	4135,0	4140,0	4145,0	4108,3	4116,7	4133,3	4141,7	4112,5	4137,5	82
83	4150	4155,0	4160,0	4165,0	4170,0	4175,0	4180,0	4185,0	4190,0	4195,0	4158,3	4166,7	4183,3	4191,7	4162,5	4187,5	83
84	4200	4205,0	4210,0	4215,0	4220,0	4225,0	4230,0	4235,0	4240,0	4245,0	4208,3	4216,7	4233,3	4241,7	4212,5	4237,5	84
85	4250	4255,0	4260,0	4265,0	4270,0	4275,0	4280,0	4285,0	4290,0	4295,0	4258,3	4266,7	4283,3	4291,7	4262,5	4287,5	85
86	4300	4305,0	4310,0	4315,0	4320,0	4325,0	4330,0	4335,0	4340,0	4345,0	4308,3	4316,7	4333,3	4341,7	4312,5	4337,5	86
87	4350	4355,0	4360,0	4365,0	4370,0	4375,0	4380,0	4385,0	4390,0	4395,0	4358,3	4366,7	4383,3	4391,7	4362,5	4387,5	87
88	4400	4405,0	4410,0	4415,0	4420,0	4425,0	4430,0	4435,0	4440,0	4445,0	4408,3	4416,7	4433,3	4441,7	4412,5	4437,5	88
89	4450	4455,0	4460,0	4465,0	4470,0	4475,0	4480,0	4485,0	4490,0	4495,0	4458,3	4466,7	4483,3	4491,7	4462,5	4487,5	89
90	4500	4505,0	4510,0	4515,0	4520,0	4525,0	4530,0	4535,0	4540,0	4545,0	4508,3	4516,7	4533,3	4541,7	4512,5	4537,5	90
91	4550	4555,0	4560,0	4565,0	4570,0	4575,0	7580,0	4585,0	4590,0	4595,0	4558,3	4566,7	4583,3	4591,7	4562,5	4587,5	91
92	4600	4605,0	4610,0	4615,0	4620,0	4625,0	4630,0	4635,0	4640,0	4645,0	4608,3	4616,7	4633,3	4641,7	4612,5	4637,5	92
93	4650	4655,0	4660,0	4665,0	4670,0	4675,0	4680,0	4685,0	4690,0	4695,0	4658,3	4666,7	4683,3	4691,7	4662,5	4687,5	93
94	4700	4705,0	4710,0	4715,0	4720,0	4725,0	4730,0	4735,0	4740,0	4745,0	4708,3	4716,7	4733,3	4741,7	4712,5	4737,5	94
95	4750	4755,0	4760,0	4765,0	4770,0	4775,0	4780,0	4785,0	4790,0	4795,0	4758,3	4766,7	4783,3	4791,7	4762,5	4787,5	95
96	4800	4805,0	4810,0	4815,0	4820,0	4825,0	4830,0	4835,0	4840,0	4845,0	4808,3	4816,7	4833,3	4841,7	4812,5	4837,5	96
97	4850	4855,0	4860,0	4865,0	4870,0	4875,0	4880,0	4885,0	4890,0	4895,0	4858,3	4866,7	4883,3	4891,7	4862,5	4887,5	97
98	4900	4905,0	4910,0	4915,0	4920,0	4925,0	4930,0	4935,0	4940,0	4945,0	4908,3	4916,7	4933,3	4941,7	4912,5	4937,5	98
99	4950	4955,0	4960,0	4965,0	4970,0	4975,0	4980,0	4985,0	4990,0	4995,0	4958,3	4966,7	4983,3	4991,7	4962,5	4987,5	99
100	5000	5005,0	5010,0	5015,0	5020,0	5025,0	5030,0	5035,0	5040,0	5045,0	5008,3	5016,7	5033,3	5041,7	5012,5	5037,5	100

51

		1/10 5,1	2/10 10,2	3/10 15,3	4/10 20,4	5/10 25,5	6/10 30,6	7/10 35,7	8/10 40,8	9/10 45,9	1/6 8,5	2/6 17,0	4/6 34,0	5/6 42,5	1/4 12,75	3/4 38,25	
1	51	56,1	61,2	66,3	71,4	76,5	81,6	86,7	91,8	96,9	59,5	68,0	85,0	93,5	63,8	89,3	1
2	102	107,1	112,2	117,3	122,4	127,5	132,6	137,7	142,8	147,9	110,5	119,0	136,0	144,5	114,8	140,3	2
3	153	158,1	163,2	168,3	173,4	178,5	183,6	188,7	193,8	198,9	161,5	170,0	187,0	195,5	165,8	191,3	3
4	204	209,1	214,2	219,3	224,4	229,5	234,6	239,7	244,8	249,9	212,5	221,0	238,0	246,5	216,8	242,3	4
5	255	260,1	265,2	270,3	275,4	280,5	285,6	290,7	295,8	300,9	263,5	272,0	289,0	297,5	267,8	293,3	5
6	306	311,1	316,2	321,3	326,4	331,5	336,6	341,7	346,8	351,9	314,5	323,0	340,0	348,5	318,8	344,3	6
7	357	362,1	367,2	372,3	377,4	382,5	387,6	392,7	397,8	402,9	365,5	374,0	391,0	399,5	369,8	395,3	7
8	408	413,1	418,2	423,3	428,4	433,5	438,6	443,7	448,8	453,9	416,5	425,0	442,0	450,5	420,8	446,3	8
9	459	464,1	469,2	474,3	479,4	484,5	489,6	494,7	499,8	504,9	467,5	476,0	493,0	501,5	471,8	497,3	9
10	510	515,1	520,2	525,3	530,4	535,5	540,6	545,7	550,8	555,9	518,5	527,0	544,0	552,5	522,8	548,3	10
11	561	566,1	571,2	576,3	581,4	586,5	591,6	596,7	601,8	606,9	569,5	578,0	595,0	603,5	573,8	599,3	11
12	612	617,1	622,2	627,3	632,4	637,5	642,6	647,7	652,8	657,9	620,5	629,0	646,0	654,5	624,8	650,3	12
13	663	668,1	673,2	678,3	683,4	688,5	693,6	698,7	703,8	708,9	671,5	680,0	697,0	705,5	675,8	701,3	13
14	714	719,1	724,2	729,3	734,4	739,5	744,6	749,7	754,8	759,9	722,5	731,0	748,0	756,5	726,8	752,3	14
15	765	770,1	775,2	780,3	785,4	790,5	795,6	800,7	805,8	810,9	773,5	782,0	799,0	807,5	777,8	803,3	15
16	816	821,1	826,2	831,3	836,4	841,5	846,6	851,7	856,8	861,9	824,5	833,0	850,0	858,5	828,8	854,3	16
17	867	872,1	877,2	882,3	887,4	892,5	897,6	902,7	907,8	912,9	875,5	884,0	901,0	909,5	879,8	905,3	17
18	918	923,1	928,2	933,3	938,4	943,5	948,6	953,7	958,8	963,9	926,5	935,0	952,0	960,5	930,8	956,3	18
19	969	974,1	979,2	984,3	989,4	994,5	999,6	1004,7	1009,8	1014,9	977,5	986,0	1003,0	1011,5	981,8	1007,3	19
20	1020	1025,1	1030,2	1035,3	1040,4	1045,5	1050,6	1055,7	1060,8	1065,9	1028,5	1037,0	1054,0	1062,5	1032,8	1058,3	20
21	1071	1076,1	1081,2	1086,3	1091,4	1096,5	1101,6	1106,7	1111,8	1116,9	1079,5	1088,0	1105,0	1113,5	1083,8	1109,3	21
22	1122	1127,1	1132,2	1137,3	1142,4	1147,5	1152,6	1157,7	1162,8	1167,9	1130,5	1139,0	1156,0	1164,5	1134,8	1160,3	22
23	1173	1178,1	1183,2	1188,3	1193,4	1198,5	1203,6	1208,7	1213,8	1218,9	1181,5	1190,0	1207,0	1215,5	1185,8	1211,3	23
24	1224	1229,1	1234,2	1239,3	1244,4	1249,5	1254,6	1259,7	1264,8	1269,9	1232,5	1241,0	1258,0	1266,5	1236,8	1262,3	24
25	1275	1280,1	1285,2	1290,3	1295,4	1300,5	1305,6	1310,7	1315,8	1320,9	1283,5	1292,0	1309,0	1317,5	1287,8	1313,3	25
26	1326	1331,1	1336,2	1341,3	1346,4	1351,5	1356,6	1361,7	1366,8	1371,9	1334,5	1343,0	1360,0	1368,5	1338,8	1364,3	26
27	1377	1382,1	1387,2	1392,3	1397,4	1402,5	1407,6	1412,7	1417,8	1422,9	1385,5	1394,0	1411,0	1419,5	1389,8	1415,3	27
28	1428	1433,1	1438,2	1443,3	1448,4	1453,5	1458,6	1463,7	1468,8	1473,9	1436,5	1445,0	1462,0	1470,5	1440,8	1466,3	28
29	1479	1484,1	1489,2	1494,3	1499,4	1504,5	1509,6	1514,7	1519,8	1524,9	1487,5	1496,0	1513,0	1521,5	1491,8	1517,3	29
30	1530	1535,1	1540,2	1545,3	1550,4	1555,5	1560,6	1565,7	1570,8	1575,9	1538,5	1547,0	1564,0	1572,5	1542,8	1568,3	30
31	1581	1586,1	1591,2	1596,3	1601,4	1606,5	1611,6	1616,7	1621,8	1626,9	1589,5	1598,0	1615,0	1623,5	1593,8	1619,3	31
32	1632	1637,1	1642,2	1647,3	1652,4	1657,5	1662,6	1667,7	1672,8	1677,9	1640,5	1649,0	1666,0	1674,5	1644,8	1670,3	32
33	1683	1688,1	1693,2	1698,3	1703,4	1708,5	1713,6	1718,7	1723,8	1728,9	1691,5	1700,0	1717,0	1725,5	1695,8	1721,3	33
34	1734	1739,1	1744,2	1749,3	1754,4	1759,5	1764,6	1769,7	1774,8	1779,9	1742,5	1751,0	1768,0	1776,5	1746,8	1772,3	34
35	1785	1790,1	1795,2	1800,3	1805,4	1810,5	1815,6	1820,7	1825,8	1830,9	1793,5	1802,0	1819,0	1827,5	1797,8	1823,3	35
36	1836	1841,1	1846,2	1851,3	1856,4	1861,5	1866,6	1871,7	1876,8	1881,9	1844,5	1853,0	1870,0	1878,5	1848,8	1874,3	36
37	1887	1892,1	1897,2	1902,3	1907,4	1912,5	1917,6	1922,7	1927,8	1932,9	1895,5	1904,0	1921,0	1929,5	1899,8	1925,3	37
38	1938	1943,1	1948,2	1953,3	1958,4	1963,5	1968,6	1973,7	1978,8	1983,9	1946,5	1955,0	1972,0	1980,5	1950,8	1976,3	38
39	1989	1994,1	1999,2	2004,3	2009,4	2014,5	2019,6	2024,7	2029,8	2034,9	1997,5	2006,0	2023,0	2031,5	2001,8	2027,3	39
40	2040	2045,1	2050,2	2055,3	2060,4	2065,5	2070,6	2075,7	2080,8	2085,9	2048,5	2057,0	2074,0	2082,5	2052,8	2078,3	40
41	2091	2096,1	2101,2	2106,3	2111,4	2116,5	2121,6	2126,7	2131,8	2136,9	2099,5	2108,0	2125,0	2133,5	2103,8	2129,3	41
42	2142	2147,1	2152,2	2157,3	2162,4	2167,5	2172,6	2177,7	2182,8	2187,9	2150,5	2159,0	2176,0	2184,5	2154,8	2180,3	42
43	2193	2198,1	2203,2	2208,3	2213,4	2218,5	2223,6	2228,7	2233,8	2238,9	2201,5	2210,0	2227,0	2235,5	2205,8	2231,3	43
44	2244	2249,1	2254,2	2259,3	2264,4	2269,5	2274,6	2279,7	2284,8	2289,9	2252,5	2261,0	2278,0	2286,5	2256,8	2282,3	44
45	2295	2300,1	2305,2	2310,3	2315,4	2320,5	2325,6	2330,7	2335,8	2340,9	2303,5	2312,0	2329,0	2337,5	2307,8	2333,3	45
46	2346	2351,1	2356,2	2361,3	2366,4	2371,5	2376,6	2381,7	2386,8	2391,9	2354,5	2363,0	2380,0	2388,5	2358,8	2384,3	46
47	2397	2402,1	2407,2	2412,3	2417,4	2422,5	2427,6	2432,7	2437,8	2442,9	2405,5	2414,0	2431,0	2439,5	2409,8	2435,3	47
48	2448	2453,1	2458,2	2463,3	2468,4	2473,5	2478,6	2483,7	2488,8	2493,9	2456,5	2465,0	2482,0	2490,5	2460,8	2486,3	48
49	2499	2504,1	2509,2	2514,3	2519,4	2524,5	2529,6	2534,7	2539,8	2544,9	2507,5	2516,0	2533,0	2541,5	2511,8	2537,3	49
50	2550	2555,1	2560,2	2565,3	2570,4	2575,5	2580,6	2585,7	2590,8	2595,9	2558,5	2567,0	2584,0	2592,5	2562,8	2588,3	50
51	2601	2606,1	2611,2	2616,3	2621,4	2626,5	2631,6	2636,7	2641,8	2646,9	2609,5	2618,0	2635,0	2643,5	2613,8	2639,3	51
52	2652	2657,1	2662,2	2667,3	2672,4	2677,5	2682,6	2687,7	2692,8	2697,9	2660,5	2669,0	2686,0	2694,5	2664,8	2690,3	52
53	2703	2708,1	2713,2	2718,3	2723,4	2728,5	2733,6	2738,7	2743,8	2748,9	2711,5	2720,0	2737,0	2745,5	2715,8	2741,3	53
54	2754	2759,1	2764,2	2769,3	2774,4	2779,5	2784,6	2789,7	2794,8	2799,9	2762,5	2771,0	2788,0	2796,5	2766,8	2792,3	54
55	2805	2810,1	2815,2	2820,3	2825,4	2830,5	2835,6	2840,7	2845,8	2850,9	2813,5	2822,0	2839,0	2847,5	2817,8	2843,3	55
56	2856	2861,1	2866,2	2871,3	2876,4	2881,5	2886,6	2891,7	2896,8	2901,9	2864,5	2873,0	2890,0	2898,5	2868,8	2894,3	56
57	2907	2912,1	2917,2	2922,3	2927,4	2932,5	2937,6	2942,7	2947,8	2952,9	2915,5	2924,0	2941,0	2949,5	2919,8	2945,3	57
58	2958	2963,1	2968,2	2973,3	2978,4	2983,5	2988,6	2993,7	2998,8	3003,9	2966,5	2975,0	2992,0	3000,5	2970,8	2996,3	58
59	3009	3014,1	3019,2	3024,3	3029,4	3034,5	3039,6	3044,7	3049,8	3054,9	3017,5	3026,0	3043,0	3051,5	3021,8	3047,3	59
60	3060	3065,1	3070,2	3075,3	3080,4	3085,5	3090,6	3095,7	3100,8	3105,9	3068,5	3077,0	3094,0	3102,5	3072,8	3098,3	60
61	3111	3116,1	3121,2	3126,3	3131,4	3136,5	3141,6	3146,7	3151,8	3156,9	3119,5	3128,0	3145,0	3153,5	3123,8	3149,3	61
62	3162	3167,1	3172,2	3177,3	3182,4	3187,5	3192,6	3197,7	3202,8	3207,9	3170,5	3179,0	3196,0	3204,5	3174,8	3200,3	62
63	3213	3218,1	3223,2	3228,3	3233,4	3238,5	3243,6	3248,7	3253,8	3258,9	3221,5	3230,0	3247,0	3255,5	3225,8	3251,3	63
64	3264	3269,1	3274,2	3279,3	3284,4	3289,5	3294,6	3299,7	3304,8	3309,9	3272,5	3281,0	3298,0	3306,5	3276,8	3302,3	64
65	3315	3320,1	3325,2	3330,3	3335,4	3340,5	3345,6	3350,7	3355,8	3360,9	3323,5	3332,0	3349,0	3357,5	3327,8	3353,3	65
66	3366	3371,1	3376,2	3381,3	3386,4	3391,5	3396,6	3401,7	3406,8	3411,9	3374,5	3383,0	3400,0	3408,5	3378,8	3404,3	66
67	3417	3422,1	3427,2	3432,3	3437,4	3442,5	3447,6	3452,7	3457,8	3462,9	3425,5	3434,0	3451,0	3459,5	3429,8	3455,3	67
68	3468	3473,1	3478,2	3483,3	3488,4	3493,5	3498,6	3503,7	3508,8	3513,9	3476,5	3485,0	3502,0	3510,5	3480,8	3506,3	68
69	3519	3524,1	3529,2	3534,3	3539,4	3544,5	3549,6	3554,7	3559,8	3564,9	3527,5	3536,0	3553,0	3561,5	3531,8	3557,3	69
70	3570	3575,1	3580,2	3585,3	3590,4	3595,5	3600,6	3605,7	3610,8	3615,9	3578,5	3587,0	3604,0	3612,5	3582,8	3608,3	70
71	3621	3626,1	3631,2	3636,3	3641,4	3646,5	3651,6	3656,7	3661,8	3666,9	3629,5	3638,0	3655,0	3663,5	3633,8	3659,3	71
72	3672	3677,1	3682,2	3687,3	3692,4	3697,5	3702,6	3707,7	3712,8	3717,9	3680,5	3689,0	3706,0	3714,5	3684,8	3710,3	72
73	3723	3728,1	3733,2	3738,3	3743,4	3748,5	3753,6	3758,7	3763,8	3768,9	3731,5	3740,0	3757,0	3765,5	3735,8	3761,3	73
74	3774	3779,1	3784,2	3789,3	3794,4	3799,5	3804,6	3809,7	3814,8	3819,9	3782,5	3791,0	3808,0	3816,5	3786,8	3812,3	74
75	3825	3830,1	3835,2	3840,3	3845,4	3850,5	3855,6	3860,7	3865,8	3870,9	3833,5	3842,0	3859,0	3867,5	3837,8	3863,3	75
76	3876	3881,1	3886,2	3891,3	3896,4	3901,5	3906,6	3911,7	3916,8	3921,9	3884,5	3893,0	3910,0	3918,5	3888,8	3914,3	76
77	3927	3932,1	3937,2	3942,3	3947,4	3952,5	3957,6	3962,7	3967,8	3972,9	3935,5	3944,0	3961,0	3969,5	3939,8	3965,3	77
78	3978	3983,1	3988,2	3993,3	3998,4	4003,5	4008,6	4013,7	4018,8	4023,9	3986,5	3995,0	4012,0	4020,5	3990,8	4016,3	78
79	4029	4034,1	4039,2	4044,3	4049,4	4054,5	4059,6	4064,7	4069,8	4074,9	4037,5	4046,0	4063,0	4071,5	4041,8	4067,3	79
80	4080	4085,1	4090,2	4095,3	4100,4	4105,5	4110,6	4115,7	4120,8	4125,9	4088,5	4097,0	4114,0	4122,5	4092,8	4118,3	80
81	4131	4136,1	4141,2	4146,3	4151,4	4156,5	4161,6	4166,7	4171,8	4176,9	4139,5	4148,0	4165,0	4173,5	4143,8	4169,3	81
82	4182	4187,1	4192,2	4197,3	4202,4	4207,5	4212,6	4217,7	4222,8	2227,9	4190,5	4199,0	4216,0	4224,5	4194,8	4220,3	82
83	4233	4238,1	4243,2	4248,3	4253,4	4258,5	4263,6	4268,7	4273,8	4278,9	4241,5	4250,0	4267,0	4275,5	4245,8	4271,3	83
84	4284	4289,1	4294,2	4299,3	4304,4	4309,5	4314,6	4319,7	4324,8	4329,9	4292,5	4301,0	4318,0	4326,5	4296,8	4322,3	84
85	4335	4340,1	4345,2	4350,3	4355,4	4360,5	4365,6	4370,7	4375,8	4380,9	4343,5	4352,0	4369,0	4377,5	4347,8	4373,3	85
86	4386	4391,1	4396,2	4401,3	4406,4	4411,5	4416,6	4421,7	4426,8	4431,9	4394,5	4403,0	4420,0	4428,5	4398,8	4424,3	86
87	4437	4442,1	4447,2	4452,3	4457,4	4462,5	4467,6	4472,7	4477,8	4482,9	4445,5	4454,0	4471,0	4479,5	4449,8	4475,3	87
88	4488	4493,1	4498,2	4503,3	4508,4	4513,5	4518,6	4523,7	4528,8	4533,9	4496,5	4505,0	4522,0	4530,5	4500,8	4526,3	88
89	4539	4544,1	4549,2	4554,3	4559,4	4564,5	4569,6	4574,7	4579,8	4584,9	4547,5	4556,0	4573,0	4581,5	4551,8	4577,3	89
90	4590	4595,1	4600,2	4605,3	4610,4	4615,5	4620,6	4625,7	4630,8	4635,9	4598,5	4607,0	4624,0	4632,5	4602,8	4628,3	90
91	4641	4646,1	4651,2	4656,3	4661,4	4666,5	4671,6	4676,7	4681,8	4686,9	4649,5	4658,0	4675,0	4683,5	4653,8	4679,3	91
92	4692	4697,1	4702,2	4707,3	4712,4	4717,5	4722,6	4727,7	4732,8	4737,9	4700,5	4709,0	4726,0	4734,5	4704,8	4730,3	92
93	4743	4748,1	4753,2	4758,3	4763,4	4768,5	4773,6	4778,7	4783,8	4788,9	4751,5	4760,0	4777,0	4785,5	4755,8	4781,3	93
94	4794	4799,1	4804,2	4809,3	4814,4	4819,5	4824,6	4829,7	4834,8	4839,9	4802,5	4811,0	4828,0	4836,5	4806,8	4832,3	94
95	4845	4850,1	4855,2	4860,3	4865,4	4870,5	4875,6	4880,7	4885,8	4890,9	4853,5	4862,0	4879,0	4887,5	4857,8	4883,3	95
96	4896	4901,1	4906,2	4911,3	4916,4	4921,5	4926,6	4931,7	4936,8	4941,9	4904,5	4913,0	4930,0	4938,5	4908,8	4934,3	96
97	4947	4952,1	4957,2	4962,3	4967,4	4972,5	4977,6	4982,7	4987,8	4992,9	4955,5	4964,0	4981,0	4989,5	4959,8	4985,3	97
98	4998	5003,1	5008,2	5013,3	5018,4	5023,5	5028,6	5033,7	5038,8	5043,9	5006,5	5015,0	5032,0	5040,5	5010,8	5036,3	98
99	5049	5054,1	5059,2	5064,3	5069,4	5074,5	5079,6	5084,7	5089,8	5094,9	5057,5	5066,0	5083,0	5091,5	5061,8	5087,3	99
100	5100	5105,1	5110,2	5115,3	5120,4	5125,5	5130,6	5135,7	5140,8	5145,9	5108,5	5117,0	5134,0	5142,5	5112,8	5138,3	100

52

	52	1/10 5,2	2/10 10,4	3/10 15,6	4/10 20,8	5/10 26,0	6/10 31,2	7/10 36,4	8/10 41,6	9/10 46,8	1/6 8,666	2/6 17,333	4/6 34,666	5/6 43,333	1/4 13,0	3/4 39,0	
1	52	57,2	62,4	67,6	72,8	78,0	83,2	88,4	93,6	98,8	60,7	69,3	86,7	95,3	65,0	91,0	1
2	104	109,2	114,4	119,6	124,8	130,0	135,2	140,4	145,6	150,8	112,7	121,3	138,7	147,3	117,0	143,0	2
3	156	161,2	166,4	171,6	176,8	182,0	187,2	192,4	197,6	202,8	164,7	173,3	190,7	199,3	169,0	195,0	3
4	208	213,2	218,4	223,6	228,8	234,0	239,2	244,4	249,6	254,8	216,7	225,3	242,7	251,3	221,0	247,0	4
5	260	265,2	270,4	275,6	280,8	286,0	291,2	296,4	301,6	306,8	268,7	277,3	294,7	303,3	273,0	299,0	5
6	312	317,2	322,4	327,6	332,8	338,0	343,2	348,4	353,6	358,8	320,7	329,3	346,7	355,3	325,0	351,0	6
7	364	369,2	374,4	379,6	384,8	390,0	395,2	400,4	405,6	410,8	372,7	381,3	398,7	407,3	377,0	403,0	7
8	416	421,2	426,4	431,6	436,8	442,0	447,2	452,4	457,6	462,8	424,7	433,3	450,7	459,3	429,0	455,0	8
9	468	473,2	478,4	483,6	488,8	494,0	499,2	504,4	509,6	514,8	476,7	485,3	502,7	511,3	481,0	507,0	9
10	520	525,2	530,4	535,6	540,8	546,0	551,2	556,4	561,6	566,8	528,7	537,3	554,7	563,3	533,0	559,0	10
11	572	577,2	582,4	587,6	592,8	598,0	603,2	608,4	613,6	618,8	580,7	589,3	606,7	615,3	585,0	611,0	11
12	624	629,2	634,4	639,6	644,8	650,0	655,2	660,4	665,6	670,8	632,7	641,3	658,7	667,3	637,0	663,0	12
13	676	681,2	686,4	691,6	696,8	702,0	707,2	712,4	717,6	722,8	684,7	693,3	710,7	719,3	689,0	715,0	13
14	728	733,2	738,4	743,6	748,8	754,0	759,2	764,4	769,6	774,8	736,7	745,3	762,7	771,3	741,0	767,0	14
15	780	785,2	790,4	795,6	800,8	806,0	811,2	816,4	821,6	826,8	788,7	797,3	814,7	823,3	793,0	819,0	15
16	832	837,2	842,4	847,6	852,8	858,0	863,2	868,4	873,6	878,8	840,7	849,3	866,7	875,3	845,0	871,0	16
17	884	889,2	894,4	899,6	904,8	910,0	915,2	920,4	925,6	930,8	892,7	901,3	918,7	927,3	897,0	923,0	17
18	936	941,2	946,4	951,6	956,8	962,0	967,2	972,4	977,6	982,8	944,7	953,3	970,7	979,3	949,0	975,0	18
19	988	993,2	998,4	1003,6	1008,8	1014,0	1019,2	1024,4	1029,6	1034,8	996,7	1005,3	1022,7	1031,3	1001,0	1027,0	19
20	1040	1045,2	1050,4	1055,6	1060,8	1066,0	1071,2	1076,4	1081,6	1086,8	1048,7	1057,3	1074,7	1083,3	1053,0	1079,0	20
21	1092	1097,2	1102,4	1107,6	1112,8	1118,0	1123,2	1128,4	1133,6	1138,8	1100,7	1109,3	1126,7	1135,3	1105,0	1131,0	21
22	1144	1149,2	1154,4	1159,6	1164,8	1170,0	1175,2	1180,4	1185,6	1190,8	1152,7	1161,3	1178,7	1187,3	1157,0	1183,0	22
23	1196	1201,2	1206,4	1211,6	1216,8	1222,0	1227,2	1232,4	1237,6	1242,8	1204,7	1213,3	1230,7	1239,3	1209,0	1235,0	23
24	1248	1253,2	1258,4	1263,6	1268,8	1274,0	1279,2	1284,4	1289,6	1294,8	1256,7	1265,3	1282,7	1291,3	1261,0	1287,0	24
25	1300	1305,2	1310,4	1315,6	1320,8	1326,0	1331,2	1336,4	1341,6	1346,8	1308,7	1317,3	1334,7	1343,3	1313,0	1339,0	25
26	1352	1357,2	1362,4	1367,6	1372,8	1378,0	1383,2	1388,4	1393,6	1398,8	1360,7	1369,3	1386,7	1395,3	1365,0	1391,0	26
27	1404	1409,2	1414,4	1419,6	1424,8	1430,0	1435,2	1440,4	1445,6	1450,8	1412,7	1421,3	1438,7	1447,3	1417,0	1443,0	27
28	1456	1461,2	1466,4	1471,6	1476,8	1482,0	1487,2	1492,4	1497,6	1502,8	1464,7	1473,3	1490,7	1499,3	1469,0	1495,0	28
29	1508	1513,2	1518,4	1523,6	1528,8	1534,0	1539,2	1544,4	1549,6	1554,8	1516,7	1525,3	1542,7	1551,3	1521,0	1547,0	29
30	1560	1565,2	1570,4	1575,6	1580,8	1586,0	1591,2	1596,4	1601,6	1606,8	1568,7	1577,3	1594,7	1603,3	1573,0	1599,0	30
31	1612	1617,2	1622,4	1627,6	1632,8	1638,0	1643,2	1648,4	1653,6	1658,8	1620,7	1629,3	1646,7	1655,3	1625,0	1651,0	31
32	1664	1669,2	1674,4	1679,6	1684,8	1690,0	1695,2	1700,4	1705,6	1710,8	1672,7	1681,3	1698,7	1707,3	1677,0	1703,0	32
33	1716	1721,2	1726,4	1731,6	1736,8	1742,0	1747,2	1752,4	1757,6	1762,8	1724,7	1733,3	1750,7	1759,3	1729,0	1755,0	33
34	1768	1773,2	1778,4	1783,6	1788,8	1794,0	1799,2	1804,4	1809,6	1814,8	1776,7	1785,3	1802,7	1811,3	1781,0	1807,0	34
35	1820	1825,2	1830,4	1835,6	1840,8	1846,0	1851,2	1856,4	1861,6	1866,8	1828,7	1837,3	1854,7	1863,3	1833,0	1859,0	35
36	1872	1877,2	1882,4	1887,6	1892,8	1898,0	1903,2	1908,4	1913,6	1918,8	1880,7	1889,3	1906,7	1915,3	1885,0	1911,0	36
37	1924	1929,2	1934,4	1939,6	1944,8	1950,0	1955,2	1960,4	1965,6	1970,8	1932,7	1941,3	1958,7	1967,3	1937,0	1963,0	37
38	1976	1981,2	1986,4	1991,6	1996,8	2002,0	2007,2	2012,4	2017,6	2022,8	1984,7	1993,3	2010,7	2019,3	1989,0	2015,0	38
39	2028	2033,2	2038,4	2043,6	2048,8	2054,0	2059,2	2064,4	2069,6	2074,8	2036,7	2045,3	2062,7	2071,3	2041,0	2067,0	39
40	2080	2085,2	2090,4	2095,6	2100,8	2106,0	2111,2	2116,4	2121,6	2126,8	2088,7	2097,3	2114,7	2123,3	2093,0	2119,0	40
41	2132	2137,2	2142,4	2147,6	2152,8	2158,0	2163,2	2168,4	2173,6	2178,8	2140,7	2149,3	2166,7	2175,3	2145,0	2171,0	41
42	2184	2189,2	2194,4	2199,6	2204,8	2210,0	2215,2	2220,4	2225,6	2230,8	2192,7	2201,3	2218,7	2227,3	2197,0	2223,0	42
43	2236	2241,2	2246,4	2251,6	2256,8	2262,0	2267,2	2272,4	2277,6	2282,8	2244,7	2253,3	2270,7	2279,3	2249,0	2275,0	43
44	2288	2293,2	2298,4	2303,6	2308,8	2314,0	2319,2	2324,4	2329,6	2334,8	2296,7	2305,3	2322,7	2331,3	2301,0	2327,0	44
45	2340	2345,2	2350,4	2355,6	2360,8	2366,0	2371,2	2376,4	2381,6	2386,8	2348,7	2357,3	2374,7	2383,3	2353,0	2379,0	45
46	2392	2397,2	2402,4	2407,6	2412,8	2418,0	2423,2	2428,4	2433,6	2438,8	2400,7	2409,3	2426,7	2435,3	2405,0	2431,0	46
47	2444	2449,2	2454,4	2459,6	2464,8	2470,0	2475,2	2480,4	2485,6	2490,8	2452,7	2461,3	2478,7	2487,3	2457,0	2483,0	47
48	2496	2501,2	2506,4	2511,6	2516,8	2522,0	2527,2	2532,4	2537,6	2542,8	2504,7	2513,3	2530,7	2539,3	2509,0	2535,0	48
49	2548	2553,2	2558,4	2563,6	2568,8	2574,0	2579,2	2584,4	2589,6	2594,8	2556,7	2565,3	2582,7	2591,3	2561,0	2587,0	49
50	2600	2605,2	2610,4	2615,6	2620,8	2626,0	2631,2	2636,4	2641,6	2646,8	2608,7	2617,3	2634,7	2643,3	2613,0	2639,0	50
51	2652	2657,2	2662,4	2667,6	2672,8	2678,0	2683,2	2688,4	2693,6	2698,8	2660,7	2669,3	2686,7	2695,3	2665,0	2691,0	51
52	2704	2709,2	2714,4	2719,6	2724,8	2730,0	2735,2	2740,4	2745,6	2750,8	2712,7	2721,3	2738,7	2747,3	2717,0	2743,0	52
53	2756	2761,2	2766,4	2771,6	2776,8	2782,0	2787,2	2792,4	2797,6	2802,8	2764,7	2773,3	2790,7	2799,3	2769,0	2795,0	53
54	2808	2813,2	2818,4	2823,6	2828,8	2834,0	2839,2	2844,4	2849,6	2854,8	2816,7	2825,3	2842,7	2851,3	2821,0	2847,0	54
55	2860	2865,2	2870,4	2875,6	2880,8	2886,0	2891,2	2896,4	2901,6	2906,8	2868,7	2877,3	2894,7	2903,3	2873,0	2899,0	55
56	2912	2917,2	2922,4	2927,6	2932,8	2938,0	2943,2	2948,4	2953,6	2958,8	2920,7	2929,3	2946,7	2955,3	2925,0	2951,0	56
57	2964	2969,2	2974,4	2979,6	2984,8	2990,0	2995,2	3000,4	3005,6	3010,8	2972,7	2981,3	2998,7	3007,3	2977,0	3003,0	57
58	3016	3021,2	3026,4	3031,6	3036,8	3042,0	3047,2	3052,4	3057,6	3062,8	3024,7	3033,3	3050,7	3059,3	3029,0	3055,0	58
59	3068	3073 2	3078,4	3083,6	3088,8	3094,0	3099,2	3104,4	3109,6	3114,8	3076,7	3085,3	3102,7	3111,3	3081,0	3107,0	59
60	3120	3125,2	3130,4	3135,6	3140,8	3146,0	3151,2	3156,4	3161,6	3166,8	3128,7	3137,3	3154,7	3163,3	3133,0	3159,0	60
61	3172	3177,2	3182,4	3187,6	3192,8	3198,0	3203,2	3208,4	3213,6	3218,8	3180,7	3189,3	3206,7	3215,3	3185,0	3211,0	61
62	3224	3229,2	3234,4	3239,6	3244,8	3250,0	3255,2	3260,4	3265,6	3270,8	3232,7	3241,3	3258,7	3267,3	3237,0	3263,0	62
63	3276	3281,2	3286,4	3291,6	3296,8	3302,0	3307,2	3312,4	3317,6	3322,8	3284,7	3293,3	3310,7	3319,3	3289,0	3315,0	63
64	3328	3333,2	3338,4	3343,6	3348,8	3354,0	3359,2	3364,4	3369,6	3374,8	3336,7	3345,3	3362,7	3371,3	3341,0	3367,0	64
65	3380	3385,2	3390,4	3395,6	3400,8	3406,0	3411,2	3416,4	3421,6	3426,8	3388,7	3397,3	3414,7	3423,3	3393,0	3419,0	65
66	3432	3437,2	3442,4	3447,6	3452,8	3458,0	3463,2	3468,4	3473,6	3478,8	3440,7	3449,3	3466,7	3475,3	3445,0	3471,0	66
67	3484	3489,2.	3494,4	3499,6	3504,8	3510,0	3515,2	3520,4	3525,6	3530,8	3492,7	3501,3	3518,7	3527,3	3497,0	3523,0	67
68	3536	3541,2	3546,4	3551,6	3556,8	3562,0	3567,2	3572,4	3577,6	3582,8	3544,7	3553,3	3570,7	3579,3	3549,0	3575,0	68
69	3588	3593,2	3598,4	3603,6	3608,8	3614,0	3619,2	3624,4	3629,6	3634,8	3596,7	3605,3	3622,7	3631,3	3601,0	3627,0	69
70	3640	3645,2	3650,4	3655,6	3660,8	3666,0	3671,2	3676,4	3681,6	3686,8	3648,7	3657,3	3674,7	3683,3	3653,0	3679,0	70
71	3692	3697,2	3702,4	3707,6	3712,8	3718,0	3723,2	3728,4	3733,6	3738,8	3700,7	3709,3	3726,7	3735,3	3705,0	3731,0	71
72	3744	3749,2	3754,4	3759,6	3764,8	3770,0	3775,2	3780,4	3785,6	3790,8	3752,7	3761,3	3778,7	3787,3	3757,0	3783,0	72
73	3796	3801,2	3806,4	3811,6	3816,8	3822,0	3827,2	3832,4	3837,6	3842,8	3804,7	3813,3	3830,7	3839,3	3809,0	3835,0	73
74	3848	3853,2	3858,4	3863,6	3868,8	3874,0	3879,2	3884,4	3889,6	3894,8	3856,7	3865,3	3882,7	3891,3	3861,0	3887,0	74
75	3900	3905,2	3910,4	3915,6	3920,8	3926,0	3931,2	3936,4	3941,6	3946,8	3908,7	3917,3	3934,7	3943,3	3913,0	3939,0	75
76	3952	3957,2	3962,4	3967,6	3972,8	3978,0	3983,2	3988,4	3993,6	3998,8	3960,7	3969,3	3986,7	3995,3	3965,0	3991,0	76
77	4004	4009,2	4014,4	4019,6	4024,8	4030,0	4035,2	4040,4	4045,6	4050,8	4012,7	4021,3	4038,7	4047,3	4017,0	4043,0	77
78	4056	4061,2	4066,4	4071,6	4076,8	4082,0	4087,2	4092,4	4097,6	4102,8	4064,7	4073,3	4090,7	4099,3	4069,0	4095,0	78
79	4108	4113,2	4118,4	4123,6	4128,8	4134,0	4139,2	4144,4	4149,6	4154,8	4116,7	4125,3	4142,7	4151,3	4121,0	4147,0	79
80	4160	4165,2	4170,4	4175,6	4180,8	4186,0	4191,2	4196,4	4201,6	4206,8	4168,7	4177,3	4194,7	4203,3	4173,0	4199,0	80
81	4212	4217,2	4222,4	4227,6	4232,8	4238,0	4243,2	4248,4	4253,6	4258,8	4220,7	4229,3	4246,7	4255,3	4225,0	4251,0	81
82	4264	4269,2	4274,4	4279,6	4284,8	4290,0	4295,2	4300,4	4305,6	4310,8	4272,7	4281,3	4298,7	4307,3	4277,0	4303,0	82
83	4316	4321,2	4326,4	4331,6	4336,8	4342,0	4347,2	4352,4	4357,6	4362,8	4324,7	4333,3	4350,7	4359,3	4329,0	4355,0	83
84	4368	4373,2	4378,4	4383,6	4388,8	4394,0	4399,2	4404,4	4409,6	4414,8	4376,7	4385,3	4402,7	4411,3	4381,0	4407,0	84
85	4420	4425,2	4430,4	4435,6	4440,8	4446,0	4451,2	4456,4	4461,6	4466,8	4428,7	4437,3	4454,7	4463,3	4433,0	4459,0	85
86	4472	4477,2	4482,4	4487,6	4492,8	4498,0	4503,2	4508,4	4513,6	4518,8	4480,7	4489,3	4506,7	4515,3	4485,0	4511,0	86
87	4524	4529,2	4534,4	4539,6	4544,8	4550,0	4555,2	4560,4	4565,6	4570,8	4532,7	4541,3	4558,7	4567,3	4537,0	4563,0	87
88	4576	4581,2	4586,4	4591,6	4596,8	4602,0	4607,2	4612,4	4617,6	4622,8	4584,7	4593,3	4610,7	4619,3	4589,0	4615,0	88
89	4628	4633,2	4638,4	4643,6	4648,8	4654,0	4659,2	4664,4	4669,6	4674,8	4636,7	4645,3	4662,7	4671,3	4641,0	4667,0	89
90	4680	4685,2	4690,4	4695,6	4700,8	4706,0	4711,2	4716,4	4721,6	4726,8	4688,7	4697,3	4714,7	4723,3	4693,0	4719,0	90
91	4732	4737,2	4742,4	4747,6	4752,8	4758,0	4763,2	4768,4	4773,6	4778,8	4740,7	4749,3	4766,7	4775,3	4745,0	4771,0	91
92	4784	4789,2	4794,4	4799,6	4804,8	4810,0	4815,2	4820,4	4825,6	4830,8	4792,7	4801,3	4818,7	4827,3	4797,0	4823,0	92
93	4836	4841,2	4846,4	4851,6	4856,8	4862,0	4867,2	4872,4	4877,6	4882,8	4844,7	4853,3	4870,7	4879,3	4849,0	4875,0	93
94	4888	4893,2	4898,4	4903,6	4908,8	4914,0	4919,2	4924,4	4929,6	4934,8	4896,7	4905,3	4922,7	4931,3	4901,0	4927,0	94
95	4940	4945,2	4950,4	4955,6	4960,8	4966,0	4971,2	4976,4	4981,6	4986,8	4948,7	4957,3	4974,7	4983,3	4953,0	4979,0	95
96	4992	4997,2	5002,4	5007,6	5012,8	5018,0	5023,2	5028,4	5033,6	5038,8	5000,7	5009,3	5026,7	5035,3	5005,0	5031,0	96
97	5044	5049,2	5054,4	5059,6	5064,8	5070,0	5075,2	5080,4	5085,6	5090,8	5052,7	5061,3	5078,7	5087,3	5057,0	5083,0	97
98	5096	5101,2	5106,4	5111,6	5116,8	5122,0	5127,2	5132,4	5137,6	5142,8	5104,7	5113,3	5130,7	5139,3	5109,0	5135,0	98
99	5148	5153,2	5158,4	5163,6	5168,8	5174,0	5179,2	5184,4	5189,6	5194,8	5156,7	5165,3	5182,7	5191,3	5161,0	5187,0	99
100	5200	5205,2	5210,4	5215,6	5220,8	5226,0	5231,2	5236,4	5241,6	5246,8	5208,7	5217,3	5234,7	5243,3	5213,0	5239,0	100

		1/10 5,3	2/10 10,6	3/10 15,9	4/10 21,2	5/10 26,5	6/10 31,8	7/10 37,1	8/10 42,4	9/10 47,7	1/6 8,833	2/6 17,666	4/6 35,333	5/6 44,166	1/4 13,25	3/4 39,75	
1	53	58,3	63,6	68,9	74,2	79,5	84,8	90,1	95,4	100,7	61,8	70,7	88,3	97,2	66,3	92,8	1
2	106	111,3	116,6	121,9	127,2	132,5	137,8	143,1	148,4	153,7	114,8	123,7	141,3	150,2	119,3	145,8	2
3	159	164,3	169,6	174,9	180,2	185,5	190,8	196,1	201,4	206,7	167,8	176,7	194,3	203,2	172,3	198,8	3
4	212	217,3	222,6	227,9	233,2	238,5	243,8	249,1	254,4	259,7	220,8	229,7	247,3	256,2	225,3	251,8	4
5	265	270,3	275,6	280,9	286,2	291,5	296,8	302,1	307,4	312,7	273,8	282,7	300,3	309,2	278,3	304,8	5
6	318	323,3	328,6	333,9	339,2	344,5	349,8	355,1	360,4	365,7	326,8	335,7	353,3	362,2	331,3	357,8	6
7	371	376,3	381,6	386,9	392,2	397,5	402,8	408,1	413,4	418,7	379,8	388,7	406,3	415,2	384,3	410,8	7
8	424	429,3	434,6	439,9	445,2	450,5	455,8	461,1	466,4	471,7	432,8	441,7	459,3	468,2	437,3	463,8	8
9	477	482,3	487,6	492,9	498,2	503,5	508,8	514,1	519,4	524,7	485,8	494,7	512,3	521,2	490,3	516,8	9
10	530	535,3	540,6	545,9	551,2	556,5	561,8	567,1	572,4	577,7	538,8	547,7	565,3	574,2	543,3	569,8	10
11	583	588,3	593,6	598,9	604,2	609,5	614,8	620,1	625,4	630,7	591,8	600,7	618,3	627,2	596,3	622,8	11
12	636	641,3	646,6	651,9	657,2	662,5	667,8	673,1	678,4	683,7	644,8	653,7	671,3	680,2	649,3	675,8	12
13	689	694,3	699,6	704,9	710,2	715,5	720,8	726,1	731,4	736,7	697,8	706,7	724,3	733,2	702,3	728,8	13
14	742	747,3	752,6	757,9	763,2	768,5	773,8	779,1	784,4	789,7	750,8	759,7	777,3	786,2	755,3	781,8	14
15	795	800,3	805,6	810,9	816,2	821,5	826,8	832,1	837,4	842,7	803,8	812,7	830,3	839,2	808,3	834,8	15
16	848	853,3	858,6	863,9	869,2	874,5	879,8	885,1	890,4	895,7	856,8	865,7	883,3	892,2	861,3	887,8	16
17	901	906,3	911,6	916,9	922,2	927,5	932,8	938,1	943,4	948,7	909,8	918,7	936,3	945,2	914,3	940,8	17
18	954	959,3	964,6	969,9	975,2	980,5	985,8	991,1	996,4	1001,7	962,8	971,7	989,3	998,2	967,3	993,8	18
19	1007	1012,3	1017,6	1022,9	1028,2	1033,5	1038,8	1044,1	1049,4	1054,7	1015,8	1024,7	1042,3	1051,2	1020,3	1046,8	19
20	1060	1065,3	1070,6	1075,9	1081,2	1086,5	1091,8	1097,1	1102,4	1107,7	1068,8	1077,7	1095,3	1104,2	1073,3	1099,8	20
21	1113	1118,3	1123,6	1128,9	1134,2	1139,5	1144,8	1150,1	1155,4	1160,7	1121,8	1130,7	1148,3	1157,2	1126,3	1152,8	21
22	1166	1171,3	1176,6	1181,9	1187,2	1192,5	1197,8	1203,1	1208,4	1213,7	1174,8	1183,7	1201,3	1210,2	1179,3	1205,8	22
23	1219	1224,3	1229,6	1234,9	1240,2	1245,5	1250,8	1256,1	1261,4	1266,7	1227,8	1236,7	1254,3	1263,2	1232,3	1258,8	23
24	1272	1277,3	1282,6	1287,9	1293,2	1298,5	1303,8	1309,1	1314,4	1319,7	1280,8	1289,7	1307,3	1316,2	1285,3	1311,8	24
25	1325	1330,3	1335,6	1340,9	1346,2	1351,5	1356,8	1362,1	1367,4	1372,7	1333,8	1342,7	1360,3	1369,2	1338,3	1364,8	25
26	1378	1383,3	1388,6	1393,9	1399,2	1404,5	1409,8	1415,1	1420,4	1425,7	1386,8	1395,7	1413,3	1422,2	1391,3	1417,8	26
27	1431	1436,3	1441,6	1446,9	1452,2	1457,5	1462,8	1468,1	1473,4	1478,7	1439,8	1448,7	1466,3	1475,2	1444,3	1470,8	27
28	1484	1489,3	1494,6	1499,9	1505,2	1510,5	1515,8	1521,1	1526,4	1531,7	1492,8	1501,7	1519,3	1528,2	1497,3	1523,8	28
29	1537	1542,3	1547,6	1552,9	1558,2	1563,5	1568,8	1574,1	1579,4	1584,7	1545,8	1554,7	1572,3	1581,2	1550,3	1576,8	29
30	1590	1595,3	1600,6	1605,9	1611,2	1616,5	1621,8	1627,1	1632,4	1637,7	1598,8	1607,7	1625,3	1634,2	1603,3	1629,8	30
31	1643	1648,3	1653,6	1658,9	1664,2	1669,5	1674,8	1680,1	1685,4	1690,7	1651,8	1660,7	1678,3	1687,2	1656,3	1682,8	31
32	1696	1701,3	1706,6	1711,9	1717,2	1722,5	1727,8	1733,1	1738,4	1743,7	1704,8	1713,7	1731,3	1740,2	1709,3	1735,8	32
33	1749	1754,3	1759,6	1764,9	1770,2	1775,5	1780,8	1786,1	1791,4	1796,7	1757,8	1766,7	1784,3	1793,2	1762,3	1788,8	33
34	1802	1807,3	1812,6	1817,9	1823,2	1828,5	1833,8	1839,1	1844,4	1849,7	1810,8	1819,7	1837,3	1846,2	1815,3	1841,8	34
35	1855	1860,3	1865,6	1870,9	1876,2	1881,5	1886,8	1892,1	1897,4	1902,7	1863,8	1872,7	1890,3	1899,2	1868,3	1894,8	35
36	1908	1913,3	1918,6	1923,9	1929,2	1934,5	1939,8	1945,1	1950,4	1955,7	1916,8	1925,7	1943,3	1952,2	1921,3	1947,8	36
37	1961	1966,3	1971,6	1976,9	1982,2	1987,5	1992,8	1998,1	2003,4	2008,7	1969,8	1978,7	1996,3	2005,2	1974,3	2000,8	37
38	2014	2019,3	2024,6	2029,9	2035,2	2040,5	2045,8	2051,1	2056,4	2061,7	2022,8	2031,7	2049,3	2058,2	2027,3	2053,8	38
39	2067	2072,3	2077,6	2082,9	2088,2	2093,5	2098,8	2104,1	2109,4	2114,7	2075,8	2084,7	2102,3	2111,2	2080,3	2106,8	39
40	2120	2125,3	2130,6	2135,9	2141,2	2146,5	2151,8	2157,1	2162,4	2167,7	2128,8	2137,7	2155,3	2164,2	2133,3	2159,8	40
41	2173	2178,3	2183,6	2188,9	2194,2	2199,5	2204,8	2210,1	2215,4	2220,7	2181,8	2190,7	2208,3	2217,2	2186,3	2212,8	41
42	2226	2231,3	2236,6	2241,9	2247,2	2252,5	2257,8	2263,1	2268,4	2273,7	2234,8	2243,7	2261,3	2270,2	2239,3	2265,8	42
43	2279	2284,3	2289,6	2294,9	2300,2	2305,5	2310,8	2316,1	2321,4	2326,7	2287,8	2296,7	2314,3	2323,2	2292,3	2318,8	43
44	2332	2337,3	2342,6	2347,9	2353,2	2358,5	2363,8	2369,1	2374,4	2379,7	2340,8	2349,7	2367,3	2376,2	2345,3	2371,8	44
45	2385	2390,3	2395,6	2400,9	2406,2	2411,5	2416,8	2422,1	2427,4	2432,7	2393,8	2402,7	2420,3	2429,2	2398,3	2424,8	45
46	2438	2443,3	2448,6	2453,9	2459,2	2464,5	2469,8	2475,1	2480,4	2485,7	2446,8	2455,7	2473,3	2482,2	2451,3	2477,8	46
47	2491	2496,3	2501,6	2506,9	2512,2	2517,5	2522,8	2528,1	2533,4	2538,7	2499,8	2508,7	2526,3	2535,2	2504,3	2530,8	47
48	2544	2549,3	2554,6	2559,9	2565,2	2570,5	2575,8	2581,1	2586,4	2591,7	2552,8	2561,7	2579,3	2588,2	2557,3	2583,8	48
49	2597	2602,3	2607,6	2612,9	2618,2	2623,5	2628,8	2634,1	2639,4	2644,7	2605,8	2614,7	2632,3	2641,2	2610,3	2636,8	49
50	2650	2655,3	2660,6	2665,9	2671,2	2676,5	2681,8	2687,1	2692,4	2697,7	2658,8	2667,7	2685,3	2694,2	2663,3	2689,8	50
51	2703	2708,3	2713,6	2718,9	2724,2	2729,5	2734,8	2740,1	2745,4	2750,7	2711,8	2720,7	2738,3	2747,2	2716,3	2742,8	51
52	2756	2761,3	2766,6	2771,9	2777,2	2782,5	2787,8	2793,1	2798,4	2803,7	2764,8	2773,7	2791,3	2800,2	2769,3	2795,8	52
53	2809	2814,3	2819,6	2824,9	2830,2	2835,5	2840,8	2846,1	2851,4	2856,7	2817,8	2826,7	2844,3	2853,2	2822,3	2848,8	53
54	2862	2867,3	2872,6	2877,9	2883,2	2888,5	2893,8	2899,1	2904,4	2909,7	2870,8	2879,7	2897,3	2906,2	2875,3	2901,8	54
55	2915	2920,3	2925,6	2930,9	2936,2	2941,5	2946,8	2952,1	2957,4	2962,7	2923,8	2932,7	2950,3	2959,2	2928,3	2954,8	55
56	2968	2973,3	2978,6	2983,9	2989,2	2994,5	2999,8	3005,1	3010,4	3015,7	2976,8	2985,7	3003,3	3012,2	2981,3	3007,8	56
57	3021	3026,3	3031,6	3036,9	3042,2	3047,5	3052,8	3058,1	3063,4	3068,7	3029,8	3038,7	3056,3	3065,2	3034,3	3060,8	57
58	3074	3079,3	3084,6	3089,9	3095,2	3100,5	3105,8	3111,1	3116,4	3121,7	3082,8	3091,7	3109,3	3118,2	3087,3	3113,8	58
59	3127	3132,3	3137,6	3142,9	3148,2	3153,5	3158,8	3164,1	3169,4	3174,7	3135,8	3144,7	3162,3	3171,2	3140,3	3166,8	59
60	3180	3185,3	3190,6	3195,9	3201,2	3206,5	3211,8	3217,1	3222,4	3227,7	3188,8	3197,7	3215,3	3224,2	3193,3	3219,8	60
61	3233	3238,3	3243,6	3248,9	3254,2	3259,5	3264,8	3270,1	3275,4	3280,7	3241,8	3250,7	3268,3	3277,2	3246,3	3272,8	61
62	3286	3291,3	3296,6	3301,9	3307,2	3312,5	3317,8	3323,1	3328,4	3333,7	3294,8	3303,7	3321,3	3330,2	3299,3	3325,8	62
63	3339	3344,3	3349,6	3354,9	3360,2	3365,5	3370,8	3376,1	3381,4	3386,7	3347,8	3356,7	3374,3	3383,2	3352,3	3378,8	63
64	3392	3397,3	3402,6	3407,9	3413,2	3418,5	3423,8	3429,1	3434,4	3439,7	3400,8	3409,7	3427,3	3436,2	3405,3	3431,8	64
65	3445	3450,3	3455,6	3460,9	3466,2	3471,5	3476,8	3482,1	3487,4	3492,7	3453,8	3462,7	3480,3	3489,2	3458,3	3484,8	65
66	3498	3503,3	3508,6	3513,9	3519,2	3524,5	3529,8	3535,1	3540,4	3545,7	3506,8	3515,7	3533,3	3542,2	3511,3	3537,8	66
67	3551	3556,3	3561,6	3566,9	3572,2	3577,5	3582,8	3588,1	3593,4	3598,7	3559,8	3568,7	3586,3	3595,2	3564,3	3590,8	67
68	3604	3609,3	3614,6	3619,9	3625,2	3630,5	3635,8	3641,1	3646,4	3651,7	3612,8	3621,7	3639,3	3648,2	3617,3	3643,8	68
69	3657	3662,3	3667,6	3672,9	3678,2	3683,5	3688,8	3694,1	3699,4	3704,7	3665,8	3674,7	3692,3	3701,2	3670,3	3696,8	69
70	3710	3715,3	3720,6	3725,9	3731,2	3736,5	3741,8	3747,1	3752,4	3757,7	3718,8	3727,7	3745,3	3754,2	3723,3	3749,8	70
71	3763	3768,3	3773,6	3778,9	3784,2	3789,5	3794,8	3800,1	3805,4	3810,7	3771,8	3780,7	3798,3	3807,2	3776,3	3802,8	71
72	3816	3821,3	3826,6	3831,9	3837,2	3842,5	3847,8	3853,1	3858,4	3863,7	3824,8	3833,7	3851,3	3860,2	3829,3	3855,8	72
73	3869	3874,3	3879,6	3884,9	3890,2	3895,5	3900,8	3906,1	3911,4	3916,7	3877,8	3886,7	3904,3	3913,2	3882,3	3908,8	73
74	3922	3927,3	3932,6	3937,9	3943,2	3948,5	3953,8	3959,1	3964,4	3969,7	3930,8	3939,7	3957,3	3966,2	3935,3	3961,8	74
75	3975	3980,3	3985,6	3990,9	3996,2	4001,5	4006,8	4012,1	4017,4	4022,7	3983,8	3992,7	4010,3	4019,2	3988,3	4014,8	75
76	4028	4033,3	4038,6	4043,9	4049,2	4054,5	4059,8	4065,1	4070,4	4075,7	4036,8	4045,7	4063,3	4072,2	4041,3	4067,8	76
77	4081	4086,3	4091,6	4096,9	4102,2	4107,5	4112,8	4118,1	4123,4	4128,7	4089,8	4098,7	4116,3	4125,2	4094,3	4120,8	77
78	4134	4139,3	4144,6	4149,9	4155,2	4160,5	4165,8	4171,1	4176,4	4181,7	4142,8	4151,7	4169,3	4178,2	4147,3	4173,8	78
79	4187	4192,3	4197,6	4202,9	4208,2	4213,5	4218,8	4224,1	4229,4	4234,7	4195,8	4204,7	4222,3	4231,2	4200,3	4226,8	79
80	4240	4245,3	4250,6	4255,9	4261,2	4266,5	4271,8	4277,1	4282,4	4287,7	4248,8	4257,7	4275,3	4284,2	4253,3	4279,8	80
81	4293	4298,3	4303,6	4308,9	4314,2	4319,5	4324,8	4330,1	4335,4	4340,7	4301,8	4310,7	4328,3	4337,2	4306,3	4332,8	81
82	4346	4351,3	4356,6	4361,9	4367,2	4372,5	4377,8	4383,1	4388,4	4393,7	4354,8	4363,7	4381,3	4390,2	4359,3	4385,8	82
83	4399	4404,3	4409,6	4414,9	4420,2	4425,5	4430,8	4436,1	4441,4	4446,7	4407,8	4416,7	4434,3	4443,2	4412,3	4438,8	83
84	4452	4457,3	4462,6	4467,9	4473,2	4478,5	4483,8	4489,1	4494,4	4499,7	4460,8	4469,7	4487,3	4496,2	4465,3	4491,8	84
85	4505	4510,3	4515,6	4520,9	4526,2	4531,5	4536,8	4542,1	4547,4	4552,7	4513,8	4522,7	4540,3	4549,2	4518,3	4544,8	85
86	4558	4563,3	4568,6	4573,9	4579,2	4584,5	4589,8	4595,1	4600,4	4605,7	4566,8	4575,7	4593,3	4602,2	4571,3	4597,8	86
87	4611	4616,3	4621,6	4626,9	4632,2	4637,5	4642,8	4648,1	4653,4	4658,7	4619,8	4628,7	4646,3	4655,2	4624,3	4650,8	87
88	4664	4669,3	4674,6	4679,9	4685,2	4690,5	4695,8	4701,1	4706,4	4711,7	4672,8	4681,7	4699,3	4708,2	4677,3	4703,8	88
89	4717	4722,3	4727,6	4732,9	4738,2	4743,5	4748,8	4754,1	4759,4	4764,7	4725,8	4734,7	4752,3	4761,2	4730,3	4756,8	89
90	4770	4775,3	4780,6	4785,9	4791,2	4796,5	4801,8	4807,1	4812,4	4817,7	4778,8	4787,7	4805,3	4814,2	4783,3	4809,8	90
91	4823	4828,3	4833,6	4838,9	4844,2	4849,5	4854,8	4860,1	4865,4	4870,7	4831,8	4840,7	4858,3	4867,2	4836,3	4862,8	91
92	4876	4881,3	4886,6	4891,9	4897,2	4902,5	4907,8	4913,1	4918,4	4923,7	4884,8	4893,7	4911,3	4920,2	4889,3	4915,8	92
93	4929	4934,3	4939,6	4944,9	4950,2	4955,5	4960,8	4966,1	4971,4	4976,7	4937,8	4946,7	4964,3	4973,2	4942,3	4968,8	93
94	4982	4987,3	4992,6	4997,9	5003,2	5008,5	5013,8	5019,1	5024,4	5029,7	4990,8	4999,7	5017,3	5026,2	4995,3	5021,8	94
95	5035	5040,3	5045,6	5050,9	5056,2	5061,5	5066,8	5072,1	5077,4	5082,7	5043,8	5052,7	5070,3	5079,2	5048,3	5074,8	95
96	5088	5093,3	5098,6	5103,9	5109,2	5114,5	5119,8	5125,1	5130,4	5135,7	5096,8	5105,7	5123,3	5132,2	5101,3	5127,8	96
97	5141	5146,3	5151,6	5156,9	5162,2	5167,5	5172,8	5178,1	5183,4	5188,7	5149,8	5158,7	5176,3	5185,2	5154,3	5180,8	97
98	5194	5199,3	5204,6	5209,9	5215,2	5220,5	5225,8	5231,1	5236,4	5241,7	5202,8	5211,7	5229,3	5238,2	5207,3	5233,8	98
99	5247	5252,3	5257,6	5262,9	5268,2	5273,5	5278,8	5284,1	5289,4	5294,7	5255,8	5264,7	5282,3	5291,2	5260,3	5286,8	99
100	5300	5305,3	5310,6	5315,9	5321,2	5326,5	5331,8	5337,1	5342,4	5347,7	5308,8	5317,7	5335,3	5344,2	5313,3	5339,8	100

54		1/10 5,4	2/10 10,8	3/10 16,2	4/10 21,6	5/10 27,0	6/10 32,4	7/10 37,8	8/10 43,2	9/10 48,6	1/6 9,0	2/6 18,0	4/6 36,0	5/6 45,0	1/4 13,5	3/4 40,5	
1	54	59,4	64,8	70,2	75,6	81,0	86,4	91,8	97,2	102,6	63,0	72,0	90,0	99,0	67,5	94,5	1
2	108	113,4	118,8	124,2	129,6	135,0	140,4	145,8	151,2	156,6	117,0	126,0	144,0	153,0	121,5	148,5	2
3	162	167,4	172,8	178,2	183,6	189,0	194,4	199,8	205,2	210,6	171,0	180,0	198,0	207,0	175,5	202,5	3
4	216	221,4	226,8	232,2	237,6	243,0	248,4	253,8	259,2	264,6	225,0	234,0	252,0	261,0	229,5	256,5	4
5	270	275,4	280,8	286,2	291,6	297,0	302,4	307,8	313,2	318,6	279,0	288,0	306,0	315,0	283,5	310,5	5
6	324	329,4	334,8	340,2	345,6	351,0	356,4	361,8	367,2	372,6	333,0	342,0	360,0	369,0	337,5	364,5	6
7	378	383,4	388,8	394,2	399,6	405,0	410,4	415,8	421,2	426,6	387,0	396,0	414,0	423,0	391,5	418,5	7
8	432	437,4	442,8	448,2	453,6	459,0	464,4	469,8	475,2	480,6	441,0	450,0	468,0	477,0	445,5	472,5	8
9	486	491,4	496,8	502,2	507,6	513,0	518,4	523,8	529,2	534,6	495,0	504,0	522,0	531,0	499,5	526,5	9
10	540	545,4	550,8	556,2	561,6	567,0	572,4	577,8	583,2	588,6	549,0	558,0	576,0	585,0	553,5	580,5	10
11	594	599,4	604,8	610,2	615,6	621,0	626,4	631,8	637,2	642,6	603,0	612,0	630,0	639,0	607,5	634,5	11
12	648	653,4	658,8	664,2	669,6	675,0	680,4	685,8	691,2	696,6	657,0	666,0	684,0	693,0	661,5	688,5	12
13	702	707,4	712,8	718,2	723,6	729,0	734,4	739,8	745,2	750,6	711,0	720,0	738,0	747,0	715,5	742,5	13
14	756	761,4	766,8	772,2	777,6	783,0	788,4	793,8	799,2	804,6	765,0	774,0	792,0	801,0	769,5	796,5	14
15	810	815,4	820,8	826,2	831,6	837,0	842,4	847,8	853,2	858,6	819,0	828,0	846,0	855,0	823,5	850,5	15
16	864	869,4	874,8	880,2	885,6	891,0	896,4	901 8	907,2	912,6	873,0	882,0	900,0	909,0	877,5	904,5	16
17	918	923,4	928,8	934,2	939,6	945,0	950,4	955,8	961,2	966,6	927,0	936,0	954,0	963,0	931,5	958,5	17
18	972	977,4	982,8	988,2	993,6	999,0	1004,4	1009,8	1015,2	1020,6	981,0	990,0	1008,0	1017,0	985,5	1012,5	18
19	1026	1031,4	1036,8	1042,2	1047,6	1053,0	1058,4	1063,8	1069,2	1074,6	1035,0	1044,0	1062,0	1071,0	1039,5	1066,5	19
20	1080	1085,4	1090,8	1096,2	1101,6	1107,0	1112,4	1117,8	1123,2	1128,6	1089,0	1098,0	1116,0	1125,0	1093,5	1120,5	20
21	1134	1139,4	1144,8	1150,2	1155,6	1161,0	1166,4	1171,8	1177,2	1182,6	1143,0	1152,0	1170,0	1179,0	1147,5	1174,5	21
22	1188	1193,4	1198,8	1204,2	1209,6	1215,0	1220,4	1225,8	1231,2	1236,6	1197,0	1206,0	1224,0	1233,0	1201,5	1228,5	22
23	1242	1247,4	1252,8	1258,2	1263,6	1269,0	1274,4	1279,8	1285,2	1290,6	1251,0	1260,0	1278,0	1287,0	1255,5	1282,5	23
24	1296	1301,4	1306,8	1312,2	1317,6	1323,0	1328,4	1333,8	1339,2	1344,6	1305,0	1314,0	1332,0	1341,0	1309,5	1336,5	24
25	1350	1355,4	1360,8	1366,2	1371,6	1377,0	1382,4	1387,8	1393,2	1398,6	1359,0	1368,0	1386,0	1395,0	1363,5	1390,5	25
26	1404	1409,4	1414,8	1420,2	1425,6	1431,0	1436,4	1441,8	1447,2	1452,6	1413,0	1422,0	1440,0	1449,0	1417,5	1444,5	26
27	1458	1463,4	1468,8	1474,2	1479,6	1485,0	1490,4	1495,8	1501,2	1506,6	1467,0	1476,0	1494,0	1503,0	1471,5	1498,5	27
28	1512	1517,4	1522,8	1528,2	1533,6	1539,0	1544,4	1549,8	1555,2	1560,6	1521,0	1530,0	1548,0	1557,0	1525,5	1552,5	28
29	1566	1571,4	1576,8	1582,2	1587,6	1593,0	1598,4	1603,8	1609,2	1614,6	1575,0	1584,0	1602,0	1611,0	1579,5	1606,5	29
30	1620	1625,4	1630,8	1636,2	1641,6	1647,0	1652,4	1657,8	1663,2	1668,6	1629,0	1638,0	1656,0	1665,0	1633,5	1660,5	30
31	1674	1679,4	1684,8	1690,2	1695,6	1701,0	1706,4	1711,8	1717,2	1722,6	1683,0	1692,0	1710,0	1719,0	1687,5	1714,5	31
32	1728	1733,4	1738,8	1744,2	1749,6	1755,0	1760,4	1765,8	1771,2	1776,6	1737,0	1746,0	1764,0	1773,0	1741,5	1768,5	32
33	1782	1787,4	1792,8	1798,2	1803,6	1809,0	1814,4	1819,8	1825,2	1830,6	1791,0	1800,0	1818,0	1827,0	1795,5	1822,5	33
34	1836	1841,4	1846,8	1852,2	1857,6	1863,0	1868,4	1873,8	1879,2	1884,6	1845,0	1854,0	1872,0	1881,0	1849,5	1876,5	34
35	1890	1895,4	1900,8	1906,2	1911,6	1917,0	1922,4	1927,8	1933,2	1938,6	1899,0	1908,0	1926,0	1935,0	1903,5	1930,5	35
36	1944	1949,4	1954,8	1960,2	1965,6	1971,0	1976,4	1981,8	1987,2	1992,6	1953,0	1962,0	1980,0	1989,0	1957,5	1984,5	36
37	1998	2003,4	2008,8	2014,2	2019,6	2025,0	2030,4	2035,8	2041,2	2046,6	2007,0	2016,0	2034,0	2043,0	2011,5	2038,5	37
38	2052	2057,4	2062,8	2068,2	2073,6	2079,0	2084,4	2089 8	2095,2	2100,6	2061,0	2070,0	2088,0	2097,0	2065,5	2092,5	38
39	2106	2111,4	2116,8	2122,2	2127,6	2133,0	2138,4	2143,8	2149,2	2154,6	2115,0	2124,0	2142,0	2151,0	2119,5	2146,5	39
40	2160	2165,4	2170,8	2176,2	2181,6	2187,0	2192,4	2197,8	2203,2	2208,6	2169,0	2178,0	2196,0	2205,0	2173,5	2200,5	40
41	2214	2219,4	2224,8	2230,2	2235,6	2241,0	2246,4	2251,8	2257,2	2262,6	2223,0	2232,0	2250,0	2259,0	2227,5	2254,5	41
42	2268	2273,4	2278,8	2284,2	2289,6	2295,0	2300,4	2305,8	2311,2	2316,6	2277,0	2286,0	2304,0	2313,0	2281,5	2308,5	42
43	2322	2327,4	2332,8	2338,2	2343,6	2349,0	2354,4	2359,8	2365,2	2370,6	2331,0	2340,0	2358,0	2367,0	2335,5	2362,5	43
44	2376	2381,4	2386,8	2392,2	2397,6	2403,0	2408,4	2413,8	2419,2	2424,6	2385,0	2394,0	2412,0	2421,0	2389,5	2416,5	44
45	2430	2435,4	2440,8	2446,2	2451,6	2457,0	2462,4	2467,8	2473,2	2478,6	2439,0	2448,0	2466,0	2475,0	2443,5	2470,5	45
46	2484	2489,4	2494,8	2500,2	2505,6	2511,0	2516,4	2521,8	2527,2	2532,6	2493,0	2502,0	2520,0	2529,0	2497,5	2524,5	46
47	2538	2543,4	2548,8	2554,2	2559,6	2565,0	2570,4	2575,8	2581,2	2586,6	2547,0	2556,0	2574,0	2583,0	2551,5	2578,5	47
48	2592	2597,4	2602,8	2608,2	2613,6	2619,0	2624,4	2629,8	2635,2	2640,6	2601,0	2610,0	2628,0	2637,0	2605,5	2632,5	48
49	2646	2651,4	2656,8	2662,2	2667,6	2673,0	2678,4	2683,8	2689,2	2694,6	2655,0	2664,0	2682,0	2691,0	2659,5	2686,5	49
50	2700	2705,4	2710,8	2716,2	2721,6	2727,0	2732,4	2737,8	2743,2	2748,6	2709,0	2718,0	2736,0	2745,0	2713,5	2740,5	50
51	2754	2759,4	2764,8	2770,2	2775,6	2781,0	2786,4	2791,8	2797,2	2802,6	2763,0	2772,0	2790,0	2799,0	2767,5	2794,5	51
52	2808	2813,4	2818,8	2824,2	2829,6	2835,0	2840,4	2845,8	2851,2	2856,6	2817,0	2826,0	2844,0	2853,0	2821,5	2848,5	52
53	2862	2867,4	2872,8	2878,2	2883,6	2889,0	2894,4	2899,8	2905,2	2910,6	2871,0	2880,0	2898,0	2907,0	2875,5	2902,5	53
54	2916	2921,4	2926,8	2932,2	2937,6	2943,0	2948,4	2953,8	2959,2	2964,6	2925,0	2934,0	2952,0	2961,0	2929,5	2956,5	54
55	2970	2975 4	2980,8	2986,2	2991,6	2997,0	3002,4	3007,8	3013,2	3018,6	2979,0	2988,0	3006,0	3015,0	2983,5	3010,5	55
56	3024	3029,4	3034,8	3040,2	3045,6	3051,0	3056,4	3061,8	3067,2	3072,6	3033,0	3042,0	3060,0	3069,0	3037,5	3064,5	56
57	3078	3083,4	3088,8	3094,2	3099,6	3105,0	3110,4	3115,8	3121,2	3126,6	3087,0	3096,0	3114,0	3123,0	3091,5	3118,5	57
58	3132	3137,4	3142,8	3148,2	3153,6	3159,0	3164,4	3169,8	3175,2	3180,6	3141,0	3150,0	3168,0	3177,0	3145,5	3172,5	58
59	3186	3191,4	3196,8	3202,2	3207,6	3213,0	3218,4	3223,8	3229,2	3234,6	3195,0	3204,0	3222,0	3231,0	3199,5	3226,5	59
60	3240	3245,4	3250,8	3256,2	3261,6	3267,0	3272,4	3277,8	3283,2	3288,6	3249,0	3258,0	3276,0	3285,0	3253,5	3280,5	60
61	3294	3299,4	3304,8	3310,2	3315,6	3321,0	3326,4	3331,8	3337,2	3342,6	3303,0	3312,0	3330,0	3339,0	3307,5	3334,5	61
62	3348	3353,4	3358,8	3364,2	3369,6	3375,0	3380,4	3385,8	3391,2	3396,6	3357,0	3366,0	3384,0	3393,0	3361,5	3388,5	62
63	3402	3407,4	3412,8	3418,2	3423,6	3429,0	3434,4	3439,8	3445,2	3450,6	3411,0	3420,0	3438,0	3447,0	3415,5	3442,5	63
64	3456	3461,4	3466,8	3472,2	3477,6	3483,0	3488,4	3493,8	3499,2	3504,6	3465,0	3474,0	3492,0	3501,0	3469,5	3496,5	64
65	3510	3515,4	3520,8	3526,2	3531,6	3537,0	3542,4	3547,8	3553,2	3558,6	3519,0	3528,0	3546,0	3555,0	3523,5	3550,5	65
66	3564	3569,4	3574,8	3580,2	3585,6	3591,0	3596,4	3601,8	3607,2	3612,6	3573,0	3582,0	3600,0	3609,0	3577,5	3604,5	66
67	3618	3623,4	3628,8	3634,2	3639,6	3645,0	3650,4	3655,8	3661,2	3666,6	3627,0	3636,0	3654,0	3663,0	3631,5	3658,5	67
68	3672	3677,4	3682,8	3688,2	3693,6	3699,0	3704,4	3709,8	3715,2	3720,6	3681,0	3690,0	3708,0	3717,0	3685,5	3712,5	68
69	3726	3731,4	3736,8	3742,2	3747,6	3753,0	3758,4	3763,8	3769,2	3774,6	3735,0	3744,0	3762,0	3771,0	3739,5	3766,5	69
70	3780	3785,4	3790,8	3796,2	3801,6	3807,0	3812,4	3817,8	3823,2	3828,6	3789,0	3798,0	3816,0	3825,0	3793,5	3820,5	70
71	3834	3839,4	3844,8	3850,2	3855,6	3861,0	3866,4	3871,8	3877,2	3882,6	3843,0	3852,0	3870,0	3879,0	3847,5	3874,5	71
72	3888	3893,4	3898,8	3904,2	3909,6	3915,0	3920,4	3925,8	3931,2	3936,6	3897,0	3906,0	3924,0	3933,0	3901,5	3928,5	72
73	3942	3947,4	3952,8	3958,2	3963,6	3969,0	3974,4	3979,8	3985,2	3990,6	3951,0	3960,0	3978,0	3987,0	3955,5	3982,5	73
74	3996	4001,4	4006,8	4012,2	4017,6	4023,0	4028,4	4033 8	4039,2	4044,6	4005,0	4014,0	4032,0	4041,0	4009,5	4036,5	74
75	4050	4055,4	4060,8	4066,2	4071,6	4077,0	4082,4	4087,8	4093,2	4098,6	4059,0	4068,0	4086,0	4095,0	4063,5	4090,5	75
76	4104	4109,4	4114,8	4120,2	4125,6	4131,0	4136,4	4141,8	4147,2	4152,6	4113,0	4122,0	4140,0	4149,0	4117,5	4144,5	76
77	4158	4163,4	4168,8	4174,2	4179,6	4185,0	4190,4	4195,8	4201,2	4206,6	4167,0	4176,0	4194,0	4203,0	4171,5	4198,5	77
78	4212	4217,4	4222,8	4228,2	4233,6	4239,0	4244,4	4249,8	4255,2	4260,6	4221,0	4230,0	4248,0	4257,0	4225,5	4252,5	78
79	4266	4271,4	4276,8	4282,2	4287,6	4293,0	4298,4	4303,8	4309,2	4314,6	4275,0	4284,0	4302,0	4311,0	4279,5	4306,5	79
80	4320	4325,4	4330,8	4336,2	4341,6	4347,0	4352,4	4357,8	4363,2	4368,6	4329,0	4338,0	4356,0	4365,0	4333,5	4360,5	80
81	4374	4379,4	4384,8	4390,2	4395,6	4401,0	4406,4	4411,8	4417,2	4422,6	4383,0	4392,0	4410,0	4419,0	4387,5	4414,5	81
82	4428	4433,4	4438,8	4444,2	4449,6	4455,0	4460,4	4465,8	4471,2	4476,6	4437,0	4446,0	4464,0	4473,0	4441,5	4468,5	82
83	4482	4487,4	4492,8	4498,2	4503,6	4509,0	4514,4	4519,8	4525,2	4530,6	4491,0	4500,0	4518,0	4527,0	4495,5	4522,5	83
84	4536	4541,4	4546,8	4552,2	4557,6	4563,0	4568,4	4573,8	4579,2	4584,6	4545,0	4554,0	4572,0	4581,0	4549,5	4576,5	84
85	4590	4595,4	4600,8	4606,2	4611,6	4617,0	4622,4	4627,8	4633,2	4638,6	4599,0	4608,0	4626,0	4635,0	4603,5	4630,5	85
86	4644	4649,4	4654,8	4660,2	4665,6	4671,0	4676,4	4681,8	4687,2	4692,6	4653,0	4662,0	4680,0	4689,0	4657,5	4684,5	86
87	4698	4703,4	4708,8	4714,2	4719,6	4725,0	4730,4	4735,8	4741,2	4746,6	4707,0	4716,0	4734,0	4743,0	4711,5	4738,5	87
88	4752	4757,4	4762,8	4768,2	4773,6	4779,0	4784,4	4789,8	4795,2	4800,6	4761,0	4770,0	4788,0	4797,0	4765,5	4792,5	88
89	4806	4811,4	4816,8	4822,2	4827,6	4833,0	4838,4	4843,8	4849,2	4854,6	4815,0	4824,0	4842,0	4851,0	4819,5	4846,5	89
90	4860	4865,4	4870,8	4876,2	4881,6	4887,0	4892,4	4897,8	4903,2	4908,6	4869,0	4878,0	4896,0	4905,0	4873,5	4900,5	90
91	4914	4919,4	4924,8	4930,2	4935,6	4941,0	4946,4	4951,8	4957,2	4962,6	4923,0	4932,0	4950,0	4959,0	4927,5	4954,5	91
92	4968	4973,4	4978,8	4984,2	4989,6	4995,0	5000,4	5005,8	5011,2	5016,6	4977,0	4986,0	5004,0	5013,0	4981,5	5008,5	92
93	5022	5027,4	5032,8	5038,2	5043,6	5049,0	5054,4	5059,8	5065,2	5070,6	5031,0	5040,0	5058,0	5067,0	5035,5	5062,5	93
94	5076	5081,4	5086,8	5092,2	5097,6	5103,0	5108,4	5113,8	5119,2	5124,6	5085,0	5094,0	5112,0	5121,0	5089,5	5116,5	94
95	5130	5135,4	5140,8	5146,2	5151,6	5157,0	5162,4	5167,8	5173,2	5178,6	5139,0	5148,0	5166,0	5175,0	5143,5	5170,5	95
96	5184	5189,4	5194,8	5200,2	5205,6	5211,0	5216,4	5221,8	5227,2	5232,6	5193,0	5202,0	5220,0	5229,0	5197,5	5224,5	96
97	5238	5243,4	5248,8	5254,2	5259,6	5265,0	5270,4	5275,8	5281,2	5286,6	5247,0	5256,0	5274,0	5283,0	5251,5	5278,5	97
98	5292	5297,4	5302,8	5308,2	5313,6	5319,0	5324,4	5329,8	5335,2	5340,6	5301,0	5310,0	5328,0	5337,0	5305,5	5332,5	98
99	5346	5351,4	5356,8	5362,2	5367,6	5373,0	5378,4	5383,8	5389,2	5394,6	5355,0	5364,0	5382,0	5391,0	5359,5	5386,5	99
100	5400	5405,4	5410,8	5416,2	5421,6	5427,0	5432,4	5437,8	5443,2	5448,6	5409,0	5418,0	5436,0	5445,0	5413,5	5440,5	100

		1/10 5,5	2/10 11,0	3/10 16,5	4/10 22,0	5/10 27,5	6/10 33,0	7/10 38,5	8/10 44,0	9/10 49,5	1/6 9,166	2/6 18,333	4/6 36,666	5/6 45,833	1/4 13,75	3/4 41,25	
1	55	60,5	66,0	71,5	77,0	82,5	88,0	93,5	99,0	104,5	64,2	73,3	91,7	100,8	68,8	96,3	1
2	110	115,5	121,0	126,5	132,0	137,5	143,0	148,5	154,0	159,5	119,2	128,3	146,7	155,8	123,8	151,3	2
3	165	170,5	176,0	181,5	187,0	192,5	198,0	203,5	209,0	214,5	174,2	183,3	201,7	210,8	178,8	206,3	3
4	220	225,5	231,0	236,5	242,0	247,5	253,0	258,5	264,0	269,5	229,2	238,3	256,7	265,8	233,8	261,3	4
5	275	280,5	286,0	291,5	297,0	302,5	308,0	313,5	319,0	324,5	284,2	293,3	311,7	320,8	288,8	316,3	5
6	330	335,5	341,0	346,5	352,0	357,5	363,0	368,5	374,0	379,5	339,2	348,3	366,7	375,8	343,8	371,3	6
7	385	390,5	396,0	401,5	407,0	412,5	418,0	423,5	429,0	434,5	394,2	403,3	421,7	430,8	398,8	426,3	7
8	440	445,5	451,0	456,5	462,0	467,5	473,0	478,5	484,0	489,5	449,2	458,3	476,7	485,8	453,8	481,3	8
9	495	500,5	506,0	511,5	517,0	522,5	528,0	533,5	539,0	544,5	504,2	513,3	531,7	540,8	508,8	536,3	9
10	550	555,5	561,0	566,5	572,0	577,5	583,0	588,5	594,0	599,5	559,2	568,3	586,7	595,8	563,8	591,3	10
11	605	610,5	616,0	621,5	627,0	632,5	638,0	643,5	649,0	654,5	614,2	623,3	641,7	650,8	618,8	646,3	11
12	660	665,5	671,0	676,5	682,0	687,5	693,0	698,5	704,0	709,5	669,2	678,3	696,7	705,8	673,8	701,3	12
13	715	720,5	726,0	731,5	737,0	742,5	748,0	753,5	759,0	764,5	724,2	733,3	751,7	760,8	728,8	756,3	13
14	770	775,5	781,0	786,5	792,0	797,5	803,0	808,5	814,0	819,5	779,2	788,3	806,7	815,8	783,8	811,3	14
15	825	830,5	836,0	841,5	847,0	852,5	858,0	863,5	869,0	874,5	834,2	843,3	861,7	870,8	838,8	866,3	15
16	880	885,5	891,0	896,5	902,0	907,5	913,0	918,5	924,0	929,5	889,2	898,3	916,7	925,8	893,8	921,3	16
17	935	940,5	946,0	951,5	957,0	962,5	968,0	973,5	979,0	984,5	944,2	953,3	971,7	980,8	948,8	976,3	17
18	990	995,5	1001,0	1006,5	1012,0	1017,5	1023,0	1028,5	1034,0	1039,5	999,2	1008,3	1026,7	1035,8	1003,8	1031,3	18
19	1045	1050,5	1056,0	1061,5	1067,0	1072,5	1078,0	1083,5	1089,0	1094,5	1054,2	1063,3	1081,7	1090,8	1058,8	1086,3	19
20	1100	1105,5	1111,0	1116,5	1122,0	1127,5	1133,0	1138,5	1144,0	1149,5	1109,2	1118,3	1136,7	1145,8	1113,8	1141,3	20
21	1155	1160,5	1166,0	1171,5	1177,0	1182,5	1188,0	1193,5	1199,0	1204,5	1164,2	1173,3	1191,7	1200,8	1168,8	1196,3	21
22	1210	1215,5	1221,0	1226,5	1232,0	1237,5	1243,0	1248,5	1254,0	1259,5	1219,2	1228,3	1246,7	1255,8	1223,8	1251,3	22
23	1265	1270,5	1276,0	1281,5	1287,0	1292,5	1298,0	1303,5	1309,0	1314,5	1274,2	1283,3	1301,7	1310,8	1278,8	1306,3	23
24	1320	1325,5	1331,0	1336,5	1342,0	1347,5	1353,0	1358,5	1364,0	1369,5	1329,2	1338,3	1356,7	1365,8	1333,8	1361,3	24
25	1375	1380,5	1386,0	1391,5	1397,0	1402,5	1408,0	1413,5	1419,0	1424,5	1384,2	1393,3	1411,7	1420,8	1388,8	1416,3	25
26	1430	1435,5	1441,0	1446,5	1452,0	1457,5	1463,0	1468,5	1474,0	1479,5	1439,2	1448,3	1466,7	1475,8	1443,8	1471,3	26
27	1485	1490,5	1496,0	1501,5	1507,0	1512,5	1518,0	1523,5	1529,0	1534,5	1494,2	1503,3	1521,7	1530,8	1498,8	1526,3	27
28	1540	1545,5	1551,0	1556,5	1562,0	1567,5	1573,0	1578,5	1584,0	1589,5	1549,2	1558,3	1576,7	1585,8	1553,8	1581,3	28
29	1595	1600,5	1606,0	1611,5	1617,0	1622,5	1628,0	1633,5	1639,0	1644,5	1604,2	1613,3	1631,7	1640,8	1608,8	1636,3	29
30	1650	1655,5	1661,0	1666,5	1672,0	1677,5	1683,0	1688,5	1694,0	1699,5	1659,2	1668,3	1686,7	1695,8	1663,8	1691,3	30
31	1705	1710,5	1716,0	1721,5	1727,0	1732,5	1738,0	1743,5	1749,0	1754,5	1714,2	1723,3	1741,7	1750,8	1718,8	1746,3	31
32	1760	1765,5	1771,0	1776,5	1782,0	1787,5	1793,0	1798,5	1804,0	1809,5	1769,2	1778,3	1796,7	1805,8	1773,8	1801,3	32
33	1815	1820,5	1826,0	1831,5	1837,0	1842,5	1848,0	1853,5	1859,0	1864,5	1824,2	1833,3	1851,7	1860,8	1828,8	1856,3	33
34	1870	1875,5	1881,0	1886,5	1892,0	1897,5	1903,0	1908,5	1914,0	1919,5	1879,2	1888,3	1906,7	1915,8	1883,8	1911,3	34
35	1925	1930,5	1936,0	1941,5	1947,0	1952,5	1958,0	1963,5	1969,0	1974,5	1934,2	1943,3	1961,7	1970,8	1938,8	1966,3	35
36	1980	1985,5	1991,0	1996,5	2002,0	2007,5	2013,0	2018,5	2024,0	2029,5	1989,2	1998,3	2016,7	2025,8	1993,8	2021,3	36
37	2035	2040,5	2046,0	2051,5	2057,0	2062,5	2068,0	2073,5	2079,0	2084,5	2044,2	2053,3	2071,7	2080,8	2048,8	2076,3	37
38	2090	2095,5	2101,0	2106,5	2112,0	2117,5	2123,0	2128,5	2134,0	2139,5	2099,2	2108,3	2126,7	2135,8	2103,8	2131,3	38
39	2145	2150,5	2156,0	2161,5	2167,0	2172,5	2178,0	2183,5	2189,0	2194,5	2154,2	2163,3	2181,7	2190,8	2158,8	2186,3	39
40	2200	2205,5	2211,0	2216,5	2222,0	2227,5	2233,0	2238,5	2244,0	2249,5	2209,2	2218,3	2236,7	2245,8	2213,8	2241,3	40
41	2255	2260,5	2266,0	2271,5	2277,0	2282,5	2288,0	2293,5	2299,0	2304,5	2264,2	2273,3	2291,7	2300,8	2268,8	2296,3	41
42	2310	2315,5	2321,0	2326,5	2332,0	2337,5	2343,0	2348,5	2354,0	2359,5	2319,2	2328,3	2346,7	2355,8	2323,8	2351,3	42
43	2365	2370,5	2376,0	2381,5	2387,0	2392,5	2398,0	2403,5	2409,0	2414,5	2374,2	2383,3	2401,7	2410,8	2378,8	2406,3	43
44	2420	2425,5	2431,0	2436,5	2442,0	2447,5	2453,0	2458,5	2464,0	2469,5	2429,2	2438,3	2456,7	2465,8	2433,8	2461,3	44
45	2475	2480,5	2486,0	2491,5	2497,0	2502,5	2508,0	2513,5	2519,0	2524,5	2484,2	2493,3	2511,7	2520,8	2488,8	2516,3	45
46	2530	2535,5	2541,0	2546,5	2552,0	2557,5	2563,0	2568,5	2574,0	2579,5	2539,2	2548,3	2566,7	2575,8	2543,8	2571,3	46
47	2585	2590,5	2596,0	2601,5	2607,0	2612,5	2618,0	2623,5	2629,0	2634,5	2594,2	2603,3	2621,7	2630,8	2598,8	2626,3	47
48	2640	2645,5	2651,0	2656,5	2662,0	2667,5	2673,0	2678,5	2684,0	2689,5	2649,2	2658,3	2676,7	2685,8	2653,8	2681,3	48
49	2695	2700,5	2706,0	2711,5	2717,0	2722,5	2728,0	2733,5	2739,0	2744,5	2704,2	2713,3	2731,7	2740,8	2708,8	2736,3	49
50	2750	2755,5	2761,0	2766,5	2772,0	2777,5	2783,0	2788,5	2794,0	2799,5	2759,2	2768,3	2786,7	2795,8	2763,8	2791,3	50
51	2805	2810,5	2816,0	2821,5	2827,0	2832,5	2838,0	2843,5	2849,0	2854,5	2814,2	2823,3	2841,7	2850,8	2818,8	2846,3	51
52	2860	2865,5	2871,0	2876,5	2882,0	2887,5	2893,0	2898,5	2904,0	2909,5	2869,2	2878,3	2896,7	2905,8	2873,8	2901,3	52
53	2915	2920,5	2926,0	2931,5	2937,0	2942,5	2948,0	2953,5	2959,0	2964,5	2924,2	2933,3	2951,7	2960,8	2928,8	2956,3	53
54	2970	2975,5	2981,0	2986,5	2992,0	2997,5	3003,0	3008,5	3014,0	3019,5	2979,2	2988,3	3006,7	3015,8	2983,8	3011,3	54
55	3025	3030,5	3036,0	3041,5	3047,0	3052,5	3058,0	3063,5	3069,0	3074,5	3034,2	3043,3	3061,7	3070,8	3038,8	3066,3	55
56	3080	3085,5	3091,0	3096,5	3102,0	3107,5	3113,0	3118,5	3124,0	3129,5	3089,2	3098,3	3116,7	3125,8	3093,8	3121,3	56
57	3135	3140,5	3146,0	3151,5	3157,0	3162,5	3168,0	3173,5	3179,0	3184,5	3144,2	3153,3	3171,7	3180,8	3148,8	3176,3	57
58	3190	3195,5	3201,0	3206,5	3212,0	3217,5	3223,0	3228,5	3234,0	3239,5	3199,2	3208,3	3226,7	3235,8	3203,8	3231,3	58
59	3245	3250,5	3256,0	3261,5	3267,0	3272,5	3278,0	3283,5	3289,0	3294,5	3254,2	3263,3	3281,7	3290,8	3258,8	3286,3	59
60	3300	3305,5	3311,0	3316,5	3322,0	3327,5	3333,0	3338,5	3344,0	3349,5	3309,2	3318,3	3336,7	3345,8	3313,8	3341,3	60
61	3355	3360,5	3366,0	3371,5	3377,0	3382,5	3388,0	3393,5	3399,0	3404,5	3364,2	3373,3	3391,7	3400,8	3368,8	3396,3	61
62	3410	3415,5	3421,0	3426,5	3432,0	3437,5	3443,0	3448,5	3454,0	3459,5	3419,2	3428,3	3446,7	3455,8	3423,8	3451,3	62
63	3465	3470,5	3476,0	3481,5	3487,0	3492,5	3498,0	3503,5	3509,0	3514,5	3474,2	3483,3	3501,7	3510,8	3478,8	3506,3	63
64	3520	3525,5	3531,0	3536,5	3542,0	3547,5	3553,0	3558,5	3564,0	3569,5	3529,2	3538,3	3556,7	3565,8	3533,8	3561,3	64
65	3575	3580,5	3586,0	3591,5	3597,0	3602,5	3608,0	3613,5	3619,0	3624,5	3584,2	3593,3	3611,7	3620,8	3588,8	3616,3	65
66	3630	3635,5	3641,0	3646,5	3652,0	3657,5	3663,0	3668,5	3674,0	3679,5	3639,2	3648,3	3666,7	3675,8	3643,8	3671,3	66
67	3685	3690,5	3696,0	3701,5	3707,0	3712,5	3718,0	3723,5	3729,0	3734,5	3694,2	3703,3	3721,7	3730,8	3698,8	3726,3	67
68	3740	3745,5	3751,0	3756,5	3762,0	3767,5	3773,0	3778,5	3784,0	3789,5	3749,2	3758,3	3776,7	3785,8	3753,8	3781,3	68
69	3795	3800,5	3806,0	3811,5	3817,0	3822,5	3828,0	3833,5	3839,0	3844,5	3804,2	3813,3	3831,7	3840,8	3808,8	3836,3	69
70	3850	3855,5	3861,0	3866,5	3872,0	3877,5	3883,0	3888,5	3894,0	3899,5	3859,2	3868,3	3886,7	3895,8	3863,8	3891,3	70
71	3905	3910,5	3916,0	3921,5	3927,0	3932,5	3938,0	3943,5	3949,0	3954,5	3914,2	3923,3	3941,7	3950,8	3918,8	3946,3	71
72	3960	3965,5	3971,0	3976,5	3982,0	3987,5	3993,0	3998,5	4004,0	4009,5	3969,2	3978,3	3996,7	4005,8	3973,8	4001,3	72
73	4015	4020,5	4026,0	4031,5	4037,0	4042,5	4048,0	4053,5	4059,0	4064,5	4024,2	4033,3	4051,7	4060,8	4028,8	4056,3	73
74	4070	4075,5	4081,0	4086,5	4092,0	4097,5	4103,0	4108,5	4114,0	4119,5	4079,2	4088,3	4106,7	4115,8	4083,8	4111,3	74
75	4125	4130,5	4136,0	4141,5	4147,0	4152,5	4158,0	4163,5	4169,0	4174,5	4134,2	4143,3	4161,7	4170,8	4138,8	4166,3	75
76	4180	4185,5	4191,0	4196,5	4202,0	4207,5	4213,0	4218,5	4224,0	4229,5	4189,2	4198,3	4216,7	4225,8	4193,8	4221,3	76
77	4235	4240,5	4246,0	4251,5	4257,0	4262,5	4268,0	4273,5	4279,0	4284,5	4244,2	4253,3	4271,7	4280,8	4248,8	4276,3	77
78	4290	4295,5	4301,0	4306,5	4312,0	4317,5	4323,0	4328,5	4334,0	4339,5	4299,2	4308,3	4326,7	4335,8	4303,8	4331,3	78
79	4345	4350,5	4356,0	4361,5	4367,0	4372,5	4378,0	4383,5	4389,0	4394,5	4354,2	4363,3	4381,7	4390,8	4358,8	4386,3	79
80	4400	4405,5	4411,0	4416,5	4422,0	4427,5	4433,0	4438,5	4444,0	4449,5	4409,2	4418,3	4436,7	4445,8	4413,8	4441,3	80
81	4455	4460,5	4466,0	4471,5	4477,0	4482,5	4488,0	4493,5	4499,0	4504,5	4464,2	4473,3	4491,7	4500,8	4468,8	4496,3	81
82	4510	4515,5	4521,0	4526,5	4532,0	4537,5	4543,0	4548,5	4554,0	4559,5	4519,2	4528,3	4546,7	4555,8	4523,8	4551,3	82
83	4565	4570,5	4576,0	4581,5	4587,0	4592,5	4598,0	4603,5	4609,0	4614,5	4574,2	4583,3	4601,7	4610,8	4578,8	4606,3	83
84	4620	4625,5	4631,0	4636,5	4642,0	4647,5	4653,0	4658,5	4664,0	4669,5	4629,2	4638,3	4656,7	4665,8	4633,8	4661,3	84
85	4675	4680,5	4686,0	4691,5	4697,0	4702,5	4708,0	4713,5	4719,0	4724,5	4684,2	4693,3	4711,7	4720,8	4688,8	4716,3	85
86	4730	4735,5	4741,0	4746,5	4752,0	4757,5	4763,0	4768,5	4774,0	4779,5	4739,2	4748,3	4766,7	4775,8	4743,8	4771,3	86
87	4785	4790,5	4796,0	4801,5	4807,0	4812,5	4818,0	4823,5	4829,0	4834,5	4794,2	4803,3	4821,7	4830,8	4798,8	4826,3	87
88	4840	4845,5	4851,0	4856,5	4862,0	4867,5	4873,0	4878,5	4884,0	4889,5	4849,2	4858,3	4876,7	4885,8	4853,8	4881,3	88
89	4895	4900,5	4906,0	4911,5	4917,0	4922,5	4928,0	4933,5	4939,0	4944,5	4904,2	4913,3	4931,7	4940,8	4908,8	4936,3	89
90	4950	4955,5	4961,0	4966,5	4972,0	4977,5	4983,0	4988,5	4994,0	4999,5	4959,2	4968,3	4986,7	4995,8	4963,8	4991,3	90
91	5005	5010,5	5016,0	5021,5	5027,0	5032,5	5038,0	5043,5	5049,0	5054,5	5014,2	5023,3	5041,7	5050,8	5018,8	5046,3	91
92	5060	5065,5	5071,0	5076,5	5082,0	5087,5	5093,0	5098,5	5104,0	5109,5	5069,2	5078,3	5096,7	5105,8	5073,8	5101,3	92
93	5115	5120,5	5126,0	5131,5	5137,0	5142,5	5148,0	5153,5	5159,0	5164,5	5124,2	5133,3	5151,7	5160,8	5128,8	5156,3	93
94	5170	5175,5	5181,0	5186,5	5192,0	5197,5	5203,0	5208,5	5214,0	5219,5	5179,2	5188,3	5206,7	5215,8	5183,8	5211,3	94
95	5225	5230,5	5236,0	5241,5	5247,0	5252,5	5258,0	5263,5	5269,0	5274,5	5234,2	5243,3	5261,7	5270,8	5238,8	5266,3	95
96	5280	5285,5	5291,0	5296,5	5302,0	5307,5	5313,0	5318,5	5324,0	5329,5	5289,2	5298,3	5316,7	5325,8	5293,8	5321,3	96
97	5335	5340,5	5346,0	5351,5	5357,0	5362,5	5368,0	5373,5	5379,0	5384,5	5344,2	5353,3	5371,7	5380,8	5348,8	5376,3	97
98	5390	5395,5	5401,0	5406,5	5412,0	5417,5	5423,0	5428,5	5434,0	5439,5	5399,2	5408,3	5426,7	5435,8	5403,8	5431,3	98
99	5445	5450,5	5456,0	5461,5	5467,0	5472,5	5478,0	5483,5	5489,0	5494,5	5454,2	5463,3	5481,7	5490,8	5458,8	5486,3	99
100	5500	5505,5	5511,0	5516,5	5522,0	5527,5	5533,0	5538,5	5544,0	5549,5	5509,2	5518,3	5536,7	5545,8	5513,8	5541,3	100

56

		1/10 5,6	2/10 11,2	3/10 16,8	4/10 22,4	5/10 28,0	6/10 33,6	7/10 39,2	8/10 44,8	9/10 50,4	1/6 9,333	2/6 18,666	4/6 37,333	5/6 46,666	1/4 14,0	3/4 42,0	
1	56	61,6	67,2	72,8	78,4	84,0	89,6	95,2	100,8	106,4	65,3	74,7	93,3	102,7	70,0	98,0	1
2	112	117,6	123,2	128,8	134,4	140,0	145,6	151,2	156,8	162,4	121,3	130,7	149,3	158,7	126,0	154,0	2
3	168	173,6	179,2	184,8	190,4	196,0	201,6	207,2	212,8	218,4	177,3	186,7	205,3	214,7	182,0	210,0	3
4	224	229,6	235,2	240,8	246,4	252,0	257,6	263,2	268,8	274,4	233,3	242,7	261,3	270,7	238,0	266,0	4
5	280	285,6	291,2	296,8	302,4	308,0	313,6	319,2	324,8	330,4	289,3	298,7	317,3	326,7	294,0	322,0	5
6	336	341,6	347,2	352,8	358,4	364,0	369,6	375,2	380,8	386,4	345,3	354,7	373,3	382,7	350,0	378,0	6
7	392	397,6	403,2	408,8	414,4	420,0	425,6	431,2	436,8	442,4	401,3	410,7	429,3	438,7	406,0	434,0	7
8	448	453,6	459,2	464,8	470,4	476,0	481,6	487,2	492,8	498,4	457,3	466,7	485,3	494,7	462,0	490,0	8
9	504	509,6	515,2	520,8	526,4	532,0	537,6	543,2	548,8	554,4	513,3	522,7	541,3	550,7	518,0	546,0	9
10	560	565,6	571,2	576,8	582,4	588,0	593,6	599,2	604,8	610,4	569,3	578,7	597,3	606,7	574,0	602,0	10
11	616	621,6	627,2	632,8	638,4	644,0	649,6	655,2	660,8	666,4	625,3	634,7	653,3	662,7	630,0	658,0	11
12	672	677,6	683,2	688,8	694,4	700,0	705,6	711,2	716,8	722,4	681,3	690,7	709,3	718,7	686,0	714,0	12
13	728	733,6	739,2	744,8	750,4	756,0	761,6	767,2	772,8	778,4	737,3	746,7	765,3	774,7	742,0	770,0	13
14	784	789,6	795,2	800,8	806,4	812,0	817,6	823,2	828,8	834,4	793,3	802,7	821,3	830,7	798,0	826,0	14
15	840	845,6	851,2	856,8	862,4	868,0	873,6	879,2	884,8	890,4	849,3	858,7	877,3	886,7	854,0	882,0	15
16	896	901,6	907,2	912,8	918,4	924,0	929,6	935,2	940,8	946,4	905,3	914,7	933,3	942,7	910,0	938,0	16
17	952	957,6	963,2	968,8	974,4	980,0	985,6	991,2	996,8	1002,4	961,3	970,7	989,3	998,7	966,0	994,0	17
18	1008	1013,6	1019,2	1024,8	1030,4	1036,0	1041,6	1047,2	1052,8	1058,4	1017,3	1026,7	1045,3	1054,7	1022,0	1050,0	18
19	1064	1069,6	1075,2	1080,8	1086,4	1092,0	1097,6	1103,2	1108,8	1114,4	1073,3	1082,7	1101,3	1110,7	1078,0	1106,0	19
20	1120	1125,6	1131,2	1136,8	1142,4	1148,0	1153,6	1159,2	1164,8	1170,4	1129,3	1138,7	1157,3	1166,7	1134,0	1162,0	20
21	1176	1181,6	1187,2	1192,8	1198,4	1204,0	1209,6	1215,2	1220,8	1226,4	1185,3	1194,7	1213,3	1222,7	1190,0	1218,0	21
22	1232	1237,6	1243,2	1248,8	1254,4	1260,0	1265,6	1271,2	1276,8	1282,4	1241,3	1250,7	1269,3	1278,7	1246,0	1274,0	22
23	1288	1293,6	1299,2	1304,8	1310,4	1316,0	1321,6	1327,2	1332,8	1338,4	1297,3	1306,7	1325,3	1334,7	1302,0	1330,0	23
24	1344	1349,6	1355,2	1360,8	1366,4	1372,0	1377,6	1383,2	1388,8	1394,4	1353,3	1362,7	1381,3	1390,7	1358,0	1386,0	24
25	1400	1405,6	1411,2	1416,8	1422,4	1428,0	1433,6	1439,2	1444,8	1450,4	1409,3	1418,7	1437,3	1446,7	1414,0	1442,0	25
26	1456	1461,6	1467,2	1472,8	1478,4	1484,0	1489,6	1495,2	1500,8	1506,4	1465,3	1474,7	1493,3	1502,7	1470,0	1498,0	26
27	1512	1517,6	1523,2	1528,8	1534,4	1540,0	1545,6	1551,2	1556,8	1562,4	1521,3	1530,7	1549,3	1558,7	1526,0	1554,0	27
28	1568	1573,6	1579,2	1584,8	1590,4	1596,0	1601,6	1607,2	1612,8	1618,4	1577,3	1586,7	1605,3	1614,7	1582,0	1610,0	28
29	1624	1629,6	1635,2	1640,8	1646,4	1652,0	1657,6	1663,2	1668,8	1674,4	1633,3	1642,7	1661,3	1670,7	1638,0	1666,0	29
30	1680	1685,6	1691,2	1696,8	1702,4	1708,0	1713,6	1719,2	1724,8	1730,4	1689,3	1698,7	1717,3	1726,7	1694,0	1722,0	30
31	1736	1741,6	1747,2	1752,8	1758,4	1764,0	1769,6	1775,2	1780,8	1786,4	1745,3	1754,7	1773,3	1782,7	1750,0	1778,0	31
32	1792	1797,6	1803,2	1808,8	1814,4	1820,0	1825,6	1831,2	1836,8	1842,4	1801,3	1810,7	1829,3	1838,7	1806,0	1834,0	32
33	1848	1853,6	1859,2	1864,8	1870,4	1876,0	1881,6	1887,2	1892,8	1898,4	1857,3	1866,7	1885,3	1894,7	1862,0	1890,0	33
34	1904	1909,6	1915,2	1920,8	1926,4	1932,0	1937,6	1943,2	1948,8	1954,4	1913,3	1922,7	1941,3	1950,7	1918,0	1946,0	34
35	1960	1965,6	1971,2	1976,8	1982,4	1988,0	1993,6	1999,2	2004,8	2010,4	1969,3	1978,7	1997,3	2006,7	1974,0	2002,0	35
36	2016	2021,6	2027,2	2032,8	2038,4	2044,0	2049,6	2055,2	2060,8	2066,4	2025,3	2034,7	2053,3	2062,7	2030,0	2058,0	36
37	2072	2077,6	2083,2	2088,8	2094,4	2100,0	2105,6	2111,2	2116,8	2122,4	2081,3	2090,7	2109,3	2118,7	2086,0	2114,0	37
38	2128	2133,6	2139,2	2144,8	2150,4	2156,0	2161,6	2167,2	2172,8	2178,4	2137,3	2146,7	2165,3	2174,7	2142,0	2170,0	38
39	2184	2189,6	2195,2	2200,8	2206,4	2212,0	2217,6	2223,2	2228,8	2234,4	2193,3	2202,7	2221,3	2230,7	2198,0	2226,0	39
40	2240	2245,6	2251,2	2256,8	2262,4	2268,0	2273,6	2279,2	2284,8	2290,4	2249,3	2258,7	2277,3	2286,7	2254,0	2282,0	40
41	2296	2301,6	2307,2	2312,8	2318,4	2324,0	2329,6	2335,2	2340,8	2346,4	2305,3	2314,7	2333,3	2342,7	2310,0	2338,0	41
42	2352	2357,6	2363,2	2368,8	2374,4	2380,0	2385,6	2391,2	2396,8	2402,4	2361,3	2370,7	2389,3	2398,7	2366,0	2394,0	42
43	2408	2413,6	2419,2	2424,8	2430,4	2436,0	2441,6	2447,2	2452,8	2458,4	2417,3	2426,7	2445,3	2454,7	2422,0	2450,0	43
44	2464	2469,6	2475,2	2480,8	2486,4	2492,0	2497,6	2503,2	2508,8	2514,4	2473,3	2482,7	2501,3	2510,7	2478,0	2506,0	44
45	2520	2525,6	2531,2	2536,8	2542,4	2548,0	2553,6	2559,2	2564,8	2570,4	2529,3	2538,7	2557,3	2566,7	2534,0	2562,0	45
46	2576	2581,6	2587,2	2592,8	2598,4	2604,0	2609,6	2615,2	2620,8	2626,4	2585,3	2594,7	2613,3	2622,7	2590,0	2618,0	46
47	2632	2637,6	2643,2	2648,8	2654,4	2660,0	2665,6	2671,2	2676,8	2682,4	2641,3	2650,7	2669,3	2678,7	2646,0	2674,0	47
48	2688	2693,6	2699,2	2704,8	2710,4	2716,0	2721,6	2727,2	2732,8	2738,4	2697,3	2706,7	2725,3	2734,7	2702,0	2730,0	48
49	2744	2749,6	2755,2	2760,8	2766,4	2772,0	2777,6	2783,2	2788,8	2794,4	2753,3	2762,7	2781,3	2790,7	2758,0	2786,0	49
50	2800	2805,6	2811,2	2816,8	2822,4	2828,0	2833,6	2839,2	2844,8	2850,4	2809,3	2818,7	2837,3	2846,7	2814,0	2842,0	50
51	2856	2861,6	2867,2	2872,8	2878,4	2884,0	2889,6	2895,2	2900,8	2906,4	2865,3	2874,7	2893,3	2902,7	2870,0	2898,0	51
52	2912	2917,6	2923,2	2928,8	2934,4	2940,0	2945,6	2951,2	2956,8	2962,4	2921,3	2930,7	2949,3	2958,7	2926,0	2954,0	52
53	2968	2973,6	2979,2	2984,8	2990,4	2996,0	3001,6	3007,2	3012,8	3018,4	2977,3	2986,7	3005,3	3014,7	2982,0	3010,0	53
54	3024	3029,6	3035,2	3040,8	3046,4	3052,0	3057,6	3063,2	3068,8	3074,4	3033,3	3042,7	3061,3	3070,7	3038,0	3066,0	54
55	3080	3085,6	3091,2	3096,8	3102,4	3108,0	3113,6	3119,2	3124,8	3130,4	3089,3	3098,7	3117,3	3126,7	3094,0	3122,0	55
56	3136	3141,6	3147,2	3152,8	3158,4	3164,0	3169,6	3175,2	3180,8	3186,4	3145,3	3154,7	3173,3	3182,7	3150,0	3178,0	56
57	3192	3197,6	3203,2	3208,8	3214,4	3220,0	3225,6	3231,2	3236,8	3242,4	3201,3	3210,7	3229,3	3238,7	3206,0	3234,0	57
58	3248	3253,6	3259,2	3264,8	3270,4	3276,0	3281,6	3287,2	3292,8	3298,4	3257,3	3266,7	3285,3	3294,7	3262,0	3290,0	58
95	3304	3309,6	3315,2	3320,8	3326,4	3332,0	3337,6	3343,2	3348,8	3354,4	3313,3	3322,7	3341,3	3350,7	3318,0	3346,0	59
60	3360	3365,6	3371,2	3376,8	3382,4	3388,0	3393,6	3399,2	3404,8	3410,4	3369,3	3378,7	3397,3	3406,7	3374,0	3402,0	60
61	3416	3421,6	3427,2	3432,8	3438,4	3444,0	3449,6	3455,2	3460,8	3466,4	3425,3	3434,7	3453,3	3462,7	3430,0	3458,0	61
62	3472	3477,6	3483,2	3488,8	3494,4	3500,0	3505,6	3511,2	3516,8	3522,4	3481,3	3490,7	3509,3	3518,7	3486,0	3514,0	62
63	3528	3533,6	3539,2	3544,8	3550,4	3556,0	3561,6	3567,2	3572,8	3578,4	3537,3	3546,7	3565,3	3574,7	3542,0	3570,0	63
64	3584	3589,6	3595,2	3600,8	3606,4	3612,0	3617,6	3623,2	3628,8	3634,4	3593,3	3602,7	3621,3	3630,7	3598,0	3626,0	64
65	3640	3645,6	3651,2	3656,8	3662,4	3668,0	3673,6	3679,2	3684,8	3690,4	3649,3	3658,7	3677,3	3686,7	3654,0	3682,0	65
66	3696	3701,6	3707,2	3712,8	3718,4	3724,0	3729,6	3735,2	3740,8	3746,4	3705,3	3714,7	3733,3	3742,7	3710,0	3738,0	66
67	3752	3757,6	3763,2	3768,8	3774,4	3780,0	3785,6	3791,2	3796,8	3802,4	3761,3	3770,7	3789,3	3798,7	3766,0	3794,0	67
68	3808	3813,6	3819,2	3824,8	3830,4	3836,0	3841,6	3847,2	3852,8	3858,4	3817,3	3826,7	3845,3	3854,7	3822,0	3850,0	68
69	3864	3869,6	3875,2	3880,8	3886,4	3892,0	3897,6	3903,2	3908,8	3914,4	3873,3	3882,7	3901,3	3910,7	3878,0	3906,0	69
70	3920	3925,6	3931,2	3936,8	3942,4	3948,0	3953,6	3959,2	3964,8	3970,4	3929,3	3938,7	3957,3	3966,7	3934,0	3962,0	70
71	3976	3981,6	3987,2	3992,8	3998,4	4004,0	4009,6	4015,2	4020,8	4026,4	3985,3	3994,7	4013,3	4022,7	3990,0	4018,0	71
72	4032	4037,6	4043,2	4048,8	4054,4	4060,0	4065,6	4071,2	4076,8	4082,4	4041,3	4050,7	4069,3	4078,7	4046,0	4074,0	72
73	4088	4093,6	4099,2	4104,8	4110,4	4116,0	4121,6	4127,2	4132,8	4138,4	4097,3	4106,7	4125,3	4134,7	4102,0	4130,0	73
74	4144	4149,6	4155,2	4160,8	4166,4	4172,0	4177,6	4183,2	4188,8	4194,4	4153,3	4162,7	4181,3	4190,7	4158,0	4186,0	74
75	4200	4205,6	4211,2	4216,8	4222,4	4228,0	4233,6	4239,2	4244,8	4250,4	4209,3	4218,7	4237,3	4246,7	4214,0	4242,0	75
76	4256	4261,6	4267,2	4272,8	4278,4	4284,0	4289,6	4295,2	4300,8	4306,4	4265,3	4274,7	4293,3	4302,7	4270,0	4298,0	76
77	4312	4317,6	4323,2	4328,8	4334,4	4340,0	4345,6	4351,2	4356,8	4362,4	4321,3	4330,7	4349,3	4358,7	4326,0	4354,0	77
78	4368	4373,6	4379,2	4384,8	4390,4	4396,0	4401,6	4407,2	4412,8	4418,4	4377,3	4386,7	4405,3	4414,7	4382,0	4410,0	78
79	4424	4429,6	4435,2	4440,8	4446,4	4452,0	4457,6	4463,2	4468,8	4474,4	4433,3	4442,7	4461,3	4470,7	4438,0	4466,0	79
80	4480	4485,6	4491,2	4496,8	4502,4	4508,0	4513,6	4519,2	4524,8	4530,4	4489,3	4498,7	4517,3	4526,7	4494,0	4522,0	80
81	4536	4541,6	4547,2	4552,8	4558,4	4564,0	4569,6	4575,2	4580,8	4586,4	4545,3	4554,7	4573,3	4582,7	4550,0	4578,0	81
82	4592	4597,6	4603,2	4608,8	4614,4	4620,0	4625,6	4631,2	4636,8	4642,4	4601,3	4610,7	4629,3	4638,7	4606,0	4634,0	82
83	4648	4653,6	4659,2	4664,8	4670,4	4676,0	4681,6	4687,2	4692,8	4698,4	4657,3	4666,7	4685,3	4694,7	4662,0	4690,0	83
84	4704	4709,6	4715,2	4720,8	4726,4	4732,0	4737,6	4743,2	4748,8	4754,4	4713,3	4722,7	4741,3	4750,7	4718,0	4746,0	84
85	4760	4765,6	4771,2	4776,8	4782,4	4788,0	4793,6	4799,2	4804,8	4810,4	4769,3	4778,7	4797,3	4806,7	4774,0	4802,0	85
86	4816	4821,6	4827,2	4832,8	4838,4	4844,0	4849,6	4855,2	4860,8	4866,4	4825,3	4834,7	4853,3	4862,7	4830,0	4858,0	86
87	4872	4877,6	4883,2	4888,8	4894,4	4900,0	4905,6	4911,2	4916,8	4922,4	4881,3	4890,7	4909,3	4918,7	4886,0	4914,0	87
88	4928	4933,6	4939,2	4944,8	4950,4	4956,0	4961,6	4967,2	4972,8	4978,4	4937,3	4946,7	4965,3	4974,7	4942,0	4970,0	88
89	4984	4989,6	4995,2	5000,8	5006,4	5012,0	5017,6	5023,2	5028,8	5034,4	4993,3	5002,7	5021,3	5030,7	4998,0	5026,0	89
90	5040	5045,6	5051,2	5056,8	5062,4	5068,0	5073,6	5079,2	5084,8	5090,4	5049,3	5058,7	5077,3	5086,7	5054,0	5082,0	90
91	5096	5101,6	5107,2	5112,8	5118,4	5124,0	5129,6	5135,2	5140,8	5146,4	5105,3	5114,7	5133,3	5142,7	5110,0	5138,0	91
92	5152	5157,6	5163,2	5168,8	5174,4	5180,0	5185,6	5191,2	5196,8	5202,4	5161,3	5170,7	5189,3	5198,7	5166,0	5194,0	92
93	5208	5213,6	5219,2	5224,8	5230,4	5236,0	5241,6	5247,2	5252,8	5258,4	5217,3	5226,7	5245,3	5254,7	5222,0	5250,0	93
94	5264	5269,6	5275,2	5280,8	5286,4	5292,0	5297,6	5303,2	5308,8	5314,4	5273,3	5282,7	5301,3	5310,7	5278,0	5306,0	94
95	5320	5325,6	5331,2	5336,8	5342,4	5348,0	5353,6	5359,2	5364,8	5370,4	5329,3	5338,7	5357,3	5366,7	5334,0	5362,0	95
96	5376	5381,6	5387,2	5392,8	5398,4	5404,0	5409,6	5415,2	5420,8	5426,4	5385,3	5394,7	5413,3	5422,7	5390,0	5418,0	96
97	5432	5437,6	5443,2	5448,8	5454,4	5460,0	5465,6	5471,2	5476,8	5482,4	5441,3	5450,7	5469,3	5478,7	5446,0	5474,0	97
98	5488	5493,6	5499,2	5504,8	5510,4	5516,0	5521,6	5527,2	5532,8	5538,4	5497,3	5506,7	5525,3	5534,7	5502,0	5530,0	98
99	5544	5549,6	5555,2	5560,8	5566,4	5572,0	5577,6	5583,2	5588,8	5594,4	5553,3	5562,7	5581,3	5590,7	5558,0	5586,0	99
100	5600	5605,6	5611,2	5616,8	5622,4	5628,0	5633,6	5639,2	5644,8	5650,4	5609,3	5618,7	5637,3	5646,7	5614,0	5642,0	100

		1/10 5,7	2/10 11,4	3/10 17,1	4/10 22,8	5/10 28,5	6/10 34,2	7/10 39,9	8/10 45,6	9/10 51,3	1/6 9,5	2/6 19,0	4/6 38,0	5/6 47,5	1/4 14,25	3/4 42,75	
1	57	62,7	68,4	74,1	79,8	85,5	91,2	96,9	102,6	108,3	66,5	76,0	95,0	104,5	71,3	99,8	1
2	114	119,7	125,4	131,1	136,8	142,5	148,2	153,9	159,6	165,3	123,5	133,0	152,0	161,5	128,3	156,8	2
3	171	176,7	182,4	188,1	193,8	199,5	205,2	210,9	216,6	222,3	180,5	190,0	209,0	218,5	185,3	213,8	3
4	228	233,7	239,4	245,1	250,8	256,5	262,2	267,9	273,6	279,3	237,5	247,0	266,0	275,5	242,3	270,8	4
5	285	290,7	296,4	302,1	307,8	313,5	319,2	324,9	330,6	336,3	294,5	304,0	323,0	332,5	299,3	327,8	5
6	342	347,7	353,4	359,1	364,8	370,5	376,2	381,9	387,6	393,3	351,5	361,0	380,0	389,5	356,3	384,8	6
7	399	404,7	410,4	416,1	421,8	427,5	433,2	438,9	444,6	450,3	408,5	418,0	437,0	446,5	413,3	441,8	7
8	456	461,7	467,4	473,1	478,8	484,5	490,2	495,9	501,6	507,3	465,5	475,0	494,0	503,5	470,3	498,8	8
9	513	518,7	524,4	530,1	535,8	541,5	547,2	552,9	558,6	564,3	522,5	532,0	551,0	560,5	527,3	555,8	9
10	570	575,7	581,4	587,1	592,8	598,5	604,2	609,9	615,6	621,3	579,5	589,0	608,0	617,5	584,3	612,8	10
11	627	632,7	638,4	644,1	649,8	655,5	661,2	666,9	672,6	678,3	636,5	646,0	665,0	674,5	641,3	669,8	11
12	684	689,7	695,4	701,1	706,8	712,5	718,2	723,9	729,6	735,3	693,5	703,0	722,0	731,5	698,3	726,8	12
13	741	746,7	752,4	758,1	763,8	769,5	775,2	780,9	786,6	792,3	750,5	760,0	779,0	788,5	755,3	783,8	13
14	798	803,7	809,4	815,1	820,8	826,5	832,2	837,9	843,6	849,3	807,5	817,0	836,0	845,5	812,3	840,8	14
15	855	860,7	866,4	872,1	877,8	883,5	889,2	894,9	900,6	906,3	864,5	874,0	893,0	902,5	869,3	897,8	15
16	912	917,7	923,4	929,1	934,8	940,5	946,2	951,9	957,6	963,3	921,5	931,0	950,0	959,5	926,3	954,8	16
17	969	974,7	980,4	986,1	991,8	997,5	1003,2	1008,9	1014,6	1020,3	978,5	988,0	1007,0	1016,5	983,3	1011,8	17
18	1026	1031,7	1037,4	1043,1	1048,8	1054,5	1060,2	1065,9	1071,6	1077,3	1035,5	1045,0	1064,0	1073,5	1040,3	1068,8	18
19	1083	1088,7	1094,4	1100,1	1105,8	1111,5	1117,2	1122,9	1128,6	1134,3	1092,5	1102,0	1121,0	1130,5	1097,3	1125,8	19
20	1140	1145,7	1151,4	1157,1	1162,8	1168,5	1174,2	1179,9	1185,6	1191,3	1149,5	1159,0	1178,0	1187,5	1154,3	1182,8	20
21	1197	1202,7	1208,4	1214,1	1219,8	1225,5	1231,2	1236,9	1242,6	1248,3	1206,5	1216,0	1235,0	1244,5	1211,3	1239,8	21
22	1254	1259,7	1265,4	1271,1	1276,8	1282,5	1288,2	1293,9	1299,6	1305,3	1263,5	1273,0	1292,0	1301,5	1268,3	1296,8	22
23	1311	1316,7	1322,4	1328,1	1333,8	1339,5	1345,2	1350,9	1356,6	1362,3	1320,5	1330,0	1349,0	1358,5	1325,3	1353,8	23
24	1368	1373,7	1379,4	1385,1	1390,8	1396,5	1402,2	1407,9	1413,6	1419,3	1377,5	1387,0	1406,0	1415,5	1382,3	1410,8	24
25	1425	1430,7	1436,4	1442,1	1447,8	1453,5	1459,2	1464,9	1470,6	1476,3	1434,5	1444,0	1463,0	1472,5	1439,3	1467,8	25
26	1482	1487,7	1493,4	1499,1	1504,8	1510,5	1516,2	1521,9	1527,6	1533,3	1491,5	1501,0	1520,0	1529,5	1496,3	1524,8	26
27	1539	1544,7	1550,4	1556,1	1561,8	1567,5	1573,2	1578,9	1584,6	1590,3	1548,5	1558,0	1577,0	1586,5	1553,3	1581,8	27
28	1596	1601,7	1607,4	1613,1	1618,8	1624,5	1630,2	1635,9	1641,6	1647,3	1605,5	1615,0	1634,0	1643,5	1610,3	1638,8	28
29	1653	1658,7	1664,4	1670,1	1675,8	1681,5	1687,2	1692,9	1698,6	1704,3	1662,5	1672,0	1691,0	1700,5	1667,3	1695,8	29
30	1710	1715,7	1721,4	1727,1	1732,8	1738,5	1744,2	1749,9	1755,6	1761,3	1719,5	1729,0	1748,0	1757,5	1724,3	1752,8	30
31	1767	1772,7	1778,4	1784,1	1789,8	1795,5	1801,2	1806,9	1812,6	1818,3	1776,5	1786,0	1805,0	1814,5	1781,3	1809,8	31
32	1824	1829,7	1835,4	1841,1	1846,8	1852,5	1858,2	1863,9	1869,6	1875,3	1833,5	1843,0	1862,0	1871,5	1838,3	1866,8	32
33	1881	1886,7	1892,4	1898,1	1903,8	1909,5	1915,2	1920,9	1926,6	1932,3	1890,5	1900,0	1919,0	1928,5	1895,3	1923,8	33
34	1938	1943,7	1949,4	1955,1	1960,8	1966,5	1972,2	1977,9	1983,6	1989,3	1947,5	1957,0	1976,0	1985,5	1952,3	1980,8	34
35	1995	2000,7	2006,4	2012,1	2017,8	2023,5	2029,2	2034,9	2040,6	2046,3	2004,5	2014,0	2033,0	2042,5	2009,3	2037,8	35
36	2052	2057,7	2063,4	2069,1	2074,8	2080,5	2086,2	2091,9	2097,6	2103,3	2061,5	2071,0	2090,0	2099,5	2066,3	2094,8	36
37	2109	2114,7	2120,4	2126,1	2131,8	2137,5	2143,2	2148,9	2154,6	2160,3	2118,5	2128,0	2147,0	2156,5	2123,3	2151,8	37
38	2166	2171,7	2177,4	2183,1	2188,8	2194,5	2200,2	2205,9	2211,6	2217,3	2175,5	2185,0	2204,0	2213,5	2180,3	2208,8	38
39	2223	2228,7	2234,4	2240,1	2245,8	2251,5	2257,2	2262,9	2268,6	2274,3	2232,5	2242,0	2261,0	2270,5	2237,3	2265,8	39
40	2280	2285,7	2291,4	2297,1	2302,8	2308,5	2314,2	2319,9	2325,6	2331,3	2289,5	2299,0	2318,0	2327,5	2294,3	2322,8	40
41	2337	2342,7	2348,4	2354,1	2359,8	2365,5	2371,2	2376,9	2382,6	2388,3	2346,5	2356,0	2375,0	2384,5	2351,3	2379,8	41
42	2394	2399,7	2405,4	2411,1	2416,8	2422,5	2428,2	2433,9	2439,6	2445,3	2403,5	2413,0	2432,0	2441,5	2408,3	2436,8	42
43	2451	2456,7	2462,4	2468,1	2473,8	2479,5	2485,2	2490,9	2496,6	2502,3	2460,5	2470,0	2489,0	2498,5	2465,3	2493,8	43
44	2508	2513,7	2519,4	2525,1	2530,8	2536,5	2542,2	2547,9	2553,6	2559,3	2517,5	2527,0	2546,0	2555,5	2522,3	2550,8	44
45	2565	2570,7	2576,4	2582,1	2587,8	2593,5	2599,2	2604,9	2610,6	2616,3	2574,5	2584,0	2603,0	2612,5	2579,3	2607,8	45
46	2622	2627,7	2633,4	2639,1	2644,8	2650,5	2656,2	2661,9	2667,6	2673,3	2631,5	2641,0	2660,0	2669,5	2636,3	2664,8	46
47	2679	2684,7	2690,4	2696,1	2701,8	2707,5	2713,2	2718,9	2724,6	2730,3	2688,5	2698,0	2717,0	2726,5	2693,3	2721,8	47
48	2736	2741,7	2747,4	2753,1	2758,8	2764,5	2770,2	2775,9	2781,6	2787,3	2745,5	2755,0	2774,0	2783,5	2750,3	2778,8	48
49	2793	2798,7	2804,4	2810,1	2815,8	2821,5	2827,2	2832,9	2838,6	2844,3	2802,5	2812,0	2831,0	2840,5	2807,3	2835,8	49
50	2850	2855,7	2861,4	2867,1	2872,8	2878,5	2884,2	2889,9	2895,6	2901,3	2859,5	2869,0	2888,0	2897,5	2864,3	2892,8	50
51	2907	2912,7	2918,4	2924,1	2929,8	2935,5	2941,2	2946,9	2952,6	2958,3	2916,5	2926,0	2945,0	2954,5	2921,3	2949,8	51
52	2964	2969,7	2975,4	2981,1	2986,8	2992,5	2998,2	3003,9	3009,6	3015,3	2973,5	2983,0	3002,0	3011,5	2978,3	3006,8	52
53	3021	3026,7	3032,4	3038,1	3043,8	3049,5	3055,2	3060,9	3066,6	3072,3	3030,5	3040,0	3059,0	3068,5	3035,3	3063,8	53
54	3078	3083,7	3089,4	3095,1	3100,8	3106,5	3112,2	3117,9	3123,6	3129,3	3087,5	3097,0	3116,0	3125,5	3092,3	3120,8	54
55	3135	3140,7	3146,4	3152,1	3157,8	3163,5	3169,2	3174,9	3180,6	3186,3	3144,5	3154,0	3173,0	3182,5	3149,3	3177,8	55
56	3192	3197,7	3203,4	3209,1	3214,8	3220,5	3226,2	3231,9	3237,6	3243,3	3201,5	3211,0	3230,0	3239,5	3206,3	3234,8	56
57	3249	3254,7	3260,4	3266,1	3271,8	3277,5	3283,2	3288,9	3294,6	3300,3	3258,5	3268,0	3287,0	3296,5	3263,3	3291,8	57
58	3306	3311,7	3317,4	3323,1	3328,8	3334,5	3340,2	3345,9	3351,6	3357,3	3315,5	3325,0	3344,0	3353,5	3320,3	3348,8	58
59	3363	3368,7	3374,4	3380,1	3385,8	3391,5	3397,2	3402,9	3408,6	3414,3	3372,5	3382,0	3401,0	3410,5	3377,3	3405,8	59
60	3420	3425,7	3431,4	3437,1	3442,8	3448,5	3454,2	3459,9	3465,6	3471,3	3429,5	3439,0	3458,0	3467,5	3434,3	3462,8	60
61	3477	3482,7	3488,4	3494,1	3499,8	3505,5	3511,2	3516,9	3522,6	3528,3	3486,5	3496,0	3515,0	3524,5	3491,3	3519,8	61
62	3534	3539,7	3545,4	3551,1	3556,8	3562,5	3568,2	3573,9	3579,6	3585,3	3543,5	3553,0	3572,0	3581,5	3548,3	3576,8	62
63	3591	3596,7	3602,4	3608,1	3613,8	3619,5	3625,2	3630,9	3636,6	3642,3	3600,5	3610,0	3629,0	3638,5	3605,3	3633,8	63
64	3648	3653,7	3659,4	3665,1	3670,8	3676,5	3682,2	3687,9	3693,6	3699,3	3657,5	3667,0	3686,0	3695,5	3662,3	3690,8	64
65	3705	3710,7	3716,4	3722,1	3727,8	3733,5	3739,2	3744,9	3750,6	3756,3	3714,5	3724,0	3743,0	3752,5	3719,3	3747,8	65
66	3762	3767,7	3773,4	3779,1	3784,8	3790,5	3796,2	3801,9	3807,6	3813,3	3771,5	3781,0	3800,0	3809,5	3776,3	3804,8	66
67	3819	3824,7	3830,4	3836,1	3841,8	3847,5	3853,2	3858,9	3864,6	3870,3	3828,5	3838,0	3857,0	3866,5	3833,3	3861,8	67
68	3876	3881,7	3887,4	3893,1	3898,8	3904,5	3910,2	3915,9	3921,6	3927,3	3885,5	3895,0	3914,0	3923,5	3890,3	3918,8	68
69	3933	3938,7	3944,4	3950,1	3955,8	3961,5	3967,2	3972,9	3978,6	3984,3	3942,5	3952,0	3971,0	3980,5	3947,3	3975,8	69
70	3990	3995,7	4001,4	4007,1	4012,8	4018,5	4024,2	4029,9	4035,6	4041,3	3999,5	4009,0	4028,0	4037,5	4004,3	4032,8	70
71	4047	4052,7	4058,4	4064,1	4069,8	4075,5	4081,2	4086,9	4092,6	4098,3	4056,5	4066,0	4085,0	4094,5	4061,3	4089,8	71
72	4104	4109,7	4115,4	4121,1	4126,8	4132,5	4138,2	4143,9	4149,6	4155,3	4113,5	4123,0	4142,0	4151,5	4118,3	4146,8	72
73	4161	4166,7	4172,4	4178,1	4183,8	4189,5	4195,2	4200,9	4206,6	4212,3	4170,5	4180,0	4199,0	4208,5	4175,3	4203,8	73
74	4218	4223,7	4229,4	4235,1	4240,8	4246,5	4252,2	4257,9	4263,6	4269,3	4227,5	4237,0	4256,0	4265,5	4232,3	4260,8	74
75	4275	4280,7	4286,4	4292,1	4297,8	4303,5	4309,2	4314,9	4320,6	4326,3	4284,5	4294,0	4313,0	4322,5	4289,3	4317,8	75
76	4332	4337,7	4343,4	4349,1	4354,8	4360,5	4366,2	4371,9	4377,6	4383,3	4341,5	4351,0	4370,0	4379,5	4346,3	4374,8	76
77	4389	4394,7	4400,4	4406,1	4411,8	4417,5	4423,2	4428,9	4434,6	4440,3	4398,5	4408,0	4427,0	4436,5	4403,3	4431,8	77
78	4446	4451,7	4457,4	4463,1	4468,8	4474,5	4480,2	4485,9	4491,6	4497,3	4455,5	4465,0	4484,0	4493,5	4460,3	4488,8	78
79	4503	4508,7	4514,4	4520,1	4525,8	4531,5	4537,2	4542,9	4548,6	4554,3	4512,5	4522,0	4541,0	4550,5	4517,3	4545,8	79
80	4560	4565,7	4571,4	4577,1	4582,8	4588,5	4594,2	4599,9	4605,6	4611,3	4569,5	4579,0	4598,0	4607,5	4574,3	4602,8	80
81	4617	4622,7	4628,4	4634,1	4639,8	4645,5	4651,2	4656,9	4662,6	4668,3	4626,5	4636,0	4655,0	4664,5	4631,3	4659,8	81
82	4674	4679,7	4685,4	4691,1	4696,8	4702,5	4708,2	4713,9	4719,6	4725,3	4683,5	4693,0	4712,0	4721,5	4688,3	4716,8	82
83	4731	4736,7	4742,4	4748,1	4753,8	4759,5	4765,2	4770,9	4776,6	4782,3	4740,5	4750,0	4769,0	4778,5	4745,3	4773,8	83
84	4788	4793,7	4799,4	4805,1	4810,8	4816,5	4822,2	4827,9	4833,6	4839,3	4797,5	4807,0	4826,0	4835,5	4802,3	4830,8	84
85	4845	4850,7	4856,4	4862,1	4867,8	4873,5	4879,2	4884,9	4890,6	4896,3	4854,5	4864,0	4883,0	4892,5	4859,3	4887,8	85
86	4902	4907,7	4913,4	4919,1	4924,8	4930,5	4936,2	4941,9	4947,6	4953,3	4911,5	4921,0	4940,0	4949,5	4916,3	4944,8	86
87	4959	4964,7	4970,4	4976,1	4981,8	4987,5	4993,2	4998,9	5004,6	5010,3	4968,5	4978,0	4997,0	5006,5	4973,3	5001,8	87
88	5016	5021,7	5027,4	5033,1	5038,8	5044,5	5050,2	5055,9	5061,6	5067,3	5025,5	5035,0	5054,0	5063,5	5030,3	5058,8	88
89	5073	5078,7	5084,4	5090,1	5095,8	5101,5	5107,2	5112,9	5118,6	5124,3	5082,5	5092,0	5111,0	5120,5	5087,3	5115,8	89
90	5130	5135,7	5141,4	5147,1	5152,8	5158,5	5164,2	5169,9	5175,6	5181,3	5139,5	5149,0	5168,0	5177,5	5144,3	5172,8	90
91	5187	5192,7	5198,4	5204,1	5209,8	5215,5	5221,2	5226,9	5232,6	5238,3	5196,5	5206,0	5225,0	5234,5	5201,3	5229,8	91
92	5244	5249,7	5255,4	5261,1	5266,8	5272,5	5278,2	5283,9	5289,6	5295,3	5253,5	5263,0	5282,0	5291,5	5258,3	5286,8	92
93	5301	5306,7	5312,4	5318,1	5323,8	5329,5	5335,2	5340,9	5346,6	5352,3	5310,5	5320,0	5339,0	5348,5	5315,3	5343,8	93
94	5358	5363,7	5369,4	5375,1	5380,8	5386,5	5392,2	5397,9	5403,6	5409,3	5367,5	5377,0	5396,0	5405,5	5372,3	5400,8	94
95	5415	5420,7	5426,4	5432,1	5437,8	5443,5	5449,2	5454,9	5460,6	5466,3	5424,5	5434,0	5453,0	5462,5	5429,3	5457,8	95
96	5472	5477,7	5483,4	5489,1	5494,8	5500,5	5506,2	5511,9	5517,6	5523,3	5481,5	5491,0	5510,0	5519,5	5486,3	5514,8	96
97	5529	5534,7	5540,4	5546,1	5551,8	5557,5	5563,2	5568,9	5574,6	5580,3	5538,5	5548,0	5567,0	5576,5	5543,3	5571,8	97
98	5586	5591,7	5597,4	5603,1	5608,8	5614,5	5620,2	5625,9	5631,6	5637,3	5595,5	5605,0	5624,0	5633,5	5600,3	5628,8	98
99	5643	5648,7	5654,4	5660,1	5665,8	5671,5	5677,2	5682,9	5688,6	5694,3	5652,5	5662,0	5681,0	5690,5	5657,3	5685,8	99
100	5700	5705,7	5711,4	5717,1	5722,8	5728,5	5734,2	5739,9	5745,6	5751,3	5709,5	5719,0	5738,0	5747,5	5714,3	5742,8	100

58

		1/10 5,8	2/10 11,6	3/10 17,4	4/10 23,2	5/10 29,0	6/10 34,8	7/10 40,6	8/10 46,4	9/10 52,2	1/6 9,666	2/6 19,333	4/6 38,666	5/6 48,333	1/4 14,5	3/4 43,5	
1	58	63,8	69,6	75,4	81,2	87,0	92,8	98,6	104,4	110,2	67,7	77,3	96,7	106,3	72,5	101,5	1
2	116	121,8	127,6	133,4	139,2	145,0	150,8	156,6	162,4	168,2	125,7	135,3	154,7	164,3	130,5	159,5	2
3	174	179,8	185,6	191,4	197,2	203,0	208,8	214,6	220,4	226,2	183,7	193,3	212,7	222,3	188,5	217,5	3
4	232	237,8	243,6	249,4	255,2	261,0	266,8	272,6	278,4	284,2	241,7	251,3	270,7	280,3	246,5	275,5	4
5	290	295,8	301,6	307,4	313,2	319,0	324,8	330,6	336,4	342,2	299,7	309,3	328,7	338,3	304,5	333,5	5
6	348	353,8	359,6	365,4	371,2	377,0	382,8	388,6	394,4	400,2	357,7	367,3	386,7	396,3	362,5	391,5	6
7	406	411,8	417,6	423,4	429,2	435,0	440,8	446,6	452,4	458,2	415,7	425,3	444,7	454,3	420,5	449,5	7
8	464	469,8	475,6	481,4	487,2	493,0	498,8	504,6	510,4	516,2	473,7	483,3	502,7	512,3	478,5	507,5	8
9	522	527,8	533,6	539,4	545,2	551,0	556,8	562,6	568,4	574,2	531,7	541,3	560,7	570,3	536,5	565,5	9
10	580	585,8	591,6	597,4	603,2	609,0	614,8	620,6	626,4	632,2	589,7	599,3	618,7	628,3	594,5	623,5	10
11	638	643,8	649,6	655,4	661,2	667,0	672,8	678,6	684,4	690,2	647,7	657,3	676,7	686,3	652,5	681,5	11
12	696	701,8	707,6	713,4	719,2	725,0	730,8	736,6	742,4	748,2	705,7	715,3	734,7	744,3	710,5	739,5	12
13	754	759,8	765,6	771,4	777,2	783,0	788,8	794,6	800,4	806,2	763,7	773,3	792,7	802,3	768,5	797,5	13
14	812	817,8	823,6	829,4	835,2	841,0	846,8	852,6	858,4	864,2	821,7	831,3	850,7	860,3	826,5	855,5	14
15	870	875,8	881,6	887,4	893,2	899,0	904,8	910,6	916,4	922,2	879,7	889,3	908,7	918,3	884,5	913,5	15
16	928	933,8	939,6	945,4	951,2	957,0	962,8	968,6	974,4	980,2	937,7	947,3	966,7	976,3	942,5	971,5	16
17	986	991,8	997,6	1003,4	1009,2	1015,0	1020,8	1026,6	1032,4	1038,2	995,7	1005,3	1024,7	1034,3	1000,5	1029,5	17
18	1044	1049,8	1055,6	1061,4	1067,2	1073,0	1078,8	1084,6	1090,4	1096,2	1053,7	1063,3	1082,7	1092,3	1058,5	1087,5	18
19	1102	1107,8	1113,6	1119,4	1125,2	1131,0	1136,8	1142,6	1148,4	1154,2	1111,7	1121,3	1140,7	1150,3	1116,5	1145,5	19
20	1160	1165,8	1171,6	1177,4	1183,2	1189,0	1194,8	1200,6	1206,4	1212,2	1169,7	1179,3	1198,7	1208,3	1174,5	1203,5	20
21	1218	1223,8	1229,6	1235,4	1241,2	1247,0	1252,8	1258,6	1264,4	1270,2	1227,7	1237,3	1256,7	1266,3	1232,5	1261,5	21
22	1276	1281,8	1287,6	1293,4	1299,2	1305,0	1310,8	1316,6	1322,4	1328,2	1285,7	1295,3	1314,7	1324,3	1290,5	1319,5	22
23	1334	1339,8	1345,6	1351,4	1357,2	1363,0	1368,8	1374,6	1380,4	1386,2	1343,7	1353,3	1372,7	1382,3	1348,5	1377,5	23
24	1392	1397,8	1403,6	1409,4	1415,2	1421,0	1426,8	1432,6	1438,4	1444,2	1401,7	1411,3	1430,7	1440,3	1406,5	1435,5	24
25	1450	1455,8	1461,6	1467,4	1473,2	1479,0	1484,8	1490,6	1496,4	1502,2	1459,7	1469,3	1488,7	1498,3	1464,5	1493,5	25
26	1508	1513,8	1519,6	1525,4	1531,2	1537,0	1542,8	1548,6	1554,4	1560,2	1517,7	1527,3	1546,7	1556,3	1522,5	1551,5	26
27	1566	1571,8	1577,6	1583,4	1589,2	1595,0	1600,8	1606,6	1612,4	1618,2	1575,7	1585,3	1604,7	1614,3	1580,5	1609,5	27
28	1624	1629,8	1635,6	1641,4	1647,2	1653,0	1658,8	1664,6	1670,4	1676,2	1633,7	1643,3	1662,7	1672,3	1638,5	1667,5	28
29	1682	1687,8	1693,6	1699,4	1705,2	1711,0	1716,8	1722,6	1728,4	1734,2	1691,7	1701,3	1720,7	1730,3	1696,5	1725,5	29
30	1740	1745,8	1751,6	1757,4	1763,2	1769,0	1774,8	1780,6	1786,4	1792,2	1749,7	1759,3	1778,7	1788,3	1754,5	1783,5	30
31	1798	1803,8	1809,6	1815,4	1821,2	1827,0	1832,8	1838,6	1844,4	1850,2	1807,7	1817,3	1836,7	1846,3	1812,5	1841,5	31
32	1856	1861,8	1867,6	1873,4	1879,2	1885,0	1890,8	1896,6	1902,4	1908,2	1865,7	1875,3	1894,7	1904,3	1870,5	1899,5	32
33	1914	1919,8	1925,6	1931,4	1937,2	1943,0	1948,8	1954,6	1960,4	1966,2	1923,7	1933,3	1952,7	1962,3	1928,5	1957,5	33
34	1972	1977,8	1983,6	1989,4	1995,2	2001,0	2006,8	2012,6	2018,4	2024,2	1981,7	1991,3	2010,7	2020,3	1986,5	2015,5	34
35	2030	2035,8	2041,6	2047,4	2053,2	2059,0	2064,8	2070,6	2076,4	2082,2	2039,7	2049,3	2068,7	2078,3	2044,5	2073,5	35
36	2088	2093,8	2099,6	2105,4	2111,2	2117,0	2122,8	2128,6	2136,4	2140,2	2097,7	2107,3	2126,7	2136,3	2102,5	2131,5	36
37	2146	2151,8	2157,6	2163,4	2169,2	2175,0	2180,8	2186,6	2192,4	2198,2	2155,7	2165,3	2184,7	2194,3	2160,5	2189,5	37
38	2204	2209,8	2215,6	2221,4	2227,2	2233,0	2238,8	2244,6	2250,4	2256,2	2213,7	2223,3	2242,7	2252,3	2218,5	2247,5	38
39	2262	2267,8	2273,6	2279,4	2285,2	2291,0	2296,8	2302,6	2308,4	2314,2	2271,7	2281,3	2300,7	2310,3	2276,5	2305,5	39
40	2320	2325,8	2331,6	2337,4	2343,2	2349,0	2354,8	2360,6	2366,4	2372,2	2329,7	2339,3	2358,7	2368,3	2334,5	2363,5	40
41	2378	2383,8	2389,6	2395,4	2401,2	2407,0	2412,8	2418,6	2424,4	2430,2	2387,7	2397,3	2416,7	2426,3	2392,5	2421,5	41
42	2436	2441,8	2447,6	2453,4	2459,2	2465,0	2470,8	2476,6	2482,4	2488,2	2445,7	2455,3	2474,7	2484,3	2450,5	2479,5	42
43	2494	2499,8	2505,6	2511,4	2517,2	2523,0	2528,8	2534,6	2540,4	2546,2	2503,7	2513,3	2532,7	2542,3	2508,5	2537,5	43
44	2552	2557,8	2563,6	2569,4	2575,2	2581,0	2586,8	2592,6	2598,4	2604,2	2561,7	2571,3	2590,7	2600,3	2566,5	2595,5	44
45	2610	2615,8	2621,6	2627,4	2633,2	2639,0	2644,8	2650,6	2656,4	2662,2	2619,7	2629,3	2648,7	2658,3	2624,5	2653,5	45
46	2668	2673,8	2679,6	2685,4	2691,2	2697,0	2702,8	2708,6	2714,4	2720,2	2677,7	2687,3	2706,7	2716,3	2682,5	2711,5	46
47	2726	2731,8	2737,6	2743,4	2749,2	2755,0	2760,8	2766,6	2772,4	2778,2	2735,7	2745,3	2764,7	2774,3	2740,5	2769,5	47
48	2784	2789,8	2795,6	2801,4	2807,2	2813,0	2818,8	2824,6	2830,4	2836,2	2793,7	2803,3	2822,7	2832,3	2798,5	2827,5	48
49	2842	2847,8	2853,6	2859,4	2865,2	2871,0	2876,8	2882,6	2888,4	2894,2	2851,7	2861,3	2880,7	2890,3	2856,5	2885,5	49
50	2900	2905,8	2911,6	2917,4	2923,2	2929,0	2934,8	2940,6	2946,4	2952,2	2909,7	2919,3	2938,7	2948,3	2914,5	2943,5	50
51	2958	2963,8	2969,6	2975,4	2981,2	2987,0	2992,8	2998,6	3004,4	3010,2	2967,7	2977,3	2996,7	3006,3	2972,5	3001,5	51
52	3016	3021,8	3027,6	3033,4	3039,2	3045,0	3050,8	3056,6	3062,4	3068,2	3025,7	3035,3	3054,7	3064,3	3030,5	3059,5	52
53	3074	3079,8	3085,6	3091,4	3097,2	3103,0	3108,8	3114,6	3120,4	3126,2	3083,7	3093,3	3112,7	3122,3	3088,5	3117,5	53
54	3132	3137,8	3143,6	3149,4	3155,2	3161,0	3166,8	3172,6	3178,4	3184,2	3141,7	3151,3	3170,7	3180,3	3146,5	3175,5	54
55	3190	3195,8	3201,6	3207,4	3213,2	3219,0	3224,8	3230,6	3236,4	3242,2	3199,7	3209,3	3228,7	3238,3	3204,5	3233,5	55
56	3248	3253,8	3259,6	3265,4	3271,2	3277,0	3282,8	3288,6	3294,4	3300,2	3257,7	3267,3	3286,7	3296,3	3262,5	3291,5	56
57	3306	3311,8	3317,6	3323,4	3329,2	3335,0	3340,8	3346,6	3352,4	3358,2	3315,7	3325,3	3344,7	3354,3	3320,5	3349,5	57
58	3364	3369,8	3375,6	3381,4	3387,2	3393,0	3398,8	3404,6	3410,4	3416,2	3373,7	3383,3	3402,7	3412,3	3378,5	3407,5	58
59	3422	3427,8	3433,6	3439,4	3445,2	3451,0	3456,8	3462,6	3468,4	3474,2	3431,7	3441,3	3460,7	3470,3	3436,5	3465,5	59
60	3480	3485,8	3491,6	3497,4	3503,2	3509,0	3514,8	3520,6	3526,4	3532,2	3489,7	3499,3	3518,7	3528,3	3494,5	3523,5	60
61	3538	3543,8	3549,6	3555,4	3561,2	3567,0	3572,8	3578,6	3584,4	3590,2	3547,7	3557,3	3576,7	3586,3	3552,5	3581,5	61
62	3596	3601,8	3607,6	3613,4	3619,2	3625,0	3630,8	3636,6	3642,4	3648,2	3605,7	3615,3	3634,7	3644,3	3610,5	3639,5	62
63	3654	3659,8	3665,6	3671,4	3677,2	3683,0	3688,8	3694,6	3700,4	3706,2	3663,7	3673,3	3692,7	3702,3	3668,5	3697,5	63
64	3712	3717,8	3723,6	3729,4	3735,2	3741,0	3746,8	3752,6	3758,4	3764,2	3721,7	3731,3	3750,7	3760,3	3726,5	3755,5	64
65	3770	3775,8	3781,6	3787,4	3793,2	3799,0	3804,8	3810,6	3816,4	3822,2	3779,7	3789,3	3808,7	3818,3	3784,5	3813,5	65
66	3828	3833,8	3839,6	3845,4	3851,2	3857,0	3862,8	3868,6	3874,4	3880,2	3837,7	3847,3	3866,7	3876,3	3842,5	3871,5	66
67	3886	3891,8	3897,6	3903,4	3909,2	3915,0	3920,8	3926,6	3932,4	3938,2	3895,7	3905,3	3924,7	3934,3	3900,5	3929,5	67
68	3944	3949,8	3955,6	3961,4	3967,2	3973,0	3978,8	3984,6	3990,4	3996,2	3953,7	3963,3	3982,7	3992,3	3958,5	3987,5	68
69	4002	4007,8	4013,6	4019,4	4025,2	4031,0	4036,8	4042,6	4048,4	4054,2	4011,7	4021,3	4040,7	4050,3	4016,5	4045,5	69
70	4060	4065,8	4071,6	4077,4	4083,2	4089,0	4094,8	4100,6	4106,4	4112,2	4069,7	4079,3	4098,7	4108,3	4074,5	4103,5	70
71	4118	4123,8	4129,6	4135,4	4141,2	4147,0	4152,8	4158,6	4164,4	4170,2	4127,7	4137,3	4156,7	4166,3	4132,5	4161,5	71
72	4176	4181,8	4187,6	4193,4	4199,2	4205,0	4210,8	4216,6	4222,4	4228,2	4185,7	4195,3	4214,7	4224,3	4190,5	4219,5	72
73	4234	4239,8	4245,6	4251,4	4257,2	4263,0	4268,8	4274,6	4280,4	4286,2	4243,7	4253,3	4272,7	4282,3	4248,5	4277,5	73
74	4292	4297,8	4303,6	4309,4	4315,2	4321,0	4376,8	4332,6	4338,4	4344,2	4301,7	4311,3	4330,7	4340,3	4306,5	4335,5	74
75	4350	4355,8	4361,6	4367,4	4373,2	4379,0	4384,8	4390,6	4396,4	4402,2	4359,7	4369,3	4388,7	4398,3	4364,5	4393,5	75
76	4408	4413,8	4419,6	4425,4	4431,2	4437,0	4442,8	4448,6	4454,4	4460,2	4417,7	4427,3	4446,7	4456,3	4422,5	4451,5	76
77	4466	4471,8	4477,6	4483,4	4489,2	4495,0	4500,8	4506,6	4512,4	4518,2	4475,7	4485,3	4504,7	4514,3	4480,5	4509,5	77
78	4524	4529,8	4535,6	4541,4	4547,2	4553,0	4558,8	4564,6	4570,4	4576,2	4533,7	4543,3	4562,7	4572,3	4538,5	4567,5	78
79	4582	4587,8	4593,6	4599,4	4605,2	4611,0	4616,8	4622,6	4628,4	4634,2	4591,7	4601,3	4620,7	4630,3	4596,5	4625,5	79
80	4640	4645,8	4651,6	4657,4	4663,2	4669,0	4674,8	4680,6	4686,4	4692,2	4649,7	4659,3	4678,7	4688,3	4654,5	4683,5	80
81	4698	4703,8	4709,6	4715,4	4721,2	4727,0	4732,8	4738,6	4744,4	4750,2	4707,7	4717,3	4736,7	4746,3	4712,5	4741,5	81
82	4756	4761,8	4767,6	4773,4	4779,2	4785,0	4790,8	4796,6	4802,4	4808,2	4765,7	4775,3	4794,7	4804,3	4770,5	4799,5	82
83	4814	4819,8	4825,6	4831,4	4837,2	4843,0	4848,8	4854,6	4860,4	4866,2	4823,7	4833,3	4852,7	4862,3	4828,5	4857,5	83
84	4872	4877,8	4883,6	4889,4	4895,2	4901,0	4906,8	4912,6	4918,4	4924,2	4881,7	4891,3	4910,7	4920,3	4886,5	4915,5	84
85	4930	4935,8	4941,6	4947,4	4953,2	4959,0	4964,8	4970,6	4976,4	4982,2	4939,7	4949,3	4968,7	4978,3	4944,5	4973,5	85
86	4988	4993,8	4999,6	5005,4	5011,2	5017,0	5022,8	5028,6	5034,4	5040,2	4997,7	5007,3	5026,7	5036,3	5002,5	5031,5	86
87	5046	5051,8	5057,6	5063,4	5069,2	5075,0	5080,8	5086,6	5092,4	5098,2	5055,7	5065,3	5084,7	5094,3	5060,5	5089,5	87
88	5104	5109,8	5115,6	5121,4	5127,2	5133,0	5138,8	5144,6	5150,4	5156,2	5113,7	5123,3	5142,7	5152,3	5118,5	5147,5	88
89	5162	5167,8	5173,6	5179,4	5185,2	5191,0	5196,8	5202,6	5208,4	5214,2	5171,7	5181,3	5200,7	5210,3	5176,5	5205,5	89
90	5220	5225,8	5231,6	5237,4	5243,2	5249,0	5254,8	5260,6	5266,4	5272,2	5229,7	5239,3	5258,7	5268,3	5234,5	5263,5	90
91	5278	5283,8	5289,6	5295,4	5301,2	5307,0	5312,8	5318,6	5324,4	5330,2	5287,7	5297,3	5316,7	5326,3	5292,5	5321,5	91
92	5336	5341,8	5347,6	5353,4	5359,2	5365,0	5370,8	5376,6	5382,4	5388,2	5345,7	5355,3	5374,7	5384,3	5350,5	5379,5	92
93	5394	5399,8	5405,6	5411,4	5417,2	5423,0	5428,8	5434,6	5440,4	5446,2	5403,7	5413,3	5432,7	5442,3	5408,5	5437,5	93
94	5452	5457,8	5463,6	5469,4	5475,2	5481,0	5486,8	5492,6	5498,4	5504,2	5461,7	5471,3	5490,7	5500,3	5466,5	5495,5	94
95	5510	5515,8	5521,6	5527,4	5533,2	5539,0	5544,8	5550,6	5556,4	5562,2	5519,7	5529,3	5548,7	5558,3	5524,5	5553,5	95
96	5568	5573,8	5579,6	5585,4	5591,2	5597,0	5602,8	5608,6	5614,4	5620,2	5577,7	5587,3	5606,7	5616,3	5582,5	5611,5	96
97	5626	5631,8	5637,6	5643,4	5649,2	5655,0	5660,8	5666,6	5672,4	5678,2	5635,7	5645,3	5664,7	5674,3	5640,5	5669,5	97
98	5684	5689,8	5695,6	5701,4	5707,2	5713,0	5718,8	5724,6	5730,4	5736,2	5693,7	5703,3	5722,7	5732,3	5698,5	5727,5	98
99	5742	5747,8	5753,6	5759,4	5765,2	5771,0	5776,8	5782,6	5788,4	5794,2	5751,7	5761,3	5780,7	5790,3	5756,5	5785,5	99
100	5800	5805,8	5811,6	5817,4	5823,2	5829,0	5834,8	5840,6	5846,4	5852,2	5809,7	5819,3	5838,7	5848,3	5814,5	5843,5	100

59

		1/10 5,9	2/10 11,8	3/10 17,7	4/10 23,6	5/10 29,5	6/10 35,4	7/10 41,3	8/10 47,2	9/10 53,1	1/6 9,833	2/6 19,666	4/6 39,333	5/6 49,166	1/4 14,75	3/4 44,25	
1	59	64,9	70,8	76,7	82,6	88,5	94,4	100,3	106,2	112,1	68,8	78,7	98,3	108,2	73,8	103,3	1
2	118	123,9	129,8	135,7	141,6	147,5	153,4	159,3	165,2	171,1	127,8	137,7	157,3	167,2	132,8	162,3	2
3	177	182,9	188,8	194,7	200,6	206,5	212,4	218,3	224,2	230,1	186,8	196,7	216,3	226,2	191,8	221,3	3
4	236	241,9	247,8	253,7	259,6	265,5	271,4	277,3	283,2	289,1	245,8	255,7	275,3	285,2	250,8	280,3	4
5	295	300,9	306,8	312,7	318,6	324,5	330,4	336,3	342,2	348,1	304,8	314,7	334,3	344,2	309,8	339,3	5
6	354	359,9	365,8	371,7	377,6	383,5	389,4	395,3	401,2	407,1	363,8	373,7	393,3	403,2	368,8	398,3	6
7	413	418,9	424,8	430,7	436,6	442,5	448,4	454,3	460,2	466,1	422,8	432,7	452,3	462,2	427,8	457,3	7
8	472	477,9	483,8	489,7	495,6	501,5	507,4	513,3	519,2	525,1	481,8	491,7	511,3	521,2	486,8	516,3	8
9	531	536,9	542,8	548,7	554,6	560,5	566,4	572,3	578,2	584,1	540,8	550,7	570,3	580,2	545,8	575,3	9
10	590	595,9	601,8	607,7	613,6	619,5	625,4	631,3	637,2	643,1	599,8	609,7	629,3	639,2	604,8	634,3	10
11	649	654,9	660,8	666,7	672,6	678,5	684,4	690,3	696,2	702,1	658,8	668,7	688,3	698,2	663,8	693,3	11
12	708	713,9	719,8	725,7	731,6	737,5	743,4	749,3	755,2	761,1	717,8	727,7	747,3	757,2	722,8	752,3	12
13	767	772,9	778,8	784,7	790,6	796,5	802,4	808,3	814,2	820,1	776,8	786,7	806,3	816,2	781,8	811,3	13
14	826	831,9	837,8	843,7	849,6	855,5	861,4	867,3	873,2	879,1	835,8	845,7	865,3	875,2	840,8	870,3	14
15	885	890,9	896,8	902,7	908,6	914,5	920,4	926,3	932,2	938,1	894,8	904,7	924,3	934,2	899,8	929,3	15
16	944	949,9	955,8	961,7	967,6	973,5	979,4	985,3	991,2	997,1	953,8	963,7	983,3	993,2	958,8	988,3	16
17	1003	1008,9	1014,8	1020,7	1026,6	1032,5	1038,4	1044,3	1050,2	1056,1	1012,8	1022,7	1042,3	1052,2	1017,8	1047,3	17
18	1062	1067,9	1073,8	1079,7	1085,6	1091,5	1097,4	1103,3	1109,2	1115,1	1071,8	1081,7	1101,3	1111,2	1076,8	1106,3	18
19	1121	1126,9	1132,8	1138,7	1144,6	1150,5	1156,4	1162,3	1168,2	1174,1	1130,8	1140,7	1160,3	1170,2	1135,8	1165,3	19
20	1180	1185,9	1191,8	1197,7	1203,6	1209,5	1215,4	1221,3	1227,2	1233,1	1189,8	1199,7	1219,3	1229,2	1194,8	1224,3	20
21	1239	1244,9	1250,8	1256,7	1262,6	1268,5	1274,4	1280,3	1286,2	1292,1	1248,8	1258,7	1278,3	1288,2	1253,8	1283,3	21
22	1298	1303,9	1309,8	1315,7	1321,6	1327,5	1333,4	1339,3	1345,2	1351,1	1307,8	1317,7	1337,3	1347,2	1312,8	1342,3	22
23	1357	1362,9	1368,8	1374,7	1380,6	1386,5	1392,4	1398,3	1404,2	1410,1	1366,8	1376,7	1396,3	1406,2	1371,8	1401,3	23
24	1416	1421,9	1427,8	1433,7	1439,6	1445,5	1451,4	1457,3	1463,2	1469,1	1425,8	1435,7	1455,3	1465,2	1430,8	1460,3	24
25	1475	1480,9	1486,8	1492,7	1498,6	1504,5	1510,4	1516,3	1522,2	1528,1	1484,8	1494,7	1514,3	1524,2	1489,8	1519,3	25
26	1534	1539,9	1545,8	1551,7	1557,6	1563,5	1569,4	1575,3	1581,2	1587,1	1543,8	1553,7	1573,3	1583,2	1548,8	1578,3	26
27	1593	1598,9	1604,8	1610,7	1616,6	1622,5	1628,4	1634,3	1640,2	1646,1	1602,8	1612,7	1632,3	1642,2	1607,8	1637,3	27
28	1652	1657,9	1663,8	1669,7	1675,6	1681,5	1687,4	1693,3	1699,2	1705,1	1661,8	1671,7	1691,3	1701,2	1666,8	1696,3	28
29	1711	1716,9	1722,8	1728,7	1734,6	1740,5	1746,4	1752,3	1758,2	1764,1	1720,8	1730,7	1750,3	1760,2	1725,8	1755,3	29
30	1770	1775,9	1781,8	1787,7	1793,6	1799,5	1805,4	1811,3	1817,2	1823,1	1779,8	1789,7	1809,3	1819,2	1784,8	1814,3	30
31	1829	1834,9	1840,8	1846,7	1852,6	1858,5	1864,4	1870,3	1876,2	1882,1	1838,8	1848,7	1868,3	1878,2	1843,8	1873,3	31
32	1888	1893,9	1899,8	1905,7	1911,6	1917,5	1923,4	1929,3	1935,2	1941,1	1897,8	1907,7	1927,3	1937,2	1902,8	1932,3	32
33	1947	1952,9	1958,8	1964,7	1970,6	1976,5	1982,4	1988,3	1994,2	2000,1	1956,8	1966,7	1986,3	1996,2	1961,8	1991,3	33
34	2006	2011,9	2017,8	2023,7	2029,6	2035,5	2041,4	2047,3	2053,2	2059,1	2015,8	2025,7	2045,3	2055,2	2020,8	2050,3	34
35	2065	2070,9	2076,8	2082,7	2088,6	2094,5	2100,4	2106,3	2112,2	2118,1	2074,8	2084,7	2104,3	2114,2	2079,8	2109,3	35
36	2124	2129,9	2135,8	2141,7	2147,6	2153,5	2159,4	2165,3	2171,2	2177,1	2133,8	2143,7	2163,3	2173,2	2138,8	2168,3	36
37	2183	2188,9	2194,8	2200,7	2206,6	2212,5	2218,4	2224,3	2230,2	2236,1	2192,8	2202,7	2222,3	2232,2	2197,8	2227,3	37
38	2242	2247,9	2253,8	2259,7	2265,6	2271,5	2277,4	2283,3	2289,2	2295,1	2251,8	2261,7	2281,3	2291,2	2256,8	2286,3	38
39	2301	2306,9	2312,8	2318,7	2324,6	2330,5	2336,4	2342,3	2348,2	2354,1	2310,8	2320,7	2340,3	2350,2	2315,8	2345,3	39
40	2360	2365,9	2371,8	2377,7	2383,6	2389,5	2395,4	2401,3	2407,2	2413,1	2369,8	2379,7	2399,3	2409,2	2374,8	2404,3	40
41	2419	2424,9	2430,8	2436,7	2442,6	2448,5	2454,4	2460,3	2466,2	2472,1	2428,8	2438,7	2458,3	2468,2	2433,8	2463,3	41
42	2478	2483,9	2489,8	2495,7	2501,6	2507,5	2513,4	2519,3	2525,2	2531,1	2487,8	2497,7	2517,3	2527,2	2492,8	2522,3	42
43	2537	2542,9	2548,8	2554,7	2560,6	2566,5	2572,4	2578,3	2584,2	2590,1	2546,8	2556,7	2576,3	2586,2	2551,8	2581,3	43
44	2596	2601,9	2607,8	2613,7	2619,6	2625,5	2631,4	2637,3	2643,2	2649,1	2605,8	2615,7	2635,3	2645,2	2610,8	2640,3	44
45	2655	2660,9	2666,8	2672,7	2678,6	2684,5	2690,4	2696,3	2702,2	2708,1	2664,8	2674,7	2694,3	2704,2	2669,8	2699,3	45
46	2714	2719,9	2725,8	2731,7	2737,6	2743,5	2749,4	2755,3	2761,2	2767,1	2723,8	2733,7	2753,3	2763,2	2728,8	2758,3	46
47	2773	2778,9	2784,8	2790,7	2796,6	2802,5	2808,4	2814,3	2820,2	2826,1	2782,8	2792,7	2812,3	2822,2	2787,8	2817,3	47
48	2832	2837,9	2843,8	2849,7	2855,6	2861,5	2867,4	2873,3	2879,2	2885,1	2841,8	2851,7	2871,3	2881,2	2846,8	2876,3	48
49	2891	2896,9	2902,8	2908,7	2914,6	2920,5	2926,4	2932,3	2938,2	2944,1	2900,8	2910,7	2930,3	2940,2	2905,8	2935,3	49
50	2950	2955,9	2961,8	2967,7	2973,6	2979,5	2985,4	2991,3	2997,2	3003,1	2959,8	2969,7	2989,3	2999,2	2964,8	2994,3	50
51	3009	3014,9	3020,8	3026,7	3032,6	3038,5	3044,4	3050,3	3056,2	3062,1	3018,8	3028,7	3048,3	3058,2	3023,8	3053,3	51
52	3068	3073,9	3079,8	3085,7	3091,6	3097,5	3103,4	3109,3	3115,2	3121,1	3077,8	3087,7	3107,3	3117,2	3082,8	3112,3	52
53	3127	3132,9	3138,8	3144,7	3150,6	3156,5	3162,4	3168,3	3174,2	3180,1	3136,8	3146,7	3166,3	3176,2	3141,8	3171,3	53
54	3186	3191,9	3197,8	3203,7	3209,6	3215,5	3221,4	3227,3	3233,2	3239,1	3195,8	3205,7	3225,3	3235,2	3200,8	3230,3	54
55	3245	3250,9	3256,8	3262,7	3268,6	3274,5	3280,4	3286,3	3292,2	3298,1	3254,8	3264,7	3284,3	3294,2	3259,8	3289,3	55
56	3304	3309,9	3315,8	3321,7	3327,6	3333,5	3339,4	3345,3	3351,2	3357,1	3313,8	3323,7	3343,3	3353,2	3318,8	3348,3	56
57	3363	3368,9	3374,8	3380,7	3386,6	3392,5	3398,4	3404,3	3410,2	3416,1	3372,8	3382,7	3402,3	3412,2	3377,8	3407,3	57
58	3422	3427,9	3433,8	3439,7	3445,6	3451,5	3457,4	3463,3	3469,2	3475,1	3431,8	3441,7	3461,3	3471,2	3436,8	3466,3	58
59	3481	3486,9	3492,8	3498,7	3504,6	3510,5	3516,4	3522,3	3528,2	3534,1	3490,8	3500,7	3520,3	3530,2	3495,8	3525,3	59
60	3540	3545,9	3551,8	3557,7	3563,6	3569,5	3575,4	3581,3	3587,2	3593,1	3549,8	3559,7	3579,3	3589,2	3554,8	3584,3	60
61	3599	3604,9	3610,8	3616,7	3622,6	3628,5	3634,4	3640,3	3646,2	3652,1	3608,8	3618,7	3638,3	3648,2	3613,8	3643,3	61
62	3658	3663,9	3669,8	3675,7	3681,6	3687,5	3693,4	3699,3	3705,2	3711,1	3667,8	3677,7	3697,3	3707,2	3672,8	3702,3	62
63	3717	3722,9	3728,8	3734,7	3740,6	3746,5	3752,4	3758,3	3764,2	3770,1	3726,8	3736,7	3756,3	3766,2	3731,8	3761,3	63
64	3776	3781,9	3787,8	3793,7	3799,6	3805,5	3811,4	3817,3	3823,2	3829,1	3785,8	3795,7	3815,3	3825,2	3790,8	3820,3	64
65	3835	3840,9	3846,8	3852,7	3858,6	3864,5	3870,4	3876,3	3882,2	3888,1	3844,8	3854,7	3874,3	3884,2	3849,8	3879,3	65
66	3894	3899,9	3905,8	3911,7	3917,6	3923,5	3929,4	3935,3	3941,2	3947,1	3903,8	3913,7	3933,3	3943,2	3908,8	3938,3	66
67	3953	3958,9	3964,8	3970,7	3976,6	3982,5	3988,4	3994,3	4000,2	4006,1	3962,8	3972,7	3992,3	4002,2	3967,8	3997,3	67
68	4012	4017,9	4023,8	4029,7	4035,6	4041,5	4047,4	4053,3	4059,2	4065,1	4021,8	4031,7	4051,3	4061,2	4026,8	4056,3	68
69	4071	4076,9	4082,8	4088,7	4094,6	4100,5	4106,4	4112,3	4118,2	4124,1	4080,8	4090,7	4110,3	4120,2	4085,8	4115,3	69
70	4130	4135,9	4141,8	4147,7	4153,6	4159,5	4165,4	4171,3	4177,2	4183,1	4139,8	4149,7	4169,3	4179,2	4144,8	4174,3	70
71	4189	4194,9	4200,8	4206,7	4212,6	4218,5	4224,4	4230,3	4236,2	4242,1	4198,8	4208,7	4228,3	4238,2	4203,8	4233,3	71
72	4248	4253,9	4259,8	4265,7	4271,6	4277,5	4283,4	4289,3	4295,2	4301,1	4257,8	4267,7	4287,3	4297,2	4262,8	4292,3	72
73	4307	4312,9	4318,8	4324,7	4330,6	4336,5	4342,4	4348,3	4354,2	4360,1	4316,8	4326,7	4346,3	4356,2	4321,8	4351,3	73
74	4366	4371,9	4377,8	4383,7	4389,6	4395,5	4401,4	4407,3	4413,2	4419,1	4375,8	4385,7	4405,3	4415,2	4380,8	4410,3	74
75	4425	4430,9	4436,8	4442,7	4448,6	4454,5	4460,4	4466,3	4472,2	4478,1	4434,8	4444,7	4464,3	4474,2	4439,8	4469,3	75
76	4484	4489,9	4495,8	4501,7	4507,6	4513,5	4519,4	4525,3	4531,2	4537,1	4493,8	4503,7	4523,3	4533,2	4498,8	4528,3	76
77	4543	4548,9	4554,8	4560,7	4566,6	4572,5	4578,4	4584,3	4590,2	4596,1	4552,8	4562,7	4582,3	4592,2	4557,8	4587,3	77
78	4602	4607,9	4613,8	4619,7	4625,6	4631,5	4637,4	4643,3	4649,2	4655,1	4611,8	4621,7	4641,3	4651,2	4616,8	4646,3	78
79	4661	4666,9	4672,8	4678,7	4684,6	4690,5	4696,4	4702,3	4708,2	4714,1	4670,8	4680,7	4700,3	4710,2	4675,8	4705,3	79
80	4720	4725,9	4731,8	4737,7	4743,6	4749,5	4755,4	4761,3	4767,2	4773,1	4729,8	4739,7	4759,3	4769,2	4734,8	4764,3	80
81	4779	4784,9	4790,8	4796,7	4802,6	4808,5	4814,4	4820,3	4826,2	4832,1	4788,8	4798,7	4818,3	4828,2	4793,8	4823,3	81
82	4838	4843,9	4849,8	4855,7	4861,6	4867,5	4873,4	4879,3	4885,2	4891,1	4847,8	4857,7	4877,3	4887,2	4852,8	4882,3	82
83	4897	4902,9	4908,8	4914,7	4920,6	4926,5	4932,4	4938,3	4944,2	4950,1	4906,8	4916,7	4936,3	4946,2	4911,8	4941,3	83
84	4956	4961,9	4967,8	4973,7	4979,6	4985,5	4991,4	4997,3	5003,2	5009,1	4965,8	4975,7	4995,3	5005,2	4970,8	5000,3	84
85	5015	5020,9	5026,8	5032,7	5038,6	5044,5	5050,4	5056,3	5062,2	5068,1	5024,8	5034,7	5054,3	5064,2	5029,8	5059,3	85
86	5074	5079,9	5085,8	5091,7	5097,6	5103,5	5109,4	5115,3	5121,2	5127,1	5083,8	5093,7	5113,3	5123,2	5088,8	5118,3	86
87	5133	5138,9	5144,8	5150,7	5156,6	5162,5	5168,4	5174,3	5180,2	5186,1	5142,8	5152,7	5172,3	5182,2	5147,8	5177,3	87
88	5192	5197,9	5203,8	5209,7	5215,6	5221,5	5227,4	5233,3	5239,2	5245,1	5201,8	5211,7	5231,3	5241,2	5206,8	5236,3	88
89	5251	5256,9	5262,8	5268,7	5274,6	5280,5	5286,4	5292,3	5298,2	5304,1	5260,8	5270,7	5290,3	5300,2	5265,8	5295,3	89
90	5310	5315,9	5321,8	5327,7	5333,6	5339,5	5345,4	5351,3	5357,2	5363,1	5319,8	5329,7	5349,3	5359,2	5324,8	5354,3	90
91	5369	5374,9	5380,8	5386,7	5392,6	5398,5	5404,4	5410,3	5416,2	5422,1	5378,8	5388,7	5408,3	5418,2	5383,8	5413,3	91
92	5428	5433,9	5439,8	5445,7	5451,6	5457,5	5463,4	5469,3	5475,2	5481,1	5437,8	5447,7	5467,3	5477,2	5442,8	5472,3	92
93	5487	5492,9	5498,8	5504,7	5510,6	5516,5	5522,4	5528,3	5534,2	5540,1	5496,8	5506,7	5526,3	5536,2	5501,8	5531,3	93
94	5546	5551,9	5557,8	5563,7	5569,6	5575,5	5581,4	5587,3	5593,2	5599,1	5555,8	5565,7	5585,3	5595,2	5560,8	5590,3	94
95	5605	5610,9	5616,8	5622,7	5628,6	5634,5	5640,4	5646,3	5652,2	5658,1	5614,8	5624,7	5644,3	5654,2	5619,8	5649,3	95
96	5664	5669,9	5675,8	5681,7	5687,6	5693,5	5699,4	5705,3	5711,2	5717,1	5673,8	5683,7	5703,3	5713,2	5678,8	5708,3	96
97	5723	5728,9	5734,8	5740,7	5746,6	5752,5	5758,4	5764,3	5770,2	5776,1	5732,8	5742,7	5762,3	5772,2	5737,8	5767,3	97
98	5782	5787,9	5793,8	5799,7	5805,6	5811,5	5817,4	5823,3	5829,2	5835,1	5791,8	5801,7	5821,3	5831,2	5796,8	5826,3	98
99	5841	5846,9	5852,8	5858,7	5864,6	5870,5	5876,4	5882,3	5888,2	5894,1	5850,8	5860,7	5880,3	5890,2	5855,8	5885,3	99
100	5900	5905,9	5911,8	5917,7	5923,6	5929,5	5935,4	5941,3	5947,2	5953,1	5909,8	5919,7	5939,3	5949,2	5914,8	5944,3	100

60		1/10 6,0	2/10 12,0	3/10 18,0	4/10 24,0	5/10 30,0	6/10 36,0	7/10 42,0	8/10 48,0	9/10 54,0	1/6 10,0	2/6 20,0	4/6 40,0	5/6 50,0	1/4 15,0	3/4 45,0	
1	60	66,0	72,0	78,0	84,0	90,0	96,0	102,0	108,0	114,0	70,0	80,0	100,0	110,0	75,0	105,0	1
2	120	126,0	132,0	138,0	144,0	150,0	156,0	162,0	168,0	174,0	130,0	140,0	160,0	170,0	135,0	165,0	2
3	180	186,0	192,0	198,0	204,0	210,0	216,0	222,0	228,0	234,0	190,0	200,0	220,0	230,0	195,0	225,0	3
4	240	246,0	252,0	258,0	264,0	270,0	276,0	282,0	288,0	294,0	250,0	260,0	280,0	290,0	255,0	285,0	4
5	300	306,0	312,0	318,0	324,0	330,0	336,0	342,0	348,0	354,0	310,0	320,0	340,0	350,0	315,0	345,0	5
6	360	366,0	372,0	378,0	384,0	390,0	396,0	402,0	408,0	414,0	370,0	380,0	400,0	410,0	375,0	405,0	6
7	420	426,0	432,0	438,0	444,0	450,0	456,0	462,0	468,0	474,0	430,0	440,0	460,0	470,0	435,0	465,0	7
8	480	486,0	492,0	498,0	504,0	510,0	516,0	522,0	528,0	534,0	490,0	500,0	520,0	530,0	495,0	525,0	8
9	540	546,0	552,0	558,0	564,0	570,0	576,0	582,0	588,0	594,0	550,0	560,0	580,0	590,0	555,0	585,0	9
10	600	606,0	612,0	618,0	624,0	630,0	636,0	642,0	648,0	654,0	610,0	620,0	640,0	650,0	615,0	645,0	10
11	660	666,0	672,0	678,0	684,0	690,0	696,0	702,0	708,0	714,0	670,0	680,0	700,0	710,0	675,0	705,0	11
12	720	726,0	732,0	738,0	744,0	750,0	756,0	762,0	768,0	774,0	730,0	740,0	760,0	770,0	735,0	765,0	12
13	780	786,0	792,0	798,0	804,0	810,0	816,0	822,0	828,0	834,0	790,0	800,0	820,0	830,0	795,0	825,0	13
14	840	846,0	852,0	858,0	864,0	870,0	876,0	882,0	888,0	894,0	850,0	860,0	880,0	890,0	855,0	885,0	14
15	900	906,0	912,0	918,0	924,0	930,0	936,0	942,0	948,0	954,0	910,0	920,0	940,0	950,0	915,0	945,0	15
16	960	966,0	972,0	978,0	984,0	990,0	996,0	1002,0	1008,0	1014,0	970,0	980,0	1000,0	1010,0	975,0	1005,0	16
17	1020	1026,0	1032,0	1038,0	1044,0	1050,0	1056,0	1062,0	1068,0	1074,0	1030,0	1040,0	1060,0	1070,0	1035,0	1065,0	17
18	1080	1086,0	1092,0	1098,0	1104,0	1110,0	1116,0	1122,0	1128,0	1134,0	1090,0	1100,0	1120,0	1130,0	1095,0	1125,0	18
19	1140	1146,0	1152,0	1158,0	1164,0	1170,0	1176,0	1182,0	1188,0	1194,0	1150,0	1160,0	1180,0	1190,0	1155,0	1185,0	19
20	1200	1206,0	1212,0	1218,0	1224,0	1230,0	1236,0	1242,0	1248,0	1254,0	1210,0	1220,0	1240,0	1250,0	1215,0	1245,0	20
21	1260	1266,0	1272,0	1278,0	1284,0	1290,0	1296,0	1302,0	1308,0	1314,0	1270,0	1280,0	1300,0	1310,0	1275,0	1305,0	21
22	1320	1326,0	1332,0	1338,0	1344,0	1350,0	1356,0	1362,0	1368,0	1374,0	1330,0	1340,0	1360,0	1370,0	1335,0	1365,0	22
23	1380	1386,0	1392,0	1398,0	1404,0	1410,0	1416,0	1422,0	1428,0	1434,0	1390,0	1400,0	1420,0	1430,0	1395,0	1425,0	23
24	1440	1446,0	1452,0	1458,0	1464,0	1470,0	1476,0	1482,0	1488,0	1494,0	1450,0	1460,0	1480,0	1490,0	1455,0	1485,0	24
25	1500	1506,0	1512,0	1518,0	1524,0	1530,0	1536,0	1542,0	1548,0	1554,0	1510,0	1520,0	1540,0	1550,0	1515,0	1545,0	25
26	1560	1566,0	1572,0	1578,0	1584,0	1590,0	1596,0	1602,0	1608,0	1614,0	1570,0	1580,0	1600,0	1610,0	1575,0	1605,0	26
27	1620	1626,0	1632,0	1638,0	1644,0	1650,0	1656,0	1662,0	1668,0	1674,0	1630,0	1640,0	1660,0	1670,0	1635,0	1665,0	27
28	1680	1686,0	1692,0	1698,0	1704,0	1710,0	1716,0	1722,0	1728,0	1734,0	1690,0	1700,0	1720,0	1730,0	1695,0	1725,0	28
29	1740	1746,0	1752,0	1758,0	1764,0	1770,0	1776,0	1782,0	1788,0	1794,0	1750,0	1760,0	1780,0	1790,0	1755,0	1785,0	29
30	1800	1806,0	1812,0	1818,0	1824,0	1830,0	1836,0	1842,0	1848,0	1854,0	1810,0	1820,0	1840,0	1850,0	1815,0	1845,0	30
31	1860	1866,0	1872,0	1878,0	1884,0	1890,0	1896,0	1902,0	1908,0	1914,0	1870,0	1880,0	1900,0	1910,0	1875,0	1905,0	31
32	1920	1926,0	1932,0	1938,0	1944,0	1950,0	1956,0	1962,0	1968,0	1974,0	1930,0	1940,0	1960,0	1970,0	1935,0	1965,0	32
33	1980	1986,0	1992,0	1998,0	2004,0	2010,0	2016,0	2022,0	2028,0	2034,0	1990,0	2000,0	2020,0	2030,0	1995,0	2025,0	33
34	2040	2046,0	2052,0	2058,0	2064,0	2070,0	2076,0	2082,0	2088,0	2094,0	2050,0	2060,0	2080,0	2090,0	2055,0	2085,0	34
35	2100	2106,0	2112,0	2118,0	2124,0	2130,0	2136,0	2142,0	2148,0	2154,0	2110,0	2120,0	2140,0	2150,0	2115,0	2145,0	35
36	2160	2166,0	2172,0	2178,0	2184,0	2190,0	2196,0	2202,0	2208,0	2214,0	2170,0	2180,0	2200,0	2210,0	2175,0	2205,0	36
37	2220	2226,0	2232,0	2238,0	2244,0	2250,0	2256,0	2262,0	2268,0	2274,0	2230,0	2240,0	2260,0	2270,0	2235,0	2265,0	37
38	2280	2286,0	2292,0	2298,0	2304,0	2310,0	2316,0	2322,0	2328,0	2334,0	2290,0	2300,0	2320,0	2330,0	2295,0	2325,0	38
39	2340	2346,0	2352,0	2358,0	2364,0	2370,0	2376,0	2382,0	2388,0	2394,0	2350,0	2360,0	2380,0	2390,0	2355,0	2385,0	39
40	2400	2406,0	2412,0	2418,0	2424,0	2430,0	2436,0	2442,0	2448,0	2454,0	2410,0	2420,0	2440,0	2450,0	2415,0	2445,0	40
41	2460	2466,0	2472,0	2478,0	2484,0	2490,0	2496,0	2502,0	2508,0	2514,0	2470,0	2480,0	2500,0	2510,0	2475,0	2505,0	41
42	2520	2526,0	2532,0	2538,0	2544,0	2550,0	2556,0	2562,0	2568,0	2574,0	2530,0	2540,0	2560,0	2570,0	2535,0	2565,0	42
43	2580	2586,0	2592,0	2598,0	2604,0	2610,0	2616,0	2622,0	2628,0	2634,0	2590,0	2600,0	2620,0	2630,0	2595,0	2625,0	43
44	2640	2646,0	2652,0	2658,0	2664,0	2670,0	2676,0	2682,0	2688,0	2694,0	2650,0	2660,0	2680,0	2690,0	2655,0	2685,0	44
45	2700	2706,0	2712,0	2718,0	2724,0	2730,0	2736,0	2742,0	2748,0	2754,0	2710,0	2720,0	2740,0	2750,0	2715,0	2745,0	45
46	2760	2766,0	2772,0	2778,0	2784,0	2790,0	2796,0	2802,0	2808,0	2814,0	2770,0	2780,0	2800,0	2810,0	2775,0	2805,0	46
47	2820	2826,0	2832,0	2838,0	2844,0	2850,0	2856,0	2862,0	2868,0	2874,0	2830,0	2840,0	2860,0	2870,0	2835,0	2865,0	47
48	2880	2886,0	2892,0	2898,0	2904,0	2910,0	2916,0	2922,0	2928,0	2934,0	2890,0	2900,0	2920,0	2930,0	2895,0	2925,0	48
49	2940	2946,0	2952,0	2958,0	2964,0	2970,0	2976,0	2982,0	2988,0	2994,0	2950,0	2960,0	2980,0	2990,0	2955,0	2985,0	49
50	3000	3006,0	3012,0	3018,0	3024,0	3030,0	3036,0	3042,0	3048,0	3054,0	3010,0	3020,0	3040,0	3050,0	3015,0	3045,0	50
51	3060	3066,0	3072,0	3078,0	3084,0	3090,0	3096,0	3102,0	3108,0	3114,0	3070,0	3080,0	3100,0	3110,0	3075,0	3105,0	51
52	3120	3126,0	3132,0	3138,0	3144,0	3150,0	3156,0	3162,0	3168,0	3174,0	3130,0	3140,0	3160,0	3170,0	3135,0	3165,0	52
53	3180	3186,0	3192,0	3198,0	3204,0	3210,0	3216,0	3222,0	3228,0	3234,0	3190,0	3200,0	3220,0	3230,0	3195,0	3225,0	53
54	3240	3246,0	3252,0	3258,0	3264,0	3270,0	3276,0	3282,0	3288,0	3294,0	3250,0	3260,0	3280,0	3290,0	3255,0	3285,0	54
55	3300	3306,0	3312,0	3318,0	3324,0	3330,0	3336,0	3342,0	3348,0	3354,0	3310,0	3320,0	3340,0	3350,0	3315,0	3345,0	55
56	3360	3366,0	3372,0	3378,0	3384,0	3390,0	3396,0	3402,0	3408,0	3414,0	3370,0	3380,0	3400,0	3410,0	3375,0	3405,0	56
57	3420	3426,0	3432,0	3438,0	3444,0	3450,0	3456,0	3462,0	3468,0	3474,0	3430,0	3440,0	3460,0	3470,0	3435,0	3465,0	57
58	3480	3486,0	3492,0	3498,0	3504,0	3510,0	3516,0	3522,0	3528,0	3534,0	3490,0	3500,0	3520,0	3530,0	3495,0	3525,0	58
59	3540	3546,0	3552,0	3558,0	3564,0	3570,0	3576,0	3582,0	3588,0	3594,0	3550,0	3560,0	3580,0	3590,0	3555,0	3585,0	59
60	3600	3606,0	3612,0	3618,0	3624,0	3630,0	3636,0	3642,0	3648,0	3654,0	3610,0	3620,0	3640,0	3650,0	3615,0	3645,0	60
61	3660	3666,0	3672,0	3678,0	3684,0	3690,0	3696,0	3702,0	3708,0	3714,0	3670,0	3680,0	3700,0	3710,0	3675,0	3705,0	61
62	3720	3726,0	3732,0	3738,0	3744,0	3750,0	3756,0	3762,0	3768,0	3774,0	3730,0	3740,0	3760,0	3770,0	3735,0	3765,0	62
63	3780	3786,0	3792,0	3798,0	3804,0	3810,0	3816,0	3822,0	3828,0	3834,0	3790,0	3800,0	3820,0	3830,0	3795,0	3825,0	63
64	3840	3846,0	3852,0	3858,0	3864,0	3870,0	3876,0	3882,0	3888,0	3894,0	3850,0	3860,0	3880,0	3890,0	3855,0	3885,0	64
65	3900	3906,0	3912,0	3918,0	3924,0	3930,0	3936,0	3942,0	3948,0	3954,0	3910,0	3920,0	3940,0	3950,0	3915,0	3945,0	65
66	3960	3966,0	3972,0	3978,0	3984,0	3990,0	3996,0	4002,0	4008,0	4014,0	3970,0	3980,0	4000,0	4010,0	3975,0	4005,0	66
67	4020	4026,0	4032,0	4038,0	4044,0	4050,0	4056,0	4062,0	4068,0	4074,0	4030,0	4040,0	4060,0	4070,0	4035,0	4065,0	67
68	4080	4086,0	4092,0	4098,0	4104,0	4110,0	4116,0	4122,0	4128,0	4134,0	4090,0	4100,0	4120,0	4130,0	4095,0	4125,0	68
69	4140	4146,0	4152,0	4158,0	4164,0	4170,0	4176,0	4182,0	4188,0	4194,0	4150,0	4160,0	4180,0	4190,0	4155,0	4185,0	69
70	4200	4206,0	4212,0	4218,0	4224,0	4230,0	4236,0	4242,0	4248,0	4254,0	4210,0	4220,0	4240,0	4250,0	4215,0	4245,0	70
71	4260	4266,0	4272,0	4278,0	4284,0	4290,0	4296,0	4302,0	4308,0	4314,0	4270,0	4280,0	4300,0	4310,0	4275,0	4305,0	71
72	4320	4326,0	4332,0	4338,0	4344,0	4350,0	4356,0	4362,0	4368,0	4374,0	4330,0	4340,0	4360,0	4370,0	4335,0	4365,0	72
73	4380	4386,0	4392,0	4398,0	4404,0	4410,0	4416,0	4422,0	4428,0	4434,0	4390,0	4400,0	4420,0	4430,0	4395,0	4425,0	73
74	4440	4446,0	4452,0	4458,0	4464,0	4470,0	4476,0	4482,0	4488,0	4494,0	4450,0	4460,0	4480,0	4490,0	4455,0	4485,0	74
75	4500	4506,0	4512,0	4518,0	4524,0	4530,0	4536,0	4542,0	4548,0	4554,0	4510,0	4520,0	4540,0	4550,0	4515,0	4545,0	75
76	4560	4566,0	4572,0	4578,0	4584,0	4590,0	4596,0	4602,0	4608,0	4614,0	4570,0	4580,0	4600,0	4610,0	4575,0	4605,0	76
77	4620	4626,0	4632,0	4638,0	4644,0	4650,0	4656,0	4662,0	4668,0	4674,0	4630,0	4640,0	4660,0	4670,0	4635,0	4665,0	77
78	4680	4686,0	4692,0	4698,0	4704,0	4710,0	4716,0	4722,0	4728,0	4734,0	4690,0	4700,0	4720,0	4730,0	4695,0	4725,0	78
79	4740	4746,0	4752,0	4758,0	4764,0	4770,0	4776,0	4782,0	4788,0	4794,0	4750,0	4760,0	4780,0	4790,0	4755,0	4785,0	79
80	4800	4806,0	4812,0	4818,0	4824,0	4830,0	4836,0	4842,0	4848,0	4854,0	4810,0	4820,0	4840,0	4850,0	4815,0	4845,0	80
81	4860	4866,0	4872,0	4878,0	4884,0	4890,0	4896,0	4902,0	4908,0	4914,0	4870,0	4880,0	4900,0	4910,0	4875,0	4905,0	81
82	4920	4926,0	4932,0	4938,0	4944,0	4950,0	4956,0	4962,0	4968,0	4974,0	4930,0	4940,0	4960,0	4970,0	4935,0	4965,0	82
83	4980	4986,0	4992,0	4998,0	5004,0	5010,0	5016,0	5022,0	5028,0	5034,0	4990,0	5000,0	5020,0	5030,0	4995,0	5025,0	83
84	5040	5046,0	5052,0	5058,0	5064,0	5070,0	5076,0	5082,0	5088,0	5094,0	5050,0	5060,0	5080,0	5090,0	5055,0	5085,0	84
85	5100	5106,0	5112,0	5118,0	5124,0	5130,0	5136,0	5142,0	5148,0	5154,0	5110,0	5120,0	5140,0	5150,0	5115,0	5145,0	85
86	5160	5166,0	5172,0	5178,0	5184,0	5190,0	5196,0	5202,0	5208,0	5214,0	5170,0	5180,0	5200,0	5210,0	5175,0	5205,0	86
87	5220	5226,0	5232,0	5238,0	5244,0	5250,0	5256,0	5262,0	5268,0	5274,0	5230,0	5240,0	5260,0	5270,0	5235,0	5265,0	87
88	5280	5286,0	5292,0	5298,0	5304,0	5310,0	5316,0	5322,0	5328,0	5334,0	5290,0	5300,0	5320,0	5330,0	5295,0	5325,0	88
89	5340	5346,0	5352,0	5358,0	5364,0	5370,0	5376,0	5382,0	5388,0	5394,0	5350,0	5360,0	5380,0	5390,0	5355,0	5385,0	89
90	5400	5406,0	5412,0	5418,0	5424,0	5430,0	5436,0	5442,0	5448,0	5454,0	5410,0	5420,0	5440,0	5450,0	5415,0	5445,0	90
91	5460	5466,0	5472,0	5478,0	5484,0	5490,0	5496,0	5502,0	5508,0	5514,0	5470,0	5480,0	5500,0	5510,0	5475,0	5505,0	91
92	5520	5526,0	5532,0	5538,0	5544,0	5550,0	5556,0	5562,0	5568,0	5574,0	5530,0	5540,0	5560,0	5570,0	5535,0	5565,0	92
93	5580	5586,0	5592,0	5598,0	5604,0	5610,0	5616,0	5622,0	5628,0	5634,0	5590,0	5600,0	5620,0	5630,0	5595,0	5625,0	93
94	5640	5646,0	5652,0	5658,0	5664,0	5670,0	5676,0	5682,0	5688,0	5694,0	5650,0	5660,0	5680,0	5690,0	5655,0	5685,0	94
95	5700	5706,0	5712,0	5718,0	5724,0	5730,0	5736,0	5742,0	5748,0	5754,0	5710,0	5720,0	5740,0	5750,0	5715,0	5745,0	95
96	5760	5766,0	5772,0	5778,0	5784,0	5790,0	5796,0	5802,0	5808,0	5814,0	5770,0	5780,0	5800,0	5810,0	5775,0	8505,0	96
97	5820	5826,0	5832,0	5838,0	5844,0	5850,0	5856,0	5862,0	8568,0	5874,0	5830,0	5840,0	5860,0	5870,0	5835,0	5865,0	97
98	5880	5886,0	5892,0	5898,0	5904,0	5910,0	5916,0	5922,0	5928,0	5934,0	5890,0	5900,0	5920,0	5930,0	5895,0	5925,0	98
99	5940	5946,0	5952,0	5958,0	5964,0	5970,0	5976,0	5982,0	5988,0	5994,0	5950,0	5960,0	5980,0	5990,0	5955,0	5985,0	99
100	6000	6006,0	6012,0	6018,0	6024,0	6030,0	6036,0	6042,0	6048,0	6054,0	6010,0	6020,0	6040,0	6050,0	6015,0	6045,0	100

		1/10 6,1	2/10 12,2	3/10 18,3	4/10 24,4	5/10 30,5	6/10 36,6	7/10 42,7	8/10 48,8	9/10 54,9	1/6 10,166	2/6 20,333	4/6 40,666	5/6 50,833	1/4 15,25	3/4 45,75	
1	61	67,1	73,2	79,3	85,4	91,5	97,6	103,7	109,8	115,9	71,2	81,3	101,7	111,8	76,3	106,8	1
2	122	128,1	134,2	140,3	146,4	152,5	158,6	164,7	170,8	176,9	132,2	142,3	162,7	172,8	137,3	167,8	2
3	183	189,1	195,2	201,3	207,4	213,5	219,6	225,7	231,8	237,9	193,2	203,3	223,7	233,8	198,3	228,8	3
4	244	250,1	256,2	262,3	268,4	274,5	280,6	286,7	292,8	298,9	254,2	264,3	284,7	294,8	259,3	289,8	4
5	305	311,1	317,2	323,3	329,4	335,5	341,6	347,7	353,8	359,9	315,2	325,3	345,7	355,8	320,3	350,8	5
6	366	372,1	378,2	384,3	390,4	396,5	402,6	408,7	414,8	420,9	376,2	386,3	406,7	416,8	381,3	411,8	6
7	427	433,1	439,2	445,3	451,4	457,5	463,6	469,7	475,8	481,9	437,2	447,3	467,7	477,8	442,3	472,8	7
8	488	494,1	500,2	506,3	512,4	518,5	524,6	530,7	536,8	542,9	498,2	508,3	528,7	538,8	503,3	533,8	8
9	549	555,1	561,2	567,3	573,4	579,5	585,6	591,7	597,8	603,9	559,2	569,3	589,7	599,8	564,3	594,8	9
10	610	616,1	622,2	628,3	634,4	640,5	646,6	652,7	658,8	664,9	620,2	630,3	650,7	660,8	625,3	655,8	10
11	671	677,1	683,2	689,3	695,4	701,5	707,6	713,7	719,8	725,9	681,2	691,3	711,7	721,8	686,3	716,8	11
12	732	738,1	744,2	750,3	756,4	762,5	768,6	774,7	780,8	786,9	742,2	752,3	772,7	782,8	747,3	777,8	12
13	793	799,1	805,2	811,3	817,4	823,5	829,6	835,7	841,8	847,9	803,2	813,3	833,7	843,8	808,3	838,8	13
14	854	860,1	866,2	872,3	878,4	884,5	890,6	896,7	902,8	908,9	864,2	874,3	894,7	904,8	869,3	899,8	14
15	915	921,1	927,2	933,3	939,4	945,5	951,6	957,7	963,8	969,9	925,2	935,3	955,7	965,8	930,3	960,8	15
16	976	982,1	988,2	994,3	1000,4	1006,5	1012,6	1018,7	1024,8	1030,9	986,2	996,3	1016,7	1026,8	991,3	1021,8	16
17	1037	1043,1	1049,2	1055,3	1061,4	1067,5	1073,6	1079,7	1085,8	1091,9	1047,2	1057,3	1077,7	1087,8	1052,3	1082,8	17
18	1098	1104,1	1110,2	1116,3	1122,4	1128,5	1134,6	1140,7	1146,8	1152,9	1108,2	1118,3	1138,7	1148,8	1113,3	1143,8	18
19	1159	1165,1	1171,2	1177,3	1183,4	1189,5	1195,6	1201,7	1207,8	1213,9	1169,2	1179,3	1199,7	1209,8	1174,3	1204,8	19
20	1220	1226,1	1232,2	1238,3	1244,4	1250,5	1256,6	1262,7	1268,8	1274,9	1230,2	1240,3	1260,7	1270,8	1235,3	1265,8	20
21	1281	1287,1	1293,2	1299,3	1305,4	1311,5	1317,6	1323,7	1329,8	1335,9	1291,2	1301,3	1321,7	1331,8	1296,3	1326,8	21
22	1342	1348,1	1354,2	1360,3	1366,4	1372,5	1378,6	1384,7	1390,8	1396,9	1352,2	1362,3	1382,7	1392,8	1357,3	1387,8	22
23	1403	1409,1	1415,2	1421,3	1427,4	1433,5	1439,6	1445,7	1451,8	1457,9	1413,2	1423,3	1443,7	1453,8	1418,3	1448,8	23
24	1464	1470,1	1476,2	1482,3	1488,4	1494,5	1500,6	1506,7	1512,8	1518,9	1474,2	1484,3	1504,7	1514,8	1479,3	1509,8	24
25	1525	1531,1	1537,2	1543,3	1549,4	1555,5	1561,6	1567,7	1573,8	1579,9	1535,2	1545,3	1565,7	1575,8	1540,3	1570,8	25
26	1586	1592,1	1598,2	1604,3	1610,4	1616,5	1622,6	1628,7	1634,8	1640,9	1596,2	1606,3	1626,7	1636,8	1601,3	1631,8	26
27	1647	1653,1	1659,2	1665,3	1671,4	1677,5	1683,6	1689,7	1695,8	1701,9	1657,2	1667,3	1687,7	1697,8	1662,3	1692,8	27
28	1708	1714,1	1720,2	1726,3	1732,4	1738,5	1744,6	1750,7	1756,8	1762,9	1718,2	1728,3	1748,7	1758,8	1723,3	1753,8	28
29	1769	1775,1	1781,2	1787,3	1793,4	1799,5	1805,6	1811,7	1817,8	1823,9	1779,2	1789,3	1809,7	1819,8	1784,3	1814,8	29
30	1830	1836,1	1842,2	1848,3	1854,4	1860,5	1866,6	1872,7	1878,8	1884,9	1840,2	1850,3	1870,7	1880,8	1845,3	1875,8	30
31	1891	1897,1	1903,2	1909,3	1915,4	1921,5	1927,6	1933,7	1939,8	1945,9	1901,2	1911,3	1931,7	1941,8	1906,3	1936,8	31
32	1952	1958,1	1964,2	1970,3	1976,4	1982,5	1988,6	1994,7	2000,8	2006,9	1962,2	1972,3	1992,7	2002,8	1967,3	1997,8	32
33	2013	2019,1	2025,2	2031,3	2037,4	2043,5	2049,6	2055,7	2061,8	2067,9	2023,2	2033,3	2053,7	2063,8	2028,3	2058,8	33
34	2074	2080,1	2086,2	2092,3	2098,4	2104,5	2110,6	2116,7	2122,8	2128,9	2084,2	2094,3	2114,7	2124,8	2089,3	2119,8	34
35	2135	2141,1	2147,2	2153,3	2159,4	2165,5	2171,6	2177,7	2183,8	2189,9	2145,2	2155,3	2175,7	2185,8	2150,3	2180,8	35
36	2196	2202,1	2208,2	2214,3	2220,4	2226,5	2232,6	2238,7	2244,8	2250,9	2206,2	2216,3	2236,7	2246,8	2211,3	2241,8	36
37	2257	2263,1	2269,2	2275,3	2281,4	2287,5	2293,6	2299,7	2305,8	2311,9	2267,2	2277,3	2297,7	2307,8	2272,3	2302,8	37
38	2318	2324,1	2330,2	2336,3	2342,4	2348,5	2354,6	2360,7	2366,8	2372,9	2328,2	2338,3	2358,7	2368,8	2333,3	2363,8	38
39	2379	2385,1	2391,2	2397,3	2403,4	2409,5	2415,6	2421,7	2427,8	2433,9	2389,2	2399,3	2419,7	2429,8	2394,3	2424,8	39
40	2440	2446,1	2452,2	2458,3	2464,4	2470,5	2476,6	2482,7	2488,8	2494,9	2450,2	2460,3	2480,7	2490,8	2455,3	2485,8	40
41	2501	2507,1	2513,2	2519,3	2525,4	2531,5	2537,6	2543,7	2549,8	2555,9	2511,2	2521,3	2541,7	2551,8	2516,3	2546,8	41
42	2562	2568,1	2574,2	2580,3	2586,4	2592,5	2598,6	2604,7	2610,8	2616,9	2572,2	2582,3	2602,7	2612,8	2577,3	2607,8	42
43	2623	2629,1	2635,2	2641,3	2647,4	2653,5	2659,6	2665,7	2671,8	2677,9	2633,2	2643,3	2663,7	2673,8	2638,3	2668,8	43
44	2684	2690,1	2696,2	2702,3	2708,4	2714,5	2720,6	2726,7	2732,8	2738,9	2694,2	2704,3	2724,7	2734,8	2699,3	2729,8	44
45	2745	2751,1	2757,2	2763,3	2769,4	2775,5	2781,6	2787,7	2793,8	2799,9	2755,2	2765,3	2785,7	2795,8	2760,3	2790,8	45
46	2806	2812,1	2818,2	2824,3	2830,4	2836,5	2842,6	2848,7	2854,8	2860,9	2816,2	2826,3	2846,7	2856,8	2821,3	2851,8	46
47	2867	2873,1	2879,2	2885,3	2891,4	2897,5	2903,6	2909,7	2915,8	2921,9	2877,2	2887,3	2907,7	2917,8	2882,3	2912,8	47
48	2928	2934,1	2940,2	2946,3	2952,4	2958,5	2964,6	2970,7	2976,8	2982,9	2938,2	2948,3	2968,7	2978,8	2943,3	2973,8	48
49	2989	2995,1	3001,2	3007,3	3013,4	3019,5	3025,6	3031,7	3037,8	3043,9	2999,2	3009,3	3029,7	3039,8	3004,3	3034,8	49
50	3050	3056,1	3062,2	3068,3	3074,4	3080,5	3086,6	3092,7	3098,8	3104,9	3060,2	3070,3	3090,7	3100,8	3065,3	3095,8	50
51	3111	3117,1	3123,2	3129,3	3135,4	3141,5	3147,6	3153,7	3159,8	3165,9	3121,2	3131,3	3151,7	3161,8	3126,3	3156,8	51
52	3172	3178,1	3184,2	3190,3	3196,4	3202,5	3208,6	3214,7	3220,8	3226,9	3182,2	3192,3	3212,7	3222,8	3187,3	3217,8	52
53	3233	3239,1	3245,2	3251,3	3257,4	3263,5	3269,6	3275 7	3281,8	3287,9	3243,2	3253,3	3273,7	3283,8	3248,3	3278,8	53
54	3294	3300,1	3306,2	3312,3	3318,4	3324,5	3330,6	3336,7	3342,8	3348,9	3304,2	3314,3	3334,7	3344,8	3309,3	3339,8	54
55	3355	3361,1	3367,2	3373,3	3379,4	3385,5	3391,6	3397,7	3403,8	3409,9	3365,2	3375,3	3395,7	3405,8	3370,3	3400,8	55
56	3416	3422,1	3428,2	3434,3	3440,4	3446,5	3452,6	3458,7	3464,8	3470,9	3426,2	3436,3	3456,7	3466,8	3431,3	3461,8	56
57	3477	3483,1	3489,2	3495,3	3501,4	3507,5	3513,6	3519,7	3525,8	3531,9	3487,2	3497,3	3517,7	3527,8	3492,3	3522,8	57
58	3538	3544,1	3550,2	3556,3	3562,4	3568,5	3574,6	3580,7	3586,8	3592,9	3548,2	3558,3	3578,7	3588,8	3553,3	3583,8	58
59	3599	3605,1	3611,2	3617,3	3623,4	3629,5	3635,6	3641,7	3647,8	3653,9	3609,2	3619,3	3639,7	3649,8	3614,3	3644,8	59
60	3660	3666,1	3672,2	3678,3	3684,4	3690,5	3696,6	3702,7	3708,8	3714,9	3670,2	3680,3	3700,7	3710,8	3675,3	3705,8	60
61	3721	3727,1	3733,2	3739,3	3745,4	3751,5	3757,6	3763,7	3769,8	3775,9	3731,2	3741,3	3761,7	3771,8	3736,3	3766,8	61
62	3782	3788,1	3794,2	3800,3	3806,4	3812,5	3818,6	3824,7	3830,8	3836,9	3792,2	3802,3	3822,7	3832,8	3797,3	3827,8	62
63	3843	3849,1	3855,2	3861,3	3867,4	3873,5	3879,6	3885,7	3891,8	3897,9	3853,2	3863,3	3883,7	3893,8	3858,3	3888,8	63
64	3904	3910,1	3916,2	3922,3	3928,4	3934,5	3940,6	3946,7	3952,8	3958,9	3914,2	3924,3	3944,7	3954,8	3919,3	3949,8	64
65	3965	3971,1	3977,2	3983,3	3989,4	3995,5	4001,6	4007,7	4013,8	4019,9	3975,2	3985,3	4005,7	4015,8	3980,3	4010,8	65
66	4026	4032,1	4038,2	4044,3	4050,4	4056,5	4062,6	4068,7	4074,8	4080,9	4036,2	4046,3	4066,7	4076,8	4041,3	4071,8	66
67	4087	4093,1	4099,2	4105,3	4111,4	4117,5	4123,6	4129,7	4135,8	4141,9	4097,2	4107,3	4127,7	4137,8	4102,3	4132,8	67
68	4748	4154,1	4160,2	4166,3	4172,4	4178,5	4184,6	4190,7	4196,8	4202,9	4158,2	4168,3	4188,7	4198,8	4163,3	4193,8	68
69	4209	4215,1	4221,2	4227,3	4233,4	4239,5	4245,6	4251,7	4257,8	4263,9	4219,2	4229,3	4249,7	4259,8	4224,3	4254,8	69
70	4270	4276,1	4282,2	4288,3	4294,4	4300,5	4306,6	4312,7	4318,8	4324,9	4280,2	4290,3	4310,7	4320,8	4285,3	4315,8	70
71	4331	4337,1	4343,2	4349,3	4355,4	4361,5	4367,6	4373,7	4379,8	4385,9	4341,2	4351,3	4371,7	4381,8	4346,3	4376,8	71
72	4392	4398,1	4404,2	4410,3	4416,4	4422,5	4428,6	4434,7	4440,8	4446,9	4402,2	4412,3	4432,7	4442,8	4407,3	4437,8	72
73	4453	4459,1	4465,2	4471,3	4477,4	4483,5	4489,6	4495,7	4501,8	4507,9	4463,2	4473,3	4493,7	4503,8	4468,3	4498,8	73
74	4514	4520,1	4526,2	4532,3	4538,4	4544,5	4550,6	4556,7	4562,8	4568,9	4524,2	4534,3	4554,7	4564,8	4529,3	4559,8	74
75	4575	4581,1	4587,2	4593,3	4599,4	4605,5	4611,6	4617,7	4623,8	4629,9	4585,2	4595,3	4615,7	4625,8	4590,3	4620,8	75
76	4636	4642,1	4648,2	4654,3	4660,4	4666,5	4672,6	4678,7	4684,8	4690,9	4646,2	4656,3	4676,7	4686,8	4651,3	4681,8	76
77	4697	4703,1	4709,2	4715,3	4721,4	4727,5	4733,6	4739,7	4745,8	4751,9	4707,2	4717,3	4737,7	4747,8	4712,3	4742,8	77
78	4758	4764,1	4770,2	4776,3	4782,4	4788,5	4794,6	4800,7	4806,8	4812,9	4768,2	4778,3	4798,7	4808,8	4773,3	4803,8	78
79	4819	4825,1	4831,2	4837,3	4843,4	4849,5	4855,6	4861,7	4867,8	4873,9	4829,2	4839,3	4859,7	4869,8	4834,3	4864,8	79
80	4880	4886,1	4892,2	4898,3	4904,4	4910,5	4916,6	4922,7	4928,8	4934,9	4890,2	4900,3	4920,7	4930,8	4895,3	4925,8	80
81	4941	4947,1	4953,2	4959,3	4965,4	4971,5	4977,6	4983,7	4989,8	4995,9	4951,2	4961,3	4981,7	4991,8	4956,3	4986,8	81
82	5002	5008,1	5014,2	5020,3	5026,4	5032,5	5038,6	5044,7	5050,8	5056,9	5012,2	5022,3	5042,7	5052,8	5017,3	5047,8	82
83	5063	5069,1	5075,2	5081,3	5087,4	5093,5	5099,6	5105,7	5111,8	5117,9	5073,2	5083,3	5103,7	5113,8	5078,3	5108,8	83
84	5124	5130,1	5136,2	5142,3	5148,4	5154,5	5160,6	5166,7	5172,8	5178,9	5134,2	5144,3	5164,7	5174,8	5139,3	5169,8	84
85	5185	5191,1	5197,2	5203,3	5209,4	5215,5	5221,6	5227,7	5233,8	5239,9	5195,2	5205,3	5225,7	5235,8	5200,3	5230,8	85
86	5246	5252,1	5258,2	5264,3	5270,4	5276,5	5282,6	5288,7	5294,8	5300,9	5256,2	5266,3	5286,7	5296,8	5261,3	5291,8	86
87	5307	5313,1	5319,2	5325,3	5331,4	5337,5	5343,6	5349,7	5355,8	5361,9	5317,2	5327,3	5347,7	5357,8	5322,3	5352,8	87
88	5368	5374,1	5380,2	5386,3	5392,4	5398,5	5404,6	5410,7	5416,8	5422,9	5378,2	5388,3	5408,7	5418,8	5383,3	5413,8	88
89	5429	5435,1	5441,2	5447,3	5453,4	5459,5	5465,6	5471,7	5477,8	5483,9	5439,2	5449,3	5469,7	5479,8	5444,3	5474,8	89
90	5490	5496,1	5502,2	5508,3	5514,4	5520,5	5526,6	5532,7	5538,8	5544,9	5500,2	5510,3	5530,7	5540,8	5505,3	5535,8	90
91	5551	5557,1	5563,2	5569,3	5575,4	5581,5	5587,6	5593,7	5599,8	5605,9	5561,2	5571,3	5591,7	5601,8	5566,3	5596,8	91
92	5612	5618,1	5624,2	5630,3	5636,4	5642,5	5648,6	5654,7	5660,8	5666,9	5622,2	5632,3	5652,7	5662,8	5627,3	5657,8	92
93	5673	5679,1	5685,2	5691,3	5697,4	5703,5	5709,6	5715,7	5721,8	5727,9	5683,2	5693,3	5713,7	5723,8	5688,3	5718,8	93
94	5734	5740,1	5746,2	5752,3	5758,4	5764,5	5770,6	5776,7	5782,8	5788,9	5744,2	5754,3	5774,7	5784,8	5749,3	5779,8	94
95	5795	5801,1	5807,2	5813,3	5819,4	5825,5	5831,6	5837,7	5843,8	5849,9	5805,2	5815,3	5835,7	5845,8	5810,3	5840,8	95
96	5856	5862,1	5868,2	5874,3	5880,4	5886,5	5892,6	5898,7	5904,8	5910,9	5866,2	5876,3	5896,7	5906,8	5871,3	5901,8	96
97	5917	5923,1	5929,2	5935,3	5941,4	5947,5	5953,6	5959,7	5965,8	5971,9	5927,2	5937,3	5957,7	5967,8	5932,3	5962,8	97
98	5978	5984,1	5990,2	5996,3	6002,4	6008,5	6014,6	6020,7	6026,8	6032,9	5988,2	5998,3	6018,7	6028,8	5993,3	6023,8	98
99	6039	6045,1	6051,2	6057,3	6063,4	6069,5	6075,6	6081,7	6087,8	6093,9	6049,2	6059,3	6079,7	6089,8	6054,3	6084,8	99
100	6100	6106,1	6112,2	6118,3	6124,4	6130,5	6136,6	6142,7	6148,8	6154,9	6110,2	6120,3	6140,7	6150,8	6115,3	6145,8	100

62

		1/10 6,2	2/10 12,4	3/10 18,6	4/10 24,8	5/10 31,0	6/10 37,2	7/10 43,4	8/10 49,6	9/10 55,8	1/6 10,333	2/6 20,666	4/6 41,333	5/6 51,666	1/4 15,5	3/4 46,5	
1	62	68,2	74,4	80,6	86,8	93,0	99,2	105,4	111,6	117,8	72,3	82,7	103,3	113,7	77,5	108,5	1
2	124	130,2	136,4	142,6	148,8	155,0	161,2	167,4	173,6	179,8	134,3	144,7	165,3	175,7	139,5	170,5	2
3	186	192,2	198,4	204,6	210,8	217,0	223,2	229,4	235,6	241,8	196,3	206,7	227,3	237,7	201,5	232,5	3
4	248	254,2	260,4	266,6	272,8	279,0	285,2	291,4	297,6	303,8	258,3	268,7	289,3	299,7	263,5	294,5	4
5	310	316,2	322,4	328,6	334,8	341,0	347,2	353,4	359,6	365,8	320,3	330,7	351,3	361,7	325,5	356,5	5
6	372	378,2	384,4	390,6	396,8	403,0	409,2	415,4	421,6	427,8	382,3	392,7	413,3	423,7	387,5	418,5	6
7	434	440,2	446,4	452,6	458,8	465,0	471,2	477,4	483,6	489,8	444,3	454,7	475,3	485,7	449,5	480,5	7
8	496	502,2	508,4	514,6	520,8	527,0	533,2	539,4	545,6	551,8	506,3	516,7	537,3	547,7	511,5	542,5	8
9	558	564,2	570,4	576,6	582,8	589,0	595,2	601,4	607,6	613,8	568,3	578,7	599,3	609,7	573,5	604,5	9
10	620	626,2	632,4	638,6	644,8	651,0	657,2	663,4	669,6	675,8	630,3	640,7	661,3	671,7	635,5	666,5	10
11	682	688,2	694,4	700,6	706,8	713,0	719,2	725,4	731,6	737,8	692,3	702,7	723,3	733,7	697,5	728,5	11
12	744	750,2	756,4	762,6	768,8	775,0	781,2	787,4	793,6	799,8	754,3	764,7	785,3	795,7	759,5	790,5	12
13	806	812,2	818,4	824,6	830,8	837,0	843,2	849,4	855,6	861,8	816,3	826,7	847,3	857,7	821,5	852,5	13
14	868	874,2	880,4	886,6	892,8	899,0	905,2	911,4	917,6	923,8	878,3	888,7	909,3	919,7	883,5	914,5	14
15	930	936,2	942,4	948,6	954,8	961,0	967,2	973,4	979,6	985,8	940,3	950,7	971,3	981,7	945,5	976,5	15
16	992	998,2	1004,4	1010,6	1016,8	1023,0	1029,2	1035,4	1041,6	1047,8	1002,3	1012,7	1033,3	1043,7	1007,5	1038,5	16
17	1054	1060,2	1066,4	1072,6	1078,8	1085,0	1091,2	1097,4	1103,6	1109,8	1064,3	1074,7	1095,3	1105,7	1069,5	1100,5	17
18	1116	1122,2	1128,4	1134,6	1140,8	1147,0	1153,2	1159,4	1165,6	1171,8	1126,3	1136,7	1157,3	1167,7	1131,5	1162,5	18
19	1178	1184,2	1190,4	1196,6	1202,8	1209,0	1215,2	1221,4	1227,6	1233,8	1188,3	1198,7	1219,3	1229,7	1193,5	1224,5	19
20	1240	1246,2	1252,4	1258,6	1264,8	1271,0	1277,2	1283,4	1289,6	1295,8	1250,3	1260,7	1281,3	1291,7	1255,5	1286,5	20
21	1302	1308,2	1314,4	1320,6	1326,8	1333,0	1339,2	1345,4	1351,6	1357,8	1312,3	1322,7	1343,3	1353,7	1317,5	1348,5	21
22	1364	1370,2	1376,4	1382,6	1388,8	1395,0	1401,2	1407,4	1413,6	1419,8	1374,3	1384,7	1405,3	1415,7	1379,5	1410,5	22
23	1426	1432,2	1438,4	1444,6	1450,8	1457,0	1463,2	1469,4	1475,6	1481,8	1436,3	1446,7	1467,3	1477,7	1441,5	1472,5	23
24	1488	1494,2	1500,4	1506,6	1512,8	1519,0	1525,2	1531,4	1537,6	1543,8	1498,3	1508,7	1529,3	1539,7	1503,5	1534,5	24
25	1550	1556,2	1562,4	1568,6	1574,8	1581,0	1587,2	1593,4	1599,6	1605,8	1560,3	1570,7	1591,3	1601,7	1565,5	1596,5	25
26	1612	1618,2	1624,4	1630,6	1636,8	1643,0	1649,2	1655,4	1661,6	1667,8	1622,3	1632,7	1653,3	1663,7	1627,5	1658,5	26
27	1674	1680,2	1686,4	1692,6	1698,8	1705,0	1711,2	1717,4	1723,6	1729,8	1684,3	1694,7	1715,3	1725,7	1689,5	1720,5	27
28	1736	1742,2	1748,4	1754,6	1760,8	1767,0	1773,2	1779,4	1785,6	1791,8	1746,3	1756,7	1777,3	1787,7	1751,5	1782,5	28
29	1798	1804,2	1810,4	1816,6	1822,8	1829,0	1835,2	1841,4	1847,6	1853,8	1808,3	1818,7	1839,3	1849,7	1813,5	1844,5	29
30	1860	1866,2	1872,4	1878,6	1884,8	1891,0	1897,2	1903,4	1909,6	1915,8	1870,3	1880,7	1901,3	1911,7	1875,5	1906,5	30
31	1922	1928,2	1934,4	1940,6	1946,8	1953,0	1959,2	1965,4	1971,6	1977,8	1932,3	1942,7	1963,3	1973,7	1937,5	1968,5	31
32	1984	1990,2	1996,4	2002,6	2008,8	2015,0	2021,2	2027,4	2033,6	2039,8	1994,3	2004,7	2025,3	2035,7	1999,5	2030,5	32
33	2046	2052,2	2058,4	2064,6	2070,8	2077,0	2083,2	2089,4	2095,6	2101,8	2056,3	2066,7	2087,3	2097,7	2061,5	2092,5	33
34	2108	2114,2	2120,4	2126,6	2132,8	2139,0	2145,2	2151,4	2157,6	2163,8	2118,3	2128,7	2149,3	2159,7	2123,5	2154,5	34
35	2170	2176,2	2182,4	2188,6	2194,8	2201,0	2207,2	2213,4	2219,6	2225,8	2180,3	2190,7	2211,3	2221,7	2185,5	2216,5	35
36	2232	2238,2	2244,4	2250,6	2256,8	2263,0	2269,2	2275,4	2281,6	2287,8	2242,3	2252,7	2273,3	2283,7	2247,5	2278,5	36
37	2294	2300,2	2306,4	2312,6	2318,8	2325,0	2331,2	2337,4	2343,6	2349,8	2304,3	2314,7	2335,3	2345,7	2309,5	2340,5	37
38	2356	2362,2	2368,4	2374,6	2380,8	2387,0	2393,2	2399,4	2405,6	2411,8	2366,3	2376,7	2397,3	2407,7	2371,5	2402,5	38
39	2418	2424,2	2430,4	2436,6	2442,8	2449,0	2455,2	2461,4	2467,6	2473,8	2428,3	2438,7	2459,3	2469,7	2433,5	2464,5	39
40	2480	2486,2	2492,4	2498,6	2504,8	2511,0	2517,2	2523,4	2529,6	2535,8	2490,3	2500,7	2521,3	2531,7	2495,5	2526,5	40
41	2542	2548,2	2554,4	2560,6	2566,8	2573,0	2579,2	2585,4	2591,6	2597,8	2552,3	2562,7	2583,3	2593,7	2557,5	2588,5	41
42	2604	2610,2	2616,4	2622,6	2628,8	2635,0	2641,2	2647,4	2653,6	2659,8	2614,3	2624,7	2645,3	2655,7	2619,5	2650,5	42
43	2666	2672,2	2678,4	2684,6	2690,8	2697,0	2703,2	2709,4	2715,6	2721,8	2676,3	2686,7	2707,3	2717,7	2681,5	2712,5	43
44	2728	2734,2	2740,4	2746,6	2752,8	2759,0	2765,2	2771,4	2777,6	2783,8	2738,3	2748,7	2769,3	2779,7	2743,5	2774,5	44
45	2790	2796,2	2802,4	2808,6	2814,8	2821,0	2827,2	2833,4	2839,6	2845,8	2800,3	2810,7	2831,3	2841,7	2805,5	2836,5	45
46	2852	2858,2	2864,4	2870,6	2876,8	2883,0	2889,2	2895,4	2901,6	2907,8	2862,3	2872,7	2893,3	2903,7	2867,5	2898,5	46
47	2914	2920,2	2926,4	2932,6	2938,8	2945,0	2951,2	2957,4	2963,6	2969,8	2924,3	2934,7	2955,3	2965,7	2929,5	2960,5	47
48	2976	2982,2	2988,4	2994,6	3000,8	3007,0	3013,2	3019,4	3025,6	3031,8	2986,3	2996,7	3017,3	3027,7	2991,5	3022,5	48
49	3038	3044,2	3050,4	3056,6	3062,8	3069,0	3075,2	3081,4	3087,6	3093,8	3048,3	3058,7	3079,3	3089,7	3053,5	3084,5	49
50	3100	3106,2	3112,4	3118,6	3124,8	3131,0	3137,2	3143,4	3149,6	3155,8	3110,3	3120,7	3141,3	3151,7	3115,5	3146,5	50
51	3162	3168,2	3174,4	3180,6	3186,8	3193,0	3199,2	3205,4	3211,6	3217,8	3172,3	3182,7	3203,3	3213,7	3177,5	3208,5	51
52	3224	3230,2	3236,4	3242,6	3248,8	3255,0	3261,2	3267,4	3273,6	3279,8	3234,3	3244,7	3265,3	3275,7	3239,5	3270,5	52
53	3286	3292,2	3298,4	3304,6	3310,8	3317,0	3323,2	3329,4	3335,6	3341,8	3296,3	3306,7	3327,3	3337,7	3301,5	3332,5	53
54	3348	3354,2	3360,4	3366,6	3372,8	3379,0	3385,2	3391,4	3397,6	3403,8	3358,3	3368,7	3389,3	3399,7	3363,5	3394,5	54
55	3410	3416,2	3422,4	3428,6	3434,8	3441,0	3447,2	3453,4	3459,6	3465,8	3420,3	3430,7	3451,3	3461,7	3425,5	3456,5	55
56	3472	3478,2	3484,4	3490,6	3496,8	3503,0	3509,2	3515,4	3521,6	3527,8	3482,3	3492,7	3513,3	3523,7	3487,5	3518,5	56
57	3534	3540,2	3546,4	3552,6	3558,8	3565,0	3571,2	3577,4	3583,6	3589,8	3544,3	3554,7	3575,3	3585,7	3549,5	3580,5	57
58	3596	3602,2	3608,4	3614,6	3620,8	3627,0	3633,2	3639,4	3645,6	3651,8	3606,3	3616,7	3637,3	3647,7	3611,5	3642,5	58
59	3658	3664,2	3670,4	3676,6	3682,8	3689,0	3695,2	3701,4	3707,6	3713,8	3668,3	3678,7	3699,3	3709,7	3673,5	3704,5	59
60	3720	3726,2	3732,4	3738,6	3744,8	3751,0	3757,2	3763,4	3769,6	3775,8	3730,3	3740,7	3761,3	3771,7	3735,5	3766,5	60
61	3782	3788,2	3794,4	3800,6	3806,8	3813,0	3819,2	3825,4	3831,6	3837,8	3792,3	3802,7	3823,3	3833,7	3797,5	3828,5	61
62	3844	3850,2	3856,4	3862,6	3868,8	3875,0	3881,2	3887,4	3893,6	3899,8	3854,3	3864,7	3885,3	3895,7	3859,5	3890,5	62
63	3906	3912,2	3918,4	3924,6	3930,8	3937,0	3943,2	3949,4	3955,6	3961,8	3916,3	3926,7	3947,3	3957,7	3921,5	3952,5	63
64	3968	3974,2	3980,4	3986,6	3992,8	3999,0	4005,2	4011,4	4017,6	4023,8	3978,3	3988,7	4009,3	4019,7	3983,5	4014,5	64
65	4030	4036,2	4042,4	4048,6	4054,8	4061,0	4067,2	4073,4	4079,6	4085,8	4040,3	4050,7	4071,3	4081,7	4045,5	4076,5	65
66	4092	4098,2	4104,4	4110,6	4116,8	4123,0	4129,2	4135,4	4141,6	4147,8	4102,3	4112,7	4133,3	4143,7	4107,5	4138,5	66
67	4154	4160,2	4166,4	4172,6	4178,8	4185,0	4191,2	4197,4	4203,6	4209,8	4164,3	4174,7	4195,3	4205,7	4169,5	4200,5	67
68	4216	4222,2	4228,4	4234,6	4240,8	4247,0	4253,2	4259,4	4265,6	4271,8	4226,3	4236,7	4257,3	4267,7	4231,5	4262,5	68
69	4278	4284,2	4290,4	4296,6	4302,8	4309,0	4315,2	4321,4	4327,6	4333,8	4288,3	4298,7	4319,3	4329,7	4293,5	4324,5	69
70	4340	4346,2	4352,4	4358,6	4364,8	4371,0	4377,2	4383,4	4389,6	4395,8	4350,3	4360,7	4381,3	4391,7	4355,5	4386,5	70
71	4402	4408,2	4414,4	4420,6	4426,8	4433,0	4439,2	4445,4	4451,6	4457,8	4412,3	4422,7	4443,3	4453,7	4417,5	4448,5	71
72	4464	4470,2	4476,4	4482,6	4488,8	4495,0	4501,2	4507,4	4513,6	4519,8	4474,3	4484,7	4505,3	4515,7	4479,5	4510,5	72
73	4526	4532,2	4538,4	4544,6	4550,8	4557,0	4563,2	4569,4	4575,6	4581,8	4536,3	4546,7	4567,3	4577,7	4541,5	4572,5	73
74	4588	4594,2	4600,4	4606,6	4612,8	4619,0	4625,2	4631,4	4637,6	4643,8	4598,3	4608,7	4629,3	4639,7	4603,5	4634,5	74
75	4650	4656,2	4662,4	4668,6	4674,8	4681,0	4687,2	4693,4	4699,6	4705,8	4660,3	4670,7	4691,3	4701,7	4665,5	4696,5	75
76	4712	4718,2	4724,4	4730,6	4736,8	4743,0	4749,2	4755,4	4761,6	4767,8	4722,3	4732,7	4753,3	4763,7	4727,5	4758,5	76
77	4774	4780,2	4786,4	4792,6	4798,8	4805,0	4811,2	4817,4	4823,6	4829,8	4784,3	4794,7	4815,3	4825,7	4789,5	4820,5	77
78	4836	4842,2	4848,4	4854,6	4860,8	4867,0	4873,2	4879,4	4885,6	4891,8	4846,3	4856,7	4877,3	4887,7	4851,5	4882,5	78
79	4898	4904,2	4910,4	4916,6	4922,8	4929,0	4935,2	4941,4	4947,6	4953,8	4908,3	4918,7	4939,3	4949,7	4913,5	4944,5	79
80	4960	4966,2	4972,4	4978,6	4984,8	4991,0	4997,2	5003,4	5009,6	5015,8	4970,3	4980,7	5001,3	5011,7	4975,5	5006,5	80
81	5022	5028,2	5034,4	5040,6	5046,8	5053,0	5059,2	5065,4	5071,6	5077,8	5032,3	5042,7	5063,3	5073,7	5037,5	5068,5	81
82	5084	5090,2	5096,4	5102,6	5108,8	5115,0	5121,2	5127,4	5133,6	5139,8	5094,3	5104,7	5125,3	5135,7	5099,5	5130,5	82
83	5146	5152,2	5158,4	5164,6	5170,8	5177,0	5183,2	5189,4	5195,6	5201,8	5156,3	5166,7	5187,3	5197,7	5161,5	5192,5	83
84	5208	5214,2	5220,4	5226,6	5232,8	5239,0	5245,2	5251,4	5257,6	5263,8	5218,3	5228,7	5249,3	5259,7	5223,5	5254,5	84
85	5270	5276,2	5282,4	5288,6	5294,8	5301,0	5307,2	5313,4	5319,6	5325,8	5280,3	5290,7	5311,3	5321,7	5285,5	5316,5	85
86	5332	5338,2	5344,4	5350,6	5356,8	5363,0	5369,2	5375,4	5381,6	5387,8	5342,3	5352,7	5373,3	5383,7	5347,5	5378,5	86
87	5394	5400,2	5406,4	5412,6	5418,8	5425,0	5431,2	5437,4	5443,6	5449,8	5404,3	5414,7	5435,3	5445,7	5409,5	5440,5	87
88	5456	5462,2	5468,4	5474,6	5480,8	5487,0	5493,2	5499,4	5505,6	5511,8	5466,3	5476,7	5497,3	5507,7	5471,5	5502,5	88
89	5518	5524,2	5530,4	5536,6	5542,8	5549,0	5555,2	5561,4	5567,6	5573,8	5528,3	5538,7	5559,3	5569,7	5533,5	5564,5	89
90	5580	5586,2	5592,4	5598,6	5604,8	5611,0	5617,2	5623,4	5629,6	5635,8	5590,3	5600,7	5621,3	5631,7	5595,5	5626,5	90
91	5642	5648,2	5654,4	5660,6	5666,8	5673,0	5679,2	5685,4	5691,6	5697,8	5652,3	5662,7	5683,3	5693,7	5657,5	5688,5	91
92	5704	5710,2	5716,4	5722,6	5728,8	5735,0	5741,2	5747,4	5753,6	5759,8	5714,3	5724,7	5745,3	5755,7	5719,5	5750,5	92
93	5766	5772,2	5778,4	5784,6	5790,8	5797,0	5803,2	5809,4	5815,6	5821,8	5776,3	5786,7	5807,3	5817,7	5781,5	5812,5	93
94	5828	5834,2	5840,4	5846,6	5852,8	5859,0	5865,2	5871,4	5877,6	5883,8	5838,3	5848,7	5869,3	5879,7	5843,5	5874,5	94
95	5890	5896,2	5902,4	5908,6	5914,8	5921,0	5927,2	5933,4	5939,6	5945,8	5900,3	5910,7	5931,3	5941,7	5905,5	5936,5	95
96	5952	5958,2	5964,4	5970,6	5976,8	5983,0	5989,2	5995,4	6001,6	6007,8	5962,3	5972,7	5993,3	6003,7	5967,5	5998,5	96
97	6014	6020,2	6026,4	6032,6	6038,8	6045,0	6051,2	6057,4	6063,6	6069,8	6024,3	6034,7	6055,3	6065,7	6029,5	6060,5	97
98	6076	6082,2	6088,4	6094,6	6100,8	6107,0	6113,2	6119,4	6125,6	6131,8	6086,3	6096,7	6117,3	6127,7	6091,5	6122,5	98
99	6138	6144,2	6150,4	6156,6	6162,8	6169,0	6175,2	6181,4	6187,6	6193,8	6148,3	6158,7	6179,3	6189,7	6153,5	6184,5	99
100	6200	6206,2	6212,4	6218,6	6224,8	6231,0	6237,2	6243,4	6249,6	6255,8	6210,3	6220,7	6241,3	6251,7	6215,5	6246,5	100

		1/10 6,3	2/10 12,6	3/10 18,9	4/10 25,2	5/10 31,5	6/10 37,8	7/10 44,1	8/10 50,4	9/10 56,7	1/6 10,5	2/6 21,0	4/6 42,0	5/6 52,5	1/4 15,75	3/4 47,25	
1	63	69,3	75,6	81,9	88,2	94,5	100,8	107,1	113,4	119,7	73,5	84,0	105,0	115,5	78,8	110,3	1
2	126	132,3	138,6	144,9	151,2	157,5	163,8	170,1	176,4	182,7	136,5	147,0	168,0	178,5	141,8	173,3	2
3	189	195,3	201,6	207,9	214,2	220,5	226,8	233,1	239,4	245,7	199,5	210,0	231,0	241,5	204,8	236,3	3
4	252	258,3	264,6	270,9	277,2	283,5	289,8	296,1	302,4	308,7	262,5	273,0	294,0	304,5	267,8	299,3	4
5	315	321,3	327,6	333,9	340,2	346,5	352,8	359,1	365,4	371,7	325,5	336,0	357,0	367,5	330,8	362,3	5
6	378	384,3	390,6	396,9	403,2	409,5	415,8	422,1	428,4	434,7	388,5	399,0	420,0	430,5	393,8	425,3	6
7	441	447,3	453,6	459,9	466,2	472,5	478,8	485,1	491,4	497,7	451,5	462,0	483,0	493,5	456,8	488,3	7
8	504	510,3	516,6	522,9	529,2	535,5	541,8	548,1	554,4	560,7	514,5	525,0	546,0	556,5	519,8	551,3	8
9	567	573,3	579,6	585,9	592,2	598,5	604,8	611,1	617,4	623,7	577,5	588,0	609,0	619,5	582,8	614,3	9
10	630	636,3	642,6	648,9	655,2	661,5	667,8	674,1	680,4	686,7	640,5	651,0	672,0	682,5	645,8	677,3	10
11	693	699,3	705,6	711,9	718,2	724,5	730,8	737,1	743,4	749,7	703,5	714,0	735,0	745,5	708,8	740,3	11
12	756	762,3	768,6	774,9	781,2	787,5	793,8	800,1	806,4	812,7	766,5	777,0	798,0	808,5	771,8	803,3	12
13	819	825,3	831,6	837,9	844,2	850,5	856,8	863,1	869,4	875,7	829,5	840,0	861,0	871,5	834,8	866,3	13
14	882	888,3	894,6	900,9	907,2	913,5	919,8	926,1	932,4	938,7	892,5	903,0	924,0	934,5	897,8	929,3	14
15	945	951,3	957,6	963,9	970,2	976,5	982,8	989,1	995,4	1001,7	955,5	966,0	987,0	997,5	960,8	992,3	15
16	1008	1014,3	1020,6	1026,9	1033,2	1039,5	1045,8	1052,1	1058,4	1064,7	1018,5	1029,0	1050,0	1060,5	1023,8	1055,3	16
17	1071	1077,3	1083,6	1089,9	1096,2	1102,5	1108,8	1115,1	1121,4	1127,7	1081,5	1092,0	1113,0	1123,5	1086,8	1118,3	17
18	1134	1140,3	1146,6	1152,9	1159,2	1165,5	1171,8	1178,1	1184,4	1190,7	1144,5	1155,0	1176,0	1186,5	1149,8	1181,3	18
19	1197	1203,3	1209,6	1215,9	1222,2	1228,5	1234,8	1241,1	1247,4	1253,7	1207,5	1218,0	1239,0	1249,5	1212,8	1244,3	19
20	1260	1266,3	1272,6	1278,9	1285,2	1291,5	1297,8	1304,1	1310,4	1316,7	1270,5	1281,0	1302,0	1312,5	1275,8	1307,3	20
21	1323	1329,3	1335,6	1341,9	1348,2	1354,5	1360,8	1367,1	1373,4	1379,7	1333,5	1344,0	1365,0	1375,5	1338,8	1370,3	21
22	1386	1392,3	1398,6	1404,9	1411,2	1417,5	1423,8	1430,1	1436,4	1442,7	1396,5	1407,0	1428,0	1438,5	1401,8	1433,3	22
23	1449	1455,3	1461,6	1467,9	1474,2	1480,5	1486,8	1493,1	1499,4	1505,7	1459,5	1470,0	1491,0	1501,5	1464,8	1496,3	23
24	1512	1518,3	1524,6	1530,9	1537,2	1543,5	1549,8	1556,1	1562,4	1568,7	1522,5	1533,0	1554,0	1564,5	1527,8	1559,3	24
25	1575	1581,3	1587,6	1593,9	1600,2	1606,5	1612,8	1619,1	1625,4	1631,7	1585,5	1596,0	1617,0	1627,5	1590,8	1622,3	25
26	1638	1644,3	1650,6	1656,9	1663,2	1669,5	1675,8	1682,1	1688,4	1694,7	1648,5	1659,0	1680,0	1690,5	1653,8	1685,3	26
27	1701	1707,3	1713,6	1719,9	1726,2	1732,5	1738,8	1745,1	1751,4	1757,7	1711,5	1722,0	1743,0	1753,5	1716,8	1748,3	27
28	1764	1770,3	1776,6	1782,9	1789,2	1795,5	1801,8	1808,1	1814,4	1820,7	1774,5	1785,0	1806,0	1816,5	1779,8	1811,3	28
29	1827	1833,3	1839,6	1845,9	1852,2	1858,5	1864,8	1871,1	1877,4	1883,7	1837,5	1848,0	1869,0	1879,5	1842,8	1874,3	29
30	1890	1896,3	1902,6	1908,9	1915,2	1921,5	1927,8	1934,1	1940,4	1946,7	1900,5	1911,0	1932,0	1942,5	1905,8	1937,3	30
31	1953	1959,3	1965,6	1971,9	1978,2	1984,5	1990,8	1997,1	2003,4	2009,7	1963,5	1974,0	1995,0	2005,5	1968,8	2000,3	31
32	2016	2022,3	2028,6	2034,9	2041,2	2047,5	2053,8	2060,1	2066,4	2072,7	2026,5	2037,0	2058,0	2068,5	2031,8	2063,3	32
33	2079	2085,3	2091,6	2097,9	2104,2	2110,5	2116,8	2123,1	2129,4	2135,7	2089,5	2100,0	2121,0	2131,5	2094,8	2126,3	33
34	2142	2148,3	2154,6	2160,9	2167,2	2173,5	2179,8	2186,1	2192,4	2198,7	2152,5	2163,0	2184,0	2194,5	2157,8	2189,3	34
35	2205	2211,3	2217,6	2223,9	2230,2	2236,5	2242,8	2249,1	2255,4	2261,7	2215,5	2226,0	2247,0	2257,5	2220,8	2252,3	35
36	2268	2274,3	2280,6	2286,9	2293,2	2299,5	2305,8	2312,1	2318,4	2324,7	2278,5	2289,0	2310,0	2320,5	2283,8	2315,3	36
37	2331	2337,3	2343,6	2349,9	2356,2	2362,5	2368,8	2375,1	2381,4	2387,7	2341,5	2352,0	2373,0	2383,5	2346,8	2378,3	37
38	2394	2400,3	2406,6	2412,9	2419,2	2425,5	2431,8	2438,1	2444,4	2450,7	2404,5	2415,0	2436,0	2446,5	2409,8	2441,3	38
39	2457	2463,3	2469,6	2475,9	2482,2	2488,5	2494,8	2501,1	2507,4	2513,7	2467,5	2478,0	2499,0	2509,5	2472,8	2504,3	39
40	2520	2526,3	2532,6	2538,9	2545,2	2551,5	2557,8	2564,1	2570,4	2576,7	2530,5	2541,0	2562,0	2572,5	2535,8	2567,3	40
41	2583	2589,3	2595,6	2601,9	2608,2	2614,5	2620,8	2627,1	2633,4	2639,7	2593,5	2604,0	2625,0	2635,5	2598,8	2630,3	41
42	2646	2652,3	2658,6	2664,9	2671,2	2677,5	2683,8	2690,1	2696,4	2702,7	2656,5	2667,0	2688,0	2698,5	2661,8	2693,3	42
43	2709	2715,3	2721,6	2727,9	2734,2	2740,5	2746,8	2753,1	2759,4	2765,7	2719,5	2730,0	2751,0	2761,5	2724,8	2756,3	43
44	2772	2778,3	2784,6	2790,9	2797,2	2803,5	2809,8	2816,1	2822,4	2828,7	2782,5	2793,0	2814,0	2824,5	2787,8	2819,3	44
45	2835	2841,3	2847,6	2853,9	2860,2	2866,5	2872,8	2879,1	2885,4	2891,7	2845,5	2856,0	2877,0	2887,5	2850,8	2882,3	45
46	2898	2904,3	2910,6	2916,9	2923,2	2929,5	2935,8	2942,1	2948,4	2954,7	2908,5	2919,0	2940,0	2950,5	2913,8	2945,3	46
47	2961	2967,3	2973,6	2979,9	2986,2	2992,5	2998,8	3005,1	3011,4	3017,7	2971,5	2982,0	3003,0	3013,5	2976,8	3008,3	47
48	3024	3030,3	3036,6	3042,9	3049,2	3055,5	3061,8	3068,1	3074,4	3080,7	3034,5	3045,0	3066,0	3076,5	3039,8	3071,3	48
49	3087	3093,3	3099,6	3105,9	3112,2	3118,5	3124,8	3131,1	3137,4	3143,7	3097,5	3108,0	3129,0	3139,5	3102,8	3134,3	49
50	3150	3156,3	3162,6	3168,9	3175,2	3181,5	3187,8	3194,1	3200,4	3206,7	3160,5	3171,0	3192,0	3202,5	3165,8	3197,3	50
51	3213	3219,3	3225,6	3231,9	3238,2	3244,5	3250,8	3257,1	3263,4	3269,7	3223,5	3234,0	3255,0	3265,5	3228,8	3260,3	51
52	3276	3282,3	3288,6	3294,9	3301,2	3307,5	3313,8	3320,1	3326,4	3332,7	3286,5	3297,0	3318,0	3328,5	3291,8	3323,3	52
53	3339	3345,3	3351,6	3357,9	3364,2	3370,5	3376,8	3383,1	3389,4	3395,7	3349,5	3360,0	3381,0	3391,5	3354,8	3386,3	53
54	3402	3408,3	3414,6	3420,9	3427,2	3433,5	3439,8	3446,1	3452,4	3458,7	3412,5	3423,0	3444,0	3454,5	3417,8	3449,3	54
55	3465	3471,3	3477,6	3483,9	3490,2	3496,5	3502,8	3509,1	3515,4	3521,7	3475,5	3486,0	3507,0	3517,5	3480,8	3512,3	55
56	3528	3534,3	3540,6	3546,9	3553,2	3559,5	3565,8	3572,1	3578,4	3584,7	3538,5	3549,0	3570,0	3580,5	3543,8	3575,3	56
57	3591	3597,3	3603,6	3609,9	3616,2	3622,5	3628,8	3635,1	3641,4	3647,7	3601,5	3612,0	3633,0	3643,5	3606,8	3638,3	57
58	3654	3660,3	3666,6	3672,9	3679,2	3685,5	3691,8	3698,1	3704,4	3710,7	3664,5	3675,0	3696,0	3706,5	3669,8	3701,3	58
59	3717	3723,3	3729,6	3735,9	3742,2	3748,5	3754,8	3761,1	3767,4	3773,7	3727,5	3738,0	3759,0	3769,5	3732,8	3764,3	59
60	3780	3786,3	3792,6	3798,9	3805,2	3811,5	3817,8	3824,1	3830,4	3836,7	3790,5	3801,0	3822,0	3832,5	3795,8	3827,3	60
61	3843	3849,3	3855,6	3861,9	3868,2	3874,5	3880,8	3887,1	3893,4	3899,7	3853,5	3864,0	3885,0	3895,5	3858,8	3890,3	61
62	3906	3912,3	3918,6	3924,9	3931,2	3937,5	3943,8	3950,1	3956,4	3962,7	3916,5	3927,0	3948,0	3958,5	3921,8	3953,3	62
63	3969	3975,3	3981,6	3987,9	3994,2	4000,5	4006,8	4013,1	4019,4	4025,7	3979,5	3990,0	4011,0	4021,5	3984,8	4016,3	63
64	4032	4038,3	4044,6	4050,9	4057,2	4063,5	4069,8	4076,1	4082,4	4088,7	4042,5	4053,0	4074,0	4084,5	4047,8	4079,3	64
65	4095	4101,3	4107,6	4113,9	4120,2	4126,5	4132,8	4139,1	4145,4	4151,7	4105,5	4116,0	4137,0	4147,5	4110,8	4142,3	65
66	4158	4164,3	4170,6	4176,9	4183,2	4189,5	4195,8	4202,1	4208,4	4214,7	4168,5	4179,0	4200,0	4210,5	4173,8	4205,3	66
67	4221	4227,3	4233,6	4239,9	4246,2	4252,5	4258,8	4265,1	4271,4	4277,7	4231,5	4242,0	4263,0	4273,5	4236,8	4268,3	67
68	4284	4290,3	4296,6	4302,9	4309,2	4315,5	4321,8	4328,1	4334,4	4340,7	4294,5	4305,0	4326,0	4336,5	4299,8	4331,3	68
69	4347	4353,3	4359,6	4365,9	4372,2	4378,5	4384,8	4391,1	4397,4	4403,7	4357,5	4368,0	4389,0	4399,5	4362,8	4394,3	69
70	4410	4416,3	4422,6	4428,9	4435,2	4441,5	4447,8	4454,1	4460,4	4466,7	4420,5	4431,0	4452,0	4462,5	4425,8	4457,3	70
71	4473	4479,3	4485,6	4491,9	4498,2	4504,5	4510,8	4517,1	4523,4	4529,7	4483,5	4494,0	4515,0	4525,5	4488,8	4520,3	71
72	4536	4542,3	4548,6	4554,9	4561,2	4567,5	4573,8	4580,1	4586,4	4592,7	4546,5	4557,0	4578,0	4588,5	4551,8	4583,3	72
73	4599	4605,3	4611,6	4617,9	4624,2	4630,5	4636,8	4643,1	4649,4	4655,7	4609,5	4620,0	4641,0	4651,5	4614,8	4646,3	73
74	4662	4668,3	4674,6	4680,9	4687,2	4693,5	4699,8	4706,1	4712,4	4718,7	4672,5	4683,0	4704,0	4714,5	4677,8	4709,3	74
75	4725	4731,3	4737,6	4743,9	4750,2	4756,5	4762,8	4769,1	4775,4	4781,7	4735,5	4746,0	4767,0	4777,5	4740,8	4772,3	75
76	4788	4794,3	4800,6	4806,9	4813,2	4819,5	4825,8	4832,1	4838,4	4844,7	4798,5	4809,0	4830,0	4840,5	4803,8	4835,3	76
77	4851	4857,3	4863,6	4869,9	4876,2	4882,5	4888,8	4895,1	4901,4	4907,7	4861,5	4872,0	4893,0	4903,5	4866,8	4898,3	77
78	4914	4920,3	4926,6	4932,9	4939,2	4945,5	4951,8	4958,1	4964,4	4970,7	4924,5	4935,0	4956,0	4966,5	4929,8	4961,3	78
79	4977	4983,3	4989,6	4995,9	5002,2	5008,5	5014,8	5021,1	5027,4	5033,7	4987,5	4998,0	5019,0	5029,5	4992,8	5024,3	79
80	5040	5046,3	5052,6	5058,9	5065,2	5071,5	5077,8	5084,1	5090,4	5096,7	5050,5	5061,0	5082,0	5092,5	5055,8	5087,3	80
81	5103	5109,3	5115,6	5121,9	5128,2	5134,5	5140,8	5147,1	5153,4	5159,7	5113,5	5124,0	5145,0	5155,5	5118,8	5150,3	81
82	5166	5172,3	5178,6	5184,9	5191,2	5197,5	5203,8	5210,1	5216,4	5222,7	5176,5	5187,0	5208,0	5218,5	5181,8	5213,3	82
83	5229	5235,3	5241,6	5247,9	5254,2	5260,5	5266,8	5273,1	5279,4	5285,7	5239,5	5250,0	5271,0	5281,5	5244,8	5276,3	83
84	5292	5298,3	5304,6	5310,9	5317,2	5323,5	5329,8	5336,1	5342,4	5348,7	5302,5	5313,0	5334,0	5344,5	5307,8	5339,3	84
85	5355	5361,3	5367,6	5373,9	5380,2	5386,5	5392,8	5399,1	5405,4	5411,7	5365,5	5376,0	5397,0	5407,5	5370,8	5402,3	85
86	5418	5424,3	5430,6	5436,9	5443,2	5449,5	5455,8	5462,1	5468,4	5474,7	5428,5	5439,0	5460,0	5470,5	5433,8	5465,3	86
87	5481	5487,3	5493,6	5499,9	5506,2	5512,5	5518,8	5525,1	5531,4	5537,7	5491,5	5502,0	5523,0	5533,5	5496,8	5528,3	87
88	5544	5550,3	5556,6	5562,9	5569,2	5575,5	5581,8	5588,1	5594,4	5600,7	5554,5	5565,0	5586,0	5596,5	5559,8	5591,3	88
89	5607	5613,3	5619,6	5625,9	5632,2	5638,5	5644,8	5651,1	5657,4	5663,7	5617,5	5628,0	5649,0	5659,5	5622,8	5654,3	89
90	5670	5676,3	5682,6	5688,9	5695,2	5701,5	5707,8	5714,1	5720,4	5726,7	5680,5	5691,0	5712,0	5722,5	5685,8	5717,3	90
91	5733	5739,3	5745,6	5751,9	5758,2	5764,5	5770,8	5777,1	5783,4	5789,7	5743,5	5754,0	5775,0	5785,5	5748,8	5780,3	91
92	5796	5802,3	5808,6	5814,9	5821,2	5827,5	5833,8	5840,1	5846,4	5852,7	5806,5	5817,0	5838,0	5848,5	5811,8	5843,3	92
93	5859	5865,3	5871,6	5877,9	5884,2	5890,5	5896,8	5903,1	5909,4	5915,7	5869,5	5880,0	5901,0	5911,5	5874,8	5906,3	93
94	5922	5928,3	5934,6	5940,9	5947,2	5953,5	5959,8	5966,1	5972,4	5978,7	5932,5	5943,0	5964,0	5974,5	5937,8	5969,3	94
95	5985	5991,3	5997,6	6003,9	6010,2	6016,5	6022,8	6029,1	6035,4	6041,7	5995,5	6006,0	6027,0	6037,5	6000,8	6032,3	95
96	6048	6054,3	6060,6	6066,9	6073,2	6079,5	6085,8	6092,1	6098,4	6104,7	6058,5	6069,0	6090,0	6100,5	6063,8	6095,3	96
97	6111	6117,3	6123,6	6129,9	6136,2	6142,5	6148,8	6155,1	6161,4	6167,7	6121,5	6132,0	6153,0	6163,5	6126,8	6158,3	97
98	6174	6180,3	6186,6	6192,9	6199,2	6205,5	6211,8	6218,1	6224,4	6230,7	6184,5	6195,0	6216,0	6226,5	6189,8	6221,3	98
99	6237	6243,3	6249,6	6255,9	6262,2	6268,5	6274,8	6281,1	6287,4	6293,7	6247,5	6258,0	6279,0	6289,5	6252,8	6284,3	99
100	6300	6306,3	6312,6	6318,9	6325,2	6331,5	6337,8	6344,1	6350,4	6356,7	6310,5	6321,0	6342,0	6352,5	6315,8	6347,3	100

64

		1/10 6,4	2/10 12,8	3/10 19,2	4/10 25,6	5/10 32,0	6/10 38,4	7/10 44,8	8/10 51,2	9/10 57,6	1/6 10,666	2/6 21,333	4/6 42,666	5/6 53,333	1/4 16,0	3/4 48,0	
1	64	70,4	76,8	83,2	89,6	96,0	102,4	108,8	115,2	121,6	74,7	85,3	106,7	117,3	80,0	112,0	1
2	128	134,4	140,8	147,2	153,6	160,0	166,4	172,8	179,2	185,6	138,7	149,3	170,7	181,3	144,0	176,0	2
3	192	198,4	204,8	211,2	217,6	224,0	230,4	236,8	243,2	249,6	202,7	213,3	234,7	245,3	208,0	240,0	3
4	256	262,4	268,8	275,2	281,6	288,0	294,4	300,8	307,2	313,6	266,7	277,3	298,7	309,3	272,0	304,0	4
5	320	326,4	332,8	339,2	345,6	352,0	358,4	364,8	371,2	377,6	330,7	341,3	362,7	373,3	336,0	368,0	5
6	384	390,4	396,8	403,2	409,6	416,0	422,4	428,8	435,2	441,6	394,7	405,3	426,7	437,3	400,0	432,0	6
7	448	454,4	460,8	467,2	473,6	480,0	486,4	492,8	499,2	505,6	458,7	469,3	490,7	501,3	464,0	496,0	7
8	512	518,4	524,8	531,2	537,6	544,0	550,4	556,8	563,2	569,6	522,7	533,3	554,7	565,3	528,0	560,0	8
9	576	582,4	588,8	595,2	601,6	608,0	614,4	620,8	627,2	633,6	586,7	597,3	618,7	629,3	592,0	624,0	9
10	640	646,4	652,8	659,2	665,6	672,0	678,4	684,8	691,2	697,6	650,7	661,3	682,7	693,3	656,0	688,0	10
11	704	710,4	716,8	723,2	729,6	736,0	742,4	748,8	755,2	761,6	714,7	725,3	746,7	757,3	720,0	752,0	11
12	768	774,4	780,8	787,2	793,6	800,0	806,4	812,8	819,2	825,6	778,7	789,3	810,7	821,3	784,0	816,0	12
13	832	838,4	844,8	851,2	857,6	864,0	870,4	876,8	883,2	889,6	842,7	853,3	874,7	885,3	848,0	880,0	13
14	896	902,4	908,8	915,2	921,6	928,0	934,4	940,8	947,2	953,6	906,7	917,3	938,7	949,3	912,0	944,0	14
15	960	966,4	972,8	979,2	985,6	992,0	998,4	1004,8	1011,2	1017,6	970,7	981,3	1002,7	1013,3	976,0	1008,0	15
16	1024	1030,4	1036,8	1043,2	1049,6	1056,0	1062,4	1068,8	1075,2	1081,6	1034,7	1045,3	1066,7	1077,3	1040,0	1072,0	16
17	1088	1094,4	1100,8	1107,2	1113,6	1120,0	1126,4	1132,8	1139,2	1145,6	1098,7	1109,3	1130,7	1141,3	1104,0	1136,0	17
18	1152	1158,4	1164,8	1171,2	1177,6	1184,0	1190,4	1196,8	1203,2	1209,6	1162,7	1173,3	1194,7	1205,3	1168,0	1200,0	18
19	1216	1222,4	1228,8	1235,2	1241,6	1248,0	1254,4	1260,8	1267,2	1273,6	1226,7	1237,3	1258,7	1269,3	1232,0	1264,0	19
20	1280	1286,4	1292,8	1299,2	1305,6	1312,0	1318,4	1324,8	1331,2	1337,6	1290,7	1301,3	1322,7	1333,3	1296,0	1328,0	20
21	1344	1350,4	1356,8	1363,2	1369,6	1376,0	1382,4	1388,8	1395,2	1401,6	1354,7	1365,3	1386,7	1397,3	1360,0	1392,0	21
22	1408	1414,4	1420,8	1427,2	1433,6	1440,0	1446,4	1452,8	1459,2	1465,6	1418,7	1429,3	1450,7	1461,3	1424,0	1456,0	22
23	1472	1478,4	1484,8	1491,2	1497,6	1504,0	1510,4	1516,8	1523,2	1529,6	1482,7	1493,3	1514,7	1525,3	1488,0	1520,0	23
24	1536	1542,4	1548,8	1555,2	1561,6	1568,0	1574,4	1580,8	1587,2	1593,6	1546,7	1557,3	1578,7	1589,3	1552,0	1584,0	24
25	1600	1606,4	1612,8	1619,2	1625,6	1632,0	1638,4	1644,8	1651,2	1657,6	1610,7	1621,3	1642,7	1653,3	1616,0	1648,0	25
26	1664	1670,4	1676,8	1683,2	1689,6	1696,0	1702,4	1708,8	1715,2	1721,6	1674,7	1685,3	1706,7	1717,3	1680,0	1712,0	26
27	1728	1734,4	1740,8	1747,2	1753,6	1760,0	1766,4	1772,8	1779,2	1785,6	1738,7	1749,3	1770,7	1781,3	1744,0	1776,0	27
28	1792	1798,4	1804,8	1811,2	1817,6	1824,0	1830,4	1836,8	1843,2	1849,6	1802,7	1813,3	1834,7	1845,3	1808,0	1840,0	28
29	1856	1862,4	1868,8	1875,2	1881,6	1888,0	1894,4	1900,8	1907,2	1913,6	1866,7	1877,3	1898,7	1909,3	1872,0	1904,0	29
30	1920	1926,4	1932,8	1939,2	1945,6	1952,0	1958,4	1964,8	1971,2	1977,6	1930,7	1941,3	1962,7	1973,3	1936,0	1968,0	30
31	1984	1990,4	1996,8	2003,2	2009,6	2016,0	2022,4	2028,8	2035,2	2041,6	1994,7	2005,3	2026,7	2037,3	2000,0	2032,0	31
32	2048	2054,4	2060,8	2067,2	2073,6	2080,0	2086,4	2092,8	2099,2	2105,6	2058,7	2069,3	2090,7	2101,3	2064,0	2096,0	32
33	2112	2118,4	2124,8	2131,2	2137,6	2144,0	2150,4	2156,8	2163,2	2169,6	2122,7	2133,3	2154,7	2165,3	2128,0	2160,0	33
34	2176	2182,4	2188,8	2195,2	2201,6	2208,0	2214,4	2220,8	2227,2	2233,6	2186,7	2197,3	2218,7	2229,3	2192,0	2224,0	34
35	2240	2246,4	2252,8	2259,2	2265,6	2272,0	2278,4	2284,8	2291,2	2297,6	2250,7	2261,3	2282,7	2293,3	2256,0	2288,0	35
36	2304	2310,4	2316,8	2323,2	2329,6	2336,0	2342,4	2348,8	2355,2	2361,6	2314,7	2325,3	2346,7	2357,3	2320,0	2352,0	36
37	2368	2374,4	2380,8	2387,2	2393,6	2400,0	2406,4	2412,8	2419,2	2425,6	2378,7	2389,3	2410,7	2421,3	2384,0	2416,0	37
38	2432	2438,4	2444,8	2451,2	2457,6	2464,0	2470,4	2476,8	2483,2	2489,6	2442,7	2453,3	2474,7	2485,3	2448,0	2480,0	38
39	2496	2502,4	2508,8	2515,2	2521,6	2528,0	2534,4	2540,8	2547,2	2553,6	2506,7	2517,3	2538,7	2549,3	2512,0	2544,0	39
40	2560	2566,4	2572,8	2579,2	2585,6	2592,0	2598,4	2604,8	2611,2	2617,6	2570,7	2581,3	2602,7	2613,3	2576,0	2608,0	40
41	2624	2630,4	2636,8	2643,2	2649,6	2656,0	2662,4	2668,8	2675,2	2681,6	2634,7	2645,3	2666,7	2677,3	2640,0	2672,0	41
42	2688	2694,4	2700,8	2707,2	2713,6	2720,0	2726,4	2732,8	2739,2	2745,6	2698,7	2709,3	2730,7	2741,3	2704,0	2736,0	42
43	2752	2758,4	2764,8	2771,2	2777,6	2784,0	2790,4	2796,8	2803,2	2809,6	2762,7	2773,3	2794,7	2805,3	2768,0	2800,0	43
44	2816	2822,4	2828,8	2835,2	2841,6	2848,0	2854,4	2860,8	2867,2	2873,6	2826,7	2837,3	2858,7	2869,3	2832,0	2864,0	44
45	2880	2886,4	2892,8	2899,2	2905,6	2912,0	2918,4	2924,8	2931,2	2937,6	2890,7	2901,3	2922,7	2933,3	2896,0	2928,0	45
46	2944	2950,4	2956,8	2963,2	2969,6	2976,0	2982,4	2988,8	2995,2	3001,6	2954,7	2965,3	2986,7	2997,3	2960,0	2992,0	46
47	3008	3014,4	3020,8	3027,2	3033,6	3040,0	3046,4	3052,8	3059,2	3065,6	3018,7	3029,3	3050,7	3061,3	3024,0	3056,0	47
48	3072	3078,4	3084,8	3091,2	3097,6	3104,0	3110,4	3116,8	3123,2	3129,6	3082,7	3093,3	3114,7	3125,3	3088,0	3120,0	48
49	3136	3142,4	3148,8	3155,2	3161,6	3168,0	3174,4	3180,8	3187,2	3193,6	3146,7	3157,3	3178,7	3189,3	3152,0	3184,0	49
50	3200	3206,4	3212,8	3219,2	3225,6	3232,0	3238,4	3244,8	3251,2	3257,6	3210,7	3221,3	3242,7	3253,3	3216,0	3248,0	50
51	3264	3270,4	3276,8	3283,2	3289,6	3296,0	3302,4	3308,8	3315,2	3321,6	3274,7	3285,3	3306,7	3317,3	3280,0	3312,0	51
52	3328	3334,4	3340,8	3347,2	3353,6	3360,0	3366,4	3372,8	3379,2	3385,6	3338,7	3349,3	3370,7	3381,3	3344,0	3376,0	52
53	3392	3398,4	3404,8	3411,2	3417,6	3424,0	3430,4	3436,8	3443,2	3449,6	3402,7	3413,3	3434,7	3445,3	3408,0	3440,0	53
54	3456	3462,4	3468,8	3475,2	3481,6	3488,0	3494,4	3500,8	3507,2	3513,6	3466,7	3477,3	3498,7	3509,3	3472,0	3504,0	54
55	3520	3526,4	3532,8	3539,2	3545,6	3552,0	3558,4	3564,8	3571,2	3577,6	3530,7	3541,3	3562,7	3573,3	3536,0	3568,0	55
56	3584	3590,4	3596,8	3603,2	3609,6	3616,0	3622,4	3628,8	3635,2	3641,6	3594,7	3605,3	3626,7	3637,3	3600,0	3632,0	56
57	3648	3654,4	3660,8	3667,2	3673,6	3680,0	3686,4	3692,8	3699,2	3705,6	3658,7	3669,3	3690,7	3701,3	3664,0	3696,0	57
58	3712	3718,4	3724,8	3731,2	3737,6	3744,0	3750,4	3756,8	3763,2	3769,6	3722,7	3733,3	3754,7	3765,3	3728,0	3760,0	58
59	3776	3782,4	3788,8	3795,2	3801,6	3808,0	3814,4	3820,8	3827,2	3833,6	3786,7	3797,3	3818,7	3829,3	3792,0	3824,0	59
60	3840	3846,4	3852,8	3859,2	3865,6	3872,0	3878,4	3884,8	3891,2	3897,6	3850,7	3861,3	3882,7	3893,3	3856,0	3888,0	60
61	3904	3910,4	3916,8	3923,2	3929,6	3936,0	3942,4	3948,8	3955,2	3961,6	3914,7	3925,3	3946,7	3957,3	3920,0	3952,0	61
62	3968	3974,4	3980,8	3987,2	3993,6	4000,0	4006,4	4012,8	4019,2	4025,6	3978,7	3989,3	4010,7	4021,3	3984,0	4016,0	62
63	4032	4038,4	4044,8	4051,2	4057,6	4064,0	4070,4	4076,8	4083,2	4089,6	4042,7	4053,3	4074,7	4085,3	4048,0	4080,0	63
64	4096	4102,4	4108,8	4115,2	4121,6	4128,0	4134,4	4140,8	4147,2	4153,6	4106,7	4117,3	4138,7	4149,3	4112,0	4144,0	64
65	4160	4166,4	4172,8	4179,2	4185,6	4192,0	4198,4	4204,8	4211,2	4217,6	4170,7	4181,3	4202,7	4213,3	4176,0	4208,0	65
66	4224	4230,4	4236,8	4243,2	4249,6	4256,0	4262,4	4268,8	4275,2	4281,6	4234,7	4245,3	4266,7	4277,3	4240,0	4272,0	66
67	4288	4294,4	4300,8	4307,2	4313,6	4320,0	4326,4	4332,8	4339,2	4345,6	4298,7	4309,3	4330,7	4341,3	4304,0	4336,0	67
68	4352	4358,4	4364,8	4371,2	4377,6	4384,0	4390,4	4396,8	4403,2	4409,6	4362,7	4373,3	4394,7	4405,3	4368,0	4400,0	68
69	4416	4422,4	4428,8	4435,2	4441,6	4448,0	4454,4	4460,8	4467,2	4473,6	4426,7	4437,3	4458,7	4469,3	4432,0	4464,0	69
70	4480	4486,4	4492,8	4499,2	4505,6	4512,0	4518,4	4524,8	4531,2	4537,6	4490,7	4501,3	4522,7	4533,3	4496,0	4528,0	70
71	4544	4550,4	4556,8	4563,2	4569,6	4576,0	4582,4	4588,8	4595,2	4601,6	4554,7	4565,3	4586,7	4597,3	4560,0	4592,0	71
72	4608	4614,4	4620,8	4627,2	4633,6	4640,0	4646,4	4652,8	4659,2	4665,6	4618,7	4629,3	4650,7	4661,3	4624,0	4656,0	72
73	4672	4678,4	4684,8	4691,2	4697,6	4704,0	4710,4	4716,8	4723,2	4729,6	4682,7	4693,3	4714,7	4725,3	4688,0	4720,0	73
74	4736	4742,4	4748,8	4755,2	4761,6	4768,0	4774,4	4780,8	4787,2	4793,6	4746,7	4757,3	4778,7	4789,3	4752,0	4784,0	74
75	4800	4806,4	4812,8	4819,2	4825,6	4832,0	4838,4	4844,8	4851,2	4857,6	4810,7	4821,3	4842,7	4853,3	4816,0	4848,0	75
76	4864	4870,4	4876,8	4883,2	4889,6	4896,0	4902,4	4908,8	4915,2	4921,6	4874,7	4885,3	4906,7	4917,3	4880,0	4912,0	76
77	4928	4934,4	4940,8	4947,2	4953,6	4960,0	4966,4	4972,8	4979,2	4985,6	4938,7	4949,3	4970,7	4981,3	4944,0	4976,0	77
78	4992	4998,4	5004,8	5011,2	5017,6	5024,0	5030,4	5036,8	5043,2	5049,6	5002,7	5013,3	5034,7	5045,3	5008,0	5040,0	78
79	5056	5062,4	5068,8	5075,2	5081,6	5088,0	5094,4	5100,8	5107,2	5113,6	5066,7	5077,3	5098,7	5109,3	5072,0	5104,0	79
80	5120	5126,4	5132,8	5139,2	5145,6	5152,0	5158,4	5164,8	5171,2	5177,6	5130,7	5141,3	5162,7	5173,3	5136,0	5168,0	80
81	5184	5190,4	5196,8	5203,2	5209,6	5216,0	5222,4	5228,8	5235,2	5241,6	5194,7	5205,3	5226,7	5237,3	5200,0	5232,0	81
82	5248	5254,4	5260,8	5267,2	5273,6	5280,0	5286,4	5292,8	5299,2	5305,6	5258,7	5269,3	5290,7	5301,3	5264,0	5296,0	82
83	5312	5318,4	5324,8	5331,2	5337,6	5344,0	5350,4	5356,8	5363,2	5369,6	5322,7	5333,3	5354,7	5365,3	5328,0	5360,0	83
84	5376	5382,4	5388,8	5395,2	5401,6	5408,0	5414,4	5420,8	5427,2	5433,6	5386,7	5397,3	5418,7	5429,3	5392,0	5424,0	84
85	5440	5446,4	5452,8	5459,2	5465,6	5472,0	5478,4	5484,8	5491,2	5497,6	5450,7	5461,3	5482,7	5493,3	5456,0	5488,0	85
86	5504	5510,4	5516,8	5523,2	5529,6	5536,0	5542,4	5548,8	5555,2	5561,6	5514,7	5525,3	5546,7	5557,3	5520,0	5552,0	86
87	5568	5574,4	5580,8	5587,2	5593,6	5600,0	5606,4	5612,8	5619,2	5625,6	5578,7	5589,3	5610,7	5621,3	5584,0	5616,0	87
88	5632	5638,4	5644,8	5651,2	5657,6	5664,0	5670,4	5676,8	5683,2	5689,6	5642,7	5653,3	5674,7	5685,3	5648,0	5680,0	88
89	5696	5702,4	5708,8	5715,2	5721,6	5728,0	5734,4	5740,8	5747,2	5753,6	5706,7	5717,3	5738,7	5749,3	5712,0	5744,0	89
90	5760	5766,4	5772,8	5779,2	5785,6	5792,0	5798,4	5804,8	5811,2	5817,6	5770,7	5781,3	5802,7	5813,3	5776,0	5808,0	90
91	5824	5830,4	5836,8	5843,2	5849,6	5856,0	5862,4	5868,8	5875,2	5881,6	5834,7	5845,3	5866,7	5877,3	5840,0	5872,0	91
92	5888	5894,4	5900,8	5907,2	5913,6	5920,0	5926,4	5932,8	5939,2	5945,6	5898,7	5909,3	5930,7	5941,3	5904,0	5936,0	92
93	5952	5958,4	5964,8	5971,2	5977,6	5984,0	5990,4	5996,8	6003,2	6009,6	5962,7	5973,3	5994,7	6005,3	5968,0	6000,0	93
94	6016	6022,4	6028,8	6035,2	6041,6	6048,0	6054,4	6060,8	6067,2	6073,6	6026,7	6037,3	6058,7	6069,3	6032,0	6064,0	94
95	6080	6086,4	6092,8	6099,2	6105,6	6112,0	6118,4	6124,8	6131,2	6137,6	6090,7	6101,3	6122,7	6133,3	6096,0	6128,0	95
96	6144	6150,4	6156,8	6163,2	6169,6	6176,0	6182,4	6188,8	6195,2	6201,6	6154,7	6165,3	6186,7	6197,3	6160,0	6192,0	96
97	6208	6214,4	6220,8	6227,2	6233,6	6240,0	6246,4	6252,8	6259,2	6265,6	6218,7	6229,3	6250,7	6261,3	6224,0	6256,0	97
98	6272	6278,4	6284,8	6291,2	6297,6	6304,0	6310,4	6316,8	6323,2	6329,6	6282,7	6293,3	6314,7	6325,3	6288,0	6320,0	98
99	6336	6342,4	6348,8	6355,2	6361,6	6368,0	6374,4	6380,8	6387,2	6393,6	6346,7	6357,3	6378,7	6389,3	6352,0	6384,0	99
100	6400	6406,4	6412,8	6419,2	6425,6	6432,0	6438,4	6444,8	6451,2	6457,6	6410,7	6421,3	6442,7	6453,3	6416,0	6448,0	100

65

		1/10	2/10	3/10	4/10	5/10	6/10	7/10	8/10	9/10	1/6	2/6	4/6	5/6	1/4	3/4	
		6,5	13,0	19,5	26,0	32,5	39,0	45,5	52,0	58,5	10,833	21,666	43,333	54,166	16,25	48,75	
1	65	71,5	78,0	84,5	91,0	97,5	104,0	110,5	117,0	123,5	75,8	86,7	108,3	119,2	81,3	113,8	1
2	130	136,5	143,0	149,5	156,0	162,5	169,0	175,5	182,0	188,5	140,8	151,7	173,3	184,2	146,3	178,8	2
3	195	201,5	208,0	214,5	221,0	227,5	234,0	240,5	247,0	253,5	205,8	216,7	238,3	249,2	211,3	243,8	3
4	260	266,5	273,0	279,5	286,0	292,5	299,0	305,5	312,0	318,5	270,8	281,7	303,3	314,2	276,3	308,8	4
5	325	331,5	338,0	344,5	351,0	357,5	364,0	370,5	377,0	383,5	335,8	346,7	368,3	379,2	341,3	373,8	5
6	390	396,5	403,0	409,5	416,0	422,5	429,0	435,5	442,0	448,5	400,8	411,7	433,3	444,2	406,3	438,8	6
7	455	461,5	468,0	474,5	481,0	487,5	494,0	500,5	507,0	513,5	465,8	476,7	498,3	509,2	471,3	503,8	7
8	520	526,5	533,0	539,5	546,0	552,5	559,0	565,5	572,0	578,5	530,8	541,7	563,3	574,2	536,3	568,8	8
9	585	591,5	598,0	604,5	611,0	617,5	624,0	630,5	637,0	643,5	595,8	606,7	628,3	639,2	601,3	633,8	9
10	650	656,5	663,0	669,5	676,0	682,5	689,0	695,5	702,0	708,5	660,8	671,7	693,3	704,2	666,3	698,8	10
11	715	721,5	728,0	734,5	741,0	747,5	754,0	760,5	767,0	773,5	725,8	736,7	758,3	769,2	731,3	763,8	11
12	780	786,5	793,0	799,5	806,0	812,5	819,0	825,5	832,0	838,5	790,8	801,7	823,3	834,2	796,3	828,8	12
13	845	851,5	858,0	864,5	871,0	877,5	884,0	890,5	897,0	903,5	855,8	866,7	888,3	890,2	861,3	893,8	13
14	910	916,5	923,0	929,5	936,0	942,5	949,0	955,5	962,0	968,5	920,8	931,7	953,3	964,2	926,3	958,8	14
15	975	981,5	988,0	994,5	1001,0	1007,5	1014,0	1020,5	1027,0	1033,5	985,8	996,7	1018,3	1029,2	991,3	1023,8	15
16	1040	1046,5	1053,0	1059,5	1066,0	1072,5	1079,0	1085,5	1092,0	1098,5	1050,8	1061,7	1083,3	1094,2	1056,3	1088,8	16
17	1105	1111,5	1118,0	1124,5	1131,0	1137,5	1144,0	1150,5	1157,0	1163,5	1115,8	1126,7	1148,3	1159,2	1121,3	1153,8	17
18	1170	1176,5	1183,0	1189,5	1196,0	1202,5	1209,0	1215,5	1222,0	1228,5	1180,8	1191,7	1213,3	1224,2	1186,3	1218,8	18
19	1235	1241,5	1248,0	1254,5	1261,0	1267,5	1274,0	1280,5	1287,0	1293,5	1245,8	1256,7	1278,3	1289,2	1251,3	1283,8	19
20	1300	1306,5	1313,0	1319,5	1326,0	1332,5	1339,0	1345,5	1352,0	1358,5	1310,8	1321,7	1343,3	1354,2	1316,3	1348,8	20
21	1365	1371,5	1378,0	1384,5	1391,0	1397,5	1404,0	1410,5	1417,0	1423,5	1375,8	1386,7	1408,3	1419,2	1381,3	1413,8	21
22	1430	1436,5	1443,0	1449,5	1456,0	1462,5	1469,0	1475,5	1482,0	1488,5	1440,8	1451,7	1473,3	1484,2	1446,3	1478,8	22
23	1495	1501,5	1508,0	1514,5	1521,0	1527,5	1534,0	1540,5	1547,0	1553,5	1505,8	1516,7	1538,3	1549,2	1511,3	1543,8	23
24	1560	1566,5	1573,0	1579,5	1586,0	1592,5	1599,0	1605,5	1612,0	1618,5	1570,8	1581,7	1603,3	1614,2	1576,3	1608,8	24
25	1625	1631,5	1638,0	1644,5	1651,0	1657,5	1664,0	1670,5	1677,0	1683,5	1635,8	1646,7	1668,3	1679,2	1641,3	1673,8	25
26	1690	1696,5	1703,0	1709,5	1716,0	1722,5	1729,0	1735,5	1742,0	1748,5	1700,8	1711,7	1733,3	1744,2	1706,3	1738,8	26
27	1755	1761,5	1768,0	1774,5	1781,0	1787,5	1794,0	1800,5	1807,0	1813,5	1765,8	1776,7	1798,3	1809,2	1771,3	1803,8	27
28	1820	1826,5	1833,0	1839,5	1846,0	1852,5	1859,0	1865,5	1872,0	1878,5	1830,8	1841,7	1863,3	1874,2	1836,3	1868,8	28
29	1885	1891,5	1898,0	1904,5	1911,0	1917,5	1924,0	1930,5	1937,0	1943,5	1895,8	1906,7	1928,3	1939,2	1901,3	1933,8	29
30	1950	1956,5	1963,0	1969,5	1976,0	1982,5	1989,0	1995,5	2002,0	2008,5	1960,8	1971,7	1993,3	2004,2	1966,3	1998,8	30
31	2015	2021,5	2028,0	2034,5	2041,0	2047,5	2054,0	2060,5	2067,0	2073,5	2025,8	2036,7	2058,3	2069,2	2031,3	2063,8	31
32	2080	2086,5	2093,0	2099,5	2106,0	2112,5	2119,0	2125,5	2132,0	2138,5	2090,8	2101,7	2123,3	2134,2	2096,3	2128,8	32
33	2145	2151,5	2158,0	2164,5	2171,0	2177,5	2184,0	2190,5	2197,0	2203,5	2155,8	2166,7	2188,3	2199,2	2161,3	2193,8	33
34	2210	2216,5	2223,0	2229,5	2236,0	2242,5	2249,0	2255,5	2262,0	2268,5	2220,8	2231,7	2253,3	2264,2	2226,3	2258,8	34
35	2275	2281,5	2288,0	2294,5	2301,0	2307,5	2314,0	2320,5	2327,0	2333,5	2285,8	2296,7	2318,3	2329,2	2291,3	2323,8	35
36	2340	2346,5	2353,0	2359,5	2366,0	2372,5	2379,0	2385,5	2392,0	2398,5	2350,8	2361,7	2383,3	2394,2	2356,3	2388,8	36
37	2405	2411,5	2418,0	2424,5	2431,0	2437,5	2444,0	2450,5	2457,0	2463,5	2415,8	2426,7	2448,3	2459,2	2421,3	2453,8	37
38	2470	2476,5	2483,0	2489,5	2496,0	2502,5	2509,0	2515,5	2522,0	2528,5	2480,8	2491,7	2513,3	2524,2	2486,3	2518,8	38
39	2535	2541,5	2548,0	2554,5	2561,0	2567,5	2574,0	2580,5	2587,0	2593,5	2545,8	2556,7	2578,3	2589,2	2551,3	2583,8	39
40	2600	2606,5	2613,0	2619,5	2626,0	2632,5	2639,0	2645,5	2652,0	2658,5	2610,8	2621,7	2643,3	2654,2	2616,3	2648,8	40
41	2665	2671,5	2678,0	2684,5	2691,0	2697,5	2704,0	2710,5	2717,0	2723,5	2675,8	2686,7	2708,3	2719,2	2681,3	2713,8	41
42	2730	2736,5	2743,0	2749,5	2756,0	2762,5	2769,0	2775,5	2782,0	2788,5	2740,8	2751,7	2773,3	2784,2	2746,3	2778,8	42
43	2795	2801,5	2808,0	2814,5	2821,0	2827,5	2834,0	2840,5	2847,0	2853,5	2805,8	2816,7	2838,3	2849,2	2811,3	2843,8	43
44	2860	2866,5	2873,0	2879,5	2886,0	2892,5	2899,0	2905,5	2912,0	2918,5	2870,8	2881,7	2903,3	2914,2	2876,3	2908,8	44
45	2925	2931,5	2938,0	2944,5	2951,0	2957,5	2964,0	2970,5	2977,0	2983,5	2935,8	2946,7	2968,3	2979,2	2941,3	2973,8	45
46	2990	2996,5	3003,0	3009,5	3016,0	3022,5	3029,0	3035,5	3042,0	3048,5	3000,8	3011,7	3033,3	3044,2	3006,3	3038,8	46
47	3055	3061,5	3068,0	3074,5	3081,0	3087,5	3094,0	3100,5	3107,0	3113,5	3065,8	3076,7	3098,3	3109,2	3071,3	3103,8	47
48	3120	3126,5	3133,0	3139,5	3146,0	3152,5	3159,0	3165,5	3172,0	3178,5	3130,8	3141,7	3163,3	3174,2	3136,3	3168,8	48
49	3185	3191,5	3198,0	3204,5	3211,0	3217,5	3224,0	3230,5	3237,0	3243,5	3195,8	3206,7	3228,3	3239,2	3201,3	3233,8	49
50	3250	3256,5	3263,0	3269,5	3276,0	3282,5	3289,0	3295,5	3302,0	3308,5	3260,8	3271,7	3293,3	3304,2	3266,3	3298,8	50
51	3315	3321,5	3328,0	3334,5	3341,0	3347,5	3354,0	3360,5	3367,0	3373,5	3325,8	3336,7	3358,3	3369,2	3331,3	3363,8	51
52	3380	3386,5	3393,0	3399,5	3406,0	3412,5	3419,0	3425,5	3432,0	3438,5	3390,8	3401,7	3423,3	3434,2	3396,3	3428,8	52
53	3445	3451,5	3458,0	3464,5	3471,0	3477,5	3484,0	3490,5	3497,0	3503,5	3455,8	3466,7	3488,3	3499,2	3461,3	3493,8	53
54	3510	3516,5	3523,0	3529,5	3536,0	3542,5	3549,0	3555,5	3562,0	3568,5	3520,8	3531,7	3553,3	3564,2	3526,3	3558,8	54
55	3575	3581,5	3588,0	3594,5	3601,0	3607,5	3614,0	3620,5	3627,0	3633,5	3585,8	3596,7	3618,3	3629,2	3591,3	3623,8	55
56	3640	3646,5	3653,0	3659,5	3666,0	3672,5	3679,0	3685,5	3692,0	3698,5	3650,8	3661,7	3683,3	3694,2	3656,3	3688,8	56
57	3705	3711,5	3718,0	3724,5	3731,0	3737,5	3744,0	3750,5	3757,0	3763,5	3715,8	3726,7	3748,3	3759,2	3721,3	3753,8	57
58	3770	3776,5	3783,0	3789,5	3796,0	3802,5	3809,0	3815,5	3822,0	3828,5	3780,8	3791,7	3813,3	3824,2	3786,3	3818,8	58
59	3835	3841,5	3848,0	3854,5	3861,0	3867,5	3874,0	3880,5	3887,0	3893,5	3845,8	3856,7	3878,3	3889,2	3851,3	3883,8	59
60	3900	3906,5	3913,0	3919,5	3926,0	3932,5	3939,0	3945,5	3952,0	3958,5	3910,8	3921,7	3943,3	3954,2	3916,3	3948,8	60
61	3965	3971,5	3978,0	3984,5	3991,0	3997,5	4004,0	4010,5	4017,0	4023,5	3975,8	3986,7	4008,3	4019,2	3981,3	4013,8	61
62	4030	4036,5	4043,0	4049,5	4056,0	4062,5	4069,0	4075,5	4082,0	4088,5	4040,8	4051,7	4073,3	4084,2	4046,3	4078,8	62
63	4095	4101,5	4108,0	4114,5	4121,0	4127,5	4134,0	4140,5	4147,0	4153,5	4105,8	4116,7	4138,3	4149,2	4111,3	4143,8	63
64	4160	4166,5	4173,0	4179,5	4186,0	4192,5	4199,0	4205,5	4212,0	4218,5	4170,8	4181,7	4203,3	4214,2	4176,3	4208,8	64
65	4225	4231,5	4238,0	4244,5	4251,0	4257,5	4264,0	4270,5	4277,0	4283,5	4235,8	4246,7	4268,3	4279,2	4241,3	4273,8	65
66	4290	4296,5	4303,0	4309,5	4316,0	4322,5	4329,0	4335,5	4342,0	4348,5	4300,8	4311,7	4333,3	4344,2	4306,3	4338,8	66
67	4355	4361,5	4368,0	4374,5	4381,0	4387,5	4394,0	4400,5	4407,0	4413,5	4365,8	4376,7	4398,3	4409,2	4371,3	4403,8	67
68	4420	4426,5	4433,0	4439,5	4446,0	4452,5	4459,0	4465,5	4472,0	4478,5	4430,8	4441,7	4463,3	4474,2	4436,3	4468,8	68
69	4485	4491,5	4498,0	4504,5	4511,0	4517,5	4524,0	4530,5	4537,0	4543,5	4495,8	4506,7	4528,3	4539,2	4501,3	4533,8	69
70	4550	4556,5	4563,0	4569,5	4576,0	4582,5	4589,0	4595,5	4602,0	4608,5	4560,8	4571,7	4593,3	4604,2	4566,3	4598,8	70
71	4615	4621,5	4628,0	4634,5	4641,0	4647,5	4654,0	4660,5	4667,0	4673,5	4625,8	4636,7	4658,3	4669,2	4631,3	4663,8	71
72	4680	4686,5	4693,0	4699,5	4706,0	4712,5	4719,0	4725,5	4732,0	4738,5	4690,8	4701,7	4723,3	4734,2	4696,3	4728,8	72
73	4745	4751,5	4758,0	4764,5	4771,0	4777,5	4784,0	4790,5	4797,0	4803,5	4755,8	4766,7	4788,3	4799,2	4761,3	4793,8	73
74	4810	4816,5	4823,0	4829,5	4836,0	4842,5	4849,0	4855,5	4862,0	4868,5	4820,8	4831,7	4853,3	4864,2	4826,3	4858,8	74
75	4875	4881,5	4888,0	4894,5	4901,0	4907,5	4914,0	4920,5	4927,0	4933,5	4885,8	4896,7	4918,3	4929,2	4891,3	4923,8	75
76	4940	4946,5	4953,0	4959,5	4966,0	4972,5	4979,0	4985,5	4992,0	4998,5	4950,8	4961,7	4983,3	4994,2	4956,3	4988,8	76
77	5005	5011,5	5018,0	5024,5	5031,0	5037,5	5044,0	5050,5	5057,0	5063,5	5015,8	5026,7	5048,3	5059,2	5021,3	5053,8	77
78	5070	5076,5	5083,0	5089,5	5096,0	5102,5	5109,0	5115,5	5122,0	5128,5	5080,8	5091,7	5113,3	5124,2	5086,3	5118,8	78
79	5135	5141,5	5148,0	5154,5	5161,0	5167,5	5174,0	5180,5	5187,0	5193,5	5145,8	5156,7	5178,3	5189,2	5151,3	5183,8	79
80	5200	5206,5	5213,0	5219,5	5226,0	5232,5	5239,0	5245,5	5252,0	5258,5	5210,8	5221,7	5243,3	5254,2	5216,3	5248,8	80
81	5265	5271,5	5278,0	5284,5	5291,0	5297,5	5304,0	5310,5	5317,0	5323,5	5275,8	5286,7	5308,3	5319,2	5281,3	5313,8	81
82	5330	5336,5	5343,0	5349,5	5356,0	5362,5	5369,0	5375,5	5382,0	5388,5	5340,8	5351,7	5373,3	5384,2	5346,3	5378,8	82
83	5395	5401,5	5408,0	5414,5	5421,0	5427,5	5434,0	5440,5	5447,0	5453,5	5405,8	5416,7	5438,3	5449,2	5411,3	5443,8	83
84	5460	5466,5	5473,0	5479,5	5486,0	5492,5	5499,0	5505,5	5512,0	5518,5	5470,8	5481,7	5503,3	5514,2	5476,3	5508,8	84
85	5525	5531,5	5538,0	5544,5	5551,0	5557,5	5564,0	5570,5	5577,0	5583,5	5535,8	5546,7	5568,3	5579,2	5541,3	5573,8	85
86	5590	5596,5	5603,0	5609,5	5616,0	5622,5	5629,0	5635,5	5642,0	5648,5	5600,8	5611,7	5633,3	5644,2	5606,3	5638,8	86
87	5655	5661,5	5668,0	5674,5	5681,0	5687,5	5694,0	5700,5	5707,0	5713,5	5665,8	5676,7	5698,3	5709,2	5671,3	5703,8	87
88	5720	5726,5	5733,0	5739,5	5746,0	5752,5	5759,0	5765,5	5772,0	5778,5	5730,8	5741,7	5763,3	5774,2	5736,3	5768,8	88
89	5785	5791,5	5798,0	5804,5	5811,0	5817,5	5824,0	5830,5	5837,0	5843,5	5795,8	5806,7	5828,3	5839,2	5801,3	5833,8	89
90	5850	5856,5	5863,0	5869,5	5876,0	5882,5	5889,0	5895,5	5902,0	5908,5	5860,8	5871,7	5893,3	5904,2	5866,3	5898,8	90
91	5915	5921,5	5928,0	5934,5	5941,0	5947,5	5954,0	5960,5	5967,0	5973,5	5925,8	5936,7	5958,3	5969,2	5931,3	5963,8	91
92	5980	5986,5	5993,0	5999,5	6006,0	6012,5	6019,0	6025,5	6032,0	6038,5	5990,8	6001,7	6023,3	6034,2	5996,3	6028,8	92
93	6045	6051,5	6058,0	6064,5	6071,0	6077,5	6084,0	6090,5	6097,0	6103,5	6055,8	6066,7	6088,3	6099,2	6061,3	6093,8	93
94	6110	6116,5	6123,0	6129,5	6136,0	6142,5	6149,0	6155,5	6162,0	6168,5	6120,8	6131,7	6153,3	6164,2	6126,3	6158,8	94
95	6175	6181,5	6188,0	6194,5	6201,0	6207,5	6214,0	6220,5	6227,0	6233,5	6185,8	6196,7	6218,3	6229,2	6191,3	6223,8	95
96	6240	6246,5	6253,0	6259,5	6266,0	6272,5	6279,0	6285,5	6292,0	6298,5	6250,8	6261,7	6283,3	6294,2	6256,3	6288,8	96
97	6305	6311,5	6318,0	6324,5	6331,0	6337,5	6344,0	6350,5	6357,0	6363,5	6315,8	6326,7	6348,3	6359,2	6321,3	6353,8	97
98	6370	6376,5	6383,0	6389,5	6396,0	6402,5	6409,0	6415,5	6422,0	6428,5	6380,8	6391,7	6413,3	6424,2	6386,3	6418,8	98
99	6435	6441,5	6448,0	6454,5	6461,0	6467,5	6474,0	6480,5	6487,0	6493,5	6445,8	6456,7	6478,3	6489,2	6451,3	6483,8	99
100	6500	6506,5	6513,0	6519,5	6526,0	6532,5	6539,0	6545,5	6552,0	6558,5	6510,8	6521,7	6543,3	6554,2	6516,3	6548,8	100

66	1/10 6,6	2/10 13,2	3/10 19,8	4/10 26,4	5/10 33,0	6/10 39,6	7/10 46,2	8/10 52,8	9/10 59,4	1/6 11,0	2/6 22,0	4/6 44,0	5/6 55,0	1/4 16,5	3/4 49,5	
1 66	72,6	79,2	85,8	92,4	99,0	105,6	112,2	118,8	125,4	77,0	88,0	110,0	121,0	82,5	115,5	**1**
2 132	138,6	145,2	151,8	158,4	165,0	171,6	178,2	184,8	191,4	143,0	154,0	176,0	187,0	148,5	181,5	**2**
3 198	204,6	211,2	217,8	224,4	231,0	237,6	244,2	250,8	257,4	209,0	220,0	242,0	253,0	214,5	247,5	**3**
4 264	270,6	277,2	283,8	290,4	297,0	303,6	310,2	316,8	323,4	275,0	286,0	308,0	319,0	280,5	313,5	**4**
5 330	336,6	343,2	349,8	356,4	363,0	369,6	376,2	382,8	389,4	341,0	352,0	374,0	385,0	346,5	379,5	**5**
6 396	402,6	409,2	415,8	422,4	429,0	435,6	442,2	448,8	455,4	407,0	418,0	440,0	451,0	412,5	445,5	**6**
7 462	468,6	475,2	481,8	488,4	495,0	501,6	508,2	514,8	521,4	473,0	484,0	506,0	517,0	478,5	511,5	**7**
8 528	534,6	541,2	547,8	554,4	561,0	567,6	574,2	580,8	587,4	539,0	550,0	572,0	583,0	544,5	577,5	**8**
9 594	600,6	607,2	613,8	620,4	627,0	633,6	640,2	646,8	653,4	605,0	616,0	638,0	649,0	610,5	643,5	**9**
10 660	666,6	673,2	679,8	686,4	693,0	699,6	706,2	712,8	719,4	671,0	682,0	704,0	715,0	676,5	709,5	**10**
11 726	732,6	739,2	745,8	752,4	759,0	765,6	772,2	778,8	785,4	737,0	748,0	770,0	781,0	742,5	775,5	**11**
12 792	798,6	805,2	811,8	818,4	825,0	831,6	838,2	844,8	851,4	803,0	814,0	836,0	847,0	808,5	841,5	**12**
13 858	864,6	871,2	877,8	884,4	891,0	897,6	904,2	910,8	917,4	869,0	880,0	902,0	913,0	874,5	907,5	**13**
14 924	930,6	937,2	943,8	950,4	957,0	963,6	970,2	976,8	983,4	935,0	946,0	968,0	979,0	940,5	973,5	**14**
15 990	996,6	1003,2	1009,8	1016,4	1023,0	1029,6	1036,2	1042,8	1049,4	1001,0	1012,0	1034,0	1045,0	1006,5	1039,5	**15**
16 1056	1062,6	1069,2	1075,8	1082,4	1089,0	1095,6	1102,2	1108,8	1115,4	1067,0	1078,0	1100,0	1111,0	1072,5	1105,5	**16**
17 1122	1128,6	1135,2	1141,8	1148,4	1155,0	1161,6	1168,2	1174,8	1181,4	1133,0	1144,0	1166,0	1177,0	1138,5	1171,5	**17**
18 1188	1194,6	1201,2	1207,8	1214,4	1221,0	1227,6	1234,2	1240,8	1247,4	1199,0	1210,0	1232,0	1243,0	1204,5	1237,5	**18**
19 1254	1260,6	1267,2	1273,8	1280,4	1287,0	1293,6	1300,2	1306,8	1313,4	1265,0	1276,0	1298,0	1309,0	1270,5	1303,5	**19**
20 1320	1326,6	1333,2	1339,8	1346,4	1353,0	1359,6	1366,2	1372,8	1379,4	1331,0	1342,0	1364,0	1375,0	1336,5	1369,5	**20**
21 1386	1392,6	1399,2	1405,8	1412,4	1419,0	1425,6	1432,2	1438,8	1445,4	1397,0	1408,0	1430,0	1441,0	1402,5	1435,5	**21**
22 1452	1458,6	1465,2	1471,8	1478,4	1485,0	1491,6	1498,2	1504,8	1511,4	1463,0	1474,0	1496,0	1507,0	1468,5	1501,5	**22**
23 1518	1524,6	1531,2	1537,8	1544,4	1551,0	1557,6	1564,2	1570,8	1577,4	1529,0	1540,0	1562,0	1573,0	1534,5	1567,5	**23**
24 1584	1590,6	1597,2	1603,8	1610,4	1617,0	1623,6	1630,2	1636,8	1643,4	1595,0	1606,0	1628,0	1639,0	1600,5	1633,5	**24**
25 1650	1656,6	1663,2	1669,8	1676,4	1683,0	1689,6	1696,2	1702,8	1709,4	1661,0	1672,0	1694,0	1705,0	1666,5	1699,5	**25**
26 1716	1722,6	1729,2	1735,8	1742,4	1749,0	1755,6	1762,2	1768,8	1775,4	1727,0	1738,0	1760,0	1771,0	1732,5	1765,5	**26**
27 1782	1788,6	1795,2	1801,8	1808,4	1815,0	1821,6	1828,2	1834,8	1841,4	1793,0	1804,0	1826,0	1837,0	1798,5	1831,5	**27**
28 1848	1854,6	1861,2	1867,8	1874,4	1881,0	1887,6	1894,2	1900,8	1907,4	1859,0	1870,0	1892,0	1903,0	1864,5	1897,5	**28**
29 1914	1920,6	1927,2	1933,8	1940,4	1947,0	1953,6	1960,2	1966,8	1973,4	1925,0	1936,0	1958,0	1969,0	1930,5	1963,5	**29**
30 1980	1986,6	1993,2	1999,8	2006,4	2013,0	2019,6	2026,2	2032,8	2039,4	1991,0	2002,0	2024,0	2035,0	1996,5	2029,5	**30**
31 2046	2052,6	2059,2	2065,8	2072,4	2079,0	2085,6	2092,2	2098,8	2105,4	2057,0	2068,0	2090,0	2101,0	2062,5	2095,5	**31**
32 2112	2118,6	2125,2	2131,8	2138,4	2145,0	2151,6	2158,2	2164,8	2171,4	2123,0	2134,0	2156,0	2167,0	2128,5	2161,5	**32**
33 2178	2184,6	2191,2	2197,8	2204,4	2211,0	2217,6	2224,2	2230,8	2237,4	2189,0	2200,0	2222,0	2233,0	2194,5	2227,5	**33**
34 2244	2250,6	2257,2	2263,8	2270,4	2277,0	2283,6	2290,2	2296,8	2303,4	2255,0	2266,0	2288,0	2299,0	2260,5	2293,5	**34**
35 2310	2316,6	2323,2	2329,8	2336,4	2343,0	2349,6	2356,2	2362,8	2369,4	2321,0	2332,0	2354,0	2365,0	2326,5	2359,5	**35**
36 2376	2382,6	2389,2	2395,8	2402,4	2409,0	2415,6	2422,2	2428,8	2435,4	2387,0	2398,0	2420,0	2431,0	2392,5	2425,5	**36**
37 2442	2448,6	2455,2	2461,8	2468,4	2475,0	2481,6	2488,2	2494,8	2501,4	2453,0	2464,0	2486,0	2497,0	2458,5	2491,5	**37**
38 2508	2514,6	2521,2	2527,8	2534,4	2541,0	2547,6	2554,2	2560,8	2567,4	2519,0	2530,0	2552,0	2563,0	2524,5	2557,5	**38**
39 2574	2580,6	2587,2	2593,8	2600,4	2607,0	2613,6	2620,2	2626,8	2633,4	2585,0	2596,0	2618,0	2629,0	2590,5	2623,5	**39**
40 2640	2646,6	2653,2	2659,8	2666,4	2673,0	2679,6	2686,2	2692,8	2699,4	2651,0	2662,0	2684,0	2695,0	2656,5	2689,5	**40**
41 2706	2712,6	2719,2	2725,8	2732,4	2739,0	2745,6	2752,2	2758,8	2765,4	2717,0	2728,0	2750,0	2761,0	2722,5	2755,5	**41**
42 2772	2778,6	2785,2	2791,8	2798,4	2805,0	2811,6	2818,2	2824,8	2831,4	2783,0	2794,0	2816,0	2827,0	2788,5	2821,5	**42**
43 2838	2844,6	2851,2	2857,8	2864,4	2871,0	2877,6	2884,2	2890,8	2897,4	2849,0	2860,0	2882,0	2893,0	2854,5	2887,5	**43**
44 2904	2910,6	2917,2	2923,8	2930,4	2937,0	2943,6	2950,2	2956,8	2963,4	2915,0	2926,0	2948,0	2959,0	2920,5	2953,5	**44**
45 2970	2976,6	2983,2	2989,8	2996,4	3003,0	3009,6	3016,2	3022,8	3029,4	2981,0	2992,0	3014,0	3025,0	2986,5	3019,5	**45**
46 3036	3042,6	3049,2	3055,8	3062,4	3069,0	3075,6	3082,2	3088,8	3095,4	3047,0	3058,0	3080,0	3091,0	3052,5	3085,5	**46**
47 3102	3108,6	3115,2	3121,8	3128,4	3135,0	3141,6	3148,2	3154,8	3161,4	3113,0	3124,0	3146,0	3157,0	3118,5	3151,5	**47**
48 3168	3174,6	3181,2	3187,8	3194,4	3201,0	3207,6	3214,2	3220,8	3227,4	3179,0	3190,0	3212,0	3223,0	3184,5	3217,5	**48**
49 3234	3240,6	3247,2	3253,8	3260,4	3267,0	3273,6	3280,2	3286,8	3293,4	3245,0	3256,0	3278,0	3289,0	3250,5	3283,5	**49**
50 3300	3306,6	3313,2	3319,8	3326,4	3333,0	3339,6	3346,2	3352,8	3359,4	3311,0	3322,0	3344,0	3355,0	3316,5	3349,5	**50**
51 3366	3372,6	3379,2	3385,8	3392,4	3399,0	3405,6	3412,2	3418,8	3425,4	3377,0	3388,0	3410,0	3421,0	3382,5	3415,5	**51**
52 3432	3438,6	3445,2	3451,8	3458,4	3465,0	3471,6	3478,2	3484,8	3491,4	3443,0	3454,0	3476,0	3487,0	3448,5	3481,5	**52**
53 3498	3504,6	3511,2	3517,8	3524,4	3531,0	3537,6	3544,2	3550,8	3557,4	3509,0	3520,0	3542,0	3553,0	3514,5	3547,5	**53**
54 3564	3570,6	3577,2	3583,8	3590,4	3597,0	3603,6	3610,2	3616,8	3623,4	3575,0	3586,0	3608,0	3619,0	3580,5	3613,5	**54**
55 3630	3636,6	3643,2	3649,8	3656,4	3663,0	3669,6	3676,2	3682,8	3689,4	3641,0	3652,0	3674,0	3685,0	3646,5	3679,5	**55**
56 3696	3702,6	3709,2	3715,8	3722,4	3729,0	3735,6	3742,2	3748,8	3755,4	3707,0	3718,0	3740,0	3751,0	3712,5	3745,5	**56**
57 3762	3768,6	3775,2	3781,8	3788,4	3795,0	3801,6	3808,2	3814,8	3821,4	3773,0	3784,0	3806,0	3817,0	3778,5	3811,5	**57**
58 3828	3834,6	3841,2	3847,8	3854,4	3861,0	3867,6	3874,2	3880,8	3887,4	3839,0	3850,0	3872,0	3883,0	3844,5	3877,5	**58**
59 3894	3900,6	3907,2	3913,8	3920,4	3927,0	3933,6	3940,2	3946,8	3953,4	3905,0	3916,0	3938,0	3949,0	3910,5	3943,5	**59**
60 3960	3966,6	3973,2	3979,8	3986,4	3993,0	3999,6	4006,2	4012,8	4019,4	3971,0	3982,0	4004,0	4015,0	3976,5	4009,5	**60**
61 4026	4032,6	4039,2	4045,8	4052,4	4059,0	4065,6	4072,2	4078,8	4085,4	4037,0	4048,0	4070,0	4081,0	4042,5	4075,5	**61**
62 4092	4098,6	4105,2	4111,8	4118,4	4125,0	4131,6	4138,2	4144,8	4151,4	4103,0	4114,0	4136,0	4147,0	4108,5	4141,5	**62**
63 4158	4164,6	4171,2	4177,8	4184,4	4191,0	4197,6	4204,2	4210,8	4217,4	4169,0	4180,0	4202,0	4213,0	4174,5	4207,5	**63**
64 4224	4230,6	4237,2	4243,8	4250,4	4257,0	4263,6	4270,2	4276,8	4283,4	4235,0	4246,0	4268,0	4279,0	4240,5	4273,5	**64**
65 4290	4296,6	4303,2	4309,8	4316,4	4323,0	4329,6	4336,2	4342,8	4349,4	4301,0	4312,0	4334,0	4345,0	4306,5	4339,5	**65**
66 4356	4362,6	4369,2	4375,8	4382,4	4389,0	4395,6	4402,2	4408,8	4415,4	4367,0	4378,0	4400,0	4411,0	4372,5	4405,5	**66**
67 4422	4428,6	4435,2	4441,8	4448,4	4455,0	4461,6	4468,2	4474,8	4481,4	4433,0	4444,0	4466,0	4477,0	4438,5	4471,5	**67**
68 4488	4494,6	4501,2	4507,8	4514,4	4521,0	4527,6	4534,2	4540,8	4547,4	4499,0	4510,0	4532,0	4543,0	4504,5	4537,5	**68**
69 4554	4560,6	4567,2	4573,8	4580,4	4587,0	4593,6	4600,2	4606,8	4613,4	4565,0	4576,0	4598,0	4609,0	4570,5	4603,5	**69**
70 4620	4626,6	4633,2	4639,8	4646,4	4653,0	4659,6	4666,2	4672,8	4679,4	4631,0	4642,0	4664,0	4675,0	4636,5	4669,5	**70**
71 4686	4692,6	4699,2	4705,8	4712,4	4719,0	4725,6	4732,2	4738,8	4745,4	4697,0	4708,0	4730,0	4741,0	4702,5	4735,5	**71**
72 4752	4758,6	4765,2	4771,8	4778,4	4785,0	4791,6	4798,2	4804,8	4811,4	4763,0	4774,0	4796,0	4807,0	4768,5	4801,5	**72**
73 4818	4824,6	4831,2	4837,8	4844,4	4851,0	4857,6	4864,2	4870,8	4877,4	4829,0	4840,0	4862,0	4873,0	4834,5	4867,5	**73**
74 4884	4890,6	4897,2	4903,8	4910,4	4917,0	4923,6	4930,2	4936,8	4943,4	4895,0	4906,0	4928,0	4939,0	4900,5	4933,5	**74**
75 4950	4956,6	4963,2	4969,8	4976,4	4983,0	4989,6	4996,2	5002,8	5009,4	4961,0	4972,0	4994,0	5005,0	4966,5	4999,5	**75**
76 5016	5022,6	5029,2	5035,8	5042,4	5049,0	5055,6	5062,2	5068,8	5075,4	5027,0	5038,0	5060,0	5071,0	5032,5	5065,5	**76**
77 5082	5088,6	5095,2	5101,8	5108,4	5115,0	5121,6	5128,2	5134,8	5141,4	5093,0	5104,0	5126,0	5137,0	5098,5	5131,5	**77**
78 5148	5154,6	5161,2	5167,8	5174,4	5181,0	5187,6	5194,2	5200,8	5207,4	5159,0	5170,0	5192,0	5203,0	5164,5	5197,5	**78**
79 5214	5220,6	5227,2	5233,8	5240,4	5247,0	5253,6	5260,2	5266,8	5273,4	5225,0	5236,0	5258,0	5269,0	5230,5	5263,5	**79**
80 5280	5286,6	5293,2	5299,8	5306,4	5313,0	5319,6	5326,2	5332,8	5339,4	5291,0	5302,0	5324,0	5335,0	5296,5	5329,5	**80**
81 5346	5352,6	5359,2	5365,8	5372,4	5379,0	5385,6	5392,2	5398,8	5405,4	5357,0	5368,0	5390,0	5401,0	5362,5	5395,5	**81**
82 5412	5418,6	5425,2	5431,8	5438,4	5445,0	5451,6	5458,2	5464,8	5471,4	5423,0	5434,0	5456,0	5467,0	5428,5	5461,5	**82**
83 5478	5484,6	5491,2	5497,8	5504,4	5511,0	5517,6	5524,2	5530,8	5537,4	5489,0	5500,0	5522,0	5533,0	5494,5	5527,5	**83**
84 5544	5550,6	5557,2	5563,8	5570,4	5577,0	5583,6	5590,2	5596,8	5603,4	5555,0	5566,0	5588,0	5599,0	5560,5	5593,5	**84**
85 5610	5616,6	5623,2	5629,8	5636,4	5643,0	5649,6	5656,2	5662,8	5669,4	5621,0	5632,0	5654,0	5665,0	5626,5	5659,5	**85**
86 5676	5682,6	5689,2	5695,8	5702,4	5709,0	5715,6	5722,2	5728,8	5735,4	5687,0	5698,0	5720,0	5731,0	5692,5	5725,5	**86**
87 5742	5748,6	5755,2	5761,8	5768,4	5775,0	5781,6	5788,2	5794,8	5801,4	5753,0	5764,0	5786,0	5797,0	5758,5	5791,5	**87**
88 5808	5814,6	5821,2	5827,8	5834,4	5841,0	5847,6	5854,2	5860,8	5867,4	5819,0	5830,0	5852,0	5863,0	5824,5	5857,5	**88**
89 5874	5880,6	5887,2	5893,8	5900,4	5907,0	5913,6	5920,2	5926,8	5933,4	5885,0	5896,0	5918,0	5929,0	5890,5	5923,5	**89**
90 5940	5946,6	5953,2	5959,8	5966,4	5973,0	5979,6	5986,2	5992,8	5999,4	5951,0	5962,0	5984,0	5995,0	5956,5	5989,5	**90**
91 6006	6012,6	6019,2	6025,8	6032,4	6039,0	6045,6	6052,2	6058,8	6065,4	6017,0	6028,0	6050,0	6061,0	6022,5	6055,5	**91**
92 6072	6078,6	6085,2	6091,8	6098,4	6105,0	6111,6	6118,2	6124,8	6131,4	6083,0	6094,0	6116,0	6127,0	6088,5	6121,5	**92**
93 6138	6144,6	6151,2	6157,8	6164,4	6171,0	6177,6	6184,2	6190,8	6197,4	6149,0	6160,0	6182,0	6193,0	6154,5	6187,5	**93**
94 6204	6210,6	6217,2	6223,8	6230,4	6237,0	6243,6	6250,2	6256,8	6263,4	6215,0	6226,0	6248,0	6259,0	6220,5	6253,5	**94**
95 6270	6276,6	6283,2	6289,8	6296,4	6303,0	6309,6	6316,2	6322,8	6329,4	6281,0	6292,0	6314,0	6325,0	6286,5	6319,5	**95**
96 6336	6342,6	6349,2	6355,8	6362,4	6369,0	6375,6	6382,2	6388,8	6395,4	6347,0	6358,0	6380,0	6391,0	6352,5	6385,5	**96**
97 6402	6408,6	6415,2	6421,8	6428,4	6435,0	6441,6	6448,2	6454,8	6461,4	6413,0	6424,0	6446,0	6457,0	6418,5	6451,5	**97**
98 6468	6474,6	6481,2	6487,8	6494,4	6501,0	6507,6	6514,2	6520,8	6527,4	6479,0	6490,0	6512,0	6523,0	6484,5	6517,5	**98**
99 6534	6540,6	6547,2	6553,8	6560,4	6567,0	6573,6	6580,2	6586,8	6593,4	6545,0	6556,0	6578,0	6589,0	6550,5	6583,5	**99**
100 6600	6606,6	6613,2	6619,8	6626,4	6633,0	6639,6	6646,2	6652,8	6659,4	6611,0	6622,0	6644,0	6655,0	6616,5	6649,5	**100**

67

		1/10 6,7	2/10 13,4	3/10 20,1	4/10 26,8	5/10 33,5	6/10 40,2	7/10 46,9	8/10 53,6	9/10 60,3	1/6 11,166	2/6 22,333	4/6 44,666	5/6 55,833	1/4 16,75	3/4 50,25	
1	67	73,7	80,4	87,1	93,8	100,5	107,2	113,9	120,6	127,3	78,2	89,3	111,7	122,8	83,8	117,3	1
2	134	140,7	147,4	154,1	160,8	167,5	174,2	180,9	187,6	194,3	145,2	156,3	178,7	189,8	150,8	184,3	2
3	201	207,7	214,4	221,1	227,8	234,5	241,2	247,9	254,6	261,3	212,2	223,3	245,7	256,8	217,8	251,3	3
4	268	274,7	281,4	288,1	294,8	301,5	308,2	314,9	321,6	328,3	279,2	290,3	312,7	323,8	284,8	318,3	4
5	335	341,7	348,4	355,1	361,8	368,5	375,2	381,9	388,6	395,3	346,2	357,3	379,7	390,8	351,8	385,3	5
6	402	408,7	415,4	422,1	428,8	435,5	442,2	448,9	455,6	462,3	413,2	424,3	446,7	457,8	418,8	452,3	6
7	469	475,7	482,4	489,1	495,8	502,5	509,2	515,9	522,6	529,3	480,2	491,3	513,7	524,8	485,8	519,3	7
8	536	542,7	549,4	556,1	562,8	569,5	576,2	582,9	589,6	596,3	547,2	558,3	580,7	591,8	552,8	586,3	8
9	603	609,7	616,4	623,1	629,8	636,5	643,2	649,9	656,6	663,3	614,2	625,3	647,7	658,8	619,8	653,3	9
10	670	676,7	683,4	690,1	696,8	703,5	710,2	716,9	723,6	730,3	681,2	692,3	714,7	725,8	686,8	720,3	10
11	737	743,7	750,4	757,1	763,8	770,5	777,2	783,9	790,6	797,3	748,2	759,3	781,7	792,8	753,8	787,3	11
12	804	810,7	817,4	824,1	830,8	837,5	844,2	850,9	857,6	864,3	815,2	826,3	848,7	859,8	820,8	854,3	12
13	871	877,7	884,4	891,1	897,8	904,5	911,2	917,9	924,6	931,3	882,2	893,3	915,7	926,8	887,8	921,3	13
14	938	944,7	951,4	958,1	964,8	971,5	978,2	984,9	991,6	998,3	949,2	960,3	982,7	993,8	954,8	988,3	14
15	1005	1011,7	1018,4	1025,1	1031,8	1038,5	1045,2	1051,9	1058,6	1065,3	1016,2	1027,3	1049,7	1060,8	1021,8	1055,3	15
16	1072	1078,7	1085,4	1092,1	1098,8	1105,5	1112,2	1118,9	1125,6	1132,3	1183,2	1094,3	1116,7	1127,8	1088,8	1122,3	16
17	1139	1145,7	1152,4	1159,1	1165,8	1172,5	1179,2	1185,9	1192,6	1199,3	1150,2	1161,3	1183,7	1194,8	1155,8	1189,3	17
18	1206	1212,7	1219,4	1226,1	1232,8	1239,5	1246,2	1252,9	1259,6	1266,3	1217,2	1228,3	1250,7	1261,8	1222,8	1256,3	18
19	1273	1279,7	1286,4	1293,1	1299,8	1306,5	1313,2	1319,9	1326,6	1333,3	1284,2	1295,3	1317,7	1328,8	1289,8	1323,3	19
20	1340	1346,7	1353,4	1360,1	1366,8	1373,5	1380,2	1386,9	1393,6	1400,3	1351,2	1362,3	1384,7	1395,8	1356,8	1390,3	20
21	1407	1413,7	1420,4	1427,1	1433,8	1440,5	1447,2	1453,9	1460,6	1467,3	1418,2	1429,3	1451,7	1462,8	1423,8	1457,3	21
22	1474	1480,7	1487,4	1494,1	1500,8	1507,5	1514,2	1520,9	1527,6	1534,3	1485,2	1496,3	1518,7	1529,8	1490,8	1524,3	22
23	1541	1547,7	1554,4	1561,1	1567,8	1574,5	1581,2	1587,9	1594,6	1601,3	1552,2	1563,3	1585,7	1596,8	1557,8	1591,3	23
24	1608	1614,7	1621,4	1628,1	1634,8	1641,5	1648,2	1654,9	1661,6	1668,3	1619,2	1630,3	1652,7	1663,8	1624,8	1658,3	24
25	1675	1681,7	1688,4	1695,1	1701,8	1708,5	1715,2	1721,9	1728,6	1735,3	1686,2	1697,3	1719,7	1730,8	1691,8	1725,3	25
26	1742	1748,7	1755,4	1762,1	1768,8	1775,5	1782,2	1788,9	1795,6	1802,3	1753,2	1764,3	1786,7	1797,8	1758,8	1792,3	26
27	1809	1815,7	1822,4	1829,1	1835,8	1842,5	1849,2	1855,9	1862,6	1869,3	1820,2	1831,3	1853,7	1864,8	1825,8	1859,3	27
28	1876	1882,7	1889,4	1896,1	1902,8	1909,5	1916,2	1922,9	1929,6	1936,3	1887,2	1898,3	1920,7	1931,8	1892,8	1926,3	28
29	1943	1949,7	1956,4	1963,1	1969,8	1976,5	1983,2	1989,9	1996,6	2003,3	1954,2	1965,3	1987,7	1998,8	1959,8	1993,3	29
30	2010	2016,7	2023,4	2030,1	2036,8	2043,5	2050,2	2056,9	2063,6	2070,3	2021,2	2032,3	2054,7	2065,8	2026,8	2060,3	30
31	2077	2083,7	2090,4	2097,1	2103,8	2110,5	2117,2	2123,9	2130,6	2137,3	2088,2	2099,3	2121,7	2132,8	2093,8	2127,3	31
32	2144	2150,7	2157,4	2164,1	2170,8	2177,5	2184,2	2190,9	2197,6	2204,3	2155,2	2166,3	2188,7	2199,8	2160,8	2194,3	32
33	2211	2217,7	2224,4	2231,1	2237,8	2244,5	2251,2	2257,9	2264,6	2271,3	2222,2	2233,3	2255,7	2266,8	2227,8	2261,3	33
34	2278	2284,7	2291,4	2298,1	2304,8	2311,5	2318,2	2324,9	2331,6	2338,3	2289,2	2300,3	2322,7	2333,8	2294,8	2328,3	34
35	2345	2351,7	2358,4	2365,1	2371,8	2378,5	2385,2	2391,9	2398,6	2405,3	2356,2	2367,3	2389,7	2400,8	2361,8	2395,3	35
36	2412	2418,7	2425,4	2432,1	2438,8	2445,5	2452,2	2458,9	2465,6	2472,3	2423,2	2434,3	2456,7	2467,8	2428,8	2462,3	36
37	2479	2485,7	2492,4	2499,1	2505,8	2512,5	2519,2	2525,9	2532,6	2539,3	2490,2	2501,3	2523,7	2534,8	2495,8	2529,3	37
38	2546	2552,7	2559,4	2566,1	2572,8	2579,5	2586,2	2592,9	2599,6	2606,3	2557,2	2568,3	2590,7	2601,8	2562,8	2596,3	38
39	2613	2619,7	2626,4	2633,1	2639,8	2646,5	2653,2	2659,9	2666,6	2673,3	2624,2	2635,3	2657,7	2668,8	2629,8	2663,3	39
40	2680	2686,7	2693,4	2700,1	2706,8	2713,5	2720,2	2726,9	2733,6	2740,3	2691,2	2702,3	2724,7	2735,8	2696,8	2730,3	40
41	2747	2753,7	2760,4	2767,1	2773,8	2780,5	2787,2	2793,9	2800,6	2807,3	2758,2	2769,3	2791,7	2802,8	2763,8	2797,3	41
42	2814	2820,7	2827,4	2834,1	2840,8	2847,5	2854,2	2860,9	2867,6	2874,3	2825,2	2836,3	2858,7	2869,8	2830,8	2864,3	42
43	2881	2887,7	2894,4	2901,1	2907,8	2914,5	2921,2	2927,9	2934,6	2941,3	2892,2	2903,3	2925,7	2936,8	2897,8	2931,3	43
44	2948	2954,7	2961,4	2968,1	2974,8	2981,5	2988,2	2994,9	3001,6	3008,3	2959,2	2970,3	2992,7	3003,8	2964,8	2998,3	44
45	3015	3021,7	3028,4	3035,1	3041,8	3048,5	3055,2	3061,9	3068,6	3075,3	3026,2	3037,3	3059,7	3070,8	3031,8	3065,3	45
46	3082	3088,7	3095,4	3102,1	3108,8	3115,5	3122,2	3128,9	3135,6	3142,3	3093,2	3104,3	3126,7	3137,8	3098,8	3132,3	46
47	3149	3155,7	3162,4	3169,1	3175,8	3182,5	3189,2	3195,9	3202,6	3209,3	3160,2	3171,3	3193,7	3204,8	3165,8	3199,3	47
48	3216	3222,7	3229,4	3236,1	3242,8	3249,5	3256,2	3262,9	3269,6	3276,3	3227,2	3238,3	3260,7	3271,8	3232,8	3266,3	48
49	3283	3289,7	3296,4	3303,1	3309,8	3316,5	3323,2	3329,9	3336,6	3343,3	3294,2	3305,3	3327,7	3338,8	3299,8	3333,3	49
50	3350	3356,7	3363,4	3370,1	3376,8	3383,5	3390,2	3396,9	3403,6	3410,3	3361,2	3372,3	3394,7	3405,8	3366,8	3400,3	50
51	3417	3423,7	3430,4	3437,1	3443,8	3450,5	3457,2	3463,9	3470,6	3477,3	3428,2	3439,3	3461,7	3472,8	3433,8	3467,3	51
52	3484	3490,7	3497,4	3504,1	3510,8	3517,5	3524,2	3530,9	3537,6	3544,3	3495,2	3506,3	3528,7	3539,8	3500,8	3534,3	52
53	3551	3557,7	3564,4	3571,1	3577,8	3584,5	3591,2	3597,9	3604,6	3611,3	3562,2	3573,3	3595,7	3606,8	3567,8	3601,3	53
54	3618	3624,7	3631,4	3638,1	3644,8	3651,5	3658,2	3664,9	3671,6	3678,3	3629,2	3640,3	3662,7	3673,8	3634,8	3668,3	54
55	3685	3691,7	3698,4	3705,1	3711,8	3718,5	3725,2	3731,9	3738,6	3745,3	3696,2	3707,3	3729,7	3740,8	3701,8	3735,3	55
56	3752	3758,7	3765,4	3772,1	3778,8	3785,5	3792,2	3798,9	3805,6	3812,3	3763,2	3774,3	3796,7	3807,8	3768,8	3802,3	56
57	3819	3825,7	3832,4	3839,1	3845,8	3852,5	3859,2	3865,9	3872,6	3879,3	3830,2	3841,3	3863,7	3874,8	3835,8	3869,3	57
58	3886	3892,7	3899,4	3906,1	3912,8	3919,5	3926,2	3932,9	3939,6	3946,3	3897,2	3908,3	3930,7	3941,8	3902,8	3936,3	58
59	3953	3959,7	3966,4	3973,1	3979,8	3986,5	3993,2	3999,9	4006,6	4013,3	3964,2	3975,3	3997,7	4008,8	3969,8	4003,3	59
60	4020	4026,7	4033,4	4040,1	4046,8	4053,5	4060,2	4066,9	4073,6	4080,3	4031,2	4042,3	4064,7	4075,8	4036,8	4070,3	60
61	4087	4093,7	4100,4	4107,1	4113,8	4120,5	4127,2	4133,9	4140,6	4147,3	4098,2	4109,3	4131,7	4142,8	4103,8	4137,3	61
62	4154	4160,7	4167,4	4174,1	4180,8	4187,5	4194,2	4200,9	4207,6	4214,3	4165,2	4176,3	4198,7	4209,8	4170,8	4204,3	62
63	4221	4227,7	4234,4	4241,1	4247,8	4254,5	4261,2	4267,9	4274,6	4281,3	4232,2	4243,3	4265,7	4276,8	4237,8	4271,3	63
64	4288	4294,7	4301,4	4308,1	4314,8	4321,5	4328,2	4334,9	4341,6	4348,3	4299,2	4310,3	4332,7	4343,8	4304,8	4338,3	64
65	4355	4361,7	4368,4	4375,1	4381,8	4388,5	4395,2	4401,9	4408,6	4415,3	4366,2	4377,3	4399,7	4410,8	4371,8	4405,3	65
66	4422	4428,7	4435,4	4442,1	4448,8	4455,5	4462,2	4468,9	4475,6	4482,3	4433,2	4444,3	4466,7	4477,8	4438,8	4472,3	66
67	4489	4495,7	4502,4	4509,1	4515,8	4522,5	4529,2	4535,9	4542,6	4549,3	4500,2	4511,3	4533,7	4544,8	4505,8	4539,3	67
68	4556	4562,7	4569,4	4576,1	4582,8	4589,5	4596,2	4602,9	4609,6	4616,3	4567,2	4578,3	4600,7	4611,8	4572,8	4606,3	68
69	4623	4629,7	4636,4	4643,1	4649,8	4656,5	4663,2	4669,9	4676,6	4683,3	4634,2	4645,3	4667,7	4678,8	4639,8	4673,3	69
70	4690	4696,7	4703,4	4710,1	4716,8	4723,5	4730,2	4736,9	4743,6	4750,3	4701,2	4712,3	4734,7	4745,8	4706,8	4740,3	70
71	4757	4763,7	4770,4	4777,1	4783,8	4790,5	4797,2	4803,9	4810,6	4817,3	4768,2	4779,3	4801,7	4812,8	4773,8	4807,3	71
72	4824	4830,7	4837,4	4844,1	4850,8	4857,5	4864,2	4870,9	4877,6	4884,3	4835,2	4846,3	4868,7	4879,8	4840,8	4874,3	72
73	4891	4897,7	4904,4	4911,1	4917,8	4924,5	4931,2	4937,9	4944,6	4951,3	4902,2	4913,3	4935,7	4946,8	4907,8	4941,3	73
74	4958	4964,7	4971,4	4978,1	4984,8	4991,5	4998,2	5004,9	5011,6	5018,3	4969,2	4980,3	5002,7	5013,8	4974,8	5008,3	74
75	5025	5031,7	5038,4	5045,1	5051,8	5058,5	5065,2	5071,9	5078,6	5085,3	5036,2	5047,3	5069,7	5080,8	5041,8	5075,3	75
76	5092	5098,7	5105,4	5112,1	5118,8	5125,5	5132,2	5138,9	5145,6	5152,3	5103,2	5114,3	5136,7	5147,8	5108,8	5142,3	76
77	5159	5165,7	5172,4	5179,1	5185,8	5192,5	5199,2	5205,9	5212,6	5219,3	5170,2	5181,3	5203,7	5214,8	5175,8	5209,3	77
78	5226	5232,7	5239,4	5246,1	5252,8	5259,5	5266,2	5272,9	5279,6	5286,3	5237,2	5248,3	5270,7	5281,8	5242,8	5276,3	78
79	5293	5299,7	5306,4	5313,1	5319,8	5326,5	5333,2	5339,9	5346,6	5353,3	5304,2	5315,3	5337,7	5348,8	5309,8	5343,3	79
80	5360	5366,7	5373,4	5380,1	5386,8	5393,5	5400,2	5406,9	5413,6	5420,3	5371,2	5382,3	5404,7	5415,8	5376,8	5410,3	80
81	5427	5433,7	5440,4	5447,1	5453,8	5460,5	5467,2	5473,9	5480,6	5487,3	5438,2	5449,3	5471,7	5482,8	5443,8	5477,3	81
82	5494	5500,7	5507,4	5514,1	5520,8	5527,5	5534,2	5540,9	5547,6	5554,3	5505,2	5516,3	5538,7	5549,8	5510,8	5544,3	82
83	5561	5567,7	5574,4	5581,1	5587,8	5594,5	5601,2	5607,9	5614,6	5621,3	5572,2	5583,3	5605,7	5616,8	5577,8	5611,3	83
84	5628	5634,7	5641,4	5648,1	5654,8	5661,5	5668,2	5674,9	5681,6	5688,3	5639,2	5650,3	5672,7	5683,8	5644,8	5678,3	84
85	5695	5701,7	5708,4	5715,1	5721,8	5728,5	5735,2	5741,9	5748,6	5755,3	5706,2	5717,3	5739,7	5750,8	5711,8	5745,3	85
86	5762	5768,7	5775,4	5782,1	5788,8	5795,5	5802,2	5808 9	5815,6	5822,3	5773,2	5784,3	5806,7	5817,8	5778,8	5812,3	86
87	5829	5835,7	5842,4	5849,1	5855,8	5862,5	5869,2	5875,9	5882,6	5889,3	5840,2	5851,3	5873,7	5884,8	5845,8	5879,3	87
88	5896	5902,7	5909,4	5916,1	5922,8	5929,5	5936,2	5942,9	5949,6	5956,3	5907,2	5918,3	5940,7	5951,8	5912,8	5946,3	88
89	5963	5969,7	5976,4	5983,1	5989,8	5996,5	6003,2	6009,9	6016,6	6023,3	5974,2	5985,3	6007,7	6018,8	5979,8	6013,3	89
90	6030	6036,7	6043,4	6050,1	6056,8	6063,5	6070,2	6076,9	6083,6	6090,3	6041,2	6052,3	6074,7	6085,8	6046,8	6080,3	90
91	6097	6103,7	6110,4	6117,1	6123,8	6130,5	6137,2	6143,9	6150,6	6157,3	6108,2	6119,3	6141,7	6152,8	6113,8	6147,3	91
92	6164	6170,7	6177,4	6184,1	6190,8	6197,5	6204,2	6210,9	6217,6	6224,3	6175,2	6186,3	6208,7	6219,8	6180,8	6214,3	92
93	6231	6237,7	6244,4	6251,1	6257,8	6264,5	6271,2	6277,9	6284,6	6291,3	6242,2	6253,3	6275,7	6286,8	6247,8	6281,3	93
94	6298	6304,7	6311,4	6318,1	6324,8	6331,5	6338,2	6344,9	6351,6	6358,3	6309,2	6320,3	6342,7	6353,8	6314,8	6348,3	94
95	6365	6371,7	6378,4	6385,1	6391,8	6398,5	6405,2	6411,9	6418,6	6425,3	6376,2	6387,3	6409,7	6420,8	6381,8	6415,3	95
96	6432	6438,7	6445,4	6452,1	6458,8	6465,5	6472,2	6478,9	6485,6	6492,3	6443,2	6454,3	6476,7	6487,8	6448,8	6482,3	96
97	6499	6505,7	6512,4	6519,1	6525,8	6532,5	6539,2	6545,9	6552,6	6559,3	6510,2	6521,3	6543,7	6554,8	6515,8	6549,3	97
98	6566	6572,7	6579,4	6586,1	6592,8	6599,5	6606,2	6612,9	6619,6	6626,3	6577,2	6588,3	6610,7	6621,8	6582,8	6616,3	98
99	6633	6639,7	6646,4	6653,1	6659,8	6666,5	6673,2	6679,9	6686,6	6693,3	6644,2	6655,3	6677,7	6688,8	6649,8	6683,3	99
100	6700	6706,7	6713,4	6720,1	6726,8	6733,5	6740,2	6746,9	6753,6	6760,3	6711,2	6722,3	6744,7	6755,8	6716,8	6750,3	100

68		1/10	2/10	3/10	4/10	5/10	6/10	7/10	8/10	9/10	1/6	2/6	4/6	5/6	1/4	3/4	
		6,8	13,6	20,4	27,2	34,0	40,8	47,6	54,4	61,2	11,333	22,666	45,383	56,666	17,0	51,0	
1	68	74,8	81,6	88,4	95,2	102,0	108,8	115,6	122,4	129,2	79,3	90,7	113,3	124,7	85,0	119,0	1
2	136	142,8	149,6	156,4	163,2	170,0	176,8	183,6	190,4	197,2	147,3	158,7	181,3	192,7	153,0	187,0	2
3	204	210,8	217,6	224,4	231,2	238,0	244,8	251,6	258,4	265,2	215,3	226,7	249,3	260,7	221,0	255,0	3
4	272	278,8	285,6	292,4	299,2	306,0	312,8	319,6	326,4	333,2	283,3	294,7	317,3	328,7	289,0	323,0	4
5	340	346,8	353,6	360,4	367,2	374,0	380,8	387,6	394,4	401,2	351,3	362,7	385,3	396,7	357,0	391,0	5
6	408	414,8	421,6	428,4	435,2	442,0	448,8	455,6	462,4	469,2	419,3	430,7	453,3	464,7	425,0	459,0	6
7	476	482,8	489,6	496,4	503,2	510,0	516,8	523,6	530,4	537,2	487,3	498,7	521,3	532,7	493,0	527,0	7
8	544	550,8	557,6	564,4	571,2	578,0	584,8	591,6	598,4	605,2	555,3	566,7	589,3	600,7	561,0	595,0	8
9	612	618,8	625,6	632,4	639,2	646,0	652,8	659,6	666,4	673,2	623,3	634,7	657,3	668,7	629,0	663,0	9
10	680	686,8	693,6	700,4	707,2	714,0	720,8	727,6	734,4	741,2	691,3	702,7	725,3	736,7	697,0	731,0	10
11	748	754,8	761,6	768,4	775,2	782,0	788,8	795,9	802,4	809,2	759,3	770,7	793,3	804,7	765,0	799,0	11
12	816	822,8	829,6	836,4	843,2	850,0	856,8	863,6	870,4	877,2	827,3	838,7	861,3	872,7	833,0	867,0	12
13	884	890,8	897,6	904,4	911,2	918,0	924,8	931,6	938,4	945,2	895,3	906,7	929,3	940,7	901,0	935,0	13
14	952	958,8	965,6	972,4	979,2	986,0	292,8	999,6	1006,4	1013,2	963,3	974,7	997,3	1008,7	969,0	1003,0	14
15	1020	1026,8	1033,6	1040,4	1047,2	1054,0	1060,8	1067,6	1074,4	1081,2	1031,3	1042,7	1065,3	1076,7	1037,0	1071,0	15
16	1088	1094,8	1101,6	1108,4	1115,2	1122,0	1128,8	1135,6	1142,4	1149,2	1099,3	1110,7	1133,3	1144,7	1105,0	1139,0	16
17	1156	1162,8	1169,6	1176,4	1183,2	1190,0	1196,8	1203,6	1210,4	1217,2	1167,3	1178,7	1201,3	1212,7	1173,0	1207,0	17
18	1224	1230,8	1237,6	1244,4	1251,2	1258,0	1264,8	1271,6	1278,4	1285,2	1235,3	1246,7	1269,3	1280,7	1241,0	1275,0	18
19	1292	1298,8	1305,6	1312,4	1319,2	1326,0	1332,8	1339,6	1346,4	1353,2	1303,3	1314,7	1337,3	1348,7	1309,0	1343,0	19
20	1360	1366,8	1373,6	1380,4	1387,2	1394,0	1400,8	1407,6	1414,4	1421,2	1371,3	1382,7	1405,3	1416,7	1377,0	1411,0	20
21	1428	1434,8	1441,6	1448,4	1455,2	1462,0	1468,8	1475,6	1482,4	1489,2	1439,3	1450,7	1473,3	1484,7	1445,0	1479,0	21
22	1496	1502,8	1509,6	1516,4	1523,2	1530,0	1536,8	1543,6	1550,4	1557,2	1507,3	1518,7	1541,3	1552,7	1513,0	1547,0	22
23	1564	1570,8	1577,6	1584,4	1591,2	1598,0	1604,8	1611,6	1618,4	1625,2	1575,3	1586,7	1609,3	1620,7	1581,0	1615,0	23
24	1632	1638,8	1645,6	1652,4	1659,2	1666,0	1672,8	1679,6	1686,4	1693,2	1643,3	1654,7	1677,3	1688,7	1649,0	1683,0	24
25	1700	1706,8	1713,6	1720,4	1727,2	1734,0	1740,8	1747,6	1754,4	1761,2	1711,3	1722,7	1745,3	1756,7	1717,0	1751,0	25
26	1768	1774,8	1781,6	1788,4	1795,2	1802,0	1808,8	1815,6	1822,4	1829,2	1779,3	1790,7	1813,3	1824,7	1785,0	1819,0	26
27	1836	1842,8	1849,6	1856,4	1863,2	1870,0	1876,8	1883,6	1890,4	1897,2	1847,3	1858,7	1881,3	1892,7	1853,0	1887,0	27
28	1904	1910,8	1917,6	1924,4	1931,2	1938,0	1944,8	1951,6	1958,4	1965,2	1915,3	1926,7	1949,3	1960,7	1921,0	1955,0	28
29	1972	1978,8	1985,6	1992,4	1999,2	2006,0	2012,8	2019,6	2026,4	2033,2	1983,3	1994,7	2017,3	2028,7	1989,0	2023,0	29
30	2040	2046,8	2053,6	2060,4	2067,2	2074,0	2080,8	2087,6	2094,4	2101,2	2051,3	2062,7	2085,3	2096,7	2057,0	2091,0	30
31	2108	2114,8	2121,6	2128,4	2135,2	2142,0	2148,8	2155,6	2162,4	2169,2	2119,3	2130,7	2153,3	2164,7	2125,0	2159,0	31
32	2176	2182,8	2189,6	2196,4	2203,2	2210,0	2216,8	2223,6	2230,4	2237,2	2187,3	2198,7	2221,3	2232,7	2193,0	2227,0	32
33	2244	2250,8	2257,6	2264,4	2271,2	2278,0	2284,8	2291,6	2298,4	2305,2	2255,3	2266,7	2289,3	2300,7	2261,0	2295,0	33
34	2312	2318,8	2325,6	2332,4	2339,2	2346,0	2352,8	2359,6	2366,4	2373,2	2323,3	2334,7	2357,3	2368,7	2329,0	2363,0	34
35	2380	2386,8	2393,6	2400,4	2407,2	2414,0	2420,8	2427,6	2434,4	2441,2	2391,3	2402,7	2425,3	2436,7	2397,0	2431,0	35
36	2448	2454,8	2461,6	2468,4	2475,2	2482,0	2488,8	2495,6	2502,4	2509,2	2459,3	2470,7	2493,3	2504,7	2465,0	2499,0	36
37	2516	2522,8	2529,6	2536,4	2543,2	2550,0	2556,8	2563,6	2570,4	2577,2	2527,3	2538,7	2561,3	2572,7	2533,0	2567,0	37
38	2584	2590,8	2597,6	2604,4	2611,2	2618,0	2624,8	2631,6	2638,4	2645,2	2595,3	2606,7	2629,3	2640,7	2601,0	2635,0	38
39	2652	2658,8	2665,6	2672,4	2679,2	2686,0	2692,8	2699,6	2706,4	2713,2	2663,3	2674,7	2697,3	2708,7	2669,0	2703,0	39
40	2720	2726,8	2733,6	2740,4	2747,2	2754,0	2760,8	2767,6	2774,4	2781,2	2731,3	2742,7	2765,3	2776,7	2737,0	2771,0	40
41	2788	2794,8	2801,6	2808,4	2815,2	2822,0	2828,8	2835,6	2842,4	2849,2	2799,3	2810,7	2833,3	2844,7	2805,0	2839 0	41
42	2856	2862,8	2869,6	2876,4	2883,2	2890,0	2896,8	2903,6	2910,4	2917,2	2867,3	2878,7	2901,3	2912,7	2873,0	2907,0	42
43	2924	2930,8	2937,6	2944,4	2951,2	2958,0	2964,8	2971,6	2978,4	2985,2	2935,3	2946,7	2969,3	2980,7	2941,0	2975,0	43
44	2992	2998,8	3005,6	3012,4	3019,2	3026,0	3032,8	3039,6	3046,4	3053,2	3003,3	3014,7	3037,3	3048,7	3009,0	3043,0	44
45	3060	3066,8	3073,6	3080,4	3087,2	3094,0	3100,8	3107,6	3114,4	3121,2	3071,3	3082,7	3105,3	3116,7	3077,0	3111,0	45
46	3128	3134,8	3141,6	3148,4	3155,2	3162,0	3168,8	3175,6	3182,4	3189,2	3139,3	3150,7	3173,3	3184,7	3145,0	3179,0	46
47	3196	3202,8	3209,6	3216,4	3223,2	3230,0	3236,8	3243,6	3250,4	3257,2	3207,3	3218,7	3241,3	3252,7	3213,0	3247,0	47
48	3264	3270,8	3277,6	3284,4	3291,2	3298,0	3304,8	3311,6	3318,4	3325,2	3275,3	3286,7	3309,3	3320,7	3281,0	3315,0	48
49	3332	3338,8	3345,6	3352,4	3359,2	3366,0	3372,8	3379,6	3386,4	3393,2	3343,3	3354,7	3377,3	3388,7	3349,0	3383,0	49
50	3400	3406,8	3413,6	3420,4	3427,2	3434,0	3440,8	3447,6	3454,4	3461,2	3411,3	3422,7	3445,3	3456,7	3417,0	3451,0	50
51	3468	3474,8	3481,6	3488,4	3495,2	3502,0	3508,8	3515,6	3522,4	3529,2	3479,3	3490,7	3513,3	3524,7	3485,0	3519,0	51
52	3536	3542,8	3549,6	3556,4	3563,2	3570,0	3576,8	3583,6	3590,4	3597,2	3547,3	3558,7	3581,3	3592,7	3553,0	3587,0	52
53	3604	3610,8	3617,6	3624,4	3631,2	3638,0	3644,8	3651,6	3658,4	3665,2	3615,3	3626,7	3649,3	3660,7	3621,0	3655,0	53
54	3672	3678,8	3685,6	3692,4	3699,2	3706,0	3712,8	3719,6	3726,4	3733,2	3683,3	3694,7	3717,3	3728,7	3689,0	3723,0	54
55	3740	3746,8	3753,6	3760,4	3767,2	3774,0	3780,8	3787,6	3794,4	3801,2	3751,3	3762,7	3785,3	3796,7	3757,0	3791,0	55
56	3808	3814,8	3821,6	3828,4	3835,2	3842,0	3848,8	3855,6	3862,4	3869,2	3819,3	3830,7	3853,3	3864,7	3825,0	3859,0	56
57	3876	3882,8	3889,6	3896,4	3903,2	3910,0	3916,8	3923,6	3930,4	3937,2	3887,3	3898,7	3921,3	3932,7	3893,0	3927,0	57
58	3984	3950,8	3957,6	3964,4	3971,2	3978,0	3984,8	3991,6	3998,4	4005,2	3955,3	3966,7	3989,3	4000,7	3961,0	3995,0	58
59	4012	4018,8	4025,6	4032,4	4039,2	4046,0	4052,8	4059,6	4066,4	4073,2	4023,3	4034,7	4057,3	4068,7	4029,0	4063,0	59
60	4080	4086,8	4093,6	4100,4	4107,2	4114,0	4120,8	4127,6	4134,4	4141,2	4091,3	4102,7	4125,3	4136,7	4097,0	4131,0	60
61	4148	4154,8	4161,6	4168,4	4175,2	4182,0	4188,8	4195,6	4202,4	4209,2	4159,3	4170,7	4193,3	4204,7	4165,0	4199,0	61
62	4216	4222,8	4229,6	4236,4	4243,2	4250,0	4256,8	4263,6	4270,4	4277,2	4227,3	4238,7	4261,3	4272,7	4233,0	4267,0	62
63	4284	4290,8	4297,6	4304,4	4311,2	4318,0	4324,8	4331,6	4338,4	4345,2	4295,3	4306,7	4329,3	4340,7	4301,0	4335,0	63
64	4352	4358,8	4365,6	4372,4	4379,2	4386,0	4392,8	4399,6	4406,4	4413,2	4363,3	4374,7	4397,3	4408,7	4369,0	4403,0	64
65	4420	4426,8	4433,6	4440,4	4447,2	4454,0	4460,8	4467,6	4474,4	4481,2	4431,3	4442,7	4465,3	4476,7	4437,0	4471,0	65
66	4488	4494,8	4501,6	4508,4	4515,2	4522,0	4528,8	4535,6	4542,4	4549,2	4499,3	4510,7	4533,3	4544,7	4505,0	4539,0	66
67	4556	4562,8	4569,6	4576,4	4583,2	4590,0	4596,8	4603,6	4610,4	4617,2	4567,3	4578,7	4601,3	4612,7	4573,0	4607,0	67
68	4624	4630,8	4637,6	4644,4	4651,2	4658,0	4664,8	4671,6	4678,4	4685,2	4635,3	4646,7	4669,3	4680,7	4641,0	4675,0	68
69	4692	4698,8	4705,6	4712,4	4719,2	4726,0	4732,8	4739,6	4746,4	4753,2	4703,3	4714,7	4737,3	4748,7	4709,0	4743,0	69
70	4760	4766,8	4773,6	4780,4	4787,2	4794,0	4800,8	4807,6	4814,4	4821,2	4771,3	4782,7	4805,3	4816,7	4777,0	4811,0	70
71	4828	4834,8	4841,6	4848,4	4855,2	4862,0	4868,8	4875,6	4882,4	4889,2	4839,3	4850,7	4873,3	4884,7	4845,0	4879,0	71
72	4896	4902,8	4909,6	4916,4	4923,2	4930,0	4936,8	4943,6	4950,4	4957,2	4907,3	4918,7	4941,3	4952,7	4913,0	4947,0	72
73	4964	4970,8	4977,6	4984,4	4991,2	4998,0	5004,8	5011,6	5018,4	5025,2	4975,3	4986,7	5009,3	5020,7	4981,0	5015,0	73
74	5032	5038,8	5045,6	5052,4	5059,2	5066,0	5072,8	5079,6	5086,4	5093,2	5043,3	5054,7	5077,3	5088,7	5049,0	5083,0	74
75	5100	5106,8	5113,6	5120,4	5127,2	5134,0	5140,8	5147,6	5154,4	5161,2	5111,3	5122,7	5145,3	5156,7	5117,0	5151,0	75
76	5168	5174,8	5181,6	5188,4	5195,2	5202,0	5208,8	5215,6	5222,4	5229,2	5179,3	5190,7	5213,3	5224,7	5185,0	5219,0	76
77	5236	5242,8	5249,6	5256,4	5263,2	5270,0	5276,8	5283,6	5290,4	5297,2	5247,3	5258,7	5281,3	5292,7	5253,0	5287,0	77
78	5304	5310,8	5317,6	5324,4	5331,2	5338,0	5344,8	5351,6	5358,4	5365,2	5315,3	5326,7	5349,3	5360,7	5321,0	5355,0	78
79	5372	5378,8	5385,6	5392,4	5399,2	5406,0	5412,8	5419,6	5426,4	5433,2	5383,3	5394,7	5417,3	5428,7	5389,0	5423,0	79
80	5440	5446,8	5453,6	5460,4	5467,2	5474,0	5480,8	5487,6	5494,4	5501,2	5451,3	5462,7	5485,3	5496,7	5457,0	5491,0	80
81	5508	5514,8	5521,6	5528,4	5535,2	5542,0	5548,8	5555,6	5562,4	5569,2	5519,3	5530,7	5553,3	5564,7	5525,0	5559,0	81
82	5576	5582,8	5589,6	5596,4	5603,2	5610,0	5616,8	5623,6	5630,4	5637,2	5587,3	5598,7	5621,3	5632,7	5593,0	5627,0	82
83	5644	5650,8	5657,6	5664,4	5671,2	5678,0	5684,8	5691,6	5698,4	5705,2	5655,3	5666,7	5689,3	5700,7	5661,0	5695,0	83
84	5712	5718,8	5725,6	5732,4	5739,2	5746,0	5752,8	5759,6	5766,4	5773,2	5723,3	5734,7	5757,3	5768,7	5729,0	5763,0	84
85	5780	5786,8	5793,6	5800,4	5807,2	5814,0	5820,8	5827,6	5834,4	5841,2	5791,3	5802,7	5825,3	5836,7	5797,0	5831,0	85
86	5848	5854,8	5861,6	5868,4	5875,2	5882,0	5888,8	5895,6	5902,4	5909,2	5859,3	5870,7	5893,3	5904,7	5865,0	5899,0	86
87	5916	5922,8	5929,6	5936,4	5943,2	5950,0	5956,8	5963,6	5970,4	5977,2	5927,3	5938,7	5961,3	5972,7	5933,0	5967,0	87
88	5984	5990,8	5997,6	6004,4	6011,2	6018,0	6024,8	6031,6	6038,4	6045,2	5995,3	6006,7	6029,3	6040,7	6001,0	6035,0	88
89	6052	6058,8	6065,6	6072,4	6079,2	6086,0	6092,8	6099,6	6106,4	6113,2	6063,3	6074,7	6097,3	6108,7	6069,0	6103,0	89
90	6120	6126,8	6133,6	6140,4	6147,2	6154,0	6160,8	6167,6	6174,4	6181,2	6131,3	6142,7	6165,3	6176,7	6137,0	6171,0	90
91	6188	6194,8	2601,6	6208,4	6215,2	6222,0	6228,8	6235,6	6242,4	6249,2	6199,3	6210,7	6233,3	6244,7	6205,0	6239,0	91
92	6256	6262,8	6269,6	6276,4	6283,2	6290,0	6296,8	6303,6	6310,4	6317,2	6267,3	6278,7	6301,3	6312,7	6273,0	6307,0	92
93	6324	6330,8	6337,6	6344,4	6351,2	6358,0	6364,8	6371,6	6378,4	6385,2	6335,3	6346,7	6369,3	6380,7	6341,0	6375,0	93
94	6392	6398,8	6405,6	6412,4	6419,2	6426,0	6432,8	6439,6	6446,4	6453,2	6403,3	6414,7	6437,3	6448,7	6409,0	6443,0	94
95	6460	6466,8	6473,6	6480,4	6487,2	6494,0	6500,8	6507,6	6514,4	6521,2	6471,3	6482,7	6505,3	6516,7	6477,0	6511,0	95
96	6528	6534,8	6541,6	6548,4	6555,2	6562,0	6568,8	6575,6	6582,4	6589,2	6539,3	6550,7	6573,3	6584,7	6545,0	6579,0	96
97	6596	6602,8	6609,6	6616,4	6623,2	6630,0	6636,8	6643,6	6650,4	6657,2	6607,3	6618,7	6641,3	6652,7	6613,0	6647,0	97
98	6664	6670,8	6677,6	6684,4	6691,2	6698,0	6704,8	6711,6	6718,4	6725,2	6675,3	6686,7	6709,3	6720,7	6681,0	6715,0	98
99	6732	6738,8	6745,6	6752,4	6759,2	6766,0	6772,8	6779,6	6786,4	6793,2	6743,3	6754,7	6777,3	6788,7	6749,0	6783,0	99
100	6800	6806,8	6813,6	6820,4	6827,2	6834,0	6840,8	6847,6	6854,4	6861,2	6811,3	6822,7	6845,3	6856,7	6817,0	6851,0	100

		1/10	2/10	3/10	4/10	5/10	6/10	7/10	8/10	9/10	1/6	2/6	4/6	5/6	1/4	3/4	
		6,9	13,8	20,7	27,6	34,5	41,4	48,3	55,2	62,1	11,5	23,0	46,0	57,5	17,25	51,75	
1	69	75,9	82,8	89,7	96,6	103,5	110,4	117,3	124,2	131,1	80,5	92,0	115,0	126,5	86,3	120,8	1
2	138	144,9	151,8	158,7	165,6	172,5	179,4	186,3	193,2	200,1	149,5	161,0	184,0	195,5	155,3	189,8	2
3	207	213,9	220,8	227,7	234,6	241,5	248,4	255,3	262,2	269,1	218,5	230,0	253,0	264,5	224,3	258,8	3
4	276	282,9	289,8	296,7	303,6	310,5	317,4	324,3	331,2	338,1	287,5	299,0	322,0	333,5	293,3	327,8	4
5	345	351,9	358,8	365,7	372,6	379,5	386,4	393,3	400,2	407,1	356,5	368,0	391,0	402,5	362,3	396,8	5
6	414	420,9	427,8	434,7	441,6	448,5	455,4	462,3	469,2	476,1	425,5	437,0	460,0	471,5	431,3	465,8	6
7	483	489,9	496,8	503,7	510,6	517,5	524,4	531,3	538,2	545,1	494,5	506,0	529,0	540,5	500,3	534,8	7
8	552	558,9	565,8	572,7	579,6	586,5	593,4	600,3	607,2	614,1	563,5	575,0	598,0	609,5	569,3	603,8	8
9	621	627,9	634,8	641,7	648,6	655,5	662,4	669,3	676,2	683,1	632,5	644,0	667,0	678,5	638,3	672,8	9
10	690	696,9	703,8	710,7	717,6	724,5	731,4	738,3	745,2	752,1	701,5	713,0	736,0	747,5	707,3	741,8	10
11	759	765,9	772,8	779,7	786,6	793,5	800,4	807,3	814,2	821,1	770,5	782,0	805,0	816,5	776,3	810,8	11
12	828	834,9	841,8	848,7	855,6	862,5	869,4	876,3	883,2	890,1	839,5	851,0	874,0	885,5	845,3	879,8	12
13	897	903,9	910,8	917,7	924,6	931,5	938,4	945,3	952,2	959,1	908,5	920,0	943,0	954,5	914,3	948,8	13
14	966	972,9	979,8	986,7	993,6	1000,5	1007,4	1014,3	1021,2	1028,1	977,5	989,0	1012,0	1023,5	983,3	1017,8	14
15	1035	1041,9	1048,8	1055,7	1062,6	1069,5	1076,4	1083,3	1090,2	1097,1	1046,5	1058,0	1081,0	1092,5	1052,3	1086,8	15
16	1104	1110,9	1117,8	1124,7	1131,6	1138,5	1145,4	1152,3	1159,2	1166,1	1115,5	1127,0	1150,0	1161,5	1121,3	1155,8	16
17	1173	1179,9	1186,8	1193,7	1200,6	1207,5	1214,4	1221,3	1228,2	1235,1	1184,5	1196,0	1219,0	1230,5	1190,3	1224,8	17
18	1242	1248,9	1255,8	1262,7	1269,6	1276,5	1283,4	1290,3	1297,2	1304,1	1253,5	1265,0	1288,0	1299,5	1259,3	1293,8	18
19	1311	1317,9	1324,8	1331,7	1338,6	1345,5	1352,4	1359,3	1366,2	1373,1	1322,5	1334,0	1357,0	1368,5	1328,3	1362,8	19
20	1380	1386,9	1393,8	1400,7	1407,6	1414,5	1421,4	1428,3	1435,2	1442,1	1391,5	1403,0	1426,0	1437,5	1397,3	1431,8	20
21	1449	1455,9	1462,8	1469,7	1476,6	1483,5	1490,4	1497,3	1504,2	1511,1	1460,5	1472,0	1495,0	1506,5	1466,3	1500,8	21
22	1518	1524,9	1531,8	1538,7	1545,6	1552,5	1559,4	1566,3	1573,2	1580,1	1529,5	1541,0	1564,0	1575,5	1535,3	1569,8	22
23	1587	1593,9	1600,8	1607,7	1614,6	1621,5	1628,4	1635,3	1642,2	1649,1	1598,5	1610,0	1633,0	1644,5	1604,3	1638,8	23
24	1656	1662,9	1669,8	1676,7	1683,6	1690,5	1697,4	1704,3	1711,2	1718,1	1667,5	1679,0	1702,0	1713,5	1673,3	1707,8	24
25	1725	1731,9	1738,8	1745,7	1752,6	1759,5	1766,4	1773,3	1780,2	1787,1	1736,5	1748,0	1771,0	1782,5	1742,3	1776,8	25
26	1794	1800,9	1807,8	1814,7	1821,6	1828,5	1835,4	1842,3	1849,2	1856,1	1805,5	1817,0	1840,0	1851,5	1811,3	1845,8	26
27	1863	1869,9	1876,8	1883,7	1890,6	1897,5	1904,4	1911,3	1918,2	1925,1	1874,5	1886,0	1909,0	1920,5	1880,3	1914,8	27
28	1932	1938,9	1945,8	1952,7	1959,6	1966,5	1973,4	1980,3	1987,2	1994,1	1943,5	1955,0	1978,0	1989,5	1949,3	1983,8	28
29	2001	2007,9	2014,8	2021,7	2028,6	2035,5	2042,4	2049,3	2056,2	2063,1	2012,5	2024,0	2047,0	2058,5	2018,3	2052,8	29
30	2070	2076,9	2083,8	2090,7	2097,6	2104,5	2111,4	2118,3	2125,2	2132,1	2081,5	2093,0	2116,0	2127,5	2087,3	2121,8	30
31	2139	2145,9	2152,8	2159,7	2166,6	2173,5	2180,4	2187,3	2194,2	2201,1	2150,5	2162,0	2185,0	2196,5	2156,3	2190,8	31
32	2208	2214,9	2221,8	2228,7	2235,6	2242,5	2249,4	2256,3	2263,2	2270,1	2219,5	2231,0	2254,0	2265,5	2225,3	2259,8	32
33	2277	2283,9	2290,8	2297,7	2304,6	2311,5	2318,4	2325,3	2332,2	2339,1	2288,5	2300,0	2323,0	2334,5	2294,3	2328,8	33
34	2346	2352,9	2359,8	2366,7	2373,6	2380,5	2387,4	2394,3	2401,2	2408,1	2357,5	2369,0	2392,0	2403,5	2363,3	2397,8	34
35	2415	2421,9	2428,8	2435,7	2442,6	2449,5	2456,4	2463,3	2470,2	2477,1	2426,5	2438,0	2461,0	2472,5	2432,3	2466,8	35
36	2484	2490,9	2497,8	2504,7	2511,6	2518,5	2525,4	2532,3	2539,2	2546,1	2495,5	2507,0	2530,0	2541,5	2501,3	2535,8	36
37	2553	2559,9	2566,8	2573,7	2580,6	2587,5	2594,4	2601,3	2608,2	2615,1	2564,5	2576,0	2599,0	2610,5	2570,3	2604,8	37
38	2622	2628,9	2635,8	2642,7	2649,6	2656,5	2663,4	2670,3	2677,2	2684,1	2633,5	2645,0	2668,0	2679,5	2639,3	2673,8	38
39	2691	2697,9	2704,8	2711,7	2718,6	2725,5	2732,4	2739,3	2746,2	2753,1	2702,5	2714,0	2737,0	2748,5	2708,3	2742,8	39
40	2760	2766,9	2773,8	2780,7	2787,6	2794,5	2801,4	2808,3	2815,2	2822,1	2771,5	2783,0	2806,0	2817,5	2777,3	2811,8	40
41	2829	2835,9	2842,8	2849,7	2856,6	2863,5	2870,4	2877,3	2884,2	2891,1	2840,5	2852,0	2875,0	2886,5	2846,3	2880,8	41
42	2898	2904,9	2911,8	2918,7	2925,6	2932,5	2939,4	2946,3	2953,2	2960,1	2909,5	2921,0	2944,0	2955,5	2915,3	2949,8	42
43	2967	2973,9	2980,8	2987,7	2994,6	3001,5	3008,4	3015,3	3022,2	3029,1	2978,5	2990,0	3013,0	3024,5	2984,3	3018,8	43
44	3036	3042,9	3049,8	3056,7	3063,6	3070,5	3077,4	3084,3	3091,2	3098,1	3047,5	3059,0	3082,0	3093,5	3053,3	3087,8	44
45	3105	3111,9	3118,8	3125,7	3132,6	3139,5	3146,4	3153,3	3160,2	3167,1	3116,5	3128,0	3151,0	3162,5	3122,3	3156,8	45
46	3174	3180,9	3187,8	3194,7	3201,6	3208,5	3215,4	3222,3	3229,2	3236,1	3185,5	3197,0	3220,0	3231,5	3191,3	3225,8	46
47	3243	3249,9	3256,8	3263,7	3270,6	3277,5	3284,4	3291,3	3298,2	3305,1	3254,5	3266,0	3289,0	3300,5	3260,3	3294,8	47
48	3312	3318,9	3325,8	3332,7	3339,6	3346,5	3353,4	3360,3	3367,2	3374,1	3323,5	3335,0	3358,0	3369,5	3329,3	3363,8	48
49	3381	3387,9	3394,8	3401,7	3408,6	3415,5	3422,4	3429,3	3436,2	3443,1	3392,5	3404,0	3427,0	3438,5	3398,3	3432,8	49
50	3450	3456,9	3463,8	3470,7	3477,6	3484,5	3491,4	3498,3	3505,2	3512,1	3461,5	3473,0	3496,0	3507,5	3467,3	3501,8	50
51	3519	3525,9	3532,8	3539,7	3546,6	3553,5	3560,4	3567,3	3574,2	3581,1	3530,5	3542,0	3565,0	3576,5	3536,3	3570,8	51
52	3588	3594,9	3601,8	3608,7	3615,6	3622,5	3629,4	3636,3	3643,2	3650,1	3599,5	3611,0	3634,0	3645,5	3605,3	3639,8	52
53	3657	3663,9	3670,8	3677,7	3684,6	3691,5	3698,4	3705,3	3712,2	3719,1	3668,5	3680,0	3703,0	3714,5	3674,3	3708,8	53
54	3726	3732,9	3739,8	3746,7	3753,6	3760,5	3767,4	3774,3	3781,2	3788,1	3737,5	3749,0	3772,0	3783,5	3743,3	3777,8	54
55	3795	3801,9	3808,8	3815,7	3822,6	3829,5	3836,4	3843,3	3850,2	3857,1	3806,5	3818,0	3841,0	3852,5	3812,3	3846,8	55
56	3864	3870,9	3877,8	3884,7	3891,6	3898,5	3905,4	3912,3	3919,2	3926,1	3875,5	3887,0	3910,0	3921,5	3881,3	3915,8	56
57	3933	3939,9	3946,8	3953,7	3960,6	3967,5	3974,4	3981,3	3988,2	3995,1	3944,5	3956,0	3979,0	3990,5	3950,3	3984,8	57
58	4002	4008,9	4015,8	4022,7	4029,6	4036,5	4043,4	4050,3	4057,2	4064,1	4013,5	4025,0	4048,0	4059,5	4019,3	4053,8	58
59	4071	4077,9	4084,8	4091,7	4098,6	4105,5	4112,4	4119,3	4126,2	4133,1	4082,5	4094,0	4117,0	4128,5	4088,3	4122,8	59
60	4140	4146,9	4153,8	4160,7	4167,6	4174,5	4181,4	4188,3	4195,2	4202,1	4151,5	4163,0	4186,0	4197,5	4157,3	4191,8	60
61	4209	4215,9	4222,8	4229,7	4236,6	4243,5	4250,4	4257,3	4264,2	4271,1	4220,5	4232,0	4255,0	4266,5	4226,3	4260,8	61
62	4278	4284,9	4291,8	4298,7	4305,6	4312,5	4319,4	4326,3	4333,2	4340,1	4289,5	4301,0	4324,0	4335,5	4295,3	4329,8	62
63	4347	4353,9	4360,8	4367,7	4374,6	4381,5	4388,4	4395,3	4402,2	4409,1	4358,5	4370,0	4393,0	4404,5	4364,3	4398,8	63
64	4416	4422,9	4429,8	4436,7	4443,6	4450,5	4457,4	4464,3	4471,2	4478,1	4427,5	4439,0	4462,0	4473,5	4433,3	4467,8	64
65	4485	4491,9	4498,8	4505,7	4512,6	4519,5	4526,4	4533,3	4540,2	4547,1	4496,5	4508,0	4531,0	4542,5	4502,3	4536,8	65
66	4554	4560,9	4567,8	4574,7	4581,6	4588,5	4595,4	4602,3	4609,2	4616,1	4565,5	4577,0	4600,0	4611,5	4571,3	4605,8	66
67	4623	4629,9	4636,8	4643,7	4650,6	4657,5	4664,4	4671,3	4678,2	4685,1	4634,5	4646,0	4669,0	4680,5	4640,3	4674,8	67
68	4692	4698,9	4705,8	4712,7	4719,6	4726,5	4733,4	4740,3	4747,2	4754,1	4703,5	4715,0	4738,0	4749,5	4709,3	4743,8	68
69	4761	4767,9	4774,8	4781,7	4788,6	4795,5	4802,4	4809,3	4816,2	4823,1	4772,5	4784,0	4807,0	4818,5	4778,3	4812,8	69
70	4830	4836,9	4843,8	4850,7	4857,6	4864,5	4871,4	4878,3	4885,2	4892,1	4841,5	4853,0	4876,0	4887,5	4847,3	4881,8	70
71	4899	4905,9	4912,8	4919,7	4926,6	4933,5	4940,4	4947,3	4954,2	4961,1	4910,5	4922,0	4945,0	4956,5	4916,3	4950,8	71
72	4968	4974,9	4981,8	4988,7	4995,6	5002,5	5009,4	5016,3	5023,2	5030,1	4979,5	4991,0	5014,0	5025,5	4985,3	5019,8	72
73	5037	5043,9	5050,8	5057,7	5064,6	5071,5	5078,4	5085,3	5092,2	5099,1	5048,5	5060,0	5083,0	5094,5	5054,3	5088,8	73
74	5106	5112,9	5119,8	5126,7	5133,6	5140,5	5147,4	5154,3	5161,2	5168,1	5117,5	5129,0	5152,0	5163,5	5123,3	5157,8	74
75	5175	5181,9	5188,8	5195,7	5202,6	5209,5	5216,4	5223,3	5230,2	5237,1	5186,5	5198,0	5221,0	5232,5	5192,3	5226,8	75
76	5244	5250,9	5257,8	5264,7	5271,6	5278,5	5285,4	5292,3	5299,2	5306,1	5255,5	5267,0	5290,0	5301,5	5261,3	5295,8	76
77	5313	5319,9	5326,8	5333,7	5340,6	5347,5	5354,4	5361,3	5368,2	5375,1	5324,5	5336,0	5359,0	5370,5	5330,3	5364,8	77
78	5382	5388,9	5395,8	5402,7	5409,6	5416,5	5423,4	5430,3	5437,2	5444,1	5393,5	5405,0	5428,0	5439,5	5399,3	5433,8	78
79	5451	5457,9	5464,8	5471,7	5478,6	5485,5	5492,4	5499,3	5506,2	5513,1	5462,5	5474,0	5497,0	5508,5	5468,3	5502,8	79
80	5520	5526,9	5533,8	5540,7	5547,6	5554,5	5561,4	5568,3	5575,2	5582,1	5531,5	5543,0	5566,0	5577,5	5537,3	5571,8	80
81	5589	5595,9	5602,8	5609,7	5616,6	5623,5	5630,4	5637,3	5644,2	5651,1	5600,5	5612,0	5635,0	5646,5	5606,3	5640,8	81
82	5658	5664,9	5671,8	5678,7	5685,6	5692,5	5699,4	5706,3	5713,2	5720,1	5669,5	5681,0	5704,0	5715,5	5675,3	5709,8	82
83	5727	5733,9	5740,8	5747,7	5754,6	5761,5	5768,4	5775,3	5782,2	5789,1	5738,5	5750,0	5773,0	5784,5	5744,3	5778,8	83
84	5796	5802,9	5809,8	5816,7	5823,6	5830,5	5837,4	5844,3	5851,2	5858,1	5807,5	5819,0	5842,0	5853,5	5813,3	5847,8	84
85	5865	5871,9	5878,8	5885,7	5892,6	5899,5	5906,4	5913,3	5920,2	5927,1	5876,5	5888,0	5911,0	5922,5	5882,3	5916,8	85
86	5934	5940,9	5947,8	5954,7	5961,6	5968,5	5975,4	5982,3	5989,2	5996,1	5945,5	5957,0	5980,0	5991,5	5951,3	5985,8	86
87	6003	6009,9	6016,8	6023,7	6030,6	6037,5	6044,4	6051,3	6058,2	6065,1	6014,5	6026,0	6049,0	6060,5	6020,3	6054,8	87
88	6072	6078,9	6085,8	6092,7	6099,6	6106,5	6113,4	6120,3	6127,2	6134,1	6083,5	6095,0	6118,0	6129,5	6089,3	6123,8	88
89	6141	6147,9	6154,8	6161,7	6168,6	6175,5	6182,4	6189,3	6196,2	6203,1	6152,5	6164,0	6187,0	6198,5	6158,3	6192,8	89
90	6210	6216,9	6223,8	6230,7	6237,6	6244,5	6251,4	6258,3	6265,2	6272,1	6221,5	6233,0	6256,0	6267,5	6227,3	6261,8	90
91	6279	6285,9	6292,8	6299,7	6306,6	6313,5	6320,4	6327,3	6334,2	6341,1	6290,5	6302,0	6325,0	6336,5	6296,3	6330,8	91
92	6348	6354,9	6361,8	6368,7	6375,6	6382,5	6389,4	6396,3	6403,2	6410,1	6359,5	6371,0	6394,0	6405,5	6365,3	6399,8	92
93	6417	6423,9	6430,8	6437,7	6444,6	6451,5	6458,4	6465,3	6472,2	6479,1	6428,5	6440,0	6463,0	6474,5	6434,3	6468,8	93
94	6486	6492,9	6499,8	6506,7	6513,6	6520,5	6527,4	6534,3	6541,2	6548,1	6497,5	6509,0	6532,0	6543,5	6503,3	6537,8	94
95	6555	6561,9	6568,8	6575,7	6582,6	6589,5	6596,4	6603,3	6610,2	6617,1	6566,5	6578,0	6601,0	6612,5	6572,3	6606,8	95
96	6624	6630,9	6637,8	6644,7	6651,6	6658,5	6665,4	6672,3	6679,2	6686,1	6635,5	6647,0	6670,0	6681,5	6641,3	6675,8	96
97	6693	6699,9	6706,8	6713,7	6720,6	6727,5	6734,4	6741,3	6748,2	6755,1	6704,5	6716,0	6739,0	6750,5	6710,3	6744,8	97
98	6762	6768,9	6775,8	6782,7	6789,6	6796,5	6803,4	6810,3	6817,2	6824,1	6773,5	6785,0	6808,0	6819,5	6779,3	6813,8	98
99	6831	6837,9	6844,8	6851,7	6858,6	6865,5	6872,4	6879,3	6886,2	6893,1	6842,5	6854,0	6877,0	6888,5	6848,3	6882,8	99
100	6900	6906,9	6913,8	6920,7	6927,6	6934,5	6941,4	6948,3	6955,2	6962,1	6911,5	6923,0	6946,0	6957,5	6917,3	6951,8	100

70

		1/10 7,0	2/10 14,0	3/10 21,0	4/10 28,0	5/10 35,0	6/10 42,0	7/10 49,0	8/10 56,0	9/10 63,0	1/6 11,666	2/6 23,333	4/6 46,666	5/6 58,333	1/4 17,5	3/4 52,5	
1	70	77,0	84,0	91,0	98,0	105,0	112,0	119,0	126,0	133,0	81,7	93,3	116,7	128,3	87,5	122,5	1
2	140	147,0	154,0	161,0	168,0	175,0	182,0	189,0	196,0	203,0	151,7	163,3	186,7	198,3	157,5	192,5	2
3	210	217,0	224,0	231,0	238,0	245,0	252,0	259,0	266,0	273,0	221,7	233,3	256,7	268,3	227,5	262,5	3
4	280	287,0	294,0	301,0	308,0	315,0	322,0	329,0	336,0	343,0	291,7	303,3	326,7	338,3	297,5	332,5	4
5	350	357,0	364,0	371,0	378,0	385,0	392,0	399,0	406,0	413,0	361,7	373,3	396,7	408,3	367,5	402,5	5
6	420	427,0	434,0	441,0	448,0	455,0	462,0	469,0	476,0	483,0	431,7	443,3	466,7	478,3	437,5	472,5	6
7	490	497,0	504,0	511,0	518,0	525,0	532,0	539,0	546,0	553,0	501,7	513,3	536,7	548,3	507,5	542,5	7
8	560	567,0	574,0	581,0	588,0	595,0	602,0	609,0	616,0	623,0	571,7	583,3	606,7	618,3	577,5	612,5	8
9	630	637,0	644,0	651,0	658,0	665,0	672,0	679,0	686,0	693,0	641,7	653,3	676,7	688,3	647,5	682,5	9
10	700	707,0	714,0	721,0	728,0	735,0	742,0	749,0	756,0	763,0	711,7	723,3	746,7	758,3	717,5	752,5	10
11	770	777,0	784,0	791,0	798,0	805,0	812,0	819,0	826,0	833,0	781,7	793,3	816,7	828,3	787,5	822,5	11
12	840	847,0	854,0	861,0	868,0	875,0	882,0	889,0	896,0	903,0	851,7	863,3	886,7	898,3	857,5	892,5	12
13	910	917,0	924,0	931,0	938,0	945,0	952,0	959,0	966,0	973,0	921,7	933,3	956,7	968,3	927,5	962,5	13
14	980	987,0	994,0	1001,0	1008,0	1015,0	1022,0	1029,0	1036,0	1043,0	991,7	1003,3	1026,7	1038,3	997,5	1032,5	14
15	1050	1057,0	1064,0	1071,0	1078,0	1085,0	1092,0	1099,0	1106,0	1113,0	1061,7	1073,3	1096,7	1108,3	1067,5	1102,5	15
16	1120	1127,0	1134,0	1141,0	1148,0	1155,0	1162,0	1169,0	1176,0	1183,0	1131,7	1143,3	1166,7	1178,3	1137,5	1172,5	16
17	1190	1197,0	1204,0	1211,0	1218,0	1225,0	1232,0	1239,0	1246,0	1253,0	1201,7	1213,3	1236,7	1248,3	1207,5	1242,5	17
18	1260	1267,0	1274,0	1281,0	1288,0	1295,0	1302,0	1309,0	1316,0	1323,0	1271,7	1283,3	1306,7	1318,3	1277,5	1312,5	18
19	1330	1337,0	1344,0	1351,0	1358,0	1365,0	1372,0	1379,0	1386,0	1393,0	1341,7	1353,3	1376,7	1388,3	1347,5	1382,5	19
20	1400	1407,0	1414,0	1421,0	1428,0	1435,0	1442,0	1449,0	1456,0	1463,0	1411,7	1423,3	1446,7	1458,3	1417,5	1452,5	20
21	1470	1477,0	1484,0	1491,0	1498,0	1505,0	1512,0	1519,0	1526,0	1533,0	1481,7	1493,3	1516,7	1528,3	1487,5	1522,5	21
22	1540	1547,0	1554,0	1561,0	1568,0	1575,0	1582,0	1589,0	1596,0	1603,0	1551,7	1563,3	1586,7	1598,3	1557,5	1592,5	22
23	1610	1617,0	1624,0	1631,0	1638,0	1645,0	1652,0	1659,0	1666,0	1673,0	1621,7	1633,3	1656,7	1668,3	1627,5	1662,5	23
24	1680	1687,0	1694,0	1701,0	1708,0	1715,0	1722,0	1729,0	1736,0	1743,0	1691,7	1703,3	1726,7	1738,3	1697,5	1732,5	24
25	1750	1757,0	1764,0	1771,0	1778,0	1785,0	1792,0	1799,0	1806,0	1813,0	1761,7	1773,3	1796,7	1808,3	1767,5	1802,5	25
26	1820	1827,0	1834,0	1841,0	1848,0	1855,0	1862,0	1869,0	1876,0	1883,0	1831,7	1843,3	1866,7	1878,3	1837,5	1872,5	26
27	1890	1897,0	1904,0	1911,0	1918,0	1925,0	1932,0	1939,0	1946,0	1953,0	1901,7	1913,3	1936,7	1948,3	1907,5	1942,5	27
28	1960	1967,0	1974,0	1981,0	1988,0	1995,0	2002,0	2009,0	2016,0	2023,0	1971,7	1983,3	2006,7	2018,3	1977,5	2012,5	28
29	2030	2037,0	2044,0	2051,0	2058,0	2065,0	2072,0	2079,0	2086,0	2093,0	2041,7	2053,3	2076,7	2088,3	2047,5	2082,5	29
30	2100	2107,0	2114,0	2121,0	2128,0	2135,0	2142,0	2149,0	2156,0	2163,0	2111,7	2123,3	2146,7	2158,3	2117,5	2152,5	30
31	2170	2177,0	2184,0	2191,0	2198,0	2205,0	2212,0	2219,0	2226,0	2233,0	2181,7	2193,3	2216,7	2228,3	2187,5	2222,5	31
32	2240	2247,0	2254,0	2261,0	2268,0	2275,0	2282,0	2289,0	2296,0	2303,0	2251,7	2263,3	2286,7	2298,3	2257,5	2292,5	32
33	2310	2317,0	2324,0	2331,0	2338,0	2345,0	2352,0	2359,0	2366,0	2373,0	2321,7	2333,3	2356,7	2368,3	2327,5	2362,5	33
34	2380	2387,0	2394,0	2401,0	2408,0	2415,0	2422,0	2429,0	2436,0	2443,0	2391,7	2403,3	2426,7	2438,3	2397,5	2432,5	34
35	2450	2457,0	2464,0	2471,0	2478,0	2485,0	2492,0	2499,0	2506,0	2513,0	2461,7	2473,3	2496,7	2508,3	2467,5	2502,5	35
36	2520	2527,0	2534,0	2541,0	2548,0	2555,0	2562,0	2569,0	2576,0	2583,0	2531,7	2543,3	2566,7	2578,3	2537,5	2572,5	36
37	2590	2597,0	2604,0	2611,0	2618,0	2625,0	2632,0	2639,0	2646,0	2653,0	2601,7	2613,3	2636,7	2648,3	2607,5	2642,5	37
38	2660	2667,0	2674,0	2681,0	2688,0	2695,0	2702,0	2709,0	2716,0	2723,0	2671,7	2683,3	2706,7	2718,3	2677,5	2712,5	38
39	2730	2737,0	2744,0	2751,0	2758,0	2765,0	2772,0	2779,0	2786,0	2793,0	2741,7	2753,3	2776,7	2788,3	2747,5	2782,5	39
40	2800	2807,0	2814,0	2821,0	2828,0	2835,0	2842,0	2849,0	2856,0	2863,0	2811,7	2823,3	2846,7	2858,3	2817,5	2852,5	40
41	2870	2877,0	2884,0	2891,0	2898,0	2905,0	2912,0	2919,0	2926,0	2933,0	2881,7	2893,3	2916,7	2928,3	2887,5	2922,5	41
42	2940	2947,0	2954,0	2961,0	2968,0	2975,0	2982,0	2989,0	2996,0	3003,0	2951,7	2963,3	2986,7	2998,3	2957,5	2992,5	42
43	3010	3017,0	3024,0	3031,0	3038,0	3045,0	3052,0	3059,0	3066,0	3073,0	3021,7	3033,3	3056,7	3068,3	3027,5	3062,5	43
44	3080	3087,0	3094,0	3101,0	3108,0	3115,0	3122,0	3129,0	3136,0	3143,0	3091,7	3103,3	3126,7	3138,3	3097,5	3132,5	44
45	3150	3157,0	3164,0	3171,0	3178,0	3185,0	3192,0	3199,0	3206,0	3213,0	3161,7	3173,3	3196,7	3208,3	3167,5	3202,5	45
46	3220	3227,0	3234,0	3241,0	3248,0	3255,0	3262,0	3269,0	3276,0	3283,0	3231,7	3243,3	3266,7	3278,3	3237,5	3272,5	46
47	3290	3297,0	3304,0	3311,0	3318,0	3325,0	3332,0	3339,0	3346,0	3353,0	3301,7	3313,3	3336,7	3348,3	3307,5	3342,5	47
48	3360	3367,0	3374,0	3381,0	3388,0	3395,0	3402,0	3409,0	3416,0	3423,0	3371,7	3383,3	3406,7	3418,3	3377,5	3412,5	48
49	3430	3437,0	3444,0	3451,0	3458,0	3465,0	3472,0	3479,0	3486,0	3493,0	3441,7	3453,3	3476,7	3488,3	3447,5	3482,5	49
50	3500	3507,0	3514,0	3521,0	3528,0	3535,0	3542,0	3549,0	3556,0	3563,0	3511,7	3523,3	3546,7	3558,3	3517,5	3552,5	50
51	3570	3577,0	3584,0	3591,0	3598,0	3605,0	3612,0	3619,0	3626,0	3633,0	3581,7	3593,3	3616,7	3628,3	3587,5	3622,5	51
52	3640	3647,0	3654,0	3661,0	3668,0	3675,0	3682,0	3689,0	3696,0	3703,0	3651,7	3663,3	3686,7	3698,3	3657,5	3692,5	52
53	3710	3717,0	3724,0	3731,0	3738,0	3745,0	3752,0	3759,0	3766,0	3773,0	3721,7	3733,3	3756,7	3768,3	3727,5	3762,5	53
54	3780	3787,0	3794,0	3801,0	3808,0	3815,0	3822,0	3829,0	3836,0	3843,0	3791,7	3803,3	3826,7	3838,3	3797,5	3832,5	54
55	3850	3857,0	3864,0	3871,0	3878,0	3885,0	3892,0	3899,0	3906,0	3913,0	3861,7	3873,3	3896,7	3908,3	3867,5	3902,5	55
56	3920	3927,0	3934,0	3941,0	3948,0	3955,0	3962,0	3969,0	3976,0	3983,0	3931,7	3943,3	3966,7	3978,3	3937,5	3972,5	56
57	3990	3997,0	4004,0	4011,0	4018,0	4025,0	4032,0	4039,0	4046,0	4053,0	4001,7	4013,3	4036,7	4048,3	4007,5	4042,5	57
58	4060	4067,0	4074,0	4081,0	4088,0	4095,0	4102,0	4109,0	4116,0	4123,0	4071,7	4083,3	4106,7	4118,3	4077,5	4112,5	58
59	4130	4137,0	4144,0	4151,0	4158,0	4165,0	4172,0	4179,0	4186,0	4193,0	4141,7	4153,3	4176,7	4188,3	4147,5	4182,5	59
60	4200	4207,0	4214,0	4221,0	4228,0	4235,0	4242,0	4249,0	4256,0	4263,0	4211,7	4223,3	4246,7	4258,3	4217,5	4252,5	60
61	4270	4277,0	4284,0	4291,0	4298,0	4305,0	4312,0	4319,0	4326,0	4333,0	4281,7	4293,3	4316,7	4328,3	4287,5	4322,5	61
62	4340	4347,0	4354,0	4361,0	4368,0	4375,0	4382,0	4389,0	4396,0	4403,0	4351,7	4363,3	4386,7	4398,3	4357,5	4392,5	62
63	4410	4417,0	4424,0	4431,0	4438,0	4445,0	4452,0	4459,0	4466,0	4473,0	4421,7	4433,3	4456,7	4468,3	4427,5	4462,5	63
64	4480	4487,0	4494,0	4501,0	4508,0	4515,0	4522,0	4529,0	4536,0	4543,0	4491,7	4503,3	4526,7	4538,3	4497,5	4532,5	64
65	4550	4557,0	4564,0	4571,0	4578,0	4585,0	4592,0	4599,0	4606,0	4613,0	4561,7	4573,3	4596,7	4608,3	4567,5	4602,5	65
66	4620	4627,0	4634,0	4641,0	4648,0	4655,0	4662,0	4669,0	4676,0	4683,0	4631,7	4643,3	4666,7	4678,3	4637,5	4672,5	66
67	4690	4697,0	4704,0	4711,0	4718,0	4725,0	4732,0	4739,0	4746,0	4753,0	4701,7	4713,3	4736,7	4748,3	4707,5	4742,5	67
68	4760	4767,0	4774,0	4781,0	4788,0	4795,0	4802,0	4809,0	4816,0	4823,0	4771,7	4783,3	4806,7	4818,3	4777,5	4812,5	68
69	4830	4837,0	4844,0	4851,0	4858,0	4865,0	4872,0	4879,0	4886,0	4893,0	4841,7	4853,3	4876,7	4888,3	4847,5	4882,5	69
70	4900	4907,0	4914,0	4921,0	4928,0	4935,0	4942,0	4949,0	4956,0	4963,0	4911,7	4923,3	4946,7	4958,3	4917,5	4952,5	70
71	4970	4977,0	4984,0	4991,0	4998,0	5005,0	5012,0	5019,0	5026,0	5033,0	4981,7	4993,3	5016,7	5028,3	4987,5	5022,5	71
72	5040	5047,0	5054,0	5061,0	5068,0	5075,0	5082,0	5089,0	5096,0	5103,0	5051,7	5063,3	5086,7	5098,3	5057,5	5092,5	72
73	5110	5117,0	5124,0	5131,0	5138,0	5145,0	5152,0	5159,0	5166,0	5173,0	5121,7	5133,3	5156,7	5168,3	5127,5	5162,5	73
74	5180	5187,0	5194,0	5201,0	5208,0	5215,0	5222,0	5229,0	5236,0	5243,0	5191,7	5203,3	5226,7	5238,3	5197,5	5232,5	74
75	5250	5257,0	5264,0	5271,0	5278,0	5285,0	5292,0	5299,0	5306,0	5313,0	5261,7	5273,3	5296,7	5308,3	5267,5	5302,5	75
76	5320	5327,0	5334,0	5341,0	5348,0	5355,0	5362,0	5369,0	5376,0	5383,0	5331,7	5343,3	5366,7	5378,3	5337,5	5372,5	76
77	5390	5397,0	5404,0	5411,0	5418,0	5425,0	5432,0	5439,0	5446,0	5453,0	5401,7	5413,3	5436,7	5448,3	5407,5	5442,5	77
78	5460	5467,0	5474,0	5481,0	5488,0	5495,0	5502,0	5509,0	5516,0	5523,0	5471,7	5483,3	5506,7	5518,3	5477,5	5512,5	78
79	5530	5537,0	5544,0	5551,0	5558,0	5565,0	5572,0	5579,0	5586,0	5593,0	5541,7	5553,3	5576,7	5588,3	5547,5	5582,5	79
80	5600	5607,0	5614,0	5621,0	5628,0	5635,0	5642,0	5649,0	5656,0	5663,0	5611,7	5623,3	5646,7	5658,3	5617,5	5652,5	80
81	5670	5677,0	5684,0	5691,0	5698,0	5705,0	5712,0	5719,0	5726,0	5733,0	5681,7	5693,3	5716,7	5728,3	5687,5	5722,5	81
82	5740	5747,0	5754,0	5761,0	5768,0	5775,0	5782,0	5789,0	5796,0	5803,0	5751,7	5763,3	5786,7	5798,3	5757,5	5792,5	82
83	5810	5817,0	5824,0	5831,0	5838,0	5845,0	5852,0	5859,0	5866,0	5873,0	5821,7	5833,3	5856,7	5868,3	5827,5	5862,5	83
84	5880	5887,0	5894,0	5901,0	5908,0	5915,0	5922,0	5929,0	5936,0	5943,0	5891,7	5903,3	5926,7	5938,3	5897,5	5932,5	84
85	5950	5957,0	5964,0	5971,0	5978,0	5985,0	5992,0	5999,0	6006,0	6013,0	5961,7	5973,3	5996,7	6008,3	5967,5	6002,5	85
86	6020	6027,0	6034,0	6041,0	6048,0	6055,0	6062,0	6069,0	6076,0	6083,0	6031,7	6043,3	6066,7	6078,3	6037,5	6072,5	86
87	6090	6097,0	6104,0	6111,0	6118,0	6125,0	6132,0	6139,0	6146,0	6153,0	6101,7	6113,3	6136,7	6148,3	6107,5	6142,5	87
88	6160	6167,0	6174,0	6181,0	6188,0	6195,0	6202,0	6209,0	6216,0	6223,0	6171,7	6183,3	6206,7	6218,3	6177,5	6212,5	88
89	6230	6237,0	6244,0	6251,0	6258,0	6265,0	6272,0	6279,0	6286,0	6293,0	6241,7	6253,3	6276,7	6288,3	6247,5	6282,5	89
90	6300	6307,0	6314,0	6321,0	6328,0	6335,0	6342,0	6349,0	6356,0	6363,0	6311,7	6323,3	6346,7	6358,3	6317,5	6352,5	90
91	6370	6377,0	6384,0	6391,0	6398,0	6405,0	6412,0	6419,0	6426,0	6433,0	6381,7	6393,3	6416,7	6428,3	6387,5	6422,5	91
92	6440	6447,0	6454,0	6461,0	6468,0	6475,0	6482,0	6489,0	6496,0	6503,0	6451,7	6463,3	6486,7	6498,3	6457,5	6492,5	92
93	6510	6517,0	6524,0	6531,0	6538,0	6545,0	6552,0	6559,0	6566,0	6573,0	6521,7	6533,3	6556,7	6568,3	6527,5	6562,5	93
94	6580	6587,0	6594,0	6601,0	6608,0	6615,0	6622,0	6629,0	6636,0	6643,0	6591,7	6603,3	6626,7	6638,3	6597,5	6632,5	94
95	6650	6657,0	6664,0	6671,0	6678,0	6685,0	6692,0	6699,0	6706,0	6713,0	6661,7	6673,3	6696,7	6708,3	6667,5	6702,5	95
96	6720	6727,0	6734,0	6741,0	6748,0	6755,0	6762,0	6769,0	6776,0	6783,0	67317,	6743,3	6766,7	6778,3	6737,5	6772,5	96
97	6790	6797,0	6804,0	6811,0	6818,0	6825,0	6832,0	6839,0	6846,0	6853,0	6801,7	6813,3	6836,7	6848,3	6807,5	6842,5	97
98	6860	6867,0	6874,0	6881,0	6888,0	6895,0	6902,0	6909,0	6916,0	6923,0	6871,7	6883,3	6906,7	6918,3	6877,5	6912,5	98
99	6930	6937,0	6944,0	6951,0	6958,0	6965,0	6972,0	6979,0	6986,0	6993,0	6941,7	6953,3	6976,7	6988,3	6947,5	6982,5	99
100	7000	7007,0	7014,0	7021,0	7028,0	7035,0	7042,0	7049,0	7056,0	7063,0	7011,7	7023,3	7046,7	7058,3	7017,5	7052,5	100

71

		1/10 7,1	2/10 14,2	3/10 21,3	4/10 28,4	5/10 35,5	6/10 42,6	7/10 49,7	8/10 56,8	9/10 63,9	1/6 11,833	2/6 23,666	4/6 47,333	5/6 59,166	1/4 17,75	3/4 53,25	
1	71	78,1	85,2	92,3	99,4	106,5	113,6	120,7	127,8	134,9	82,8	94,7	118,3	130,2	88,8	124,3	1
2	142	149,1	156,2	163,3	170,4	177,5	184,6	191,7	198,8	205,9	153,8	165,7	189,3	201,2	159,8	195,3	2
3	213	220,1	227,2	234,3	241,4	248,5	255,6	262,7	269,8	276,9	224,8	236,7	260,3	272,2	230,8	266,3	3
4	284	291,1	298,2	305,3	312,4	319,5	326,6	333,7	340,8	347,9	295,8	307,7	331,3	343,2	301,8	337,3	4
5	355	362,1	369,2	376,3	383,4	390,5	397,6	404,7	411,8	418,9	366,8	378,7	402,3	414,2	372,8	408,3	5
6	426	433,1	440,2	447,3	454,4	461,5	468,6	475,7	482,8	489,9	437,8	449,7	473,3	485,2	443,8	479,3	6
7	497	504,1	511,2	518,3	525,4	532,5	539,6	546,7	553,8	560,9	508,8	520,7	544,3	556,2	514,8	550,3	7
8	568	575,1	582,2	589,3	596,4	603,5	610,6	617,7	624,8	631,9	579,8	591,7	615,3	627,2	585,8	621,3	8
9	639	646,1	653,2	660,3	667,4	674,5	681,6	688,7	695,8	702,9	650,8	662,7	686,3	698,2	656,8	692,3	9
10	710	717,1	724,2	731,3	738,4	745,5	752,6	759,7	766,8	773,9	721,8	733,7	757,3	769,2	727,8	763,3	10
11	781	788,1	795,2	802,3	809,4	816,5	823,6	830,7	837,8	844,9	792,8	804,7	828,3	840,2	798,8	834,3	11
12	852	859,1	866,2	873,3	880,4	887,5	894,6	901,7	908,8	915,9	863,8	875,7	899,3	911,2	869,8	905,3	12
13	923	930,1	937,2	944,3	951,4	958,5	965,6	972,7	979,8	986,9	934,8	946,7	970,3	982,2	940,8	976,3	13
14	994	1001,1	1008,2	1015,3	1022,4	1029,5	1036,6	1043,7	1050,8	1057,9	1005,8	1017,7	1041,3	1053,2	1011,8	1047,3	14
15	1065	1072,1	1079,2	1086,3	1093,4	1100,5	1107,6	1114,7	1121,8	1128,9	1076,8	1088,7	1112,3	1124,2	1082,8	1118,3	15
16	1136	1143,1	1150,2	1157,3	1164,4	1171,5	1178,6	1185,7	1192,8	1199,9	1147,8	1159,7	1183,3	1195,2	1153,8	1189,3	16
17	1207	1214,1	1221,2	1228,3	1235,4	1242,5	1249,6	1256,7	1263,8	1270,9	1218,8	1230,7	1254,3	1266,2	1224,8	1260,3	17
18	1278	1285,1	1292,2	1299,3	1306,4	1313,5	1320,6	1327,7	1334,8	1341,9	1289,8	1301,7	1325,3	1337,2	1295,8	1331,3	18
19	1349	1356,1	1363,2	1370,3	1377,4	1384,5	1391,6	1398,7	1405,8	1412,9	1360,8	1372,7	1396,3	1408,2	1366,8	1402,3	19
20	1420	1427,1	1434,2	1441,3	1448,4	1455,5	1462,6	1469,7	1476,8	1483,9	1431,8	1443,7	1467,3	1479,2	1437,8	1473,3	20
21	1491	1498,1	1505,2	1512,3	1519,4	1526,5	1533,6	1540,7	1547,8	1554,9	1502,8	1514,7	1538,3	1550,2	1508,8	1544,3	21
22	1562	1569,1	1576,2	1583,3	1590,4	1597,5	1604,6	1611,7	1618,8	1625,9	1573,8	1585,7	1609,3	1621,2	1579,8	1615,3	22
23	1633	1640,1	1647,2	1654,3	1661,4	1668,5	1675,6	1682,7	1689,8	1696,9	1644,8	1656,7	1680,3	1692,2	1650,8	1686,3	23
24	1704	1711,1	1718,2	1725,3	1732,4	1739,5	1746,6	1753,7	1760,8	1767,9	1715,8	1727,7	1751,3	1763,2	1721,8	1757,3	24
25	1775	1782,1	1789,2	1796,3	1803,4	1810,5	1817,6	1824,7	1831,8	1838,9	1786,8	1798,7	1822,3	1834,2	1792,8	1828,3	25
26	1846	1853,1	1860,2	1867,3	1874,4	1881,5	1888,6	1895,7	1902,8	1909,9	1857,8	1869,7	1893,3	1905,2	1863,8	1899,3	26
27	1917	1924,1	1931,2	1938,3	1945,4	1952,5	1959,6	1966,7	1973,8	1980,9	1928,8	1940,7	1964,3	1976,2	1934,8	1970,3	27
28	1988	1995,1	2002,2	2009,3	2016,4	2023,5	2030,6	2037,7	2044,8	2051,9	1999,8	2011,7	2035,3	2047,2	2005,8	2041,3	28
29	2059	2066,1	2073,2	2080,3	2087,4	2094,5	2101,6	2108,7	2115,8	2122,9	2070,8	2082,7	2106,3	2118,2	2076,8	2112,3	29
30	2130	2137,1	2144,2	2151,3	2158,4	2165,5	2172,6	2179,7	2186,8	2193,9	2141,8	2153,7	2177,3	2189,2	2147,8	2183,3	30
31	2201	2208,1	2215,2	2222,3	2229,4	2236,5	2243,6	2250,7	2257,8	2264,9	2212,8	2224,7	2248,3	2260,2	2218,8	2254,3	31
32	2272	2279,1	2286,2	2293,3	2300,4	2307,5	2314,6	2321,7	2328,8	2335,9	2283,8	2295,7	2319,3	2331,2	2289,8	2325,3	32
33	2343	2350,1	2357,2	2364,3	2371,4	2378,5	2385,6	2392,7	2399,8	2406,9	2354,8	2366,7	2390,3	2402,2	2360,8	2396,3	33
34	2414	2421,1	2428,2	2435,3	2442,4	2449,5	2456,6	2463,7	2470,8	2477,9	2425,8	2437,7	2461,3	2473,2	2431,8	2467,3	34
35	2485	2492,1	2499,2	2506,3	2513,4	2520,5	2527,6	2534,7	2541,8	2548,9	2496,8	2508,7	2532,3	2544,2	2502,8	2538,3	35
36	2556	2563,1	2570,2	2577,3	2584,4	2591,5	2598,6	2605,7	2612,8	2619,9	2567,8	2579,7	2603,3	2615,2	2573,8	2609,3	36
37	2627	2634,1	2641,2	2648,3	2655,4	2662,5	2669,6	2676,7	2683,8	2690,9	2638,8	2650,7	2674,3	2686,2	2644,8	2680,3	37
38	2698	2705,1	2712,2	2719,3	2726,4	2733,5	2740,6	2747,7	2754,8	2761,9	2709,8	2721,7	2745,3	2757,2	2715,8	2751,3	38
39	2769	2776,1	2783,2	2790,3	2797,4	2804,5	2811,6	2818,7	2825,8	2832,9	2780,8	2792,7	2816,3	2828,2	2786,8	2822,3	39
40	2840	2847,1	2854,2	2861,3	2868,4	2875,5	2882,6	2889,7	2896,8	2903,9	2851,8	2863,7	2887,3	2899,2	2857,8	2893,3	40
41	2911	2918,1	2925,2	2932,3	2939,4	2946,5	2953,6	2960,7	2967,8	2974,9	2922,8	2934,7	2958,3	2970,2	2928,8	2964,3	41
42	2982	2989,1	2996,2	3003,3	3010,4	3017,5	3024,6	3031,7	3038,8	3045,9	2993,8	3005,7	3029,3	3041,2	2999,8	3035,3	42
43	3053	3060,1	3067,2	3074,3	3081,4	3088,5	3095,6	3102,7	3109,8	3116,9	3064,8	3076,7	3100,3	3112,2	3070,8	3106,3	43
44	3124	3131,1	3138,2	3145,3	3152,4	3159,5	3166,6	3173,7	3180,8	3187,9	3135,8	3147,7	3171,3	3183,2	3141,8	3177,3	44
45	3195	3202,1	3209,2	3216,3	3223,4	3230,5	3237,6	3244,7	3251,8	3258,9	3206,8	3218,7	3242,3	3254,2	3212,8	3248,3	45
46	3266	3273,1	3280,2	3287,3	3294,4	3301,5	3308,6	3315,7	3322,8	3329,9	3277,8	3289,7	3313,3	3325,2	3283,8	3319,3	46
47	3337	3344,1	3351,2	3358,3	3365,4	3372,5	3379,6	3386,7	3393,8	3400,9	3348,8	3360,7	3384,3	3396,2	3354,8	3390,3	47
48	3408	3415,1	3422,2	3429,3	3436,4	3443,5	3450,6	3457,7	3464,8	3471,9	3419,8	3431,7	3455,3	3467,2	3425,8	3461,3	48
49	3479	3486,1	3493,2	3500,3	3507,4	3514,5	3521,6	3528,7	3535,8	3542,9	3490,8	3502,7	3526,3	3538,2	3496,8	3532,3	49
50	3550	3557,1	3564,2	3571,3	3578,4	3585,5	3592,6	3599,7	3606,8	3613,9	3561,8	3573,7	3597,3	3609,2	3567,8	3603,3	50
51	3621	3628,1	3635,2	3642,3	3649,4	3656,5	3663,6	3670,7	3677,8	3684,9	3632,8	3644,7	3668,3	3680,2	3638,8	3674,3	51
52	3692	3699,1	3706,2	3713,3	3720,4	3727,5	3734,6	3741,7	3748,8	3755,9	3703,8	3715,7	3739,3	3751,2	3709,8	3745,3	52
53	3763	3770,1	3777,2	3784,3	3791,4	3798,5	3805,6	3812,7	3819,8	3826,9	3774,8	3786,7	3810,3	3822,2	3780,8	3816,3	53
54	3834	3841,1	3848,2	3855,3	3862,4	3869,5	3876,6	3883,7	3890,8	3897,9	3845,8	3857,7	3881,3	3893,2	3851,8	3887,3	54
55	3905	3912,1	3919,2	3926,3	3933,4	3940,5	3947,6	3954,7	3961,8	3968,9	3916,8	3928,7	3952,3	3964,2	3922,8	3958,3	55
56	3976	3983,1	3990,2	3997,3	4004,4	4011,5	4018,6	4025,7	4032,8	4039,9	3987,8	3999,7	4023,3	4035,2	3993,8	4029,3	56
57	4047	4054,1	4061,2	4068,3	4075,4	4082,5	4089,6	4096,7	4103,8	4110,9	4058,8	4070,7	4094,3	4106,2	4064,8	4100,3	57
58	4118	4125,1	4132,2	4139,3	4146,4	4153,5	4160,6	4167,7	4174,8	4181,9	4129,8	4141,7	4165,3	4177,2	4135,8	4171,3	58
59	4189	4196,1	4203,2	4210,3	4217,4	4224,5	4231,6	4238,7	4245,8	4252,9	4200,8	4212,7	4236,3	4248,2	4206,8	4242,3	59
60	4260	4267,1	4274,2	4281,3	4288,4	4295,5	4302,6	4309,7	4316,8	4323,9	4271,8	4283,7	4307,3	4319,2	4277,8	4313,3	60
61	4331	4338,1	4345,2	4352,3	4359,4	4366,5	4373,6	4380,7	4387,8	4394,9	4342,8	4354,7	4378,3	4390,2	4348,8	4384,3	61
62	4402	4409,1	4416,2	4423,3	4430,4	4437,5	4444,6	4451,7	4458,8	4465,9	4413,8	4425,7	4449,3	4461,2	4419,8	4455,3	62
63	4473	4480,1	4487,2	4494,3	4501,4	4508,5	4515,6	4522,7	4529,8	4536,9	4484,8	4496,7	4520,3	4532,2	4490,8	4526,3	63
64	4544	4551,1	4558,2	4565,3	4572,4	4579,5	4586,6	4593,7	4600,8	4607,9	4555,8	4567,7	4591,3	4603,2	4561,8	4597,3	64
65	4615	4622,1	4629,2	4636,3	4643,4	4650,5	4657,6	4664,7	4671,8	4678,9	4626,8	4638,7	4662,3	4674,2	4632,8	4668,3	65
66	4686	4693,1	4700,2	4707,3	4714,4	4721,5	4728,6	4735,7	4742,8	4749,9	4697,8	4709,7	4733,3	4745,2	4703,8	4739,3	66
67	4757	4764,1	4771,2	4778,3	4785,4	4792,5	4799,6	4806,7	4813,8	4820,9	4768,8	4780,7	4804,3	4816,2	4774,8	4810,3	67
68	4828	4835,1	4842,2	4849,3	4856,4	4863,5	4870,6	4877,7	4884,8	4891,9	4839,8	4851,7	4875,3	4887,2	4845,8	4881,3	68
69	4899	4906,1	4913,2	4920,3	4927,4	4934,5	4941,6	4948,7	4955,8	4962,9	4910,8	4922,7	4946,3	4958,2	4916,8	4952,3	69
70	4970	4977,1	4984,2	4991,3	4998,4	5005,5	5012,6	5019,7	5026,8	5033,9	4981,8	4993,7	5017,3	5029,2	4987,8	5023,3	70
71	5041	5048,1	5055,2	5062,3	5069,4	5076,5	5083,6	5090,7	5097,8	5104,9	5052,8	5064,7	5088,3	5100,2	5058,8	5094,3	71
72	5112	5119,1	5126,2	5133,3	5140,4	5147,5	5154,6	5161,7	5168,8	5175,9	5123,8	5135,7	5159,3	5171,2	5129,8	5165,3	72
73	5183	5190,1	5197,2	5204,3	5211,4	5218,5	5225,6	5232,7	5239,8	5246,9	5194,8	5206,7	5230,3	5242,2	5200,8	5236,3	73
74	5254	5261,1	5268,2	5275,3	5282,4	5289,5	5296,6	5303,7	5310,8	5317,9	5265,8	5277,7	5301,3	5313,2	5271,8	5307,3	74
75	5325	5332,1	5339,2	5346,3	5353,4	5360,5	5367,6	5374,7	5381,8	5388,9	5336,8	5348,7	5372,3	5384,2	5342,8	5378,3	75
76	5396	5403,1	5410,2	5417,3	5424,4	5431,5	5438,6	5445,7	5452,8	5459,9	5407,8	5419,7	5443,3	5455,2	5413,8	5449,3	76
77	5467	5474,1	5481,2	5488,3	5495,4	5502,5	5509,6	5516,7	5523,8	5530,9	5478,8	5490,7	5514,3	5526,2	5484,8	5520,3	77
78	5538	5545,1	5552,2	5559,3	5566,4	5573,5	5580,6	5587,7	5594,8	5601,9	5549,8	5561,7	5585,3	5597,2	5555,8	5591,3	78
79	5609	5616,1	5623,2	5630,3	5637,4	5644,5	5651,6	5658,7	5665,8	5672,9	5620,8	5632,7	5656,3	5668,2	5626,8	5662,3	79
80	5680	5687,1	5694,2	5701,3	5708,4	5715,5	5722,6	5729,7	5736,8	5743,9	5691,8	5703,7	5727,3	5739,2	5697,8	5733,3	80
81	5751	5758,1	5765,2	5772,3	5779,4	5786,5	5793,6	5800,7	5807,8	5814,9	5762,8	5774,7	5798,3	5810,2	5768,8	5804,3	81
82	5822	5829,1	5836,2	5843,3	5850,4	5857,5	5864,6	5871,7	5878,8	5885,9	5833,8	5845,7	5869,3	5881,2	5839,8	5875,3	82
83	5893	5900,1	5907,2	5914,3	5921,4	5928,5	5935,6	5942,7	5949,8	5956,9	5904,8	5916,7	5940,3	5952,2	5910,8	5946,3	83
84	5964	5971,1	5978,2	5985,3	5992,4	5999,5	6006,6	6013,7	6020,8	6027,9	5975,8	5987,7	6011,3	6023,2	5981,8	6017,3	84
85	6035	6042,1	6049,2	6056,3	6063,4	6070,5	6077,6	6084,7	6091,8	6098,9	6046,8	6058,7	6082,3	6094,2	6052,8	6088,3	85
86	6106	6113,1	6120,2	6127,3	6134,4	6141,5	6148,6	6155,7	6162,8	6169,9	6117,8	6129,7	6153,3	6165,2	6123,8	6159,3	86
87	6177	6184,1	6191,2	6198,3	6205,4	6212,5	6219,6	6226,7	6233,8	6240,9	6188,8	6200,7	6224,3	6236,2	6194,8	6230,3	87
88	6248	6255,1	6262,2	6269,3	6276,4	6283,5	6290,6	6297,7	6304,8	6311,9	6259,8	6271,7	6295,3	6307,2	6265,8	6301,3	88
89	6319	6326,1	6333,2	6340,3	6347,4	6354,5	6361,6	6368,7	6375,8	6382,9	6330,8	6342,7	6366,3	6378,2	6336,8	6372,3	89
90	6390	6397,1	6404,2	6411,3	6418,4	6425,5	6432,6	6439,7	6446,8	6453,9	6401,8	6413,7	6437,3	6449,2	6407,8	6443,3	90
91	6461	6468,1	6475,2	6482,3	6489,4	6496,5	6503,6	6510,7	6517,8	6524,9	6472,8	6484,7	6508,3	6520,2	6478,8	6514,3	91
92	6532	6539,1	6546,2	6553,3	6560,4	6567,5	6574,6	6581,7	6588,8	6595,9	6543,8	6555,7	6579,3	6591,2	6549,8	6585,3	92
93	6603	6610,1	6617,2	6624,3	6631,4	6638,5	6645,6	6652,7	6659,8	6666,9	6614,8	6626,7	6650,3	6662,2	6620,8	6656,3	93
94	6674	6681,1	6688,2	6695,3	6702,4	6709,5	6716,6	6723,7	6730,8	6737,9	6685,8	6697,7	6721,3	6733,2	6691,8	6727,3	94
95	6745	6752,1	6759,2	6766,3	6773,4	6780,5	6787,6	6794,7	6801,8	6808,9	6756,8	6768,7	6792,3	6804,2	6762,8	6798,3	95
96	6816	6823,1	6830,2	6837,3	6844,4	6851,5	6858,6	6865,7	6872,8	6879,9	6827,8	6839,7	6863,3	6875,2	6833,8	6869,3	96
97	6887	6894,1	6901,2	6908,3	6915,4	6922,5	6929,6	6936,7	6943,8	6950,9	6898,8	6910,7	6934,3	6946,2	6904,8	6940,3	97
98	6958	6965,1	6972,2	6979,3	6986,4	6993,5	7000,6	7007,7	7014,8	7021,9	6969,8	6981,7	7005,3	7017,2	6975,8	7011,3	98
99	7029	7036,1	7043,2	7050,3	7057,4	7064,5	7071,6	7078,7	7085,8	7092,9	7040,8	7052,7	7076,3	7088,2	7046,8	7082,3	99
100	7100	7107,1	7114,2	7121,3	7128,4	7135,5	7142,6	7149,7	7156,8	7163,9	7111,8	7123,7	7147,3	7159,2	7117,8	7153,3	100

72		1/10 7,2	2/10 14,4	3/10 21,6	4/10 28,8	5/10 36,0	6/10 43,2	7/10 50,4	8/10 57,6	9/10 64,8	1/6 12,0	2/6 24,0	4/6 48,0	5/6 60,0	1/4 18,0	3/4 54,0	
1	72	79,2	86,4	93,6	100,8	108,0	115,2	122,4	129,6	136,8	84,0	96,0	120,0	132,0	90,0	126,0	1
2	144	151,2	158,4	165,6	172,8	180,0	187,2	194,4	201,6	208,8	156,0	168,0	192,0	204,0	162,0	198,0	2
3	216	223,2	230,4	237,6	244,8	252,0	259 2	266,4	273,6	280,8	228,0	240,0	264,0	276,0	234,0	270,0	3
4	288	295,2	302,4	309,6	316,8	324,0	331,2	338,4	345,6	352,8	300,0	312,0	336,0	348,0	306,0	342,0	4
5	360	367,2	374,4	381,6	388,8	396,0	403,2	410,4	417,6	424,8	372,0	384,0	408,0	420,0	378,0	414,0	5
6	432	439,2	446,4	453,6	460,8	468,0	475,2	482,4	489,6	496,8	444,0	456,0	480,0	492,0	450,0	486,0	6
7	504	511,2	518,4	525,6	532,8	540,0	547,2	554,4	561,6	568,8	516,0	528,0	552,0	564,0	522,0	558,0	7
8	576	583,2	590,4	597,6	604,8	612,0	619,2	626,4	633,6	640,8	588,0	600,0	624,0	636,0	594,0	630,0	8
9	648	655,2	662,4	669,6	676,8	684,0	691,2	698,4	705,6	712,8	660,0	672,0	696,0	708,0	666,0	702,0	9
10	720	727,2	734,4	741,6	748,8	756,0	763,2	770,4	777,6	784,8	732,0	744,0	768,0	780,0	738,0	774,0	10
11	792	799,2	806,4	813,6	820,8	828,0	835,2	842,4	849,6	856,8	804,0	816,0	840,0	852,0	810,0	846,0	11
12	864	871,2	878,4	885,6	892,8	900,0	907,2	914,4	921,6	928,8	876,0	888,0	912,0	924,0	882,0	918,0	12
13	936	943,2	950,4	957,6	964,8	972,0	979,2	986,4	993,6	1000,8	948,0	960,0	984,0	996,0	954,0	990,0	13
14	1008	1015,2	1022,4	1029,6	1036,8	1044,0	1051,2	1058,4	1065,6	1072,8	1020,0	1032,0	1056,0	1068,0	1026,0	1062,0	14
15	1080	1087,2	1094,4	1101,6	1108,8	1116,0	1123,2	1130,4	1137,6	1144,8	1092,0	1104,0	1128,0	1140,0	1098,0	1134,0	15
16	1152	1159,2	1166,4	1173,6	1180,8	1188,0	1195,2	1202,4	1209,6	1216,8	1164,0	1176,0	1200,0	1212,0	1170,0	1206,0	16
17	1224	1231,2	1238,4	1245,6	1252,8	1260,0	1267,2	1274,4	1281,6	1288,8	1236,0	1248,0	1272,0	1284,0	1242,0	1278,0	17
18	1296	1303,2	1310,4	1317,6	1324,8	1332,0	1339,2	1346,4	1353,6	1360,8	1308,0	1320,0	1344,0	1356,0	1314,0	1350,0	18
19	1368	1375,2	1382,4	1389,6	1396,8	1404,0	1411,2	1418,4	1425,6	1432,8	1380,0	1392,0	1416,0	1428,0	1386,0	1422,0	19
20	1440	1447,2	1454,4	1461,6	1468,8	1476,0	1483,2	1490,4	1497,6	1504,8	1452,0	1464,0	1488,0	1500,0	1458,0	1494,0	20
21	1512	1519,2	1526,4	1533,6	1540,8	1548,0	1555,2	1562,4	1569,6	1576,8	1524,0	1536,0	1560,0	1572,0	1530,0	1566,0	21
22	1584	1591,2	1598,4	1605,6	1612,8	1620,0	1627,2	1634,4	1641,6	1648,8	1596,0	1608,0	1632,0	1644,0	1602,0	1638,0	22
23	1656	1663,2	1670,4	1677,6	1684,8	1692,0	1699,2	1706,4	1713,6	1720,8	1668,0	1680,0	1704,0	1716,0	1674,0	1710,0	23
24	1728	1735,2	1742,4	1749,6	1756,8	1764,0	1771,2	1778,4	1785,6	1792,8	1740,0	1752,0	1776,0	1788,0	1746,0	1782,0	24
25	1800	1807,2	1814,4	1821,6	1828,8	1836,0	1843,2	1850,4	1857,6	1864,8	1812,0	1824,0	1848,0	1860,0	1818,0	1854,0	25
26	1872	1879,2	1886,4	1893,6	1900,8	1908,0	1915,2	1922,4	1929,6	1936,8	1884,0	1896,0	1920,0	1932,0	1890,0	1926,0	26
27	1944	1951,2	1958,4	1965,6	1972,8	1980,0	1987,2	1994,4	2001,6	2008,8	1956,0	1968,0	1992,0	2004,0	1962,0	1998,0	27
28	2016	2023,2	2030,4	2037,6	2044,8	2052,0	2059,2	2066,4	2073,6	2080,8	2028,0	2040,0	2064,0	2076,0	2034,0	2070,0	28
29	2088	2095,2	2102,4	2109,6	2116,8	2124,0	2131,2	2138,4	2145,6	2152,8	2100,0	2112,0	2136,0	2148,0	2106,0	2142,0	29
30	2160	2167,2	2174,4	2181,6	2188,8	2196,0	2203,2	2210,4	2217,6	2224,8	2172,0	2184,0	2208,0	2220,0	2178,0	2214,0	30
31	2232	2239,2	2246,4	2253,6	2260,8	2268,0	2275,2	2282,4	2289,6	2296,8	2244,0	2256,0	2280,0	2292,0	2250,0	2286,0	31
32	2304	2311,2	2318,4	2325,6	2332,8	2340,0	2347,2	2354,4	2361,6	2368,8	2316,0	2328,0	2352,0	2364,0	2322,0	2358,0	32
33	2376	2383,2	2390,4	2397,6	2404,8	2412,0	2419,2	2426,4	2433,6	2440,8	2388,0	2400,0	2424,0	2436,0	2394,0	2430,0	33
34	2448	2455,2	2462,4	2469,6	2476,8	2484,0	2491,2	2498,4	2505,6	2512,8	2460,0	2472,0	2496,0	2508,0	2466,0	2502,0	34
35	2520	2527,2	2534,4	2541,6	2548,8	2556,0	2563,2	2570,4	2577,6	2584,8	2532,0	2544,0	2568,0	2580,0	2538,0	2574,0	35
36	2592	2599,2	2606,4	2613,6	2620,8	2628,0	2635,2	2642,4	2649,6	2656,8	2604,0	2616,0	2640,0	2652,0	2610,0	2646,0	36
37	2664	2671,2	2678,4	2685,6	2692,8	2700,0	2707,2	2714,4	2721,6	2728,8	2676,0	2688,0	2712,0	2724,0	2682,0	2718,0	37
38	2736	2743,2	2750,4	2757,6	2764,8	2772,0	2779,2	2786,4	2793,6	2800,8	2748,0	2760,0	2784,0	2796,0	2754,0	2790,0	38
39	2808	2815,2	2822,4	2829,6	2836,8	2844,0	2851,2	2858,4	2865,6	2872,8	2820,0	2832,0	2856,0	2868,0	2826,0	2862,0	39
40	2880	2887,2	2894,4	2901,6	2908,8	2916,0	2923,2	2930,4	2937,6	2944,8	2892,0	2904,0	2928,0	2940,0	2898,0	2934,0	40
41	2952	2959,2	2966,4	2973,6	2980,8	2988,0	2995,2	3002,4	3009,6	3016,8	2964,0	2976,0	3000,0	3012,0	2970,0	3006,0	41
42	3024	3031,2	3038,4	3045,6	3052,8	3060,0	3067,2	3074,4	3081,6	3088,8	3036,0	3048,0	3072,0	3084,0	3042,0	3078,0	42
43	3096	3103,2	3110,4	3117,6	3124,8	3132,0	3139,2	3146,4	3153,6	3160,8	3108,0	3120,0	3144,0	3156,0	3114,0	3150,0	43
44	3168	3175,2	3182,4	3189,6	3196,8	3204,0	3211,2	3218,4	3225,6	3232,8	3180,0	3192,0	3216,0	3228,0	3186,0	3222,0	44
45	3240	3247,2	3254,4	3261,6	3268,8	3276,0	3283,2	3290,4	3297,6	3304,8	3252,0	3264,0	3288,0	3300,0	3258,0	3294,0	45
46	3312	3319,2	3326,4	3333,6	3340,8	3348,0	3355,2	3362,4	3369,6	3376,8	3324,0	3336,0	3360,0	3372,0	3330,0	3366,0	46
47	3384	3391,2	3398,4	3405,6	3412,8	3420,0	3427,2	3434,4	3441,6	3448,8	3396,0	3408,0	3432,0	3444,0	3402,0	3438,0	47
48	3456	3463,2	3470,4	3477,6	3484,8	3492,0	3499,2	3506,4	3513,6	3520,8	3468,0	3480,0	3504,0	3516,0	3474,0	3510,0	48
49	3528	3535,2	3542,4	3549,6	3556,8	3564,0	3571,2	3578,4	3585,6	3592,8	3540,0	3552,0	3576,0	3588,0	3546,0	3582,0	49
50	3600	3607,2	3614,4	3621,6	3628,8	3636,0	3643,2	3650,4	3657,6	3664,8	3612,0	3624,0	3648,0	3660,0	3618,0	3654,0	50
51	3672	3679,2	3686,4	3693,6	3700,8	3708,0	3715,2	3722,4	3729,6	3736,8	3684,0	3696,0	3720,0	3732,0	3690,0	3726,0	51
52	3744	3751,2	3758,4	3765,6	3772,8	3780,0	3787,2	3794,4	3801,6	3808,8	3756,0	3768,0	3792,0	3804,0	3762,0	3798,0	52
53	3816	3823,2	3830,4	3837,6	3844,8	3852,0	3859,2	3866,4	3873,6	3880,8	3828,0	3840,0	3864,0	3876,0	3834,0	3870,0	53
54	3888	3895,2	3902,4	3909,6	3916,8	3924,0	3931,2	3938,4	3945,6	3952,8	3900,0	3912,0	3936,0	3948,0	3906,0	3942,0	54
55	3960	3967,2	3974,4	3981,6	3988,8	3996,0	4003,2	4010,4	4017,6	4024,8	3972,0	3984,0	4008,0	4020,0	3978,0	4014,0	55
56	4032	4039,2	4046,4	4053,6	4060,8	4068,0	4075,2	4082,4	4089,6	4096,8	4044,0	4056,0	4080,0	4092,0	4050,0	4086,0	56
57	4104	4111,2	4118,4	4125,6	4132,8	4140,0	4147,2	4154,4	4161,6	4168,8	4116,0	4128,0	4152,0	4164,0	4122,0	4158,0	57
58	4176	4183,2	4190,4	4197,6	4204,8	4212,0	4219,2	4226,4	4233,6	4240,8	4188,0	4200,0	4224,0	4236,0	4194,0	4230,0	58
59	4248	4255,2	4262,4	4269,6	4276,8	4284,0	4291,2	4298,4	4305,6	4312,8	4260,0	4272,0	4296,0	4308,0	4266,0	4302,0	59
60	4320	4327,2	4334,4	4341,6	4348,8	4356,0	4363,2	4370,4	4377,6	4384,8	4332,0	4344,0	4368,0	4380,0	4338,0	4374,0	60
61	4392	4399,2	4406,4	4413,6	4420,8	4428,0	4435,2	4442,4	4449,6	4456,8	4404,0	4416,0	4440,0	4452,0	4410,0	4446,0	61
62	4464	4471,2	4478,4	4485,6	4492,8	4500,0	4507,2	4514,4	4521,6	4528,8	4476,0	4488,0	4512,0	4524,0	4482,0	4518,0	62
63	4536	4543,2	4550,4	4557,6	4564,8	4572,0	4579,2	4586,4	4593,6	4600,8	4548,0	4560,0	4584,0	4596,0	4554,0	4590,0	63
64	4608	4615,2	4622,4	4629,6	4636,8	4644,0	4651,2	4658,4	4665,6	4672,8	4620,0	4632,0	4656,0	4668,0	4626,0	4662,0	64
65	4680	4687,2	4694,4	4701,6	4708,8	4716,0	4723,2	4730,4	4737,6	4744,8	4692,0	4704,0	4728,0	4740,0	4698,0	4734,0	65
66	4752	4759,2	4766,4	4773,6	4780,8	4788,0	4795,2	4802,4	4809,6	4816,8	4764,0	4776,0	4800,0	4812,0	4770,0	4806,0	66
67	4824	4831,2	4838,4	4845,6	4852,8	4860,0	4867,2	4874,4	4881,6	4888,8	4836,0	4848,0	4872,0	4884,0	4842,0	4878,0	67
68	4896	4903,2	4910,4	4917,6	4924,8	4932,0	4939,2	4946,4	4953,6	4960,8	4908,0	4920,0	4944,0	4956,0	4914,0	4950,0	68
69	4968	4975,2	4982,4	4989,6	4996,8	5004,0	5011,2	5018,4	5025,6	5032,8	4980,0	4992,0	5016,0	5028,0	4986,0	5022,0	69
70	5040	5047,2	5054,4	5061,6	5068,8	5076,0	5083,2	5090,4	5097,6	5104,8	5052,0	5064,0	5088,0	5100,0	5058,0	5094,0	70
71	5112	5119,2	5126,4	5133,6	5140,8	5148,0	5155,2	5162,4	5169,6	5176,8	5124,0	5136,0	5160,0	5172,0	5130,0	5166,0	71
72	5184	5191,2	5198,4	5205,6	5212,8	5220,0	5227,2	5234,4	5241,6	5248,8	5196,0	5208,0	5232,0	5244,0	5202,0	5238,0	72
73	5256	5263,2	5270,4	5277,6	5284,8	5292,0	5299,2	5306,4	5313,6	5320,8	5268,0	5280,0	5304,0	5316,0	5274,0	5310,0	73
74	5328	5335,2	5342,4	5349,6	5356,8	5364,0	5371,2	5378,4	5385,6	5392,8	5340,0	5352,0	5376,0	5388,0	5346,0	5382,0	74
75	5400	5407,2	5414,4	5421,6	5428,8	5436 0	5443,2	5450,4	5457,6	5464,8	5412,0	5424,0	5448,0	5460,0	5418,0	5454,0	75
76	5472	5479,2	5486,4	5493,6	5500,8	5508,0	5515,2	5522,4	5529,6	5536,8	5484,0	5496,0	5520,0	5532,0	5490,0	5526,0	76
77	5544	5551,2	5558,4	5565,6	5572,8	5580,0	5587,2	5594,4	5601,6	5608,8	5556,0	5568,0	5592,0	5604,0	5562,0	5598,0	77
78	5616	5623,2	5630,4	5637,6	5644,8	5652,0	5659,2	5666,4	5673,6	5680,8	5628,0	5640,0	5664,0	5676,0	5634,0	5670,0	78
79	5688	5695,2	5702,4	5709,6	5716,8	5724,0	5731,2	5738,4	5745,6	5752,8	5700,0	5712,0	5736,0	5748,0	5706,0	5742,0	79
80	5760	5767,2	5774,4	5781,6	5788,8	5796,0	5803,2	5810,4	5817,6	5824,8	5772,0	5784,0	5808,0	5820,0	5778,0	5814,0	80
81	5832	5839,2	5846,4	5853,6	5860,8	5868,0	5875,2	5882,4	5889,6	5896,8	5844,0	5856,0	5880,0	5892,0	5850,0	5886,0	81
82	5904	5911,2	5918,4	5925,6	5932,8	5940,0	5947,2	5954,4	5961,6	5968,8	5916,0	5928,0	5952,0	5964,0	5922,0	5958,0	82
83	5976	5983,2	5990,4	5997,6	6004,8	6012,0	6019,2	6026,4	6033,6	6040,8	5988,0	6000,0	6024,0	6036,0	5994,0	6030,0	83
84	6048	6055,2	6062,4	6069,6	6076,8	6084,0	6091,2	6098,4	6105,6	6112,8	6060,0	6072,0	6096,0	6108,0	6066,0	6102,0	84
85	6120	6127,2	6134,4	6141,6	6148,8	6156,0	6163,2	6170,4	6177,6	6184,8	6132,0	6144,0	6168,0	6180,0	6138,0	6174,0	85
86	6192	6199,2	6206,4	6213,6	6220,8	6228,0	6235,2	6242,4	6249,6	6256,8	6204,0	6216,0	6240,0	6252,0	6210,0	6246,0	86
87	6264	6271,2	6278,4	6285,6	6292,8	6300,0	6307,2	6314,4	6321,6	6328,8	6276,0	6288,0	6312,0	6324,0	6282,0	6318,0	87
88	6336	6343,2	6350,4	6357,6	6364,8	6372,0	6379,2	6386,4	6393,6	6400,8	6348,0	6360,0	6384,0	6396,0	6354,0	6390,0	88
89	6408	6415,2	6422,4	6429,6	6436,8	6444,0	6451,2	6458,4	6465,6	6472,8	6420,0	6432,0	6456,0	6468,0	6426,0	6462,0	89
90	6480	6487,2	6494,4	6501,6	6508,8	6516,0	6523,2	6530,4	6537,6	6544,8	6492,0	6504,0	6528,0	6540,0	6498,0	6534,0	90
91	6552	6559,2	6566,4	6573,6	6580,8	6588,0	6595,2	6602,4	6609,6	6616,8	6564,0	6576,0	6600,0	6612,0	6570,0	6606,0	91
92	6624	6631,2	6638,4	6645,6	6652,8	6660,0	6667,2	6674,4	6681,6	6688,8	6636,0	6648,0	6672,0	6684,0	6642,0	6678,0	92
93	6696	6703,2	6710,4	6717,6	6724,8	6732,0	6739,2	6746,4	6753,6	6760,8	6708,0	6720,0	6744,0	6756,0	6714,0	6750,0	93
94	6768	6775,2	6782,4	6789,6	6796,8	6804,0	6811,2	6818,4	6825,6	6832,8	6780,0	6792,0	6816,0	6828,0	6786,0	6822,0	94
95	6840	6847,2	6854,4	6861,6	6868,8	6876,0	6883,2	6890,4	6897,6	6904,8	6852,0	6864,0	6888,0	6900,0	6858,0	6894,0	95
96	6912	6919,2	6926,4	6933,6	6940,8	6948,0	6955,2	6962,4	6969,6	6976,8	6924,0	6936,0	6960,0	6972,0	6930,0	6966,0	96
97	6984	6991,2	6998,4	7005,6	7012,8	7020,0	7027,2	7034,4	7041,6	7048,8	6996,0	7008,0	7032,0	7044,0	7002,0	7038,0	97
98	7056	7063,2	7070,4	7077,6	7084,8	7092,0	7099,2	7106,4	7113,6	7120,8	7068,0	7080,0	7104,0	7116,0	7074,0	7110,0	98
99	7128	7135,2	7142,4	7149,6	7156,8	7164,0	7171,2	7178,4	7185,6	7192,8	7140,0	7152,0	7176,0	7188,0	7146,0	7182,0	99
100	7200	7207,2	7214,4	7221,6	7228,8	7236,0	7243,2	7250,4	7257,6	7264,8	7212,0	7224,0	7248,0	7260,0	7218,0	7254,0	100

73

		1/10 7,3	2/10 14,6	3/10 21,9	4/10 29,2	5/10 36,5	6/10 43,8	7/10 51,1	8/10 58,4	9/10 65,7	1/6 12,166	2/6 24,333	4/6 48,666	5/6 60,833	1/4 18,25	3/4 54,75	
1	73	80,3	87,6	94,9	102,2	109,5	116,8	124,1	131,4	138,7	85,2	97,3	121,7	133,8	91,3	127,8	1
2	146	153,3	160,6	167,9	175,2	182,5	189,8	197,1	204,4	211,7	158,2	170,3	194,7	206,8	164,3	200,8	2
3	219	226,3	233,6	240,9	248,2	255,5	262,8	270,1	277,4	284,7	231,2	243,3	267,7	279,8	237,3	273,8	3
4	292	299,3	306,6	313,9	321,2	328,5	335,8	343,1	350,4	357,7	304,2	316,3	340,7	352,8	310,3	346,8	4
5	365	372,3	379,6	386,9	394,2	401,5	408,8	416,1	423,4	430,7	377,2	389,3	413,7	425,8	383,3	419,8	5
6	438	445,3	452,6	459,9	467,2	474,5	481,8	489,1	496,4	503,7	450,2	462,3	486,7	498,8	456,3	492,8	6
7	511	518,3	525,6	532,9	540,2	547,5	554,8	562,1	569,4	576,7	523,2	535,3	559,7	571,8	529,3	565,8	7
8	584	591,3	598,6	605,9	613,2	620,5	627,8	635,1	642,4	649,7	596,2	608,3	632,7	644,8	602,3	638,8	8
9	657	664,3	671,6	678,9	686,2	693,5	700,8	708,1	715,4	722,7	669,2	681,3	705,7	717,8	675,3	711,8	9
10	730	737,3	744,6	751,9	759,2	766,5	773,8	781,1	788,4	795,7	742,2	754,3	778,7	790,8	748,3	784,8	10
11	803	810,3	817,6	824,9	832,2	839,5	846,8	854,1	861,4	868,7	815,2	827,3	851,7	863,8	821,3	857,8	11
12	876	883,3	890,6	897,9	905,2	912,5	919,8	927,1	934,4	941,7	888,2	900,3	924,7	936,8	894,3	930,8	12
13	949	956,3	963,6	970,9	978,2	985,5	992,8	1000,1	1007,4	1014,7	961,2	973,3	997,7	1009,8	967,3	1003,8	13
14	1022	1029,3	1036,6	1043,9	1051,2	1058,5	1065,8	1073,1	1080,4	1087,7	1034,2	1046,3	1070,7	1082,8	1040,3	1076,8	14
15	1095	1102,3	1109,6	1116,9	1124,2	1131,5	1138,8	1146,1	1153,4	1160,7	1107,2	1119,3	1143,7	1155,8	1113,3	1149,8	15
16	1168	1175,3	1182,6	1189,9	1197,2	1204,5	1211,8	1219,1	1226,4	1233,7	1180,2	1192,3	1216,7	1228,8	1186,3	1222,8	16
17	1241	1248,3	1255,6	1262,9	1270,2	1277,5	1284,8	1292,1	1299,4	1306,7	1253,2	1265,3	1289,7	1301,8	1259,3	1295,8	17
18	1314	1321,3	1328,6	1335,9	1343,2	1350,5	1357,8	1365,1	1372,4	1379,7	1326,2	1338,3	1362,7	1374,8	1332,3	1368,8	18
19	1387	1394,3	1401,6	1408,9	1416,2	1423,5	1430,8	1438,1	1445,4	1452,7	1399,2	1411,3	1435,7	1447,8	1405,3	1441,8	19
20	1460	1467,3	1474,6	1481,9	1489,2	1496,5	1503,8	1511,1	1518,4	1525,7	1472,2	1484,3	1508,7	1520,8	1478,3	1514,8	20
21	1533	1540,3	1547,6	1554,9	1562,2	1569,5	1576,8	1584,1	1591,4	1598,7	1545,2	1557,3	1581,7	1593,8	1551,3	1587,8	21
22	1606	1613,3	1620,6	1627,9	1635,2	1642,5	1649,8	1657,1	1664,4	1671,7	1618,2	1630,3	1654,7	1666,8	1624,3	1660,8	22
23	1679	1686,3	1693,6	1700,9	1708,2	1715,5	1722,8	1730,1	1737,4	1744,7	1691,2	1703,3	1727,7	1739,8	1697,3	1733,8	23
24	1752	1759,3	1766,6	1773,9	1781,2	1788,5	1795,8	1803,1	1810,4	1817,7	1764,2	1776,3	1800,7	1812,8	1770,3	1806,8	24
25	1825	1832,3	1839,6	1846,9	1854,2	1861,5	1868,8	1876,1	1883,4	1890,7	1837,2	1849,3	1873,7	1885,8	1843,3	1879,8	25
26	1898	1905,3	1912,6	1919,9	1927,2	1934,5	1941,8	1949,1	1956,4	1963,7	1910,2	1922,3	1946,7	1958,8	1916,3	1952,8	26
27	1971	1978,3	1985,6	1992,9	2000,2	2007,5	2014,8	2022,1	2029,4	2036,7	1983,2	1995,3	2019,7	2031,8	1989,3	2025,8	27
28	2044	2051,3	2058,6	2065,9	2073,2	2080,5	2087,8	2095,1	2102,4	2109,7	2056,2	2068,3	2092,7	2104,8	2062,3	2098,8	28
29	2117	2124,3	2131,6	2138,9	2146,2	2153,5	2160,8	2168,1	2175,4	2182,7	2129,2	2141,3	2165,7	2177,8	2135,3	2171,8	29
30	2190	2197,3	2204,6	2211,9	2219,2	2226,5	2233,8	2241,1	2248,4	2255,7	2202,2	2214,3	2238,7	2250,8	2208,3	2244,8	30
31	2263	2270,3	2277,6	2284,9	2292,2	2299,5	2306,8	2314,1	2321,4	2328,7	2275,2	2287,3	2311,7	2323,8	2281,3	2317,8	31
32	2336	2343,3	2350,6	2357,9	2365,2	2372,5	2379,8	2387,1	2394,4	2401,7	2348,2	2360,3	2384,7	2396,8	2354,3	2390,8	32
33	2409	2416,3	2423,6	2430,9	2438,2	2445,5	2452,8	2460,1	2467,4	2474,7	2421,2	2433,3	2457,7	2469,8	2427,3	2463,8	33
34	2482	2489,3	2496,6	2503,9	2511,2	2518,5	2525,8	2533,1	2540,4	2547,7	2494,2	2506,3	2530,7	2542,8	2500,3	2536,8	34
35	2555	2562,3	2569,6	2576,9	2584,2	2591,5	2598,8	2606,1	2613,4	2620,7	2567,2	2579,3	2603,7	2615,8	2573,3	2609,8	35
36	2628	2635,3	2642,6	2649,9	2657,2	2664,5	2671,8	2679,1	2686,4	2693,7	2640,2	2652,3	2676,7	2688,8	2646,3	2682,8	36
37	2701	2708,3	2715,6	2722,9	2730,2	2737,5	2744,8	2752,1	2759,4	2766,7	2713,2	2725,3	2749,7	2761,8	2719,3	2755,8	37
38	2774	2781,3	2788,6	2795,9	2803,2	2810,5	2817,8	2825,1	2832,4	2839,7	2786,2	2798,3	2822,7	2834,8	2792,3	2828,8	38
39	2847	2854,3	2861,6	2868,9	2876,2	2883,5	2890,8	2898,1	2905,4	2912,7	2859,2	2871,3	2895,7	2907,8	2865,3	2901,8	39
40	2920	2927,3	2934,6	2941,9	2949,2	2956,5	2963,8	2971,1	2978,4	2985,7	2932,2	2944,3	2968,7	2980,8	2938,3	2974,8	40
41	2993	3000,3	3007,6	3014,9	3022,2	3029,5	3036,8	3044,1	3051,4	3058,7	3005,2	3017,3	3041,7	3053,8	3011,3	3047,8	41
42	3066	3073,3	3080,6	3087,9	3095,2	3102,5	3109,8	3117,1	3124,4	3131,7	3078,2	3090,3	3114,7	3126,8	3084,3	3120,8	42
43	3139	3146,3	3153,6	3160,9	3168,2	3175,5	3182,8	3190,1	3197,4	3204,7	3151,2	3163,3	3187,7	3199,8	3157,3	3193,8	43
44	3212	3219,3	3226,6	3233,9	3241,2	3248,5	3255,8	3263,1	3270,4	3277,7	3224,2	3236,3	3260,7	3272,8	3230,3	3266,8	44
45	3285	3292,3	3299,6	3306,9	3314,2	3321,5	3328,8	3336,1	3343,4	3350,7	3297,2	3309,3	3333,7	3345,8	3303,3	3339,8	45
46	3358	3365,3	3372,6	3379,9	3387,2	3394,5	3401,8	3409,1	3416,4	3423,7	3370,2	3382,3	3406,7	3418,8	3376,3	3412,8	46
47	3431	3438 3	3445,6	3452,9	3460,2	3467,5	3474,8	3482,1	3489,4	3496,7	3443,2	3455,3	3479,7	3491,8	3449,3	3485,8	47
48	3504	3511,3	3518,6	3525,9	3533,2	3540,5	3547,8	3555,1	3562,4	3569,7	3516,2	3528,3	3552,7	3564,8	3522,3	3558,8	48
49	3577	3584,3	3591,6	3598,9	3606,2	3613,5	3620,8	3628,1	3635,4	3642,7	3589,2	3601,3	3625,7	3637,8	3595,3	3631,8	49
50	3650	3657,3	3664,6	3671,9	3679,2	3686,5	3693,8	3701,1	3708,4	3715,7	3662,2	3674,3	3698,7	3710,8	3668,3	3704,8	50
51	3723	3730,3	3737,6	3744,9	3752,2	3759,5	3766,8	3774,1	3781,4	3788,7	3735,2	3747,3	3771,7	3783,8	3741,3	3777,8	51
52	3796	3803,3	3810,6	3817,9	3825,2	3832,5	3839,8	3847,1	3854,4	3861,7	3808,2	3820,3	3844,7	3856,8	3814,3	3850,8	52
53	3869	3876,3	3883,6	3890,9	3898,2	3905,5	3912,8	3920,1	3927,4	3934,7	3881,2	3893,3	3917,7	3929,8	3887,3	3923,8	53
54	3942	3949,3	3956,6	3963,9	3971,2	3978,5	3985,8	3993,1	4000,4	4007,7	3954,2	3966,3	3990,7	4002,8	3960,3	3996,8	54
55	4015	4022,3	4029,6	4036,9	4044,2	4051,5	4058,8	4066,1	4073,4	4080,7	4027,2	4039,3	4063,7	4075,8	4033,3	4069,8	55
56	4088	4095,3	4102,6	4109,9	4117,2	4124,5	4131,8	4139,1	4146,4	4153,7	4100,2	4112,3	4136,7	4148,8	4106,3	4142,8	56
57	4161	4168,3	4175,6	4182,9	4190,2	4197,5	4204,8	4212,1	4219,4	4226,7	4173,2	4185,3	4209,7	4221,8	4179,3	4215,8	57
58	4234	4241,3	4248,6	4255,9	4263,2	4270,5	4277,8	4285,1	4292,4	4299,7	4246,2	4258,3	4282,7	4294,8	4252,3	4288,8	58
59	4307	4314,3	4321,6	4328,9	4336,2	4343,5	4350,8	4358,1	4365,4	4372,7	4319,2	4331,3	4355,7	4367,8	4325,3	4361,8	59
60	4380	4387,3	4394,6	4401,9	4409,2	4416,5	4423,8	4431,1	4438,4	4445,7	4392,2	4404,3	4428,7	4440,8	4398,3	4434,8	60
61	4453	4460,3	4467,6	4474,9	4482,2	4489,5	4496,8	4504,1	4511,4	4518,7	4465,2	4477,3	4501,7	4513,8	4471,3	4507,8	61
62	4526	4533,3	4540,6	4547,9	4555,2	4562,5	4569,8	4577,1	4584,4	4591,7	4538,2	4550,3	4574,7	4586,8	4544,3	4580,8	62
63	4599	4606,3	4613,6	4620,9	4628,2	4635,5	4642,8	4650,1	4657,4	4664,7	4611,2	4623,3	4647,7	4659,8	4617,3	4653,8	63
64	4672	4679,3	4686,6	4693,9	4701,2	4708,5	4715,8	4723,1	4730,4	4737,7	4684,2	4696,3	4720,7	4732,8	4690,3	4726,8	64
65	4745	4752,3	4759,6	4766,9	4774,2	4781,5	4788,8	4796,1	4803,4	4610,7	4757,2	4769,3	4793,7	4805,8	4763,3	4799,8	65
66	4848	4825,3	4832,6	4839,9	4847,2	4854,5	4861,8	4869,1	4876,4	4883,7	4830,2	4842,3	4866,7	4878,8	4836,3	4872,8	66
67	4891	4898,3	4905,6	4912,9	4920,2	4927,5	4934,8	4942,1	4949,4	4956,7	4903,2	4915,3	4939,7	4951,8	4909,3	4945,8	67
68	4964	4971,3	4978,6	4985,9	4993,2	5000,5	5007,8	5015,1	5022,4	5029,7	4976,2	4988,3	5012,7	5024,8	4982,3	5018,8	68
69	5037	5044,3	5051,6	5058,9	5066,2	5073,5	5080,8	5088,1	5095,4	5102,7	5049,2	5061,3	5085,7	5097,8	5055,3	5091,8	69
70	5110	5117,3	5124,6	5131,9	5139,2	5146,5	5153,8	5161,1	5168,4	5175,7	5122,2	5134,3	5158,7	5170,8	5128,3	5164,8	70
71	5183	5190,3	5197,6	5204,9	5212,2	5219,5	5226,8	5234,1	5241,4	5248,7	5195,2	5207,3	5231,7	5243,8	5201,3	5237,8	71
72	5256	5263,3	5270,6	5277,9	5285,2	5292,5	5299,8	5307,1	5314,4	5321,7	5268,2	5280,3	5304,7	5316,8	5274,3	5310,8	72
73	5329	5336,3	5343,6	5350,9	5358,2	5365,5	5372,8	5380,1	5387,4	5394,7	5341,2	5353,3	5377,7	5389,8	5347,3	5383,8	73
74	5402	5409,3	5416,6	5423,9	5431,2	5438,5	5445,8	5453,1	5460,4	5467,7	5414,2	5426,3	5450,7	5462,8	5420,3	5456,8	74
75	5475	5482,3	5489,6	5496,9	5504,2	5511,5	5518,8	5526,1	5533,4	5540,7	5487,2	5499,3	5523,7	5535,8	5493,3	5529,8	75
76	5548	5555,3	5562,6	5569,9	5577,2	5584,5	5591,8	5599,1	5606,4	5613,7	5560,2	5572,3	5596,7	5608,8	5566,3	5602,8	76
77	5621	5628,3	5635,6	5642,9	5650,2	5657,5	5664,8	5672,1	5679,4	5686,7	5633,2	5645,3	5669,7	5681,8	5639,3	5675,8	77
78	5694	5701,3	5708,6	5715,9	5723,2	5730,5	5737,8	5745,1	5752,4	5759,7	5706,2	5718,3	5742,7	5754,8	5712,3	5748,8	78
79	5767	5774,3	5781,6	5788,9	5796,2	5803,5	5810,8	5818,1	5825,4	5832,7	5779,2	5791,3	5815,7	5827,8	5785,3	5821,8	79
80	5840	5847,3	5854,6	5861,9	5869,2	5876,5	5883,8	5891,1	5898,4	5905,7	5852,2	5864,3	5888,7	5900,8	5858,3	5894,8	80
81	5913	5920,3	5927,6	5934,9	5942,2	5949,5	5956,8	5964,1	5971,4	5978,7	5925,2	5937,3	5961,7	5973,8	5931,3	5967,8	81
82	5986	5993,3	6000,6	6007,9	6015,2	6022,5	6029,8	6037,1	6044,4	6051,7	5998,2	6010,3	6034,7	6046,8	6004,3	6040,8	82
83	6059	6066,3	6073,6	6080,9	6088,2	6095,5	6102,8	6110,1	6117,4	6124,7	6071,2	6083,3	6107,7	6119,8	6077,3	6113,8	83
84	6132	6139,3	6146,6	6153,9	6161,2	6168,5	6175,8	6183,1	6190,4	6197,7	6144,2	6156,3	6180,7	6192,8	6150,3	6186,8	84
85	6205	6212,3	6219,6	6226,9	6234,2	6241,5	6248,8	6256,1	6263,4	6270,7	6217,2	6229,3	6253,7	6265,8	6223,3	6259,8	85
86	6278	6285,3	6292,6	6299,9	6307,2	6314,5	6321,8	6329,1	6336,4	6343,7	6290,2	6302,3	6326,7	6338,8	6296,3	6332,8	86
87	6351	6358,3	6365,6	6372,9	6380,2	6387,5	6394,8	6402,1	6409,4	6416,7	6363,2	6375,3	6399,7	6411,8	6369,3	6405,8	87
88	6424	6431,3	6438,6	6445,9	6453,2	6460,5	6467,8	6475,1	6482,4	6489,7	6436,2	6448,3	6472,7	6484,8	6442,3	6478,8	88
89	6497	6504,3	6511,6	6518,9	6526,2	6533,5	6540,8	6548,1	6555,4	6562,7	6509,2	6521,3	6545,7	6557,8	6515,3	6551,8	89
90	6570	6577,3	6584,6	6591,9	6599,2	6606,5	6613,8	6621,1	6628,4	6635,7	6582,2	6594,3	6618,7	6630,8	6588,3	6624,8	90
91	6643	6650,3	6657,6	6664,9	6672,2	6679,5	6686,8	6694,1	6701,4	6708,7	6655,2	6667,3	6691,7	6703,8	6661,3	6597,8	91
92	6716	6723,3	6730,6	6737,9	6745,2	6752,5	6759,8	6767,1	6774,4	6781,7	6728,2	6740,3	6764,7	6776,8	6734,3	6770,8	92
93	6789	6796,3	6803,6	6810,9	6818,2	6825,5	6832,8	6840,1	6847,4	6854,7	6801,2	6813,3	6837,7	6849,8	6807,3	6843,8	93
94	6862	6869,3	6876,6	6883,9	6891,2	6898,5	6905,8	6913,1	6920,4	6927,7	6874,2	6886,3	6910,7	6922,8	6880,3	6916,8	94
95	6935	6942,3	6949,6	6956,9	6964,2	6971,5	6978,8	6986,1	6993,4	7000,7	6947,2	6959,3	6983,7	6995,8	6953,3	6989,8	95
96	7008	7015,3	7022,6	7029,9	7037,2	7044,5	7051,8	7059,1	7066,4	7073,7	7020,2	7032,3	7056,7	7068,8	7026,3	7062,8	96
97	7081	7088,3	7095,6	7102,9	7110,2	7117,5	7124,8	7132,1	7139,4	7146,7	7093,2	7105,3	7129,7	7141,8	7099,3	7135,8	97
98	7154	7161,3	7168,6	7175,9	7183,2	7190,5	7197,8	7205,1	7212,4	7219,7	7166,2	7178,3	7202,7	7214,8	7172,3	7208,8	98
99	7227	7234,3	7241,6	7248,9	7256,2	7263,5	7270,8	7278,1	7285,4	7292,7	7239,2	7251,3	7275,7	7287,8	7245,3	7281,8	99
100	7300	7307,3	7314,6	7321,9	7329,2	7336,5	7343,8	7351,1	7358,4	7365,7	7312,2	7324,3	7348,7	7360,8	7318,3	7354,8	100

74

	74	1/10 7,4	2/10 14,8	3/10 22,2	4/10 29,6	5/10 37,0	6/10 44,4	7/10 51,8	8/10 59,2	9/10 66,6	1/6 12,333	2/6 24,666	4/6 49,333	5/6 61,666	1/4 18,5	3/4 55,5	
1	74	81,4	88,8	96,2	103,6	111,0	118,4	125,8	133,2	140,6	86,3	98,7	123,3	135,7	92,5	129,5	1
2	148	155,4	162,8	170,2	177,6	185,0	192,4	199,8	207,2	214,6	160,3	172,7	197,3	209,7	166,5	203,5	2
3	222	229,4	236,8	244,2	251,6	259,0	266,4	273,8	281,2	288,6	234,3	246,7	271,3	283,7	240,5	277,5	3
4	296	303,4	310,8	318,2	325,6	333,0	340,4	347,8	355,2	362,6	308,3	320,7	345,3	357,7	314,5	351,5	4
5	370	377,4	384,8	392,2	399,6	407,0	414,4	421,8	429,2	436,6	382,3	394,7	419,3	431,7	388,5	425,5	5
6	444	451,4	458,8	466,2	473,6	481,0	488,4	495,8	503,2	510,6	456,3	468,7	493,3	505,7	462,5	499,5	6
7	518	525,4	532,8	540,2	547,6	555,0	562,4	569,8	577,2	584,6	530,3	542,7	567,3	579,7	536,5	573,5	7
8	592	599,4	606,8	614,2	621,6	629,0	636,4	643,8	651,2	658,6	604,3	616,7	641,3	653,7	610,5	647,5	8
9	666	673,4	680,8	688,2	695,6	703,0	710,4	717,8	725,2	732,6	678,3	690,7	715,3	727,7	684,5	721,5	9
10	740	747,4	754,8	762,2	769,6	777,0	784,4	791,8	799,2	806,6	752,3	764,7	789,3	801,7	758,5	795,5	10
11	814	821,4	828,8	836,2	843,6	851,0	858,4	865,8	873,2	880,6	826,3	838,7	863,3	875,7	832,5	869,5	11
12	888	895,4	902,8	910,2	917,6	925,0	932,4	939,8	947,2	954,6	900,3	912,7	937,3	949,7	906,5	943,5	12
13	962	969,4	976,8	984,2	991,6	999,0	1006,4	1013,8	1021,2	1028,6	974,3	986,7	1011,3	1023,7	980,5	1017,5	13
14	1036	1043,4	1050,8	1058,2	1065,6	1073,0	1080,4	1087,8	1095,2	1102,6	1048,3	1060,7	1085,3	1097,7	1054,5	1091,5	14
15	1110	1117,4	1124,8	1132,2	1139,6	1147,0	1154,4	1161,8	1169,2	1176,6	1122,3	1134,7	1159,3	1171,7	1128,5	1165,5	15
16	1184	1191,4	1198,8	1206,2	1213,6	1221,0	1228,4	1235,8	1243,2	1250,6	1196,3	1208,7	1233,3	1245,7	1202,5	1239,5	16
17	1258	1265,4	1272,8	1280,2	1287,6	1295,0	1302,4	1309,8	1317,2	1324,6	1270,3	1282,7	1307,3	1319,7	1276,5	1313,5	17
18	1332	1339,4	1346,8	1354,2	1361,6	1369,0	1376,4	1383,8	1391,2	1398,6	1344,3	1356,7	1381,3	1393,7	1350,5	1387,5	18
19	1406	1413,4	1420,8	1428,2	1435,6	1443,0	1450,4	1457,8	1465,2	1472,6	1418,3	1430,7	1455,3	1467,7	1424,5	1461,5	19
20	1480	1487,4	1494,8	1502,2	1509,6	1517,0	1524,4	1531,8	1539,2	1546,6	1492,3	1504,7	1529,3	1541,7	1498,5	1535,5	20
21	1554	1561,4	1568,8	1576,2	1583,6	1591,0	1598,4	1605,8	1613,2	1620,6	1566,3	1578,7	1603,3	1615,7	1572,5	1609,5	21
22	1628	1635,4	1642,8	1650,2	1657,6	1665,0	1672,4	1679,8	1687,2	1694,6	1640,3	1652,7	1677,3	1689,7	1646,5	1683,5	22
23	1702	1709,4	1716,8	1724,2	1731,6	1739,0	1746,4	1753,8	1761,2	1768,6	1714,3	1726,7	1751,3	1763,7	1720,5	1757,5	23
24	1776	1783,4	1790,8	1798,2	1805,6	1813,0	1820,4	1827,8	1835,2	1842,6	1788,3	1800,7	1825,3	1837,7	1794,5	1831,5	24
25	1850	1857,4	1864,8	1872,2	1879,6	1887,0	1894,4	1901,8	1909,2	1916,6	1862,3	1874,7	1899,3	1911,7	1868,5	1905,5	25
26	1924	1931,4	1938,8	1946,2	1953,6	1961,0	1968,4	1975,8	1983,2	1990,6	1936,3	1948,7	1973,3	1985,7	1942,5	1979,5	26
27	1998	2005,4	2012,8	2020,2	2027,6	2035,0	2042,4	2049,8	2057,2	2064,6	2010,3	2022,7	2047,3	2059,7	2016,5	2053,5	27
28	2072	2079,4	2086,8	2094,2	2101,6	2109,0	2116,4	2123,8	2131,2	2138,6	2084,3	2096,7	2121,3	2133,7	2090,5	2127,5	28
29	2146	2153,4	2160,8	2168,2	2175,6	2183,0	2190,4	2197,8	2205,2	2212,6	2158,3	2170,7	2195,3	2207,7	2164,5	2201,5	29
30	2220	2227,4	2234,8	2242,2	2249,6	2257,0	2264,4	2271,8	2279,2	2286,6	2232,3	2244,7	2269,3	2281,7	2238,5	2275,5	30
31	2294	2301,4	2308,8	2316,2	2323,6	2331,0	2338,4	2345,8	2353,2	2360,6	2306,3	2318,7	2343,3	2355,7	2312,5	2349,5	31
32	2368	2375,4	2382,8	2390,2	2397,6	2405,0	2412,4	2419,8	2427,2	2434,6	2380,3	2392,7	2417,3	2429,7	2386,5	2423,5	32
33	2442	2449,4	2456,8	2464,2	2471,6	2479,0	2486,4	2493,8	2501,2	2508,6	2454,3	2466,7	2491,3	2503,7	2460,5	2497,5	33
34	2516	2523,4	2530,8	2538,2	2545,6	2553,0	2560,4	2567,8	2575,2	2582,6	2528,3	2540,7	2565,3	2577,7	2534,5	2571,5	34
35	2590	2597,4	2604,8	2612,2	2619,6	2627,0	2634,4	2641,8	2649,2	2656,6	2602,3	2614,7	2639,3	2651,7	2608,5	2645,5	35
36	2664	2671,4	2678,8	2686,2	2693,6	2701,0	2708,4	2715,8	2723,2	2730,6	2676,3	2688,7	2713,3	2725,7	2682,5	2719,5	36
37	2738	2745,4	2752,8	2760,2	2767,6	2775,0	2782,4	2789,8	2797,2	2804,6	2750,3	2762,7	2787,3	2799,7	2756,5	2793,5	37
38	2812	2819,4	2826,8	2834,2	2841,6	2849,0	2856,4	2863,8	2871,2	2878,6	2824,3	2836,7	2861,3	2873,7	2830,5	2867,5	38
39	2886	2893,4	2900,8	2908,2	2915,6	2923,0	2930,4	2937,8	2945,2	2952,6	2898,3	2910,7	2935,3	2947,7	2904,5	2941,5	39
40	2960	2967,4	2974,8	2982,2	2989,6	2997,0	3004,4	3011,8	3019,2	3026,6	2972,3	2984,7	3009,3	3021,7	2978,5	3015,5	40
41	3034	3041,4	3048,8	3056,2	3063,6	3071,0	3078,4	3085,8	3093,2	3100,6	3046,3	3058,7	3083,3	3095,7	3052,5	3089,5	41
42	3108	3115,4	3122,8	3130,2	3137,6	3145,0	3152,4	3159,8	3167,2	3174,6	3120,3	3132,7	3157,3	3169,7	3126,5	3163,5	42
43	3182	3189,4	3196,8	3204,2	3211,6	3219,0	3226,4	3233,8	3241,2	3248,6	3194,3	3206,7	3231,3	3243,7	3200,5	3237,5	43
44	3256	3263,4	3270,8	3278,2	3285,6	3293,0	3300,4	3307,8	3315,2	3322,6	3268,3	3280,7	3305,3	3317,7	3274,5	3311,5	44
45	3330	3337,4	3344,8	3352,2	3359,6	3367,0	3374,4	3381,8	3389,2	3396,6	3342,3	3354,7	3379,3	3391,7	3348,5	3385,5	45
46	3404	3411,4	3418,8	3426,2	3433,6	3441,0	3448,4	3455,8	3463,2	3470,6	3416,3	3428,7	3453,3	3465,7	3422,5	3459,5	46
47	3478	3485,4	3492,8	3500,2	3507,6	3515,0	3522,4	3529,8	3537,2	3544,6	3490,3	3502,7	3527,3	3539,7	3496,5	3533,5	47
48	3552	3559,4	3566,8	3574,2	3581,6	3589,0	3596,4	3603,8	3611,2	3618,6	3564,3	3576,7	3601,3	3613,7	3570,5	3607,5	48
49	3626	3633,4	3640,8	3648,2	3655,6	3663,0	3670,4	3677,8	3685,2	3692,6	3638,3	3650,7	3675,3	3687,7	3644,5	3681,5	49
50	3700	3707,4	3714,8	3722,2	3729,6	3737,0	3744,4	3751,8	3759,2	3766,6	3712,3	3724,7	3749,3	3761,7	3718,5	3755,5	50
51	3774	3781,4	3788,8	3796,2	3803,6	3811,0	3818,4	3825,8	3833,2	3840,6	3786,3	3798,7	3823,3	3835,7	3792,5	3829,5	51
52	3848	3855,4	3862,8	3870,2	3877,6	3885,0	3892,4	3899,8	3907,2	3914,6	3860,3	3872,7	3897,3	3909,7	3866,5	3903,5	52
53	3922	3929,4	3936,8	3944,2	3951,6	3959,0	3966,4	3973,8	3981,2	3988,6	3934,3	3946,7	3971,3	3983,7	3940,5	3977,5	53
54	3996	4003,4	4010,8	4018,2	4025,6	4033,0	4040,4	4047,8	4055,2	4062,6	4008,3	4020,7	4045,3	4057,7	4014,5	4051,5	54
55	4070	4077,4	4084,8	4092,2	4099,6	4107,0	4114,4	4121,8	4129,2	4136,6	4082,3	4094,7	4119,3	4131,7	4088,5	4125,5	55
56	4144	4151,4	4158,8	4166,2	4173,6	4181,0	4188,4	4195,8	4203,2	4210,6	4156,3	4168,7	4193,3	4205,7	4162,5	4199,5	56
57	4218	4225,4	4232,8	4240,2	4247,6	4255,0	4262,4	4269,8	4277,2	4284,6	4230,3	4242,7	4267,3	4279,7	4236,5	4273,5	57
58	4292	4299,4	4306,8	4314,2	4321,6	4329,0	4336,4	4343,8	4351,2	4358,6	4304,3	4316,7	4341,3	4353,7	4310,5	4347,5	58
59	4366	4373,4	4380,8	4388,2	4395,6	4403,0	4410,4	4417,8	4425,2	4432,6	4378,3	4390,7	4415,3	4427,7	4384,5	4421,5	59
60	4440	4447,4	4454,8	4462,2	4469,6	4477,0	4484,4	4491,8	4499,2	4506,6	4452,3	4464,7	4489,3	4501,7	4458,5	4495,5	60
61	4514	4521,4	4528,8	4536,2	4543,6	4551,0	4558,4	4565,8	4573,2	4580,6	4526,3	4538,7	4563,3	4575,7	4532,5	4569,5	61
62	4588	4595,4	4602,8	4610,2	4617,6	4625,0	4632,4	4639,8	4647,2	4654,6	4600,3	4612,7	4637,3	4649,7	4606,5	4643,5	52
63	4662	4669,4	4676,8	4684,2	4691,6	4699,0	4706,4	4713,8	4721,2	4728,6	4674,3	4686,7	4711,3	4723,7	4680,5	4717,5	63
64	4736	4743,4	4750,8	4758,2	4765,6	4773,0	4780,4	4787,8	4795,2	4802,6	4748,3	4760,7	4785,3	4797,7	4754,5	4791,5	64
65	4810	4817,4	4824,8	4832,2	4839,6	4847,0	4854,4	4861,8	4869,2	4876,6	4822,3	4834,7	4859,3	4871,7	4828,5	4865,5	65
66	4884	4891,4	4898,8	4906,2	4913,6	4921,0	4928,4	4935,8	4943,2	4950,6	4896,3	4908,7	4933,3	4945,7	4902,5	4939,5	66
67	4958	4965,4	4972,8	4980,2	4987,6	4995,0	5002,4	5009,8	5017,2	5024,6	4970,3	4982,7	5007,3	5019,7	4976,5	5013,5	67
68	5032	5039,4	5046,8	5054,2	5061,6	5069,0	5076,4	5083,8	5091,2	5098,6	5044,3	5056,7	5081,3	5093,7	5050,5	5087,5	68
69	5106	5113,4	5120,8	5128,2	5135,6	5143,0	5150,4	5157,8	5165,2	5172,6	5118,3	5130,7	5155,3	5167,7	5124,5	5161,5	69
70	5180	5187,4	5194,8	5202,2	5209,6	5217,0	5224,4	5231,8	5239,2	5246,6	5192,3	5204,7	5229,3	5241,7	5198,5	5235,5	70
71	5254	5261,4	5268,8	5276,2	5283,6	5291,0	5298,4	5305,8	5313,2	5320,6	5266,3	5278,7	5303,3	5315,7	5272,5	5309,5	71
72	5328	5335,4	5342,8	5350,2	5357,6	5365,0	5372,4	5379,8	5387,2	5394,6	5340,3	5352,7	5377,3	5389,7	5346,5	5383,5	72
73	5402	5409,4	5416,8	5424,2	5431,6	5439,0	5446,4	5453,8	5461,2	5468,6	5414,3	5426,7	5451,3	5463,7	5420,5	5457,5	73
74	5476	5483,4	5490,8	5498,2	5505,6	5513,0	5520,4	5527,8	5535,2	5542,6	5488,3	5500,7	5525,3	5537,7	5494,5	5531,5	74
75	5550	5557,4	5564,8	5572,2	5579,6	5587,0	5594,4	5601,8	5609,2	5616,6	5562,3	5574,7	5599,3	5611,7	5568,5	5605,5	75
76	5624	5631,4	5638,8	5646,2	5653,6	5661,0	5668,4	5675,8	5683,2	5690,6	5636,3	5648,7	5673,3	5685,7	5642,5	5679,5	76
77	5698	5705,4	5712,8	5720,2	5727,6	5735,0	5742,4	5749,8	5757,2	5764,6	5710,3	5722,7	5747,3	5759,7	5716,5	5753,5	77
78	5772	5779,4	5786,8	5794,2	5801,6	5809,0	5816,4	5823,8	5831,2	5838,6	5784,3	5796,7	5821,3	5833,7	5790,5	5827,5	78
79	5846	5853,4	5860,8	5868,2	5875,6	5883,0	5890,4	5897,8	5905,2	5912,6	5858,3	5870,7	5895,3	5907,7	5864,5	5901,5	79
80	5920	5927,4	5934,8	5942,2	5949,6	5957,0	5964,4	5971,8	5979,2	5986,6	5932,3	5944,7	5969,3	5981,7	5938,5	5975,5	80
81	5994	6001,4	6008,8	6016,2	6023,6	6031,0	6038,4	6045,8	6053,2	6060,6	6006,3	6018,7	6043,3	6055,7	6012,5	6049,5	81
82	6068	6075,4	6082,8	6090,2	6097,6	6105,0	6112,4	6119,8	6127,2	6134,6	6080,3	6092,7	6117,3	6129,7	6086,5	6123,5	82
83	6142	6149,4	6156,8	6164,2	6171,6	6179,0	6186,4	6193,8	6201,2	6208,6	6154,3	6166,7	6191,3	6203,7	6160,5	6197,5	83
84	6216	6223,4	6230,8	6238,2	6245,6	6253,0	6260,4	6267,8	6275,2	6282,6	6228,3	6240,7	6265,3	6277,7	6234,5	6271,5	84
85	6290	6297,4	6304,8	6312,2	6319,6	6327,0	6334,4	6341,8	6349,2	6356,6	6302,3	6314,7	6339,3	6351,7	6308,5	6345,5	85
86	6364	6371,4	6378,8	6386,2	6393,6	6401,0	6408,4	6415,8	6423,2	6430,6	6376,3	6388,7	6413,3	6425,7	6382,5	6419,5	86
87	6438	6445,4	6452,8	6460,2	6467,6	6475,0	6482,4	6489,8	6497,2	6504,6	6450,3	6462,7	6487,3	6499,7	6456,5	6493,5	87
88	6512	6519,4	6526,8	6534,2	6541,6	6549,0	6556,4	6563,8	6571,2	6578,6	6524,3	6536,7	6561,3	6573,7	6530,5	6567,5	88
89	6586	6593,4	6600,8	6608,2	6615,6	6623,0	6630,4	6637,8	6645,2	6652,6	6598,3	6610,7	6635,3	6647,7	6604,5	6641,5	89
90	6660	6667,4	6674,8	6682,2	6689,6	6697,0	6704,4	6711,8	6719,2	6726,6	6672,3	6684,7	6709,3	6721,7	6678,5	6715,5	90
91	6734	6741,4	6748,8	6756,2	6763,6	6771,0	6778,4	6785,8	6793,2	6800,6	6746,3	6758,7	6783,3	6795,7	6752,5	6789,5	91
92	6808	6815,4	6822,8	6830,2	6837,6	6845,0	6852,4	6859,8	6867,2	6874,6	6820,3	6832,7	6857,3	6869,7	6826,5	6863,5	92
93	6882	6889,4	6896,8	6904,2	6911,6	6919,0	6926,4	6933,8	6941,2	6948,6	6894,3	6906,7	6931,3	6943,7	6900,5	6937,5	93
94	6956	6963,4	6970,8	6978,2	6985,6	6993,0	7000,4	7007,8	7015,2	7022,6	6968,3	6980,7	7005,3	7017,7	6974,5	7011,5	94
95	7030	7037,4	7044,8	7052,2	7059,6	7067,0	7074,4	7081,8	7089,2	7096,6	7042,3	7054,7	7079,3	7091,7	7048,5	7085,5	95
96	7104	7111,4	7118,8	7126,2	7133,6	7141,0	7148,4	7155,8	7163,2	7170,6	7116,3	7128,7	7153,3	7165,7	7122,5	7159,5	96
97	7178	7185,4	7192,8	7200,2	7207,6	7215,0	7222,4	7229,8	7237,2	7244,6	7190,3	7202,7	7227,3	7239,7	7196,5	7233,5	97
98	7252	7259,4	7266,8	7274,2	7281,6	7289,0	7296,4	7303,8	7311,2	7318,6	7264,3	7276,7	7301,3	7313,7	7270,5	7307,5	98
99	7326	7333,4	7340,8	7348,2	7355,6	7363,0	7370,4	7377,8	7385,2	7392,6	7338,3	7350,7	7375,3	7387,7	7344,5	7381,5	99
100	7400	7407,4	7414,8	7422,2	7429,6	7437,0	7444,4	7451,8	7459,2	7466,6	7412,3	7424,7	7449,3	7461,7	7418,5	7455,5	100

75

		1/10 7,5	2/10 15,0	3/10 22,5	4/10 30,0	5/10 37,5	6/10 45,0	7/10 52,5	8/10 60,0	9/10 67,5	1/6 12,5	2/6 25,0	4/6 50,0	5/6 62,5	1/4 18,75	3/4 56,25	
1	75	82,5	90,0	97,5	105,0	112,5	120,0	127,5	135,0	142,5	87,5	100,0	125,0	137,5	93,8	131,3	1
2	150	157,5	165,0	172,5	180,0	187,5	195,0	202,5	210,0	217,5	162,5	175,0	200,0	212,5	168,8	206,3	2
3	225	232,5	240,0	247,5	255,0	262,5	270,0	277,5	285,0	292,5	237,5	250,0	275,0	287,5	243,8	281,3	3
4	300	307,5	315,0	322,5	330,0	337,5	345,0	352,5	360,0	367,5	312,5	325,0	350,0	362,5	318,8	356,3	4
5	375	382,5	390,0	397,5	405,0	412,5	420,0	427,5	435,0	442,5	387,5	400,0	425,0	437,5	393,8	431,3	5
6	450	457,5	465,0	472,5	480,0	487,5	495,0	502,5	510,0	517,5	462,5	475,0	500,0	512,5	468,8	506,3	6
7	525	532,5	540,0	547,5	555,0	562,5	570,0	577,5	585,0	592,5	537,5	550,0	575,0	587,5	543,8	581,3	7
8	600	607,5	615,0	622,5	630,0	637,5	645,0	652,5	660,0	667,5	612,5	625,0	650,0	662,5	618,8	656,3	8
9	675	682,5	690,0	697,5	705,0	712,5	720,0	727,5	735,0	742,5	687,5	700,0	725,0	737,5	693,8	731,3	9
10	750	757,5	765,0	772,5	780,0	787,5	795,0	802,5	810,0	817,5	762,5	775,0	800,0	812,5	768,8	806,3	10
11	825	832,5	840,0	847,5	855,0	862,5	870,0	877,5	885,0	892,5	837,5	850,0	875,0	887,5	843,8	881,3	11
12	900	907,5	915,0	922,5	930,0	937,5	945,0	952,5	960,0	967,5	912,5	925,0	950,0	962,5	918,8	956,3	12
13	975	982,5	990,0	997,5	1005,0	1012,5	1020,0	1027,5	1035,0	1042,5	987,5	1000,0	1025,0	1037,5	993,8	1031,3	13
14	1050	1057,5	1065,0	1072,5	1080,0	1087,5	1095,0	1102,5	1110,0	1117,5	1062,5	1075,0	1100,0	1112,5	1068,8	1106,3	14
15	1125	1132,5	1140,0	1147,5	1155,0	1162,5	1170,0	1177,5	1185,0	1192,5	1137,5	1150,0	1175,0	1187,5	1143,8	1181,3	15
16	1200	1207,5	1215,0	1222,5	1230,0	1237,5	1245,0	1252,5	1260,0	1267,5	1212,5	1225,0	1250,0	1262,5	1218,8	1256,3	16
17	1275	1282,5	1290,0	1297,5	1305,0	1312,5	1320,0	1327,5	1335,0	1342,5	1287,5	1300,0	1325,0	1337,5	1293,8	1331,3	17
18	1350	1357,5	1365,0	1372,5	1380,0	1387,5	1395,0	1402,5	1410,0	1417,5	1362,5	1375,0	1400,0	1412,5	1368,8	1406,3	18
19	1425	1432,5	1440,0	1447,5	1455,0	1462,5	1470,0	1477,5	1485,0	1492,5	1437,5	1450,0	1475,0	1487,5	1443,8	1481,3	19
20	1500	1507,5	1515,0	1522,5	1530,0	1537,5	1545,0	1552,5	1560,0	1567,5	1512,5	1525,0	1550,0	1562,5	1518,8	1556,3	20
21	1575	1582,5	1590,0	1597,5	1605,0	1612,5	1620,0	1627,5	1635,0	1642,5	1587,5	1600,0	1625,0	1637,5	1593,8	1631,3	21
22	1650	1657,5	1665,0	1672,5	1680,0	1687,5	1695,0	1702,5	1710,0	1717,5	1662,5	1675,0	1700,0	1712,5	1668,8	1706,3	22
23	1725	1732,5	1740,0	1747,5	1755,0	1762,5	1770,0	1777,5	1785,0	1792,5	1737,5	1750,0	1775,0	1787,5	1743,8	1781,3	23
24	1800	1807,5	1815,0	1822,5	1830,0	1837,5	1845,0	1852,5	1860,0	1867,5	1812,5	1825,0	1850,0	1862,5	1818,8	1856,3	24
25	1875	1882,5	1890,0	1897,5	1905,0	1912,5	1920,0	1927,5	1935,0	1942,5	1887,5	1900,0	1925,0	1937,5	1893,8	1931,3	25
26	1950	1957,5	1965,0	1972,5	1980,0	1987,5	1995,0	2002,5	2010,0	2017,5	1962,5	1975,0	2000,0	2012,5	1968,8	2006,3	26
27	2025	2032,5	2040,0	2047,5	2055,0	2062,5	2070,0	2077,5	2085,0	2092,5	2037,5	2050,0	2075,0	2087,5	2043,8	2081,3	27
28	2100	2107,5	2115,0	2122,5	2130,0	2137,5	2145,0	2152,5	2160,0	2167,5	2112,5	2125,0	2150,0	2162,5	2118,8	2156,3	28
29	2175	2182,5	2190,0	2197,5	2205,0	2212,5	2220,0	2227,5	2235,0	2242,5	2187,5	2200,0	2225,0	2237,5	2193,8	2231,3	29
30	2250	2257,5	2265,0	2272,5	2280,0	2287,5	2295,0	2302,5	2310,0	2317,5	2262,5	2275,0	2300,0	2312,5	2268,8	2306,3	30
31	2325	2332,5	2340,0	2347,5	2355,0	2362,5	2370,0	2377,5	2385,0	2392,5	2337,5	2350,0	2375,0	2387,5	2343,8	2381,3	31
32	2400	2407,5	2415,0	2422,5	2430,0	2437,5	2445,0	2452,5	2460,0	2467,5	2412,5	2425,0	2450,0	2462,5	2418,8	2456,3	32
33	2475	2482,5	2490,0	2497,5	2505,0	2512,5	2520,0	2527,5	2535,0	2542,5	2487,5	2500,0	2525,0	2537,5	2493,8	2531,3	33
34	2550	2557,5	2565,0	2572,5	2580,0	2587,5	2595,0	2602,5	2610,0	2617,5	2562,5	2575,0	2600,0	2612,5	2568,8	2606,3	34
35	2625	2632,5	2640,0	2647,5	2655,0	2662,5	2670,0	2677,5	2685,0	2692,5	2637,5	2650,0	2675,0	2687,5	2643,8	2681,3	35
36	2700	2707,5	2715,0	2722,5	2730,0	2737,5	2745,0	2752,5	2760,0	2767,5	2712,5	2725,0	2750,0	2762,5	2718,8	2756,3	36
37	2775	2782,5	2790,0	2797,5	2805,0	2812,5	2820,0	2827,5	2835,0	2842,5	2887,5	2800,0	2825,0	2837,5	2793,8	2831,3	37
38	2850	2857,5	2865,0	2872,5	2880,0	2887,5	2895,0	2902,5	2910,0	2917,5	2862,5	2875,0	2900,0	2912,5	2868,8	2906,3	38
39	2925	2932,5	2940,0	2947,5	2955,0	2962,5	2970,0	2977,5	2985,0	2992,5	2937,5	2950,0	2975,0	2987,5	2943,8	2981,3	39
40	3000	3007,5	3015,0	3022,5	3030,0	3037,5	3045,0	3052,5	3060,0	3067,5	3012,5	3025,0	3050,0	3062,5	3018,8	3056,3	40
41	3075	3082,5	3090,0	3097,5	3105,0	3112,5	3120,0	3127,5	3135,0	3142,5	3087,5	3100,0	3125,0	3137,5	3093,8	3131,3	41
42	3150	3157,5	3165,0	3172,5	3180,0	3187,5	3195,0	3202,5	3210,0	3217,5	3162,5	3175,0	3200,0	3212,5	3168,8	3206,3	42
43	3225	3232,5	3240,0	3247,5	3255,0	3262,5	3270,0	3277,5	3285,0	3292,5	3237,5	3250,0	3275,0	3287,5	3243,8	3281,3	43
44	3300	3307,5	3315,0	3322,5	3330,0	3337,5	3345,0	3352,5	3360,0	3367,5	3312,5	3325,0	3350,0	3362,5	3318,8	3356,3	44
45	3375	3382,5	3390,0	3397,5	3405,0	3412,5	3420,0	3427,5	3435,0	3442,5	3387,5	3400,0	3425,0	3437,5	3393,8	3431,3	45
46	3450	3457,5	3465,0	3472,5	3480,0	3487,5	3495,0	3502,5	3510,0	3517,5	3462,5	3475,0	3500,0	3512,5	3468,8	3506,3	46
47	3525	3532,5	3540,0	3547,5	3555,0	3562,5	3570,0	3577,5	3585,0	3592,5	3537,5	3550,0	3575,0	3587,5	3543,8	3581,3	47
48	3600	3607,5	3615,0	3622,5	3630,0	3637,5	3645,0	3652,5	3660,0	3667,5	3612,5	3625,0	3650,0	3662,5	3618,8	3656,3	48
49	3675	3682,5	3690,0	3697,5	3705,0	3712,5	3720,0	3727,5	3735,0	3742,5	3687,5	3700,0	3725,0	3737,5	3693,8	3731,3	49
50	3750	3757,5	3765,0	3772,5	3780,0	3787,5	3795,0	3802,5	3810,0	3817,5	3762,5	3775,0	3800,0	3812,5	3768,8	3806,3	50
51	3825	3832,5	3840,0	3847,5	3855,0	3862,5	3870,0	3877,5	3885,0	3892,5	3837,5	3850,0	3875,0	3887,5	3843,8	3881,3	51
52	3900	3907,5	3915,0	3922,5	3930,0	3937,5	3945,0	3952,5	3960,0	3967,5	3912,5	3925,0	3950,0	3962,5	3918,8	3956,3	52
53	3975	3982,5	3990,0	3997,5	4005,0	4012,5	4020,0	4027,5	4035,0	4042,5	3987,5	4000,0	4025,0	4037,5	3993,8	4031,3	53
54	4050	4057,5	4065,0	4072,5	4080,0	4087,5	4095,0	4102,5	4110,0	4117,5	4062,5	4075,0	4100,0	4112,5	4068,8	4106,3	54
55	4125	4132,5	4140,0	4147,5	4155,0	4162,5	4170,0	4177,5	4185,0	4192,5	4137,5	4150,0	4175,0	4187,5	4143,8	4181,3	55
56	4200	4207,5	4215,0	4222,5	4230,0	4237,5	4245,0	4252,5	4260,0	4267,5	4212,5	4225,0	4250,0	4262,5	4218,8	4256,3	56
57	4275	4282,5	4290,0	4297,5	4305,0	4312,5	4320,0	4327,5	4335,0	4342,5	4287,5	4300,0	4325,0	4337,5	4293,8	4331,3	57
58	4350	4357,5	4365,0	4372,5	4380,0	4387,5	4395,0	4402,5	4410,0	4417,5	4362,5	4375,0	4400,0	4412,5	4368,8	4406,3	58
59	4425	4432,5	4440,0	4447,5	4455,0	4462,5	4470,0	4477,5	4485,0	4492,5	4437,5	4450,0	4475,0	4487,5	4443,8	4481,3	59
60	4500	4507,5	4515,0	4522,5	4530,0	4537,5	4545,0	4552,5	4560,0	4567,5	4512,5	4525,0	4550,0	4562,5	4518,8	4556,3	60
61	4575	4582,5	4590,0	4597,5	4605,0	4612,5	4620,0	4627,5	4635,0	4642,5	4587,5	4600,0	4625,0	4637,5	4593,8	4631,3	61
62	4650	4657,5	4665,0	4672,5	4680,0	4687,5	4695,0	4702,5	4710,0	4717,5	4662,5	4675,0	4700,0	4712,5	4668,8	4706,3	62
63	4725	4732,5	4740,0	4747,5	4755,0	4762,5	4770,0	4777,5	4785,0	4792,5	4737,5	4750,0	4775,0	4787,5	4743,8	4781,3	63
64	4800	4807,5	4815,0	4822,5	4830,0	4837,5	4845,0	4852,5	4860,0	4867,5	4812,5	4825,0	4850,0	4862,5	4818,8	4856,3	64
65	4875	4882,5	4890,0	4897,5	4905,0	4912,5	4920,0	4927,5	4935,0	4942,5	4887,5	4900,0	4925,0	4937,5	4893,8	4931,3	65
66	4950	4957,5	4965,0	4972,5	4980,0	4987,5	4995,0	5002,5	5010,0	5017,5	4962,5	4975,0	5000,0	5012,5	4968,8	5006,3	66
67	5025	5032,5	5040,0	5047,5	5055,0	5062,5	5070,0	5077,5	5085,0	5092,5	5037,5	5050,0	5075,0	5087,5	5043,8	5081,3	67
68	5100	5107,5	5115,0	5122,5	5130,0	5137,5	5145,0	5152,5	5160,0	5167,5	5112,5	5125,0	5150,0	5162,5	5118,8	5156,3	68
69	5175	5182,5	5190,0	5197,5	5205,0	5212,5	5220,0	5227,5	5235,0	5242,5	5187,5	5200,0	5225,0	5237,5	5193,8	5231,3	69
70	5250	5257,5	5265,0	5272,5	5280,0	5287,5	5295,0	5302,5	5310,0	5317,5	5262,5	5275,0	5300,0	5312,5	5268,8	5306,3	70
71	5325	5332,5	5340,0	5347,5	5355,0	5362,5	5370,0	5377,5	5385,0	5392,5	5337,5	5350,0	5375,0	5387,5	5343,8	5381,3	71
72	5400	5407,5	5415,0	5422,5	5430,0	5437,5	5445,0	5452,5	5460,0	5467,5	5412,5	5425,0	5450,0	5462,5	5418,8	5456,3	72
73	5475	5482,5	5490,0	5497,5	5505,0	5512,5	5520,0	5527,5	5535,0	5542,5	5487,5	5500,0	5525,0	5537,5	5493,8	5531,3	73
74	5550	5557,5	5565,0	5572,5	5580,0	5587,5	5595,0	5602,5	5610,0	5617,5	5562,5	5575,0	5600,0	5612,5	5568,8	5606,3	74
75	5625	5632,5	5640,0	5647,5	5655,0	5662,5	5670,0	5677,5	5685,0	5692,5	5637,5	5650,0	5675,0	5687,5	5643,8	5681,3	75
76	5700	5707,5	5715,0	5722,5	5730,0	5737,5	5745,0	5752,5	5760,0	5767,5	5712,5	5725,0	5750,0	5762,5	5718,8	5756,3	76
77	5775	5782,5	5790,0	5797,5	5805,0	5812,5	5820,0	5827,5	5835,0	5842,5	5787,5	5800,0	5825,0	5837,5	5793,8	5831,3	77
78	5850	5857,5	5865,0	5872,5	5880,0	5887,5	5895,0	5902,5	5910,0	5917,5	5862,5	5875,0	5900,0	5912,5	5868,8	5906,3	78
79	5925	5932,5	5940,0	5947,5	5955,0	5962,5	5970,0	5977,5	5985,0	5992,5	5937,5	5950,0	5975,0	5987,5	5943,8	5981,3	79
80	6000	6007,5	6015,0	6022,5	6030,0	6037,5	6045,0	6052,5	6060,0	6067,5	6012,5	6025,0	6050,0	6062,5	6018,8	6056,3	80
81	6075	6082,5	6090,0	6097,5	6105,0	6112,5	6120,0	6127,5	6135,0	6142,5	6087,5	6100,0	6125,0	6137,5	6093,8	6131,3	81
82	6150	6157,5	6165,0	6172,5	6180,0	6187,5	6195,0	6202,5	6210,0	6217,5	6162,5	6175,0	6200,0	6212,5	6168,8	6206,3	82
83	6225	6232,5	6240,0	6247,5	6255,0	6262,5	6270,0	6277,5	6285,0	6292,5	6237,5	6250,0	6275,0	6287,5	6243,8	6281,3	83
84	6300	6307,5	6315,0	6322,5	6330,0	6337,5	6345,0	6352,5	6360,0	6367,5	6312,5	6325,0	6350,0	6362,5	6318,8	6356,3	84
85	6375	6382,5	6390,0	9397,5	6405,0	6412,5	6420,0	6427,5	6435,0	6442,5	6387,5	6400,0	6425,0	6437,5	6393,8	6431,3	85
86	6450	6457,5	6465,0	6472,5	6480,0	6487,5	6495,0	6502,5	6510,0	6517,5	6462,5	6475,0	6500,0	6512,5	6468,8	6506,3	86
87	6525	6532,5	6540,0	6547,5	6555,0	6562,5	6570,0	6577,5	6585,0	6592,5	6537,5	6550,0	6575,0	6587,5	6543,8	6581,3	87
88	6600	6607,5	6615,0	6622,5	6630,0	6637,5	6645,0	6652,5	6660,0	6667,5	6612,5	6625,0	6650,0	6662,5	6618,8	6656,3	88
89	6675	6682,5	6690,0	6697,5	6705,0	6712,5	6720,0	6727,5	6735,0	6742,5	6687,5	6700,0	6725,0	6737,5	6693,8	6731,3	89
90	6750	6757,5	6765,0	6772,5	6780,0	6787,5	6795,0	6802,5	6810,0	6817,5	6762,5	6775,0	6800,0	6812,5	6768,8	6806,3	90
91	6825	6832,5	6840,0	6847,5	6855,0	6862,5	6870,0	6877,5	6885,0	6892,5	6837,5	6850,0	6875,0	6887,5	6843,8	6881,3	91
92	6900	6907,5	6915,0	6922,5	6930,0	6937,5	6945,0	6952,5	6960,0	6967,5	6912,5	6925,0	6950,0	6962,5	6918,8	6956,3	92
93	6975	6982,5	6990,0	6997,5	7005,0	7012,5	7020,0	7027,5	7035,0	7042,5	6987,5	7000,0	7025,0	7037,5	6993,8	7031,3	93
94	7050	7057,5	7065,0	7072,5	7080,0	7087,5	7095,0	7102,5	7110,0	7117,5	7062,5	7075,0	7100,0	7112,5	7068,8	7106,3	94
95	7125	7132,5	7140,0	7147,5	7155,0	7162,5	7170,0	7177,5	7185,0	7192,5	7137,5	7150,0	7175,0	7187,5	7143,8	7181,3	95
96	7200	7207,5	7215,0	7222,5	7230,0	7237,5	7245,0	7252,5	7260,0	7267,5	7212,5	7225,0	7250,0	7262,5	7218,8	7256,3	96
97	7275	7282,5	7290,0	7297,5	7305,0	7312,5	7320,0	7327,5	7335,0	7342,5	7287,5	7300,0	7325,0	7337,5	7293,8	7331,3	97
98	7350	7357,5	7365,0	7372,5	7380,0	7387,5	7395,0	7402,5	7410,0	7417,5	7362,5	7375,0	7400,0	7412,5	7368,8	7406,3	98
99	7425	7432,5	7440,0	7447,5	7455,0	7462,5	7470,0	7477,5	7485,0	7492,5	7437,5	7450,0	7475,0	7487,5	7443,8	7481,3	99
100	7500	7507,5	7515,0	7522,5	7530,0	7537,5	7545,0	7552,5	7560,0	7567,5	7512,5	7525,0	7550,0	7562,5	7518,8	7556,3	100

76

		1/10 7,6	2/10 15,2	3/10 22,8	4/10 30,4	5/10 38,0	6/10 45,6	7/10 53,2	8/10 60,8	9/10 68,4	1/6 12,666	2/6 25,333	4/6 50,666	5/6 63,333	1/4 19,0	3/4 57,0	
1	76	83,6	91,2	98,8	106,4	114,0	121,6	129,2	136,8	144,4	88,7	101,3	126,7	139,3	95,0	133,0	1
2	152	159,6	167,2	174,8	182,4	190,0	197,6	205,2	212,8	220,4	164,7	177,3	202,7	215,3	171,0	209,0	2
3	228	235,6	243,2	250,8	258,4	266,0	273,6	281,2	288,8	296,4	240,7	253,3	278,7	291,3	247,0	285,0	3
4	304	311,6	319,2	326,8	334,4	342,0	349,6	357,2	364,8	372,4	316,7	329,3	354,7	367,3	323,0	361,0	4
5	380	387,6	395,2	402,8	410,4	418,0	425,6	433,2	440,8	448,4	392,7	405,3	430,7	443,3	399,0	437,0	5
6	456	463,6	471,2	478,8	485,4	494,0	501,6	509,2	516,8	524,4	468,7	481,3	506,7	519,3	475,0	513,0	6
7	532	539,6	547,2	554,8	562,4	570,0	577,6	585,2	592,8	600,4	544,7	557,3	582,7	595,3	551,0	589,0	7
8	608	615,6	623,2	630,8	638,4	646,0	653,6	661,2	668,8	676,4	620,7	633,3	658,7	671,3	627,0	665,0	8
9	684	691,6	699,2	706,8	714,4	722,0	729,6	737,2	744,8	752,4	696,7	709,3	734,7	747,3	703,0	741,0	9
10	760	767,6	775,2	782,8	790,4	798,0	805,6	813,2	820,8	828,4	772,7	785,3	810,7	823,3	779,0	817,0	10
11	836	843,6	851,2	858,8	866,4	874,0	881,6	889,2	896,8	904,4	848,7	861,3	886,7	899,3	855,0	893,0	11
12	912	919,6	927,2	934,8	942,4	950,0	957,6	965,2	972,8	980,4	924,7	937,3	962,7	975,3	931,0	969,0	12
13	988	995,6	1003,2	1010,8	1018,4	1026,0	1033,6	1041,2	1048,8	1056,4	1000,7	1013,3	1038,7	1051,3	1007,0	1045,0	13
14	1064	1071,6	1079,2	1086,8	1094,4	1102,0	1109,6	1117,2	1124,8	1132,4	1076,7	1089,3	1114,7	1127,3	1083,0	1121,0	14
15	1140	1147,6	1155,2	1162,8	1170,4	1178,0	1185,6	1193,2	1200,8	1208,4	1152,7	1165,3	1190,7	1203,3	1159,0	1197,0	15
16	1216	1223,6	1231,2	1238,8	1246,4	1254,0	1261,6	1269,2	1276,8	1284,4	1228,7	1241,3	1266,7	1279,3	1235,0	1273,0	16
17	1292	1299,6	1307,2	1314,8	1322,4	1330,0	1337,6	1345,2	1352,8	1360,4	1304,7	1317,3	1342,7	1355,3	1311,0	1349,0	17
18	1368	1375,6	1383,2	1390,8	1398,4	1406,0	1413,6	1421,2	1428,8	1436,4	1380,7	1393,3	1418,7	1431,3	1387,0	1425,0	18
19	1444	1451,6	1459,2	1466,8	1474,4	1482,0	1489,6	1497,2	1504,8	1512,4	1456,7	1469,3	1494,7	1507,3	1463,0	1501,0	19
20	1520	1527,6	1535,2	1542,8	1550,4	1558,0	1565,6	1573,2	1580,8	1588,4	1532,7	1545,3	1570,7	1583,3	1539,0	1577,0	20
21	1596	1603,6	1611,2	1618,8	1626,4	1634,0	1641,6	1649,2	1656,8	1664,4	1608,7	1621,3	1646,7	1659,3	1615,0	1653,0	21
22	1672	1679,6	1687,2	1694,8	1702,4	1710,0	1717,6	1725,2	1732,8	1740,4	1684,7	1697,3	1722,7	1735,3	1691,0	1729,0	22
23	1748	1755,6	1763,2	1770,8	1778,4	1786,0	1793,6	1801,2	1808,8	1816,4	1760,7	1773,3	1798,7	1811,3	1767,0	1805,0	23
24	1824	1831,6	1839,2	1846,8	1854,4	1862,0	1869,6	1877,2	1884,8	1892,4	1836,7	1849,3	1874,7	1887,3	1843,0	1881,0	24
25	1900	1907,6	1915,2	1922,8	1930,4	1938,0	1945,6	1953,2	1960,8	1968,4	1912,7	1925,3	1950,7	1963,3	1919,0	1957,0	25
26	1976	1983,6	1991,2	1998,8	2006,4	2014,0	2021,6	2029,2	2036,8	2044,4	1988,7	2001,3	2026,7	2039,3	1995,0	2033,0	26
27	2052	2059,6	2067,2	2074,8	2082,4	2090,0	2097,6	2105,2	2112,8	2120,4	2064,7	2077,3	2102,7	2115,3	2071,0	2109,0	27
28	2128	2135,6	2143,2	2150,8	2158,4	2166,0	2173,6	2181,2	2188,8	2196,4	2140,7	2153,3	2178,7	2191,3	2147,0	2185 0	28
29	2204	2211,6	2219,2	2226,8	2234,4	2242,0	2249,6	2257,2	2264,8	2272,4	2216,7	2229,3	2254,7	2267,3	2223,0	2261,0	29
30	2280	2287,6	2295,2	2302,8	2310,4	2318,0	2325,6	2333,2	2340,8	2348,4	2292,7	2305,3	2330,7	2343,3	2299,0	2337,0	30
31	2356	2363,6	2371,2	2378,8	2386,4	2394,0	2401,6	2409,2	2416,8	2424,4	2368,7	2381,3	2406,7	2419,3	2375,0	2413,0	31
32	2432	2439,6	2447,2	2454,8	2462,4	2470,0	2477,6	2485,2	2492,8	2500,4	2444,7	2457,3	2482,7	2495,3	2451,0	2489,0	32
33	2508	2515,6	2523,2	2530,8	2538,4	2546,0	2553,6	2561,2	2568,8	2576,4	2520,7	2533,3	2558,7	2571,3	2527,0	2565,0	33
34	2584	2591,6	2599,2	2606,8	2614,4	2622,0	2629,6	2637,2	2644,8	2652,4	2596,7	2609,3	2634,7	2647,3	2603,0	2641,0	34
35	2660	2667,6	2675,2	2682,8	2690,4	2698,0	2705,6	2713,2	2720,8	2728,4	2672,7	2685,3	2710,7	2723,3	2679,0	2717,0	35
36	2736	2743,6	2751,2	2758,8	2766,4	2774,0	2781,6	2789,2	2796,8	2804,4	2748,7	2761,3	2786,7	2799,3	2755,0	2793,0	36
37	2812	2819,6	2827,2	2834,8	2842,4	2850,0	2857,6	2865,2	2872,8	2880,4	2824,7	2837,3	2862,7	2875,3	2831,0	2869,0	37
38	2888	2895,6	2903,2	2910,8	2918,4	2926,0	2933,6	2941,2	2948,8	2956,4	2900,7	2913,3	2938,7	2951,3	2907,0	2945,0	38
39	2964	2971,6	2979,2	2986,8	2994,4	3002,0	3009,6	3017,2	3024,8	3032,4	2976,7	2989,3	3014,7	3027,3	2983,0	3021,0	39
40	3040	3047,6	3055,2	3062,8	3070,4	3078,0	3085,6	3093,2	3100,8	3108,4	3052,7	3065,3	3090,7	3103,3	3059,0	3097,0	40
41	3116	3123,6	3131,2	3138,8	3146,4	3154,0	3161,6	3169,2	3176,8	3184,4	3128,7	3141,3	3166,7	3179,3	3135,0	3173,0	41
42	3192	3199,6	3207,2	3214,8	3222,4	3230,0	3237,6	3245,2	3252,8	3260,4	3204,7	3217,3	3242,7	3255,3	3211,0	3249,0	42
43	3268	3275,6	3283,2	3290,8	3298,4	3306,0	3313,6	3321,2	3328,8	3336,4	3280,7	3293,3	3318,7	3331,3	3287,0	3325,0	43
44	3344	3351,6	3359,2	3366,8	3374,4	3382,0	3389,6	3397,2	3404,8	3412,4	3356,7	3369,3	3394,7	3407,3	3363,0	3401,0	44
45	3420	3427,6	3435,2	3442,8	3450,4	3458,0	3465,6	3473,2	3480,8	3488,4	3432,7	3445,3	3470,7	3483,3	3439,0	3477,0	45
46	3496	3503,6	3511,2	3518,8	3526,4	3534,0	3541,6	3549,2	3556,8	3564,4	3508,7	3521,3	3546,7	3559,3	3515,0	3553,0	46
47	3572	3579,6	3587,2	3594,8	3602,4	3610,0	3617,6	3625,2	3632,8	3640,4	3584,7	3597,3	3622,7	3635,3	3591,0	3629,0	47
48	3648	3655,6	3663,2	3670,8	3678,4	3686,0	3693,6	3701,2	3708,8	3716,4	3660,7	3673,3	3698,7	3711,3	3667,0	3705,0	48
49	3724	3731,6	3739,2	3746,8	3754,4	3762,0	3769,6	3777,2	3784,8	3792,4	3736,7	3749,3	3774,7	3787,3	3743,0	3781,0	49
50	3800	3807,6	3815,2	3822,8	3830,4	3838,0	3845,6	3853,2	3860,8	3868,4	3812,7	3825,3	3850,7	3863,3	3819,0	3857,0	50
51	3876	3883,6	3891,2	3898,8	3906,4	3914,0	3921,6	3929,2	3936,8	3944,4	3888,7	3901,3	3926,7	3939,3	3895,0	3933,0	51
52	3952	3959,6	3967,2	3974,8	3982,4	3990,0	3997,6	4005,2	4012,8	4020,4	3964,7	3977,3	4002,7	4015,3	3971,0	4009,0	52
53	4028	4035,6	4043,2	4050,8	4058,4	4066,0	4073,6	4081,2	4088,8	4096,4	4040,7	4053,3	4078,7	4091,3	4047,0	4085,0	53
54	4104	4111,6	4119,2	4126,8	4134,4	4142,0	4149,6	4157,2	4164,8	4172,4	4116,7	4129,3	4154,7	4167,3	4123,0	4161,0	54
55	4180	4187,6	4195,2	4202,8	4210,4	4218,0	4225,6	4233,2	4240,8	4248,4	4192,7	4205,3	4230,7	4243,3	4199,0	4237,0	55
56	4256	4263,6	4271,2	4278,8	4286,4	4294,0	4301,6	4309,2	4316,8	4324,4	4268,7	4281,3	4306,7	4319,3	4275,0	4313,0	56
57	4332	4339,6	4347,2	4354,8	4362,4	4370,0	4377,6	4385,2	4392,8	4400,4	4344,7	4357,3	4382,7	4395,3	4351,0	4389,0	57
58	4408	4415,6	4423,2	4430,8	4438,4	4446,0	4453,6	4461,2	4468,8	4476,4	4420,7	4433,3	4458,7	4471,3	4427,0	4465,0	58
59	4484	4491,6	4499,2	4506,8	4514,4	4522,0	4529,6	4537,2	4544,8	4552,4	4496,7	4509,3	4534,7	4547,3	4503,0	4541,0	59
60	4560	4567,6	4575,2	4582,8	4590,4	4598,0	4605,6	4613,2	4620,8	4628,4	4572,7	4585,3	4610,7	4623,3	4579,0	4617,0	60
61	4636	4643,6	4651,2	4658,8	4666,4	4674,0	4681,6	4689,2	4696,8	4704,4	4648,7	4661,3	4686,7	4699,3	4655,0	4693,0	61
62	4712	4719,6	4727,2	4734,8	4742,4	4750,0	4757,6	4765,2	4772,8	4780,4	4724,7	4737,3	4762,7	4775,3	4731,0	4769,0	62
63	4788	4795,6	4803,2	4810,8	4818,4	4826,0	4833,6	4841,2	4848,8	4856,4	4800,7	4813,3	4838,7	4851,3	4807,0	4845,0	63
64	4864	4871,6	4879,2	4886,8	4894,4	4902,0	4909,6	4917,2	4924,8	4932,4	4876,7	4889,3	4914,7	4927,3	4883,0	4921,0	64
65	4940	4947,6	4955,2	4962,8	4970,4	4978,0	4985,6	4993,2	5000,8	5008,4	4952,7	4965,3	4990,7	5003,3	4959,0	4997,0	65
66	5016	5023,6	5031,2	5038,8	5046,4	5054,0	5061,6	5069,2	5076,8	5084,4	5028,7	5041,3	5066,7	5079,3	5035,0	5073,0	66
67	5092	5099,6	5107,2	5114,8	5122,4	5130,0	5137,6	5145,2	5152,8	5160,4	5104,7	5117,3	5142,7	5155,3	5111,0	5149,0	67
68	5168	5175,6	5183,2	5190,8	5198,4	5206,0	5213,6	5221,2	5228,8	5236,4	5180,7	5193,3	5218,7	5231,3	5187,0	5225,0	68
69	5244	5251,6	5259,2	5266,8	5274,4	5282,0	5289,6	5297,2	5304,8	5312,4	5256,7	5269,3	5294,7	5307,3	5263,0	5301,0	69
70	5320	5327,6	5335,2	5342,8	5350,4	5358,0	5365,6	5373,2	5380,8	5388,4	5332,7	5345,3	5370,7	5383,3	5339,0	5377,0	70
71	5396	5403,6	5411,2	5418,8	5426,4	5434,0	5441,6	5449,2	5456,8	5464,4	5408,7	5421,3	5446,7	5459,3	5415,0	5453,0	71
72	5472	5479,6	5487,2	5494,8	5502,4	5510,0	5517,6	5525,2	5532,8	5540,4	5484,7	5497,3	5522,7	5535,3	5491,0	5529,0	72
73	5548	5555,6	5563,2	5570,8	5578,4	5586,0	5593,6	5601,2	5608,8	5616,4	5560,7	5573,3	5598,7	5611,3	5567,0	5605,0	73
74	5624	5631,6	5639,2	5646,8	5654,4	5662,0	5669,6	5677,2	5684,8	5692,4	5636,7	5649,3	5674,7	5687,3	5643,0	5681,0	74
75	5700	5707,6	5715,2	5722,8	5730,4	5738,0	5745,6	5753,2	5760,8	5768,4	5712,7	5725,3	5750,7	5763,3	5719,0	5757,0	75
76	5776	5783,6	5791,2	5798,8	5806,4	5814,0	5821,6	5829,2	5836,8	5844,4	5788,7	5801,3	5826,7	5839,3	5795,0	5833,0	76
77	5852	5859,6	5867,2	5874,8	5882,4	5890,0	5897,6	5905,2	5912,8	5920,4	5864,7	5877,3	5902,7	5915,3	5871,0	5909,0	77
78	5928	5935,6	5943,2	5950,8	5958,4	5966,0	5973,6	5981,2	5988,8	5996,4	5940,7	5953,3	5978,7	5991,3	5947,0	5985,0	78
79	6004	6011,6	6019,2	6026,8	6034,4	6042,0	6049,6	6057,2	6064,8	6072,4	6016,7	6029,3	6054,7	6067,3	6023,0	6061,0	79
80	6080	6087,6	6095,2	6102,8	6110,4	6118,0	6125,6	6133,2	6140,8	6148,4	6092,7	6105,3	6130,7	6143,3	6099,0	6137,0	80
81	6156	6163,6	6171,2	6178,8	6186,4	6194,0	6201,6	6209,2	6216,8	6224,4	6168,7	6181,3	6206,7	6219,3	6175,0	6213,0	81
82	6232	6239,6	6247,2	6254,8	6262,4	6270,0	6277,6	6285,2	6292,8	6300,4	6244,7	6257,3	6282,7	6295,3	6251,0	6289,0	82
83	6308	6315,6	6323,2	6330,8	6338,4	6346,0	6353,6	6361,2	6368,8	6376,4	6320,7	6333,3	6358,7	6371,3	6327,0	6365,0	83
84	6384	6391,6	6399,2	6406,8	6414,4	6422,0	6429,6	6437,2	6444,8	6452,4	6396,7	6409,3	6434,7	6447,3	6403,0	6441,0	84
85	6460	6467,6	6475,2	6482,8	6490,4	6498,0	6505,6	6513,2	6520,8	6528,4	6472,7	6485,3	6510,7	6523,3	6479,0	6517,0	85
86	6536	6543,6	6551,2	6558,8	6566,4	6574,0	6581,6	6589,2	6596,8	6604,4	6548,7	6561,3	6586,7	6599,3	6555,0	6593,0	86
87	6612	6619,6	6627,2	6634,8	6642,4	6650,0	6657,6	6665,2	6672,8	6680,4	6624,7	6637,3	6662,7	6675,3	6631,0	6669,0	87
88	6688	6695,6	6703,2	6710,8	6718,4	6726,0	6733,6	6741,2	6748,8	6756,4	6700,7	6713,3	6738,7	6751,3	6707,0	6745,0	88
89	6764	6771,6	6779,2	6786,8	6794,4	6802,0	6809,6	6817,2	6824,8	6832,4	6776,7	6789,3	6814,7	6827,3	6783,0	6821,0	89
90	6840	6847,6	6855,2	6862,8	6870,4	6878,0	6885,6	6893,2	6900,8	6908,4	6852,7	6865,3	6890,7	6903,3	6859,0	6897,0	90
91	6916	6923,6	6931,2	6938,8	6946,4	6954,0	6961,6	6969,2	6976,8	6984,4	6928,7	6941,3	6966,7	6979,3	6935,0	6973,0	91
92	6992	6999,6	7007,2	7014,8	7022,4	7030,0	7037,6	7045,2	7052,8	7060,4	7004,7	7017,3	7042,7	7055,3	7011,0	7049,0	92
93	7068	7075,6	7083,2	7090,8	7098,4	7106,0	7113,6	7121,2	7128,8	7136,4	7080,7	7093,3	7118,7	7131,3	7087,0	7125,0	93
94	7144	7151,6	7159,2	7166,8	7174,4	7182,0	7189,6	7197,2	7204,8	7212,4	7156,7	7169,3	7194,7	7207,3	7163,0	7201,0	94
95	7220	7227,6	7235,2	7242,8	7250,4	7258,0	7265,6	7273,2	7280,8	7288,4	7232,7	7245,3	7270,7	7283,3	7239,0	7277,0	95
96	7296	7303,6	7311,2	7318,8	7326,4	7334,0	7341,6	7349,2	7356,8	7364,4	7308,7	7321,3	7346,7	7359,3	7315,0	7353,0	96
97	7372	7379,6	7387,2	7394,8	7402,4	7410,0	7417,6	7425,2	7432,8	7440,4	7384,7	7397,3	7422,7	7435,3	7391,0	7429,0	97
98	7448	7455,6	7463,2	7470,8	7478,4	7486,0	7493,6	7501,2	7508,8	7516,4	7460,7	7473,3	7498,7	7511,3	7467,0	7505,0	98
99	7524	7531,6	7539,2	7546,8	7554,4	7562,0	7569,6	7577,2	7584,8	7592,4	7536,7	7549,3	7574,7	7587,3	7543,0	7581,0	99
100	7600	7607,6	7615,2	7622,8	7630,4	7638,0	7645,6	7653,2	7660,8	7668,4	7612,7	7625,3	7650,7	7663,3	7619,0	7657,0	100

	1/10 7,7	2/10 15,4	3/10 23,1	4/10 30,8	5/10 38,5	6/10 46,2	7/10 53,9	8/10 61,6	9/10 69,3	1/6 12,833	2/6 25,666	4/6 51,333	5/6 64,166	1/4 19,25	3/4 57,75	
1	77	84,7	92,4	100,1	107,8	115,5	123,2	130,9	138,6	146,3	89,8	102,7	128,3	141,2	96,3	134,8	**1**
2	154	161,7	169,4	177,1	184,8	192,5	200,2	207,9	215,6	223,3	166,8	179,7	205,3	218,2	173,3	211,8	**2**
3	231	238,7	246,4	254,1	261,8	269,5	277,2	284,9	292,6	300,3	243,8	256,7	282,3	295,2	250,3	288,8	**3**
4	308	315,7	323,4	331,1	338,8	346,5	354,2	361,9	369,6	377,3	320,8	333,7	359,3	372,2	327,3	365,8	**4**
5	385	392,7	400,4	408,1	415,8	423,5	431,2	438,9	446,6	454,3	397,8	410,7	436,3	449,2	404,3	442,8	**5**
6	462	469,7	477,4	485,1	492,8	500,5	508,2	515,9	523,6	531,3	474,8	487,7	513,3	526,2	481,3	519,8	**6**
7	539	546,7	554,4	562,1	569,8	577,5	585,2	592,9	600,6	608,3	551,8	564,7	590,3	603,2	558,3	596,8	**7**
8	616	623,7	631,4	639,1	646,8	654,5	662,2	669,9	677,6	685,3	628,8	641,7	667,3	680,2	635,3	673,8	**8**
9	693	700,7	708,4	716,1	723,8	731,5	739,2	746,9	754,6	762,3	705,8	718,7	744,3	757,2	712,3	750,8	**9**
10	770	777,7	785,4	793,1	800,8	808,5	816,2	823,9	831,6	839,3	782,8	795,7	821,3	834,2	789,3	827,8	**10**
11	847	854,7	862,4	870,1	877,8	885,5	893,2	900,9	908,6	916,3	859,8	872,7	898,3	911,2	866,3	904,8	**11**
12	924	931,7	939,4	947,1	954,8	962,5	970,2	977,9	985,6	993,3	936,8	949,7	975,3	988,2	943,3	981,8	**12**
13	1001	1008,7	1016,4	1024,1	1031,8	1039,5	1047,2	1054,9	1062,6	1070,3	1013,8	1026,7	1052,3	1065,2	1020,3	1058,8	**13**
14	1078	1085,7	1093,4	1101,1	1108,8	1116,5	1124,2	1131,9	1139,6	1147,3	1090,8	1103,7	1129,3	1142,2	1097,3	1135,8	**14**
15	1155	1162,7	1170,4	1178,1	1185,8	1193,5	1201,2	1208,9	1216,6	1224,3	1167,8	1180,7	1206,3	1219,2	1174,3	1212,8	**15**
16	1232	1239,7	1247,4	1255,1	1262,8	1270,5	1278,2	1285,9	1293,6	1301,3	1244,8	1257,7	1283,3	1296,2	1251,3	1289,8	**16**
17	1309	1316,7	1324,4	1332,1	1339,8	1347,5	1355,2	1362,9	1370,6	1378,3	1321,8	1334,7	1360,3	1373,2	1328,3	1366,8	**17**
18	1386	1393,7	1401,4	1409,1	1416,8	1424,5	1432,2	1439,9	1447,6	1455,3	1398,8	1411,7	1437,3	1450,2	1405,3	1443,8	**18**
19	1463	1470,7	1478,4	1486,1	1493,8	1501,5	1509,2	1516,9	1524,6	1532,3	1475,8	1488,7	1514,3	1527,2	1482,3	1520,8	**19**
20	1540	1547,7	1555,4	1563,1	1570,8	1578,5	1586,2	1593,9	1601,6	1609,3	1552,8	1565,7	1591,3	1604,2	1559,3	1597,8	**20**
21	1617	1624,7	1632,4	1640,1	1647,8	1655,5	1663,2	1670,9	1678,6	1686,3	1629,8	1642,7	1668,3	1681,2	1636,3	1674,8	**21**
22	1694	1701,7	1709,4	1717,1	1724,8	1732,5	1740,2	1747,9	1755,6	1763,3	1706,8	1719,7	1745,3	1758,2	1713,3	1751,8	**22**
23	1771	1778,7	1786,4	1794,1	1801,8	1809,5	1817,2	1824,9	1832,6	1840,3	1783,8	1796,7	1822,3	1835,2	1790,3	1828,8	**23**
24	1848	1855,7	1863,4	1871,1	1878,8	1886,5	1894,2	1901,9	1909,6	1917,3	1860,8	1873,7	1899,3	1912,2	1867,3	1905,8	**24**
25	1925	1932,7	1940,4	1948,1	1955,8	1963,5	1971,2	1978,9	1986,6	1994,3	1937,8	1950,7	1976,3	1989,2	1944,3	1982,8	**25**
26	2002	2009,7	2017,4	2025,1	2032,8	2040,5	2048,2	2055,9	2063,6	2071,3	2014,8	2027,7	2053,3	2066,2	2021,3	2059,8	**26**
27	2079	2086,7	2094,4	2102,1	2109,8	2117,5	2125,2	2132,9	2140,6	2148,3	2091,8	2104,7	2130,3	2143,2	2098,3	2136,8	**27**
28	2156	2163,7	2171,4	2179,1	2186,8	2194,5	2202,2	2209,9	2217,6	2225,3	2168,8	2181,7	2207,3	2220,2	2175,3	2213,8	**28**
29	2233	2240,7	2248,4	2256,1	2263,8	2271,5	2279,2	2286,9	2294,6	2302,3	2245,8	2258,7	2284,3	2297,2	2252,3	2290,8	**29**
30	2310	2317,7	2325,4	2333,1	2340,8	2348,5	2356,2	2363,9	2371,6	2379,3	2322,8	2335,7	2361,3	2374,2	2329,3	2367,8	**30**
31	2387	2394,7	2402,4	2410,1	2417,8	2425,5	2433,2	2440,9	2448,6	2456,3	2399,8	2412,7	2438,3	2451,2	2406,3	2444,8	**31**
32	2464	2471,7	2479,4	2487,1	2494,8	2502,5	2510,2	2517,9	2525,6	2533,3	2476,8	2489,7	2515,3	2528,2	2483,3	2521,8	**32**
33	2541	2548,7	2556,4	2564,1	2571,8	2579,5	2587,2	2594,9	2602,6	2610,3	2553,8	2566,7	2592,3	2605,2	2560,3	2598,8	**33**
34	2618	2625,7	2633,4	2641,1	2648,8	2656,5	2664,2	2671,9	2679,6	2687,3	2630,8	2643,7	2669,3	2682,2	2637,3	2675,8	**34**
35	2695	2702,7	2710,4	2718,1	2725,8	2733,5	2741,2	2748,9	2756,6	2764,3	2707,8	2720,7	2746,3	2759,2	2714,3	2752,8	**35**
36	2772	2779,7	2787,4	2795,1	2802,8	2810,5	2818,2	2825,9	2833,6	2841,3	2784,8	2797,7	2823,3	2836,2	2791,3	2829,8	**36**
37	2849	2856,7	2864,4	2872,1	2879,8	2887,5	2895,2	2902,9	2910,6	2918,3	2861,8	2874,7	2900,3	2913,2	2868,3	2906,8	**37**
38	2926	2933,7	2941,4	2949,1	2956,8	2964,5	2972,2	2979,9	2987,6	2995,3	2938,8	2951,7	2977,3	2990,2	2945,3	2983,8	**38**
39	3003	3010,7	3018,4	3026,1	3033,8	3041,5	3049,2	3056,9	3064,6	3072,3	3015,8	3028,7	3054,3	3067,2	3022,3	3060,8	**39**
40	3080	3087,7	3095,4	3103,1	3110,8	3118,5	3126,2	3133,9	3141,6	3149,3	3092,8	3105,7	3131,3	3144,2	3099,3	3137,8	**40**
41	3157	3164,7	3172,4	3180,1	3187,8	3195,5	3203,2	3210,9	3218,6	3226,3	3169,8	3182,7	3208,3	3221,2	3176,3	3214,8	**41**
42	3234	3241,7	3249,4	3257,1	3264,8	3272,5	3280,2	3287,9	3295,6	3303,3	3246,8	3259,7	3285,3	3298,2	3253,3	3291,8	**42**
43	3311	3318,7	3326,4	3334,1	3341,8	3349,5	3357,2	3364,9	3372,6	3380,3	3323,8	3336,7	3362,3	3375,2	3330,3	3368,8	**43**
44	3388	3395,7	3403,4	3411,1	3418,8	3426,5	3434,2	3441,9	3449,6	3457,3	3400,8	3413,7	3439,3	3452,2	3407,3	3445,8	**44**
45	3465	3472,7	3480,4	3488,1	3495,8	3503,5	3511,2	3518,9	3526,6	3534,3	3477,8	3490,7	3516,3	3529,2	3484,3	3522,8	**45**
46	3542	3549,7	3557,4	3565,1	3572,8	3580,5	3588,2	3595,9	3603,6	3611,3	3554,8	3567,7	3593,3	3606,2	3561,3	3599,8	**46**
47	3619	3626,7	3634,4	3642,1	3649,8	3657,5	3665,2	3672,9	3680,6	3688,3	3631,8	3644,7	3670,3	3683,2	3638,3	3676,8	**47**
48	3696	3703,7	3711,4	3719,1	3726,8	3734,5	3742,2	3749,9	3757,6	3765,3	3708,8	3721,7	3747,3	3760,2	3715,3	3753,8	**48**
49	3773	3780,7	3788,4	3796,1	3803,8	3811,5	3819,2	3826,9	3834,6	3842,3	3785,8	3798,7	3824,3	3837,2	3792,3	3830,8	**49**
50	3850	3857,7	3865,4	3873,1	3880,8	3888,5	3896,2	3903,9	3911,6	3919,3	3862,8	3875,7	3901,3	3914,2	3869,3	3907,8	**50**
51	3927	3934,7	3942,4	3950,1	3957,8	3965,5	3973,2	3980,9	3988,6	3996,3	3939,8	3952,7	3978,3	3991,2	3946,3	3984,8	**51**
52	4004	4011,7	4019,4	4027,1	4034,8	4042,5	4050,2	4057,9	4065,6	4073,3	4016,8	4029,7	4055,3	4068,2	4023,3	4061,8	**52**
53	4081	4088,7	4096,4	4104,1	4111,8	4119,5	4127,2	4134,9	4142,6	4150,3	4093,8	4106,7	4132,3	4145,2	4100,3	4138,8	**53**
54	4158	4165,7	4173,4	4181,1	4188,8	4196,5	4204,2	4211,9	4219,6	4227,3	4170,8	4183,7	4209,3	4222,2	4177,3	4215,8	**54**
55	4235	4242,7	4250,4	4258,1	4265,8	4273,5	4281,2	4288,9	4296,6	4304,3	4247,8	4260,7	4286,3	4499,2	4254,3	4292,8	**55**
56	4312	4319,7	4327,4	4335,1	4342,8	4350,5	4358,2	4365,9	4373,6	4381,3	4324,8	4337,7	4363,3	4376,2	4331,3	4369,8	**56**
57	4389	4396,7	4404,4	4412,1	4419,8	4427,5	4435,2	4442,9	4450,6	4458,3	4401,8	4414,7	4440,3	4453,2	4408,3	4446,8	**57**
58	4466	4473,7	4481,4	4489,1	4496,8	4504,5	4512,2	4519,9	4527,6	4535,3	4478,8	4491,7	4517,3	4530,2	4485,3	4523,8	**58**
59	4543	4550,7	4558,4	4566,1	4573,8	4581,5	4589,2	4596,9	4604,6	4612,3	4555,8	4568,7	4594,3	4607,2	4562,3	4600,8	**59**
60	4620	4627,7	4635,4	4643,1	4650,8	4658,5	4666,2	4673,9	4681,6	4689,3	4632,8	4645,7	4671,3	4684,2	4639,3	4677,8	**60**
61	4697	4704,7	4712,4	4720,1	4727,8	4735,5	4743,2	4750,9	4758,6	4766,3	4709,8	4722,7	4748,3	4761,2	4716,3	4754,8	**61**
62	4774	4781,7	4789,4	4797,1	4804,8	4812,5	4820,2	4827,9	4835,6	4843,3	4786,8	4799,7	4825,3	4838,2	4793,3	4831,8	**62**
63	4851	4858,7	4866,4	4874,1	4881,8	4889,5	4897,2	4904,9	4912,6	4920,3	4863,8	4876,7	4902,3	4915,2	4870,3	4908,8	**63**
64	4928	4935,7	4943,4	4951,1	4958,8	4966,5	4974,2	4981,9	4989,6	4997,3	4940,8	4953,7	4979,3	4992,2	4947,3	4985,8	**64**
65	5005	5012,7	5020,4	5028,1	5035,8	5043,5	5051,2	5058,9	5066,6	5074,3	5017,8	5030,7	5056,3	5069,2	5024,3	5062,8	**65**
66	5082	5089,7	5097,4	5105,1	5112,8	5120,5	5128,2	5135,9	5143,6	5151,3	5094,8	5107,7	5133,3	5146,2	5101,3	5139,8	**66**
67	5159	5166,7	5174,4	5182,1	5189,8	5197,5	5205,2	5212,9	5220,6	5228,3	5171,8	5184,7	5210,3	5223,2	5178,3	5216,8	**67**
68	5236	5243,7	5251,4	5259,1	5266,8	5274,5	5282,2	5289,9	5297,6	5305,3	5248,8	5261,7	5287,3	5300,2	5255,3	5293,8	**68**
69	5313	5320,7	5328,4	5336,1	5343,8	5351,5	5359,2	5366,9	5374,6	5382,3	5325,8	5338,7	5364,3	5377,2	5332,3	5370,8	**69**
70	5390	5397,7	5405,4	5413,1	5420,8	5428,5	5436,2	5443,9	5451,6	5459,3	5402,8	5415,7	5441,3	5454,2	5409,3	5447,8	**70**
71	5467	5474,7	5482,4	5490,1	5497,8	5505,5	5513,2	5520,9	5528,6	5536,3	5479,8	5492,7	5518,3	5531,2	5486,3	5524,8	**71**
72	5544	5551,7	5559,4	5567,1	5574,8	5582,5	5590,2	5597,9	5605,6	5613,3	5556,8	5569,7	5595,3	5608,2	5563,3	5601,8	**72**
73	5621	5628,7	5636,4	5644,1	5651,8	5659,5	5667,2	5674,9	5682,6	5690,3	5633,8	5646,7	5672,3	5685,2	5640,3	5678,8	**73**
74	5698	5705,7	5713,4	5721,1	5728,8	5736,5	5744,2	5751,9	5759,6	5767,3	5710,8	5723,7	5749,3	5762,2	5717,3	5755,8	**74**
75	5775	5782,7	5790,4	5798,1	5805,8	5813,5	5821,2	5828,9	5836,6	5844,3	5787,8	5800,7	5826,3	5839,2	5794,3	5832,8	**75**
76	5852	5859,7	5867,4	5875,1	5882,8	5890,5	5898,2	5905,9	5913,6	5921,3	5864,8	5877,7	5903,3	5916,2	5871,3	5909,8	**76**
77	5929	5936,7	5944,4	5952,1	5959,8	5967,5	5975,2	5982,9	5990,6	5998,3	5941,8	5954,7	5980,3	5993,2	5948,3	5986,8	**77**
78	6006	6013,7	6021,4	6029,1	6036,8	6044,5	6052,2	6059,9	6067,6	6075,3	6018,8	6031,7	6057,3	6070,2	6025,3	6063,8	**78**
79	6083	6090,7	6098,4	6106,1	6113,8	6121,5	6129,2	6136,9	6144,6	6152,3	6095,8	6108,7	6134,3	6147,2	6102,3	6140,8	**79**
80	6160	6167,7	6175,4	6183,1	6190,8	6198,5	6206,2	6213,9	6221,6	6229,3	6172,8	6185,7	6211,3	6224,2	6179,3	6217,8	**80**
81	6237	6244,7	6252,4	6260,1	6267,8	6275,5	6283,2	6290,9	6298,6	6306,3	6249,8	6262,7	6288,3	6301,2	6256,3	6294,8	**81**
82	6314	6321,7	6329,4	6337,1	6344,8	6352,5	6360,2	6367,9	6375,6	6383,3	6326,8	6339,7	6365,3	6378,2	6333,3	6371,8	**82**
83	6391	6398,7	6406,4	6414,1	6421,8	6429,5	6437,2	6444,9	6452,6	6460,3	6403,8	6416,7	6442,3	6455,2	6410,3	6448,8	**83**
84	6468	6475,7	6483,4	6491,1	6498,8	6506,5	6514,2	6521,9	6529,6	6537,3	6480,8	6493,7	6519,3	6532,2	6487,3	6525,8	**84**
85	6545	6552,7	6560,4	6568,1	6575,8	6583,5	6591,2	6598,9	6606,6	6614,3	6557,8	6570,7	6596,3	6609,2	6564,3	6602,8	**85**
86	6622	6629,7	6637,4	6645,1	6652,8	6660,5	6668,2	6675,9	6683,6	6691,3	6634,8	6647,7	6673,3	6686,2	6641,3	6679,8	**86**
87	6699	6706,7	6714,4	6722,1	6729,8	6737,5	6745,2	6752,9	6760,6	6768,3	6711,8	6724,7	6750,3	6763,2	6718,3	6756,8	**87**
88	6776	6783,7	6791,4	6799,1	6806,8	6814,5	6822,2	6829,9	6837,6	6845,3	6788,8	6801,7	6827,3	6840,2	6795,3	6833,8	**88**
89	6853	6860,7	6868,4	6876,1	6883,8	6891,5	6899,2	6906,9	6914,6	6922,3	6865,8	6878,7	6904,3	6917,2	6872,3	6910,8	**89**
90	6930	6937,7	6945,4	6953,1	6960,8	6968,5	6976,2	6983,9	6991,6	6999,3	6942,8	6955,7	6981,3	6994,2	6949,3	6987,8	**90**
91	7007	7014,7	7022,4	7030,1	7037,8	7045,5	7053,2	7060,9	7068,6	7076,3	7019,8	7032,7	7058,3	7071,2	7026,3	7064,8	**91**
92	7084	7091,7	7099,4	7107,1	7114,8	7122,5	7130,2	7137,9	7145,6	7153,3	7096,8	7109,7	7135,3	7148,2	7103,3	7141,8	**92**
93	7161	7168,7	7176,4	7184,1	7191,8	7199,5	7207,2	7214,9	7222,6	7230,3	7173,8	7186,7	7212,3	7225,2	7180,3	7218,8	**93**
94	7238	7245,7	7253,4	7261,1	7268,8	7276,5	7284,2	7291,9	7299,6	7307,3	7250,8	7263,7	7289,3	7302,2	7257,3	7295,8	**94**
95	7315	7322,7	7330,4	7338,1	7345,8	7353,5	7361,2	7368,9	7376,6	7384,3	7327,8	7340,7	7366,3	7379,2	7334,3	7372,8	**95**
96	7392	7399,7	7407,4	7415,1	7422,8	7430,5	7438,2	7445,9	7453,6	7461,3	7404,8	7417,7	7443,3	7456,2	7411,3	7449,8	**96**
97	7469	7476,7	7484,4	7492,1	7499,8	7507,5	7515,2	7522,9	7530,6	7538,3	7481,8	7494,7	7520,3	7533,2	7488,3	7526,8	**97**
98	7546	7553,7	7561,4	7569,1	7576,8	7584,5	7592,2	7599,9	7607,6	7615,3	7558,8	7571,7	7597,3	7610,2	7565,3	7603,8	**98**
99	7623	7630,7	7638,4	7646,1	7653,8	7661,5	7669,2	7676,9	7684,6	7692,3	7635,8	7648,7	7674,3	7687,2	7642,3	7680,8	**99**
100	7700	7707,7	7715,4	7723,1	7730,8	7738,5	7746,2	7753,9	7761,6	7769,3	7712,8	7725,7	7751,3	7764,2	7719,3	7757,8	**100**

	78	1/10	2/10	3/10	4/10	5/10	6/10	7/10	8/10	9/10	1/6	2/6	4/6	5/6	1/4	3/4	
		7,8	15,6	23,4	31,2	39,0	46,8	54,6	62,4	70,2	13,0	26,0	52,0	65,0	19,5	58,5	
1	78	85,8	93,6	101,4	109,2	117,0	124,8	132,6	140,4	148,2	91,0	104,0	130,0	143,0	97,5	136,5	1
2	156	163,8	171,6	179,4	187,2	195,0	202,8	210,6	218,4	226,2	169,0	182,0	208,0	221,0	175,5	214,5	2
3	234	241,8	249,6	257,4	265,2	273,0	280,8	288,6	296,4	304,2	247,0	260,0	286,0	299,0	253,5	292,5	3
4	312	319,8	327,6	335,4	343,2	351,0	358,8	366,6	374,4	382,2	325,0	338,0	364,0	377,0	331,5	370,5	4
5	390	397,8	405,6	413,4	421,2	429,0	436,8	444,6	452,4	460,2	403,0	416,0	442,0	455,0	409,5	448,5	5
6	468	475,8	483,6	491,4	499,2	507,0	514,8	522,6	530,4	538,2	481,0	494,0	520,0	533,0	487,5	526,5	6
7	546	553,8	561,6	569,4	577,2	585,0	592,8	600,6	608,4	616,2	559,0	572,0	598,0	611,0	565,5	604,5	7
8	624	631,8	639,6	647,4	655,2	663,0	670,8	678,6	686,4	694,2	637,0	650,0	676,0	689,0	643,5	682,5	8
9	702	709,8	717,6	725,4	733,2	741,0	748,8	756,6	764,4	772,2	715,0	728,0	754,0	767,0	721,5	760,5	9
10	780	787,8	795,6	803,4	811,2	819,0	826,8	834,6	842,4	850,2	793,0	806,0	832,0	845,0	799,5	838,5	10
11	858	865,8	873,6	881,4	889,2	897,0	904,8	912,6	920,4	928,2	871,0	884,0	910,0	923,0	877,5	916,5	11
12	936	943,8	951,6	959,4	967,2	975,0	982,8	990,6	998,4	1006,2	949,0	962,0	988,0	1001,0	955,5	994,5	12
13	1014	1021,8	1029,6	1037,4	1045,2	1053,0	1060,8	1068,6	1076,4	1084,2	1027,0	1040,0	1066,0	1079,0	1033,5	1072,5	13
14	1092	1099,8	1107,6	1115,4	1123,2	1131,0	1138,8	1146,6	1154,4	1162,2	1105,0	1118,0	1144,0	1157,0	1111,5	1150,5	14
15	1170	1177,8	1185,6	1193,4	1201,2	1209,0	1216,8	1224,6	1232,4	1240,2	1183,0	1196,0	1222,0	1235,0	1189,5	1228,5	15
16	1248	1255,8	1263,6	1271,4	1279,2	1287,0	1294,8	1302,6	1310,4	1318,2	1261,0	1274,0	1300,0	1313,0	1267,5	1306,5	16
17	1326	1333,8	1341,6	1349,4	1357,2	1365,0	1372,8	1380,6	1388,4	1396,2	1339,0	1352,0	1378,0	1391,0	1345,5	1384,5	17
18	1404	1411,8	1419,6	1427,4	1435,2	1443,0	1450,8	1458,6	1466,4	1474,2	1417,0	1430,0	1456,0	1469,0	1423,5	1462,5	18
19	1482	1489,8	1497,6	1505,4	1513,2	1521,0	1528,8	1536,6	1544,4	1552,2	1495,0	1508,0	1534,0	1547,0	1501,5	1540,5	19
20	1560	1567,8	1575,6	1583,4	1591,2	1599,0	1606,8	1614,6	1622,4	1630,2	1573,0	1586,0	1612,0	1625,0	1579,5	1618,5	20
21	1638	1645,8	1653,6	1661,4	1669,2	1677,0	1684,8	1692,6	1700,4	1708,2	1651,0	1664,0	1690,0	1703,0	1657,5	1696,5	21
22	1716	1723,8	1731,6	1739,4	1747,2	1755,0	1762,8	1770,6	1778,4	1786,2	1729,0	1742,0	1768,0	1781,0	1735,5	1774,5	22
23	1794	1801,8	1809,6	1817,4	1825,2	1833,0	1840,8	1848,6	1856,4	1864,2	1807,0	1820,0	1846,0	1859,0	1813,5	1852,5	23
24	1872	1879,8	1887,6	1895,4	1903,2	1911,0	1918,8	1926,6	1934,4	1942,2	1885,0	1898,0	1924,0	1937,0	1891,5	1930,5	24
25	1950	1957,8	1965,6	1973,4	1981,2	1989,0	1996,8	2004,6	2012,4	2020,2	1963,0	1976,0	2002,0	2015,0	1969,5	2008,5	25
26	2028	2035,8	2043,6	2051,4	2059,2	2067,0	2074,8	2082,6	2090,4	2098,2	2041,0	2054,0	2080,0	2093,0	2047,5	2086,5	26
27	2106	2113,8	2121,6	2129,4	2137,2	2145,0	2152,8	2160,6	2168,4	2176,2	2119,0	2132,0	2158,0	2171,0	2125,5	2164,5	27
28	2184	2191,8	2199,6	2207,4	2215,2	2223,0	2230,8	2238,6	2246,4	2254,2	2197,0	2210,0	2236,0	2249,0	2203,5	2242,5	28
29	2262	2269,8	2277,6	2285,4	2293,2	2301,0	2308,8	2316,6	2324,4	2332,2	2275,0	2288,0	2314,0	2327,0	2281,5	2320,5	29
30	2340	2347,8	2355,6	2363,4	2371,2	2379,0	2386,8	2394,6	2402,4	2410,2	2353,0	2366,0	2392,0	2405,0	2359,5	2398,5	30
31	2418	2425,8	2433,6	2441,4	2449,2	2457,0	2464,8	2472,6	2480,4	2488,2	2431,0	2444,0	2470,0	2483,0	2437,5	2476,5	31
32	2496	2503,8	2511,6	2519,4	2527,2	2535,0	2542,8	2550,6	2558,4	2566,2	2509,0	2522,0	2548,0	2561,0	2515,5	2554,5	32
33	2574	2581,8	2589,6	2597,4	2605,2	2613,0	2620,8	2628,6	2636,4	2644,2	2587,0	2600,0	2626,0	2639,0	2593,5	2632,5	33
34	2652	2659,8	2667,6	2675,4	2683,2	2691,0	2698,8	2706,6	2714,4	2722,2	2665,0	2678,0	2704,0	2717,0	2671,5	2710,5	34
35	2730	2737,8	2745,6	2753,4	2761,2	2769,0	2776,8	2784,6	2792,4	2800,2	2743,0	2756,0	2782,0	2795,0	2749,5	2788,5	35
36	2808	2815,8	2823,6	2831,4	2839,2	2847,0	2854,8	2862,6	2870,4	2878,2	2821,0	2834,0	2860,0	2873,0	2827,5	2866,5	36
37	2886	2893,8	2901,6	2909,4	2917,2	2925,0	2932,8	2940,6	2948,4	2956,2	2899,0	2912,0	2938,0	2951,0	2905,5	2944,5	37
38	2964	2971,8	2979,6	2987,4	2995,2	3003,0	3010,8	3018,6	3026,4	3034,2	2977,0	2990,0	3016,0	3029,0	2983,5	3022,5	38
39	3042	3049,8	3057,6	3065,4	3073,2	3081,0	3088,8	3096,6	3104,4	3112,2	3055,0	3068,0	3094,0	3107,0	3061,5	3100,5	39
40	3120	3127,8	3135,6	3143,4	3151,2	3159,0	3166,8	3174,6	3182,4	3190,2	3133,0	3146,0	3172,0	3185,0	3139,5	3178,5	40
41	3198	3205,8	3213,6	3221,4	3229,2	3237,0	3244,8	3252,6	3260,4	3268,2	3211,0	3224,0	3250,0	3263,0	3217,5	3256,5	41
42	3276	3283,8	3291,6	3299,4	3307,2	3315,0	3322,8	3330,6	3338,4	3346,2	3289,0	3302,0	3328,0	3341,0	3295,5	3334,5	42
43	3354	3361,8	3369,6	3377,4	3385,2	3393,0	3400,8	3408,6	3416,4	3424,2	3367,0	3380,0	3406,0	3419,0	3373,5	3412,5	43
44	3432	3439,8	3447,6	3455,4	3463,2	3471,0	3478,8	3486,6	3494,4	3502,2	3445,0	3458,0	3484,0	3497,0	3451,5	3490,5	44
45	3510	3517,8	3525,6	3533,4	3541,2	3549,0	3556,8	3564,6	3572,4	3580,2	3523,0	3536,0	3562,0	3575,0	3529,5	3568,5	45
46	3588	3595,8	3603,6	3611,4	3619,2	3627,0	3634,8	3642,6	3650,4	3658,2	3601,0	3614,0	3640,0	3653,0	3607,5	3646,5	46
47	3666	3673,8	3681,6	3689,4	3697,2	3705,0	3712,8	3720,6	3728,4	3736,2	3679,0	3692,0	3718,0	3731,0	3685,5	3724,5	47
48	3744	3751,8	3759,6	3767,4	3775,2	3783,0	3790,8	3798,6	3806,4	3814,2	3757,0	3770,0	3796,0	3809,0	3763,5	3802,5	48
49	3822	3829,8	3837,6	3845,4	3853,2	3861,0	3868,8	3876,6	3884,4	3892,2	3835,0	3848,0	3874,0	3887,0	3841,5	3880,5	49
50	3900	3907,8	3915,6	3923,4	3931,2	3939,0	3946,8	3954,6	3962,4	3970,2	3913,0	3926,0	3952,0	3965,0	3919,5	3958,5	50
51	3978	3985,8	3993,6	4001,4	4009,2	4017,0	4024,8	4032,6	4040,4	4048,2	3991,0	4004,0	4030,0	4043,0	3997,5	4036,5	51
52	4056	4063,8	4071,6	4079,4	4087,2	4095,0	4102,8	4110,6	4118,4	4126,2	4069,0	4082,0	4108,0	4121,0	4075,5	4114,5	52
53	4134	4141,8	4149,6	4157,4	4165,2	4173,0	4180,8	4188,6	4196,4	4204,2	4147,0	4160,0	4186,0	4199,0	4153,5	4192,5	53
54	4212	4219,8	4227,6	4235,4	4243,2	4251,0	4258,8	4266,6	4274,4	4282,2	4225,0	4238,0	4264,0	4277,0	4231,5	4270,5	54
55	4290	4297,8	4305,6	4313,4	4321,2	4329,0	4336,8	4344,6	4352,4	4360,2	4303,0	4316,0	4342,0	4355,0	4309,5	4348,5	55
56	4368	4375,8	4383,6	4391,4	4399,2	4407,0	4414,8	4422,6	4430,4	4438,2	4381,0	4394,0	4420,0	4433,0	4387,5	4426,5	56
57	4446	4453,8	4461,6	4469,4	4477,2	4485,0	4492,8	4500,6	4508,4	4516,2	4459,0	4472,0	4498,0	4511,0	4465,5	4504,5	57
58	4524	4531,8	4539,6	4547,4	4555,2	4563,0	4570,8	4578,6	4586,4	4594,2	4537,0	4550,0	4576,0	4589,0	4543,5	4582,5	58
59	4602	4609,8	4617,6	4625,4	4633,2	4641,0	4648,8	4656,6	4664,4	4672,2	4615,0	4628,0	4654,0	4667,0	4621,5	4660,5	59
60	4680	4687,8	4695,6	4703,4	4711,2	4719,0	4726,8	4734,6	4742,4	4750,2	4693,0	4706,0	4732,0	4745,0	4699,5	4738,5	60
61	4758	4765,8	4773,6	4781,4	4789,2	4797,0	4804,8	4812,6	4820,4	4828,2	4771,0	4784,0	4810,0	4823,0	4777,5	4816,5	61
62	4836	4843,8	4851,6	4859,4	4867,2	4875,0	4882,8	4890,6	4898,4	4906,2	4849,0	4862,0	4888,0	4901,0	4855,5	4894,5	62
63	4914	4921,8	4929,6	4937,4	4945,2	4953,0	4960,8	4968,6	4976,4	4984,2	4927,0	4940,0	4966,0	4979,0	4933,5	4972,5	63
64	4992	4999,8	5007,6	5015,4	5023,2	5031,0	5038,8	5046,6	5054,4	5062,2	5005,0	5018,0	5044,0	5057,0	5011,5	5050,5	64
65	5070	5077,8	5085,6	5093,4	5101,2	5109,0	5116,8	5124,6	5132,4	5140,2	5083,0	5096,0	5122,0	5135,0	5089,5	5128,5	65
66	5148	5155,8	5163,6	5171,4	5179,2	5187,0	5194,8	5202,6	5210,4	5218,2	5161,0	5174,0	5200,0	5213,0	5167,5	5206,5	66
67	5226	5233,8	5241,6	5249,4	5257,2	5265,0	5272,8	5280,6	5288,4	5296,2	5239,0	5252,0	5278,0	5291,0	5245,5	5284,5	67
68	5304	5311,8	5319,6	5327,4	5335,2	5343,0	5350,8	5358,6	5366,4	5374,2	5317,0	5330,0	5356,0	5369,0	5323,5	5362,5	68
69	5382	5389,8	5397,6	5405,4	5413,2	5421,0	5428,8	5436,6	5444,4	5452,2	5395,0	5408,0	5434,0	5447,0	5401,5	5440,5	69
70	5460	5467,8	5475,6	5483,4	5491,2	5499,0	5506,8	5514,6	5522,4	5530,2	5473,0	5486,0	5512,0	5525,0	5479,5	5518,5	70
71	5538	5545,8	5553,6	5561,4	5569,2	5577,0	5584,8	5592,6	5600,4	5608,2	5551,0	5564,0	5590,0	5603,0	5557,5	5596,5	71
72	5616	5623,8	5631,6	5639,4	5647,2	5655,0	5662,8	5670,6	5678,4	5686,2	5629,0	5642,0	5668,0	5681,0	5635,5	5674,5	72
73	5694	5701,8	5709,6	5717,4	5725,2	5733,0	5740,8	5748,6	5756,4	5764,2	5707,0	5720,0	5746,0	5759,0	5713,5	5752,5	73
74	5772	5779,8	5787,6	5795,4	5803,2	5811,0	5818,8	5826,6	5834,4	5842,2	5785,0	5798,0	5824,0	5837,0	5791,5	5830,5	74
75	5850	5857,8	5865,6	5873,4	5881,2	5889,0	5896,8	5904,6	5912,4	5920,2	5863,0	5876,0	5902,0	5915,0	5869,5	5908,5	75
76	5928	5935,8	5943,6	5951,4	5959,2	5967,0	5974,8	5982,6	5990,4	5998,2	5941,0	5954,0	5980,0	5993,0	5947,5	5986,5	76
77	6006	6013,8	6021,6	6029,4	6037,2	6045,0	6052,8	6060,6	6068,4	6076,2	6019,0	6032,0	6058,0	6071,0	6025,5	6064,5	77
78	6084	6091,8	6099,6	6107,4	6115,2	6123,0	6130,8	6138,6	6146,4	6154,2	6097,0	6110,0	6136,0	6149,0	6103,5	6142,5	78
79	6162	6169,8	6177,6	6185,4	6193,2	6201,0	6208,8	6216,6	6224,4	6232,2	6175,0	6188,0	6214,0	6227,0	6181,5	6220,5	79
80	6240	6247,8	6255,6	6263,4	6271,2	6279,0	6286,8	6294,6	6302,4	6310,2	6253,0	6266,0	6292,0	6305,0	6259,5	6298,5	80
81	6318	6325,8	6333,6	6341,4	6349,2	6357,0	6364,8	6372,6	6380,4	6388,2	6331,0	6344,0	6370,0	6383,0	6337,5	6376,5	81
82	6396	6403,8	6411,6	6419,4	6427,2	6435,0	6442,8	6450,6	6458,4	6466,2	6409,0	6422,0	6448,0	6461,0	6415,5	6454,5	82
83	6474	6481,8	6489,6	6497,4	6505,2	6513,0	6520,8	6528,6	6536,4	6544,2	6487,0	6500,0	6526,0	6539,0	6493,5	6532,5	83
84	6552	6559,8	6567,6	6575,4	6583,2	6591,0	6598,8	6606,6	6614,4	6622,2	6565,0	6578,0	6604,0	6617,0	6571,5	6610,5	84
85	6630	6637,8	6645,6	6653,4	6661,2	6669,0	6676,8	6684,6	6692,4	6700,2	6643,0	6656,0	6682,0	6695,0	6649,5	6688,5	85
86	6708	6715,8	6723,6	6731,4	6739,2	6747,0	6754,8	6762,6	6770,4	6778,2	6721,0	6734,0	6760,0	6773,0	6727,5	6766,5	86
87	6786	6793,8	6801,6	6809,4	6817,2	6825,0	6832,8	6840,6	6848,4	6856,2	6799,0	6812,0	6838,0	6851,0	6805,5	6844,5	87
88	6864	6871,8	6879,6	6887,4	6895,2	6903,0	6910,8	6918,6	6926,4	6934,2	6877,0	6890,0	6916,0	6929,0	6883,5	6922,5	88
89	6942	6949,8	6957,6	6965,4	6973,2	6981,0	6988,8	6996,6	7004,4	7012,2	6955,0	6968,0	6994,0	7007,0	6961,5	7000,5	89
90	7020	7027,8	7035,6	7043,4	7051,2	7059,0	7066,8	7074,6	7082,4	7090,2	7033,0	7046,0	7072,0	7085,0	7039,5	7078,5	90
91	7098	7105,8	7113,6	7121,4	7129,2	7137,0	7144,8	7152,6	7160,4	7168,2	7111,0	7124,0	7150,0	7163,0	7117,5	7156,5	91
92	7176	7183,8	7191,6	7199,4	7207,2	7215,0	7222,8	7230,6	7238,4	7246,2	7189,0	7202,0	7228,0	7241,0	7195,5	7234,5	92
93	7254	7261,8	7269,6	7277,4	7285,2	7293,0	7300,8	7308,6	7316,4	7324,2	7267,0	7280,0	7306,0	7319,0	7273,5	7312,5	93
94	7332	7339,8	7347,6	7355,4	7363,2	7371,0	7378,8	7386,6	7394,4	7402,2	7345,0	7358,0	7384,0	7397,0	7351,5	7390,5	94
95	7410	7417,8	7425,6	7433,4	7441,2	7449,0	7456,8	7464,6	7472,4	7480,2	7423,0	7436,0	7462,0	7475,0	7429,5	7468,5	95
96	7488	7495,8	7503,6	7511,4	7519,2	7527,0	7534,8	7542,6	7550,4	7558,2	7501,0	7514,0	7540,0	7553,0	7507,5	7546,5	96
97	7566	7573,8	7581,6	7589,4	7597,2	7605,0	7612,8	7620,6	7628,4	7636,2	7579,0	7592,0	7618,0	7631,0	7585,5	7624,5	97
98	7644	7651,8	7659,6	7667,4	7675,2	7683,0	7690,8	7698,6	7706,4	7714,2	7657,0	7670,0	7696,0	7709,0	7663,5	7702,5	98
99	7722	7729,8	7737,6	7745,4	7753,2	7761,0	7768,8	7776,6	7784,4	7792,2	7735,0	7748,0	7774,0	7787,0	7741,5	7780,5	99
100	7800	7807,8	7815,6	7823,4	7831,2	7839,0	7846,8	7854,6	7862,4	7870,2	7813,0	7826,0	7852,0	7865,0	7819,5	7858,5	100

79

		1/10 7,9	2/10 15,8	3/10 23,7	4/10 31,6	5/10 39,5	6/10 47,4	7/10 55,3	8/10 63,2	9/10 71,1	1/6 13,166	2/6 26,333	4/6 52,666	5/6 65,833	1/4 19,75	3/4 59,25	
1	79	86,9	94,8	102,7	110,6	118,5	126,4	134,3	142,2	150,1	92,2	105,3	131,7	144,8	98,8	138,3	1
2	158	165,9	173,8	181,7	189,6	197,5	205,4	213,3	221,2	229,1	171,2	184,3	210,7	223,8	177,8	217,3	2
3	237	244,9	252,8	260,7	268,6	276,5	284,4	292,3	300,2	308,1	250,2	263,3	289,7	302,8	256,8	296,3	3
4	316	323,9	331,8	339,7	347,6	355,5	363,4	371,3	379,2	387,1	329,2	342,3	368,7	381,8	335,8	375,3	4
5	395	402,9	410,8	418,7	426,6	434,5	442,4	450,3	458,2	466,1	408,2	421,3	447,7	460,8	414,8	454,3	5
6	474	481,9	489,8	497,7	505,6	513,5	521,4	529,3	537,2	545,1	487,2	500,3	526,7	539,8	493,8	533,3	6
7	553	560,9	568,8	576,7	584,6	592,5	600,4	608,3	616,2	624,1	566,2	579,3	605,7	618,8	572,8	612,3	7
8	632	639,9	647,8	655,7	663,6	671,5	679,4	687,3	695,2	703,1	645,2	658,3	684,7	697,8	651,8	691,3	8
9	711	718,9	726,8	734,7	742,6	750,5	758,4	766,3	774,2	782,1	724,2	737,3	763,7	776,8	730,8	770,3	9
10	790	797,9	805,8	813,7	821,6	829,5	837,4	845,3	853,2	861,1	803,2	816,3	842,7	855,8	809,8	849,3	10
11	869	876,9	884,8	892,7	900,6	908,5	916,4	924,3	932,2	940,1	882,2	895,3	921,7	934,8	888,8	928,3	11
12	948	955,9	963,8	971,7	979,6	987,5	995,4	1003,3	1011,2	1019,1	961,2	974,3	1000,7	1013,8	967,8	1007,3	12
13	1027	1034,9	1042,8	1050,7	1058,6	1066,5	1074,4	1082,3	1090,2	1098,1	1040,2	1053,3	1079,7	1092,8	1046,8	1086,3	13
14	1106	1113,9	1121,8	1129,7	1137,6	1145,5	1153,4	1161,3	1169,2	1177,1	1119,2	1132,3	1158,7	1171,8	1125,8	1165,3	14
15	1185	1192,9	1200,8	1208,7	1216,6	1224,5	1232,4	1240,3	1248,2	1256,1	1198,2	1211,3	1237,7	1250,8	1204,8	1244,3	15
16	1264	1271,9	1279,8	1287,7	1295,6	1303,5	1311,4	1319,3	1327,2	1335,1	1277,2	1290,3	1316,7	1329,8	1283,8	1323,3	16
17	1343	1350,9	1358,8	1366,7	1374,6	1382,5	1390,4	1398,3	1406,2	1414,1	1356,2	1369,3	1395,7	1408,8	1362,8	1402,3	17
18	1422	1429,9	1437,8	1445,7	1453,6	1461,5	1469,4	1477,3	1485,2	1493,1	1435,2	1448,3	1474,7	1487,8	1441,8	1481,3	18
19	1501	1508,9	1516,8	1524,7	1532,6	1540,5	1548,4	1556,3	1564,2	1572,1	1514,2	1527,3	1553,7	1566,8	1520,8	1560,3	19
20	1580	1587,9	1595,8	1603,7	1611,6	1619,5	1627,4	1635,3	1643,2	1651,1	1593,2	1606,3	1632,7	1645,8	1599,8	1639,3	20
21	1659	1666,9	1674,8	1682,7	1690,6	1698,5	1706,4	1714,3	1722,2	1730,1	1672,2	1685,3	1711,7	1724,8	1678,8	1718,3	21
22	1738	1745,9	1753,8	1761,7	1769,6	1777,5	1785,4	1793,3	1801,2	1809,1	1751,2	1764,3	1790,7	1803,8	1757,8	1797,3	22
23	1817	1824,9	1832,8	1840,7	1848,6	1856,5	1864,4	1872,3	1880,2	1888,1	1830,2	1843,3	1869,7	1882,8	1836,8	1876,3	23
24	1896	1903,9	1911,8	1919,7	1927,6	1935,5	1943,4	1951,3	1959,2	1967,1	1909,2	1922,3	1948,7	1961,8	1915,8	1955,3	24
25	1975	1982,9	1990,8	1998,7	2006,6	2014,5	2022,4	2030,3	2038,2	2046,1	1988,2	2001,3	2027,7	2040,8	1994,8	2034,3	25
26	2054	2061,9	2069,8	2077,7	2085,6	2093,5	2101,4	2109,3	2117,2	2125,1	2067,2	2080,3	2106,7	2119,8	2073,8	2113,3	26
27	2133	2140,9	2148,8	2156,7	2164,6	2172,5	2180,4	2188,3	2196,2	2204,1	2146,2	2159,3	2185,7	2198,8	2152,8	2192,3	27
28	2212	2219,9	2227,8	2235,7	2243,6	2251,5	2259,4	2267,3	2275,2	2283,1	2225,2	2238,3	2264,7	2277,8	2231,8	2271,3	28
29	2291	2298,9	2306,8	2314,7	2322,6	2330,5	2338,4	2346,3	2354,2	2362,1	2304,2	2317,3	2343,7	2356,8	2310,8	2350,3	29
30	2370	2377,9	2385,8	2393,7	2401,6	2409,5	2417,4	2425,3	2433,2	2441,1	2383,2	2396,3	2422,7	2435,8	2389,8	2429,3	30
31	2449	2456,9	2464,8	2472,7	2480,6	2488,5	2496,4	2504,3	2512,2	2520,1	2462,2	2475,3	2501,7	2514,8	2468,8	2508,3	31
32	2528	2535,9	2543,8	2551,7	2559,6	2567,5	2575,4	2583,3	2591,2	2599,1	2541,2	2554,3	2580,7	2593,8	2547,8	2587,3	32
33	2607	2614,9	2622,8	2630,7	2638,6	2646,5	2654,4	2662,3	2670,2	2678,1	2620,2	2633,3	2659,7	2672,8	2626,8	2666,3	33
34	2686	2693,9	2701,8	2709,7	2717,6	2725,5	2733,4	2741,3	2749,2	2757,1	2699,2	2712,3	2738,7	2751,8	2705,8	2745,3	34
35	2765	2772,9	2780,8	2788,7	2796,6	2804,5	2812,4	2820,3	2828,2	2836,1	2778,2	2791,3	2817,7	2830,8	2784,8	2824,3	35
36	2844	2851,9	2859,8	2867,7	2875,6	2883,5	2891,4	2899,3	2907,2	2915,1	2857,2	2870,3	2896,7	2909,8	2863,8	2903,3	36
37	2923	2930,9	2938,8	2946,7	2954,6	2962,5	2970,4	2978,3	2986,2	2994,1	2936,2	2949,3	2975,7	2988,8	2942,8	2982,3	37
38	3002	3009,9	3017,8	3025,7	3033,6	3041,5	3049,4	3057,3	3065,2	3073,1	3015,2	3028,3	3054,7	3067,8	3021,8	3061,3	38
39	3081	3088,9	3096,8	3104,7	3112,6	3120,5	3128,4	3136,3	3144,2	3152,1	3094,2	3107,3	3133,7	3146,8	3100,8	3140,3	39
40	3160	3167,9	3175,8	3183,7	3191,6	3199,5	3207,4	3215,3	3223,2	3231,1	3173,2	3186,3	3212,7	3225,8	3179,8	3219,3	40
41	3239	3246,9	3254,8	3262,7	3270,6	3278,5	3286,4	3294,3	3302,2	3310,1	3252,2	3265,3	3291,7	3304,8	3258,8	3298,3	41
42	3318	3325,9	3333,8	3341,7	3349,6	3357,5	3365,4	3373,3	3381,2	3389,1	3331,2	3344,3	3370,7	3383,8	3337,8	3377,3	42
43	3397	3404,9	3412,8	3420,7	3428,6	3436,5	3444,4	3452,3	3460,2	3468,1	3410,2	3423,3	3449,7	3462,8	3416,8	3456,3	43
44	3476	3483,9	3491,8	3499,7	3507,6	3515,5	3523,4	3531,3	3539,2	3547,1	3489,2	3502,3	3528,7	3541,8	3495,8	3535,3	44
45	3555	3562,9	3570,8	3578,7	3586,6	3594,5	3602,4	3610,3	3618,2	3626,1	3568,2	3581,3	3607,7	3620,8	3574,8	3614,3	45
46	3634	3641,9	3649,8	3657,7	3665,6	3673,5	3681,4	3689,3	3697,2	3705,1	3647,2	3660,3	3686,7	3699,8	3653,8	3693,3	46
47	3713	3720,9	3728,8	3736,7	3744,6	3752,5	3760,4	3768,3	3776,2	3784,1	3726,2	3739,3	3765,7	3778,8	3732,8	3772,3	47
48	3792	3799,9	3807,8	3815,7	3823,6	3831,5	3839,4	3847,3	3855,2	3863,1	3805,2	3818,3	3844,7	3857,8	3811,8	3851,3	48
49	3871	3878,9	3886,8	3894,7	3902,6	3910,5	3918,4	3926,3	3934,2	3942,1	3884,2	3897,3	3923,7	3936,8	3890,8	3930,3	49
50	3950	3957,9	3965,8	3973,7	3981,6	3989,5	3997,4	4005,3	4013,2	4021,1	3963,2	3976,3	4002,7	4015,8	3969,8	4009,3	50
51	4029	4036,9	4044,8	4052,7	4060,6	4068,5	4076,4	4084,3	4092,2	4100,1	4042,2	4055,3	4081,7	4094,8	4048,8	4088,3	51
52	4108	4115,9	4123,8	4131,7	4139,6	4147,5	4155,4	4163,3	4171,2	4179,1	4121,2	4134,3	4160,7	4173,8	4127,8	4167,3	52
53	4187	4194,9	4202,8	4210,7	4218,6	4226,5	4234,4	4242,3	4250,2	4258,1	4200,2	4213,3	4239,7	4252,8	4206,8	4246,3	53
54	4266	4273,9	4281,8	4289,7	4297,6	4305,5	4313,4	4321,3	4329,2	4337,1	4279,2	4292,3	4318,7	4331,8	4285,8	4325,3	54
55	4345	4352,9	4360,8	4368,7	4376,6	4384,5	4392,4	4400,3	4408,2	4416,1	4358,2	4371,3	4397,7	4410,8	4364,8	4404,3	55
56	4424	4431,9	4439,8	4447,7	4455,6	4463,5	4471,4	4479,3	4487,2	4495,1	4437,2	4450,3	4476,7	4489,8	4443,8	4483,3	56
57	4503	4510,9	4518,8	4526,7	4534,6	4542,5	4550,4	4558,3	4566,2	4574,1	4516,2	4529,3	4555,7	4568,8	4522,8	4562,3	57
58	4582	4589,9	4597,8	4605,7	4613,6	4621,5	4629,4	4637,3	4645,2	4653,1	4595,2	4608,3	4634,7	4647,8	4601,8	4641,3	58
59	4661	4668,9	4676,8	4684,7	4692,6	4700,5	4708,4	4716,3	4724,2	4732,1	4674,2	4687,3	4713,7	4726,8	4680,8	4720,3	59
60	4740	4747,9	4755,8	4763,7	4771,6	4779,5	4787,4	4795,3	4803,2	4811,1	4753,2	4766,3	4792,7	4805,8	4759,8	4799,3	60
61	4819	4826,9	4834,8	4842,7	4850,6	4858,5	4866,4	4874,3	4882,2	4890,1	4832,2	4845,3	4871,7	4884,8	4838,8	4878,3	61
62	4898	4905,9	4913,8	4921,7	4929,6	4937,5	4945,4	4953,3	4961,2	4969,1	4911,2	4924,3	4950,7	4963,8	4917,8	4957,3	62
63	4977	4984,9	4992,8	5000,7	5008,6	5016,5	5024,4	5032,3	5040,2	5048,1	4990,2	5003,3	5029,7	5042,8	4996,8	5036,3	63
64	5056	5063,9	5071,8	5079,7	5087,6	5095,5	5103,4	5111,3	5119,2	5127,1	5069,2	5082,3	5108,7	5121,8	5075,8	5115,3	64
65	5135	5142,9	5150,8	5158,7	5166,6	5174,5	5182,4	5190,3	5198,2	5206,1	5148,2	5161,3	5187,7	5200,8	5154,8	5194,3	65
66	5214	5221,9	5229,8	5237,7	5245,6	5253,5	5261,4	5269,3	5277,2	5285,1	5227,2	5240,3	5266,7	5279,8	5233,8	5273,3	66
67	5293	5300,9	5308,8	5316,7	5324,6	5332,5	5340,4	5348,3	5356,2	5364,1	5306,2	5319,3	5345,7	5358,8	5312,8	5352,3	67
68	5372	5379,9	5387,8	5395,7	5403,6	5411,5	5419,4	5427,3	5435,2	5443,1	5385,2	5398,3	5424,7	5437,8	5391,8	5431,3	68
69	5451	5458,9	5466,8	5474,7	5482,6	5490,5	5498,4	5506,3	5514,2	5522,1	5464,2	5477,3	5503,7	5516,8	5470,8	5510,3	69
70	5530	5537,9	5545,8	5553,7	5561,6	5569,5	5577,4	5585,3	5593,2	5601,1	5543,2	5556,3	5582,7	5595,8	5549,8	5589,3	70
71	5609	5616,9	5624,8	5632,7	5640,6	5648,5	5656,4	5664,3	5672,2	5680,1	5622,2	5635,3	5661,7	5674,8	5628,8	5668,3	71
72	5688	5695,9	5703,8	5711,7	5719,6	5727,5	5735,4	5743,3	5751,2	5759,1	5701,2	5714,3	5740,7	5753,8	5707,8	5747,3	72
73	5767	5774,9	5782,8	5790,7	5798,6	5806,5	5814,4	5822,3	5830,2	5838,1	5780,2	5793,3	5819,7	5832,8	5786,8	5826,3	73
74	5846	5853,9	5861,8	5869,7	5877,6	5885,5	5893,4	5901,3	5909,2	5917,1	5859,2	5872,3	5898,7	5911,8	5865,8	5905,3	74
75	5925	5932,9	5940,8	5948,7	5956,6	5964,5	5972,4	5980,3	5988,2	5996,1	5938,2	5951,3	5977,7	5990,8	5944,8	5984,3	75
76	6004	6011,9	6019,8	6027,7	6035,6	6043,5	6051,4	6059,3	6067,2	6075,1	6017,2	6030,3	6056,7	6069,8	6023,8	6063,3	76
77	6083	6090,9	6098,8	6106,7	6114,6	6122,5	6130,4	6138,3	6146,2	6154,1	6096,2	6109,3	6135,7	6148,8	6102,8	6142,3	77
78	6162	6169,9	6177,8	6185,7	6193,6	6201,5	6209,4	6217,3	6225,2	6233,1	6175,2	6188,3	6214,7	6227,8	6181,8	6221,3	78
79	6241	6248,9	6256,8	6264,7	6272,6	6280,5	6288,4	6296,3	6304,2	6312,1	6254,2	6267,3	6293,7	6306,8	6260,8	6300,3	79
80	6320	6327,9	6335,8	6343,7	6351,6	6359,5	6367,4	6375,3	6383,2	6391,1	6333,2	6346,3	6372,7	6385,8	6339,8	6379,3	80
81	6399	6406,9	6414,8	6422,7	6430,6	6438,5	6446,4	6454,3	6462,2	6470,1	6412,2	6425,3	6451,7	6464,8	6418,8	6458,3	81
82	6478	6485,9	6493,8	6501,7	6509,6	6517,5	6525,4	6533,3	6541,2	6549,1	6491,2	6504,3	6530,7	6543,8	6497,8	6537,3	82
83	6557	6564,9	6572,8	6580,7	6588,6	6596,5	6604,4	6612,3	6620,2	6628,1	6570,2	6583,3	6609,7	6622,8	6576,8	6616,3	83
84	6636	6643,9	6651,8	6659,7	6667,6	6675,5	6683,4	6691,3	6699,2	6707,1	6649,2	6662,3	6688,7	6701,8	6655,8	6695,3	84
85	6715	6722,9	6730,8	6738,7	6746,6	6754,5	6762,4	6770,3	6778,2	6786,1	6728,2	6741,3	6767,7	6780,8	6734,8	6774,3	85
86	6794	6801,9	6809,8	6817,7	6825,6	6833,5	6841,4	6849,3	6857,2	6865,1	6807,2	6820,3	6846,7	6859,8	6813,8	6853,3	86
87	6873	6880,9	6888,8	6896,7	6904,6	6912,5	6920,4	6928,3	6936,2	6944,1	6886,2	6899,3	6925,7	6938,8	6892,8	6932,3	87
88	6952	6959,9	6967,8	6975,7	6983,6	6991,5	6999,4	7007,3	7015,2	7023,1	6965,2	6978,3	7004,7	7017,8	6971,8	7011,3	88
89	7031	7038,9	7046,8	7054,7	7062,6	7070,5	7078,4	7086,3	7094,2	7102,1	7044,2	7057,3	7083,7	7096,8	7050,8	7090,3	89
90	7110	7117,9	7125,8	7133,7	7141,6	7149,5	7157,4	7165,3	7173,2	7181,1	7123,2	7136,3	7162,7	7175,8	7129,8	7169,3	90
91	7189	7196,9	7204,8	7212,7	7220,6	7228,5	7236,4	7244,3	7252,2	7260,1	7202,2	7215,3	7241,7	7254,8	7208,8	7248,3	91
92	7268	7275,9	7283,8	7291,7	7299,6	7307,5	7315,4	7323,3	7331,2	7339,1	7281,2	7294,3	7320,7	7333,8	7287,8	7327,3	92
93	7347	7354,9	7362,8	7370,7	7378,6	7386,5	7394,4	7402,3	7410,2	7418,1	7360,2	7373,3	7399,7	7412,8	7366,8	7406,3	93
94	7426	7433,9	7441,8	7449,7	7457,6	7465,5	7473,4	7481,3	7489,2	7497,1	7439,2	7452,3	7478,7	7491,8	7445,8	7485,3	94
95	7505	7512,9	7520,8	7528,7	7536,6	7544,5	7552,4	7560,3	7568,2	7576,1	7518,2	7531,3	7557,7	7570,8	7524,8	7564,3	95
96	7584	7591,9	7599,8	7607,7	7615,6	7623,5	7631,4	7639,3	7647,2	7655,1	7597,2	7610,3	7636,7	7649,8	7603,8	7643,3	96
97	7663	7670,9	7678,8	7686,7	7694,6	7702,5	7710,4	7718,3	7726,2	7734,1	7676,2	7689,3	7715,7	7728,8	7682,8	7722,3	97
98	7742	7749,9	7757,8	7765,7	7773,6	7781,5	7789,4	7797,3	7805,2	7813,1	7755,2	7768,3	7794,7	7807,8	7761,8	7801,3	98
99	7821	7828,9	7836,8	7844,7	7852,6	7860,5	7868,4	7876,3	7884,2	7892,1	7834,2	7847,3	7873,7	7886,8	7840,8	7880,3	99
100	7900	7907,9	7915,8	7923,7	7931,6	7939,5	7947,4	7955,3	7963,2	7971,1	7913,2	7926,3	7952,7	7965,8	7919,8	7959,3	100

80		1/10 8,0	2/10 16,0	3/10 24,0	4/10 32,0	5/10 40,0	6/10 48,0	7/10 56,0	8/10 64,0	9/10 72,0	1/6 13,333	2/6 26,666	4/6 53,333	5/6 66,666	1/4 20,0	3/4 60,0	
1	80	88,0	96,0	104,0	112,0	120,0	128,0	136,0	144,0	152,0	93,3	106,7	133,3	146,7	100,0	140,0	1
2	160	168,0	176,0	184,0	192,0	200,0	208,0	216,0	224,0	232,0	173,3	186,7	213,3	226,7	180,0	220,0	2
3	240	248,0	256,0	264,0	272,0	280,0	288,0	296,0	304,0	312,0	253,3	266,7	293,3	306,7	260,0	300,0	3
4	320	328,0	336,0	344,0	352,0	360,0	368,0	376,0	384,0	392,0	333,3	346,7	373,3	386,7	340,0	380,0	4
5	400	408,0	416,0	424,0	432,0	440,0	448,0	456,0	464,0	472,0	413,3	426,7	453,3	466,7	420,0	460,0	5
6	480	488,0	496,0	504,0	512,0	520,0	528,0	536,0	544,0	552,0	493,3	506,7	533,3	546,7	500,0	540,0	6
7	560	568,0	576,0	584,0	592,0	600,0	608,0	616,0	624,0	632,0	573,3	586,7	613,3	626,7	580,0	620,0	7
8	640	648,0	656,0	664,0	672,0	680,0	688,0	696,0	704,0	712,0	653,3	666,7	693,3	706,7	660,0	700,0	8
9	720	728,0	736,0	744,0	752,0	760,0	768,0	776,0	784,0	792,0	733,3	746,7	773,3	786,7	740,0	780,0	9
10	800	808,0	816,0	824,0	832,0	840,0	848,0	856,0	864,0	872,0	813,3	826,7	853,3	866,7	820,0	860,0	10
11	880	888,0	896,0	904,0	912,0	920,0	928,0	936,0	944,0	952,0	893,3	906,7	933,3	946,7	900,0	940,0	11
12	960	968,0	976,0	984,0	992,0	1000,0	1008,0	1016,0	1024,0	1032,0	973,3	986,7	1013,3	1026,7	980,0	1020,0	12
13	1040	1048,0	1056,0	1064,0	1072,0	1080,0	1088,0	1096,0	1104,0	1112,0	1053,3	1066,7	1093,3	1106,7	1060,0	1100,0	13
14	1120	1128,0	1136,0	1144,0	1152,0	1160,0	1168,0	1176,0	1184,0	1192,0	1133,3	1146,7	1173,3	1186,7	1140,0	1180,0	14
15	1200	1208,0	1216,0	1224,0	1232,0	1240,0	1248,0	1256,0	1264,0	1272,0	1213,3	1226,7	1253,3	1266,7	1220,0	1260,0	15
16	1280	1288,0	1296,0	1304,0	1312,0	1320,0	1328,0	1336,0	1344,0	1352,0	1293,3	1306,7	1333,3	1346,7	1300,0	1340,0	16
17	1360	1368,0	1376,0	1384,0	1392,0	1400,0	1408,0	1416,0	1424,0	1432,0	1373,3	1386,7	1413,3	1426,7	1380,0	1420,0	17
18	1440	1448,0	1456,0	1464,0	1472,0	1480,0	1488,0	1496,0	1504,0	1512,0	1453,3	1466,7	1493,3	1506,7	1460,0	1500,0	18
19	1520	1528,0	1536,0	1544,0	1552,0	1560,0	1568,0	1576,0	1584,0	1592,0	1533,3	1546,7	1573,3	1586,7	1540,0	1580,0	19
20	1600	1608,0	1616,0	1624,0	1632,0	1640,0	1648,0	1656,0	1664,0	1672,0	1613,3	1626,7	1653,3	1666,7	1620,0	1660,0	20
21	1680	1688,0	1696,0	1704,0	1712,0	1720,0	1728,0	1736,0	1744,0	1752,0	1693,3	1706,7	1733,3	1746,7	1700,0	1740,0	21
22	1760	1768,0	1776,0	1784,0	1792,0	1800,0	1808,0	1816,0	1824,0	1832,0	1773,3	1786,7	1813,3	1826,7	1780,0	1820,0	22
23	1840	1848,0	1856,0	1864,0	1872,0	1880,0	1888,0	1896,0	1904,0	1912,0	1853,3	1866,7	1893,3	1906,7	1860,0	1900,0	23
24	1920	1928,0	1936,0	1944,0	1952,0	1960,0	1968,0	1976,0	1984,0	1992,0	1933,3	1946,7	1973,3	1986,7	1940,0	1980,0	24
25	2000	2008,0	2016,0	2024,0	2032,0	2040,0	2048,0	2056,0	2064,0	2072,0	2013,3	2026,7	2053,3	2066,7	2020,0	2060,0	25
26	2080	2088,0	2096,0	2104,0	2112,0	2120,0	2128,0	2136,0	2144,0	2152,0	2093,3	2106,7	2133,3	2146,7	2100,0	2140,0	26
27	2160	2168,0	2176,0	2184,0	2192,0	2200,0	2208,0	2216,0	2224,0	2232,0	2173,3	2186,7	2213,3	2226,7	2180,0	2220,0	27
28	2240	2248,0	2256,0	2264,0	2272,0	2280,0	2288,0	2296,0	2304,0	2312,0	2253,3	2266,7	2293,3	2306,7	2260,0	2300,0	28
29	2320	2328,0	2336,0	2344,0	2352,0	2360,0	2368,0	2376,0	2384,0	2392,0	2333,3	2346,7	2373,3	2386,7	2340,0	2380,0	29
30	2400	2408,0	2416,0	2424,0	2432,0	2440,0	2448,0	2456,0	2464,0	2472,0	2413,3	2426,7	2453,3	2466,7	2420,0	2460,0	30
31	2480	2488,0	2496,0	2504,0	2512,0	2520,0	2528,0	2536,0	2544,0	2552,0	2493,3	2506,7	2533,3	2546,7	2500,0	2540,0	31
32	2560	2568,0	2576,0	2584,0	2592,0	2600,0	2608,0	2616,0	2624,0	2632,0	2573,3	2586,7	2613,3	2626,7	2580,0	2620,0	32
33	2640	2648,0	2656,0	2664,0	2672,0	2680,0	2688,0	2696,0	2704,0	2712,0	2653,3	2666,7	2693,3	2706,7	2660,0	2700,0	33
34	2720	2728,0	2736,0	2744,0	2752,0	2760,0	2768,0	2776,0	2784,0	2792,0	2733,3	2746,7	2773,3	2786,7	2740,0	2780,0	34
35	2800	2808,0	2816,0	2824,0	2832,0	2840,0	2848,0	2856,0	2864,0	2872,0	2813,3	2826,7	2853,3	2866,7	2820,0	2860,0	35
36	2880	2888,0	2896,0	2904,0	2912,0	2920,0	2928,0	2936,0	2944,0	2952,0	2893,3	2906,7	2933,3	2946,7	2900,0	2940,0	36
37	2960	2968,0	2976,0	2984,0	2992,0	3000,0	3008,0	3016,0	3024,0	3032,0	2973,3	2986,7	3013,3	3026,7	2980,0	3020,0	37
38	3040	3048,0	3056,0	3064,0	3072,0	3080,0	3088,0	3096,0	3104,0	3112,0	3053,3	3066,7	3093,3	3106,7	3060,0	3100,0	38
39	3120	3128,0	3136,0	3144,0	3152,0	3160,0	3168,0	3176,0	3184,0	3192,0	3133,3	3146,7	3173,3	3186,7	3140,0	3180,0	39
40	3200	3208,0	3216,0	3224,0	3232,0	3240,0	3248,0	3256,0	3264,0	3272,0	3213,3	3226,7	3253,3	3266,7	3220,0	3260,0	40
41	3280	3288,0	3296,0	3304,0	3312,0	3320,0	3328,0	3336,0	3344,0	3352,0	3293,3	3306,7	3333,3	3346,7	3300,0	3340,0	41
42	3360	3368,0	3376,0	3384,0	3392,0	3400,0	3408,0	3416,0	3424,0	3432,0	3373,3	3386,7	3413,3	3426,7	3380,0	3420,0	42
43	3440	3448,0	3456,0	3464,0	3472,0	3480,0	3488,0	3496,0	3504,0	3512,0	3453,3	3466,7	3493,3	3506,7	3460,0	3500,0	43
44	3520	3528,0	3536,0	3544,0	3552,0	3560,0	3568,0	3576,0	3584,0	3592,0	3533,3	3546,7	3573,3	3586,7	3540,0	3580,0	44
45	3600	3608,0	3616,0	3624,0	3632,0	3640,0	3648,0	3656,0	3664,0	3672,0	3613,3	3626,7	3653,3	3666,7	3620,0	3660,0	45
46	3680	3688,0	3696,0	3704,0	3712,0	3720,0	3728,0	3736,0	3744,0	3752,0	3693,3	3706,7	3733,3	3746,7	3700,0	3740,0	46
47	3760	3768,0	3776,0	3784,0	3792,0	3800,0	3808,0	3816,0	3824,0	3832,0	3773,3	3786,7	3813,3	3826,7	3780,0	3820,0	47
48	3840	3848,0	3856,0	3864,0	3872,0	3880,0	3888,0	3896,0	3904,0	3912,0	3853,3	3866,7	3893,3	3906,7	3860,0	3900,0	48
49	3920	3928,0	3936,0	3944,0	3952,0	3960,0	3968,0	3976,0	3984,0	3992,0	3933,3	3946,7	3973,3	3986,7	3940,0	3980,0	49
50	4000	4008,0	4016,0	4024,0	4032,0	4040,0	4048,0	4056,0	4064,0	4072,0	4013,3	4026,7	4053,3	4066,7	4020,0	4060,0	50
51	4080	4088,0	4096,0	4104,0	4112,0	4120,0	4128,0	4136,0	4144,0	4152,0	4093,3	4106,7	4133,3	4146,7	4100,0	4140,0	51
52	4160	4168,0	4176,0	4184,0	4192,0	4200,0	4208,0	4216,0	4224,0	4232,0	4173,3	4186,7	4213,3	4226,7	4180,0	4220,0	52
53	4240	4248,0	4256,0	4264,0	4272,0	4280,0	4288,0	4296,0	4304,0	4312,0	4253,3	4266,7	4293,3	4306,7	4260,0	4300,0	53
54	4320	4328,0	4336,0	4344,0	4352,0	4360,0	4368,0	4376,0	4384,0	4392,0	4333,3	4346,7	4373,3	4386,7	4340,0	4380,0	54
55	4400	4408,0	4416,0	4424,0	4432,0	4440,0	4448,0	4456,0	4464,0	4472,0	4413,3	4426,7	4453,3	4466,7	4420,0	4460,0	55
56	4480	4488,0	4496,0	4504,0	4512,0	4520,0	4528,0	4536,0	4544,0	4552,0	4493,3	4506,7	4533,3	4546,7	4500,0	4540,0	56
57	4560	4568,0	4576,0	4584,0	4592,0	4600,0	4608,0	4616,0	4624,0	4632,0	4573,3	4586,7	4613,3	4626,7	4580,0	4620,0	57
58	4640	4648,0	4656,0	4664,0	4672,0	4680,0	4688,0	4696,0	4704,0	4712,0	4653,3	4666,7	4693,3	4706,7	4660,0	4700,0	58
59	4720	4728,0	4736,0	4744,0	4752,0	4760,0	4768,0	4776,0	4784,0	4792,0	4733,3	4746,7	4773,3	4786,7	4740,0	4780,0	59
60	4800	4808,0	4816,0	4824,0	4832,0	4840,0	4848,0	4856,0	4864,0	4872,0	4813,3	4826,7	4853,3	4866,7	4820,0	4860,0	60
61	4880	4888,0	4896,0	4904,0	4912,0	4920,0	4928,0	4936,0	4944,0	4952,0	4893,3	4906,7	4933,3	4946,7	4900,0	4940,0	61
62	4960	4968,0	4976,0	4984,0	4992,0	5000,0	5008,0	5016,0	5024,0	5032,0	4973,3	4986,7	5013,3	5026,7	4980,0	5020,0	62
63	5040	5048,0	5056,0	5064,0	5072,0	5080,0	5088,0	5096,0	5104,0	5112,0	5053,3	5066,7	5093,3	5106,7	5060,0	5100,0	63
64	5120	5128,0	5136,0	5144,0	5152,0	5160,0	5168,0	5176,0	5184,0	5192,0	5133,3	5146,7	5173,3	5186,7	5140,0	5180,0	64
65	5200	5208,0	5216,0	5224,0	5232,0	5240,0	5248,0	5256,0	5264,0	5272,0	5213,3	5226,7	5253,3	5266,7	5220,0	5260,0	65
66	5280	5288,0	5296,0	5304,0	5312,0	5320,0	5328,0	5336,0	5344,0	5352,0	5293,3	5306,7	5333,3	5346,7	5300,0	5340,0	66
67	5360	5368,0	5376,0	5384,0	5392,0	5400,0	5408,0	5416,0	5424,0	5432,0	5373,3	5386,7	5413,3	5426,7	5380,0	5420,0	67
68	5440	5448,0	5456,0	5464,0	5472,0	5480,0	5488,0	5496,0	5504,0	5512,0	5453,3	5466,7	5493,3	5506,7	5460,0	5500,0	68
69	5520	5528,0	5536,0	5544,0	5552,0	5560,0	5568,0	5576,0	5584,0	5592,0	5533,3	5546,7	5573,3	5586,7	5540,0	5580,0	69
70	5600	5608,0	5616,0	5624,0	5632,0	5640,0	5648,0	5656,0	5664,0	5672,0	5613,3	5626,7	5653,3	5666,7	5620,0	5660,0	70
71	5680	5688,0	5696,0	5704,0	5712,0	5720,0	5728,0	5736,0	5744,0	5752,0	5693,3	5706,7	5733,3	5746,7	5700,0	5740,0	71
72	5760	5768,0	5776,0	5784,0	5792,0	5800,0	5808,0	5816,0	5824,0	5832,0	5773,3	5786,7	5813,3	5826,7	5780,0	5820,0	72
73	5840	5848,0	5856,0	5864,0	5872,0	5880,0	5888,0	5896,0	5904,0	5912,0	5853,3	5866,7	5893,3	5906,7	5860,0	5900,0	73
74	5920	5928,0	5936,0	5944,0	5952,0	5960,0	5968,0	5976,0	5984,0	5992,0	5933,3	5946,7	5973,3	5986,7	5940,0	5980,0	74
75	6000	6008,0	6016,0	6024,0	6032,0	6040,0	6048,0	6056,0	6064,0	6072,0	6013,3	6026,7	6053,3	6066,7	6020,0	6060,0	75
76	6080	6088,0	6096,0	6104,0	6112,0	6120,0	6128,0	6136,0	6144,0	6152,0	6093,3	6106,7	6133,3	6146,7	6100,0	6140,0	76
77	6160	6168,0	6176,0	6184,0	6192,0	6200,0	6208,0	6216,0	6224,0	6232,0	6173,3	6186,7	6213,3	6226,7	6180,0	6220,0	77
78	6240	6248,0	6256,0	6264,0	6272,0	6280,0	6288,0	6296,0	6304,0	6312,0	6253,3	6266,7	6293,3	6306,7	6260,0	6300,0	78
79	6320	6328,0	6336,0	6344,0	6352,0	6360,0	6368,0	6376,0	6384,0	6392,0	6333,3	6346,7	6373,3	6386,7	6340,0	6380,0	79
80	6400	6408,0	6416,0	6424,0	6432,0	6440,0	6448,0	6456,0	6464,0	6472,0	6413,3	6426,7	6453,3	6466,7	6420,0	6460,0	80
81	6480	6488,0	6496,0	6504,0	6512,0	6520,0	6528,0	6536,0	6544,0	6552,0	6493,3	6506,7	6533,3	6546,7	6500,0	6540,0	81
82	6560	6568,0	6576,0	6584,0	6592,0	6600,0	6608,0	6616,0	6624,0	6632,0	6573,3	6586,7	6613,3	6626,7	6580,0	6620,0	82
83	6640	6648,0	6656,0	6664,0	6672,0	6680,0	6688,0	6696,0	6704,0	6712,0	6653,3	6666,7	6693,3	6706,7	6660,0	6700,0	83
84	6720	6728,0	6736,0	6744,0	6752,0	6760,0	6768,0	6776,0	6784,0	6792,0	6733,3	6746,7	6773,3	6786,7	6740,0	6780,0	84
85	6800	6808,0	6816,0	6824,0	6832,0	6840,0	6848,0	6856,0	6864,0	6872,0	6813,3	6826,7	6853,3	6866,7	6820,0	6860,0	85
86	6880	6888,0	6896,0	6904,0	6912,0	6920,0	6928,0	6936,0	6944,0	6952,0	6893,3	6906,7	6933,3	6946,7	6900,0	6940,0	86
87	6960	6968,0	6976,0	6984,0	6992,0	7000,0	7008,0	7016,0	7024,0	7032,0	6973,3	6986,7	7013,3	7026,7	6980,0	7020,0	87
88	7040	7048,0	7056,0	7064,0	7072,0	7080,0	7088,0	7096,0	7104,0	7112,0	7053,3	7066,7	7093,3	7106,7	7060,0	7100,0	88
89	7120	7128,0	7136,0	7144,0	7152,0	7160,0	7168,0	7176,0	7184,0	7192,0	7133,3	7146,7	7173,3	7186,7	7140,0	7180,0	89
90	7200	7208,0	7216,0	7224,0	7232,0	7240,0	7248,0	7256,0	7264,0	7272,0	7213,3	7226,7	7253,3	7266,7	7220,0	7260,0	90
91	7280	7288,0	7296,0	7304,0	7312,0	7320,0	7328,0	7336,0	7344,0	7352,0	7293,3	7306,7	7333,3	7346,7	7300,0	7340,0	91
92	7360	7368,0	7376,0	7384,0	7392,0	7400,0	7408,0	7416,0	7424,0	7432,0	7373,3	7386,7	7413,3	7426,7	7380,0	7420,0	92
93	7440	7448,0	7456,0	7464,0	7472,0	7480,0	7488,0	7496,0	7504,0	7512,0	7453,3	7466,7	7493,3	7506,7	7460,0	7500,0	93
94	7520	7528,0	7536,0	7544,0	7552,0	7560,0	7568,0	7576,0	7584,0	7592,0	7533,3	7546,7	7573,3	7586,7	7540,0	7580,0	94
95	7600	7608,0	7616,0	7624,0	7632,0	7640,0	7648,0	7656,0	7664,0	7672,0	7613,3	7626,7	7653,3	7666,7	7620,0	7660,0	95
96	7680	7688,0	7696,0	7704,0	7712,0	7720,0	7728,0	7736,0	7744,0	7752,0	7693,3	7706,7	7733,3	7746,7	7700,0	7740,0	96
97	7760	7768,0	7776,0	7784,0	7792,0	7800,0	7808,0	7816,0	7824,0	7832,0	7773,3	7786,7	7813,3	7826,7	7780,0	7820,0	97
98	7840	7848,0	7856,0	7864,0	7872,0	7880,0	7888,0	7896,0	7904,0	7912,0	7853,3	7866,7	7893,3	7906,7	7860,0	7900,0	98
99	7920	7928,0	7936,0	7944,0	7952,0	7960,0	7968,0	7976,0	7984,0	7992,0	7933,3	7946,7	7973,3	7986,7	7940,0	7980,0	99
100	8000	8008,0	8016,0	8024,0	8032,0	8040,0	8048,0	8056,0	8064,0	8072,0	8013,3	8026,7	8053,3	8066,7	8020,0	8060,0	100

		1/10 8,1	2/10 16,2	3/10 24,3	4/10 32,4	5/10 40,5	6/10 48,6	7/10 56,7	8/10 64,8	9/10 72,9	1/6 13,5	2/6 27,0	4/6 54,0	5/6 67,5	1/4 20,25	3/4 60,75	
1	81	89,1	97,2	105,3	113,4	121,5	129,6	137,7	145,8	153,9	94,5	108,0	135,0	148,5	101,3	141,8	1
2	162	170,1	178,2	186,3	194,4	202,5	210,6	218,7	226,8	234,9	175,5	189,0	216,0	229,5	182,3	222,8	2
3	243	251,1	259,2	267,3	275,4	283,5	291,6	299,7	307,8	315,9	256,5	270,0	297,0	310,5	263,3	303,8	3
4	324	332,1	340,2	348,3	356,4	364,5	372,6	380,7	388,8	396,9	337,5	351,0	378,0	391,5	344,3	384,8	4
5	405	413,1	421,2	429,3	437,4	445,5	453,6	461,7	469,8	477,9	418,5	432,0	459,0	472,5	425,3	465,8	5
6	486	494,1	502,2	510,3	518,4	526,5	534,6	542,7	550,8	558,9	499,5	513,0	540,0	553,5	506,3	546,8	6
7	567	575,1	583,2	591,3	599,4	607,5	615,6	623,7	631,8	639,9	580,5	594,0	621,0	634,5	587,3	627,8	7
8	648	656,1	664,2	672,3	680,4	688,5	696,6	704,7	712,8	720,9	661,5	675,0	702,0	715,5	668,3	708,8	8
9	729	737,1	745,2	753,3	761,4	769,5	777,6	785,7	793,8	801,9	742,5	756,0	783,0	796,5	749,3	789,8	9
10	810	818,1	826,2	834,3	842,4	850,5	858,6	866,7	874,8	882,9	823,5	837,0	864,0	877,5	830,3	870,8	10
11	891	899,1	907,2	915,3	923,4	931,5	939,6	947,7	955,8	963,9	904,5	918,0	945,0	958,5	911,3	951,8	11
12	972	980,1	988,2	996,3	1004,4	1012,5	1020,6	1028,7	1036,8	1044,9	985,5	999,0	1026,0	1039,5	992,3	1032,8	12
13	1053	1061,1	1069,2	1077,3	1085,4	1093,5	1101,6	1109,7	1117,8	1125,9	1066,5	1080,0	1107,0	1120,5	1073,3	1113,8	13
14	1134	1142,1	1150,2	1158,3	1166,4	1174,5	1182,6	1190,7	1198,8	1206,9	1147,5	1161,0	1188,0	1201,5	1154,3	1194,8	14
15	1215	1223,1	1231,2	1239,3	1247,4	1255,5	1263,6	1271,7	1279,8	1287,9	1228,5	1242,0	1269,0	1282,5	1235,3	1275,8	15
16	1296	1304,1	1312,2	1320,3	1328,4	1336,5	1344,6	1352,7	1360,8	1368,9	1309,5	1323,0	1350,0	1363,5	1316,3	1356,8	16
17	1377	1385,1	1393,2	1401,3	1409,4	1417,5	1425,6	1433,7	1441,8	1449,9	1390,5	1404,0	1431,0	1444,5	1397,3	1437,8	17
18	1458	1466,1	1474,2	1482,3	1490,4	1498,5	1506,6	1514,7	1522,8	1530,9	1471,5	1485,0	1512,0	1525,5	1478,3	1518,8	18
19	1539	1547,1	1555,2	1563,3	1571,4	1579,5	1587,6	1595,7	1603,8	1611,9	1552,5	1566,0	1593,0	1606,5	1559,3	1599,8	19
20	1620	1628,1	1636,2	1644,3	1652,4	1660,5	1668,6	1676,7	1684,8	1692,9	1633,5	1647,0	1674,0	1687,5	1640,3	1680,8	20
21	1701	1709,1	1717,2	1725,3	1733,4	1741,5	1749,6	1757,7	1765,8	1773,9	1714,5	1728,0	1755,0	1768,5	1721,3	1761,8	21
22	1782	1790,1	1798,2	1806,3	1814,4	1822,5	1830,6	1838,7	1846,8	1854,9	1795,5	1809,0	1836,0	1849,5	1802,3	1842,8	22
23	1863	1871,1	1879,2	1887,3	1895,4	1903,5	1911,6	1919,7	1927,8	1935,9	1876,5	1890,0	1917,0	1930,5	1883,3	1923,8	23
24	1944	1952,1	1960,2	1968,3	1976,4	1984,5	1992,6	2000,7	2008,8	2016,9	1957,5	1971,0	1998,0	2011,5	1964,3	2004,8	24
25	2025	2033,1	2041,2	2049,3	2057,4	2065,5	2073,6	2081,7	2089,8	2097,9	2038,5	2052,0	2079,0	2092,5	2045,3	2085,8	25
26	2106	2114,1	2122,2	2130,3	2138,4	2146,5	2154,6	2162,7	2170,8	2178,9	2119,5	2133,0	2160,0	2173,5	2126,3	2166,8	26
27	2187	2195,1	2203,2	2211,3	2219,4	2227,5	2235,6	2243,7	2251,8	2259,9	2200,5	2214,0	2241,0	2254,5	2207,3	2247,8	27
28	2268	2276,1	2284,2	2292,3	2300,4	2308,5	2316,6	2324,7	2332,8	2340,9	2281,5	2295,0	2322,0	2335,5	2288,3	2328,8	28
29	2349	2357,1	2365,2	2373,3	2381,4	2389,5	2397,6	2405,7	2413,8	2421,9	2362,5	2376,0	2403,0	2416,5	2369,3	2409,8	29
30	2430	2438,1	2446,2	2454,3	2462,4	2470,5	2478,6	2486,7	2494,8	2502,9	2443,5	2457,0	2484,0	2497,5	2450,3	2490,8	30
31	2511	2519,1	2527,2	2535,3	2543,4	2551,5	2559,6	2567,7	2575,8	2583,9	2524,5	2538,0	2565,0	2578,5	2531,3	2571,8	31
32	2592	2600,1	2608,2	2616,3	2624,4	2632,5	2640,6	2648,7	2656,8	2664,9	2605,5	2619,0	2646,0	2659,5	2612,3	2652,8	32
33	2673	2681,1	2689,2	2697,3	2705,4	2713,5	2721,6	2729,7	2737,8	2745,9	2686,5	2700,0	2727,0	2740,5	2693,3	2733,8	33
34	2754	2762,1	2770,2	2778,3	2786,4	2794,5	2802,6	2810,7	2818,8	2826,9	2767,5	2781,0	2808,0	2821,5	2774,3	2814,8	34
35	2835	2843,1	2851,2	2859,3	2867,4	2875,5	2883,6	2891,7	2899,8	2907,9	2848,5	2862,0	2889,0	2902,5	2855,3	2895,8	35
36	2916	2924,1	2932,2	2940,3	2948,4	2956,5	2964,6	2972,7	2980,8	2988,9	2929,5	2943,0	2970,0	2983,5	2936,3	2976,8	36
37	2997	3005,1	3013,2	3021,3	3029,4	3037,5	3045,6	3053,7	3061,8	3069,9	3010,5	3024,0	3051,0	3064,5	3017,3	3057,8	37
38	3078	3086,1	3094,2	3102,3	3110,4	3118,5	3126,6	3134,7	3142,8	3150,9	3091,5	3105,0	3132,0	3145,5	3098,3	3138,8	38
39	3159	3167,1	3175,2	3183,3	3191,4	3199,5	3207,6	3215,7	3223,8	3231,9	3172,5	3186,0	3213,0	3226,5	3179,3	3219,8	39
40	3240	3248,1	3256,2	3264,3	3272,4	3280,5	3288,6	3296,7	3304,8	3312,9	3253,5	3267,0	3294,0	3307,5	3260,3	3300,8	40
41	3321	3329,1	3337,2	3345,3	3353,4	3361,5	3369,6	3377,7	3385,8	3393,9	3334,5	3348,0	3375,0	3388,5	3341,3	3381,8	41
42	3402	3410,1	3418,2	3426,3	3434,4	3442,5	3450,6	3458,7	3466,8	3474,9	3415,5	3429,0	3456,0	3469,5	3422,3	3462,8	42
43	3483	3491,1	3499,2	3507,3	3515,4	3523,5	3531,6	3539,7	3547,8	3555,9	3496,5	3510,0	3537,0	3550,5	3503,3	3543,8	43
44	3564	3572,1	3580,2	3588,3	3596,4	3604,5	3612,6	3620,7	3628,8	3636,9	3577,5	3591,0	3618,0	3631,5	3584,3	3624,8	44
45	3645	3653,1	3661,2	3669,3	3677,4	3685,5	3693,6	3701,7	3709,8	3717,9	3658,5	3672,0	3699,0	3712,5	3665,3	3705,8	45
46	3726	3734,1	3742,2	3750,3	3758,4	3766,5	3774,6	3782,7	3790,8	3798,9	3739,5	3753,0	3780,0	3793,5	3746,3	3786,8	46
47	3807	3815,1	3823,2	3831,3	3839,4	3847,5	3855,6	3863,7	3871,8	3879,9	3820,5	3834,0	3861,0	3874,5	3827,3	3867,8	47
48	3888	3896,1	3904,2	3912,3	3920,4	3928,5	3936,6	3944,7	3952,8	3960,9	3901,5	3915,0	3942,0	3955,5	3908,3	3948,8	48
49	3969	3977,1	3985,2	3993,3	4001,4	4009,5	4017,6	4025,7	4033,8	4041,9	3982,5	3996,0	4023,0	4036,5	3989,3	4029,8	49
50	4050	4058,1	4066,2	4074,3	4082,4	4090,5	4098,6	4106,7	4114,8	4122,9	4063,5	4077,0	4104,0	4117,5	4070,3	4110,8	50
51	4131	4139,1	4147,2	4155,3	4163,4	4171,5	4179,6	4187,7	4195,8	4203,9	4144,5	4158,0	4185,0	4198,5	4151,3	4191,8	51
52	4212	4220,1	4228,2	4236,3	4244,4	4252,5	4260,6	4268,7	4276,8	4234,9	4225,5	4239,0	4266,0	4279,5	4232,3	4272,8	52
53	4293	4301,1	4309,2	4317,3	4325,4	4333,5	4341,6	4349,7	4357,8	4365,9	4306,5	4320,0	4347,0	4360,5	4313,3	4353,8	53
54	4374	4382,1	4390,2	4398,3	4406,4	4414,5	4422,6	4430,7	4438,8	4446,9	4387,5	4401,0	4428,0	4441,5	4394,3	4434,8	54
55	4455	4463,1	4471,2	4479,3	4487,4	4495,5	4503,6	4511,7	4519,8	4527,9	4468,5	4482,0	4509,0	4522,5	4475,3	4515,8	55
56	4536	4544,1	4552,2	4560,3	4568,4	4576,5	4584,6	4592,7	4600,8	4608,9	4549,5	4563,0	4590,0	4603,5	4556,3	4596,8	56
57	4617	4625,1	4633,2	4641,3	4649,4	4657,5	4665,6	4673,7	4681,8	4689,9	4630,5	4644,0	4671,0	4684,5	4637,3	4677,8	57
58	4698	4706,1	4714,2	4722,3	4730,4	4738,5	4746,6	4754,7	4762,8	4770,9	4711,5	4725,0	4752,0	4765,5	4718,3	4758,8	58
59	4779	4787,1	4795,2	4803,3	4811,4	4819,5	4827,6	4835,7	4843,8	4851,9	4792,5	4806,0	4833,0	4846,5	4799,3	4839,8	59
60	4860	4868,1	4876,2	4884,3	4892,4	4900,5	4908,6	4916,7	4924,8	4932,9	4873,5	4887,0	4914,0	4927,5	4880,3	4920,8	60
61	4941	4949,1	4957,2	4965,3	4973,4	4981,5	4989,6	4997,7	5005,8	5013,9	4954,5	4968,0	4995,0	5008,5	4961,3	5001,8	61
62	5022	5030,1	5038,2	5046,3	5054,4	5062,5	5070,6	5078,7	5086,8	5094,9	5035,5	5049,0	5076,0	5089,5	5042,3	5082,8	62
63	5103	5111,1	5119,2	5127,3	5135,4	5143,5	5151,6	5159,7	5167,8	5175,9	5116,5	5130,0	5157,0	5170,5	5123,3	5163,8	63
64	5184	5192,1	5200,2	5208,3	5216,4	5224,5	5232,6	5240,7	5248,8	5256,9	5197,5	5211,0	5238,0	5251,5	5204,3	5244,8	64
65	5265	5273,1	5281,2	5289,3	5297,4	5305,5	5313,6	5321,7	5329,8	5337,9	5278,5	5292,0	5319,0	5332,5	5285,3	5325,8	65
66	5346	5354,1	5362,2	5370,3	5378,4	5386,5	5394,6	5402,7	5410,8	5418,9	5359,5	5373,0	5400,0	5413,5	5366,3	5406,8	66
67	5427	5435,1	5443,2	5451,3	5459,4	5467,5	5475,6	5483,7	5491,8	5499,9	5440,5	5454,0	5481,0	5494,5	5447,3	5487,8	67
68	5508	5516,1	5524,2	5532,3	5540,4	5548,5	5556,6	5564,7	5572,8	5580,9	5521,5	5535,0	5562,0	5575,5	5528,3	5568,8	68
69	5589	5597,1	5605,2	5613,3	5621,4	5629,5	5637,6	5645,7	5653,8	5661,9	5602,5	5616,0	5643,0	5656,5	5609,3	5649,8	69
70	5670	5678,1	5686,2	5694,3	5702,4	5710,5	5718,6	5726,7	5734,8	5742,9	5683,5	5697,0	5724,0	5737,5	5690,3	5730,8	70
71	5751	5759,1	5767,2	5775,3	5783,4	5791,5	5799,6	5807,7	5815,8	5823,9	5764,5	5778,0	5805,0	5818,5	5771,3	5811,8	71
72	5832	5840,1	5848,2	5856,3	5864,4	5872,5	5880,6	5888,7	5896,8	5904,9	5845,5	5859,0	5886,0	5899,5	5852,3	5892,8	72
73	5913	5921,1	5929,2	5937,3	5945,4	5953,5	5961,6	5969,7	5977,8	5935,9	5926,5	5940,0	5967,0	5980,5	5933,3	5973,8	73
74	5994	6002,1	6010,2	6018,3	6026,4	6034,5	6042,6	6050,7	6058,8	6066,9	6007,5	6021,0	6048,0	6061,5	6014,3	6054,8	74
75	6075	6083,1	6091,2	6099,3	6107,4	6115,5	6123,6	6131,7	6139,8	6147,9	6088,5	6102,0	6129,0	6142,5	6095,3	6135,8	75
76	6156	6164,1	6172,2	6180,3	6188,4	6196,5	6204,6	6212,7	6220,8	6228,9	6169,5	6183,0	6210,0	6223,5	6176,3	6216,8	76
77	6237	6245,1	6253,2	6261,3	6269,4	6277,5	6285,6	6293,7	6301,8	6309,9	6250,5	6264,0	6291,0	6304,5	6257,3	6297,8	77
78	6318	6326,1	6334,2	6342,3	6350,4	6358,5	6366,6	6374,7	6382,8	6390,9	6331,5	6345,0	6372,0	6385,5	6338,3	6378,8	78
79	6399	6407,1	6415,2	6423,3	6431,4	6439,5	6447,6	6455,7	6463,8	6471,9	6412,5	6426,0	6453,0	6466,5	6419,3	6459,8	79
80	6480	6488,1	6496,2	6504,3	6512,4	6520,5	6528,6	6536,7	6544,8	6552,9	6493,5	6507,0	6534,0	6547,5	6500,3	6540,8	80
81	6561	6569,1	6577,2	6585,3	6593,4	6601,5	6609,6	6617,7	6625,8	6633,9	6574,5	6588,0	6615,0	6628,5	6581,3	6621,8	81
82	6642	6650,1	6658,2	6666,3	6674,4	6682,5	6690,6	6698,7	6706,8	6714,9	6655,5	6669,0	6696,0	6709,5	6662,3	6702,8	82
83	6723	6731,1	6739,2	6747,3	6755,4	6763,5	6771,6	6779,7	6787,8	6795,9	6736,5	6750,0	6777,0	6790,5	6743,3	6783,8	83
84	6804	6812,1	6820,2	6828,3	6836,4	6844,5	6852,6	6860,7	6868,8	6876,9	6817,5	6831,0	6858,0	6871,5	6824,3	6864,8	84
85	6885	6893,1	6901,2	6909,3	6917,4	6925,5	6933,6	6941,7	6949,8	6957,9	6898,5	6912,0	6939,0	6952,5	6905,3	6945,8	85
86	6966	6974,1	6982,2	6990,3	6998,4	7006,5	7014,6	7022,7	7030,8	7038,9	6979,5	6993,0	7020,0	7033,5	6986,3	7026,8	86
87	7047	7055,1	7063,2	7071,3	7079,4	7087,5	7095,6	7103,7	7111,8	7119,9	7060,5	7074,0	7101,0	7114,5	7067,3	7107,8	87
88	7128	7136,1	7144,2	7152,3	7160,4	7168,5	7176,6	7184,7	7192,8	7200,9	7141,5	7155,0	7182,0	7195,5	7148,3	7188,8	88
89	7209	7217,1	7225,2	7233,3	7241,4	7249,5	7257,6	7265,7	7273,8	7281,9	7222,5	7236,0	7263,0	7276,5	7229,3	7269,8	89
90	7290	7298,1	7306,2	7314,3	7322,4	7330,5	7338,6	7346,7	7354,8	7362,9	7303,5	7317,0	7344,0	7357,5	7310,3	7350,8	90
91	7371	7379,1	7387,2	7395,3	7403,4	7411,5	7419,6	7427,7	7435,8	7443,9	7384,5	7398,0	7425,0	7438,5	7391,3	7431,8	91
92	7452	7460,1	7468,2	7476,3	7484,4	7492,5	7500,6	7508,7	7516,8	7524,9	7465,5	7479,0	7506,0	7519,5	7472,3	7512,8	92
93	7533	7541,1	7549,2	7557,3	7565,4	7573,5	7581,6	7589,7	7597,8	7605,9	7546,5	7560,0	7587,0	7600,5	7553,3	7593,8	93
94	7614	7622,1	7630,2	7638,3	7646,4	7654,5	7662,6	7670,7	7678,8	7686,9	7627,5	7641,0	7668,0	7681,5	7634,3	7674,8	94
95	7695	7703,1	7711,2	7719,3	7727,4	7735,5	7743,6	7751,7	7759,8	7767,9	7708,5	7722,0	7749,0	7762,5	7715,3	7755,8	95
96	7776	7784,1	7792,2	7800,3	7808,4	7816,5	7824,6	7832,7	7840,8	7848,9	7789,5	7803,0	7830,0	7843,5	7796,3	7836,8	96
97	7857	7865,1	7873,2	7881,3	7889,4	7897,5	7905,6	7913,7	7921,8	7929,9	7870,5	7884,0	7911,0	7924,5	7877,3	7917,8	97
98	7938	7946,1	7954,2	7962,3	7970,4	7978,5	7986,6	7994,7	8002,8	8010,9	7951,5	7965,0	7992,0	8005,5	7958,3	7998,8	98
99	8019	8027,1	8035,2	8043,3	8051,4	8059,5	8067,6	8075,7	8083,8	8091,9	8032,5	8046,0	8073,0	8086,5	8039,3	8079,8	99
100	8100	8108,1	8116,2	8124,3	8132,4	8140,5	8148,6	8156,7	8164,8	8172,9	8113,5	8127,0	8154,0	8167,5	8120,3	8160,8	100

82		1/10 8,2	2/10 16,4	3/10 24,6	4/10 32,8	5/10 41,0	6/10 49,2	7/10 57,4	8/10 65,6	9/10 73,8	1/6 13,666	2/6 27,333	4/6 54,666	5/6 68,333	1/4 20,5	3/4 61,5	
1	82	90,2	98,4	106,6	114,8	123,0	131,2	139,4	147,6	155,8	95,7	109,3	136,7	150,3	102,5	143,5	1
2	164	172,2	180,4	188,6	196,8	205,0	213,2	221,4	229,6	237,8	177,7	191,3	218,7	232,3	184,5	225,5	2
3	246	254,2	262,4	270,6	278,8	287,0	295,2	303,4	311,6	319,8	259,7	273,3	300,7	314,3	266,5	307,5	3
4	328	336,2	344,4	352,6	360,8	369,0	377,2	385,4	393,6	401,8	341,7	355,3	382,7	396,3	348,5	389,5	4
5	410	418,2	426,4	434,6	442,8	451,0	459,2	467,4	475,6	483,8	423,7	437,3	464,7	478,3	430,5	471,5	5
6	492	500,2	508,4	516,6	524,8	533,0	541,2	549,4	557,6	565,8	505,7	519,3	546,7	560,3	512,5	553,5	6
7	574	582,2	590,4	598,6	606,8	615,0	623,2	631,4	639,6	647,8	587,7	601,3	628,7	642,3	594,5	635,5	7
8	656	664,2	672,4	680,6	688,8	697,0	705,2	713,4	721,6	729,8	669,7	683,3	710,7	724,3	676,5	717,5	8
9	738	746,2	754,4	762,6	770,8	779,0	787,2	795,4	803,6	811,8	751,7	765,3	792,7	806,3	758,5	799,5	9
10	820	828,2	836,4	844,6	852,8	861,0	869,2	877,4	885,6	893,8	833,7	847,3	874,7	888,3	840,5	881,5	10
11	902	910,2	918,4	926,6	934,8	943,0	951,2	959,4	967,6	975,8	915,7	929,3	956,7	970,3	922,5	963,5	11
12	984	992,2	1000,4	1008,6	1016,8	1025,0	1033,2	1041,4	1049,6	1057,8	997,7	1011,3	1038,7	1052,3	1004,5	1045,5	12
13	1066	1074,2	1082,4	1090,6	1098,8	1107,0	1115,2	1123,4	1131,6	1139,8	1079,7	1093,3	1120,7	1134,3	1086,5	1127,5	13
14	1148	1156,2	1164,4	1172,6	1180,8	1189,0	1197,2	1205,4	1213,6	1221,8	1161,7	1175,3	1202,7	1216,3	1168,5	1209,5	14
15	1230	1238,2	1246,4	1254,6	1262,8	1271,0	1279,2	1287,4	1295,6	1303,8	1243,7	1257,3	1284,7	1298,3	1250,5	1291,5	15
16	1312	1320,2	1328,4	1336,6	1344,8	1353,0	1361,2	1369,4	1377,6	1385,8	1325,7	1339,3	1366,7	1380,3	1332,5	1373,5	16
17	1394	1402,2	1410,4	1418,6	1426,8	1435,0	1443,2	1451,4	1459,6	1467,8	1407,7	1421,3	1448,7	1462,3	1414,5	1455,5	17
18	1476	1484,2	1492,4	1500,6	1508,8	1517,0	1525,2	1533,4	1541,6	1549,8	1489,7	1503,3	1530,7	1544,3	1496,5	1537,5	18
19	1558	1566,2	1574,4	1582,6	1590,8	1599,0	1607,2	1615,4	1623,6	1631,8	1571,7	1585,3	1612,7	1626,3	1578,5	1619,5	19
20	1640	1648,2	1656,4	1664,6	1672,8	1681,0	1689,2	1697,4	1705,6	1713,8	1653,7	1667,3	1694,7	1708,3	1660,5	1701,5	20
21	1722	1730,2	1738,4	1746,6	1754,8	1763,0	1771,2	1779,4	1787,6	1795,8	1735,7	1749,3	1776,7	1790,3	1742,5	1783,5	21
22	1804	1812,2	1820,4	1828,6	1836,8	1845,0	1853,2	1861,4	1869,6	1877,8	1817,7	1831,3	1858,7	1872,3	1824,5	1865,5	22
23	1886	1894,2	1902,4	1910,6	1918,8	1927,0	1935,2	1943,4	1951,6	1959,8	1899,7	1913,3	1940,7	1954,3	1906,5	1947,5	23
24	1968	1976,2	1984,4	1992,6	2000,8	2009,0	2017,2	2025,4	2033,6	2041,8	1981,7	1995,3	2022,7	2036,3	1988,5	2029,5	24
25	2050	2058,2	2066,4	2074,6	2082,8	2091,0	2099,2	2107,4	2115,6	2123,8	2063,7	2077,3	2104,7	2118,3	2070,5	2111,5	25
26	2132	2140,2	2148,4	2156,6	2164,8	2173,0	2181,2	2189,4	2197,6	2205,8	2145,7	2159,3	2186,7	2200,3	2152,5	2193,5	26
27	2214	2222,2	2230,4	2238,6	2246,8	2255,0	2263,2	2271,4	2279,6	2287,8	2227,7	2241,3	2268,7	2282,3	2234,5	2275,5	27
28	2296	2304,2	2312,4	2320,6	2328,8	2337,0	2345,2	2353,4	2361,6	2369,8	2309,7	2323,3	2350,7	2364,3	2316,5	2357,5	28
29	2378	2386,2	2394,4	2402,6	2410,8	2419,0	2427,2	2435,4	2443,6	2451,8	2391,7	2405,3	2432,7	2446,3	2398,5	2439,5	29
30	2460	2468,2	2476,4	2484,6	2492,8	2501,0	2509,2	2517,4	2525,6	2533,8	2473,7	2487,3	2514,7	2528,3	2480,5	2521,5	30
31	2542	2550,2	2558,4	2566,6	2574,8	2583,0	2591,2	2599,4	2607,6	2615,8	2555,7	2569,3	2596,7	2610,3	2562,5	2603,5	31
32	2624	2632,2	2640,4	2648,6	2656,8	2665,0	2673,2	2681,4	2689,6	2697,8	2637,7	2651,3	2678,7	2692,3	2644,5	2685,5	32
33	2706	2714,2	2722,4	2730,6	2738,8	2747,0	2755,2	2763,4	2771,6	2779,8	2719,7	2733,3	2760,7	2774,3	2726,5	2767,5	33
34	2788	2796,2	2804,4	2812,6	2820,8	2829,0	2837,2	2845,4	2853,6	2861,8	2801,7	2815,3	2842,7	2856,3	2808,5	2849,5	34
35	2870	2878,2	2886,4	2894,6	2902,8	2911,0	2919,2	2927,4	2935,6	2943,8	2883,7	2897,3	2924,7	2938,3	2890,5	2931,5	35
36	2952	2960,2	2968,4	2976,6	2984,8	2993,0	3001,2	3009,4	3017,6	3025,8	2965,7	2979,3	3006,7	3020,3	2972,5	3013,5	36
37	3034	3042,2	3050,4	3058,6	3066,8	3075,0	3083,2	3091,4	3099,6	3107,8	3047,7	3061,3	3088,7	3102,3	3054,5	3095,5	37
38	3116	3124,2	3132,4	3140,6	3148,8	3157,0	3165,2	3173,4	3181,6	3189,8	3129,7	3143,3	3170,7	3184,3	3136,5	3177,5	38
39	3198	3206,2	3214,4	3222,6	3230,8	3239,0	3247,2	3255,4	3263,6	3271,8	3211,7	3225,3	3252,7	3266,3	3218,5	3259,5	39
40	3280	3288,2	3296,4	3304,6	3312,8	3321,0	3329,2	3337,4	3345,6	3353,8	3293,7	3307,3	3334,7	3348,3	3300,5	3341,5	40
41	3362	3370,2	3378,4	3386,6	3394,8	3403,0	3411,2	3419,4	3427,6	3435,8	3375,7	3389,3	3416,7	3430,3	3382,5	3423,5	41
42	3444	3452,2	3460,4	3468,6	3476,8	3485,0	3493,2	3501,4	3509,6	3517,8	3457,7	3471,3	3498,7	3512,3	3464,5	3505,5	42
43	3526	3534,2	3542,4	3550,6	3558,8	3567,0	3575,2	3583,4	3591,6	3599,8	3539,7	3553,3	3580,7	3594,3	3546,5	3587,5	43
44	3608	3616,2	3624,4	3632,6	3640,8	3649,0	3657,2	3665,4	3673,6	3681,8	3621,7	3635,3	3662,7	3676,3	3628,5	3669,5	44
45	3690	3698,2	3706,4	3714,6	3722,8	3731,0	3739,2	3747,4	3755,6	3763,8	3703,7	3717,3	3744,7	3758,3	3710,5	3751,5	45
46	3772	3780,2	3788,4	3796,6	3804,8	3813,0	3821,2	3829,4	3837,6	3845,8	3785,7	3799,3	3826,7	3840,3	3792,5	3833,5	46
47	3854	3862,2	3870,4	3878,6	3886,8	3895,0	3903,2	3911,4	3919,6	3927,8	3867,7	3881,3	3908,7	3922,3	3874,5	3915,5	47
48	3936	3944,2	3952,4	3960,6	3968,8	3977,0	3985,2	3993,4	4001,6	4009,8	3949,7	3963,3	3990,7	4004,3	3956,5	3997,5	48
49	4018	4026,2	4034,4	4042,6	4050,8	4059,0	4067,2	4075,4	4083,6	4091,8	4031,7	4045,3	4072,7	4086,3	4038,5	4079,5	49
50	4100	4108,2	4116,4	4124,6	4132,8	4141,0	4149,2	4157,4	4165,6	4173,8	4113,7	4127,3	4154,7	4168,3	4120,5	4161,5	50
51	4182	4190,2	4198,4	4206,6	4214,8	4223,0	4231,2	4239,4	4247,6	4255,8	4195,7	4209,3	4236,7	4250,3	4202,5	4243,5	51
52	4264	4272,2	4280,4	4288,6	4296,8	4305,0	4313,2	4321,4	4329,6	4337,8	4277,7	4291,3	4318,7	4332,3	4284,5	4325,5	52
53	4346	4354,2	4362,4	4370,6	4378,8	4387,0	4395,2	4403,4	4411,6	4419,8	4359,7	4373,3	4400,7	4414,3	4366,5	4407,5	53
54	4428	4436,2	4444,4	4452,6	4460,8	4469,0	4477,2	4485,4	4493,6	4501,8	4441,7	4455,3	4482,7	4496,3	4448,5	4489,5	54
55	4510	4518,2	4526,4	4534,6	4542,8	4551,0	4559,2	4567,4	4575,6	4583,8	4523,7	4537,3	4564,7	4578,3	4530,5	4571,5	55
56	4592	4600,2	4608,4	4616,6	4624,8	4633,0	4641,2	4649,4	4657,6	4665,8	4605,7	4619,3	4646,7	4660,3	4612,5	4653,5	56
57	4674	4682,2	4690,4	4698,6	4706,8	4715,0	4723,2	4731,4	4739,6	4747,8	4687,7	4701,3	4728,7	4742,3	4694,5	4735,5	57
58	4756	4764,2	4772,4	4780,6	4788,8	4797,0	4805,2	4813,4	4821,6	4829,8	4769,7	4783,3	4810,7	4824,3	4776,5	4817,5	58
59	4838	4846,2	4854,4	4862,6	4870,8	4879,0	4887,2	4895,4	4903,6	4911,8	4851,7	4865,3	4892,7	4906,3	4858,5	4899,5	59
60	4920	4928,2	4936,4	4944,6	4952,8	4961,0	4969,2	4977,4	4985,6	4993,8	4933,7	4947,3	4974,7	4988,3	4940,5	4981,5	60
61	5002	5010,2	5018,4	5026,6	5034,8	5043,0	5051,2	5059,4	5067,6	5075,8	5015,7	5029,3	5056,7	5070,3	5022,5	5063,5	61
62	5084	5092,2	5100,4	5108,6	5116,8	5125,0	5133,2	5141,4	5149,6	5157,8	5097,7	5111,3	5138,7	5152,3	5104,5	5145,5	62
63	5166	5174,2	5182,4	5190,6	5198,8	5207,0	5215,2	5223,4	5231,6	5239,8	5179,7	5193,3	5220,7	5234,3	5186,5	5227,5	63
64	5248	5256,2	5264,4	5272,6	5280,8	5289,0	5297,2	5305,4	5313,6	5321,8	5261,7	5275,3	5302,7	5316,3	5268,5	5309,5	64
65	5330	5338,2	5346,4	5354,6	5362,8	5371,0	5379,2	5387,4	5395,6	5403,8	5343,7	5357,3	5384,7	5398,3	5350,5	5391,5	65
66	5412	5420,2	5428,4	5436,6	5444,8	5453,0	5461,2	5469,4	5477,6	5485,8	5425,7	5439,3	5466,7	5480,3	5432,5	5473,5	66
67	5494	5502,2	5510,4	5518,6	5526,8	5535,0	5543,2	5551,4	5559,6	5567,8	5507,7	5521,3	5548,7	5562,3	5514,5	5555,5	67
68	5576	5584,2	5592,4	5600,6	5608,8	5617,0	5625,2	5633,4	5641,6	5649,8	5589,7	5603,3	5630,7	5644,3	5596,5	5637,5	68
69	5653	5666,2	5674,4	5682,6	5690,8	5699,0	5707,2	5715,4	5723,6	5731,8	5671,7	5685,3	5712,7	5726,3	5678,5	5719,5	69
70	5740	5748,2	5756,4	5764,6	5772,8	5781,0	5789,2	5797,4	5805,6	5813,8	5753,7	5767,3	5794,7	5808,3	5760,5	5801,5	70
71	5822	5830,2	5838,4	5846,6	5854,8	5863,0	5871,2	5879,4	5887,6	5895,8	5835,7	5849,3	5876,7	5890,3	5842,5	5883,5	71
72	5904	5912,2	5920,4	5928,6	5936,8	5945,0	5953,2	5961,4	5969,6	5977,8	5917,7	5931,3	5958,7	5972,3	5924,5	5965,5	72
73	5986	5994,2	6002,4	6010,6	6018,8	6027,0	6035,2	6043,4	6051,6	6059,8	5999,7	6013,3	6040,7	6054,3	6006,5	6047,5	73
74	6068	6076,2	6084,4	6092,6	6100,8	6109,0	6117,2	6125,4	6133,6	6141,8	6081,7	6095,3	6122,7	6136,3	6088,5	6129,5	74
75	6150	6158,2	6166,4	6174,6	6182,8	6191,0	6199,2	6207,4	6215,6	6223,8	6163,7	6177,3	6204,7	6218,3	6170,5	6211,5	75
76	6232	6240,2	6248,4	6256,6	6264,8	6273,0	6281,2	6289,4	6297,6	6305,8	6245,7	6259,3	6286,7	6300,3	6252,5	6293,5	76
77	6314	6322,2	6330,4	6338,6	6346,8	6355,0	6363,2	6371,4	6379,6	6387,8	6327,7	6341,3	6368,7	6382,3	6334,5	6375,5	77
78	6396	6404,2	6412,4	6420,6	6428,8	6437,0	6445,2	6453,4	6461,6	6469,8	6409,7	6423,3	6450,7	6464,3	6416,5	6457,5	78
79	6478	6486,2	6494,4	6502,6	6510,8	6519,0	6527,2	6535,4	6543,6	6551,8	6491,7	6505,3	6532,7	6546,3	6498,5	6539,5	79
80	6560	6568,2	6576,4	6584,6	6592,8	6601,0	6609,2	6617,4	6625,6	6633,8	6573,7	6587,3	6614,7	6628,3	6580,5	6621,5	80
81	6642	6650,2	6658,4	6666,6	6674,8	6683,0	6691,2	6699,4	6707,6	6715,8	6655,7	6669,3	6696,7	6710,3	6662,5	6703,5	81
82	6724	6732,2	6740,4	6748,6	6756,8	6765,0	6773,2	6781,4	6789,6	6797,8	6737,7	6751,3	6778,7	6792,3	6744,5	6785,5	82
83	6806	6814,2	6822,4	6830,6	6838,8	6847,0	6855,2	6863,4	6871,6	6879,8	6819,7	6833,3	6860,7	6874,3	6826,5	6867,5	83
84	6888	6896,2	6904,4	6912,6	6920,8	6929,0	6937,2	6945,4	6953,6	6961,8	6901,7	6915,3	6942,7	6956,3	6908,5	6949,5	84
85	6970	6978,2	6986,4	6994,6	7002,8	7011,0	7019,2	7027,4	7035,6	7043,8	6983,7	6997,3	7024,7	7038,3	6990,5	7031,5	85
86	7052	7060,2	7068,4	7076,6	7084,8	7093,0	7101,2	7109,4	7117,6	7125,8	7065,7	7079,3	7106,7	7120,3	7072,5	7113,5	86
87	7134	7142,2	7150,4	7158,6	7166,8	7175,0	7183,2	7191,4	7199,6	7207,8	7147,7	7161,3	7188,7	7202,3	7154,5	7195,5	87
88	7216	7224,2	7232,4	7240,6	7248,8	7257,0	7265,2	7273,4	7281,6	7289,8	7229,7	7243,3	7270,7	7284,3	7236,5	7277,5	88
89	7298	7306,2	7314,4	7322,6	7330,8	7339,0	7347,2	7355,4	7363,6	7371,8	7311,7	7325,3	7352,7	7366,3	7318,5	7359,5	89
90	7380	7388,2	7396,4	7404,6	7412,8	7421,0	7429,2	7437,4	7445 6	7453,8	7393,7	7407,3	7434,7	7448,3	7400,5	7441,5	90
91	7462	7470,2	7478,4	7486,6	7494,8	7503,0	7511,2	7519,4	7527,6	7535,8	7475,7	7489,3	7516,7	7530,3	7482,5	7523,5	91
92	7544	7552,2	7560,4	7568,6	7576,8	7585,0	7593,2	7601,4	7609,6	7617,8	7557,7	7571,3	7598,7	7612,3	7564,5	7605,5	92
93	7626	7634,2	7642,4	7650,6	7658,8	7667,0	7675,2	7683,4	7691,6	7699,8	7639,7	7653,3	7680,7	7694,3	7646,5	7687,5	93
94	7708	7716,2	7724,4	7732,6	7740,8	7749,0	7757,2	7765,4	7773,6	7781,8	7721,7	7735,3	7762,7	7776,3	7728,5	7769,5	94
95	7790	7798,2	7806,4	7814,6	7822,8	7831,0	7839,2	7847,4	7855,6	7863,8	7803,7	7817,3	7844,7	7858,3	7810,5	7851,5	95
96	7872	7880,2	7888,4	7896,6	7904,8	7913,0	7921,2	7929,4	7937,6	7945,8	7885,7	7899,3	7926,7	7940,3	7892,5	7933,5	96
97	7954	7962,2	7970,4	7978,6	7986,8	7995,0	8003,2	8011,4	8019,6	8027,8	7967,7	7981,3	8008,7	8022,3	7974,5	8015,5	97
98	8036	8044,2	8052,4	8060,6	8068,8	8077,0	8085,2	8093,4	8101,6	8109,8	8049,7	8063,3	8090,7	8104,3	8056,5	8097,5	98
99	8118	8126,2	8134,4	8142,6	8150,8	8159,0	8167,2	8175,4	8183,6	8191,8	8131,7	8145,3	8172,7	8186,3	8138,5	8179,5	99
100	8200	8208,2	8216,4	8224,6	8232,8	8241,0	8249,2	8257,4	8265,6	8273,8	8213,7	8227,3	8254,7	8268,3	8220,5	8261,5	100

		1/10 8,3	2/10 16,6	3/10 24,9	4/10 33,2	5/10 41,5	6/10 49,8	7/10 58,1	8/10 66,4	9/10 74,7	1/6 13,833	2/6 27,666	4/6 55,333	5/6 69,166	1/4 20,75	3/4 62,25	83
1	83	91,3	99,6	107,9	116,2	124,5	132,8	141,1	149,4	157,7	96,8	110,7	138,3	152,2	103,8	145,3	1
2	166	174,3	182,6	190,9	199,2	207,5	215,8	224,1	232,4	240,7	179,8	193,7	221,3	235,2	186,8	228,3	2
3	249	257,3	265,6	273,9	282,2	290,5	298,8	307,1	315,4	323,7	262,8	276,7	304,3	318,2	269,8	311,3	3
4	332	340,3	348,6	356,9	365,2	373,5	381,8	390,1	398,4	406,7	345,8	359,7	387,3	401,2	352,8	394,3	4
5	415	423,3	431,6	439,9	448,2	456,5	464,8	473,1	481,4	489,7	428,8	442,7	470,3	484,2	435,8	477,3	5
6	498	506,3	514,6	522,9	531,2	539,5	547,8	556,1	564,4	572,7	511,8	525,7	553,3	567,2	518,8	560,3	6
7	581	589,3	597,6	605,9	614,2	622,5	630,8	639,1	647,4	655,7	594,8	608,7	636,3	650,2	601,8	643,3	7
8	664	672,3	680,6	688,9	697,2	705,5	713,8	722,1	730,4	738,7	677,8	691,7	719,3	733,2	684,8	726,3	8
9	747	755,3	763,6	771,9	780,2	788,5	796,8	805,1	813,4	821,7	760,8	774,7	802,3	816,2	767,8	809,3	9
10	830	838,3	846,6	854,9	863,2	871,5	879,8	888,1	896,4	904,7	843,8	857,7	885,3	899,2	850,8	892,3	10
11	913	921,3	929,6	937,9	946,2	954,5	962,8	971,1	979,4	987,7	926,8	940,7	968,3	982,2	933,8	975,3	11
12	996	1004,3	1012,6	1020,9	1029,2	1037,5	1045,8	1054,1	1062,4	1070,7	1009,8	1023,7	1051,3	1065,2	1016,8	1058,3	12
13	1079	1087,3	1095,6	1103,9	1112,2	1120,5	1128,8	1137,1	1145,4	1153,7	1092,8	1106,7	1134,3	1148,2	1099,8	1141,3	13
14	1162	1170,3	1178,6	1186,9	1195,2	1203,5	1211,8	1220,1	1228,4	1236,7	1175,8	1189,7	1217,3	1231,2	1182,8	1224,3	14
15	1245	1253,3	1261,6	1269,9	1278,2	1286,5	1294,8	1303,1	1311,4	1319,7	1258,8	1272,7	1300,3	1314,2	1265,8	1307,3	15
16	1328	1336,3	1344,6	1352,9	1361,2	1369,5	1377,8	1386,1	1394,4	1402,7	1341,8	1355,7	1383,3	1397,2	1348,8	1390,3	16
17	1411	1419,3	1427,6	1435,9	1444,2	1452,5	1460,8	1469,1	1477,4	1485,7	1424,8	1438,7	1466,3	1480,2	1431,8	1473,3	17
18	1494	1502,3	1510,6	1518,9	1527,2	1535,5	1543,8	1552,1	1560,4	1568,7	1507,8	1521,7	1549,3	1563,2	1514,8	1556,3	18
19	1577	1585,3	1593,6	1601,9	1610,2	1618,5	1626,8	1635,1	1643,4	1651,7	1590,8	1604,7	1632,3	1646,2	1597,8	1639,3	19
20	1660	1668,3	1676,6	1684,9	1693,2	1701,5	1709,8	1718,1	1726,4	1734,7	1673,8	1687,7	1715,3	1729,2	1680,8	1722,3	20
21	1743	1751,3	1759,6	1767,9	1776,2	1784,5	1792,8	1801,1	1809,4	1817,7	1756,8	1770,7	1798,3	1812,2	1763,8	1805,3	21
22	1826	1834,3	1842,6	1850,9	1859,2	1867,5	1875,8	1884,1	1892,4	1900,7	1839,8	1853,7	1881,3	1895,2	1846,8	1888,3	22
23	1909	1917,3	1925,6	1933,9	1942,2	1950,5	1958,8	1967,1	1975,4	1983,7	1922,8	1936,7	1964,3	1978,2	1929,8	1971,3	23
24	1992	2000,3	2008,6	2016,9	2025,2	2033,5	2041,8	2050,1	2058,4	2066,7	2005,8	2019,7	2047,3	2061,2	2012,8	2054,3	24
25	2075	2083,3	2091,6	2099,9	2108,2	2116,5	2124,8	2133,1	2141,4	2149,7	2088,8	2102,7	2130,3	2144,2	2095,8	2137,3	25
26	2158	2166,3	2174,6	2182,9	2191,2	2199,5	2207,8	2216,1	2224,4	2232,7	2171,8	2185,7	2213,3	2227,2	2178,8	2220,3	26
27	2241	2249,3	2257,6	2265,9	2274,2	2282,5	2290,8	2299,1	2307,4	2315,7	2254,8	2268,7	2296,3	2310,2	2261,8	2303,3	27
28	2324	2332,3	2340,6	2348,9	2357,2	2365,5	2373,8	2382,1	2390,4	2398,7	2337,8	2351,7	2379,3	2393,2	2344,8	2386,3	28
29	2407	2415,3	2423,6	2431,9	2440,2	2448,5	2456,8	2465,1	2473,4	2481,7	2420,8	2434,7	2462,3	2476,2	2427,8	2469,3	29
30	2490	2498,3	2506,6	2514,9	2523,2	2531,5	2539,8	2548,1	2556,4	2564,7	2503,8	2517,7	2545,3	2559,2	2510,8	2552,3	30
31	2573	2581,3	2589,6	2597,9	2606,2	2614,5	2622,8	2631,1	2639,4	2647,7	2586,8	2600,7	2628,3	2642,2	2593,8	2635,3	31
32	2656	2664,3	2672,6	2680,9	2689,2	2697,5	2705,8	2714,1	2722,4	2730,7	2669,8	2683,7	2711,3	2725,2	2676,8	2718,3	32
33	2739	2747,3	2755,6	2763,9	2772,2	2780,5	2788,8	2797,1	2805,4	2813,7	2752,8	2766,7	2794,3	2808,2	2759,8	2801,3	33
34	2822	2830,3	2838,6	2846,9	2855,2	2863,5	2871,8	2880,1	2888,4	2896,7	2835,8	2849,7	2877,3	2891,2	2842,8	2884,3	34
35	2905	2913,3	2921,6	2929,9	2938,2	2946,5	2954,8	2963,1	2971,4	2979,7	2918,8	2932,7	2960,3	2974,2	2925,8	2967,3	35
36	2988	2996,3	3004,6	3012,9	3021,2	3029,5	3037,8	3046,1	3054,4	3062,7	3001,8	3015,7	3043,3	3057,2	3008,8	3050,3	36
37	3071	3079,3	3087,6	3095,9	3104,2	3112,5	3120,8	3129,1	3137,4	3145,7	3084,8	3098,7	3126,3	3140,2	3091,8	3133,3	37
38	3154	3162,3	3170,6	3178,9	3187,2	3195,5	3203,8	3212,1	3220,4	3228,7	3167,8	3181,7	3209,3	3223,2	3174,8	3216,3	38
39	3237	3245,3	3253,6	3261,9	3270,2	3278,5	3286,8	3295,1	3303,4	3311,7	3250,8	3264,7	3292,3	3306,2	3257,8	3299,3	39
40	3320	3328,3	3336,6	3344,9	3353,2	3361,5	3369,8	3378,1	3386,4	3394,7	3333,8	3347,7	3375,3	3389,2	3340,8	3382,3	40
41	3403	3411,3	3419,6	3427,9	3436,2	3444,5	3452,8	3461,1	3469,4	3477,7	3416,8	3430,7	3458,3	3472,2	3423,8	3465,3	41
42	3486	3494,3	3502,6	3510,9	3519,2	3527,5	3535,8	3544,1	3552,4	3560,7	3499,8	3513,7	3541,3	3555,2	3506,8	3548,3	42
43	3569	3577,3	3585,6	3593,9	3602,2	3610,5	3618,8	3627,1	3635,4	3643,7	3582,8	3596,7	3624,3	3638,2	3589,8	3631,3	43
44	3652	3660,3	3668,6	3676,9	3685,2	3693,5	3701,8	3710,1	3718,4	3726,7	3665,8	3679,7	3707,3	3721,2	3672,8	3714,3	44
45	3735	3743,3	3751,6	3759,9	3768,2	3776,5	3784,8	3793,1	3801,4	3809,7	3748,8	3762,7	3790,3	3804,2	3755,8	3797,3	45
46	3818	3826,3	3834,6	3842,9	3851,2	3859,5	3867,8	3876,1	3884,4	3892,7	3831,8	3845,7	3873,3	3887,2	3838,8	3880,3	46
47	3901	3909,3	3917,6	3925,9	3934,2	3942,5	3950,8	3959,1	3967,4	3975,7	3914,8	3928,7	3956,3	3970,2	3921,8	3963,3	47
48	3984	3992,3	4000,6	4008,9	4017,2	4025,5	4033,8	4042,1	4050,4	4058,7	3997,8	4011,7	4039,3	4053,2	4004,8	4046,3	48
49	4067	4075,3	4083,6	4091,9	4100,2	4108,5	4116,8	4125,1	4133,4	4141,7	4080,8	4094,7	4122,3	4136,2	4087,8	4129,3	49
50	4150	4158,3	4166,6	4174,9	4183,2	4191,5	4199,8	4208,1	4216,4	4224,7	4163,8	4177,7	4205,3	4219,2	4170,8	4212,3	50
51	4233	4241,3	4249,6	4257,9	4266,2	4274,5	4282,8	4291,1	4299,4	4307,7	4246,8	4260,7	4288,3	4302,2	4253,8	4295,3	51
52	4316	4324,3	4332,6	4340,9	4349,2	4357,5	4365,8	4374,1	4382,4	4390,7	4329,8	4343,7	4371,3	4385,2	4336,8	4378,3	52
53	4399	4407,3	4415,6	4423,9	4432,2	4440,5	4448,8	4457,1	4465,4	4473,7	4412,8	4426,7	4454,3	4468,2	4419,8	4461,3	53
54	4482	4490,3	4498,6	4506,9	4515,2	4523,5	4531,8	4540,1	4548,4	4556,7	4495,8	4509,7	4537,3	4551,2	4502,8	4544,3	54
55	4565	4573,3	4581,6	4589,9	4598,2	4606,5	4614,8	4623,1	4631,4	4639,7	4578,8	4592,7	4620,3	4634,2	4585,8	4627,3	55
56	4648	4656,3	4664,6	4672,9	4681,2	4689,5	4697,8	4706,1	4714,4	4722,7	4661,8	4675,7	4703,3	4717,2	4668,8	4710,3	56
57	4731	4739,3	4747,6	4755,9	4764,2	4772,5	4780,8	4789,1	4797,4	4805,7	4744,8	4758,7	4786,3	4800,2	4751,8	4793,3	57
58	4814	4822,3	4830,6	4838,9	4847,2	4855,5	4863,8	4872,1	4880,4	4888,7	4827,8	4841,7	4869,3	4883,2	4834,8	4876,3	58
59	4897	4905,3	4913,6	4921,9	4930,2	4938,5	4946,8	4955,1	4963,4	4971,7	4910,8	4924,7	4952,3	4966,2	4917,8	4959,3	59
60	4980	4988,3	4996,6	5004,9	5013,2	5021,5	5029,8	5038,1	5046,4	5054,7	4993,8	5007,7	5035,3	5049,2	5000,8	5042,3	60
61	5063	5071,3	5079,6	5087,9	5096,2	5104,5	5112,8	5121,1	5129,4	5137,7	5076,8	5090,7	5118,3	5132,2	5083,8	5125,3	61
62	5146	5154,3	5162,6	5170,9	5179,2	5187,5	5195,8	5204,1	5212,4	5220,7	5159,8	5173,7	5201,3	5215,2	5166,8	5208,3	62
63	5229	5237,3	5245,6	5253,9	5262,2	5270,5	5278,8	5287,1	5295,4	5303,7	5242,8	5256,7	5284,3	5298,2	5249,8	5291,3	63
64	5312	5320,3	5328,6	5336,9	5345,2	5353,5	5361,8	5370,1	5378,4	5386,7	5325,8	5339,7	5367,3	5381,2	5332,8	5374,3	64
65	5395	5403,3	5411,6	5419,9	5428,2	5436,5	5444,8	5453,1	5461,4	5469,7	5408,8	5422,7	5450,3	5464,2	5415,8	5457,3	65
66	5478	5486,3	5494,6	5502,9	5511,2	5519,5	5527,8	5536,1	5544,4	5552,7	5491,8	5505,7	5533,3	5547,2	5498,8	5540,3	66
67	5561	5569,3	5577,6	5585,9	5594,2	5602,5	5610,8	5619,1	5627,4	5635,7	5574,8	5588,7	5616,3	5630,2	5581,8	5623,3	67
68	5644	5652,3	5660,6	5668,9	5677,2	5685,5	5693,8	5702,1	5710,4	5718,7	5657,8	5671,7	5699,3	5713,2	5664,8	5706,3	68
69	5727	5735,3	5743,6	5751,9	5760,2	5768,5	5776,8	5785,1	5793,4	5801,7	5740,8	5754,7	5782,3	5796,2	5747,8	5789,3	69
70	5810	5818,3	5826,6	5834,9	5843,2	5851,5	5859,8	5868,1	5876,4	5884,7	5823,8	5837,7	5865,3	5879,2	5830,8	5872,3	70
71	5893	5901,3	5909,6	5917,9	5926,2	5934,5	5942,8	5951,1	5959,4	5967,7	5906,8	5920,7	5948,3	5962,2	5913,8	5955,3	71
72	5976	5984,3	5992,6	6000,9	6009,2	6017,5	6025,8	6034,1	6042,4	6050,7	5989,8	6003,7	6031,3	6045,2	5996,8	6038,3	72
73	6059	6067,3	6075,6	6083,9	6092,2	6100,5	6108,8	6117,1	6125,4	6133,7	6072,8	6086,7	6114,3	6128,2	6079,8	6121,3	73
74	6142	6150,3	6158,6	6166,9	6175,2	6183,5	6191,8	6200,1	6208,4	6216,7	6155,8	6169,7	6197,3	6211,2	6162,8	6204,3	74
75	6225	6233,3	6241,6	6249,9	6258,2	6266,5	6274,8	6283,1	6291,4	6299,7	6238,8	6252,7	6280,3	6294,2	6245,8	6287,3	75
76	6308	6316,3	6324,6	6332,9	6341,2	6349,5	6357,8	6366,1	6374,4	6382,7	6321,8	6335,7	6363,3	6377,2	6328,8	6370,3	76
77	6391	6399,3	6407,6	6415,[illegible]	6424,2	6432,5	6440,8	6449,1	6457,4	6465,7	6404,8	6418,7	6446,3	6460,2	6411,8	6453,3	77
78	6474	6482,3	6490,6	6498,9	6507,2	6515,5	6523,8	6532,1	6540,4	6548,7	6487,8	6501,7	6529,3	6543,2	6494,8	6536,3	78
79	6557	6565,3	6573,6	6581,9	6590,2	6598,5	6606,8	6615,1	6623,4	6631,7	6570,8	6584,7	6612,3	6626,2	6577,8	6619,3	79
80	6640	6648,3	6656,6	6664,9	6673,2	6681,5	6689,8	6698,1	6706,4	6714,7	6653,8	6667,7	6695,3	6709,2	6660,8	6702,3	80
81	6723	6731,3	6739,6	6747,9	6756,2	6764,5	6772,8	6781,1	6789,4	6797,7	6736,8	6750,7	6778,3	6792,2	6743,8	6785,3	81
82	6806	6814,3	6822,6	6830,9	6839,2	6847,5	6855,8	6864,1	6872,4	6880,7	6819,8	6833,7	6861,3	6875,2	6826,8	6868,3	82
83	6889	6897,3	6905,6	6913,9	6922,2	6930,5	6938,8	6947,1	6955,4	6963,7	6902,8	6916,7	6944,3	6958,2	6909,8	6951,3	83
84	6972	6980,3	6988,6	6996,9	7005,2	7013,5	7021,8	7030,1	7038,4	7046,7	6985,8	6999,7	7027,3	7041,2	6992,8	7034,3	84
85	7055	7063,3	7071,6	7079,9	7088,2	7096,5	7104,8	7113,1	7121,4	7129,7	7068,8	7082,7	7110,3	7124,2	7075,8	7117,3	85
86	7138	7146,3	7154,6	7162,9	7171,2	7179,5	7187,8	7196,1	7204,4	7212,7	7151,8	7165,7	7193,3	7207,2	7158,8	7200,3	86
87	7221	7229,3	7237,6	7245,9	7254,2	7262,5	7270,8	7279,1	7287,4	7295,7	7234,8	7248,7	7276,3	7290,2	7241,8	7283,3	87
88	7304	7312,3	7320,6	7328,9	7337,2	7345,5	7353,8	7362,1	7370,4	7378,7	7317,8	7331,7	7359,3	7373,2	7324,8	7366,3	88
89	7387	7395,3	7403,6	7411,9	7420,2	7428,5	7436,8	7445,1	7453,4	7461,7	7400,8	7414,7	7442,3	7456,2	7407,8	7449,3	89
90	7470	7478,3	7486,6	7494,9	7503,2	7511,5	7519,8	7528,1	7536,4	7544,7	7483,8	7497,7	7525,3	7539,2	7490,8	7532,3	90
91	7553	7561,3	7569,6	7577,9	7586,2	7594,5	7602,8	7611,1	7619,4	7627,7	7566,8	7580,7	7608,3	7622,2	7573,8	7615,3	91
92	7636	7644,3	7652,6	7660,9	7669,2	7677,5	7685,8	7694,1	7702,4	7710,7	7649,8	7663,7	7691,3	7705,2	7656,8	7698,3	92
93	7719	7727,3	7735,6	7743,9	7752,2	7760,5	7768,8	7777,1	7785,4	7793,7	7732,8	7746,7	7774,3	7788,2	7739,8	7781,3	93
94	7802	7810,3	7818,6	7826,9	7835,2	7843,5	7851,8	7860,1	7868,4	7876,7	7815,8	7829,7	7857,3	7871,2	7822,8	7864,3	94
95	7885	7893,3	7901,6	7909,9	7918,2	7926,5	7934,8	7943,1	7951,4	7959,7	7898,8	7912,7	7940,3	7954,2	7905,8	7947,3	95
96	7968	7976,3	7984,6	7992,9	8001,2	8009,5	8017,8	8026,1	8034,4	8042,7	7981,8	7995,7	8023,3	8037,2	7988,8	8030,3	96
97	8051	8059,3	8067,6	8075,9	8084,2	8092,5	8100,8	8109,1	8117,4	8125,7	8064,8	8078,7	8106,3	8120,2	8071,8	8113,3	97
98	8134	8142,3	8150,6	8158,9	8167,2	8175,5	8183,8	8192,1	8200,4	8208,7	8147,8	8161,7	8189,3	8203,2	8154,8	8196,3	98
99	8217	8225,3	8233,6	8241,9	8250,2	8258,5	8266,8	8275,1	8283,4	8291,7	8230,8	8244,7	8272,3	8286,2	8237,8	8279,3	99
100	8300	8308,3	8316,6	8324,9	8333,2	8341,5	8349,8	8358,1	8366,4	8374,7	8313,8	8327,7	8355,3	8369,2	8320,8	8362,3	100

84

		1/10 8,4	2/10 16,8	3/10 25,2	4/10 33,6	5/10 42,0	6/10 50,4	7/10 58,8	8/10 67,2	9/10 75,6	1/6 14,0	2/6 28,0	4/6 56,0	5/6 70,0	1/4 21,0	3/4 63,0	
1	84	92,4	100,8	109,2	117,6	126,0	134,4	142,8	151,2	159,6	98,0	112,0	140,0	154,0	105,0	147,0	1
2	168	176,4	184,8	193,2	201,6	210,0	218,4	226,8	235,2	243,6	182,0	196,0	224,0	238,0	189,0	231,0	2
3	252	260,4	268,8	277,2	285,6	294,0	302,4	310,8	319,2	327,6	266,0	280,0	308,0	322,0	273,0	315,0	3
4	336	344,4	352,8	361,2	369,6	378,0	386,4	394,8	403,2	411,6	350,0	364,0	392,0	406,0	357,0	399,0	4
5	420	428,4	436,8	445,2	453,6	462,0	470,4	478,8	487,2	495,6	434,0	448,0	476,0	490,0	441,0	483,0	5
6	504	512,4	520,8	529,2	537,6	546,0	554,4	562,8	571,2	579,6	518,0	532,0	560,0	574,0	525,0	567,0	6
7	588	596,4	604,8	613,2	621,6	630,0	638,4	646,8	655,2	663,6	602,0	616,0	644,0	658,0	609,0	651,0	7
8	672	680,4	688,8	697,2	705,6	714,0	722,4	730,8	739,2	747,6	686,0	700,0	728,0	742,0	693,0	735,0	8
9	756	764,4	772,8	781,2	789,6	798,0	806,4	814,8	823,2	831,6	770,0	784,0	812,0	826,0	777,0	819,0	9
10	840	848,4	856,8	865,2	873,6	882,0	890,4	898,8	907,2	915,6	854,0	868,0	896,0	910,0	861,0	903,0	10
11	924	932,4	940,8	949,2	957,6	966,0	974,4	982,8	991,2	999,6	938,0	952,0	980,0	994,0	945,0	987,0	11
12	1008	1016,4	1024,8	1033,2	1041,6	1050,0	1058,4	1066,8	1075,2	1083,6	1022,0	1036,0	1064,0	1078,0	1029,0	1071,0	12
13	1092	1100,4	1108,8	1117,2	1125,6	1134,0	1142,4	1150,8	1159,2	1167,6	1106,0	1120,0	1148,0	1162,0	1113,0	1155,0	13
14	1176	1184,4	1192,8	1201,2	1209,6	1218,0	1226,4	1234,8	1243,2	1251,6	1190,0	1204,0	1232,0	1246,0	1197,0	1239,0	14
15	1260	1268,4	1276,8	1285,2	1293,6	1302,0	1310,4	1318,8	1327,2	1335,6	1274,0	1288,0	1316,0	1330,0	1281,0	1323,0	15
16	1344	1352,4	1360,8	1369,2	1377,6	1386,0	1394,4	1402,8	1411,2	1419,6	1358,0	1372,0	1400,0	1414,0	1365,0	1407,0	16
17	1428	1436,4	1444,8	1453,2	1461,6	1470,0	1478,4	1486,8	1495,2	1503,6	1442,0	1456,0	1484,0	1498,0	1449,0	1491,0	17
18	1512	1520,4	1528,8	1537,2	1545,6	1554,0	1562,4	1570,8	1579,2	1587,6	1526,0	1540,0	1568,0	1582,0	1533,0	1575,0	18
19	1596	1604,4	1612,8	1621,2	1629,6	1638,0	1646,4	1654,8	1663,2	1671,6	1610,0	1624,0	1652,0	1666,0	1617,0	1659,0	19
20	1680	1688,4	1696,8	1705,2	1713,6	1722,0	1730,4	1738,8	1747,2	1755,6	1694,0	1708,0	1736,0	1750,0	1701,0	1743,0	20
21	1764	1772,4	1780,8	1789,2	1797,6	1806,0	1814,4	1822,8	1831,2	1839,6	1778,0	1792,0	1820,0	1834,0	1785,0	1827,0	21
22	1848	1856,4	1864,8	1873,2	1881,6	1890,0	1898,4	1906,8	1915,2	1923,6	1862,0	1876,0	1904,0	1918,0	1869,0	1911,0	22
23	1932	1940,4	1948,8	1957,2	1965,6	1974,0	1982,4	1990,8	1999,2	2007,6	1946,0	1960,0	1988,0	2002,0	1953,0	1995,0	23
24	2016	2024,4	2032,8	2041,2	2049,6	2058,0	2066,4	2074,8	2083,2	2091,6	2030,0	2044,0	2072,0	2086,0	2037,0	2079,0	24
25	2100	2108,4	2116,8	2125,2	2133,6	2142,0	2150,4	2158,8	2167,2	2175,6	2114,0	2128,0	2156,0	2170,0	2121,0	2163,0	25
26	2184	2192,4	2200,8	2209,2	2217,6	2226,0	2234,4	2242,8	2251,2	2259,6	2198,0	2212,0	2240,0	2254,0	2205,0	2247,0	26
27	2268	2276,4	2284,8	2293,2	2301,6	2310,0	2318,4	2326,8	2335,2	2343,6	2282,0	2296,0	2324,0	2338,0	2289,0	2331,0	27
28	2352	2360,4	2368,8	2377,2	2385,6	2394,0	2402,4	2410,8	2419,2	2427,6	2366,0	2380,0	2408,0	2422,0	2373,0	2415,0	28
29	2436	2444,4	2452,8	2461,2	2469,6	2478,0	2486,4	2494,8	2503,2	2511,6	2450,0	2464,0	2492,0	2506,0	2457,0	2499,0	29
30	2520	2528,4	2536,8	2545,2	2553,6	2562,0	2570,4	2578,8	2587,2	2595,6	2534,0	2548,0	2576,0	2590,0	2541,0	2583,0	30
31	2604	2612,4	2620,8	2629,2	2637,6	2646,0	2654,4	2662,8	2671,2	2679,6	2618,0	2632,0	2660,0	2674,0	2625,0	2667,0	31
32	2688	2696,4	2704,8	2713,2	2721,6	2730,0	2738,4	2746,8	2755,2	2763,6	2702,0	2716,0	2744,0	2758,0	2709,0	2751,0	32
33	2772	2780,4	2788,8	2797,2	2805,6	2814,0	2822,4	2830,8	2839,2	2847,6	2786,0	2800,0	2828,0	2842,0	2793,0	2835,0	33
34	2856	2864,4	2872,8	2881,2	2889,6	2898,0	2906,4	2914,8	2923,2	2931,6	2870,0	2884,0	2912,0	2926,0	2877,0	2919,0	34
35	2940	2948,4	2956,8	2965,2	2973,6	2982,0	2990,4	2998,8	3007,2	3015,6	2954,0	2968,0	2996,0	3010,0	2961,0	3003,0	35
36	3024	3032,4	3040,8	3049,2	3057,6	3066,0	3074,4	3082,8	3091,2	3099,6	3038,0	3052,0	3080,0	3094,0	3045,0	3087,0	36
37	3108	3116,4	3124,8	3133,2	3141,6	3150,0	3158,4	3166,8	3175,2	3183,6	3122,0	3136,0	3164,0	3178,0	3129,0	3171,0	37
38	3192	3200,4	3208,8	3217,2	3225,6	3234,0	3242,4	3250,8	3259,2	3267,6	3206,0	3220,0	3248,0	3262,0	3213,0	3255,0	38
39	3276	3284,4	3292,8	3301,2	3309,6	3318,0	3326,4	3334,8	3343,2	3351,6	3290,0	3304,0	3332,0	3346,0	3297,0	3339,0	39
40	3360	3368,4	3376,8	3385,2	3393,6	3402,0	3410,4	3418,8	3427,2	3435,6	3374,0	3388,0	3416,0	3430,0	3381,0	3423,0	40
41	3444	3452,4	3460,8	3469,2	3477,6	3486,0	3494,4	3502,8	3511,2	3519,6	3458,0	3472,0	3500,0	3514,0	3465,0	3507,0	41
42	3528	3536,4	3544,8	3553,2	3561,6	3570,0	3578,4	3586,8	3595,2	3603,6	3542,0	3556,0	3584,0	3598,0	3549,0	3591,0	42
43	3612	3620,4	3628,8	3637,2	3645,6	3654,0	3662,4	3670,8	3679,2	3687,6	3626,0	3640,0	3668,0	3682,0	3633,0	3675,0	43
44	3696	3704,4	3712,8	3721,2	3729,6	3738,0	3746,4	3754,8	3763,2	3771,6	3710,0	3724,0	3752,0	3766,0	3717,0	3759,0	44
45	3780	3788,4	3796,8	3805,2	3813,6	3822,0	3830,4	3838,8	3847,2	3855,6	3794,0	3808,0	3836,0	3850,0	3801,0	3843,0	45
46	3864	3872,4	3880,8	3889,2	3897,6	3906,0	3914,4	3922,8	3931,2	3939,6	3878,0	3892,0	3920,0	3934,0	3885,0	3927,0	46
47	3948	3956,4	3964,8	3973,2	3981,6	3990,0	3998,4	4006,8	4015,2	4023,6	3962,0	3976,0	4004,0	4018,0	3969,0	4011,0	47
48	4032	4040,4	4048,8	4057,2	4065,6	4074,0	4082,4	4090,8	4099,2	4107,6	4046,0	4060,0	4088,0	4102,0	4053,0	4095,0	48
49	4116	4124,4	4132,8	4141,2	4149,6	4158,0	4166,4	4174,8	4183,2	4191,6	4130,0	4144,0	4172,0	4186,0	4137,0	4179,0	49
50	4200	4208,4	4216,8	4225,2	4233,6	4242,0	4250,4	4258,8	4267,2	4275,6	4214,0	4228,0	4256,0	4270,0	4221,0	4263,0	50
51	4284	4292,4	4300,8	4309,2	4317,6	4326,0	4334,4	4342,8	4351,2	4359,6	4298,0	4312,0	4340,0	4354,0	4305,0	4347,0	51
52	4368	4376,4	4384,8	4393,2	4401,6	4410,0	4418,4	4426,8	4435,2	4443,6	4382,0	4396,0	4424,0	4438,0	4389,0	4431,0	52
53	4452	4460,4	4468,8	4477,2	4485,6	4494,0	4502,4	4510,8	4519,2	4527,6	4466,0	4480,0	4508,0	4522,0	4473,0	4515,0	53
54	4536	4544,4	4552,8	4561,2	4569,6	4578,0	4586,4	4594,8	4603,2	4611,6	4550,0	4564,0	4592,0	4606,0	4557,0	4599,0	54
55	4620	4628,4	4636,8	4645,2	4653,6	4662,0	4670,4	4678,8	4687,2	4695,6	4634,0	4648,0	4676,0	4690,0	4641,0	4683,0	55
56	4704	4712,4	4720,8	4729,2	4737,6	4746,0	4754,4	4762,8	4771,2	4779,6	4718,0	4732,0	4760,0	4774,0	4725,0	4767,0	56
57	4788	4796,4	4804,8	4813,2	4821,6	4830,0	4838,4	4846,8	4855,2	4863,6	4802,0	4816,0	4844,0	4858,0	4809,0	4851,0	57
58	4872	4880,4	4888,8	4897,2	4905,6	4914,0	4922,4	4930,8	4939,2	4947,6	4886,0	4900,0	4928,0	4942,0	4893,0	4935,0	58
59	4956	4964,4	4972,8	4981,2	4989,6	4998,0	5006,4	5014,8	5023,2	5031,6	4970,0	4984,0	5012,0	5026,0	4977,0	5019,0	59
60	5040	5048,4	5056,8	5065,2	5073,6	5082,0	5090,4	5098,8	5107,2	5115,6	5054,0	5068,0	5096,0	5110,0	5061,0	5103,0	60
61	5124	5132,4	5140,8	5149,2	5157,6	5166,0	5174,4	5182,8	5191,2	5199,6	5138,0	5152,0	5180,0	5194,0	5145,0	5187,0	61
62	5208	5216,4	5224,8	5233,2	5241,6	5250,0	5258,4	5266,8	5275,2	5283,6	5222,0	5236,0	5264,0	5278,0	5229,0	5271,0	62
63	5292	5300,4	5308,8	5317,2	5325,6	5334,0	5342,4	5350,8	5359,2	5367,6	5306,0	5320,0	5348,0	5362,0	5313,0	5355,0	63
64	5376	5384,4	5392,8	5401,2	5409,6	5418,0	5426,4	5434,8	5443,2	5451,6	5390,0	5404,0	5432,0	5446,0	5397,0	5439,0	64
65	5460	5468,4	5476,8	5485,2	5493,6	5502,0	5510,4	5518,8	5527,2	5535,6	5474,0	5488,0	5516,0	5530,0	5481,0	5523,0	65
66	5544	5552,4	5560,8	5569,2	5577,6	5586,0	5594,4	5602,8	5611,2	5619,6	5558,0	5572,0	5600,0	5614,0	5565,0	5607,0	66
67	5628	5636,4	5644,8	5653,2	5661,6	5670,0	5678,4	5686,8	5695,2	5703,6	5642,0	5656,0	5684,0	5698,0	5649,0	5691,0	67
68	5712	5720,4	5728,8	5737,2	5745,6	5754,0	5762,4	5770,8	5779,2	5787,6	5726,0	5740,0	5768,0	5782,0	5733,0	5775,0	68
69	5796	5804,4	5812,8	5821,2	5829,6	5838,0	5846,4	5854,8	5863,2	5871,6	5810,0	5824,0	5852,0	5866,0	5817,0	5859,0	69
70	5880	5888,4	5896,8	5905,2	5913,6	5922,0	5930,4	5938,8	5947,2	5955,6	5894,0	5908,0	5936,0	5950,0	5901,0	5943,0	70
71	5964	5972,4	5980,8	5989,2	5997,6	6006,0	6014,4	6022,8	6031,2	6039,6	5978,0	5992,0	6020,0	6034,0	5985,0	6027,0	71
72	6048	6056,4	6064,8	6073,2	6081,6	6090,0	6098,4	6106,8	6115,2	6123,6	6062,0	6076,0	6104,0	6118,0	6069,0	6111,0	72
73	6132	6140,4	6148,8	6157,2	6165,6	6174,0	6182,4	6190,8	6199,2	6207,6	6146,0	6160,0	6188,0	6202,0	6153,0	6195,0	73
74	6216	6224,4	6232,8	6241,2	6249,6	6258,0	6266,4	6274,8	6283,2	6291,6	6230,0	6244,0	6272,0	6286,0	6237,0	6279,0	74
75	6300	6308,4	6316,8	6325,2	6333,6	6342,0	6350,4	6358,8	6367,2	6375,6	6314,0	6328,0	6356,0	6370,0	6321,0	6363,0	75
76	6384	6392,4	6400,8	6409,2	6417,6	6426,0	6434,4	6442,8	6451,2	6459,6	6398,0	6412,0	6440,0	6454,0	6405,0	6447,0	76
77	6468	6476,4	6484,8	6493,2	6501,6	6510,0	6518,4	6526,8	6535,2	6543,6	6482,0	6496,0	6524,0	6538,0	6489,0	6531,0	77
78	6552	6560,4	6568,8	6577,2	6585,6	6594,0	6602,4	6610,8	6619,2	6627,6	6566,0	6580,0	6608,0	6622,0	6573,0	6615,0	78
79	6636	6644,4	6652,8	6661,2	6669,6	6678,0	6686,4	6694,8	6703,2	6711,6	6650,0	6664,0	6692,0	6706,0	6657,0	6699,0	79
80	6720	6728,4	6736,8	6745,2	6753,6	6762,0	6770,4	6778,8	6787,2	6795,6	6734,0	6748,0	6776,0	6790,0	6741,0	6783,0	80
81	6804	6812,4	6820,8	6829,2	6837,6	6846,0	6854,4	6862,8	6871,2	6879,6	6818,0	6832,0	6860,0	6874,0	6825,0	6867,0	81
82	6888	6896,4	6904,8	6913,2	6921,6	6930,0	6938,4	6946,8	6955,2	6963,6	6902,0	6916,0	6944,0	6958,0	6909,0	6951,0	82
83	6972	6980,4	6988,8	6997,2	7005,6	7014,0	7022,4	7030,8	7039,2	7047,6	6986,0	7000,0	7028,0	7042,0	6993,0	7035,0	83
84	7056	7064,4	7072,8	7081,2	7089,6	7098,0	7106,4	7114,8	7123,2	7131,6	7070,0	7084,0	7112,0	7126,0	7077,0	7119,0	84
85	7140	7148,4	7156,8	7165,2	7173,6	7182,0	7190,4	7198,8	7207,2	7215,6	7154,0	7168,0	7196,0	7210,0	7161,0	7203,0	85
86	7224	7232,4	7240,8	7249,2	7257,6	7266,0	7274,4	7282,8	7291,2	7299,6	7238,0	7252,0	7280,0	7294,0	7245,0	7287,0	86
87	7308	7316,4	7324,8	7333,2	7341,6	7350,0	7358,4	7366,8	7375,2	7383,6	7322,0	7336,0	7364,0	7378,0	7329,0	7371,0	87
88	7392	7400,4	7408,8	7417,2	7425,6	7434,0	7442,4	7450,8	7459,2	7467,6	7406,0	7420,0	7448,0	7462,0	7413,0	7455,0	88
89	7476	7484,4	7492,8	7501,2	7509,6	7518,0	7526,4	7534,8	7543,2	7551,6	7490,0	7504,0	7532,0	7546,0	7497,0	7539,0	89
90	7560	7568,4	7576,8	7585,2	7593,6	7602,0	7610,4	7618,8	7627,2	7635,6	7574,0	7588,0	7616,0	7630,0	7581,0	7623,0	90
91	7644	7652,4	7660,8	7669,2	7677,6	7686,0	7694,4	7702,8	7711,2	7719,6	7658,0	7672,0	7700,0	7714,0	7665,0	7707,0	91
92	7728	7736,4	7744,8	7753,2	7761,6	7770,0	7778,4	7786,8	7795,2	7803,6	7742,0	7756,0	7784,0	7798,0	7749,0	7791,0	92
93	7812	7820,4	7828,8	7837,2	7845,6	7854,0	7862,4	7870,8	7879,2	7887,6	7826,0	7840,0	7868,0	7882,0	7833,0	7875,0	93
94	7896	7904,4	7912,8	7921,2	7929,6	7938,0	7946,4	7954,8	7963,2	7971,6	7910,0	7924,0	7952,0	7966,0	7917,0	7959,0	94
95	7980	7988,4	7996,8	8005,2	8013,6	8022,0	8030,4	8038,8	8047,2	8055,6	7994,0	8008,0	8036,0	8050,0	8001,0	8043,0	95
96	8064	8072,4	8080,8	8089,2	8097,6	8106,0	8114,4	8122,8	8131,2	8139,6	8078,0	8092,0	8120,0	8134,0	8085,0	8127,0	96
97	8148	8156,4	8164,8	8173,2	8181,6	8190,0	8198,4	8206,8	8215,2	8223,6	8162,0	8176,0	8204,0	8218,0	8169,0	8211,0	97
98	8232	8240,4	8248,8	8257,2	8265,6	8274,0	8282,4	8290,8	8299,2	8307,6	8246,0	8260,0	8288,0	8302,0	8253,0	8295,0	98
99	8316	8324,4	8332,8	8341,2	8349,6	8358,0	8366,4	8374,8	8383,2	8391,6	8330,0	8344,0	8372,0	8386,0	8337,0	8379,0	99
100	8400	8408,4	8416,8	8425,2	8433,6	8442,0	8450,4	8458,8	8467,2	8475,6	8414,0	8428,0	8456,0	8470,0	8421,0	8463,0	100

		1/10 8,5	2/10 17,0	3/10 25,5	4/10 34,0	5/10 42,5	6/10 51,0	7/10 59,5	8/10 68,0	9/10 76,5	1/6 14,166	2/6 28,333	4/6 56,666	5/6 70,833	1/4 21,25	3/4 63,75	
1	85	93,5	102,0	110,5	119,0	127,5	136,0	144,5	153,0	161,5	99,2	113,3	141,7	155,8	106,3	148,8	1
2	170	178,5	187,0	195,5	204,0	212,5	221,0	229,5	238,0	246,5	184,2	198,3	226,7	240,8	191,3	233,8	2
3	255	263,5	272,0	280,5	289,0	297,5	306,0	314,5	323,0	331,5	269,2	283,3	311,7	325,8	276,3	318,8	3
4	340	348,5	357,0	365,5	374,0	382,5	391,0	399,5	408,0	416,5	354,2	368,3	396,7	410,8	361,3	403,8	4
5	425	433,5	442,0	450,5	459,0	467,5	476,0	484,5	493,0	501,5	439,2	453,3	481,7	495,8	446,3	488,8	5
6	510	518,5	527,0	535,5	544,0	552,5	561,0	569,5	578,0	586,5	524,2	538,3	566,7	580,8	531,3	573,8	6
7	595	603,5	612,0	620,5	629,0	637,5	646,0	654,5	663,0	671,5	609,2	623,3	651,7	665,8	616,3	658,8	7
8	680	688,5	697,0	705,5	714,0	722,5	731,0	739,5	748,0	756,5	694,2	708,3	736,7	750,8	701,3	743,8	8
9	765	773,5	782,0	790,5	799,0	807,5	816,0	824,5	833,0	841,5	779,2	793,3	821,7	835,8	786,3	828,8	9
10	850	858,5	867,0	875,5	884,0	892,5	901,0	909,5	918,0	926,5	864,2	878,3	906,7	920,8	871,3	913,8	10
11	935	943,5	952,0	960,5	969,0	977,5	986,0	994,5	1003,0	1011,5	949,2	963,3	991,7	1005,8	956,3	998,8	11
12	1020	1028,5	1037,0	1045,5	1054,0	1062,5	1071,0	1079,5	1088,0	1096,5	1034,2	1048,3	1076,7	1090,8	1041,3	1083,8	12
13	1105	1113,5	1122,0	1130,5	1139,0	1147,5	1156,0	1164,5	1173,0	1181,5	1119,2	1133,3	1161,7	1175,8	1126,3	1168,8	13
14	1190	1198,5	1207,0	1215,5	1224,0	1232,5	1241,0	1249,5	1258,0	1266,5	1204,2	1218,3	1246,7	1260,8	1211,3	1253,8	14
15	1275	1283,5	1292,0	1300,5	1309,0	1317,5	1326,0	1334,5	1343,0	1351,5	1289,2	1303,3	1331,7	1345,8	1296,3	1338,8	15
16	1360	1368,5	1377,0	1385,5	1394,0	1402,5	1411,0	1419,5	1428,0	1436,5	1374,2	1388,3	1416,7	1430,8	1381,3	1423,8	16
17	1445	1453,5	1462,0	1470,5	1479,0	1487,5	1496,0	1504,5	1513,0	1521,5	1459,2	1473,3	1501,7	1515,8	1466,3	1508,8	17
18	1530	1538,5	1547,0	1555,5	1564,0	1572,5	1581,0	1589,5	1598,0	1606,5	1544,2	1558,3	1586,7	1600,8	1551,3	1593,8	18
19	1615	1623,5	1632,0	1640,5	1649,0	1657,5	1666,0	1674,5	1683,0	1691,5	1629,2	1643,3	1671,7	1685,8	1636,3	1678,8	19
20	1700	1708,5	1717,0	1725,5	1734,0	1742,5	1751,0	1759,5	1768,0	1776,5	1714,2	1728,3	1756,7	1770,8	1721,3	1763,8	20
21	1785	1793,5	1802,0	1810,5	1819,0	1827,5	1836,0	1844,5	1853,0	1861,5	1799,2	1813,3	1841,7	1855,8	1806,3	1848,8	21
22	1870	1878,5	1887,0	1895,5	1904,0	1912,5	1921,0	1929,5	1938,0	1946,5	1884,2	1898,3	1926,7	1940,8	1891,3	1933,8	22
23	1955	1963,5	1972,0	1980,5	1989,0	1997,5	2006,0	2014,5	2023,0	2031,5	1969,2	1983,3	2011,7	2025,8	1976,3	2018,8	23
24	2040	2048,5	2057,0	2065,5	2074,0	2082,5	2091,0	2099,5	2108,0	2116,5	2054,2	2068,3	2096,7	2110,8	2061,3	2103,8	24
25	2125	2133,5	2142,0	2150,5	2159,0	2167,5	2176,0	2184,5	2193,0	2201,5	2139,2	2153,3	2181,7	2195,8	2146,3	2188,8	25
26	2210	2218,5	2227,0	2235,5	2244,0	2252,5	2261,0	2269,5	2278,0	2286,5	2224,2	2238,3	2266,7	2280,8	2231,3	2273,8	26
27	2295	2303,5	2312,0	2320,5	2329,0	2337,5	2346,0	2354,5	2363,0	2371,5	2309,2	2323,3	2351,7	2365,8	2316,3	2358,8	27
28	2380	2388,5	2397,0	2405,5	2414,0	2422,5	2431,0	2439,5	2448,0	2456,5	2394,2	2408,3	2436,7	2450,8	2401,3	2443,8	28
29	2465	2473,5	2482,0	2490,5	2499,0	2507,5	2516,0	2524,5	2533,0	2541,5	2479,2	2493,3	2521,7	2535,8	2486,3	2528,8	29
30	2550	2558,5	2567,0	2575,5	2584,0	2592,5	2601,0	2609,5	2618,0	2626,5	2564,2	2578,3	2606,7	2620,8	2571,3	2613,8	30
31	2635	2643,5	2652,0	2660,5	2669,0	2677,5	2686,0	2694,5	2703,0	2711,5	2649,2	2663,3	2691,7	2705,8	2656,3	2698,8	31
32	2720	2728,5	2737,0	2745,5	2754,0	2762,5	2771,0	2779,5	2788,0	2796,5	2734,2	2748,3	2776,7	2790,8	2741,3	2783,8	32
33	2805	2813,5	2822,0	2830,5	2839,0	2847,5	2856,0	2864,5	2873,0	2881,5	2819,2	2833,3	2861,7	2875,8	2826,3	2868,8	33
34	2890	2898,5	2907,0	2915,5	2924,0	2932,5	2941,0	2949,5	2958,0	2966,5	2904,2	2918,3	2946,7	2960,8	2911,3	2953,8	34
35	2975	2983,5	2992,0	3000,5	3009,0	3017,5	3026,0	3034,5	3043,0	3051,5	2989,2	3003,3	3031,7	3045,8	2996,3	3038,8	35
36	3060	3068,5	3077,0	3085,5	3094,0	3102,5	3111,0	3119,5	3128,0	3136,5	3074,2	3088,3	3116,7	3130,8	3081,3	3123,8	36
37	3145	3153,5	3162,0	3170,5	3179,0	3187,5	3196,0	3204,5	3213,0	3221,5	3159,2	3173,3	3201,7	3215,8	3166,3	3208,8	37
38	3230	3238,5	3247,0	3255,5	3264,0	3272,5	3281,0	3289,5	3298,0	3306,5	3244,2	3258,3	3286,7	3300,8	3251,3	3293,8	38
39	3315	3323,5	3332,0	3340,5	3349,0	3357,5	3366,0	3374,5	3383,0	3391,5	3329,2	3343,3	3371,7	3385,8	3336,3	3378,8	39
40	3400	3408,5	3417,0	3425,5	3434,0	3442,5	3451,0	3459,5	3468,0	3476,5	3414,2	3428,3	3456,7	3470,8	3421,3	3463,8	40
41	3485	3493,5	3502,0	3510,5	3519,0	3527,5	3536,0	3544,5	3553,0	3561,5	3499,2	3513,3	3541,7	3555,8	3506,3	3548,8	41
42	3570	3578,5	3587,0	3595,5	3604,0	3612,5	3621,0	3629,5	3638,0	3646,5	3584,2	3598,3	3626,7	3640,8	3591,3	3633,8	42
43	3655	3663,5	3672,0	3680,5	3689,0	3697,5	3706,0	3714,5	3723,0	3731,5	3669,2	3683,3	3711,7	3725,8	3676,3	3718,8	43
44	3740	3748,5	3757,0	3765,5	3774,0	3782,5	3791,0	3799,5	3808,0	3816,5	3754,2	3768,3	3796,7	3810,8	3761,3	3803,8	44
45	3825	3833,5	3842,0	3850,5	3859,0	3867,5	3876,0	3884,5	3893,0	3901,5	3839,2	3853,3	3881,7	3895,8	3846,3	3888,8	45
46	3910	3918,5	3927,0	3935,5	3944,0	3952,5	3961,0	3969,5	3978,0	3986,5	3924,2	3938,3	3966,7	3980,8	3931,3	3973,8	46
47	3995	4003,5	4012,0	4020,5	4029,0	4037,5	4046,0	4054,5	4063,0	4071,5	4009,2	4023,3	4051,7	4065,8	4016,3	4058,8	47
48	4080	4088,5	4097,0	4105,5	4114,0	4122,5	4131,0	4139,5	4148,0	4156,5	4094,2	4108,3	4136,7	4150,8	4101,3	4143,8	48
49	4165	4173,5	4182,0	4190,5	4199,0	4207,5	4216,0	4224,5	4233,0	4241,5	4179,2	4193,3	4221,7	4235,8	4186,3	4228,8	49
50	4250	4258,5	4267,0	4275,5	4284,0	4292,5	4301,0	4309,5	4318,0	4326,5	4264,2	4278,3	4306,7	4320,8	4271,3	4313,8	50
51	4335	4343,5	4352,0	4360,5	4369,0	4377,5	4386,0	4394,5	4403,0	4411,5	4349,2	4363,3	4391,7	4405,8	4356,3	4398,8	51
52	4420	4428,5	4437,0	4445,5	4454,0	4462,5	4471,0	4479,5	4488,0	4496,5	4434,2	4448,3	4476,7	4490,8	4441,3	4483,8	52
53	4505	4513,5	4522,0	4530,5	4539,0	4547,5	4556,0	4564,5	4573,0	4581,5	4519,2	4533,3	4561,7	4575,8	4526,3	4568,8	53
54	4590	4598,5	4607,0	4615,5	4624,0	4632,5	4641,0	4649,5	4658,0	4666,5	4604,2	4618,3	4646,7	4660,8	4611,3	4653,8	54
55	4675	4683,5	4692,0	4700,5	4709,0	4717,5	4726,0	4734,5	4743,0	4751,5	4689,2	4703,3	4731,7	4745,8	4696,3	4738,8	55
56	4760	4768,5	4777,0	4785,5	4794,0	4802,5	4811,0	4819,5	4828,0	4836,5	4774,2	4788,3	4816,7	4830,8	4781,3	4823,8	56
57	4845	4853,5	4862,0	4870,5	4879,0	4887,5	4896,0	4904,5	4913,0	4921,5	4859,2	4873,3	4901,7	4915,8	4866,3	4908,8	57
58	4930	4938,5	4947,0	4955,5	4964,0	4972,5	4981,0	4989,5	4998,0	5006,5	4944,2	4958,3	4986,7	5000,8	4951,3	4993,8	58
59	5015	5023,5	5032,0	5040,5	5049,0	5057,5	5066,0	5074,5	5083,0	5091,5	5029,2	5043,3	5071,7	5085,8	5036,3	5078,8	59
60	5100	5108,5	5117,0	5125,5	5134,0	5142,5	5151,0	5159,5	5168,0	5176,5	5114,2	5128,3	5156,7	5170,8	5121,3	5163,8	60
61	5185	5193,5	5202,0	5210,5	5219,0	5227,5	5236,0	5244,5	5253,0	5261,5	5199,2	5213,3	5241,7	5255,8	5206,3	5248,8	61
62	5270	5278,5	5287,0	5295,5	5304,0	5312,5	5321,0	5329,5	5338,0	5346,5	5284,2	5298,3	5326,7	5340,8	5291,3	5333,8	62
63	5355	5363,5	5372,0	5380,5	5389,0	5397,5	5406,0	5414,5	5423,0	5431,5	5369,2	5383,3	5411,7	5425,8	5376,3	5418,8	63
64	5440	5448,5	5457,0	5465,5	5474,0	5482,5	5491,0	5499,5	5508,0	5516,5	5454,2	5468,3	5496,7	5510,8	5461,3	5503,8	64
65	5525	5533,5	5542,0	5550,5	5559,0	5567,5	5576,0	5584,5	5593,0	5601,5	5539,2	5553,3	5581,7	5595,8	5546,3	5588,8	65
66	5610	5618,5	5627,0	5635,5	5644,0	5652,5	5661,0	5669,5	5678,0	5686,5	5624,2	5638,3	5666,7	5680,8	5631,3	5673,8	66
67	5695	5703,5	5712,0	5720,5	5729,0	5737,5	5746,0	5754,5	5763,0	5771,5	5709,2	5723,3	5751,7	5765,8	5716,3	5758,8	67
68	5780	5788,5	5797,0	5805,5	5814,0	5822,5	5831,0	5839,5	5848,0	5856,5	5794,2	5808,3	5836,7	5850,8	5801,3	5843,8	68
69	5865	5873,5	5882,0	5890,5	5899,0	5907,5	5916,0	5924,5	5933,0	5941,5	5879,2	5893,3	5921,7	5935,8	5886,3	5928,8	69
70	5950	5958,5	5967,0	5975,5	5984,0	5992,5	6001,0	6009,5	6018,0	6026,5	5964,2	5978,3	6006,7	6020,8	5971,3	6013,8	70
71	6035	6043,5	6052,0	6060,5	6069,0	6077,5	6086,0	6094,5	6103,0	6111,5	6049,2	6063,3	6091,7	6105,8	6056,3	6098,8	71
72	6120	6128,5	6137,0	6145,5	6154,0	6162,5	6171,0	6179,5	6188,0	6196,5	6134,2	6148,3	6176,7	6190,8	6141,3	6183,8	72
73	6205	6213,5	6222,0	6230,5	6239,0	6247,5	6256,0	6264,5	6273,0	6281,5	6219,2	6233,3	6261,7	6275,8	6226,3	6268,8	73
74	6290	6298,5	6307,0	6315,5	6324,0	6332,5	6341,0	6349,5	6358,0	6366,5	6304,2	6318,3	6346,7	6360,8	6311,3	6353,8	74
75	6375	6383,5	6392,0	6400,5	6409,0	6417,5	6426,0	6434,5	6443,0	6451,5	6389,2	6403,3	6431,7	6445,8	6396,3	6438,8	75
76	6460	6468,5	6477,0	6485,5	6494,0	6502,5	6511,0	6519,5	6528,0	6536,5	6474,2	6488,3	6516,7	6530,8	6481,3	6523,8	76
77	6545	6553,5	6562,0	6570,5	6579,0	6587,5	6596,0	6604,5	6613,0	6621,5	6559,2	6573,3	6601,7	6615,8	6566,3	6608,8	77
78	6630	6638,5	6647,0	6655,5	6664,0	6672,5	6681,0	6689,5	6698,0	6706,5	6644,2	6658,3	6686,7	6700,8	6651,3	6693,8	78
79	6715	6723,5	6732,0	6740,5	6749,0	6757,5	6766,0	6774,5	6783,0	6791,5	6729,2	6743,3	6771,7	6785,8	6736,3	6778,8	79
80	6800	6808,5	6817,0	6825,5	6834,0	6842,5	6851,0	6859,5	6868,0	6876,5	6814,2	6828,3	6856,7	6870,8	6821,3	6863,8	80
81	6885	6893,5	6902,0	6910,5	6919,0	6927,5	6936,0	6944,5	6953,0	6961,5	6899,2	6913,3	6941,7	6955,8	6906,3	6948,8	81
82	6970	6978,5	6987,0	6995,5	7004,0	7012,5	7021,0	7029,5	7038,0	7046,5	6984,2	6998,3	7026,7	7040,8	6991,3	7033,8	82
83	7055	7063,5	7072,0	7080,5	7089,0	7097,5	7106,0	7114,5	7123,0	7131,5	7069,2	7083,3	7111,7	7125,8	7076,3	7118,8	83
84	7140	7148,5	7157,0	7165,5	7174,0	7182,5	7191,0	7199,5	7208,0	7216,5	7154,2	7168,3	7196,7	7210,8	7161,3	7203,8	84
85	7225	7233,5	7242,0	7250,5	7259,0	7267,5	7276,0	7284,5	7293,0	7301,5	7239,2	7253,3	7281,7	7295,8	7246,3	7288,8	85
86	7310	7318,5	7327,0	7335,5	7344,0	7352,5	7361,0	7369,5	7378,0	7386,5	7324,2	7338,3	7366,7	7380,8	7331,3	7373,8	86
87	7395	7403,5	7412,0	7420,5	7429,0	7437,5	7446,0	7454,5	7463,0	7471,5	7409,2	7423,3	7451,7	7465,8	7416,3	7458,8	87
88	7480	7488,5	7497,0	7505,5	7514,0	7522,5	7531,0	7539,5	7548,0	7556,5	7494,2	7508,3	7536,7	7550,8	7501,3	7543,8	88
89	7565	7573,5	7582,0	7590,5	7599,0	7607,5	7616,0	7624,5	7633,0	7641,5	7579,2	7593,3	7621,7	7635,8	7586,3	7628,8	89
90	7650	7658,5	7667,0	7675,5	7684,0	7692,5	7701,0	7709,5	7718,0	7726,5	7664,2	7678,3	7706,7	7720,8	7671,3	7713,8	90
91	7735	7743,5	7752,0	7760,5	7769,0	7777,5	7786,0	7794,5	7803,0	7811,5	7749,2	7763,3	7791,7	7805,8	7756,3	7798,8	91
92	7820	7828,5	7837,0	7845,5	7854,0	7862,5	7871,0	7879,5	7888,0	7896,5	7834,2	7848,3	7876,7	7890,8	7841,3	7883,8	92
93	7905	7913,5	7922,0	7930,5	7939,0	7947,5	7956,0	7964,5	7973,0	7981,5	7919,2	7933,3	7961,7	7975,8	7926,3	7968,8	93
94	7990	7998,5	8007,0	8015,5	8024,0	8032,5	8041,0	8049,5	8058,0	8066,5	8004,2	8018,3	8046,7	8060,8	8011,3	8053,8	94
95	8075	8083,5	8092,0	8100,5	8109,0	8117,5	8126,0	8134,5	8143,0	8151,5	8089,2	8103,3	8131,7	8145,8	8096,3	8138,8	95
96	8160	8168,5	8177,0	8185,5	8194,0	8202,5	8211,0	8219,5	8228,0	8236,5	8174,2	8188,3	8216,7	8230,8	8181,3	8223,8	96
97	8245	8253,5	8262,0	8270,5	8279,0	8287,5	8296,0	8304,5	8313,0	8321,5	8259,2	8273,3	8301,7	8315,8	8266,3	8308,8	97
98	8330	8338,5	8347,0	8355,5	8364,0	8372,5	8381,0	8389,5	8398,0	8406,5	8344,2	8358,3	8386,7	8400,8	8351,3	8393,8	98
99	8415	8423,5	8432,0	8440,5	8449,0	8457,5	8466,0	8474,5	8483,0	8491,5	8429,2	8443,3	8471,7	8485,8	8436,3	8478,8	99
100	8500	8508,5	8517,0	8525,5	8534,0	8542,5	8551,0	8559,5	8568,0	8576,5	8514,2	8528,3	8556,7	8570,8	8521,3	8563,8	100

86

		1/10 8,6	2/10 17,2	3/10 25,8	4/10 34,4	5/10 43,0	6/10 51,6	7/10 60,2	8/10 68,8	9/10 77,4	1/6 14,333	2/6 28,666	4/6 57,333	5/6 71,666	1/4 21,5	3/4 64,5	
1	86	94,6	103,2	111,8	120,4	129,0	137,6	146,2	154,8	163,4	100,3	114,7	143,3	157,7	107,5	150,5	1
2	172	180,6	189,2	197,8	206,4	215,0	223,6	232,2	240,8	249,4	186,3	200,7	229,3	243,7	193,5	236,5	2
3	258	266,6	275,2	283,8	292,4	301,0	309,6	318,2	326,8	335,4	272,3	286,7	315,3	329,7	279,5	322,5	3
4	344	352,6	361,2	369,8	378,4	387,0	395,6	404,2	412,8	421,4	358,3	372,7	401,3	415,7	365,5	408,5	4
5	430	438,6	447,2	455,8	464,4	473,0	481,6	490,2	498,8	507,4	444,3	458,7	487,3	501,7	451,5	494,5	5
6	516	524,6	533,2	541,8	550,4	559,0	567,6	576,2	584,8	593,4	530,3	544,7	573,3	587,7	537,5	580,5	6
7	602	610,6	619,2	627,8	636,4	645,0	653,6	662,2	670,8	679,4	616,3	630,7	659,3	673,7	623,5	666,5	7
8	688	696,6	705,2	713,8	722,4	731,0	739,6	748,2	756,8	765,4	702,3	716,7	745,3	759,7	709,5	752,5	8
9	774	782,6	791,2	799,8	808,4	817,0	825,6	834,2	842,8	851,4	788,3	802,7	831,3	845,7	795,5	838,5	9
10	860	868,6	877,2	885,8	894,4	903,0	911,6	920,2	928,8	937,4	874,3	888,7	917,3	931,7	881,5	924,5	10
11	946	954,6	963,2	971,8	980,4	989,0	997,6	1006,2	1014,8	1023,4	960,3	974,7	1003,3	1017,7	967,5	1010,5	11
12	1032	1040,6	1049,2	1057,8	1066,4	1075,0	1083,6	1092,2	1100,8	1109,4	1046,3	1060,7	1089,3	1103,7	1053,5	1096,5	12
13	1118	1126,6	1135,2	1143,8	1152,4	1161,0	1169,6	1178,2	1186,8	1195,4	1132,3	1146,7	1175,3	1189,7	1139,5	1182,5	13
14	1204	1212,6	1221,2	1229,8	1238,4	1247,0	1255,6	1264,2	1272,8	1281,4	1218,3	1232,7	1261,3	1275,7	1225,5	1268,5	14
15	1290	1298,6	1307,2	1315,8	1324,4	1333,0	1341,6	1350,2	1358,8	1367,4	1304,3	1318,7	1347,3	1361,7	1311,5	1354,5	15
16	1376	1384,6	1393,2	1401,8	1410,4	1419,0	1427,6	1436,2	1444,8	1453,4	1390,3	1404,7	1433,3	1447,7	1397,5	1440,5	16
17	1462	1470,6	1479,2	1487,8	1496,4	1505,0	1513,6	1522,2	1530,8	1539,4	1476,3	1490,7	1519,3	1533,7	1483,5	1526,5	17
18	1548	1556,6	1565,2	1573,8	1582,4	1591,0	1599,6	1608,2	1616,8	1625,4	1562,3	1576,7	1605,3	1619,7	1569,5	1612,5	18
19	1634	1642,6	1651,2	1659,8	1668,4	1677,0	1685,6	1694,2	1702,8	1711,4	1648,3	1662,7	1691,3	1705,7	1655,5	1698,5	19
20	1720	1728,6	1737,2	1745,8	1754,4	1763,0	1771,6	1780,2	1788,8	1797,4	1734,3	1748,7	1777,3	1791,7	1741,5	1784,5	20
21	1806	1814,6	1823,2	1831,8	1840,4	1849,0	1857,6	1866,2	1874,8	1883,4	1820,3	1834,7	1863,3	1877,7	1827,5	1870,5	21
22	1892	1900,6	1909,2	1917,8	1926,4	1935,0	1943,6	1952,2	1960,8	1969,4	1906,3	1920,7	1949,3	1963,7	1913,5	1956,5	22
23	1978	1986,6	1995,2	2003,8	2012,4	2021,0	2029,6	2038,2	2046,8	2055,4	1992,3	2006,7	2035,3	2049,7	1999,5	2042,5	23
24	2064	2072,6	2081,2	2089,8	2098,4	2107,0	2115,6	2124,2	2132,8	2141,4	2078,3	2092,7	2121,3	2135,7	2085,5	2128,5	24
25	2150	2158,6	2167,2	2175,8	2184,4	2193,0	2201,6	2210,2	2218,8	2227,4	2164,3	2178,7	2207,3	2221,7	2171,5	2214,5	25
26	2236	2244,6	2253,2	2261,8	2270,4	2279,0	2287,6	2296,2	2304,8	2313,4	2250,3	2264,7	2293,3	2307,7	2257,5	2300,5	26
27	2322	2330,6	2339,2	2347,8	2356,4	2365,0	2373,6	2382,2	2390,8	2399,4	2336,3	2350,7	2379,3	2393,7	2343,5	2386,5	27
28	2408	2416,6	2425,2	2433,8	2442,4	2451,0	2459,6	2468,2	2476,8	2485,4	2422,3	2436,7	2465,3	2479,7	2429,5	2472,5	28
29	2494	2502,6	2511,2	2519,8	2528,4	2537,0	2545,6	2554,2	2562,8	2571,4	2508,3	2522,7	2551,3	2565,7	2515,5	2558,5	29
30	2580	2588,6	2597,2	2605,8	2614,4	2623,0	2631,6	2640,2	2648,8	2657,4	2594,3	2608,7	2637,3	2651,7	2601,5	2644,5	30
31	2666	2674,6	2683,2	2691,8	2700,4	2709,0	2717,6	2726,2	2734,8	2743,4	2680,3	2694,7	2723,3	2737,7	2687,5	2730,5	31
32	2752	2760,6	2769,2	2777,8	2786,4	2795,0	2803,6	2812,2	2820,8	2829,4	2766,3	2780,7	2809,3	2823,7	2773,5	2816,5	32
33	2838	2846,6	2855,2	2863,8	2872,4	2881,0	2889,6	2898,2	2906,8	2915,4	2852,3	2866,7	2895,3	2909,7	2859,5	2902,5	33
34	2924	2932,6	2941,2	2949,8	2958,4	2967,0	2975,6	2984,2	2992,8	3001,4	2938,3	2952,7	2981,3	2995,7	2945,5	2988,5	34
35	3010	3018,6	3027,2	3035,8	3044,4	3053,0	3061,6	3070,2	3078,8	3087,4	3024,3	3038,7	3067,3	3081,7	3031,5	3074,5	35
36	3096	3104,6	3113,2	3121,8	3130,4	3139,0	3147,6	3156,2	3164,8	3173,4	3110,3	3124,7	3153,3	3167,7	3117,5	3160,5	36
37	3182	3190,6	3199,2	3207,8	3226,4	3225,0	3233,6	3242,2	3250,8	3259,4	3196,3	3210,7	3239,3	3253,7	3203,5	3246,5	37
38	3268	3276,6	3285,2	3293,8	3302,4	3311,0	3319,6	3328,2	3336,8	3345,4	3282,3	3296,7	3325,3	3339,7	3289,5	3332,5	38
39	3354	3362,6	3371,2	3379,8	3388,4	3397,0	3405,6	3414,2	3422,8	3431,4	3368,3	3382,7	3411,3	3425,7	3375,5	3418,5	39
40	3440	3448,6	3457,2	3465,8	3474,4	3483,0	3491,6	3500,2	3508,8	3517,4	3454,3	3468,7	3497,3	3511,7	3461,5	3504,5	40
41	3526	3534,6	3543,2	3551,8	3560,4	3569,0	3577,6	3586,2	3594,8	3603,4	3540,3	3554,7	3583,3	3597,7	3547,5	3590,5	41
42	3612	3620,6	3629,2	3637,8	3646,4	3655,0	3663,6	3672,2	3680,8	3689,4	3626,3	3640,7	3669,3	3683,7	3633,5	3676,5	42
43	3698	3706,6	3715,2	3723,8	3732,4	3741,0	3749,6	3758,2	3766,8	3775,4	3712,3	3726,7	3755,3	3769,7	3719,5	3762,5	43
44	3784	3792,6	3801,2	3809,8	3818,4	3827,0	3835,6	3844,2	3852,8	3861,4	3798,3	3812,7	3841,3	3855,7	3805,5	3848,5	44
45	3870	3878,6	3887,2	3895,8	3904,4	3913,0	3921,6	3930,2	3938,8	3947,4	3884,3	3898,7	3927,3	3941,7	3891,5	3934,5	45
46	3956	3964,6	3973,2	3981,8	3990,4	3999,0	4007,6	4016,2	4024,8	4033,4	3970,3	3984,7	4013,3	4027,7	3977,5	4020,5	46
47	4042	4050,6	4059,2	4067,8	4076,4	4085,0	4093,6	4102,2	4110,8	4119,4	4056,3	4070,7	4099,3	4113,7	4063,5	4106,5	47
48	4128	4136,6	4145,2	4153,8	4162,4	4171,0	4179,6	4188,2	4196,8	4205,4	4142,3	4156,7	4185,3	4199,7	4149,5	4192,5	48
49	4214	4222,6	4231,2	4239,8	4248,4	4257,0	4265,6	4274,2	4282,8	4291,4	4228,3	4242,7	4271,3	4285,7	4235,5	4278,5	49
50	4300	4308,6	4317,2	4325,8	4334,4	4343,0	4351,6	4360,2	4368,8	4377,4	4314,3	4328,7	4357,3	4371,7	4321,5	4364,5	50
51	4386	4394,6	4403,2	4411,8	4420,4	4429,0	4437,6	4446,2	4454,8	4463,4	4400,3	4414,7	4443,3	4457,7	4407,5	4450,5	51
52	4472	4480,6	4489,2	4497,8	4506,4	4515,0	4523,6	4532,2	4540,8	4549,4	4486,3	4500,7	4529,3	4543,7	4493,5	4536,5	52
53	4558	4566,6	4575,2	4583,8	4592,4	4601,0	4609,6	4618,2	4626,8	4635,4	4572,3	4586,7	4615,3	4629,7	4579,5	4622,5	53
54	4644	4652,6	4661,2	4669,8	4678,4	4687,0	4695,6	4704,2	4712,8	4721,4	4658,3	4672,7	4701,3	4715,7	4665,5	4708,5	54
55	4730	4738,6	4747,2	4755,8	4764,4	4773,0	4781,6	4790,2	4798,8	4807,4	4744,3	4758,7	4787,3	4801,7	4751,5	4794,5	55
56	4816	4824,6	4833,2	4841,8	4850,4	4859,0	4867,6	4876,2	4884,8	4893,4	4830,3	4844,7	4873,3	4887,7	4837,5	4880,5	56
57	4902	4910,6	4919,2	4927,8	4936,4	4945,0	4953,6	4692,2	4970,8	4979,4	4916,3	4930,7	4959,3	4973,7	4923,5	4966,5	57
58	4988	4996,6	5005,2	5013,8	5022,4	5031,0	5039,6	5048,2	5056,8	5065,4	5002,3	5016,7	5045,3	5059,7	5009,5	5052,5	58
59	5074	5082,6	5091,2	5099,8	5108,4	5117,0	5125,6	5134,2	5142,8	5151,4	5088,3	5102,7	5131,3	5145,7	5095,5	5138,5	59
60	5160	5168,6	5177,2	5185,8	5194,4	5203,0	5211,6	5220,2	5228,8	5237,4	5174,3	5188,7	5217,3	5231,7	5181,5	5224,5	60
61	5246	5254,6	5263,2	5271,8	5280,4	5289,0	5297,6	5306,2	5314,8	5323,4	5260,3	5274,7	5303,3	5317,7	5267,5	5310,5	61
62	5332	5340,6	5349,2	5357,8	5366,4	5375,0	5383,6	5392,2	5400,8	5409,4	5346,3	5360,7	5389,3	5403,7	5353,5	5396,5	62
63	5418	5426,6	5435,2	5443,8	5452,4	5461,0	5469,6	5478,2	5486,8	5495,4	5432,3	5446,7	5475,3	5489,7	5439,5	5482,5	63
64	5504	5512,6	5521,2	5529,8	5538,4	5547,0	5555,6	5564,2	5572,8	5581,4	5518,3	5532,7	5561,3	5575,7	5525,5	5568,5	64
65	5590	5598,6	5607,2	5615,8	5624,4	5633,0	5641,6	5650,2	5658,8	5667,4	5604,3	5618,7	5647,3	5661,7	5611,5	5654,5	65
66	5676	5684,6	5693,2	5701,8	5710,4	5719,0	5727,6	5736,2	5744,8	5753,4	5690,3	5704,7	5733,3	5747,7	5697,5	5740,5	66
67	5762	5770,6	5779,2	5787,8	5796,4	5805,0	5813,6	5822,2	5830,8	5839,4	5776,3	5790,7	5819,3	5833,7	5783,5	5826,5	67
68	5848	5856,6	5865,2	5873,8	5882,4	5891,0	5899,6	5908,2	5916,8	5925,4	5862,3	5876,7	5905,3	5919,7	5869,5	5912,5	68
69	5934	5942,6	5951,2	5959,8	5968,4	5977,0	5985,6	5994,2	6002,8	6011,4	5948,3	5962,7	5991,3	6005,7	5955,5	5998,5	69
70	6020	6028,6	6037,2	6045,8	6054,4	6063,0	6071,6	6080,2	6088,8	6097,4	6034,3	6048,7	6077,3	6091,7	6041,5	6084,5	70
71	6106	6114,6	6123,2	6131,8	6140,4	6149,0	6157,6	6166,2	6174,8	6183,4	6120,3	6134,7	6163,3	6177,7	6127,5	6170,5	71
72	6192	6200,6	6209,2	6217,8	6226,4	6235,0	6243,6	6252,2	6260,8	6269,4	6206,3	6220,7	6249,3	6263,7	6213,5	6256,5	72
73	6278	6286,6	6295,2	6303,8	6312,4	6321,0	6329,6	6338,2	6346,8	6355,4	6292,3	6306,7	6335,3	6349,7	6299,5	6342,5	73
74	6364	6372,6	6381,2	6389,8	6398,4	6407,0	6415,6	6424,2	6432,8	6441,4	6378,3	6392,7	6421,3	6435,7	6385,5	6428,5	74
75	6450	6458,6	6467,2	6475,8	6484,4	6493,0	6501,6	6510,2	6518,8	6527,4	6464,3	6478,7	6507,3	6521,7	6471,5	6514,5	75
76	6536	6544,6	6553,2	6561,8	6570,4	6579,0	6587,6	6596,2	6604,8	6613,4	6550,3	6564,7	6593,3	6607,7	6557,5	6600,5	76
77	6622	6630,6	6639,2	6647,8	6656,4	6665,0	6673,6	6682,2	6690,8	6699,4	6636,3	6650,7	6679,3	6693,7	6643,5	6686,5	77
78	6708	6716,6	6725,2	6733,8	6742,4	6751,0	6759,6	6768,2	6776,8	6785,4	6722,3	6736,7	6765,3	6779,7	6729,5	6772,5	78
79	6794	6802,6	6811,2	6819,8	6828,4	6837,0	6845,6	6854,2	6862,8	6871,4	6808,3	6822,7	6851,3	6865,7	6815,5	6858,5	79
80	6880	6888,6	6897,2	6905,8	6914,4	6923,0	6931,6	6940,2	6948,8	6957,4	6894,3	6908,7	6937,3	6951,7	6901,5	6944,5	80
81	6966	6974,6	6983,2	6991,8	7000,4	7009,0	7017,6	7026,2	7034,8	7043,4	6980,3	6994,7	7023,3	7037,7	6987,5	7030,5	81
82	7052	7060,6	7069,2	7077,8	7086,4	7095,0	7103,6	7112,2	7120,8	7129,4	7066,3	7080,7	7109,3	7123,7	7073,5	7116,5	82
83	7138	7146,6	7155,2	7163,8	7172,4	7181,0	7189,6	7198,2	7206,8	7215,4	7152,3	7166,7	7195,3	7209,7	7159,5	7202,5	83
84	7224	7232,6	7241,2	7249,8	7258,4	7267,0	7275,6	7284,2	7292,8	7301,4	7238,3	7252,7	7281,3	7295,7	7245,5	7288,5	84
85	7310	7318,6	7327,2	7335,8	7344,4	7353,0	7361,6	7370,2	7378,8	7387,4	7324,3	7338,7	7367,3	7381,7	7331,5	7374,5	85
86	7396	7404,6	7413,2	7421,8	7430,4	7439,0	7447,6	7456,2	7464,8	7473,4	7410,3	7424,7	7453,3	7467,7	7417,5	7460,5	86
87	7482	7490,6	7499,2	7507,8	7516,4	7525,0	7533,6	7542,2	7550,8	7559,4	7496,3	7510,7	7539,3	7553,7	7503,5	7546,5	87
88	7568	7576,6	7585,2	7593,8	7602,4	7611,0	7619,6	7628,2	7636,8	7645,4	7582,3	7596,7	7625,3	7639,7	7589,5	7632,5	88
89	7654	7662,6	7671,2	7679,8	7688,4	7697,0	7705,6	7714,2	7722,8	7731,4	7668,3	7682,7	7711,3	7725,7	7675,5	7718,5	89
90	7740	7748,6	7757,2	7765,8	7774,4	7783,0	7791,6	7800,2	7808,8	7817,4	7754,3	7768,7	7797,3	7811,7	7761,5	7804,5	90
91	7826	7834,6	7843,2	7851,8	7860,4	7869,0	7877,6	7886,2	7894,8	7903,4	7840,3	7854,7	7883,3	7897,7	7847,5	7890,5	91
92	7912	7920,6	7929,2	7937,8	7946,4	7955,0	7963,6	7972,2	7980,8	7989,4	7926,3	7940,7	7969,3	7983,7	7933,5	7976,5	92
93	7998	8006,6	8015,2	8023,8	8032,4	8041,0	8049,6	8058,2	8066,8	8075,4	8012,3	8026,7	8055,3	8069,7	8019,5	8062,5	93
94	8084	8092,6	8101,2	8109,8	8118,4	8127,0	8135,6	8144,2	8152,8	8161,4	8098,3	8112,7	8141,3	8155,7	8105,5	8148,5	94
95	8170	8178,6	8187,2	8195,8	8204,4	8213,0	8221,6	8230,2	8238,8	8247,4	8184,3	8198,7	8227,3	8241,7	8191,5	8234,5	95
96	8256	8264,6	8273,2	8281,8	8290,4	8299,0	8307,6	8316,2	8324,8	8333,4	8270,3	8284,7	8313,3	8327,7	8277,5	8320,5	96
97	8342	8350,6	8359,2	8367,8	8376,4	8385,0	8393,6	8402,2	8410,8	8419,4	8356,3	8370,7	8399,3	8413,7	8363,5	8406,5	97
98	8428	8436,6	8445,2	8453,8	8462,4	8471,0	8479,6	8488,2	8496,8	8505,4	8442,3	8456,7	8485,3	8499,7	8449,5	8492,5	98
99	8514	8522,6	8531,2	8539,8	8548,4	8557,0	8565,6	8574,2	8582,8	8591,4	8528,3	8542,7	8571,3	8585,7	8535,5	8578,5	99
100	8600	8608,6	8617,2	8625,8	8634,4	8643,0	8651,6	8660,2	8668,8	8677,4	8614,3	8628,7	8657,3	8671,7	8621,5	8664,5	100

87

		1/10	2/10	3/10	4/10	5/10	6/10	7/10	8/10	9/10	1/6	2/6	4/6	5/6	1/4	3/4	
		8,7	17,4	26,1	34,8	43,5	52,2	60,9	69,6	78,3	14,5	29,0	58,0	72,5	21,75	65,25	
1	87	95,7	104,4	113,1	121,8	130,5	139,2	147,9	156,6	165,3	101,5	116,0	145,0	159,5	108,8	152,3	**1**
2	174	182,7	191,4	200,1	208,8	217,5	226,2	234,9	243,6	252,3	188,5	203,0	232,0	246,5	195,8	239,3	**2**
3	261	269,7	278,4	287,1	295,8	304,5	313,2	321,9	330,6	339,3	275,5	290,0	319,0	333,5	282,8	326,3	**3**
4	348	356,7	365,4	374,1	382,8	391,5	400,2	408,9	417,6	426,3	362,5	377,0	406,0	420,5	369,8	413,3	**4**
5	435	443,7	452,4	461,1	469,8	478,5	487,2	495,9	504,6	513,3	449,5	464,0	493,0	507,5	456,8	500,3	**5**
6	522	530,7	539,4	548,1	556,8	565,5	574,2	582,9	591,6	600,3	536,5	551,0	580,0	594,5	543,8	587,3	**6**
7	609	617,7	626,4	635,1	643,8	652,5	661,2	669,9	678,6	687,3	623,5	638,0	667,0	681,5	630,8	674,3	**7**
8	696	704,7	713,4	722,1	730,8	739,5	748,2	756,9	765,6	774,3	710,5	725,0	754,0	768,5	717,8	761,3	**8**
9	783	791,7	800,4	809,1	817,8	826,5	835,2	843,9	852,6	861,3	797,5	812,0	841,0	855,5	804,8	848,3	**9**
10	870	878,7	887,4	896,1	904,8	913,5	922,2	930,9	939,6	948,3	884,5	899,0	928,0	942,5	891,8	935,3	**10**
11	957	965,7	974,4	983,1	991,8	1000,5	1009,2	1017,9	1026,6	1035,3	971,5	986,0	1015,0	1029,5	978,8	1022,3	**11**
12	1044	1052,7	1061,4	1070,1	1078,8	1087,5	1096,2	1104,9	1113,6	1122,3	1058,5	1073,0	1102,0	1116,5	1065,8	1109,3	**12**
13	1131	1139,7	1148,4	1157,1	1165,8	1174,5	1183,2	1191,9	1200,6	1209,3	1145,5	1160,0	1189,0	1203,5	1152,8	1196,3	**13**
14	1218	1226,7	1235,4	1244,1	1252,8	1261,5	1270,2	1278,9	1287,6	1296,3	1232,5	1247,0	1276,0	1290,5	1239,8	1283,3	**14**
15	1305	1313,7	1322,4	1331,1	1339,8	1348,5	1357,2	1365,9	1374,6	1383,3	1319,5	1334,0	1363,0	1377,5	1326,8	1370,3	**15**
16	1392	1400,7	1409,4	1418,1	1426,8	1435,5	1444,2	1452,9	1461,6	1470,3	1406,5	1421,0	1450,0	1464,5	1413,8	1457,3	**16**
17	1479	1487,7	1496,4	1505,1	1513,8	1522,5	1531,2	1539,9	1548,6	1557,3	1493,5	1508,0	1537,0	1551,5	1500,8	1544,3	**17**
18	1566	1574,7	1583,4	1592,1	1600,8	1609,5	1618,2	1626,9	1635,6	1644,3	1580,5	1595,0	1624,0	1638,5	1587,8	1631,3	**18**
19	1653	1661,7	1670,4	1679,1	1687,8	1696,5	1705,2	1713,9	1722,6	1731,3	1667,5	1682,0	1711,0	1725,5	1674,8	1718,3	**19**
20	1740	1748,7	1757,4	1766,1	1774,8	1783,5	1792,2	1800,9	1809,6	1818,3	1754,5	1769,0	1798,0	1812,5	1761,8	1805,3	**20**
21	1827	1835,7	1844,4	1853,1	1861,8	1870,5	1879,2	1887,9	1896,6	1905,3	1841,5	1856,0	1885,0	1899,5	1848,8	1892,3	**21**
22	1914	1922,7	1931,4	1940,1	1948,8	1957,5	1966,2	1974,9	1983,6	1992,3	1928,5	1943,0	1972,0	1986,5	1935,8	1979,3	**22**
23	2001	2009,7	2018,4	2027,1	2035,8	2044,5	2053,2	2061,9	2070,6	2079,3	2015,5	2030,0	2059,0	2073,5	2022,8	2066,3	**23**
24	2088	2096,7	2105,4	2114,1	2122,8	2131,5	2140,2	2148,9	2157,6	2166,3	2102,5	2117,0	2146,0	2160,5	2109,8	2153,3	**24**
25	2175	2183,7	2192,4	2201,1	2209,8	2218,5	2227,2	2235,9	2244,6	2253,3	2189,5	2204,0	2233,0	2247,5	2196,8	2240,3	**25**
26	2262	2270,7	2279,4	2288,1	2296,8	2305,5	2314,2	2322,9	2331,6	2340,3	2276,5	2291,0	2320,0	2334,5	2283,8	2327,3	**26**
27	2349	2357,7	2366,4	2375,1	2383,8	2392,5	2401,2	2409,9	2418,6	2427,3	2363,5	2378,0	2407,0	2421,5	2370,8	2414,3	**27**
28	2436	2444,7	2453,4	2462,1	2470,8	2479,5	2488,2	2496,9	2505,6	2514,3	2450,5	2465,0	2494,0	2508,5	2457,8	2501,3	**28**
29	2523	2531,7	2540,4	2549,1	2557,8	2566,5	2575,2	2583,9	2592,6	2601,3	2537,5	2552,0	2581,0	2595,5	2544,8	2588,3	**29**
30	2610	2618,7	2627,4	2636,1	2644,8	2653,5	2662,2	2670,9	2679,6	2688,3	2624,5	2639,0	2668,0	2682,5	2631,8	2675,3	**30**
31	2697	2705,7	2714,4	2723,1	2731,8	2740,5	2749,2	2757,9	2766,6	2775,3	2711,5	2726,0	2755,0	2769,5	2718,8	2762,3	**31**
32	2784	2792,7	2801,4	2810,1	2818,8	2827,5	2836,2	2844,9	2853,6	2862,3	2798,5	2813,0	2842,0	2856,5	2805,8	2849,3	**32**
33	2871	2879,7	2888,4	2897,1	2905,8	2914,5	2923,2	2931,9	2940,6	2949,3	2885,5	2900,0	2929,0	2943,5	2892,8	2936,3	**33**
34	2958	2966,7	2975,4	2984,1	2992,8	3001,5	3010,2	3018,9	3027,6	3036,3	2972,5	2987,0	3016,0	3030,5	2979,8	3023,3	**34**
35	3045	3053,7	3062,4	3071,1	3079,8	3088,5	3097,2	3105,9	3114,6	3123,3	3059,5	3074,0	3103,0	3117,5	3066,8	3110,3	**35**
36	3132	3140,7	3149,4	3158,1	3166,8	3175,5	3184,2	3192,9	3201,6	3210,3	3146,5	3161,0	3190,0	3204,5	3153,8	3197,3	**36**
37	3219	3227,7	3236,4	3245,1	3253,8	3262,5	3271,2	3279,9	3288,6	3297,3	3233,5	3248,0	3277,0	3291,5	3240,8	3284,3	**37**
38	3306	3314,7	3323,4	3332,1	3340,8	3349,5	3358,2	3366,9	3375,6	3384,3	3320,5	3335,0	3364,0	3378,5	3327,8	3371,3	**38**
39	3393	3401,7	3410,4	3419,1	3427,8	3436,5	3445,2	3453,9	3462,6	3471,3	3407,5	3422,0	3451,0	3465,5	3414,8	3458,3	**39**
40	3480	3488,7	3497,4	3506,1	3514,8	3523,5	3532,2	3540,9	3549,6	3558,3	3494,5	3509,0	3538,0	3552,5	3501,8	3545,3	**40**
41	3567	3575,7	3584,4	3593,1	3601,8	3610,5	3619,2	3627,9	3636,6	3645,3	3581,5	3596,0	3625,0	3639,5	3588,8	3632,3	**41**
42	3654	3662,7	3671,4	3680,1	3688,8	3697,5	3706,2	3714,9	3723,6	3732,3	3668,5	3683,0	3712,0	3726,5	3675,8	3719,3	**42**
43	3741	3749,7	3758,4	3767,1	3775,8	3784,5	3793,2	3801,9	3810,6	3819,3	3755,5	3770,0	3799,0	3813,5	3762,8	3806,3	**43**
44	3828	3836,7	3845,4	3854,1	3862,8	3871,5	3880,2	3888,9	3897,6	3906,3	3842,5	3857,0	3886,0	3900,5	3849,8	3893,3	**44**
45	3915	3923,7	3932,4	3941,1	3949,8	3958,5	3967,2	3975,9	3984,6	3993,3	3929,5	3944,0	3973,0	3987,5	3936,8	3980,3	**45**
46	4002	4010,7	4019,4	4028,1	4036,8	4045,5	4054,2	4062,9	4071,6	4080,3	4016,5	4031,0	4060,0	4074,5	4023,8	4067,3	**46**
47	4089	4097,7	4106,4	4115,1	4123,8	4132,5	4141,2	4149,9	4158,6	4167,3	4103,5	4118,0	4147,0	4161,5	4110,8	4154,3	**47**
48	4176	4184,7	4193,4	4202,1	4210,8	4219,5	4228,2	4236,9	4245,6	4254,3	4190,5	4205,0	4234,0	4248,5	4197,8	4241,3	**48**
49	4263	4271,7	4280,4	4289,1	4297,8	4306,5	4315,2	4323,9	4332,6	4341,3	4277,5	4292,0	4321,0	4335,5	4284,8	4328,3	**49**
50	4350	4358,7	4367,4	4376,1	4384,8	4393,5	4402,2	4410,9	4419,6	4428,3	4364,5	4379,0	4408,0	4422,5	4371,8	4415,3	**50**
51	4437	4445,7	4454,4	4463,1	4471,8	4480,5	4489,2	4497,9	4506,6	4515,3	4451,5	4466,0	4495,0	4509,5	4458,8	4502,3	**51**
52	4524	4532,7	4541,4	4550,1	4558,8	4567,5	4576,2	4584,9	4593,6	4602,3	4538,5	4553,0	4582,0	4596,5	4545,8	4589,3	**52**
53	4611	4619,7	4628,4	4637,1	4645,8	4654,5	4663,2	4671,9	4680,6	4689,3	4625,5	4640,0	4669,0	4683,5	4632,8	4676,3	**53**
54	4698	4706,7	4715,4	4724,1	4732,8	4741,5	4750,2	4758,9	4767,6	4776,3	4712,5	4727,0	4756,0	4770,5	4719,8	4763,3	**54**
55	4785	4793,7	4802,4	4811,1	4819,8	4828,5	4837,2	4845,9	4854,6	4863,3	4799,5	4814,0	4843,0	4857,5	4806,8	4850,3	**55**
56	4872	4880,7	4889,4	4898,1	4906,8	4915,5	4924,2	4932,9	4941,6	4950,3	4886,5	4901,0	4930,0	4944,5	4893,8	4937,3	**56**
57	4959	4967,7	4976,4	4985,1	4993,8	5002,5	5011,2	5019,9	5028,6	5037,3	4973,5	4988,0	5017,0	5031,5	4980,8	5024,3	**57**
58	5046	5054,7	5063,4	5072,1	5080,8	5089,5	5098,2	5106,9	5115,6	5124,3	5060,5	5075,0	5104,0	5118,5	5067,8	5111,3	**58**
59	5133	5141,7	5150,4	5159,1	5167,8	5176,5	5185,2	5193,9	5202,6	5211,3	5147,5	5162,0	5191,0	5205,5	5154,8	5198,3	**59**
60	5220	5228,7	5237,4	5246,1	5254,8	5263,5	5272,2	5280,9	5289,6	5298,3	5234,5	5249,0	5278,0	5292,5	5241,8	5285,3	**60**
61	5307	5315,7	5324,4	5333,1	5341,8	5350,5	5359,2	5367,9	5376,6	5385,3	5321,5	5336,0	5365,0	5379,5	5328,8	5372,3	**61**
62	5394	5402,7	5411,4	5420,1	5428,8	5437,5	5446,2	5454,9	5463,6	5472,3	5408,5	5423,0	5452,0	5466,5	5415,8	5459,3	**62**
63	5481	5489,7	5498,4	5507,1	5515,8	5524,5	5533,2	5541,9	5550,6	5559,3	5495,5	5510,0	5539,0	5553,5	5502,8	5546,3	**63**
64	5568	5576,7	5585,4	5594,1	5602,8	5611,5	5620,2	5628,9	5637,6	5646,3	5582,5	5597,0	5626,0	5640,5	5589,8	5633,3	**64**
65	5655	5663,7	5672,4	5681,1	5689,8	5698,5	5707,2	5715,9	5724,6	5733,3	5669,5	5684,0	5713,0	5727,5	5676,8	5720,3	**65**
66	5742	5750,7	5759,4	5768,1	5776,8	5785,5	5794,2	5802,9	5811,6	5820,3	5756,5	5771,0	5800,0	5814,5	5763,8	5807,3	**66**
67	5829	5837,7	5846,4	5855,1	5863,8	5872,5	5881,2	5889,9	5898,6	5907,3	5843,5	5858,0	5887,0	5901,5	5850,8	5894,3	**67**
68	5916	5924,7	5933,4	5942,1	5950,8	5959,5	5968,2	5976,9	5985,6	5994,3	5930,5	5945,0	5974,0	5988,5	5937,8	5981,3	**68**
69	6003	6011,7	6020,4	6029,1	6037,8	6046,5	6055,2	6063,9	6072,6	6081,3	6017,5	6032,0	6061,0	6075,5	6024,8	6068,3	**69**
70	6090	6098,7	6107,4	6116,1	6124,8	6133,5	6142,2	6150,9	6159,6	6168,3	6104,5	6119,0	6148,0	6162,5	6111,8	6155,3	**70**
71	6177	6185,7	6194,4	6203,1	6211,8	6220,5	6229,2	6237,9	6246,6	6255,3	6191,5	6206,0	6235,0	6249,5	6198,8	6242,3	**71**
72	6264	6272,7	6281,4	6290,1	6298,8	6307,5	6316,2	6324,9	6333,6	6342,3	6278,5	6293,0	6322,0	6336,5	6285,8	6329,3	**72**
73	6351	6359,7	6368,4	6377,1	6385,8	6394,5	6403,2	6411,9	6420,6	6429,3	6365,5	6380,0	6409,0	6423,5	6372,8	6416,3	**73**
74	6438	6446,7	6455,4	6464,1	6472,8	6481,5	6490,2	6498,9	6507,6	6516,3	6452,5	6467,0	6496,0	6510,5	6459,8	6503,3	**74**
75	6525	6533,7	6542,4	6551,1	6559,8	6568,5	6577,2	6585,9	6594,6	6603,3	6539,5	6554,0	6583,0	6597,5	6546,8	6590,3	**75**
76	6612	6620,7	6629,4	6638,1	6646,8	6655,5	6664,2	6672,9	6681,6	6690,3	6626,5	6641,0	6670,0	6684,5	6633,8	6677,3	**76**
77	6699	6707,7	6716,4	6725,1	6733,8	6742,5	6751,2	6759,9	6768,6	6777,3	6713,5	6728,0	6757,0	6771,5	6720,8	6764,3	**77**
78	6786	6794,7	6803,4	6812,1	6820,8	6829,5	6838,2	6846,9	6855,6	6864,3	6800,5	6815,0	6844,0	6858,5	6807,8	6851,3	**78**
79	6873	6881,7	6890,4	6899,1	6907,8	6916,5	6925,2	6933,9	6942,6	6951,3	6887,5	6902,0	6931,0	6945,5	6894,8	6938,3	**79**
80	6960	6968,7	6977,4	6986,1	6994,8	7003,5	7012,2	7020,9	7029,6	7038,3	6974,5	6989,0	7018,0	7032,5	6981,8	7025,3	**80**
81	7047	7055,7	7064,4	7073,1	7081,8	7090,5	7099,2	7107,9	7116,6	7125,3	7061,5	7076,0	7105,0	7119,5	7068,8	7112,3	**81**
82	7134	7142,7	7151,4	7160,1	7168,8	7177,5	7186,2	7194,9	7203,6	7212,3	7148,5	7163,0	7192,0	7206,5	7155,8	7199,3	**82**
83	7221	7229,7	7238,4	7247,1	7255,8	7264,5	7273,2	7281,9	7290,6	7299,3	7235,5	7250,0	7279,0	7293,5	7242,8	7286,3	**83**
84	7308	7316,7	7325,4	7334,1	7342,8	7351,5	7360,2	7368,9	7377,6	7386,3	7322,5	7337,0	7366,0	7380,5	7329,8	7373,3	**84**
85	7395	7403,7	7412,4	7421,1	7429,8	7438,5	7447,2	7455,9	7464,6	7473,3	7409,5	7424,0	7453,0	7467,5	7416,8	7460,3	**85**
86	7482	7490,7	7499,4	7508,1	7516,8	7525,5	7534,2	7542,9	7551,6	7560,3	7496,5	7511,0	7540,0	7554,5	7503,8	7547,3	**86**
87	7569	7577,7	7586,4	7595,1	7603,8	7612,5	7621,2	7629,9	7638,6	7647,3	7583,5	7598,0	7627,0	7641,5	7590,8	7634,3	**87**
88	7656	7664,7	7673,4	7682,1	7690,8	7699,5	7708,2	7716,9	7725,6	7734,3	7670,5	7685,0	7714,0	7728,5	7677,8	7721,3	**88**
89	7743	7751,7	7760,4	7769,1	7777,8	7786,5	7795,2	7803,9	7812,6	7821,3	7757,5	7772,0	7801,0	7815,5	7764,8	7808,3	**89**
90	7830	7838,7	7847,4	7856,1	7864,8	7873,5	7882,2	7890,9	7899,6	7908,3	7844,5	7859,0	7888,0	7902,5	7851,8	7895,3	**90**
91	7917	7925,7	7934,4	7943,1	7951,8	7960,5	7969,2	7977,9	7986,6	7995,3	7931,5	7946,0	7975,0	7989,5	7938,8	7982,3	**91**
92	8004	8012,7	8021,4	8030,1	8038,8	8047,5	8056,2	8064,9	8073,6	8082,3	8018,5	8033,0	8062,0	8076,5	8025,8	8069,3	**92**
93	8091	8099,7	8108,4	8117,1	8125,8	8134,5	8143,2	8151,9	8160,6	8169,3	8105,5	8120,0	8149,0	8163,5	8112,8	8156,3	**93**
94	8178	8186,7	8195,4	8204,1	8212,8	8221,5	8230,2	8238,9	8247,6	8256,3	8192,5	8207,0	8236,0	8250,5	8199,8	8243,3	**94**
95	8265	8273,7	8282,4	8291,1	8299,8	8308,5	8317,2	8325,9	8334,6	8343,3	8279,5	8294,0	8323,0	8337,5	8286,8	8330,3	**95**
96	8352	8360,7	8369,4	8378,1	8386,8	8395,5	8404,2	8412,9	8421,6	8430,3	8366,5	8381,0	8410,0	8424,5	8373,8	8417,3	**96**
97	8439	8447,7	8456,4	8465,1	8473,8	8482,5	8491,2	8499,9	8508,6	8517,3	8453,5	8468,0	8497,0	8511,5	8460,8	8504,3	**97**
98	8526	8534,7	8543,4	8552,1	8560,8	8569,5	8578,2	8586,9	8595,6	8604,3	8540,5	8555,0	8584,0	8598,5	8547,8	8591,3	**98**
99	8613	8621,7	8630,4	8639,1	8647,8	8656,5	8665,2	8673,9	8682,6	8691,3	8627,5	8642,0	8671,0	8685,5	8634,8	8678,3	**99**
100	8700	8708,7	8717,4	8726,1	8734,8	8743,5	8752,2	8760,9	8769,6	8778,3	8714,5	8729,0	8758,0	8772,5	8721,8	8765,3	**100**

88

	88	1/10 8,8	2/10 17,6	3/10 26,4	4/10 35,2	5/10 44,0	6/10 52,8	7/10 61,6	8/10 70,4	9/10 79,2	1/6 14,666	1/3 29,333	2/3 58,666	5/6 73,333	1/4 22,0	3/4 66,0	
1	88	96,8	105,6	114,4	123,2	132,0	140,8	149,6	158,4	167,2	102,7	117,3	146,7	161,3	110,0	154,0	1
2	176	184,8	193,6	202,4	211,2	220,0	228,8	237,6	246,4	255,2	190,7	205,3	234,7	249,3	198,0	242,0	2
3	264	272,8	281,6	290,4	299,2	308,0	316,8	325,6	334,4	343,2	278,7	293,3	322,7	337,3	286,0	330,0	3
4	352	360,8	369,6	378,4	387,2	396,0	404,8	413,6	422,4	431,2	366,7	381,3	410,7	425,3	374,0	418,0	4
5	440	448,8	457,6	466,4	475,2	484,0	492,8	501,6	510,4	519,2	454,7	469,3	498,7	513,3	462,0	506,0	5
6	528	536,8	545,6	554,4	563,2	572,0	580,8	589,6	598,4	607,2	542,7	557,3	586,7	601,3	550,0	594,0	6
7	616	624,8	633,6	642,4	651,2	660,0	668,8	677,6	686,4	695,2	630,7	645,3	674,7	689,3	638,0	682,0	7
8	704	712,8	721,6	730,4	739,2	748,0	756,8	765,6	774,4	783,2	718,7	733,3	762,7	777,3	726,0	770,0	8
9	792	800,8	809,6	818,4	827,2	836,0	844,8	853,6	862,4	871,2	806,7	821,3	850,7	865,3	814,0	858,0	9
10	880	888,8	897,6	906,4	915,2	924,0	932,8	941,6	950,4	959,2	894,7	909,3	938,7	953,3	902,0	946,0	10
11	968	976,8	985,6	994,4	1003,2	1012,0	1020,8	1029,6	1038,4	1047,2	982,7	997,3	1026,7	1041,3	990,0	1034,0	11
12	1056	1064,8	1073,6	1082,4	1091,2	1100,0	1108,8	1117,6	1126,4	1135,2	1070,7	1085,3	1114,7	1129,3	1078,0	1122,0	12
13	1144	1152,8	1161,6	1170,4	1179,2	1188,0	1196,8	1205,6	1214,4	1223,2	1158,7	1173,3	1202,7	1217,3	1166,0	1210,0	13
14	1232	1240,8	1249,6	1258,4	1267,2	1276,0	1284,8	1293,6	1302,4	1311,2	1246,7	1261,3	1290,7	1305,3	1254,0	1298,0	14
15	1320	1328,8	1337,6	1346,4	1355,2	1364,0	1372,8	1381,6	1390,4	1399,2	1334,7	1349,3	1378,7	1393,3	1342,0	1386,0	15
16	1408	1416,8	1425,6	1434,4	1443,2	1452,0	1460,8	1469,6	1478,4	1487,2	1422,7	1437,3	1466,7	1481,3	1430,0	1474,0	16
17	1496	1504,8	1513,6	1522,4	1531,2	1540,0	1548,8	1557,6	1566,4	1575,2	1510,7	1525,3	1554,7	1569,3	1518,0	1562,0	17
18	1584	1592,8	1601,6	1610,4	1619,2	1628,0	1636,8	1645,6	1654,4	1663,2	1598,7	1613,3	1642,7	1657,3	1606,0	1650,0	18
19	1672	1680,8	1689,6	1698,4	1707,2	1716,0	1724,8	1733,6	1742,4	1751,2	1686,7	1701,3	1730,7	1745,3	1694,0	1738,0	19
20	1760	1768,8	1777,6	1786,4	1795,2	1804,0	1812,8	1821,6	1830,4	1839,2	1774,7	1789,3	1818,7	1833,3	1782,0	1826,0	20
21	1848	1856,8	1865,6	1874,4	1883,2	1892,0	1900,8	1909,6	1918,4	1927,2	1862,7	1877,3	1906,7	1921,3	1870,0	1914,0	21
22	1936	1944,8	1953,6	1962,4	1971,2	1980,0	1988,8	1997,6	2006,4	2015,2	1950,7	1965,3	1994,7	2009,3	1958,0	2002,0	22
23	2024	2032,8	2041,6	2050,4	2059,2	2068,0	2076,8	2085,6	2094,4	2103,2	2038,7	2053,3	2082,7	2097,3	2046,0	2090,0	23
24	2112	2120,8	2129,6	2138,4	2147,2	2156,0	2164,8	2173,6	2182,4	2191,2	2126,7	2141,3	2170,7	2185,3	2134,0	2178,0	24
25	2200	2208,8	2217,6	2226,4	2235,2	2244,0	2252,8	2261,6	2270,4	2279,2	2214,7	2229,3	2258,7	2273,3	2222,0	2266,0	25
26	2288	2296,8	2305,6	2314,4	2323,2	2332,0	2340,8	2349,6	2358,4	2367,2	2302,7	2317,3	2346,7	2361,3	2310,0	2354,0	26
27	2376	2384,8	2393,6	2402,4	2411,2	2420,0	2428,8	2437,6	2446,4	2455,2	2390,7	2405,3	2434,7	2449,3	2398,0	2442,0	27
28	2464	2472,8	2481,6	2490,4	2499,2	2508,0	2516,8	2525,6	2534,4	2543,2	2478,7	2493,3	2522,7	2537,3	2486,0	2530,0	28
29	2552	2560,8	2569,6	2578,4	2587,2	2596,0	2604,8	2613,6	2622,4	2631,2	2566,7	2581,3	2610,7	2625,3	2574,0	2618,0	29
30	2640	2648,8	2657,6	2666,4	2675,2	2684,0	2692,8	2701,6	2710,4	2719,2	2654,7	2669,3	2698,7	2713,3	2662,0	2706,0	30
31	2728	2736,8	2745,6	2754,4	2763,2	2772,0	2780,8	2789,6	2798,4	2807,2	2742,7	2757,3	2786,7	2801,3	2750,0	2794,0	31
32	2816	2824,8	2833,6	2842,4	2851,2	2860,0	2868,8	2877,6	2886,4	2895,2	2830,7	2845,3	2874,7	2889,3	2838,0	2882,0	32
33	2904	2912,8	2921,6	2930,4	2939,2	2948,0	2956,8	2965,6	2974,4	2983,2	2918,7	2933,3	2962,7	2977,3	2926,0	2970,0	33
34	2992	3000,8	3009,6	3018,4	3027,2	3036,0	3044,8	3053,6	3062,4	3071,2	3006,7	3021,3	3050,7	3065,3	3014,0	3058,0	34
35	3080	3088,8	3097,6	3106,4	3115,2	3124,0	3132,8	3141,6	3150,4	3159,2	3094,7	3109,3	3138,7	3153,3	3102,0	3146,0	35
36	3168	3176,8	3185,6	3194,4	3203,2	3212,0	3220,8	3229,6	3238,4	3247,2	3182,7	3197,3	3226,7	3241,3	3190,0	3234,0	36
37	3256	3264,8	3273,6	3282,4	3291,2	3300,0	3308,8	3317,6	3326,4	3335,2	3270,7	3285,3	3314,7	3329,3	3278,0	3322,0	37
38	3344	3352,8	3361,6	3370,4	3379,2	3388,0	3396,8	3405,6	3414,4	3423,2	3358,7	3373,3	3402,7	3417,3	3366,0	3410,0	38
39	3432	3440,8	3449,6	3458,4	3467,2	3476,0	3484,8	3493,6	3502,4	3511,2	3446,7	3461,3	3490,7	3505,3	3454,0	3498,0	39
40	3520	3528,8	3537,6	3546,4	3555,2	3564,0	3572,8	3581,6	3590,4	3599,2	3534,7	3549,3	3578,7	3593,3	3542,0	3586,0	40
41	3608	3616,8	3625,6	3634,4	3643,2	3652,0	3660,8	3669,6	3678,4	3687,2	3622,7	3637,3	3666,7	3681,3	3630,0	3674,0	41
42	3696	3704,8	3713,6	3722,4	3731,2	3740,0	3748,8	3757,6	3766,4	3775,2	3710,7	3725,3	3754,7	3769,3	3718,0	3762,0	42
43	3784	3792,8	3801,6	3810,4	3819,2	3828,0	3836,8	3845,6	3854,4	3863,2	3798,7	3813,3	3842,7	3857,3	3806,0	3850,0	43
44	3872	3880,8	3889,6	3898,4	3907,2	3916,0	3924,8	3933,6	3942,4	3951,2	3886,7	3901,3	3930,7	3945,3	3894,0	3938,0	44
45	3960	3968,8	3977,6	3986,4	3995,2	4004,0	4012,8	4021,6	4030,4	4039,2	3974,7	3989,3	4018,7	4033,3	3982,0	4026,0	45
46	4048	4056,8	4065,6	4074,4	4083,2	4092,0	4100,8	4109,6	4118,4	4127,2	4062,7	4077,3	4106,7	4121,3	4070,0	4114,0	46
47	4136	4144,8	4153,6	4162,4	4171,2	4180,0	4188,8	4197,6	4206,4	4215,2	4150,7	4165,3	4194,7	4209,3	4158,0	4202,0	47
48	4224	4232,8	4241,6	4250,4	4259,2	4268,0	4276,8	4285,6	4294,4	4303,2	4238,7	4253,3	4282,7	4297,3	4246,0	4290,0	48
49	4312	4320,8	4329,6	4338,4	4347,2	4356,0	4364,8	4373,6	4382,4	4391,2	4326,7	4341,3	4370,7	4385,3	4334,0	4378,0	49
50	4400	4408,8	4417,6	4426,4	4435,2	4444,0	4452,8	4461,6	4470,4	4479,2	4414,7	4429,3	4458,7	4473,3	4422,0	4466,0	50
51	4488	4496,8	4505,6	4514,4	4523,2	4532,0	4540,8	4549,6	4558,4	4567,2	4502,7	4517,3	4546,7	4561,3	4510,0	4554,0	51
52	4576	4584,8	4593,6	4602,4	4611,2	4620,0	4628,8	4637,6	4646,4	4655,2	4590,7	4605,3	4634,7	4649,3	4598,0	4642,0	52
53	4664	4672,8	4681,6	4690,4	4699,2	4708,0	4716,8	4725,6	4734,4	4743,2	4678,7	4693,3	4722,7	4737,3	4686,0	4730,0	53
54	4752	4760,8	4769,6	4778,4	4787,2	4796,0	4804,8	4813,6	4822,4	4831,2	4766,7	4781,3	4810,7	4825,3	4774,0	4818,0	54
55	4840	4848,8	4857,6	4866,4	4875,2	4884,0	4892,8	4901,6	4910,4	4919,2	4854,7	4869,3	4898,7	4913,3	4862,0	4906,0	55
56	4928	4936,8	4945,6	4954,4	4963,2	4972,0	4980,8	4989,6	4998,4	5007,2	4942,7	4957,3	4986,7	5001,3	4950,0	4994,0	56
57	5016	5024,8	5033,6	5042,4	5051,2	5060,0	5068,8	5077,6	5086,4	5095,2	5030,7	5045,3	5074,7	5089,3	5038,0	5082,0	57
58	5104	5112,8	5121,6	5130,4	5139,2	5148,0	5156,8	5165,6	5174,4	5183,2	5118,7	5133,3	5162,7	5177,3	5126,0	5170,0	58
59	5192	5200,8	5209,6	5218,4	5227,2	5236,0	5244,8	5253,6	5262,4	5271,2	5206,7	5221,3	5250,7	5265,3	5214,0	5258,0	59
60	5280	5288,8	5297,6	5306,4	5315,2	5324,0	5332,8	5341,6	5350,4	5359,2	5294,7	5309,3	5338,7	5353,3	5302,0	5346,0	60
61	5368	5376,8	5385,6	5394,4	5403,2	5412,0	5420,8	5429,6	5438,4	5447,2	5382,7	5397,3	5426,7	5441,3	5390,0	5434,0	61
62	5456	5464,8	5473,6	5482,4	5491,2	5500,0	5508,8	5517,6	5526,4	5535,2	5470,7	5485,3	5514,7	5529,3	5478,0	5522,0	62
63	5544	5552,8	5561,6	5570,4	5579,2	5588,0	5596,8	5605,6	5614,4	5623,2	5558,7	5573,3	5602,7	5617,3	5566,0	5610,0	63
64	5632	5640,8	5649,6	5658,4	5667,2	5676,0	5684,8	5693,6	5702,4	5711,2	5646,7	5661,3	5690,7	5705,3	5654,0	5698,0	64
65	5720	5728,8	5737,6	5746,4	5755,2	5764,0	5772,8	5781,6	5790,4	5799,2	5734,7	5749,3	5778,7	5793,3	5742,0	5786,0	65
66	5808	5816,8	5825,6	5834,4	5843,2	5852,0	5860,8	5869,6	5878,4	5887,2	5822,7	5837,3	5866,7	5881,3	5830,0	5874,0	66
67	5896	5904,8	5913,6	5922,4	5931,2	5940,0	5948,8	5957,6	5966,4	5975,2	5910,7	5925,3	5954,7	5969,3	5918,0	5962,0	67
68	5984	5992,8	6001,6	6010,4	6019,2	6028,0	6036,8	6045,6	6054,4	6063,2	5998,7	6013,3	6042,7	6057,3	6006,0	6050,0	68
69	6072	6080,8	6089,6	6098,4	6107,2	6116,0	6124,8	6133,6	6142,4	6151,2	6086,7	6101,3	6130,7	6145,3	6094,0	6138,0	69
70	6160	6168,8	6177,6	6186,4	6195,2	6204,0	6212,8	6221,6	6230,4	6239,2	6174,7	6189,3	6218,7	6233,3	6182,0	6226,0	70
71	6248	6256,8	6265,6	6274,4	6283,2	6292,0	6300,8	6309,6	6318,4	6327,2	6262,7	6277,3	6306,7	6321,3	6270,0	6314,0	71
72	6336	6344,8	6353,6	6362,4	6371,2	6380,0	6388,8	6397,6	6406,4	6415,2	6350,7	6365,3	6394,7	6409,3	6358,0	6402,0	72
73	6424	6432,8	6441,6	6450,4	6459,2	6468,0	6476,8	6485,6	6494,4	6503,2	6438,7	6453,3	6482,7	6497,3	6446,0	6490,0	73
74	6512	6520,8	6529,6	6538,4	6547,2	6556,0	6564,8	6573,6	6582,4	6591,2	6526,7	6541,3	6570,7	6585,3	6534,0	6578,0	74
75	6600	6608,8	6617,6	6626,4	6635,2	6644,0	6652,8	6661,6	6670,4	6679,2	6614,7	6629,3	6658,7	6673,3	6622,0	6666,0	75
76	6688	6696,8	6705,6	6714,4	6723,2	6732,0	6740,8	6749,6	6758,4	6767,2	6702,7	6717,3	6746,7	6761,3	6710,0	6754,0	76
77	6776	6784,8	6793,6	6802,4	6811,2	6820,0	6828,8	6837,6	6846,4	6855,2	6790,7	6805,3	6834,7	6849,3	6798,0	6842,0	77
78	6864	6872,8	6881,6	6890,4	6899,2	6908,0	6916,8	6925,6	6934,4	6943,2	6878,7	6893,3	6922,7	6937,3	6886,0	6930,0	78
79	6952	6960,8	6969,6	6978,4	6987,2	6996,0	7004,8	7013,6	7022,4	7031,2	6966,7	6981,3	7010,7	7025,3	6974,0	7018,0	79
80	7040	7048,8	7057,6	7066,4	7075,2	7084,0	7092,8	7101,6	7110,4	7119,2	7054,7	7069,3	7098,7	7113,3	7062,0	7106,0	80
81	7128	7136,8	7145,6	7154,4	7163,2	7172,0	7180,8	7189,6	7198,4	7207,2	7142,7	7157,3	7186,7	7201,3	7150,0	7194,0	81
82	7216	7224,8	7233,6	7242,4	7251,2	7260,0	7268,8	7277,6	7286,4	7295,2	7230,7	7245,3	7274,7	7289,3	7238,0	7282,0	82
83	7304	7312,8	7321,6	7330,4	7339,2	7348,0	7356,8	7365,6	7374,4	7383,2	7318,7	7333,3	7362,7	7377,3	7326,0	7370,0	83
84	7392	7400,8	7409,6	7418,4	7427,2	7436,0	7444,8	7453,6	7462,4	7471,2	7406,7	7421,3	7450,7	7465,3	7414,0	7458,0	84
85	7480	7488,8	7497,6	7506,4	7515,2	7524,0	7532,8	7541,6	7550,4	7559,2	7494,7	7509,3	7538,7	7553,3	7502,0	7546,0	85
86	7568	7576,8	7585,6	7594,4	7603,2	7612,0	7620,8	7629,6	7638,4	7647,2	7582,7	7597,3	7626,7	7641,3	7590,0	7634,0	86
87	7656	7664,8	7673,6	7682,4	7691,2	7700,0	7708,8	7717,6	7726,4	7735,2	7670,7	7685,3	7714,7	7729,3	7678,0	7722,0	87
88	7744	7752,8	7761,6	7770,4	7779,2	7788,0	7796,8	7805,6	7814,4	7823,2	7758,7	7773,3	7802,7	7817,3	7766,0	7810,0	88
89	7832	7840,8	7849,6	7858,4	7867,2	7876,0	7884,8	7893,6	7902,4	7911,2	7846,7	7861,3	7890,7	7905,3	7854,0	7898,0	89
90	7920	7928,8	7937,6	7946,4	7955,2	7964,0	7972,8	7981,6	7990,4	7999,2	7934,7	7949,3	7978,7	7993,3	7942,0	7986,0	90
91	8008	8016,8	8025,6	8034,4	8043,2	8052,0	8060,8	8069,6	8078,4	8087,2	8022,7	8037,3	8066,7	8081,3	8030,0	8074,0	91
92	8096	8104,8	8113,6	8122,4	8131,2	8140,0	8148,8	8157,6	8166,4	8175,2	8110,7	8125,3	8154,7	8169,3	8118,0	8162,0	92
93	8184	8192,8	8201,6	8210,4	8219,2	8228,0	8236,8	8245,6	8254,4	8263,2	8198,7	8213,3	8242,7	8257,3	8206,0	8250,0	93
94	8272	8280,8	8289,6	8298,4	8307,2	8316,0	8324,8	8333,6	8342,4	8351,2	8286,7	8301,3	8330,7	8345,3	8294,0	8338,0	94
95	8360	8368,8	8377,6	8386,4	8395,2	8404,0	8412,8	8421,6	8430,4	8439,2	8374,7	8389,3	8418,7	8433,3	8382,0	8426,0	95
96	8448	8456,8	8465,6	8474,4	8483,2	8492,0	8500,8	8509,6	8518,4	8527,2	8462,7	8477,3	8506,7	8521,3	8470,0	8514,0	96
97	8536	8544,8	8553,6	8562,4	8571,2	8580,0	8588,8	8597,6	8606,4	8615,2	8550,7	8565,3	8594,7	8609,3	8558,0	8602,0	97
98	8624	8632,8	8641,6	8650,4	8659,2	8668,0	8676,8	8685,6	8694,4	8703,2	8638,7	8653,3	8682,7	8697,3	8646,0	8690,0	98
99	8712	8720,8	8729,6	8738,4	8747,2	8756,0	8764,8	8773,6	8782,4	8791,2	8726,7	8741,3	8770,7	8785,3	8734,0	8778,0	99
100	8800	8808,8	8817,6	8826,4	8835,2	8844,0	8852,8	8861,6	8870,4	8879,2	8814,7	8829,3	8858,7	8873,3	8822,0	8866,0	100

		1/10 8,9	2/10 17,8	3/10 26,7	4/10 35,6	5/10 44,5	6/10 53,4	7/10 62,3	8/10 71,2	9/10 80,1	1/6 14,833	2/6 29,666	4/6 59,333	5/6 74,166	1/4 22,25	3/4 66,75	
1	89	97,9	106,8	115,7	124,6	133,5	142,4	151,3	160,2	169,1	103,8	118,7	148,3	163,2	111,3	155,8	1
2	178	186,9	195,8	204,7	213,6	222,5	231,4	240,3	249,2	258,1	192,8	207,7	237,3	252,2	200,3	244,8	2
3	267	275,9	284,8	293,7	302,6	311,5	320,4	329,3	338,2	347,1	281,8	296,7	326,3	341,2	289,3	333,8	3
4	356	364,9	373,8	382,7	391,6	400,5	409,4	418,3	427,2	436,1	370,8	385,7	415,3	430,2	378,3	422,8	4
5	445	453,9	462,8	471,7	480,6	489,5	498,4	507,3	516,2	525,1	459,8	474,7	504,3	519,2	467,3	511,8	5
6	534	542,9	551,8	560,7	569,6	578,5	587,4	596,3	605,2	614,1	548,8	563,7	593,3	608,2	556,3	600,8	6
7	623	631,9	640,8	649,7	658,6	667,5	676,4	685,3	694,2	703,1	637,8	652,7	682,3	697,2	645,3	689,8	7
8	712	720,9	729,8	738,7	747,6	756,5	765,4	774,3	783,2	792,1	726,8	741,7	771,3	786,2	734,3	778,8	8
9	801	809,9	818,8	827,7	836,6	845,5	854,4	863,3	872,2	881,1	815,8	830,7	860,3	875,2	823,3	867,8	9
10	890	898,9	907,8	916,7	925,6	934,5	943,4	952,3	961,2	970,1	904,8	919,7	949,3	964,2	912,3	956,8	10
11	979	987,9	996,8	1005,7	1014,6	1023,5	1032,4	1041,3	1050,2	1059,1	993,8	1008,7	1038,3	1053,2	1001,3	1045,8	11
12	1068	1076,9	1085,8	1094,7	1103,6	1112,5	1121,4	1130,3	1139,2	1148,1	1082,8	1097,7	1127,3	1142,2	1090,3	1134,8	12
13	1157	1165,9	1174,8	1183,7	1192,6	1201,5	1210,4	1219,3	1228,2	1237,1	1171,8	1186,7	1216,3	1231,2	1179,3	1223,8	13
14	1246	1254,9	1263,8	1272,7	1281,6	1290,5	1299,4	1308,3	1317,2	1326,1	1260,8	1275,7	1305,3	1320,2	1268,3	1312,8	14
15	1335	1343,9	1352,8	1361,7	1370,6	1379,5	1388,4	1397,3	1406,2	1415,1	1349,8	1364,7	1394,3	1409,2	1357,3	1401,8	15
16	1424	1432,9	1441,8	1450,7	1459,6	1468,5	1477,4	1486,3	1495,2	1504,1	1438,8	1453,7	1483,3	1498,2	1446,3	1490,8	16
17	1513	1521,9	1530,8	1539,7	1548,6	1557,5	1566,4	1575,3	1584,2	1593,1	1527,8	1542,7	1572,3	1587,2	1535,3	1579,8	17
18	1602	1610,9	1619,8	1628,7	1637,6	1646,5	1655,4	1664,3	1673,2	1682,1	1616,8	1631,7	1661,3	1676,2	1624,3	1668,8	18
19	1691	1699,9	1708,8	1717,7	1726,6	1735,5	1744,4	1753,3	1762,2	1771,1	1705,8	1720,7	1750,3	1765,2	1713,3	1757,8	19
20	1780	1788,9	1797,8	1806,7	1815,6	1824,5	1833,4	1842,3	1851,2	1860,1	1794,8	1809,7	1839,3	1854,2	1802,3	1846,8	20
21	1869	1877,9	1886,8	1895,7	1904,6	1913,5	1922,4	1931,3	1940,2	1949,1	1883,8	1898,7	1928,3	1943,2	1891,3	1935,8	21
22	1958	1966,9	1975,8	1984,7	1993,6	2002,5	2011,4	2020,3	2029,2	2038,1	1972,8	1987,7	2017,3	2032,2	1980,3	2024,8	22
23	2047	2055,9	2064,8	2073,7	2082,6	2091,5	2100,4	2109,3	2118,2	2127,1	2061,8	2076,7	2106,3	2121,2	2069,3	2113,8	23
24	2136	2144,9	2153,8	2162,7	2171,6	2180,5	2189,4	2198,3	2207,2	2216,1	2150,8	2165,7	2195,3	2210,2	2158,3	2202,8	24
25	2225	2233,9	2242,8	2251,7	2260,6	2269,5	2278,4	2287,3	2296,2	2305,1	2239,8	2254,7	2284,3	2299,2	2247,3	2291,8	25
26	2314	2322,9	2331,8	2340,7	2349,6	2358,5	2367,4	2376,3	2385,2	2394,1	2328,8	2343,7	2373,3	2388,2	2336,3	2380,8	26
27	2403	2411,9	2420,8	2429,7	2438,6	2447,5	2456,4	2465,3	2474,2	2483,1	2417,8	2432,7	2462,3	2477,2	2425,3	2469,8	27
28	2492	2500,9	2509,8	2518,7	2527,6	2536,5	2545,4	2554,3	2563,2	2572,1	2506,8	2521,7	2551,3	2566,2	2514,3	2558,8	28
29	2581	2589,9	2598,8	2607,7	2616,6	2625,5	2634,4	2643,3	2652,2	2661,1	2595,8	2610,7	2640,3	2655,2	2603,3	2647,8	29
30	2670	2678,9	2687,8	2696,7	2705,6	2714,5	2723,4	2732,3	2741,2	2750,1	2684,8	2699,7	2729,3	2744,2	2692,3	2736,8	30
31	2759	2767,9	2776,8	2785,7	2794,6	2803,5	2812,4	2821,3	2830,2	2839,1	2773,8	2788,7	2818,3	2833,2	2781,3	2825,8	31
32	2848	2856,9	2865,8	2874,7	2883,6	2892,5	2901,4	2910,3	2919,2	2928,1	2862,8	2877,7	2907,3	2922,2	2870,3	2914,8	32
33	2937	2945,9	2954,8	2963,7	2972,6	2981,5	2990,4	2999,3	3008,2	3017,1	2951,8	2966,7	2996,3	3011,2	2959,3	3003,8	33
34	3026	3034,9	3043,8	3052,7	3061,6	3070,5	3079,4	3088,3	3097,2	3106,1	3040,8	3055,7	3085,3	3100,2	3048,3	3092,8	34
35	3115	3123,9	3132,8	3141,7	3150,6	3159,5	3168,4	3177,3	3186,2	3195,1	3129,8	3144,7	3174,3	3189,2	3137,3	3181,8	35
36	3204	3212,9	3221,8	3230,7	3239,6	3248,5	3257,4	3266,3	3275,2	3284,1	3218,8	3233,7	3263,3	3278,2	3226,3	3270,8	36
37	3293	3301,9	3310,8	3319,7	3328,6	3337,5	3346,4	3355,3	3364,2	3373,1	3307,8	3322,7	3352,3	3367,2	3315,3	3359,8	37
38	3382	3390,9	3399,8	3408,7	3417,6	3426,5	3435,4	3444,3	3453,2	3462,1	3396,8	3411,7	3441,3	3456,2	3404,3	3448,8	38
39	3471	3479,9	3488,8	3497,7	3506,6	3515,5	3524,4	3533,3	3542,2	3551,1	3485,8	3500,7	3530,3	3545,2	3493,3	3537,8	39
40	3560	3568,9	3577,8	3586,7	3595,6	3604,5	3613,4	3622,3	3631,2	3640,1	3574,8	3589,7	3619,3	3634,2	3582,3	3626,8	40
41	3649	3657,9	3666,8	3675,7	3684,6	3693,5	3702,4	3711,3	3720,2	3729,1	3663,8	3678,7	3708,3	3723,2	3671,3	3715,8	41
42	3738	3746,9	3755,8	3764,7	3773,6	3782,5	3791,4	3800,3	3809,2	3818,1	3752,8	3767,7	3797,3	3812,2	3760,3	3804,8	42
43	3827	3835,9	3844,8	3853,7	3862,6	3871,5	3880,4	3889,3	3898,2	3907,1	3841,8	3856,7	3886,3	3901,2	3849,3	3893,8	43
44	3916	3924,9	3933,8	3942,7	3951,6	3960,5	3969,4	3978,3	3987,2	3996,1	3930,8	3945,7	3975,3	3990,2	3938,3	3982,8	44
45	4005	4013,9	4022,8	4031,7	4040,6	4049,5	4058,4	4067,3	4076,2	4085,1	4019,8	4034,7	4064,3	4079,2	4027,3	4071,8	45
46	4094	4102,9	4111,8	4120,7	4129,6	4138,5	4147,4	4156,3	4165,2	4174,1	4108,8	4123,7	4153,3	4168,2	4116,3	4160,8	46
47	4183	4191,9	4200,8	4209,7	4218,6	4227,5	4236,4	4245,3	4254,2	4263,1	4197,8	4212,7	4242,3	4257,2	4205,3	4249,8	47
48	4272	4280,9	4289,8	4298,7	4307,6	4316,5	4325,4	4334,3	4343,2	4352,1	4286,8	4301,7	4331,3	4346,2	4294,3	4338,8	48
49	4361	4369,9	4378,8	4387,7	4396,6	4405,5	4414,4	4423,3	4432,2	4441,1	4375,8	4390,7	4420,3	4435,2	4383,3	4427,8	49
50	4450	4458,9	4467,8	4476,7	4485,6	4494,5	4503,4	4512,3	4521,2	4530,1	4464,8	4479,7	4509,3	4524,2	4472,3	4516,8	50
51	4539	4547,9	4556,8	4565,7	4574,6	4583,5	4592,4	4601,3	4610,2	4619,1	4553,8	4568,7	4598,3	4613,2	4561,3	4605,8	51
52	4628	4636,9	4645,8	4654,7	4663,6	4672,5	4681,4	4690,3	4699,2	4708,1	4642,8	4657,7	4687,3	4702,2	4650,3	4694,8	52
53	4717	4725,9	4734,8	4743,7	4752,6	4761,5	4770,4	4779,3	4788,2	4797,1	4731,8	4746,7	4776,3	4791,2	4739,3	4783,8	53
54	4806	4814,9	4823,8	4832,7	4841,6	4850,5	4859,4	4868,3	4877,2	4886,1	4820,8	4835,7	4865,3	4880,2	4828,3	4872,8	54
55	4895	4903,9	4912,8	4921,7	4930,6	4939,5	4948,4	4957,3	4966,2	4975,1	4909,8	4924,7	4954,3	4969,2	4917,3	4961,8	55
56	4984	4992,9	5001,8	5010,7	5019,6	5028,5	5037,4	5046,3	5055,2	5064,1	4998,8	5013,7	5043,3	5058,2	5006,3	5050,8	56
57	5073	5081,9	5090,8	5099,7	5108,6	5117,5	5126,4	5135,3	5144,2	5153,1	5087,8	5102,7	5132,3	5147,2	5095,3	5139,8	57
58	5162	5170,9	5179,8	5188,7	5197,6	5206,5	5215,4	5224,3	5233,2	5242,1	5176,8	5191,7	5221,3	5236,2	5184,3	5228,8	58
59	5251	5259,9	5268,8	5277,7	5286,6	5295,5	5304,4	5313,3	5322,2	5331,1	5265,8	5280,7	5310,3	5325,2	5273,3	5317,8	59
60	5340	5348,9	5357,8	5366,7	5375,6	5384,5	5393,4	5402,3	5411,2	5420,1	5354,8	5369,7	5399,3	5414,2	5362,3	5406,8	60
61	5429	5437,9	5446,8	5455,7	5464,6	5473,5	5482,4	5491,3	5500,2	5509,1	5443,8	5458,7	5488,3	5503,2	5451,3	5495,8	61
62	5518	5526,9	5535,8	5544,7	5553,6	5562,5	5571,4	5580,3	5589,2	5598,1	5532,8	5547,7	5577,3	5592,2	5540,3	5584,8	62
63	5607	5615,9	5624,8	5633,7	5642,6	5651,5	5660,4	5669,3	5678,2	5687,1	5621,8	5636,7	5666,3	5681,2	5629,3	5673,8	63
64	5696	5704,9	5713,8	5722,7	5731,6	5740,5	5749,4	5758,3	5767,2	5776,1	5710,8	5725,7	5755,3	5770,2	5718,3	5762,8	64
65	5785	5793,9	5802,8	5811,7	5820,6	5829,5	5838,4	5847,3	5856,2	5865,1	5799,8	5814,7	5844,3	5859,2	5807,3	5851,8	65
66	5874	5882,9	5891,8	5900,7	5909,6	5918,5	5927,4	5936,3	5945,2	5954,1	5888,8	5903,7	5933,3	5948,2	5896,3	5940,8	66
67	5963	5971,9	5980,8	5989,7	5998,6	6007,5	6016,4	6025,3	6034,2	6043,1	5977,8	5992,7	6022,3	6037,2	5985,3	6029,8	67
68	6052	6060,9	6069,8	6078,7	6087,6	6096,5	6105,4	6114,3	6123,2	6132,1	6066,8	6081,7	6111,3	6126,2	6074,3	6118,8	68
69	6141	6149,9	6158,8	6167,7	6176,6	6185,5	6194,4	6203,3	6212,2	6221,1	6155,8	6170,7	6200,3	6215,2	6163,3	6207,8	69
70	6230	6238,9	6247,8	6256,7	6265,6	6274,5	6283,4	6292,3	6301,2	6310,1	6244,8	6259,7	6289,3	6304,2	6252,3	6296,8	70
71	6319	6327,9	6336,8	6345,7	6354,6	6363,5	6372,4	6381,3	6390,2	6399,1	6333,8	6348,7	6378,3	6393,2	6341,3	6385,8	71
72	6408	6416,9	6425,8	6434,7	6443,6	6452,5	6461,4	6470,3	6479,2	6488,1	6422,8	6437,7	6467,3	6482,2	6430,3	6474,8	72
73	6497	6505,9	6514,8	6523,7	6532,6	6541,5	6550,4	6559,3	6568,2	6577,1	6511,8	6526,7	6556,3	6571,2	6519,3	6563,8	73
74	6586	6594,9	6603,8	6612,7	6621,6	6630,5	6639,4	6648,3	6657,2	6666,1	6600,8	6615,7	6645,3	6660,2	6608,3	6652,8	74
75	6675	6683,9	6692,8	6701,7	6710,6	6719,5	6728,4	6737,3	6746,2	6755,1	6689,8	6704,7	6734,3	6749,2	6697,3	6741,8	75
76	6764	6772,9	6781,8	6790,7	6799,6	6808,5	6817,4	6826,3	6835,2	6844,1	6778,8	6793,7	6823,3	6838,2	6786,3	6830,8	76
77	6853	6861,9	6870,8	6879,7	6888,6	6897,5	6906,4	6915,3	6924,2	6933,1	6867,8	6882,7	6912,3	6927,2	6875,3	6919,8	77
78	6942	6950,9	6959,8	6968,7	6977,6	6986,5	6995,4	7004,3	7013,2	7022,1	6956,8	6971,7	7001,3	7016,2	6964,3	7008,8	78
79	7031	7039,9	7048,8	7057,7	7066,6	7075,5	7084,4	7093,3	7102,2	7111,1	7045,8	7060,7	7090,3	7105,2	7053,3	7097,8	79
80	7120	7128,9	7137,8	7146,7	7155,6	7164,5	7173,4	7182,3	7191,2	7200,1	7134,8	7149,7	7179,3	7194,2	7142,3	7186,8	80
81	7209	7217,9	7226,8	7235,7	7244,6	7253,5	7262,4	7271,3	7280,2	7289,1	7223,8	7238,7	7268,3	7283,2	7231,3	7275,8	81
82	7298	7306,9	7315,8	7324,7	7333,6	7342,5	7351,4	7360,3	7369,2	7378,1	7312,8	7327,7	7357,3	7372,2	7320,3	7364,8	82
83	7387	7395,9	7404,8	7413,7	7422,6	7431,5	7440,4	7449,3	7458,2	7467,1	7401,8	7416,7	7446,3	7461,2	7409,3	7453,8	83
84	7476	7484,9	7493,8	7502,7	7511,6	7520,5	7529,4	7538,3	7547,2	7556,1	7490,8	7505,7	7535,3	7550,2	7498,3	7542,8	84
85	7565	7573,9	7582,8	7591,7	7600,6	7609,5	7618,4	7627,3	7636,2	7645,1	7579,8	7594,7	7624,3	7639,2	7587,3	7631,8	85
86	7654	7662,9	7671,8	7680,7	7689,6	7698,5	7707,4	7716,3	7725,2	7734,1	7668,8	7683,7	7713,3	7728,2	7676,3	7720,8	86
87	7743	7751,9	7760,8	7769,7	7778,6	7787,5	7796,4	7805,3	7814,2	7823,1	7757,8	7772,7	7802,3	7817,2	7765,3	7809,8	87
88	7832	7840,9	7849,8	7858,7	7867,6	7876,5	7885,4	7894,3	7903,2	7912,1	7846,8	7861,7	7891,3	7906,2	7854,3	7898,8	88
89	7921	7929,9	7938,8	7947,7	7956,6	7965,5	7974,4	7983,3	7992,2	8001,1	7935,8	7950,7	7980,3	7995,2	7943,3	7987,8	89
90	8010	8018,9	8027,8	8036,7	8045,6	8054,5	8063,4	8072,3	8081,2	8090,1	8024,8	8039,7	8069,3	8084,2	8032,3	8076,8	90
91	8099	8107,9	8116,8	8125,7	8134,6	8143,5	8152,4	8161,3	8170,2	8179,1	8113,8	8128,7	8158,3	8173,2	8121,3	8165,8	91
92	8188	8196,9	8205,8	8214,7	8223,6	8232,5	8241,4	8250,3	8259,2	8268,1	8202,8	8217,7	8247,3	8262,2	8210,3	8254,8	92
93	8277	8285,9	8294,8	8303,7	8312,6	8321,5	8330,4	8339,3	8348,2	8357,1	8291,8	8306,7	8336,3	8351,2	8299,3	8343,8	93
94	8366	8374,9	8383,8	8392,7	8401,6	8410,5	8419,4	8428,3	8437,2	8446,1	8380,8	8395,7	8425,3	8440,2	8388,3	8432,8	94
95	8455	8463,9	8472,8	8481,7	8490,6	8499,5	8508,4	8517,3	8526,2	8535,1	8469,8	8484,7	8514,3	8529,2	8477,3	8521,8	95
96	8544	8552,9	8561,8	8570,7	8579,6	8588,5	8597,4	8606,3	8615,2	8624,1	8558,8	8573,7	8603,3	8618,2	8566,3	8610,8	96
97	8633	8641,9	8650,8	8659,7	8668,6	8677,5	8686,4	8695,3	8704,2	8713,1	8647,8	8662,7	8692,3	8707,2	8655,3	8699,8	97
98	8722	8730,9	8739,8	8748,7	8757,6	8766,5	8775,4	8784,3	8793,2	8802,1	8736,8	8751,7	8781,3	8796,2	8744,3	8788,8	98
99	8811	8819,9	8828,8	8837,7	8846,6	8855,5	8864,4	8873,3	8882,2	8891,1	8825,8	8840,7	8870,3	8885,2	8833,3	8877,8	99
100	8900	8908,9	8917,8	8926,7	8935,6	8944,5	8953,4	8962,3	8971,2	8980,1	8914,8	8929,7	8959,3	8974,2	8922,3	8966,8	100

90

	90	1/10 9,0	2/10 18,0	3/10 27,0	4/10 36,0	5/10 45,0	6/10 54,0	7/10 63,0	8/10 72,0	9/10 81,0	1/6 15,0	2/6 30,0	4/6 60,0	5/6 75,0	1/4 22,5	3/4 67,5	
1	90	99,0	108,0	117,0	126,0	135,0	144,0	153,0	162,0	171,0	105,0	120,0	150,0	165,0	112,5	157,5	1
2	180	189,0	198,0	207,0	216,0	225,0	234,0	243,0	252,0	261,0	195,0	210,0	240,0	255,0	202,5	247,5	2
3	270	279,0	288,0	297,0	306,0	315,0	324,0	333,0	342,0	351,0	285,0	300,0	330,0	345,0	292,5	337,5	3
4	360	369,0	378,0	387,0	396,0	405,0	414,0	423,0	432,0	441,0	375,0	390,0	420,0	435,0	382,5	427,5	4
5	450	459,0	468,0	477,0	486,0	495,0	504,0	513,0	522,0	531,0	465,0	480,0	510,0	525,0	472,5	517,5	5
6	540	549,0	558,0	567,0	576,0	585,0	594,0	603,0	612,0	621,0	555,0	570,0	600,0	615,0	562,5	607,5	6
7	630	639,0	648,0	657,0	666,0	675,0	684,0	693,0	702,0	711,0	645,0	660,0	690,0	705,0	652,5	697,5	7
8	720	729,0	738,0	747,0	756,0	765,0	774,0	783,0	792,0	801,0	735,0	750,0	780,0	795,0	742,5	787,5	8
9	810	819,0	828,0	837,0	846,0	855,0	864,0	873,0	882,0	891,0	825,0	840,0	870,0	885,0	832,5	877,5	9
10	900	909,0	918,0	927,0	936,0	945,0	954,0	963,0	972,0	981,0	915,0	930,0	960,0	975,0	922,5	967,5	10
11	990	999,0	1008,0	1017,0	1026,0	1035,0	1044,0	1053,0	1062,0	1071,0	1005,0	1020,0	1050,0	1065,0	1012,5	1057,5	11
12	1080	1089,0	1098,0	1107,0	1116,0	1125,0	1134,0	1143,0	1152,0	1161,0	1095,0	1110,0	1140,0	1155,0	1102,5	1147,5	12
13	1170	1179,0	1188,0	1197,0	1206,0	1215,0	1224,0	1233,0	1242,0	1251,0	1185,0	1200,0	1230,0	1245,0	1192,5	1237,5	13
14	1260	1269,0	1278,0	1287,0	1296,0	1305,0	1314,0	1323,0	1332,0	1341,0	1275,0	1290,0	1320,0	1335,0	1282,5	1327,5	14
15	1350	1359,0	1368,0	1377,0	1386,0	1395,0	1404,0	1413,0	1422,0	1431,0	1365,0	1380,0	1410,0	1425,0	1372,5	1417,5	15
16	1440	1449,0	1458,0	1467,0	1476,0	1485,0	1494,0	1503,0	1512,0	1521,0	1455,0	1470,0	1500,0	1515,0	1462,5	1507,5	16
17	1530	1539,0	1548,0	1557,0	1566,0	1575,0	1584,0	1593,0	1602,0	1611,0	1545,0	1560,0	1590,0	1605,0	1552,5	1597,5	17
18	1620	1629,0	1638,0	1647,0	1656,0	1665,0	1674,0	1683,0	1692,0	1701,0	1635,0	1650,0	1680,0	1695,0	1642,5	1687,5	18
19	1710	1719,0	1728,0	1737,0	1746,0	1755,0	1764,0	1773,0	1782,0	1791,0	1725,0	1740,0	1770,0	1785,0	1732,5	1777,5	19
20	1800	1809,0	1818,0	1827,0	1836,0	1845,0	1854,0	1863,0	1872,0	1881,0	1815,0	1830,0	1860,0	1875,0	1822,5	1867,5	20
21	1890	1899,0	1908,0	1917,0	1926,0	1935,0	1944,0	1953,0	1962,0	1971,0	1905,0	1920,0	1950,0	1965,0	1912,5	1957,5	21
22	1980	1989,0	1998,0	2007,0	2016,0	2025,0	2034,0	2043,0	2052,0	2061,0	1995,0	2010,0	2040,0	2055,0	2002,5	2047,5	22
23	2070	2079,0	2088,0	2097,0	2106,0	2115,0	2124,0	2133,0	2142,0	2151,0	2085,0	2100,0	2130,0	2145,0	2092,5	2137,5	23
24	2160	2169,0	2178,0	2187,0	2196,0	2205,0	2214,0	2223,0	2232,0	2241,0	2175,0	2190,0	2220,0	2235,0	2182,5	2227,5	24
25	2250	2259,0	2268,0	2277,0	2286,0	2295,0	2304,0	2313,0	2322,0	2331,0	2265,0	2280,0	2310,0	2325,0	2272,5	2317,5	25
26	2340	2349,0	2358,0	2367,0	2376,0	2385,0	2394,0	2403,0	2412,0	2421,0	2355,0	2370,0	2400,0	2415,0	2362,5	2407,5	26
27	2430	2439,0	2448,0	2457,0	2466,0	2475,0	2484,0	2493,0	2502,0	2511,0	2445,0	2460,0	2490,0	2505,0	2452,5	2497,5	27
28	2520	2529,0	2538,0	2547,0	2556,0	2565,0	2574,0	2583,0	2592,0	2601,0	2535,0	2550,0	2580,0	2595,0	2542,5	2587,5	28
29	2610	2619,0	2628,0	2637,0	2646,0	2655,0	2664,0	2673,0	2682,0	2691,0	2625,0	2640,0	2670,0	2685,0	2632,5	2677,5	29
30	2700	2709,0	2718,0	2727,0	2736,0	2745,0	2754,0	2763,0	2772,0	2781,0	2715,0	2730,0	2760,0	2775,0	2722,5	2767,5	30
31	2790	2799,0	2808,0	2817,0	2826,0	2835,0	2844,0	2853,0	2862,0	2871,0	2805,0	2820,0	2850,0	2865,0	2812,5	2857,5	31
32	2880	2889,0	2898,0	2907,0	2916,0	2925,0	2934,0	2943,0	2952,0	2961,0	2895,0	2910,0	2940,0	2955,0	2902,5	2947,5	32
33	2970	2979,0	2988,0	2997,0	3006,0	3015,0	3024,0	3033,0	3042,0	3051,0	2985,0	3000,0	3030,0	3045,0	2992,5	3037,5	33
34	3060	3069,0	3078,0	3087,0	3096,0	3105,0	3114,0	3123,0	3132,0	3141,0	3075,0	3090,0	3120,0	3135,0	3082,5	3127,5	34
35	3150	3159,0	3168,0	3177,0	3186,0	3195,0	3204,0	3213,0	3222,0	3231,0	3165,0	3180,0	3210,0	3225,0	3172,5	3217,5	35
36	3240	3249,0	3258,0	3267,0	3276,0	3285,0	3294,0	3303,0	3312,0	3321,0	3255,0	3270,0	3300,0	3315,0	3262,5	3307,5	36
37	3330	3339,0	3348,0	3357,0	3366,0	3375,0	3384,0	3393,0	3402,0	3411,0	3345,0	3360,0	3390,0	3405,0	3352,5	3397,5	37
38	3420	3429,0	3438,0	3447,0	3456,0	3465,0	3474,0	3483,0	3492,0	3501,0	3435,0	3450,0	3480,0	3495,0	3442,5	3487,5	38
39	3510	3519,0	3528,0	3537,0	3546,0	3555,0	3564,0	3573,0	3582,0	3591,0	3525,0	3540,0	3570,0	3585,0	3532,5	3577,5	39
40	3600	3609,0	3618,0	3627,0	3636,0	3645,0	3654,0	3663,0	3672,0	3681,0	3615,0	3630,0	3660,0	3675,0	3622,5	3667,5	40
41	3690	3699,0	3708,0	3717,0	3726,0	3735,0	3744,0	3753,0	3762,0	3771,0	3705,0	3720,0	3750,0	3765,0	3712,5	3757,5	41
42	3780	3789,0	3798,0	3807,0	3816,0	3825,0	3834,0	3843,0	3852,0	3861,0	3795,0	3810,0	3840,0	3855,0	3802,5	3847,5	42
43	3870	3879,0	3888,0	3897,0	3906,0	3915,0	3924,0	3933,0	3942,0	3951,0	3885,0	3900,0	3930,0	3945,0	3892,5	3937,5	43
44	3960	3969,0	3978,0	3987,0	3996,0	4005,0	4014,0	4023,0	4032,0	4041,0	3975,0	3990,0	4020,0	4035,0	3982,5	4027,5	44
45	4050	4059,0	4068,0	4077,0	4086,0	4095,0	4104,0	4113,0	4122,0	4131,0	4065,0	4080,0	4110,0	4125,0	4072,5	4117,5	45
46	4140	4149,0	4158,0	4167,0	4176,0	4185,0	4194,0	4203,0	4212,0	4221,0	4155,0	4170,0	4200,0	4215,0	4162,5	4207,5	46
47	4230	4239,0	4248,0	4257,0	4266,0	4275,0	4284,0	4293,0	4302,0	4311,0	4245,0	4260,0	4290,0	4305,0	4252,5	4297,5	47
48	4320	4329,0	4338,0	4347,0	4356,0	4365,0	4374,0	4383,0	4392,0	4401,0	4335,0	4350,0	4380,0	4395,0	4342,5	4387,5	48
49	4410	4419,0	4428,0	4437,0	4446,0	4455,0	4464,0	4473,0	4482,0	4491,0	4425,0	4440,0	4470,0	4485,0	4432,5	4477,5	49
50	4500	4509,0	4518,0	4527,0	4536,0	4545,0	4554,0	4563,0	4572,0	4581,0	4515,0	4530,0	4560,0	4575,0	4522,5	4567,5	50
51	4590	4599,0	4608,0	4617,0	4626,0	4635,0	4644,0	4653,0	4662,0	4671,0	4605,0	4620,0	4650,0	4665,0	4612,5	4657,5	51
52	4680	4689,0	4698,0	4707,0	4716,0	4725,0	4734,0	4743,0	4752,0	4761,0	4695,0	4710,0	4740,0	4755,0	4702,5	4747,5	52
53	4770	4779,0	4788,0	4797,0	4806,0	4815,0	4824,0	4833,0	4842,0	4851,0	4785,0	4800,0	4830,0	4845,0	4792,5	4837,5	53
54	4860	4869,0	4878,0	4887,0	4896,0	4905,0	4914,0	4923,0	4932,0	4941,0	4875,0	4890,0	4920,0	4935,0	4882,5	4927,5	54
55	4950	4959,0	4968,0	4977,0	4986,0	4995,0	5004,0	5013,0	5022,0	5031,0	4965,0	4980,0	5010,0	5025,0	4972,5	5017,5	55
56	5040	5049,0	5058,0	5067,0	5076,0	5085,0	5094,0	5103,0	5112,0	5121,0	5055,0	5070,0	5100,0	5115,0	5062,5	5107,5	56
57	5130	5139,0	5148,0	5157,0	5166,0	5175,0	5184,0	5193,0	5202,0	5211,0	5145,0	5160,0	5190,0	5205,0	5152,5	5197,5	57
58	5220	5229,0	5238,0	5247,0	5256,0	5265,0	5274,0	5283,0	5292,0	5301,0	5235,0	5250,0	5280,0	5295,0	5242,5	5287,5	58
59	5310	5319,0	5328,0	5337,0	5346,0	5355,0	5364,0	5373,0	5382,0	5391,0	5325,0	5340,0	5370,0	5385,0	5332,5	5377,5	59
60	5400	5409,0	5418,0	5427,0	5436,0	5445,0	5454,0	5463,0	5472,0	5481,0	5415,0	5430,0	5460,0	5475,0	5422,5	5467,5	60
61	5490	5499,0	5508,0	5517,0	5526,0	5535,0	5544,0	5553,0	5562,0	5571,0	5505,0	5520,0	5550,0	5565,0	5512,5	5557,5	61
62	5580	5589,0	5598,0	5607,0	5616,0	5625,0	5634,0	5643,0	5652,0	5661,0	5595,0	5610,0	5640,0	5655,0	5602,5	5647,5	62
63	5670	5679,0	5688,0	5697,0	5706,0	5715,0	5724,0	5733,0	5742,0	5751,0	5685,0	5700,0	5730,0	5745,0	5692,5	5737,5	63
64	5760	5769,0	5778,0	5787,0	5796,0	5805,0	5814,0	5823,0	5832,0	5841,0	5775,0	5790,0	5820,0	5835,0	5782,5	5827,5	64
65	5850	5859,0	5868,0	5877,0	5886,0	5895,0	5904,0	5913,0	5922,0	5931,0	5865,0	5880,0	5910,0	5925,0	5872,5	5917,5	65
66	5940	5949,0	5958,0	5967,0	5976,0	5985,0	5994,0	6003,0	6012,0	6021,0	5955,0	5970,0	6000,0	6015,0	5962,5	6007,5	66
67	6030	6039,0	6048,0	6057,0	6066,0	6075,0	6084,0	6093,0	6102,0	6111,0	6045,0	6060,0	6090,0	6105,0	6052,5	6097,5	67
68	6120	6129,0	6138,0	6147,0	6156,0	6165,0	6174,0	6183,0	6192,0	6201,0	6135,0	6150,0	6180,0	6195,0	6142,5	6187,5	68
69	6210	6219,0	6228,0	6237,0	6246,0	6255,0	6264,0	6273,0	6282,0	6291,0	6225,0	6240,0	6270,0	6285,0	6232,5	6277,5	69
70	6300	6309,0	6318,0	6327,0	6336,0	6345,0	6354,0	6363,0	6372,0	6381,0	6315,0	6330,0	6360,0	6375,0	6322,5	6367,5	70
71	6390	6399,0	6408,0	6417,0	6426,0	6435,0	6444,0	6453,0	6462,0	6471,0	6405,0	6420,0	6450,0	6465,0	6412,5	6457,5	71
72	6480	6489,0	6498,0	6507,0	6516,0	6525,0	6534,0	6543,0	6552,0	6561,0	6495,0	6510,0	6540,0	6555,0	6502,5	6547,5	72
73	6570	6579,0	6588,0	6597,0	6606,0	6615,0	6624,0	6633,0	6642,0	6651,0	6585,0	6600,0	6630,0	6645,0	6592,5	6637,5	73
74	6660	6669,0	6678,0	6687,0	6696,0	6705,0	6714,0	6723,0	6732,0	6741,0	6675,0	6690,0	6720,0	6735,0	6682,5	6727,5	74
75	6750	6759,0	6768,0	6777,0	6786,0	6795,0	6804,0	6813,0	6822,0	6831,0	6765,0	6780,0	6810,0	6825,0	6772,5	6817,5	75
76	6840	6849,0	6858,0	6867,0	6876,0	6885,0	6894,0	6903,0	6912,0	6921,0	6855,0	6870,0	6900,0	6915,0	6862,5	6907,5	76
77	6930	6939,0	6948,0	6957,0	6966,0	6975,0	6984,0	6993,0	7002,0	7011,0	6945,0	6960,0	6990,0	7005,0	6952,5	6997,5	77
78	7020	7029,0	7038,0	7047,0	7056,0	7065,0	7074,0	7083,0	7092,0	7101,0	7035,0	7050,0	7080,0	7095,0	7042,5	7087,5	78
79	7110	7119,0	7128,0	7137,0	7146,0	7155,0	7164,0	7173,0	7182,0	7191,0	7125,0	7140,0	7170,0	7185,0	7132,5	7177,5	79
80	7200	7209,0	7218,0	7227,0	7236,0	7245,0	7254,0	7263,0	7272,0	7281,0	7215,0	7230,0	7260,0	7275,0	7222,5	7267,5	80
81	7290	7299,0	7308,0	7317,0	7326,0	7335,0	7344,0	7353,0	7362,0	7371,0	7305,0	7320,0	7350,0	7365,0	7312,5	7357,5	81
82	7380	7389,0	7398,0	7407,0	7416,0	7425,0	7434,0	7443,0	7452,0	7461,0	7395,0	7410,0	7440,0	7455,0	7402,5	7447,5	82
83	7470	7479,0	7488,0	7497,0	7506,0	7515,0	7524,0	7533,0	7542,0	7551,0	7485,0	7500,0	7530,0	7545,0	7492,5	7537,5	83
84	7560	7569,0	7578,0	7587,0	7596,0	7605,0	7614,0	7623,0	7632,0	7641,0	7575,0	7590,0	7620,0	7635,0	7582,5	7627,5	84
85	7650	7659,0	7668,0	7677,0	7686,0	7695,0	7704,0	7713,0	7722,0	7731,0	7665,0	7680,0	7710,0	7725,0	7672,5	7717,5	85
86	7740	7749,0	7758,0	7767,0	7776,0	7785,0	7794,0	7803,0	7812,0	7821,0	7755,0	7770,0	7800,0	7815,0	7762,5	7807,5	86
87	7830	7839,0	7848,0	7857,0	7866,0	7875,0	7884,0	7893,0	7902,0	7911,0	7845,0	7860,0	7890,0	7905,0	7852,5	7897,5	87
88	7920	7929,0	7938,0	7947,0	7956,0	7965,0	7974,0	7983,0	7992,0	8001,0	7935,0	7950,0	7980,0	7995,0	7942,5	7987,5	88
89	8010	8019,0	8028,0	8037,0	8046,0	8055,0	8064,0	8073,0	8082,0	8091,0	8025,0	8040,0	8070,0	8085,0	8032,5	8077,5	89
90	8100	8109,0	8118,0	8127,0	8136,0	8145,0	8154,0	8163,0	8172,0	8181,0	8115,0	8130,0	8160,0	8175,0	8122,5	8167,5	90
91	8190	8199,0	8208,0	8217,0	8226,0	8235,0	8244,0	8253,0	8262,0	8271,0	8205,0	8220,0	8250,0	8265,0	8212,5	8257,5	91
92	8280	8289,0	8298,0	8307,0	8316,0	8325,0	8334,0	8343,0	8352,0	8361,0	8295,0	8310,0	8340,0	8355,0	8302,5	8347,5	92
93	8370	8379,0	8388,0	8397,0	8406,0	8415,0	8424,0	8433,0	8442,0	8451,0	8385,0	8400,0	8430,0	8445,0	8392,5	8437,5	93
94	8460	8469,0	8478,0	8487,0	8496,0	8505,0	8514,0	8523,0	8532,0	8541,0	8475,0	8490,0	8520,0	8535,0	8482,5	8527,5	94
95	8550	8559,0	8568,0	8577,0	8586,0	8595,0	8604,0	8613,0	8622,0	8631,0	8565,0	8580,0	8610,0	8625,0	8572,5	8617,5	95
96	8640	8649,0	8658,0	8667,0	8676,0	8685,0	8694,0	8703,0	8712,0	8721,0	8655,0	8670,0	8700,0	8715,0	8662,5	8707,5	96
97	8730	8739,0	8748,0	8757,0	8766,0	8775,0	8784,0	8793,0	8802,0	8811,0	8745,0	8760,0	8790,0	8805,0	8752,5	8797,5	97
98	8820	8829,0	8838,0	8847,0	8856,0	8865,0	8874,0	8883,0	8892,0	8901,0	8835,0	8850,0	8880,0	8895,0	8842,5	8887,5	98
99	8910	8919,0	8928,0	8937,0	8946,0	8955,0	8964,0	8973,0	8982,0	8991,0	8925,0	8940,0	8970,0	8985,0	8932,5	8977,5	99
100	9000	9009,0	9018,0	9027,0	9036,0	9045,0	9054,0	9063,0	9072,0	9081,0	9015,0	9030,0	9060,0	9075,0	9022,5	9067,5	100

		1/10 9,1	2/10 18,2	3/10 27,3	4/10 36,4	5/10 45,5	6/10 54,6	7/10 63,7	8/10 72,8	9/10 81,9	1/6 15,166	2/6 30,333	4/6 60,666	5/6 75,833	1/4 22,75	3/4 68,25	
1	91	100,1	109,2	118,3	127,4	136,5	145,6	154,7	163,8	172,9	106,2	121,3	151,7	166,8	113,8	159,3	1
2	182	191,1	200,2	209,3	218,4	227,5	236,6	245,7	254,8	263,9	197,2	212,3	242,7	257,8	204,8	250,3	2
3	273	282,1	291,2	300,3	309,4	318,5	327,6	336,7	345,8	354,9	288,2	303,3	333,7	348,8	295,8	341,3	3
4	364	373,1	382,2	391,3	400,4	409,5	418,6	427,7	436,8	445,9	379,2	394,3	424,7	439,8	386,8	432,3	4
5	455	464,1	473,2	482,3	491,4	500,5	509,6	518,7	527,8	536,9	470,2	485,3	515,7	530,8	477,8	523,3	5
6	546	555,1	564,2	573,3	582,4	591,5	600,6	609,7	618,8	627,9	561,2	576,3	606,7	621,8	568,8	614,3	6
7	637	646,1	655,2	664,3	673,4	682,5	691,6	700,7	709,8	718,9	652,2	667,3	697,7	712,8	659,8	705,3	7
8	728	737,1	746,2	755,3	764,4	773,5	782,6	791,7	800,8	809,9	743,2	758,3	788,7	803,8	750,8	796,3	8
9	819	828,1	837,2	846,3	855,4	864,5	873,6	882,7	891,8	900,9	834,2	849,3	879,7	894,8	841,8	887,3	9
10	910	919,1	928,2	937,3	946,4	955,5	964,6	973,7	982,8	991,9	925,2	940,3	970,7	985,8	932,8	978,3	10
11	1001	1010,1	1019,2	1028,3	1037,4	1046,5	1055,6	1064,7	1073,8	1082,9	1016,2	1031,3	1061,7	1076,8	1023,8	1069,3	11
12	1092	1101,1	1110,2	1119,3	1128,4	1137,5	1146,6	1155,7	1164,8	1173,9	1107,2	1122,3	1152,7	1167,8	1114,8	1160,3	12
13	1183	1192,1	1201,2	1210,3	1219,4	1228,5	1237,6	1246,7	1255,8	1264,9	1198,2	1213,3	1243,7	1258,8	1205,8	1251,3	13
14	1274	1283,1	1292,2	1301,3	1310,4	1319,5	1328,6	1337,7	1346,8	1355,9	1289,2	1304,3	1334,7	1349,8	1296,8	1342,3	14
15	1365	1374,1	1383,2	1392,3	1401,4	1410,5	1419,6	1428,7	1437,8	1446,9	1380,2	1395,3	1425,7	1440,8	1387,8	1433,3	15
16	1456	1465,1	1474,2	1483,3	1492,4	1501,5	1510,6	1519,7	1528,8	1537,9	1471,2	1486,3	1516,7	1531,8	1478,8	1524,3	16
17	1547	1556,1	1565,2	1574,3	1583,4	1592,5	1601,6	1610,7	1619,8	1628,9	1562,2	1577,3	1607,7	1622,8	1569,8	1615,3	17
18	1638	1647,1	1656,2	1665,3	1674,4	1683,5	1692,6	1701,7	1710,8	1719,9	1653,2	1668,3	1698,7	1713,8	1660,8	1706,3	18
19	1729	1738,1	1747,2	1756,3	1765,4	1774,5	1783,6	1792,7	1801,8	1810,9	1744,2	1759,3	1789,7	1804,8	1751,8	1797,3	19
20	1820	1829,1	1838,2	1847,3	1856,4	1865,5	1874,6	1883,7	1892,8	1901,9	1835,2	1850,3	1880,7	1895,8	1842,8	1888,3	20
21	1911	1920,1	1929,2	1938,3	1947,4	1956,5	1965,6	1974,7	1983,8	1992,9	1926,2	1941,3	1971,7	1986,8	1933,8	1979,3	21
22	2002	2011,1	2020,2	2029,3	2038,4	2047,5	2056,6	2065,7	2074,8	2083,9	2017,2	2032,3	2062,7	2077,8	2024,8	2070,3	22
23	2093	2102,1	2111,2	2120,3	2129,4	2138,5	2147,6	2156,7	2165,8	2174,9	2108,2	2123,3	2153,7	2168,8	2115,8	2161,3	23
24	2184	2193,1	2202,2	2211,3	2220,4	2229,5	2238,6	2247,7	2256,8	2265,9	2199,2	2214,3	2244,7	2259,8	2206,8	2252,3	24
25	2275	2284,1	2293,2	2302,3	2311,4	2320,5	2329,6	2338,7	2347,8	2356,9	2290,2	2305,3	2335,7	2350,8	2297,8	2343,3	25
26	2366	2375,1	2384,2	2393,3	2402,4	2411,5	2420,6	2429,7	2438,8	2447,9	2581,2	2396,3	2426,7	2441,8	2388,8	2434,3	26
27	2457	2466,1	2475,2	2484,3	2493,4	2502,5	2511,6	2520,7	2529,8	2538,9	2472,2	2487,3	2517,7	2532,8	2479,8	2525,3	27
28	2548	2557,1	2566,2	2575,3	2584,4	2593,5	2602,6	2611,7	2620,8	2629,9	2563,2	2578,3	2608,7	2623,8	2570,8	2616,3	28
29	2639	2648,1	2657,2	2666,3	2675,4	2684,5	2693,6	2702,7	2711,8	2720,9	2654,2	2669,3	2699,7	2714,8	2661,8	2707,3	29
30	2730	2739,1	2748,2	2757,3	2766,4	2775,5	2784,6	2793,7	2802,8	2811,9	2745,2	2760,3	2790,7	2805,8	2752,8	2798,3	30
31	2821	2830,1	2839,2	2848,3	2857,4	2866,5	2875,6	2884,7	2893,8	2902,9	2836,2	2851,3	2881,7	2896,8	2843,8	2889,3	31
32	2912	2921,1	2930,2	2939,3	2948,4	2957,5	2966,6	2975,7	2984,8	2993,9	2927,2	2942,3	2972,7	2987,8	2934,8	2980,3	32
33	3003	3012,1	3021,2	3030,3	3039,4	3048,5	3057,6	3066,7	3075,8	3084,9	3018,2	3033,3	3063,7	3078,8	3025,8	3071,3	33
34	3094	3103,1	3112,2	3121,3	3130,4	3139,5	3148,6	3157,7	3166,8	3175,9	3109,2	3124,3	3154,7	3169,8	3116,8	3162,3	34
35	3185	3194,1	3203,2	3212,3	3221,4	3230,5	3239,6	3248,7	3257,8	3266,9	3200,2	3215,3	3245,7	3260,8	3207,8	3253,3	35
36	3276	3285,1	3294,2	3303,3	3312,4	3321,5	3330,6	3339,7	3348,8	3357,9	3291,2	3306,3	3336,7	3351,8	3298,8	3344,3	36
37	3367	3376,1	3385,2	3394,3	3403,4	3412,5	3421,6	3430,7	3439,8	3448,9	3382,2	3397,3	3427,7	3442,8	3389,8	3435,3	37
38	3458	3467,1	3476,2	3485,3	3494,4	3503,5	3512,6	3521,7	3530,8	3539,9	3473,2	3488,3	3518,7	3533,8	3480,8	3526,3	38
39	3549	3558,1	3567,2	3576,3	3585,4	3594,5	3603,6	3612,7	3621,8	3630,9	3564,2	3579,3	3609,7	3624,8	3571,8	3617,3	39
40	3640	3649,1	3658,2	3667,3	3676,4	3685,5	3694,6	3703,7	3712,8	3721,9	3655,2	3670,3	3700,7	3715,8	3662,8	3708,3	40
41	3731	3740,1	3749,2	3758,3	3767,4	3776,5	3785,6	3794,7	3803,8	3812,9	3746,2	3761,3	3791,7	3806,8	3753,8	3799,3	41
42	3822	3831,1	3840,2	3849,3	3858,4	3867,5	3876,6	3885,7	3894,8	3903,9	3837,2	3852,3	3882,7	3897,8	3844,8	3890,3	42
43	3913	3922,1	3931,2	3940,3	3949,4	3958,5	3967,6	3976,7	3985,8	3994,9	3928,2	3943,3	3973,7	3988,8	3935,8	3981,3	43
44	4004	4013,1	4022,2	4031,3	4040,4	4049,5	4058,6	4067,7	4076,8	4085,9	4019,2	4034,3	4064,7	4079,8	4026,8	4072,3	44
45	4095	4104,1	4113,2	4122,3	4131,4	4140,5	4149,6	4158,7	4167,8	4176,9	4110,2	4125,3	4155,7	4170,8	4117,8	4163,3	45
46	4186	4195,1	4204,2	4213,3	4222,4	4231,5	4240,6	4249,7	4258,8	4267,9	4201,2	4216,3	4246,7	4261,8	4208,8	4254,3	46
47	4277	4286,1	4295,2	4304,3	4313,4	4322,5	4331,6	4340,7	4349,8	4358,9	4292,2	4307,3	4337,7	4352,8	4299,8	4345,3	47
48	4368	4377,1	4386,2	4395,3	4404,4	4413,5	4422,6	4431,7	4440,8	4449,9	4383,2	4398,3	4428,7	4443,8	4390,8	4436,3	48
49	4459	4468,1	4477,2	4486,3	4495,4	4504,5	4513,6	4522,7	4531,8	4540,9	4474,2	4489,3	4519,7	4534,8	4481,8	4527,3	49
50	4550	4559,1	4568,2	4577,3	4586,4	4595,5	4604,6	4613,7	4622,8	4631,9	4565,2	4580,3	4610,7	4625,8	4572,8	4618,3	50
51	4641	4650,1	4659,2	4668,3	4677,4	4686,5	4695,6	4704,7	4713,8	4722,9	4656,2	4671,3	4701,7	4716,8	4663,8	4709,3	51
52	4732	4741,1	4750,2	4759,3	4768,4	4777,5	4786,6	4795,7	4804,8	4813,9	4747,2	4762,3	4792,7	4807,8	4754,8	4800,3	52
53	4823	4832,1	4841,2	4850,3	4859,4	4868,5	4877,6	4886,7	4895,8	4904,9	4838,2	4853,3	4883,7	4898,8	4845,8	4891,3	53
54	4914	4923,1	4932,2	4941,3	4950,4	4959,5	4968,6	4977,7	4986,8	4995,9	4929,2	4944,3	4974,7	4989,8	4936,8	4982,3	54
55	5005	5014,1	5023,2	5032,3	5041,4	5050,5	5059,6	5068,7	5077,8	5086,9	5020,2	5035,3	5065,7	5080,8	5027,8	5073,3	55
56	5096	5105,1	5114,2	5123,3	5132,4	5141,5	5150,6	5159,7	5168,8	5177,9	5111,2	5126,3	5156,7	5171,8	5118,8	5164,3	56
57	5187	5196,1	5205,2	5214,3	5223,4	5232,5	5241,6	5250,7	5259,8	5268,9	5202,2	5217,3	5247,7	5262,8	5209,8	5255,3	57
58	5278	5287,1	5296,2	5305,3	5314,4	5323,5	5332,6	5341,7	5350,8	5359,9	5293,2	5308,3	5338,7	5353,8	5300,8	5346,3	58
59	5369	5378,1	5387,2	5396,3	5405,4	5414,5	5423,6	5432,7	5441,8	5450,9	5384,2	5399,3	5429,7	5444,8	5391,8	5437,3	59
60	5460	5469,1	5478,2	5487,3	5496,4	5505,5	5514,6	5523,7	5532,8	5541,9	5475,2	5490,3	5520,7	5535,8	5482,8	5528,3	60
61	5551	5560,1	5569,2	5578,3	5587,4	5596,5	5605,6	5614,7	5623,8	5632,9	5566,2	5581,3	5611,7	5626,8	5573,8	5619,3	61
62	5642	5651,1	5660,2	5669,3	5678,4	5687,5	5696,6	5705,7	5714,8	5723,9	5657,2	5672,3	5702,7	5717,8	5664,8	5710,3	62
63	5733	5742,1	5751,2	5760,3	5769,4	5778,5	5787,6	5796,7	5805,8	5814,9	5748,2	5763,3	5793,7	5808,8	5755,8	5801,3	63
64	5824	5833,1	5842,2	5051,3	5860,4	5869,5	5878,6	5887,7	5896,8	5905,9	5839,2	5854,3	5884,7	5899,8	5846,8	5892,3	64
65	5915	5924,1	5933,2	5942,3	5951,4	5960,5	5969,6	5978,7	5987,8	5996,9	5930,2	5945,3	5975,7	5990,8	5937,8	5983,3	65
66	6006	6015,1	6024,2	6033,3	6042,4	6051,5	6060,6	6069,7	6078,8	6087,9	6021,2	6036,3	6066,7	6081,8	6028,8	6074,3	66
67	6097	6106,1	6115,2	6124,3	6133,4	6142,5	6151,6	6160,7	6169,8	6178,9	6112,2	6127,3	6157,7	6172,8	6119,8	6165,3	67
68	6188	6197,1	6206,2	6215,3	6224,4	6233,5	6242,6	6251,7	6260,8	6269,9	6203,2	6218,3	6248,7	6263,8	6210,8	6256,3	68
69	6279	6288,1	6297,2	6306,3	6315,4	6324,5	6333,6	6342,7	6351,8	6360,9	6294,2	6309,3	6339,7	6354,8	6301,8	6347,3	69
70	6370	6379,1	6388,2	6397,3	6406,4	6415,5	6424,6	6433,7	6442,8	6451,9	6385,2	6400,3	6430,7	6445,8	6392,8	6438,3	70
71	6461	6470,1	6479,2	6488,3	6497,4	6506,5	6515,6	6524,7	6533,8	6542,9	6476,2	6491,3	6521,7	6536,8	6483,8	6529,3	71
72	6552	6561,1	6570,2	6579,3	6588,4	6597,5	6606,6	6615,7	6624,8	6633,9	6567,2	6582,3	6612,7	6627,8	6574,8	6620,3	72
73	6643	6652,1	6661,2	6670,3	6679,4	6688,5	6697,6	6706,7	6715,8	6724,9	6658,2	6673,3	6703,7	6718,8	6665,8	6711,3	73
74	6734	6743,1	6752,2	6761,3	6770,4	6779,5	6788,6	6797,7	6806,8	6815,9	6749,2	6764,3	6794,7	6809,8	6756,8	6802,3	74
75	6825	6834,1	6843,2	6852,3	6861,4	6870,5	6879,6	6888,7	6897,8	6906,9	6840,2	6855,3	6885,7	6900,8	6847,8	6893,3	75
76	6916	6925,1	6934,2	6943,3	6952,4	6961,5	6970,6	6979,7	6988,8	6997,9	6931,2	6946,3	6976,7	6991,8	6938,8	6984,3	76
77	7007	7016,1	7025,2	7034,3	7043,4	7052,5	7061,6	7070,7	7079,8	7088,9	7022,2	7037,3	7067,7	7082,8	7029,8	7075,3	77
78	7098	7107,1	7116,2	7125,3	7134,4	7143,5	7152,6	7161,7	7170,8	7179,9	7113,2	7128,3	7158,7	7173,8	7120,8	7166,3	78
79	7189	7198,1	7207,2	7216,3	7225,4	7234,5	7243,6	7252,7	7261,8	7270,9	7204,2	7219,3	7249,7	7264,8	7211,8	7257,3	79
80	7280	7289,1	7298,2	7307,3	7316,4	7325,5	7334,6	7343,7	7352,8	7361,9	7295,2	7310,3	7340,7	7355,8	7302,8	7348,3	80
81	7371	7380,1	7389,2	7398,3	7407,4	7416,5	7425,6	7434,7	7443,8	7452,9	7386,2	7401,3	7431,7	7446,8	7393,8	7439,3	81
82	7462	7471,1	7480,2	7489,3	7498,4	7507,5	7516,6	7525,7	7534,8	7543,9	7477,2	7492,3	7522,7	7537,8	7484,8	7530,3	82
83	7553	7562,1	7571,2	7580,3	7589,4	7598,5	7607,6	7616,7	7625,8	7634,9	7568,2	7583,3	7613,7	7628,8	7575,8	7621,3	83
84	7644	7653,1	7662,2	7671,3	7680,4	7689,5	7698,6	7707,7	7716,8	7725,9	7659,2	7674,3	7704,7	7719,8	7666,8	7712,3	84
85	7735	7744,1	7753,2	7762,3	7771,4	7780,5	7789,6	7798,7	7807,8	7816,9	7750,2	7765,3	7795,7	7810,8	7757,8	7803,3	85
86	7826	7835,1	7844,2	7853,3	7862,4	7871,5	7880,6	7889,7	7898,8	7907,9	7841,2	7856,3	7886,7	7901,8	7848,8	7894,3	86
87	7917	7926,1	7935,2	7944,3	7953,4	7962,5	7971,6	7980,7	7989,8	7998,9	7932,2	7947,3	7977,7	7992,8	7939,8	7985,3	87
88	8008	8017,1	8026,2	8035,3	8044,4	8053,5	8062,6	8071,7	8080,8	8089,9	8023,2	8038,3	8068,7	8083,8	8030,8	8076,3	88
89	8099	8108,1	8117,2	8126,3	8135,4	8144,5	8153,6	8162,7	8171,8	8180,9	8114,2	8129,3	8159,7	8174,8	8121,8	8167,3	89
90	8190	8199,1	8208,2	8217,3	8226,4	8235,5	8244,6	8253,7	8262,8	8271,9	8205,2	8220,3	8250,7	8265,8	8212,8	8258,3	90
91	8281	8290,1	8299,2	8308,3	8317,4	8326,5	8335,6	8344,7	8353,8	8362,9	8296,2	8311,3	8341,7	8356,8	8303,8	8349,3	91
92	8372	8381,1	8390,2	8399,3	8408,4	8417,5	8426,6	8435,7	8444,8	8453,9	8387,2	8402,3	8432,7	8447,8	8394,8	8440,3	92
93	8463	8472,1	8481,2	8490,3	8499,4	8508,5	8517,6	8526,7	8535,8	8544,9	8478,2	8493,3	8523,7	8538,8	8485,8	8531,3	93
94	8554	8563,1	8572,2	8581,3	8590,4	8599,5	8608,6	8617,7	8626,8	8635,9	8569,2	8584,3	8614,7	8629,8	8576,8	8622,3	94
95	8645	8654,1	8663,2	8672,3	8681,4	8690,5	8699,6	8708,7	8717,8	8726,9	8660,2	8675,3	8705,7	8720,8	8667,8	8713,3	95
96	8736	8745,1	8754,2	8763,3	8772,4	8781,5	8790,6	8799,7	8808,8	8817,9	8751,2	8766,3	8796,7	8811,8	8758,8	8804,3	96
97	8827	8836,1	8845,2	8854,3	8863,4	8872,5	8881,6	8890,7	8899,8	8908,9	8842,2	8857,3	8887,7	8902,8	8849,8	8895,3	97
98	8918	8927,1	8936,2	8945,3	8954,4	8963,5	8972,6	8981,7	8990,8	8999,9	8933,2	8948,3	8978,7	8993,8	8940,8	8986,3	98
99	9009	9018,1	9027,2	9036,3	9045,4	9054,5	9063,6	9072,7	9081,8	9090,9	9024,2	9039,3	9069,7	9084,8	9031,8	9077,3	99
100	9100	9109,1	9118,2	9127,3	9136,4	9145,5	9154,6	9163,7	9172,8	9181,9	9115,2	9130,3	9160,7	9175,8	9122,8	9168,3	100

92

92		1/10 9,2	2/10 13,4	3/10 27,6	4/10 36,8	5/10 46,0	6/10 55,2	7/10 64,4	8/10 73,6	9/10 82,8	1/6 15,333	2/6 30,666	4/6 61,333	5/6 76,666	1/4 23,0	3/4 69,0	
1	92	101,2	110,4	119,6	128,8	138,0	147,2	156,4	165,6	174,8	107,3	122,7	153,3	168,7	115,0	161,0	1
2	184	193,2	202,4	211,6	220,8	230,0	239,2	248,4	257,6	266,8	199,3	214,7	245,3	260,7	207,0	253,0	2
3	276	285,2	294,4	303,6	312,8	322,0	331,2	340,4	349,6	358,8	291,3	306,7	337,3	352,7	299,0	345,0	3
4	368	377,2	386,4	395,6	404,8	414,0	423,2	432,4	441,6	450,8	383,3	398,7	429,3	444 7	391,0	437,0	4
5	460	469,2	478,4	487,6	496,8	506,0	515,2	524,4	533,6	542,8	475,3	490,7	521,3	536,7	483,0	529,0	5
6	552	561,2	570,4	579,6	588,8	598,0	607,2	616,4	625,6	634,8	567,3	582,7	613,3	628,7	575,0	621,0	6
7	644	653,2	662,4	671,6	680,8	690,0	699,2	708,4	717,6	726,8	659,3	674,7	705,3	720,7	667,0	713,0	7
8	736	745,2	754,4	763,6	772,8	782,0	791,2	800,4	809,6	818,8	751,3	766,7	797,3	812,7	759,0	805,0	8
9	828	837,2	846,4	855,6	864,8	874,0	883,2	892,4	901,6	910,8	843,3	858,7	889,3	904,7	851,0	897,0	9
10	920	929,2	938,4	947,6	956,8	966,0	975,2	984,4	993,6	1002,8	935,3	950,7	981,3	996,7	943,0	989,0	10
11	1012	1021,2	1030,4	1039,6	1048,8	1058,0	1067,2	1076,4	1085,6	1094,8	1027,3	1042,7	1073,3	1088,7	1035,0	1081,0	11
12	1104	1113,2	1122,4	1131,6	1140,8	1150,0	1159,2	1168,4	1177,6	1186,8	1119,3	1134,7	1165,3	1180,7	1127,0	1173,0	12
13	1196	1205,2	1214,4	1223,6	1232,8	1242,0	1251,2	1260,4	1269,6	1278,8	1211,3	1226,7	1257,3	1272,7	1219,0	1265,0	13
14	1288	1297,2	1306,4	1315,6	1324,8	1334,0	1343,2	1352,4	1361,6	1370,8	1303,3	1318,7	1349,3	1364,7	1311,0	1357,0	14
15	1380	1389,2	1398,4	1407,6	1416,8	1426,0	1435,2	1444,4	1453,6	1462,8	1395,3	1410,7	1441,3	1456,7	1403,0	1449,0	15
16	1472	1481,2	1490,4	1499,6	1508,8	1518,0	1527,2	1536,4	1545,6	1554,8	1487,3	1502,7	1533,3	1548,7	1495,0	1541,0	16
17	1564	1573,2	1582,4	1591,6	1600,8	1610,0	1619,2	1628,4	1637,6	1646,8	1579,3	1594,7	1625,3	1640,7	1587,0	1633,0	17
18	1656	1665,2	1674,4	1683,6	1692,8	1702,0	1711,2	1720,4	1729,6	1738,8	1671,3	1686,7	1717,3	1732,7	1679,0	1725,0	18
19	1748	1757,2	1766,4	1775,6	1784,8	1794,0	1803,2	1812,4	1821,6	1830,8	1763,3	1778,7	1809,3	1824,7	1771,0	1817,0	19
20	1840	1849,2	1858,4	1867,6	1876,8	1886,0	1895,2	1904,4	1913,6	1922,8	1855,3	1870,7	1901,3	1916,7	1863,0	1909,0	20
21	1932	1941,2	1950,4	1959,6	1968,8	1978,0	1987,2	1996,4	2005,6	2014,8	1947,3	1962,7	1993,3	2008,7	1955,0	2001,0	21
22	2024	2033,2	2042,4	2051,6	2060,8	2070,0	2079,2	2088,4	2097,6	2106,8	2039,3	2054,7	2085,3	2100,7	2047,0	2093,0	22
23	2116	2125,2	2134,4	2143,6	2152,8	2162,0	2171,2	2180,4	2189,6	2198,8	2131,3	2146,7	2177,3	2192,7	2139,0	2185,0	23
24	2208	2217,2	2226,4	2235,6	2244,8	2254,0	2263,2	2272,4	2281,6	2290,8	2223,3	2238,7	2269,3	2284,7	2231,0	2277,0	24
25	2300	2309,2	2318,4	2327,6	2336,8	2346,0	2355,2	2364,4	2373,6	2382,8	2315,3	2330,7	2361,3	2376,7	2323,0	2369,0	25
26	2392	2401,2	2410,4	2419,6	2428,8	2438,0	2447,2	2456,4	2465,6	2474,8	2407,3	2422,7	2453,3	2468,7	2415,0	2461,0	26
27	2484	2493,2	2502,4	2511,6	2520,8	2530,0	2539,2	2548,4	2557,6	2566,8	2499,3	2514,7	2545,3	2560,7	2507,0	2553,0	27
28	2576	2585,2	2594,4	2603,6	2612,8	2622,0	2631,2	2640,4	2649,6	2658,8	2591,3	2606,7	2637,3	2652,7	2599,0	2645,0	28
29	2668	2677,2	2686,4	2695,6	2704,8	2714,0	2723,2	2732,4	2741,6	2750,8	2683,3	2698,7	2729,3	2744,7	2691,0	2737,0	29
30	2760	2769,2	2778,4	2787,6	2796,8	2806,0	2815,2	2824,4	2833,6	2842,8	2775,3	2790,7	2821,3	2836,7	2783,0	2829,0	30
31	2852	2861,2	2870,4	2879,6	2888,8	2898,0	2907,2	2916,4	2925,6	2934,8	2867,3	2882,7	2913,3	2928,7	2875,0	2921,0	31
32	2944	2953,2	2962,4	2971,6	2980,8	2990,0	2999,2	3008,4	3017,6	3026,8	2959,3	2974,7	3005,3	3020,7	2967,0	3013,0	32
33	3036	3045,2	3054,4	3063,6	3072,8	3082,0	3091,2	3100,4	3109,6	3118,8	3051,3	3066,7	3097,3	3112,7	3059,0	3105,0	33
34	3128	3137,2	3146,4	3155,6	3164,8	3174,0	3183,2	3192,4	3201,6	3210,8	3143,3	3158,7	3189,3	3204,7	3151,0	3197,0	34
35	3220	3229,2	3238,4	3247,6	3256,8	3266,0	3275,2	3284,4	3293,6	3302,8	3235,3	3250,7	3281,3	3296,7	3243,0	3289,0	35
36	3312	3321,2	3330,4	3339,6	3348,8	3358,0	3367,2	3376,4	3385,6	3394,8	3327,3	3342,7	3373,3	3388,7	3335,0	3381,0	36
37	3404	3413,2	3422,4	3431,6	3440,8	3450,0	3459,2	3468,4	3477,6	3486,8	3419,3	3434,7	3465,3	3480,7	3427,0	3473,0	37
38	3496	3505,2	3514,4	3523,6	3532,8	3542,0	3551,2	3560,4	3569,6	3578,8	3511,3	3526,7	3557,3	3572,7	3519,0	3565,0	38
39	3588	3597,2	3606,4	3615,6	3624,8	3634,0	3643,2	3652,4	3661,6	3670,8	3603,3	3618,7	3649,3	3664,7	3611,0	3657,0	39
40	3680	3689,2	3698,4	3707,6	3716,8	3726,0	3735,2	3744,4	3753,6	3762,8	3695,3	3710,7	3741,3	3756,7	3703,0	3749,0	40
41	3772	3781,2	3790,4	3799,6	3808,8	3818,0	3827,2	3836,4	3845,6	3854,8	3787,3	3802,7	3833,3	3848,7	3795,0	3841,0	41
42	3864	3873,2	3882,4	3891,6	3900,8	3910,0	3919,2	3928,4	3937,6	3946,8	3879,3	3894,7	3925,3	3940,7	3887,0	3933,0	42
43	3956	3965,2	3974,4	3983,6	3992,8	4002,0	4011,2	4020,4	4029,6	4038,8	3971,3	3986,7	4017,3	4032,7	3979,0	4025,0	43
44	4048	4057,2	4066,4	4075,6	4084,8	4094,0	4103,2	4112,4	4121,6	4130,8	4063,3	4078,7	4109,3	4124,7	4071,0	4117,0	44
45	4140	4149,2	4158,4	4167,6	4176,8	4186,0	4195,2	4204,4	4213,6	4222,8	4155,3	4170,7	4201,3	4216,7	4163,0	4209,0	45
46	4232	4241,2	4250,4	4259,6	4268,8	4278,0	4287,2	4296,4	4305,6	4314,8	4247,3	4262,7	4293,3	4308,7	4255,0	4301,0	46
47	4324	4333,2	4342,4	4351,6	4360,8	4370,0	4379,2	4388,4	4397,6	4406,8	4339,3	4354,7	4385,3	4400,7	4347,0	4393,0	47
48	4416	4425,2	4434,4	4443,6	4452,8	4462,0	4471,2	4480,4	4489,6	4498,8	4431,3	4446,7	4477,3	4492,7	4439,0	4485,0	48
49	4508	4517,2	4526,4	4535,6	4544,8	4554,0	4563,2	4572,4	4581,6	4590,8	4523,3	4538,7	4569,3	4584,7	4531,0	4577,0	49
50	4600	4609,2	4618,4	4627,6	4636,8	4646,0	4655,2	4664,4	4673,6	4682,8	4615,3	4630,7	4661,3	4676,7	4623,0	4669,0	50
51	4692	4701,2	4710,4	4719,6	4728,8	4738,0	4747,2	4756,4	4765,6	4774,8	4707,3	4722,7	4753,3	4768,7	4715,0	4761,0	51
52	4784	4793,2	4802,4	4811,6	4820,8	4830,0	4839,2	4848,4	4857,6	4866,8	4799,3	4814,7	4845,3	4860,7	4807,0	4853,0	52
53	4876	4885,2	4894,4	4903,6	4912,8	4922,0	4931,2	4940,4	4949,6	4958,8	4891,3	4906,7	4937,3	4952,7	4899,0	4945,0	53
54	4968	4977,2	4986,4	4995,6	5004,8	5014,0	5023,2	5032,4	5041,6	5050,8	4983,3	4998,7	5029,3	5044,7	4991,0	5037,0	54
55	5060	5069,2	5078,4	5087,6	5096,8	5106,0	5115,2	5124,4	5133,6	5142,8	5075,3	5090,7	5121,3	5136,7	5083,0	5129,0	55
56	5152	5161,2	5170,4	5179,6	5188,8	5198,0	5207,2	5216,4	5225,6	5234,8	5167,3	5182,7	5213,3	5228,7	5175,0	5221,0	56
57	5244	5253,2	5262,4	5271,6	5280,8	5290,0	5299,2	5308,4	5317,6	5326,8	5259,3	5274,7	5305,3	5320,7	5267,0	5313,0	57
58	5336	5345,2	5354,4	5363,6	5372,8	5382,0	5391,2	5400,4	5409,6	5418,8	5351,3	5366,7	5397,3	5412,7	5359,0	5405,0	58
59	5428	5437,2	5446,4	5455,6	5464,8	5474,0	5483,2	5492,4	5501,6	5510,8	5443,3	5458,7	5489,3	5504,7	5451,0	5497,0	59
60	5520	5529,2	5538,4	5547,6	5556,8	5566,0	5575,2	5584,4	5593,6	5602,8	5535,3	5550,7	5581,3	5596,7	5543,0	5589,0	60
61	5612	5621,2	5630,4	5639,6	5648,8	5658,0	5667,2	5676,4	5685,6	5694,8	5627,3	5642,7	5673,3	5688,7	5635,0	5681,0	61
62	5704	5713,2	5722,4	5731,6	5740,8	5750,0	5759,2	5768,4	5777,6	5786,8	5719,3	5734,7	5765,3	5780,7	5727,0	5773,0	62
63	5796	5805,2	5814,4	5823,6	5832,8	5842,0	5851,2	5860,4	5869,6	5878,8	5811,3	5826,7	5857,3	5872,7	5819,0	5865,0	63
64	5888	5897,2	5906,4	5915,6	5924,8	5934,0	5943,2	5952,4	5961,6	5970,8	5903,3	5918,7	5949,3	5964,7	5911,0	5957,0	64
65	5980	5989,2	5998,4	6007,6	6016,8	6026,0	6035,2	6044,4	6053,6	6062,8	5995,3	6010,7	6041,3	6056,7	6003,0	6049,0	65
66	6072	6081,2	6090,4	6099,6	6108,8	6118,0	6127,2	6136,4	6145,6	6154,8	6087,3	6102,7	6133,3	6148,7	6095,0	6141,0	66
67	6164	6173,2	6182,4	6191,6	6200,8	6210,0	6219,2	6228,4	6237,6	6246,8	6179,3	6194,7	6225,3	6240,7	6187,0	6233,0	67
68	6256	6265,2	6274,4	6283,6	6292,8	6302,0	6311,2	6320,4	6329,6	6338,8	6271,3	6286,7	6317,3	6332,7	6279,0	6325,0	68
69	6348	6357,2	6366,4	6375,6	6384,8	6394,0	6403,2	6412,4	6421,6	6430,8	6363,3	6378,7	6409,3	6424,7	6371,0	6417,0	69
70	6440	6449,2	6458,4	6467,6	6476,8	6486,0	6495,2	6504,4	6513,6	6522,8	6455,3	6470,7	6501,3	6516,7	6463,0	6509,0	70
71	6532	6541,2	6550,4	6559,6	6568,8	6578,0	6587,2	6596,4	6605,6	6614,8	6547,3	6562,7	6593,3	6608,7	6555,0	6601,0	71
72	6624	6633,2	6642,4	6651,6	6660,8	6670,0	6679,2	6688,4	6697,6	6706,8	6639,3	6654,7	6685,3	6700,7	6647,0	6693,0	72
73	6716	6725,2	6734,4	6743,6	6752,8	6762,0	6771,2	6780,4	6789,6	6798,8	6731,3	6746,7	6777,3	6792,7	6739,0	6785,0	73
74	6808	6817,2	6826,4	6835,6	6844,8	6854,0	6863,2	6872,4	6881,6	6890,8	6823,3	6838,7	6869,3	6884,7	6831,0	6877,0	74
75	6900	6909,2	6918,4	6927,6	6936,8	6946,0	6955,2	6964,4	6973,6	6982,8	6915,3	6930,7	6961,3	6976,7	6923,0	6969,0	75
76	6992	7001,2	7010,4	7019,6	7028,8	7038,0	7047,2	7056,4	7065,6	7074,8	7007,3	7022,7	7053,3	7068,7	7015,0	7061,0	76
77	7084	7093,2	7102,4	7111,6	7120,8	7130,0	7139,2	7148,4	7157,6	7166,8	7099,3	7114,7	7145,3	7160,7	7107,0	7153,0	77
78	7176	7185,2	7194,4	7203,6	7212,8	7222,0	7231,2	7240,4	7249,6	7258,8	7191,3	7206,7	7237,3	7252,7	7199,0	7245,0	78
79	7268	7277,2	7286,4	7295,6	7304,8	7314,0	7323,2	7332,4	7341,6	7350,8	7283,3	7298,7	7329,3	7344,7	7291,0	7337,0	79
80	7360	7369,2	7378,4	7387,6	7396,8	7406,0	7415,2	7424,4	7433,6	7442,8	7375,3	7390,7	7421,3	7436,7	7383,0	7429,0	80
81	7452	7461,2	7470,4	7479,6	7488,8	7498,0	7507,2	7516,4	7525,6	7534,8	7467,3	7482,7	7513,3	7528,7	7475,0	7521,0	81
82	7544	7553,2	7562,4	7571,6	7580,8	7590,0	7599,2	7608,4	7617,6	7626,8	7559,3	7574,7	7605,3	7620,7	7567,0	7613,0	82
83	7636	7645,2	7654,4	7663,6	7672,8	7682,0	7691,2	7700,4	7709,6	7718,8	7651,3	7666,7	7697,3	7712,7	7659,0	7705,0	83
84	7728	7737,2	7746,4	7755,6	7764,8	7774,0	7783,2	7792,4	7801,6	7810,8	7743,3	7758,7	7789,3	7804,7	7751,0	7797,0	84
85	7820	7829,2	7838,4	7847,6	7856,8	7866,0	7875,2	7884,4	7893,6	7902,8	7835,3	7850,7	7881,3	7896,7	7843,0	7889,0	85
86	7912	7921,2	7930,4	7939,6	7948,8	7958,0	7967,2	7976,4	7985,6	7994,8	7927,3	7942,7	7973,3	7988,7	7935,0	7981,0	86
87	8004	8013,2	8022,4	8031,6	8040,8	8050,0	8059,2	8068,4	8077,6	8086,8	8019,3	8034,7	8065,3	8080,7	8027,0	8073,0	87
88	8096	8105,2	8114,4	8123,6	8132,8	8142,0	8151,2	8160,4	8169,6	8178,8	8111,3	8126,7	8157,3	8172,7	8119,0	8165,0	88
89	8188	8197,2	8206,4	8215,6	8224,8	8234,0	8243,2	8252,4	8261,6	8270,8	8203,3	8218,7	8249,3	8264,7	8211,0	8257,0	89
90	8280	8289,2	8298,4	8307,6	8316,8	8326,0	8335,2	8344,4	8353,6	8362,8	8295,3	8310,7	8341,3	8356,7	8303,0	8349,0	90
91	8372	8381,2	8390,4	8399,6	8408,8	8418,0	8427,2	8436,4	8445,6	8454,8	8387,3	8402,7	8433,3	8448,7	8395,0	8441,0	91
92	8464	8473,2	8482,4	8491,6	8500,8	8510,0	8519,2	8528,4	8537,6	8546,8	8479,3	8494,7	8525,3	8540,7	8487,0	8533,0	92
93	8556	8565,2	8574,4	8583,6	8592,8	8602,0	8611,2	8620,4	8629,6	8638,8	8571,3	8586,7	8617,3	8632,7	8579,0	8625,0	93
94	8648	8657,2	8666,4	8675,6	8684,8	8694,0	8703,2	8712,4	8721,6	8730,8	8663,3	8678,7	8709,3	8724,7	8671,0	8717,0	94
95	8740	8749,2	8758,4	8767,6	8776,8	8786,0	8795,2	8804,4	8813,6	8822,8	8755,3	8770,7	8801,3	8816,7	8763,0	8809,0	95
96	8832	8841,2	8850,4	8859,6	8868,8	8878,0	8887,2	8896,4	8905,6	8914,8	8847,3	8862,7	8893,3	8908,7	8855,0	8901,0	96
97	8924	8933,2	8942,4	8951,6	8960,8	8970,0	8979,2	8988,4	8997,6	9006,8	8939,3	8954,7	8985,3	9000,7	8947,0	8993,0	97
98	9016	9025,2	9034,4	9043,6	9052,8	9062,0	9071,2	9080,4	9089,6	9098,8	9031,3	9046,7	9077,3	9092,7	9039,0	9085,0	98
99	9108	9117,2	9126,4	9135,6	9144,8	9154,0	9163,2	9172,4	9181,6	9190,8	9123,3	9138,7	9169,3	9184,7	9131,0	9177,0	99
100	9200	9209,2	9218,4	9227,6	9236,8	9246,0	9255,2	9264,4	9273,6	9282,8	9215,3	9230,7	9261,3	9276,7	9223,0	9269,0	100

93

		1/10 9,3	2/10 18,6	3/10 27,9	4/10 37,2	5/10 46,5	6/10 55,8	7/10 65,1	8/10 74,4	9/10 83,7	1/6 15,5	2/6 31,0	4/6 62,0	5/6 77,5	1/4 23,25	3/4 69,75	
1	93	102,3	111,6	120,9	130,2	139,5	148,8	158,1	167,4	176,7	108,5	124,0	155,0	170,5	116,3	162,8	1
2	186	195,3	204,6	213,9	223,2	232,5	241,8	251,1	260,4	269,7	201,5	217,0	248,0	263,5	209,3	255,8	2
3	279	288,3	297,6	306,9	316,2	325,5	334,8	344,1	353,4	362,7	294,5	310,0	341,0	356,5	302,3	348,8	3
4	372	381,3	390,6	399,9	409,2	418,5	427,8	437,1	446,4	455,7	387,5	403,0	434,0	449,5	395,3	441,8	4
5	465	474,3	483,6	492,9	502,2	511,5	520,8	530,1	539,4	548,7	480,5	496,0	527,0	542,5	488,3	534,8	5
6	558	567,3	576,6	585,9	595,2	604,5	613,8	623,1	632,4	641,7	573,5	589,0	620,0	635,5	581,3	627,8	6
7	651	660,3	669,6	678,9	688,2	697,5	706,8	716,1	725,4	734,7	666,5	682,0	713,0	728,5	674,3	720,8	7
8	744	753,3	762,6	771,9	781,2	790,5	799,8	809,1	818,4	827,7	759,5	775,0	806,0	821,5	767,3	813,8	8
9	837	846,3	855,6	864,9	874,2	883,5	892,8	902,1	911,4	920,7	852,5	868,0	899,0	914,5	860,3	906,8	9
10	930	939,3	948,6	957,9	967,2	976,5	985,8	995,1	1004,4	1013,7	945,5	961,0	992,0	1007,5	953,3	999,8	10
11	1023	1032,3	1041,6	1050,9	1060,2	1069,5	1078,8	1088,1	1097,4	1106,7	1038,5	1054,0	1085,0	1100,5	1046,3	1092,8	11
12	1116	1125,3	1134,6	1143,9	1153,2	1162,5	1171,8	1181,1	1190,4	1199,7	1131,5	1147,0	1178,0	1193,5	1139,3	1185,8	12
13	1209	1218,3	1227,6	1236,9	1246,2	1255,5	1264,8	1274,1	1283,4	1292,7	1224,5	1240,0	1271,0	1286,5	1232,3	1278,8	13
14	1302	1311,3	1320,6	1329,9	1339,2	1348,5	1357,8	1367,1	1376,4	1385,7	1317,5	1333,0	1364,0	1379,5	1325,3	1371,8	14
15	1395	1404,3	1413,6	1422,9	1432,2	1441,5	1450,8	1460,1	1469,4	1478,7	1410,5	1426,0	1457,0	1472,5	1418,3	1464,8	15
16	1488	1497,3	1506,6	1515,9	1525,2	1534,5	1543,8	1553,1	1562,4	1571,7	1503,5	1519,0	1550,0	1565,5	1511,3	1557,8	16
17	1581	1590,3	1599,6	1608,9	1618,2	1627,5	1636,8	1646,1	1655,4	1664,7	1596,5	1612,0	1643,0	1658,5	1604,3	1650,8	17
18	1674	1683,3	1692,6	1701,9	1711,2	1720,5	1729,8	1739,1	1748,4	1757,7	1689,5	1705,0	1736,0	1751,5	1697,3	1743,8	18
19	1767	1776,3	1785,6	1794,9	1804,2	1813,5	1822,8	1832,1	1841,4	1850,7	1782,5	1798,0	1829,0	1844,5	1790,3	1836,8	19
20	1860	1869,3	1878,6	1887,9	1897,2	1906,5	1915,8	1925,1	1934,4	1943,7	1875,5	1891,0	1922,0	1937,5	1883,3	1929,8	20
21	1953	1962,3	1971,6	1980,9	1990,2	1999,5	2008,8	2018,1	2027,4	2036,7	1968,5	1984,0	2015,0	2030,5	1976,3	2022,8	21
22	2046	2055,3	2064,6	2073,9	2083,2	2092,5	2101,8	2111,1	2120,4	2129,7	2061,5	2077,0	2108,0	2123,5	2069,3	2115,8	22
23	2139	2148,3	2157,6	2166,9	2176,2	2185,5	2194,8	2204,1	2213,4	2222,7	2154,5	2170,0	2201,0	2216,5	2162,3	2208,8	23
24	2232	2241,3	2250,6	2259,9	2269,2	2278,5	2287,8	2297,1	2306,4	2315,7	2247,5	2263,0	2294,0	2309,5	2255,3	2301,8	24
25	2325	2334,3	2343,6	2352,9	2362,2	2371,5	2380,8	2390,1	2399,4	2408,7	2340,5	2356,0	2387,0	2402,5	2348,3	2394,8	25
26	2418	2427,3	2436,6	2445,9	2455,2	2464,5	2473,8	2483,1	2492,4	2501,7	2433,5	2449,0	2480,0	2495,5	2441,3	2487,8	26
27	2511	2520,3	2529,6	2538,9	2548,2	2557,5	2566,8	2576,1	2585,4	2594,7	2526,5	2542,0	2573,0	2588,5	2534,3	2580,8	27
28	2604	2613,3	2622,6	2631,9	2641,2	2650,5	2659,8	2669,1	2678,4	2687,7	2619,5	2635,0	2666,0	2681,5	2627,3	2673,8	28
29	2697	2706,3	2715,6	2724,9	2734,2	2743,5	2752,8	2762,1	2771,4	2780,7	2712,5	2728,0	2759,0	2774,5	2720,3	2766,8	29
30	2790	2799,3	2808,6	2817,9	2827,2	2836,5	2845,8	2855,1	2864,4	2873,7	2805,5	2821,0	2852,0	2867,5	2813,3	2859,8	30
31	2883	2892,3	2901,6	2910,9	2920,2	2929,5	2938,8	2948,1	2957,4	2966,7	2898,5	2914,0	2945,0	2960,5	2906,3	2952,8	31
32	2976	2985,3	2994,6	3003,9	3013,2	3022,5	3031,8	3041,1	3050,4	3059,7	2991,5	3007,0	3038,0	3053,5	2999,3	3045,8	32
33	3069	3078,3	3087,6	3096,9	3106,2	3115,5	3124,8	3134,1	3143,4	3152,7	3084,5	3100,0	3131,0	3146,5	3092,3	3138,8	33
34	3162	3171,3	3180,6	3189,9	3199,2	3208,5	3217,8	3227,1	3236,4	3245,7	3177,5	3193,0	3224,0	3239,5	3185,3	3231,8	34
35	3255	3264,3	3273,6	3282,9	3292,2	3301,5	3310,8	3320,1	3329,4	3338,7	3270,5	3286,0	3317,0	3332,5	3278,3	3324,8	35
36	3348	3357,3	3366,6	3375,9	3385,2	3394,5	3403,8	3413,1	3422,4	3431,7	3363,5	3379,0	3410,0	3425,5	3371,3	3417,8	36
37	3441	3450,3	3459,6	3468,9	3478,2	3487,5	3496,8	3506,1	3515,4	3524,7	3456,5	3472,0	3503,0	3518,5	3464,3	3510,8	37
38	3534	3543,3	3552,6	3561,9	3571,2	3580,5	3589,8	3599,1	3608,4	3617,7	3549,5	3565,0	3596,0	3611,5	3557,3	3603,8	38
39	3627	3636,3	3645,6	3654,9	3664,2	3673,5	3682,8	3692,1	3701,4	3710,7	3642,5	3658,0	3689,0	3704,5	3650,3	3696,8	39
40	3720	3729,3	3738,6	3747,9	3757,2	3766,5	3775,8	3785,1	3794,4	3803,7	3735,5	3751,0	3782,0	3797,5	3743,3	3789,8	40
41	3813	3822,3	3831,6	3840,9	3850,2	3859,5	3868,8	3878,1	3887,4	3896,7	3828,5	3844,0	3875,0	3890,5	3836,3	3882,8	41
42	3906	3915,3	3924,6	3933,9	3943,2	3952,5	3961,8	3971,1	3980,4	3989,7	3921,5	3937,0	3968,0	3983,5	3929,3	3975,8	42
43	3999	4008,3	4017,6	4026,9	4036,2	4045,5	4054,8	4064,1	4073,4	4082,7	4014,5	4030,0	4061,0	4076,5	4022,3	4068,8	43
44	4092	4101,3	4110,6	4119,9	4129,2	4138,5	4147,8	4157,1	4166,4	4175,7	4107,5	4123,0	4154,0	4169,5	4115,3	4161,8	44
45	4185	4194,3	4203,6	4212,9	4222,2	4231,5	4240,8	4250,1	4259,4	4268,7	4200,5	4216,0	4247,0	4262,5	4208,3	4254,8	45
46	4278	4287,3	4296,6	4305,9	4315,2	4324,5	4333,8	4343,1	4352,4	4361,7	4293,5	4309,0	4340,0	4355,5	4301,3	4347,8	46
47	4371	4380,3	4389,6	4398,9	4408,2	4417,5	4426,8	4436,1	4445,4	4454,7	4386,5	4402,0	4433,0	4448,5	4394,3	4440,8	47
48	4464	4473,3	4482,6	4491,9	4501,2	4510,5	4519,8	4529,1	4538,4	4547,7	4479,5	4495,0	4526,0	4541,5	4487,3	4533,8	48
49	4557	4566,3	4575,6	4584,9	4594,2	4603,5	4612,8	4622,1	4631,4	4640,7	4572,5	4588,0	4619,0	4634,5	4580,3	4626,8	49
50	4650	4659,3	4668,6	4677,9	4687,2	4696,5	4705,8	4715,1	4724,4	4733,7	4665,5	4681,0	4712,0	4727,5	4673,3	4719,8	50
51	4743	4752,3	4761,6	4770,9	4780,2	4789,5	4798,8	4808,1	4817,4	4826,7	4758,5	4774,0	4805,0	4820,5	4766,3	4812,8	51
52	4836	4845,3	4854,6	4863,9	4873,2	4882,5	4891,8	4901,1	4910,4	4919,7	4851,5	4867,0	4898,0	4913,5	4859,3	4905,8	52
53	4929	4938,3	4947,6	4956,9	4966,2	4975,5	4984,8	4994,1	5003,4	5012,7	4944,5	4960,0	4991,0	5006,5	4952,3	4998,8	53
54	5022	5031,3	5040,6	5049,9	5059,2	5068,5	5077,8	5087,1	5096,4	5105,7	5037,5	5053,0	5084,0	5099,5	5045,3	5091,8	54
55	5115	5124,3	5133,6	5142,9	5152,2	5161,5	5170,8	5180,1	5189,4	5198,7	5130,5	5146,0	5177,0	5192,5	5138,3	5184,8	55
56	5208	5217,3	5226,6	5235,9	5245,2	5254,5	5263,8	5273,1	5282,4	5291,7	5223,5	5239,0	5270,0	5285,5	5231,3	5277,8	56
57	5301	5310,3	5319,6	5328,9	5338,2	5347,5	5356,8	5366,1	5375,4	5384,7	5316,5	5332,0	5363,0	5378,5	5324,3	5370,8	57
58	5394	5403,3	5412,6	5421,9	5431,2	5440,5	5449,8	5459,1	5468,4	5477,7	5409,5	5425,0	5456,0	5471,5	5417,3	5463,8	58
59	5487	5496,3	5505,6	5514,9	5524,2	5533,5	5542,8	5552,1	5561,4	5570,7	5502,5	5518,0	5549,0	5564,5	5510,3	5556,8	59
60	5580	5589,3	5598,6	5607,9	5617,2	5626,5	5635,8	5645,1	5654,4	5663,7	5595,5	5611,0	5642,0	5657,5	5603,3	5649,8	60
61	5673	5682,3	5691,6	5700,9	5710,2	5719,5	5728,8	5738,1	5747,4	5756,7	5688,5	5704,0	5735,0	5750,5	5696,3	5742,8	61
62	5766	5775,3	5784,6	5793,9	5803,2	5812,5	5821,8	5831,1	5840,4	5849,7	5781,5	5797,0	5828,0	5843,5	5789,3	5835,8	62
63	5859	5868,3	5877,6	5886,9	5896,2	5905,5	5914,8	5924,1	5933,4	5942,7	5874,5	5890,0	5921,0	5936,5	5882,3	5928,8	63
64	5952	5961,3	5970,6	5979,9	5989,2	5998,5	6007,8	6017,1	6026,4	6035,7	5967,5	5983,0	6014,0	6029,5	5975,3	6021,8	64
65	6045	6054,3	6063,6	6072,9	6082,2	6091,5	6100,8	6110,1	6119,4	6128,7	6060,5	6076,0	6107,0	6122,5	6068,3	6114,8	65
66	6138	6147,3	6156,6	6165,9	6175,2	6184,5	6193,8	6203,1	6212,4	6221,7	6153,5	6169,0	6200,0	6215,5	6161,3	6207,8	66
67	6231	6240,3	6249,6	6258,9	6268,2	6277,5	6286,8	6296,1	6305,4	6314,7	6246,5	6262,0	6293,0	6308,5	6254,3	6300,8	67
68	6324	6333,3	6342,6	6351,9	6361,2	6370,5	6379,8	6389,1	6398,4	6407,7	6339,5	6355,0	6386,0	6401,5	6347,3	6393,8	68
69	6417	6426,3	6435,6	6444,9	6454,2	6463,5	6472,8	6482,1	6491,4	6500,7	6432,5	6448,0	6479,0	6494,5	6440,3	6486,8	69
70	6510	6519,3	6528,6	6537,9	6547,2	6556,5	6565,8	6575,1	6584,4	6593,7	6525,5	6541,0	6572,0	6587,5	6533,3	6579,8	70
71	6603	6612,3	6621,6	6630,9	6640,2	6649,5	6658,8	6668,1	6677,4	6686,7	6618,5	6634,0	6665,0	6680,5	6626,3	6672,8	71
72	6696	6705,3	6714,6	6723,9	6733,2	6742,5	6751,8	6761,1	6770,4	6779,7	6711,5	6727,0	6758,0	6773,5	6719,3	6765,8	72
73	6789	6798,3	6807,6	6816,9	6826,2	6835,5	6844,8	6854,1	6863,4	6872,7	6804,5	6820,0	6851,0	6866,5	6812,3	6858,8	73
74	6882	6891,3	6900,6	6909,9	6919,2	6928,5	6937,8	6947,1	6956,4	6965,7	6897,5	6913,0	6944,0	6959,5	6905,3	6951,8	74
75	6975	6984,3	6993,6	7002,9	7012,2	7021,5	7030,8	7040,1	7049,4	7058,7	6990,5	7006,0	7037,0	7052,5	6998,3	7044,8	75
76	7068	7077,3	7086,6	7095,9	7105,2	7114,5	7123,8	7133,1	7142,4	7151,7	7083,5	7099,0	7130,0	7145,5	7091,3	7137,8	76
77	7161	7170,3	7179,6	7188,9	7198,2	7207,5	7216,8	7226,1	7235,4	7244,7	7176,5	7192,0	7223,0	7238,5	7184,3	7230,8	77
78	7254	7263,3	7272,6	7281,9	7291,2	7300,5	7309,8	7319,1	7328,4	7337,7	7269,5	7285,0	7316,0	7331,5	7277,3	7323,8	78
79	7347	7356,3	7365,6	7374,9	7384,2	7393,5	7402,8	7412,1	7421,4	7430,7	7362,5	7378,0	7409,0	7424,5	7370,3	7416,8	79
80	7440	7449,3	7458,6	7467,9	7477,2	7486,5	7495,8	7505,1	7514,4	7523,7	7455,5	7471,0	7502,0	7517,5	7463,3	7509,8	80
81	7533	7542,3	7551,6	7560,9	7570,2	7579,5	7588,8	7598,1	7607,4	7616,7	7548,5	7564,0	7595,0	7610,5	7556,3	7602,8	81
82	7626	7635,3	7644,6	7653,9	7663,2	7672,5	7681,8	7691,1	7700,4	7709,7	7641,5	7657,0	7688,0	7703,5	7649,3	7695,8	82
83	7719	7728,3	7737,6	7746,9	7756,2	7765,5	7774,8	7784,1	7793,4	7802,7	7734,5	7750,0	7781,0	7796,5	7742,3	7788,8	83
84	7812	7821,3	7830,6	7839,9	7849,2	7858,5	7867,8	7877,1	7886,4	7895,7	7827,5	7843,0	7874,0	7889,5	7835,3	7881,8	84
85	7905	7914,3	7923,6	7932,9	7942,2	7951,5	7960,8	7970,1	7979,4	7988,7	7920,5	7936,0	7967,0	7982,5	7928,3	7974,8	85
86	7998	8007,3	8016,6	8025,9	8035,2	8044,5	8053,8	8063,1	8072,4	8081,7	8013,5	8029,0	8060,0	8075,5	8021,3	8067,8	86
87	8091	8100,3	8109,6	8118,9	8128,2	8137,5	8146,8	8156,1	8165,4	8174,7	8106,5	8122,0	8153,0	8168,5	8114,3	8160,8	87
88	8184	8193,3	8202,6	8211,9	8221,2	8230,5	8239,8	8249,1	8258,4	8267,7	8199,5	8215,0	8246,0	8261,5	8207,3	8253,8	88
89	8277	8286,3	8295,6	8304,9	8314,2	8323,5	8332,8	8342,1	8351,4	8360,7	8292,5	8308,0	8339,0	8354,5	8300,3	8346,8	89
90	8370	8379,3	8388,6	8397,9	8407,2	8416,5	8425,8	8435,1	8444,4	8453,7	8385,5	8401,0	8432,0	8447,5	8393,3	8439,8	90
91	8463	8472,3	8481,6	8490,9	8500,2	8509,5	8518,8	8528,1	8537,4	8546,7	8478,5	8494,0	8525,0	8540,5	8486,3	8532,8	91
92	8556	8565,3	8574,6	8583,9	8593,2	8602,5	8611,8	8621,1	8630,4	8639,7	8571,5	8587,0	8618,0	8633,5	8579,3	8625,8	92
93	8649	8658,3	8667,6	8676,9	8686,2	8695,5	8704,8	8714,1	8723,4	8732,7	8664,5	8680,0	8711,0	8726,5	8672,3	8718,8	93
94	8742	8751,3	8760,6	8769,9	8779,2	8788,5	8797,8	8807,1	8816,4	8825,7	8757,5	8773,0	8804,0	8819,5	8765,3	8811,8	94
95	8835	8844,3	8853,6	8862,9	8872,2	8881,5	8890,8	8900,1	8909,4	8918,7	8850,5	8866,0	8897,0	8912,5	8858,3	8904,8	95
96	8928	8937,3	8946,6	8955,9	8965,2	8974,5	8983,8	8993,1	9002,4	9011,7	8943,5	8959,0	8990,0	9005,5	8951,3	8997,8	96
97	9021	9030,3	9039,6	9048,9	9058,2	9067,5	9076,8	9086,1	9095,4	9104,7	9036,5	9052,0	9083,0	9098,5	9044,3	9090,8	97
98	9114	9123,3	9132,6	9141,9	9151,2	9160,5	9169,8	9179,1	9188,4	9197,7	9129,5	9145,0	9176,0	9191,5	9137,3	9183,8	98
99	9207	9216,3	9225,6	9234,9	9244,2	9253,5	9262,8	9272,1	9281,4	9290,7	9222,5	9238,0	9269,0	9284,5	9230,3	9276,8	99
100	9300	9309,3	9318,6	9327,9	9337,2	9346,5	9355,8	9365,1	9374,4	9383,7	9315,5	9331,0	9362,0	9377,5	9323,3	9369,8	100

94

	94	1/10 9,4	2/10 18,8	3/10 28,2	4/10 37,6	5/10 47,0	6/10 56,4	7/10 65,8	8/10 75,2	9/10 84,6	1/6 15,666	1/3 31,333	2/3 62,666	5/6 78,333	1/4 23,5	3/4 70,5	
1	94	103,4	112,8	122,2	131,6	141,0	150,4	159,8	169,2	178,6	109,7	125,3	156,7	172,3	117,5	164,5	1
2	188	197,4	206,8	216,2	225,6	235,0	244,4	253,8	263,2	272,6	203,7	219,3	250,7	266,3	211,5	258,5	2
3	282	291,4	300,8	310,2	319,6	329,0	338,4	347,8	357,2	366,6	297,7	313,3	344,7	360,3	305,5	352,5	3
4	376	385,4	394,8	404,2	413,6	423,0	432,4	441,8	451,2	460,6	391,7	407,3	438,7	454,3	399,5	446,5	4
5	470	479,4	488,8	498,2	507,6	517,0	526,4	535,8	545,2	554,6	485,7	501,3	532,7	548,3	493,5	540,5	5
6	564	573,4	582,8	592,2	601,6	611,0	620,4	629,8	639,2	648,6	579,7	595,3	626,7	642,3	587,5	634,5	6
7	658	667,4	676,8	686,2	695,6	705,0	714,4	723,8	733,2	742,6	673,7	689,3	720,7	736,3	681,5	728,5	7
8	752	761,4	770,8	780,2	789,6	799,0	808,4	817,8	827,2	836,6	767,7	783,3	814,7	830,3	775,5	822,5	8
9	846	855,4	864,8	874,2	883,6	893,0	902,4	911,8	921,2	930,6	861,7	877,3	908,7	924,3	869,5	916,5	9
10	940	949,4	958,8	968,2	977,6	987,0	996,4	1005,8	1015,2	1024,6	955,7	971,3	1002,7	1018,3	963,5	1010,5	10
11	1034	1043,4	1052,8	1062,2	1071,6	1081,0	1090,4	1099,8	1109,2	1118,6	1049,7	1065,3	1096,7	1112,3	1057,5	1104,5	11
12	1128	1137,4	1146,8	1156,2	1165,6	1175,0	1184,4	1193,8	1203,2	1212,6	1143,7	1159,3	1190,7	1206,3	1151,5	1198,5	12
13	1222	1231,4	1240,8	1250,2	1259,6	1269,0	1278,4	1287,8	1297,2	1306,6	1237,7	1253,3	1284,7	1300,3	1245,5	1292,5	13
14	1316	1325,4	1334,8	1344,2	1353,6	1363,0	1372,4	1381,8	1391,2	1400,6	1331,7	1347,3	1378,7	1394,3	1339,5	1386,5	14
15	1410	1419,4	1428,8	1438,2	1447,6	1457,0	1466,4	1475,8	1485,2	1494,6	1425,7	1441,3	1472,7	1488,3	1433,5	1480,5	15
16	1504	1513,4	1522,8	1532,2	1541,6	1551,0	1560,4	1569,8	1579,2	1588,6	1519,7	1535,3	1566,7	1582,3	1527,5	1574,5	16
17	1598	1607,4	1616,8	1626,2	1635,6	1645,0	1654,4	1663,8	1673,2	1682,6	1613,7	1629,3	1660,7	1676,3	1621,5	1668,5	17
18	1692	1701,4	1710,8	1720,2	1729,6	1739,0	1748,4	1757,8	1767,2	1776,6	1707,7	1723,3	1754,7	1770,3	1715,5	1762,5	18
19	1786	1795,4	1804,8	1814,2	1823,6	1833,0	1842,4	1851,8	1861,2	1870,6	1801,7	1817,3	1848,7	1864,3	1809,5	1856,5	19
20	1880	1889,4	1898,8	1908,2	1917,6	1927,0	1936,4	1945,8	1955,2	1964,6	1895,7	1911,3	1942,7	1958,3	1903,5	1950,5	20
21	1974	1983,4	1992,8	2002,2	2011,6	2021,0	2030,4	2039,8	2049,2	2058,6	1989,7	2005,3	2036,7	2052,3	1997,5	2044,5	21
22	2068	2077,4	2086,8	2096,2	2105,6	2115,0	2124,4	2133,8	2143,2	2152,6	2083,7	2099,3	2130,7	2146,3	2091,5	2138,5	22
23	2162	2171,4	2180,8	2190,2	2199,6	2209,0	2218,4	2227,8	2237,2	2246,6	2177,7	2193,3	2224,7	2240,3	2185,5	2232,5	23
24	2256	2265,4	2274,8	2284,2	2293,6	2303,0	2312,4	2321,8	2331,2	2340,6	2271,7	2287,3	2318,7	2334,3	2279,5	2326,5	24
25	2350	2359,4	2368,8	2378,2	2387,6	2397,0	2406,4	2415,8	2425,2	2434,6	2365,7	2381,3	2412,7	2428,3	2373,5	2420,5	25
26	2444	2453,4	2462,8	2472,2	2481,6	2491,0	2500,4	2509,8	2519,2	2528,6	2459,7	2475,3	2506,7	2522,3	2467,5	2514,5	26
27	2538	2547,4	2556,8	2566,2	2575,6	2585,0	2594,4	2603,8	2613,2	2622,6	2553,7	2569,3	2600,7	2616,3	2561,5	2608,5	27
28	2632	2641,4	2650,8	2660,2	2669,6	2679,0	2688,4	2697,8	2707,2	2716,6	2647,7	2663,3	2694,7	2710,3	2655,5	2702,5	28
29	2726	2735,4	2744,8	2754,2	2763,6	2773,0	2782,4	2791,8	2801,2	2810,6	2741,7	2757,3	2788,7	2804,3	2749,5	2796,5	29
30	2820	2829,4	2838,8	2848,2	2857,6	2867,0	2876,4	2885,8	2895,2	2904,6	2835,7	2851,3	2882,7	2898,3	2843,5	2890,5	30
31	2914	2923,4	2932,8	2942,2	2951,6	2961,0	2970,4	2979,8	2989,2	2998,6	2929,7	2945,3	2976,7	2992,3	2937,5	2984,5	31
32	3008	3017,4	3026,8	3036,2	3045,6	3055,0	3064,4	3073,8	3083,2	3092,6	3023,7	3039,3	3070,7	3086,3	3031,5	3078,5	32
33	3102	3111,4	3120,8	3130,2	3139,6	3149,0	3158,4	3167,8	3177,2	3186,6	3117,7	3133,3	3164,7	3180,3	3125,5	3172,5	33
34	3196	3205,4	3214,8	3224,2	3233,6	3243,0	3252,4	3261,8	3271,2	3280,6	3211,7	3227,3	3258,7	3274,3	3219,5	3266,5	34
35	3290	3299,4	3308,8	3318,2	3327,6	3337,0	3346,4	3355,8	3365,2	3374,6	3305,7	3321,3	3352,7	3368,3	3313,5	3360,5	35
36	3384	3393,4	3402,8	3412,2	3421,6	3431,0	3440,4	3449,8	3459,2	3468,6	3399,7	3415,3	3446,7	3462,3	3407,5	3454,5	36
37	3478	3487,4	3496,8	3506,2	3515,6	3525,0	3534,4	3543,8	3553,2	3562,6	3493,7	3509,3	3540,7	3556,3	3501,5	3548,5	37
38	3572	3581,4	3590,8	3600,2	3609,6	3619,0	3628,4	3637,8	3647,2	3656,6	3587,7	3603,3	3634,7	3650,3	3595,5	3642,5	38
39	3666	3675,4	3684,8	3694,2	3703,6	3713,0	3722,4	3731,8	3741,2	3750,6	3681,7	3697·3	3728,7	3744,3	3689,5	3736,5	39
40	3760	3769,4	3778,8	3788,2	3797,6	3807,0	3816,4	3825,8	3835,2	3844,6	3775,7	3791,3	3822,7	3838,3	3783,5	3830,5	40
41	3854	3863,4	3872,8	3882,2	3891,6	3901,0	3910,4	3919,8	3929,2	3938,6	3869,7	3885,3	3916,7	3932,3	3877,5	3924,5	41
42	3948	3957,4	3966,8	3976,2	3985,6	3995,0	4004,4	4013,8	4023,2	4032,6	3963,7	3979,3	4010,7	4026,3	3971,5	4018,5	42
43	4042	4051,4	4060,8	4070,2	4079,6	4089,0	4098,4	4107,8	4117,2	4126,6	4057,7	4073,3	4104,7	4120,3	4065,5	4112,5	43
44	4136	4145,4	4154,8	4164,2	4173,6	4183,0	4192,4	4201,8	4211,2	4220,6	4151,7	4167,3	4198,7	4214,3	4159,5	4206,5	44
45	4230	4239,4	4248,8	4258,2	4267,6	4277,0	4286,4	4295,8	4305,2	4314,6	4245,7	4261,3	4292,7	4308,3	4253,5	4300,5	45
46	4324	4333,4	4342,8	4352,2	4361,6	4371,0	4380,4	4389,8	4399,2	4408,6	4339,7	4355,3	4386,7	4402,3	4347,5	4394,5	46
47	4418	4427,4	4436,8	4446,2	4455,6	4465,0	4474,4	4483,8	4493,2	4502,6	4433,7	4449,3	4480,7	4496,3	4441,5	4488,5	47
48	4512	4521,4	4530,8	4540,2	4549,6	4559,0	4568,4	4577,8	4587,2	4596,6	4527,7	4543,3	4574,7	4590,3	4535,5	4582,5	48
49	4606	4615,4	4624,8	4634,2	4643,6	4653,0	4662,4	4671,8	4681,2	4690,6	4621,7	4637,3	4668,7	4684,3	4629,5	4676,5	49
50	4700	4709,4	4718,8	4728,2	4737,6	4747,0	4756,4	4765,8	4775,2	4784,6	4715,7	4731,3	4762,7	4778,3	4723,5	4770,5	50
51	4794	4803,4	4812,8	4822,2	4831,6	4841,0	4850,4	4859,8	4869,2	4878,6	4809,7	4825,3	4856,7	4872,3	4817,5	4864,5	51
52	4888	4897,4	4906,8	4916,2	4925,6	4935,0	4944,4	4953,8	4963,2	4972,6	4903,7	4919,3	4950,7	4966,3	4911,5	4958,5	52
53	4982	4991,4	5000,8	5010,2	5019,6	5029,0	5038,4	5047,8	5057,2	5066,6	4997,7	5013,3	5044,7	5060,3	5005,5	5052,5	53
54	5076	5085,4	5094,8	5104,2	5113,6	5123,0	5132,4	5141,8	5151,2	5160,6	5091,7	5107,3	5138,7	5154,3	5099,5	5146,5	54
55	5170	5179,4	5188,8	5198,2	5207,6	5217,0	5226,4	5235,8	5245,2	5254,6	5185,7	5201,3	5232,7	5248,3	5193,5	5240,5	55
56	5264	5273,4	5282,8	5292,2	5301,6	5311,0	5320,4	5329,8	5339,2	5348,6	5279,7	5295,3	5326,7	5342,3	5287,5	5334,5	56
57	5358	5367,4	5376,8	5386,2	5395,6	5405,0	5414,4	5423,8	5433,2	5442,6	5373,7	5389,3	5420,7	5436,3	5381,5	5428,5	57
58	5452	5461,4	5470,8	5480,2	5489,6	5499,0	5508,4	5517,8	5527,2	5536,6	5467,7	5483,3	5514,7	5530,3	5475,5	5522,5	58
59	5546	5555,4	5564,8	5574,2	5583,6	5593,0	5602,4	5611,8	5621,2	5630,6	5561,7	5577,3	5608,7	5624,3	5569,5	5616,5	59
60	5640	5649,4	5658,8	5668,2	5677,6	5687,0	5696,4	5705,8	5715,2	5724,6	5655,7	5671,3	5702,7	5718,3	5663,5	5710,5	60
61	5734	5743,4	5752,8	5762,2	5771,6	5781,0	5790,4	5799,8	5809,2	5818,6	5749,7	5765,3	5796,7	5812,3	5757,5	5804,5	61
62	5828	5837,4	5846,8	5856,2	5865,6	5875,0	5884,4	5893,8	5903,2	5912,6	5843,7	5859,3	5890,7	5906,3	5851,5	5898,5	62
63	5922	5931,4	5940,8	5950,2	5959,6	5969,0	5978,4	5987,8	5997,2	6006,6	5937,7	5953,3	5984,7	6000,3	5945,5	5992,5	63
64	6016	6025,4	6034,8	6044,2	6053,6	6063,0	6072,4	6081,8	6091,2	6100,6	6031,7	6047,3	6078,7	6094,3	6039,5	6086,5	64
65	6110	6119,4	6128,8	6138,2	6147,6	6157,0	6166,4	6175,8	6185,2	6194,6	6125,7	6141,3	6172,7	6188,3	6133,5	6180,5	65
66	6204	6213,4	6222,8	6232,2	6241,6	6251,0	6260,4	6269,8	6279,2	6288,6	6219,7	6235,3	6266,7	6282,3	6227,5	6274,5	66
67	6298	6307,4	6316,8	6326,2	6335,6	6345,0	6354,4	6363,8	6373,2	6382,6	6313,7	6329,3	6360,7	6376,3	6321,5	6368,5	67
68	6392	6401,4	6410,8	6420,2	6429,6	6439,0	6448,4	6457,8	6467,2	6476,6	6407,7	6423,3	6454,7	6470,3	6415,5	6462,5	68
69	6486	6495,4	6504,8	6514,2	6523,6	6533,0	6542,4	6551,8	6561,2	6570,6	6501,7	6517,3	6548,7	6564,3	6509,5	6556,5	69
70	6580	6589,4	6598,8	6608,2	6617,6	6627,0	6636,4	6645,8	6655,2	6664,6	6595,7	6611,3	6642,7	6658,3	6603,5	6650,5	70
71	6674	6683,4	6692,8	6702,2	6711,6	6721,0	6730,4	6739,8	6749,2	6758,6	6689,7	6705,3	6736,7	6752,3	6697,5	6744,5	71
72	6768	6777,4	6786,8	6796,2	6805,6	6815,0	6824,4	6833,8	6843,2	6852,6	6783,7	6799,3	6830,7	6846,3	6791,5	6838,5	72
73	6862	6871,4	6880,8	6890,2	6899,6	6909,0	6918,4	6927,8	6937,2	6946,6	6877,7	6893,3	6924,7	6940,3	6885,5	6932,5	73
74	6956	6965,4	6974,8	6984,2	6993,6	7003,0	7012,4	7021,8	7031,2	7040,6	6971,7	6987,3	7018,7	7034,3	6979,5	7026,5	74
75	7050	7059,4	7068,8	7078,2	7087,6	7097,0	7106,4	7115,8	7125,2	7134,6	7065,7	7081,3	7112,7	7128,3	7073,5	7120,5	75
76	7144	7153,4	7162,8	7172,2	7181,6	7191,0	7200,4	7209,8	7219,2	7228,6	7159,7	7175,3	7206,7	7222,3	7167,5	7214,5	76
77	7238	7247,4	7256,8	7266,2	7275,6	7285,0	7294,4	7303,8	7313,2	7322,6	7253,7	7269,3	7300,7	7316,3	7261,5	7308,5	77
78	7332	7341,4	7350,8	7360,2	7369,6	7379,0	7388,4	7397,8	7407,2	7416,6	7347,7	7363,3	7394,7	7410,3	7355,5	7402,5	78
79	7426	7435,4	7444,8	7454,2	7463,6	7473,0	7482,4	7491,8	7501,2	7510,6	7441,7	7457,3	7488,7	7504,3	7449,5	7496,5	79
80	7520	7529,4	7538,8	7548,2	7557,6	7567,0	7576,4	7585,8	7595,2	7604,6	7535,7	7551,3	7582,7	7598,3	7543,5	7590,5	80
81	7614	7623,4	7632,8	7642,2	7651,6	7661,0	7670,4	7679,8	7689,2	7698,6	7629,7	7645,3	7676,7	7692,3	7637,5	7684,5	81
82	7708	7717,4	7726,8	7736,2	7745,6	7755,0	7764,4	7773,8	7783,2	7792,6	7723,7	7739,3	7770,7	7786,3	7731,5	7778,5	82
83	7802	7811,4	7820,8	7830,2	7839,6	7849,0	7858,4	7867,8	7877,2	7886,6	7817,7	7833,3	7864,7	7880,3	7825,5	7872,5	83
84	7896	7905,4	7914,8	7924,2	7933,6	7943,0	7952,4	7961,8	7971,2	7980,6	7911,7	7927,3	7958,7	7974,3	7919,5	7966,5	84
85	7990	7999,4	8008,8	8018,2	8027,6	8037,0	8046,4	8055,8	8065,2	8074,6	8005,7	8021,3	8052,7	8068,3	8013,5	8060,5	85
86	8084	8093,4	8102,8	8112,2	8121,6	8131,0	8140,4	8149,8	8159,2	8168,6	8099,7	8115,3	8146,7	8162,3	8107,5	8154,5	86
87	8178	8187,4	8196,8	8206,2	8215,6	8225,0	8234,4	8243,8	8253,2	8262,6	8193,7	8209,3	8240,7	8256,3	8201,5	8248,5	87
88	8272	8281,4	8290,8	8300,2	8309,6	8319,0	8328,4	8337,8	8347,2	8356,6	8287,7	8303,3	8334,7	8350,3	8295,5	8342,5	88
89	8366	8375,4	8384,8	8394,2	8403,6	8413,0	8422,4	8431,8	8441,2	8450,6	8381,7	8397,3	8428,7	8444,3	8389,5	8436,5	89
90	8460	8469,4	8478,8	8488,2	8497,6	8507,0	8516,4	8525,8	8535,2	8544,6	8475,7	8491,3	8522,7	8538,3	8483,5	8530,5	90
91	8554	8563,4	8572,8	8582,2	8591,6	8601,0	8610,4	8619,8	8629,2	8638,6	8569,7	8585,3	8616,7	8632,3	8577,5	8624,5	91
92	8648	8657,4	8666,8	8676,2	8685,6	8695,0	8704,4	8713,8	8723,2	8732,6	8663,7	8679,3	8710,7	8726,3	8671,5	8718,5	92
93	8742	8751,4	8760,8	8770,2	8779,6	8789,0	8798,4	8807,8	8817,2	8826,6	8757,7	8773,3	8804,7	8820,3	8765,5	8812,5	93
94	8836	8845,4	8854,8	8864,2	8873,6	8883,0	8892,4	8901,8	8911,2	8920,6	8851,7	8867,3	8898,7	8914,3	8859,5	8906,5	94
95	8930	8939,4	8948,8	8958,2	8967,6	8977,0	8986,4	8995,8	9005,2	9014,6	8945,7	8961,3	8992,7	9008,3	8953,5	9000,5	95
96	9024	9033,4	9042,8	9052,2	9061,6	9071,0	9080,4	9089,8	9099,2	9108,6	9039,7	9055,3	9086,7	9102,3	9047,5	9094,5	96
97	9118	9127,4	9136,8	9146,2	9155,6	9165,0	9174,4	9183,8	9193,2	9202,6	9133,7	9149,3	9180,7	9196,3	9141,5	9188,5	97
98	9212	9221,4	9230,8	9240,2	9249,6	9259,0	9268,4	9277,8	9287,2	9296,6	9227,7	9243,3	9274,7	9290,3	9235,5	9282,5	98
99	9306	9315,4	9324,8	9334,2	9343,6	9353,0	9362,4	9371,8	9381,2	9390,6	9321,7	9337,3	9368,7	9384,3	9329,5	9376,5	99
100	9400	9409,4	9418,8	9428,2	9437,6	9447,0	9456,4	9465,8	9475,2	9484,6	9415,7	9431,3	9462,7	9478,3	9423,5	9470,5	100

95

		1/10 9,5	2/10 19,0	3/10 28,5	4/10 38,0	5/10 47,5	6/10 57,0	7/10 66,5	8/10 76,0	9/10 85,5	1/6 15,833	2/6 31,666	4/6 63,333	5/6 79,166	1/4 23,75	3/4 71,25	
1	95	104,5	114,0	123,5	133,0	142,5	152,0	161,5	171,0	180,5	110,8	126,7	158,3	174,2	118,8	166,3	1
2	190	199,5	209,0	218,5	228,0	237,5	247,0	256,5	266,0	275,5	205,8	221,7	253,3	269,2	213,8	261,3	2
3	285	294,5	304,0	313,5	323,0	332,5	342,0	351,5	361,0	370,5	300,8	316,7	348,3	364,2	308,8	356,3	3
4	380	389,5	399,0	408,5	418,0	427,5	437,0	446,5	456,0	465,5	395,8	411,7	443,3	459,2	403,8	451,3	4
5	475	484,5	494,0	503,5	513,0	522,5	532,0	541,5	551,0	560,5	490,8	506,7	538,3	554,2	498,8	546,3	5
6	570	579,5	589,0	598,5	608,0	617,5	627,0	636,5	646,0	655,5	585,8	601,7	633,3	649,2	593,8	641,3	6
7	665	674,5	684,0	693,5	703,0	712,5	722,0	731,5	741,0	750,5	680,8	696,7	728,3	744,2	688,8	736,3	7
8	760	769,5	779,0	788,5	798,0	807,5	817,0	826,5	836,0	845,5	775,8	791,7	823,3	839,2	783,8	831,3	8
9	855	864,5	874,0	883,5	893,0	902,5	912,0	921,5	931,0	940,5	870,8	886,7	918,3	934,2	878,8	926,3	9
10	950	959,5	969,0	978,5	988,0	997,5	1007,0	1016,5	1026,0	1035,5	965,8	981,7	1013,3	1029,2	973,8	1021,3	10
11	1045	1054,5	1064,0	1073,5	1083,0	1092,5	1102,0	1111,5	1121,0	1130,5	1060,8	1076,7	1108,3	1124,2	1068,8	1116,3	11
12	1140	1149,5	1159,0	1168,5	1178,0	1187,5	1197,0	1206,5	1216,0	1225,5	1155,8	1171,7	1203,3	1219,2	1163,8	1211,3	12
13	1235	1244,5	1254,0	1263,5	1273,0	1282,5	1292,0	1301,5	1311,0	1320,5	1250,8	1266,7	1298,3	1314,2	1258,8	1306,3	13
14	1330	1339,5	1349,0	1358,5	1368,0	1377,5	1387,0	1396,5	1406,0	1415,5	1345,8	1361,7	1393,3	1409,2	1353,8	1401,3	14
15	1425	1434,5	1444,0	1453,5	1463,0	1472,5	1482,0	1491,5	1501,0	1510,5	1440,8	1456,7	1488,3	1504,2	1448,8	1496,3	15
16	1520	1529,5	1539,0	1548,5	1558,0	1567,5	1577,0	1586,5	1596,0	1605,5	1535,8	1551,7	1583,3	1599,2	1543,8	1591,3	16
17	1615	1624,5	1634,0	1643,5	1653,0	1662,5	1672,0	1681,5	1691,0	1700,5	1630,8	1646,7	1678,3	1694,2	1638,8	1686,3	17
18	1710	1719,5	1729,0	1738,5	1748,0	1757,5	1767,0	1776,5	1786,0	1795,5	1725,8	1741,7	1773,3	1789,2	1733,8	1781,3	18
19	1805	1814,5	1824,0	1833,5	1843,0	1852,5	1862,0	1871,5	1881,0	1890,5	1820,8	1836,7	1868,3	1884,2	1828,8	1876,3	19
20	1900	1909,5	1919,0	1928,5	1938,0	1947,5	1957,0	1966,5	1976,0	1985,5	1915,8	1931,7	1963,3	1979,2	1923,8	1971,3	20
21	1995	2004,5	2014,0	2023,5	2033,0	2042,5	2052,0	2061,5	2071,0	2080,5	2010,8	2026,7	2058,3	2074,2	2018,8	2066,3	21
22	2090	2099,5	2109,0	2118,5	2128,0	2137,5	2147,0	2156,5	2166,0	2175,5	2105,8	2121,7	2153,3	2169,2	2113,8	2161,3	22
23	2185	2194,5	2204,0	2213,5	2223,0	2232,5	2242,0	2251,5	2261,0	2270,5	2200,8	2216,7	2248,3	2264,2	2208,8	2256,3	23
24	2280	2289,5	2299,0	2308,5	2318,0	2327,5	2337,0	2346,5	2356,0	2365,5	2295,8	2311,7	2343,3	2359,2	2303,8	2351,3	24
25	2375	2384,5	2394,0	2403,5	2413,0	2422,5	2432,0	2441,5	2451,0	2460,5	2390,8	2406,7	2438,3	2454,2	2398,8	2446,3	25
26	2470	2479,5	2489,0	2498,5	2508,0	2517,5	2527,0	2536,5	2546,0	2555,5	2485,8	2501,7	2533,3	2549,2	2493,8	2541,3	26
27	2565	2574,5	2584,0	2593,5	2603,0	2612,5	2622,0	2631,5	2641,0	2650,5	2580,8	2596,7	2628,3	2644,2	2588,8	2636,3	27
28	2660	2669,5	2679,0	2688,5	2698,0	2707,5	2717,0	2726,5	2736,0	2745,5	2675,8	2691,7	2723,3	2739,2	2683,8	2731,3	28
29	2755	2764,5	2774,0	2783,5	2793,0	2802,5	2812,0	2821,5	2831,0	2840,5	2770,8	2786,7	2818,3	2834,2	2778,8	2826,3	29
30	2850	2859,5	2869,0	2878,5	2888,0	2897,5	2907,0	2916,5	2926,0	2935,5	2865,8	2881,7	2913,3	2929,2	2873,8	2921,3	30
31	2945	2954,5	2964,0	2973,5	2983,0	2992,5	3002,0	3011,5	3021,0	3030,5	2960,8	2976,7	3008,3	3024,2	2968,8	3016,3	31
32	3040	3049,5	3059,0	3068,5	3078,0	3087,5	3097,0	3106,5	3116,0	3125,5	3055,8	3071,7	3103,3	3119,2	3063,8	3111,3	32
33	3135	3144,5	3154,0	3163,5	3173,0	3182,5	3192,0	3201,5	3211,0	3220,5	3150,8	3166,7	3198,3	3214,2	3158,8	3206,3	33
34	3230	3239,5	3249,0	3258,5	3268,0	3277,5	3287,0	3296,5	3306,0	3315,5	3245,8	3261,7	3293,3	3309,2	3253,8	3301,3	34
35	3325	3334,5	3344,0	3353,5	3363,0	3372,5	3382,0	3391,5	3401,0	3410,5	3340,8	3356,7	3388,3	3404,2	3348,8	3396,3	35
36	3420	3429,5	3439,0	3448,5	3458,0	3467,5	3477,0	3486,5	3496,0	3505,5	3435,8	3451,7	3483,3	3499,2	3443,8	3491,3	36
37	3515	3524,5	3534,0	3543,5	3553,0	3562,5	3572,0	3581,5	3591,0	3600,5	3530,8	3546,7	3578,3	3594,2	3538,8	3586,3	37
38	3610	3619,5	3629,0	3638,5	3648,0	3657,5	3667,0	3676,5	3686,0	3695,5	3625,8	3641,7	3673,3	3689,2	3633,8	3681,3	38
39	3705	3714,5	3724,0	3733,5	3743,0	3752,5	3762,0	3771,5	3781,0	3790,5	3720,8	3736,7	3768,3	3784,2	3728,8	3776,3	39
40	3800	3809,5	3819,0	3828,5	3838,0	3847,5	3857,0	3866,5	3876,0	3885,5	3815,8	3831,7	3863,3	3879,2	3823,8	3871,3	40
41	3895	3904,5	3914,0	3923,5	3933,0	3942,5	3952,0	3961,5	3971,0	3980,5	3910,8	3926,7	3958,3	3974,2	3918,8	3966,3	41
42	3990	3999,5	4009,0	4018,5	4028,0	4037,5	4047,0	4056,5	4066,0	4075,5	4005,8	4021,7	4053,3	4069,2	4013,8	4061,3	42
43	4085	4094,5	4104,0	4113,5	4123,0	4132,5	4142,0	4151,5	4161,0	4170,5	4100,8	4116,7	4148,3	4164,2	4108,8	4156,3	43
44	4180	4189,5	4199,0	4208,5	4218,0	4227,5	4237,0	4246,5	4256,0	4265,5	4195,8	4211,7	4243,3	4259,2	4203,8	4251,3	44
45	4275	4284,5	4294,0	4303,5	4313,0	4322,5	4332,0	4341,5	4351,0	4360,5	4290,8	4306,7	4338,3	4354,2	4298,8	4346,3	45
46	4370	4379,5	4389,0	4398,5	4408,0	4417,5	4427,0	4436,5	4446,0	4455,5	4385,8	4401,7	4433,3	4449,2	4393,8	4441,3	46
47	4465	4474,5	4484,0	4493,5	4503,0	4512,5	4522,0	4531,5	4541,0	4550,5	4480,8	4496,7	4528,3	4544,2	4488,8	4536,3	47
48	4560	4569,5	4579,0	4588,5	4598,0	4607,5	4617,0	4626,5	4636,0	4645,5	4575,8	4591,7	4623,3	4639,2	4583,8	4631,3	48
49	4655	4664,5	4674,0	4683,5	4693,0	4702,5	4712,0	4721,5	4731,0	4740,5	4670,8	4686,7	4718,3	4734,2	4678,8	4726,3	49
50	4750	4759,5	4769,0	4778,5	4788,0	4797,5	4807,0	4816,5	4826,0	4835,5	4765,8	4781,7	4813,3	4829,2	4773,8	4821,3	50
51	4845	4854,5	4864,0	4873,5	4883,0	4892,5	4902,0	4911,5	4921,0	4930,5	4860,8	4876,7	4908,3	4924,2	4868,8	4916,3	51
52	4940	4949,5	4959,0	4968,5	4978,0	4987,5	4997,0	5006,5	5016,0	5025,5	4955,8	4971,7	5003,3	5019,2	4963,8	5011,3	52
53	5035	5044,5	5054,0	5063,5	5073,0	5082,5	5092,0	5101,5	5111,0	5120,5	5050,8	5066,7	5098,3	5114,2	5058,8	5106,3	53
54	5130	5139,5	5149,0	5158,5	5168,0	5177,5	5187,0	5196,5	5206,0	5215,5	5145,8	5161,7	5193,3	5209,2	5153,8	5201,3	54
55	5225	5234,5	5244,0	5253,5	5263,0	5272,5	5282,0	5291,5	5301,0	5310,5	5240,8	5256,7	5288,3	5304,2	5248,8	5296,3	55
56	5320	5329,5	5339,0	5348,5	5358,0	5367,5	5377,0	5386,5	5396,0	5405,5	5335,8	5351,7	5383,3	5399,2	5343,8	5391,3	56
57	5415	5424,5	5434,0	5443,5	5453,0	5462,5	5472,0	5481,5	5491,0	5500,5	5430,8	5446,7	5478,3	5494,2	5438,8	5486,3	57
58	5510	5519,5	5529,0	5538,5	5548,0	5557,5	5567,0	5576,5	5586,0	5595,5	5525,8	5541,7	5573,3	5589,2	5533,8	5581,3	58
59	5605	5614,5	5624,0	5633,5	5643,0	5652,5	5662,0	5671,5	5681,0	5690,5	5620,8	5636,7	5668,3	5684,2	5628,8	5676,3	59
60	5700	5709,5	5719,0	5728,5	5738,0	5747,5	5757,0	5766,5	5776,0	5785,5	5715,8	5731,7	5763,3	5779,2	5723,8	5771,3	60
61	5795	5804,5	5814,0	5823,5	5833,0	5842,5	5852,0	5861,5	5871,0	5880,5	5810,8	5826,7	5858,3	5874,2	5818,8	5866,3	61
62	5890	5899,5	5909,0	5918,5	5928,0	5937,5	5947,0	5956,5	5966,0	5975,5	5905,8	5921,7	5953,3	5969,2	5913,8	5961,3	62
63	5985	5994,5	6004,0	6013,5	6023,0	6032,5	6042,0	6051,5	6061,0	6070,5	6000,8	6016,7	6048,3	6064,2	6008,8	6056,3	63
64	6080	6089,5	6099,0	6108,5	6118,0	6127,5	6137,0	6146,5	6156,0	6165,5	6095,8	6111,7	6143,3	6159,2	6103,8	6151,3	64
65	6175	6184,5	6194,0	6203,5	6213,0	6222,5	6232,0	6241,5	6251,0	6260,5	6190,8	6206,7	6238,3	6254,2	6198,8	6246,3	65
66	6270	6279,5	6289,0	6298,5	6308,0	6317,5	6327,0	6336,5	6346,0	6355,5	6285,8	6301,7	6333,3	6349,2	6293,8	6341,3	66
67	6365	6374,5	6384,0	6393,5	6403,0	6412,5	6422,0	6431,5	6441,0	6450,5	6380,8	6396,7	6428,3	6444,2	6388,8	6436,3	67
68	6460	6469,5	6479,0	6488,5	6498,0	6507,5	6517,0	6526,5	6536,0	6545,5	6475,8	6491,7	6523,3	6539,2	6483,8	6531,3	68
69	6555	6564,5	6574,0	6583,5	6593,0	6602,5	6612,0	6621,5	6631,0	6640,5	6570,8	6586,7	6618,3	6634,2	6578,8	6626,3	69
70	6650	6659,5	6669,0	6678,5	6688,0	6697,5	6707,0	6716,5	6726,0	6735,5	6665,8	6681,7	6713,3	6729,2	6673,8	6721,3	70
71	6745	6754,5	6764,0	6773,5	6783,0	6792,5	6802,0	6811,5	6821,0	6830,5	6760,8	6776,7	6808,3	6824,2	6768,8	6816,3	71
72	6840	6849,5	6859,0	6868,5	6878,0	6887,5	6897,0	6906,5	6916,0	6925,5	6855,8	6871,7	6903,3	6919,2	6863,8	6911,3	72
73	6935	6944,5	6954,0	6963,5	6973,0	6982,5	6992,0	7001,5	7011,0	7020,5	6950,8	6966,7	6998,3	7014,2	6958,8	7006,3	73
74	7030	7039,5	7049,0	7058,5	7068,0	7077,5	7087,0	7096,5	7106,0	7115,5	7045,8	7061,7	7093,3	7109,2	7053,8	7101,3	74
75	7125	7134,5	7144,0	7153,5	7163,0	7172,5	7182,0	7191,5	7201,0	7210,5	7140,8	7156,7	7188,3	7204,2	7148,8	7196,3	75
76	7220	7229,5	7239,0	7248,5	7258,0	7267,5	7277,0	7286,5	7296,0	7305,5	7235,8	7251,7	7283,3	7299,2	7243,8	7291,3	76
77	7315	7324,5	7334,0	7343,5	7353,0	7362,5	7372,0	7381,5	7391,0	7400,5	7330,8	7346,7	7378,3	7394,2	7338,8	7386,3	77
78	7410	7419,5	7429,0	7438,5	7448,0	7457,5	7467,0	7476,5	7486,0	7495,5	7425,8	7441,7	7473,3	7489,2	7433,8	7481,3	78
79	7505	7514,5	7524,0	7533,5	7543,0	7552,5	7562,0	7571,5	7581,0	7590,5	7520,8	7536,7	7568,3	7584,2	7528,8	7576,3	79
80	7600	7609,5	7619,0	7628,5	7638,0	7647,5	7657,0	7666,5	7676,0	7685,5	7615,8	7631,7	7663,3	7679,2	7623,8	7671,3	80
81	7695	7704,5	7714,0	7723,5	7733,0	7742,5	7752,0	7761,5	7771,0	7780,5	7710,8	7726,7	7758,3	7774,2	7718,8	7766,3	81
82	7790	7799,5	7809,0	7818,5	7828,0	7837,5	7847,0	7856,5	7866,0	7875,5	7805,8	7821,7	7853,3	7869,2	7813,8	7861,3	82
83	7885	7894,5	7904,0	7913,5	7923,0	7932,5	7942,0	7951,5	7961,0	7970,5	7900,8	7916,7	7948,3	7964,2	7908,8	7956,3	83
84	7980	7989,5	7999,0	8008,5	8018,0	8027,5	8037,0	8046,5	8056,0	8065,5	7995,8	8011,7	8043,3	8059,2	8003,8	8051,3	84
85	8075	8084,5	8094,0	8103,5	8113,0	8122,5	8132,0	8141,5	8151,0	8160,5	8090,8	8106,7	8138,3	8154,2	8098,8	8146,3	85
86	8170	8179,5	8189,0	8198,5	8208,0	8217,5	8227,0	8236,5	8246,0	8255,5	8185,8	8201,7	8233,3	8249,2	8193,8	8241,3	86
87	8265	8274,5	8284,0	8293,5	8303,0	8312,5	8322,0	8331,5	8341,0	8350,5	8280,8	8296,7	8328,3	8344,2	8288,8	8336,3	87
88	8360	8369,5	8379,0	8388,5	8398,0	8407,5	8417,0	8426,5	8436,0	8445,5	8375,8	8391,7	8423,3	8439,2	8383,8	8431,3	88
89	8455	8464,5	8474,0	8483,5	8493,0	8502,5	8512,0	8521,5	8531,0	8540,5	8470,8	8486,7	8518,3	8534,2	8478,8	8526,3	89
90	8550	8559,5	8569,0	8578,5	8588,0	8597,5	8607,0	8616,5	8626,0	8635,5	8565,8	8581,7	8613,3	8629,2	8573,8	8621,3	90
91	8645	8654,5	8664,0	8673,5	8683,0	8692,5	8702,0	8711,5	8721,0	8730,5	8660,8	8676,7	8708,3	8724,2	8668,8	8716,3	91
92	8740	8749,5	8759,0	8768,5	8778,0	8787,5	8797,0	8806,5	8816,0	8825,5	8755,8	8771,7	8803,3	8819,2	8763,8	8811,3	92
93	8835	8844,5	8854,0	8863,5	8873,0	8882,5	8892,0	8901,5	8911,0	8920,5	8850,8	8866,7	8898,3	8914,2	8858,8	8906,3	93
94	8930	8939,5	8949,0	8958,5	8968,0	8977,5	8987,0	8996,5	9006,0	9015,5	8945,8	8961,7	8993,3	9009,2	8953,8	9001,3	94
95	9025	9034,5	9044,0	9053,5	9063,0	9072,5	9082,0	9091,5	9101,0	9110,5	9040,8	9056,7	9088,3	9104,2	9048,8	9096,3	95
96	9120	9129,5	9139,0	9148,5	9158,0	9167,5	9177,0	9186,5	9196,0	9205,5	9135,8	9151,7	9183,3	9199,2	9143,8	9191,3	96
97	9215	9224,5	9234,0	9243,5	9253,0	9262,5	9272,0	9281,5	9291,0	9300,5	9230,8	9246,7	9278,3	9294,2	9238,8	9286,3	97
98	9310	9319,5	9329,0	9338,5	9348,0	9357,5	9367,0	9376,5	9386,0	9395,5	9325,8	9341,7	9373,3	9389,2	9333,8	9381,3	98
99	9405	9414,5	9424,0	9433,5	9443,0	9452,5	9462,0	9471,5	9481,0	9490,5	9420,8	9436,7	9468,3	9484,2	9428,8	9476,3	99
100	9500	9509,5	9519,0	9528,5	9538,0	9547,5	9557,0	9566,5	9576,0	9585,5	9515,8	9531,7	9563,3	9579,2	9523,8	9571,3	100

	96	1/10	2/10	3/10	4/10	5/10	6/10	7/10	8/10	9/10	1/6	2/6	4/6	5/6	1/4	3/4	
		9,6	19,2	28,8	38,4	48,0	57,6	67,2	76,8	86,4	16,0	32,0	64,0	80,0	24,0	72,0	
1	96	105,6	115,2	124,8	134,4	144,0	153,6	163,2	172,8	182,4	112,0	128,0	160,0	176,0	120,0	168,0	1
2	192	201,6	211,2	220,8	230,4	240,0	249,6	259,2	268,8	278,4	208,0	224,0	256,0	272,0	216,0	264,0	2
3	288	297,6	307,2	316,8	326,4	336,0	345,6	355,2	364,8	374,4	304,0	320,0	352,0	368,0	312,0	360,0	3
4	384	393,6	403,2	412,8	422,4	432,0	441,6	451,2	460,8	470,4	400,0	416,0	448,0	464,0	408,0	456,0	4
5	480	489,6	499,2	508,8	518,4	528,0	537,6	547,2	556,8	566,4	496,0	512,0	544,0	560,0	504,0	552,0	5
6	576	585,6	595,2	604,8	614,4	624,0	633,6	643,2	652,8	662,4	592,0	608,0	640,0	656,0	600,0	648,0	6
7	672	681,6	691,2	700,8	710,4	720,0	729,6	739,2	748,8	758,4	688,0	704,0	736,0	752,0	696,0	744,0	7
8	768	777,6	787,2	796,8	806,4	816,0	825,6	835,2	844,8	854,4	784,0	800,0	832,0	848,0	792,0	840,0	8
9	864	873,6	883,2	892,8	902,4	912,0	921,6	931,2	940,8	950,4	880,0	896,0	928,0	944,0	888,0	936,0	9
10	960	969,6	979,2	988,8	998,4	1008,0	1017,6	1027,2	1036,8	1046,4	976,0	992,0	1024,0	1040,0	984,0	1032,0	10
11	1056	1065,6	1075,2	1084,8	1094,4	1104,0	1113,6	1123,2	1132,8	1142,4	1072,0	1088,0	1120,0	1136,0	1080,0	1128,0	11
12	1152	1161,6	1171,2	1180,8	1190,4	1200,0	1209,6	1219,2	1228,8	1238,4	1168,0	1184,0	1216,0	1232,0	1176,0	1224,0	12
13	1248	1257,6	1267,2	1276,8	1286,4	1296,0	1305,6	1315,2	1324,8	1334,4	1264,0	1280,0	1312,0	1328,0	1272,0	1320,0	13
14	1344	1353,6	1363,2	1372,8	1382,4	1392,0	1401,6	1411,2	1420,8	1430,4	1360,0	1376,0	1408,0	1424,0	1368,0	1416,0	14
15	1440	1449,6	1459,2	1468,8	1478,4	1488,0	1497,6	1507,2	1516,8	1526,4	1456,0	1472,0	1504,0	1520,0	1464,0	1512,0	15
16	1536	1545,6	1555,2	1564,8	1574,4	1584,0	1593,6	1603,2	1612,8	1622,4	1552,0	1568,0	1600,0	1616,0	1560,0	1608,0	16
17	1632	1641,6	1651,2	1660,8	1670,4	1680,0	1689,6	1699,2	1708,8	1718,4	1648,0	1664,0	1696,0	1712,0	1656,0	1704,0	17
18	1728	1737,6	1747,2	1756,8	1766,4	1776,0	1785,6	1795,2	1804,8	1814,4	1744,0	1760,0	1792,0	1808,0	1752,0	1800,0	18
19	1824	1833,6	1843,2	1852,8	1862,4	1872,0	1881,6	1891,2	1900,8	1910,4	1840,0	1856,0	1888,0	1904,0	1848,0	1896,0	19
20	1920	1929,6	1939,2	1948,8	1958,4	1968,0	1977,6	1987,2	1996,8	2006,4	1936,0	1952,0	1984,0	2000,0	1944,0	1992,0	20
21	2016	2025,6	2035,2	2044,8	2054,4	2064,0	2073,6	2083,2	2092,8	2102,4	2032,0	2048,0	2080,0	2096,0	2040,0	2088,0	21
22	2112	2121,6	2131,2	2140,8	2150,4	2160,0	2169,6	2179,2	2188,8	2198,4	2128,0	2144,0	2176,0	2192,0	2136,0	2184,0	22
23	2208	2217,6	2227,2	2236,8	2246,4	2256,0	2265,6	2275,2	2284,8	2294,4	2224,0	2240,0	2272,0	2288,0	2232,0	2280,0	23
24	2304	2313,6	2323,2	2332,8	2342,4	2352,0	2361,6	2371,2	2380,8	2390,4	2320,0	2336,0	2368,0	2384,0	2328,0	2376,0	24
25	2400	2409,6	2419,2	2428,8	2438,4	2448,0	2457,6	2467,2	2476,8	2486,4	2416,0	2432,0	2464,0	2480,0	2424,0	2472,0	25
26	2496	2505,6	2515,2	2524,8	2534,4	2544,0	2553,6	2563,2	2572,8	2582,4	2512,0	2528,0	2560,0	2576,0	2520,0	2568,0	26
27	2592	2601,6	2611,2	2620,8	2630,4	2640,0	2649,6	2659,2	2668,8	2678,4	2608,0	2624,0	2656,0	2672,0	2616,0	2664,0	27
28	2688	2697,6	2707,2	2716,8	2726,4	2736,0	2745,6	2755,2	2764,8	2774,4	2704,0	2720,0	2752,0	2768,0	2712,0	2760,0	28
29	2784	2793,6	2803,2	2812,8	2822,4	2832,0	2841,6	2851,2	2860,8	2870,4	2800,0	2816,0	2848,0	2864,0	2808,0	2856,0	29
30	2880	2889,6	2899,2	2908,8	2918,4	2928,0	2937,6	2947,2	2956,8	2966,4	2896,0	2912,0	2944,0	2960,0	2904,0	2952,0	30
31	2976	2985,6	2995,2	3004,8	3014,4	3024,0	3033,6	3043,2	3052,8	3062,4	2992,0	3008,0	3040,0	3056,0	3000,0	3048,0	31
32	3072	3081,6	3091,2	3100,8	3110,4	3120,0	3129,6	3139,2	3148,8	3158,4	3088,0	3104,0	3136,0	3152,0	3096,0	3144,0	32
33	3168	3177,6	3187,2	3196,8	3206,4	3216,0	3225,6	3235,2	3244,8	3254,4	3184,0	3200,0	3232,0	3248,0	3192,0	3240,0	33
34	3264	3273,6	3283,2	3292,8	3302,4	3312,0	3321,6	3331,2	3340,8	3350,4	3280,0	3296,0	3328,0	3344,0	3288,0	3336,0	34
35	3360	3369,6	3379,2	3388,8	3398,4	3408,0	3417,6	3427,2	3436,8	3446,4	3376,0	3392,0	3424,0	3440,0	3384,0	3432,0	35
36	3456	3465,6	3475,2	3484,8	3494,4	3504,0	3513,6	3523,2	3532,8	3542,4	3472,0	3488,0	3520,0	3536,0	3480,0	3528,0	36
37	3552	3561,6	3571,2	3580,8	3590,4	3600,0	3609,6	3619,2	3628,8	3638,4	3568,0	3584,0	3616,0	3632,0	3576,0	3624,0	37
38	3648	3657,6	3667,2	3676,8	3686,4	3696,0	3705,6	3715,2	3724,8	3734,4	3664,0	3680,0	3712,0	3728,0	3672,0	3720,0	38
39	3744	3753,6	3763,2	3772,8	3782,4	3792,0	3801,6	3811,2	3820,8	3830,4	3760,0	3776,0	3808,0	3824,0	3768,0	3816,0	39
40	3840	3849,6	3859,2	3868,8	3878,4	3888,0	3897,6	3907,2	3916,8	3926,4	3856,0	3872,0	3904,0	3920,0	3864,0	3912,0	40
41	3936	3945,6	3955,2	3964,8	3974,4	3984,0	3993,6	4003,2	4012,8	4022,4	3952,0	3968,0	4000,0	4016,0	3960,0	4008,0	41
42	4032	4041,6	4051,2	4060,8	4070,4	4080,0	4089,6	4099,2	4108,8	4118,4	4048,0	4064,0	4096,0	4112,0	4056,0	4104,0	42
43	4128	4137,6	4147,2	4156,8	4166,4	4176,0	4185,6	4195,2	4204,8	4214,4	4144,0	4160,0	4192,0	4208,0	4152,0	4200,0	43
44	4224	4233,6	4243,2	4252,8	4262,4	4272,0	4281,6	4291,2	4300,8	4310,4	4240,0	4256,0	4288,0	4304,0	4248,0	4296,0	44
45	4320	4329,6	4339,2	4348,8	4358,4	4368,0	4377,6	4387,2	4396,8	4406,4	4336,0	4352,0	4384,0	4400,0	4344,0	4392,0	45
46	4416	4425,6	4435,2	4444,8	4454,4	4464,0	4473,6	4483,2	4492,8	4502,4	4432,0	4448,0	4480,0	4496,0	4440,0	4488,0	46
47	4512	4521,6	4531,2	4540,8	4550,4	4560,0	4569,6	4579,2	4588,8	4598,4	4528,0	4544,0	4576,0	4592,0	4536,0	4584,0	47
48	4608	4617,6	4627,2	4636,8	4646,4	4656,0	4665,6	4675,2	4684,8	4694,4	4624,0	4640,0	4672,0	4688,0	4632,0	4680,0	48
49	4704	4713,6	4723,2	4732,8	4742,4	4752,0	4761,6	4771,2	4780,8	4790,4	4720,0	4736,0	4768,0	4784,0	4728,0	4776,0	49
50	4800	4809,6	4819,2	4828,8	4838,4	4848,0	4857,6	4867,2	4876,8	4886,4	4816,0	4832,0	4864,0	4880,0	4824,0	4872,0	50
51	4896	4905,6	4915,2	4924,8	4934,4	4944,0	4953,6	4963,2	4972,8	4982,4	4912,0	4928,0	4960,0	4976,0	4920,0	4968,0	51
52	4992	5001,6	5011,2	5020,8	5030,4	5040,0	5049,6	5059,2	5068,8	5078,4	5008,0	5024,0	5056,0	5072,0	5016,0	5064,0	52
53	5088	5097,6	5107,2	5116,8	5126,4	5136,0	5145,6	5155,2	5164,8	5174,4	5104,0	5120,0	5152,0	5168,0	5112,0	5160,0	53
54	5184	5193,6	5203,2	5212,8	5222,4	5232,0	5241,6	5251,2	5260,8	5270,4	5200,0	5216,0	5248,0	5264,0	5208,0	5256,0	54
55	5280	5289,6	5299,2	5308,8	5318,4	5328,0	5337,6	5347,2	5356,8	5366,4	5296,0	5312,0	5344,0	5360,0	5304,0	5352,0	55
56	5376	5385,6	5395,2	5404,8	5414,4	5424,0	5433,6	5443,2	5452,8	5462,4	5392,0	5408,0	5440,0	5456,0	5400,0	5448,0	56
57	5472	5481,6	5491,2	5500,8	5510,4	5520,0	5529,6	5539,2	5548,8	5558,4	5488,0	5504,0	5536,0	5552,0	5496,0	5544,0	57
58	5568	5577,6	5587,2	5596,8	5606,4	5616,0	5625,6	5635,2	5644,8	5654,4	5584,0	5600,0	5632,0	5648,0	5592,0	5640,0	58
59	5664	5673,6	5683,2	5692,8	5702,4	5712,0	5721,6	5731,2	5740,8	5750,4	5680,0	5696,0	5728,0	5744,0	5688,0	5736,0	59
60	5760	5769,6	5779,2	5788,8	5798,4	5808,0	5817,6	5827,2	5836,8	5846,4	5776,0	5792,0	5824,0	5840,0	5784,0	5832,0	60
61	5856	5865,6	5875,2	5884,8	5894,4	5904,0	5913,6	5923,2	5932,8	5942,4	5872,0	5888,0	5920,0	5936,0	5880,0	5928,0	61
62	5952	5961,6	5971,2	5980,8	5990,4	6000,0	6009,6	6019,2	6028,8	6038,4	5968,0	5984,0	6016,0	6032,0	5976,0	6024,0	62
63	6048	6057,6	6067,2	6076,8	6086,4	6096,0	6105,6	6115,2	6124,8	6134,4	6064,0	6080,0	6112,0	6128,0	6072,0	6120,0	63
64	6144	6153,6	6163,2	6172,8	6182,4	6192,0	6201,6	6211,2	6220,8	6230,4	6160,0	6176,0	6208,0	6224,0	6168,0	6216,0	64
65	6240	6249,6	6259,2	6268,8	6278,4	6288,0	6297,6	6307,2	6316,8	6326,4	6256,0	6272,0	6304,0	6320,0	6264,0	6312,0	65
66	6336	6345,6	6355,2	6364,8	6374,4	6384,0	6393,6	6403,2	6412,8	6422,4	6352,0	6368,0	6400,0	6416,0	6360,0	6408,0	66
67	6432	6441,6	6451,2	6460,8	6470,4	6480,0	6489,6	6499,2	6508,8	6518,4	6448,0	6464,0	6496,0	6512,0	6456,0	6504,0	67
68	6528	6537,6	6547,2	6556,8	6566,4	6576,0	6585,6	6595,2	6604,8	6614,4	6544,0	6560,0	6592,0	6608,0	6552,0	6600,0	68
69	6624	6633,6	6643,2	6652,8	6662,4	6672,0	6681,6	6691,2	6700,8	6710,4	6640,0	6656,0	6688,0	6704,0	6648,0	6696,0	69
70	6720	6729,6	6739,2	6748,8	6758,4	6768,0	6777,6	6787,2	6796,8	6806,4	6736,0	6752,0	6784,0	6800,0	6744,0	6792,0	70
71	6816	6825,6	6835,2	6844,8	6854,4	6864,0	6873,6	6883,2	6892,8	6902,4	6832,0	6848,0	6880,0	6896,0	6840,0	6888,0	71
72	6912	6921,6	6931,2	6940,8	6950,4	6960,0	6969,6	6979,2	6988,8	6998,4	6928,0	6944,0	6976,0	6992,0	6936,0	6984,0	72
73	7008	7017,6	7027,2	7036,8	7046,4	7056,0	7065,6	7075,2	7084,8	7094,4	7024,0	7040,0	7072,0	7088,0	7032,0	7080,0	73
74	7104	7113,6	7123,2	7132,8	7142,4	7152,0	7161,6	7171,2	7180,8	7190,4	7120,0	7136,0	7168,0	7184,0	7128,0	7176,0	74
75	7200	7209,6	7219,2	7228,8	7238,4	7248,0	7257,6	7267,2	7276,8	7286,4	7216,0	7232,0	7264,0	7280,0	7224,0	7272,0	75
76	7296	7305,6	7315,2	7324,8	7334,4	7344,0	7353,6	7363,2	7372,8	7382,4	7312,0	7328,0	7360,0	7376,0	7320,0	7368,0	76
77	7392	7401,6	7411,2	7420,8	7430,4	7440,0	7449,6	7459,2	7468,8	7478,4	7408,0	7424,0	7456,0	7472,0	7416,0	7464,0	77
78	7488	7497,6	7507,2	7516,8	7526,4	7536,0	7545,6	7555,2	7564,8	7574,4	7504,0	7520,0	7552,0	7568,0	7512,0	7560,0	78
79	7584	7593,6	7603,2	7612,8	7622,4	7632,0	7641,6	7651,2	7660,8	7670,4	7600,0	7616,0	7648,0	7664,0	7608,0	7656,0	79
80	7680	7689,6	7699,2	7708,8	7718,4	7728,0	7737,6	7747,2	7756,8	7766,4	7696,0	7712,0	7744,0	7760,0	7704,0	7752,0	80
81	7776	7785,6	7795,2	7804,8	7814,4	7824,0	7833,6	7843,2	7852,8	7862,4	7792,0	7808,0	7840,0	7856,0	7800,0	7848,0	81
82	7872	7881,6	7891,2	7900,8	7910,4	7920,0	7929,6	7939,2	7948,8	7958,4	7888,0	7904,0	7936,0	7952,0	7896,0	7944,0	82
83	7968	7977,6	7987,2	7996,8	8006,4	8016,0	8025,6	8035,2	8044,8	8054,4	7984,0	8000,0	8032,0	8048,0	7992,0	8040,0	83
84	8064	8073,6	8083,2	8092,8	8102,4	8112,0	8121,6	8131,2	8140,8	8150,4	8080,0	8096,0	8128,0	8144,0	8088,0	8136,0	84
85	8160	8169,6	8179,2	8188,8	8198,4	8208,0	8217,6	8227,2	8236,8	8246,4	8176,0	8192,0	8224,0	8240,0	8184,0	8232,0	85
86	8256	8265,6	8275,2	8284,8	8294,4	8304,0	8313,6	8323,2	8332,8	8342,4	8272,0	8288,0	8320,0	8336,0	8280,0	8328,0	86
87	8352	8361,6	8371,2	8380,8	8390,4	8400,0	8409,6	8419,2	8428,8	8438,4	8368,0	8384,0	8416,0	8432,0	8376,0	8424,0	87
88	8448	8457,6	8467,2	8476,8	8486,4	8496,0	8505,6	8515,2	8524,8	8534,4	8464,0	8480,0	8512,0	8528,0	8472,0	8520,0	88
89	8544	8553,6	8563,2	8572,8	8582,4	8592,0	8601,6	8611,2	8620,8	8630,4	8560,0	8576,0	8608,0	8624,0	8568,0	8616,0	89
90	8640	8649,6	8659,2	8668,8	8678,4	8688,0	8697,6	8707,2	8716,8	8726,4	8656,0	8672,0	8704,0	8720,0	8664,0	8712,0	90
91	8736	8745,6	8755,2	8764,8	8774,4	8784,0	8793,6	8803,2	8812,8	8822,4	8752,0	8768,0	8800,0	8816,0	8760,0	8808,0	91
92	8832	8841,6	8851,2	8860,8	8870,4	8880,0	8889,6	8899,2	8908,8	8918,4	8848,0	8864,0	8896,0	8912,0	8856,0	8904,0	92
93	8928	8937,6	8947,2	8956,8	8966,4	8976,0	8985,6	8995,2	9004,8	9014,4	8944,0	8960,0	8992,0	9008,0	8952,0	9000,0	93
94	9024	9033,6	9043,2	9052,8	9062,4	9072,0	9081,6	9091,2	9100,8	9110,4	9040,0	9056,0	9088,0	9104,0	9048,0	9096,0	94
95	9120	9129,6	9139,2	9148,8	9158,4	9168,0	9177,6	9187,2	9196,8	9206,4	9136,0	9152,0	9184,0	9200,0	9144,0	9192,0	95
96	9216	9225,6	9235,2	9244,8	9254,4	9264,0	9273,6	9283,2	9292,8	9302,4	9232,0	9248,0	9280,0	9296,0	9240,0	9288,0	96
97	9312	9321,6	9331,2	9340,8	9350,4	9360,0	9369,6	9379,2	9388,8	9398,4	9328,0	9344,0	9376,0	9392,0	9336,0	9384,0	97
98	9408	9417,6	9427,2	9436,8	9446,4	9456,0	9465,6	9475,2	9484,8	9494,4	9424,0	9440,0	9472,0	9488,0	9432,0	9480,0	98
99	9504	9513,6	9523,2	9532,8	9542,4	9552,0	9561,6	9571,2	9580,8	9590,4	9520,0	9536,0	9568,0	9584,0	9528,0	9576,0	99
100	9600	9609,6	9619,2	9628,8	9638,4	9648,0	9657,6	9667,2	9676,8	9686,4	9616,0	9632,0	9664,0	9680,0	9624,0	9672,0	100

		1/10 9,7	2/10 19,4	3/10 29,1	4/10 38,8	5/10 48,5	6/10 58,2	7/10 67,9	8/10 77,6	9/10 87,3	1/6 16,166	2/6 32,333	4/6 64,666	5/6 80,833	1/4 24,25	3/4 72,75	
1	97	106,7	116,4	126,1	135,8	145,5	155,2	164,9	174,6	184,3	113,2	129,3	161,7	177,8	121,3	169,8	1
2	194	203,7	213,4	223,1	232,8	242,5	252,2	261,9	271,6	281,3	210,2	226,3	258,7	274,8	218,3	266,8	2
3	291	300,7	310,4	320,1	329,8	339,5	349,2	358,9	368,6	378,3	307,2	323,3	355,7	371,8	315,3	363,8	3
4	388	397,7	407,4	417,1	426,8	436,5	446,2	455,9	465,6	475,3	404,2	420,3	452,7	468,8	412,3	460,8	4
5	485	494,7	504,4	514,1	523,8	533,5	543,2	552,9	562,6	572,3	501,2	517,3	549,7	565,8	509,3	557,8	5
6	582	591,7	601,4	611,1	620,8	630,5	640,2	649,9	659,6	669,3	598,2	614,3	646,7	662,8	606,3	654,8	6
7	679	688,7	698,4	708,1	717,8	727,5	737,2	746,9	756,6	766,3	695,2	711,3	743,7	759,8	703,3	751,8	7
8	776	785,7	795,4	805,1	814,8	824,5	834,2	843,9	853,6	863,3	792,2	808,3	840,7	856,8	800,3	848,8	8
9	873	882,7	892,4	902,1	911,8	921,5	931,2	940,9	950,6	960,3	889,2	905,3	937,7	953,8	897,3	945,8	9
10	970	979,7	989,4	999,1	1008,8	1018,5	1028,2	1037,9	1047,6	1057,3	986,2	1002,3	1034,7	1050,8	994,3	1042,8	10
11	1067	1076,7	1086,4	1096,1	1105,8	1115,5	1125,2	1134,9	1144,6	1154,3	1083,2	1099,3	1131,7	1147,8	1091,3	1139,8	11
12	1164	1173,7	1183,4	1193,1	1202,8	1212,5	1222,2	1231,9	1241,6	1251,3	1180,2	1196,3	1228,7	1244,8	1188,3	1236,8	12
13	1261	1270,7	1280,4	1290,1	1299,8	1309,5	1319,2	1328,9	1338,6	1348,3	1277,2	1293,3	1325,7	1341,8	1285,3	1333,8	13
14	1358	1367,7	1377,4	1387,1	1396,8	1406,5	1416,2	1425,9	1435,6	1445,3	1374,2	1390,3	1422,7	1438,8	1382,3	1430,8	14
15	1455	1464,7	1474,4	1484,1	1493,8	1503,5	1513,2	1522,9	1532,6	1542,3	1471,2	1487,3	1519,7	1535,8	1479,3	1527,8	15
16	1552	1561,7	1571,4	1581,1	1590,8	1600,5	1610,2	1619,9	1629,6	1639,3	1568,2	1584,3	1616,7	1632,8	1576,3	1624,8	16
17	1649	1658,7	1668,4	1678,1	1687,8	1697,5	1707,2	1716,9	1726,6	1736,3	1665,2	1681,3	1713,7	1729,8	1673,3	1721,8	17
18	1746	1755,7	1765,4	1775,1	1784,8	1794,5	1804,2	1813,9	1823,6	1833,3	1762,2	1778,3	1810,7	1826,8	1770,3	1818,8	18
19	1843	1852,7	1862,4	1872,1	1881,8	1891,5	1901,2	1910,9	1920,6	1930,3	1859,2	1875,3	1907,7	1923,8	1867,3	1915,8	19
20	1940	1949,7	1959,4	1969,1	1978,8	1988,5	1998,2	2007,9	2017,6	2027,3	1956,2	1972,3	2004,7	2020,8	1964,3	2012,8	20
21	2037	2046,7	2056,4	2066,1	2075,8	2085,5	2095,2	2104,9	2114,6	2124,3	2053,2	2069,3	2101,7	2117,8	2061,3	2109,8	21
22	2134	2143,7	2153,4	2163,1	2172,8	2182,5	2192,2	2201,9	2211,6	2221,3	2150,2	2166,3	2198,7	2214,8	2158,3	2206,8	22
23	2231	2240,7	2250,4	2260,1	2269,8	2279,5	2289,2	2298,9	2308,6	2318,3	2247,2	2263,3	2295,7	2311,8	2255,3	2303,8	23
24	2328	2337,7	2347,4	2357,1	2366,8	2376,5	2386,2	2395,9	2405,6	2415,3	2344,2	2360,3	2392,7	2408,8	2352,3	2400,8	24
25	2425	2434,7	2444,4	2454,1	2463,8	2473,5	2483,2	2492,9	2502,6	2512,3	2441,2	2457,3	2489,7	2505,8	2449,3	2497,8	25
26	2522	2531,7	2541,4	2551,1	2560,8	2570,5	2580,2	2589,9	2599,6	2609,3	2538,2	2554,3	2586,7	2602,8	2546,3	2594,8	26
27	2619	2628,7	2638,4	2648,1	2657,8	2667,5	2677,2	2686,9	2696,6	2706,3	2635,2	2651,3	2683,7	2699,8	2643,3	2691,8	27
28	2716	2725,7	2735,4	2745,1	2754,8	2764,5	2774,2	2783,9	2793,6	2803,3	2732,2	2748,3	2780,7	2796,8	2740,3	2788,8	28
29	2813	2822,7	2832,4	2842,1	2851,8	2861,5	2871,2	2880,9	2890,6	2900,3	2829,2	2845,3	2877,7	2893,8	2837,3	2885,8	29
30	2910	2919,7	2929,4	2939,1	2948,8	2958,5	2968,2	2977,9	2987,6	2997,3	2926,2	2942,3	2974,7	2990,8	2934,3	2982,8	30
31	3007	3016,7	3026,4	3036,1	3045,8	3055,5	3065,2	3074,9	3084,6	3094,3	3023,2	3039,3	3071,7	3087,8	3031,3	3079,8	31
32	3104	3113,7	3123,4	3133,1	3142,8	3152,5	3162,2	3171,9	3181,6	3191,3	3120,2	3136,3	3168,7	3184,8	3128,3	3176,8	32
33	3201	3210,7	3220,4	3230,1	3239,8	3249,5	3259,2	3268,9	3278,6	3288,3	3217,2	3233,3	3265,7	3281,8	3225,3	3273,8	33
34	3298	3307,7	3317,4	3327,1	3336,8	3346,5	3356,2	3365,9	3375,6	3385,3	3314,2	3330,3	3362,7	3378,8	3322,3	3370,8	34
35	3395	3404,7	3414,4	3424,1	3433,8	3443,5	3453,2	3462,9	3472,6	3482,3	3411,2	3427,3	3459,7	3475,8	3419,3	3467,8	35
36	3492	3501,7	3511,4	3521,1	3530,8	3540,5	3550,2	3559,9	3569,6	3579,3	3508,2	3524,3	3556,7	3572,8	3516,3	3564,8	36
37	3589	3598,7	3608,4	3618,1	3627,8	3637,5	3647,2	3656,9	3666,6	3676,3	3605,2	3621,3	3653,7	3669,8	3613,3	3661,8	37
38	3686	3695,7	3705,4	3715,1	3724,8	3734,5	3744,2	3753,9	3763,6	3773,3	3702,2	3718,3	3750,7	3766,8	3710,3	3758,8	38
39	3783	3792,7	3802,4	3812,1	3821,8	3831,5	3841,2	3850,9	3860,6	3870,3	3799,2	3815,3	3847,7	3863,8	3807,3	3855,8	39
40	3880	3889,7	3899,4	3909,1	3918,8	3928,5	3938,2	3947,9	3957,6	3967,3	3896,2	3912,3	3944,7	3960,8	3904,3	3952,8	40
41	3977	3986,7	3996,4	4006,1	4015,8	4025,5	4035,2	4044,9	4054,6	4064,3	3993,2	4009,3	4041,7	4057,8	4001,3	4049,8	41
42	4074	4083,7	4093,4	4103,1	4112,8	4122,5	4132,2	4141,9	4151,6	4161,3	4090,2	4106,3	4138,7	4154,8	4098,3	4146,8	42
43	4171	4180,7	4190,4	4200,1	4209,8	4219,5	4229,2	4238,9	4248,6	4258,3	4187,2	4203,3	4235,7	4251,8	4195,3	4243,8	43
44	4268	4277,7	4287,4	4297,1	4306,8	4316,5	4326,2	4335,9	4345,6	4355,3	4284,2	4300,3	4332,7	4348,8	4292,3	4340,8	44
45	4365	4374,7	4384,4	4394,1	4403,8	4413,5	4423,2	4432,9	4442,6	4452,3	4381,2	4397,3	4429,7	4445,8	4389,3	4437,8	45
46	4462	4471,7	4481,4	4491,1	4500,8	4510,5	4520,2	4529,9	4539,6	4549,3	4478,2	4494,3	4526,7	4542,8	4486,3	4534,8	46
47	4559	4568,7	4578,4	4588,1	4597,8	4607,5	4617,2	4626,9	4636,6	4646,3	4575,2	4591,3	4623,7	4639,8	4583,3	4631,8	47
48	4656	4665,7	4675,4	4685,1	4694,8	4704,5	4714,2	4723,9	4733,6	4743,3	4672,2	4688,3	4720,7	4736,8	4680,3	4728,8	48
49	4753	4762,7	4772,4	4782,1	4791,8	4801,5	4811,2	4820,9	4830,6	4840,3	4769,2	4785,3	4817,7	4833,8	4777,3	4825,8	49
50	4850	4859,7	4869,4	4879,1	4888,8	4898,5	4908,2	4917,9	4927,6	4937,3	4866,2	4882,3	4914,7	4930,8	4874,3	4922,8	50
51	4947	4956,7	4966,4	4976,1	4985,8	4995,5	5005,2	5014,9	5024,6	5034,3	4963,2	4979,3	5011,7	5027,8	4971,3	5019,8	51
52	5044	5053,7	5063,4	5073,1	5082,8	5092,5	5102,2	5111,9	5121,6	5131,3	5060,2	5076,3	5108,7	5124,8	5068,3	5116,8	52
53	5141	5150,7	5160,4	5170,1	5179,8	5189,5	5199,2	5208,9	5218,6	5228,3	5157,2	5173,3	5205,7	5221,8	5165,3	5213,8	53
54	5238	5247,7	5257,4	5267,1	5276,8	5286,5	5296,2	5305,9	5315,6	5325,3	5254,2	5270,3	5302,7	5318,8	5262,3	5310,8	54
55	5335	5344,7	5354,4	5364,1	5373,8	5383,5	5393,2	5402,9	5412,6	5422,3	5351,2	5367,3	5399,7	5415,8	5359,3	5407,8	55
56	5432	5441,7	5451,4	5461,1	5470,8	5480,5	5490,2	5499,9	5509,6	5519,3	5448,2	5464,3	5496,7	5512,8	5456,3	5504,8	56
57	5529	5538,7	5548,4	5558,1	5567,8	5577,5	5587,2	5596,9	5606,6	5616,3	5545,2	5561,3	5593,7	5609,8	5553,3	5601,8	57
58	5626	5635,7	5645,4	5655,1	5664,8	5674,5	5684,2	5693,9	5703,6	5713,3	5642,2	5658,3	5690,7	5706,8	5650,3	5698,8	58
59	5723	5732,7	5742,4	5752,1	5761,8	5771,5	5781,2	5790,9	5800,6	5810,3	5739,2	5755,3	5787,7	5803,8	5747,3	5795,8	59
60	5820	5829,7	5839,4	5849,1	5858,8	5868,5	5878,2	5887,9	5897,6	5907,3	5836,2	5852,3	5884,7	5900,8	5844,3	5892,8	60
61	5917	5926,7	5936,4	5946,1	5955,8	5965,5	5975,2	5984,9	5994,6	6004,3	5933,2	5949,3	5981,7	5997,8	5941,3	5989,8	61
62	6014	6023,7	6033,4	6043,1	6052,8	6062,5	6072,2	6081,9	6091,6	6101,3	6030,2	6046,3	6078,7	6094,8	6038,3	6086,8	62
63	6111	6120,7	6130,4	6140,1	6149,8	6159,5	6169,2	6178,9	6188,6	6198,3	6127,2	6143,3	6175,7	6191,8	6135,3	6183,8	63
64	6208	6217,7	6227,4	6237,1	6246,8	6256,5	6266,2	6275,9	6285,6	6295,3	6224,2	6240,3	6272,7	6288,8	6232,3	6280,8	64
65	6305	6314,7	6324,4	6334,1	6343,8	6353,5	6363,2	6372,9	6382,6	6392,3	6321,2	6337,3	6369,7	6385,8	6329,3	6377,8	65
66	6402	6411,7	6421,4	6431,1	6440,8	6450,5	6460,2	6469,9	6479,6	6489,3	6418,2	6434,3	6466,7	6482,8	6426,3	6474,8	66
67	6499	6508,7	6518,4	6528,1	6537,8	6547,5	6557,2	6566,9	6576,6	6586,3	6515,2	6531,3	6563,7	6579,8	6523,3	6571,8	67
68	6596	6605,7	6615,4	6625,1	6634,8	6644,5	6654,2	6663,9	6673,6	6683,3	6612,2	6628,3	6660,7	6676,8	6620,3	6668,8	68
69	6693	6702,7	6712,4	6722,1	6731,8	6741,5	6751,2	6760,9	6770,6	6780,3	6709,2	6725,3	6757,7	6773,8	6717,3	6765,8	69
70	6790	6799,7	6809,4	6819,1	6828,8	6838,5	6848,2	6857,9	6867,6	6877,3	6806,2	6822,3	6854,7	6870,8	6814,3	6862,8	70
71	6887	6896,7	6906,4	6916,1	6925,8	6935,5	6945,2	6954,9	6964,6	6974,3	6903,2	6919,3	6951,7	6967,8	6911,3	6959,8	71
72	6984	6993,7	7003,4	7013,1	7022,8	7032,5	7042,2	7051,9	7061,6	7071,3	7000,2	7016,3	7048,7	7064,8	7008,3	7056,8	72
73	7081	7090,7	7100,4	7110,1	7119,8	7129,5	7139,2	7148,9	7158,6	7168,3	7097,2	7113,3	7145,7	7161,8	7105,3	7153,8	73
74	7178	7187,7	7197,4	7207,1	7216,8	7226,5	7236,2	7245,9	7255,6	7265,3	7194,2	7210,3	7242,7	7258,8	7202,3	7250,8	74
75	7275	7284,7	7294,4	7304,1	7313,8	7323,5	7333,2	7342,9	7352,6	7362,3	7291,2	7307,3	7339,7	7355,8	7299,3	7347,8	75
76	7372	7381,7	7391,4	7401,1	7410,8	7420,5	7430,2	7439,9	7449,6	7459,3	7388,2	7404,3	7436,7	7452,8	7396,3	7444,8	76
77	7469	7478,7	7488,4	7498,1	7507,8	7517,5	7527,2	7536,9	7546,6	7556,3	7485,2	7501,3	7533,7	7549,8	7493,3	7541,8	77
78	7566	7575,7	7585,4	7595,1	7604,8	7614,5	7624,2	7633,9	7643,6	7653,3	7582,2	7598,3	7630,7	7646,8	7590,3	7638,8	78
79	7663	7672,7	7682,4	7692,1	7701,8	7711,5	7721,2	7730,9	7740,6	7750,3	7679,2	7695,3	7727,7	7743,8	7687,3	7735,8	79
80	7760	7769,7	7779,4	7789,1	7798,8	7808,5	7818,2	7827,9	7837,6	7847,3	7776,2	7792,3	7824,7	7840,8	7784,3	7832,8	80
81	7857	7866,7	7876,4	7886,1	7895,8	7905,5	7915,2	7924,9	7934,6	7944,3	7873,2	7889,3	7921,7	7937,8	7881,3	7929,8	81
82	7954	7963,7	7973,4	7983,1	7992,8	8002,5	8012,2	8021,9	8031,6	8041,3	7970,2	7986,3	8018,7	8034,8	7978,3	8026,8	82
83	8051	8060,7	8070,4	8080,1	8089,8	8099,5	8109,2	8118,9	8128,6	8138,3	8067,2	8083,3	8115,7	8131,8	8075,3	8123,8	83
84	8148	8157,7	8167,4	8177,1	8186,8	8196,5	8206,2	8215,9	8225,6	8235,3	8164,2	8180,3	8212,7	8228,8	8172,3	8220,8	84
85	8245	8254,7	8264,4	8274,1	8283,8	8293,5	8303,2	8312,9	8322,6	8332,3	8261,2	8277,3	8309,7	8325,8	8269,3	8317,8	85
86	8342	8351,7	8361,4	8371,1	8380,8	8390,5	8400,2	8409,9	8419,6	8429,3	8358,2	8374,3	8406,7	8422,8	8366,3	8414,8	86
87	8439	8448,7	8458,4	8468,1	8477,8	8487,5	8497,2	8506,9	8516,6	8526,3	8455,2	8471,3	8503,7	8519,8	8463,3	8511,8	87
88	8536	8545,7	8555,4	8565,1	8574,8	8584,5	8594,2	8603,9	8613,6	8623,3	8552,2	8568,3	8600,7	8616,8	8560,3	8608,8	88
89	8633	8642,7	8652,4	8662,1	8671,8	8681,5	8691,2	8700,9	8710,6	8720,3	8649,2	8665,3	8697,7	8713,8	8657,3	8705,8	89
90	8730	8739,7	8749,4	8759,1	8768,8	8778,5	8788,2	8797,9	8807,6	8817,3	8746,2	8762,3	8794,7	8810,8	8754,3	8802,8	90
91	8827	8836,7	8846,4	8856,1	8865,8	8875,5	8885,2	8894,9	8904,6	8914,3	8843,2	8859,3	8891,7	8907,8	8851,3	8899,8	91
92	8924	8933,7	8943,4	8953,1	8962,8	8972,5	8982,2	8991,9	9001,6	9011,3	8940,2	8956,3	8988,7	9004,8	8948,3	8996,8	92
93	9021	9030,7	9040,4	9050,1	9059,8	9069,5	9079,2	9088,9	9098,6	9108,3	9037,2	9053,3	9085,7	9101,8	9045,3	9093,8	93
94	9118	9127,7	9137,4	9147,1	9156,8	9166,5	9176,2	9185,9	9195,6	9205,3	9134,2	9150,3	9182,7	9198,8	9142,3	9190,8	94
95	9215	9224,7	9234,4	9244,1	9253,8	9263,5	9273,2	9282,9	9292,6	9302,3	9231,2	9247,3	9279,7	9295,8	9239,3	9287,8	95
96	9312	9321,7	9331,4	9341,1	9350,8	9360,5	9370,2	9379,9	9389,6	9399,3	9328,2	9344,3	9376,7	9392,8	9336,3	9384,8	96
97	9409	9418,7	9428,4	9438,1	9447,8	9457,5	9467,2	9476,9	9486,6	9496,3	9425,2	9441,3	9473,7	9489,8	9433,3	9481,8	97
98	9506	9515,7	9525,4	9535,1	9544,8	9554,5	9564,2	9573,9	9583,6	9593,3	9522,2	9538,3	9570,7	9586,8	9530,3	9578,8	98
99	9603	9612,7	9622,4	9632,1	9641,8	9651,5	9661,2	9670,9	9680,6	9690,3	9619,2	9635,3	9667,7	9683,8	9627,3	9675,8	99
100	9700	9709,7	9719,4	9729,1	9738,8	9748,5	9758,2	9767,9	9777,6	9787,3	9716,2	9732,3	9764,7	9780,8	9724,3	9772,8	100

98

	98	1/10 9,8	2/10 19,6	3/10 29,4	4/10 39,2	5/10 49,0	6/10 58,8	7/10 68,6	8/10 78,4	9/10 88,2	1/6 16,333	2/6 32,666	4/6 65,333	5/6 81,666	1/4 24,5	3/4 73,5	
1	98	107,8	117,6	127,4	137,2	147,0	156,8	166,6	176,4	186,2	114,3	130,7	163,3	179,7	122,5	171,5	1
2	196	205,8	215,6	225,4	235,2	245,0	254,8	264,6	274,4	284,2	212,3	228,7	261,3	277,7	220,5	269,5	2
3	294	303,8	313,6	323,4	333,2	343,0	352,8	362,6	372,4	382,2	310,3	326,7	359,3	375,7	318,5	367,5	3
4	392	401,8	411,6	421,4	431,2	441,0	450,8	460,6	470,4	480,2	408,3	424,7	457,3	473,7	416,5	465,5	4
5	490	499,8	509,6	519,4	529,2	539,0	548,8	558,6	568,4	578,2	506,3	522,7	555,3	571,7	514,5	563,5	5
6	588	597,8	607,6	617,4	627,2	637,0	646,8	656,6	666,4	676,2	604,3	620,7	653,3	669,7	612,5	661,5	6
7	686	695,8	705,6	715,4	725,2	735,0	744,8	754,6	764,4	774,2	702,3	718,7	751,3	767,7	710,5	759,5	7
8	784	793,8	803,6	813,4	823,2	833,0	842,8	852,6	862,4	872,2	800,3	816,7	849,3	865,7	808,5	857,5	8
9	882	891,8	901,6	911,4	921,2	931,0	940,8	950,6	960,4	970,2	898,3	914,7	947,3	963,7	906,5	955,5	9
10	980	989,8	999,6	1009,4	1019,2	1029,0	1038,8	1048,6	1058,4	1068,2	996,3	1012,7	1045,3	1061,7	1004,5	1053,5	10
11	1078	1087,8	1097,6	1107,4	1117,2	1127,0	1136,8	1146,6	1156,4	1166,2	1094,3	1110,7	1143,3	1159,7	1102,5	1151,5	11
12	1176	1185,8	1195,6	1205,4	1215,2	1225,0	1234,8	1244,6	1254,4	1264,2	1192,3	1208,7	1241,3	1257,7	1200,5	1249,5	12
13	1274	1283,8	1293,6	1303,4	1313,2	1323,0	1332,8	1342,6	1352,4	1362,2	1290,3	1306,7	1339,3	1355,7	1298,5	1347,5	13
14	1372	1381,8	1391,6	1401,4	1411,2	1421,0	1430,8	1440,6	1450,4	1460,2	1388,3	1404,7	1437,3	1453,7	1396,5	1445,5	14
15	1470	1479,8	1489,6	1499,4	1509,2	1519,0	1528,8	1538,6	1548,4	1558,2	1486,3	1502,7	1535,3	1551,7	1494,5	1543,5	15
16	1568	1577,8	1587,6	1597,4	1607,2	1617,0	1626,8	1636,6	1646,4	1656,2	1584,3	1600,7	1633,3	1649,7	1592,5	1641,5	16
17	1666	1675,8	1685,6	1695,4	1705,2	1715,0	1724,8	1734,6	1744,4	1754,2	1682,3	1698,7	1731,3	1747,7	1690,5	1739,5	17
18	1764	1773,8	1783,6	1793,4	1803,2	1813,0	1822,8	1832,6	1842,4	1852,2	1780,3	1796,7	1829,3	1845,7	1788,5	1837,5	18
19	1862	1871,8	1881,6	1891,4	1901,2	1911,0	1920,8	1930,6	1940,4	1950,2	1878,3	1894,7	1927,3	1943,7	1886,5	1935,5	19
20	1960	1969,8	1979,6	1989,4	1999,2	2009,0	2018,8	2028,6	2038,4	2048,2	1976,3	1992,7	2025,3	2041,7	1984,5	2033,5	20
21	2058	2067,8	2077,6	2087,4	2097,2	2107,0	2116,8	2126,6	2136,4	2146,2	2074,3	2090,7	2123,3	2139,7	2082,5	2131,5	21
22	2156	2165,8	2175,6	2185,4	2195,2	2205,0	2214,8	2224,6	2234,4	2244,2	2172,3	2188,7	2221,3	2237,7	2180,5	2229,5	22
23	2254	2263,8	2273,6	2283,4	2293,2	2303,0	2312,8	2322,6	2332,4	2342,2	2270,3	2286,7	2319,3	2335,7	2278,5	2327,5	23
24	2352	2361,8	2371,6	2381,4	2391,2	2401,0	2410,8	2420,6	2430,4	2440,2	2368,3	2384,7	2417,3	2433,7	2376,5	2425,5	24
25	2450	2459,8	2469,6	2479,4	2489,2	2499,0	2508,8	2518,6	2528,4	2538,2	2466,3	2482,7	2515,3	2531,7	2474,5	2523,5	25
26	2548	2557,8	2567,6	2577,4	2587,2	2597,0	2606,8	2616,6	2626,4	2636,2	2564,3	2580,7	2613,3	2629,7	2572,5	2621,5	26
27	2646	2655,8	2665,6	2675,4	2685,2	2695,0	2704,8	2714,6	2724,4	2734,2	2662,3	2678,7	2711,3	2727,7	2670,5	2719,5	27
28	2744	2753,8	2763,6	2773,4	2783,2	2793,0	2802,8	2812,6	2822,4	2832,2	2760,3	2776,7	2809,3	2825,7	2768,5	2817,5	28
29	2842	2851,8	2861,6	2871,4	2881,2	2891,0	2900,8	2910,6	2920,4	2930,2	2858,3	2874,7	2907,3	2923,7	2866,5	2915,5	29
30	2940	2949,8	2959,6	2969,4	2979,2	2989,0	2998,8	3008,6	3018,4	3028,2	2956,3	2972,7	3005,3	3021,7	2964,5	3013,5	30
31	3038	3047,8	3057,6	3067,4	3077,2	3087,0	3096,8	3106,6	3116,4	3126,2	3054,3	3070,7	3103,3	3119,7	3062,5	3111,5	31
32	3136	3145,8	3155,6	3165,4	3175,2	3185,0	3194,8	3204,6	3214,4	3224,2	3152,3	3168,7	3201,3	3217,7	3160,5	3209,5	32
33	3234	3243,8	3253,6	3263,4	3273,2	3283,0	3292,8	3302,6	3312,4	3322,2	3250,3	3266,7	3299,3	3315,7	3258,5	3307,5	33
34	3332	3341,8	3351,6	3361,4	3371,2	3381,0	3390,8	3400,6	3410,4	3420,2	3348,3	3364,7	3397,3	3413,7	3356,5	3405,5	34
35	3430	3439,8	3449,6	3459,4	3469,2	3479,0	3488,8	3498,6	3508,4	3518,2	3446,3	3462,7	3495,3	3511,7	3454,5	3503,5	35
36	3528	3537,8	3547,6	3557,4	3567,2	3577,0	3586,8	3596,6	3606,4	3616,2	3544,3	3560,7	3593,3	3609,7	3552,5	3601,5	36
37	3626	3635,8	3645,6	3655,4	3665,2	3675,0	3684,8	3694,6	3704,4	3714,2	3642,3	3658,7	3691,3	3707,7	3650,5	3699,5	37
38	3724	3733,8	3743,6	3753,4	3763,2	3773,0	3782,8	3792,6	3802,4	3812,2	3740,3	3756,7	3789,3	3805,7	3748,5	3797,5	38
39	3822	3831,8	3841,6	3851,4	3861,2	3871,0	3880,8	3890,6	3900,4	3910,2	3838,3	3854,7	3887,3	3903,7	3846,5	3895,5	39
40	3920	3929,8	3939,6	3949,4	3959,2	3969,0	3978,8	3988,6	3998,4	4008,2	3936,3	3952,7	3985,3	4001,7	3944,5	3993,5	40
41	4018	4027,8	4037,6	4047,4	4057,2	4067,0	4076,8	4086,6	4096,4	4106,2	4034,3	4050,7	4083,3	4099,7	4042,5	4091,5	41
42	4116	4125,8	4135,6	4145,4	4155,2	4165,0	4174,8	4184,6	4194,4	4204,2	4132,3	4148,7	4181,3	4197,7	4140,5	4189,5	42
43	4214	4223,8	4233,6	4243,4	4253,2	4263,0	4272,8	4282,6	4292,4	4302,2	4230,3	4246,7	4279,3	4295,7	4238,5	4287,5	43
44	4312	4321,8	4331,6	4341,4	4351,2	4361,0	4370,8	4380,6	4390,4	4400,2	4328,3	4344,7	4377,3	4393,7	4336,5	4385,5	44
45	4410	4419,8	4429,6	4439,4	4449,2	4459,0	4468,8	4478,6	4488,4	4498,2	4426,3	4442,7	4475,3	4491,7	4434,5	4483,5	45
46	4508	4517,8	4527,6	4537,4	4547,2	4557,0	4566,8	4576,6	4586,4	4596,2	4524,3	4540,7	4573,3	4589,7	4532,5	4581,5	46
47	4606	4615,8	4625,6	4635,4	4645,2	4655,0	4664,8	4674,6	4684,4	4694,2	4622,3	4638,7	4671,3	4687,7	4630,5	4679,5	47
48	4704	4713,8	4723,6	4733,4	4743,2	4753,0	4762,8	4772,6	4782,4	4792,2	4720,3	4736,7	4769,3	4785,7	4728,5	4777,5	48
49	4802	4811,8	4821,6	4831,4	4841,2	4851,0	4860,8	4870,6	4880,4	4890,2	4818,3	4834,7	4867,3	4883,7	4826,5	4875,5	49
50	4900	4909,8	4919,6	4929,4	4939,2	4949,0	4958,8	4968,6	4978,4	4988,2	4916,3	4932,7	4965,3	4981,7	4924,5	4973,5	50
51	4998	5007,8	5017,6	5027,4	5037,2	5047,0	5056,8	5066,6	5076,4	5086,2	5014,3	5030,7	5063,3	5079,7	5022,5	5071,5	51
52	5096	5105,8	5115,6	5125,4	5135,2	5145,0	5154,8	5164,6	5174,4	5184,2	5112,3	5128,7	5161,3	5177,7	5120,5	5169,5	52
53	5194	5203,8	5213,6	5223,4	5233,2	5243,0	5252,8	5262,6	5272,4	5282,2	5210,3	5226,7	5259,3	5275,7	5218,5	5267,5	53
54	5292	5301,8	5311,6	5321,4	5331,2	5341,0	5350,8	5360,6	5370,4	5380,2	5308,3	5324,7	5357,3	5373,7	5316,5	5365,5	54
55	5390	5399,8	5409,6	5419,4	5429,2	5439,0	5448,8	5458,6	5468,4	5478,2	5406,3	5422,7	5455,3	5471,7	5414,5	5463,5	55
56	5488	5497,8	5507,6	5517,4	5527,2	5537,0	5546,8	5556,6	5566,4	5576,2	5504,3	5520,7	5553,3	5569,7	5512,5	5561,5	56
57	5586	5595,8	5605,6	5615,4	5625,2	5635,0	5644,8	5654,6	5664,4	5674,2	5602,3	5618,7	5651,3	5667,7	5610,5	5659,5	57
58	5684	5693,8	5703,6	5713,4	5723,2	5733,0	5742,8	5752,6	5762,4	5772,2	5700,3	5716,7	5749,3	5765,7	5708,5	5757,5	58
59	5782	5791,8	5801,6	5811,4	5821,2	5831,0	5840,8	5850,6	5860,4	5870,2	5798,3	5814,7	5847,3	5863,7	5806,5	5855,5	59
60	5880	5889,8	5899,6	5909,4	5919,2	5929,0	5938,8	5948,6	5958,4	5968,2	5896,3	5912,7	5945,3	5961,7	5904,5	5953,5	60
61	5978	5987,8	5997,6	6007,4	6017,2	6027,0	6036,8	6046,6	6056,4	6066,2	5994,3	6010,7	6043,3	6059,7	6002,5	6051,5	61
62	6076	6085,8	6095,6	6105,4	6115,2	6125,0	6134,8	6144,6	6154,4	6164,2	6092,3	6108,7	6141,3	6157,7	6100,5	6149,5	62
63	6174	6183,8	6193,6	6203,4	6213,2	6223,0	6232,8	6242,6	6252,4	6262,2	6190,3	6206,7	6239,3	6255,7	6198,5	6247,5	63
64	6272	6281,8	6291,6	6301,4	6311,2	6321,0	6330,8	6340,6	6350,4	6360,2	6288,3	6304,7	6337,3	6353,7	6396,5	6345,5	64
65	6370	6379,8	6389,6	6399,4	6409,2	6419,0	6428,8	6438,6	6448,4	6458,2	6386,3	6402,7	6435,3	6451,7	6394,5	6443,5	65
66	6468	6477,8	6487,6	6497,4	6507,2	6517,0	6526,8	6536,6	6546,4	6556,2	6484,3	6500,7	6533,3	6549,7	6492,5	6541,5	66
67	6566	6575,8	6585,6	6595,4	6605,2	6615,0	6624,8	6634,6	6644,4	6654,2	6582,3	6598,7	6631,3	6647,7	6590,5	6639,5	67
68	6664	6673,8	6683,6	6693,4	6703,2	6713,0	6722,8	6732,6	6742,4	6752,2	6680,3	6696,7	6729,3	6745,7	6688,5	6737,5	68
69	6762	6771,8	6781,6	6791,4	6801,2	6811,0	6820,8	6830,6	6840,4	6850,2	6778,3	6794,7	6827,3	6843,7	6786,5	6835,5	69
70	6860	6869,8	6879,6	6889,4	6899,2	6909,0	6918,8	6928,6	6938,4	6948,2	6876,3	6892,7	6925,3	6941,7	6884,5	6933,5	70
71	6958	6967,8	6977,6	6987,4	6997,2	7007,0	7016,8	7026,6	7036,4	7046,2	6974,3	6990,7	7023,3	7039,7	6982,5	7031,5	71
72	7056	7065,8	7075,6	7085,4	7095,2	7105,0	7114,8	7124,6	7134,4	7144,2	7072,3	7088,7	7121,3	7137,7	7080,5	7129,5	72
73	7154	7163,8	7173,6	7183,4	7193,2	7203,0	7212,8	7222,6	7232,4	7242,2	7170,3	7186,7	7219,3	7235,7	7178,5	7227,5	73
74	7252	7261,8	7271,6	7281,4	7291,2	7301,0	7310,8	7320,6	7330,4	7340,2	7268,3	7284,7	7317,3	7333,7	7276,5	7325,5	74
75	7350	7359,8	7369,6	7379,4	7389,2	7399,0	7408,8	7418,6	7428,4	7438,2	7366,3	7382,7	7415,3	7431,7	7374,5	7423,5	75
76	7448	7457,8	7467,6	7477,4	7487,2	7497,0	7506,8	7516,6	7526,4	7536,2	7464,3	7480,7	7513,3	7529,7	7472,5	7521,5	76
77	7546	7555,8	7565,6	7575,4	7585,2	7595,0	7604,8	7614,6	7624,4	7634,2	7562,3	7578,7	7611,3	7627,7	7570,5	7619,5	77
78	7644	7653,8	7663,6	7673,4	7683,2	7693,0	7702,8	7712,6	7722,4	7732,2	7660,3	7676,7	7709,3	7725,7	7668,5	7717,5	78
79	7742	7751,8	7761,6	7771,4	7781,2	7791,0	7800,8	7810,6	7820,4	7830,2	7758,3	7774,7	7807,3	7823,7	7766,5	7815,5	79
80	7840	7849,8	7859,6	7869,4	7879,2	7889,0	7898,8	7908,6	7918,4	7928,2	7856,3	7872,7	7905,3	7921,7	7864,5	7913,5	80
81	7938	7947,8	7957,6	7967,4	7977,2	7987,0	7996,8	8006,6	8016,4	8026,2	7954,3	7970,7	8003,3	8019,7	7962,5	8011,5	81
82	8036	8045,8	8055,6	8065,4	8075,2	8085,0	8094,8	8104,6	8114,4	8124,2	8052,3	8068,7	8101,3	8117,7	8060,5	8109,5	82
83	8134	8143,8	8153,6	8163,4	8173,2	8183,0	8192,8	8202,6	8212,4	8222,2	8150,3	8166,7	8199,3	8215,7	8158,5	8207,5	83
84	8232	8241,8	8251,6	8261,4	8271,2	8281,0	8290,8	8300,6	8310,4	8320,2	8248,3	8264,7	8297,3	8313,7	8256,5	8305,5	84
85	8330	8339,8	8349,6	8359,4	8369,2	8379,0	8388,8	8398,6	8408,4	8418,2	8346,3	8362,7	8395,3	8411,7	8354,5	8403,5	85
86	8428	8437,8	8447,6	8457,4	8467,2	8477,0	8486,8	8496,6	8506,4	8516,2	8444,3	8460,7	8493,3	8509,7	8452,5	8501,5	86
87	8526	8535,8	8545,6	8555,4	8565,2	8575,0	8584,8	8594,6	8604,4	8614,2	8542,3	8558,7	8591,3	8607,7	8550,5	8599,5	87
88	8624	8633,8	8643,6	8653,4	8663,2	8673,0	8682,8	8692,6	8702,4	8712,2	8640,3	8656,7	8689,3	8705,7	8648,5	8697,5	88
89	8722	8731,8	8741,6	8751,4	8761,2	8771,0	8780,8	8790,6	8800,4	8810,2	8738,3	8754,7	8787,3	8803,7	8746,5	8795,5	89
90	8820	8829,8	8839,6	8849,4	8859,2	8869,0	8878,8	8888,6	8898,4	8908,2	8836,3	8852,7	8885,3	8901,7	8844,5	8893,5	90
91	8918	8927,8	8937,6	8947,4	8957,2	8967,0	8976,8	8986,6	8996,4	9006,2	8934,3	8950,7	8983,3	8999,7	8942,5	8991,5	91
92	9016	9025,8	9035,6	9045,4	9055,2	9065,0	9074,8	9084,6	9094,4	9104,2	9032,3	9048,7	9081,3	9097,7	9040,5	9089,5	92
93	9114	9123,8	9133,6	9143,4	9153,2	9163,0	9172,8	9182,6	9192,4	9202,2	9130,3	9146,7	9179,3	9195,7	9138,5	9187,5	93
94	9212	9221,8	9231,6	9241,4	9251,2	9261,0	9270,8	9280,6	9290,4	9300,2	9228,3	9244,7	9277,3	9293,7	9236,5	9285,5	94
95	9310	9319,8	9329,6	9339,4	9349,2	9359,0	9368,8	9378,6	9388,4	9398,2	9326,3	9342,7	9375,3	9391,7	9334,5	9383,5	95
96	9408	9417,8	9427,6	9437,4	9447,2	9457,0	9466,8	9476,6	9486,4	9496,2	9424,3	9440,7	9473,3	9489,7	9432,5	9481,5	96
97	9506	9515,8	9525,6	9535,4	9545,2	9555,0	9564,8	9574,6	9584,4	9594,2	9522,3	9538,7	9571,3	9587,7	9530,5	9579,5	97
98	9604	9613,8	9623,6	9633,4	9643,2	9653,0	9662,8	9672,6	9682,4	9692,2	9620,3	9636,7	9669,3	9685,7	9628,5	9677,5	98
99	9702	9711,8	9721,6	9731,4	9741,2	9751,0	9760,8	9770,6	9780,4	9790,2	9718,3	9734,7	9767,3	9783,7	9726,5	9775,5	99
100	9800	9809,8	9819,6	9829,4	9839,2	9849,0	9858,8	9868,6	9878,4	9888,2	9816,3	9832,7	9865,3	9881,7	9824,5	9873,5	100

99

		1/10 9,9	2/10 19,8	3/10 29,7	4/10 39,6	5/10 49,5	6/10 59,4	7/10 69,3	8/10 79,2	9/10 89,1	1/6 16,5	2/6 33,0	4/6 66,0	5/6 82,5	1/4 24,75	3/4 74,25	
1	99	108,9	118,8	128,7	138,6	148,5	158,4	168,3	178,2	188,1	115,5	132,0	165,0	181,5	123,8	173,3	1
2	198	207,9	217,8	227,7	237,6	247,5	257,4	267,3	277,2	287,1	214,5	231,0	264,0	280,5	222,8	272,3	2
3	297	306,9	316,8	326,7	336,6	346,5	356,4	366,3	376,2	386,1	313,5	330,0	363,0	379,5	321,8	371,3	3
4	396	405,9	415,8	425,7	435,6	445,5	455,4	465,3	475,2	485,1	412,5	429,0	462,0	478,5	420,8	470,3	4
5	495	504,9	514,8	524,7	534,6	544,5	554,4	564,3	574,2	584,1	511,5	528,0	561,0	577,5	519,8	569,3	5
6	594	603,9	613,8	623,7	633,6	643,5	653,4	663,3	673,2	683,1	610,5	627,0	660,0	676,5	618,8	668,3	6
7	693	702,9	712,8	722,7	732,6	742,5	752,4	762,3	772,2	782,1	709,5	726,0	759,0	775,5	717,8	767,3	7
8	792	801,9	811,8	821,7	831,6	841,5	851,4	861,3	871,2	881,1	808,5	825,0	858,0	874,5	816,8	866,3	8
9	891	900,9	910,8	920,7	930,6	940,5	950,4	960,3	970,2	980,1	907,5	924,0	957,0	973,5	915,8	965,3	9
10	990	999,9	1009,8	1019,7	1029,6	1039,5	1049,4	1059,3	1069,2	1079,1	1006,5	1023,0	1056,0	1072,5	1014,8	1064,3	10
11	1089	1098,9	1108,8	1118,7	1128,6	1138,5	1148,4	1158,3	1168,2	1178,1	1105,5	1122,0	1155,0	1171,5	1113,8	1163,3	11
12	1188	1197,9	1207,8	1217,7	1227,6	1237,5	1247,4	1257,3	1267,2	1277,1	1204,5	1221,0	1254,0	1270,5	1212,8	1262,3	12
13	1287	1296,9	1306,8	1316,7	1326,6	1336,5	1346,4	1356,3	1366,2	1376,1	1303,5	1320,0	1353,0	1369,5	1311,8	1361,3	13
14	1386	1395,9	1405,8	1415,7	1425,6	1435,5	1445,4	1455,3	1465,2	1475,1	1402,5	1419,0	1452,0	1468,5	1410,8	1460,3	14
15	1485	1494,9	1504,8	1514,7	1524,6	1534,5	1544,4	1554,3	1564,2	1574,1	1501,5	1518,0	1551,0	1567,5	1509,8	1559,3	15
16	1584	1593,9	1603,8	1613,7	1623,6	1633,5	1643,4	1653,3	1663,2	1673,1	1600,5	1617,0	1650,0	1666,5	1608,8	1658,3	16
17	1683	1692,9	1702,8	1712,7	1722,6	1732,5	1742,4	1752,3	1762,2	1772,1	1699,5	1716,0	1749,0	1765,5	1707,8	1757,3	17
18	1782	1791,9	1801,8	1811,7	1821,6	1831,5	1841,4	1851,3	1861,2	1871,1	1798,5	1815,0	1848,0	1864,5	1806,8	1856,3	18
19	1881	1890,9	1900,8	1910,7	1920,6	1930,5	1940,4	1950,3	1960,2	1970,1	1897,5	1914,0	1947,0	1963,5	1905,8	1955,3	19
20	1980	1989,9	1999,8	2009,7	2019,6	2029,5	2039,4	2049,3	2059,2	2069,1	1996,5	2013,0	2046,0	2062,5	2004,8	2054,3	20
21	2079	2088,9	2098,8	2108,7	2118,6	2128,5	2138,4	2148,3	2158,2	2168,1	2095,5	2112,0	2145,0	2161,5	2103,8	2153,3	21
22	2178	2187,9	2197,8	2207,7	2217,6	2227,5	2237,4	2247,3	2257,2	2267,1	2194,5	2211,0	2244,0	2260,5	2202,8	2252,3	22
23	2277	2286,9	2296,8	2306,7	2316,6	2326,5	2336,4	2346,3	2356,2	2366,1	2293,5	2310,0	2343,0	2359,5	2301,8	2351,3	23
24	2376	2385,9	2395,8	2405,7	2415,6	2425,5	2435,4	2445,3	2455,2	2465,1	2392,5	2409,0	2442,0	2458,5	2400,8	2450,3	24
25	2475	2484,9	2494,8	2504,7	2514,6	2524,5	2534,4	2544,3	2554,2	2564,1	2491,5	2508,0	2541,0	2557,5	2499,8	2549,3	25
26	2574	2583,9	2593,8	2603,7	2613,6	2623,5	2633,4	2643,3	2653,2	2663,1	2590,5	2607,0	2640,0	2656,5	2598,8	2648,3	26
27	2673	2682,9	2692,8	2702,7	2712,6	2722,5	2732,4	2742,3	2752,2	2762,1	2689,5	2706,0	2739,0	2755,5	2697,8	2747,3	27
28	2772	2781,9	2791,8	2801,7	2811,6	2821,5	2831,4	2841,3	2851,2	2861,1	2788,5	2805,0	2838,0	2854,5	2796,8	2846,3	28
29	2871	2880,9	2890,8	2900,7	2910,6	2920,5	2930,4	2940,3	2950,2	2960,1	2887,5	2904,0	2937,0	2953,5	2895,8	2945,3	29
30	2970	2979,9	2989,8	2999,7	3009,6	3019,5	3029,4	3039,3	3049,2	3059,1	2986,5	3003,0	3036,0	3052,5	2994,8	3044,3	30
31	3069	3078,9	3088,8	3098,7	3108,6	3118,5	3128,4	3138,3	3148,2	3158,1	3085,5	3102,0	3135,0	3151,5	3093,8	3143,3	31
32	3168	3177,9	3187,8	3197,7	3207,6	3217,5	3227,4	3237,3	3247,2	3257,1	3184,5	3201,0	3234,0	3250,5	3192,8	3242,3	32
33	3267	3276,9	3286,8	3296,7	3306,6	3316,5	3326,4	3336,3	3346,2	3356,1	3283,5	3300,0	3333,0	3349,5	3291,8	3341,3	33
34	3366	3375,9	3385,8	3395,7	3405,6	3415,5	3425,4	3435,3	3445,2	3455,1	3382,5	3399,0	3432,0	3448,5	3390,8	3440,3	34
35	3465	3474,9	3484,8	3494,7	3504,6	3514,5	3524,4	3534,3	3544,2	3554,1	3481,5	3498,0	3531,0	3547,5	3489,8	3539,3	35
36	3564	3573,9	3583,8	3593,7	3603,6	3613,5	3623,4	3633,3	3643,2	3653,1	3580,5	3597,0	3630,0	3646,5	3588,8	3638,3	36
37	3663	3672,9	3682,8	3692,7	3702,6	3712,5	3722,4	3732,3	3742,2	3752,1	3679,5	3696,0	3729,0	3745,5	3687,8	3737,3	37
38	3762	3771,9	3781,8	3791,7	3801,6	3811,5	3821,4	3831,3	3841,2	3851,1	3778,5	3795,0	3828,0	3844,5	3786,8	3836,3	38
39	3861	3870,9	3880,8	3890,7	3900,6	3910,5	3920,4	3930,3	3940,2	3950,1	3877,5	3894,0	3927,0	3943,5	3885,8	3935,3	39
40	3960	3969,9	3979,8	3989,7	3999,6	4009,5	4019,4	4029,3	4039,2	4049,1	3976,5	3993,0	4026,0	4042,5	3984,8	4034,3	40
41	4059	4068,9	4078,8	4088,7	4098,6	4108,5	4118,4	4128,3	4138,2	4148,1	4075,5	4092,0	4125,0	4141,5	4083,8	4133,3	41
42	4158	4167,9	4177,8	4187,7	4197,6	4207,5	4217,4	4227,3	4237,2	4247,1	4174,5	4191,0	4224,0	4240,5	4182,8	4232,3	42
43	4257	4266,9	4276,8	4286,7	4296,6	4306,5	4316,4	4326,3	4336,2	4346,1	4273,5	4290,0	4323,0	4339,5	4281,8	4331,3	43
44	4356	4365,9	4375,8	4385,7	4395,6	4405,5	4415,4	4425,3	4435,2	4445,1	4372,5	4389,0	4422,0	4438,5	4380,8	4430,3	44
45	4455	4464,9	4474,8	4484,7	4494,6	4504,5	4514,4	4524,3	4534,2	4544,1	4471,5	4488,0	4521,0	4537,5	4479,8	4529,3	45
46	4554	4563,9	4573,8	4583,7	4593,6	4603,5	4613,4	4623,3	4633,2	4643,1	4570,5	4587,0	4620,0	4636,5	4578,8	4628,3	46
47	4653	4662,9	4672,8	4682,7	4692,6	4702,5	4712,4	4722,3	4732,2	4742,1	4669,5	4686,0	4719,0	4735,5	4677,8	4727,3	47
48	4752	4761,9	4771,8	4781,7	4791,6	4801,5	4811,4	4821,3	4831,2	4841,1	4768,5	4785,0	4818,0	4834,5	4776,8	4826,3	48
49	4851	4860,9	4870,8	4880,7	4890,6	4900,5	4910,4	4920,3	4930,2	4940,1	4867,5	4884,0	4917,0	4933,5	4875,8	4925,3	49
50	4950	4959,9	4969,8	4979,7	4989,6	4999,5	5009,4	5019,3	5029,2	5039,1	4966,5	4983,0	5016,0	5032,5	4974,8	5024,3	50
51	5049	5058,9	5068,8	5078,7	5088,6	5098,5	5108,4	5118,3	5128,2	5138,1	5065,5	5082,0	5115,0	5131,5	5073,8	5123,3	51
52	5148	5157,9	5167,8	5177,7	5187,6	5197,5	5207,4	5217,3	5227,2	5237,1	5164,5	5181,0	5214,0	5230,5	5172,8	5222,3	52
53	5247	5256,9	5266,8	5276,7	5286,6	5296,5	5306,4	5316,3	5326,2	5336,1	5263,5	5280,0	5313,0	5329,5	5271,8	5321,3	53
54	5346	5355,9	5365,8	5375,7	5385,6	5395,5	5405,4	5415,3	5425,2	5435,1	5362,5	5379,0	5412,0	5428,5	5370,8	5420,3	54
55	5445	5454,9	5464,8	5474,7	5484,6	5494,5	5504,4	5514,3	5524,2	5534,1	5461,5	5478,0	5511,0	5527,5	5469,8	5519,3	55
56	5544	5553,9	5563,8	5573,7	5583,6	5593,5	5603,4	5613,3	5623,2	5633,1	5560,5	5577,0	5610,0	5626,5	5568,8	5618,3	56
57	5643	5652,9	5662,8	5672,7	5682,6	5692,5	5702,4	5712,3	5722,2	5732,1	5659,5	5676,0	5709,0	5725,5	5667,8	5717,3	57
58	5742	5751,9	5761,8	5771,7	5781,6	5791,5	5801,4	5811,3	5821,2	5831,1	5758,5	5775,0	5808,0	5824,5	5766,8	5816,3	58
59	5841	5850,9	5860,8	5870,7	5880,6	5890,5	5900,4	5910,3	5920,2	5930,1	5857,5	5874,0	5907,0	5923,5	5865,8	5915,3	59
60	5940	5949,9	5959,8	5969,7	5979,6	5989,5	5999,4	6009,3	6019,2	6029,1	5956,5	5973,0	6006,0	6022,5	5964,8	6014,3	60
61	6039	6048,9	6058,8	6068,7	6078,6	6088,5	6098,4	6108,3	6118,2	6128,1	6055,5	6072,0	6105,0	6121,5	6063,8	6113,3	61
62	6138	6147,9	6157,8	6167,7	6177,6	6187,5	6197,4	6207,3	6217,2	6227,1	6154,5	6171,0	6204,0	6220,5	6162,8	6212,3	62
63	6237	6246,9	6256,8	6266,7	6276,6	6286,5	6296,4	6306,3	6316,2	6326,1	6253,5	6270,0	6303,0	6319,5	6261,8	6311,3	63
64	6336	6345,9	6355,8	6365,7	6375,6	6385,5	6395,4	6405,3	6415,2	6425,1	6352,5	6369,0	6402,0	6418,5	6360,8	6410,3	64
65	6435	6444,9	6454,8	6464,7	6474,6	6484,5	6494,4	6504,3	6514,2	6524,1	6451,5	6468,0	6501,0	6517,5	6459,8	6509,3	65
66	6534	6543,9	6553,8	6563,7	6573,6	6583,5	6593,4	6603,3	6613,2	6623,1	6550,5	6567,0	6600,0	6616,5	6558,8	6608,3	66
67	6633	6642,9	6652,8	6662,7	6672,6	6682,5	6692,4	6702,3	6712,2	6722,1	6649,5	6666,0	6699,0	6715,5	6657,8	6707,3	67
68	6732	6741,9	6751,8	6761,7	6771,6	6781,5	6791,4	6801,3	6811,2	6821,1	6748,5	6765,0	6798,0	6814,5	6756,8	6806,3	68
69	6831	6840,9	6850,8	6860,7	6870,6	6880,5	6890,4	6900,3	6910,2	6920,1	6847,5	6864,0	6897,0	6913,5	6855,8	6905,3	69
70	6930	6939,9	6949,8	6959,7	6969,6	6979,5	6989,4	6999,3	7009,2	7019,1	6946,5	6963,0	6996,0	7012,5	6954,8	7004,3	70
71	7029	7038,9	7048,8	7058,7	7068,6	7078,5	7088,4	7098,3	7108,2	7118,1	7045,5	7062,0	7095,0	7111,5	7053,8	7103,3	71
72	7128	7137,9	7147,8	7157,7	7167,6	7177,5	7187,4	7197,3	7207,2	7217,1	7144,5	7161,0	7194,0	7210,5	7152,8	7202,3	72
73	7227	7236,9	7246,8	7256,7	7266,6	7276,5	7286,4	7296,3	7306,2	7316,1	7243,5	7260,0	7293,0	7309,5	7251,8	7301,3	73
74	7326	7335,9	7345,8	7355,7	7365,6	7375,5	7385,4	7395,3	7405,2	7415,1	7342,5	7359,0	7392,0	7408,5	7350,8	7400,3	74
75	7425	7434,9	7444,8	7454,7	7464,6	7474,5	7484,4	7494,3	7504,2	7514,1	7441,5	7458,0	7491,0	7507,5	7449,8	7499,3	75
76	7524	7533,9	7543,8	7553,7	7563,6	7573,5	7583,4	7593,3	7603,2	7613,1	7540,5	7557,0	7590,0	7606,5	7548,8	7598,3	76
77	7623	7632,9	7642,8	7652,7	7662,6	7672,5	7682,4	7692,3	7702,2	7712,1	7639,5	7656,0	7689,0	7705,5	7647,8	7697,3	77
78	7722	7731,9	7741,8	7751,7	7761,6	7771,5	7781,4	7791,3	7801,2	7811,1	7738,5	7755,0	7788,0	7804,5	7746,8	7796,3	78
79	7821	7830,9	7840,8	7850,7	7860,6	7870,5	7880,4	7890,3	7900,2	7910,1	7837,5	7854,0	7887,0	7903,5	7845,8	7895,3	79
80	7920	7929,9	7939,8	7949,7	7959,6	7969,5	7979,4	7989,3	7999,2	8009,1	7936,5	7953,0	7986,0	8002,5	7944,8	7994,3	80
81	8019	8028,9	8038,8	8048,7	8058,6	8068,5	8078,4	8088,3	8098,2	8108,1	8035,5	8052,0	8085,0	8101,5	8043,8	8093,3	81
82	8118	8127,9	8137,8	8147,7	8157,6	8167,5	8177,4	8187,3	8197,2	8207,1	8134,5	8151,0	8184,0	8200,5	8142,8	8192,3	82
83	8217	8226,9	8236,8	8246,7	8256,6	8266,5	8276,4	8286,3	8296,2	8306,1	8233,5	8250,0	8283,0	8299,5	8241,8	8291,3	83
84	8316	8325,9	8335,8	8345,7	8355,6	8365,5	8375,4	8385,3	8395,2	8405,1	8332,5	8349,0	8382,0	8398,5	8340,8	8390,3	84
85	8415	8424,9	8434,8	8444,7	8454,6	8464,5	8474,4	8484,3	8494,2	8504,1	8431,5	8448,0	8481,0	8497,5	8439,8	8489,3	85
86	8514	8523,9	8533,8	8543,7	8553,6	8563,5	8573,4	8583,3	8593,2	8603,1	8530,5	8547,0	8580,0	8596,5	8538,8	8588,3	86
87	8613	8622,9	8632,8	8642,7	8652,6	8662,5	8672,4	8682,3	8692,2	8702,1	8629,5	8646,0	8679,0	8695,5	8637,8	8687,3	87
88	8712	8721,9	8731,8	8741,7	8751,6	8761,5	8771,4	8781,3	8791,2	8801,1	8728,5	8745,0	8778,0	8794,5	8736,8	8786,3	88
89	8811	8820,9	8830,8	8840,7	8850,6	8860,5	8870,4	8880,3	8890,2	8900,1	8827,5	8844,0	8877,0	8893,5	8835,8	8885,3	89
90	8910	8919,9	8929,8	8939,7	8949,6	8959,5	8969,4	8979,3	8989,2	8999,1	8926,5	8943,0	8976,0	8992,5	8934,8	8984,3	90
91	9009	9018,9	9028,8	9038,7	9048,6	9058,5	9068,4	9078,3	9088,2	9098,1	9025,5	9042,0	9075,0	9091,5	9033,8	9083,3	91
92	9108	9117,9	9127,8	9137,7	9147,6	9157,5	9167,4	9177,3	9187,2	9197,1	9124,5	9141,0	9174,0	9190,5	9132,8	9182,3	92
93	9207	9216,9	9226,8	9236,7	9246,6	9256,5	9266,4	9276,3	9286,2	9296,1	9223,5	9240,0	9273,0	9289,5	9231,8	9281,3	93
94	9306	9315,9	9325,8	9335,7	9345,6	9355,5	9365,4	9375,3	9385,2	9395,1	9322,5	9339,0	9372,0	9388,5	9330,8	9380,3	94
95	9405	9414,9	9424,8	9434,7	9444,6	9454,5	9464,4	9474,3	9484,2	9494,1	9421,5	9438,0	9471,0	9487,5	9429,8	9479,3	95
96	9504	9513,9	9523,8	9533,7	9543,6	9553,5	9563,4	9573,3	9583,2	9593,1	9520,5	9537,0	9570,0	9586,5	9528,8	9578,3	96
97	9603	9612,9	9622,8	9632,7	9642,6	9652,5	9662,4	9672,3	9682,2	9692,1	9619,5	9636,0	9669,0	9685,5	9627,8	9677,3	97
98	9702	9711,9	9721,8	9731,7	9741,6	9751,5	9761,4	9771,3	9781,2	9791,1	9718,5	9735,0	9768,0	9784,5	9726,8	9776,3	98
99	9801	9810,9	9820,8	9830,7	9840,6	9850,5	9860,4	9870,3	9880,2	9890,1	9817,5	9834,0	9867,0	9883,5	9825,8	9875,3	99
100	9900	9909,9	9919,8	9929,7	9939,6	9949,5	9959,4	9969,3	9979,2	9989,1	9916,5	9933,0	9966,0	9982,5	9924,8	9974,3	100

100	1/10 10,0	2/10 20,0	3/10 30,0	4/10 40,0	5/10 50,0	6/10 60,0	7/10 70,0	8/10 80,0	9/10 90,0	1/6 16,666	2/6 33,333	4/6 66,666	5/6 83,333	1/4 25,0	3/4 75,0	
1	100	110,0	120,0	130,0	140,0	150,0	160,0	170,0	180,0	190,0	116,7	133,3	166,7	183,3	125,0	175,0	1
2	200	210,0	220,0	230,0	240,0	250,0	260,0	270,0	280,0	290,0	216,7	233,3	266,7	283,3	225,0	275,0	2
3	300	310,0	320,0	330,0	340,0	350,0	360,0	370,0	380,0	390,0	316,7	333,3	366,7	383,3	325,0	375,0	3
4	400	410,0	420,0	430,0	440,0	450,0	460,0	470,0	480,0	490,0	416,7	433,3	466,7	483,3	425,0	475,0	4
5	500	510,0	520,0	530,0	540,0	550,0	560,0	570,0	580,0	590,0	516,7	533,3	566,7	583,3	525,0	575,0	5
6	600	610,0	620,0	630,0	640,0	650,0	660,0	670,0	680,0	690,0	616,7	633,3	666,7	683,3	625,0	675,0	6
7	700	710,0	720,0	730,0	740,0	750,0	760,0	770,0	780,0	790,0	716,7	733,3	766,7	783,3	725,0	775,0	7
8	800	810,0	820,0	830,0	840,0	850,0	860,0	870,0	880,0	890,0	816,7	833,3	866,7	883,3	825,0	875,0	8
9	900	910,0	920,0	930,0	940,0	950,0	960,0	970,0	980,0	990,0	916,7	933,3	966,7	983,3	925,0	975,0	9
10	1000	1010,0	1020,0	1030,0	1040,0	1050,0	1060,0	1070,0	1080,0	1090,0	1016,7	1033,3	1066,7	1083,3	1025,0	1075,0	10
11	1100	1110,0	1120,0	1130,0	1140,0	1150,0	1160,0	1170,0	1180,0	1190,0	1116,7	1133,3	1166,7	1183,3	1125,0	1175,0	11
12	1200	1210,0	1220,0	1230,0	1240,0	1250,0	1260,0	1270,0	1280,0	1290,0	1216,7	1233,3	1266,7	1283,3	1225,0	1275,0	12
13	1300	1310,0	1320,0	1330,0	1340,0	1350,0	1360,0	1370,0	1380,0	1390,0	1316,7	1333,3	1366,7	1383,3	1325,0	1375,0	13
14	1400	1410,0	1420,0	1430,0	1440,0	1450,0	1460,0	1470,0	1480,0	1490,0	1416,7	1433,3	1466,7	1483,3	1425,0	1475,0	14
15	1500	1510,0	1520,0	1530,0	1540,0	1550,0	1560,0	1570,0	1580,0	1590,0	1516,7	1533,3	1566,7	1583,3	1525,0	1575,0	15
16	1600	1610,0	1620,0	1630,0	1640,0	1650,0	1660,0	1670,0	1680,0	1690,0	1616,7	1633,3	1666,7	1683,3	1625,0	1675,0	16
17	1700	1710,0	1720,0	1730,0	1740,0	1750,0	1760,0	1770,0	1780,0	1790,0	1716,7	1733,3	1766,7	1783,3	1725,0	1775,0	17
18	1800	1810,0	1820,0	1830,0	1840,0	1850,0	1860,0	1870,0	1880,0	1890,0	1816,7	1833,3	1866,7	1883,3	1825,0	1875,0	18
19	1900	1910,0	1920,0	1930,0	1940,0	1950,0	1960,0	1970,0	1980,0	1990,0	1916,7	1933,3	1966,7	1983,3	1925,0	1975,0	19
20	2000	2010,0	2020,0	2030,0	2040,0	2050,0	2060,0	2070,0	2080,0	2090,0	2016,7	2033,3	2066,7	2083,3	2025,0	2075,0	20
21	2100	2110,0	2120,0	2130,0	2140,0	2150,0	2160,0	2170,0	2180,0	2190,0	2116,7	2133,3	2166,7	2183,3	2125,0	2175,0	21
22	2200	2210,0	2220,0	2230,0	2240,0	2250,0	2260,0	2270,0	2280,0	2290,0	2216,7	2233,3	2266,7	2283,3	2225,0	2275,0	22
23	2300	2310,0	2320,0	2330,0	2340,0	2350,0	2360,0	2370,0	2380,0	2390,0	2316,7	2333,3	2366,7	2383,3	2325,0	2375,0	23
24	2400	2410,0	2420,0	2430,0	2440,0	2450,0	2460,0	2470,0	2480,0	2490,0	2416,7	2433,3	2466,7	2483,3	2425,0	2475,0	24
25	2500	2510,0	2520,0	2530,0	2540,0	2550,0	2560,0	2570,0	2580,0	2590,0	2516,7	2533,3	2566,7	2583,3	2525,0	2575,0	25
26	2600	2610,0	2620,0	2630,0	2640,0	2650,0	2660,0	2670,0	2680,0	2690,0	2616,7	2633,3	2666,7	2683,3	2625,0	2675,0	26
27	2700	2710,0	2720,0	2730,0	2740,0	2750,0	2760,0	2770,0	2780,0	2790,0	2716,7	2733,3	2766,7	2783,3	2725,0	2775,0	27
28	2800	2810,0	2820,0	2830,0	2840,0	2850,0	2860,0	2870,0	2880,0	2890,0	2816,7	2833,3	2866,7	2883,3	2825,0	2875,0	28
29	2900	2910,0	2920,0	2930,0	2940,0	2950,0	2960,0	2970,0	2980,0	2990,0	2916,7	2933,3	2966,7	2983,3	2925,0	2975,0	29
30	3000	3010,0	3020,0	3030,0	3040,0	3050,0	3060,0	3070,0	3080,0	3090,0	3016,7	3033,3	3066,7	3083,3	3025,0	3075,0	30
31	3100	3110,0	3120,0	3130,0	3140,0	3150,0	3160,0	3170,0	3180,0	3190,0	3116,7	3133,3	3166,7	3183,3	3125,0	3175,0	31
32	3200	3210,0	3220,0	3230,0	3240,0	3250,0	3260,0	3270,0	3280,0	3290,0	3216,7	3233,3	3266,7	3283,3	3225,0	3275,0	32
33	3300	3310,0	3320,0	3330,0	3340,0	3350,0	3360,0	3370,0	3380,0	3390,0	3316,7	3333,3	3366,7	3383,3	3325,0	3375,0	33
34	3400	3410,0	3420,0	3430,0	3440,0	3450,0	3460,0	3470,0	3480,0	3490,0	3416,7	3433,3	3466,7	3483,3	3425,0	3475,0	34
35	3500	3510,0	3520,0	3530,0	3540,0	3550,0	3560,0	3570,0	3580,0	3590,0	3516,7	3533,3	3566,7	3583,3	3525,0	3575,0	35
36	3600	3610,0	3620,0	3630,0	3640,0	3650,0	3660,0	3670,0	3680,0	3690,0	3616,7	3633,3	3666,7	3683,3	3625,0	3675,0	36
37	3700	3710,0	3720,0	3730,0	3740,0	3750,0	3760,0	3770,0	3780 0	3790,0	3716,7	3733,3	3766,7	3783,3	3725,0	3775,0	37
38	3800	3810,0	3820,0	3830,0	3840,0	3850,0	3860,0	3870,0	3880,0	3890,0	3816,7	3833,3	3866,7	3883,3	3825,0	3875,0	38
39	3900	3910,0	3920,0	3930,0	3940,0	3950,0	3960,0	3970,0	3980,0	3990,0	3916,7	3933,3	3966,7	3983,3	3925,0	3975,0	39
40	4000	4010,0	4020,0	4030,0	4040,0	4050,0	4060,0	4070,0	4080,0	4090,0	4016,7	4033,3	4066,7	4083,3	4025,0	4075,0	40
41	4100	4110,0	4120,0	4130,0	4140,0	4150,0	4160,0	4170,0	4180,0	4190,0	4116,7	4133,3	4166,7	4183,3	4125,0	4175,0	41
42	4200	4210,0	4220,0	4230,0	4240,0	4250,0	4260,0	4270,0	4280,0	4290,0	4216,7	4233,3	4266,7	4283,3	4225,0	4275,0	42
43	4300	4310,0	4320,0	4330,0	4340,0	4350,0	4360,0	4370,0	4380,0	4390,0	4316,7	4333,3	4366,7	4383,3	4325,0	4375,0	43
44	4400	4410,0	4420,0	4430,0	4440,0	4450,0	4460,0	4470,0	4480,0	4490,0	4416,7	4433,3	4466,7	4483,3	4425,0	4475,0	44
45	4500	4510,0	4520,0	4530,0	4540,0	4550,0	4560,0	4570,0	4580,0	4590,0	4516,7	4533,3	4566,7	4583,3	4525,0	4575,0	45
46	4600	4610,0	4620,0	4630,0	4640,0	4650,0	4660,0	4670,0	4680,0	4690,0	4616,7	4633,3	4666,7	4683,3	4625,0	4675,0	46
47	4700	4710,0	4720,0	4730,0	4740,0	4750,0	4760,0	4770,0	4780,0	4790,0	4716,7	4733,3	4766,7	4783,3	4725,0	4775,0	47
48	4800	4810,0	4820,0	4830,0	4840,0	4850,0	4860,0	4870,0	4880,0	4890,0	4816,7	4833,3	4866,7	4883,3	4825,0	4875,0	48
49	4900	4910,0	4920,0	4930,0	4940,0	4950,0	4960,0	4970,0	4980,0	4990,0	4916,7	4933,3	4966,7	4983,3	4925,0	4975,0	49
50	5000	5010,0	5020,0	5030,0	5040,0	5050,0	5060,0	5070,0	5080,0	5090,0	5016,7	5033,3	5066,7	5083,3	5025,0	5075,0	50
51	5100	5110,0	5120,0	5130,0	5140,0	5150,0	5160,0	5170,0	5180,0	5190,0	5116,7	5133,3	5166,7	5183,3	5125,0	5175,0	51
52	5200	5210,0	5220,0	5230,0	5240,0	5250,0	5260,0	5270,0	5280,0	5290,0	5216,7	5233,3	5266,7	5283,3	5225,0	5275,0	52
53	5300	5310,0	5320,0	5330,0	5340,0	5350,0	5360,0	5370,0	5380,0	5390,0	5316,7	5333,3	5366,7	5383,3	5325,0	5375,0	53
54	5400	5410,0	5420,0	5430,0	5440,0	5450,0	5460,0	5470,0	5480,0	5490,0	5416,7	5433,3	5466,7	5483,3	5425,0	5475,0	54
55	5500	5510,0	5520,0	5530,0	5540,0	5550,0	5560,0	5570,0	5580,0	5590,0	5516,7	5533,3	5566,7	5583,3	5525,0	5575,0	55
56	5600	5610,0	5620,0	5630,0	5640,0	5650,0	5660,0	5670,0	5680,0	5690,0	5616,7	5633,3	5666,7	5683,3	5625,0	5675,0	56
57	5700	5710,0	5720,0	5730,0	5740,0	5750,0	5760,0	5770,0	5780,0	5790,0	5716,7	5733,3	5766,7	5783,3	5725,0	5775,0	57
58	5800	5810,0	5820,0	5830,0	5840,0	5850,0	5860,0	5870,0	5880,0	5890,0	5816,7	5833,3	5866,7	5883,3	5825,0	5875,0	58
59	5900	5910,0	5920,0	5930,0	5940,0	5950,0	5960,0	5970,0	5980,0	5990,0	5916,7	5933,3	5966,7	5983,3	5925,0	5975,0	59
60	6000	6010,0	6020,0	6030,0	6040,0	6050,0	6060,0	6070,0	6080,0	6090,0	6016,7	6033,3	6066,7	6083,3	6025,0	6075,0	60
61	6100	6110,0	6120,0	6130,0	6140,0	6150,0	6160,0	6170,0	6180,0	6190,0	6116,7	6133,3	6166,7	6183,3	6125,0	6175,0	61
62	6200	6210,0	6220,0	6230,0	6240,0	6250,0	6260,0	6270,0	6280,0	6290,0	6216,7	6233,3	6266,7	6283,3	6225,0	6275,0	62
63	6300	6310,0	6320,0	6330,0	6340,0	6350,0	6360,0	6370,0	6380,0	6390,0	6316,7	6333,3	6366,7	6383,3	6325,0	6375,0	63
64	6400	6410,0	6420,0	6430,0	6440,0	6450,0	6460,0	6470,0	6480,0	6490,0	6416,7	6433,3	6466,7	6483,3	6425,0	6475,0	64
65	6500	6510,0	6520,0	6530,0	6540,0	6550,0	6560,0	6570,0	6580,0	6590,0	6516,7	6533,3	6566,7	6583,3	6525,0	6575,0	65
66	6600	6610,0	6620,0	6630,0	6640,0	6650,0	6660,0	6670,0	6680,0	6690,0	6616,7	6633,3	6666,7	6683,3	6625,0	6675,0	66
67	6700	6710,0	6720,0	6730,0	6740,0	6750,0	6760,0	6770,0	6780,0	6790,0	6716,7	6733,3	6766,7	6783,3	6725,0	6775,0	67
68	6800	6810,0	6820,0	6830,0	6840,0	6850,0	6860,0	6870,0	6880,0	6890,0	6816,7	6833,3	6866,7	6883,3	6825,0	6875,0	68
69	6900	6910,0	6920,0	6930,0	6940,0	6950,0	6960,0	6970,0	6980,0	6990,0	6916,7	6933,3	6966,7	6983,3	6925,0	6975,0	69
70	7000	7010,0	7020,0	7030,0	7040,0	7050,0	7060,0	7070,0	7080,0	7090,0	7016,7	7033,3	7066,7	7083,3	7025,0	7075,0	70
71	7100	7110,0	7120,0	7130,0	7140,0	7150,0	7160,0	7170,0	7180,0	7190,0	7116,7	7133,3	7166,7	7183,3	7125,0	7175,0	71
72	7200	7210,0	7220,0	7230,0	7240,0	7250,0	7260,0	7270,0	7280,0	7290,0	7216,7	7233,3	7266,7	7283,3	7225,0	7275,0	72
73	7300	7310,0	7320,0	7330,0	7340,0	7350,0	7360,0	7370,0	7380,0	7390,0	7316,7	7333,3	7366,7	7383,3	7325,0	7375,0	73
74	7400	7410,0	7420,0	7430,0	7440,0	7450,0	7460,0	7470,0	7480,0	7490,0	7416,7	7433,3	7466,7	7483,3	7425,0	7475,0	74
75	7500	7510,0	7520,0	7530,0	7540,0	7550,0	7560,0	7570,0	7580,0	7590,0	7516,7	7533,3	7566,7	7583,3	7525,0	7575,0	75
76	7600	7610,0	7620,0	7630,0	7640,0	7650,0	7660,0	7670,0	7680,0	7690,0	7616,7	7633,3	7666,7	7633,3	7625,0	7675,0	76
77	7700	7710,0	7720,0	7730,0	7740,0	7750,0	7760,0	7770,0	7780,0	7790,0	7716,7	7733,3	7766,7	7783,3	7725,0	7775,0	77
78	7800	7810,0	7820,0	7830,0	7840,0	7850,0	7860,0	7870,0	7880,0	7890,0	7816,7	7833,3	7866,7	7883,3	7825,0	7875,0	78
79	7900	7910,0	7920,0	7930,0	7940,0	7950,0	7960,0	7970,0	7980,0	7990,0	7916,7	7933,3	7966,7	7983,3	7925,0	7975,0	79
80	8000	8010,0	8020,0	8030,0	8040,0	8050,0	8060,0	8070,0	8080,0	8090,0	8016,7	8033,3	8066,7	8083,3	8025,0	8075,0	80
81	8100	8110,0	8120,0	8130,0	8140,0	8150,0	8160,0	8170,0	8180,0	8190,0	8116,7	8133,3	8166,7	8183,3	8125,0	8175,0	81
82	8200	8210,0	8220,0	8230,0	8240,0	8250,0	8260,0	8270,0	8280,0	8290,0	8216,7	8233,3	8266,7	8283,3	8225,0	8275,0	82
83	8300	8310,0	8320,0	8330,0	8340,0	8350,0	8360,0	8370,0	8380,0	8390,0	8316,7	8333,3	8366,7	8383,3	8325,0	8375,0	83
84	8400	8410,0	8420,0	8430,0	8440,0	8450,0	8460,0	8470,0	8480,0	8490,0	8416,7	8433,3	8466,7	8483,3	8425,0	8475,0	84
85	8500	8510,0	8520,0	8530,0	8540,0	8550,0	8560,0	8570,0	8580,0	8590,0	8516,7	8533,3	8566,7	8583,3	8525,0	8575,0	85
86	8600	8610,0	8620,0	8630,0	8640,0	8650,0	8660,0	8670,0	8680,0	8690,0	8616,7	8633,3	8666,7	8683,3	8625,0	8675,0	86
87	8700	8710,0	8720,0	8730,0	8740,0	8750,0	8760,0	8770,0	8780,0	8790,0	8716,7	8733,3	8766,7	8783,3	8725,0	8775,0	87
88	8800	8810,0	8820,0	8830,0	8840,0	8850,0	8860,0	8870,0	8880,0	8890,0	8816,7	8833,3	8866,7	8883,3	8825,0	8875,0	88
89	8900	8910,0	8920,0	8930,0	8940,0	8950,0	8960,0	8970,0	8980,0	8990,0	8916,7	8933,3	8966,7	8983,3	8925,0	8975,0	89
90	9000	9010,0	9020,0	9030,0	9040,0	9050,0	9060,0	9070,0	9080,0	9090,0	9016,7	9033,3	9066,7	9083,3	9025,0	9075,0	90
91	9100	9110,0	9120,0	9130,0	9140,0	9150,0	9160,0	9170,0	9180,0	9190,0	9116,7	9133,3	9166,7	9183,3	9125,0	9175,0	91
92	9200	9210,0	9220,0	9230,0	9240,0	9250,0	9260,0	9270,0	9280,0	9290,0	9216,7	9233,3	9266,7	9283,3	9225,0	9275,0	92
93	9300	9310,0	9320,0	9330,0	9340,0	9350,0	9360,0	9370,0	9380,0	9390,0	9316,7	9333,3	9366,7	9383,3	9325,0	9375,0	93
94	9400	9410,0	9420,0	9430,0	9440,0	9450,0	9460,0	9470,0	9480,0	9490,0	9416,7	9433,3	9466,7	9483,3	9425,0	9475,0	94
95	9500	9510,0	9520,0	9530,0	9540,0	9550,0	9560,0	9570,0	9580,0	9590,0	9516,7	9533,3	9566,7	9583,3	9525,0	9575,0	95
96	9600	9610,0	9620,0	9630,0	9640,0	9650,0	9660,0	9670,0	9680,0	9690,0	9616,7	9633,3	9666,7	9683,3	9625,0	9675,0	96
97	9700	9710,0	9720,0	9730,0	9740,0	9750,0	9760,0	9770,0	9780,0	9790,0	9716,7	9733,3	9766,7	9783,3	9725,0	9775,0	97
98	9800	9810,0	9820,0	9830,0	9840,0	9850,0	9860,0	9870,0	9880,0	9890,0	9816,7	9833,3	9866,7	9883,3	9825,0	9875,0	98
99	9900	9910,0	9920,0	9930,0	9940,0	9950,0	9960,0	9970,0	9980,0	9990,0	9916,7	9933,3	9965,7	9983,3	9925,0	9975,0	99
100	10000	10010,0	10020,0	10030,0	10040,0	10050,0	10060,0	10070,0	10080,0	10090,0	10016,7	10033,3	10066,7	10083,3	10025,0	10075,0	100

		1/10 10,1	2/10 20,2	3/10 30,3	4/10 40,4	5/10 50,5	6/10 60,6	7/10 70,7	8/10 80,8	9/10 90,9	1/6 16,833	2/6 33,666	4/6 67,333	5/6 84,166	1/4 25,25	3/4 75,75	
1	101	111,1	121,2	131,3	141,4	151,5	161,6	171,7	181,8	191,9	117,8	134,7	168,3	185,2	126,3	176,8	1
2	202	212,1	222,2	232,3	242,4	252,5	262,6	272,7	282,8	292,9	218,8	235,7	269,3	286,2	227,3	277,8	2
3	303	313,1	323,2	333,3	343,4	353,5	363,6	373,7	383,8	393,9	319,8	336,7	370,3	387,2	328,3	378,8	3
4	404	414,1	424,2	434,3	444,4	454,5	464,6	474,7	484,8	494,9	420,8	437,7	471,3	488,2	429,3	479,8	4
5	505	515,1	525,2	535,3	545,4	555,5	565,6	575,7	585,8	595,9	521,8	538,7	572,3	589,2	530,3	580,8	5
6	606	616,1	626,2	636,3	646,4	656,5	666,6	676,7	686,8	696,9	622,8	639,7	673,3	690,2	631,3	681,8	6
7	707	717,1	727,2	737,3	747,4	757,5	767,6	777,7	787,8	797,9	723,8	740,7	774,3	791,2	732,3	782,8	7
8	808	818,1	828,2	838,3	848,4	858,5	868,6	878,7	888,8	898,9	824,8	841,7	875,3	892,2	833,3	883,8	8
9	909	919,1	929,2	939,3	949,4	959,5	969,6	979,7	989,8	999,9	925,8	942,7	976,3	993,2	934,3	984,8	9
10	1010	1020,1	1030,2	1040,3	1050,4	1060,5	1070,6	1080,7	1090,8	1100,9	1026,8	1043,7	1077,3	1094,2	1035,3	1085,8	10
11	1111	1121,1	1131,2	1141,3	1151,4	1161,5	1171,6	1181,7	1191,8	1201,9	1127,8	1144,7	1178,3	1195,2	1136,3	1186,8	11
12	1212	1222,1	1232,2	1242,3	1252,4	1262,5	1272,6	1282,7	1292,8	1302,9	1228,8	1245,7	1279,3	1296,2	1237,3	1287,8	12
13	1313	1323,1	1333,2	1343,3	1353,4	1363,5	1373,6	1383,7	1393,8	1403,9	1329,8	1346,7	1380,3	1397,2	1338,3	1388,8	13
14	1414	1424,1	1434,2	1444,3	1454,4	1464,5	1474,6	1484,7	1494,8	1504,9	1430,8	1447,7	1481,3	1498,2	1439,3	1489,8	14
15	1515	1525,1	1535,2	1545,3	1555,4	1565,5	1575,6	1585,7	1595,8	1605,9	1531,8	1548,7	1582,3	1599,2	1540,3	1590,8	15
16	1616	1626,1	1636,2	1646,3	1656,4	1666,5	1676,6	1686,7	1696,8	1706,9	1632,8	1649,7	1683,3	1700,2	1641,3	1691,8	16
17	1717	1727,1	1737,2	1747,3	1757,4	1767,5	1777,6	1787,7	1797,8	1807,9	1733,8	1750,7	1784,3	1801,2	1742,3	1792,8	17
18	1818	1828,1	1838,2	1848,3	1858,4	1868,5	1878,6	1888,7	1898,8	1908,9	1834,8	1851,7	1885,3	1902,2	1843,3	1893,8	18
19	1919	1929,1	1939,2	1949,3	1959,4	1969,5	1979,6	1989,7	1999,8	2009,9	1935,8	1952,7	1986,3	2003,2	1944,3	1994,8	19
20	2020	2030,1	2040,2	2050,3	2060,4	2070,5	2080,6	2090,7	2100,8	2110,9	2036,8	2053,7	2087,3	2104,2	2045,3	2095,8	20
21	2121	2131,1	2141,2	2151,3	2161,4	2171,5	2181,6	2191,7	2201,8	2211,9	2137,8	2154,7	2188,3	2205,2	2146,3	2196,8	21
22	2222	2232,1	2242,2	2252,3	2262,4	2272,5	2282,6	2292,7	2302,8	2312,9	2238,8	2255,7	2289,3	2306,2	2247,3	2297,8	22
23	2323	2333,1	2343,2	2353,3	2363,4	2373,5	2383,6	2393,7	2403,8	2413,9	2339,8	2356,7	2390,3	2407,2	2348,3	2398,8	23
24	2424	2434,1	2444,2	2454,3	2464,4	2474,5	2484,6	2494,7	2504,8	2514,9	2440,8	2457,7	2491,3	2508,2	2449,3	2499,8	24
25	2525	2535,1	2545,2	2555,3	2565,4	2575,5	2585,6	2595,7	2605,8	2615,9	2541,8	2558,7	2592,3	2609,2	2550,3	2600,8	25
26	2626	2636,1	2646,2	2656,3	2666,4	2676,5	2686,6	2696,7	2706,8	2716,9	2642,8	2659,7	2693,3	2710,2	2651,3	2701,8	26
27	2727	2737,1	2747,2	2757,3	2767,4	2777,5	2787,6	2797,7	2807,8	2817,9	2743,8	2760,7	2794,3	2811,2	2752,3	2802,8	27
28	2828	2838,1	2848,2	2858,3	2868,4	2878,5	2888,6	2898,7	2908,8	2918,9	2844,8	2861,7	2895,3	2912,2	2853,3	2903,8	28
29	2929	2939,1	2949,2	2959,3	2969,4	2979,5	2989,6	2999,7	3009,8	3019,9	2945,8	2962,7	2996,3	3013,2	2954,3	3004,8	29
30	3030	3040,1	3050,2	3060,3	3070,4	3080,5	3090,6	3100,7	3110,8	3120,9	3046,8	3063,7	3097,3	3114,2	3055,3	3105,8	30
31	3131	3141,1	3151,2	3161,3	3171,4	3181,5	3191,6	3201,7	3211,8	3221,9	3147,8	3164,7	3198,3	3215,2	3156,3	3206,8	31
32	3232	3242,1	3252,2	3262,3	3272,4	3282,5	3292,6	3302,7	3312,8	3322,9	3248,8	3265,7	3299,3	3316,2	3257,3	3307,8	32
33	3333	3343,1	3353,2	3363,3	3373,4	3383,5	3393,6	3403,7	3413,8	3423,9	3349,8	3366,7	3400,3	3417,2	3358,3	3408,8	33
34	3434	3444,1	3454,2	3464,3	3474,4	3484,5	3494,6	3504,7	3514,8	3524,9	3450,8	3467,7	3501,3	3518,2	3459,3	3509,8	34
35	3535	3545,1	3555,2	3565,3	3575,4	3585,5	3595,6	3605,7	3615,8	3625,9	3551,8	3568,7	3602,3	3619,2	3560,3	3610,8	35
36	3636	3646,1	3656,2	3666,3	3676,4	3686,5	3696,6	3706,7	3716,8	3726,9	3652,8	3669,7	3703,3	3720,2	3661,3	3711,8	36
37	3737	3747,1	3757,2	3767,3	3777,4	3787,5	3797,6	3807,7	3817,8	3827,9	3753,8	3770,7	3804,3	3821,2	3762,3	3812,8	37
38	3838	3848,1	3858,2	3868,3	3878,4	3888,5	3898,6	3908,7	3918,8	3928,9	3854,8	3871,7	3905,3	3922,2	3863,3	3913,8	38
39	3939	3949,1	3959,2	3969,3	3979,4	3989,5	3999,6	4009,7	4019,8	4029,9	3955,8	3972,7	4006,3	4023,2	3964,3	4014,8	39
40	4040	4050,1	4060,2	4070,3	4080,4	4090,5	4100,6	4110,7	4120,8	4130,9	4056,8	4073,7	4107,3	4124,2	4065,3	4115,8	40
41	4141	4151,1	4161,2	4171,3	4181,4	4191,5	4201,6	4211,7	4221,8	4231,9	4157,8	4174,7	4208,3	4225,2	4166,3	4216,8	41
42	4242	4252,1	4262,2	4272,3	4282,4	4292,5	4302,6	4312,7	4322,8	4332,9	4258,8	4275,7	4309,3	4326,2	4267,3	4317,8	42
43	4343	4353,1	4363,2	4373,3	4383,4	4393,5	4403,6	4413,7	4423,8	4433,9	4359,8	4376,7	4410,3	4427,2	4368,3	4418,8	43
44	4444	4454,1	4464,2	4474,3	4484,4	4494,5	4504,6	4514,7	4524,8	4534,9	4460,8	4477,7	4511,3	4528,2	4469,3	4519,8	44
45	4545	4555,1	4565,2	4575,3	4585,4	4595,5	4605,6	4615,7	4625,8	4635,9	4561,8	4578,7	4612,3	4629,2	4570,3	4620,8	45
46	4646	4656,1	4666,2	4676,3	4686,4	4696,5	4706,6	4716,7	4726,8	4736,9	4662,8	4679,7	4713,3	4730,2	4671,3	4721,8	46
47	4747	4757,1	4767,2	4777,3	4787,4	4797,5	4807,6	4817,7	4827,8	4837,9	4763,8	4780,7	4814,3	4831,2	4772,3	4822,8	47
48	4848	4858,1	4868,2	4878,3	4888,4	4898,5	4908,6	4918,7	4928,8	4938,9	4864,8	4881,7	4915,3	4932,2	4873,3	4923,8	48
49	4949	4959,1	4969,2	4979,3	4989,4	4999,5	5009,6	5019,7	5029,8	5039,9	4965,8	4982,7	5016,3	5033,2	4974,3	5024,8	49
50	5050	5060,1	5070,2	5080,3	5090,4	5100,5	5110,6	5120,7	5130,8	5140,9	5066,8	5083,7	5117,3	5134,2	5075,3	5125,8	50
51	5151	5161,1	5171,2	5181,3	5191,4	5201,5	5211,6	5221,7	5231,8	5241,9	5167,8	5184,7	5218,3	5235,2	5176,3	5226,8	51
52	5252	5262,1	5272,2	5282,3	5292,4	5302,5	5312,6	5322,7	5332,8	5342,9	5268,8	5285,7	5319,3	5336,2	5277,3	5327,8	52
53	5353	5363,1	5373,2	5383,3	5393,4	5403,5	5413,6	5423,7	5433,8	5443,9	5369,8	5386,7	5420,3	5437,2	5378,3	5428,8	53
54	5454	5464,1	5474,2	5484,3	5494,4	5504,5	5514,6	5524,7	5534,8	5544,9	5470,8	5487,7	5521,3	5538,2	5479,3	5529,8	54
55	5555	5565,1	5575,2	5585,3	5595,4	5605,5	5615,6	5625,7	5635,8	5645,9	5571,8	5588,7	5622,3	5639,2	5580,3	5630,8	55
56	5656	5666,1	5676,2	5686,3	5696,4	5706,5	5716,6	5726,7	5736,8	5746,9	5672,8	5689,7	5723,3	5740,2	5681,3	5731,8	56
57	5757	5767,1	5777,2	5787,3	5797,4	5807,5	5817,6	5827,7	5837,8	5847,9	5773,8	5790,7	5824,3	5841,2	5782,3	5832,8	57
58	5858	5868,1	5878,2	5888,3	5898,4	5908,5	5918,6	5928,7	5938,8	5948,9	5874,8	5891,7	5925,3	5942,2	5883,3	5933,8	58
59	5959	5969,1	5979,2	5989,3	5999,4	6009,5	6019,6	6029,7	6039,8	6049,9	5975,8	5992,7	6026,3	6043,2	5984,3	6034,8	59
60	6060	6070,1	6080,2	6090,3	6100,4	6110,5	6120,6	6130,7	6140,8	6150,9	6076,8	6093,7	6127,3	6144,2	6085,3	6135,8	60
61	6161	6171,1	6181,2	6191,3	6201,4	6211,5	6221,6	6231,7	6241,8	6251,9	6177,8	6194,7	6228,3	6245,2	6186,3	6236,8	61
62	6262	6272,1	6282,2	6292,3	6302,4	6312,5	6322,6	6332,7	6342,8	6352,9	6278,8	6295,7	6329,3	6346,2	6287,3	6337,8	62
63	6363	6373,1	6383,2	6393,3	6403,4	6413,5	6423,6	6433,7	6443,8	6453,9	6379,8	6396,7	6430,3	6447,2	6388,3	6438,8	63
64	6464	6474,1	6484,2	6494,3	6504,4	6514,5	6524,6	6534,7	6544,8	6554,9	6480,8	6497,7	6531,3	6548,2	6489,3	6539,8	64
65	6565	6575,1	6585,2	6595,3	6605,4	6615,5	6625,6	6635,7	6645,8	6655,9	6581,8	6598,7	6632,3	6649,2	6590,3	6640,8	65
66	6666	6676,1	6686,2	6696,3	6706,4	6716,5	6726,6	6736,7	6746,8	6756,9	6682,8	6699,7	6733,3	6750,2	6691,3	6741,8	66
67	6767	6777,1	6787,2	6797,3	6807,4	6817,5	6827,6	6837,7	6847,8	6857,9	6783,8	6800,7	6834,3	6851,2	6792,3	6842,8	67
68	6868	6878,1	6888,2	6898,3	6908,4	6918,5	6928,6	6938,7	6948,8	6958,9	6884,8	6901,7	6935,3	6952,2	6893,3	6943,8	68
69	6969	6979,1	6989,2	6999,3	7009,4	7019,5	7029,6	7039,7	7049,8	7059,9	6985,8	7002,7	7036,3	7053,2	6994,3	7044,8	69
70	7070	7080,1	7090,2	7100,3	7110,4	7120,5	7130,6	7140,7	7150,8	7160,9	7086,8	7103,7	7137,3	7154,2	7095,3	7145,8	70
71	7171	7181,1	7191,2	7201,3	7211,4	7221,5	7231,6	7241,7	7251,8	7261,9	7187,8	7204,7	7238,3	7255,2	7196,3	7246,8	71
72	7272	7282,1	7292,2	7302,3	7312,4	7322,5	7332,6	7342,7	7352,8	7362,9	7288,8	7305,7	7339,3	7356,2	7297,3	7347,8	72
73	7373	7383,1	7393,2	7403,3	7413,4	7423,5	7433,6	7443,7	7453,8	7463,9	7389,8	7406,7	7440,3	7457,2	7398,3	7448,8	73
74	7474	7484,1	7494,2	7504,3	7514,4	7524,5	7534,6	7544,7	7554,8	7564,9	7490,8	7507,7	7541,3	7558,2	7499,3	7549,8	74
75	7575	7585,1	7595,2	7605,3	7615,4	7625,5	7635,6	7645,7	7655,8	7665,9	7591,8	7608,7	7642,3	7659,2	7600,3	7650,8	75
76	7676	7686,1	7696,2	7706,3	7716,4	7726,5	7736,6	7746,7	7756,8	7766,9	7692,8	7709,7	7743,3	7760,2	7701,3	7751,8	76
77	7777	7787,1	7797,2	7807,3	7817,4	7827,5	7837,6	7847,7	7857,8	7867,9	7793,8	7810,7	7844,3	7861,2	7802,3	7852,8	77
78	7878	7888,1	7898,2	7908,3	7918,4	7928,5	7938,6	7948,7	7958,8	7968,9	7894,8	7911,7	7945,3	7962,2	7903,3	7953,8	78
79	7979	7989,1	7999,2	8009,3	8019,4	8029,5	8039,6	8049,7	8059,8	8069,9	7995,8	8012,7	8046,3	8063,2	8004,3	8054,8	79
80	8080	8090,1	8100,2	8110,3	8120,4	8130,5	8140,6	8150,7	8160,8	8170,9	8096,8	8113,7	8147,3	8164,2	8105,3	8155,8	80
81	8181	8191,1	8201,2	8211,3	8221,4	8231,5	8241,6	8251,7	8261,8	8271,9	8197,8	8214,7	8248,3	8265,2	8206,3	8256,8	81
82	8282	8292,1	8302,2	8312,3	8322,4	8332,5	8342,6	8352,7	8362,8	8372,9	8298,8	8315,7	8349,3	8366,2	8307,3	8357,8	82
83	8383	8393,1	8403,2	8413,3	8423,4	8433,5	8443,6	8453,7	8463,8	8473,9	8399,8	8416,7	8450,3	8467,2	8408,3	8458,8	83
84	8484	8494,1	8504,2	8514,3	8524,4	8534,5	8544,6	8554,7	8564,8	8574,9	8500,8	8517,7	8551,3	8568,2	8509,3	8559,8	84
85	8585	8595,1	8605,2	8615,3	8625,4	8635,5	8645,6	8655,7	8665,8	8675,9	8601,8	8618,7	8652,3	8669,2	8610,3	8660,8	85
86	8686	8696,1	8706,2	8716,3	8726,4	8736,5	8746,6	8756,7	8766,8	8776,9	8702,8	8719,7	8753,3	8770,2	8711,3	8761,8	86
87	8787	8797,1	8807,2	8817,3	8827,4	8837,5	8847,6	8857,7	8867,8	8877,9	8803,8	8820,7	8854,3	8871,2	8812,3	8862,8	87
88	8888	8898,1	8908,2	8918,3	8928,4	8938,5	8948,6	8958,7	8968,8	8978,9	8904,8	8921,7	8955,3	8972,2	8913,3	8963,8	88
89	8989	8999,1	9009,2	9019,3	9029,4	9039,5	9049,6	9059,7	9069,8	9079,9	9005,8	9022,7	9056,3	9073,2	9014,3	9064,8	89
90	9090	9100,1	9110,2	9120,3	9130,4	9140,5	9150,6	9160,7	9170,8	9180,9	9106,8	9123,7	9157,3	9174,2	9115,3	9165,8	90
91	9191	9201,1	9211,2	9221,3	9231,4	9241,5	9251,6	9261,7	9271,8	9281,9	9207,8	9224,7	9258,3	9275,2	9216,3	9266,8	91
92	9292	9302,1	9312,2	9322,3	9332,4	9342,5	9352,6	9362,7	9372,8	9382,9	9308,8	9325,7	9359,3	9376,2	9317,3	9367,8	92
93	9393	9403,1	9413,2	9423,3	9433,4	9443,5	9453,6	9463,7	9473,8	9483,9	9409,8	9426,7	9460,3	9477,2	9418,3	9468,8	93
94	9494	9504,1	9514,2	9524,3	9534,4	9544,5	9554,6	9564,7	9574,8	9584,9	9510,8	9527,7	9561,3	9578,2	9519,3	9569,8	94
95	9595	9605,1	9615,2	9625,3	9635,4	9645,5	9655,6	9665,7	9675,8	9685,9	9611,8	9628,7	9662,3	9679,2	9620,3	9670,8	95
96	9696	9706,1	9716,2	9726,3	9736,4	9746,5	9756,6	9766,7	9776,8	9786,9	9712,8	9729,7	9763,3	9780,2	9721,3	9771,8	96
97	9797	9807,1	9817,2	9827,3	9837,4	9847,5	9857,6	9867,7	9877,8	9887,9	9813,8	9830,7	9864,3	9881,2	9822,3	9872,8	97
98	9898	9908,1	9918,2	9928,3	9938,4	9948,5	9958,6	9968,7	9978,8	9988,9	9914,8	9931,7	9965,3	9982,2	9923,3	9973,8	98
99	9999	10009,1	10019,2	10029,3	10039,4	10049,5	10059,6	10069,7	10079,8	10089,9	10015,8	10032,7	10066,3	10083,2	10024,3	10074,8	99
100	10100	10110,1	10120,2	10130,3	10140,4	10150,5	10160,6	10170,7	10180,8	10190,9	10116,8	10133,7	10167,3	10184,2	10125,3	10175,8	100

102

	102	1/10 10,2	2/10 20,4	3/10 30,6	4/10 40,8	5/10 51,0	6/10 61,2	7/10 71,4	8/10 81,6	9/10 91,8	1/6 17,0	2/6 34,0	4/6 68,0	5/6 85,0	1/4 25,5	3/4 76,5	
1	102	112,2	122,4	132,6	142,8	153,0	163,2	173,4	183,6	193,8	119,0	136,0	170,0	187,0	127,5	178,5	1
2	204	214,2	224,4	234,6	244,8	255,0	265,2	275,4	285,6	295,8	221,0	238,0	272,0	289,0	229,5	280,5	2
3	306	316,2	326,4	336,6	346,8	357,0	367,2	377,4	387,6	397,8	323,0	340,0	374,0	391,0	331,5	382,5	3
4	408	418,2	428,4	438,6	448,8	459,0	469,2	479,4	489,6	499,8	425,0	442,0	476,0	493,0	433,5	484,5	4
5	510	520,2	530,4	540,6	550,8	561,0	571,2	581,4	591,6	601,8	527,0	544,0	578,0	595,0	535,5	586,5	5
6	612	622,2	632,4	642,6	652,8	663,0	673,2	683,4	693,6	703,8	629,0	646,0	680,0	697,0	637,5	688,5	6
7	714	724,2	734,4	744,6	754,8	765,0	775,2	785,4	795,6	805,8	731,0	748,0	782,0	799,0	739,5	790,5	7
8	816	826,2	836,4	846,6	856,8	867,0	877,2	887,4	897,6	907,8	833,0	850,0	884,0	901,0	841,5	892,5	8
9	918	928,2	938,4	948,6	958,8	969,0	979,2	989,4	999,6	1009,8	935,0	952,0	986,0	1003,0	943,5	994,5	9
10	1020	1030,2	1040,4	1050,6	1060,8	1071,0	1081,2	1091,4	1101,6	1111,8	1037,0	1054,0	1088,0	1105,0	1045,5	1096,5	10
11	1122	1132,2	1142,4	1152,6	1162,8	1173,0	1183,2	1193,4	1203,6	1213,8	1139,0	1156,0	1190,0	1207,0	1147,5	1198,5	11
12	1224	1234,2	1244,4	1254,6	1264,8	1275,0	1285,2	1295,4	1305,6	1315,8	1241,0	1258,0	1292,0	1309,0	1249,5	1300,5	12
13	1326	1336,2	1346,4	1356,6	1366,8	1377,0	1387,2	1397,4	1407,6	1417,8	1343,0	1360,0	1394,0	1411,0	1351,5	1402,5	13
14	1428	1438,2	1448,4	1458,6	1468,8	1479,0	1489,2	1499,4	1509,6	1519,8	1445,0	1462,0	1496,0	1513,0	1453,5	1504,5	14
15	1530	1540,2	1550,4	1560,6	1570,8	1581,0	1591,2	1601,4	1611,6	1621,8	1547,0	1564,0	1598,0	1615,0	1555,5	1606,5	15
16	1632	1642,2	1652,4	1662,6	1672,8	1683,0	1693,2	1703,4	1713,6	1723,8	1649,0	1666,0	1700,0	1717,0	1657,5	1708,5	16
17	1734	1744,2	1754,4	1764,6	1774,8	1785,0	1795,2	1805,4	1815,6	1825,8	1751,0	1768,0	1802,0	1819,0	1759,5	1810,5	17
18	1836	1846,2	1856,4	1866,6	1876,8	1887,0	1897,2	1907,4	1917,6	1927,8	1853,0	1870,0	1904,0	1921,0	1861,5	1912,5	18
19	1938	1948,2	1958,4	1968,6	1978,8	1989,0	1999,2	2009,4	2019,6	2029,8	1955,0	1972,0	2006,0	2023,0	1963,5	2014,5	19
20	2040	2050,2	2060,4	2070,6	2080,8	2091,0	2101,2	2111,4	2121,6	2131,8	2057,0	2074,0	2108,0	2125,0	2065,5	2116,5	20
21	2142	2152,2	2162,4	2172,6	2182,8	2193,0	2203,2	2213,4	2223,6	2233,8	2159,0	2176,0	2210,0	2227,0	2167,5	2218,5	21
22	2244	2254,2	2264,4	2274,6	2284,8	2295,0	2305,2	2315,4	2325,6	2335,8	2261,0	2278,0	2312,0	2329,0	2269,5	2320,5	22
23	2346	2356,2	2366,4	2376,6	2386,8	2397,0	2407,2	2417,4	2427,6	2437,8	2363,0	2380,0	2414,0	2431,0	2371,5	2422,5	23
24	2448	2458,2	2468,4	2478,6	2488,8	2499,0	2509,2	2519,4	2529,6	2539,8	2465,0	2482,0	2516,0	2533,0	2473,5	2524,5	24
25	2550	2560,2	2570,4	2580,6	2590,8	2601,0	2611,2	2621,4	2631,6	2641,8	2567,0	2584,0	2618,0	2635,0	2575,5	2626,5	25
26	2652	2662,2	2672,4	2682,6	2692,8	2703,0	2713,2	2723,4	2733,6	2743,8	2669,0	2686,0	2720,0	2737,0	2677,5	2728,5	26
27	2754	2764,2	2774,4	2784,6	2794,8	2805,0	2815,2	2825,4	2835,6	2845,8	2771,0	2788,0	2822,0	2839,0	2779,5	2830,5	27
28	2856	2866,2	2876,4	2886,6	2896,8	2907,0	2917,2	2927,4	2937,6	2947,8	2873,0	2890,0	2924,0	2941,0	2881,5	2932,5	28
29	2958	2968,2	2978,4	2988,6	2998,8	3009,0	3019,2	3029,4	3039,6	3049,8	2975,0	2992,0	3026,0	3043,0	2983,5	3034,5	29
30	3060	3070,2	3080,4	3090,6	3100,8	3111,0	3121,2	3131,4	3141,6	3151,8	3077,0	3094,0	3128,0	3145,0	3085,5	3136,5	30
31	3162	3172,2	3182,4	3192,6	3202,8	3213,0	3223,2	3233,4	3243,6	3253,8	3179,0	3196,0	3230,0	3247,0	3187,5	3238,5	31
32	3264	3274,2	3284,4	3294,6	3304,8	3315,0	3325,2	3335,4	3345,6	3355,8	3281,0	3298,0	3332,0	3349,0	3289,5	3340,5	32
33	3366	3376,2	3386,4	3396,6	3406,8	3417,0	3427,2	3437,4	3447,6	3457,8	3383,0	3400,0	3434,0	3451,0	3391,5	3442,5	33
34	3468	3478,2	3488,4	3498,6	3508,8	3519,0	3529,2	3539,4	3549,6	3559,8	3485,0	3502,0	3536,0	3553,0	3493,5	3544,5	34
35	3570	3580,2	3590,4	3600,6	3610,8	3621,0	3631,2	3641,4	3651,6	3661,8	3587,0	3604,0	3638,0	3655,0	3595,5	3646,5	35
36	3672	3682,2	3692,4	3702,6	3712,8	3723,0	3733,2	3743,4	3753,6	3763,8	3689,0	3706,0	3740,0	3757,0	3697,5	3748,5	36
37	3774	3784,2	3794,4	3804,6	3814,8	3825,0	3835,2	3845,4	3855,6	3865,8	3791,0	3808,0	3842,0	3859,0	3799,5	3850,5	37
38	3876	3886,2	3896,4	3906,6	3916,8	3927,0	3937,2	3947,4	3957,6	3967,8	3893,0	3910,0	3944,0	3961,0	3901,5	3952,5	38
39	3978	3988,2	3998,4	4008,6	4018,8	4029,0	4039,2	4049,4	4059,6	4069,8	3995,0	4012,0	4046,0	4063,0	4003,5	4054,5	39
40	4080	4090,2	4100,4	4110,6	4120,8	4131,0	4141,2	4151,4	4161,6	4171,8	4097,0	4114,0	4148,0	4165,0	4105,5	4156,5	40
41	4182	4192,2	4202,4	4212,6	4222,8	4233,0	4243,2	4253,4	4263,6	4273,8	4199,0	4216,0	4250,0	4267,0	4207,5	4258,5	41
42	4284	4294,2	4304,4	4314,6	4324,8	4335,0	4345,2	4355,4	4365,6	4375,8	4301,0	4318,0	4352,0	4369,0	4309,5	4360,5	42
43	4386	4396,2	4406,4	4416,6	4426,8	4437,0	4447,2	4457,4	4467,6	4477,8	4403,0	4420,0	4454,0	4471,0	4411,5	4462,5	43
44	4488	4498,2	4508,4	4518,6	4528,8	4539,0	4549,2	4559,4	4569,6	4579,8	4505,0	4522,0	4556,0	4573,0	4513,5	4564,5	44
45	4590	4600,2	4610,4	4620,6	4630,8	4641,0	4651,2	4661,4	4671,6	4681,8	4607,0	4624,0	4658,0	4675,0	4615,5	4666,5	45
46	4692	4702,2	4712,4	4722,6	4732,8	4743,0	4753,2	4763,4	4773,6	4783,8	4709,0	4726,0	4760,0	4777,0	4717,5	4768,5	46
47	4794	4804,2	4814,4	4824,6	4834,8	4845,0	4855,2	4865,4	4875,6	4885,8	4811,0	4828,0	4862,0	4879,0	4819,5	4870,5	47
48	4896	4906,2	4916,4	4926,6	4936,8	4947,0	4957,2	4967,4	4977,6	4987,8	4913,0	4930,0	4964,0	4981,0	4921,5	4972,5	48
49	4998	5008,2	5018,4	5028,6	5038,8	5049,0	5059,2	5069,4	5079,6	5089,8	5015,0	5032,0	5066,0	5083,0	5023,5	5074,5	49
50	5100	5110,2	5120,4	5130,6	5140,8	5151,0	5161,2	5171,4	5181,6	5191,8	5117,0	5134,0	5168,0	5185,0	5125,5	5176,5	50
51	5202	5212,2	5222,4	5232,6	5242,8	5253,0	5263,2	5273,4	5283,6	5293,8	5219,0	5236,0	5270,0	5287,0	5227,5	5278,5	51
52	5304	5314,2	5324,4	5334,6	5344,8	5355,0	5365,2	5375,4	5385,6	5395,8	5321,0	5338,0	5372,0	5389,0	5329,5	5380,5	52
53	5406	5416,2	5426,4	5436,6	5446,8	5457,0	5467,2	5477,4	5487,6	5497,8	5423,0	5440,0	5474,0	5491,0	5431,5	5482,5	53
54	5508	5518,2	5528,4	5538,6	5548,8	5559,0	5569,2	5579,4	5589,6	5599,8	5525,0	5542,0	5576,0	5593,0	5533,5	5584,5	54
55	5610	5620,2	5630,4	5640,6	5650,8	5661,0	5671,2	5681,4	5691,6	5701,8	5627,0	5644,0	5678,0	5695,0	5635,5	5686,5	55
56	5712	5722,2	5732,4	5742,6	5752,8	5763,0	5773,2	5783,4	5793,6	5803,8	5729,0	5746,0	5780,0	5797,0	5737,5	5788,5	56
57	5814	5824,2	5834,4	5844,6	5854,8	5865,0	5875,2	5885,4	5895,6	5905,8	5831,0	5848,0	5882,0	5899,0	5839,5	5890,5	57
58	5916	5926,2	5936,4	5946,6	5956,8	5967,0	5977,2	5987,4	5997,6	6007,8	5933,0	5950,0	5984,0	6001,0	5941,5	5992,5	58
59	6018	6028,2	6038,4	6048,6	6058,8	6069,0	6079,2	6089,4	6099,6	6109,8	6035,0	6052,0	6086,0	6103,0	6043,5	6094,5	59
60	6120	6130,2	6140,4	6150,6	6160,8	6171,0	6181,2	6191,4	6201,6	6211,8	6137,0	6154,0	6188,0	6205,0	6145,5	6196,5	60
61	6222	6232,2	6242,4	6252,6	6262,8	6273,0	6283,2	6293,4	6303,6	6313,8	6239,0	6256,0	6290,0	6307,0	6247,5	6298,5	61
62	6324	6334,2	6344,4	6354,6	6364,8	6375,0	6385,2	6395,4	6405,6	6415,8	6341,0	6358,0	6392,0	6409,0	6349,5	6400,5	62
63	6426	6436,2	6446,4	6456,6	6466,8	6477,0	6487,2	6497,4	6507,6	6517,8	6443,0	6460,0	6494,0	6511,0	6451,5	6502,5	63
64	6528	6538,2	6548,4	6558,6	6568,8	6579,0	6589,2	6599,4	6609,6	6619,8	6545,0	6562,0	6596,0	6613,0	6553,5	6604,5	64
65	6630	6640,2	6650,4	6660,6	6670,8	6681,0	6691,2	6701,4	6711,6	6721,8	6647,0	6664,0	6698,0	6715,0	6655,5	6706,5	65
66	6732	6742,2	6752,4	6762,6	6772,8	6783,0	6793,2	6803,4	6813,6	6823,8	6749,0	6766,0	6800,0	6817,0	6757,5	6808,5	66
67	6834	6844,2	6854,4	6864,6	6874,8	6885,0	6895,2	6905,4	6915,6	6925,8	6851,0	6868,0	6902,0	6919,0	6859,5	6910,5	67
68	6936	6946,2	6956,4	6966,6	6976,8	6987,0	6997,2	7007,4	7017,6	7027,8	6953,0	6970,0	7004,0	7021,0	6961,5	7012,5	68
69	7038	7048,2	7058,4	7068,6	7078,8	7089,0	7099,2	7109,4	7119,6	7129,8	7055,0	7072,0	7106,0	7123,0	7063,5	7114,5	69
70	7140	7150,2	7160,4	7170,6	7180,8	7191,0	7201,2	7211,4	7221,6	7231,8	7157,0	7174,0	7208,0	7225,0	7165,5	7216,5	70
71	7242	7252,2	7262,4	7272,6	7282,8	7293,0	7303,2	7313,4	7323,6	7333,8	7259,0	7276,0	7310,0	7327,0	7267,5	7318,5	71
72	7344	7354,2	7364,4	7374,6	7384,8	7395,0	7405,2	7415,4	7425,6	7435,8	7361,0	7378,0	7412,0	7429,0	7369,5	7420,5	72
73	7446	7456,2	7466,4	7476,6	7486,8	7497,0	7507,2	7517,4	7527,6	7537,8	7463,0	7480,0	7514,0	7531,0	7471,5	7522,5	73
74	7548	7558,2	7568,4	7578,6	7588,8	7599,0	7609,2	7619,4	7629,6	7639,8	7565,0	7582,0	7616,0	7633,0	7573,5	7624,5	74
75	7650	7660,2	7670,4	7680,6	7690,8	7701,0	7711,2	7721,4	7731,6	7741,8	7667,0	7684,0	7718,0	7735,0	7675,5	7726,5	75
76	7752	7762,2	7772,4	7782,6	7792,8	7803,0	7813,2	7823,4	7833,6	7843,8	7769,0	7786,0	7820,0	7837,0	7777,5	7828,5	76
77	7854	7864,2	7874,4	7884,6	7894,8	7905,0	7915,2	7925,4	7935,6	7945,8	7871,0	7888,0	7922,0	7939,0	7879,5	7930,5	77
78	7956	7966,2	7976,4	7986,6	7996,8	8007,0	8017,2	8027,4	8037,6	8047,8	7973,0	7990,0	8024,0	8041,0	7981,5	8032,5	78
79	8058	8068,2	8078,4	8088,6	8098,8	8109,0	8119,2	8129,4	8139,6	8149,8	8075,0	8092,0	8126,0	8143,0	8083,5	8134,5	79
80	8160	8170,2	8180,4	8190,6	8200,8	8211,0	8221,2	8231,4	8241,6	8251,8	8177,0	8194,0	8228,0	8245,0	8185,5	8236,5	80
81	8262	8272,2	8282,4	8292,6	8302,8	8313,0	8323,2	8333,4	8343,6	8353,8	8279,0	8296,0	8330,0	8347,0	8287,5	8338,5	81
82	8364	8374,2	8384,4	8394,6	8404,8	8415,0	8425,2	8435,4	8445,6	8455,8	8381,0	8398,0	8432,0	8449,0	8389,5	8440,5	82
83	8466	8476,2	8486,4	8496,6	8506,8	8517,0	8527,2	8537,4	8547,6	8557,8	8483,0	8500,0	8534,0	8551,0	8491,5	8542,5	83
84	8568	8578,2	8588,4	8598,6	8608,8	8619,0	8629,2	8639,4	8649,6	8659,8	8585,0	8602,0	8636,0	8653,0	8593,5	8644,5	84
85	8670	8680,2	8690,4	8700,6	8710,8	8721,0	8731,2	8741,4	8751,6	8761,8	8687,0	8704,0	8738,0	8755,0	8695,5	8746,5	85
86	8772	8782,2	8792,4	8802,6	8812,8	8823,0	8833,2	8843,4	8853,6	8863,8	8789,0	8806,0	8840,0	8857,0	8797,5	8848,5	86
87	8874	8884,2	8894,4	8904,6	8914,8	8925,0	8935,2	8945,4	8955,6	8965,8	8891,0	8908,0	8942,0	8959,0	8899,5	8950,5	87
88	8976	8986,2	8996,4	9006,6	9016,8	9027,0	9037,2	9047,4	9057,6	9067,8	8993,0	9010,0	9044,0	9061,0	9001,5	9052,5	88
89	9078	9088,2	9098,4	9108,6	9118,8	9129,0	9139,2	9149,4	9159,6	9169,8	9095,0	9112,0	9146,0	9163,0	9103,5	9154,5	89
90	9180	9190,2	9200,4	9210,6	9220,8	9231,0	9241,2	9251,4	9261,6	9271,8	9197,0	9214,0	9248,0	9265,0	9205,5	9256,5	90
91	9282	9292,2	9302,4	9312,6	9322,8	9333,0	9343,2	9353,4	9363,6	9373,8	9299,0	9316,0	9850,0	9367,0	9307,5	9358,5	91
92	9384	9394,2	9404,4	9414,6	9424,8	9435,0	9445,2	9455,4	9465,6	9475,8	9401,0	9418,0	9452,0	9469,0	9409,5	9460,5	92
93	9486	9496,2	9506,4	9516,6	9526,8	9537,0	9547,2	9557,4	9567,6	9577,8	9503,0	9520,0	9554,0	9571,0	9511,5	9562,5	93
94	9588	9598,2	9608,4	9618,6	9628,8	9639,0	9649,2	9659,4	9669,6	9679,8	9605,0	9622,0	9656,0	9673,0	9613,5	9664,5	94
95	9690	9700,2	9710,4	9720,6	9730,8	9741,0	9751,2	9761,4	9771,6	9781,8	9707,0	9724,0	9758,0	9775,0	9715,5	9766,5	95
96	9792	9802,2	9812,4	9822,6	9832,8	9843,0	9853,2	9863,4	9873,6	9883,8	9809,0	9826,0	9860,0	9877,0	9817,5	9868,5	96
97	9894	9904,2	9914,4	9924,6	9934,8	9945,0	9955,2	9965,4	9975,6	9985,8	9911,0	9928,0	9962,0	9979,0	9919,5	9970,5	97
98	9996	10006,2	10016,4	10026,6	10036,8	10047,0	10057,2	10067,4	10077,6	10087,8	10013,0	10030,0	10064,0	10081,0	10021,5	10072,5	98
99	10098	10108,2	10118,4	10128,6	10138,8	10149,0	10159,2	10169,4	10179,6	10189,8	10115,0	10132,0	10166,0	10183,0	10123,5	10174,5	99
100	10200	10210,2	10220,4	10230,6	10240,8	10251,0	10261,2	10271,4	10281,6	10291,8	10217,0	10234,0	10268,0	10285,0	10225,5	10276,5	100

103

		1/10	2/10	3/10	4/10	5/10	6/10	7/10	8/10	9/10	1/6	2/6	4/6	5/6	1/4	3/4	
		10,3	20,6	30,9	41,2	51,5	61,8	72,1	82,4	92,7	17,166	34,333	68,666	85,833	25,75	77,25	
1	103	113,3	123,6	133,9	144,2	154,5	164,8	175,1	185,4	195,7	120,2	137,3	171,7	188,8	128,8	180,3	1
2	206	216,3	226,6	236,9	247,2	257,5	267,8	278,1	288,4	298,7	223,2	240,3	274,7	291,8	231,8	283,3	2
3	309	319,3	329,6	339,9	350,2	360,5	370,8	381,1	391,4	401,7	326,2	343,3	377,7	394,8	334,8	386,3	3
4	412	422,3	432,6	442,9	453,2	463,5	473,8	484,1	494,4	504,7	429,2	446,3	480,7	497,8	437,8	489,3	4
5	515	525,3	535,6	545,9	556,2	566,5	576,8	587,1	597,4	607,7	532,2	549,3	583,7	600,8	540,8	592,3	5
6	618	628,3	638,6	648,9	659,2	669,5	679,8	690,1	700,4	710,7	635,2	652,3	686,7	703,8	643,8	695,3	6
7	721	731,3	741,6	751,9	762,2	772,5	782,8	793,1	803,4	813,7	738,2	755,3	789,7	806,8	746,8	798,3	7
8	824	834,3	844,6	854,9	865,2	875,5	885,8	896,1	906,4	916,7	841,2	858,3	892,7	909,8	849,8	901,3	8
9	927	937,3	947,6	957,9	968,2	978,5	988,8	999,1	1009,4	1019,7	944,2	961,3	995,7	1012,8	952,8	1004,3	9
10	1030	1040,3	1050,6	1060,9	1071,2	1081,5	1091,8	1102,1	1112,4	1122,7	1047,2	1064,3	1098,7	1115,8	1055,8	1107,3	10
11	1133	1143,3	1153,6	1163,9	1174,2	1184,5	1194,8	1205,1	1215,4	1225,7	1150,2	1167,3	1201,7	1218,8	1158,8	1210,3	11
12	1236	1246,3	1256,6	1266,9	1277,2	1287,5	1297,8	1308,1	1318,4	1328,7	1253,2	1270,3	1304,7	1321,8	1261,8	1313,3	12
13	1339	1349,3	1359,6	1369,9	1380,2	1390,5	1400,8	1411,1	1421,4	1431,7	1356,2	1373,3	1407,7	1424,8	1364,8	1416,3	13
14	1442	1452,3	1462,6	1472,9	1483,2	1493,5	1503,8	1514,1	1524,4	1534,7	1459,2	1476,3	1510,7	1527,8	1467,8	1519,3	14
15	1545	1555,3	1565,6	1575,9	1586,2	1596,5	1606,8	1617,1	1627,4	1637,7	1562,2	1579,3	1613,7	1630,8	1570,8	1622,3	15
16	1648	1658,3	1668,6	1678,9	1689,2	1699,5	1709,8	1720,1	1730,4	1740,7	1665,2	1682,3	1716,7	1733,8	1673,8	1725,3	16
17	1751	1761,3	1771,6	1781,9	1792,2	1802,5	1812,8	1823,1	1833,4	1843,7	1768,2	1785,3	1819,7	1836,8	1776,8	1828,3	17
18	1854	1864,3	1874,6	1884,9	1895,2	1905,5	1915,8	1926,1	1936,4	1946,7	1871,2	1888,3	1922,7	1939,8	1879,8	1931,3	18
19	1957	1967,3	1977,6	1987,9	1998,2	2008,5	2018,8	2029,1	2039,4	2049,7	1974,2	1991,3	2025,7	2042,8	1982,8	2034,3	19
20	2060	2070,3	2080,6	2090,9	2101,2	2111,5	2121,8	2132,1	2142,4	2152,7	2077,2	2094,3	2128,7	2145,8	2085,8	2137,3	20
21	2163	2173,3	2183,6	2193,9	2204,2	2214,5	2224,8	2235,1	2245,4	2255,7	2180,2	2197,3	2231,7	2248,8	2188,8	2240,3	21
22	2266	2276,3	2286,6	2296,9	2307,2	2317,5	2327,8	2338,1	2348,4	2358,7	2283,2	2300,3	2334,7	2351,8	2291,8	2343,3	22
23	2369	2379,3	2389,6	2399,9	2410,2	2420,5	2430,8	2441,1	2451,4	2461,7	2386,2	2403,3	2437,7	2454,8	2394,8	2446,3	23
24	2472	2482,3	2492,6	2502,9	2513,2	2523,5	2533,8	2544,1	2554,4	2564,7	2489,2	2506,3	2540,7	2557,8	2497,8	2549,3	24
25	2575	2585,3	2595,6	2605,9	2616,2	2626,5	2636,8	2647,1	2657,4	2667,7	2592,2	2609,3	2643,7	2660,8	2600,8	2652,3	25
26	2678	2688,3	2698,6	2708,9	2719,2	2729,5	2739,8	2750,1	2760,4	2770,7	2695,2	2712,3	2746,7	2763,8	2703,8	2755,3	26
27	2781	2791,3	2801,6	2811,9	2822,2	2832,5	2842,8	2853,1	2863,4	2873,7	2798,2	2815,3	2849,7	2866,8	2806,8	2858,3	27
28	2884	2894,3	2904,6	2914,9	2925,2	2935,5	2945,8	2956,1	2966,4	2976,7	2901,2	2918,3	2952,7	2969,8	2909,8	2961,3	28
29	2987	2997,3	3007,6	3017,9	3028,2	3038,5	3048,8	3059,1	3069,4	3079,7	3004,2	3021,3	3055,7	3072,8	3012,8	3064,3	29
30	3090	3100,3	3110,6	3120,9	3131,2	3141,5	3151,8	3162,1	3172,4	3182,7	3107,2	3124,3	3158,7	3175,8	3115,8	3167,3	30
31	3193	3203,3	3213,6	3223,9	3234,2	3244,5	3254,8	3265,1	3275,4	3285,7	3210,2	3227,3	3261,7	3278,8	3218,8	3270,3	31
32	3296	3306,3	3316,6	3326,9	3337,2	3347,5	3357,8	3368,1	3378,4	3388,7	3313,2	3330,3	3364,7	3381,8	3321,8	3373,3	32
33	3399	3409,3	3419,6	3429,9	3440,2	3450,5	3460,8	3471,1	3481,4	3491,7	3416,2	3433,3	3467,7	3484,8	3424,8	3476,3	33
34	3502	3512,3	3522,6	3532,9	3543,2	3553,5	3563,8	3574,1	3584,4	3594,7	3519,2	3536,3	3570,7	3587,8	3527,8	3579,3	34
35	3605	3615,3	3625,6	3635,9	3646,2	3656,5	3666,8	3677,1	3687,4	3697,7	3622,2	3639,3	3673,7	3690,8	3630,8	3682,3	35
36	3708	3718,3	3728,6	3738,9	3749,2	3759,5	3769,8	3780,1	3790,4	3800,7	3725,2	3742,3	3776,7	3793,8	3733,8	3785,3	36
37	3811	3821,3	3831,6	3841,9	3852,2	3862,5	3872,8	3883,1	3893,4	3903,7	3828,2	3845,3	3879,7	3896,8	3836,8	3888,3	37
38	3914	3924,3	3934,6	3944,9	3955,2	3965,5	3975,8	3986,1	3996,4	4006,7	3931,2	3948,3	3982,7	3999,8	3939,8	3991,3	38
39	4017	4027,3	4037,6	4047,9	4058,2	4068,5	4078,8	4089,1	4099,4	4109,7	4034,2	4051,3	4085,7	4102,8	4042,8	4094,3	39
40	4120	4130,3	4140,6	4150,9	4161,2	4171,5	4181,8	4192,1	4202,4	4212,7	4137,2	4154,3	4188,7	4205,8	4145,8	4197,3	40
41	4223	4233,3	4243,6	4253,9	4264,2	4274,5	4284,8	4295,1	4305,4	4315,7	4240,2	4257,3	4291,7	4308,8	4248,8	4300,3	41
42	4326	4336,3	4346,6	4356,9	4367,2	4377,5	4387,8	4398,1	4408,4	4418,7	4343,2	4360,3	4394,7	4411,8	4351,8	4403,3	42
43	4429	4439,3	4449,6	4459,9	4470,2	4480,5	4490,8	4501,1	4511,4	4521,7	4446,2	4463,3	4497,7	4514,8	4454,8	4506,3	43
44	4532	4542,3	4552,6	4562,9	4573,2	4583,5	4593,8	4604,1	4614,4	4624,7	4549,2	4566,3	4600,7	4617,8	4557,8	4609,3	44
45	4635	4645,3	4655,6	4665,9	4676,2	4686,5	4696,8	4707,1	4717,4	4727,7	4652,2	4669,3	4703,7	4720,8	4660,8	4712,3	45
46	4738	4748,3	4758,6	4768,9	4779,2	4789,5	4799,8	4810,1	4820,4	4830,7	4755,2	4772,3	4806,7	4823,8	4763,8	4815,3	46
47	4841	4851,3	4861,6	4871,9	4882,2	4892,5	4902,8	4913,1	4923,4	4933,7	4858,2	4875,3	4909,7	4926,8	4866,8	4918,3	47
48	4944	4954,3	4964,6	4974,9	4985,2	4995,5	5005,8	5016,1	5026,4	5036,7	4961,2	4978,3	5012,7	5029,8	4969,8	5021,3	48
49	5047	5057,3	5067,6	5077,9	5088,2	5098,5	5108,8	5119,1	5129,4	5139,7	5064,2	5081,3	5115,7	5132,8	5072,8	5124,3	49
50	5150	5160,3	5170,6	5180,9	5191,2	5201,5	5211,8	5222,1	5232,4	5242,7	5167,2	5184,3	5218,7	5235,8	5175,8	5227,3	50
51	5253	5263,3	5273,6	5283,9	5294,2	5304,5	5314,8	5325,1	5335,4	5345,7	5270,2	5287,3	5321,7	5338,8	5278,8	5330,3	51
52	5356	5366,3	5376,6	5386,9	5397,2	5407,5	5417,8	5428,1	5438,4	5448,7	5373,2	5390,3	5424,7	5441,8	5381,8	5433,3	52
53	5459	5469,3	5479,6	5489,9	5500,2	5510,5	5520,8	5531,1	5541,4	5551,7	5476,2	5493,3	5527,7	5544,8	5484,8	5536,3	53
54	5562	5572,3	5582,6	5592,9	5603,2	5613,5	5623,8	5634,1	5644,4	5654,7	5579,2	5596,3	5630,7	5647,8	5587,8	5639,3	54
55	5665	5675,3	5685,6	5695,9	5706,2	5716,5	5726,8	5737,1	5747,4	5757,7	5682,2	5699,3	5733,7	5750,8	5690,8	5742,3	55
56	5768	5778,3	5788,6	5798,9	5809,2	5819,5	5829,8	5840,1	5850,4	5860,7	5785,2	5802,3	5836,7	5853,8	5793,8	5845,3	56
57	5871	5881,3	5891,6	5901,9	5912,2	5922,5	5932,8	5943,1	5953,4	5963,7	5888,2	5905,3	5939,7	5956,8	5896,8	5948,3	57
58	5974	5984,3	5994,6	6004,9	6015,2	6025,5	6035,8	6046,1	6056,4	6066,7	5991,2	6008,3	6042,7	6059,8	5999,8	6051,3	58
59	6077	6087,3	6097,6	6107,9	6118,2	6128,5	6138,8	6149,1	6159,4	6169,7	6094,2	6111,3	6145,7	6162,8	6102,8	6154,3	59
60	6180	6190,3	6200,6	6210,9	6221,2	6231,5	6241,8	6252,1	6262,4	6272,7	6197,2	6214,3	6248,7	6265,8	6205,8	6257,3	60
61	6283	6293,3	6303,6	6313,9	6324,2	6334,5	6344,8	6355,1	6365,4	6375,7	6300,2	6317,3	6351,7	6368,8	6308,8	6360,3	61
62	6386	6396,3	6406,6	6416,9	6427,2	6437,5	6447,8	6458,1	6468,4	6478,7	6403,2	6420,3	6454,7	6471,8	6411,8	6463,3	62
63	6489	6499,3	6509,6	6519,9	6530,2	6540,5	6550,8	6561,1	6571,4	6581,7	6506,2	6523,3	6557,7	6574,8	6514,8	6566,3	63
64	6592	6602,3	6612,6	6622,9	6633,2	6643,5	6653,8	6664,1	6674,4	6684,7	6609,2	6626,3	6660,7	6677,8	6617,8	6669,3	64
65	6695	6705,3	6715,6	6725,9	6736,2	6746,5	6756,8	6767,1	6777,4	6787,7	6712,2	6729,3	6763,7	6780,8	6720,8	6772,3	65
66	6798	6808,3	6818,6	6828,9	6839,2	6849,5	6859,8	6870,1	6880,4	6890,7	6815,2	6832,3	6866,7	6883,8	6823,8	6875,3	66
67	6901	6911,3	6921,6	6931,9	6942,2	6952,5	6962,8	6973,1	6983,4	6993,7	6918,2	6935,3	6969,7	6986,8	6926,8	6978,3	67
68	7004	7014,3	7024,6	7034,9	7045,2	7055,5	7065,8	7076,1	7086,4	7096,7	7021,2	7038,3	7072,7	7089,8	7029,8	7081,3	68
69	7107	7117,3	7127,6	7137,9	7148,2	7158,5	7168,8	7179,1	7189,4	7199,7	7124,2	7141,3	7175,7	7192,8	7132,8	7184,3	69
70	7210	7220,3	7230,6	7240,9	7251,2	7261,5	7271,8	7282,1	7292,4	7302,7	7227,2	7244,3	7278,7	7295,8	7235,8	7287,3	70
71	7313	7323,3	7333,6	7343,9	7354,2	7364,5	7374,8	7385,1	7395,4	7405,7	7330,2	7347,3	7381,7	7398,8	7338,8	7390,3	71
72	7416	7426,3	7436,6	7446,9	7457,2	7467,5	7477,8	7488,1	7498,4	7508,7	7433,2	7450,3	7484,7	7501,8	7441,8	7493,3	72
73	7519	7529,3	7539,6	7549,9	7560,2	7570,5	7580,8	7591,1	7601,4	7611,7	7536,2	7553,3	7587,7	7604,8	7544,8	7596,3	73
74	7622	7632,3	7642,6	7652,9	7663,2	7673,5	7683,8	7694,1	7704,4	7714,7	7639,2	7656,3	7690,7	7707,8	7647,8	7699,3	74
75	7725	7735,3	7745,6	7755,9	7766,2	7776,5	7786,8	7797,1	7807,4	7817,7	7742,2	7759,3	7793,7	7810,8	7750,8	7802,3	75
76	7828	7838,3	7848,6	7858,9	7869,2	7879,5	7889,8	7900,1	7910,4	7920,7	7845,2	7862,3	7896,7	7913,8	7853,8	7905,3	76
77	7931	7941,3	7951,6	7961,9	7972,2	7982,5	7992,8	8003,1	8013,4	8023,7	7948,2	7965,3	7999,7	8016,8	7956,8	8008,3	77
78	8034	8044,3	8054,6	8064,9	8075,2	8085,5	8095,8	8106,1	8116,4	8126,7	8051,2	8068,3	8102,7	8119,8	8059,8	8111,3	78
79	8137	8147,3	8157,6	8167,9	8178,2	8188,5	8198,8	8209,1	8219,4	8229,7	8154,2	8171,3	8205,7	8222,8	8162,8	8214,3	79
80	8240	8250,3	8260,6	8270,9	8281,2	8291,5	8301,8	8312,1	8322,4	8332,7	8257,2	8274,3	8308,7	8325,8	8265,8	8317,3	80
81	8343	8353,3	8363,6	8373,9	8384,2	8394,5	8404,8	8415,1	8425,4	8435,7	8360,2	8377,3	8411,7	8428,8	8368,8	8420,3	81
82	8446	8456,3	8466,6	8476,9	8487,2	8497,5	8507,8	8518,1	8528,4	8538,7	8463,2	8480,3	8514,7	8531,8	8471,8	8523,3	82
83	8549	8559,3	8569,6	8579,9	8590,2	8600,5	8610,8	8621,1	8631,4	8641,7	8566,2	8583,3	8617,7	8634,8	8574,8	8626,3	83
84	8652	8662,3	8672,6	8682,9	8693,2	8703,5	8713,8	8724,1	8734,4	8744,7	8669,2	8686,3	8720,7	8737,8	8677,8	8729,3	84
85	8755	8765,3	8775,6	8785,9	8796,2	8806,5	8816,8	8827,1	8837,4	8847,7	8772,2	8789,3	8823,7	8840,8	8780,8	8832,3	85
86	8858	8868,3	8878,6	8888,9	8899,2	8909,5	8919,8	8930,1	8940,4	8950,7	8875,2	8892,3	8926,7	8943,8	8883,8	8935,3	86
87	8961	8971,3	8981,6	8991,9	9002,2	9012,5	9022,8	9033,1	9043,4	9053,7	8978,2	8995,3	9029,7	9046,8	8986,8	9038,3	87
88	9064	9074,3	9084,6	9094,9	9105,2	9115,5	9125,8	9136,1	9146,4	9156,7	9081,2	9098,3	9132,7	9149,8	9089,8	9141,3	88
89	9167	9177,3	9187,6	9197,9	9208,2	9218,5	9228,8	9239,1	9249,4	9259,7	9184,2	9201,3	9235,7	9252,8	9192,8	9244,3	89
90	9270	9280,3	9290,6	9300,9	9311,2	9321,5	9331,8	9342,1	9352,4	9362,7	9287,2	9304,3	9338,7	9355,8	9295,8	9347,3	90
91	9373	9383,3	9393,6	9403,9	9414,2	9424,5	9434,8	9445,1	9455,4	9465,7	9390,2	9407,3	9441,7	9458,8	9398,8	9450,3	91
92	9476	9486,3	9496,6	9506,9	9517,2	9527,5	9537,8	9548,1	9558,4	9568,7	9493,2	9510,3	9544,7	9561,8	9501,8	9553,3	92
93	9579	9589,3	9599,6	9609,9	9620,2	9630,5	9640,8	9651,1	9661,4	9671,7	9596,2	9613,3	9647,7	9664,8	9604,8	9656,3	93
94	9682	9692,3	9702,6	9712,9	9723,2	9733,5	9743,8	9754,1	9764,4	9774,7	9699,2	9716,3	9750,7	9767,8	9707,8	9759,3	94
95	9785	9795,3	9805,6	9815,9	9826,2	9836,5	9846,8	9857,1	9867,4	9877,7	9802,2	9819,3	9853,7	9870,8	9810,8	9862,3	95
96	9888	9898,3	9908,6	9918,9	9929,2	9939,5	9949,8	9960,1	9970,4	9980,7	9905,2	9922,3	9956,7	9973,8	9913,8	9965,3	96
97	9991	10001,3	10011,6	10021,9	10032,2	10042,5	10052,8	10063,1	10073,4	10083,7	10008,2	10025,3	10059,7	10076,8	10016,8	10068,3	97
98	10094	10104,3	10114,6	10124,9	10135,2	10145,5	10155,8	10166,1	10176,4	10186,7	10111,2	10128,3	10162,7	10179,8	10119,8	10171,3	98
99	10197	10207,3	10217,6	10227,9	10238,2	10248,5	10258,8	10269,1	10279,4	10289,7	10214,2	10231,3	10265,7	10282,8	10222,8	10274,3	99
100	10300	10310,3	10320,6	10330,9	10341,2	10351,5	10361,8	10372,1	10382,4	10392,7	10317,2	10334,3	10368,7	10385,8	10325,8	10377,3	100

104	1/10 10,4	2/10 20,8	3/10 31,2	4/10 41,6	5/10 52,0	6/10 62,4	7/10 72,8	8/10 83,2	9/10 93,6	1/6 17,333	2/6 34,666	4/6 69,333	5/6 86,666	1/4 26,0	3/4 78,0	
1	104	114,4	124,8	135,2	145,6	156,0	166,4	176,8	187,2	197,6	121,3	138,7	173,3	190,7	130,0	182,0	1
2	208	218,4	228,8	239,2	249,6	260,0	270,4	280,8	291,2	301,6	225,3	242,7	277,3	294,7	234,0	286,0	2
3	312	322,4	332,8	343,2	353,6	364,0	374,4	384,8	395,2	405,6	329,3	346,7	381,3	398,7	338,0	390,0	3
4	416	426,4	436,8	447,2	457,6	468,0	478,4	488,8	499,2	509,6	433,3	450,7	485,3	502,7	442,0	494,0	4
5	520	530,4	540,8	551,2	561,6	572,0	582,4	592,8	603,2	613,6	537,3	554,7	589,3	606,7	546,0	598,0	5
6	624	634,4	644,8	655,2	665,6	676,0	686,4	696,8	707,2	717,6	641,3	658,7	693,3	710,7	650,0	702,0	6
7	728	738,4	748,8	759,2	769,6	780,0	790,4	800,8	811,2	821,6	745,3	762,7	797,3	814,7	754,0	806,0	7
8	832	842,4	852,8	863,2	873,6	884,0	894,4	904,8	915,2	925,6	849,3	866,7	901,3	918,7	858,0	910,0	8
9	936	946,4	956,8	967,2	977,6	988,0	998,4	1008,8	1019,2	1029,6	953,3	970,7	1005,3	1022,7	962,0	1014,0	9
10	1040	1050,4	1060,8	1071,2	1081,6	1092,0	1102,4	1112,8	1123,2	1133,6	1057,3	1074,7	1109,3	1126,7	1066,0	1118,0	10
11	1144	1154,4	1164,8	1175,2	1185,6	1196,0	1206,4	1216,8	1227,2	1237,6	1161,3	1178,7	1213,3	1230,7	1170,0	1222,0	11
12	1248	1258,4	1268,8	1279,2	1289,6	1300,0	1310,4	1320,8	1331,2	1341,6	1265,3	1282,7	1317,3	1334,7	1274,0	1326,0	12
13	1352	1362,4	1372,8	1383,2	1393,6	1404,0	1414,4	1424,8	1435,2	1445,6	1369,3	1386,7	1421,3	1438,7	1378,0	1430,0	13
14	1456	1466,4	1476,8	1487,2	1497,6	1508,0	1518,4	1528,8	1539,2	1549,6	1473,3	1490,7	1525,3	1542,7	1482,0	1534,0	14
15	1560	1570,4	1580,8	1591,2	1601,6	1612,0	1622,4	1632,8	1643,2	1653,6	1577,3	1594,7	1629,3	1646,7	1586,0	1638,0	15
16	1664	1674,4	1684,8	1695,2	1705,6	1716,0	1726,4	1736,8	1747,2	1757,6	1681,3	1698,7	1733,3	1750,7	1690,0	1742,0	16
17	1768	1778,4	1788,8	1799,2	1809,6	1820,0	1830,4	1840,8	1851,2	1861,6	1785,3	1802,7	1837,3	1854,7	1794,0	1846,0	17
18	1872	1882,4	1892,8	1903,2	1913,6	1924,0	1934,4	1944,8	1955,2	1965,6	1889,3	1906,7	1941,3	1958,7	1898,0	1950,0	18
19	1976	1986,4	1996,8	2007,2	2017,6	2028,0	2038,4	2048,8	2059,2	2069,6	1993,3	2010,7	2045,3	2062,7	2002,0	2054,0	19
20	2080	2090,4	2100,8	2111,2	2121,6	2132,0	2142,4	2152,8	2163,2	2173,6	2097,3	2114,7	2149,3	2166,7	2106,0	2158,0	20
21	2184	2194,4	2204,8	2215,2	2225,6	2236,0	2246,4	2256,8	2267,2	2277,6	2201,3	2218,7	2253,3	2270,7	2210,0	2262,0	21
22	2288	2298,4	2308,8	2319,2	2329,6	2340,0	2350,4	2360,8	2371,2	2381,6	2305,3	2322,7	2357,3	2374,7	2314,0	2366,0	22
23	2392	2402,4	2412,8	2423,2	2433,6	2444,0	2454,4	2464,8	2475,2	2485,6	2409,3	2426,7	2461,3	2478,7	2418,0	2470,0	23
24	2496	2506,4	2516,8	2527,2	2537,6	2548,0	2558,4	2568,8	2579,2	2589,6	2513,3	2530,7	2565,3	2582,7	2522,0	2574,0	24
25	2600	2610,4	2620,8	2631,2	2641,6	2652,0	2662,4	2672,8	2683,2	2693,6	2617,3	2634,7	2669,3	2686,7	2626,0	2678,0	25
26	2704	2714,4	2724,8	2735,2	2745,6	2756,0	2766,4	2776,8	2787,2	2797,6	2721,3	2738,7	2773,3	2790,7	2730,0	2782,0	26
27	2808	2818,4	2828,8	2839,2	2849,6	2860,0	2870,4	2880,8	2891,2	2901,6	2825,3	2842,7	2877,3	2894,7	2834,0	2886,0	27
28	2912	2922,4	2932,8	2943,2	2953,6	2964,0	2974,4	2984,8	2995,2	3005,6	2929,3	2946,7	2981,3	2998,7	2938,0	2990,0	28
29	3016	3026,4	3036,8	3047,2	3057,6	3068,0	3078,4	3088,8	3099,2	3109,6	3033,3	3050,7	3085,3	3102,7	3042,0	3094,0	29
30	3120	3130,4	3140,8	3151,2	3161,6	3172,0	3182,4	3192,8	3203,2	3213,6	3137,3	3154,7	3189,3	3206,7	3146,0	3198,0	30
31	3224	3234,4	3244,8	3255,2	3265,6	3276,0	3286,4	3296,8	3307,2	3317,6	3241,3	3258,7	3293,3	3310,7	3250,0	3302,0	31
32	3328	3338,4	3348,8	3359,2	3369,6	3380,0	3390,4	3400,8	3411,2	3421,6	3345,3	3362,7	3397,3	3414,7	3354,0	3406,0	32
33	3432	3442,4	3452,8	3463,2	3473,6	3484,0	3494,4	3504,8	3515,2	3525,6	3449,3	3466,7	3501,3	3518,7	3458,0	3510,0	33
34	3536	3546,4	3556,8	3567,2	3577,6	3588,0	3598,4	3608,8	3619,2	3629,6	3553,3	3570,7	3605,3	3622,7	3562,0	3614,0	34
35	3640	3650,4	3660,8	3671,2	3681,6	3692,0	3702,4	3712,8	3723,2	3733,6	3657,3	3674,7	3709,3	3726,7	3666,0	3718,0	35
36	3744	3754,4	3764,8	3775,2	3785,6	3796,0	3806,4	3816,8	3827,2	3837,6	3761,3	3778,7	3813,3	3830,7	3770,0	3822,0	36
37	3848	3858,4	3868,8	3879,2	3889,6	3900,0	3910,4	3920,8	3931,2	3941,6	3865,3	3882,7	3917,3	3934,7	3874,0	3926,0	37
38	3952	3962,4	3972,8	3983,2	3993,6	4004,0	4014,4	4024,8	4035,2	4045,6	3969,3	3986,7	4021,3	4038,7	3978,0	4030,0	38
39	4056	4066,4	4076,8	4087,2	4097,6	4108,0	4118,4	4128,8	4139,2	4149,6	4073,3	4090,7	4125,3	4142,7	4082,0	4134,0	39
40	4160	4170,4	4180,8	4191,2	4201,6	4212,0	4222,4	4232,8	4243,2	4253,6	4177,3	4194,7	4229,3	4246,7	4186,0	4238,0	40
41	4264	4274,4	4284,8	4295,2	4305,6	4316,0	4326,4	4336,8	4347,2	4357,6	4281,3	4298,7	4333,3	4350,7	4290,0	4342,0	41
42	4368	4378,4	4388,8	4399,2	4409,6	4420,0	4430,4	4440,8	4451,2	4461,6	4385,3	4402,7	4437,3	4454,7	4394,0	4446,0	42
43	4472	4482,4	4492,8	4503,2	4513,6	4524,0	4534,4	4544,8	4555,2	4565,6	4489,3	4506,7	4541,3	4558,7	4498,0	4550,0	43
44	4576	4586,4	4596,8	4607,2	4617,6	4628,0	4638,4	4648,8	4659,2	4669,6	4593,3	4610,7	4645,3	4662,7	4602,0	4654,0	44
45	4680	4690,4	4700,8	4711,2	4721,6	4732,0	4742,4	4752,8	4763,2	4773,6	4697,3	4714,7	4749,3	4766,7	4706,0	4758,0	45
46	4784	4794,4	4804,8	4815,2	4825,6	4836,0	4846,4	4856,8	4867,2	4877,6	4801,3	4818,7	4853,3	4870,7	4810,0	4862,0	46
47	4888	4898,4	4908,8	4919,2	4929,6	4940,0	4950,4	4960,8	4971,2	4981,6	4905,3	4922,7	4957,3	4974,7	4914,0	4966,0	47
48	4992	5002,4	5012,8	5023,2	5033,6	5044,0	5054,4	5064,8	5075,2	5085,6	5009,3	5026,7	5061,3	5078,7	5018,0	5070,0	48
49	5096	5106,4	5116,8	5127,2	5137,6	5148,0	5158,4	5168,8	5179,2	5189,6	5113,3	5130,7	5165,3	5182,7	5122,0	5174,0	49
50	5200	5210,4	5220,8	5231,2	5241,6	5252,0	5262,4	5272,8	5283,2	5293,6	5217,3	5234,7	5269,3	5286,7	5226,0	5278,0	50
51	5304	5314,4	5324,8	5335,2	5345,6	5356,0	5366,4	5376,8	5387,2	5397,6	5321,3	5338,7	5373,3	5390,7	5330,0	5382,0	51
52	5408	5418,4	5428,8	5439,2	5449,6	5460,0	5470,4	5480,8	5491,2	5501,6	5425,3	5442,7	5477,3	5494,7	5434,0	5486,0	52
53	5512	5522,4	5532,8	5543,2	5553,6	5564,0	5574,4	5584,8	5595,2	5605,6	5529,3	5546,7	5581,3	5598,7	5538,0	5590,0	53
54	5616	5626,4	5636,8	5647,2	5657,6	5668,0	5678,4	5688,8	5699,2	5709,6	5633,3	5650,7	5685,3	5702,7	5642,0	5694,0	54
55	5720	5730,4	5740,8	5751,2	5761,6	5772,0	5782,4	5792,8	5803,2	5813,6	5737,3	5754,7	5789,3	5806,7	5746,0	5798,0	55
56	5824	5834,4	5844,8	5855,2	5865,6	5876,0	5886,4	5896,8	5907,2	5917,6	5841,3	5858,7	5893,3	5910,7	5850,0	5902,0	56
57	5928	5938,4	5948,8	5959,2	5969,6	5980,0	5990,4	6000,8	6011,2	6021,6	5945,3	5962,7	5997,3	6014,7	5954,0	6006,0	57
58	6032	6042,4	6052,8	6063,2	6073,6	6084,0	6094,4	6104,8	6115,2	6125,6	6049,3	6066,7	6101,3	6118,7	6058,0	6110,0	58
59	6136	6146,4	6156,8	6167,2	6177,6	6188,0	6198,4	6208,8	6219,2	6229,6	6153,3	6170,7	6205,3	6222,7	6162,0	6214,0	59
60	6240	6250,4	6260,8	6271,2	6281,6	6292,0	6302,4	6312,8	6323,2	6333,6	6257,3	6274,7	6309,3	6326,7	6266,0	6318,0	60
61	6344	6354,4	6364,8	6375,2	6385,6	6396,0	6406,4	6416,8	6427,2	6437,6	6361,3	6378,7	6413,3	6430,7	6370,0	6422,0	61
62	6448	6458,4	6468,8	6479,2	6489,6	6500,0	6510,4	6520,8	6531,2	6541,6	6465,3	6482,7	6517,3	6534,7	6474,0	6526,0	62
63	6552	6562,4	6572,8	6583,2	6593,6	6604,0	6614,4	6624,8	6635,2	6645,6	6569,3	6586,7	6621,3	6638,7	6578,0	6630,0	63
64	6656	6666,4	6676,8	6687,2	6697,6	6708,0	6718,4	6728,8	6739,2	6749,6	6673,3	6690,7	6725,3	6742,7	6682,0	6734,0	64
65	6760	6770,4	6780,8	6791,2	6801,6	6812,0	6822,4	6832,8	6843,2	6853,6	6777,3	6794,7	6829,3	6846,7	6786,0	6838,0	65
66	6864	6874,4	6884,8	6895,2	6905,6	6916,0	6926,4	6936,8	6947,2	6957,6	6881,3	6898,7	6933,3	6950,7	6890,0	6942,0	66
67	6968	6978,4	6988,8	6999,2	7009,6	7020,0	7030,4	7040,8	7051,2	7061,6	6985,3	7002,7	7037,3	7054,7	6994,0	7046,0	67
68	7072	7082,4	7092,8	7103,2	7113,6	7124,0	7134,4	7144,8	7155,2	7165,6	7089,3	7106,7	7141,3	7158,7	7098,0	7150,0	68
69	7176	7186,4	7196,8	7207,2	7217,6	7228,0	7238,4	7248,8	7259,2	7269,6	7193,3	7210,7	7245,3	7262,7	7202,0	7254,0	69
70	7280	7290,4	7300,8	7311,2	7321,6	7332,0	7342,4	7352,8	7363,2	7373,6	7297,3	7314,7	7349,3	7366,7	7306,0	7358,0	70
71	7384	7394,4	7404,8	7415,2	7425,6	7436,0	7446,4	7456,8	7467,2	7477,6	7401,3	7418,7	7453,3	7470,7	7410,0	7462,0	71
72	7488	7498,4	7508,8	7519,2	7529,6	7540,0	7550,4	7560,8	7571,2	7581,6	7505,3	7522,7	7557,3	7574,7	7514,0	7566,0	72
73	7592	7602,4	7612,8	7623,2	7633,6	7644,0	7654,4	7664,8	7675,2	7685,6	7609,3	7626,7	7661,3	7678,7	7618,0	7670,0	73
74	7696	7706,4	7716,8	7727,2	7737,6	7748,0	7758,4	7768,8	7779,2	7789,6	7713,3	7730,7	7765,3	7782,7	7722,0	7774,0	74
75	7800	7810,4	7820,8	7831,2	7841,6	7852,0	7862,4	7872,8	7883,2	7893,6	7817,3	7834,7	7869,3	7886,7	7826,0	7878,0	75
76	7904	7914,4	7924,8	7935,2	7945,6	7956,0	7966,4	7976,8	7987,2	7997,6	7921,3	7938,7	7973,3	7990,7	7930,0	7982,0	76
77	8008	8018,4	8028,8	8039,2	8049,6	8060,0	8070,4	8080,8	8091,2	8101,6	8025,3	8042,7	8077,3	8094,7	8034,0	8086,0	77
78	8112	8122,4	8132,8	8143,2	8153,6	8164,0	8174,4	8184,8	8195,2	8205,6	8129,3	8146,7	8181,3	8198,7	8138,0	8190,0	78
79	8216	8226,4	8236,8	8247,2	8257,6	8268,0	8278,4	8288,8	8299,2	8309,6	8233,3	8250,7	8285,3	8302,7	8242,0	8294,0	79
80	8320	8330,4	8340,8	8351,2	8361,6	8372,0	8382,4	8392,8	8403,2	8413,6	8337,3	8354,7	8389,3	8406,7	8346,0	8398,0	80
81	8424	8434,4	8444,8	8455,2	8465,6	8476,0	8486,4	8496,8	8507,2	8517,6	8441,3	8458,7	8493,3	8510,7	8450,0	8502,0	81
82	8528	8538,4	8548,8	8559,2	8569,6	8580,0	8590,4	8600,8	8611,2	8621,6	8545,3	8562,7	8597,3	8614,7	8554,0	8606,0	82
83	8632	8642,4	8652,8	8663,2	8673,6	8684,0	8694,4	8704,8	8715,2	8725,6	8649,3	8666,7	8701,3	8718,7	8658,0	8710,0	83
84	8736	8746,4	8756,8	8767,2	8777,6	8788,0	8798,4	8808,8	8819,2	8829,6	8753,3	8770,7	8805,3	8822,7	8762,0	8814,0	84
85	8840	8850,4	8860,8	8871,2	8881,6	8892,0	8902,4	8912,8	8923,2	8933,6	8857,3	8874,7	8909,3	8926,7	8866,0	8918,0	85
86	8944	8954,4	8964,8	8975,2	8985,6	8996,0	9006,4	9016,8	9027,2	9037,6	8961,3	8978,7	9013,3	9030,7	8970,0	9022,0	86
87	9048	9058,4	9068,8	9079,2	9089,6	9100,0	9110,4	9120,8	9131,2	9141,6	9065,3	9082,7	9117,3	9134,7	9074,0	9126,0	87
88	9152	9162,4	9172,8	9183,2	9193,6	9204,0	9214,4	9224,8	9235,2	9245,6	9169,3	9186,7	9221,3	9238,7	9178,0	9230,0	88
89	9256	9266,4	9276,8	9287,2	9297,6	9308,0	9318,4	9328,8	9339,2	9349,6	9273,3	9290,7	9325,3	9342,7	9282,0	9334,0	89
90	9360	9370,4	9380,8	9391,2	9401,6	9412,0	9422,4	9432,8	9443,2	9453,6	9377,3	9394,7	9429,3	9446,7	9386,0	9438,0	90
91	9464	9474,4	9484,8	9495,2	9505,6	9516,0	9526,4	9536,8	9547,2	9557,6	9481,3	9498,7	9533,3	9550,7	9490,0	9542,0	91
92	9568	9578,4	9588,8	9599,2	9609,6	9620,0	9630,4	9640,8	9651,2	9661,6	9585,3	9602,7	9637,3	9654,7	9594,0	9646,0	92
93	9672	9682,4	9692,8	9703,2	9713,6	9724,0	9734,4	9744,8	9755,2	9765,6	9689,3	9706,7	9741,3	9758,7	9698,0	9750,0	93
94	9776	9786,4	9796,8	9807,2	9817,6	9828,0	9838,4	9848,8	9859,2	9869,6	9793,3	9810,7	9845,3	9862,7	9802,0	9854,0	94
95	9880	9890,4	9900,8	9911,2	9921,6	9932,0	9942,4	9952,8	9963,2	9973,6	9897,3	9914,7	9949,3	9966,7	9906,0	9958,0	95
96	9984	9994,4	10004,8	10015,2	10025,6	10036,0	10046,4	10056,8	10067,2	10077,6	10001,3	10018,7	10053,3	10070,7	10010,0	10062,0	96
97	10088	10098,4	10108,8	10119,2	10129,6	10140,0	10150,4	10160,8	10171,2	10181,6	10105,3	10122,7	10157,3	10174,7	10114,0	10166,0	97
98	10192	10202,4	10212,8	10223,2	10233,6	10244,0	10254,4	10264,8	10275,2	10285,6	10209,3	10226,7	10261,3	10278,7	10218,0	10270,0	98
99	10296	10306,4	10316,8	10327,2	10337,6	10348,0	10358,4	10368,8	10379,2	10389,6	10313,3	10330,7	10365,3	10382,7	10322,0	10374,0	99
100	10400	10410,4	10420,8	10431,2	10441,6	10452,0	10462,4	10472,8	10483,2	10493,6	10417,3	10434,7	10469,3	10486,7	10426,0	10478,0	100

105

		1/10 10,5	2/10 21,0	3/10 31,5	4/10 42,0	5/10 52,5	6/10 63,0	7/10 73,5	8/10 84,0	9/10 94,5	1/6 17,5	1/3 35,0	2/3 70,0	5/6 87,5	1/4 26,25	3/4 78,75	
1	105	115,5	126,0	136,5	147,0	157,5	168,0	178,5	189,0	199,5	122,5	140,0	175,0	192,5	131,3	183,8	1
2	210	220,5	231,0	241,5	252,0	262,5	273,0	283,5	294,0	304,5	227,5	245,0	280,0	297,5	236,3	288,8	2
3	315	325,5	336,0	346,5	357,0	367,5	378,0	388,5	399,0	409,5	332,5	350,0	385,0	402,5	341,3	393,8	3
4	420	430,5	441,0	451,5	462,0	472,5	483,0	493,5	504,0	514,5	437,5	455,0	490,0	507,5	446,3	498,8	4
5	525	535,5	546,0	556,5	567,0	577,5	588,0	598,5	609,0	619,5	542,5	560,0	595,0	612,5	551,3	603,8	5
6	630	640,5	651,0	661,5	672,0	682,5	693,0	703,5	714,0	724,5	647,5	665,0	700,0	717,5	656,3	708,8	6
7	735	745,5	756,0	766,5	777,0	787,5	798,0	808,5	819,0	829,5	752,5	770,0	805,0	822,5	761,3	813,8	7
8	840	850,5	861,0	871,5	882,0	892,5	903,0	913,5	924,0	934,5	857,5	875,0	910,0	927,5	866,3	918,8	8
9	945	955,5	966,0	976,5	987,0	997,5	1008,0	1018,5	1029,0	1039,5	962,5	980,0	1015,0	1032,5	971,3	1023,8	9
10	1050	1060,5	1071,0	1081,5	1092,0	1102,5	1113,0	1123,5	1134,0	1144,5	1067,5	1085,0	1120,0	1137,5	1076,3	1128,8	10
11	1155	1165,5	1176,0	1186,5	1197,0	1207,5	1218,0	1228,5	1239,0	1249,5	1172,5	1190,0	1225,0	1242,5	1181,3	1233,8	11
12	1260	1270,5	1281,0	1291,5	1302,0	1312,5	1323,0	1333,5	1344,0	1354,5	1277,5	1295,0	1330,0	1347,5	1286,3	1338,8	12
13	1365	1375,5	1386,0	1396,5	1407,0	1417,5	1428,0	1438,5	1449,0	1459,5	1382,5	1400,0	1435,0	1452,5	1391,3	1443,8	13
14	1470	1480,5	1491,0	1501,5	1512,0	1522,5	1533,0	1543,5	1554,0	1564,5	1487,5	1505,0	1540,0	1557,5	1496,3	1548,8	14
15	1575	1585,5	1596,0	1606,5	1617,0	1627,5	1638,0	1648,5	1659,0	1669,5	1592,5	1610,0	1645,0	1662,5	1601,3	1653,8	15
16	1680	1690,5	1701,0	1711,5	1722,0	1732,5	1743,0	1753,5	1764,0	1774,5	1697,5	1715,0	1750,0	1767,5	1706,3	1758,8	16
17	1785	1795,5	1806,0	1816,5	1827,0	1837,5	1848,0	1858,5	1869,0	1879,5	1802,5	1820,0	1855,0	1872,5	1811,3	1863,8	17
18	1890	1900,5	1911,0	1921,5	1932,0	1942,5	1953,0	1963,5	1974,0	1984,5	1907,5	1925,0	1960,0	1977,5	1916,3	1968,8	18
19	1995	2005,5	2016,0	2026,5	2037,0	2047,5	2058,0	2068,5	2079,0	2089,5	2012,5	2030,0	2065,0	2082,5	2021,3	2073,8	19
20	2100	2110,5	2121,0	2131,5	2142,0	2152,5	2163,0	2173,5	2184,0	2194,5	2117,5	2135,0	2170,0	2187,5	2126,3	2178,8	20
21	2205	2215,5	2226,0	2236,5	2247,0	2257,5	2268,0	2278,5	2289,0	2299,5	2222,5	2240,0	2275,0	2292,5	2231,3	2283,8	21
22	2310	2320,5	2331,0	2341,5	2352,0	2362,5	2373,0	2383,5	2394,0	2404,5	2327,5	2345,0	2380,0	2397,5	2336,3	2388,8	22
23	2415	2425,5	2436,0	2446,5	2457,0	2467,5	2478,0	2488,5	2499,0	2509,5	2432,5	2450,0	2485,0	2502,5	2441,3	2493,8	23
24	2520	2530,5	2541,0	2551,5	2562,0	2572,5	2583,0	2593,5	2604,0	2614,5	2537,5	2555,0	2590,0	2607,5	2546,3	2598,8	24
25	2625	2635,5	2646,0	2656,5	2667,0	2677,5	2688,0	2698,5	2709,0	2719,5	2642,5	2660,0	2695,0	2712,5	2651,3	2703,8	25
26	2730	2740,5	2751,0	2761,5	2772,0	2782,5	2793,0	2803,5	2814,0	2824,5	2747,5	2765,0	2800,0	2817,5	2756,3	2808,8	26
27	2835	2845,5	2856,0	2866,5	2877,0	2887,5	2898,0	2908,5	2919,0	2929,5	2852,5	2870,0	2905,0	2922,5	2861,3	2913,8	27
28	2940	2950,5	2961,0	2971,5	2982,0	2992,5	3003,0	3013,5	3024,0	3034,5	2957,5	2975,0	3010,0	3027,5	2966,3	3018,8	28
29	3045	3055,5	3066,0	3076,5	3087,0	3097,5	3108,0	3118,5	3129,0	3139,5	3062,5	3080,0	3115,0	3132,5	3071,3	3123,8	29
30	3150	3160,5	3171,0	3181,5	3192,0	3202,5	3213,0	3223,5	3234,0	3244,5	3167,5	3185,0	3220,0	3237,5	3176,3	3228,8	30
31	3255	3265,5	3276,0	3286,5	3297,0	3307,5	3318,0	3328,5	3339,0	3349,5	3272,5	3290,0	3325,0	3342,5	3281,3	3333,8	31
32	3360	3370,5	3381,0	3391,5	3402,0	3412,5	3423,0	3433,5	3444,0	3454,5	3377,5	3395,0	3430,0	3447,5	3386,3	3438,8	32
33	3465	3475,5	3486,0	3496,5	3507,0	3517,5	3528,0	3538,5	3549,0	3559,5	3482,5	3500,0	3535,0	3552,5	3491,3	3543,8	33
34	3570	3580,5	3591,0	3601,5	3612,0	3622,5	3633,0	3643,5	3654,0	3664,5	3587,5	3605,0	3640,0	3657,5	3596,3	3648,8	34
35	3675	3685,5	3696,0	3706,5	3717,0	3727,5	3738,0	3748,5	3759,0	3769,5	3692,5	3710,0	3745,0	3762,5	3701,3	3753,8	35
36	3780	3790,5	3801,0	3811,5	3822,0	3832,5	3843,0	3853,5	3864,0	3874,5	3797,5	3815,0	3850,0	3867,5	3806,3	3858,8	36
37	3885	3895,5	3906,0	3916,5	3927,0	3937,5	3948,0	3958,5	3969,0	3979,5	3902,5	3920,0	3955,0	3972,5	3911,3	3963,8	37
38	3990	4000,5	4011,0	4021,5	4032,0	4042,5	4053,0	4063,5	4074,0	4084,5	4007,5	4025,0	4060,0	4077,5	4016,3	4068,8	38
39	4095	4105,5	4116,0	4126,5	4137,0	4147,5	4158,0	4168,5	4179,0	4189,5	4112,5	4130,0	4165,0	4182,5	4121,3	4173,8	39
40	4200	4210,5	4221,0	4231,5	4242,0	4252,5	4263,0	4273,5	4284,0	4294,5	4217,5	4235,0	4270,0	4287,5	4226,3	4278,8	40
41	4305	4315,5	4326,0	4336,5	4347,0	4357,5	4368,0	4378,5	4389,0	4399,5	4322,5	4340,0	4375,0	4392,5	4331,3	4383,8	41
42	4410	4420,5	4431,0	4441,5	4452,0	4462,5	4473,0	4483,5	4494,0	4504,5	4427,5	4445,0	4480,0	4497,5	4436,3	4488,8	42
43	4515	4525,5	4536,0	4546,5	4557,0	4567,5	4578,0	4588,5	4599,0	4609,5	4532,5	4550,0	4585,0	4602,5	4541,3	4593,8	43
44	4620	4630,5	4641,0	4651,5	4662,0	4672,5	4683,0	4693,5	4704,0	4714,5	4637,5	4655,0	4690,0	4707,5	4646,3	4698,8	44
45	4725	4735,5	4746,0	4756,5	4767,0	4777,5	4788,0	4798,5	4809,0	4819,5	4742,5	4760,0	4795,0	4812,5	4751,3	4803,8	45
46	4830	4840,5	4851,0	4861,5	4872,0	4882,5	4893,0	4903,5	4914,0	4924,5	4847,5	4865,0	4900,0	4917,5	4856,3	4908,8	46
47	4935	4945,5	4956,0	4966,5	4977,0	4987,5	4998,0	5008,5	5019,0	5029,5	4952,5	4970,0	5005,0	5022,5	4961,3	5013,8	47
48	5040	5050,5	5061,0	5071,5	5082,0	5092,5	5103,0	5113,5	5124,0	5134,5	5057,5	5075,0	5110,0	5127,5	5066,3	5118,8	48
49	5145	5155,5	5166,0	5176,5	5187,0	5197,5	5208,0	5218,5	5229,0	5239,5	5162,5	5180,0	5215,0	5232,5	5171,3	5123,8	49
50	5250	5260,5	5271,0	5281,5	5292,0	5302,5	5313,0	5323,5	5334,0	5344,5	5267,5	5285,0	5320,0	5337,5	5276,3	5328,8	50
51	5355	5365,5	5376,0	5386,5	5397,0	5407,5	5418,0	5428,5	5439,0	5449,5	5372,5	5390,0	5425,0	5442,5	5381,3	5433,8	51
52	5460	5470,5	5481,0	5491,5	5502,0	5512,5	5523,0	5533,5	5544,0	5554,5	5477,5	5495,0	5530,0	5547,5	5486,3	5538,8	52
53	5565	5575,5	5586,0	5596,5	5607,0	5617,5	5628,0	5638,5	5649,0	5659,5	5582,5	5600,0	5635,0	5652,5	5591,3	5643,8	53
54	5670	5680,5	5691,0	5701,5	5712,0	5722,5	5733,0	5743,5	5754,0	5764,5	5687,5	5705,0	5740,0	5757,5	5696,3	5748,8	54
55	5775	5785,5	5796,0	5806,5	5817,0	5827,5	5838,0	5848,5	5859,0	5869,5	5792,5	5810,0	5845,0	5862,5	5801,3	5853,8	55
56	5880	5890,5	5901,0	5911,5	5922,0	5932,5	5943,0	5953,5	5964,0	5974,5	5897,5	5915,0	5950,0	5967,5	5906,3	5958,8	56
57	5985	5995,5	6006,0	6016,5	6027,0	6037,5	6048,0	6058,5	6069,0	6079,5	6002,5	6020,0	6055,0	6072,5	6011,3	6063,8	57
58	6090	6100,5	6111,0	6121,5	6132,0	6142,5	6153,0	6163,5	6174,0	6184,5	6107,5	6125,0	6160,0	6177,5	6116,3	6168,8	58
59	6195	6205,5	6216,0	6226,5	6237,0	6247,5	6258,0	6268,5	6279,0	6289,5	6212,5	6230,0	6265,0	6282,5	6221,3	6273,8	59
60	6300	6310,5	6321,0	6331,5	6342,0	6352,5	6363,0	6373,5	6384,0	6394,5	6317,5	6335,0	6370,0	6387,5	6326,3	6378,8	60
61	6405	6415,5	6426,0	6436,5	6447,0	6457,5	6468,0	6478,5	6489,0	6499,5	6422,5	6440,0	6475,0	6492,5	6431,3	6483,8	61
62	6510	6520,5	6531,0	6541,5	6552,0	6562,5	6573,0	6583,5	6594,0	6604,5	6527,5	6545,0	6580,0	6597,5	6536,3	6588,8	62
63	6615	6625,5	6636,0	6646,5	6657,0	6667,5	6678,0	6688,5	6699,0	6709,5	6632,5	6650,0	6685,0	6702,5	6641,3	6693,8	63
64	6720	6730,5	6741,0	6751,5	6762,0	6772,5	6783,0	6793,5	6804,0	6814,5	6737,5	6755,0	6790,0	6807,5	6746,3	6798,8	64
65	6825	6835,5	6846,0	6856,5	6867,0	6877,5	6888,0	6898,5	6909,0	6919,5	6842,5	6860,0	6895,0	6912,5	6851,3	6903,8	65
66	6930	6940,5	6951,0	6961,5	6972,0	6982,5	6993,0	7003,5	7014,0	7024,5	6947,5	6965,0	7000,0	7017,5	6856,3	7008,8	66
67	7035	7045,5	7056,0	7066,5	7077,0	7087,5	7098,0	7108,5	7119,0	7129,5	7052,5	7070,0	7105,0	7122,5	7061,3	7113,8	67
68	7140	7150,5	7161,0	7171,5	7182,0	7192,5	7203,0	7213,5	7224,0	7234,5	7157,5	7175,0	7210,0	7227,5	7166,3	7218,8	68
69	7245	7255,5	7266,0	7276,5	7287,0	7297,5	7308,0	7318,5	7329,0	7339,5	7262,5	7280,0	7315,0	7332,5	7271,3	7323,8	69
70	7350	7360,5	7371,0	7381,5	7392,0	7402,5	7413,0	7423,5	7434,0	7444,5	7367,5	7385,0	7420,0	7437,5	7376,3	7428,8	70
71	7455	7465,5	7476,0	7486,5	7497,0	7507,5	7518,0	7528,5	7539,0	7549,5	7472,5	7490,0	7525,0	7542,5	7481,3	7533,8	71
72	7560	7570,5	7581,0	7591,5	7602,0	7612,5	7623,0	7633,5	7644,0	7654,5	7577,5	7595,0	7630,0	7647,5	7586,3	7638,8	72
73	7665	7675,5	7686,0	7696,5	7707,0	7717,5	7728,0	7738,5	7749,0	7759,5	7682,5	7700,0	7735,0	7752,5	7691,3	7743,8	73
74	7770	7780,5	7791,0	7801,5	7812,0	7822,5	7833,0	7843,5	7854,0	7864,5	7787,5	7805,0	7840,0	7857,5	7796,3	7848,8	74
75	7875	7885,5	7896,0	7906,5	7917,0	7927,5	7938,0	7948,5	7959,0	7969,5	7892,5	7910,0	7945,0	7962,5	7901,3	7953,8	75
76	7980	7990,5	8001,0	8011,5	8022,0	8032,5	8043,0	8053,5	8064,0	8074,5	7997,5	8015,0	8050,0	8067,5	8006,3	8058,8	76
77	8085	8095,5	8106,0	8116,5	8127,0	8137,5	8148,0	8158,5	8169,0	8179,5	8102,5	8120,0	8155,0	8172,5	8111,3	8163,8	77
78	8190	8200,5	8211,0	8221,5	8232,0	8242,5	8253,0	8263,5	8274,0	8284,5	8207,5	8225,0	8260,0	8277,5	8216,3	8268,8	78
79	8295	8305,5	8316,0	8326,5	8337,0	8347,5	8358,0	8368,5	8379,0	8389,5	8312,5	8330,0	8365,0	8382,5	8321,3	8373,8	79
80	8400	8410,5	8421,0	8431,5	8442,0	8452,5	8463,0	8473,5	8484,0	8494,5	8417,5	8435,0	8470,0	8487,5	8426,3	8478,8	80
81	8505	8515,5	8526,0	8536,5	8547,0	8557,5	8568,0	8578,5	8589,0	8599,5	8522,5	8540,0	8575,0	8592,5	8531,3	8583,8	81
82	8610	8620,5	8631,0	8641,5	8652,0	8662,5	8673,0	8683,5	8694,0	8704,5	8627,5	8645,0	8680,0	8697,5	8636,3	8688,8	82
83	8715	8725,5	8736,0	8746,5	8757,0	8767,5	8778,0	8788,5	8799,0	8809,5	8732,5	8750,0	8785,0	8802,5	8741,3	8793,8	83
84	8820	8830,5	8841,0	8851,5	8862,0	8872,5	8883,0	8893,5	8904,0	8914,5	8837,5	8855,0	8890,0	8907,5	8846,3	8898,8	84
85	8925	8935,5	8946,0	8956,5	8967,0	8977,5	8988,0	8998,5	9009,0	9019,5	8942,5	8960,0	8995,0	9012,5	8951,3	9003,8	85
86	9030	9040,5	9051,0	9061,5	9072,0	9082,5	9093,0	9103,5	9114,0	9124,5	9047,5	9065,0	9100,0	9117,5	9056,3	9108,8	86
87	9135	9145,5	9156,0	9166,5	9177,0	9187,5	9198,0	9208,5	9219,0	9229,5	9152,5	9170,0	9205,0	9222,5	9161,3	9213,8	87
88	9240	9250,5	9261,0	9271,5	9282,0	9292,5	9303,0	9313,5	9324,0	9334,5	9257,5	9275,0	9310,0	9327,5	9266,3	9318,8	88
89	9345	9355,5	9366,0	9376,5	9387,0	9397,5	9408,0	9418,5	9429,0	9439,5	9362,5	9380,0	9415,0	9432,5	9371,3	9423,8	89
90	9450	9460,5	9471,0	9481,5	9492,0	9502,5	9513,0	9523,5	9534,0	9544,5	9467,5	9485,0	9520,0	9537,5	9476,3	9528,8	90
91	9555	9565,5	9576,0	9586,5	9597,0	9607,5	9618,0	9628,5	9639,0	9649,5	9572,5	9590,0	9625,0	9642,5	9581,3	9633,8	91
92	9660	9670,5	9681,0	9691,5	9702,0	9712,5	9723,0	9733,5	9744,0	9754,5	9677,5	9695,0	9730,0	9747,5	9686,3	9738,8	92
93	9765	9775,5	9786,0	9796,5	9807,0	9817,5	9828,0	9838,5	9849,0	9859,5	9782,5	9800,0	9835,0	9852,5	9791,3	9843,8	93
94	9870	9880,5	9891,0	9901,5	9912,0	9922,5	9933,0	9943,5	9954,0	9964,5	9887,5	9905,0	9940,0	9957,5	9896,3	9948,8	94
95	9975	9985,5	9996,0	10006,5	10017,0	10027,5	10038,0	10048,5	10059,0	10069,5	9992,5	10010,0	10045,0	10062,5	10001,3	10053,8	95
96	10080	10090,5	10101,0	10111,5	10122,0	10132,5	10143,0	10153,5	10164,0	10174,5	10097,5	10115,0	10150,0	10167,5	10106,3	10153,8	96
97	10185	10195,5	10206,0	10216,5	10227,0	10237,5	10248,0	10258,5	10269,0	10279,5	10202,5	10220,0	10255,0	10272,5	10211,3	10263,8	97
98	10290	10300,5	10311,0	10321,5	10332,0	10342,5	10353,0	10363,5	10374,0	10384,5	10307,5	10325,0	10360,0	10377,5	10316,3	10368,8	98
99	10395	10405,5	10416,0	10426,5	10437,0	10447,5	10458,0	10468,5	10479,0	10489,5	10412,5	10430,0	10465,0	10482,5	10421,3	10473,8	99
100	10500	10510,5	10521,0	10531,5	10542,0	10552,5	10563,0	10573,5	10584,0	10594,5	10517,5	10535,0	10570,0	10587,5	10526,3	10578,8	100

106		1/10 10,6	2/10 21,2	3/10 31,8	4/10 42,4	5/10 53,0	6/10 63,6	7/10 74,2	8/10 84,8	9/10 95,4	1/6 17,666	2/6 35,333	4/6 70,666	5/6 88,333	1/4 26,5	3/4 79,5	
1	106	116,6	127,2	137,8	148,4	159,0	169,6	180,2	190,8	201,4	123,7	141,3	176,7	194,3	132,5	185,5	1
2	212	222,6	233,2	243,8	254,4	265,0	275,6	286,2	296,8	307,4	229,7	247,3	282,7	300,3	238,5	291,5	2
3	318	328,6	339,2	349,8	360,4	371,0	381,6	392,2	402,8	413,4	335,7	353,3	388,7	406,3	344,5	397,5	3
4	424	434,6	445,2	455,8	466,4	477,0	487,6	498,2	508,8	519,4	441,7	459,3	494,7	512,3	450,5	503,5	4
5	530	540,6	551,2	561,8	572,4	583,0	593,6	604,2	614,8	625,4	547,7	565,3	600,7	618,3	556,5	609,5	5
6	636	646,6	657,2	667,8	678,4	689,0	699,6	710,2	720,8	731,4	653,7	671,3	706,7	724,3	662,5	715,5	6
7	742	752,6	763,2	773,8	784,4	795,0	805,6	816,2	826,8	837,4	759,7	777,3	812,7	830,3	768,5	821,5	7
8	848	858,6	869,2	879,8	890,4	901,0	911,6	922,2	932,8	943,4	865,7	883,3	918,7	936,3	874,5	927,5	8
9	954	964,6	975,2	985,8	996,4	1007,0	1017,6	1028,2	1038,8	1049,4	971,7	989,3	1024,7	1042,3	980,5	1033,5	9
10	1060	1070,6	1081,2	1091,8	1102,4	1113,0	1123,6	1134,2	1144,8	1155,4	1077,7	1095,3	1130,7	1148,3	1086,5	1139,5	10
11	1166	1176,6	1187,2	1197,8	1208,4	1219,0	1229,6	1240,2	1250,8	1261,4	1183,7	1201,3	1236,7	1254,3	1192,5	1245,5	11
12	1272	1282,6	1293,2	1303,8	1314,4	1325,0	1335,6	1346,2	1356,8	1367,4	1289,7	1307,3	1342,7	1360,3	1298,5	1351,5	12
13	1378	1388,6	1399,2	1409,8	1420,4	1431,0	1441,6	1452,2	1462,8	1473,4	1395,7	1413,3	1448,7	1466,3	1404,5	1457,5	13
14	1484	1494,6	1505,2	1515,8	1526,4	1537,0	1547,6	1558,2	1568,8	1579,4	1501,7	1519,3	1554,7	1572,3	1510,5	1563,5	14
15	1590	1600,6	1611,2	1621,8	1632,4	1643,0	1653,6	1664,2	1674,8	1685,4	1607,7	1625,3	1660,7	1678,3	1616,5	1669,5	15
16	1696	1706,6	1717,2	1727,8	1738,4	1749,0	1759,6	1770,2	1780,8	1791,4	1713,7	1731,3	1766,7	1784,3	1722,5	1775,5	16
17	1802	1812,6	1823,2	1833,8	1844,4	1855,0	1865,6	1876,2	1886,8	1897,4	1819,7	1837,3	1872,7	1890,3	1828,5	1881,5	17
18	1908	1918,6	1929,2	1939,8	1950,4	1961,0	1971,6	1982,2	1992,8	2003,4	1925,7	1943,3	1978,7	1996,3	1934,5	1987,5	18
19	2014	2024,6	2035,2	2045,8	2056,4	2067,0	2077,6	2088,2	2098,8	2109,4	2031,7	2049,3	2084,7	2102,3	2040,5	2093,5	19
20	2120	2130,6	2141,2	2151,8	2162,4	2173,0	2183,6	2194,2	2204,8	2215,4	2137,7	2155,3	2190,7	2208,3	2146,5	2199,5	20
21	2226	2236,6	2247,2	2257,8	2268,4	2279,0	2289,6	2300,2	2310,8	2321,4	2243,7	2261,3	2296,7	2314,3	2252,5	2305,5	21
22	2332	2342,6	2353,2	2363,8	2374,4	2385,0	2395,6	2406,2	2416,8	2427,4	2349,7	2367,3	2402,7	2420,3	2358,5	2411,5	22
23	2438	2448,6	2459,2	2469,8	2480,4	2491,0	2501,6	2512,2	2522,8	2533,4	2455,7	2473,3	2508,7	2526,3	2464,5	2517,5	23
24	2544	2554,6	2565,2	2575,8	2586,4	2597,0	2607,6	2618,2	2628,8	2639,4	2561,7	2579,3	2614,7	2632,3	2570,5	2623,5	24
25	2650	2660,6	2671,2	2681,8	2692,4	2703,0	2713,6	2724,2	2734,8	2745,4	2667,7	2685,3	2720,7	2738,3	2676,5	2729,5	25
26	2756	2766,6	2777,2	2787,8	2798,4	2809,0	2819,6	2830,2	2840,8	2851,4	2773,7	2791,3	2826,7	2844,3	2782,5	2835,5	26
27	2862	2872,6	2883,2	2893,8	2904,4	2915,0	2925,6	2936,2	2946,8	2957,4	2879,7	2897,3	2932,7	2950,3	2888,5	2941,5	27
28	2968	2978,6	2989,2	2999,8	3010,4	3021,0	3031,6	3042,2	3052,8	3063,4	2985,7	3003,3	3038,7	3056,3	2994,5	3047,5	28
29	3074	3084,6	3095,2	3105,8	3116,4	3127,0	3137,6	3148,2	3158,8	3169,4	3091,7	3109,3	3144,7	3162,3	3100,5	3153,5	29
30	3180	3190,6	3201,2	3211,8	3222,4	3233,0	3243,6	3254,2	3264,8	3275,4	3197,7	3215,3	3250,7	3268,3	3206,5	3259,5	30
31	3286	3296,6	3307,2	3317,8	3328,4	3339,0	3349,6	3360,2	3370,8	3381,4	3303,7	3321,3	3356,7	3374,3	3312,5	3365,5	31
32	3392	3402,6	3413,2	3423,8	3434,4	3445,0	3455,6	3466,2	3476,8	3487,4	3409,7	3427,3	3462,7	3480,3	3418,5	3471,5	32
33	3498	3508,6	3519,2	3529,8	3540,4	3551,0	3561,6	3572,2	3582,8	3593,4	3515,7	3533,3	3568,7	3586,3	3524,5	3577,5	33
34	3604	3614,6	3625,2	3635,8	3646,4	3657,0	3667,6	3678,2	3688,8	3699,4	3621,7	3639,3	3674,7	3692,3	3630,5	3683,5	34
35	3710	3720,6	3731,2	3741,8	3752,4	3763,0	3773,6	3784,2	3794,8	3805,4	3727,7	3745,3	3780,7	3798,3	3736,5	3789,5	35
36	3816	3826,6	3837,2	3847,8	3858,4	3869,0	3879,6	3890,2	3900,8	3911,4	3833,7	3851,3	3886,7	3904,3	3842,5	3895,5	36
37	3922	3932,6	3943,2	3953,8	3964,4	3975,0	3985,6	3996,2	4006,8	4017,4	3939,7	3957,3	3992,7	4010,3	3948,5	4001,5	37
38	4028	4038,6	4049,2	4059,8	4070,4	4081,0	4091,6	4102,2	4112,8	4123,4	4045,7	4063,3	4098,7	4116,3	4054,5	4107,5	38
39	4134	4144,6	4155,2	4165,8	4176,4	4187,0	4197,6	4208,2	4218,8	4229,4	4151,7	4169,3	4204,7	4222,3	4160,5	4213,5	39
40	4240	4250,6	4261,2	4271,8	4282,4	4293,0	4303,6	4314,2	4324,8	4335,4	4257,7	4275,3	4310,7	4328,3	4266,5	4319,5	40
41	4346	4356,6	4367,2	4377,8	4388,4	4399,0	4409,6	4420,2	4430,8	4441,4	4363,7	4381,3	4416,7	4434,3	4372,5	4425,5	41
42	4452	4462,6	4473,2	4483,8	4494,4	4505,0	4515,6	4526,2	4536,8	4547,4	4469,7	4487,3	4522,7	4540,3	4478,5	4531,5	42
43	4558	4568,6	4579,2	4589,8	4600,4	4611,0	4621,6	4632,2	4642,8	4653,4	4575,7	4593,3	4628,7	4646,3	4584,5	4637,5	43
44	4664	4674,6	4685,2	4695,8	4706,4	4717,0	4727,6	4738,2	4748,8	4759,4	4681,7	4699,3	4734,7	4752,3	4690,5	4743,5	44
45	4770	4780,6	4791,2	4801,8	4812,4	4823,0	4833,6	4844,2	4854,8	4865,4	4787,7	4805,3	4840,7	4858,3	4796,5	4849,5	45
46	4876	4886,6	4897,2	4907,8	4918,4	4929,0	4939,6	4950,2	4960,8	4971,4	4893,7	4911,3	4946,7	4964,3	4902,5	4955,5	46
47	4982	4992,6	5003,2	5013,8	5024,4	5035,0	5045,6	5056,2	5066,8	5077,4	4999,7	5017,3	5052,7	5070,3	5008,5	5061,5	47
48	5088	5098,6	5109,2	5119,8	5130,4	5141,0	5151,6	5162,2	5172,8	5183,4	5105,7	5123,3	5158,7	5176,3	5114,5	5167,5	48
49	5194	5204,6	5215,2	5225,8	5236,4	5247,0	5257,6	5268,2	5278,8	5289,4	5211,7	5229,3	5264,7	5282,3	5220,5	5273,5	49
50	5300	5310,6	5321,2	5331,8	5342,4	5353,0	5363,6	5374,2	5384,8	5395,4	5317,7	5335,3	5370,7	5388,3	5326,5	5379,5	50
51	5406	5416,6	5427,2	5437,8	5448 4	5459,0	5469,6	5480,2	5490,8	5501,4	5423,7	5441,3	5476,7	5494,3	5432,5	5485,5	51
52	5512	5522,6	5533,2	5543,8	5554,4	5565,0	5575,6	5586,2	5596,8	5607,4	5529,7	5547,3	5582,7	5600,3	5538,5	5591,5	52
53	5618	5628,6	5639,2	5649,8	5660,4	5671,0	5681,6	5692,2	5702,8	5713,4	5635,7	5653,3	5688,7	5706,3	5644,5	5697,5	53
54	5724	5734,6	5745,2	5755,8	5766,4	5777,0	5787,6	5798,2	5808,8	5819,4	5741,7	5759,3	5794,7	5812,3	5750,5	5803,5	54
55	5830	5840,6	5851,2	5861,8	5872,4	5883,0	5893,6	5904,2	5914,8	5925,4	5847,7	5865,3	5900,7	5918,3	5856,5	5909,5	55
56	5936	5946,6	5957,2	5967,8	5978,4	5989,0	5999,6	6010,2	6020,8	6031,4	5953,7	5971,3	6006,7	6024,3	5962,5	6013,5	56
57	6042	6052,6	6063,2	6073,8	6084,4	6095,0	6105,6	6116,2	6126,8	6137,4	6059,7	6077,3	6112,7	6130,3	6068,5	6121,5	57
58	6148	6158,6	6169,2	6179,8	6190,4	6201,0	6211,6	6222,2	6232,8	6243,4	6165,7	6183,3	6218,7	6236,3	6174,5	6227,5	58
59	6254	6264,6	6275,2	6285,8	6296,4	6307,0	6317,6	6328,2	6338,8	6349,4	6271,7	6289,3	6324,7	6342,3	6280,5	6333,5	59
60	6360	6370,6	6381,2	6391,8	6402,4	6413,0	6423,6	6434,2	6444,8	6455,4	6377,7	6395,3	6430,7	6448,3	6386,5	6439,5	60
61	6466	6476,6	6487,2	6497,8	6508,4	6519,0	6529,6	6540,2	6550,8	6561,4	6483,7	6501,3	6536,7	6554,3	6492,5	6545,5	61
62	6572	6582,6	6593,2	6603,8	6614,4	6625,0	6635,6	6646,2	6656,8	6667,4	6589,7	6607,3	6642,7	6660,3	6598,5	6651,5	62
63	6678	6688,6	6699,2	6709,8	6720,4	6731,0	6741,6	6752,2	6762,8	6773,4	6695,7	6713,3	6748,7	6766,3	6704,5	6757,5	63
64	6784	6794,6	6805,2	6815,8	6826,4	6837,0	6847,6	6858,2	6868,8	6879,4	6801,7	6819,3	6854,7	6872,3	6810,5	6863,5	64
65	6890	6900,6	6911,2	6921,8	6932,4	6943,0	6953,6	6964,2	6974,8	6985,4	6907,7	6925,3	6960,7	6978,3	6916,5	6969,5	65
66	6996	7006,6	7017,2	7027,8	7038,4	7049,0	7059,6	7070,2	7080,8	7091,4	7013,7	7031,3	7066,7	7084,3	7022,5	7075,5	66
67	7102	7112,6	7123,2	7133,8	7144,4	7155,0	7165,6	7176,2	7186,8	7197,4	7119,7	7137,3	7172,7	7190,3	7128,5	7181,5	67
68	7208	7218,6	7229,2	7239,8	7250,4	7261,0	7271,6	7282,2	7292,8	7303,4	7225,7	7243,3	7278,7	7296,3	7234,5	7287,5	68
69	7314	7324,6	7335,2	7345,8	7356,4	7367,0	7377,6	7388,2	7398,8	7409,4	7331,7	7349,3	7384,7	7402,3	7340,5	7393,5	69
70	7420	7430,6	7441,2	7451,8	7462,4	7473,0	7483,6	7494,2	7504,8	7515,4	7437,7	7455,3	7490,7	7508,3	7446,5	7499,5	70
71	7526	7536,6	7547,2	7557,8	7568,4	7579,0	7589,6	7600,2	7610,8	7621,4	7543,7	7561,3	7596,7	7614,3	7552,5	7605,5	71
72	7632	7642,6	7653,2	7663,8	7674,4	7685,0	7695,6	7706,2	7716,8	7727,4	7649,7	7667,3	7702,7	7720,3	7658,5	7711,5	72
73	7738	7748,6	7759,2	7769,8	7780,4	7791,0	7801,6	7812,2	7822,8	7833,4	7755,7	7773,3	7808,7	7826,3	7764,5	7817,5	73
74	7844	7854,6	7865,2	7875,8	7886,4	7897,0	7907,6	7918,2	7928,8	7939,4	7861,7	7879,3	7914,7	7932,3	7870,5	7923,5	74
75	7950	7960,6	7971,2	7981,8	7992,4	8003,0	8013,6	8024,2	8034,8	8045,4	7967,7	7985,3	8020,7	8038,3	7976,5	8029,5	75
76	8056	8066,6	8077,2	8087,8	8098,4	8109,0	8119,6	8130,2	8140,8	8151,4	8073,7	8091,3	8126,7	8144,3	8082,5	8135,5	76
77	8162	8172,6	8183,2	8193,8	8204,4	8215,0	8225,6	8236,2	8246,8	8257,4	8179,7	8197,3	8232,7	8250,3	8188,5	8241,5	77
78	8268	8278,6	8289,2	8299,8	8310,4	8321,0	8331,6	8342,2	8352,8	8363,4	8285,7	8303,3	8338,7	8356,3	8294,5	8347,5	78
79	8374	8384,6	8395,2	8405,8	8416,4	8427,0	8437,6	8448,2	8458,8	8469,4	8391,7	8409,3	8444,7	8462,3	8400,5	8453,5	79
80	8480	8490,6	8501,2	8511,8	8522,4	8533,0	8543,6	8554,2	8564,8	8575,4	8497,7	8515,3	8550,7	8568,3	8506,5	8559,5	80
81	8586	8596,6	8607,2	8617,8	8628,4	8639,0	8649,6	8660,2	8670,8	8681,4	8603,7	8621,3	8656,7	8674,3	8612,5	8665,5	81
82	8692	8702,6	8713,2	8723,8	8734,4	8745,0	8755,6	8766,2	8776,8	8787,4	8709,7	8727,3	8762,7	8780,3	8718,5	8771,5	82
83	8798	8808,6	8819,2	8829,8	8840,4	8851,0	8861,6	8872,2	8882,8	8893,4	8815,7	8833,3	8868,7	8886,3	8824,5	8877,5	83
84	8904	8914,6	8925,2	8935,8	8946,4	8957,0	8967,6	8978,2	8988,8	8999,4	8921,7	8939,3	8974,7	8992,3	8930,5	8983,5	84
85	9010	9020,6	9031,2	9041,8	9052,4	9063,0	9073,6	9084,2	9094,8	9105,4	9027,7	9045,3	9080,7	9098,3	9036,5	9089,5	85
86	9116	9126,6	9137,2	9147,8	9158,4	9169,0	9179,6	9190,2	9200,8	9211,4	9133,7	9151,3	9186,7	9204,3	9142,5	9195,5	86
87	9222	9232,6	9243,2	9253,8	9264,4	9275,0	9285,6	9296,2	9306,8	9317,4	9239,7	9257,3	9292,7	9310,3	9248,5	9301,5	87
88	9328	9338,6	9349,2	9359,8	9370,4	9381,0	9391,6	9402,2	9412,8	9423,4	9345,7	9363,3	9398,7	9416,3	9354,5	9407,5	88
89	9434	9444,6	9455,2	9465,8	9476,4	9487,0	9497,6	9508,2	9518,8	9529,4	9451,7	9469,3	9504,7	9522,3	9460,5	9513,5	89
90	9540	9550,6	9561,2	9571,8	9582,4	9593,0	9603,6	9614,2	9624,8	9635,4	9557,7	9575,3	9610,7	9628,3	9566,5	9619,5	90
91	9646	9656,6	9667,2	9677,8	9688,4	9699,0	9709,6	9720,2	9730,8	9741,4	9663,7	9681,3	9716,7	9734,3	9672,5	9725,5	91
92	9752	9762,6	9773,2	9783,8	9794,4	9805,0	9815,6	9826,2	9836,8	9847,4	9769,7	9787,3	9822,7	9840,3	9778,5	9831,5	92
93	9858	9868,6	9879,2	9889,8	9900,4	9911,0	9921,6	9932,2	9942,8	9953,4	9875,7	9893,3	9928,7	9946,3	9884,5	9937,5	93
94	9964	9974,6	9985,2	9995,8	10006,4	10017,0	10027,6	10038,2	10048,8	10059,4	9981,7	9999,3	10034,7	10052,3	9990,5	10043,5	94
95	10070	10080,6	10091,2	10101,8	10112,4	10123,0	10133,6	10144,2	10154,8	10165,4	10087,7	10105,3	10140,7	10158,3	10096,5	10149,5	95
96	10176	10186,6	10197,2	10207,8	10218,4	10229,0	10239,6	10250,2	10260,8	10271,4	10193,7	10211,3	10246,7	10264,3	10202,5	10255,5	96
97	10282	10292,6	10303,2	10313,8	10324,4	10335,0	10345,6	10356,2	10366,8	10377,4	10299,7	10317,3	10352,7	10370,3	10308,5	10361,5	97
98	10388	10398,6	10409,2	10419,8	10430,4	10441,0	10451,6	10462,2	10472,8	10483,4	10405,7	10423,3	10458,7	10476,3	10414,5	10467,5	98
99	10494	10504,6	10515,2	10525,8	10536,4	10547,0	10557,6	10568,2	10578,8	10589,4	10511,7	10529,3	10564,7	10582,3	10520,5	10573,5	99
100	10600	10610,6	10621,2	10631,8	10642,4	10653,0	10663,6	10674,2	10684,8	10695,4	10617,7	10635,3	10670,7	10688,3	10626,5	10679,5	100

107

		1/10 10,7	2/10 21,4	3/10 32,1	4/10 42,8	5/10 53,5	6/10 64,2	7/10 74,9	8/10 85,6	9/10 96,3	1/6 17,833	2/6 35,666	4/6 71,333	5/6 89,166	1/4 26,75	3/4 80,25	
1	107	117,7	128,4	139,1	149,8	160,5	171,2	181,9	192,6	203,3	124,8	142,7	178,3	196,2	133,8	187,3	1
2	214	224,7	235,4	246,1	256,8	267,5	278,2	288,9	299,6	310,3	231,8	249,7	285,3	303,2	240,8	294,3	2
3	321	331,7	342,4	353,1	363,8	374,5	385,2	395,9	406,6	417,3	338,8	356,7	392,3	410,2	347,8	401,3	3
4	428	438,7	449,4	460,1	470,8	481,5	492,2	502,9	513,6	524,3	445,8	463,7	499,3	517,2	454,8	508,3	4
5	535	545,7	556,4	567,1	577,8	588,5	599,2	609,9	620,6	631,3	552,8	570,7	606,3	624,2	561,8	615,3	5
6	642	652,7	663,4	674,1	684,8	695,5	706,2	716,9	727,6	738,3	659,8	677,7	713,3	731,2	668,8	722,3	6
7	749	759,7	770,4	781,1	791,8	802,5	813,2	823,9	834,6	845,3	766,8	784,7	820,3	838,2	775,8	829,3	7
8	856	866,7	877,4	888,1	898,8	909,5	920,2	930,9	941,6	952,3	873,8	891,7	927,3	945,2	882,8	936,3	8
9	963	973,7	984,4	995,1	1005,8	1016,5	1027,2	1037,9	1048,6	1059,3	980,8	998,7	1034,3	1052,2	989,8	1043,3	9
10	1070	1080,7	1091,4	1102,1	1112,8	1123,5	1134,2	1144,9	1155,6	1166,3	1087,8	1105,7	1141,3	1159,2	1096,8	1150,3	10
11	1177	1187,7	1198,4	1209,1	1219,8	1230,5	1241,2	1251,9	1262,6	1273,3	1194,8	1212,7	1248,3	1266,2	1203,8	1257,3	11
12	1284	1294,7	1305,4	1316,1	1326,8	1337,5	1348,2	1358,9	1369,6	1380,3	1301,8	1319,7	1355,3	1373,2	1310,8	1364,3	12
13	1391	1401,7	1412,4	1423,1	1433,8	1444,5	1455,2	1465,9	1476,6	1487,3	1408,8	1426,7	1462,3	1480,2	1417,8	1471,3	13
14	1498	1508,7	1519,4	1530,1	1540,8	1551,5	1562,2	1572,9	1583,6	1594,3	1515,8	1533,7	1569,3	1587,2	1524,8	1578,3	14
15	1605	1615,7	1626,4	1637,1	1647,8	1658,5	1669,2	1679,9	1690,6	1701,3	1622,8	1640,7	1676,3	1694,2	1631,8	1685,3	15
16	1712	1722,7	1733,4	1744,1	1754,8	1765,5	1776,2	1786,9	1797,6	1808,3	1729,8	1747,7	1783,3	1801,2	1738,8	1792,3	16
17	1819	1829,7	1840,4	1851,1	1861,8	1872,5	1883,2	1893,9	1904,6	1915,3	1836,8	1854,7	1890,3	1908,2	1845,8	1899,3	17
18	1926	1936,7	1947,4	1958,1	1968,8	1979,5	1990,2	2000,9	2011,6	2022,3	1943,8	1961,7	1997,3	2015,2	1952,8	2006,3	18
19	2033	2043,7	2054,4	2065,1	2075,8	2086,5	2097,2	2107,9	2118,6	2129,3	2050,8	2068,7	2104,3	2122,2	2059,8	2113,3	19
20	2140	2150,7	2161,4	2172,1	2182,8	2193,5	2204,2	2214,9	2225,6	2236,3	2157,8	2175,7	2211,3	2229,2	2166,8	2220,3	20
21	2247	2257,7	2268,4	2279,1	2289,8	2300,5	2311,2	2321,9	2332,6	2343,3	2264,8	2282,7	2318,3	2336,2	2273,8	2327,3	21
22	2354	2364,7	2375,4	2386,1	2396,8	2407,5	2418,2	2428,9	2439,6	2450,3	2371,8	2389,7	2425,3	2443,2	2380,8	2434,3	22
23	2461	2471,7	2482,4	2493,1	2503,8	2514,5	2525,2	2535,9	2546,6	2557,3	2478,8	2496,7	2532,3	2550,2	2487,8	2541,3	23
24	2568	2578,7	2589,4	2600,1	2610,8	2621,5	2632,2	2642,9	2653,6	2664,3	2585,8	2603,7	2639,3	2657,2	2594,8	2648,3	24
25	2675	2685,7	2696,4	2707,1	2717,8	2728,5	2739,2	2749,9	2760,6	2771,3	2692,8	2710,7	2746,3	2764,2	2701,8	2755,3	25
26	2782	2792,7	2803,4	2814,1	2824,8	2835,5	2846,2	2856,9	2867,6	2878,3	2799,8	2817,7	2853,3	2871,2	2808,8	2862,3	26
27	2889	2899,7	2910,4	2921,1	2931,8	2942,5	2953,2	2963,9	2974,6	2985,3	2906,8	2924,7	2960,3	2978,2	2915,8	2969,3	27
28	2996	3006,7	3017,4	3028,1	3038,8	3049,5	3060,2	3070,9	3081,6	3092,3	3013,8	3031,7	3067,3	3085,2	3022,8	3076,3	28
29	3103	3113,7	3124,4	3135,1	3145,8	3156,5	3167,2	3177,9	3188,6	3199,3	3120,8	3138,7	3174,3	3192,2	3129,8	3183,3	29
30	3210	3220,7	3231,4	3242,1	3252,8	3263,5	3274,2	3284,9	3295,6	3306,3	3227,8	3245,7	3281,3	3299,2	3236,8	3290,3	30
31	3317	3327,7	3338,4	3349,1	3359,8	3370,5	3381,2	3391,9	3402,6	3413,3	3334,8	3352,7	3388,3	3406,2	3343,8	3397,3	31
32	3424	3434,7	3445,4	3456,1	3466,8	3477,5	3488,2	3498,9	3509,6	3520,3	3441,8	3459,7	3495,3	3513,2	3450,8	3504,3	32
33	3531	3541,7	3552,4	3563,1	3573,8	3584,5	3595,2	3605,9	3616,6	3627,3	3548,8	3566,7	3602,3	3620,2	3557,8	3611,3	33
34	3638	3648,7	3659,4	3670,1	3680,8	3691,5	3702,2	3712,9	3723,6	3734,3	3655,8	3673,7	3709,3	3727,2	3664,8	3718,3	34
35	3745	3755,7	3766,4	3777,1	3787,8	3798,5	3809,2	3819,9	3830,6	3841,3	3762,8	3780,7	3816,3	3834,2	3771,8	3825,3	35
36	3852	3862,7	3873,4	3884,1	3894,8	3905,5	3916,2	3926,9	3937,6	3948,3	3869,8	3887,7	3923,3	3941,2	3878,8	3932,3	36
37	3959	3969,7	3980,4	3991,1	4001,8	4012,5	4023,2	4033,9	4044,6	4055,3	3976,8	3994,7	4030,3	4048,2	3985,8	4039,3	37
38	4066	4076,7	4087,4	4098,1	4108,8	4119,5	4130,2	4140,9	4151,6	4162,3	4083,8	4101,7	4137,3	4155,2	4092,8	4146,3	38
39	4173	4183,7	4194,4	4205,1	4215,8	4226,5	4237,2	4247,9	4258,6	4269,3	4190,8	4208,7	4244,3	4262,2	4199,8	4253,3	39
40	4280	4290,7	4301,4	4312,1	4322,8	4333,5	4344,2	4354,9	4365,6	4376,3	4297,8	4315,7	4351,3	4369,2	4306,8	4360,3	40
41	4387	4397,7	4408,4	4419,1	4429,8	4440,5	4451,2	4461,9	4472,6	4483,3	4404,8	4422,7	4458,3	4476,2	4413,8	4467,3	41
42	4494	4504,7	4515,4	4526,1	4536,8	4547,5	4558,2	4568,9	4579,6	4590,3	4511,8	4529,7	4565,3	4583,2	4520,8	4574,3	42
43	4601	4611,7	4622,4	4633,1	4643,8	4654,5	4665,2	4675,9	4686,6	4697,3	4618,8	4636,7	4672,3	4690,2	4627,8	4681,3	43
44	4708	4718,7	4729,4	4740,1	4750,8	4761,5	4772,2	4782,9	4793,6	4804,3	4725,8	4743,7	4779,3	4797,2	4734,8	4788,3	44
45	4815	4825,7	4836,4	4847,1	4857,8	4868,5	4879,2	4889,9	4900,6	4911,3	4832,8	4850,7	4886,3	4904,2	4841,8	4895,3	45
46	4922	4932,7	4943,4	4954,1	4964,8	4975,5	4986,2	4996,9	5007,6	5018,3	4939,8	4957,7	4993,3	5011,2	4948,8	5002,3	46
47	5029	5039,7	5050,4	5061,1	5071,8	5082,5	5093,2	5103,9	5114,6	5125,3	5046,8	5064,7	5100,3	5118,2	5055,8	5109,3	47
48	5136	5146,7	5157,4	5168,1	5178,8	5189,5	5200,2	5210,9	5221,6	5232,3	5153,8	5171,7	5207,3	5225,2	5162,8	5216,3	48
49	5243	5253,7	5264,4	5275,1	5285,8	5296,5	5307,2	5317,9	5328,6	5339,3	5260,8	5278,7	5314,3	5332,2	5269,8	5323,3	49
50	5350	5360,7	5371,4	5382,1	5392,8	5403,5	5414,2	5424,9	5435,6	5446,3	5367,8	5385,7	5421,3	5439,2	5376,8	5430,3	50
51	5457	5467,7	5478,4	5489,1	5499,8	5510,5	5521,2	5531,9	5542,6	5553,3	5474,8	5492,7	5528,3	5546,2	5483,8	5537,3	51
52	5564	5574,7	5585,4	5596,1	5606,8	5617,5	5628,2	5638,9	5649,6	5660,3	5581,8	5599,7	5635,3	5653,2	5590,8	5644,3	52
53	5671	5681,7	5692,4	5703,1	5713,8	5724,5	5735,2	5745,9	5756,6	5767,3	5688,8	5706,7	5742,3	5760,2	5697,8	5751,3	53
54	5778	5788,7	5799,4	5810,1	5820,8	5831,5	5842,2	5852,9	5863,6	5874,3	5795,8	5813,7	5849,3	5867,2	5804,8	5858,3	54
55	5885	5895,7	5906,4	5917,1	5927,8	5938,5	5949,2	5959,9	5970,6	5981,3	5902,8	5920,7	5956,3	5974,2	5911,8	5965,3	55
56	5992	6002,7	6013,4	6024,1	6034,8	6045,5	6056,2	6066,9	6077,6	6088,3	6009,8	6027,7	6063,3	6081,2	6018,8	6072,3	56
57	6099	6109,7	6120,4	6131,1	6141,8	6152,5	6163,2	6173,9	6184,6	6195,3	6116,8	6134,7	6170,3	6188,2	6125,8	6179,3	57
58	6206	6216,7	6227,4	6238,1	6248,8	6259,5	6270,2	6280,9	6291,6	6302,3	6223,8	6241,7	6277,3	6295,2	6232,8	6286,3	58
59	6313	6323,7	6334,4	6345,1	6355,8	6366,5	6377,2	6387,9	6398,6	6409,3	6330,8	6348,7	6384,3	6402,2	6339,8	6393,3	59
60	6420	6430,7	6441,4	6452,1	6462,8	6473,5	6484,2	6494,9	6505,6	6516,3	6437,8	6455,7	6491,3	6509,2	6446,8	6500,3	60
61	6527	6537,7	6548,4	6559,1	6569,8	6580,5	6591,2	6601,9	6612,6	6623,3	6544,8	6562,7	6598,3	6616,2	6553,8	6607,3	61
62	6634	6644,7	6655,4	6666,1	6676,8	6687,5	6698,2	6708,9	6719,6	6730,3	6651,8	6669,7	6705,3	6723,2	6660,8	6714,3	62
63	6741	6751,7	6762,4	6773,1	6783,8	6794,5	6805,2	6815,9	6826,6	6837,3	6758,8	6776,7	6812,3	6830,2	6767,8	6821,3	63
64	6848	6858,7	6869,4	6880,1	6890,8	6901,5	6912,2	6922,9	6933,6	6944,3	6865,8	6883,7	6919,3	6937,2	6874,8	6928,3	64
65	6955	6965,7	6976,4	6987,1	6997,8	7008,5	7019,2	7029,9	7040,6	7051,3	6972,8	6990,7	7026,3	7044,2	6981,8	7035,3	65
66	7062	7072,7	7083,4	7094,1	7104,8	7115,5	7126,2	7136,9	7147,6	7158,3	7079,8	7097,7	7133,3	7151,2	7088,8	7142,3	66
67	7169	7179,7	7190,4	7201,1	7211,8	7222,5	7233,2	7243,9	7254,6	7265,3	7186,8	7204,7	7240,3	7258,2	7195,8	7249,3	67
68	7276	7286,7	7297,4	7308,1	7318,8	7329,5	7340,2	7350,9	7361,6	7372,3	7293,8	7311,7	7347,3	7365,2	7302,8	7356,3	68
69	7383	7393,7	7404,4	7415,1	7425,8	7436,5	7447,2	7457,9	7468,6	7479,3	7400,8	7418,7	7454,3	7472,2	7409,8	7463,3	69
70	7490	7500,7	7511,4	7522,1	7532,8	7543,5	7554,2	7564,9	7575,6	7586,3	7507,8	7525,7	7561,3	7579,2	7516,8	7570,3	70
71	7597	7607,7	7618,4	7629,1	7639,8	7650,5	7661,2	7671,9	7682,6	7693,3	7614,8	7632,7	7668,3	7686,2	7623,8	7677,3	71
72	7704	7714,7	7725,4	7736,1	7746,8	7757,5	7768,2	7778,9	7789,6	7800,3	7721,8	7739,7	7775,3	7793,2	7730,8	7784,3	72
73	7811	7821,7	7832,4	7843,1	7853,8	7864,5	7875,2	7885,9	7896,6	7907,3	7828,8	7846,7	7882,3	7900,2	7837,8	7891,3	73
74	7918	7928,7	7939,4	7950,1	7960,8	7971,5	7982,2	7992,9	8003,6	8014,3	7935,8	7953,7	7989,3	8007,2	7944,8	7998,3	74
75	8025	8035,7	8046,4	8057,1	8067,8	8078,5	8089,2	8099,9	8110,6	8121,3	8042,8	8060,7	8096,3	8114,2	8051,8	8105,3	75
76	8132	8142,7	8153,4	8164,1	8174,8	8185,5	8196,2	8206,9	8217,6	8228,3	8149,8	8167,7	8203,3	8221,2	8158,8	8212,3	76
77	8239	8249,7	8260,4	8271,1	8281,8	8292,5	8303,2	8313,9	8324,6	8335,3	8256,8	8274,7	8310,3	8328,2	8265,8	8319,3	77
78	8346	8356,7	8367,4	8378,1	8388,8	8399,5	8410,2	8420,9	8431,6	8442,3	8363,8	8381,7	8417,3	8435,2	8372,8	8426,3	78
79	8453	8463,7	8474,4	8485,1	8495,8	8506,5	8517,2	8527,9	8538,6	8549,3	8470,8	8488,7	8524,3	8542,2	8479,8	8533,3	79
80	8560	8570,7	8581,4	8592,1	8602,8	8613,5	8624,2	8634,9	8645,6	8656,3	8577,8	8595,7	8631,3	8649,2	8586,8	8640,3	80
81	8667	8677,7	8688,4	8699,1	8709,8	8720,5	8731,2	8741,9	8752,6	8763,3	8684,8	8702,7	8738,3	8756,2	8693,8	8747,3	81
82	8774	8784,7	8795,4	8806,1	8816,8	8827,5	8838,2	8848,9	8859,6	8870,3	8791,8	8809,7	8845,3	8863,2	8800,8	8854,3	82
83	8881	8891,7	8902,4	8913,1	8923,8	8934,5	8945,2	8955,9	8966,6	8977,3	8898,8	8916,7	8952,3	8970,2	8907,8	8961,3	83
84	8988	8998,7	9009,4	9020,1	9030,8	9041,5	9052,2	9062,9	9073,6	9084,3	9005,8	9023,7	9059,3	9077,2	9014,8	9068,3	84
85	9095	9105,7	9116,4	9127,1	9137,8	9148,5	9159,2	9169,9	9180,6	9191,3	9112,8	9130,7	9166,3	9184,2	9121,8	9175,3	85
86	9202	9212,7	9223,4	9234,1	9244,8	9255,5	9266,2	9276,9	9287,6	9298,3	9219,8	9237,7	9273,3	9291,2	9228,8	9282,3	86
87	9309	9319,7	9330,4	9341,1	9351,8	9362,5	9373,2	9383,9	9394,6	9405,3	9326,8	9344,7	9380,3	9398,2	9335,8	9389,3	87
88	9416	9426,7	9437,4	9448,1	9458,8	9469,5	9480,2	9490,9	9501,6	9512,3	9433,8	9451,7	9487,3	9505,2	9442,8	9496,3	88
89	9523	9533,7	9544,4	9555,1	9565,8	9576,5	9587,2	9597,9	9608,6	9619,3	9540,8	9558,7	9594,3	9612,2	9549,8	9603,3	89
90	9630	9640,7	9651,4	9662,1	9672,8	9683,5	9694,2	9704,9	9715,6	9726,3	9647,8	9665,7	9701,3	9719,2	9656,8	9710,3	90
91	9737	9747,7	9758,4	9769,1	9779,8	9790,5	9801,2	9811,9	9822,6	9833,3	9754,8	9772,7	9808,3	9826,2	9763,8	9817,3	91
92	9844	9854,7	9865,4	9876,1	9886,8	9897,5	9908,2	9918,9	9929,6	9940,3	9861,8	9879,7	9915,3	9933,2	9870,8	9924,3	92
93	9951	9961,7	9972,4	9983,1	9993,8	10004,5	10015,2	10025,9	10036,6	10047,3	9968,8	9986,7	10022,3	10040,2	9977,8	10031,3	93
94	10058	10068,7	10079,4	10090,1	10100,8	10111,5	10122,2	10132,9	10143,6	10154,3	10075,8	10093,7	10129,3	10147,2	10084,8	10138,3	94
95	10165	10175,7	10186,4	10197,1	10207,8	10218,5	10229,2	10239,9	10250,6	10261,3	10182,8	10200,7	10236,3	10254,2	10191,8	10245,3	95
96	10272	10282,7	10293,4	10304,1	10314,8	10325,5	10336,2	10346,9	10357,6	10368,3	10289,8	10307,7	10343,3	10361,2	10298,8	10352,3	96
97	10379	10389,7	10400,4	10411,1	10421,8	10432,5	10443,2	10453,9	10464,6	10475,3	10396,8	10414,7	10450,3	10468,2	10405,8	10459,3	97
98	10486	10496,7	10507,4	10518,1	10528,8	10539,5	10550,2	10560,9	10571,6	10582,3	10503,8	10521,7	10557,3	10575,2	10512,8	10566,3	98
99	10593	10603,7	10614,4	10625,1	10635,8	10646,5	10657,2	10667,9	10678,6	10689,3	10610,8	10628,7	10664,3	10682,2	10619,8	10673,3	99
100	10700	10710,7	10721,4	10732,1	10742,8	10753,5	10764,2	10774,9	10785,6	10796,3	10717,8	10735,7	10771,3	10789,2	10726,8	10780,3	100

	108	1/10 10,8	2/10 21,6	3/10 32,4	4/10 43,2	5/10 54,0	6/10 64,8	7/10 75,6	8/10 86,4	9/10 97,2	1/6 18,0	2/6 36,0	4/6 72,0	5/6 90,0	1/4 27,0	3/4 81,0	
1	108	118,8	129,6	140,4	151,2	162,0	172,8	183,6	194,4	205,2	126,0	144,0	180,0	198,0	135,0	189,0	1
2	216	226,8	237,6	248,4	259,2	270,0	280,8	291,6	302,4	313,2	234,0	252,0	288,0	306,0	243,0	297,0	2
3	324	334,8	345,6	356,4	367,2	378,0	388,8	399,6	410,4	421,2	342,0	360,0	396,0	414,0	351,0	405,0	3
4	432	442,8	453,6	464,4	475,2	486,0	496,8	507,6	518,4	529,2	450,0	468,0	504,0	522,0	459,0	513,0	4
5	540	550,8	561,6	572,4	583,2	594,0	604,8	615,6	626,4	637,2	558,0	576,0	612,0	630,0	567,0	621,0	5
6	648	658,8	669,6	680,4	691,2	702,0	712,8	723,6	734,4	745,2	666,0	684,0	720,0	738,0	675,0	729,0	6
7	756	766,8	777,6	788,4	799,2	810,0	820,8	831,6	842,4	853,2	774,0	792,0	828,0	846,0	783,0	837,0	7
8	864	874,8	885,6	896,4	907,2	918,0	928,8	939,6	950,4	961,2	882,0	900,0	936,0	954,0	891,0	945,0	8
9	972	982,8	993,6	1004,4	1015,2	1026,0	1036,8	1047,6	1058,4	1069,2	990,0	1008,0	1044,0	1062,0	999,0	1053,0	9
10	1080	1090,8	1101,6	1112,4	1123,2	1134,0	1144,8	1155,6	1166,4	1177,2	1098,0	1116,0	1152,0	1170,0	1107,0	1161,0	10
11	1188	1198,8	1209,6	1220,4	1231,2	1242,0	1252,8	1263,6	1274,4	1285,2	1206,0	1224,0	1260,0	1278,0	1215,0	1269,0	11
12	1296	1306,8	1317,6	1328,4	1339,2	1350,0	1360,8	1371,6	1382,4	1393,2	1314,0	1332,0	1368,0	1386,0	1323,0	1377,0	12
13	1404	1414,8	1425,6	1436,4	1447,2	1458,0	1468,8	1479,6	1490,4	1501,2	1422,0	1440,0	1476,0	1494,0	1431,0	1485,0	13
14	1512	1522,8	1533,6	1544,4	1555,2	1566,0	1576,8	1587,6	1598,4	1609,2	1530,0	1548,0	1584,0	1602,0	1539,0	1593,0	14
15	1620	1630,8	1641,6	1652,4	1663,2	1674,0	1684,8	1695,6	1706,4	1717,2	1638,0	1656,0	1692,0	1710,0	1647,0	1701,0	15
16	1728	1738,8	1749,6	1760,4	1771,2	1782,0	1792,8	1803,6	1814,4	1825,2	1746,0	1764,0	1800,0	1818,0	1755,0	1809,0	16
17	1836	1846,8	1857,6	1868,4	1879,2	1890,0	1900,8	1911,6	1922,4	1933,2	1854,0	1872,0	1908,0	1926,0	1863,0	1917,0	17
18	1944	1954,8	1965,6	1976,4	1987,2	1998,0	2008,8	2019,6	2030,4	2041,2	1962,0	1980,0	2016,0	2034,0	1971,0	2025,0	18
19	2052	2062,8	2073,6	2084,4	2095,2	2106,0	2116,8	2127,6	2138,4	2149,2	2070,0	2088,0	2124,0	2142,0	2079,0	2133,0	19
20	2160	2170,8	2181,6	2192,4	2203,2	2214,0	2224,8	2235,6	2246,4	2257,2	2178,0	2196,0	2232,0	2250,0	2187,0	2241,0	20
21	2268	2278,8	2289,6	2300,4	2311,2	2322,0	2332,8	2343,6	2354,4	2365,2	2286,0	2304,0	2340,0	2358,0	2295,0	2349,0	21
22	2376	2386,8	2397,6	2408,4	2419,2	2430,0	2440,8	2451,6	2462,4	2473,2	2394,0	2412,0	2448,0	2466,0	2403,0	2457,0	22
23	2484	2494,8	2505,6	2516,4	2527,2	2538,0	2548,8	2559,6	2570,4	2581,2	2502,0	2520,0	2556,0	2574,0	2511,0	2565,0	23
24	2592	2602,8	2613,6	2624,4	2635,2	2646,0	2656,8	2667,6	2678,4	2689,2	2610,0	2628,0	2664,0	2682,0	2619,0	2673,0	24
25	2700	2710,8	2721,6	2732,4	2743,2	2754,0	2764,8	2775,6	2786,4	2797,2	2718,0	2736,0	2772,0	2790,0	2727,0	2781,0	25
26	2808	2818,8	2829,6	2840,4	2851,2	2862,0	2872,8	2883,6	2894,4	2905,2	2826,0	2844,0	2880,0	2898,0	2835,0	2889,0	26
27	2916	2926,8	2937,6	2948,4	2959,2	2970,0	2980,8	2991,6	3002,4	3013,2	2934,0	2952,0	2988,0	3006,0	2943,0	2997,0	27
28	3024	3034,8	3045,6	3056,4	3067,2	3078,0	3088,8	3099,6	3110,4	3121,2	3042,0	3060,0	3096,0	3114,0	3051,0	3105,0	28
29	3132	3142,8	3153,6	3164,4	3175,2	3186,0	3196,8	3207,6	3218,4	3229,2	3150,0	3168,0	3204,0	3222,0	3159,0	3213,0	29
30	3240	3250,8	3261,6	3272,4	3283,2	3294,0	3304,8	3315,6	3326,4	3337,2	3258,0	3276,0	3312,0	3330,0	3267,0	3321,0	30
31	3348	3358,8	3369,6	3380,4	3391,2	3402,0	3412,8	3423,6	3434,4	3445,2	3366,0	3384,0	3420,0	3438,0	3375,0	3429,0	31
32	3456	3466,8	3477,6	3488,4	3499,2	3510,0	3520,8	3531,6	3542,4	3553,2	3474,0	3492,0	3528,0	3546,0	3483,0	3537,0	32
33	3564	3574,8	3585,6	3596,4	3607,2	3618,0	3628,8	3639,6	3650,4	3661,2	3582,0	3600,0	3636,0	3654,0	3591,0	3645,0	33
34	3672	3682,8	3693,6	3704,4	3715,2	3726,0	3736,8	3747,6	3758,4	3769,2	3690,0	3708,0	3744,0	3762,0	3699,0	3753,0	34
35	3780	3790,8	3801,6	3812,4	3823,2	3834,0	3844,8	3855,6	3866,4	3877,2	3798,0	3816,0	3852,0	3870,0	3807,0	3861,0	35
36	3888	3898,8	3909,6	3920,4	3931,2	3942,0	3952,8	3963,6	3974,4	3985,2	3906,0	3924,0	3960,0	3978,0	3915,0	3969,0	36
37	3996	4006,8	4017,6	4028,4	4039,2	4050,0	4060,8	4071,6	4082,4	4093,2	4014,0	4032,0	4068,0	4086,0	4023,0	4077,0	37
38	4104	4114,8	4125,6	4136,4	4147,2	4158,0	4168,8	4179,6	4190,4	4201,2	4122,0	4140,0	4176,0	4194,0	4131,0	4185,0	38
39	4212	4222,8	4233,6	4244,4	4255,2	4266,0	4276,8	4287,6	4298,4	4309,2	4230,0	4248,0	4284,0	4302,0	4239,0	4293,0	39
40	4320	4330,8	4341,6	4352,4	4363,2	4374,0	4384,8	4395,6	4406,4	4417,2	4338,0	4356,0	4392,0	4410,0	4347,0	4401,0	40
41	4428	4438,8	4449,6	4460,4	4471,2	4482,0	4492,8	4503,6	4514,4	4525,2	4446,0	4464,0	4500,0	4518,0	4455,0	4509,0	41
42	4536	4546,8	4557,6	4568,4	4579,2	4590,0	4600,8	4611,6	4622,4	4633,2	4554,0	4572,0	4608,0	4626,0	4563,0	4617,0	42
43	4644	4654,8	4665,6	4676,4	4687,2	4698,0	4708,8	4719,6	4730,4	4741,2	4662,0	4680,0	4716,0	4734,0	4671,0	4725,0	43
44	4752	4762,8	4773,6	4784,4	4795,2	4806,0	4816,8	4827,6	4838,4	4849,2	4770,0	4788,0	4824,0	4842,0	4779,0	4833,0	44
45	4860	4870,8	4881,6	4892,4	4903,2	4914,0	4924,8	4935,6	4946,4	4957,2	4878,0	4896,0	4932,0	4950,0	4887,0	4941,0	45
46	4968	4978,8	4989,6	5000,4	5011,2	5022,0	5032,8	5043,6	5054,4	5065,2	4986,0	5004,0	5040,0	5058,0	4995,0	5049,0	46
47	5076	5086,8	5097,6	5108,4	5119,2	5130,0	5140,8	5151,6	5162,4	5173,2	5094,0	5112,0	5148,0	5166,0	5103,0	5157,0	47
48	5184	5194,8	5205,6	5216,4	5227,2	5238,0	5248,8	5259,6	5270,4	5281,2	5202,0	5220,0	5256,0	5274,0	5211,0	5265,0	48
49	5292	5302,8	5313,6	5324,4	5335,2	5346,0	5356,8	5367,6	5378,4	5389,2	5310,0	5328,0	5364,0	5382,0	5319,0	5373,0	49
50	5400	5410,8	5421,6	5432,4	5443,2	5454,0	5464,8	5475,6	5486,4	5497,2	5418,0	5436,0	5472,0	5490,0	5427,0	5481,0	50
51	5508	5518,8	5529,6	5540,4	5551,2	5562,0	5572,8	5583,6	5594,4	5605,2	5526,0	5544,0	5580,0	5598,0	5535,0	5589,0	51
52	5616	5626,8	5637,6	5648,4	5659,2	5670,0	5680,8	5691,6	5702,4	5713,2	5634,0	5652,0	5688,0	5706,0	5643,0	5697,0	52
53	5724	5734,8	5745,6	5756,4	5767,2	5778,0	5788,8	5799,6	5810,4	5821,2	5742,0	5760,0	5796,0	5814,0	5751,0	5805,0	53
54	5832	5842,8	5853,6	5864,4	5875,2	5886,0	5896,8	5907,6	5918,4	5929,2	5850,0	5868,0	5904,0	5922,0	5859,0	5913,0	54
55	5940	5950,8	5961,6	5972,4	5983,2	5994,0	6004,8	6015,6	6026,4	6037,2	5958,0	5976,0	6012,0	6030,0	5967,0	6021,0	55
56	6048	6058,8	6069,6	6080,4	6091,2	6102,0	6112,8	6123,6	6134,4	6145,2	6066,0	6084,0	6120,0	6138,0	6075,0	6129,0	56
57	6156	6166,8	6177,6	6188,4	6199,2	6210,0	6220,8	6231,6	6242,4	6253,2	6174,0	6192,0	6228,0	6246,0	6183,0	6237,0	57
58	6264	6274,8	6285,6	6296,4	6307,2	6318,0	6328,8	6339,6	6350,4	6361,2	6282,0	6300,0	6336,0	6354,0	6291,0	6345,0	58
59	6372	6382,8	6393,6	6404,4	6415,2	6426,0	6436,8	6447,6	6458,4	6469,2	6390,0	6408,0	6444,0	6462,0	6399,0	6453,0	59
60	6480	6490,8	6501,6	6512,4	6523,2	6534,0	6544,8	6555,6	6566,4	6577,2	6498,0	6516,0	6552,0	6570,0	6507,0	6561,0	60
61	6588	6598,8	6609,6	6620,4	6631,2	6642,0	6652,8	6663,6	6674,4	6685,2	6606,0	6624,0	6660,0	6678,0	6615,0	6669,0	61
62	6696	6706,8	6717,6	6728,4	6739,2	6750,0	6760,8	6771,6	6782,4	6793,2	6714,0	6732,0	6768,0	6786,0	6723,0	6777,0	62
63	6804	6814,8	6825,6	6836,4	6847,2	6858,0	6868,8	6879,6	6890,4	6901,2	6822,0	6840,0	6876,0	6894,0	6831,0	6885,0	63
64	6912	6922,8	6933,6	6944,4	6955,2	6966,0	6976,8	6987,6	6998,4	7009,2	6930,0	6948,0	6984,0	7002,0	6939,0	6993,0	64
65	7020	7030,8	7041,6	7052,4	7063,2	7074,0	7084,8	7095,6	7106,4	7117,2	7038,0	7056,0	7092,0	7110,0	7047,0	7101,0	65
66	7128	7138,8	7149,6	7160,4	7171,2	7182,0	7192,8	7203,6	7214,4	7225,2	7146,0	7164,0	7200,0	7218,0	7155,0	7209,0	66
67	7236	7246,8	7257,6	7268,4	7279,2	7290,0	7300,8	7311,6	7322,4	7333,2	7254,0	7272,0	7308,0	7326,0	7263,0	7317,0	67
68	7344	7354,8	7365,6	7376,4	7387,2	7398,0	7408,8	7419,6	7430,4	7441,2	7362,0	7380,0	7416,0	7434,0	7371,0	7425,0	68
69	7452	7462,8	7473,6	7484,4	7495,2	7506,0	7516,8	7527,6	7538,4	7549,2	7470,0	7488,0	7524,0	7542,0	7479,0	7533,0	69
70	7560	7570,8	7581,6	7592,4	7603,2	7614,0	7624,8	7635,6	7646,4	7657,2	7578,0	7596,0	7632,0	7650,0	7587,0	7641,0	70
71	7668	7678,8	7689,6	7700,4	7711,2	7722,0	7732,8	7743,6	7754,4	7765,2	7686,0	7704,0	7740,0	7758,0	7695,0	7749,0	71
72	7776	7786,8	7797,6	7808,4	7819,2	7830,0	7840,8	7851,6	7862,4	7873,2	7794,0	7812,0	7848,0	7856,0	7803,0	7857,0	72
73	7884	7894,8	7905,6	7916,4	7927,2	7938,0	7948,8	7959,6	7970,4	7981,2	7902,0	7920,0	7956,0	7974,0	7911,0	7965,0	73
74	7992	8002,8	8013,6	8024,4	8035,2	8046,0	8056,8	8067,6	8078,4	8089,2	8010,0	8028,0	8064,0	8082,0	8019,0	8073,0	74
75	8100	8110,8	8121,6	8132,4	8143,2	8154,0	8164,8	8175,6	8186,4	8197,2	8118,0	8136,0	8172,0	8190,0	8127,0	8181,0	75
76	8208	8218,8	8229,6	8240,4	8251,2	8262,0	8272,8	8283,6	8294,4	8305,2	8226,0	8244,0	8280,0	8298,0	8235,0	8289,0	76
77	8316	8326,8	8337,6	8348,4	8359,2	8370,0	8380,8	8391,6	8402,4	8413,2	8334,0	8352,0	8388,0	8406,0	8343,0	8397,0	77
78	8424	8434,8	8445,6	8456,4	8467,2	8478,0	8488,8	8499,6	8510,4	8521,2	8442,0	8460,0	8496,0	8514,0	8451,0	8505,0	78
79	8532	8542,8	8553,6	8564,4	8575,2	8586,0	8596,8	8607,6	8618,4	8629,2	8550,0	8568,0	8604,0	8622,0	8559,0	8613,0	79
80	8640	8650,8	8661,6	8672,4	8683,2	8694,0	8704,8	8715,6	8726,4	8737,2	8658,0	8676,0	8712,0	8730,0	8667,0	8721,0	80
81	8748	8758,8	8769,6	8780,4	8791,2	8802,0	8812,8	8823,6	8834,4	8845,2	8766,0	8784,0	8820,0	8838,0	8775,0	8829,0	81
82	8856	8866,8	8877,6	8888,4	8899,2	8910,0	8920,8	8931,6	8942,4	8953,2	8874,0	8892,0	8928,0	8946,0	8883,0	8937,0	82
83	8964	8974,8	8985,6	8996,4	9007,2	9018,0	9028,8	9039,6	9050,4	9061,2	8982,0	9000,0	9036,0	9054,0	8991,0	9045,0	83
84	9072	9082,8	9093,6	9104,4	9115,2	9126,0	9136,8	9147,6	9158,4	9169,2	9090,0	9108,0	9144,0	9162,0	9099,0	9153,0	84
85	9180	9190,8	9201,6	9212,4	9223,2	9234,0	9244,8	9255,6	9266,4	9277,2	9198,0	9216,0	9252,0	9270,0	9207,0	9261,0	85
86	9288	9298,8	9309,6	9320,4	9331,2	9342,0	9352,8	9363,6	9374,4	9385,2	9306,0	9324,0	9360,0	9378,0	9315,0	9369,0	86
87	9396	9406,8	9417,6	9428,4	9439,2	9450,0	9460,8	9471,6	9482,4	9493,2	9414,0	9432,0	9468,0	9486,0	9423,0	9477,0	87
88	9504	9514,8	9525,6	9536,4	9547,2	9558,0	9568,8	9579,6	9590,4	9601,2	9522,0	9540,0	9576,0	9594,0	9531,0	9585,0	88
89	9612	9622,8	9633,6	9644,4	9655,2	9666,0	9676,8	9687,6	9698,4	9709,2	9630,0	9648,0	9684,0	9702,0	9639,0	9693,0	89
90	9720	9730,8	9741,6	9752,4	9763,2	9774,0	9784,8	9795,6	9805,4	9817,2	9738,0	9756,0	9792,0	9810,0	9747,0	9801,0	90
91	9828	9838,8	9849,6	9860,4	9871,2	9882,0	9892,8	9903,6	9914,4	9925,2	9846,0	9864,0	9900,0	9918,0	9855,0	9909,0	91
92	9936	9946,8	9957,6	9968,4	9979,2	9990,0	10000,8	10011,6	10022,4	10033,2	9954,0	9972,0	10008,0	10026,0	9963,0	10017,0	92
93	10044	10054,8	10065,6	10076,4	10087,2	10098,0	10108,8	10119,6	10130,4	10141,2	10062,0	10080,0	10116,0	10134,0	10071,0	10125,0	93
94	10162	10162,8	10173,6	10184,4	10195,2	10206,0	10216,8	10227,6	10238,4	10249,2	10170,0	10188,0	10224,0	10242,0	10179,0	10233,0	94
95	10270	10270,8	10281,6	10292,4	10303,2	10314,0	10324,8	10335,6	10346,4	10357,2	10278,0	10296,0	10332,0	10350,0	10287,0	10341,0	95
96	10278	10378,8	10389,6	10400,4	10411,2	10422,0	10432,8	10443,6	10454,4	10465,2	10386,0	10404,0	10440,0	10458,0	10395,0	10449,0	96
97	10476	10486,8	10497,6	10508,4	10519,2	10530,0	10540,8	10551,6	10562,4	10573,2	10494,0	10512,0	10548,0	10565,0	10503,0	10557,0	97
98	10584	10594,8	10605,6	10616,4	10627,2	10638,0	10648,8	10659,6	10670,4	10681,2	10602,0	10520,0	10556,0	10574,0	10611,0	10665,0	98
99	10692	10702,8	10713,6	10724,4	10735,2	10746,0	10756,8	10767,6	10778,4	10789,2	10710,0	10728,0	10764,0	10782,0	10719,0	10773,0	99
100	10800	10810,8	10821,6	10832,4	10843,2	10854,0	10864,8	10875,6	10886,4	10897,2	10818,0	10836,0	10872,0	10890,0	10827,0	10881,0	100

109

		1/10	2/10	3/10	4/10	5/10	6/10	7/10	8/10	9/10	1/6	2/6	4/6	5/6	1/4	3/4	
		10,9	21,8	32,7	43,6	54,5	65,4	76,3	87,2	98,1	18,166	36,333	72,666	90,833	27,25	81,75	
1	109	119,9	130,8	141,7	152,6	163,5	174,4	185,3	196,2	207,1	127,2	145,3	181,7	199,8	136,3	190,8	1
2	218	228,9	239,8	250,7	261,6	272,5	283,4	294,3	305,2	316,1	236,2	254,3	290,7	308,8	245,3	299,8	2
3	327	337,9	348,8	359,7	370,6	381,5	392,4	403,3	414,2	425,1	345,2	363,3	399,7	417,8	354,3	408,8	3
4	436	446,9	457,8	468,7	479,6	490,5	501,4	512,3	523,2	534,1	454,2	472,3	508,7	526,8	463,3	517,8	4
5	545	555,9	566,8	577,7	588,6	599,5	610,4	621,3	632,2	643,1	563,2	581,3	617,7	635,8	572,3	626,8	5
6	654	664,9	675,8	686,7	697,6	708,5	719,4	730,3	741,2	752,1	672,2	690,3	726,7	744,8	681,3	735,8	6
7	763	773,9	784,8	795,7	806,6	817,5	828,4	839,3	850,2	861,1	781,2	799,3	835,7	853,8	790,3	844,8	7
8	872	882,9	893,8	904,7	915,6	926,5	937,4	948,3	959,2	970,1	890,2	908,3	944,7	962,8	899,3	953,8	8
9	981	991,9	1002,8	1013,7	1024,6	1035,5	1046,4	1057,3	1068,2	1079,1	999,2	1017,3	1053,7	1071,8	1008,3	1062,8	9
10	1090	1100,9	1111,8	1122,7	1133,6	1144,5	1155,4	1166,3	1177,2	1188,1	1108,2	1126,3	1162,7	1180,8	1117,3	1171,8	10
11	1199	1209,9	1220,8	1231,7	1242,6	1253,5	1264,4	1275,3	1286,2	1297,1	1217,2	1235,3	1271,7	1289,8	1226,3	1280,8	11
12	1308	1318,9	1329,8	1340,7	1351,6	1362,5	1373,4	1384,3	1395,2	1406,1	1326,2	1344,3	1380,7	1398,8	1335,3	1389,8	12
13	1417	1427,9	1438,8	1449,7	1460,6	1471,5	1482,4	1493,3	1504,2	1515,1	1435,2	1453,3	1489,7	1507,8	1444,3	1498,8	13
14	1526	1536,9	1547,8	1558,7	1569,6	1580,5	1591,4	1602,3	1613,2	1624,1	1544,2	1562,3	1598,7	1616,8	1553,3	1607,8	14
15	1635	1645,9	1656,8	1667,7	1678,6	1689,5	1700,4	1711,3	1722,2	1733,1	1653,2	1671,3	1707,7	1725,8	1662,3	1716,8	15
16	1744	1754,9	1765,8	1776,7	1787,6	1798,5	1809,4	1820,3	1831,2	1842,1	1762,2	1780,3	1816,7	1834,8	1771,3	1825,8	16
17	1853	1863,9	1874,8	1885,7	1896,6	1907,5	1918,4	1929,3	1940,2	1951,1	1871,2	1889,3	1925,7	1943,8	1880,3	1934,8	17
18	1962	1972,9	1983,8	1994,7	2005,6	2016,5	2027,4	2038,3	2049,2	2060,1	1980,2	1998,3	2034,7	2052,8	1989,3	2043,8	18
19	2071	2081,9	2092,8	2103,7	2114,6	2125,5	2136,4	2147,3	2158,2	2169,1	2089,2	2107,3	2143,7	2161,8	2098,3	2152,8	19
20	2180	2190,9	2201,8	2212,7	2223,6	2234,5	2245,4	2256,3	2267,2	2278,1	2198,2	2216,3	2252,7	2270,8	2207,3	2261,8	20
21	2289	2299,9	2310,8	2321,7	2332,6	2343,5	2354,4	2365,3	2376,2	2387,1	2307,2	2325,3	2361,7	2379,8	2316,3	2370,8	21
22	2398	2408,9	2419,8	2430,7	2441,6	2452,5	2463,4	2474,3	2485,2	2496,1	2416,2	2434,3	2470,7	2488,8	2425,3	2479,8	22
23	2507	2517,9	2528,8	2539,7	2550,6	2561,5	2572,4	2583,3	2594,2	2605,1	2525,2	2543,3	2579,7	2597,8	2534,3	2588,8	23
24	2616	2626,9	2637,8	2648,7	2659,6	2670,5	2681,4	2692,3	2703,2	2714,1	2634,2	2652,3	2688,7	2706,8	2643,3	2697,8	24
25	2725	2735,9	2746,8	2757,7	2768,6	2779,5	2790,4	2801,3	2812,2	2823,1	2743,2	2761,3	2797,7	2815,8	2752,3	2806,8	25
26	2834	2844,9	2855,8	2866,7	2877,6	2888,5	2899,4	2910,3	2921,2	2932,1	2852,2	2870,3	2906,7	2924,8	2861,3	2915,8	26
27	2943	2953,9	2964,8	2975,7	2986,6	2997,5	3008,4	3019,3	3030,2	3041,1	2961,2	2979,3	3015,7	3033,8	2970,3	3024,8	27
28	3052	3062,9	3073,8	3084,7	3095,6	3106,5	3117,4	3128,3	3139,2	3150,1	3070,2	3088,3	3124,7	3142,8	3079,3	3133,8	28
29	3161	3171,9	3182,8	3193,7	3204,6	3215,5	3226,4	3237,3	3248,2	3259,1	3179,2	3197,3	3233,7	3251,8	3188,3	3242,8	29
30	3270	3280,9	3291,8	3302,7	3313,6	3324,5	3335,4	3346,3	3357,2	3368,1	3288,2	3306,3	3342,7	3360,8	3297,3	3351,8	30
31	3379	3389,9	3400,8	3411,7	3422,6	3433,5	3444,4	3455,3	3466,2	3477,1	3397,2	3415,3	3451,7	3469,8	3406,3	3460,8	31
32	3488	3498,9	3509,8	3520,7	3531,6	3542,5	3553,4	3564,3	3575,2	3586,1	3506,2	3524,3	3560,7	3578,8	3515,3	3569,8	32
33	3597	3607,9	3618,8	3629,7	3640,6	3651,5	3662,4	3673,3	3684,2	3695,1	3615,2	3633,3	3669,7	3687,8	3624,3	3678,8	33
34	3706	3716,9	3727,8	3738,7	3749,6	3760,5	3771,4	3782,3	3793,2	3804,1	3724,2	3742,3	3778,7	3796,8	3733,3	3787,8	34
35	3815	3825,9	3836,8	3847,7	3858,6	3869,5	3880,4	3891,3	3902,2	3913,1	3833,2	3851,3	3887,7	3905,8	3842,3	3896,8	35
36	3924	3934,9	3945,8	3956,7	3967,6	3978,5	3989,4	4000,3	4011,2	4022,1	3942,2	3960,3	3996,7	4014,8	3951,3	4005,8	36
37	4033	4043,9	4054,8	4065,7	4076,6	4087,5	4098,4	4109,3	4120,2	4131,1	4051,2	4069,3	4105,7	4123,8	4060,3	4114,8	37
38	4142	4152,9	4163,8	4174,7	4185,6	4196,5	4207,4	4218,3	4229,2	4240,1	4160,2	4178,3	4214,7	4232,8	4169,3	4223,8	38
39	4251	4261,9	4272,8	4283,7	4294,6	4305,5	4316,4	4327,3	4338,2	4349,1	4269,2	4287,3	4323,7	4341,8	4278,3	4332,8	39
40	4360	4370,9	4381,8	4392,7	4403,6	4414,5	4425,4	4436,3	4447,2	4458,1	4378,2	4396,3	4432,7	4450,8	4387,3	4441,8	40
41	4469	4479,9	4490,8	4501,7	4512,6	4523,5	4534,4	4545,3	4556,2	4567,1	4487,2	4505,3	4541,7	4559,8	4496,3	4550,8	41
42	4578	4588,9	4599,8	4610,7	4621,6	4632,5	4643,4	4654,3	4665,2	4676,1	4596,2	4614,3	4650,7	4668,8	4605,3	4659,8	42
43	4687	4697,9	4708,8	4719,7	4730,6	4741,5	4752,4	4763,3	4774,2	4785,1	4705,2	4723,3	4759,7	4777,8	4714,3	4768,8	43
44	4796	4806,9	4817,8	4828,7	4839,6	4850,5	4861,4	4872,3	4883,2	4894,1	4814,2	4832,3	4868,7	4886,8	4823,3	4877,8	44
45	4905	4915,9	4926,8	4937,7	4948,6	4959,5	4970,4	4981,3	4992,2	5003,1	4923,2	4941,3	4977,7	4995,8	4932,3	4986,8	45
46	5014	5024,9	5035,8	5046,7	5057,6	5068,5	5079,4	5090,3	5101,2	5112,1	5032,2	5050,3	5086,7	5104,8	5041,3	5095,8	46
47	5123	5133,9	5144,8	5155,7	5166,6	5177,5	5188,4	5199,3	5210,2	5221,1	5141,2	5159,3	5195,7	5213,8	5150,3	5204,8	47
48	5232	5242,9	5253,8	5264,7	5275,6	5286,5	5297,4	5308,3	5319,2	5330,1	5250,2	5268,3	5304,7	5322,8	5259,3	5313,8	48
49	5341	5351,9	5362,8	5373,7	5384,6	5395,5	5406,4	5417,3	5428,2	5439,1	5359,2	5377,3	5413,7	5431,8	5368,3	5422,8	49
50	5450	5460,9	5471,8	5482,7	5493,6	5504,5	5515,4	5526,3	5537,2	5548,1	5468,2	5486,3	5522,7	5540,8	5477,3	5531,8	50
51	5559	5569,9	5580,8	5591,7	5602,6	5613,5	5624,4	5635,3	5646,2	5657,1	5577,2	5595,3	5631,7	5649,8	5586,3	5640,8	51
52	5668	5678,9	5689,8	5700,7	5711,6	5722,5	5733,4	5744,3	5755,2	5766,1	5686,2	5704,3	5740,7	5758,8	5695,3	5749,8	52
53	5777	5787,9	5798,8	5809,7	5820,6	5831,5	5842,4	5853,3	5864,2	5875,1	5795,2	5813,3	5849,7	5867,8	5804,3	5858,8	53
54	5886	5896,9	5907,8	5918,7	5929,6	5940,5	5951,4	5962,3	5973,2	5984,1	5904,2	5922,3	5958,7	5976,8	5913,3	5967,8	54
55	5995	6005,9	6016,8	6027,7	6038,6	6049,5	6060,4	6071,3	6082,2	6093,1	6013,2	6031,3	6067,7	6085,8	6022,3	6076,8	55
56	6104	6114,9	6125,8	6136,7	6147,6	6158,5	6169,4	6180,3	6191,2	6202,1	6122,2	6140,3	6176,7	6194,8	6131,3	6185,8	56
57	6213	6223,9	6234,8	6245,7	6256,6	6267,5	6278,4	6289,3	6300,2	6311,1	6231,2	6249,3	6285,7	6303,8	6240,3	6294,8	57
58	6322	6332,9	6343,8	6354,7	6365,6	6376,5	6387,4	6398,3	6409,2	6420,1	6340,2	6358,3	6394,7	6412,8	6349,3	6403,8	58
59	6431	6441,9	6452,8	6463,7	6474,6	6485,5	6496,4	6507,3	6518,2	6529,1	6449,2	6467,3	6503,7	6521,8	6458,3	6512,8	59
60	6540	6550,9	6561,8	6572,7	6583,6	6594,5	6605,4	6616,3	6627,2	6638,1	6558,2	6576,3	6612,7	6630,8	6567,3	6621,8	60
61	6649	6659,9	6670,8	6681,7	6692,6	6703,5	6714,4	6725,3	6736,2	6747,1	6667,2	6685,3	6721,7	6739,8	6676,3	6730,8	61
62	6758	6768,9	6779,8	6790,7	6801,6	6812,5	6823,4	6834,3	6845,2	6856,1	6776,2	6794,3	6830,7	6848,8	6785,3	6839,8	62
63	6867	6877,9	6888,8	6899,7	6910,6	6921,5	6932,4	6943,3	6954,2	6965,1	6885,2	6903,3	6939,7	6957,8	6894,3	6948,8	63
64	6976	6986,9	6997,8	7008,7	7019,6	7030,5	7041,4	7052,3	7063,2	7074,1	6994,2	7012,3	7048,7	7066,8	7003,3	7057,8	64
65	7085	7095,9	7106,8	7117,7	7128,6	7139,5	7150,4	7161,3	7172,2	7183,1	7103,2	7121,3	7157,7	7175,8	7112,3	7166,8	65
66	7194	7204,9	7215,8	7226,7	7237,6	7248,5	7259,4	7270,3	7281,2	7292,1	7212,2	7230,3	7266,7	7284,8	7221,3	7275,8	66
67	7303	7313,9	7324,8	7335,7	7346,6	7357,5	7368,4	7379,3	7390,2	7401,1	7321,2	7339,3	7375,7	7393,8	7330,3	7384,8	67
68	7412	7422,9	7433,8	7444,7	7455,6	7466,5	7477,4	7488,3	7499,2	7510,1	7430,2	7448,3	7484,7	7502,8	7439,3	7493,8	68
69	7521	7531,9	7542,8	7553,7	7564,6	7575,5	7586,4	7597,3	7608,2	7619,1	7539,2	7557,3	7593,7	7611,8	7548,3	7602,8	69
70	7630	7640,9	7651,8	7662,7	7673,6	7684,5	7695,4	7706,3	7717,2	7728,1	7648,2	7666,3	7702,7	7720,8	7657,3	7711,8	70
71	7739	7749,9	7760,8	7771,7	7782,6	7793,5	7804,4	7815,3	7826,2	7837,1	7757,2	7775,3	7811,7	7829,8	7766,3	7820,8	71
72	7848	7858,9	7869,8	7880,7	7891,6	7902,5	7913,4	7924,3	7935,2	7946,1	7866,2	7884,3	7920,7	7938,8	7875,3	7929,8	72
73	7957	7967,9	7978,8	7989,7	8000,6	8011,5	8022,4	8033,3	8044,2	8055,1	7975,2	7993,3	8029,7	8047,8	7984,3	8038,8	73
74	8066	8076,9	8087,8	8098,7	8109,6	8120,5	8131,4	8142,3	8153,2	8164,1	8084,2	8102,3	8138,7	8156,8	8093,3	8147,8	74
75	8175	8185,9	8196,8	8207,7	8218,6	8229,5	8240,4	8251,3	8262,2	8273,1	8193,2	8211,3	8247,7	8265,8	8202,3	8256,8	75
76	8284	8294,9	8305,8	8316,7	8327,6	8338,5	8349,4	8360,3	8371,2	8382,1	8302,2	8320,3	8356,7	8374,8	8311,3	8365,8	76
77	8393	8403,9	8414,8	8425,7	8436,6	8447,5	8458,4	8469,3	8480,2	8491,1	8411,2	8429,3	8465,7	8483,8	8420,3	8474,8	77
78	8502	8512,9	8523,8	8534,7	8545,6	8556,5	8567,4	8578,3	8589,2	8600,1	8520,2	8538,3	8574,7	8592,8	8529,3	8583,8	78
79	8611	8621,9	8632,8	8643,7	8654,6	8665,5	8676,4	8687,3	8698,2	8709,1	8629,2	8647,3	8683,7	8701,8	8638,3	8692,8	79
80	8720	8730,9	8741,8	8752,7	8763,6	8774,5	8785,4	8796,3	8807,2	8818,1	8738,2	8756,3	8792,7	8810,8	8747,3	8801,8	80
81	8829	8839,9	8850,8	8861,7	8872,6	8883,5	8894,4	8905,3	8916,2	8927,1	8847,2	8865,3	8901,7	8919,8	8856,3	8910,8	81
82	8938	8948,9	8959,8	8970,7	8981,6	8992,5	9003,4	9014,3	9025,2	9036,1	8956,2	8974,3	9010,7	9028,8	8965,3	9019,8	82
83	9047	9057,9	9068,8	9079,7	9090,6	9101,5	9112,4	9123,3	9134,2	9145,1	9065,2	9083,3	9119,7	9137,8	9074,3	9128,8	83
84	9156	9166,9	9177,8	9188,7	9199,6	9210,5	9221,4	9232,3	9243,2	9254,1	9174,2	9192,3	9228,7	9246,8	9183,3	9237,8	84
85	9265	9275,9	9286,8	9297,7	9308,6	9319,5	9330,4	9341,3	9352,2	9363,1	9283,2	9301,3	9337,7	9355,8	9292,3	9346,8	85
86	9374	9384,9	9395,8	9406,7	9417,6	9428,5	9439,4	9450,3	9461,2	9472,1	9392,2	9410,3	9446,7	9464,8	9401,3	9455,8	86
87	9483	9493,9	9504,8	9515,7	9526,6	9537,5	9548,4	9559,3	9570,2	9581,1	9501,2	9519,3	9555,7	9573,8	9510,3	9564,8	87
88	9592	9602,9	9613,8	9624,7	9635,6	9646,5	9657,4	9668,3	9679,2	9690,1	9610,2	9628,3	9664,7	9682,8	9619,3	9673,8	88
89	9701	9711,9	9722,8	9733,7	9744,6	9755,5	9766,4	9777,3	9788,2	9799,1	9719,2	9737,3	9773,7	9791,8	9728,3	9782,8	89
90	9810	9820,9	9831,8	9842,7	9853,6	9864,5	9875,4	9886,3	9897,2	9908,1	9828,2	9846,3	9882,7	9900,8	9837,3	9891,8	90
91	9919	9929,9	9940,8	9951,7	9962,6	9973,5	9984,4	9995,3	10006,2	10017,1	9937,2	9955,3	9991,7	10009,8	9946,3	10000,8	91
92	10028	10038,9	10049,8	10060,7	10071,6	10082,5	10093,4	10104,3	10115,2	10126,1	10046,2	10064,3	10100,7	10118,8	10055,3	10109,8	92
93	10137	10147,9	10158,8	10169,7	10180,6	10191,5	10202,4	10213,3	10224,2	10235,1	10155,2	10173,3	10209,7	10227,8	10164,3	10218,8	93
94	10246	10256,9	10267,8	10278,7	10289,6	10300,5	10311,4	10322,3	10333,2	10344,1	10264,2	10282,3	10318,7	10336,8	10273,3	10327,8	94
95	10355	10365,9	10376,8	10387,7	10398,6	10409,5	10420,4	10431,3	10442,2	10453,1	10373,2	10391,3	10427,7	10445,8	10382,3	10436,8	95
96	10464	10474,9	10485,8	10496,7	10507,6	10518,5	10529,4	10540,3	10551,2	10562,1	10482,2	10500,3	10536,7	10554,8	10491,3	10545,8	96
97	10573	10583,9	10594,8	10605,7	10616,6	10627,5	10638,4	10649,3	10660,2	10671,1	10591,2	10609,3	10645,7	10663,8	10600,3	10654,8	97
98	10682	10692,9	10703,8	10714,7	10725,6	10736,5	10747,4	10758,3	10769,2	10780,1	10700,2	10718,3	10754,7	10772,8	10709,3	10763,8	98
99	10791	10801,9	10812,8	10823,7	10834,6	10845,5	10856,4	10867,3	10878,2	10889,1	10809,2	10827,3	10863,7	10881,8	10818,3	10872,8	99
100	10900	10910,9	10921,8	10932,7	10943,6	10954,5	10965,4	10976,3	10987,2	10998,1	10918,2	10936,3	10972,7	10990,8	10927,3	10981,8	100

110	1/10 11,0	2/10 22,0	3/10 33,0	4/10 44,0	5/10 55,0	6/10 66,0	7/10 77,0	8/10 88,0	9/10 99,0	1/6 18,333	2/6 36,666	4/6 73,333	5/6 91,666	1/4 27,5	3/4 82,5	
1 110	121,0	132,0	143,0	154,0	165,0	176,0	187,0	198,0	209,0	128,3	146,7	183,3	201,7	137,5	192,5	**1**
2 220	231,0	242,0	253,0	264,0	275,0	286,0	297,0	308,0	319,0	238,3	256,7	293,3	311,7	247,5	302,5	**2**
3 330	341,0	352,0	363,0	374,0	385,0	396,0	407,0	418,0	429,0	348,3	366,7	403,3	421,7	357,5	412,5	**3**
4 440	451,0	462,0	473,0	484,0	495,0	506,0	517,0	528,0	539,0	458,3	476,7	513,3	531,7	467,5	522,5	**4**
5 550	561,0	572,0	583,0	594,0	605,0	616,0	627,0	638,0	649,0	568,3	586,7	623,3	641,7	577,5	632,5	**5**
6 660	671,0	682,0	693,0	704,0	715,0	726,0	737,0	748,0	759,0	678,3	696,7	733,3	751,7	687,5	742,5	**6**
7 770	781,0	792,0	803,0	814,0	825,0	836,0	847,0	858,0	869,0	788,3	806,7	843,3	861,7	797,5	852,5	**7**
8 880	891,0	902,0	913,0	924,0	935,0	946,0	957,0	968,0	979,0	898,3	916,7	953,3	971,7	907,5	962,5	**8**
9 990	1001,0	1012,0	1023,0	1034,0	1045,0	1056,0	1067,0	1078,0	1089,0	1008,3	1026,7	1063,3	1081,7	1017,5	1072,5	**9**
10 1100	1111,0	1122,0	1133,0	1144,0	1155,0	1166,0	1177,0	1188,0	1199,0	1118,3	1136,7	1173,3	1191,7	1127,5	1182,5	**10**
11 1210	1221,0	1232,0	1243,0	1254,0	1265,0	1276,0	1287,0	1298,0	1309,0	1228,3	1246,7	1283,3	1301,7	1237,5	1292,5	**11**
12 1320	1331,0	1342,0	1353,0	1364,0	1375,0	1386,0	1397,0	1408,0	1419,0	1338,3	1356,7	1393,3	1411,7	1347,5	1402,5	**12**
13 1430	1441,0	1452,0	1463,0	1474,0	1485,0	1496,0	1507,0	1518,0	1529,0	1448,3	1466,7	1503,3	1521,7	1457,5	1512,5	**13**
14 1540	1551,0	1562,0	1573,0	1584,0	1595,0	1606,0	1617,0	1628,0	1639,0	1558,3	1576,7	1613,3	1631,7	1567,5	1622,5	**14**
15 1650	1661,0	1672,0	1683,0	1694,0	1705,0	1716,0	1727,0	1738,0	1749,0	1668,3	1686,7	1723,3	1741,7	1677,5	1732,5	**15**
16 1760	1771,0	1782,0	1793,0	1804,0	1815,0	1826,0	1837,0	1848,0	1859,0	1778,3	1796,7	1833,3	1851,7	1787,5	1842,5	**16**
17 1870	1881,0	1892,0	1903,0	1914,0	1925,0	1936,0	1947,0	1958,0	1969,0	1888,3	1909,7	1943,3	1961,7	1897,5	1952,5	**17**
18 1980	1991,0	2002,0	2013,0	2024,0	2035,0	2046,0	2057,0	2068,0	2079,0	1998,3	2016,7	2053,3	2071,7	2007,5	2062,5	**18**
19 2090	2101,0	2112,0	2123,0	2134,0	2145,0	2156,0	2167,0	2178,0	2189,0	2108,3	2126,7	2163,3	2181,7	2117,5	2172,5	**19**
20 2200	2211,0	2222,0	2233,0	2244,0	2255,0	2266,0	2277,0	2288,0	2299,0	2218,3	2236,7	2273,3	2291,7	2227,5	2282,5	**20**
21 2310	2321,0	2332,0	2343,0	2354,0	2365,0	2376,0	2387,0	2398,0	2409,0	2328,3	2346,7	2383,3	2401,7	2337,5	2392,5	**21**
22 2420	2431,0	2442,0	2453,0	2464,0	2475,0	2486,0	2497,0	2508,0	2519,0	2438,3	2456,7	2493,3	2511,7	2447,5	2502,5	**22**
23 2530	2541,0	2552,0	2563,0	2574,0	2585,0	2596,0	2607,0	2618,0	2629,0	2548,3	2566,7	2603,3	2621,7	2557,5	2612,5	**23**
24 2640	2651,0	2662,0	2673,0	2684,0	2695,0	2706,0	2717,0	2728,0	2739,0	2658,3	2676,7	2713,3	2731,7	2667,5	2722,5	**24**
25 2750	2761,0	2772,0	2783,0	2794,0	2805,0	2816,0	2827,0	2838,0	2849,0	2768,3	2786,7	2823,3	2841,7	2777,5	2832,5	**25**
26 2860	2871,0	2882,0	2893,0	2904,0	2915,0	2926,0	2937,0	2948,0	2959,0	2878,3	2896,7	2933,3	2951,7	2887,5	2942,5	**26**
27 2970	2981,0	2992,0	3003,0	3014,0	3025,0	3036,0	3047,0	3058,0	3069,0	2988,3	3006,7	3043,3	3061,7	2997,5	3052,5	**27**
28 3080	3091,0	3102,0	3113,0	3124,0	3135,0	3146,0	3157,0	3168,0	3179,0	3098,3	3116,7	3153,3	3171,7	3107,5	3162,5	**28**
29 3190	3201,0	3212,0	3223,0	3234,0	3245,0	3256,0	3267,0	3278,0	3289,0	3208,3	3226,7	3263,3	3281,7	3217,5	3272,5	**29**
30 3300	3311,0	3322,0	3333,0	3344,0	3355,0	3366,0	3377,0	3388,0	3399,0	3318,3	3336,7	3373,3	3391,7	3327,5	3382,5	**30**
31 3410	3421,0	3432,0	3443,0	3454,0	3465,0	3476,0	3487,0	3498,0	3509,0	3428,3	3446,7	3483,3	3501,7	3437,5	3492,5	**31**
32 3520	3531,0	3542,0	3553,0	3564,0	3575,0	3586,0	3597,0	3608,0	3619,0	3538,3	3556,7	3593,3	3611,7	3547,5	3602,5	**32**
33 3630	3641,0	3652,0	3663,0	3674,0	3685,0	3696,0	3707,0	3718,0	3729,0	3648,3	3666,7	3703,3	3721,7	3657,5	3712,5	**33**
34 3740	3751,0	3762,0	3773,0	3784,0	3795,0	3806,0	3817,0	3828,0	3839,0	3758,3	3776,7	3813,3	3831,7	3767,5	3822,5	**34**
35 3850	3861,0	3872,0	3883,0	3894,0	3905,0	3916,0	3927,0	3938,0	3949,0	3868,3	3886,7	3923,3	3941,7	3877,5	3932,5	**35**
36 3960	3971,0	3982,0	3993,0	4004,0	4015,0	4026,0	4037,0	4048,0	4059,0	3978,3	3996,7	4033,3	4051,7	3987,5	4042,5	**36**
37 4070	4081,0	4092,0	4103,0	4114,0	4125,0	4136,0	4147,0	4158,0	4169,0	4088,3	4106,7	4143,3	4161,7	4097,5	4152,5	**37**
38 4180	4191,0	4202,0	4213,0	4224,0	4235,0	4246,0	4257,0	4268,0	4279,0	4198,3	4216,7	4253,3	4271,7	4207,5	4262,5	**38**
39 4290	4301,0	4312,0	4323,0	4334,0	4345,0	4356,0	4367,0	4378,0	4389,0	4308,3	4326,7	4363,3	4381,7	4317,5	4372,5	**39**
40 4400	4411,0	4422,0	4433,0	4444,0	4455,0	4466,0	4477,0	4488,0	4499,0	4418,3	4436,7	4473,3	4491,7	4427,5	4482,5	**40**
41 4510	4521,0	4532,0	4543,0	4554,0	4565,0	4576,0	4587,0	4598,0	4609,0	4528,3	4546,7	4583,3	4601,7	4537,5	4592,5	**41**
42 4620	4631,0	4642,0	4653,0	4664,0	4675,0	4686,0	4697,0	4708,0	4719,0	4638,3	4656,7	4693,3	4711,7	4647,5	4702,5	**42**
43 4730	4741,0	4752,0	4763,0	4774,0	4785,0	4796,0	4807,0	4818,0	4829,0	4748,3	4766,7	4803,3	4821,7	4757,5	4812,5	**43**
44 4840	4851,0	4862,0	4873,0	4884,0	4895,0	4906,0	4917,0	4928,0	4939,0	4858,3	4876,7	4913,3	4931,7	4867,5	4922,5	**44**
45 4950	4961,0	4972,0	4983,0	4994,0	5005,0	5016,0	5027,0	5038,0	5049,0	4968,3	4986,7	5023,3	5041,7	4977,5	5032,5	**45**
46 5060	5071,0	5082,0	5093,0	5104,0	5115,0	5126,0	5137,0	5148,0	5159,0	5078,3	5096,7	5133,3	5151,7	5087,5	5142,5	**46**
47 5170	5181,0	5192,0	5203,0	5214,0	5225,0	5236,0	5247,0	5258,0	5269,0	5188,3	5206,7	5243,3	5261,7	5197,5	5252,5	**47**
48 5280	5291,0	5302,0	5313,0	5324,0	5335,0	5346,0	5357,0	5368,0	5379,0	5298,3	5316,7	5353,3	5371,7	5307,5	5362,5	**48**
49 5390	5401,0	5412,0	5423,0	5434,0	5445,0	5456,0	5467,0	5478,0	5489,0	5408,3	5426,7	5463,3	5481,7	5417,5	5472,5	**49**
50 5500	5511,0	5522,0	5533,0	5544,0	5555,0	5566,0	5577,0	5588,0	5599,0	5518,3	5536,7	5573,3	5591,7	5527,5	5582,5	**50**
51 5610	5621,0	5632,0	5643,0	5654,0	5665,0	5676,0	5687,0	5698,0	5709,0	5628,3	5646,7	5683,3	5701,7	5637,5	5692,5	**51**
52 5720	5731,0	5742,0	5753,0	5764,0	5775,0	5786,0	5797,0	5808,0	5819,0	5738,3	5756,7	5793,3	5811,7	5747,5	5802,5	**52**
53 5830	5841,0	5852,0	5863,0	5874,0	5885,0	5896,0	5907,0	5918,0	5929,0	5848,3	5866,7	5903,3	5921,7	5857,5	5912,5	**53**
54 5940	5951,0	5962,0	5973,0	5984,0	5995,0	6006,0	6017,0	6028,0	6039,0	5958,3	5976,7	6013,3	6031,7	5967,5	6022,5	**54**
55 6050	6061,0	6072,0	6083,0	6094,0	6105,0	6116,0	6127,0	6138,0	6149,0	6068,3	6086,7	6123,3	6141,7	6077,5	6132,5	**55**
56 6160	6171,0	6182,0	6193,0	6204,0	6215,0	6226,0	6237,0	6248,0	6259,0	6178,3	6196,7	6233,3	6251,7	6187,5	6242,5	**56**
57 6270	6281 0	6292,0	6303,0	6314,0	6325,0	6336,0	6347,0	6358,0	6369,0	6288,3	6306,7	6343,3	6361,7	6297,5	6352,5	**57**
58 6380	6391,0	6402,0	6413,0	6424,0	6435,0	6446,0	6457,0	6468,0	6479,0	6398,3	6416,7	6453,3	6471,7	6407,5	6462,5	**58**
59 6490	6501,0	6512,0	6523,0	6534,0	6545,0	6556,0	6567,0	6578,0	6589,0	6508,3	6526,7	6563,3	6581,7	6517,5	6572,5	**59**
60 6600	6611,0	6622,0	6633,0	6644,0	6655,0	6666,0	6677,0	6688,0	6699,0	6618,3	6636,7	6673,3	6691,7	6627,5	6682,5	**60**
61 6710	6721,0	6732,0	6743,0	6754,0	6765,0	6776,0	6787,0	6798,0	6809,0	6728,3	6746,7	6783,3	6801,7	6737,5	6792,5	**61**
62 6820	6831,0	6842,0	6853,0	6864,0	6875,0	6886,0	6897,0	6908,0	6919,0	6838,3	6856,7	6893,3	6911,7	6847,5	6902,5	**62**
63 6930	6941,0	6952,0	6963,0	6974,0	6985,0	6996,0	7007,0	7018,0	7029,0	6948,3	6966,7	7003,3	7021,7	6957,5	7012,5	**63**
64 7040	7051,0	7062,0	7073,0	7084,0	7095,0	7106,0	7117,0	7128,0	7139,0	7058,3	7076,7	7113,3	7131,7	7067,5	7122,5	**64**
65 7150	7161,0	7172,0	7183,0	7194,0	7205,0	7216,0	7227,0	7238,0	7249,0	7168,3	7186,7	7223,3	7241,7	7177,5	7232,5	**65**
66 7260	7271,0	7282,0	7293,0	7304,0	7315,0	7326,0	7337,0	7348,0	7359,0	7278,3	7296,7	7333,3	7351,7	7287,5	7342,5	**66**
67 7370	7381,0	7392,0	7403,0	7414,0	7425,0	7436,0	7447,0	7458,0	7469,0	7388,3	7406,7	7443,3	7461,7	7397,5	7452,5	**67**
68 7480	7491,0	7502,0	7513,0	7524,0	7535,0	7546,0	7557,0	7568,0	7579,0	7498,3	7516,7	7553,3	7571,7	7507,5	7562,5	**68**
69 7590	7601,0	7612,0	7623,0	7634,0	7645,0	7656,0	7667,0	7678,0	7689,0	7608,3	7626,7	7663,3	7681,7	7617,5	7672,5	**69**
70 7700	7711,0	7722,0	7733,0	7744,0	7755,0	7766,0	7777,0	7788,0	7799,0	7718,3	7736,7	7773,3	7791,7	7727,5	7782,5	**70**
71 7810	7821,0	7832,0	7843,0	7854,0	7865,0	7876,0	7887,0	7898,0	7909,0	7828,3	7846,7	7883,3	7901,7	7837,5	7892,5	**71**
72 7920	7931,0	7942,0	7953,0	7964,0	7975,0	7986,0	7997,0	8008,0	8019,0	7938,3	7956,7	7993,3	8011,7	7947,5	8002,5	**72**
73 8030	8041 0	8052,0	8063,0	8074,0	8085,0	8096,0	8107,0	8118,0	8129,0	8048,3	8066,7	8103,3	8121,7	8057,5	8112,5	**73**
74 8140	8151,0	8162,0	8173,0	8184,0	8195,0	8206,0	8217,0	8228,0	8239,0	8158,3	8176,7	8213,3	8231,7	8167,5	8222,5	**74**
75 8250	8261,0	8272,0	8283,0	8294,0	8305,0	8316,0	8327,0	8338,0	8349,0	8268,3	8286,7	8323,3	8341,7	8277,5	8332,5	**75**
76 8360	8371,0	8382,0	8393,0	8404,0	8415,0	8426,0	8437,0	8448,0	8459,0	8378,3	8396,7	8433,3	8451,7	8387,5	8442,5	**76**
77 8470	8481,0	8492,0	8503,0	8514,0	8525,0	8536,0	8547,0	8558,0	8569,0	8488,3	8506,7	8543,3	8561,7	8497,5	8552,5	**77**
78 8580	8591,0	8602,0	8613,0	8624,0	8635,0	8646,0	8657,0	8668,0	8679,0	8598,3	8616,7	8653,3	8671,7	8607,5	8662,5	**78**
79 8690	8701,0	8712,0	8723,0	8734,0	8745,0	8756,0	8767,0	8778,0	8789,0	8708,3	8726,7	8763,3	8781,7	8717,5	8772,5	**79**
80 8800	8811,0	8822,0	8833,0	8844,0	8855,0	8866,0	8877,0	8888,0	8899,0	8818,3	8836,7	8873,3	8891,7	8827,5	8882,5	**80**
81 8910	8921,0	8932,0	8943,0	8954,0	8965,0	8976,0	8987,0	8998,0	9009,0	8928,3	8946,7	8983,3	9001,7	8937,5	8992,5	**81**
82 9020	9031,0	9042,0	9053,0	9064,0	9075,0	9086,0	9097,0	9108,0	9119,0	9038,3	9056,7	9093,3	9111,7	9047,5	9102,5	**82**
83 9130	9141,0	9152,0	9163,0	9174,0	9185,0	9196,0	9207,0	9218,0	9229,0	9148,3	9166,7	9203,3	9221,7	9157,5	9212,5	**83**
84 9240	9251,0	9262,0	9273,0	9284,0	9295,0	9306,0	9317,0	9328,0	9339,0	9258,3	9276,7	9313,3	9331,7	9267,5	9322,5	**84**
85 9350	9361,0	9372,0	9383,0	9394,0	9405,0	9416,0	9427,0	9438,0	9449,0	9368,3	9386,7	9423,3	9441,7	9377,5	9432,5	**85**
86 9460	9471,0	9482,0	9493,0	9504,0	9515,0	9526,0	9537,0	9548,0	9559,0	9478,3	9496,7	9533,3	9551,7	9487,5	9542,5	**86**
87 9570	9581,0	9592,0	9603,0	9614,0	9625,0	9636,0	9647,0	9658,0	9669,0	9588,3	9606,7	9643,3	9661,7	9597,5	9652,5	**87**
88 9680	9691,0	9702,0	9713,0	9724,0	9735,0	9746,0	9757,0	9768,0	9779,0	9698,3	9716,7	9753,3	9771,7	9707,5	9762,5	**88**
89 9790	9801,0	9812,0	9823,0	9834,0	9845,0	9856,0	9867,0	9878,0	9889,0	9808,3	9826,7	9863,3	9881,7	9817,5	9872,5	**89**
90 9900	9911,0	9922,0	9933,0	9944,0	9955,0	9966,0	9977,0	9988,0	9999,0	9918,3	9936,7	9973,3	9991,7	9927,5	9982,5	**90**
91 10010	10021,0	10032,0	10043,0	10054,0	10065,0	10076,0	10087,0	10098,0	10109,0	10028,3	10046,7	10083,3	10101,7	10037,5	10092,5	**91**
92 10120	10131,0	10142,0	10153,0	10164,0	10175,0	10186,0	10197,0	10208,0	10219,0	10138,3	10156,7	10193,3	10211,7	10147,5	10202,5	**92**
93 10230	10241,0	10252,0	10263,0	10274,0	10285,0	10296,0	10307,0	10318,0	10329,0	10248,3	10266,7	10303,3	10321,7	10257,5	10312,5	**93**
94 10340	10351,0	10362,0	10373,0	10384,0	10395,0	10406,0	10417,0	10428,0	10439,0	10358,3	10376,7	10413,3	10431,7	10367,5	10422,5	**94**
95 10450	10461,0	10472,0	10483,0	10494,0	10505,0	10516,0	10527,0	10538,0	10549,0	10468,3	10486,7	10523,3	10541,7	10477,5	10532,5	**95**
96 10560	10571,0	10582,0	10593,0	10604,0	10615,0	10626,0	10637,0	10648,0	10659,0	10578,3	10596,7	10633,3	10651,7	10587,5	10642,5	**96**
97 10670	10681,0	10692,0	10703,0	10714,0	10725,0	10736,0	10747,0	10758,0	10769,0	10688,3	10706,7	10743,3	10761,7	10697,5	10752,5	**97**
98 10780	10791,0	10802,0	10813,0	10824,0	10835,0	10846,0	10857,0	10868,0	10879,0	10798,3	10816,7	10853,3	10871,7	10807,5	10862,5	**98**
99 10890	10901,0	10912,0	10923,0	10934,0	10945,0	10956,0	10967,0	10978,0	10989,0	10908,3	10926,7	10963,3	10981,7	10917,5	10972,5	**99**
100 11000	11011,0	11022,0	11033,0	11044,0	11055,0	11066,0	11077,0	11088,0	11099,0	11018,3	11036,7	11073,3	11091,7	11027,5	11082,5	**100**

111

		1/10 11,1	2/10 22,2	3/10 33,3	4/10 44,4	5/10 55,5	6/10 66,6	7/10 77,7	8/10 88,8	9/10 99,9	1/6 18,5	2/6 37,0	4/6 74,0	5/6 92,5	1/4 27,75	3/4 83,25	
1	111	122,1	133,2	144,3	155,4	166,5	177,6	188,7	199,8	210,9	129,5	148,0	185,0	203,5	138,8	194,3	1
2	222	233,1	244,2	255,3	266,4	277,5	288,6	299,7	310,8	321,9	240,5	259,0	296,0	314,5	249,8	305,3	2
3	333	344,1	355,2	366,3	377,4	388,5	399,6	410,7	421,8	432,9	351,5	370,0	407,0	425,5	360,8	416,3	3
4	444	455,1	466,2	477,3	488,4	499,5	510,6	521,7	532,8	543,9	462,5	481,0	518,0	536,5	471,8	527,3	4
5	555	566,1	577,2	588,3	599,4	610,5	621,6	632,7	643,8	654,9	573,5	592,0	629,0	647,5	582,8	638,3	5
6	666	677,1	688,2	699,3	710,4	721,5	732,6	743,7	754,8	765,9	684,5	703,0	740,0	758,5	693,8	749,3	6
7	777	788,1	799,2	810,3	821,4	832,5	843,6	854,7	865,8	876,9	795,5	814,0	851,0	869,5	804,8	860,3	7
8	888	899,1	910,2	921,3	932,4	943,5	954,6	965,7	976,8	987,9	906,5	925,0	962,0	980,5	915,8	971,3	8
9	999	1010,1	1021,2	1032,3	1043,4	1054,5	1065,6	1076,7	1087,8	1098,9	1017,5	1036,0	1073,0	1091,5	1026,8	1082,3	9
10	1110	1121,1	1132,2	1143,3	1154,4	1165,5	1176,6	1187,7	1198,8	1209,9	1128,5	1147,0	1184,0	1202,5	1137,8	1193,3	10
11	1221	1232,1	1243,2	1254,3	1265,4	1276,5	1287,6	1298,7	1309,8	1320,9	1239,5	1258,0	1295,0	1313,5	1248,8	1304,3	11
12	1332	1343,1	1354,2	1365,3	1376,4	1387,5	1398,6	1409,7	1420,8	1431,9	1350,5	1369,0	1406,0	1424,5	1359,8	1415,3	12
13	1443	1454,1	1465,2	1476,3	1487,4	1498,5	1509,6	1520,7	1531,8	1542,9	1461,5	1480,0	1517,0	1535,5	1470,8	1526,3	13
14	1554	1565,1	1576,2	1587,3	1598,4	1609,5	1620,6	1631,7	1642,8	1653,9	1572,5	1591,0	1628,0	1646,5	1581,8	1637,3	14
15	1665	1676,1	1687,2	1698,3	1709,4	1720,5	1731,6	1742,7	1753,8	1764,9	1683,5	1702,0	1739,0	1757,5	1692,8	1748,3	15
16	1776	1787,1	1798,2	1809,3	1820,4	1831,5	1842,6	1853,7	1864,8	1875,9	1794,5	1813,0	1850,0	1868,5	1803,8	1859,3	16
17	1887	1898,1	1909,2	1920,3	1931,4	1942,5	1953,6	1964,7	1975,8	1986,9	1905,5	1924,0	1961,0	1979,5	1914,8	1970,3	17
18	1998	2009,1	2020,2	2031,3	2042,4	2053,5	2064,6	2075,7	2086,8	2097,9	2016,5	2035,0	2072,0	2090,5	2025,8	2081,3	18
19	2109	2120,1	2131,2	2142,3	2153,4	2164,5	2175,6	2186,7	2197,8	2208,9	2127,5	2146,0	2183,0	2201,5	2136,8	2192,3	19
20	2220	2231,1	2242,2	2253,3	2264,4	2275,5	2286,6	2297,7	2308,8	2319,9	2238,5	2257,0	2294,0	2312,5	2247,8	2303,3	20
21	2331	2342,1	2353,2	2364,3	2375,4	2386,5	2397,6	2408,7	2419,8	2430,9	2349,5	2368,0	2405,0	2423,5	2358,8	2414,3	21
22	2442	2453,1	2464,2	2475,3	2486,4	2497,5	2508,6	2519,7	2530,8	2541,9	2460,5	2479,0	2516,0	2534,5	2469,8	2525,3	22
23	2553	2564,1	2575,2	2586,3	2597,4	2608,5	2619,6	2630,7	2641,8	2652,9	2571,5	2590,0	2627,0	2645,5	2580,8	2636,3	23
24	2664	2675,1	2686,2	2697,3	2708,4	2719,5	2730,6	2741,7	2752,8	2763,9	2682,5	2701,0	2738,0	2756,5	2691,8	2747,3	24
25	2775	2786,1	2797,2	2808,3	2819,4	2830,5	2841,6	2852,7	2863,8	2874,9	2793,5	2812,0	2849,0	2867,5	2802,8	2858,3	25
26	2886	2897,1	2908,2	2919,3	2930,4	2941,5	2952,6	2963,7	2974,8	2985,9	2904,5	2923,0	2960,0	2978,5	2913,8	2969,3	26
27	2997	3008,1	3019,2	3030,3	3041,4	3052,5	3063,6	3074,7	3085,8	3096,9	3015,5	3034,0	3071,0	3089,5	3024,8	3080,3	27
28	3108	3119,1	3130,2	3141,3	3152,4	3163,5	3174,6	3185,7	3196,8	3207,9	3126,5	3145,0	3182,0	3200,5	3135,8	3191,3	28
29	3219	3230,1	3241,2	3252,3	3263,4	3274,5	3285,6	3296,7	3307,8	3318,9	3237,5	3256,0	3293,0	3311,5	3246,8	3302,3	29
30	3330	3341,1	3352,2	3363,3	3374,4	3385,5	3396,6	3407,7	3418,8	3429,9	3348,5	3367,0	3404,0	3422,5	3357,8	3413,3	30
31	3441	3452,1	3463,2	3474,3	3485,4	3496,5	3507,6	3518,7	3529,8	3540,9	3459,5	3478,0	3515,0	3533,5	3468,8	3524,3	31
32	3552	3563,1	3574,2	3585,3	3596,4	3607,5	3618,6	3629,7	3640,8	3651,9	3570,5	3589,0	3626,0	3644,5	3579,8	3635,3	32
33	3663	3674,1	3685,2	3696,3	3707,4	3718,5	3729,6	3740,7	3751,8	3762,9	3681,5	3700,0	3737,0	3755,5	3690,8	3746,3	33
34	3774	3785,1	3796,2	3807,3	3818,4	3829,5	3840,6	3851,7	3862,8	3873,9	3792,5	3811,0	3848,0	3866,5	3801,8	3857,3	34
35	3885	3896,1	3907,2	3918,3	3929,4	3940,5	3951,6	3962,7	3973,8	3984,9	3903,5	3922,0	3959,0	3977,5	3912,8	3968,3	35
36	3996	4007,1	4018,2	4029,3	4040,4	4051,5	4062,6	4073,7	4084,8	4095,9	4014,5	4033,0	4070,0	4088,5	4023,8	4079,3	36
37	4107	4118,1	4129,2	4140,3	4151,4	4162,5	4173,6	4184,7	4195,8	4206,9	4125,5	4144,0	4181,0	4199,5	4134,8	4190,3	37
38	4218	4229,1	4240,2	4251,3	4262,4	4273,5	4284,6	4295,7	4306,8	4317,9	4236,5	4255,0	4292,0	4310,5	4245,8	4301,3	38
39	4329	4340,1	4351,2	4362,3	4373,4	4384,5	4395,6	4406,7	4417,8	4428,9	4347,5	4366,0	4403,0	4421,5	4356,8	4412,3	39
40	4440	4451,1	4462,2	4473,3	4484,4	4495,5	4506,6	4517,7	4528,8	4539,9	4458,5	4477,0	4514,0	4532,5	4467,8	4523,3	40
41	4551	4562,1	4573,2	4584,3	4595,4	4606,5	4617,6	4628,7	4639,8	4650,9	4569,5	4588,0	4625,0	4643,5	4578,8	4634,3	41
42	4662	4673,1	4684,2	4695,3	4706,4	4717,5	4728,6	4739,7	4750,8	4761,9	4680,5	4699,0	4736,0	4754,5	4689,8	4745,3	42
43	4773	4784,1	4795,2	4806,3	4817,4	4828,5	4839,6	4850,7	4861,8	4872,9	4791,5	4810,0	4847,0	4865,5	4800,8	4856,3	43
44	4884	4895,1	4906,2	4917,3	4928,4	4939,5	4950,6	4961,7	4972,8	4983,9	4902,5	4921,0	4958,0	4976,5	4911,8	4967,3	44
45	4995	5006,1	5017,2	5028,3	5039,4	5050,5	5061,6	5072,7	5083,8	5094,9	5013,5	5032,0	5069,0	5087,5	5022,8	5078,3	45
46	5106	5117,1	5128,2	5139,3	5150,4	5161,5	5172,6	5183,7	5194,8	5205,9	5124,5	5143,0	5180,0	5198,5	5133,8	5189,3	46
47	5217	5228,1	5239,2	5250,3	5261,4	5272,5	5283,6	5294,7	5305,8	5316,9	5235,5	5254,0	5291,0	5309,5	5244,8	5300,3	47
48	5328	5339,1	5350,2	5361,3	5372,4	5383,5	5394,6	5405,7	5416,8	5427,9	5346,5	5365,0	5402,0	5420,5	5355,8	5411,3	48
49	5439	5450,1	5461,2	5472,3	5483,4	5494,5	5505,6	5516,7	5527,8	5538,9	5457,5	5476,0	5513,0	5531,5	5466,8	5522,3	49
50	5550	5561,1	5572,2	5583,3	5594,4	5605,5	5616,6	5627,7	5638,8	5649,9	5568,5	5587,0	5624,0	5642,5	5577,8	5633,3	50
51	5661	5672,1	5683,2	5694,3	5705,4	5716,5	5727,6	5738,7	5749,8	5760,9	5679,5	5698,0	5735,0	5753,5	5688,8	5744,3	51
52	5772	5783,1	5794,2	5805,3	5816,4	5827,5	5838,6	5849,7	5860,8	5871,9	5790,5	5809,0	5846,0	5864,5	5799,8	5855,3	52
53	5883	5894,1	5905,2	5916,3	5927,4	5938,5	5949,6	5960,7	5971,8	5982,9	5901,5	5920,0	5957,0	5975,5	5910,8	5966,3	53
54	5994	6005,1	6016,2	6027,3	6038,4	6049,5	6060,6	6071,7	6082,8	6093,9	6012,5	6031,0	6068,0	6086,5	6021,8	6077,3	54
55	6105	6116,1	6127,2	6138,3	6149,4	6160,5	6171,6	6182,7	6193,8	6204,9	6123,5	6142,0	6179,0	6197,5	6132,8	6188,3	55
56	6216	6227,1	6238,2	6249,3	6260,4	6271,5	6282,6	6293,7	6304,8	6315,9	6234,5	6253,0	6290,0	6308,5	6243,8	6299,3	56
57	6327	6338,1	6349,2	6360,3	6371,4	6382,5	6393,6	6404,7	6415,8	6426,9	6345,5	6364,0	6401,0	6419,5	6354,8	6410,3	57
58	6438	6449,1	6460,2	6471,3	6482,4	6493,5	6504,6	6515,7	6526,8	6537,9	6456,5	6475,0	6512,0	6530,5	6465,8	6521,3	58
59	6549	6560,1	6571,2	6582,3	6593,4	6604,5	6615,6	6626,7	6637,8	6648,9	6567,5	6586,0	6623,0	6641,5	6576,8	6632,3	59
60	6660	6671,1	6682,2	6693,3	6704,4	6715,5	6726,6	6737,7	6748,8	6759,9	6678,5	6697,0	6734,0	6752,5	6687,8	6743,3	60
61	6771	6782,1	6793,2	6804,3	6815,4	6826,5	6837,6	6848,7	6859,8	6870,9	6789,5	6808,0	6845,0	6863,5	6798,8	6854,3	61
62	6882	6893,1	6904,2	6915,3	6926,4	6937,5	6948,6	6959,7	6970,8	6981,9	6900,5	6919,0	6956,0	6974,5	6909,8	6965,3	62
63	6993	7004,1	7015,2	7026,3	7037,4	7048,5	7059,6	7070,7	7081,8	7092,9	7011,5	7030,0	7067,0	7085,5	7020,8	7076,3	63
64	7104	7115,1	7126,2	7137,3	7148,4	7159,5	7170,6	7181,7	7192,8	7203,9	7122,5	7141,0	7178,0	7196,5	7131,8	7187,3	64
65	7215	7226,1	7237,2	7248,3	7259,4	7270,5	7281,6	7292,7	7303,8	7314,9	7233,5	7252,0	7289,0	7307,5	7242,8	7298,3	65
66	7326	7337,1	7348,2	7359,3	7370,4	7381,5	7392,6	7403,7	7414,8	7425,9	7344,5	7363,0	7400,0	7418,5	7353,8	7409,3	66
67	7437	7448,1	7459,2	7470,3	7481,4	7492,5	7503,6	7514,7	7525,8	7536,9	7455,5	7474,0	7511,0	7529,5	7464,8	7520,3	67
68	7548	7559,1	7570,2	7581,3	7592,4	7603,5	7614,6	7625,7	7636,8	7647,9	7566,5	7585,0	7622,0	7640,5	7575,8	7631,3	68
69	7659	7670,1	7681,2	7692,3	7703,4	7714,5	7725,6	7736,7	7747,8	7758,9	7677,5	7696,0	7733,0	7751,5	7686,8	7742,3	69
70	7770	7781,1	7792,2	7803,3	7814,4	7825,5	7836,6	7847,7	7858,8	7869,9	7788,5	7807,0	7844,0	7862,5	7797,8	7853,3	70
71	7881	7892,1	7903,2	7914,3	7925,4	7936,5	7947,6	7958,7	7969,8	7980,9	7899,5	7918,0	7955,0	7973,5	7908,8	7964,3	71
72	7992	8003,1	8014,2	8025,3	8036,4	8047,5	8058,6	8069,7	8080,8	8091,9	8010,5	8029,0	8066,0	8084,5	8019,8	8075,3	72
73	8103	8114,1	8125,2	8136,3	8147,4	8158,5	8169,6	8180,7	8191,8	8202,9	8121,5	8140,0	8177,0	8195,5	8130,8	8186,3	73
74	8214	8225,1	8236,2	8247,3	8258,4	8269,5	8280,6	8291,7	8302,8	8313,9	8232,5	8251,0	8288,0	8306,5	8241,8	8297,3	74
75	8325	8336,1	8347,2	8358,3	8369,4	8380,5	8391,6	8402,7	8413,8	8424,9	8343,5	8362,0	8399,0	8417,5	8352,8	8408,3	75
76	8436	8447,1	8458,2	8469,3	8480,4	8491,5	8502,6	8513,7	8524,8	8535,9	8454,5	8473,0	8510,0	8528,5	8463,8	8519,3	76
77	8547	8558,1	8569,2	8580,3	8591,4	8602,5	8613,6	8624,7	8635,8	8646,9	8565,5	8584,0	8621,0	8639,5	8574,8	8630,3	77
78	8658	8669,1	8680,2	8691,3	8702,4	8713,5	8724,6	8735,7	8746,8	8757,9	8676,5	8695,0	8732,0	8750,5	8685,8	8741,3	78
79	8769	8780,1	8791,2	8802,3	8813,4	8824,5	8835,6	8846,7	8857,8	8868,9	8787,5	8806,0	8843,0	8861,5	8796,8	8852,3	79
80	8880	8891,1	8902,2	8913,3	8924,4	8935,5	8946,6	8957,7	8968,8	8979,9	8898,5	8917,0	8954,0	8972,5	8907,8	8963,3	80
81	8991	9002,1	9013,2	9024,3	9035,4	9046,5	9057,6	9068,7	9079,8	9090,9	9009,5	9028,0	9065,0	9083,5	9018,8	9074,3	81
82	9102	9113,1	9124,2	9135,3	9146,4	9157,5	9168,6	9179,7	9190,8	9201,9	9120,5	9139,0	9176,0	9194,5	9129,8	9185,3	82
83	9213	9224,1	9235,2	9246,3	9257,4	9268,5	9279,6	9290,7	9301,8	9312,9	9231,5	9250,0	9287,0	9305,5	9240,8	9296,3	83
84	9324	9335,1	9346,2	9357,3	9368,4	9379,5	9390,6	9401,7	9412,8	9423,9	9342,5	9361,0	9398,0	9416,5	9351,8	9407,3	84
85	9435	9446,1	9457,2	9468,3	9479,4	9490,5	9501,6	9512,7	9523,8	9534,9	9453,5	9472,0	9509,0	9527,5	9462,8	9518,3	85
86	9546	9557,1	9568,2	9579,3	9590,4	9601,5	9612,6	9623,7	9634,8	9645,9	9564,5	9583,0	9620,0	9638,5	9573,8	9629,3	86
87	9657	9668,1	9679,2	9690,3	9701,4	9712,5	9723,6	9734,7	9745,8	9756,9	9675,5	9694,0	9731,0	9749,5	9684,8	9740,3	87
88	9768	9779,1	9790,2	9801,3	9812,4	9823,5	9834,6	9845,7	9856,8	9867,9	9786,5	9805,0	9842,0	9860,5	9795,8	9851,3	88
89	9879	9890,1	9901,2	9912,3	9923,4	9934,5	9945,6	9956,7	9967,8	9978,9	9897,5	9916,0	9953,0	9971,5	9906,8	9962,3	89
90	9990	10001,1	10012,2	10023,3	10034,4	10045,5	10056,6	10067,7	10078,8	10089,9	10008,5	10027,0	10064,0	10082,5	10017,8	10073,3	90
91	10101	10112,1	10123,2	10134,3	10145,4	10156,5	10167,6	10178,7	10189,8	10200,9	10119,5	10138,0	10175,0	10193,5	10128,8	10184,3	91
92	10212	10223,1	10234,2	10245,3	10256,4	10267,5	10278,6	10289,7	10300,8	10311,9	10230,5	10249,0	10286,0	10304,5	10239,8	10295,3	92
93	10323	10334,1	10345,2	10356,3	10367,4	10378,5	10389,6	10400,7	10411,8	10422,9	10341,5	10360,0	10397,0	10415,5	10350,8	10406,3	93
94	10434	10445,1	10456,2	10467,3	10478,4	10489,5	10500,6	10511,7	10522,8	10533,9	10452,5	10471,0	10508,0	10526,5	10461,8	10517,3	94
95	10545	10556,1	10567,2	10578,3	10589,4	10600,5	10611,6	10622,7	10633,8	10644,9	10563,5	10582,0	10619,0	10637,5	10572,8	10628,3	95
96	10656	10667,1	10678,2	10689,3	10700,4	10711,5	10722,6	10733,7	10744,8	10755,9	10674,5	10693,0	10730,0	10748,5	10683,8	10739,3	96
97	10767	10778,1	10789,2	10800,3	10811,4	10822,5	10833,6	10844,7	10855,8	10866,9	10785,5	10804,0	10841,0	10859,5	10794,8	10850,3	97
98	10878	10889,1	10900,2	10911,3	10922,4	10933,5	10944,6	10955,7	10966,8	10977,9	10896,5	10915,0	10952,0	10970,5	10905,8	10961,3	98
99	10989	11000,1	11011,2	11022,3	11033,4	11044,5	11055,6	11066,7	11077,8	11088,9	11007,5	11026,0	11063,0	11081,5	11016,8	11072,3	99
100	11100	11111,1	11122,2	11133,3	11144,4	11155,5	11166,6	11177,7	11188,8	11199,9	11118,5	11137,0	11174,0	11192,5	11127,8	11183,3	100

112		1/10 11,2	2/10 22,4	3/10 33,6	4/10 44,8	5/10 56,0	6/10 67,2	7/10 78,4	8/10 89,6	9/10 100,8	1/6 18,666	2/6 37,333	4/6 74,666	5/6 93,333	1/4 28,0	3/4 84,0	
1	112	123,2	134,4	145,6	156,8	168,0	179,2	190,4	201,6	212,8	130,7	149,3	186,7	205,3	140,0	196,0	1
2	224	235,2	246,4	257,6	268,8	280,0	291,2	302,4	313,6	324,8	242,7	261,3	298,7	317,3	252,0	308,0	2
3	336	347,2	358,4	369,6	380,8	392,0	403,2	414,4	425,6	436,8	354,7	373,3	410,7	429,3	364,0	420,0	3
4	448	459,2	470,4	481,6	492,8	504,0	515,2	526,4	537,6	548,8	466,7	485,3	522,7	541,3	476,0	532,0	4
5	560	571,2	582,4	593,6	604,8	616,0	627,2	638,4	649,6	660,8	578,7	597,3	634,7	653,3	588,0	644,0	5
6	672	683,2	694,4	705,6	716,8	728,0	739,2	750,4	761,6	772,8	690,7	709,3	746,7	765,3	700,0	756,0	6
7	784	795,2	806,4	817,6	828,8	840,0	851,2	862,4	873,6	884,8	802,7	821,3	858,7	877,3	812,0	868,0	7
8	896	907,2	918,4	929,6	940,8	952,0	963,2	974,4	985,6	996,8	914,7	933,3	970,7	989,3	924,0	980,0	8
9	1008	1019,2	1030,4	1041,6	1052,8	1064,0	1075,2	1086,4	1097,6	1108,8	1026,7	1045,3	1082,7	1101,3	1036,0	1092,0	9
10	1120	1131,2	1142,4	1153,6	1164,8	1176,0	1187,2	1198,4	1209,6	1220,8	1138,7	1157,3	1194,7	1213,3	1148,0	1204,0	10
11	1232	1243,2	1254,4	1265,6	1276,8	1288,0	1299,2	1310,4	1321,6	1332,8	1250,7	1269,3	1306,7	1325,3	1260,0	1316,0	11
12	1344	1355,2	1366,4	1377,6	1388,8	1400,0	1411,2	1422,4	1433,6	1444,8	1362,7	1381,3	1418,7	1437,3	1372,0	1428,0	12
13	1456	1467,2	1478,4	1489,6	1500,8	1512,0	1523,2	1534,4	1545,6	1556,8	1474,7	1493,3	1530,7	1549,3	1484,0	1540,0	13
14	1568	1579,2	1590,4	1601,6	1612,8	1624,0	1635,2	1646,4	1657,6	1668,8	1586,7	1605,3	1642,7	1661,3	1596,0	1652,0	14
15	1680	1691,2	1702,4	1713,6	1724,8	1736,0	1747,2	1758,4	1769,6	1780,8	1698,7	1717,3	1754,7	1773,3	1708,0	1764,0	15
16	1792	1803,2	1814,4	1825,6	1836,8	1848,0	1859,2	1870,4	1881,6	1892,8	1810,7	1829,3	1866,7	1885,3	1820,0	1876,0	16
17	1904	1915,2	1926,4	1937,6	1948,8	1960,0	1971,2	1982,4	1993,6	2004,8	1922,7	1941,3	1978,7	1997,3	1932,0	1988,0	17
18	2016	2027,2	2038,4	2049,6	2060,8	2072,0	2083,2	2094,4	2105,6	2116,8	2034,7	2053,3	2090,7	2109,3	2044,0	2100,0	18
19	2128	2139,2	2150,4	2161,6	2172,8	2184,0	2195,2	2206,4	2217,6	2228,8	2146,7	2165,3	2202,7	2221,3	2156,0	2212,0	19
20	2240	2251,2	2262,4	2273,6	2284,8	2296,0	2307,2	2318,4	2329,6	2340,8	2258,7	2277,3	2314,7	2333,3	2268,0	2324,0	20
21	2352	2363,2	2374,4	2385,6	2396,8	2408,0	2419,2	2430,4	2441,6	2452,8	2370,7	2389,3	2426,7	2445,3	2380,0	2436,0	21
22	2464	2475,2	2486,4	2497,6	2508,8	2520,0	2531,2	2542,4	2553,6	2564,8	2482,7	2501,3	2538,7	2557,3	2492,0	2548,0	22
23	2576	2587,2	2598,4	2609,6	2620,8	2632,0	2643,2	2654,4	2665,6	2676,8	2594,7	2613,3	2650,7	2669,3	2604,0	2660,0	23
24	2688	2699,2	2710,4	2721,6	2732,8	2744,0	2755,2	2766,4	2777,6	2788,8	2706,7	2725,3	2762,7	2781,3	2716,0	2772,0	24
25	2800	2811,2	2822,4	2833,6	2844,8	2856,0	2867,2	2878,4	2889,6	2900,8	2818,7	2837,3	2874,7	2893,3	2828,0	2884,0	25
26	2912	2923,2	2934,4	2945,6	2956,8	2968,0	2979,2	2990,4	3001,6	3012,8	2930,7	2949,3	2986,7	3005,3	2940,0	2996,0	26
27	3024	3035,2	3046,4	3057,6	3068,8	3080,0	3091,2	3102,4	3113,6	3124,8	3042,7	3061,3	3098,7	3117,3	3052,0	3108,0	27
28	3136	3147,2	3158,4	3169,6	3180,8	3192,0	3203,2	3214,4	3225,6	3236,8	3154,7	3173,3	3210,7	3229,3	3164,0	3220,0	28
29	3248	3259,2	3270,4	3281,6	3292,8	3304,0	3315,2	3326,4	3337,6	3348,8	3266,7	3285,3	3322,7	3341,3	3276,0	3332,0	29
30	3360	3371,2	3382,4	3393,6	3404,8	3416,0	3427,2	3438,4	3449,6	3460,8	3378,7	3397,3	3434,7	3453,3	3388,0	3444,0	30
31	3472	3483,2	3494,4	3505,6	3516,8	3528,0	3539,2	3550,4	3561,6	3572,8	3490,7	3509,3	3546,7	3565,3	3500,0	3556,0	31
32	3584	3595,2	3606,4	3617,6	3628,8	3640,0	3651,2	3662,4	3673,6	3684,8	3602,7	3621,3	3658,7	3677,3	3612,0	3668,0	32
33	3696	3707,2	3718,4	3729,6	3740,8	3752,0	3763,2	3774,4	3785,6	3796,8	3714,7	3733,3	3770,7	3789,3	3724,0	3780,0	33
34	3808	3819,2	3830,4	3841,6	3852,8	3864,0	3875,2	3886,4	3897,6	3908,8	3826,7	3845,3	3882,7	3901,3	3836,0	3892,0	34
35	3920	3931,2	3942,4	3953,6	3964,8	3976,0	3987,2	3998,4	4009,6	4020,8	3938,7	3957,3	3994,7	4013,3	3948,0	4004,0	35
36	4032	4043,2	4054,4	4065,6	4076,8	4088,0	4099,2	4110,4	4121,6	4132,8	4050,7	4069,3	4106,7	4125,3	4060,0	4116,0	36
37	4144	4155,2	4166,4	4177,6	4188,8	4200,0	4211,2	4222,4	4233,6	4244,8	4162,7	4181,3	4218,7	4237,3	4172,0	4228,0	37
38	4256	4267,2	4278,4	4289,6	4300,8	4312,0	4323,2	4334,4	4345,6	4356,8	4274,7	4293,3	4330,7	4349,3	4284,0	4340,0	38
39	4368	4379,2	4390,4	4401,6	4412,8	4424,0	4435,2	4446,4	4457,6	4468,8	4386,7	4405,3	4442,7	4461,3	4396,0	4452,0	39
40	4480	4491,2	4502,4	4513,6	4524,8	4536,0	4547,2	4558,4	4569,6	4580,8	4498,7	4517,3	4554,7	4573,3	4508,0	4564,0	40
41	4592	4603,2	4614,4	4625,6	4636,8	4648,0	4659,2	4670,4	4681,6	4692,8	4610,7	4629,3	4666,7	4685,3	4620,0	4676,0	41
42	4704	4715,2	4726,4	4737,6	4748,8	4760,0	4771,2	4782,4	4793,6	4804,8	4722,7	4741,3	4778,7	4797,3	4732,0	4788,0	42
43	4816	4827,2	4838,4	4849,6	4860,8	4872,0	4883,2	4894,4	4905,6	4916,8	4834,7	4853,3	4890,7	4909,3	4844,0	4900,0	43
44	4928	4939,2	4950,4	4961,6	4972,8	4984,0	4995,2	5006,4	5017,6	5028,8	4946,7	4965,3	5002,7	5021,3	4956,0	5012,0	44
45	5040	5051,2	5062,4	5073,6	5084,8	5096,0	5107,2	5118,4	5129,6	5140,8	5058,7	5077,3	5114,7	5133,3	5068,0	5124,0	45
46	5152	5163,2	5174,4	5185,6	5196,8	5208,0	5219,2	5230,4	5241,6	5252,8	5170,7	5189,3	5226,7	5245,3	5180,0	5236,0	46
47	5264	5275,2	5286,4	5297,6	5308,8	5320,0	5331,2	5342,4	5353,6	5364,8	5282,7	5301,3	5338,7	5357,3	5292,0	5348,0	47
48	5376	5387,2	5398,4	5409,6	5420,8	5432,0	5443,2	5454,4	5465,6	5476,8	5394,7	5413,3	5450,7	5469,3	5404,0	5460,0	48
49	5488	5499,2	5510,4	5521,6	5532,8	5544,0	5555,2	5566,4	5577,6	5588,8	5506,7	5525,3	5562,7	5581,3	5516,0	5572,0	49
50	5600	5611,2	5622,4	5633,6	5644,8	5656,0	5667,2	5678,4	5689,6	5700,8	5618,7	5637,3	5674,7	5693,3	5628,0	5684,0	50
51	5712	5723,2	5734,4	5745,6	5756,8	5768,0	5779,2	5790,4	5801,6	5812,8	5730,7	5749,3	5786,7	5805,3	5740,0	5796,0	51
52	5824	5835,2	5846,4	5857,6	5868,8	5880,0	5891,2	5902,4	5913,6	5924,8	5842,7	5861,3	5898,7	5917,3	5852,0	5908,0	52
53	5936	5947,2	5958,4	5969,6	5980,8	5992,0	6003,2	6014,4	6025,6	6036,8	5954,7	5973,3	6010,7	6029,3	5964,0	6020,0	53
54	6048	6059,2	6070,4	6081,6	6092,8	6104,0	6115,2	6126,4	6137,6	6148,8	6066,7	6085,3	6122,7	6141,3	6076,0	6132,0	54
55	6160	6171,2	6182,4	6193,6	6204,8	6216,0	6227,2	6238,4	6249,6	6260,8	6178,7	6197,3	6234,7	6253,3	6188,0	6244,0	55
56	6272	6283,2	6294,4	6305,6	6316,8	6328,0	6339,2	6350,4	6361,6	6372,8	6290,7	6309,3	6346,7	6365,3	6300,0	6356,0	56
57	6384	6395,2	6406,4	6417,6	6428,8	6440,0	6451,2	6462,4	6473,6	6484,8	6402,7	6421,3	6458,7	6477,3	6412,0	6468,0	57
58	6496	6507,2	6518,4	6529,6	6540,8	6552,0	6563,2	6574,4	6585,6	6596,8	6514,7	6533,3	6570,7	6589,3	6524,0	6580,0	58
59	6608	6619,2	6630,4	6641,6	6652,8	6664,0	6675,2	6686,4	6697,6	6708,8	6626,7	6645,3	6682,7	6701,3	6636,0	6692,0	59
60	6720	6731,2	6742,4	6753,6	6764,8	6776,0	6787,2	6798,4	6809,6	6820,8	6738,7	6757,3	6794,7	6813,3	6748,0	6804,0	60
61	6832	6843,2	6854,4	6865,6	6876,8	6888,0	6899,2	6910,4	6921,6	6932,8	6850,7	6869,3	6906,7	6925,3	6860,0	6916,0	61
62	6944	6955,2	6966,4	6977,6	6988,8	7000,0	7011,2	7022,4	7033,6	7044,8	6962,7	6981,3	7018,7	7037,3	6972,0	7028,0	62
63	7056	7067,2	7078,4	7089,6	7100,8	7112,0	7123,2	7134,4	7145,6	7156,8	7074,7	7093,3	7130,7	7149,3	7084,0	7140,0	63
64	7168	7179,2	7190,4	7201,6	7212,8	7224,0	7235,2	7246,4	7257,6	7268,8	7186,7	7205,3	7242,7	7261,3	7196,0	7252,0	64
65	7280	7291,2	7302,4	7313,6	7324,8	7336,0	7347,2	7358,4	7369,6	7380,8	7298,7	7317,3	7354,7	7373,3	7308,0	7364,0	65
66	7392	7403,2	7414,4	7425,6	7436,8	7448,0	7459,2	7470,4	7481,6	7492,8	7410,7	7429,3	7466,7	7485,3	7420,0	7476,0	66
67	7504	7515,2	7526,4	7537,6	7548,8	7560,0	7571,2	7582,4	7593,6	7604,8	7522,7	7541,3	7578,7	7597,3	7532,0	7588,0	67
68	7616	7627,2	7638,4	7649,6	7660,8	7672,0	7683,2	7694,4	7705,6	7716,8	7634,7	7653,3	7690,7	7709,3	7644,0	7700,0	68
69	7728	7739,2	7750,4	7761,6	7772,8	7784,0	7795,2	7806,4	7817,6	7828,8	7746,7	7765,3	7802,7	7821,3	7756,0	7812,0	69
70	7840	7851,2	7862,4	7873,6	7884,8	7896,0	7907,2	7918,4	7929,6	7940,8	7858,7	7877,3	7914,7	7933,3	7868,0	7924,0	70
71	7952	7963,2	7974,4	7985,6	7996,8	8008,0	8019,2	8030,4	8041,6	8052,8	7970,7	7989,3	8026,7	8045,3	7980,0	8036,0	71
72	8064	8075,2	8086,4	8097,6	8108,8	8120,0	8131,2	8142,4	8153,6	8164,8	8082,7	8101,3	8138,7	8157,3	8092,0	8148,0	72
73	8176	8187,2	8198,4	8209,6	8220,8	8232,0	8243,2	8254,4	8265,6	8276,8	8194,7	8213,3	8250,7	8269,3	8204,0	8260,0	73
74	8288	8299,2	8310,4	8321,6	8332,8	8344,0	8355,2	8366,4	8377,6	8388,8	8306,7	8325,3	8362,7	8381,3	8316,0	8372,0	74
75	8400	8411,2	8422,4	8433,6	8444,8	8456,0	8467,2	8478,4	8489,6	8500,8	8418,7	8437,3	8474,7	8493,3	8428,0	8484,0	75
76	8512	8523,2	8534,4	8545,6	8556,8	8568,0	8579,2	8590,4	8601,6	8612,8	8530,7	8549,3	8586,7	8605,3	8540,0	8596,0	76
77	8624	8635,2	8646,4	8657,6	8668,8	8680,0	8691,2	8702,4	8713,6	8724,8	8642,7	8661,3	8698,7	8717,3	8652,0	8708,0	77
78	8736	8747,2	8758,4	8769,6	8780,8	8792,0	8803,2	8814,4	8825,6	8836,8	8754,7	8773,3	8810,7	8829,3	8764,0	8820,0	78
79	8848	8859,2	8870,4	8881,6	8892,8	8904,0	8915,2	8926,4	8937,6	8948,8	8866,7	8885,3	8922,7	8941,3	8876,0	8932,0	79
80	8960	8971,2	8982,4	8993,6	9004,8	9016,0	9027,2	9038,4	9049,6	9060,8	8978,7	8997,3	9034,7	9053,3	8988,0	9044,0	80
81	9072	9083,2	9094,4	9105,6	9116,8	9128,0	9139,2	9150,4	9161,6	9172,8	9090,7	9109,3	9146,7	9165,3	9100,0	9156,0	81
82	9184	9195,2	9206,4	9217,6	9228,8	9240,0	9251,2	9262,4	9273,6	9284,8	9202,7	9221,3	9258,7	9277,3	9212,0	9268,0	82
83	9296	9307,2	9318,4	9329,6	9340,8	9352,0	9363,2	9374,4	9385,6	9396,8	9314,7	9333,3	9370,7	9389,3	9324,0	9380,0	83
84	9408	9419,2	9430,4	9441,6	9452,8	9464,0	9475,2	9486,4	9497,6	9508,8	9426,7	9445,3	9482,7	9501,3	9436,0	9492,0	84
85	9520	9531,2	9542,4	9553,6	9564,8	9576,0	9587,2	9598,4	9609,6	9620,8	9538,7	9557,3	9594,7	9613,3	9548,0	9604,0	85
86	9632	9643,2	9654,4	9665,6	9676,8	9688,0	9699,2	9710,4	9721,6	9732,8	9650,7	9669,3	9706,7	9725,3	9660,0	9716,0	86
87	9744	9755,2	9766,4	9777,6	9788,8	9800,0	9811,2	9822,4	9833,6	9844,8	9762,7	9781,3	9818,7	9837,3	9772,0	9828,0	87
88	9856	9867,2	9878,4	9889,6	9900,8	9912,0	9923,2	9934,4	9945,6	9956,8	9874,7	9893,3	9930,7	9949,3	9884,0	9940,0	88
89	9968	9979,2	9990,4	10001,6	10012,8	10024,0	10035,2	10046,4	10057,6	10068,8	9986,7	10005,3	10042,7	10061,3	9996,0	10052,0	89
90	10080	10091,2	10102,4	10113,6	10124,8	10136,0	10147,2	10158,4	10169,6	10180,8	10098,7	10117,3	10154,7	10173,3	10108,0	10164,0	90
91	10192	10203,2	10214,4	10225,6	10236,8	10248,0	10259,2	10270,4	10281,6	10292,8	10210,7	10229,3	10266,7	10285,3	10220,0	10276,0	91
92	10304	10315,2	10326,4	10337,6	10348,8	10360,0	10371,2	10382,4	10393,6	10404,8	10322,7	10341,3	10378,7	10397,3	10332,0	10388,0	92
93	10416	10427,2	10438,4	10449,6	10460,8	10472,0	10483,2	10494,4	10505,6	10516,8	10434,7	10453,3	10490,7	10509,3	10444,0	10500,0	93
94	10528	10539,2	10550,4	10561,6	10572,8	10584,0	10595,2	10606,4	10617,6	10628,8	10546,7	10565,3	10602,7	10621,3	10556,0	10612,0	94
95	10640	10651,2	10662,4	10673,6	10684,8	10696,0	10707,2	10718,4	10729,6	10740,8	10658,7	10677,3	10714,7	10733,3	10668,0	10724,0	95
96	10752	10763,2	10774,4	10785,6	10796,8	10808,0	10819,2	10830,4	10841,6	10852,8	10770,7	10789,3	10826,7	10845,3	10780,0	10836,0	96
97	10864	10875,2	10886,4	10897,6	10908,8	10920,0	10931,2	10942,4	10953,6	10964,8	10882,7	10901,3	10938,7	10957,3	10892,0	10948,0	97
98	10976	10987,2	10998,4	11009,6	11020,8	11032,0	11043,2	11054,4	11065,6	11076,8	10994,7	11013,3	11050,7	11069,3	11004,0	11060,0	98
99	11088	11099,2	11110,4	11121,6	11132,8	11144,0	11155,2	11166,4	11177,6	11188,8	11106,7	11125,3	11162,7	11181,3	11116,0	11172,0	99
100	11200	11211,2	11222,4	11233,6	11244,8	11256,0	11267,2	11278,4	11289,6	11300,8	11218,7	11237,3	11274,7	11293,3	11228,0	11284,0	100

		1/10 11,3	2/10 22,6	3/10 33,9	4/10 45,2	5/10 56,5	6/10 67,8	7/10 79,1	8/10 90,4	9/10 101,7	1/6 18.833	1/3 37.666	2/3 75.333	5/6 94.166	1/4 28,25	3/4 84,75	
1	113	124,3	135,6	146,9	158,2	169,5	180,8	192,1	203,4	214,7	131,8	150,7	188,3	207,2	141,3	197,8	1
2	226	237,3	248,6	259,9	271,2	282,5	293,8	305,1	316,4	327,7	244,8	263,7	301,3	320,2	254,3	310,8	2
3	339	350,3	361,6	372,9	384,2	395,5	406,8	418,1	429,4	440,7	357,8	376,7	414,3	433,2	367,3	423,8	3
4	452	463,3	474,6	485,9	497,2	508,5	519,8	531,1	542,4	553,7	470,8	489,7	527,3	546,2	480,3	536,8	4
5	565	576,3	587,6	598,9	610,2	621,5	632,8	644,1	655,4	666,7	583,8	602,7	640,3	659,2	593,3	649,8	5
6	678	689,3	700,6	711,9	723,2	734,5	745,8	757,1	768,4	779,7	696,8	715,7	753,3	772,2	706,3	762,8	6
7	791	802,3	813,6	824,9	836,2	847,5	858,8	870,1	881,4	892,7	809,8	828,7	866,3	885,2	819,3	875,8	7
8	904	915,3	926,6	937,9	949,2	960,5	971,8	983,1	994,4	1005,7	922,8	941,7	979,3	998,2	932,3	988,8	8
9	1017	1028,3	1039,6	1050,9	1062,2	1073,5	1084,8	1096,1	1107,4	1118,7	1035,8	1054,7	1092,3	1111,2	1045,3	1101,8	9
10	1130	1141,3	1152,6	1163,9	1175,2	1186,5	1197,8	1209,1	1220,4	1231,7	1148,8	1167,7	1205,3	1224,2	1158,3	1214,8	10
11	1243	1254,3	1265,6	1276,9	1288,2	1299,5	1310,8	1322,1	1333,4	1344,7	1261,8	1280,7	1318,3	1337,2	1271,3	1327,8	11
12	1356	1367,3	1378,6	1389,9	1401,2	1412,5	1423,8	1435,1	1446,4	1457,7	1374,8	1393,7	1431,3	1450,2	1384,3	1440,8	12
13	1469	1480,3	1491,6	1502,9	1514,2	1525,5	1536,8	1548,1	1559,4	1570,7	1487,8	1506,7	1544,3	1563,2	1497,3	1553,8	13
14	1582	1593,3	1604,6	1615,9	1627,2	1638,5	1649,8	1661,1	1672,4	1683,7	1600,8	1619,7	1657,3	1676,2	1610,3	1666,8	14
15	1695	1706,3	1717,6	1728,9	1740,2	1751,5	1762,8	1774,1	1785,4	1796,7	1713,8	1732,7	1770,3	1789,2	1723,3	1779,8	15
16	1808	1819,3	1830,6	1841,9	1853,2	1864,5	1875,8	1887,1	1898,4	1909,7	1826,8	1845,7	1883,3	1902,2	1836,3	1892,8	16
17	1921	1932,3	1943,6	1954,9	1966,2	1977,5	1988,8	2000,1	2011,4	2022,7	1939,8	1958,7	1996,3	2015,2	1949,3	2005,8	17
18	2034	2045,3	2056,6	2067,9	2079,2	2090,5	2101,8	2113,1	2124,4	2135,7	2052,8	2071,7	2109,3	2128,2	2062,3	2118,8	18
19	2147	2158,3	2169,6	2180,9	2192,2	2203,5	2214,8	2226,1	2237,4	2248,7	2165,8	2184,7	2222,3	2241,2	2175,3	2231,8	19
20	2260	2271,3	2282,6	2293,9	2305,2	2316,5	2327,8	2339,1	2350,4	2361,7	2278,8	2297,7	2335,3	2354,2	2288,3	2344,8	20
21	2373	2384,3	2395,6	2406,9	2418,2	2429,5	2440,8	2452,1	2463,4	2474,7	2391,8	2410,7	2448,3	2467,2	2401,3	2457,8	21
22	2486	2497,3	2508,6	2519,9	2531,2	2542,5	2553,8	2565,1	2576,4	2587,7	2504,8	2523,7	2561,3	2580,2	2514,3	2570,8	22
23	2599	2610,3	2621,6	2632,9	2644,2	2655,5	2666,8	2678,1	2689,4	2700,7	2617,8	2636,7	2674,3	2693,2	2627,3	2683,8	23
24	2712	2723,3	2734,6	2745,9	2757,2	2768,5	2779,8	2791,1	2802,4	2813,7	2730,8	2749,7	2787,3	2806,2	2740,3	2796,8	24
25	2825	2836,3	2847,6	2858,9	2870,2	2881,5	2892,8	2904,1	2915,4	2926,7	2843,8	2862,7	2900,3	2919,2	2853,3	2909,8	25
26	2938	2949,3	2960,6	2971,9	2983,2	2994,5	3005,8	3017,1	3028,4	3039,7	2956,8	2975,7	3013,3	3032,2	2966,3	3022,8	26
27	3051	3062,3	3073,6	3084,9	3096,2	3107,5	3118,8	3130,1	3141,4	3152,7	3069,8	3088,7	3126,3	3145,2	3079,3	3135,8	27
28	3164	3175,3	3186,6	3197,9	3209,2	3220,5	3231,8	3243,1	3254,4	3265,7	3182,8	3201,7	3239,3	3258,2	3192,3	3248,8	28
29	3277	3288,3	3299,6	3310,9	3322,2	3333,5	3344,8	3356,1	3367,4	3378,7	3295,8	3314,7	3352,3	3371,2	3305,3	3361,8	29
30	3390	3401,3	3412,6	3423,9	3435,2	3446,5	3457,8	3469,1	3480,4	3491,7	3408,8	3427,7	3465,3	3484,2	3418,3	3474,8	30
31	3503	3514,3	3525,6	3536,9	3548,2	3559,5	3570,8	3582,1	3593,4	3604,7	3521,8	3540,7	3578,3	3597,2	3531,3	3587,8	31
32	3616	3627,3	3638,6	3649,9	3661,2	3672,5	3683,8	3695,1	3706,4	3717,7	3634,8	3653,7	3691,3	3710,2	3644,3	3700,8	32
33	3729	3740,3	3751,6	3762,9	3774,2	3785,5	3796,8	3808,1	3819,4	3830,7	3747,8	3766,7	3804,3	3823,2	3757,3	3813,8	33
34	3842	3853,3	3864,6	3875,9	3887,2	3898,5	3909,8	3921,1	3932,4	3943,7	3860,8	3879,7	3917,3	3936,2	3870,3	3926,8	34
35	3955	3966,3	3977,6	3988,9	4000,2	4011,5	4022,8	4034,1	4045,4	4056,7	3973,8	3992,7	4030,3	4049,2	3983,3	4039,8	35
36	4068	4079,3	4090,6	4101,9	4113,2	4124,5	4135,8	4147,1	4158,4	4169,7	4086,8	4105,7	4143,3	4162,2	4096,3	4152,8	36
37	4181	4192,3	4203,6	4214,9	4226,2	4237,5	4248,8	4260,1	4271,4	4282,7	4199,8	4218,7	4256,3	4275,2	4209,3	4265,8	37
38	4294	4305,3	4316,6	4327,9	4339,2	4350,5	4361,8	4373,1	4384,4	4395,7	4312,8	4331,7	4369,3	4388,2	4322,3	4378,8	38
39	4407	4418,3	4429,6	4440,9	4452,2	4463,5	4474,8	4486,1	4497,4	4508,7	4425,8	4444,7	4482,3	4501,2	4435,3	4491,8	39
40	4520	4531,3	4542,6	4553,9	4565,2	4576,5	4587,8	4599,1	4610,4	4621,7	4538,8	4557,7	4595,3	4614,2	4548,3	4604,8	40
41	4633	4644,3	4655,6	4666,9	4678,2	4689,5	4700,8	4712,1	4723,4	4734,7	4651,8	4670,7	4708,3	4727,2	4661,3	4717,8	41
42	4746	4757,3	4768,6	4779,9	4791,2	4802,5	4813,8	4825,1	4836,4	4847,7	4764,8	4783,7	4821,3	4840,2	4774,3	4830,8	42
43	4859	4870,3	4881,6	4892,9	4904,2	4915,5	4926,8	4938,1	4949,4	4960,7	4877,8	4896,7	4934,3	4953,2	4887,3	4943,8	43
44	4972	4983,3	4994,6	5005,9	5017,2	5028,5	5039,8	5051,1	5062,4	5073,7	4990,8	5009,7	5047,3	5066,2	5000,3	5056,8	44
45	5085	5096,3	5107,6	5118,9	5130,2	5141,5	5152,8	5164,1	5175,4	5186,7	5103,8	5122,7	5160,3	5179,2	5113,3	5169,8	45
46	5198	5209,3	5220,6	5231,9	5243,2	5254,5	5265,8	5277,1	5288,4	5299,7	5216,8	5235,7	5273,3	5292,2	5226,3	5282,8	46
47	5311	5322,3	5333,6	5344,9	5356,2	5367,5	5378,8	5390,1	5401,4	5412,7	5329,8	5348,7	5386,3	5405,2	5339,3	5395,8	47
48	5424	5435,3	5446,6	5457,9	5469,2	5480,5	5491,8	5503,1	5514,4	5525,7	5442,8	5461,7	5499,3	5518,2	5452,3	5508,8	48
49	5537	5548,3	5559,6	5570,9	5582,2	5593,5	5604,8	5616,1	5627,4	5638,7	5555,8	5574,7	5612,3	5631,2	5565,3	5621,8	49
50	5650	5661,3	5672,6	5683,9	5695,2	5706,5	5717,8	5729,1	5740,4	5751,7	5668,8	5687,7	5725,3	5744,2	5678,3	5734,8	50
51	5763	5774,3	5785,6	5796,9	5808,2	5819,5	5830,8	5842,1	5853,4	5864,7	5781,8	5800,7	5838,3	5857,2	5791,3	5847,8	51
52	5876	5887,3	5898,6	5909,9	5921,2	5932,5	5943,8	5955,1	5966,4	5977,7	5894,8	5913,7	5951,3	5970,2	5904,3	5960,8	52
53	5989	6000,3	6011,6	6022,9	6034,2	6045,5	6056,8	6068,1	6079,4	6090,7	6007,8	6026,7	6064,3	6083,2	6017,3	6073,8	53
54	6102	6113,3	6124,6	6135,9	6147,2	6158,5	6169,8	6181,1	6192,4	6203,7	6120,8	6139,7	6177,3	6196,2	6130,3	6186,8	54
55	6215	6226,3	6237,6	6248,9	6260,2	6271,5	6282,8	6294,1	6305,4	6316,7	6233,8	6252,7	6290,3	6309,2	6243,3	6299,8	55
56	6328	6339,3	6350,6	6361,9	6373,2	6384,5	6395,8	6407,1	6418,4	6429,7	6346,8	6365,7	6403,3	6422,2	6356,3	6412,8	56
57	6441	6452,3	6463,6	6474,9	6486,2	6497,5	6508,8	6520,1	6531,4	6542,7	6459,8	6478,7	6516,3	6535,2	6469,3	6525,8	57
58	6554	6565,3	6576,6	6587,9	6599,2	6610,5	6621,8	6633,1	6644,4	6655,7	6572,8	6591,7	6629,3	6648,2	6582,3	6638,8	58
59	6667	6678,3	6689,6	6700,9	6712,2	6723,5	6734,8	6746,1	6757,4	6768,7	6685,8	6704,7	6742,3	6761,2	6695,3	6751,8	59
60	6780	6791,3	6802,6	6813,9	6825,2	6836,5	6847,8	6859,1	6870,4	6881,7	6798,8	6817,7	6855,3	6874,2	6808,3	6864,8	60
61	6893	6904,3	6915,6	6926,9	6938,2	6949,5	6960,8	6972,1	6983,4	6994,7	6911,8	6930,7	6968,3	6987,2	6921,3	6977,8	61
62	7006	7017,3	7028,6	7039,9	7051,2	7062,5	7073,8	7085,1	7096,4	7107,7	7024,8	7043,7	7081,3	7100,2	7034,3	7090,8	62
63	7119	7130,3	7141,6	7152,9	7164,2	7175,5	7186,8	7198,1	7209,4	7220,7	7137,8	7156,7	7194,3	7213,2	7147,3	7203,8	63
64	7232	7243,3	7254,6	7265,9	7277,2	7288,5	7299,8	7311,1	7322,4	7333,7	7250,8	7269,7	7307,3	7326,2	7260,3	7316,8	64
65	7345	7356,3	7367,6	7378,9	7390,2	7401,5	7412,8	7424,1	7435,4	7446,7	7363,8	7382,7	7420,3	7439,2	7373,3	7429,8	65
66	7458	7469,3	7480,6	7491,9	7503,2	7514,5	7525,8	7537,1	7548,4	7559,7	7476,8	7495,7	7533,3	7552,2	7486,3	7542,8	66
67	7571	7582,3	7593,6	7604,9	7616,2	7627,5	7638,8	7650,1	7661,4	7672,7	7589,8	7608,7	7646,3	7665,2	7599,3	7655,8	67
68	7684	7695,3	7706,6	7717,9	7729,2	7740,5	7751,8	7763,1	7774,4	7785,7	7702,8	7721,7	7759,3	7778,2	7712,3	7768,8	68
69	7797	7808,3	7819,6	7830,9	7842,2	7853,5	7864,8	7876,1	7887,4	7898,7	7815,8	7834,7	7872,3	7891,2	7825,3	7881,8	69
70	7910	7921,3	7932,6	7943,9	7955,2	7966,5	7977,8	7989,1	8000,4	8011,7	7928,8	7947,7	7985,3	8004,2	7938,3	7994,8	70
71	8023	8034,3	8045,6	8056,9	8068,2	8079,5	8090,8	8102,1	8113,4	8124,7	8041,8	8060,7	8098,3	8117,2	8051,3	8107,8	71
72	8136	8147,3	8158,6	8169,9	8181,2	8192,5	8203,8	8215,1	8226,4	8237,7	8154,8	8173,7	8211,3	8230,2	8164,3	8220,8	72
73	8249	8260,3	8271,6	8282,9	8294,2	8305,5	8316,8	8328,1	8339,4	8350,7	8267,8	8286,7	8324,3	8343,2	8277,3	8333,8	73
74	8362	8373,3	8384,6	8395,9	8407,2	8418,5	8429,8	8441,1	8452,4	8463,7	8380,8	8399,7	8437,3	8456,2	8390,3	8446,8	74
75	8475	8486,3	8497,6	8508,9	8520,2	8531,5	8542,8	8554,1	8565,4	8576,7	8493,8	8512,7	8550,3	8569,2	8503,3	8559,8	75
76	8588	8599,3	8610,6	8621,9	8633,2	8644,5	8655,8	8667,1	8678,4	8689,7	8606,8	8625,7	8663,3	8682,2	8616,3	8672,8	76
77	8701	8712,3	8723,6	8734,9	8746,2	8757,5	8768,8	8780,1	8791,4	8802,7	8719,8	8738,7	8776,3	8795,2	8729,3	8785,8	77
78	8814	8825,3	8836,6	8847,9	8859,2	8870,5	8881,8	8893,1	8904,4	8915,7	8832,8	8851,7	8889,3	8908,2	8842,3	8898,8	78
79	8927	8938,3	8949,6	8960,9	8972,2	8983,5	8994,8	9006,1	9017,4	9028,7	8945,8	8964,7	9002,3	9021,2	8955,3	9011,8	79
80	9040	9051,3	9062,6	9073,9	9085,2	9096,5	9107,8	9119,1	9130,4	9141,7	9058,8	9077,7	9115,3	9134,2	9068,3	9124,8	80
81	9153	9164,3	9175,6	9186,9	9198,2	9209,5	9220,8	9232,1	9243,4	9254,7	9171,8	9190,7	9228,3	9247,2	9181,3	9237,8	81
82	9266	9277,3	9288,6	9299,9	9311,2	9322,5	9333,8	9345,1	9356,4	9367,7	9284,8	9303,7	9341,3	9360,2	9294,3	9350,8	82
83	9379	9390,3	9401,6	9412,9	9424,2	9435,5	9446,8	9458,1	9469,4	9480,7	9397,8	9416,7	9454,3	9473,2	9407,3	9463,8	83
84	9492	9503,3	9514,6	9525,9	9537,2	9548,5	9559,8	9571,1	9582,4	9593,7	9510,8	9529,7	9567,3	9586,2	9520,3	9576,8	84
85	9605	9616,3	9627,6	9638,9	9650,2	9661,5	9672,8	9684,1	9695,4	9706,7	9623,8	9642,7	9680,3	9699,2	9633,3	9689,8	85
86	9718	9729,3	9740,6	9751,9	9763,2	9774,5	9785,8	9797,1	9808,4	9819,7	9736,8	9755,7	9793,3	9812,2	9746,3	9802,8	86
87	9831	9842,3	9853,6	9864,9	9876,2	9887,5	9898,8	9910,1	9921,4	9932,7	9849,8	9868,7	9906,3	9925,2	9859,3	9915,8	87
88	9944	9955,3	9966,6	9977,9	9989,2	10000,5	10011,8	10023,1	10034,4	10045,7	9962,8	9981,7	10019,3	10038,2	9972,3	10028,8	88
89	10057	10068,3	10079,6	10090,9	10102,2	10113,5	10124,8	10136,1	10147,4	10158,7	10075,8	10094,7	10132,3	10151,2	10085,3	10141,8	89
90	10170	10181,3	10192,6	10203,9	10215,2	10226,5	10237,8	10249,1	10260,4	10271,7	10188,8	10207,7	10245,3	10264,2	10198,3	10254,8	90
91	10283	10294,3	10305,6	10316,9	10328,2	10339,5	10350,8	10362,1	10373,4	10384,7	10301,8	10320,7	10358,3	10377,2	10311,3	10367,8	91
92	10396	10407,3	10418,6	10429,9	10441,2	10452,5	10463,8	10475,1	10486,4	10497,7	10414,8	10433,7	10471,3	10490,2	10424,3	10480,8	92
93	10509	10520,3	10531,6	10542,9	10554,2	10565,5	10576,8	10588,1	10599,4	10610,7	10527,8	10546,7	10584,3	10603,2	10537,3	10593,8	93
94	10622	10633,3	10644,6	10655,9	10667,2	10678,5	10689,8	10701,1	10712,4	10723,7	10640,8	10659,7	10697,3	10716,2	10650,3	10706,8	94
95	10735	10746,3	10757,6	10768,9	10780,2	10791,5	10802,8	10814,1	10825,4	10836,7	10753,8	10772,7	10810,3	10829,2	10763,3	10819,8	95
96	10848	10859,3	10870,6	10881,9	10893,2	10904,5	10915,8	10927,1	10938,4	10949,7	10866,8	10885,7	10923,3	10942,2	10876,3	10932,8	96
97	10961	10972,3	10983,6	10994,9	11006,2	11017,5	11028,8	11040,1	11051,4	11062,7	10979,8	10998,7	11036,3	11055,2	10989,3	11045,8	97
98	11074	11085,3	11096,6	11107,9	11119,2	11130,5	11141,8	11153,1	11164,4	11175,7	11092,8	11111,7	11149,3	11168,2	11102,3	11158,8	98
99	11187	11198,3	11209,6	11220,9	11232,2	11243,5	11254,8	11266,1	11277,4	11288,7	11205,8	11224,7	11262,3	11281,2	11215,3	11271,8	99
100	11300	11311,3	11322,6	11333,9	11345,2	11356,5	11367,8	11379,1	11390,4	11401,7	11318,8	11337,7	11375,3	11394,2	11328,3	11384,8	100

114

		$^1/_{10}$ 11,4	$^2/_{10}$ 22,8	$^3/_{10}$ 34,2	$^4/_{10}$ 45,6	$^5/_{10}$ 57,0	$^6/_{10}$ 68,4	$^7/_{10}$ 79,8	$^8/_{10}$ 91,2	$^9/_{10}$ 102,6	$^1/_6$ 19,0	$^2/_6$ 38,0	$^4/_6$ 76,0	$^5/_6$ 95,0	$^1/_4$ 28,5	$^3/_4$ 85,5	
1	114	125,4	136,8	148,2	159,6	171,0	182,4	193,8	205,2	216,6	133,0	152,0	190,0	209,0	142,5	199,5	1
2	228	239,4	250,8	262,2	273,6	285,0	296,4	307,8	319,2	330,6	247,0	266,0	304,0	323,0	256,5	313,5	2
3	342	353,4	364,8	376,2	387,6	399,0	410,4	421,8	433,2	444,6	361,0	380,0	418,0	437,0	370,5	427,5	3
4	456	467,4	478,8	490,2	501,6	513,0	524,4	535,8	547,2	558,6	475,0	494,0	532,0	551,0	484,5	541,5	4
5	570	581,4	592,8	604,2	615,6	627,0	638,4	649,8	661,2	672,6	589,0	608,0	646,0	665,0	598,5	655,5	5
6	684	695,4	706,8	718,2	729,6	741,0	752,4	763,8	775,2	786,6	703,0	722,0	760,0	779,0	712,5	769,5	6
7	798	809,4	820,8	832,2	843,6	855,0	866,4	877,8	889,2	900,6	817,0	836,0	874,0	893,0	826,5	883,5	7
8	912	923,4	934,8	946,2	957,6	969,0	980,4	991,8	1003,2	1014,6	931,0	950,0	988,0	1007,0	940,5	997,5	8
9	1026	1037,4	1048,8	1060,2	1071,6	1083,0	1094,4	1105,8	1117,2	1128,6	1045,0	1064,0	1102,0	1121,0	1054,5	1111,5	9
10	1140	1151,4	1162,8	1174,2	1185,6	1197,0	1208,4	1219,8	1231,2	1242,6	1159,0	1178,0	1216,0	1235,0	1168,5	1225,5	10
11	1254	1265,4	1276,8	1288,2	1299,6	1311,0	1322,4	1333,8	1345,2	1356,6	1273,0	1292,0	1330,0	1349,0	1282,5	1339,5	11
12	1368	1379,4	1390,8	1402,2	1413,6	1425,0	1436,4	1447,8	1459,2	1470,6	1387,0	1406,0	1444,0	1463,0	1396,5	1453,5	12
13	1482	1493,4	1504,8	1516,2	1527,6	1539,0	1550,4	1561,8	1573,2	1584,6	1501,0	1520,0	1558,0	1577,0	1510,5	1567,5	13
14	1596	1607,4	1618,8	1630,2	1641,6	1653,0	1664,4	1675,8	1687,2	1698,6	1615,0	1634,0	1672,0	1691,0	1624,5	1681,5	14
15	1710	1721,4	1732,8	1744,2	1755,6	1767,0	1778,4	1789,8	1801,2	1812,6	1729,0	1748,0	1786,0	1805,0	1738,5	1795,5	15
16	1824	1835,4	1846,8	1858,2	1869,6	1881,0	1892,4	1903,8	1915,2	1926,6	1843,0	1862,0	1900,0	1919,0	1852,5	1909,5	16
17	1938	1949,4	1960,8	1972,2	1983,6	1995,0	2006,4	2017,8	2029,2	2040,6	1957,0	1976,0	2014,0	2033,0	1966,5	2023,5	17
18	2052	2063,4	2074,8	2086,2	2097,6	2109,0	2120,4	2131,8	2143,2	2154,6	2071,0	2090,0	2128,0	2147,0	2080,5	2137,5	18
19	2166	2177,4	2188,8	2200,2	2211,6	2223,0	2234,4	2245,8	2257,2	2268,6	2185,0	2204,0	2242,0	2261,0	2194,5	2251,5	19
20	2280	2291,4	2302,8	2314,2	2325,6	2337,0	2348,4	2359,8	2371,2	2382,6	2299,0	2318,0	2356,0	2375,0	2308,5	2365,5	20
21	2394	2405,4	2416,8	2428,2	2439,6	2451,0	2462,4	2473,8	2485,2	2496,6	2413,0	2432,0	2470,0	2489,0	2422,5	2479,5	21
22	2508	2519,4	2530,8	2542,2	2553,6	2565,0	2576,4	2587,8	2599,2	2610,6	2527,0	2546,0	2584,0	2603,0	2536,5	2593,5	22
23	2622	2633,4	2644,8	2656,2	2667,6	2679,0	2690,4	2701,8	2713,2	2724,6	2641,0	2660,0	2698,0	2717,0	2650,5	2707,5	23
24	2736	2747,4	2758,8	2770,2	2781,6	2793,0	2804,4	2815,8	2827,2	2838,6	2755,0	2774,0	2812,0	2831,0	2764,5	2821,5	24
25	2850	2861,4	2872,8	2884,2	2895,6	2907,0	2918,4	2929,8	2941,2	2952,6	2869,0	2888,0	2926,0	2945,0	2878,5	2935,5	25
26	2964	2975,4	2986,8	2998,2	3009,6	3021,0	3032,4	3043,8	3055,2	3066,6	2983,0	3002,0	3040,0	3059,0	2992,5	3049,5	26
27	3078	3089,4	3100,8	3112,2	3123,6	3135,0	3146,4	3157,8	3169,2	3180,6	3097,0	3116,0	3154,0	3173,0	3106,5	3163,5	27
28	3192	3203,4	3214,8	3226,2	3237,6	3249,0	3260,4	3271,8	3283,2	3294,6	3211,0	3230,0	3268,0	3287,0	3220,5	3277,5	28
29	3306	3317,4	3328,8	3340,2	3351,6	3363,0	3374,4	3385,8	3397,2	3408,6	3325,0	3344,0	3382,0	3401,0	3334,5	3391,5	29
30	3420	3431,4	3442,8	3454,2	3465,6	3477,0	3488,4	3499,8	3511,2	3522,6	3439,0	3458,0	3496,0	3515,0	3448,5	3505,5	30
31	3534	3545,4	3556,8	3568,2	3579,6	3591,0	3602,4	3613,8	3625,2	3636,6	3553,0	3572,0	3610,0	3629,0	3562,5	3619,5	31
32	3648	3659,4	3670,8	3682,2	3693,6	3705,0	3716,4	3727,8	3739,2	3750,6	3667,0	3686,0	3724,0	3743,0	3676,5	3733,5	32
33	3762	3773,4	3784,8	3796,2	3807,6	3819,0	3830,4	3841,8	3853,2	3864,6	3781,0	3800,0	3838,0	3857,0	3790,5	3847,5	33
34	3876	3887,4	3898,8	3910,2	3921,6	3933,0	3944,4	3955,8	3967,2	3978,6	3895,0	3914,0	3952,0	3971,0	3904,5	3961,5	34
35	3990	4001,4	4012,8	4024,2	4035,6	4047,0	4058,4	4069,8	4081,2	4092,6	4009,0	4028,0	4066,0	4085,0	4018,5	4075,5	35
36	4104	4115,4	4126,8	4138,2	4149,6	4161,0	4172,4	4183,8	4195,2	4206,6	4123,0	4142,0	4180,0	4199,0	4132,5	4189,5	36
37	4218	4229,4	4240,8	4252,2	4263,6	4275,0	4286,4	4297,8	4309,2	4320,6	4237,0	4256,0	4294,0	4313,0	4246,5	4303,5	37
38	4332	4343,4	4354,8	4366,2	4377,6	4389,0	4400,4	4411,8	4423,2	4434,6	4351,0	4370,0	4408,0	4427,0	4360,5	4417,5	38
39	4446	4457,4	4468,8	4480,2	4491,6	4503,0	4514,4	4525,8	4537,2	4548,6	4465,0	4484,0	4522,0	4541,0	4474,5	4531,5	39
40	4560	4571,4	4582,8	4594,2	4605,6	4617,0	4628,4	4639,8	4651,2	4662,6	4579,0	4598,0	4636,0	4655,0	4588,5	4645,5	40
41	4674	4685,4	4696,8	4708,2	4719,6	4731,0	4742,4	4753,8	4765,2	4776,6	4693,0	4712,0	4750,0	4769,0	4702,5	4759,5	41
42	4788	4799,4	4810,8	4822,2	4833,6	4845,0	4856,4	4867,8	4879,2	4890,6	4807,0	4826,0	4864,0	4883,0	4816,5	4873,5	42
43	4902	4913,4	4924,8	4936,2	4947,6	4959,0	4970,4	4981,8	4993,2	5004,6	4921,0	4940,0	4978,0	4997,0	4930,5	4987,5	43
44	5016	5027,4	5038,8	5050,2	5061,6	5073,0	5084,4	5095,8	5107,2	5118,6	5035,0	5054,0	5092,0	5111,0	5044,5	5101,5	44
45	5130	5141,4	5152,8	5164,2	5175,6	5187,0	5198,4	5209,8	5221,2	5232,6	5149,0	5168,0	5206,0	5225,0	5158,5	5215,5	45
46	5244	5255,4	5266,8	5278,2	5289,6	5301,0	5312,4	5323,8	5335,2	5346,6	5263,0	5282,0	5320,0	5339,0	5272,5	5329,5	46
47	5358	5369,4	5380,8	5392,2	5403,6	5415,0	5426,4	5437,8	5449,2	5460,6	5377,0	5396,0	5434,0	5453,0	5386,5	5443,5	47
48	5472	5483,4	5494,8	5506,2	5517,6	5529,0	5540,4	5551,8	5563,2	5574,6	5491,0	5510,0	5548,0	5567,0	5500,5	5557,5	48
49	5586	5597,4	5608,8	5620,2	5631,6	5643,0	5654,4	5665,8	5677,2	5688,6	5605,0	5624,0	5662,0	5681,0	5614,5	5671,5	49
50	5700	5711,4	5722,8	5734,2	5745,6	5757,0	5768,4	5779,8	5791,2	5802,6	5719,0	5738,0	5776,0	5795,0	5728,5	5785,5	50
51	5814	5825,4	5836,8	5848,2	5859,6	5871,0	5882,4	5893,8	5905,2	5916,6	5833,0	5852,0	5890,0	5909,0	5842,5	5899,5	51
52	5928	5939,4	5950,8	5962,2	5973,6	5985,0	5996,4	6007,8	6019,2	6030,6	5947,0	5966,0	6004,0	6023,0	5956,5	6013,5	52
53	6042	6053,4	6064,8	6076,2	6087,6	6099,0	6110,4	6121,8	6133,2	6144,6	6061,0	6080,0	6118,0	6137,0	6070,5	6127,5	53
54	6156	6167,4	6178,8	6190,2	6201,6	6213,0	6224,4	6235,8	6247,2	6258,6	6175,0	6194,0	6232,0	6251,0	6184,5	6241,5	54
55	6270	6281,4	6292,8	6304,2	6315,6	6327,0	6338,4	6349,8	6361,2	6372,6	6289,0	6308,0	6346,0	6365,0	6298,5	6355,5	55
56	6384	6395,4	6406,8	6418,2	6429,6	6441,0	6452,4	6463,8	6475,2	6486,6	6403,0	6422,0	6460,0	6479,0	6412,5	6469,5	56
57	6498	6509,4	6520,8	6532,2	6543,6	6555,0	6566,4	6577,8	6589,2	6600,6	6517,0	6536,0	6574,0	6593,0	6526,5	6583,5	57
58	6612	6623,4	6634,8	6646,2	6657,6	6669,0	6680,4	6691,8	6703,2	6714,6	6631,0	6650,0	6688,0	6707,0	6640,5	6697,5	58
59	6726	6737,4	6748,8	6760,2	6771,6	6783,0	6794,4	6805,8	6817,2	6828,6	6745,0	6764,0	6802,0	6821,0	6754,5	6811,5	59
60	6840	6851,4	6862,8	6874,2	6885,6	6897,0	6908,4	6919,8	6931,2	6942,6	6859,0	6878,0	6916,0	6935,0	6868,5	6925,5	60
61	6954	6965,4	6976,8	6988,2	6999,6	7011,0	7022,4	7033,8	7045,2	7056,6	6973,0	6992,0	7030,0	7049,0	6982,5	7039,5	61
62	7068	7079,4	7090,8	7102,2	7113,6	7125,0	7136,4	7147,8	7159,2	7170,6	7087,0	7106,0	7144,0	7163,0	7096,5	7153,5	62
63	7182	7193,4	7204,8	7216,2	7227,6	7239,0	7250,4	7261,8	7273,2	7284,6	7201,0	7220,0	7258,0	7277,0	7210,5	7267,5	63
64	7296	7307,4	7318,8	7330,2	7341,6	7353,0	7364,4	7375,8	7387,2	7398,6	7315,0	7334,0	7372,0	7391,0	7324,5	7381,5	64
65	7410	7421,4	7432,8	7444,2	7455,6	7467,0	7478,4	7489,8	7501,2	7512,6	7429,0	7448,0	7486,0	7505,0	7438,5	7495,5	65
66	7524	7535,4	7546,8	7558,2	7569,6	7581,0	7592,4	7603,8	7615,2	7626,6	7543,0	7562,0	7600,0	7619,0	7552,5	7609,5	66
67	7638	7649,4	7660,8	7672,2	7683,6	7695,0	7706,4	7717,8	7729,2	7740,6	7657,0	7676,0	7714,0	7733,0	7666,5	7723,5	67
68	7752	7763,4	7774,8	7786,2	7797,6	7809,0	7820,4	7831,8	7843,2	7854,6	7771,0	7790,0	7828,0	7847,0	7780,5	7837,5	68
69	7866	7877,4	7888,8	7900,2	7911,6	7923,0	7934,4	7945,8	7957,2	7968,6	7885,0	7904,0	7942,0	7961,0	7894,5	7951,5	69
70	7980	7991,4	8002,8	8014,2	8025,6	8037,0	8048,4	8059,8	8071,2	8082,6	7999,0	8018,0	8056,0	8075,0	8008,5	8065,5	70
71	8094	8105,4	8116,8	8128,2	8139,6	8151,0	8162,4	8173,8	8185,2	8196,6	8113,0	8132,0	8170,0	8189,0	8122,5	8179,5	71
72	8208	8219,4	8230,8	8242,2	8253,6	8265,0	8276,4	8287,8	8299,2	8310,6	8227,0	8246,0	8284,0	8303,0	8236,5	8293,5	72
73	8322	8333,4	8344,8	8356,2	8367,6	8379,0	8390,4	8401,8	8413,2	8424,6	8341,0	8360,0	8398,0	8417,0	8350,5	8407,5	73
74	8436	8447,4	8458,8	8470,2	8481,6	8493,0	8504,4	8515,8	8527,2	8538,6	8455,0	8474,0	8512,0	8531,0	8464,5	8521,5	74
75	8550	8561,4	8572,8	8584,2	8595,6	8607,0	8618,4	8629,8	8641,2	8652,6	8569,0	8588,0	8626,0	8645,0	8578,5	8635,5	75
76	8664	8675,4	8686,8	8698,2	8709,6	8721,0	8732,4	8743,8	8755,2	8766,6	8683,0	8702,0	8740,0	8759,0	8692,5	8749,5	76
77	8778	8789,4	8800,8	8812,2	8823,6	8835,0	8846,4	8857,8	8869,2	8880,6	8797,0	8816,0	8854,0	8873,0	8806,5	8863,5	77
78	8892	8903,4	8914,8	8926,2	8937,6	8949,0	8960,4	8971,8	8983,2	8994,6	8911,0	8930,0	8968,0	8987,0	8920,5	8977,5	78
79	9006	9017,4	9028,8	9040,2	9051,6	9063,0	9074,4	9085,8	9097,2	9108,6	9025,0	9044,0	9082,0	9101,0	9034,5	9091,5	79
80	9120	9131,4	9142,8	9154,2	9165,6	9177,0	9188,4	9199,8	9211,2	9222,6	9139,0	9158,0	9196,0	9215,0	9148,5	9205,5	80
81	9234	9245,4	9256,8	9268,2	9279,6	9291,0	9302,4	9313,8	9325,2	9336,6	9253,0	9272,0	9310,0	9329,0	9262,5	9319,5	81
82	9348	9359,4	9370,8	9382,2	9393,6	9405,0	9416,4	9427,8	9439,2	9450,6	9367,0	9386,0	9424,0	9443,0	9376,5	9433,5	82
83	9462	9473,4	9484,8	9496,2	9507,6	9519,0	9530,4	9541,8	9553,2	9564,6	9481,0	9500,0	9538,0	9557,0	9490,5	9547,5	83
84	9576	9587,4	9598,8	9610,2	9621,6	9633,0	9644,4	9655,8	9667,2	9678,6	9595,0	9614,0	9652,0	9671,0	9604,5	9661,5	84
85	9690	9701,4	9712,8	9724,2	9735,6	9747,0	9758,4	9769,8	9781,2	9792,6	9709,0	9728,0	9766,0	9785,0	9718,5	9775,5	85
86	9804	9815,4	9826,8	9838,2	9849,6	9861,0	9872,4	9883,8	9895,2	9906,6	9823,0	9842,0	9880,0	9899,0	9832,5	9889,5	86
87	9918	9929,4	9940,8	9952,2	9963,6	9975,0	9986,4	9997,8	10009,2	10020,6	9937,0	9956,0	9994,0	10013,0	9946,5	10003,5	87
88	10032	10043,4	10054,8	10066,2	10077,6	10089,0	10100,4	10111,8	10123,2	10134,6	10051,0	10070,0	10108,0	10127,0	10060,5	10117,5	88
89	10146	10157,4	10168,8	10180,2	10191,6	10203,0	10214,4	10225,8	10237,2	10248,6	10165,0	10184,0	10222,0	10241,0	10174,5	10231,5	89
90	10260	10271,4	10282,8	10294,2	10305,6	10317,0	10328,4	10339,8	10351,2	10362,6	10279,0	10298,0	10336,0	10355,0	10288,5	10345,5	90
91	10374	10385,4	10396,8	10408,2	10419,6	10431,0	10442,4	10453,8	10465,2	10476,6	10393,0	10412,0	10450,0	10469,0	10402,5	10459,5	91
92	10488	10499,4	10510,8	10522,2	10533,6	10545,0	10556,4	10567,8	10579,2	10590,6	10507,0	10526,0	10564,0	10583,0	10516,5	10573,5	92
93	10602	10613,4	10624,8	10636,2	10647,6	10659,0	10670,4	10681,8	10693,2	10704,6	10621,0	10640,0	10678,0	10697,0	10630,5	10687,5	93
94	10716	10727,4	10738,8	10750,2	10761,6	10773,0	10784,4	10795,8	10807,2	10818,6	10735,0	10754,0	10792,0	10811,0	10744,5	10801,5	94
95	10830	10841,4	10852,8	10864,2	10875,6	10887,0	10898,4	10909,8	10921,2	10932,6	10849,0	10868,0	10906,0	10925,0	10858,5	10915,5	95
96	10944	10955,4	10966,8	10978,2	10989,6	11001,0	11012,4	11023,8	11035,2	11046,6	10963,0	10982,0	11020,0	11039,0	10972,5	11029,5	96
97	11058	11069,4	11080,8	11092,2	11103,6	11115,0	11126,4	11137,8	11149,2	11160,6	11077,0	11096,0	11134,0	11153,0	11086,5	11143,5	97
98	11172	11183,4	11194,8	11206,2	11217,6	11229,0	11240,4	11251,8	11263,2	11274,6	11191,0	11210,0	11248,0	11267,0	11200,5	11257,5	98
99	11286	11297,4	11308,8	11320,2	11331,6	11343,0	11354,4	11365,8	11377,2	11388,6	11305,0	11324,0	11362,0	11381,0	11314,5	11371,5	99
100	11400	11411,4	11422,8	11434,2	11445,6	11457,0	11468,4	11479,8	11491,2	11502,6	11419,0	11438,0	11476,0	11495,0	11428,5	11485,5	100

		1/10 11,5	2/10 23,0	3/10 34,5	4/10 46,0	5/10 57,5	6/10 69,0	7/10 80,5	8/10 92,0	9/10 103,5	1/6 19,166	2/6 38,333	4/6 76,666	5/6 95,833	1/4 28,75	3/4 86,25	
1	115	126,5	138,0	149,5	161,0	172,5	184,0	195,5	207,0	218,5	134,2	153,3	191,7	210,8	143,8	201,3	1
2	230	241,5	253,0	264,5	276,0	287,5	299,0	310,5	322,0	333,5	249,2	268,3	306,7	325,8	258,8	316,3	2
3	345	356,5	368,0	379,5	391,0	402,5	414,0	425,5	437,0	448,5	364,2	383,3	421,7	440,8	373,8	431,3	3
4	460	471,5	483,0	494,5	506,0	517,5	529,0	540,5	552,0	563,5	479,2	498,3	536,7	555,8	488,8	546,3	4
5	575	586,5	598,0	609,5	621,0	632,5	644,0	655,5	667,0	678,5	594,2	613,3	651,7	670,8	603,8	661,3	5
6	690	701,5	713,0	724,5	736,0	747,5	759,0	770,5	782,0	793,5	709,2	728,3	766,7	785,8	718,8	776,3	6
7	805	816,5	828,0	839,5	851,0	862,5	874,0	885,5	897,0	908,5	824,2	843,3	881,7	900,8	833,8	891,3	7
8	920	931,5	943,0	954,5	966,0	977,5	989,0	1000,5	1012,0	1023,5	939,2	958,3	996,7	1015,8	948,8	1006,3	8
9	1035	1046,5	1058,0	1069,5	1081,0	1092,5	1104,0	1115,5	1127,0	1138,5	1054,2	1073,3	1111,7	1130,8	1063,8	1121,3	9
10	1150	1161,5	1173,0	1184,5	1196,0	1207,5	1219,0	1230,5	1242,0	1253,5	1169,2	1188,3	1226,7	1245,8	1178,8	1236,3	10
11	1265	1276,5	1288,0	1299,5	1311,0	1322,5	1334,0	1345,5	1357,0	1368,5	1284,2	1303,3	1341,7	1360,8	1293,8	1351,3	11
12	1380	1391,5	1403,0	1414,5	1426,0	1437,5	1449,0	1460,5	1472,0	1483,5	1399,2	1418,3	1456,7	1475,8	1408,8	1466,3	12
13	1495	1506,5	1518,0	1529,5	1541,0	1552,5	1564,0	1575,5	1587,0	1598,5	1514,2	1533,3	1571,7	1590,8	1523,8	1581,3	13
14	1610	1621,5	1633,0	1644,5	1656,0	1667,5	1679,0	1690,5	1702,0	1713,5	1629,2	1648,3	1686,7	1705,8	1638,8	1696,3	14
15	1725	1736,5	1748,0	1759,5	1771,0	1782,5	1794,0	1805,5	1817,0	1828,5	1744,2	1763,3	1801,7	1820,8	1753,8	1811,3	15
16	1840	1851,5	1863,0	1874,5	1886,0	1897,5	1909,0	1920,5	1932,0	1943,5	1859,2	1878,3	1916,7	1935,8	1868,8	1926,3	16
17	1955	1966,5	1978,0	1989,5	2001,0	2012,5	2024,0	2035,5	2047,0	2058,5	1974,2	1993,3	2031,7	2050,8	1983,8	2041,3	17
18	2070	2081,5	2093,0	2104,5	2116,0	2127,5	2139,0	2150,5	2162,0	2173,5	2089,2	2108,3	2146,7	2165,8	2098,8	2156,3	18
19	2185	2196,5	2208,0	2219,5	2231,0	2242,5	2254,0	2265,5	2277,0	2288,5	2204,2	2223,3	2261,7	2280,8	2213,8	2271,3	19
20	2300	2311,5	2323,0	2334,5	2346,0	2357,5	2369,0	2380,5	2392,0	2403,5	2319,2	2338,3	2376,7	2395,8	2328,8	2386,3	20
21	2415	2426,5	2438,0	2449,5	2461,0	2472,5	2484,0	2495,5	2507,0	2518,5	2434,2	2453,3	2491,7	2510,8	2443,8	2501,3	21
22	2530	2541,5	2553,0	2564,5	2576,0	2587,5	2599,0	2610,5	2622,0	2633,5	2549,2	2568,3	2606,7	2625,8	2558,8	2616,3	22
23	2645	2656,5	2668,0	2679,5	2691,0	2702,5	2714,0	2725,5	2737,0	2748,5	2664,2	2683,3	2721,7	2740,8	2673,8	2731,3	23
24	2760	2771,5	2783,0	2794,5	2806,0	2817,5	2829,0	2840,5	2852,0	2863,5	2779,2	2798,3	2836,7	2855,8	2788,8	2846,3	24
25	2875	2886,5	2898,0	2909,5	2921,0	2932,5	2944,0	2955,5	2967,0	2978,5	2894,2	2913,3	2951,7	2970,8	2903,8	2961,3	25
26	2990	3001,5	3013,0	3024,5	3036,0	3047,5	3059,0	3070,5	3082,0	3093,5	3009,2	3028,3	3066,7	3085,8	3018,8	3076,3	26
27	3105	3116,5	3128,0	3139,5	3151,0	3162,5	3174,0	3185,5	3197,0	3208,5	3124,2	3143,3	3181,7	3200,8	3133,8	3191,3	27
28	3220	3231,5	3243,0	3254,5	3266,0	3277,5	3289,0	3300,5	3312,0	3323,5	3239,2	3258,3	3296,7	3315,8	3248,8	3306,3	28
29	3335	3346,5	3358,0	3369,5	3381,0	3392,5	3404,0	3415,5	3427,0	3438,5	3354,2	3373,3	3411,7	3430,8	3363,8	3421,3	29
30	3450	3461,5	3473,0	3484,5	3496,0	3507,5	3519,0	3530,5	3542,0	3553,5	3469,2	3488,3	3526,7	3545,8	3478,8	3536,3	30
31	3565	3576,5	3588,0	3599,5	3611,0	3622,5	3634,0	3645,5	3657,0	3668,5	3584,2	3603,3	3641,7	3660,8	3593,8	3651,3	31
32	3680	3691,5	3703,0	3714,5	3726,0	3737,5	3749,0	3760,5	3772,0	3783,5	3699,2	3718,3	3756,7	3775,8	3708,8	3766,3	32
33	3795	3806,5	3818,0	3829,5	3841,0	3852,5	3864,0	3875,5	3887,0	3898,5	3814,2	3833,3	3871,7	3890,8	3823,8	3881,3	33
34	3910	3921,5	3933,0	3944,5	3956,0	3967,5	3979,0	3990,5	4002,0	4013,5	3929,2	3948,3	3986,7	4005,8	3938,8	3996,3	34
35	4025	4036,5	4048,0	4059,5	4071,0	4082,5	4094,0	4105,5	4117,0	4128,5	4044,2	4063,3	4101,7	4120,8	4053,8	4111,3	35
36	4140	4151,5	4163,0	4174,5	4186,0	4197,5	4209,0	4220,5	4232,0	4243,5	4159,2	4178,3	4216,7	4235,8	4168,8	4226,3	36
37	4255	4266,5	4278,0	4289,5	4301,0	4312,5	4324,0	4335,5	4347,0	4358,5	4274,2	4293,3	4331,7	4350,8	4283,8	4341,3	37
38	4370	4381,5	4393,0	4404,5	4416,0	4427,5	4439,0	4450,5	4462,0	4473,5	4389,2	4408,3	4446,7	4465,8	4398,8	4456,3	38
39	4485	4496,5	4508,0	4519,5	4531,0	4542,5	4554,0	4565,5	4577,0	4588,5	4504,2	4523,3	4561,7	4580,8	4513,8	4571,3	39
40	4600	4611,5	4623,0	4634,5	4646,0	4657,5	4669,0	4680,5	4692,0	4703,5	4619,2	4638,3	4676,7	4695,8	4628,8	4686,3	40
41	4715	4726,5	4738,0	4749,5	4761,0	4772,5	4784,0	4795,5	4807,0	4818,5	4734,2	4753,3	4791,7	4810,8	4743,8	4801,3	41
42	4830	4841,5	4853,0	4864,5	4876,0	4887,5	4899,0	4910,5	4922,0	4933,5	4849,2	4868,3	4906,7	4925,8	4858,8	4916,3	42
43	4945	4956,5	4968,0	4979,5	4991,0	5002,5	5014,0	5025,5	5037,0	5048,5	4964,2	4983,3	5021,7	5040,8	4973,8	5031,3	43
44	5060	5071,5	5083,0	5094,5	5106,0	5117,5	5129,0	5140,5	5152,0	5163,5	5079,2	5098,3	5136,7	5155,8	5088,8	5146,3	44
45	5175	5186,5	5198,0	5209,5	5221,0	5232,5	5244,0	5255,5	5267,0	5278,5	5194,2	5213,3	5251,7	5270,8	5203,8	5261,3	45
46	5290	5301,5	5313,0	5324,5	5336,0	5347,5	5359,0	5370,5	5382,0	5393,5	5309,2	5328,3	5366,7	5385,8	5318,8	5376,3	46
47	5405	5416,5	5428,0	5439,5	5451,0	5462,5	5474,0	5485,5	5497,0	5508,5	5424,2	5443,3	5481,7	5500,8	5433,8	5491,3	47
48	5520	5531,5	5543,0	5554,5	5566,0	5577,5	5589,0	5600,5	5612,0	5623,5	5539,2	5558,3	5596,7	5615,8	5548,8	5606,3	48
49	5635	5646,5	5658,0	5669,5	5681,0	5692,5	5704,0	5715,5	5727,0	5738,5	5654,2	5673,3	5711,7	5730,8	5663,8	5721,3	49
50	5750	5761,5	5773,0	5784,5	5796,0	5807,5	5819,0	5830,5	5842,0	5853,5	5769,2	5788,3	5826,7	5845,8	5778,8	5836,3	50
51	5865	5876,5	5888,0	5899,5	5911,0	5922,5	5934,0	5945,5	5957,0	5968,5	5884,2	5903,3	5941,7	5960,8	5893,8	5951,3	51
52	5980	5991,5	6003,0	6014,5	6026,0	6037,5	6049,0	6060,5	6072,0	6083,5	5999,2	6018,3	6056,7	6075,8	6008,8	6066,3	52
53	6095	6106,5	6118,0	6129,5	6141,0	6152,5	6164,0	6175,5	6187,0	6198,5	6114,2	6133,3	6171,7	6190,8	6123,8	6181,3	53
54	6210	6221,5	6233,0	6244,5	6256,0	6267,5	6279,0	6290,5	6302,0	6313,5	6229,2	6248,3	6286,7	6305,8	6238,8	6296,3	54
55	6325	6336,5	6348,0	6359,5	6371,0	6382,5	6394,0	6405,5	6417,0	6428,5	6344,2	6363,3	6401,7	6420,8	6353,8	6411,3	55
56	6440	6451,5	6463,0	6474,5	6486,0	6497,5	6509,0	6520,5	6532,0	6543,5	6459,2	6478,3	6516,7	6535,8	6468,8	6526,3	56
57	6555	6566,5	6578,0	6589,5	6601,0	6612,5	6624,0	6635,5	6647,0	6658,5	6574,2	6593,3	6631,7	6650,8	6583,8	6641,3	57
58	6670	6681,5	6693,0	6704,5	6716,0	6727,5	6739,0	6750,5	6762,0	6773,5	6689,2	6708,3	6746,7	6765,8	6698,8	6756,3	58
59	6785	6796,5	6808,0	6819,5	6831,0	6842,5	6854,0	6865,5	6877,0	6888,5	6804,2	6823,3	6861,7	6880,8	6813,8	6871,3	59
60	6900	6911,5	6923,0	6934,5	6946,0	6957,5	6969,0	6980,5	6992,0	7003,5	6919,2	6938,3	6976,7	6995,8	6928,8	6986,3	60
61	7015	7026,5	7038,0	7049,5	7061,0	7072,5	7084,0	7095,5	7107,0	7118,5	7034,2	7053,3	7091,7	7110,8	7043,8	7101,3	61
62	7130	7141,5	7153,0	7164,5	7176,0	7187,5	7199,0	7210,5	7222,0	7233,5	7149,2	7168,3	7206,7	7225,8	7158,8	7216,3	62
63	7245	7256,5	7268,0	7279,5	7291,0	7302,5	7314,0	7325,5	7337,0	7348,5	7264,2	7283,3	7321,7	7340,8	7273,8	7331,3	63
64	7360	7371,5	7383,0	7394,5	7406,0	7417,5	7429,0	7440,5	7452,0	7463,5	7379,2	7398,3	7436,7	7455,8	7388,8	7446,3	64
65	7475	7486,5	7498,0	7509,5	7521,0	7532,5	7544,0	7555,5	7567,0	7578,5	7494,2	7513,3	7551,7	7570,8	7503,8	7561,3	65
66	7590	7601,5	7613,0	7624,5	7636,0	7647,5	7659,0	7670,5	7682,0	7693,5	7609,2	7628,3	7666,7	7685,8	7618,8	7676,3	66
67	7705	7716,5	7728,0	7739,5	7751,0	7762,5	7774,0	7785,5	7797,0	7808,5	7724,2	7743,3	7781,7	7800,8	7733,8	7791,3	67
68	7820	7831,5	7843,0	7854,5	7866,0	7877,5	7889,0	7900,5	7912,0	7923,5	7839,2	7858,3	7896,7	7915,8	7848,8	7906,3	68
69	7935	7946,5	7958,0	7969,5	7981,0	7992,5	8004,0	8015,5	8027,0	8038,5	7954,2	7973,3	8011,7	8030,8	7963,8	8021,3	69
70	8050	8061,5	8073,0	8084,5	8096,0	8107,5	8119,0	8130,5	8142,0	8153,5	8069,2	8088,3	8126,7	8145,8	8078,8	8136,3	70
71	8165	8176,5	8188,0	8199,5	8211,0	8222,5	8234,0	8245,5	8257,0	8268,5	8184,2	8203,3	8241,7	8260,8	8193,8	8251,3	71
72	8280	8291,5	8303,0	8314,5	8326,0	8337,5	8349,0	8360,5	8372,0	8383,5	8299,2	8318,3	8356,7	8375,8	8308,8	8366,3	72
73	8395	8406,5	8418,0	8429,5	8441,0	8452,5	8464,0	8475,5	8487,0	8498,5	8414,2	8433,3	8471,7	8490,8	8423,8	8481,3	73
74	8510	8521,5	8533,0	8544,5	8556,0	8567,5	8579,0	8590,5	8602,0	8613,5	8529,2	8548,3	8586,7	8605,8	8538,8	8596,3	74
75	8625	8636,5	8648,0	8659,5	8671,0	8682,5	8694,0	8705,5	8717,0	8728,5	8644,2	8663,3	8701,7	8720,8	8653,8	8711,3	75
76	8740	8751,5	8763,0	8774,5	8786,0	8797,5	8809,0	8820,5	8832,0	8843,5	8759,2	8778,3	8816,7	8835,8	8768,8	8826,3	76
77	8855	8866,5	8878,0	8889,5	8901,0	8912,5	8924,0	8935,5	8947,0	8958,5	8874,2	8893,3	8931,7	8950,8	8883,8	8941,3	77
78	8970	8981,5	8993,0	9004,5	9016,0	9027,5	9039,0	9050,5	9062,0	9073,5	8989,2	9008,3	9046,7	9065,8	8998,8	9056,3	78
79	9085	9096,5	9108,0	9119,5	9131,0	9142,5	9154,0	9165,5	9177,0	9188,5	9104,2	9123,3	9161,7	9180,8	9113,8	9171,3	79
80	9200	9211,5	9223,0	9234,5	9246,0	9257,5	9269,0	9280,5	9292,0	9303,5	9219,2	9238,3	9276,7	9295,8	9228,8	9286,3	80
81	9315	9326,5	9338,0	9349,5	9361,0	9372,5	9384,0	9395,5	9407,0	9418,5	9334,2	9353,3	9391,7	9410,8	9343,8	9401,3	81
82	9430	9441,5	9453,0	9464,5	9476,0	9487,5	9499,0	9510,5	9522,0	9533,5	9449,2	9468,3	9506,7	9525,8	9458,8	9516,3	82
83	9545	9556,5	9568,0	9579,5	9591,0	9602,5	9614,0	9625,5	9637,0	9648,5	9564,2	9583,3	9621,7	9640,8	9573,8	9631,3	83
84	9660	9671,5	9683,0	9694,5	9706,0	9717,5	9729,0	9740,5	9752,0	9763,5	9679,2	9698,3	9736,7	9755,8	9688,8	9746,3	84
85	9775	9786,5	9798,0	9809,5	9821,0	9832,5	9844,0	9855,5	9867,0	9878,5	9794,2	9813,3	9851,7	9870,8	9803,8	9861,3	85
86	9890	9901,5	9913,0	9924,5	9936,0	9947,5	9959,0	9970,5	9982,0	9993,5	9909,2	9928,3	9966,7	9985,8	9918,8	9976,3	86
87	10005	10016,5	10028,0	10039,5	10051,0	10062,5	10074,0	10085,5	10097,0	10108,5	10024,2	10043,3	10081,7	10100,8	10033,8	10091,3	87
88	10120	10131,5	10143,0	10154,5	10166 0	10177,5	10189,0	10200,5	10212,0	10223,5	10139,2	10158,3	10196,7	10215,8	10148,8	10206,3	88
89	10235	10246,5	10258,0	10269,5	10281,0	10292,5	10304,0	10315,5	10327,0	10338,5	10254,2	10273,3	10311,7	10330,8	10263,8	10321,3	89
90	10350	10361,5	10373,0	10384,5	10396,0	10407,5	10419,0	10430,5	10442,0	10453,5	10369,2	10388,3	10426,7	10445,8	10378,8	10436,3	90
91	10465	10476,5	10488,0	10499,5	10511,0	10522,5	10534,0	10545,5	10557,0	10568,5	10484,2	10503,3	10541,7	10560,8	10493,8	10551,3	91
92	10580	10591,5	10603,0	10614,5	10626,0	10637,5	10649,0	10660,5	10672,0	10683,5	10599,2	10618,3	10656,7	10675,8	10608,8	10666,3	92
93	10695	10706,5	10718,0	10729,5	10741,0	10752,5	10764,0	10775,5	10787,0	10798,5	10714,2	10733,3	10771,7	10790,8	10723,8	10781,3	93
94	10810	10821,5	10833,0	10844,5	10856,0	10867,5	10879,0	10890,5	10902,0	10913,5	10829,2	10848,3	10886,7	10905,8	10838,8	10896,3	94
95	10925	10936,5	10948,0	10959,5	10971,0	10982,5	10994,0	11005,5	11017,0	11028,5	10944,2	10963,3	11001,7	11020,8	10953,8	11011,3	95
96	11040	11051,5	11063,0	11074,5	11086,0	11097,5	11109,0	11120,5	11132,0	11143,5	11059,2	11078,3	11116,7	11135,8	11068,8	11126,3	96
97	11155	11166,5	11178,0	11189,5	11201,0	11212,5	11224,0	11235,5	11247,0	11258,5	11174,2	11193,3	11231,7	11250,8	11183,8	11241,3	97
98	11270	11281,5	11293,0	11304,5	11316,0	11327,5	11339,0	11350,5	11362,0	11373,5	11289,2	11308,3	11346,7	11365,8	11298,8	11356,3	98
99	11385	11396,5	11408,0	11419,5	11431,0	11442,5	11454,0	11465,5	11477,0	11488,5	11404,2	11423,3	11461,7	11480,8	11413,8	11471,3	99
100	11500	11511,5	11523,0	11534,5	11546,0	11557,5	11569,0	11580,5	11592,0	11603,5	11519,2	11538,3	11576,7	11595,8	11528,8	11586,3	100

116

	116	1/10 11,6	2/10 23,2	3/10 34,8	4/10 46,4	5/10 58,0	6/10 69,6	7/10 81,2	8/10 92,8	9/10 104,4	1/6 19,333	2/6 38,666	4/6 77,333	5/6 96,666	1/4 29,0	3/4 87,0	
1	116	127,6	139,2	150,8	162,4	174,0	185,6	197,2	208,8	220,4	135,3	154,7	193,3	212,7	145,0	203,0	1
2	232	243,6	255,2	266,8	278,4	290,0	301,6	313,2	324,8	336,4	251,3	270,7	309,3	328,7	261,0	319,0	2
3	348	359,6	371,2	382,8	394,4	406,0	417,6	429,2	440,8	452,4	367,3	386,7	425,3	444,7	377,0	435,0	3
4	464	475,6	487,2	498,8	510,4	522,0	533,6	545,2	556,8	568,4	483,3	502,7	541,3	560,7	493,0	551,0	4
5	580	591,6	603,2	614,8	626,4	638,0	649,6	661,2	672,8	684,4	599,3	618,7	657,3	676,7	609,0	667,0	5
6	696	707,6	719,2	730,8	742,4	754,0	765,6	777,2	788,8	800,4	715,3	734,7	773,3	792,7	725,0	783,0	6
7	812	823,6	835,2	846,8	858,4	870,0	881,6	893,2	904,8	916,4	831,3	850,7	889,3	908,7	841,0	899,0	7
8	928	939,6	951,2	962,8	974,4	986,0	997,6	1009,2	1020,8	1032,4	947,3	966,7	1005,3	1024,7	957,0	1015,0	8
9	1044	1055,6	1067,2	1078,8	1090,4	1102,0	1113,6	1125,2	1136,8	1148,4	1063,3	1082,7	1121,3	1140,7	1073,0	1131,0	9
10	1160	1171,6	1183,2	1194,8	1206,4	1218,0	1229,6	1241,2	1252,8	1264,4	1179,3	1198,7	1237,3	1256,7	1189,0	1247,0	10
11	1276	1287,6	1299,2	1310,8	1322,4	1334,0	1345,6	1357,2	1368,8	1380,4	1295,3	1314,7	1353,3	1372,7	1305,0	1363,0	11
12	1392	1403,6	1415,2	1426,8	1438,4	1450,0	1461,6	1473,2	1484,8	1496,4	1411,3	1430,7	1469,3	1488,7	1421,0	1479,0	12
13	1508	1519,6	1531,2	1542,8	1554,4	1566,0	1577,6	1589,2	1600,8	1612,4	1527,3	1546,7	1585,3	1604,7	1537,0	1595,0	13
14	1624	1635,6	1647,2	1658,8	1670,4	1682,0	1693,6	1705,2	1716,8	1728,4	1643,3	1662,7	1701,3	1720,7	1653,0	1711,0	14
15	1740	1751,6	1763,2	1774,8	1786,4	1798,0	1809,6	1821,2	1832,8	1844,4	1759,3	1778,7	1817,3	1836,7	1769,0	1827,0	15
16	1856	1867,6	1879,2	1890,8	1902,4	1914,0	1925,6	1937,2	1948,8	1960,4	1875,3	1894,7	1933,3	1952,7	1885,0	1943,0	16
17	1972	1983,6	1995,2	2006,8	2018,4	2030,0	2041,6	2053,2	2064,8	2076,4	1991,3	2010,7	2049,3	2068,7	2001,0	2059,0	17
18	2088	2099,6	2111,2	2122,8	2134,4	2146,0	2157,6	2169,2	2180,8	2192,4	2107,3	2126,7	2165,3	2184,7	2117,0	2175,0	18
19	2204	2215,6	2227,2	2238,8	2250,4	2262,0	2273,6	2285,2	2296,8	2308,4	2223,3	2242,7	2281,3	2300,7	2233,0	2291,0	19
20	2320	2331,6	2343,2	2354,8	2366,4	2378,0	2389,6	2401,2	2412,8	2424,4	2339,3	2358,7	2397,3	2416,7	2349,0	2407,0	20
21	2436	2447,6	2459,2	2470,8	2482,4	2494,0	2505,6	2517,2	2528,8	2540,4	2455,3	2474,7	2513,3	2532,7	2465,0	2523,0	21
22	2552	2563,6	2575,2	2586,8	2598,4	2610,0	2621,6	2633,2	2644,8	2656,4	2571,3	2590,7	2629,3	2648,7	2581,0	2639,0	22
23	2668	2679,6	2691,2	2702,8	2714,4	2726,0	2737,6	2749,2	2760,8	2772,4	2687,3	2706,7	2745,3	2764,7	2697,0	2755,0	23
24	2784	2795,6	2807,2	2818,8	2830,4	2842,0	2853,6	2865,2	2876,8	2888,4	2803,3	2822,7	2861,3	2880,7	2813,0	2871,0	24
25	2900	2911,6	2923,2	2934,8	2946,4	2958,0	2969,6	2981,2	2992,8	3004,4	2919,3	2938,7	2977,3	2996,7	2929,0	2987,0	25
26	3016	3027,6	3039,2	3050,8	3062,4	3074,0	3085,6	3097,2	3108,8	3120,4	3035,3	3054,7	3093,3	3112,7	3045,0	3103,0	26
27	3132	3143,6	3155,2	3166,8	3178,4	3190,0	3201,6	3213,2	3224,8	3236,4	3151,3	3170,7	3209,3	3228,7	3161,0	3219,0	27
28	3248	3259,6	3271,2	3282,8	3294,4	3306,0	3317,6	3329,2	3340,8	3352,4	3267,3	3286,7	3325,3	3344,7	3277,0	3335 0	28
29	3364	3375,6	3387,2	3398,8	3410,4	3422,0	3433,6	3445,2	3456,8	3468,4	3383,3	3402,7	3441,3	3460,7	3393,0	3451,0	29
30	3480	3491,6	3503,2	3514,8	3526,4	3538,0	3549,6	3561,2	3572,8	3584,4	3499,3	3518,7	3557,3	3576,7	3509,0	3567,0	30
31	3596	3607,6	3619,2	3630,8	3642,4	3654,0	3665,6	3677,2	3688,8	3700,4	3615,3	3634,7	3673,3	3692,7	3625,0	3683,0	31
32	3712	3723,6	3735,2	3746,8	3758,4	3770,0	3781,6	3793,2	3804,8	3816,4	3731,3	3750,7	3789,3	3808,7	3741,0	3799,0	32
33	3828	3839,6	3851,2	3862,8	3874,4	3886,0	3897,6	3909,2	3920,8	3932,4	3847,3	3866,7	3905,3	3924,7	3857,0	3915,0	33
34	3944	3955,6	3967,2	3978,8	3990,4	4002,0	4013,6	4025,2	4036,8	4048,4	3963,3	3982,7	4021,3	4040,7	3973,0	4031,0	34
35	4060	4071,6	4083,2	4094,8	4106,4	4118,0	4129,6	4141,2	4152,8	4164,4	4079,3	4098,7	4137,3	4156,7	4089,0	4147,0	35
36	4176	4187,6	4199,2	4210,8	4222,4	4234,0	4245,6	4257,2	4268,8	4280,4	4195,3	4214,7	4253,3	4272,7	4205,0	4263,0	36
37	4292	4303,6	4315,2	4326,8	4338,4	4350,0	4361,6	4373,2	4384,8	4396,4	4311,3	4330,7	4369,3	4388,7	4321,0	4379,0	37
38	4408	4419,6	4431,2	4442,8	4454,4	4466,0	4477,6	4489,2	4500,8	4512,4	4427,3	4446,7	4485,3	4504,7	4437,0	4495,0	38
39	4524	4535,6	4547,2	4558,8	4570,4	4582,0	4593,6	4605,2	4616,8	4628,4	4543,3	4562,7	4601,3	4620,7	4553,0	4611,0	39
40	4640	4651,6	4663,2	4674,8	4686,4	4698,0	4709,6	4721,2	4732,8	4744,4	4659,3	4678,7	4717,3	4736,7	4669,0	4727,0	40
41	4756	4767,6	4779,2	4790,8	4802,4	4814,0	4825,6	4837,2	4848,8	4860,4	4775,3	4794,7	4833,3	4852,7	4785,0	4843,0	41
42	4872	4883,6	4895,2	4906,8	4918,4	4930,0	4941,6	4953,2	4964,8	4976,4	4891,3	4910,7	4949,3	4968,7	4901,0	4959,0	42
43	4988	4999,6	5011,2	5022,8	5034,4	5046,0	5057,6	5069,2	5080,8	5092,4	5007,3	5026,7	5065,3	5084,7	5017,0	5075,0	43
44	5104	5115,6	5127,2	5138,8	5150,4	5162,0	5173,6	5185,2	5196,8	5208,4	5123,3	5142,7	5181,3	5200,7	5133,0	5191,0	44
45	5220	5231,6	5243,2	5254,8	5266,4	5278,0	5289,6	5301,2	5312,8	5324,4	5239,3	5258,7	5297,3	5316,7	5249,0	5307,0	45
46	5336	5347,6	5359,2	5370,8	5382,4	5394,0	5405,6	5417,2	5428,8	5440,4	5355,3	5374,7	5413,3	5432,7	5365,0	5423,0	46
47	5452	5463,6	5475,2	5486,8	5498,4	5510,0	5521,6	5533,2	5544,8	5556,4	5471,3	5490,7	5529,3	5548,7	5481,0	5539,0	47
48	5568	5579,6	5591,2	5602,8	5614,4	5626,0	5637,6	5649,2	5660,8	5672,4	5587,3	5606,7	5645,3	5664,7	5597,0	5655,0	48
49	5684	5695,6	5707,2	5718,8	5730,4	5742,0	5753,6	5765,2	5776,8	5788,4	5703,3	5722,7	5761,3	5780,7	5713,0	5771,0	49
50	5800	5811,6	5823,2	5834,8	5846,4	5858,0	5869,6	5881,2	5892,8	5904,4	5819,3	5838,7	5877,3	5896,7	5829,0	5887,0	50
51	5916	5927,6	5939,2	5950,8	5962,4	5974,0	5985,6	5997,2	6008,8	6020,4	5935,3	5954,7	5993,3	6012,7	5945,0	6003,0	51
52	6032	6043,6	6055,2	6066,8	6078,4	6090,0	6101,6	6113,2	6124,8	6136,4	6051,3	6070,7	6109,3	6128,7	6061,0	6119,0	52
53	6148	6159,6	6171,2	6182,8	6194,4	6206,0	6217,6	6229,2	6240,8	6252,4	6167,3	6186,7	6225,3	6244,7	6177,0	6235,0	53
54	6264	6275,6	6287,2	6298,8	6310,4	6322,0	6333,6	6345,2	6356,8	6368,4	6283,3	6302,7	6341,3	6360,7	6293,0	6351,0	54
55	6380	6391,6	6403,2	6414,8	6426,4	6438,0	6449,6	6461,2	6472,8	6484,4	6399,3	6418,7	6457,3	6476,7	6409,0	6467,0	55
56	6496	6507,6	6519,2	6530,8	6542,4	6554,0	6565,6	6577,2	6588,8	6600,4	6515,3	6534,7	65 73,3	6592,7	6525,0	6583,0	56
57	6612	6623,6	6635,2	6646,8	6658,4	6670,0	6681,6	6693,2	6704,8	6716,4	6631,3	6650,7	6689,3	6708,7	6641,0	6699,0	57
58	6728	6739,6	6751,2	6762,8	6774,4	6786,0	6797,6	6809,2	6820,8	6832,4	6747,3	6766,7	6805,3	6824,7	6757,0	6815,0	58
59	6844	6855,6	6867,2	6878,8	6890,4	6902,0	6913,6	6925,2	6936,8	6948,4	6863,3	6882,7	6921,3	6940,7	6873,0	6931,0	59
60	6960	6971,6	6983,2	6994,8	7006,4	7018,0	7029,6	7041,2	7052,8	7064,4	6979,3	6998,7	7037,3	7056,7	6989,0	7047,0	60
61	7076	7087,6	7099,2	7110,8	7122,4	7134,0	7145,6	7157,2	7168,8	7180,4	7095,3	7114,7	7153,3	7172,7	7105,0	7163,0	61
62	7192	7203,6	7215,2	7226,8	7238,4	7250,0	7261,6	7273,2	7284,8	7296,4	7211,3	7230,7	7269,3	7288,7	7221,0	7279,0	62
63	7308	7319,6	7331,2	7342,8	7354,4	7366,0	7377,6	7389,2	7400,8	7412,4	7327,3	7346,7	7385,3	7404,7	7337,0	7395,0	63
64	7424	7435,6	7447,2	7458,8	7470,4	7482,0	7493,6	7505,2	7516,8	7528,4	7443,3	7462,7	7501,3	7520,7	7453,0	7511,0	64
65	7540	7551,6	7563,2	7574,8	7586,4	7598,0	7609,6	7621,2	7632,8	7644,4	7559,3	7578,7	7617,3	7636,7	7569,0	7627,0	65
66	7656	7667,6	7679,2	7690,8	7702,4	7714,0	7725,6	7737,2	7748,8	7760,4	7675,3	7694,7	7733,3	7752,7	7685,0	7743,0	66
67	7772	7783,6	7795,2	7806,8	7818,4	7830,0	7841,6	7853,2	7864,8	7876,4	7791,3	7810,7	7849,3	7868,7	7801,0	7859,0	67
68	7888	7899,6	7911,2	7922,8	7934,4	7946,0	7957,6	7969,2	7980,8	7992,4	7907,3	7926,7	7965,3	7984,7	7917,0	7975,0	68
69	8004	8015,6	8027,2	8038,8	8050,4	8062,0	8073,6	8085,2	8096,8	8108,4	8023,3	8042,7	8081,3	8100,7	8033,0	8091,0	69
70	8120	8131,6	8143,2	8154,8	8166,4	8178,0	8189,6	8201,2	8212,8	8224,4	8139,3	8158,7	8197,3	8216,7	8149,0	8207,0	70
71	8236	8247,6	8259,2	8270,8	8282,4	8294,0	8305,6	8317,2	8328,8	8340,4	8255,3	8274,7	8313,3	8332,7	8265,0	8323,0	71
72	8352	8363,6	8375,2	8386,8	8398,4	8410,0	8421,6	8433,2	8444,8	8456,4	8371,3	8390,7	8429,3	8448,7	8381,0	8439,0	72
73	8468	8479,6	8491,2	8502,8	8514,4	8526,0	8537,6	8549,2	8560,8	8572,4	8487,3	8506,7	8545,3	8564,7	8497,0	8555,0	73
74	8584	8595,6	8607,2	8618,8	8630,4	8642,0	8653,6	8665,2	8676,8	8688,4	8603,3	8622,7	8661,3	8680,7	8613,0	8671,0	74
75	8700	8711,6	8723,2	8734,8	8746,4	8758,0	8769,6	8781,2	8792,8	8804,4	8719,3	8738,7	8777,3	8796,7	8729,0	8787,0	75
76	8816	8827,6	8839,2	8850,8	8862,4	8874,0	8885,6	8897,2	8908,8	8920,4	8835,3	8854,7	8893,3	8912,7	8845,0	8903,0	76
77	8932	8943,6	8955,2	8966,8	8978,4	8990,0	9001,6	9013,2	9024,8	9036,4	8951,3	8970,7	9009,3	9028,7	8961,0	9019,0	77
78	9048	9059,6	9071,2	9082,8	9094,4	9106,0	9117,6	9129,2	9140,8	9152,4	9067,3	9086,7	9125,3	9144,7	9077,0	9135,0	78
79	9164	9175,6	9187,2	9198,8	9210,4	9222,0	9233,6	9245,2	9256,8	9268,4	9183,3	9202,7	9241,3	9260,7	9193,0	9251,0	79
80	9280	9291,6	9303,2	9314,8	9326,4	9338,0	9349,6	9361,2	9372,8	9384,4	9299,3	9318,7	9357,3	9376,7	9309,0	9367,0	80
81	9396	9407,6	9419,2	9430,8	9442,4	9454,0	9465,6	9477,2	9488,8	9500,4	9415,3	9434,7	9473,3	9492,7	9425,0	9483,0	81
82	9512	9523,6	9535,2	9546,8	9558,4	9570,0	9581,6	9593,2	9604,8	9616,4	9531,3	9550,7	9589,3	9608,7	9541,0	9599,0	82
83	9628	9639,6	9651,2	9662,8	9674,4	9686,0	9697,6	9709,2	9720,8	9732,4	9647,3	9666,7	9705,3	9724,7	9657,0	9715,0	83
84	9744	9755,6	9767,2	9778,8	9790,4	9802,0	9813,6	9825,2	9836,8	9848,4	9763,3	9782,7	9821,3	9840,7	9773,0	9831,0	84
85	9860	9871,6	9883,2	9894,8	9906,4	9918,0	9929,6	9941,2	9952,8	9964,4	9879,3	9898,7	9937,3	9956,7	9889,0	9947,0	85
86	9976	9987,6	9999,2	10010,8	10022,4	10034,0	10045,6	10057,2	10068,8	10080,4	9995,3	10014,7	10053,3	10072,7	10005,0	10063,0	86
87	10092	10103,6	10115,2	10126,8	10138,4	10150,0	10161,6	10173,2	10184,8	10196,4	10111,3	10130,7	10169,3	10188,7	10121,0	10179,0	87
88	10208	10219,6	10231,2	10242,8	10254,4	10266,0	10277,6	10289,2	10300,8	10312,4	10227,3	10246,7	10285,3	10304,7	10237,0	10295,0	88
89	10324	10335,6	10347,2	10358,8	10370,4	10382,0	10393,6	10405,2	10416,8	10428,4	10343,3	10362,7	10401,3	10420,7	10353,0	10411,0	89
90	10440	10451,6	10463,2	10474,8	10486,4	10498,0	10509,6	10521,2	10532,8	10544,4	10459,3	10478,7	10517,3	10536,7	10469,0	10527,0	90
91	10556	10567,6	10579,2	10590,8	10602,4	10614,0	10625,6	10637,2	10648,8	10660,4	10575,3	10594,7	10633,3	10652,7	10585,0	10643,0	91
92	10672	10683,6	10695,2	10706,8	10718,4	10730,0	10741,6	10753,2	10764,8	10776,4	10691,3	10710,7	10749,3	10768,7	10701,0	10759,0	92
93	10788	10799,6	10811,2	10822,8	10834,4	10846,0	10857,6	10869,2	10880,8	10892,4	10807,3	10826,7	10865,3	10884,7	10817,0	10875,0	93
94	10904	10915,6	10927,2	10938,8	10950,4	10962,0	10973,6	10985,2	10996,8	11008,4	10923,3	10942,7	10981,3	11000,7	10933,0	10991,0	94
95	11020	11031,6	11043,2	11054,8	11066,4	11078,0	11089,6	11101,2	11112,8	11124,4	11039,3	11058,7	11097,3	11116,7	11049,0	11107,0	95
96	11136	11147,6	11159,2	11170,8	11182,4	11194,0	11205,6	11217,2	11228,8	11240,4	11155,3	11174,7	11213,3	11232,7	11165,0	11223,0	96
97	11252	11263,6	11275,2	11286,8	11298,4	11310,0	11321,6	11333,2	11344,8	11356,4	11271,3	11290,7	11329,3	11348,7	11281,0	11339,0	97
98	11368	11379,6	11391,2	11402,8	11414,4	11426,0	11437,6	11449,2	11460,8	11472,4	11387,3	11406,7	11445,3	11464,7	11397,0	11455,0	98
99	11484	11495,6	11507,2	11518,8	11530,4	11542,0	11553,6	11565,2	11576,8	11588,4	11503,3	11522,7	11561,3	11580,7	11513,0	11571,0	99
100	11600	11611,6	11623,2	11634,8	11646,4	11658,0	11669,6	11681,2	11692,8	11704,4	11619,3	11638,7	11677,3	11696,7	11629,0	11687,0	100

		1/10 11,7	2/10 23,4	3/10 35,1	4/10 46,8	5/10 58,5	6/10 70,2	7/10 81,9	8/10 93,6	9/10 105,3	1/6 19,5	2/6 39,0	4/6 78,0	5/6 97,5	1/4 29,25	3/4 87,75	
1	117	128,7	140,4	152,1	163,8	175,5	187,2	198,9	210,6	222,3	136,5	156,0	195,0	214,5	146,3	204,8	1
2	234	245,7	257,4	269,1	280,8	292,5	304,2	315,9	327,6	339,3	253,5	273,0	312,0	331,5	263,3	321,8	2
3	351	362,7	374,4	386,1	397,8	409,5	421,2	432,9	444,6	456,3	370,5	390,0	429,0	448,5	380,3	438,8	3
4	468	479,7	491,4	503,1	514,8	526,5	538,2	549,9	561,6	573,3	487,5	507,0	546,0	565,5	497,3	555,8	4
5	585	596,7	608,4	620,1	631,8	643,5	655,2	666,9	678,6	690,3	604,5	624,0	663,0	682,5	614,3	672,8	5
6	702	713,7	725,4	737,1	748,8	760,5	772,2	783,9	795,6	807,3	721,5	741,0	780,0	799,5	731,3	789,8	6
7	819	830,7	842,4	854,1	865,8	877,5	889,2	900,9	912,6	924,3	838,5	858,0	897,0	916,5	848,3	906,8	7
8	936	947,7	959,4	971,1	982,8	994,5	1006,2	1017,9	1029,6	1041,3	955,5	975,0	1014,0	1033,5	965,3	1023,8	8
9	1053	1064,7	1076,4	1088,1	1099,8	1111,5	1123,2	1134,9	1146,6	1158,3	1072,5	1092,0	1131,0	1150,5	1082,3	1140,8	9
10	1170	1181,7	1193,4	1205,1	1216,8	1228,5	1240,2	1251,9	1263,6	1275,3	1189,5	1209,0	1248,0	1267,5	1199,3	1257,8	10
11	1287	1298,7	1310,4	1322,1	1333,8	1345,5	1357,2	1368,9	1380,6	1392,3	1306,5	1326,0	1365,0	1384,5	1316,3	1374,8	11
12	1404	1415,7	1427,4	1439,1	1450,8	1462,5	1474,2	1485,9	1497,6	1509,3	1423,5	1443,0	1482,0	1501,5	1433,3	1491,8	12
13	1521	1532,7	1544,4	1556,1	1567,8	1579,5	1591,2	1602,9	1614,6	1626,3	1540,5	1560,0	1599,0	1618,5	1550,3	1608,8	13
14	1638	1649,7	1661,4	1673,1	1684,8	1696,5	1708,2	1719,9	1731,6	1743,3	1657,5	1677,0	1716,0	1735,5	1667,3	1725,8	14
15	1755	1766,7	1778,4	1790,1	1801,8	1813,5	1825,2	1836,9	1848,6	1860,3	1774,5	1794,0	1833,0	1852,5	1784,3	1842,8	15
16	1872	1883,7	1895,4	1907,1	1918,8	1930,5	1942,2	1953,9	1965,6	1977,3	1891,5	1911,0	1950,0	1969,5	1901,3	1959,8	16
17	1989	2000,7	2012,4	2024,1	2035,8	2047,5	2059,2	2070,9	2082,6	2094,3	2008,5	2028,0	2067,0	2086,5	2018,3	2076,8	17
18	2106	2117,7	2129,4	2141,1	2152,8	2164,5	2176,2	2187,9	2199,6	2211,3	2125,5	2145,0	2184,0	2203,5	2135,3	2193,8	18
19	2223	2234,7	2246,4	2258,1	2269,8	2281,5	2293,2	2304,9	2316,6	2328,3	2242,5	2262,0	2301,0	2320,5	2252,3	2310,8	19
20	2340	2351,7	2363,4	2375,1	2386,8	2398,5	2410,2	2421,9	2433,6	2445,3	2359,5	2379,0	2418,0	2437,5	2369,3	2427,8	20
21	2457	2468,7	2480,4	2492,1	2503,8	2515,5	2527,2	2538,9	2550,6	2562,3	2476,5	2496,0	2535,0	2554,5	2486,3	2544,8	21
22	2574	2585,7	2597,4	2609,1	2620,8	2632,5	2644,2	2655,9	2667,6	2679,3	2593,5	2613,0	2652,0	2671,5	2603,3	2661,8	22
23	2691	2702,7	2714,4	2726,1	2737,8	2749,5	2761,2	2772,9	2784,6	2796,3	2710,5	2730,0	2769,0	2788,5	2720,3	2778,8	23
24	2808	2819,7	2831,4	2843,1	2854,8	2866,5	2878,2	2889,9	2901,6	2913,3	2827,5	2847,0	2886,0	2905,5	2837,3	2895,8	24
25	2925	2936,7	2948,4	2960,1	2971,8	2983,5	2995,2	3006,9	3018,6	3030,3	2944,5	2964,0	3003,0	3022,5	2954,3	3012,8	25
26	3042	3053,7	3065,4	3077,1	3088,8	3100,5	3112,2	3123,9	3135,6	3147,3	3061,5	3081,0	3120,0	3139,5	3071,3	3129,8	26
27	3159	3170,7	3182,4	3194,1	3205,8	3217,5	3229,2	3240,9	3252,6	3264,3	3178,5	3198,0	3237,0	3256,5	3188,3	3246,8	27
28	3276	3287,7	3299,4	3311,1	3322,8	3334,5	3346,2	3357,9	3369,6	3381,3	3295,5	3315,0	3354,0	3373,5	3305,3	3363,8	28
29	3393	3404,7	3416,4	3428,1	3439,8	3451,5	3463,2	3474,9	3486,6	3498,3	3412,5	3432,0	3471,0	3490,5	3422,3	3480,8	29
30	3510	3521,7	3533,4	3545,1	3556,8	3568,5	3580,2	3591,9	3603,6	3615,3	3529,5	3549,0	3588,0	3607,5	3539,3	3597,8	30
31	3627	3638,7	3650,4	3662,1	3673,8	3685,5	3697,2	3708,9	3720,6	3732,3	3646,5	3666,0	3705,0	3724,5	3656,3	3714,8	31
32	3744	3755,7	3767,4	3779,1	3790,8	3802,5	3814,2	3825,9	3837,6	3849,3	3763,5	3783,0	3822,0	3841,5	3773,3	3831,8	32
33	3861	3872,7	3884,4	3896,1	3907,8	3919,5	3931,2	3942,9	3954,6	3966,3	3880,5	3900,0	3939,0	3958,5	3890,3	3948,8	33
34	3978	3989,7	4001,4	4013,1	4024,8	4036,5	4048,2	4059,9	4071,6	4083,3	3997,5	4017,0	4056,0	4075,5	4007,3	4065,8	34
35	4095	4106,7	4118,4	4130,1	4141,8	4153,5	4165,2	4176,9	4188,6	4200,3	4114,5	4134,0	4173,0	4192,5	4124,3	4182,8	35
36	4212	4223,7	4235,4	4247,1	4258,8	4270,5	4282,2	4293,9	4305,6	4317,3	4231,5	4251,0	4290,0	4309,5	4241,3	4299,8	36
37	4329	4340,7	4352,4	4364,1	4375,8	4387,5	4399,2	4410,9	4422,6	4434,3	4348,5	4368,0	4407,0	4426,5	4358,3	4416,8	37
38	4446	4457,7	4469,4	4481,1	4492,8	4504,5	4516,2	4527,9	4539,6	4551,3	4465,5	4485,0	4524,0	4543,5	4475,3	4533,8	38
39	4563	4574,7	4586,4	4598,1	4609,8	4621,5	4633,2	4644,9	4656,6	4668,3	4582,5	4602,0	4641,0	4660,5	4592,3	4650,8	39
40	4680	4691,7	4703,4	4715,1	4726,8	4738,5	4750,2	4761,9	4773,6	4785,3	4699,5	4719,0	4758,0	4777,5	4709,3	4767,8	40
41	4797	4808,7	4820,4	4832,1	4843,8	4855,5	4867,2	4878,9	4890,6	4902,3	4816,5	4836,0	4875,0	4894,5	4826,3	4884,8	41
42	4914	4925,7	4937,4	4949,1	4960,8	4972,5	4984,2	4995,9	5007,6	5019,3	4933,5	4953,0	4992,0	5011,5	4943,3	5001,8	42
43	5031	5042,7	5054,4	5066,1	5077,8	5089,5	5101,2	5112,9	5124,6	5136,3	5050,5	5070,0	5109,0	5128,5	5060,3	5118,8	43
44	5148	5159,7	5171,4	5183,1	5194,8	5206,5	5218,2	5229,9	5241,6	5253,3	5167,5	5187,0	5226,0	5245,5	5177,3	5235,8	44
45	5265	5276,7	5288,4	5300,1	5311,8	5323,5	5335,2	5346,9	5358,6	5370,3	5284,5	5304,0	5343,0	5362,5	5294,3	5352,8	45
46	5382	5393,7	5405,4	5417,1	5428,8	5440,5	5452,2	5463,9	5475,6	5487,3	5401,5	5421,0	5460,0	5479,5	5411,3	5469,8	46
47	5499	5510,7	5522,4	5534,1	5545,8	5557,5	5569,2	5580,9	5592,6	5604,3	5518,5	5538,0	5577,0	5596,5	5528,3	5586,8	47
48	5616	5627,7	5639,4	5651,1	5662,8	5674,5	5686,2	5697,9	5709,6	5721,3	5635,5	5655,0	5694,0	5713,5	5645,3	5703,8	48
49	5733	5744,7	5756,4	5768,1	5779,8	5791,5	5803,2	5814,9	5826,6	5838,3	5752,5	5772,0	5811,0	5830,5	5762,3	5820,8	49
50	5850	5861,7	5873,4	5885,1	5896,8	5908,5	5920,2	5931,9	5943,6	5955,3	5869,5	5889,0	5928,0	5947,5	5879,3	5937,8	50
51	5967	5978,7	5990,4	6002,1	6013,8	6025,5	6037,2	6048,9	6060,6	6072,3	5986,5	6006,0	6045,0	6064,5	5996,3	6054,8	51
52	6084	6095,7	6107,4	6119,1	6130,8	6142,5	6154,2	6165,9	6177,6	6189,3	6103,5	6123,0	6162,0	6181,5	6113,3	6171,8	52
53	6201	6212,7	6224,4	6236,1	6247,8	6259,5	6271,2	6282,9	6294,6	6306,3	6220,5	6240,0	6279,0	6298,5	6230,3	6288,8	53
54	6318	6329,7	6341,4	6353,1	6364,8	6376,5	6388,2	6399,9	6411,6	6423,3	6337,5	6357,0	6396,0	6415,5	6347,3	6405,8	54
55	6435	6446,7	6458,4	6470,1	6481,8	6493,5	6505,2	6516,9	6528,6	6540,3	6454,5	6474,0	6513,0	6532,5	6464,3	6522,8	55
56	6552	6563,7	6575,4	6587,1	6598,8	6610,5	6622,2	6683,9	6645,6	6657,3	6571,5	6591,0	6630,0	6649,5	6581,3	6639,8	56
57	6669	6680,7	6692,4	6704,1	6715,8	6727,5	6739,2	6750,9	6762,6	6774,3	6688,5	6708,0	6747,0	6766,5	6698,3	6756,8	57
58	6786	6797,7	6809,4	6821,1	6832,8	6844,5	6856,2	6867,9	6879,6	6891,3	6805,5	6825,0	6864,0	6883,5	6815,3	6873,8	58
59	6903	6914,7	6926,4	6938,1	6949,8	6961,5	6973,2	6984,9	6996,6	7008,3	6922,5	6942,0	6981,0	7000,5	6932,3	6990,8	59
60	7020	7031,7	7043,4	7055,1	7066,8	7078,5	7090,2	7101,9	7113,6	7125,3	7039,5	7059,0	7098,0	7117,5	7049,3	7107,8	60
61	7137	7148,7	7160,4	7172,1	7183,8	7195,5	7207,2	7218,9	7230,6	7242,3	7156,5	7176,0	7215,0	7234,5	7166,3	7224,8	61
62	7254	7265,7	7277,4	7289,1	7300,8	7312,5	7324,2	7335,9	7347,6	7359,3	7273,5	7293,0	7332,0	7351,5	7283,3	7341,8	62
63	7371	7382,7	7394,4	7406,1	7417,8	7429,5	7441,2	7452,9	7464,6	7476,3	7390,5	7410,0	7449,0	7468,5	7400,3	7458,8	63
64	7488	7499,7	7511,4	7523,1	7534,8	7546,5	7558,2	7569,9	7581,6	7593,3	7507,5	7527,0	7566,0	7585,5	7517,3	7575,8	64
65	7605	7616,7	7628,4	7640,1	7651,8	7663,5	7675,2	7686,9	7698,6	7710,3	7624,5	7644,0	7683,0	7702,5	7634,3	7692,8	65
66	7722	7733,7	7745,4	7757,1	7768,8	7780,5	7792,2	7803,9	7815,6	7827,3	7741,5	7761,0	7800,0	7819,5	7751,3	7809,8	66
67	7839	7850,7	7862,4	7874,1	7885,8	7897,5	7909,2	7920,9	7932,6	7944,3	7858,5	7878,0	7917,0	7936,5	7868,3	7926,8	67
68	7956	7967,7	7979,4	7991,1	8002,8	8014,5	8026,2	8037,9	8049,6	8061,3	7975,5	7995,0	8034,0	8053,5	7985,3	8043,8	68
69	8073	8084,7	8096,4	8108,1	8119,8	8131,5	8143,2	8154,9	8166,6	8178,3	8092,5	8112,0	8151,0	8170,5	8102,3	8160,8	69
70	8190	8201,7	8213,4	8225,1	8236,8	8248,5	8260,2	8271,9	8283,6	8295,3	8209,5	8229,0	8268,0	8287,5	8219,3	8277,8	70
71	8307	8318,7	8330,4	8342,1	8353,8	8365,5	8377,2	8388,9	8400,6	8412,3	8326,5	8346,0	8385,0	8404,5	8336,3	8394,8	71
72	8424	8435,7	8447,4	8459,1	8470,8	8482,5	8494,2	8505,9	8517,6	8529,3	8443,5	8463,0	8502,0	8521,5	8453,3	8511,8	72
73	8541	8552,7	8564,4	8576,1	8587,8	8599,5	8611,2	8622,9	8634,6	8646,3	8560,5	8580,0	8619,0	8638,5	8570,3	8628,8	73
74	8658	8669,7	8681,4	8693,1	8704,8	8716,5	8728,2	8739,9	8751,6	8763,3	8677,5	8697,0	8736,0	8755,5	8687,3	8745,8	74
75	8775	8786,7	8798,4	8810,1	8821,8	8833,5	8845,2	8856,9	8868,6	8880,3	8794,5	8814,0	8853,0	8872,5	8804,3	8862,8	75
76	8892	8903,7	8915,4	8927,1	8938,8	8950,5	8962,2	8973,9	8985,6	8997,3	8911,5	8931,0	8970,0	8989,5	8921,3	8979,8	76
77	9009	9020,7	9032,4	9044,1	9055,8	9067,5	9079,2	9090,9	9102,6	9114,3	9028,5	9048,0	9087,0	9106,5	9038,3	9096,8	77
78	9126	9137,7	9149,4	9161,1	9172,8	9184,5	9196,2	9207,9	9219,6	9231,3	9145,5	9165,0	9204,0	9223,5	9155,3	9213,8	78
79	9243	9254,7	9266,4	9278,1	9289,8	9301,5	9313,2	9324,9	9336,6	9348,3	9262,5	9282,0	9321,0	9340,5	9272,3	9330,8	79
80	9360	9371,7	9383,4	9395,1	9406,8	9418,5	9430,2	9441,9	9453,6	9465,3	9379,5	9399,0	9438,0	9457,5	9389,3	9447,8	80
81	9477	9488,7	9500,4	9512,1	9523,8	9535,5	9547,2	9558,9	9570,6	9582,3	9496,5	9516,0	9555,0	9574,5	9506,3	9564,8	81
82	9594	9605,7	9617,4	9629,1	9640,8	9652,5	9664,2	9675,9	9687,6	9699,3	9613,5	9633,0	9672,0	9691,5	9623,3	9681,8	82
83	9711	9722,7	9734,4	9746,1	9757,8	9769,5	9781,2	9792,9	9804,6	9816,3	9730,5	9750,0	9789,0	9808,5	9740,3	9798,8	83
84	9828	9839,7	9851,4	9863,1	9874,8	9886,5	9898,2	9909,9	9921,6	9933,3	9847,5	9867,0	9906,0	9925,5	9857,3	9915,8	84
85	9945	9956,7	9968,4	9980,1	9991,8	10003,5	10015,2	10026,9	10038,6	10050,3	9964,5	9984,0	10023,0	10042,5	9974,3	10032,8	85
86	10062	10073,7	10085,4	10097,1	10108,8	10120,5	10132,2	10143,9	10155,6	10167,3	10081,5	10101,0	10140,0	10159,5	10091,3	10149,8	86
87	10179	10190,7	10202,4	10214,1	10225,8	10237,5	10249,2	10260,9	10272,6	10284,3	10198,5	10218,0	10257,0	10276,5	10208,3	10266,8	87
88	10296	10307,7	10319,4	10331,1	10342,8	10354,5	10366,2	10377,9	10389,6	10401,3	10315,5	10335,0	10374,0	10393,5	10325,3	10383,8	88
89	10413	10424,7	10436,4	10448,1	10459,8	10471,5	10483,2	10494,9	10506,6	10518,3	10432,5	10452,0	10491,0	10510,5	10442,3	10500,8	89
90	10530	10541,7	10553,4	10565,1	10576,8	10588,5	10600,2	10611,9	10623,6	10635,3	10549,5	10569,0	10608,0	10627,5	10559,3	10617,8	90
91	10647	10658,7	10670,4	10682,1	10693,8	10705,5	10717,2	10728,9	10740,6	10752,3	10666,5	10686,0	10725,0	10744,5	10676,3	10734,8	91
92	10764	10775,7	10787,4	10799,1	10810,8	10822,5	10834,2	10845,9	10857,6	10869,3	10783,5	10803,0	10842,0	10861,5	10793,3	10851,8	92
93	10881	10892,7	10904,4	10916,1	10927,8	10939,5	10951,2	10962,9	10974,6	10986,3	10900,5	10920,0	10959,0	10978,5	10910,3	10968,8	93
94	10998	11009,7	11021,4	11033,1	11044,8	11056,5	11068,2	11079,9	11091,6	11103,3	11017,5	11037,0	11076,0	11095,5	11027,3	11085,8	94
95	11115	11126,7	11138,4	11150,1	11161,8	11173,5	11185,2	11196,9	11208,6	11220,3	11134,5	11154,0	11193,0	11212,5	11144,3	11202,8	95
96	11232	11243,7	11255,4	11267,1	11278,8	11290,5	11302,2	11313,9	11325,6	11337,3	11251,5	11271,0	11310,0	11329,5	11261,3	11319,8	96
97	11349	11360,7	11372,4	11384,1	11395,8	11407,5	11419,2	11430,9	11442,6	11454,3	11368,5	11388,0	11427,0	11446,5	11378,3	11436,8	97
98	11466	11477,7	11489,4	11501,1	11512,8	11524,5	11536,2	11547,9	11559,6	11571,3	11485,5	11505,0	11544,0	11563,5	11495,3	11553,8	98
99	11583	11594,7	11606,4	11618,1	11629,8	11641,5	11653,2	11664,9	11676,6	11688,3	11602,5	11622,0	11661,0	11680,5	11612,3	11670,8	99
100	11700	11711,7	11723,4	11735,1	11746,8	11758,5	11770,2	11781,9	11793,6	11805,3	11719,5	11739,0	11778,0	11797,5	11729,3	11787,8	100

118		1/10 11,8	2/10 23,6	3/10 35,4	4/10 47,2	5/10 59,0	6/10 70,8	7/10 82,6	8/10 94,4	9/10 106,2	1/6 19,666	2/6 39,333	4/6 78,666	5/6 98,333	1/4 29,5	3/4 88,5	
1	118	129,8	141,6	153,4	165,2	177,0	188,8	200,6	212,4	224,2	137,7	157,3	196,7	216,3	147,5	206,5	1
2	236	247,8	259,6	271,4	283,2	295,0	306,8	318,6	330,4	342,2	255,7	275,3	314,7	334,3	265,5	324,5	2
3	354	365,8	377,6	389,4	401,2	413,0	424,8	436,6	448,4	460,2	373,7	393,3	432,7	452,3	383,5	442,5	3
4	472	483,8	495,6	507,4	519,2	531,0	542,8	554,6	566,4	578,2	491,7	511,3	550,7	570,3	501,5	560,5	4
5	590	601,8	613,6	625,4	637,2	649,0	660,8	672,6	684,4	696,2	609,7	629,3	668,7	688,3	619,5	678,5	5
6	708	719,8	731,6	743,4	755,2	767,0	778,8	790,6	802,4	814,2	727,7	747,3	786,7	806,3	737,5	796,5	6
7	826	837,8	849,6	861,4	873,2	885,0	896,8	908,6	920,4	932,2	845,7	865,3	904,7	924,3	855,5	914,5	7
8	944	955,8	967,6	979,4	991,2	1003,0	1014,8	1026,6	1038,4	1050,2	963,7	983,3	1022,7	1042,3	973,5	1032,5	8
9	1062	1073,8	1085,6	1097,4	1109,2	1121,0	1132,8	1144,6	1156,4	1168,2	1081,7	1101,3	1140,7	1160,3	1091,5	1150,5	9
10	1180	1191,8	1203,6	1215,4	1227,2	1239,0	1250,8	1262,6	1274,4	1286,2	1199,7	1219,3	1258,7	1278,3	1209,5	1268,5	10
11	1298	1309,8	1321,6	1333,4	1345,2	1357,0	1368,8	1380,6	1392,4	1404,2	1317,7	1337,3	1376,7	1396,3	1327,5	1386,5	11
12	1416	1427,8	1439,6	1451,4	1463,2	1475,0	1486,8	1498,6	1510,4	1522,2	1435,7	1455,3	1494,7	1514,3	1445,5	1504,5	12
13	1534	1545,8	1557,6	1569,4	1581,2	1593,0	1604,8	1616,6	1628,4	1640,2	1553,7	1573,3	1612,7	1632,3	1563,5	1622,5	13
14	1652	1663,8	1675,6	1687,4	1699,2	1711,0	1722,8	1734,6	1746,4	1758,2	1671,7	1691,3	1730,7	1750,3	1681,5	1740,5	14
15	1770	1781,8	1793,6	1805,4	1817,2	1829,0	1840,8	1852,6	1864,4	1876,2	1789,7	1809,3	1848,7	1868,3	1799,5	1858,5	15
16	1888	1899,8	1911,6	1923,4	1935,2	1947,0	1958,8	1970,6	1982,4	1994,2	1907,7	1927,3	1966,7	1986,3	1917,5	1976,5	16
17	2006	2017,8	2029,6	2041,4	2053,2	2065,0	2076,8	2088,6	2100,4	2112,2	2025,7	2045,3	2084,7	2104,3	2035,5	2094,5	17
18	2124	2135,8	2147,6	2159,4	2171,2	2183,0	2194,8	2206,6	2218,4	2230,2	2143,7	2163,3	2202,7	2222,3	2153,5	2212,5	18
19	2242	2253,8	2265,6	2277,4	2289,2	2301,0	2312,8	2324,6	2336,4	2348,2	2261,7	2281,3	2320,7	2340,3	2271,5	2330,5	19
20	2360	2371,8	2383,6	2395,4	2407,2	2419,0	2430,8	2442,6	2454,4	2466,2	2379,7	2399,3	2438,7	2458,3	2389,5	2448,5	20
21	2478	2489,8	2501,6	2513,4	2525,2	2537,0	2548,8	2560,6	2572,4	2584,2	2497,7	2517,3	2556,7	2576,3	2507,5	2566,5	21
22	2596	2607,8	2619,6	2631,4	2643,2	2655,0	2666,8	2678,6	2690,4	2702,2	2615,7	2635,3	2674,7	2694,3	2625,5	2684,5	22
23	2714	2725,8	2737,6	2749,4	2761,2	2773,0	2784,8	2796,6	2808,4	2820,2	2733,7	2753,3	2792,7	2812,3	2743,5	2802,5	23
24	2832	2843,8	2855,6	2867,4	2879,2	2891,0	2902,8	2914,6	2926,4	2938,2	2851,7	2871,3	2910,7	2930,3	2861,5	2920,5	24
25	2950	2961,8	2973,6	2985,4	2997,2	3009,0	3020,8	3032,6	3044,4	3056,2	2969,7	2989,3	3028,7	3048,3	2979,5	3038,5	25
26	3068	3079,8	3091,6	3103,4	3115,2	3127,0	3138,8	3150,6	3162,4	3174,2	3087,7	3107,3	3146,7	3166,3	3097,5	3156,5	26
27	3186	3197,8	3209,6	3221,4	3233,2	3245,0	3256,8	3268,6	3280,4	3292,2	3205,7	3225,3	3264,7	3284,3	3215,5	3274,5	27
28	3304	3315,8	3327,6	3339,4	3351,2	3363,0	3374,8	3386,6	3398,4	3410,2	3323,7	3343,3	3382,7	3402,3	3333,5	3392,5	28
29	3422	3433,8	3445,6	3457,4	3469,2	3481,0	3492,8	3504,6	3516,4	3528,2	3441,7	3461,3	3500,7	3520,3	3451,5	3510,5	29
30	3540	3551,8	3563,6	3575,4	3587,2	3599,0	3610,8	3622,6	3634,4	3646,2	3559,7	3579,3	3618,7	3638,3	3569,5	3628,5	30
31	3658	3669,8	3681,6	3693,4	3705,2	3717,0	3728,8	3740,6	3752,4	3764,2	3677,7	3697,3	3736,7	3756,3	3687,5	3746,5	31
32	3776	3787,8	3799,6	3811,4	3823,2	3835,0	3846,8	3858,6	3870,4	3882,2	3795,7	3815,3	3854,7	3874,3	3805,5	3864,5	32
33	3894	3905,8	3917,6	3929,4	3941,2	3953,0	3964,8	3976,6	3988,4	4000,2	3913,7	3933,3	3972,7	3992,3	3923,5	3982,5	33
34	4012	4023,8	4035,6	4047,4	4059,2	4071,0	4082,8	4094,6	4106,4	4118,2	4031,7	4051,3	4090,7	4110,3	4041,5	4100,5	34
35	4130	4141,8	4153,6	4165,4	4177,2	4189,0	4200,8	4212,6	4224,4	4236,2	4149,7	4169,3	4208,7	4228,3	4159,5	4218,5	35
36	4248	4259,8	4271,6	4283,4	4295,2	4307,0	4318,8	4330,6	4342,4	4354,2	4267,7	4287,3	4326,7	4346,3	4277,5	4336,5	36
37	4366	4377,8	4389,6	4401,4	4413,2	4425,0	4436,8	4448,6	4460,4	4472,2	4385,7	4405,3	4444,7	4464,3	4395,5	4454,5	37
38	4484	4495,8	4507,6	4519,4	4531,2	4543,0	4554,8	4566,6	4578,4	4590,2	4503,7	4523,3	4562,7	4582,3	4513,5	4572,5	38
39	4602	4613,8	4625,6	4637,4	4649,2	4661,0	4672,8	4684,6	4696,4	4708,2	4621,7	4641,3	4680,7	4700,3	4631,5	4690,5	39
40	4720	4731,8	4743,6	4755,4	4767,2	4779,0	4790,8	4802,6	4814,4	4826,2	4739,7	4759,3	4798,7	4818,3	4749,5	4808,5	40
41	4838	4849,8	4861,6	4873,4	4885,2	4897,0	4908,8	4920,6	4932,4	4944,2	4857,7	4877,3	4916,7	4936,3	4867,5	4926,5	41
42	4956	4967,8	4979,6	4991,4	5003,2	5015,0	5026,8	5038,6	5050,4	5062,2	4975,7	4995,3	5034,7	5054,3	4985,5	5044,5	42
43	5074	5085,8	5097,6	5109,4	5121,2	5133,0	5144,8	5156,6	5168,4	5180,2	5093,7	5113,3	5152,7	5172,3	5103,5	5162,5	43
44	5192	5203,8	5215,6	5227,4	5239,2	5251,0	5262,8	5274,6	5286,4	5298,2	5211,7	5231,3	5270,7	5290,3	5221,5	5280,5	44
45	5310	5321,8	5333,6	5345,4	5357,2	5369,0	5380,8	5392,6	5404,4	5416,2	5329,7	5349,3	5388,7	5408,3	5339,5	5398,5	45
46	5428	5439,8	5451,6	5463,4	5475,2	5487,0	5498,8	5510,6	5522,4	5534,2	5447,7	5467,3	5506,7	5526,3	5457,5	5516,5	46
47	5546	5557,8	5569,6	5581,4	5593,2	5605,0	5616,8	5628,6	5640,4	5652,2	5565,7	5585,3	5624,7	5644,3	5575,5	5634,5	47
48	5664	5675,8	5687,6	5699,4	5711,2	5723,0	5734,8	5746,6	5758,4	5770,2	5683,7	5703,3	5742,7	5762,3	5693,5	5752,5	48
49	5782	5793,8	5805,6	5817,4	5829,2	5841,0	5852,8	5864,6	5876,4	5888,2	5801,7	5821,3	5860,7	5880,3	5811,5	5870,5	49
50	5900	5911,8	5923,6	5935,4	5947,2	5959,0	5970,8	5982,6	5994,4	6006,2	5919,7	5939,3	5978,7	5998,3	5929,5	5988,5	50
51	6018	6029,8	6041,6	6053,4	6065,2	6077,0	6088,8	6100,6	6112,4	6124,2	6037,7	6057,3	6096,7	6116,3	6047,5	6106,5	51
52	6136	6147,8	6159,6	6171,4	6183,2	6195,0	6206,8	6218,6	6230,4	6242,2	6155,7	6175,3	6214,7	6234,3	6165,5	6224,5	52
53	6254	6265,8	6277,6	6289,4	6301,2	6313,0	6324,8	6336,6	6348,4	6360,2	6273,7	6293,3	6332,7	6352,3	6283,5	6342,5	53
54	6372	6383,8	6395,6	6407,4	6419,2	6431,0	6442,8	6454,6	6466,4	6478,2	6391,7	6411,3	6450,7	6470,3	6401,5	6460,5	54
55	6490	6501,8	6513,6	6525,4	6537,2	6549,0	6560,8	6572,6	6584,4	6596,2	6509,7	6529,3	6568,7	6588,3	6519,5	6578,5	55
56	6608	6619,8	6631,6	6643,4	6655,2	6667,0	6678,8	6690,6	6702,4	6714,2	6627,7	6647,3	6686,7	6706,3	6637,5	6696,5	56
57	6726	6737,8	6749,6	6761,4	6773,2	6785,0	6796,8	6808,6	6820,4	6832,2	6745,7	6765,3	6804,7	6824,3	6755,5	6814,5	57
58	6844	6855,8	6867,6	6879,4	6891,2	6903,0	6914,8	6926,6	6938,4	6950,2	6863,7	6883,3	6922,7	6942,3	6873,5	6932,5	58
59	6962	6973,8	6985,6	6997,4	7009,2	7021,0	7032,8	7044,6	7056,4	7068,2	6981,7	7001,3	7040,7	7060,3	6991,5	7050,5	59
60	7080	7091,8	7103,6	7115,4	7127,2	7139,0	7150,8	7162,6	7174,4	7186,2	7099,7	7119,3	7158,7	7178,3	7109,5	7168,5	60
61	7198	7209,8	7221,6	7233,4	7245,2	7257,0	7268,8	7280,6	7292,4	7304,2	7217,7	7237,3	7276,7	7296,3	7227,5	7286,5	61
62	7316	7327,8	7339,6	7351,4	7363,2	7375,0	7386,8	7398,6	7410,4	7422,2	7335,7	7355,3	7394,7	7414,3	7345,5	7404,5	62
63	7434	7445,8	7457,6	7469,4	7481,2	7493,0	7504,8	7516,6	7528,4	7540,2	7453,7	7473,3	7512,7	7532,3	7463,5	7522,5	63
64	7552	7563,8	7575,6	7587,4	7599,2	7611,0	7622,8	7634,6	7646,4	7658,2	7571,7	7591,3	7630,7	7650,3	7581,5	7640,5	64
65	7670	7681,8	7693,6	7705,4	7717,2	7729,0	7740,8	7752,6	7764,4	7776,2	7689,7	7709,3	7748,7	7768,3	7699,5	7758,5	65
66	7788	7799,8	7811,6	7823,4	7835,2	7847,0	7858,8	7870,6	7882,4	7894,2	7807,7	7827,3	7866,7	7886,3	7817,5	7876,5	66
67	7906	7917,8	7929,6	7941,4	7953,2	7965,0	7976,8	7988,6	8000,4	8012,2	7925,7	7945,3	7984,7	8004,3	7935,5	7994,5	67
68	8024	8035,8	8047,6	8059,4	8071,2	8083,0	8094,8	8106,6	8118,4	8130,2	8043,7	8063,3	8102,7	8122,3	8053,5	8112,5	68
69	8142	8153,8	8165,6	8177,4	8189,2	8201,0	8212,8	8224,6	8236,4	8248,2	8161,7	8181,3	8220,7	8240,3	8171,5	8230,5	69
70	8260	8271,8	8283,6	8295,4	8307,2	8319,0	8330,8	8342,6	8354,4	8366,2	8279,7	8299,3	8338,7	8358,3	8289,5	8348,5	70
71	8378	8389,8	8401,6	8413,4	8425,2	8437,0	8448,8	8460,6	8472,4	8484,2	8397,7	8417,3	8456,7	8476,3	8407,5	8466,5	71
72	8496	8507,8	8519,6	8531,4	8543,2	8555,0	8566,8	8578,6	8590,4	8602,2	8515,7	8535,3	8574,7	8594,3	8525,5	8584,5	72
73	8614	8625,8	8637,6	8649,4	8661,2	8673,0	8684,8	8696,6	8708,4	8720,2	8633,7	8653,3	8692,7	8712,3	8643,5	8702,5	73
74	8732	8743,8	8755,6	8767,4	8779,2	8791,0	8802,8	8814,6	8826,4	8838,2	8751,7	8771,3	8810,7	8830,3	8761,5	8820,5	74
75	8850	8861,8	8873,6	8885,4	8897,2	8909,0	8920,8	8932,6	8944,4	8956,2	8869,7	8889,3	8928,7	8948,3	8879,5	8938,5	75
76	8968	8979,8	8991,6	9003,4	9015,2	9027,0	9038,8	9050,6	9062,4	9074,2	8987,7	9007,3	9046,7	9066,3	8997,5	9056,5	76
77	9086	9097,8	9109,6	9121,4	9133,2	9145,0	9156,8	9168,6	9180,4	9192,2	9105,7	9125,3	9164,7	9184,3	9115,5	9174,5	77
78	9204	9215,8	9227,6	9239,4	9251,2	9263,0	9274,8	9286,6	9298,4	9310,2	9223,7	9243,3	9282,7	9302,3	9233,5	9292,5	78
79	9322	9333,8	9345,6	9357,4	9369,2	9381,0	9392,8	9404,6	9416,4	9428,2	9341,7	9361,3	9400,7	9420,3	9351,5	9410,5	79
80	9440	9451,8	9463,6	9475,4	9487,2	9499,0	9510,8	9522,6	9534,4	9546,2	9459,7	9479,3	9518,7	9538,3	9469,5	9528,5	80
81	9558	9569,8	9581,6	9593,4	9605,2	9617,0	9628,8	9640,6	9652,4	9664,2	9577,7	9597,3	9636,7	9656,3	9587,5	9646,5	81
82	9676	9687,8	9699,6	9711,4	9723,2	9735,0	9746,8	9758,6	9770,4	9782,2	9695,7	9715,3	9754,7	9774,3	9705,5	9764,5	82
83	9794	9805,8	9817,6	9829,4	9841,2	9853,0	9864,8	9876,6	9888,4	9900,2	9813,7	9833,3	9872,7	9892,3	9823,5	9882,5	83
84	9912	9923,8	9935,6	9947,4	9959,2	9971,0	9982,8	9994,6	10006,4	10018,2	9931,7	9951,3	9990,7	10010,3	9941,5	10000,5	84
85	10030	10041,8	10053,6	10065,4	10077,2	10089,0	10100,8	10112,6	10124,4	10136,2	10049,7	10069,3	10108,7	10128,3	10059,5	10118,5	85
86	10148	10159,8	10171,6	10183,4	10195,2	10207,0	10218,8	10230,6	10242,4	10254,2	10167,7	10187,3	10226,7	10246,3	10177,5	10236,5	86
87	10266	10277,8	10289,6	10301,4	10313,2	10325,0	10336,8	10348,6	10360,4	10372,2	10285,7	10305,3	10344,7	10364,3	10295,5	10354,5	87
88	10384	10395,8	10407,6	10419,4	10431,2	10443,0	10454,8	10466,6	10478,4	10490,2	10403,7	10423,3	10462,7	10482,3	10413,5	10472,5	88
89	10502	10513,8	10525,6	10537,4	10549,2	10561,0	10572,8	10584,6	10596,4	10608,2	10521,7	10541,3	10580,7	10600,3	10531,5	10590,5	89
90	10620	10631,8	10643,6	10655,4	10667,2	10679,0	10690,8	10702,6	10714,4	10726,2	10639,7	10659,3	10698,7	10718,3	10649,5	10708,5	90
91	10738	10749,8	10761,6	10773,4	10785,2	10797,0	10808,8	10820,6	10832,4	10844,2	10757,7	10777,3	10816,7	10836,3	10767,5	10826,5	91
92	10856	10867,8	10879,6	10891,4	10903,2	10915,0	10926,8	10938,6	10950,4	10962,2	10875,7	10895,3	10934,7	10954,3	10885,5	10944,5	92
93	10974	10985,8	10997,6	11009,4	11021,2	11033,0	11044,8	11056,6	11068,4	11080,2	10993,7	11013,3	11052,7	11072,3	11003,5	11062,5	93
94	11092	11103,8	11115,6	11127,4	11139,2	11151,0	11162,8	11174,6	11186,4	11198,2	11111,7	11131,3	11170,7	11190,3	11121,5	11180,5	94
95	11210	11221,8	11233,6	11245,4	11257,2	11269,0	11280,8	11292,6	11304,4	11316,2	11229,7	11249,3	11288,7	11308,3	11239,5	11298,5	95
96	11328	11339,8	11351,6	11363,4	11375,2	11387,0	11398,8	11410,6	11422,4	11434,2	11347,7	11367,3	11406,7	11426,3	11357,5	11416,5	96
97	11446	11457,8	11469,6	11481,4	11493,2	11505,0	11516,8	11528,6	11540,4	11552,2	11465,7	11485,3	11524,7	11544,3	11475,5	11534,5	97
98	11564	11575,8	11587,6	11599,4	11611,2	11623,0	11634,8	11646,6	11658,4	11670,2	11583,7	11603,3	11642,7	11662,3	11593,5	11652,5	98
99	11682	11693,8	11705,6	11717,4	11729,2	11741,0	11752,8	11764,6	11776,4	11788,2	11701,7	11721,3	11760,7	11780,3	11711,5	11770,5	99
100	11800	11811,8	11823,6	11835,4	11847,2	11859,0	11870,8	11882,6	11894,4	11906,2	11819,7	11839,3	11878,7	11898,3	11829,5	11888,5	100

		1/10 11,9	2/10 23,8	3/10 35,7	4/10 47,6	5/10 59,5	6/10 71,4	7/10 83,3	8/10 95,2	9/10 107,1	1/6 19,833	2/6 39,666	4/6 79,333	5/6 99,166	1/4 29,75	3/4 89,25	
1	119	130,9	142,8	154,7	166,6	178,5	190,4	202,3	214,2	226,1	138,8	158,7	198,3	218,2	148,8	208,3	1
2	238	249,9	261,8	273,7	285,6	297,5	309,4	321,3	333,2	345,1	257,8	277,7	317,3	337,2	267,8	327,3	2
3	357	368,9	380,8	392,7	404,6	416,5	428,4	440,3	452,2	464,1	376,8	396,7	436,3	456,2	386,8	446,3	3
4	476	487,9	499,8	511,7	523,6	535,5	547,4	559,3	571,2	583,1	495,8	515,7	555,3	575,2	505,8	565,3	4
5	595	606,9	618,8	630,7	642,6	654,5	666,4	678,3	690,2	702,1	614,8	634,7	674,3	694,2	624,8	684,3	5
6	714	725,9	737,8	749,7	761,6	773,5	785,4	797,3	809,2	821,1	733,8	753,7	793,3	813,2	743,8	803,3	6
7	833	844,9	856,8	868,7	880,6	892,5	904,4	916,3	928,2	940,1	852,8	872,7	912,3	932,2	862,8	922,3	7
8	952	963,9	975,8	987,7	999,6	1011,5	1023,4	1035,3	1047,2	1059,1	971,8	991,7	1031,3	1051,2	981,8	1041,3	8
9	1071	1082,9	1094,8	1106,7	1118,6	1130,5	1142,4	1154,3	1166,2	1178,1	1090,8	1110,7	1150,3	1170,2	1100,8	1160,3	9
10	1190	1201,9	1213,8	1225,7	1237,6	1249,5	1261,4	1273,3	1285,2	1297,1	1209,8	1229,7	1269,3	1289,2	1219,8	1279,3	10
11	1309	1320,9	1332,8	1344,7	1356,6	1368,5	1380,4	1392,3	1404,2	1416,1	1328,8	1348,7	1388,3	1408,2	1338,8	1398,3	11
12	1428	1439,9	1451,8	1463,7	1475,6	1487,5	1499,4	1511,3	1523,2	1535,1	1447,8	1467,7	1507,3	1527,2	1457,8	1517,3	12
13	1547	1558,9	1570,8	1582,7	1594,6	1606,5	1618,4	1630,3	1642,2	1654,1	1566,8	1586,7	1626,3	1646,2	1576,8	1636,3	13
14	1666	1677,9	1689,8	1701,7	1713,6	1725,5	1737,4	1749,3	1761,2	1773,1	1685,8	1705,7	1745,3	1765,2	1695,8	1755,3	14
15	1785	1796,9	1808,8	1820,7	1832,6	1844,5	1856,4	1868,3	1880,2	1892,1	1804,8	1824,7	1864,3	1884,2	1814,8	1874,3	15
16	1904	1915,9	1927,8	1939,7	1951,6	1963,5	1975,4	1987,3	1999,2	2011,1	1923,8	1943,7	1983,3	2003,2	1933,8	1993,3	16
17	2023	2034,9	2046,8	2058,7	2070,6	2082,5	2094,4	2106,3	2118,2	2130,1	2042,8	2062,7	2102,3	2122,2	2052,8	2112,3	17
18	2142	2153,9	2165,8	2177,7	2189,6	2201,5	2213,4	2225,3	2237,2	2249,1	2161,8	2181,7	2221,3	2241,2	2171,8	2231,3	18
19	2261	2272,9	2284,8	2296,7	2308,6	2320,5	2332,4	2344,3	2356,2	2368,1	2280,8	2300,7	2340,3	2360,2	2290,8	2350,3	19
20	2380	2391,9	2403,8	2415,7	2427,6	2439,5	2451,4	2463,3	2475,2	2487,1	2399,8	2419,7	2459,3	2479,2	2409,8	2469,3	20
21	2499	2510,9	2522,8	2534,7	2546,6	2558,5	2570,4	2582,3	2594,2	2606,1	2518,8	2538,7	2578,3	2598,2	2528,8	2588,3	21
22	2618	2629,9	2641,8	2653,7	2665,6	2677,5	2689,4	2701,3	2713,2	2725,1	2637,8	2657,7	2697,3	2717,2	2647,8	2707,3	22
23	2737	2748,9	2760,8	2772,7	2784,6	2796,5	2808,4	2820,3	2832,2	2844,1	2756,8	2776,7	2816,3	2836,2	2766,8	2826,3	23
24	2856	2867,9	2879,8	2891,7	2903,6	2915,5	2927,4	2939,3	2951,2	2963,1	2875,8	2895,7	2935,3	2955,2	2885,8	2945,3	24
25	2975	2986,9	2998,8	3010,7	3022,6	3034,5	3046,4	3058,3	3070,2	3082,1	2994,8	3014,7	3054,3	3074,2	3004,8	3064,3	25
26	3094	3105,9	3117,8	3129,7	3141,6	3153,5	3165,4	3177,3	3189,2	3201,1	3113,8	3133,7	3173,3	3193,2	3123,8	3183,3	26
27	3213	3224,9	3236,8	3248,7	3260,8	3272,5	3284,4	3296,3	3308,2	3320,1	3232,8	3252,7	3292,3	3312,2	3242,8	3302,3	27
28	3332	3343,9	3355,8	3367,7	3379,6	3391,5	3403,4	3415,3	3427,2	3439,1	3351,8	3371,7	3411,3	3431,2	3361,8	3421,3	28
29	3451	3462,9	3474,8	3486,7	3498,6	3510,5	3522,4	3534,3	3546,2	3558,1	3470,8	3490,7	3530,3	3550,2	3480,8	3540,3	29
30	3570	3581,9	3593,8	3605,7	3617,6	3629,5	3641,4	3653,3	3665,2	3677,1	3589,8	3609,7	3649,3	3669,2	3599,8	3659,3	30
31	3689	3700,9	3712,8	3724,7	3736,6	3748,5	3760,4	3772,3	3784,2	3796,1	3708,8	3728,7	3768,3	3788,2	3718,8	3778,3	31
32	3808	3819,9	3831,8	3843,7	3855,6	3867,5	3879,4	3891,3	3903,2	3915,1	3827,8	3847,7	3887,3	3907,2	3837,8	3897,3	32
33	3927	3938,9	3950,8	3962,7	3974,6	3986,5	3998,4	4010,3	4022,2	4034,1	3946,8	3966,7	4006,3	4026,2	3956,8	4016,3	33
34	4046	4057,9	4069,8	4081,7	4093,6	4105,5	4117,4	4129,3	4141,2	4153,1	4065,8	4085,7	4125,3	4145,2	4075,8	4135,3	34
35	4165	4176,9	4188,8	4200,7	4212,6	4224,5	4236,4	4248,3	4260,2	4272,1	4184,8	4204,7	4244,3	4264,2	4194,8	4254,3	35
36	4284	4295,9	4307,8	4319,7	4331,6	4343,5	4355,4	4367,3	4379,2	4391,1	4303,8	4323,7	4363,3	4383,2	4313,8	4373,3	36
37	4403	4414,9	4426,8	4438,7	4450,6	4462,5	4474,4	4486,3	4498,2	4510,1	4422,8	4442,7	4482,3	4502,2	4432,8	4492,3	37
38	4522	4533,9	4545,8	4557,7	4569,6	4581,5	4593,4	4605,3	4617,2	4629,1	4541,8	4561,7	4601,3	4621,2	4551,8	4611,3	38
39	4641	4652,9	4664,8	4676,7	4688,6	4700,5	4712,4	4724,3	4736,2	4748,1	4660,8	4680,7	4720,3	4740,2	4670,8	4730,3	39
40	4760	4771,9	4783,8	4795,7	4807,6	4819,5	4831,4	4843,3	4855,2	4867,1	4779,8	4799,7	4839,3	4859,2	4789,8	4849,3	40
41	4879	4890,9	4902,8	4914,7	4926,6	4938,5	4950,4	4962,3	4974,2	4986,1	4898,8	4918,7	4958,3	4978,2	4908,8	4968,3	41
42	4998	5009,9	5021,8	5033,7	5045,6	5057,5	5069,4	5081,3	5093,2	5105,1	5017,8	5037,7	5077,3	5097,2	5027,8	5087,3	42
43	5117	5128,9	5140,8	5152,7	5164,6	5176,5	5188,4	5200,3	5212,2	5224,1	5136,8	5156,7	5196,3	5216,2	5146,8	5206,3	43
44	5236	5247,9	5259,8	5271,7	5283,6	5295,5	5307,4	5319,3	5331,2	5343,1	5255,8	5275,7	5315,3	5335,2	5265,8	5325,3	44
45	5355	5366,9	5378,8	5390,7	5402,6	5414,5	5426,4	5438,3	5450,2	5462,1	5374,8	5394,7	5434,3	5454,2	5384,8	5444,3	45
46	5474	5485,9	5497,8	5509,7	5521,6	5533,5	5545,4	5557,3	5569,2	5581,1	5493,8	5513,7	5553,3	5573,2	5503,8	5563,3	46
47	5593	5604,9	5616,8	5628,7	5640,6	5652,5	5664,4	5676,3	5688,2	5700,1	5612,8	5632,7	5672,3	5692,2	5622,8	5682,3	47
48	5712	5723,9	5735,8	5747,7	5759,6	5771,5	5783,4	5795,3	5807,2	5819,1	5731,8	5751,7	5791,3	5811,2	5741,8	5801,3	48
49	5831	5842,9	5854,8	5866,7	5878,6	5890,5	5902,4	5914,3	5926,2	5938,1	5850,8	5870,7	5910,3	5930,2	5860,8	5920,3	49
50	5950	5961,9	5973,8	5985,7	5997,6	6009,5	6021,4	6033,3	6045,2	6057,1	5969,8	5989,7	6029,3	6049,2	5979,8	6039,3	50
51	6069	6080,9	6092,8	6104,7	6116,6	6128,5	6140,4	6152,3	6164,2	6176,1	6088,8	6108,7	6148,3	6168,2	6098,8	6158,3	51
52	6188	6199,9	6211,8	6223,7	6235,6	6247,5	6259,4	6271,3	6283,2	6295,1	6207,8	6227,7	6267,3	6287,2	6217,8	6277,3	52
53	6307	6318,9	6330,8	6342,7	6354,6	6366,5	6378,4	6390,3	6402,2	6414,1	6326,8	6346,7	6386,3	6406,2	6336,8	6396,3	53
54	6426	6437,9	6449,8	6461,7	6473,6	6485,5	6497,4	6509,3	6521,2	6533,1	6445,8	6465,7	6505,3	6525,2	6455,8	6515,3	54
55	6545	6556,9	6568,8	6580,7	6592,6	6604,5	6616,4	6628,3	6640,2	6652,1	6564,8	6584,7	6624,3	6644,2	6574,8	6634,3	55
56	6664	6675,9	6687,8	6699,7	6711,6	6723,5	6735,4	6747,3	6759,2	6771,1	6683,8	6703,7	6743,3	6763,2	6693,8	6753,3	56
57	6783	6794,9	6806,8	6818,7	6830,6	6842,5	6854,4	6866,3	6878,2	6890,1	6802,8	6822,7	6862,3	6882,2	6812,8	6872,3	57
58	6902	6913,9	6925,8	6937,7	6949,6	6961,5	6973,4	6985,3	6997,2	7009,1	6921,8	6941,7	6981,3	7001,2	6931,8	6991,3	58
59	7021	7032,9	7044,8	7056,7	7068,6	7080,5	7092,4	7104,3	7116,2	7128,1	7040,8	7060,7	7100,3	7120,2	7050,8	7110,3	59
60	7140	7151,9	7163,8	7175,7	7187,6	7199,5	7211,4	7223,3	7235,2	7247,1	7159,8	7179,7	7219,3	7239,2	7169,8	7229,3	60
61	7259	7270,9	7282,8	7294,7	7306,6	7318,5	7330,4	7342,3	7354,2	7366,1	7278,8	7298,7	7338,3	7358,2	7288,8	7348,3	61
62	7378	7389,9	7401,8	7413,7	7425,6	7437,5	7449,4	7461,3	7473,2	7485,1	7397,8	7417,7	7457,3	7477,2	7407,8	7467,3	62
63	7497	7508,9	7520,8	7532,7	7544,6	7556,5	7568,4	7580,3	7592,2	7604,1	7516,8	7536,7	7576,3	7596,2	7526,8	7586,3	63
64	7616	7627,9	7639,8	7651,7	7663,6	7675,5	7687,4	7699,3	7711,2	7723,1	7635,8	7655,7	7695,3	7715,2	7645,8	7705,3	64
65	7735	7746,9	7758,8	7770,7	7782,6	7794,5	7806,4	7818,3	7830,2	7842,1	7754,8	7774,7	7814,3	7834,2	7764,8	7824,3	65
66	7854	7865,9	7877,8	7889,7	7901,6	7913,5	7925,4	7937,3	7949,2	7961,1	7873,8	7893,7	7933,3	7953,2	7883,8	7943,3	66
67	7973	7984,9	7996,8	8008,7	8020,6	8032,5	8044,4	8056,3	8068,2	8080,1	7992,8	8012,7	8052,3	8072,2	8002,8	8062,3	67
68	8092	8103,9	8115,8	8127,7	8139,6	8151,5	8163,4	8175,3	8187,2	8199,1	8111,8	8131,7	8171,3	8191,2	8121,8	8181,3	68
69	8211	8222,9	8234,8	8246,7	8258,6	8270,5	8282,4	8294,3	8306,2	8318,1	8230,8	8250,7	8290,3	8310,2	8240,8	8300,3	69
70	8330	8341,9	8353,8	8365,7	8377,6	8389,5	8401,4	8413,3	8425,2	8437,1	8349,8	8359,7	8409,3	8429,2	8359,8	8419,3	70
71	8449	8460,9	8472,8	8484,7	8496,6	8508,5	8520,4	8532,3	8544,2	8556,1	8468,8	8488,7	8528,3	8548,2	8478,8	8538,3	71
72	8568	8579,9	8591,8	8603,7	8615,6	8627,5	8639,4	8651,3	8663,2	8675,1	8587,8	8607,7	8647,3	8667,2	8597,8	8657,3	72
73	8687	8698,9	8710,8	8722,7	8734,6	8746,5	8758,4	8770,3	8782,2	8794,1	8706,8	8726,7	8766,3	8786,2	8716,8	8776,3	73
74	8806	8817,9	8829,8	8841,7	8853,6	8865,5	8877,4	8889,3	8901,2	8913,1	8825,8	8845,7	8885,3	8905,2	8835,8	8895,3	74
75	8925	8936,9	8948,8	8960,7	8972,6	8984,5	8996,4	9008,3	9020,2	9032,1	8944,8	8964,7	9004,3	9024,2	8954,8	9014,3	75
76	9044	9055,9	9067,8	9079,7	9091,6	9103,5	9115,4	9127,3	9139,2	9151,1	9063,8	9083,7	9123,3	9143,2	9073,8	9133,3	76
77	9163	9174,9	9186,8	9198,7	9210,6	9222,5	9234,4	9246,3	9258,2	9270,1	9182,8	9202,7	9242,3	9262,2	9192,8	9252,3	77
78	9282	9293,9	9305,8	9317,7	9329,6	9341,5	9353,4	9365,3	9377,2	9389,1	9301,8	9321,7	9361,3	9381,2	9311,8	9371,3	78
79	9401	9412,9	9424,8	9436,7	9448,6	9460,5	9472,4	9484,3	9496,2	9508,1	9420,8	9440,7	9480,3	9500,2	9430,8	9490,3	79
80	9520	9531,9	9543,8	9555,7	9567,6	9579,5	9591,4	9603,3	9615,2	9627,1	9539,8	9559,7	9599,3	9619,2	9549,8	9609,3	80
81	9639	9650,9	9662,8	9674,7	9686,6	9698,5	9710,4	9722,3	9734,2	9746,1	9658,8	9678,7	9718,3	9738,2	9668,8	9728,3	81
82	9758	9769,9	9781,8	9793,7	9805,6	9817,5	9829,4	9841,3	9853,2	9865,1	9777,8	9797,7	9837,3	9857,2	9787,8	9847,3	82
83	9877	9888,9	9900,8	9912,7	9924,6	9936,5	9948,4	9960,3	9972,2	9984,1	9896,8	9916,7	9956,3	9976,2	9906,8	9966,3	83
84	9996	10007,9	10019,8	10031,7	10043,6	10055,5	10067,4	10079,3	10091,2	10103,1	10015,8	10035,7	10075,3	10095,2	10025,8	10085,3	84
85	10115	10126,9	10138,8	10150,7	10162,6	10174,5	10186,4	10198,3	10210,2	10222,1	10134,8	10154,7	10194,3	10214,2	10144,8	10204,3	85
86	10234	10245,9	10257,8	10269,7	10281,6	10293,5	10305,4	10317,3	10329,2	10341,1	10253,8	10273,7	10313,3	10333,2	10263,8	10323,3	86
87	10353	10364,9	10376,8	10388,7	10400,6	10412,5	10424,4	10436,3	10448,2	10460,1	10372,8	10392,7	10432,3	10452,2	10382,8	10442,3	87
88	10472	10483,9	10495,8	10507,7	10519,6	10531,5	10543,4	10555,3	10567,2	10579,1	10491,8	10511,7	10551,3	10571,2	10501,8	10561,3	88
89	10591	10602,9	10614,8	10626,7	10638,6	10650,5	10662,4	10674,3	10686,2	10698,1	10610,8	10630,7	10670,3	10690,2	10620,8	10680,3	89
90	10710	10721,9	10733,8	10745,7	10757,6	10769,5	10781,4	10793,3	10805,2	10817,1	10729,8	10749,7	10789,3	10809,2	10739,8	10799,3	90
91	10829	10840,9	10852,8	10864,7	10876,6	10888,5	10900,4	10912,3	10924,2	10936,1	10848,8	10868,7	10908,3	10928,2	10858,8	10918,3	91
92	10948	10959,9	10971,8	10983,7	10995,6	11007,5	11019,4	11031,3	11043,2	11055,1	10967,8	10987,7	11027,3	11047,2	10977,8	11037,3	92
93	11067	11078,9	11090,8	11102,7	11114,6	11126,5	11138,4	11150,3	11162,2	11174,1	11086,8	11106,7	11146,3	11166,2	11096,8	11156,3	93
94	11186	11197,9	11209,8	11221,7	11233,6	11245,5	11257,4	11269,3	11281,2	11293,1	11205,8	11225,7	11265,3	11285,2	11215,8	11275,3	94
95	11305	11316,9	11328,8	11340,7	11352,6	11364,5	11376,4	11388,3	11400,2	11412,1	11324,8	11344,7	11384,3	11404,2	11334,8	11394,3	95
96	11424	11435,9	11447,8	11459,7	11471,6	11483,5	11495,4	11507,3	11519,2	11531,1	11443,8	11463,7	11503,3	11523,2	11453,8	11513,3	96
97	11543	11554,9	11566,8	11578,7	11590,6	11602,5	11614,4	11626,3	11638,2	11650,1	11562,8	11582,7	11622,3	11642,2	11572,8	11632,3	97
98	11662	11673,9	11685,8	11697,7	11709,6	11721,5	11733,4	11745,3	11757,2	11769,1	11681,8	11701,7	11741,3	11761,2	11691,8	11751,3	98
99	11781	11792,9	11804,8	11816,7	11828,6	11840,5	11852,4	11864,3	11876,2	11888,1	11800,8	11820,7	11860,3	11880,2	11810,8	11870,3	99
100	11900	11911,9	11923,8	11935,7	11947,6	11959,5	11971,4	11983,3	11995,2	12007,1	11919,8	11939,7	11979,3	11999,2	11929,8	11989,3	100

120		1/10 12,0	2/10 24,0	3/10 36,0	4/10 48,0	5/10 60,0	6/10 72,0	7/10 84,0	8/10 96,0	9/10 108,0	1/6 20,0	2/6 40,0	4/6 80,0	5/6 100,0	1/4 30,0	3/4 90,0	
1	120	132,0	144,0	156,0	168,0	180,0	192,0	204,0	216,0	228,0	140,0	160,0	200,0	220,0	150,0	210,0	1
2	240	252,0	264,0	276,0	288,0	300,0	312,0	324,0	336,0	348,0	260,0	280,0	320,0	340,0	270,0	330,0	2
3	360	372,0	384,0	396,0	408,0	420,0	432,0	444,0	456,0	468,0	380,0	400,0	440,0	460,0	390,0	450,0	3
4	480	492,0	504,0	516,0	528,0	540,0	552,0	564,0	576,0	588,0	500,0	520,0	560,0	580,0	510,0	570,0	4
5	600	612,0	624,0	636,0	648,0	660,0	672,0	684,0	696,0	708,0	620,0	640,0	680,0	700,0	630,0	690,0	5
6	720	732,0	744,0	756,0	768,0	780,0	792,0	804,0	816,0	828,0	740,0	760,0	800,0	820,0	750,0	810,0	6
7	840	852,0	864,0	876,0	888,0	900,0	912,0	924,0	936,0	948,0	860,0	880,0	920,0	940,0	870,0	930,0	7
8	960	972,0	984,0	996,0	1008,0	1020,0	1032,0	1044,0	1056,0	1068,0	980,0	1000,0	1040,0	1060,0	990,0	1050,0	8
9	1080	1092,0	1104,0	1116,0	1128,0	1140,0	1152,0	1164,0	1176,0	1188,0	1100,0	1120,0	1160,0	1180,0	1110,0	1170,0	9
10	1200	1212,0	1224,0	1236,0	1248,0	1260,0	1272,0	1284,0	1296,0	1308,0	1220,0	1240,0	1280,0	1300,0	1230,0	1290,0	10
11	1320	1332,0	1344,0	1356,0	1368,0	1380,0	1392,0	1404,0	1416,0	1428,0	1340,0	1360,0	1400,0	1420,0	1350,0	1410,0	11
12	1440	1452,0	1464,0	1476,0	1488,0	1500,0	1512,0	1524,0	1536,0	1548,0	1460,0	1480,0	1520,0	1540,0	1470,0	1530,0	12
13	1560	1572,0	1584,0	1596,0	1608,0	1620,0	1632,0	1644,0	1656,0	1668,0	1580,0	1600,0	1640,0	1660,0	1590,0	1650,0	13
14	1680	1692,0	1704,0	1716,0	1728,0	1740,0	1752,0	1764,0	1776,0	1788,0	1700,0	1720,0	1760,0	1780,0	1710,0	1770,0	14
15	1800	1812,0	1824,0	1836,0	1848,0	1860,0	1872,0	1884,0	1896,0	1908,0	1820,0	1840,0	1880,0	1900,0	1830,0	1890,0	15
16	1920	1932,0	1944,0	1956,0	1968,0	1980,0	1992,0	2004,0	2016,0	2028,0	1940,0	1960,0	2000,0	2020,0	1950,0	2010,0	16
17	2040	2052,0	2064,0	2076,0	2088,0	2100,0	2112,0	2124,0	2136,0	2148,0	2060,0	2080,0	2120,0	2140,0	2070,0	2130,0	17
18	2160	2172,0	2184,0	2196,0	2208,0	2220,0	2232,0	2244,0	2256,0	2268,0	2180,0	2200,0	2240,0	2260,0	2190,0	2250,0	18
19	2280	2292,0	2304,0	2316,0	2328,0	2340,0	2352,0	2364,0	2376,0	2388,0	2300,0	2320,0	2360,0	2380,0	2310,0	2370,0	19
20	2400	2412,0	2424,0	2436,0	2448,0	2460,0	2472,0	2484,0	2496,0	2508,0	2420,0	2440,0	2480,0	2500,0	2430,0	2490,0	20
21	2520	2532,0	2544,0	2556,0	2568,0	2580,0	2592,0	2604,0	2616,0	2628,0	2540,0	2560,0	2600,0	2620,0	2550,0	2610,0	21
22	2640	2652,0	2664,0	2676,0	2688,0	2700,0	2712,0	2724,0	2736,0	2748,0	2660,0	2680,0	2720,0	2740,0	2670,0	2730,0	22
23	2760	2772,0	2784,0	2796,0	2808,0	2820,0	2832,0	2844,0	2856,0	2868,0	2780,0	2800,0	2840,0	2860,0	2790,0	2850,0	23
24	2880	2892,0	2904,0	2916,0	2928,0	2940,0	2952,0	2964,0	2976,0	2988,0	2900,0	2920,0	2960,0	2980,0	2910,0	2970,0	24
25	3000	3012,0	3024,0	3036,0	3048,0	3060,0	3072,0	3084,0	3096,0	3108,0	3020,0	3040,0	3080,0	3100,0	3030,0	3090,0	25
26	3120	3132,0	3144,0	3156,0	3168,0	3180,0	3192,0	3204,0	3216,0	3228,0	3140,0	3160,0	3200,0	3220,0	3150,0	3210,0	26
27	3240	3252,0	3264,0	3276,0	3288,0	3300,0	3312,0	3324,0	3336,0	3348,0	3260,0	3280,0	3320,0	3340,0	3270,0	3330,0	27
28	3360	3372,0	3384,0	3396,0	3408,0	3420,0	3432,0	3444,0	3456,0	3468,0	3380,0	3400,0	3440,0	3460,0	3390,0	3450,0	28
29	3480	3492,0	3504,0	3516,0	3528,0	3540,0	3552,0	3564,0	3576,0	3588,0	3500,0	3520,0	3560,0	3580,0	3510,0	3570,0	29
30	3600	3612,0	3624,0	3636,0	3648,0	3660,0	3672,0	3684,0	3696,0	3708,0	3620,0	3640,0	3680,0	3700,0	3630,0	3690,0	30
31	3720	3732,0	3744,0	3756,0	3768,0	3780,0	3792,0	3804,0	3816,0	3828,0	3740,0	3760,0	3800,0	3820,0	3750,0	3810,0	31
32	3840	3852,0	3864,0	3876,0	3888,0	3900,0	3912,0	3924,0	3936,0	3948,0	3860,0	3880,0	3920,0	3940,0	3870,0	3930,0	32
33	3960	3972,0	3984,0	3996,0	4008,0	4020,0	4032,0	4044,0	4056,0	4068,0	3980,0	4000,0	4040,0	4060,0	3990,0	4050,0	33
34	4080	4092,0	4104,0	4116,0	4128,0	4140,0	4152,0	4164,0	4176,0	4188,0	4100,0	4120,0	4160,0	4180,0	4110,0	4170,0	34
35	4200	4212,0	4224,0	4236,0	4248,0	4260,0	4272,0	4284,0	4296,0	4308,0	4220,0	4240,0	4280,0	4300,0	4230,0	4290,0	35
36	4320	4332,0	4344,0	4356,0	4368,0	4380,0	4392,0	4404,0	4416,0	4428,0	4340,0	4360,0	4400,0	4420,0	4350,0	4410,0	36
37	4440	4452,0	4464,0	4476,0	4488,0	4500,0	4512,0	4524,0	4536,0	4548,0	4460,0	4480,0	4520,0	4540,0	4470,0	4530,0	37
38	4560	4572,0	4584,0	4596,0	4608,0	4620,0	4632,0	4644,0	4656,0	4668,0	4580,0	4600,0	4640,0	4660,0	4590,0	4650,0	38
39	4680	4692,0	4704,0	4716,0	4728,0	4740,0	4752,0	4764,0	4776,0	4788,0	4700,0	4720,0	4760,0	4780,0	4710,0	4770,0	39
40	4800	4812,0	4824,0	4836,0	4848,0	4860,0	4872,0	4884,0	4896,0	4908,0	4820,0	4840,0	4880,0	4900,0	4830,0	4890,0	40
41	4920	4932,0	4944,0	4956,0	4968,0	4980,0	4992,0	5004,0	5016,0	5028,0	4940,0	4960,0	5000,0	5020,0	4950,0	5010,0	41
42	5040	5052,0	5064,0	5076,0	5088,0	5100,0	5112,0	5124,0	5136,0	5148,0	5060,0	5080,0	5120,0	5140,0	5070,0	5130,0	42
43	5160	5172,0	5184,0	5196,0	5208,0	5220,0	5232,0	5244,0	5256,0	5268,0	5180,0	5200,0	5240,0	5260,0	5190,0	5250,0	43
44	5280	5292,0	5304,0	5316,0	5328,0	5340,0	5352,0	5364,0	5376,0	5388,0	5300,0	5320,0	5360,0	5380,0	5310,0	5370,0	44
45	5400	5412,0	5424,0	5436,0	5448,0	5460,0	5472,0	5484,0	5496,0	5508,0	5420,0	5440,0	5480,0	5500,0	5430,0	5490,0	45
46	5520	5532,0	5544,0	5556,0	5568,0	5580,0	5592,0	5604,0	5616,0	5628,0	5540,0	5560,0	5600,0	5620,0	5550,0	5610,0	46
47	5640	5652,0	5664,0	5676,0	5688,0	5700,0	5712,0	5724,0	5736,0	5748,0	5660,0	5680,0	5720,0	5740,0	5670,0	5730,0	47
48	5760	5772,0	5784,0	5796,0	5808,0	5820,0	5832,0	5844,0	5856,0	5868,0	5780,0	5800,0	5840,0	5860,0	5790,0	5850,0	48
49	5880	5892,0	5904,0	5916,0	5928,0	5940,0	5952,0	5964,0	5976,0	5988,0	5900,0	5920,0	5960,0	5980,0	5910,0	5970,0	49
50	6000	6012,0	6024,0	6036,0	6048,0	6060,0	6072,0	6084,0	6096,0	6108,0	6020,0	6040,0	6080,0	6100,0	6030,0	6090,0	50
51	6120	6132,0	6144,0	6156,0	6168,0	6180,0	6192,0	6204,0	6216,0	6228,0	6140,0	6160,0	6200,0	6220,0	6150,0	6210,0	51
52	6240	6252,0	6264,0	6276,0	6288,0	6300,0	6312,0	6324,0	6336,0	6348,0	6260,0	6280,0	6320,0	6340,0	6270,0	6330,0	52
53	6360	6372,0	6384,0	6396,0	6408,0	6420,0	6432,0	6444,0	6456,0	6468,0	6380,0	6400,0	6440,0	6460,0	6390,0	6450,0	53
54	6480	6492,0	6504,0	6516,0	6528,0	6540,0	6552,0	6564,0	6576,0	6588,0	6500,0	6520,0	6560,0	6580,0	6510,0	6570,0	54
55	6600	6612,0	6624,0	6636,0	6648,0	6660,0	6672,0	6684,0	6696,0	6708,0	6620,0	6640,0	6680,0	6700,0	6630,0	6690,0	55
56	6720	6732,0	6744,0	6756,0	6768,0	6780,0	6792,0	6804,0	6816,0	6828,0	6740,0	6760,0	6800,0	6820,0	6750,0	6810,0	56
57	6840	6852,0	6864,0	6876,0	6888,0	6900,0	6912,0	6924,0	6936,0	6948,0	6860,0	6880,0	6920,0	6940,0	6870,0	6930,0	57
58	6960	6972,0	6984,0	6996,0	7008,0	7020,0	7032,0	7044,0	7056,0	7068,0	6980,0	7000,0	7040,0	7060,0	6990,0	7050,0	58
59	7080	7092,0	7104,0	7116,0	7128,0	7140,0	7152,0	7164,0	7176,0	7188,0	7100,0	7120,0	7160,0	7180,0	7110,0	7170,0	59
60	7200	7212,0	7224,0	7236,0	7248,0	7260,0	7272,0	7284,0	7296,0	7308,0	7220,0	7240,0	7280,0	7300,0	7230,0	7290,0	60
61	7320	7332,0	7344,0	7356,0	7368,0	7380,0	7392,0	7404,0	7416,0	7428,0	7340,0	7360,0	7400,0	7420,0	7350,0	7410,0	61
62	7440	7452,0	7464,0	7476,0	7488,0	7500,0	7512,0	7524,0	7536,0	7548,0	7460,0	7480,0	7520,0	7540,0	7470,0	7530,0	62
63	7560	7572,0	7584,0	7596,0	7608,0	7620,0	7632,0	7644,0	7656,0	7668,0	7580,0	7600,0	7640,0	7660,0	7590,0	7650,0	63
64	7680	7692,0	7704,0	7716,0	7728,0	7740,0	7752,0	7764,0	7776,0	7788,0	7700,0	7720,0	7760,0	7780,0	7710,0	7770,0	64
65	7800	7812,0	7824,0	7836,0	7848,0	7860,0	7872,0	7884,0	7896,0	7908,0	7820,0	7840,0	7880,0	7900,0	7830,0	7890,0	65
66	7920	7932,0	7944,0	7956,0	7968,0	7980,0	7992,0	8004,0	8016,0	8028,0	7940,0	7960,0	8000,0	8020,0	7950,0	8010,0	66
67	8040	8052,0	8064,0	8076,0	8088,0	8100,0	8112,0	8124,0	8136,0	8148,0	8060,0	8080,0	8120,0	8140,0	8070,0	8130,0	67
68	8160	8172,0	8184,0	8196,0	8208,0	8220,0	8232,0	8244,0	8256,0	8268,0	8180,0	8200,0	8240,0	8260,0	8190,0	8250,0	68
69	8280	8292,0	8304,0	8316,0	8328,0	8340,0	8352,0	8364,0	8376,0	8388,0	8300,0	8320,0	8360,0	8380,0	8310,0	8370,0	69
70	8400	8412,0	8424,0	8436,0	8448,0	8460,0	8472,0	8484,0	8496,0	8508,0	8420,0	8440,0	8480,0	8500,0	8430,0	8490,0	70
71	8520	8532,0	8544,0	8556,0	8568,0	8580,0	8592,0	8604,0	8616,0	8628,0	8540,0	8560,0	8600,0	8620,0	8550,0	8610,0	71
72	8640	8652,0	8664,0	8676,0	8688,0	8700,0	8712,0	8724,0	8736,0	8748,0	8660,0	8680,0	8720,0	8740,0	8670,0	8730,0	72
73	8760	8772,0	8784,0	8796,0	8808,0	8820,0	8832,0	8844,0	8856,0	8868,0	8780,0	8800,0	8840,0	8860,0	8790,0	8850,0	73
74	8880	8892,0	8904,0	8916,0	8928,0	8940,0	8952,0	8964,0	8976,0	8988,0	8900,0	8920,0	8960,0	8980,0	8910,0	8970,0	74
75	9000	9012,0	9024,0	9036,0	9048,0	9060,0	9072,0	9084,0	9096,0	9108,0	9020,0	9040,0	9080,0	9100,0	9030,0	9090,0	75
76	9120	9132,0	9144,0	9156,0	9168,0	9180,0	9192,0	9204,0	9216,0	9228,0	9140,0	9160,0	9200,0	9220,0	9150,0	9210,0	76
77	9240	9252,0	9264,0	9276,0	9288,0	9300,0	9312,0	9324,0	9336,0	9348,0	9260,0	9280,0	9320,0	9340,0	9270,0	9330,0	77
78	9360	9372,0	9384,0	9396,0	9408,0	9420,0	9432,0	9444,0	9456,0	9468,0	9380,0	9400,0	9440,0	9460,0	9390,0	9450,0	78
79	9480	9492,0	9504,0	9516,0	9528,0	9540,0	9552,0	9564,0	9576,0	9588,0	9500,0	9520,0	9560,0	9580,0	9510,0	9570,0	79
80	9600	9612,0	9624,0	9636,0	9648,0	9660,0	9672,0	9684,0	9696,0	9708,0	9620,0	9640,0	9680,0	9700,0	9630,0	9690,0	80
81	9720	9732,0	9744,0	9756,0	9768,0	9780,0	9792,0	9804,0	9816,0	9828,0	9740,0	9760,0	9800,0	9820,0	9750,0	9810,0	81
82	9840	9852,0	9864,0	9876,0	9888,0	9900,0	9912,0	9924,0	9936,0	9948,0	9860,0	9880,0	9920,0	9940,0	9870,0	9930,0	82
83	9960	9972,0	9984,0	9996,0	10008,0	10020,0	10032,0	10044,0	10056,0	10068,0	9980,0	10000,0	10040,0	10060,0	9990,0	10050,0	83
84	10080	10092,0	10104,0	10116,0	10128,0	10140,0	10152,0	10164,0	10176,0	10188,0	10100,0	10120,0	10160,0	10180,0	10110,0	10170,0	84
85	10200	10212,0	10224,0	10236,0	10248,0	10260,0	10272,0	10284,0	10296,0	10308,0	10220,0	10240,0	10280,0	10300,0	10230,0	10290,0	85
86	10320	10332,0	10344,0	10356,0	10368,0	10380,0	10392,0	10404,0	10416,0	10428,0	10340,0	10360,0	10400,0	10420,0	10350,0	10410,0	86
87	10440	10452,0	10464,0	10476,0	10488,0	10500,0	10512,0	10524,0	10536,0	10548,0	10460,0	10480,0	10520,0	10540,0	10470,0	10530,0	87
88	10560	10572,0	10584,0	10596,0	10608,0	10620,0	10632,0	10644,0	10656,0	10668,0	10580,0	10600,0	10640,0	10660,0	10590,0	10650,0	88
89	10680	10692,0	10704,0	10716,0	10728,0	10740,0	10752,0	10764,0	10776,0	10788,0	10700,0	10720,0	10760,0	10780,0	10710,0	10770,0	89
90	10800	10812,0	10824,0	10836,0	10848,0	10860,0	10872,0	10884,0	10896,0	10908,0	10820,0	10840,0	10880,0	10900,0	10830,0	10890,0	90
91	10920	10932,0	10944,0	10956,0	10968,0	10980,0	10992,0	11004,0	11016,0	11028,0	10940,0	10960,0	11000,0	11020,0	10950,0	11010,0	91
92	11040	11052,0	11064,0	11076,0	11088,0	11100,0	11112,0	11124,0	11136,0	11148,0	11060,0	11080,0	11120,0	11140,0	11070,0	11130,0	92
93	11160	11172,0	11184,0	11196,0	11208,0	11220,0	11232,0	11244,0	11256,0	11268,0	11180,0	11200,0	11240,0	11260,0	11190,0	11250,0	93
94	11280	11292,0	11304,0	11316,0	11328,0	11340,0	11352,0	11364,0	11376,0	11388,0	11300,0	11320,0	11360,0	11380,0	11310,0	11370,0	94
95	11400	11412,0	11424,0	11436,0	11448,0	11460,0	11472,0	11484,0	11496,0	11508,0	11420,0	11440,0	11480,0	11500,0	11430,0	11490,0	95
96	11520	11532,0	11544,0	11556,0	11568,0	11580,0	11592,0	11604,0	11616,0	11628,0	11540,0	11560,0	11600,0	11620,0	11550,0	11610,0	96
97	11640	11652,0	11664,0	11676,0	11688,0	11700,0	11712,0	11724,0	11736,0	11748,0	11660,0	11680,0	11720,0	11740,0	11670,0	11730,0	97
98	11760	11772,0	11784,0	11796,0	11808,0	11820,0	11832,0	11844,0	11856,0	11868,0	11780,0	11800,0	11840,0	11860,0	11790,0	11850,0	98
99	11880	11892,0	11904,0	11916,0	11928,0	11940,0	11952,0	11964,0	11976,0	11988,0	11900,0	11920,0	11960,0	11980,0	11910,0	11970,0	99
100	12000	12012,0	12024,0	12036,0	12048,0	12060,0	12072,0	12084,0	12096,0	12108,0	12020,0	12040,0	12080,0	12100,0	12030,0	12090,0	100

		1/10 12,1	2/10 24,2	3/10 36,3	4/10 48,4	5/10 60,5	6/10 72,6	7/10 84,7	8/10 96,8	9/10 108,9	1/6 20,166	2/6 40,333	4/6 80,666	5/6 100,833	1/4 30,25	3/4 90,75	
1	121	133,1	145,2	157,3	169,4	181,5	193,6	205,7	217,8	229,9	141,2	161,3	201,7	221,8	151,3	211,8	1
2	242	254,1	266,2	278,3	290,4	302,5	314,6	326,7	338,8	350,9	262,2	282,3	322,7	342,8	272,3	332,8	2
3	363	375,1	387,2	399,3	411,4	423,5	435,6	447,7	459,8	471,9	383,2	403,3	443,7	463,8	393,3	453,8	3
4	484	496,1	508,2	520,3	532,4	544,5	556,6	568,7	580,8	592,9	504,2	524,3	564,7	584,8	514,3	574,8	4
5	605	617,1	629,2	641,3	653,4	665,5	677,6	689,7	701,8	713,9	625,2	645,3	685,7	705,8	635,3	695,8	5
6	726	738,1	750,2	762,3	774,4	786,5	798,6	810,7	822,8	834,9	746,2	766,3	806,7	826,8	756,3	816,8	6
7	847	859,1	871,2	883,3	895,4	907,5	919,6	931,7	943,8	955,9	867,2	887,3	927,7	947,8	877,3	937,8	7
8	968	980,1	992,2	1004,3	1016,4	1028,5	1040,6	1052,7	1064,8	1076,9	988,2	1008,3	1048,7	1068,8	998,3	1058,8	8
9	1089	1101,1	1113,2	1125,3	1137,4	1149,5	1161,6	1173,7	1185,8	1197,9	1109,2	1129,3	1169,7	1189,8	1119,3	1179,8	9
10	1210	1222,1	1234,2	1246,3	1258,4	1270,5	1282,6	1294,7	1306,8	1318,9	1230,2	1250,3	1290,7	1310,8	1240,3	1300,8	10
11	1331	1343,1	1355,2	1367,3	1379,4	1391,5	1403,6	1415,7	1427,8	1439,9	1351,2	1371,3	1411,7	1431,8	1361,3	1421,8	11
12	1452	1464,1	1476,2	1488,3	1500,4	1512,5	1524,6	1536,7	1548,8	1560,9	1472,2	1492,3	1532,7	1552,8	1482,3	1542,8	12
13	1573	1585,1	1597,2	1609,3	1621,4	1633,5	1645,6	1657,7	1669,8	1681,9	1593,2	1613,3	1653,7	1673,8	1603,3	1663,8	13
14	1694	1706,1	1718,2	1730,3	1742,4	1754,5	1766,6	1778,7	1790,8	1802,9	1714,2	1734,3	1774,7	1794,8	1724,3	1784,8	14
15	1815	1827,1	1839,2	1851,3	1863,4	1875,5	1887,6	1899,7	1911,8	1923,9	1835,2	1855,3	1895,7	1915,8	1845,3	1905,8	15
16	1936	1948,1	1960,2	1972,3	1984,4	1996,5	2008,6	2020,7	2032,8	2044,9	1956,2	1976,3	2016,7	2036,8	1966,3	2026,8	16
17	2057	2069,1	2081,2	2093,3	2105,4	2117,5	2129,6	2141,7	2153,8	2165,9	2077,2	2097,3	2137,7	2157,8	2087,3	2147,8	17
18	2178	2190,1	2202,2	2214,3	2226,4	2238,5	2250,6	2262,7	2274,8	2286,9	2198,2	2218,3	2258,7	2278,8	2208,3	2268,8	18
19	2299	2311,1	2323,2	2335,3	2347,4	2359,5	2371,6	2383,7	2395,8	2407,9	2319,2	2339,3	2379,7	2399,8	2329,3	2389,8	19
20	2420	2432,1	2444,2	2456,3	2468,4	2480,5	2492,6	2504,7	2516,8	2528,9	2440,2	2460,3	2500,7	2520,8	2450,3	2510,8	20
21	2541	2553,1	2565,2	2577,3	2589,4	2601,5	2613,6	2625,7	2637,8	2649,9	2561,2	2581,3	2621,7	2641,8	2571,3	2631,8	21
22	2662	2674,1	2686,2	2698,3	2710,4	2722,5	2734,6	2746,7	2758,8	2770,9	2682,2	2702,3	2742,7	2762,8	2692,3	2752,8	22
23	2783	2795,1	2807,2	2819,3	2831,4	2843,5	2855,6	2867,7	2879,8	2891,9	2803,2	2823,3	2863,7	2883,8	2813,3	2873,8	23
24	2904	2916,1	2928,2	2940,3	2952,4	2964,5	2976,6	2988,7	3000,8	3012,9	2924,2	2944,3	2984,7	3004,8	2934,3	2994,8	24
25	3025	3037,1	3049,2	3061,3	3073,4	3085,5	3097,6	3109,7	3121,8	3133,9	3045,2	3065,3	3105,7	3125,8	3055,3	3115,8	25
26	3146	3158,1	3170,2	3182,3	3194,4	3206,5	3218,6	3230,7	3242,8	3254,9	3166,2	3186,3	3226,7	3246,8	3176,3	3236,8	26
27	3267	3279,1	3291,2	3303,3	3315,4	3327,5	3339,6	3351,7	3363,8	3375,9	3287,2	3307,3	3347,7	3367,8	3297,3	3357,8	27
28	3388	3400,1	3412,2	3424,3	3436,4	3448,5	3460,6	3472,7	3484,8	3496,9	3408,2	3428,3	3468,7	3488,8	3418,3	3478,8	28
29	3509	3521,1	3533,2	3545,3	3557,4	3569,5	3581,6	3593,7	3605,8	3617,9	3529,2	3549,3	3589,7	3609,8	3539,3	3599,8	29
30	3630	3642,1	3654,2	3666,3	3678,4	3690,5	3702,6	3714,7	3726,8	3738,9	3650,2	3670,3	3710,7	3730,8	3660,3	3720,8	30
31	3751	3763,1	3775,2	3787,3	3799,4	3811,5	3823,6	3835,7	3847,8	3859,9	3771,2	3791,3	3831,7	3851,8	3781,3	3841,8	31
32	3872	3884,1	3896,2	3908,3	3920,4	3932,5	3944,6	3956,7	3968,8	3980,9	3892,2	3912,3	3952,7	3972,8	3902,3	3962,8	32
33	3993	4005,1	4017,2	4029,3	4041,4	4053,5	4065,6	4077,7	4089,8	4101,9	4013,2	4033,3	4073,7	4093,8	4023,3	4083,8	33
34	4114	4126,1	4138,2	4150,3	4162,4	4174,5	4186,6	4198,7	4210,8	4222,9	4134,2	4154,3	4194,7	4214,8	4144,3	4204,8	34
35	4235	4247,1	4259,2	4271,3	4283,4	4295,5	4307,6	4319,7	4331,8	4343,9	4255,2	4275,3	4315,7	4335,8	4265,3	4325,8	35
36	4356	4368,1	4380,2	4392,3	4404,4	4416,5	4428,6	4440,7	4452,8	4464,9	4376,2	4396,3	4436,7	4456,8	4386,3	4446,8	36
37	4477	4489,1	4501,2	4513,3	4525,4	4537,5	4549,6	4561,7	4573,8	4585,9	4497,2	4517,3	4557,7	4577,8	4507,3	4567,8	37
38	4598	4610,1	4622,2	4634,3	4646,4	4658,5	4670,6	4682,7	4694,8	4706,9	4618,2	4638,3	4678,7	4698,8	4628,3	4688,8	38
39	4719	4731,1	4743,2	4755,3	4767,4	4779,5	4791,6	4803,7	4815,8	4827,9	4739,2	4759,3	4799,7	4819,8	4749,3	4809,8	39
40	4840	4852,1	4864,2	4876,3	4888,4	4900,5	4912,6	4924,7	4936,8	4948,9	4860,2	4880,3	4920,7	4940,8	4870,3	4930,8	40
41	4961	4973,1	4985,2	4997,3	5009,4	5021,5	5033,6	5045,7	5057,8	5069,9	4981,2	5001,3	5041,7	5061,8	4991,3	5051,8	41
42	5082	5094,1	5106,2	5118,3	5130,4	5142,5	5154,6	5166,7	5178,8	5190,9	5102,2	5122,3	5162,7	5182,8	5112,3	5172,8	42
43	5203	5215,1	5227,2	5239,3	5251,4	5263,5	5275,6	5287,7	5299,8	5311,9	5223,2	5243,3	5283,7	5303,8	5233,3	5293,8	43
44	5324	5336,1	5348,2	5360,3	5372,4	5384,5	5396,6	5408,7	5420,8	5432,9	5344,2	5364,3	5404,7	5424,8	5354,3	5414,8	44
45	5445	5457,1	5469,2	5481,3	5493,4	5505,5	5517,6	5529,7	5541,8	5553,9	5465,2	5485,3	5525,7	5545,8	5475,3	5535,8	45
46	5566	5578,1	5590,2	5602,3	5614,4	5626,5	5638,6	5650,7	5662,8	5674,9	5586,2	5606,3	5646,7	5666,8	5596,3	5656,8	46
47	5687	5699,1	5711,2	5723,3	5735,4	5747,5	5759,6	5771,7	5783,8	5795,9	5707,2	5727,3	5767,7	5787,8	5717,3	5777,8	47
48	5808	5820,1	5832,2	5844,3	5856,4	5868,5	5880,6	5892,7	5904,8	5916,9	5828,2	5848,3	5888,7	5908,8	5838,3	5898,8	48
49	5929	5941,1	5953,2	5965,3	5977,4	5989,5	6001,6	6013,7	6025,8	6037,9	5949,2	5969,3	6009,7	6029,8	5959,3	6019,8	49
50	6050	6062,1	6074,2	6086,3	6098,4	6110,5	6122,6	6134,7	6146,8	6158,9	6070,2	6090,3	6130,7	6150,8	6080,3	6140,8	50
51	6171	6183,1	6195,2	6207,3	6219,4	6231,5	6243,6	6255,7	6267,8	6279,9	6191,2	6211,3	6251,7	6271,8	6201,3	6261,8	51
52	6292	6304,1	6316,2	6328,3	6340,4	6352,5	6364,6	6376,7	6388,8	6400,9	6312,2	6332,3	6372,7	6392,8	6322,3	6382,8	52
53	6413	6425,1	6437,2	6449,3	6461,4	6473,5	6485,6	6497,7	6509,8	6521,9	6433,2	6453,3	6493,7	6513,8	6443,3	6503,8	53
54	6534	6546,1	6558,2	6570,3	6582,4	6594,5	6606,6	6618,7	6630,8	6642,9	6554,2	6574,3	6614,7	6634,8	6564,3	6624,8	54
55	6655	6667,1	6679,2	6691,3	6703,4	6715,5	6727,6	6739,7	6751,8	6763,9	6675,2	6695,3	6735,7	6755,8	6685,3	6745,8	55
56	6776	6788,1	6800,2	6812,3	6824,4	6836,5	6848,6	6860,7	6872,8	6884,9	6796,2	6816,3	6856,7	6876,8	6806,3	6866,8	56
57	6897	6909,1	6921,2	6933,3	6945,4	6957,5	6969,6	6981,7	6993,8	7005,9	6917,2	6937,3	6977,7	6997,8	6927,3	6987,8	57
58	7018	7030,1	7042,2	7054,3	7066,4	7078,5	7090,6	7102,7	7114,8	7126,9	7038,2	7058,3	7098,7	7118,8	7048,3	7108,8	58
59	7139	7151,1	7163,2	7175,3	7187,4	7199,5	7211,6	7223,7	7235,8	7247,9	7159,2	7179,3	7219,7	7239,8	7169,3	7229,8	59
60	7260	7272,1	7284,2	7296,3	7308,4	7320,5	7332,6	7344,7	7356,8	7368,9	7280,2	7300,3	7340,7	7360,8	7290,3	7350,8	60
61	7381	7393,1	7405,2	7417,3	7429,4	7441,5	7453,6	7465,7	7477,8	7489,9	7401,2	7421,3	7461,7	7481,8	7411,3	7471,8	61
62	7502	7514,1	7526,2	7538,3	7550,4	7562,5	7574,6	7586,7	7598,8	7610,9	7522,2	7542,3	7582,7	7602,8	7532,3	7592,8	62
63	7623	7635,1	7647,2	7659,3	7671,4	7683,5	7695,6	7707,7	7719,8	7731,9	7643,2	7663,3	7703,7	7723,8	7653,3	7713,8	63
64	7744	7756,1	7768,2	7780,3	7792,4	7804,5	7816,6	7828,7	7840,8	7852,9	7764,2	7784,3	7824,7	7844,8	7774,3	7834,8	64
65	7865	7877,1	7889,2	7901,3	7913,4	7925,5	7937,6	7949,7	7961,8	7973,9	7885,2	7905,3	7945,7	7965,8	7895,3	7955,8	65
66	7986	7998,1	8010,2	8022,3	8034,4	8046,5	8058,6	8070,7	8082,8	8094,9	8006,2	8026,3	8066,7	8086,8	8016,3	8076,8	66
67	8107	8119,1	8131,2	8143,3	8155,4	8167,5	8179,6	8191,7	8203,8	8215,9	8127,2	8147,3	8187,7	8207,8	8137,3	8197,8	67
68	8228	8240,1	8252,2	8264,3	8276,4	8288,5	8300,6	8312,7	8324,8	8336,9	8248,2	8268,3	8308,7	8328,8	8258,3	8318,8	68
69	8349	8361,1	8373,2	8385,3	8397,4	8409,5	8421,6	8433,7	8445,8	8457,9	8369,2	8389,3	8429,7	8449,8	8379,3	8439,8	69
70	8470	8482,1	8494,2	8506,3	8518,4	8530,5	8542,6	8554,7	8566,8	8578,9	8490,2	8510,3	8550,7	8570,8	8500,3	8560,8	70
71	8591	8603,1	8615,2	8627,3	8639,4	8651,5	8663,6	8675,7	8687,8	8699,9	8611,2	8631,3	8671,7	8691,8	8621,3	8681,8	71
72	8712	8724,1	8736,2	8748,3	8760,4	8772,5	8784,6	8796,7	8808,8	8820,9	8732,2	8752,3	8792,7	8812,8	8742,3	8802,8	72
73	8833	8845,1	8857,2	8869,3	8881,4	8893,5	8905,6	8917,7	8929,8	8941,9	8853,2	8873,3	8913,7	8933,8	8863,3	8923,8	73
74	8954	8966,1	8978,2	8990,3	9002,4	9014,5	9026,6	9038,7	9050,8	9062,9	8974,2	8994,3	9034,7	9054,8	8984,3	9044,8	74
75	9075	9087,1	9099,2	9111,3	9123,4	9135,5	9147,6	9159,7	9171,8	9183,9	9095,2	9115,3	9155,7	9175,8	9105,3	9165,8	75
76	9196	9208,1	9220,2	9232,3	9244,4	9256,5	9268,6	9280,7	9292,8	9304,9	9216,2	9236,3	9276,7	9296,8	9226,3	9286,8	76
77	9317	9329,1	9341,2	9353,3	9365,4	9377,5	9389,6	9401,7	9413,8	9425,9	9337,2	9357,3	9397,7	9417,8	9347,3	9407,8	77
78	9438	9450,1	9462,2	9474,3	9486,4	9498,5	9510,6	9522,7	9534,8	9546,9	9458,2	9478,3	9518,7	9538,8	9468,3	9528,8	78
79	9559	9571,1	9583,2	9595,3	9607,4	9619,5	9631,6	9643,7	9655,8	9667,9	9579,2	9599,3	9639,7	9659,8	9589,3	9649,8	79
80	9680	9692,1	9704,2	9716,3	9728,4	9740,5	9752,6	9764,7	9776,8	9788,9	9700,2	9720,3	9760,7	9780,8	9710,3	9770,8	80
81	9801	9813,1	9825,2	9837,3	9849,4	9861,5	9873,6	9885,7	9897,8	9909,9	9821,2	9841,3	9881,7	9901,8	9831,3	9891,8	81
82	9922	9934,1	9946,2	9958,3	9970,4	9982,5	9994,6	10006,7	10018,8	10030,9	9942,2	9962,3	10002,7	10022,8	9952,3	10012,8	82
83	10043	10055,1	10067,2	10079,3	10091,4	10103,5	10115,6	10127,7	10139,8	10151,9	10063,2	10083,3	10123,7	10143,8	10073,3	10133,8	83
84	10164	10176,1	10188,2	10200,3	10212,4	10224,5	10236,6	10248,7	10260,8	10272,9	10184,2	10204,3	10244,7	10264,8	10194,3	10254,8	84
85	10285	10297,1	10309,2	10321,3	10333,4	10345,5	10357,6	10369,7	10381,8	10393,9	10305,2	10325,3	10365,7	10385,8	10315,3	10375,8	85
86	10406	10418,1	10430,2	10442,3	10454,4	10466,5	10478,6	10490,7	10502,8	10514,9	10426,2	10446,3	10486,7	10506,8	10436,3	10496,8	86
87	10527	10539,1	10551,2	10563,3	10575,4	10587,5	10599,6	10611,7	10623,8	10635,9	10547,2	10567,3	10607,7	10627,8	10557,3	10617,8	87
88	10648	10660,1	10672,2	10684,3	10696,4	10708,5	10720,6	10732,7	10744,8	10756,9	10668,2	10688,3	10728,7	10748,8	10678,3	10738,8	88
89	10769	10781,1	10793,2	10805,3	10817,4	10829,5	10841,6	10853,7	10865,8	10877,9	10789,2	10809,3	10849,7	10869,8	10799,3	10859,8	89
90	10890	10902,1	10914,2	10926,3	10938,4	10950,5	10962,6	10974,7	10986,8	10998,9	10910,2	10930,3	10970,7	10990,8	10920,3	10980,8	90
91	11011	11023,1	11035,2	11047,3	11059,4	11071,5	11083,6	11095,7	11107,8	11119,9	11031,2	11051,3	11091,7	11111,8	11041,3	11101,8	91
92	11132	11144,1	11156,2	11168,3	11180,4	11192,5	11204,6	11216,7	11228,8	11240,9	11152,2	11172,3	11212,7	11232,8	11162,3	11222,8	92
93	11253	11265,1	11277,2	11289,3	11301,4	11313,5	11325,6	11337,7	11349,8	11361,9	11273,2	11293,3	11333,7	11353,8	11283,3	11343,8	93
94	11374	11386,1	11398,2	11410,3	11422,4	11434,5	11446,6	11458,7	11470,8	11482,9	11394,2	11414,3	11454,7	11474,8	11404,3	11464,8	94
95	11495	11507,1	11519,2	11531,3	11543,4	11555,5	11567,6	11579,7	11591,8	11603,9	11515,2	11535,3	11575,7	11595,8	11525,3	11585,8	95
96	11616	11628,1	11640,2	11652,3	11664,4	11676,5	11688,6	11700,7	11712,8	11724,9	11636,2	11656,3	11696,7	11716,8	11646,3	11706,8	96
97	11737	11749,1	11761,2	11773,3	11785,4	11797,5	11809,6	11821,7	11833,8	11845,9	11757,2	11777,3	11817,7	11837,8	11767,3	11827,8	97
98	11858	11870,1	11882,2	11894,3	11906,4	11918,5	11930,6	11942,7	11954,8	11966,9	11878,2	11898,3	11938,7	11958,8	11888,3	11948,8	98
99	11979	11991,1	12003,2	12015,3	12027,4	12039,5	12051,6	12063,7	12075,8	12087,9	11999,2	12019,3	12059,7	12079,8	12009,3	12069,8	99
100	12100	12112,1	12124,2	12136,3	12148,4	12160,5	12172,6	12184,7	12196,8	12208,9	12120,2	12140,3	12180,7	12200,8	12130,3	12190,8	100

122

		1/10 12,2	2/10 24,4	3/10 36,6	4/10 48,8	5/10 61,0	6/10 73,2	7/10 85,4	8/10 97,6	9/10 109,8	1/6 20,333	2/6 40,666	4/6 81,333	5/6 101,666	1/4 30,5	3/4 91,5	
1	122	134,2	146,4	158,6	170,8	183,0	195,2	207,4	219,6	231,8	142,3	162,7	203,3	223,7	152,5	213,5	1
2	244	256,2	268,4	280,6	292,8	305,0	317,2	329,4	341,6	353,8	264,3	284,7	325,3	345,7	274,5	335,5	2
3	366	378,2	390,4	402,6	414,8	427,0	439,2	451,4	463,6	475,8	386,3	406,7	447,3	467,7	396,5	457,5	3
4	488	500,2	512,4	524,6	536,8	549,0	561,2	573,4	585,6	597,8	508,3	528,7	569,3	589,7	518,5	579,5	4
5	610	622,2	634,4	646,6	658,8	671,0	683,2	695,4	707,6	719,8	630,3	650,7	691,3	711,7	640,5	701,5	5
6	732	744,2	756,4	768,6	780,8	793,0	805,2	817,4	829,6	841,8	752,3	772,7	813,3	833,7	762,5	823,5	6
7	854	866,2	878,4	890,6	902,8	915,0	927,2	939,4	951,6	963,8	874,3	894,7	935,3	955,7	884,5	945,5	7
8	976	988,2	1000,4	1012,6	1024,8	1037,0	1049,2	1061,4	1073,6	1085,8	996,3	1016,7	1057,3	1077,7	1006,5	1067,5	8
9	1098	1110,2	1122,4	1134,6	1146,8	1159,0	1171,2	1183,4	1195,6	1207,8	1118,3	1138,7	1179,3	1199,7	1128,5	1189,5	9
10	1220	1232,2	1244,4	1256,6	1268,8	1281,0	1293,2	1305,4	1317,6	1329,8	1240,3	1260,7	1301,3	1321,7	1250,5	1311,5	10
11	1342	1354,2	1366,4	1378,6	1390,8	1403,0	1415,2	1427,4	1439,6	1451,8	1362,3	1382,7	1423,3	1443,7	1372,5	1433,5	11
12	1464	1476,2	1488,4	1500,6	1512,8	1525,0	1537,2	1549,4	1561,6	1573,8	1484,3	1504,7	1545,3	1565,7	1494,5	1555,5	12
13	1586	1598,2	1610,4	1622,6	1634,8	1647,0	1659,2	1671,4	1683,6	1695,8	1606,3	1626,7	1667,3	1687,7	1616,5	1677,5	13
14	1708	1720,2	1732,4	1744,6	1756,8	1769,0	1781,2	1793,4	1805,6	1817,8	1728,3	1748,7	1789,3	1809,7	1738,5	1799,5	14
15	1830	1842,2	1854,4	1866,6	1878,8	1891,0	1903,2	1915,4	1927,6	1939,8	1850,3	1870,7	1911,3	1931,7	1860,5	1921,5	15
16	1952	1964,2	1976,4	1988,6	2000,8	2013,0	2025,2	2037,4	2049,6	2061,8	1972,3	1992,7	2033,3	2053,7	1982,5	2043,5	16
17	2074	2086,2	2098,4	2110,6	2122,8	2135,0	2147,2	2159,4	2171,6	2183,8	2094,3	2114,7	2155,3	2175,7	2104,5	2165,5	17
18	2196	2208,2	2220,4	2232,6	2244,8	2257,0	2269,2	2281,4	2293,6	2305,8	2216,3	2236,7	2277,3	2297,7	2226,5	2287,5	18
19	2318	2330,2	2342,4	2354,6	2366,8	2379,0	2391,2	2403,4	2415,6	2427,8	2338,3	2358,7	2399,3	2419,7	2348,5	2409,5	19
20	2440	2452,2	2464,4	2476,6	2488,8	2501,0	2513,2	2525,4	2537,6	2549,8	2460,3	2480,7	2521,3	2541,7	2470,5	2531,5	20
21	2562	2574,2	2586,4	2598,6	2610,8	2623,0	2635,2	2647,4	2659,6	2671,8	2582,3	2602,7	2643,3	2663,7	2592,5	2653,5	21
22	2684	2696,2	2708,4	2720,6	2732,8	2745,0	2757,2	2769,4	2781,6	2793,8	2704,3	2724,7	2765,3	2785,7	2714,5	2775,5	22
23	2806	2818,2	2830,4	2842,6	2854,8	2867,0	2879,2	2891,4	2903,6	2915,8	2826,3	2846,7	2887,3	2907,7	2836,5	2897,5	23
24	2928	2940,2	2952,4	2964,6	2976,8	2989,0	3001,2	3013,4	3025,6	3037,8	2948,3	2968,7	3009,3	3029,7	2958,5	3019,5	24
25	3050	3062,2	3074,4	3086,6	3098,8	3111,0	3123,2	3135,4	3147,6	3159,8	3070,3	3090,7	3131,3	3151,7	3080,5	3141,5	25
26	3172	3184,2	3196,4	3208,6	3220,8	3233,0	3245,2	3257,4	3269,6	3281,8	3192,3	3212,7	3253,3	3273,7	3202,5	3263,5	26
27	3294	3306,2	3318,4	3330,6	3342,8	3355,0	3367,2	3379,4	3391,6	3403,8	3314,3	3334,7	3375,3	3395,7	3324,5	3385,5	27
28	3416	3428,2	3440,4	3452,6	3464,8	3477,0	3489,2	3501,4	3513,6	3525,8	3436,3	3456,7	3497,3	3517,7	3446,5	3507,5	28
29	3538	3550,2	3562,4	3574,6	3586,8	3599,0	3611,2	3623,4	3635,6	3647,8	3558,3	3578,7	3619,3	3639,7	3568,5	3629,5	29
30	3660	3672,2	3684,4	3696,6	3708,8	3721,0	3733,2	3745,4	3757,6	3769,8	3680,3	3700,7	3741,3	3761,7	3690,5	3751,5	30
31	3782	3794,2	3806,4	3818,6	3830,8	3843,0	3855,2	3867,4	3879,6	3891,8	3802,3	3822,7	3863,3	3883,7	3812,5	3873,5	31
32	3904	3916,2	3928,4	3940,6	3952,8	3965,0	3977,2	3989,4	4001,6	4013,8	3924,3	3944,7	3985,3	4005,7	3934,5	3995,5	32
33	4026	4038,2	4050,4	4062,6	4074,8	4087,0	4099,2	4111,4	4123,6	4135,8	4046,3	4066,7	4107,3	4127,7	4056,5	4117,5	33
34	4148	4160,2	4172,4	4184,6	4196,8	4209,0	4221,2	4233,4	4245,6	4257,8	4168,3	4188,7	4229,3	4249,7	4178,5	4239,5	34
35	4270	4282,2	4294,4	4306,6	4318,8	4331,0	4343,2	4355,4	4367,6	4379,8	4290,3	4310,7	4351,3	4371,7	4300,5	4361,5	35
36	4392	4404,2	4416,4	4428,6	4440,8	4453,0	4465,2	4477,4	4489,6	4501,8	4412,3	4432,7	4473,3	4493,7	4422,5	4483,5	36
37	4514	4526,2	4538,4	4550,6	4562,8	4575,0	4587,2	4599,4	4611,6	4623,8	4534,3	4554,7	4595,3	4615,7	4544,5	4605,5	37
38	4636	4648,2	4660,4	4672,6	4684,8	4697,0	4709,2	4721,4	4733,6	4745,8	4656,3	4676,7	4717,3	4737,7	4666,5	4727,5	38
39	4758	4770,2	4782,4	4794,6	4806,8	4819,0	4831,2	4843,4	4855,6	4867,8	4778,3	4798,7	4839,3	4859,7	4788,5	4849,5	39
40	4880	4892,2	4904,4	4916,6	4928,8	4941,0	4953,2	4965,4	4977,6	4989,8	4900,3	4920,7	4961,3	4981,7	4910,5	4971,5	40
41	5002	5014,2	5026,4	5038,6	5050,8	5063,0	5075,2	5087,4	5099,6	5111,8	5022,3	5042,7	5083,3	5103,7	5032,5	5093,5	41
42	5124	5136,2	5148,4	5160,6	5172,8	5185,0	5197,2	5209,4	5221,6	5233,8	5144,3	5164,7	5205,3	5225,7	5154,5	5215,5	42
43	5246	5258,2	5270,4	5282,6	5294,8	5307,0	5319,2	5331,4	5343,6	5355,8	5266,3	5286,7	5327,3	5347,7	5276,5	5337,5	43
44	5368	5380,2	5392,4	5404,6	5416,8	5429,0	5441,2	5453,4	5465,6	5477,8	5388,3	5408,7	5449,3	5469,7	5398,5	5459,5	44
45	5490	5502,2	5514,4	5526,6	5538,8	5551,0	5563,2	5575,4	5587,6	5599,8	5510,3	5530,7	5571,3	5591,7	5520,5	5581,5	45
46	5612	5624,2	5636,4	5648,6	5660,8	5673,0	5685,2	5697,4	5709,6	5721,8	5632,3	5652,7	5693,3	5713,7	5642,5	5703,5	46
47	5734	5746,2	5758,4	5770,6	5782,8	5795,0	5807,2	5819,4	5831,6	5843,8	5754,3	5774,7	5815,3	5835,7	5764,5	5825,5	47
48	5856	5868,2	5880,4	5892,6	5904,8	5917,0	5929,2	5941,4	5953,6	5965,8	5876,3	5896,7	5937,3	5957,7	5886,5	5947,5	48
49	5978	5990,2	6002,4	6014,6	6026,8	6039,0	6051,2	6063,4	6075,6	6087,8	5998,3	6018,7	6059,3	6079,7	6008,5	6069,5	49
50	6100	6112,2	6124,4	6136,6	6148,8	6161,0	6173,2	6185,4	6197,6	6209,8	6120,3	6140,7	6181,3	6201,7	6130,5	6191,5	50
51	6222	6234,2	6246,4	6258,6	6270,8	6283,0	6295,2	6307,4	6319,6	6331,8	6242,3	6262,7	6303,3	6323,7	6252,5	6313,5	51
52	6344	6356,2	6368,4	6380,6	6392,8	6405,0	6417,2	6429,4	6441,6	6453,8	6364,3	6384,7	6425,3	6445,7	6374,5	6435,5	52
53	6466	6478,2	6490,4	6502,6	6514,8	6527,0	6539,2	6551,4	6563,6	6575,8	6486,3	6506,7	6547,3	6567,7	6496,5	6557,5	53
54	6588	6600,2	6612,4	6624,6	6636,8	6649,0	6661,2	6673,4	6685,6	6697,8	6608,3	6628,7	6669,3	6689,7	6618,5	6679,5	54
55	6710	6722,2	6734,4	6746,6	6758,8	6771,0	6783,2	6795,4	6807,6	6819,8	6730,3	6750,7	6791,3	6811,7	6740,5	6801,5	55
56	6832	6844,2	6856,4	6868,6	6880,8	6893,0	6905,2	6917,4	6929,6	6941,8	6852,3	6872,7	6913,3	6933,7	6862,5	6923,5	56
57	6954	6966,2	6978,4	6990,6	7002,8	7015,0	7027,2	7039,4	7051,6	7063,8	6974,3	6994,7	7035,3	7055,7	6984,5	7045,5	57
58	7076	7088,2	7100,4	7112,6	7124,8	7137,0	7149,2	7161,4	7173,6	7185,8	7096,3	7116,7	7157,3	7177,7	7106,5	7167,5	58
59	7198	7210,2	7222,4	7234,6	7246,8	7259,0	7271,2	7283,4	7295,6	7307,8	7218,3	7238,7	7279,3	7299,7	7228,5	7289,5	59
60	7320	7332,2	7344,4	7356,6	7368,8	7381,0	7393,2	7405,4	7417,6	7429,8	7340,3	7360,7	7401,3	7421,7	7350,5	7411,5	60
61	7442	7454,2	7466,4	7478,6	7490,8	7503,0	7515,2	7527,4	7539,6	7551,8	7462,3	7482,7	7523,3	7543,7	7472,5	7533,5	61
62	7564	7576,2	7588,4	7600,6	7612,8	7625,0	7637,2	7649,4	7661,6	7673,8	7584,3	7604,7	7645,3	7665,7	7594,5	7655,5	62
63	7686	7698,2	7710,4	7722,6	7734,8	7747,0	7759,2	7771,4	7783,6	7795,8	7706,3	7726,7	7767,3	7787,7	7716,5	7777,5	63
64	7808	7820,2	7832,4	7844,6	7856,8	7869,0	7881,2	7893,4	7905,6	7917,8	7828,3	7848,7	7889,3	7909,7	7838,5	7899,5	64
65	7930	7942,2	7954,4	7966,6	7978,8	7991,0	8003,2	8015,4	8027,6	8039,8	7950,3	7970,7	8011,3	8031,7	7960,5	8021,5	65
66	8052	8064,2	8076,4	8088,6	8100,8	8113,0	8125,2	8137,4	8149,6	8161,8	8072,3	8092,7	8133,3	8153,7	8082,5	8143,5	66
67	8174	8186,2	8198,4	8210,6	8222,8	8235,0	8247,2	8259,4	8271,6	8283,8	8194,3	8214,7	8255,3	8275,7	8204,5	8265,5	67
68	8296	8308,2	8320,4	8332,6	8344,8	8357,0	8369,2	8381,4	8393,6	8405,8	8316,3	8336,7	8377,3	8397,7	8326,5	8387,5	68
69	8418	8430,2	8442,4	8454,6	8466,8	8479,0	8491,2	8503,4	8515,6	8527,8	8438,3	8458,7	8499,3	8519,7	8448,5	8509,5	69
70	8540	8552,2	8564,4	8576,6	8588,8	8601,0	8613,2	8625,4	8637,6	8649,8	8560,3	8580,7	8621,3	8641,7	8570,5	8631,5	70
71	8662	8674,2	8686,4	8698,6	8710,8	8723,0	8735,2	8747,4	8759,6	8771,8	8682,3	8702,7	8743,3	8763,7	8692,5	8753,5	71
72	8784	8796,2	8808,4	8820,6	8832,8	8845,0	8857,2	8869,4	8881,6	8893,8	8804,3	8824,7	8865,3	8885,7	8814,5	8875,5	72
73	8906	8918,2	8930,4	8942,6	8954,8	8967,0	8979,2	8991,4	9003,6	9015,8	8926,3	8946,7	8987,3	9007,7	8936,5	8997,5	73
74	9028	9040,2	9052,4	9064,6	9076,8	9089,0	9101,2	9113,4	9125,6	9137,8	9048,3	9068,7	9109,3	9129,7	9058,5	9119,5	74
75	9150	9162,2	9174,4	9186,6	9198,8	9211,0	9223,2	9235,4	9247,6	9259,8	9170,3	9190,7	9231,3	9251,7	9180,5	9241,5	75
76	9272	9284,2	9296,4	9308,6	9320,8	9333,0	9345,2	9357,4	9369,6	9381,8	9292,3	9312,7	9353,3	9373,7	9302,5	9363,5	76
77	9394	9406,2	9418,4	9430,6	9442,8	9455,0	9467,2	9479,4	9491,6	9503,8	9414,3	9434,7	9475,3	9495,7	9424,5	9485,5	77
78	9516	9528,2	9540,4	9552,6	9564,8	9577,0	9589,2	9601,4	9613,6	9625,8	9536,3	9556,7	9597,3	9617,7	9546,5	9607,5	78
79	9638	9650,2	9662,4	9674,6	9686,8	9699,0	9711,2	9723,4	9735,6	9747,8	9658,3	9678,7	9719,3	9739,7	9668,5	9729,5	79
80	9760	9772,2	9784,4	9796,6	9808,8	9821,0	9833,2	9845,4	9857,6	9869,8	9780,3	9800,7	9841,3	9861,7	9790,5	9851,5	80
81	9882	9894,2	9906,4	9918,6	9930,8	9943,0	9955,2	9967,4	9979,6	9991,8	9902,3	9922,7	9963,3	9983,7	9912,5	9973,5	81
82	10004	10016,2	10028,4	10040,6	10052,8	10065,0	10077,2	10089,4	10101,6	10113,8	10024,3	10044,7	10085,3	10105,7	10034,5	10095,5	82
83	10126	10138,2	10150,4	10162,6	10174,8	10187,0	10199,2	10211,4	10223,6	10235,8	10146,3	10166,7	10207,3	10227,7	10156,5	10217,5	83
84	10248	10260,2	10272,4	10284,6	10296,8	10309,0	10321,2	10333,4	10345,6	10357,8	10268,3	10288,7	10329,3	10349,7	10278,5	10339,5	84
85	10370	10382,2	10394,4	10406,6	10418,8	10431,0	10443,2	10455,4	10467,6	10479,8	10390,3	10410,7	10451,3	10471,7	10400,5	10461,5	85
86	10492	10504,2	10516,4	10528,6	10540,8	10553,0	10565,2	10577,4	10589,6	10601,8	10512,3	10532,7	10573,3	10593,7	10522,5	10583,5	86
87	10614	10626,2	10638,4	10650,6	10662,8	10675,0	10687,2	10699,4	10711,6	10723,8	10634,3	10654,7	10695,3	10715,7	10644,5	10705,5	87
88	10736	10748,2	10760,4	10772,6	10784,8	10797,0	10809,2	10821,4	10833,6	10845,8	10756,3	10776,7	10817,3	10837,7	10766,5	10827,5	88
89	10858	10870,2	10882,4	10894,6	10906,8	10919,0	10931,2	10943,4	10955,6	10967,8	10878,3	10898,7	10939,3	10959,7	10888,5	10949,5	89
90	10980	10992,2	11004,4	11016,6	11028,8	11041,0	11053,2	11065,4	11077,6	11089,8	11000,3	11020,7	11061,3	11081,7	11010,5	11071,5	90
91	11102	11114,2	11126,4	11138,6	11150,8	11163,0	11175,2	11187,4	11199,6	11211,8	11122,3	11142,7	11183,3	11203,7	11132,5	11193,5	91
92	11224	11236,2	11248,4	11260,6	11272,8	11285,0	11297,2	11309,4	11321,6	11333,8	11244,3	11264,7	11305,3	11325,7	11254,5	11315,5	92
93	11346	11358,2	11370,4	11382,6	11394,8	11407,0	11419,2	11431,4	11443,6	11455,8	11366,3	11386,7	11427,3	11447,7	11376,5	11437,5	93
94	11468	11480,2	11492,4	11504,6	11516,8	11529,0	11541,2	11553,4	11565,6	11577,8	11488,3	11508,7	11549,3	11569,7	11498,5	11559,5	94
95	11590	11602,2	11614,4	11626,6	11638,8	11651,0	11663,2	11675,4	11687,6	11699,8	11610,3	11630,7	11671,3	11691,7	11620,5	11681,5	95
96	11712	11724,2	11736,4	11748,6	11760,8	11773,0	11785,2	11797,4	11809,6	11821,8	11732,3	11752,7	11793,3	11813,7	11742,5	11803,5	96
97	11834	11846,2	11858,4	11870,6	11882,8	11895,0	11907,2	11919,4	11931,6	11943,8	11854,3	11874,7	11915,3	11935,7	11864,5	11925,5	97
98	11956	11968,2	11980,4	11992,6	12004,8	12017,0	12029,2	12041,4	12053,6	12065,8	11976,3	11996,7	12037,3	12057,7	11986,5	12047,5	98
99	12078	12090,2	12102,4	12114,6	12126,8	12139,0	12151,2	12163,4	12175,6	12187,8	12098,3	12118,7	12159,3	12179,7	12108,5	12169,5	99
100	12200	12212,2	12224,4	12236,6	12248,8	12261,0	12273,2	12285,4	12297,6	12309,8	12220,3	12240,7	12281,3	12301,7	12230,5	12291,5	100

123

		1/10 12,3	2/10 24,6	3/10 36,9	4/10 49,2	5/10 61,5	6/10 73,8	7/10 86,1	8/10 98,4	9/10 110,7	1/6 20,5	2/6 41,0	4/6 82,0	5/6 102,5	1/4 30,75	3/4 92,25	
1	123	135,3	147,6	159,9	172,2	184,5	196,8	209,1	221,4	233,7	143,5	164,0	205,0	225,5	153,8	215,3	1
2	246	258,3	270,6	282,9	295,2	307,5	319,8	332,1	344,4	356,7	266,5	287,0	328,0	348,5	276,8	338,3	2
3	369	381,3	393,6	405,9	418,2	430,5	442,8	455,1	467,4	479,7	389,5	410,0	451,0	471,5	399,8	461,3	3
4	492	504,3	516,6	528,9	541,2	553,5	565,8	578,1	590,4	602,7	512,5	533,0	574,0	594,5	522,8	584,3	4
5	615	627,3	639,6	651,9	664,2	676,5	688,8	701,1	713,4	725,7	635,5	656,0	697,0	717,5	645,8	707,3	5
6	738	750,3	762,6	774,9	787,2	799,5	811,8	824,1	836,4	848,7	758,5	779,0	820,0	840,5	768,8	830,3	6
7	861	873,3	885,6	897,9	910,2	922,5	934,8	947,1	959,4	971,7	881,5	902,0	943,0	963,5	891,8	953,3	7
8	984	996,3	1008,6	1020,9	1033,2	1045,5	1057,8	1070,1	1082,4	1094,7	1004,5	1025,0	1066,0	1086,5	1014,8	1076,3	8
9	1107	1119,3	1131,6	1143,9	1156,2	1168,5	1180,8	1193,1	1205,4	1217,7	1127,5	1148,0	1189,0	1209,5	1137,8	1199,3	9
10	1230	1242,3	1254,6	1266,9	1279,2	1291,5	1303,8	1316,1	1328,4	1340,7	1250,5	1271,0	1312,0	1332,5	1260,8	1322,3	10
11	1353	1365,3	1377,6	1389,9	1402,2	1414,5	1426,8	1439,1	1451,4	1463,7	1373,5	1394,0	1435,0	1455,5	1383,8	1445,3	11
12	1476	1488,3	1500,6	1512,9	1525,2	1537,5	1549,8	1562,1	1574,4	1586,7	1496,5	1517,0	1558,0	1578,5	1506,8	1568,3	12
13	1599	1611,3	1623,6	1635,9	1648,2	1660,5	1672,8	1685,1	1697,4	1709,7	1619,5	1640,0	1681,0	1701,5	1629,8	1691,3	13
14	1722	1734,3	1746,6	1758,9	1771,2	1783,5	1795,8	1808,1	1820,4	1832,7	1742,5	1763,0	1804,0	1824,5	1752,8	1814,3	14
15	1845	1857,3	1869,6	1881,9	1894,2	1906,5	1918,8	1931,1	1943,4	1955,7	1865,5	1886,0	1927,0	1947,5	1875,8	1937,3	15
16	1968	1980,3	1992,6	2004,9	2017,2	2029,5	2041,8	2054,1	2066,4	2078,7	1988,5	2009,0	2050,0	2070,5	1998,8	2060,3	16
17	2091	2103,3	2115,6	2127,9	2140,2	2152,5	2164,8	2177,1	2189,4	2201,7	2111,5	2132,0	2173,0	2193,5	2121,8	2183,3	17
18	2214	2226,3	2238,6	2250,9	2263,2	2275,5	2287,8	2300,1	2312,4	2324,7	2234,5	2255,0	2296,0	2316,5	2244,8	2306,3	18
19	2337	2349,3	2361,6	2373,9	2386,2	2398,5	2410,8	2423,1	2435,4	2447,7	2357,5	2378,0	2419,0	2439,5	2367,8	2429,3	19
20	2460	2472,3	2484,6	2496,9	2509,2	2521,5	2533,8	2546,1	2558,4	2570,7	2480,5	2501,0	2542,0	2562,5	2490,8	2552,3	20
21	2583	2595,3	2607,6	2619,9	2632,2	2644,5	2656,8	2669,1	2681,4	2693,7	2603,5	2624,0	2665,0	2685,5	2613,8	2675,3	21
22	2706	2718,3	2730,6	2742,9	2755,2	2767,5	2779,8	2792,1	2804,4	2816,7	2726,5	2747,0	2788,0	2808,5	2736,8	2798,3	22
23	2829	2841,3	2853,6	2865,9	2878,2	2890,5	2902,8	2915,1	2927,4	2939,7	2849,5	2870,0	2911,0	2931,5	2859,8	2921,3	23
24	2952	2964,3	2976,6	2988,9	3001,2	3013,5	3025,8	3038,1	3050,4	3062,7	2972,5	2993,0	3034,0	3054,5	2982,8	3044,3	24
25	3075	3087,3	3099,6	3111,9	3124,2	3136,5	3148,8	3161,1	3173,4	3185,7	3095,5	3116,0	3157,0	3177,5	3105,8	3167,3	25
26	3198	3210,3	3222,6	3234,9	3247,2	3259,5	3271,8	3284,1	3296,4	3308,7	3218,5	3239,0	3280,0	3300,5	3228,8	3290,3	26
27	3321	3333,3	3345,6	3357,9	3370,2	3382,5	3394,8	3407,1	3419,4	3431,7	3341,5	3362,0	3403,0	3423,5	3351,8	3413,3	27
28	3444	3456,3	3468,6	3480,9	3493,2	3505,5	3517,8	3530,1	3542,4	3554,7	3464,5	3485,0	3526,0	3546,5	3474,8	3536,3	28
29	3567	3579,3	3591,6	3603,9	3616,2	3628,5	3640,8	3653,1	3665,4	3677,7	3587,5	3608,0	3649,0	3669,5	3597,8	3659,3	29
30	3690	3702,3	3714,6	3726,9	3739,2	3751,5	3763,8	3776,1	3788,4	3800,7	3710,5	3731,0	3772,0	3792,5	3720,8	3782,3	30
31	3813	3825,3	3837,6	3849,9	3862,2	3874,5	3886,8	3899,1	3911,4	3923,7	3833,5	3854,0	3895,0	3915,5	3843,8	3905,3	31
32	3936	3948,3	3960,6	3972,9	3985,2	3997,5	4009,8	4022,1	4034,4	4046,7	3956,5	3977,0	4018,0	4038,5	3966,8	4028,3	32
33	4059	4071,3	4083,6	4095,9	4108,2	4120,5	4132,8	4145,1	4157,4	4169,7	4079,5	4100,0	4141,0	4161,5	4089,8	4151,3	33
34	4182	4194,3	4206,6	4218,9	4231,2	4243,5	4255,8	4268,1	4280,4	4292,7	4202,5	4223,0	4264,0	4284,5	4212,8	4274,3	34
35	4305	4317,3	4329,6	4341,9	4354,2	4366,5	4378,8	4391,1	4403,4	4415,7	4325,5	4346,0	4387,0	4407,5	4335,8	4397,3	35
36	4428	4440,3	4452,6	4464,9	4477,2	4489,5	4501,8	4514,1	4526,4	4538,7	4448,5	4469,0	4510,0	4530,5	4458,8	4520,3	36
37	4551	4563,3	4575,6	4587,9	4600,2	4612,5	4624,8	4637,1	4649,4	4661,7	4571,5	4592,0	4633,0	4653,5	4581,8	4643,3	37
38	4674	4686,3	4698,6	4710,9	4723,2	4735,5	4747,8	4760,1	4772,4	4784,7	4694,5	4715,0	4756,0	4776,5	4704,8	4766,3	38
39	4797	4809,3	4821,6	4833,9	4846,2	4858,5	4870,8	4883,1	4895,4	4907,7	4817,5	4838,0	4879,0	4899,5	4827,8	4889,3	39
40	4920	4932,3	4944,6	4956,9	4969,2	4981,5	4993,8	5006,1	5018,4	5030,7	4940,5	4961,0	5002,0	5022,5	4950,8	5012,3	40
41	5043	5055,3	5067,6	5079,9	5092,2	5104,5	5116,8	5129,1	5141,4	5153,7	5063,5	5084,0	5125,0	5145,5	5073,8	5135,3	41
42	5166	5178,3	5190,6	5202,9	5215,2	5227,5	5239,8	5252,1	5264,4	5276,7	5186,5	5207,0	5248,0	5268,5	5196,8	5258,3	42
43	5289	5301,3	5313,6	5325,9	5338,2	5350,5	5362,8	5375,1	5387,4	5399,7	5309,5	5330,0	5371,0	5391,5	5319,8	5381,3	43
44	5412	5424,3	5436,6	5448,9	5461,2	5473,5	5485,8	5498,1	5510,4	5522,7	5432,5	5453,0	5494,0	5514,5	5442,8	5504,3	44
45	5535	5547,3	5559,6	5571,9	5584,2	5596,5	5608,8	5621,1	5633,4	5645,7	5555,5	5576,0	5617,0	5637,5	5565,8	5627,3	45
46	5658	5670,3	5682,6	5694,9	5707,2	5719,5	5731,8	5744,1	5756,4	5768,7	5678,5	5699,0	5740,0	5760,5	5688,8	5750,3	46
47	5781	5793,3	5805,6	5817,9	5830,2	5842,5	5854,8	5867,1	5879,4	5891,7	5801,5	5822,0	5863,0	5883,5	5811,8	5873,3	47
48	5904	5916,3	5928,6	5940,9	5953,2	5965,5	5977,8	5990,1	6002,4	6014,7	5924,5	5945,0	5986,0	6006,5	5934,8	5996,3	48
49	6027	6039,3	6051,6	6063,9	6076,2	6088,5	6100,8	6113,1	6125,4	6137,7	6047,5	6068,0	6109,0	6129,5	6057,8	6119,3	49
50	6150	6162,3	6174,6	6186,9	6199,2	6211,5	6223,8	6236,1	6248,4	6260,7	6170,5	6191,0	6232,0	6252,5	6180,8	6242,3	50
51	6273	6285,3	6297,6	6309,9	6322,2	6334,5	6346,8	6359,1	6371,4	6383,7	6293,5	6314,0	6355,0	6375,5	6303,8	6365,3	51
52	6396	6408,3	6420,6	6432,9	6445,2	6457,5	6469,8	6482,1	6494,4	6506,7	6416,5	6437,0	6478,0	6498,5	6426,8	6488,3	52
53	6519	6531,3	6543,6	6555,9	6568,2	6580,5	6592,8	6605,1	6617,4	6629,7	6539,5	6560,0	6601,0	6621,5	6549,8	6611,3	53
54	6642	6654,3	6666,6	6678,9	6691,2	6703,5	6715,8	6728,1	6740,4	6752,7	6662,5	6683,0	6724,0	6744,5	6672,8	6734,3	54
55	6765	6777,3	6789,6	6801,9	6814,2	6826,5	6838,8	6851,1	6863,4	6875,7	6685,5	6806,0	6847,0	6867,5	6795,8	6857,3	55
56	6888	6900,3	6912,6	6924,9	6937,2	6949,5	6961,8	6974,1	6986,4	6998,7	6908,5	6929,0	6970,0	6990,5	6918,8	6980,3	56
57	7011	7023,3	7035,6	7047,9	7060,2	7072,5	7084,8	7097,1	7109,4	7121,7	7031,5	7052,0	7093,0	7113,5	7041,8	7103,3	57
58	7134	7146,3	7158,6	7170,9	7183,2	7195,5	7207,8	7220,1	7232,4	7244,7	7154,5	7175,0	7216,0	7236,5	7164,8	7226,3	58
59	7257	7269,3	7281,6	7293,9	7306,2	7318,5	7330,8	7343,1	7355,4	7367,7	7277,5	7298,0	7339,0	7359,5	7287,8	7349,3	59
60	7380	7392,3	7404,6	7416,9	7429,2	7441,5	7453,8	7466,1	7478,4	7490,7	7400,5	7421,0	7462,0	7482,5	7410,8	7472,3	60
61	7503	7515,3	7527,6	7539,9	7552,2	7564,5	7576,8	7589,1	7601,4	7613,7	7523,5	7544,0	7585,0	7605,5	7533,8	7595,3	61
62	7626	7638,3	7650,6	7662,9	7675,2	7687,5	7699,8	7712,1	7724,4	7736,7	7646,5	7667,0	7708,0	7728,5	7656,8	7718,3	62
63	7749	7761,3	7773,6	7785,9	7798,2	7810,5	7822,8	7835,1	7847,4	7859,7	7769,5	7790,0	7831,0	7851,5	7779,8	7841,3	63
64	7872	7884,3	7896,6	7908,9	7921,2	7933,5	7945,8	7958,1	7970,4	7982,7	7892,5	7913,0	7954,0	7974,5	7902,8	7964,3	64
65	7995	8007,3	8019,6	8031,9	8044,2	8056,5	8068,8	8081,1	8093,4	8105,7	8015,5	8036,0	8077,0	8097,5	8025,8	8087,3	65
66	8118	8130,3	8142,6	8154,9	8167,2	8179,5	8191,8	8204,1	8216,4	8228,7	8138,5	8159,0	8200,0	8220,5	8148,8	8210,3	66
67	8241	8253,3	8265,6	8277,9	8290,2	8302,5	8314,8	8327,1	8339,4	8351,7	8261,5	8282,0	8323,0	8343,5	8271,8	8333,3	67
68	8364	8376,3	8388,6	8400,9	8413,2	8425,5	8437,8	8450,1	8462,4	8474,7	8384,5	8405,0	8446,0	8466,5	8394,8	8456,3	68
69	8487	8499,3	8511,6	8523,9	8536,2	8548,5	8560,8	8573,1	8585,4	8597,7	8507,5	8528,0	8569,0	8589,5	8517,8	8579,3	69
70	8610	8622,3	8634,6	8646,9	8659,2	8671,5	8683,8	8696,1	8708,4	8720,7	8630,5	8651,0	8692,0	8712,5	8640,8	8702,3	70
71	8733	8745,3	8757,6	8769,9	8782,2	8794,5	8806,8	8819,1	8831,4	8843,7	8753,5	8774,0	8815,0	8835,5	8763,8	8825,3	71
72	8856	8868,3	8880,6	8892,9	8905,2	8917,5	8929,8	8942,1	8954,4	8966,7	8876,5	8897,0	8938,0	8958,5	8886,8	8948,3	72
73	8979	8991,3	9003,6	9015,9	9028,2	9040,5	9052,8	9065,1	9077,4	9089,7	8999,5	9020,0	9061,0	9081,5	9009,8	9071,3	73
74	9102	9114,3	9126,6	9138,9	9151,2	9163,5	9175,8	9188,1	9200,4	9212,7	9122,5	9143,0	9184,0	9204,5	9132,8	9194,3	74
75	9225	9237,3	9249,6	9261,9	9274,2	9286,5	9298,8	9311,1	9323,4	9335,7	9245,5	9266,0	9307,0	9327,5	9255,8	9317,3	75
76	9348	9360,3	9372,6	9384,9	9397,2	9409,5	9421,8	9434,1	9446,4	9458,7	9368,5	9389,0	9430,0	9450,5	9378,8	9440,3	76
77	9471	9483,3	9495,6	9507,9	9520,2	9532,5	9544,8	9557,1	9569,4	9581,7	9491,5	9512,0	9553,0	9573,5	9501,8	9563,3	77
78	9594	9606,3	9618,6	9630,9	9643,2	9655,5	9667,8	9680,1	9692,4	9704,7	9614,5	9635,0	9676,0	9696,5	9624,8	9686,3	78
79	9717	9729,3	9741,6	9753,9	9766,2	9778,5	9790,8	9803,1	9815,4	9827,7	9737,5	9758,0	9799,0	9819,5	9747,8	9809,3	79
80	9840	9852,3	9864,6	9876,9	9889,2	9901,5	9913,8	9926,1	9938,4	9950,7	9860,5	9881,0	9922,0	9942,5	9870,8	9932,3	80
81	9963	9975,3	9987,6	9999,9	10012,2	10024,5	10036,8	10049,1	10061,4	10073,7	9983,5	10004,0	10045,0	10065,5	9993,8	10055,3	81
82	10086	10098,3	10110,6	10122,9	10135,2	10147,5	10159,8	10172,1	10184,4	10196,7	10106,5	10127,0	10168,0	10188,5	10116,8	10178,3	82
83	10209	10221,3	10233,6	10245,9	10258,2	10270,5	10282,8	10295,1	10307,4	10319,7	10229,5	10250,0	10291,0	10311,5	10239,8	10301,3	83
84	10332	10344,3	10356,6	10368,9	10381,2	10393,5	10405,8	10418,1	10430,4	10442,7	10352,5	10373,0	10414,0	10434,5	10362,8	10424,3	84
85	10455	10467,3	10479,6	10491,9	10504,2	10516,5	10528,8	10541,1	10553,4	10565,7	10475,5	10496,0	10537,0	10557,5	10485,8	10547,3	85
86	10578	10590,3	10602,6	10614,9	10627,2	10639,5	10651,8	10664,1	10676,4	10688,7	10598,5	10619,0	10660,0	10680,5	10608,8	10670,3	86
87	10701	10713,3	10725,6	10737,9	10750,2	10762,5	10774,8	10787,1	10799,4	10811,7	10721,5	10742,0	10783,0	10803,5	10731,8	10793,3	87
88	10824	10836,3	10848,6	10860,9	10873,2	10885,5	10897,8	10910,1	10922,4	10934,7	10844,5	10865,0	10906,0	10926,5	10854,8	10916,3	88
89	10947	10959,3	10971,6	10983,9	10996,2	11008,5	11020,8	11033,1	11045,4	11057,7	10967,5	10988,0	11029,0	11049,5	10977,8	11039,3	89
90	11070	11082,3	11094,6	11106,9	11119,2	11131,5	11143,8	11156,1	11168,4	11180,7	11090,5	11111,0	11152,0	11172,5	11100,8	11162,3	90
91	11193	11205,3	11217,6	11229,9	11242,2	11254,5	11266,8	11279,1	11291,4	11303,7	11213,5	11234,0	11275,0	11295,5	11223,8	11285,3	91
92	11316	11328,3	11340,6	11352,9	11365,2	11377,5	11389,8	11402,1	11414,4	11426,7	11336,5	11357,0	11398,0	11418,5	11346,8	11408,3	92
93	11439	11451,3	11463,6	11475,9	11488,2	11500,5	11512,8	11525,1	11537,4	11549,7	11459,5	11480,0	11521,0	11541,5	11469,8	11531,3	93
94	11562	11574,3	11586,6	11598,9	11611,2	11623,5	11635,8	11648,1	11660,4	11672,7	11582,5	11603,0	11644,0	11664 5	11592,8	11654,3	94
95	11685	11697,3	11709,6	11721,9	11734,2	11746,5	11758,8	11771,1	11783,4	11795,7	11705,5	11726,0	11767,0	11787,5	11715,8	11777,3	95
96	11808	11820,3	11832,6	11844,9	11857,2	11869,5	11881,8	11894,1	11906,4	11918,7	11828,5	11849,0	11890,0	11910,5	11838,8	11900,3	96
97	11931	11943,3	11955,6	11967,9	11980,2	11992,5	12004,8	12017,1	12029,4	12041,7	11951,5	11972,0	12013,0	12033,5	11961,8	12023,3	97
98	12054	12066,3	12078,6	12090,9	12103,2	12115,5	12127,8	12140,1	12152,4	12164,7	12074,5	12095,0	12136,0	12156,5	12084,8	12146,3	98
99	12177	12189,3	12201,6	12213,9	12226,2	12238,5	12250,8	12263,1	12275,4	12287,7	12197,5	12218,0	12259,0	12279,5	12207,8	12269,3	99
100	12300	12312,3	12324,6	12336,9	12349,2	12361,5	12373,8	12386,1	12398,4	12410,7	12320,5	12341,0	12382,0	12402,5	12330,8	12392,3	100

124

	124	1/10 12,4	2/10 24,8	3/10 37,2	4/10 49,6	5/10 62,0	6/10 74,4	7/10 86,8	8/10 99,2	9/10 111,6	1/6 20,666	2/6 41,333	4/6 82,666	5/6 103,333	1/4 31,0	3/4 93,0	
1	124	136,4	148,8	161,2	173,6	186,0	198,4	210,8	223,2	235,6	144,7	165,3	206,7	227,3	155,0	217,0	1
2	248	260,4	272,8	285,2	297,6	310,0	322,4	334,8	347,2	359,6	268,7	289,3	330,7	351,3	279,0	341,0	2
3	372	384,4	396,8	409,2	421,6	434,0	446,4	458,8	471,2	483,6	392,7	413,3	454,7	475,3	403,0	465,0	3
4	496	508,4	520,8	533,2	545,6	558,0	570,4	582,8	595,2	607,6	516,7	537,3	578,7	599,3	527,0	589,0	4
5	620	632,4	644,8	657,2	669,6	682,0	694,4	706,8	719,2	731,6	640,7	661,3	702,7	723,3	651,0	713,0	5
6	744	756,4	768,8	781,2	793,6	806,0	818,4	830,8	843,2	855,6	764,7	785,3	826,7	847,3	775,0	837,0	6
7	868	880,4	892,8	905,2	917,6	930,0	942,4	954,8	967,2	979,6	888,7	909,3	950,7	971,3	899,0	961,0	7
8	992	1004,4	1016,8	1029,2	1041,6	1054,0	1066,4	1078,8	1091,2	1103,6	1012,7	1033,3	1074,7	1095,3	1023,0	1085,0	8
9	1116	1128,4	1140,8	1153,2	1165,6	1178,0	1190,4	1202,8	1215,2	1227,6	1136,7	1157,3	1198,7	1219,3	1147,0	1209,0	9
10	1240	1252,4	1264,8	1277,2	1289,6	1302,0	1314,4	1326,8	1339,2	1351,6	1260,7	1281,3	1322,7	1343,3	1271,0	1333,0	10
11	1364	1376,4	1388,8	1401,2	1413,6	1426,0	1438,4	1450,8	1463,2	1475,6	1384,7	1405,3	1446,7	1467,3	1395,0	1457,0	11
12	1488	1500,4	1512,8	1525,2	1537,6	1550,0	1562,4	1574,8	1587,2	1599,6	1508,7	1529,3	1570,7	1591,3	1519,0	1581,0	12
13	1612	1624,4	1636,8	1649,2	1661,6	1674,0	1686,4	1698,8	1711,2	1723,6	1632,7	1653,3	1694,7	1715,3	1643,0	1705,0	13
14	1736	1748,4	1760,8	1773,2	1785,6	1798,0	1810,4	1822,8	1835,2	1847,6	1756,7	1777,3	1818,7	1839,3	1767,0	1829,0	14
15	1860	1872,4	1884,8	1897,2	1909,6	1922,0	1934,4	1946,8	1959,2	1971,6	1880,7	1901,3	1942,7	1963,3	1891,0	1953,0	15
16	1984	1996,4	2008,8	2021,2	2033,6	2046,0	2058,4	2070,8	2083,2	2095,6	2004,7	2025,3	2066,7	2087,3	2015,0	2077,0	16
17	2108	2120,4	2132,8	2145,2	2157,6	2170,0	2182,4	2194,8	2207,2	2219,6	2128,7	2149,3	2190,7	2211,3	2139,0	2201,0	17
18	2232	2244,4	2256,8	2269,2	2281,6	2294,0	2306,4	2318,8	2331,2	2343,6	2252,7	2273,3	2314,7	2335,3	2263,0	2325,0	18
19	2356	2368,4	2380,8	2393,2	2405,6	2418,0	2430,4	2442,8	2455,2	2467,6	2376,7	2397,3	2438,7	2459,3	2387,0	2449,0	19
20	2480	2492,4	2504,8	2517,2	2529,6	2542,0	2554,4	2566,8	2579,2	2591,6	2500,7	2521,3	2562,7	2583,3	2511,0	2573,0	20
21	2604	2616,4	2628,8	2641,2	2653,6	2666,0	2678,4	2690,8	2703,2	2715,6	2624,7	2645,3	2686,7	2707,3	2635,0	2697,0	21
22	2728	2740,4	2752,8	2765,2	2777,6	2790,0	2802,4	2814,8	2827,2	2839,6	2748,7	2769,3	2810,7	2831,3	2759,0	2821,0	22
23	2852	2864,4	2876,8	2889,2	2901,6	2914,0	2926,4	2938,8	2951,2	2963,6	2872,7	2893,3	2934,7	2955,3	2883,0	2945,0	23
24	2976	2988,4	3000,8	3013,2	3025,6	3038,0	3050,4	3062,8	3075,2	3087,6	2996,7	3017,3	3058,7	3079,3	3007,0	3069,0	24
25	3100	3112,4	3124,8	3137,2	3149,6	3162,0	3174,4	3186,8	3199,2	3211,6	3120,7	3141,3	3182,7	3203,3	3131,0	3193,0	25
26	3224	3236,4	3248,8	3261,2	3273,6	3286,0	3298,4	3310,8	3323,2	3335,6	3244,7	3265,3	3306,7	3327,3	3255,0	3317,0	26
27	3348	3360,4	3372,8	3385,2	3397,6	3410,0	3422,4	3434,8	3447,2	3459,6	3368,7	3389,3	3430,7	3451,3	3379,0	3441,0	27
28	3472	3484,4	3496,8	3509,2	3521,6	3534,0	3546,4	3558,8	3571,2	3583,6	3492,7	3513,3	3554,7	3575,3	3503,0	3565,0	28
29	3596	3608,4	3620,8	3633,2	3645,6	3658,0	3670,4	3682,8	3695,2	3707,6	3616,7	3637,3	3678,7	3699,3	3627,0	3689,0	29
30	3720	3732,4	3744,8	3757,2	3769,6	3782,0	3794,4	3806,8	3819,2	3831,6	3740,7	3761,3	3802,7	3823,3	3751,0	3813,0	30
31	3844	3856,4	3868,8	3881,2	3893,6	3906,0	3918,4	3930,8	3943,2	3955,6	3864,7	3885,3	3926,7	3947,3	3875,0	3937,0	31
32	3968	3980,4	3992,8	4005,2	4017,6	4030,0	4042,4	4054,8	4067,2	4079,6	3988,7	4009,3	4050,7	4071,3	3999,0	4061,0	32
33	4092	4104,4	4116,8	4129,2	4141,6	4154,0	4166,4	4178,8	4191,2	4203,6	4112,7	4133,3	4174,7	4195,3	4123,0	4185,0	33
34	4216	4228,4	4240,8	4253,2	4265,6	4278,0	4290,4	4302,8	4315,2	4327,6	4236,7	4257,3	4298,7	4319,3	4247,0	4309,0	34
35	4340	4352,4	4364,8	4377,2	4389,6	4402,0	4414,4	4426,8	4439,2	4451,6	4360,7	4381,3	4422,7	4443,3	4371,0	4433,0	35
36	4464	4476,4	4488,8	4501,2	4513,6	4526,0	4538,4	4550,8	4563,2	4575,6	4484,7	4505,3	4546,7	4567,3	4495,0	4557,0	36
37	4588	4600,4	4612,8	4625,2	4637,6	4650,0	4662,4	4674,8	4687,2	4699,6	4608,7	4629,3	4670,7	4691,3	4619,0	4681,0	37
38	4712	4724,4	4736,8	4749,2	4761,6	4774,0	4786,4	4798,8	4811,2	4823,6	4732,7	4753,3	4794,7	4815,3	4743,0	4805,0	38
39	4836	4848,4	4860,8	4873,2	4885,6	4898,0	4910,4	4922,8	4935,2	4947,6	4856,7	4877,3	4918,7	4939,3	4867,0	4929,0	39
40	4960	4972,4	4984,8	4997,2	5009,6	5022,0	5034,4	5046,8	5059,2	5071,6	4980,7	5001,3	5042,7	5063,3	4991,0	5053,0	40
41	5084	5096,4	5108,8	5121,2	5133,6	5146,0	5158,4	5170,8	5183,2	5195,6	5104,7	5125,3	5166,7	5187,3	5115,0	5177,0	41
42	5208	5220,4	5232,8	5245,2	5257,6	5270,0	5282,4	5294,8	5307,2	5319,6	5228,7	5249,3	5290,7	5311,3	5239,0	5301,0	42
43	5332	5344,4	5356,8	5369,2	5381,6	5394,0	5406,4	5418,8	5431,2	5443,6	5352,7	5373,3	5414,7	5435,3	5363,0	5425,0	43
44	5456	5468,4	5480,8	5493,2	5505,6	5518,0	5530,4	5542,8	5555,2	5567,6	5476,7	5497,3	5538,7	5559,3	5487,0	5549,0	44
45	5580	5592,4	5604,8	5617,2	5629,6	5642,0	5654,4	5666,8	5679,2	5691,6	5600,7	5621,3	5662,7	5683,3	5611,0	5673,0	45
46	5704	5716,4	5728,8	5741,2	5753,6	5766,0	5778,4	5790,8	5803,2	5815,6	5724,7	5745,3	5786,7	5807,3	5735,0	5797,0	46
47	5828	5840,4	5852,8	5865,2	5877,6	5890,0	5902,4	5914,8	5927,2	5939,6	5848,7	5869,3	5910,7	5931,3	5859,0	5921,0	47
48	5952	5964,4	5976,8	5989,2	6001,6	6014,0	6026,4	6038,8	6051,2	6063,6	5972,7	5993,3	6034,7	6055,3	5983,0	6045,0	48
49	6076	6088,4	6100,8	6113,2	6125,6	6138,0	6150,4	6162,8	6175,2	6187,6	6096,7	6117,3	6158,7	6179,3	6107,0	6169,0	49
50	6200	6212,4	6224,8	6237,2	6249,6	6262,0	6274,4	6286,8	6299,2	6311,6	6220,7	6241,3	6282,7	6303,3	6231,0	6293,0	50
51	6324	6336,4	6348,8	6361,2	6373,6	6386,0	6398,4	6410,8	6423,2	6435,6	6344,7	6365,3	6406,7	6427,3	6355,0	6417,0	51
52	6448	6460,4	6472,8	6485,2	6497,6	6510,0	6522,4	6534,8	6547,2	6559,6	6468,7	6489,3	6530,7	6551,3	6479,0	6541,0	52
53	6572	6584,4	6596,8	6609,2	6621,6	6634,0	6646,4	6658,8	6671,2	6683,6	6592,7	6613,3	6654,7	6675,3	6603,0	6665,0	53
54	6696	6708,4	6720,8	6733,2	6745,6	6758,0	6770,4	6782,8	6795,2	6807,6	6716,7	6737,3	6778,7	6799,3	6727,0	6789,0	54
55	6820	6832,4	6844,8	6857,2	6869,6	6882,0	6894,4	6906,8	6919,2	6931,6	6840,7	6861,3	6902,7	6923,3	6851,0	6913,0	55
56	6944	6956,4	6968,8	6981,2	6993,6	7006,0	7018,4	7030,8	7043,2	7055,6	6964,7	6985,3	7026,7	7047,3	6975,0	7037,0	56
57	7068	7080,4	7092,8	7105,2	7117,6	7130,0	7142,4	7154,8	7167,2	7179,6	7088,7	7109,3	7150,7	7171,3	7099,0	7161,0	57
58	7192	7204,4	7216,8	7229,2	7241,6	7254,0	7266,4	7278,8	7291,2	7303,6	7212,7	7233,3	7274,7	7295,3	7223,0	7285,0	58
59	7316	7328,4	7340,8	7353,2	7365,6	7378,0	7390,4	7402,8	7415,2	7427,6	7336,7	7357,3	7398,7	7419,3	7347,0	7409,0	59
60	7440	7452,4	7464,8	7477,2	7489,6	7502,0	7514,4	7526,8	7539,2	7551,6	7460,7	7481,3	7522,7	7543,3	7471,0	7533,0	60
61	7564	7576,4	7588,8	7601,2	7613,6	7626,0	7638,4	7650,8	7663,2	7675,6	7584,7	7605,3	7646,7	7667,3	7595,0	7657,0	61
62	7688	7700,4	7712,8	7725,2	7737,6	7750,0	7762,4	7774,8	7787,2	7799,6	7708,7	7729,3	7770,7	7791,3	7719,0	7781,0	62
63	7812	7824,4	7836,8	7849,2	7861,6	7874,0	7886,4	7898,8	7911,2	7923,6	7832,7	7853,3	7894,7	7915,3	7843,0	7905,0	63
64	7936	7948,4	7960,8	7973,2	7985,6	7998,0	8010,4	8022,8	8035,2	8047,6	7956,7	7977,3	8018,7	8039,3	7967,0	8029,0	64
65	8060	8072,4	8084,8	8097,2	8109,6	8122,0	8134,4	8146,8	8159,2	8171,6	8080,7	8101,3	8142,7	8163,3	8091,0	8153,0	65
66	8184	8196,4	8208,8	8221,2	8233,6	8246,0	8258,4	8270,8	8233,2	8295,6	8204,7	8225,3	8266,7	8287,3	8215,0	8277,0	66
67	8308	8320,4	8332,8	8345,2	8357,6	8370,0	8382,4	8394,8	8407,2	8419,6	8328,7	8349,3	8390,7	8411,3	8339,0	8401,0	67
68	8432	8444,4	8456,8	8469,2	8481,6	8494,0	8506,4	8518,8	8531,2	8543,6	8452,7	8473,3	8514,7	8535,3	8463,0	8525,0	68
69	8556	8568,4	8580,8	8593,2	8605,6	8618,0	8630,4	8642,8	8655,2	8667,6	8576,7	8597,3	8638,7	8659,3	8587,0	8649,0	69
70	8680	8692,4	8704,8	8717,2	8729,6	8742,0	8754,4	8766,8	8779,2	8791,6	8700,7	8721,3	8762,7	8783,3	8711,0	8773,0	70
71	8804	8816,4	8828,8	8841,2	8853,6	8866,0	8878,4	8890,8	8903,2	8915,6	8824,7	8845,3	8886,7	8907,3	8835,0	8897,0	71
72	8928	8940,4	8952,8	8965,2	8977,6	8990,0	9002,4	9014,8	9027,2	9039,6	8948,7	8969,3	9010,7	9031,3	8959,0	9021,0	72
73	9052	9064,4	9076,8	9089,2	9101,6	9114,0	9126,4	9138,8	9151,2	9163,6	9072,7	9093,3	9134,7	9155,3	9083,0	9145,0	73
74	9176	9188,4	9200,8	9213,2	9225,6	9238,0	9250,4	9262,8	9275,2	9287,6	9196,7	9217,3	9258,7	9279,3	9207,0	9269,0	74
75	9300	9312,4	9324,8	9337,2	9349,6	9362,0	9374,4	9386,8	9399,2	9411,6	9320,7	9341,3	9382,7	9403,3	9331,0	9393,0	75
76	9424	9436,4	9448,8	9461,2	9473,6	9486,0	9498,4	9510,8	9523,2	9535,6	9444,7	9465,3	9506,7	9527,3	9455,0	9517,0	76
77	9548	9560,4	9572,8	9585,2	9597,6	9610,0	9622,4	9634,8	9647,2	9659,6	9568,7	9589,3	9630,7	9651,3	9579,0	9641,0	77
78	9672	9684,4	9696,8	9709,2	9721,6	9734,0	9746,4	9758,8	9771,2	9783,6	9692,7	9713,3	9754,7	9775,3	9703,0	9765,0	78
79	9796	9808,4	9820,8	9833,2	9845,6	9858,0	9870,4	9882,8	9895,2	9907,6	9816,7	9837,3	9878,7	9899,3	9827,0	9889,0	79
80	9920	9932,4	9944,8	9957,2	9969,6	9982,0	9994,4	10006,8	10019,2	10031,6	9940,7	9961,3	10002,7	10023,3	9951,0	10013,0	80
81	10044	10056,4	10068,8	10081,2	10093,6	10106,0	10118,4	10130,8	10143,2	10155,6	10064,7	10085,3	10126,7	10147,3	10075,0	10137,0	81
82	10168	10180,4	10192,8	10205,2	10217,6	10230,0	10242,4	10254,8	10267,2	10279,6	10188,7	10209,3	10250,7	10271,3	10199,0	10261,0	82
83	10292	10304,4	10316,8	10329,2	10341,6	10354,0	10366,4	10378,8	10391,2	10403,6	10312,7	10333,3	10374,7	10395,3	10323,0	10385,0	83
84	10416	10428,4	10440,8	10453,2	10465,6	10478,0	10490,4	10502,8	10515,2	10527,6	10436,7	10457,3	10498,7	10519,3	10447,0	10509,0	84
85	10540	10552,4	10564,8	10577,2	10589,6	10602,0	10614,4	10626,8	10639,2	10651,6	10560,7	10581,3	10622,7	10643,3	10571,0	10633,0	85
86	10664	10676,4	10688,8	10701,2	10713,6	10726,0	10738,4	10750,8	10763,2	10775,6	10684,7	10705,3	10746,7	10767,3	10695,0	10757,0	86
87	10788	10800,4	10812,8	10825,2	10837,6	10850,0	10862,4	10874,8	10887,2	10899,6	10808,7	10829,3	10870,7	10891,3	10819,0	10881,0	87
88	10912	10924,4	10936,8	10949,2	10961,6	10974,0	10986,4	10998,8	11011,2	11023,6	10932,7	10953,3	10994,7	11015,3	10943,0	11005,0	88
89	11036	11048,4	11060,8	11073,2	11085,6	11098,0	11110,4	11122,8	11135,2	11147,6	11056,7	11077,3	11118,7	11139,3	11067,0	11129,0	89
90	11160	11172,4	11184,8	11197,2	11209,6	11222,0	11234,4	11246,8	11259,2	11271,6	11180,7	11201,3	11242,7	11263,3	11191,0	11253,0	90
91	11284	11296,4	11308,8	11321,2	11333,6	11346,0	11358,4	11370,8	11383,2	11395,6	11304,7	11325,3	11366,7	11387,3	11315,0	11377,0	91
92	11408	11420,4	11432,8	11445,2	11457,6	11470,0	11482,4	11494,8	11507,2	11519,6	11428,7	11449,3	11490,7	11511,3	11439,0	11501,0	92
93	11532	11544,4	11556,8	11569,2	11581,6	11594,0	11606,4	11618,8	11631,2	11643,6	11552,7	11573,3	11614,7	11635,3	11563,0	11625,0	93
94	11656	11668,4	11680,8	11693,2	11705,6	11718,0	11730,4	11742,8	11755,2	11767,6	11676,7	11697,3	11738,7	11759,3	11687,0	11749,0	94
95	11780	11792,4	11804,8	11817,2	11829,6	11842,0	11854,4	11866,8	11879,2	11891,6	11800,7	11821,3	11862,7	11883,3	11811,0	11873,0	95
96	11904	11916,4	11928,8	11941,2	11953,6	11966,0	11978,4	11990,8	12003,2	12015,6	11924,7	11945,3	11986,7	12007,3	11935,0	11997,0	96
97	12028	12040,4	12052,8	12065,2	12077,6	12090,0	12102,4	12114,8	12127,2	12139,6	12048,7	12069,3	12110,7	12131,3	12059,0	12121,0	97
98	12152	12164,4	12176,8	12189,2	12201,6	12214,0	12226,4	12238,8	12251,2	12263,6	12172,7	12193,3	12234,7	12255,3	12183,0	12245,0	98
99	12276	12288,4	12300,8	12313,2	12325,6	12338,0	12350,4	12362,8	12375,2	12387,6	12296,7	12317,3	12358,7	12379,3	12307,0	12369,0	99
100	12400	12412,4	12424,8	12437,2	12449,6	12462,0	12474,4	12486,8	12499,2	12511,6	12420,7	12441,3	12482,7	12503,3	12431,0	12493,0	100

		1/10 12,5	2/10 25,0	3/10 37,5	4/10 50,0	5/10 62,5	6/10 75,0	7/10 87,5	8/10 100,0	9/10 112,5	1/6 20,833	2/6 41,666	4/6 83,333	5/6 104,166	1/4 31,25	3/4 93,75	
1	125	137,5	150,0	162,5	175,0	187,5	200,0	212,5	225,0	237,5	145,8	166,7	208,3	229,2	156,3	218,8	1
2	250	262,5	275,0	287,5	300,0	312,5	325,0	337,5	350,0	362,5	270,8	291,7	333,3	354,2	281,3	343,8	2
3	375	387,5	400,0	412,5	425,0	437,5	450,0	462,5	475,0	487,5	395,8	416,7	458,3	479,2	406,3	468,8	3
4	500	512,5	525,0	537,5	550,0	562,5	575,0	587,5	600,0	612,5	520,8	541,7	583,3	604,2	531,3	593,8	4
5	625	637,5	650,0	662,5	675,0	687,5	700,0	712,5	725,0	737,5	645,8	666,7	708,3	729,2	656,3	718,8	5
6	750	762,5	775,0	787,5	800,0	812,5	825,0	837,5	850,0	862,5	770,8	791,7	833,3	854,2	781,3	843,8	6
7	875	887,5	900,0	912,5	925,0	937,5	950,0	962,5	975,0	987,5	895,8	916,7	958,3	979,2	906,3	968,8	7
8	1000	1012,5	1025,0	1037,5	1050,0	1062,5	1075,0	1087,5	1100,0	1112,5	1020,8	1041,7	1083,3	1104,2	1031,3	1093,8	8
9	1125	1137,5	1150,0	1162,5	1175,0	1187,5	1200,0	1212,5	1225,0	1237,5	1145,8	1166,7	1208,3	1229,2	1156,3	1218,8	9
10	1250	1262,5	1275,0	1287,5	1300,0	1312,5	1325,0	1337,5	1350,0	1362,5	1270,8	1291,7	1333,3	1354,2	1281,3	1343,8	10
11	1375	1387,5	1400,0	1412,5	1425,0	1437,5	1450,0	1462,5	1475,0	1487,5	1395,8	1416,7	1458,3	1479,2	1406,3	1468,8	11
12	1500	1512,5	1525,0	1537,5	1550,0	1562,5	1575,0	1587,5	1600,0	1612,5	1520,8	1541,7	1583,3	1604,2	1531,3	1593,8	12
13	1625	1637,5	1650,0	1662,5	1675,0	1687,5	1700,0	1712,5	1725,0	1737,5	1645,8	1666,7	1708,3	1729,2	1656,3	1718,8	13
14	1750	1762,5	1775,0	1787,5	1800,0	1812,5	1825,0	1837,5	1850,0	1862,5	1770,8	1791,7	1833,3	1854,2	1781,3	1843,8	14
15	1875	1887,5	1900,0	1912,5	1925,0	1937,5	1950,0	1962,5	1975,0	1987,5	1895,8	1916,7	1958,3	1979,2	1906,3	1968,8	15
16	2000	2012,5	2025,0	2037,5	2050,0	2062,5	2075,0	2087,5	2100,0	2112,5	2020,8	2041,7	2083,3	2104,2	2031,3	2093,8	16
17	2125	2137,5	2150,0	2162,5	2175,0	2187,5	2200,0	2212,5	2225,0	2237,5	2145,8	2166,7	2208,3	2229,2	2156,3	2218,8	17
18	2250	2262,5	2275,0	2287,5	2300,0	2312,5	2325,0	2337,5	2350,0	2362,5	2270,8	2291,7	2333,3	2354,2	2281,3	2343,8	18
19	2375	2387,5	2400,0	2412,5	2425,0	2437,5	2450,0	2462,5	2475,0	2487,5	2395,8	2416,7	2458,3	2479,2	2406,3	2468,8	19
20	2500	2512,5	2525,0	2537,5	2550,0	2562,5	2575,0	2587,5	2600,0	2612,5	2520,8	2541,7	2583,3	2604,2	2531,3	2593,8	20
21	2625	2637,5	2650,0	2662,5	2675,0	2687,5	2700,0	2712,5	2725,0	2737,5	2645,8	2666,7	2708,3	2729,2	2656,3	2718,8	21
22	2750	2762,5	2775,0	2787,5	2800,0	2812,5	2825,0	2837,5	2850,0	2862,5	2770,8	2791,7	2833,3	2854,2	2781,3	2843,8	22
23	2875	2887,5	2900,0	2912,5	2925,0	2937,5	2950,0	2962,5	2975,0	2987,5	2895,8	2916,7	2958,3	2979,2	2906,3	2968,8	23
24	3000	3012,5	3025,0	3037,5	3050,0	3062,5	3075,0	3087,5	3100,0	3112,5	3020,8	3041,7	3083,3	3104,2	3031,3	3093,8	24
25	3125	3137,5	3150,0	3162,5	3175,0	3187,5	3200,0	3212,5	3225,0	3237,5	3145,8	3166,7	3208,3	3229,2	3156,3	3218,8	25
26	3250	3262,5	3275,0	3287,5	3300,0	3312,5	3325,0	3337,5	3350,0	3362,5	3270,8	3291,7	3333,3	3354,2	3281,3	3343,8	26
27	3375	3387,5	3400,0	3412,5	3425,0	3437,5	3450,0	3462,5	3475,0	3487,5	3395,8	3416,7	3458,3	3479,2	3406,3	3468,8	27
28	3500	3512,5	3525,0	3537,5	3550,0	3562,5	3575,0	3587,5	3600,0	3612,5	3520,8	3541,7	3583,3	3604,2	3531,3	3593,8	28
29	3625	3637,5	3650,0	3662,5	3675,0	3687,5	3700,0	3712,5	3725,0	3737,5	3645,8	3666,7	3708,3	3729,2	3656,3	3718,8	29
30	3750	3762,5	3775,0	3787,5	3800,0	3812,5	3825,0	3837,5	3850,0	3862,5	3770,8	3791,7	3833,3	3854,2	3781,3	3843,8	30
31	3875	3887,5	3900,0	3912,5	3925,0	3937,5	3950,0	3962,5	3975,0	3987,5	3895,8	3916,7	3958,3	3979,2	3906,3	3968,8	31
32	4000	4012,5	4025,0	4037,5	4050,0	4062,5	4075,0	4087,5	4100,0	4112,5	4020,8	4041,7	4083,3	4104,2	4031,3	4093,8	32
33	4125	4137,5	4150,0	4162,5	4175,0	4187,5	4200,0	4212,5	4225,0	4237,5	4145,8	4166,7	4208,3	4229,2	4156,3	4218,8	33
34	4250	4262,5	4275,0	4287,5	4300,0	4312,5	4325,0	4337,5	4350,0	4362,5	4270,8	4291,7	4333,3	4354,2	4281,3	4343,8	34
35	4375	4387,5	4400,0	4412,5	4425,0	4437,5	4450,0	4462,5	4475,0	4487,5	4395,8	4416,7	4458,3	4479,2	4406,3	4468,8	35
36	4500	4512,5	4525,0	4537,5	4550,0	4562,5	4575,0	4587,5	4600,0	4612,5	4520,8	4541,7	4583,3	4604,2	4531,3	4593,8	36
37	4625	4637,5	4650,0	4662,5	4675,0	4687,5	4700,0	4712,5	4725,0	4737,5	4645,8	4666,7	4708,3	4729,2	4656,3	4718,8	37
38	4750	4762,5	4775,0	4787,5	4800,0	4812,5	4825,0	4837,5	4850,0	4862,5	4770,8	4791,7	4833,3	4854,2	4781,3	4843,8	38
39	4875	4887,5	4900,0	4912,5	4925,0	4937,5	4950,0	4962,5	4975,0	4987,5	4895,8	4916,7	4958,3	4979,2	4906,3	4968,8	39
40	5000	5012,5	5025,0	5037,5	5050,0	5062,5	5075,0	5087,5	5100,0	5112,5	5020,8	5041,7	5083,3	5104,2	5031,3	5093,8	40
41	5125	5137,5	5150,0	5162,5	5175,0	5187,5	5200,0	5212,5	5225,0	5237,5	5145,8	5166,7	5208,3	5229,2	5156,3	5218,8	41
42	5250	5262,5	5275,0	5287,5	5300,0	5312,5	5325,0	5337,5	5350,0	5362,5	5270,8	5291,7	5333,3	5354,2	5281,3	5343,8	42
43	5375	5387,5	5400,0	5412,5	5425,0	5437,5	5450,0	5462,5	5475,0	5487,5	5395,8	5416,7	5458,3	5479,2	5406,3	5468,8	43
44	5500	5512,5	5525,0	5537,5	5550,0	5562,5	5575,0	5587,5	5600,0	5612,5	5520,8	5541,7	5583,3	5604,2	5531,3	5593,8	44
45	5625	5637,5	5650,0	5662,5	5675,0	5687,5	5700,0	5712,5	5725,0	5737,5	5645,8	5666,7	5708,3	5729,2	5656,3	5718,8	45
46	5750	5762,5	5775,0	5787,5	5800,0	5812,5	5825,0	5837,5	5850,0	5862,5	5770,8	5791,7	5833,3	5854,2	5781,3	5843,8	46
47	5875	5887,5	5900,0	5912,5	5925,0	5937,5	5950,0	5962,5	5975,0	5987,5	5895,8	5916,7	5958,3	5979,2	5906,3	5968,8	47
48	6000	6012,5	6025,0	6037,5	6050,0	6062,5	6075,0	6087,5	6100,0	6112,5	6020,8	6041,7	6083,3	6104,2	6031,3	6093,8	48
49	6125	6137,5	6150,0	6162,5	6175,0	6187,5	6200,0	6212,5	6225,0	6237,5	6145,8	6166,7	6208,3	6229,2	6156,3	6218,8	49
50	6250	6262,5	6275,0	6287,5	6300,0	6312,5	6325,0	6337,5	6350,0	6362,5	6270,8	6291,7	6333,3	6354,2	6281,3	6343,8	50
51	6375	6387,5	6400,0	6412,5	6425,0	6437,5	6450,0	6462,5	6475,0	6487,5	6395,8	6416,7	6458,3	6479,2	6406,3	6468,8	51
52	6500	6512,5	6525,0	6537,5	6550,0	6562,5	6575,0	6587,5	6600,0	6612,5	6520,8	6541,7	6583,3	6604,2	6531,3	6593,8	52
53	6625	6637,5	6650,0	6662,5	6675,0	6687,5	6700,0	6712,5	6725,0	6737,5	6645,8	6666,7	6708,3	6729,2	6656,3	6718,8	53
54	6750	6762,5	6775,0	6787,5	6800,0	6812,5	6825,0	6837,5	6850,0	6862,5	6770,8	6791,7	6833,3	6854,2	6781,3	6843,8	54
55	6875	6887,5	6900,0	6912,5	6925,0	6937,5	6950,0	6962,5	6975,0	6987,5	6895,8	6916,7	6958,3	6979,2	6906,3	6968,8	55
56	7000	7012,5	7025,0	7037,5	7050,0	7062,5	7075,0	7087,5	7100,0	7112,5	7020,8	7041,7	7083,3	7104,2	7031,3	7093,8	56
57	7125	7137,5	7150,0	7162,5	7175,0	7187,5	7200,0	7212,5	7225,0	7237,5	7145,8	7166,7	7208,3	7229,2	7156,3	7218,8	57
58	7250	7262,5	7275,0	7287,5	7300,0	7312,5	7325,0	7337,5	7350,0	7362,5	7270,8	7291,7	7333,3	7354,2	7281,3	7343,8	58
59	7375	7387,5	7400,0	7412,5	7425,0	7437,5	7450,0	7462,5	7475,0	7487,5	7395,8	7416,7	7458,3	7479,2	7406,3	7468,8	59
60	7500	7512,5	7525,0	7537,5	7550,0	7562,5	7575,0	7587,5	7600,0	7612,5	7520,8	7541,7	7583,3	7604,2	7531,3	7593,8	60
61	7625	7637,5	7650,0	7662,5	7675,0	7687,5	7700,0	7712,5	7725,0	7737,5	7645,8	7666,7	7708,3	7729,2	7656,3	7718,8	61
62	7750	7762,5	7775,0	7787,5	7800,0	7812,5	7825,0	7837,5	7850,0	7862,5	7770,8	7791,7	7833,3	7854,2	7781,3	7843,8	62
63	7875	7887,5	7900,0	7912,5	7925,0	7937,5	7950,0	7962,5	7975,0	7987,5	7895,8	7916,7	7958,3	7979,2	7906,3	7968,8	63
64	8000	8012,5	8025,0	8037,5	8050,0	8062,5	8075,0	8087,5	8100,0	8112,5	8020,8	8041,7	8083,3	8104,2	8031,3	8093,8	64
65	8125	8137,5	8150,0	8162,5	8175,0	8187,5	8200,0	8212,5	8225,0	8237,5	8145,8	8166,7	8208,3	8229,2	8156,3	8218,8	65
66	8250	8262,5	8275,0	8287,5	8300,0	8312,5	8325,0	8337,5	8350,0	8362,5	8270,8	8291,7	8333,3	8354,2	8281,3	8343,8	66
67	8375	8387,5	8400,0	8412,5	8425,0	8437,5	8450,0	8462,5	8475,0	8487,5	8395,8	8416,7	8458,3	8479,2	8406,3	8468,8	67
68	8500	8512,5	8525,0	8537,5	8550,0	8562,5	8575,0	8587,5	8600,0	8612,5	8520,8	8541,7	8583,3	8604,2	8531,3	8593,8	68
69	8625	8637,5	8650,0	8662,5	8675,0	8687,5	8700,0	8712,5	8725,0	8737,5	8645,8	8666,7	8708,3	8729,2	8656,3	8718,8	69
70	8750	8762,5	8775,0	8787,5	8800,0	8812,5	8825,0	8837,5	8850,0	8862,5	8770,8	8791,7	8833,3	8854,2	8781,3	8843,8	70
71	8875	8887,5	8900,0	8912,5	8925,0	8937,5	8950,0	8962,5	8975,0	8987,5	8895,8	8916,7	8958,3	8979,2	8906,3	8968,8	71
72	9000	9012,5	9025,0	9037,5	9050,0	9062,5	9075,0	9087,5	9100,0	9112,5	9020,8	9041,7	9083,3	9104,2	9031,3	9093,8	72
73	9125	9137,5	9150,0	9162,5	9175,0	9187,5	9200,0	9212,5	9225,0	9237,5	9145,8	9166,7	9208,3	9229,2	9156,3	9218,8	73
74	9250	9262,5	9275,0	9287,5	9300,0	9312,5	9325,0	9337,5	9350,0	9362,5	9270,8	9291,7	9333,3	9354,2	9281,3	9343,8	74
75	9375	9387,5	9400,0	9412,5	9425,0	9437,5	9450,0	9462,5	9475,0	9487,5	9395,8	9416,7	9458,3	9479,2	9406,3	9468,8	75
76	9500	9512,5	9525,0	9537,5	9550,0	9562,5	9575,0	9587,5	9600,0	9612,5	9520,8	9541,7	9583,3	9604,2	9531,3	9593,8	76
77	9625	9637,5	9650,0	9662,5	9675,0	9687,5	9700,0	9712,5	9725,0	9737,5	9645,8	9666,7	9708,3	9729,2	9656,3	9718,8	77
78	9750	9762,5	9775,0	9787,5	9800,0	9812,5	9825,0	9837,5	9850,0	9862,5	9770,8	9791,7	9833,3	9854,2	9781,3	9843,8	78
79	9875	9887,5	9900,0	9912,5	9925,0	9937,5	9950,0	9962,5	9975,0	9987,5	9895,8	9916,7	9958,3	9979,2	9906,3	9968,8	79
80	10000	10012,5	10025,0	10037,5	10050,0	10062,5	10075,0	10087,5	10100,0	10112,5	10020,8	10041,7	10083,3	10104,2	10031,3	10093,8	80
81	10125	10137,5	10150,0	10162,5	10175,0	10187,5	10200,0	10212,5	10225,0	10237,5	10145,8	10166,7	10208,3	10229,2	10156,3	10218,8	81
82	10250	10262,5	10275,0	10287,5	10300,0	10312,5	10325,0	10337,5	10350,0	10362,5	10270,8	10291,7	10333,3	10354,2	10281,3	10343,8	82
83	10375	10387,5	10400,0	10412,5	10425,0	10437,5	10450,0	10462,5	10475,0	10487,5	10395,8	10416,7	10458,3	10479,2	10406,3	10468,8	83
84	10500	10512,5	10525,0	10537,5	10550,0	10562,5	10575,0	10587,5	10600,0	10612,5	10520,8	10541,7	10583,3	10604,2	10531,3	10593,8	84
85	10625	10637,5	10650,0	10662,5	10675,0	10687,5	10700,0	10712,5	10725,0	10737,5	10645,8	10666,7	10708,3	10729,2	10656,3	10718,8	85
86	10750	10762,5	10775,0	10787,5	10800,0	10812,5	10825,0	10837,5	10850,0	10862,5	10770,8	10791,7	10833,3	10854,2	10781,3	10843,8	86
87	10875	10887,5	10900,0	10912,5	10925,0	10937,5	10950,0	10962,5	10975,0	10987,5	10895,8	10916,7	10958,3	10979,2	10906,3	10968,8	87
88	11000	11012,5	11025,0	11037,5	11050,0	11062,5	11075,0	11087,5	11100,0	11112,5	11020,8	11041,7	11083,3	11104,2	11031,3	11093,8	88
89	11125	11137,5	11150,0	11162,5	11175,0	11187,5	11200,0	11212,5	11225,0	11237,5	11145,8	11166,7	11208,3	11229,2	11156,3	11218,8	89
90	11250	11262,5	11275,0	11287,5	11300,0	11312,5	11325,0	11337,5	11350,0	11362,5	11270,8	11291,7	11333,3	11354,2	11281,3	11343,8	90
91	11375	11387,5	11400,0	11412,5	11425,0	11437,5	11450,0	11462,5	11475,0	11487,5	11395,8	11416,7	11458,3	11479,2	11406,3	11468,8	91
92	11500	11512,5	11525,0	11537,5	11550,0	11562,5	11575,0	11587,5	11600,0	11612,5	11520,8	11541,7	11583,3	11604,2	11531,3	11593,8	92
93	11625	11637,5	11650,0	11662,5	11675,0	11687,5	11700,0	11712,5	11725,0	11737,5	11645,8	11666,7	11708,3	11729,2	11656,3	11718,8	93
94	11750	11762,5	11775,0	11787,5	11800,0	11812,5	11825,0	11837,5	11850,0	11862,5	11770,8	11791,7	11833,3	11854,2	11781,3	11843,8	94
95	11875	11887,5	11900,0	11912,5	11925,0	11937,5	11950,0	11962,5	11975,0	11987,5	11895,8	11916,7	11958,3	11979,2	11906,3	11968,8	95
96	12000	12012,5	12025,0	12037,5	12050,0	12062,5	12075,0	12087,5	12100,0	12112,5	12020,8	12041,7	12083,3	12104,2	12031,3	12093,8	96
97	12125	12137,5	12150,0	12162,5	12175,0	12187,5	12200,0	12212,5	12225,0	12237,5	12145,8	12166,7	12208,3	12229,2	12156,3	12218,8	97
98	12250	12262,5	12275,0	12287,5	12300,0	12312,5	12325,0	12337,5	12350,0	12362,5	12270,8	12291,7	12333,3	12354,2	12281,3	12343,8	98
99	12375	12387,5	12400,0	12412,5	12425,0	12437,5	12450,0	12462,5	12475,0	12487,5	12395,8	12416,7	12458,3	12479,2	12406,3	12468,8	99
100	12500	12512,5	12525,0	12537,5	12550,0	12562,5	12575,0	12587,5	12600,0	12612,5	12520,8	12541,7	12583,3	12604,2	12531,3	12593,8	100

126

		1/10 12,6	2/10 25,2	3/10 37,8	4/10 50,4	5/10 63,0	6/10 75,6	7/10 88,2	8/10 100,8	9/10 113,4	1/6 21,0	2/6 42,0	4/6 84,0	5/6 105,0	1/4 31,5	3/4 94,5	
1	126	138,6	151,2	163,8	176,4	189,0	201,6	214,2	226,8	239,4	147,0	168,0	210,0	231,0	157,5	220,5	1
2	252	264,6	277,2	289,8	302,4	315,0	327,6	340,2	352,8	365,4	273,0	294,0	336,0	357,0	283,5	346,5	2
3	378	390,6	403,2	415,8	428,4	441,0	453,6	466,2	478,8	491,4	399,0	420,0	462,0	483,0	409,5	472,5	3
4	504	516,6	529,2	541,8	554,4	567,0	579,6	592,2	604,8	617,4	525,0	546,0	588,0	609,0	535,5	598,5	4
5	630	642,6	655,2	667,8	680,4	693,0	705,6	718,2	730,8	743,4	651,0	672,0	714,0	735,0	661,5	724,5	5
6	756	768,6	781,2	793,8	806,4	819,0	831,6	844,2	856,8	869,4	777,0	798,0	840,0	861,0	787,5	850,5	6
7	882	894,6	907,2	919,8	932,4	945,0	957,6	970,2	982,8	995,4	903,0	924,0	966,0	987,0	913,5	976,5	7
8	1008	1020,6	1033,2	1045,8	1058,4	1071,0	1083,6	1096,2	1108,8	1121,4	1029,0	1050,0	1092,0	1113,0	1039,5	1102,5	8
9	1134	1146,6	1159,2	1171,8	1184,4	1197,0	1209,6	1222,2	1234,8	1247,4	1155,0	1176,0	1218,0	1239,0	1165,5	1228,5	9
10	1260	1272,6	1285,2	1297,8	1310,4	1323,0	1335,6	1348,2	1360,8	1373,4	1281,0	1302,0	1344,0	1365,0	1291,5	1354,5	10
11	1386	1398,6	1411,2	1423,8	1436,4	1449,0	1461,6	1474,2	1486,8	1499,4	1407,0	1428,0	1470,0	1491,0	1417,5	1480,5	11
12	1512	1524,6	1537,2	1549,8	1562,4	1575,0	1587,6	1600,2	1612,8	1625,4	1533,0	1554,0	1596,0	1617,0	1543,5	1606,5	12
13	1638	1650,6	1663,2	1675,8	1688,4	1701,0	1713,6	1726,2	1738,8	1751,4	1659,0	1680,0	1722,0	1743,0	1669,5	1732,5	13
14	1764	1776,6	1789,2	1801,8	1814,4	1827,0	1839,6	1852,2	1864,8	1877,4	1785,0	1806,0	1848,0	1869,0	1795,5	1858,5	14
15	1890	1902,6	1915,2	1927,8	1940,4	1953,0	1965,6	1978,2	1990,8	2003,4	1911,0	1932,0	1974,0	1995,0	1921,5	1984,5	15
16	2016	2028,6	2041,2	2053,8	2066,4	2079,0	2091,6	2104,2	2116,8	2129,4	2037,0	2058,0	2100,0	2121,0	2047,5	2110,5	16
17	2142	2154,6	2167,2	2179,8	2192,4	2205,0	2217,6	2230,2	2242,8	2255,4	2163,0	2184,0	2226,0	2247,0	2173,5	2236,5	17
18	2268	2280,6	2293,2	2305,8	2318,4	2331,0	2343,6	2356,2	2368,8	2381,4	2289,0	2310,0	2352,0	2373,0	2299,5	2362,5	18
19	2394	2406,6	2419,2	2431,8	2444,4	2457,0	2469,6	2482,2	2494,8	2507,4	2415,0	2436,0	2478,0	2499,0	2425,5	2488,5	19
20	2520	2532,6	2545,2	2557,8	2570,4	2583,0	2595,6	2608,2	2620,8	2633,4	2541,0	2562,0	2604,0	2625,0	2551,5	2614,5	20
21	2646	2658,6	2671,2	2683,8	2696,4	2709,0	2721,6	2734,2	2746,8	2759,4	2667,0	2688,0	2730,0	2751,0	2677,5	2740,5	21
22	2772	2784,6	2797,2	2809,8	2822,4	2835,0	2847,6	2860,2	2872,8	2885,4	2793,0	2814,0	2856,0	2877,0	2803,5	2866,5	22
23	2898	2910,6	2923,2	2935,8	2948,4	2961,0	2973,6	2986,2	2998,8	3011,4	2919,0	2940,0	2982,0	3003,0	2929,5	2992,5	23
24	3024	3036,6	3049,2	3061,8	3074,4	3087,0	3099,6	3112,2	3124,8	3137,4	3045,0	3066,0	3108,0	3129,0	3055,5	3118,5	24
25	3150	3162,6	3175,2	3187,8	3200,4	3213,0	3225,6	3238,2	3250,8	3263,4	3171,0	3192,0	3234,0	3255,0	3181,5	3244,5	25
26	3276	3288,6	3301,2	3313,8	3326,4	3339,0	3351,6	3364,2	3376,8	3389,4	3297,0	3318,0	3360,0	3381,0	3307,5	3370,5	26
27	3402	3414,6	3427,2	3439,8	3452,4	3465,0	3477,6	3490,2	3502,8	3515,4	3423,0	3444,0	3486,0	3507,0	3433,5	3496,5	27
28	3528	3540,6	3553,2	3565,8	3578,4	3591,0	3603,6	3616,2	3628,8	3641,4	3549,0	3570,0	3612,0	3633,0	3559,5	3622,5	28
29	3654	3666,6	3679,2	3691,8	3704,4	3717,0	3729,6	3742,2	3754,8	3767,4	3675,0	3696,0	3738,0	3759,0	3685,5	3748,5	29
30	3780	3792,6	3805,2	3817,8	3830,4	3843,0	3855,6	3868,2	3880,8	3893,4	3801,0	3822,0	3864,0	3885,0	3811,5	3874,5	30
31	3906	3918,6	3931,2	3943,8	3956,4	3969,0	3981,6	3994,2	4006,8	4019,4	3927,0	3948,0	3990,0	4011,0	3937,5	4000,5	31
32	4032	4044,6	4057,2	4069,8	4082,4	4095,0	4107,6	4120,2	4132,8	4145,4	4053,0	4074,0	4116,0	4137,0	4063,5	4126,5	32
33	4158	4170,6	4183,2	4195,8	4208,4	4221,0	4233,6	4246,2	4258,8	4271,4	4179,0	4200,0	4242,0	4263,0	4189,5	4252,5	33
34	4284	4296,6	4309,2	4321,8	4334,4	4347,0	4359,6	4372,2	4384,8	4397,4	4305,0	4326,0	4368,0	4389,0	4315,5	4378,5	34
35	4410	4422,6	4435,2	4447,8	4460,4	4473,0	4485,6	4498,2	4510,8	4523,4	4431,0	4452,0	4494,0	4515,0	4441,5	4504,5	35
36	4536	4548,6	4561,2	4573,8	4586,4	4599,0	4611,6	4624,2	4636,8	4649,4	4557,0	4578,0	4620,0	4641,0	4567,5	4630,5	36
37	4662	4674,6	4687,2	4699,8	4712,4	4725,0	4737,6	4750,2	4762,8	4775,4	4683,0	4704,0	4746,0	4767,0	4693,5	4756,5	37
38	4788	4800,6	4813,2	4825,8	4838,4	4851,0	4863,6	4876,2	4888,8	4901,4	4809,0	4830,0	4872,0	4893,0	4819,5	4882,5	38
39	4914	4926,6	4939,2	4951,8	4964,4	4977,0	4989,6	5002,2	5014,8	5027,4	4935,0	4956,0	4998,0	5019,0	4945,5	5008,5	39
40	5040	5052,6	5065,2	5077,8	5090,4	5103,0	5115,6	5128,2	5140,8	5153,4	5061,0	5082,0	5124,0	5145,0	5071,5	5134,5	40
41	5166	5178,6	5191,2	5203,8	5216,4	5229,0	5241,6	5254,2	5266,8	5279,4	5187,0	5208,0	5250,0	5271,0	5197,5	5260,5	41
42	5292	5304,6	5317,2	5329,8	5342,4	5355,0	5367,6	5380,2	5392,8	5405,4	5313,0	5334,0	5376,0	5397,0	5323,5	5386,5	42
43	5418	5430,6	5443,2	5455,8	5468,4	5481,0	5493,6	5506,2	5518,8	5531,4	5439,0	5460,0	5502,0	5523,0	5449,5	5512,5	43
44	5544	5556,6	5569,2	5581,8	5594,4	5607,0	5619,6	5632,2	5644,8	5657,4	5565,0	5586,0	5628,0	5649,0	5575,5	5638,5	44
45	5670	5682,6	5695,2	5707,8	5720,4	5733,0	5745,6	5758,2	5770,8	5783,4	5691,0	5712,0	5754,0	5775,0	5701,5	5764,5	45
46	5796	5808,6	5821,2	5833,8	5846,4	5859,0	5871,6	5884,2	5896,8	5909,4	5817,0	5838,0	5880,0	5901,0	5827,5	5890,5	46
47	5922	5934,6	5947,2	5959,8	5972,4	5985,0	5997,6	6010,2	6022,8	6035,4	5943,0	5964,0	6006,0	6027,0	5953,5	6016,5	47
48	6048	6060,6	6073,2	6085,8	6098,4	6111,0	6123,6	6136,2	6148,8	6161,4	6069,0	6090,0	6132,0	6153,0	6079,5	6142,5	48
49	6174	6186,6	6199,2	6211,8	6224,4	6237,0	6249,6	6262,2	6274,8	6287,4	6195,0	6216,0	6258,0	6279,0	6205,5	6268,5	49
50	6300	6312,6	6325,2	6337,8	6350,4	6363,0	6375,6	6388,2	6400,8	6413,4	6321,0	6342,0	6384,0	6405,0	6331,5	6394,5	50
51	6426	6438,6	6451,2	6463,8	6476,4	6489,0	6501,6	6514,2	6526,8	6539,4	6447,0	6468,0	6510,0	6531,0	6457,5	6520 5	51
52	6552	6564,6	6577,2	6589,8	6602,4	6615,0	6627,6	6640,2	6652,8	6665,4	6573,0	6594,0	6636,0	6657,0	6583,5	6646,5	52
53	6678	6690,6	6703,2	6715,8	6728,4	6741,0	6753,6	6766,2	6778,8	6791,4	6699,0	6720,0	6762,0	6783,0	6709,5	6772,5	53
54	6804	6816,6	6829,2	6841,8	6854,4	6867,0	6879,6	6892,2	6904,8	6917,4	6825,0	6846,0	6888,0	6909,0	6835,5	6898,5	54
55	6930	6942,6	6955,2	6967,8	6980,4	6993,0	7005,6	7018,2	7030,8	7043,4	6951,0	6972,0	7014,0	7035,0	6961,5	7024,5	55
56	7056	7068,6	7081,2	7093,8	7106,4	7119,0	7131,6	7144,2	7156,8	7169,4	7077,0	7098,0	7140,0	7161,0	7087,5	7150,5	56
57	7182	7194,6	7207,2	7219,8	7232,4	7245,0	7257,6	7270,2	7282,8	7295,4	7203,0	7224,0	7266,0	7287,0	7213,5	7276,5	57
58	7308	7320,6	7333,2	7345,8	7358,4	7371,0	7383,6	7396,2	7408,8	7421,4	7329,0	7350,0	7392,0	7413,0	7339,5	7402,5	58
59	7434	7446,6	7459,2	7471,8	7484,4	7497,0	7509,6	7522,2	7534,8	7547,4	7455,0	7476,0	7518,0	7539,0	7465,5	7528,5	59
60	7560	7572,6	7585,2	7597,8	7610,4	7623,0	7635,6	7648,2	7660,8	7673,4	7581,0	7602,0	7644,0	7665,0	7591,5	7654,5	60
61	7686	7698,6	7711,2	7723,8	7736,4	7749,0	7761,6	7774,2	7786,8	7799,4	7707,0	7728,0	7770,0	7791,0	7717,5	7780,5	61
62	7812	7824,6	7837,2	7849,8	7862,4	7875,0	7887,6	7900,2	7912,8	7925,4	7833,0	7854,0	7896,0	7917,0	7843,5	7906,5	62
63	7938	7950,6	7963,2	7975,8	7988,4	8001,0	8013,6	8026,2	8038,8	8051,4	7959,0	7980,0	8022,0	8043,0	7969,5	8032,5	63
64	8064	8076,6	8089,2	8101,8	8114,4	8127,0	8139,6	8152,2	8164,8	8177,4	8085,0	8106,0	8148,0	8169,0	8095,5	8158,5	64
65	8190	8202,6	8215,2	8227,8	8240,4	8253,0	8265,6	8278,2	8290,8	8303,4	8211,0	8232,0	8274,0	8295,0	8221,5	8284,5	65
66	8316	8328,6	8341,2	8353,8	8366,4	8379,0	8391,6	8404,2	8416,8	8429,4	8337,0	8358,0	8400,0	8421,0	8347,5	8410,5	66
67	8442	8454,6	8467,2	8479,8	8492,4	8505,0	8517,6	8530,2	8542,8	8555,4	8463,0	8484,0	8526,0	8547,0	8473,5	8536,5	67
68	8568	8580,6	8593,2	8605,8	8618,4	8631,0	8643,6	8656,2	8668,8	8681,4	8589,0	8610,0	8652,0	8673,0	8599,5	8662,5	68
69	8694	8706,6	8719,2	8731,8	8744,4	8757,0	8769,6	8782,2	8794,8	8807,4	8715,0	8736,0	8778,0	8799,0	8725,5	8788,5	69
70	8820	8832,6	8845,2	8857,8	8870,4	8883,0	8895,6	8908,2	8920,8	8933,4	8841,0	8862,0	8904,0	8925,0	8851,5	8914,5	70
71	8946	8958,6	8971,2	8983,8	8996,4	9009,0	9021,6	9034,2	9046,8	9059,4	8967,0	8988,0	9030,0	9051,0	8977,5	9040,5	71
72	9072	9084,6	9097,2	9109,8	9122,4	9135,0	9147,6	9160,2	9172,8	9185,4	9093,0	9114,0	9156,0	9177,0	9103,5	9166,5	72
73	9198	9210,6	9223,2	9235,8	9248,4	9261,0	9273,6	9286,2	9298,8	9311,4	9219,0	9240,0	9282,0	9303,0	9229,5	9292,5	73
74	9324	9336,6	9349,2	9361,8	9374,4	9387,0	9399,6	9412,2	9424,8	9437,4	9345,0	9366,0	9408,0	9429,0	9355,5	9418,5	74
75	9450	9462,6	9475,2	9487,8	9500,4	9513,0	9525,6	9538,2	9550,8	9563,4	9471,0	9492,0	9534,0	9555,0	9481,5	9544,5	75
76	9576	9588,6	9601,2	9613,8	9626,4	9639,0	9651,6	9664,2	9676,8	9689,4	9597,0	9618,0	9660,0	9681,0	9607,5	9670,5	76
77	9702	9714,6	9727,2	9739,8	9752,4	9765,0	9777,6	9790,2	9802,8	9815,4	9723,0	9744,0	9786,0	9807,0	9733,5	9796,5	77
78	9828	9840,6	9853,2	9865,8	9878,4	9891,0	9903,6	9916,2	9928,8	9941,4	9849,0	9870,0	9912,0	9933,0	9859,5	9922,5	78
79	9954	9966,6	9979,2	9991,8	10004,4	10017,0	10029,6	10042,2	10054,8	10067,4	9975,0	9996,0	10038,0	10059,0	9985,5	10048,5	79
80	10080	10092,6	10105,2	10117,8	10130,4	10143,0	10155,6	10168,2	10180,8	10193,4	10101,0	10122,0	10164,0	10185,0	10111,5	10174,5	80
81	10206	10218,6	10231,2	10243,8	10256,4	10269,0	10281,6	10294,2	10306,8	10319,4	10227,0	10248,0	10290,0	10311,0	10237,5	10300,5	81
82	10332	10344,6	10357,2	10369,8	10382,4	10395,0	10407,6	10420,2	10432,8	10445,4	10353,0	10374,0	10416,0	10437,0	10363,5	10426,5	82
83	10458	10470,6	10483,2	10495,8	10508,4	10521,0	10533,6	10546,2	10558,8	10571,4	10479,0	10500,0	10542,0	10563,0	10489,5	10552,5	83
84	10584	10596,6	10609,2	10621,8	10634,4	10647,0	10659,6	10672,2	10684,8	10697,4	10605,0	10626,0	10668,0	10689,0	10615,5	10678,5	84
85	10710	10722,6	10735,2	10747,8	10760,4	10773,0	10785,6	10798,2	10810,8	10823,4	10731,0	10752,0	10794,0	10815,0	10741,5	10804,5	85
86	10836	10848,6	10861,2	10873,8	10886,4	10899,0	10911,6	10924,2	10936,8	10949,4	10857,0	10878,0	10920,0	10941,0	10867,5	10930,5	86
87	10962	10974,6	10987,2	10999,8	11012,4	11025,0	11037,6	11050,2	11062,8	11075,4	10983,0	11004,0	11046,0	11067,0	10993,5	11056,5	87
88	11088	11100,6	11113,2	11125,8	11138,4	11151,0	11163,6	11176,2	11188,8	11201,4	11109,0	11130,0	11172,0	11193,0	11119,5	11182,5	88
89	11214	11226,6	11239,2	11251,8	11264,4	11277,0	11289,6	11302,2	11314,8	11327,4	11235,0	11256,0	11298,0	11319,0	11245,5	11308,5	89
90	11340	11352,6	11365,2	11377,8	11390,4	11403,0	11415,6	11428,2	11440,8	11453,4	11361,0	11382,0	11424,0	11445,0	11371,5	11434,5	90
91	11466	11478,6	11491,2	11503,8	11516,4	11529,0	11541,6	11554,2	11566,8	11579,4	11487,0	11508,0	11550,0	11571,0	11497,5	11560,5	91
92	11592	11604,6	11617,2	11629,8	11642,4	11655,0	11667,6	11680,2	11692,8	11705,4	11613,0	11634,0	11676,0	11697,0	11623,5	11686,5	92
93	11718	11730,6	11743,2	11755,8	11768,4	11781,0	11793,6	11806,2	11818,8	11831,4	11739,0	11760,0	11802,0	11823,0	11749,5	11812,5	93
94	11844	11856,6	11869,2	11881,8	11894,4	11907,0	11919,6	11932,2	11944,8	11957,4	11865,0	11886,0	11928,0	11949,0	11875,5	11938,5	94
95	11970	11982,6	11995,2	12007,8	12020,4	12033,0	12045,6	12058,2	12070,8	12083,4	11991,0	12012,0	12054,0	12075,0	12001,5	12064,5	95
96	12096	12108,6	12121,2	12133,8	12146,4	12159,0	12171,6	12184,2	12196,8	12209,4	12117,0	12138,0	12180,0	12201,0	12127,5	12190,5	96
97	12222	12234,6	12247,2	12259,8	12272,4	12285,0	12297,6	12310,2	12322,8	12335,4	12243,0	12264,0	12306,0	12327,0	12253,5	12316,5	97
98	12348	12360,6	12373,2	12385,8	12398,4	12411,0	12423,6	12436,2	12448,8	12461,4	12369,0	12390,0	12432,0	12453,0	12379,5	12442,5	98
99	12474	12486,6	12499,2	12511,8	12524,4	12537,0	12549,6	12562,2	12574,8	12587,4	12495,0	12516,0	12558,0	12579,0	12505,5	12568,5	99
100	12600	12612,6	12625,2	12637,8	12650,4	12663,0	12675,6	12688,2	12700,8	12713,4	12621,0	12642,0	12684,0	12705,0	12631,5	12694,5	100

		1/10 12,7	2/10 25,4	3/10 38,1	4/10 50,8	5/10 63,5	6/10 76,2	7/10 88,9	8/10 101,6	9/10 114,3	1/6 21,166	2/6 42,333	4/6 84,666	5/6 105,833	1/4 31,75	3/4 95,25	
1	127	139,7	152,4	165,1	177,8	190,5	203,2	215,9	228,6	241,3	148,2	169,3	211,7	232,8	158,8	222,3	1
2	254	266,7	279,4	292,1	304,8	317,5	330,2	342,9	355,6	368,3	275,2	296,3	338,7	359,8	285,8	349,3	2
3	381	393,7	406,4	419,1	431,8	444,5	457,2	469,9	482,6	495,3	402,2	423,3	465,7	486,8	412,8	476,3	3
4	508	520,7	533,4	546,1	558,8	571,5	584,2	596,9	609,6	622,3	529,2	550,3	592,7	613,8	539,8	603,3	4
5	635	647,7	660,4	673,1	685,8	698,5	711,2	723,9	736,6	749,3	656,2	677,3	719,7	740,8	666,8	730,3	5
6	762	774,7	787,4	800,1	812,8	825,5	838,2	850,9	863,6	876,3	783,2	804,3	846,7	867,8	793,8	857,3	6
7	889	901,7	914,4	927,1	939,8	952,5	965,2	977,9	990,6	1003,3	910,2	931,3	973,7	994,8	920,8	984,3	7
8	1016	1028,7	1041,4	1054,1	1066,8	1079,5	1092,2	1104,9	1117,6	1130,3	1037,2	1058,3	1100,7	1121,8	1047,8	1111,3	8
9	1143	1155,7	1168,4	1181,1	1193,8	1206,5	1219,2	1231,9	1244,6	1257,3	1164,2	1185,3	1227,7	1248,8	1174,8	1238,3	9
10	1270	1282,7	1295,4	1308,1	1320,8	1333,5	1346,2	1358,9	1371,6	1384,3	1291,2	1312,3	1354,7	1375,8	1301,8	1365,3	10
11	1397	1409,7	1422,4	1435,1	1447,8	1460,5	1473,2	1485,9	1498,6	1511,3	1418,2	1439,3	1481,7	1502,8	1428,8	1492,3	11
12	1524	1536,7	1549,4	1562,1	1574,8	1587,5	1600,2	1612,9	1625,6	1638,3	1545,2	1566,3	1608,7	1629,8	1555,8	1619,3	12
13	1651	1663,7	1676,4	1689,1	1701,8	1714,5	1727,2	1739,9	1752,6	1765,3	1672,2	1693,3	1735,7	1756,8	1682,8	1746,3	13
14	1778	1790,7	1803,4	1816,1	1828,8	1841,5	1854,2	1866,9	1879,6	1892,3	1799,2	1820,3	1862,7	1883,8	1809,8	1873,3	14
15	1905	1917,7	1930,4	1943,1	1955,8	1968,5	1981,2	1993,9	2006,6	2019,3	1926,2	1947,3	1989,7	2010,8	1936,8	2000,3	15
16	2032	2044,7	2057,4	2070,1	2082,8	2095,5	2108,2	2120,9	2133,6	2146,3	2053,2	2074,3	2116,7	2137,8	2063,8	2127,3	16
17	2159	2171,7	2184,4	2197,1	2209,8	2222,5	2235,2	2247,9	2260,6	2273,3	2180,2	2201,3	2243,7	2264,8	2190,8	2254,3	17
18	2286	2298,7	2311,4	2324,1	2336,8	2349,5	2362,2	2374,9	2387,6	2400,3	2307,2	2328,3	2370,7	2391,8	2317,8	2381,3	18
19	2413	2425,7	2438,4	2451,1	2463,8	2476,5	2489,2	2501,9	2514,6	2527,3	2434,2	2455,3	2497,7	2518,8	2444,8	2508,3	19
20	2540	2552,7	2565,4	2578,1	2590,8	2603,5	2616,2	2628,9	2641,6	2654,3	2561,2	2582,3	2624,7	2645,8	2571,8	2635,3	20
21	2667	2679,7	2692,4	2705,1	2717,8	2730,5	2743,2	2755,9	2768,6	2781,3	2688,2	2709,3	2751,7	2772,8	2698,8	2762,3	21
22	2794	2806,7	2819,4	2832,1	2844,8	2857,5	2870,2	2882,9	2895,6	2908,3	2815,2	2836,3	2878,7	2899,8	2825,8	2889,3	22
23	2921	2933,7	2946,4	2959,1	2971,8	2984,5	2997,2	3009,9	3022,6	3035,3	2942,2	2963,3	3005,7	3026,8	2952,8	3016,3	23
24	3048	3060,7	3073,4	3086,1	3098,8	3111,5	3124,2	3136,9	3149,6	3162,3	3069,2	3090,3	3132,7	3153,8	3079,8	3143,3	24
25	3175	3187,7	3200,4	3213,1	3225,8	3238,5	3251,2	3263,9	3276,6	3289,3	3196,2	3217,3	3259,7	3280,8	3206,8	3270,3	25
26	3302	3314,7	3327,4	3340,1	3352,8	3365,5	3378,2	3390,9	3403,6	3416,3	3323,2	3344,3	3386,7	3407,8	3333,8	3397,3	26
27	3429	3441,7	3454,4	3467,1	3479,8	3492,5	3505,2	3517,9	3530,6	3543,3	3450,2	3471,3	3513,7	3534,8	3460,8	3524,3	27
28	3556	3568,7	3581,4	3594,1	3606,8	3619,5	3632,2	3644,9	3657,6	3670,3	3577,2	3598,3	3640,7	3661,8	3587,8	3651,3	28
29	3683	3695,7	3708,4	3721,1	3733,8	3746,5	3759,2	3771,9	3784,6	3797,3	3704,2	3725,3	3767,7	3788,8	3714,8	3778,3	29
30	3810	3822,7	3835,4	3848,1	3860,8	3873,5	3886,2	3898,9	3911,6	3924,3	3831,2	3852,3	3894,7	3915,8	3841,8	3905,3	30
31	3937	3949,7	3962,4	3975,1	3987,8	4000,5	4013,2	4025,9	4038,6	4051,3	3958,2	3979,3	4021,7	4042,8	3968,8	4032,3	31
32	4064	4076,7	4089,4	4102,1	4114,8	4127,5	4140,2	4152,9	4165,6	4178,3	4085,2	4106,3	4148,7	4169,8	4095,8	4159,3	32
33	4191	4203,7	4216,4	4229,1	4241,8	4254,5	4267,2	4279,9	4292,6	4305,3	4212,2	4233,3	4275,7	4296,8	4222,8	4286,3	33
34	4318	4330,7	4343,4	4356,1	4368,8	4381,5	4394,2	4406,9	4419,6	4432,3	4339,2	4360,3	4402,7	4423,8	4349,8	4413,3	34
35	4445	4457,7	4470,4	4483,1	4495,8	4508,5	4521,2	4533,9	4546,6	4559,3	4466,2	4487,3	4529,7	4550,8	4476,8	4540,3	35
36	4572	4584,7	4597,4	4610,1	4622,8	4635,5	4648,2	4660,9	4673,6	4686,3	4593,2	4614,3	4656,7	4677,8	4603,8	4667,3	36
37	4699	4711,7	4724,4	4737,1	4749,8	4762,5	4775,2	4787,9	4800,6	4813,3	4720,2	4741,3	4783,7	4804,8	4730,8	4794,3	37
38	4826	4838,7	4851,4	4864,1	4876,8	4889,5	4902,2	4914,9	4927,6	4940,3	4847,2	4868,3	4910,7	4931,8	4857,8	4921,3	38
39	4953	4965,7	4978,4	4991,1	5003,8	5016,5	5029,2	5041,9	5054,6	5067,3	4974,2	4995,3	5037,7	5058,8	4984,8	5048,3	39
40	5080	5092,7	5105,4	5118,1	5130,8	5143,5	5156,2	5168,9	5181,6	5194,3	5101,2	5122,3	5164,7	5185,8	5111,8	5175,3	40
41	5207	5219,7	5232,4	5245,1	5257,8	5270,5	5283,2	5295,9	5308,6	5321,3	5228,2	5249,3	5291,7	5312,8	5238,8	5302,3	41
42	5334	5346,7	5359,4	5372,1	5384,8	5397,5	5410,2	5422,9	5435,6	5448,3	5355,2	5376,3	5418,7	5439,8	5365,8	5429,3	42
43	5461	5473,7	5486,4	5499,1	5511,8	5524,5	5537,2	5549,9	5562,6	5575,3	5482,2	5503,3	5545,7	5566,8	5492,8	5556,3	43
44	5588	5600,7	5613,4	5626,1	5638,8	5651,5	5664,2	5676,9	5689,6	5702,3	5609,2	5630,3	5672,7	5693,8	5619,8	5683,3	44
45	5715	5727,7	5740,4	5753,1	5765,8	5778,5	5791,2	5803,9	5816,6	5829,3	5736,2	5757,3	5799,7	5820,8	5746,8	5810,3	45
46	5842	5854,7	5867,4	5880,1	5892,8	5905,5	5918,2	5930,9	5943,6	5956,3	5863,2	5884,3	5926,7	5947,8	5873,8	5937,3	46
47	5969	5981,7	5994,4	6007,1	6019,8	6032,5	6045,2	6057,9	6070,6	6083,3	5990,2	6011,3	6053,7	6074,8	6000,8	6064,3	47
48	6096	6108,7	6121,4	6134,1	6146,8	6159,5	6172,2	6184,9	6197,6	6210,3	6117,2	6138,3	6180,7	6201,8	6127,8	6191,3	48
49	6223	6235,7	6248,4	6261,1	6273,8	6286,5	6299,2	6311,9	6324,6	6337,3	6244,2	6265,3	6307,7	6328,8	6254,8	6318,3	49
50	6350	6362,7	6375,4	6388,1	6400,8	6413,5	6426,2	6438,9	6451,6	6464,3	6371,2	6392,3	6434,7	6455,8	6381,8	6445,3	50
51	6477	6489,7	6502,4	6515,1	6527,8	6540,5	6553,2	6565,9	6578,6	6591,3	6498,2	6519,3	6561,7	6582,8	6508,8	6572,3	51
52	6604	6616,7	6629,4	6642,1	6654,8	6667,5	6680,2	6692,9	6705,6	6718,3	6625,2	6646,3	6688,7	6709,8	6635,8	6699,3	52
53	6731	6743,7	6756,4	6769,1	6781,8	6794,5	6807,2	6819,9	6832,6	6845,3	6752,2	6773,3	6815,7	6836,8	6762,8	6826,3	53
54	6858	6870,7	6883,4	6896,1	6908,8	6921,5	6934,2	6946,9	6959,6	6972,3	6879,2	6900,3	6942,7	6963,8	6889,8	6953,3	54
55	6985	6997,7	7010,4	7023,1	7035,8	7048,5	7061,2	7073,9	7086,6	7099,3	7006,2	7027,3	7069,7	7090,8	7016,8	7080,3	55
56	7112	7124,7	7137,4	7150,1	7162,8	7175,5	7188,2	7200,9	7213,6	7226,3	7133,2	7154,3	7196,7	7217,8	7143,8	7207,3	56
57	7239	7251,7	7264,4	7277,1	7289,8	7302,5	7315,2	7327,9	7340,6	7353,3	7260,2	7281,3	7323,7	7344,8	7270,8	7334,3	57
58	7366	7378,7	7391,4	7404,1	7416,8	7429,5	7442,2	7454,9	7467,6	7480,3	7387,2	7408,3	7450,7	7471,8	7397,8	7461,3	58
59	7493	7505,7	7518,4	7531,1	7543,8	7556,5	7569,2	7581,9	7594,6	7607,3	7514,2	7535,3	7577,7	7598,8	7524,8	7588,3	59
60	7620	7632,7	7645,4	7658,1	7670,8	7683,5	7696,2	7708,9	7721,6	7734,3	7641,2	7662,3	7704,7	7725,8	7651,8	7715,3	60
61	7747	7759,7	7772,4	7785,1	7797,8	7810,5	7823,2	7835,9	7848,6	7861,3	7768,2	7789,3	7831,7	7852,8	7778,8	7842,3	61
62	7874	7886,7	7899,4	7912,1	7924,8	7937,5	7950,2	7962,9	7975,6	7988,3	7895,2	7916,3	7958,7	7979,8	7905,8	7969,3	62
63	8001	8013,7	8026,4	8039,1	8051,8	8064,5	8077,2	8089,9	8102,6	8115,3	8022,2	8043,3	8085,7	8106,8	8032,8	8096,3	63
64	8128	8140,7	8153,4	8166,1	8178,8	8191,5	8204,2	8216,9	8229,6	8242,3	8149,2	8170,3	8212,7	8233,8	8159,8	8223,3	64
65	8255	8267,7	8280,4	8293,1	8305,8	8318,5	8331,2	8343,9	8356,6	8369,3	8276,2	8297,3	8339,7	8360,8	8286,8	8350,3	65
66	8382	8394,7	8407,4	8420,1	8432,8	8445,5	8458,2	8470,9	8483,6	8496,3	8403,2	8424,3	8466,7	8487,8	8413,8	8477,3	66
67	8509	8521,7	8534,4	8547,1	8559,8	8572,5	8585,2	8597,9	8610,6	8623,3	8530,2	8551,3	8593,7	8614,8	8540,8	8604,3	67
68	8636	8648,7	8661,4	8674,1	8686,8	8699,5	8712,2	8724,9	8737,6	8750,3	8657,2	8678,3	8720,7	8741,8	8667,8	8731,3	68
69	8763	8775,7	8788,4	8801,1	8813,8	8826,5	8839,2	8851,9	8864,6	8877,3	8784,2	8805,3	8847,7	8868,8	8794,8	8858,3	69
70	8890	8902,7	8915,4	8928,1	8940,8	8953,5	8966,2	8978,9	8991,6	9004,3	8911,2	8932,3	8974,7	8995,8	8921,8	8985,3	70
71	9017	9029,7	9042,4	9055,1	9067,8	9080,5	9093,2	9105,9	9118,6	9131,3	9038,2	9059,3	9101,7	9122,8	9048,8	9112,3	71
72	9144	9156,7	9169,4	9182,1	9194,8	9207,5	9220,2	9232,9	9245,6	9258,3	9165,2	9186,3	9228,7	9249,8	9175,8	9239,3	72
73	9271	9283,7	9296,4	9309,1	9321,8	9334,5	9347,2	9359,9	9372,6	9385,3	9292,2	9313,3	9355,7	9376,8	9302,8	9366,3	73
74	9398	9410,7	9423,4	9436,1	9448,8	9461,5	9474,2	9486,9	9499,6	9512,3	9419,2	9440,3	9482,7	9503,8	9429,8	9493,3	74
75	9525	9537,7	9550,4	9563,1	9575,8	9588,5	9601,2	9613,9	9626,6	9639,3	9546,2	9567,3	9609,7	9630,8	9556,8	9620,3	75
76	9652	9664,7	9677,4	9690,1	9702,8	9715,5	9728,2	9740,9	9753,6	9766,3	9673,2	9694,3	9736,7	9757,8	9683,8	9747,3	76
77	9779	9791,7	9804,4	9817,1	9829,8	9842,5	9855,2	9867,9	9880,6	9893,3	9800,2	9821,3	9863,7	9884,8	9810,8	9874,3	77
78	9906	9918,7	9931,4	9944,1	9956,8	9969,5	9982,2	9994,9	10007,6	10020,3	9927,2	9948,3	9990,7	10011,8	9937,8	10001,3	78
79	10033	10045,7	10058,4	10071,1	10083,8	10096,5	10109,2	10121,9	10134,6	10147,3	10054,2	10075,3	10117,7	10138,8	10064,8	10128,3	79
80	10160	10172,7	10185,4	10198,1	10210,8	10223,5	10236,2	10248,9	10261,6	10274,3	10181,2	10202,3	10244,7	10265,8	10191,8	10255,3	80
81	10287	10299,7	10312,4	10325,1	10337,8	10350,5	10363,2	10375,9	10388,6	10401,3	10308,2	10329,3	10371,7	10392,8	10318,8	10382,3	81
82	10414	10426,7	10439,4	10452,1	10464,8	10477,5	10490,2	10502,9	10515,6	10528,3	10435,2	10456,3	10498,7	10519,8	10445,8	10509,3	82
83	10541	10553,7	10566,4	10579,1	10591,8	10604,5	10617,2	10629,9	10642,6	10655,3	10562,2	10583,3	10625,7	10646,8	10572,8	10636,3	83
84	10668	10680,7	10693,4	10706,1	10718,8	10731,5	10744,2	10756,9	10769,6	10782,3	10689,2	10710,3	10752,7	10773,8	10699,8	10763,3	84
85	10795	10807,7	10820,4	10833,1	10845,8	10858,5	10871,2	10883,9	10896,6	10909,3	10816,2	10837,3	10879,7	10900,8	10826,8	10890,3	85
86	10922	10934,7	10947,4	10960,1	10972,8	10985,5	10998,2	11010,9	11023,6	11036,3	10943,2	10964,3	11006,7	11027,8	10953,8	11017,3	86
87	11049	11061,7	11074,4	11087,1	11099,8	11112,5	11125,2	11137,9	11150,6	11163,3	11070,2	11091,3	11133,7	11154,8	11080,8	11144,3	87
88	11176	11188,7	11201,4	11214,1	11226,8	11239,5	11252,2	11264,9	11277,6	11290,3	11197,2	11218,3	11260,7	11281,8	11207,8	11271,3	88
89	11303	11315,7	11328,4	11341,1	11353,8	11366,5	11379,2	11391,9	11404,6	11417,3	11324,2	11345,3	11387,7	11408,8	11334,8	11398,3	89
90	11430	11442,7	11455,4	11468,1	11480,8	11493,5	11506,2	11518,9	11531,6	11544,3	11451,2	11472,3	11514,7	11535,8	11461,8	11525,3	90
91	11557	11569,7	11582,4	11595,1	11607,8	11620,5	11633,2	11645,9	11658,6	11671,3	11578,2	11599,3	11641,7	11662,8	11588,8	11652,3	91
92	11684	11696,7	11709,4	11722,1	11734,8	11747,5	11760,2	11772,9	11785,6	11798,3	11705,2	11726,3	11768,7	11789,8	11715,8	11779,3	92
93	11811	11823,7	11836,4	11849,1	11861,8	11874,5	11887,2	11899,9	11912,6	11925,3	11832,2	11853,3	11895,7	11916,8	11842,8	11906,3	93
94	11938	11950,7	11963,4	11976,1	11988,8	12001,5	12014,2	12026,9	12039,6	12052,3	11959,2	11980,3	12022,7	12043,8	11969,8	12033,3	94
95	12065	12077,7	12090,4	12103,1	12115,8	12128,5	12141,2	12153,9	12166,6	12179,3	12086,2	12107,3	12149,7	12170,8	12096,8	12160,3	95
96	12192	12204,7	12217,4	12230,1	12242,8	12255,5	12268,2	12280,9	12293,6	12306,3	12213,2	12234,3	12276,7	12297,8	12223,8	12287,3	96
97	12319	12331,7	12344,4	12357,1	12369,8	12382,5	12395,2	12407,9	12420,6	12433,3	12340,2	12361,3	12403,7	12424,8	12350,8	12414,3	97
98	12446	12458,7	12471,4	12484,1	12496,8	12509,5	12522,2	12534,9	12547,6	12560,3	12467,2	12488,3	12530,7	12551,8	12477,8	12541,3	98
99	12573	12585,7	12598,4	12611,1	12623,8	12636,5	12649,2	12661,9	12674,6	12687,3	12594,2	12615,3	12657,7	12678,8	12604,8	12668,3	99
100	12700	12712,7	12725,4	12738,1	12750,8	12763,5	12776,2	12788,9	12801,6	12814,3	12721,2	12742,3	12784,7	12805,8	12731,8	12795,3	100

128		1/10 12,8	2/10 25,6	3/10 38,4	4/10 51,2	5/10 64,0	6/10 76,8	7/10 89,6	8/10 102,4	9/10 115,2	1/6 21,333	2/6 42,665	4/6 85,333	5/6 106,666	1/4 32,0	3/4 96,0	
1	128	140,8	153,6	166,4	179,2	192,0	204,8	217,6	230,4	243,2	149,3	170,7	213,3	234,7	160,0	224,0	1
2	256	268,8	281,6	294,4	307,2	320,0	332,8	345,6	358,4	371,2	277,3	298,7	341,3	362,7	288,0	352,0	2
3	384	396,8	409,6	422,4	435,2	448,0	460,8	473,6	486,4	499,2	405,3	426,7	469,3	490,7	416,0	480,0	3
4	512	524,8	537,6	550,4	563,2	576,0	588,8	601,6	614,4	627,2	533,3	554,7	597,3	618,7	544,0	608,0	4
5	640	652,8	665,6	678,4	691,2	704,0	716,8	729,6	742,4	755,2	661,3	682,7	725,3	746,7	672,0	736,0	5
6	768	780,8	793,6	806,4	819,2	832,0	844,8	857,6	870,4	883,2	789,3	810,7	853,3	874,7	800,0	864,0	6
7	896	908,8	921,6	934,4	947,2	960,0	972,8	985,6	998,4	1011,2	917,3	938,7	981,3	1002,7	928,0	992,0	7
8	1024	1036,8	1049,6	1062,4	1075,2	1088,0	1100,8	1113,6	1126,4	1139,2	1045,3	1056,7	1109,3	1130,7	1056,0	1120,0	8
9	1152	1164,8	1177,6	1190,4	1203,2	1216,0	1228,8	1241,6	1254,4	1267,2	1173,3	1194,7	1237,3	1258,7	1184,0	1248,0	9
10	1280	1292,8	1305,6	1318,4	1331,2	1344,0	1356,8	1369,6	1382,4	1395,2	1301,3	1322,7	1365,3	1386,7	1312,0	1376,0	10
11	1408	1420,8	1433,6	1446,4	1459,2	1472,0	1484,8	1497,6	1510,4	1523,2	1429,3	1450,7	1493,3	1514,7	1440,0	1504,0	11
12	1536	1548,8	1561,6	1574,4	1587,2	1600,0	1612,8	1625,6	1638,4	1651,2	1557,3	1578,7	1621,3	1642,7	1568,0	1632,0	12
13	1664	1676,8	1689,6	1702,4	1715,2	1728,0	1740,8	1753,6	1766,4	1779,2	1685,3	1706,7	1749,3	1770,7	1696,0	1760,0	13
14	1792	1804,8	1817,6	1830,4	1843,2	1856,0	1868,8	1881,6	1894,4	1907,2	1813,3	1834,7	1877,3	1898,7	1824,0	1888,0	14
15	1920	1932,8	1945,6	1958,4	1971,2	1984,0	1996,8	2009,6	2022,4	2035,2	1941,3	1962,7	2005,3	2026,7	1952,0	2016,0	15
16	2048	2060,8	2073,6	2086,4	2099,2	2112,0	2124,8	2137,6	2150,4	2163,2	2069,3	2090,7	2133,3	2154,7	2080,0	2144,0	16
17	2176	2188,8	2201,6	2214,4	2227,2	2240,0	2252,8	2265,6	2278,4	2291,2	2197,3	2218,7	2261,3	2282,7	2208,0	2272,0	17
18	2304	2316,8	2329,6	2342,4	2355,2	2368,0	2380,8	2393,6	2406,4	2419,2	2325,3	2346,7	2389,3	2410,7	2336,0	2400,0	18
19	2432	2444,8	2457,6	2470,4	2483,2	2496,0	2508,8	2521,6	2534,4	2547,2	2453,3	2474,7	2517,3	2538,7	2464,0	2528,0	19
20	2560	2572,8	2585,6	2598,4	2611,2	2624,0	2636,8	2649,6	2662,4	2675,2	2581,3	2602,7	2645,3	2666,7	2592,0	2656,0	20
21	2688	2700,8	2713,6	2726,4	2739,2	2752,0	2764,8	2777,6	2790,4	2803,2	2709,3	2730,7	2773,3	2794,7	2720,0	2784,0	21
22	2816	2828,8	2841,6	2854,4	2867,2	2880,0	2892,8	2905,6	2918,4	2931,2	2837,3	2858,7	2901,3	2922,7	2848,0	2912,0	22
23	2944	2956,8	2969,6	2982,4	2995,2	3008,0	3020,8	3033,6	3046,4	3059,2	2965,3	2986,7	3029,3	3050,7	2976,0	3040,0	23
24	3072	3084,8	3097,6	3110,4	3123,2	3136,0	3148,8	3161,6	3174,4	3187,2	3093,3	3114,7	3157,3	3178,7	3104,0	3168,0	24
25	3200	3212,8	3225,6	3238,4	3251,2	3264,0	3276,8	3289,6	3302,4	3315,2	3221,3	3242,7	3285,3	3306,7	3232,0	3296,0	25
26	3328	3340,8	3353,6	3366,4	3379,2	3392,0	3404,8	3417,6	3430,4	3443,2	3349,3	3370,7	3413,3	3434,7	3360,0	3424,0	26
27	3456	3468,8	3481,6	3494,4	3507,2	3520,0	3532,8	3545,6	3558,4	3571,2	3477,3	3498,7	3541,3	3562,7	3488,0	3552,0	27
28	3584	3596,8	3609,6	3622,4	3635,2	3648,0	3660,8	3673,6	3686,4	3699,2	3605,3	3626,7	3669,3	3690,7	3616,0	3680,0	28
29	3712	3724,8	3737,6	3750,4	3763,2	3776,0	3788,8	3801,6	3814,4	3827,2	3733,3	3754,7	3797,3	3818,7	3744,0	3808,0	29
30	3840	3852,8	3865,6	3878,4	3891,2	3904,0	3916,8	3929,6	3942,4	3955,2	3861,3	3882,7	3925,3	3946,7	3872,0	3936,0	30
31	3968	3980,8	3993,6	4006,4	4019,2	4032,0	4044,8	4057,6	4070,4	4083,2	3989,3	4010,7	4053,3	4074,7	4000,0	4064,0	31
32	4096	4108,8	4121,6	4134,4	4147,2	4160,0	4172,8	4185,6	4198,4	4211,2	4117,3	4138,7	4181,3	4202,7	4128,0	4192,0	32
33	4224	4236,8	4249,6	4262,4	4275,2	4288,0	4300,8	4313,6	4326,4	4339,2	4245,3	4266,7	4309,3	4330,7	4256,0	4320,0	33
34	4352	4364,8	4377,6	4390,4	4403,2	4416,0	4428,8	4441,6	4454,4	4467,2	4373,3	4394,7	4437,3	4458,7	4384,0	4448,0	34
35	4480	4492,8	4505,6	4518,4	4531,2	4544,0	4556,8	4569,6	4582,4	4595,2	4501,3	4522,7	4565,3	4586,7	4512,0	4576,0	35
36	4608	4620,8	4633,6	4646,4	4659,2	4672,0	4684,8	4697,6	4710,4	4723,2	4629,3	4650,7	4693,3	4714,7	4640,0	4704,0	36
37	4736	4748,8	4761,6	4774,4	4787,2	4800,0	4812,8	4825,6	4838,4	4851,2	4757,3	4778,7	4821,3	4842,7	4768,0	4832,0	37
38	4864	4876,8	4889,6	4902,4	4915,2	4928,0	4940,8	4953,6	4966,4	4979,2	4885,3	4906,7	4949,3	4970,7	4896,0	4960,0	38
39	4992	5004,8	5017,6	5030,4	5043,2	5056,0	5068,8	5081,6	5094,4	5107,2	5013,3	5034,7	5077,3	5098,7	5024,0	5088,0	39
40	5120	5132,8	5145,6	5158,4	5171,2	5184,0	5196,8	5209,6	5222,4	5235,2	5141,3	5162,7	5205,3	5226,7	5152,0	5216,0	40
41	5248	5260,8	5273,6	5286,4	5299,2	5312,0	5324,8	5337,6	5350,4	5363,2	5269,3	5290,7	5333,3	5354,7	5280,0	5344,0	41
42	5376	5388,8	5401,6	5414,4	5427,2	5440,0	5452,8	5465,6	5478,4	5491,2	5397,3	5418,7	5461,3	5482,7	5408,0	5472,0	42
43	5504	5516,8	5529,6	5542,4	5555,2	5568,0	5580,8	5593,6	5606,4	5619,2	5525,3	5546,7	5589,3	5610,7	5536,0	5600,0	43
44	5632	5644,8	5657,6	5670,4	5683,2	5696,0	5708,8	5721,6	5734,4	5747,2	5653,3	5674,7	5717,3	5738,7	5664,0	5728,0	44
45	5760	5772,8	5785,6	5798,4	5811,2	5824,0	5836,8	5849,6	5862,4	5875,2	5781,3	5802,7	5845,3	5866,7	5792,0	5856,0	45
46	5888	5900,8	5913,6	5926,4	5939,2	5952,0	5964,8	5977,6	5990,4	6003,2	5909,3	5930,7	5973,3	5994,7	5920,0	5984,0	46
47	6016	6028,8	6041,6	6054,4	6067,2	6080,0	6092,8	6105,6	6118,4	6131,2	6037,3	6058,7	6101,3	6122,7	6048,0	6112,0	47
48	6144	6156,8	6169,6	6182,4	6195,2	6208,0	6220,8	6233,6	6246,4	6259,2	6165,3	6186,7	6229,3	6250,7	6176,0	6240,0	48
49	6272	6284,8	6297,6	6310,4	6323,2	6336,0	6348,8	6361,6	6374,4	6387,2	6293,3	6314,7	6357,3	6378,7	6304,0	6368,0	49
50	6400	6412,8	6425,6	6438,4	6451,2	6464,0	6476,8	6489,6	6502,4	6515,2	6421,3	6442,7	6485,3	6506,7	6432,0	6496,0	50
51	6528	6540,8	6553,6	6566,4	6579,2	6592,0	6604,8	6617,6	6630,4	6643,2	6549,3	6570,7	6613,3	6634,7	6560,0	6624,0	51
52	6656	6668,8	6681,6	6694,4	6707,2	6720,0	6732,8	6745,6	6758,4	6771,2	6677,3	6698,7	6741,3	6762,7	6688,0	6752,0	52
53	6784	6796,8	6809,6	6822,4	6835,2	6848,0	6860,8	6873,6	6886,4	6899,2	6805,3	6826,7	6869,3	6890,7	6816,0	6880,0	53
54	6912	6924,8	6937,6	6950,4	6963,2	6976,0	6988,8	7001,6	7014,4	7027,2	6933,3	6954,7	6997,3	7018,7	6944,0	7008,0	54
55	7040	7052,8	7065,6	7078,4	7091,2	7104,0	7116,8	7129,6	7142,4	7155,2	7061,3	7082,7	7125,3	7146,7	7072,0	7136,0	55
56	7168	7180,8	7193,6	7206,4	7219,2	7232,0	7244,8	7257,6	7270,4	7283,2	7189,3	7210,7	7253,3	7274,7	7200,0	7264,0	56
57	7296	7308,8	7321,6	7334,4	7347,2	7360,0	7372,8	7385,6	7398,4	7411,2	7317,3	7338,7	7381,3	7402,7	7328,0	7392,0	57
58	7424	7436,8	7449,6	7462,4	7475,2	7488,0	7500,8	7513,6	7526,4	7539,2	7445,3	7466,7	7509,3	7530,7	7456,0	7520,0	58
59	7552	7564,8	7577,6	7590,4	7603,2	7616,0	7628,8	7641,6	7654,4	7667,2	7573,3	7594,7	7637,3	7658,7	7584,0	7648,0	59
60	7680	7692,8	7705,6	7718,4	7731,2	7744,0	7756,8	7769,6	7782,4	7795,2	7701,3	7722,7	7765,3	7786,7	7712,0	7776,0	60
61	7808	7820,8	7833,6	7846,4	7859,2	7872,0	7884,8	7897,6	7910,4	7923,2	7829,3	7850,7	7893,3	7914,7	7840,0	7904,0	61
62	7936	7948,8	7961,6	7974,4	7987,2	8000,0	8012,8	8025,6	8038,4	8051,2	7957,3	7978,7	8021,3	8042,7	7968,0	8032,0	62
63	8064	8076,8	8089,6	8102,4	8115,2	8128,0	8140,8	8153,6	8166,4	8179,2	8085,3	8106,7	8149,3	8170,7	8096,0	8160,0	63
64	8192	8204,8	8217,6	8230,4	8243,2	8256,0	8268,8	8281,6	8294,4	8307,2	8213,3	8234,7	8277,3	8298,7	8224,0	8288,0	64
65	8320	8332,8	8345,6	8358,4	8371,2	8384,0	8396,8	8409,6	8422,4	8435,2	8341,3	8362,7	8405,3	8426,7	8352,0	8416,0	65
66	8448	8460,8	8473,6	8486,4	8499,2	8512,0	8524,8	8537,6	8550,4	8563,2	8469,3	8490,7	8533,3	8554,7	8480,0	8544,0	66
67	8576	8588,8	8601,6	8614,4	8627,2	8640,0	8652,8	8665,6	8678,4	8691,2	8597,3	8618,7	8661,3	8682,7	8608,0	8672,0	67
68	8704	8716,8	8729,6	8742,4	8755,2	8768,0	8780,8	8793,6	8806,4	8819,2	8725,3	8746,7	8789,3	8810,7	8736,0	8800,0	68
69	8832	8844,8	8857,6	8870,4	8883,2	8896,0	8908,8	8921,6	8934,4	8947,2	8853,3	8874,7	8917,3	8938,7	8864,0	8928,0	69
70	8960	8972,8	8985,6	8998,4	9011,2	9024,0	9036,8	9049,6	9062,4	9075,2	8981,3	9002,7	9045,3	9066,7	8992,0	9056,0	70
71	9088	9100,8	9113,6	9126,4	9139,2	9152,0	9164,8	9177,6	9190,4	9203,2	9109,3	9130,7	9173,3	9194,7	9120,0	9184,0	71
72	9216	9228,8	9241,6	9254,4	9267,2	9280,0	9292,8	9305,6	9318,4	9331,2	9237,3	9258,7	9301,3	9322,7	9248,0	9312,0	72
73	9344	9356,8	9369,6	9382,4	9395,2	9408,0	9420,8	9433,6	9446,4	9459,2	9365,3	9386,7	9429,3	9450,7	9376,0	9440,0	73
74	9472	9484,8	9497,6	9510,4	9523,2	9536,0	9548,8	9561,6	9574,4	9587,2	9493,3	9514,7	9557,3	9578,7	9504,0	9568,0	74
75	9600	9612,8	9625,6	9638,4	9651,2	9664,0	9676,8	9689,6	9702,4	9715,2	9621,3	9642,7	9685,3	9706,7	9632,0	9696,0	75
76	9728	9740,8	9753,6	9766,4	9779,2	9792,0	9804,8	9817,6	9830,4	9843,2	9749,3	9770,7	9813,3	9834,7	9760,0	9824,0	76
77	9856	9868,8	9881,6	9894,4	9907,2	9920,0	9932,8	9945,6	9958,4	9971,2	9877,3	9898,7	9941,3	9962,7	9888,0	9952,0	77
78	9984	9996,8	10009,6	10022,4	10035,2	10048,0	10060,8	10073,6	10086,4	10099,2	10005,3	10026,7	10069,3	10090,7	10016,0	10080,0	78
79	10112	10124,8	10137,6	10150,4	10163,2	10176,0	10188,8	10201,6	10214,4	10227,2	10133,3	10154,7	10197,3	10218,7	10144,0	10208,0	79
80	10240	10252,8	10265,6	10278,4	10291,2	10304,0	10316,8	10329,6	10342,4	10355,2	10261,3	10282,7	10325,3	10346,7	10272,0	10336,0	80
81	10368	10380,8	10393,6	10406,4	10419,2	10432,0	10444,8	10457,6	10470,4	10483,2	10389,3	10410,7	10453,3	10474,7	10400,0	10464,0	81
82	10496	10508,8	10521,6	10534,4	10547,2	10560,0	10572,8	10585,6	10598,4	10611,2	10517,3	10538,7	10581,3	10602,7	10528,0	10592,0	82
83	10624	10636,8	10649,6	10662,4	10675,2	10688,0	10700,8	10713,6	10726,4	10739,2	10645,3	10666,7	10709,3	10730,7	10656,0	10720,0	83
84	10752	10764,8	10777,6	10790,4	10803,2	10816,0	10828,8	10841,6	10854,4	10867,2	10773,3	10794,7	10837,3	10858,7	10784,0	10848,0	84
85	10880	10892,8	10905,6	10918,4	10931,2	10944,0	10956,8	10969,6	10982,4	10995,2	10901,3	10922,7	10965,3	10986,7	10912,0	10976,0	85
86	11008	11020,8	11033,6	11046,4	11059,2	11072,0	11084,8	11097,6	11110,4	11123,2	11029,3	11050,7	11093,3	11114,7	11040,0	11104,0	86
87	11136	11148,8	11161,6	11174,4	11187,2	11200,0	11212,8	11225,6	11238,4	11251,2	11157,3	11178,7	11221,3	11242,7	11168,0	11232,0	87
88	11264	11276,8	11289,6	11302,4	11315,2	11328,0	11340,8	11353,6	11366,4	11379,2	11285,3	11306,7	11349,3	11370,7	11296,0	11360,0	88
89	11392	11404,8	11417,6	11430,4	11443,2	11456,0	11468,8	11481,6	11494,4	11507,2	11413,3	11434,7	11477,3	11498,7	11424,0	11488,0	89
90	11520	11532,8	11545,6	11558,4	11571,2	11584,0	11596,8	11609,6	11622,4	11635,2	11541,3	11562,7	11605,3	11626,7	11552,0	11616,0	90
91	11648	11660,8	11673,6	11686,4	11699,2	11712,0	11724,8	11737,6	11750,4	11763,2	11669,3	11690,7	11733,3	11754,7	11680,0	11744,0	91
92	11776	11788,8	11801,6	11814,4	11827,2	11840,0	11852,8	11865,6	11878,4	11891,2	11797,3	11818,7	11861,3	11882,7	11808,0	11872,0	92
93	11904	11916,8	11929,6	11942,4	11955,2	11968,0	11980,8	11993,6	12006,4	12019,2	11925,3	11946,7	11989,3	12010,7	11936,0	12000,0	93
94	12032	12044,8	12057,6	12070,4	12083,2	12096,0	12108,8	12121,6	12134,4	12147,2	12053,3	12074,7	12117,3	12138,7	12064,0	12128,0	94
95	12160	12172,8	12185,6	12198,4	12211,2	12224,0	12236,8	12249,6	12262,4	12275,2	12181,3	12202,7	12245,3	12266,7	12192,0	12256,0	95
96	12288	12300,8	12313,6	12326,4	12339,2	12352,0	12364,8	12377,6	12390,4	12403,2	12309,3	12330,7	12373,3	12394,7	12320,0	12384,0	96
97	12416	12428,8	12441,6	12454,4	12467,2	12480,0	12492,8	12505,6	12518,4	12531,2	12437,3	12458,7	12501,3	12522,7	12448,0	12512,0	97
98	12544	12556,8	12569,6	12582,4	12595,2	12608,0	12620,8	12633,6	12646,4	12659,2	12565,3	12586,7	12629,3	12650,7	12576,0	12640,0	98
99	12672	12684,8	12697,6	12710,4	12723,2	12736,0	12748,8	12761,6	12774,4	12787,2	12693,3	12714,7	12757,3	12778,7	12704,0	12768,0	99
100	12800	12812,8	12825,6	12838,4	12851,2	12864,0	12876,8	12889,6	12902,4	12915,2	12821,3	12842,7	12885,3	12906,7	12832,0	12896,0	100

		1/10 12,9	2/10 25,8	3/10 38,7	4/10 51,6	5/10 64,5	6/10 77,4	7/10 90,3	8/10 103,2	9/10 116,1	1/6 21,5	2/6 43,0	4/6 86,0	5/6 107,5	1/4 32,25	3/4 96,75	
1	129	141,9	154,8	167,7	180,6	193,5	206,4	219,3	232,2	245,1	150,5	172,0	215,0	236,5	161,3	225,8	1
2	258	270,9	283,8	296,7	309,6	322,5	335,4	348,3	361,2	374,1	279,5	301,0	344,0	365,5	290,3	354,8	2
3	387	399,9	412,8	425,7	438,6	451,5	464,4	477,3	490,2	503,1	408,5	430,0	473,0	494,5	419,3	483,8	3
4	516	528,9	541,8	554,7	567,6	580,5	593,4	606,3	619,2	632,1	537,5	559,0	602,0	623,5	548,3	612,8	4
5	645	657,9	670,8	683,7	696,6	709,5	722,4	735,3	748,2	761,1	666,5	688,0	731,0	752,5	677,3	741,8	5
6	774	786,9	799,8	812,7	825,6	838,5	851,4	864,3	877,2	890,1	795,5	817,0	860,0	881,5	806,3	870,8	6
7	903	915,9	928,8	941,7	954,6	967,5	980,4	993,3	1006,2	1019,1	924,5	946,0	989,0	1010,5	935,3	999,8	7
8	1032	1044,9	1057,8	1070,7	1083,6	1096,5	1109,4	1122,3	1135,2	1148,1	1053,5	1075,0	1118,0	1139,5	1064,3	1128,8	8
9	1161	1173,9	1186,8	1199,7	1212,6	1225,5	1238,4	1251,3	1264,2	1277,1	1182,5	1204,0	1247,0	1268,5	1193,3	1257,8	9
10	1290	1302,9	1315,8	1328,7	1341,6	1354,5	1367,4	1380,3	1393,2	1406,1	1311,5	1333,0	1376,0	1397,5	1322,3	1386,8	10
11	1419	1431,9	1444,8	1457,7	1470,6	1483,5	1496,4	1509,3	1522,2	1535,1	1440,5	1462,0	1505,0	1526,5	1451,3	1515,8	11
12	1548	1560,9	1573,8	1586,7	1599,6	1612,5	1625,4	1638,3	1651,2	1664,1	1569,5	1591,0	1634,0	1655,5	1580,3	1644,8	12
13	1677	1689,9	1702,8	1715,7	1728,6	1741,5	1754,4	1767,3	1780,2	1793,1	1698,5	1720,0	1763,0	1784,5	1709,3	1773,8	13
14	1806	1818,9	1831,8	1844,7	1857,6	1870,5	1883,4	1896,3	1909,2	1922,1	1827,5	1849,0	1892,0	1913,5	1838,3	1902,8	14
15	1935	1947,9	1960,8	1973,7	1986,6	1999,5	2012,4	2025,3	2038,2	2051,1	1956,5	1978,0	2021,0	2042,5	1967,3	2031,8	15
16	2064	2076,9	2089,8	2102,7	2115,6	2128,5	2141,4	2154,3	2167,2	2180,1	2085,5	2107,0	2150,0	2171,5	2096,3	2160,8	16
17	2193	2205,9	2218,8	2231,7	2244,6	2257,5	2270,4	2283,3	2296,2	2309,1	2214,5	2236,0	2279,0	2300,5	2225,3	2289,8	17
18	2322	2334,9	2347,8	2360,7	2373,6	2386,5	2399,4	2412,3	2425,2	2438,1	2343,5	2365,0	2408,0	2429,5	2354,3	2418,8	18
19	2451	2463,9	2476,8	2489,7	2502,6	2515,5	2528,4	2541,3	2554,2	2567,1	2472,5	2494,0	2537,0	2558,5	2483,3	2547,8	19
20	2580	2592,9	2605,8	2618,7	2631,6	2644,5	2657,4	2670,3	2683,2	2696,1	2601,5	2623,0	2666,0	2687,5	2612,3	2676,8	20
21	2709	2721,9	2734,8	2747,7	2760,6	2773,5	2786,4	2799,3	2812,2	2825,1	2730,5	2752,0	2795,0	2816,5	2741,3	2805,8	21
22	2838	2850,9	2863,8	2876,7	2889,6	2902,5	2915,4	2928,3	2941,2	2954,1	2859,5	2881,0	2924,0	2945,5	2870,3	2934,8	22
23	2967	2979,9	2992,8	3005,7	3018,6	3031,5	3044,4	3057,3	3070,2	3083,1	2988,5	3010,0	3053,0	3074,5	2999,3	3063,8	23
24	3096	3108,9	3121,8	3134,7	3147,6	3160,5	3173,4	3186,3	3199,2	3212,1	3117,5	3139,0	3182,0	3203,5	3128,3	3192,8	24
25	3225	3237,9	3250,8	3263,7	3276,6	3289,5	3302,4	3315,3	3328,2	3341,1	3246,5	3268,0	3311,0	3332,5	3257,3	3321,8	25
26	3354	3366,9	3379,8	3392,7	3405,6	3418,5	3431,4	3444,3	3457,2	3470,1	3375,5	3397,0	3440,0	3461,5	3386,3	3450,8	26
27	3483	3495,9	3508,8	3521,7	3534,6	3547,5	3560,4	3573,3	3586,2	3599,1	3504,5	3526,0	3569,0	3590,5	3515,3	3579,8	27
28	3612	3624,9	3637,8	3650,7	3663,6	3676,5	3689,4	3702,3	3715,2	3728,1	3633,5	3655,0	3698,0	3719,5	3644,3	3708,8	28
29	3741	3753,9	3766,8	3779,7	3792,6	3805,5	3818,4	3831,3	3844,2	3857,1	3762,5	3784,0	3827,0	3848,5	3773,3	3837,8	29
30	3870	3882,9	3895,8	3908,7	3921,6	3934,5	3947,4	3960,3	3973,2	3986,1	3891,5	3913,0	3956,0	3977,5	3902,3	3966,8	30
31	3999	4011,9	4024,8	4037,7	4050,6	4063,5	4076,4	4089,3	4102,2	4115,1	4020,5	4042,0	4085,0	4106,5	4031,3	4095,8	31
32	4128	4140,9	4153,8	4166,7	4179,6	4192,5	4205,4	4218,3	4231,2	4244,1	4149,5	4171,0	4214,0	4235,5	4160,3	4224,8	32
33	4257	4269,9	4282,8	4295,7	4308,6	4321,5	4334,4	4347,3	4360,2	4373,1	4278,5	4300,0	4343,0	4364,5	4289,3	4353,8	33
34	4386	4398,9	4411,8	4424,7	4437,6	4450,5	4463,4	4476,3	4489,2	4502,1	4407,5	4429,0	4472,0	4493,5	4418,3	4482,8	34
35	4515	4527,9	4540,8	4553,7	4566,6	4579,5	4692,4	4605,3	4618,2	4631,1	4536,5	4558,0	4601,0	4622,5	4547,3	4611,8	35
36	4644	4656,9	4669,8	4682,7	4695,6	4708,5	4721,4	4734,3	4747,2	4760,1	4665,5	4687,0	4730,0	4751,5	4676,3	4740,8	36
37	4773	4785,9	4798,8	4811,7	4824,6	4837,5	4850,4	4863,3	4876,2	4889,1	4794,5	4816,0	4859,0	4880,5	4805,3	4869,8	37
38	4902	4914,9	4927,8	4940,7	4953,6	4966,5	4979,4	4992,3	5005,2	5018,1	4923,5	4945,0	4988,0	5009,5	4934,3	4998,8	38
39	5031	5043,9	5056,8	5069,7	5082,6	5095,5	5108,4	5121,3	5134,2	5147,1	5052,5	5074,0	5117,0	5138,5	5063,3	5127,8	39
40	5160	5172,9	5185,8	5198,7	5211,6	5224,5	5237,4	5250,3	5263,2	5276,1	5181,5	5203,0	5246,0	5267,5	5192,3	5256,8	40
41	5289	5301,9	5314,8	5327,7	5340,6	5353,5	5366,4	5379,3	5392,2	5405,1	5310,5	5332,0	5375,0	5396,5	5321,3	5385,8	41
42	5418	5430,9	5443,8	5456,7	5469,6	5482,5	5495,4	5508,3	5521,2	5534,1	5439,5	5461,0	5504,0	5525,5	5450,3	5514,8	42
43	5547	5559,9	5572,8	5585,7	5598,6	5611,5	5624,4	5637,3	5650,2	5663,1	5568,5	5590,0	5633,0	5654,5	5579,3	5643,8	43
44	5676	5688,9	5701,8	5714,7	5727,6	5740,5	5753,4	5766,3	5779,2	5792,1	5697,5	5719,0	5762,0	5783,5	5708,3	5772,8	44
45	5805	5817,9	5830,8	5843,7	5856,6	5869,5	5882,4	5895,3	5908,2	5921,1	5826,5	5848,0	5891,0	5912,5	5837,3	5901,8	45
46	5934	5946,9	5959,8	5972,7	5985,6	5998,5	6011,4	6024,3	6037.2	6050,1	5955,5	5977,0	6020,0	6041,5	5966,3	6030,8	46
47	6063	6075,9	6088,8	6101,7	6114,6	6127,5	6140,4	6153,3	6166,2	6179,1	6084,5	6106,0	6149,0	6170,5	6095,3	6159,8	47
48	6192	6204,9	6217,8	6230,7	6243,6	6256,5	6269,4	6282,3	6295,2	6308,1	6213,5	6235,0	6278,0	6299,5	6224,3	6288,8	48
49	6321	6333,9	6346,8	6359,7	6372,6	6385,5	6398,4	6411,3	6424,2	6437,1	6342,5	6364,0	6407,0	6428,5	6353,3	6417,8	49
50	6450	6462,9	6475,8	6488,7	6501,6	6514,5	6527,4	6540,3	6553,2	6566,1	6471,5	6493,0	6536,0	6557,5	6482,3	6546,8	50
51	6579	6591,9	6604,8	6617,7	6630,6	6643,5	6656,4	6669,3	6682,2	6695,1	6600,5	6622,0	6665,0	6686,5	6611,3	6675,8	51
52	6708	6720,9	6733,8	6746,7	6759,6	6772,5	6785,4	6798,3	6811,2	6824,1	6729,5	6751,0	6794,0	6815,5	6740,3	6804,8	52
53	6837	6849,9	6862,8	6875,7	6888,6	6901,5	6914,4	6927,3	6940,2	6953,1	6858,5	6880,0	6923,0	6944,5	6869,3	6933,8	53
54	6966	6978,9	6991,8	7004,7	7017,6	7030,5	7043,4	7056,3	7069,2	7082,1	6987,5	7009,0	7052,0	7073,5	6998,3	7062,8	54
55	7095	7107,9	7120,8	7133,7	7146,6	7159,5	7172,4	7185,3	7198,2	7211,1	7116,5	7138,0	7181,0	7202,5	7127,3	7191,8	55
56	7224	7236,9	7249,8	7262,7	7275,6	7288,5	7301,4	7314,3	7327,2	7340,1	7245,5	7267,0	7310,0	7331,5	7256,3	7320,8	56
57	7353	7365,9	7378,8	7391,7	7404,6	7417,5	7430,4	7443,3	7456,2	7469,1	7374,5	7396,0	7439,0	7460,5	7385,3	7449,8	57
58	7482	7494,9	7507,8	7520,7	7533,6	7546,5	7559,4	7572,3	7585,2	7598,1	7503,5	7525,0	7568,0	7589,5	7514,3	7578,8	58
59	7611	7623,9	7636,8	7649,7	7662,6	7675,5	7688,4	7701,3	7714,2	7727,1	7632,5	7654,0	7697,0	7718,5	7643,3	7707,8	59
60	7740	7752,9	7765,8	7778,7	7791,6	7804,5	7817,4	7830,3	7843,2	7856,1	7761,5	7783,0	7826,0	7847,5	7772,3	7836,8	60
61	7869	7881,9	7894,8	7907,7	7920,6	7933,5	7946.4	7959,3	7972,2	7985,1	7890,5	7912,0	7955,0	7976,5	7901,3	7965,8	61
62	7998	8010,9	8023,8	8036,7	8049,6	8062,5	8075,4	8088,3	8101,2	8114,1	8019,5	8041,0	8084,0	8105,5	8030,3	8094,8	62
63	8127	8139,9	8152,8	8165,7	8178,6	8191,5	8204,4	8217,3	8230,2	8243,1	8148,5	8170,0	8213,0	8234,5	8159,3	8223,8	63
64	8256	8268,9	8281,8	8294,7	8307,6	8320,5	8333,4	8346,3	8359,2	8372,1	8277,5	8299,0	8342,0	8363,5	8288,3	8352,8	64
65	8385	8397,9	8410,8	8423,7	8436,6	8449,5	8462,4	8475,3	8488,2	8501,1	8406,5	8428,0	8471,0	8492,5	8417,3	8481,8	65
66	8514	8526,9	8539,8	8552,7	8565,6	8578,5	8591,4	8604,3	8617,2	8630,1	8535,5	8557,0	8600,0	8621,5	8546,3	8610,8	66
67	8643	8655,9	8668,8	8681,7	8694,6	8707,5	8720,4	8733,3	8746,2	8759,1	8664,5	8686,0	8729,0	8750,5	8675,3	8739,8	67
68	8772	8784,9	8797,8	8810,7	8823,6	8836,5	8849,4	8862,3	8875,2	8888,1	8793,5	8815,0	8858,0	8879,5	8804,3	8868,8	68
69	8901	8913,9	8926,8	8939,7	8952,6	8965,5	8978,4	8991,3	9004,2	9017,1	8922,5	8944,0	8987,0	9008,5	8933,3	8997,8	69
70	9030	9042,9	9055,8	9068,7	9081,6	9094,5	9107,4	9120,3	9133,2	9146,1	9051,5	9073,0	9116,0	9137,5	9062,3	9126,8	70
71	9159	9171,9	9184,8	9197,7	9210,6	9223,5	9236,4	9249,3	9262,2	9275,1	9180,5	9202,0	9245,0	9266,5	9191,3	9255,8	71
72	9288	9300,9	9313,8	9326,7	9339,6	9352,5	9365,4	9378,3	9391,2	9404,1	9309,5	9331,0	9374,0	9395,5	9320,3	9384,8	72
73	9417	9429,9	9442,8	9455,7	9468,6	9481,5	9494,4	9507,3	9520,2	9533,1	9438,5	9460,0	9503,0	9524,5	9449,3	9513,8	73
74	9546	9558,9	9571,8	9584,7	9597,6	9610,5	9623,4	9636,3	9649,2	9662,1	9567,5	9589,0	9632,0	9653,5	9578,3	9642,8	74
75	9675	9687,9	9700,8	9713,7	9726,6	9739,5	9752,4	9765,3	9778,2	9791,1	9696,5	9718,0	9761,0	9782,5	9707,3	9771,8	75
76	9804	9816,9	9829,8	9842,7	9855,6	9868,5	9881,4	9894,3	9907,2	9920,1	9825,5	9847,0	9890,0	9911,5	9836,3	9900,8	76
77	9933	9945,9	9958,8	9971,7	9984,6	9997,5	10010,4	10023,3	10036,2	10049,1	9954,5	9976,0	10019,0	10040,5	9965,3	10029,8	77
78	10062	10074,9	10087,8	10100,7	10113,6	10126,5	10139,4	10152,3	10165,2	10178,1	10083,5	10105,0	10148,0	10169,5	10094,3	10158,8	78
79	10191	10203,9	10216,8	10229,7	10242,6	10255,5	10268,4	10281,3	10294,2	10307,1	10212,5	10234,0	10277,0	10298,5	10223,3	10287,8	79
80	10320	10332,9	10345,8	10358,7	10371,6	10384,5	10397,4	10410,3	10423,2	10436,1	10341,5	10363,0	10406,0	10427,5	10352,3	10416,8	80
81	10449	10461,9	10474,8	10487,7	10500,6	10513,5	10526,4	10539,3	10552,2	10565,1	10470,5	10492,0	10535,0	10556,5	10481,3	10545,8	81
82	10578	10590,9	10603,8	10616,7	10629,6	10642,5	10655,4	10668,3	10681,2	10694,1	10599,5	10621,0	10664,0	10685,5	10610,3	10674,8	82
83	10707	10719,9	10732,8	10745,7	10758,6	10771,5	10784,4	10797,3	10810,2	10823,1	10728,5	10750,0	10793,0	10814,5	10739,3	10803,8	83
84	10836	10848,9	10861,8	10874,7	10887,6	10900,5	10913,4	10926,3	10939,2	10952,1	10857,5	10879,0	10922,0	10943,5	10868,3	10932,8	84
85	10965	10977,9	10990,8	11003,7	11016,6	11029,5	11042,4	11055,3	11068,2	11081,1	10986,5	11008,0	11051,0	11072,5	10997,3	11061,8	85
86	11094	11106.9	11119,8	11132,7	11145,6	11158,5	11171,4	11184,3	11197,2	11210,1	11115,5	11137,0	11180,0	11201,5	11126,3	11190,8	86
87	11223	11235,9	11248,8	11261,7	11274,6	11287,5	11300,4	11313,3	11326,2	11339,1	11244,5	11266,0	11309,0	11330,5	11255,3	11319,8	87
88	11352	11364,9	11377,8	11390,7	11403,6	11416,5	11429,4	11442,3	11455,2	11468,1	11373,5	11395,0	11438,0	11459,5	11384,3	11448,8	88
89	11481	11493,9	11506,8	11519,7	11532,6	11545,5	11558,4	11571,3	11584,2	11597,1	11502,5	11524,0	11567,0	11588,5	11513,3	11577,8	89
90	11610	11622,9	11635,8	11648,7	11661,6	11674,5	11687,4	11700,3	11713,2	11726,1	11631,5	11653,0	11696,0	11717,5	11642,3	11706,8	90
91	11739	11751,9	11764,8	11777,7	11790,6	11803,5	11816,4	11829,3	11842,2	11855,1	11760,5	11782,0	11825,0	11846,5	11771,3	11835,8	91
92	11868	11880,9	11893,8	11906,7	11919,6	11932,5	11945,4	11958,3	11971,2	11984,1	11889,5	11911,0	11954,0	11975,5	11900,3	11964,8	92
93	11997	12009,9	12022,8	12035,7	12048,6	12061,5	12074,4	12087,3	12100,2	12113,1	12018,5	12040,0	12083,0	12104,5	12029,3	12093,8	93
94	12126	12138,9	12151,8	12164,7	12177,6	12190,5	12203,4	12216,3	12229,2	12242,1	12147,5	12169,0	12212,0	12233,5	12158,3	12222,8	94
95	12255	12267,9	12280,8	12293,7	12306,6	12319,5	12332,4	12345,3	12358,2	12371,1	12276,5	12298,0	12341,0	12362,5	12287,3	12351,8	95
96	12384	12396,9	12409,8	12422,7	12435,6	12448,5	12461,4	12474,3	12487,2	12500,1	12405,5	12427,0	12470,0	12491,5	12416,3	12480,8	96
97	12513	12525,9	12538,8	12551,7	12564,6	12577,5	12590,4	12603,3	12616,2	12629,1	12534,5	12556,0	12599,0	12620,5	12545,3	12609,8	97
98	12642	12654,9	12667,8	12680,7	12693,6	12706,5	12719,4	12732,3	12745,2	12758,1	12663,5	12685,0	12728,0	12749,5	12674,3	12738,8	98
99	12771	12783,9	12796,8	12809,7	12822,6	12835,5	12848,4	12861,3	12874,2	12887,1	12792,5	12814,0	12857,0	12878,5	12803,3	12867,8	99
100	12900	12912,9	12925,8	12938,7	12951,6	12964,5	12977,4	12990,3	13003,2	13016,1	12921,5	12943,0	12986,0	13007,5	12932,3	12996,8	100

130	1/10 13,0	2/10 26,0	3/10 39,0	4/10 52,0	5/10 65,0	6/10 78,0	7/10 91,0	8/10 104,0	9/10 117,0	1/6 21,666	2/6 43,333	4/6 86,666	5/6 108,333	1/4 32,5	3/4 97,5	
1	130	143,0	156,0	169,0	182,0	195,0	208,0	221,0	234,0	247,0	151,7	173,3	216,7	238,3	162,5	227,5	1
2	260	273,0	286,0	299,0	312,0	325,0	338,0	351,0	364,0	377,0	281,7	303,3	346,7	368,3	292,5	357,5	2
3	390	403,0	416,0	429,0	442,0	455,0	468,0	481,0	494,0	507,0	411,7	433,3	476,7	498,3	422,5	487,5	3
4	520	533,0	546,0	559,0	572,0	585,0	598,0	611,0	624,0	637,0	541,7	563,3	606,7	628,3	552,5	617,5	4
5	650	663,0	676,0	689,0	702,0	715,0	728,0	741,0	754,0	767,0	671,7	693,3	736,7	758,3	682,5	747,5	5
6	780	793,0	806,0	819,0	832,0	845,0	858,0	871,0	884,0	897,0	801,7	823,3	866,7	888,3	812,5	877,5	6
7	910	923,0	936,0	949,0	962,0	975,0	988,0	1001,0	1014,0	1027,0	931,7	953,3	996,7	1018,3	942,5	1007,5	7
8	1040	1053,0	1066,0	1079,0	1092,0	1105,0	1118,0	1131,0	1144,0	1157,0	1061,7	1083,3	1126,7	1148,3	1072,5	1137,5	8
9	1170	1183,0	1196,0	1209,0	1222,0	1235,0	1248,0	1261,0	1274,0	1287,0	1191,7	1213,3	1256,7	1278,3	1202,5	1267,5	9
10	1300	1313,0	1326,0	1339,0	1352,0	1365,0	1378,0	1391,0	1404,0	1417,0	1321,7	1343,3	1386,7	1408,3	1332,5	1397,5	10
11	1430	1443,0	1456,0	1469,0	1482,0	1495,0	1508,0	1521,0	1534,0	1547,0	1451,7	1473,3	1516,7	1538,3	1462,5	1527,5	11
12	1560	1573,0	1586,0	1599,0	1612,0	1625,0	1638,0	1651,0	1664,0	1677,0	1581,7	1603,3	1646,7	1668,3	1592,5	1657,5	12
13	1690	1703,0	1716,0	1729,0	1742,0	1755,0	1768,0	1781,0	1794,0	1807,0	1711,7	1733,3	1776,7	1798,3	1722,5	1787,5	13
14	1820	1833,0	1846,0	1859,0	1872,0	1885,0	1898,0	1911,0	1924,0	1937,0	1841,7	1863,3	1906,7	1928,3	1852,5	1917,5	14
15	1950	1963,0	1976,0	1989,0	2002,0	2015,0	2028,0	2041,0	2054,0	2067,0	1971,7	1993,3	2036,7	2058,3	1982,5	2047,5	15
16	2080	2093,0	2106,0	2119,0	2132,0	2145,0	2158,0	2171,0	2184,0	2197,0	2101,7	2123,3	2166,7	2188,3	2112,5	2177,5	16
17	2210	2223,0	2236,0	2249,0	2262,0	2275,0	2288,0	2301,0	2314,0	2327,0	2231,7	2253,3	2296,7	2318,3	2242,5	2307,5	17
18	2340	2353,0	2366,0	2379,0	2392,0	2405,0	2418,0	2431,0	2444,0	2457,0	2361,7	2383,3	2426,7	2448,3	2372,5	2437,5	18
19	2470	2483,0	2496,0	2509,0	2522,0	2535,0	2548,0	2561,0	2574,0	2587,0	2491,7	2513,3	2556,7	2578,3	2502,5	2567,5	19
20	2600	2613,0	2626,0	2639,0	2652,0	2665,0	2678,0	2691,0	2704,0	2717,0	2621,7	2643,3	2686,7	2708,3	2632,5	2697,5	20
21	2730	2743,0	2756,0	2769,0	2782,0	2795,0	2808,0	2821,0	2834,0	2847,0	2751,7	2773,3	2816,7	2838,3	2762,5	2827,5	21
22	2860	2873,0	2886,0	2899,0	2912,0	2925,0	2938,0	2951,0	2964,0	2977,0	2881,7	2903,3	2946,7	2968,3	2892,5	2957,5	22
23	2990	3003,0	3016,0	3029,0	3042,0	3055,0	3068,0	3081,0	3094,0	3107,0	3011,7	3033,3	3076,7	3098,3	3022,5	3087,5	23
24	3120	3133,0	3146,0	3159,0	3172,0	3185,0	3198,0	3211,0	3224,0	3237,0	3141,7	3163,3	3206,7	3228,3	3152,5	3217,5	24
25	3250	3263,0	3276,0	3289,0	3302,0	3315,0	3328,0	3341,0	3354,0	3367,0	3271,7	3293,3	3336,7	3358,3	3282,5	3347,5	25
26	3380	3393,0	3406,0	3419,0	3432,0	3445,0	3458,0	3471,0	3484,0	3497,0	3401,7	3423,3	3466,7	3488,3	3412,5	3477,5	26
27	3510	3523,0	3536,0	3549,0	3562,0	3575,0	3588,0	3601,0	3614,0	3627,0	3531,7	3553,3	3596,7	3618,3	3542,5	3607,5	27
28	3640	3653,0	3666,0	3679,0	3692,0	3705,0	3718,0	3731,0	3744,0	3757,0	3661,7	3683,3	3726,7	3748,3	3672,5	3737,5	28
29	3770	3783,0	3796,0	3809,0	3822,0	3835,0	3848,0	3861,0	3874,0	3887,0	3791,7	3813,3	3856,7	3878,3	3802,5	3867,5	29
30	3900	3913,0	3926,0	3939,0	3952,0	3965,0	3978,0	3991,0	4004,0	4017,0	3921,7	3943,3	3986,7	4008,3	3932,5	3997,5	30
31	4030	4043,0	4056,0	4069,0	4082,0	4095,0	4108,0	4121,0	4134,0	4147,0	4051,7	4073,3	4116,7	4138,3	4062,5	4127,5	31
32	4160	4173,0	4186,0	4199,0	4212,0	4225,0	4238,0	4251,0	4264,0	4277,0	4181,7	4203,3	4246,7	4268,3	4192,5	4257,5	32
33	4290	4303,0	4316,0	4329,0	4342,0	4355,0	4368,0	4381,0	4394,0	4407,0	4311,7	4333,3	4376,7	4398,3	4322,5	4387,5	33
34	4420	4433,0	4446,0	4459,0	4472,0	4485,0	4498,0	4511,0	4524,0	4537,0	4441,7	4463,3	4506,7	4528,3	4452,5	4517,5	34
35	4550	4563,0	4576,0	4589,0	4602,0	4615,0	4628,0	4641,0	4654,0	4667,0	4571,7	4593,3	4636,7	4658,3	4582,5	4647,5	35
36	4680	4693,0	4706,0	4719,0	4732,0	4745,0	4758,0	4771,0	4784,0	4797,0	4701,7	4723,3	4766,7	4788,3	4712,5	4777,5	36
37	4810	4823,0	4836,0	4849,0	4862,0	4875,0	4888,0	4901,0	4914,0	4927,0	4831,7	4853,3	4896,7	4918,3	4842,5	4907,5	37
38	4940	4953,0	4966,0	4979,0	4992,0	5005,0	5018,0	5031,0	5044,0	5057,0	4961,7	4983,3	5026,7	5048,3	4972,5	5037,5	38
39	5070	5083,0	5096,0	5109,0	5122,0	5135,0	5148,0	5161,0	5174,0	5187,0	5091,7	5113,3	5156,7	5178,3	5102,5	5167,5	39
40	5200	5213,0	5226,0	5239,0	5252,0	5265,0	5278,0	5291,0	5304,0	5317,0	5221,7	5243,3	5286,7	5308,3	5232,5	5297,5	40
41	5330	5343,0	5356,0	5369,0	5382,0	5395,0	5408,0	5421,0	5434,0	5447,0	5351,7	5373,3	5416,7	5438,3	5362,5	5427,5	41
42	5460	5473,0	5486,0	5499,0	5512,0	5525,0	5538,0	5551,0	5564,0	5577,0	5481,7	5503,3	5546,7	5568,3	5492,5	5557,5	42
43	5590	5603,0	5616,0	5629,0	5642,0	5655,0	5668,0	5681,0	5694,0	5707,0	5611,7	5633,3	5676,7	5698,3	5622,5	5687,5	43
44	5720	5733,0	5746,0	5759,0	5772,0	5785,0	5798,0	5811,0	5824,0	5837,0	5741,7	5763,3	5806,7	5828,3	5752,5	5817,5	44
45	5850	5863,0	5876,0	5889,0	5902,0	5915,0	5928,0	5941,0	5954,0	5967,0	5871,7	5893,3	5936,7	5958,3	5882,5	5947,5	45
46	5980	5993,0	6006,0	6019,0	6032,0	6045,0	6058,0	6071,0	6084,0	6097,0	6001,7	6023,3	6066,7	6088,3	6012,5	6077,5	46
47	6110	6123,0	6136,0	6149,0	6162,0	6175,0	6188,0	6201,0	6214,0	6227,0	6131,7	6153,3	6196,7	6218,3	6142,5	6207,5	47
48	6240	6253,0	6266,0	6279,0	6292,0	6305,0	6318,0	6331,0	6344,0	6357,0	6261,7	6283,3	6326,7	6348,3	6272,5	6337,5	48
49	6370	6383,0	6396,0	6409,0	6422,0	6435,0	6448,0	6461,0	6474,0	6487,0	6391,7	6413,3	6456,7	6478,3	6402,5	6467,5	49
50	6500	6513,0	6526,0	6539,0	6552,0	6565,0	6578,0	6591,0	6604,0	6617,0	6521,7	6543,3	6586,7	6608,3	6532,5	6597,5	50
51	6630	6643,0	6656,0	6669,0	6682,0	6695,0	6708,0	6721,0	6734,0	6747,0	6651,7	6673,3	6716,7	6738,3	6662,5	6727,5	51
52	6760	6773,0	6786,0	6799,0	6812,0	6825,0	6838,0	6851,0	6864,0	6877,0	6781,7	6803,3	6846,7	6868,3	6792,5	6857,5	52
53	6890	6903,0	6916,0	6929,0	6942,0	6955,0	6968,0	6981,0	6994,0	7007,0	6911,7	6933,3	6976,7	6998,3	6922,5	6987,5	53
54	7020	7033,0	7046,0	7059,0	7072,0	7085,0	7098,0	7111,0	7124,0	7137,0	7041,7	7063,3	7106,7	7128,3	7052,5	7117,5	54
55	7150	7163,0	7176,0	7189,0	7202,0	7215,0	7228,0	7241,0	7254,0	7267,0	7171,7	7193,3	7236,7	7258,3	7182,5	7247,5	55
56	7280	7293,0	7306,0	7319,0	7332,0	7345,0	7358,0	7371,0	7384,0	7397,0	7301,7	7323,3	7366,7	7388,3	7312,5	7377,5	56
57	7410	7423,0	7436,0	7449,0	7462,0	7475,0	7488,0	7501,0	7514,0	7527,0	7431,7	7453,3	7496,7	7518,3	7442,5	7507,5	57
58	7540	7553,0	7566,0	7579,0	7592,0	7605,0	7618,0	7631,0	7644,0	7657,0	7561,7	7583,3	7626,7	7648,3	7572,5	7637,5	58
59	7670	7683,0	7696,0	7709,0	7722,0	7735,0	7748,0	7761,0	7774,0	7787,0	7691,7	7713,3	7756,7	7778,3	7702,5	7767,5	59
60	7800	7813,0	7826,0	7839,0	7852,0	7865,0	7878,0	7891,0	7904,0	7917,0	7821,7	7843,3	7886,7	7908,3	7832,5	7897,5	60
61	7930	7943,0	7956,0	7969,0	7982,0	7995,0	8008,0	8021,0	8034,0	8047,0	7951,7	7973,3	8016,7	8038,3	7962,5	8027,5	61
62	8060	8073,0	8086,0	8099,0	8112,0	8125,0	8138,0	8151,0	8164,0	8177,0	8081,7	8103,3	8146,7	8168,3	8092,5	8157,5	62
63	8190	8203,0	8216,0	8229,0	8242,0	8255,0	8268,0	8281,0	8294,0	8307,0	8211,7	8233,3	8276,7	8298,3	8222,5	8287,5	63
64	8320	8333,0	8346,0	8359,0	8372,0	8385,0	8398,0	8411,0	8424,0	8437,0	8341,7	8363,3	8406,7	8428,3	8352,5	8417,5	64
65	8450	8463,0	8476,0	8489,0	8502,0	8515,0	8528,0	8541,0	8554,0	8567,0	8471,7	8493,3	8536,7	8558,3	8482,5	8547,5	65
66	8580	8593,0	8606,0	8619,0	8632,0	8645,0	8658,0	8671,0	8684,0	8697,0	8601,7	8623,3	8666,7	8688,3	8612,5	8677,5	66
67	8710	8723,0	8736,0	8749,0	8762,0	8775,0	8788,0	8801,0	8814,0	8827,0	8731,7	8753,3	8796,7	8818,3	8742,5	8807,5	67
68	8840	8853,0	8866,0	8879,0	8892,0	8905,0	8918,0	8931,0	8944,0	8957,0	8861,7	8883,3	8926,7	8948,3	8872,5	8937,5	68
69	8970	8983,0	8996,0	9009,0	9022,0	9035,0	9048,0	9061,0	9074,0	9087,0	8991,7	9013,3	9056,7	9078,3	9002,5	9067,5	69
70	9100	9113,0	9126,0	9139,0	9152,0	9165,0	9178,0	9191,0	9204,0	9217,0	9121,7	9143,3	9186,7	9208,3	9132,5	9197,5	70
71	9230	9243,0	9256,0	9269,0	9282,0	9295,0	9308,0	9321,0	9334,0	9347,0	9251,7	9273,3	9316,7	9338,3	9262,5	9327,5	71
72	9360	9373,0	9386,0	9399,0	9412,0	9425,0	9438,0	9451,0	9464,0	9477,0	9381,7	9403,3	9446,7	9468,3	9392,5	9457,5	72
73	9490	9503,0	9516,0	9529,0	9542,0	9555,0	9568,0	9581,0	9594,0	9607,0	9511,7	9533,3	9576,7	9598,3	9522,5	9587,5	73
74	9620	9633,0	9646,0	9659,0	9672,0	9685,0	9698,0	9711,0	9724,0	9737,0	9641,7	9663,3	9706,7	9728,3	9652,5	9717,5	74
75	9750	9763,0	9776,0	9789,0	9802,0	9815,0	9828,0	9841,0	9854,0	9867,0	9771,7	9793,3	9836,7	9858,3	9782,5	9847,5	75
76	9880	9893,0	9906,0	9919,0	9932,0	9945,0	9958,0	9971,0	9984,0	9997,0	9901,7	9923,3	9966,7	9988,3	9912,5	9977,5	76
77	10010	10023,0	10036,0	10049,0	10062,0	10075,0	10088,0	10101,0	10114,0	10127,0	10031,7	10053,3	10096,7	10118,3	10042,5	10107,5	77
78	10140	10153,0	10166,0	10179,0	10192,0	10205,0	10218,0	10231,0	10244,0	10257,0	10161,7	10183,3	10226,7	10248,3	10172,5	10237,5	78
79	10270	10283,0	10296,0	10309,0	10322,0	10335,0	10348,0	10361,0	10374,0	10387,0	10291,7	10313,3	10356,7	10378,3	10302,5	10367,5	79
80	10400	10413,0	10426,0	10439,0	10452,0	10465,0	10478,0	10491,0	10504,0	10517,0	10421,7	10443,3	10486,7	10508,3	10432,5	10497,5	80
81	10530	10543,0	10556,0	10569,0	10582,0	10595,0	10608,0	10621,0	10634,0	10647,0	10551,7	10573,3	10616,7	10638,3	10562,5	10627,5	81
82	10660	10673,0	10686,0	10699,0	10712,0	10725,0	10738,0	10751,0	10764,0	10777,0	10681,7	10703,3	10746,7	10768,3	10692,5	10757,5	82
83	10790	10803,0	10816,0	10829,0	10842,0	10855,0	10868,0	10881,0	10894,0	10907,0	10811,7	10833,3	10876,7	10898,3	10822,5	10887,5	83
84	10920	10933,0	10946,0	10959,0	10972,0	10985,0	10998,0	11011,0	11024,0	11037,0	10941,7	10963,3	11006,7	11028,3	10952,5	11017,5	84
85	11050	11063,0	11076,0	11089,0	11102,0	11115,0	11128,0	11141,0	11154,0	11167,0	11071,7	11093,3	11136,7	11158,3	11082,5	11147,5	85
86	11180	11193,0	11206,0	11219,0	11232,0	11245,0	11258,0	11271,0	11284,0	11297,0	11201,7	11223,3	11266,7	11288,3	11212,5	11277,5	86
87	11310	11323,0	11336,0	11349,0	11362,0	11375,0	11388,0	11401,0	11414,0	11427,0	11331,7	11353,3	11396,7	11418,3	11342,5	11407,5	87
88	11440	11453,0	11466,0	11479,0	11492,0	11505,0	11518,0	11531,0	11544,0	11557,0	11461,7	11483,3	11526,7	11548,3	11472,5	11537,5	88
89	11570	11583,0	11596,0	11609,0	11622,0	11635,0	11648,0	11661,0	11674,0	11687,0	11591,7	11613,3	11656,7	11678,3	11602,5	11667,5	89
90	11700	11713,0	11726,0	11739,0	11752,0	11765,0	11778,0	11791,0	11804,0	11817,0	11721,7	11743,3	11786,7	11808,3	11732,5	11797,5	90
91	11830	11843,0	11856,0	11869,0	11882,0	11895,0	11908,0	11921,0	11934,0	11947,0	11851,7	11873,3	11916,7	11938,3	11862,5	11927,5	91
92	11960	11973,0	11986,0	11999,0	12012,0	12025,0	12038,0	12051,0	12064,0	12077,0	11981,7	12003,3	12046,7	12068,3	11992,5	12057,5	92
93	12090	12103,0	12116,0	12129,0	12142,0	12155,0	12168,0	12181,0	12194,0	12207,0	12111,7	12133,3	12176,7	12198,3	12122,5	12187,5	93
94	12220	12233,0	12246,0	12259,0	12272,0	12285,0	12298,0	12311,0	12324,0	12337,0	12241,7	12263,3	12306,7	12328,3	12252,5	12317,5	94
95	12350	12363,0	12376,0	12389,0	12402,0	12415,0	12428,0	12441,0	12454,0	12467,0	12371,7	12393,3	12436,7	12458,3	12382,5	12447,5	95
96	12480	12493,0	12506,0	12519,0	12532,0	12545,0	12558,0	12571,0	12584,0	12597,0	12501,7	12523,3	12566,7	12588,3	12512,5	12577,5	96
97	12610	12623,0	12636,0	12649,0	12662,0	12675,0	12688,0	12701,0	12714,0	12727,0	12631,7	12653,3	12696,7	12718,3	12642,5	12707,5	97
98	12740	12753,0	12766,0	12779,0	12792,0	12805,0	12818,0	12831,0	12844,0	12857,0	12761,7	12783,3	12826,7	12848,3	12772,5	12837,5	98
99	12870	12883,0	12896,0	12909,0	12922,0	12935,0	12948,0	12961,0	12974,0	12987,0	12891,7	12913,3	12956,7	12978,3	12902,5	12967,5	99
100	13000	13013,0	13026,0	13039,0	13052,0	13065,0	13078,0	13091,0	13104,0	13117,0	13021,7	13043,3	13086,7	13108,3	13032,5	13097,5	100

		1/10 13,1	2/10 26,2	3/10 39,3	4/10 52,4	5/10 65,5	6/10 78,6	7/10 91,7	8/10 104,8	9/10 117,9	1/6 21,833	2/6 43,666	4/6 87,333	5/6 109,166	1/4 32,75	3/4 98,25	
1	131	144,1	157,2	170,3	183,4	196,5	209,6	222,7	235,8	248,9	152,8	174,7	218,3	240,2	163,8	229,3	1
2	262	275,1	288,2	301,3	314,4	327,5	340,6	353,7	366,8	379,9	283,8	305,7	349,3	371,2	294,8	360,3	2
3	393	406,1	419,2	432,3	445,4	458,5	471,6	484,7	497,8	510,9	414,8	436,7	480,3	502,2	425,8	491,3	3
4	524	537,1	550,2	563,3	576,4	589,5	602,6	615,7	628,8	641,9	545,8	567,7	611,3	633,2	556,8	622,3	4
5	655	668,1	681,2	694,3	707,4	720,5	733,6	746,7	759,8	772,9	676,8	698,7	742,3	764,2	687,8	753,3	5
6	786	799,1	812,2	825,3	838,4	851,5	864,6	877,7	890,8	903,9	807,8	829,7	873,3	895,2	818,8	884,3	6
7	917	930,1	943,2	956,3	969,4	982,5	995,6	1008,7	1021,8	1034,9	938,8	960,7	1004,3	1026,2	949,8	1015,3	7
8	1048	1061,1	1074,2	1087,3	1100,4	1113,5	1126,6	1139,7	1152,8	1165,9	1069,8	1091,7	1135,3	1157,2	1080,8	1146,3	8
9	1179	1192,1	1205,2	1218,3	1231,4	1244,5	1257,6	1270,7	1283,8	1296,9	1200,8	1222,7	1266,3	1288,2	1211,8	1277,3	9
10	1310	1323,1	1336,2	1349,3	1362,4	1375,5	1388,6	1401,7	1414,8	1427,9	1331,8	1353,7	1397,3	1419,2	1342,8	1408,3	10
11	1441	1454,1	1467,2	1480,3	1493,4	1506,5	1519,6	1532,7	1545,8	1558,9	1462,8	1484,7	1528,3	1550,2	1473,8	1539,3	11
12	1572	1585,1	1598,2	1611,3	1624,4	1637,5	1650,6	1663,7	1676,8	1689,9	1593,8	1615,7	1659,3	1681,2	1604,8	1670,3	12
13	1703	1716,1	1729,2	1742,3	1755,4	1768,5	1781,6	1794,7	1807,8	1820,9	1724,8	1746,7	1790,3	1812,2	1735,8	1801,3	13
14	1834	1847,1	1860,2	1873,3	1886,4	1899,5	1912,6	1925,7	1938,8	1951,9	1855,8	1877,7	1921,3	1943,2	1866,8	1932,3	14
15	1965	1978,1	1991,2	2004,3	2017,4	2030,5	2043,6	2056,7	2069,8	2082,9	1986,8	2008,7	2052,3	2074,2	1997,8	2063,3	15
16	2096	2109,1	2122,2	2135,3	2148,4	2161,5	2174,6	2187,7	2200,8	2213,9	2117,8	2139,7	2183,3	2205,2	2128,8	2194,3	16
17	2227	2240,1	2253,2	2266,3	2279,4	2292,5	2305,6	2318,7	2331,8	2344,9	2248,8	2270,7	2314,3	2336,2	2259,8	2325,3	17
18	2358	2371,1	2384,2	2397,3	2410,4	2423,5	2436,6	2449,7	2462,8	2475,9	2379,8	2401,7	2445,3	2467,2	2390,8	2456,3	18
19	2489	2502,1	2515,2	2528,3	2541,4	2554,5	2567,6	2580,7	2593,8	2606,9	2510,8	2532,7	2576,3	2598,2	2521,8	2587,3	19
20	2620	2633,1	2646,2	2659,3	2672,4	2685,5	2698,6	2711,7	2724,8	2737,9	2641,8	2663,7	2707,3	2729,2	2652,8	2718,3	20
21	2751	2764,1	2777,2	2790,3	2803,4	2816,5	2829,6	2842,7	2855,8	2868,9	2772,8	2794,7	2838,3	2860,2	2783,8	2849,3	21
22	2882	2895,1	2908,2	2921,3	2934,4	2947,5	2960,6	2973,7	2986,8	2999,9	2903,8	2925,7	2969,3	2991,2	2914,8	2980,3	22
23	3013	3026,1	3039,2	3052,3	3065,4	3078,5	3091,6	3104,7	3117,8	3130,9	3034,8	3056,7	3100,3	3122,2	3045,8	3111,3	23
24	3144	3157,1	3170,2	3183,3	3196,4	3209,5	3222,6	3235,7	3248,8	3261,9	3165,8	3187,7	3231,3	3253,2	3176,8	3242,3	24
25	3275	3288,1	3301,2	3314,3	3327,4	3340,5	3353,6	3366,7	3379,8	3392,9	3296,8	3318,7	3362,3	3384,2	3307,8	3373,3	25
26	3406	3419,1	3432,2	3445,3	3458,4	3471,5	3484,6	3497,7	3510,8	3523,9	3427,8	3449,7	3493,3	3515,2	3438,8	3504,3	26
27	3537	3550,1	3563,2	3576,3	3589,4	3602,5	3615,6	3628,7	3641,8	3654,9	3558,8	3580,7	3624,3	3646,2	3569,8	3635,3	27
28	3668	3681,1	3694,2	3707,3	3720,4	3733,5	3746,6	3759,7	3772,8	3785,9	3689,8	3711,7	3755,3	3777,2	3700,8	3766,3	28
29	3799	3812,1	3825,2	3838,3	3851,4	3864,5	3877,6	3890,7	3903,8	3916,9	3820,8	3842,7	3886,3	3908,2	3831,8	3897,3	29
30	3930	3943,1	3956,2	3969,3	3982,4	3995,5	4008,6	4021,7	4034,8	4047,9	3951,8	3973,7	4017,3	4039,2	3962,8	4028,3	30
31	4061	4074,1	4087,2	4100,3	4113,4	4126,5	4139,6	4152,7	4165,8	4178,9	4082,8	4104,7	4148,3	4170,2	4093,8	4159,3	31
32	4192	4205,1	4218,2	4231,3	4244,4	4257,5	4270,6	4283,7	4296,8	4309,9	4213,8	4235,7	4279,3	4301,2	4224,8	4290,3	32
33	4323	4336,1	4349,2	4362,3	4375,4	4388,5	4401,6	4414,7	4427,8	4440,9	4344,8	4366,7	4410,3	4432,2	4355,8	4421,3	33
34	4454	4467,1	4480,2	4493,3	4506,4	4519,5	4532,6	4545,7	4558,8	4571,9	4475,8	4497,7	4541,3	4563,2	4486,8	4552,3	34
35	4585	4598,1	4611,2	4624,3	4637,4	4650,5	4663,6	4676,7	4689,8	4702,9	4606,8	4628,7	4672,3	4694,2	4617,8	4683,3	35
36	4716	4729,1	4742,2	4755,3	4768,4	4781,5	4794,6	4807,7	4820,8	4833,9	4737,8	4759,7	4803,3	4825,2	4748,8	4814,3	36
37	4847	4860,1	4873,2	4886,3	4899,4	4912,5	4925,6	4938,7	4951,8	4964,9	4868,8	4890,7	4934,3	4956,2	4879,8	4945,3	37
38	4978	4991,1	5004,2	5017,3	5030,4	5043,5	5056,6	5069,7	5082,8	5095,9	4999,8	5021,7	5065,3	5087,2	5010,8	5076,3	38
39	5109	5122,1	5135,2	5148,3	5161,4	5174,5	5187,6	5200,7	5213,8	5226,9	5130,8	5152,7	5196,3	5218,2	5141,8	5207,3	39
40	5240	5253,1	5266,2	5279,3	5292,4	5305,5	5318,6	5331,7	5344,8	5357,9	5261,8	5283,7	5327,3	5349,2	5272,8	5338,3	40
41	5371	5384,1	5397,2	5410,3	5423,4	5436,5	5449,6	5462,7	5475,8	5488,9	5392,8	5414,7	5458,3	5480,2	5403,8	5469,3	41
42	5502	5515,1	5528,2	5541,3	5554,4	5567,5	5580,6	5593,7	5606,8	5619,9	5523,8	5545,7	5589,3	5611,2	5534,8	5600,3	42
43	5633	5646,1	5659,2	5672,3	5685,4	5698,5	5711,6	5724,7	5737,8	5750,9	5654,8	5676,7	5720,3	5742,2	5665,8	5731,3	43
44	5764	5777,1	5790,2	5803,3	5816,4	5829,5	5842,6	5855,7	5868,8	5881,9	5785,8	5807,7	5851,3	5873,2	5796,8	5862,3	44
45	5895	5908,1	5921,2	5934,3	5947,4	5960,5	5973,6	5986,7	5999,8	6012,9	5916,8	5938,7	5982,3	6004,2	5927,8	5993,3	45
46	6026	6039,1	6052,2	6065,3	6078,4	6091,5	6104,6	6117,7	6130,8	6143,9	6047,8	6069,7	6113,3	6135,2	6058,8	6124,3	46
47	6157	6170,1	6183,2	6196,3	6209,4	6222,5	6235,6	6248,7	6261,8	6274,9	6178,8	6200,7	6244,3	6266,2	6189,8	6255,3	47
48	6288	6301,1	6314,2	6327,3	6340,4	6353,5	6366,6	6379,7	6392,8	6405,9	6309,8	6331,7	6375,3	6397,2	6320,8	6386,3	48
49	6419	6432,1	6445,2	6458,3	6471,4	6484,5	6497,6	6510,7	6523,8	6536,9	6440,8	6462,7	6506,3	6528,2	6451,8	6517,3	49
50	6550	6563,1	6576,2	6589,3	6602,4	6615,5	6628,6	6641,7	6654,8	6667,9	6571,8	6593,7	6637,3	6659,2	6582,8	6648,3	50
51	6681	6694,1	6707,2	6720,3	6733,4	6746,5	6759,6	6772,7	6785,8	6798,9	6702,8	6724,7	6768,3	6790,2	6713,8	6779,3	51
52	6812	6825,1	6838,2	6851,3	6864,4	6877,5	6890,6	6903,7	6916,8	6929,9	6833,8	6855,7	6899,3	6921,2	6844,8	6910,3	52
53	6943	6956,1	6969,2	6982,3	6995,4	7008,5	7021,6	7034,7	7047,8	7060,9	6964,8	6986,7	7030,3	7052,2	6975,8	7041,3	53
54	7074	7087,1	7100,2	7113,3	7126,4	7139,5	7152,6	7165,7	7178,8	7191,9	7095,8	7117,7	7161,3	7183,2	7106,8	7172,3	54
55	7205	7218,1	7231,2	7244,3	7257,4	7270,5	7283,6	7296,7	7309,8	7322,9	7226,8	7248,7	7292,3	7314,2	7237,8	7303,3	55
56	7336	7349,1	7362,2	7375,3	7388,4	7401,5	7414,6	7427,7	7440,8	7453,9	7357,8	7379,7	7423,3	7445,2	7368,8	7434,3	56
57	7467	7480,1	7493,2	7506,3	7519,4	7532,5	7545,6	7558,7	7571,8	7584,9	7488,8	7510,7	7554,3	7576,2	7499,8	7565,3	57
58	7598	7611,1	7624,2	7637,3	7650,4	7663,5	7676,6	7689,7	7702,8	7715,9	7619,8	7641,7	7685,3	7707,2	7630,8	7696,3	58
59	7729	7742,1	7755,2	7768,3	7781,4	7794,5	7807,6	7820,7	7833,8	7846,9	7750,8	7772,7	7816,3	7838,2	7761,8	7827,3	59
60	7860	7873,1	7886,2	7899,3	7912,4	7925,5	7938,6	7951,7	7964,8	7977,9	7881,8	7903,7	7947,3	7969,2	7892,8	7958,3	60
61	7991	8004,1	8017,2	8030,3	8043,4	8056,5	8069,6	8082,7	8095,8	8108,9	8012,8	8034,7	8078,3	8100,2	8023,8	8089,3	61
62	8122	8135,1	8148,2	8161,3	8174,4	8187,5	8200,6	8213,7	8226,8	8239,9	8143,8	8165,7	8209,3	8231,2	8154,8	8220,3	62
63	8253	8266,1	8279,2	8292,3	8305,4	8318,5	8331,6	8344,7	8357,8	8370,9	8274,8	8296,7	8340,3	8362,2	8285,8	8351,3	63
64	8384	8397,1	8410,2	8423,3	8436,4	8449,5	8462,6	8475,7	8488,8	8501,9	8405,8	8427,7	8471,3	8493,2	8416,8	8482,3	64
65	8515	8528,1	8541,2	8554,3	8567,4	8580,5	8593,6	8606,7	8619,8	8632,9	8536,8	8558,7	8602,3	8624,2	8547,8	8613,3	65
66	8646	8659,1	8672,2	8685,3	8698,4	8711,5	8724,6	8737,7	8750,8	8763,9	8667,8	8689,7	8733,3	8755,2	8678,8	8744,3	66
67	8777	8790,1	8803,2	8816,3	8829,4	8842,5	8855,6	8868,7	8881,8	8894,9	8798,8	8820,7	8864,3	8886,2	8809,8	8875,3	67
68	8908	8921,1	8934,2	8947,3	8960,4	8973,5	8986,6	8999,7	9012,8	9025,9	8929,8	8951,7	8995,3	9017,2	8940,8	9006,3	68
69	9039	9052,1	9065,2	9078,3	9091,4	9104,5	9117,6	9130,7	9143,8	9156,9	9060,8	9082,7	9126,3	9148,2	9071,8	9137,3	69
70	9170	9183,1	9196,2	9209,3	9222,4	9235,5	9248,6	9261,7	9274,8	9287,9	9191,8	9213,7	9257,3	9279,2	9202,8	9268,3	70
71	9301	9314,1	9327,2	9340,3	9353,4	9366,5	9379,6	9392,7	9405,8	9418,9	9322,8	9344,7	9388,3	9410,2	9333,8	9399,3	71
72	9432	9445,1	9458,2	9471,3	9484,4	9497,5	9510,6	9523,7	9536,8	9549,9	9453,8	9475,7	9519,3	9541,2	9464,8	9530,3	72
73	9563	9576,1	9589,2	9602,3	9615,4	9628,5	9641,6	9654,7	9667,8	9680,9	9584,8	9606,7	9650,3	9672,2	9595,8	9661,3	73
74	9694	9707,1	9720,2	9733,3	9746,4	9759,5	9772,6	9785,7	9798,8	9811,9	9715,8	9737,7	9781,3	9803,2	9726,8	9792,3	74
75	9825	9838,1	9851,2	9864,3	9877,4	9890,5	9903,6	9916,7	9929,8	9942,9	9846,8	9868,7	9912,3	9934,2	9857,8	9923,3	75
76	9956	9969,1	9982,2	9995,3	10008,4	10021,5	10034,6	10047,7	10060,8	10073,9	9977,8	9999,7	10043,3	10065,2	9988,8	10054,3	76
77	10087	10100,1	10113,2	10126,3	10139,4	10152,5	10165,6	10178,7	10191,8	10204,9	10108,8	10130,7	10174,3	10196,2	10119,8	10185,3	77
78	10218	10231,1	10244,2	10257,3	10270,4	10283,5	10296,6	10309,7	10322,8	10335,9	10239,8	10261,7	10305,3	10327,2	10250,8	10316,3	78
79	10349	10362,1	10375,2	10388,3	10401,4	10414,5	10427,6	10440,7	10453,8	10466,9	10370,8	10392,7	10436,3	10458,2	10381,8	10447,3	79
80	10480	10493,1	10506,2	10519,3	10532,4	10545,5	10558,6	10571,7	10584,8	10597,9	10501,8	10523,7	10567,3	10589,2	10512,8	10578,3	80
81	10611	10624,1	10637,2	10650,3	10663,4	10676,5	10689,6	10702,7	10715,8	10728,9	10632,8	10654,7	10698,3	10720,2	10643,8	10709,3	81
82	10742	10755,1	10768,2	10781,3	10794,4	10807,5	10820,6	10833,7	10846,8	10859,9	10763,8	10785,7	10829,3	10851,2	10774,8	10840,3	82
83	10873	10886,1	10899,2	10912,3	10925,4	10938,5	10951,6	10964,7	10977,8	10990,9	10894,8	10916,7	10960,3	10982,2	10905,8	10971,3	83
84	11004	11017,1	11030,2	11043,3	11056,4	11069,5	11082,6	11095,7	11108,8	11121,9	11025,8	11047,7	11091,3	11113,2	11036,8	11102,3	84
85	11135	11148,1	11161,2	11174,3	11187,4	11200,5	11213,6	11226,7	11239,8	11252,9	11156,8	11178,7	11222,3	11244,2	11167,8	11233,3	85
86	11266	11279,1	11292,2	11305,3	11318,4	11331,5	11344,6	11357,7	11370,8	11383,9	11287,8	11309,7	11353,3	11375,2	11298,8	11364,3	86
87	11397	11410,1	11423,2	11436,3	11449,4	11462,5	11475,6	11488,7	11501,8	11514,9	11418,8	11440,7	11484,3	11506,2	11429,8	11495,3	87
88	11528	11541,1	11554,2	11567,3	11580,4	11593,5	11606,6	11619,7	11632,8	11645,9	11549,8	11571,7	11615,3	11637,2	11560,8	11626,3	88
89	11659	11672,1	11685,2	11698,3	11711,4	11724,5	11737,6	11750,7	11763,8	11776,9	11680,8	11702,7	11746,3	11768,2	11691,8	11757,3	89
90	11790	11803,1	11816,2	11829,3	11842,4	11855,5	11868,6	11881,7	11894,8	11907,9	11811,8	11833,7	11877,3	11899,2	11822,8	11888,3	90
91	11921	11934,1	11947,2	11960,3	11973,4	11986,5	11999,6	12012,7	12025,8	12038,9	11942,8	11964,7	12008,3	12030,2	11953,8	12019,3	91
92	12052	12065,1	12078,2	12091,3	12104,4	12117,5	12130,6	12143,7	12156,8	12169,9	12073,8	12095,7	12139,3	12161,2	12084,8	12150,3	92
93	12183	12196,1	12209,2	12222,3	12235,4	12248,5	12261,6	12274,7	12287,8	12300,9	12204,8	12226,7	12270,3	12292,2	12215,8	12281,3	93
94	12314	12327,1	12340,2	12353,3	12366,4	12379,5	12392,6	12405,7	12418,8	12431,9	12335,8	12357,7	12401,3	12423,2	12346,8	12412,3	94
95	12445	12458,1	12471,2	12484,3	12497,4	12510,5	12523,6	12536,7	12549,8	12562,9	12466,8	12488,7	12532,3	12554,2	12477,8	12543,3	95
96	12576	12589,1	12602,2	12615,3	12628,4	12641,5	12654,6	12667,7	12680,8	12693,9	12597,8	12619,7	12663,3	12685,2	12608,8	12674,3	96
97	12707	12720,1	12733,2	12746,3	12759,4	12772,5	12785,6	12798,7	12811,8	12824,9	12728,8	12750,7	12794,3	12816,2	12739,8	12805,3	97
98	12838	12851,1	12864,2	12877,3	12890,4	12903,5	12916,6	12929,7	12942,8	12955,9	12859,8	12881,7	12925,3	12947,2	12870,8	12936,3	98
99	12969	12982,1	12995,2	13008,3	13021,4	13034,5	13047,6	13060,7	13073,8	13086,9	12990,8	13012,7	13056,3	13078,2	13001,8	13067,3	99
100	13100	13113,1	13126,2	13139,3	13152,4	13165,5	13178,6	13191,7	13204,8	13217,9	13121,8	13143,7	13187,3	13209,2	13132,8	13198,3	100

132		1/10 13,2	2/10 26,4	3/10 39,6	4/10 52,8	5/10 66,0	6/10 79,2	7/10 92,4	8/10 105,6	9/10 118,8	1/6 22,0	2/6 44,0	4/6 88,0	5/6 110,0	1/4 33,0	3/4 99,0	
1	132	145,2	158,4	171,6	184,8	198,0	211,2	224,4	237,6	250,8	154,0	176,0	220,0	242,0	165,0	231,0	1
2	264	277,2	290,4	303,6	316,8	330,0	343,2	356,4	369,6	382,8	286,0	308,0	352,0	374,0	297,0	363,0	2
3	396	409,2	422,4	435,6	448,8	462,0	475,2	488,4	501,6	514,8	418,0	440,0	484,0	506,0	429,0	495,0	3
4	528	541,2	554,4	567,6	580,8	594,0	607,2	620,4	633,6	646,8	550,0	572,0	616,0	638,0	561,0	627,0	4
5	660	673,2	686,4	699,6	712,8	726,0	739,2	752,4	765,6	778,8	682,0	704,0	748,0	770,0	693,0	759,0	5
6	792	805,2	818,4	831,6	844,8	858,0	871,2	884,4	897,6	910,8	814,0	836,0	880,0	902,0	825,0	891,0	6
7	924	937,2	950,4	963,6	976,8	990,0	1003,2	1016,4	1029,6	1042,8	946,0	968,0	1012,0	1034,0	957,0	1023,0	7
8	1056	1069,2	1082,4	1095,6	1108,8	1122,0	1135,2	1148,4	1161,6	1174,8	1078,0	1100,0	1144,0	1166,0	1089,0	1155,0	8
9	1188	1201,2	1214,4	1227,6	1240,8	1254,0	1267,2	1280,4	1293,6	1306,8	1210,0	1232,0	1276,0	1298,0	1221,0	1287,0	9
10	1320	1333,2	1346,4	1359,6	1372,8	1386,0	1399,2	1412,4	1425,6	1438,8	1342,0	1364,0	1408,0	1430,0	1353,0	1419,0	10
11	1452	1465,2	1478,4	1491,6	1504,8	1518,0	1531,2	1544,4	1557,6	1570,8	1474,0	1496,0	1540,0	1562,0	1485,0	1551,0	11
12	1584	1597,2	1610,4	1623,6	1636,8	1650,0	1663,2	1676,4	1689,6	1702,8	1606,0	1628,0	1672,0	1694,0	1617,0	1683,0	12
13	1716	1729,2	1742,4	1755,6	1768,8	1782,0	1795,2	1808,4	1821,6	1834,8	1738,0	1760,0	1804,0	1826,0	1749,0	1815,0	13
14	1848	1861,2	1874,4	1887,6	1900,8	1914,0	1927,2	1940,4	1953,6	1966,8	1870,0	1892,0	1936,0	1958,0	1881,0	1947,0	14
15	1980	1993,2	2006,4	2019,6	2032,8	2046,0	2059,2	2072,4	2085,6	2098,8	2002,0	2024,0	2068,0	2090,0	2013,0	2079,0	15
16	2112	2125,2	2138,4	2151,6	2164,8	2178,0	2191,2	2204,4	2217,6	2230,8	2134,0	2156,0	2200,0	2222,0	2145,0	2211,0	16
17	2244	2257,2	2270,4	2283,6	2296,8	2310,0	2323,2	2336,4	2349,6	2362,8	2266,0	2288,0	2332,0	2354,0	2277,0	2343,0	17
18	2376	2389,2	2402,4	2415,6	2428,8	2442,0	2455,2	2468,4	2481,6	2494,8	2398,0	2420,0	2464,0	2486,0	2409,0	2475,0	18
19	2508	2521,2	2534,4	2547,6	2560,8	2574,0	2587,2	2600,4	2613,6	2626,8	2530,0	2552,0	2596,0	2618,0	2541,0	2607,0	19
20	2640	2653,2	2666,4	2679,6	2692,8	2706,0	2719,2	2732,4	2745,6	2758,8	2662,0	2684,0	2728,0	2750,0	2673,0	2739,0	20
21	2772	2785,2	2798,4	2811,6	2824,8	2838,0	2851,2	2864,4	2877,6	2890,8	2794,0	2816,0	2860,0	2882,0	2805,0	2871,0	21
22	2904	2917,2	2930,4	2943,6	2956,8	2970,0	2983,2	2996,4	3009,6	3022,8	2926,0	2948,0	2992,0	3014,0	2937,0	3003,0	22
23	3036	3049,2	3062,4	3075,6	3088,8	3102,0	3115,2	3128,4	3141,6	3154,8	3058,0	3080,0	3124,0	3146,0	3069,0	3135,0	23
24	3168	3181,2	3194,4	3207,6	3220,8	3234,0	3247,2	3260,4	3273,6	3286,8	3190,0	3212,0	3256,0	3278,0	3201,0	3267,0	24
25	3300	3313,2	3326,4	3339,6	3352,8	3366,0	3379,2	3392,4	3405,6	3418,8	3322,0	3344,0	3388,0	3410,0	3333,0	3399,0	25
26	3432	3445,2	3458,4	3471,6	3484,8	3498,0	3511,2	3524,4	3537,6	3550,8	3454,0	3476,0	3520,0	3542,0	3465,0	3531,0	26
27	3564	3577,2	3590,4	3603,6	3616,8	3630,0	3643,2	3656,4	3669,6	3682,8	3586,0	3608,0	3652,0	3674,0	3597,0	3663,0	27
28	3696	3709,2	3722,4	3735,6	3748,8	3762,0	3775,2	3788,4	3801,6	3814,8	3718,0	3740,0	3784,0	3806,0	3729,0	3795,0	28
29	3828	3841,2	3854,4	3867,6	3880,8	3894,0	3907,2	3920,4	3933,6	3946,8	3850,0	3872,0	3916,0	3938,0	3861,0	3927,0	29
30	3960	3973,2	3986,4	3999,6	4012,8	4026,0	4039,2	4052,4	4065,6	4078,8	3982,0	4004,0	4048,0	4070,0	3993,0	4059,0	30
31	4092	4105,2	4118,4	4131,6	4144,8	4158,0	4171,2	4184,4	4197,6	4210,8	4114,0	4136,0	4180,0	4202,0	4125,0	4191,0	31
32	4224	4237,2	4250,4	4263,6	4276,8	4290,0	4303,2	4316,4	4329,6	4342,8	4246,0	4268,0	4312,0	4334,0	4257,0	4323,0	32
33	4356	4369,2	4382,4	4395,6	4408,8	4422,0	4435,2	4448,4	4461,6	4474,8	4378,0	4400,0	4444,0	4466,0	4389,0	4455,0	33
34	4488	4501,2	4514,4	4527,6	4540,8	4554,0	4567,2	4580,4	4593,6	4606,8	4510,0	4532,0	4576,0	4598,0	4521,0	4587,0	34
35	4620	4633,2	4646,4	4659,6	4672,8	4686,0	4699,2	4712,4	4725,6	4738,8	4642,0	4664,0	4708,0	4730,0	4653,0	4719,0	35
36	4752	4765,2	4778,4	4791,6	4804,8	4818,0	4831,2	4844,4	4857,6	4870,8	4774,0	4796,0	4840,0	4862,0	4785,0	4851,0	36
37	4884	4897,2	4910,4	4923,6	4936,8	4950,0	4963,2	4976,4	4989,6	5002,8	4906,0	4928,0	4972,0	4994,0	4917,0	4983,0	37
38	5016	5029,2	5042,4	5055,6	5068,8	5082,0	5095,2	5108,4	5121,6	5134,8	5038,0	5060,0	5104,0	5126,0	5049,0	5115,0	38
39	5148	5161,2	5174,4	5187,6	5200,8	5214,0	5227,2	5240,4	5253,6	5266,8	5170,0	5192,0	5236,0	5258,0	5181,0	5247,0	39
40	5280	5293,2	5306,4	5319,6	5332,8	5346,0	5359,2	5372,4	5385,6	5398,8	5302,0	5324,0	5368,0	5390,0	5313,0	5379,0	40
41	5412	5425,2	5438,4	5451,6	5464,8	5478,0	5491,2	5504,4	5517,6	5530,8	5434,0	5456,0	5500,0	5522,0	5445,0	5511,0	41
42	5544	5557,2	5570,4	5583,6	5596,8	5610,0	5623,2	5636,4	5649,6	5662,8	5566,0	5588,0	5632,0	5654,0	5577,0	5643,0	42
43	5676	5689,2	5702,4	5715,6	5728,8	5742,0	5755,2	5768,4	5781,6	5794,8	5698,0	5720,0	5764,0	5786,0	5709,0	5775,0	43
44	5808	5821,2	5834,4	5847,6	5860,8	5874,0	5887,2	5900,4	5913,6	5926,8	5830,0	5852,0	5896,0	5918,0	5841,0	5907,0	44
45	5940	5953,2	5966,4	5979,6	5992,8	6006,0	6019,2	6032,4	6045,6	6058,8	5962,0	5984,0	6028,0	6050,0	5973,0	6039,0	45
46	6072	6085,2	6098,4	6111,6	6124,8	6138,0	6151,2	6164,4	6177,6	6190,8	6094,0	6116,0	6160,0	6182,0	6105,0	6171,0	46
47	6204	6217,2	6230,4	6243,6	6256,8	6270,0	6283,2	6296,4	6309,6	6322,8	6226,0	6248,0	6292,0	6314,0	6237,0	6303,0	47
48	6336	6349,2	6362,4	6375,6	6388,8	6402,0	6415,2	6428,4	6441,6	6454,8	6358,0	6380,0	6424,0	6446,0	6369,0	6435,0	48
49	6468	6481,2	6494,4	6507,6	6520,8	6534,0	6547,2	6560,4	6573,6	6586,8	6490,0	6512,0	6556,0	6578,0	6501,0	6567,0	49
50	6600	6613,2	6626,4	6639,6	6652,8	6666,0	6679,2	6692,4	6705,6	6718,8	6622,0	6644,0	6688,0	6710,0	6633,0	6699,0	50
51	6732	6745,2	6758,4	6771,6	6784,8	6798,0	6811,2	6824,4	6837,6	6850,8	6754,0	6776,0	6820,0	6842,0	6765,0	6831,0	51
52	6864	6877,2	6890,4	6903,6	6916,8	6930,0	6943,2	6956,4	6969,6	6982,8	6886,0	6908,0	6952,0	6974,0	6897,0	6963,0	52
53	6996	7009,2	7022,4	7035,6	7048,8	7062,0	7075,2	7088,4	7101,6	7114,8	7018,0	7040,0	7084,0	7106,0	7029,0	7095,0	53
54	7128	7141,2	7154,4	7167,6	7180,8	7194,0	7207,2	7220,4	7233,6	7246,8	7150,0	7172,0	7216,0	7238,0	7161,0	7227,0	54
55	7260	7273,2	7286,4	7299,6	7312,8	7326,0	7339,2	7352,4	7365,6	7378,8	7282,0	7304,0	7348,0	7370,0	7293,0	7359,0	55
56	7392	7405,2	7418,4	7431,6	7444,8	7458,0	7471,2	7484,4	7497,6	7510,8	7414,0	7436,0	7480,0	7502,0	7425,0	7491,0	56
57	7524	7537,2	7550,4	7563,6	7576,8	7590,0	7603,2	7616,4	7629,6	7642,8	7546,0	7568,0	7612,0	7634,0	7557,0	7623,0	57
58	7656	7669,2	7682,4	7695,6	7708,8	7722,0	7735,2	7748,4	7761,6	7774,8	7678,0	7700,0	7744,0	7766,0	7689,0	7755,0	58
59	7788	7801,2	7814,4	7827,6	7840,8	7854,0	7867,2	7880,4	7893,6	7906,8	7810,0	7832,0	7876,0	7898,0	7821,0	7887,0	59
60	7920	7933,2	7946,4	7959,6	7972,8	7986,0	7999,2	8012,4	8025,6	8038,8	7942,0	7964,0	8008,0	8030,0	7953,0	8019,0	60
61	8052	8065,2	8078,4	8091,6	8104,8	8118,0	8131,2	8144,4	8157,6	8170,8	8074,0	8096,0	8140,0	8162,0	8085,0	8151,0	61
62	8184	8197,2	8210,4	8223,6	8236,8	8250,0	8263,2	8276,4	8289,6	8302,8	8206,0	8228,0	8272,0	8294,0	8217,0	8283,0	62
63	8316	8329,2	8342,4	8355,6	8368,8	8382,0	8395,2	8408,4	8421,6	8434,8	8338,0	8360,0	8404,0	8426,0	8349,0	8415,0	63
64	8448	8461,2	8474,4	8487,6	8500,8	8514,0	8527,2	8540,4	8553,6	8566,8	8470,0	8492,0	8536,0	8558,0	8481,0	8547,0	64
65	8580	8593,2	8606,4	8619,6	8632,8	8646,0	8659,2	8672,4	8685,6	8698,8	8602,0	8624,0	8668,0	8690,0	8613,0	8679,0	65
66	8712	8725,2	8738,4	8751,6	8764,8	8778,0	8791,2	8804,4	8817,6	8830,8	8734,0	8756,0	8800,0	8822,0	8745,0	8811,0	66
67	8844	8857,2	8870,4	8883,6	8896,8	8910,0	8923,2	8936,4	8949,6	8962,8	8866,0	8888,0	8932,0	8954,0	8877,0	8943,0	67
68	8976	8989,2	9002,4	9015,6	9028,8	9042,0	9055,2	9068,4	9081,6	9094,8	8998,0	9020,0	9064,0	9086,0	9009,0	9075,0	68
69	9108	9121,2	9134,4	9147,6	9160,8	9174,0	9187,2	9200,4	9213,6	9226,8	9130,0	9152,0	9196,0	9218,0	9141,0	9207,0	69
70	9240	9253,2	9266,4	9279,6	9292,8	9306,0	9319,2	9332,4	9345,6	9358,8	9262,0	9284,0	9328,0	9350,0	9273,0	9339,0	70
71	9372	9385,2	9398,4	9411,6	9424,8	9438,0	9451,2	9464,4	9477,6	9490,8	9394,0	9416,0	9460,0	9482,0	9405,0	9471,0	71
72	9504	9517,2	9530,4	9543,6	9556,8	9570,0	9583,2	9596,4	9609,6	9622,8	9526,0	9548,0	9592,0	9614,0	9537,0	9603,0	72
73	9636	9649,2	9662,4	9675,6	9688,8	9702,0	9715,2	9728,4	9741,6	9754,8	9658,0	9680,0	9724,0	9746,0	9669,0	9735,0	73
74	9768	9781,2	9794,4	9807,6	9820,8	9834,0	9847,2	9860,4	9873,6	9886,8	9790,0	9812,0	9856,0	9878,0	9801,0	9867,0	74
75	9900	9913,2	9926,4	9939,6	9952,8	9966,0	9979,2	9992,4	10005,6	10018,8	9922,0	9944,0	9988,0	10010,0	9933,0	9999,0	75
76	10032	10045,2	10058,4	10071,6	10084,8	10098,0	10111,2	10124,4	10137,6	10150,8	10054,0	10076,0	10120,0	10142,0	10065,0	10131,0	76
77	10164	10177,2	10190,4	10203,6	10216,8	10230,0	10243,2	10256,4	10269,6	10282,8	10186,0	10208,0	10252,0	10274,0	10197,0	10263,0	77
78	10296	10309,2	10322,4	10335,6	10348,8	10362,0	10375,2	10388,4	10401,6	10414,8	10318,0	10340,0	10384,0	10406,0	10329,0	10395,0	78
79	10428	10441,2	10454,4	10467,6	10480,8	10494,0	10507,2	10520,4	10533,6	10546,8	10450,0	10472,0	10516,0	10538,0	10461,0	10527,0	79
80	10560	10573,2	10586,4	10599,6	10612,8	10626,0	10639,2	10652,4	10665,6	10678,8	10582,0	10604,0	10648,0	10670,0	10593,0	10659,0	80
81	10692	10705,2	10718,4	10731,6	10744,8	10758,0	10771,2	10784,4	10797,6	10810,8	10714,0	10736,0	10780,0	10802,0	10725,0	10791,0	81
82	10824	10837,2	10850,4	10863,6	10876,8	10890,0	10903,2	10916,4	10929,6	10942,8	10846,0	10868,0	10912,0	10934,0	10857,0	10923,0	82
83	10956	10969,2	10982,4	10995,6	11008,8	11022,0	11035,2	11048,4	11061,6	11074,8	10978,0	11000,0	11044,0	11066,0	10989,0	11055,0	83
84	11088	11101,2	11114,4	11127,6	11140,8	11154,0	11167,2	11180,4	11193,6	11206,8	11110,0	11132,0	11176,0	11198,0	11121,0	11187,0	84
85	11220	11233,2	11246,4	11259,6	11272,8	11286,0	11299,2	11312,4	11325,6	11338,8	11242,0	11264,0	11308,0	11330,0	11253,0	11319,0	85
86	11352	11365,2	11378,4	11391,6	11404,8	11418,0	11431,2	11444,4	11457,6	11470,8	11374,0	11396,0	11440,0	11462,0	11385,0	11451,0	86
87	11484	11497,2	11510,4	11523,6	11536,8	11550,0	11563,2	11576,4	11589,6	11602,8	11506,0	11528,0	11572,0	11594,0	11517,0	11583,0	87
88	11616	11629,2	11642,4	11655,6	11668,8	11682,0	11695,2	11708,4	11721,6	11734,8	11638,0	11660,0	11704,0	11726,0	11649,0	11715,0	88
89	11748	11761,2	11774,4	11787,6	11800,8	11814,0	11827,2	11840,4	11853,6	11866,8	11770,0	11792,0	11836,0	11858,0	11781,0	11847,0	89
90	11880	11893,2	11906,4	11919,6	11932,8	11946,0	11959,2	11972,4	11985,6	11998,8	11902,0	11924,0	11968,0	11990,0	11913,0	11979,0	90
91	12012	12025,2	12038,4	12051,6	12064,8	12078,0	12091,2	12104,4	12117,6	12130,8	12034,0	12056,0	12100,0	12122,0	12045,0	12111,0	91
92	12144	12157,2	12170,4	12183,6	12196,8	12210,0	12223,2	12236,4	12249,6	12262,8	12166,0	12188,0	12232,0	12254,0	12177,0	12243,0	92
93	12276	12289,2	12302,4	12315,6	12328,8	12342,0	12355,2	12368,4	12381,6	12394,8	12298,0	12320,0	12364,0	12386,0	12309,0	12375,0	93
94	12408	12421,2	12434,4	12447,6	12460,8	12474,0	12487,2	12500,4	12513,6	12526,8	12430,0	12452,0	12496,0	12518,0	12441,0	12507,0	94
95	12540	12553,2	12566,4	12579,6	12592,8	12606,0	12619,2	12632,4	12645,6	12658,8	12562,0	12584,0	12628,0	12650,0	12573,0	12639,0	95
96	12672	12685,2	12698,4	12711,6	12724,8	12738,0	12751,2	12764,4	12777,6	12790,8	12694,0	12716,0	12760,0	12782,0	12705,0	12771,0	96
97	12804	12817,2	12830,4	12843,6	12856,8	12870,0	12883,2	12896,4	12909,6	12922,8	12826,0	12848,0	12892,0	12914,0	12837,0	12903,0	97
98	12936	12949,2	12962,4	12975,6	12988,8	13002,0	13015,2	13028,4	13041,6	13054,8	12958,0	12980,0	13024,0	13046,0	12969,0	13035,0	98
99	13068	13081,2	13094,4	13107,6	13120,8	13134,0	13147,2	13160,4	13173,6	13186,8	13090,0	13112,0	13156,0	13178,0	13101,0	13167,0	99
100	13200	13213,2	13226,4	13239,6	13252,8	13266,0	13279,2	13292,4	13305,6	13318,8	13222,0	13244,0	13288,0	13310,0	13233,0	13299,0	100

		1/10 13,3	2/10 26,6	3/10 39,9	4/10 53,2	5/10 66,5	6/10 79,8	7/10 93,1	8/10 106,4	9/10 119,7	1/6 22,166	1/3 44,333	2/3 88,666	5/6 110,833	1/4 33,25	3/4 99,75	
1	133	146,3	159,6	172,9	186,2	199,5	212,8	226,1	239,4	252,7	155,2	177,3	221,7	243,8	166,3	232,8	1
2	266	279,3	292,6	305,9	319,2	332,5	345,8	359,1	372,4	385,7	288,2	310,3	354,7	376,8	299,3	365,8	2
3	399	412,3	425,6	438,9	452,2	465,5	478,8	492,1	505,4	518,7	421,2	443,3	487,7	509,8	432,3	498,8	3
4	532	545,3	558,6	571,9	585,2	598,5	611,8	625,1	638,4	651,7	554,2	576,3	620,7	642,8	565,3	631,8	4
5	665	678,3	691,6	704,9	718,2	731,5	744,8	758,1	771,4	784,7	687,2	709,3	753,7	775,8	698,3	764,8	5
6	798	811,3	824,6	837,9	851,2	864,5	877,8	891,1	904,4	917,7	820,2	842,3	886,7	908,8	831,3	897,8	6
7	931	944,3	957,6	970,9	984,2	997,5	1010,8	1024,1	1037,4	1050,7	953,2	975,3	1019,7	1041,8	964,3	1030,8	7
8	1064	1077,3	1090,6	1103,9	1117,2	1130,5	1143,8	1157,1	1170,4	1183,7	1086,2	1108,3	1152,7	1174,8	1097,3	1163,8	8
9	1197	1210,3	1223,6	1236,9	1250,2	1263,5	1276,8	1290,1	1303,4	1316,7	1219,2	1241,3	1285,7	1307,8	1230,3	1296,8	9
10	1330	1343,3	1356,6	1369,9	1383,2	1396,5	1409,8	1423,1	1436,4	1449,7	1352,2	1374,3	1418,7	1440,8	1363,3	1429,8	10
11	1463	1476,3	1489,6	1502,9	1516,2	1529,5	1542,8	1556,1	1569,4	1582,7	1485,2	1507,3	1551,7	1573,8	1496,3	1562,8	11
12	1596	1609,3	1622,6	1635,9	1649,2	1662,5	1675,8	1689,1	1702,4	1715,7	1618,2	1640,3	1684,7	1706,8	1629,3	1695,8	12
13	1729	1742,3	1755,6	1768,9	1782,2	1795,5	1808,8	1822,1	1835,4	1848,7	1751,2	1773,3	1817,7	1839,8	1762,3	1828,8	13
14	1862	1875,3	1888,6	1901,9	1915,2	1928,5	1941,8	1955,1	1968,4	1981,7	1884,2	1906,3	1950,7	1972,8	1895,3	1961,8	14
15	1995	2008,3	2021,6	2034,9	2048,2	2061,5	2074,8	2088,1	2101,4	2114,7	2017,2	2039,3	2083,7	2105,8	2028,3	2094,8	15
16	2128	2141,3	2154,6	2167,9	2181,2	2194,5	2207,8	2221,1	2234,4	2247,7	2150,2	2172,3	2216,7	2238,8	2161,3	2227,8	16
17	2261	2274,3	2287,6	2300,9	2314,2	2327,5	2340,8	2354,1	2367,4	2380,7	2283,2	2305,3	2349,7	2371,8	2294,3	2360,8	17
18	2394	2407,3	2420,6	2433,9	2447,2	2460,5	2473,8	2487,1	2500,4	2513,7	2416,2	2438,3	2482,7	2504,8	2427,3	2493,8	18
19	2527	2540,3	2553,6	2566,9	2580,2	2593,5	2606,8	2620,1	2633,4	2646,7	2549,2	2571,3	2615,7	2637,8	2560,3	2626,8	19
20	2660	2673,3	2686,6	2699,9	2713,2	2726,5	2739,8	2753,1	2766,4	2779,7	2682,2	2704,3	2748,7	2770,8	2693,3	2759,8	20
21	2793	2806,3	2819,6	2832,9	2846,2	2859,5	2872,8	2886,1	2899,4	2912,7	2815,2	2837,3	2881,7	2903,8	2826,3	2892,8	21
22	2926	2939,3	2952,6	2965,9	2979,2	2992,5	3005,8	3019,1	3032,4	3045,7	2948,2	2970,3	3014,7	3036,8	2959,3	3025,8	22
23	3059	3072,3	3085,6	3098,9	3112,2	3125,5	3138,8	3152,1	3165,4	3178,7	3081,2	3103,3	3147,7	3169,8	3092,3	3158,8	23
24	3192	3205,3	3218,6	3231,9	3245,2	3258,5	3271,8	3285,1	3298,4	3311,7	3214,2	3236,3	3280,7	3302,8	3225,3	3291,8	24
25	3325	3338,3	3351,6	3364,9	3378,2	3391,5	3404,8	3418,1	3431,4	3444,7	3347,2	3369,3	3413,7	3435,8	3358,3	3424,8	25
26	3458	3471,3	3484,6	3497,9	3511,2	3524,5	3537,8	3551,1	3564,4	3577,7	3480,2	3502,3	3546,7	3568,8	3491,3	3557,8	26
27	3591	3604,3	3617,6	3630,9	3644,2	3657,5	3670,8	3684,1	3697,4	3710,7	3613,2	3635,3	3679,7	3701,8	3624,3	3690,8	27
28	3724	3737,3	3750,6	3763,9	3777,2	3790,5	3803,8	3817,1	3830,4	3843,7	3746,2	3768,3	3812,7	3834,8	3757,3	3823,8	28
29	3857	3870,3	3883,6	3896,9	3910,2	3923,5	3936,8	3950,1	3963,4	3976,7	3879,2	3901,3	3945,7	3967,8	3890,3	3956,8	29
30	3990	4003,3	4016,6	4029,9	4043,2	4056,5	4069,8	4083,1	4096,4	4109,7	4012,2	4034,3	4078,7	4100,8	4023,3	4089,8	30
31	4123	4136,3	4149,6	4162,9	4176,2	4189,5	4202,8	4216,1	4229,4	4242,7	4145,2	4167,3	4211,7	4233,8	4156,3	4222,8	31
32	4256	4269,3	4282,6	4295,9	4309,2	4322,5	4335,8	4349,1	4362,4	4375,7	4278,2	4300,3	4344,7	4366,8	4289,3	4355,8	32
33	4389	4402,3	4415,6	4428,9	4442,2	4455,5	4468,8	4482,1	4495,4	4508,7	4411,2	4433,3	4477,7	4499,8	4422,3	4488,8	33
34	4522	4535,3	4548,6	4561,9	4575,2	4588,5	4601,8	4615,1	4628,4	4641,7	4544,2	4566,3	4610,7	4632,8	4555,3	4621,8	34
35	4655	4668,3	4681,6	4694,9	4708,2	4721,5	4734,8	4748,1	4761,4	4774,7	4677,2	4699,3	4743,7	4765,8	4688,3	4754,8	35
36	4788	4801,3	4814,6	4827,9	4841,2	4854,5	4867,8	4881,1	4894,4	4907,7	4810,2	4832,3	4876,7	4898,8	4821,3	4887,8	36
37	4921	4934,3	4947,6	4960,9	4974,2	4987,5	5000,8	5014,1	5027,4	5040,7	4943,2	4965,3	5009,7	5031,8	4954,3	5020,8	37
38	5054	5067,3	5080,6	5093,9	5107,2	5120,5	5133,8	5147,1	5160,4	5173,7	5076,2	5098,3	5142,7	5164,8	5087,3	5153,8	38
39	5187	5200,3	5213,6	5226,9	5240,2	5253,5	5266,8	5280,1	5293,4	5306,7	5209,2	5231,3	5275,7	5297,8	5220,3	5286,8	39
40	5320	5333,3	5346,6	5359,9	5373,2	5386,5	5399,8	5413,1	5426,4	5439,7	5342,2	5364,3	5408,7	5430,8	5353,3	5419,8	40
41	5453	5466,3	5479,6	5492,9	5506,2	5519,5	5532,8	5546,1	5559,4	5572,7	5475,2	5497,3	5541,7	5563,8	5486,3	5552,8	41
42	5586	5599,3	5612,6	5625,9	5639,2	5652,5	5665,8	5679,1	5692,4	5705,7	5608,2	5630,3	5674,7	5696,8	5619,3	5685,8	42
43	5719	5732,3	5745,6	5758,9	5772,2	5785,5	5798,8	5812,1	5825,4	5838,7	5741,2	5763,3	5807,7	5829,8	5752,3	5818,8	43
44	5852	5865,3	5878,6	5891,9	5905,2	5918,5	5931,8	5945,1	5958,4	5971,7	5874,2	5896,3	5940,7	5962,8	5885,3	5951,8	44
45	5985	5998,3	6011,6	6024,9	6038,2	6051,5	6064,8	6078,1	6091,4	6104,7	6007,2	6029,3	6073,7	6095,8	6018,3	6084,8	45
46	6118	6131,3	6144,6	6157,9	6171,2	6184,5	6197,8	6211,1	6224,4	6237,7	6140,2	6162,3	6206,7	6228,8	6151,3	6217,8	46
47	6251	6264,3	6277,6	6290,9	6304,2	6317,5	6330,8	6344,1	6357,4	6370,7	6273,2	6295,3	6339,7	6361,8	6284,3	6350,8	47
48	6384	6397,3	6410,6	6423,9	6437,2	6450,5	6463,8	6477,1	6490,4	6503,7	6406,2	6428,3	6472,7	6494,8	6417,3	6483,8	48
49	6517	6530,3	6543,6	6556,9	6570,2	6583,5	6596,8	6610,1	6623,4	6636,7	6539,2	6561,3	6605,7	6627,8	6550,3	6616,8	49
50	6650	6663,3	6676,6	6689,9	6703,2	6716,5	6729,8	6743,1	6756,4	6769,7	6672,2	6694,3	6738,7	6760,8	6683,3	6749,8	50
51	6783	6796,3	6809,6	6822,9	6836,2	6849,5	6862,8	6876,1	6889,4	6902,7	6805,2	6827,3	6871,7	6893,8	6816,3	6882,8	51
52	6916	6929,3	6942,6	6955,9	6969,2	6982,5	6995,8	7009,1	7022,4	7035,7	6938,2	6960,3	7004,7	7026,8	6949,3	7015,8	52
53	7049	7062,3	7075,6	7038,9	7102,2	7115,5	7128,8	7142,1	7155,4	7168,7	7071,2	7093,3	7137,7	7159,8	7082,3	7148,8	53
54	7182	7195,3	7208,6	7221,9	7235,2	7248,5	7261,8	7275,1	7288,4	7301,7	7204,2	7226,3	7270,7	7292,8	7215,3	7281,8	54
55	7315	7328,3	7341,6	7354,9	7368,2	7381,5	7394,8	7408,1	7421,4	7434,7	7337,2	7359,3	7403,7	7425,8	7348,3	7414,8	55
56	7448	7461,3	7474,6	7487,9	7501,2	7514,5	7527,8	7541,1	7554,4	7567,7	7470,2	7492,3	7536,7	7558,8	7481,3	7547,8	56
57	7581	7594,3	7607,6	7620,9	7634,2	7647,5	7660,8	7674,1	7687,4	7700,7	7603,2	7625,3	7669,7	7691,8	7614,3	7680,8	57
58	7714	7727,3	7740,6	7753,9	7767,2	7780,5	7793,8	7807,1	7820,4	7833,7	7736,2	7758,3	7802,7	7824,8	7747,3	7813,8	58
59	7847	7860,3	7873,6	7886,9	7900,2	7913,5	7926,8	7940,1	7953,4	7966,7	7869,2	7891,3	7935,7	7957,8	7880,3	7946,8	59
60	7980	7993,3	8006,6	8019,9	8033,2	8046,5	8059,8	8073,1	8086,4	8099,7	8002,2	8024,3	8068,7	8090,8	8013,3	8079,8	60
61	8113	8126,3	8139,6	8152,9	8166,2	8179,5	8192,8	8206,1	8219,4	8232,7	8135,2	8157,3	8201,7	8223,8	8146,3	8212,8	61
62	8246	8259,3	8272,6	8285,9	8299,2	8312,5	8325,8	8339,1	8352,4	8365,7	8268,2	8290,3	8334,7	8356,8	8279,3	8345,8	62
63	8379	8392,3	8405,6	8418,9	8432,2	8445,5	8458,8	8472,1	8485,4	8498,7	8401,2	8423,3	8467,7	8489,8	8412,3	8478,8	63
64	8512	8525,3	8538,6	8551,9	8565,2	8578,5	8591,8	8605,1	8618,4	8631,7	8534,2	8556,3	8600,7	8622,8	8545,3	8611,8	64
65	8645	8658,3	8671,6	8684,9	8698,2	8711,5	8724,8	8738,1	8751,4	8764,7	8667,2	8689,3	8733,7	8755,8	8678,3	8744,8	65
66	8778	8791,3	8804,6	8817,9	8831,2	8844,5	8857,8	8871,1	8884,4	8897,7	8800,2	8822,3	8866,7	8888,8	8811,3	8877,8	66
67	8911	8924,3	8937,6	8950,9	8964,2	8977,5	8990,8	9004,1	9017,4	9030,7	8933,2	8955,3	8999,7	9021,8	8944,3	9010,8	67
68	9044	9057,3	9070,6	9083,9	9097,2	9110,5	9123,8	9137,1	9150,4	9163,7	9066,2	9088,3	9132,7	9154,8	9077,3	9143,8	68
69	9177	9190,3	9203,6	9216,9	9230,2	9243,5	9256,8	9270,1	9283,4	9296,7	9199,2	9221,3	9265,7	9287,8	9210,3	9276,8	69
70	9310	9323,3	9336,6	9349,9	9363,2	9376,5	9389,8	9403,1	9416,4	9429,7	9332,2	9354,3	9398,7	9420,8	9343,3	9409,8	70
71	9443	9456,3	9469,6	9482,9	9496,2	9509,5	9522,8	9536,1	9549,4	9562,7	9465,2	9487,3	9531,7	9553,8	9476,3	9542,8	71
72	9576	9589,3	9602,6	9615,9	9629,2	9642,5	9655,8	9669,1	9682,4	9695,7	9598,2	9620,3	9664,7	9686,8	9609,3	9675,8	72
73	9709	9722,3	9735,6	9748,9	9762,2	9775,5	9788,8	9802,1	9815,4	9828,7	9731,2	9753,3	9797,7	9819,8	9742,3	9808,8	73
74	9842	9855,3	9868,6	9881,9	9895,2	9908,5	9921,8	9935,1	9948,4	9961,7	9864,2	9886,3	9930,7	9952,8	9875,3	9941,8	74
75	9975	9988,3	10001,6	10014,9	10028,2	10041,5	10054,8	10068,1	10081,4	10094,7	9997,2	10019,3	10063,7	10085,8	10008,3	10074,8	75
76	10108	10121,3	10134,6	10147,9	10161,2	10174,5	10187,8	10201,1	10214,4	10227,7	10130,2	10152,3	10196,7	10218,8	10141,3	10207,8	76
77	10241	10254,3	10267,6	10280,9	10294,2	10307,5	10320,8	10334,1	10347,4	10360,7	10263,2	10285,3	10329,7	10351,8	10274,3	10340,8	77
78	10374	10387,3	10400,6	10413,9	10427,2	10440,5	10453,8	10467,1	10480,4	10493,7	10396,2	10418,3	10462,7	10484,8	10407,3	10473,8	78
79	10507	10520,3	10533,6	10546,9	10560,2	10573,5	10586,8	10600,1	10613,4	10626,7	10529,2	10551,3	10595,7	10617,8	10540,3	10606,8	79
80	10640	10653,3	10666,6	10679,9	10693,2	10706,5	10719,8	10733,1	10746,4	10759,7	10662,2	10684,3	10728,7	10750,8	10673,3	10739,8	80
81	10773	10786,3	10799,6	10812,9	10826,2	10839,5	10852,8	10866,1	10879,4	10892,7	10795,2	10817,3	10861,7	10883,8	10806,3	10872,8	81
82	10906	10919,3	10932,6	10945,9	10959,2	10972,5	10985,8	10999,1	11012,4	11025,7	10928,2	10950,3	10994,7	11016,8	10939,3	11005,8	82
83	11039	11052,3	11065,6	11078,9	11092,2	11105,5	11118,8	11132,1	11145,4	11158,7	11061,2	11083,3	11127,7	11149,8	11072,3	11138,8	83
84	11172	11185,3	11198,6	11211,9	11225,2	11238,5	11251,8	11265,1	11278,4	11291,7	11194,2	11216,3	11260,7	11282,8	11205,3	11271,8	84
85	11305	11318,3	11331,6	11344,9	11358,2	11371,5	11384,8	11398,1	11411,4	11424,7	11327,2	11349,3	11393,7	11415,8	11338,3	11404,8	85
86	11438	11451,3	11464,6	11477,9	11491,2	11504,5	11517,8	11531,1	11544,4	11557,7	11460,2	11482,3	11526,7	11548,8	11471,3	11537,8	86
87	11571	11584,3	11597,6	11610,9	11624,2	11637,5	11650,8	11664,1	11677,4	11690,7	11593,2	11615,3	11659,7	11681,8	11604,3	11670,8	87
88	11704	11717,3	11730,6	11743,9	11757,2	11770,5	11783,8	11797,1	11810,4	11823,7	11726,2	11748,3	11792,7	11814,8	11737,3	11803,8	88
89	11837	11850,3	11863,6	11876,9	11890,2	11903,5	11916,8	11930,1	11943,4	11956,7	11859,2	11881,3	11925,7	11947,8	11870,3	11936,8	89
90	11970	11983,3	11996,6	12009,9	12023,2	12036,5	12049,8	12063,1	12076,4	12089,7	11992,2	12014,3	12058,7	12080,8	12003,3	12069,8	90
91	12103	12116,3	12129,6	12142,9	12156,2	12169,5	12182,8	12196,1	12209,4	12222,7	12125,2	12147,3	12191,7	12213,8	12136,3	12202,8	91
92	12236	12249,3	12262,6	12275,9	12289,2	12302,5	12315,8	12329,1	12342,4	12355,7	12258,2	12280,3	12324,7	12346,8	12269,3	12335,8	92
93	12369	12382,3	12395,6	12408,9	12422,2	12435,5	12448,8	12462,1	12475,4	12488,7	12391,2	12413,3	12457,7	12479,8	12402,3	12468,8	93
94	12502	12515,3	12528,6	12541,9	12555,2	12568,5	12581,8	12595,1	12608,4	12621,7	12524,2	12546,3	12590,7	12612,8	12535,3	12601,8	94
95	12635	12648,3	12661,6	12674,9	12688,2	12701,5	12714,8	12728,1	12741,4	12754,7	12657,2	12679,3	12723,7	12745,8	12668,3	12734,8	95
96	12768	12781,3	12794,6	12807,9	12821,2	12834,5	12847,8	12861,1	12874,4	12887,7	12790,2	12812,3	12856,7	12878,8	12801,3	12867,8	96
97	12901	12914,3	12927,6	12940,9	12954,2	12967,5	12980,8	12994,1	13007,4	13020,7	12923,2	12945,3	12989,7	13011,8	12934,3	13000,8	97
98	13034	13047,3	13060,6	13073,9	13087,2	13100,5	13113,8	13127,1	13140,4	13153,7	13056,2	13078,3	13122,7	13144,8	13067,3	13133,8	98
99	13167	13180,3	13193,6	13206,9	13220,2	13233,5	13246,8	13260,1	13273,4	13286,7	13189,2	13211,3	13255,7	13277,8	13200,3	13266,8	99
100	13300	13313,3	13326,6	13339,9	13353,2	13366,5	13379,8	13393,1	13406,4	13419,7	13322,2	13344,3	13388,7	13410,8	13333,3	13399,8	100

134

	134	1/10 13.4	2/10 26.8	3/10 40.2	4/10 53.6	5/10 67.0	6/10 80.4	7/10 93.8	8/10 107.2	9/10 120.6	1/6 22,333	1/3 44,666	2/3 89,333	5/6 111,666	1/4 33,5	3/4 100,5	
1	134	147,4	160,8	174,2	187,6	201,0	214,4	227,8	241,2	254,6	156,3	178,7	223,3	245,7	167,5	234,5	1
2	268	281,4	294,8	308,2	321,6	335,0	348,4	361,8	375,2	388,6	290,3	312,7	357,3	379,7	301,5	368,5	2
3	402	415,4	428,8	442,2	455,6	469,0	482,4	495,8	509,2	522,6	424,3	446,7	491,3	513,7	435,5	502,5	3
4	536	549,4	562,8	576,2	589,6	603,0	616,4	629,8	643,2	656,6	558,3	580,7	625,3	647,7	569,5	636,5	4
5	670	683,4	696,8	710,2	723,6	737,0	750,4	763,8	777,2	790,6	692,3	714,7	759,3	781,7	703,5	770,5	5
6	804	817,4	830,8	844,2	857,6	871,0	884,4	897,8	911,2	924,6	826,3	848,7	893,3	915,7	837,5	904,5	6
7	938	951,4	964,8	978,2	991,6	1005,0	1018,4	1031,8	1045,2	1058,6	960,3	982,7	1027,3	1049,7	971,5	1038,5	7
8	1072	1085,4	1098,8	1112,2	1125,6	1139,0	1152,4	1165,8	1179,2	1192,6	1094,3	1116,7	1161,3	1183,7	1105,5	1172,5	8
9	1206	1219,4	1232,8	1246,2	1259,6	1273,0	1286,4	1299,8	1313,2	1326,6	1228,3	1250,7	1295,3	1317,7	1239,5	1306,5	9
10	1340	1353,4	1366,8	1380,2	1393,6	1407,0	1420,4	1433,8	1447,2	1460,6	1362,3	1384,7	1429,3	1451,7	1373,5	1440,5	10
11	1474	1487,4	1500,8	1514,2	1527,6	1541,0	1554,4	1567,8	1581,2	1594,6	1496,3	1518,7	1563,3	1585,7	1507,5	1574,5	11
12	1608	1621,4	1634,8	1648,2	1661,6	1675,0	1688,4	1701,8	1715,2	1728,6	1630,3	1652,7	1697,3	1719,7	1641,5	1708,5	12
13	1742	1755,4	1768,8	1782,2	1795,6	1809,0	1822,4	1835,8	1849,2	1862,6	1764,3	1786,7	1831,3	1853,7	1775,5	1842,5	13
14	1876	1889,4	1902,8	1916,2	1929,6	1943,0	1956,4	1969,8	1983,2	1996,6	1898,3	1920,7	1965,3	1987,7	1909,5	1976,5	14
15	2010	2023,4	2036,8	2050,2	2063,6	2077,0	2090,4	2103,8	2117,2	2130,6	2032,3	2054,7	2099,3	2121,7	2043,5	2110,5	15
16	2144	2157,4	2170,8	2184,2	2197,6	2211,0	2224,4	2237,8	2251,2	2264,6	2166,3	2188,7	2233,3	2255,7	2177,5	2244,5	16
17	2278	2291,4	2304,8	2318,2	2331,6	2345,0	2358,4	2371,8	2385,2	2398,6	2300,3	2322,7	2367,3	2389,7	2311,5	2378,5	17
18	2412	2425,4	2438,8	2452,2	2465,6	2479,0	2492,4	2505,8	2519,2	2532,6	2434,3	2456,7	2501,3	2523,7	2445,5	2512,5	18
19	2546	2559,4	2572,8	2586,2	2599,6	2613,0	2626,4	2639,8	2653,2	2666,6	2568,3	2590,7	2635,3	2657,7	2579,5	2646,5	19
20	2680	2693,4	2706,8	2720,2	2733,6	2747,0	2760,4	2773,8	2787,2	2800,6	2702,3	2724,7	2769,3	2791,7	2713,5	2780,5	20
21	2814	2827,4	2840,8	2854,2	2867,6	2881,0	2894,4	2907,8	2921,2	2934,6	2836,3	2858,7	2903,3	2925,7	2847,5	2914,5	21
22	2948	2961,4	2974,8	2988,2	3001,6	3015,0	3028,4	3041,8	3055,2	3068,6	2970,3	2992,7	3037,3	3059,7	2981,5	3048,5	22
23	3082	3095,4	3108,8	3122,2	3135,6	3149,0	3162,4	3175,8	3189,2	3202,6	3104,3	3126,7	3171,3	3193,7	3115,5	3182,5	23
24	3216	3229,4	3242,8	3256,2	3269,6	3283,0	3296,4	3309,8	3323,2	3336,6	3238,3	3260,7	3305,3	3327,7	3249,5	3316,5	24
25	3350	3363,4	3376,8	3390,2	3403,6	3417,0	3430,4	3443,8	3457,2	3470,6	3372,3	3394,7	3439,3	3461,7	3383,5	3450,5	25
26	3484	3497,4	3510,8	3524,2	3537,6	3551,0	3564,4	3577,8	3591,2	3604,6	3506,3	3528,7	3573,3	3595,7	3517,5	3584,5	26
27	3618	3631,4	3644,8	3658,2	3671,6	3685,0	3698,4	3711,8	3725,2	3738,6	3640,3	3662,7	3707,3	3729,7	3651,5	3718,5	27
28	3752	3765,4	3778,8	3792,2	3805,6	3819,0	3832,4	3845,8	3859,2	3872,6	3774,3	3796,7	3841,3	3863,7	3785,5	3852,5	28
29	3886	3899,4	3912,8	3926,2	3939,6	3953,0	3966,4	3979,8	3993,2	4006,6	3908,3	3930,7	3975,3	3997,7	3919,5	3986,5	29
30	4020	4033,4	4046,8	4060,2	4073,6	4087,0	4100,4	4113,8	4127,2	4140,6	4042,3	4064,7	4109,3	4131,7	4053,5	4120,5	30
31	4154	4167,4	4180,8	4194,2	4207,6	4221,0	4234,4	4247,8	4261,2	4274,6	4176,3	4198,7	4243,3	4265,7	4187,5	4254,5	31
32	4288	4301,4	4314,8	4328,2	4341,6	4355,0	4368,4	4381,8	4395,2	4408,6	4310,3	4332,7	4377,3	4399,7	4321,5	4388,5	32
33	4422	4435,4	4448,8	4462,2	4475,6	4489,0	4502,4	4515,8	4529,2	4542,6	4444,3	4466,7	4511,3	4533,7	4455,5	4522,5	33
34	4556	4569,4	4582,8	4596,2	4609,6	4623,0	4636,4	4649,8	4663,2	4676,6	4578,3	4600,7	4645,3	4667,7	4589,5	4656,5	34
35	4690	4703,4	4716,8	4730,2	4743,6	4757,0	4770,4	4783,8	4797,2	4810,6	4712,3	4734,7	4779,3	4801,7	4723,5	4790,5	35
36	4824	4837,4	4850,8	4864,2	4877,6	4891,0	4904,4	4917,8	4931,2	4944,6	4846,3	4868,7	4913,3	4935,7	4857,5	4924,5	36
37	4958	4971,4	4984,8	4998,2	5011,6	5025,0	5038,4	5051,8	5065,2	5078,6	4980,3	5002,7	5047,3	5069,7	4991,5	5058,5	37
38	5092	5105,4	5118,8	5132,2	5145,6	5159,0	5172,4	5185,8	5199,2	5212,6	5114,3	5136,7	5181,3	5203,7	5125,5	5192,5	38
39	5226	5239,4	5252,8	5266,2	5279,6	5293,0	5306,4	5319,8	5333,2	5346,6	5248,3	5270,7	5315,3	5337,7	5259,5	5326,5	39
40	5360	5373,4	5386,8	5400,2	5413,6	5427,0	5440,4	5453,8	5467,2	5480,6	5382,3	5404,7	5449,3	5471,7	5393,5	5460,5	40
41	5494	5507,4	5520,8	5534,2	5547,6	5561,0	5574,4	5587,8	5601,2	5614,6	5516,3	5538,7	5583,3	5605,7	5527,5	5594,5	41
42	5628	5641,4	5654,8	5668,2	5681,6	5695,0	5708,4	5721,8	5735,2	5748,6	5650,3	5672,7	5717,3	5739,7	5661,5	5728,5	42
43	5762	5775,4	5788,8	5802,2	5815,6	5829,0	5842,4	5855,8	5869,2	5882,6	5784,3	5806,7	5851,3	5873,7	5795,5	5862,5	43
44	5896	5909,4	5922,8	5936,2	5949,6	5963,0	5976,4	5989,8	6003,2	6016,6	5918,3	5940,7	5985,3	6007,7	5929,5	5996,5	44
45	6030	6043,4	6056,8	6070,2	6083,6	6097,0	6110,4	6123,8	6137,2	6150,6	6052,3	6074,7	6119,3	6141,7	6063,5	6130,5	45
46	6164	6177,4	6190,8	6204,2	6217,6	6231,0	6244,4	6257,8	6271,2	6284,6	6186,3	6208,7	6253,3	6275,7	6197,5	6264,5	46
47	6298	6311,4	6324,8	6338,2	6351,6	6365,0	6378,4	6391,8	6405,2	6418,6	6320,3	6342,7	6387,3	6409,7	6331,5	6398,5	47
48	6432	6445,4	6458,8	6472,2	6485,6	6499,0	6512,4	6525,8	6539,2	6552,6	6454,3	6476,7	6521,3	6543,7	6465,5	6532,5	48
49	6566	6579,4	6592,8	6606,2	6619,6	6633,0	6646,4	6659,8	6673,2	6686,6	6588,3	6610,7	6655,3	6677,7	6599,5	6666,5	49
50	6700	6713,4	6726,8	6740,2	6753,6	6767,0	6780,4	6793,8	6807,2	6820,6	6722,3	6744,7	6789,3	6811,7	6733,5	6800,5	50
51	6834	6847,4	6860,8	6874,2	6887,6	6901,0	6914,4	6927,8	6941,2	6954,6	6856,3	6878,7	6923,3	6945,7	6867,5	6934,5	51
52	6968	6981,4	6994,8	7008,2	7021,6	7035,0	7048,4	7061,8	7075,2	7088,6	6990,3	7012,7	7057,3	7079,7	7001,5	7068,5	52
53	7102	7115,4	7128,8	7142,2	7155,6	7169,0	7182,4	7195,8	7209,2	7222,6	7124,3	7146,7	7191,3	7213,7	7135,5	7202,5	53
54	7236	7249,4	7262,8	7276,2	7289,6	7303,0	7316,4	7329,8	7343,2	7356,6	7258,3	7280,7	7325,3	7347,7	7269,5	7336,5	54
55	7370	7383,4	7396,8	7410,2	7423,6	7437,0	7450,4	7463,8	7477,2	7490,6	7392,3	7414,7	7459,3	7481,7	7403,5	7470,5	55
56	7504	7517,4	7530,8	7544,2	7557,6	7571,0	7584,4	7597,8	7611,2	7624,6	7526,3	7548,7	7593,3	7615,7	7537,5	7604,5	56
57	7638	7651,4	7664,8	7678,2	7691,6	7705,0	7718,4	7731,8	7745,2	7758,6	7660,3	7682,7	7727,3	7749,7	7671,5	7738,5	57
58	7772	7785,4	7798,8	7812,2	7825,6	7839,0	7852,4	7865,8	7879,2	7892,6	7794,3	7816,7	7861,3	7883,7	7805,5	7872,5	58
59	7906	7919,4	7932,8	7946,2	7959,6	7973,0	7986,4	7999,8	8013,2	8026,6	7928,3	7950,7	7995,3	8017,7	7939,5	8006,5	59
60	8040	8053,4	8066,8	8080,2	8093,6	8107,0	8120,4	8133,8	8147,2	8160,6	8062,3	8084,7	8129,3	8151,7	8073,5	8140,5	60
61	8174	8187,4	8200,8	8214,2	8227,6	8241,0	8254,4	8267,8	8281,2	8294,6	8196,3	8218,7	8263,3	8285,7	8207,5	8274,5	61
62	8308	8321,4	8334,8	8348,2	8361,6	8375,0	8388,4	8401,8	8415,2	8428,6	8330,3	8352,7	8397,3	8419,7	8341,5	8408,5	62
63	8442	8455,4	8468,8	8482,2	8495,6	8509,0	8522,4	8535,8	8549,2	8562,6	8464,3	8486,7	8531,3	8553,7	8475,5	8542,5	63
64	8576	8589,4	8602,8	8616,2	8629,6	8643,0	8656,4	8669,8	8683,2	8696,6	8598,3	8620,7	8665,3	8687,7	8609,5	8676,5	64
65	8710	8723,4	8736,8	8750,2	8763,6	8777,0	8790,4	8803,8	8817,2	8830,6	8732,3	8754,7	8799,3	8821,7	8743,5	8810,5	65
66	8844	8857,4	8870,8	8884,2	8897,6	8911,0	8924,4	8937,8	8951,2	8964,6	8866,3	8888,7	8933,3	8955,7	8877,5	8944,5	66
67	8978	8991,4	9004,8	9018,2	9031,6	9045,0	9058,4	9071,8	9085,2	9098,6	9000,3	9022,7	9067,3	9089,7	9011,5	9078,5	67
68	9112	9125,4	9138,8	9152,2	9165,6	9179,0	9192,4	9205,8	9219,2	9232,6	9134,3	9156,7	9201,3	9223,7	9145,5	9212,5	68
69	9246	9259,4	9272,8	9286,2	9299,6	9313,0	9326,4	9339,8	9353,2	9366,6	9268,3	9290,7	9335,3	9357,7	9279,5	9346,5	69
70	9380	9393,4	9406,8	9420,2	9433,6	9447,0	9460,4	9473,8	9487,2	9500,6	9402,3	9424,7	9469,3	9491,7	9413,5	9480,5	70
71	9514	9527,4	9540,8	9554,2	9567,6	9581,0	9594,4	9607,8	9621,2	9634,6	9536,3	9558,7	9603,3	9625,7	9547,5	9614,5	71
72	9648	9661,4	9674,8	9688,2	9701,6	9715,0	9728,4	9741,8	9755,2	9768,6	9670,3	9692,7	9737,3	9759,7	9681,5	9748,5	72
73	9782	9795,4	9808,8	9822,2	9835,6	9849,0	9862,4	9875,8	9889,2	9902,6	9804,3	9826,7	9871,3	9893,7	9815,5	9882,5	73
74	9916	9929,4	9942,8	9956,2	9969,6	9983,0	9996,4	10009,8	10023,2	10036,6	9938,3	9960,7	10005,3	10027,7	9949,5	10016,5	74
75	10050	10063,4	10076,8	10090,2	10103,6	10117,0	10130,4	10143,8	10157,2	10170,6	10072,3	10094,7	10139,3	10161,7	10083,5	10150,5	75
76	10184	10197,4	10210,8	10224,2	10237,6	10251,0	10264,4	10277,8	10291,2	10304,6	10206,3	10228,7	10273,3	10295,7	10217,5	10284,5	76
77	10318	10331,4	10344,8	10358,2	10371,6	10385,0	10398,4	10411,8	10425,2	10438,6	10340,3	10362,7	10407,3	10429,7	10351,5	10418,5	77
78	10452	10465,4	10478,8	10492,2	10505,6	10519,0	10532,4	10545,8	10559,2	10572,6	10474,3	10496,7	10541,3	10563,7	10485,5	10552,5	78
79	10586	10599,4	10612,8	10626,2	10639,6	10653,0	10666,4	10679,8	10693,2	10706,6	10608,3	10630,7	10675,3	10697,7	10619,5	10686,5	79
80	10720	10733,4	10746,8	10760,2	10773,6	10787,0	10800,4	10813,8	10827,2	10840,6	10742,3	10764,7	10809,3	10831,7	10753,5	10820,5	80
81	10854	10867,4	10880,8	10894,2	10907,6	10921,0	10934,4	10947,8	10961,2	10974,6	10876,3	10898,7	10943,3	10965,7	10887,5	10954,5	81
82	10988	11001,4	11014,8	11028,2	11041,6	11055,0	11068,4	11081,8	11095,2	11108,6	11010,3	11032,7	11077,3	11099,7	11021,5	11088,5	82
83	11122	11135,4	11148,8	11162,2	11175,6	11189,0	11202,4	11215,8	11229,2	11242,6	11144,3	11166,7	11211,3	11233,7	11155,5	11222,5	83
84	11256	11269,4	11282,8	11296,2	11309,6	11323,0	11336,4	11349,8	11363,2	11376,6	11278,3	11300,7	11345,3	11367,7	11289,5	11356,5	84
85	11390	11403,4	11416,8	11430,2	11443,6	11457,0	11470,4	11483,8	11497,2	11510,6	11412,3	11434,7	11479,3	11501,7	11423,5	11490,5	85
86	11524	11537,4	11550,8	11564,2	11577,6	11591,0	11604,4	11617,8	11631,2	11644,6	11546,3	11568,7	11613,3	11635,7	11557,5	11624,5	86
87	11658	11671,4	11684,8	11698,2	11711,6	11725,0	11738,4	11751,8	11765,2	11778,6	11680,3	11702,7	11747,3	11769,7	11691,5	11758,5	87
88	11792	11805,4	11818,8	11832,2	11845,6	11859,0	11872,4	11885,8	11899,2	11912,6	11814,3	11836,7	11881,3	11903,7	11825,5	11892,5	88
89	11926	11939,4	11952,8	11966,2	11979,6	11993,0	12006,4	12019,8	12033,2	12046,6	11948,3	11970,7	12015,3	12037,7	11959,5	12026,5	89
90	12060	12073,4	12086,8	12100,2	12113,6	12127,0	12140,4	12153,8	12167,2	12180,6	12082,3	12104,7	12149,3	12171,7	12093,5	12160,5	90
91	12194	12207,4	12220,8	12234,2	12247,6	12261,0	12274,4	12287,8	12301,2	12314,6	12216,3	12238,7	12283,3	12305,7	12227,5	12294,5	91
92	12328	12341,4	12354,8	12368,2	12381,6	12395,0	12408,4	12421,8	12435,2	12448,6	12350,3	12372,7	12417,3	12439,7	12361,5	12428,5	92
93	12462	12475,4	12488,8	12502,2	12515,6	12529,0	12542,4	12555,8	12569,2	12582,6	12484,3	12506,7	12551,3	12573,7	12495,5	12562,5	93
94	12596	12609,4	12622,8	12636,2	12649,6	12663,0	12676,4	12689,8	12703,2	12716,6	12618,3	12640,7	12685,3	12707,7	12629,5	12696,5	94
95	12730	12743,4	12756,8	12770,2	12783,6	12797,0	12810,4	12823,8	12837,2	12850,6	12752,3	12774,7	12819,3	12841,7	12763,5	12830,5	95
96	12864	12877,4	12890,8	12904,2	12917,6	12931,0	12944,4	12957,8	12971,2	12984,6	12886,3	12908,7	12953,3	12975,7	12897,5	12964,5	96
97	12998	13011,4	13024,8	13038,2	13051,6	13065,0	13078,4	13091,8	13105,2	13118,6	13020,3	13042,7	13087,3	13109,7	13031,5	13098,5	97
98	13132	13145,4	13158,8	13172,2	13185,6	13199,0	13212,4	13225,8	13239,2	13252,6	13154,3	13176,7	13221,3	13243,7	13165,5	13232,5	98
99	13266	13279,4	13292,8	13306,2	13319,6	13333,0	13346,4	13359,8	13373,2	13386,6	13288,3	13310,7	13355,3	13377,7	13299,5	13366,5	99
100	13400	13413,4	13426,8	13440,2	13453,6	13467,0	13480,4	13493,8	13507,2	13520,6	13422,3	13444,7	13489,3	13511,7	13433,5	13500,5	100

		1/10 13,5	2/10 27,0	3/10 40,5	4/10 54,0	5/10 67,5	6/10 81,0	7/10 94,5	8/10 108,0	9/10 121,5	1/6 22,5	2/6 45,0	4/6 90,0	5/6 112,5	1/4 33,75	3/4 101,25	135
1	135	148,5	162,0	175,5	189,0	202,5	216,0	229,5	243,0	256,5	157,5	180,0	225,0	247,5	168,8	236,3	1
2	270	283,5	297,0	310,5	324,0	337,5	351,0	364,5	378,0	391,5	292,5	315,0	360,0	382,5	303,8	371,3	2
3	405	418,5	432,0	445,5	459,0	472,5	486,0	499,5	513,0	526,5	427,5	450,0	495,0	517,5	438,8	506,3	3
4	540	553,5	567,0	580,5	594,0	607,5	621,0	634,5	648,0	661,5	562,5	585,0	630,0	652,5	573,8	641,3	4
5	675	688,5	702,0	715,5	729,0	742,5	756,0	769,5	783,0	796,5	697,5	720,0	765,0	787,5	708,8	776,3	5
6	810	823,5	837,0	850,5	864,0	877,5	891,0	904,5	918,0	931,5	832,5	855,0	900,0	922,5	843,8	911,3	6
7	945	958,5	972,0	985,5	999,0	1012,5	1026,0	1039,5	1053,0	1066,5	967,5	990,0	1035,0	1057,5	978,8	1046,3	7
8	1080	1093,5	1107,0	1120,5	1134,0	1147,5	1161,0	1174,5	1188,0	1201,5	1102,5	1125,0	1170,0	1192,5	1113,8	1181,3	8
9	1215	1228,5	1242,0	1255,5	1269,0	1282,5	1296,0	1309,5	1323,0	1336,5	1237,5	1260,0	1305,0	1327,5	1248,8	1316,3	9
10	1350	1363,5	1377,0	1390,5	1404,0	1417,5	1431,0	1444,5	1458,0	1471,5	1372,5	1395,0	1440,0	1462,5	1383,8	1451,3	10
11	1485	1498,5	1512,0	1525,5	1539,0	1552,5	1566,0	1579,5	1593,0	1606,5	1507,5	1530,0	1575,0	1597,5	1518,8	1586,3	11
12	1620	1633,5	1647,0	1660,5	1674,0	1687,5	1701,0	1714,5	1728,0	1741,5	1642,5	1665,0	1710,0	1732,5	1653,8	1721,3	12
13	1755	1768,5	1782,0	1795,5	1809,0	1822,5	1836,0	1849,5	1863,0	1876,5	1777,5	1800,0	1845,0	1867,5	1788,8	1856,3	13
14	1890	1903,5	1917,0	1930,5	1944,0	1957,5	1971,0	1984,5	1998,0	2011,5	1912,5	1935,0	1980,0	2002,5	1923,8	1991,3	14
15	2025	2038,5	2052,0	2065,5	2079,0	2092,5	2106,0	2119,5	2133,0	2146,5	2047,5	2070,0	2115,0	2137,5	2058,8	2126,3	15
16	2160	2173,5	2187,0	2200,5	2214,0	2227,5	2241,0	2254,5	2268,0	2281,5	2182,5	2205,0	2250,0	2272,5	2193,8	2261,3	16
17	2295	2308,5	2322,0	2335,5	2349,0	2362,5	2376,0	2389,5	2403,0	2416,5	2317,5	2340,0	2385,0	2407,5	2328,8	2396,3	17
18	2430	2443,5	2457,0	2470,5	2484,0	2497,5	2511,0	2524,5	2538,0	2551,5	2452,5	2475,0	2520,0	2542,5	2463,8	2531,3	18
19	2565	2578,5	2592,0	2605,5	2619,0	2632,5	2646,0	2659,5	2673,0	2686,5	2587,5	2610,0	2655,0	2677,5	2598,8	2666,3	19
20	2700	2713,5	2727,0	2740,5	2754,0	2767,5	2781,0	2794,5	2808,0	2821,5	2722,5	2745,0	2790,0	2812,5	2733,8	2801,3	20
21	2835	2848,5	2862,0	2875,5	2889,0	2902,5	2916,0	2929,5	2943,0	2956,5	2857,5	2880,0	2925,0	2947,5	2868,8	2936,3	21
22	2970	2983,5	2997,0	3010,5	3024,0	3037,5	3051,0	3064,5	3078,0	3091,5	2992,5	3015,0	3060,0	3082,5	3003,8	3071,3	22
23	3105	3118,5	3132,0	3145,5	3159,0	3172,5	3186,0	3199,5	3213,0	3226,5	3127,5	3150,0	3195,0	3217,5	3138,8	3206,3	23
24	3240	3253,5	3267,0	3280,5	3294,0	3307,5	3321,0	3334,5	3348,0	3361,5	3262,5	3285,0	3330,0	3352,5	3273,8	3341,3	24
25	3375	3388,5	3402,0	3415,5	3429,0	3442,5	3456,0	3469,5	3483,0	3496,5	3397,5	3420,0	3465,0	3487,5	3408,8	3476,3	25
26	3510	3523,5	3537,0	3550,5	3564,0	3577,5	3591,0	3604,5	3618,0	3631,5	3532,5	3555,0	3600,0	3622,5	3543,8	3611,3	26
27	3645	3658,5	3672,0	3685,5	3699,0	3712,5	3726,0	3739,5	3753,0	3766,5	3667,5	3690,0	3735,0	3757,5	3678,8	3746,3	27
28	3780	3793,5	3807,0	3820,5	3834,0	3847,5	3861,0	3874,5	3888,0	3901,5	3802,5	3825,0	3870,0	3892,5	3813,8	3881,3	28
29	3915	3928,5	3942,0	3955,5	3969,0	3982,5	3996,0	4009,5	4023,0	4036,5	3937,5	3960,0	4005,0	4027,5	3948,8	4016,3	29
30	4050	4063,5	4077,0	4090,5	4104,0	4117,5	4131,0	4144,5	4158,0	4171,5	4072,5	4095,0	4140,0	4162,5	4083,8	4151,3	30
31	4185	4198,5	4212,0	4225,5	4239,0	4252,5	4266,0	4279,5	4293,0	4306,5	4207,5	4230,0	4275,0	4297,5	4218,8	4286,3	31
32	4320	4333,5	4347,0	4360,5	4374,0	4387,5	4401,0	4414,5	4428,0	4441,5	4342,5	4365,0	4410,0	4432,5	4353,8	4421,3	32
33	4455	4468,5	4482,0	4495,5	4509,0	4522,5	4536,0	4549,5	4563,0	4576,5	4477,5	4500,0	4545,0	4567,5	4488,8	4556,3	33
34	4590	4603,5	4617,0	4630,5	4644,0	4657,5	4671,0	4684,5	4698,0	4711,5	4612,5	4635,0	4680,0	4702,5	4623,8	4691,3	34
35	4725	4738,5	4752,0	4765,5	4779,0	4792,5	4806,0	4819,5	4833,0	4846,5	4747,5	4770,0	4815,0	4837,5	4758,8	4826,3	35
36	4860	4873,5	4887,0	4900,5	4914,0	4927,5	4941,0	4954,5	4968,0	4981,5	4882,5	4905,0	4950,0	4972,5	4893,8	4961,3	36
37	4995	5008,5	5022,0	5035,5	5049,0	5062,5	5076,0	5089,5	5103,0	5116,5	5017,5	5040,0	5085,0	5107,5	5028,8	5096,3	37
38	5130	5143,5	5157,0	5170,5	5184,0	5197,5	5211,0	5224 5	5238,0	5251,5	5152,5	5175,0	5220,0	5242,5	5163,8	5231,3	38
39	5265	5278,5	5292,0	5305,5	5319,0	5332,5	5346,0	5359,5	5373,0	5386,5	5287,5	5310,0	5855,0	5377,5	5298,8	5366,3	39
40	5400	5413,5	5427,0	5440,5	5454,0	5467,5	5481,0	5494,5	5508,0	5521,5	5422,5	5445,0	5490,0	5512,5	5433,8	5501,3	40
41	5535	5548,5	5562,0	5575,5	5589,0	5602,5	5616,0	5629,5	5643,0	5656,5	5557,5	5580,0	5625,0	5647,5	5568,8	5636,3	41
42	5670	5683,5	5697,0	5710,5	5724,0	5737,5	5751,0	5764,5	5778,0	5791,5	5692,5	5715,0	5760,0	5782,5	5703,8	5771,3	42
43	5805	5818,5	5832,0	5845,5	5859,0	5872,5	5886,0	5899,5	5913,0	5926,5	5827,5	5850,0	5895,0	5917,5	5838,8	5906,3	43
44	5940	5953,5	5967,0	5980,5	5994,0	6007,5	6021,0	6034,5	6048,0	6061,5	5962,5	5985,0	6030,0	6052,5	5973,8	6041,3	44
45	6075	6088,5	6102,0	6115,5	6129,0	6142,5	6156,0	6169,5	6183,0	6196,5	6097,5	6120,0	6165,0	6187,5	6108,8	6176,3	45
46	6210	6223,5	6237,0	6250,5	6264,0	6277,5	6291,0	6304,5	6318,0	6331,5	6232,5	6255,0	6300,0	6322,5	6243,8	6311,3	46
47	6345	6358,5	6372,0	6385,5	6399,0	6412,5	6426,0	6439,5	6453,0	6466,5	6367,5	6390,0	6435,0	6457,5	6378,8	6446,3	47
48	6480	6493,5	6507,0	6520,5	6534,0	6547,5	6561,0	6574,5	6588,0	6601,5	6502,5	6525,0	6570,0	6592,5	6513,8	6581,3	48
49	6615	6628,5	6642,0	6655,5	6669,0	6682,5	6696,0	6709,5	6723,0	6736,5	6637,5	6660,0	6705,0	6727,5	6648,8	6716,3	49
50	6750	6763,5	6777,0	6790,5	6804,0	6817,5	6831,0	6844,5	6858,0	6871,5	6772,5	6795,0	6840,0	6862,5	6783,8	6851,3	50
51	6885	6898,5	6912,0	6925,5	6939,0	6952,5	6966,0	6979,5	6993,0	7006,5	6907,5	6930,0	6975,0	6997,5	6918,8	6986,3	51
52	7020	7033,5	7047,0	7060,5	7074,0	7087,5	7101,0	7114,5	7128,0	7141,5	7042,5	7065,0	7110,0	7132,5	7053,8	7121,3	52
53	7155	7168,5	7182,0	7195,5	7209,0	7222,5	7236,0	7249,5	7263,0	7276,5	7177,5	7200,0	7245,0	7267,5	7188,8	7256,3	53
54	7290	7303,5	7317,0	7330,5	7344,0	7357,5	7371,0	7384,5	7398,0	7411,5	7312,5	7335,0	7380,0	7402,5	7323,8	7391,3	54
55	7425	7438,5	7452,0	7465,5	7479,0	7492,5	7506,0	7519,5	7533,0	7546,5	7447,5	7470,0	7515,0	7537,5	7458,8	7526,3	55
56	7560	7573,5	7587,0	7600,5	7614,0	7627,5	7641,0	7654,5	7668,0	7681,5	7582,5	7605,0	7650,0	7672,5	7593,8	7661,3	56
57	7695	7708,5	7722,0	7735,5	7749,0	7762,5	7776,0	7789,5	7803,0	7816,5	7717,5	7740,0	7785,0	7807,5	7728,8	7796,3	57
58	7830	7843,5	7857,0	7870,5	7884,0	7897,5	7911,0	7924,5	7938,0	7951,5	7852,5	7875,0	7920,0	7942,5	7863,8	7931,3	58
59	7965	7978,5	7992,0	8005,5	8019,0	8032,5	8046,0	8059,5	8073,0	8086,5	7987,5	8010,0	8055,0	8077,5	7998,8	8066,3	59
60	8100	8113,5	8127,0	8140,5	8154,0	8167,5	8181,0	8194,5	8208,0	8221,5	8122,5	8145,0	8190,0	8212,5	8133,8	8201,3	60
61	8235	8248,5	8262,0	8275,5	8289,0	8302,5	8316,0	8329,5	8343,0	8356,5	8257,5	8280,0	8325,0	8347,5	8268,8	8336,3	61
62	8370	8383,5	8397,0	8410,5	8424,0	8437,5	8451,0	8464,5	8478,0	8491,5	8392,5	8415,0	8460,0	8482,5	8403,8	8471,3	62
63	8505	8518,5	8532,0	8545,5	8559,0	8572,5	8586,0	8599,5	8613,0	8626,5	8527,5	8550,0	8595,0	8617,5	8538,8	8606,3	63
64	8640	8653,5	8667,0	8680,5	8594,0	8707,5	8721,0	8734,5	8748,0	8761,5	8662,5	8685,0	8730,0	8752,5	8673,8	8741,3	64
65	8775	8788,5	8802,0	8815,5	8829,0	8842,5	8856,0	8869,5	8883,0	8896,5	8797,5	8820,0	8865,0	8887,5	8808,8	8876,3	65
66	8910	8923,5	8937,0	8950,5	8964,0	8977,5	8991,0	9004,5	9018,0	9031,5	8932,5	8955,0	9000,0	9022,5	8943,8	9011,3	66
67	9045	9058,5	9072,0	9085,5	9099,0	9112,5	9126,0	9139,5	9153,0	9166,5	9067,5	9090,0	9135,0	9157,5	9078,8	9146,3	67
68	9180	9193,5	9207,0	9220,5	9234,0	9247,5	9261,0	9274,5	9288,0	9301,5	9202,5	9225,0	9270,0	9292,5	9213,8	9281,3	68
69	9315	9328,5	9342,0	9355,5	9369,0	9382,5	9396,0	9409,5	9423,0	9436,5	9337,5	9360,0	9405,0	9427,5	9348,8	9416,3	69
70	9450	9463,5	9477,0	9490,5	9504,0	9517,5	9531,0	9544,5	9558,0	9571,5	9472,5	9495,0	9540,0	9562,5	9483,8	9551,3	70
71	9585	9598,5	9612,0	9625,5	9639,0	9652,5	9666,0	9679,5	9693,0	9706,5	9607,5	9630,0	9675,0	9697,5	9618,8	9686,3	71
72	9720	9733,5	9747,0	9760,5	9774,0	9787,5	9801,0	9814,5	9828,0	9841,5	9742,5	9765,0	9810,0	9832,5	9753,8	9821,3	72
73	9855	9868,5	9882,0	9895,5	9909,0	9922,5	9936,0	9949,5	9963,0	9976,5	9877,5	9900,0	9945,0	9967,5	9888,8	9956,3	73
74	9990	10003,5	10017,0	10030,5	10044,0	10057,5	10071,0	10084,5	10098,0	10111,5	10012,5	10035,0	10080,0	10102,5	10023,8	10091,3	74
75	10125	10138,5	10152,0	10165,5	10179,0	10192,5	10206,0	10219,5	10233,0	10246,5	10147,5	10170,0	10215,0	10237,5	10158,8	10226,3	75
76	10260	10273,5	10287,0	10300,5	10314,0	10327,5	10341,0	10354,5	10368,0	10381,5	10282,5	10305,0	10350,0	10372,5	10293,8	10361,3	76
77	10395	10408,5	10422,0	10435,5	10449,0	10462,5	10476,0	10489,5	10503,0	10516,5	10417,5	10440,0	10485,0	10507,5	10428,8	10496,3	77
78	10530	10543,5	10557,0	10570,5	10584,0	10597,5	10611,0	10624,5	10638,0	10651,5	10552,5	10575,0	10620,0	10642,5	10563,8	10631,3	78
79	10665	10678,5	10692 0	10705,5	10719,0	10732,5	10746,0	10759,5	10773,0	10786,5	10687,5	10710,0	10755,0	10777,5	10698,8	10766,3	79
80	10800	10813,5	10827,0	10840,5	10854,0	10867,5	10881,0	10894,5	10908,0	10921,5	10822,5	10845,0	10890,0	10912,5	10833,8	10901,3	80
81	10935	10948,5	10962,0	10975,5	10989,0	11002,5	11016,0	11029,5	11043,0	11056,5	10957,5	10980,0	11025,0	11047,5	10968,8	11036,3	81
82	11070	11083,5	11097,0	11110,5	11124,0	11137,5	11151,0	11164,5	11178,0	11191,5	11092,5	11115,0	11160,0	11182,5	11103,8	11171,3	82
83	11205	11218,5	11232,0	11245,5	11259,0	11272,5	11286,0	11299,5	11313,0	11326,5	11227,5	11250,0	11295,0	11317,5	11238,8	11306,3	83
84	11340	11353,5	11367,0	11380,5	11394,0	11407,5	11421,0	11434,5	11448,0	11461,5	11362,5	11385,0	11430,0	11452,5	11373,8	11441,3	84
85	11475	11488,5	11502,0	11515,5	11529,0	11542,5	11556,0	11569,5	11583,0	11596,5	11497,5	11520,0	11565,0	11587,5	11508,8	11576,3	85
86	11610	11623,5	11637,0	11650,5	11664,0	11677,5	11691,0	11704,5	11718,0	11731,5	11632,5	11655,0	11700,0	11722,5	11643,8	11711,3	86
87	11745	11758,5	11772,0	11785,5	11799,0	11812,5	11826,0	11839,5	11853,0	11866,5	11767,5	11790,0	11835,0	11857,5	11778,8	11846,3	87
88	11880	11893,5	11907,0	11920,5	11934,0	11947,5	11961,0	11974,5	11988,0	12001,5	11902,5	11925,0	11970,0	11992,5	11913,8	11981,3	88
89	12015	12028,5	12042,0	12055,5	12069,0	12082,5	12096,0	12109,5	12123,0	12136,5	12037,5	12060,0	12105,0	12127,5	12048,8	12116,3	89
90	12150	12163,5	12177,0	12190,5	12204,0	12217,5	12231,0	12244,5	12258,0	12271,5	12172,5	12195,0	12240,0	12262,5	12183,8	12251,3	90
91	12285	12298,5	12312,0	12325,5	12339,0	12352,5	12366,0	12379,5	12393,0	12406,5	12307,5	12330,0	12375,0	12397,5	12318,8	12386,3	91
92	12420	12433,5	12447,0	12460,5	12474,0	12487,5	12501,0	12514,5	12528,0	12541,5	12442,5	12465,0	12510,0	12532,5	12453,8	12521,3	92
93	12555	12568,5	12582,0	12595,5	12609,0	12622,5	12636,0	12649,5	12663,0	12676,5	12577,5	12600,0	12645,0	12667,5	12588,8	12656,3	93
94	12690	12703,5	12717,0	12730,5	12744,0	12757,5	12771,0	12784,5	12798,0	12811,5	12712,5	12735,0	12780,0	12802,5	12723,8	12791,3	94
95	12825	12838,5	12852,0	12865,5	12879,0	12892,5	12906,0	12919,5	12933,0	12946,5	12847,5	12870,0	12915,0	12937,5	12858,8	12926,3	95
96	12960	12978,5	12987,0	13000,5	13014,0	13027,5	13041,0	13054,5	13068,0	13081,5	12982,5	13005,0	13050,0	13072,5	12993,8	13061,3	96
97	13095	13108,5	13122,0	13135,5	13149,0	13162,5	13176,0	13189,5	13203,0	13216,5	13117,5	13140,0	13185,0	13207,5	13128,8	13196,3	97
98	13230	13243,5	13257,0	13270,5	13284,0	13297,5	13311,0	13324,5	13338,0	13351,5	13252,5	13275,0	13320,0	13342,5	13263,8	13331,3	98
99	13365	13378,5	13392,0	13405,5	13419,0	13432,5	13446,0	13459,5	13473,0	13486,5	13387,5	13410,0	13455,0	13477,5	13398,8	13466,3	99
100	13500	13513,5	13527,0	13540,5	13554,0	13567,5	13581,0	13594,5	13608,0	13621,5	13522,5	13545,0	13590,0	13612,5	13533,8	13601,3	100

136

		1/10 13.6	2/10 27.2	3/10 40.8	4/10 54.4	5/10 68.0	6/10 81.6	7/10 95.2	8/10 108.8	9/10 122.4	1/6 22.666	1/3 45.333	2/3 90.666	5/6 113.333	1/4 34.0	3/4 102.0	
1	136	149,6	163,2	176,8	190,4	204,0	217,6	231,2	244,8	258,4	158,7	181,3	226,7	249,3	170,0	238,0	1
2	272	285,6	299,2	312,8	326,4	340,0	353,6	367,2	380,8	394,4	294,7	317,3	362,7	385,3	306,0	374,0	2
3	408	421,6	435,2	448,8	462,4	476,0	489,6	503,2	516,8	530,4	430,7	453,3	498,7	521,3	442,0	510,0	3
4	544	557,6	571,2	584,8	598,4	612,0	625,6	639,2	652,8	666,4	566,7	589,3	634,7	657,3	578,0	646,0	4
5	680	693,6	707,2	720,8	734,4	748,0	761,6	775,2	788,8	802,4	702,7	725,3	770,7	793,3	714,0	782,0	5
6	816	829,6	843,2	856,8	870,4	884,0	897,6	911,2	924,8	938,4	838,7	861,3	906,7	929,3	850,0	918,0	6
7	952	965,6	979,2	992,8	1006,4	1020,0	1033,6	1047,2	1060,8	1074,4	974,7	997,3	1042,7	1065,3	986,0	1054,0	7
8	1088	1101,6	1115,2	1128,8	1142,4	1156,0	1169,6	1183,2	1196,8	1210,4	1110,7	1133,3	1178,7	1201,3	1122,0	1190,0	8
9	1224	1237,6	1251,2	1264,8	1278,4	1292,0	1305,6	1319,2	1332,8	1346,4	1246,7	1269,3	1314,7	1337,3	1258,0	1326,0	9
10	1360	1373,6	1387,2	1400,8	1414,4	1428,0	1441,6	1455,2	1468,8	1482,4	1382,7	1405,3	1450,7	1473,3	1394,0	1462,0	10
11	1496	1509,6	1523,2	1536,8	1550,4	1564,0	1577,6	1591,2	1604,8	1618,4	1518,7	1541,3	1586,7	1609,3	1530,0	1598,0	11
12	1632	1645,6	1659,2	1672,8	1686,4	1700,0	1713,6	1727,2	1740,8	1754,4	1654,7	1677,3	1722,7	1745,3	1666,0	1734,0	12
13	1768	1781,6	1795,2	1808,8	1822,4	1836,0	1849,6	1863,2	1876,8	1890,4	1790,7	1813,3	1858,7	1881,3	1802,0	1870,0	13
14	1904	1917,6	1931,2	1944,8	1958,4	1972,0	1985,6	1999,2	2012,8	2026,4	1926,7	1949,3	1994,7	2017,3	1938,0	2006,0	14
15	2040	2053,6	2067,2	2080,8	2094,4	2108,0	2121,6	2135,2	2148,8	2162,4	2062,7	2085,3	2130,7	2153,3	2074,0	2142,0	15
16	2176	2189,6	2203,2	2216,8	2230,4	2244,0	2257,6	2271,2	2284,8	2298,4	2198,7	2221,3	2266,7	2289,3	2210,0	2278,0	16
17	2312	2325,6	2339,2	2352,8	2366,4	2380,0	2393,6	2407,2	2420,8	2434,4	2334,7	2357,3	2402,7	2425,3	2346,0	2414,0	17
18	2448	2461,6	2475,2	2488,8	2502,4	2516,0	2529,6	2543,2	2556,8	2570,4	2470,7	2493,3	2538,7	2561,3	2482,0	2550,0	18
19	2584	2597,6	2611,2	2624,8	2638,4	2652,0	2665,6	2679,2	2692,8	2706,4	2606,7	2629,3	2674,7	2697,3	2618,0	2686,0	19
20	2720	2733,6	2747,2	2760,8	2774,4	2788,0	2801,6	2815,2	2828,8	2842,4	2742,7	2765,3	2810,7	2833,3	2754,0	2822,0	20
21	2856	2869,6	2883,2	2896,8	2910,4	2924,0	2937,6	2951,2	2964,8	2978,4	2878,7	2901,3	2946,7	2969,3	2890,0	2958,0	21
22	2992	3005,6	3019,2	3032,8	3046,4	3060,0	3073,6	3087,2	3100,8	3114,4	3014,7	3037,3	3082,7	3105,3	3026,0	3094,0	22
23	3128	3141,6	3155,2	3168,8	3182,4	3196,0	3209,6	3223,2	3236,8	3250,4	3150,7	3173,3	3218,7	3241,3	3162,0	3230,0	23
24	3264	3277,6	3291,2	3304,8	3318,4	3332,0	3345,6	3359,2	3372,8	3386,4	3286,7	3309,3	3354,7	3377,3	3298,0	3366,0	24
25	3400	3413,6	3427,2	3440,8	3454,4	3468,0	3481,6	3495,2	3508,8	3522,4	3422,7	3445,3	3490,7	3513,3	3434,0	3502,0	25
26	3536	3549,6	3563,2	3576,8	3590,4	3604,0	3617,6	3631,2	3644,8	3658,4	3558,7	3581,3	3626,7	3649,3	3570,0	3638,0	26
27	3672	3685,6	3699,2	3712,8	3726,4	3740,0	3753,6	3767,2	3780,8	3794,4	3694,7	3717,3	3762,7	3785,3	3706,0	3774,0	27
28	3808	3821,6	3835,2	3848,8	3862,4	3876,0	3889,6	3903,2	3916,8	3930,4	3830,7	3853,3	3898,7	3921,3	3842,0	3910,0	28
29	3944	3957,6	3971,2	3984,8	3998,4	4012,0	4025,6	4039,2	4052,8	4066,4	3966,7	3989,3	4034,7	4057,3	3978,0	4046,0	29
30	4080	4093,6	4107,2	4120,8	4134,4	4148,0	4161,6	4175,2	4188,8	4202,4	4102,7	4125,3	4170,7	4193,3	4114,0	4182,0	30
31	4216	4229,6	4243,2	4256,8	4270,4	4284,0	4297,6	4311,2	4324,8	4338,4	4238,7	4261,3	4306,7	4329,3	4250,0	4318,0	31
32	4352	4365,6	4379,2	4392,8	4406,4	4420,0	4433,6	4447,2	4460,8	4474,4	4374,7	4397,3	4442,7	4465,3	4386,0	4454,0	32
33	4488	4501,6	4515,2	4528,8	4542,4	4556,0	4569,6	4583,2	4596,8	4610,4	4510,7	4533,3	4578,7	4601,3	4522,0	4590,0	33
34	4624	4637,6	4651,2	4664,8	4678,4	4692,0	4705,6	4719,2	4732,8	4746,4	4646,7	4669,3	4714,7	4737,3	4658,0	4726,0	34
35	4760	4773,6	4787,2	4800,8	4814,4	4828,0	4841,6	4855,2	4868,8	4882,4	4782,7	4805,3	4850,7	4873,3	4794,0	4862,0	35
36	4896	4909,6	4923,2	4936,8	4950,4	4964,0	4977,6	4991,2	5004,8	5018,4	4918,7	4941,3	4986,7	5009,3	4930,0	4998,0	36
37	5032	5045,6	5059,2	5072,8	5086,4	5100,0	5113,6	5127,2	5140,8	5154,4	5054,7	5077,3	5122,7	5145,3	5066,0	5134,0	37
38	5168	5181,6	5195,2	5208,8	5222,4	5236,0	5249,6	5263,2	5276,8	5290,4	5190,7	5213,3	5258,7	5281,3	5202,0	5270,0	38
39	5304	5317,6	5331,2	5344,8	5358,4	5372,0	5385,6	5399,2	5412,8	5426,4	5326,7	5349,3	5394,7	5417,3	5338,0	5406,0	39
40	5440	5453,6	5467,2	5480,8	5494,4	5508,0	5521,6	5535,2	5548,8	5562,4	5462,7	5485,3	5530,7	5553,3	5474,0	5542,0	40
41	5576	5589,6	5603,2	5616,8	5630,4	5644,0	5657,6	5671,2	5684,8	5698,4	5598,7	5621,3	5666,7	5689,3	5610,0	5678,0	41
42	5712	5725,6	5739,2	5752,8	5766,4	5780,0	5793,6	5807,2	5820,8	5834,4	5734,7	5757,3	5802,7	5825,3	5746,0	5814,0	42
43	5848	5861,6	5875,2	5888,8	5902,4	5916,0	5929,6	5943,2	5956,8	5970,4	5870,7	5893,3	5938,7	5961,3	5882,0	5950,0	43
44	5984	5997,6	6011,2	6024,8	6038,4	6052,0	6065,6	6079,2	6092,8	6106,4	6006,7	6029,3	6074,7	6097,3	6018,0	6086,0	44
45	6120	6133,6	6147,2	6160,8	6174,4	6188,0	6201,6	6215,2	6228,8	6242,4	6142,7	6165,3	6210,7	6233,3	6154,0	6222,0	45
46	6256	6269,6	6283,2	6296,8	6310,4	6324,0	6337,6	6351,2	6364,8	6378,4	6278,7	6301,3	6346,7	6369,3	6290,0	6358,0	46
47	6392	6405,6	6419,2	6432,8	6446,4	6460,0	6473,6	6487,2	6500,8	6514,4	6414,7	6437,3	6482,7	6505,3	6426,0	6494,0	47
48	6528	6541,6	6555,2	6568,8	6582,4	6596,0	6609,6	6623,2	6636,8	6650,4	6550,7	6573,3	6618,7	6641,3	6562,0	6630,0	48
49	6664	6677,6	6691,2	6704,8	6718,4	6732,0	6745,6	6759,2	6772,8	6786,4	6686,7	6709,3	6754,7	6777,3	6698,0	6766,0	49
50	6800	6813,6	6827,2	6840,8	6854,4	6868,0	6881,6	6895,2	6908,8	6922,4	6822,7	6845,3	6890,7	6913,3	6834,0	6902,0	50
51	6936	6949,6	6963,2	6976,8	6990,4	7004,0	7017,6	7031,2	7044,8	7058,4	6958,7	6981,3	7026,7	7049,3	6970,0	7038,0	51
52	7072	7085,6	7099,2	7112,8	7126,4	7140,0	7153,6	7167,2	7180,8	7194,4	7094,7	7117,3	7162,7	7185,3	7106,0	7174,0	52
53	7208	7221,6	7235,2	7248,8	7262,4	7276,0	7289,6	7303,2	7316,8	7330,4	7230,7	7253,3	7298,7	7321,3	7242,0	7310,0	53
54	7344	7357,6	7371,2	7384,8	7398,4	7412,0	7425,6	7439,2	7452,8	7466,4	7366,7	7389,3	7434,7	7457,3	7378,0	7446,0	54
55	7480	7493,6	7507,2	7520,8	7534,4	7548,0	7561,6	7575,2	7588,8	7602,4	7502,7	7525,3	7570,7	7593,3	7514,0	7582,0	55
56	7616	7629,6	7643,2	7656,8	7670,4	7684,0	7697,6	7711,2	7724,8	7738,4	7638,7	7661,3	7706,7	7729,3	7650,0	7718,0	56
57	7752	7765,6	7779,2	7792,8	7806,4	7820,0	7833,6	7847,2	7860,8	7874,4	7774,7	7797,3	7842,7	7865,3	7786,0	7854,0	57
58	7888	7901,6	7915,2	7928,8	7942,4	7956,0	7969,6	7983,2	7996,8	8010,4	7910,7	7933,3	7978,7	8001,3	7922,0	7990,0	58
59	8024	8037,6	8051,2	8064,8	8078,4	8092,0	8105,6	8119,2	8132,8	8146,4	8046,7	8069,3	8114,7	8137,3	8058,0	8126,0	59
60	8160	8173,6	8187,2	8200,8	8214,4	8228,0	8241,6	8255,2	8268,8	8282,4	8182,7	8205,3	8250,7	8273,3	8194,0	8262,0	60
61	8296	8309,6	8323,2	8336,8	8350,4	8364,0	8377,6	8391,2	8404,8	8418,4	8318,7	8341,3	8386,7	8409,3	8330,0	8398,0	61
62	8432	8445,6	8459,2	8472,8	8486,4	8500,0	8513,6	8527,2	8540,8	8554,4	8454,7	8477,3	8522,7	8545,3	8466,0	8534,0	62
63	8568	8581,6	8595,2	8608,8	8622,4	8636,0	8649,6	8663,2	8676,8	8690,4	8590,7	8613,3	8658,7	8681,3	8602,0	8670,0	63
64	8704	8717,6	8731,2	8744,8	8758,4	8772,0	8785,6	8799,2	8812,8	8826,4	8726,7	8749,3	8794,7	8817,3	8738,0	8806,0	64
65	8840	8853,6	8867,2	8880,8	8894,4	8908,0	8921,6	8935,2	8948,8	8962,4	8862,7	8885,3	8930,7	8953,3	8874,0	8942,0	65
66	8976	8989,6	9003,2	9016,8	9030,4	9044,0	9057,6	9071,2	9084,8	9098,4	8998,7	9021,3	9066,7	9089,3	9010,0	9078,0	66
67	9112	9125,6	9139,2	9152,8	9166,4	9180,0	9193,6	9207,2	9220,8	9234,4	9134,7	9157,3	9202,7	9225,3	9146,0	9214,0	67
68	9248	9261,6	9275,2	9288,8	9302,4	9316,0	9329,6	9343,2	9356,8	9370,4	9270,7	9293,3	9338,7	9361,3	9282,0	9350,0	68
69	9384	9397,6	9411,2	9424,8	9438,4	9452,0	9465,6	9479,2	9492,8	9506,4	9406,7	9429,3	9474,7	9497,3	9418,0	9486,0	69
70	9520	9533,6	9547,2	9560,8	9574,4	9588,0	9601,6	9615,2	9628,8	9642,4	9542,7	9565,3	9610,7	9633,3	9554,0	9622,0	70
71	9656	9669,6	9683,2	9696,8	9710,4	9724,0	9737,6	9751,2	9764,8	9778,4	9678,7	9701,3	9746,7	9769,3	9690,0	9758,0	71
72	9792	9805,6	9819,2	9832,8	9846,4	9860,0	9873,6	9887,2	9900,8	9914,4	9814,7	9837,3	9882,7	9905,3	9826,0	9894,0	72
73	9928	9941,6	9955,2	9968,8	9982,4	9996,0	10009,6	10023,2	10036,8	10050,4	9950,7	9973,3	10018,7	10041,3	9962,0	10030,0	73
74	10064	10077,6	10091,2	10104,8	10118,4	10132,0	10145,6	10159,2	10172,8	10186,4	10086,7	10109,3	10154,7	10177,3	10098,0	10166,0	74
75	10200	10213,6	10227,2	10240,8	10254,4	10268,0	10281,6	10295,2	10308,8	10322,4	10222,7	10245,3	10290,7	10313,3	10234,0	10302,0	75
76	10336	10349,6	10363,2	10376,8	10390,4	10404,0	10417,6	10431,2	10444,8	10458,4	10358,7	10381,3	10426,7	10449,3	10370,0	10438,0	76
77	10472	10485,6	10499,2	10512,8	10526,4	10540,0	10553,6	10567,2	10580,8	10594,4	10494,7	10517,3	10562,7	10585,3	10506,0	10574,0	77
78	10608	10621,6	10635,2	10648,8	10662,4	10676,0	10689,6	10703,2	10716,8	10730,4	10630,7	10653,3	10698,7	10721,3	10642,0	10710,0	78
79	10744	10757,6	10771,2	10784,8	10798,4	10812,0	10825,6	10839,2	10852,8	10866,4	10766,7	10789,3	10834,7	10857,3	10778,0	10846,0	79
80	10880	10893,6	10907,2	10920,8	10934,4	10948,0	10961,6	10975,2	10988,8	11002,4	10902,7	10925,3	10970,7	10993,3	10914,0	10982,0	80
81	11016	11029,6	11043,2	11056,8	11070,4	11084,0	11097,6	11111,2	11124,8	11138,4	11038,7	11061,3	11106,7	11129,3	11050,0	11118,0	81
82	11152	11165,6	11179,2	11192,8	11206,4	11220,0	11233,6	11247,2	11260,8	11274,4	11174,7	11197,3	11242,7	11265,3	11186,0	11254,0	82
83	11288	11301,6	11315,2	11328,8	11342,4	11356,0	11369,6	11383,2	11396,8	11410,4	11310,7	11333,3	11378,7	11401,3	11322,0	11390,0	83
84	11424	11437,6	11451,2	11464,8	11478,4	11492,0	11505,6	11519,2	11532,8	11546,4	11446,7	11469,3	11514,7	11537,3	11458,0	11526,0	84
85	11560	11573,6	11587,2	11600,8	11614,4	11628,0	11641,6	11655,2	11668,8	11682,4	11582,7	11605,3	11650,7	11673,3	11594,0	11662,0	85
86	11696	11709,6	11723,2	11736,8	11750,4	11764,0	11777,6	11791,2	11804,8	11818,4	11718,7	11741,3	11786,7	11809,3	11730,0	11798,0	86
87	11832	11845,6	11859,2	11872,8	11886,4	11900,0	11913,6	11927,2	11940,8	11954,4	11854,7	11877,3	11922,7	11945,3	11866,0	11934,0	87
88	11968	11981,6	11995,2	12008,8	12022,4	12036,0	12049,6	12063,2	12076,8	12090,4	11990,7	12013,3	12058,7	12081,3	12002,0	12070,0	88
89	12104	12117,6	12131,2	12144,8	12158,4	12172,0	12185,6	12199,2	12212,8	12226,4	12126,7	12149,3	12194,7	12217,3	12138,0	12206,0	89
90	12240	12253,6	12267,2	12280,8	12294,4	12308,0	12321,6	12335,2	12348,8	12362,4	12262,7	12285,3	12330,7	12353,3	12274,0	12342,0	90
91	12376	12389,6	12403,2	12416,8	12430,4	12444,0	12457,6	12471,2	12484,8	12498,4	12398,7	12421,3	12466,7	12489,3	12410,0	12478,0	91
92	12512	12525,6	12539,2	12552,8	12566,4	12580,0	12593,6	12607,2	12620,8	12634,4	12534,7	12557,3	12602,7	12625,3	12546,0	12614,0	92
93	12648	12661,6	12675,2	12688,8	12702,4	12716,0	12729,6	12743,2	12756,8	12770,4	12670,7	12693,3	12738,7	12761,3	12682,0	12750,0	93
94	12784	12797,6	12811,2	12824,8	12838,4	12852,0	12865,6	12879,2	12892,8	12906,4	12806,7	12829,3	12874,7	12897,3	12818,0	12886,0	94
95	12920	12933,6	12947,2	12960,8	12974,4	12988,0	13001,6	13015,2	13028,8	13042,4	12942,7	12965,3	13010,7	13033,3	12954,0	13022,0	95
96	13056	13069,6	13083,2	13096,8	13110,4	13124,0	13137,6	13151,2	13164,8	13178,4	13078,7	13101,3	13146,7	13169,3	13090,0	13158,0	96
97	13192	13205,6	13219,2	13232,8	13246,4	13260,0	13273,6	13287,2	13300,8	13314,4	13214,7	13237,3	13282,7	13305,3	13226,0	13294,0	97
98	13328	13341,6	13355,2	13368,8	13382,4	13396,0	13409,6	13423,2	13436,8	13450,4	13350,7	13373,3	13418,7	13441,3	13362,0	13430,0	98
99	13464	13477,6	13491,2	13504,8	13518,4	13532,0	13545,6	13559,2	13572,8	13586,4	13486,7	13509,3	13554,7	13577,3	13498,0	13566,0	99
100	13600	13613,6	13627,2	13640,8	13654,4	13668,0	13681,6	13695,2	13708,8	13722,4	13622,7	13645,3	13690,7	13713,3	13634,0	13702,0	100

		1/10 13,7	2/10 27,4	3/10 41,1	4/10 54,8	5/10 68,5	6/10 82,2	7/10 95,9	8/10 109,6	9/10 123,3	1/6 22,833	2/6 45,666	4/6 91,333	5/6 114,166	1/4 34,25	3/4 102,75	
1	137	150,7	164,4	178,1	191,8	205,5	219,2	232,9	246,6	260,3	159,8	182,7	228,3	251,2	171,3	239,8	1
2	274	287,7	301,4	315,1	328,8	342,5	356,2	369,9	383,6	397,3	296,8	319,7	365,3	388,2	308,3	376,8	2
3	411	424,7	438,4	452,1	465,8	479,5	493,2	506,9	520,6	534,3	433,8	456,7	502,3	525,2	445,3	513,8	3
4	548	561,7	575,4	589,1	602,8	616,5	630,2	643,9	657,6	671,3	570,8	593,7	639,3	662,2	582,3	650,8	4
5	685	698,7	712,4	726,1	739,8	753,5	767,2	780,9	794,6	808,3	707,8	730,7	776,3	799,2	719,3	787,8	5
6	822	835,7	849,4	863,1	876,8	890,5	904,2	917,9	931,6	945,3	844,8	867,7	913,3	936,2	856,3	924,8	6
7	959	972,7	986,4	1000,1	1013,8	1027,5	1041,2	1054,9	1068,6	1082,3	981,8	1004,7	1050,3	1073,2	993,3	1061,8	7
8	1096	1109,7	1123,4	1137,1	1150,8	1164,5	1178,2	1191,9	1205,6	1219,3	1118,8	1141,7	1187,3	1210,2	1130,3	1198,8	8
9	1233	1246,7	1260,4	1274,1	1287,8	1301,5	1315,2	1328,9	1342,6	1356,3	1255,8	1278,7	1324,3	1347,2	1267,3	1335,8	9
10	1370	1383,7	1397,4	1411,1	1424,8	1438,5	1452,2	1465,9	1479,6	1493,3	1392,8	1415,7	1461,3	1484,2	1404,3	1472,8	10
11	1507	1520,7	1534,4	1548,1	1561,8	1575,5	1589,2	1602,9	1616,6	1630,3	1529,8	1552,7	1598,3	1621,2	1541,3	1609,8	11
12	1644	1657,7	1671,4	1685,1	1698,8	1712,5	1726,2	1739,9	1753,6	1767,3	1666,8	1689,7	1735,3	1758,2	1678,3	1746,8	12
13	1781	1794,7	1808,4	1822,1	1835,8	1849,5	1863,2	1876,9	1890,6	1904,3	1803,8	1826,7	1872,3	1895,2	1815,3	1883,8	13
14	1918	1931,7	1945,4	1959,1	1972,8	1986,5	2000,2	2013,9	2027,6	2041,3	1940,8	1963,7	2009,3	2032,2	1952,3	2020,8	14
15	2055	2068,7	2082,4	2096,1	2109,8	2123,5	2137,2	2150,9	2164,6	2178,3	2077,8	2100,7	2146,3	2169,2	2089,3	2157,8	15
16	2192	2205,7	2219,4	2233,1	2246,8	2260,5	2274,2	2287,9	2301,6	2315,3	2214,8	2237,7	2283,3	2306,2	2226,3	2294,8	16
17	2329	2342,7	2356,4	2370,1	2383,8	2397,5	2411,2	2424,9	2438,6	2452,3	2351,8	2374,7	2420,3	2443,2	2363,3	2431,8	17
18	2466	2479,7	2493,4	2507,1	2520,8	2534,5	2548,2	2561,9	2575,6	2589,3	2488,8	2511,7	2557,3	2580,2	2500,3	2568,8	18
19	2603	2616,7	2630,4	2644,1	2657,8	2671,5	2685,2	2698,9	2712,6	2726,3	2625,8	2648,7	2694,3	2717,2	2637,3	2705,8	19
20	2740	2753,7	2767,4	2781,1	2794,8	2808,5	2822,2	2835,9	2849,6	2863,3	2762,8	2785,7	2831,3	2854,2	2774,3	2842,8	20
21	2877	2890,7	2904,4	2918,1	2931,8	2945,5	2959,2	2972,9	2986,6	3000,3	2899,8	2922,7	2968,3	2991,2	2911,3	2979,8	21
22	3014	3027,7	3041,4	3055,1	3068,8	3082,5	3096,2	3109,9	3123,6	3137,3	3036,8	3059,7	3105,3	3128,2	3048,3	3116,8	22
23	3151	3164,7	3178,4	3192,1	3205,8	3219,5	3233,2	3246,9	3260,6	3274,3	3173,8	3196,7	3242,3	3265,2	3185,3	3253,8	23
24	3288	3301,7	3315,4	3329,1	3342,8	3356,5	3370,2	3383,9	3397,6	3411,3	3310,8	3333,7	3379,3	3402,2	3322,3	3390,8	24
25	3425	3438,7	3452,4	3466,1	3479,8	3493,5	3507,2	3520,9	3534,6	3548,3	3447,8	3470,7	3516,3	3539,2	3459,3	3527,8	25
26	3562	3575,7	3589,4	3603,1	3616,8	3630,5	3644,2	3657,9	3671,6	3685,3	3584,8	3607,7	3653,3	3676,2	3596,3	3664,8	26
27	3699	3712,7	3726,4	3740,1	3753,8	3767,5	3781,2	3794,9	3808,6	3822,3	3721,8	3744,7	3790,3	3813,2	3733,3	3801,8	27
28	3836	3849,7	3863,4	3877,1	3890,8	3904,5	3918,2	3931,9	3945,6	3959,3	3858,8	3881,7	3927,3	3950,2	3870,3	3938,8	28
29	3973	3986,7	4000,4	4014,1	4027,8	4041,5	4055,2	4068,9	4082,6	4096,3	3995,8	4018,7	4064,3	4087,2	4007,3	4075,8	29
30	4110	4123,7	4137,4	4151,1	4164,8	4178,5	4192,2	4205,9	4219,6	4233,3	4132,8	4155,7	4201,3	4224,2	4144,3	4212,8	30
31	4247	4260,7	4274,4	4288,1	4301,8	4315,5	4329,2	4342,9	4356,6	4370,3	4269,8	4292,7	4338,3	4361,2	4281,3	4349,8	31
32	4384	4397,7	4411,4	4425,1	4438,8	4452,5	4466,2	4479,9	4493,6	4507,3	4406,8	4429,7	4475,3	4498,2	4418,3	4486,8	32
33	4521	4534,7	4548,4	4562,1	4575,8	4589,5	4603,2	4616,9	4630,6	4644,3	4543,8	4566,7	4612,3	4635,2	4555,3	4623,8	33
34	4658	4671,7	4685,4	4699,1	4712,8	4726,5	4740,2	4753,9	4767,6	4781,3	4680,8	4703,7	4749,3	4772,2	4692,3	4760,8	34
35	4795	4808,7	4822,4	4836,1	4849,8	4863,5	4877,2	4890,9	4904,6	4918,3	4817,8	4840,7	4886,3	4909,2	4829,3	4897,8	35
36	4932	4945,7	4959,4	4973,1	4986,8	5000,5	5014,2	5027,9	5041,6	5055,3	4954,8	4977,7	5023,3	5046,2	4966,3	5034,8	36
37	5069	5082,7	5096,4	5110,1	5123,8	5137,5	5151,2	5164,9	5178,6	5192,3	5091,8	5114,7	5160,3	5183,2	5103,3	5171,8	37
38	5206	5219,7	5233,4	5247,1	5260,8	5274,5	5288,2	5301,9	5315,6	5329,3	5228,8	5251,7	5297,3	5320,2	5240,3	5308,8	38
39	5343	5356,7	5370,4	5384,1	5397,8	5411,5	5425,2	5438,9	5452,6	5466,3	5365,8	5388,7	5434,3	5457,2	5377,3	5445,8	39
40	5480	5493,7	5507,4	5521,1	5534,8	5548,5	5562,2	5575,9	5589,6	5603,3	5502,8	5525,7	5571,3	5594,2	5514,3	5582,8	40
41	5617	5630,7	5644,4	5658,1	5671,8	5685,5	5699,2	5712,9	5726,6	5740,3	5639,8	5662,7	5708,3	5731,2	5651,3	5719,8	41
42	5754	5767,7	5781,4	5795,1	5808,8	5822,5	5836,2	5849,9	5863,6	5877,3	5776,8	5799,7	5845,3	5868,2	5788,3	5856,8	42
43	5891	5904,7	5918,4	5932,1	5945,8	5959,5	5973,2	5986,9	6000,6	6014,3	5913,8	5936,7	5982,3	6005,2	5925,3	5993,8	43
44	6028	6041,7	6055,4	6069,1	6082,8	6096,5	6110,2	6123,9	6137,6	6151,3	6050,8	6073,7	6119,3	6142,2	6062,3	6130,8	44
45	6165	6178,7	6192,4	6206,1	6219,8	6233,5	6247,2	6260,9	6274,6	6288,3	6187,8	6210,7	6256,3	6279,2	6199,3	6267,8	45
46	6302	6315,7	6329,4	6343,1	6356,8	6370,5	6384,2	6397,9	6411,6	6425,3	6324,8	6347,7	6393,3	6416,2	6336,3	6404,8	46
47	6439	6452,7	6466,4	6480,1	6493,8	6507,5	6521,2	6534,9	6548,6	6562,3	6461,8	6484,7	6530,3	6553,2	6473,3	6541,8	47
48	6576	6589,7	6603,4	6617,1	6630,8	6644,5	6658,2	6671,9	6685,6	6699,3	6598,8	6621,7	6667,3	6690,2	6610,3	6678,8	48
49	6713	6726,7	6740,4	6754,1	6767,8	6781,5	6795,2	6808,9	6822,6	6836,3	6735,8	6758,7	6804,3	6827,2	6747,3	6815,8	49
50	6850	6863,7	6877,4	6891,1	6904,8	6918,5	6932,2	6945,9	6959,6	6973,3	6872,8	6895,7	6941,3	6964,2	6884,3	6952,8	50
51	6987	7000,7	7014,4	7028,1	7041,8	7055,5	7069,2	7082,9	7096,6	7110,3	7009,8	7032,7	7078,3	7101,2	7021,3	7089,8	51
52	7124	7137,7	7151,4	7165,1	7178,8	7192,5	7206,2	7219,9	7233,6	7247,3	7146,8	7169,7	7215,3	7238,2	7158,3	7226,8	52
53	7261	7274,7	7288,4	7302,1	7315,8	7329,5	7343,2	7356,9	7370,6	7384,3	7283,8	7306,7	7352,3	7375,2	7295,3	7363,8	53
54	7398	7411,7	7425,4	7439,1	7452,8	7466,5	7480,2	7493,9	7507,6	7521,3	7420,8	7443,7	7489,3	7512,2	7432,3	7500,8	54
55	7535	7548,7	7562,4	7576,1	7589,8	7603,5	7617,2	7630,9	7644,6	7658,3	7557,8	7580,7	7626,3	7649,2	7569,3	7637,8	55
56	7672	7685,7	7699,4	7713,1	7726,8	7740,5	7754,2	7767,9	7781,6	7795,3	7994,8	7717,7	7763,3	7786,2	7706,3	7774,8	56
57	7809	7822,7	7836,4	7850,1	7863,8	7877,5	7891,2	7904,9	7918,6	7932,3	7831,8	7854,7	7900,3	7923,2	7843,3	7911,8	57
58	7946	7959,7	7973,4	7987,1	8000,8	8014,5	8028,2	8041,9	8055,6	8069,3	7968,8	7991,7	8037,3	8060,2	7980,3	8048,8	58
59	8083	8096,7	8110,4	8124,1	8137,8	8151,5	8165,2	8178,9	8192,6	8206,3	8105,8	8128,7	8174,3	8197,2	8117,3	8185,8	59
60	8220	8233,7	8247,4	8261,1	8274,8	8288,5	8302,2	8315,9	8329,6	8343,3	8242,8	8265,7	8311,3	8334,2	8254,3	8322,8	60
61	8357	8370,7	8384,4	8398,1	8411,8	8425,5	8439,2	8452,9	8466,6	8480,3	8379,8	8402,7	8448,3	8471,2	8391,3	8459,8	61
62	8494	8507,7	8521,4	8535,1	8548,8	8562,5	8576,2	8589,9	8603,6	8617,3	8516,8	8539,7	8585,3	8608,2	8528,3	8596,8	62
63	8631	8644,7	8658,4	8672,1	8685,8	8699,5	8713,2	8726,9	8740,6	8754,3	8653,8	8676,7	8722,3	8745,2	8665,3	8733,8	63
64	8768	8781,7	8795,4	8809,1	8822,8	8836,5	8850,2	8863,9	8877,6	8891,3	8790,8	8813,7	8859,3	8882,2	8802,3	8870,8	64
65	8905	8918,7	8932,4	8946,1	8959,8	8973,5	8987,2	9000,9	9014,6	9028,3	8927,8	8950,7	8996,3	9019,2	8939,3	9007,8	65
66	9042	9055,7	9069,4	9083,1	9096,8	9110,5	9124,2	9137,9	9151,6	9165,3	9064,8	9087,7	9133,3	9156,2	9076,3	9144,8	66
67	9179	9192,7	9206,4	9220,1	9233,8	9247,5	9261,2	9274,9	9288,6	9302,3	9201,8	9224,7	9270,3	9293,2	9213,3	9281,8	67
68	9316	9329,7	9343,4	9357,1	9370,8	9384,5	9398,2	9411,9	9425,6	9439,3	9338,8	9361,7	9407,3	9430,2	9350,3	9418,8	68
69	9453	9466,7	9480,4	9494,1	9507,8	9521,5	9535,2	9548,9	9562,6	9576,3	9475,8	9498,7	9544,3	9567,2	9487,3	9555,8	69
70	9590	9603,7	9617,4	9631,1	9644,8	9658,5	9672,2	9685,9	9699,6	9713,3	9612,8	9635,7	9681,3	9704,2	9624,3	9692,8	70
71	9727	9740,7	9754,4	9768,1	9781,8	9795,5	9809,2	9822,9	9836,6	9850,3	9749,8	9772,7	9818,3	9841,2	9761,3	9829,8	71
72	9864	9877,7	9891,4	9905,1	9918,8	9932,5	9946,2	9959,9	9973,6	9987,3	9886,8	9909,7	9955,3	9978,2	9898,3	9966,8	72
73	10001	10014,7	10028,4	10042,1	10055,8	10069,5	10083,2	10096,9	10110,6	10124,3	10023,8	10046,7	10092,3	10115,2	10035,3	10103,8	73
74	10138	10151,7	10165,4	10179,1	10192,8	10206,5	10220,2	10233,9	10247,6	10261,3	10160,8	10183,7	10229,3	10252,2	10172,3	10240,8	74
75	10275	10288,7	10302,4	10316,1	10329,8	10343,5	10357,2	10370,9	10384,6	10398,3	10297,8	10320,7	10366,3	10389,2	10309,3	10377,8	75
76	10412	10425,7	10439,4	10453,1	10466,8	10480,5	10494,2	10507,9	10521,6	10535,3	10434,8	10457,7	10503,3	10526,2	10446,3	10514,8	76
77	10549	10562,7	10576,4	10590,1	10603,8	10617,5	10631,2	10644,9	10658,6	10672,3	10571,8	10594,7	10640,3	10663,2	10583,3	10651,8	77
78	10686	10699,7	10713,4	10727,1	10740,8	10754,5	10768,2	10781,9	10795,6	10809,3	10708,8	10731,7	10777,3	10800,2	10720,3	10788,8	78
79	10823	10836,7	10850,4	10864,1	10877,8	10891,5	10905,2	10918,9	10932,6	10946,3	10845,8	10868,7	10914,3	10937,2	10857,3	10925,8	79
80	10960	10973,7	10987,4	11001,1	11014,8	11028,5	11042,2	11055,9	11069,6	11083,3	10982,8	11005,7	11051,3	11074,2	10994,3	11062,8	80
81	11097	11110,7	11124,4	11138,1	11151,8	11165,5	11179,2	11192,9	11206,6	11220,3	11119,8	11142,7	11188,3	11211,2	11131,3	11199,8	81
82	11234	11247,7	11261,4	11275,1	11288,8	11302,5	11316,2	11329,9	11343,6	11357,3	11256,8	11279,7	11325,3	11348,2	11268,3	11336,8	82
83	11371	11384,7	11398,4	11412,1	11425,8	11439,5	11453,2	11466,9	11480,6	11494,3	11393,8	11416,7	11462,3	11485,2	11405,3	11473,8	83
84	11508	11521,7	11535,4	11549,1	11562,8	11576,5	11590,2	11603,9	11617,6	11631,3	11530,8	11553,7	11599,3	11622,2	11542,3	11610,8	84
85	11645	11658,7	11672,4	11686,1	11699,8	11713,5	11727,2	11740,9	11754,6	11768,3	11667,8	11690,7	11736,3	11759,2	11679,3	11747,8	85
86	11782	11795,7	11809,4	11823,1	11836,8	11850,5	11864,2	11877,9	11891,6	11905,3	11804,8	11827,7	11873,3	11896,2	11816,3	11884,8	86
87	11919	11932,7	11946,4	11960,1	11973,8	11987,5	12001,2	12014,9	12028,6	12042,3	11941,8	11964,7	12010,3	12033,2	11953,3	12021,8	87
88	12056	12069,7	12083,4	12097,1	12110,8	12124,5	12138,2	12151,9	12165,6	12179,3	12078,8	12101,7	12147,3	12170,2	12090,3	12158,8	88
89	12193	12206,7	12220,4	12234,1	12247,8	12261,5	12275,2	12288,9	12302,6	12316,3	12215,8	12238,7	12284,3	12307,2	12227,3	12295,8	89
90	12330	12343,7	12357,4	12371,1	12384,8	12398,5	12412,2	12425,9	12439,6	12453,3	12352,8	12375,7	12421,3	12444,2	12364,3	12432,8	90
91	12467	12480,7	12494,4	12508,1	12521,8	12535,5	12549,2	12562,9	12576,6	12590,3	12489,8	12512,7	12558,3	12581,2	12501,3	12569,8	91
92	12604	12617,7	12631,4	12645,1	12658,8	12672,5	12686,2	12699,9	12713,6	12727,3	12626,8	12649,7	12695,3	12718,2	12638,3	12706,8	92
93	12741	12754,7	12768,4	12782,1	12795,8	12809,5	12823,2	12836,9	12850,6	12864,3	12763,8	12786,7	12832,3	12855,2	12775,3	12843,8	93
94	12878	12891,7	12905,4	12919,1	12932,8	12946,5	12960,2	12973,9	12987,6	13001,3	12900,8	12923,7	12969,3	12992,2	12912,3	12980,8	94
95	13015	13028,7	13042,4	13056,1	13069,8	13083,5	13097,2	13110,9	13124,6	13138,3	13037,8	13060,7	13106,3	13129,2	13049,3	13117,8	95
96	13152	13165,7	13179,4	13193,1	13206,8	13220,5	13234,2	13247,9	13261,6	13275,3	13174,8	13197,7	13243,3	13266,2	13186,3	13254,8	96
97	13289	13302,7	13316,4	13330,1	13343,8	13357,5	13371,2	13384,9	13398,6	13412,3	13311,8	13334,7	13380,3	13403,2	13323,3	13391,8	97
98	13426	13439,7	13453,4	13467,1	13480,8	13494,5	13508,2	13521,9	13535,6	13549,3	13448,8	13471,7	13517,3	13540,2	13460,3	13528,8	98
99	13563	13576,7	13590,4	13604,1	13617,8	13631,5	13645,2	13658,9	13672,6	13686,3	13585,8	13608,7	13654,3	13677,2	13597,3	13665,8	99
100	13700	13713,7	13727,4	13741,1	13754,8	13768,5	13782,2	13795,9	13809,6	13823,3	13722,8	13745,7	13791,3	13814,2	13734,3	13802,8	100

138

		1/10 13,8	2/10 27,6	3/10 41,4	4/10 55,2	5/10 69,0	6/10 82,8	7/10 96,6	8/10 110,4	9/10 124,2	1/6 23,0	1/3 46,0	2/3 92,0	5/6 115,0	1/4 34,5	3/4 103,5	
1	138	151,8	165,6	179,4	193,2	207,0	220,8	234,6	248,4	262,2	161,0	184,0	230,0	253,0	172,5	241,5	1
2	276	289,8	303,6	317,4	331,2	345,0	358,8	372,6	386,4	400,2	299,0	322,0	368,0	391,0	310,5	379,5	2
3	414	427,8	441,6	455,4	469,2	483,0	496,8	510,6	524,4	538,2	437,0	460,0	506,0	529,0	448,5	517,5	3
4	552	565,8	579,6	593,4	607,2	621,0	634,8	648,6	662,4	676,2	575,0	598,0	644,0	667,0	586,5	655,5	4
5	690	703,8	717,6	731,4	745,2	759,0	772,8	786,6	800,4	814,2	713,0	736,0	782,0	805,0	724,5	793,5	5
6	828	841,8	855,6	869,4	883,2	897,0	910,8	924,6	938,4	952,2	851,0	874,0	920,0	943,0	862,5	931,5	6
7	966	979,8	993,6	1007,4	1021,2	1035,0	1048,8	1062,6	1076,4	1090,2	989,0	1012,0	1058,0	1081,0	1000,5	1069,5	7
8	1104	1117,8	1131,6	1145,4	1159,2	1173,0	1186,8	1200,6	1214,4	1228,2	1127,0	1150,0	1196,0	1219,0	1138,5	1207,5	8
9	1242	1255,8	1269,6	1283,4	1297,2	1311,0	1324,8	1338,6	1352,4	1366,2	1265,0	1288,0	1334,0	1357,0	1276,5	1345,5	9
10	1380	1393,8	1407,6	1421,4	1435,2	1449,0	1462,8	1476,6	1490,4	1504,2	1403,0	1426,0	1472,0	1495,0	1414,5	1483,5	10
11	1518	1531,8	1545,6	1559,4	1573,2	1587,0	1600,8	1614,6	1628,4	1642,2	1541,0	1564,0	1610,0	1633,0	1552,5	1621,5	11
12	1656	1669,8	1683,6	1697,4	1711,2	1725,0	1738,8	1752,6	1766,4	1780,2	1679,0	1702,0	1748,0	1771,0	1690,5	1759,5	12
13	1794	1807,8	1821,6	1835,4	1849,2	1863,0	1876,8	1890,6	1904,4	1918,2	1817,0	1840,0	1886,0	1909,0	1828,5	1897,5	13
14	1932	1945,8	1959,6	1973,4	1987,2	2001,0	2014,8	2028,6	2042,4	2056,2	1955,0	1978,0	2024,0	2047,0	1966,5	2035,5	14
15	2070	2083,8	2097,6	2111,4	2125,2	2139,0	2152,8	2166,6	2180,4	2194,2	2093,0	2116,0	2162,0	2185,0	2104,5	2173,5	15
16	2208	2221,8	2235,6	2249,4	2263,2	2277,0	2290,8	2304,6	2318,4	2332,2	2231,0	2254,0	2300,0	2323,0	2242,5	2311,5	16
17	2346	2359,8	2373,6	2387,4	2401,2	2415,0	2428,8	2442,6	2456,4	2470,2	2369,0	2392,0	2438,0	2461,0	2380,5	2449,5	17
18	2484	2497,8	2511,6	2525,4	2539,2	2553,0	2566,8	2580,6	2594,4	2608,2	2507,0	2530,0	2576,0	2599,0	2518,5	2587,5	18
19	2622	2635,8	2649,6	2663,4	2677,2	2691,0	2704,8	2718,6	2732,4	2746,2	2645,0	2668,0	2714,0	2737,0	2656,5	2725,5	19
20	2760	2773,8	2787,6	2801,4	2815,2	2829,0	2842,8	2856,6	2870,4	2884,2	2783,0	2806,0	2852,0	2875,0	2794,5	2863,5	20
21	2898	2911,8	2925,6	2939,4	2953,2	2967,0	2980,8	2994,6	3008,4	3022,2	2921,0	2944,0	2990,0	3013,0	2932,5	3001,5	21
22	3036	3049,8	3063,6	3077,4	3091,2	3105,0	3118,8	3132,6	3146,4	3160,2	3059,0	3082,0	3128,0	3151,0	3070,5	3139,5	22
23	3174	3187,8	3201,6	3215,4	3229,2	3243,0	3256,8	3270,6	3284,4	3298,2	3197,0	3220,0	3266,0	3289,0	3208,5	3277,5	23
24	3312	3325,8	3339,6	3353,4	3367,2	3381,0	3394,8	3408,6	3422,4	3436,2	3335,0	3358,0	3404,0	3427,0	3346,5	3415,5	24
25	3450	3463,8	3477,6	3491,4	3505,2	3519,0	3532,8	3546,6	3560,4	3574,2	3473,0	3496,0	3542,0	3565,0	3484,5	3553,5	25
26	3588	3601,8	3615,6	3629,4	3643,2	3657,0	3670,8	3684,6	3698,4	3712,2	3611,0	3634,0	3680,0	3703,0	3622,5	3691,5	26
27	3726	3739,8	3753,6	3767,4	3781,2	3795,0	3808,8	3822,6	3836,4	3850,2	3749,0	3772,0	3818,0	3841,0	3760,5	3829,5	27
28	3864	3877,8	3891,6	3905,4	3919,2	3933,0	3946,8	3960,6	3974,4	3988,2	3887,0	3910,0	3956,0	3979,0	3898,5	3967,5	28
29	4002	4015,8	4029,6	4043,4	4057,2	4071,0	4084,8	4098,6	4112,4	4126,2	4025,0	4048,0	4094,0	4117,0	4036,5	4105,5	29
30	4140	4153,8	4167,6	4181,4	4195,2	4209,0	4222,8	4236,6	4250,4	4264,2	4163,0	4186,0	4232,0	4255,0	4174,5	4243,5	30
31	4278	4291,8	4305,6	4319,4	4333,2	4347,0	4360,8	4374,6	4388,4	4402,2	4301,0	4324,0	4370,0	4393,0	4312,5	4381,5	31
32	4416	4429,8	4443,6	4457,4	4471,2	4485,0	4498,8	4512,6	4526,4	4540,2	4439,0	4462,0	4508,0	4531,0	4450,5	4519,5	32
33	4554	4567,8	4581,6	4595,4	4609,2	4623,0	4636,8	4650,6	4664,4	4678,2	4577,0	4600,0	4646,0	4669,0	4588,5	4657,5	33
34	4692	4705,8	4719,6	4733,4	4747,2	4761,0	4774,8	4788,6	4802,4	4816,2	4715,0	4738,0	4784,0	4807,0	4726,5	4795,5	34
35	4830	4843,8	4857,6	4871,4	4885,2	4899,0	4912,8	4926,6	4940,4	4954,2	4853,0	4876,0	4922,0	4945,0	4864,5	4933,5	35
36	4968	4981,8	4995,6	5009,4	5023,2	5037,0	5050,8	5064,6	5078,4	5092,2	4991,0	5014,0	5060,0	5083,0	5002,5	5071,5	36
37	5106	5119,8	5133,6	5147,4	5161,2	5175,0	5188,8	5202,6	5216,4	5230,2	5129,0	5152,0	5198,0	5221,0	5140,5	5209,5	37
38	5244	5257,8	5271,6	5285,4	5299,2	5313,0	5326,8	5340,6	5354,4	5368,2	5267,0	5290,0	5336,0	5359,0	5278,5	5347,5	38
39	5382	5395,8	5409,6	5423,4	5437,2	5451,0	5464,8	5478,6	5492,4	5506,2	5405,0	5428,0	5474,0	5497,0	5416,5	5485,5	39
40	5520	5533,8	5547,6	5561,4	5575,2	5589,0	5602,8	5616,6	5630,4	5644,2	5543,0	5566,0	5612,0	5635,0	5554,5	5623,5	40
41	5658	5671,8	5685,6	5699,4	5713,2	5727,0	5740,8	5754,6	5768,4	5782,2	5681,0	5704,0	5750,0	5773,0	5692,5	5761,5	41
42	5796	5809,8	5823,6	5837,4	5851,2	5865,0	5878,8	5892,6	5906,4	5920,2	5819,0	5842,0	5888,0	5911,0	5830,5	5899,5	42
43	5934	5947,8	5961,6	5975,4	5989,2	6003,0	6016,8	6030,6	6044,4	6058,2	5957,0	5980,0	6026,0	6049,0	5968,5	6037,5	43
44	6072	6085,8	6099,6	6113,4	6127,2	6141,0	6154,8	6168,6	6182,4	6196,2	6095,0	6118,0	6164,0	6187,0	6106,5	6175,5	44
45	6210	6223,8	6237,6	6251,4	6265,2	6279,0	6292,8	6306,6	6320,4	6334,2	6233,0	6256,0	6302,0	6325,0	6244,5	6313,5	45
46	6348	6361,8	6375,6	6389,4	6403,2	6417,0	6430,8	6444,6	6458,4	6472,2	6371,0	6394,0	6440,0	6463,0	6382,5	6451,5	46
47	6486	6499,8	6513,6	6527,4	6541,2	6555,0	6568,8	6582,6	6596,4	6610,2	6509,0	6532,0	6578,0	6601,0	6520,5	6589,5	47
48	6624	6637,8	6651,6	6665,4	6679,2	6693,0	6706,8	6720,6	6734,4	6748,2	6647,0	6670,0	6716,0	6739,0	6658,5	6727,5	48
49	6762	6775,8	6789,6	6803,4	6817,2	6831,0	6844,8	6858,6	6872,4	6886,2	6785,0	6808,0	6854,0	6877,0	6796,5	6865,5	49
50	6900	6913,8	6927,6	6941,4	6955,2	6969,0	6982,8	6996,6	7010,4	7024,2	6923,0	6946,0	6992,0	7015,0	6934,5	7003,5	50
51	7038	7051,8	7065,6	7079,4	7093,2	7107,0	7120,8	7134,6	7148,4	7162,2	7061,0	7084,0	7130,0	7153,0	7072,5	7141,5	51
52	7176	7189,8	7203,6	7217,4	7231,2	7245,0	7258,8	7272,6	7286,4	7300,2	7199,0	7222,0	7268,0	7291,0	7210,5	7279,5	52
53	7314	7327,8	7341,6	7355,4	7369,2	7383,0	7396,8	7410,6	7424,4	7438,2	7337,0	7360,0	7406,0	7429,0	7348,5	7417,5	53
54	7452	7465,8	7479,6	7493,4	7507,2	7521,0	7534,8	7548,6	7562,4	7576,2	7475,0	7498,0	7544,0	7567,0	7486,5	7555,5	54
55	7590	7603,8	7617,6	7631,4	7645,2	7659,0	7672,8	7686,6	7700,4	7714,2	7613,0	7636,0	7682,0	7705,0	7624,5	7693,5	55
56	7728	7741,8	7755,6	7769,4	7783,2	7797,0	7810,8	7824,6	7838,4	7852,2	7751,0	7774,0	7820,0	7843,0	7762,5	7831,5	56
57	7866	7879,8	7893,6	7907,4	7921,2	7935,0	7948,8	7962,6	7976,4	7990,2	7889,0	7912,0	7958,0	7981,0	7900,5	7969,5	57
58	8004	8017,8	8031,6	8045,4	8059,2	8073,0	8086,8	8100,6	8114,4	8128,2	8027,0	8050,0	8096,0	8119,0	8038,5	8107,5	58
59	8142	8155,8	8169,6	8183,4	8197,2	8211,0	8224,8	8238,6	8252,4	8266,2	8165,0	8188,0	8234,0	8257,0	8176,5	8245,5	59
60	8280	8293,8	8307,6	8321,4	8335,2	8349,0	8362,8	8376,6	8390,4	8404,2	8303,0	8326,0	8372,0	8395,0	8314,5	8383,5	60
61	8418	8431,8	8445,6	8459,4	8473,2	8487,0	8500,8	8514,6	8528,4	8542,2	8441,0	8464,0	8510,0	8533,0	8452,5	8521,5	61
62	8556	8569,8	8583,6	8597,4	8611,2	8625,0	8638,8	8652,6	8666,4	8680,2	8579,0	8602,0	8648,0	8671,0	8590,5	8659,5	62
63	8694	8707,8	8721,6	8735,4	8749,2	8763,0	8776,8	8790,6	8804,4	8818,2	8717,0	8740,0	8786,0	8809,0	8728,5	8797,5	63
64	8832	8845,8	8859,6	8873,4	8887,2	8901,0	8914,8	8928,6	8942,4	8956,2	8855,0	8878,0	8924,0	8947,0	8866,5	8935,5	64
65	8970	8983,8	8997,6	9011,4	9025,2	9039,0	9052,8	9066,6	9080,4	9094,2	8993,0	9016,0	9062,0	9085,0	9004,5	9073,5	65
66	9108	9121,8	9135,6	9149,4	9163,2	9177,0	9190,8	9204,6	9218,4	9232,2	9131,0	9154,0	9200,0	9223,0	9142,5	9211,5	66
67	9246	9259,8	9273,6	9287,4	9301,2	9315,0	9328,8	9342,6	9356,4	9370,2	9269,0	9292,0	9338,0	9361,0	9280,5	9349,5	67
68	9384	9397,8	9411,6	9425,4	9439,2	9453,0	9466,8	9480,6	9494,4	9508,2	9407,0	9430,0	9476,0	9499,0	9418,5	9487,5	68
69	9522	9535,8	9549,6	9563,4	9577,2	9591,0	9604,8	9618,6	9632,4	9646,2	9545,0	9568,0	9614,0	9637,0	9556,5	9625,5	69
70	9660	9673,8	9687,6	9701,4	9715,2	9729,0	9742,8	9756,6	9770,4	9784,2	9683,0	9706,0	9752,0	9775,0	9694,5	9763,5	70
71	9798	9811,8	9825,6	9839,4	9853,2	9867,0	9880,8	9894,6	9908,4	9922,2	9821,0	9844,0	9890,0	9913,0	9832,5	9901,5	71
72	9936	9949,8	9963,6	9977,4	9991,2	10005,0	10018,8	10032,6	10046,4	10060,2	9959,0	9982,0	10028,0	10051,0	9970,5	10039,5	72
73	10074	10087,8	10101,6	10115,4	10129,2	10143,0	10156,8	10170,6	10184,4	10198,2	10097,0	10120,0	10166,0	10189,0	10108,5	10177,5	73
74	10212	10225,8	10239,6	10253,4	10267,2	10281,0	10294,8	10308,6	10322,4	10336,2	10235,0	10258,0	10304,0	10327,0	10246,5	10315,5	74
75	10350	10363,8	10377,6	10391,4	10405,2	10419,0	10432,8	10446,6	10460,4	10474,2	10373,0	10396,0	10442,0	10465,0	10384,5	10453,5	75
76	10488	10501,8	10515,6	10529,4	10543,2	10557,0	10570,8	10584,6	10598,4	10612,2	10511,0	10534,0	10580,0	10603,0	10522,5	10591,5	76
77	10626	10639,8	10653,6	10667,4	10681,2	10695,0	10708,8	10722,6	10736,4	10750,2	10649,0	10672,0	10718,0	10741,0	10660,5	10729,5	77
78	10764	10777,8	10791,6	10805,4	10819,2	10833,0	10846,8	10860,6	10874,4	10888,2	10787,0	10810,0	10856,0	10879,0	10798,5	10867,5	78
79	10902	10915,8	10929,6	10943,4	10957,2	10971,0	10984,8	10998,6	11012,4	11026,2	10925,0	10948,0	10994,0	11017,0	10936,5	11005,5	79
80	11040	11053,8	11067,6	11081,4	11095,2	11109,0	11122,8	11136,6	11150,4	11164,2	11063,0	11086,0	11132,0	11155,0	11074,5	11143,5	80
81	11178	11191,8	11205,6	11219,4	11233,2	11247,0	11260,8	11274,6	11288,4	11302,2	11201,0	11224,0	11270,0	11293,0	11212,5	11281,5	81
82	11316	11329,8	11343,6	11357,4	11371,2	11385,0	11398,8	11412,6	11426,4	11440,2	11339,0	11362,0	11408,0	11431,0	11350,5	11419,5	82
83	11454	11467,8	11481,6	11495,4	11509,2	11523,0	11536,8	11550,6	11564,4	11578,2	11477,0	11500,0	11546,0	11569,0	11488,5	11557,5	83
84	11592	11605 8	11619,6	11633,4	11647,2	11661,0	11674,8	11688,6	11702,4	11716,2	11615,0	11638,0	11684,0	11707,0	11626,5	11695,5	84
85	11730	11743,8	11757,6	11771,4	11785,2	11799,0	11812,8	11826,6	11840,4	11854,2	11753,0	11776,0	11822,0	11845,0	11764,5	11833,5	85
86	11868	11881,8	11895,6	11909,4	11923,2	11937,0	11950,8	11964,6	11978,4	11992,2	11891,0	11914,0	11960,0	11983,0	11902,5	11971,5	86
87	12006	12019,8	12033,6	12047,4	12061,2	12075,0	12088,8	12102,6	12116,4	12130,2	12029,0	12052,0	12098,0	12121,0	12040,5	12109,5	87
88	12144	12157,8	12171,6	12185,4	12199,2	12213,0	12226,8	12240,6	12254,4	12268,2	12167,0	12190,0	12236,0	12259,0	12178,5	12247,5	88
89	12282	12295,8	12309,6	12323,4	12337,2	12351,0	12364,8	12378,6	12392,4	12406,2	12305,0	12328,0	12374,0	12397,0	12316,5	12385,5	89
90	12420	12433,8	12447,6	12461,4	12475,2	12489,0	12502,8	12516,6	12530,4	12544,2	12443,0	12466,0	12512,0	12535,0	12454,5	12523,5	90
91	12558	12571,8	12585,6	12599,4	12613,2	12627,0	12640,8	12654,6	12668,4	12682,2	12581,0	12604,0	12650,0	12673,0	12592,5	12661,5	91
92	12696	12709,8	12723,6	12737,4	12751,2	12765,0	12778,8	12792,6	12806,4	12820,2	12719,0	12742,0	12788,0	12811,0	12730,5	12799,5	92
93	12834	12847,8	12861,6	12875,4	12889,2	12903,0	12916,8	12930,6	12944,4	12958,2	12857,0	12880,0	12926,0	12949,0	12868,5	12937,5	93
94	12972	12985,8	12999,6	13013,4	13027,2	13041,0	13054,8	13068,6	13082,4	13096,2	12995,0	13018,0	13064,0	13087,0	13006,5	13075,5	94
95	13110	13123,8	13137,6	13151,4	13165,2	13179,0	13192,8	13206,6	13220,4	13234,2	13133,0	13156,0	13202,0	13225,0	13144,5	13213,5	95
96	13248	13261,8	13275,6	13289,4	13303,2	13317,0	13330,8	13344,6	13358,4	13372,2	13271,0	13294,0	13340,0	13363,0	13282,5	13351,5	96
97	13386	13399,8	13413,6	13427,4	13441,2	13455,0	13468,8	13482,6	13496,4	13510,2	13409,0	13432,0	13478,0	13501,0	13420,5	13489,5	97
98	13524	13537,8	13551,6	13565,4	13579,2	13593,0	13606,8	13620,6	13634,4	13648,2	13547,0	13570,0	13616,0	13639,0	13558,5	13627,5	98
99	13662	13675,8	13689,6	13703,4	13717,2	13731,0	13744,8	13758,6	13772,4	13786,2	13685,0	13708,0	13754,0	13777,0	13696,5	13765,5	99
100	13800	13813,8	13827,6	13841,4	13855,2	13869,0	13882,8	13896,6	13910,4	13924,2	13823,0	13846,0	13892,0	13915,0	13834,5	13903,5	100

		1/10 13,9	2/10 27,8	3/10 41,7	4/10 55,6	5/10 69,5	6/10 83,4	7/10 97,3	8/10 111,2	9/10 125,1	1/6 23,166	2/6 46,333	4/6 92,666	5/6 115,833	1/4 34,75	3/4 104,25	
1	139	152,9	166,8	180,7	194,6	208,5	222,4	236,3	250,2	264,1	162,2	185,3	231,7	254,8	173,8	243,3	1
2	278	291,9	305,8	319,7	333,6	347,5	361,4	375,3	389,2	403,1	301,2	324,3	370,7	393,8	312,8	382,3	2
3	417	430,9	444,8	458,7	472,6	486,5	500,4	514,3	528,2	542,1	440,2	463,3	509,7	532,8	451,8	521,3	3
4	556	569,9	583,8	597,7	611,6	625,5	639,4	653,3	667,2	681,1	579,2	602,3	648,7	671,8	590,8	660,3	4
5	695	708,9	722,8	736,7	750,6	764,5	778,4	792,3	806,2	820,1	718,2	741,3	787,7	810,8	729,8	799,3	5
6	834	847,9	861,8	875,7	889,6	903,5	917,4	931,3	945,2	959,1	857,2	880,3	926,7	949,8	868,8	938,3	6
7	973	986,9	1000,8	1014,7	1028,6	1042,5	1056,4	1070,3	1084,2	1098,1	996,2	1019,3	1065,7	1088,8	1007,8	1077,3	7
8	1112	1125,9	1139,8	1153,7	1167,6	1181,5	1195,4	1209,3	1223,2	1237,1	1135,2	1158,3	1204,7	1227,8	1146,8	1216,3	8
9	1251	1264,9	1278,8	1292,7	1306,6	1320,5	1334,4	1348,3	1362,2	1376,1	1274,2	1297,3	1343,7	1366,8	1285,8	1355,3	9
10	1390	1403,9	1414,8	1431,7	1445,6	1459,5	1473,4	1487,3	1501,2	1515,1	1413,2	1436,3	1482,7	1505,8	1424,8	1494,3	10
11	1529	1542,9	1556,8	1570,7	1584,6	1598,5	1612,4	1626,3	1640,2	1654,1	1552,2	1575,3	1621,7	1644,8	1563,8	1633,3	11
12	1668	1681,9	1695,8	1709,7	1723,6	1737,5	1751,4	1765,3	1779,2	1793,1	1691,2	1714,3	1760,7	1783,8	1702,8	1772,3	12
13	1807	1820,9	1834,8	1848,7	1862,6	1876,5	1890,4	1904,3	1918,2	1932,1	1830,2	1853,3	1899,7	1922,8	1841,8	1911,3	13
14	1946	1959,9	1973,8	1987,7	2001,6	2015,5	2029,4	2043,3	2057,2	2071,1	1969,2	1992,3	2038,7	2061,8	1980,8	2050,3	14
15	2085	2098,9	2112,8	2126,7	2140,6	2154,5	2168,4	2182,3	2196,2	2210,1	2108,2	2131,3	2177,7	2200,8	2119,8	2189,3	15
16	2224	2237,9	2251,8	2265,7	2279,6	2293,5	2307,4	2321,3	2335,2	2349,1	2247,2	2270,3	2316,7	2339,8	2258,8	2328,3	16
17	2363	2376,9	2390,8	2404,7	2418,6	2432,5	2446,4	2460,3	2474,2	2488,1	2386,2	2409,3	2455,7	2478,8	2397,8	2467,3	17
18	2502	2515,9	2529,8	2543,7	2557,6	2571,5	2585,4	2599,3	2613,2	2627,1	2525,2	2548,3	2594,7	2617,8	2536,8	2606,3	18
19	2641	2654,9	2668,8	2682,7	2696,6	2710,5	2724,4	2738,3	2752,2	2766,1	2664,2	2687,3	2733,7	2756,8	2675,8	2745,3	19
20	2780	2793,9	2807,8	2821,7	2835,6	2849,5	2863,4	2877,3	2891,2	2905,1	2803,2	2826,3	2872,7	2895,8	2814,8	2884,3	20
21	2919	2932,9	2946,8	2960,7	2974,6	2988,5	3002,4	3016,3	3030,2	3044,1	2942,2	2965,3	3011,7	3034,8	2953,8	3023,3	21
22	3058	3071,9	3085,8	3099,7	3113,6	3127,5	3141,4	3155,3	3169,2	3183,1	3081,2	3104,3	3150,7	3173,8	3092,8	3162,3	22
23	3197	3210,9	3224,8	3238,7	3252,6	3266,5	3280,4	3294,3	3308,2	3322,1	3220,2	3243,3	3289,7	3312,8	3231,8	3301,3	23
24	3336	3349,9	3363,8	3377,7	3391,6	3405,5	3419,4	3433,3	3447,2	3461,1	3359,2	3382,3	3428,7	3451,8	3370,8	3440,3	24
25	3475	3488,9	3502,8	3516,7	3530,6	3544,5	3558,4	3572,3	3586,2	3600,1	3498,2	3521,3	3567,7	3590,8	3509,8	3579,3	25
26	3614	3627,9	3641,8	3655,7	3669,6	3683,5	3697,4	3711,3	3725,2	3739,1	3637,2	3660,3	3706,7	3729,8	3648,8	3718,3	26
27	3753	3766,9	3780,8	3794,7	3808,6	3822,5	3836,4	3850,3	3864,2	3878,1	3776,2	3799,3	3845,7	3868,8	3787,8	3857,3	27
28	3892	3905,9	3919,8	3933,7	3947,6	3961,5	3975,4	3989,3	4003,2	4017,1	3915,2	3938,3	3984,7	4007,8	3926,8	3996,3	28
29	4031	4044,9	4058,8	4072,7	4086,6	4100,5	4114,4	4128,3	4142,2	4156,1	4054,2	4077,3	4123,7	4146,8	4065,8	4135,3	29
30	4170	4183,9	4197,8	4211,7	4225,6	4239,5	4253,4	4267,3	4281,2	4295,1	4193,2	4216,3	4262,7	4285,8	4204,8	4274,3	30
31	4309	4322,9	4336,8	4350,7	4364,6	4378,5	4392,4	4406,3	4420,2	4434,1	4332,2	4355,3	4401,7	4424,8	4343,8	4413,3	31
32	4448	4461,9	4475,8	4489,7	4503,6	4517,5	4531,4	4545,3	4559,2	4573,1	4471,2	4494,3	4540,7	4563,8	4482,8	4552,3	32
33	4587	4600,9	4614,8	4628,7	4642,6	4656,5	4670,4	4684,3	4698,2	4712,1	4610,2	4633,3	4679,7	4702,8	4621,8	4691,3	33
34	4726	4739,9	4753,8	4767,7	4781,6	4795,5	4809,4	4823,3	4837,2	4851,1	4749,2	4772,3	4818,7	4841,8	4760,8	4830,3	34
35	4865	4878,9	4892,8	4906,7	4920,6	4934,5	4948,4	4962,3	4976,2	4990,1	4888,2	4911,3	4957,7	4980,8	4899,8	4969,3	35
36	5004	5017,9	5031,8	5045,7	5059,6	5073,5	5087,4	5101,3	5115,2	5129,1	5027,2	5050,3	5096,7	5119,8	5038,8	5108,3	36
37	5143	5156,9	5170,8	5184,7	5198,6	5212,5	5226,4	5240,3	5254,2	5268,1	5166,2	5189,3	5235,7	5258,8	5177,8	5247,3	37
38	5282	5295,9	5309,8	5323,7	5337,6	5351,5	5365,4	5379,3	5393,2	5407,1	5305,2	5328,3	5374,7	5397,8	5316,8	5386,3	38
39	5421	5434,9	5448,8	5462,7	5476,6	5490,5	5504,4	5518,3	5532,2	5546,1	5444,2	5467,3	5513,7	5536,8	5455,8	5525,3	39
40	5560	5573,9	5587,8	5601,7	5615,6	5629,5	5643,4	5657,3	5671,2	5685,1	5583,2	5606,3	5652,7	5675,8	5594,8	5664,3	40
41	5699	5712,9	5726,8	5740,7	5754,6	5768,5	5782,4	5796,3	5810,2	5824,1	5722,2	5745,3	5791,7	5814,8	5733,8	5803,3	41
42	5838	5851,9	5865,8	5879,7	5893,6	5907,5	5921,4	5935,3	5949,2	5963,1	5861,2	5884,3	5930,7	5953,8	5872,8	5942,3	42
43	5977	5990,9	6004,8	6018,7	6032,6	6046,5	6060,4	6074,3	6088,2	6102,1	6000,2	6023,3	6069,7	6092,8	6011,8	6081,3	43
44	6116	6129,9	6143,8	6157,7	6171,6	6185,5	6199,4	6213,3	6227,2	6241,1	6139,2	6162,3	6208,7	6231,8	6150,8	6220,3	44
45	6255	6268,9	6282,8	6296,7	6310,6	6324,5	6338,4	6352,3	6366,2	6380,1	6278,2	6301,3	6347,7	6370,8	6289,8	6359,3	45
46	6394	6407,9	6421,8	6435,7	6449,6	6463,5	6477,4	6491,3	6505,2	6519,1	6417,2	6440,3	6486,7	6509,8	6428,8	6498,3	46
47	6533	6546,9	6560,8	6574,7	6588,6	6602,5	6616,4	6630,3	6644,2	6658,1	6556,2	6579,3	6625,7	6648,8	6567,8	6637,3	47
48	6672	6685,9	6699,8	6713,7	6727,6	6741,5	6755,4	6769,3	6783,2	6797,1	6695,2	6718,3	6764,7	6787,8	6706,8	6776,3	48
49	6811	6824,9	6838,8	6852,7	6866,6	6880,5	6894,4	6908,3	6922,2	6936,1	6834,2	6857,3	6903,7	6926,8	6845,8	6915,3	49
50	6950	6963,9	6977,8	6991,7	7005,6	7019,5	7033,4	7047,3	7061,2	7075,1	6973,2	6996,3	7042,7	7065,8	6984,8	7054,3	50
51	7089	7102,9	7116,8	7130,7	7144,6	7158,5	7172,4	7186,3	7200,2	7214,1	7112,2	7135,3	7181,7	7204,8	7123,8	7193,3	51
52	7228	7241,9	7255,8	7269,7	7283,6	7297,5	7311,4	7325,3	7339,2	7353,1	7251,2	7274,3	7320,7	7343,8	7262,8	7332,3	52
53	7367	7380,9	7394,8	7408,7	7422,6	7436,5	7450,4	7464,3	7478,2	7492,1	7390,2	7413,3	7459,7	7482,8	7401,8	7471,3	53
54	7506	7519,9	7533,8	7547,7	7561,6	7575,5	7589,4	7603,3	7617,2	7631,1	7529,2	7552,3	7598,7	7621,8	7540,8	7610,3	54
55	7645	7658,9	7672,8	7686,7	7700,6	7714,5	7728,4	7742,3	7756,2	7770,1	7668,2	7691,3	7737,7	7760,8	7679,8	7749,3	55
56	7784	7797,9	7811,8	7825,7	7839,6	7853,5	7867,4	7881,3	7895,2	7909,1	7807,2	7830,3	7876,7	7899,8	7818,8	7888,3	56
57	7923	7936,9	7950,8	7964,7	7978,6	7992,5	8006,4	8020,3	8034,2	8048,1	7946,2	7969,3	8015,7	8038,8	7957,8	8027,3	57
58	8062	8075,9	8089,8	8103,7	8117,6	8131,5	8145,4	8159,3	8173,2	8187,1	8085,2	8108,3	8154,7	8177,8	8096,8	8166,3	58
59	8201	8214,9	8228,8	8242,7	8256,6	8270,5	8284,4	8298,3	8312,2	8326,1	8224,2	8247,3	8293,7	8316,8	8235,8	8305,3	59
60	8340	8353,9	8367,8	8381,7	8395,6	8409,5	8423,4	8437,3	8451,2	8465,1	8363,2	8386,3	8432,7	8455,8	8374,8	8444,3	60
61	8479	8492,9	8506,8	8520,7	8534,6	8548,5	8562,4	8576,3	8590,2	8604,1	8502,2	8525,3	8571,7	8594,8	8513,8	8583,3	61
62	8618	8631,9	8645,8	8659,7	8673,6	8687,5	8701,4	8715,3	8729,2	8743,1	8641,2	8664,3	8710,7	8733,8	8652,8	8722,3	62
63	8757	8770,9	8784,8	8798,7	8812,6	8826,5	8840,4	8854,3	8868,2	8882,1	8780,2	8803,3	8849,7	8872,8	8791,8	8861,3	63
64	8896	8909,9	8923,8	8937,7	8951,6	8965,5	8979,4	8993,3	9007,2	9021,1	8919,2	8942,3	8988,7	9011,8	8930,8	9000,3	64
65	9035	9048,9	9062,8	9076,7	9090,6	9104,5	9118,4	9132,3	9146,2	9160,1	9058,2	9081,3	9127,7	9150,8	9069,8	9139,3	65
66	9174	9187,9	9201,8	9215,7	9229,6	9243,5	9257,4	9271,3	9285,2	9299,1	9197,2	9220,3	9266,7	9289,8	9208,8	9278,3	66
67	9313	9326,9	9340,8	9354,7	9368,6	9382,5	9396,4	9410,3	9424,2	9438,1	9336,2	9359,3	9405,7	9428,8	9347,8	9417,3	67
68	9452	9465,9	9479,8	9493,7	9507,6	9521,5	9535,4	9549,3	9563,2	9577,1	9475,2	9498,3	9544,7	9567,8	9486,8	9556,3	68
69	9591	9604,9	9618,8	9632,7	9646,6	9660,5	9674,4	9688,3	9702,2	9716,1	9614,2	9637,3	9683,7	9706,8	9625,8	9695,3	69
70	9730	9743,9	9757,8	9771,7	9785,6	9799,5	9813,4	9827,3	9841,2	9855,1	9753,2	9776,3	9822,7	9845,8	9764,8	9834,3	70
71	9869	9882,9	9896,8	9910,7	9924,6	9938,5	9952,4	9966,3	9980,2	9994,1	9892,2	9915,3	9961,7	9984,8	9903,8	9973,3	71
72	10008	10021,9	10035,8	10049,7	10063,6	10077,5	10091,4	10105,3	10119,2	10133,1	10031,2	10054,3	10100,7	10123,8	10042,8	10112,3	72
73	10147	10160,9	10174,8	10188,7	10202,6	10216,5	10230,4	10244,3	10258,2	10272,1	10170,2	10193,3	10239,7	10262,8	10181,8	10251,3	73
74	10286	10299,9	10313,8	10327,7	10341,6	10355,5	10369,4	10383,3	10397,2	10411,1	10309,2	10332,3	10378,7	10401,8	10320,8	10390,3	74
75	10425	10438,9	10452,8	10466,7	10480,6	10494,5	10508,4	10522,3	10536,2	10550,1	10448,2	10471,3	10517,7	10540,8	10459,8	10529,3	75
76	10564	10577,9	10591,8	10605,7	10619,6	10633,5	10647,4	10661,3	10675,2	10689,1	10587,2	10610,3	10656,7	10679,8	10598,8	10668,3	76
77	10703	10716,9	10730,8	10744,7	10758,6	10772,5	10786,4	10800,3	10814,2	10828,1	10726,2	10749,3	10795,7	10818,8	10737,8	10807,3	77
78	10842	10855,9	10869,8	10883,7	10897,6	10911,5	10925,4	10939,3	10953,2	10967,1	10865,2	10888,3	10934,7	10957,8	10876,8	10946,3	78
79	10981	10994,9	11008,8	11022,7	11036,6	11050,5	11064,4	11078,3	11092,2	11106,1	11004,2	11027,3	11073,7	11096,8	11015,8	11085,3	79
80	11120	11133,9	11147,8	11161,7	11175,6	11189,5	11203,4	11217,3	11231,2	11245,1	11143,2	11166,3	11212,7	11235,8	11154,8	11224,3	80
81	11259	11272,9	11286,8	11300,7	11314,6	11328,5	11342,4	11356,3	11370,2	11384,1	11282,2	11305,3	11351,7	11374,8	11293,8	11363,3	81
82	11398	11411,9	11425,8	11439,7	11453,6	11467,5	11481,4	11495,3	11509,2	11523,1	11421,2	11444,3	11490,7	11513,8	11432,8	11502,3	82
83	11537	11550,9	11564,8	11578,7	11592,6	11606,5	11620,4	11634,3	11648,2	11662,1	11560,2	11583,3	11629,7	11652,8	11571,8	11641,3	83
84	11676	11689,9	11703,8	11717,7	11731,6	11745,5	11759,4	11773,3	11787,2	11801,1	11699,2	11722,3	11768,7	11791,8	11710,8	11780,3	84
85	11815	11828,9	11842,8	11856,7	11870,6	11884,5	11898,4	11912,3	11926,2	11940,1	11838,2	11861,3	11907,7	11930,8	11849,8	11919,3	85
86	11954	11967,9	11981,8	11995,7	12009,6	12023,5	12037,4	12051,3	12065,2	12079,1	11977,2	12000,3	12046,7	12069,8	11988,8	12058,3	86
87	12093	12106,9	12120,8	12134,7	12148,6	12162,5	12176,4	12190,3	12204,2	12218,1	12116,2	12139,3	12185,7	12208,8	12127,8	12197,3	87
88	12232	12245,9	12259,8	12273,7	12287,6	12301,5	12315,4	12329,3	12343,2	12357,1	12255,2	12278,3	12324,7	12347,8	12266,8	12336,3	88
89	12371	12384,9	12398,8	12412,7	12426,6	12440,5	12454,4	12468,3	12482,2	12496,1	12394,2	12417,3	12463,7	12486,8	12405,8	12475,3	89
90	12510	12523,9	12537,8	12551,7	12565,6	12579,5	12593,4	12607,3	12621,2	12635,1	12533,2	12556,3	12602,7	12625,8	12544,8	12614,3	90
91	12649	12662,9	12676,8	12690,7	12704,6	12718,5	12732,4	12746,3	12760,2	12774,1	12672,2	12695,3	12741,7	12764,8	12683,8	12753,3	91
92	12788	12801,9	12815,8	12829,7	12843,6	12857,5	12871,4	12885,3	12899,2	12913,1	12811,2	12834,3	12880,7	12903,8	12822,8	12892,3	92
93	12927	12940,9	12954,8	12968,7	12982,6	12996,5	13010,4	13024,3	13038,2	13052,1	12950,2	12973,3	13019,7	13042,8	12961,8	13031,3	93
94	13066	13079,9	13093,8	13107,7	13121,6	13135,5	13149,4	13163,3	13177,2	13191,1	13089,2	13112,3	13158,7	13181,8	13100,8	13170,3	94
95	13205	13218,9	13232,8	13246,7	13260,6	13274,5	13288,4	13302,3	13316,2	13330,1	13228,2	13251,3	13297,7	13320,8	13239,8	13309,3	95
96	13344	13357,9	13371,8	13385,7	13399,6	13413,5	13427,4	13441,3	13455,2	13469,1	13367,2	13390,3	13436,7	13459,8	13378,8	13448,3	96
97	13483	13496,9	13510,8	13524,7	13538,6	13552,5	13566,4	13580,3	13594,2	13608,1	13506,2	13529,3	13575,7	13598,8	13517,8	13587,3	97
98	13622	13635,9	13649,8	13663,7	13677,6	13691,5	13705,4	13719,3	13733,2	13747,1	13645,2	13668,3	13714,7	13737,8	13656,8	13726,3	98
99	13761	13774,9	13788,8	13802,7	13816,6	13830,5	13844,4	13858,3	13872,2	13886,1	13784,2	13807,3	13853,7	13876,8	13795,8	13865,3	99
100	13900	13913,9	13927,8	13941,7	13955,6	13969,5	13983,4	13997,3	14011,2	14025,1	13923,2	13946,3	13992,7	14015,8	13934,8	14004,3	100

140

		1/10 14,0	2/10 28,0	3/10 42,0	4/10 56,0	5/10 70,0	6/10 84,0	7/10 98,0	8/10 112,0	9/10 126,0	1/6 23,333	2/6 46,666	4/6 93,333	5/6 116,666	1/4 35,0	3/4 105,0	
1	140	154,0	168,0	182,0	196,0	210,0	224,0	238,0	252,0	266,0	163,3	186,7	233,3	256,7	175,0	245,0	1
2	280	294,0	308,0	322,0	336,0	350,0	364,0	378,0	392,0	406,0	303,3	326,7	373,3	396,7	315,0	385,0	2
3	420	434,0	448,0	462,0	476,0	490,0	504,0	518,0	532,0	546,0	443,3	466,7	513,3	536,7	455,0	525,0	3
4	560	574,0	588,0	602,0	616,0	630,0	644,0	658,0	672,0	686,0	583,3	606,7	653,3	676,7	595,0	665,0	4
5	700	714,0	728,0	742,0	756,0	770,0	784,0	798,0	812,0	826,0	723,3	746,7	793,3	816,7	735,0	805,0	5
6	840	854,0	868,0	882,0	896,0	910,0	924,0	938,0	952,0	966,0	863,3	886,7	933,3	956,7	875,0	945,0	6
7	980	994,0	1008,0	1022,0	1036,0	1050,0	1064,0	1078,0	1092,0	1106,0	1003,3	1026,7	1073,3	1096,7	1015,0	1085,0	7
8	1120	1134,0	1148,0	1162,0	1176,0	1190,0	1204,0	1218,0	1232,0	1246,0	1143,3	1166,7	1213,3	1236,7	1155,0	1225,0	8
9	1260	1274,0	1288,0	1302,0	1316,0	1330,0	1344,0	1358,0	1372,0	1386,0	1283,3	1306,7	1353,3	1376,7	1295,0	1365,0	9
10	1400	1414,0	1428,0	1442,0	1456,0	1470,0	1484,0	1498,0	1512,0	1526,0	1423,3	1446,7	1493,3	1516,7	1435,0	1505,0	10
11	1540	1554,0	1568,0	1582,0	1596,0	1610,0	1624,0	1638,0	1652,0	1666,0	1563,3	1586,7	1633,3	1656,7	1575,0	1645,0	11
12	1680	1694,0	1708,0	1722,0	1736,0	1750,0	1764,0	1778,0	1792,0	1806,0	1703,3	1726,7	1773,3	1796,7	1715,0	1785,0	12
13	1820	1834,0	1848,0	1862,0	1876,0	1890,0	1904,0	1918,0	1932,0	1946,0	1843,3	1866,7	1913,3	1936,7	1855,0	1925,0	13
14	1960	1974,0	1988,0	2002,0	2016,0	2030,0	2044,0	2058,0	2072,0	2086,0	1983,3	2006,7	2053,3	2076,7	1995,0	2065,0	14
15	2100	2114,0	2128,0	2142,0	2156,0	2170,0	2184,0	2198,0	2212,0	2226,0	2123,3	2146,7	2193,3	2216,7	2135,0	2205,0	15
16	2240	2254,0	2268,0	2282,0	2296,0	2310,0	2324,0	2338,0	2352,0	2366,0	2263,3	2286,7	2333,3	2356,7	2275,0	2345,0	16
17	2380	2394,0	2408,0	2422,0	2436,0	2450,0	2464,0	2478,0	2492,0	2506,0	2403,3	2426,7	2473,3	2496,7	2415,0	2485,0	17
18	2520	2534,0	2548,0	2562,0	2576,0	2590,0	2604,0	2618,0	2632,0	2646,0	2543,3	2566,7	2613,3	2636,7	2555,0	2625,0	18
19	2660	2674,0	2688,0	2702,0	2716,0	2730,0	2744,0	2758,0	2772,0	2786,0	2683,3	2706,7	2753,3	2776,7	2695,0	2765,0	19
20	2800	2814,0	2828,0	2842,0	2856,0	2870,0	2884,0	2898,0	2912,0	2926,0	2823,3	2846,7	2893,3	2916,7	2835,0	2905,0	20
21	2940	2954,0	2968,0	2982,0	2996,0	3010,0	3024,0	3038,0	3052,0	3066,0	2963,3	2986,7	3033,3	3056,7	2975,0	3045,0	21
22	3080	3094,0	3108,0	3122,0	3136,0	3150,0	3164,0	3178,0	3192,0	3206,0	3103,3	3126,7	3173,3	3196,7	3115,0	3185,0	22
23	3220	3234,0	3248,0	3262,0	3276,0	3290,0	3304,0	3318,0	3332,0	3346,0	3243,3	3266,7	3313,3	3336,7	3255,0	3325,0	23
24	3360	3374,0	3388,0	3402,0	3416,0	3430,0	3444,0	3458,0	3472,0	3486,0	3383,3	3406,7	3453,3	3476,7	3395,0	3465,0	24
25	3500	3514,0	3528,0	3542,0	3556,0	3570,0	3584,0	3598,0	3612,0	3626,0	3523,3	3546,7	3593,3	3616,7	3535,0	3605,0	25
26	3640	3654,0	3668,0	3682,0	3696,0	3710,0	3724,0	3738,0	3752,0	3766,0	3663,3	3686,7	3733,3	3756,7	3675,0	3745,0	26
27	3780	3794,0	3808,0	3822,0	3836,0	3850,0	3864,0	3878,0	3892,0	3906,0	3803,3	3826,7	3873,3	3896,7	3815,0	3885,0	27
28	3920	3934,0	3948,0	3962,0	3976,0	3990,0	4004,0	4018,0	4032,0	4046,0	3943,3	3966,7	4013,3	4036,7	3955,0	4025,0	28
29	4060	4074,0	4088,0	4102,0	4116,0	4130,0	4144,0	4158,0	4172,0	4186,0	4083,3	4106,7	4153,3	4176,7	4095,0	4165,0	29
30	4200	4214,0	4228,0	4242,0	4256,0	4270,0	4284,0	4298,0	4312,0	4326,0	4223,3	4246,7	4293,3	4316,7	4235,0	4305,0	30
31	4340	4354,0	4368,0	4382,0	4396,0	4410,0	4424,0	4438,0	4452,0	4466,0	4363,3	4386,7	4433,3	4456,7	4375,0	4445,0	31
32	4480	4494,0	4508,0	4522,0	4536,0	4550,0	4564,0	4578,0	4592,0	4606,0	4503,3	4526,7	4573,3	4596,7	4515,0	4585,0	32
33	4620	4634,0	4648,0	4662,0	4676,0	4690,0	4704,0	4718,0	4732,0	4746,0	4643,3	4666,7	4713,3	4736,7	4655,0	4725,0	33
34	4760	4774,0	4788,0	4802,0	4816,0	4830,0	4844,0	4858,0	4872,0	4886,0	4783,3	4806,7	4853,3	4876,7	4795,0	4865,0	34
35	4900	4914,0	4928,0	4942,0	4956,0	4970,0	4984,0	4998,0	5012,0	5026,0	4923,3	4946,7	4993,3	5016,7	4935,0	5005,0	35
36	5040	5054,0	5068,0	5082,0	5096,0	5110,0	5124,0	5138,0	5152,0	5166,0	5063,3	5086,7	5133,3	5156,7	5075,0	5145,0	36
37	5180	5194,0	5208,0	5222,0	5236,0	5250,0	5264,0	5278,0	5292,0	5306,0	5203,3	5226,7	5273,3	5296,7	5215,0	5285,0	37
38	5320	5334,0	5348,0	5362,0	5376,0	5390,0	5404,0	5418,0	5432,0	5446,0	5343,3	5366,7	5413,3	5436,7	5355,0	5425,0	38
39	5460	5474,0	5488,0	5502,0	5516,0	5530,0	5544,0	5558,0	5572,0	5586,0	5483,3	5506,7	5553,3	5576,7	5495,0	5565,0	39
40	5600	5614,0	5628,0	5642,0	5656,0	5670,0	5684,0	5698,0	5712,0	5726,0	5623,3	5646,7	5693,3	5716,7	5635,0	5705,0	40
41	5740	5754,0	5768,0	5782,0	5796,0	5810,0	5824,0	5838,0	5852,0	5866,0	5763,3	5786,7	5833,3	5856,7	5775,0	5845,0	41
42	5880	5894,0	5908,0	5922,0	5936,0	5950,0	5964,0	5978,0	5992,0	6006,0	5903,3	5926,7	5973,3	5996,7	5915,0	5985,0	42
43	6020	6034,0	6048,0	6062,0	6076,0	6090,0	6104,0	6118,0	6132,0	6146,0	6043,3	6066,7	6113,3	6136,7	6055,0	6125,0	43
44	6160	6174,0	6188,0	6202,0	6216,0	6230,0	6244,0	6258,0	6272,0	6286,0	6183,3	6206,7	6253,3	6276,7	6195,0	6265,0	44
45	6300	6314,0	6328,0	6342,0	6356,0	6370,0	6384,0	6398,0	6412,0	6426,0	6323,3	6346,7	6393,3	6416,7	6335,0	6405,0	45
46	6440	6454,0	6468,0	6482,0	6496,0	6510,0	6524,0	6538,0	6552,0	6566,0	6463,3	6486,7	6533,3	6556,7	6475,0	6545,0	46
47	6580	6594,0	6608,0	6622,0	6636,0	6650,0	6664,0	6678,0	6692,0	6706,0	6603,3	6626,7	6673,3	6696,7	6615,0	6685,0	47
48	6720	6734,0	6748,0	6762,0	6776,0	6790,0	6804,0	6818,0	6832,0	6846,0	6743,3	6766,7	6813,3	6836,7	6755,0	6825,0	48
49	6860	6874,0	6888,0	6902,0	6916,0	6930,0	6944,0	6958,0	6972,0	6986,0	6883,3	6906,7	6953,3	6976,7	6895,0	6965,0	49
50	7000	7014,0	7028,0	7042,0	7056,0	7070,0	7084,0	7098,0	7112,0	7126,0	7023,3	7046,7	7093,3	7116,7	7035,0	7105,0	50
51	7140	7154,0	7168,0	7182,0	7196,0	7210,0	7224,0	7238,0	7252,0	7266,0	7163,3	7186,7	7233,3	7256,7	7175,0	7245,0	51
52	7280	7294,0	7308,0	7322,0	7336,0	7350,0	7364,0	7378,0	7392,0	7406,0	7303,3	7326,7	7373,3	7396,7	7315,0	7385,0	52
53	7420	7434,0	7448,0	7462,0	7476,0	7490,0	7504,0	7518,0	7532,0	7546,0	7443,3	7466,7	7513,3	7536,7	7455,0	7525,0	53
54	7560	7574,0	7588,0	7602,0	7616,0	7630,0	7644,0	7658,0	7672,0	7686,0	7583,3	7606,7	7653,3	7676,7	7595,0	7665,0	54
55	7700	7714,0	7728,0	7742,0	7756,0	7770,0	7784,0	7798,0	7812,0	7826,0	7723,3	7746,7	7793,3	7816,7	7735,0	7805,0	55
56	7840	7854,0	7868,0	7882,0	7896,0	7910,0	7924,0	7938,0	7952,0	7966,0	7863,3	7886,7	7933,3	7956,7	7875,0	7945,0	56
57	7980	7994,0	8008,0	8022,0	8036,0	8050,0	8064,0	8078,0	8092,0	8106,0	8003,3	8026,7	8073,3	8096,7	8015,0	8085,0	57
58	8120	8134,0	8148,0	8162,0	8176,0	8190,0	8204,0	8218,0	8232,0	8246,0	8143,3	8166,7	8213,3	8236,7	8155,0	8225,0	58
59	8260	8274,0	8288,0	8302,0	8316,0	8330,0	8344,0	8358,0	8372,0	8386,0	8283,3	8306,7	8353,3	8376,7	8295,0	8365,0	59
60	8400	8414,0	8428,0	8442,0	8456,0	8470,0	8484,0	8498,0	8512,0	8526,0	8423,3	8446,7	8493,3	8516,7	8435,0	8505,0	60
61	8540	8554,0	8568,0	8582,0	8596,0	8610,0	8624,0	8638,0	8652,0	8666,0	8563,3	8586,7	8633,3	8656,7	8575,0	8645,0	61
62	8680	8694,0	8708,0	8722,0	8736,0	8750,0	8764,0	8778,0	8792,0	8806,0	8703,3	8726,7	8773,3	8796,7	8715,0	8785,0	62
63	8820	8834,0	8848,0	8862,0	8876,0	8890,0	8904,0	8918,0	8932,0	8946,0	8843,3	8866,7	8913,3	8936,7	8855,0	8925,0	63
64	8960	8974,0	8988,0	9002,0	9016,0	9030,0	9044,0	9058,0	9072,0	9086,0	8983,3	9006,7	9053,3	9076,7	8995,0	9065,0	64
65	9100	9114,0	9128,0	9142,0	9156,0	9170,0	9184,0	9198,0	9212,0	9226,0	9123,3	9146,7	9193,3	9216,7	9135,0	9205,0	65
66	9240	9254,0	9268,0	9282,0	9296,0	9310,0	9324,0	9338,0	9352,0	9366,0	9263,3	9286,7	9333,3	9356,7	9275,0	9345,0	66
67	9380	9394,0	9408,0	9422,0	9436,0	9450,0	9464,0	9478,0	9492,0	9506,0	9403,3	9426,7	9473,3	9496,7	9415,0	9485,0	67
68	9520	9534,0	9548,0	9562,0	9576,0	9590,0	9604,0	9618,0	9632,0	9646,0	9543,3	9566,7	9613,3	9636,7	9555,0	9625,0	68
69	9660	9674,0	9688,0	9702,0	9716,0	9730,0	9744,0	9758,0	9772,0	9786,0	9683,3	9706,7	9753,3	9776,7	9695,0	9765,0	69
70	9800	9814,0	9828,0	9842,0	9856,0	9870,0	9884,0	9898,0	9912,0	9926,0	9823,3	9846,7	9893,3	9916,7	9835,0	9905,0	70
71	9940	9954,0	9968,0	9982,0	9996,0	10010,0	10024,0	10038,0	10052,0	10066,0	9963,3	9986,7	10033,3	10056,7	9975,0	10045,0	71
72	10080	10094,0	10108,0	10122,0	10136,0	10150,0	10164,0	10178,0	10192,0	10206,0	10103,3	10126,7	10173,3	10196,7	10115,0	10185,0	72
73	10220	10234,0	10248,0	10262,0	10276,0	10290,0	10304,0	10318,0	10332,0	10346,0	10243,3	10266,7	10313,3	10336,7	10255,0	10325,0	73
74	10360	10374,0	10388,0	10402,0	10416,0	10430,0	10444,0	10458,0	10472,0	10486,0	10383,3	10406,7	10453,3	10476,7	10395,0	10465,0	74
75	10500	10514,0	10528,0	10542,0	10556,0	10570,0	10584,0	10598,0	10612,0	10626,0	10523,3	10546,7	10593,3	10616,7	10535,0	10605,0	75
76	10640	10654,0	10668,0	10682,0	10696,0	10710,0	10724,0	10738,0	10752,0	10766,0	10663,3	10686,7	10733,3	10756,7	10675,0	10745,0	76
77	10780	10794,0	10808,0	10822,0	10836,0	10850,0	10864,0	10878,0	10892,0	10906,0	10803,3	10826,7	10873,3	10896,7	10815,0	10885,0	77
78	10920	10934,0	10948,0	10962,0	10976,0	10990,0	11004,0	11018,0	11032,0	11046,0	10943,3	10966,7	11013,3	11036,7	10955,0	11025,0	78
79	11060	11074,0	11088,0	11102,0	11116,0	11130,0	11144,0	11158,0	11172,0	11186,0	11083,3	11106,7	11153,3	11176,7	11095,0	11165,0	79
80	11200	11214,0	11228,0	11242,0	11256,0	11270,0	11284,0	11298,0	11312,0	11326,0	11223,3	11246,7	11293,3	11316,7	11235,0	11305,0	80
81	11340	11354,0	11368,0	11382,0	11396,0	11410,0	11424,0	11438,0	11452,0	11466,0	11363,3	11386,7	11433,3	11456,7	11375,0	11445,0	81
82	11480	11494,0	11508,0	11522,0	11536,0	11550,0	11564,0	11578,0	11592,0	11606,0	11503,3	11526,7	11573,3	11596,7	11515,0	11585,0	82
83	11620	11634,0	11643,0	11662,0	11676,0	11690,0	11704,0	11718,0	11732,0	11746,0	11643,3	11666,7	11713,3	11736,7	11655,0	11725,0	83
84	11760	11774,0	11788,0	11802,0	11816,0	11830,0	11844,0	11858,0	11872,0	11886,0	11783,3	11806,7	11853,3	11876,7	11795,0	11865,0	84
85	11900	11914,0	11928,0	11942,0	11956,0	11970,0	11984,0	11998,0	12012,0	12026,0	11923,3	11946,7	11993,3	12016,7	11935,0	12005,0	85
86	12040	12054,0	12068,0	12082,0	12096,0	12110,0	12124,0	12138,0	12152,0	12166,0	12063,3	12086,7	12133,3	12156,7	12075,0	12145,0	86
87	12180	12194,0	12208,0	12222,0	12236,0	12250,0	12264,0	12278,0	12292,0	12306,0	12203,3	12226,7	12273,3	12296,7	12215,0	12285,0	87
88	12320	12334,0	12348,0	12362,0	12376,0	12390,0	12404,0	12418,0	12432,0	12446,0	12343,3	12366,7	12413,3	12436,7	12355,0	12425,0	88
89	12460	12474,0	12488,0	12502,0	12516,0	12530,0	12544,0	12558,0	12572,0	12586,0	12483,3	12506,7	12553,3	12576,7	12495,0	12565,0	89
90	12600	12614,0	12628,0	12642,0	12656,0	12670,0	12684,0	12698,0	12712,0	12726,0	12623,3	12646,7	12693,3	12716,7	12635,0	12705,0	90
91	12740	12754,0	12768,0	12782,0	12796,0	12810,0	12824,0	12838,0	12852,0	12866,0	12763,3	12786,7	12833,3	12856,7	12775,0	12845,0	91
92	12880	12894,0	12908,0	12922,0	12936,0	12950,0	12964,0	12978,0	12992,0	13006,0	12903,3	12926,7	12973,3	12996,7	12915,0	12985,0	92
93	13020	13034,0	13048,0	13062,0	13076,0	13090,0	13104,0	13118,0	13132,0	13146,0	13043,3	13066,7	13113,3	13136,7	13055,0	13125,0	93
94	13160	13174,0	13188,0	13202,0	13216,0	13230,0	13244,0	13258,0	13272,0	13286,0	13183,3	13206,7	13253,3	13276,7	13195,0	13265,0	94
95	13300	13314,0	13328,0	13342,0	13356,0	13370,0	13384,0	13398,0	13412,0	13426,0	13323,3	13346,7	13393,3	13416,7	13335,0	13405,0	95
96	13440	13454,0	13468,0	13482,0	13496,0	13510,0	13524,0	13538,0	13552,0	13566,0	13463,3	13486,7	13533,3	13556,7	13475,0	13545,0	96
97	13580	13594,0	13608,0	13622,0	13636,0	13650,0	13664,0	13678,0	13692,0	13706,0	13603,3	13626,7	13673,3	13696,7	13615,0	13685,0	97
98	13720	13734,0	13748,0	13762,0	13776,0	13790,0	13804,0	13818,0	13832,0	13846,0	13743,3	13766,7	13813,3	13836,7	13755,0	13825,0	98
99	13860	13874,0	13888,0	13902,0	13916,0	13930,0	13944,0	13958,0	13972,0	13986,0	13883,3	13906,7	13953,3	13976,7	13895,0	13965,0	99
100	14000	14014,0	14028,0	14042,0	14056,0	14070,0	14084,0	14098,0	14112,0	14126,0	14023,3	14046,7	14093,3	14116,7	14035,0	14105,0	100

141

		1/10 14,1	2/10 28,2	3/10 42,3	4/10 56,4	5/10 70,5	6/10 84,6	7/10 98,7	8/10 112,8	9/10 126,9	1/6 23,5	2/6 47,0	4/6 94,0	5/6 117,5	1/4 35,25	3/4 105,75	
1	141	155,1	169,2	183,3	197,4	211,5	225,6	239,7	253,8	267,9	164,5	188,0	235,0	258,5	176,3	246,8	1
2	282	296,1	310,2	324,3	338,4	352,5	366,6	380,7	394,8	408,9	305,5	329,0	376,0	399,5	317,3	387,8	2
3	423	437,1	451,2	465,3	479,4	493,5	507,6	521,7	535,8	549,9	446,5	470,0	517,0	540,5	458,3	528,8	3
4	564	578,1	592,2	606,3	620,4	634,5	648,6	662,7	676,8	690,9	587,5	611,0	658,0	681,5	599,3	669,8	4
5	705	719,1	733,2	747,3	761,4	775,5	789,6	803,7	817,8	831,9	728,5	752,0	799,0	822,5	740,3	810,8	5
6	846	860,1	874,2	888,3	902,4	916,5	930,6	944,7	958,8	972,9	869,5	893,0	940,0	963,5	881,3	951,8	6
7	987	1001,1	1015,2	1029,3	1043,4	1057,5	1071,6	1085,7	1099,8	1113,9	1010,5	1034,0	1081,0	1104,5	1022,3	1092,8	7
8	1128	1142,1	1156,2	1170,3	1184,4	1198,5	1212,6	1226,7	1240,8	1254,9	1151,5	1175,0	1222,0	1245,5	1163,3	1233,8	8
9	1269	1283,1	1297,2	1311,3	1325,4	1339,5	1353,6	1367,7	1381,8	1395,9	1292,5	1316,0	1363,0	1386,5	1304,3	1374,8	9
10	1410	1424,1	1438,2	1452,3	1466,4	1480,5	1494,6	1508,7	1522,8	1536,9	1433,5	1457,0	1504,0	1527,5	1445,3	1515,8	10
11	1551	1565,1	1579,2	1593,3	1607,4	1621,5	1635,6	1649,7	1663,8	1677,9	1574,5	1598,0	1645,0	1668,5	1586,3	1656,8	11
12	1692	1706,1	1720,2	1734,3	1748,4	1762,5	1776,6	1790,7	1804,8	1818,9	1715,5	1739,0	1786,0	1809,5	1727,3	1797,8	12
13	1833	1847,1	1861,2	1875,3	1889,4	1903,5	1917,6	1931,7	1945,8	1959,9	1856,5	1880,0	1927,0	1950,5	1868,3	1938,8	13
14	1974	1988,1	2002,2	2016,3	2030,4	2044,5	2058,6	2072,7	2086,8	2100,9	1997,5	2021,0	2068,0	2091,5	2009,3	2079,8	14
15	2115	2129,1	2143,2	2157,3	2171,4	2185,5	2199,6	2213,7	2227,8	2241,9	2138,5	2162,0	2209,0	2232,5	2150,3	2220,8	15
16	2256	2270,1	2284,2	2298,3	2312,4	2326,5	2340,6	2354,7	2368,8	2382,9	2279,5	2303,0	2350,0	2373,5	2291,3	2361,8	16
17	2397	2411,1	2425,2	2439,3	2453,4	2467,5	2481,6	2495,7	2509,8	2523,9	2420,5	2444,0	2491,0	2514,5	2432,3	2502,8	17
18	2538	2552,1	2566,2	2580,3	2594,4	2608,5	2622,6	2636,7	2650,8	2664,9	2561,5	2585,0	2632,0	2655,5	2573,3	2643,8	18
19	2679	2693,1	2707,2	2721,3	2735,4	2749,5	2763,6	2777,7	2791,8	2805,9	2702,5	2726,0	2773,0	2796,5	2714,3	2784,8	19
20	2820	2834,1	2848,2	2862,3	2876,4	2890,5	2904,6	2918,7	2932,8	2946,9	2843,5	2867,0	2914,0	2937,5	2855,3	2925,8	20
21	2961	2975,1	2989,2	3003,3	3017,4	3031,5	3045,6	3059,7	3073,8	3087,9	2984,5	3008,0	3055,0	3078,5	2996,3	3066,8	21
22	3102	3116,1	3130,2	3144,3	3158,4	3172,5	3186,6	3200,7	3214,8	3228,9	3125,5	3149,0	3196,0	3219,5	3137,3	3207,8	22
23	3243	3257,1	3271,2	3285,3	3299,4	3313,5	3327,6	3341,7	3355,8	3369,9	3266,5	3290,0	3337,0	3360,5	3278,3	3348,8	23
24	3384	3398,1	3412,2	3426,3	3440,4	3454,5	3468,6	3482,7	3496,8	3510,9	3407,5	3431,0	3478,0	3501,5	3419,3	3489,8	24
25	3525	3539,1	3553,2	3567,3	3581,4	3595,5	3609,6	3623,7	3637,8	3651,9	3548,5	3572,0	3619,0	3642,5	3560,3	3630,8	25
26	3666	3680,1	3694,2	3708,3	3722,4	3736,5	3750,6	3764,7	3778,8	3792,9	3689,5	3713,0	3760,0	3783,5	3701,3	3771,8	26
27	3807	3821,1	3835,2	3849,3	3863,4	3877,5	3891,6	3905,7	3919,8	3933,9	3830,5	3854,0	3901,0	3924,5	3842,3	3912,8	27
28	3948	3962,1	3976,2	3990,3	4004,4	4018,5	4032,6	4046,7	4060,8	4074,9	3971,5	3995,0	4042,0	4065,5	3983,3	4053,8	28
29	4089	4103,1	4117,2	4131,3	4145,4	4159,5	4173,6	4187,7	4201,8	4215,9	4112,5	4136,0	4183,0	4206,5	4124,3	4194,8	29
30	4230	4244,1	4258,2	4272,3	4286,4	4300,5	4314,6	4328,7	4342,8	4356,9	4253,5	4277,0	4324,0	4347,5	4265,3	4335,8	30
31	4371	4385,1	4399,2	4413,3	4427,4	4441,5	4455,6	4469,7	4483,8	4497,9	4394,5	4418,0	4465,0	4488,5	4406,3	4476,8	31
32	4512	4526,1	4540,2	4554,3	4568,4	4582,5	4596,6	4610,7	4624,8	4638,9	4535,5	4559,0	4606,0	4629,5	4547,3	4617,8	32
33	4653	4667,1	4681,2	4695,3	4709,4	4723,5	4737,6	4751,7	4765,8	4779,9	4676,5	4700,0	4747,0	4770,5	4688,3	4758,8	33
34	4794	4808,1	4822,2	4836,3	4850,4	4864,5	4878,6	4892,7	4906,8	4920,9	4817,5	4841,0	4888,0	4911,5	4829,3	4899,8	34
35	4935	4949,1	4963,2	4977,3	4991,4	5005,5	5019,6	5033,7	5047,8	5061,9	4958,5	4982,0	5029,0	5052,5	4970,3	5040,8	35
36	5076	5090,1	5104,2	5118,3	5132,4	5146,5	5160,6	5174,7	5188,8	5202,9	5099,5	5123,0	5170,0	5193,5	5111,3	5181,8	36
37	5217	5231,1	5245,2	5259,3	5273,4	5287,5	5301,6	5315,7	5329,8	5343,9	5240,5	5264,0	5311,0	5334,5	5252,3	5322,8	37
38	5358	5372,1	5386,2	5400,3	5414,4	5428,5	5442,6	5456,7	5470,8	5484,9	5381,5	5405,0	5452,0	5475,5	5393,3	5463,8	38
39	5499	5513,1	5527,2	5541,3	5555,4	5569,5	5583,6	5597,7	5611,8	5625,9	5522,5	5546,0	5593,0	5616,5	5534,3	5604,8	39
40	5640	5654,1	5668,2	5682,3	5696,4	5710,5	5724,6	5738,7	5752,8	5766,9	5663,5	5687,0	5734,0	5757,5	5675,3	5745,8	40
41	5781	5795,1	5809,2	5823,3	5837,4	5851,5	5865,6	5879,7	5893,8	5907,9	5804,5	5828,0	5875,0	5898,5	5816,3	5886,8	41
42	5922	5936,1	5950,2	5964,3	5978,4	5992,5	6006,6	6020,7	6034,8	6048,9	5945,5	5969,0	6016,0	6039,5	5957,3	6027,8	42
43	6063	6077,1	6091,2	6105,3	6119,4	6133,5	6147,6	6161,7	6175,8	6189,9	6086,5	6110,0	6157,0	6180,5	6098,3	6168,8	43
44	6204	6218,1	6232,2	6246,3	6260,4	6274,5	6288,6	6302,7	6316,8	6330,9	6227,5	6251,0	6298,0	6321,5	6239,3	6309,8	44
45	6345	6359,1	6373,2	6387,3	6401,4	6415,5	6429,6	6443,7	6457,8	6471,9	6368,5	6392,0	6439,0	6462,5	6380,3	6450,8	45
46	6486	6500,1	6514,2	6528,3	6542,4	6556,5	6570,6	6584,7	6598,8	6612,9	6509,5	6533,0	6580,0	6603,5	6521,3	6591,8	46
47	6627	6641,1	6655,2	6669,3	6683,4	6697,5	6711,6	6725,7	6739,8	6753,9	6650,5	6674,0	6721,0	6744,5	6662,3	6732,8	47
48	6768	6782,1	6796,2	6810,3	6824,4	6838,5	6852,6	6866,7	6880,8	6894,9	6791,5	6815,0	6862,0	6885,5	6803,3	6873,8	48
49	6909	6923,1	6937,2	6951,3	6965,4	6979,5	6993,6	7007,7	7021,8	7035,9	6932,5	6956,0	7003,0	7026,5	6944,3	7014,8	49
50	7050	7064,1	7078,2	7092,3	7106,4	7120,5	7134,6	7148,7	7162,8	7176,9	7073,5	7097,0	7144,0	7167,5	7085,3	7155,8	50
51	7191	7205,1	7219,2	7233,3	7247,4	7261,5	7275,6	7289,7	7303,8	7317,9	7214,5	7238,0	7285,0	7308,5	7226,3	7296,8	51
52	7332	7346,1	7360,2	7374,3	7388,4	7402,5	7416,6	7430,7	7444,8	7458,9	7355,5	7379,0	7426,0	7449,5	7367,3	7437,8	52
53	7473	7487,1	7501,2	7515,3	7529,4	7543,5	7557,6	7571,7	7585,8	7599,9	7496,5	7520,0	7567,0	7590,5	7508,3	7578,8	53
54	7614	7628,1	7642,2	7656,3	7670,4	7684,5	7698,6	7712,7	7726,8	7740,9	7637,5	7661,0	7708,0	7731,5	7649,3	7719,8	54
55	7755	7769,1	7783,2	7797,3	7811,4	7825,5	7839,6	7853,7	7867,9	7881,9	7778,5	7802,0	7849,0	7872,5	7790,3	7860,8	55
56	7896	7910,1	7924,2	7938,3	7952,4	7966,5	7980,6	7994,7	8008,8	8022,9	7919,5	7943,0	7990,0	8013,5	7931,3	8001,8	56
57	8037	8051,1	8065,2	8079,3	8093,4	8107,5	8121,6	8135,7	8149,8	8163,9	8060,5	8084,0	8131,0	8154,5	8072,3	8142,8	57
58	8178	8192,1	8206,2	8220,3	8234,4	8248,5	8262,6	8276,7	8290,8	8304,9	8201,5	8225,0	8272,0	8295,5	8213,3	8283,8	58
59	8319	8333,1	8347,2	8361,3	8375,4	8389,5	8403,6	8417,7	8431,8	8445,9	8342,5	8366,0	8413,0	8435,5	8354,3	8424,8	59
60	8460	8474,1	8488,2	8502,3	8516,4	8530,5	8544,6	8558,7	8572,8	8586,9	8483,5	8507,0	8554,0	8577,5	8495,3	8565,8	60
61	8601	8615,1	8629,2	8643,3	8657,4	8671,5	8685,6	8699,7	8713,8	8727,9	8624,5	8648,0	8695,0	8718,5	8636,3	8706,8	61
62	8742	8756,1	8770,2	8784,3	8798,4	8812,5	8826,6	8840,7	8854,8	8868,9	8765,5	8789,0	8836,0	8859,5	8777,3	8847,8	62
63	8883	8897,1	8911,2	8925,3	8939,4	8953,5	8967,6	8981,7	8995,8	9009,9	8906,5	8930,0	8977,0	9000,5	8918,3	8988,8	63
64	9024	9038,1	9052,2	9066,3	9080,4	9094,5	9108,6	9122,7	9136,8	9150,9	9047,5	9071,0	9118,0	9141,5	9059,3	9129,8	64
65	9165	9179,1	9193,2	9207,3	9221,4	9235,5	9249,6	9263,7	9277,8	9291,9	9188,5	9212,0	9259,0	9282,5	9200,3	9270,8	65
66	9306	9320,1	9334,2	9348,3	9362,4	9376,5	9390,6	9404,7	9418,8	9432,9	9329,5	9353,0	9400,0	9423,5	9341,3	9441,8	66
67	9447	9461,1	9475,2	9489,3	9503,4	9517,5	9531,6	9545,7	9559,8	9573,9	9470,5	9494,0	9541,0	9564,5	9482,3	9552,8	67
68	9588	9602,1	9616,2	9630,3	9644,4	9658,5	9672,6	9686,7	9700,8	9714,9	9611,5	9635,0	9682,0	9705,5	9623,3	9693,8	68
69	9729	9743,1	9757,2	9771,3	9785,4	9799,5	9813,6	9827,7	9841,8	9855,9	9752,5	9776,0	9823,0	9846,5	9764,3	9834,8	69
70	9870	9884,1	9898,2	9912,3	9926,4	9940,5	9954,6	9968,7	9982,8	9996,9	9893,5	9917,0	9964,0	9987,5	9905,3	9975,8	70
71	10011	10025,1	10039,2	10053,3	10067,4	10081,5	10095,6	10109,7	10123,8	10137,9	10034,5	10058,0	10105,0	10128,5	10046,3	10116,8	71
72	10152	10166,1	10180,2	10194,3	10208,4	10222,5	10236,6	10250,7	10264,8	10278,9	10175,5	10199,0	10246,0	10269,5	10187,3	10257,8	72
73	10293	10307,1	10321,2	10335,3	10349,4	10363,5	10377,6	10391,7	10405,8	10419,9	10316,5	10340,0	10387,0	10410,5	10328,3	10398,8	73
74	10434	10448,1	10462,2	10476,3	10490,4	10504,5	10518,6	10532,7	10546,8	10560,9	10457,5	10481,0	10528,0	10551,5	10469,3	10539,8	74
75	10575	10589,1	10603,2	10617,3	10631,4	10645,5	10659,6	10673,7	10687,8	10701,9	10598,5	10622,0	10669,0	10692,5	10610,3	10680,8	75
76	10716	10730,1	10744,2	10758,3	10772,4	10786,5	10800,6	10814,7	10828,8	10842,9	10739,5	10763,0	10810,0	10833,5	10751,3	10821,8	76
77	10857	10871,1	10885,2	10899,3	10913,4	10927,5	10941,6	10955,7	10969,8	10983,9	10880,5	10904,0	10951,0	10974,5	10892,3	10962,8	77
78	10998	11012,1	11026,2	11040,3	11054,4	11068,5	11082,6	11096,7	11110,8	11124,9	11021,5	11045,0	11092,0	11115,5	11033,3	11103,8	78
79	11139	11153,1	11167,2	11181,3	11195,4	11209,5	11223,6	11237,7	11251,8	11265,9	11162,5	11186,0	11233,0	11256,5	11174,3	11244,8	79
80	11280	11294,1	11308,2	11322,3	11336,4	11350,5	11364,6	11378,7	11392,8	11406,9	11303,5	11327,0	11374,0	11397,5	11315,3	11385,8	80
81	11421	11435,1	11449,2	11463,3	11477,4	11491,5	11505,6	11519,7	11533,8	11547,9	11444,5	11468,0	11515,0	11538,5	11456,3	11526,8	81
82	11562	11576,1	11590,2	11604,3	11618,4	11632,5	11646,6	11660,7	11674,8	11688,9	11585,5	11609,0	11656,0	11679,5	11597,3	11667,8	82
83	11703	11717,1	11731,2	11745,3	11759,4	11773,5	11787,6	11801,7	11815,8	11829,9	11726,5	11750,0	11797,0	11820,5	11738,3	11808,8	83
84	11844	11858,1	11872,2	11886,3	11900,4	11914,5	11928,6	11942,7	11956,8	11970,9	11867,5	11891,0	11938,0	11961,5	11879,3	11949,8	84
85	11985	11999,1	12013,2	12027,3	12041,4	12055,5	12069,6	12083,7	12097,8	12111,9	12008,5	12032,0	12079,0	12102,5	12020,3	12090,8	85
86	12126	12140,1	12154,2	12168,3	12182,4	12196,5	12210,6	12224,7	12238,8	12252,9	12149,5	12173,0	12220,0	12243,5	12161,3	12231,8	86
87	12267	12281,1	12295,2	12309,3	12323,4	12337,5	12351,6	12365,7	12379,8	12393,9	12290,5	12314,0	12361,0	12384,5	12302,3	12372,8	87
88	12408	12422,1	12436,2	12450,3	12464,4	12478,5	12492,6	12506,7	12520,8	12534,9	12431,5	12455,0	12502,0	12525,5	12443,3	12513,8	88
89	12549	12563,1	12577,2	12591,3	12605,4	12619,5	12633,6	12647,7	12661,8	12675,9	12572,5	12596,0	12643,0	12666,5	12584,3	12654,8	89
90	12690	12704,1	12718,2	12732,3	12746,4	12760,5	12774,6	12788,7	12802,8	12816,9	12713,5	12737,0	12784,0	12807,5	12725,3	12795,8	90
91	12831	12845,1	12859,2	12873,3	12887,4	12901,5	12915,6	12929,7	12943,8	12957,9	12854,5	12878,0	12925,0	12948,5	12866,3	12936,8	91
92	12972	12986,1	13000,2	13014,3	13028,4	13042,5	13056,6	13070,7	13084,8	13098,9	12995,5	13019,0	13066,0	13089,5	13007,3	13077,8	92
93	13113	13127,1	13141,2	13155,3	13169,4	13183,5	13197,6	13211,7	13225,8	13239,9	13136,5	13160,0	13207,0	13230,5	13148,3	13218,8	93
94	13254	13268,1	13282,2	13296,3	13310,4	13324,5	13338,6	13352,7	13366,8	13380,9	13277,5	13301,0	13348,0	13371,5	13289,3	13359,8	94
95	13395	13409,1	13423,2	13437,3	13451,4	13465,5	13479,6	13493,7	13507,8	13521,9	13418,5	13442,0	13489,0	13512,5	13430,3	13500,8	95
96	13536	13550,1	13564,2	13578,3	13592,4	13606,5	13620,6	13634·7	13648,8	13662,9	13559,5	13583,0	13630,0	13653,5	13571,3	13641,8	96
97	13677	13691,1	13705,2	13719,3	13733,4	13747,5	13761,6	13775,7	13789,8	13803,9	13700,5	13724,0	13771,0	13794,5	13712,3	13782,8	97
98	13818	13832,1	13846,2	13860,3	13874,4	13888,5	13902,6	13916,7	13930,8	13944,9	13841,5	13865,0	13912,0	13935,5	13853,3	13923,8	98
99	13959	13973,1	13987,2	14001,3	14015,4	14029,5	14043,6	14057,7	14071,8	14085,9	13982,5	14006,0	14053,0	14076,5	13994,3	14064,8	99
100	14100	14114,1	14128,2	14142,3	14156,4	14170,5	14184,6	14198,7	14212,8	14226,9	14123,5	14147,0	14194,0	14217,5	14135,3	14205,8	100

142		1/10 14,2	2/10 28,4	3/10 42,6	4/10 56,8	5/10 71,0	6/10 85,2	7/10 99,4	8/10 113,6	9/10 127,8	1/6 23,666	2/6 47,333	4/6 94,666	5/6 118,333	1/4 35,5	3/4 106,5	
1	142	156,2	170,4	184,6	198,8	213,0	227,2	241,4	255,6	269,8	165,7	189,3	236,7	260,3	177,5	248,5	1
2	284	298,2	312,4	326,6	340,8	355,0	369,2	383,4	397,6	411,8	307,7	331,3	378,7	402,3	319,5	390,5	2
3	426	440,2	454,4	468,6	482,8	497,0	511,2	525,4	539,6	553,8	449,7	473,3	520,7	544,3	461,5	532,5	3
4	568	582,2	596,4	610,6	624,8	639,0	653,2	667,4	681,6	695,8	591,7	615,3	662,7	686,3	603,5	674,5	4
5	710	724,2	738,4	752,6	766,8	781,0	795,2	809,4	823,6	837,8	733,7	757,3	804,7	828,3	745,5	816,5	5
6	852	866,2	880,4	894,6	908,8	923,0	937,2	951,4	965,6	979,8	875,7	899,3	946,7	970,3	887,5	958,5	6
7	994	1008,2	1022,4	1036,6	1050,8	1065,0	1079,2	1093,4	1107,6	1121,8	1017,7	1041,3	1088,7	1112,3	1029,5	1100,5	7
8	1136	1150,2	1164,4	1178,6	1192,8	1207,0	1221,2	1235,4	1249,6	1263,8	1159,7	1183,3	1230,7	1254,3	1171,5	1242,5	8
9	1278	1292,2	1306,4	1320,6	1334,8	1349,0	1363,2	1377,4	1391,6	1405,8	1301,7	1325,3	1372,7	1396,3	1313,5	1384,5	9
10	1420	1434,2	1448,4	1462,6	1476,8	1491,0	1505,2	1519,4	1533,6	1547,8	1443,7	1467,3	1514,7	1538,3	1455,5	1526,5	10
11	1562	1576,2	1590,4	1604,6	1618,8	1633,0	1647,2	1661,4	1675,6	1689,8	1585,7	1609,3	1656,7	1680,3	1597,5	1668,5	11
12	1704	1718,2	1732,4	1746,6	1760,8	1775,0	1789,2	1803,4	1817,6	1831,8	1727,7	1751,3	1798,7	1822,3	1739,5	1810,5	12
13	1846	1860,2	1874,4	1888,6	1902,8	1917,0	1931,2	1945,4	1959,6	1973,8	1869,7	1893,3	1940,7	1964,3	1881,5	1952,5	13
14	1988	2002,2	2016,4	2030,6	2044,8	2059,0	2073,2	2087,4	2101,6	2115,8	2011,7	2035,3	2082,7	2106,3	2023,5	2094,5	14
15	2130	2144,2	2158,4	2172,6	2186,8	2201,0	2215,2	2229,4	2243,6	2257,8	2153,7	2177,3	2224,7	2248,3	2165,5	2236,5	15
16	2272	2286,2	2300,4	2314,6	2328,8	2343,0	2357,2	2371,4	2385,6	2399-8	2295,7	2319,3	2366,7	2390,3	2307,5	2378,5	16
17	2414	2428,2	2442,4	2456,6	2470,8	2485,0	2499,2	2513,4	2527,6	2541,8	2437,7	2461,3	2508,7	2532,3	2449,5	2520,5	17
18	2556	2570,2	2584,4	2598,6	2612,8	2627,0	2641,2	2655,4	2669,6	2683,8	2579,7	2603,3	2650,7	2674,3	2591,5	2662,5	18
19	2698	2712,2	2726,4	2740,6	2754,8	2769,0	2783,2	2797,4	2811,6	2825,8	2721,7	2745,3	2792,7	2816,3	2733,5	2804,5	19
20	2840	2854,2	2868,4	2882,6	2896,8	2911,0	2925,2	2939,4	2953,6	2967,8	2863,7	2887,3	2934,7	2958,3	2875,5	2946,5	20
21	2982	2996,2	3010,4	3024,6	3038,8	3053,0	3067,2	3081,4	3095,6	3109,8	3005,7	3029,3	3076,7	3100,3	3017,5	3088,5	21
22	3124	3138,2	3152,4	3166,6	3180,8	3195,0	3209,2	3223,4	3237,6	3251,8	3147,7	3171,3	3218,7	3242,3	3159,5	3230,5	22
23	3266	3280,2	3294,4	3308,6	3322,8	3337,0	3351,2	3365,4	3379,6	3393,8	3289,7	3313,3	3360,7	3384,3	3301,5	3372,5	23
24	3408	3422,2	3436,4	3450,6	3464,8	3479,0	3493,2	3507,4	3521,6	3535,8	3431,7	3455,3	3502,7	3526,3	3443,5	3514,5	24
25	3550	3564,2	3578,4	3592,6	3606,8	3621,0	3635,2	3649,4	3663,6	3677,8	3573,7	3597,3	3644,7	3668,3	3585,5	3656,5	25
26	3692	3706,2	3720,4	3734,6	3748,8	3763,0	3777,2	3791,4	3805,6	3819,8	3715,7	3739,3	3786,7	3810,3	3727,5	3798,5	26
27	3834	3848,2	3862,4	3876,6	3890,8	3905,0	3919,2	3933,4	3947,6	3961,8	3857,7	3881,3	3928,7	3952,3	3869,5	3940,5	27
28	3976	3990,2	4004,4	4018,6	4032,8	4047,0	4061,2	4075,4	4089,6	4103,8	3999,7	4023,3	4070,7	4094,3	4011,5	4082,5	28
29	4118	4132,2	4146,4	4160,6	4174,8	4189,0	4203,2	4217,4	4231,6	4245,8	4141,7	4165,3	4212,7	4236,3	4153,5	4224,5	29
30	4260	4274,2	4288,4	4302,6	4316,8	4331,0	4345,2	4359,4	4373,6	4387,8	4283,7	4307,3	4354,7	4378,3	4295,5	4366,5	30
31	4402	4416,2	4430,4	4444,6	4458,8	4473,0	4487,2	4501,4	4515,6	4529,8	4425,7	4449,3	4496,7	4520,3	4437,5	4508,5	31
32	4544	4558,2	4572,4	4586,6	4600,8	4615,0	4629,2	4643,4	4657,6	4671,8	4567,7	4591,3	4638,7	4662,3	4579,5	4650,5	32
33	4686	4700,2	4714,4	4728,6	4742,8	4757,0	4771,2	4785,4	4799,6	4813,8	4709,7	4733,3	4780,7	4804,3	4721,5	4792,5	33
34	4828	4842,2	4856,4	4870,6	4884,8	4899,0	4913,2	4927,4	4941,6	4955,8	4851,7	4875,3	4922,7	4946,3	4863,5	4934,5	34
35	4970	4984,2	4998,4	5012,6	5026,8	5041,0	5055,2	5069,4	5083,6	5097,8	4993,7	5017,3	5064,7	5088,3	5005,5	5076,5	35
36	5112	5126,2	5140,4	5154,6	5168,8	5183,0	5197,2	5211,4	5225,6	5239,8	5135,7	5159,3	5206,7	5230,3	5147,5	5218,5	36
37	5254	5268,2	5282,4	5296,6	5310,8	5325,0	5339,2	5353,4	5367,6	5381,8	5277,7	5301,3	5348,7	5372,3	5289,5	5360,5	37
38	5396	5410,2	5424,4	5438,6	5452,8	5467,0	5481,2	5495,4	5509,6	5523,8	5419,7	5443,3	5490,7	5514,3	5431,5	5502,5	38
39	5538	5552,2	5566,4	5580,6	5594,8	5609,0	5623,2	5637,4	5651,6	5665,8	5561,7	5585,3	5632,7	5656,3	5573,5	5644,5	39
40	5680	5694,2	5708,4	5722,6	5736,8	5751,0	5765,2	5779,4	5793,6	5807,8	5703,7	5727,3	5774,7	5798,3	5715,5	5786,5	40
41	5822	5836,2	5850,4	5864,6	5878,8	5893,0	5907,2	5921,4	5935,6	5949,8	5845,7	5869,3	5916,7	5940,3	5857,5	5928,5	41
42	5964	5978,2	5992,4	6006,6	6020,8	6035,0	6049,2	6063,4	6077,6	6091,8	5987,7	6011,3	6058,7	6082,3	5999,5	6070,5	42
43	6106	6120,2	6134,4	6148,6	6162,8	6177,0	6191,2	6205,4	6219,6	6233,8	6129,7	6153,3	6200,7	6224,3	6141,5	6212,5	43
44	6248	6262,2	6276,4	6290,6	6304,8	6319,0	6333,2	6347,4	6361,6	6375,8	6271,7	6295,3	6342,7	6366,3	6283,5	6354,5	44
45	6390	6404,2	6418,4	6432,6	6446,8	6461,0	6475,2	6489,4	6503,6	6517,8	6413,7	6437,3	6484,7	6508,3	6425,5	6496,5	45
46	6532	6546,2	6560,4	6574,6	6588,8	6603,0	6617,2	6631,4	6645,6	6659,8	6555,7	6579,3	6626,7	6650,3	6567,5	6638,5	46
47	6674	6688,2	6702,4	6716,6	6730,8	6745,0	6759,2	6773,4	6787,6	6801,8	6697,7	6721,3	6768,7	6792,3	6709,5	6780,5	47
48	6816	6830,2	6844,4	6858,6	6872,8	6887,0	6901,2	6915,4	6929,6	6943,8	6839,7	6863,3	6910,7	6934,3	6851,5	6922,5	48
49	6958	6972,2	6986,4	7000,6	7014,8	7029,0	7043,2	7057,4	7071,6	7085,8	6981,7	7005,3	7052,7	7076,3	6993,5	7064,5	49
50	7100	7114,2	7128,4	7142,6	7156,8	7171,0	7185,2	7199,4	7213,6	7227,8	7123,7	7147,3	7194,7	7218,3	7135,5	7206,5	50
51	7242	7256,2	7270,4	7284,6	7298,8	7313,0	7327,2	7341,4	7355,6	7369,8	7265,7	7289,3	7336,7	7360,3	7277,5	7348,5	51
52	7384	7398,2	7412,4	7426,6	7440,8	7455,0	7469,2	7483,4	7497,6	7511,8	7407,7	7431,3	7478,7	7502,3	7419,5	7490,5	52
53	7526	7540,2	7554,4	7568,6	7582,8	7597,0	7611,2	7625,4	7639,6	7653,8	7549,7	7573,3	7620,7	7644,3	7561,5	7632,5	53
54	7668	7682,2	7696,4	7710,6	7724,8	7739,0	7753,2	7767,4	7781,6	7795,8	7691,7	7715,3	7762,7	7786,3	7703,5	7774,5	54
55	7810	7824,2	7838,4	7852,6	7866,8	7881,0	7895,2	7909,4	7923,6	7937,8	7833,7	7857,3	7904,7	7928,3	7845,5	7916,5	55
56	7952	7966,2	7980,4	7994,6	8008,8	8023,0	8037,2	8051,4	8065,6	8079,8	7975,7	7999,3	8046,7	8070,3	7987,5	8058,5	56
57	8094	8108,2	8122,4	8136,6	8150,8	8165,0	8179,2	8193,4	8207,6	8221,8	8117,7	8141,3	8188,7	8212,3	8129,5	8200,5	57
58	8236	8250,2	8264,4	8278,6	8292,8	8307,0	8321,2	8335,4	8349,6	8363,8	8259,7	8283,3	8330,7	8354,3	8271,5	8342,5	58
59	8378	8392,2	8406,4	8420,6	8434,8	8449,0	8463,2	8477,4	8491,6	8505,8	8401,7	8425,3	8472,7	8496,3	8413,5	8484,5	59
60	8520	8534,2	8548,4	8562,6	8576,8	8591,0	8605,2	8619,4	8633,6	8647,8	8543,7	8567,3	8614,7	8638,3	8555,5	8626,5	60
61	8662	8676,2	8690,4	8704,6	8718,8	8733,0	8747,2	8761,4	8775,6	8789,8	8685,7	8709,3	8756,7	8780,3	8697,5	8768,5	61
62	8804	8818,2	8832,4	8846,6	8860,8	8875,0	8889,2	8903,4	8917,6	8931,8	8827,7	8851,3	8898,7	8922,3	8839,5	8910,5	62
63	8946	8960,2	8974,4	8988,6	9002,8	9017,0	9031,2	9045,4	9059,6	9073,8	8969,7	8993,3	9040,7	9064,3	8981,5	9052,5	63
64	9088	9102,2	9116,4	9130,6	9144,8	9159,0	9173,2	9187,4	9201,6	9215,8	9111,7	9135,3	9182,7	9206,3	9123,5	9194,5	64
65	9230	9244,2	9258,4	9272,6	9286,8	9301,0	9315,2	9329,4	9343,6	9357,8	9253,7	9277,3	9324,7	9348,3	9265,5	9336,5	65
66	9372	9386,2	9400,4	9414,6	9428,8	9443,0	9457,2	9471,4	9485,6	9499,8	9395,7	9419,3	9466,7	9490,3	9407,5	9478,5	66
67	9514	9528,2	9542,4	9556,6	9570,8	9585,0	9599,2	9613,4	9627,6	9641,8	9537,7	9561,3	9608,7	9632,3	9549,5	9620,5	67
68	9656	9670,2	9684,4	9698,6	9712,8	9727,0	9741,2	9755,4	9769,6	9783,8	9679,7	9703,3	9750,7	9774,3	9691,5	9762,5	68
69	9798	9812,2	9826,4	9840,6	9854,8	9869,0	9883,2	9897,4	9911,6	9925,8	9821,7	9845,3	9892,7	9916,3	9833,5	9904,5	69
70	9940	9954,2	9968,4	9982,6	9996,8	10011,0	10025,2	10039,4	10053,6	10067,8	9963,7	9987,3	10034,7	10058,3	9975,5	10046,5	70
71	10082	10096,2	10110,4	10124,6	10138,8	10153,0	10167,2	10181,4	10195,6	10209,8	10105,7	10129,3	10176,7	10200,3	10117,5	10188,5	71
72	10224	10238,2	10252,4	10266,6	10280,8	10295,0	10309,2	10323,4	10337,6	10351,8	10247,7	10271,3	10318,7	10342,3	10259,5	10330,5	72
73	10366	10380,2	10394,4	10408,6	10422,8	10437,0	10451,2	10465,4	10479,6	10493,8	10389,7	10413,3	10460,7	10484,3	10401,5	10472,5	73
74	10508	10522,2	10536,4	10550,6	10564,8	10579,0	10593,2	10607,4	10621,6	10635,8	10531,7	10555,3	10602,7	10626,3	10543,5	10614,5	74
75	10650	10664,2	10678,4	10692,6	10706,8	10721,0	10735,2	10749,4	10763,6	10777,8	10673,7	10697,3	10744,7	10768,3	10685,5	10756,5	75
76	10792	10806,2	10820,4	10834,6	10848,8	10863,0	10877,2	10891,4	10905,6	10919,8	10815,7	10839,3	10886,7	10910,3	10827,5	10898,5	76
77	10934	10948,2	10962,4	10976,6	10990,8	11005,0	11019,2	11033,4	11047,6	11061,8	10957,7	10981,3	11028,7	11052,3	10969,5	11040,5	77
78	11076	11090,2	11104,4	11118,6	11132,8	11147,0	11161,2	11175,4	11189,6	11203,8	11099,7	11123,3	11170,7	11194,3	11111,5	11182,5	78
79	11218	11232,2	11246,4	11260,6	11274,8	11289,0	11303,2	11317,4	11331,6	11345,8	11241,7	11265,3	11312,7	11336,3	11253,5	11324,5	79
80	11360	11374,2	11388,4	11402,6	11416,8	11431,0	11445,2	11459,4	11473,6	11487,8	11383,7	11407,3	11454,7	11478,3	11395,5	11466,5	80
81	11502	11516,2	11530,4	11544,6	11558,8	11573,0	11587,2	11601,4	11615,6	11629,8	11525,7	11549,3	11596,7	11620,3	11537,5	11608,5	81
82	11644	11658,2	11672,4	11686,6	11700,8	11715,0	11729,2	11743,4	11757,6	11771,8	11667,7	11691,3	11738,7	11762,3	11679,5	11750,5	82
83	11786	11800,2	11814,4	11828,6	11842,8	11857,0	11871,2	11885,4	11899,6	11913,8	11809,7	11833,3	11880,7	11904,3	11821,5	11892,5	83
84	11928	11942,2	11956,4	11970,6	11984,8	11999,0	12013,2	12027,4	12041,6	12055,8	11951,7	11975,3	12022,7	12046,3	11963,5	12034,5	84
85	12070	12084,2	12098,4	12112,6	12126,8	12141,0	12155,2	12169,4	12183,6	12197,8	12093,7	12117,3	12164,7	12188,3	12105,5	12176,5	85
86	12212	12226,2	12240,4	12254,6	12268,8	12283,0	12297,2	12311,4	12325,6	12339,8	12235,7	12259,3	12306,7	12330,3	12247,5	12318,5	86
87	12354	12368,2	12382,4	12396,6	12410,8	12425,0	12439,2	12453,4	12467,6	12481,8	12377,7	12401,3	12448,7	12472,3	12389,5	12460,5	87
88	12496	12510,2	12524,4	12538,6	12552,8	12567,0	12581,2	12595,4	12609,6	12623,8	12519,7	12543,3	12590,7	12614,3	12531,5	12602,5	88
89	12638	12652,2	12666,4	12680,6	12694,8	12709,0	12723,2	12737,4	12751,6	12765,8	12661,7	12685,3	12732,7	12756,3	12673,5	12744,5	89
90	12780	12794,2	12808,4	12822,6	12836,8	12851,0	12865,2	12879,4	12893,6	12907,8	12803,7	12827,3	12874,7	12898,3	12815,5	12886,5	90
91	12922	12936,2	12950,4	12964,6	12978,8	12993,0	13007,2	13021,4	13035,6	13049,8	12945,7	12969,3	13016,7	13040,3	12957,5	13028,5	91
92	13064	13078,2	13092,4	13106,6	13120,8	13135,0	13149,2	13163,4	13177,6	13191,8	13087,7	13111,3	13158,7	13182,3	13099,5	13170,5	92
93	13206	13220,2	13234,4	13248,6	13262,8	13277,0	13291,2	13305,4	13319,6	13333,8	13229,7	13253,3	13300,7	13324,3	13241,5	13312,5	93
94	13348	13362,2	13376,4	13390,6	13404,8	13419,0	13433,2	13447,4	13461,6	13475,8	13371,7	13395,3	13442,7	13466,3	13383,5	13454,5	94
95	13490	13504,2	13518,4	13532,6	13546,8	13561,0	13575,2	13589,4	13603,6	13617,8	13513,7	13537,3	13584,7	13608,3	13525,5	13596,5	95
96	13632	13646,2	13660,4	13674,6	13688,8	13703,0	13717,2	13731,4	13745,6	13759,8	13655,7	13679,3	13726,7	13750,3	13667,5	13738,5	96
97	13774	13788,2	13802,4	13816,6	13830,8	13845,0	13859,2	13873,4	13887,6	13901,8	13797,7	13821,3	13868,7	13892,3	13809,5	13880,5	97
98	13916	13930,2	13944,4	13958,6	13972,8	13987,0	14001,2	14015,4	14029,6	14043,8	13939,7	13963,3	14010,7	14034,3	13951,5	14022,5	98
99	14058	14072,2	14086,4	14100,6	14114,8	14129,0	14143,2	14157,4	14171,6	14185,8	14081,7	14105,3	14152,7	14176,3	14093,5	14164,5	99
100	14200	14214,2	14228,4	14242,6	14256,8	14271,0	14285,2	14299,4	14313,6	14327,8	14223,7	14247,3	14294,7	14318,3	14235,5	14306,5	100

		1/10 14,3	2/10 28,6	3/10 42,9	4/10 57,2	5/10 71,5	6/10 85,8	7/10 100,1	8/10 114,4	9/10 128,7	1/6 23,833	2/6 47,666	4/6 95,333	5/6 119,166	1/4 35,75	3/4 107,25	
1	143	157,3	171,6	185,9	200,2	214,5	228,8	243,1	257,4	271,7	166,8	190,7	238,3	262,2	178,8	250,3	1
2	286	300,3	314,6	328,9	343,2	357,5	371,8	386,1	400,4	414,7	309,8	333,7	381,3	405,2	321,8	393,3	2
3	429	443,3	457,6	471,9	486,2	500,5	514,8	529,1	543,4	557,7	452,8	476,7	524,3	548,2	464,8	536,3	3
4	572	586,3	600,6	614,9	629,2	643,5	657,8	672,1	686,4	700,7	595,8	619,7	667,3	691,2	607,8	679,3	4
5	715	729,3	743,6	757,9	772,2	786,5	800,8	815,1	829,4	843,7	738,8	762,7	810,3	834,2	750,8	822,3	5
6	858	872,3	886,6	900,9	915,2	929,5	943,8	958,1	972,4	986,7	881,8	905,7	953,3	977,2	893,8	965,3	6
7	1001	1015,3	1029,6	1043,9	1058,2	1072,5	1086,8	1101,1	1115,4	1129,7	1024,8	1048,7	1096,3	1120,2	1036,8	1108,3	7
8	1144	1158,3	1172,6	1186,9	1201,2	1215,5	1229,8	1244,1	1258,4	1272,7	1167,8	1191,7	1239,3	1263,2	1179,8	1251,3	8
9	1287	1301,3	1315,6	1329,9	1344,2	1358,5	1372,8	1387,1	1401,4	1415,7	1310,8	1334,7	1382,3	1406,2	1322,8	1394,3	9
10	1430	1444,3	1458,6	1472,9	1487,2	1501,5	1515,8	1530,1	1544,4	1558,7	1453,8	1477,7	1525,3	1549,2	1465,8	1537,3	10
11	1573	1587,3	1601,6	1615,9	1630,2	1644,5	1658,8	1673,1	1687,4	1701,7	1596,8	1620,7	1668,3	1692 2	1608,8	1680,3	11
12	1716	1730,3	1744,6	1758,9	1773,2	1787,5	1801,8	1816,1	1830,4	1844,7	1739,8	1763,7	1811,3	1835,2	1751,8	1823,3	12
13	1859	1873,3	1887,6	1901,9	1916,2	1930,5	1944,8	1959,1	1973,4	1987,7	1882,8	1906,7	1954,3	1978,2	1894,8	1966,3	13
14	2002	2016,3	2030,6	2044,9	2059,2	2073,5	2087,8	2102,1	2116,4	2130,7	2025,8	2049,7	2097,3	2121,2	2037,8	2109,3	14
15	2145	2159,3	2173,6	2187,9	2202,2	2216,5	2230,8	2245,1	2259,4	2273,7	2168,8	2192,7	2240,3	2264,2	2180,8	2252,3	15
16	2288	2302,3	2316,6	2330,9	2345,2	2359,5	2373,8	2388,1	2402,4	2416,7	2311,8	2335,7	2383,3	2407,2	2323,8	2395,3	16
17	2431	2445,3	2459,6	2473,9	2488,2	2502,5	2516,8	2531,1	2545,4	2559,7	2454,8	2478,7	2526,3	2550,2	2466,8	2538,3	17
18	2574	2588,3	2602,6	2616,9	2631,2	2645,5	2659,8	2674,1	2688,4	2702,7	2597,8	2621,7	2669,3	2693,2	2609,8	2681,3	18
19	2717	2731,3	2745,6	2759,9	2774,2	2788,5	2802,8	2817,1	2831,4	2845,7	2740,8	2764,7	2812,3	2836,2	2752,8	2824,3	19
20	2860	2874,3	2888,6	2902,9	2917,2	2931,5	2945,8	2960,1	2974,4	2988,7	2883,8	2907,7	2955,3	2979,2	2895,8	2967,3	20
21	3003	3017,3	3031,6	3045,9	3060,2	3074,5	3088,8	3103,1	3117,4	3131,7	3026,8	3050,7	3098,3	3122,2	3038,8	3110,3	21
22	3146	3160,3	3174,6	3188,9	3203,2	3217,5	3231,8	3246,1	3260,4	3274,7	3169,8	3193,7	3241,3	3265,2	3181,8	3253,3	22
23	3289	3303,3	3317,6	3331,9	3346,2	3360,5	3374,8	3389,1	3403,4	3417,7	3312,8	3336,7	3384,3	3408,2	3324,8	3396,3	23
24	3432	3446,3	3460,6	3474,9	3489,2	3503,5	3517,8	3532,1	3546,4	3560,7	3455,8	3479,7	3527,3	3551,2	3467,8	3539,3	24
25	3575	3589,3	3603,6	3617,9	3632,2	3646,5	3660,8	3675,1	3689,4	3703,7	3598,8	3622,7	3670,3	3694,2	3610,8	3682,3	25
26	3718	3732,3	3746,6	3760,9	3775,2	3789,5	3803,8	3818,1	3832,4	3846,7	3741,8	3765,7	3813,3	3837,2	3753,8	3825,3	26
27	3861	3875,3	3889,6	3903,9	3918,2	3932,5	3946,8	3961,1	3975,4	3989,7	3884,8	3908,7	3956,3	3980,2	3896,8	3968,3	27
28	4004	4018,3	4032,6	4046,9	4061,2	4075,5	4089,8	4104,1	4118,4	4132,7	4027,8	4051,7	4099,3	4123,2	4039,8	4111,3	28
29	4147	4161,3	4175,6	4189,9	4204,2	4218,5	4232,8	4247,1	4261,4	4275,7	4170,8	4194,7	4242,3	4266,2	4182,8	4254,3	29
30	4290	4304,3	4318,6	4332,9	4347,2	4361,5	4375,8	4390,1	4404,4	4418,7	4313,8	4337,7	4385,3	4409,2	4325,8	4397,3	30
31	4433	4447,3	4461,6	4475,9	4490,2	4504,5	4518,8	4533,1	4547,4	4561,7	4456,8	4480,7	4528,3	4552,2	4468,8	4540,3	31
32	4576	4590,3	4604,6	4618,9	4633,2	4647,5	4661,8	4676,1	4690,4	4704,7	4599,8	4623,7	4671,3	4695,2	4611,8	4683,3	32
33	4719	4733,3	4747,6	4761,9	4776,2	4790,5	4804,8	4819,1	4833,4	4847,7	4742,8	4766,7	4814,3	4838,2	4754,8	4826,3	33
34	4862	4876,3	4890,6	4904,9	4919,2	4933,5	4947,8	4962,1	4976,4	4990,7	4885,8	4909,7	4957,3	4981,2	4897,8	4969,3	34
35	5005	5019,3	5033,6	5047,9	5062,2	5076,5	5090,8	5105,1	5119,4	5133,7	5028,8	5052,7	5100,3	5124,2	5040,8	5112,3	35
36	5148	5162,3	5176,6	5190,9	5205,2	5219,5	5233,8	5248,1	5262,4	5276,7	5171,8	5195,7	5243,3	5267,2	5183,8	5255,3	36
37	5291	5305,3	5319,6	5333,9	5348,2	5362,5	5376,8	5391,1	5405,4	5419,7	5314,8	5338,7	5386,3	5410,2	5326,8	5398,3	37
38	5434	5448,3	5462,6	5476,9	5491,2	5505,5	5519,8	5534,1	5548,4	5562,7	5457,8	5481,7	5529,3	5553,2	5469,8	5541,3	38
39	5577	5591,3	5605,6	5619,9	5634,2	5648,5	5662,8	5677,1	5691,4	5705,7	5600,8	5624,7	5672,3	5696,2	5612,8	5684,3	39
40	5720	5734,3	5748,6	5762,9	5777,2	5791,5	5805,8	5820,1	5834,4	5848,7	5743,8	5767,7	5815,3	5839,2	5755,8	5827,3	40
41	5863	5877,3	5891,6	5905,9	5920,2	5934,5	5948,8	5963,1	5977,4	5991,7	5886,8	5910,7	5958,3	5982,2	5898,8	5970,3	41
42	6006	6020,3	6034,6	6048,9	6063,2	6077,5	6091,8	6106,1	6120,4	6134,7	6029,8	6053,7	6101,3	6125,2	6041,8	6113,3	42
43	6149	6163,3	6177,6	6191,9	6206,2	6220,5	6234,8	6249,1	6263,4	6277,7	6172,8	6196,7	6244,3	6268,2	6184,8	6256,3	43
44	6292	6306,3	6320,6	6334,9	6349,2	6363,5	6377,8	6392,1	6406,4	6420,7	6315,8	6339,7	6387,3	6411,2	6327,8	6399,3	44
45	6435	6449,3	6463,6	6477,9	6492,2	6506,5	6520,8	6535,1	6549,4	6563,7	6458,8	6482,7	6530,3	6554,2	6470,8	6542,3	45
46	6578	6592,3	6606,6	6620,9	6635,2	6649,5	6663,8	6678,1	6692,4	6706,7	6601,8	6625,7	6673,3	6697,2	6613,8	6685,3	46
47	6721	6735,3	6749,6	6763,9	6778,2	6792,5	6806,8	6821,1	6835,4	6849,7	6744,8	6768,7	6816,3	6840,2	6756,8	6828,3	47
48	6864	6878,3	6892,6	6906,9	6921,2	6935,5	6949,8	6964,1	6978,4	6992,7	6887,8	6911,7	6959,3	6983,2	6899,8	6971,3	48
49	7007	7021,3	7035,6	7049,9	7064,2	7078,5	7092,8	7107,1	7121,4	7135,7	7030,8	7054,7	7102,3	7126,2	7042,8	7114,3	49
50	7150	7164,3	7178,6	7192,9	7207,2	7221,5	7235,8	7250,1	7264,4	7278,7	7173,8	7197,7	7245,3	7269,2	7185,8	7257,3	50
51	7293	7307,3	7321,6	7335,9	7350,2	7364,5	7378,8	7393,1	7407,4	7421,7	7316,8	7340,7	7388,3	7412,2	7328,8	7400,3	51
52	7436	7450,3	7464,6	7478,9	7493,2	7507,5	7521,8	7536,1	7550,4	7564,7	7459,8	7483,7	7531,3	7555,2	7471,8	7543,3	52
53	7579	7593,3	7607,6	7621,9	7636,2	7650,5	7664,8	7679,1	7693,4	7707,7	7602,8	7626,7	7674,3	7698,2	7614,8	7686,3	53
54	7722	7736,3	7750,6	7764,9	7779,2	7793,5	7807,8	7822,1	7836,4	7850,7	7745,8	7769,7	7817,3	7841,2	7757,8	7829,3	54
55	7865	7879,3	7893,6	7907,9	7922,2	7936,5	7950,8	7965,1	7979,4	7993,7	7888,8	7912,7	7960,3	7984,2	7900,8	7972,3	55
56	8008	8022,3	8036,6	8050,9	8065,2	8079,5	8093,8	8108,1	8122,4	8136,7	8031,8	8055,7	8103,3	8127,2	8043,8	8115,3	56
57	8151	8165,3	8179,6	8193,9	8208,2	8222,5	8236,8	8251,1	8265,4	8279,7	8174,8	8198,7	8246,3	8270,2	8186,8	8258,3	57
58	8294	8308,3	8322,6	8336,9	8351,2	8365,5	8379,8	8394,1	8408,4	8422,7	8317,8	8341,7	8389,3	8413,2	8329,8	8401,3	58
59	8437	8451,3	8465,6	8479,9	8494,2	8508,5	8522,8	8537,1	8551,4	8565,7	8460,8	8484,7	8532,3	8556,2	8472,8	8544,3	59
60	8580	8594,3	8608,6	8622,9	8637,2	8651,5	8665,8	8680,1	8694,4	8708,7	8603,8	8627,7	8675,3	8699,2	8615,8	8687,3	60
61	8723	8737,3	8751,6	8765,9	8780,2	8794,5	8808,8	8823,1	8837,4	8851,7	8746,8	8770,7	8818,3	8842,2	8758,8	8830,3	61
62	8866	8880,3	8894,6	8908,9	8923,2	8937,5	8951,8	8966,1	8980,4	8994,7	8889,8	8913,7	8961,3	8985,2	8901,8	8973,3	62
63	9009	9023,3	9037,6	9051,9	9066,2	9080,5	9094,8	9109,1	9123,4	9137,7	9032,8	9056,7	9104,3	9128,2	9044,8	9116,3	63
64	9152	9166,3	9180,6	9194,9	9209,2	9223,5	9237,8	9252,1	9266,4	9280,7	9175,8	9199,7	9247,3	9271,2	9187,8	9259,3	64
65	9295	9309,3	9323,6	9337,9	9352,2	9366,5	9380,8	9395,1	9409,4	9423,7	9318,8	9342,7	9390,3	9414,2	9330,8	9402,3	65
66	9438	9452,3	9466,6	9480,9	9495,2	9509,5	9523,8	9538,1	9552,4	9566,7	9461,8	9485,7	9533,3	9557,2	9473,8	9545,3	66
67	9581	9595,3	9609,6	9623,9	9638,2	9652,5	9666,8	9681,1	9695,4	9709,7	9604,8	9628,7	9676,3	9700,2	9616,8	9688,3	67
68	9724	9738,3	9752,6	9766,9	9781,2	9795,5	9809,8	9824,1	9838,4	9852,7	9747,8	9771,7	9819,3	9843,2	9759,8	9831,3	68
69	9867	9881,3	9895,6	9909,9	9924,2	9938,5	9952,8	9967,1	9981,4	9995,7	9890,8	9914,7	9962,3	9986,2	9902,8	9974,3	69
70	10010	10024,3	10038,6	10052,9	10067,2	10081,5	10095,8	10110,1	10124,4	10138,7	10033,8	10057,7	10105,3	10129,2	10045,8	10117,3	70
71	10153	10167,3	10181,6	10195,9	10210,2	10224,5	10238,8	10253,1	10267,4	10281,7	10176,8	10200,7	10248,3	10272,2	10188,8	10260,3	71
72	10296	10310,3	10324,6	10338,9	10353,2	10367,5	10381,8	10396,1	10410,4	10424,7	10319,8	10343,7	10391,3	10415,2	10331,8	10403,3	72
73	10439	10453,3	10467,6	10481,9	10496,2	10510,5	10524,8	10539,1	10553,4	10567,7	10462,8	10486,7	10534,3	10558,2	10474,8	10546,3	73
74	10582	10596,3	10610,6	10624,9	10639,2	10653,5	10667,8	10682,1	10696,4	10710,7	10605,8	10629,7	10677,3	10701,2	10617,8	10689,3	74
75	10725	10739,3	10753,6	10767,9	10782,2	10796,5	10810,8	10825,1	10839,4	10853,7	10748,8	10772,7	10820,3	10844,2	10760,8	10832,3	75
76	10868	10882,3	10896,6	10910,9	10925,2	10939,5	10953,8	10968,1	10982,4	10996,7	10891,8	10915,7	10963,3	10987,2	10903,8	10975,3	76
77	11011	11025,3	11039,6	11053,9	11068,2	11082,5	11096,8	11111,1	11125,4	11139,7	11034,8	11058,7	11106,3	11130,2	11046,8	11118,3	77
78	11154	11168,3	11182,6	11196,9	11211,2	11225,5	11239,8	11254,1	11268,4	11282,7	11177,8	11201,7	11249,3	11273,2	11189,8	11261,3	78
79	11297	11311,3	11325,6	11339,9	11354,2	11368,5	11382,8	11397,1	11411,4	11425,7	11320,8	11344,7	11392,3	11416,2	11332,8	11404,3	79
80	11440	11454,3	11468,6	11482,9	11497,2	11511,5	11525,8	11540,1	11554,4	11568,7	11463,8	11487,7	11535,3	11559,2	11475,8	11547,3	80
81	11583	11597,3	11611,6	11625,9	11640,2	11654,5	11668,8	11683,1	11697,4	11711,7	11606,8	11630,7	11678,3	11702,2	11618,8	11690,3	81
82	11726	11740,3	11754,6	11768,9	11783,2	11797,5	11811,8	11826,1	11840,4	11854,7	11749,8	11773,7	11821,3	11845,2	11761,8	11833,3	82
83	11869	11883,3	11897,6	11911,9	11926,2	11940,5	11954,8	11969,1	11983,4	11997,7	11892,8	11916,7	11964,3	11988,2	11904,8	11976,3	83
84	12012	12026,3	12040,6	12054,9	12069,2	12083,5	12097,8	12112,1	12126,4	12140,7	12035,8	12059,7	12107,3	12131,2	12047,8	12119,3	84
85	12155	12169,3	12183,6	12197,9	12212,2	12226,5	12240,8	12255,1	12269,4	12283,7	12178,8	12202,7	12250,3	12274,2	12190,8	12262,3	85
86	12298	12312,3	12326,6	12340,9	12355,2	12369,5	12383,8	12398,1	12412,4	12426,7	12321,8	12345,7	12393,3	12417,2	12333,8	12405,3	86
87	12441	12455,3	12469,6	12483,9	12498,2	12512,5	12526,8	12541,1	12555,4	12569,7	12464,8	12488,7	12536,3	12560,2	12476,8	12548,3	87
88	12584	12598,3	12612,6	12626,9	12641,2	12655,5	12669,8	12634,1	12698,4	12712,7	12607,8	12631,7	12679,3	12703,2	12619,8	12691,3	88
89	12727	12741,3	12755,6	12769,9	12784,2	12798,5	12812,8	12827,1	12841,4	12855,7	12750,8	12774,7	12822,3	12846,2	12762,8	12834,3	89
90	12870	12884,3	12898,6	12912,9	12927,2	12941,5	12955,8	12970,1	12984,4	12998,7	12893,8	12917,7	12965,3	12989,2	12905,8	12977,3	90
91	13013	13027,3	13041,6	13055,9	13070,2	13084,5	13098,8	13113,1	13127,4	13141,7	13036,8	13060,7	13108,3	13132,2	13048,8	13120,3	91
92	13156	13170,3	13184,6	13198,9	13213,2	13227,5	13241,8	13256,1	13270,4	13284,7	13179,8	13203,7	13251,3	13275,2	13191,8	13263,3	92
93	13299	13313,3	13327,6	13341,9	13356,2	13370,5	13384,8	13399,1	13413,4	13427,7	13322,8	13346,7	13394,3	13418,2	13334,8	13406,3	93
94	13442	13456,3	13470,6	13484,9	13499,2	13513,5	13527,8	13542,1	13556,4	13570,7	13465,8	13489,7	13537,3	13561,2	13477,8	13549,3	94
95	13585	13599,3	13613,6	13627,9	13642,2	13656,5	13670,8	13685,1	13699,4	13713,7	13608,8	13632,7	13680,3	13704,2	13620,8	13692,3	95
96	13728	13742,3	13756,6	13770,9	13785,2	13799,5	13813,8	13828,1	13842,4	13856,7	13751,8	13775,7	13823,3	13847,2	13763,8	13835,3	96
97	13871	13885,3	13899,6	13913,9	13928,2	13942,5	13956,8	13971,1	13985,4	13999,7	13894,8	13918,7	13966,3	13990,2	13906,8	13978,3	97
98	14014	14028,3	14042,6	14056,9	14071,2	14085,5	14099,8	14114,1	14128,4	14142,7	14037,8	14061,7	14109,3	14133,2	14049,8	14121,3	98
99	14157	14171,3	14185,6	14199,9	14214,2	14228,5	14242,8	14257,1	14271,4	14285,7	14180,8	14204,7	14252,3	14276,2	14192,8	14264,3	99
100	14300	14314,3	14328,6	14342,9	14357,2	14371,5	14385,8	14400,1	14414,4	14428,7	14323,8	14347,7	14395,3	14419,2	14335,8	14407,3	100

144	1/10 14,4	2/10 28,8	3/10 43,2	4/10 57,6	5/10 72,0	6/10 86,4	7/10 100,8	8/10 115,2	9/10 129,6	1/6 24,0	2/6 48,0	4/6 96,0	5/6 120,0	1/4 36,0	3/4 108,0	
1	144	158,4	172,8	187,2	201,6	216,0	230,4	244,8	259,2	273,6	168,0	192,0	240,0	264,0	180,0	252,0	1
2	288	302,4	316,8	331,2	345,6	360,0	374,4	388,8	403,2	417,6	312,0	336,0	384,0	408,0	324,0	396,0	2
3	432	446,4	460,8	475,2	489,6	504,0	518,4	532,8	547,2	561,6	456,0	480,0	528,0	552,0	468,0	540,0	3
4	576	590,4	604,8	619,2	633,6	648,0	662,4	676,8	691,2	705,6	600,0	624,0	672,0	696,0	612,0	684,0	4
5	720	734,4	748,8	763,2	777,6	792,0	806,4	820,8	835,2	849,6	744,0	768,0	816,0	840,0	756,0	828,0	5
6	864	878,4	892,8	907,2	921,6	936,0	950,4	964,8	979,2	993,6	888,0	912,0	960,0	984,0	900,0	972,0	6
7	1008	1022,4	1036,8	1051,2	1065,6	1080,0	1094,4	1108,8	1123,2	1137,6	1032,0	1056,0	1104,0	1128,0	1044,0	1116,0	7
8	1152	1166,4	1180,8	1195,2	1209,6	1224,0	1238,4	1252,8	1267,2	1281,6	1176,0	1200,0	1248,0	1272,0	1188,0	1260,0	8
9	1296	1310,4	1324,8	1339,2	1353,6	1368,0	1382,4	1396,8	1411,2	1425,6	1320,0	1344,0	1392,0	1416,0	1332,0	1404,0	9
10	1440	1454,4	1468,8	1483,2	1497,6	1512,0	1526,4	1540,8	1555,2	1569,6	1464,0	1488,0	1536,0	1560,0	1476,0	1548,0	10
11	1584	1598,4	1612,8	1627,2	1641,6	1656,0	1670,4	1684,8	1699,2	1713,6	1608,0	1632,0	1680,0	1704,0	1620,0	1692,0	11
12	1728	1742,4	1756,8	1771,2	1785,6	1800,0	1814,4	1828,8	1843,2	1857,6	1752,0	1776,0	1824,0	1848,0	1764,0	1836,0	12
13	1872	1886,4	1900,8	1915,2	1929,6	1944,0	1958,4	1972,8	1987,2	2001,6	1896,0	1920,0	1968,0	1992,0	1908,0	1980,0	13
14	2016	2030,4	2044,8	2059,2	2073,6	2088,0	2102,4	2116,8	2131,2	2145,6	2040,0	2064,0	2112,0	2136,0	2052,0	2124,0	14
15	2160	2174,4	2188,8	2203,2	2217,6	2232,0	2246,4	2260,8	2275,2	2289,6	2184,0	2208,0	2256,0	2280,0	2196,0	2268,0	15
16	2304	2318,4	2332,8	2347,2	2361,6	2376,0	2390,4	2404,8	2419,2	2433,6	2328,0	2352,0	2400,0	2424,0	2340,0	2412,0	16
17	2448	2462,4	2476,8	2491,2	2505,6	2520,0	2534,4	2548,8	2563,2	2577,6	2472,0	2496,0	2544,0	2568,0	2484,0	2556,0	17
18	2592	2606,4	2620,8	2635,2	2649,6	2664,0	2678,4	2692,8	2707,2	2721,6	2616,0	2640,0	2688,0	2712,0	2628,0	2700,0	18
19	2736	2750,4	2764,8	2779,2	2793,6	2808,0	2822,4	2836,8	2851,2	2865,6	2760,0	2784,0	2832,0	2856,0	2772,0	2844,0	19
20	2880	2894,4	2908,8	2923,2	2937,6	2952,0	2966,4	2980,8	2995,2	3009,6	2904,0	2928,0	2976,0	3000,0	2916,0	2988,0	20
21	3024	3038,4	3052,8	3067,2	3081,6	3096,0	3110,4	3124,8	3139,2	3153,6	3048,0	3072,0	3120,0	3144,0	3060,0	3132,0	21
22	3168	3182,4	3196,8	3211,2	3225,6	3240,0	3254,4	3268,8	3283,2	3297,6	3192,0	3216,0	3264,0	3288,0	3204,0	3276,0	22
23	3312	3326,4	3340,8	3355,2	3369,6	3384,0	3398,4	3412,8	3427,2	3441,6	3336,0	3360,0	3408,0	3432,0	3348,0	3420,0	23
24	3456	3470,4	3484,8	3499,2	3513,6	3528,0	3542,4	3556,8	3571,2	3585,6	3480,0	3504,0	3552,0	3576,0	3492,0	3564,0	24
25	3600	3614,4	3628,8	3643,2	3657,6	3672,0	3686,4	3700,8	3715,2	3729,6	3624,0	3648,0	3696,0	3720,0	3636,0	3708,0	25
26	3744	3758,4	3772,8	3787,2	3801,6	3816,0	3830,4	3844,8	3859,2	3873,6	3768,0	3792,0	3840,0	3864,0	3780,0	3852,0	26
27	3888	3902,4	3916,8	3931,2	3945,6	3960,0	3974,4	3988,8	4003,2	4017,6	3912,0	3936,0	3984,0	4008,0	3924,0	3996,0	27
28	4032	4046,4	4060,8	4075,2	4089,6	4104,0	4118,4	4132,8	4147,2	4161,6	4056,0	4080,0	4128,0	4152,0	4068,0	4140,0	28
29	4176	4190,4	4204,8	4219,2	4233,6	4248,0	4262,4	4276,8	4291,2	4305,6	4200,0	4224,0	4272,0	4296,0	4212,0	4284,0	29
30	4320	4334,4	4348,8	4363,2	4377,6	4392,0	4406,4	4420,8	4435,2	4449,6	4344,0	4368,0	4416,0	4440,0	4356,0	4428,0	30
31	4464	4478,4	4492,8	4507,2	4521,6	4536,0	4550,4	4564,8	4579,2	4593,6	4488,0	4512,0	4560,0	4584,0	4500,0	4572,0	31
32	4608	4622,4	4636,8	4651,2	4665,6	4680,0	4694,4	4708,8	4723,2	4737,6	4632,0	4656,0	4704,0	4728,0	4644,0	4716,0	32
33	4752	4766,4	4780,8	4795,2	4809,6	4824,0	4838,4	4852,8	4867,2	4881,6	4776,0	4800,0	4848,0	4872,0	4788,0	4860,0	33
34	4896	4910,4	4924,8	4939,2	4953,6	4968,0	4982,4	4996,8	5011,2	5025,6	4920,0	4944,0	4992,0	5016,0	4932,0	5004,0	34
35	5040	5054,4	5068,8	5083,2	5097,6	5112,0	5126,4	5140,8	5155,2	5169,6	5064,0	5088,0	5136,0	5160,0	5076,0	5148,0	35
36	5184	5198,4	5212,8	5227,2	5241,6	5256,0	5270,4	5284,8	5299,2	5313,6	5208,0	5232,0	5280,0	5304,0	5220,0	5292,0	36
37	5328	5342,4	5356,8	5371,2	5385,6	5400,0	5414,4	5428,8	5443,2	5457,6	5352,0	5376,0	5424,0	5448,0	5364,0	5436,0	37
38	5472	5486,4	5500,8	5515,2	5529,6	5544,0	5558,4	5572,8	5587,2	5601,6	5496,0	5520,0	5568,0	5592,0	5508,0	5580,0	38
39	5616	5630,4	5644,8	5659,2	5673,6	5688,0	5702,4	5716,8	5731,2	5745,6	5640,0	5664,0	5712,0	5736,0	5652,0	5724,0	39
40	5760	5774,4	5788,8	5803,2	5817,6	5832,0	5846,4	5860,8	5875,2	5889,6	5784,0	5808,0	5856,0	5880,0	5796,0	5868,0	40
41	5904	5918,4	5932,8	5947,2	5961,6	5976,0	5990,4	6004,8	6019,2	6033,6	5928,0	5952,0	6000,0	6024,0	5940,0	6012,0	41
42	6048	6062,4	6076,8	6091,2	6105,6	6120,0	6134,4	6148,8	6163,2	6177,6	6072,0	6096,0	6144,0	6168,0	6084,0	6156,0	42
43	6192	6206,4	6220,8	6235,2	6249,6	6264,0	6278,4	6292,8	6307,2	6321,6	6216,0	6240,0	6288,0	6312,0	6228,0	6300,0	43
44	6336	6350,4	6364,8	6379,2	6393,6	6408,0	6422,4	6436,8	6451,2	6465,6	6360,0	6384,0	6432,0	6456,0	6372,0	6444,0	44
45	6480	6494,4	6508,8	6523,2	6537,6	6552,0	6566,4	6580,8	6595,2	6609,6	6504,0	6528,0	6576,0	6600,0	6516,0	6588,0	45
46	6624	6638,4	6652,8	6667,2	6681,6	6696,0	6710,4	6724,8	6739,2	6753,6	6648,0	6672,0	6720,0	6744,0	6660,0	6732,0	46
47	6768	6782,4	6796,8	6811,2	6825,6	6840,0	6854,4	6868,8	6883,2	6897,6	6792,0	6816,0	6864,0	6888,0	6804,0	6876,0	47
48	6912	6926,4	6940,8	6955,2	6969,6	6984,0	6998,4	7012,8	7027,2	7041,6	6936,0	6960,0	7008,0	7032,0	6948,0	7020,0	48
49	7056	7070,4	7084,8	7099,2	7113,6	7128,0	7142,4	7156,8	7171,2	7185,6	7080,0	7104,0	7152,0	7176,0	7092,0	7164,0	49
50	7200	7214,4	7228,8	7243,2	7257,6	7272,0	7286,4	7300,8	7315,2	7329,6	7224,0	7248,0	7296,0	7320,0	7236,0	7308,0	50
51	7344	7358,4	7372,8	7387,2	7401,6	7416,0	7430,4	7444,8	7459,2	7473,6	7368,0	7392,0	7440,0	7464,0	7380,0	7452,0	51
52	7488	7502,4	7516,8	7531,2	7545,6	7560,0	7574,4	7588,8	7603,2	7617,6	7512,0	7536,0	7584,0	7608,0	7524,0	7596,0	52
53	7632	7646,4	7660,8	7675,2	7689,6	7704,0	7718,4	7732,8	7747,2	7761,6	7656,0	7680,0	7728,0	7752,0	7668,0	7740,0	53
54	7776	7790,4	7804,8	7819,2	7833,6	7848,0	7862,4	7876,8	7891,2	7905,6	7800,0	7824,0	7872,0	7896,0	7812,0	7884,0	54
55	7920	7934,4	7948,8	7963,2	7977,6	7992,0	8006,4	8020,8	8035,2	8049,6	7944,0	7968,0	8016,0	8040,0	7956,0	8028,0	55
56	8064	8078,4	8092,8	8107,2	8121,6	8136,0	8150,4	8164,8	8179,2	8193,6	8088,0	8112,0	8160,0	8184,0	8100,0	8172,0	56
57	8208	8222,4	8236,8	8251,2	8265,6	8280,0	8294,4	8308,8	8323,2	8337,6	8232,0	8256,0	8304,0	8328,0	8244,0	8316,0	57
58	8352	8366,4	8380,8	8395,2	8409,6	8424,0	8438,4	8452,8	8467,2	8481,6	8376,0	8400,0	8448,0	8472,0	8388,0	8460,0	58
59	8496	8510,4	8524,8	8539,2	8553,6	8568,0	8582,4	8596,8	8611,2	8625,6	8520,0	8544,0	8592,0	8616,0	8532,0	8604,0	59
60	8640	8654,4	8668,8	8683,2	8697,6	8712,0	8726,4	8740,8	8755,2	8769,6	8664,0	8688,0	8736,0	8760,0	8676,0	8748,0	60
61	8784	8798,4	8812,8	8827,2	8841,6	8856,0	8870,4	8884,8	8899,2	8913,6	8808,0	8832,0	8880,0	8904,0	8820,0	8892,0	61
62	8928	8942,4	8956,8	8971,2	8985,6	9000,0	9014,4	9028,8	9043,2	9057,6	8952,0	8976,0	9024,0	9048,0	8964,0	9036,0	62
63	9072	9086,4	9100,8	9115,2	9129,6	9144,0	9158,4	9172,8	9187,2	9201,6	9096,0	9120,0	9168,0	9192,0	9108,0	9180,0	63
64	9216	9230,4	9244,8	9259,2	9273,6	9288,0	9302,4	9316,8	9331,2	9345,6	9240,0	9264,0	9312,0	9336,0	9252,0	9324,0	64
65	9360	9374,4	9388,8	9403,2	9417,6	9432,0	9446,4	9460,8	9475,2	9489,6	9384,0	9408,0	9456,0	9480,0	9396,0	9468,0	65
66	9504	9518,4	9532,8	9547,2	9561,6	9576,0	9590,4	9604,8	9619,2	9633,6	9528,0	9552,0	9600,0	9624,0	9540,0	9612,0	66
67	9648	9662,4	9676,8	9691,2	9705,6	9720,0	9734,4	9748,8	9763,2	9777,6	9672,0	9696,0	9744,0	9768,0	9684,0	9756,0	67
68	9792	9806,4	9820,8	9835,2	9849,6	9864,0	9878,4	9892,8	9907,2	9921,6	9816,0	9840,0	9888,0	9912,0	9828,0	9900,0	68
69	9936	9950,4	9964,8	9979,2	9993,6	10008,0	10022,4	10036,8	10051,2	10065,6	9960,0	9984,0	10032,0	10056,0	9972,0	10044,0	69
70	10080	10094,4	10108,8	10123,2	10137,6	10152,0	10166,4	10180,8	10195,2	10209,6	10104,0	10128,0	10176,0	10200,0	10116,0	10188,0	70
71	10224	10238,4	10252,8	10267,2	10281,6	10296,0	10310,4	10324,8	10339,2	10353,6	10248,0	10272,0	10320,0	10344,0	10260,0	10332,0	71
72	10368	10382,4	10396,8	10411,2	10425,6	10440,0	10454,4	10468,8	10483,2	10497,6	10392,0	10416,0	10464,0	10488,0	10404,0	10476,0	72
73	10512	10526,4	10540,8	10555,2	10569,6	10584,0	10598,4	10612,8	10627,2	10641,6	10536,0	10560,0	10608,0	10632,0	10548,0	10620,0	73
74	10656	10670,4	10684,8	10699,2	10713,6	10728,0	10742,4	10756,8	10771,2	10785,6	10680,0	10704,0	10752,0	10776,0	10692,0	10764,0	74
75	10800	10814,4	10828,8	10843,2	10857,6	10872,0	10886,4	10900,8	10915,2	10929,6	10824,0	10848,0	10896,0	10920,0	10836,0	10908,0	75
76	10944	10958,4	10972,8	10987,2	11001,6	11016,0	11030,4	11044,8	11059,2	11073,6	10968,0	10992,0	11040,0	11064,0	10980,0	11052,0	76
77	11088	11102,4	11116,8	11131,2	11145,6	11160,0	11174,4	11188,8	11203,2	11217,6	11112,0	11136,0	11184,0	11208,0	11124,0	11196,0	77
78	11232	11246,4	11260,8	11275,2	11289,6	11304,0	11318,4	11332,8	11347,2	11361,6	11256,0	11280,0	11328,0	11352,0	11268,0	11340,0	78
79	11376	11390,4	11404,8	11419,2	11433,6	11448,0	11462,4	11476,8	11491,2	11505,6	11400,0	11424,0	11472,0	11496,0	11412,0	11484,0	79
80	11520	11534,4	11548,8	11563,2	11577,6	11592,0	11606,4	11620,8	11635,2	11649,6	11544,0	11568,0	11616,0	11640,0	11556,0	11628,0	80
81	11664	11678,4	11692,8	11707,2	11721,6	11736,0	11750,4	11764,8	11779,2	11793,6	11688,0	11712,0	11760,0	11784,0	11700,0	11772,0	81
82	11808	11822,4	11836,8	11851,2	11865,6	11880,0	11894,4	11908,8	11923,2	11937,6	11832,0	11856,0	11904,0	11928,0	11844,0	11916,0	82
83	11952	11966,4	11980,2	11995,2	12009,6	12024,0	12038,4	12052,8	12067,2	12081,6	11976,0	12000,0	12048,0	12072,0	11988,0	12060,0	83
84	12096	12110,4	12124,8	12139,2	12153,6	12168,0	12182,4	12196,8	12211,2	12225,6	12120,0	12144,0	12192,0	12216,0	12132,0	12204,0	84
85	12240	12254,4	12268,8	12283,2	12297,6	12312,0	12326,4	12340,8	12355,2	12369,6	12264,0	12288,0	12336,0	12360,0	12276,0	12348,0	85
86	12384	12398,4	12412,8	12427,2	12441,6	12456,0	12470,4	12484,8	12499,2	12513,6	12408,0	12432,0	12480,0	12504,0	12420,0	12492,0	86
87	12528	12542,4	12556,8	12571,2	12585,6	12600,0	12614,4	12628,8	12643,2	12657,6	12552,0	12576,0	12624,0	12648,0	12564,0	12636,0	87
88	12672	12686,4	12700,8	12715,2	12729,6	12744,0	12758,4	12772,8	12787,2	12801,6	12696,0	12720,0	12768,0	12792,0	12708,0	12780,0	88
89	12816	12830,4	12844,8	12859,2	12873,6	12888,0	12902,4	12916,8	12931,2	12945,6	12840,0	12864,0	12912,0	12936,0	12852,0	12924,0	89
90	12960	12974,4	12988,8	13003,2	13017,6	13032,0	13046,4	13060,8	13075,2	13089,6	12984,0	13008,0	13056,0	13080,0	12996,0	13068,0	90
91	13104	13118,4	13132,8	13147,2	13161,6	13176,0	13190,4	13204,8	13219,2	13233,6	13128,0	13152,0	13200,0	13224,0	13140,0	13212,0	91
92	13248	13262,4	13276,8	13291,2	13305,6	13320,0	13334,4	13348,8	13363,2	13377,6	13272,0	13296,0	13344,0	13368,0	13284,0	13356,0	92
93	13392	13406,4	13420,8	13435,2	13449,6	13464,0	13478,4	13492,8	13507,2	13521,6	13416,0	13440,0	13488,0	13512,0	13428,0	13500,0	93
94	13536	13550,4	13564,8	13579,2	13593,6	13608,0	13622,4	13636,8	13651,2	13665,6	13560,0	13584,0	13632,0	13656,0	13572,0	13644,0	94
95	13680	13694,4	13708,8	13723,2	13737,6	13752,0	13766,4	13780,8	13795,2	13809,6	13704,0	13728,0	13776,0	13800,0	13716,0	13788,0	95
96	13824	13838,4	13852,8	13867,2	13881,6	13896,0	13910,4	13924,8	13939,2	13953,6	13848,0	13872,0	13920,0	13944,0	13860,0	13932,0	96
97	13968	13982,4	13996,8	14011,2	14025,6	14040,0	14054,4	14068,8	14083,2	14097,6	13992,0	14016,0	14064,0	14088,0	14004,0	14076,0	97
98	14112	14126,4	14140,8	14155,2	14169,6	14184,0	14198,4	14212,8	14227,2	14241,6	14136,0	14160,0	14208,0	14232,0	14148,0	14220,0	98
99	14256	14270,4	14284,8	14299,2	14313,6	14328,0	14342,4	14356,8	14371,2	14385,6	14280,0	14304,0	14352,0	14376,0	14292,0	14364,0	99
100	14400	14414,4	14428,8	14443,2	14457,6	14472,0	14486,4	14500,8	14515,2	14529,6	14424,0	14448,0	14496,0	14520,0	14436,0	14508,0	100

145

		1/10 14,5	2/10 29,0	3/10 43,5	4/10 58,0	5/10 72,5	6/10 87,0	7/10 101,5	8/10 116,0	9/10 130,5	1/6 24,166	2/6 48,333	4/6 96,666	5/6 120,833	1/4 36,25	3/4 108,75	
1	145	159,5	174,0	188,5	203,0	217,5	232,0	246,5	261,0	275,5	169,2	193,3	241,7	265,8	181,3	253,8	1
2	290	304,5	319,0	333,5	348,0	362,5	377,0	391,5	406,0	420,5	314,2	338,3	386,7	410,8	326,3	398,8	2
3	435	449,5	464,0	478,5	493,0	507,5	522,0	536,5	551,0	565,5	459,2	483,3	531,7	555,8	471,3	543,8	3
4	580	594,5	609,0	623,5	638,0	652,5	667,0	681,5	696,0	710,5	604,2	628,3	676,7	700,8	616,3	688,8	4
5	725	739,5	754,0	768,5	783,0	797,5	812,0	826,5	841,0	855,5	749,2	773,3	821,7	845,8	761,3	833,8	5
6	870	884,5	899,0	913,5	928,0	942,5	957,0	971,5	986,0	1000,5	894,2	918,3	966,7	990,8	906,3	978,8	6
7	1015	1029,5	1044,0	1058,5	1073,0	1087,5	1102,0	1116,5	1131,0	1145,5	1039,2	1063,3	1111,7	1135,8	1051,3	1123,8	7
8	1160	1174,5	1189,0	1203,5	1218,0	1232,5	1247,0	1261,5	1276,0	1290,5	1184,2	1208,3	1256,7	1280,8	1196,3	1268,8	8
9	1305	1319,5	1334,0	1348,5	1363,0	1377,5	1392,0	1406,5	1421,0	1435,5	1329,2	1353,3	1401,7	1425,8	1341,3	1413,8	9
10	1450	1464,5	1479,0	1493,5	1508,0	1522,5	1537,0	1551,5	1566,0	1580,5	1474,2	1498,3	1546,7	1570,8	1486,3	1558,8	10
11	1595	1609,5	1624,0	1638,5	1653,0	1667,5	1682,0	1696,5	1711,0	1725,5	1619,2	1643,3	1691,7	1715,8	1631,3	1703,8	11
12	1740	1754,5	1769,0	1783,5	1798,0	1812,5	1827,0	1841,5	1856,0	1870,5	1764,2	1788,3	1836,7	1860,8	1776,3	1848,8	12
13	1885	1899,5	1914,0	1928,5	1943,0	1957,5	1972,0	1986,5	2001,0	2015,5	1909,2	1933,3	1981,7	2005,8	1921,3	1993,8	13
14	2030	2044,5	2059,0	2073,5	2088,0	2102,5	2117,0	2131,5	2146,0	2160,5	2054,2	2078,3	2126,7	2150,8	2066,3	2138,8	14
15	2175	2189,5	2204,0	2218,5	2233,0	2247,5	2262,0	2276,5	2291,0	2305,5	2199,2	2223,3	2271,7	2295,8	2211,3	2283,8	15
16	2320	2334,5	2349,0	2363,5	2378,0	2392,5	2407,0	2421,5	2436,0	2450,5	2344,2	2368,3	2416,7	2440,8	2356,3	2428,8	16
17	2465	2479,5	2494,0	2508,5	2523,0	2537,5	2552,0	2566,5	2581,0	2595,5	2489,2	2513,3	2561,7	2585,8	2501,3	2573,8	17
18	2610	2624,5	2639,0	2653,5	2668,0	2682,5	2697,0	2711,5	2726,0	2740,5	2634,2	2658,3	2706,7	2730,8	2646,3	2718,8	18
19	2755	2769,5	2784,0	2798,5	2813,0	2827,5	2842,0	2856,5	2871,0	2885,5	2779,2	2803,3	2851,7	2875,8	2791,3	2863,8	19
20	2900	2914,5	2929,0	2943,5	2958,0	2972,5	2987,0	3001,5	3016,0	3030,5	2924,2	2948,3	2996,7	3020,8	2936,3	3008,8	20
21	3045	3059,5	3074,0	3088,5	3103,0	3117,5	3132,0	3146,5	3161,0	3175,5	3069,2	3093,3	3141,7	3165,8	3081,3	3153,8	21
22	3190	3204,5	3219,0	3233,5	3248,0	3262,5	3277,0	3291,5	3306,0	3320,5	3214,2	3238,3	3286,7	3310,8	3226,3	3298,8	22
23	3335	3349,5	3364,0	3378,5	3393,0	3407,5	3422,0	3436,5	3451,0	3465,5	3359,2	3383,3	3431,7	3455,8	3371,3	3443,8	23
24	3480	3494,5	3509,0	3523,5	3538,0	3552,5	3567,0	3581,5	3596,0	3610,5	3504,2	3528,3	3576,7	3600,8	3516,3	3588,8	24
25	3625	3639,5	3654,0	3668,5	3683,0	3697,5	3712,0	3726,5	3741,0	3755,5	3649,2	3673,3	3721,7	3745,8	3661,3	3733,8	25
26	3770	3784,5	3799,0	3813,5	3828,0	3842,5	3857,0	3871,5	3886,0	3900,5	3794,2	3818,3	3866,7	3890,8	3806,3	3878,8	26
27	3915	3929,5	3944,0	3958,5	3973,0	3987,5	4002,0	4016,5	4031,0	4045,5	3939,2	3963,3	4011,7	4035,8	3951,3	4023,8	27
28	4060	4074,5	4089,0	4103,5	4118,0	4132,5	4147,0	4161,5	4176,0	4190,5	4084,2	4108,3	4156,7	4180,8	4096,3	4168,8	28
29	4205	4219,5	4234,0	4248,5	4263,0	4277,5	4292,0	4306,5	4321,0	4335,5	4229,2	4253,3	4301,7	4325,8	4241,3	4313,8	29
30	4350	4364,5	4379,0	4393,5	4408,0	4422,5	4437,0	4451,5	4466,0	4480,5	4374,2	4398,3	4446,7	4470,8	4386,3	4458,8	30
31	4495	4509,5	4524,0	4538,5	4553,0	4567,5	4582,0	4596,5	4611,0	4625,5	4519,2	4543,3	4591,7	4615,8	4531,3	4603,8	31
32	4640	4654,5	4669,0	4683,5	4698,0	4712,5	4727,0	4741,5	4756,0	4770,5	4664,2	4688,3	4736,7	4760,8	4676,3	4748,8	32
33	4785	4799,5	4814,0	4828,5	4843,0	4857,5	4872,0	4886,5	4901,0	4915,5	4809,2	4833,3	4881,7	4905,8	4821,3	4893,8	33
34	4930	4944,5	4959,0	4973,5	4988,0	5002,5	5017,0	5031,5	5046,0	5060,5	4954,2	4978,3	5026,7	5050,8	4966,3	5038,8	34
35	5075	5089,5	5104,0	5118,5	5133,0	5147,5	5162,0	5176,5	5191,0	5205,5	5099,2	5123,3	5171,7	5195,8	5111,3	5183,8	35
36	5220	5234,5	5249,0	5263,5	5278,0	5292,5	5307,0	5321,5	5336,0	5350,5	5244,2	5268,3	5316,7	5340,8	5256,3	5328,8	36
37	5365	5379,5	5394,0	5408,5	5423,0	5437,5	5452,0	5466,5	5481,0	5495,5	5389,2	5413,3	5461,7	5485,8	5401,3	5473,8	37
38	5510	5524,5	5539,0	5553,5	5568,0	5582,5	5597,0	5611,5	5626,0	5640,5	5534,2	5558,3	5606,7	5630,8	5546,3	5618,8	38
39	5655	5669,5	5684,0	5698,5	5713,0	5727,5	5742,0	5756,5	5771,0	5785,5	5679,2	5703,3	5751,7	5775,8	5691,3	5763,8	39
40	5800	5814,5	5829,0	5843,5	5858,0	5872,5	5887,0	5901,5	5916,0	5930,5	5824,2	5848,3	5896,7	5920,8	5836,3	5908,8	40
41	5945	5959,5	5974,0	5988,5	6003,0	6017,5	6032,0	6046,5	6061,0	6075,5	5969,2	5993,3	6041,7	6065,8	5981,3	6053,8	41
42	6090	6104,5	6119,0	6133,5	6148,0	6162,5	6177,0	6191,5	6206,0	6220,5	6114,2	6138,3	6186,7	6210,8	6126,3	6198,8	42
43	6235	6249,5	6264,0	6278,5	6293,0	6307,5	6322,0	6336,5	6351,0	6365,5	6259,2	6283,3	6331,7	6355,8	6271,3	6343,8	43
44	6380	6394,5	6409,0	6423,5	6438,0	6452,5	6467,0	6481,5	6496,0	6510,5	6404,2	6428,3	6476,7	6500,8	6416,3	6488,8	44
45	6525	6539,5	6554,0	6568,5	6583,0	6597,5	6612,0	6626,5	6641,0	6655,5	6549,2	6573,3	6621,7	6645,8	6561,3	6633,8	45
46	6670	6684,5	6699,0	6713,5	6728,0	6742,5	6757,0	6771,5	6786,0	6800,5	6694,2	6718,3	6766,7	6790,8	6706,3	6778,8	46
47	6815	6829,5	6844,0	6858,5	6873,0	6887,5	6902,0	6916,5	6931,0	6945,5	6839,2	6863,3	6911,7	6935,8	6851,3	6923,8	47
48	6960	6974,5	6989,0	7003,5	7018,0	7032,5	7047,0	7061,5	7076,0	7090,5	6984,2	7008,3	7056,7	7080,8	6996,3	7068,8	48
49	7105	7119,5	7134,0	7148,5	7163,0	7177,5	7192,0	7206,5	7221,0	7235,5	7129,2	7153,3	7201,7	7225,8	7141,3	7213,8	49
50	7250	7264,5	7279,0	7293,5	7308,0	7322,5	7337,0	7351,5	7366,0	7380,5	7274,2	7298,3	7346,7	7370,8	7286,3	7358,8	50
51	7395	7409,5	7424,0	7438,5	7453,0	7467,5	7482,0	7496,5	7511,0	7525,5	7419,2	7443,3	7491,7	7515,8	7431,3	7503,8	51
52	7540	7554,5	7569,0	7583,5	7598,0	7612,5	7627,0	7641,5	7656,0	7670,5	7564,2	7588,3	7636,7	7660,8	7576,3	7648,8	52
53	7685	7699,5	7714,0	7728,5	7743,0	7757,5	7772,0	7786,5	7801,0	7815,5	7709,2	7733,3	7781,7	7805,8	7721,3	7793,8	53
54	7830	7844,5	7859,0	7873,5	7888,0	7902,5	7917,0	7931,5	7946,0	7960,5	7854,2	7878,3	7926,7	7950,8	7866,3	7938,8	54
55	7975	7989,5	8004,0	8018,5	8033,0	8047,5	8062,0	8076,5	8091,0	8105,5	7999,2	8023,3	8071,7	8095,8	8011,3	8083,8	55
56	8120	8134,5	8149,0	8163,5	8178,0	8192,5	8207,0	8221,5	8236,0	8250,5	8144,2	8168,3	8216,7	8240,8	8156,3	8228,8	56
57	8265	8279,5	8294,0	8308,5	8323,0	8337,5	8352,0	8366,5	8381,0	8395,5	8289,2	8313,3	8361,7	8385,8	8301,3	8373,8	57
58	8410	8424,5	8439,0	8453,5	8468,0	8482,5	8497,0	8511,5	8526,0	8540,5	8434,2	8458,3	8506,7	8530,8	8446,3	8518,8	58
59	8555	8569,5	8584,0	8598,5	8613,0	8627,5	8642,0	8656,5	8671,0	8685,5	8579,2	8603,3	8651,7	8675,8	8591,3	8663,8	59
60	8700	8714,5	8729,0	8743,5	8758,0	8772,5	8787,0	8801,5	8816,0	8830,5	8724,2	8748,3	8796,7	8820,8	8736,3	8808,8	60
61	8845	8859,5	8874,0	8888,5	8903,0	8917,5	8932,0	8946,5	8961,0	8975,5	8869,2	8893,3	8941,7	8965,8	8881,3	8953,8	61
62	8990	9004,5	9019,0	9033,5	9048,0	9062,5	9077,0	9091,5	9106,0	9120,5	9014,2	9038,3	9086,7	9110,8	9026,3	9098,8	62
63	9135	9149,5	9164,0	9178,5	9193,0	9207,5	9222,0	9236,5	9251,0	9265,5	9159,2	9183,3	9231,7	9255,8	9171,3	9243,8	63
64	9280	9294,5	9309,0	9323,5	9338,0	9352,5	9367,0	9381,5	9396,0	9410,5	9304,2	9328,3	9376,7	9400,8	9316,3	9388,8	64
65	9425	9439,5	9454,0	9468,5	9483,0	9497,5	9512,0	9526,5	9541,0	9555,5	9449,2	9473,3	9521,7	9545,8	9461,3	9533,8	65
66	9570	9584,5	9599,0	9613,5	9628,0	9642,5	9657,0	9671,5	9686,0	9700,5	9594,2	9618,3	9666,7	9690,8	9606,3	9678,8	66
67	9715	9729,5	9744,0	9758,5	9773,0	9787,5	9802,0	9816,5	9831,0	9845,5	9739,2	9763,3	9811,7	9835,8	9751,3	9823,8	67
68	9860	9874,5	9889,0	9903,5	9918,0	9932,5	9947,0	9961,5	9976,0	9990,5	9884,2	9908,3	9956,7	9980,8	9896,3	9968,8	68
69	10005	10019,5	10034,0	10048,5	10063,0	10077,5	10092,0	10106,5	10121,0	10135,5	10029,2	10053,3	10101,7	10125,8	10041,3	10113,8	69
70	10150	10164,5	10179,0	10193,5	10208,0	10222,5	10237,0	10251,5	10266,0	10280,5	10174,2	10198,3	10246,7	10270,8	10186,3	10258,8	70
71	10295	10309,5	10324,0	10338,5	10353,0	10367,5	10382,0	10396,5	10411,0	10425,5	10319,2	10343,3	10391,7	10415,8	10331,3	10403,8	71
72	10440	10454,5	10469,0	10483,5	10498,0	10512,5	10527,0	10541,5	10556,0	10570,5	10464,2	10488,3	10536,7	10560,8	10476,3	10548,8	72
73	10585	10599,5	10614,0	10628,5	10643,0	10657,5	10672,0	10686,5	10701,0	10715,5	10609,2	10633,3	10681,7	10705,8	10621,3	10693,8	73
74	10730	10744,5	10759,0	10773,5	10788,0	10802,5	10817,0	10831,5	10846,0	10860,5	10754,2	10778,3	10826,7	10850,8	10766,3	10838,8	74
75	10875	10889,5	10904,0	10918,5	10933,0	10947,5	10962,0	10976,5	10991,0	11005,5	10899,2	10923,3	10971,7	10995,8	10911,3	10983,8	75
76	11020	11034,5	11049,0	11063,5	11078,0	11092,5	11107,0	11121,5	11136,0	11150,5	11044,2	11068,3	11116,7	11140,8	11056,3	11128,8	76
77	11165	11179,5	11194,0	11208,5	11223,0	11237,5	11252,0	11266,5	11281,0	11295,5	11189,2	11213,3	11261,7	11285,8	11201,3	11273,8	77
78	11310	11324,5	11339,0	11353,5	11368,0	11382,5	11397,0	11411,5	11426,0	11440,5	11334,2	11358,3	11406,7	11430,8	11346,3	11418,8	78
79	11455	11469,5	11484,0	11498,5	11513,0	11527,5	11542,0	11556,5	11571,0	11585,5	11479,2	11503,3	11551,7	11575,8	11491,3	11563,8	79
80	11600	11614,5	11629,0	11643,5	11658,0	11672,5	11687,0	11701,5	11716,0	11730,5	11624,2	11648,3	11696,7	11720,8	11636,3	11708,8	80
81	11745	11759,5	11774,0	11788,5	11803,0	11817,5	11832,0	11846,5	11861,0	11875,5	11769,2	11793,3	11841,7	11865,8	11781,3	11853,8	81
82	11890	11904,5	11919,0	11933,5	11948,0	11962,5	11977,0	11991,5	12006,0	12020,5	11914,2	11938,3	11986,7	12010,8	11926,3	11998,8	82
83	12035	12049,5	12064,0	12078,5	12093,0	12107,5	12122,0	12136,5	12151,0	12165,5	12059,2	12083,3	12131,7	12155,8	12071,3	12143,8	83
84	12180	12194,5	12209,0	12223,5	12238,0	12252,5	12267,0	12281,5	12296,0	12310,5	12204,2	12228,3	12276,7	12300,8	12216,3	12288,8	84
85	12325	12339,5	12354,0	12368,5	12383,0	12397,5	12412,0	12426,5	12441,0	12455,5	12349,2	12373,3	12421,7	12445,8	12361,3	12433,8	85
86	12470	12484,5	12499,0	12513,5	12528,0	12542,5	12557,0	12571,5	12586,0	12600,5	12494,2	12518,3	12566,7	12590,8	12506,3	12578,8	86
87	12615	12629,5	12644,0	12658,5	12673,0	12687,5	12702,0	12716,5	12731,0	12745,5	12639,2	12663,3	12711,7	12735,8	12651,3	12723,8	87
88	12760	12774,5	12789,0	12803,5	12818,0	12832,5	12847,0	12861,5	12876,0	12890,5	12784,2	12808,3	12856,7	12880,8	12796,3	12868,8	88
89	12905	12919,5	12934,0	12948,5	12963,0	12977,5	12992,0	13006,5	13021,0	13035,5	12929,2	12953,3	13001,7	13025,8	12941,3	13013,8	89
90	13050	13064,5	13079,0	13093,5	13108,0	13122,5	13137,0	13151,5	13166,0	13180,5	13074,2	13098,3	13146,7	13170,8	13086,3	13158,8	90
91	13195	13209,5	13224,0	13238,5	13253,0	13267,5	13282,0	13296,5	13311,0	13325,5	13219,2	13243,3	13291,7	13315,8	13231,3	13303,8	91
92	13340	13354,5	13369,0	13383,5	13398,0	13412,5	13427,0	13441,5	13456,0	13470,5	13364,2	13388,3	13436,7	13460,8	13376,3	13448,8	92
93	13485	13499,5	13514,0	13528,5	13543,0	13557,5	13572,0	13586,5	13601,0	13615,5	13509,2	13533,3	13581,7	13605,8	13521,3	13593,8	93
94	13630	13644,5	13659,0	13673,5	13688,0	13702,5	13717,0	13731,5	13746,0	13760,5	13654,2	13678,3	13726,7	13750,8	13666,3	13738,8	94
95	13775	13789,5	13804,0	13818,5	13833,0	13847,5	13862,0	13876,5	13891,0	13905,5	13799,2	13823,3	13871,7	13895,8	13811,3	13883,8	95
96	13920	13934,5	13949,0	13963,5	13978,0	13992,5	14007,0	14021,5	14036,0	14050,5	13944,2	13968,3	14016,7	14040,8	13956,3	14028,8	96
97	14065	14079,5	14094,0	14108,5	14123,0	14137,5	14152,0	14166,5	14181,0	14195,5	14089,2	14113,3	14161,7	14185,8	14101,3	14173,8	97
98	14210	14224,5	14239,0	14253,5	14268,0	14282,5	14297,0	14311,5	14326,0	14340,5	14234,2	14258,3	14306,7	14330,8	14246,3	14318,8	98
99	14355	14369,5	14384,0	14398,5	14413,0	14427,5	14442,0	14456,5	14471,0	14485,5	14379,2	14403,3	14451,7	14475,8	14391,3	14463,8	99
100	14500	14514,5	14529,0	14543,5	14558,0	14572,5	14587,0	14601,5	14616,0	14630,5	14524,2	14548,3	14596,7	14620,8	14536,3	14608,8	100

146		1/10 14,6	2/10 29,2	3/10 43,8	4/10 58,4	5/10 73,0	6/10 87,6	7/10 102,2	8/10 116.8	9/10 131,4	1/6 24,333	2/6 48,666	4/6 97,333	5/6 121,666	1/4 36,5	3/4 109,5	
1	146	160,6	175,2	189,8	204,4	219,0	233,6	248,2	262,8	277,4	170,3	194,7	243,3	267,7	182,5	255,5	1
2	292	306,6	321,2	335,8	350,4	365,0	379,6	394,2	408,8	423,4	316,3	340,7	389,3	413,7	328,5	401,5	2
3	438	452,6	467,2	481,8	496,4	511,0	525,6	540,2	554,8	569,4	462,3	486,7	535,3	559,7	474,5	547,5	3
4	584	598,6	613,2	627,8	642,4	657,0	671,6	686,2	700,8	715,4	608,3	632,7	681,3	705,7	620,5	693,5	4
5	730	744,6	759,2	773,8	788,4	803,0	817,6	832,2	846,8	861,4	754,3	778,7	827,3	851,7	766,5	839,5	5
6	876	890,6	905,2	919,8	934,4	949,0	963,6	978,2	992,8	1007,4	900,3	924,7	973,3	997,7	912,5	985,5	6
7	1022	1036,6	1051,2	1065,8	1080,4	1095,0	1109,6	1124,2	1138,8	1153,4	1046,3	1070,7	1119,3	1143,7	1058,5	1131,5	7
8	1168	1182,6	1197,2	1211,8	1226,4	1241,0	1255,6	1270,2	1284,8	1299,4	1192,3	1216,7	1265,3	1289,7	1204,5	1277,5	8
9	1314	1328,6	1343,2	1357,8	1372,4	1387,0	1401,6	1416,2	1430,8	1445,4	1338,3	1362,7	1411,3	1435,7	1350,5	1423,5	9
10	1460	1474,6	1489,2	1503,8	1518,4	1533,0	1547,6	1562,2	1576,8	1591,4	1484,3	1508,7	1557,3	1581,7	1496,5	1569,5	10
11	1606	1620,6	1635,2	1649,8	1664,4	1679,0	1693,6	1708,2	1722,8	1737,4	1630,3	1654,7	1703,3	1727,7	1642,5	1715,5	11
12	1752	1766,6	1781,2	1795,8	1810,4	1825,0	1839,6	1854,2	1868,8	1883,4	1776,3	1800,7	1849,3	1873,7	1788,5	1861,5	12
13	1898	1912,6	1927,2	1941,8	1956,4	1971,0	1985,6	2000,2	2014,8	2029,4	1922,3	1946,7	1995,3	2019,7	1934,5	2007,5	13
14	2044	2058,6	2073,2	2087,8	2102,4	2117,0	2131,6	2146,2	2160,8	2175,4	2068,3	2092,7	2141,3	2165,7	2080,5	2153,5	14
15	2190	2204,6	2219,2	2233,8	2248,4	2263,0	2277,6	2292,2	2306,8	2321,4	2214,3	2238,7	2287,3	2311,7	2226,5	2299,5	15
16	2336	2350,6	2365,2	2379,8	2394,4	2409,0	2423,6	2438,2	2452,8	2467,4	2360,3	2384,7	2433,3	2457,7	2372,5	2445,5	16
17	2482	2496,6	2511,2	2525,8	2540,4	2555,0	2569,6	2584,2	2598,8	2613,4	2506,3	2530,7	2579,3	2603,7	2518,5	2591,5	17
18	2628	2642,6	2657,2	2671,8	2686,4	2701,0	2715,6	2730,2	2744,8	2759,4	2652,3	2676,7	2725,3	2749,7	2664,5	2737,5	18
19	2774	2788,6	2803,2	2817,8	2832,4	2847,0	2861,6	2876,2	2890,8	2905,4	2798,3	2822,7	2871,3	2895,7	2810,5	2883,5	19
20	2920	2934,6	2949,2	2963,8	2978,4	2993,0	3007,6	3022,2	3036,8	3051,4	2944,3	2968,7	3017,3	3041,7	2956,5	3029,5	20
21	3066	3080,6	3095,2	3109,8	3124,4	3139,0	3153,6	3168,2	3182,8	3197,4	3090,3	3114,7	3163,3	3187,7	3102,5	3175,5	21
22	3212	3226 6	3241,2	3255,8	3270,4	3285,0	3299,6	3314,2	3328,8	3343,4	3236,3	3260,7	3309,3	3333,7	3248,5	3321,5	22
23	3358	3372,6	3387,2	3401,8	3416,4	3431,0	3445,6	3460,2	3474,8	3489,4	3382,3	3406,7	3455,3	3479,7	3394,5	3467,5	23
24	3504	3518,6	3533,2	3547,8	3562,4	3577,0	3591,6	3606,2	3620,8	3635,4	3528,3	3552,7	3601,3	3625,7	3540,5	3613,5	24
25	3650	3664,6	3679,2	3693,8	3708,4	3723,0	3737,6	3752,2	3766,8	3781,4	3674,3	3698,7	3747,3	3771,7	3686,5	3759,5	25
26	3796	3810,6	3825,2	3839,8	3854,4	3869,0	3883,6	3898,2	3912,8	3927,4	3820,3	3844,7	3893,3	3917,7	3832,5	3905,5	26
27	3942	3956,6	3971,2	3985,8	4000,4	4015,0	4029,6	4044,2	4058,8	4073,4	3966,3	3990,7	4039,3	4063,7	3978,5	4051,5	27
28	4088	4102,6	4117,2	4131,8	4146,4	4161,0	4175,6	4190,2	4204,8	4219,4	4112,3	4136,7	4185,3	4209,7	4124,5	4197,5	28
29	4234	4248,6	4263,2	4277,8	4292,4	4307,0	4321,6	4336,2	4350,8	4365,4	4258,3	4282,7	4331,3	4355,7	4270,5	4343,5	29
30	4380	4394,6	4409,2	4423,8	4438,4	4453,0	4467,6	4482,2	4496,8	4511,4	4404,3	4428,7	4477,3	4501,7	4416,5	4489,5	30
31	4526	4540,6	4555,2	4569,8	4584,4	4599,0	4613,6	4628,2	4642,8	4657,4	4550,3	4574,7	4623,3	4647,7	4562,5	4635,5	31
32	4672	4686,6	4701,2	4715,8	4730,4	4745,0	4759,6	4774,2	4788,8	4803,4	4696,3	4720,7	4769,3	4793,7	4708,5	4781,5	32
33	4818	4832,6	4847,2	4861,8	4876,4	4891,0	4905,6	4920,2	4934,8	4949,4	4842,3	4866,7	4915,3	4939,7	4854,5	4927,5	33
34	4964	4978,6	4993,2	5007,8	5022,4	5037,0	5051,6	5066,2	5080,8	5095,4	4988,3	5012,7	5061,3	5085,7	5000,5	5073,5	34
35	5110	5124,6	5139,2	5153,8	5168,4	5183,0	5197,6	5212,2	5226,8	5241,4	5134,3	5158,7	5207,3	5231,7	5146,5	5219,5	35
36	5256	5270,6	5285,2	5299,8	5314,4	5329,0	5343,6	5358,2	5372,8	5387,4	5280,3	5304,7	5353,3	5377,7	5292,5	5365,5	36
37	5402	5416,6	5431,2	5445,8	5460,4	5475,0	5489,6	5504,2	5518,8	5533,4	5426,3	5450,7	5499,3	5523,7	5438,5	5511,5	37
38	5548	5562,6	5577,2	5591,8	5606,4	5621,0	5635,6	5650,2	5664,8	5679,4	5572,3	5596,7	5645,3	5669,7	5584,5	5657,5	38
39	5694	5708,6	5723,2	5737,8	5752,4	5767,0	5781,6	5796,2	5810,8	5825,4	5718,3	5742,7	5791,3	5815,7	5730,5	5803,5	39
40	5840	5854,6	5869,2	5883,8	5898,4	5913,0	5927,6	5942,2	5956,8	5971,4	5864,3	5888,7	5937,3	5961,7	5876,5	5949,5	40
41	5986	6000,6	6015,2	6029,8	6044,4	6059,0	6073,6	6088,2	6102,8	6117,4	6010,3	6034,7	6083,3	6107,7	6022,5	6095,5	41
42	6132	6146,6	6161,2	6175,8	6190,4	6205,0	6219,6	6234,2	6248,8	6263,4	6156,3	6180,7	6229,3	6253,7	6168,5	6241,5	42
43	6278	6292,6	6307,2	6321,8	6336,4	6351,0	6365,6	6380,2	6394,8	6409,4	6302,3	6326,7	6375,3	6399,7	6314,5	6387,5	43
44	6424	6438,6	6453,2	6467,8	6482,4	6497,0	6511,6	6526,2	6540,8	6555,4	6448,3	6472,7	6521,3	6545,7	6460,5	6533,5	44
45	6570	6584,6	6599,2	6613,8	6628,4	6643,0	6657,6	6672,2	6686,8	6701,4	6594,3	6618,7	6667,3	6691,7	6606,5	6679,5	45
46	6716	6730,6	6745,2	6759,8	6774,4	6789,0	6803,6	6818,2	6832,8	6847,4	6740,3	6764,7	6813,3	6837,7	6752,5	6825,5	46
47	6862	6876,6	6891,2	6905,8	6920,4	6935,0	6949,6	6964,2	6978,8	6993,4	6886,3	6910,7	6959,3	6983,7	6898,5	6971,5	47
48	7008	7022,6	7037,2	7051,8	7066,4	7081,0	7095,6	7110,2	7124,8	7139,4	7032,3	7056,7	7105,3	7129,7	7044,5	7117,5	48
49	7154	7168,6	7183,2	7197,8	7212,4	7227,0	7241,6	7256,2	7270,8	7285,4	7178,3	7202,7	7251,3	7275,7	7190,5	7263,5	49
50	7300	7314,6	7329,2	7343,8	7358,4	7373,0	7387,6	7402,2	7416,8	7431,4	7324,3	7348,7	7397,3	7421,7	7336,5	7409,5	50
51	7446	7460,6	7475,2	7489,8	7504,4	7519,0	7533,6	7548,2	7562,8	7577,4	7470,3	7494,7	7543,3	7567,7	7482,5	7555,5	51
52	7592	7606,6	7621,2	7635,8	7650,4	7665,0	7679,6	7694,2	7708,8	7723,4	7616,3	7640,7	7689,3	7713,7	7628,5	7701,5	52
53	7738	7752,6	7767,2	7781,8	7796,4	7811,0	7825,6	7840,2	7854,8	7869,4	7762,3	7786,7	7835,3	7859,7	7774,5	7847,5	53
54	7884	7898,6	7913,2	7927,8	7942,4	7957,0	7971,6	7986,2	8000,8	8015,4	7908,3	7932,7	7981,3	8005,7	7920,5	7993,5	54
55	8030	8044,6	8059,2	8073,8	8088,4	8103,0	8117,6	8132,2	8146,8	8161,4	8054,3	8078,7	8127,3	8151,7	8066,5	8139,5	55
56	8176	8190,6	8205,2	8219,8	8234,4	8249,0	8263,6	8278,2	8292,8	8307,4	8200,3	8224,7	8273,3	8297,7	8212,5	8285,5	56
57	8322	8336,6	8351,2	8365,8	8380,4	8395,0	8409,6	8424,2	8438,8	8453,4	8346,3	8370,7	8419,3	8443,7	8358,5	8431,5	57
58	8468	8482,6	8497,2	8511,8	8526,4	8541,0	8555,6	8570,2	8584,8	8599,4	8492,3	8516,7	8565,3	8589,7	8504,5	8577,5	58
59	8614	8628,6	8643,2	8657,8	8672,4	8687,0	8701,6	8716,2	8730,8	8745,4	8638,3	8662,7	8711,3	8735,7	8650,5	8723,5	59
60	8760	8774,6	8789,2	8803,8	8818,4	8833,0	8847,6	8862,2	8876,8	8891,4	8784,3	8808,7	8857,3	8881,7	8796,5	8869,5	60
61	8906	8920,6	8935,2	8949,8	8964,4	8979,0	8993,6	9008,2	9022,8	9037,4	8930,3	8954,7	9003,3	9027,7	8942,5	9015,5	61
62	9052	9066,6	9081,2	9095,8	9110,4	9125,0	9139,6	9154,2	9168,8	9183,4	9076,3	9100,7	9149,3	9173,7	9088,5	9161,5	62
63	9198	9212,6	9227,2	9241,8	9256,4	9271,0	9285,6	9300,2	9314,8	9329,4	9222,3	9246,7	9295,3	9319,7	9234,5	9307,5	63
64	9344	9358,6	9373,2	9387,8	9402,4	9417,0	9431,6	9446,2	9460,8	9475,4	9368,3	9392,7	9441,3	9465,7	9380,5	9453,5	64
65	9490	9504,6	9519,2	9533,8	9548,4	9563,0	9577,6	9592,2	9606,8	9621,4	9514,3	9538,7	9587,3	9611,7	9526,5	9599,5	65
66	9636	9650,6	9665,2	9679,8	9694,4	9709,0	9723,6	9738,2	9752,8	9767,4	9660,3	9684,7	9733,3	9757,7	9672,5	9745,5	66
67	9782	9796,6	9811,2	9825,8	9840,4	9855,0	9869,6	9884,2	9898,8	9913,4	9806,3	9830,7	9879,3	9903,7	9818,5	9891,5	67
68	9928	9942,6	9957,2	9971,8	9986,4	10001,C	10015,6	10030,2	10044,8	10059,4	9952,3	9976,7	10025,3	10049,7	9964,5	10037,5	68
69	10074	10088,6	10103,2	10117,8	10132,4	10147,0	10161,6	10176,2	10190,8	10205,4	10098,3	10122,7	10171,3	10195,7	10110,5	10183,5	69
70	10220	10234,6	10249,2	10263,8	10278,4	10293,0	10307,6	10322,2	10336,8	10351,4	10244,3	10268,7	10317,3	10341,7	10256,5	10329,5	70
71	10366	10380,6	10395,2	10409,8	10424,4	10439,0	10453,6	10468,2	10482,8	10497,4	10390,3	10414,7	10463,3	10487,7	10402,5	10475,5	71
72	10512	10526,6	10541,2	10555,8	10570,4	10585,0	10599,6	10614,2	10628,8	10643,4	10536,3	10560,7	10609,3	10633,7	10548,5	10621,5	72
73	10658	10672,6	10687,2	10701,8	10716,4	10731,0	10745,6	10760,2	10774,8	10789,4	10682,3	10706,7	10755,3	10779,7	10694,5	10767,5	73
74	10804	10818,6	10833,2	10847,8	10862,4	10877,0	10891,6	10906,2	10920,8	10935,4	10828,3	10852,7	10901,3	10925,7	10840,5	10913,5	74
75	10950	10964,6	10979,2	10993,8	11008,4	11023,0	11037,6	11052,2	11066,8	11081,4	10974,3	10998,7	11047,3	11071,7	10986,5	11059,5	75
76	11096	11110,6	11125,2	11139,8	11154,4	11169,0	11183,6	11198,2	11212,8	11227,4	11120,3	11144,7	11193,3	11217,7	11132,5	11205,5	76
77	11242	11256,6	11271,2	11285,8	11300,4	11315,0	11329,6	11344,2	11358,8	11373,4	11266,3	11290,7	11339,3	11363,7	11278,5	11351,5	77
78	11388	11402,6	11417,2	11431,8	11446,4	11461,0	11475,6	11490,2	11504,8	11519,4	11412,3	11436,7	11485,3	11509,7	11424,5	11497,5	78
79	11534	11548,6	11563,2	11577,8	11592,4	11607,0	11621,6	11636,2	11650,8	11665,4	11558,3	11582,7	11631,3	11655,7	11570,5	11643,5	79
80	11680	11694,6	11709,2	11723,8	11738,4	11753,0	11767,6	11782,2	11796,8	11811,4	11704,3	11728,7	11777,3	11801,7	11716,5	11789,5	80
81	11826	11840,6	11855,2	11869,8	11884,4	11899,0	11913,6	11928,2	11942,8	11957,4	11850,3	11874,7	11923,3	11947,7	11862,5	11935,5	81
82	11972	11986,6	12001,2	12015,8	12030,4	12045,0	12059,6	12074,2	12088,8	12103,4	11996,3	12020,7	12069,3	12093,7	12008,5	12081,5	82
83	12118	12132,6	12147,2	12161,8	12176,4	12191,0	12205,6	12220,2	12234,8	12249,4	12142,3	12166,7	12215,3	12239,7	12154,5	12227,5	83
84	12264	12278,6	12293,2	12307,8	12322,4	12337,0	12351,6	12366,2	12380,8	12395,4	12288,3	12312,7	12361,3	12385,7	12300,5	12373,5	84
85	12410	12424,6	12439,2	12453,8	12468,4	12483,0	12497,6	12512,2	12526,8	12541,4	12434,3	12458,7	12507,3	12531,7	12446,5	12519,5	85
86	12556	12570,6	12585,2	12599,8	12614,4	12629,0	12643,6	12658,2	12672,8	12687,4	12580,3	12604,7	12653,3	12677,7	12592,5	12665,5	86
87	12702	12716,6	12731,2	12745,8	12760,4	12775,0	12789,6	12804,2	12818,8	12833,4	12726,3	12750,7	12799,3	12823,7	12738,5	12811,5	87
88	12848	12862,6	12877,2	12891,8	12906,4	12921,0	12935,6	12950,2	12964,8	12979,4	12872,3	12896,7	12945,3	12969,7	12884,5	12957,5	88
89	12994	13008,6	13023,2	13037,8	13052,4	13067,0	13081,6	13096,2	13110,8	13125,4	13018,3	13042,7	13091,3	13115,7	13030,5	13103,5	89
90	13140	13154,6	13169,2	13183,8	13198,4	13213,0	13227,6	13242,2	13256,8	13271,4	13164,3	13188,7	13237,3	13261,7	13176,5	13249,5	90
91	13286	13300,6	13315,2	13329,8	13344,4	13359,0	13373,6	13388,2	13402,8	13417,4	13310,3	13334,7	13383,3	13407,7	13322,5	13395,5	91
92	13432	13446,6	13461,2	13475,8	13490,4	13505,0	13519,6	13534,2	13548,8	13563,4	13456,3	13480,7	13529,3	13553,7	13468,5	13541,5	92
93	13578	13592,6	13607,2	13621,8	13636,4	13651,0	13665,6	13680,2	13694,8	13709,4	13602,3	13626,7	13675,3	13699,7	13614,5	13687,5	93
94	13724	13738,6	13753,2	13767,8	13782,4	13797,0	13811,6	13826,2	13840,8	13855,4	13748,3	13772,7	13821,3	13845,7	13760,5	13833,5	94
95	13870	13884,6	13899,2	13913,8	13928,4	13943,0	13957,6	13972,2	13986,8	14001,4	13894,3	13918,7	13967,3	13991,7	13906,5	13979,5	95
96	14016	14030,6	14045,2	14059,8	14074,4	14089,0	14103,6	14118,2	14132,8	14147,4	14040,3	14064,7	14113,3	14137,7	14052,5	14125,5	96
97	14162	14176,6	14191,2	14205,8	14220,4	14235,0	14249,6	14264,2	14278,8	14293,4	14186,3	14210,7	14259,3	14283,7	14198,5	14271,5	97
98	14308	14322,6	14337,2	14351,8	14366,4	14381,0	14395,6	14410,2	14424,8	14439,4	14332,3	14356,7	14405,3	14429,7	14344,5	14417,5	98
99	14454	14468,6	14483,2	14497,8	14512,4	14527,0	14541,6	14556,2	14570,8	14585,4	14478,3	14502,7	14551,3	14575,7	14490,5	14563,5	99
100	14600	14614,6	14629,2	14643,8	14658,4	14673,0	14687,6	14702,2	14716,8	14731,4	14624,3	14648,7	14697,3	14721,7	14636,5	14709,5	100

147

		$^{1}/_{10}$ 14,7	$^{2}/_{10}$ 29,4	$^{3}/_{10}$ 44,1	$^{4}/_{10}$ 58,8	$^{5}/_{10}$ 73,5	$^{6}/_{10}$ 88,2	$^{7}/_{10}$ 102,9	$^{8}/_{10}$ 117,6	$^{9}/_{10}$ 132,3	$^{1}/_{6}$ 24,5	$^{2}/_{6}$ 49,0	$^{4}/_{6}$ 98,0	$^{5}/_{6}$ 122,5	$^{1}/_{4}$ 36,75	$^{3}/_{4}$ 110,25	
1	147	161,7	176,4	191,1	205,8	220,5	235,2	249,9	264,6	279,3	171,5	196,0	245,0	269,5	183,8	257,3	1
2	294	308,7	323,4	338,1	352,8	367,5	382,2	396,9	411,6	426,3	318,5	343,0	392,0	416,5	330,8	404,3	2
3	441	455,7	470,4	485,1	499,8	514,5	529,2	543,9	558,6	573,3	465,5	490,0	539,0	563,5	477,8	551,3	3
4	588	602,7	617,4	632,1	646,8	661,5	676,2	690,9	705,6	720,3	612,5	637,0	686,0	710,5	624,8	698,3	4
5	735	749,7	764,4	779,1	793,8	808,5	823,2	837,9	852,6	867,3	759,5	784,0	833,0	857,5	771,8	845,3	5
6	882	896,7	911,4	926,1	940,8	955,5	970,2	984,9	999,6	1014,3	906,5	931,0	980,0	1004,5	918,8	992,3	6
7	1029	1043,7	1058,4	1073,1	1087,8	1102,5	1117,2	1131,9	1146,6	1161,3	1053,5	1078,0	1127,0	1151,5	1065,8	1139,3	7
8	1176	1190,7	1205,4	1220,1	1234,8	1249,5	1264,2	1278,9	1293,6	1308,3	1200,5	1225,0	1274,0	1298,5	1212,8	1286,3	8
9	1323	1337,7	1352,4	1367,1	1381,8	1396,5	1411,2	1425,9	1440,6	1455,3	1347,5	1372,0	1421,0	1445,5	1359,8	1433,3	9
10	1470	1484,7	1499,4	1514,1	1528,8	1543,5	1558,2	1572,9	1587,6	1602,3	1494,5	1519,0	1568,0	1592,5	1506,8	1580,3	10
11	1617	1631,7	1646,4	1661,1	1675,8	1690,5	1705,2	1719,9	1734,6	1749,3	1641,5	1666,0	1715,0	1739,5	1653,8	1727,3	11
12	1764	1778,7	1793,4	1808,1	1822,8	1837,5	1852,2	1866,9	1881,6	1896,3	1788,5	1813,0	1862,0	1886,5	1800,8	1874,3	12
13	1911	1925,7	1940,4	1955,1	1969,8	1984,5	1999,2	2013,9	2028,6	2043,3	1935,5	1960,0	2009,0	2033,5	1947,8	2021,3	13
14	2058	2072,7	2087,4	2102,1	2116,8	2131,5	2146,2	2160,9	2175,6	2190,3	2082,5	2107,0	2156,0	2180,5	2094,8	2168,3	14
15	2205	2219,7	2234,4	2249,1	2263,8	2278,5	2293,2	2307,9	2322,6	2337,3	2229,5	2254,0	2303,0	2327,5	2241,8	2315,3	15
16	2352	2366,7	2381,4	2396,1	2410,8	2425,5	2440,2	2454,9	2469,6	2484,3	2376,5	2401,0	2450,0	2474,5	2388,8	2462,3	16
17	2499	2513,7	2528,4	2543,1	2557,8	2572,5	2587,2	2601,9	2616,6	2631,3	2523,5	2548,0	2597,0	2621,5	2535,8	2609,3	17
18	2646	2660,7	2675,4	2690,1	2704,8	2719,5	2734,2	2748,9	2763,6	2778,3	2670,5	2695,0	2744,0	2768,5	2682,8	2756,3	18
19	2793	2807,7	2822,4	2837,1	2851,8	2866,5	2881,2	2895,9	2910,6	2925,3	2817,5	2842,0	2891,0	2915,5	2829,8	2903,3	19
20	2940	2954,7	2969,4	2984,1	2998,8	3013,5	3028,2	3042,9	3057,6	3072,3	2964,5	2989,0	3038,0	3062,5	2976,8	3050,3	20
21	3087	3101,7	3116,4	3131,1	3145,8	3160,5	3175,2	3189,9	3204,6	3219,3	3111,5	3136,0	3185,0	3209,5	3123,8	3197,3	21
22	3234	3248,7	3263,4	3278,1	3292,8	3307,5	3322,2	3336,9	3351,6	3366,3	3258,5	3283,0	3332,0	3356,5	3270,8	3344,3	22
23	3381	3395,7	3410,4	3425,1	3439,8	3454,5	3469,2	3483,9	3498,6	3513,3	3405,5	3430,0	3479,0	3503,5	3417,8	3491,3	23
24	3528	3542,7	3557,4	3572,1	3586,8	3601,5	3616,2	3630,9	3645,6	3660,3	3552,5	3577,0	3626,0	3650,5	3564,8	3638,3	24
25	3675	3689,7	3704,4	3719,1	3733,8	3748,5	3763,2	3777,9	3792,6	3807,3	3699,5	3724,0	3773,0	3797,5	3711,8	3785,3	25
26	3822	3836,7	3851,4	3866,1	3880,8	3895,5	3910,2	3924,9	3939,6	3954,3	3846,5	3871,0	3920,0	3944,5	3858,8	3932,3	26
27	3969	3983,7	3998,4	4013,1	4027,8	4042,5	4057,2	4071,9	4086,6	4101,3	3993,5	4018,0	4067,0	4091,5	4005,8	4079,3	27
28	4116	4130,7	4145,4	4160,1	4174,8	4189,5	4204,2	4218,9	4233,6	4248,3	4140,5	4165,0	4214,0	4238,5	4152,8	4226,3	28
29	4263	4277,7	4292,4	4307,1	4321,8	4336,5	4351,2	4365,9	4380,6	4395,3	4287,5	4312,0	4361,0	4385,5	4299,8	4373,3	29
30	4410	4424,7	4439,4	4454,1	4468,8	4483,5	4498,2	4512,9	4527,6	4542,3	4434,5	4459,0	4508,0	4532,5	4446,8	4520,3	30
31	4557	4571,7	4586,4	4601,1	4615,8	4630,5	4645,2	4659,9	4674,6	4689,3	4581,5	4606,0	4655,0	4679,5	4593,8	4667,3	31
32	4704	4718,7	4733,4	4748,1	4762,8	4777,5	4792,2	4806,9	4821,6	4836,3	4728,5	4753,0	4802,0	4826,5	4740,8	4814,3	32
33	4851	4865,7	4880,4	4895,1	4909,8	4924,5	4939,2	4953,9	4968,6	4983,3	4875,5	4900,0	4949,0	4973,5	4887,8	4961,3	33
34	4998	5012,7	5027,4	5042,1	5056,8	5071,5	5086,2	5100,9	5115,6	5130,3	5022,5	5047,0	5096,0	5120,5	5034,8	5108,3	34
35	5145	5159,7	5174,4	5189,1	5203,8	5218,5	5233,2	5247,9	5262,6	5277,3	5169,5	5194,0	5243,0	5267,5	5181,8	5255,3	35
36	5292	5306,7	5321,4	5336,1	5350,8	5365,5	5380,2	5394,9	5409,6	5424,3	5316,5	5341,0	5390,0	5414,5	5328,8	5402,3	36
37	5439	5453,7	5468,4	5483,1	5497,8	5512,5	5527,2	5541,9	5556,6	5571,3	5463,5	5488,0	5537,0	5561,5	5475,8	5549,3	37
38	5586	5600,7	5615,4	5630,1	5644,8	5659,5	5674,2	5688,9	5703,6	5718,3	5610,5	5635,0	5684,0	5708,5	5622,8	5696,3	38
39	5733	5747,7	5762,4	5777,1	5791,8	5806,5	5821,2	5835,9	5850,6	5865,3	5757,5	5782,0	5831,0	5855,5	5769,8	5843,3	39
40	5880	5894,7	5909,4	5924,1	5938,8	5953,5	5968,2	5982,9	5997,6	6012,3	5904,5	5929,0	5978,0	6002,5	5916,8	5990,3	40
41	6027	6041,7	6056,4	6071,1	6085,8	6100,5	6115,2	6129,9	6144,6	6159,3	6051,5	6076,0	6125,0	6149,5	6063,8	6137,3	41
42	6174	6188,7	6203,4	6218,1	6232,8	6247,5	6262,2	6276,9	6291,6	6306,3	6198,5	6223,0	6272,0	6296,5	6210,8	6284,3	42
43	6321	6335,7	6350,4	6365,1	6379,8	6394,5	6409,2	6423,9	6438,6	6453,3	6345,5	6370,0	6419,0	6443,5	6357,8	6431,3	43
44	6468	6482,7	6497,4	6512,1	6526,8	6541,5	6556,2	6570,9	6585,6	6600,3	6492,5	6517,0	6566,0	6590,5	6504,8	6578,3	44
45	6615	6629,7	6644,4	6659,1	6673,8	6688,5	6703,2	6717,9	6732,6	6747,3	6639,5	6664,0	6713,0	6737,5	6651,8	6725,3	45
46	6762	6776,7	6791,4	6806,1	6820,8	6835,5	6850,2	6864,9	6879,6	6894,3	6786,5	6811,0	6860,0	6884,5	6798,8	6872,3	46
47	6909	6923,7	6938,4	6953,1	6967,8	6982,5	6997,2	7011,9	7026,6	7041,3	6933,5	6958,0	7007,0	7031,5	6945,8	7019,3	47
48	7056	7070,7	7085,4	7100,1	7114,8	7129,5	7144,2	7158,9	7173,6	7188,3	7080,5	7105,0	7154,0	7178,5	7092,8	7166,3	48
49	7203	7217,7	7232,4	7247,1	7261,8	7276,5	7291,2	7305,9	7320,6	7335,3	7227,5	7252,0	7301,0	7325,5	7239,8	7313,3	49
50	7350	7364,7	7379,4	7394,1	7408,8	7423,5	7438,2	7452,9	7467,6	7482,3	7374,5	7399,0	7448,0	7472,5	7386,8	7460,3	50
51	7497	7511,7	7526,4	7541,1	7555,8	7570,5	7585,2	7599,9	7614,6	7629,3	7521,5	7546,0	7595,0	7619,5	7533,8	7607,3	51
52	7644	7658,7	7673,4	7688,1	7702,8	7717,5	7732,2	7746,9	7761,6	7776,3	7668,5	7693,0	7742,0	7766,5	7680,8	7754,3	52
53	7791	7805,7	7820,4	7835,1	7849,8	7864,5	7879,2	7893,9	7908,6	7923,3	7815,5	7840,0	7889,0	7913,5	7827,8	7901,3	53
54	7938	7952,7	7967,4	7982,1	7996,8	8011,5	8026,2	8040,9	8055,6	8070,3	7962,5	7987,0	8036,0	8060,5	7974,8	8048,3	54
55	8085	8099,7	8114,4	8129,1	8143,8	8158,5	8173,2	8187,9	8202,6	8217,3	8109,5	8134,0	8183,0	8207,5	8121,8	8195,3	55
56	8232	8246,7	8261,4	8276,1	8290,8	8305,5	8320,2	8334,9	8349,6	8364,3	8256,5	8281,0	8330,0	8354,5	8268,8	8342,3	56
57	8379	8393,7	8408,4	8423,1	8437,8	8452,5	8467,2	8481,9	8496,6	8511,3	8403,5	8428,0	8477,0	8501,5	8415,8	8489,3	57
58	8526	8540,7	8555,4	8570,1	8584,8	8599,5	8614,2	8628,9	8643,6	8658,3	8550,5	8575,0	8624,0	8648,5	8562,8	8636,3	58
59	8673	8687,7	8702,4	8717,1	8731,8	8746,5	8761,2	8775,9	8790,6	8805,3	8697,5	8722,0	8771,0	8795,5	8709,8	8783,3	59
60	8820	8834,7	8849,4	8864,1	8878,8	8893,5	8908,2	8922,9	8937,6	8952,3	8844,5	8869,0	8918,0	8942,5	8856,8	8930,3	60
61	8967	8981,7	8996,4	9011,1	9025,8	9040,5	9055,2	9069,9	9084,6	9099,3	8991,5	9016,0	9065,0	9089,5	9003,8	9077,3	61
62	9114	9128,7	9143,4	9158,1	9172,8	9187,5	9202,2	9216,9	9231,6	9246,3	9138,5	9163,0	9212,0	9236,5	9150,8	9224,3	62
63	9261	9275,7	9290,4	9305,1	9319,8	9334,5	9349,2	9363,9	9378,6	9393,3	9285,5	9310,0	9359,0	9383,5	9297,8	9371,3	63
64	9408	9422,7	9437,4	9452,1	9466,8	9481,5	9496,2	9510,9	9525,6	9540,3	9432,5	9457,0	9506,0	9530,5	9444,8	9518,3	64
65	9555	9569,7	9584,4	9599,1	9613,8	9628,5	9643,2	9657,9	9672,6	9687,3	9579,5	9604,0	9653,0	9677,5	9591,8	9665,3	65
66	9702	9716,7	9731,4	9746,1	9760,8	9775,5	9790,2	9804,9	9819,6	9834,3	9726,3	9751,0	9800,0	9824,5	9738,8	9812,3	66
67	9849	9863,7	9878,4	9893,1	9907,8	9922,5	9937,2	9951,9	9966,6	9981,3	9873,5	9898,0	9947,0	9971,5	9885,8	9959,3	67
68	9996	10010,7	10025,4	10040,1	10054,8	10069,5	10084,2	10098,9	10113,6	10128,3	10020,5	10045,0	10094,0	10118,5	10032,8	10106,3	68
69	10143	10157,7	10172,4	10187,1	10201,8	10216,5	10231,2	10245,9	10260,6	10275,3	10167,5	10192,0	10241,0	10265,5	10179,8	10253,3	69
70	10290	10304,7	10319,4	10334,1	10348,8	10363,5	10378,2	10392,9	10407,6	10422,3	10314,5	10339,0	10388,0	10412,5	10326,8	10400,3	70
71	10437	10451,7	10466,4	10481,1	10495,8	10510,5	10525,2	10539,9	10554,6	10569,3	10461,5	10486,0	10535,0	10559,5	10473,8	10547,3	71
72	10584	10598,7	10613,4	10628,1	10642,8	10657,5	10672,2	10686,9	10701,6	10716,3	10608,5	10633,0	10682,0	10706,5	10620,8	10694,3	72
73	10731	10745,7	10760,4	10775,1	10789,8	10804,5	10819,2	10833,9	10848,6	10863,3	10755,5	10780,0	10829,0	10853,5	10767,8	10841,3	73
74	10878	10892,7	10907,4	10922,1	10936,8	10951,5	10966,2	10980,9	10995,6	11010,3	10902,5	10927,0	10976,0	11000,5	10914,8	10988,3	74
75	11025	11039,7	11054,4	11069,1	11083,8	11098,5	11113,2	11127,9	11142,6	11157,3	11049,5	11074,0	11123,0	11147,5	11061,8	11135,3	75
76	11172	11186,7	11201,4	11216,1	11230,8	11245,5	11260,2	11274,9	11289,6	11304,3	11196,5	11221,0	11270,0	11294,5	11208,8	11282,3	76
77	11319	11333,7	11348,4	11363,1	11377,8	11392,5	11407,2	11421,9	11436,6	11451,3	11343,5	11368,0	11417,0	11441,5	11355,8	11429,3	77
78	11466	11480,7	11495,4	11510,1	11524,8	11539,5	11554,2	11568,9	11583,6	11598,3	11490,5	11515,0	11564,0	11588,5	11502,8	11576,3	78
79	11613	11627,7	11642,4	11657,1	11671,8	11686,5	11701,2	11715,9	11730,6	11745,3	11637,5	11662,0	11711,0	11735,5	11649,8	11723,3	79
80	11760	11774,7	11789,4	11804,1	11818,8	11833,5	11848,2	11862,9	11877,6	11892,3	11784,5	11809,0	11858,0	11882,5	11796,8	11870,3	80
81	11907	11921,7	11936,4	11951,1	11965,8	11980,5	11995,2	12009,9	12024,6	12039,3	11931,5	11956,0	12005,0	12029,5	11943,8	12017,3	81
82	12054	12068,7	12083,4	12098,1	12112,8	12127,5	12142,2	12156,9	12171,6	12186,3	12078,5	12103,0	12152,0	12176,5	12090,8	12164,3	82
83	12201	12215,7	12230,4	12245,1	12259,8	12274,5	12289,2	12303,9	12318,6	12333,3	12225,5	12250,0	12299,0	12323,5	12237,8	12311,3	83
84	12348	12362,7	12377,4	12392,1	12406,8	12421,5	12436,2	12450,9	12465,6	12480,3	12372,5	12397,0	12446,0	12470,5	12384,8	12458,3	84
85	12495	12509,7	12524,4	12539,1	12553,8	12568,5	12583,2	12597,9	12612,6	12627,3	12519,5	12544,0	12593,0	12617,5	12531,8	12605,3	85
86	12642	12656,7	12671,4	12686,1	12700,8	12715,5	12730,2	12744,9	12759,6	12774,3	12666,5	12691,0	12740,0	12764,5	12678,8	12752,3	86
87	12789	12803,7	12818,4	12833,1	12847,8	12862,5	12877,2	12891,9	12906,6	12921,3	12813,5	12838,0	12887,0	12911,5	12825,8	12899,3	87
88	12936	12950,7	12965,4	12980,1	12994,8	13009,5	13024,2	13038,9	13053,6	13068,3	12960,5	12985,0	13034,0	13058,5	12972,8	13046,3	88
89	13083	13097,7	13112,4	13127,1	13141,8	13156,5	13171,2	13185,9	13200,6	13215,3	13107,5	13132,0	13181,0	13205,5	13119,8	13193,3	89
90	13230	13244,7	13259,4	13274,1	13288,8	13303,5	13318,2	13332,9	13347,6	13362,3	13254,5	13279,0	13328,0	13352,5	13266,8	13340,3	90
91	13377	13391,7	13406,4	13421,1	13435,8	13450,5	13465,2	13479,9	13494,6	13509,3	13401,5	13426,0	13475,0	13499,5	13413,8	13487,3	91
92	13524	13538,7	13553,4	13568,1	13582,8	13597,5	13612,2	13626,9	13641,6	13656,3	13548,5	13573,0	13622,0	13646,5	13560,8	13634,3	92
93	13671	13685,7	13700,4	13715,1	13729,8	13744,5	13759,2	13773,9	13788,6	13803,3	13695,5	13720,0	13769,0	13793,5	13707,8	13781,3	93
94	13818	13832,7	13847,4	13862,1	13876,8	13891,5	13906,2	13920,9	13935,6	13950,3	13842,5	13867,0	13916,0	13940,5	13854,8	13928,3	94
95	13965	13979,7	13994,4	14009,1	14023,8	14038,5	14053,2	14067,9	14082,6	14097,3	13989,5	14014,0	14063,0	14087,5	14001,8	14075,3	95
96	14112	14126,7	14141,4	14156,1	14170,8	14185,5	14200,2	14214,9	14229,6	14244,3	14136,5	14161,0	14210,0	14234,5	14148,8	14222,3	96
97	14259	14273,7	14288,4	14303,1	14317,8	14332,5	14347,2	14361,9	14376,6	14391,3	14283,5	14308,0	14357,0	14381,5	14295,8	14369,3	97
98	14406	14420,7	14435,4	14450,1	14464,8	14479,5	14494,2	14508,9	14523,6	14538,3	14430,5	14455,0	14504,0	14528,5	14442,8	14516,3	98
99	14553	14567,7	14582,4	14597,1	14611,8	14626,5	14641,2	14655,9	14670,6	14685,3	14577,5	14602,0	14651,0	14675,5	14589,8	14663,3	99
100	14700	14714,7	14729,4	14744,1	14758,8	14773,5	14788,2	14802,9	14817,6	14832,3	14724,5	14749,0	14798,0	14822,5	14736,8	14810,3	100

148		1/10 14,8	2/10 29,6	3/10 44,4	4/10 59,2	5/10 74,0	6/10 88,8	7/10 103,6	8/10 118,4	9/10 133,2	1/6 24,666	2/6 49,333	4/6 98,666	5/6 123,333	1/4 37,0	3/4 111,0	
1	148	162,8	177,6	192,4	207,2	222,0	236,8	251,6	266,4	281,2	172,7	197,3	246,7	271,3	185,0	259,0	1
2	296	310,8	325,6	340,4	355,2	370,0	384,8	399,6	414,4	429,2	320,7	345,3	394,7	419,3	333,0	407,0	2
3	444	458,8	473,6	488,4	503,2	518,0	532,8	547,6	562,4	577,2	468,7	493,3	542,7	567,3	481,0	555,0	3
4	592	606,8	621,6	636,4	651,2	666,0	680,8	695,6	710,4	725,2	616,7	641,3	690,7	715,3	629,0	703,0	4
5	740	754,8	769,6	784,4	799,2	814,0	828,8	843,6	858,4	873,2	764,7	789,3	838,7	863,3	777,0	851,0	5
6	888	902,8	917,6	932,4	947,2	962,0	976,8	991,6	1006,4	1021,2	912,7	937,3	986,7	1011,3	925,0	999,0	6
7	1036	1050,8	1065,6	1080,4	1095,2	1110,0	1124,8	1139,6	1154,4	1169,2	1060,7	1085,3	1134,7	1159,3	1073,0	1147,0	7
8	1184	1198,8	1213,6	1228,4	1243,2	1258,0	1272,8	1287,6	1302,4	1317,2	1208,7	1233,3	1282,7	1307,3	1221,0	1295,0	8
9	1332	1346,8	1361,6	1376,4	1391,2	1406,0	1420,8	1435,6	1450,4	1465,2	1356,7	1381,3	1430,7	1455,3	1369,0	1443,0	9
10	1480	1494,8	1509,6	1524,4	1539,2	1554,0	1568,8	1583,6	1598,4	1613,2	1504,7	1529,3	1578,7	1603,3	1517,0	1591,0	10
11	1628	1642,8	1657,6	1672,4	1687,2	1702,0	1716,8	1731,6	1746,4	1761,2	1652,7	1677,3	1726,7	1751,3	1665,0	1739,0	11
12	1776	1790,8	1805,6	1820,4	1835,2	1850,0	1864,8	1879,6	1894,4	1909,2	1800,7	1825,3	1874,7	1899,3	1813,0	1887,0	12
13	1924	1938,8	1953,6	1968,4	1983,2	1998,0	2012,8	2027,6	2042,4	2057,2	1948,7	1973,3	2022,7	2047,3	1961,0	2035,0	13
14	2072	2086,8	2101,6	2116,4	2131,2	2146,0	2160,8	2175,6	2190,4	2205,2	2096,7	2121,3	2170,7	2195,3	2109,0	2183,0	14
15	2220	2234,8	2249,6	2264,4	2279,2	2294,0	2308,8	2323,6	2338,4	2353,2	2244,7	2269,3	2318,7	2343,3	2257,0	2331,0	15
16	2368	2382,8	2397,6	2412,4	2427,2	2442,0	2456,8	2471,6	2486,4	2501,2	2392,7	2417,3	2466,7	2491,3	2405,0	2479,0	16
17	2516	2530,8	2545,6	2560,4	2575,2	2590,0	2604,8	2619,6	2634,4	2649,2	2540,7	2565,3	2614,7	2639,3	2553,0	2627,0	17
18	2664	2678,8	2693,6	2708,4	2723,2	2738,0	2752,8	2767,6	2782,4	2797,2	2688,7	2713,3	2762,7	2787,3	2701,0	2775,0	18
19	2812	2826,8	2841,6	2856,4	2871,2	2886,0	2900,8	2915,6	2930,4	2945,2	2836,7	2861,3	2910,7	2935,3	2849,0	2923,0	19
20	2960	2974,8	2989,6	3004,4	3019,2	3034,0	3048,8	3063,6	3078,4	3093,2	2984,7	3009,3	3058,7	3083,3	2997,0	3071,0	20
21	3108	3122,8	3137,6	3152,4	3167,2	3182,0	3196,8	3211,6	3226,4	3241,2	3132,7	3157,3	3206,7	3231,3	3145,0	3219,0	21
22	3256	3270,8	3285,6	3300,4	3315,2	3330,0	3344,8	3359,6	3374,4	3389,2	3280,7	3305,3	3354,7	3379,3	3293,0	3367,0	22
23	3404	3418,8	3433,6	3448,4	3463,2	3478,0	3492,8	3507,6	3522,4	3537,2	3428,7	3453,3	3502,7	3527,3	3441,0	3515,0	23
24	3552	3566,8	3581,6	3596,4	3611,2	3626,0	3640,8	3655,6	3670,4	3685,2	3576,7	3601,3	3650,7	3675,3	3589,0	3663,0	24
25	3700	3714,8	3729,6	3744,4	3759,2	3774,0	3788,8	3803,6	3818,4	3833,2	3724,7	3749,3	3798,7	3823,3	3737,0	3811,0	25
26	3848	3862,8	3877,6	3892,4	3907,2	3922,0	3936,8	3951,6	3966,4	3981,2	3872,7	3897,3	3946,7	3971,3	3885,0	3959,0	26
27	3996	4010,8	4025,6	4040,4	4055,2	4070,0	4084,8	4099,6	4114,4	4129,2	4020,7	4045,3	4094,7	4119,3	4033,0	4107,0	27
28	4144	4158,8	4173,6	4188,4	4203,2	4218,0	4232,8	4247,6	4262,4	4277,2	4168,7	4193,3	4242,7	4267,3	4181,0	4255,0	28
29	4292	4306,8	4321,6	4336,4	4351,2	4356,0	4380,8	4395,6	4410,4	4425,2	4316,7	4341,3	4390,7	4415,3	4329,0	4403,0	29
30	4440	4454,8	4469,6	4484,4	4499,2	4514,0	4528,8	4543,6	4558,4	4573,2	4464,7	4489,3	4538,7	4563,3	4477,0	4551,0	30
31	4588	4602,8	4617,6	4632,4	4647,2	4662,0	4676,8	4691,6	4706,4	4721,2	4612,7	4637,3	4686,7	4711,3	4625,0	4699,0	31
32	4736	4750,8	4765,6	4780,4	4795,2	4810,0	4824,8	4839,6	4854,4	4869,2	4760,7	4785,3	4834,7	4859,3	4773,0	4847,0	32
33	4884	4898,8	4913,6	4928,4	4943,2	4958,0	4972,8	4987,6	5002,4	5017,2	4908,7	4933,3	4982,7	5007,3	4921,0	4995,0	33
34	5032	5046,8	5061,6	5076,4	5091,2	5106,0	5120,8	5135,6	5150,4	5165,2	5056,7	5081,3	5130,7	5155,3	5069,0	5143,0	34
35	5180	5194,8	5209,6	5224,4	5239,2	5254,0	5268,8	5283,6	5298,4	5313,2	5204,7	5229,3	5278,7	5303,3	5217,0	5291,0	35
36	5328	5342,8	5357,6	5372,4	5387,2	5402,0	5416,8	5431,6	5446,4	5461,2	5352,7	5377,3	5426,7	5451,3	5365,0	5439,0	36
37	5476	5490,8	5505,6	5520,4	5535,2	5550,0	5564,8	5579,6	5594,4	5609,2	5500,7	5525,3	5574,7	5599,3	5513,0	5587,0	37
38	5624	5638,8	5653,6	5668,4	5683,2	5698,0	5712,8	5727,6	5742,4	5757,2	5648,7	5673,3	5722,7	5747,3	5661,0	5735,0	38
39	5772	5786,8	5801,6	5816,4	5831,2	5846,0	5860,8	5875,6	5890,4	5905,2	5796,7	5821,3	5870,7	5895,3	5809,0	5883,0	39
40	5920	5934,8	5949,6	5964,4	5979,2	5994,0	6008,8	6023,6	6038,4	6053,2	5944,7	5969,3	6018,7	6043,3	5957,0	6031,0	40
41	6068	6082,8	6097,6	6112,4	6127,2	6142,0	6156,8	6171,6	6186,4	6201,2	6092,7	6117,3	6166,7	6191,3	6105,0	6179,0	41
42	6216	6230,8	6245,6	6260,4	6275,2	6290,0	6304,8	6319,6	6334,4	6349,2	6240,7	6265,3	6314,7	6339,3	6253,0	6327,0	42
43	6364	6378,8	6393,6	6408,4	6423,2	6438,0	6452,8	6467,6	6482,4	6497,2	6388,7	6413,3	6462,7	6487,3	6401,0	6475,0	43
44	6512	6526,8	6541,6	6556,4	6571,2	6586,0	6600,8	6615,6	6630,4	6645,2	6536,7	6561,3	6610,7	6635,3	6549,0	6623,0	44
45	6660	6674,8	6689,6	6704,4	6719,2	6734,0	6748,8	6763,6	6778,4	6793,2	6684,7	6709,3	6758,7	6783,3	6697,0	6771,0	45
46	6808	6822,8	6837,6	6852,4	6867,2	6882,0	6896,8	6911,6	6926,4	6941,2	6832,7	6857,3	6906,7	6931,3	6845,0	6919,0	46
47	6956	6970,8	6985,6	7000,4	7015,2	7030,0	7044,8	7059,6	7074,4	7089,2	6980,7	7005,3	7054,7	7079,3	6993,0	7067,0	47
48	7104	7118,8	7133,6	7148,4	7163,2	7178,0	7192,8	7207,6	7222,4	7237,2	7128,7	7153,3	7202,7	7227,3	7141,0	7215,0	48
49	7252	7266,8	7281,6	7296,4	7311,2	7326,0	7340,8	7355,6	7370,4	7385,2	7276,7	7301,3	7350,7	7375,3	7289,0	7363,0	49
50	7400	7414,8	7429,6	7444,4	7459,2	7474,0	7488,8	7503,6	7518,4	7533,2	7424,7	7449,3	7498,7	7523,3	7437,0	7511,0	50
51	7548	7562,8	7577,6	7592,4	7607,2	7622,0	7636,8	7651,6	7666,4	7681,2	7572,7	7597,3	7646,7	7671,3	7585,0	7659,0	51
52	7696	7710,8	7725,6	7740,4	7755,2	7770,0	7784,8	7799,6	7814,4	7829,2	7720,7	7745,3	7794,7	7819,3	7733,0	7807,0	52
53	7844	7858,8	7873,6	7888,4	7903,2	7918,0	7932,8	7947,6	7962,4	7977,2	7868,7	7893,3	7942,7	7967,3	7881,0	7955,0	53
54	7992	8006,8	8021,6	8036,4	8051,2	8066,0	8080,8	8095,6	8110,4	8125,2	8016,7	8041,3	8090,7	8115,3	8029,0	8103,0	54
55	8140	8154,8	8169,6	8184,4	8199,2	8214,0	8228,8	8243,6	8258,4	8273,2	8164,7	8189,3	8238,7	8263,3	8177,0	8251,0	55
56	8288	8302,8	8317,6	8332,4	8347,2	8362,0	8376,8	8391,6	8406,4	8421,2	8312,7	8337,3	8386,7	8411,3	8325,0	8399,0	56
57	8436	8450,8	8465,6	8480,4	8495,2	8510,0	8524,8	8539,6	8554,4	8569,2	8460,7	8485,3	8534,7	8559,3	8473,0	8547,0	57
58	8584	8598,8	8613,6	8628,4	8643,2	8658,0	8672,8	8687,6	8702,4	8717,2	8608,7	8633,3	8682,7	8707,3	8621,0	8695,0	58
59	8732	8746,8	8761,6	8776,4	8791,2	8806,0	8820,8	8835,6	8850,4	8865,2	8756,7	8781,3	8830,7	8855,3	8769,0	8843,0	59
60	8880	8894,8	8909,6	8924,4	8939,2	8954,0	8968,8	8983,6	8998,4	9013,2	8904,7	8929,3	8978,7	9003,3	8917,0	8991,0	60
61	9028	9042,8	9057,6	9072,4	9087,2	9102,0	9116,8	9131,6	9146,4	9161,2	9052,7	9077,3	9126,7	9151,3	9065,0	9139,0	61
62	9176	9190,8	9205,6	9220,4	9235,2	9250,0	9264,8	9279,6	9294,4	9309,2	9200,7	9225,3	9274,7	9299,3	9213,0	9287,0	62
63	9324	9338,8	9353,6	9368,4	9383,2	9398,0	9412,8	9427,6	9442,4	9457,2	9348,7	9373,3	9422,7	9447,3	9361,0	9435,0	63
64	9472	9486,8	9501,6	9516,4	9531,2	9546,0	9560,8	9575,6	9590,4	9605,2	9496,7	9521,3	9570,7	9595,3	9509,0	9583,0	64
65	9620	9634,8	9649,6	9664,4	9679,2	9694,0	9708,8	9723,6	9738,4	9753,2	9644,7	9669,3	9718,7	9743,3	9657,0	9731,0	65
66	9768	9782,8	9797,6	9812,4	9827,2	9842,0	9856,8	9871,6	9886,4	9901,2	9792,7	9817,3	9866,7	9891,3	9805,0	9879,0	66
67	9916	9930,8	9945,6	9960,4	9975,2	9990,0	10004,8	10019,6	10034,4	10049,2	9940,7	9965,3	10014,7	10039,3	9953,0	10027,0	67
68	10064	10078,8	10093,6	10108,4	10123,2	10138,0	10152,8	10167,6	10182,4	10197,2	10088,7	10113,3	10162,7	10187,3	10101,0	10175,0	68
69	10212	10226,8	10241,6	10256,4	10271,2	10286,0	10300,8	10315,6	10330,4	10345,2	10236,7	10261,3	10310,7	10335,3	10249,0	10323,0	69
70	10360	10374,8	10389,6	10404,4	10419,2	10434,0	10448,8	10463,6	10478,4	10493,2	10384,7	10409,3	10458,7	10483,3	10397,0	10471,0	70
71	10508	10522,8	10537,6	10552,4	10567,2	10582,0	10596,8	10611,6	10626,4	10641,2	10532,7	10557,3	10605,7	10531,3	10545,0	10619,0	71
72	10656	10670,8	10685,6	10700,4	10715,2	10730,0	10744,8	10759,6	10774,4	10789,2	10680,7	10705,3	10754,7	10779,3	10693,0	10767,0	72
73	10804	10818,8	10833,6	10848,4	10863,2	10878,0	10892,8	10907,6	10922,4	10937,2	10828,7	10853,3	10902,7	10927,3	10841,0	10915,0	73
74	10952	10966,8	10981,6	10996,4	11011,2	11025,0	11040,8	11055,6	11070,4	11085,2	10976,7	11001,3	11050,7	11075,3	10989,0	11063,0	74
75	11100	11114,8	11129,6	11144,4	11159,2	11174,0	11188,8	11203,6	11218,4	11233,2	11124,7	11149,3	11198,7	11223,3	11137,0	11211,0	75
76	11248	11262,8	11277,6	11292,4	11307,2	11322,0	11336,8	11351,6	11366,4	11381,2	11272,7	11297,3	11346,7	11371,3	11285,0	11359,0	76
77	11396	11410,8	11425,6	11440,4	11455,2	11470,0	11484,8	11499,6	11514,4	11529,2	11420,7	11445,3	11494,7	11519,3	11433,0	11507,0	77
78	11544	11558,8	11573,6	11588,4	11603,2	11618,0	11632,8	11647,6	11662,4	11677,2	11568,7	11593,3	11642,7	11667,3	11581,0	11655,0	78
79	11692	11706,8	11721,6	11736,4	11751,2	11766,0	11780,8	11795,6	11810,4	11825,2	11716,7	11741,3	11790,7	11815,3	11729,0	11803,0	79
80	11840	11854,8	11869,6	11884,4	11899,2	11914,0	11928,8	11943,6	11958,4	11973,2	11864,7	11889,3	11938,7	11963,3	11877,0	11951,0	80
81	11988	12002,8	12017,6	12032,4	12047,2	12062,0	12076,8	12091,6	12106,4	12121,2	12012,7	12037,3	12086,7	12111,3	12025,0	12099,0	81
82	12136	12150,8	12165,6	12180,4	12195,2	12210,0	12224,8	12239,6	12254,4	12269,2	12160,7	12185,3	12234,7	12259,3	12173,0	12247,0	82
83	12284	12298,8	12313,6	12328,4	12343,2	12358,0	12372,8	12387,6	12402,4	12417,2	12308,7	12333,3	12382,7	12407,3	12321,0	12395,0	83
84	12432	12446,8	12461,6	12476,4	12491,2	12506,0	12520,8	12535,6	12550,4	12565,2	12456,7	12481,3	12530,7	12555,3	12469,0	12543,0	84
85	12580	12594,8	12609,6	12624,4	12639,2	12654,0	12668,8	12683,6	12698,4	12713,2	12604,7	12629,3	12678,7	12703,3	12617,0	12691,0	85
86	12728	12742,8	12757,6	12772,4	12787,2	12802,0	12816,8	12831,6	12846,4	12861,2	12752,7	12777,3	12826,7	12851,3	12765,0	12839,0	86
87	12876	12890,8	12905,6	12920,4	12935,2	12950,0	12964,8	12979,6	12994,4	13009,2	12900,7	12925,3	12974,7	12999,3	12913,0	12987,0	87
88	13024	13038,8	13053,6	13068,4	13083,2	13098,0	13112,8	13127,6	13142,4	13157,2	13048,7	13073,3	13122,7	13147,3	13061,0	13135,0	88
89	13172	13186,8	13201,6	13216,4	13231,2	13246,0	13260,8	13275,6	13290,4	13305,2	13196,7	13221,3	13270,7	13295,3	13209,0	13283,0	89
90	13320	13334,8	13349,6	13364,4	13379,2	13394,0	13408,8	13423,6	13438,4	13453,2	13344,7	13369,3	13418,7	13443,3	13357,0	13431,0	90
91	13468	13482,8	13497,6	13512,4	13527,2	13542,0	13556,8	13571,6	13586,4	13601,2	13492,7	13517,3	13566,7	13591,3	13505,0	13579,0	91
92	13616	13630,8	13645,6	13660,4	13675,2	13690,0	13704,8	13719,6	13734,4	13749,2	13640,7	13665,3	13714,7	13739,3	13653,0	13727,0	92
93	13764	13778,8	13793,6	13808,4	13823,2	13838,0	13852,8	13867,6	13882,4	13897,2	13788,7	13813,3	13862,7	13887,3	13801,0	13875,0	93
94	13912	13926,8	13941,6	13956,4	13971,2	13986,0	14000,8	14015,6	14030,4	14045,2	13936,7	13961,3	14010,7	14035,3	13949,0	14023,0	94
95	14060	14074,8	14089,6	14104,4	14119,2	14134,0	14148,8	14163,6	14178,4	14193,2	14084,7	14109,3	14158,7	14183,3	14097,0	14171,0	95
96	14208	14222,8	14237,6	14252,4	14267,2	14282,0	14296,8	14311,6	14326,4	14341,2	14232,7	14257,3	14306,7	14331,3	14245,0	14319,0	96
97	14356	14370,8	14385,6	14400,4	14415,2	14430,0	14444,8	14459,6	14474,4	14489,2	14380,7	14405,3	14454,7	14479,3	14393,0	14467,0	97
98	14504	14518,8	14533,6	14548,4	14563,2	14578,0	14592,8	14607,6	14622,4	14637,2	14528,7	14553,3	14602,7	14627,3	14541,0	14615,0	98
99	14652	14666,8	14681,6	14696,4	14711,2	14726,0	14740,8	14755,6	14770,4	14785,2	14676,7	14701,3	14750,7	14775,3	14689,0	14763,0	99
100	14800	14814,8	14829,6	14844,4	14859,2	14874,0	14888,8	14903,6	14918,4	14933,2	14824,7	14849,3	14898,7	14923,3	14837,0	14911,0	100

	1/10 14,9	2/10 29,8	3/10 44,7	4/10 59,6	5/10 74,5	6/10 89,4	7/10 104,3	8/10 119,2	9/10 134,1	1/6 24,833	2/6 49,666	4/6 99,333	5/6 124,166	1/4 37,25	3/4 111,75	
1	149	163,9	178,8	193,7	208,6	223,5	238,4	253,3	268,2	283,1	173,8	198,7	248,3	273,2	186,3	260,8	1
2	298	312,9	327,8	342,7	357,6	372,5	387,4	402,3	417,2	432,1	322,8	347,7	397,3	422,2	335,3	409,8	2
3	447	461,9	476,8	491,7	506,6	521,5	536,4	551,3	566,2	581,1	471,8	496,7	546,3	571,2	484,3	558,8	3
4	596	610,9	625,8	640,7	655,6	670,5	685,4	700,3	715,2	730,1	620,8	645,7	695,3	720,2	633,3	707,8	4
5	745	759,9	774,8	789,7	804,6	819,5	834,4	849,3	864,2	879,1	769,8	794,7	844,3	869,2	782,3	856,8	5
6	894	908,9	923,8	938,7	953,6	968,5	983,4	998,3	1013,2	1028,1	918,8	943,7	993,3	1018,2	931,3	1005,8	6
7	1043	1057,9	1072,8	1087,7	1102,6	1117,5	1132,4	1147,3	1162,2	1177,1	1067,8	1092,7	1142,3	1167,2	1080,3	1154,8	7
8	1192	1206,9	1221,8	1236,7	1251,6	1266,5	1281,4	1296,3	1311,2	1326,1	1216,8	1241,7	1291,3	1316,2	1229,3	1303,8	8
9	1341	1355,9	1370,8	1385,7	1400,6	1415,5	1430,4	1445,3	1460,2	1475,1	1365,8	1390,7	1440,3	1465,2	1378,3	1452,8	9
10	1490	1504,9	1519,8	1534,7	1549,6	1564,5	1579,4	1594,3	1609,2	1624,1	1514,8	1539,7	1589,3	1614,2	1527,3	1601,8	10
11	1639	1653,9	1668,8	1683,7	1698,6	1713,5	1728,4	1743,3	1758,2	1773,1	1663,8	1688,7	1738,3	1763,2	1676,3	1750,8	11
12	1788	1802,9	1817,8	1832,7	1847,6	1862,5	1877,4	1892,3	1907 2	1922,1	1812,8	1837,7	1887,3	1912,2	1825,3	1899,8	12
13	1937	1951,9	1966,8	1981,7	1996,6	2011,5	2026,4	2041,3	2056,2	2071,1	1961,8	1986,7	2036,3	2061,2	1974,3	2048,8	13
14	2086	2100,9	2115,8	2130,7	2145,6	2160,5	2175,4	2190,3	2205,2	2220,1	2110,8	2135,7	2185,3	2210,2	2123,3	2197,8	14
15	2235	2249,9	2264,8	2279,7	2294,6	2309,5	2324,4	2339,3	2354,2	2369,1	2259,8	2284,7	2334,3	2359,2	2272,3	2346,8	15
16	2384	2398,9	2413,8	2428,7	2443,6	2458,5	2473,4	2488,3	2503,2	2518,1	2408,8	2433,7	2483,3	2508,2	2421,3	2495,8	16
17	2533	2547,9	2562,8	2577,7	2592,6	2607,5	2622,4	2637,3	2652,2	2667,1	2557,8	2582,7	2632,3	2657,2	2570,3	2644,8	17
18	2682	2696,9	2711,8	2726,7	2741,6	2756,5	2771,4	2786,3	2801,2	2816,1	2706,8	2731,7	2781,3	2806,2	2719,3	2793,8	18
19	2831	2845,9	2860,8	2875,7	2890,6	2905,5	2920,4	2935,3	2950,2	2965,1	2855,8	2880,7	2930,3	2955,2	2868,3	2942,8	19
20	2980	2994,9	3009,8	3024,7	3039,6	3054,5	3069,4	3084,3	3099,2	3114,1	3004,8	3029,7	3079,3	3104,2	3017,3	3091,8	20
21	3129	3143,9	3158,8	3173,7	3188,6	3203,5	3218,4	3233,3	3248,2	3263,1	3153,8	3178,7	3228,3	3253,2	3166,3	3240,8	21
22	3278	3292,9	3307,8	3322,7	3337,6	3352,5	3367,4	3382,3	3397,2	3412,1	3302,8	3327,7	3377,3	3402,2	3315,3	3389,8	22
23	3427	3441,9	3456,8	3471,7	3486,6	3501,5	3516,4	3531,3	3546,2	3561,1	3451,8	3476,7	3526,3	3551,2	3464,3	3538,8	23
24	3576	3590,9	3605,8	3620,7	3635,6	3650,5	3665,4	3680,3	3695,2	3710,1	3600,8	3625,7	3675,3	3700,2	3613,3	3687,8	24
25	3725	3739,9	3754,8	3769,7	3784,6	3799,5	3814,4	3829,3	3844,2	3859,1	3749,8	3774,7	3824,3	3849,2	3762,3	3836,8	25
26	3874	3888,9	3903,8	3918,7	3933,6	3948,5	3963,4	3978,3	3993,2	4008,1	3898,8	3923,7	3973,3	3998,2	3911,3	3985,8	26
27	4023	4037,9	4052,8	4067,7	4082,6	4097,5	4112,4	4127,3	4142,2	4157,1	4047,8	4072,7	4122,3	4147,2	4060,3	4134,8	27
28	4172	4186,9	4201,8	4216,7	4231,6	4246,5	4261,4	4276,3	4291,2	4306,1	4196,8	4221,7	4271,3	4296,2	4209,3	4283,8	28
29	4321	4335,9	4350,8	4365,7	4380,6	4395,5	4410,4	4425,3	4440,2	4455,1	4345,8	4370,7	4420,3	4445,2	4358,3	4432,8	29
30	4470	4484,9	4499,8	4514,7	4529,6	4544,5	4559,4	4574,3	4589,2	4604,1	4494,8	4519,7	4569,3	4594,2	4507,3	4581,8	30
31	4619	4633,9	4648,8	4663,7	4678,6	4693,5	4708,4	4723,3	4738,2	4753,1	4643,8	4668,7	4718,3	4743,2	4656,3	4730,8	31
32	4768	4782,9	4797,8	4812,7	4827,6	4842,5	4857,4	4872,3	4887,2	4902,1	4792,8	4817,7	4867,3	4892,2	4805,3	4879,8	32
33	4917	4931,9	4946,8	4961,7	4976,6	4991,5	5006,4	5021,3	5036,2	5051,1	4941,8	4966,7	5016,3	5041,2	4954,3	5028,8	33
34	5066	5080,9	5095,8	5110,7	5125,6	5140,5	5155,4	5170,3	5185,2	5200,1	5090,8	5115,7	5165,3	5190,2	5103,3	5177,8	34
35	5215	5229,9	5244,8	5259,7	5274,6	5289,5	5304,4	5319,3	5334,2	5349,1	5239,8	5264,7	5314,3	5339,2	5252,3	5326,8	35
36	5364	5378,9	5393,8	5408,7	5423,6	5438,5	5453,4	5468,3	5483,2	5498,1	5388,8	5413,7	5463,3	5488,2	5401,3	5475,8	36
37	5513	5527,9	5542,8	5557,7	5572,6	5587,5	5602,4	5617,3	5632,2	5647,1	5537,8	5562,7	5612,3	5637,2	5550,3	5624,8	37
38	5662	5676,9	5691,8	5706,7	5721,6	5736,5	5751,4	5766,3	5781,2	5796,1	5686,8	5711,7	5761,3	5786,2	5699,3	5773,8	38
39	5811	5825,9	5840,8	5855,7	5870,6	5885,5	5900,4	5915,3	5930,2	5945,1	5835,8	5860,7	5910,3	5935,2	5848,3	5922,8	39
40	5960	5974,9	5989,8	6004,7	6019,6	6034,5	6049,4	6064,3	6079,2	6094,1	5984,8	6009,7	6059,3	6084,2	5997,3	6071,8	40
41	6109	6123,9	6138,8	6153,7	6168,6	6183,5	6198,4	6213,3	6228,2	6243,1	6133,8	6158,7	6208,3	6233,2	6146,3	6220,8	41
42	6258	6272,9	6287,8	6302,7	6317,6	6332,5	6347,4	6362,3	6377,2	6392,1	6282,8	6307,7	6357,3	6382,2	6295,3	6369,8	42
43	6407	6421,9	6436,8	6451,7	6466,6	6481,5	6496,4	6511,3	6526,2	6541,1	6431,8	6456,7	6506,3	6531,2	6444,3	6518,8	43
44	6556	6570,9	6585,8	-6600,7	6615,6	6630,5	6645,4	6660,3	6675,2	6690,1	6580,8	6605,7	6655,3	6680,2	6593,3	6667,8	44
45	6705	6719,9	6734,8	6749,7	6764,6	6779,5	6794,4	6809,3	6824,2	6839,1	6729,8	6754,7	6804,3	6829,2	6742,3	6816,8	45
46	6854	6868,9	6883,8	6898,7	6913,6	6928,5	6943,4	6958,3	6973,2	6988,1	6878,8	6903,7	6953,3	6978,2	6891,3	6965,8	46
47	7003	7017,9	7032,8	7047,7	7062,6	7077,5	7092,4	7107,3	7122,2	7137,1	7027,8	7052,7	7102,3	7127,2	7040,3	7114,8	47
48	7152	7166,9	7181,8	7196,7	7211,6	7226,5	7241,4	7256,3	7271,2	7286,1	7176,8	7201,7	7251,3	7276,2	7189,3	7263,8	48
49	7301	7315,9	7330,8	7345,7	7360,6	7375,5	7390,4	7405,3	7420,2	7435,1	7325,8	7350,7	7400,3	7425,2	7338,3	7412,8	49
50	7450	7464,9	7479,8	7494,7	7509,6	7524,5	7539,4	7554,3	7569,2	7584,1	7474,8	7499,7	7549,3	7574,2	7487,3	7561,8	50
51	7599	7613,9	7628,8	7643,7	7658,6	7673,5	7688,4	7703,3	7718,2	7733,1	7623,8	7648,7	7698,3	7723,2	7636,3	7710,8	51
52	7748	7762,9	7777,8	7792,7	7807,6	7822,5	7837,4	7852,3	7867,2	7882,1	7772,8	7797,7	7847,3	7872,2	7785,3	7859,8	52
53	7897	7911,9	7926,8	7941,7	7956,6	7971,5	7986,4	8001,3	8016,2	8031,1	7921,8	7946,7	7996,3	8021,2	7934,3	8008,8	53
54	8046	8060,9	8075,8	8090,7	8105,6	8120,5	8135,4	8150,3	8165,2	8180,1	8070,8	8095,7	8145,3	8170,2	8083,3	8157,8	54
55	8195	8209,9	8224,8	8239,7	8254,6	8269,5	8284,4	8299,3	8314,2	8329,1	8219,8	8244,7	8294,3	8319,2	8232,3	8306,8	55
56	8344	8358,9	8373,8	8388,7	8403,6	8418,5	8433,4	8448,3	8463,2	8478,1	8368,8	8393,7	8443,3	8468,2	8381,3	8455,8	56
57	8493	8507,9	8522,8	8537,7	8552,6	8567,5	8582,4	8597,3	8612,2	8627,1	8517,8	8542,7	8592,3	8617,2	8530,3	8604,8	57
58	8642	8656,9	8671,8	8686,7	8701,6	8716,5	8731,4	8746,3	8761,2	8776,1	8666,8	8691,7	8741,3	8766,2	8679,3	8753,8	58
59	8791	8805,9	8820,8	8835,7	8850,6	8865,5	8880,4	8895,3	8910,2	8925,1	8815,8	8840,7	8890,3	8915,2	8828,3	8902,8	59
60	8940	8954,9	8969,8	8984,7	8999,6	9014,5	9029,4	9044,3	9059,2	9074,1	8964,8	8989,7	9039,3	9064,2	8977,3	9051,8	60
61	9089	9103,9	9118,8	9133,7	9148,6	9163,5	9178,4	9193,3	9208,2	9223,1	9113,8	9138,7	9188,3	9213,2	9126,3	9200,8	61
62	9238	9252,9	9267,8	9282,7	9297,6	9312,5	9327,4	9342,3	9357,2	9372,1	9262,8	9287,7	9337,3	9362,2	9275,3	9349,8	62
63	9387	9401,9	9416,8	9431,7	9446,6	9461,5	9476,4	9491,3	9506,2	9521,1	9411,8	9436,7	9486,3	9511,2	9424,3	9498,8	63
64	9536	9550,9	9565,8	9580,7	9595,6	9610,5	9625,4	9640,3	9655,2	9670,1	9560,8	9585,7	9635,3	9660,2	9573,3	9647,8	64
65	9685	9699,9	9714,8	9729,7	9744,6	9759,5	9774,4	9789,3	9804,2	9819,1	9709,8	9734,7	9784,3	9809,2	9722,3	9796,8	65
66	9834	9848,9	9863,8	9878,7	9893,6	9908,5	9923,4	9938,3	9953,2	9968,1	9858,8	9883,7	9933,3	9958,2	9871,3	9945,8	66
67	9983	9997,9	10012,8	10027,7	10042,6	10057,5	10072,4	10087,3	10102,2	10117,1	10007,8	10032,7	10082,3	10107,2	10020,3	10094,8	67
68	10132	10146,9	10161,8	10176,7	10191,6	10206,5	10221,4	10236,3	10251,2	10266,1	10156,8	10181,7	10231,3	10256,2	10169,3	10243,8	68
69	10281	10295,9	10310,8	10325,7	10340,6	10355,5	10370,4	10385,3	10400,2	10415,1	10305,8	10330,7	10380,3	10405,2	10318,3	10392,8	69
70	10430	10444,9	10459,8	10474,7	10489,6	10504,5	10519,4	10534,3	10549,2	10564,1	10454,8	10479,7	10529,3	10554,2	10467,3	10541,8	70
71	10579	10593,9	10608,8	10623,7	10638,6	10653,5	10668,4	10683,3	10698,2	10713,1	10603,8	10628,7	10678,3	10703,2	10616,3	10690,8	71
72	10728	10742,9	10757,8	10772,7	10787,6	10802,5	10817,4	10832,3	10847,2	10862,1	10752,8	10777,7	10827,3	10852,2	10765,3	10839,8	72
73	10877	10891,9	10906,8	10921,7	10936,6	10951,5	10966,4	10981,3	10996,2	11011,1	10901,8	10926,7	10976,3	11001,2	10914,3	10988,8	73
74	11026	11040,9	11055,8	11070,7	11085,6	11100,5	11115,4	11130,3	11145,2	11160,1	11050,8	11075,7	11125,3	11150,2	11063,3	11137,8	74
75	11175	11189,9	11204,8	11219,7	11234,6	11249,5	11264,4	11279,3	11294,2	11309,1	11199,8	11224,7	11274,3	11299,2	11212,3	11286,8	75
76	11324	11338,9	11353,8	11368,7	11383,6	11398,5	11413,4	11428,3	11443,2	11458,1	11348,8	11373,7	11423,3	11448,2	11361,3	11435,8	76
77	11473	11487,9	11502,8	11517,7	11532,6	11547,5	11562,4	11577,3	11592,2	11607,1	11497,8	11522,7	11572,3	11597,2	11510,3	11584,8	77
78	11622	11636,9	11651,8	11666,7	11681,6	11696,5	11711,4	11726,3	11741,2	11756,1	11646,8	11671,7	11721,3	11746,2	11659,3	11733,8	78
79	11771	11785,9	11800,8	11815,7	11830,6	11845,5	11860,4	11875,3	11890,2	11905,1	11795,8	11820,7	11870,3	11895,2	11808,3	11882,8	79
80	11920	11934,9	11949,8	11964,7	11979,6	11994,5	12009,4	12024,3	12039,2	12054,1	11944,8	11969,7	12019,3	12044,2	11957,3	12031,8	80
81	12069	12083,9	12098,8	12113,7	12128,6	12143,5	12158,4	12173,3	12188,2	12203,1	12093,8	12118,7	12168,3	12193,2	12106,3	12180,8	81
82	12218	12232,9	12247,8	12262,7	12277,6	12292,5	12307,4	12322,3	12337,2	12352,1	12242,8	12267,7	12317,3	12342,2	12255,3	12329,8	82
83	12367	12381,9	12396,8	12411,7	12426,6	12441,5	12456,4	12471,3	12486,2	12501,1	12391,8	12416,7	12466,3	12491,2	12404,3	12478,8	83
84	12516	12530,9	12545,8	12560,7	12575,6	12590,5	12605,4	12620,3	12635,2	12650,1	12540,8	12565,7	12615,3	12640,2	12553,3	12627,8	84
85	12665	12679,9	12694,8	12709,7	12724,6	12739,5	12754,4	12769,3	12784,2	12799,1	12689,8	12714,7	12764,3	12789,2	12702,3	12776,8	85
86	12814	12828,9	12843,8	12858,7	12873,6	12888,5	12903,4	12918,3	12933,2	12948,1	12838,8	12863,7	12913,3	12938,2	12851,3	12925,8	86
87	12963	12977,9	12992,8	13007,7	13022,6	13037,5	13052,4	13067,3	13082,2	13097,1	12987,8	13012,7	13062,3	13087,2	13000,3	13074,8	87
88	13112	13126,9	13141,8	13156,7	13171,6	13186,5	13201,4	13216,3	13231,2	13246,1	13136,8	13161,7	13211,3	13236,2	13149,3	13223,8	88
89	13261	13275,9	13290,8	13305,7	13320,6	13335,5	13350,4	13365,3	13380,2	13395,1	13285,8	13310,7	13360,3	13385,2	13298,3	13372,8	89
90	13410	13424,9	13439,8	13454,7	13469,6	13484,5	13499,4	13514,3	13529,2	13544,1	13434,8	13459,7	13509,3	13534,2	13447,3	13521,8	90
91	13559	13573,9	13588,8	13603,7	13618,6	13633,5	13648,4	13663,3	13678,2	13693,1	13583,8	13608,7	13658,3	13683,2	13596,3	13670,8	91
92	13708	13722,9	13737,8	13752,7	13767,6	13782,5	13797,4	13812,3	13827,2	13842,1	13732,8	13757,7	13807,3	13832,2	13745,3	13819,8	92
93	13857	13871,9	13886,8	13901,7	13916,6	13931,5	13946,4	13961,3	13976,2	13991,1	13881,8	13906,7	13956,3	13981,2	13894,3	13968,8	93
94	14006	14020,9	14035,8	14050,7	14065,6	14080,5	14095,4	14110,3	14125,2	14140,1	14030,8	14055,7	14105,3	14130,2	14043,3	14117,8	94
95	14155	14169,9	14184,8	14199,7	14214,6	14229,5	14244,4	14259,3	14274,2	14289,1	14179,8	14204,7	14254,3	14279,2	14192,3	14266,8	95
96	14304	14318,9	14333,8	14348,7	14363,6	14378,5	14393,4	14408,3	14423,2	14438,1	14328,8	14353,7	14403,3	14428,2	14341,3	14415,8	96
97	14453	14467,9	14482,8	14497,7	14512,6	14527,5	14542,4	14557,3	14572,2	14587,1	14477,8	14502,7	14552,3	14577,2	14490,3	14564,8	97
98	14602	14616,9	14631,8	14646,7	14661,6	14676,5	14691,4	14706,3	14721,2	14736,1	14626,8	14651,7	14701,3	14726,2	14639,3	14713,8	98
99	14751	14765,9	14780,8	14795,7	14810,6	14825,5	14840,4	14855,3	14870,2	14885,1	14775,8	14800,7	14850,3	14875,2	14788,3	14862,8	99
100	14900	14914,9	14929,8	14944,7	14959,6	14974,5	14989,4	15004,3	15019,2	15034,1	14924,8	14949,7	14999,3	15024,2	14937,3	15011,8	100

150

	150	1/10 15,0	2/10 30,0	3/10 45,0	4/10 60,0	5/10 75,0	6/10 90,0	7/10 105,0	8/10 120,0	9/10 135,0	1/6 25,0	2/6 50,0	4/6 100,0	5/6 125,0	1/4 37,5	3/4 112,5	
1	150	165,0	180,0	195,0	210,0	225,0	240,0	255,0	270,0	285,0	175,0	200,0	250,0	275,0	187,5	262,5	1
2	300	315,0	330,0	345,0	360,0	375,0	390,0	405,0	420,0	435,0	325,0	350,0	400,0	425,0	337,5	412,5	2
3	450	465,0	480,0	495,0	510,0	525,0	540,0	555,0	570,0	585,0	475,0	500,0	550,0	575,0	487,5	562,5	3
4	600	615,0	630,0	645,0	660,0	675,0	690,0	705,0	720,0	735,0	625,0	650,0	700,0	725,0	637,5	712,5	4
5	750	765,0	780,0	795,0	810,0	825,0	840,0	855,0	870,0	885,0	775,0	800,0	850,0	875,0	787,5	862,5	5
6	900	915,0	930,0	945,0	960,0	975,0	990,0	1005,0	1020,0	1035,0	925,0	950,0	1000,0	1025,0	937,5	1012,5	6
7	1050	1065,0	1080,0	1095,0	1110,0	1125,0	1140,0	1155,0	1170,0	1185,0	1075,0	1100,0	1150,0	1175,0	1087,5	1162,5	7
8	1200	1215,0	1230,0	1245,0	1260,0	1275,0	1290,0	1305,0	1320,0	1335,0	1225,0	1250,0	1300,0	1325,0	1237,5	1312,5	8
9	1350	1365,0	1380,0	1395,0	1410,0	1425,0	1440,0	1455,0	1470,0	1485,0	1375,0	1400,0	1450,0	1475,0	1387,5	1462,5	9
10	1500	1515,0	1530,0	1545,0	1560,0	1575,0	1590,0	1605,0	1620,0	1635,0	1525,0	1550,0	1600,0	1625,0	1537,5	1612,5	10
11	1650	1665,0	1680,0	1695,0	1710,0	1725,0	1740,0	1755,0	1770,0	1785,0	1675,0	1700,0	1750,0	1775,0	1687,5	1762,5	11
12	1800	1815,0	1830,0	1845,0	1860,0	1875,0	1890,0	1905,0	1920,0	1935,0	1825,0	1850,0	1900,0	1925,0	1837,5	1912,5	12
13	1950	1965,0	1980,0	1995,0	2010,0	2025,0	2040,0	2055,0	2070,0	2085,0	1975,0	2000,0	2050,0	2075,0	1987,5	2062,5	13
14	2100	2115,0	2130,0	2145,0	2160,0	2175,0	2190,0	2205,0	2220,0	2235,0	2125,0	2150,0	2200,0	2225,0	2137,5	2212,5	14
15	2250	2265,0	2280,0	2295,0	2310,0	2325,0	2340,0	2355,0	2370,0	2385,0	2275,0	2300,0	2350,0	2375,0	2287,5	2362,5	15
16	2400	2415,0	2430,0	2445,0	2460,0	2475,0	2490,0	2505,0	2520,0	2535,0	2425,0	2450,0	2500,0	2525,0	2437,5	2512,5	16
17	2550	2565,0	2580,0	2595,0	2610,0	2625,0	2640,0	2655,0	2670,0	2685,0	2575,0	2600,0	2650,0	2675,0	2587,5	2662,5	17
18	2700	2715,0	2730,0	2745,0	2760,0	2775,0	2790,0	2805,0	2820,0	2835,0	2725,0	2750,0	2800,0	2825,0	2737,5	2812,5	18
19	2850	2865,0	2880,0	2895,0	2910,0	2925,0	2940,0	2955,0	2970,0	2985,0	2875,0	2900,0	2950,0	2975,0	2887,5	2962,5	19
20	3000	3015,0	3030,0	3045,0	3060,0	3075,0	3090,0	3105,0	3120,0	3135,0	3025,0	3050,0	3100,0	3125,0	3037,5	3112,5	20
21	3150	3165,0	3180,0	3195,0	3210,0	3225,0	3240,0	3255,0	3270,0	3285,0	3175,0	3200,0	3250,0	3275,0	3187,5	3262,5	21
22	3300	3315,0	3330,0	3345,0	3360,0	3375,0	3390,0	3405,0	3420,0	3435,0	3325,0	3350,0	3400,0	3425,0	3337,5	3412,5	22
23	3450	3465,0	3480,0	3495,0	3510,0	3525,0	3540,0	3555,0	3570,0	3585,0	3475,0	3500,0	3550,0	3575,0	3487,5	3562,5	23
24	3600	3615,0	3630,0	3645,0	3660,0	3675,0	3690,0	3705,0	3720,0	3735,0	3625,0	3650,0	3700,0	3725,0	3637,5	3712,5	24
25	3750	3765,0	3780,0	3795,0	3810,0	3825,0	3840,0	3855,0	3870,0	3885,0	3775,0	3800,0	3850,0	3875,0	3787,5	3862,5	25
26	3900	3915,0	3930,0	3945,0	3960,0	3975,0	3990,0	4005,0	4020,0	4035,0	3925,0	3950,0	4000,0	4025,0	3937,5	4012,5	26
27	4050	4065,0	4080,0	4095,0	4110,0	4125,0	4140,0	4155,0	4170,0	4185,0	4075,0	4100,0	4150,0	4175,0	4087,5	4162,5	27
28	4200	4215,0	4230,0	4245,0	4260,0	4275,0	4290,0	4305,0	4320,0	4335,0	4225,0	4250,0	4300,0	4325,0	4237,5	4312,5	28
29	4350	4365,0	4380,0	4395,0	4410,0	4425,0	4440,0	4455,0	4470,0	4485,0	4375,0	4400,0	4450,0	4475,0	4387,5	4462,5	29
30	4500	4515,0	4530,0	4545,0	4560,0	4575,0	4590,0	4605,0	4620,0	4635,0	4525,0	4550,0	4600,0	4625,0	4537,5	4612,5	30
31	4650	4665,0	4680,0	4695,0	4710,0	4725,0	4740,0	4755,0	4770,0	4785,0	4675,0	4700,0	4750,0	4775,0	4687,5	4762,5	31
32	4800	4815,0	4830,0	4845,0	4860,0	4875,0	4890,0	4905,0	4920,0	4935,0	4825,0	4850,0	4900,0	4925,0	4837,5	4912,5	32
33	4950	4965,0	4980,0	4995,0	5010,0	5025,0	5040,0	5055,0	5070,0	5085,0	4975,0	5000,0	5050,0	5075,0	4987,5	5062,5	33
34	5100	5115,0	5130,0	5145,0	5160,0	5175,0	5190,0	5205,0	5220,0	5235,0	5125,0	5150,0	5200,0	5225,0	5137,5	5212,5	34
35	5250	5265,0	5280,0	5295,0	5310,0	5325,0	5340,0	5355,0	5370,0	5385,0	5275,0	5300,0	5350,0	5375,0	5287,5	5362,5	35
36	5400	5415,0	5430,0	5445,0	5460,0	5475,0	5490,0	5505,0	5520,0	5535,0	5425,0	5450,0	5500,0	5525,0	5437,5	5512,5	36
37	5550	5565,0	5580,0	5595,0	5610,0	5625,0	5640,0	5655,0	5670,0	5685,0	5575,0	5600,0	5650,0	5675,0	5587,5	5662,5	37
38	5700	5715,0	5730,0	5745,0	5760,0	5775,0	5790,0	5805,0	5820,0	5835,0	5725,0	5750,0	5800,0	5825,0	5737,5	5812,5	38
39	5850	5865,0	5880,0	5895,0	5910,0	5925,0	5940,0	5955,0	5970,0	5985,0	5875,0	5900,0	5950,0	5975,0	5887,5	5962,5	39
40	6000	6015,0	6030,0	6045,0	6060,0	6075,0	6090,0	6105,0	6120,0	6135,0	6025,0	6050,0	6100,0	6125,0	6037,5	6112,5	40
41	6150	6165,0	6180,0	6195,0	6210,0	6225,0	6240,0	6255,0	6270,0	6285,0	6175,0	6200,0	6250,0	6275,0	6187,5	6262,5	41
42	6300	6315,0	6330,0	6345,0	6360,0	6375,0	6390,0	6405,0	6420,0	6435,0	6325,0	6350,0	6400,0	6425,0	6337,5	6412,5	42
43	6450	6465,0	6480,0	6495,0	6510,0	6525,0	6540,0	6555,0	6570,0	6585,0	6475,0	6500,0	6550,0	6575,0	6487,5	6562,5	43
44	6600	6615,0	6630,0	6645,0	6660,0	6675,0	6690,0	6705,0	6720,0	6735,0	6625,0	6650,0	6700,0	6725,0	6637,5	6712,5	44
45	6750	6765,0	6780,0	6795,0	6810,0	6825,0	6840,0	6855,0	6870,0	6885,0	6775,0	6800,0	6850,0	6875,0	6787,5	6862,5	45
46	6900	6915,0	6930,0	6945,0	6960,0	6975,0	6990,0	7005,0	7020,0	7035,0	6925,0	6950,0	7000,0	7025,0	6937,5	7012,2	46
47	7050	7065,0	7080,0	7095,0	7110,0	7125,0	7140,0	7155,0	7170,0	7185,0	7075,0	7100,0	7150,0	7175,0	7087,5	7162,5	47
48	7200	7215,0	7230,0	7245,0	7260,0	7275,0	7290,0	7305,0	7320,0	7335,0	7225,0	7250,0	7300,0	7325,0	7237,5	7312,5	48
49	7350	7365,0	7380,0	7395,0	7410,0	7425,0	7440,0	7455,0	7470,0	7485,0	7375,0	7400,0	7450,0	7475,0	7387,5	7462,5	49
50	7500	7515,0	7530,0	7545,0	7560,0	7575,0	7590,0	7605,0	7620,0	7635,0	7525,0	7550,0	7600,0	7625,0	7537,5	7612,5	50
51	7650	7665,0	7680,0	7695,0	7710,0	7725,0	7740,0	7755,0	7770,0	7785,0	7675,0	7700,0	7750,0	7775,0	7687,5	7762,5	51
52	7800	7815,0	7830,0	7845,0	7860,0	7875,0	7890,0	7905,0	7920,0	7935,0	7825,0	7850,0	7900,0	7925,0	7837,5	7912,5	52
53	7950	7965,0	7980,0	7995,0	8010,0	8025,0	8040,0	8055,0	8070,0	8085,0	7975,0	8000,0	8050,0	8075,0	7987,5	8062,5	53
54	8100	8115,0	8130,0	8145,0	8160,0	8175,0	8190,0	8205,0	8220,0	8235,0	8125,0	8150,0	8200,0	8225,0	8137,5	8212,5	54
55	8250	8265,0	8280,0	8295,0	8310,0	8325,0	8340,0	8355,0	8370,0	8385,0	8275,0	8300,0	8350,0	8375,0	8287,5	8362,5	55
56	8400	8415,0	8430,0	8445,0	8460,0	8475,0	8490,0	8505,0	8520,0	8535,0	8425,0	8450,0	8500,0	8525,0	8437,5	8512,5	56
57	8550	8565,0	8580,0	8595,0	8610,0	8625,0	8640,0	8655,0	8670,0	8685,0	8575,0	8600,0	8650,0	8675,0	8587,5	8662,5	57
58	8700	8715,0	8730,0	8745,0	8760,0	8775,0	8790,0	8805,0	8820,0	8835,0	8725,0	8750,0	8800,0	8825,0	8737,5	8812,5	58
59	8850	8865,0	8880,0	8895,0	8910,0	8925,0	8940,0	8955,0	8970,0	8985,0	8875,0	8900,0	8950,0	8975,0	8887,5	8962,5	59
60	9000	9015,0	9030,0	9045,0	9060,0	9075,0	9090,0	9105,0	9120,0	9135,0	9025,0	9050,0	9100,0	9125,0	9037,5	9112,5	60
61	9150	9165,0	9180,0	9195,0	9210,0	9225,0	9240,0	9255,0	9270,0	9285,0	9175,0	9200,0	9250,0	9275,0	9187,5	9262,5	61
62	9300	9315,0	9330,0	9345,0	9360,0	9375,0	9390,0	9405,0	9420,0	9435,0	9325,0	9350,0	9400,0	9425,0	9337,5	9412,5	62
63	9450	9465,0	9480,0	9495,0	9510,0	9525,0	9540,0	9555,0	9570,0	9585,0	9475,0	9500,0	9550,0	9575,0	9487,5	9562,5	63
64	9600	9615,0	9630,0	9645,0	9660,0	9675,0	9690,0	9705,0	9720,0	9735,0	9625,0	9650,0	9700,0	9725,0	9637,5	9712,5	64
65	9750	9765,0	9780,0	9795,0	9810,0	9825,0	9840,0	9855,0	9870,0	9885,0	9775,0	9800,0	9850,0	9375,0	9787,5	9862,5	65
66	9900	9915,0	9930,0	9945,0	9960,0	9975,0	9990,0	10005,0	10020,0	10035,0	9925,0	9950,0	10000,0	10025,0	9937,5	10012,5	66
67	10050	10065,0	10080,0	10095,0	10110,0	10125,0	10140,0	10155,0	10170,0	10185,0	10075,0	10100,0	10150,0	10175,0	10087,5	10162,5	67
68	10200	10215,0	10230,0	10245,0	10260,0	10275,0	10290,0	10305,0	10320,0	10335,0	10225,0	10250,0	10300,0	10325,0	10237,5	10312,5	68
69	10350	10365,0	10380,0	10395,0	10410,0	10425,0	10440,0	10455,0	10470,0	10485,0	10375,0	10400,0	10450,0	10475,0	10387,5	10462,5	69
70	10500	10515,0	10530,0	10545,0	10560,0	10575,0	10590,0	10605,0	10620,0	10635,0	10525,0	10550,0	10600,0	10625,0	10537,5	10612,5	70
71	10650	10665,0	10680,0	10695,0	10710,0	10725,0	10740,0	10755,0	10770,0	10785,0	10675,0	10700,0	10750,0	10775,0	10537,5	10752,5	71
72	10800	10815,0	10830,0	10845,0	10860,0	10875,0	10890,0	10905,0	10920,0	10935,0	10825,0	10850,0	10900,0	10925,0	10837,5	10912,5	72
73	10950	10965,0	10980,0	10995,0	11010,0	11025,0	11040,0	11055,0	11070,0	11085,0	10975,0	11000,0	11050,0	11075,0	10937,5	11062,5	73
74	11100	11115,0	11130,0	11145,0	11160,0	11175,0	11190,0	11205,0	11220,0	11235,0	11125,0	11150,0	11200,0	11225,0	11137,5	11212,5	74
75	11250	11265,0	11280,0	11295,0	11310,0	11325,0	11340,0	11355,0	11370,0	11385,0	11275,0	11300,0	11350,0	11375,0	11287,5	11362,5	75
76	11400	11415,0	11430,0	11445,0	11460,0	11475,0	11490,0	11505,0	11520,0	11535,0	11425,0	11450,0	11500,0	11525,0	11437,5	11512,5	76
77	11550	11565,0	11580,0	11595,0	11610,0	11625,0	11640,0	11655,0	11670,0	11685,0	11575,0	11600,0	11650,0	11675,0	11587,5	11662,5	77
78	11700	11715,0	11730,0	11745,0	11760,0	11775,0	11790,0	11805,0	11820,0	11835,0	11725,0	11750,0	11800,0	11825,0	11737,5	11812,5	78
79	11850	11865,0	11880,0	11895,0	11910,0	11925,0	11940,0	11955,0	11970,0	11985,0	11875,0	11900,0	11950,0	11975,0	11887,5	11962,5	79
80	12000	12015,0	12030,0	12045,0	12060,0	12075,0	12090,0	12105,0	12120,0	12135,0	12025,0	12050,0	12100,0	12125,0	12037,5	12112,5	80
81	12150	12165,0	12180,0	12195,0	12210,0	12225,0	12240,0	12255,0	12270,0	12285,0	12175,0	12200,0	12250,0	12275,0	12187,5	12262,5	81
82	12300	12315,0	12330,0	12345,0	12360,0	12375,0	12390,0	12405,0	12420,0	12435,0	12325,0	12350,0	12400,0	12425,0	12337,5	12412,5	82
83	12450	12465,0	12480,0	12495,0	12510,0	12525,0	12540,0	12555,0	12570,0	12585,0	12475,0	12500,0	12550,0	12575,0	12487,5	12562,5	83
84	12600	12615,0	12630,0	12645,0	12660,0	12675,0	12690,0	12705,0	12720,0	12735,0	12625,0	12650,0	12700,0	12725,0	12637,5	12712,5	84
85	12750	12765,0	12780,0	12795,0	12810,0	12825,0	12840,0	12855,0	12870,0	12885,0	12775,0	12800,0	12850,0	12875,0	12787,5	12862,5	85
86	12900	12915,0	12930,0	12945,0	12960,0	12975,0	12990,0	13005,0	13020,0	13035,0	12925,0	12950,0	13000,0	13025,0	12937,5	13012,5	86
87	13050	13065,0	13080,0	13095,0	13110,0	13125,0	13140,0	13155,0	13170,0	13185,0	13075,0	13100,0	13150,0	13175,0	13087,5	13162,5	87
88	13200	13215,0	13230,0	13245,0	13260,0	13275,0	13290,0	13305,0	13320,0	13335,0	13225,0	13250,0	13300,0	13325,0	13237,5	13312,5	88
89	13350	13365,0	13380,0	13395,0	13410,0	13425,0	13440,0	13455,0	13470,0	13485,0	13375,0	13400,0	13450,0	13475,0	13387,5	13462,5	89
90	13500	13515,0	13530,0	13545,0	13560,0	13575,0	13590,0	13605,0	13620,0	13635,0	13525,0	13550,0	13600,0	13625,0	13537,5	13612,5	90
91	13650	13665,0	13680,0	13695,0	13710,0	13725,0	13740,0	13755,0	13770,0	13785,0	13675,0	13700,0	13750,0	13775,0	13687,5	13762,5	91
92	13800	13815,0	13830,0	13845,0	13860,0	13875,0	13890,0	13905,0	13920,0	13935,0	13825,0	13850,0	13900,0	13925,0	13837,5	13912,5	92
93	13950	13965,0	13980,0	13995,0	14010,0	14025,0	14040,0	14055,0	14070,0	14085,0	13975,0	14000,0	14050,0	14075,0	13987,5	14062,5	93
94	14100	14115,0	14130,0	14145,0	14160,0	14175,0	14190,0	14205,0	14220,0	14235,0	14125,0	14150,0	14200,0	14225,0	14137,5	14212,5	94
95	14250	14265,0	14280,0	14295,0	14310,0	14325,0	14340,0	14355,0	14370,0	14385,0	14275,0	14300,0	14350,0	14375,0	14287,5	14362,5	95
96	14400	14415,0	14430,0	14445,0	14460,0	14475,0	14490,0	14505,0	14520,0	14535,0	14425,0	14450,0	14500,0	14525,0	14437,5	14512,5	96
97	14550	14565,0	14580,0	14595,0	14610,0	14625,0	14640,0	14655,0	14670,0	14685,0	14575,0	14600,0	14650,0	14675,0	14587,5	14662,5	97
98	14700	14715,0	14730,0	14745,0	14760,0	14775,0	14790,0	14805,0	14820,0	14835,0	14725,0	14750,0	14800,0	14825,0	14737,5	14812,5	98
99	14850	14865,0	14880,0	14895,0	14910,0	14925,0	14940,0	14955,0	14970,0	14985,0	14875,0	14900,0	14950,0	14975,0	14887,5	14962,5	99
100	15000	15015,0	15030,0	15045,0	15060,0	15075,0	15090,0	15105,0	15120,0	15135,0	15025,0	15050,0	15100,0	15125,0	15037,5	15112,5	100

		1/10 15,1	2/10 30,2	3/10 45,3	4/10 60,4	5/10 75,5	6/10 90,6	7/10 105,7	8/10 120,8	9/10 135,9	1/6 25,166	2/6 50,333	4/6 100,666	5/6 125,833	1/4 37,75	3/4 113,25	
1	151	166,1	181,2	196,3	211,4	226,5	241,6	256,7	271,8	286,9	176,2	201,3	251,7	276,8	188,8	264,3	1
2	302	317,1	332,2	347,3	362,4	377,5	392,6	407,7	422,8	437,9	327,2	352,3	402,7	427,8	339,8	415,3	2
3	453	468,1	483,2	498,3	513,4	528,5	543,6	558,7	573,8	588,9	478,2	503,3	553,7	578,8	490,8	566,3	3
4	604	619,1	634,2	649,3	664,4	679,5	694,6	709,7	724,8	739,9	629,2	654,3	704,7	729,8	641,8	717,3	4
5	755	770,1	785,2	800,3	815,4	830,5	845,6	860,7	875,8	890,9	780,2	805,3	855,7	880,8	792,8	868,3	5
6	906	921,1	936,2	951,3	966,4	981,5	996,6	1011,7	1026,8	1041,9	931,2	956,3	1006,7	1031,8	943,8	1019,3	6
7	1057	1072,1	1087,2	1102,3	1117,4	1132,5	1147,6	1162,7	1177,8	1192,9	1082,2	1107,3	1157,7	1182,8	1094,8	1170,3	7
8	1208	1223,1	1238,2	1253,3	1268,4	1283,5	1298,6	1313,7	1328,8	1343,9	1233,2	1258,3	1308,7	1333,8	1245,8	1321,3	8
9	1359	1374,1	1389,2	1404,3	1419,4	1434,5	1449,6	1464,7	1479,8	1494,9	1384,2	1409,3	1459,7	1484,8	1396,8	1472,3	9
10	1510	1525,1	1540,2	1555,3	1570,4	1585,5	1600,6	1615,7	1630,8	1645,9	1535,2	1560,3	1610,7	1635,8	1547,8	1623,3	10
11	1661	1676,1	1691,2	1706,3	1721,4	1736,5	1751,6	1766,7	1781,8	1796,9	1686,2	1711,3	1761,7	1786,8	1698,8	1774,3	11
12	1812	1827,1	1842,2	1857,3	1872,4	1887,5	1902,6	1917,7	1932,8	1947,9	1837,2	1862,3	1912,7	1937,8	1849,8	1925,3	12
13	1963	1978,1	1993,2	2008,3	2023,4	2038,5	2053,6	2068,7	2083,8	2098,9	1988,2	2013,3	2063,7	2088,8	2000,8	2076,3	13
14	2114	2129,1	2144,2	2159,3	2174,4	2189,5	2204,6	2219,7	2234,8	2249,9	2139,2	2164,3	2214,7	2239,8	2151,8	2227,3	14
15	2265	2280,1	2295,2	2310,3	2325,4	2340,5	2355,6	2370,7	2385,8	2400,9	2290,2	2315,3	2365,7	2390,8	2302,8	2378,3	15
16	2416	2431,1	2446,2	2461,3	2476,4	2491,5	2506,6	2521,7	2536,8	2551,9	2441,2	2466,3	2516,7	2541,8	2453,8	2529,3	16
17	2567	2582,1	2597,2	2612,3	2627,4	2642,5	2657,6	2672,7	2687,8	2702,9	2592,2	2617,3	2667,7	2692,8	2604,8	2680,3	17
18	2718	2733,1	2748,2	2763,3	2778,4	2793,5	2808,6	2823,7	2838,8	2853,9	2743,2	2768,3	2818,7	2843,8	2755,8	2831,3	18
19	2869	2884,1	2899,2	2914,3	2929,4	2944,5	2959,6	2974,7	2989,8	3004,9	2894,2	2919,3	2969,7	2994,8	2906,8	2982,3	19
20	3020	3035,1	3050,2	3065,3	3080,4	3095,5	3110,6	3125,7	3140,8	3155,9	3045,2	3070,3	3120,7	3145,8	3057,8	3133,3	20
21	3171	3186,1	3201,2	3216,3	3231,4	3246,5	3261,6	3276,7	3291,8	3306,9	3196,2	3221,3	3271,7	3296,8	3208,8	3284,3	21
22	3322	3337,1	3352,2	3367,3	3382,4	3397,5	3412,6	3427,7	3442,8	3457,9	3347,2	3372,3	3422,7	3447,8	3359,8	3435,3	22
23	3473	3488,1	3503,2	3518,3	3533,4	3548,5	3563,6	3578,7	3593,8	3608,9	3498,2	3523,3	3573,7	3598,8	3510,8	3586,3	23
24	3624	3639,1	3654,2	3669,3	3684,4	3699,5	3714,6	3729,7	3744,8	3759,9	3649,2	3674,3	3724,7	3749,8	3661,8	3737,3	24
25	3775	3790,1	3805,2	3820,3	3835,4	3850,5	3865,6	3880,7	3895,8	3910,9	3800,2	3825,3	3875,7	3900,8	3812,8	3888,3	25
26	3926	3941,1	3956,2	3971,3	3986,4	4001,5	4016,6	4031,7	4046,8	4061,9	3951,2	3976,3	4026,7	4051,8	3963,8	4039,3	26
27	4077	4092,1	4107,2	4122,3	4137,4	4152,5	4167,6	4182,7	4197,8	4212,9	4102,2	4127,3	4177,7	4202,8	4114,8	4190,3	27
28	4228	4243,1	4258,2	4273,3	4288,4	4303,5	4318,6	4333,7	4348,8	4363,9	4253,2	4278,3	4328,7	4353,8	4265,8	4341,3	28
29	4379	4394,1	4409,2	4424,3	4439,4	4454,5	4469,6	4484,7	4499,8	4514,9	4404,2	4429,3	4479,7	4504,8	4416,8	4492,3	29
30	4530	4545,1	4560,2	4575,3	4590,4	4605,5	4620,6	4635,7	4650,8	4665,9	4555,2	4580,3	4630,7	4655,8	4567,8	4643,3	30
31	4681	4696,1	4711,2	4726,3	4741,4	4756,5	4771,6	4786,7	4801,8	4816,9	4706,2	4731,3	4781,7	4806,8	4718,8	4794,3	31
32	4832	4847,1	4862,2	4877,3	4892,4	4907,5	4922,6	4937,7	4952,8	4967,9	4857,2	4882,3	4932,7	4957,8	4869,8	4945,3	32
33	4983	4998,1	5013,2	5028,3	5043,4	5058,5	5073,6	5088,7	5103,8	5118,9	5008,2	5033,3	5083,7	5108,8	5020,8	5096,3	33
34	5134	5149,1	5164,2	5179,3	5194,4	5209,5	5224,6	5239,7	5254,8	5269,9	5159,2	5184,3	5234,7	5259,8	5171,8	5247,3	34
35	5285	5300,1	5315,2	5330,3	5345,4	5360,5	5375,6	5390,7	5405,8	5420,9	5310,2	5335,3	5385,7	5410,8	5322,8	5398,3	35
36	5436	5451,1	5466,2	5481,3	5496,4	5511,5	5526,6	5541,7	5556,8	5571,9	5461,2	5486,3	5536,7	5561,8	5473,8	5549,3	36
37	5587	5602,1	5617,2	5632,3	5647,4	5662,5	5677,6	5692,7	5707,8	5722,9	5612,2	5637,3	5687,7	5712,8	5624,8	5700,3	37
38	5738	5753,1	5768,2	5783,3	5798,4	5813,5	5828,6	5843,7	5858,8	5873,9	5763,2	5788,3	5838,7	5863,8	5775,8	5851,3	38
39	5889	5904,1	5919,2	5934,3	5949,4	5964,5	5979,6	5994,7	6009,8	6024,9	5914,2	5939,3	5989,7	6014,8	5926,8	6002,3	39
40	6040	6055,1	6070,2	6085,3	6100,4	6115,5	6130,6	6145,7	6160,8	6175,9	6065,2	6090,3	6140,7	6165,8	6077,8	6153,3	40
41	6191	6206,1	6221,2	6236,3	6251,4	6266,5	6281,6	6296,7	6311,8	6326,9	6216,2	6241,3	6291,7	6316,8	6223,8	6304,3	41
42	6342	6357,1	6372,2	6387,3	6402,4	6417,5	6432,6	6447,7	6462,8	6477,9	6367,2	6392,3	6442,7	6467,8	6379,8	6455,3	42
43	6493	6508,1	6523,2	6538,3	6553,4	6568,5	6583,6	6598,7	6613,8	6628,9	6518,2	6543,3	6593,7	6618,8	6530,8	6606,3	43
44	6644	6659,1	6674,2	6689,3	6704,4	6719,5	6734,6	6749,7	6764,8	6779,9	6669,2	6694,3	6744,7	6769,8	6681,8	6757,3	44
45	6795	6810,1	6825,2	6840,3	6855,4	6870,5	6885,6	6900,7	6915,8	6930,9	6820,2	6845,3	6895,7	6920,8	6832,8	6908,3	45
46	6946	6961,1	6976,2	6991,3	7006,4	7021,5	7036,6	7051,7	7066,8	7081,9	6971,2	6996,3	7046,7	7071,8	6983,8	7059,3	46
47	7097	7112,1	7127,2	7142,3	7157,4	7172,5	7187,6	7202,7	7217,8	7232,9	7122,2	7147,3	7197,7	7222,8	7134,8	7210,3	47
48	7248	7263,1	7278,2	7293,3	7308,4	7323,5	7338,6	7353,7	7368,8	7383,9	7273,2	7298,3	7348,7	7373,8	7285,8	7361,3	48
49	7399	7414,1	7429,2	7444,3	7459,4	7474,5	7489,6	7504,7	7519,8	7534,9	7424,2	7449,3	7499,7	7524,8	7436,8	7512,3	49
50	7550	7565,1	7580,2	7595,3	7610,4	7625,5	7640,6	7655,7	7670,8	7685,9	7575,2	7600,3	7650,7	7675,8	7587,8	7663,3	50
51	7701	7716,1	7731,2	7746,3	7761,4	7776,5	7791,6	7806,7	7821,8	7836,9	7726,2	7751,3	7801,7	7826,8	7738,8	7814,3	51
52	7852	7867,1	7882,2	7897,3	7912,4	7927,5	7942,6	7957,7	7972,8	7987,9	7877,2	7902,3	7952,7	7977,8	7889,8	7965,3	52
53	8003	8018,1	8033,2	8048,3	8063,4	8078,5	8093,6	8108,7	8123,8	8138,9	8028,2	8053,3	8103,7	8128,8	8040,8	8116,3	53
54	8154	8169,1	8184,2	8199,3	8214,4	8229,5	8244,6	8259,7	8274,8	8289,9	8179,2	8204,3	8254,7	8279,8	8191,8	8267,3	54
55	8305	8320,1	8335,2	8350,3	8365,4	8380,5	8395,6	8410,7	8425,8	8440,9	8330,2	8355,3	8405,7	8430,8	8342,8	8418,3	55
56	8456	8471,1	8486,2	8501,3	8516,4	8531,5	8546,6	8561,7	8576,8	8591,9	8481,2	8506,3	8556,7	8581,8	8493,8	8569,3	56
57	8607	8622,1	8637,2	8652,3	8667,4	8682,5	8697,6	8712,7	8727,8	8742,9	8632,2	8657,3	8707,7	8732,8	8644,8	8720,3	57
58	8758	8773,1	8788,2	8803,3	8818,4	8833,5	8848,6	8863,7	8878,8	8893,9	8783,2	8808,3	8858,7	8883,8	8795,8	8871,3	58
59	8909	8924,1	8939,2	8954,3	8969,4	8984,5	8999,6	9014,7	9029,8	9044,9	8934,2	8959,3	9009,7	9034,8	8946,8	9022,3	59
60	9060	9075,1	9090,2	9105,3	9120,4	9135,5	9150,6	9165,7	9180,8	9195,9	9085,2	9110,3	9160,7	9185,8	9097,8	9173,3	60
61	9211	9226,1	9241,2	9256,3	9271,4	9286,5	9301,6	9316,7	9331,8	9346,9	9236,2	9261,3	9311,7	9336,8	9248,8	9324,3	61
62	9362	9377,1	9392,2	9407,3	9422,4	9437,5	9452,6	9467,7	9482,8	9497,9	9387,2	9412,3	9462,7	9487,8	9399,8	9475,3	62
63	9513	9528,1	9543,2	9558,3	9573,4	9588,5	9603,6	9618,7	9633,8	9648,9	9538,2	9563,3	9613,7	9638,8	9550,8	9626,3	63
64	9664	9679,1	9694,2	9709,3	9724,4	9739,5	9754,6	9769,7	9784,8	9799,9	9689,2	9714,3	9764,7	9789,8	9701,8	9777,3	64
65	9815	9830,1	9845,2	9860,3	9875,4	9890,5	9905,6	9920,7	9935,8	9950,9	9840,2	9865,3	9915,7	9940,8	9852,8	9928,3	65
66	9966	9981,1	9996,2	10011,3	10026,4	10041,5	10056,6	10071,7	10086,8	10101,9	9991,2	10016,3	10066,7	10091,8	10003,8	10079,3	66
67	10117	10132,1	10147,2	10162,3	10177,4	10192,5	10207,6	10222,7	10237,8	10252,9	10142,2	10167,3	10217,7	10242,8	10154,8	10230,3	67
68	10268	10283,1	10298,2	10313,3	10328,4	10343,5	10358,6	10373,7	10388,8	10403,9	10293,2	10318,3	10368,7	10393,8	10305,8	10381,3	68
69	10419	10434,1	10449,2	10464,3	10479,4	10494,5	10509,6	10524,7	10539,8	10554,9	10444,2	10469,3	10519,7	10544,8	10456,8	10532,3	69
70	10570	10585,1	10600,2	10615,3	10630,4	10645,5	10660,6	10675,7	10690,8	10705,9	10595,2	10620,3	10670,7	10695,8	10607,8	10683,3	70
71	10721	10736,1	10751,2	10766,3	10781,4	10796,5	10811,6	10826,7	10841,8	10856,9	10746,2	10771,3	10821,7	10846,8	10758,8	10834,3	71
72	10842	10887,1	10902,2	10917,3	10932,4	10947,5	10962,6	10977,7	10992,8	11007,9	10897,2	10922,3	10972,7	10997,8	10909,8	10985,3	72
73	11023	11038,1	11053,2	11068,3	11083,4	11098,5	11113,6	11128,7	11143,8	11158,9	11048,2	11073,3	11123,7	11148,8	11060,8	11136,3	73
74	11174	11189,1	11204,2	11219,3	11234,4	11249,5	11264,6	11279,7	11294,8	11309,9	11199,2	11224,3	11274,7	11299,8	11211,8	11287,3	74
75	11325	11340,1	11355,2	11370,3	11385,4	11400,5	11415,6	11430,7	11445,8	11460,9	11350,2	11375,3	11425,7	11450,8	11362,8	11438,3	75
76	11476	11491,1	11506,2	11521,3	11536,4	11551,5	11566,6	11581,7	11596,8	11611,9	11501,2	11526,3	11576,7	11601,8	11513,8	11589,3	76
77	11627	11642,1	11657,2	11672,3	11687,4	11702,5	11717,6	11732,7	11747,8	11762,9	11652,2	11677,3	11727,7	11752,8	11664,8	11740,3	77
78	11778	11793,1	11808,2	11823,3	11838,4	11853,5	11868,6	11883,7	11898,8	11913,9	11803,2	11828,3	11878,7	11903,8	11815,8	11891,3	78
79	11929	11944,1	11959,2	11974,3	11989,4	12004,5	12019,6	12034,7	12049,8	12064,9	11954,2	11979,3	12029,7	12054,8	11966,8	12042,3	79
80	12080	12095,1	12110,2	12125,3	12140,4	12155,5	12170,6	12185,7	12200,8	12215,9	12105,2	12130,3	12180,7	12205,8	12117,8	12193,3	80
81	12231	12246,1	12261,2	12276,3	12291,4	12306,5	12321,6	12336,7	12351,8	12366,9	12256,2	12281,3	12331,7	12356,8	12268,8	12344,3	81
82	12382	12397,1	12412,2	12427,3	12442,4	12457,5	12472,6	12487,7	12502,8	12517,9	12407,2	12432,3	12482,7	12507,8	12419,8	12495,3	82
83	12533	12548,1	12563,2	12578,3	12593,4	12608,5	12623,6	12638,7	12653,8	12668,9	12558,2	12583,3	12633,7	12658,8	12570,8	12646,3	83
84	12684	12699,1	12714,2	12729,3	12744,4	12759,5	12774,6	12789,7	12804,8	12819,9	12709,2	12734,3	12784,7	12809,8	12721,8	12797,3	84
85	12835	12850,1	12865,2	12880,3	12895,4	12910,5	12925,6	12940,7	12955,8	12970,9	12860,2	12885,3	12935,7	12960,8	12872,8	12948,3	85
86	12986	13001,1	13016,2	13031,3	13046,4	13061,5	13076,6	13091,7	13106,8	13121,9	13011,2	13036,3	13086,7	13111,8	13023,8	13099,3	86
87	13137	13152,1	13167,2	13182,3	13197,4	13212,5	13227,6	13242,7	13257,8	13272,9	13162,2	13187,3	13237,7	13262,8	13174,8	13250,3	87
88	13288	13303,1	13318,2	13333,3	13348,4	13363,5	13378,6	13393,7	13408,8	13423,9	13313,2	13338,3	13388,7	13413,8	13325,8	13401,3	88
89	13439	13454,1	13469,2	13484,3	13499,4	13514,5	13529,6	13544,7	13559,8	13574,9	13464,2	13489,3	13539,7	13564,8	13476,8	13552,3	89
90	13590	13605,1	13620,2	13635,3	13650,4	13665,5	13680,6	13695,7	13710,8	13725,9	13615,2	13640,3	13690,7	13715,8	13627,8	13703,3	90
91	13741	13756,1	13771,2	13786,3	13801,4	13816,5	13831,6	13846,7	13861,8	13876,9	13766,2	13791,3	13841,7	13866,8	13778,8	13854,3	91
92	13892	13907,1	13922,2	13937,3	13952,4	13967,5	13982,6	13997,7	14012,8	14027,9	13917,2	13942,3	13992,7	14017,8	13929,8	14005,3	92
93	14043	14058,1	14073,2	14088,3	14103,4	14118,5	14133,6	14148,7	14163,8	14178,9	14068,2	14093,3	14143,7	14168,8	14080,8	14156,3	93
94	14194	14209,1	14224,2	14239,3	14254,4	14269,5	14284,6	14299,7	14314,8	14329,9	14219,2	14244,3	14294,7	14319,8	14231,8	14307,3	94
95	14345	14360,1	14375,2	14390,3	14405,4	14420,5	14435,6	14450,7	14465,8	14480,9	14370,2	14395,3	14445,7	14470,8	14382,8	14458,3	95
96	14496	14511,1	14526,2	14541,3	14556,4	14571,5	14586,6	14601,7	14616,8	14631,9	14521,2	14546,3	14596,7	14621,8	14533,8	14609,3	96
97	14647	14662,1	14677,2	14692,3	14707,4	14722,5	14737,6	14752,7	14767,8	14782,9	14672,2	14697,3	14747,7	14772,8	14684,8	14760,3	97
98	14798	14813,1	14828,2	14843,3	14858,4	14873,5	14888,6	14903,7	14918,8	14933,9	14823,2	14848,3	14898,7	14923,8	14835,8	14911,3	98
99	14949	14964,1	14979,2	14994,3	15009,4	15024,5	15039,6	15054,7	15069,8	15084,9	14974,2	14999,3	15049,7	15074,8	14986,8	15062,3	99
100	15100	15115,1	15130,2	15145,3	15160,4	15175,5	15190,6	15205,7	15220,8	15235,9	15125,2	15150,3	15200,7	15225,8	15137,8	15213,3	100

152		1/10 15,2	2/10 30,4	3/10 45,6	4/10 60,8	5/10 76,0	6/10 91,2	7/10 106,4	8/10 121,6	9/10 136,8	1/6 25,333	2/6 50,666	4/6 101,333	5/6 126,666	1/4 38,0	3/4 114,0	
1	152	167,2	182,4	197,6	212,8	228,0	243,2	258,4	273,6	288,8	177,3	202,7	253,3	278,7	190,0	266,0	1
2	304	319,2	334,4	349,6	364,8	380,0	395,2	410,4	425,6	440,8	329,3	354,7	405,3	430,7	342,0	418,0	2
3	456	471,2	486,4	501,6	516,8	532,0	547,2	562,4	577,6	592,8	481,3	506,7	557,3	582,7	494,0	570,0	3
4	608	623,2	638,4	653,6	668,8	684,0	699,2	714,4	729,6	744,8	633,3	658,7	709,3	734,7	646,0	722,0	4
5	760	775,2	790,4	805,6	820,8	836,0	851,2	866,4	881,6	896,8	785,3	810,7	861,3	886,7	798,0	874,0	5
6	912	927,2	942,4	957,6	972,8	988,0	1003,2	1018,4	1033,6	1048,8	937,3	962,7	1013,3	1038,7	950,0	1026,0	6
7	1064	1079,2	1094,4	1109,6	1124,8	1140,0	1155,2	1170,4	1185,6	1200,8	1089,3	1114,7	1165,3	1190,7	1102,0	1178,0	7
8	1216	1231,2	1246,4	1261,6	1276,8	1292,0	1307,2	1322,4	1337,6	1352,8	1241,3	1266,7	1317,3	1342,7	1254,0	1330,0	8
9	1368	1383,2	1398,4	1413,6	1428,8	1444,0	1459,2	1474,4	1489,6	1504,8	1393,3	1418,7	1469,3	1494,7	1406,0	1482,0	9
10	1520	1535,2	1550,4	1565,6	1580,8	1596,0	1611,2	1626,4	1641,6	1656,8	1545,3	1570,7	1621,3	1646,7	1558,0	1634,0	10
11	1672	1687,2	1702,4	1717,6	1732,8	1748,0	1763,2	1778,4	1793,6	1808,8	1697,3	1722,7	1773,3	1798,7	1710,0	1786,0	11
12	1824	1839,2	1854,4	1869,6	1884,8	1900,0	1915,2	1930,4	1945,6	1960,8	1849,3	1874,7	1925,3	1950,7	1862,0	1938,0	12
13	1976	1991,2	2006,4	2021,6	2036,8	2052,0	2067,2	2082,4	2097,6	2112,8	2001,3	2026,7	2077,3	2102,7	2014,0	2090,0	13
14	2128	2143,2	2158,4	2173,6	2188,8	2204,0	2219,2	2234,4	2249,6	2264,8	2153,3	2178,7	2229,3	2254,7	2166,0	2242,0	14
15	2280	2295,2	2310,4	2325,6	2340,8	2356,0	2371,2	2386,4	2401,6	2416,8	2305,3	2330,7	2381,3	2406,7	2318,0	2394,0	15
16	2432	2447,2	2462,4	2477,6	2492,8	2508,0	2523,2	2538,4	2553,6	2568,8	2457,3	2482,7	2533,3	2558,7	2470,0	2546,0	16
17	2584	2599,2	2614,4	2629,6	2644,8	2660,0	2675,2	2690,4	2705,6	2720,8	2609,3	2634,7	2685,3	2710,7	2622,0	2698,0	17
18	2736	2751,2	2766,4	2781,6	2796,8	2812,0	2827,2	2842,4	2857,6	2872,8	2761,3	2786,7	2837,3	2862,7	2774,0	2850,0	18
19	2888	2903,2	2918,4	2933,6	2948,8	2964,0	2979,2	2994,4	3009,6	3024,8	2913,3	2938,7	2989,3	3014,7	2926,0	3002,0	19
20	3040	3055,2	3070,4	3085,6	3100,8	3116,0	3131,2	3146,4	3161,6	3176,8	3065,3	3090,7	3141,3	3166,7	3078,0	3154,0	20
21	3192	3207,2	3222,4	3237,6	3252,8	3268,0	3283,2	3298,4	3313,6	3328,8	3217,3	3242,7	3293,3	3318,7	3230,0	3306,0	21
22	3344	3359,2	3374,4	3389,6	3404,8	3420,0	3435,2	3450,4	3465,6	3480,8	3369,3	3394,7	3445,3	3470,7	3382,0	3458,0	22
23	3496	3511,2	3526,4	3541,6	3556,8	3572,0	3587,2	3602,4	3617,6	3632,8	3521,3	3546,7	3597,3	3622,7	3534,0	3610,0	23
24	3648	3663,2	3678,4	3693,6	3708,8	3724,0	3739,2	3754,4	3769,6	3784,8	3673,3	3698,7	3749,3	3774,7	3686,0	3762,0	24
25	3800	3815,2	3830,4	3845,6	3860,8	3876,0	3891,2	3906,4	3921,6	3936,8	3825,3	3850,7	3901,3	3926,7	3838,0	3914,0	25
26	3952	3967,2	3982,4	3997,6	4012,8	4028,0	4043,2	4058,4	4073,6	4088,8	3977,3	4002,7	4053,3	4078,7	3990,0	4066,0	26
27	4104	4119,2	4134,4	4149,6	4164,8	4180,0	4195,2	4210,4	4225,6	4240,8	4129,3	4154,7	4205,3	4230,7	4142,0	4218,0	27
28	4256	4271,2	4286,4	4301,6	4316,8	4332,0	4347,2	4362,4	4377,6	4392,8	4281,3	4306,7	4357,3	4382,7	4294,0	4370,0	28
29	4408	4423,2	4438,4	4453,6	4468,8	4484,0	4499,2	4514,4	4529,6	4544,8	4433,3	4458,7	4509,3	4534,7	4446,0	4522,0	29
30	4560	4575,2	4590,4	4605,6	4620,8	4636,0	4651,2	4666,4	4681,6	4696,8	4585,3	4610,7	4661,3	4686,7	4598,0	4674,0	30
31	4712	4727,2	4742,4	4757,6	4772,8	4788,0	4803,2	4818,4	4833,6	4848,8	4737,3	4762,7	4813,3	4838,7	4750,0	4826,0	31
32	4864	4879,2	4894,4	4909,6	4924,8	4940,0	4955,2	4970,4	4985,6	5000,8	4889,3	4914,7	4965,3	4990,7	4902,0	4978,0	32
33	5016	5031,2	5046,4	5061,6	5076,8	5092,0	5107,2	5122,4	5137,6	5152,8	5041,3	5066,7	5117,3	5142,7	5054,0	5130,0	33
34	5168	5183,2	5198,4	5213,6	5228,8	5244,0	5259,2	5274,4	5289,6	5304,8	5193,3	5218,7	5269,3	5294,7	5206,0	5282,0	34
35	5320	5335,2	5350,4	5365,6	5380,8	5396,0	5411,2	5426,4	5441,6	5456,8	5345,3	5370,7	5421,3	5446,7	5358,0	5434,0	35
36	5472	5487,2	5502,4	5517,6	5532,8	5548,0	5563,2	5578,4	5593,6	5608,8	5497,3	5522,7	5673,3	5598,7	5510,0	5586,0	36
37	5624	5639,2	5654,4	5669,6	5684,8	5700,0	5715,2	5730,4	5745,6	5760,8	5649,3	5674,7	5725,3	5750,7	5662,0	5738,0	37
38	5776	5791,2	5806,4	5821,6	5836,8	5852,0	5867,2	5882,4	5897,6	5912,8	5801,3	5826,7	5877,3	5902,7	5814,0	5890,0	38
39	5928	5943,2	5958,4	5973,6	5988,8	6004,0	6019,2	6034,4	6049,6	6064,8	5953,3	5978,7	6029,3	6054,7	5966,0	6042,0	39
40	6080	6095,2	6110,4	6125,6	6140,8	6156,0	6171,2	6186,4	6201,6	6216,8	6105,3	6130,7	6181,3	6206,7	6118,0	6194,0	40
41	6232	6247,2	6262,4	6277,6	6292,8	6308,0	6323,2	6338,4	6353,6	6368,8	6257,3	6282,7	6333,3	6358,7	6270,0	6346,0	41
42	6384	6399,2	6414,4	6429,6	6444,8	6460,0	6475,2	6490,4	6505,6	6520,8	6409,3	6434,7	6485,3	6510,7	6422,0	6498,0	42
43	6536	6551,2	6566,4	6581,6	6596,8	6612,0	6627,2	6642,4	6657,6	6672,8	6561,3	6586,7	6637,3	6662,7	6574,0	6650,0	43
44	6688	6703,2	6718,4	6733,6	6748,8	6764,0	6779,2	6794,4	6809,6	6824,8	6713,3	6738,7	6789,3	6814,7	6726,0	6802,0	44
45	6840	6855,2	6870,4	6885,6	6900,8	6916,0	6931,2	6946,4	6961,6	6976,8	6865,3	6890,7	6941,3	6966,7	6878,0	6954,0	45
46	6992	7007,2	7022,4	7037,6	7052,8	7068,0	7083,2	7098,4	7113,6	7128,8	7017,3	7042,7	7093,3	7118,7	7030,0	7106,0	46
47	7144	7159,2	7174,4	7189,6	7204,8	7220,0	7235,2	7250,4	7265,6	7280,8	7169,3	7194,7	7245,3	7270,7	7182,0	7258,0	47
48	7296	7311,2	7326,4	7341,6	7356,8	7372,0	7387,2	7402,4	7417,6	7432,8	7321,3	7346,7	7397,3	7422,7	7334,0	7410,0	48
49	7448	7463,2	7478,4	7493,6	7508,8	7524,0	7539,2	7554,4	7569,6	7584,8	7473,3	7498,7	7549,3	7574,7	7486,0	7562,0	49
50	7600	7615,2	7630,4	7645,6	7660,8	7676,0	7691,2	7706,4	7721,6	7736,8	7625,3	7650,7	7701,3	7726,7	7638,0	7714,0	50
51	7752	7767,2	7782,4	7797,6	7812,8	7828,0	7843,2	7858,4	7873,6	7888,8	7777,3	7802,7	7853,3	7878,7	7790,0	7866,0	51
52	7904	7919,2	7934,4	7949,6	7964,8	7980,0	7995,2	8010,4	8025,6	8040,8	7929,3	7954,7	8005,3	8030,7	7942,0	8018,0	52
53	8056	8071,2	8086,4	8101,6	8116,8	8132,0	8147,2	8162,4	8177,6	8192,8	8081,3	8106,7	8157,3	8182,7	8094,0	8170,0	53
54	8208	8223,2	8238,4	8253,6	8268,8	8284,0	8299,2	8314,4	8329,6	8344,8	8233,3	8258,7	8309,3	8334,7	8246,0	8322,0	54
55	8360	8375,2	8390,4	8405,6	8420,8	8436,0	8451,2	8466,4	8481,6	8496,8	8385,3	8410,7	8461,3	8486,7	8398,0	8474,0	55
56	8512	8527,2	8542,4	8557,6	8572,8	8588,0	8603,2	8618,4	8633,6	8648,8	8537,3	8562,7	8613,3	8638,7	8550,0	8626,0	56
57	8664	8679,2	8694,4	8709,6	8724,8	8740,0	8755,2	8770,4	8785,6	8800,8	8689,3	8714,7	8765,3	8790,7	8702,0	8778,0	57
58	8816	8831,2	8846,4	8861,6	8876,8	8892,0	8907,2	8922,4	8937,6	8952,8	8841,3	8866,7	8917,3	8942,7	8854,0	8930,0	58
59	8968	8983,2	8998,4	9013,6	9028,8	9044,0	9059,2	9074,4	9089,6	9104,8	8993,3	9018,7	9069,3	9094,7	9006,0	9082,0	59
60	9120	9135,2	9150,4	9165,6	9180,8	9196,0	9211,2	9226,4	9241,6	9256,8	9145,3	9170,7	9221,3	9246,7	9158,0	9234,0	60
61	9272	9287,2	9302,4	9317,6	9332,8	9348,0	9363,2	9378,4	9393,6	9408,8	9297,3	9322,7	9373,3	9398,7	9310,0	9386,0	61
62	9424	9439,2	9454,4	9469,6	9484,8	9500,0	9515,2	9530,4	9545,6	9560,8	9449,3	9474,7	9525,3	9550,7	9462,0	9538,0	62
63	9576	9591,2	9606,4	9621,6	9636,8	9652,0	9667,2	9682,4	9697,6	9712,8	9601,3	9626,7	9677,3	9702,7	9614,0	9690,0	63
64	9728	9743,2	9758,4	9773,6	9788,8	9804,0	9819,2	9834,4	9849,6	9864,8	9753,3	9778,7	9829,3	9854,7	9766,0	9842,0	64
65	9880	9895,2	9910,4	9925,6	9940,8	9956,0	9971,2	9986,4	10001,6	10016,8	9905,3	9930,7	9981,3	10006,7	9918,0	9994,0	65
66	10032	10047,2	10062,4	10077,6	10092,8	10108,0	10123,2	10138,4	10153,6	10168,8	10057,3	10082,7	10133,3	10158,7	10070,0	10146,0	66
67	10184	10199,2	10214,4	10229,6	10244,8	10260,0	10275,2	10290,4	10305,6	10320,8	10209,3	10234,7	10285,3	10310,7	10222,0	10298,0	67
68	10336	10351,2	10366,4	10381,6	10396,8	10412,0	10427,2	10442,4	10457,6	10472,8	10361,3	10386,7	10437,3	10462,7	10374,0	10450,0	68
69	10488	10503,2	10518,4	10533,6	10548,8	10564,0	10579,2	10594,4	10609,6	10624,8	10513,3	10538,7	10589,3	10614,7	10526,0	10602,0	69
70	10640	10655,2	10670,4	10685,6	10700,8	10716,0	10731,2	10746,4	10761,6	10776,8	10665,3	10690,7	10741,3	10766,7	10678,0	10754,0	70
71	10792	10807,2	10822,4	10837,6	10852,8	10868,0	10883,2	10898,4	10913,6	10928,8	10817,3	10842,7	10893,3	10918,7	10830,0	10906,0	71
72	10944	10959,2	10974,4	10989,6	11004,8	11020,0	11035,2	11050,4	11065,6	11080,8	10969,3	10994,7	11045,3	11070,7	10982,0	11058,0	72
73	11096	11111,2	11126,4	11141,6	11156,8	11172,0	11187,2	11202,4	11217,6	11232,8	11121,3	11146,7	11197,3	11222,7	11134,0	11210,0	73
74	11248	11263,2	11278,4	11293,6	11308,8	11324,0	11339,2	11354,4	11369,6	11384,8	11273,3	11298,7	11349,3	11374,7	11286,0	11362,0	74
75	11400	11415,2	11430,4	11445,6	11460,8	11476,0	11491,2	11506,4	11521,6	11536,8	11425,3	11450,7	11501,3	11526,7	11438,0	11514,0	75
76	11552	11567,2	11582,4	11597,6	11612,8	11628,0	11643,2	11658,4	11673,6	11688,8	11577,3	11602,7	11653,3	11678,7	11590,0	11666,0	76
77	11704	11719,2	11734,4	11749,6	11764,8	11780,0	11795,2	11810,4	11825,6	11840,8	11729,3	11754,7	11805,3	11830,7	11742,0	11818,0	77
78	11856	11871,2	11886,4	11901,6	11916,8	11932,0	11947,2	11962,4	11977,6	11992,8	11881,3	11906,7	11957,3	11982,7	11894,0	11970,0	78
79	12008	12023,2	12038,4	12053,6	12068,8	12084,0	12099,2	12114,4	12129,6	12144,8	12033,3	12058,7	12109,3	12134,7	12046,0	12122,0	79
80	12160	12175,2	12190,4	12205,6	12220,8	12236,0	12251,2	12266,4	12281,6	12296,8	12185,3	12210,7	12261,3	12286,7	12198,0	12274,0	80
81	12312	12327,2	12342,4	12357,6	12372,8	12388,0	12403,2	12418,4	12433,6	12448,8	12337,3	12362,7	12413,3	12438,7	12350,0	12426,0	81
82	12464	12479,2	12494,4	12509,6	12524,8	12540,0	12555,2	12570,4	12585,6	12600,8	12489,3	12514,7	12565,3	12590,7	12502,0	12578,0	82
83	12616	12631,2	12646,4	12661,6	12676,8	12692,0	12707,2	12722,4	12737,6	12752,8	12641,3	12666,7	12717,3	12742,7	12654,0	12730,0	83
84	12768	12783,2	12798,4	12813,6	12828,8	12844,0	12859,2	12874,4	12889,6	12904,8	12793,3	12818,7	12869,3	12894,7	12806,0	12882,0	84
85	12920	12935,2	12950,4	12965,6	12980,8	12996,0	13011,2	13026,4	13041,6	13056,8	12945,3	12970,7	13021,3	13046,7	12958,0	13034,0	85
86	13072	13087,2	13102,4	13117,6	13132,8	13148,0	13163,2	13178,4	13193,6	13208,8	13097,3	13122,7	13173,3	13198,7	13110,0	13186,0	86
87	13224	13239,2	13254,4	13269,6	13284,8	13300,0	13315,2	13330,4	13345,6	13360,8	13249,3	13274,7	13325,3	13350,7	13262,0	13338,0	87
88	13376	13391,2	13406,4	13421,6	13436,8	13452,0	13467,2	13482,4	13497,6	13512,8	13401,3	13426,7	13477,3	13502,7	13414,0	13490,0	88
89	13528	13543,2	13558,4	13573,6	13588,8	13604,0	13619,2	13634,4	13649,6	13664,8	13553,3	13578,7	13629,3	13654,7	13566,0	13642,0	89
90	13680	13695,2	13710,4	13725,6	13740,8	13756,0	13771,2	13786,4	13801,6	13816,8	13705,3	13730,7	13781,3	13806,7	13718,0	13794,0	90
91	13832	13847,2	13862,4	13877,6	13892,8	13908,0	13923,2	13938,4	13953,6	13968,8	13857,3	13882,7	13933,3	13958,7	13870,0	13946,0	91
92	13984	13999,2	14014,4	14029,6	14044,8	14060,0	14075,2	14090,4	14105,6	14120,8	14009,3	14034,7	14085,3	14110,7	14022,0	14098,0	92
93	14136	14151,2	14166,4	14181,6	14196,8	14212,0	14227,2	14242,4	14257,6	14272,8	14161,3	14186,7	14237,3	14262,7	14174,0	14250,0	93
94	14288	14303,2	14318,4	14333,6	14348,8	14364,0	14379,2	14394,4	14409,6	14424,8	14313,3	14338,7	14389,3	14414,7	14326,0	14402,0	94
95	14440	14455,2	14470,4	14485,6	14500,8	14516,0	14531,2	14546,4	14561,6	14576,8	14465,3	14490,7	14541,3	14566,7	14478,0	14554,0	95
96	14592	14607,2	14622,4	14637,6	14652,8	14668,0	14683,2	14698,4	14713,6	14728,8	14617,3	14642,7	14693,3	14718,7	14630,0	14706,0	96
97	14744	14759,2	14774,4	14789,6	14804,8	14820,0	14835,2	14850,4	14865,6	14880,8	14769,3	14794,7	14845,3	14870,7	14782,0	14858,0	97
98	14896	14911,2	14926,4	14941,6	14956,8	14972,0	14987,2	15002,4	15017,6	15032,8	14921,3	14946,7	14997,3	15022,7	14934,0	15010,0	98
99	15048	15063,2	15078,4	15093,6	15108,8	15124,0	15139,2	15154,4	15169,6	15184,8	15073,3	15098,7	15149,3	15174,7	15086,0	15162,0	99
100	15200	15215,2	15230,4	15245,6	15260,8	15276,0	15291,2	15306,4	15321,6	15336,8	15225,3	15250,7	15301,3	15326,7	15238,0	15314,0	100

		1/10 15,3	2/10 30,6	3/10 45,9	4/10 61,2	5/10 76,5	6/10 91,8	7/10 107,1	8/10 122,4	9/10 137,7	1/6 25,5	2/6 51,0	4/6 102,0	5/6 127,5	1/4 38,25	3/4 114,75	
1	153	168,3	183,6	198,9	214,2	229,5	244,8	260,1	275,4	290,7	178,5	204,0	255,0	280,5	191,3	267,8	1
2	306	321,3	336,6	351,9	367,2	382,5	397,8	413,1	428,4	443,7	331,5	357,0	408,0	433,5	344,3	420,8	2
3	459	474,3	489,6	504,9	520,2	535,5	550,8	566,1	581,4	596,7	484,5	510,0	561,0	586,5	497,3	573,8	3
4	612	627,3	642,6	657,9	673,2	688,5	703,8	719,1	734,4	749,7	637,5	663,0	714,0	739,5	650,3	726,8	4
5	765	780,3	795,6	810,9	826,2	841,5	856,8	872,1	887,4	902,7	790,5	816,0	867,0	892,5	803,3	879,8	5
6	918	933,3	948,6	963,9	979,2	994,5	1009,8	1025,1	1040,4	1055,7	943,5	969,0	1020,0	1045,5	956,3	1032,8	6
7	1071	1086,3	1101,6	1116,9	1132,2	1147,5	1162,8	1178,1	1193,4	1208,7	1096,5	1122,0	1173,0	1198,5	1109,3	1185,8	7
8	1224	1239,3	1254,6	1269,9	1285,2	1300,5	1315,8	1331,1	1346,4	1361,7	1249,5	1275,0	1326,0	1351,5	1262,3	1338,8	8
9	1377	1392,3	1407,6	1422,9	1438,2	1453,5	1468,8	1484,1	1499,4	1514,7	1402,5	1428,0	1479,0	1504,5	1415,3	1491,8	9
10	1530	1545,3	1560,6	1575,9	1591,2	1606,5	1621,8	1637,1	1652,4	1667,7	1555,5	1581,0	1632,0	1657,5	1568,3	1644,8	10
11	1683	1698,3	1713,6	1728,9	1744,2	1759,5	1774,8	1790,1	1805,4	1820,7	1708,5	1734,0	1785,0	1810,5	1721,3	1797,8	11
12	1836	1851,3	1866,6	1881,9	1897,2	1912,5	1927,8	1943,1	1958,4	1973,7	1861,5	1887,0	1938,0	1963,5	1874,3	1950,8	12
13	1989	2004,3	2019,6	2034,9	2050,2	2065,5	2080,8	2096,1	2111,4	2126,7	2014,5	2040,0	2091,0	2116,5	2027,3	2103,8	13
14	2142	2157,3	2172,6	2187,9	2203,2	2218,5	2233,8	2249,1	2264,4	2279,7	2167,5	2193,0	2244,5	2269,5	2180,3	2256,8	14
15	2295	2310,3	2325,6	2340,9	2356,2	2371,5	2386,8	2402,1	2417,4	2432,7	2320,5	2346,0	2397,0	2422,5	2333,3	2409,8	15
16	2448	2463,3	2478,6	2493,9	2509,2	2524,5	2539,8	2555,1	2570,4	2585,7	2473,5	2499,0	2550,0	2575,5	2486,3	2562,8	16
17	2601	2616,3	2631,6	2646,9	2662,2	2677,5	2692,8	2708,1	2723,4	2738,7	2626,5	2652,0	2703,0	2728,5	2639,3	2715,8	17
18	2754	2769,3	2784,6	2799,9	2815,2	2830,5	2845,8	2861,1	2876,4	2891,7	2779,5	2805,0	2856,0	2881,5	2792,3	2868,8	18
19	2907	2922,3	2937,6	2952,9	2968,2	2983,5	2998,8	3014,1	3029,4	3044,7	2932,5	2958,0	3009,0	3034,5	2945,3	3021,8	19
20	3060	3075,3	3090,6	3105,9	3121,2	3136,5	3151,8	3167,1	3182,4	3197,7	3085,5	3111,0	3162,0	3187,5	3098,3	3174,8	20
21	3213	3228,3	3243,6	3258,9	3274,2	3289,5	3304,8	3320,1	3335,4	3350,7	3238,5	3264,0	3315,0	3340,5	3251,3	3327,8	21
22	3366	3381,3	3396,6	3411,9	3427,2	3442,5	3457,8	3473,1	3488,4	3503,7	3391,5	3417,0	3468,0	3493,5	3404,3	3480,8	22
23	3519	3534,3	3549,6	3564,9	3580,2	3595,5	3610,8	3626,1	3641,4	3656,7	3544,5	3570,0	3621,0	3646,5	3557,3	3633,8	23
24	3672	3687,3	3702,6	3717,9	3733,2	3748,5	3763,8	3779,1	3794,4	3809,7	3697,5	3723,0	3774,0	3799,5	3710,3	3786,8	24
25	3825	3840,3	3855,6	3870,9	3886,2	3901,5	3916,8	3932,1	3947,4	3962,7	3850,5	3876,0	3927,0	3952,5	3863,3	3939,8	25
26	3978	3993,3	4008,6	4023,9	4039,2	4054,5	4069,8	4085,1	4100,4	4115,7	4003,5	4029,0	4080,0	4105,5	4016,3	4092,8	26
27	4131	4146,3	4161,6	4176,9	4192,2	4207,5	4222,8	4238,1	4253,4	4268,7	4156,5	4182,0	4233,0	4258,5	4169,3	4245,8	27
28	4284	4299,3	4314,6	4329,9	4345,2	4360,5	4375,8	4391,1	4406,4	4421,7	4309,5	4335,0	4386,0	4411,5	4322,3	4398,8	28
29	4437	4452,3	4467,6	4482,9	4498,2	4513,5	4528,8	4544,1	4559,4	4574,7	4462,5	4488,0	4539,0	4564,5	4475,3	4551,8	29
30	4590	4605,3	4620,6	4635,9	4651,2	4666,5	4681,8	4697,1	4712,4	4727,7	4615,5	4641,0	4692,0	4717,5	4628,3	4704,8	30
31	4743	4758,3	4773,6	4788,9	4804,2	4819,5	4834,8	4850,1	4865,4	4880,7	4768,5	4794,0	4845,0	4870,5	4781,3	4857,8	31
32	4896	4911,3	4926,6	4941,9	4957,2	4972,5	4987,8	5003,1	5018,4	5033,7	4921,5	4947,0	4998,0	5023,5	4934,3	5010,8	32
33	5049	5064,3	5079,6	5094,9	5110,2	5125,5	5140,8	5156,1	5171,4	5186,7	5074,5	5100,0	5151,0	5176,5	5087,3	5163,8	33
34	5202	5217,3	5232,6	5247,9	5263,2	5278,5	5293,8	5309,1	5324,4	5339,7	5227,5	5253,0	5304,0	5329,5	5240,3	5316,8	34
35	5355	5370,3	5385,6	5400,9	5416,2	5431,5	5446,8	5462,1	5477,4	5492,7	5380,5	5406,0	5457,0	5482,5	5393,3	5469 8	35
36	5508	5523,3	5538,6	5553,9	5569,2	5584,5	5599,8	5615,1	5630,4	5645,7	5533,5	5559,0	5610,0	5635,5	5546,3	5622,8	36
37	5661	5676,3	5691,6	5706,9	5722,2	5737,5	5752,8	5768,1	5783,4	5798,7	5686,5	5712,0	5763,0	5788,5	5699,3	5775,8	37
38	5814	5829,3	5844,6	5859,9	5875,2	5890,5	5905,8	5921,1	5936,4	5951,7	5839,5	5865,0	5916,0	5941,5	5852,3	5928,8	38
39	5967	5982,3	5997,6	6012,9	6028,2	6043,5	6058,8	6074,1	6089,4	6104,7	5992,5	6018,0	6069,0	6094,5	6005,3	6081,8	39
40	6120	6135,3	6150,6	6165,9	6181,2	6196,5	6211,8	6227,1	6242,4	6257,7	6145,5	6171,0	6222,0	6247,5	6158,3	6234,8	40
41	6273	6288,3	6303,6	6318,9	6334,2	6349,5	6364,8	6380,1	6395,4	6410,7	6298,5	6324,0	6375,0	6400,5	6311,3	6387,8	41
42	6426	6441,3	6456,6	6471,9	6487,2	6502,5	6517,8	6533,1	6548,4	6563,7	6451,5	6477,0	6528,0	6553,5	6464,3	6540,8	42
43	6579	6594,3	6609,6	6624,9	6640,2	6655,5	6670,8	6686,1	6701,4	6716,7	6604,5	6630,0	6681,0	6706,5	6617,3	6693,8	43
44	6732	6747,3	6762,6	6777,9	6793,2	6808,5	6823,8	6839,1	6854,4	6869,7	6757,5	6783,0	6834,0	6859,5	6770,3	6846,8	44
45	6885	6900,3	6915,6	6930,9	6946,2	6961,5	6976,8	6992,1	7007,4	7022,7	6910,5	6936,0	6987,0	7012,5	6923,3	6999,8	45
46	7038	7053,3	7068,6	7083,9	7099,2	7114,5	7129,8	7145,1	7160,4	7175,7	7063,5	7089,0	7140,0	7165,5	7076,3	7152,8	46
47	7191	7206,3	7221,6	7236,9	7252,2	7267,5	7282,8	7298,1	7313,4	7328,7	7216,5	7242,0	7293,0	7318,5	7229,3	7305,8	47
48	7344	7359,3	7374,6	7389,9	7405,2	7420,5	7435,8	7451,1	7466,4	7481,7	7369,5	7395,0	7446,0	7471,5	7382,3	7458,8	48
49	7497	7512,3	7527,6	7542,9	7558,2	7573,5	7588,8	7604,1	7619,4	7634,7	7522,5	7548,0	7599,0	7624,5	7535,3	7611,8	49
50	7650	7665,3	7680,6	7695,9	7711,2	7726,5	7741,8	7757,1	7772,4	7787,7	7675,5	7701,0	7752,0	7777,5	7688,3	7764,8	50
51	7803	7818,3	7833,6	7848,9	7864,2	7879,5	7894,8	7910,1	7925,4	7940,7	7828,5	7854,0	7905,0	7930,5	7841,3	7917,8	51
52	7956	7971,3	7986,6	8001,9	8017,2	8032,5	8047,8	8063,1	8078,4	8093,7	7981,5	8007,0	8058,0	8083,5	7994,3	8070,8	52
53	8109	8124,3	8139,6	8154,9	8170,2	8185,5	8200,8	8216,1	8231,4	8246,7	8134,5	8160,0	8211,0	8236,5	8147,3	8223,8	53
54	8262	8277,3	8292,6	8307,9	8323,2	8338,5	8353,8	8369,1	8384,4	8399,7	8287,5	8313,0	8364,0	8389,5	8300,3	8376,8	54
55	8415	8430,3	8445,6	8460,9	8476,2	8491,5	8506,8	8522,1	8537,4	8552,7	8440,5	8466,0	8517,0	8542,5	8453,3	8529 8	55
56	8568	8583,3	8598,6	8613,9	8629,2	8644,5	8659,8	8675,1	8690,4	8705,7	8593,5	8619,0	8670,0	8695,5	8606,3	8682,8	56
57	8721	8736,3	8751,6	8766,9	8782,2	8797,5	8812,8	8828,1	8843,4	8858,7	8746,5	8772,0	8823,0	8848,5	8759,3	8835,8	57
58	8874	8889,3	8904,6	8919,9	8935,2	8950,5	8965,8	8981,1	8996,4	9011,7	8899,5	8925,0	8976,0	9001,5	8912,3	8988,8	58
59	9027	9042,3	9057,6	9072,9	9088,2	9103,5	9118,8	9134,1	9149,4	9164,7	9052,5	9078,0	9129,0	9154,5	9065,3	9141,8	59
60	9180	9195,3	9210,6	9225,9	9241,2	9256,5	9271,8	9287,1	9302,4	9317,7	9205,5	9231,0	9282,0	9307,5	9218,3	9294,8	60
61	9333	9348,3	9363,6	9378,9	9394,2	9409,5	9424,8	9440,1	9455,4	9470,7	9358,5	9384,0	9435,0	9460,5	9371,3	9447,8	61
62	9486	9501,3	9516,6	9531,9	9547,2	9562,5	9577,8	9593,1	9608,4	9623,7	9511,5	9537,0	9588,0	9613,5	9524,3	9600,8	62
63	9639	9654,3	9669,6	9684,9	9700,2	9715,5	9730,8	9746,1	9761,4	9776,7	9664,5	9690,0	9741,0	9766,5	9677,3	9753,8	63
64	9792	9807,3	9822,6	9837,9	9853,2	9868,5	9883,8	9899,1	9914,4	9929,7	9817,5	9843,0	9894,0	9919,5	9830,3	9906,8	64
65	9945	9960,3	9975,6	9990,9	10006,2	10021,5	10036,8	10052,1	10067,4	10082,7	9970,5	9996,0	10047,0	10072,5	9983,3	10059,8	65
66	10098	10113,3	10128,6	10143,9	10159,2	10174,5	10189,8	10205,1	10220,4	10235,7	10123,5	10149,0	10200,0	10225,5	10136,3	10212,8	66
67	10251	10266,3	10281,6	10296,9	10312,2	10327,5	10342,8	10358,1	10373,4	10388,7	10276,5	10302,0	10353,0	10378,5	10289,3	10365,8	67
68	10404	10419,3	10434,6	10449,9	10465,2	10480,5	10495,8	10511,1	10526,4	10541,7	10429,5	10455,0	10506,0	10531,5	10442,3	10518,8	68
69	10557	10572,3	10587,6	10602,9	10618,2	10633,5	10648,8	10664,1	10679,4	10694,7	10582,5	10608,0	10659,0	10684,5	10595,3	10671,8	69
70	10710	10725,3	10740,6	10755,9	10771,2	10786,5	10801,8	10817,1	10832,4	10847,7	10735,5	10761,0	10812,0	10837,5	10748,3	10824,8	70
71	10863	10878,3	10893,6	10908,9	10924,2	10939,5	10954,8	10970,1	10985,4	11000,7	10888,5	10914,0	10965,0	10990,5	10901,3	10977,8	71
72	11016	11031,3	11046,6	11061,9	11077,2	11092,5	11107,8	11123,1	11138,4	11153,7	11041,5	11067,0	11118,0	11143,5	11054,3	11130,8	72
73	11169	11184,3	11199,6	11214,9	11230,2	11245,5	11260,8	11276,1	11291,4	11306,7	11194,5	11220,0	11271,0	11296,5	11207,3	11283,8	73
74	11322	11337,3	11352,6	11367,9	11383,2	11398,5	11413,8	11429,1	11444,4	11459,7	11347,5	11373,0	11424,0	11449,5	11360,3	11436,8	74
75	11475	11490,3	11505,6	11520,9	11536,2	11551,5	11566,8	11582,1	11597,4	11612,7	11500,5	11526,0	11577,0	11602,5	11513,3	11589,8	75
76	11628	11643,3	11658,6	11673,9	11689,2	11704,5	11719,8	11735,1	11750,4	11765,7	11653,5	11679,0	11730,0	11755,5	11666,3	11742,8	76
77	11781	11796,3	11811,6	11826,9	11842,2	11857,5	11872,8	11888,1	11903,4	11918,7	11806,5	11832,0	11883,0	11908,5	11819,3	11895,8	77
78	11934	11949,3	11964,6	11979,9	11995,2	12010,5	12025,8	12041,1	12056,4	12071,7	11959,5	11985,0	12036,0	12061,5	11972,3	12048,8	78
79	12087	12102,3	12117,6	12132,9	12148,2	12163,5	12178,8	12194,1	12209,4	12224,7	12112,5	12138,0	12189,0	12214,5	12125,3	12201,8	79
80	12240	12255,3	12270,6	12285,9	12301,2	12316,5	12331,8	12347,1	12362,4	12377,7	12265,5	12291,0	12342,0	12367,5	12278,3	12354,8	80
81	12393	12408,3	12423,6	12438,9	12454,2	12469,5	12484,8	12500,1	12515,4	12530,7	12418,5	12444,0	12495,0	12520,5	12431,3	12507,8	81
82	12546	12561,3	12576,6	12591,9	12607,2	12622,5	12637,8	12653,1	12668,4	12683,7	12571,5	12597,0	12648,0	12673,5	12584,3	12660,8	82
83	12699	12714,3	12729,6	12744,9	12760,2	12775,5	12790,8	12806,1	12821,4	12836,7	12724,5	12750,0	12801,0	12826,5	12737,3	12813,8	83
84	12852	12867,3	12882,6	12897,9	12913,2	12928,5	12943,8	12959,1	12974,4	12989,7	12877,5	12903,0	12954,0	12979,5	12890,3	12966,8	84
85	13005	13020,3	13035,6	13050,9	13066,2	13081,5	13096,8	13112,1	13127,4	13142,7	13030,5	13056,0	13107,0	13132,5	13043,3	13119,8	85
86	13158	13173,3	13188,6	13203,9	13219,2	13234,5	13249,8	13265,1	13280,4	13295,7	13183,5	13209,0	13260,0	13285,5	13196,3	13272,8	86
87	13311	13326,3	13341,6	13356,9	13372,2	13387,5	13402,8	13418,1	13433,4	13448,7	13336,5	13362,0	13413,0	13438,5	13349,3	13425,8	87
88	13464	13479,3	13494,6	13509,9	13525,2	13540,5	13555,8	13571,1	13586,4	13601,7	13489,5	13515,0	13566,0	13591,5	13502,3	13578,8	88
89	13617	13632,3	13647,6	13662,9	13678,2	13693,5	13708,8	13724,1	13739,4	13754,7	13642,5	13668,0	13719,0	13744,5	13655,3	13731,8	89
90	13770	13785,3	13800,6	13815,9	13831,2	13846,5	13861,8	13877,1	13892,4	13907,7	13795,5	13821,0	13872,0	13897,5	13808,3	13884,8	90
91	13923	13938,3	13953,6	13968,9	13984,2	13999,5	14014,8	14030,1	14045,4	14060,7	13948,5	13974,0	14025,0	14050,5	13961,3	14037,8	91
92	14076	14091,3	14106,6	14121,9	14137,2	14152,5	14167,8	14183,1	14198,4	14213,7	14101,5	14127,0	14178,0	14203,5	14114,3	14190,8	92
93	14229	14244,3	14259,6	14274,9	14290,2	14305,5	14320,8	14336,1	14351,4	14366,7	14254,5	14280,0	14331,0	14356,5	14267,3	14343,8	93
94	14382	14397,3	14412,6	14427,9	14443,2	14458,5	14473,8	14489,1	14504,4	14519,7	14407,5	14433,0	14484,0	14509,5	14420,3	14496,8	94
95	14535	14550,3	14565,6	14580,9	14596,2	14611,5	14626,8	14642,1	14657,4	14672,7	14560,5	14586,0	14637,0	14662,5	14573,3	14649,8	95
96	14688	14703,3	14718,6	14733,9	14749,2	14764,5	14779,8	14795,1	14810,4	14825,7	14713,5	14739,0	14790,0	14815,5	14726,3	14802,8	96
97	14841	14856,3	14871,6	14886,9	14902,2	14917,5	14932,8	14948,1	14963,4	14978,7	14866,5	14892,0	14943,0	14968,5	14879,3	14955,8	97
98	14994	15009,3	15024,6	15039,9	15055,2	15070,5	15085,8	15101,1	15116,4	15131,7	15019,5	15045,0	15096,0	15121,5	15032,3	15108,8	98
99	15147	15162,3	15177,6	15192,9	15208,2	15223,5	15238,8	15254,1	15269,4	15284,7	15172,5	15198,0	15249,0	15274,5	15185,3	15261,8	99
100	15300	15315,3	15330,6	15345,9	15361,2	15376,5	15391,8	15407,1	15422,4	15437,7	15325,5	15351,0	15402,0	15427,5	15338,3	15414,8	100

154

	154	1/10 15,4	2/10 30,8	3/10 46,2	4/10 61,6	5/10 77,0	6/10 92,4	7/10 107,8	8/10 123,2	9/10 138,6	1/6 25,666	2/6 51,333	4/6 102,666	5/6 128,333	1/4 38,5	3/4 115,5	
1	154	169,4	184,8	200,2	215,6	231,0	246,4	261,8	277,2	292,6	179,7	205,3	256,7	282,3	192,5	269,5	1
2	308	323,4	338,8	354,2	369,6	385,0	400,4	415,8	431,2	446,6	333,7	359,3	410,7	436,3	346,5	423,5	2
3	462	477,4	492,8	508,2	523,6	539,0	554,4	569,8	585,2	600,6	487,7	513,3	564,7	590,3	500,5	577,5	3
4	616	631,4	646,8	662,2	677,6	693,0	708,4	723,8	739,2	754,6	641,7	667,3	718,7	744,3	654,5	731,5	4
5	770	785,4	800,8	816,2	831,6	847,0	862,4	877,8	893,2	908,6	795,7	821,3	872,7	898,3	808,5	885,5	5
6	924	939,4	954,8	970,2	985,6	1001,0	1016,4	1031,8	1047,2	1062,6	949,7	975,3	1026,7	1052,3	962,5	1039,5	6
7	1078	1093,4	1108,8	1124,2	1139,6	1155,0	1170,4	1185,8	1201,2	1216,6	1103,7	1129,3	1180,7	1206,3	1116,5	1193,5	7
8	1232	1247,4	1262,8	1278,2	1293,6	1309,0	1324,4	1339,8	1355,2	1370,6	1257,7	1283,3	1334,7	1360,3	1270,5	1347,5	8
9	1386	1401,4	1416,8	1432,2	1447,6	1463,0	1478,4	1493,8	1509,2	1524,6	1411,7	1437,3	1488,7	1514,3	1424,5	1501,5	9
10	1540	1555,4	1570,8	1586,2	1601,6	1617,0	1632,4	1647,8	1663,2	1678,6	1565,7	1591,3	1642,7	1668,3	1578,5	1655,5	10
11	1694	1709,4	1724,8	1740,2	1755,6	1771,0	1786,4	1801,8	1817,2	1832,6	1719,7	1745,3	1796,7	1822,3	1732,5	1809,5	11
12	1848	1863,4	1878,8	1894,2	1909,6	1925,0	1940,4	1955,8	1971,2	1986,6	1873,7	1899,3	1950,7	1976,3	1886,5	1963,5	12
13	2002	2017,4	2032,8	2048,2	2063,6	2079,0	2094,4	2109,8	2125,2	2140,6	2027,7	2053,3	2104,7	2130,3	2040,5	2117,5	13
14	2156	2171,4	2186,8	2202,2	2217,6	2233,0	2248,4	2263,8	2279,2	2294,6	2181,7	2207,3	2258,7	2284,3	2194,5	2271,5	14
15	2310	2325,4	2340,8	2356,2	2371,6	2387,0	2402,4	2417,8	2433,2	2448,6	2335,7	2361,3	2412,7	2438,3	2348,5	2425,5	15
16	2464	2479,4	2494,8	2510,2	2525,6	2541,0	2556,4	2571,8	2587,2	2602,6	2489,7	2515,3	2566,7	2592,3	2502,5	2579,5	16
17	2618	2633,4	2648,8	2664,2	2679,6	2695,0	2710,4	2725,8	2741,2	2756,6	2643,7	2669,3	2720,7	2746,3	2656,5	2733,5	17
18	2772	2787,4	2802,8	2818,2	2833,6	2849,0	2864,4	2879,8	2895,2	2910,6	2797,7	2823,3	2874,7	2900,3	2810,5	2887,5	18
19	2926	2941,4	2956,8	2972,2	2987,6	3003,0	3018,4	3033,8	3049,2	3064,6	2951,7	2977,3	3028,7	3054,3	2964,5	3041,5	19
20	3080	3095,4	3110,8	3126,2	3141,6	3157,0	3172,4	3187,8	3203,2	3218,6	3105,7	3131,3	3182,7	3208,3	3118,5	3195,5	20
21	3234	3249,4	3264,8	3280,2	3295,6	3311,0	3326,4	3341,8	3357,2	3372,6	3259,7	3285,3	3336,7	3362,3	3272,5	3349,5	21
22	3388	3403,4	3418,8	3434,2	3449,6	3465,0	3480,4	3495,8	3511,2	3526,6	3413,7	3439,3	3490,7	3516,3	3426,5	3503,5	22
23	3542	3557,4	3572,8	3588,2	3603,6	3619,0	3634,4	3649,8	3665,2	3680,6	3567,7	3593,3	3644,7	3670,3	3580,5	3657,5	23
24	3696	3711,4	3726,8	3742,2	3757,6	3773,0	3788,4	3803,8	3819,2	3834,6	3721,7	3747,3	3798,7	3824,3	3734,5	3811,5	24
25	3850	3865,4	3880,8	3896,2	3911,6	3927,0	3942,4	3957,8	3973,2	3988,6	3875,7	3901,3	3952,7	3978,3	3888,5	3965,5	25
26	4004	4019,4	4034,8	4050,2	4065,6	4081,0	4096,4	4111,8	4127,2	4142,6	4029,7	4055,3	4106,7	4132,3	4042,5	4119,5	26
27	4158	4173,4	4188,8	4204,2	4219,6	4235,0	4250,4	4265,8	4281,2	4296,6	4183,7	4209,3	4260,7	4286,3	4196,5	4273,5	27
28	4312	4327,4	4342,8	4358,2	4373,6	4389,0	4404,4	4419,8	4435,2	4450,6	4337,7	4363,3	4414,7	4440,3	4350,5	4427,5	28
29	4466	4481,4	4496,8	4512,2	4527,6	4543,0	4558,4	4573,8	4589,2	4604,6	4491,7	4517,3	4568,7	4594,3	4504,5	4581,5	29
30	4620	4635,4	4650,8	4666,2	4681,6	4697,0	4712,4	4727,8	4743,2	4758,6	4645,7	4671,3	4722,7	4748,3	4658,5	4735,5	30
31	4774	4789,4	4804,8	4820,2	4835,6	4851,0	4866,4	4881,8	4897,2	4912,6	4799,7	4825,3	4876,7	4902,3	4812,5	4889,5	31
32	4928	4943,4	4958,8	4974,2	4989,6	5005,0	5020,4	5035,8	5051,2	5066,6	4953,7	4979,3	5030,7	5056,3	4966,5	5043,5	32
33	5082	5097,4	5112,8	5128,2	5143,6	5159,0	5174,4	5189,8	5205,2	5220,6	5107,7	5133,3	5184,7	5210,3	5120,5	5197,5	33
34	5236	5251,4	5266,8	5282,2	5297,6	5313,0	5328,4	5343,8	5359,2	5374,6	5261,7	5287,3	5338,7	5364,3	5274,5	5351,5	34
35	5390	5405,4	5420,8	5436,2	5451,6	5467,0	5482,4	5497,8	5513,2	5528,6	5415,7	5441,3	5492,7	5518,3	5428,5	5505,5	35
36	5544	5559,4	5574,8	5590,2	5605,6	5621,0	5636,4	5651,8	5667,2	5682,6	5569,7	5595,3	5646,7	5672,3	5582,5	5659,5	36
37	5698	5713,4	5728,8	5744,2	5759,6	5775,0	5790,4	5805,8	5821,2	5836,6	5723,7	5749,3	5800,7	5826,3	5736,5	5813,5	37
38	5852	5867,4	5882,8	5898,2	5913,6	5929,0	5944,4	5959,8	5975,2	5990,6	5877,7	5903,3	5954,7	5980,3	5890,5	5967,5	38
39	6006	6021,4	6036,8	6052,2	6067,6	6083,0	6098,4	6113,8	6129,2	6144,6	6031,7	6057,3	6108,7	6134,3	6044,5	6121,5	39
40	6160	6175,4	6190,8	6206,2	6221,6	6237,0	6252,4	6267,8	6283,2	6298,6	6185,7	6211,3	6262,7	6288,3	6198,5	6275,5	40
41	6314	6329,4	6344,8	6360,2	6375,6	6391,0	6406,4	6421,8	6437,2	6452,6	6339,7	6365,3	6416,7	6442,3	6352,5	6429,5	41
42	6468	6483,4	6498,8	6514,2	6529,6	6545,0	6560,4	6575,8	6591,2	6606,6	6493,7	6519,3	6570,7	6596,3	6506,5	6583,5	42
43	6622	6637,4	6652,8	6668,2	6683,6	6699,0	6714,4	6729,8	6745,2	6760,6	6647,7	6673,3	6724,7	6750,3	6660,5	6737,5	43
44	6776	6791,4	6806,8	6822,2	6837,6	6853,0	6868,4	6883,8	6899,2	6914,6	6801,7	6827,3	6878,7	6904,3	6814,5	6891,5	44
45	6930	6945,4	6960,8	6976,2	6991,6	7007,0	7022,4	7037,8	7053,2	7068,6	6955,7	6981,3	7032,7	7058,3	6968,5	7045,5	45
46	7084	7099,4	7114,8	7130,2	7145,6	7161,0	7176,4	7191,8	7207,2	7222,6	7109,7	7135,3	7186,7	7212,3	7122,5	7199,5	46
47	7238	7253,4	7268,8	7284,2	7299,6	7315,0	7330,4	7345,8	7361,2	7376,6	7263,7	7289,3	7340,7	7366,3	7276,5	7353,5	47
48	7392	7407,4	7422,8	7438,2	7453,6	7469,0	7484,4	7499,8	7515,2	7530,6	7417,7	7443,3	7494,7	7520,3	7430,5	7507,5	48
49	7546	7561,4	7576,8	7592,2	7607,6	7623,0	7638,4	7653,8	7669,2	7684,6	7571,7	7597,3	7648,7	7674,3	7584,5	7661,5	49
50	7700	7715,4	7730,8	7746,2	7761,6	7777,0	7792,4	7807,8	7823,2	7838,6	7725,7	7751,3	7802,7	7828,3	7738,5	7815,5	50
51	7854	7869,4	7884,8	7900,2	7915,6	7931,0	7946,4	7961,8	7977,2	7992,6	7879,7	7905,3	7956,7	7982,3	7892,5	7969,5	51
52	8008	8023,4	8038,8	8054,2	8069,6	8085,0	8100,4	8115,8	8131,2	8146,6	8033,7	8059,3	8110,7	8136,3	8046,5	8123,5	52
53	8162	8177,4	8192,8	8208,2	8223,6	8239,0	8254,4	8269,8	8285,2	8300,6	8187,7	8213,3	8264,7	8290,3	8200,5	8277,5	53
54	8316	8331,4	8346,8	8362,2	8377,6	8393,0	8408,4	8423,8	8439,2	8454,6	8341,7	8367,3	8418,7	8444,3	8354,5	8431,5	54
55	8470	8485,4	8500,8	8516,2	8531,6	8547,0	8562,4	8577,8	8593,2	8608,6	8495,7	8521,3	8572,7	8598,3	8508,5	8585,5	55
56	8624	8639,4	8654,8	8670,2	8685,6	8701,0	8716,4	8731,8	8747,2	8762,6	8649,7	8675,3	8726,7	8752,3	8662,5	8739,5	56
57	8778	8793,4	8808,8	8824,2	8839,6	8855,0	8870,4	8885,8	8901,2	8916,6	8803,7	8829,3	8880,7	8906,3	8816,5	8893,5	57
58	8932	8947,4	8962,8	8978,2	8993,6	9009,0	9024,4	9039,8	9055,2	9070,6	8957,7	8983,3	9034,7	9060,3	8970,5	9047,5	58
59	9086	9101,4	9116,8	9132,2	9147,6	9163,0	9178,4	9193,8	9209,2	9224,6	9111,7	9137,3	9188,7	9214,3	9124,5	9201,5	59
60	9240	9255,4	9270,8	9286,2	9301,6	9317,0	9332,4	9347,8	9363,2	9378,6	9265,7	9291,3	9342,7	9368,3	9278,5	9355,5	60
61	9394	9409,4	9424,8	9440,2	9455,6	9471,0	9486,4	9501,8	9517,2	9532,6	9419,7	9445,3	9496,7	9522,3	9432,5	9509,5	61
62	9548	9563,4	9578,8	9594,2	9609,6	9625,0	9640,4	9655,8	9671,2	9686,6	9573,7	9599,3	9650,7	9676,3	9586,5	9663,5	62
63	9702	9717,4	9732,8	9748,2	9763,6	9779,0	9794,4	9809,8	9825,2	9840,6	9727,7	9753,3	9804,7	9830,3	9740,5	9817,5	63
64	9856	9871,4	9886,8	9902,2	9917,6	9933,0	9948,4	9963,8	9979,2	9994,6	9881,7	9907,3	9958,7	9984,3	9894,5	9971,5	64
65	10010	10025,4	10040,8	10056,2	10071,6	10087,0	10102,4	10117,8	10133,2	10148,6	10035,7	10061,3	10112,7	10138,3	10048,5	10125,5	65
76	10164	10179,4	10194,8	10210,2	10225,6	10241,0	10256,4	10271,8	10287,2	10302,6	10189,7	10215,3	10266,7	10292,3	10202,5	10279,5	66
67	10318	10333,4	10348,8	10364,2	10379,6	10395,0	10410,4	10425,8	10441,2	10456,6	10343,7	10369,3	10420,7	10446,3	10356,5	10433,5	67
68	10472	10487,4	10502,8	10518,2	10533,6	10549,0	10564,4	10579,8	10595,2	10610,6	10497,7	10523,3	10574,7	10600,3	10510,5	10587,5	68
69	10626	10641,4	10656,8	10672,2	10687,6	10703,0	10718,4	10733,8	10749,2	10764,6	10651,7	10677,3	10728,7	10754,3	10664,5	10741,5	69
70	10780	10795,4	10810,8	10826,2	10841,6	10857,0	10872,4	10887,8	10903,2	10918,6	10805,7	10831,3	10882,7	10908,3	10818,5	10895,5	70
71	10934	10949,4	10964,8	10980,2	10995,6	11011,0	11026,4	11041,8	11057,2	11072,6	10959,7	10985,3	11036,7	11062,3	10972,5	11049,5	71
72	11088	11103,4	11118,8	11134,2	11149,6	11165,0	11180,4	11195,8	11211,2	11226,6	11113,7	11139,3	11190,7	11216,3	11126,5	11203,5	72
73	11242	11257,4	11272,8	11288,2	11303,6	11319,0	11334,4	11349,8	11365,2	11380,6	11267,7	11293,3	11344,7	11370,3	11280,5	11357,5	73
74	11396	11411,4	11426,8	11442,2	11457,6	11473,0	11488,4	11503,8	11519,2	11534,6	11421,7	11447,3	11498,7	11524,3	11434,5	11511,5	74
75	11550	11565,4	11580,8	11596,2	11611,6	11627,0	11642,4	11657,8	11673,2	11688,6	11575,7	11601,3	11652,7	11678,3	11588,5	11665,5	75
76	11704	11719,4	11734,8	11750,2	11765,6	11781,0	11796,4	11811,8	11827,2	11842,6	11729,7	11755,3	11806,7	11832,3	11742,5	11819,5	76
77	11858	11873,4	11888,8	11904,2	11919,6	11935,0	11950,4	11965,8	11981,2	11996,6	11883,7	11909,3	11960,7	11986,3	11896,5	11973,5	77
78	12012	12027,4	12042,8	12058,2	12073,6	12089,0	12104,4	12119,8	12135,2	12150,6	12037,7	12063,3	12114,7	12140,3	12050,5	12127,5	78
79	12166	12181,4	12196,8	12212,2	12227,6	12243,0	12258,4	12273,8	12289,2	12304,6	12191,7	12217,3	12268,7	12294,3	12204,5	12281,5	79
80	12320	12335,4	12350,8	12366,2	12381,6	12397,0	12412,4	12427,8	12443,2	12458,6	12345,7	12371,3	12422,7	12448,3	12358,5	12435,5	80
81	12474	12489,4	12504,8	12520,2	12535,6	12551,0	12566,4	12581,8	12597,2	12612,6	12499,7	12525,3	12576,7	12602,3	12512,5	12589,5	81
82	12628	12643,4	12658,8	12674,2	12689,6	12705,0	12720,4	12735,8	12751,2	12766,6	12653,7	12679,3	12730,7	12756,3	12666,5	12743,5	82
83	12782	12797,4	12812,8	12828,2	12843,6	12859,0	12874,4	12889,8	12905,2	12920,6	12807,7	12833,3	12884,7	12910,3	12820,5	12897,5	83
84	12936	12951,4	12966,8	12982,2	12997,6	13013,0	13028,4	13043,8	13059,2	13074,6	12961,7	12987,3	13038,7	13064,3	12974,5	13051,5	84
85	13090	13105,4	13120,8	13136,2	13151,6	13167,0	13182,4	13197,8	13213,2	13228,6	13115,7	13141,3	13192,7	13218,3	13128,5	13205,5	85
86	13244	13259,4	13274,8	13290,2	13305,6	13321,0	13336,4	13351,8	13367,2	13382,6	13269,7	13295,3	13346,7	13372,3	13282,5	13359,5	86
87	13398	13413,4	13428,8	13444,2	13459,6	13475,0	13490,4	13505,8	13521,2	13536,6	13423,7	13449,3	13500,7	13526,3	13436,5	13513,5	87
88	13552	13567,4	13582,8	13598,2	13613,6	13629,0	13644,4	13659,8	13675,2	13690,6	13577,7	13603,3	13654,7	13680,3	13590,5	13667,5	88
89	13706	13721,4	13736,8	13752,2	13767,6	13783,0	13798,4	13813,8	13829,2	13844,6	13731,7	13757,3	13808,7	13834,3	13744,5	13821,5	89
90	13860	13875,4	13890,8	13906,2	13921,6	13937,0	13952,4	13967,8	13983,2	13998,6	13885,7	13911,3	13962,7	13988,3	13898,5	13975,5	90
91	14014	14029,4	14044,8	14060,2	14075,6	14091,0	14106,4	14121,8	14137,2	14152,6	14039,7	14065,3	14116,7	14142,3	14052,5	14129,5	91
92	14168	14183,4	14198,8	14214,2	14229,6	14245,0	14260,4	14275,8	14291,2	14306,6	14193,7	14219,3	14270,7	14296,3	14206,5	14283,5	92
93	14322	14337,4	14352,8	14368,2	14383,6	14399,0	14414,4	14429,8	14445,2	14460,6	14347,7	14373,3	14424,7	14450,3	14360,5	14437,5	93
94	14476	14491,4	14506,8	14522,2	14537,6	14553,0	14568,4	14583,8	14599,2	14614,6	14501,7	14527,3	14578,7	14604,3	14514,5	14591,5	94
95	14630	14645,4	14660,8	14676,2	14691,6	14707,0	14722,4	14737,8	14753,2	14768,6	14655,7	14681,3	14732,7	14758,3	14668,5	14745,5	95
96	14784	14799,4	14814,8	14830,2	14845,6	14861,0	14876,4	14891,8	14907,2	14922,6	14809,7	14835,3	14886,7	14912,3	14822,5	14899,5	96
97	14938	14953,4	14968,8	14984,2	14999,6	15015,0	15030,4	15045,8	15061,2	15076,6	14963,7	14989,3	15040,7	15066,3	14976,5	15053,5	97
98	15092	15107,4	15122,8	15138,2	15153,6	15169,0	15184,4	15199,8	15215,2	15230,6	15117,7	15143,3	15194,7	15220,3	15130,5	15207,5	98
99	15246	15261,4	15276,8	15292,2	15307,6	15323,0	15338,4	15353,8	15369,2	15384,6	15271,7	15297,3	15348,7	15374,3	15284,5	15361,5	99
100	15400	15415,4	15430,8	15446,2	15461,6	15477,0	15492,4	15507,8	15523,2	15538,6	15425,7	15451,3	15502,7	15528,3	15438,5	15515,5	100

		1/10 15,5	2/10 31,0	3/10 46,5	4/10 62,0	5/10 77,5	6/10 93,0	7/10 108,5	8/10 124,0	9/10 139,5	1/6 25,833	2/6 51,656	4/6 103,333	5/6 129,166	1/4 38,75	3/4 116,25	
1	155	170,5	186,0	201,5	217,0	232,5	248,0	263,5	279,0	294,5	180,8	206,7	258,3	284,2	193,8	271,3	1
2	310	325,5	341,0	356,5	372,0	387,5	403,0	418,5	434,0	449,5	335,8	361,7	413,3	439,2	348,8	426,3	2
3	465	480,5	496,0	511,5	527,0	542,5	558,0	573,5	589,0	604,5	490,8	516,7	568,3	594,2	503,8	581,3	3
4	620	635,5	651,0	666,5	682,0	697,5	713,0	728,5	744,0	759,5	645,8	671,7	723,3	749,2	658,8	736,3	4
5	775	790,5	806,0	821,5	837,0	852,5	868,0	883,5	899,0	914,5	800,8	826,7	878,3	904,2	813,8	891,3	5
6	930	945,5	961,0	976,5	992,0	1007,5	1023,0	1038,5	1054,0	1069,5	955,8	981,7	1033,3	1059,2	968,8	1046,3	6
7	1085	1100,5	1116,0	1131,5	1147,0	1162,5	1178,0	1193,5	1209,0	1224,5	1110,8	1136,7	1188,3	1214,2	1123,8	1201,3	7
8	1240	1255,5	1271,0	1286,5	1302,0	1317,5	1333,0	1348,5	1364,0	1379,5	1265,8	1291,7	1343,3	1369,2	1278,8	1356,3	8
9	1395	1410,5	1426,0	1441,5	1457,0	1472,5	1488,0	1503,5	1519,0	1534,5	1420,8	1446,7	1498,3	1524,2	1433,8	1511,3	9
10	1550	1565,5	1581,0	1596,5	1612,0	1627,5	1643,0	1658,5	1674,0	1689,5	1575,8	1601,7	1653,3	1679,2	1588,8	1666,3	10
11	1705	1720,5	1736,0	1751,5	1767,0	1782,5	1798,0	1813,5	1829,0	1844,5	1730,8	1756,7	1808,3	1834,2	1743,8	1821,3	11
12	1860	1875,5	1891,0	1906,5	1922,0	1937,5	1953,0	1968,5	1984,0	1999,5	1885,8	1911,7	1963,3	1989,2	1898,8	1976,3	12
13	2015	2030,5	2046,0	2061,5	2077,0	2092,5	2108,0	2123,5	2139,0	2154,5	2040,8	2066,7	2118,3	2144,2	2053,8	2131,3	13
14	2170	2185,5	2201,0	2216,5	2232,0	2247,5	2263,0	2278,5	2294,0	2309,5	2195,8	2221,7	2273,3	2299,2	2208,8	2286,3	14
15	2325	2340,5	2356,0	2371,5	2387,0	2402,5	2418,0	2433,5	2449,0	2464,5	2350,8	2376,7	2428,3	2454,2	2363,8	2441,3	15
16	2480	2495,5	2511,0	2526,5	2542,0	2557,5	2573,0	2588,5	2604,0	2619,5	2505,8	2531,7	2583,3	2609,2	2518,8	2596,3	16
17	2635	2650,5	2666,0	2681,5	2697,0	2712,5	2728,0	2743,5	2759,0	2774,5	2660,8	2686,7	2738,3	2764,2	2673,8	2751,3	17
18	2790	2805,5	2821,0	2836,5	2852,0	2867,5	2883,0	2898,5	2914,0	2929,5	2815,8	2841,7	2893,3	2919,2	2828,8	2906,3	18
19	2945	2960,5	2976,0	2991,5	3007,0	3022,5	3038,0	3053,5	3069,0	3084,5	2970,8	2996,7	3048,3	3074,2	2983,8	3061,3	19
20	3100	3115,5	3131,0	3146,5	3162,0	3177,5	3193,0	3208,5	3224,0	3239,5	3125,8	3151,7	3203,3	3229,2	3138,8	3216,3	20
21	3255	3270,5	3286,0	3301,5	3317,0	3332,5	3348,0	3363,5	3379,0	3394,5	3280,8	3306,7	3358,3	3384,2	3293,8	3371,3	21
22	3410	3425,5	3441,0	3456,5	3472,0	3487,5	3503,0	3518,5	3534,0	3549,5	3435,8	3461,7	3513,3	3539,2	3448,8	3526,3	22
23	3565	3580,5	3596,0	3611,5	3627,0	3642,5	3658,0	3673,5	3689,0	3704,5	3590,8	3616,7	3668,3	3694,2	3603,8	3681,3	23
24	3720	3735,5	3751,0	3766,5	3782,0	3797,5	3813,0	3828,5	3844,0	3859,5	3745,8	3771,7	3823,3	3849,2	3758,8	3836,3	24
25	3875	3890,5	3906,0	3921,5	3937,0	3952,5	3968,0	3983,5	3999,0	4014,5	3900,8	3926,7	3978,3	4004,2	3913,8	3991,3	25
26	4030	4045,5	4061,0	4076,5	4092,0	4107,5	4123,0	4138,5	4154,0	4169,5	4055,8	4081,7	4133,3	4159,2	4068,8	4146,3	26
27	4185	4200,5	4216,0	4231,5	4247,0	4262,5	4278,0	4293,5	4309,0	4324,5	4210,8	4236,7	4288,3	4314,2	4223,8	4301,3	27
28	4340	4355,5	4371,0	4386,5	4402,0	4417,5	4433,0	4448,5	4464,0	4479,5	4365,8	4391,7	4443,3	4469,2	4378,8	4456,3	28
29	4495	4510,5	4526,0	4541,5	4557,0	4572,5	4588,0	4603,5	4619,0	4634,5	4520,8	4546,7	4598,3	4624,2	4533,8	4611,3	29
30	4650	4665,5	4681,0	4696,5	4712,0	4727,5	4743,0	4758,5	4774,0	4789,5	4675,8	4701,7	4753,3	4779,2	4688,8	4766,3	30
31	4805	4820,5	4836,0	4851,5	4867,0	4882,5	4898,0	4913,5	4929,0	4944,5	4830,8	4856,7	4908,3	4934,2	4843,8	4921,3	31
32	4960	4975,5	4991,0	5006,5	5022,0	5037,5	5053,0	5068,5	5084,0	5099,5	4985,8	5011,7	5063,3	5089,2	4998,8	5076,3	32
33	5115	5130,5	5146,0	5161,5	5177,0	5192,5	5208,0	5223,5	5239,0	5254,5	5140,8	5166,7	5218,3	5244,2	5153,8	5231,3	33
34	5270	5285,5	5301,0	5316,5	5332,0	5347,5	5363,0	5378,5	5394,0	5409,5	5295,8	5321,7	5373,3	5399,2	5308,8	5386,3	34
35	5425	5440,5	5456,0	5471,5	5487,0	5502,5	5518,0	5533,5	5549,0	5564,5	5450,8	5476,7	5528,3	5554,2	5463,8	5541,3	35
36	5580	5595,5	5611,0	5626,5	5642,0	5657,5	5673,0	5688,5	5704,0	5719,5	5605,8	5631,7	5683,3	5709,2	5618,8	5696,3	36
37	5735	5750,5	5766,0	5781,5	5797,0	5812,5	5828,0	5843,5	5859,0	5874,5	5760,8	5786,7	5838,3	5864,2	5773,8	5851,3	37
38	5890	5905,5	5921,0	5936,5	5952,0	5967,5	5983,0	5998,5	6014,0	6029,5	5915,8	5941,7	5993,3	6019,2	5928,8	6006,3	38
39	6045	6060,5	6076,0	6091,5	6107,0	6122,5	6138,0	6153,5	6169,0	6184,5	6070,8	6096,7	6148,3	6174,2	6083,8	6161,3	39
40	6200	6215,5	6231,0	6246,5	6262,0	6277,5	6293,0	6308,5	6324,0	6339,5	6225,8	6251,7	6303,3	6329,2	6238,8	6316,3	40
41	6355	6370,5	6386,0	6401,5	6417,0	6432,5	6448,0	6463,5	6479,0	6494,5	6380,8	6406,7	6458,3	6484,2	6393,8	6471,3	41
42	6510	6525,5	6541,0	6556,5	6572,0	6587,5	6603,0	6618,5	6634,0	6649,5	6535,8	6561,7	6613,3	6639,2	6548,8	6626,3	42
43	6665	6680,5	6696,0	6711,5	6727,0	6742,5	6758,0	6773,5	6789,0	6804,5	6690,8	6716,7	6768,3	6794,2	6703,8	6781,3	43
44	6820	6835,5	6851,0	6866,5	6882,0	6897,5	6913,0	6928,5	6944,0	6959,5	6845,8	6871,7	6923,3	6949,2	6858,8	6936,3	44
45	6975	6990,5	7006,0	7021,5	7037,0	7052,5	7068,0	7083,5	7099,0	7114,5	7000,8	7026,7	7078,3	7104,2	7013,8	7091,3	45
46	7130	7145,5	7161,0	7176,5	7192,0	7207,5	7223,0	7238,5	7254,0	7269,5	7155,8	7181,7	7233,3	7259,2	7168,8	7246,3	46
47	7285	7300,5	7316,0	7331,5	7347,0	7362,5	7378,0	7393,5	7409,0	7424,5	7310,8	7336,7	7388,3	7414,2	7323,8	7401,3	47
48	7440	7455,5	7471,0	7486,5	7502,0	7517,5	7533,0	7548,5	7564,0	7579,5	7465,8	7491,7	7543,3	7569,2	7478,8	7556,3	48
49	7595	7610,5	7626,0	7641,5	7657,0	7672,5	7688,0	7703,5	7719,0	7734,5	7620,8	7646,7	7698,3	7724,2	7633,8	7711,3	49
50	7750	7765,5	7781,0	7796,5	7812,0	7827,5	7843,0	7858,5	7874,0	7889,5	7775,8	7801,7	7853,3	7879,2	7788,8	7866,3	50
51	7905	7920,5	7936,0	7951,5	7967,0	7982,5	7998,0	8013,5	8029,0	8044,5	7930,8	7956,7	8008,3	8034,2	7943,8	8021,3	51
52	8060	8075,5	8091,0	8106,5	8122,0	8137,5	8153,0	8168,5	8184,0	8199,5	8085,8	8111,7	8163,3	8189,2	8098,8	8176,3	52
53	8215	8230,5	8246,0	8261,5	8277,0	8292,5	8308,0	8323,5	8339,0	8354,5	8240,8	8266,7	8318,3	8344,2	8253,8	8331,3	53
54	8370	8385,5	8401,0	8416,5	8432,0	8447,5	8463,0	8478,5	8494,0	8509,5	8395,8	8421,7	8473,3	8499,2	8408,8	8486,3	54
55	8525	8540,5	8556,0	8571,5	8587,0	8602,5	8618,0	8633,5	8649,0	8664,5	8550,8	8576,7	8628,3	8654,2	8563,8	8641,3	55
56	8680	8695,5	8711,0	8726,5	8742,0	8757,5	8773,0	8788,5	8804,0	8819,5	8705,8	8731,7	8783,3	8809,2	8718,8	8796,3	56
57	8835	8850,5	8866,0	8881,5	8897,0	8912,5	8928,0	8943,5	8959,0	8974,5	8860,8	8886,7	8938,3	8964,2	8873,8	8951,3	57
58	8990	9005,5	9021,0	9036,5	9052,0	9067,5	9083,0	9098,5	9114,0	9129,5	9015,8	9041,7	9093,3	9119,2	9028,8	9106,3	58
59	9145	9160,5	9176,0	9191,5	9207,0	9222,5	9238,0	9253,5	9269,0	9284,5	9170,8	9196,7	9248,3	9274,2	9183,8	9261,3	59
60	9300	9315,5	9331,0	9346,5	9362,0	9377,5	9393,0	9408,5	9424,0	9439,5	9325,8	9351,7	9403,3	9429,2	9338,8	9416,3	60
61	9455	9470,5	9486,0	9501,5	9517,0	9532,5	9548,0	9563,5	9579,0	9594,5	9480,8	9506,7	9558,3	9584,2	9493,8	9571,3	61
62	9610	9625,5	9641,0	9656,5	9672,0	9687,5	9703,0	9718,5	9734,0	9749,5	9635,8	9661,7	9713,3	9739,2	9648,8	9726,3	62
63	9765	9780,5	9796,0	9811,5	9827,0	9842,5	9858,0	9873,5	9889,0	9904,5	9790,8	9816,7	9868,3	9894,2	9803,8	9881,3	63
64	9920	9935,5	9951,0	9966,5	9982,0	9997,5	10013,0	10028,5	10044,0	10059,5	9945,8	9971,7	10023,3	10049,2	9958,8	10036,3	64
65	10075	10090,5	10106,0	10121,5	10137,0	10152,5	10168,0	10183,5	10199,0	10214,5	10100,8	10126,7	10178,3	10204,2	10113,8	10191,3	65
66	10230	10245,5	10261,0	10276,5	10292,0	10307,5	10323,0	10338,5	10354,0	10369,5	10255,8	10281,7	10333,3	10359,2	10268,8	10346,3	66
67	10385	10400,5	10416,0	10431,5	10447,0	10462,5	10478,0	10493,5	10509,0	10524,5	10410,8	10436,7	10488,3	10514,2	10423,8	10501,3	67
68	10540	10555,5	10571,0	10586,5	10602,0	10617,5	10633,0	10648,5	10664,0	10679,5	10565,8	10591,7	10643,3	10669,2	10578,8	10656,3	68
69	10695	10710,5	10726,0	10741,5	10757,0	10772,5	10788,0	10803,5	10819,0	10834,5	10720,8	10746,7	10798,3	10824,2	10733,8	10811,3	69
70	10850	10865,5	10881,0	10896,5	10912,0	10927,5	10943,0	10958,5	10974,0	10989,5	10875,8	10901,7	10953,3	10979,2	10888,8	10966,3	70
71	11005	11020,5	11036,0	11051,5	11067,0	11082,5	11098,0	11113,5	11129,0	11144,5	11030,8	11056,7	11108,3	11134,2	11043,8	11121,3	71
72	11160	11175,5	11191,0	11206,5	11222,0	11237,5	11253,0	11268,5	11284,0	11299,5	11185,8	11211,7	11263,3	11289,2	11198,8	11276,3	72
73	11315	11330,5	11346,0	11361,5	11377,0	11392,5	11408,0	11423,5	11439,0	11454,5	11340,8	11366,7	11418,3	11444,2	11353,8	11431,3	73
74	11470	11485,5	11501,0	11516,5	11532,0	11547,5	11563,0	11578,5	11594,0	11609,5	11495,8	11521,7	11573,3	11599,2	11508,8	11586,3	74
75	11625	11640,5	11656,0	11671,5	11687,0	11702,5	11718,0	11733,5	11749,0	11764,5	11650,8	11676,7	11728,3	11754,2	11663,8	11741,3	75
76	11780	11795,5	11811,0	11826,5	11842,0	11857,5	11873,0	11888,5	11904,0	11919,5	11805,8	11831,7	11883,3	11909,2	11818,8	11896,3	76
77	11935	11950,5	11966,0	11981,5	11997,0	12012,5	12028,0	12043,5	12059,0	12074,5	11960,8	11986,7	12038,3	12064,2	11973,8	12051,3	77
78	12090	12105,5	12121,0	12136,5	12152,0	12167,5	12183,0	12198,5	12214,0	12229,5	12115,8	12141,7	12193,3	12219,2	12128,8	12206,3	78
79	12245	12260,5	12276,0	12291,5	12307,0	12322,5	12338,0	12353,5	12369,0	12384,5	12270,8	12296,7	12348,3	12374,2	12283,8	12361,3	79
80	12400	12415,5	12431,0	12446,5	12462,0	12477,5	12493,0	12508,5	12524,0	12539,5	12425,8	12451,7	12503,3	12529,2	12438,8	12516,3	80
81	12555	12570,5	12586,0	12601,5	12617,0	12632,5	12648,0	12663,5	12679,0	12694,5	12580,8	12606,7	12658,3	12684,2	12593,8	12671,3	81
82	12710	12725,5	12741,0	12756,5	12772,0	12787,5	12803,0	12818,5	12834,0	12849,5	12735,8	12761,7	12813,3	12839,2	12748,8	12826,3	82
83	12865	12880,5	12896,0	12911,5	12927,0	12942,5	12958,0	12973,5	12989,0	13004,5	12890,8	12916,7	12968,3	12994,2	12903,8	12981,3	83
84	13020	13035,5	13051,0	13066,5	13082,0	13097,5	13113,0	13128,5	13144,0	13159,5	13045,8	13071,7	13123,3	13149,2	13058,8	13136,3	84
85	13175	13190,5	13206,0	13221,5	13237,0	13252,5	13268,0	13283,5	13299,0	13314,5	13200,8	13226,7	13278,3	13304,2	13213,8	13291,3	85
86	13330	13345,5	13361,0	13376,5	13392,0	13407,5	13423,0	13438,5	13454,0	13469,5	13355,8	13381,7	13433,3	13459,2	13368,8	13446,3	86
87	13485	13500,5	13516,0	13531,5	13547,0	13562,5	13578,0	13593,5	13609,0	13624,5	13510,8	13536,7	13588,3	13614,2	13523,8	13601,3	87
88	13640	13655,5	13671,0	13686,5	13702,0	13717,5	13733,0	13748,5	13764,0	13779,5	13665,8	13691,7	13743,3	13769,2	13678,8	13756,3	88
89	13795	13810,5	13826,0	13841,5	13857,0	13872,5	13888,0	13903,5	13919,0	13934,5	13820,8	13846,7	13898,3	13924,2	13833,8	13911,3	89
90	13950	13965,5	13981,0	13996,5	14012,0	14027,5	14043,0	14058,5	14074,0	14089,5	13975,8	14001,7	14053,3	14079,2	13988,8	14066,3	90
91	14105	14120,5	14136,0	14151,5	14167,0	14182,5	14198,0	14213,5	14229,0	14244,5	14130,8	14156,7	14208,3	14234,2	14143,8	14221,3	91
92	14260	14275,5	14291,0	14306,5	14322,0	14337,5	14353,0	14368,5	14384,0	14399,5	14285,8	14311,7	14363,3	14389,2	14298,8	14376,3	92
93	14415	14430,5	14446,0	14461,5	14477,0	14492,5	14508,0	14523,5	14539,0	14554,5	14440,8	14466,7	14518,3	14544,2	14453,8	14531,3	93
94	14570	14585,5	14601,0	14616,5	14632,0	14647,5	14663,0	14678,5	14694,0	14709,5	14595,8	14621,7	14673,3	14699,2	14608,8	14686,3	94
95	14725	14740,5	14756,0	14771,5	14787,0	14802,5	14818,0	14833,5	14849,0	14864,5	14750,8	14776,7	14828,3	14854,2	14763,8	14841,3	95
96	14880	14895,5	14911,0	14926,5	14942,0	14957,5	14973,0	14988,5	15004,0	15019,5	14905,8	14931,7	14983,3	15009,2	14918,8	14996,3	96
97	15035	15050,5	15066,0	15081,5	15097,0	15112,5	15128,0	15143,5	15159,0	15174,5	15060,8	15086,7	15138,3	15164,2	15073,8	15151,3	97
98	15190	15205,5	15221,0	15236,5	15252,0	15267,5	15283,0	15298,5	15314,0	15329,5	15215,8	15241,7	15293,3	15319,2	15228,8	15306,3	98
99	15345	15360,5	15376,0	15391,5	15407,0	15422,5	15438,0	15453,5	15469,0	15484,5	15370,8	15396,7	15448,3	15474,2	15383,8	15461,3	99
100	15500	15551,5	15531,0	15546,5	15562,0	15577,5	15593,0	15608,5	15624,0	15639,5	15525,8	15551,7	15603,3	15629,2	15538,8	15616,3	100

156

		1/10 15,6	2/10 31,2	3/10 46,8	4/10 62,4	5/10 78,0	6/10 93,6	7/10 109,2	8/10 124,8	9/10 140,4	1/6 26,0	2/6 52,0	4/6 104,0	5/6 130,0	1/4 39,0	3/4 117,0	
1	156	171,6	187,2	202,8	218,4	234,0	249,6	265,2	280,8	296,4	182,0	208,0	260,0	286,0	195,0	273,0	1
2	312	327,6	343,2	358,8	374,4	390,0	405,6	421,2	436,8	452,4	338,0	364,0	416,0	442,0	351,0	429,0	2
3	468	483,6	499,2	514,8	530,4	546,0	561,6	577,2	592,8	608,4	494,0	520,0	572,0	598,0	507,0	585,0	3
4	624	639,6	655,2	670,8	686,4	702,0	717,6	733,2	748,8	764,4	650,0	676,0	728,0	754,0	663,0	741,0	4
5	780	795,6	811,2	826,8	842,4	858,0	873,6	889,2	904,8	920,4	806,0	832,0	884,0	910,0	819,0	897,0	5
6	936	951,6	967,2	982,8	998,4	1014,0	1029,6	1045,2	1060,8	1076,4	962,0	988,0	1040,0	1066,0	975,0	1053,0	6
7	1092	1107,6	1123,2	1138,8	1154,4	1170,0	1185,6	1201,2	1216,8	1232,4	1118,0	1144,0	1196,0	1222,0	1131,0	1209,0	7
8	1248	1263,6	1279,2	1294,8	1310,4	1326,0	1341,6	1357,2	1372,8	1388,4	1274,0	1300,0	1352,0	1378,0	1287,0	1365,0	8
9	1404	1419,6	1435,2	1450,8	1466,4	1482,0	1497,6	1513,2	1528,8	1544,4	1430,0	1456,0	1508,0	1534,0	1443,0	1521,0	9
10	1560	1575,6	1591,2	1606,8	1622,4	1638,0	1653,6	1669,2	1684,8	1700,4	1586,0	1612,0	1664,0	1690,0	1599,0	1677,0	10
11	1716	1731,6	1747,2	1762,8	1778,4	1794,0	1809,6	1825,2	1840,8	1856,4	1742,0	1768,0	1820,0	1846,0	1755,0	1833,0	11
12	1872	1887,6	1903,2	1918,8	1934,4	1950,0	1965,6	1981,2	1996,8	2012,4	1898,0	1924,0	1976,0	2002,0	1911,0	1989,0	12
13	2028	2043,6	2059,2	2074,8	2090,4	2106,0	2121,6	2137,2	2152,8	2168,4	2054,0	2080,0	2132,0	2158,0	2067,0	2145,0	13
14	2184	2199,6	2215,2	2230,8	2246,4	2262,0	2277,6	2293,2	2308,8	2324,4	2210,0	2236,0	2288,0	2314,0	2223,0	2301,0	14
15	2340	2355,6	2371,2	2386,8	2402,4	2418,0	2433,6	2449,2	2464,8	2480,4	2366,0	2392,0	2444,0	2470,0	2379,0	2457,0	15
16	2496	2511,6	2527,2	2542,8	2558,4	2574,0	2589,6	2605,2	2620,8	2636,4	2522,0	2548,0	2600,0	2626,0	2535,0	2613,0	16
17	2652	2667,6	2683,2	2698,8	2714,4	2730,0	2745,6	2761,2	2776,8	2792,4	2678,0	2704,0	2756,0	2782,0	2691,0	2769,0	17
18	2808	2823,6	2839,2	2854,8	2870,4	2886,0	2901,6	2917,2	2932,8	2948,4	2834,0	2860,0	2912,0	2938,0	2847,0	2925,0	18
19	2964	2979,6	2995,2	3010,8	3026,4	3042,0	3057,6	3073,2	3088,8	3104,4	2990,0	3016,0	3068,0	3094,0	3003,0	3081,0	19
20	3120	3135,6	3151,2	3166,8	3182,4	3198,0	3213,6	3229,2	3244,8	3260,4	3146,0	3172,0	3224,0	3250,0	3159,0	3237,0	20
21	3276	3291,6	3307,2	3322,8	3338,4	3354,0	3369,6	3385,2	3400,8	3416,4	3302,0	3328,0	3380,0	3406,0	3315,0	3393,0	21
22	3432	3447,6	3463,2	3478,8	3494,4	3510,0	3525,6	3541,2	3556,8	3572,4	3458,0	3484,0	3536,0	3562,0	3471,0	3549,0	22
23	3588	3603,6	3619,2	3634,8	3650,4	3666,0	3681,6	3697,2	3712,8	3728,4	3614,0	3640,0	3692,0	3718,0	3627,0	3705,0	23
24	3744	3759,6	3775,2	3790,8	3806,4	3822,0	3837,6	3853,2	3868,8	3884,4	3770,0	3796,0	3848,0	3874,0	3783,0	3861,0	24
25	3900	3915,6	3931,2	3946,8	3962,4	3978,0	3993,6	4009,2	4024,8	4040,4	3926,0	3952,0	4004,0	4030,0	3939,0	4017,0	25
26	4056	4071,6	4087,2	4102,8	4118,4	4134,0	4149,6	4165,2	4180,8	4196,4	4082,0	4108,0	4160,0	4186,0	4095,0	4173,0	26
27	4212	4227,6	4243,2	4258,8	4274,4	4290,0	4305,6	4321,2	4336,8	4352,4	4238,0	4264,0	4316,0	4342,0	4251,0	4329,0	27
28	4368	4383,6	4399,2	4414,8	4430,4	4446,0	4461,6	4477,2	4492,8	4508,4	4394,0	4420,0	4472,0	4498,0	4407,0	4485,0	28
29	4524	4539,6	4555,2	4570,8	4586,4	4602,0	4617,6	4633,2	4648,8	4664,4	4550,0	4576,0	4628,0	4654,0	4563,0	4641,0	29
30	4680	4695,6	4711,2	4726,8	4742,4	4758,0	4773,6	4789,2	4804,8	4820,4	4706,0	4732,0	4784,0	4810,0	4719,0	4797,0	30
31	4836	4851,6	4867,2	4882,8	4898,4	4914,0	4929,6	4945,2	4960,8	4976,4	4862,0	4888,0	4940,0	4966,0	4875,0	4953,0	31
32	4992	5007,6	5023,2	5038,8	5054,4	5070,0	5085,6	5101,2	5116,8	5132,4	5018,0	5044,0	5096,0	5122,0	5031,0	5109,0	32
33	5148	5163,6	5179,2	5194,8	5210,4	5226,0	5241,6	5257,2	5272,8	5288,4	5174,0	5200,0	5252,0	5278,0	5187,0	5265,0	33
34	5304	5319,6	5335,2	5350,8	5366,4	5382,0	5397,6	5413,2	5428,8	5444,4	5330,0	5356,0	5408,0	5434,0	5343,0	5421,0	34
35	5460	5475,6	5491,2	5506,8	5522,4	5538,0	5553,6	5569,2	5584,8	5600,4	5486,0	5512,0	5564,0	5590,0	5499,0	5577,0	35
36	5616	5631,6	5647,2	5662,8	5678,4	5694,0	5709,6	5725,2	5740,8	5756,4	5642,0	5668,0	5720,0	5746,0	5655,0	5733,0	36
37	5772	5787,6	5803,2	5818,8	5834,4	5850,0	5865,6	5881,2	5896,8	5912,4	5798,0	5824,0	5876,0	5902,0	5811,0	5889,0	37
38	5928	5943,6	5959,2	5974,8	5990,4	6006,0	6021,6	6037,2	6052,8	6068,4	5954,0	5980,0	6032,0	6058,0	5967,0	6045,0	38
39	6084	6099,6	6115,2	6130,8	6146,4	6162,0	6177,6	6193,2	6208,8	6224,4	6110,0	6136,0	6188,0	6214,0	6123,0	6201,0	39
40	6240	6255,6	6271,2	6286,8	6302,4	6318,0	6333,6	6349,2	6364,8	6380,4	6266,0	6292,0	6344,0	6370,0	6279,0	6357,0	40
41	6396	6411,6	6427,2	6442,8	6458,4	6474,0	6489,6	6505,2	6520,8	6536,4	6422,0	6448,0	6500,0	6526,0	6435,0	6513,0	41
42	6552	6567,6	6583,2	6598,8	6614,4	6630,0	6645,6	6661,2	6676,8	6692,4	6578,0	6604,0	6656,0	6682,0	6591,0	6669,0	42
43	6708	6723,6	6739,2	6754,8	6770,4	6786,0	6801,6	6817,2	6832,8	6848,4	6734,0	6760,0	6812,0	6838,0	6747,0	6825,0	43
44	6864	6879,6	6895,2	6910,8	6926,4	6942,0	6957,6	6973,2	6988,8	7004,4	6890,0	6916,0	6968,0	6994,0	6903,0	6981,0	44
45	7020	7035,6	7051,2	7066,8	7082,4	7098,0	7113,6	7129,2	7144,8	7160,4	7046,0	7072,0	7124,0	7150,0	7059,0	7137,0	45
46	7176	7191,6	7207,2	7222,8	7238,4	7254,0	7269,6	7285,2	7300,8	7316,4	7202,0	7228,0	7280,0	7306,0	7215,0	7293,0	46
47	7332	7347,6	7363,2	7378,8	7394,4	7410,0	7425,6	7441,2	7456,8	7472,4	7358,0	7384,0	7436,0	7462,0	7371,0	7449,0	47
48	7488	7503,6	7519,2	7534,8	7550,4	7566,0	7581,6	7597,2	7612,8	7628,4	7514,0	7540,0	7592,0	7618,0	7527,0	7605,0	48
49	7644	7659,6	7675,2	7690,8	7706,4	7722,0	7737,6	7753,2	7768,8	7784,4	7670,0	7696,0	7748,0	7774,0	7683,0	7761,0	49
50	7800	7815,6	7831,2	7846,8	7862,4	7878,0	7893,6	7909,2	7924,8	7940,4	7826,0	7852,0	7904,0	7930,0	7839,0	7917,0	50
51	7956	7971,6	7987,2	8002,8	8018,4	8034,0	8049,6	8065,2	8080,8	8096,4	7982,0	8008,0	8060,0	8086,0	7995,0	8073,0	51
52	8112	8127,6	8143,2	8158,8	8174,4	8190,0	8205,6	8221,2	8236,8	8252,4	8138,0	8164,0	8216,0	8242,0	8151,0	8229,0	52
53	8268	8283,6	8299,2	8314,8	8330,4	8346,0	8361,6	8377,2	8392,8	8408,4	8294,0	8320,0	8372,0	8398,0	8307,0	8385,0	53
54	8424	8439,6	8455,2	8470,8	8486,4	8502,0	8517,6	8533,2	8548,8	8564,4	8450,0	8476,0	8528,0	8554,0	8463,0	8441,0	54
55	8580	8595,6	8611,2	8626,8	8642,4	8658,0	8673,6	8689,2	8704,8	8720,4	8606,0	8632,0	8684,0	8710,0	8619,0	8697,0	55
56	8736	8751,6	8767,2	8782,8	8798,4	8814,0	8829,6	8845,2	8860,8	8876,4	8762,0	8788,0	8840,0	8865,0	8775,0	8853,0	56
57	8892	8907,6	8923,2	8938,8	8954,4	8970,0	8985,6	9001,2	9016,8	9032,4	8918,0	8944,0	8996,0	9022,0	8931,0	9009,0	57
58	9048	9063,6	9079,2	9094,8	9110,4	9126,0	9141,6	9157,2	9172,8	9188,4	9074,0	9100,0	9152,0	9178,0	9087,0	9165,0	58
59	9204	9219,6	9235,2	9250,8	9266,4	9282,0	9297,6	9313,2	9328,8	9344,4	9230,0	9256,0	9308,0	9334,0	9243,0	9321,0	59
60	9360	9375,6	9391,2	9406,8	9422,4	9438,0	9453,6	9469,2	9484,8	9500,4	9386,0	9412,0	9464,0	9490,0	9399,0	9477,0	60
61	9516	9531,6	9547,2	9562,8	9578,4	9594,0	9609,6	9625,2	9640,8	9656,4	9542,0	9568,0	9620,0	9646,0	9555,0	9633,0	61
62	9672	9687,6	9703,2	9718,8	9734,4	9750,0	9765,6	9781,2	9796,8	9812,4	9698,0	9724,0	9776,0	9802,0	9711,0	9789,0	62
63	9828	9843,6	9859,2	9874,8	9890,4	9906,0	9921,6	9937,2	9952,8	9968,4	9854,0	9880,0	9932,0	9958,0	9867,0	994 ,0	63
64	9984	9999,6	10015,2	10030,8	10046,4	10062,0	10077,6	10093,2	10108,8	10124,4	10010,0	10036,0	10088,0	10114,0	10023,0	10101,0	64
65	10140	10155,6	10171,2	10186,8	10202,4	10218,0	10233,6	10249,2	10264,8	10280,4	10166,0	10192,0	10244,0	10270,0	10179,0	10257,0	65
66	10296	10311,6	10327,2	10342,8	10358,4	10374,0	10389,6	10405,2	10420,8	10436,4	10322,0	10348,0	10400,0	10426,0	10335,0	10413,0	66
67	10452	10467,6	10483,2	10498,8	10514,4	10530,0	10545,6	10561,2	10576,8	10592,4	10478,0	10504,0	10556,0	10582,0	10491,0	10569,0	67
68	10608	10623,6	10639,2	10654,8	10670,4	10686,0	10701,6	10717,2	10732,8	10748,4	10634,0	10660,0	10712,0	10738,0	10647,0	10725,0	68
69	10764	10779,6	10795,2	10810,8	10826,4	10842,0	10857,6	10873,2	10888,8	10904,4	10790,0	10816,0	10868,0	10894,0	10803,0	10881,0	69
70	10920	10935,6	10951,2	10966,8	10982,4	10998,0	11013,6	11029,2	11044,8	11060,4	10946,0	10972,0	11024,0	11050,0	10959,0	11037,0	70
71	11076	11091,6	11107,2	11122,8	11138,4	11154,0	11169,6	11185,2	11200,8	11216,4	11102,0	11128,0	11180,0	11206,0	11115,0	11193,0	71
72	11232	11247,6	11263,2	11278,8	11294,4	11310,0	11325,6	11341,2	11356,8	11372,4	11258,0	11284,0	11336,0	11362,0	11271,0	11349,0	72
73	11388	11403,6	11419,2	11434,8	11450,4	11466,0	11481,6	11497,2	11512,8	11528,4	11414,0	11440,0	11492,0	11518,0	11427,0	11505,0	73
74	11544	11559,6	11575,2	11590,8	11606,4	11622,0	11637,6	11653,2	11668,8	11684,4	11570,0	11596,0	11648,0	11674,0	11583,0	11661,0	74
75	11700	11715,6	11731,2	11746,8	11762,4	11778,0	11793,6	11809,2	11824,8	11840,4	11726,0	11752,0	11804,0	11830,0	11739,0	11817,0	75
76	11856	11871,6	11887,2	11902,8	11918,4	11934,0	11949,6	11965,2	11980,8	11996,4	11882,0	11908,0	11960,0	11986,0	11895,0	11973,0	76
77	12012	12027,6	12043,2	12058,8	12074,4	12090,0	12105,6	12121,2	12136,8	12152,4	12038,0	12064,0	12116,0	12142,0	12051,0	12129,0	77
78	12168	12183,6	12199,2	12214,8	12230,4	12246,0	12261,6	12277,2	12292,8	12308,4	12194,0	12220,0	12272,0	12298,0	12207,0	12285,0	78
79	12324	12339,6	12355,2	12370,8	12386,4	12402,0	12417,6	12433,2	12448,8	12464,4	12350,0	12376,0	12428,0	12454,0	12363,0	12441,0	79
80	12480	12495,6	12511,2	12526,8	12542,4	12558,0	12573,6	12589,2	12604,8	12620,4	12506,0	12532,0	12584,0	12610,0	12519,0	12597,0	80
81	12636	12651,6	12667,2	12682,8	12698,4	12714,0	12729,6	12745,2	12760,8	12776,4	12662,0	12688,0	12740,0	12766,0	12675,0	12753,0	81
82	12792	12807,6	12823,2	12838,8	12854,4	12870,0	12885,6	12901,2	12916,8	12932,4	12818,0	12844,0	12896,0	12922,0	12831,0	12909,0	82
83	12948	12963,6	12979,2	12994,8	13010,4	13026,0	13041,6	13057,2	13072,8	13088,4	12974,0	13000,0	13052,0	13078,0	12987,0	13065,0	83
84	13104	13119,6	13135,2	13150,8	13166,4	13182,0	13197,6	13213,2	13228,8	13244,4	13130,0	13156,0	13208,0	13234,0	13143,0	13221,0	84
85	13260	13275,6	13291,2	13306,8	13322,4	13338,0	13353,6	13369,2	13384,8	13400,4	13286,0	13312,0	13364,0	13390,0	13299,0	13377,0	85
86	13416	13431,6	13447,2	13462,8	13478,4	13494,0	13509,6	13525,2	13540,8	13556,4	13442,0	13468,0	13520,0	13546,0	13455,0	13533,0	86
87	13572	13587,6	13603,2	13618,8	13634,4	13650,0	13665,6	13681,2	13696,8	13712,4	13598,0	13624,0	13676,0	13702,0	13611,0	13589,0	87
88	13728	13743,6	13759,2	13774,8	13790,4	13806,0	13821,6	13837,2	13852,8	13868,4	13754,0	13780,0	13832,0	13858,0	13767,0	13845,0	88
89	13884	13899,6	13915,2	13930,8	13946,4	13962,0	13977,6	13993,2	14008,8	14024,4	13910,0	13936,0	13988,0	14014,0	13923,0	14001,0	89
90	14040	14055,6	14071,2	14086,8	14102,4	14118,0	14133,6	14149,2	14164,8	14180,4	14066,0	14092,0	14144,0	14170,0	14079,0	14157,0	90
91	14196	14211,6	14227,2	14242,8	14258,4	14274,0	14289,6	14305,2	14320,8	14336,4	14222,0	14248,0	14300,0	14326,0	14235,0	14313,0	91
92	14352	14367,6	14383,2	14398,8	14414,4	14430,0	14445,6	14461,2	14476,8	14492,4	14378,0	14404,0	14456,0	14482,0	14391,0	14469,0	92
93	14508	14523,6	14539,2	14554,8	14570,4	14586,0	14601,6	14617,2	14632,8	14648,4	14534,0	14560,0	14612,0	14638,0	14547,0	14625,0	93
94	14664	14679,6	14695,2	14710,8	14726,4	14742,0	14757,6	14773,2	14788,8	14804,4	14690,0	14716,0	14768,0	14794,0	14703,0	14781,0	94
95	14820	14835,6	14851,2	14866,8	14882,4	14898,0	14913,6	14929,2	14944,8	14960,4	14846,0	14872,0	14924,0	14950,0	14859,0	14937,0	95
96	14976	14991,6	15007,2	15022,8	15038,4	15054,0	15069,6	15085,2	15100,8	15116,4	15002,0	15028,0	15080,0	15106,0	15015,0	15093,0	96
97	15132	15147,6	15163,2	15178,8	15194,4	15210,0	15225,6	15241,2	15256,8	15272,4	15158,0	15184,0	15236,0	15262,0	15171,0	15249,0	97
98	15288	15303,6	15319,2	15334,8	15350,4	15366,0	15381,6	15397,2	15412,8	15428,4	15314,0	15340,0	15392,0	15418,0	15327,0	15405,0	98
99	15444	15459,6	15475,2	15490,8	15506,4	15522,0	15537,6	15553,2	15568,8	15584,4	15470,0	15496,0	15548,0	15574,0	15483,0	15561,0	99
100	15600	15615,6	15631,2	15646,8	15662,4	15678,0	15693,6	15709,2	15724,8	15740,4	15626,0	15652,0	15704,0	15730,0	15639,0	15717,0	100

		1/10 15,7	2/10 31,4	3/10 47,1	4/10 62,8	5/10 78,5	6/10 94,2	7/10 109,9	8/10 125,6	9/10 141,3	1/6 26,166	2/6 52,333	4/6 104,666	5/6 130,833	1/4 39,25	3/4 117,75	
1	157	172,7	188,4	204,1	219,8	235,5	251,2	266,9	282,6	298,3	183,2	209,3	261,7	287,8	196,3	274,8	1
2	314	329,7	345,4	361,1	376,8	392,5	408,2	423,9	439,6	455,3	340,2	366,3	418,7	444,8	353,3	431,8	2
3	471	486,7	502,4	518,1	533,8	549,5	565,2	580,9	596,6	612,3	497,2	523,3	575,7	601,8	510,3	588,8	3
4	628	643,7	659,4	675,1	690,8	706,5	722,2	737,9	753,6	769,3	654,2	680,3	732,7	758,8	667,3	745,8	4
5	785	800,7	816,4	832,1	847,8	863,5	879,2	894,9	910,6	926,3	811,2	837,3	889,7	915,8	824,3	902,8	5
6	942	957,7	973,4	989,1	1004,8	1020,5	1036,2	1051,9	1067,6	1083,3	968,2	994,3	1046,7	1072,8	981,3	1059,8	6
7	1099	1114,7	1130,4	1146,1	1161,8	1177,5	1193,2	1208,9	1224,6	1240,3	1125,2	1151,3	1203,7	1229,8	1138,3	1216,8	7
8	1256	1271,7	1287,4	1303,1	1318,8	1334,5	1350,2	1365,9	1381,6	1397,3	1282,2	1308,3	1360,7	1386,8	1295,3	1373,8	8
9	1413	1428,7	1444,4	1460,1	1475,8	1491,5	1507,2	1522,9	1538,6	1554,3	1439,2	1465,3	1517,7	1543,8	1452,3	1530,8	9
10	1570	1585,7	1601,4	1617,1	1632,8	1648,5	1664,2	1679,9	1695,6	1711,3	1596,2	1622,3	1674,7	1700,8	1609,3	1687,8	10
11	1727	1742,7	1758,4	1774,1	1789,8	1805,5	1821,2	1836,9	1852,6	1868,3	1753,2	1779,3	1831,7	1857,8	1766,3	1844,8	11
12	1884	1899,7	1915,4	1931,1	1946,8	1962,5	1978,2	1993,9	2009,6	2025,3	1910,2	1936,3	1988,7	2014,8	1923,3	2001,8	12
13	2041	2056,7	2072,4	2088,1	2103,8	2119,5	2135,2	2150,9	2166,6	2182,3	2067,2	2093,3	2145,7	2171,8	2080,3	2158,8	13
14	2198	2213,7	2229,4	2245,1	2260,8	2276,5	2292,2	2307,9	2323,6	2339,3	2224,2	2250,3	2302,7	2328,8	2237,3	2315,8	14
15	2355	2370,7	2386,4	2402,1	2417,8	2433,5	2449,2	2464,9	2480,6	2496,3	2381,2	2407,3	2459,7	2485,8	2394,3	2472,8	15
16	2512	2527,7	2543,4	2559,1	2574,8	2590,5	2606,2	2621,9	2637,6	2653,3	2538,2	2564,3	2616,7	2642,8	2551,3	2629,8	16
17	2669	2684,7	2700,4	2716,1	2731,8	2747,5	2763,2	2778,9	2794,6	2810,3	2695,2	2721,3	2773,7	2799,8	2708,3	2786,8	17
18	2826	2841,7	2857,4	2873,1	2888,8	2904,5	2920,2	2935,9	2951,6	2967,3	2852,2	2878,3	2930,7	2956,8	2865,3	2943,8	18
19	2983	2998,7	3014,4	3030,1	3045,8	3061,5	3077,2	3092,9	3108,6	3124,3	3009,2	3035,3	3087,7	3113,8	3022,3	3100,8	19
20	3140	3155,7	3171,4	3187,1	3202,8	3218,5	3234,2	3249,9	3265,6	3281,3	3166,2	3192,3	3244,7	3270,8	3179,3	3257,8	20
21	3297	3312,7	3328,4	3344,1	3359,8	3375,5	3391,2	3406,9	3422,6	3438,3	3323,2	3349,3	3401,7	3427,8	3336,3	3414,8	21
22	3454	3469,7	3485,4	3501,1	3516,8	3532,5	3548,2	3563,9	3579,6	3595,3	3480,2	3506,3	3558,7	3584,8	3493,3	3571,8	22
23	3611	3626,7	3642,4	3658,1	3673,8	3689,5	3705,2	3720,9	3736,6	3752,3	3637,2	3663,3	3715,7	3741,8	3650,3	3728,8	23
24	3768	3783,7	3799,4	3815,1	3830,8	3846,5	3862,2	3877,9	3893,6	3909,3	3794,2	3820,3	3872,7	3898,8	3807,3	3885,8	24
25	3925	3940,7	3956,4	3972,1	3987,8	4003,5	4019,2	4034,9	4050,6	4066,3	3951,2	3977,3	4029,7	4055,8	3964,3	4042,8	25
26	4082	4097,7	4113,4	4129,1	4144,8	4160,5	4176,2	4191,9	4207,6	4223,3	4108,2	4134,3	4186,7	4212,8	4121,3	4199,8	26
27	4239	4254,7	4270,4	4286,1	4301,8	4317,5	4333,2	4348,9	4364,6	4380,3	4265,2	4291,3	4343,7	4369,8	4278,3	4356,8	27
28	4396	4411,7	4427,4	4443,1	4458,8	4474,5	4490,2	4505,9	4521,6	4537,3	4422,2	4448,3	4500,7	4526,8	4435,3	4513,8	28
29	4553	4568,7	4584,4	4600,1	4615,8	4631,5	4647,2	4662,9	4678,6	4694,3	4579,2	4605,3	4657,7	4683,8	4592,3	4670,8	29
30	4710	4725,7	4741,4	4757,1	4772,8	4788,5	4804,2	4819,9	4835,6	4851,3	4736,2	4762,3	4814,7	4840,8	4749,3	4827,8	30
31	4867	4882,7	4898,4	4914,1	4929,8	4945,5	4961,2	4976,9	4992,6	5008,3	4893,2	4919,3	4971,7	4997,8	4906,3	4984,8	31
32	5024	5039,7	5055,4	5071,1	5086,8	5102,5	5118,2	5133,9	5149,6	5165,3	5050,2	5076,3	5128,7	5154,8	5063,3	5141,8	32
33	5181	5196,7	5212,4	5228,1	5243,8	5259,5	5275,2	5290,9	5306,6	5322,3	5207,2	5233,3	5285,7	5311,8	5220,3	5298,8	33
34	5338	5353,7	5369,4	5385,1	5400,8	5416,5	5432,2	5447,9	5463,6	5479,3	5364,2	5390,3	5442,7	5468,8	5377,3	5455,8	34
35	5495	5510,7	5526,4	5542,1	5557,8	5573,5	5589,2	5604,9	5620,6	5636,3	5521,2	5547,3	5599,7	5625,8	5534,3	5612,8	35
36	5652	5667,7	5683,4	5699,1	5714,8	5730,5	5746,2	5761,9	5777,6	5793,3	5678,2	5704,3	5756,7	5782,8	5691,3	5769,8	36
37	5809	5824,7	5840,4	5856,1	5871,8	5887,5	5903,2	5918,9	5934,6	5950,3	5835,2	5861,3	5913,7	5939,8	5848,3	5926,8	37
38	5966	5981,7	5997,4	6013,1	6028,8	6044,5	6060,2	6075,9	6091,6	6107,3	5992,2	6018,3	6070,7	6096,8	6005,3	6083,8	38
39	6123	6138,7	6154,4	6170,1	6185,8	6201,5	6217,2	6232,9	6248,6	6264,3	6149,2	6175,3	6227,7	6253,8	6162,3	6240,8	39
40	6280	6295,7	6311,4	6327,1	6342,8	6358,5	6374,2	6389,9	6405,6	6421,3	6306,2	6332,3	6384,7	6410,8	6319,3	6397,8	40
41	6437	6452,7	6468,4	6484,1	6499,8	6515,5	6531,2	6546,9	6562,6	6578,3	6463,2	6489,3	6541,7	6567,8	6476,3	6554,8	41
42	6594	6609,7	6625,4	6641,1	6656,8	6672,5	6688,2	6703,9	6719,6	6735,3	6620,2	6646,3	6698,7	6724,8	6633,3	6711,8	42
43	6751	6766,7	6782,4	6798,1	6813,8	6829,5	6845,2	6860,9	6876,6	6892,3	6777,2	6803,3	6855,7	6881,8	6790,3	6868,8	43
44	6908	6923,7	6939,4	6955,1	6970,8	6986,5	7002,2	7017,9	7033,6	7049,3	6934,2	6960,3	7012,7	7038,8	6947,3	7025,8	44
45	7065	7080,7	7096,4	7112,1	7127,8	7143,5	7159,2	7174,9	7190,6	7206,3	7091,2	7117,3	7169,7	7195,8	7104,3	7182,8	45
46	7222	7237,7	7253,4	7269,1	7284,8	7300,5	7316,2	7331,9	7347,6	7363,3	7248,2	7274,3	7326,7	7352,8	7261,3	7339,8	46
47	7379	7394,7	7410,4	7426,1	7441,8	7457,5	7473,2	7488,9	7504,6	7520,3	7405,2	7431,3	7483,7	7509,8	7418,3	7496,8	47
48	7536	7551,7	7567,4	7583,1	7598,8	7614,5	7630,2	7645,9	7661,6	7677,3	7562,2	7588,3	7640,7	7666,8	7575,3	7653,8	48
49	7693	7708,7	7724,4	7740,1	7755,8	7771,5	7787,2	7802,9	7818,6	7834,3	7719,2	7745,3	7797,7	7823,8	7732,3	7810,8	49
50	7850	7865,7	7881,4	7897,1	7912,8	7928,5	7944,2	7959,9	7975,6	7991,3	7876,2	7902,3	7954,7	7980,8	7889,3	7967,8	50
51	8007	8022,7	8038,4	8054,1	8069,8	8085,5	8101,2	8116,9	8132,6	8148,3	8033,2	8059,3	8111,7	8137,8	8046,3	8124,8	51
52	8164	8179,7	8195,4	8211,1	8226,8	8242,5	8258,2	8273,9	8289,6	8305,3	8190,2	8216,3	8268,7	8294,8	8203,3	8281,8	52
53	8321	8336,7	8352,4	8368,1	8383,8	8399,5	8415,2	8430,9	8446,6	8462,3	8347,2	8373,3	8425,7	8451,8	8360,3	8438,8	53
54	8478	8493,7	8509,4	8525,1	8540,8	8556,5	8572,2	8587,9	8603,6	8619,3	8504,2	8530,3	8582,7	8608,8	8517,3	8595,8	54
55	8635	8650,7	8666,4	8682,1	8697,8	8713,5	8729,2	8744,9	8760,6	8776,3	8661,2	8687,3	8739,7	8765,8	8674,3	8752,8	55
56	8792	8807,7	8823,4	8839,1	8854,8	8870,5	8886,2	8901,9	8917,6	8933,3	8818,2	8844,3	8896,7	8922,8	8831,3	8909,8	56
57	8949	8964,7	8980,4	8996,1	9011,8	9027,5	9043,2	9058,9	9074,6	9090,3	8975,2	9001,3	9053,7	9079,8	8988,3	9066,8	57
58	9106	9121,7	9137,4	9153,1	9168,8	9184,5	9200,2	9215,9	9231,6	9247,3	9132,2	9158,3	9210,7	9236,8	9145,3	9223,8	58
59	9263	9278,7	9294,4	9310,1	9325,8	9341,5	9357,2	9372,9	9388,6	9404,3	9289,2	9315,3	9367,7	9393,8	9302,3	9380,8	59
60	9420	9435,7	9451,4	9467,1	9482,8	9498,5	9514,2	9529,9	9545,6	9561,3	9446,2	9472,3	9524,7	9550,8	9459,3	9537,8	60
61	9577	9592,7	9608,4	9624,1	9639,8	9655,5	9671,2	9686,9	9702,6	9718,3	9603,2	9629,3	9681,7	9707,8	9616,3	9694,8	61
62	9734	9749,7	9765,4	9781,1	9796,8	9812,5	9828,2	9843,9	9859,6	9875,3	9760,2	9786,3	9838,7	9864,8	9773,3	9851,8	62
63	9891	9906,7	9922,4	9938,1	9953,8	9969,5	9985,2	10000,9	10016,6	10032,3	9917,2	9943,3	9995,7	10021,8	9930,3	10008,8	63
64	10048	10063,7	10079,4	10095,1	10110,8	10126,5	10142,2	10157,9	10173,6	10189,3	10074,2	10100,3	10152,7	10178,8	10087,3	10165,8	64
65	10205	10220,7	10236,4	10252,1	10267,8	10283,5	10299,2	10314,9	10330,6	10346,3	10231,2	10257,3	10309,7	10335,8	10244,3	10322,8	65
66	10362	10377,7	10393,4	10409,1	10424,8	10440,5	10456,2	10471,9	10487,6	10503,3	10388,2	10414,3	10466,7	10492,8	10401,3	10479,8	66
67	10519	10534,7	10550,4	10566,1	10581,8	10597,5	10613,2	10628,9	10644,6	10660,3	10545,2	10571,3	10623,7	10649,8	10558,3	10636,8	67
68	10676	10691,7	10707,4	10723,1	10738,8	10754,5	10770,2	10785,9	10801,6	10817,3	10702,2	10728,3	10780,7	10806,8	10715,3	10793,8	68
69	10833	10848,7	10864,4	10880,1	10895,8	10911,5	10927,2	10942,9	10958,6	10974,3	10859,2	10885,3	10937,7	10963,8	10872,3	10950,8	69
70	10990	11005,7	11021,4	11037,1	11052,8	11068,5	11084,2	11099,9	11115,6	11131,3	11016,2	11042,3	11094,7	11120,8	11029,3	11107,8	70
71	11147	11162,7	11178,4	11194,1	11209,8	11225,5	11241,2	11256,9	11272,6	11288,3	11173,2	11199,3	11251,7	11277,8	11186,3	11264,8	71
72	11304	11319,7	11335,4	11351,1	11366,8	11382,5	11398,2	11413,9	11429,6	11445,3	11330,2	11356,3	11408,7	11434,8	11343,3	11421,8	72
73	11461	11476,7	11492,4	11508,1	11523,8	11539,5	11555,2	11570,9	11586,6	11602,3	11487,2	11513,3	11565,7	11591,8	11500,3	11578,8	73
74	11618	11633,7	11649,4	11665,1	11680,8	11696,5	11712,2	11727,9	11743,6	11759,3	11644,2	11670,3	11722,7	11748,8	11657,3	11735,8	74
75	11775	11790,7	11806,4	11822,1	11837,8	11853,5	11869,2	11884,9	11900,6	11916,3	11801,2	11827,3	11879,7	11905,8	11814,3	11892,8	75
76	11932	11947,7	11963,4	11979,1	11994,8	12010,5	12026,2	12041,9	12057,6	12073,3	11958,2	11984,3	12036,7	12062,8	11971,3	12049,8	76
77	12089	12104,7	12120,4	12136,1	12151,8	12167,5	12183,2	12198,9	12214,6	12230,3	12115,2	12141,3	12193,7	12219,8	12128,3	12206,8	77
78	12246	12261,7	12277,4	12293,1	12308,8	12324,5	12340,2	12355,9	12371,6	12387,3	12272,2	12298,3	12350,7	12376,8	12285,3	12363,8	78
79	12403	12418,7	12434,4	12450,1	12465,8	12481,5	12497,2	12512,9	12528,6	12544,3	12429,2	12455,3	12507,7	12533,8	12442,3	12520,8	79
80	12560	12575,7	12591,4	12607,1	12622,8	12638,5	12654,2	12669,9	12685,6	12701,3	12586,2	12612,3	12664,7	12690,8	12599,3	12677,8	80
81	12717	12732,7	12748,4	12764,1	12779,8	12795,5	12811,2	12826,9	12842,6	12858,3	12743,2	12769,3	12821,7	12847,8	12756,3	12834,8	81
82	12874	12889,7	12905,4	12921,1	12936,8	12952,5	12968,2	12983,9	12999,6	13015,3	12900,2	12926,3	12978,7	13004,8	12913,3	12991,8	82
83	13031	13046,7	13052,4	13078,1	13093,8	13109,5	13125,2	13140,9	13156,6	13172,3	13057,2	13083,3	13135,7	13161,8	13070,3	13148,8	83
84	13188	13203,7	13219,4	13235,1	13250,8	13266,5	13282,2	13297,9	13313,6	13329,3	13214,2	13240,3	13292,7	13318,8	13227,3	13305,8	84
85	13345	13360,7	13376,4	13392,1	13407,8	13423,5	13439,2	13454,9	13470,6	13486,3	13371,2	13397,3	13449,7	13475,8	13384,3	13462,8	85
86	13502	13517,7	13533,4	13549,1	13564,8	13580,5	13596,2	13611,9	13627,6	13643,3	13528,2	13554,3	13606,7	13632,8	13541,3	13619,8	86
87	13659	13674,7	13690,4	13706,1	13721,8	13737,5	13753,2	13768,9	13784,6	13800,3	13685,2	13711,3	13763,7	13789,8	13698,3	13776,8	87
88	13816	13831,7	13847,4	13863,1	13878,8	13894,5	13910,2	13925,9	13941,6	13957,3	13842,2	13868,3	13920,7	13946,8	13855,3	13933,8	88
89	13973	13988,7	14004,4	14020,1	14035,8	14051,5	14067,2	14082,9	14098,6	14114,3	13999,2	14025,3	14077,7	14103,8	14012,3	14090,8	89
90	14130	14145,7	14161,4	14177,1	14192,8	14208,5	14224,2	14239,9	14255,6	14271,3	14156,2	14182,3	14234,7	14260,8	14169,3	14247,8	90
91	14287	14302,7	14318,4	14334,1	14349,8	14365,5	14381,2	14396,9	14412,6	14428,3	14313,2	14339,3	14391,7	14417,8	14326,3	14404,8	91
92	14444	14459,7	14475,4	14491,1	14506,8	14522,5	14538,2	14553,9	14569,6	14585,3	14470,2	14496,3	14548,7	14574,8	14483,3	14561,8	92
93	14601	14616,7	14632,4	14648,1	14663,8	14679,5	14695,2	14710,9	14726,6	14742,3	14627,2	14653,3	14705,7	14731,8	14640,3	14718,8	93
94	14758	14773,7	14789,4	14805,1	14820,8	14836,5	14852,2	14867,9	14883,6	14899,3	14784,2	14810,3	14862,7	14888,8	14797,3	14875,8	94
95	14915	14930,7	14946,4	14962,1	14977,8	14993,5	15009,2	15024,9	15040,6	15056,3	14941,2	14967,3	15019,7	15045,8	14954,3	15032,8	95
96	15072	15087,7	15103,4	15119,1	15134,8	15150,5	15166,2	15181,9	15197,6	15213,3	15098,2	15124,3	15176,7	15202,8	15111,3	15189,8	96
97	15229	15244,7	15260,4	15276,1	15291,8	15307,5	15323,2	15338,9	15354,6	15370,3	15255,2	15281,3	15333,7	15359,8	15268,3	15346,8	97
98	15386	15401,7	15417,4	15433,1	15448,8	15464,5	15480,2	15495,9	15511,6	15527,3	15412,2	15438,3	15490,7	15516,8	15425,3	15503,8	98
99	15543	15558,7	15574,4	15590,1	15605,8	15621,5	15637,2	15652,9	15668,6	15684,3	15569,2	15595,3	15647,7	15673,8	15582,3	15660,8	99
100	15700	15715,7	15731,4	15747,1	15762,8	15778,5	15794,2	15809,9	15825,6	15841,3	15726,2	15752,3	15804,7	15830,8	15739,3	15817,8	100

158		1/10 15,8	2/10 31,6	3/10 47,4	4/10 63,2	5/10 79,0	6/10 94,8	7/10 110,6	8/10 126,4	9/10 142,2	1/6 26,333	2/6 52,666	4/6 105,333	5/6 131,666	1/4 39,5	3/4 118,5	
1	158	173,8	189,6	205,4	221,2	237,0	252,8	268,6	284,4	300,2	184,3	210,7	263,3	289,7	197,5	276,5	1
2	316	331,8	347,6	363,4	379,2	395,0	410,8	426,6	442,4	458,2	342,3	368,7	421,3	447,7	355,5	434,5	2
3	474	489,8	505,6	521,4	537,2	553,0	568,8	584,6	600,4	616,2	500,3	526,7	579,3	605,7	513,5	592,5	3
4	632	647,8	663,6	679,4	695,2	711,0	726,8	742,6	758,4	774,2	658,3	684,7	737,3	763,7	671,5	750,5	4
5	790	805,8	821,6	837,4	853,2	869,0	884,8	900,6	916,4	932,2	816,3	842,7	895,3	921,7	829,5	908,5	5
6	948	963,8	979,6	995,4	1011,2	1027,0	1042,8	1058,6	1074,4	1090,2	974,3	1000,7	1053,3	1079,7	987,5	1066,5	6
7	1106	1121,8	1137,6	1153,4	1169,2	1185,0	1200,8	1216,6	1232,4	1248,2	1132,3	1158,7	1211,3	1237,7	1145,5	1224,5	7
8	1264	1279,8	1295,6	1311,4	1327,2	1343,0	1358,8	1374,6	1390,4	1406,2	1290,3	1316,7	1369,3	1395,7	1303,5	1382,5	8
9	1422	1437,8	1453,6	1469,4	1485,2	1501,0	1516,8	1532,6	1548,4	1564,2	1448,3	1474,7	1527,3	1553,7	1461,5	1540,5	9
10	1580	1595,8	1611,6	1627,4	1643,2	1659,0	1674,8	1690,6	1706,4	1722,2	1606,3	1632,7	1685,3	1711,7	1619,5	1698,5	10
11	1738	1753,8	1769,6	1785,4	1801,2	1817,0	1832,8	1848,6	1864,4	1880,2	1764,3	1790,7	1843,3	1869,7	1777,5	1856,5	11
12	1896	1911,8	1927,6	1943,4	1959,2	1975,0	1990,8	2006,6	2022,4	2038,2	1922,3	1948,7	2001,3	2027,7	1935,5	2014,5	12
13	2054	2069,8	2085,6	2101,4	2117,2	2133,0	2148,8	2164,6	2180,4	2196,2	2080,3	2106,7	2159,3	2185,7	2093,5	2172,5	13
14	2212	2227,8	2243,6	2259,4	2275,2	2291,0	2306,8	2322,6	2338,4	2354,2	2238,3	2264,7	2317,3	2343,7	2251,5	2330,5	14
15	2370	2385,8	2401,6	2417,4	2433,2	2449,0	2464,8	2480,6	2496,4	2512,2	2396,3	2422,7	2475,3	2501,7	2409,5	2488,5	15
16	2528	2543,8	2559,6	2575,4	2591,2	2607,0	2622,8	2638,6	2644,4	2670,2	2554,3	2580,7	2633,3	2659,7	2567,5	2646,5	16
17	2686	2701,8	2717,6	2733,4	2749,2	[illegible]	2780,8	2796,6	2812,4	2828,2	2712,3	2738,7	2791,3	2817,7	2725,5	2804,5	17
18	2844	2859,8	2875,6	2891,4	2907,2	2923,0	2938,8	2954,6	2970,4	2986,2	2870,3	2896,7	2949,3	2975,7	2883,5	2962,5	18
19	3002	3017,8	3033,6	3049,4	3065,2	3081,0	3096,8	3112,6	3128,4	3144,2	3028,3	3054,7	3107,3	3133,7	3041,5	3120,5	19
20	3160	3175,8	3191,6	3207,4	3223,2	3239,0	3254,8	3270,6	3286,4	3302,2	3186,3	3212,7	3265,3	3291,7	3199,5	3278,5	20
21	3318	3333,8	3349,6	3365,4	3381,2	3397,0	3412,8	3428,6	3444,4	3460,2	3344,3	3370,7	3423,3	3449,7	3357,5	3436,5	21
22	3476	3491,8	3507,6	3523,4	3539,2	3555,0	3570,8	3586,6	3602,4	3618,2	3502,3	3528,7	3581,3	3607,7	3515,5	3594,5	22
23	3634	3649,8	3665,6	3681,4	3697,2	3713,0	3728,8	3744,6	3760,4	3776,2	3660,3	3686,7	3739,3	3765,7	3673,5	3752,5	23
24	3792	3807,8	3823,6	3839,4	3855,2	3871,0	3886,8	3902,6	3918,4	3934,2	3818,3	3844,7	3897,3	3923,7	3831,5	3910,5	24
25	3950	3965,8	3981,6	3997,4	4013,2	4029,0	4044,8	4060,6	4076,4	4092,2	3976,3	4002,7	4055,3	4081,7	3989,5	4068,5	25
26	4108	4123,8	4139,6	4155,4	4171,2	4187,0	4202,8	4218,6	4234,4	4250,2	4134,3	4160,7	4213,3	4239,7	4147,5	4226,5	26
27	4266	4281,8	4297,6	4313,4	4329,2	4345,0	4360,8	4376,6	4392,4	4408,2	4292,3	4318,7	4371,3	4397,7	4305,5	4384,5	27
28	4424	4439,8	4455,6	4471,4	4487,2	4503,0	4518,8	4534,6	4550,4	4566,2	4450,3	4476,7	4529,3	4555,7	4463,5	4542,5	28
29	4582	4597,8	4613,6	4629,4	4645,2	4661,0	4676,8	4692,6	4708,4	4724,2	4608,3	4634,7	4687,3	4713,7	4621,5	4700,5	29
30	4740	4755,8	4771,6	4787,4	4803,2	4819,0	4834,8	4850,6	4866,4	4882,2	4766,3	4792,7	4845,3	4871,7	4779,5	4858,5	30
31	4898	4913,8	4929,6	4945,4	4961,2	4977,0	4992,8	5008,6	5024,4	5040,2	4924,3	4950,7	5003,3	5029,7	4937,5	5016,5	31
32	5056	5071,8	5087,6	5103,4	5119,2	5135,0	5150,8	5166,6	5182,4	5198,2	5082,3	5108,7	5161,3	5187,7	5095,5	5174,5	32
33	5214	5229,8	5245,6	5261,4	5277,2	5293,0	5308,8	5324,6	5340,4	5356,2	5240,3	5266,7	5319,3	5345,7	5253,5	5332,5	33
34	5372	5387,8	5403,6	5419,4	5435,2	5451,0	5466,8	5482,6	5498,4	5514,2	5398,3	5424,7	5477,3	5503,7	5411,5	5490,5	34
35	5530	5545,8	5561,6	5777,4	5593,2	5609,0	5624,8	5640,6	5656,4	5672,2	5556,3	5582,7	5635,3	5661,7	5569,5	5648,5	35
36	5688	5703,8	5719,6	5735,4	5751,2	5767,0	5782,8	5798,6	5814,4	5830,2	5714,3	5740,7	5793,3	5819,7	5727,5	5806,5	36
37	5846	5861,8	5877,6	5893,4	5909,2	5925,0	5940,8	5956,6	5972,4	5988,2	5872,3	5898,7	5951,3	5977,7	5885,5	5964,5	37
38	6004	6019,8	6035,6	6051,4	6067,2	6083,0	6098,8	6114,6	6130,4	6146,2	6030,3	6056,7	6109,3	6135,7	6043·5	6122,5	38
39	6162	6177,8	6193,6	6209,4	6225,2	6241,0	6256,8	6272,6	6288,4	6304,2	6188,3	6214,7	6267,3	6293,7	6201,5	6280,5	39
40	6320	6335,8	6351,6	6367,4	6383,2	6399,0	6414,8	6430,6	6446,4	6462,2	6346,3	6372,7	6425,3	6451,7	6359,5	6438,5	40
41	6478	6493,8	6509,6	6525,4	6541,2	6557,0	6572,8	6588,6	6604,4	6620,2	6504,3	6530,7	6583,3	6609,7	6517,5	6596,5	41
42	6636	6651,8	6667,6	6683,4	6699,2	6715,0	6730,8	6746,6	6762,4	6778,2	6662,3	6688,7	6741,3	6767,7	6675,5	6754,5	42
43	6794	6809,8	6825,6	6841,4	6857,2	6873,0	6888,8	6904,6	6920,4	6936,2	6820,3	6846,7	6899,3	6925,7	6833,5	6912,5	43
44	6952	6967,8	6983,6	6999,4	7015,2	7031,0	7046,8	7062,6	7078,4	7094,2	6978,3	7004,7	7057,3	7083,7	6991,5	7070,5	44
45	7110	7125,8	7141,6	7157,4	7173,2	7189,0	7204,8	7220,6	7236,4	7252,2	7136,3	7162,7	7215,3	7241,7	7149,5	7228,5	45
46	7268	7283,8	7299,6	7315,4	7331,2	7347,0	7362,8	7378,6	7394,4	7410,2	7294,3	7320,7	7373,3	7399,7	7307,5	7386,5	46
47	7426	7441,8	7457,6	7473,4	7489,2	7505,0	7520,8	7536,6	7552,4	7568,2	7452,3	7478,7	7531,3	7557,7	7465,5	7544,5	47
48	7584	7599,8	7615,6	7631,4	7647,2	7663,0	7678,8	7694,6	7710,4	7726,2	7610,3	7636,7	7689,3	7715,7	7623,5	7702,5	48
49	7742	7757,8	7773,6	7789,4	7805,2	7821,0	7836,8	7852,6	7868,4	7884,2	7768,3	7794,7	7847,3	7873,7	7781,5	7860,5	49
50	7900	7915,8	7931,6	7947,4	7963,2	7979,0	7994,8	8010,6	8026,4	8042,2	7926,3	7952,7	8005,3	8031,7	7939,5	8018,5	50
51	8058	8073,8	8089,6	8105,4	8121,2	8137,0	8152,8	8168,6	8184,4	8200,2	8084,3	8110,7	8163,3	8189,7	8097,5	8176,5	51
52	8216	8231,8	8247,6	8263,4	8279,2	8295,0	8310,8	8326,6	8342,4	8358,2	8242,3	8268,7	8321,3	8347,7	8255,5	8334,5	52
53	8374	8389,8	8405,6	8421,4	8437,2	8453,0	8468,8	8484,6	8500,4	8516,2	8400,3	8426,7	8479,3	8505,7	8413,5	8492,5	53
54	8532	8547,8	8563,6	8579,4	8595,2	8611,0	8626,8	8642,6	8658,4	8674,2	8558,3	8584,7	8637,3	8663,7	8571,5	8650,5	54
55	8690	8705,8	8721,6	8737,4	8753,2	8769,0	8784,8	8800,6	8816,4	8832,2	8716,3	8742,7	8795,3	8821,7	8729,5	8808,5	55
56	8848	8863,8	8879,6	8895,4	8911,2	8927,0	8942,8	8958,6	8974,4	8990,2	8874,3	8900,7	8953,3	8979,7	8887,5	8966,5	56
57	9006	9021,8	9037,6	9053,4	9069,2	9085,0	9100,8	9116,6	9132,4	9148,2	9032,3	9058,7	9111,3	9137,7	9045,5	9124,5	57
58	9164	9179,8	9195,6	9211,4	9227,2	9243,0	9258,8	9274,6	9290,4	9306,2	9190,3	9216,7	9269,3	9295,7	9203,5	9282,5	58
59	9322	9337,8	9353,6	9369,4	9385,2	9401,0	9416,8	9432,6	9448,4	9464,2	9348,3	9374,7	9427,3	9453,7	9361,5	9440,5	59
60	9480	9495,8	9511,6	9527,4	9543,2	9559,0	9574,8	9590,6	9606,4	9622,2	9506,3	9532,7	9585,3	9611,7	9519,5	9598,5	60
61	9638	9653,8	9669,6	9685,4	9701,2	9717,0	9732,8	9748,6	9764 4	9780,2	9664,3	9690,7	9743,3	9769,7	9677,5	9756,5	61
62	9796	9811,8	9827,6	9843,4	9859,2	9875,0	9890,8	9906,6	9922,4	9938,2	9822,3	9848,7	9901,3	9927,7	9835,5	9914,5	62
63	9954	9969,8	9985,6	10001,4	10017,2	10033,0	10048,8	10064,6	10080,4	10096,2	9980,3	10006,7	10059,3	10085,7	9993,5	10072,5	63
64	10112	10127,8	10143,6	10159,4	10175,2	10191,0	10206,8	10222,6	10238,4	10254,2	10138,3	10164,7	10217,3	10243,7	10151,5	10230,5	64
65	10270	10285,8	10301,6	10317,4	10333,2	10349,0	10364,8	10380,6	10396,4	10412,2	10296,3	10322,7	10375,3	10401,7	10309,5	10388,5	65
66	10428	10443,8	10459,6	10475,4	10491,2	10507,0	10522,8	10538,6	10554,4	10570,2	10454,3	10480,7	10533,3	10559,7	10467,5	10546,5	66
67	10586	10601,8	10617,6	10633,4	10649,2	10665,0	10680,8	10696,6	10712,4	10728,2	10612,3	10638,7	10691,3	10717,7	10625,5	10704,5	67
68	10744	10759,8	10775,6	10791,4	10807,2	10823,0	10838,8	10854,6	10870,4	10886,2	10770,3	10796,7	10849,3	10875,7	10783,5	10862,5	68
69	10902	10917,8	10933,6	10949,4	10965,2	10981,0	10996,8	11012,6	11028,4	11044,2	10928,3	10954,7	11007,3	11033,7	10941,5	11020,5	69
70	11060	11075,8	11091,6	11107,4	11123,2	11139,0	11154,8	11170,6	11186,4	11202,2	11086,3	11112,7	11165,3	11191,7	11099,5	11178,5	70
71	11218	11233,8	11249,6	11265,4	11281,2	11297,0	11312,8	11328,6	11344,4	11360,2	11244,3	11270,7	11323,3	11349,7	11257,5	11336,5	71
72	11376	11391,8	11407,6	11423,4	11439,2	11455,0	11470,8	11486,6	11502,4	11518,2	11402,3	11428,7	11481,3	11507,7	11415,5	11494,5	72
73	11534	11549,8	11565,6	11581,4	11597,2	11613,0	11628,8	11644,6	11660,4	11676,2	11560,3	11586,7	11639,3	11665,7	11573,5	11652,5	73
74	11692	11707,8	11723,6	11739,4	11755,2	11771,0	11786,8	11802,6	11818,4	11834,2	11718,3	11744,7	11797,3	11823,7	11731,5	11810,5	74
75	11850	11865,8	11881,6	11897,4	11913,2	11929,0	11944,8	11960,6	11976,4	11992,2	11876,3	11902,7	11955,3	11981,7	11889,5	11968,5	75
76	12008	12023,8	12039,6	12055,4	12071,2	12087,0	12102,8	12118,6	12134,4	12150,2	12034,3	12060,7	12113,3	12139,7	12047,5	12126,5	76
77	12166	12181,8	12197,6	12213,4	12229,2	12245,0	12260,8	12276,6	12292,4	12308,2	12192,3	12218,7	12271,3	12297,7	12205,5	12284,5	77
78	12324	12339,8	12355,6	12371,4	12387,2	12403,0	12418,8	12434,6	12450,4	12466,2	12350,3	12376,7	12429,3	12455,7	12363,5	12442,5	78
79	12482	12497,8	12513,6	12529,4	12545,2	12561,0	12576,8	12592,6	12608,4	12624,2	12508,3	12534,7	12587,3	12613,7	12521,5	12600,5	79
80	12640	12655,8	12671,6	12687,4	12703,2	12719,0	12734,8	12750,6	12766,4	12782,2	12666,3	12692,7	12745,3	12771,7	12679,5	12758,5	80
81	12798	12813,8	12829,6	12845,4	12861,2	12877,0	12892,8	12908,6	12924,4	12940,2	12824,3	12850,7	12903,3	12929,7	12837,5	12916,5	81
82	12956	12971,8	12987,6	13003,4	13019,2	13035,0	13050,8	13066,6	13082,4	13098,2	12982,3	13008,7	13061,3	13087,7	12995,5	13074,5	82
83	13114	13129,8	13145,6	13161,4	13177,2	13193,0	13208,8	13224,6	13240,4	13256,2	13140,3	13166,7	13219,3	13245,7	13153,5	13232,5	83
84	13272	13287,8	13303,6	13319,4	13335,2	13351,0	13366,8	13382,6	13398,4	13414,2	13298,3	13324,7	13377,3	13403,7	13311,5	13390,5	84
85	13430	13445,8	13461,6	13477,4	13493,2	13509,0	13524,8	13540,6	13556,4	13572,2	13456,3	13482,7	13535,3	13561,7	13469,5	13548,5	85
86	13588	13603,8	13619,6	13635,4	13651,2	13667,0	13682,8	13698,6	13714,4	13730,2	13614,3	13640,7	13693,3	13719,7	13627,5	13706,5	86
87	13746	13761,8	13777,6	13793,4	13809,2	13825,0	13840,8	13856,6	13872,4	13888,2	13772,3	13798,7	13851,3	13877,7	13785,5	13864,5	87
88	13904	13919,8	13935,6	13951,4	13967,2	13983,0	13998,8	14014,6	14030,4	14046,2	13930,3	13956,7	14009,3	14035,7	13943,5	14022,5	88
89	14062	14077,8	14093,6	14109,4	14125,2	14141,0	14156,8	14172,6	14188,4	14204,2	14088,3	14114,7	14167,3	14193,7	14101,5	14180,5	89
90	14220	14235,8	14251,6	14267,4	14283,2	14299,0	14314,8	14330,6	14346,4	14362,6	14246,3	14272,7	14325,3	14351,7	14259,5	14338,5	90
91	14378	14393,8	14409,6	14425,4	14441,2	14457,0	14472,8	14488,6	14504,4	14520,2	14404,3	14430,7	14483,3	14509,7	14417,5	14496,5	91
92	14536	14551,8	14567,6	14583,4	14599,2	14615,0	14630,8	14646,6	14662,4	14678,2	14562,3	14588,7	14641,3	14667,7	14575,5	14654,5	92
93	14694	14709,8	14725,6	14741,4	14757,2	14773,0	14788,8	14804,6	14820,4	14836,2	14720,3	14746,7	14799,3	14825,7	14733,5	14812,5	93
94	14852	14867,8	14883,6	14899,4	14915,2	14931,0	14946,8	14962,6	14978,4	14994,2	14878,3	14904,7	14957,3	14983,7	14891,5	14970,5	94
95	15010	15025,8	15041,6	15057,4	15073,2	15089,0	15104,8	15120,6	15136,4	15152,2	15036,3	15062,7	15115,3	15141,7	15049,5	15128,5	95
96	15168	15183,8	15199,6	15215,4	15231,2	15247,0	15262,8	15278,6	15294,4	15310,2	15194,3	15220,7	15273,3	15299,7	15207,5	15286,5	96
97	15326	15341,8	15357,6	15373,4	15389,2	15405,0	15420,8	15436,6	15452,4	15468,2	15352,3	15378,7	15431,3	15457,7	15365,5	15444,5	97
98	15484	15499,8	15515,6	15531,4	15547,2	15563,0	15578,8	15594,6	15610,4	15626,2	15510,3	15536,7	15589,3	15615,7	15523,5	15602,5	98
99	15642	15657,8	15673,6	15689,4	15705,2	15721,0	15736,8	15752,6	15768,4	15784,2	15668,3	15694,7	15747,3	15773,7	15681,5	15760,5	99
100	15800	15815,8	15831,6	15847,4	15863,2	15879,0	15894,8	15910,6	15926,4	15942,2	15826,3	15852,7	15905,3	15931,7	15839,5	15918,5	100

		1/10 15,9	2/10 31,8	3/10 47,7	4/10 63,6	5/10 79,5	6/10 95,4	7/10 111,3	8/10 127,2	9/10 143,1	1/6 25,5	2/6 53,0	4/6 105,0	5/6 132,5	1/4 39,75	3/4 119,25	
1	159	174,9	190,8	206,7	222,6	238,5	254,4	270,3	286,2	302,1	185,5	212,0	265,0	291,5	198,8	278,3	1
2	318	333,9	349,8	365,7	381,6	397,5	413,4	429,3	445,2	461,1	344,5	371,0	424,0	450,5	357,8	437,3	2
3	477	492,9	508,8	524,7	540,6	556,5	572,4	588,3	604,2	620,1	503,5	530,0	583,0	609,5	516,8	596,3	3
4	636	651,9	667,8	683,7	699,6	715,5	731,4	747,3	763,2	779,1	662,5	689,0	742,0	768,5	675,8	755,3	4
5	795	810,9	826,8	842,7	858,6	874,5	890,4	906,3	922,2	938,1	821,5	848,0	901,0	927,5	834,8	914,3	5
6	954	969,9	985,8	1001,7	1017,6	1033,5	1049,4	1065,3	1081,2	1097,1	980,5	1007,0	1060,0	1086,5	993,8	1073,3	6
7	1113	1128,9	1144,8	1160,7	1176,6	1192,5	1208,4	1224,3	1240,2	1256,1	1139,5	1166,0	1219,0	1245,5	1152,8	1232,3	7
8	1272	1287,9	1303,8	1319,7	1335,6	1351,5	1367,4	1383,3	1399,2	1415,1	1298,5	1325,0	1378,0	1404,5	1311,8	1391,3	8
9	1431	1446,9	1462,8	1478,7	1494,6	1510,5	1526,4	1542,3	1558,2	1574,1	1457,5	1484,0	1537,0	1563,5	1470,8	1550,3	9
10	1590	1605,9	1621,8	1637,7	1653,6	1669,5	1685,4	1701,3	1717,2	1733,1	1616,5	1643,0	1696,0	1722,5	1629,8	1709,3	10
11	1749	1764,9	1780,8	1796,7	1812,6	1828,5	1844,4	1860,3	1876,2	1892,1	1775,5	1802,0	1855,0	1881,5	1788,8	1868,3	11
12	1908	1923,9	1939,8	1955,7	1971,6	1987,5	2003,4	2019,3	2035,2	2051,1	1934,5	1961,0	2014,0	2040,5	1947,8	2027,3	12
13	2067	2082,9	2098,8	2114,7	2130,6	2146,5	2162,4	2178,3	2194,2	2210,1	2093,5	2120,0	2173,0	2199,5	2106,8	2186,3	13
14	2226	2241,9	2257,8	2273,7	2289,6	2305,5	2321,4	2337,3	2353,2	2369,1	2252,5	2279,0	2332,0	2358,5	2265,8	2345,3	14
15	2385	2400,9	2416,8	2432,7	2448,6	2464,5	2480,4	2496,3	2512,2	2528,1	2411,5	2438,0	2491,0	2517,5	2424,8	2504,3	15
16	2544	2559,9	2575,8	2591,7	2607,6	2623,5	2639,4	2655,3	2671,2	2687,1	2570,5	2597,0	2650,0	2676,5	2583,8	2663,3	16
17	2703	2718,9	2734,8	2750,7	2766,6	2782,5	2798,4	2814,3	2830,2	2846,1	2729,5	2756,0	2809,0	2835,5	2742,8	2822,3	17
18	2862	2877,9	2893,8	2909,7	2925,6	2941,5	2957,4	2973,3	2989,2	3005,1	2888,5	2915,0	2968,0	2994,5	2901,8	2981,3	18
19	3021	3036,9	3052,8	3068,7	3084,6	3100,5	3116,4	3132,3	3148,2	3164,1	3047,5	3074,0	3127,0	3153,5	3060,8	3140,3	19
20	3180	3195,9	3211,8	3227,7	3243,6	3259,5	3275,4	3291,3	3307,2	3323,1	3206,5	3233,0	3286,0	3312,5	3219,8	3299,3	20
21	3339	3354,9	3370,8	3386,7	3402,6	3418,5	3434,4	3450,3	3466,2	3482,1	3365,5	3392,0	3445,0	3471,5	3378,8	3458,3	21
22	3498	3513,9	3529,8	3545,7	3561,6	3577,5	3593,4	3609,3	3625,2	3641,1	3524,5	3551,0	3604,0	3630,5	3537,8	3617,3	22
23	3657	3672,9	3688,8	3704,7	3720,6	3736,5	3752,4	3768,3	3784,2	3800,1	3683,5	3710,0	3763,0	3789,5	3696,8	3776,3	23
24	3816	3831,9	3847,8	3863,7	3879,6	3895,5	3911,4	3927,3	3943,2	3959,1	3842,5	3869,0	3922,0	3948,5	3855,8	3935,3	24
25	3975	3990,9	4006,8	4022,7	4038,6	4054,5	4070,4	4086,3	4102,2	4118,1	4001,5	4028,0	4081,0	4107,5	4014,8	4094,3	25
26	4134	4149,9	4165,8	4181,7	4197,6	4213,5	4229,4	4245,3	4261,2	4277,1	4160,5	4187,0	4240,0	4266,5	4173,8	4253,3	26
27	4293	4308,9	4324,8	4340,7	4356,6	4372,5	4388,4	4404,3	4420,2	4436,1	4319,5	4346,0	4399,0	4425,5	4332,8	4412,3	27
28	4452	4467,9	4483,8	4499,7	4515,6	4531,5	4547,4	4563,3	4579,2	4595,1	4478,5	4505,0	4558,0	4584,5	4491,8	4571,3	28
29	4611	4626,9	4642,8	4658,7	4674,6	4690,5	4706,4	4722,3	4738,2	4754,1	4637,5	4664,0	4717,0	4743,5	4650,8	4730,3	29
30	4740	4785,9	4801,8	4817,7	4833,6	4849,5	4865,4	4881,3	4897,2	4913,1	4796,5	4823,0	4876,0	4902,5	4809,8	4889,3	30
31	4929	4944,9	4960,8	4976,7	4992,6	5008,5	5024,4	5040,3	5056,2	5072,1	4955,5	4982,0	5035,0	5061,5	4968,8	5048,3	31
32	5088	5103,9	5119,8	5135,7	5151,6	5167,5	5183,4	5199,3	5215,2	5231,1	5114,5	5141,0	5194,0	5220,5	5127,8	5207,3	32
33	5247	5262,9	5278,8	5294,7	5310,6	5326,5	5342,4	5358,3	5374,2	5390,1	5273,5	5300,0	5353,0	5379,5	5286,8	5366,3	33
34	5406	5421,9	5437,8	5453,7	5469,6	5485,5	5501,4	5517,3	5533,2	5549,1	5432,5	5459,0	5512,0	5538,5	5445,8	5525,3	34
35	5565	5580,9	5596,8	5612,7	5628,6	5644,5	5660,4	5676,3	5692,2	5708,1	5591,5	5618,0	5671,0	5697,5	5604,8	5684,3	35
36	5724	5739,9	5755,8	5771,7	5787,6	5803,5	5819,4	5835,3	5851,2	5867,1	5750,5	5777,0	5830,0	5856,5	5763,8	5843,3	36
37	5883	5898,9	5914,8	5930,7	5946,6	5962,5	5978,4	5994,3	6010,2	6026,1	5909,5	5936,0	5989,0	6015,5	5922,8	6002,3	37
38	6042	6057,9	6073,8	6089,7	6105,6	6121,5	6137,4	6153,3	6169,2	6185,1	6068,5	6095,0	6148,0	6174,5	6081,8	6161,3	38
39	6201	6216,9	6232,8	6248,7	6264,6	6280,5	6296,4	6312,3	6328,2	6344,1	6227,5	6254,0	6307,0	6333,5	6240,8	6320,3	39
40	6360	6375,9	6391,8	6407,7	6423,6	6439,5	6455,4	6471,3	6487,2	6503,1	6386,5	6413,0	6466,0	6492,5	6399,8	6479,3	40
41	6519	6534,9	6550,8	6566,7	6582,6	6598,5	6614,4	6630,3	6646,2	6662,1	6545,5	6572,0	6625,0	6651,5	6558,8	6638,3	41
42	6678	6693,9	6709,8	6725,7	6741,6	6757,5	6773,4	6789,3	6805,2	6821,1	6704,5	6731,0	6784,0	6810,5	6717,8	6797,3	42
43	6837	6852,9	6868,8	6884,7	6900,6	6916,5	6932,4	6948,3	6964,2	6980,1	6863,5	6890,0	6943,0	6969,5	6876,8	6956,3	43
44	6996	7011,9	7027,8	7043,7	7059,6	7075,5	7091,4	7107,3	7123,2	7139,1	7022,5	7049,0	7102,0	7128,5	7035,8	7115,3	44
45	7155	7170,9	7186,8	7202,7	7218,6	7234,5	7250,4	7266,3	7282,2	7298,1	7181,5	7208,0	7261,0	7287,5	7194,8	7274,3	45
46	7314	7329,9	7345,8	7361,7	7377,6	7393,5	7409,4	7425,3	7441,2	7457,1	7340,5	7367,0	7420,0	7446,5	7353,8	7433,3	46
47	7473	7488,9	7504,8	7520,7	7536,6	7552,5	7568,4	7584,3	7600,2	7616,1	7499,5	7526,0	7579,0	7605,5	7512,8	7592,3	47
48	7632	7647,9	7663,8	7679,7	7695,6	7711,5	7727,4	7743,3	7759,2	7775,1	7658,5	7685,0	7738,0	7764,5	7671,8	7751,3	48
49	7791	7806,9	7822,8	7838,7	7854,6	7870,5	7886,4	7902,3	7918,2	7934,1	7817,5	7844,0	7897,0	7923,5	7830,8	7910,3	49
50	7950	7965,9	7981,8	7997,7	8013,6	8029,5	8045,4	8061,3	8077,2	8093,1	7976,5	8003,0	8056,0	8082,5	7989,8	8069,3	50
51	8109	8124,9	8140,8	8156,7	8172,6	8188,5	8204,4	8220,3	8236,2	8252,1	8135,5	8162,0	8215,0	8241,5	8148,8	8228,3	51
52	8268	8283,9	8299,8	8315,7	8331,6	8347,5	8363,4	8379,3	8395,2	8411,1	8294,5	8321,0	8374,0	8400,5	8307,8	8387,3	52
53	8427	8442,9	8458,8	8474,7	8490,6	8506,5	8522,4	8538,3	8554,2	8570,1	8453,5	8480,0	8533,0	8559,5	8466,8	8546,3	53
54	8586	8601,9	8617,8	8633,7	8649,6	8665,5	8681,4	8697,3	8713,2	8729,1	8612,5	8639,0	8692,0	8718,5	8625,8	8705,3	54
55	8745	8760,9	8776,8	8792,7	8808,6	8824,5	8840,4	8856,3	8872,2	8888,1	8771,5	8798,0	8851,0	8877,5	8784,8	8864,3	55
56	8904	8919,9	8935,8	8951,7	8967,6	8983,5	8999,4	9015,3	9031,2	9047,1	8930,5	8957,0	9010,0	9036,5	8943,8	9023,3	56
57	9063	9078,9	9094,8	9110,7	9126,6	9142,5	9158,4	9174,3	9190,2	9206,1	9089,5	9116,0	9169,0	9195,5	9102,8	9182,3	57
58	9222	9237,9	9253,8	9269,7	9285,6	9301,5	9317,4	9333,3	9349,2	9365,1	9248,5	9275,0	9328,0	9354,5	9261,8	9341,3	58
59	9381	9396,9	9412,8	9428,7	9444,6	9460,5	9476,4	9492,3	9508,2	9524,1	9407,5	9434,0	9487,0	9513,5	9420,8	9500,3	59
60	9540	9555,9	9571,8	9587,7	9603,6	9619,5	9635,4	9651,3	9667,2	9683,1	9566,5	9593,0	9646,0	9672,5	9579,8	9659,3	60
61	9699	9714,9	9730,8	9746,7	9762,6	9778,5	9794,4	9810,3	9826,2	9842,1	9725,5	9752,0	9805,0	9831,5	9738,8	9818,3	61
62	9858	9873,9	9889,8	9905,7	9921,6	9937,5	9953,4	9969,3	9985,2	10001,1	9884,5	9911,0	9964,0	9990,5	9897,8	9977,3	62
63	10017	10032,9	10048,8	10064,7	10080,6	10096,5	10112,4	10128,3	10144,2	10160,1	10043,5	10070,0	10123,0	10149,5	10056,8	10136,3	63
64	10176	10191,9	10207,8	10223,7	10239,6	10255,5	10271,4	10287,3	10303,2	10319,1	10202,5	10229,0	10282,0	10308,5	10215,8	10295,3	64
65	10335	10350,9	10366,8	10382,7	10398,6	10414,5	10430,4	10446,3	10462,2	10478,1	10361,5	10388,0	10441,0	10467,5	10374,8	10454,3	65
66	10494	10509,9	10525,8	10541,7	10557,6	10573,5	10589,4	10605,3	10621,2	10637,1	10520,5	10547,0	10600,0	10626,5	10533,8	10613,3	66
67	10653	10668,9	10684,8	10700,7	10716,6	10732,5	10748,4	10764,3	10780,2	10796,1	10679,5	10706,0	10759,0	10785,5	10692,8	10772,3	67
68	10812	10827,9	10843,8	10859,7	10875,6	10891,5	10907,4	10923,3	10939,2	10955,1	10838,5	10865,0	10918,0	10944,5	10851,8	10931,3	68
69	10971	10986,9	11002,8	11018,7	11034,6	11050,5	11066,4	11082,3	11098,2	11114,1	10997,5	11024,0	11077,0	11103,5	11010,8	11090,3	69
70	11130	11145,9	11161,8	11177,7	11193,6	11209,5	11225,4	11241,3	11257,2	11273,1	11156,5	11183,0	11236,0	11262,5	11169,8	11249,3	70
71	11289	11304,9	11320,8	11336,7	11352,6	11368,5	11384,4	11400,3	11416,2	11432,1	11315,5	11342,0	11395,0	11421,5	11328,8	11408,3	71
72	11448	11463,9	11479,8	11495,7	11511,6	11527,5	11543,4	11559,3	11575,2	11591,1	11474,5	11501,0	11554,0	11580,5	11487,8	11567,3	72
73	11607	11622,9	11638,8	11654,7	11670,6	11686,5	11702,4	11718,3	11734,2	11750,1	11633,5	11660,0	11713,0	11739,5	11646,8	11726,3	73
74	11766	11781,9	11797,8	11813,7	11829,6	11845,5	11861,4	11877,3	11893,2	11909,1	11792,5	11819,0	11872,0	11898,5	11805,8	11885,3	74
75	11925	11940,9	11956,8	11972,7	11988,6	12004,5	12020,4	12036,3	12052,2	12068,1	11951,5	11978,0	12031,0	12057,5	11964,8	12044,3	75
76	12084	12099,9	12115,8	12131,7	12147,6	12163,5	12179,4	12195,3	12211,2	12227,1	12110,5	12137,0	12190,0	12216,5	12123,8	12203,3	76
77	12243	12258,9	12274,8	12290,7	12306,6	12322,5	12338,4	12354,3	12370,2	12386,1	12269,5	12296,0	12349,0	12375,5	12282,8	12362,3	77
78	12402	12417,9	12433,8	12449,7	12465,6	12481,5	12497,4	12513,3	12529,2	12545,1	12428,5	12455,0	12508,0	12534,5	12441,8	12521,3	78
79	12561	12576,9	12592,8	12608,7	12624,6	12640,5	12656,4	12672,3	12688,2	12704,1	12587,5	12614,0	12667,0	12693,5	12600,8	12680,3	79
80	12720	12735,9	12751,8	12767,7	12783,6	12799,5	12815,4	12831,3	12847,2	12863,1	12746,5	12773,0	12826,0	12852,5	12759,8	12839,3	80
81	12879	12894,9	12910,8	12926,7	12942,6	12958,5	12974,4	12990,3	13006,2	13022,1	12905,5	12932,0	12985,0	13011,5	12918,8	12998,3	81
82	13038	13053,9	13069,8	13085,7	13101,6	13117,5	13133,4	13149,3	13165,2	13181,1	13064,5	13091,0	13144,0	13170,5	13077,8	13157,3	82
83	13197	13212,9	13228,8	13244,7	13260,6	13276,5	13292,4	13308,3	13324,2	13340,1	13223,5	13250,0	13303,0	13329,5	13236,8	13316,3	83
84	13356	13371,9	13387,8	13403,7	13419,6	13435,5	13451,4	13467,3	13483,2	13499,1	13382,5	13409,0	13462,0	13488,5	13395,8	13475,3	84
85	13515	13530,9	13546,8	13562,7	13578,6	13594,5	13610,4	13626,3	13642,2	13558,1	13541,5	13568,0	13621,0	13647,5	13554,8	13634,3	85
86	13674	13689,9	13705,8	13721,7	13737,6	13753,5	13769,4	13785,3	13801,2	13817,1	13700,5	13727,0	13780,0	13806,5	13713,8	13793,3	86
87	13833	13848,9	13864,8	13880,7	13896,6	13912,5	13928,4	13944,3	13960,2	13976,1	13859,5	13886,0	13939,0	13965,5	13872,8	13952,3	87
88	13992	14007,9	14023,8	14039,7	14055,6	14071,5	14087,4	14103,3	14119,2	14135,1	14018,5	14045,0	14098,0	14124,5	14031,8	14111,3	88
89	14151	14166,9	14182,8	14198,7	14214,6	14230,5	14246,4	14262,3	14278,2	14294,1	14177,5	14204,0	14257,0	14283,5	14190,8	14270,3	89
90	14310	14325,9	14341,8	14357,7	14373,6	14389,5	14405,4	14421,3	14437,2	14453,1	14336,5	14363,0	14416,0	14442,5	14349,8	14429,3	90
91	14469	14484,9	14500,8	14516,7	14532,6	14548,5	14564,4	14580,3	14596,2	14612,1	14495,5	14522,0	14575,0	14601,5	14508,8	14588,3	91
92	14628	14643,9	14659,8	14675,7	14691,6	14707,5	14723,4	14739,3	14755,2	14771,1	14654,5	14681,0	14734,0	14760,5	14667,8	14747,3	92
93	14787	14802,9	14818,8	14834,7	14850,6	14866,5	14882,4	14898,3	14914,2	14930,1	14813,5	14840,0	14893,0	14919,5	14826,8	14906,3	93
94	14946	14961,9	14977,8	14993,7	15009,6	15025,5	15041,4	15057,3	15073,2	15089,1	14972,5	14999,0	15052,0	15078,5	14985,8	15065,3	94
95	15105	15120,9	15136,8	15152,7	15168,6	15184,5	15200,4	15216,3	15232,2	15248,1	15131,5	15158,0	15211,0	15237,5	15144,8	15224,3	95
96	15264	15279,9	15295,8	15311,7	15327,6	15343,5	15359,4	15375,3	15391,2	15407,1	15290,5	15317,0	15370,0	15396,5	15303,8	15383,3	96
97	15423	15438,9	15454,8	15470,7	15486,6	15502,5	15518,4	15534,3	15550,2	15566,1	15449,5	15476,0	15529,0	15555,5	15462,8	15542,3	97
98	15582	15597,9	15613,8	15629,7	15645,6	15661,5	15677,4	15693,3	15709,2	15725,1	15608,5	15635,0	15688,0	15714,5	15621,8	15701,3	98
99	15741	15756,9	15772,8	15788,7	15804,6	15820,5	15836,4	15852,3	15868,2	15884,1	15767,5	15794,0	15847,0	15873,5	15780,8	15860,3	99
100	15900	15915,9	15931,8	15947,7	15963,6	15979,5	15995,4	16011,3	16027,2	16043,1	15926,5	15953,0	16006 0	16032,5	15939,8	16019,3	100

160	1/10 16,0	2/10 32,0	3/10 48,0	4/10 64,0	5/10 80,0	6/10 96,0	7/10 112,0	8/10 128,0	9/10 144,0	1/6 26,666	2/6 53,333	4/6 106,666	5/6 133,333	1/4 40,0	3/4 120,0	
1 160	176,0	192,0	208,0	224,0	240,0	256,0	272,0	288,0	304,0	186,7	213,3	266,7	293,3	200,0	280,0	**1**
2 320	336,0	352,0	368,0	384,0	400,0	416,0	432,0	448,0	464,0	346,7	373,3	426,7	453,3	360,0	440,0	**2**
3 480	496,0	512,0	528,0	544,0	560,0	576,0	592,0	608,0	624,0	506,7	533,3	586,7	613,3	520,0	600,0	**3**
4 640	656,0	672,0	688,0	704,0	720,0	736,0	752,0	768,0	784,0	666,7	693,3	746,7	773,3	680,0	760,0	**4**
5 800	816,0	832,0	848,0	864,0	880,0	896,0	912,0	928,0	944,0	826,7	853,3	906,7	933,3	840,0	920,0	**5**
6 960	976,0	992,0	1008,0	1024,0	1040,0	1056,0	1072,0	1088,0	1104,0	986,7	1013,3	1066,7	1093,3	1000,0	1080,0	**6**
7 1120	1136,0	1152,0	1168,0	1184,0	1200,0	1216,0	1232,0	1248,0	1264,0	1146,7	1173,3	1226,7	1253,3	1160,0	1240,0	**7**
8 1280	1296,0	1312,0	1328,0	1344,0	1360,0	1376,0	1392,0	1408,0	1424,0	1306,7	1333,3	1386,7	1413,3	1320,0	1400,0	**8**
9 1440	1456,0	1472,0	1488,0	1504,0	1520,0	1536,0	1552,0	1568,0	1584,0	1466,7	1493,3	1546,7	1573,3	1480,0	1560,0	**9**
10 1600	1616,0	1632,0	1648,0	1664,0	1680,0	1696,0	1712,0	1728,0	1744,0	1626,7	1653,3	1706,7	1733,3	1640,0	1720,0	**10**
11 1760	1776,0	1792,0	1808,0	1824,0	1840,0	1856,0	1872,0	1888,0	1904,0	1786,7	1813,3	1866,7	1893,3	1800,0	1880,0	**11**
12 1920	1936,0	1952,0	1968,0	1984,0	2000,0	2016,0	2032,0	2048,0	2064,0	1946,7	1973,3	2026,7	2053,3	1960,0	2040,0	**12**
13 2080	2096,0	2112,0	2128,0	2144,0	2160,0	2176,0	2192,0	2208,0	2224,0	2106,7	2133,3	2186,7	2213,3	2120,0	2200,0	**13**
14 2240	2256,0	2272,0	2288,0	2304,0	2320,0	2336,0	2352,0	2368,0	2384,0	2266,7	2293,3	2346,7	2373,3	2280,0	2360,0	**14**
15 2400	2416,0	2432,0	2448,0	2464,0	2480,0	2496,0	2512,0	2528,0	2544,0	2426,7	2453,3	2506,7	2533,3	2440,0	2520,0	**15**
16 2560	2576,0	2592,0	2608,0	2624,0	2640,0	2656,0	2672,0	2688,0	2704,0	2586,7	2613,3	2666,7	2693,3	2600,0	2680,0	**16**
17 2720	2736,0	2752,0	2768,0	2784,0	2800,0	2816,0	2832,0	2848,0	2864,0	2746,7	2773,3	2826,7	2853,3	2760,0	2840,0	**17**
18 2880	2896,0	2912,0	2928,0	2944,0	2960,0	2976,0	2992,0	3008,0	3024,0	2906,7	2933,3	2986,7	3013,3	2920,0	3000,0	**18**
19 3040	3056,0	3072,0	3088,0	3104,0	3120,0	3136,0	3152,0	3168,0	3184,0	3066,7	3093,3	3146,7	3173,3	3080,0	3160,0	**19**
20 3200	3216,0	3232,0	3248,0	3264,0	3280,0	3296,0	3312,0	3328,0	3344,0	3226,7	3253,3	3306,7	3333,3	3240,0	3320,0	**20**
21 3360	3376,0	3392,0	3408,0	3424,0	3440,0	3456,0	3472,0	3488,0	3504,0	3386,7	3413,3	3466,7	3493,3	3400,0	3480,0	**21**
22 3520	3536,0	3552,0	3568,0	3584,0	3600,0	3616,0	3632,0	3648,0	3664,0	3546,7	3573,3	3626,7	3653,3	3560,0	3640,0	**22**
23 3680	3696,0	3712,0	3728,0	3744,0	3760,0	3776,0	3792,0	3808,0	3824,0	3706,7	3733,3	3786,7	3813,3	3720,0	3800,0	**23**
24 3840	3856,0	3872,0	3888,0	3904,0	3920,0	3936,0	3952,0	3968,0	3984,0	3866,7	3893,3	3946,7	3973,3	3880,0	3960,0	**24**
25 4000	4016,0	4032,0	4048,0	4064,0	4080,0	4096,0	4112,0	4128,0	4144,0	4026,7	4053,3	4106,7	4133,3	4040,0	4120,0	**25**
26 4160	4176,0	4192,0	4208,0	4224,0	4240,0	4256,0	4272,0	4288,0	4304,0	4186,7	4213,3	4266,7	4293,3	4200,0	4280,0	**26**
27 4320	4336,0	4352,0	4368,0	4384,0	4400,0	4416,0	4432,0	4448,0	4464,0	4346,7	4373,3	4426,7	4453,3	4360,0	4440,0	**27**
28 4480	4496,0	4512,0	4528,0	4544,0	4560,0	4576,0	4592,0	4608,0	4624,0	4506,7	4533,3	4586,7	4613,3	4520,0	4600,0	**28**
29 4640	4656,0	4672,0	4688,0	4704,0	4720,0	4736,0	4752,0	4768,0	4784,0	4666,7	4693,3	4746,7	4773,3	4680,0	4760,0	**29**
30 4800	4816,0	4832,0	4848,0	4864,0	4880,0	4896,0	4912,0	4928,0	4944,0	4826,7	4853,3	4906,7	4933,3	4840,0	4920,0	**30**
31 4960	4976,0	4992,0	5008,0	5024,0	5040,0	5056,0	5072,0	5088,0	5104,0	4986,7	5013,3	5066,7	5093,3	5000,0	5080,0	**31**
32 5120	5136,0	5152,0	5168,0	5184,0	5200,0	5216,0	5232,0	5248,0	5264,0	5146,7	5173,3	5226,7	5253,3	5160,0	5240,0	**32**
33 5280	5296,0	5312,0	5328,0	5344,0	5360,0	5376,0	5392,0	5408,0	5424,0	5306,7	5333,3	5386,7	5413,3	5320,0	5400,0	**33**
34 5440	5456,0	5472,0	5488,0	5504,0	5520,0	5536,0	5552,0	5568,0	5584,0	5466,7	5493,3	5546,7	5573,3	5480,0	5560,0	**34**
35 5600	5616,0	5632,0	5648,0	5664,0	5680,0	5696,0	5712,0	5728,0	5744,0	5626,7	5653,3	5706,7	5733,3	5640,0	5720,0	**35**
36 5760	5776,0	5792,0	5808,0	5824,0	5840,0	5856,0	5872,0	5888,0	5904,0	5786,7	5813,3	5866,7	5893,3	5800,0	5880,0	**36**
37 5920	5936,0	5952,0	5968,0	5984,0	6000,0	6016,0	6032,0	6048,0	6064,0	5946,7	5973,3	6026,7	6053,3	5960,0	6040,0	**37**
38 6080	6096,0	6112,0	6128,0	6144,0	6160,0	6176,0	6192,0	6208,0	6224,0	6106,7	6133,3	6186,7	6213,3	6120,0	6200,0	**38**
39 6240	6256,0	6272,0	6288,0	6304,0	6320,0	6336,0	6352,0	6368,0	6384,0	6266,7	6293,3	6346,7	6373,3	6280,0	6360,0	**39**
40 6400	6416,0	6432,0	6448,0	6464,0	6480,0	6496,0	6512,0	6528,0	6544,0	6426,7	6453,3	6506,7	6533,3	6440,0	6520,0	**40**
41 6560	6576,0	6592,0	6608,0	6624,0	6640,0	6656,0	6672,0	6688,0	6704,0	6586,7	6613,3	6666,7	6693,3	6600,0	6680,0	**41**
42 6720	6736,0	6752,0	6768,0	6784,0	6800,0	6816,0	6832,0	6848,0	6864,0	6746,7	6773,3	6826,7	6853,3	6760,0	6840,0	**42**
43 6880	6896,0	6912,0	6928,0	6944,0	6960,0	6976,0	6992,0	7008,0	7024,0	6906,7	6933,3	6986,7	7013,3	6920,0	7000,0	**43**
44 7040	7056,0	7072,0	7088,0	7104,0	7120,0	7136,0	7152,0	7168,0	7184,0	7066,7	7093,3	7146,7	7173,3	7080,0	7160,0	**44**
45 7200	7216,0	7232,0	7248,0	7264,0	7280,0	7296,0	7312,0	7328,0	7344,0	7226,7	7253,3	7306,7	7333,3	7240,0	7320,0	**45**
46 7360	7376,0	7392,0	7408,0	7424,0	7440,0	7456,0	7472,0	7488,0	7504,0	7386,7	7413,3	7466,7	7493,3	7400,0	7480,0	**46**
47 7520	7536,0	7552,0	7568,0	7584,0	7600,0	7616,0	7632,0	7648,0	7664,0	7546,7	7573,3	7626,7	7653,3	7560,0	7640,0	**47**
48 7680	7696,0	7712,0	7728,0	7744,0	7760,0	7776,0	7792,0	7808,0	7824,0	7706,7	7733,3	7786,7	7813,3	7720,0	7800,0	**48**
49 7840	7856,0	7872,0	7888,0	7904,0	7920,0	7936,0	7952,0	7968,0	7984,0	7866,7	7893,3	7946,7	7973,3	7880,0	7960,0	**49**
50 8000	8016,0	8032,0	8048,0	8064,0	8080,0	8096,0	8112,0	8128,0	8144,0	8026,7	8053,3	8106,7	8133,3	8040,0	8120,0	**50**
51 8160	8176,0	8192,0	8208,0	8224,0	8240,0	8256,0	8272,0	8288,0	8304,0	8186,7	8213,3	8266,7	8293,3	8200,0	8280,0	**51**
52 8320	8336,0	8352,0	8368,0	8384,0	8400,0	8416,0	8432,0	8448,0	8464,0	8346,7	8373,3	8426,7	8453,3	8360,0	8440,0	**52**
53 8480	8496,0	8512,0	8528,0	8544,0	8560,0	8576,0	8592,0	8608,0	8624,0	8506,7	8533,3	8586,7	8613,3	8520,0	8600,0	**53**
54 8640	8656,0	8672,0	8688,0	8704,0	8720,0	8736,0	8752,0	8768,0	8784,0	8666,7	8693,3	8746,7	8773,3	8680,0	8760,0	**54**
55 8800	8816,0	8832,0	8848,0	8864,0	8880,0	8896,0	8912,0	8928,0	8944,0	8826,7	8853,3	8906,7	8933,3	8840,0	8920,0	**55**
56 8960	8976,0	8992,0	9008,0	9024,0	9040,0	9056,0	9072,0	9088,0	9104,0	8986,7	9013,3	9066,7	9093,3	9000,0	9080,0	**56**
57 9120	9136,0	9152,0	9168,0	9184,0	9200,0	9216,0	9232,0	9248,0	9264,0	9146,7	9173,3	9226,7	9253,3	9160,0	9240,0	**57**
58 9280	9296,0	9312,0	9328,0	9344,0	9360,0	9376,0	9392,0	9408,0	9424,0	9306,7	9333,3	9386,7	9413,3	9320,0	9400,0	**58**
59 9440	9456,0	9472,0	9488,0	9504,0	9520,0	9536,0	9552,0	9568,0	9584,0	9466,7	9493,3	9546,7	9573,3	9480,0	9560,0	**59**
60 9600	9616,0	9632,0	9648,0	9664,0	9680,0	9696,0	9712,0	9728,0	9744,0	9626,7	9653,3	9706,7	9733,3	9640,0	9720,0	**60**
61 9760	9776,0	9792,0	9808,0	9824,0	9840,0	9856,0	9872,0	9888,0	9904,0	9786,7	9813,3	9866,7	9893,3	9800,0	9880,0	**61**
62 9920	9936,0	9952,0	9968,0	9984,0	10000,0	10016,0	10032,0	10048,0	10064,0	9946,7	9973,3	10026,7	10053,3	9960,0	10040,0	**62**
63 10080	10096,0	10112,0	10128,0	10144,0	10160,0	10176,0	10192,0	10208,0	10224,0	10106,7	10133,3	10186,7	10213,3	10120,0	10200,0	**63**
64 10240	10256,0	10272,0	10288,0	10304,0	10320,0	10336,0	10352,0	10368,0	10384,0	10266,7	10293,3	10346,7	10373,3	10280,0	10360,0	**64**
65 10400	10416,0	10432,0	10448,0	10464,0	10480,0	10496,0	10512,0	10528,0	10544,0	10426,7	10453,3	10506,7	10533,3	10440,0	10520,0	**65**
66 10560	10576,0	10592,0	10608,0	10624,0	10640,0	10656,0	10672,0	10688,0	10704,0	10586,7	10613,3	10666,7	10693,3	10600,0	10680,0	**66**
67 10720	10736,0	10752,0	10768,0	10784,0	10800,0	10816,0	10832,0	10848,0	10864,0	10746,7	10773,3	10826,7	10853,3	10760,0	10840,0	**67**
68 10880	10896,0	10912,0	10928,0	10944,0	10960,0	10976,0	10992,0	11008,0	11024,0	10906,7	10933,3	10986,7	11013,3	10920,0	11000,0	**68**
69 11040	11056,0	11072,0	11088,0	11104,0	11120,0	11136,0	11152,0	11168,0	11184,0	11066,7	11093,3	11146,7	11173,3	11080,0	11160,0	**69**
70 11200	11216,0	11232,0	11248,0	11264,0	11280,0	11296,0	11312,0	11328,0	11344,0	11226,7	11253,3	11306,7	11333,3	11240,0	11320,0	**70**
71 11360	11376,0	11392,0	11408,0	11424,0	11440,0	11456,0	11472,0	11488,0	11504,0	11386,7	11413,3	11466,7	11493,3	11400,0	11480,0	**71**
72 11520	11536,0	11552,0	11568,0	11584,0	11600,0	11616,0	11632,0	11648,0	11664,0	11546,7	11573,3	11626,7	11653,3	11560,0	11640,0	**72**
73 11680	11696,0	11712,0	11728,0	11744,0	11760,0	11776,0	11792,0	11808,0	11824,0	11706,7	11733,3	11786,7	11813,3	11720,0	11800,0	**73**
74 11840	11856,0	11872,0	11888,0	11904,0	11920,0	11936,0	11952,0	11968,0	11984,0	11866,7	11893,3	11946,7	11973,3	11880,0	11960,0	**74**
75 12000	12016,0	12032,0	12048,0	12064,0	12080,0	12096,0	12112,0	12128,0	12144,0	12026,7	12053,3	12106,7	12133,3	12040,0	12120,0	**75**
76 12160	12176,0	12192,0	12208,0	12224,0	12240,0	12256,0	12272,0	12288,0	12304,0	12186,7	12213,3	12266,7	12293,3	12200,0	12280,0	**76**
77 12320	12336,0	12352,0	12368,0	12384,0	12400,0	12416,0	12432,0	12448,0	12464,0	12346,7	12373,3	12426,7	12453,3	12360,0	12440,0	**77**
78 12480	12496,0	12512,0	12528,0	12544,0	12560,0	12576,0	12592,0	12608,0	12624,0	12506,7	12533,3	12586,7	12613,3	12520,0	12600,0	**78**
79 12640	12656,0	12672,0	12688,0	12704,0	12720,0	12736,0	12752,0	12768,0	12784,0	12666,7	12693,3	12746,7	12773,3	12680,0	12760,0	**79**
80 12800	12816,0	12832,0	12848,0	12864,0	12880,0	12896,0	12912,0	12928,0	12944,0	12826,7	12853,3	12906,7	12933,3	12840,0	12920,0	**80**
81 12960	12976,0	12992,0	13008,0	13024,0	13040,0	13056,0	13072,0	13088,0	13104,0	12986,7	13013,3	13066,7	13093,3	13000,0	13080,0	**81**
82 13120	13136,0	13152,0	13168,0	13184,0	13200,0	13216,0	13232,0	13248,0	13264,0	13146,7	13173,3	13226,7	13253,3	13160,0	13240,0	**82**
83 13280	13296,0	13312,0	13328,0	13344,0	13360,0	13376,0	13392,0	13408,0	13424,0	13306,7	13333,3	13386,7	13413,3	13320,0	13400,0	**83**
84 13440	13456,0	13472,0	13488,0	13504,0	13520,0	13536,0	13552,0	13568,0	13584,0	13466,7	13493,3	13546,7	13573,3	13480,0	13560,0	**84**
85 13600	13616,0	13632,0	13648,0	13664,0	13680,0	13696,0	13712,0	13728,0	13744,0	13626,7	13653,3	13706,7	13733,3	13640,0	13720,0	**85**
86 13760	13776,0	13792,0	13808,0	13824,0	13840,0	13856,0	13872,0	13888,0	13904,0	13786,7	13813,3	13866,7	13893,3	13800,0	13880,0	**86**
87 13920	13936,0	13952,0	13968,0	13984,0	14000,0	14016,0	14032,0	14048,0	14064,0	13946,7	13973,3	14026,7	14053,3	13960,0	14040,0	**87**
88 14080	14096,0	14112,0	14128,0	14144,0	14160,0	14176,0	14192,0	14208,0	14224,0	14106,7	14133,3	14186,7	14213,3	14120,0	14200,0	**88**
89 14240	14256,0	14272,0	14288,0	14304,0	14320,0	14336,0	14352,0	14368,0	14384,0	14266,7	14293,3	14346,7	14373,3	14280,0	14360,0	**89**
90 14400	14416,0	14432,0	14448,0	14464,0	14480,0	14496,0	14512,0	14528,0	14544,0	14426,7	14453,3	14506,7	14533,3	14440,0	14520,0	**90**
91 14560	14576,0	14592,0	14608,0	14624,0	14640,0	14656,0	14672,0	14688,0	14704,0	14586,7	14613,3	14666,7	14693,3	14600,0	14680,0	**91**
92 14720	14736,0	14752,0	14768,0	14784,0	14800,0	14816,0	14832,0	14848,0	14864,0	14746,7	14773,3	14826,7	14853,3	14760,0	14840,0	**92**
93 14880	14896,0	14912,0	14928,0	14944,0	14960,0	14976,0	14992,0	15008,0	15024,0	14906,7	14933,3	14986,7	15013,3	14920,0	15000,0	**93**
94 15040	15056,0	15072,0	15088,0	15104,0	15120,0	15136,0	15152,0	15168,0	15184,0	15066,7	15093,3	15146,7	15173,3	15080,0	15160,0	**94**
95 15200	15216,0	15232,0	15248,0	15264,0	15280,0	15296,0	15312,0	15328,0	15344,0	15226,7	15253,3	15306,7	15333,3	15240,0	15320,0	**95**
96 15360	15376,0	15392,0	15408,0	15424,0	15440,0	15456,0	15472,0	15488,0	15504,0	15386,7	15413,3	15466,7	15493,3	15400,0	15480,0	**96**
97 15520	15536,0	15552,0	15568,0	15584,0	15600,0	15616,0	15632,0	15648,0	15664,0	15546,7	15573,3	15626,7	15653,3	15560,0	15640,0	**97**
98 15680	15696,0	15712,0	15728,0	15744,0	15760 0	15776,0	15792,0	15808,0	15824,0	15706,7	15733,3	15786,7	15813,3	15720,0	15800,0	**98**
99 15840	15856,0	15872,0	15888,0	15904,0	15920,0	15936,0	15952,0	15968,0	15984,0	15866,7	15893,3	15946,7	15973,3	15880,0	15960,0	**99**
100 16000	16016,0	16032,0	16048,0	16064,0	16080,0	16096,0	16112,0	16128,0	16144,0	16026,7	16053,3	16106,7	16133,3	16040,0	16120,0	**100**

		1/10 16,1	2/10 32,2	3/10 48,3	4/10 64,4	5/10 80,5	6/10 96,6	7/10 112,7	8/10 128,8	9/10 144,9	1/6 26,833	2/6 53,666	4/6 107,333	5/6 134,166	1/4 40,25	3/4 120,75	
1	161	177,1	193,2	209,3	225,4	241,5	257,6	273,7	289,8	305,9	187,8	214,7	268,3	295,2	201,3	281,8	1
2	322	338,1	354,2	370,3	386,4	402,5	418,6	434,7	450,8	466,9	348,8	375,7	429,3	456,2	362,3	442,8	2
3	483	499,1	515,2	531,3	547,4	563,5	579,6	595,7	611,8	627,9	509,8	536,7	590,3	617,2	523,3	603,8	3
4	644	660,1	676,2	692,3	708,4	724,5	740,6	756,7	772,8	788,9	670,8	697,7	751,3	778,2	684,3	764,8	4
5	805	821,1	837,2	853,3	869,4	885,5	901,6	917,7	933,8	949,9	831,8	858,7	912,3	939,2	845,3	925,8	5
6	966	982,1	998,2	1014,3	1030,4	1046,5	1062,6	1078,7	1094,8	1110,9	992,8	1019,7	1073,3	1100,2	1006,3	1086,8	6
7	1127	1143,1	1159,2	1175,3	1191,4	1207,5	1223,6	1239,7	1255,8	1271,9	1153,8	1180,7	1234,3	1261,2	1167,3	1247,8	7
8	1288	1304,1	1320,2	1336,3	1352,4	1368,5	1384,6	1400,7	1416,8	1432,9	1314,8	1341,7	1395,3	1422,2	1328,3	1408,8	8
9	1449	1465,1	1481,2	1497,3	1513,4	1529,5	1545,6	1561,7	1577,8	1593,9	1475,8	1502,7	1556,3	1583,2	1489,3	1569,8	9
10	1610	1626,1	1642,2	1658,3	1674,4	1690,5	1706,6	1722,7	1738,8	1754,9	1636,8	1663,7	1717,3	1744,2	1650,3	1730,8	10
11	1771	1787,1	1803,2	1819,3	1835,4	1851,5	1867,6	1883,7	1899,8	1915,9	1797,8	1824,7	1878,3	1905,2	1811,3	1891,8	11
12	1932	1948,1	1964,2	1980,3	1996,4	2012,5	2028,6	2044,7	2060,8	2076,9	1958,8	1985,7	2039,3	2066,2	1972,3	2052,8	12
13	2093	2109,1	2125,2	2141,3	2157,4	2173,5	2189,6	2205,7	2221,8	2237,9	2119,8	2146,7	2200,3	2227,2	2133,3	2213,8	13
14	2254	2270,1	2286,2	2302,3	2318,4	2334,5	2350,6	2366,7	2382,8	2398,9	2280,8	2307,7	2361,3	2388,2	2294,3	2374,8	14
15	2415	2431,1	2447,2	2463,3	2479,4	2495,5	2511,6	2527,7	2543,8	2559,9	2441,8	2468,7	2522,3	2549,2	2455,3	2535,8	15
16	2576	2592,1	2608,2	2624,3	2640,4	2656,5	2672,6	2688,7	2704,8	2720,9	2602,8	2629,7	2683,3	2710,2	2616,3	2696,8	16
17	2737	2753,1	2769,2	2785,3	2801,4	2817,5	2833,6	2849,7	2865,8	2881,9	2763,8	2790,7	2844,3	2871,2	2777,3	2857,8	17
18	2898	2914,1	2930,2	2946,3	2962,4	2978,5	2994,6	3010,7	3026,8	3042,9	2924,8	2951,7	3005,3	3032,2	2938,3	3018,8	18
19	3059	3075,1	3091,2	3107,3	3123,4	3139,5	3155,6	3171,7	3187,8	3203,9	3085,8	3112,7	3166,3	3193,2	3099,3	3179,8	19
20	3220	3236,1	3252,2	3268,3	3284,4	3300,5	3316,6	3332,7	3348,8	3364,9	3246,8	3273,7	3327,3	3354,2	3260,3	3340,8	20
21	3381	3397,1	3413,2	3429,3	3445,4	3461,5	3477,6	3493,7	3509,8	3525,9	3407,8	3434,7	3488,3	3515,2	3421,3	3501,8	21
22	3542	3558,1	3574,2	3590,3	3606,4	3622,5	3638,6	3654,7	3670,8	3686,9	3568,8	3595,7	3649,3	3676,2	3582,3	3662,8	22
23	3703	3719,1	3735,2	3751,3	3767,4	3783,5	3799,6	3815,7	3831,8	3847,9	3729,8	3756,7	3810,3	3837,2	3743,3	3823,8	23
24	3864	3880,1	3896,2	3912,3	3928,4	3944,5	3960,6	3976,7	3992,8	4008,9	3890,8	3917,7	3971,3	3998,2	3904,3	3984,8	24
25	4025	4041,1	4057,2	4073,3	4089,4	4105,5	4121,6	4137,7	4153,8	4169,9	4051,8	4078,7	4132,3	4159,2	4065,3	4145,8	25
26	4186	4202,1	4218,2	4234,3	4250,4	4266,5	4282,6	4298,7	4314,8	4330,9	4212,8	4239,7	4293,3	4320,2	4226,3	4306,8	26
27	4347	4363,1	4379,2	4395,3	4411,4	4427,5	4443,6	4459,7	4475,8	4491,9	4373,8	4400,7	4454,3	4481,2	4387,3	4467,8	27
28	4508	4524,1	4540,2	4556,3	4572,4	4588,5	4604,6	4620,7	4636,8	4652,9	4534,8	4561,7	4615,3	4642,2	4548,3	4628,8	28
29	4669	4685,1	4701,2	4717,3	4733,4	4749,5	4765,6	4781,7	4797,8	4813,9	4695,8	4722,7	4776,3	4803,2	4709,3	4789,8	29
30	4830	4846,1	4862,2	4878,3	4894,4	4910,5	4926,6	4942,7	4958,8	4974,9	4856,8	4883,7	4937,3	4964,2	4870,3	4950,8	30
31	4991	5007,1	5023,2	5039,3	5055,4	5071,5	5087,6	5103,7	5119,8	5135,9	5017,8	5044,7	5098,3	5125,2	5031,3	5111,8	31
32	5152	5168,1	5184,2	5200,3	5216,4	5232,5	5248,6	5264,7	5280,8	5296,9	5178,8	5205,7	5259,3	5286,2	5192,3	5272,8	32
33	5313	5329,1	5345,2	5361,3	5377,4	5393,5	5409,6	5425,7	5441,8	5457,9	5339,8	5366,7	5420,3	5447,2	5353,3	5433,8	33
34	5474	5490,1	5506,2	5522,3	5538,4	5554,5	5570,6	5586,7	5602,8	5618,9	5500,8	5527,7	5581,3	5608,2	5514,3	5594,8	34
35	5635	5651,1	5667,2	5683,3	5699,4	5715,5	5731,6	5747,7	5763,8	5779,9	5661,8	5688,7	5742,3	5769,2	5675,3	5755,8	35
36	5796	5812,1	5828,2	5844,3	5860,4	5876,5	5892,6	5908,7	5924,8	5940,9	5822,8	5849,7	5903,3	5930,2	5836,3	5916,8	36
37	5957	5973,1	5989,2	6005,3	6021,4	6037,5	6053,6	6069,7	6085,8	6101,9	5983,8	6010,7	6064,3	6091,2	5997,3	6077,8	37
38	6118	6134,1	6150,2	6166,3	6182,4	6198,5	6214,6	6230,7	6246,8	6262,9	6144,8	6171,7	6225,3	6252,2	6158,3	6238,8	38
39	6279	6295,1	6311,2	6327,3	6343,4	6359,5	6375,6	6391,7	6407,8	6423,9	6305,8	6332,7	6386,3	6413,2	6319,3	6399,8	39
40	6440	6456,1	6472,2	6488,3	6504,4	6520,5	6536,6	6552,7	6568,8	6584,9	6466,8	6493,7	6547,3	6574,2	6480,3	6560,8	40
41	6601	6617,1	6633,2	6649,3	6665,4	6681,5	6697,6	6713,7	6729,8	6745,9	6627,8	6654,7	6708,3	6735,2	6641,3	6721,8	41
42	6762	6778,1	6794,2	6810,3	6826,4	6842,5	6858,6	6874,7	6890,8	6906,9	6788,8	6815,7	6869,3	6896,2	6802,3	6882,8	42
43	6923	6939,1	6955,2	6971,3	6987,4	7003,5	7019,6	7035,7	7051,8	7067,9	6949,8	6976,7	7030,3	7057,2	6963,3	7043,8	43
44	7084	7100,1	7116,2	7132,3	7148,4	7164,5	7180,6	7196,7	7212,8	7228,9	7110,8	7137,7	7191,3	7218,2	7124,3	7204,8	44
45	7245	7261,1	7277,2	7293,3	7309,4	7325,5	7341,6	7357,7	7373,8	7389,9	7271,8	7298,7	7352,3	7379,2	7285,3	7365,8	45
46	7406	7422,1	7438,2	7454,3	7470,4	7486,5	7502,6	7518,7	7534,8	7550,9	7432,8	7459,7	7513,3	7540,2	7446,3	7526,8	46
47	7567	7583,1	7599,2	7615,3	7631,4	7647,5	7663,6	7679,7	7695,8	7711,9	7593,8	7620,7	7674,3	7701,2	7607,3	7687,8	47
48	7728	7744,1	7760,2	7776,3	7792,4	7808,5	7824,6	7840,7	7856,8	7872,9	7754,8	7781,7	7835,3	7862,2	7768,3	7848,8	48
49	7889	7905,1	7921,2	7937,3	7953,4	7969,5	7985,6	8001,7	8017,8	8033,9	7915,8	7942,7	7996,3	8023,2	7929,3	8009,8	49
50	8050	8066,1	8082,2	8098,3	8114,4	8130,5	8146,6	8162,7	8178,8	8194,9	8076,8	8103,7	8157,3	8184,2	8090,3	8170,8	50
51	8211	8227,1	8243,2	8259,3	8275,4	8291,5	8307,6	8323,7	8339,8	8355,9	8237,8	8264,7	8318,3	8345,2	8251,3	8331,8	51
52	8372	8388,1	8404,2	8420,3	8436,4	8452,5	8468,6	8484,7	8500,8	8516,9	8398,8	8425,7	8479,3	8506,2	8412,3	8492,8	52
53	8533	8549,1	8565,2	8581,3	8597,4	8613,5	8629,6	8645,7	8661,8	8677,9	8559,8	8586,7	8640,3	8667,2	8573,3	8653,8	53
54	8694	8710,1	8726,2	8742,3	8758,4	8774,5	8790,6	8806,7	8822,8	8838,9	8720,8	8747,7	8801,3	8828,2	8734,3	8814,8	54
55	8855	8871,1	8887,2	8903,3	8919,4	8935,5	8951,6	8967,7	8983,8	8999,9	8881,8	8908,7	8962,3	8989,2	8895,3	8975,8	55
56	9016	9032,1	9048,2	9064,3	9080,4	9096,5	9112,6	9128,7	9144,8	9160,9	9042,8	9069,7	9123,3	9150,2	9056,3	9136,8	56
57	9177	9193,1	9209,2	9225,3	9241,4	9257,5	9273,6	9289,7	9305,8	9321,9	9203,8	9230,7	9284,3	9311,2	9217,3	9297,8	57
58	9338	9354,1	9370,2	9386,3	9402,4	9418,5	9434,6	9450,7	9466,8	9482,9	9364,8	9391,7	9445,3	9472,2	9378,3	9458,8	58
59	9499	9515,1	9531,2	9547,3	9563,4	9579,5	9595,6	9611,7	9627,8	9643,9	9525,8	9552,7	9606,3	9633,2	9539,3	9619,8	59
60	9660	9676,1	9692,2	9708,3	9724,4	9740,5	9756,6	9772,7	9788,8	9804,9	9686,8	9713,7	9767,3	9794,2	9700,3	9780,8	60
61	9821	9837,1	9853,2	9869,3	9885,4	9901,5	9917,6	9933,7	9949,8	9965,9	9847,8	9874,7	9928,3	9955,2	9861,3	9941,8	61
62	9982	9998,1	10014,2	10030,3	10046,4	10062,5	10078,6	10094,7	10110,8	10126,9	10008,8	10035,7	10089,3	10116,2	10022,3	10102,8	62
63	10143	10159,1	10175,2	10191,3	10207,4	10223,5	10239,6	10255,7	10271,8	10287,9	10169,8	10196,7	10250,3	10277,2	10183,3	10263,8	63
64	10304	10320,1	10336,2	10352,3	10368,4	10384,5	10400,6	10416,7	10432,8	10448,9	10330,8	10357,7	10411,3	10438,2	10344,3	10424,8	64
65	10465	10481,1	10497,2	10513,3	10529,4	10545,5	10561,6	10577,7	10593,8	10609,9	10491,8	10518,7	10572,3	10599,2	10505,3	10585,8	65
66	10626	10642,1	10658,2	10674,3	10690,4	10706,5	10722,6	10738,7	10754,8	10770,9	10652,8	10679,7	10733,3	10760,2	10666,3	10746,8	66
67	10787	10803,1	10819,2	10835,3	10851,4	10867,5	10883,6	10899,7	10915,8	10931,9	10813,8	10840,7	10894,3	10921,2	10827,3	10907,8	67
68	10948	10964,1	10980,2	10996,3	11012,4	11028,5	11044,6	11060,7	11076,8	11092,9	10974,8	11001,7	11055,3	11082,2	10988,3	11068,8	68
69	11109	11125,1	11141,2	11157,3	11173,4	11189,5	11205,6	11221,7	11237,8	11253,9	11135,8	11162,7	11216,3	11243,2	11149,3	11229,8	69
70	11270	11286,1	11302,2	11318,3	11334,4	11350,5	11366,6	11382,7	11398,8	11414,9	11296,8	11323,7	11377,3	11404,2	11310,3	11390,8	70
71	11431	11447,1	11463,2	11479,3	11495,4	11511,5	11527,6	11543,7	11559,8	11575,9	11457,8	11484,7	11538,3	11565,2	11471,3	11551,8	71
72	11592	11608,1	11624,2	11640,3	11656,4	11672,5	11688,6	11704,7	11720,8	11736,9	11618,8	11645,7	11699,3	11726,2	11632,3	11712,8	72
73	11753	11769,1	11785,2	11801,3	11817,4	11833,5	11849,6	11865,7	11881,8	11897,9	11779,8	11806,7	11860,3	11887,2	11793,3	11873,8	73
74	11914	11930,1	11946,2	11962,3	11978,4	11994,5	12010,6	12026,7	12042,8	12058,9	11940,8	11967,7	12021,3	12048,2	11954,3	12034,8	74
75	12075	12091,1	12107,2	12123,3	12139,4	12155,5	12171,6	12187,7	12203,8	12219,9	12101,8	12128,7	12182,3	12209,2	12115,3	12195,8	75
76	12236	12252,1	12268,2	12284,3	12300,4	12316,5	12332,6	12348,7	12364,8	12380,9	12262,8	12289,7	12343,3	12370,2	12276,3	12356,8	76
77	12397	12413,1	12429,2	12445,3	12461,4	12477,5	12493,6	12509,7	12525,8	12541,9	12423,8	12450,7	12504,3	12531,2	12437,3	12517,8	77
78	12558	12574,1	12590,2	12606,3	12622,4	12638,5	12654,6	12670,7	12686,8	12702,9	12584,8	12611,7	12665,3	12692,2	12598,3	12678,8	78
79	12719	12735,1	12751,2	12767,3	12783,4	12799,5	12815,6	12831,7	12847,8	12863,9	12745,8	12772,7	12826,3	12853,2	12759,3	12839,8	79
80	12880	12896,1	12912,2	12928,3	12944,4	12960,5	12976,6	12992,7	13008,8	13024,9	12906,8	12933,7	12987,3	13014,2	12920,3	13000,8	80
81	13041	13057,1	13073,2	13089,3	13105,4	13121,5	13137,6	13153,7	13169,8	13185,9	13067,8	13094,7	13148,3	13175,2	13081,3	13161,8	81
82	13202	13218,1	13234,2	13250,3	13266,4	13282,5	13298,6	13314,7	13330,8	13346,9	13228,8	13255,7	13309,3	13336,2	13242,3	13322,8	82
83	13363	13379,1	13395,2	13411,3	13427,4	13443,5	13459,6	13475,7	13491,8	13507,9	13389,8	13416,7	13470,3	13497,2	13403,3	13483,8	83
84	13524	13540,1	13556,2	13572,3	13588,4	13604,5	13620,6	13636,7	13652,8	13668,9	13550,8	13577,7	13631,3	13658,2	13564,3	13644,8	84
85	13685	13701,1	13717,2	13733,3	13749,4	13765,5	13781,6	13797,7	13813,8	13829,9	13711,8	13738,7	13792,3	13819,2	13725,3	13805,8	85
86	13846	13862,1	13878,2	13894,3	13910,4	13926,5	13942,6	13958,7	13974,8	13990,9	13872,8	13899,7	13953,3	13980,2	13886,3	13966,8	86
87	14007	14023,1	14039,2	14055,3	14071,4	14087,5	14103,6	14119,7	14135,8	14151,9	14033,8	14060,7	14114,3	14141,2	14047,3	14127,8	87
88	14168	14184,1	14200,2	14216,3	14232,4	14248,5	14264,6	14280,7	14296,8	14312,9	14194,8	14221,7	14275,3	14302,2	14208,3	14288,8	88
89	14329	14345,1	14361,2	14377,3	14393,4	14409,5	14425,6	14441,7	14457,8	14473,9	14355,8	14382,7	14436,3	14463,2	14369,3	14449,8	89
90	14490	14506,1	14522,2	14538,3	14554,4	14570,5	14586,6	14602,7	14618,8	14634,9	14516,8	14543,7	14597,3	14624,2	14530,3	14610,8	90
91	14651	14667,1	14683,2	14699,3	14715,4	14731,5	14747,6	14763,7	14779,8	14795,9	14677,8	14704,7	14758,3	14785,2	14691,3	14771,8	91
92	14812	14828,1	14844,2	14860,3	14876,4	14892,5	14908,6	14924,7	14940,8	14956,9	14838,8	14865,7	14919,3	14946,2	14852,3	14932,8	92
93	14973	14989,1	15005,2	15021,3	15037,4	15053,5	15069,6	15085,7	15101,8	15117,9	14999,8	15026,7	15080,3	15107,2	15013,3	15093,8	93
94	15134	15150,1	15166,2	15182,3	15198,4	15214,5	15230,6	15246,7	15262,8	15278,9	15160,8	15187,7	15241,3	15268,2	15174,3	15254,8	94
95	15295	15311,1	15327,2	15343,3	15359,4	15375,5	15391,6	15407,7	15423,8	15439,9	15321,8	15348,7	15402,3	15429,2	15335,3	15415,8	95
96	15456	15472,1	15488,2	15504,3	15520,4	15536,5	15552,6	15568,7	15584,8	15600,9	15482,8	15509,7	15563,3	15590,2	15496,3	15576,8	96
97	15617	15633,1	15649,2	15665,3	15681,4	15697,5	15713,6	15729,7	15745,8	15761,9	15643,8	15670,7	15724,3	15751,2	15657,3	15737,8	97
98	15778	15794,1	15810,2	15826,3	15842,4	15858,5	15874,6	15890,7	15906,8	15922,9	15804,8	15831,7	15885,3	15912,2	15818,3	15898,8	98
99	15939	15955,1	15971,2	15987,3	16003,4	16019,5	16035,6	16051,7	16067,8	16083,9	15965,8	15992,7	16046,3	16073,2	15979,3	16059,8	99
100	16100	16116,1	16132,2	16148,3	16164,4	16180,5	16196,6	16212,7	16228,8	16244,9	16126,8	16153,7	16207,3	16234,2	16140,3	16220,8	100

162

		1/10	2/10	3/10	4/10	5/10	6/10	7/10	8/10	9/10	1/6	2/6	4/6	5/6	1/4	3/4	
		16,2	32,4	48,6	64,8	81,0	97,2	113,4	129,6	145,8	27,0	54,0	108,0	135,0	40,5	121,5	
1	162	178,2	194,4	210,6	226,8	243,0	259,2	275,4	291,6	307,8	189,0	216,0	270,0	297,0	202,5	283,5	1
2	324	340,2	356,4	372,6	388,8	405,0	421,2	437,4	453,6	469,8	351,0	378,0	432,0	459,0	364,5	445,5	2
3	486	502,2	518,4	534,6	550,8	567,0	583,2	599,4	615,6	631,8	513,0	540,0	594,0	621,0	526,5	607,5	3
4	648	664,2	680,4	696,6	712,8	729,0	745,2	761,4	777,6	793,8	675,0	702,0	756,0	783,0	688,5	769,5	4
5	810	826,2	842,4	858,6	874,8	891,0	907,2	923,4	939,6	955,8	837,0	864,0	918,0	945,0	850,5	931,5	5
6	972	988,2	1004,4	1020,6	1036,8	1053,0	1069,2	1085,4	1101,6	1117,8	999,0	1026,0	1080,0	1107,0	1012,5	1093,5	6
7	1134	1150,2	1166,4	1182,6	1198,8	1215,0	1231,2	1247,4	1263,6	1279,8	1161,0	1188,0	1242,0	1269,0	1174,5	1255,5	7
8	1296	1312,2	1328,4	1344,6	1360,8	1377,0	1393,2	1409,4	1425,6	1441,8	1323,0	1350,0	1404,0	1431,0	1336,5	1417,5	8
9	1458	1474,2	1490,4	1506,6	1522,8	1539,0	1555,2	1571,4	1587,6	1603,8	1485,0	1512,0	1566,0	1593,0	1498,5	1579,5	9
10	1620	1636,2	1652,4	1668,6	1684,8	1701,0	1717,2	1733,4	1749,6	1765,8	1647,0	1674,0	1728,0	1755,0	1660,5	1741,5	10
11	1782	1798,2	1814,4	1830,6	1846,8	1863,0	1879,2	1895,4	1911,6	1927,8	1809,0	1836,0	1890,0	1917,0	1822,5	1903,5	11
12	1944	1960,2	1976,4	1992,6	2008,8	2025,0	2041,2	2057,4	2073,6	2089,8	1971,0	1998,0	2052,0	2079,0	1984,5	2065,5	12
13	2106	2122,2	2138,4	2154,6	2170,8	2187,0	2203,2	2219,4	2235,6	2251,8	2133,0	2160,0	2214,0	2241,0	2146,5	2227,5	13
14	2268	2284,2	2300,4	2316,6	2332,8	2349,0	2365,2	2381,4	2397,6	2413,8	2295,0	2322,0	2376,0	2403,0	2308,5	2389,5	14
15	2430	2446,2	2462,4	2478,6	2494,8	2511,0	2527,2	2543,4	2559,6	2575,8	2457,0	2484,0	2538,0	2565,0	2470,5	2551,5	15
16	2592	2608,2	2624,4	2640,6	2656,8	2673,0	2689,2	2705,4	2721,6	2737,8	2619,0	2646,0	2700,0	2727,0	2632,5	2713,5	16
17	2754	2770,2	2786,4	2802,6	2818,8	2835,0	2851,2	2867,4	2883,6	2899,8	2781,0	2808,0	2862,0	2889,0	2794,5	2875,5	17
18	2916	2932,2	2948,4	2964,6	2980,8	2997,0	3013,2	3029,4	3045,6	3061,8	2943,0	2970,0	3024,0	3051,0	2956,5	3037,5	18
19	3078	3094,2	3110,4	3126,6	3142,8	3159,0	3175,2	3191,4	3207,6	3223,8	3105,0	3132,0	3186,0	3213,0	3118,5	3199,5	19
20	3240	3256,2	3272,4	3288,6	3304,8	3321,0	3337,2	3353,4	3369,6	3385,8	3267,0	3294,0	3348,0	3375,0	3280,5	3361,5	20
21	3402	3418,2	3434,4	3450,6	3466,8	3483,0	3499,2	3515,4	3531,6	3547,8	3429,0	3456,0	3510,0	3537,0	3442,5	3523,5	21
22	3564	3580,2	3596,4	3612,6	3628,8	3645,0	3661,2	3677,4	3693,6	3709,8	3591,0	3618,0	3672,0	3699,0	3604,5	3685,5	22
23	3726	3742,2	3758,4	3774,6	3790,8	3807,0	3823,2	3839,4	3855,6	3871,8	3753,0	3780,0	3834,0	3861,0	3766,5	3847,5	23
24	3888	3904,2	3920,4	3936,6	3952,8	3969,0	3985,2	4001,4	4017,6	4033,8	3915,0	3942,0	3996,0	4023,0	3928,5	4009,5	24
25	4050	4066,2	4082,4	4098,6	4114,8	4131,0	4147,2	4163,4	4179,6	4195,8	4077,0	4104,0	4158,0	4185,0	4090,5	4171,5	25
26	4212	4228,2	4244,4	4260,6	4276,8	4293,0	4309,2	4325,4	4341,6	4357,8	4239,0	4266,0	4320,0	4347,0	4252,5	4333,5	26
27	4374	4390,2	4406,4	4422,6	4438,8	4455,0	4471,2	4487,4	4503,6	4519,8	4401,0	4428,0	4482,0	4509,0	4414,5	4495,5	27
28	4536	4552,2	4568,4	4584,6	4600,8	4617,0	4633,2	4649,4	4665,6	4681,8	4563,0	4590,0	4644,0	4671,0	4576,5	4657,5	28
29	4698	4714,2	4730,4	4746,6	4762,8	4779,0	4795,2	4811,4	4827,6	4843,8	4725,0	4752,0	4806,0	4833,0	4738,5	4819,5	29
30	4860	4876,2	4892,4	4908,6	4924,8	4941,0	4957,2	4973,4	4989,6	5005,8	4887,0	4914,0	4968,0	4995,0	4900,5	4981,5	30
31	5022	5038,2	5054,4	5070,6	5086,8	5103,0	5119,2	5135,4	5151,6	5167,8	5049,0	5076,0	5130,0	5157,0	5062,5	5143,5	31
32	5184	5200,2	5216,4	5232,6	5248,8	5265,0	5281,2	5297,4	5313,6	5329,8	5211,0	5238,0	5292,0	5319,0	5224,5	5305,5	32
33	5346	5362,2	5378,4	5394,6	5410,8	5427,0	5443,2	5459,4	5475,6	5491,8	5373,0	5400,0	5454,0	5481,0	5386,5	5467,5	33
34	5508	5524,2	5540,4	5556,6	5572,8	5589,0	5605,2	5621,4	5637,6	5653,8	5535,0	5562,0	5616,0	5643,0	5548,5	5629,5	34
35	5670	5686,2	5702,4	5718,6	5734,8	5751,0	5767,2	5783,4	5799,6	5815,8	5697,0	5724,0	5778,0	5805,0	5710,5	5791,5	35
36	5832	5848,2	5864,4	5880,6	5896,8	5913,0	5929,2	5945,4	5961,6	5977,8	5859,0	5886,0	5940,0	5967,0	5872,5	5953,5	36
37	5994	6010,2	6026,4	6042,6	6058,8	6075,0	6091,2	6107,4	6123,6	6139,8	6021,0	6048,0	6102,0	6129,0	6034,5	6115,5	37
38	6156	6172,2	6188,4	6204,6	6220,8	6237,0	6253,2	6269,4	6285,6	6301,8	6183,0	6210,0	6264,0	6291,0	6196,5	6277,5	38
39	6318	6334,2	6350,4	6366,6	6382,8	6399,0	6415,2	6431,4	6447,6	6463,8	6345,0	6372,0	6426,0	6453,0	6358,5	6439,5	39
40	6480	6496,2	6512,4	6528,6	6544,8	6561,0	6577,2	6593,4	6609,6	6625,8	6507,0	6534,0	6588,0	6615,0	6520,5	6601,5	40
41	6642	6658,2	6674,4	6690,6	6706,8	6723,0	6739,2	6755,4	6771,6	6787,8	6669,0	6696,0	6750,0	6777,0	6682,5	6763,5	41
42	6804	6820,2	6836,4	6852,6	6868,8	6885,0	6901,2	6917,4	6933,6	6949,8	6831,0	6858,0	6912,0	6939,0	6844,5	6925,5	42
43	6966	6982,2	6998,4	7014,6	7030,8	7047,0	7063,2	7079,4	7095,6	7111,8	6993,0	7020,0	7074,0	7101,0	7006,5	7087,5	43
44	7128	7144,2	7160,4	7176,6	7192,8	7209,0	7225,2	7241,4	7257,6	7273,8	7155,0	7182,0	7236,0	7263,0	7168,5	7249,5	44
45	7290	7306,2	7322,4	7338,6	7354,8	7371,0	7387,2	7403,4	7419,6	7435,8	7317,0	7344,0	7398,0	7425,0	7330,5	7411,5	45
46	7452	7468,2	7484,4	7500,6	7516,8	7533,0	7549,2	7565,4	7581,6	7597,8	7479,0	7506,0	7560,0	7587,0	7492,5	7573,5	46
47	7614	7630,2	7646,4	7662,6	7678,8	7695,0	7711,2	7727,4	7743,6	7759,8	7641,0	7668,0	7722,0	7749,0	7654,5	7735,5	47
48	7776	7792,2	7808,4	7824,6	7840,8	7857,0	7873,2	7889,4	7905,6	7921,8	7803,0	7830,0	7884,0	7911,0	7816,5	7897,5	48
49	7938	7954,2	7970,4	7986,6	8002,8	8019,0	8035,2	8051,4	8067,6	8083,8	7965,0	7992,0	8046,0	8073,0	7978,5	8059,5	49
50	8100	8116,2	8132,4	8148,6	8164,8	8181,0	8197,2	8213,4	8229,6	8245,8	8127,0	8154,0	8208,0	8235,0	8140,5	8221,5	50
51	8262	8278,2	8294,4	8310,6	8326,8	8343,0	8359,2	8375,4	8391,6	8407,8	8289,0	8316,0	8370,0	8397,0	8302,5	8383,5	51
52	8424	8440,2	8456,4	8472,6	8488,8	8505,0	8521,2	8537,4	8553,6	8569,8	8451,0	8478,0	8532,0	8559,0	8464,5	8545,5	52
53	8586	8602,2	8618,4	8634,6	8650,8	8667,0	8683,2	8699,4	8715,6	8731,8	8613,0	8640,0	8694,0	8721,0	8626,5	8707,5	53
54	8748	8764,2	8780,4	8796,6	8812,8	8829,0	8845,2	8861,4	8877,6	8893,8	8775,0	8802,0	8856,0	8883,0	8788,5	8869,5	54
55	8910	8926,2	8942,4	8958,6	8974,8	8991,0	9007,2	9023,4	9039,6	9055,8	8937,0	8964,0	9018,0	9045,0	8950,5	9031,5	55
56	9072	9088,2	9104,4	9120,6	9136,8	9153,0	9169,2	9185,4	9201,6	9217,8	9099,0	9126,0	9180,0	9207,0	9112,5	9193,5	56
57	9234	9250,2	9266,4	9282,6	9298,8	9315,0	9331,2	9347,4	9363,6	9379,8	9261,0	9288,0	9342,0	9369,0	9274,5	9355,5	57
58	9396	9412,2	9428,4	9444,6	9460,8	9477,0	9493,2	9509,4	9525,6	9541,8	9423,0	9450,0	9504,0	9531,0	9436,5	9517,5	58
59	9558	9574,2	9590,4	9606,6	9622,8	9639,0	9655,2	9671,4	9687,6	9703,8	9585,0	9612,0	9666,0	9693,0	9598,5	9679,5	59
60	9720	9736,2	9752,4	9768,6	9784,8	9801,0	9817,2	9833,4	9849,6	9865,8	9747,0	9774,0	9828,0	9855,0	9760,5	9841,5	60
61	9882	9898,2	9914,4	9930,6	9946,8	9963,0	9979,2	9995,4	10011,6	10027,8	9909,0	9936,0	9990,0	10017,0	9922,5	10003,5	61
62	10044	10060,2	10076,4	10092,6	10108,8	10125,0	10141,2	10157,4	10173,6	10189,8	10071,0	10098,0	10152,0	10179,0	10084,5	10165,5	62
63	10206	10222,2	10238,4	10254,6	10270,8	10287,0	10303,2	10319,4	10335,6	10351,8	10233,0	10260,0	10314,0	10341,0	10246,5	10327,5	63
64	10368	10384,2	10400,4	10416,6	10432,8	10449,0	10465,2	10481,4	10497,6	10513,8	10395,0	10422,0	10476,0	10503,0	10408,5	10489,5	64
65	10530	10546,2	10562,4	10578,6	10594,8	10611,0	10627,2	10643,4	10659,6	10675,8	10557,0	10584,0	10638,0	10665,0	10570,5	10651,5	65
66	10692	10708,2	10724,4	10740,6	10756,8	10773,0	10789,2	10805,4	10821,6	10837,8	10719,0	10746,0	10800,0	10827,0	10732,5	10813,5	66
67	10854	10870,2	10886,4	10902,6	10918,8	10935,0	10951,2	10967,4	10983,6	10999,8	10881,0	10908,0	10962,0	10989,0	10894,5	10975,5	67
68	11016	11032,2	11048,4	11064,6	11080,8	11097,0	11113,2	11129,4	11145,6	11161,8	11043,0	11070,0	11124,0	11151,0	11056,5	11137,5	68
69	11178	11194,2	11210,4	11226,6	11242,8	11259,0	11275,2	11291,4	11307,6	11323,8	11205,0	11232,0	11286,0	11313,0	11218,5	11299,5	69
70	11340	11356,2	11372,4	11388,6	11404,8	11421,0	11437,2	11453,4	11469,6	11485,8	11367,0	11394,0	11448,0	11475,0	11380,5	11461,5	70
71	11502	11518,2	11534,4	11550,6	11566,8	11583,0	11599,2	11615,4	11631,6	11647,8	11529,0	11556,0	11610,0	11637,0	11542,5	11623,5	71
72	11664	11680,2	11696,4	11712,6	11728,8	11745,0	11761,2	11777,4	11793,6	11809,8	11691,0	11718,0	11772,0	11799,0	11704,5	11785,5	72
73	11826	11842,2	11858,4	11874,6	11890,8	11907,0	11923,2	11939,4	11955,6	11971,8	11853,0	11880,0	11934,0	11961,0	11866,5	11947,5	73
74	11988	12004,2	12020,4	12036,6	12052,8	12069,0	12085,2	12101,4	12117,6	12133,8	12015,0	12042,0	12096,0	12123,0	12028,5	12109,5	74
75	12150	12166,2	12182,4	12198,6	12214,8	12231,0	12247,2	12263,4	12279,6	12295,8	12177,0	12204,0	12258,0	12285,0	12190,5	12271,5	75
76	12312	12328,2	12344,4	12360,6	12376,8	12393,0	12409,2	12425,4	12441,6	12457,8	12339,0	12366,0	12420,0	12447,0	12352,5	12433,5	76
77	12474	12490,2	12506,4	12522,6	12538,8	12555,0	12571,2	12587,4	12603,6	12619,8	12501,0	12528,0	12582,0	12609,0	12514,5	12595,5	77
78	12636	12652,2	12668,4	12684,6	12700,8	12717,0	12733,2	12749,4	12765,6	12781,8	12663,0	12690,0	12744,0	12771,0	12676,5	12757,5	78
79	12798	12814,2	12830,4	12846,6	12862,8	12879,0	12895,2	12911,4	12927,6	12943,8	12825,0	12852,0	12906,0	12933,0	12838,5	12919,5	79
80	12960	12976,2	12992,4	13008,6	13024,8	13041,0	13057,2	13073,4	13089,6	13105,8	12987,0	13014,0	13068,0	13095,0	13000,5	13081,5	80
81	13122	13138,2	13154,4	13170,6	13186,8	13203,0	13219,2	13235,4	13251,6	13267,8	13149,0	13176,0	13230,0	13257,0	13162,5	13243,5	81
82	13284	13300,2	13316,4	13332,6	13348,8	13365,0	13381,2	13397,4	13413,6	13429,8	13311,0	13338,0	13392,0	13419,0	13324,5	13405,5	82
83	13446	13462,2	13478,4	13494,6	13510,8	13527,0	13543,2	13559,4	13575,6	13591,8	13473,0	13500,0	13554,0	13581,0	13486,5	13567,5	83
84	13608	13624,2	13640,4	13656,6	13672,8	13689,0	13705,2	13721,4	13737,6	13753,8	13635,0	13662,0	13716,0	13743,0	13648,5	13729,5	84
85	13770	13786,2	13802,4	13818,6	13834,8	13851,0	13867,2	13883,4	13899,6	13915,8	13797,0	13824,0	13878,0	13905,0	13810,5	13891,5	85
86	13932	13948,2	13964,4	13980,6	13996,8	14013,0	14029,2	14045,4	14061,6	14077,8	13959,0	13986,0	14040,0	14067,0	13972,5	14053,5	86
87	14094	14110,2	14126,4	14142,6	14158,8	14175,0	14191,2	14207,4	14223,6	14239,8	14121,0	14148,0	14202,0	14229,0	14134,5	14215,5	87
88	14256	14272,2	14288,4	14304,6	14320,8	14337,0	14353,2	14369,4	14385,6	14401,8	14283,0	14310,0	14364,0	14391,0	14296,5	14377,5	88
89	14418	14434,2	14450,4	14466,6	14482,8	14499,0	14515,2	14531,4	14547,6	14563,8	14445,0	14472,0	14526,0	14553,0	14458,5	14539,5	89
90	14580	14596,2	14612,4	14628,6	14644,8	14661,0	14677,2	14693,4	14709,6	14725,8	14607,0	14634,0	14688,0	14715,0	14620,5	14701,5	90
91	14742	14758,2	14774,4	14790,6	14806,8	14823,0	14839,2	14855,4	14871,6	14887,8	14769,0	14796,0	14850,0	14877,0	14782,5	14863,5	91
92	14904	14920,2	14936,4	14952,6	14968,8	14985,0	15001,2	15017,4	15033,6	15049,8	14931,0	14958,0	15012,0	15039,0	14944,5	15025,5	92
93	15066	15082,2	15098,4	15114,6	15130,8	15147,0	15163,2	15179,4	15195,6	15211,8	15093,0	15120,0	15174,0	15201,0	15106,5	15187,5	93
94	15228	15244,2	15260,4	15276,6	15292,8	15309,0	15325,2	15341,4	15357,6	15373,8	15255,0	15282,0	15336,0	15363,0	15268,5	15349,5	94
95	15390	15406,2	15422,4	15438,6	15454,8	15471,0	15487,2	15503,4	15519,6	15535,8	15417,0	15444,0	15498,0	15525,0	15430,5	15511,5	95
96	15552	15568,2	15584,4	15600,6	15616,8	15633,0	15649,2	15665,4	15681,6	15697,8	15579,0	15606,0	15660,0	15687,0	15592,5	15673,5	96
97	15714	15730,2	15746,4	15762,6	15778,8	15795,0	15811,2	15827,4	15843,6	15859,8	15741,0	15768,0	15822,0	15849,0	15754,5	15835,5	97
98	15876	15892,2	15908,4	15924,6	15940,8	15957,0	15973,2	15989,4	16005,6	16021,8	15903,0	15930,0	15984,0	16011,0	15916,5	15997,5	98
99	16038	16054,2	16070,4	16086,6	16102,8	16119,0	16135,2	16151,4	16167,6	16183,8	16065,0	16092,0	16146,0	16173,0	16078,5	16159,5	99
100	16200	16216,2	16232,4	16248,6	16264,8	16281,0	16297,2	16313,4	16329,6	16345,8	16227,0	16254,0	16308,0	16335,0	16240,5	16321,5	100

		1/10 16,3	2/10 32,6	3/10 48,9	4/10 65,2	5/10 81,5	6/10 97,8	7/10 114,1	8/10 130,4	9/10 146,7	1/6 27,166	2/6 54,333	4/6 108,666	5/6 135,833	1/4 40,75	3/4 122,25	
1	163	179,3	195,6	211,9	228,2	244,5	260,8	277,1	293,4	309,7	190,2	217,3	271,7	298,8	203,8	285,3	1
2	326	342,3	358,6	374,9	391,2	407,5	423,8	440,1	456,4	472,7	353,2	380,3	434,7	461,8	366,8	448,3	2
3	489	505,3	521,6	537,9	554,2	570,5	586,8	603,1	619,4	635,7	516,2	543,3	597,7	624,8	529,8	611,3	3
4	652	668,3	684,6	700,9	717,2	733,5	749,8	766,1	782,4	798,7	679,2	706,3	760,7	787,8	692,8	774,3	4
5	815	831,3	847,6	863,9	880,2	896,5	912,8	929,1	945,4	961,7	842,2	869,3	923,7	950,8	855,8	937,3	5
6	978	994,3	1010,6	1026,9	1043,2	1059,5	1075,8	1092,1	1108,4	1124,7	1005,2	1032,3	1086,7	1113,8	1018,8	1100,3	6
7	1141	1157,3	1173,6	1189,9	1206,2	1222,5	1238,8	1255,1	1271,4	1287,7	1168,2	1195,3	1249,7	1276,8	1181,8	1263,3	7
8	1304	1320,3	1336,6	1352,9	1369,2	1385,5	1401,8	1418,1	1434,4	1450,7	1331,2	1358,3	1412,7	1439,8	1344,8	1426,3	8
9	1467	1483,3	1499,6	1515,9	1532,2	1548,5	1564,8	1581,1	1597,4	1613,7	1494,2	1521,3	1575,7	1602,8	1507,8	1589,3	9
10	1630	1646,3	1662,6	1678,9	1695,2	1711,5	1727,8	1744,1	1760,4	1776,7	1657,2	1684,3	1738,7	1765,8	1670,8	1752,3	10
11	1793	1809,3	1825,6	1841,9	1858,2	1874,5	1890,8	1907,1	1923,4	1939,7	1820,2	1847,3	1901,7	1928,8	1833,8	1915,3	11
12	1956	1972,3	1988,6	2004,9	2021,2	2037,5	2053,8	2070,1	2086,4	2102,7	1983,2	2010,3	2064,7	2091,8	1996,8	2078,3	12
13	2119	2135,3	2151,6	2167,9	2184,2	2200,5	2216,8	2233,1	2249,4	2265,7	2146,2	2173,3	2227,7	2254,8	2159,8	2241,3	13
14	2282	2298,3	2314,6	2330,9	2347,2	2363,5	2379,8	2396,1	2412,4	2428,7	2309,2	2336,3	2390,7	2417,8	2322,8	2404,3	14
15	2445	2461,3	2477,6	2493,9	2510,2	2526,5	2542,8	2559,1	2575,4	2591,7	2472,2	2499,3	2553,7	2580,8	2485,8	2567,3	15
16	2608	2624,3	2640,6	2656,9	2673,2	2689,5	2705,8	2722,1	2738,4	2754,7	2635,2	2662,3	2716,7	2743,8	2648,8	2730,3	16
17	2771	2787,3	2803,6	2819,9	2836,2	2852,5	2868,8	2885,1	2901,4	2917,7	2798,2	2825,3	2879,7	2906,8	2811,8	2893,3	17
18	2934	2950,3	2966,6	2982,9	2999,2	3015,5	3031,8	3048,1	3064,4	3080,7	2961,2	2988,3	3042,7	3069,8	2974,8	3056,3	18
19	3097	3113,3	3129,6	3145,9	3162,2	3178,5	3194,8	3211,1	3227,4	3243,7	3124,2	3151,3	3205,7	3232,8	3137,8	3219,3	19
20	3260	3276,3	3292,6	3308,9	3325,2	3341,5	3357,8	3374,1	3390,4	3406,7	3287,2	3314,3	3368,7	3395,8	3300,8	3382,3	20
21	3423	3439,3	3455,6	3471,9	3488,2	3504,5	3520,8	3537,1	3553,4	3569,7	3450,2	3477,3	3531,7	3558,8	3463,8	3545,3	21
22	3586	3602,3	3618,6	3634,9	3651,2	3667,5	3683,8	3700,1	3716,4	3732,7	3613,2	3640,3	3694,7	3721,8	3626,8	3708,3	22
23	3749	3765,3	3781,6	3797,9	3814,2	3830,5	3846,8	3863,1	3879,4	3895,7	3776,2	3803,3	3857,7	3884,8	3789,8	3871,3	23
24	3912	3928,3	3944,6	3960,9	3977,2	3993,5	4009,8	4026,1	4042,4	4058,7	3939,2	3966,3	4020,7	4047,8	3952,8	4034,3	24
25	4075	4091,3	4107,6	4123,9	4140,2	4156,5	4172,8	4189,1	4205,4	4221,7	4102,2	4129,3	4183,7	4210,8	4115,8	4197,3	25
26	4238	4254,3	4270,6	4286,9	4303,2	4319,5	4335,8	4352,1	4368,4	4384,7	4265,2	4292,3	4346,7	4373,8	4278,8	4360,3	26
27	4401	4417,3	4433,6	4449,9	4466,2	4482,5	4498,8	4515,1	4531,4	4547,7	4428,2	4455,3	4509,7	4536,8	4441,8	4523,3	27
28	4564	4580,3	4596,6	4612,9	4629,2	4645,5	4661,8	4678,1	4694,4	4710,7	4591,2	4618,3	4672,7	4699,8	4604,8	4686,3	28
29	4727	4743,3	4759,6	4775,9	4792,2	4808,5	4824,8	4841,1	4857,4	4873,7	4754,2	4781,3	4835,7	4862,8	4767,8	4849,3	29
30	4890	4906,3	4922,6	4938,9	4955,2	4971,5	4987,8	5004,1	5020,4	5036,7	4917,2	4944,3	4998,7	5025,8	4930,8	5012,3	30
31	5053	5069,3	5085,6	5101,9	5118,2	5134,5	5150,8	5167,1	5183,4	5199,7	5080,2	5107,3	5161,7	5188,8	5093,8	5175,3	31
32	5216	5232,3	5248,6	5264,9	5281,2	5297,5	5313,8	5330,1	5346,4	5362,7	5243,2	5270,3	5324,7	5351,8	5256,8	5338,3	32
33	5379	5395,3	5411,6	5427,9	5444,2	5460,5	5476,8	5493,1	5509,4	5525,7	5406,2	5433,3	5487,7	5514,8	5419,8	5501,3	33
34	5542	5558,3	5574,6	5590,9	5607,2	5623,5	5639,8	5656,1	5672,4	5688,7	5569,2	5596,3	5650,7	5677,8	5582,8	5664,3	34
35	5705	5721,3	5737,6	5753,9	5770,2	5786,5	5802,8	5819,1	5835,4	5851,7	5732,2	5759,3	5813,7	5840,8	5745,8	5827,3	35
36	5868	5884,3	5900,6	5916,9	5933,2	5949,5	5965,8	5982,1	5998,4	6014,7	5895,2	5922,3	5976,7	6003,8	5908,8	5990,3	36
37	6031	6047,3	6063,6	6079,9	6096,2	6112,5	6128,8	6145,1	6161,4	6177,7	6058,2	6085,3	6139,7	6166,8	6071,8	6153,3	37
38	6194	6210,3	6226,6	6242,9	6259,2	6275,5	6291,8	6308,1	6324,4	6340,7	6221,2	6248,3	6302,7	6329,8	6234,8	6316,3	38
39	6357	6373,3	6389,6	6405,9	6422,2	6438,5	6454,8	6471,1	6487,4	6503,7	6384,2	6411,3	6465,7	6492,8	6397,8	6479,3	39
40	6520	6536,3	6552,6	6568,9	6585,2	6601,5	6617,8	6634,1	6650,4	6666,7	6547,2	6574,3	6628,7	6655,8	6560,8	6642,3	40
41	6683	6699,3	6715,6	6731,9	6748,2	6764,5	6780,8	6797,1	6813,4	6829,7	6710,2	6737,3	6791,7	6818,8	6723,8	6805,3	41
42	6846	6862,3	6878,6	6894,9	6911,2	6927,5	6943,8	6960,1	6976,4	6992,7	6873,2	6900,3	6954,7	6981,8	6886,8	6968,3	42
43	7009	7025,3	7041,6	7057,9	7074,2	7090,5	7106,8	7123,1	7139,4	7155,7	7036,2	7063,3	7117,7	7144,8	7049,8	7131,3	43
44	7172	7188,3	7204,6	7220,9	7237,2	7253,5	7269,8	7286,1	7302,4	7318,7	7199,2	7226,3	7280,7	7307,8	7212,8	7294,3	44
45	7335	7351,3	7367,6	7383,9	7400,2	7416,5	7432,8	7449,1	7465,4	7481,7	7362,2	7389,3	7443,7	7470,8	7375,8	7457,3	45
46	7498	7514,3	7530,6	7546,9	7563,2	7579,5	7595,8	7612,1	7628,4	7644,7	7525,2	7552,3	7606,7	7633,8	7538,8	7620,3	46
47	7661	7677,3	7693,6	7709,9	7726,2	7742,5	7758,8	7775,1	7791,4	7807,7	7688,2	7715,3	7769,7	7796,8	7701,8	7783,3	47
48	7824	7840,3	7856,6	7872,9	7889,2	7905,5	7921,8	7938,1	7954,4	7970,7	7851,2	7878,3	7932,7	7959,8	7864,8	7946,3	48
49	7987	8003,3	8019,6	8035,9	8052,2	8068,5	8084,8	8101,1	8117,4	8133,7	8014,2	8041,3	8095,7	8122,8	8027,8	8109,3	49
50	8150	8166,3	8182,6	8198,9	8215,2	8231,5	8247,8	8264,1	8280,4	8296,7	8177,2	8204,3	8258,7	8285,8	8190,8	8272,3	50
51	8313	8329,3	8345,6	8361,9	8378,2	8394,5	8410,8	8427,1	8443,4	8459,7	8340,2	8367,3	8421,7	8448,8	8353,8	8435,3	51
52	8476	8492,3	8508,6	8524,9	8541,2	8557,5	8573,8	8590,1	8606,4	8622,7	8503,2	8530,3	8584,7	8611,8	8516,8	8598,3	52
53	8639	8655,3	8671,6	8687,9	8704,2	8720,5	8736,8	8753,1	8769,4	8785,7	8666,2	8693,3	8747,7	8774,8	8679,8	8761,3	53
54	8802	8818,3	8834,6	8850,9	8867,2	8883,5	8899,8	8916,1	8932,4	8948,7	8829,2	8856,3	8910,7	8937,8	8842,8	8924,3	54
55	8965	8981,3	8997,6	9013,9	9030,2	9046,5	9062,8	9079,1	9095,4	9111,7	8992,2	9019,3	9073,7	9100,8	9005,8	9087,3	55
56	9128	9144,3	9160,6	9176,9	9193,2	9209,5	9225,8	9242,1	9258,4	9274,7	9155,2	9182,3	9236,7	9263,8	9168,8	9250,3	56
57	9291	9307,3	9323,6	9339,9	9356,2	9372,5	9388,8	9405,1	9421,4	9437,7	9318,2	9345,3	9399,7	9426,8	9331,8	9413,3	57
58	9454	9470,3	9486,6	9502,9	9519,2	9535,5	9551,8	9568,1	9584,4	9600,7	9481,2	9508,3	9562,7	9589,8	9494,8	9576,3	58
59	9617	9633,3	9649,6	9665,9	9682,2	9698,5	9714,8	9731,1	9747,4	9763,7	9644,2	9671,3	9725,7	9752,8	9657,8	9739,3	59
60	9780	9796,3	9812,6	9828,9	9845,2	9861,5	9877,8	9894,1	9910,4	9926,7	9807,2	9834,3	9888,7	9915,8	9820,8	9902,3	60
61	9943	9959,3	9975,6	9991,9	10008,2	10024,5	10040,8	10057,1	10073,4	10089,7	9970,2	9997,3	10051,7	10078,8	9983,8	10065,3	61
62	10106	10122,3	10138,6	10154,9	10171,2	10187,5	10203,8	10220,1	10236,4	10252,7	10133,2	10160,3	10214,7	10241,8	10146,8	10228,3	62
63	10269	10285,3	10301,6	10317,9	10334,2	10350,5	10366,8	10383,1	10399,4	10415,7	10296,2	10323,3	10377,7	10404,8	10309,8	10391,3	63
64	10432	10448,3	10464,6	10480,9	10497,2	10513,5	10529,8	10546,1	10562,4	10578,7	10459,2	10486,3	10540,7	10567,8	10472,8	10554,3	64
65	10595	10611,3	10627,6	10643,9	10660,2	10676,5	10692,8	10709,1	10725,4	10741,7	10622,2	10649,3	10703,7	10730,8	10635,8	10717,3	65
66	10758	10774,3	10790,6	10806,9	10823,2	10839,5	10855,8	10872,1	10888,4	10904,7	10785,2	10812,3	10866,7	10893,8	10798,8	10880,3	66
67	10921	10937,3	10953,6	10969,9	10986,2	11002,5	11018,8	11035,1	11051,4	11067,7	10948,2	10975,3	11029,7	11056,8	10961,8	11043,3	67
68	11084	11100,3	11116,6	11132,9	11149,2	11165,5	11181,8	11198,1	11214,4	11230,7	11111,2	11138,3	11192,7	11219,8	11124,8	11206,3	68
69	11247	11263,3	11279,6	11295,9	11312,2	11328,5	11344,8	11361,1	11377,4	11393,7	11274,2	11301,3	11355,7	11382,8	11287,8	11369,3	69
70	11410	11426,3	11442,6	11458,9	11475,2	11491,5	11507,8	11524,1	11540,4	11556,7	11437,2	11464,3	11518,7	11545,8	11450,8	11532,3	70
71	11573	11589,3	11605,6	11621,9	11638,2	11654,5	11670,8	11687,1	11703,4	11719,7	11600,2	11627,3	11681,7	11708,8	11613,8	11695,3	71
72	11736	11752,3	11768,6	11784,9	11801,2	11817,5	11833,8	11850,1	11866,4	11882,7	11763,2	11790,3	11844,7	11871,8	11776,8	11858,3	72
73	11899	11915,3	11931,6	11947,9	11964,2	11980,5	11996,8	12013,1	12029,4	12045,7	11926,2	11953,3	12007,7	12034,8	11939,8	12021,3	73
74	12062	12078,3	12094,6	12110,9	12127,2	12143,5	12159,8	12176,1	12192,4	12208,7	12089,2	12116,3	12170,7	12197,8	12102,8	12184,3	74
75	12225	12241,3	12257,6	12273,9	12290,2	12306,5	12322,8	12339,1	12355,4	12371,7	12252,2	12279,3	12333,7	12360,8	12265,8	12347,3	75
76	12388	12404,3	12420,6	12436,9	12453,2	12469,5	12485,8	12502,1	12518,4	12534,7	12415,2	12442,3	12496,7	12523,8	12428,8	12510,3	76
77	12551	12567,3	12583,6	12599,9	12616,2	12632,5	12648,8	12665,1	12681,4	12697,7	12578,2	12605,3	12659,7	12686,8	12591,8	12673,3	77
78	12714	12730,3	12746,6	12762,9	12779,2	12795,5	12811,8	12828,1	12844,4	12860,7	12741,2	12768,3	12822,7	12849,8	12754,8	12836,3	78
79	12877	12893,3	12909,6	12925,9	12942,2	12958,5	12974,8	12991,1	13007,4	13023,7	12904,2	12931,3	12985,7	13012,8	12917,8	12999,3	79
80	13040	13056,3	13072,6	13088,9	13105,2	13121,5	13137,8	13154,1	13170,4	13186,7	13067,2	13094,3	13148,7	13175,8	13080,8	13162,3	80
81	13203	13219,3	13235,6	13251,9	13268,2	13284,5	13300,8	13317,1	13333,4	13349,7	13230,2	13257,3	13311,7	13338,8	13243,8	13325,3	81
82	13366	13382,3	13398,6	13414,9	13431,2	13447,5	13463,8	13480,1	13496,4	13512,7	13393,2	13420,3	13474,7	13501,8	13406,8	13488,3	82
83	13529	13545,3	13561,6	13577,9	13594,2	13610,5	13626,8	13643,1	13659,4	13675,7	13556,2	13583,3	13637,7	13664,8	13569,8	13651,3	83
84	13692	13708,3	13724,6	13740,9	13757,2	13773,5	13789,8	13806,1	13822,4	13838,7	13719,2	13746,3	13800,7	13827,8	13732,8	13814,3	84
85	13855	13871,3	13887,6	13903,9	13920,2	13936,5	13952,8	13969,1	13985,4	14001,7	13882,2	13909,3	13963,7	13990,8	13895,8	13977,3	85
86	14018	14034,3	14050,6	14066,9	14083,2	14099,5	14115,8	14132,1	14148,4	14164,7	14045,2	14072,3	14126,7	14153,8	14058,8	14140,3	86
87	14181	14197,3	14213,6	14229,9	14246,2	14262,5	14278,8	14295,1	14311,4	14327,7	14208,2	14235,3	14289,7	14316,8	14221,8	14303,3	87
88	14344	14360,3	14376,6	14392,9	14409,2	14425,5	14441,8	14458,1	14474,4	14490,7	14371,2	14398,3	14452,7	14479,8	14384,8	14466,3	88
89	14507	14523,3	14539,6	14555,9	14572,2	14588,5	14604,8	14621,1	14637,4	14653,7	14534,2	14561,3	14615,7	14642,8	14547,8	14629,3	89
90	14670	14686,3	14702,6	14718,9	14735,2	14751,5	14767,8	14784,1	14800,4	14816,7	14697,2	14724,3	14778,7	14805,8	14710,8	14792,3	90
91	14833	14849,3	14865,6	14881,9	14898,2	14914,5	14930,8	14947,1	14963,4	14979,7	14860,2	14887,3	14941,7	14968,8	14873,8	14955,3	91
92	14996	15012,3	15028,6	15044,9	15061,2	15077,5	15093,8	15110,1	15126,4	15142,7	15023,2	15050,3	15104,7	15131,8	15036,8	15118,3	92
93	15159	15175,3	15191,6	15207,9	15224,2	15240,5	15256,8	15273,1	15289,4	15305,7	15186,2	15213,3	15267,7	15294,8	15199,8	15281,3	93
94	15322	15338,3	15354,6	15370,9	15387,2	15403,5	15419,8	15436,1	15452,4	15468,7	15349,2	15376,3	15430,7	15457,8	15362,8	15444,3	94
95	15485	15501,3	15517,6	15533,9	15550,2	15566,5	15582,8	15599,1	15615,4	15631,7	15512,2	15539,3	15593,7	15620,8	15525,8	15607,3	95
96	15648	15664,3	15680,6	15696,9	15713,2	15729,5	15745,8	15762,1	15778,4	15794,7	15675,2	15702,3	15756,7	15783,8	15688,8	15770,3	96
97	15811	15827,3	15843,6	15859,9	15876,2	15892,5	15908,8	15925,1	15941,4	15957,7	15838,2	15865,3	15919,7	15946,8	15851,8	15933,3	97
98	15974	15990,3	16006,6	16022,9	16039,2	16055,5	16071,8	16088,1	16104,4	16120,7	16001,2	16028,3	16082,7	16109,8	16014,8	16096,3	98
99	16137	16153,3	16169,6	16185,9	16202,2	16218,5	16234,8	16251,1	16267,4	16283,7	16164,2	16191,3	16245,7	16272,8	16177,8	16259,3	99
100	16300	16316,3	16332,6	16348,9	16365,2	16381,5	16397,8	16414,1	16430,4	16446,7	16327,2	16354,3	16408,7	16435,8	16340,8	16422,3	100

164

	164	1/10 16,4	2/10 32,8	3/10 49,2	4/10 65,6	5/10 82,0	6/10 98,4	7/10 114,8	8/10 131,2	9/10 147,6	1/6 27,333	2/6 54,666	4/6 109,333	5/6 136,666	1/4 41,0	3/4 123,0	
1	164	180,4	196,8	213,2	229,6	246,0	262,4	278,8	295,2	311,6	191,3	218,7	273,3	300,7	205,0	287,0	1
2	328	344,4	360,8	377,2	393,6	410,0	426,4	442,8	459,2	475,6	355,3	382,7	437,3	464,7	369,0	451,0	2
3	492	508,4	524,8	541,2	557,6	574,0	590,4	606,8	623,2	639,6	519,3	546,7	601,3	628,7	533,3	615,0	3
4	656	672,4	688,8	705,2	721,6	738,0	754,4	770,8	787,2	803,6	683,3	710,7	765,3	792,7	697,0	779,0	4
5	820	836,4	852,8	869,2	885,6	902,0	918,4	934,8	951,2	967,6	847,3	874,7	929,3	956,7	861,0	943,0	5
6	984	1000,4	1016,8	1033,2	1049,6	1066,0	1082,4	1098,8	1115,2	1131,6	1011,3	1038,7	1093,3	1120,7	1025,0	1107,0	6
7	1148	1164,4	1180,8	1197,2	1213,6	1230,0	1246,4	1252,8	1279,2	1295,6	1175,3	1202,7	1257,3	1284,7	1189,0	1271,0	7
8	1312	1328,4	1344,8	1361,2	1377,6	1394,0	1410,4	1426,8	1443,2	1459,6	1339,3	1366,7	1421,3	1448,7	1353,0	1435,0	8
9	1476	1492,4	1508,8	1525,2	1541,6	1558,0	1574,4	1590,8	1607,2	1623,6	1503,3	1530,7	1585,3	1612,7	1517,0	1599,0	9
10	1640	1656,4	1672,8	1689,2	1705,6	1722,0	1738,4	1754,8	1771,2	1787,6	1667,3	1694,7	1749,3	1776,7	1681,0	1763,0	10
11	1804	1820,4	1836,8	1853,2	1869,6	1886,0	1902,4	1918,8	1935,2	1951,6	1831,3	1858,7	1913,3	1940,7	1845,0	1927,0	11
12	1968	1984,4	2000,8	2017,2	2033,6	2050,0	2066,4	2082,8	2099,2	2115,6	1995,3	2022,7	2077,3	2104,7	2009,0	2091,0	12
13	2132	2148,4	2164,8	2181,2	2197,6	2214,0	2230,4	2246,8	2263,2	2279,6	2159,3	2186,7	2241,3	2268,7	2173,0	2255,0	13
14	2296	2312,4	2328,8	2345,2	2361,6	2378,0	2394,4	2410,8	2427,2	2443,6	2323,3	2350,7	2405,3	2432,7	2337,0	2419,0	14
15	2460	2476,4	2492,8	2509,2	2525,6	2542,0	2558,4	2574,8	2591,2	2607,6	2487,3	2514,7	2569,3	2596,7	2501,0	2583,0	15
16	2624	2640,4	2656,8	2673,2	2689,6	2706,0	2722,4	2738,8	2755,2	2771,6	2651,3	2678,7	2733,3	2760,7	2665,0	2747,0	16
17	2788	2804,4	2820,8	2837,2	2853,6	2870,0	2886,4	2902,8	2919,2	2935,6	2815,3	2842,7	2897,3	2924,7	2829,0	2911,0	17
18	2952	2968,4	2984,8	3001,2	3017,6	3034,0	3050,4	3066,8	3083,2	3099,6	2979,3	3006,7	3061,3	3088,7	2993,0	3075,0	18
19	3116	3132,4	3148,8	3165,2	3181,6	3198,0	3214,4	3230,8	3247,2	3263,6	3143,3	3170,7	3225,3	3252,7	3157,0	3239,0	19
20	3280	3296,4	3312,8	3329,2	3345,6	3362,0	3378,4	3394,8	3411,2	3427,6	3307,3	3334,7	3389,3	3416,7	3321,0	3403,0	20
21	3444	3460,4	3476,8	3493,2	3509,6	3526,0	3542,4	3558,8	3575,2	3591,6	3471,3	3498,7	3553,3	3580,7	3485,0	3567,0	21
22	3608	3624,4	3640,8	3657,2	3673,6	3690,0	3706,4	3722,8	3739,2	3755,6	3635,3	3662,7	3717,3	3744,7	3649,0	3731,0	22
23	3772	3788,4	3804,8	3821,2	3837,6	3854,0	3870,4	3886,8	3903,2	3919,6	3799,3	3826,7	3881,3	3908,7	3813,0	3895,0	23
24	3936	3952,4	3968,8	3985,2	4001,6	4018,0	4034,4	4050,8	4067,2	4083,6	3963,3	3990,7	4045,3	4072,7	3977,0	4059,0	24
25	4100	4116,4	4132,8	4149,2	4165,6	4182,0	4198,4	4214,8	4231,2	4247,6	4127,3	4154,7	4209,3	4236,7	4141,0	4223,0	25
26	4264	4280,4	4296,8	4313,2	4329,6	4346,0	4362,4	4378,8	4395,2	4411,6	4291,3	4318,7	4373,3	4400,7	4305,0	4387,0	26
27	4428	4444,4	4460,8	4477,2	4493,6	4510,0	4526,4	4542,8	4559,2	4575,6	4455,3	4482,7	4537,3	4564,7	4469,0	4551,0	27
28	4592	4608,4	4624,8	4641,2	4657,6	4674,0	4690,4	4706,8	4723,2	4739,6	4619,3	4646,7	4701,3	4728,7	4633,0	4715,0	28
29	4756	4772,4	4788,8	4805,2	4821,6	4838,0	4854,4	4870,8	4887,2	4903,6	4783,3	4810,7	4865,3	4892,7	4797,0	4879,0	29
30	4920	4936,4	4952,8	4969,2	4985,6	5002,0	5018,4	5034,8	5051,2	5067,6	4947,3	4974,7	5029,3	5056,7	4961,0	5043,0	30
31	5084	5100,4	5116,8	5133,2	5149,6	5166,0	5182,4	5198,8	5215,2	5231,6	5111,3	5138,7	5193,3	5220,7	5125,0	5207,0	31
32	5248	5264,4	5280,8	5297,2	5313,6	5330,0	5346,4	5362,8	5379,2	5395,6	5275,3	5302,7	5357,3	5384,7	5289,0	5371,0	32
33	5412	5428,4	5444,8	5461,2	5477,6	5494,0	5510,4	5526,8	5543,2	5559,6	5439,3	5466,7	5521,3	5548,7	5453,0	5535,0	33
34	5576	5592,4	5608,8	5625,2	5641,6	5658,0	5674,4	5690,8	5707,2	5723,6	5603,3	5630,7	5685,3	5712,7	5617,0	5699,0	34
35	5740	5756,4	5772,8	5789,2	5805,6	5822,0	5838,4	5854,8	5871,2	5887,6	5767,3	5794,7	5849,3	5876,7	5781,0	5863,0	35
36	5904	5920,4	5936,8	5953,2	5969,6	5986,0	6002,4	6018,8	6035,2	6051,6	5931,3	5958,7	6013,3	6040,7	5945,0	6027,0	36
37	6068	6084,4	6100,8	6117,2	6133,6	6150,0	6166,4	6182,8	6199,2	6215,6	6095,3	6122,7	6177,3	6204,7	6109,0	6191,0	37
38	6232	6248,4	6264,8	6281,2	6297,6	6314,0	6330,4	6346,8	6363,2	6379,6	6259,3	6286,7	6341,3	6368,7	6273,0	6355,0	38
39	6396	6412,4	6428,8	6445,2	6461,6	6478,0	6494,4	6510,8	6527,2	6543,6	6423,3	6450,7	6505,3	6532,7	6437,0	6519,0	39
40	6560	6576,4	6592,8	6609,2	6625,6	6642,0	6658,4	6674,8	6691,2	6707,6	6587,3	6614,7	6669,3	6696,7	6601,0	6683,0	40
41	6724	6740,4	6756,8	6773,2	6789,6	6806,0	6822,4	6838,8	6855,2	6871,6	6751,3	6778,7	6833,3	6860,7	6765,0	6847,0	41
42	6888	6904,4	6920,8	6937,2	6953,6	6970,0	6986,4	7002,8	7019,2	7035,6	6915,3	6942,7	6997,3	7024,7	6929,0	7011,0	42
43	7052	7068,4	7084,8	7101,2	7117,6	7134,0	7150,4	7166,8	7183,2	7199,6	7079,3	7106,7	7161,3	7188,7	7093,0	7175,0	43
44	7216	7232,4	7248,8	7265,2	7281,6	7298,0	7314,4	7330,8	7347,2	7363,6	7243,3	7270,7	7325,3	7352,7	7257,0	7339,0	44
45	7380	7396,4	7412,8	7429,2	7445,6	7462,0	7478,4	7494,8	7511,2	7527,6	7407,3	7434,7	7489,3	7516,7	7421,0	7503,0	45
46	7544	7560,4	7576,8	7593,2	7609,6	7626,0	7642,4	7658,8	7675,2	7691,6	7571,3	7598,7	7653,3	7680,7	7585,0	7667,0	46
47	7708	7724,4	7740,8	7757,2	7773,6	7790,0	7806,4	7822,8	7839,2	7855,6	7735,3	7762,7	7817,3	7844,7	7749,0	7831,0	47
48	7872	7888,4	7904,8	7921,2	7937,6	7954,0	7970,4	7986,8	8003,2	8019,6	7899,3	7926,7	7981,3	8008,7	7913,0	7995,0	48
49	8036	8052,4	8068,8	8085,2	8101,6	8118,0	8134,4	8150,8	8167,2	8183,6	8063,3	8090,7	8145,3	8172,7	8077,0	8159,0	49
50	8200	8216,4	8232,8	8249,2	8265,6	8282,0	8298,4	8314,8	8331,2	8347,6	8227,3	8254,7	8309,3	8336,7	8241,0	8323,0	50
51	8364	8380,4	8396,8	8413,2	8429,6	8446,0	8462,4	8478,8	8495,2	8511,6	8391,3	8418,7	8473,3	8500,7	8405,0	8487,0	51
52	8528	8544,4	8560,8	8577,2	8593,6	8610,0	8626,4	8642,8	8659,2	8675,6	8555,3	8582,7	8637,3	8664,7	8569,0	8651,0	52
53	8692	8708,4	8724,8	8741,2	8757,6	8774,0	8790,4	8806,8	8823,2	8839,6	8719,3	8746,7	8801,3	8828,7	8733,0	8815,0	53
54	8856	8872,4	8888,8	8905,2	8921,6	8938,0	8954,4	8970,8	8987,2	9003,6	8883,3	8910,7	8965,3	8992,7	8897,0	8979,0	54
55	9020	9036,4	9052,8	9069,2	9085,6	9102,0	9118,4	9134,8	9151,2	9167,6	9047,3	9074,7	9129,3	9156,7	9061,0	9143,0	55
56	9184	9200,4	9216,8	9233,2	9249,6	9266,0	9282,4	9298,8	9315,2	9331,6	9211,3	9238,7	9293,3	9320,7	9225,0	9307,0	56
57	9348	9364,4	9380,8	9397,2	9413,6	9430,0	9446,4	9462,8	9479,2	9495,6	9375,3	9402,7	9457,3	9484,7	9389,0	9471,0	57
58	9512	9528,4	9544,8	9561,2	9577,6	9594,0	9610,4	9626,8	9643,2	9659,6	9539,3	9566,7	9621,3	9648,7	9553,0	9635,0	58
59	9676	9692,4	9708,8	9725,2	9741,6	9758,0	9774,4	9790,8	9807,2	9823,6	9703,3	9730,7	9785,3	9812,7	9717,0	9799,0	59
60	9840	9856,4	9872,8	9889,2	9905,6	9922,0	9938,4	9954,8	9971,2	9987,6	9867,3	9894,7	9949,3	9976,7	9881,0	9963,0	60
61	10004	10020,4	10036,8	10053,2	10069,6	10086,0	10102,4	10118,8	10135,2	10151,6	10031,3	10058,7	10113,3	10140,7	10045,0	10127,0	61
62	10168	10184,4	10200,8	10217,2	10233,6	10250,0	10266,4	10282,8	10299,2	10315,6	10195,3	10222,7	10277,3	10304,7	10209,0	10291,0	62
63	10332	10348,4	10364,8	10381,2	10397,6	10414,0	10430,4	10446,8	10463,2	10479,6	10359,3	10386,7	10441,3	10468,7	10373,0	10455,0	63
64	10496	10512,4	10528,8	10545,2	10561,6	10578,0	10594,4	10610,8	10627,2	10643,6	10523,3	10550,7	10605,3	10632,7	10537,0	10619,0	64
65	10660	10676,4	10692,8	10709,2	10725,6	10742,0	10758,4	10774,8	10791,2	10807,6	10687,3	10714,7	10769,3	10796,7	10701,0	10783,0	65
66	10824	10840,4	10856,8	10873,2	10889,6	10906,0	10922,4	10938,8	10955,2	10971,6	10851,3	10878,7	10933,3	10960,7	10865,0	10947,0	66
67	10988	11004,4	11020,8	11037,2	11053,6	11070,0	11086,4	11102,8	11119,2	11135,6	11015,3	11042,7	11097,3	11124,7	11029,0	11111,0	67
68	11152	11168,4	11184,8	11201,2	11217,6	11234,0	11250,4	11266,8	11283,2	11299,6	11179,3	11206,7	11261,3	11288,7	11193,0	11275,0	68
69	11316	11332,4	11348,8	11365,2	11381,6	11398,0	11414,4	11430,8	11447,2	11463,6	11343,3	11370,7	11425,3	11452,7	11357,0	11439,0	69
70	11480	11496,4	11512,8	11529,2	11545,6	11562,0	11578,4	11594,8	11611,2	11627,6	11507,3	11534,7	11589,3	11616,7	11521,0	11603,0	70
71	11644	11660,4	11676,8	11693,2	11709,6	11726,0	11742,4	11758,8	11775,2	11791,6	11671,3	11698,7	11753,3	11780,7	11685,0	11767,0	71
72	11808	11824,4	11840,8	11857,2	11873,6	11890,0	11906,4	11922,8	11939,2	11955,6	11835,3	11862,7	11917,3	11944,7	11849,0	11931,0	72
73	11972	11988,4	12004,8	12021,2	12037,6	12054,0	12070,4	12086,8	12103,2	12119,6	11999,3	12026,7	12081,3	12108,7	12013,0	12095,0	73
74	12136	12152,4	12168,8	12185,2	12201,6	12218,0	12234,4	12250,8	12267,2	12283,6	12163,3	12190,7	12245,3	12272,7	12177,0	12259,0	74
75	12300	12316,4	12332,8	12349,2	12365,6	12382,0	12398,4	12414,8	12431,2	12447,6	12327,3	12354,7	12409,3	12436,7	12341,0	12423,0	75
76	12464	12480,4	12496,8	12513,2	12529,6	12546,0	12562,4	12578,8	12595,2	12611,6	12491,3	12518,7	12573,3	12600,7	12505,0	12587,0	76
77	12628	12644,4	12660,8	12677,2	12693,6	12710,0	12726,4	12742,8	12759,2	12775,6	12655,3	12682,7	12737,3	12764,7	12669,0	12751,0	77
78	12792	12808,4	12824,8	12841,2	12857,6	12874,0	12890,4	12906,8	12923,2	12939,6	12819,3	12846,7	12901,3	12928,7	12833,0	12915,0	78
79	12956	12972,4	12988,8	13005,2	13021,6	13038,0	13054,4	13070,8	13087,2	13103,6	12983,3	13010,7	13065,3	13092,7	12997,0	13079,0	79
80	13120	13136,4	13152,8	13169,2	13185,6	13202,0	13218,4	13234,8	13251,2	13267,6	13147,3	13174,7	13229,3	13256,7	13161,0	13243,0	80
81	13284	13300,4	13316,8	13333,2	13349,6	13366,0	13382,4	13398,8	13415,2	13431,6	13311,3	13338,7	13393,3	13420,7	13325,0	13407,0	81
82	13448	13464,4	13480,8	13497,2	13513,6	13530,0	13546,4	13562,8	13579,2	13595,6	13475,3	13502,7	13557,3	13584,7	13489,0	13571,0	82
83	13612	13628,4	13644,8	13661,2	13677,6	13694,0	13710,4	13726,8	13743,2	13759,6	13639,3	13666,7	13721,3	13748,7	13653,0	13735,0	83
84	13776	13792,4	13808,8	13825,2	13841,6	13858,0	13874,4	13890,8	13907,2	13923,6	13803,3	13830,7	13885,3	13912,7	13817,0	13899,0	84
85	13940	13956,4	13972,8	13989,2	14005,6	14022,0	14038,4	14054,8	14071,2	14087,6	13967,3	13994,7	14049,3	14076,7	13981,0	14063,0	85
86	14104	14120,4	14136,8	14153,2	14169,6	14186,0	14202,4	14218,8	14235,2	14251,6	14131,3	14158,7	14213,3	14240,7	14145,0	14227,0	86
87	14268	14284,4	14300,8	14317,2	14333,6	14350,0	14366,4	14382,8	14399,2	14415,6	14295,3	14322,7	14377,3	14404,7	14309,0	14391,0	87
88	14432	14448,4	14464,8	14481,2	14497,6	14514,0	14530,4	14546,8	14563,2	14579,6	14459,3	14486,7	14541,3	14568,7	14473,0	14555,0	88
89	14596	14612,4	14628,8	14645,2	14661,6	14678,0	14694,4	14710,8	14727,2	14743,6	14623,3	14650,7	14705,3	14732,7	14637,0	14719,0	89
90	14760	14776,4	14792,8	14809,2	14825,6	14842,0	14858,4	14874,8	14891,2	14907,6	14787,3	14814,7	14869,3	14896,7	14801,0	14883,0	90
91	14924	14940,4	14956,8	14973,2	14989,6	15006,0	15022,4	15038,8	15055,2	15071,6	14951,3	14978,7	15033,3	15060,7	14965,0	15047,0	91
92	15088	15104,4	15120,8	15137,2	15153,6	15170,0	15186,4	15202,8	15219,2	15235,6	15115,3	15142,7	15197,3	15224,7	15129,0	15211,0	92
93	15252	15268,4	15284,8	15301,2	15317,6	15334,0	15350,4	15366,8	15383,2	15399,6	15279,3	15306,7	15361,3	15388,7	15293,0	15375,0	93
94	15416	15432,4	15448,8	15465,2	15481,6	15498,0	15514,4	15530,8	15547,2	15563,6	15443,3	15470,7	15525,3	15552,7	15457,0	15539,0	94
95	15580	15596,4	15612,8	15629,2	15645,6	15662,0	15678,4	15694,8	15711,2	15727,6	15607,3	15634,7	15689,3	15716,7	15621,0	15703,0	95
96	15744	15760,4	15776,8	15793,2	15809,6	15826,0	15842,4	15858,8	15875,2	15891,6	15771,3	15798,7	15853,3	15880,7	15785,0	15867,0	96
97	15908	15924,4	15940,8	15957,2	15973,6	15990,0	16006,4	16022,8	16039,2	16055,6	15935,3	15962,7	1 017,3	16044,7	15949,0	16031,0	97
98	16072	16088,4	16104,8	16121,2	16137,6	16154,0	16170,4	16186,8	16203,2	16219,6	16099,3	16126,7	16181,3	16208,7	16113,0	16195,0	98
99	16236	16252,4	16268,8	16285,2	16301,6	16318,0	16334,4	16350,8	16367,2	16383,6	16263,3	16290,7	16345,3	16372,7	16277,0	16359,0	99
100	16400	16416,4	16432,8	16449,2	16465,6	16482,0	16498,4	16514,8	16531,2	16547,6	16427,3	16454,7	16509,3	16536,7	16441,0	16523,0	100

165

		1/10 16,5	2/10 33,0	3/10 49,5	4/10 66,0	5/10 82,5	6/10 99,0	7/10 115,5	8/10 132,0	9/10 148,5	1/6 27,5	2/6 55,0	4/6 110,0	5/6 137,5	1/4 41,25	3/4 123,75	
1	165	181,5	198,0	214,5	231,0	247,5	264,0	280,5	297,0	313,5	192,5	220,0	275,0	302,5	206,3	288,8	1
2	330	346,5	363,0	379,5	396,0	412,5	429,0	445,5	462,0	478,5	357,5	385,0	440,0	467,5	371,3	453,8	2
3	495	511,5	528,0	544,5	561,0	577,5	594,0	610,5	627,0	643,5	522,5	550,0	605,0	632,5	536,3	618,8	3
4	660	676,5	693,0	709,5	726,0	742,5	759,0	775,5	792,0	808,5	687,5	715,0	770,0	797,5	701,3	783,8	4
5	825	841,5	858,0	874,5	891,0	907,5	924,0	940,5	957,0	973,5	852,5	880,0	935,0	962,5	866,3	948,8	5
6	990	1006,5	1023,0	1039,5	1056,0	1072,5	1089,0	1105,5	1122,0	1138,5	1017,5	1045,0	1100,0	1127,5	1031,3	1113,8	6
7	1155	1171,5	1188,0	1204,5	1221,0	1237,5	1254,0	1270,5	1287,0	1303,5	1182,5	1210,0	1265,0	1292,5	1196,3	1278,8	7
8	1320	1336,5	1353,0	1369,5	1386,0	1402,5	1419,0	1435,5	1452,0	1468,5	1347,5	1375,0	1430,0	1457,5	1361,3	1443,8	8
9	1485	1501,5	1518,0	1534,5	1551,0	1567,5	1584,0	1600,5	1617,0	1633,5	1512,5	1540,0	1595,0	1622,5	1526,3	1608,8	9
10	1650	1666,5	1683,0	1699,5	1716,0	1732,5	1749,0	1765,5	1782,0	1798,5	1677,5	1705,0	1760,0	1787,5	1691,3	1773,8	10
11	1815	1831,5	1848,0	1864,5	1881,0	1897,5	1914,0	1930,5	1947,0	1963,5	1842,5	1870,0	1925,0	1952,5	1856,3	1938,8	11
12	1980	1996,5	2013,0	2029,5	2046,0	2062,5	2079,0	2095,5	2112,0	2128,5	2007,5	2035,0	2090,0	2117,5	2021,3	2103,8	12
13	2145	2161,5	2178,0	2194,5	2211,0	2227,5	2244,0	2260,5	2277,0	2293,5	2172,5	2200,0	2255,0	2282,5	2186,3	2268,8	13
14	2310	2326,5	2343,0	2359,5	2376,0	2392,5	2409,0	2425,5	2442,0	2458,5	2337,5	2365,0	2420,0	2447,5	2351,3	2433,8	14
15	2475	2491,5	2508,0	2524,5	2541,0	2557,5	2574,0	2590,5	2607,0	2623,5	2502,5	2530,0	2585,0	2612,5	2516,3	2598,8	15
16	2640	2656,5	2673,0	2689,5	2706,0	2722,5	2739,0	2755,5	2772,0	2788,5	2667,5	2695,0	2750,0	2777,5	2681,3	2763,8	16
17	2805	2821,5	2838,0	2854,5	2871,0	2887,5	2904,0	2920,5	2937,0	2953,5	2832,5	2860,0	2915,0	2942,5	2846,3	2928,8	17
18	2970	2986,5	3003,0	3019,5	3036,0	3052,5	3069,0	3085,5	3102,0	3118,5	2997,5	3025,0	3080,0	3107,5	3011,3	3093,8	18
19	3135	3151,5	3168,0	3184,5	3201,0	3217,5	3234,0	3250,5	3267,0	3283,5	3162,5	3190,0	3245,0	3272,5	3176,3	3258,8	19
20	3300	3316,5	3333,0	3349,5	3366,0	3382,5	3399,0	3415,5	3432,0	3448,5	3327,5	3355,0	3410,0	3437,5	3341,3	3423,8	20
21	3465	3481,5	3498,0	3514,5	3531,0	3547,5	3564,0	3580,5	3597,0	3613,5	3492,5	3520,0	3575,0	3602,5	3506,3	3588,8	21
22	3630	3646,5	3663,0	3679,5	3696,0	3712,5	3729,0	3745,5	3762,0	3778,5	3657,5	3685,0	3740,0	3767,5	3671,3	3753,8	22
23	3795	3811,5	3828,0	3844,5	3861,0	3877,5	3894,0	3910,5	3927,0	3943,5	3822,5	3850,0	3905,0	3932,5	3836,3	3918,8	23
24	3960	3976,5	3993,0	4009,5	4026,0	4042,5	4059,0	4075,5	4092,0	4108,5	3987,5	4015,0	4070,0	4097,5	4001,3	4083,8	24
25	4125	4141,5	4158,0	4174,5	4191,0	4207,5	4224,0	4240,5	4257,0	4273,5	4152,5	4180,0	4235,0	4262,5	4166,3	4248,8	25
26	4290	4306,5	4323,0	4339,5	4356,0	4372,5	4389,0	4405,5	4422,0	4438,5	4317,5	4345,0	4400,0	4427,5	4331,3	4413,8	26
27	4455	4471,5	4488,0	4504,5	4521,0	4537,5	4554,0	4570,5	4587,0	4603,5	4482,5	4510,0	4565,0	4592,5	4496,3	4578,8	27
28	4620	4636,5	4653,0	4669,5	4686,0	4702,5	4719,0	4735,5	4752,0	4768,5	4657,5	4675,0	4730,0	4757,5	4661,3	4743,8	28
29	4785	4801,5	4818,0	4834,5	4851,0	4867,5	4884,0	4900,5	4917,0	4933,5	4812,5	4840,0	4895,0	4922,5	4826,3	4908,8	29
30	4950	4966,5	4983,0	4999,5	5016,0	5032,5	5049,0	5065,5	5082,0	5098,5	4977,5	5005,0	5060,0	5087,5	4991,3	5073,8	30
31	5115	5131,5	5148,0	5164,5	5181,0	5197,5	5214,0	5230,5	5247,0	5263,5	5142,5	5170,0	5225,0	5252,5	5156,3	5238,8	31
32	5280	5296,5	5313,0	5329,5	5346,0	5362,5	5379,0	5395,5	5412,0	5428,5	5307,5	5335,0	5390,0	5417,5	5321,3	5403,8	32
33	5445	5461,5	5478,0	5494,5	5511,0	5527,5	5544,0	5560,5	5577,0	5593,5	5472,5	5500,0	5555,0	5582,5	5486,3	5568,8	33
34	5610	5626,5	5643,0	5659,5	5676,0	5692,5	5709,0	5725,5	5742,0	5758,5	5637,5	5665,0	5720,0	5747,5	5651,3	5733,8	34
35	5775	5791,5	5808,0	5824,5	5841,0	5857,5	5874,0	5890,5	5907,0	5923,5	5802,5	5830,0	5885,0	5912,5	5816,3	5898,8	35
36	5940	5956,5	5973,0	5989,5	6006,0	6022,5	6039,0	6055,5	6072,0	6088,5	5967,5	5995,0	6050,0	6077,5	5981,3	6063,8	36
37	6105	6121,5	6138,0	6154,5	6171,0	6187,5	6204,0	6220,5	6237,0	6253,5	6132,5	6160,0	6215,0	6242,5	6146,3	6228,8	37
38	6270	6286,5	6303,0	6319,5	6336,0	6352,5	6369,0	6385,5	6402,0	6418,5	6297,5	6325,0	6380,0	6407,5	6311,3	6393,8	38
39	6435	6451,5	6468,0	6484,5	6501,0	6517,5	6534,0	6550,5	6567,0	6583,5	6462,5	6490,0	6545,0	6572,5	6476,3	6558,8	39
40	6600	6616,5	6633,0	6649,5	6666,0	6682,5	6699,0	6715,5	6732,0	6748,5	6627,5	6655,0	6710,0	6737,5	6641,3	6723,8	40
41	6765	6781,5	6798,0	6814,5	6831,0	6847,5	6864,0	6880,5	6897,0	6913,5	6792,5	6820,0	6875,0	6902,5	6806,3	6888,8	41
42	6930	6946,5	6963,0	6979,5	6996,0	7012,5	7029,0	7045,5	7062,0	7078,5	6957,5	6985,0	7040,0	7067,5	6971,3	7053,8	42
43	7095	7111,5	7128,0	7144,5	7161,0	7177,5	7194,0	7210,5	7227,0	7243,5	7122,5	7150,0	7205,0	7232,5	7136,3	7218,8	43
44	7260	7276,5	7293,0	7309,5	7326,0	7342,5	7359,0	7375,5	7392,0	7408,5	7287,5	7315,0	7370,0	7397,5	7301,3	7383,8	44
45	7425	7441,5	7458,0	7474,5	7491,0	7507,5	7524,0	7540,5	7557,0	7573,5	7452,5	7480,0	7535,0	7562,5	7466,3	7548,8	45
46	7590	7606,5	7623,0	7639,5	7656,0	7672,5	7689,0	7705,5	7722,0	7738,5	7617,5	7645,0	7700,0	7727,5	7631,3	7713,8	46
47	7755	7771,5	7788,0	7804,5	7821,0	7837,5	7854,0	7870,5	7887,0	7903,5	7782,5	7810,0	7865,0	7892,5	7796,3	7878,8	47
48	7920	7936,5	7953,0	7969,5	7986,0	8002,5	8019,0	8035,5	8052,0	8068,5	7947,5	7975,0	8030,0	8057,5	7961,3	8043,8	48
49	8085	8101,5	8118,0	8134,5	8151,0	8167,5	8184,0	8200,5	8217,0	8233,5	8112,5	8140,0	8195,0	8222,5	8126,3	8208,8	49
50	8250	8266,5	8283,0	8299,5	8316,0	8332,5	8349,0	8365,5	8382,0	8398,5	8277,5	8305,0	8360,0	8387,5	8291,3	8373,8	50
51	8415	8431,5	8448,0	8464,5	8481,0	8497,5	8514,0	8530,5	8547,0	8563,5	8442,5	8470,0	8525,0	8552,5	8456,3	8538,8	51
52	8580	8596,5	8613,0	8629,5	8646,0	8662,5	8679,0	8695,5	8712,0	8728,5	8607,5	8635,0	8690,0	8717,5	8621,3	8703,8	52
53	8745	8761,5	8778,0	8794,5	8811,0	8827,5	8844,0	8860,5	8877,0	8893,5	8772,5	8800,0	8855,0	8882,5	8786,3	8868,8	53
54	8910	8926,5	8943,0	8959,5	8976,0	8992,5	9009,0	9025,5	9042,0	9058,5	8937,5	8965,0	9020,0	9047,5	8951,3	9033,8	54
55	9075	9091,5	9108,0	9124,5	9141,0	9157,5	9174,0	9190,5	9207,0	9223,5	9102,5	9130,0	9185,0	9212,5	9116,3	9198,8	55
56	9240	9256,5	9273,0	9289,5	9306,0	9322,5	9339,0	9355,5	9372,0	9388,5	9267,5	9295,0	9350,0	9377,5	9281,3	9363,8	56
57	9405	9421,5	9438,0	9454,5	9471,0	9487,5	9504,0	9520,5	9537,0	9553,5	9432,5	9460,0	9515,0	9542,5	9446,3	9528,8	57
58	9570	9586,5	9603,0	9619,5	9636,0	9652,5	9669,0	9685,5	9702,0	9718,5	9597,5	9625,0	9680,0	9707,5	9611,3	9693,8	58
59	9735	9751,5	9768,0	9784,5	9801,0	9817,5	9834,0	9850,5	9867,0	9883,5	9762,5	9790,0	9845,0	9872,5	9776,3	9858,8	59
60	9900	9916,5	9933,0	9949,5	9966,0	9982,5	9999,0	10015,5	10032,0	10048,5	9927,5	9955,0	10010,0	10037,5	9941,3	10023,8	60
61	10065	10081,5	10098,0	10114,5	10131,0	10147,5	10164,0	10180,5	10197,0	10213,5	10092,5	10120,0	10175,0	10202,5	10106,3	10188,8	61
62	10230	10246,5	10263,0	10279,5	10296,0	10312,5	10329,0	10345,5	10362,0	10378,5	10257,5	10285,0	10340,0	10367,5	10271,3	10353,8	62
63	10395	10411,5	10428,0	10444,5	10461,0	10477,5	10494,0	10510,5	10527,0	10543,5	10422,5	10450,0	10505,0	10532,5	10436,3	10518,8	63
64	10560	10576,5	10593,0	10609,5	10626,0	10642,5	10659,0	10675,5	10692,0	10708,5	10587,5	10615,0	10670,0	10697,5	10601,3	10683,8	64
65	10725	10741,5	10758,0	10774,5	10791,0	10807,5	10824,0	10840,5	10857,0	10873,5	10752,5	10780,0	10835,0	10862,5	10766,3	10848,8	65
66	10890	10906,5	10923,0	10939,5	10956,0	10972,5	10989,0	11005,5	11022,0	11038,5	10917,5	10945,0	11000,0	11027,5	10931,3	11013,8	66
67	11055	11071,5	11088,0	11104,5	11121,0	11137,5	11154,0	11170,5	11187,0	11203,5	11082,5	11110,0	11165,0	11192,5	11096,3	11178,8	67
68	11220	11236,5	11253,0	11269,5	11286,0	11302,5	11319,0	11335,5	11352,0	11368,5	11247,5	11275,0	11330,0	11357,5	11261,3	11343,8	68
69	11385	11401,5	11418,0	11434,5	11451,0	11467,5	11484,0	11500,5	11517,0	11533,5	11412,5	11440,0	11495,0	11522,5	11426,3	11508,8	69
70	11550	11566,5	11583,0	11599,5	11616,0	11632,5	11649,0	11665,5	11682,0	11698,5	11577,5	11605,0	11660,0	11687,5	11591,3	11673,8	70
71	11715	11731,5	11748,0	11764,5	11781,0	11797,5	11814,0	11830,5	11847,0	11863,5	11742,5	11770,0	11825,0	11852,5	11756,3	11838,8	71
72	11880	11896,5	11913,0	11929,5	11946,0	11962,5	11979,0	11995,5	12012,0	12028,5	11907,5	11935,0	11990,0	12017,5	11921,3	12003,8	72
73	12045	12061,5	12078,0	12094,5	12111,0	12127,5	12144,0	12160,5	12177,0	12193,5	12072,5	12100,0	12155,0	12182,5	12086,3	12168,8	73
74	12210	12226,5	12243,0	12259,5	12276,0	12292,5	12309,0	12325,5	12342,0	12358,5	12237,5	12265,0	12320,0	12347,5	12251,3	12333,8	74
75	12375	12391,5	12408,0	12424,5	12441,0	12457,5	12474,0	12490,5	12507,0	12523,5	12402,5	12430,0	12485,0	12512,5	12416,3	12498,8	75
76	12540	12556,5	12573,0	12589,5	12606,0	12622,5	12639,0	12655,5	12672,0	12688,5	12567,5	12595,0	12650,0	12677,5	12581,3	12663,8	76
77	12705	12721,5	12738,0	12754,5	12771,0	12787,5	12804,0	12820,5	12837,0	12853,5	12732,5	12760,0	12815,0	12842,5	12746,3	12828,8	77
78	12870	12886,5	12903,0	12919,5	12936,0	12952,5	12969,0	12985,5	13002,0	13018,5	12897,5	12925,0	12980,0	13007,5	12911,3	12993,8	78
79	13035	13051,5	13068,0	13084,5	13101,0	13117,5	13134,0	13150,5	13167,0	13183,5	13062,5	13090,0	13145,0	13172,5	13076,3	13158,8	79
80	13200	13216,5	13233,0	13249,5	13266,0	13282,5	13299,0	13315,5	13332,0	13348,5	13227,5	13255,0	13310,0	13337,5	13241,3	13323,8	80
81	13365	13381,5	13398,0	13414,5	13431,0	13447,5	13464,0	13480,5	13497,0	13513,5	13392,5	13420,0	13475,0	13502,5	13406,3	13488,8	81
82	13530	13546,5	13563,0	13579,5	13596,0	13612,5	13629,0	13645,5	13662,0	13678,5	13557,5	13585,0	13640,0	13667,5	13571,3	13653,8	82
83	13695	13711,5	13728,0	13744,5	13761,0	13777,5	13794,0	13810,5	13827,0	13843,5	13722,5	13750,0	13805,0	13832,5	13736,3	13818,8	83
84	13860	13876,5	13893,0	13909,5	13926,0	13942,5	13959,0	13975,5	13992,0	14008,5	13887,5	13915,0	13970,0	13997,5	13901,3	13983,8	84
85	14025	14041,5	14058,0	14074,5	14091,0	14107,5	14124,0	14140,5	14157,0	14173,5	14052,5	14080,0	14135,0	14162,5	14066,3	14148,8	85
86	14190	14206,5	14223,0	14239,5	14256,0	14272,5	14289,0	14305,5	14322,0	14338,5	14217,5	14245,0	14300,0	14327,5	14231,3	14313,8	86
87	14355	14371,5	14388,0	14404,5	14421,0	14437,5	14454,0	14470,5	14487,0	14503,5	14382,5	14410,0	14465,0	14492,5	14396,3	14478,8	87
88	14520	14536,5	14553,0	14569,5	14586,0	14602,5	14619,0	14635,5	14652,0	14668,5	14547,5	14575,0	14630,0	14657,5	14561,3	14643,8	88
89	14685	14701,5	14718,0	14734,5	14751,0	14767,5	14784,0	14800,5	14817,0	14833,5	14712,5	14740,0	14795,0	14822,5	14726,3	14808,8	89
90	14850	14866,5	14883,0	14899,5	14916,0	14932,5	14949,0	14965,5	14982,0	14998,5	14877,5	14905,0	14960,0	14987,5	14891,3	14973,8	90
91	15015	15031,5	15048,0	15064,5	15081,0	15097,5	15114,0	15130,5	15147,0	15163,5	15042,5	15070,0	15125,0	15152,5	15056,3	15138,8	91
92	15180	15196,5	15213,0	15229,5	15246,0	15262,5	15279,0	15295,5	15312,0	15328,5	15207,5	15235,0	15290,0	15317,5	15221,3	15303,8	92
93	15345	15361,5	15378,0	15394,5	15411,0	15427,5	15444,0	15460,5	15477,0	15493,5	15372,5	15400,0	15455,0	15482,5	15386,3	15468,8	93
94	15510	15526,5	15543,0	15559,5	15576,0	15592,5	15609,0	15625,5	15642,0	15658,5	15537,5	15565,0	15620,0	15647,5	15551,3	15633,8	94
95	15675	15691,5	15708,0	15724,5	15741,0	15757,5	15774,0	15790,5	15807,0	15823,5	15702,5	15730,0	15785,0	15812,5	15716,3	15798,8	95
96	15840	15856,5	15873,0	15889,5	15906,0	15922,5	15939,0	15955,5	15972,0	15988,5	15867,5	15895,0	15950,0	15977,5	15881,3	15963,8	96
97	16005	16021,5	16038,0	16054,5	16071,0	16087,5	16104,0	16120,5	16137,0	16153,5	16032,5	16060,0	16115,0	16142,5	16046,3	16128,8	97
98	16170	16186,5	16203,0	16219,5	16236,0	16252,5	16269,0	16285,5	16302,0	16318,5	16197,5	16225,0	16280,0	16307,5	16211,3	13293,8	98
99	16335	16351,5	16368,0	16384,5	16401,0	16417,5	16434,0	16450,5	16467,0	16483,5	16352,5	16390,0	16445,0	16472,5	16376,3	16458,8	99
100	16500	16516,5	16533,0	16549,5	16566,0	16582,5	16599,0	16615,5	16632,0	16648,5	16527,5	16555,0	16610,0	16637,5	16541,3	16623,8	100

166

		1/10 16,6	2/10 33,2	3/10 49,8	4/10 66,4	5/10 83,0	6/10 99,6	7/10 116,2	8/10 132,8	9/10 149,4	1/6 27,666	2/6 55,333	4/6 110,666	5/6 138,333	1/4 41,5	3/4 124,5	
1	166	182,6	199,2	215,8	232,4	249,0	265,6	282,2	298,8	315,4	193,7	221,3	276,7	304,3	207,5	290,5	1
2	332	348,6	365,2	381,8	398,4	415,0	431,6	448,2	464,8	481,4	359,7	387,3	442,7	470,3	373,5	456,5	2
3	498	514,6	531,2	547,8	564,4	581,0	597,6	614,2	630,8	647,4	525,7	553,3	608,7	636,3	539,5	622,5	3
4	664	680,6	697,2	713,8	730,4	747,0	763,6	780,2	796,8	813,4	691,7	719,3	774,7	802,3	705,5	788,5	4
5	830	846,6	863,2	879,8	896,4	913,0	929,6	946,2	962,8	979,4	857,7	885,3	940,7	968,3	871,5	954,5	5
6	996	1012,6	1029,2	1045,8	1062,4	1079,0	1095,6	1112,2	1128,8	1145,4	1023,7	1051,3	1106,7	1134,3	1037,5	1120,5	6
7	1162	1178,6	1195,2	1211,8	1228,4	1245,0	1261,6	1278,2	1294,8	1311,4	1189,7	1217,3	1272,7	1300,3	1203,5	1286,5	7
8	1328	1344,6	1361,2	1377,8	1394,4	1411,0	1427,6	1444,2	1460,8	1477,4	1355,7	1383,3	1438,7	1466,3	1369,5	1452,5	8
9	1494	1510,6	1527,2	1543,8	1560,4	1577,0	1593,6	1610,2	1626,8	1643,4	1521,7	1549,3	1604,7	1632,3	1535,5	1618,5	9
10	1660	1676,6	1693,2	1709,8	1726,4	1743,0	1759,6	1776,2	1792,8	1809,4	1687,7	1715,3	1770,7	1798,3	1701,5	1784,5	10
11	1826	1842,6	1859,2	1875,8	1892,4	1909,0	1925,6	1942,2	1958,8	1975,4	1853,7	1881,3	1936,7	1964,3	1867,5	1950,5	11
12	1992	2008,6	2025,2	2041,8	2058,4	2075,0	2091,6	2108,2	2124,8	2141,4	2019,7	2047,3	2102,7	2130,3	2033,5	2116,5	12
13	2158	2174,6	2191,2	2207,8	2224,4	2241,0	2257,6	2274,2	2290,8	2307,4	2185,7	2213,3	2268,7	2296,3	2199,5	2282,5	13
14	2324	2340,6	2357,2	2373,8	2390,4	2407,0	2423,6	2440,2	2456,8	2473,4	2351,7	2379,3	2434,7	2462,3	2365,5	2448,5	14
15	2490	2506,6	2523,2	2539,8	2556,4	2573,0	2589,6	2605,2	2622,8	2639,4	2517,7	2545,3	2600,7	2628,3	2531,5	2614,5	15
16	2656	2672,6	2689,2	2705,8	2722,4	2739,0	2755,6	2772,2	2788,8	2805,4	2683,7	2711,3	2766,7	2794,3	2697,5	2780,5	16
17	2822	2838,6	2855,2	2871,8	2888,4	2905,0	2921,6	2938,2	2954,8	2971,4	2849,7	2877,3	2932,7	2960,3	2863,5	2946,5	17
18	2988	3004,6	3021,2	3037,8	3054,4	3071,0	3087,6	3104,2	3120,8	3137,4	3015,7	3043,3	3098,7	3126,3	3029,5	3112,5	18
19	3154	3170,6	3187,2	3203,8	3220,4	3237,0	3253,6	3270,2	3286,8	3303,4	3181,7	3209,3	3264,7	3292,3	3195,5	3278,5	19
20	3320	3336,6	3353,2	3369,8	3386,4	3403,0	3419,6	3436,2	3452,8	3469,4	3347,7	3375,3	3430,7	3458,3	3361,5	3444,5	20
21	3486	3502,6	3519,2	3535,8	3552,4	3569,0	3585,6	3602,2	3618,8	3635,4	3513,7	3541,3	3596,7	3624,3	3527,5	3610,5	21
22	3652	3668,6	3685,2	3701,8	3718,4	3735,0	3751,6	3768,2	3784,8	3801,4	3679,7	3707,3	3762,7	3790,3	3693,5	3776,5	22
23	3818	3834,6	3851,2	3867,8	3884,4	3901,0	3917,6	3934,2	3950,8	3967,4	3845,7	3873,3	3928,7	3956,3	3859,5	3942,5	23
24	3984	4000,6	4017,2	4033,8	4050,4	4067,0	4083,6	4100,2	4116,8	4133,4	4011,7	4039,3	4094,7	4122,3	4025,5	4108,5	24
25	4150	4166,6	4183,2	4199,8	4216,4	4233,0	4249,6	4266,2	4282,8	4299,4	4177,7	4205,3	4260,7	4288,3	4191,5	4274,5	25
26	4316	4332,6	4349,2	4365,8	4382,4	4399,0	4415,6	4432,2	4448,8	4465,4	4343,7	4371,3	4426,7	4454,3	4357,5	4440,5	26
27	4482	4498,6	4515,2	4531,8	4548,4	4565,0	4581,6	4598,2	4614,8	4631,4	4509,7	4537,3	4592,7	4620,3	4523,5	4606,5	27
28	4648	4664,6	4681,2	4697,8	4714,4	4731,0	4747,6	4764,2	4780,8	4797,4	4675,7	4703,3	4758,7	4786,3	4689,5	4772,5	28
29	4814	4830,6	4847,2	4863,8	4880,4	4897,0	4913,6	4930,2	4946,8	4963,4	4841,7	4869,3	4924,7	4952,3	4855,5	4938,5	29
30	4980	4996,6	5013,2	5029,8	5046,4	5063,0	5079,6	5096,2	5112,8	5129,4	5007,7	5035,3	5090,7	5118,3	5021,5	5104,5	30
31	5146	5162,6	5179,2	5195,8	5212,4	5229,0	5245,6	5262,2	5278,8	5295,4	5173,7	5201,3	5256,7	5284,3	5187,5	5270,5	31
32	5312	5328,6	5345,2	5361,8	5378,4	5395,0	5411,6	5428,2	5444,8	5461,4	5339,7	5367,3	5422,7	5450,3	5353,5	5436,5	32
33	5478	5494,6	5511,2	5527,8	5544,4	5561,0	5577,6	5594,2	5610,8	5627,4	5505,7	5533,3	5588,7	5616,3	5519,5	5602,5	33
34	5644	5660,6	5677,2	5693,8	5710,4	5727,0	5743,6	5760,2	5776,8	5793,4	5671,7	5699,3	5754,7	5782,3	5685,5	5768,5	34
35	5810	5826,6	5843,2	5859,8	5876,4	5893,0	5909,6	5926,2	5942,8	5959,4	5837,7	5865,3	5920,7	5948,3	5851,5	5934,5	35
36	5976	5992,6	6009,2	6025,8	6042,4	6059,0	6075,6	6092,2	6108,8	6125,4	6003,7	6031,3	6086,7	6114,3	6017,5	6100,5	36
37	6142	6158,6	6175,2	6191,8	6208,4	6225,0	6241,6	6258,2	6274,8	6291,4	6169,7	6197,3	6252,7	6280,3	6183,5	6266,5	37
38	6308	6324,6	6341,2	6357,8	6374,4	6391,0	6407,6	6424,2	6440,8	6457,4	6335,7	6363,3	6418,7	6446,3	6349,5	6432,5	38
39	6474	6490,6	6507,2	6523,8	6540,4	6557,0	6573,6	6590,2	6606,8	6623,4	6501,7	6529,3	6584,7	6612,3	6515,5	6598,5	39
40	6640	6656,6	6673,2	6689,8	6706,4	6723,0	6739,6	6756,2	6772,8	6789,4	6667,7	6695,3	6750,7	6778,3	6681,5	6764,5	40
41	6806	6822,6	6839,2	6855,8	6872,4	6889,0	6905,6	6922,2	6938,8	6955,4	6833,7	6861,3	6916,7	6944,3	6847,5	6930,5	41
42	6972	6988,6	7005,2	7021,8	7038,4	7055,0	7071,6	7088,2	7104,8	7121,4	6999,7	7027,3	7082,7	7110,3	7013,5	7096,5	42
43	7138	7154,6	7171,2	7187,8	7204,4	7221,0	7237,6	7254,2	7270,8	7287,4	7165,7	7193,3	7248,7	7276,3	7179,5	7262,5	43
44	7304	7320,6	7337,2	7353,8	7370,4	7387,0	7403,6	7420,2	7436,8	7453,4	7331,7	7359,3	7414,7	7442,3	7345,5	7428,5	44
45	7470	7486,6	7503,2	7519,8	7536,4	7553,0	7569,6	7586,2	7602,8	7619,4	7497,7	7525,3	7580,7	7608,3	7511,5	7594,5	45
46	7636	7652,6	7669,2	7685,8	7702,4	7719,0	7735,6	7752,2	7768,8	7785,4	7663,7	7691,3	7746,7	7774,3	7677,5	7760,5	46
47	7802	7818,6	7835,2	7851,8	7868,4	7885,0	7901,6	7918,2	7934,8	7951,4	7829,7	7857,3	7912,7	7940,3	7843,5	7926,5	47
48	7968	7984,6	8001,2	8017,8	8034,4	8051,0	8067,6	8084,2	8100,8	8117,4	7995,7	8023,3	8078,7	8106,3	8009,5	8092,5	48
49	8134	8150,6	8167,2	8183,8	8200,4	8217,0	8233,6	8250,2	8266,8	8283,4	8161,7	8189,3	8244,7	8272,3	8175,5	8258,5	49
50	8300	8316,6	8333,2	8349,8	8366,4	8383,0	8399,6	8416,2	8432,8	8449,4	8327,7	8355,3	8410,7	8438,3	8341,5	8424,5	50
51	8466	8482,6	8499,2	8515,8	8532,4	8549,0	8565,6	8582,2	8598,8	8615,4	8493,7	8521,3	8576,7	8604,3	8507,5	8590,5	51
52	8632	8648,6	8665,2	8681,8	8698,4	8715,0	8731,6	8748,2	8764,8	8781,4	8659,7	8687,3	8742,7	8770,3	8673,5	8756,5	52
53	8798	8814,6	8831,2	8847,8	8864,4	8881,0	8897,6	8914,2	8930,8	8947,4	8825,7	8853,3	8908,7	8936,3	8839,5	8922,5	53
54	8964	8980,6	8997,2	9013,8	9030,4	9047,0	9063,6	9080,2	9096,8	9113,4	8991,7	9019,3	9074,7	9102,3	9005,5	9088,5	54
55	9130	9146,6	9163,2	9179,8	9196,4	9213,0	9229,6	9246,2	9262,8	9279,4	9157,7	9185,3	9240,7	9268,3	9171,5	9254,5	55
56	9296	9312,6	9329,2	9345,8	9362,4	9379,0	9395,6	9412,2	9428,8	9445,4	9323,7	9351,3	9406,7	9434,3	9337,5	9420,5	56
57	9462	9478,6	9495,2	9511,8	9528,4	9545,0	9561,6	9578,2	9594,8	9611,4	9489,7	9517,3	9572,7	9600,3	9503,5	9586,5	57
58	9628	9644,6	9661,2	9677,8	9694,4	9711,0	9727,6	9744,2	9760,8	9777,4	9655,7	9683,3	9738,7	9766,3	9669,5	9752,5	58
59	9794	9810,6	9827,2	9843,8	9860,4	9877,0	9893,6	9910,2	9926,8	9943,4	9821,7	9849,3	9904,7	9932,3	9835,5	9918,5	59
60	9960	9976,6	9993,2	10009,8	10026,4	10043,0	10059,6	10076,2	10092,8	10109,4	9987,7	10015,3	10070,7	10098,3	10001,5	10084,5	60
61	10126	10142,6	10159,2	10175,8	10192,4	10209,0	10225,6	10242,2	10258,8	10275,4	10153,7	10181,3	10236,7	10264,3	10167,5	10250,5	61
62	10292	10308,6	10325,2	10341,8	10358,4	10375,0	10391,6	10408,2	10424,8	10441,4	10319,7	10347,3	10402,7	10430,3	10333,5	10416,5	62
63	10458	10474,6	10491,2	10507,8	10524,4	10541,0	10557,6	10574,2	10590,8	10607,4	10485,7	10513,3	10568,7	10596,3	10499,5	10582,5	63
64	10624	10640,6	10657,2	10673,8	10690,4	10707,0	10723,6	10740,2	10756,8	10773,4	10651,7	10679,3	10734,7	10762,3	10665,5	10748,5	64
65	10790	10806,6	10823,2	10839,8	10856,4	10873,0	10889,6	10906,2	10922,8	10939,4	10817,7	10845,3	10900,7	10928,3	10831,5	10914,5	65
66	10956	10972,6	10989,2	11005,8	11022,4	11039,0	11055,6	11072,2	11088,8	11105,4	10983,7	11011,3	11066,7	11094,3	10997,5	11080,5	66
67	11122	11138,6	11155,2	11171,8	11188,4	11205,0	11221,6	11238,2	11254,8	11271,4	11149,7	11177,3	11232,7	11260,3	11163,5	11246,5	67
68	11288	11304,6	11321,2	11337,8	11354,4	11371,0	11387,6	11404,2	11420,8	11437,4	11315,7	11343,3	11398,7	11426,3	11329,5	11412,5	68
69	11454	11470,6	11487,2	11503,8	11520,4	11537,0	11553,6	11570,2	11586,8	11603,4	11481,7	11509,3	11564,7	11592,3	11495,5	11578,5	69
70	11620	11636,6	11653,2	11669,8	11686,4	11703,0	11719,6	11736,2	11752,8	11769,4	11647,7	11675,3	11730,7	11758,3	11661,5	11744,5	70
71	11786	11802,6	11819,2	11835,8	11852,4	11869,0	11885,6	11902,2	11918,8	11935,4	11813,7	11841,3	11896,7	11924,3	11827,5	11910,5	71
72	11952	11968,6	11985,2	12001,8	12018,4	12035,0	12051,6	12068,2	12084,8	12101,4	11979,7	12007,3	12062,7	12090,3	11993,5	12076,5	72
73	12118	12134,6	12151,2	12167,8	12184,4	12201,0	12217,6	12234,2	12250,8	12267,4	12145,7	12173,3	12228,7	12256,3	12159,5	12242,5	73
74	12284	12300,6	12317,2	12333,8	12350,4	12367,0	12383,6	12400,2	12416,8	12433,4	12311,7	12339,3	12394,7	12422,3	12325,5	12408,5	74
75	12450	12466,6	12483,2	12499,8	12516,4	12533,0	12549,6	12566,2	12582,8	12599,4	12477,7	12505,3	12560,7	12588,3	12491,5	12574,5	75
76	12616	12632,6	12649,2	12665,8	12682,4	12699,0	12715,6	12732,2	12748,8	12765,4	12643,7	12671,3	12726,7	12754,3	12657,5	12740,5	76
77	12782	12798,6	12815,2	12831,8	12848,4	12865,0	12881,6	12898,2	12914,8	12931,4	12809,7	12837,3	12892,7	12920,3	12823,5	12906,5	77
78	12948	12964,6	12981,2	12997,8	13014,4	13031,0	13047,6	13064,2	13080,8	13097,4	12975,7	13003,3	13058,7	13086,3	12989,5	13072,5	78
79	13114	13130,6	13147,2	13163,8	13180,4	13197,0	13213,6	13230,2	13246,8	13263,4	13141,7	13169,3	13224,7	13252,3	13155,5	13238,5	79
80	13280	13296,6	13313,2	13329,8	13346,4	13363,0	13379,6	13396,2	13412,8	13429,4	13307,7	13335,3	13390,7	13418,3	13321,5	13404,5	80
81	13446	13462,6	13479,2	13495,8	13512,4	13529,0	13545,6	13562,2	13578,8	13595,4	13473,7	13501,3	13556,7	13584,3	13487,5	13570,5	81
82	13612	13628,6	13645,2	13661,8	13678,4	13695,0	13711,6	13728,2	13744,8	13761,4	13639,7	13667,3	13722,7	13750,3	13653,5	13736,5	82
83	13778	13794,6	13811,2	13827,8	13844,4	13861,0	13877,6	13894,2	13910,8	13927,4	13805,7	13833,3	13888,7	13916,3	13819,5	13902,5	83
84	13944	13960,6	13977,2	13993,8	14010,4	14027,0	14043,6	14060,2	14076,8	14093,4	13971,7	13999,3	14054,7	14082,3	13985,5	14068,5	84
85	14110	14126,6	14143,2	14159,8	14176,4	14193,0	14209,6	14226,2	14242,8	14259,4	14137,7	14165,3	14220,7	14248,3	14151,5	14234,5	85
86	14276	14292,6	14309,2	14325,8	14342,4	14359,0	14375,6	14392,2	14408,8	14425,4	14303,7	14331,3	14386,7	14414,3	14317,5	14400,5	86
87	14442	14458,6	14475,2	14491,8	14508,4	14525,0	14541,6	14558,2	14574,8	14591,4	14469,7	14497,3	14552,7	14580,3	14483,5	14566,5	87
88	14608	14624,6	14641,2	14657,8	14674,4	14691,0	14707,6	14724,2	14740,8	14757,4	14635,7	14663,3	14718,7	14746,3	14649,5	14732,5	88
89	14774	14790,6	14807,2	14823,8	14840,4	14857,0	14873,6	14890,2	14906,8	14923,4	14801,7	14829,3	14884,7	14912,3	14815,5	14898,5	89
90	14940	14956,6	14973,2	14989,8	15006,4	15023,0	15039,6	15056,2	15072,8	15089,4	14967,7	14995,3	15050,7	15078,3	14981,5	15064,5	90
91	15106	15122,6	15139,2	15155,8	15172,4	15189,0	15205,6	15222,2	15238,8	15255,4	15133,7	15161,3	15216,7	15244,3	15147,5	15230,5	91
92	15272	15288,6	15305,2	15321,8	15338,4	15355,0	15371,6	15388,2	15404,8	15421,4	15299,7	15327,3	15382,7	15410,3	15313,5	15396,5	92
93	15438	15454,6	15471,2	15487,8	15504,4	15521,0	15537,6	15554,2	15570,8	15587,4	15465,7	15493,3	15548,7	15576,3	15479,5	15562,5	93
94	15604	15620,6	15637,2	15653,8	15670,4	15687,0	15703,6	15720,2	15736,8	15753,4	15631,7	15659,3	15714,7	15742,3	15645,5	15728,5	94
95	15770	15786,6	15803,2	15819,8	15836,4	15853,0	15869,6	15886,2	15902,8	15919,4	15797,7	15825,3	15880,7	15908,3	15811,5	15894,5	95
96	15936	15952,6	15969,2	15985,8	16002,4	16019,0	16035,6	16052,2	16068,8	16085,4	15963,7	15991,3	16046,7	16074,3	15977,5	16060,5	96
97	16102	16118,6	16135,2	16151,8	16168,4	16185,0	16201,6	16218,2	16234,8	16251,4	16129,7	16157,3	16212,7	16240,3	16143,5	16226,5	97
98	16268	16284,6	16301,2	16317,8	16334,4	16351,0	16367,6	16384,2	16400,8	16417,4	16295,7	16323,3	16378,7	16406,3	16309,5	16392,5	98
99	16434	16450,6	16467,2	16483,8	16500,4	16517,0	16533,6	16550,2	16566,8	16583,4	16461,7	16489,3	16544,7	16572,3	16475,5	16558,5	99
100	16600	16616,6	16633,2	16649,8	16666,4	16683,0	16699,6	16716,2	16732,8	16749,4	16627,7	16655,3	16710,7	16738,3	16641,5	16724,5	100

		1/10 16,7	2/10 33,4	3/10 50,1	4/10 66,8	5/10 83,5	6/10 100,2	7/10 116,9	8/10 133,6	9/10 150,3	1/6 27,833	2/6 55,666	4/6 111,333	5/6 139,166	1/4 41,75	3/4 125,25	
1	167	183,7	200,4	217,1	233,8	250,5	267,2	283,9	300,6	317,3	194,8	222,7	278,3	306,2	208,8	292,3	1
2	334	350,7	367,4	384,1	400,8	417,5	434,2	450,9	467,6	484,3	361,8	389,7	445,3	473,2	375,8	459,3	2
3	501	517,7	534,4	551,1	567,8	584,5	601,2	617,9	634,6	651,3	528,8	556,7	612,3	640,2	542,8	626,3	3
4	668	684,7	701,4	718,1	734,8	751,5	768,2	784,9	801,6	818,3	695,8	723,7	779,3	807,2	709,8	793,3	4
5	835	851,7	868,4	885,1	901,8	918,5	935,2	951,9	968,6	985,3	862,8	890,7	946,3	974,2	876,8	960,3	5
6	1002	1018,7	1035,4	1052,1	1068,8	1085,5	1102,2	1118,9	1135,6	1152,3	1029,8	1057,7	1113,3	1141,2	1043,8	1127,3	6
7	1169	1185,7	1202,4	1219,1	1235,8	1252,5	1269,2	1285,9	1302,6	1319,3	1196,8	1224,7	1280,3	1308,2	1210,8	1294,3	7
8	1336	1352,7	1369,4	1386,1	1402,8	1419,5	1436,2	1452,9	1469,6	1486,3	1363,8	1391,7	1447,3	1475,2	1377,8	1461,3	8
9	1503	1519,7	1536,4	1553,1	1569,8	1586,5	1603,2	1619,9	1636,6	1653,3	1530,8	1558,7	1614,3	1642,2	1544,8	1628,3	9
10	1670	1686,7	1703,4	1720,1	1736,8	1753,5	1770,2	1786,9	1803,6	1820,3	1697,8	1725,7	1781,3	1809,2	1711,8	1795,3	10
11	1837	1853,7	1870,4	1887,1	1903,8	1920,5	1937,2	1953,9	1970,6	1987,3	1864,8	1892,7	1948,3	1976,2	1878,8	1962,3	11
12	2004	2020,7	2037,4	2054,1	2070,8	2087,5	2104,2	2120,9	2137,6	2154,3	2031,8	2059,7	2115,3	2143,2	2045,8	2129,3	12
13	2171	2187,7	2204,4	2221,1	2237,8	2254,5	2271,2	2287,9	2304,6	2321,3	2198,8	2226,7	2282,3	2310,2	2212,8	2296,3	13
14	2338	2354,7	2371,4	2388,1	2404,8	2421,5	2438,2	2454,9	2471,6	2488,3	2365,8	2393,7	2449,3	2477,2	2379,8	2463,3	14
15	2505	2521,7	2538,4	2555,1	2571,8	2588,5	2605,2	2621,9	2638,6	2655,3	2532,8	2560,7	2616,3	2644,2	2546,8	2630,3	15
16	2672	2688,7	2705,4	2722,1	2738,8	2755,5	2772,2	2788,9	2805,6	2822,3	2699,8	2727,7	2783,3	2811,2	2713,8	2797,3	16
17	2839	2855,7	2872,4	2889,1	2905,8	2922,5	2939,2	2955,9	2972,6	2989,3	2866,8	2894,7	2950,3	2978,2	2880,8	2964,3	17
18	3006	3022,7	3039,4	3056,1	3072,8	3089,5	3106,2	3122,9	3139,6	3156,3	3033,8	3061,7	3117,3	3145,2	3047,8	3131,3	18
19	3173	3189,7	3206,4	3223,1	3239,8	3256,5	3273,2	3289,9	3306,6	3323,3	3200,8	3228,7	3284,3	3312,2	3214,8	3298,3	19
20	3340	3356,7	3373,4	3390,1	3406,8	3423,5	3440,2	3456,9	3473,6	3490,3	3367,8	3395,7	3451,3	3479,2	3381,8	3465,3	20
21	3507	3523,7	3540,4	3557,1	3573,8	3590,5	3607,2	3623,9	3640,6	3657,3	3534,8	3562,7	3618,3	3646,2	3548,8	3632,3	21
22	3674	3690,7	3707,4	3724,1	3740,8	3757,5	3774,2	3790,9	3807,6	3824,3	3701,8	3729,7	3785,3	3813,2	3715,8	3799,3	22
23	3841	3857,7	3874,4	3891,1	3907,8	3924,5	3941,2	3957,9	3974,6	3991,3	3868,8	3896,7	3952,3	3980,2	3882,8	3966,3	23
24	4008	4024,7	4041,4	4058,1	4074,8	4091,5	4108,2	4124,9	4141,6	4158,3	4035,8	4063,7	4119,3	4147,2	4049,8	4133,3	24
25	4175	4191,7	4208,4	4225,1	4241,8	4258,5	4275,2	4291,9	4308,6	4325,3	4202,8	4230,7	4286,3	4314,2	4216,8	4300,3	25
26	4342	4358,7	4375,4	4392,1	4408,8	4425,5	4442,2	4458,9	4475,6	4492,3	4369,8	4397,7	4453,3	4481,2	4383,8	4467,3	26
27	4509	4525,7	4542,4	4559,1	4575,8	4592,5	4609,2	4625,9	4642,6	4659,3	4536,8	4564,7	4620,3	4648,2	4550,8	4634,3	27
28	4676	4692,7	4709,4	4726,1	4742,8	4759,5	4776,2	4792,9	4809,6	4826,3	4703,8	4731,7	4787,3	4815,2	4717,8	4801,3	28
29	4843	4859,7	4876,4	4893,1	4909,8	4926,5	4943,2	4959,9	4976,6	4993,3	4870,8	4898,7	4954,3	4982,2	4884,8	4968,3	29
30	5010	5026,7	5043,4	5060,1	5076,8	5093,5	5110,2	5126,9	5143,6	5160,3	5037,8	5065,7	5121,3	5149,2	5051,8	5135,3	30
31	5177	5193,7	5210,4	5227,1	5243,8	5260,5	5277,2	5293,9	5310,6	5327,3	5204,8	5232,7	5288,3	5316,2	5218,8	5302,3	31
32	5344	5360,7	5377,4	5394,1	5410,8	5427,5	5444,2	5460,9	5477,6	5494,3	5371,8	5399,7	5455,3	5483,2	5385,8	5469,3	32
33	5511	5527,7	5544,4	5561,1	5577,8	5594,5	5611,2	5627,9	5644,6	5661,3	5538,8	5566,7	5622,3	5650,2	5552,8	5636,3	33
34	5678	5694,7	5711,4	5728,1	5744,8	5761,5	5778,2	5794,9	5811,6	5828,3	5705,8	5733,7	5789,3	5817,2	5719,8	5803,3	34
35	5845	5861,7	5878,4	5895,1	5911,8	5928,5	5945,2	5961,9	5978,6	5995,3	5872,8	5900,7	5956,3	5984,2	5886,8	5970,3	35
36	6012	6028,7	6045,4	6062,1	6078,8	6095,5	6112,2	6128,9	6145,6	6162,3	6039,8	6067,7	6123,3	6151,2	6053,8	6137,3	36
37	6179	6195,7	6212,4	6229,1	6245,8	6262,5	6279,2	6295,9	6312,6	6329,3	6206,8	6234,7	6290,3	6318,2	6220,8	6304,3	37
38	6346	6362,7	6379,4	6396,1	6412,8	6429,5	6446,2	6462,9	6479,6	6496,3	6373,8	6401,7	6457,3	6485,2	6387,8	6471,3	38
39	6513	6529,7	6546,4	6563,1	6579,8	6596,5	6613,2	6629,9	6646,6	6663,3	6540,8	6568,7	6624,3	6652,2	6554,8	6638,3	39
40	6680	6696,7	6713,4	6730,1	6746,8	6763,5	6780,2	6796,9	6813,6	6830,3	6707,8	6735,7	6791,3	6819,2	6721,8	6805,3	40
41	6847	6863,7	6880,4	6897,1	6913,8	6930,5	6947,2	6963,9	6980,6	6997,3	6874,8	6902,7	6958,3	6986,2	6888,8	6972,3	41
42	7014	7030,7	7047,4	7064,1	7080,8	7097,5	7114,2	7130,9	7147,6	7164,3	7041,8	7069,7	7125,3	7153,2	7055,8	7139,3	42
43	7181	7197,7	7214,4	7231,1	7247,8	7264,5	7281,2	7297,9	7314,6	7331,3	7208,8	7236,7	7292,3	7320,2	7222,8	7306,3	43
44	7348	7364,7	7381,4	7398,1	7414,8	7431,5	7448,2	7464,9	7481,6	7498,3	7375,8	7403,7	7459,3	7487,2	7389,8	7473,3	44
45	7515	7531,7	7548,4	7565,1	7581,8	7598,5	7615,2	7631,9	7648,6	7665,3	7542,8	7570,7	7626,3	7654,2	7556,8	7640,3	45
46	7682	7698,7	7715,4	7732,1	7748,8	7765,5	7782,2	7798,9	7815,6	7832,3	7709,8	7737,7	7793,3	7821,2	7723,8	7807,3	46
47	7849	7865,7	7882,4	7899,1	7915,8	7932,5	7949,2	7965,9	7982,6	7999,3	7876,8	7904,7	7960,3	7988,2	7890,8	7974,3	47
48	8016	8032,7	8049,4	8066,1	8082,8	8099,5	8116,2	8132,9	8149,6	8166,3	8043,8	8071,7	8127,3	8155,2	8057,8	8141,3	48
49	8183	8199,7	8216,4	8233,1	8249,8	8266,5	8283,2	8299,9	8316,6	8333,3	8210,8	8238,7	8294,3	8322,2	8224,8	8308,3	49
50	8350	8366,7	8383,4	8400,1	8416,8	8433,5	8450,2	8466,9	8483,6	8500,3	8377,8	8405,7	8461,3	8489,2	8391,8	8475,3	50
51	8517	8533,7	8550,4	8567,1	8583,8	8600,5	8617,2	8633,9	8650,6	8667,3	8544,8	8572,7	8628,3	8656,2	8558,8	8642,3	51
52	8684	8700,7	8717,4	8734,1	8750,8	8767,5	8784,2	8800,9	8817,6	8834,3	8711,8	8739,7	8795,3	8823,2	8725,8	8809,3	52
53	8851	8867,7	8884,4	8901,1	8917,8	8934,5	8951,2	8967,9	8984,6	9001,3	8878,8	8906,7	8962,3	8990,2	8892,8	8976,3	53
54	9018	9034,7	9051,4	9068,1	9084,8	9101,5	9118,2	9134,9	9151,6	9168,3	9045,8	9073,7	9129,3	9157,2	9059,8	9143,3	54
55	9185	9201,7	9218,4	9235,1	9251,8	9268,5	9285,2	9301,9	9318,6	9335,3	9212,8	9240,7	9296,3	9324,2	9226,8	9310,3	55
56	9352	9368,7	9385,4	9402,1	9418,8	9435,5	9452,2	9468,9	9485,6	9502,3	9379,8	9407,7	9463,3	9491,2	9393,8	9477,3	56
57	9519	9535,7	9552,4	9569,1	9585,8	9602,5	9619,2	9635,9	9652,6	9669,3	9546,8	9574,7	9630,3	9658,2	9560,8	9644,3	57
58	9686	9702,7	9719,4	9736,1	9752,8	9769,5	9786,2	9802,9	9819,6	9836,3	9713,8	9741,7	9797,3	9825,2	9727,8	9811,3	58
59	9853	9869,7	9886,4	9903,1	9919,8	9936,5	9953,2	9969,9	9986,6	10003,3	9880,8	9908,7	9964,3	9992,2	9894,8	9978,3	59
60	10020	10036,7	10053,4	10070,1	10086,8	10103,5	10120,2	10136,9	10153,6	10170,3	10047,8	10075,7	10131,3	10159,2	10061,8	10145,3	60
61	10187	10203,7	10220,4	10237,1	10253,8	10270,5	10287,2	10303,9	10320,6	10337,3	10214,8	10242,7	10298,3	10326,2	10228,8	10312,3	61
62	10354	10370,7	10387,4	10404,1	10420,8	10437,5	10454,2	10470,9	10487,6	10504,3	10381,8	10409,7	10465,3	10493,2	10395,8	10479,3	62
63	10521	10537,7	10554,4	10571,1	10587,8	10604,5	10621,2	10637,9	10654,6	10671,3	10548,8	10576,7	10632,3	10660,2	10562,8	10646,3	63
64	10688	10704,7	10721,4	10738,1	10754,8	10771,5	10788,2	10804,9	10821,6	10838,3	10715,8	10743,7	10799,3	10827,2	10729,8	10813,3	64
65	10855	10871,7	10888,4	10905,1	10921,8	10938,5	10955,2	10971,9	10988,6	11005,3	10882,8	10910,7	10966,3	10994,2	10896,8	10980,3	65
66	11022	11038,7	11055,4	11072,1	11088,8	11105,5	11122,2	11138,9	11155,6	11172,3	11049,8	11077,7	11133,3	11161,2	11063,8	11147,3	66
67	11189	11205,7	11222,4	11239,1	11255,8	11272,5	11289,2	11305,9	11322,6	11339,3	11216,8	11244,7	11300,3	11328,2	11230,8	11314,3	67
68	11356	11372,7	11389,4	11406,1	11422,8	11439,5	11456,2	11472,9	11489,6	11506,3	11383,8	11411,7	11467,3	11495,2	11397,8	11481,3	68
69	11523	11539,7	11556,4	11573,1	11589,8	11606,5	11623,2	11639,9	11656,6	11673,3	11550,8	11578,7	11634,3	11662,2	11564,8	11648,3	69
70	11690	11706,7	11723,4	11740,1	11756,8	11773,5	11790,2	11806,9	11823,6	11840,3	11717,8	11745,7	11801,3	11829,2	11731,8	11815,3	70
71	11857	11873,7	11890,4	11907,1	11923,8	11940,5	11957,2	11973,9	11990,6	12007,3	11884,8	11912,7	11968,3	11996,2	11898,8	11982,3	71
72	12024	12040,7	12057,4	12074,1	12090,8	12107,5	12124,2	12140,9	12157,6	12174,3	12051,8	12079,7	12135,3	12163,2	12065,8	12149,3	72
73	12191	12207,7	12224,4	12241,1	12257,8	12274,5	12291,2	12307,9	12324,6	12341,3	12218,8	12246,7	12302,3	12330,2	12232,8	12316,3	73
74	12358	12374,7	12391,4	12408,1	12424,8	12441,5	12458,2	12474,9	12491,6	12508,3	12385,8	12413,7	12469,3	12497,2	12399,8	12483,3	74
75	12525	12541,7	12558,4	12575,1	12591,8	12608,5	12625,2	12641,9	12658,6	12675,3	12552,8	12580,7	12636,3	12664,2	12566,8	12650,3	75
76	12692	12708,7	12725,4	12742,1	12758,8	12775,5	12792,2	12808,9	12825,6	12842,3	12719,8	12747,7	12803,3	12831,2	12733,8	12817,3	76
77	12859	12875,7	12892,4	12909,1	12925,8	12942,5	12959,2	12975,9	12992,6	13009,3	12886,8	12914,7	12970,3	12998,2	12900,8	12984,3	77
78	13026	13042,7	13059,4	13076,1	13092,8	13109,5	13126,2	13142,9	13159,6	13176,3	13053,8	13081,7	13137,3	13165,2	13067,8	13151,3	78
79	13193	13209,7	13226,4	13243,1	13259,8	13276,5	13293,2	13309,9	13326,6	13343,3	13220,8	13248,7	13304,3	13332,2	13234,8	13318,3	79
80	13360	13376,7	13393,4	13410,1	13426,8	13443,5	13460,2	13476,9	13493,6	13510,3	13387,8	13415,7	13471,3	13499,2	13401,8	13485,3	80
81	13527	13543,7	13560,4	13577,1	13593,8	13610,5	13627,2	13643,9	13660,6	13677,3	13554,8	13582,7	13638,3	13666,2	13568,8	13652,3	81
82	13694	13710,7	13727,4	13744,1	13760,8	13777,5	13794,2	13810,9	13827,6	13844,3	13721,8	13749,7	13805,3	13833,2	13735,8	13819,3	82
83	13861	13877,7	13894,4	13911,1	13927,8	13944,5	13961,2	13977,9	13994,6	14011,3	13888,8	13916,7	13972,3	14000,2	13902,8	13986,3	83
84	14028	14044,7	14061,4	14078,1	14094,8	14111,5	14128,2	14144,9	14161,6	14178,3	14055,8	14083,7	14139,3	14167,2	14069,8	14153,3	84
85	14195	14211,7	14228,4	14245,1	14261,8	14278,5	14295,2	14311,9	14328,6	14345,3	14222,8	14250,7	14306,3	14334,2	14236,8	14320,3	85
86	14362	14378,7	14395,4	14412,1	14428,8	14445,5	14462,2	14478,9	14495,6	14512,3	14389,8	14417,7	14473,3	14501,2	14403,8	14487,3	86
87	14529	14545,7	14562,4	14579,1	14595,8	14612,5	14629,2	14645,9	14662,6	14679,3	14556,8	14584,7	14640,3	14668,2	14570,8	14654,3	87
88	14696	14712,7	14729,4	14746,1	14762,8	14779,5	14796,2	14812,9	14829,6	14846,3	14723,8	14751,7	14807,3	14835,2	14737,8	14821,3	88
89	14863	14879,7	14896,4	14913,1	14929,8	14946,5	14963,2	14979,9	14996,6	15013,3	14890,8	14918,7	14974,3	15002,2	14904,8	14988,3	89
90	15030	15046,7	15063,4	15080,1	15096,8	15113,5	15130,2	15146,9	15163,6	15180,3	15057,8	15085,7	15141,3	15169,2	15071,8	15155,3	90
91	15197	15213,7	15230,4	15247,1	15263,8	15280,5	15297,2	15313,9	15330,6	15347,3	15224,8	15252,7	15308,3	15336,2	15238,8	15332,3	91
92	15364	15380,7	15397,4	15414,1	15430,8	15447,5	15464,2	15480,9	15497,6	15514,3	15391,8	15419,7	15475,3	15503,2	15405,8	15489,3	92
93	15531	15547,7	15564,4	15581,1	15597,8	15614,5	15631,2	15647,9	15664,6	15681,3	15558,8	15586,7	15642,3	15670,2	15572,8	15656,3	93
94	15698	15714,7	15731,4	15748,1	15764,8	15781,5	15798,2	15814,9	15831,6	15848,3	15725,8	15753,7	15809,3	15837,2	15739,8	15823,3	94
95	15865	15881,7	15898,4	15915,1	15931,8	15948,5	15965,2	15981,9	15998,6	16015,3	15892,8	15920,7	15976,3	16004,2	15906,8	15990,3	95
96	16032	16048,7	16065,4	16082,1	16098,8	16115,5	16132,2	16148,9	16165,6	16182,3	16059,8	16087,7	16143,3	16171,2	16073,8	16157,3	96
97	16199	16215,7	16232,4	16249,1	16265,8	16282,5	16299,2	16315,9	16332,6	16349,3	16226,8	16254,7	16310,3	16338,2	16240,8	16324,3	97
98	16366	16382,7	16399,4	16416,1	16432,8	16449,5	16466,2	16482,9	16499,6	16516,3	16393,8	16421,7	16477,3	16505,2	16407,8	16491,3	98
99	16533	16549,7	16566,4	16583,1	16599,8	16616,5	16633,2	16649,9	16666,6	16683,3	16560,8	16588,7	16644,3	16672,2	16574,8	16658,3	99
100	16700	16716,7	16733,4	16750,1	16766,8	16783,5	16800,2	16816,9	16833,6	16850,3	16727,8	16755,7	16811,3	16839,2	16741,8	16825,3	100

	168	1/10 16,8	2/10 33,6	3/10 50,4	4/10 67,2	5/10 84,0	6/10 100,8	7/10 117,6	8/10 134,4	9/10 151,2	1/6 28,0	2/6 56,0	4/6 112,0	5/6 140,0	1/4 42,0	3/4 126,0	
1	168	184,8	201,6	218,4	235,2	252,0	268,8	285,6	302,4	319,2	196,0	224,0	280,0	308,0	210,0	294,0	1
2	336	352,8	369,6	386,4	403,2	420,0	436,8	453,6	470,4	487,2	364,0	392,0	448,0	476,0	378,0	462,0	2
3	504	520,8	537,6	554,4	571,2	588,0	604,8	621,6	638,4	655,2	532,0	560,0	616,0	644,0	546,0	630,0	3
4	672	688,8	705,6	722,4	739,2	756,0	772,8	789,6	806,4	823,2	700,0	728,0	784,0	812,0	714,0	798,0	4
5	840	856,8	873,6	890,4	907,2	924,0	940,8	957,6	974,4	991,2	868,0	896,0	952,0	980,0	882,0	966,0	5
6	1008	1024,8	1041,6	1058,4	1075,2	1092,0	1108,8	1125,6	1142,4	1159,2	1036,0	1064,0	1120,0	1148,0	1050,0	1134,0	6
7	1176	1192,8	1209,6	1226,4	1243,2	1260,0	1276,8	1293,6	1310,4	1327,2	1204,0	1232,0	1288,0	1316,0	1218,0	1302,0	7
8	1344	1360,8	1377,6	1394,4	1411,2	1428,0	1444,8	1461,6	1478,4	1495,2	1372,0	1400,0	1456,0	1484,0	1386,0	1470,0	8
9	1512	1528,8	1545,6	1562,4	1579,2	1596,0	1612,8	1629,6	1646,4	1663,2	1540,0	1568,0	1624,0	1652,0	1554,0	1638,0	9
10	1680	1696,8	1713,6	1730,4	1747,2	1764,0	1780,8	1797,6	1814,4	1831,2	1708,0	1736,0	1792,0	1820,0	1722,0	1806,0	10
11	1848	1864,8	1881,6	1898,4	1915,2	1932,0	1948,8	1965,6	1982,4	1999,2	1876,0	1904,0	1960,0	1988,0	1890,0	1974,0	11
12	2016	2032,8	2049,6	2066,4	2083,2	2100,0	2116,8	2133,6	2150,4	2167,2	2044,0	2072,0	2128,0	2156,0	2058,0	2142,0	12
13	2184	2200,8	2217,6	2234,4	2251,2	2268,0	2284,8	2301,6	2318,4	2335,2	2212,0	2240,0	2296,0	2324,0	2226,0	2310,0	13
14	2352	2368,8	2385,6	2402,4	2419,2	2436,0	2452,8	2469,6	2486,4	2503,2	2380,0	2408,0	2464,0	2492,0	2394,0	2478,0	14
15	2520	2536,8	2553,6	2570,4	2587,2	2604,0	2620,8	2637,6	2654,4	2671,2	2548,0	2576,0	2632,0	2660,0	2562,0	2646,0	15
16	2688	2704,8	2721,6	2738,4	2755,2	2772,0	2788,8	2805,6	2822,4	2839,2	2716,0	2744,0	2800,0	2828,0	2730,0	2814,0	16
17	2856	2872,8	2889,6	2906,4	2923,2	2940,0	2956,8	2973,6	2990,4	3007,2	2884,0	2912,0	2968,0	2996,0	2898,0	2982,0	17
18	3024	3040,8	3057,6	3074,4	3091,2	3108,0	3124,8	3141,6	3158,4	3175,2	3052,0	3080,0	3136,0	3164,0	3066,0	3150,0	18
19	3192	3208,8	3225,6	3242,4	3259,2	3276,0	3292,8	3309,6	3326,4	3343,2	3220,0	3248,0	3304,0	3332,0	3234,0	3318,0	19
20	3360	3376,8	3393,6	3410,4	3427,2	3444,0	3460,8	3477,6	3494,4	3511,2	3388,0	3416,0	3472,0	3500,0	3402,0	3486,0	20
21	3528	3544,8	3561,6	3578,4	3595,2	3612,0	3628,8	3645,6	3662,4	3679,2	3556,0	3584,0	3640,0	3668,0	3570,0	3654,0	21
22	3696	3712,8	3729,6	3746,4	3763,2	3780,0	3796,8	3813,6	3830,4	3847,2	3724,0	3752,0	3808,0	3836,0	3738,0	3822,0	22
23	3864	3880,8	3897,6	3914,4	3931,2	3948,0	3964,8	3981,6	3998,4	4015,2	3892,0	3920,0	3976,0	4004,0	3906,0	3990,0	23
24	4032	4048,8	4065,6	4082,4	4099,2	4116,0	4132,8	4149,6	4166,4	4183,2	4060,0	4088,0	4144,0	4172,0	4074,0	4158,0	24
25	4200	4216,8	4233,6	4250,4	4267,2	4284,0	4300,8	4317,6	4334,4	4351,2	4228,0	4256,0	4312,0	4340,0	4242,0	4326,0	25
26	4368	4384,8	4401,6	4418,4	4435,2	4452,0	4468,8	4485,6	4502,4	4519,2	4396,0	4424,0	4480,0	4508,0	4410,0	4494,0	26
27	4536	4552,8	4569,6	4586,4	4603,2	4620,0	4636,8	4653,6	4670,4	4687,2	4564,0	4592,0	4648,0	4676,0	4578,0	4662,0	27
28	4704	4720,8	4737,6	4754,4	4771,2	4788,0	4804,8	4821,6	4838,4	4855,2	4732,0	4760,0	4816,0	4844,0	4746,0	4830,0	28
29	4872	4888,8	4905,6	4922,4	4939,2	4956,0	4972,8	4989,6	5006,4	5023,2	4900,0	4928,0	4984,0	5012,0	4914,0	4998,0	29
30	5040	5056,8	5073,6	5090,4	5107,2	5124,0	5140,8	5157,6	5174,4	5191,2	5068,0	5096,0	5152,0	5180,0	5082,0	5166,0	30
31	5208	5224,8	5241,6	5258,4	5275,2	5292,0	5308,8	5325,6	5342,4	5359,2	5236,0	5264,0	5320,0	5348,0	5250,0	5334,0	31
32	5376	5392,8	5409,6	5426,4	5443,2	5460,0	5476,8	5493,6	5510,4	5527,2	5404,0	5432,0	5488,0	5516,0	5418,0	5502,0	32
33	5544	5560,8	5577,6	5594,4	5611,2	5628,0	5644,8	5661,6	5678,4	5695,2	5572,0	5600,0	5656,0	5684,0	5586,0	5670,0	33
34	5712	5728,8	5745,6	5762,4	5779,2	5796,0	5812,8	5829,6	5846,4	5863,2	5740,0	5768,0	5824,0	5852,0	5754,0	5838,0	34
35	5880	5896,8	5913,6	5930,4	5947,2	5964,0	5980,8	5997,6	6014,4	6031,2	5908,0	5936,0	5992,0	6020,0	5922,0	6006,0	35
36	6048	6064,8	6081,6	6098,4	6115,2	6132,0	6148,8	6165,6	6182,4	6199,2	6076,0	6104,0	6160,0	6188,0	6090,0	6174,0	36
37	6216	6232,8	6249,6	6266,4	6283,2	6300,0	6316,8	6333,6	6350,4	6367,2	6244,0	6272,0	6328,0	6356,0	6258,0	6342,0	37
38	6384	6400,8	6417,6	6434,4	6451,2	6468,0	6484,8	6501,6	6518,4	6535,2	6412,0	6440,0	6496,0	6524,0	6426,0	6510,0	38
39	6552	6568,8	6585,6	6602,4	6619,2	6636,0	6652,8	6669,6	6686,4	6703,2	6580,0	6608,0	6664,0	6692,0	6594,0	6678,0	39
40	6720	6736,8	6753,6	6770,4	6787,2	6804,0	6820,8	6837,6	6854,4	6871,2	6748,0	6776,0	6832,0	6860,0	6762,0	6846,0	40
41	6888	6904,8	6921,6	6938,4	6955,2	6972,0	6988,8	7005,6	7022,4	7039,2	6916,0	6944,0	7000,0	7028,0	6930,0	7014,0	41
42	7056	7072,8	7089,6	7106,4	7123,2	7140,0	7156,8	7173,6	7190,4	7207,2	7084,0	7112,0	7168,0	7196,0	7098,0	7182,0	42
43	7224	7240,8	7257,6	7274,4	7291,2	7308,0	7324,8	7341,6	7358,4	7375,2	7252,0	7280,0	7336,0	7364,0	7266,0	7350,0	43
44	7392	7408,8	7425,6	7442,4	7459,2	7476,0	7492,8	7509,6	7526,4	7543,2	7420,0	7448,0	7504,0	7532,0	7434,0	7518,0	44
45	7560	7576,8	7593,6	7610,4	7627,2	7644,0	7660,8	7677,6	7694,4	7711,2	7588,0	7616,0	7672,0	7700,0	7602,0	7686,0	45
46	7728	7744,8	7761,6	7778,4	7795,2	7812,0	7828,8	7845,6	7862,4	7879,2	7756,0	7784,0	7840,0	7868,0	7770,0	7854,0	46
47	7896	7912,8	7929,6	7946,4	7963,2	7980,0	7996,8	8013,6	8030,4	8047,2	7924,0	7952,0	8008,0	8036,0	7938,0	8022,0	47
48	8064	8080,8	8097,6	8114,4	8131,2	8148,0	8164,8	8181,6	8198,4	8215,2	8092,0	8120,0	8176,0	8204,0	8106,0	8190,0	48
49	8232	8248,8	8265,6	8282,4	8299,2	8316,0	8332,8	8349,6	8366,4	8383,2	8260,0	8288,0	8344,0	8372,0	8274,0	8358,0	49
50	8400	8416,8	8433,6	8450,4	8467,2	8484,0	8500,8	8517,6	8534,4	8551,2	8428,0	8456,0	8512,0	8540,0	8442,0	8526,0	50
51	8568	8584,8	8601,6	8618,4	8635,2	8652,0	8668,8	8685,6	8702,4	8719,2	8596,0	8624,0	8680,0	8708,0	8610,0	8694,0	51
52	8736	8752,8	8769,6	8786,4	8803,2	8820,0	8836,8	8853,6	8870,4	8887,2	8764,0	8792,0	8848,0	8876,0	8778,0	8862,0	52
53	8904	8920,8	8937,6	8954,4	8971,2	8988,0	9004,8	9021,6	9038,4	9055,2	8932,0	8960,0	9016,0	9044,0	8946,0	9030,0	53
54	9072	9088,8	9105,6	9122,4	9139,2	9156,0	9172,8	9189,6	9206,4	9223,2	9100,0	9128,0	9184,0	9212,0	9114,0	9198,0	54
55	9240	9256,8	9273,6	9290,4	9307,2	9324,0	9340,8	9357,6	9374,4	9391,2	9268,0	9296,0	9352,0	9380,0	9282,0	9366,0	55
56	9408	9424,8	9441,6	9458,4	9475,2	9492,0	9508,8	9525,6	9542,4	9559,2	9436,0	9464,0	9520,0	9548,0	9450,0	9534,0	56
57	9576	9592,8	9609,6	9626,4	9643,2	9660,0	9676,8	9693,6	9710,4	9727,2	9604,0	9632,0	9688,0	9716,0	9618,0	9702,0	57
58	9744	9760,8	9777,6	9794,4	9811,2	9828,0	9844,8	9861,6	9878,4	9895,2	9772,0	9800,0	9856,0	9884,0	9786,0	9870,0	58
59	9912	9928,8	9945,6	9962,4	9979,2	9996,0	10012,8	10029,6	10046,4	10063,2	9940,0	9968,0	10024,0	10052,0	9954,0	10038,0	59
60	10080	10096,8	10113,6	10130,4	10147,2	10164,0	10180,8	10197,6	10214,4	10231,2	10108,0	10136,0	10192,0	10220,0	10122,0	10206,0	60
61	10248	10264,8	10281,6	10298,4	10315,2	10332,0	10348,8	10365,6	10382,4	10399,2	10276,0	10304,0	10360,0	10388,0	10290,0	10374,0	61
62	10416	10432,8	10449,6	10466,4	10483,2	10500,0	10516,8	10533,6	10550,4	10567,2	10444,0	10472,0	10528,0	10556,0	10458,0	10542,0	62
63	10584	10600,8	10617,6	10634,4	10651,2	10668,0	10684,8	10701,6	10718,4	10735,2	10612,0	10640,0	10696,0	10724,0	10626,0	10710,0	63
64	10752	10768,8	10785,6	10802,4	10819,2	10836,0	10852,8	10869,6	10886,4	10903,2	10780,0	10808,0	10864,0	10892,0	10794,0	10878,0	64
65	10920	10936,8	10953,6	10970,4	10987,2	11004,0	11020,8	11037,6	11054,4	11071,2	10948,0	10976,0	11032,0	11060,0	10962,0	11046,0	65
66	11088	11104,8	11121,6	11138,4	11155,2	11172,0	11188,8	11205,6	11222,4	11239,2	11116,0	11144,0	11200,0	11228,0	11130,0	11214,0	66
67	11256	11272,8	11289,6	11306,4	11323,2	11340,0	11356,8	11373,6	11390,4	11407,2	11284,0	11312,0	11368,0	11396,0	11298,0	11382,0	67
68	11424	11440,8	11457,6	11474,4	11491,2	11508,0	11524,8	11541,6	11558,4	11575,2	11452,0	11480,0	11536,0	11564,0	11466,0	11550,0	68
69	11592	11608,8	11625,6	11642,4	11659,2	11676,0	11692,8	11709,6	11726,4	11743,2	11620,0	11648,0	11704,0	11732,0	11634,0	11718,0	69
70	11760	11776,8	11793,6	11810,4	11827,2	11844,0	11860,8	11877,6	11894,4	11911,2	11788,0	11816,0	11872,0	11900,0	11802,0	11886,0	70
71	11928	11944,8	11961,6	11978,4	11995,2	12012,0	12028,8	12045,6	12062,4	12079,2	11956,0	11984,0	12040,0	12068,0	11970,0	12054,0	71
72	12096	12112,8	12129,6	12146,4	12163,2	12180,0	12196,8	12213,6	12230,4	12247,2	12124,0	12152,0	12208,0	12236,0	12138,0	12222,0	72
73	12264	12280,8	12297,6	12314,4	12331,2	12348,0	12364,8	12381,6	12398,4	12415,2	12292,0	12320,0	12376,0	12404,0	12306,0	12390,0	73
74	12432	12448,8	12465,6	12482,4	12499,2	12516,0	12532,8	12549,6	12566,4	12583,2	12460,0	12488,0	12544,0	12572,0	12474,0	12558,0	74
75	12600	12616,8	12633,6	12650,4	12667,2	12684,0	12700,8	12717,6	12734,4	12751,2	12628,0	12656,0	12712,0	12740,0	12642,0	12726,0	75
76	12768	12784,8	12801,6	12818,4	12835,2	12852,0	12868,8	12885,6	12902,4	12919,2	12796,0	12824,0	12880,0	12908,0	12810,0	12894,0	76
77	12936	12952,8	12969,6	12986,4	13003,2	13020,0	13036,8	13053,6	13070,4	13087,2	12964,0	12992,0	13048,0	13076,0	12978,0	13062,0	77
78	13104	13120,8	13137,6	13154,4	13171,2	13188,0	13204,8	13221,6	13238,4	13255,2	13132,0	13160,0	13216,0	13244,0	13146,0	13230,0	78
79	13272	13288,8	13305,6	13322,4	13339,2	13356,0	13372,8	13389,6	13406,4	13423,2	13300,0	13328,0	13384,0	13412,0	13314,0	13398,0	79
80	13440	13456,8	13473,6	13490,4	13507,2	13524,0	13540,8	13557,6	13574,4	13591,2	13468,0	13496,0	13552,0	13580,0	13482,0	13566,0	80
81	13608	13624,8	13641,6	13658,4	13675,2	13692,0	13708,8	13725,6	13742,4	13759,2	13636,0	13664,0	13720,0	13748,0	13650,0	13734,0	81
82	13776	13792,8	13809,6	13826,4	13843,2	13860,0	13876,8	13893,6	13910,4	13927,2	13804,0	13832,0	13888,0	13916,0	13818,0	13902,0	82
83	13944	13960,8	13977,6	13994,4	14011,2	14028,0	14044,8	14061,6	14078,4	14095,2	13972,0	14000,0	14056,0	14084,0	13986,0	14070,0	83
84	14112	14128,8	14145,6	14162,4	14179,2	14196,0	14212,8	14229,6	14246,4	14263,2	14140,0	14168,0	14224,0	14252,0	14154,0	14238,0	84
85	14280	14296,8	14313,6	14330,4	14347,2	14364,0	14380,8	14397,6	14414,4	14431,2	14308,0	14336,0	14392,0	14420,0	14322,0	14406,0	85
86	14448	14464,8	14481,6	14498,4	14515,2	14532,0	14548,8	14565,6	14582,4	14599,2	14476,0	14504,0	14560,0	14588,0	14490,0	14574,0	86
87	14616	14632,8	14649,6	14666,4	14683,2	14700,0	14716,8	14733,6	14750,4	14767,2	14644,0	14672,0	14728,0	14756,0	14658,0	14742,0	87
88	14784	14800,8	14817,6	14834,4	14851,2	14868,0	14884,8	14901,6	14918,4	14935,2	14812,0	14840,0	14896,0	14924,0	14826,0	14910,0	88
89	14952	14968,8	14985,6	15002,4	15019,2	15036,0	15052,8	15069,6	15086,4	15103,2	14980,0	15008,0	15064,0	15092,0	14994,0	15078,0	89
90	15120	15136,8	15153,6	15170,4	15187,2	15204,0	15220,8	15237,6	15254,4	15271,2	15148,0	15176,0	15232,0	15260,0	15162,0	15246,0	90
91	15288	15304,8	15321,6	15338,4	15355,2	15372,0	15388,8	15405,6	15422,4	15439,2	15316,0	15344,0	15400,0	15428,0	15330,0	15414,0	91
92	15456	15472,8	15489,6	15506,4	15523,2	15540,0	15556,8	15573,6	15590,4	15607,2	15484,0	15512,0	15568,0	15596,0	15498,0	15582,0	92
93	15624	15640,8	15657,6	15674,4	15691,2	15708,0	15724,8	15741,6	15758,4	15775,2	15652,0	15680,0	15736,0	15764,0	15666,0	15750,0	93
94	15792	15808,8	15825,6	15842,4	15859,2	15876,0	15892,8	15909,6	15926,4	15943,2	15820,0	15848,0	15904,0	15932,0	15834,0	15918,0	94
95	15960	15976,8	15993,6	16010,4	16027,2	16044,0	16060,8	16077,6	16094,4	16111,2	15988,0	16016,0	16072,0	16100,0	16002,0	16086,0	95
96	16128	16144,8	16161,6	16178,4	16195,2	16212,0	16228,8	16245,6	16262,4	16279,2	16156,0	16184,0	16240,0	16268,0	16170,0	16254,0	96
97	16296	16312,8	16329,6	16346,4	16363,2	16380,0	16396,8	16413,6	16430,4	16447,2	16324,0	16352,0	16408,0	16436,0	16338,0	16422,0	97
98	16464	16480,8	16497,6	16514,4	16531,2	16548,0	16564,8	16581,6	16598,4	16615,2	16492,0	16520,0	16576,0	16604,0	16506,0	16590,0	98
99	16632	16648,8	16665,6	16682,4	16699,2	16716,0	16732,8	16749,6	16766,4	16783,2	16660,0	16688,0	16744,0	16772,0	16674,0	16758,0	99
100	16800	16816,8	16833,6	16850,4	16867,2	16884,0	16900,8	16917,6	16934,4	16951,2	16828,0	16856,0	16912,0	16940,0	16842,0	16926,0	100

		1/10 16,9	2/10 33,8	3/10 50,7	4/10 67,6	5/10 84,5	6/10 101,4	7/10 118,3	8/10 135,2	9/10 152,1	1/6 28,166	2/6 56,333	4/6 112,666	5/6 140,833	1/4 42,25	3/4 126,75	
1	169	185,9	202,8	219,7	236,6	253,5	270,4	287,3	304,2	321,1	197,2	225,3	281,7	309,8	211,3	295,8	1
2	338	354,9	371,8	388,7	405,6	422,5	439,4	456,3	473,2	490,1	366,2	394,3	450,7	478,8	380,3	464,8	2
3	507	523,9	540,8	557,7	574,6	591,5	608,4	625,3	642,2	659,1	535,2	563,3	619,7	647,8	549,3	633,8	3
4	676	692,9	709,8	726,7	743,6	760,5	777,4	794,3	811,2	828,1	704,2	732,3	788,7	816,8	718,3	802,8	4
5	845	861,9	878,8	895,7	912,6	929,5	946,4	963,3	980,2	997,1	873,2	901,3	957,7	985,8	887,3	971,8	5
6	1014	1030,9	1047,8	1064,7	1081,6	1098,5	1115,4	1132,3	1149,2	1166,1	1042,2	1070,3	1126,7	1154,8	1056,3	1140,8	6
7	1183	1199,9	1216,8	1233,7	1250,6	1267,5	1284,4	1301,3	1318,2	1335,1	1211,2	1239,3	1295,7	1323,8	1225,3	1309,8	7
8	1352	1368,9	1385,8	1402,7	1419,6	1436,5	1453,4	1470,3	1487,2	1504,1	1380,2	1408,3	1464,7	1492,8	1394,3	1478,8	8
9	1521	1537,9	1554,8	1571,7	1588,6	1605,5	1622,4	1639,3	1656,2	1673,1	1549,2	1577,3	1633,7	1661,8	1563,3	1647,8	9
10	1690	1706,9	1723,8	1740,7	1757,6	1774,5	1791,4	1808,3	1825,2	1842,1	1718,2	1746,3	1802,7	1830,8	1732,3	1816,8	10
11	1859	1875,9	1892,8	1909,7	1926,6	1943,5	1960,4	1977,3	1994,2	2011,1	1887,2	1915,3	1971,7	1999,8	1901,3	1985,8	11
12	2028	2044,9	2061,8	2078,7	2095,6	2112,5	2129,4	2146,3	2163,2	2180,1	2056,2	2084,3	2140,7	2168,8	2070,3	2154,8	12
13	2197	2213,9	2230,8	2247,7	2264,6	2281,5	2298,4	2315,3	2332,2	2349,1	2225,2	2253,3	2309,7	2337,8	2239,3	2323,8	13
14	2366	2382,9	2399,8	2416,7	2433,6	2450,5	2467,4	2484,3	2501,2	2518,1	2394,2	2422,3	2478,7	2506,8	2408,3	2492,8	14
15	2535	2551,9	2568,8	2585,7	2602,6	2619,5	2636,4	2653,3	2670,2	2687,1	2563,2	2591,3	2647,7	2675,8	2577,3	2661,8	15
16	2704	2720,9	2737,8	2754,7	2771,6	2788,5	2805,4	2822,3	2839,2	2856,1	2732,2	2760,3	2816,7	2844,8	2746,3	2830,8	16
17	2873	2889,9	2906,8	2923,7	2940,6	2957,5	2974,4	2991,3	3008,2	3025,1	2901,2	2929,3	2985,7	3013,8	2915,3	2999,8	17
18	3042	3058,9	3075,8	3092,7	3109,6	3126,5	3143,4	3160,3	3177,2	3194,1	3070,2	3098,3	3154,7	3182,8	3084,3	3168,8	18
19	3211	3227,9	3244,8	3261,7	3278,6	3295,5	3312,4	3329,3	3346,2	3363,1	3239,2	3267,3	3323,7	3351,8	3253,3	3337,8	19
20	3380	3396,9	3413,8	3430,7	3447,6	3464,5	3481,4	3498,3	3515,2	3532,1	3408,2	3436,3	3492,7	3520,8	3422,3	3506,8	20
21	3549	3565,9	3582,8	3599,7	3616,6	3633,5	3650,4	3667,3	3684,2	3701,1	3577,2	3605,3	3661,7	3689,8	3591,3	3675,8	21
22	3718	3734,9	3751,8	3768,7	3785,6	3802,5	3819,4	3836,3	3853,2	3870,1	3746,2	3774,3	3830,7	3858,8	3760,3	3844,8	22
23	3887	3903,9	3920,8	3937,7	3954,6	3971,5	3988,4	4005,3	4022,2	4039,1	3915,2	3943,3	3999,7	4027,8	3929,3	4013,8	23
24	4056	4072,9	4089,8	4106,7	4123,6	4140,5	4157,4	4174,3	4191,2	4208,1	4084,2	4112,3	4168,7	4196,8	4098,3	4182,8	24
25	4225	4241,9	4258,8	4275,7	4292,6	4309,5	4326,4	4343,3	4360,2	4377,1	4253,2	4281,3	4337,7	4365,8	4267,3	4351,8	25
26	4394	4410,9	4427,8	4444,7	4461,6	4478,5	4495,4	4512,3	4529,2	4546,1	4422,2	4450,3	4506,7	4534,8	4436,3	4520,8	26
27	4563	4579,9	4596,8	4613,7	4630,6	4647,5	4664,4	4681,3	4698,2	4715,1	4591,2	4619,3	4675,7	4703,8	4605,3	4689,8	27
28	4732	4748,9	4765,8	4782,7	4799,6	4816,5	4833,4	4850,3	4867,2	4884,1	4760,2	4788,3	4844,7	4872,8	4774,3	4858,8	28
29	4901	4917,9	4934,8	4951,7	4968,6	4985,5	5002,4	5019,3	5036,2	5053,1	4929,2	4957,3	5013,7	5041,8	4943,3	5027,8	29
30	5070	5086,9	5103,8	5120,7	5137,6	5154,5	5171,4	5188,3	5205,2	5222,1	5098,2	5126,3	5182,7	5210,8	5112,3	5196,8	30
31	5239	5255,9	5272,8	5289,7	5306,6	5323,5	5340,4	5357,3	5374,2	5391,1	5267,2	5295,3	5351,7	5379,8	5281,3	5365,8	31
32	5408	5424,9	5441,8	5458,7	5475,6	5492,5	5509,4	5526,3	5543,2	5560,1	5436,2	5464,3	5520,7	5548,8	5450,3	5534,8	32
33	5577	5593,9	5610,8	5627,7	5644,6	5661,5	5678,4	5695,3	5712,2	5729,1	5605,2	5633,3	5689,7	5717,8	5619,3	5703,8	33
34	5746	5762,9	5779,8	5796,7	5813,6	5830,5	5847,4	5864,3	5881,2	5898,1	5774,2	5802,3	5858,7	5886,8	5788,3	5872,8	34
35	5915	5931,9	5948,8	5965,7	5982,6	5999,5	6016,4	6033,3	6050,2	6067,1	5943,2	5971,3	6027,7	6055,8	5957,3	6041,8	35
36	6084	6100,9	6117,8	6134,7	6151,6	6168,5	6185,4	6202,3	6219,2	6236,1	6112,2	6140,3	6196,7	6224,8	6126,3	6210,8	36
37	6253	6269,9	6286,8	6303,7	6320,6	6337,5	6354,4	6371,3	6388,2	6405,1	6281,2	6309,3	6365,7	6393,8	6295,3	6379,8	37
38	6422	6438,9	6455,8	6472,7	6489,6	6506,5	6523,4	6540,3	6557,2	6574,1	6450,2	6478,3	6534,7	6562,8	6464,3	6548,8	38
39	6591	6607,9	6624,8	6641,7	6658,6	6675,5	6692,4	6709,3	6726,2	6743,1	6619,2	6647,3	6703,7	6731,8	6633,3	6717,8	39
40	6760	6776,9	6793,8	6810,7	6827,6	6844,5	6861,4	6878,3	6895,2	6912,1	6788,2	6816,3	6872,7	6900,8	6802,3	6886,8	40
41	6929	6945,9	6962,8	6979,7	6996,6	7013,5	7030,4	7047,3	7064,2	7081,1	6957,2	6985,3	7041,7	7069,8	6971,3	7055,8	41
42	7098	7114,9	7131,8	7148,7	7165,6	7182,5	7199,4	7216,3	7233,2	7250,1	7126,2	7154,3	7210,7	7238,8	7140,3	7224,8	42
43	7267	7283,9	7300,8	7317,7	7334,6	7351,5	7368,4	7385,3	7402,2	7419,1	7295,2	7323,3	7379,7	7407,8	7309,3	7393,8	43
44	7436	7452,9	7469,8	7486,7	7503,6	7520,5	7537,4	7554,3	7571,2	7588,1	7464,2	7492,3	7548,7	7576,8	7478,3	7562,8	44
45	7605	7621,9	7638,8	7655,7	7672,6	7689,5	7706,4	7723,3	7740,2	7757,1	7633,2	7661,3	7717,7	7745,8	7647,3	7731,8	45
46	7774	7790,9	7807,8	7824,7	7841,6	7858,5	7875,4	7892,3	7909,2	7926,1	7802,2	7830,3	7886,7	7914,8	7816,3	7900,8	46
47	7943	7959,9	7976,8	7993,7	8010,6	8027,5	8044,4	8061,3	8078,2	8095,1	7971,2	7999,3	8055,7	8083,8	7985,3	8069,8	47
48	8112	8128,9	8145,8	8162,7	8179,6	8196,5	8213,4	8230,3	8247,2	8264,1	8140,2	8168,3	8224,7	8252,8	8154,3	8238,8	48
49	8281	8297,9	8314,8	8331,7	8348,6	8365,5	8382,4	8399,3	8416,2	8433,1	8309,2	8337,3	8393,7	8421,8	8323,3	8407,8	49
50	8450	8466,9	8483,8	8500,7	8517,6	8534,5	8551,4	8568,3	8585,2	8602,1	8478,2	8506,3	8562,7	8590,8	8492,3	8576,8	50
51	8619	8635,9	8652,8	8669,7	8686,6	8703,5	8720,4	8737,3	8754,2	8771,1	8647,2	8675,3	8731,7	8759,8	8661,3	8745,8	51
52	8788	8804,9	8821,8	8838,7	8855,6	8872,5	8889,4	8906,3	8923,2	8940,1	8816,2	8844,3	8900,7	8928,8	8830,3	8914,8	52
53	8957	8973,9	8990,8	9007,7	9024,6	9041,5	9058,4	9075,3	9092,2	9109,1	8985,2	9013,3	9069,7	9097,8	8999,3	9083,8	53
54	9126	9142,9	9159,8	9176,7	9193,6	9210,5	9227,4	9244,3	9261,2	9278,1	9154,2	9182,3	9238,7	9266,8	9168,3	9252,8	54
55	9295	9311,9	9328,8	9345,7	9362,6	9379,5	9396,4	9413,3	9430,2	9447,1	9323,2	9351,3	9407,7	9435,8	9337,3	9421,8	55
56	9464	9480,9	9497,8	9514,7	9531,6	9548,5	9565,4	9582,3	9599,2	9616,1	9492,2	9520,3	9576,7	9604,8	9506,3	9590,8	56
57	9633	9649,9	9666,8	9683,7	9700,6	9717,5	9734,4	9751,3	9768,2	9785,1	9661,2	9689,3	9745,7	9773,8	9675,3	9759,8	57
58	9802	9818,9	9835,8	9852,7	9869,6	9886,5	9903,4	9920,3	9937,2	9954,1	9830,2	9858,3	9914,7	9942,8	9844,3	9928,8	58
59	9971	9987,9	10004,8	10021,7	10038,6	10055,5	10072,4	10089,3	10106,2	10123,1	9999,2	10027,3	10083,7	10111,8	10013,3	10097,8	59
60	10140	10156,9	10173,8	10190,7	10207,6	10224,5	10241,4	10258,3	10275,2	10292,1	10168,2	10196,3	10252,7	10280,8	10182,3	10266,8	60
61	10309	10325,9	10342,8	10359,7	10376,6	10393,5	10410,4	10427,3	10444,2	10461,1	10337,2	10365,3	10421,7	10449,8	10351,3	10435,8	61
62	10478	10494,9	10511,8	10528,7	10545,6	10562,5	10579,4	10596,3	10613,2	10630,1	10506,2	10534,3	10590,7	10618,8	10520,3	10604,8	62
63	10647	10663,9	10680,8	10697,7	10714,6	10731,5	10748,4	10765,3	10782,2	10799,1	10675,2	10703,3	10759,7	10787,8	10689,3	10773,8	63
64	10816	10832,9	10849,8	10866,7	10883,6	10900,5	10917,4	10934,3	10951,2	10968,1	10844,2	10872,3	10928,7	10956,8	10858,3	10942,8	64
65	10985	11001,9	11018,8	11035,7	11052,6	11069,5	11086,4	11103,3	11120,2	11137,1	11013,2	11041,3	11097,7	11125,8	11027,3	11111,8	65
66	11154	11170,9	11187,8	11204,7	11221,6	11238,5	11255,4	11272,3	11289,2	11306,1	11182,2	11210,3	11266,7	11294,8	11196,3	11280,8	66
67	11323	11339,9	11356,8	11373,7	11390,6	11407,5	11424,4	11441,3	11458,2	11475,1	11351,2	11379,3	11435,7	11463,8	11365,3	11449,8	67
68	11492	11508,9	11525,8	11542,7	11559,6	11576,5	11593,4	11610,3	11627,2	11644,1	11520,2	11548,3	11604,7	11632,8	11534,3	11618,8	68
69	11661	11677,9	11694,8	11711,7	11728,6	11745,5	11762,4	11779,3	11796,2	11813,1	11689,2	11717,3	11773,7	11801,8	11703,3	11787,8	69
70	11830	11846,9	11863,8	11880,7	11897,6	11914,5	11931,4	11948,3	11965,2	11982,1	11858,2	11886,3	11942,7	11970,8	11872,3	11956,8	70
71	11999	12015,9	12032,8	12049,7	12066,6	12083,5	12100,4	12117,3	12134,2	12151,1	12027,2	12055,3	12111,7	12139,8	12041,3	12125,8	71
72	12168	12184,9	12201,8	12218,7	12235,6	12252,5	12269,4	12286,3	12303,2	12320,1	12196,2	12224,3	12280,7	12308,8	12210,3	12294,8	72
73	12337	12353,9	12370,8	12387,7	12404,6	12421,5	12438,4	12455,3	12472,2	12489,1	12365,2	12393,3	12449,7	12477,8	12379,3	12463,8	73
74	12506	12522,9	12539,8	12556,7	12573,6	12590,5	12607,4	12624,3	12641,2	12658,1	12534,2	12562,3	12618,7	12646,8	12548,3	12632,8	74
75	12675	12691,9	12708,8	12725,7	12742,6	12759,5	12776,4	12793,3	12810,2	12827,1	12703,2	12731,3	12787,7	12815,8	12717,3	12801,8	75
76	12844	12860,9	12877,8	12894,7	12911,6	12928,5	12945,4	12962,3	12979,2	12996,1	12872,2	12900,3	12956,7	12984,8	12886,3	12970,8	76
77	13013	13029,9	13046,8	13063,7	13080,6	13097,5	13114,4	13131,3	13148,2	13165,1	13041,2	13069,3	13125,7	13153,8	13055,3	13139,8	77
78	13182	13198,9	13215,8	13232,7	13249,6	13266,5	13283,4	13300,3	13317,2	13334,1	13210,2	13238,3	13294,7	13322,8	13224,3	13308,8	78
79	13351	13367,9	13384,8	13401,7	13418,6	13435,5	13452,4	13469,3	13486,2	13503,1	13379,2	13407,3	13463,7	13491,8	13393,3	13477,8	79
80	13520	13536,9	13553,8	13570,7	13587,6	13604,5	13621,4	13638,3	13655,2	13672,1	13548,2	13576,3	13632,7	13660,8	13562,3	13646,8	80
81	13689	13705,9	13722,8	13739,7	13756,6	13773,5	13790,4	13807,3	13824,2	13841,1	13717,2	13745,3	13801,7	13829,8	13731,3	13815,8	81
82	13858	13874,9	13891,8	13908,7	13925,6	13942,5	13959,4	13976,3	13993,2	14010,1	13886,2	13914,3	13970,7	13998,8	13900,3	13984,8	82
83	14027	14043,9	14060,8	14077,7	14094,6	14111,5	14128,4	14145,3	14162,2	14179,1	14055,2	14083,3	14139,7	14167,8	14069,3	14153,8	83
84	14196	14212,9	14229,8	14246,7	14263,6	14280,5	14297,4	14314,3	14331,2	14348,1	14224,2	14252,3	14308,7	14336,8	14238,3	14322,8	84
85	14365	14381,9	14398,8	14415,7	14432,6	14449,5	14466,4	14483,3	14500,2	14517,1	14393,2	14421,3	14477,7	14505,8	14407,3	14491,8	85
86	14534	14550,9	14567,8	14584,7	14601,6	14618,5	14635,4	14652,3	14669,2	14686,1	14562,2	14590,3	14646,7	14674,8	14576,3	14660,8	86
87	14703	14719,9	14736,8	14753,7	14770,6	14787,5	14804,4	14821,3	14838,2	14855,1	14731,2	14759,3	14815,7	14843,8	14745,3	14829,8	87
88	14872	14888,9	14905,8	14922,7	14939,6	14956,5	14973,4	14990,3	15007,2	15024,1	14900,2	14928,3	14984,7	15012,8	14914,3	14998,8	88
89	15041	15057,9	15074,8	15091,7	15108,6	15125,5	15142,4	15159,3	15176,2	15193,1	15069,2	15097,3	15153,7	15181,8	15083,3	15167,8	89
90	15210	15226,9	15243,8	15260,7	15277,6	15294,5	15311,4	15328,3	15345,2	15362,1	15238,2	15266,3	15322,7	15350,8	15252,3	15336,8	90
91	15379	15395,9	15412,8	15429,7	15446,6	15463,5	15480,4	15497,3	15514,2	15531,1	15407,2	15435,3	15491,7	15519,8	15421,3	15505,8	91
92	15548	15564,9	15581,8	15598,7	15615,6	15632,5	15649,4	15666,3	15683,2	15700,1	15576,2	15604,3	15660,7	15688,8	15590,3	15674,8	92
93	15717	15733,9	15750,8	15767,7	15784,6	15801,5	15818,4	15835,3	15852,2	15869,1	15745,2	15773,3	15829,7	15857,8	15759,3	15843,8	93
94	15886	15902,9	15919,8	15936,7	15953,6	15970,5	15987,4	16004,3	16021,2	16038,1	15914,2	15942,3	15998,7	16026,8	15928,3	16012,8	94
95	16055	16071,9	16088,8	16105,7	16122,6	16139,5	16156,4	16173,3	16190,2	16207,1	16083,2	16111,3	16167,7	16195,8	16097,3	16181,8	95
96	16224	16240,9	16257,8	16274,7	16291,6	16308,5	16325,4	16342,3	16359,2	16376,1	16252,2	16280,3	16336,7	16364,8	16266,3	16350,8	96
97	16393	16409,9	16426,8	16443,7	16460,6	16477,5	16494,4	16511,3	16528,2	16545,1	16421,2	16449,3	16505,7	16533,8	16435,3	16519,8	97
98	16562	16578,9	16595,8	16612,7	16629,6	16646,5	16663,4	16680,3	16697,2	16714,1	16590,2	16618,3	16674,7	16702,8	16604,3	16688,8	98
99	16731	16747,9	16764,8	16781,7	16798,6	16815,5	16832,4	16849,3	16866,2	16883,1	16759,2	16787,3	16843,7	16871,8	16773,3	16857,8	99
100	16900	16916,9	16933,8	16950,7	16967,6	16984,5	17001,4	17018,3	17035,2	17052,1	16928,2	16956,3	17012,7	17040,8	16942,3	17026,8	100

170	1/10 17,0	2/10 34,0	3/10 51,0	4/10 68,0	5/10 85,0	6/10 102,0	7/10 119,0	8/10 136,0	9/10 153,0	1/6 28,333	2/6 56,666	4/6 113,333	5/6 141,666	1/4 42,5	3/4 127,5	
1 170	187,0	204,0	221,0	238,0	255,0	272,0	289,0	306,0	323,0	198,3	226,7	283,3	311,7	212,5	297,5	**1**
2 340	357,0	374,0	391,0	408,0	425,0	442,0	459,0	476,0	493,0	368,3	396,7	453,3	481,7	382,5	467,5	**2**
3 510	527,0	544,0	561,0	578,0	595,0	612,0	629,0	646,0	663,0	538,3	566,7	623,3	651,7	552,5	637,5	**3**
4 680	697,0	714,0	731,0	748,0	765,0	782,0	799,0	816,0	833,0	708,3	736,7	793,3	821,7	722,5	807,5	**4**
5 850	867,0	884,0	901,0	918,0	935,0	952,0	969,0	986,0	1003,0	878,3	906,7	963,3	991,7	892,5	977,5	**5**
6 1020	1037,0	1054,0	1071,0	1088,0	1105,0	1122,0	1139,0	1156,0	1173,0	1048,3	1076,7	1133,3	1161,7	1062,5	1147,5	**6**
7 1190	1207,0	1224,0	1241,0	1258,0	1275,0	1292,0	1309,0	1326,0	1343,0	1218,3	1246,7	1303,3	1331,7	1232,5	1317,5	**7**
8 1360	1377,0	1394,0	1411,0	1428,0	1445,0	1462,0	1479,0	1496,0	1513,0	1388,3	1416,7	1473,3	1501,7	1402,5	1487,5	**8**
9 1530	1547,0	1564,0	1581,0	1598,0	1615,0	1632,0	1649,0	1666,0	1683,0	1558,3	1586,7	1643,3	1671,7	1572,5	1657,5	**9**
10 1700	1717,0	1734,0	1751,0	1768,0	1785,0	1802,0	1819,0	1836,0	1853,0	1728,3	1756,7	1813,3	1841,7	1742,5	1827,5	**10**
11 1870	1887,0	1904,0	1921,0	1938,0	1955,0	1972,0	1989,0	2006,0	2023,0	1898,3	1926,7	1983,3	2011,7	1912,5	1997,5	**11**
12 2040	2057,0	2074,0	2091,0	2108,0	2125,0	2142,0	2159,0	2176,0	2193,0	2068,3	2096,7	2153,3	2181,7	2082,5	2167,5	**12**
13 2210	2227,0	2244,0	2261,0	2278,0	2295,0	2312,0	2329,0	2346,0	2363,0	2238,3	2266,7	2323,3	2351,7	2252,5	2337,5	**13**
14 2380	2397,0	2414,0	2431,0	2448,0	2465,0	2482,0	2499,0	2516,0	2533,0	2408,3	2436,7	2493,3	2521,7	2422,5	2507,5	**14**
15 2550	2567,0	2584,0	2601,0	2618,0	2635,0	2652,0	2669,0	2686,0	2703,0	2578,3	2606,7	2663,3	2691,7	2592,5	2677,5	**15**
16 2720	2737,0	2754,0	2771,0	2788,0	2805,0	2822,0	2839,0	2856,0	2873,0	2748,3	2776,7	2833,3	2861,7	2762,5	2847,5	**16**
17 2890	2907,0	2924,0	2941,0	2958,0	2975,0	2992,0	3009,0	3026,0	3043,0	2918,3	2946,7	3003,3	3031,7	2932,5	3017,5	**17**
18 3060	3077,0	3094,0	3111,0	3128,0	3145,0	3162,0	3179,0	3196,0	3213,0	3088,3	3116,7	3173,3	3201,7	3102,5	3187,5	**18**
19 3230	3247,0	3264,0	3281,0	3298,0	3315,0	3332,0	3349,0	3366,0	3383,0	3258,3	3286,7	3343,3	3371,7	3272,5	3357,5	**19**
20 3400	3417,0	3434,0	3451,0	3468,0	3485,0	3502,0	3519,0	3536,0	3553,0	3428,3	3456,7	3513,3	3541,7	3442,5	3527,5	**20**
21 3570	3587,0	3604,0	3621,0	3638,0	3655,0	3672,0	3689,0	3706,0	3723,0	3598,3	3626,7	3683,3	3711,7	3612,5	3697,5	**21**
22 3740	3757,0	3774,0	3791,0	3808,0	3825,0	3842,0	3859,0	3876,0	3893,0	3768,3	3796,7	3853,3	3881,7	3782,5	3867,5	**22**
23 3910	3927,0	3944,0	3961,0	3978,0	3995,0	4012,0	4029,0	4046,0	4063,0	3938,3	3966,7	4023,3	4051,7	3952,5	4037,5	**23**
24 4080	4097,0	4114,0	4131,0	4148,0	4165,0	4182,0	4199,0	4216,0	4233,0	4108,3	4136,7	4193,3	4221,7	4122,5	4207,5	**24**
25 4250	4267,0	4284,0	4301,0	4318,0	4335,0	4352,0	4369,0	4386,0	4403,0	4278,3	4306,7	4363,3	4391,7	4292,5	4377,5	**25**
26 4420	4437,0	4454,0	4471,0	4488,0	4505,0	4522,0	4539,0	4556,0	4573,0	4448,3	4476,7	4533,3	4561,7	4462,5	4547,5	**26**
27 4590	4607,0	4624,0	4641,0	4658,0	4675,0	4692,0	4709,0	4726,0	4743,0	4618,3	4646,7	4703,3	4731,7	4632,5	4717,5	**27**
28 4760	4777,0	4794,0	4811,0	4828,0	4845,0	4862,0	4879,0	4896,0	4913,0	4788,3	4816,7	4873,3	4901,7	4802,5	4887,5	**28**
29 4930	4947,0	4964,0	4981,0	4998,0	5015,0	5032,0	5049,0	5066,0	5083,0	4958,3	4986,7	5043,3	5071,7	4972,5	5057,5	**29**
30 5100	5117,0	5134,0	5151,0	5168,0	5185,0	5202,0	5219,0	5236,0	5253,0	5128,3	5156,7	5213,3	5241,7	5142,5	5227,5	**30**
31 5270	5287,0	5304,0	5321,0	5338,0	5365,0	5372,0	5389,0	5406,0	5423,0	5298,3	5326,7	5383,3	5411,7	5312,5	5397,5	**31**
32 5440	5457,0	5474,0	5491,0	5508,0	5525,0	5542,0	5559,0	5576,0	5593,0	5468,3	5496,7	5553,3	5581,7	5482,5	5567,5	**32**
33 5610	5627,0	5644,0	5661,0	5678,0	5695,0	5712,0	5729,0	5746,0	5763,0	5638,3	5666,7	5723,3	5751,7	5652,5	5737,5	**33**
34 5780	5797,0	5814,0	5831,0	5848,0	5865,0	5882,0	5899,0	5916,0	5933,0	5808,3	5836,7	5893,3	5921,7	5822,5	5907,5	**34**
35 5950	5967,0	5984,0	6001,0	6018,0	6035,0	6052,0	6069,0	6086,0	6103,0	5978,3	6006,7	6063,3	6091,7	5992,5	6077,5	**35**
36 6120	6137,0	6154,0	6171,0	6188,0	6205,0	6222,0	6239,0	6256,0	6273,0	6148,3	6176,7	6233,3	6261,7	6162,5	6247,5	**36**
37 6290	6307,0	6324,0	6341,0	6358,0	6375,0	6392,0	6409,0	6426,0	6443,0	6318,3	6346,7	6403,3	6431,7	6332,5	6417,5	**37**
38 6460	6477,0	6494,0	6511,0	6528,0	6545,0	6562,0	6579,0	6596,0	6613,0	6488,3	6516,7	6573,3	6601,7	6502,5	6587,5	**38**
39 6630	6647,0	6664,0	6681,0	6698,0	6715,0	6732,0	6749,0	6766,0	6783,0	6658,3	6686,7	6743,3	6771,7	6672,5	6757,5	**39**
40 6800	6817,0	6834,0	6851,0	6868,0	6885,0	6902,0	6919,0	6936,0	6953,0	6828,3	6856,7	6913,3	6941,7	6842,5	6927,5	**40**
41 6970	6987,0	7004,0	7021,0	7038,0	7055,0	7072,0	7089,0	7106,0	7123,0	6998,3	7026,7	7083,3	7111,7	7012,5	7097,5	**41**
42 7140	7157,0	7174,0	7191,0	7208,0	7225,0	7242,0	7259,0	7276,0	7293,0	7168,3	7196,7	7253,3	7281,7	7182,5	7267,5	**42**
43 7310	7327,0	7344,0	7361,0	7378,0	7395,0	7412,0	7429,0	7446,0	7463,0	7338,3	7366,7	7423,3	7451,7	7352,5	7437,5	**43**
44 7480	7497,0	7514,0	7531,0	7548,0	7565,0	7582,0	7599,0	7616,0	7633,0	7508,3	7536,7	7593,3	7621,7	7522,5	7607,5	**44**
45 7650	7667,0	7684,0	7701,0	7718,0	7735,0	7752,0	7769,0	7786,0	7803,0	7678,3	7706,7	7763,3	7791,7	7692,5	7777,5	**45**
46 7820	7837,0	7854,0	7871,0	7888,0	7905,0	7922,0	7939,0	7956,0	7973,0	7848,3	7876,7	7933,3	7961,7	7862,5	7947,5	**46**
47 7990	8007,0	8024,0	8041,0	8058,0	8075,0	8092,0	8109,0	8126,0	8143,0	8018,3	8046,7	8103,3	8131,7	8032,5	8117,5	**47**
48 8160	8177,0	8194,0	8211,0	8228,0	8245,0	8262,0	8279,0	8296,0	8313,0	8188,3	8216,7	8273,3	8301,7	8202,5	8287,5	**48**
49 8330	8347,0	8364,0	8381,0	8398,0	8415,0	8432,0	8449,0	8466,0	8483,0	8358,3	8386,7	8443,3	8471,7	8372,5	8457,5	**49**
50 8500	8517,0	8534,0	8551,0	8568,0	8585,0	8602,0	8619,0	8636,0	8653,0	8528,3	8556,7	8613,3	8641,7	8542,5	8627,5	**50**
51 8670	8687,0	8704,0	8721,0	8738,0	8755,0	8772,0	8789,0	8806,0	8823,0	8698,3	8726,7	8783,3	8811,7	8712,5	8797,5	**51**
52 8840	8857,0	8874,0	8891,0	8908,0	8925,0	8942,0	8959,0	8976,0	8993,0	8868,3	8896,7	8953,3	8981,7	8882,5	8967,5	**52**
53 9010	9027,0	9044,0	9061,0	9078,0	9095,0	9112,0	9129,0	9146,0	9163,0	9038,3	9066,7	9123,3	9151,7	9052,5	9137,5	**53**
54 9180	9197,0	9214,0	9231,0	9248,0	9265,0	9282,0	9299,0	9316,0	9333,0	9208,3	9236,7	9293,3	9321,7	9222,5	9307,5	**54**
55 9350	9367,0	9384,0	9401,0	9418,0	9435,0	9452,0	9469,0	9486,0	9503,0	9378,3	9406,7	9463,3	9491,7	9392,5	9477,5	**55**
56 9520	9537,0	9554,0	9571,0	9588,0	9605,0	9622,0	9639,0	9656,0	9673,0	9548,3	9576,7	9633,3	9661,7	9562,5	9647,5	**56**
57 9690	9707,0	9724,0	9741,0	9758,0	9775,0	9792,0	9809,0	9826,0	9843,0	9718,3	9746,7	9803,3	9831,7	9732,5	9817,5	**57**
58 9860	9877,0	9894,0	9911,0	9928,0	9945,0	9962,0	9979,0	9996,0	10013,0	9888,3	9916,7	9973,3	10001,7	9902,5	9987,5	**58**
59 10030	10047,0	10064,0	10081,0	10098,0	10115,0	10132,0	10149,0	10166,0	10183,0	10058,3	10086,7	10143,3	10171,7	10072,5	10157,5	**59**
60 10200	10217,0	10234,0	10251,0	10268,0	10285,0	10302,0	10319,0	10336,0	10353,0	10228,3	10256,7	10313,3	10341,7	10242,5	10327,5	**60**
61 10370	10387,0	10404,0	10421,0	10438,0	10455,0	10472,0	10489,0	10506,0	10523,0	10398,3	10426,7	10483,3	10511,7	10412,5	10497,5	**61**
62 10540	10557,0	10574,0	10591,0	10608,0	10625,0	10642,0	10659,0	10676,0	10693,0	10568,3	10596,7	10653,3	10681,7	10582,5	10667,5	**62**
63 10710	10727,0	10744,0	10761,0	10778,0	10795,0	10812,0	10829,0	10846,0	10863,0	10738,3	10766,7	10823,3	10851,7	10752,5	10837,5	**63**
64 10880	10897,0	10914,0	10931,0	10948,0	10965,0	10982,0	10999,0	11016,0	11033,0	10908,3	10936,7	10993,3	11021,7	10922,5	11007,5	**64**
65 11050	11067,0	11084,0	11101,0	11118,0	11135,0	11152,0	11169,0	11186,0	11203,0	11078,3	11106,7	11163,3	11191,7	11092,5	11177,5	**65**
66 11220	11237,0	11254,0	11271,0	11288,0	11305,0	11322,0	11339,0	11356,0	11373,0	11248,3	11276,7	11333,3	11361,7	11262,5	11347,5	**66**
67 11390	11407,0	11424,0	11441,0	11458,0	11475,0	11492,0	11509,0	11526,0	11543,0	11418,3	11446,7	11503,3	11531,7	11432,5	11517,5	**67**
68 11560	11577,0	11594,0	11611,0	11628,0	11645,0	11662,0	11679,0	11696,0	11713,0	11588,3	11616,7	11673,3	11701,7	11602,5	11687,5	**68**
69 11730	11747,0	11764,0	11781,0	11798,0	11815,0	11832,0	11849,0	11866,0	11883,0	11758,3	11786,7	11843,3	11871,7	11772,5	11857,5	**69**
70 11900	11917,0	11934,0	11951,0	11968,0	11985,0	12002,0	12019,0	12036,0	12053,0	11928,3	11956,7	12013,3	12041,7	11942,5	12027,5	**70**
71 12070	12087,0	12104,0	12121,0	12138,0	12155,0	12172,0	12189,0	12206,0	12223,0	12098,3	12126,7	12183,3	12211,7	12112,5	12197,5	**71**
72 12240	12257,0	12274,0	12291,0	12308,0	12325,0	12342,0	12359,0	12376,0	12393,0	12268,3	12296,7	12353,3	12381,7	12282,5	12367,5	**72**
73 12410	12427,0	12444,0	12461,0	12478,0	12495,0	12512,0	12529,0	12546,0	12563,0	12438,3	12466,7	12523,3	12551,7	12452,5	12537,5	**73**
74 12580	12597,0	12614,0	12631,0	12648,0	12665,0	12682,0	12699,0	12716,0	12733,0	12608,3	12636,7	12693,3	12721,7	12622,5	12707,5	**74**
75 12750	12767,0	12784,0	12801,0	12818,0	12835,0	12852,0	12869,0	12886,0	12903,0	12778,3	12806,7	12863,3	12891,7	12792,5	12877,5	**75**
76 12920	12937,0	12954,0	12971,0	12988,0	13005,0	13022,0	13039,0	13056,0	13073,0	12948,3	12976,7	13033,3	13061,7	12962,5	13047,5	**76**
77 13090	13107,0	13124,0	13141,0	13158,0	13175,0	13192,0	13209,0	13226,0	13243,0	13118,3	13146,7	13203,3	13231,7	13132,5	13217,5	**77**
78 13260	13277,0	13294,0	13311,0	13328,0	13345,0	13362,0	13379,0	13396,0	13413,0	13288,3	13316,7	13373,3	13401,7	13302,5	13387,5	**78**
79 13430	13447,0	13464,0	13481,0	13498,0	13515,0	13532,0	13549,0	13566,0	13583,0	13458,3	13486,7	13543,3	13571,7	13472,5	13557,5	**79**
80 13600	13617,0	13634,0	13651,0	13668,0	13685,0	13702,0	13719,0	13736,0	13753,0	13628,3	13656,7	13713,3	13741,7	13642,5	13727,5	**80**
81 13770	13787,0	13804,0	13821,0	13838,0	13855,0	13872,0	13889,0	13906,0	13923,0	13798,3	13826,7	13883,3	13911,7	13812,5	13897,5	**81**
82 13940	13957,0	13974,0	13991,0	14008,0	14025,0	14042,0	14059,0	14076,0	14093,0	13968,3	13996,7	14053,3	14081,7	13982,5	14067,5	**82**
83 14110	14127,0	14144,0	14161,0	14178,0	14195,0	14212,0	14229,0	14246,0	14263,0	14138,3	14166,7	14223,3	14251,7	14152,5	14237,5	**83**
84 14280	14297,0	14314,0	14331,0	14348,0	14365,0	14382,0	14399,0	14416,0	14433,0	14308,3	14336,7	14393,3	14421,7	14322,5	14407,5	**84**
85 14450	14467,0	14484,0	14501,0	14518,0	14535,0	14552,0	14569,0	14586,0	14603,0	14478,3	14506,7	14563,3	14591,7	14492,5	14577,5	**85**
86 14620	14637,0	14654,0	14671,0	14688,0	14705,0	14722,0	14739,0	14756,0	14773,0	14648,3	14676,7	14733,3	14761,7	14662,5	14747,5	**86**
87 14790	14807,0	14824,0	14841,0	14858,0	14875,0	14892,0	14909,0	14926,0	14943,0	14818,3	14846,7	14903,3	14931,7	14832,5	14917,5	**87**
88 14960	14977,0	14994,0	15011,0	15028,0	15045,0	15062,0	15079,0	15096,0	15113,0	14988,3	15016,7	15073,3	15101,7	15002,5	15087,5	**88**
89 15130	15147,0	15164,0	15181,0	15198,0	15215,0	15232,0	15249,0	15266,0	15283,0	15158,3	15186,7	15243,3	15271,7	15172,5	15257,5	**89**
90 15300	15317,0	15334,0	15351,0	15368,0	15385,0	15402,0	15419,0	15436,0	15453,0	15328,3	15356,7	15413,3	15441,7	15342,5	15427,5	**90**
91 15470	15487,0	15504,0	15521,0	15538,0	15555,0	15572,0	15589,0	15606,0	15623,0	15498,3	15526,7	15583,3	15611,7	15512,5	15597,5	**91**
92 15640	15657,0	15674,0	15691,0	15708,0	15725,0	15742,0	15759,0	15776,0	15793,0	15668,3	15696,7	15753,3	15781,7	15682,5	15767,5	**92**
93 15810	15827,0	15844,0	15861,0	15878,0	15895,0	15912,0	15929,0	15946,0	15963,0	15838,3	15866,7	15923,3	15951,7	15852,5	15937,5	**93**
94 15980	15997,0	16014,0	16031,0	16048,0	16065,0	16082,0	16099,0	16116,0	16133,0	16008,3	16036,7	16093,3	16121,7	16022,5	16107,5	**94**
95 16150	16167,0	16184,0	16201,0	16218,0	16235,0	16252,0	16269,0	16286,0	16303,0	16178,3	16206,7	16263,3	16291,7	16192,5	16277,5	**95**
96 16320	16337,0	16354,0	16371,0	16388,0	16405,0	16422,0	16439,0	16456,0	16473,0	16348,3	16376,7	16433,3	16461,7	16362,5	16447,5	**96**
97 16490	16507,0	16524,0	16541,0	16558,0	16575,0	16592,0	16609,0	16626,0	16643,0	16518,3	16546,7	16603,3	16631,7	16532,5	16617,5	**97**
98 16660	16677,0	16694,0	16711,0	16728,0	16745,0	16762,0	16779,0	16796,0	16813,0	16688,3	16716,7	16773,3	16801,7	16702,5	16787,5	**98**
99 16830	16847,0	16864,0	16881,0	16898,0	16915,0	16932,0	16949,0	16966,0	16983,0	16858,3	16886,7	16943,3	16971,7	16872,5	16957,5	**99**
100 17000	17017,0	17034,0	17051,0	17068,0	17085,0	17102,0	17119,0	17136,0	17153,0	17028,3	17056,7	17113,3	17141,7	17042,5	17127,5	**100**

171

		1/10 17,1	2/10 34,2	3/10 51,3	4/10 68,4	5/10 85,5	6/10 102,6	7/10 119,7	8/10 136,8	9/10 153,9	1/6 28,5	2/6 57,0	4/6 114,0	5/6 142,5	1/4 42,75	3/4 128,25	
1	171	188,1	205,2	222,3	239,4	256,5	273,6	290,7	307,8	324,9	199,5	228,0	285,0	313,5	213,8	299,3	1
2	342	359,1	376,2	393,3	410,4	427,5	444,6	461,7	478,8	495,9	370,5	399,0	456,0	484,5	384,8	470,3	2
3	513	530,1	547,2	564,3	581,4	598,5	615,6	632,7	649,8	666,9	541,5	570,0	627,0	655,5	555,8	641,3	3
4	684	701,1	718,2	735,3	752,4	769,5	786,6	803,7	820,8	837,9	712,5	741,0	798,0	826,5	726,8	812,3	4
5	855	872,1	889,2	906,3	923,4	940,5	957,6	974,7	991,8	1008,9	883,5	912,0	969,0	997,5	897,8	983,3	5
6	1026	1043,1	1060,2	1077,3	1094,4	1111,5	1128,6	1145,7	1162,8	1179,9	1054,5	1083,0	1140,0	1168,5	1068,8	1154,3	6
7	1197	1214,1	1231,2	1248,3	1265,4	1282,5	1299,6	1316,7	1333,8	1350,9	1225,5	1254,0	1311,0	1339,5	1239,8	1325,3	7
8	1368	1385,1	1402,2	1419,3	1436,4	1453,5	1470,6	1487,7	1504,8	1521,9	1396,5	1425,0	1482,0	1510,5	1410,8	1496,3	8
9	1539	1556,1	1573,2	1590,3	1607,4	1624,5	1641,6	1658,7	1675,8	1692,9	1567,5	1596,0	1653,0	1681,5	1581,8	1667,3	9
10	1710	1727,1	1744,2	1761,3	1778,4	1795,5	1812,6	1829,7	1846,8	1863,9	1738,5	1767,0	1824,0	1852,5	1752,8	1838,3	10
11	1881	1898,1	1915,2	1932,3	1949,4	1966,5	1983,6	2000,7	2017,8	2034,9	1909,5	1938,0	1995,0	2023,5	1923,8	2009,3	11
12	2052	2069,1	2086,2	2103,3	2120,4	2137,5	2154,6	2171,7	2188,8	2205,9	2080,5	2109,0	2166,0	2194,5	2094,8	2180,3	12
13	2223	2240,1	2257,2	2274,3	2291,4	2308,5	2325,6	2342,7	2359,8	2376,9	2251,5	2280,0	2337,0	2365,5	2265,8	2351,3	13
14	2394	2411,1	2428,2	2445,3	2462,4	2479,5	2496,6	2513,7	2530,8	2547,9	2422,5	2451,0	2508,0	2536,5	2436,8	2522,3	14
15	2565	2582,1	2599,2	2616,3	2633,4	2650,5	2667,6	2684,7	2701,8	2718,9	2593,5	2622,0	2679,0	2707,5	2607,8	2693,3	15
16	2736	2753,1	2770,2	2787,3	2804,4	2821,5	2838,6	2855,7	2872,8	2889,9	2764,5	2793,0	2850,0	2878,5	2778,8	2864,3	16
17	2907	2924,1	2941,2	2958,3	2975,4	2992,5	3009,6	3026,7	3043,8	3060,9	2935,5	2964,0	3021,0	3049,5	2949,8	3035,3	17
18	3078	3095,1	3112,2	3129,3	3146,4	3163,5	3180,6	3197,7	3214,8	3231,9	3106,5	3135,0	3192,0	3220,5	3120,8	3206,3	18
19	3249	3266,1	3283,2	3300,3	3317,4	3334,5	3351,6	3368,7	3385,8	3402,9	3277,5	3306,0	3363,0	3391,5	3291,8	3377,3	19
20	3420	3437,1	3454,2	3471,3	3488,4	3505,5	3522,6	3539,7	3556,8	3573,9	3448,5	3477,0	3534,0	3562,5	3462,8	3548,3	20
21	3591	3608,1	3625,2	3642,3	3659,4	3676,5	3693,6	3710,7	3727,8	3744,9	3619,5	3648,0	3705,0	3733,5	3633,8	3719,3	21
22	3762	3779,1	3796,2	3813,3	3830,4	3847,5	3864,6	3881,7	3898,8	3915,9	3790,5	3819,0	3876,0	3904,5	3804,8	3890,3	22
23	3933	3950,1	3967,2	3984,3	4001,4	4018,5	4035,6	4052,7	4069,8	4086,9	3961,5	3990,0	4047,0	4075,5	3975,8	4061,3	23
24	4104	4121,1	4138,2	4155,3	4172,4	4189,5	4206,6	4223,7	4240,8	4257,9	4132,5	4161,0	4218,0	4246,5	4146,8	4232,3	24
25	4275	4292,1	4309,2	4326,3	4343,4	4360,5	4377,6	4394,7	4411,8	4428,9	4303,5	4332,0	4389,0	4417,5	4317,8	4403,3	25
26	4446	4463,1	4480,2	4497,3	4514,4	4531,5	4548,6	4565,7	4582,8	4599,9	4474,5	4503,0	4560,0	4588,5	4488,8	4574,3	26
27	4617	4634,1	4651,2	4668,3	4685,4	4702,5	4719,6	4736,7	4753,8	4770,9	4645,5	4674,0	4731,0	4759,5	4659,8	4745,3	27
28	4788	4805,1	4822,2	4839,3	4856,4	4873,5	4890,6	4907,7	4924,8	4941,9	4816,5	4845,0	4902,0	4930,5	4830,8	4916,3	28
29	4959	4976,1	4993,2	5010,3	5027,4	5044,5	5061,6	5078,7	5095,8	5112,9	4987,5	5016,0	5073,0	5101,5	5001,8	5087,3	29
30	5130	5147,1	5164,2	5181,3	5198,4	5215,5	5232,6	5249,7	5266,8	5283,9	5158,5	5187,0	5244,0	5272,5	5172,8	5258,3	30
31	5301	5318,1	5335,2	5352,3	5369,4	5386,5	5403,6	5420,7	5437,8	5454,9	5329,5	5358,0	5415,0	5443,5	5343,8	5429,3	31
32	5472	5489,1	5506,2	5523,3	5540,4	5557,5	5574,6	5591,7	5608,8	5625,9	5500,5	5529,0	5586,0	5614,5	5514,8	5600,3	32
33	5643	5660,1	5677,2	5694,3	5711,4	5728,5	5745,6	5762,7	5779,8	5796,9	5671,5	5700,0	5757,0	5785,5	5685,8	5771,3	33
34	5814	5831,1	5848,2	5865,3	5882,4	5899,5	5916,6	5933,7	5950,8	5967,9	5842,5	5871,0	5928,0	5956,5	5856,8	5942,3	34
35	5985	6002,1	6019,2	6036,3	6053,4	6070,5	6087,6	6104,7	6121,8	6138,9	6013,5	6042,0	6099,0	6127,5	6027,8	6113,3	35
36	6156	6173,1	6190,2	6207,3	6224,4	6241,5	6258,6	6275,7	6292,8	6309,9	6184,5	6213,0	6270,0	6298,5	6198,8	6284,3	36
37	6327	6344,1	6361,2	6378,3	6395,4	6412,5	6429,6	6446,7	6463,8	6480,9	6355,5	6384,0	6441,0	6469,5	6369,8	6455,3	37
38	6498	6515,1	6532,2	6549,3	6566,4	6583,5	6600,6	6617,7	6634,8	6651,9	6526,5	6555,0	6612,0	6640,5	6540,8	6626,3	38
39	6669	6686,1	6703,2	6720,3	6737,4	6754,5	6771,6	6788,7	6805,8	6822,9	6697,5	6726,0	6783,0	6811,5	6711,8	6797,3	39
40	6840	6857,1	6874,2	6891,3	6908,4	6925,5	6942,6	6959,7	6976,8	6993,9	6868,5	6897,0	6954,0	6982,5	6882,8	6968,3	40
41	7011	7028,1	7045,2	7062,3	7079,4	7096,5	7113,6	7130,7	7147,8	7164,9	7039,5	7068,0	7125,0	7153,5	7053,8	7139,3	41
42	7182	7199,1	7216,2	7233,3	7250,4	7267,5	7284,6	7301,7	7318,8	7335,9	7210,5	7239,0	7296,0	7324,5	7224,8	7310,3	42
43	7353	7370,1	7387,2	7404,3	7421,4	7438,5	7455,6	7472,7	7489,8	7506,9	7381,5	7410,0	7467,0	7495,5	7395,8	7481,3	43
44	7524	7541,1	7558,2	7575,3	7592,4	7609,5	7626,6	7643,7	7660,8	7677,9	7552,5	7581,0	7638,0	7666,5	7566,8	7652,3	44
45	7695	7712,1	7729,2	7746,3	7763,4	7780,5	7797,6	7814,7	7831,8	7848,9	7723,5	7752,0	7809,0	7837,5	7737,8	7823,3	45
46	7866	7883,1	7900,2	7917,3	7934,4	7951,5	7968,6	7985,7	8002,8	8019,9	7894,5	7923,0	7980,0	8008,5	7908,8	7994,3	46
47	8037	8054,1	8071,2	8088,3	8105,4	8122,5	8139,6	8156,7	8173,8	8190,9	8065,5	8094,0	8151,0	8179,5	8079,8	8165,3	47
48	8208	8225,1	8242,2	8259,3	8276,4	8293,5	8310,6	8327,7	8344,8	8361,9	8236,5	8265,0	8322,0	8350,5	8250,8	8336,3	48
49	8379	8396,1	8413,2	8430,3	8447,4	8464,5	8481,6	8498,7	8515,8	8532,9	8407,5	8436,0	8493,0	8521,5	8421,8	8507,3	49
50	8550	8567,1	8584,2	8601,3	8618,4	8635,5	8652,6	8669,7	8686,8	8703,9	8578,5	8607,0	8664,0	8692,5	8592,8	8678,3	50
51	8721	8738,1	8755,2	8772,3	8789,4	8806,5	8823,6	8840,7	8857,8	8874,9	8749,5	8778,0	8835,0	8863,5	8763,8	8849,3	51
52	8892	8909,1	8926,2	8943,3	8960,4	8977,5	8994,6	9011,7	9028,8	9045,9	8920,5	8949,0	9006,0	9034,5	8934,8	9020,3	52
53	9063	9080,1	9097,2	9114,3	9131,4	9148,5	9165,6	9182,7	9199,8	9216,9	9091,5	9120,0	9177,0	9205,5	9105,8	9191,3	53
54	9234	9251,1	9268,2	9285,3	9302,4	9319,5	9336,6	9353,7	9370,8	9387,9	9262,5	9291,0	9348,0	9376,5	9276,8	9362,3	54
55	9405	9422,1	9439,2	9456,3	9473,4	9490,5	9507,6	9524,7	9541,8	9558,9	9433,5	9462,0	9519,0	9547,5	9447,8	9533,3	55
56	9576	9593,1	9610,2	9627,3	9644,4	9661,5	9678,6	9695,7	9712,8	9729,9	9604,5	9633,0	9690,0	9718,5	9618,8	9704,3	56
57	9747	9764,1	9781,2	9798,3	9815,4	9832,5	9849,6	9866,7	9883,8	9900,9	9775,5	9804,0	9861,0	9889,5	9789,8	9875,3	57
58	9918	9935,1	9952,2	9969,3	9986,4	10003,5	10020,6	10037,7	10054,8	10071,9	9946,5	9975,0	10032,0	10060,5	9960,8	10046,3	58
59	10089	10106,1	10123,2	10140,3	10157,4	10174,5	10191,6	10208,7	10225,8	10242,9	10117,5	10146,0	10203,0	10231,5	10131,8	10217,3	59
60	10260	10277,1	10294,2	10311,3	10328,4	10345,5	10362,6	10379,7	10396,8	10413,9	10288,5	10317,0	10374,0	10402,5	10302,8	10388,3	60
61	10431	10448,1	10465,2	10482,3	10499,4	10516,5	10533,6	10550,7	10567,8	10584,9	10459,5	10488,0	10545,0	10573,5	10473,8	10559,3	61
62	10602	10619,1	10636,2	10653,3	10670,4	10687,5	10704,6	10721,7	10738,8	10755,9	10630,5	10659,0	10716,0	10744,5	10644,8	10730,3	62
63	10773	10790,1	10807,2	10824,3	10841,4	10858,5	10875,6	10892,7	10909,8	10926,9	10801,5	10830,0	10887,0	10915,5	10815,8	10901,3	63
64	10944	10961,1	10978,2	10995,3	11012,4	11029,5	11046,6	11063,7	11080,8	11097,9	10972,5	11001,0	11058,0	11086,5	10986,8	11072,3	64
65	11115	11132,1	11149,2	11166,3	11183,4	11200,5	11217,6	11234,7	11251,8	11268,9	11143,5	11172,0	11229,0	11257,5	11157,8	11243,3	65
66	11286	11303,1	11320,2	11337,3	11354,4	11371,5	11388,6	11405,7	11422,8	11439,9	11314,5	11343,0	11400,0	11428,5	11328,8	11414,3	66
67	11457	11474,1	11491,2	11508,3	11525,4	11542,5	11559,6	11576,7	11593,8	11610,9	11485,5	11514,0	11571,0	11599,5	11499,8	11585,3	67
68	11628	11645,1	11662,2	11679,3	11696,4	11713,5	11730,6	11747,7	11764,8	11781,9	11656,5	11685,0	11742,0	11770,5	11670,8	11756,3	68
69	11799	11816,1	11833,2	11850,3	11867,4	11884,5	11901,6	11918,7	11935,8	11952,9	11827,5	11856,0	11913,0	11941,5	11841,8	11927,3	69
70	11970	11987,1	12004,2	12021,3	12038,4	12055,5	12072,6	12089,7	12106,8	12123,9	11998,5	12027,0	12084,0	12112,5	12012,8	12098,3	70
71	12141	12158,1	12175,2	12192,3	12209,4	12226,5	12243,6	12260,7	12277,8	12294,9	12169,5	12198,0	12255,0	12283,5	12183,8	12269,3	71
72	12312	12329,1	12346,2	12363,3	12380,4	12397,5	12414,6	12431,7	12448,8	12465,9	12340,5	12369,0	12426,0	12454,5	12354,8	12440,3	72
73	12483	12500,1	12517,2	12534,3	12551,4	12568,5	12585,6	12602,7	12619,8	12636,9	12511,5	12540,0	12597,0	12625,5	12525,8	12611,3	73
74	12654	12671,1	12688,2	12705,3	12722,4	12739,5	12756,6	12773,7	12790,8	12807,9	12682,5	12711,0	12768,0	12796,5	12696,8	12782,3	74
75	12825	12842,1	12859,2	12876,3	12893,4	12910,5	12927,6	12944,7	12961,8	12978,9	12853,5	12882,0	12939,0	12967,5	12867,8	12953,3	75
76	12996	13013,1	13030,2	13047,3	13064,4	13081,5	13098,6	13115,7	13132,8	13149,9	13024,5	13053,0	13110,0	13138,5	13038,8	13124,3	76
77	13167	13184,1	13201,2	13218,3	13235,4	13252,5	13269,6	13286,7	13303,8	13320,9	13195,5	13224,0	13281,0	13309,5	13209,8	13295,3	77
78	13338	13355,1	13372,2	13389,3	13406,4	13423,5	13440,6	13457,7	13474,8	13491,9	13366,5	13395,0	13452,0	13480,5	13380,8	13466,3	78
79	13509	13526,1	13543,2	13560,3	13577,4	13594,5	13611,6	13628,7	13645,8	13662,9	13537,5	13566,0	13623,0	13651,5	13551,8	13637,3	79
80	13680	13697,1	13714,2	13731,3	13748,4	13765,5	13782,6	13799,7	13816,8	13833,9	13708,5	13737,0	13794,0	13822,5	13722,8	13808,3	80
81	13851	13868,1	13885,2	13902,3	13919,4	13936,5	13953,6	13970,7	13987,8	14004,9	13879,5	13908,0	13965,0	13993,5	13893,8	13979,3	81
82	14022	14039,1	14056,2	14073,3	14090,4	14107,5	14124,6	14141,7	14158,8	14175,9	14050,5	14079,0	14136,0	14164,5	14064,8	14150,3	82
83	14193	14210,1	14227,2	14244,3	14261,4	14278,5	14295,6	14312,7	14329,8	14346,9	14221,5	14250,0	14307,0	14335,5	14235,8	14321,3	83
84	14364	14381,1	14398,2	14415,3	14432,4	14449,5	14466,6	14483,7	14500,8	14517,9	14392,5	14421,0	14478,0	14506,5	14406,8	14492,3	84
85	14535	14552,1	14569,2	14586,3	14603,4	14620,5	14637,6	14654,7	14671,8	14688,9	14563,5	14592,0	14649,0	14677,5	14577,8	14663,3	85
86	14706	14723,1	14740,2	14757,3	14774,4	14791,5	14808,6	14825,7	14842,8	14859,9	14734,5	14763,0	14820,0	14848,5	14748,8	14834,3	86
87	14877	14894,1	14911,2	14928,3	14945,4	14962,5	14979,6	14996,7	15013,8	15030,9	14905,5	14934,0	14991,0	15019,5	14919,8	15005,3	87
88	15048	15065,1	15082,2	15099,3	15116,4	15133,5	15150,6	15167,7	15184,8	15201,9	15076,5	15105,0	15162,0	15190,5	15090,8	15176,3	88
89	15219	15236,1	15253,2	15270,3	15287,4	15304,5	15321,6	15338,7	15355,8	15372,9	15247,5	15276,0	15333,0	15361,5	15261,8	15347,3	89
90	15390	15407,1	15424,2	15441,3	15458,4	15475,5	15492,6	15509,7	15526,8	15543,9	15418,5	15447,0	15504,0	15532,5	15432,8	15518,3	90
91	15561	15578,1	15595,2	15612,3	15629,4	15646,5	15663,6	15680,7	15697,8	15714,9	15589,5	15618,0	15675,0	15703,5	15603,8	15689,3	91
92	15732	15749,1	15766,2	15783,3	15800,4	15817,5	15834,6	15851,7	15868,8	15885,9	15760,5	15789,0	15846,0	15874,5	15774,8	15860,3	92
93	15903	15920,1	15937,2	15954,3	15971,4	15988,5	16005,6	16022,7	16039,8	16056,9	15931,5	15960,0	16017,0	16045,5	15945,8	16031,3	93
94	16074	16091,1	16108,2	16125,3	16142,4	16159,5	16176,6	16193,7	16210,8	16227,9	16102,5	16131,0	16188,0	16216,5	16116,8	16202,3	94
95	16245	16262,1	16279,2	16296,3	16313,4	16330,5	16347,6	16364,7	16381,8	16398,9	16273,5	16302,0	16359,0	16387,5	16287,8	16373,3	95
96	16416	16433,1	16450,2	16467,3	16484,4	16501,5	16518,6	16535,7	16552,8	16569,9	16444,5	16473,0	16530,0	16558,5	16458,8	16544,3	96
97	16587	16604,1	16621,2	16638,3	16655,4	16672,5	16689,6	16706,7	16723,8	16740,9	16615,5	16644,0	16701,0	16729,5	16629,8	16715,3	97
98	16758	16775,1	16792,2	16809,3	16826,4	16843,5	16860,6	16877,7	16894,8	16911,9	16786,5	16815,0	16872,0	16900,5	16800,8	16886,3	98
99	16929	16946,1	16963,2	16980,3	16997,4	17014,5	17031,6	17048,7	17065,8	17082,9	16957,5	16986,0	17043,0	17071,5	16971,8	17057,3	99
100	17100	17117,1	17134,2	17151,3	17168,4	17185,5	17202,6	17219,7	17236,8	17253,9	17128,5	17157,0	17214,0	17242,5	17142,8	17228,3	100

172

	172	1/10 17,2	2/10 34,4	3/10 51,6	4/10 68,8	5/10 86,0	6/10 103,2	7/10 120,4	8/10 137,6	9/10 154,8	1/6 28,666	2/6 57,333	4/6 114,666	5/6 143,333	1/4 43,0	3/4 129,0	
1	172	189,2	206,4	223,6	240,8	258,0	275,2	292,4	309,6	326,8	200,7	229,3	286,7	315,3	215,0	301,0	1
2	344	361,2	378,4	395,6	412,8	430,0	447,2	464,4	481,6	498,8	372,7	401,3	458,7	487,3	387,0	473,0	2
3	516	533,2	550,4	567,6	584,8	602,0	619,2	636,4	653,6	670,8	544,7	573,3	630,7	659,3	559,0	645,0	3
4	688	705,2	722,4	739,6	756,8	774,0	791,2	808,4	825,6	842,8	716,7	745,3	802,7	831,3	731,0	817,0	4
5	860	877,2	894,4	911,6	928,8	946,0	963,2	980,4	997,6	1014,8	888,7	917,3	974,7	1003,3	903,0	989,0	5
6	1032	1049,2	1066,4	1083,6	1100,8	1118,0	1135,2	1152,4	1169,6	1186,8	1060,7	1089,3	1146,7	1175,3	1075,0	1161,0	6
7	1204	1221,2	1238,4	1255,6	1272,8	1290,0	1307,2	1324,4	1341,6	1358,8	1232,7	1261,3	1318,7	1347,3	1247,0	1333,0	7
8	1376	1393,2	1410,4	1427,6	1444,8	1462,0	1479,2	1496,4	1513,6	1530,8	1404,7	1433,3	1490,7	1519,3	1419,0	1505,0	8
9	1548	1565,2	1582,4	1599,6	1616,8	1634,0	1651,2	1668,4	1685,6	1702,8	1576,7	1605,3	1662,7	1691,3	1591,0	1677,0	9
10	1720	1737,2	1754,4	1771,6	1788,8	1806,0	1823,2	1840,4	1857,6	1874,8	1748,7	1777,3	1834,7	1863,3	1763,0	1849,0	10
11	1892	1909,2	1926,4	1943,6	1960,8	1978,0	1995,2	2012,4	2029,6	2046,8	1920,7	1949,3	2006,7	2035,3	1935,0	2021,0	11
12	2064	2081,2	2098,4	2115,6	2132,8	2150,0	2167,2	2184,4	2201,6	2218,8	2092,7	2121,3	2178,7	2207,3	2107,0	2193,0	12
13	2236	2253,2	2270,4	2287,6	2304,8	2322,0	2339,2	2356,4	2373,6	2390,8	2264,7	2293,3	2350,7	2379,3	2279,0	2365,0	13
14	2408	2425,2	2442,4	2459,6	2476,8	2494,0	2511,2	2528,4	2545,6	2562,8	2436,7	2465,3	2522,7	2551,3	2451,0	2537,0	14
15	2580	2597,2	2614,4	2631,6	2648,8	2666,0	2683,2	2700,4	2717,6	2734,8	2608,7	2637,3	2694,7	2723,3	2623,0	2709,0	15
16	2752	2769,2	2786,4	2803,6	2820,8	2838,0	2855,2	2872,4	2889,6	2906,8	2780,7	2809,3	2866,7	2895,3	2795,0	2881,0	16
17	2924	2941,2	2958,4	2975,6	2992,8	3010,0	3027,2	3044,4	3061,6	3078,8	2952,7	2981,3	3038,7	3067,3	2967,0	3053,0	17
18	3096	3113,2	3130,4	3147,6	3164,8	3182,0	3199,2	3216,4	3233,6	3250,8	3124,7	3153,3	3210,7	3239,3	3139,0	3225,0	18
19	3268	3285,2	3302,4	3319,6	3336,8	3354,0	3371,2	3388,4	3405,6	3422,8	3296,7	3325,3	3382,7	3411,3	3311,0	3397,0	19
20	3440	3457,2	3474,4	3491,6	3508,8	3526,0	3543,2	3560,4	3577,6	3594,8	3468,7	3497,3	3554,7	3583,3	3483,0	3569,0	20
21	3612	3629,2	3646,4	3663,6	3680,8	3698,0	3715,2	3732,4	3749,6	3766,8	3640,7	3669,3	3726,7	3755,3	3655,0	3741,0	21
22	3784	3801,2	3818,4	3835,6	3852,8	3870,0	3887,2	3904,4	3921,6	3938,8	3812,7	3841,3	3898,7	3927,3	3827,0	3913,0	22
23	3956	3973,2	3990,4	4007,6	4024,8	4042,0	4059,2	4076,4	4093,6	4110,8	3984,7	4013,3	4070,7	4099,3	3999,0	4085,0	23
24	4128	4145,2	4162,4	4179,6	4196,8	4214,0	4231,2	4248,4	4265,6	4282,8	4156,7	4185,3	4242,7	4271,3	4171,0	4257,0	24
25	4300	4317,2	4334,4	4351,6	4368,8	4386,0	4403,2	4420,4	4437,6	4454,8	4328,7	4357,3	4414,7	4443,3	4343,0	4429,0	25
26	4472	4489,2	4506,4	4523,6	4540,8	4558,0	4575,2	4592,4	4609,6	4626,8	4500,7	4529,3	4586,7	4615,3	4515,0	4601,0	26
27	4644	4661,2	4678,4	4695,6	4712,8	4730,0	4747,2	4764,4	4781,6	4798,8	4672,7	4701,3	4758,7	4787,3	4687,0	4773,0	27
28	4816	4833,2	4850,4	4867,6	4884,8	4902,0	4919,2	4936,4	4953,6	4970,8	4844,7	4873,3	4930,7	4959,3	4859,0	4945,0	28
29	4988	5005,2	5022,4	5039,6	5056,8	5074,0	5091,2	5108,4	5125,6	5142,8	5016,7	5045,3	5102,7	5131,3	5031,0	5117,0	29
30	5160	5177,2	5194,4	5211,6	5228,8	5246,0	5263,2	5280,4	5297,6	5314,8	5188,7	5217,3	5274,7	5303,3	5203,0	5289,0	30
31	5332	5349,2	5366,4	5383,6	5400,8	5418,0	5435,2	5452,4	5469,6	5486,8	5360,7	5389,3	5446,7	5475,3	5375,0	5461,0	31
32	5504	5521,2	5538,4	5555,6	5572,8	5590,0	5607,2	5624,4	5641,6	5658,8	5532,7	5561,3	5618,7	5647,3	5547,0	5633,0	32
33	5676	5693,2	5710,4	5727,6	5744,8	5762,0	5779,2	5796,4	5813,6	5830,8	5704,7	5733,3	5790,7	5819,3	5719,0	5805,0	33
34	5848	5865,2	5882,4	5899,6	5916,8	5934,0	5951,2	5968,4	5985,6	6002,8	5876,7	5905,3	5962,7	5991,3	5891,0	5977,0	34
35	6020	6037,2	6054,4	6071,6	6088,8	6106,0	6123,2	6140,4	6157,6	6174,8	6048,7	6077,3	6134,7	6163,3	6063,0	6149,0	35
36	6192	6209,2	6226,4	6243,6	6260,8	6278,0	6295,2	6312,4	6329,6	6346,8	6220,7	6249,3	6806,7	6335,3	6235,0	6321,0	36
37	6364	6381,2	6398,4	6415,6	6432,8	6450,0	6467,2	6484,4	6501,6	6518,8	6392,7	6421,3	6478,7	6507,3	6407,0	6493,0	37
38	6536	6553,2	6570,4	6587,6	6604,8	6622,0	6639,2	6656,4	6673,6	6690,8	6564,7	6593,3	6650,7	6679,3	6579,0	6665,0	38
39	6708	6725,2	6742,4	6759,6	6776,8	6794,0	6811,2	6828,4	6845,6	6862,8	6736,7	6765,3	6822,7	6851,3	6751,0	6837,0	39
40	6880	6897,2	6914,4	6931,6	6948,8	6966,8	6983,2	7000,4	7017,6	7034,8	6908,7	6937,3	6994,7	7023,3	6923,0	7009,0	40
41	7052	7069,2	7086,4	7103,6	7120,8	7138,0	7155,2	7172,4	7189,6	7206,8	7080,7	7109,3	7166,7	7195,3	7095,0	7181,0	41
42	7224	7241,2	7258,4	7275,6	7292,8	7310,0	7327,2	7344,4	7361,6	7378,8	7252,7	7281,3	7338,7	7367,3	7267,0	7353,0	42
43	7396	7413,2	7430,4	7447,6	7464,8	7482,0	7499,2	7516,4	7533,6	7550,8	7424,7	7453,3	7510,7	7539,3	7439,0	7525,0	43
44	7568	7585,2	7602,4	7619,6	7636,8	7654,0	7671,2	7688,4	7705,6	7722,8	7596,7	7625,3	7682,7	7711,3	7611,0	7697,0	44
45	7740	7757,2	7774,4	7791,6	7808,8	7826,0	7843,2	7860,4	7877,6	7894,8	7768,7	7797,3	7854,7	7883,3	7783,0	7869,0	45
46	7912	7929,2	7946,4	7963,6	7980,8	7998,0	8015,2	8032,4	8049,6	8066,8	7940,7	7969,3	8026,7	8055,3	7955,0	8041,0	46
47	8084	8101,2	8118,4	8135,6	8152,8	8170,0	8187,2	8204,4	8221,6	8238,8	8112,7	8141,3	8198,7	8227,3	8127,0	8213,0	47
48	8256	8273,2	8290,4	8307,6	8324,8	8342,0	8359,2	8376,4	8393,6	8410,8	8284,7	8313,3	8370,7	8399,3	8299,0	8385,0	48
49	8428	8445,2	8462,4	8479,6	8496,8	8514,0	8531,2	8548,4	8565,6	8582,8	8456,7	8485,3	8542,7	8571,3	8471,0	8557,0	49
50	8600	8617,2	8634,4	8651,6	8668,8	8686,0	8703,2	8720,4	8737,6	8754,8	8628,7	8657,3	8714,7	8743,3	8643,0	8729,0	50
51	8772	8789,2	8806,4	8823,6	8840,8	8858,0	8875,2	8892,4	8909,6	8926,8	8800,7	8829,3	8886,7	8915,3	8815,0	8901,0	51
52	8944	8961,2	8978,4	8995,6	9012,8	9030,0	9047,2	9064,4	9081,6	9098,8	8972,7	9001,3	9058,7	9087,3	8987,0	9073,0	52
53	9116	9133,2	9150,4	9167,6	9184,8	9202,0	9219,2	9236,4	9253,6	9270,8	9144,7	9173,3	9230,7	9259,3	9159,0	9245,0	53
54	9288	9305,2	9322,4	9339,6	9356,8	9374,0	9391,2	9408,4	9425,6	9442,8	9316,7	9345,3	9402,7	9431,3	9331,0	9417,0	54
55	9460	9477,2	9494,4	9511,6	9528,8	9546,0	9563,2	9580,4	9597,6	9614,8	9488,7	9517,3	9574,7	9603,3	9503,0	9589,0	55
56	9632	9649,2	9666,4	9683,6	9700,8	9718,0	9735,2	9752,4	9769,6	9786,8	9660,7	9689,3	9746,7	9775,3	9675,0	9761,0	56
57	9804	9821,2	9838,4	9855,6	9872,8	9890,0	9907,2	9924,4	9941,6	9968,8	9832,7	9861,3	9918,7	9947,3	9847,0	9933,0	57
58	9976	9993,2	10010,4	10027,6	10044,8	10062,0	10079,2	10096,4	10113,6	10130,8	10004,7	10033,3	10090,7	10119,3	10019,0	10105,0	58
59	10148	10165,2	10182,4	10199,6	10216,8	10234,0	10251,2	10268,4	10285,6	10302,8	10176,7	10205,3	10262,7	10291,3	10191,0	10277,0	59
60	10320	10337,2	10354,4	10371,6	10388,8	10406,0	10423,2	10440,4	10457,6	10474,8	10348,7	10377,3	10434,7	10463,3	10363,0	10449,0	60
61	10492	10509,2	10526,4	10543,6	10560,8	10578,0	10595,2	10612,4	10629,6	10646,8	10520,7	10549,3	10606,7	10635,3	10535,0	10621,0	61
62	10664	10681,2	10698,4	10715,6	10732,8	10750,0	10767,2	10784,4	10801,6	10818,8	10692,7	10721,3	10778,7	10807,3	10707,0	10793,0	62
63	10836	10853,2	10870,4	10887,6	10904,8	10922,0	10939,2	10956,4	10973,6	10990,8	10864,7	10893,3	10950,7	10979,3	10879,0	10965,0	63
64	11008	11025,2	11042,4	11059,6	11076,8	11094,0	11111,2	11128,4	11145,6	11162,8	11036,7	11065,3	11122,7	11151,3	11051,0	11137,0	64
65	11180	11197,2	11214,4	11231,6	11248,8	11266,0	11283,2	11300,4	11317,6	11334,8	11208,7	11237,3	11294,7	11323,3	11223,0	11309,0	65
66	11352	11369,2	11386,4	11403,6	11420,8	11438,0	11455,2	11472,4	11489,6	11506,8	11380,7	11409,3	11466,7	11495,3	11395,0	11481,0	66
67	11524	11541,2	11558,4	11575,6	11592,8	11610,0	11627,2	11644,4	11661,6	11678,8	11552,7	11581,3	11638,7	11667,3	11567,0	11653,0	67
68	11696	11713,2	11730,4	11747,6	11764,8	11782,0	11799,2	11816,4	11833,6	11850,8	11724,7	11753,3	11810,7	11839,3	11739,0	11825,0	68
69	11868	11885,2	11902,4	11919,6	11936,8	11954,0	11971,2	11988,4	12005,6	12022,8	11896,7	11925,3	11982,7	12011,3	11911,0	11997,0	69
70	12040	12057,2	12074,4	12091,6	12108,8	12126,0	12143,2	12160,4	12177,6	12194,8	12068,7	12097,3	12154,7	12183,3	12083,0	12169,0	70
71	12212	12229,2	12246,4	12263,6	12280,8	12298,0	12315,2	12332,4	12349,6	12366,8	12240,7	12269,3	12326,7	12355,3	12255,0	12341,0	71
72	12384	12401,2	12418,4	12435,6	12452,8	12470,0	12487,2	12504,4	12521,6	12538,8	12412,7	12441,3	12498,7	12527,3	12427,0	12513,0	72
73	12556	12573,2	12590,4	12607,6	12624,8	12642,0	12659,2	12676,4	12693,6	12710,8	12584,7	12613,3	12670,7	12699,3	12599,0	12685,0	73
74	12728	12745,2	12762,4	12779,6	12796,8	12814,0	12831,2	12848,4	12865,6	12882,8	12756,7	12785,3	12842,7	12871,3	12771,0	12857,0	74
75	12900	12917,2	12934,4	12951,6	12968,8	12986,0	13003,2	13020,4	13037,6	13054,8	12928,7	12957,3	13014,7	13043,3	12943,0	13029,0	75
76	13072	13089,2	13106,4	13123,6	13140,8	13158,0	13175,2	13192,4	13209,6	13226,8	13100,7	13129,3	13186,7	13215,3	13115,0	13201,0	76
77	13244	13261,2	13278,4	13295,6	13312,8	13330,0	13347,2	13364,4	13381,6	13398,8	13272,7	13301,3	13358,7	13387,3	13287,0	13373,0	77
78	13416	13433,2	13450,4	13467,6	13484,8	13502,0	13519,2	13536,4	13553,6	13570,8	13444,7	13473,3	13530,7	13559,3	13459,0	13545,0	78
79	13588	13605,2	13622,4	13639,6	13656,8	13674,0	13691,2	13708,4	13725,6	13742,8	13616,7	13645,3	13702,7	13731,3	13631,0	13717,0	79
80	13760	13777,2	13794,4	13811,6	13828,8	13846,0	13863,2	13880,4	13897,6	13914,8	13788,7	13817,3	13874,7	13903,3	13803,0	13889,0	80
81	13932	13949,2	13966,4	13983,6	14000,8	14018,0	14035,2	14052,4	14069,6	14086,8	13960,7	13989,3	14046,7	14075,3	13975,0	14061,0	81
82	14104	14121,2	14138,4	14155,6	14172,8	14190,0	14207,2	14224,4	14241,6	14258,8	14132,7	14161,3	14218,7	14247,3	14147,0	14233,0	82
83	14276	14293,2	14310,4	14327,6	14344,8	14362,0	14379,2	14396,4	14413,6	14430,8	14304,7	14333,3	14390,7	14419,3	14319,0	14405,0	83
84	14448	14465,2	14482,4	14499,6	14516,8	14534,0	14551,2	14568,4	14585,6	14602,8	14476,7	14505,3	14562,7	14591,3	14491,0	14577,0	84
85	14620	14637,2	14654,4	14671,6	14688,8	14706,0	14723,2	14740,4	14757,6	14774,8	14648,7	14677,3	14734,7	14763,3	14663,0	14749,0	85
86	14792	14809,2	14826,4	14843,6	14860,8	14878,0	14895,2	14912,4	14929,6	14946,8	14820,7	14849,3	14906,7	14935,3	14835,0	14921,0	86
87	14964	14981,2	14998,4	15015,6	15032,8	15050,0	15067,2	15084,4	15101,6	15118,8	14992,7	15021,3	15078,7	15107,3	15007,0	15093,0	87
88	15136	15153,2	15170,4	15187,6	15204,8	15222,0	15239,2	15256,4	15273,6	15290,8	15164,7	15193,3	15250,7	15279,3	15179,0	15265,0	88
89	15308	15325,2	15342,4	15359,6	15376,8	15394,0	15411,2	15428,4	15445,6	15462,8	15336,7	15365,3	15422,7	15451,3	15351,0	15437,0	89
90	15480	15497,2	15514,4	15531,6	15548,8	15566,0	15583,2	15600,4	15617,6	15634,8	15508,7	15537,3	15594,7	15623,3	15523,0	15609,0	90
91	15652	15669,2	15686,4	15703,6	15720,8	15738,0	15755,2	15772,4	15789,6	15806,8	15680,7	15709,3	15766,7	15795,3	15695,0	15781,0	91
92	15824	15841,2	15858,4	15875,6	15892,8	15910,0	15927,2	15944,4	15961,6	15978,8	15852,7	15881,3	15938,7	15967,3	15867,0	15953,0	92
93	15996	16013,2	16030,4	16047,6	16064,8	16082,0	16099,2	16116,4	16133,6	16150,8	16024,7	16053,3	16110,7	16139,3	16039,0	16125,0	93
94	16168	16185,2	16202,4	16219,6	16236,8	16254,0	16271,2	16288,4	16305,6	16322,8	16196,7	16225,3	16282,7	16311,3	16211,0	16297,0	94
95	16340	16357,2	16374,4	16391,6	16408,8	16426,0	16443,2	16460,4	16477,6	16494,8	16368,7	16397,3	16454,7	16483,3	16383,0	16469,0	95
96	16512	16529,2	16546,4	16563,6	16580,8	16598,0	16615,2	16632,4	16649,6	16666,8	16540,7	16569,3	16626,7	16655,3	16555,0	16641,0	96
97	16684	16701,2	16718,4	16735,6	16752,8	16770,0	16787,2	16804,4	16821,6	16838,8	16712,7	16741,3	16798,7	16827,3	16727,0	16813,0	97
98	16856	16873,2	16890,4	16907,6	16924,8	16942,0	16959,2	16976,4	16993,6	17010,8	16884,7	16913,3	16970,7	16999,3	16899,0	16985,0	98
99	17028	17045,2	17062,4	17079,6	17096,8	17114,0	17131,2	17148,4	17165,6	17182,8	17056,7	17085,3	17142,7	17171,3	17071,0	17157,0	99
100	17200	17217,2	17234,4	17251,6	17268,8	17286,0	17303,2	17320,4	17337,6	17354,8	17228,7	17257,3	17314,7	17343,3	17243,0	17329,0	100

		1/10 17,3	2/10 34,6	3/10 51,9	4/10 69,2	5/10 86,5	6/10 103,8	7/10 121,1	8/10 138,4	9/10 155,7	1/6 28,633	2/6 57,666	4/6 11 ,333	5/6 144,166	1/4 43,25	3/4 129,75	
1	173	190,3	207,6	224,9	242,2	259,5	276,8	294,1	311,4	328,7	201,8	230,7	288,3	317,2	216,3	302,8	1
2	346	363,3	380,6	397,9	415,2	432,5	449,8	467,1	484,4	501,7	374,8	403,7	461,3	490,2	389,3	475,8	2
3	519	536,3	553,6	570,9	588,2	605,5	622,8	640,1	657,4	674,7	547,8	576,7	634,3	663,2	562,3	648,8	3
4	692	709,3	726,6	743,9	761,2	778,5	795,8	813,1	830,4	847,7	720,8	749,7	807,3	836,2	735,3	821,8	4
5	865	882,3	899,6	916,9	934,2	951,5	968,8	986,1	1003,4	1020,7	893,8	922,7	980,3	1009,2	908,3	994,8	5
6	1038	1055,3	1072,6	1089,9	1107,2	1124,5	1141,8	1159,1	1176,4	1193,7	1066,8	1095,7	1153,3	1182,2	1081,3	1167,8	6
7	1211	1228,3	1245,6	1262,9	1280,2	1297,5	1314,8	1332,1	1349,4	1366,7	1239,8	1268,7	1326,3	1355,2	1254,3	1340,8	7
8	1384	1401,3	1418,6	1435,9	1453,2	1470,5	1487,8	1505,1	1522,4	1539,7	1412,8	1441,7	1499,3	1528,2	1427,3	1513,8	8
9	1557	1574,3	1591,6	1608,9	1626,2	1643,5	1660,8	1678,1	1695,4	1712,7	1585,8	1614,7	1672,3	1701,2	1600,3	1686,8	9
10	1730	1747,3	1764,6	1781,9	1799,2	1816,5	1833,8	1851,1	1868,4	1885,7	1758,8	1787,7	1845,3	1874,2	1773,3	1859,8	10
11	1903	1920,3	1937,6	1954,9	1972,2	1989,5	2006,8	2024,1	2041,4	2058,7	1931,8	1960,7	2018,3	2047,2	1946,3	2032,8	11
12	2076	2093,3	2110,6	2127,9	2145,2	2162,5	2179,8	2197,1	2214,4	2231,7	2104,8	2133,7	2191,3	2220,2	2119,3	2205,8	12
13	2249	2266,3	2283,6	2300,9	2318,2	2335,5	2352,8	2370,1	2387,4	2404,7	2277,8	2306,7	2364,3	2393,2	2292,3	2378,8	13
14	2422	2439,3	2456,6	2473,9	2491,2	2508,5	2525,8	2543,1	2560,4	2577,7	2450,8	2479,7	2537,3	2566,2	2465,3	2551,8	14
15	2595	2612,3	2629,6	2646,9	2664,2	2681,5	2698,8	2716,1	2733,4	2750,7	2623,8	2652,7	2710,3	2739,2	2638,3	2724,8	15
16	2768	2785,3	2802,6	2819,9	2837,2	2854,5	2871,8	2889,1	2906,4	2923,7	2796,8	2825,7	2883,3	2912,2	2811,3	2897,8	16
17	2941	2958,3	2975,6	2992,9	3010,2	3027,5	3044,8	3062,1	3079,4	3096,7	2969,8	2998,7	3056,3	3085,2	2984,3	3070,8	17
18	3114	3131,3	3148,6	3165,9	3183,2	3200,5	3217,8	3235,1	3252,4	3269,7	3142,8	3171,7	3229,3	3258,2	3157,3	3243,8	18
19	3287	3304,3	3321,6	3338,9	3356,2	3373,5	3390,8	3408,1	3425,4	3442,7	3315,8	3344,7	3402,3	3431,2	3330,3	3416,8	19
20	3460	3477,3	3494,6	3511,9	3529,2	3546,5	3563,8	3581,1	3598,4	3615,7	3488,8	3517,7	3575,3	3604,2	3503,3	3589,8	20
21	3633	3650,3	3667,6	3684,9	3702,2	3719,5	3736,8	3754,1	3771,4	3788,7	3661,8	3690,7	3748,3	3777,2	3676,3	3762,8	21
22	3806	3823,3	3840,6	3857,9	3875,2	3892,5	3909,8	3927,1	3944,4	3961,7	3834,8	3863,7	3921,3	3950,2	3849,3	3935,8	22
23	3979	3996,3	4013,6	4030,9	4048,2	4065,5	4082,8	4100,1	4117,4	4134,7	4007,8	4036,7	4094,3	4123,2	4022,3	4108,8	23
24	4152	4169,3	4186,6	4203,9	4221,2	4238,5	4255,8	4273,1	4290,4	4307,7	4180,8	4209,7	4267,3	4296,2	4195,3	4281,8	24
25	4325	4342,3	4359,6	4376,9	4394,2	4411,5	4428,8	4446,1	4463,4	4480,7	4353,8	4382,7	4440,3	4469,2	4368,3	4454,8	25
26	4498	4515,3	4532,6	4549,9	4567,2	4584,5	4601,8	4619,1	4636,4	4653,7	4526,8	4555,7	4613,3	4642,2	4541,3	4627,8	26
27	4671	4688,3	4705,6	4722,9	4740,2	4757,5	4774,8	4792,1	4809,4	4826,7	4699,8	4728,7	4786,3	4815,2	4714,3	4800,8	27
28	4844	4861,3	4878,6	4895,9	4913,2	4930,5	4947,8	4965,1	4982,4	4999,7	4872,8	4901,7	4959,3	4988,2	4887,3	4973,8	28
29	5017	5034,3	5051,6	5068,9	5086,2	5103,5	5120,8	5138,1	5155,4	5172,7	5045,8	5074,7	5132,3	5161,2	5060,3	5146,8	29
30	5190	5207,3	5224,6	5241,9	5259,2	5276,5	5293,8	5311,1	5328,4	5345,7	5218,8	5247,7	5305,3	5334,2	5233,3	5319,8	30
31	5363	5380,3	5397,6	5414,9	5432,2	5449,5	5466,8	5484,1	5501,4	5518,7	5391,8	5420,7	5478,3	5507,2	5406,3	5492,8	31
32	5536	5553,3	5570,6	5587,9	5605,2	5622,5	5639,8	5657,1	5674,4	5691,7	5564,8	5593,7	5651,3	5680,2	5579,3	5665,8	32
33	5709	5726,3	5743,6	5760,9	5778,2	5795,5	5812,8	5830,1	5847,4	5864,7	5737,8	5766,7	5824,3	5853,2	5752,3	5838,8	33
34	5882	5899,3	5916,6	5933,9	5951,2	5968,5	5985,8	6003,1	6020,4	6037,7	5910,8	5939,7	5997,3	6026,2	5925,3	6011,8	34
35	6055	6072,3	6089,6	6106,9	6124,2	6141,5	6158,8	6176,1	6193,4	6210,7	6083,8	6112,7	6170,3	6199,2	6098,3	6184,8	35
36	6228	6245,3	6262,6	6279,9	6297,2	6314,5	6331,8	6349,1	6366,4	6383,7	6256,8	6285,7	6343,3	6372,2	6271,3	6357,8	36
37	6401	6418,3	6435,6	6452,9	6470,2	6487,5	6504,8	6522,1	6539,4	6556,7	6429,8	6458,7	6516,3	6545,2	6444,3	6530,8	37
38	6574	6591,3	6608,6	6625,9	6643,2	6660,5	6677,8	6695,1	6712,4	6729,7	6602,8	6631,7	6689,3	6718,2	6617,3	6703,8	38
39	6747	6764,3	6781,6	6798,9	6816,2	6833,5	6850,8	6868,1	6885,4	6902,7	6775,8	6804,7	6862,3	6891,2	6790,3	6876,8	39
40	6920	6937,3	6954,6	6971,9	6989,2	7006,5	7023,8	7041,1	7058,4	7075,7	6948,8	6977,7	7035,3	7064,2	6963,3	7049,8	40
41	7093	7110,3	7127,6	7144,9	7162,2	7179,5	7196,8	7214,1	7231,4	7248,7	7121,8	7150,7	7208,3	7237,2	7136,3	7222,8	41
42	7266	7283,3	7300,6	7317,9	7335,2	7352,5	7369,8	7387,1	7404,4	7421,7	7294,8	7323,7	7381,3	7410,2	7309,3	7395,8	42
43	7439	7456,3	7473,6	7490,9	7508,2	7525,5	7542,8	7560,1	7577,4	7594,7	7467,8	7496,7	7554,3	7583,2	7482,3	7568,8	43
44	7612	7629,3	7646,6	7663,9	7681,2	7698,5	7715,8	7733,1	7750,4	7767,7	7640,8	7669,7	7727,3	7756,2	7655,3	7741,8	44
45	7785	7802,3	7819,6	7836,9	7854,2	7871,5	7888,8	7906,1	7923,4	7940,7	7813,8	7842,7	7900,3	7929,2	7828,3	7914,8	45
46	7958	7975,3	7992,6	8009,9	8027,2	8044,5	8061,8	8079,1	8096,4	8113,7	7986,8	8015,7	8073,3	8102,2	8001,3	8087,8	46
47	8131	8148,3	8165,6	8182,9	8200,2	8217,5	8234,8	8252,1	8269,4	8286,7	8159,8	8188,7	8246,3	8275,2	8174,3	8260,8	47
48	8304	8321,3	8338,6	8355,9	8373,2	8390,5	8407,8	8425,1	8442,4	8459,7	8332,8	8361,7	8419,3	8448,2	8347,3	8433,8	48
49	8477	8494,3	8511,6	8528,9	8546,2	8563,5	8580,8	8598,1	8615,4	8632,7	8505,8	8534,7	8592,3	8621,2	8520,3	8606,8	49
50	8650	8667,3	8684,6	8701,9	8719,2	8736,5	8753,8	8771,1	8788,4	8805,7	8678,8	8707,7	8765,3	8794,2	8693,3	8779,8	50
51	8823	8840,3	8857,6	8874,9	8892,2	8909,5	8926,8	8944,1	8961,4	8978,7	8851,8	8880,7	8938,3	8967,2	8866,3	8952,8	51
52	8996	9013,3	9030,6	9047,9	9065,2	9082,5	9099,8	9117,1	9134,4	9151,7	9024,8	9053,7	9111,3	9140,2	9039,3	9125,8	52
53	9169	9186,3	9203,6	9220,9	9238,2	9255,5	9272,8	9290,1	9307,4	9324,7	9197,8	9226,7	9284,3	9313,2	9212,3	9298,8	53
54	9342	9359,3	9376,6	9393,9	9411,2	9428,5	9445,8	9463,1	9480,4	9497,7	9370,8	9399,7	9457,3	9486,2	9385,3	9471,8	54
55	9515	9532,3	9549,6	9566,9	9584,2	9601,5	9618,8	9636,1	9653,4	9670,7	9543,8	9572,7	9630,3	9659,2	9558,3	9644,8	55
56	9688	9705,3	9722,6	9739,9	9757,2	9774,5	9791,8	9809,1	9826,4	9843,7	9716,8	9745,7	9803,3	9832,2	9731,3	9817,8	56
57	9861	9878,3	9895,6	9912,9	9930,2	9947,5	9964,8	9982,1	9999,4	10016,7	9889,8	9918,7	9976,3	10005,2	9904,3	9990,8	57
58	10034	10051,3	10068,6	10085,9	10103,2	10120,5	10137,8	10155,1	10172,4	10189,7	10062,8	10091,7	10149,3	10178,2	10077,3	10163,8	58
59	10207	10224,3	10241,6	10258,9	10276,2	10293,5	10310,8	10328,1	10345,4	10362,7	10235,8	10264,7	10322,3	10351,2	10250,3	10336,8	59
60	10380	10397,3	10414,6	10431,9	10449,2	10466,5	10483,8	10501,1	10518,4	10535,7	10408,8	10437,7	10495,3	10524,2	10423,3	10509,8	60
61	10553	10570,3	10587,6	10604,9	10622,2	10639,5	10656,8	10674,1	10691,4	10708,7	10581,8	10610,7	10668,3	10697,2	10596,3	10682,8	61
62	10726	10743,3	10760,6	10777,9	10795,2	10812,5	10829,8	10847,1	10864,4	10881,7	10754,8	10783,7	10841,3	10870,2	10769,3	10855,8	62
63	10899	10916,3	10933,6	10950,9	10968,2	10985,5	11002,8	11020,1	11037,4	11054,7	10927,8	10956,7	11014,3	11043,2	10942,3	11028,8	63
64	11072	11089,3	11106,6	11123,9	11141,2	11158,5	11175,8	11193,1	11210,4	11227,7	11100,8	11129,7	11187,3	11216,2	11115,3	11201,8	64
65	11245	11262,3	11279,6	11296,9	11314,2	11331,5	11348,8	11366,1	11383,4	11400,7	11273,8	11302,7	11360,3	11389,2	11288,3	11374,8	65
66	11418	11435,3	11452,6	11469,9	11487,2	11504,5	11521,8	11539,1	11556,4	11573,7	11446,8	11475,7	11533,3	11562,2	11461,3	11547,8	66
67	11591	11608,3	11625,6	11642,9	11660,2	11677,5	11694,8	11712,1	11729,4	11746,7	11619,8	11648,7	11706,3	11735,2	11634,3	11720,8	67
68	11764	11781,3	11798,6	11815,9	11833,2	11850,5	11867,8	11885,1	11902,4	11919,7	11792,8	11821,7	11879,3	11908,2	11807,3	11893,8	68
69	11937	11954,3	11971,6	11988,9	12006,2	12023,5	12040,8	12058,1	12075,4	12092,7	11965,8	11994,7	12052,3	12081,2	11980,3	12066,8	69
70	12110	12127,3	12144,6	12161,9	12179,2	12196,5	12213,8	12231,1	12248,4	12265,7	12138,8	12167,7	12225,3	12254,2	12153,3	12239,8	70
71	12283	12300,3	12317,6	12334,9	12352,2	12369,5	12386,8	12404,1	12421,4	12438,7	12311,8	12340,7	12398,3	12427,2	12326,3	12412,8	71
72	12456	12473,3	12490,6	12507,9	12525,2	12542,5	12569,8	12577,1	12594,4	12611,7	12484,8	12513,7	12571,3	12600,2	12499,3	12585,8	72
73	12629	12646,3	12663,6	12680,9	12698,2	12715,5	12732,8	12750,1	12767,4	12784,7	12657,8	12686,7	12744,3	12773,2	12672,3	12758,8	73
74	12802	12819,3	12836,6	12853,9	12871,2	12888,5	12905,8	12923,1	12940,4	12957,7	12830,8	12859,7	12917,3	12946,2	12845,3	12931,8	74
75	12975	12992,3	13009,6	13026,9	13044,2	13061,5	13078,8	13096,1	13113,4	13130,7	13003,8	13032,7	13090,3	13119,2	13018,3	13104,8	75
76	13148	13165,3	13182,6	13199,9	13217,2	13234,5	13251,8	13269,1	13286,4	13303,7	13176,8	13205,7	13263,3	13292,2	13191,3	13277,8	76
77	13321	13338,3	13355,6	13372,9	13390,2	13407,5	13424,8	13442,1	13459,4	13476,7	13349,8	13378,7	13436,3	13465,2	13364,3	13450,8	77
78	13494	13511,3	13528,6	13545,9	13563,2	13580,5	13597,8	13615,1	13632,4	13649,7	13522,8	13551,7	13609,3	13638,2	13537,3	13623,8	78
79	13667	13684,3	13701,6	13718,9	13736,2	13753,5	13770,8	13788,1	13805,4	13822,7	13695,8	13724,7	13782,3	13811,2	13710,3	13796,8	79
80	13840	13857,3	13874,6	13891,9	13909,2	13926,5	13943,8	13961,1	13978,4	13995,7	13868,8	13897,7	13955,3	13984,2	13883,3	13969,8	80
81	14013	14030,3	14047,6	14064,9	14082,2	14099,5	14116,8	14134,1	14151,4	14168,7	14041,8	14070,7	14128,3	14157,2	14056,3	14142,8	81
82	14186	14203,3	14220,6	14237,9	14255,2	14272,5	14289,8	14307,1	14324,4	14341,7	14214,8	14243,7	14301,3	14330,2	14229,3	14315,8	82
83	14359	14376,3	14393,6	14410,9	14428,2	14445,5	14462,8	14480,1	14497,4	14514,7	14387,8	14416,7	14474,3	14503,2	14402,3	14488,8	83
84	14532	14549,3	14566,6	14583,9	14601,2	14618,5	14635,8	14653,1	14670,4	14687,7	14560,8	14589,7	14647,3	14676,2	14575,3	14661,8	84
85	14705	14722,3	14739,6	14756,9	14774,2	14791,5	14808,8	14826,1	14843,4	14860,7	14733,8	14762,7	14820,3	14849,2	14748,3	14834,8	85
86	14878	14895,3	14912,6	14929,9	14947,2	14964,5	14981,8	14999,1	15016,4	15033,7	14906,8	14935,7	14993,3	15022,2	14921,3	15007,8	86
87	15051	15068,3	15085,6	15102,9	15120,2	15137,5	15154,8	15172,1	15189,4	15206,7	15079,8	15108,7	15166,3	15195,2	15094,3	15180,8	87
88	15224	15241,3	15258,6	15275,9	15293,2	15310,5	15327,8	15345,1	15362,4	15379,7	15252,8	15281,7	15339,3	15368,2	15267,3	15353,8	88
89	15397	15414,3	15431,6	15448,9	15466,2	15483,5	15500,8	15518,1	15535,4	15552,7	15425,8	15464,7	15512,3	15541,2	15440,3	15526,8	89
90	15570	15587,3	15604,6	15621,9	15639,2	15656,5	15673,8	15691,1	15708,4	15725,7	15598,8	15627,7	15685,3	15714,2	15613,3	15609,8	90
91	15743	15760,3	15777,6	15794,9	15812,2	15829,5	15846,8	15864,1	15881,4	15898,7	15771,8	15800,7	15858,3	15887,2	15786,3	15782,8	91
92	15916	15933,3	15950,6	15967,9	15985,2	16002,5	16019,8	16037,1	16054,4	16071,7	15944,8	15973,7	16031,3	16060,2	15959,3	16045,8	92
93	16089	16106,3	16123,6	16140,9	16158,2	16175,5	16192,8	16210,1	16227,4	16244,7	16117,8	16146,7	16204,3	16233,2	16132,3	16218,8	93
94	16262	16279,3	16296,6	16313,9	16331,2	16348,5	16365,8	16383,1	16400,4	16417,7	16290,8	16319,7	16377,3	16406,2	16305,3	16391,8	94
95	16435	16452,3	16469,6	16486,9	16504,2	16521,5	16538,8	16556,1	16573,4	16590,7	16463,8	16492,7	16550,3	16579,2	16478,3	16564,8	95
96	16608	16625,3	16642,6	16659,9	16677,2	16694,5	16711,8	16729,1	16746,4	16763,7	16636,8	16665,7	16723,3	16752,2	16651,3	16737,8	96
97	16781	16798,3	16815,6	16832,9	16850,2	16867,5	16884,8	16902,1	16919,4	16936,7	16809,8	16838,7	16896,3	16925,2	16824,3	16910,8	97
98	16954	16971,3	16988,6	17005,9	17023,2	17040,5	17057,8	17075,1	17092,4	17109,7	16982,8	17011,7	17069,3	17098,2	16997,3	17083,8	98
99	17127	17144,3	17161,6	17178,9	17196,2	17213,5	17230,8	17248,1	17265,4	17282,7	17155,8	17184,7	17242,3	17271,2	17170,3	17256,8	99
100	17300	17317,3	17334,6	17351,9	17369,2	17386,5	17403,8	17421,1	17438,4	17455,7	17328,8	17357,7	17415,3	17444,2	17343,3	17429,8	100

174

	1/10 17,4	2/10 34,8	3/10 52,2	4/10 69,6	5/10 87,0	6/10 104,4	7/10 121,8	8/10 139,2	9/10 156,6	1/6 29,0	2/6 58,0	4/6 116,0	5/6 145,0	1/4 43,5	3/4 130,5	
1 174	191,4	208,8	226,2	243,6	261,0	278,4	295,8	313,2	330,6	203,0	232,0	290,0	319,0	217,5	304,5	1
2 348	365,4	382,8	400,2	417,6	435,0	452,4	469,8	487,2	504,6	377,0	406,0	464,0	493,0	391,5	478,5	2
3 522	539,4	556,8	574,2	591,6	609,0	626,4	643,8	661,2	678,6	551,0	580,0	638,0	667,0	565,5	652,5	3
4 696	713,4	730,8	748,2	765,6	783,0	800,4	817,8	835,2	852,6	725,0	754,0	812,0	841,0	739,5	826,5	4
5 870	887,4	904,8	922,2	939,6	957,0	974,4	991,8	1009,2	1026,6	899,0	928,0	986,0	1015,0	913,5	1000,5	5
6 1044	1061,4	1078,8	1096,2	1113,6	1131,0	1148,4	1165,8	1183,2	1200,6	1073,0	1102,0	1160,0	1189,0	1087,5	1174,5	6
7 1218	1235,4	1252,8	1270,2	1287,6	1305,0	1322,4	1339,8	1357,2	1374,6	1247,0	1276,0	1334,0	1363,0	1261,5	1348,5	7
8 1392	1409,4	1426,8	1444,2	1461,6	1479,0	1496,4	1513,8	1531,2	1548,6	1421,0	1450,0	1508,0	1537,0	1435,5	1522,5	8
9 1566	1583,4	1600,8	1618,2	1635,6	1653,0	1670,4	1687,8	1705,2	1722,6	1595,0	1624,0	1682,0	1711,0	1609,5	1696,5	9
10 1740	1757,4	1774,8	1792,2	1809,6	1827,0	1844,4	1861,8	1879,2	1896,6	1769,0	1798,0	1856,0	1885,0	1783,5	1870,5	10
11 1914	1931,4	1948,8	1966,2	1983,6	2001,0	2018,4	2035,8	2053,2	2070,6	1943,0	1972,0	2030,0	2059,0	1957,5	2044,5	11
12 2088	2105,4	2122,8	2140,2	2157,6	2175,0	2192,4	2209,8	2227,2	2244,6	2117,0	2146,0	2204,0	2233,0	2131,5	2218,5	12
13 2262	2279,4	2296,8	2314,2	2331,6	2349,0	2366,4	2383,8	2401,2	2418,6	2291,0	2320,0	2378,0	2407,0	2305,5	2392,5	13
14 2436	2453,4	2470,8	2488,2	2505,6	2523,0	2540,4	2557,8	2575,2	2592,6	2465,0	2494,0	2552,0	2581,0	2479,5	2566,5	14
15 2610	2627,4	2644,8	2662,2	2679,6	2697,0	2714,4	2731,8	2749,2	2766,6	2639,0	2668,0	2726,0	2755,0	2653,5	2740,5	15
16 2784	2801,4	2818,8	2836,2	2853,6	2871,0	2888,4	2905,8	2923,2	2940,6	2813,0	2842,0	2900,0	2929,0	2827,5	2914,5	16
17 2958	2975,4	2992,8	3010,2	3027,6	3045,0	3062,4	3079,8	3097,2	3114,6	2987,0	3016,0	3074,0	3103,0	3001,5	3088,5	17
18 3132	3149,4	3166,8	3184,2	3201,6	3219,0	3236,4	3253,8	3271,2	3288,6	3161,0	3190,0	3248,0	3277,0	3175,5	3262,5	18
19 3306	3323,4	3340,8	3358,2	3375,6	3393,0	3410,4	3427,8	3445,2	3462,6	3335,0	3364,0	3422,0	3451,0	3349,5	3436,5	19
20 3480	3497,4	3514,8	3532,2	3549,6	3567,0	3584,4	3601,8	3619,2	3636,6	3509,0	3538,0	3596,0	3625,0	3523,5	3610,5	20
21 3654	3671,4	3688,8	3706,2	3723,6	3741,0	3758,4	3775,8	3793,2	3810,6	3683,0	3712,0	3770,0	3799,0	3697,5	3784,5	21
22 3828	3845,4	3862,8	3880,2	3897,6	3915,0	3932,4	3949,8	3967,2	3984,6	3857,0	3886,0	3944,0	3973,0	3871,5	3958,5	22
23 4002	4019,4	4036,8	4054,2	4071,6	4089,0	4106,4	4123,8	4141,2	4158,6	4031,0	4060,0	4118,0	4147,0	4045,5	4132,5	23
24 4176	4193,4	4210,8	4228,2	4245,6	4263,0	4280,4	4297,8	4315,2	4332,6	4205,0	4234,0	4292,0	4321,0	4219,5	4306,5	24
25 4350	4367,4	4384,8	4402,2	4419,6	4437,0	4454,4	4471,8	4489,2	4506,6	4379,0	4408,0	4466,0	4495,0	4393,5	4480,5	25
26 4524	4541,4	4558,8	4576,2	4593,6	4611,0	4628,4	4645,8	4663,2	4680,6	4553,0	4582,0	4640,0	4669,0	4567,5	4654,5	26
27 4698	4715,4	4732,8	4750,2	4767,6	4785,0	4802,4	4819,8	4837,2	4854,6	4727,0	4756,0	4814,0	4843,0	4741,5	4828,5	27
28 4872	4889,4	4906,8	4924,2	4941,6	4959,0	4976,4	4993,8	5011,2	5028,6	4901,0	4930,0	4988,0	5017,0	4915,5	5002,5	28
29 5046	5063,4	5080,8	5098,2	5115,6	5133,0	5150,4	5167,8	5185,2	5202,6	5075,0	5104,0	5162,0	5191,0	5089,5	5176,5	29
30 5220	5237,4	5254,8	5272,2	5289,6	5307,0	5324,4	5341,8	5359,2	5376,6	5249,0	5278,0	5336,0	5365,0	5263,5	5350,5	30
31 5394	5411,4	5428,8	5446,2	5463,6	5481,0	5498,4	5515,8	5533,2	5550,6	5423,0	5452,0	5510,0	5539,0	5437,5	5524,5	31
32 5568	5585,4	5602,8	5620,2	5637,6	5655,0	5672,4	5689,8	5707,2	5724,6	5597,0	5626,0	5684,0	5713,0	5611,5	5698,5	32
33 5742	5759,4	5776,8	5794,2	5811,6	5829,0	5846,4	5863,8	5881,2	5898,6	5771,0	5800,0	5858,0	5887,0	5785,5	5872,5	33
34 5916	5933,4	5950,8	5968,2	5985,6	6003,0	6020,4	6037,8	6055,2	6072,6	5945,0	5974,0	6032,0	6061,0	5959,5	6046,5	34
35 6090	6107,4	6124,8	6142,2	6159,6	6177,0	6194,4	6211,8	6229,2	6246,6	6119,0	6148,0	6206,0	6235,0	6133,5	6220,5	35
36 6264	6281,4	6298,8	6316,2	6333,6	6351,0	6368,4	6385,8	6403,2	6420,6	6293,0	6322,0	6380,0	6409,0	6307,5	6394,5	36
37 6438	6455,4	6472,8	6490,2	6507,6	6525,0	6542,4	6559,8	6577,2	6594,6	6467,0	6496,0	6554,0	6583,0	6481,5	6568,5	37
38 6612	6629,4	6646,8	6664,2	6681,6	6699,0	6716,4	6733,8	6751,2	6768,6	6641,0	6670,0	6728,0	6757,0	6655,5	6742,5	38
39 6786	6803,4	6820,8	6838,2	6855,6	6873,0	6890,4	6907,8	6925,2	6942,6	6815,0	6844,0	6902,0	6931,0	6829,5	6916,5	39
40 6960	6977,4	6994,8	7012,2	7029,6	7047,0	7064,4	7081,8	7099,2	7116,6	6989,0	7018,0	7076,0	7105,0	7003,5	7090,5	40
41 7134	7151,4	7168,8	7186,2	7203,6	7221,0	7238,4	7255,8	7273,2	7290,6	7163,0	7192,0	7250,0	7279,0	7177,5	7264,5	41
42 7308	7325,4	7342,8	7360,2	7377,6	7395,0	7412,4	7429,8	7447,2	7464,6	7337,0	7366,0	7424,0	7453,0	7351,5	7438,5	42
43 7482	7499,4	7516,8	7534,2	7551,6	7569,0	7586,4	7603,8	7621,2	7638,6	7511,0	7540,0	7598,0	7627,0	7525,5	7612,5	43
44 7656	7673,4	7690,8	7708,2	7725,6	7743,0	7760,4	7777,8	7795,2	7812,6	7685,0	7714,0	7772,0	7801,0	7699,5	7786,5	44
45 7830	7847,4	7864,8	7882,2	7899,6	7917,0	7934,4	7951,8	7969,2	7986,6	7859,0	7888,0	7946,0	7975,0	7873,5	7960,5	45
46 8004	8021,4	8038,8	8056,2	8073,6	8091,0	8108,4	8125,8	8143,2	8160,6	8033,0	8062,0	8120,0	8149,0	8047,5	8134,5	46
47 8178	8195,4	8212,8	8230,2	8247,6	8265,0	8282,4	8299,8	8317,2	8334,6	8207,0	8236,0	8294,0	8323,0	8221,5	8308,5	47
48 8352	8369,4	8386,8	8404,2	8421,6	8439,0	8456,4	8473,8	8491,2	8508,6	8381,0	8410,0	8468,0	8497,0	8395,5	8482,5	48
49 8526	8543,4	8560,8	8578,2	8595,6	8613,0	8630,4	8647,8	8665,2	8682,6	8555,0	8584,0	8642,0	8671,0	8569,5	8656,5	49
50 8700	8717,4	8734,8	8752,2	8769,6	8787,0	8804,4	8821,8	8839,2	8856,6	8729,0	8758,0	8816,0	8845,0	8743,5	8830,5	50
51 8874	8891,4	8908,8	8926,2	8943,6	8961,0	8978,4	8995,8	9013,2	9030,6	8903,0	8932,0	8990,0	9019,0	8917,5	9004,5	51
52 9048	9065,4	9082,8	9100,2	9117,6	9135,0	9152,4	9169,8	9187,2	9204,6	9077,0	9106,0	9164,0	9193,0	9091,5	9178,5	52
53 9222	9239,4	9256,8	9274,2	9291,6	9309,0	9326,4	9343,8	9361,2	9378,6	9251,0	9280,0	9338,0	9367,0	9265,5	9352,5	53
54 9396	9413,4	9430,8	9448,2	9465,6	9483,0	9500,4	9517,8	9535,2	9552,6	9425,0	9454,0	9512,0	9541,0	9439,5	9526,5	54
55 9570	9587,4	9604,8	9622,2	9639,6	9657,0	9674,4	9691,8	9709,2	9726,6	9599,0	9628,0	9686,0	9715,0	9613,5	9700,5	55
56 9744	9761,4	9778,8	9796,2	9813,6	9831,0	9848,4	9865,8	9883,2	9900,6	9773,0	9802,0	9860,0	9889,0	9787,5	9874,5	56
57 9918	9935,4	9952,8	9970,2	9987,6	10005,0	10022,4	10039,8	10057,2	10074,6	9947,0	9976,0	10034,0	10063,0	9961,5	10048,5	57
58 10092	10109,4	10126,8	10144,2	10161,6	10179,0	10196,4	10213,8	10231,2	10248,6	10121,0	10150,0	10208,0	10237,0	10135,5	10222,5	58
59 10266	10283,4	10300,8	10318,2	10335,6	10353,0	10370,4	10387,8	10405,2	10422,6	10295,0	10324,0	10382,0	10411,0	10309,5	10396,5	59
60 10440	10457,4	10474,8	10492,2	10509,6	10527,0	10544,4	10561,8	10579,2	10596,6	10469,0	10498,0	10556,0	10585,0	10483,5	10570,5	60
61 10614	10631,4	10648,8	10666,2	10683,6	10701,0	10718,4	10735,8	10753,2	10770,6	10643,0	10672,0	10730,0	10759,0	10657,5	10744,5	61
62 10788	10805,4	10822,8	10840,2	10857,6	10875,0	10892,4	10909,8	10927,2	10944,6	10817,0	10846,0	10904,0	10933,0	10831,5	10918,5	62
63 10962	10979,4	10996,8	11014,2	11031,6	11049,0	11066,4	11083,8	11101,2	11118,6	10991,0	11020,0	11078,0	11107,0	11005,5	11092,5	63
64 11136	11153,4	11170,8	11188,2	11205,6	11223,0	11240,4	11257,8	11275,2	11292,6	11165,0	11194,0	11252,0	11281,0	11179,5	11266,5	64
65 11310	11327,4	11344,8	11362,2	11379,6	11397,0	11414,4	11431,8	11449,2	11466,6	11339,0	11368,0	11426,0	11455,0	11353,5	11440,5	65
66 11484	11501,4	11518,8	11536,2	11553,6	11571,0	11588,4	11605,8	11623,2	11640,6	11513,0	11542,0	11600,0	11629,0	11527,5	11614,5	66
67 11658	11675,4	11692,8	11710,2	11727,6	11745,0	11762,4	11779,8	11797,2	11814,6	11687,0	11716,0	11774,0	11803,0	11701,5	11788,5	67
68 11832	11849,4	11866,8	11884,2	11901,6	11919,0	11936,4	11953,8	11971,2	11988,6	11861,0	11890,0	11948,0	11977,0	11875,5	11962,5	68
69 12006	12023,4	12040,8	12058,2	12075,6	12093,0	12110,4	12127,8	12145,2	12162,6	12035,0	12064,0	12122,0	12151,0	12049,5	12136,5	69
70 12180	12197,4	12214,8	12232,2	12249,6	12267,0	12284,4	12301,8	12319,2	12336,6	12209,0	12238,0	12296,0	12325,0	12223,5	12310,5	70
71 12354	12371,4	12388,8	12406,2	12423,6	12441,0	12458,4	12475,8	12493,2	12510,6	12383,0	12412,0	12470,0	12499,0	12397,5	12484,5	71
72 12528	12545,4	12562,8	12580,2	12597,6	12615,0	12632,4	12649,8	12667,2	12684,6	12557,0	12586,0	12644,0	12673,0	12571,5	12658,5	72
73 12702	12719,4	12736,8	12754,2	12771,6	12789,0	12806,4	12823,8	12841,2	12858,6	12731,0	12760,0	12818,0	12847,0	12745,5	12832,5	73
74 12876	12893,4	12910,8	12928,2	12945,6	12963,0	12980,4	12997,8	13015,2	13032,6	12905,0	12934,0	12992,0	13021,0	12919,5	13006,5	74
75 13050	13067,4	13084,8	13102,2	13119,6	13137,0	13154,4	13171,8	13189,2	13206,6	13079,0	13108,0	13166,0	13195,0	13093,5	13180,5	75
76 13224	13241,4	13258,8	13276,2	13293,6	13311,0	13328,4	13345,8	13363,2	13380,6	13253,0	13282,0	13340,0	13369,0	13267,5	13354,5	76
77 13398	13415,4	13432,8	13450,2	13467,6	13485,0	13502,4	13519,8	13537,2	13554,6	13427,0	13456,0	13514,0	13543,0	13441,5	13528,5	77
78 13572	13589,4	13606,8	13624,2	13641,6	13659,0	13676,4	13693,8	13711,2	13728,6	13601,0	13630,0	13688,0	13717,0	13615,5	13702,5	78
79 13746	13763,4	13780,8	13798,2	13815,6	13833,0	13850,4	13867,8	13885,2	13902,6	13775,0	13804,0	13862,0	13891,0	13789,5	13876,5	79
80 13920	13937,4	13954,8	13972,2	13989,6	14007,0	14024,4	14041,8	14059,2	14076,6	13949,0	13978,0	14036,0	14065,0	13963,5	14050,5	80
81 14094	14111,4	14128,8	14146,2	14163,6	14181,0	14198,4	14215,8	14233,2	14250,6	14123,0	14152,0	14210,0	14239,0	14137,5	14224,5	81
82 14268	14285,4	14302,8	14320,2	14337,6	14355,0	14372,4	14389,8	14407,2	14424,6	14297,0	14326,0	14384,0	14413,0	14311,5	14398,5	82
83 14442	14459,4	14476,8	14494,2	14511,6	14529,0	14546,4	14563,8	14581,2	14598,6	14471,0	14500,0	14558,0	14587,0	14485,5	14572,5	83
84 14616	14633,4	14650,8	14668,2	14685,6	14703,0	14720,4	14737,8	14755,2	14772,6	14645,0	14674,0	14732,0	14761,0	14659,5	14746,5	84
85 14790	14807,4	14824,8	14842,2	14859,6	14877,0	14894,4	14911,8	14929,2	14946,6	14819,0	14848,0	14906,0	14935,0	14833,5	14920,5	85
86 14964	14981,4	14998,8	15016,2	15033,6	15051,0	15068,4	15085,8	15103,2	15120,6	14993,0	15022,0	15080,0	15109,0	15007,5	15094,5	86
87 15138	15155,4	15172,8	15190,2	15207,6	15225,0	15242,4	15259,8	15277,2	15294,6	15167,0	15196,0	15254,0	15283,0	15181,5	15268,5	87
88 15312	15329,4	15346,8	15364,2	15381,6	15399,0	15416,4	15433,8	15451,2	15468,6	15341,0	15370,0	15428,0	15457,0	15355,5	15442,5	88
89 15486	15503,4	15520,8	15538,2	15555,6	15573,0	15590,4	15607,8	15625,2	15642,6	15515,0	15544,0	15602,0	15631,0	15529,5	15616,5	89
90 15660	15677,4	15694,8	15712,2	15729,6	15747,0	15764,4	15781,8	15799,2	15816,6	15689,0	15718,0	15776,0	15805,0	15703,5	15790,5	90
91 15834	15851,4	15868,8	15886,2	15903,6	15921,0	15938,4	15955,8	15973,2	15990,6	15863,0	15892,0	15950,0	15979,0	15877,5	15964,5	91
92 16008	16025,4	16042,8	16060,2	16077,6	16095,0	16112,4	16129,8	16147,2	16164,6	16037,0	16066,0	16124,0	16153,0	16051,5	16138,5	92
93 16182	16199,4	16216,8	16234,2	16251,6	16269,0	16286,4	16303,8	16321,2	16338,6	16211,0	16240,0	16298,0	16327,0	16225,5	16312,5	93
94 16356	16373,4	16390,8	16408,2	16425,6	16443,0	16460,4	16477,8	16495,2	16512,6	16385,0	16414,0	16472,0	16501,0	16399,5	16486,5	94
95 16530	16547,4	16564,8	16582,2	16599,6	16617,0	16634,4	16651,8	16669,2	16686,6	16559,0	16588,0	16646,0	16675,0	16573,5	16660,5	95
96 16704	16721,4	16738,8	16756,2	16773,6	16791,0	16808,4	16825,8	16843,2	16860,6	16733,0	16762,0	16820,0	16849,0	16747,5	16834,5	96
97 16878	16895,4	16912,8	16930,2	16947,6	16965,0	16982,4	16999,8	17017,2	17034,6	16907,0	16936,0	16994,0	17023,0	16921,5	17008,5	97
98 17052	17069,4	17086,8	17104,2	17121,6	17139,0	17156,4	17173,8	17191,2	17208,6	17081,0	17110,0	17168,0	17197,0	17095,5	17182,5	98
99 17226	17243,4	17260,8	17278,2	17295,6	17313,0	17330,4	17347,8	17365,2	17382,6	17255,0	17284,0	17342,0	17371,0	17269,5	17356,5	99
100 17400	17417,4	17434,8	17452,2	17469,6	17487,0	17504,4	17521,8	17539,2	17556,6	17429,0	17458,0	17516,0	17545,0	17443,5	17530,5	100

175

		1/10 17,5	2/10 35,0	3/10 52,5	4/10 70,0	5/10 87,5	6/10 105,0	7/10 122,5	8/10 140,0	9/10 157,5	1/6 29,166	2/6 58,333	4/6 116,666	5/6 145,833	1/4 43,75	3/4 131,25	
1	175	192,5	210,0	227,5	245,0	262,5	280,0	297,5	315,0	332,5	204,2	233,3	291,7	320,8	218,8	306,3	1
2	350	367,5	385,0	402,5	420,0	437,5	455,0	472,5	490,0	507,5	379,2	408,3	466,7	495,8	393,8	481,3	2
3	525	542,5	560,0	577,5	595,0	612,5	630,0	647,5	665,0	682,5	554,2	583,3	641,7	670,8	568,8	656,3	3
4	700	717,5	735,0	752,5	770,0	787,5	805,0	822,5	840,0	857,5	729,2	758,3	816,7	845,8	743,8	831,3	4
5	875	892,5	910,0	927,5	945,0	962,5	980,0	997,5	1015,0	1032,5	904,2	933,3	991,7	1020,8	918,8	1006,3	5
6	1050	1067,5	1085,0	1102,5	1120,0	1137,5	1155,0	1172,5	1190,0	1207,5	1079,2	1108,3	1166,7	1195,8	1093,8	1181,3	6
7	1225	1242,5	1260,0	1277,5	1295,0	1312,5	1330,0	1347,5	1365,0	1382,5	1254,2	1283,3	1341,7	1370,8	1268,8	1356,3	7
8	1400	1417,5	1435,0	1452,5	1470,0	1487,5	1505,0	1522,5	1540,0	1557,5	1429,2	1458,3	1516,7	1545,8	1443,8	1531,3	8
9	1575	1592,5	1610,0	1627,5	1645,0	1662,5	1680,0	1697,5	1715,0	1732,5	1604,2	1633,3	1691,7	1720,8	1618,8	1706,3	9
10	1750	1767,5	1785,0	1802,5	1820,0	1837,5	1855,0	1872,5	1890,0	1907,5	1779,2	1808,3	1866,7	1895,8	1793,8	1881,3	10
11	1925	1942,5	1960,0	1977,5	1995,0	2012,5	2030,0	2047,5	2065,0	2082,5	1954,2	1983,3	2041,7	2070,8	1968,8	2056,3	11
12	2100	2117,5	2135,0	2152,5	2170,0	2187,5	2205,0	2222,5	2240,0	2257,5	2129,2	2158,3	2216,7	2245,8	2143,8	2231,3	12
13	2275	2292,5	2310,0	2327,5	2345,0	2362,5	2380,0	2397,5	2415,0	2432,5	2304,2	2333,3	2391,7	2420,8	2318,8	2406,3	13
14	2450	2467,5	2485,0	2502,5	2520,0	2537,5	2555,0	2572,5	2590,0	2607,5	2479,2	2508,3	2566,7	2595,8	2493,8	2581,3	14
15	2625	2642,5	2660,0	2677,5	2695,0	2712,5	2730,0	2747,5	2765,0	2782,5	2654,2	2683,3	2741,7	2770,8	2668,8	2756,3	15
16	2800	2817,5	2835,0	2852,5	2870,0	2887,5	2905,0	2922,5	2940,0	2957,5	2829,2	2858,3	2916,7	2945,8	2843,8	2931,3	16
17	2975	2992,5	3010,0	3027,5	3045,0	3062,5	3080,0	3097,5	3115,0	3132,5	3004,2	3033,3	3091,7	3120,8	3018,8	3106,3	17
18	3150	3167,5	3185,0	3202,5	3220,0	3237,5	3255,0	3272,5	3290,0	3307,5	3179,2	3208,3	3266,7	3295,8	3193,8	3281,3	18
19	3325	3342,5	3360,0	3377,5	3395,0	3412,5	3430,0	3447,5	3465,0	3482,5	3354,2	3383,3	3441,7	3470,8	3368,8	3456,3	19
20	3500	3517,5	3535,0	3552,5	3570,0	3587,5	3605,0	3622,5	3640,0	3657,5	3529,2	3558,3	3616,7	3645,8	3543,8	3631,3	20
21	3675	3692,5	3710,0	3727,5	3745,0	3762,5	3780,0	3797,5	3815,0	3832,5	3704,2	3733,3	3791,7	3820,8	3718,8	3806,3	21
22	3850	3867,5	3885,0	3902,5	3920,0	3937,5	3955,0	3972,5	3990,0	4007,5	3879,2	3908,3	3966,7	3995,8	3893,8	3981,3	22
23	4025	4042,5	4060,0	4077,5	4095,0	4112,5	4130,0	4147,5	4165,0	4182,5	4054,2	4083,3	4141,7	4170,8	4068,8	4156,3	23
24	4200	4217,5	4235,0	4252,5	4270,0	4287,5	4305,0	4322,5	4340,0	4357,5	4229,2	4258,3	4316,7	4345,8	4243,8	4331,3	24
25	4375	4392,5	4410,0	4427,5	4445,0	4462,5	4480,0	4497,5	4515,0	4532,5	4404,2	4433,3	4491,7	4520,8	4418,8	4506,3	25
26	4550	4567,5	4585,0	4602,5	4620,0	4637,5	4655,0	4672,5	4690,0	4707,5	4579,2	4608,3	4666,7	4695,8	4593,8	4681,3	26
27	4725	4742,5	4760,0	4777,5	4795,0	4812,5	4830,0	4847,5	4865,0	4882,5	4754,2	4783,3	4841,7	4870,8	4768,8	4856,3	27
28	4900	4917,5	4935,0	4952,5	4970,0	4987,5	5005,0	5022,5	5040,0	5057,5	4929,2	4958,3	5016,7	5045,8	4943,8	5031,3	28
29	5075	5092,5	5110,0	5127,5	5145,0	5162,5	5180,0	5197,5	5215,0	5232,5	5104,2	5133,3	5191,7	5220,8	5118,8	5206,3	29
30	5250	5267,5	5285,0	5302,5	5320,0	5337,5	5355,0	5372,5	5390,0	5407,5	5279,2	5308,3	5366,7	5395,8	5293,8	5381,3	30
31	5425	5442,5	5460,0	5477,5	5495,0	5512,5	5530,0	5547,5	5565,0	5582,5	5454,2	5483,3	5541,7	5570,8	5468,8	5556,3	31
32	5600	5617,5	5635,0	5652,5	5670,0	5687,5	5705,0	5722,5	5740,0	5757,5	5629,2	5658,3	5716,7	5745,8	5643,8	5731,3	32
33	5775	5792,5	5810,0	5827,5	5845,0	5862,5	5880,0	5897,5	5915,0	5932,5	5804,2	5833,3	5891,7	5920,8	5818,8	5906,3	33
34	5950	5967,5	5985,0	6002,5	6020,0	6037,5	6055,0	6072,5	6090,0	6107,5	5979,2	6008,3	6066,7	6095,8	5993,8	6081,3	34
35	6125	6142,5	6160,0	6177,5	6195,0	6212,5	6230,0	6247,5	6265,0	6282,5	6154,2	6183,3	6241,7	6270,8	6168,8	6256,3	35
36	6300	6317,5	6335,0	6352,5	6370,0	6387,5	6405,0	6422,5	6440,0	6457,5	6329,2	6358,3	6416,7	6445,8	6343,8	6431,3	36
37	6475	6492,5	6510,0	6527,5	6545,0	6562,5	6580,0	6597,5	6615,0	6632,5	6504,2	6533,3	6591,7	6620,8	6518,8	6606,3	37
38	6650	6667,5	6685,0	6702,5	6720,0	6737,5	6755,0	6772,5	6790,0	6807,5	6679,2	6708,3	6766,7	6795,8	6693,8	6781,3	38
39	6825	6842,5	6860,0	6877,5	6895,0	6912,5	6930,0	6947,5	6965,0	6982,5	6854,2	6883,3	6941,7	6970,8	6868,8	6956,3	39
40	7000	7017,5	7035,0	7052,5	7070,0	7087,5	7105,0	7122,5	7140,0	7157,5	7029,2	7058,3	7116,7	7145,8	7043,8	7131,3	40
41	7175	7192,5	7210,0	7227,5	7245,0	7262,5	7280,0	7297,5	7315,0	7332,5	7204,2	7233,3	7291,7	7320,8	7218,8	7306,3	41
42	7350	7367,5	7385,0	7402,5	7420,0	7437,5	7455,0	7472,5	7490,0	7507,5	7379,2	7408,3	7466,7	7495,8	7393,8	7481,3	42
43	7525	7542,5	7560,0	7577,5	7595,0	7612,5	7630,0	7647,5	7665,0	7682,5	7554,2	7583,3	7641,7	7670,8	7568,8	7656,3	43
44	7700	7717,5	7735,0	7752,5	7770,0	7787,5	7805,0	7822,5	7840,0	7857,5	7729,2	7758,3	7816,7	7845,8	7743,8	7831,3	44
45	7875	7892,5	7910,0	7927,5	7945,0	7962,5	7980,0	7997,5	8015,0	8032,5	7904,2	7933,3	7991,7	8020,8	7918,8	8006,3	45
46	8050	8067,5	8085,0	8102,5	8120,0	8137,5	8155,0	8172,5	8190,0	8207,5	8079,2	8108,3	8166,7	8195,8	8093,8	8181,3	46
47	8225	8242,5	8260,0	8277,5	8295,0	8312,5	8330,0	8347,5	8365,0	8382,5	8254,2	8283,3	8341,7	8370,8	8268,8	8356,3	47
48	8400	8417,5	8435,0	8452,5	8470,0	8487,5	8505,0	8522,5	8540,0	8557,5	8429,2	8458,3	8516,7	8545,8	8443,8	8531,3	48
49	8575	8592,5	8610,0	8627,5	8645,0	8662,5	8680,0	8697,5	8715,0	8732,5	8604,2	8633,3	8691,7	8720,8	8618,8	8706,3	49
50	8750	8767,5	8785,0	8802,5	8820,0	8837,5	8855,0	8872,5	8890,0	8907,5	8779,2	8808,3	8866,7	8895,8	8793,8	8881,3	50
51	8925	8942,5	8960,0	8977,5	8995,0	9012,5	9030,0	9047,5	9065,0	9082,5	8954,2	8983,3	9041,7	9070,8	8968,8	9056,3	51
52	9100	9117,5	9135,0	9152,5	9170,0	9187,5	9205,0	9222,5	9240,0	9257,5	9129,2	9158,3	9216,7	9245,8	9143,8	9231,3	52
53	9275	9292,5	9310,0	9327,5	9345,0	9362,5	9380,0	9397,5	9415,0	9432,5	9304,2	9333,3	9391,7	9420,8	9318,8	9406,3	53
54	9450	9467,5	9485,0	9502,5	9520,0	9537,5	9555,0	9572,5	9590,0	9607,5	9479,2	9508,3	9566,7	9595,8	9493,8	9581,3	54
55	9625	9642,5	9660,0	9677,5	9695,0	9712,5	9730,0	9747,5	9765,0	9782,5	9654,2	9683,3	9741,7	9770,8	9668,8	9756,3	55
56	9800	9817,5	9835,0	9852,5	9870,0	9887,5	9905,0	9922,5	9940,0	9957,5	9829,2	9858,3	9916,7	9945,8	9843,8	9931,3	56
57	9975	9992,5	10010,0	10027,5	10045,0	10062,5	10080,0	10097,5	10115,0	10132,5	10004,2	10033,3	10091,7	10120,8	10018,8	10106,3	57
58	10150	10167,5	10185,0	10202,5	10220,0	10237,5	10265,0	10272,5	10290,0	10307,5	10179,2	10208,3	10266,7	10295,8	10193,8	10281,3	58
59	10325	10342,5	10360,0	10377,5	10395,0	10412,5	10430,0	10447,5	10465,0	10482,5	10354,2	10383,3	10441,7	10470,8	10368,8	10456,3	59
60	10500	10517,5	10535,0	10552,5	10570,0	10587,5	10605,0	10622,5	10640,0	10657,5	10529,2	10558,3	10616,7	10645,8	10543,8	10631,3	60
61	10675	10692,5	10710,0	10727,5	10745,0	10762,5	10780,0	10797,5	10815,0	10832,5	10704,2	10733,3	10791,7	10820,8	10718,8	10806,3	61
62	10850	10867,5	10885,0	10902,5	10920,0	10937,5	10955,0	10972,5	10990,0	11007,5	10879,2	10908,3	10966,7	10995,8	10893,8	10981,3	62
63	11025	11042,5	11060,0	11077,5	11095,0	11112,5	11130,0	11147,5	11165,0	11182,5	11054,2	11083,3	11141,7	11170,8	11068,8	11156,3	63
64	11200	11217,5	11235,0	11252,5	11270,0	11287,5	11305,0	11322,5	11340,0	11357,5	11229,2	11258,3	11316,7	11345,8	11243,8	11331,3	64
65	11375	11392,5	11410,0	11427,5	11445,0	11462,5	11480,0	11497,5	11515,0	11532,5	11404,2	11433,3	11491,7	11520,8	11418,8	11506,3	65
66	11550	11567,5	11585,0	11602,5	11620,0	11637,5	11655,0	11672,5	11690,0	11707,5	11579,2	11608,3	11666,7	11695,8	11593,8	11681,3	66
67	11725	11742,5	11760,0	11777,5	11795,0	11812,5	11830,0	11847,5	11865,0	11882,5	11754,2	11783,3	11841,7	11870,8	11768,8	11856,3	67
68	11900	11917,5	11935,0	11952,5	11970,0	11987,5	12005,0	12022,5	12040,0	12057,5	11929,2	11958,3	12016,7	12045,8	11943,8	12031,3	68
69	12075	12092,5	12110,0	12127,5	12145,0	12162,5	12180,0	12197,5	12215,0	12232,5	12104,2	12133,3	12191,7	12220,8	12118,8	12206,3	69
70	12250	12267,5	12285,0	12302,5	12320,0	12337,5	12355,0	12372,5	12390,0	12407,5	12279,2	12308,3	12366,7	12395,8	12293,8	12381,3	70
71	12425	12442,5	12460,0	12477,5	12495,0	12512,5	12530,0	12547,5	12565,0	12582,5	12454,2	12483,3	12541,7	12570,8	12468,8	12556,3	71
72	12600	12617,5	12635,0	12652,5	12670,0	12687,5	12705,0	12722,5	12740,0	12757,5	12629,2	12658,3	12716,7	12745,8	12643,8	12731,3	72
73	12775	12792,5	12810,0	12827,5	12845,0	12862,5	12880,0	12897,5	12915,0	12932,5	12804,2	12833,3	12891,7	12920,8	12818,8	12906,3	73
74	12950	12967,5	12985,0	13002,5	13020,0	13037,5	13055,0	13072,5	13090,0	13107,5	12979,2	13008,3	13066,7	13095,8	12993,8	13081,3	74
75	13125	13142,5	13160,0	13177,5	13195,0	13212,5	13230,0	13247,5	13265,0	13282,5	13154,2	13183,3	13241,7	13270,8	13168,8	13256,3	75
76	13300	13317,5	13335,0	13352,5	13370,0	13387,5	13405,0	13422,5	13440,0	13457,5	13329,2	13358,3	13416,7	13445,8	13343,8	13431,3	76
77	13475	13492,5	13510,0	13527,5	13545,0	13562,5	13580,0	13597,5	13615,0	13632,5	13504,2	13533,3	13591,7	13620,8	13518,8	13606,3	77
78	13650	13667,5	13685,0	13702,5	13720,0	13737,5	13755,0	13772,5	13790,0	13807,5	13679,2	13708,3	13766,7	13795,8	13693,8	13781,3	78
79	13825	13842,5	13860,0	13877,5	13895,0	13912,5	13930,0	13947,5	13965,0	13982,5	13854,2	13883,3	13941,7	13970,8	13868,8	13956,3	79
80	14000	14017,5	14035,0	14052,5	14070,0	14087,5	14105,0	14122,5	14140,0	14157,5	14029,2	14058,3	14116,7	14145,8	14043,8	14131,3	80
81	14175	14192,5	14210,0	14227,5	14245,0	14262,5	14280,0	14297,5	14315,0	14332,5	14204,2	14233,3	14291,7	14320,8	14218,8	14306,3	81
82	14350	14367,5	14385,0	14402,5	14420,0	14437,5	14455,0	14472,5	14490,0	14507,5	14379,2	14408,3	14466,7	14495,8	14393,8	14481,3	82
83	14525	14542,5	14560,0	14577,5	14595,0	14612,5	14630,0	14647,5	14665,0	14682,5	14554,2	14583,3	14641,7	14670,8	14568,8	14656,3	83
84	14700	14717,5	14735,0	14752,5	14770,0	14787,5	14805,0	14822,5	14840,0	14857,5	14729,2	14758,3	14816,7	14845,8	14743,8	14831,3	84
85	14875	14892,5	14910,0	14927,5	14945,0	14962,5	14980,0	14997,5	15015,0	15032,5	14904,2	14933,3	14991,7	15020,8	14918,8	15006,3	85
86	15050	15067,5	15085,0	15102,5	15120,0	15137,5	15155,0	15172,5	15190,0	15207,5	15079,2	15108,3	15166,7	15195,8	15093,8	15181,3	86
87	15225	15242,5	15260,0	15277,5	15295,0	15312,5	15330,0	15347,5	15365,0	15382,5	15254,2	15283,3	15341,7	15370,8	15268,8	15356,3	87
88	15400	15417,5	15435,0	15452,5	15470,0	15487,5	15505,0	15522,5	15540,0	15557,5	15429,2	15458,3	15516,7	15545,8	15443,8	15531,3	88
89	15575	15592,5	15610,0	15627,5	15645,0	15662,5	15680,0	15697,5	15715,0	15732,5	15604,2	15633,3	15691,7	15720,8	15618,8	15706,3	89
90	15750	15767,5	15785,0	15802,5	15820,0	15837,5	15855,0	15872,5	15890,0	15907,5	15779,2	15808,3	15866,7	15895,8	15793,8	15881,3	90
91	15925	15942,5	15960,0	15977,5	15995,0	16012,5	16030,0	16047,5	16065,0	16082,5	15954,2	15983,3	16041,7	16070,8	15968,8	16056,3	91
92	16100	16117,5	16135,0	16152,5	16170,0	16187,5	16205,0	16222,5	16240,0	16257,5	16129,2	16158,3	16216,7	16245,8	16143,8	16231,3	92
93	16275	16292,5	16310,0	16327,5	16345,0	16362,5	16380,0	16397,5	16415,0	16432,5	16304,2	16333,3	16391,7	16420,8	16318,8	16406,3	93
94	16450	16467,5	16485,0	16502,5	16520,0	16537,5	16555,0	16572,5	16590,0	16607,5	16479,2	16508,3	16566,7	16595,8	16493,8	16581,3	94
95	16625	16642,5	16660,0	16677,5	16695,0	16712,5	16730,0	16747,5	16765,0	16782,5	16654,2	16683,3	16741,7	16770,8	16668,8	16756,3	95
96	16800	16817,5	16835,0	16852,5	16870,0	16887,5	16905,0	16922,5	16940,0	16957,5	16829,2	16858,3	16916,7	16945,8	16843,8	16931,3	96
97	16975	16992,5	17010,0	17027,5	17045,0	17062,5	17080,0	17097,5	17115,0	17132,5	17004,2	17033,3	17091,7	17120,8	17018,8	17106,3	97
98	17150	17167,5	17185,0	17202,5	17220,0	17237,5	17255,0	17272,5	17290,0	17307,5	17179,2	17208,3	17266,7	17295,8	17193,8	17281,3	98
99	17325	17342,5	17360,0	17377,5	17395,0	17412,5	17430,0	17447,5	17465,0	17482,5	17354,2	17383,3	17441,7	17470,8	17368,8	17456,3	99
100	17500	17517,5	17535,0	17552,5	17570,0	17587,5	17605,0	17622,5	17640,0	17657,5	17529,2	17558,3	17616,7	17645,8	17543,8	17631,3	100

176		1/10	2/10	3/10	4/10	5/10	6/10	7/10	8/10	9/10	1/6	2/6	4/6	5/6	1/4	3/4	
		17,6	35,2	52,8	70,4	88,0	105,6	123,2	140,8	158,4	29,333	58,666	117,333	146,665	44,0	132,0	
1	176	193,6	211,2	228,8	246,4	264,0	281,6	299,2	316,8	334,4	205,3	234,7	293,3	322,7	220,0	308,0	1
2	352	369,6	387,2	404,8	422,4	440,0	457,6	475,2	492,8	510,4	381,3	410,7	469,3	498,7	396,0	484,0	2
3	528	545,6	563,2	580,8	598,4	616,0	633,6	651,2	668,8	686,4	557,3	586,7	645,3	674,7	572,0	660,0	3
4	704	721,6	739,2	756,8	774,4	792,0	809,6	827,2	844,8	862,4	733,3	762,7	821,3	850,7	748,0	836,0	4
5	880	897,6	915,2	932,8	950,4	968,0	985,6	1003,2	1020,8	1038,4	909,3	938,7	997,3	1026,7	924,0	1012,0	5
6	1056	1073,6	1091,2	1108,8	1126,4	1144,0	1161,6	1179,2	1196,8	1214,4	1085,3	1114,7	1173,3	1202,7	1100,0	1188,0	6
7	1232	1249,6	1267,2	1284,8	1302,4	1320,0	1337,6	1355,2	1372,8	1390,4	1261,3	1290,7	1349,3	1378,7	1276,0	1364,0	7
8	1408	1425,6	1443,2	1460,8	1478,4	1496,0	1513,6	1531,2	1548,8	1566,4	1437,3	1466,7	1525,3	1554,7	1452,0	1540,0	8
9	1584	1601,6	1619,2	1636,8	1654,4	1672,0	1689,6	1707,2	1724,8	1742,4	1613,3	1642,7	1701,3	1730,7	1628,0	1716,0	9
10	1760	1777,6	1795,2	1812,8	1830,4	1848,0	1865,6	1883,2	1900,8	1918,4	1789,3	1818,7	1877,3	1906,7	1804,0	1892,0	10
11	1936	1953,6	1971,2	1988,8	2006,4	2024,0	2041,6	2059,2	2076,8	2094,4	1965,3	1994,7	2053,3	2082,7	1980,0	2068,0	11
12	2112	2129,6	2147,2	2164,8	2182,4	2200,0	2217,6	2235,2	2252,8	2270,4	2141,3	2170,7	2229,3	2258,7	2156,0	2244,0	12
13	2288	2305,6	2323,2	2340,8	2358,4	2376,0	2393,6	2411,2	2428,8	2446,4	2317,3	2346,7	2405,3	2434,7	2332,0	2420,0	13
14	2464	2481,6	2499,2	2516,8	2534,4	2552,0	2569,6	2587,2	2604,8	2622,4	2493,3	2522,7	2581,3	2610,7	2508,0	2596,0	14
15	2640	2657,6	2675,2	2692,8	2710,4	2728,0	2745,6	2763,2	2780,8	2798,4	2669,3	2698,7	2757,3	2786,7	2684,0	2772,0	15
16	2816	2833,6	2851,2	2868,8	2886,4	2904,0	2921,6	2939,2	2956,8	2974,4	2845,3	2874,7	2933,3	2962,7	2860,0	2948,0	16
17	2992	3009,6	3027,2	3044,8	3062,4	3080,0	3097,6	3115,2	3132,8	3150,4	3021,3	3050,7	3109,3	3138,7	3036,0	3124,0	17
18	3168	3185,6	3203,2	3220,8	3238,4	3256,0	3273,6	3291,2	3308,8	3326,4	3197,3	3226,7	3285,3	3314,7	3212,0	3300,0	18
19	3344	3361,6	3379,2	3396,8	3414,4	3432,0	3449,6	3467,2	3484,8	3502,4	3373,3	3402,7	3461,3	3490,7	3388,0	3476,0	19
20	3520	3537,6	3555,2	3572,8	3590,4	3608,0	3625,6	3643,2	3660,8	3678,4	3549,3	3578,7	3637,3	3666,7	3564,0	3652,0	20
21	3696	3713,6	3731,2	3748,8	3766,4	3784,0	3801,6	3819,2	3836,8	3854,4	3725,3	3754,7	3813,3	3842,7	3740,0	3828,0	21
22	3872	3889,6	3907,2	3924,8	3942,4	3960,0	3977,6	3995,2	4012,8	4030,4	3901,3	3930,7	3989,3	4018,7	3916,0	4004,0	22
23	4048	4065,6	4083,2	4100,8	4118,4	4136,0	4153,6	4171,2	4188,8	4206,4	4077,3	4106,7	4165,3	4194,7	4092,0	4180,0	23
24	4224	4241,6	4259,2	4276,8	4294,4	4312,0	4329,6	4347,2	4364,8	4382,4	4253,3	4282,7	4341,3	4370,7	4268,0	4356,0	24
25	4400	4417,6	4435,2	4452,8	4470,4	4488,0	4505,6	4523,2	4540,8	4558,4	4429,3	4458,7	4517,3	4546,7	4444,0	4532,0	25
26	4576	4593,6	4611,2	4628,8	4646,4	4664,0	4681,6	4699,2	4716,8	4734,4	4605,3	4634,7	4693,3	4722,7	4620,0	4708,0	26
27	4752	4769,6	4787,2	4804,8	4822,4	4840,0	4857,6	4875,2	4892,8	4910,4	4781,3	4810,7	4869,3	4898,7	4796,0	4884,0	27
28	4928	4945,6	4963,2	4980,8	4998,4	5016,0	5033,6	5051,2	5068,8	5086,4	4957,3	4986,7	5045,3	5074,7	4972,0	5060,0	28
29	5104	5121,6	5139,2	5156,8	5174,4	5192,0	5209,6	5227,2	5244,8	5262,4	5133,3	5162,7	5221,3	5250,7	5148,0	5236,0	29
30	5280	5297,6	5315,2	5332,8	5350,4	5368,0	5385,6	5403,2	5420,8	5438,4	5309,3	5338,7	5397,3	5426,7	5324,0	5412,0	30
31	5456	5473,6	5491,2	5508,8	5526,4	5544,0	5561,6	5579,2	5596,8	5614,4	5485,3	5514,7	5573,3	5602,7	5500,0	5588,0	31
32	5632	5649,6	5667,2	5684,8	5702,4	5720,0	5737,6	5755,2	5772,8	5790,4	5661,3	5690,7	5749,3	5778,7	5676,0	5764,0	32
33	5808	5825,6	5843,2	5860,8	5878,4	5896,0	5913,6	5931,2	5948,8	5966,4	5837,3	5866,7	5925,3	5954,7	5852,0	5940,0	33
34	5984	6001,6	6019,2	6036,8	6054,4	6072,0	6089,6	6107,2	6124,8	6142,4	6013,3	6042,7	6101,3	6130,7	6028,0	6116,0	34
35	6160	6177,6	6195,2	6212,8	6230,4	6248,0	6265,6	6283,2	6300,8	6318,4	6189,3	6218,7	6277,3	6306,7	6204,0	6292,0	35
36	6336	6353,6	6371,2	6388,8	6406,4	6424,0	6441,6	6459,2	6476,8	6494,4	6365,3	6394,7	6453,3	6482,7	6380,0	6468,0	36
37	6512	6529,6	6547,2	6564,8	6582,4	6600,0	6617,6	6635,2	6652,8	6670,4	6541,3	6570,7	6629,3	6658,7	6556,0	6644,0	37
38	6688	6705,6	6723,2	6740,8	6758,4	6776,0	6793,6	6811,2	6828,8	6846,4	6717,3	6746,7	6805,3	6834,7	6732,0	6820,0	38
39	6864	6881,6	6899,2	6916,8	6934,4	6952,0	6969,6	6987,2	7004,8	7022,4	6893,3	6922,7	6981,3	7010,7	6908,0	6996,0	39
40	7040	7057,6	7075,2	7092,8	7110,4	7128,0	7145,6	7163,2	7180,8	7198,4	7069,3	7098,7	7157,3	7186,7	7084,0	7172,0	40
41	7216	7233,6	7251,2	7268,8	7286,4	7304,0	7321,6	7339,2	7356,8	7374,4	7245,3	7274,7	7333,3	7362,7	7260,0	7348,0	41
42	7392	7409,6	7427,2	7444,8	7462,4	7480,0	7497,6	7515,2	7532,8	7550,4	7421,3	7450,7	7509,3	7538,7	7436,0	7524,0	42
43	7568	7585,6	7603,2	7620,8	7638,4	7656,0	7673,6	7691,2	7708,8	7726,4	7597,3	7626,7	7685,3	7714,7	7612,0	7700,0	43
44	7744	7761,6	7779,2	7796,8	7814,4	7832,0	7849,6	7867,2	7884,8	7902,4	7773,3	7802,7	7861,3	7890,7	7788,0	7876,0	44
45	7920	7937,6	7955,2	7972,8	7990,4	8008,0	8025,6	8043,2	8060,8	8078,4	7949,3	7978,7	8037,3	8066,7	7964,0	8052,0	45
46	8096	8113,6	8131,2	8148,8	8166,4	8184,0	8201,6	8219,2	8236,8	8254,4	8125,3	8154,7	8213,3	8242,7	8140,0	8228,0	46
47	8272	8289,6	8307,2	8324,8	8342,4	8360,0	8377,6	8395,2	8412,8	8430,4	8301,3	8330,7	8389,3	8418,7	8316,0	8404,0	47
48	8448	8465,6	8483,2	8500,8	8518,4	8536,0	8553,6	8571,2	8588,8	8606,4	8477,3	8506,7	8565,3	8594,7	8492,0	8580,0	48
49	8624	8641,6	8659,2	8676,8	8694,4	8712,0	8729,6	8747,2	8764,8	8782,4	8653,3	8682,7	8741,3	8770,7	8668,0	8756,0	49
50	8800	8817,6	8835,2	8852,8	8870,4	8888,0	8905,6	8923,2	8940,8	8958,4	8829,3	8858,7	8917,3	8946,7	8844,0	8932,0	50
51	8976	8993,6	9011,2	9028,8	9046,4	9064,0	9081,6	9099,2	9116,8	9134,4	9005,3	9034,7	9093,3	9122,7	9020,0	9108,0	51
52	9152	9169,6	9187,2	9204,8	9222,4	9240,0	9257,6	9275,2	9292,8	9310,4	9181,3	9210,7	9269,3	9298,7	9196,0	9284,0	52
53	9328	9345,6	9363,2	9380,8	9398,4	9416,0	9433,6	9451,2	9468,8	9486,4	9357,3	9386,7	9445,3	9474,7	9372,0	9460,0	53
54	9504	9521,6	9539,2	9556,8	9574,4	9592,0	9609,6	9627,2	9644,8	9662,4	9533,3	9562,7	9621,3	9650,7	9548,0	9636,0	54
55	9680	9697,6	9715,2	9732,8	9750,4	9768,0	9785,6	9803,2	9820,8	9838,4	9709,3	9738,7	9797,3	9826,7	9724,0	9812,0	55
56	9856	9873,6	9891,2	9908,8	9926,4	9944,0	9961,6	9979,2	9996,8	10014,4	9885,3	9914,7	9973,3	10002,7	9900,0	9988,0	56
57	10032	10049,6	10067,2	10084,8	10102,4	10120,0	10137,6	10155,2	10172,8	10190,4	10061,3	10090,7	10149,3	10178,7	10076,0	10164,0	57
58	10208	10225,6	10243,2	10260,8	10278,4	10296,0	10313,6	10331,2	10348,8	10366,4	10237,3	10266,7	10325,3	10354,7	10252,0	10340,0	58
59	10384	10401,6	10419,2	10436,8	10454,4	10472,0	10489,6	10507,2	10524,8	10542,4	10413,3	10442,7	10501,3	10530,7	10428,0	10516,0	59
60	10560	10577,6	10595,2	10612,8	10630,4	10648,0	10665,6	10683,2	10700,8	10718,4	10589,3	10618,7	10677,3	10706,7	10604,0	10692,0	60
61	10736	10753,6	10771,2	10788,8	10806,4	10824,0	10841,6	10859,2	10876,8	10894,4	10765,3	10794,7	10853,3	10882,7	10780,0	10868,0	61
62	10912	10929,6	10947,2	10964,8	10982,4	11000,0	11017,6	11035,2	11052,8	11070,4	10941,3	10970,7	11029,3	11058,7	10956,0	11044,0	62
63	11088	11105,6	11123,2	11140,8	11158,4	11176,0	11193,6	11211,2	11228,8	11246,4	11117,3	11146,7	11205,3	11234,7	11132,0	11220,0	63
64	11264	11281,6	11299,2	11316,8	11334,4	11352,0	11369,6	11387,2	11404,8	11422,4	11293,3	11322,7	11381,3	11410,7	11308,0	11396,0	64
65	11440	11457,6	11475,2	11492,8	11510,4	11528,0	11545,6	11563,2	11580,8	11598,4	11469,3	11498,7	11557,3	11586,7	11484,0	11572,0	65
66	11616	11633,6	11651,2	11668,8	11686,4	11704,0	11721,6	11739,2	11756,8	11774,4	11645,3	11674,7	11733,3	11762,7	11660,0	11748,0	66
67	11792	11809,6	11827,2	11844,8	11862,4	11880,0	11897,6	11915,2	11932,8	11950,4	11821,3	11850,7	11909,3	11938,7	11836,0	11924,0	67
68	11968	11985,6	12003,2	12020,8	12038,4	12056,0	12073,6	12091,2	12108,8	12126,4	11997,3	12026,7	12085,3	12114,7	12012,0	12100,0	68
69	12144	12161,6	12179,2	12196,8	12214,4	12232,0	12249,6	12267,2	12284,8	12302,4	12173,3	12202,7	12261,3	12290,7	12188,0	12276,0	69
70	12320	12337,6	12355,2	12372,8	12390,4	12408,0	12425,6	12443,2	12460,8	12478,4	12349,3	12378,7	12437,3	12466,7	12364,0	12452,0	70
71	12496	12513,6	12531,2	12548,8	12566,4	12584,0	12601,6	12619,2	12636,8	12654,4	12525,3	12554,7	12613,3	12642,7	12540,0	12628,0	71
72	12672	12689,6	12707,2	12724,8	12742,4	12760,0	12777,6	12795,2	12812,8	12830,4	12701,3	12730,7	12789,3	12818,7	12716,0	12804,0	72
73	12848	12865,6	12883,2	12900,8	12918,4	12936,0	12953,6	12971,2	12988,8	13006,4	12877,3	12906,7	12965,3	12994,7	12892,0	12980,0	73
74	13024	13041,6	13059,2	13076,8	13094,4	13112,0	13129,6	13147,2	13164,8	13182,4	13053,3	13082,7	13141,3	13170,7	13068,0	13156,0	74
75	13200	13217,6	13235,2	13252,8	13270,4	13288,0	13305,6	13323,2	13340,8	13358,4	13229,3	13258,7	13317,3	13346,7	13244,0	13332,0	75
76	13376	13393,6	13411,2	13428,8	13446,4	13464,0	13481,6	13499,2	13516,8	13534,4	13405,3	13434,7	13493,3	13522,7	13420,0	13508,0	76
77	13552	13569,6	13587,2	13604,8	13622,4	13640,0	13657,6	13675,2	13692,8	13710,4	13581,3	13610,7	13669,3	13698,7	13596,0	13684,0	77
78	13728	13745,6	13763,2	13780,8	13798,4	13816,0	13833,6	13851,2	13868,8	13886,4	13757,3	13786,7	13845,3	13874,7	13772,0	13860,0	78
79	13904	13921,6	13939,2	13956,8	13974,4	13992,0	14009,6	14027,2	14044,8	14062,4	13933,3	13962,7	14021,3	14050,7	13948,0	14036,0	79
80	14080	14097,6	14115,2	14132,8	14150,4	14168,0	14185,6	14203,2	14220,8	14238,4	14109,3	14138,7	14197,3	14226,7	14124,0	14212,0	80
81	14256	14273,6	14291,2	14308,8	14326,4	14344,0	14361,6	14379,2	14396,8	14414,4	14285,3	14314,7	14373,3	14402,7	14300,0	14388,0	81
82	14432	14449,6	14467,2	14484,8	14502,4	14520,0	14537,6	14555,2	14572,8	14590,4	14461,3	14490,7	14549,3	14578,7	14476,0	14564,0	82
83	14608	14625,6	14643,2	14660,8	14678,4	14696,0	14713,6	14731,2	14748,8	14766,4	14637,3	14666,7	14725,3	14754,7	14652,0	14740,0	83
84	14784	14801,6	14819,2	14836,8	14854,4	14872,0	14889,6	14907,2	14924,8	14942,4	14813,3	14842,7	14901,3	14930,7	14828,0	14916,0	84
85	14960	14977,6	14995,2	15012,8	15030,4	15048,0	15065,6	15083,2	15100,8	15118,4	14989,3	15018,7	15077,3	15106,7	15004,0	15092,0	85
86	15136	15153,6	15171,2	15188,8	15206,4	15224,0	15241,6	15259,2	15276,8	15294,4	15165,3	15194,7	15253,3	15282,7	15180,0	15268,0	86
87	15312	15329,6	15347,2	15364,8	15382,4	15400,0	15417,6	15435,2	15452,8	15470,4	15341,3	15370,7	15429,3	15458,7	15356,0	15444,0	87
88	15488	15505,6	15523,2	15540,8	15558,4	15576,0	15593,6	15611,2	15628,8	15646,4	15517,3	15546,7	15605,3	15634,7	15532,0	15620,0	88
89	15664	15681,6	15699,2	15716,8	15734,4	15752,0	15769,6	15787,2	15804,8	15822,4	15693,3	15722,7	15781,3	15810,7	15708,0	15796,0	89
90	15840	15857,6	15875,2	15892,8	15910,4	15928,0	15945,6	15963,2	15980,8	15998,4	15869,3	15898,7	15957,3	15986,7	15884,0	15972,0	90
91	16016	16033,6	16051,2	16068,8	16086,4	16104,0	16121,6	16139,2	16156,8	16174,4	16045,3	16074,7	16133,3	16162,7	16060,0	16148,0	91
92	16192	16209,6	16227,2	16244,8	16262,4	16280,0	16297,6	16315,2	16332,8	16350,4	16221,3	16250,7	16309,3	16338,7	16236,0	16324,0	92
93	16368	16385,6	16403,2	16420,8	16438,4	16456,0	16473,6	16491,2	16508,8	16526,4	16397,3	16426,7	16485,3	16514,7	16412,0	16500,0	93
94	16544	16561,6	16579,2	16596,8	16614,4	16632,0	16649,6	16667,2	16684,8	16702,4	16573,3	16602,7	16661,3	16690,7	16588,0	16676,0	94
95	16720	16737,6	16755,2	16772,8	16790,4	16808,0	16825,6	16843,2	16860,8	16878,4	16749,3	16778,7	16837,3	16866,7	16764,0	16852,0	95
96	16896	16913,6	16931,2	16948,8	16966,4	16984,0	17001,6	17019,2	17036,8	17054,4	16925,3	16954,7	17013,3	17042,7	16940,0	17028,0	96
97	17072	17089,6	17107,2	17124,8	17142,4	17160,0	17177,6	17195,2	17212,8	17230,4	17101,3	17130,7	17189,3	17218,7	17116,0	17204,0	97
98	17248	17265,6	17283,2	17300,8	17318,4	17336,0	17353,6	17371,2	17388,8	17406,4	17277,3	17306,7	17365,3	17394,7	17292,0	17380,0	98
99	17424	17441,6	17459,2	17476,8	17494,4	17512,0	17529,6	17547,2	17564,8	17582,4	17453,3	17482,7	17541,3	17570,7	17468,0	17556,0	99
100	17600	17617,6	17635,2	17652,8	17670,4	17688,0	17705,6	17723,2	17740,8	17758,4	17629,3	17658,7	17717,3	17746,7	17644,0	17732,0	100

177

	1	1/10 17,7	2/10 35,4	3/10 53,1	4/10 70,8	5/10 88,5	6/10 106,2	7/10 123,9	8/10 141,6	9/10 159,3	1/6 29,5	2/6 59,0	4/6 118,0	5/6 147,5	1/4 44,25	3/4 132,75	
1	177	194,7	212,4	230,1	247,8	265,5	283,2	300,9	318,6	336,3	206,5	236,0	295,0	324,5	221,3	309,8	1
2	354	371,7	389,4	407,1	424,8	442,5	460,2	477,9	495,6	513,3	383,5	413,0	472,0	501,5	398,3	486,8	2
3	531	548,7	566,4	584,1	601,8	619,5	637,2	654,9	672,6	690,3	560,5	590,0	649,0	678,5	575,3	663,8	3
4	708	725,7	743,4	761,1	778,8	796,5	814,2	831,9	849,6	867,3	737,5	767,0	826,0	855,5	752,3	840,8	4
5	885	902,7	920,4	938,1	955,8	973,5	991,2	1008,9	1026,6	1044,3	914,5	944,0	1003,0	1032,5	929,3	1017,8	5
6	1062	1079,7	1097,4	1115,1	1132,8	1150,5	1168,2	1185,9	1203,6	1221,3	1091,5	1121,0	1180,0	1209,5	1106,3	1194,8	6
7	1239	1256,7	1274,4	1292,1	1309,8	1327,5	1345,2	1362,9	1380,6	1398,3	1268,5	1298,0	1357,0	1386,5	1283,3	1371,8	7
8	1416	1433,7	1451,4	1469,1	1486,8	1504,5	1522,2	1539,9	1557,6	1575,3	1445,5	1475,0	1534,0	1563,5	1460,3	1548,8	8
9	1593	1610,7	1628,4	1646,1	1663,8	1681,5	1699,2	1716,9	1734,6	1752,3	1622,5	1652,0	1711,0	1740,5	1637,3	1725,8	9
10	1770	1787,7	1805,4	1823,1	1840,8	1858,5	1876,2	1893,9	1911,6	1929,3	1799,5	1829,0	1888,0	1917,5	1814,3	1902,8	10
11	1947	1964,7	1982,4	2000,1	2017,8	2035,5	2053,2	2070,9	2088,6	2106,3	1976,5	2006,0	2065,0	2094,5	1991,3	2079,8	11
12	2124	2141,7	2159,4	2177,1	2194,8	2212,5	2230,2	2247,9	2265,6	2283,3	2153,5	2183,0	2242,0	2271,5	2168,3	2256,8	12
13	2301	2318,7	2336,4	2354,1	2371,8	2389,5	2407,2	2424,9	2442,6	2460,3	2330,5	2360,0	2419,0	2448,5	2345,3	2433,8	13
14	2478	2495,7	2513,4	2531,1	2548,8	2566,5	2584,2	2601,9	2619,6	2637,3	2507,5	2537,0	2596,0	2625,5	2522,3	2610,8	14
15	2655	2672,7	2690,4	2708,1	2725,8	2743,5	2761,2	2778,9	2796,6	2814,3	2684,5	2714,0	2773,0	2802,5	2699,3	2787,8	15
16	2832	2849,7	2867,4	2885,1	2902,8	2920,5	2938,2	2955,9	2973,6	2991,3	2861,5	2891,0	2950,0	2979,5	2876,3	2964,8	16
17	3009	3026,7	3044,4	3062,1	3079,8	3097,5	3115,2	3132,9	3150,6	3168,3	3038,5	3068,0	3127,0	3156,5	3053,3	3141,8	17
18	3186	3203,7	3221,4	3239,1	3256,8	3274,5	3292,2	3309,9	3327,6	3345,3	3215,5	3245,0	3304,0	3333,5	3230,3	3318,8	18
19	3363	3380,7	3398,4	3416,1	3433,8	3451,5	3469,2	3486,9	3504,6	3522,3	3392,5	3422,0	3481,0	3510,5	3407,3	3495,8	19
20	3540	3557,7	3575,4	3593,1	3610,8	3628,5	3646,2	3663,9	3681,6	3699,3	3569,5	3599,0	3658,0	3687,5	3584,3	3672,8	20
21	3717	3734,7	3752,4	3770,1	3787,8	3805,5	3823,2	3840,9	3858,6	3876,3	3746,5	3776,0	3835,0	3864,5	3761,3	3849,8	21
22	3894	3911,7	3929,4	3947,1	3964,8	3982,5	4000,2	4017,9	4035,6	4053,3	3923,5	3953,0	4012,0	4041,5	3938,3	4026,8	22
23	4071	4088,7	4106,4	4124,1	4141,8	4159,5	4177,2	4194,9	4212,6	4230,3	4100,5	4130,0	4189,0	4218,5	4115,3	4203,8	23
24	4248	4265,7	4283,4	4301,1	4318,8	4336,5	4354,2	4371,9	4389,6	4407,3	4277,5	4307,0	4366,0	4395,5	4292,3	4380,8	24
25	4425	4442,7	4460,4	4478,1	4495,8	4513,5	4531,2	4548,9	4566,6	4584,3	4454,5	4484,0	4543,0	4572,5	4469,3	4557,8	25
26	4602	4619,7	4637,4	4655,1	4672,8	4690,5	4708,2	4725,9	4743,6	4761,3	4631,5	4661,0	4720,0	4749,5	4646,3	4734,8	26
27	4779	4796,7	4814,4	4832,1	4849,8	4867,5	4885,2	4902,9	4920,6	4938,3	4808,5	4838,0	4897,0	4926,5	4823,3	4911,8	27
28	4956	4973,7	4991,4	5009,1	5026,8	5044,5	5062,2	5079,9	5097,6	5115,3	4985,5	5015,0	5074,0	5103,5	5000,3	5088,8	28
29	5133	5150,7	5168,4	5186,1	5203,8	5221,5	5239,2	5256,9	5274,6	5292,3	5162,5	5192,0	5251,0	5280,5	5177,3	5265,8	29
30	5310	5327,7	5345,4	5363,1	5380,8	5398,5	5416,2	5433,9	5451,6	5469,3	5339,5	5369,0	5428,0	5457,5	5354,3	5442,8	30
31	5487	5504,7	5522,4	5540,1	5557,8	5575,5	5593,2	5610,9	5628,6	5646,3	5516,5	5546,0	5605,0	5634,5	5531,3	5619,8	31
32	5664	5681,7	5699,4	5717,1	5734,8	5752,5	5770,2	5787,9	5805,6	5823,3	5693,5	5723,0	5782,0	5811,5	5708,3	5796,8	32
33	5841	5858,7	5876,4	5894,1	5911,8	5929,5	5947,2	5964,9	5982,6	6000,3	5870,5	5900,0	5959,0	5988,5	5885,3	5973,8	33
34	6018	6035,7	6053,4	6071,1	6088,8	6106,5	6124,2	6141,9	6159,6	6177,3	6047,5	6077,0	6136,0	6165,5	6062,3	6150,8	34
35	6195	6212,7	6230,4	6248,1	6265,8	6283,5	6301,2	6318,9	6336,6	6354,3	6224,5	6254,0	6313,0	6342,5	6239,3	6327,8	35
36	6372	6389,7	6407,4	6425,1	6442,8	6460,5	6478,2	6495,9	6513,6	6531,3	6401,5	6431,0	6490,0	6519,5	6416,3	6504,8	36
37	6549	6566,7	6584,4	6602,1	6619,8	6637,5	6655,2	6672,9	6690,6	6708,3	6578,5	6608,0	6667,0	6696,5	6593,3	6681,8	37
38	6726	6743,7	6761,4	6779,1	6796,8	6814,5	6832,2	6849,9	6867,6	6885,3	6755,5	6785,0	6844,0	6873,5	6770,3	6858,8	38
39	6903	6920,7	6938,4	6956,1	6973,8	6991,5	7009,2	7026,9	7044,6	7062,3	6932,5	6962,0	7021,0	7050,5	6947,3	7035,8	39
40	7080	7097,7	7115,4	7133,1	7150,8	7168,5	7186,2	7203,9	7221,6	7239,3	7109,5	7139,0	7198,0	7227,5	7124,3	7212,8	40
41	7257	7274,7	7292,4	7310,1	7327,8	7345,5	7363,2	7380,9	7398,6	7416,3	7286,5	7316,0	7375,0	7404,5	7301,3	7389,8	41
42	7434	7451,7	7469,4	7487,1	7504,8	7522,5	7540,2	7557,9	7575,6	7593,3	7463,5	7493,0	7552,0	7581,5	7478,3	7566,8	42
43	7611	7628,7	7646,4	7664,1	7681,8	7699,5	7717,2	7734,9	7752,6	7770,3	7640,5	7670,0	7729,0	7758,5	7655,3	7743,8	43
44	7788	7805,7	7823,4	7841,1	7858,8	7876,5	7894,2	7911,9	7929,6	7947,3	7817,5	7847,0	7906,0	7935,5	7832,3	7920,8	44
45	7965	7982,7	8000,4	8018,1	8035,8	8053,5	8071,2	8088,9	8106,6	8124,3	7994,5	8024,0	8083,0	8112,5	8009,3	8097,8	45
46	8142	8159,7	8177,4	8195,1	8212,8	8230,5	8248,2	8265,9	8283,6	8301,3	8171,5	8201,0	8260,0	8289,5	8186,3	8274,8	46
47	8319	8336,7	8354,4	8372,1	8389,8	8407,5	8425,2	8442,9	8460,6	8478,3	8348,5	8378,0	8437,0	8466,5	8363,3	8451,8	47
48	8496	8513,7	8531,4	8549,1	8566,8	8584,5	8602,2	8619,9	8637,6	8655,3	8525,5	8555,0	8614,0	8643,5	8540,3	8628,8	48
49	8673	8690,7	8708,4	8726,1	8743,8	8761,5	8779,2	8796,9	8814,6	8832,3	8702,5	8732,0	8791,0	8820,5	8717,3	8805,8	49
50	8850	8867,7	8885,4	8903,1	8920,8	8938,5	8956,2	8973,9	8991,6	9009,3	8879,5	8909,0	8968,0	8997,5	8894,3	8982,8	50
51	9027	9044,7	9062,4	9030,1	9097,8	9115,5	9133,2	9150,9	9168,6	9186,3	9056,5	9086,0	9145,0	9174,5	9071,3	9159,8	51
52	9204	9221,7	9239,4	9257,1	9274,8	9292,5	9310,2	9327,9	9345,6	9363,3	9233,5	9263,0	9322,0	9351,5	9248,3	9336,8	52
53	9381	9398,7	9416,4	9434,1	9451,8	9469,5	9487,2	9504,9	9522,6	9540,3	9410,5	9440,0	9499,0	9528,5	9425,3	9513,8	53
54	9558	9575,7	9593,4	9611,1	9628,8	9646,5	9664,2	9681,9	9699,6	9717,3	9587,5	9617,0	9676,0	9705,5	9602,3	9690,8	54
55	9735	9752,7	9770,4	9788,1	9805,8	9823,5	9841,2	9858,9	9876,6	9894,3	9764,5	9794,0	9853,0	9882,5	9779,3	9867,8	55
56	9912	9929,7	9947,4	9965,1	9982,8	10000,5	10018,2	10035,9	10053,6	10071,3	9941,5	9971,0	10030,0	10059,5	9956,3	10044,8	56
57	10089	10106,7	10124,4	10142,1	10159,8	10177,5	10195,2	10212,9	10230,6	10248,3	10118,5	10148,0	10207,0	10236,5	10133,3	10221,8	57
58	10266	10283,7	10301,4	10319,1	10336,8	10354,5	10372,2	10389,9	10407,6	10425,3	10295,5	10325,0	10384,0	10413,5	10310,3	10398,8	58
59	10443	10460,7	10478,4	10496,1	10513,8	10531,5	10549,2	10566,9	10584,6	10602,3	10472,5	10502,0	10561,0	10590,5	10487,3	10575,8	59
60	10620	10637,7	10655,4	10673,1	10690,8	10708,5	10726,2	10743,9	10761,6	10779,3	10649,5	10679,0	10738,0	10767,5	10664,3	10752,8	60
61	10797	10814,7	10832,4	10850,1	10867,8	10885,5	10903,2	10920,9	10938,6	10956,3	10826,5	10856,0	10915,0	10944,5	10841,3	10929,8	61
62	10974	10991,7	11009,4	11027,1	11044,8	11062,5	11080,2	11097,9	11115,6	11133,3	11003,5	11033,0	11092,0	11121,5	11018,3	11106,8	62
63	11151	11168,7	11186,4	11204,1	11221,8	11239,5	11257,2	11274,9	11292,6	11310,3	11180,5	11210,0	11269,0	11298,5	11195,3	11283,8	63
64	11328	11345,7	11363,4	11381,1	11398,8	11416,5	11434,2	11451,9	11469,6	11487,3	11357,5	11387,0	11446,0	11475,5	11372,3	11460,8	64
65	11505	11522,7	11540,4	11558,1	11575,8	11593,5	11611,2	11628,9	11646,6	11664,3	11534,5	11564,0	11623,0	11652,5	11549,3	11637,8	65
66	11682	11699,7	11717,4	11735,1	11752,8	11770,5	11788,2	11805,9	11823,6	11841,3	11711,5	11741,0	11800,0	11829,5	11726,3	11814,8	66
67	11859	11876,7	11894,4	11912,1	11929,8	11947,5	11965,2	11982,9	12000,6	12018,3	11888,5	11918,0	11977,0	12006,5	11903,3	11991,8	67
68	12036	12053,7	12071,4	12089,1	12106,8	12124,5	12142,2	12159,9	12177,6	12195,3	12065,5	12095,0	12154,0	12183,5	12080,3	12168,8	68
69	12213	12230,7	12248,4	12266,1	12283,8	12301,5	12319,2	12336,9	12354,6	12372,3	12242,5	12272,0	12331,0	12360,5	12257,3	12345,8	69
70	12390	12407,7	12425,4	12443,1	12460,8	12478,5	12496,2	12513,9	12531,6	12549,3	12419,5	12449,0	12508,0	12537,5	12434,3	12522,8	70
71	12567	12584,7	12602,4	12620,1	12637,8	12655,5	12673,2	12690,9	12708,6	12726,3	12596,5	12626,0	12685,0	12714,5	12611,3	12699,8	71
72	12744	12761,7	12779,4	12797,1	12814,8	12832,5	12850,2	12867,9	12885,6	12903,3	12773,5	12803,0	12862,0	12891,5	12788,3	12876,8	72
73	12921	12938,7	12956,4	12974,1	12991,8	13009,5	13027,2	13044,9	13062,6	13080,3	12950,5	12980,0	13039,0	13068,5	12965,3	13053,8	73
74	13098	13115,7	13133,4	13151,1	13168,8	13186,5	13204,2	13221,9	13239,6	13257,3	13127,5	13157,0	13216,0	13245,5	13142,3	13230,8	74
75	13275	13292,7	13310,4	13328,1	13345,8	13363,5	13381,2	13398,9	13416,6	13434,3	13304,5	13334,0	13393,0	13422,5	13319,3	13407,8	75
76	13452	13469,7	13487,4	13505,1	13522,8	13540,5	13558,2	13575,9	13593,6	13611,3	13481,5	13511,0	13570,0	13599,5	13496,3	13584,8	76
77	13629	13646,7	13664,4	13692,1	13699,8	13717,5	13735,2	13752,9	13770,6	13788,3	13658,5	13688,0	13747,0	13776,5	13673,3	13761,8	77
78	13806	13823,7	13841,4	13859,1	13876,8	13894,5	13912,2	13929,9	13947,6	13965,3	13835,5	13865,0	13924,0	13953,5	13850,3	13938,8	78
79	13983	14000,7	14018,4	14036,1	14053,8	14071,5	14089,2	14106,9	14124,6	14142,3	14012,5	14042,0	14101,0	14130,5	14027,3	14115,8	79
80	14160	14177,7	14195,4	14213,1	14230,8	14248,5	14266,2	14283,9	14301,6	14319,3	14189,5	14219,0	14278,0	14307,5	14204,3	14292,8	80
81	14337	14354,7	14372,4	14390,1	14407,8	14425,5	14443,2	14460,9	14478,6	14496,3	14366,5	14396,0	14455,0	14484,5	14381,3	14469,8	81
82	14514	14531,7	14549,4	14567,1	14584,8	14602,5	14620,2	14637,9	14655,6	14673,3	14543,5	14573,0	14632,0	14661,5	14558,3	14646,8	82
83	14691	14708,7	14726,4	14744,1	14761,8	14779,5	14797,2	14814,9	14832,6	14850,3	14720,5	14750,0	14809,0	14838,5	14735,3	14823,8	83
84	14868	14885,7	14903,4	14921,1	14938,8	14956,5	14974,2	14991,9	15009,6	15027,3	14897,5	14927,0	14986,0	15015,5	14912,3	15000,8	84
85	15045	15062,7	15080,4	15098,1	15115,8	15133,5	15151,2	15168,9	15186,6	15204,3	15074,5	15104,0	15163,0	15192,5	15089,3	15177,8	85
86	15222	15239,7	15257,4	15275,1	15292,8	15310,5	15328,2	15345,9	15363,6	15381,3	15251,5	15281,0	15340,0	15369,5	15266,3	15354,8	86
87	15399	15416,7	15434,4	15452,1	15469,8	15487,5	15505,2	15522,9	15540,6	15558,3	15428,5	15458,0	15517,0	15546,5	15443,3	15531,8	87
88	15576	15593,7	15611,4	15629,1	15646,8	15664,5	15682,2	15699,9	15717,6	15735,3	15605,5	15635,0	15694,0	15723,5	15620,3	15708,8	88
89	15753	15770,7	15788,4	15806,1	15823,8	15841,5	15859,2	15876,9	15894,6	15912,3	15782,5	15812,0	15871,0	15900,5	15797,3	15885,8	89
90	15930	15947,7	15965,4	15983,1	16000,8	16018,5	16036,2	16053,9	16071,6	16089,3	15959,5	15989,0	16048,0	16077,5	15974,3	16062,8	90
91	16107	16124,7	16142,4	16160,1	16177,8	16195,5	16213,2	16230,9	16248,6	16266,3	16136,5	16166,0	16225,0	16254,5	16151,3	16239,8	91
92	16284	16301,7	16319,4	16337,1	16354,8	16372,5	16390,2	16407,9	16425,6	16443,3	16313,5	16343,0	16402,0	16431,5	16328,3	16416,8	92
93	16461	16478,7	16496,4	16514,1	16531,8	16549,5	16567,2	16584,9	16602,6	16620,3	16490,5	16520,0	16579,0	16608,5	16505,3	16593,8	93
94	16638	16655,7	16673,4	16691,1	16708,8	16726,5	16744,2	16761,9	16779,6	16797,3	16667,5	16697,0	16756,0	16785,5	16682,3	16770,8	94
95	16815	16832,7	16850,4	16868,1	16885,8	16903,5	16921,2	16938,9	16956,6	16974,3	16844,5	16874,0	16933,0	16962,5	16859,3	16947,8	95
96	16992	17009,7	17027,4	17045,1	17062,8	17080,5	17098,2	17115,9	17133,6	17151,3	17021,5	17051,0	17110,0	17139,5	17036,3	17124,8	96
97	17169	17186,7	17204,4	17222,1	17239,8	17257,5	17275,2	17292,9	17310,6	17328,3	17198,5	17228,0	17287,0	17316,5	17213,3	17301,8	97
98	17346	17363,7	17381,4	17399,1	17416,8	17434,5	17452,2	17469,9	17487,6	17505,3	17375,5	17405,0	17464,0	17493,5	17390,3	17478,8	98
99	17523	17540,7	17558,4	17576,1	17593,8	17611,5	17629,2	17646,9	17664,6	17682,3	17552,5	17582,0	17641,0	17670,5	17567,3	17655,8	99
100	17700	17717,7	17735,4	17753,1	17770,8	17788,5	17806,2	17823,9	17841,6	17859,3	17729,5	17759,0	17818,0	17847,5	17744,3	17832,8	100

178	1/10 17,8	2/10 35,6	3/10 53,4	4/10 71,2	5/10 89,0	6/10 106,8	7/10 124,6	8/10 142,4	9/10 160,2	1/6 29,666	2/6 59,333	4/6 118,666	5/6 148,333	1/4 44,5	3/4 133,5	
1	178	195,8	213,6	231,4	249,2	267,0	284,8	302,6	320,4	338,2	207,7	237,3	296,7	326,3	222,5	311,5	1
2	356	373,8	391,6	409,4	427,2	445,0	462,8	480,6	498,4	516,2	385,7	415,3	474,7	504,3	400,5	489,5	2
3	534	551,8	569,6	587,4	605,2	623,0	640,8	658,6	676,4	694,2	563,7	593,3	652,7	682,3	578,5	667,5	3
4	712	729,8	747,6	765,4	783,2	801,0	818,8	836,6	854,4	872,2	741,7	771,3	830,7	860,3	756,5	845,5	4
5	890	907,8	925,6	943,4	961,2	979,0	996,8	1014,6	1032,4	1050,2	919,7	949,3	1008,7	1038,3	934,5	1023,5	5
6	1068	1085,8	1103,6	1121,4	1139,2	1157,0	1174,8	1192,6	1210,4	1228,2	1097,7	1127,3	1186,7	1216,3	1112,5	1201,5	6
7	1246	1263,8	1281,6	1299,4	1317,2	1335,0	1352,8	1370,6	1388,4	1406,2	1275,7	1305,3	1364,7	1394,3	1290,5	1379,5	7
8	1424	1441,8	1459,6	1477,4	1495,2	1513,0	1530,8	1548,6	1566,4	1584,2	1453,7	1483,3	1542,7	1572,3	1468,5	1557,5	8
9	1602	1619,8	1637,6	1655,4	1673,2	1691,0	1708,8	1726,6	1744,4	1762,2	1631,7	1661,3	1720,7	1750,3	1646,5	1735,5	9
10	1780	1797,8	1815,6	1833,4	1851,2	1869,0	1886,8	1904,6	1922,4	1940,2	1809,7	1839,3	1898,7	1928,3	1824,5	1913,5	10
11	1958	1975,8	1993,6	2011,4	2029,2	2047,0	2064,8	2082,6	2100,4	2118,2	1987,7	2017,3	2076,7	2106,3	2002,5	2091,5	11
12	2136	2153,8	2171,6	2189,4	2207,2	2225,0	2242,8	2260,6	2278,4	2296,2	2165,7	2195,3	2254,7	2284,3	2180,5	2269,5	12
13	2314	2331,8	2349,6	2367,4	2385,2	2403,0	2420,8	2438,6	2456,4	2474,2	2343,7	2373,3	2432,7	2462,3	2358,5	2447,5	13
14	2492	2509,8	2527,6	2545,4	2563,2	2581,0	2598,8	2616,6	2634,4	2652,2	2521,7	2551,3	2610,7	2640,3	2536,5	2625,5	14
15	2670	2687,8	2705,6	2723,4	2741,2	2759,0	2776,8	2794,6	2812,4	2830,2	2699,7	2729,3	2788,7	2818,3	2714,5	2803,5	15
16	2848	2865,8	2883,6	2901,4	2919,2	2937,0	2954,8	2972,6	2990,4	3008,2	2877,7	2907,3	2966,7	2996,3	2892,5	2981,5	16
17	3026	3043,8	3061,6	3079,4	3097,2	3115,0	3132,8	3150,6	3168,4	3186,2	3055,7	3085,3	3144,7	3174,3	3070,5	3159,5	17
18	3204	3221,8	3239,6	3257,4	3275,2	3293,0	3310,8	3328,6	3346,4	3364,2	3233,7	3263,3	3322,7	3352,3	3248,5	3337,5	18
19	3382	3399,8	3417,6	3435,4	3453,2	3471,0	3488,8	3506,6	3524,4	3542,2	3411,7	3441,3	3500,7	3530,3	3426,5	3515,5	19
20	3560	3577,8	3595,6	3613,4	3631,2	3649,0	3666,8	3684,6	3702,4	3720,2	3589,7	3619,3	3678,7	3708,3	3604,5	3693,5	20
21	3738	3755,8	3773,6	3791,4	3809,2	3827,0	3844,8	3862,6	3880,4	3898,2	3767,7	3797,3	3856,7	3886,3	3782,5	3871,5	21
22	3916	3933,8	3951,6	3969,4	3987,2	4005,0	4022,8	4040,6	4058,4	4076,2	3945,7	3975,3	4034,7	4064,3	3960,5	4049,5	22
23	4094	4111,8	4129,6	4147,4	4165,2	4183,0	4200,8	4218,6	4236,4	4254,2	4123,7	4153,3	4212,7	4242,3	4138,5	4227,5	23
24	4272	4289,8	4307,6	4325,4	4343,2	4361,0	4378,8	4396,6	4414,4	4432,2	4301,7	4331,3	4390,7	4420,3	4316,5	4405,5	24
25	4450	4467,8	4485,6	4503,4	4521,2	4539,0	4556,8	4574,6	4592,4	4610,2	4479,7	4509,3	4568,7	4598,3	4494,5	4583,5	25
26	4628	4645,8	4663,6	4681,4	4699,2	4717,0	4734,8	4752,6	4770,4	4788,2	4657,7	4687,3	4746,7	4776,3	4672,5	4761,5	26
27	4806	4823,8	4841,6	4859,4	4877,2	4895,0	4912,8	4930,6	4948,4	4966,2	4835,7	4865,3	4924,7	4954,3	4850,5	4939,5	27
28	4984	5001,8	5019,6	5037,4	5055,2	5073,0	5090,8	5108,6	5126,4	5144,2	5013,7	5043,3	5102,7	5132,3	5028,5	5117,5	28
29	5162	5179,8	5197,6	5215,4	5233,2	5251,0	5268,8	5286,6	5304,4	5322,2	5191,7	5221,3	5280,7	5310,3	5206,5	5295,5	29
30	5340	5357,8	5375,6	5393,4	5411,2	5429,0	5446,8	5464,6	5482,4	5500,2	5369,7	5399,3	5458,7	5488,3	5384,5	5473,5	30
31	5518	5535,8	5553,6	5571,4	5589,2	5607,0	5624,8	5642,6	5660,4	5678,2	5547,7	5577,3	5636,7	5666,3	5562,5	5651,5	31
32	5696	5713,8	5731,6	5749,4	5767,2	5785,0	5802,8	5820,6	5838,4	5856,2	5725,7	5755,3	5814,7	5844,3	5740,5	5829,5	32
33	5874	5891,8	5909,6	5927,4	5945,2	5963,0	5980,8	5998,6	6016,4	6034,2	5903,7	5933,3	5992,7	6022,3	5918,5	6007,5	33
34	6052	6069,8	6087,6	6105,4	6123,2	6141,0	6158,8	6176,6	6194,4	6212,2	6081,7	6111,3	6170,7	6200,3	6096,5	6185,5	34
35	6230	6247,8	6265,6	6283,4	6301,2	6319,0	6336,8	6354,6	6372,4	6390,2	6259,7	6289,3	6348,7	6378,3	6274,5	6363,5	35
36	6408	6425,8	6443,6	6461,4	6479,2	6497,0	6514,8	6532,6	6550,4	6568,2	6437,7	6467,3	6526,7	6556,3	6452,5	6541,5	36
37	6586	6603,8	6621,6	6639,4	6657,2	6675,0	6692,8	6710,6	6728,4	6746,2	6615,7	6645,3	6704,7	6734,3	6630,5	6719,5	37
38	6764	6781,8	6799,6	6817,4	6835,2	6853,0	6870,8	6888,6	6906,4	6924,2	6793,7	6823,3	6882,7	6912,3	6808,5	6897,5	38
39	6942	6959,8	6977,6	6995,4	7013,2	7031,0	7048,8	7066,6	7084,4	7102,2	6971,7	7001,3	7060,7	7090,3	6986,5	7075,5	39
40	7120	7137,8	7155,6	7173,4	7191,2	7209,0	7226,8	7244,6	7262,4	7280,2	7149,7	7179,3	7238,7	7268,3	7164,5	7253,5	40
41	7298	7315,8	7333,6	7351,4	7369,2	7387,0	7404,8	7422,6	7440,4	7458,2	7327,7	7357,3	7416,7	7446,3	7342,5	7431,5	41
42	7476	7493,8	7511,6	7529,4	7547,2	7565,0	7582,8	7600,6	7618,4	7636,2	7505,7	7535,3	7594,7	7624,3	7520,5	7609,5	42
43	7654	7671,8	7689,6	7707,4	7725,2	7743,0	7760,8	7778,6	7796,4	7814,2	7683,7	7713,3	7772,7	7802,3	7698,5	7787,5	43
44	7832	7849,8	7867,6	7885,4	7903,2	7921,0	7938,8	7956,6	7974,4	7992,2	7861,7	7891,3	7950,7	7980,3	7876,5	7965,5	44
45	8010	8027,8	8045,6	8063,4	8081,2	8099,0	8116,8	8134,6	8152,4	8170,2	8039,7	8069,3	8128,7	8158,3	8054,5	8143,5	45
46	8188	8205,8	8223,6	8241,4	8259,2	8277,0	8294,8	8312,6	8330,4	8348,2	8217,7	8247,3	8306,7	8336,3	8232,5	8321,5	46
47	8366	8383,8	8401,6	8419,4	8437,2	8455,0	8472,8	8490,6	8508,4	8526,2	8395,7	8425,3	8484,7	8514,3	8410,5	8499,5	47
48	8544	8561,8	8579,6	8597,4	8615,2	8633,0	8650,8	8668,6	8686,4	8704,2	8573,7	8603,3	8662,7	8692,3	8588,5	8677,5	48
49	8722	8739,8	8757,6	8775,4	8793,2	8811,0	8828,8	8846,6	8864,4	8882,2	8751,7	8781,3	8840,7	8870,3	8766,5	8855,5	49
50	8900	8917,8	8935,6	8953,4	8971,2	8989,0	9006,8	9024,6	9042,4	9060,2	8929,7	8959,3	9018,7	9048,3	8944,5	9033,5	50
51	9078	9095,8	9113,6	9131,4	9149,2	9167,0	9184,8	9202,6	9220,4	9238,2	9107,7	9137,3	9196,7	9226,3	9122,5	9211,5	51
52	9256	9273,8	9291,6	9309,4	9327,2	9345,0	9362,8	9380,6	9398,4	9416,2	9285,7	9315,3	9374,7	9404,3	9300,5	9389,5	52
53	9434	9451,8	9469,6	9487,4	9505,2	9523,0	9540,8	9558,6	9576,4	9594,2	9463,7	9493,3	9552,7	9582,3	9478,5	9567,5	53
54	9612	9629,8	9647,6	9665,4	9683,2	9701,0	9718,8	9736,6	9754,4	9772,2	9641,7	9671,3	9730,7	9760,3	9656,5	9745,5	54
55	9790	9807,8	9825,6	9843,4	9861,2	9879,0	9896,8	9914,6	9932,4	9950,2	9819,7	9849,3	9908,7	9938,3	9834,5	9923,5	55
56	9968	9985,8	10003,6	10021,4	10039,2	10057,0	10074,8	10092,6	10110,4	10128,2	9997,7	10027,3	10086,7	10116,3	10012,5	10101,5	56
57	10146	10163,8	10181,6	10199,4	10217,2	10235,0	10252,8	10270,6	10288,4	10306,2	10175,7	10205,3	10264,7	10294,3	10190,5	10279,5	57
58	10324	10341,8	10359,6	10377,4	10395,2	10413,0	10430,8	10448,6	10466,4	10484,2	10353,7	10383,3	10442,7	10472,3	10368,5	10457,5	58
59	10502	10519,8	10537,6	10555,4	10573,2	10591,0	10608,8	10626,6	10644,4	10662,2	10531,7	10561,3	10620,7	10650,3	10546,5	10635,5	59
60	10680	10697,8	10715,6	10733,4	10751,2	10769,0	10786,8	10804,6	10822,4	10840,2	10709,7	10739,3	10798,7	10828,3	10724,5	10813,5	60
61	10858	10875,8	10893,6	10911,4	10929,2	10947,0	10964,8	10982,6	11000,4	11018,2	10887,7	10917,3	10976,7	11006,3	10902,5	10991,5	61
62	11036	11053,8	11071,6	11089,4	11107,2	11125,0	11142,8	11160,6	11178,4	11196,2	11065,7	11095,3	11154,7	11184,3	11080,5	11169,5	62
63	11214	11231,8	11249,6	11267,4	11285,2	11303,0	11320,8	11338,6	11356,4	11374,2	11243,7	11273,3	11332,7	11362,3	11258,5	11347,5	63
64	11392	11409,8	11427,6	11445,4	11463,2	11481,0	11498,8	11516,6	11534,4	11552,2	11421,7	11451,3	11510,7	11540,3	11436,5	11525,5	64
65	11570	11587,8	11605,6	11623,4	11641,2	11659,0	11676,8	11694,6	11712,4	11730,2	11599,7	11629,3	11688,7	11718,3	11614,5	11703,5	65
66	11748	11765,8	11783,6	11801,4	11819,2	11837,0	11854,8	11872,6	11890,4	11908,2	11777,7	11807,3	11866,7	11896,3	11792,5	11881,5	66
67	11926	11943,8	11961,6	11979,4	11997,2	12015,0	12032,8	12050,6	12068,4	12086,2	11955,7	11985,3	12044,7	12074,3	11970,5	12059,5	67
68	12104	12121,8	12139,6	12157,4	12175,2	12193,0	12210,8	12228,6	12246,4	12264,2	12133,7	12163,3	12222,7	12252,3	12148,5	12237,5	68
69	12282	12299,8	12317,6	12335,4	12353,2	12371,0	12388,8	12406,6	12424,4	12442,2	12311,7	12341,3	12400,7	12430,3	12326,5	12415,5	69
70	12460	12477,8	12495,6	12513,4	12531,2	12549,0	12566,8	12584,6	12602,4	12620,2	12489,7	12519,3	12578,7	12608,3	12504,5	12593,5	70
71	12638	12655,8	12673,6	12691,4	12709,2	12727,0	12744,8	12762,6	12780,4	12798,2	12667,7	12697,3	12756,7	12786,3	12682,5	12771,5	71
72	12816	12833,8	12851,6	12869,4	12887,2	12905,0	12922,8	12940,6	12958,4	12976,2	12845,7	12875,3	12934,7	12964,3	12860,5	12949,5	72
73	12994	13011,8	13029,6	13047,4	13065,2	13083,0	13100,8	13118,6	13136,4	13154,2	13023,7	13053,3	13112,7	13142,3	13038,5	13127,5	73
74	13172	13189,8	13207,6	13225,4	13243,2	13261,0	13278,8	13296,6	13314,4	13332,2	13201,7	13231,3	13290,7	13320,3	13216,5	13305,5	74
75	13350	13367,8	13385,6	13403,4	13421,2	13439,0	13456,8	13474,6	13492,4	13510,2	13379,7	13409,3	13468,7	13498,3	13394,5	13483,5	75
76	13528	13545,8	13563,6	13581,4	13599,2	13617,0	13634,8	13652,6	13670,4	13688,2	13557,7	13587,3	13646,7	13676,3	13572,5	13661,5	76
77	13706	13723,8	13741,6	13759,4	13777,2	13795,0	13812,8	13830,6	13848,4	13866,2	13735,7	13765,3	13824,7	13854,3	13750,5	13839,5	77
78	13884	13901,8	13919,6	13937,4	13955,2	13973,0	13990,8	14008,6	14026,4	14044,2	13913,7	13943,3	14002,7	14032,3	13928,5	14017,5	78
79	14062	14079,8	14097,6	14115,4	14133,2	14151,0	14168,8	14186,6	14204,4	14222,2	14091,7	14121,3	14180,7	14210,3	14106,5	14195,5	79
80	14240	14257,8	14275,6	14293,4	14311,2	14329,0	14346,8	14364,6	14382,4	14400,2	14269,7	14299,3	14358,7	14388,3	14284,5	14373,5	80
81	14418	14435,8	14453,6	14471,4	14489,2	14507,0	14524,8	14542,6	14560,4	14578,2	14447,7	14477,3	14536,7	14566,3	14462,5	14551,5	81
82	14596	14613,8	14631,6	14649,4	14667,2	14685,0	14702,8	14720,6	14738,4	14756,2	14625,7	14655,3	14714,7	14744,3	14640,5	14729,5	82
83	14774	14791,8	14809,6	14827,4	14845,2	14863,0	14880,8	14898,6	14916,4	14934,2	14803,7	14833,3	14892,7	14922,3	14818,5	14907,5	83
84	14952	14969,8	14987,6	15005,4	15023,2	15041,0	15058,8	15076,6	15094,4	15112,2	14981,7	15011,3	15070,7	15100,3	14996,5	15085,5	84
85	15130	15147,8	15165,6	15183,4	15201,2	15219,0	15236,8	15254,6	15272,4	15290,2	15159,7	15189,3	15248,7	15278,3	15174,5	15263,5	85
86	15308	15325,8	15343,6	15361,4	15379,2	15397,0	15414,8	15432,6	15450,4	15468,2	15337,7	15367,3	15426,7	15456,3	15352,5	15441,5	86
87	15486	15503,8	15521,6	15539,4	15557,2	15575,0	15592,8	15610,6	15628,4	15646,2	15515,7	15545,3	15604,7	15634,3	15530,5	15619,5	87
88	15664	15681,8	15699,6	15717,4	15735,2	15753,0	15770,8	15788,6	15806,4	15824,2	15693,7	15723,3	15782,7	15812,3	15708,5	15797,5	88
89	15842	15859,8	15877,6	15895,4	15913,2	15931,0	15948,8	15966,6	15984,4	16002,2	15871,7	15901,3	15960,7	15990,3	15886,5	15975,5	89
90	16020	16037,8	16055,6	16073,4	16091,2	16109,0	16126,8	16144,6	16162,4	16180,2	16049,7	16079,3	16138,7	16168,3	16064,5	16153,5	90
91	16198	16215,8	16233,6	16251,4	16269,2	16287,0	16304,8	16322,6	16340,4	16358,2	16227,7	16257,3	16316,7	16346,3	16242,5	16331,5	91
92	16376	16393,8	16411,6	16429,4	16447,2	16465,0	16482,8	16500,6	16518,4	16536,2	16405,7	16435,3	16494,7	16524,3	16420,5	16509,5	92
93	16554	16571,8	16589,6	16607,4	16625,2	16643,0	16660,8	16678,6	16696,4	16714,2	16583,7	16613,3	16672,7	16702,3	16598,5	16687,5	93
94	16732	16749,8	16767,6	16785,4	16803,2	16821,0	16838,8	16856,6	16874,4	16892,2	16761,7	16791,3	16850,7	16880,3	16776,5	16865,5	94
95	16910	16927,8	16945,6	16963,4	16981,2	16999,0	17016,8	17034,6	17052,4	17070,2	16939,7	16969,3	17028,7	17058,3	16954,5	17043,5	95
96	17088	17105,8	17123,6	17141,4	17159,2	17177,0	17194,8	17212,6	17230,4	17248,2	17117,7	17147,3	17206,7	17236,3	17132,5	17221,5	96
97	17266	17283,8	17301,6	17319,4	17337,2	17355,0	17372,8	17390,6	17408,4	17426,2	17295,7	17325,3	17384,7	17414,3	17310,5	17399,5	97
98	17444	17461,8	17479,6	17497,4	17515,2	17533,0	17550,8	17568,6	17586,4	17604,2	17473,7	17503,3	17562,7	17592,3	17488,5	17577,5	98
99	17622	17639,8	17657,6	17675,4	17693,2	17711,0	17728,8	17746,6	17764,4	17782,2	17651,7	17681,3	17740,7	17770,3	17666,5	17755,5	99
100	17800	17817,8	17835,6	17853,4	17871,2	17889,0	17906,8	17924,6	17942,4	17960,2	17829,7	17859,3	17918,7	17948,3	17844,5	17933,5	100

		1/10 17,9	2/10 35,8	3/10 53,7	4/10 71,6	5/10 89,5	6/10 107,4	7/10 125,3	8/10 143,2	9/10 161,1	1/6 29,833	2/6 59,666	4/6 119,333	5/6 149,166	1/4 44,75	3/4 134,25	
1	179	196,9	214,8	232,7	250,6	268,5	286,4	304,3	322,2	340,1	208,8	238,7	298,3	328,2	223,8	313,3	1
2	358	375,9	393,8	411,7	429,6	447,5	465,4	483,3	501,2	519,1	387,8	417,7	477,3	507,2	402,8	492,3	2
3	537	554,9	572,8	590,7	608,6	626,5	644,4	662,3	680,2	698,1	566,8	596,7	656,3	686,2	581,8	671,3	3
4	716	733,9	751,8	769,7	787,6	805,5	823,4	841,3	859,2	877,1	745,8	775,7	835,3	865,2	760,8	850,3	4
5	895	912,9	930,8	948,7	966,6	984,5	1002,4	1020,3	1038,2	1056,1	924,8	954,7	1014,3	1044,2	939,8	1029,3	5
6	1074	1091,9	1109,8	1127,7	1145,6	1163,5	1181,4	1199,3	1217,2	1235,1	1103,8	1133,7	1193,3	1223,2	1118,8	1208,3	6
7	1253	1270,9	1288,8	1306,7	1324,6	1342,5	1360,4	1378,3	1396,2	1414,1	1282,8	1312,7	1372,3	1402,2	1297,8	1387,3	7
8	1432	1449,9	1467,8	1485,7	1503,6	1521,5	1539,4	1557,3	1575,2	1593,1	1461,8	1491,7	1551,3	1581,2	1476,8	1566,3	8
9	1611	1628,9	1646,8	1664,7	1682,6	1700,5	1718,4	1736,3	1754,2	1772,1	1640,8	1670,7	1730,3	1760,2	1655,8	1745,3	9
10	1790	1807,9	1825,8	1843,7	1861,6	1879,5	1897,4	1915,3	1933,2	1951,1	1819,8	1849,7	1909,3	1939,2	1834,8	1924,3	10
11	1969	1986,9	2004,8	2022,7	2040,6	2058,5	2076,4	2094,3	2112,2	2130,1	1998,8	2028,7	2088,3	2118,2	2013,8	2103,3	11
12	2148	2165,9	2183,8	2201,7	2219,6	2237,5	2255,4	2273,3	2291,2	2309,1	2177,8	2207,7	2267,3	2297,2	2192,8	2282,3	12
13	2327	2344,9	2362,8	2380,7	2398,6	2416,5	2434,4	2452,3	2470,2	2488,1	2356,8	2386,7	2446,3	2476,2	2371,8	2461,3	13
14	2506	2523,9	2541,8	2559,7	2577,6	2595,5	2613,4	2631,3	2649,2	2667,1	2535,8	2565,7	2625,3	2655,2	2550,8	2640,3	14
15	2685	2702,9	2720,8	2738,7	2756,6	2774,5	2792,4	2810,3	2828,2	2846,1	2714,8	2744,7	2804,3	2834,2	2729,8	2819,3	15
16	2864	2881,9	2899,8	2917,7	2935,6	2953,5	2971,4	2989,3	3007,2	3025,1	2893,8	2923,7	2983,3	3013,2	2908,8	2998,3	16
17	3043	3060,9	3078,8	3096,7	3114,6	3132,5	3150,4	3168,3	3186,2	3204,1	3072,8	3102,7	3162,3	3192,2	3087,8	3177,3	17
18	3222	3239,9	3257,8	3275,7	3293,6	3311,5	3329,4	3347,3	3365,2	3383,1	3251,8	3281,7	3341,3	3371,2	3266,8	3356,3	18
19	3401	3418,9	3436,8	3454,7	3472,6	3490,5	3508,4	3526,3	3544,2	3562,1	3430,8	3460,7	3520,3	3550,2	3445,8	3535,3	19
20	3580	3597,9	3615,8	3633,7	3651,6	3669,5	3687,4	3705,3	3723,2	3741,1	3609,8	3639,7	3699,3	3729,2	3624,8	3714,3	20
21	3759	3776,9	3794,8	3812,7	3830,6	3848,5	3866,4	3884,3	3902,2	3920,1	3788,8	3818,7	3878,3	3908,2	3803,8	3893,3	21
22	3938	3955,9	3973,8	3991,7	4009,6	4027,5	4045,4	4063,3	4081,2	4099,1	3967,8	3997,7	4057,3	4087,2	3982,8	4072,3	22
23	4117	4134,9	4152,8	4170,7	4188,6	4206,5	4224,4	4242,3	4260,2	4278,1	4146,8	4176,7	4236,3	4266,2	4161,8	4251,3	23
24	4296	4313,9	4331,8	4349,7	4367,6	4385,5	4403,4	4421,3	4439,2	4457,1	4325,8	4355,7	4415,3	4445,2	4340,8	4430,3	24
25	4475	4492,9	4510,8	4528,7	4546,6	4564,5	4582,4	4600,3	4618,2	4636,1	4504,8	4534,7	4594,3	4624,2	4519,8	4609,3	25
26	4654	4671,9	4689,8	4707,7	4725,6	4743,5	4761,4	4779,3	4797,2	4815,1	4683,8	4713,7	4773,3	4803,2	4698,8	4788,3	26
27	4833	4850,9	4868,8	4886,7	4904,6	4922,5	4940,4	4958,3	4976,2	4994,1	4862,8	4892,7	4952,3	4982,2	4877,8	4967,3	27
28	5012	5029,9	5047,8	5065,7	5083,6	5101,5	5119,4	5137,3	5155,2	5173,1	5041,8	5071,7	5131,3	5161,2	5056,8	5146,3	28
29	5191	5208,9	5226,8	5244,7	5262,6	5280,5	5298,4	5316,3	5334,2	5352,1	5220,8	5250,7	5310,3	5340,2	5235,8	5325,3	29
30	5370	5387,9	5405,8	5423,7	5441,6	5459,5	5477,4	5495,3	5513,2	5531,1	5399,8	5429,7	5489,3	5519,2	5414,8	5504,3	30
31	5549	5566,9	5584,8	5602,7	5620,6	5638,5	5656,4	5674,3	5692,2	5710,1	5578,8	5608,7	5668,3	5698,2	5593,8	5683,3	31
32	5728	5745,9	5763,8	5781,7	5799,6	5817,5	5835,4	5853,3	5871,2	5889,1	5757,8	5787,7	5847,3	5877,2	5772,8	5862,3	32
33	5907	5924,9	5942,8	5960,7	5978,6	5996,5	6014,4	6032,3	6050,2	6068,1	5936,8	5966,7	6026,3	6056,2	5951,8	6041,3	33
34	6086	6103,9	6121,8	6139,7	6157,6	6175,5	6193,4	6211,3	6229,2	6247,1	6115,8	6145,7	6205,3	6235,2	6130,8	6220,3	34
35	6265	6282,9	6300,8	6318,7	6336,6	6354,5	6372,4	6390,3	6408,2	6426,1	6294,8	6324,7	6384,3	6414,2	6309,8	6399,3	35
36	6444	6461,9	6479,8	6497,7	6515,6	6533,5	6551,4	6569,3	6587,2	6605,1	6473,8	6503,7	6563,3	6593,2	6488,8	6578,3	36
37	6623	6640,9	6658,8	6676,7	6694,6	6712,5	6730,4	6748,3	6766,2	6784,1	6652,8	6682,7	6742,3	6772,2	6667,8	6757,3	37
38	6802	6819,9	6837,8	6855,7	6873,6	6891,5	6909,4	6927,3	6945,2	6963,1	6831,8	6861,7	6921,3	6951,2	6846,8	6936,3	38
39	6981	6998,9	7016,8	7034,7	7052,6	7070,5	7088,4	7106,3	7124,2	7142,1	7010,8	7040,7	7100,3	7130,2	7025,8	7115,3	39
40	7160	7177,9	7195,8	7213,7	7231,6	7249,5	7267,4	7285,3	7303,2	7321,1	7189,8	7219,7	7279,3	7309,2	7204,8	7294,3	40
41	7339	7356,9	7374,8	7392,7	7410,6	7428,5	7446,4	7464,3	7482,2	7500,1	7368,8	7398,7	7458,3	7488,2	7383,8	7473,3	41
42	7518	7535,9	7553,8	7571,7	7589,6	7607,5	7625,4	7643,3	7661,2	7679,1	7547,8	7577,7	7637,3	7667,2	7562,8	7652,3	42
43	7697	7714,9	7732,8	7750,7	7768,6	7786,5	7804,4	7822,3	7840,2	7858,1	7726,8	7756,7	7816,3	7846,2	7741,8	7831,3	43
44	7876	7893,9	7911,8	7929,7	7947,6	7965,5	7983,4	8001,3	8019,2	8037,1	7905,8	7935,7	7995,3	8025,2	7920,8	8010,3	44
45	8055	8072,9	8090,8	8108,7	8126,6	8144,5	8162,4	8180,3	8198,2	8216,1	8084,8	8114,7	8174,3	8204,2	8099,8	8189,3	45
46	8234	8251,9	8269,8	8287,7	8305,6	8323,5	8341,4	8359,3	8377,2	8395,1	8263,8	8293,7	8353,3	8383,2	8278,8	8368,3	46
47	8413	8430,9	8448,8	8466,7	8484,6	8502,5	8520,4	8538,3	8556,2	8574,1	8442,8	8472,7	8532,3	8562,2	8457,8	8547,3	47
48	8592	8609,9	8627,8	8645,7	8663,6	8681,5	8699,4	8717,3	8735,2	8753,1	8621,8	8651,7	8711,3	8741,2	8636,8	8726,3	48
49	8771	8788,9	8806,8	8824,7	8842,6	8860,5	8878,4	8896,3	8914,2	8932,1	8800,8	8830,7	8890,3	8920,2	8815,8	8905,3	49
50	8950	8967,9	8985,8	9003,7	9021,6	9039,5	9057,4	9075,3	9093,2	9111,1	8979,8	9009,7	9069,3	9099,2	8994,8	9084,3	50
51	9129	9146,9	9164,8	9182,7	9200,6	9218,5	9236,4	9254,3	9272,2	9290,1	9158,8	9188,7	9248,3	9278,2	9173,8	9263,3	51
52	9308	9325,9	9343,8	9361,7	9379,6	9397,5	9415,4	9433,3	9451,2	9469,1	9337,8	9367,7	9427,3	9457,2	9352,8	9442,3	52
53	9487	9504,9	9522,8	9540,7	9558,6	9576,5	9594,4	9612,3	9630,2	9648,1	9516,8	9546,7	9606,3	9636,2	9531,8	9621,3	53
54	9666	9683,9	9701,8	9719,7	9737,6	9755,5	9773,4	9791,3	9809,2	9827,1	9695,8	9725,7	9785,3	9815,2	9710,8	9800,3	54
55	9845	9862,9	9880,8	9898,7	9916,6	9934,5	9952,4	9970,3	9988,2	10006,1	9874,8	9904,7	9964,3	9994,2	9889,8	9979,3	55
56	10024	10041,9	10059,8	10077,7	10095,6	10113,5	10131,4	10149,3	10167,2	10185,1	10053,8	10083,7	10143,3	10173,2	10068,8	10158,3	56
57	10203	10220,9	10238,8	10256,7	10274,6	10292,5	10310,4	10328,3	10346,2	10364,1	10232,8	10262,7	10322,3	10352,2	10247,8	10337,3	57
58	10382	10399,9	10417,8	10435,7	10453,6	10471,5	10489,4	10507,3	10525,2	10543,1	10411,8	10441,7	10501,3	10531,2	10426,8	10516,3	58
59	10561	10578,9	10596,8	10614,7	10632,6	10650,5	10668,4	10686,3	10704,2	10722,1	10590,8	10620,7	10680,3	10710,2	10605,8	10695,3	59
60	10740	10757,9	10775,8	10793,7	10811,6	10829,5	10847,4	10865,3	10883,2	10901,1	10769,8	10799,7	10859,3	10889,2	10784,8	10874,3	60
61	10919	10936,9	10954,8	10972,7	10990,6	11008,5	11026,4	11044,3	11062,2	11080,1	10948,8	10978,7	11038,3	11068,2	10963,8	11053,3	61
62	11098	11115,9	11133,8	11151,7	11169,6	11187,5	11205,4	11223,3	11241,2	11259,1	11127,8	11157,7	11217,3	11247,2	11142,8	11232,3	62
63	11277	11294,9	11312,8	11330,7	11348,6	11366,5	11384,4	11402,3	11420,2	11438,1	11306,8	11336,7	11396,3	11426,2	11321,8	11411,3	63
64	11456	11473,9	11491,8	11509,7	11527,6	11545,5	11563,4	11581,3	11599,2	11617,1	11485,8	11515,7	11575,3	11605,2	11500,8	11590,3	64
65	11635	11652,9	11670,8	11688,7	11706,6	11724,5	11742,4	11760,3	11778,2	11796,1	11664,8	11694,7	11754,3	11784,2	11679,8	11769,3	65
66	11814	11831,9	11849,8	11867,7	11885,6	11903,5	11921,4	11939,3	11957,2	11975,1	11843,8	11873,7	11933,3	11963,2	11858,8	11948,3	66
67	11993	12010,9	12028,8	12046,7	12064,6	12082,5	12100,4	12118,3	12136,2	12154,1	12022,8	12052,7	12112,3	12142,2	12037,8	12127,3	67
68	12172	12189,9	12207,8	12225,7	12243,6	12261,5	12279,4	12297,3	12315,2	12333,1	12201,8	12231,7	12291,3	12321,2	12216,8	12306,3	68
69	12351	12368,9	12386,8	12404,7	12422,6	12440,5	12458,4	12476,3	12494,2	12512,1	12380,8	12410,7	12470,3	12500,2	12395,8	12485,3	69
70	12530	12547,9	12565,8	12583,7	12601,6	12619,5	12637,4	12655,3	12673,2	12691,1	12559,8	12589,7	12649,3	12679,2	12574,8	12664,3	70
71	12709	12726,9	12744,8	12762,7	12780,6	12798,5	12816,4	12834,3	12852,2	12870,1	12738,8	12768,7	12828,3	12858,2	12753,8	12843,3	71
72	12888	12905,9	12923,8	12941,7	12959,6	12977,5	12995,4	13013,3	13031,2	13049,1	12917,8	12947,7	13007,3	13037,2	12932,8	13022,3	72
73	13067	13084,9	13102,8	13120,7	13138,6	13156,5	13174,4	13192,3	13210,2	13228,1	13096,8	13126,7	13186,3	13216,2	13111,8	13201,3	73
74	13246	13263,9	13281,8	13299,7	13317,6	13335,5	13353,4	13371,3	13389,2	13407,1	13275,8	13305,7	13365,3	13395,2	13290,8	13380,3	74
75	13425	13442,9	13460,8	13478,7	13496,6	13514,5	13532,4	13550,3	13568,2	13586,1	13454,8	13484,7	13544,3	13574,2	13469,8	13559,3	75
76	13604	13621,9	13639,8	13657,7	13675,6	13693,5	13711,4	13729,3	13747,2	13765,1	13633,8	13663,7	13723,3	13753,2	13648,8	13738,3	76
77	13783	13800,9	13818,8	13836,7	13854,6	13872,5	13890,4	13908,3	13926,2	13944,1	13812,8	13842,7	13902,3	13932,2	13827,8	13917,3	77
78	13962	13979,9	13997,8	14015,7	14033,6	14051,5	14069,4	14087,3	14105,2	14123,1	13991,8	14021,7	14081,3	14111,2	14006,8	14096,3	78
79	14141	14158,9	14176,8	14194,7	14212,6	14230,5	14248,4	14266,3	14284,2	14302,1	14170,8	14200,7	14260,3	14290,2	14185,8	14275,3	79
80	14320	14337,9	14355,8	14373,7	14391,6	14409,5	14427,4	14445,3	14463,2	14481,1	14349,8	14379,7	14439,3	14469,2	14364,8	14454,3	80
81	14499	14516,9	14534,8	14552,7	14570,6	14588,5	14606,4	14624,3	14642,2	14660,1	14528,8	14558,7	14618,3	14648,2	14543,8	14633,3	81
82	14678	14695,9	14713,8	14731,7	14749,6	14767,5	14785,4	14803,3	14821,2	14839,1	14707,8	14737,7	14797,3	14827,2	14722,8	14812,3	82
83	14857	14874,9	14892,8	14910,7	14928,6	14946,5	14964,4	14982,3	15000,2	15018,1	14886,8	14916,7	14976,3	15006,2	14901,8	14991,3	83
84	15036	15053,9	15071,8	15089,7	15107,6	15125,5	15143,4	15161,3	15179,2	15197,1	15065,8	15095,7	15155,3	15185,2	15080,8	15170,3	84
85	15215	15232,9	15250,8	15268,7	15286,6	15304,5	15322,4	15340,3	15358,2	15376,1	15244,8	15274,7	15334,3	15364,2	15259,8	15349,3	85
86	15394	15411,9	15429,8	15447,7	15465,6	15483,5	15501,4	15519,3	15537,2	15555,1	15423,8	15453,7	15513,3	15543,2	15438,8	15528,3	86
87	15573	15590,9	15608,8	15626,7	15644,6	15662,5	15680,4	15698,3	15716,2	15734,1	15602,8	15632,7	15692,3	15722,2	15617,8	15707,3	87
88	15752	15769,9	15787,8	15805,7	15823,6	15841,5	15859,4	15877,3	15895,2	15913,1	15781,8	15811,7	15871,3	15901,2	15796,8	15886,3	88
89	15931	15948,9	15966,8	15984,7	16002,6	16020,5	16038,4	16056,3	16074,2	16092,1	15960,8	15990,7	16050,3	16080,2	15975,8	16065,3	89
90	16110	16127,9	16145,8	16163,7	16181,6	16199,5	16217,4	16235,3	16253,2	16271,1	16139,8	16169,7	16229,3	16259,2	16154,8	16244,3	90
91	16289	16306,9	16324,8	16342,7	16360,6	16378,5	16396,4	16414,3	16432,2	16450,1	16318,8	16348,7	16408,3	16438,2	16333,8	16423,3	91
92	16468	16485,9	16503,8	16521,7	16539,6	16557,5	16575,4	16593,3	16611,2	16629,1	16497,8	16527,7	16587,3	16617,2	16512,8	16602,3	92
93	16647	16664,9	16682,8	16700,7	16718,6	16736,5	16754,4	16772,3	16790,2	16808,1	16676,8	16706,7	16766,3	16796,2	16691,8	16781,3	93
94	16826	16843,9	16861,8	16879,7	16897,6	16915,5	16933,4	16951,3	16969,2	16987,1	16855,8	16885,7	16945,3	16975,2	16870,8	16960,3	94
95	17005	17022,9	17040,8	17058,7	17076,6	17094,5	17112,4	17130,3	17148,2	17166,1	17034,8	17064,7	17124,3	17154,2	17049,8	17139,3	95
96	17184	17201,9	17219,8	17237,7	17255,6	17273,5	17291,4	17309,3	17327,2	17345,1	17213,8	17243,7	17303,3	17333,2	17228,8	17318,3	96
97	17363	17380,9	17398,8	17416,7	17434,6	17452,5	17470,4	17488,3	17506,2	17524,1	17392,8	17422,7	17482,3	17512,2	17407,8	17497,3	97
98	17542	17559,9	17577,8	17595,7	17613,6	17631,5	17649,4	17667,3	17685,2	17703,1	17571,8	17601,7	17661,3	17691,2	17586,8	17676,3	98
99	17721	17738,9	17756,8	17774,7	17792,6	17810,5	17828,4	17846,3	17864,2	17882,1	17750,8	17780,7	17840,3	17870,2	17765,8	17855,3	99
100	17900	17917,9	17935,8	17953,7	17971,6	17989,5	18007,4	18025,3	18043,2	18061,1	17929,8	17959,7	18019,3	18049,2	17944,8	18034,3	100

180		1/10 18,0	2/10 36,0	3/10 54,0	4/10 72,0	5/10 90,0	6/10 108,0	7/10 126,0	8/10 144,0	9/10 162,0	1/6 30,0	2/6 60,0	4/6 120,0	5/6 150,0	1/4 45,0	3/4 135,0	
1	180	198,0	216,0	234,0	252,0	270,0	288,0	306,0	324,0	342,0	210,0	240,0	300,0	330,0	225,0	315,0	1
2	360	378,0	396,0	414,0	432,0	450,0	468,0	486,0	504,0	522,0	390,0	420,0	480,0	510,0	405,0	495,0	2
3	540	558,0	576,0	594,0	612,0	630,0	648,0	666,0	684,0	702,0	570,0	600,0	660,0	690,0	585,0	675,0	3
4	720	738,0	756,0	774,0	792,0	810,0	828,0	846,0	864,0	882,0	750,0	780,0	840,0	870,0	765,0	855,0	4
5	900	918,0	936,0	954,0	972,0	990,0	1008,0	1026,0	1044,0	1062,0	930,0	960,0	1020,0	1050,0	945,0	1035,0	5
6	1080	1098,0	1116,0	1134,0	1152,0	1170,0	1188,0	1206,0	1224,0	1242,0	1110,0	1140,0	1200,0	1230,0	1125,0	1215,0	6
7	1260	1278,0	1296,0	1314,0	1332,0	1350,0	1368,0	1386,0	1404,0	1422,0	1290,0	1320,0	1380,0	1410,0	1305,0	1395,0	7
8	1440	1458,0	1476,0	1494,0	1512,0	1530,0	1548,0	1566,0	1584,0	1602,0	1470,0	1500,0	1560,0	1590,0	1485,0	1575,0	8
9	1620	1638,0	1656,0	1674,0	1692,0	1710,0	1728,0	1746,0	1764,0	1782,0	1650,0	1680,0	1740,0	1770,0	1665,0	1755,0	9
10	1800	1818,0	1836,0	1854,0	1872,0	1890,0	1908,0	1926,0	1944,0	1962,0	1830,0	1860,0	1920,0	1950,0	1845,0	1935,0	10
11	1980	1998,0	2016,0	2034,0	2052,0	2070,0	2088,0	2106,0	2124,0	2142,0	2010,0	2040,0	2100,0	2130,0	2025,0	2115,0	11
12	2160	2178,0	2196,0	2214,0	2232,0	2250,0	2268,0	2286,0	2304,0	2322,0	2190,0	2220,0	2280,0	2310,0	2205,0	2295,0	12
13	2340	2358,0	2376,0	2394,0	2412,0	2430,0	2448,0	2466,0	2484,0	2502,0	2370,0	2400,0	2460,0	2490,0	2385,0	2475,0	13
14	2520	2538,0	2556,0	2574,0	2592,0	2610,0	2628,0	2646,0	2664,0	2682,0	2550,0	2580,0	2640,0	2670,0	2565,0	2655,0	14
15	2700	2718,0	2736,0	2754,0	2772,0	2790,0	2808,0	2826,0	2844,0	2862,0	2730,0	2760,0	2820,0	2850,0	2745,0	2835,0	15
16	2880	2898,0	2916,0	2934,0	2952,0	2970,0	2988,0	3006,0	3024,0	3042,0	2910,0	2940,0	3000,0	3030,0	2925,0	3015,0	16
17	3060	3078,0	3096,0	3114,0	3132,0	3150,0	8168,0	3186,0	3204,0	3222,0	3090,0	3120,0	3180,0	3210,0	3105,0	3195,0	17
18	3240	3258,0	3276,0	3294,0	3312,0	3330,0	3348,0	3366,0	3384,0	3402,0	3270,0	3300,0	3360,0	3390,0	3285,0	3375,0	18
19	3420	3438,0	3456,0	3474,0	3492,0	3510,0	3528,0	3546,0	3564,0	3582,0	3450,0	3480,0	3540,0	3570,0	3465,0	3555,0	19
20	3600	3618,0	3636,0	3654,0	3672,0	3690,0	3708,0	3726,0	3744,0	3762,0	3630,0	3660,0	3720,0	3750,0	3645,0	3735,0	20
21	3780	3798,0	3816,0	3834,0	3852,0	3870,0	3888,0	3906,0	3924,0	3942,0	3810,0	3840,0	3900,0	3930,0	3825,0	3915,0	21
22	3960	3978,0	3996,0	4014,0	4032,0	4050,0	4068,0	4086,0	4104,0	4122,0	3990,0	4020,0	4080,0	4110,0	4005,0	4095,0	22
23	4140	4158,0	4176,0	4194,0	4212,0	4230,0	4248,0	4266,0	4284,0	4302,0	4170,0	4200,0	4260,0	4290,0	4185,0	4275,0	23
24	4320	4338,0	4356,0	4374,0	4392,0	4410,0	4428,0	4446,0	4464,0	4482,0	4350,0	4380,0	4440,0	4470,0	4365,0	4455,0	24
25	4500	4518,0	4536,0	4554,0	4572,0	4590,0	4608,0	4626,0	4644,0	4662,0	4530,0	4560,0	4620,0	4650,0	4545,0	4635,0	25
26	4680	4698,0	4716,0	4734,0	4752,0	4770,0	4788,0	4806,0	4824,0	4842,0	4710,0	4740,0	4800,0	4830,0	4725,0	4815,0	26
27	4860	4878,0	4896,0	4914,0	4932,0	4950,0	4968,0	4986,0	5004,0	5022,0	4890,0	4920,0	4980,0	5010,0	4905,0	4995,0	27
28	5040	5058,0	5076,0	5094,0	5112,0	5130,0	5148,0	5166,0	5184,0	5202,0	5070,0	5100,0	5160,0	5190,0	5085,0	5175,0	28
29	5220	5238,0	5256,0	5274,0	5292,0	5310,0	5328,0	5346,0	5364,0	5382,0	5250,0	5280,0	5340,0	5370,0	5265,0	5355,0	29
30	5400	5418,0	5436,0	5454,0	5472,0	5490,0	5508,0	5526,0	5544,0	5562,0	5430,0	5460,0	5520,0	5550,0	5445,0	5535,0	30
31	5580	5598,0	5616,0	5634,0	5652,0	5670,0	5688,0	5706,0	5724,0	5742,0	5610,0	5640,0	5700,0	5730,0	5625,0	5715,0	31
32	5760	5778,0	5796,0	5814,0	5832,0	5850,0	5868,0	5886,0	5904,0	5922,0	5790,0	5820,0	5880,0	5910,0	5805,0	5895,0	32
33	5940	5958,0	5976,0	5994,0	6012,0	6030,0	6048,0	6066,0	6084,0	6102,0	5970,0	6000,0	6060,0	6090,0	5985,0	6075,0	33
34	6120	6138,0	6156,0	6174,0	6192,0	6210,0	6228,0	6246,0	6264,0	6282,0	6150,0	6180,0	6240,0	6270,0	6165,0	6255,0	34
35	6300	6318,0	6336,0	6354,0	6372,0	6390,0	6408,0	6426,0	6444,0	6462,0	6330,0	6360,0	6420,0	6450,0	6345,0	6435,0	35
36	6480	6498,0	6516,0	6534,0	6552,0	6570,0	6588,0	6606,0	6624,0	6642,0	6510,0	6540,0	6600,0	6630,0	6525,0	6615,0	36
37	6660	6678,0	6696,0	6714,0	6732,0	6750,0	6768,0	6786,0	6804,0	6822,0	6690,0	6720,0	6780,0	6810,0	6705,0	6795,0	37
38	6840	6858,0	6876,0	6894,0	6912,0	6930,0	6948,0	6966,0	6984,0	7002,0	6870,0	6900,0	6960,0	6990,0	6885,0	6975,0	38
39	7020	7038,0	7056,0	7074,0	7092,0	7110,0	7128,0	7146,0	7164,0	7182,0	7050,0	7080,0	7140,0	7170,0	7065,0	7155,0	39
40	7200	7218,0	7236,0	7254,0	7272,0	7290,0	7308,0	7326,0	7344,0	7362,0	7230,0	7260,0	7320,0	7350,0	7245,0	7335,0	40
41	7380	7398,0	7416,0	7434,0	7452,0	7470,0	7488,0	7506,0	7524,0	7542,0	7410,0	7440,0	7500,0	7530,0	7425,0	7515,0	41
42	7560	7578,0	7596,0	7614,0	7632,0	7650,0	7668,0	7686,0	7704,0	7722,0	7590,0	7620,0	7680,0	7710,0	7605,0	7695,0	42
43	7740	7758,0	7776,0	7794,0	7812,0	7830,0	7848,0	7866,0	7884,0	7902,0	7770,0	7800,0	7860,0	7890,0	7785,0	7875,0	43
44	7920	7938,0	7956,0	7974,0	7992,0	8010,0	8028,0	8046,0	8064,0	8082,0	7950,0	7980,0	8040,0	8070,0	7965,0	8055,0	44
45	8100	8118,0	8136,0	8154,0	8172,0	8190,0	8208,0	8226,0	8244,0	8262,0	8130,0	8160,0	8220,0	8250,0	8145,0	8235,0	45
46	8280	8298,0	8316,0	8334,0	8352,0	8370,0	8388,0	8406,0	8424,0	8442,0	8310,0	8340,0	8400,0	8430,0	8325,0	8415,0	46
47	8460	8478,0	8496,0	8514,0	8532,0	8550,0	8568,0	8586,0	8604,0	8622,0	8490,0	8520,0	8580,0	8610,0	8505,0	8595,0	47
48	8640	8658,0	8676,0	8694,0	8712,0	8730,0	8748,0	8766,0	8784,0	8802,0	8670,0	8700,0	8760,0	8790,0	8685,0	8775,0	48
49	8820	8838,0	8856,0	8874,0	8892,0	8910,0	8928,0	8946,0	8964,0	8982,0	8850,0	8880,0	8940,0	8970,0	8865,0	8955,0	49
50	9000	9018,0	9036,0	9054,0	9072,0	9090,0	9108,0	9126,0	9144,0	9162,0	9030,0	9060,0	9120,0	9150,0	9045,0	9135,0	50
51	9180	9198,0	9216,0	9234,0	9252,0	9270,0	9288,0	9306,0	9324,0	9342,0	9210,0	9240,0	9300,0	9330,0	9225,0	9315,0	51
52	9360	9378,0	9396,0	9414,0	9432,0	9450,0	9468,0	9486,0	9504,0	9522,0	9390,0	9420,0	9480,0	9510,0	9405,0	9495,0	52
53	9540	9558,0	9576,0	9594,0	9612,0	9630,0	9648,0	9666,0	9684,0	9702,0	9570,0	9600,0	9660,0	9690,0	9585,0	9675,0	53
54	9720	9738,0	9756,0	9774,0	9792,0	9810,0	9828,0	9846,0	9864,0	9882,0	9750,0	9780,0	9840,0	9870,0	9765,0	9855,0	54
55	9900	9918,0	9936,0	9954,0	9972,0	9990,0	10008,0	10026,0	10044,0	10062,0	9930,0	9960,0	10020,0	10050,0	9945,0	10035,0	55
56	10080	10098,0	10116,0	10134,0	10152,0	10170,0	10188,0	10206,0	10224,0	10242,0	10110,0	10140,0	10200,0	10230,0	10125,0	10215,0	56
57	10260	10278,0	10296,0	10314,0	10332,0	10350,0	10368,0	10386,0	10404,0	10422,0	10290,0	10320,0	10380,0	10410,0	10305,0	10395,0	57
58	10440	10458,0	10476,0	10494,0	10512,0	10530,0	10548,0	10566,0	10584,0	10602,0	10470,0	10500,0	10560,0	10590,0	10485,0	10575,0	58
59	10620	10638,0	10656,0	10674,0	10692,0	10710,0	10728,0	10746,0	10764,0	10782,0	10650,0	10680,0	10740,0	10770,0	10665,0	10755,0	59
60	10800	10818,0	10836,0	10854,0	10872,0	10890,0	10908,0	10926,0	10944,0	10962,0	10830,0	10860,0	10920,0	10950,0	10845,0	10935,0	60
61	10980	10998,0	11016,0	11034,0	11052,0	11070,0	11088,0	11106,0	11124,0	11142,0	11010,0	11040,0	11100,0	11130,0	11025,0	11115,0	61
62	11160	11178,0	11196,0	11214,0	11232,0	11250,0	11268,0	11286,0	11304,0	11322,0	11190,0	11220,0	11280,0	11310,0	11205,0	11295,0	62
63	11340	11358,0	11376,0	11394,0	11412,0	11430,0	11448,0	11466,0	11484,0	11502,0	11370,0	11400,0	11460,0	11490,0	11385,0	11475,0	63
64	11520	11538,0	11556,0	11574,0	11592,0	11610,0	11628,0	11646,0	11664,0	11682,0	11550,0	11580,0	11640,0	11670,0	11565,0	11655,0	64
65	11700	11718,0	11736,0	11754,0	11772,0	11790,0	11808,0	11826,0	11844,0	11862,0	11730,0	11760,0	11820,0	11850,0	11745,0	11835,0	65
66	11880	11898,0	11916,0	11934,0	11952,0	11970,0	11988,0	12006,0	12024,0	12042,0	11910,0	11940,0	12000,0	12030,0	11925,0	12015,0	66
67	12060	12078,0	12096,0	12114,0	12132,0	12150,0	12168,0	12186,0	12204,0	12222,0	12090,0	12120,0	12180,0	12210,0	12105,0	12195,0	67
68	12240	12258,0	12276,0	12294,0	12312,0	12330,0	12348,0	12366,0	12384,0	12402,0	12270,0	12300,0	12360,0	12390,0	12285,0	12375,0	68
69	12420	12438,0	12456,0	12474,0	12492,0	12510,0	12528,0	12546,0	12564,0	12582,0	12450,0	12480,0	12540,0	12570,0	12465,0	12555,0	69
70	12600	12618,0	12636,0	12654,0	12672,0	12690,0	12708,0	12726,0	12744,0	12762,0	12630,0	12660,0	12720,0	12750,0	12645,0	12735,0	70
71	12780	12798,0	12816,0	12834,0	12852,0	12870,0	12888,0	12906,0	12924,0	12942,0	12810,0	12840,0	12900,0	12930,0	12825,0	12915,0	71
72	12960	12978,0	12996,0	13014,0	13032,0	13050,0	13068,0	13086,0	13104,0	13122,0	12990,0	13020,0	13080,0	13110,0	13005,0	13095,0	72
73	13140	13158,0	13176,0	13194,0	13212,0	13230,0	13248,0	13266,0	13284,0	13302,0	13170,0	13200,0	13260,0	13290,0	13185,0	13275,0	73
74	13320	13338,0	13356,0	13374,0	13392,0	13410,0	13428,0	13446,0	13464,0	13482,0	13350,0	13380,0	13440,0	13470,0	13365,0	13455,0	74
75	13500	13518,0	13536,0	13554,0	13572,0	13590,0	13608,0	13626,0	13644,0	13662,0	13530,0	13560,0	13620,0	13650,0	13545,0	13635,0	75
76	13680	13698,0	13716,0	13734,0	13752,0	13770,0	13788,0	13806,0	13824,0	13842,0	13710,0	13740,0	13800,0	13830,0	13725,0	13815,0	76
77	13860	13878,0	13896,0	13914,0	13932,0	13950,0	13968,0	13986,0	14004,0	14022,0	13890,0	13920,0	13980,0	14010,0	13905,0	13995,0	77
78	14040	14058,0	14076,0	14094,0	14112,0	14130,0	14148,0	14166,0	14184,0	14202,0	14070,0	14100,0	14160,0	14190,0	14085,0	14175,0	78
79	14220	14238,0	14256,0	14274,0	14292,0	14310,0	14328,0	14346,0	14364,0	14382,0	14250,0	14280,0	14340,0	14370,0	14265,0	14355,0	79
80	14400	14418,0	14436,0	14454,0	14472,0	14490,0	14508,0	14526,0	14544,0	14562,0	14430,0	14460,0	14520,0	14550,0	14445,0	14535,0	80
81	14580	14598,0	14616,0	14634,0	14652,0	14670,0	14688,0	14706,0	14724,0	14742,0	14610,0	14640,0	14700,0	14730,0	14625,0	14715,0	81
82	14760	14778,0	14796,0	14814,0	14832,0	14850,0	14868,0	14886,0	14904,0	14922,0	14790,0	14820,0	14880,0	14910,0	14805,0	14895,0	82
83	14940	14958,0	14976,0	14994,0	15012,0	15030,0	15048,0	15066,0	15084,0	15102,0	14970,0	15000,0	15060,0	15090,0	14985,0	15075,0	83
84	15120	15138,0	15156,0	15174,0	15192,0	15210,0	15228,0	15246,0	15264,0	15282,0	15150,0	15180,0	15240,0	15270,0	15165,0	15255,0	84
85	15300	15318,0	15336,0	15354,0	15372,0	15390,0	15408,0	15426,0	15444,0	15462,0	15330,0	15360,0	15420,0	15450,0	15345,0	15435,0	85
86	15480	15498,0	15516,0	15534,0	15552,0	15570,0	15588,0	15606,0	15624,0	15642,0	15510,0	15540,0	15600,0	15630,0	15525,0	15615,0	86
87	15660	15678,0	15696,0	15714,0	15732,0	15750,0	15768,0	15786,0	15804,0	15822,0	15690,0	15720,0	15780,0	15810,0	15705,0	15795,0	87
88	15840	15858,0	15876,0	15894,0	15912,0	15930,0	15948,0	15966,0	15984,0	16002,0	15870,0	15900,0	15960,0	15990,0	15885,0	15975,0	88
89	16020	16038,0	16056,0	16074,0	16092,0	16110,0	16128,0	16146,0	16164,0	16182,0	16050,0	16080,0	16140,0	16170,0	16065,0	16155,0	89
90	16200	16218,0	16236,0	16254,0	16272,0	16290,0	16308,0	16326,0	16344,0	16362,0	16230,0	16260,0	16320,0	16350,0	16245,0	16335,0	90
91	16380	16398,0	16416,0	16434,0	16452,0	16470,0	16488,0	16506,0	16524,0	16542,0	16410,0	16440,0	16500,0	16530,0	16425,0	16515,0	91
92	16560	16578,0	16596,0	16614,0	16632,0	16650,0	16668,0	16686,0	16704,0	16722,0	16590,0	16620,0	16680,0	16710,0	16605,0	16695,0	92
93	16740	16758,0	16776,0	16794,0	16812,0	16830,0	16848,0	16866,0	16884,0	16902,0	16770,0	16800,0	16860,0	16890,0	16785,0	16875,0	93
94	16920	16938,0	16956,0	16974,0	16992,0	17010,0	17028,0	17046,0	17064,0	17082,0	16950,0	16980,0	17040,0	17070,0	16965,0	17055,0	94
95	17100	17118,0	17136,0	17154,0	17172,0	17190,0	17208,0	17226,0	17244,0	17262,0	17130,0	17160,0	17220,0	17250,0	17145,0	17235,0	95
96	17280	17298,0	17316,0	17334,0	17352,0	17370,0	17388,0	17406,0	17424,0	17442,0	17310,0	17340,0	17400,0	17430,0	17325,0	17415,0	96
97	17460	17478,0	17496,0	17514,0	17532,0	17550,0	17568,0	17586,0	17604,0	17622,0	17490,0	17520,0	17580,0	17610,0	17505,0	17595,0	97
98	17640	17658,0	17676,0	17694,0	17712,0	17730,0	17748,0	17766,0	17784,0	17802,0	17670,0	17700,0	17760,0	17790,0	17685,0	17775,0	98
99	17820	17838,0	17856,0	17874,0	17892,0	17910,0	17928,0	17946,0	17964,0	17982,0	17850,0	17880,0	17940,0	17970,0	17865,0	17955,0	99
100	18000	18018,0	18036,0	18054,0	18072,0	18090,0	18108,0	18126,0	18144,0	18162,0	18030,0	18060,0	18120,0	18150,0	18045,0	18135,0	100

		1/10 18,1	2/10 36,2	3/10 54,3	4/10 72,4	5/10 90,5	6/10 108,6	7/10 126,7	8/10 144,8	9/10 162,9	1/6 30,166	2/6 60,333	4/6 120,666	5/6 150,833	1/4 45,25	3/4 135,75	**181**
1	181	199,1	217,2	235,3	253,4	271,5	289,6	307,7	325,8	343,9	211,2	241,3	301,7	331,8	226,3	316,8	1
2	362	380,1	398,2	416,3	434,4	452,5	470,6	488,7	506,8	524,9	392,2	422,3	482,7	512,8	407,3	497,8	2
3	543	561,1	579,2	597,3	615,4	633,5	651,6	669,7	687,8	705,9	573,2	603,3	663,7	693,8	588,3	678,8	3
4	724	742,1	760,2	778,3	796,4	814,5	832,6	850,7	868,8	886,9	754,2	784,3	844,7	874,8	769,3	859,8	4
5	905	923,1	941,2	959,3	977,4	995,5	1013,6	1031,7	1049,8	1067,9	935,2	965,3	1025,7	1055,8	950,3	1040,8	5
6	1086	1104,1	1122,2	1140,3	1158,4	1176,5	1194,6	1212,7	1230,8	1248,9	1116,2	1146,3	1206,7	1236,8	1131,3	1221,8	6
7	1267	1285,1	1303,2	1321,3	1339,4	1357,5	1375,6	1393,7	1411,8	1429,9	1297,2	1327,3	1387,7	1417,8	1312,3	1402,8	7
8	1448	1466,1	1484,2	1502,3	1520,4	1538,5	1556,6	1574,7	1592,8	1610,9	1478,2	1508,3	1568,7	1598,8	1493,3	1583,8	8
9	1629	1647,1	1665,2	1683,3	1701,4	1719,5	1737,6	1755,7	1773,8	1791,9	1659,2	1689,3	1749,7	1779,8	1674,3	1764,8	9
10	1810	1828,1	1846,2	1864,3	1882,4	1900,5	1918,6	1936,7	1954,8	1972,9	1840,2	1870,3	1930,7	1960,8	1855,3	1945,8	10
11	1991	2009,1	2027,2	2045,3	2063,4	2081,5	2099,6	2117,7	2135,8	2153,9	2021,2	2051,3	2111,7	2141,8	2036,3	2126,8	11
12	2172	2190,1	2208,2	2226,3	2244,4	2262,5	2280,6	2298,7	2316,8	2334,9	2202,2	2232,3	2292,7	2322,8	2217,3	2307,8	12
13	2353	2371,1	2389,2	2407,3	2425,4	2443,5	2461,6	2479,7	2497,8	2515,9	2383,2	2413,3	2473,7	2503,8	2398,3	2488,8	13
14	2534	2552,1	2570,2	2588,3	2606,4	2624,5	2642,6	2660,7	2678,8	2696,9	2564,2	2594,3	2654,7	2684,8	2579,3	2669,8	14
15	2715	2733,1	2751,2	2769,3	2787,4	2805,5	2823,6	2841,7	2859,8	2877,9	2745,2	2775,3	2835,7	2865,8	2760,3	2850,8	15
16	2896	2914,1	2932,2	2950,3	2968,4	2986,5	3004,6	3022,7	3040,8	3058,9	2926,2	2956,3	3016,7	3046,8	2941,3	3031,8	16
17	3077	3095,1	3113,2	3131,3	3149,4	3167,5	3185,6	3203,7	3221,8	3239,9	3107,2	3137,3	3197,7	3227,8	3122,3	3212,8	17
18	3258	3276,1	3294,2	3312,3	3330,4	3348,5	3366,6	3384,7	3402,8	3420,9	3288,2	3318,3	3378,7	3408,8	3303,3	3393,8	18
19	3439	3457,1	3475,2	3493,3	3511,4	3529,5	3547,6	3565,7	3583,8	3601,9	3469,2	3499,3	3559,7	3589,8	3484,3	3574,8	19
20	3620	3638,1	3656,2	3674,3	3692,4	3710,5	3728,6	3746,7	3764,8	3782,9	3650,2	3680,3	3740,7	3770,8	3665,3	3755,8	20
21	3801	3819,1	3837,2	3855,3	3873,4	3891,5	3909,6	3927,7	3945,8	3963,9	3831,2	3861,3	3921,7	3951,8	3846,3	3936,8	21
22	3982	4000,1	4018,2	4036,3	4054,4	4072,5	4090,6	4108,7	4126,8	4144,9	4012,2	4042,3	4102,7	4132,8	4027,3	4117,8	22
23	4163	4181,1	4199,2	4217,3	4235,4	4253,5	4271,6	4289,7	4307,8	4325,9	4193,2	4223,3	4283,7	4313,8	4208,3	4298,8	23
24	4344	4362,1	4380,2	4398,3	4416,4	4434,5	4452,6	4470,7	4488,8	4506,9	4374,2	4404,3	4464,7	4494,8	4389,3	4479,8	24
25	4525	4543,1	4561,2	4579,3	4597,4	4615,5	4633,6	4651,7	4669,8	4687,9	4555,2	4585,3	4645,7	4675,8	4570,3	4660,8	25
26	4706	4724,1	4742,2	4760,3	4778,4	4796,5	4814,6	4832,7	4850,8	4868,9	4736,2	4766,3	4826,7	4856,8	4751,3	4841,8	26
27	4887	4905,1	4923,2	4941,3	4959,4	4977,5	4995,6	5013,7	5031,8	5049,9	4917,2	4947,3	5007,7	5037,8	4932,3	5022,8	27
28	5068	5086,1	5104,2	5122,3	5140,4	5158,5	5176,6	5194,7	5212,8	5230,9	5098,2	5128,3	5188,7	5218,8	5113,3	5203,8	28
29	5249	5267,1	5285,2	5303,3	5321,4	5339,5	5357,6	5375,7	5393,8	5411,9	5279,2	5309,3	5369,7	5399,8	5294,3	5384,8	29
30	5430	5448,1	5466,2	5484,3	5502,4	5520,5	5538,6	5556,7	5574,8	5592,9	5460,2	5490,3	5550,7	5580,8	5475,3	5565,8	30
31	5611	5629,1	5647,2	5665,3	5683,4	5701,5	5719,6	5737,7	5755,8	5773,9	5641,2	5671,3	5731,7	5761,8	5656,3	5746,8	31
32	5792	5810,1	5828,2	5846,3	5864,4	5882,5	5900,6	5918,7	5936,8	5954,9	5822,2	5852,3	5912,7	5942,8	5837,3	5927,8	32
33	5973	5991,1	6009,2	6027,3	6045,4	6063,5	6081,6	6099,7	6117,8	6135,9	6003,2	6033,3	6093,7	6123,8	6018,3	6108,8	33
34	6154	6172,1	6190,2	6208,3	6226,4	6244,5	6262,6	6280,7	6298,8	6316,9	6184,2	6214,3	6274,7	6304,8	6199,3	6289,8	34
35	6335	6353,1	6371,2	6389,3	6407,4	6425,5	6443,6	6461,7	6479,8	6497,9	6365,2	6395,3	6455,7	6485,8	6380,3	6470,8	35
36	6516	6534,1	6552,2	6570,3	6588,4	6606,5	6624,6	6642,7	6660,8	6678,9	6546,2	6576,3	6636,7	6666,8	6561,3	6651,8	36
37	6697	6715,1	6733,2	6751,3	6769,4	6787,5	6805,6	6823,7	6841,8	6859,9	6727,2	6757,3	6817,7	6847,8	6742,3	6832,8	37
38	6878	6896,1	6914,2	6932,3	6950,4	6968,5	6986,6	7004,7	7022,8	7040,9	6908,2	6938,3	6998,7	7028,8	6923,3	7013,8	38
39	7059	7077,1	7095,2	7113,3	7131,4	7149,5	7167,6	7185,7	7203,8	7221,9	7089,2	7119,3	7179,7	7209,8	7104,3	7194,8	39
40	7240	7258,1	7276,2	7294,3	7312,4	7330,5	7348,6	7366,7	7384,8	7402,9	7270,2	7300,3	7360,7	7390,8	7285,3	7375,8	40
41	7421	7439,1	7457,2	7475,3	7493,4	7511,5	7529,6	7547,7	7565,8	7583,9	7451,2	7481,3	7541,7	7571,8	7466,3	7556,8	41
42	7602	7620,1	7638,2	7656,3	7674,4	7692,5	7710,6	7728,7	7746,8	7764,9	7632,2	7662,3	7722,7	7752,8	7647,3	7737,8	42
43	7783	7801,1	7819,2	7837,3	7855,4	7873,5	7891,6	7909,7	7927,8	7945,9	7813,2	7843,3	7903,7	7933,8	7828,3	7918,8	43
44	7964	7982,1	8000,2	8018,3	8036,4	8054,5	8072,6	8090,7	8108,8	8126,9	7994,2	8024,3	8084,7	8114,8	8009,3	8099,8	44
45	8145	8163,1	8181,2	8199,3	8217,4	8235,5	8253,6	8271,7	8289,8	8307,9	8175,2	8205,3	8265,7	8295,8	8190,3	8280,8	45
46	8326	8344,1	8362,2	8380,3	8398,4	8416,5	8434,6	8452,7	8470,8	8488,9	8356,2	8386,3	8446,7	8476,8	8371,3	8461,8	46
47	8507	8525,1	8543,2	8561,3	8579,4	8597,5	8615,6	8633,7	8651,8	8669,9	8537,2	8567,3	8627,7	8657,8	8552,3	8642,8	47
48	8688	8706,1	8724,2	8742,3	8760,4	8778,5	8796,6	8814,7	8832,8	8850,9	8718,2	8748,3	8808,7	8838,8	8733,3	8823,8	48
49	8869	8887,1	8905,2	8923,3	8941,4	8959,5	8977,6	8995,7	9013,8	9031,9	8899,2	8929,3	8989,7	9019,8	8914,3	9004,8	49
50	9050	9068,1	9086,2	9104,3	9122,4	9140,5	9158,6	9176,7	9194,8	9212,9	9080,2	9110,3	9170,7	9200,8	9095,3	9185,8	50
51	9231	9249,1	9267,2	9285,3	9303,4	9321,5	9339,6	9357,7	9375,8	9393,9	9261,2	9291,3	9351,7	9381,8	9276,3	9366,8	51
52	9412	9430,1	9448,2	9466,3	9484,4	9502,5	9520,6	9538,7	9556,8	9574,9	9442,2	9472,3	9532,7	9562,8	9457,3	9547,8	52
53	9593	9611,1	9629,2	9647,3	9665,4	9683,5	9701,6	9719,7	9737,8	9755,9	9623,2	9653,3	9713,7	9743,8	9638,3	9728,8	53
54	9774	9792,1	9810,2	9828,3	9846,4	9864,5	9882,6	9900,7	9918,8	9936,9	9804,2	9834,3	9894,7	9924,8	9819,3	9909,8	54
55	9955	9973,1	9991,2	10009,3	10027,4	10045,5	10063,6	10081,7	10099,8	10117,9	9985,2	10015,3	10075,7	10105,8	10000,3	10090,8	55
56	10136	10154,1	10172,2	10190,3	10208,4	10226,5	10244,6	10262,7	10280,8	10298,9	10166,2	10196,3	10256,7	10286,8	10181,3	10271,8	56
57	10317	10335,1	10353,2	10371,3	10389,4	10407,5	10425,6	10443,7	10461,8	10479,9	10347,2	10377,3	10437,7	10467,8	10362,3	10452,8	57
58	10498	10516,1	10534,2	10552,3	10570,4	10588,5	10606,6	10624,7	10642,8	10660,9	10528,2	10558,3	10618,7	10648,8	10543,3	10633,8	58
59	10679	10697,1	10715,2	10733,3	10751,4	10769,5	10787,6	10805,7	10823,8	10841,9	10709,2	10739,3	10799,7	10829,8	10724,3	10814,8	59
60	10860	10878,1	10896,2	10914,3	10932,4	10950,5	10968,6	10986,7	11004,8	11022,9	10890,2	10920,3	10980,7	11010,8	10905,3	10995,8	60
61	11041	11059,1	11077,2	11095,3	11113,4	11131,5	11149,6	11167,7	11185,8	11203,9	11071,2	11101,3	11161,7	11191,8	11086,3	11176,8	61
62	11222	11240,1	11258,2	11276,3	11294,4	11312,5	11330,6	11348,7	11366,8	11384,9	11252,2	11282,3	11342,7	11372,8	11267,3	11357,8	62
63	11403	11421,1	11439,2	11457,3	11475,4	11493,5	11511,6	11529,7	11547,8	11565,9	11433,2	11463,3	11523,7	11553,8	11448,3	11538,8	63
64	11584	11602,1	11620,2	11638,3	11656,4	11674,5	11692,6	11710,7	11728,8	11746,9	11614,2	11644,3	11704,7	11734,8	11629,3	11719,8	64
65	11765	11783,1	11801,2	11819,3	11837,4	11855,5	11873,6	11891,7	11909,8	11927,9	11795,2	11825,3	11885,7	11915,8	11810,3	11900,8	65
66	11946	11964,1	11982,2	12000,3	12018,4	12036,5	12054,6	12072,7	12090,8	12108,9	11976,2	12006,3	12066,7	12096,8	11991,3	12081,8	66
67	12127	12145,1	12163,2	12181,3	12199,4	12217,5	12235,6	12253,7	12271,8	12289,9	12157,2	12187,3	12247,7	12277,8	12172,3	12262,8	67
68	12308	12326,1	12344,2	12362,3	12380,4	12398,5	12416,6	12434,7	12452,8	12470,9	12338,2	12368,3	12428,7	12458,8	12353,3	12443,8	68
69	12489	12507,1	12525,2	12543,3	12561,4	12579,5	12597,6	12615,7	12633,8	12651,9	12519,2	12549,3	12609,7	12639,8	12534,3	12624,8	69
70	12670	12688,1	12706,2	12724,3	12742,4	12760,5	12778,6	12796,7	12814,8	12832,9	12700,2	12730,3	12790,7	12820,8	12715,3	12805,8	70
71	12851	12869,1	12887,2	12905,3	12923,4	12941,5	12959,6	12977,7	12995,8	13013,9	12881,2	12911,3	12971,7	13001,8	12896,3	12986,8	71
72	13032	13050,1	13068,2	13086,3	13104,4	13122,5	13140,6	13158,7	13176,8	13194,9	13062,2	13092,3	13152,7	13182,8	13077,3	13167,8	72
73	13213	13231,1	13249,2	13267,3	13285,4	13303,5	13321,6	13339,7	13357,8	13375,9	13243,2	13273,3	13333,7	13363,8	13258,3	13348,8	73
74	13394	13412,1	13430,2	13448,3	13466,4	13484,5	13502,6	13520,7	13538,8	13556,9	13424,2	13454,3	13514,7	13544,8	13439,3	13529,8	74
75	13575	13593,1	13611,2	13629,3	13647,4	13665,5	13683,6	13701,7	13719,8	13737,9	13605,2	13635,3	13695,7	13725,8	13620,3	13710,8	75
76	13756	13774,1	13792,2	13810,3	13828,4	13846,5	13864,6	13882,7	13900,8	13918,9	13786,2	13816,3	13876,7	13906,8	13801,3	13891,8	76
77	13937	13955,1	13973,2	13991,3	14009,4	14027,5	14045,6	14063,7	14081,8	14099,9	13967,2	13997,3	14057,7	14087,8	13982,3	14072,8	77
78	14118	14136,1	14154,2	14172,3	14190,4	14208,5	14226,6	14244,7	14262,8	14280,9	14148,2	14178,3	14238,7	14268,8	14163,3	14253,8	78
79	14299	14317,1	14335,2	14353,3	14371,4	14389,5	14407,6	14425,7	14443,8	14461,9	14329,2	14359,3	14419,7	14449,8	14344,3	14434,8	79
80	14480	14498,1	14516,2	14534,3	14552,4	14570,5	14588,6	14606,7	14624,8	14642,9	14510,2	14540,3	14600,7	14630,8	14525,3	14615,8	80
81	14661	14679,1	14697,2	14715,3	14733,4	14751,5	14769,6	14787,7	14805,8	14823,9	14691,2	14721,3	14781,7	14811,8	14706,3	14796,8	81
82	14842	14860,1	14878,2	14896,3	14914,4	14932,5	14950,6	14968,7	14986,8	15004,9	14872,2	14902,3	14962,7	14992,8	14887,3	14977,8	82
83	15023	15041,1	15059,2	15077,3	15095,4	15113,5	15131,6	15149,7	15167,8	15185,9	15053,2	15083,3	15143,7	15173,8	15068,3	15158,8	83
84	15204	15222,1	15240,2	15258,3	15276,4	15294,5	15312,6	15330,7	15348,8	15366,9	15234,2	15264,3	15324,7	15354,8	15249,3	15339,8	84
85	15385	15403,1	15421,2	15439,3	15457,4	15475,5	15493,6	15511,7	15529,8	15547,9	15415,2	15445,3	15505,7	15535,8	15430,3	15520,8	85
86	15566	15584,1	15602,2	15620,3	15638,4	15656,5	15674,6	15692,7	15710,8	15728,9	15596,2	15626,3	15686,7	15716,8	15611,3	15701,8	86
87	15747	15765,1	15783,2	15801,3	15819,4	15837,5	15855,6	15873,7	15891,8	15909,9	15777,2	15807,3	15867,7	15897,8	15792,3	15882,8	87
88	15928	15946,1	15964,2	15982,3	16000,4	16018,5	16036,6	16054,7	16072,8	16090,9	15958,2	15988,3	16048,7	16078,8	15973,3	16063,8	88
89	16109	16127,1	16145,2	16163,3	16181,4	16199,5	16217,6	16235,7	16253,8	16271,9	16139,2	16169,3	16229,7	16259,8	16154,3	16244,8	89
90	16290	16308,1	16326,2	16344,3	16362,4	16380,5	16398,6	16416,7	16434,8	16452,9	16320,2	16350,3	16410,7	16440,8	16335,3	16425,8	90
91	16471	16489,1	16507,2	16525,3	16543,4	16561,5	16579,6	16597,7	16615,8	16633,9	16501,2	16531,3	16591,7	16621,8	16516,3	16606,8	91
92	16652	16670,1	16688,2	16706,3	16724,4	16742,5	16760,6	16778,7	16796,8	16814,9	16682,2	16712,3	16772,7	16802,8	16697,3	16787,8	92
93	16833	16851,1	16869,2	16887,3	16905,4	16923,5	16941,6	16959,7	16977,8	16995,9	16863,2	16893,3	16953,7	16983,8	16878,3	16968,8	93
94	17014	17032,1	17050,2	17068,3	17086,4	17104,5	17122,6	17140,7	17158,8	17176,9	17044,2	17074,3	17134,7	17164,8	17059,3	17149,8	94
95	17195	17213,1	17231,2	17249,3	17267,4	17285,5	17303,6	17321,7	17339,8	17357,9	17225,2	17255,3	17315,7	17345,8	17240,3	17330,8	95
96	17376	17394,1	17412,2	17430,3	17448,4	17466,5	17484,6	17502,7	17520,8	17538,9	17406,2	17436,3	17496,7	17526,8	17421,3	17511,8	96
97	17557	17575,1	17593,2	17611,3	17629,4	17647,5	17665,6	17683,7	17701,8	17719,9	17587,2	17617,3	17677,7	17707,8	17602,3	17692,8	97
98	17738	17756,1	17774,2	17792,3	17810,4	17828,5	17846,6	17864,7	17882,8	17900,9	17768,2	17798,3	17858,7	17888,8	17783,3	17873,8	98
99	17919	17937,1	17955,2	17973,3	17991,4	18009,5	18027,6	18045,7	18063,8	18081,9	17949,2	17979,3	18039,7	18069,8	17964,3	18054,8	99
100	18100	18118,1	18136,2	18154,3	18172,4	18190,5	18208,6	18226,7	18244,8	18262,9	18130,2	18160,3	18220,7	18250,8	18145,3	18235,8	100

182		1/10 18,2	2/10 36,4	3/10 54,6	4/10 72,8	5/10 91,0	6/10 109,2	7/10 127,4	8/10 145,6	9/10 163,8	1/6 30,333	2/6 60,666	4/6 121,333	5/6 151,666	1/4 45,5	3/4 136,5	
1	182	200,2	218,4	236,6	254,8	273,0	291,2	309,4	327,6	345,8	212,3	242,7	303,3	333,7	227,5	318,5	1
2	364	382,2	400,4	418,6	436,8	455,0	473,2	491,4	509,6	527,8	394,3	424,7	485,3	515,7	409,5	500,5	2
3	546	564,2	582,4	600,6	618,8	637,0	655,2	673,4	691,6	709,8	576,3	606,7	667,3	697,7	591,5	682,5	3
4	728	746,2	764,4	782,6	800,8	819,0	837,2	855,4	873,6	891,8	758,3	788,7	849,3	879,7	773,5	864,5	4
5	910	928,2	946,4	964,6	982,8	1001,0	1019,2	1037,4	1055,6	1073,8	940,3	970,7	1031,3	1061,7	955,5	1046,5	5
6	1092	1110,2	1128,4	1146,6	1164,8	1183,0	1201,2	1219,4	1237,6	1255,8	1122,3	1152,7	1213,3	1243,7	1137,5	1228,5	6
7	1274	1292,2	1310,4	1328,6	1346,8	1365,0	1383,2	1401,4	1419,6	1437,8	1304,3	1334,7	1395,3	1425,7	1319,5	1410,5	7
8	1456	1474,2	1492,4	1510,6	1528,8	1547,0	1565,2	1583,4	1601,6	1619,8	1486,3	1516,7	1577,3	1607,7	1501,5	1592,5	8
9	1638	1656,2	1674,4	1692,6	1710,8	1729,0	1747,2	1765,4	1783,6	1801,8	1668,3	1698,7	1759,3	1789,7	1683,5	1774,5	9
10	1820	1838,2	1856,4	1874,6	1892,8	1911,0	1929,2	1947,4	1965,6	1983,8	1850,3	1880,7	1941,3	1971,7	1865,5	1956,5	10
11	2002	2020,2	2038,4	2056,6	2074,8	2093,0	2111,2	2129,4	2147,6	2165,8	2032,3	2062,7	2123,3	2153,7	2047,5	2138,5	11
12	2184	2202,2	2220,4	2238,6	2256,8	2275,0	2293,2	2311,4	2329,6	2347,8	2214,3	2244,7	2305,3	2335,7	2229,5	2320,5	12
13	2366	2384,2	2402,4	2420,6	2438,8	2457,0	2475,2	2493,4	2511,6	2529,8	2396,3	2426,7	2487,3	2517,7	2411,5	2502,5	13
14	2548	2566,2	2584,4	2602,6	2620,8	2639,0	2657,2	2675,4	2693,6	2711,8	2578,3	2608,7	2669,3	2699,7	2593,5	2684,5	14
15	2730	2748,2	2766,4	2784,6	2802,8	2821,0	2839,2	2857,4	2875,6	2893,8	2760,3	2790,7	2851,3	2881,7	2775,5	2866,5	15
16	2912	2930,2	2948,4	2966,6	2984,8	3003,0	3021,2	3039,4	3057,6	3075,8	2942,3	2972,7	3033,3	3063,7	2957,5	3048,5	16
17	3094	3112,2	3130,4	3148,6	3166,8	3185,0	3203,2	3221,4	3239,6	3257,8	3124,3	3154,7	3215,3	3245,7	3139,5	3230,5	17
18	3276	3294,2	3312,4	3330,6	3348,8	3367,0	3385,2	3403,4	3421,6	3439,8	3306,3	3336,7	3397,3	3427,7	3321,5	3412,5	18
19	3458	3476,2	3494,4	3512,6	3530,8	3549,0	3567,2	3585,4	3603,6	3621,8	3488,3	3518,7	3579,3	3609,7	3503,5	3594,5	19
20	3640	3658,2	3676,4	3694,6	3712,8	3731,0	3749,2	3767,4	3785,6	3803,8	3670,3	3700,7	3761,3	3791,7	3685,5	3776,5	20
21	3822	3840,2	3858,4	3876,6	3894,8	3913,0	3931,2	3949,4	3967,6	3985,8	3852,3	3882,7	3943,3	3973,7	3867,5	3958,5	21
22	4004	4022,2	4040,4	4058,6	4076,8	4095,0	4113,2	4131,4	4149,6	4167,8	4034,3	4064,7	4125,3	4155,7	4049,5	4140,5	22
23	4186	4204,2	4222,4	4240,6	4258,8	4277,0	4295,2	4313,4	4331,6	4349,8	4216,3	4246,7	4307,3	4337,7	4231,5	4322,5	23
24	4368	4386,2	4404,4	4422,6	4440,8	4459,0	4477,2	4495,4	4513,6	4531,8	4398,3	4428,7	4489,3	4519,7	4413,5	4504,5	24
25	4550	4568,2	4586,4	4604,6	4622,8	4641,0	4659,2	4677,4	4695,6	4713,8	4580,3	4610,7	4671,3	4701,7	4595,5	4686,5	25
26	4732	4750,2	4768,4	4786,6	4804,8	4823,0	4841,2	4859,4	4877,6	4895,8	4762,3	4792,7	4853,3	4883,7	4777,5	4868,5	26
27	4914	4932,2	4950,4	4968,6	4986,8	5005,0	5023,2	5041,4	5059,6	5077,8	4944,3	4974,7	5035,3	5065,7	4959,5	5050,5	27
28	5096	5114,2	5132,4	5150,6	5168,8	5187,0	5205,2	5223,4	5241,6	5259,8	5126,3	5156,7	5217,3	5247,7	5141,5	5232,5	28
29	5278	5296,2	5314,4	5332,6	5350,8	5369,0	5387,2	5405,4	5423,6	5441,8	5308,3	5338,7	5399,3	5429,7	5323,5	5414,5	29
30	5460	5478,2	5496,4	5514,6	5532,8	5551,0	5569,2	5587,4	5605,6	5623,8	5490,3	5520,7	5581,3	5611,7	5505,5	5596,5	30
31	5642	5660,2	5678,4	5696,6	5714,8	5733,0	5751,2	5769,4	5787,6	5805,8	5672,3	5702,7	5763,3	5793,7	5687,5	5778,5	31
32	5824	5842,2	5860,4	5878,6	5896,8	5915,0	5933,2	5951,4	5969,6	5987,8	5854,3	5884,7	5945,3	5975,7	5869,5	5960,5	32
33	6006	6024,2	6042,4	6060,6	6078,8	6097,0	6115,2	6133,4	6151,6	6169,8	6036,3	6066,7	6127,3	6157,7	6051,5	6142,5	33
34	6188	6206,2	6224,4	6242,6	6260,8	6279,0	6297,2	6315,4	6333,6	6351,8	6218,3	6248,7	6309,3	6339,7	6233,5	6324,5	34
35	6370	6388,2	6406,4	6424,6	6442,8	6461,0	6479,2	6497,4	6515,6	6533,8	6400,3	6430,7	6491,3	6521,7	6415,5	6506,5	35
36	6552	6570,2	6588,4	6606,6	6624,8	6643,0	6661,2	6679,4	6697,6	6715,8	6582,3	6612,7	6673,3	6703,7	6597,5	6688,5	36
37	6734	6752,2	6770,4	6788,6	6806,8	6825,0	6843,2	6861,4	6879,6	6897,8	6764,3	6794,7	6855,3	6885,7	6779,5	6870,5	37
38	6916	6934,2	6952,4	6970,6	6988,8	7007,0	7025,2	7043,4	7061,6	7079,8	6946,3	6976,7	7037,3	7067,7	6961,5	7052,5	38
39	7098	7116,2	7134,4	7152,6	7170,8	7189,0	7207,2	7225,4	7243,6	7261,8	7128,3	7158,7	7219,3	7249,7	7143,5	7234,5	39
40	7280	7298,2	7316,4	7334,6	7352,8	7371,0	7389,2	7407,4	7425,6	7443,8	7310,3	7340,7	7401,3	7431,7	7325,5	7416,5	40
41	7462	7480,2	7498,4	7516,6	7534,8	7553,0	7571,2	7589,4	7607,6	7625,8	7492,3	7522,7	7583,3	7613,7	7507,5	7598,5	41
42	7644	7662,2	7680,4	7698,6	7716,8	7735,0	7753,2	7771,4	7789,6	7807,8	7674,3	7704,7	7765,3	7795,7	7689,5	7780,5	42
43	7826	7844,2	7862,4	7880,6	7898,8	7917,0	7935,2	7953,4	7971,6	7989,8	7856,3	7886,7	7947,3	7977,7	7871,5	7962,5	43
44	8008	8026,2	8044,4	8062,6	8080,8	8099,0	8117,2	8135,4	8153,6	8171,8	8038,3	8068,7	8129,3	8159,7	8053,5	8144,5	44
45	8190	8208,2	8226,4	8244,6	8262,8	8281,0	8299,2	8317,4	8335,6	8353,8	8220,3	8250,7	8311,3	8341,7	8235,5	8326,5	45
46	8372	8390,2	8408,4	8426,6	8444,8	8463,0	8481,2	8499,4	8517,6	8535,8	8402,3	8432,7	8493,3	8523,7	8417,5	8508,5	46
47	8554	8572,2	8590,4	8608,6	8626,8	8645,0	8663,2	8681,4	8699,6	8717,8	8584,3	8614,7	8675,3	8705,7	8599,5	8690,5	47
48	8736	8754,2	8772,4	8790,6	8808,8	8827,0	8845,2	8863,4	8881,6	8899,8	8766,3	8796,7	8857,3	8887,7	8781,5	8872,5	48
49	8918	8936,2	8954,4	8972,6	8990,8	9009,0	9027,2	9045,4	9063,6	9081,8	8948,3	8978,7	9039,3	9069,7	8963,5	9054,5	49
50	9100	9118,2	9136,4	9154,6	9172,8	9191,0	9209,2	9227,4	9245,6	9263,8	9130,3	9160,7	9221,3	9251,7	9145,5	9236,5	50
51	9282	9300,2	9318,4	9336,6	9354,8	9373,0	9391,2	9409,4	9427,6	9445,8	9312,3	9342,7	9403,3	9433,7	9327,5	9418,5	51
52	9464	9482,2	9500,4	9518,6	9536,8	9555,0	9573,2	9591,4	9609,6	9627,8	9494,3	9524,7	9585,3	9615,7	9509,5	9600,5	52
53	9646	9664,2	9682,4	9700,6	9718,8	9737,0	9755,2	9773,4	9791,6	9809,8	9676,3	9706,7	9767,3	9797,7	9691,5	9782,5	53
54	9828	9846,2	9864,4	9882,6	9900,8	9919,0	9937,2	9955,4	9973,6	9991,8	9858,3	9888,7	9949,3	9979,7	9873,5	9964,5	54
55	10010	10028,2	10046,4	10064,6	10082,8	10101,0	10119,2	10137,4	10155,6	10173,8	10040,3	10070,7	10131,3	10161,7	10055,5	10146,5	55
56	10192	10210,2	10228,4	10246,6	10264,8	10283,0	10301,2	10319,4	10337,6	10355,8	10222,3	10252,7	10313,3	10343,7	10237,5	10328,5	56
57	10374	10392,2	10410,4	10428,6	10446,8	10465,0	10483,2	10501,4	10519,6	10537,8	10404,3	10434,7	10495,3	10525,7	10419,5	10510,5	57
58	10556	10574,2	10592,4	10610,6	10628,8	10647,0	10665,2	10683,4	10701,6	10719,8	10586,3	10616,7	10677,3	10707,7	10601,5	10692,5	58
59	10738	10756,2	10774,4	10792,6	10810,8	10829,0	10847,2	10865,4	10883,6	10901,8	10768,3	10798,7	10859,3	10889,7	10783,5	10874,5	59
60	10920	10938,2	10956,4	10974,6	10992,8	11011,0	11029,2	11047,4	11065,6	11083,8	10950,3	10980,7	11041,3	11071,7	10965,5	11056,5	60
61	11102	11120,2	11138,4	11156,6	11174,8	11193,0	11211,2	11229,4	11247,6	11265,8	11132,3	11162,7	11223,3	11253,7	11147,5	11238,5	61
62	11284	11302,2	11320,4	11338,6	11356,8	11375,0	11393,2	11411,4	11429,6	11447,8	11314,3	11344,7	11405,3	11435,7	11329,5	11420,5	62
63	11466	11484,2	11502,4	11520,6	11538,8	11557,0	11575,2	11593,4	11611,6	11629,8	11496,3	11526,7	11587,3	11617,7	11511,5	11602,5	63
64	11648	11666,2	11684,4	11702,6	11720,8	11739,0	11757,2	11775,4	11793,6	11811,8	11678,3	11708,7	11769,3	11799,7	11693,5	11784,5	64
65	11830	11848,2	11866,4	11884,6	11902,8	11921,0	11939,2	11957,4	11975,6	11993,8	11860,3	11890,7	11951,3	11981,7	11875,5	11966,5	65
66	12012	12030,2	12048,4	12066,6	12084,8	12103,0	12121,2	12139,4	12157,6	12175,8	12042,3	12072,7	12133,3	12163,7	12057,5	12148,5	66
67	12194	12212,2	12230,4	12248,6	12266,8	12285,0	12303,2	12321,4	12339,6	12357,8	12224,3	12254,7	12315,3	12345,7	12239,5	12330,5	67
68	12376	12394,2	12412,4	12430,6	12448,8	12467,0	12485,2	12503,4	12521,6	12539,8	12406,3	12436,7	12497,3	12527,7	12421,5	12512,5	68
69	12558	12576,2	12594,4	12612,6	12630,8	12649,0	12667,2	12685,4	12703,6	12721,8	12588,3	12618,7	12679,3	12709,7	12603,5	12694,5	69
70	12740	12758,2	12776,4	12794,6	12812,8	12831,0	12849,2	12867,4	12885,6	12903,8	12770,3	12800,7	12861,3	12891,7	12785,5	12876,5	70
71	12922	12940,2	12958,4	12976,6	12994,8	13013,0	13031,2	13049,4	13067,6	13085,8	12952,3	12982,7	13043,3	13073,7	12967,5	13058,5	71
72	13104	13122,2	13140,4	13158,6	13176,8	13195,0	13213,2	13231,4	13249,6	13267,8	13134,3	13164,7	13225,3	13255,7	13149,5	13240,5	72
73	13286	13304,2	13322,4	13340,6	13358,8	13377,0	13395,2	13413,4	13431,6	13449,8	13316,3	13346,7	13407,3	13437,7	13331,5	13422,5	73
74	13468	13486,2	13504,4	13522,6	13540,8	13559,0	13577,2	13595,4	13613,6	13631,8	13498,3	13528,7	13589,3	13619,7	13513,5	13604,5	74
75	13650	13668,2	13686,4	13704,6	13722,8	13741,0	13759,2	13777,4	13795,6	13813,8	13680,3	13710,7	13771,3	13801,7	13695,5	13786,5	75
76	13832	13850,2	13868,4	13886,6	13904,8	13923,0	13941,2	13959,4	13977,6	13995,8	13862,3	13892,7	13953,3	13983,7	13877,5	13968,5	76
77	14014	14032,2	14050,4	14068,6	14086,8	14105,0	14123,2	14141,4	14159,6	14177,8	14044,3	14074,7	14135,3	14165,7	14059,5	14150,5	77
78	14196	14214,2	14232,4	14250,6	14268,8	14287,0	14305,2	14323,4	14341,6	14359,8	14226,3	14256,7	14317,3	14347,7	14241,5	14332,5	78
79	14378	14396,2	14414,4	14432,6	14450,8	14469,0	14487,2	14505,4	14523,6	14541,8	14408,3	14438,7	14499,3	14529,7	14423,5	14514,5	79
80	14560	14578,2	14596,4	14614,6	14632,8	14651,0	14669,2	14687,4	14705,6	14723,8	14590,3	14620,7	14681,3	14711,7	14605,5	14696,5	80
81	14742	14760,2	14778,4	14796,6	14814,8	14833,0	14851,2	14869,4	14887,6	14905,8	14772,3	14802,7	14863,3	14893,7	14787,5	14878,5	81
82	14924	14942,2	14960,4	14978,6	14996,8	15015,0	15033,2	15051,4	15069,6	15087,8	14954,3	14984,7	15045,3	15075,7	14969,5	15060,5	82
83	15106	15124,2	15142,4	15160,6	15178,8	15197,0	15215,2	15233,4	15251,6	15269,8	15136,3	15166,7	15227,3	15257,7	15151,5	15242,5	83
84	15288	15306,2	15324,4	15342,6	15360,8	15379,0	15397,2	15415,4	15433,6	15451,8	15318,3	15348,7	15409,3	15439,7	15333,5	15424,5	84
85	15470	15488,2	15506,4	15524,6	15542,8	15561,0	15579,2	15597,4	15615,6	15633,8	15500,3	15530,7	15591,3	15621,7	15515,5	15606,5	85
86	15652	15670,2	15688,4	15706,6	15724,8	15743,0	15761,2	15779,4	15797,6	15815,8	15682,3	15712,7	15773,3	15803,7	15697,5	15788,5	86
87	15834	15852,2	15870,4	15888,6	15906,8	15925,0	15943,2	15961,4	15979,6	15997,8	15864,3	15894,7	15955,3	15985,7	15879,5	15970,5	87
88	16016	16034,2	16052,4	16070,6	16088,8	16107,0	16125,2	16143,4	16161,6	16179,8	16046,3	16076,7	16137,3	16167,7	16061,5	16152,5	88
89	16198	16216,2	16234,4	16252,6	16270,8	16289,0	16307,2	16325,4	16343,6	16361,8	16228,3	16258,7	16319,3	16349,7	16243,5	16334,5	89
90	16380	16398,2	16416,4	16434,6	16452,8	16471,0	16489,2	16507,4	16525,6	16543,8	16410,3	16440,7	16501,3	16531,7	16425,5	16516,5	90
91	16562	16580,2	16598,4	16616,6	16634,8	16653,0	16671,2	16689,4	16707,6	16725,8	16592,3	16622,7	16683,3	16713,7	16607,5	16698,5	91
92	16744	16762,2	16780,4	16798,6	16816,8	16835,0	16853,2	16871,4	16889,6	16907,8	16774,3	16804,7	16865,3	16895,7	16789,5	16880,5	92
93	16926	16944,2	16962,4	16980,6	16998,8	17017,0	17035,2	17053,4	17071,6	17089,8	16956,3	16986,7	17047,3	17077,7	16971,5	17062,5	93
94	17108	17126,2	17144,4	17162,6	17180,8	17199,0	17217,2	17235,4	17253,6	17271,8	17138,3	17168,7	17229,3	17259,7	17153,5	17244,5	94
95	17290	17308,2	17326,4	17344,6	17362,8	17381,0	17399,2	17417,4	17435,6	17453,8	17320,3	17350,7	17411,3	17441,7	17335,5	17426,5	95
96	17472	17490,2	17508,4	17526,6	17544,8	17563,0	17581,2	17599,4	17617,6	17635,8	17502,3	17532,7	17593,3	17623,7	17517,5	17608,5	96
97	17654	17672,2	17690,4	17708,6	17726,8	17745,0	17763,2	17781,4	17799,6	17817,8	17684,3	17714,7	17775,3	17805,7	17699,5	17790,5	97
98	17836	17854,2	17872,4	17890,6	17908,8	17927,0	17945,2	17963,4	17981,6	17999,8	17866,3	17896,7	17957,3	17987,7	17881,5	17972,5	98
99	18018	18036,2	18054,4	18072,6	18090,8	18109,0	18127,2	18145,4	18163,6	18181,8	18048,3	18078,7	18139,3	18169,7	18063,5	18154,5	99
100	18200	18218,2	18236,4	18254,6	18272,8	18291,0	18309,2	18327,4	18345,6	18363,8	18230,3	18260,7	18321,3	18351,7	18245,5	18336,5	100

183

		1/10 18,3	2/10 36,6	3/10 54,9	4/10 73,2	5/10 91,5	6/10 109,8	7/10 128,1	8/10 146,4	9/10 164,7	1/6 30,5	2/6 61,0	4/6 122,0	5/6 152,5	1/4 45,75	3/4 137,25	
1	183	201,3	219,6	237,9	256,2	274,5	292,8	311,1	329,4	347,7	213,5	244,0	305,0	335,5	228,8	320,3	1
2	366	384,3	402,6	420,9	439,2	457,5	475,8	494,1	512,4	530,7	396,5	427,0	488,0	518,5	411,8	503,3	2
3	549	567,3	585,6	603,9	622,2	640,5	658,8	677,1	695,4	713,7	579,5	610,0	671,0	701,5	594,8	686,3	3
4	732	750,3	768,6	786,9	805,2	823,5	841,8	860,1	878,4	896,7	762,5	793,0	854,0	884,5	777,8	869,3	4
5	915	933,3	951,6	969,9	988,2	1006,5	1024,8	1043,1	1061,4	1079,7	945,5	976,0	1037,0	1067,5	960,8	1052,3	5
6	1098	1116,3	1134,6	1152,9	1171,2	1189,5	1207,8	1226,1	1244,4	1262,7	1128,5	1159,0	1220,0	1250,5	1143,8	1235,3	6
7	1281	1299,3	1317,6	1335,9	1354,2	1372,5	1390,8	1409,1	1427,4	1445,7	1311,5	1342,0	1403,0	1433,5	1326,8	1418,3	7
8	1464	1482,3	1500,6	1518,9	1537,2	1555,5	1573,8	1592,1	1610,4	1628,7	1494,5	1525,0	1586,0	1616,5	1509,8	1601,3	8
9	1647	1665,3	1683,6	1701,9	1720,2	1738,5	1756,8	1775,1	1793,4	1811,7	1677,5	1708,0	1769,0	1799,5	1692,8	1784,3	9
10	1830	1848,3	1866,6	1884,9	1903,2	1921,5	1939,8	1958,1	1976,4	1994,7	1860,5	1891,0	1952,0	1982,5	1875,8	1967,3	10
11	2013	2031,3	2049,6	2067,9	2086,2	2104,5	2122,8	2141,1	2159,4	2177,7	2043,5	2074,0	2135,0	2165,5	2058,8	2150,3	11
12	2196	2214,3	2232,6	2250,9	2269,2	2287,5	2305,8	2324,1	2342,4	2360,7	2226,5	2257,0	2318,0	2348,5	2241,8	2333,3	12
13	2379	2397,3	2415,6	2433,9	2452,2	2470,5	2488,8	2507,1	2525,4	2543,7	2409,5	2440,0	2501,0	2531,5	2424,8	2516,3	13
14	2562	2580,3	2598,6	2616,9	2635,2	2653,5	2671,8	2690,1	2708,4	2726,7	2592,5	2623,0	2684,0	2714,5	2607,8	2699,3	14
15	2745	2763,3	2781,6	2799,9	2818,2	2836,5	2854,8	2873,1	2891,4	2909,7	2775,5	2806,0	2867,0	2897,5	2790,8	2882,3	15
16	2928	2946,3	2964,6	2982,9	3001,2	3019,5	3037,8	3056,1	3074,4	3092,7	2958,5	2989,0	3050,0	3080,5	2973,8	3065,3	16
17	3111	3129,3	3147,6	3165,9	3184,2	3202,5	3220,8	3239,1	3257,4	3275,7	3141,5	3172,0	3233,0	3263,5	3156,8	3248,3	17
18	3294	3312,3	3330,6	3348,9	3367,2	3385,5	3403,8	3422,1	3440,4	3458,7	3324,5	3355,0	3416,0	3446,5	3339,8	3431,3	18
19	3477	3495,3	3513,6	3531,9	3550,2	3568,5	3586,8	3605,1	3623,4	3641,7	3507,5	3538,0	3599,0	3629,5	3522,8	3614,3	19
20	3660	3678,3	3696,6	3714,9	3733,2	3751,5	3769,8	3788,1	3806,4	3824,7	3690,5	3721,0	3782,0	3812,5	3705,8	3797,3	20
21	3843	3861,3	3879,6	3897,9	3916,2	3934,5	3952,8	3971,1	3989,4	4007,7	3873,5	3904,0	3965,0	3995,5	3888,8	3980,3	21
22	4026	4044,3	4062,6	4080,9	4099,2	4117,5	4135,8	4154,1	4172,4	4190,7	4056,5	4087,0	4148,0	4178,5	4071,8	4163,3	22
23	4209	4227,3	4245,6	4263,9	4282,2	4300,5	4318,8	4337,1	4355,4	4373,7	4239,5	4270,0	4331,0	4361,5	4254,8	4346,3	23
24	4392	4410,3	4428,6	4446,9	4465,2	4483,5	4501,8	4520,1	4538,4	4556,7	4422,5	4453,0	4514,0	4544,5	4437,8	4529,3	24
25	4575	4593,3	4611,6	4629,9	4648,2	4666,5	4684,8	4703,1	4721,4	4739,7	4605,5	4636,0	4697,0	4727,5	4620,8	4712,3	25
26	4758	4776,3	4794,6	4812,9	4831,2	4849,5	4867,8	4886,1	4904,4	4922,7	4788,5	4819,0	4880,0	4910,5	4803,8	4895,3	26
27	4941	4959,3	4977,6	4995,9	5014,2	5032,5	5050,8	5069,1	5087,4	5105,7	4971,5	5002,0	5063,0	5093,5	4986,8	5078,3	27
28	5124	5142,3	5160,6	5178,9	5197,2	5215,5	5233,8	5252,1	5270,4	5288,7	5154,5	5185,0	5246,0	5276,5	5169,8	5261,3	28
29	5307	5325,3	5343,6	5361,9	5380,2	5398,5	5416,8	5435,1	5453,4	5471,7	5337,5	5368,0	5429,0	5459,5	5352,8	5444,3	29
30	5490	5508,3	5526,6	5544,9	5563,2	5581,5	5599,8	5618,1	5636,4	5654,7	5520,5	5551,0	5612,0	5642,5	5535,8	5627,3	30
31	5673	5691,3	5709,6	5727,9	5746,2	5764,5	5782,8	5801,1	5819,4	5837,7	5703,5	5734,0	5795,0	5825,5	5718,8	5810,3	31
32	5856	5874,3	5892,6	5910,9	5929,2	5947,5	5965,8	5984,1	6002,4	6020,7	5886,5	5917,0	5978,0	6008,5	5901,8	5993,3	32
33	6039	6057,3	6075,6	6093,9	6112,2	6130,5	6148,8	6167,1	6185,4	6203,7	6069,5	6100,0	6161,0	6191,5	6084,8	6176,3	33
34	6222	6240,3	6258,6	6276,9	6295,2	6313,5	6331,8	6350,1	6368,4	6386,7	6252,5	6283,0	6344,0	6374,5	6267,8	6359,3	34
35	6405	6423,3	6441,6	6459,9	6478,2	6496,5	6514,8	6533,1	6551,4	6569,7	6435,5	6466,0	6527,0	6557,5	6450,8	6542,3	35
36	6588	6606,3	6624,6	6642,9	6661,2	6679,5	6697,8	6716,1	6734,4	6752,7	6618,5	6649,0	6710,0	6740,5	6633,8	6725,3	36
37	6771	6789,3	6807,6	6825,9	6844,2	6862,5	6880,8	6899,1	6917,4	6935,7	6801,5	6832,0	6893,0	6923,5	6816,8	6908,3	37
38	6954	6972,3	6990,6	7008,9	7027,2	7045,5	7063,8	7082,1	7100,4	7118,7	6984,5	7015,0	7076,0	7106,5	6999,8	7091,3	38
39	7137	7155,3	7173,6	7191,9	7210,2	7228,5	7246,8	7265,1	7283,4	7301,7	7167,5	7198,0	7259,0	7289,5	7182,8	7274,3	39
40	7320	7338,3	7356,6	7374,9	7393,2	7411,5	7429,8	7448,1	7466,4	7484,7	7350,5	7381,0	7442,0	7472,5	7365,8	7457,3	40
41	7503	7521,3	7539,6	7557,9	7576,2	7594,5	7612,8	7631,1	7649,4	7667,7	7533,5	7564,0	7625,0	7655,5	7548,8	7640,3	41
42	7686	7704,3	7722,6	7740,9	7759,2	7777,5	7795,8	7814,1	7832,4	7850,7	7716,5	7747,0	7808,0	7838,5	7731,8	7823,3	42
43	7869	7887,3	7905,6	7923,9	7942,2	7960,5	7978,8	7997,1	8015,4	8033,7	7899,5	7930,0	7991,0	8021,5	7914,8	8006,3	43
44	8052	8070,3	8088,6	8106,9	8125,2	8143,5	8161,8	8180,1	8198,4	8216,7	8082,5	8113,0	8174,0	8204,5	8097,8	8189,3	44
45	8235	8253,3	8271,6	8289,9	8308,2	8326,5	8344,8	8363,1	8381,4	8399,7	8265,5	8296,0	8357,0	8387,5	8280,8	8372,3	45
46	8418	8436,3	8454,6	8472,9	8491,2	8509,5	8527,8	8546,1	8564,4	8582,7	8448,5	8479,0	8540,0	8570,5	8463,8	8555,3	46
47	8601	8619,3	8637,6	8655,9	8674,2	8692,5	8710,8	8729,1	8747,4	8765,7	8631,5	8662,0	8723,0	8753,5	8646,8	8738,3	47
48	8784	8802,3	8820,6	8838,9	8857,2	8875,5	8893,8	8912,1	8930,4	8948,7	8814,5	8845,0	8906,0	8936,5	8829,8	8921,3	48
49	8967	8985,3	9003,6	9021,9	9040,2	9058,5	9076,8	9095,1	9113,4	9131,7	8997,5	9028,0	9089,0	9119,5	9012,8	9104,3	49
50	9150	9168,3	9186,6	9204,9	9223,2	9241,5	9259,8	9278,1	9296,4	9314,7	9180,5	9211,0	9272,0	9302,5	9195,8	9287,3	50
51	9333	9351,3	9369,6	9387,9	9406,2	9424,5	9442,8	9461,1	9479,4	9497,7	9363,5	9394,0	9455,0	9485,5	9378,8	9470,3	51
52	9516	9534,3	9552,6	9570,9	9589,2	9607,5	9625,8	9644,1	9662,4	9680,7	9546,5	9577,0	9638,0	9668,5	9561,8	9653,3	52
53	9699	9717,3	9735,6	9753,9	9772,2	9790,5	9808,8	9827,1	9845,4	9863,7	9729,5	9760,0	9821,0	9851,5	9744,8	9836,3	53
54	9882	9900,3	9918,6	9936,9	9955,2	9973,5	9991,8	10010,1	10028,4	10046,7	9912,5	9943,0	10004,0	10034,5	9927,8	10019,3	54
55	10065	10083,3	10101,6	10119,9	10138,2	10156,5	10174,8	10193,1	10211,4	10229,7	10095,5	10126,0	10187,0	10217,5	10110,8	10202,3	55
56	10248	10266,3	10284,6	10302,9	10321,2	10339,5	10357,8	10376,1	10394,4	10412,7	10278,5	10309,0	10370,0	10400,5	10293,8	10385,3	56
57	10431	10449,3	10467,6	10485,9	10504,2	10522,5	10540.8	10559,1	10577,4	10595,7	10461,5	10492,0	10553,0	10583,5	10476,8	10568,3	57
58	10614	10632,3	10650,6	10668,9	10687,2	10705,5	10723,8	10742,1	10760,4	10778,7	10644,5	10675,0	10736,0	10766,5	10659,8	10751,3	58
59	10797	10815,3	10833,6	10851,9	10870,2	10888,5	10906,8	10925,1	10943,4	10961,7	10827,5	10858,0	10919,0	10949,5	10842,8	10934,3	59
60	10980	10998,3	11016,6	11034,9	11053,2	11071,5	11089,8	11108,1	11126,4	11144,7	11010,5	11041,0	11102,0	11132,5	11025,8	11117,3	60
61	11163	11181,3	11199,6	11217,9	11236,2	11254,5	11272,8	11291,1	11309,4	11327,7	11193,5	11224,0	11285,0	11315,5	11208,8	11300,3	61
62	11346	11364,3	11382,6	11400,9	11419,2	11437,5	11455,8	11474,1	11492,4	11510,7	11376,5	11407,0	11468,0	11498,5	11391,8	11483,3	62
63	11529	11547,3	11565,6	11583,9	11602,2	11620,5	11638,8	11657,1	11675,4	11693,7	11559,5	11590,0	11651,0	11681,5	11574,8	11666,3	63
64	11712	11730,3	11748,6	11766,9	11785,2	11803,5	11821,8	11840,1	11858,4	11876,7	11742,5	11773,0	11834,0	11864,5	11757,8	11849,3	64
65	11895	11913,3	11931,6	11949,9	11968,2	11986,5	12004,8	12023,1	12041,4	12059,7	11925,5	11956,0	12017,0	12047,5	11940,8	12032,3	65
66	12078	12096,3	12114,6	12132,9	12151,2	12169,5	12187,8	12206,1	12224,4	12242,7	12108,5	12139,0	12200,0	12230,5	12123,8	12215,3	66
67	12261	12279,3	12297,6	12315,9	12334,2	12352,5	12370,8	12389,1	12407,4	12425,7	12291,5	12322,0	12383,0	12413,5	12306,8	12398,3	67
68	12444	12462,3	12480,6	12498,9	12517,2	12535,5	12553,8	12572,1	12590,4	12608,7	12474,5	12505,0	12566,0	12596,5	12489,8	12581,3	68
69	12627	12645,3	12663,6	12681,9	12700,2	12718,5	12736,8	12755,1	12773,4	12791,7	12657,5	12688,0	12749,0	12779,5	12672,8	12764,3	69
70	12810	12828,3	12846,6	12864,9	12883,2	12901,5	12919,8	12938,1	12956,4	12974,7	12840,5	12871,0	12932,0	12962,5	12855,8	12947,3	70
71	12993	13011,3	13029,6	13047,9	13066,2	13084,5	13102,8	13121,1	13139,4	13157,7	13023,5	13054,0	13115,0	13145,5	13038,8	13130,3	71
72	13176	13194,3	13212,6	13230,9	13249,2	13267,5	13285,8	13304,1	13322,4	13340,7	13206,5	13237,0	13298,0	13328,5	13221,8	13313,3	72
73	13359	13377,3	13395,6	13413,9	13432,2	13450,5	13468,8	13487,1	13505,4	13523,7	13389,5	13420,0	13481,0	13511,5	13404,8	13496,3	73
74	13542	13560,3	13578,6	13596,9	13615,2	13633,5	13651,8	13670,1	13688,4	13706,7	13572,5	13603,0	13664,0	13694,5	13587,8	13679,3	74
75	13725	13743,3	13761,6	13779,9	13798,2	13816,5	13834,8	13853,1	13871,4	13889,7	13755,5	13786,0	13847,0	13877,5	13770,8	13862,3	75
76	13908	13926,3	13944,6	13962,9	13981,2	13999,5	14017,8	14036,1	14054,4	14072,7	13938,5	13969,0	14030,0	14060,5	13953,8	14045,3	76
77	14091	14109,3	14127,6	14145,9	14164,2	14182,5	14200,8	14219,1	14237,4	14255,7	14121,5	14152,0	14213,0	14243,5	14136,8	14228,3	77
78	14274	14292,3	14310,6	14328,9	14347,2	14365,5	14383,8	14402,1	14420,4	14438,7	14304,5	14335,0	14396,0	14426,5	14319,8	14411,3	78
79	14457	14475,3	14493,6	14511,9	14530,2	14548,5	14566,8	14585,1	14603,4	14621,7	14487,5	14518,0	14579,0	14609,5	14502,8	14594,3	79
80	14640	14658,3	14676,6	14694,9	14713,2	14731,5	14749,8	14768,1	14786,4	14804,7	14670,5	14701,0	14762,0	14792,5	14685,8	14777,3	80
81	14823	14841,3	14859,6	14877,9	14896,2	14914,5	14932,8	14951,1	14969,4	14987,7	14853,5	14884,0	14945,0	14975,5	14868,8	14960,3	81
82	15006	15024,3	15042,6	15060,9	15079,2	15097,5	15115,8	15134,1	15152,4	15170,7	15036,5	15067,0	15128,0	15158,5	15051,8	15143,3	82
83	15189	15207,3	15225,6	15243,9	15262,2	15280,5	15298,8	15317,1	15335,4	15353,7	15219,5	15250,0	15311,0	15341,5	15234,8	15326,3	83
84	15372	15390,3	15408,6	15426,9	15445,2	15463,5	15481,8	15500,1	15518,4	15536,7	15402,5	15433,0	15494,0	15524,5	15417,8	15509,3	84
85	15555	15573,3	15591,6	15609,9	15628,2	15646,5	15664,8	15683,1	15701,4	15719,7	15585,5	15616,0	15677,0	15707,5	15600,8	15692,3	85
86	15738	15756,3	15774,6	15792,9	15811,2	15829,5	15847,8	15866,1	15884,4	15902,7	15768,5	15799,0	15860,0	15890,5	15783,8	15875,3	86
87	15921	15939,3	15957,6	15975,9	15994,2	16012,5	16030,8	16049,1	16067,4	16085,7	15951,5	15982,0	16043,0	16073,5	15966,8	16058,3	87
88	16104	16122,3	16140,6	16158,9	16177,2	16195,5	16213,8	16232,1	16250,4	16268,7	16134,5	16165,0	16226,0	16256,5	16149,8	16241,3	88
89	16287	16305,3	16323,6	16341,9	16360,2	16378,5	16396,8	16415,1	16433,4	16451,7	16317,5	16348,0	16409,0	16439,5	16332,8	16424,3	89
90	16470	16488,3	16506,6	16524,9	16543,2	16561,5	16579,8	16598,1	16616,4	16634,7	16500,5	16531,0	16592,0	16622,5	16515,8	16607,3	90
91	16653	16671,3	16689,6	16707,9	16726,2	16744,5	16762,8	16781,1	16799,4	16817,7	16683,5	16714,0	16775,0	16805,5	16698,8	16790,3	91
92	16836	16854,3	16872,6	16890,9	16909,2	16927,5	16945,8	16964,1	16982,4	17000,7	16866,5	16897,0	16958,0	16988,5	16881,8	16973,3	92
93	17019	17037,3	17055,6	17073,9	17092,2	17110,5	17128,8	17147,1	17165,4	17183,7	17049,5	17080,0	17141,0	17171,5	17064,8	17156,3	93
94	17202	17220,3	17238,6	17256,9	17275,2	17293,5	17311,8	17330,1	17348,4	17366,7	17232,5	17263,0	17324,0	17354,5	17247,8	17339,3	94
95	17385	17403,3	17421,6	17439,9	17458,2	17476,5	17494,8	17513,1	17531,4	17549,7	17415,5	17446,0	17507,0	17537,5	17430,8	17522,3	95
96	17568	17586,3	17604,6	17622,9	17641,2	17659,5	17677,8	17696,1	17714,4	17732,7	17598,5	17629,0	17690,0	17720,5	17613,8	17705,3	96
97	17751	17769,3	17787,6	17805,9	17824,2	17842,5	17860,8	17879,1	17897,4	17915,7	17781,5	17812,0	17873,0	17903,5	17796,8	17888,3	97
98	17934	17952,3	17970,6	17988,9	18007,2	18025,5	18043,8	18062,1	18080,4	18098,7	17964,5	17995,0	18056,0	18086,5	17979,8	18071,3	98
99	18117	18135,3	18153,6	18171,9	18190,2	18208,5	18226,8	18245,1	18263,4	18281,7	18147,5	18178,0	18239,0	18269,5	18162,8	18254,3	99
100	18300	18318,3	18336,6	18354,9	18373,2	18391,5	18409,8	18428,1	18446,4	18464,7	18330.5	18361.0	18422.0	18452.5	18345.8	18437.3	100

	184	1/10 18,4	2/10 36,8	3/10 55,2	4/10 73,6	5/10 92,0	6/10 110,4	7/10 128,8	8/10 147,2	9/10 165,6	1/6 30,666	2/6 61,333	4/6 122,666	5/6 153,333	1/4 46,0	3/4 138,0	
1	184	202,4	220,8	239,2	257,6	276,0	294,4	312,8	331,2	349,6	214,7	245,3	306,7	337,3	230,0	322,0	1
2	368	386,4	404,8	423,2	441,6	460,0	478,4	496,8	515,2	533,6	398,7	429,3	490,7	521,3	414,0	506,0	2
3	552	570,4	588,8	607,2	625,6	644,0	662,4	680,8	699,2	717,6	582,7	613,3	674,7	705,3	598,0	690,0	3
4	736	754,4	772,8	791,2	809,6	828,0	846,4	864,8	883,2	901,6	766,7	797,3	858,7	889,3	782,0	874,0	4
5	920	938,4	956,8	975,2	993,6	1012,0	1030,4	1048,8	1067,2	1085,6	950,7	981,3	1042,7	1073,3	966,0	1058,0	5
6	1104	1122,4	1140,8	1159,2	1177,6	1196,0	1214,4	1232,8	1251,2	1269,6	1134,7	1165,3	1226,7	1257,3	1150,0	1242,0	6
7	1288	1306,4	1324,8	1343,2	1361,6	1380,0	1398,4	1416,8	1435,2	1453,6	1318,7	1349,3	1410,7	1441,3	1334,0	1426,0	7
8	1472	1490,4	1508,8	1527,2	1545,6	1564,0	1582,4	1600,8	1619,2	1637,6	1502,7	1533,3	1594,7	1625,3	1518,0	1610,0	8
9	1656	1674,4	1692,8	1711,2	1729,6	1748,0	1766,4	1784,8	1803,2	1821,6	1686,7	1717,3	1778,7	1809,3	1702,0	1794,0	9
10	1840	1858,4	1876,8	1895,2	1913,6	1932,0	1950,4	1968,8	1987,2	2005,6	1870,7	1901,3	1962,7	1993,3	1886,0	1978,0	10
11	2024	2042,4	2060,8	2079,2	2097,6	2116,0	2134,4	2152,8	2171,2	2189,6	2054,7	2085,3	2146,7	2177,3	2070,0	2162,0	11
12	2208	2226,4	2244,8	2263,2	2281,6	2300,0	2318,4	2336,8	2355,2	2373,6	2238,7	2269,3	2330,7	2361,3	2254,0	2346,0	12
13	2392	2410,4	2428,8	2447,2	2465,6	2484,0	2502,4	2520,8	2539,2	2557,6	2422,7	2453,3	2514,7	2545,3	2438,0	2530,0	13
14	2576	2594,4	2612,8	2631,2	2649,6	2668,0	2686,4	2704,8	2723,2	2741,6	2606,7	2637,3	2698,7	2729,3	2622,0	2714,0	14
15	2760	2778,4	2796,8	2815,2	2833,6	2852,0	2870,4	2888,8	2907,2	2925,6	2790,7	2821,3	2882,7	2913,3	2806,0	2898,0	15
16	2944	2962,4	2980,8	2999,2	3017,6	3036,0	3054,4	3072,8	3091,2	3109,6	2974,7	3005,3	3066,7	3097,3	2990,0	3082,0	16
17	3128	3146,4	3164,8	3183,2	3201,6	3220,0	3238,4	3256,8	3275,2	3293,6	3158,7	3189,3	3250,7	3281,3	3174,0	3266,0	17
18	3312	3330,4	3348,8	3367,2	3385,6	3404,0	3422,4	3440,8	3459,2	3477,6	3342,7	3373,3	3434,7	3465,3	3358,0	3450,0	18
19	3496	3514,4	3532,8	3551,2	3569,6	3588,0	3606,4	3624,8	3643,2	3661,6	3526,7	3557,3	3618,7	3649,3	3542,0	3634,0	19
20	3680	3698,4	3716,8	3735,2	3753,6	3772,0	3790,4	3808,8	3827,2	3845,6	3710,7	3741,3	3802,7	3833,3	3726,0	3818,0	20
21	3864	3882,4	3900,8	3919,2	3937,6	3956,0	3974,4	3992,8	4011,2	4029,6	3894,7	3925,3	3986,7	4017,3	3910,0	4002,0	21
22	4048	4066,4	4084,8	4103,2	4121,6	4140,0	4158,4	4176,8	4195,2	4213,6	4078,7	4109,3	4170,7	4201,3	4094,0	4186,0	22
23	4232	4250,4	4268,8	4287,2	4305,6	4324,0	4342,4	4360,8	4379,2	4397,6	4262,7	4293,3	4354,7	4385,3	4278,0	4370,0	23
24	4416	4434,4	4452,8	4471,2	4489,6	4508,0	4526,4	4544,8	4563,2	4581,6	4446,7	4477,3	4538,7	4569,3	4462,0	4554,0	24
25	4600	4618,4	4636,8	4655,2	4673,6	4692,0	4710,4	4728,8	4747,2	4765,6	4630,7	4661,3	4722,7	4753,3	4646,0	4738,0	25
26	4784	4802,4	4820,8	4839,2	4857,6	4876,0	4894,4	4912,8	4931,2	4949,6	4814,7	4845,3	4906,7	4937,3	4830,0	4922,0	26
27	4968	4986,4	5004,8	5023,2	5041,6	5060,0	5078,4	5096,8	5115,2	5133,6	4998,7	5029,3	5090,7	5121,3	5014,0	5106,0	27
28	5152	5170,4	5188,8	5207,2	5225,6	5244,0	5262,4	5280,8	5299,2	5317,6	5182,7	5213,3	5274,7	5305,3	5198,0	5290,0	28
29	5336	5354,4	5372,8	5391,2	5409,6	5428,0	5446,4	5464,8	5483,2	5501,6	5366,7	5397,3	5458,7	5489,3	5382,0	5474,0	29
30	5520	5538,4	5556,8	5575,2	5593,6	5612,0	5630,4	5648,8	5667,2	5685,6	5550,7	5581,3	5642,7	5673,3	5566,0	5658,0	30
31	5704	5722,4	5740,8	5759,2	5777,6	5796,0	5814,4	5832,8	5851,2	5869,6	5734,7	5765,3	5826,7	5857,3	5750,0	5842,0	31
32	5888	5906,4	5924,8	5943,2	5961,6	5980,0	5998,4	6016,8	6035,2	6053,6	5918,7	5949,3	6010,7	6041,3	5934,0	6026,0	32
33	6072	6090,4	6108,8	6127,2	6145,6	6164,0	6182,4	6200,8	6219,2	6237,6	6102,7	6133,3	6194,7	6225,3	6118,0	6210,0	33
34	6256	6274,4	6292,8	6311,2	6329,6	6348,0	6366,4	6384,8	6403,2	6421,6	6286,7	6317,3	6378,7	6409,3	6302,0	6394,0	34
35	6440	6458,4	6476,8	6495,2	6513,6	6532,0	6550,4	6568,8	6587,2	6605,6	6470,7	6501,3	6562,7	6593,3	6486,0	6578,0	35
36	6624	6642,4	6660,8	6679,2	6697,6	6716,0	6734,4	6752,8	6771,2	6789,6	6654,7	6685,3	6746,7	6777,3	6670,0	6762,0	36
37	6808	6826,4	6844,8	6863,2	6881,6	6900,0	6918,4	6936,8	6955,2	6973,6	6838,7	6869,3	6930,7	6961,3	6854,0	6946,0	37
38	6992	7010,4	7028,8	7047,2	7065,6	7084,0	7102,4	7120,8	7139,2	7157,6	7022,7	7053,3	7114,7	7145,3	7038,0	7130,0	38
39	7176	7194,4	7212,8	7231,2	7249,6	7268,0	7286,4	7304,8	7323,2	7341,6	7206,7	7237,3	7298,7	7329,3	7222,0	7314,0	39
40	7360	7378,4	7396,8	7415,2	7433,6	7452,0	7470,4	7488,8	7507,2	7525,6	7390,7	7421,3	7482,7	7513,3	7406,0	7498,0	40
41	7544	7562,4	7580,8	7599,2	7617,6	7636,0	7654,4	7672,8	7691,2	7709,6	7574,7	7605,3	7666,7	7697,3	7590,0	7682,0	41
42	7728	7746,4	7764,8	7783,2	7801,6	7820,0	7838,4	7856,8	7875,2	7893,6	7758,7	7789,3	7850,7	7881,3	7774,0	7866,0	42
43	7912	7930,4	7948,8	7967,2	7985,6	8004,0	8022,4	8040,8	8059,2	8077,6	7942,7	7973,3	8034,7	8065,3	7958,0	8050,0	43
44	8096	8114,4	8132,8	8151,2	8169,6	8188,0	8206,4	8224,8	8243,2	8261,6	8126,7	8157,3	8218,7	8249,3	8142,0	8234,0	44
45	8280	8298,4	8316,8	8335,2	8353,6	8372,0	8390,4	8408,8	8427,2	8445,6	8310,7	8341,3	8402,7	8433,3	8326,0	8418,0	45
46	8464	8482,4	8500,8	8519,2	8537,6	8556,0	8574,4	8592,8	8611,2	8629,6	8494,7	8525,3	8586,7	8617,3	8510,0	8602,0	46
47	8648	8666,4	8684,8	8703,2	8721,6	8740,0	8758,4	8776,8	8795,2	8813,6	8678,7	8709,3	8770,7	8801,3	8694,0	8786,0	47
48	8832	8850,4	8868,8	8887,2	8905,6	8924,0	8942,4	8960,8	8979,2	8997,6	8862,7	8893,3	8954,7	8985,3	8878,0	8970,0	48
49	9016	9034,4	9052,8	9071,2	9089,6	9108,0	9126,4	9144,8	9163,2	9181,6	9046,7	9077,3	9138,7	9169,3	9062,0	9154,0	49
50	9200	9218,4	9236,8	9255,2	9273,6	9292,0	9310,4	9328,8	9347,2	9365,6	9230,7	9261,3	9322,7	9353,3	9246,0	9338,0	50
51	9384	9402,4	9420,8	9439,2	9457,6	9476,0	9494,4	9512,8	9531,2	9549,6	9414,7	9445,3	9506,7	9537,3	9430,0	9522,0	51
52	9568	9586,4	9604,8	9623,2	9641,6	9660,0	9678,4	9696,8	9715,2	9733,6	9598,7	9629,3	9690,7	9721,3	9614,0	9706,0	52
53	9752	9770,4	9788,8	9807,2	9825,6	9844,0	9862,4	9880,8	9899,2	9917,6	9782,7	9813,3	9874,7	9905,3	9798,0	9890,0	53
54	9936	9954,4	9972,8	9991,2	10009,6	10028,0	10046,4	10064,8	10083,2	10101,6	9966,7	9997,3	10058,7	10089,3	9982,0	10074,0	54
55	10120	10138,4	10156,8	10175,2	10193,6	10212,0	10230,4	10248,8	10267,2	10285,6	10150,7	10181,3	10242,7	10273,3	10166,0	10258,0	55
56	10304	10322,4	10340,8	10359,2	10377,6	10396,0	10414,4	10432,8	10451,2	10469,6	10334,7	10365,3	10426,7	10457,3	10350,0	10442,0	56
57	10488	10506,4	10524,8	10543,2	10561,6	10580,0	10598,4	10616,8	10635,2	10653,6	10518,7	10549,3	10610,7	10641,3	10534,0	10626,0	57
58	10672	10690,4	10708,8	10727,2	10745,6	10764,0	10782,4	10800,8	10819,2	10837,6	10702,7	10733,3	10794,7	10825,3	10718,0	10810,0	58
59	10856	10874,4	10892,8	10911,2	10929,6	10948,0	10966,4	10984,8	11003,2	11021,6	10886,7	10917,3	10978,7	11009,3	10902,0	10994,0	59
60	11040	11058,4	11076,8	11095,2	11113,6	11132,0	11150,4	11168,8	11187,2	11205,6	11070,7	11101,3	11162,7	11193,3	11086,0	11178,0	60
61	11224	11242,4	11260,8	11279,2	11297,6	11316,0	11334,4	11352,8	11371,2	11389,6	11254,7	11285,3	11346,7	11377,3	11270,0	11362,0	61
62	11408	11426,4	11444,8	11463,2	11481,6	11500,0	11518,4	11536,8	11555,2	11573,6	11438,7	11469,3	11530,7	11561,3	11454,0	11546,0	62
63	11592	11610,4	11628,8	11647,2	11665,6	11684,0	11702,4	11720,8	11739,2	11757,6	11622,7	11653,3	11714,7	11745,3	11638,0	11730,0	63
64	11776	11794,4	11812,8	11831,2	11849,6	11868,0	11886,4	11904,8	11923,2	11941,6	11806,7	11837,3	11898,7	11929,3	11822,0	11914,0	64
65	11960	11978,4	11996,8	12015,2	12033,6	12052,0	12070,4	12088,8	12107,2	12125,6	11990,7	12021,3	12082,7	12113,3	12006,0	12098,0	65
66	12144	12162,4	12180,8	12199,2	12217,6	12236,0	12254,4	12272,8	12291,2	12309,6	12174,7	12205,3	12266,7	12297,3	12190,0	12282,0	66
67	12328	12346,4	12364,8	12383,2	12401,6	12420,0	12438,4	12456,8	12475,2	12493,6	12358,7	12389,3	12450,7	12481,3	12374,0	12466,0	67
68	12512	12530,4	12548,8	12567,2	12585,6	12604,0	12622,4	12640,8	12659,2	12677,6	12542,7	12573,3	12634,7	12665,3	12558,0	12650,0	68
69	12696	12714,4	12732,8	12751,2	12769,6	12788,0	12806,4	12824,8	12843,2	12861,6	12726,7	12757,3	12818,7	12849,3	12742,0	12834,0	69
70	12880	12898,4	12916,8	12935,2	12953,6	12972,0	12990,4	13008,8	13027,2	13045,6	12910,7	12941,3	13002,7	13033,3	12926,0	13018,0	70
71	13064	13082,4	13100,8	13119,2	13137,6	13156,0	13174,4	13192,8	13211,2	13229,6	13094,7	13125,3	13186,7	13217,3	13110,0	13202,0	71
72	13248	13266,4	13284,8	13303,2	13321,6	13340,0	13358,4	13376,8	13395,2	13413,6	13278,7	13309,3	13370,7	13401,3	13294,0	13386,0	72
73	13432	13450,4	13468,8	13487,2	13505,6	13524,0	13542,4	13560,8	13579,2	13597,6	13462,7	13493,3	13554,7	13585,3	13478,0	13570,0	73
74	13616	13634,4	13652,8	13671,2	13689,6	13708,0	13726,4	13744,8	13763,2	13781,6	13646,7	13677,3	13738,7	13769,3	13662,0	13754,0	74
75	13800	13818,4	13836,8	13855,2	13873,6	13892,0	13910,4	13928,8	13947,2	13965,6	13830,7	13861,3	13922,7	13953,3	13846,0	13938,0	75
76	13984	14002,4	14020,8	14039,2	14057,6	14076,0	14094,4	14112,8	14131,2	14149,6	14014,7	14045,3	14106,7	14137,3	14030,0	14122,0	76
77	14168	14186,4	14204,8	14223,2	14241,6	14260,0	14278,4	14296,8	14315,2	14333,6	14198,7	14229,3	14290,7	14321,3	14214,0	14306,0	77
78	14352	14370,4	14388,8	14407,2	14425,6	14444,0	14462,4	14480,8	14499,2	14517,6	14382,7	14413,3	14474,7	14505,3	14398,0	14490,0	78
79	14536	14554,4	14572,8	14591,2	14609,6	14628,0	14646,4	14664,8	14683,2	14701,6	14566,7	14597,3	14658,7	14689,3	14582,0	14674,0	79
80	14720	14738,4	14756,8	14775,2	14793,6	14812,0	14830,4	14848,8	14867,2	14885,6	14750,7	14781,3	14842,7	14873,3	14766,0	14858,0	80
81	14904	14922,4	14940,8	14959,2	14977,6	14996,0	15014,4	15032,8	15051,2	15069,6	14934,7	14965,3	15026,7	15057,3	14950,0	15042,0	81
82	15088	15106,4	15124,8	15143,2	15161,6	15180,0	15198,4	15216,8	15235,2	15253,6	15118,7	15149,3	15210,7	15241,3	15134,0	15226,0	82
83	15272	15290,4	15308,8	15327,2	15345,6	15364,0	15382,4	15400,8	15419,2	15437,6	15302,7	15333,3	15394,7	15425,3	15318,0	15410,0	83
84	15456	15474,4	15492,8	15511,2	15529,6	15548,0	15566,4	15584,8	15603,2	15621,6	15486,7	15517,3	15578,7	15609,3	15502,0	15594,0	84
85	15640	15658,4	15676,8	15695,2	15713,6	15732,0	15750,4	15768,8	15787,2	15805,6	15670,7	15701,3	15762,7	15793,3	15686,0	15778,0	85
86	15824	15842,4	15860,8	15879,2	15897,6	15916,0	15934,4	15952,8	15971,2	15989,6	15854,7	15885,3	15946,7	15977,3	15870,0	15962,0	86
87	16008	16026,4	16044,8	16063,2	16081,6	16100,0	16118,4	16136,8	16155,2	16173,6	16038,7	16069,3	16130,7	16161,3	16054,0	16146,0	87
88	16192	16210,4	16228,8	16247,2	16265,6	16284,0	16302,4	16320,8	16339,2	16357,6	16222,7	16253,3	16314,7	16345,3	16238,0	16330,0	88
89	16376	16394,4	16412,8	16431,2	16449,6	16468,0	16486,4	16504,8	16523,2	16541,6	16406,7	16437,3	16498,7	16529,3	16422,0	16514,0	89
90	16560	16578,4	16596,8	16615,2	16633,6	16652,0	16670,4	16688,8	16707,2	16725,6	16590,7	16621,3	16682,7	16713,3	16606,0	16698,0	90
91	16744	16762,4	16780,8	16799,2	16817,6	16836,0	16854,4	16872,8	16891,2	16909,6	16774,7	16805,3	16866,7	16897,3	16790,0	16882,0	91
92	16928	16946,4	16964,8	16983,2	17001,6	17020,0	17038,4	17056,8	17075,2	17093,6	16958,7	16989,3	17050,7	17081,3	16974,0	17066,0	92
93	17112	17130,4	17148,8	17167,2	17185,6	17204,0	17222,4	17240,8	17259,2	17277,6	17142,7	17173,3	17234,7	17265,3	17158,0	17250,0	93
94	17296	17314,4	17332,8	17351,2	17369,6	17388,0	17406,4	17424,8	17443,2	17461,6	17326,7	17357,3	17418,7	17449,3	17342,0	17434,0	94
95	17480	17498,4	17516,8	17535,2	17553,6	17572,0	17590,4	17608,8	17627,2	17645,6	17510,7	17541,3	17602,7	17633,3	17526,0	17618,0	95
96	17664	17682,4	17700,8	17719,2	17737,6	17756,0	17774,4	17792,8	17811,2	17829,6	17694,7	17725,3	17786,7	17817,3	17710,0	17802,0	96
97	17848	17866,4	17884,8	17903,2	17921,6	17940,0	17958,4	17976,8	17995,2	18013,6	17878,7	17909,3	17970,7	18001,3	17894,0	17986,0	97
98	18032	18050,4	18068,8	18087,2	18105,6	18124,0	18142,4	18160,8	18179,2	18197,6	18062,7	18093,3	18154,7	18185,3	18078,0	18170,0	98
99	18216	18234,4	18252,8	18271,2	18289,6	18308,0	18326,4	18344,8	18363,2	18381,6	18246,7	18277,3	18338,7	18369,3	18262,0	18354,0	99
100	18400	18418,4	18436,8	18455,2	18473,6	18492,0	18510,4	18528,8	18547,2	18565,6	18430,7	18461,3	18522,7	18553,3	18446,0	18538,0	100

		1/10 18,5	2/10 37,0	3/10 55,5	4/10 74,0	5/10 92,5	6/10 111,0	7/10 129,5	8/10 148,0	9/10 166,5	1/6 30,833	1/3 61,666	2/3 123,333	5/6 154,166	1/4 46,25	3/4 138,75	
1	185	203,5	222,0	240,5	259,0	277,5	296,0	314,5	333,0	351,5	215,8	246,7	308,3	339,2	231,3	323,8	1
2	370	388,5	407,0	425,5	444,0	462,5	481,0	499,5	518,0	536,5	400,8	431,7	493,3	524,2	416,3	508,8	2
3	555	573,5	592,0	610,5	629,0	647,5	666,0	684,5	703,0	721,5	585,8	616,7	678,3	709,2	601,3	693,8	3
4	740	758,5	777,0	795,5	814,0	832,5	851,0	869,5	888,0	906,5	770,8	801,7	863,3	894,2	786,3	878,8	4
5	925	943,5	962,0	980,5	999,0	1017,5	1036,0	1054,5	1073,0	1091,5	955,8	986,7	1048,3	1079,2	971,3	1063,8	5
6	1110	1128,5	1147,0	1165,5	1184,0	1202,5	1221,0	1239,5	1258,0	1276,5	1140,8	1171,7	1233,3	1264,2	1156,3	1248,8	6
7	1295	1313,5	1332,0	1350,5	1369,0	1387,5	1406,0	1424,5	1443,0	1461,5	1325,8	1356,7	1418,3	1449,2	1341,3	1433,8	7
8	1480	1498,5	1517,0	1535,5	1554,0	1572,5	1591,0	1609,5	1628,0	1646,5	1510,8	1541,7	1603,3	1634,2	1526,3	1618,8	8
9	1665	1683,5	1702,0	1720,5	1739,0	1757,5	1776,0	1794,5	1813,0	1831,5	1695,8	1726,7	1788,3	1819,2	1711,3	1803,8	9
10	1850	1868,5	1887,0	1905,5	1924,0	1942,5	1961,0	1979,5	1998,0	2016,5	1880,8	1911,7	1973,3	2004,2	1896,3	1988,8	10
11	2035	2053,5	2072,0	2090,5	2109,0	2127,5	2146,0	2164,5	2183,0	2201,5	2065,8	2096,7	2158,3	2189,2	2081,3	2173,8	11
12	2220	2238,5	2257,0	2275,5	2294,0	2312,5	2331,0	2349,5	2368,0	2386,5	2250,8	2281,7	2343,3	2374,2	2266,3	2358,8	12
13	2405	2423,5	2442,0	2460,5	2479,0	2497,5	2516,0	2534,5	2553,0	2571,5	2435,8	2466,7	2528,3	2559,2	2451,3	2543,8	13
14	2590	2608,5	2627,0	2645,5	2664,0	2682,5	2701,0	2719,5	2738,0	2756,5	2620,8	2651,7	2713,3	2744,2	2636,3	2728,8	14
15	2775	2793,5	2812,0	2830,5	2849,0	2867,5	2886,0	2904,5	2923,0	2941,5	2805,8	2836,7	2898,3	2929,2	2821,3	2913,8	15
16	2960	2978,5	2997,0	3015,5	3034,0	3052,5	3071,0	3089,5	3108,0	3126,5	2990,8	3021,7	3083,3	3114,2	3006,3	3098,8	16
17	3145	3163,5	3182,0	3200,5	3219,0	3237,5	3256,0	3274,5	3293,0	3311,5	3175,8	3206,7	3268,3	3299,2	3191,3	3283,8	17
18	3330	3348,5	3367,0	3385,5	3404,0	3422,5	3441,0	3459,5	3478,0	3496,5	3360,8	3391,7	3453,3	3484,2	3376,3	3468,8	18
19	3515	3533,5	3552,0	3570,5	3589,0	3607,5	3626,0	3644,5	3663,0	3681,5	3545,8	3576,7	3638,3	3669,2	3561,3	3653,8	19
20	3700	3718,5	3737,0	3755,5	3774,0	3792,5	3811,0	3829,5	3848,0	3866,5	3730,8	3761,7	3823,3	3854,2	3746,3	3838,8	20
21	3885	3903,5	3922,0	3940,5	3959,0	3977,5	3996,0	4014,5	4033,0	4051,5	3915,8	3946,7	4008,3	4039,2	3931,3	4023,8	21
22	4070	4088,5	4107,0	4125,5	4144,0	4162,5	4181,0	4199,5	4218,0	4236,5	4100,8	4131,7	4193,3	4224,2	4116,3	4208,8	22
23	4255	4273,5	4292,0	4310,5	4329,0	4347,5	4366,0	4384,5	4403,0	4421,5	4285,8	4316,7	4378,3	4409,2	4301,3	4393,8	23
24	4440	4458,5	4477,0	4495,5	4514,0	4532,5	4551,0	4569,5	4588,0	4606,5	4470,8	4501,7	4563,3	4594,2	4486,3	4578,8	24
25	4625	4643,5	4662,0	4680,5	4699,0	4717,5	4736,0	4754,5	4773,0	4791,5	4655,8	4686,7	4748,3	4779,2	4671,3	4763,8	25
26	4810	4828,5	4847,0	4865,5	4884,0	4902,5	4921,0	4939,5	4958,0	4976,5	4840,8	4871,7	4933,3	4964,2	4856,3	4948,8	26
27	4995	5013,5	5032,0	5050,5	5069,0	5087,5	5106,0	5124,5	5143,0	5161,5	5025,8	5056,7	5118,3	5149,2	5041,3	5133,8	27
28	5180	5198,5	5217,0	5235,5	5254,0	5272,5	5291,0	5309,5	5328,0	5346,5	5210,8	5241,7	5303,3	5334,2	5226,3	5318,8	28
29	5365	5383,5	5402,0	5420,5	5439,0	5457,5	5476,0	5494,5	5513,0	5531,5	5395,8	5426,7	5488,3	5519,2	5411,3	5503,8	29
30	5550	5568,5	5587,0	5605,5	5624,0	5642,5	5661,0	5679,5	5698,0	5716,5	5580,8	5611,7	5673,3	5704,2	5596,3	5688,8	30
31	5735	5753,5	5772,0	5790,5	5809,0	5827,5	5846,0	5864,5	5883,0	5901,5	5765,8	5796,7	5858,3	5889,2	5781,3	5873,8	31
32	5920	5938,5	5957,0	5975,5	5994,0	6012,5	6031,0	6049,5	6068,0	6086,5	5950,8	5981,7	6043,3	6074,2	5966,3	6058,8	32
33	6105	6123,5	6142,0	6160,5	6179,0	6197,5	6216,0	6234,5	6253,0	6271,5	6135,8	6166,7	6228,3	6259,2	6151,3	6243,8	33
34	6290	6308,5	6327,0	6345,5	6364,0	6382,5	6401,0	6419,5	6438,0	6456,5	6320,8	6351,7	6413,3	6444,2	6336,3	6428,8	34
35	6475	6493,5	6512,0	6530,5	6549,0	6567,5	6586,0	6604,5	6623,0	6641,5	6505,8	6536,7	6598,3	6629,2	6521,3	6613,8	35
36	6660	6678,5	6697,0	6715,5	6734,0	6752,5	6771,0	6789,5	6808,0	6826,5	6690,8	6721,7	6783,3	6814,2	6706,3	6798,8	36
37	6845	6863,5	6882,0	6900,5	6919,0	6937,5	6956,0	6974,5	6993,0	7011,5	6875,8	6906,7	6968,3	6999,2	6891,3	6983,8	37
38	7030	7048,5	7067,0	7085,5	7104,0	7122,5	7141,0	7159,5	7178,0	7196,5	7060,8	7091,7	7153,3	7184,2	7076,3	7168,8	38
39	7215	7233,5	7252,0	7270,5	7289,0	7307,5	7326,0	7344,5	7363,0	7381,5	7245,8	7276,7	7338,3	7369,2	7261,3	7353,8	39
40	7400	7418,5	7437,0	7455,5	7474,0	7492,5	7511,0	7529,5	7548,0	7566,5	7430,8	7461,7	7523,3	7554,2	7446,3	7538,8	40
41	7585	7603,5	7622,0	7640,5	7659,0	7677,5	7696,0	7714,5	7733,0	7751,5	7615,8	7646,7	7708,3	7739,2	7631,3	7723,8	41
42	7770	7788,5	7807,0	7825,5	7844,0	7862,5	7881,0	7899,5	7918,0	7936,5	7800,8	7831,7	7893,3	7924,2	7816,3	7908,8	42
43	7955	7973,5	7992,0	8010,5	8029,0	8047,5	8066,0	8084,5	8103,0	8121,5	7985,8	8016,7	8078,3	8109,2	8001,3	8093,8	43
44	8140	8158,5	8177,0	8195,5	8214,0	8232,5	8251,0	8269,5	8288,0	8306,5	8170,8	8201,7	8263,3	8294,2	8186,3	8278,8	44
45	8325	8343,5	8362,0	8380,5	8399,0	8417,5	8436,0	8454,5	8473,0	8491,5	8355,8	8386,7	8448,3	8479,2	8371,3	8463,8	45
46	8510	8528,5	8547,0	8565,5	8584,0	8602,5	8621,0	8639,5	8658,0	8676,5	8540,8	8571,7	8633,3	8664,2	8556,3	8648,8	46
47	8695	8713,5	8732,0	8750,5	8769,0	8787,5	8806,0	8824,5	8843,0	8861,5	8725,8	8756,7	8818,3	8849,2	8741,3	8833,8	47
48	8880	8898,5	8917,0	8935,5	8954,0	8972,5	8991,0	9009,5	9028,0	9046,5	8910,8	8941,7	9003,3	9034,2	8926,3	9018,8	48
49	9065	9083,5	9102,0	9120,5	9139,0	9157,5	9176,0	9194,5	9213,0	9231,5	9095,8	9126,7	9188,3	9219,2	9111,3	9203,8	49
50	9250	9268,5	9287,0	9305,5	9324,0	9342,5	9361,0	9379,5	9398,0	9416,5	9280,8	9311,7	9373,3	9404,2	9296,3	9388,8	50
51	9435	9453,5	9472,0	9490,5	9509,0	9527,5	9546,0	9564,5	9583,0	9601,5	9465,8	9496,7	9558,3	9589,2	9481,3	9573,8	51
52	9620	9638,5	9657,0	9675,5	9694,0	9712,5	9731,0	9749,5	9768,0	9786,5	9650,8	9681,7	9743,3	9774,2	9666,3	9758,8	52
53	9805	9823,5	9842,0	9860,5	9879,0	9897,5	9916,0	9934,5	9953,0	9971,5	9835,8	9866,7	9928,3	9959,2	9851,3	9943,8	53
54	9990	10008,5	10027,0	10045,5	10064,0	10082,5	10101,0	10119,5	10138,0	10156,5	10020,8	10051,7	10113,3	10144,2	10036,3	10128,8	54
55	10175	10193,5	10212,0	10230,5	10249,0	10267,5	10286,0	10304,5	10323,0	10341,5	10205,8	10236,7	10298,3	10329,2	10221,3	10313,8	55
56	10360	10378,5	10397,0	10415,5	10434,0	10452,5	10471,0	10489,5	10508,0	10526,5	10390,8	10421,7	10483,3	10514,2	10406,3	10498,8	56
57	10545	10563,5	10582,0	10600,5	10619,0	10637,5	10656,0	10674,5	10693,0	10711,5	10575,8	10606,7	10668,3	10699,2	10591,3	10683,8	57
58	10730	10748,5	10767,0	10785,5	10804,0	10822,5	10841,0	10859,5	10878,0	10896,5	10760,8	10791,7	10853,3	10884,2	10776,3	10868,8	58
59	10915	10933,5	10952,0	10970,5	10989,0	11007,5	11026,0	11044,5	11063,0	11081,5	10945,8	10976,7	11038,3	11069,2	11961,3	11053,8	59
60	11100	11118,5	11137,0	11155,5	11174,0	11192,5	11211,0	11229,5	11248,0	11266,5	11130,8	11161,7	11223,3	11254,2	11146,3	11238,8	60
61	11285	11303,5	11322,0	11340,5	11359,0	11377,5	11396,0	11414,5	11433,0	11451,5	11315,8	11346,7	11408,3	11439,2	11331,3	11423,8	61
62	11470	11488,5	11507,0	11525,5	11544,0	11562,5	11581,0	11599,5	11618,0	11636,5	11500,8	11531,7	11593,3	11624,2	11516,3	11608,8	62
63	11655	11673,5	11692,0	11710,5	11729,0	11747,5	11766,0	11784,5	11803,0	11821,5	11685,8	11716,7	11778,3	11809,2	11701,3	11793,8	63
64	11840	11858,5	11877,0	11895,5	11914,0	11932,5	11951,0	11969,5	11988,0	12006,5	11870,8	11901,7	11963,3	11994,2	11886,3	11978,8	64
65	12025	12043,5	12062,0	12080,5	12099,0	12117,5	12136,0	12154,5	12173,0	12191,5	12055,8	12086,7	12148,3	12179,2	12071,3	12163,8	65
66	12210	12228,5	12247,0	12265,5	12284,0	12302,5	12321,0	12339,5	12358,0	12376,5	12240,8	12271,7	12333,3	12364,2	12256,3	12348,8	66
67	12395	12413,5	12432,0	12450,5	12469,0	12487,5	12506,0	12524,5	12543,0	12561,5	12425,8	12456,7	12518,3	12549,2	12441,3	12533,8	67
68	12580	12598,5	12617,0	12635,5	12654,0	12672,5	12691,0	12709,5	12728,0	12746,5	12610,8	12641,7	12703,3	12734,2	12626,3	12718,8	68
69	12765	12783,5	12802,0	12820,5	12839,0	12857,5	12876,0	12894,5	12913,0	12931,5	12795,8	12826,7	12888,3	12919,2	12811,3	12903,8	69
70	12950	12968,5	12987,0	13005,5	13024,0	13042,5	13061,0	13079,5	13098,0	13116,5	12980,8	13011,7	13073,3	13104,2	12996,3	13088,8	70
71	13135	13153,5	13172,0	13190,5	13209,0	13227,5	13246,0	13264,5	13283,0	13301,5	13165,8	13196,7	13258,3	13289,2	13181,3	13273,8	71
72	13320	13338,5	13357,0	13375,5	13394,0	13412,5	13431,0	13449,5	13468,0	13486,5	13350,8	13381,7	13443,3	13474,2	13366,3	13458,8	72
73	13505	13523,5	13542,0	13560,5	13579,0	13597,5	13616,0	13634,5	13653,0	13671,5	13535,8	13566,7	13628,3	13659,2	13551,3	13643,8	73
74	13690	13708,5	13727,0	13745,5	13764,0	13782,5	13801,0	13819,5	13838,0	13856,5	13720,8	13751,7	13813,3	13844,2	13736,3	13828,8	74
75	13875	13893,5	13912,0	13930,5	13949,0	13967,5	13986,0	14004,5	14023,0	14041,5	13905,8	13936,7	13998,3	14029,2	13921,3	14013,8	75
76	14060	14078,5	14097,0	14115,5	14134,0	14152,5	14171,0	14189,5	14208,0	14226,5	14090,8	14121,7	14183,3	14214,2	14106,3	14198,8	76
77	14245	14263,5	14282,0	14300,5	14319,0	14337,5	14356,0	14374,5	14393,0	14411,5	14275,8	14306,7	14368,3	14399,2	14291,3	14383,8	77
78	14430	14448,5	14467,0	14485,5	14504,0	14522,5	14541,0	14559,5	14578,0	14596,5	14460,8	14491,7	14553,3	14584,2	14476,3	14568,8	78
79	14615	14633,5	14652,0	14670,5	14689,0	14707,5	14726,0	14744,5	14763,0	14781,5	14645,8	14676,7	14738,3	14769,2	14661,3	14753,8	79
80	14800	14818,5	14837,0	14855,5	14874,0	14892,5	14911,0	14929,5	14948,0	14966,5	14830,8	14861,7	14923,3	14954,2	14846,3	14938,8	80
81	14985	15003,5	15022,0	15040,5	15059,0	15077,5	15096,0	15114,5	15133,0	15151,5	15015,8	15046,7	15108,3	15139,2	15031,3	15123,8	81
82	15170	15188,5	15207,0	15225,5	15244,0	15262,5	15281,0	15299,5	15318,0	15336,5	15200,8	15231,7	15293,3	15224,2	15216,3	15308,8	82
83	15355	15373,5	15392,0	15410,5	15429,0	15447,5	15466,0	15484,5	15503,0	15521,5	15385,8	15416,7	15478,3	15409,2	15401,3	15493,8	83
84	15540	15558,5	15577,0	15595,5	15614,0	15632,5	15651,0	15669,5	15688,0	15706,5	15570,8	15601,7	15663,3	15694,2	15586,3	15678,8	84
85	15725	15743,5	15762,0	15780,5	15799,0	15817,5	15836,0	15854,5	15873,0	15891,5	15755,8	15786,7	15848,3	15879,2	15771,3	15863,8	85
86	15910	15928,5	15947,0	15965,5	15984,0	16002,5	16021,0	16039,5	16058,0	16076,5	15940,8	15971,7	16033,3	16064,2	15956,3	16048,8	86
87	16095	16113,5	16132,0	16150,5	16169,0	16187,5	16206,0	16224,5	16243,0	16261,5	16125,8	16156,7	16218,3	16249,2	16141,3	16233,8	87
88	16280	16298,5	16317,0	16335,5	16354,0	16372,5	16391,0	16409,5	16428,0	16446,5	16310,8	16341,7	16403,3	16434,2	16326,3	16418,8	88
89	16465	16483,5	16502,0	16520,5	16539,0	16557,5	16576,0	16594,5	16613,0	16631,5	16495,8	16526,7	16588,3	16619,2	16511,3	16603,8	89
90	16650	16668,5	16687,0	16705,5	16724,0	16742,5	16761,0	16779,5	16798,0	16816,5	16680,8	16711,7	16773,3	16804,2	16696,3	16788,8	90
91	16835	16853,5	16872,0	16890,5	16909,0	16927,5	16946,0	16964,5	16983,0	17001,5	16865,8	16896,7	16958,3	16989,2	16881,3	16973,8	91
92	17020	17038,5	17057,0	17075,5	17094,0	17112,5	17131,0	17149,5	17168,0	17186,5	17050,8	17081,7	17143,3	17174,2	17066,3	17158,8	92
93	17205	17223,5	17242,0	17260,5	17279,0	17297,5	17316,0	17334,5	17353,0	17371,5	17235,8	17266,7	17328,3	17359,2	17251,3	17343,8	93
94	17390	17408,5	17427,0	17445,5	17464,0	17482,4	17501,0	17519,5	17538,0	17556,5	17420,8	17451,7	17513,3	17544,2	17436,3	17528,8	94
95	17575	17593,5	17612,0	17630,5	17649,0	17667,5	17686,0	17704,5	17723,0	17741,5	17605,8	17636,7	17698,3	17729,2	17621,3	17713,8	95
96	17760	17778,5	17797,0	17815,5	17834,0	17852,5	17871,0	17889,5	17908,0	17926,5	17790,8	17821,7	17883,3	17914,2	17806,3	17898,8	96
97	17945	17963,5	17982,0	18000,5	18019,0	18037,5	18056,0	18074,5	18093,0	18111,5	17975,8	18006,7	18068,3	18099,2	17991,3	18083,8	97
98	18130	18148,5	18167,0	18185,5	18204,0	18222,5	18241,0	18259,5	18278,0	18296,5	18160,8	18191,7	18253,3	18284,2	18176,3	18268,8	98
99	18315	18333,5	18352,0	18370,5	18389,0	18407,5	18426,0	18444,5	18463,0	18481,5	18345,8	18376,7	18438,3	18469,2	18361,3	18453,8	99
100	18500	18518,5	18537,0	18555,5	18574,0	18592,5	18611,0	18629,5	18648,0	18666,5	18530,8	18561,7	18623,3	18654,2	18546,3	18638,8	100

186

		1/10 18,6	2/10 37,2	3/10 55,8	4/10 74,4	5/10 93,0	6/10 111,6	7/10 130,2	8/10 148,8	9/10 167,4	1/6 31,0	2/6 62,0	4/6 124,0	5/6 155,0	1/4 46,5	3/4 139,5	
1	186	204,6	223,2	241,8	260,4	279,0	297,6	316,2	334,8	353,4	217,0	248,0	310,0	341,0	232,5	325,5	1
2	372	390,6	409,2	427,8	446,4	465,0	483,6	502,2	520,8	539,4	403,0	434,0	496,0	527,0	418,5	511,5	2
3	558	576,6	595,2	613,8	632,4	651,0	669,6	688,2	706,8	725,4	589,0	620,0	682,0	713,0	604,5	697,5	3
4	744	762,6	781,2	799,8	818,4	837,0	855,6	874,2	892,8	911,4	775,0	806,0	868,0	899,0	790,5	883,5	4
5	930	948,6	967,2	985,8	1004,4	1023,0	1041,6	1060,2	1078,8	1097,4	961,0	992,0	1054,0	1085,0	976,5	1069,5	5
6	1116	1134,6	1153,2	1171,8	1190,4	1209,0	1227,6	1246,2	1264,8	1283,4	1147,0	1178,0	1240,0	1271,0	1162,5	1255,5	6
7	1302	1320,6	1339,2	1357,8	1376,4	1395,0	1413,6	1432,2	1450,8	1469,4	1333,0	1364,0	1426,0	1457,0	1348,5	1441,5	7
8	1488	1506,6	1525,2	1543,8	1562,4	1581,0	1599,6	1618,2	1636,8	1655,4	1519,0	1550,0	1612,0	1643,0	1534,5	1627,5	8
9	1674	1692,6	1711,2	1729,8	1748,4	1767,0	1785,6	1804,2	1822,8	1841,4	1705,0	1736,0	1798,0	1829,0	1720,5	1813,5	9
10	1860	1878,6	1897,2	1915,8	1934,4	1953,0	1971,6	1990,2	2008,8	2027,4	1891,0	1922,0	1984,0	2015,0	1906,5	1999,5	10
11	2046	2064,6	2083,2	2101,8	2120,4	2139,0	2157,6	2176,2	2194,8	2213,4	2077,0	2108,0	2170,0	2201,0	2092,5	2185,5	11
12	2232	2250,6	2269,2	2287,8	2306,4	2325,0	2343,6	2362,2	2380,8	2399,4	2263,0	2294,0	2356,0	2387,0	2278,5	2371,5	12
13	2418	2436,6	2455,2	2473,8	2492,4	2511,0	2529,6	2548,2	2566,8	2585,4	2449,0	2480,0	2542,0	2573,0	2464,5	2557,5	13
14	2604	2622,6	2641,2	2659,8	2678,4	2697,0	2715,6	2734,2	2752,8	2771,4	2635,0	2666,0	2728,0	2759,0	2650,5	2743,5	14
15	2790	2808,6	2827,2	2845,8	2864,4	2883,0	2901,6	2920,2	2938,8	2957,4	2821,0	2852,0	2914,0	2945,0	2836,5	2929,5	15
16	2976	2994,6	3013,2	3031,8	3050,4	3069,0	3087,6	3106,2	3124,8	3143,4	3007,0	3038,0	3100,0	3131,0	3022,5	3115,5	16
17	3162	3180,6	3199,2	3217,8	3236,4	3255,0	3273,6	3292,2	3310,8	3329,4	3193,0	3224,0	3286,0	3317,0	3208,5	3301,5	17
18	3348	3366,6	3385,2	3403,8	3422,4	3441,0	3459,6	3478,2	3496,8	3515,4	3379,0	3410,0	3472,0	3503,0	3394,5	3487,5	18
19	3534	3552,6	3571,2	3589,8	3608,4	3627,0	3645,6	3664,2	3682,8	3701,4	3565,0	3596,0	3658,0	3689,0	3580,5	3673,5	19
20	3720	3738,6	3757,2	3775,8	3794,4	3813,0	3831,6	3850,2	3868,8	3887,4	3751,0	3782,0	3844,0	3875,0	3766,5	3859,5	20
21	3906	3924,6	3943,2	3961,8	3980,4	3999,0	4017,6	4036,2	4054,8	4073,4	3937,0	3968,0	4030,0	4061,0	3952,5	4045,5	21
22	4092	4110,6	4129,2	4147,8	4166,4	4185,0	4203,6	4222,2	4240,8	4259,4	4123,0	4154,0	4216,0	4247,0	4138,5	4231,5	22
23	4278	4296,6	4315,2	4333,8	4352,4	4371,0	4389,6	4408,2	4426,8	4445,4	4309,0	4340,0	4402,0	4433,0	4324,5	4417,5	23
24	4464	4482,6	4501,2	4519,8	4538,4	4557,0	4575,6	4594,2	4612,8	4631,4	4495,0	4526,0	4588,0	4619,0	4510,5	4603,5	24
25	4650	4668,6	4687,2	4705,8	4724,4	4743,0	4761,6	4780,2	4798,8	4817,4	4681,0	4712,0	4774,0	4805,0	4696,5	4789,5	25
26	4836	4854,6	4873,2	4891,8	4910,4	4929,0	4947,6	4966,2	4984,8	5003,4	4867,0	4898,0	4960,0	4991,0	4882,5	4975,5	26
27	5022	5040,6	5059,2	5077,8	5096,4	5115,0	5133,6	5152,2	5170,8	5189,4	5053,0	5084,0	5146,0	5177,0	5068,5	5161,5	27
28	5208	5226,6	5245,2	5263,8	5282,4	5301,0	5319,6	5338,2	5356,8	5375,4	5239,0	5270,0	5332,0	5363,0	5254,5	5347,5	28
29	5394	5412,6	5431,2	5449,8	5468,4	5487,0	5505,6	5524,2	5542,8	5561,4	5425,0	5456,0	5518,0	5549,0	5440,5	5533,5	29
30	5580	5598,6	5617,2	5635,8	5654,4	5673,0	5691,6	5710,2	5728,8	5747,4	5611,0	5642,0	5704,0	5735,0	5626,5	5719,5	30
31	5766	5784,6	5803,2	5821,8	5840,4	5859,0	5877,6	5896,2	5914,8	5933,4	5797,0	5828,0	5890,0	5921,0	5812,5	5905,5	31
32	5952	5970,6	5989,2	6007,8	6026,4	6045,0	6063,6	6082,2	6100,8	6119,4	5983,0	6014,0	6076,0	6107,0	5998,5	6091,5	32
33	6138	6156,6	6175,2	6193,8	6212,4	6231,0	6249,6	6268,2	6286,8	6305,4	6169,0	6200,0	6262,0	6293,0	6184,5	6277,5	33
34	6324	6342,6	6361,2	6379,8	6398,4	6417,0	6435,6	6454,2	6472,8	6491,4	6355,0	6386,0	6448,0	6479,0	6370,5	6463,5	34
35	6510	6528,6	6547,2	6565,8	6584,4	6603,0	6621,6	6640,2	6658,8	6677,4	6541,0	6572,0	6634,0	6665,0	6556,5	6649,5	35
36	6696	6714,6	6733,2	6751,8	6770,4	6789,0	6807,6	6826,2	6844,8	6863,4	6727,0	6758,0	6820,0	6851,0	6742,5	6835,5	36
37	6882	6900,6	6919,2	6937,8	6956,4	6975,0	6993,6	7012,2	7030,8	7049,4	6913,0	6944,0	7006,0	7037,0	6928,5	7021,5	37
38	7068	7086,6	7105,2	7123,8	7142,4	7161,0	7179,6	7198,2	7216,8	7235,4	7099,0	7130,0	7192,0	7223,0	7114,5	7207,5	38
39	7254	7272,6	7291,2	7309,8	7328,4	7347,0	7365,6	7384,2	7402,8	7421,4	7285,0	7316,0	7378,0	7409,0	7300,5	7393,5	39
40	7440	7458,6	7477,2	7495,8	7514,4	7533,0	7551,6	7570,2	7588,8	7607,4	7471,0	7502,0	7564,0	7595,0	7486,5	7579,5	40
41	7626	7644,6	7663,2	7681,8	7700,4	7719,0	7737,6	7756,2	7774,8	7793,4	7657,0	7688,0	7750,0	7781,0	7672,5	7765,5	41
42	7812	7830,6	7849,2	7867,8	7886,4	7905,0	7923,6	7942,2	7960,8	7979,4	7843,0	7874,0	7936,0	7967,0	7858,5	7951,5	42
43	7998	8016,6	8035,2	8053,8	8072,4	8091,0	8109,6	8128,2	8146,8	8165,4	8029,0	8060,0	8122,0	8153,0	8044,5	8137,5	43
44	8184	8202,6	8221,2	8239,8	8258,4	8277,0	8295,6	8314,2	8332,8	8351,4	8215,0	8246,0	8308,0	8339,0	8230,5	8323,5	44
45	8370	8388,6	8407,2	8425,8	8444,4	8463,0	8481,6	8500,2	8518,8	8537,4	8401,0	8432,0	8494,0	8525,0	8416,5	8509,5	45
46	8556	8574,6	8593,2	8611,8	8630,4	8649,0	8667,6	8686,2	8704,8	8723,4	8587,0	8618,0	8680,0	8711,0	8602,5	8695,5	46
47	8742	8760,6	8779,2	8797,8	8816,4	8835,0	8853,6	8872,2	8890,8	8909,4	8773,0	8804,0	8866,0	8897,0	8788,5	8881,5	47
48	8928	8946,6	8965,2	8983,8	9002,4	9021,0	9039,6	9058,2	9076,8	9095,4	8959,0	8990,0	9052,0	9083,0	8974,5	9067,5	48
49	9114	9132,6	9151,2	9169,8	9188,4	9207,0	9225,6	9244,2	9262,8	9281,4	9145,0	9176,0	9238,0	9269,0	9160,5	9253,5	49
50	9300	9318,6	9337,2	9355,8	9374,4	9393,0	9411,6	9430,2	9448,8	9467,4	9331,0	9362,0	9424,0	9455,0	9346,5	9439,5	50
51	9486	9504,6	9523,2	9541,8	9560,4	9579,0	9597,6	9616,2	9634,8	9653,4	9517,0	9548,0	9610,0	9641,0	9532,5	9625,5	51
52	9672	9690,6	9709,2	9727,8	9746,4	9765,0	9783,6	9802,2	9820,8	9839,4	9703,0	9734,0	9796,0	9827,0	9718,5	9811,5	52
53	9858	9876,6	9895,2	9913,8	9932,4	9951,0	9969,6	9988,2	10006,8	10025,4	9889,0	9920,0	9982,0	10013,0	9904,5	9997,5	53
54	10044	10062,6	10081,2	10099,8	10118,4	10137,0	10155,6	10174,2	10192,8	10211,4	10075,0	10106,0	10168,0	10199,0	10090,5	10183,5	54
55	10230	10248,6	10267,2	10285,8	10304,4	10323,0	10341,6	10360,2	10378,8	10397,4	10261,0	10292,0	10354,0	10385,0	10276,5	10369,5	55
56	10416	10434,6	10453,2	10471,8	10490,4	10509,0	10527,6	10546,2	10564,8	10583,4	10447,0	10478,0	10540,0	10571,0	10462,5	10555,5	56
57	10602	10620,6	10639,2	10657,8	10676,4	10695,0	10713,6	10732,2	10750,8	10769,4	10633,0	10664,0	10726,0	10757,0	10648,5	10741,5	57
58	10788	10806,6	10825,2	10843,8	10862,4	10881,0	10899,6	10918,2	10936,8	10955,4	10819,0	10850,0	10912,0	10943,0	10834,5	10927,5	58
59	10974	10992,6	11011,2	11029,8	11048,4	11067,0	11085,6	11104,2	11122,8	11141,4	11005,0	11036,0	11098,0	11129,0	11020,5	11113,5	59
60	11160	11178,6	11197,2	11215,8	11234,4	11253,0	11271,6	11290,2	11308,8	11327,4	11191,0	11222,0	11284,0	11315,0	11206,5	11299,5	60
61	11346	11364,6	11383,2	11401,8	11420,4	11439,0	11457,6	11476,2	11494,8	11513,4	11377,0	11408,0	11470,0	11501,0	11392,5	11485,5	61
62	11532	11550,6	11569,2	11587,8	11606,4	11625,0	11643,6	11662,2	11680,8	11699,4	11563,0	11594,0	11656,0	11687,0	11578,5	11671,5	62
63	11718	11736,6	11755,2	11773,8	11792,4	11811,0	11829,6	11848,2	11866,8	11885,4	11749,0	11780,0	11842,0	11873,0	11764,5	11857,5	63
64	11904	11922,6	11941,2	11959,8	11978,4	11997,0	12015,6	12034,2	12052,8	12071,4	11935,0	11966,0	12028,0	12059,0	11950,5	12043,5	64
65	12090	12108,6	12127,2	12145,8	12164,4	12183,0	12201,6	12220,2	12238,8	12257,4	12121,0	12152,0	12214,0	12245,0	12136,5	12229,5	65
66	12276	12294,6	12313,2	12331,8	12350,4	12369,0	12387,6	12406,2	12424,8	12443,4	12307,0	12338,0	12400,0	12431,0	12322,5	12415,5	66
67	12462	12480,6	12499,2	12517,8	12536,4	12555,0	12573,6	12592,2	12610,8	12629,4	12493,0	12524,0	12586,0	12617,0	12508,5	12601,5	67
68	12648	12666,6	12685,2	12703,8	12722,4	12741,0	12759,6	12778,2	12796,8	12815,4	12679,0	12710,0	12772,0	12803,0	12694,5	12787,5	68
69	12834	12852,6	12871,2	12889,8	12908,4	12927,0	12945,6	12964,2	12982,8	13001,4	12865,0	12896,0	12958,0	12989,0	12880,5	12973,5	69
70	13020	13038,6	13057,2	13075,8	13094,4	13113,0	13131,6	13150,2	13168,8	13187,4	13051,0	13082,0	13144,0	13175,0	13066,5	13159,5	70
71	13206	13224,6	13243,2	13261,8	13280,4	13299,0	13317,6	13336,2	13354,8	13373,4	13237,0	13268,0	13330,0	13361,0	13252,5	13345,5	71
72	13392	13410,6	13429,2	13447,8	13466,4	13485,0	13503,6	13522,2	13540,8	13559,4	13423,0	13454,0	13516,0	13547,0	13438,5	13531,5	72
73	13578	13596,6	13615,2	13633,8	13652,4	13671,0	13689,6	13708,2	13726,8	13745,4	13609,0	13640,0	13702,0	13733,0	13624,5	13717,5	73
74	13764	13782,6	13801,2	13819,8	13838,4	13857,0	13875,6	13894,2	13912,8	13931,4	13795,0	13826,0	13888,0	13919,0	13810,5	13903,5	74
75	13950	13968,6	13987,2	14005,8	14024,4	14043,0	14061,6	14080,2	14098,8	14117,4	13981,0	14012,0	14074,0	14105,0	13996,5	14089,5	75
76	14136	14154,6	14173,2	14191,8	14210,4	14229,0	14247,6	14266,2	14284,8	14303,4	14167,0	14198,0	14260,0	14291,0	14182,5	14275,5	76
77	14322	14340,6	14359,2	14377,8	14396,4	14415,0	14433,6	14452,2	14470,8	14489,4	14353,0	14384,0	14446,0	14477,0	14368,5	14461,5	77
78	14508	14526,6	14545,2	14563,8	14582,4	14601,0	14619,6	14638,2	14656,8	14675,4	14539,0	14570,0	14632,0	14663,0	14554,5	14647,5	78
79	14694	14712,6	14731,2	14749,8	14768,4	14787,0	14805,6	14824,2	14842,8	14861,4	14725,0	14756,0	14818,0	14849,0	14740,5	14833,5	79
80	14880	14898,6	14917,2	14935,8	14954,4	14973,0	14991,6	15010,2	15028,8	15047,4	14911,0	14942,0	15004,0	15035,0	14926,5	15019,5	80
81	15066	15084,6	15103,2	15121,8	15140,4	15159,0	15177,6	15196,2	15214,8	15233,4	15097,0	15128,0	15190,0	15221,0	15112,5	15205,5	81
82	15252	15270,6	15289,2	15307,8	15326,4	15345,0	15363,6	15382,2	15400,8	15419,4	15283,0	15314,0	15376,0	15407,0	15298,5	15391,5	82
83	15438	15456,6	15475,2	15493,8	15512,4	15531,0	15549,6	15568,2	15586,8	15605,4	15469,0	15500,0	15562,0	15593,0	15484,5	15577,5	83
84	15624	15642,6	15661,2	15679,8	15698,4	15717,0	15735,6	15754,2	15772,8	15791,4	15655,0	15686,0	15748,0	15779,0	15670,5	15763,5	84
85	15810	15828,6	15847,2	15865,8	15884,4	15903,0	15921,6	15940,2	15958,8	15977,4	15841,0	15872,0	15934,0	15965,0	15856,5	15949,5	85
86	15996	16014,6	16033,2	16051,8	16070,4	16089,0	16107,6	16126,2	16144,8	16163,4	16027,0	16058,0	16120,0	16151,0	16042,5	16135,5	86
87	16182	16200,6	16219,2	16237,8	16256,4	16275,0	16293,6	16312,2	16330,8	16349,4	16213,0	16244,0	16306,0	16337,0	16228,5	16321,5	87
88	16368	16386,6	16405,2	16423,8	16442,4	16461,0	16479,6	16498,2	16516,8	16535,4	16399,0	16430,0	16492,0	16523,0	16414,5	16507,5	88
89	16554	16572,6	16591,2	16609,8	16628,4	16647,0	16665,6	16684,2	16702,8	16721,4	16585,0	16616,0	16678,0	16709,0	16600,5	16693,5	89
90	16740	16758,6	16777,2	16795,8	16814,4	16833,0	16851,6	16870,2	16888,8	16907,4	16771,0	16802,0	16864,0	16895,0	16786,5	16879,5	90
91	16926	16944,6	16963,2	16981,8	17000,4	17019,0	17037,6	17056,2	17074,8	17093,4	16957,0	16988,0	17050,0	17081,0	16972,5	17065,5	91
92	17112	17130,6	17149,2	17167,8	17186,4	17205,0	17223,6	17242,2	17260,8	17279,4	17143,0	17174,0	17236,0	17267,0	17158,5	17251,5	92
93	17298	17316,6	17335,2	17353,8	17372,4	17391,0	17409,6	17428,2	17446,8	17465,4	17329,0	17360,0	17422,0	17453,0	17344,5	17437,5	93
94	17484	17502,6	17521,2	17539,8	17558,4	17577,0	17595,6	17614,2	17632,8	17651,4	17515,0	17546,0	17608,0	17639,0	17530,5	17623,5	94
95	17670	17688,6	17707,2	17725,8	17744,4	17763,0	17781,6	17800,2	17818,8	17837,4	17701,0	17732,0	17794,0	17825,0	17716,5	17809,5	95
96	17856	17874,6	17893,2	17911,8	17930,4	17949,0	17967,6	17986,2	18004,8	18023,4	17887,0	17918,0	17980,0	18011,0	17902,5	17995,5	96
97	18042	18060,6	18079,2	18097,8	18116,4	18135,0	18153,6	18172,2	18190,8	18209,4	18073,0	18104,0	18166,0	18197,0	18088,5	18181,5	97
98	18228	18246,6	18265,2	18283,8	18302,4	18321,0	18339,6	18358,2	18376,8	18395,4	18259,0	18290,0	18352,0	18383,0	18274,5	18367,5	98
99	18414	18432,6	18451,2	18469,8	18488,4	18507,0	18525,6	18544,2	18562,8	18581,4	18445,0	18476,0	18538,0	18569,0	18460,5	18553,5	99
100	18600	18618,6	18637,2	18655,8	18674,4	18693,0	18711,6	18730,2	18748,8	18767,4	18631,0	18662,0	18724,0	18755,0	18646,5	18739,5	100

		1/10 18,7	2/10 37,4	3/10 56,1	4/10 74,8	5/10 93,5	6/10 112,2	7/10 130,9	8/10 149,6	9/10 168,3	1/6 31,166	2/6 62,333	4/6 124,666	5/6 155,833	1/4 46,75	3/4 140,25	
1	187	205,7	224,4	243,1	261,8	280,5	299,2	317,9	336,6	355,3	218,2	249,3	311,7	342,8	233,8	327,3	1
2	374	392,7	411,4	430,1	448,8	467,5	486,2	504,9	523,6	542,3	405,2	436,3	498,7	529,8	420,8	514,3	2
3	561	579,7	598,4	617,1	635,8	654,5	673,2	691,9	710,6	729,3	592,2	623,3	685,7	716,8	607,8	701,3	3
4	748	766,7	785,4	804,1	822,8	841,5	860,2	878,9	897,6	916,3	779,2	810,3	872,7	903,8	794,8	888,3	4
5	935	953,7	972,4	991,1	1009,8	1028,5	1047,2	1065,9	1084,6	1103,3	966,2	997,3	1059,7	1090,8	981,8	1075,3	5
6	1122	1140,7	1159,4	1178,1	1196,8	1215,5	1234,2	1252,9	1271,6	1290,3	1153,2	1184,3	1246,7	1277,8	1168,8	1262,3	6
7	1309	1327,7	1346,4	1365,1	1383,8	1402,5	1421,2	1439,9	1458,6	1477,3	1340,2	1371,3	1433,7	1464,8	1355,8	1449,3	7
8	1496	1514,7	1533,4	1552,1	1570,8	1589,5	1608,2	1626,9	1645,6	1664,3	1527,2	1558,3	1620,7	1651,8	1542,8	1636,3	8
9	1683	1701,7	1720,4	1739,1	1757,8	1776,5	1795,2	1813,9	1832,6	1851,3	1714,2	1745,3	1807,7	1838,8	1729,8	1823,3	9
10	1870	1888,7	1907,4	1926,1	1944,8	1963,5	1982,2	2000,9	2019,6	2038,3	1901,2	1932,3	1994,7	2025,8	1916,8	2010,3	10
11	2057	2075,7	2094,4	2113,1	2131,8	2150,5	2169,2	2187,9	2206,6	2225,3	2088,2	2119,3	2181,7	2212,8	2103,8	2197,3	11
12	2244	2262,7	2281,4	2300,1	2318,8	2337,5	2356,2	2374,9	2393,6	2412,3	2275,2	2306,3	2368,7	2399,8	2290,8	2384,3	12
13	2431	2449,7	2468,4	2487,1	2505,8	2524,5	2543,2	2561,9	2580,6	2599,3	2462,2	2493,3	2555,7	2586,8	2477,8	2571,3	13
14	2618	2636,7	2655,4	2674,1	2692,8	2711,5	2730,2	2748,9	2767,6	2786,3	2649,2	2680,3	2742,7	2773,8	2664,8	2758,3	14
15	2805	2823,7	2842,4	2861,1	2879,8	2898,5	2917,2	2935,9	2954,6	2973,3	2836,2	2867,3	2929,7	2960,8	2851,8	2945,3	15
16	2992	3010,7	3029,4	3048,1	3066,8	3085,5	3104,2	3122,9	3141,6	3160,3	3023,2	3054,3	3116,7	3147,8	3038,8	3132,3	16
17	3179	3197,7	3216,4	3235,1	3253,8	3272,5	3291,2	3309,9	3328,6	3347,3	3210,2	3241,3	3303,7	3334,8	3225,8	3319,3	17
18	3366	3384,7	3403,4	3422,1	3440,8	3459,5	3478,2	3496,9	3515,6	3534,3	3397,2	3428,3	3490,7	3521,8	3412,8	3506,3	18
19	3553	3571,7	3590,4	3609,1	3627,8	3646,5	3665,2	3683,9	3702,6	3721,3	3584,2	3615,3	3677,7	3708,8	3599,8	3693,3	19
20	3740	3758,7	3777,4	3796,1	3814,8	3833,5	3852,2	3870,9	3889,6	3908,3	3771,2	3802,3	3864,7	3895,8	3786,8	3880,3	20
21	3927	3945,7	3964,4	3983,1	4001,8	4020,5	4039,2	4057,9	4076,6	4095,3	3958,2	3989,3	4051,7	4082,8	3973,8	4067,3	21
22	4114	4132,7	4151,4	4170,1	4188,8	4207,5	4226,2	4244,9	4263,6	4282,3	4145,2	4176,3	4238,7	4269,8	4160,8	4254,3	22
23	4301	4319,7	4338,4	4357,1	4375,8	4394,5	4413,2	4431,9	4450,6	4469,3	4332,2	4363,3	4425,7	4456,8	4347,8	4441,3	23
24	4488	4506,7	4525,4	4544,1	4562,8	4581,5	4600,2	4618,9	4637,6	4656,3	4519,2	4550,3	4612,7	4643,8	4534,8	4628,3	24
25	4675	4693,7	4712,4	4731,1	4749,8	4768,5	4787,2	4805,9	4824,6	4843,3	4706,2	4737,3	4799,7	4830,8	4721,8	4815,3	25
26	4862	4880,7	4899,4	4918,1	4936,8	4955,5	4974,2	4992,9	5011,6	5030,3	4893,2	4924,3	4986,7	5017,8	4908,8	5002,3	26
27	5049	5067,7	5086,4	5105,1	5123,8	5142,5	5161,2	5179,9	5198,6	5217,3	5080,2	5111,3	5173,7	5204,8	5095,8	5189,3	27
28	5236	5254,7	5273,4	5292,1	5310,8	5329,5	5348,2	5366,9	5385,6	5404,3	5267,2	5298,3	5360,7	5391,8	5282,8	5376,3	28
29	5423	5441,7	5460,4	5479,1	5497,8	5516,5	5535,2	5553,9	5572,6	5591,3	5454,2	5485,3	5547,7	5578,8	5469,8	5563,3	29
30	5610	5628,7	5647,4	5666,1	5684,8	5703,5	5722,2	5740,9	5759,6	5778,3	5641,2	5672,3	5734,7	5765,8	5656,8	5750,3	30
31	5797	5815,7	5834,4	5853,1	5871,8	5890,5	5909,2	5927,9	5946,6	5965,3	5828,2	5859,3	5921,7	5952,8	5843,8	5937,3	31
32	5984	6002,7	6021,4	6040,1	6058,8	6077,5	6096,2	6114,9	6133,6	6152,3	6015,2	6046,3	6108,7	6139,8	6030,8	6124,3	32
33	6171	6189,7	6208,4	6227,1	6245,8	6264,5	6283,2	6301,9	6320,6	6339,3	6202,2	6233,3	6295,7	6326,8	6217,8	6311,3	33
34	6358	6376,7	6395,4	6414,1	6432,8	6451,5	6470,2	6488,9	6507,6	6526,3	6389,2	6420,3	6482,7	6513,8	6404,8	6498,3	34
35	6545	6563,7	6582,4	6601,1	6619,8	6638,5	6657,2	6675,9	6694,6	6713,3	6576,2	6607,3	6669,7	6700,8	6591,8	6685,3	35
36	6732	6750,7	6769,4	6788,1	6806,8	6825,5	6844,2	6862,9	6881,6	6900,3	6763,2	6794,3	6856,7	6887,8	6778,8	6872,3	36
37	6919	6937,7	6956,4	6975,1	6993,8	7012,5	7031,2	7049,9	7068,6	7087,3	6950,2	6981,3	7043,7	7074,8	6965,8	7059,3	37
38	7106	7124,7	7143,4	7162,1	7180,8	7199,5	7218,2	7236,9	7255,6	7274,3	7137,2	7168,3	7230,7	7261,8	7152,8	7246,3	38
39	7293	7311,7	7330,4	7349,1	7367,8	7386,5	7405,2	7423,9	7442,6	7461,3	7324,2	7355,3	7417,7	7448,8	7339,8	7433,3	39
40	7480	7498,7	7517,4	7536,1	7554,8	7573,5	7592,2	7610,9	7629,6	7648,3	7511,2	7542,3	7604,7	7635,8	7526,8	7620,3	40
41	7667	7685,7	7704,4	7723,1	7741,8	7760,5	7779,2	7797,9	7816,6	7835,3	7698,2	7729,3	7791,7	7822,8	7713,8	7807,3	41
42	7854	7872,7	7891,4	7910,1	7928,8	7947,5	7966,2	7984,9	8003,6	8022,3	7885,2	7916,3	7978,7	8009,8	7900,8	7994,3	42
43	8041	8059,7	8078,4	8097,1	8115,8	8134,5	8153,2	8171,9	8190,6	8209,3	8072,2	8103,3	8165,7	8196,8	8087,8	8181,3	43
44	8228	8246,7	8265,4	8284,1	8302,8	8321,5	8340,2	8358,9	8377,6	8396,3	8259,2	8290,3	8352,7	8383,8	8274,8	8368,3	44
45	8415	8433,7	8452,4	8471,1	8489,8	8508,5	8527,2	8545,9	8564,6	8583,3	8446,2	8477,3	8539,7	8570,8	8461,8	8555,3	45
46	8602	8620,7	8639,4	8658,1	8676,8	8695,5	8714,2	8732,9	8751,6	8770,3	8633,2	8664,3	8726,7	8757,8	8648,8	8742,3	46
47	8789	8807,7	8826,4	8845,1	8863,8	8882,5	8901,2	8919,9	8938,6	8957,3	8820,2	8851,3	8913,7	8944,8	8835,8	8929,3	47
48	8976	8994,7	9013,4	9032,1	9050,8	9069,5	9088,2	9106,9	9125,6	9144,3	9007,2	9038,3	9100,7	9131,8	9022,8	9116,3	48
49	9163	9181,7	9200,4	9219,1	9237,8	9256,5	9275,2	9293,9	9312,6	9331,3	9194,2	9225,3	9287,7	9318,8	9209,8	9303,3	49
50	9350	9368,7	9387,4	9406,1	9424,8	9443,5	9462,2	9480,9	9499,6	9518,3	9381,2	9412,3	9474,7	9505,8	9396,8	9490,3	50
51	9537	9555,7	9574,4	9593,1	9611,8	9630,5	9649,2	9667,9	9686,6	9705,3	9568,2	9599,3	9661,7	9692,8	9583,8	9677,3	51
52	9724	9742,7	9761,4	9780,1	9798,8	9817,5	9836,2	9854,9	9873,6	9892,3	9755,2	9786,3	9848,7	9879,8	9770,8	9864,3	52
53	9911	9929,7	9948,4	9967,1	9985,8	10004,5	10023,2	10041,9	10060,6	10079,3	9942,2	9973,3	10035,7	10066,8	9957,8	10051,3	53
54	10098	10116,7	10135,4	10154,1	10172,8	10191,5	10210,2	10228,9	10247,6	10266,3	10129,2	10160,3	10222,7	10253,8	10144,8	10238,3	54
55	10285	10303,7	10322,4	10341,1	10359,8	10378,5	10397,2	10415,9	10434,6	10453,3	10316,2	10347,3	10409,7	10440,8	10331,8	10425,3	55
56	10472	10490,7	10509,4	10528,1	10546,8	10565,5	10584,2	10602,9	10621,6	10640,3	10503,2	10534,3	10596,7	10627,8	10518,8	10612,3	56
57	10659	10677,7	10696,4	10715,1	10733,8	10752,5	10771,2	10789,9	10808,6	10827,3	10690,2	10721,3	10783,7	10814,8	10705,8	10799,3	57
58	10846	10864,7	10883,4	10902,1	10920,8	10939,5	10958,2	10976,9	10995,6	11014,3	10877,2	10908,3	10970,7	11001,8	10892,8	10986,3	58
59	11033	11051,7	11070,4	11089,1	11107,8	11126,5	11145,2	11163,9	11182,6	11201,3	11064,2	11095,3	11157,7	11188,8	11079,8	11173,3	59
60	11220	11238,7	11257,4	11276,1	11294,8	11313,5	11332,2	11350,9	11369,6	11388,3	11251,2	11282,3	11344,7	11375,8	11266,8	11360,3	60
61	11407	11425,7	11444,4	11463,1	11481,8	11500,5	11519,2	11537,9	11556,6	11575,3	11438,2	11469,3	11531,7	11562,8	11453,8	11547,3	61
62	11594	11612,7	11631,4	11650,1	11668,8	11687,5	11706,2	11724,9	11743,6	11762,3	11625,2	11656,3	11718,7	11749,8	11640,8	11734,3	62
63	11781	11799,7	11818,4	11837,1	11855,8	11874,5	11893,2	11911,9	11930,6	11949,3	11812,2	11843,3	11905,7	11936,8	11827,8	11921,3	63
64	11968	11986,7	12005,4	12024,1	12042,8	12061,5	12080,2	12098,9	12117,6	12136,3	11999,2	12030,3	12092,7	12123,8	12014,8	12108,3	64
65	12155	12173,7	12192,4	12211,1	12229,8	12248,5	12267,2	12285,9	12304,6	12323,3	12186,2	12217,3	12279,7	12310,8	12201,8	12295,3	65
66	12342	12360,7	12379,4	12398,1	12416,8	12435,5	12454,2	12472,9	12491,6	12510,3	12373,2	12404,3	12466,7	12497,8	12388,8	12482,3	66
67	12529	12547,7	12566,4	12585,1	12603,8	12622,5	12641,2	12659,9	12678,6	12697,3	12560,2	12591,3	12653,7	12684,8	12575,8	12669,3	67
68	12716	12734,7	12753,4	12772,1	12790,8	12809,5	12828,2	12846,9	12865,6	12884,3	12747,2	12778,3	12840,7	12871,8	12762,8	12856,3	68
69	12903	12921,7	12940,4	12959,1	12977,8	12996,5	13015,2	13033,9	13052,6	13071,3	12934,2	12965,3	13027,7	13058,8	12949,8	13043,3	69
70	13090	13108,7	13127,4	13146,1	13164,8	13183,5	13202,2	13220,9	13239,6	13258,3	13121,2	13152,3	13214,7	13245,8	13136,8	13230,3	70
71	13277	13295,7	13314,4	13333,1	13351,8	13370,5	13389,2	13407,9	13426,6	13445,3	13308,2	13339,3	13401,7	13432,8	13323,8	13417,3	71
72	13464	13482,7	13501,4	13520,1	13538,8	13557,5	13576,2	13594,9	13613,6	13632,3	13495,2	13526,3	13588,7	13619,8	13510,8	13604,3	72
73	13651	13669,7	13688,4	13707,1	13725,8	13744,5	13763,2	13781,9	13800,6	13819,3	13682,2	13713,3	13775,7	13806,8	13697,8	13791,3	73
74	13838	13856,7	13875,4	13894,1	13912,8	13931,5	13950,2	13968,9	13987,6	14006,3	13869,2	13900,3	13962,7	13993,8	13884,8	13978,3	74
75	14025	14043,7	14062,4	14081,1	14099,8	14118,5	14137,2	14155,9	14174,6	14193,3	14056,2	14087,3	14149,7	14180,8	14071,8	14165,3	75
76	14212	14230,7	14249,4	14268,1	14286,8	14305,5	14324,2	14342,9	14361,6	14380,3	14243,2	14274,3	14336,7	14367,8	14258,8	14352,3	76
77	14399	14417,7	14436,4	14455,1	14473,8	14492,5	14511,2	14529,9	14548,6	14567,3	14430,2	14461,3	14523,7	14554,8	14445,8	14539,3	77
78	14586	14604,7	14623,4	14642,1	14660,8	14679,5	14698,2	14716,9	14735,6	14754,3	14617,2	14648,3	14710,7	14741,8	14632,8	14726,3	78
79	14773	14791,7	14810,4	14829,1	14847,8	14866,5	14885,2	14903,9	14922,6	14941,3	14804,2	14835,3	14897,7	14928,8	14819,8	14913,3	79
80	14960	14978,7	14997,4	15016,1	15034,8	15053,5	15072,2	15090,9	15109,6	15128,3	14991,2	15022,3	15084,7	15115,8	15006,8	15100,3	80
81	15147	15165,7	15184,4	15203,1	15221,8	15240,5	15259,2	15277,9	15296,6	15315,3	15178,2	15209,3	15271,7	15302,8	15193,8	15287,3	81
82	15334	15352,7	15371,4	15390,1	15408,8	15427,5	15446,2	15464,9	15483,6	15502,3	15365,2	15396,3	15458,7	15489,8	15380,8	15474,3	82
83	15521	15539,7	15558,4	15577,1	15595,8	15614,5	15633,2	15651,9	15670,6	15689,3	15552,2	15583,3	15645,7	15676,8	15567,8	15661,3	83
84	15708	15726,7	15745,4	15764,1	15782,8	15801,5	15820,2	15838,9	15857,6	15876,3	15739,2	15770,3	15832,7	15863,8	15754,8	15848,3	84
85	15895	15913,7	15932,4	15951,1	15969,8	15988,5	16007,2	16025,9	16044,6	16063,3	15926,2	15957,3	16019,7	16050,8	15941,8	16035,3	85
86	16082	16100,7	16119,4	16138,1	16156,8	16175,5	16194,2	16212,9	16231,6	16250,3	16113,2	16144,3	16206,7	16237,8	16128,8	16222,3	86
87	16269	16287,7	16306,4	16325,1	16343,8	16362,5	16381,2	16399,9	16418,6	16437,3	16300,2	16331,3	16393,7	16424,8	16315,8	16409,3	87
88	16456	16474,7	16493,4	16512,1	16530,8	16549,5	16568,2	16586,9	16605,6	16624,3	16487,2	16518,3	16580,7	16611,8	16502,8	16596,3	88
89	16643	16661,7	16680,4	16699,1	16717,8	16736,5	16755,2	16773,9	16792,6	16811,3	16674,2	16705,3	16767,7	16798,8	16689,8	16783,3	89
90	16830	16848,7	16867,4	16886,1	16904,8	16923,5	16942,2	16960,9	16979,6	16998,3	16861,2	16892,3	16954,7	16985,8	16876,8	16970,3	90
91	17017	17035,7	17054,4	17073,1	17091,8	17110,5	17129,2	17147,9	17166,6	17185,3	17048,2	17079,3	17141,7	17172,8	17063,8	17157,3	91
92	17204	17222,7	17241,4	17260,1	17278,8	17297,5	17316,2	17334,9	17353,6	17372,3	17235,2	17266,3	17328,7	17359,8	17250,8	17344,3	92
93	17391	17409,7	17428,4	17447,1	17465,8	17484,5	17503,2	17521,9	17540,6	17559,3	17422,2	17453,3	17515,7	17546,8	17437,8	17531,3	93
94	17578	17596,7	17615,4	17634,1	17652,8	17671,5	17690,2	17708,9	17727,6	17746,3	17609,2	17640,3	17702,7	17733,8	17624,8	17718,3	94
95	17765	17783,7	17802,4	17821,1	17839,8	17858,5	17877,2	17895,9	17914,6	17933,3	17796,2	17827,3	17889,7	17920,8	17811,8	17905,3	95
96	17952	17970,7	17989,4	18008,1	18026,8	18045,5	18064,2	18082,9	18101,6	18120,3	17983,2	18014,3	18076,7	18107,8	17998,8	18092,3	96
97	18139	18157,7	18176,4	18195,1	18213,8	18232,5	18251,2	18269,9	18288,6	18307,3	18170,2	18201,3	18263,7	18294,8	18185,8	18279,3	97
98	18326	18344,7	18363,4	18382,1	18400,8	18419,5	18438,2	18456,9	18475,6	18494,3	18357,2	18388,3	18450,7	18481,8	18372,8	18466,3	98
99	18513	18531,7	18550,4	18569,1	18587,8	18606,5	18625,2	18643,9	18662,6	18681,3	18544,2	18575,3	18637,7	18668,8	18559,8	18653,3	99
100	18700	18718,7	18737,4	18756,1	18774,8	18793,5	18812,2	18830,9	18849,6	18868,3	18731,2	18762,3	18824,7	18855,8	18746,8	18840,3	100

188	1/10 18,8	2/10 37,6	3/10 56,4	4/10 75,2	5/10 94,0	6/10 112,8	7/10 131,6	8/10 150,4	9/10 169,2	1/6 31,333	2/6 62,666	4/6 125,333	5/6 156,666	1/4 47,0	3/4 141,0	
1 188	206,8	225,6	244,4	263,2	282,0	300,8	319,6	338,4	357,2	219,3	250,7	313,3	344,7	235,0	329,0	**1**
2 376	394,8	413,6	432,4	451,2	470,0	488,8	507,6	526,4	545,2	407,3	438,7	501,3	532,7	423,0	517,0	**2**
3 564	582,8	601,6	620,4	639,2	658,0	676,8	695,6	714,4	733,2	595,3	626,7	689,3	720,7	611,0	705,0	**3**
4 752	770,8	789,6	808,4	827,2	846,0	864,8	883,6	902,4	921,2	783,3	814,7	877,3	908,7	799,0	893,0	**4**
5 940	958,8	977,6	996,4	1015,2	1034,0	1052,8	1071,6	1090,4	1109,2	971,3	1002,7	1065,3	1096,7	987,0	1081,0	**5**
6 1128	1146,8	1165,6	1184,4	1203,2	1222,0	1240,8	1259,6	1278,4	1297,2	1159,3	1190,7	1253,3	1284,7	1175,0	1269,0	**6**
7 1316	1334,8	1353,6	1372,4	1391,2	1410,0	1428,8	1447,6	1466,4	1485,2	1347,3	1378,7	1441,3	1472,7	1363,0	1457,0	**7**
8 1504	1522,8	1541,6	1560,4	1579,2	1598,0	1616,8	1635,6	1654,4	1673,2	1535,3	1566,7	1629,3	1660,7	1551,0	1645,0	**8**
9 1692	1710,8	1729,6	1748,4	1767,2	1786,0	1804,8	1823,6	1842,4	1861,2	1723,3	1754,7	1817,3	1848,7	1739,0	1833,0	**9**
10 1880	1898,8	1917,6	1936,4	1955,2	1974,0	1992,8	2011,6	2030,4	2049,2	1911,3	1942,7	2005,3	2036,7	1927,0	2021,0	**10**
11 2068	2086,8	2105,6	2124,4	2143,2	2162,0	2180,8	2199,6	2218,4	2237,2	2099,3	2130,7	2193,3	2224,7	2115,0	2209,0	**11**
12 2256	2274,8	2293,6	2312,4	2331,2	2350,0	2368,8	2387,6	2406,4	2425,2	2287,3	2318,7	2381,3	2412,7	2303,0	2397,0	**12**
13 2444	2462,8	2481,6	2500,4	2519,2	2538,0	2556,8	2575,6	2594,4	2613,2	2475,3	2506,7	2569,3	2600,7	2491,0	2585,0	**13**
14 2632	2650,8	2669,6	2688,4	2707,2	2726,0	2744,8	2763,6	2782,4	2801,2	2663,3	2694,7	2757,3	2788,7	2679,0	2773,0	**14**
15 2820	2838,8	2857,6	2876,4	2895,2	2914,0	2932,8	2951,6	2970,4	2989,2	2851,3	2882,7	2945,3	2976,7	2867,0	2961,0	**15**
16 3008	3026,8	3045,6	3064,4	3083,2	3102,0	3120,8	3139,6	3158,4	3177,2	3039,3	3070,7	3133,3	3164,7	3055,0	3149,0	**16**
17 3196	3214,8	3233,6	3252,4	3271,2	3290,0	3308,8	3327,6	3346,4	3365,2	3227,3	3258,7	3321,3	3352,7	3243,0	3337,0	**17**
18 3384	3402,8	3421,6	3440,4	3459,2	3478,0	3496,8	3515,6	3534,4	3553,2	3415,3	3446,7	3509,3	3540,7	3431,0	3525,0	**18**
19 3572	3590,8	3609,6	3628,4	3647,2	3666,0	3684,8	3703,6	3722,4	3741,2	3603,3	3634,7	3697,3	3728,7	3619,0	3713,0	**19**
20 3760	3778,8	3797,6	3816,4	3835,2	3854,0	3872,8	3891,6	3910,4	3929,2	3791,3	3822,7	3885,3	3916,7	3807,0	3901,0	**20**
21 3948	3966,8	3985,6	4004,4	4023,2	4042,0	4060,8	4079,6	4098,4	4117,2	3979,3	4010,7	4073,3	4104,7	3995,0	4089,0	**21**
22 4136	4154,8	4173,6	4192,4	4211,2	4230,0	4248,8	4267,6	4286,4	4305,2	4167,3	4198,7	4261,3	4292,7	4183,0	4277,0	**22**
23 4324	4342,8	4361,6	4380,4	4399,2	4418,0	4436,8	4455,6	4474,4	4493,2	4355,3	4386,7	4449,3	4480,7	4371,0	4465,0	**23**
24 4512	4530,8	4549,6	4568,4	4587,2	4606,0	4624,8	4643,6	4662,4	4681,2	4543,3	4574,7	4637,3	4668,7	4559,0	4653,0	**24**
25 4700	4718,8	4737,6	4756,4	4775,2	4794,0	4812,8	4831,6	4850,4	4869,2	4731,3	4762,7	4825,3	4856,7	4747,0	4841,0	**25**
26 4888	4906,8	4925,6	4944,4	4963,2	4982,0	5000,8	5019,6	5038,4	5057,2	4919,3	4950,7	5013,3	5044,7	4935,0	5029,0	**26**
27 5076	5094,8	5113,6	5132,4	5151,2	5170,0	5188,8	5207,6	5226,4	5245,2	5107,3	5138,7	5201,3	5232,7	5123,0	5217,0	**27**
28 5264	5282,8	5301,6	5320,4	5339,2	5358,0	5376,8	5395,6	5414,4	5433,2	5295,3	5326,7	5389,3	5420,7	5311,0	5405,0	**28**
29 5452	5470,8	5489,6	5508,4	5527,2	5546,0	5564,8	5583,6	5602,4	5621,2	5483,3	5514,7	5577,3	5608,7	5499,0	5593,0	**29**
30 5640	5658,8	5677,6	5696,4	5715,2	5734,0	5752,8	5771,6	5790,4	5809,2	5671,3	5702,7	5765,3	5796,7	5687,0	5781,0	**30**
31 5828	5846,8	5865,6	5884,4	5903,2	5922,0	5940,8	5959,6	5978,4	5997,2	5859,3	5890,7	5953,3	5984,7	5875,0	5969,0	**31**
32 6016	6034,8	6053,6	6072,4	6091,2	6110,0	6128,8	6147,6	6166,4	6185,2	6047,3	6078,7	6141,3	6172,7	6063,0	6157,0	**32**
33 6204	6222,8	6241,6	6260,4	6279,2	6298,0	6316,8	6335,6	6354,4	6373,2	6235,3	6266,7	6329,3	6360,7	6251,0	6345,0	**33**
34 6392	6410,8	6429,6	6448,4	6467,2	6486,0	6504,8	6523,6	6542,4	6561,2	6423,3	6454,7	6517,3	6548,7	6439,0	6533,0	**34**
35 6580	6598,8	6617,6	6636,4	6655,2	6674,0	6692,8	6711,6	6730,4	6749,2	6611,3	6642,7	6705,3	6736,7	6627,0	6721,0	**35**
36 6768	6786,8	6805,6	6824,4	6843,2	6862,0	6880,8	6899,6	6918,4	6937,2	6799,3	6830,7	6893,3	6924,7	6815,0	6909,0	**36**
37 6956	6974,8	6993,6	7012,4	7031,2	7050,0	7068,8	7087,6	7106,4	7125,2	6987,3	7018,7	7081,3	7112,7	7003,0	7097,0	**37**
38 7144	7162,8	7181,6	7200,4	7219,2	7238,0	7256,8	7275,6	7294,4	7313,2	7175,3	7206,7	7269,3	7300,7	7191,0	7285,0	**38**
39 7332	7350,8	7369,6	7388,4	7407,2	7426,0	7444,8	7463,6	7482,4	7501,2	7363,3	7394,7	7457,3	7488,7	7379,0	7473,0	**39**
40 7520	7538,8	7557,6	7576,4	7595,2	7614,0	7632,8	7651,6	7670,4	7689,2	7551,3	7582,7	7645,3	7676,7	7567,0	7661,0	**40**
41 7708	7726,8	7745,6	7764,4	7783,2	7802,0	7820,8	7839,6	7858,4	7877,2	7739,3	7770,7	7833,3	7864,7	7755,0	7849,0	**41**
42 7896	7914,8	7933,6	7952,4	7971,2	7990,0	8008,8	8027,6	8046,4	8065,2	7927,3	7958,7	8021,3	8052,7	7943,0	8037,0	**42**
43 8084	8102,8	8121,6	8140,4	8159,2	8178,0	8196,8	8215,6	8234,4	8253,2	8115,3	8146,7	8209,3	8240,7	8131,0	8225,0	**43**
44 8272	8290,8	8309,6	8328,4	8347,2	8366,0	8384,8	8403,6	8422,4	8441,2	8303,3	8334,7	8397,3	8428,7	8319,0	8413,0	**44**
45 8460	8478,8	8497,6	8516,4	8535,2	8554,0	8572,8	8591,6	8610,4	8629,2	8491,3	8522,7	8585,3	8616,7	8507,0	8601,0	**45**
46 8648	8666,8	8685,6	8704,4	8723,2	8742,0	8760,8	8779,6	8798,4	8817,2	8679,3	8710,7	8773,3	8804,7	8695,0	8789,0	**46**
47 8836	8854,8	8873,6	8892,4	8911,2	8930,0	8948,8	8967,6	8986,4	9005,2	8867,3	8898,7	8961,3	8992,7	8883,0	8977,0	**47**
48 9024	9042,8	9061,6	9080,4	9099,2	9118,0	9136,8	9155,6	9174,4	9193,2	9055,3	9086,7	9149,3	9180,7	9071,0	9165,0	**48**
49 9212	9230,8	9249,6	9268,4	9287,2	9306,0	9324,8	9343,6	9362,4	9381,2	9243,3	9274,7	9337,3	9368,7	9259,0	9353,0	**49**
50 9400	9418,8	9437,6	9456,4	9475,2	9494,0	9512,8	9531,6	9550,4	9569,2	9431,3	9462,7	9525,3	9556,7	9447,0	9541,0	**50**
51 9588	9606,8	9625,6	9644,4	9663,2	9682,0	9700,8	9719,6	9738,4	9757,2	9619,3	9650,7	9713,3	9744,7	9635,0	9729,0	**51**
52 9776	9794,8	9813,6	9832,4	9851,2	9870,0	9888,8	9907,6	9926,4	9945,2	9807,3	9838,7	9901,3	9932,7	9823,0	9917,0	**52**
53 9964	9982,8	10001,6	10020,4	10039,2	10058,0	10076,8	10095,6	10114,4	10133,2	9995,3	10026,7	10089,3	10120,7	10011,0	10105,0	**53**
54 10152	10170,8	10189,6	10208,4	10227,2	10246,0	10264,8	10283,6	10302,4	10321,2	10183,3	10214,7	10277,3	10308,7	10199,0	10293,0	**54**
55 10340	10358,8	10377,6	10396,4	10415,2	10434,0	10452,8	10471,6	10490,4	10509,2	10371,3	10402,7	10465,3	10496,7	10387,0	10481,0	**55**
56 10528	10546,8	10565,6	10584,4	10603,2	10622,0	10640,8	10659,6	10678,4	10697,2	10559,3	10590,7	10653,3	10684,7	10575,0	10669,0	**56**
57 10716	10734,8	10753,6	10772,4	10791,2	10810,0	10828,8	10847,6	10866,4	10885,2	10747,3	10778,7	10841,3	10872,7	10763,0	10857,0	**57**
58 10904	10922,8	10941,6	10960,4	10979,2	10998,0	11016,8	11035,6	11054,4	11073,2	10935,3	10966,7	11029,3	11060,7	10951,0	11045,0	**58**
59 11092	11110,8	11129,6	11148,4	11167,2	11186,0	11204,8	11223,6	11242,4	11261,2	11123,3	11154,7	11217,3	11248,7	11139,0	11233,0	**59**
60 11280	11298,8	11317,6	11336,4	11355,2	11374,0	11392,8	11411,6	11430,4	11449,2	11311,3	11342,7	11405,3	11436,7	11327,0	11421,0	**60**
61 11468	11486,8	11505,6	11524,4	11543,2	11562,0	11580,8	11599,6	11618,4	11637,2	11499,3	11530,7	11593,3	11624,7	11515,0	11609,0	**61**
62 11656	11674,8	11693,6	11712,4	11731,2	11750,0	11768,8	11787,6	11806,4	11825,2	11687,3	11718,7	11781,3	11812,7	11703,0	11797,0	**62**
63 11844	11862,8	11881,6	11900,4	11919,2	11938,0	11956,8	11975,6	11994,4	12013,2	11875,3	11906,7	11969,3	12000,7	11891,0	11985,0	**63**
64 12032	12050,8	12069,6	12088,4	12107,2	12126,0	12144,8	12163,6	12182,4	12201,2	12063,3	12094,7	12157,3	12188,7	12079,0	12173,0	**64**
65 12220	12238,8	12257,6	12276,4	12295,2	12314,0	12332,8	12351,6	12370,4	12389,2	12251,3	12282,7	12345,3	12376,7	12267,0	12361,0	**65**
66 12408	12426,8	12445,6	12464,4	12483,2	12502,0	12520,8	12539,6	12558,4	12577,2	12439,3	12470,7	12533,3	12564,7	12455,0	12549,0	**66**
67 12596	12614,8	12633,6	12652,4	12671,2	12690,0	12708,8	12727,6	12746,4	12765,2	12627,3	12658,7	12721,3	12752,7	12643,0	12737,0	**67**
68 12784	12802,8	12821,6	12840,4	12859,2	12878,0	12896,8	12915,6	12934,4	12953,2	12815,3	12846,7	12909,3	12940,7	12831,0	12925,0	**68**
69 12972	12990,8	13009,6	13028,4	13047,2	13066,0	13084,8	13103,6	13122,4	13141,2	13003,3	13034,7	13097,3	13128,7	13019,0	13113,0	**69**
70 13160	13178,8	13197,6	13216,4	13235,2	13254,0	13272,8	13291,6	13310,4	13329,2	13191,3	13222,7	13285,3	13316,7	13207,0	13301,0	**70**
71 13348	13366,8	13385,6	13404,4	13423,2	13442,0	13460,8	13479,6	13498,4	13517,2	13379,3	13410,7	13473,3	13504,7	13395,0	13489,0	**71**
72 13536	13554,8	13573,6	13592,4	13611,2	13630,0	13648,8	13667,6	13686,4	13705,2	13567,3	13598,7	13661,3	13692,7	13583,0	13677,0	**72**
73 13724	13742,8	13761,6	13780,4	13799,2	13818,0	13836,8	13855,6	13874,4	13893,2	13755,3	13786,7	13849,3	13880,7	13771,0	13865,0	**73**
74 13912	13930,8	13949,6	13968,4	13987,2	14006,0	14024,8	14043,6	14062,4	14081,2	13943,3	13974,7	14037,3	14068,7	13959,0	14053,0	**74**
75 14100	14118,8	14137,6	14156,4	14175,2	14194,0	14212,8	14231,6	14250,4	14269,2	14131,3	14162,7	14225,3	14256,7	14147,0	14241,0	**75**
76 14288	14306,8	14325,6	14344,4	14363,2	14382,0	14400,8	14419,6	14438,4	14457,2	14319,3	14350,7	14413,3	14444,7	14335,0	14429,0	**76**
77 14476	14494,8	14513,6	14532,4	14551,2	14570,0	14588,8	14607,6	14626,4	14645,2	14507,3	14538,7	14601,3	14632,7	14523,0	14617,0	**77**
78 14664	14682,8	14701,6	14720,4	14739,2	14758,0	14776,8	14795,6	14814,4	14833,2	14695,3	14726,7	14789,3	14820,7	14711,0	14805,0	**78**
79 14852	14870,8	14889,6	14908,4	14927,2	14946,0	14964,8	14983,6	15002,4	15021,2	14883,3	14914,7	14977,3	15008,7	14899,0	14993,0	**79**
80 15040	15058,8	15077,6	15096,4	15115,2	15134,0	15152,8	15171,6	15190,4	15209,2	15071,3	15102,7	15165,3	15196,7	15087,0	15181,0	**80**
81 15228	15246,8	15265,6	15284,4	15303,2	15322,0	15340,8	15359,6	15378,4	15397,2	15259,3	15290,7	15353,3	15384,7	15275,0	15369,0	**81**
82 15416	15434,8	15453,6	15472,4	15491,2	15510,0	15528,8	15547,6	15566,4	15585,2	15447,3	15478,7	15541,3	15572,7	15463,0	15557,0	**82**
83 15604	15622,8	15641,6	15660,4	15679,2	15698,0	15716,8	15735,6	15754,4	15773,2	15635,3	15666,7	15729,3	15760,7	15651,0	15745,0	**83**
84 15792	15810,8	15829,6	15848,4	15867,2	15886,0	15904,8	15923,6	15942,4	15961,2	15823,3	15854,7	15917,3	15948,7	15839,0	15933,0	**84**
85 15980	15998,8	16017,6	16036,4	16055,2	16074,0	16092,8	16111,6	16130,4	16149,2	16011,3	16042,7	16105,3	16136,7	16027,0	16121,0	**85**
86 16168	16186,8	16205,6	16224,4	16243,2	16262,0	16280,8	16299,6	16318,4	16337,2	16199,3	16230,7	16293,3	16324,7	16215,0	16309,0	**86**
87 16356	16374,8	16393,6	16412,4	16431,2	16450,0	16468,8	16487,6	16506,4	16525,2	16387,3	16418,7	16481,3	16512,7	16403,0	16497,0	**87**
88 16544	16562,8	16581,6	16600,4	16619,2	16638,0	16656,8	16675,6	16694,4	16713,2	16575,3	16606,7	16669,3	16700,7	16591,0	16685,0	**88**
89 16732	16750,8	16769,6	16788,4	16807,2	16826,0	16844,8	16863,6	16882,4	16901,2	16763,3	16794,7	16857,3	16888,7	16779,0	16873,0	**89**
90 16920	16938,8	16957,6	16976,4	16995,2	17014,0	17032,8	17051,6	17070,4	17089,2	16951,3	16982,7	17045,3	17076,7	16967,0	17061,0	**90**
91 17108	17126,8	17145,6	17164,4	17183,2	17202,0	17220,8	17239,6	17258,4	17277,2	17139,3	17170,7	17233,3	17264,7	17155,0	17249,0	**91**
92 17296	17314,8	17333,6	17352,4	17371,2	17390,0	17408,8	17427,6	17446,4	17465,2	17327,3	17358,7	17421,3	17452,7	17343,0	17437,0	**92**
93 17484	17502,8	17521,6	17540,4	17559,2	17578,0	17596,8	17615,6	17634,4	17653,2	17515,3	17546,7	17609,3	17640,7	17531,0	17625,0	**93**
94 17672	17690,8	17709,6	17728,4	17747,2	17766,0	17784,8	17803,6	17822,4	17841,2	17703,3	17734,7	17797,3	17828,7	17719,0	17813,0	**94**
95 17860	17878,8	17897,6	17916,4	17935,2	17954,0	17972,8	17991,6	18010,4	18029,2	17891,3	17922,7	17985,3	18016,7	17907,0	18001,0	**95**
96 18048	18066,8	18085,6	18104,4	18123,2	18142,0	18160,8	18179,6	18198,4	18217,2	18079,3	18110,7	18173,3	18204,7	18095,0	18189,0	**96**
97 18236	18254,8	18273,6	18292,4	18311,2	18330,0	18348,8	18367,6	18386,4	18405,2	18267,3	18298,7	18361,3	18392,7	18283,0	18377,0	**97**
98 18424	18442,8	18461,6	18480,4	18499,2	18518,0	18536,8	18555,6	18574,4	18593,2	18455,3	18486,7	18549,3	18580,7	18471,0	18565,0	**98**
99 18612	18630,8	18649,6	18668,4	18687,2	18706,0	18724,8	18743,6	18762,4	18781,2	18643,3	18674,7	18737,3	18768,7	18659,0	18753,0	**99**
100 18800	18818,8	18837,6	18856,4	18875,2	18894,0	18912,8	18931,6	18950,4	18969,2	18831,3	18862,7	18925,3	18956,7	18847,0	18941,0	**100**

189

	189	1/10 18,9	2/10 37,8	3/10 56,7	4/10 75,6	5/10 94,5	6/10 113,4	7/10 132,3	8/10 151,2	9/10 170,1	1/6 31,5	1/3 63,0	2/3 126,0	5/6 157,5	1/4 47,25	3/4 141,75	
1	189	207,9	226,8	245,7	264,6	283,5	302,4	321,3	340,2	359,1	220,5	252,0	315,0	346,5	236,3	330,8	1
2	378	396,9	415,8	434,7	453,6	472,5	491,4	510,3	529,2	548,1	409,5	441,0	504,0	535,5	425,3	519,8	2
3	567	585,9	604,8	623,7	642,6	661,5	680,4	699,3	718,2	737,1	598,5	630,0	693,0	724,5	614,3	708,8	3
4	756	774,9	793,8	812,7	831,6	850,5	869,4	888,3	907,2	926,1	787,5	819,0	882,0	913,5	803,3	897,8	4
5	945	963,9	982,8	1001,7	1020,6	1039,5	1058,4	1077,3	1096,2	1115,1	976,5	1008,0	1071,0	1102,5	992,3	1086,8	5
6	1134	1152,9	1171,8	1190,7	1209,6	1228,5	1247,4	1266,3	1285,2	1304,1	1165,5	1197,0	1260,0	1291,5	1181,3	1275,8	6
7	1323	1341,9	1360,8	1379,7	1398,6	1417,5	1436,4	1455,3	1474,2	1493,1	1354,5	1386,0	1449,0	1480,5	1370,3	1464,8	7
8	1512	1530,9	1549,8	1568,7	1587,6	1606,5	1625,4	1644,3	1663,2	1682,1	1543,5	1575,0	1638,0	1669,5	1559,3	1653,8	8
9	1701	1719,9	1738,8	1757,7	1776,6	1795,5	1814,4	1833,3	1852,2	1871,1	1732,5	1764,0	1827,0	1858,5	1748,3	1842,8	9
10	1890	1908,9	1927,8	1946,7	1965,6	1984,5	2003,4	2022,3	2041,2	2060,1	1921,5	1953,0	2016,0	2047,5	1937,3	2031,8	10
11	2079	2097,9	2116,8	2135,7	2154,6	2173,5	2192,4	2211,3	2230,2	2249,1	2110,5	2142,0	2205,0	2236,5	2126,3	2220,8	11
12	2268	2286,9	2305,8	2324,7	2343,6	2362,5	2381,4	2400,3	2419,2	2438,1	2299,5	2331,0	2394,0	2425,5	2315,3	2409,8	12
13	2457	2475,9	2494,8	2513,7	2532,6	2551,5	2570,4	2589,3	2608,2	2627,1	2488,5	2520,0	2583,0	2614,5	2504,3	2598,8	13
14	2646	2664,9	2683,8	2702,7	2721,6	2740,5	2759,4	2778,3	2797,2	2816,1	2677,5	2709,0	2772,0	2803,5	2693,3	2787,8	14
15	2835	2853,9	2872,8	2891,7	2910,6	2929,5	2948,4	2967,3	2986,2	3005,1	2866,5	2898,0	2961,0	2992,5	2882,3	2976,8	15
16	3024	3042,9	3061,8	3080,7	3099,6	3118,5	3137,4	3156,3	3175,2	3194,1	3055,5	3087,0	3150,0	3181,5	3071,3	3165,8	16
17	3213	3231,9	3250,8	3269,7	3288,6	3307,5	3326,4	3345,3	3364,2	3383,1	3244,5	3276,0	3339,0	3370,5	3260,3	3354,8	17
18	3402	3420,9	3439,8	3458,7	3477,6	3496,5	3515,4	3534,3	3553,2	3572,1	3433,5	3465,0	3528,0	3559,5	3449,3	3543,8	18
19	3591	3609,9	3628,8	3647,7	3666,6	3685,5	3704,4	3723,3	3742,2	3761,1	3622,5	3654,0	3717,0	3748,5	3638,3	3732,8	19
20	3780	3798,9	3817,8	3836,7	3855,6	3874,5	3893,4	3912,3	3931,2	3950,1	3811,5	3843,0	3906,0	3937,5	3827,3	3921,8	20
21	3969	3987,9	4006,8	4025,7	4044,6	4063,5	4082,4	4101,3	4120,2	4139,1	4000,5	4032,0	4095,0	4126,5	4016,3	4110,8	21
22	4158	4176,9	4195,8	4214,7	4233,6	4252,5	4271,4	4290,3	4309,2	4328,1	4189,5	4221,0	4284,0	4315,5	4205,3	4299,8	22
23	4347	4365,9	4384,8	4403,7	4422,6	4441,5	4460,4	4479,3	4498,2	4517,1	4378,5	4410,0	4473,0	4504,5	4394,3	4488,8	23
24	4536	4554,9	4573,8	4592,7	4611,6	4630,5	4649,4	4668,3	4687,2	4706,1	4567,5	4599,0	4662,0	4693,5	4583,3	4677,8	24
25	4725	4743,9	4762,8	4781,7	4800,6	4819,5	4838,4	4857,3	4876,2	4895,1	4756,5	4788,0	4851,0	4882,5	4772,3	4866,8	25
26	4914	4932,9	4951,8	4970,7	4989,6	5008,5	5027,4	5046,3	5065,2	5084,1	4945,5	4977,0	5040,0	5071,5	4961,3	5055,8	26
27	5103	5121,9	5140,8	5159,7	5178,6	5197,5	5216,4	5235,3	5254,2	5273,1	5134,5	5166,0	5229,0	5260,5	5150,3	5244,8	27
28	5292	5310,9	5329,8	5348,7	5367,6	5386,5	5405,4	5424,3	5443,2	5462,1	5323,5	5355,0	5418,0	5449,5	5339,3	5433,8	28
29	5481	5499,9	5518,8	5537,7	5556,6	5575,5	5594,4	5613,3	5632,2	5651,1	5512,5	5544,0	5607,0	5638,5	5528,3	5622,8	29
30	5670	5688,9	5707,8	5726,7	5745,6	5764,5	5783,4	5802,3	5821,2	5840,1	5701,5	5733,0	5796,0	5827,5	5717,3	5811,8	30
31	5859	5877,9	5896,8	5915,7	5934,6	5953,5	5972,4	5991,3	6010,2	6029,1	5890,5	5922,0	5985,0	6016,5	5906,3	6000,8	31
32	6048	6066,9	6085,8	6104,7	6123,6	6142,5	6161,4	6180,3	6199,2	6218,1	6079,5	6111,0	6174,0	6205,5	6095,3	6189,8	32
33	6237	6255,9	6274,8	6293,7	6312,6	6331,5	6350,4	6369,3	6388,2	6407,1	6268,5	6300,0	6363,0	6394,5	6284,3	6378,8	33
34	6426	6444,9	6463,8	6482,7	6501,6	6520,5	6539,4	6558,3	6577,2	6596,1	6457,5	6489,0	6552,0	6583,5	6473,3	6567,8	34
35	6615	6633,9	6652,8	6671,7	6690,6	6709,5	6728,4	6747,3	6766,2	6785,1	6646,5	6678,0	6741,0	6772,5	6662,3	6756,8	35
36	6804	6822,9	6841,8	6860,7	6879,6	6898,5	6917,4	6936,3	6955,2	6974,1	6835,5	6867,0	6930,0	6961,5	6851,3	6945,8	36
37	6993	7011,9	7030,8	7049,7	7068,6	7087,5	7106,4	7125,3	7144,2	7163,1	7024,5	7056,0	7119,0	7150,5	7040,3	7134,8	37
38	7182	7200,9	7219,8	7238,7	7257,6	7276,5	7295,4	7314,3	7333,2	7352,1	7213,5	7245,0	7308,0	7339,5	7229,3	7323,8	38
39	7371	7389,9	7408,8	7427,7	7446,6	7465,5	7484,4	7503,3	7522,2	7541,1	7402,5	7434,0	7497,0	7528,5	7418,3	7512,8	39
40	7560	7578,9	7597,8	7616,7	7635,6	7654,5	7673,4	7692,3	7711,2	7730,1	7591,5	7623,0	7686,0	7717,5	7607,3	7701,8	40
41	7749	7767,9	7786,8	7805,7	7824,6	7843,5	7862,4	7881,3	7900,2	7919,1	7780,5	7812,0	7875,0	7906,5	7796,3	7890,8	41
42	7938	7956,9	7975,8	7994,7	8013,6	8032,5	8051,4	8070,3	8089,2	8108,1	7969,5	8001,0	8064,0	8095,5	7985,3	8079,8	42
43	8127	8145,9	8164,8	8183,7	8202,6	8221,5	8240,4	8259,3	8278,2	8297,1	8158,5	8190,0	8253,0	8284,5	8174,3	8268,8	43
44	8316	8334,9	8353,8	8372,7	8391,6	8410,5	8429,4	8448,3	8467,2	8486,1	8347,5	8379,0	8442,0	8473,5	8363,3	8457,8	44
45	8505	8523,9	8542,8	8561,7	8580,6	8599,5	8618,4	8637,3	8656,2	8675,1	8536,5	8568,0	8631,0	8662,5	8552,3	8646,8	45
46	8694	8712,9	8731,8	8750,7	8769,6	8788,5	8807,4	8826,3	8845,2	8864,1	8725,5	8757,0	8820,0	8851,5	8741,3	8835,8	46
47	8883	8901,9	8920,8	8939,7	8958,6	8977,5	8996,4	9015,3	9034,2	9053,1	8914,5	8946,0	9009,0	9040,5	8930,3	9024,8	47
48	9072	9090,9	9109,8	9128,7	9147,6	9166,5	9185,4	9204,3	9223,2	9242,1	9103,5	9135,0	9198,0	9229,5	9119,3	9213,8	48
49	9261	9279,9	9298,8	9317,7	9336,6	9355,5	9374,4	9393,3	9412,2	9431,1	9292,5	9324,0	9387,0	9418,5	9308,3	9402,8	49
50	9450	9468,9	9487,8	9506,7	9525,6	9544,5	9563,4	9582,3	9601,2	9620,1	9481,5	9513,0	9576,0	9607,5	9497,3	9591,8	50
51	9639	9657,9	9676,8	9695,7	9714,6	9733,5	9752,4	9771,3	9790,2	9809,1	9670,5	9702,0	9765,0	9796,5	9686,3	9780,8	51
52	9828	9846,9	9865,8	9884,7	9903,6	9922,5	9941,4	9960,3	9979,2	9998,1	9859,5	9891,0	9954,0	9985,5	9875,3	9969,8	52
53	10017	10035,9	10054,8	10073,7	10092,6	10111,5	10130,4	10149,3	10168,2	10187,1	10048,5	10080,0	10143,0	10174,5	10064,3	10158,8	53
54	10206	10224,9	10243,8	10262,7	10281,6	10300,5	10319,4	10338,3	10357,2	10376,1	10237,5	10269,0	10332,0	10363,5	10253,3	10347,8	54
55	10395	10413,9	10432,8	10451,7	10470,6	10489,5	10508,4	10527,3	10546,2	10565,1	10426,5	10458,0	10521,0	10552,5	10442,3	10536,8	55
56	10584	10602,9	10621,8	10640,7	10659,6	10678,5	10697,4	10716,3	10735,2	10754,1	10615,5	10647,0	10710,0	10741,5	10631,3	10725,8	56
57	10773	10791,9	10810,8	10829,7	10848,6	10867,5	10886,4	10905,3	10924,2	10943,1	10804,5	10836,0	10899,0	10930,5	10820,3	10914,8	57
58	10962	10980,9	10999,8	11018,7	11037,6	11056,5	11075,4	11094,3	11113,2	11132,1	10993,5	11025,0	11088,0	11119,5	11009,3	11103,8	58
59	11151	11169,9	11188,8	11207,7	11226,6	11245,5	11264,4	11283,3	11302,2	11321,1	11182,5	11214,0	11277,0	11308,5	11198,3	11292,8	59
60	11340	11358,9	11377,8	11396,7	11415,6	11434,5	11453,4	11472,3	11491,2	11510,1	11371,5	11403,0	11466,0	11497,5	11387,3	11481,8	60
61	11529	11547,9	11566,8	11585,7	11604,6	11623,5	11642,4	11661,3	11680,2	11699,1	11560,5	11592,0	11655,0	11686,5	11576,3	11670,8	61
62	11718	11736,9	11755,8	11774,7	11793,6	11812,5	11831,4	11850,3	11869,2	11888,1	11749,5	11781,0	11844,0	11875,5	11765,3	11859,8	62
63	11907	11925,9	11944,8	11963,7	11982,6	12001,5	12020,4	12039,3	12058,2	12077,1	11938,5	11970,0	12033,0	12064,5	11954,3	12048,8	63
64	12096	12114,9	12133,8	12152,7	12171,6	12190,5	12209,4	12228,3	12247,2	12266,1	12127,5	12159,0	12222,0	12253,5	12143,3	12237,8	64
65	12285	12303,9	12322,8	12341,7	12360,6	12379,5	12398,4	12417,3	12436,2	12455,1	12316,5	12348,0	12411,0	12442,5	12332,3	12426,8	65
66	12474	12492,9	12511,8	12530,7	12549,6	12568,5	12587,4	12606,3	12625,2	12644,1	12505,5	12537,0	12600,0	12631,5	12521,3	12615,8	66
67	12663	12681,9	12700,8	12719,7	12738,6	12757,5	12776,4	12795,3	12814,2	12833,1	12694,5	12726,0	12789,0	12820,5	12710,3	12804,8	67
68	12852	12870,9	12889,8	12908,7	12927,6	12946,5	12965,4	12984,3	13003,2	13022,1	12883,5	12915,0	12978,0	13009,5	12899,3	12993,8	68
69	13041	13059,9	13078,8	13097,7	13116,6	13135,5	13154,4	13173,3	13192,2	13211,1	13072,5	13104,0	13167,0	13198,5	13088,3	13182,8	69
70	13230	13248,9	13267,8	13286,7	13305,6	13324,5	13343,4	13362,3	13381,2	13400,1	13261,5	13293,0	13356,0	13387,5	13277,3	13371,8	70
71	13419	13437,9	13456,8	13475,7	13494,6	13513,5	13532,4	13551,3	13570,2	13589,1	13450,5	13482,0	13545,0	13576,5	13466,3	13560,8	71
72	13608	13626,9	13645,8	13664,7	13683,6	13702,5	13721,4	13740,3	13759,2	13778,1	13639,5	13671,0	13734,0	13765,5	13655,3	13749,8	72
73	13797	13815,9	13834,8	13853,7	13872,6	13891,5	13910,4	13929,3	13948,2	13967,1	13828,5	13860,0	13923,0	13954,5	13844,3	13938,8	73
74	13986	14004,9	14023,8	14042,7	14061,6	14080,5	14099,4	14118,3	14137,2	14156,1	14017,5	14049,0	14112,0	14143,5	14033,3	14127,8	74
75	14175	14193,9	14212,8	14231,7	14250,6	14269,5	14288,4	14307,3	14326,2	14345,1	14206,5	14238,0	14301,0	14332,5	14222,3	14316,8	75
76	14364	14382,9	14401,8	14420,7	14439,6	14458,5	14477,4	14496,3	14515,2	14534,1	14395,5	14427,0	14490,0	14521,5	14411,3	14505,8	76
77	14553	14571,9	14590,8	14609,7	14628,6	14647,5	14666,4	14685,3	14704,2	14723,1	14584,5	14616,0	14679,0	14710,5	14600,3	14694,8	77
78	14742	14760,9	14779,8	14798,7	14817,6	14836,5	14855,4	14874,3	14893,2	14912,1	14773,5	14805,0	14868,0	14899,5	14789,3	14883,8	78
79	14931	14949,9	14968,8	14987,7	15006,6	15025,5	15044,4	15063,3	15082,2	15101,1	14962,5	14994,0	15057,0	15088,5	14978,3	15072,8	79
80	15120	15138,9	15157,8	15176,7	15195,6	15214,5	15233,4	15252,3	15271,2	15290,1	15151,5	15183,0	15246,0	15277,5	15167,3	15261,8	80
81	15309	15327,9	15346,8	15365,7	15384,6	15403,5	15422,4	15441,3	15460,2	15479,1	15340,5	15372,0	15435,0	15466,5	15356,3	15450,8	81
82	15498	15516,9	15535,8	15554,7	15573,6	15592,5	15611,4	15630,3	15649,2	15668,1	15529,5	15561,0	15624,0	15655,5	15545,3	15639,8	82
83	15687	15705,9	15724,8	15743,7	15762,6	15781,5	15800,4	15819,3	15838,2	15857,1	15718,5	15750,0	15813,0	15844,5	15734,3	15828,8	83
84	15876	15894,9	15913,8	15932,7	15951,6	15970,5	15989,4	16008,3	16027,2	16046,1	15907,5	15939,0	16002,0	16033,5	15923,3	16017,8	84
85	16065	16083,9	16102,8	16121,7	16140,6	16159,5	16178,4	16197,3	16216,2	16235,1	16096,5	16128,0	16191,0	16222,5	16112,3	16206,8	85
86	16254	16272,9	16291,8	16310,7	16329,6	16348,5	16367,4	16386,3	16405,2	16424,1	16285,5	16317,0	16380,0	16411,5	16301,3	16395,8	86
87	16443	16461,9	16480,8	16499,7	16518,6	16537,5	16556,4	16575,3	16594,2	16613,1	16474,5	16506,0	16569,0	16600,5	16490,3	16584,8	87
88	16632	16650,9	16669,8	16688,7	16707,6	16726,5	16745,4	16764,3	16783,2	16802,1	16663,5	16695,0	16758,0	16789,5	16679,3	16773,8	88
89	16821	16839,9	16858,8	16877,7	16896,6	16915,5	16934,4	16953,3	16972,2	16991,1	16852,5	16884,0	16947,0	16978,5	16868,3	16962,8	89
90	17010	17028,9	17047,8	17066,7	17085,6	17104,5	17123,4	17142,3	17161,2	17180,1	17041,5	17073,0	17136,0	17167,5	17057,3	17151,8	90
91	17199	17217,9	17236,8	17255,7	17274,6	17293,5	17312,4	17331,3	17350,2	17369,1	17230,5	17262,0	17325,0	17356,5	17246,3	17340,8	91
92	17388	17406,9	17425,8	17444,7	17463,6	17482,5	17501,4	17520,3	17539,2	17558,1	17419,5	17451,0	17514,0	17545,5	17435,3	17529,8	92
93	17577	17595,9	17614,8	17633,7	17652,6	17671,5	17690,4	17709,3	17728,2	17747,1	17608,5	17640,0	17703,0	17734,5	17624,3	17718,8	93
94	17766	17784,9	17803,8	17822,7	17841,6	17860,5	17879,4	17898,3	17917,2	17936,1	17797,5	17829,0	17892,0	17923,5	17813,3	17907,8	94
95	17955	17973,9	17992,8	18011,7	18030,6	18049,5	18068,4	18087,3	18106,2	18125,1	17986,5	18018,0	18081,0	18112,5	18002,3	18096,8	95
96	18144	18162,9	18181,8	18200,7	18219,6	18238,5	18257,4	18276,3	18295,2	18314,1	18175,5	18207,0	18270,0	18301,5	18191,3	18285,8	96
97	18333	18351,9	18370,8	18389,7	18408,6	18427,5	18446,4	18465,3	18484,2	18503,1	18364,5	18396,0	18459,0	18490,5	18380,3	18474,8	97
98	18522	18540,9	18559,8	18578,7	18597,6	18616,5	18635,4	18654,3	18673,2	18692,1	18553,5	18585,0	18648,0	18679,5	18569,3	18663,8	98
99	18711	18729,9	18748,8	18767,7	18786,6	18805,5	18824,4	18843,3	18862,2	18881,1	18742,5	18774,0	18837,0	18868,5	18758,3	18852,8	99
100	18900	18918,9	18937,8	18956,7	18975,6	18994,5	19013,4	19032,3	19051,2	19070,1	18931,5	18963,0	19026,0	19057,5	18947,3	19041,8	100

190

		1/10 19,0	2/10 38,0	3/10 57,0	4/10 76,0	5/10 95,0	6/10 114,0	7/10 133,0	8/10 152,0	9/10 171,0	1/6 31,666	2/6 63,333	4/6 126,666	5/6 158,333	1/4 47,5	3/4 142,5	
1	190	209,0	228,0	247,0	266,0	285,0	304,0	323,0	342,0	361,0	221,7	253,3	316,7	348,3	237,5	332,5	1
2	380	399,0	418,0	437,0	456,0	475,0	494,0	513,0	532,0	551,0	411,7	443,3	506,7	538,3	427,5	522,5	2
3	570	589,0	608,0	627,0	646,0	665,0	684,0	703,0	722,0	741,0	601,7	633,3	696,7	728,3	617,5	712,5	3
4	760	779,0	798,0	817,0	836,0	855,0	874,0	893,0	912,0	931,0	791,7	823,3	886,7	918,3	807,5	902,5	4
5	950	969,0	988,0	1007,0	1026,0	1045,0	1064,0	1083,0	1102,0	1121,0	981,7	1013,3	1076,7	1108,3	997,5	1092,5	5
6	1140	1159,0	1178,0	1197,0	1216,0	1235,0	1254,0	1273,0	1292,0	1311,0	1171,7	1203,3	1266,7	1298,3	1187,5	1282,5	6
7	1330	1349,0	1368,0	1387,0	1405,0	1425,0	1444,0	1463,0	1482,0	1501,0	1361,7	1393,3	1456,7	1488,3	1377,5	1472,5	7
8	1520	1539,0	1558,0	1577,0	1596,0	1615,0	1634,0	1653,0	1672,0	1691,0	1551,7	1583,3	1646,7	1678,3	1567,5	1662,5	8
9	1710	1729,0	1748,0	1767,0	1786,0	1805,0	1824,0	1843,0	1862,0	1881,0	1741,7	1773,3	1836,7	1868,3	1757,5	1852,5	9
10	1900	1919,0	1938,0	1957,0	1976,0	1995,0	2014,0	2033,0	2052,0	2071,0	1931,7	1963,3	2026,7	2058,3	1947,5	2042,5	10
11	2090	2109,0	2128,0	2147,0	2166,0	2185,0	2204,0	2223,0	2242,0	2261,0	2121,7	2153,3	2216,7	2248,3	2137,5	2232,5	11
12	2280	2299,0	2318,0	2337,0	2356,0	2375,0	2394,0	2413,0	2432,0	2451,0	2311,7	2343,3	2406,7	2438,3	2327,5	2422,5	12
13	2470	2489,0	2508,0	2527,0	2546,0	2565,0	2584,0	2603,0	2622,0	2641,0	2501,7	2533,3	2596,7	2628,3	2517,5	2612,5	13
14	2660	2679,0	2698,0	2717,0	2736,0	2755,0	2774,0	2793,0	2812,0	2831,0	2691,7	2723,3	2786,7	2818,3	2707,5	2802,5	14
15	2850	2869,0	2888,0	2907,0	2926,0	2945,0	2964,0	2983,0	3002,0	3021,0	2881,7	2913,3	2976,7	3008,3	2897,5	2992,5	15
16	3040	3059,0	3078,0	3097,0	3116,0	3135,0	3154,0	3173,0	3192,0	3211,0	3071,7	3103,3	3166,7	3198,3	3087,5	3182,5	16
17	3230	3249,0	3268,0	3287,0	3306,0	3325,0	3344,0	3363,0	3382,0	3401,0	3261,7	3293,3	3356,7	3388,3	3277,5	3372,5	17
18	3420	3439,0	3458,0	3477,0	3496,0	3515,0	3534,0	3553,0	3572,0	3591,0	3451,7	3483,3	3546,7	3578,3	3467,5	3562,5	18
19	3610	3629,0	3648,0	3667,0	3686,0	3705,0	3724,0	3743,0	3762,0	3781,0	3641,7	3673,3	3736,7	3768,3	3657,5	3752,5	19
20	3800	3819,0	3838,0	3857,0	3876,0	3895,0	3914,0	3933,0	3952,0	3971,0	3831,7	3863,3	3926,7	3958,3	3847,5	3942,5	20
21	3990	4009,0	4028,0	4047,0	4066,0	4085,0	4104,0	4123,0	4142,0	4161,0	4021,7	4053,3	4116,7	4148,3	4037,5	4132,5	21
22	4180	4199,0	4218,0	4237,0	4256,0	4275,0	4294,0	4313,0	4332,0	4351,0	4211,7	4243,3	4306,7	4338,3	4227,5	4322,5	22
23	4370	4389,0	4408,0	4427,0	4446,0	4465,0	4484,0	4503,0	4522,0	4541,0	4401,7	4433,3	4496,7	4528,3	4417,5	4512,5	23
24	4560	4579,0	4598,0	4617,0	4636,0	4655,0	4674,0	4693,0	4712,0	4731,0	4591,7	4623,3	4686,7	4718,3	4607,5	4702,5	24
25	4750	4769,0	4788,0	4807,0	4826,0	4845,0	4864,0	4883,0	4902,0	4921,0	4781,7	4813,3	4876,7	4908,3	4797,5	4892,5	25
26	4940	4959,0	4978,0	4997,0	5016,0	5035,0	5054,0	5073,0	5092,0	5111,0	4971,7	5003,3	5066,7	5098,3	4987,5	5082,5	26
27	5130	5149,0	5168,0	5187,0	5206,0	5225,0	5244,0	5263,0	5282,0	5301,0	5161,7	5193,3	5256,7	5288,3	5177,5	5272,5	27
28	5320	5339,0	5358,0	5377,0	5396,0	5415,0	5434,0	5453,0	5472,0	5491,0	5351,7	5383,3	5446,7	5478,3	5367,5	5462,5	28
29	5510	5529,0	5548,0	5567,0	5586,0	5605,0	5624,0	5643,0	5662,0	5681,0	5541,7	5573,3	5636,7	5668,3	5557,5	5652,5	29
30	5700	5719,0	5738,0	5757,0	5776,0	5795,0	5814,0	5833,0	5852,0	5871,0	5731,7	5763,3	5826,7	5858,3	5747,5	5842,5	30
31	5890	5909,0	5928,0	5947,0	5966,0	5985,0	6004,0	6023,0	6042,0	6061,0	5921,7	5953,3	6016,7	6048,3	5937,5	6032,5	31
32	6080	6099,0	6118,0	6137,0	6156,0	6175,0	6194,0	6213,0	6232,0	6251,0	6111,7	6143,3	6206,7	6238,3	6127,5	6222,5	32
33	6270	6289,0	6308,0	6327,0	6346,0	6365,0	6384,0	6403,0	6422,0	6441,0	6301,7	6333,3	6396,7	6428,3	6317,5	6412,5	33
34	6460	6479,0	6498,0	6517,0	6536,0	6555,0	6574,0	6593,0	6612,0	6631,0	6491,7	6523,3	6586,7	6618,3	6507,5	6602,5	34
35	6650	6669,0	6688,0	6707,0	6726,0	6745,0	6764,0	6783,0	6802,0	6821,0	6681,7	6713,3	6776,7	6808,3	6697,5	6792,5	35
36	6840	6859,0	6878,0	6897,0	6916,0	6935,0	6954,0	6973,0	6992,0	7011,0	6871,7	6903,3	6966,7	6998,3	6887,5	6982,5	36
37	7030	7049,0	7068,0	7087,0	7106,0	7125,0	7144,0	7163,0	7182,0	7201,0	7061,7	7093,3	7156,7	7188,3	7077,5	7172,5	37
38	7220	7239,0	7258,0	7277,0	7296,0	7315,0	7334,0	7353,0	7372,0	7391,0	7251,7	7283,3	7346,7	7378,3	7267,5	7362,5	38
39	7410	7429,0	7448,0	7467,0	7486,0	7505,0	7524,0	7543,0	7562,0	7581,0	7441,7	7473,3	7536,7	7568,3	7457,5	7552,5	39
40	7600	7619,0	7638,0	7657,0	7676,0	7695,0	7714,0	7733,0	7752,0	7771,0	7631,7	7663,3	7726,7	7758,3	7647,5	7742,5	40
41	7790	7809,0	7828,0	7847,0	7866,0	7885,0	7904,0	7923,0	7942,0	7961,0	7821,7	7853,3	7916,7	7948,3	7837,5	7932,5	41
42	7980	7999,0	8018,0	8037,0	8056,0	8075,0	8094,0	8113,0	8132,0	8151,0	8011,7	8043,3	8106,7	8138,3	8027,5	8122,5	42
43	8170	8189,0	8208,0	8227,0	8246,0	8265,0	8284,0	8303,0	8322,0	8341,0	8201,7	8233,3	8296,7	8328,3	8217,5	8312,5	43
44	8360	8379,0	8398,0	8417,0	8436,0	8455,0	8474,0	8493,0	8512,0	8531,0	8391,7	8423,3	8486,7	8518,3	8407,5	8502,5	44
45	8550	8569,0	8588,0	8607,0	8626,0	8645,0	8664,0	8683,0	8702,0	8721,0	8581,7	8613,3	8676,7	8708,3	8597,5	8692,5	45
46	8740	8759,0	8778,0	8797,0	8816,0	8835,0	8854,0	8873,0	8892,0	8911,0	8771,7	8803,3	8866,7	8898,3	8787,5	8882,5	46
47	8930	8949,0	8968,0	8987,0	9006,0	9025,0	9044,0	9063,0	9082,0	9101,0	8961,7	8993,3	9056,7	9088,3	8977,5	9072,5	47
48	9120	9139,0	9158,0	9177,0	9196,0	9215,0	9234,0	9253,0	9272,0	9291,0	9151,7	9183,3	9246,7	9278,3	9167,5	9262,5	48
49	9310	9329,0	9348,0	9367,0	9386,0	9405,0	9424,0	9443,0	9462,0	9481,0	9341,7	9373,3	9436,7	9468,3	9357,5	9452,5	49
50	9500	9519,0	9538,0	9557,0	9576,0	9595,0	9614,0	9633,0	9652,0	9671,0	9531,7	9563,3	9626,7	9658,3	9547,5	9642,5	50
51	9690	9709,0	9728,0	9747,0	9766,0	9785,0	9804,0	9823,0	9842,0	9861,0	9721,7	9753,3	9816,7	9848,3	9737,5	9832,5	51
52	9880	9899,0	9918,0	9937,0	9956,0	9975,0	9994,0	10013,0	10032,0	10051,0	9911,7	9943,3	10006,7	10038,3	9927,5	10022,5	52
53	10070	10089,0	10108,0	10127,0	10146,0	10165,0	10184,0	10203,0	10222,0	10241,0	10101,7	10133,3	10196,7	10228,3	10117,5	10212,5	53
54	10260	10279,0	10298,0	10317,0	10336,0	10355,0	10374,0	10393,0	10412,0	10431,0	10291,7	10323,3	10386,7	10418,3	10307,5	10402,5	54
55	10450	10469,0	10488,0	10507,0	10526,0	10545,0	10564,0	10583,0	10602,0	10621,0	10481,7	10513,3	10576,7	10608,3	10497,5	10592,5	55
56	10640	10659,0	10678,0	10697,0	10716,0	10735,0	10754,0	10773,0	10792,0	10811,0	10671,7	10703,3	10766,7	10798,3	10687,5	10782,5	56
57	10830	10849,0	10868,0	10887,0	10906,0	10925,0	10944,0	10963,0	10982,0	11001,0	10861,7	10893,3	10956,7	10988,3	10877,5	10972,5	57
58	11020	11039,0	11058,0	11077,0	11096,0	11115,0	11134,0	11153,0	11172,0	11191,0	11051,7	11083,3	11146,7	11178,3	11067,5	11162,5	58
59	11210	11229,0	11248,0	11267,0	11286,0	11305,0	11324,0	11343,0	11362,0	11381,0	11241,7	11273,3	11336,7	11368,3	11257,5	11352,5	59
60	11400	11419,0	11438,0	11457,0	11476,0	11495,0	11514,0	11533,0	11552,0	11571,0	11431,7	11463,3	11526,7	11558,3	11447,5	11542,5	60
61	11590	11609,0	11628,0	11647,0	11666,0	11685,0	11704,0	11723,0	11742,0	11761,0	11621,7	11653,3	11716,7	11748,3	11637,5	11732,5	61
62	11780	11799,0	11818,0	11837,0	11856,0	11875,0	11894,0	11913,0	11932,0	11951,0	11811,7	11843,3	11906,7	11938,3	11827,5	11922,5	62
63	11970	11989,0	12008,0	12027,0	12046,0	12065,0	12084,0	12103,0	12122,0	12141,0	12001,7	12033,3	12096,7	12128,3	12017,5	12112,5	63
64	12160	12179,0	12198,0	12217,0	12236,0	12255,0	12274,0	12293,0	12312,0	12331,0	12191,7	12223,3	12286,7	12318,3	12207,5	12302,5	64
65	12350	12369,0	12388,0	12407,0	12426,0	12445,0	12464,0	12483,0	12502,0	12521,0	12381,7	12413,3	12476,7	12508,3	12397,5	12492,5	65
66	12540	12559,0	12578,0	12597,0	12616,0	12635,0	12654,0	12673,0	12692,0	12711,0	12571,7	12603,3	12666,7	12698,3	12587,5	12682,5	66
67	12730	12749,0	12768,0	12787,0	12806,0	12825,0	12844,0	12863,0	12882,0	12901,0	12761,7	12793,3	12856,7	12888,3	12777,5	12872,5	67
68	12920	12939,0	12958,0	12977,0	12996,0	13015,0	13034,0	13053,0	13072,0	13091,0	12951,7	12983,3	13046,7	13078,3	12967,5	13062,5	68
69	13110	13129,0	13148,0	13167,0	13186,0	13205,0	13224,0	13243,0	13262,0	13281,0	13141,7	13173,3	13236,7	13268,3	13157,5	13252,5	69
70	13300	13319,0	13338,0	13357,0	13376,0	13395,0	13414,0	13433,0	13452,0	13471,0	13331,7	13363,3	13426,7	13458,3	13347,5	13442,5	70
71	13490	13509,0	13528,0	13547,0	13566,0	13585,0	13604,0	13623,0	13642,0	13661,0	13521,7	13553,3	13616,7	13648,3	13537,5	13632,5	71
72	13680	13699,0	13718,0	13737,0	13756,0	13775,0	13794,0	13813,0	13832,0	13851,0	13711,7	13743,3	13806,7	13838,3	13727,5	13822,5	72
73	13870	13889,0	13908,0	13927,0	13946,0	13965,0	13984,0	14003,0	14022,0	14041,0	13901,7	13933,3	13996,7	14028,3	13917,5	14012,5	73
74	14060	14079,0	14098,0	14117,0	14136,0	14155,0	14174,0	14193,0	14212,0	14231,0	14091,7	14123,3	14186,7	14218,3	14107,5	14202,5	74
75	14250	14269,0	14288,0	14307,0	14326,0	14345,0	14364,0	14383,0	14402,0	14421,0	14281,7	14313,3	14376,7	14408,3	14297,5	14392,5	75
76	14440	14459,0	14478,0	14497,0	14516,0	14535,0	14554,0	14573,0	14592,0	14611,0	14471,7	14503,3	14566,7	14598,3	14487,5	14582,5	76
77	14630	14649,0	14668,0	14687,0	14706,0	14725,0	14744,0	14763,0	14782,0	14801,0	14661,7	14693,3	14756,7	14788,3	14677,5	14772,5	77
78	14820	14839,0	14858,0	14877,0	14896,0	14915,0	14934,0	14953,0	14972,0	14991,0	14851,7	14883,3	14946,7	14978,3	14867,5	14962,5	78
79	15010	15029,0	15048,0	15067,0	15086,0	15105,0	15124,0	15143,0	15162,0	15181,0	15041,7	15073,3	15136,7	15168,3	15057,5	15152,5	79
80	15200	15219,0	15238,0	15257,0	15276,0	15295,0	15314,0	15333,0	15352,0	15371,0	15231,7	15263,3	15326,7	15358,3	15247,5	15342,5	80
81	15390	15409,0	15428,0	15447,0	15466,0	15485,0	15504,0	15523,0	15542,0	15561,0	15421,7	15453,3	15516,7	15548,3	15437,5	15532,5	81
82	15580	15599,0	15618,0	15637,0	15656,0	15675,0	15694,0	15713,0	15732,0	15751,0	15611,7	15643,3	15706,7	15738,3	15627,5	15722,5	82
83	15770	15789,0	15808,0	15827,0	15846,0	15865,0	15884,0	15903,0	15922,0	15941,0	15801,7	15833,3	15896,7	15928,3	15817,5	15912,5	83
84	15960	15979,0	15998,0	16017,0	16036,0	16055,0	16074,0	16093,0	16112,0	16131,0	15991,7	16023,3	16086,7	16118,3	16007,5	16102,5	84
85	16150	16169,0	16188,0	16207,0	16226,0	16245,0	16264,0	16283,0	16302,0	16321,0	16181,7	16213,3	16276,7	16308,3	16197,5	16292,5	85
86	16340	16359,0	16378,0	16397,0	16416,0	16435,0	16454,0	16473,0	16492,0	16511,0	16371,7	16403,3	16466,7	16498,3	16387,5	16482,5	86
87	16530	16549,0	16568,0	16587,0	16606,0	16625,0	16644,0	16663,0	16682,0	16701,0	16561,7	16593,3	16656,7	16688,3	16577,5	16672,5	87
88	16720	16739,0	16758,0	16777,0	16796,0	16815,0	16834,0	16853,0	16872,0	16891,0	16751,7	16783,3	16846,7	16878,3	16767,5	16862,5	88
89	16910	16929,0	16948,0	16967,0	16986,0	17005,0	17024,0	17043,0	17062,0	17081,0	16941,7	16973,3	17036,7	17068,3	16957,5	17052,5	89
90	17100	17119,0	17138,0	17157,0	17176,0	17195,0	17214,0	17233,0	17252,0	17271,0	17131,7	17163,3	17226,7	17258,3	17147,5	17242,5	90
91	17290	17309,0	17328,0	17347,0	17366,0	17385,0	17404,0	17423,0	17442,0	17461,0	17321,7	17353,3	17416,7	17448,3	17337,5	17432,5	91
92	17480	17499,0	17518,0	17537,0	17556,0	17575,0	17594,0	17613,0	17632,0	17651,0	17511,7	17543,3	17606,7	17638,3	17527,5	17622,5	92
93	17670	17689,0	17708,0	17727,0	17746,0	17765,0	17784,0	17803,0	17822,0	17841,0	17701,7	17733,3	17796,7	17828,3	17717,5	17812,5	93
94	17860	17879,0	17898,0	17917,0	17936,0	17955,0	17974,0	17993,0	18012,0	18031,0	17891,7	17923,3	17986,7	18018,3	17907,5	18002,5	94
95	18050	18069,0	18088,0	18107,0	18126,0	18145,0	18164,0	18183,0	18202,0	18221,0	18081,7	18113,3	18176,7	18208,3	18097,5	18192,5	95
96	18240	18259,0	18278,0	18297,0	18316,0	18335,0	18354,0	18373,0	18392,0	18411,0	18271,7	18303,3	18366,7	18398,3	18287,5	18382,5	96
97	18430	18449,0	18468,0	18487,0	18506,0	18525,0	18544,0	18563,0	18582,0	18601,0	18461,7	18493,3	18556,7	18588,3	18477,5	18572,5	97
98	18620	18639,0	18658,0	18677,0	18696,0	18715,0	18734,0	18753,0	18772,0	18791,0	18651,7	18683,3	18746,7	18778,3	18667,5	18762,5	98
99	18810	18829,0	18848,0	18867,0	18886,0	18905,0	18924,0	18943,0	18962,0	18981,0	18841,7	18873,3	18936,7	18968,3	18857,5	18952,5	99
100	19000	19019,0	19038,0	19057,0	19076,0	19095,0	19114,0	19133,0	19152,0	19171,0	19031,7	19063,3	19126,7	19158,3	19047,5	19142,5	100

		1/10 19,1	2/10 38,2	3/10 57,3	4/10 76,4	5/10 95,5	6/10 114,6	7/10 133,7	8/10 152,8	9/10 171,9	1/6 31,833	2/6 63,666	4/6 127,333	5/6 159,166	1/4 47,75	3/4 143,25	
1	191	210,1	229,2	248,3	267,4	286,5	305,6	324,7	343,8	362,9	222,8	254,7	318,3	350,2	238,8	334,3	1
2	382	401,1	420,2	439,3	458,4	477,5	496,6	515,7	534,8	553,9	413,8	445,7	509,3	541,2	429,8	525,3	2
3	573	592,1	611,2	630,3	649,4	668,5	687,6	706,7	725,8	744,9	604,8	636,7	700,3	732,2	620,8	716,3	3
4	764	783,1	802,2	821,3	840,4	859,5	878,6	897,7	916,8	935,9	795,8	827,7	891,3	923,2	811,8	907,3	4
5	955	974,1	993,2	1012,3	1031,4	1050,5	1069,6	1088,7	1107,8	1126,9	986,8	1018,7	1082,3	1114,2	1002,8	1098,3	5
6	1146	1165,1	1184,2	1203,3	1222,4	1241,5	1260,6	1279,7	1298,8	1317,9	1177,8	1209,7	1273,3	1305,2	1193,8	1289,3	6
7	1337	1356,1	1375,2	1394,3	1413,4	1432,5	1451,6	1470,7	1489,8	1508,9	1368,8	1400,7	1464,3	1496,2	1384,8	1480,3	7
8	1528	1547,1	1566,2	1585,3	1604,4	1623,5	1642,6	1661,7	1680,8	1699,9	1559,8	1591,7	1655,3	1687,2	1575,8	1671,3	8
9	1719	1738,1	1757,2	1776,3	1795,4	1814,5	1833,6	1852,7	1871,8	1890,9	1750,8	1782,7	1846,3	1878,2	1766,8	1862,3	9
10	1910	1929,1	1948,2	1967,3	1986,4	2005,5	2024,6	2043,7	2062,8	2081,9	1941,8	1973,7	2037,3	2069,2	1957,8	2053,3	10
11	2101	2120,1	2139,2	2158,3	2177,4	2196,5	2215,6	2234,7	2253,8	2272,9	2132,8	2164,7	2228,3	2260,2	2148,8	2244,3	11
12	2292	2311,1	2330,2	2349,3	2368,4	2387,5	2406,6	2425,7	2444,8	2463,9	2323,8	2355,7	2419,3	2451,2	2339,8	2435,3	12
13	2483	2502,1	2521,2	2540,3	2559,4	2578,5	2597,6	2616,7	2635,8	2654,9	2514,8	2546,7	2610,3	2642,2	2530,8	2626,3	13
14	2674	2693,1	2712,2	2731,3	2750,4	2769,5	2788,6	2807,7	2826,8	2845,9	2705,8	2737,7	2801,3	2833,2	2721,8	2817,3	14
15	2865	2884,1	2903,2	2922,3	2941,4	2960,5	2979,6	2998,7	3017,8	3036,9	2896,8	2928,7	2992,3	3024,2	2912,8	3008,3	15
16	3056	3075,1	3094,2	3113,3	3132,4	3151,5	3170,6	3189,7	3208,8	3227,9	3087,8	3119,7	3183,3	3215,2	3103,8	3199,3	16
17	3247	3266,1	3285,2	3304,3	3323,4	3342,5	3361,6	3380,7	3399,8	3418,9	3278,8	3310,7	3374,3	3406,2	3294,8	3390,3	17
18	3438	3457,1	3476,2	3495,3	3514,4	3533,5	3552,6	3571,7	3590,8	3609,9	3469,8	3501,7	3565,3	3597,2	3485,8	3581,3	18
19	3629	3648,1	3667,2	3686,3	3705,4	3724,5	3743,6	3762,7	3781,8	3800,9	3660,8	3692,7	3756,3	3788,2	3676,8	3772,3	19
20	3820	3839,1	3858,2	3877,3	3896,4	3915,5	3934,6	3953,7	3972,8	3991,9	3851,8	3883,7	3947,3	3979,2	3867,8	3963,3	20
21	4011	4030,1	4049,2	4068,3	4087,4	4106,5	4125,6	4144,7	4163,8	4182,9	4042,8	4074,7	4138,3	4170,2	4058,8	4154,3	21
22	4202	4221,1	4240,2	4259,3	4278,4	4297,5	4316,6	4335,7	4354,8	4373,9	4233,8	4265,7	4329,3	4361,2	4249,8	4345,3	22
23	4393	4412,1	4431,2	4450,3	4469,4	4488,5	4507,6	4526,7	4545,8	4564,9	4424,8	4456,7	4520,3	4552,2	4440,8	4536,3	23
24	4584	4603,1	4622,2	4641,3	4660,4	4679,5	4698,6	4717,7	4736,8	4755,9	4615,8	4647,7	4711,3	4743,2	4631,8	4727,3	24
25	4775	4794,1	4813,2	4832,3	4851,4	4870,5	4889,6	4908,7	4927,8	4946,9	4806,8	4838,7	4902,3	4934,2	4822,8	4918,3	25
26	4966	4985,1	5004,2	5023,3	5042,4	5061,5	5080,6	5099,7	5118,8	5137,9	4997,8	5029,7	5093,3	5125,2	5013,8	5109,3	26
27	5157	5176,1	5195,2	5214,3	5233,4	5252,5	5271,6	5290,7	5309,8	5328,9	5188,8	5220,7	5284,3	5316,2	5204,8	5300,3	27
28	5348	5367,1	5386,2	5405,3	5424,4	5443,5	5462,6	5481,7	5500,8	5519,9	5379,8	5411,7	5475,3	5507,2	5395,8	5491,3	28
29	5539	5558,1	5577,2	5596,3	5615,4	5634,5	5653,6	5672,7	5691,8	5710,9	5570,8	5602,7	5666,3	5698,2	5586,8	5682,3	29
30	5730	5749,1	5768,2	5787,3	5806,4	5825,5	5844,6	5863,7	5882,8	5901,9	5761,8	5793,7	5857,3	5889,2	5777,8	5873,3	30
31	5921	5940,1	5959,2	5978,3	5997,4	6016,5	6035,6	6054,7	6073,8	6092,9	5952,8	5984,7	6048,3	6080,2	5968,8	6064,3	31
32	6112	6131,1	6150,2	6169,3	6188,4	6207,5	6226,6	6245,7	6264,8	6283,9	6143,8	6175,7	6239,3	6271,2	6159,8	6255,3	32
33	6303	6322,1	6341,2	6360,3	6379,4	6398,5	6417,6	6436,7	6455,8	6474,9	6334,8	6366,7	6430,3	6462,2	6350,8	6446,3	33
34	6494	6513,1	6532,2	6551,3	6570,4	6589,5	6608,6	6627,7	6646,8	6665,9	6525,8	6557,7	6621,3	6653,2	6541,8	6637,3	34
35	6685	6704,1	6723,2	6742,3	6761,4	6780,5	6799,6	6818,7	6837,8	6856,9	6716,8	6748,7	6812,3	6844,2	6732,8	6828,3	35
36	6876	6895,1	6914,2	6933,3	6952,4	6971,5	6990,6	7009,7	7028,8	7047,9	6907,8	6939,7	7003,3	7035,2	6923,8	7019,3	36
37	7067	7086,1	7105,2	7124,3	7143,4	7162,5	7181,6	7200,7	7219,8	7238,9	7098,8	7130,7	7194,3	7226,2	7114,8	7210,3	37
38	7258	7277,1	7296,2	7315,3	7334,4	7353,5	7372,6	7391,7	7410,8	7429,9	7289,8	7321,7	7385,3	7417,2	7305,8	7401,3	38
39	7449	7468,1	7487,2	7506,3	7525,4	7544,5	7563,6	7582,7	7601,8	7620,9	7480,8	7512,7	7576,3	7608,2	7496,8	7592,3	39
40	7640	7659,1	7678,2	7697,3	7716,4	7735,5	7754,6	7773,7	7792,8	7811,9	7671,8	7703,7	7767,3	7799,2	7687,8	7783,3	40
41	7831	7850,1	7869,2	7888,3	7907,4	7926,5	7945,6	7964,7	7983,8	8002,9	7862,8	7894,7	7958,3	7990,2	7878,8	7974,3	41
42	8022	8041,1	8060,2	8079,3	8098,4	8117,5	8136,6	8155,7	8174,8	8193,9	8053,8	8085,7	8149,3	8181,2	8069,8	8165,3	42
43	8213	8232,1	8251,2	8270,3	8289,4	8308,5	8327,6	8346,7	8365,8	8384,9	8244,8	8276,7	8340,3	8372,2	8260,8	8356,3	43
44	8404	8423,1	8442,2	8461,3	8480,4	8499,5	8518,6	8537,7	8556,8	8575,9	8435,8	8467,7	8531,3	8563,2	8451,8	8547,3	44
45	8595	8614,1	8633,2	8652,3	8671,4	8690,5	8709,6	8728,7	8747,8	8766,9	8626,8	8658,7	8722,3	8754,2	8642,8	8738,3	45
46	8786	8805,1	8824,2	8843,3	8862,4	8881,5	8900,6	8919,7	8938,8	8957,9	8817,8	8849,7	8913,3	8945,2	8833,8	8929,3	46
47	8977	8996,1	9015,2	9034,3	9053,4	9072,5	9091,6	9110,7	9129,8	9148,9	9008,8	9040,7	9104,3	9136,2	9024,8	9120,3	47
48	9168	9187,1	9206,2	9225,3	9244,4	9263,5	9282,6	9301,7	9320,8	9339,9	9199,8	9231,7	9295,3	9327,2	9215,8	9311,3	48
49	9359	9378,1	9397,2	9416,3	9435,4	9454,5	9473,6	9492,7	9511,8	9530,9	9390,8	9422,7	9486,3	9518,2	9406,8	9502,3	49
50	9550	9569,1	9588,2	9607,3	9626,4	9645,5	9664,6	9683,7	9702,8	9721,9	9581,8	9613,7	9677,3	9709,2	9597,8	9693,3	50
51	9741	9760,1	9779,2	9798,3	9817,4	9836,5	9855,6	9874,7	9893,8	9912,9	9772,8	9804,7	9868,3	9900,2	9788,8	9884,3	51
52	9932	9951,1	9970,2	9989,3	10008,4	10027,5	10046,6	10065,7	10084,8	10103,9	9963,8	9995,7	10059,3	10091,2	9979,8	10075,3	52
53	10123	10142,1	10161,2	10180,3	10199,4	10218,5	10237,6	10256,7	10275,8	10294,9	10154,8	10186,7	10250,3	10282,2	10170,8	10266,3	53
54	10314	10333,1	10352,2	10371,3	10390,4	10409,5	10428,6	10447,7	10466,8	10485,9	10345,8	10377,7	10441,3	10473,2	10361,8	10457,3	54
55	10505	10524,1	10543,2	10562,3	10581,4	10600,5	10619,6	10638,7	10657,8	10676,9	10536,8	10568,7	10632,3	10664,2	10552,8	10648,3	55
56	10696	10715,1	10734,2	10753,3	10772,4	10791,5	10810,6	10829,7	10848,8	10867,9	10727,8	10759,7	10823,3	10855,2	10743,8	10839,3	56
57	10887	10906,1	10925,2	10944,3	10963,4	10982,5	11001,6	11020,7	11039,8	11058,9	10918,8	10950,7	11014,3	11046,2	10934,8	11030,3	57
58	11078	11097,1	11116,2	11135,3	11154,4	11173,5	11192,6	11211,7	11230,8	11249,9	11109,8	11141,7	11205,3	11237,2	11125,8	11221,3	58
59	11269	11288,1	11307,2	11326,3	11345,4	11364,5	11383,6	11402,7	11421,8	11440,9	11300,8	11332,7	11396,3	11428,2	11316,8	11412,3	59
60	11460	11479,1	11498,2	11517,3	11536,4	11555,5	11574,6	11593,7	11612,8	11631,9	11491,8	11523,7	11587,3	11619,2	11507,8	11603,3	60
61	11651	11670,1	11689,2	11708,3	11727,4	11746,5	11765,6	11784,7	11803,8	11822,9	11682,8	11714,7	11778,3	11810,2	11698,8	11794,3	61
62	11842	11861,1	11880,2	11899,3	11918,4	11937,5	11956,6	11975,7	11994,8	12013,9	11873,8	11905,7	11969,3	12001,2	11889,8	11985,3	62
63	12033	12052,1	12071,2	12090,3	12109,4	12128,5	12147,6	12166,7	12185,8	12204,9	12064,8	12096,7	12160,3	12192,2	12080,8	12176,3	63
64	12224	12243,1	12262,2	12281,3	12300,4	12319,5	12338,6	12357,7	12376,8	12395,9	12255,8	12287,7	12351,3	12383,2	12271,8	12367,3	64
65	12415	12434,1	12453,2	12472,3	12491,4	12510,5	12529,6	12548,7	12567,8	12586,9	12446,8	12478,7	12542,3	12574,2	12462,8	12558,3	65
66	12606	12625,1	12644,2	12663,3	12682,4	12701,5	12720,6	12739,7	12758,8	12777,9	12637,8	12669,7	12733,3	12765,2	12653,8	12749,3	66
67	12797	12816,1	12835,2	12854,3	12873,4	12892,5	12911,6	12930,7	12949,8	12968,9	12828,8	12860,7	12924,3	12956,2	12844,8	12940,3	67
68	12988	13007,1	13026,2	13045,3	13064,4	13083,5	13102,6	13121,7	13140,8	13159,9	13019,8	13051,7	13115,3	13147,2	13035,8	13131,3	68
69	13179	13198,1	13217,2	13236,3	13255,4	13274,5	13293,6	13312,7	13331,8	13350,9	13210,8	13242,7	13306,3	13338,2	13226,8	13322,3	69
70	13370	13389,1	13408,2	13427,3	13446,4	13465,5	13484,6	13503,7	13522,8	13541,9	13401,8	13433,7	13497,3	13529,2	13417,8	13513,3	70
71	13561	13580,1	13599,2	13618,3	13637,4	13656,5	13675,6	13694,7	13713,8	13732,9	13592,8	13624,7	13688,3	13720,2	13608,8	13704,3	71
72	13752	13771,1	13790,2	13809,3	13828,4	13847,5	13866,6	13885,7	13904,8	13923,9	13783,8	13815,7	13879,3	13911,2	13799,8	13895,3	72
73	13943	13962,1	13981,2	14000,3	14019,4	14038,5	14057,6	14076,7	14095,8	14114,9	13974,8	14006,7	14070,3	14102,2	13990,8	14086,3	73
74	14134	14153,1	14172,2	14191,3	14210,4	14229,5	14248,6	14267,7	14286,8	14305,9	14165,8	14197,7	14261,3	14293,2	14181,8	14277,3	74
75	14325	14344,1	14363,2	14382,3	14401,4	14420,5	14439,6	14458,7	14477,8	14496,9	14356,8	14388,7	14452,3	14484,2	14372,8	14468,3	75
76	14516	14535,1	14554,2	14573,3	14592,4	14611,5	14630,6	14649,7	14668,8	14687,9	14547,8	14579,7	14643,3	14675,2	14563,8	14659,3	76
77	14707	14726,1	14745,2	14764,3	14783,4	14802,5	14821,6	14840,7	14859,8	14878,9	14738,8	14770,7	14834,3	14866,2	14754,8	14850,3	77
78	14898	14917,1	14936,2	14955,3	14974,4	14993,5	15012,6	15031,7	15050,8	15069,9	14929,8	14961,7	15025,3	15057,2	14945,8	15041,3	78
79	15089	15108,1	15127,2	15146,3	15165,4	15184,5	15203,6	15222,7	15241,8	15260,9	15120,8	15152,7	15216,3	15248,2	15136,8	15232,3	79
80	15280	15299,1	15318,2	15337,3	15356,4	15375,5	15394,6	15413,7	15432,8	15451,9	15311,8	15343,7	15407,3	15439,2	15327,8	15423,3	80
81	15471	15490,1	15509,2	15528,3	15547,4	15566,5	15585,6	15604,7	15623,8	15642,9	15502,8	15534,7	15598,3	15630,2	15518,8	15614,3	81
82	15662	15681,1	15700,2	15719,3	15738,4	15757,5	15776,6	15795,7	15814,8	15833,9	15693,8	15725,7	15789,3	15821,2	15709,8	15805,3	82
83	15853	15872,1	15891,2	15910,3	15929,4	15948,5	15967,6	15986,7	16005,8	16024,9	15884,8	15916,7	15980,3	16012,2	15900,8	15996,3	83
84	16044	16063,1	16082,2	16101,3	16120,4	16139,5	16158,6	16177,7	16196,8	16215,9	16075,8	16107,7	16171,3	16203,2	16091,8	16187,3	84
85	16235	16254,1	16273,2	16292,3	16311,4	16330,5	16349,6	16368,7	16387,8	16406,9	16266,8	16298,7	16362,3	16394,2	16282,8	16378,3	85
86	16426	16445,1	16464,2	16483,3	16502,4	16521,5	16540,6	16559,7	16578,8	16597,9	16457,8	16489,7	16553,3	16585,2	16473,8	16569,3	86
87	16617	16636,1	16655,2	16674,3	16693,4	16712,5	16731,6	16750,7	16769,8	16788,9	16648,8	16680,7	16744,3	16776,2	16664,8	16760,3	87
88	16808	16827,1	16846,2	16865,3	16884,4	16903,5	16922,6	16941,7	16960,8	16979,9	16839,8	16871,7	16935,3	16967,2	16855,8	16951,3	88
89	16999	17018,1	17037,2	17056,3	17075,4	17094,5	17113,6	17132,7	17151,8	17170,9	17030,8	17062,7	17126,3	17158,2	17046,8	17142,3	89
90	17190	17209,1	17228,2	17247,3	17266,4	17285,5	17304,6	17323,7	17342,8	17361,9	17221,8	17253,7	17317,3	17349,2	17237,8	17333,3	90
91	17381	17400,1	17419,2	17438,3	17457,4	17476,5	17495,6	17514,7	17533,8	17552,9	17412,8	17444,7	17508,3	17540,2	17428,8	17524,3	91
92	17572	17591,1	17610,2	17629,3	17648,4	17667,5	17686,6	17705,7	17724,8	17743,9	17603,8	17635,7	17699,3	17731,2	17619,8	17715,3	92
93	17763	17782,1	17801,2	17820,3	17839,4	17858,5	17877,6	17896,7	17915,8	17934,9	17794,8	17826,7	17890,3	17922,2	17810,8	17906,3	93
94	17954	17973,1	17992,2	18011,3	18030,4	18049,5	18068,6	18087,7	18106,8	18125,9	17985,8	18017,7	18081,3	18113,2	18001,8	18097,3	94
95	18145	18164,1	18183,2	18202,3	18221,4	18240,5	18259,6	18278,7	18297,8	18316,9	18176,8	18208,7	18272,3	18304,2	18192,8	18288,3	95
96	18336	18355,1	18374,2	18393,3	18412,4	18431,5	18450,6	18469,7	18488,8	18507,9	18367,8	18399,7	18463,3	18495,2	18383,8	18479,3	96
97	18527	18546,1	18565,2	18584,3	18603,4	18622,5	18641,6	18660,7	18679,8	18698,9	18558,8	18590,7	18654,3	18686,2	18574,8	18670,3	97
98	18718	18737,1	18756,2	18775,3	18794,4	18813,5	18832,6	18851,7	18870,8	18889,9	18749,8	18781,7	18845,3	18877,2	18765,8	18861,3	98
99	18909	18928,1	18947,2	18966,3	18985,4	19004,5	19023,6	19042,7	19061,8	19080,9	18940,8	18972,7	19036,3	19068,2	18956,8	19052,3	99
100	19100	19119,1	19138,2	19157,3	19176,4	19195,5	19214,6	19233,7	19252,8	19271,9	19131,8	19163,7	19227,3	19259,2	19147,8	19243,3	100

192	1/10 19,2	2/10 38,4	3/10 57,6	4/10 76,8	5/10 96,0	6/10 115,2	7/10 134,4	8/10 153,6	9/10 172,8	1/6 32,0	2/6 64,0	4/6 128,0	5/6 160,0	1/4 48,0	3/4 144,0	
1	192	211,2	230,4	249,6	268,8	288,0	307,2	326,4	345,6	364,8	224,0	256,0	320,0	352,0	240,0	336,0	**1**
2	384	403,2	422,4	441,6	460,8	480,0	499,2	518,4	537,6	556,8	416,0	448,0	512,0	544,0	432,0	528,0	**2**
3	576	595,2	614,4	633,6	652,8	672,0	691,2	710,4	729,6	748,8	608,0	640,0	704,0	736,0	624,0	720,0	**3**
4	768	787,2	806,4	825,6	844,8	864,0	883,2	902,4	921,6	940,8	800,0	832,0	896,0	928,0	816,0	912,0	**4**
5	960	979,2	998,4	1017,6	1036,8	1056,0	1075,2	1094,4	1113,6	1132,8	992,0	1024,0	1088,0	1120,0	1008,0	1104,0	**5**
6	1152	1171,2	1190,4	1209,6	1228,8	1248,0	1267,2	1286,4	1305,6	1324,8	1184,0	1216,0	1280,0	1312,0	1200,0	1296,0	**6**
7	1344	1363,2	1382,4	1401,6	1420,8	1440,0	1459,2	1478,4	1497,6	1516,8	1376,0	1408,0	1472,0	1504,0	1392,0	1488,0	**7**
8	1536	1555,2	1574,4	1593,6	1612,8	1632,0	1651,2	1670,4	1689,6	1708,8	1568,0	1600,0	1664,0	1696,0	1584,0	1680,0	**8**
9	1728	1747,2	1766,4	1785,6	1804,8	1824,0	1843,2	1862,4	1881,6	1900,8	1760,0	1792,0	1856,0	1888,0	1776,0	1872,0	**9**
10	1920	1939,2	1958,4	1977,6	1996,8	2016,0	2035,2	2054,4	2073,6	2092,8	1952,0	1984,0	2048,0	2080,0	1968,0	2064,0	**10**
11	2112	2131,2	2150,4	2169,6	2188,8	2208,0	2227,2	2246,4	2265,6	2284,8	2144,0	2176,0	2240,0	2272,0	2160,0	2256,0	**11**
12	2304	2323,2	2342,4	2361,6	2380,8	2400,0	2419,2	2438,4	2457,6	2476,8	2336,0	2368,0	2432,0	2464,0	2352,0	2448,0	**12**
13	2496	2515,2	2534,4	2553,6	2572,8	2592,0	2611,2	2630,4	2649,6	2668,8	2528,0	2560,0	2624,0	2656,0	2544,0	2640,0	**13**
14	2688	2707,2	2726,4	2745,6	2764,8	2784,0	2803,2	2822,4	2841,6	2860,8	2720,0	2752,0	2816,0	2848,0	2736,0	2832,0	**14**
15	2880	2899,2	2918,4	2937,6	2956,8	2976,0	2995,2	3014,4	3033,6	3052,8	2912,0	2944,0	3008,0	3040,0	2928,0	3024,0	**15**
16	3072	3091,2	3110,4	3129,6	3148,8	3168,0	3187,2	3206,4	3225,6	3244,8	3104,0	3136,0	3200,0	3232,0	3120,0	3216,0	**16**
17	3264	3283,2	3302,4	3321 6	3340,8	3360,0	3379,2	3398,4	3417,6	3436,8	3296,0	3328,0	3392,0	3424,0	3312,0	3408,0	**17**
18	3456	3475,2	3494,4	3513,6	3532,8	3552,0	3571,2	3590,4	3609,6	3628,8	3488,0	3520,0	3584,0	3616,0	3504,0	3600,0	**18**
19	3648	3667,2	3686,4	3705,6	3724,8	3744,0	3763,2	3782,4	3801,6	3820,8	3680,0	3712,0	3776,0	3808,0	3696,0	3792,0	**19**
20	3840	3859,2	3878,4	3897,6	3916,8	3936,0	3955,2	3974,4	3993,6	4012,8	3872,0	3904,0	3968,0	4000,0	3888,0	3984,0	**20**
21	4032	4051,2	4070,4	4089,6	4108,8	4128,0	4147,2	4166,4	4185,6	4204,8	4064,0	4096,0	4160,0	4192,0	4080,0	4176,0	**21**
22	4224	4243,2	4262,4	4281,6	4300,8	4320,0	4339,2	4358,4	4377,6	4396,8	4256,0	4288,0	4352,0	4384,0	4272,0	4368,0	**22**
23	4416	4435,2	4454,4	4473,6	4492,8	4512,0	4531,2	4550,4	4569,6	4588,8	4448,0	4480,0	4544,0	4576,0	4464,0	4560,0	**23**
24	4608	4627,2	4646,4	4665,6	4684,8	4704,0	4723,2	4742,4	4761,6	4780,8	4640,0	4672,0	4736,0	4768,0	4656,0	4752,0	**24**
25	4800	4819,2	4838,4	4857,6	4876,8	4896,0	4915,2	4934,4	4953,6	4972,8	4832,0	4864,0	4928,0	4960,0	4848,0	4944,0	**25**
26	4992	5011,2	5030,4	5049,6	5068,8	5088,0	5107,2	5126,4	5145,6	5164,8	5024,0	5056,0	5120,0	5152,0	5040,0	5136,0	**26**
27	5184	5203,2	5222,4	5241,6	5260,8	5280,0	5299,2	5318,4	5337,6	5356,8	5216,0	5248,0	5312,0	5344,0	5232,0	5328,0	**27**
28	5376	5395,2	5414,4	5433,6	5452,8	5472,0	5491,2	5510,4	5529,6	5548,8	5408,0	5440,0	5504,0	5536,0	5424,0	5520,0	**28**
29	5568	5587,2	5606,4	5625,6	5644,8	5664,0	5683,2	5702,4	5721,6	5740,8	5600,0	5632,0	5696,0	5728,0	5616,0	5712,0	**29**
30	5760	5779,2	5798,4	5817,6	5836,8	5856,0	5875,2	5894,4	5913,6	5932,8	5792,0	5824,0	5888,0	5920,0	5808,0	5904,0	**30**
31	5952	5971,2	5990,4	6009,6	6028,8	6048,0	6067,2	6086,4	6105,6	6124,8	5984,0	6016,0	6080,0	6112,0	6000,0	6096,0	**31**
32	6144	6163,2	6182,4	6201,6	6220,8	6240,0	6259,2	6278,4	6297,6	6316,8	6176,0	6208,0	6272,0	6304,0	6192,0	6288,0	**32**
33	6336	6355,2	6374,4	6393,6	6412,8	6432,0	6451,2	6470,4	6489,6	6508,8	6368,0	6400,0	6464,0	6496,0	6384,0	6480,0	**33**
34	6528	6547,2	6566,4	6585,6	6604,8	6624,0	6643,2	6662,4	6681,6	6700,8	6560,0	6592,0	6656,0	6688,0	6576,0	6672,0	**34**
35	6720	6739,2	6758,4	6777,6	6796,8	6816,0	6835,2	6854,4	6873,6	6892,8	6752,0	6784,0	6848,0	6880,0	6768,0	6864,0	**35**
36	6912	6931,2	6950,4	6969,6	6988,8	7008,0	7027,2	7046,4	7065,6	7084,8	6944,0	6976,0	7040,0	7072,0	6960,0	7056,0	**36**
37	7104	7123,2	7142,4	7161,6	7180,8	7200,0	7219,2	7238,4	7257,6	7276,8	7136,0	7168,0	7232,0	7264,0	7152,0	7248,0	**37**
38	7296	7315,2	7334,4	7353,6	7372,8	7392,0	7411,2	7430,4	7449,6	7468,8	7328,0	7360,0	7424,0	7456,0	7344,0	7440,0	**38**
39	7488	7507,2	7526,4	7545,6	7564,8	7584,0	7603,2	7622,4	7641,6	7660,8	7520,0	7552,0	7616,0	7648,0	7536,0	7632,0	**39**
40	7680	7699,2	7718,4	7737,6	7756,8	7776,0	7795,2	7814,4	7833,6	7852,8	7712,0	7744,0	7808,0	7840,0	7728,0	7824,0	**40**
41	7872	7891,2	7910,4	7929,6	7948,8	7968,0	7987,2	8006,4	8025,6	8044,8	7904,0	7936,0	8000,0	8032,0	7920,0	8016,0	**41**
42	8064	8083,2	8102,4	8121,6	8140,8	8160,0	8179,2	8198,4	8217,6	8236,8	8096,0	8128,0	8192,0	8224,0	8112,0	8208,0	**42**
43	8256	8275,2	8294,4	8313,6	8332,8	8352,0	8371,2	8390,4	8409,6	8428,8	8288,0	8320,0	8384,0	8416,0	8304,0	8400,0	**43**
44	8448	8467,2	8486,4	8505,6	8524,8	8544,0	8563,2	8582,4	8601,6	8620,8	8480,0	8512,0	8576,0	8608,0	8496,0	8592,0	**44**
45	8640	8659,2	8678,4	8697,6	8716,8	8736,0	8755,2	8774,4	8793,6	8812,8	8672,0	8704,0	8768,0	8800,0	8688,0	8784,0	**45**
46	8832	8851,2	8870,4	8889,6	8908,8	8928,0	8947,2	8966,4	8985,6	9004,8	8864,0	8896,0	8960,0	8992,0	8880,0	8976,0	**46**
47	9024	9043,2	9062,4	9081,6	9100,8	9120,0	9139,2	9158,4	9177,6	9196,8	9056,0	9088,0	9152,0	9184,0	9072,0	9168,0	**47**
48	9216	9235,2	9254,4	9273,6	9292,8	9312,0	9331,2	9350,4	9369,6	9388,8	9248,0	9280,0	9344,0	9376,0	9264,0	9360,0	**48**
49	9408	9427,2	9446,4	9465,6	9484,8	9504,0	9523,2	9542,4	9561,6	9580,8	9440,0	9472,0	9536,0	9568,0	9456,0	9552,0	**49**
50	9600	9619,2	9638,4	9657,6	9676,8	9696,0	9715,2	9734,4	9753,6	9772,8	9632,0	9664,0	9728,0	9760,0	9648,0	9744,0	**50**
51	9792	9811,2	9830,4	9849,6	9868,8	9888,0	9907,2	9926,4	9945,6	9964,8	9824,0	9856,0	9920,0	9952,0	9840,0	9936,0	**51**
52	9984	10003,2	10022,4	10041,6	10060,8	10080,0	10099,2	10118,4	10137,6	10156,8	10016,0	10048,0	10112,0	10144,0	10032,0	10128,0	**52**
53	10176	10195,2	10214,4	10233,6	10252,8	10272,0	10291,2	10310,4	10329,6	10348,8	10208,0	10240,0	10304,0	10336,0	10224,0	10320,0	**53**
54	10368	10387,2	10406,4	10425,6	10444,8	10464,0	10483,2	10502,4	10521,6	10540,8	10400,0	10432,0	10496,0	10528,0	10416,0	10512,0	**54**
55	10560	10579,2	10598,4	10617,6	10636,8	10656,0	10675,2	10694,4	10713,6	10732,8	10592,0	10624,0	10688,0	10720,0	10608,0	10704,0	**55**
56	10752	10771,2	10790,4	10809,6	10828,8	10848,0	10867,2	10886,4	10905,6	10924,8	10784,0	10816,0	10880,0	10912,0	10800,0	10896,0	**56**
57	10944	10963,2	10982,4	11001,6	11020,8	11040,0	11059,2	11078,4	11097,6	11116,8	10976,0	11008,0	11072,0	11104,0	10992,0	11088,0	**57**
58	11136	11155,2	11174,4	11193,6	11212,8	11232,0	11251,2	11270,4	11289,6	11308,8	11168,0	11200,0	11264,0	11296,0	11184,0	11280,0	**58**
59	11328	11347,2	11366,4	11385,6	11404,8	11424,0	11443,2	11462,4	11481,6	11500,8	11360,0	11392,0	11456,0	11488,0	11376,0	11472,0	**59**
60	11520	11539,2	11558,4	11577,6	11596,8	11616,0	11635,2	11654,4	11673,6	11692,8	11552,0	11584,0	11648,0	11680,0	11568,0	11664,0	**60**
61	11712	11731,2	11750,4	11769,6	11788,8	11808,0	11827,2	11846,4	11865,6	11884,8	11744,0	11776,0	11840,0	11872,0	11760,0	11856,0	**61**
62	11904	11923,2	11942,4	11961,6	11980,8	12000,0	12019,2	12038,4	12057,6	12076,8	11936,0	11968,0	12032,0	12064,0	11952,0	12048,0	**62**
63	12096	12115,2	12134,4	12153,6	12172,8	12192,0	12211,2	12230,4	12249,6	12268,8	12128,0	12160,0	12224,0	12256,0	12144,0	12240,0	**63**
64	12288	12307,2	12326,4	12345,6	12364,8	12384,0	12403,2	12422,4	12441,6	12460,8	12320,0	12352,0	12416,0	12448,0	12336,0	12432,0	**64**
65	12480	12499,2	12518,4	12537,6	12556,8	12576,0	12595,2	12514,4	12633,6	12652,8	12512,0	12544,0	12608,0	12640,0	12528,0	12624,0	**65**
66	12672	12691,2	12710,4	12729,6	12748,8	12768,0	12787,2	12806,4	12825,6	12844,8	12704,0	12736,0	12800,0	12832,0	12720,0	12816,0	**66**
67	12864	12883,2	12902,4	12921,6	12940,8	12960,0	12979,2	12998,4	13017,6	13036,8	12896,0	12928,0	12992,0	13024,0	12912,0	13008,0	**67**
68	13056	13075,2	13094,4	13113,6	13132,8	13152,0	13171,2	13190,4	13209,6	13228,8	13088,0	13120,0	13184,0	13216,0	13104,0	13200,0	**68**
69	13248	13267,2	13286,4	13305,6	13324,8	13344,0	13363,2	13382,4	13401,6	13420,8	13280,0	13312,0	13376,0	13408,0	13296,0	13392,0	**69**
70	13440	13459,2	13478,4	13497,6	13516,8	13536,0	13555,2	13574,4	13593,6	13612,8	13472,0	13504,0	13568,0	13600,0	13488,0	13584,0	**70**
71	13632	13651,2	13670,4	13689,6	13708,8	13728,0	13747,2	13766,4	13785,6	13804,8	13664,0	13696,0	13760,0	13792,0	13680,0	13776,0	**71**
72	13824	13843,2	13862,4	13881,6	13900,8	13920,0	13939,2	13958,4	13977,6	13996,8	13856,0	13888,0	13952,0	13984,0	13872,0	13968,0	**72**
73	14016	14035,2	14054,4	14073,6	14092,8	14112,0	14131,2	14150,4	14169,6	14188,8	14048,0	14080,0	14144,0	14176,0	14064,0	14160,0	**73**
74	14208	14227,2	14246,4	14265,6	14284,8	14304,0	14323,2	14342,4	14361,6	14380,8	14240,0	14272,0	14336,0	14368,0	14256,0	14352,0	**74**
75	14400	14419,2	14438,4	14457,6	14476,8	14496,0	14515,2	14534,4	14553,6	14572,8	14432,0	14464,0	14528,0	14560,0	14448,0	14544,0	**75**
76	14592	14611,2	14630,4	14649,6	14668,8	14688,0	14707,2	14726,4	14745,6	14764,8	14624,0	14656,0	14720,0	14752,0	14640,0	14736,0	**76**
77	14784	14803,2	14822,4	14841,6	14860,8	14880,0	14899,2	14918,4	14937,6	14956,8	14816,0	14848,0	14912,0	14944,0	14832,0	14928,0	**77**
78	14976	14995,2	15014,4	15033,6	15052,8	15072,0	15091,2	15110,4	15129,6	15148,8	15008,0	15040,0	15104,0	15136,0	15024,0	15120,0	**78**
79	15168	15187,2	15206,4	15225,6	15244,8	15264,0	15283,2	15302,4	15321,6	15340,8	15200,0	15232,0	15296,0	15328,0	15216,0	15312,0	**79**
80	15360	15379,2	15398,4	15417,6	15436,8	15456,0	15475,2	15494,4	15513,6	15532,8	15392,0	15424,0	15488,0	15520,0	15408,0	15504,0	**80**
81	15552	15571,2	15590,4	15609,6	15628,8	15648,0	15667,2	15686,4	15705,6	15724,8	15584,0	15616,0	15680,0	15712,0	15600,0	15696,0	**81**
82	15744	15763,2	15782,4	15801,6	15820,8	15840,0	15859,2	15878,4	15897,6	15916,8	15776,0	15808,0	15872,0	15904,0	15792,0	15888,0	**82**
83	15936	15955,2	15974,4	15993,6	16012,8	16032,0	16051,2	16070,4	16089,6	16108,8	15968,0	16000,0	16064,0	16096,0	15984,0	16080,0	**83**
84	16128	16147,2	16166,4	16185,6	16204,8	16224,0	16243,2	16262,4	16281,6	16300,8	16160,0	16192,0	16256,0	16288,0	16176,0	16272,0	**84**
85	16320	16339,2	16358,4	16377,6	16396,8	16416,0	16435,2	16454,4	16473,6	16492,8	16352,0	16384,0	16448,0	16480,0	16368,0	16464,0	**85**
86	16512	16531,2	16550,4	16569,6	16588,8	16608,0	16627,2	16646,4	16665,6	16684,8	16544,0	16576,0	16640,0	16672,0	16560,0	16656,0	**86**
87	16704	16723,2	16742,4	16761,6	16780,8	16800,0	16819,2	16838,4	16857,6	16876,8	16736,0	16768,0	16832,0	16864,0	16752,0	16848,0	**87**
88	16896	16915,2	16934,4	16953,6	16972,8	16992,0	17011,2	17030,4	17049,6	17068,8	16928,0	16960,0	17024,0	17056,0	16944,0	17040,0	**88**
89	17088	17107,2	17126,4	17145,6	17164,8	17184,0	17203,2	17222,4	17241,6	17260,8	17120,0	17152,0	17216,0	17248,0	17136,0	17232,0	**89**
90	17280	17299,2	17318,4	17337,6	17356,8	17376,0	17395,2	17414,4	17433,6	17452,8	17312,0	17344,0	17408,0	17440,0	17328,0	17424,0	**90**
91	17472	17491,2	17510,4	17529,6	17548,8	17568,0	17587,2	17606,4	17625,6	17644,8	17504,0	17536,0	17600,0	17632,0	17520,0	17616,0	**91**
92	17664	17683,2	17702,4	17721,6	17740,8	17760,0	17779,2	17798,4	17817,6	17836,8	17696,0	17728,0	17792,0	17824,0	17712,0	17808,0	**92**
93	17856	17875,2	17894,4	17913,6	17932,8	17952,0	17971,2	17990,4	18009,6	18028,8	17888,0	17920,0	17984,0	18016,0	17904,0	18000,0	**93**
94	18048	18067,2	18086,4	18105,6	18124,8	18144,0	18163,2	18182,4	18201,6	18220,8	18080,0	18112,0	18176,0	18208,0	18096,0	18192,0	**94**
95	18240	18259,2	18278,4	18297,6	18316,8	18336,0	18355,2	18374,4	18393,6	18412,8	18272,0	18304,0	18368,0	18400,0	18288,0	18384,0	**95**
96	18432	18451,2	18470,4	18489,6	18508,8	18528,0	18547,2	18566,4	18585,6	18604,8	18464,0	18496,0	18560,0	18592,0	18480,0	18576,0	**96**
97	18624	18643,2	18662,4	18681,6	18700,8	18720,0	18739,2	18758,4	18777,6	18796,8	18656,0	18688 0	18752,0	18784,0	18672,0	18768,0	**97**
98	18816	18835,2	18854,4	18873,6	18892,8	18912,0	18931,2	18950,4	18969,6	18988,8	18848,0	18880,0	18944,0	18976,0	18864,0	18960,0	**98**
99	19008	19027,2	19046,4	19065,6	19084,8	19104,0	19123,2	19142,4	19161,6	19180,8	19040,0	19072,0	19136,0	19168,0	19056,0	19152,0	**99**
100	19200	19219,2	19238,4	19257,6	19276,8	19296,0	19315,2	19334,4	19353,6	19372,8	19232,0	19264,0	19328,0	19360,0	19248,0	19344,0	**100**

		1/10 19,3	2/10 38,6	3/10 57,9	4/10 77,2	5/10 96,5	6/10 115,8	7/10 135,1	8/10 154,4	9/10 173,7	1/6 32,166	2/6 64,333	4/6 128,666	5/6 160,833	1/4 48,25	3/4 144,75	
1	193	212,3	231,6	250,9	270,2	289,5	308,8	328,1	347,4	366,7	225,2	257,3	321,7	353,8	241,3	337,8	1
2	386	405,3	424,6	443,9	463,2	482,5	501,8	521,1	540,4	559,7	418,2	450,3	514,7	546,8	434,3	530,8	2
3	579	598,3	617,6	636,9	656,2	675,5	694,8	714,1	733,4	752,7	611,2	643,3	707,7	739,8	627,3	723,8	3
4	772	791,3	810,6	829,9	849,2	868,5	887,8	907,1	926,4	945,7	804,2	836,3	900,7	932,8	820,3	916,8	4
5	965	984,3	1003,6	1022,9	1042,2	1061,5	1080,8	1100,1	1119,4	1138,7	997,2	1029,3	1093,7	1125,8	1013,3	1109,8	5
6	1158	1177,3	1196,6	1215,9	1235,2	1254,5	1273,8	1293,1	1312,4	1331,7	1190,2	1222,3	1286,7	1318,8	1206,3	1302,8	6
7	1351	1370,3	1389,6	1408,9	1428,2	1447,5	1466,8	1486,1	1505,4	1524,7	1383,2	1415,3	1479,7	1511,8	1399,3	1495,8	7
8	1544	1563,3	1582,6	1601,9	1621,2	1640,5	1659,8	1679,1	1698,4	1717,7	1576,2	1608,3	1672,7	1704,8	1592,3	1688,8	8
9	1737	1756,3	1775,6	1794,9	1814,2	1833,5	1852,8	1872,1	1891,4	1910,7	1769,2	1801,3	1865,7	1897,8	1785,3	1881,8	9
10	1930	1949,3	1968,6	1987,9	2007,2	2026,5	2045,8	2065,1	2084,4	2103,7	1962,2	1994,3	2058,7	2090,8	1978,3	2074,8	10
11	2123	2142,3	2161,6	2180,9	2200,2	2219,5	2238,8	2258,1	2277,4	2296,7	2155,2	2187,3	2251,7	2283,8	2171,3	2267,8	11
12	2316	2335,3	2354,6	2373,9	2393,2	2412,5	2431,8	2451,1	2470,4	2489,7	2348,2	2380,3	2444,7	2476,8	2364,3	2460,8	12
13	2509	2528,3	2547,6	2566,9	2586,2	2605,5	2624,8	2644,1	2663,4	2682,7	2541,2	2573,3	2637,7	2669,8	2557,3	2653,8	13
14	2702	2721,3	2740,6	2759,9	2779,2	2798,5	2817,8	2837,1	2856,4	2875,7	2734,2	2766,3	2830,7	2862,8	2750,3	2846,8	14
15	2895	2914,3	2933,6	2952,9	2972,2	2991,5	3010,8	3030,1	3049,4	3068,7	2927,2	2959,3	3023,7	3055,8	2943,3	3039,8	15
16	3088	3107,3	3126,6	3145,9	3165,2	3184,5	3203,8	3223,1	3242,4	3261,7	3120,2	3152,3	3216,7	3248,8	3136,3	3232,8	16
17	3281	3300,3	3319,6	3338,9	3358,2	3377,5	3396,8	3416,1	3435,4	3454,7	3313,2	3345,3	3409,7	3441,8	3329,3	3425,8	17
18	3474	3493,3	3512,6	3531,9	3551,2	3570,5	3589,8	3609,1	3628,4	3647,7	3506,2	3538,3	3602,7	3634,8	3522,3	3618,8	18
19	3667	3686,3	3705,6	3724,9	3744,2	3763,5	3782,8	3802,1	3821,4	3840,7	3699,2	3731,3	3795,7	3827,8	3715,3	3811,8	19
20	3860	3879,3	3898,6	3917,9	3937,2	3956,5	3975,8	3995,1	4014,4	4033,7	3892,2	3924,3	3988,7	4020,8	3908,3	4004,8	20
21	4053	4072,3	4091,6	4110,9	4130,2	4149,5	4168,8	4188,1	4207,4	4226,7	4085,2	4117,3	4181,7	4213,8	4101,3	4197,8	21
22	4246	4265,3	4284,6	4303,9	4323,2	4342,5	4361,8	4381,1	4400,4	4419,7	4278,2	4310,3	4374,7	4406,8	4294,3	4390,8	22
23	4439	4458,3	4477,6	4496,9	4516,2	4535,5	4554,8	4574,1	4593,4	4612,7	4471,2	4503,3	4567,7	4599,8	4487,3	4583,8	23
24	4632	4651,3	4670,6	4689,9	4709,2	4728,5	4747,8	4767,1	4786,4	4805,7	4664,2	4696,3	4760,7	4792,8	4680,3	4776,8	24
25	4825	4844,3	4863,6	4882,9	4902,2	4921,5	4940,8	4960,1	4979,4	4998,7	4857,2	4889,3	4953,7	4985,8	4873,3	4969,8	25
26	5018	5037,3	5056,6	5075,9	5095,2	5114,5	5133,8	5153,1	5172,4	5191,7	5050,2	5082,3	5146,7	5178,8	5066,3	5162,8	26
27	5211	5230,3	5249,6	5268,9	5288,2	5307,5	5326,8	5346,1	5365,4	5384,7	5243,2	5275,3	5339,7	5371,8	5259,3	5355,8	27
28	5404	5423,3	5442,6	5461,9	5481,2	5500,5	5519,8	5539,1	5558,4	5577,7	5436,2	5468,3	5532,7	5564,8	5452,3	5548,8	28
29	5597	5616,3	5635,6	5654,9	5674,2	5693,5	5712,8	5732,1	5751,4	5770,7	5629,2	5661,3	5725,7	5757,8	5645,3	5741,8	29
30	5790	5809,3	5828,6	5847,9	5867,2	5886,5	5905,8	5925,1	5944,4	5963,7	5822,2	5854,3	5918,7	5950,8	5838,3	5934,8	30
31	5983	6002,3	6021,6	6040,9	6060,2	6079,5	6098,8	6118,1	6137,4	6156,7	6015,2	6047,3	6111,7	6143,8	6031,3	6127,8	31
32	6176	6195,3	6214,6	6233,9	6253,2	6272,5	6291,8	6311,1	6330,4	6349,7	6208,2	6240,3	6304,7	6336,8	6224,3	6320,8	32
33	6369	6388,3	6407,6	6426,9	6446,2	6465,5	6484,8	6504,1	6523,4	6542,7	6401,2	6433,3	6497,7	6529,8	6417,3	6513,8	33
34	6562	6581,3	6600,6	6619,9	6639,2	6658,5	6677,8	6697,1	6716,4	6735,7	6594,2	6626,3	6690,7	6722,8	6610,3	6706,8	34
35	6755	6774,3	6793,6	6812,9	6832,2	6851,5	6870,8	6890,1	6909,4	6928,7	6787,2	6819,3	6883,7	6915,8	6803,3	6899,8	35
36	6948	6967,3	6986,6	7005,9	7025,2	7044,5	7063,8	7083,1	7102,4	7121,7	6980,2	7012,3	7076,7	7108,8	6996,3	7092,8	36
37	7141	7160,3	7179,6	7198,9	7218,2	7237,5	7256,8	7276,1	7295,4	7314,7	7173,2	7205,3	7269,7	7301,8	7189,3	7285,8	37
38	7334	7353,3	7372,6	7391,9	7411,2	7430,5	7449,8	7469,1	7488,4	7507,7	7366,2	7398,3	7462,7	7494,8	7382,3	7478,8	38
39	7527	7546,3	7565,6	7584,9	7604,2	7623,5	7642,8	7662,1	7681,4	7700,7	7559,2	7591,3	7655,7	7687,8	7575,3	7671,8	39
40	7720	7739,3	7758,6	7777,9	7797,2	7816,5	7835,8	7855,1	7874,4	7893,7	7752,2	7784,3	7848,7	7880,8	7768,3	7864,8	40
41	7913	7932,3	7951,6	7970,9	7990,2	8009,5	8028,8	8048,1	8067,4	8086,7	7945,2	7977,3	8041,7	8073,8	7961,3	8057,8	41
42	8106	8125,3	8144,6	8163,9	8183,2	8202,5	8221,8	8241,1	8260,4	8279,7	8138,2	8170,3	8234,7	8266,8	8154,3	8250,8	42
43	8299	8318,3	8337,6	8356,9	8376,2	8395,5	8414,8	8434,1	8453,4	8472,7	8331,2	8363,3	8427,7	8459,8	8347,3	8443,8	43
44	8492	8511,3	8530,6	8549,9	8569,2	8588,5	8607,8	8627,1	8646,4	8665,7	8524,2	8556,3	8620,7	8652,8	8540,3	8636,8	44
45	8685	8704,3	8723,6	8742,9	8762,2	8781,5	8800,8	8820,1	8839,4	8858,7	8717,2	8749,3	8813,7	8845,8	8733,3	8829,8	45
46	8878	8897,3	8916,6	8935,9	8955,2	8974,5	8993,8	9013,1	9032,4	9051,7	8910,2	8942,3	9006,7	9038,8	8926,3	9022,8	46
47	9071	9090,3	9109,6	9128,9	9148,2	9167,5	9186,8	9206,1	9225,4	9244,7	9103,2	9135,3	9199,7	9231,8	9119,3	9215,8	47
48	9264	9283,3	9302,6	9321,9	9341,2	9360,5	9379,8	9399,1	9418,4	9437,7	9296,2	9328,3	9392,7	9424,8	9312,3	9408,8	48
49	9457	9476,3	9495,6	9514,9	9534,2	9553,5	9572,8	9592,1	9611,4	9630,7	9489,2	9521,3	9585,7	9617,8	9505,3	9601,8	49
50	9650	9669,3	9688,6	9707,9	9727,2	9746,5	9765,8	9785,1	9804,4	9823,7	9682,2	9714,3	9778,7	9810,8	9698,3	9794,8	50
51	9843	9862,3	9881,6	9900,9	9920,2	9939,5	9958,8	9978,1	9997,4	10016,7	9875,2	9907,3	9971,7	10003,8	9891,3	9987,8	51
52	10036	10055,3	10074,6	10093,9	10113,2	10132,5	10151,8	10171,1	10190,4	10209,7	10068,2	10100,3	10164,7	10196,8	10084,3	10180,8	52
53	10229	10248,3	10267,6	10286,9	10306,2	10325,5	10344,8	10364,1	10383,4	10402,7	10261,2	10293,3	10357,7	10389,8	10277,3	10373,8	53
54	10422	10441,3	10460,6	10479,9	10499,2	10518,5	10537,8	10557,1	10576,4	10595,7	10454,2	10486,3	10550,7	10582,8	10470,3	10566,8	54
55	10615	10634,3	10653,6	10672,9	10692,2	10711,5	10730,8	10750,1	10769,4	10788,7	10647,2	10679,3	10743,7	10775,8	10663,3	10759,8	55
56	10808	10827,3	10846,6	10865,9	10885,2	10904,5	10923,8	10943,1	10962,4	10981,7	10840,2	10872,3	10936,7	10968,8	10856,3	10952,8	56
57	11001	11020,3	11039,6	11058,9	11078,2	11097,5	11116,8	11136,1	11155,4	11174,7	11033,2	11065,3	11129,7	11161,8	11049,3	11145,8	57
58	11194	11213,3	11232,6	11251,9	11271,2	11290,5	11309,8	11329,1	11348,4	11367,7	11226,2	11258,3	11322,7	11354,8	11242,3	11338,8	58
59	11387	11406,3	11425,6	11444,9	11464,2	11483,5	11502,8	11522,1	11541,4	11560,7	11419,2	11451,3	11515,7	11547,8	11435,3	11531,8	59
60	11580	11599,3	11618,6	11637,9	11657,2	11676,5	11695,8	11715,1	11734,4	11753,7	11612,2	11644,3	11708,7	11740,8	11628,3	11724,8	60
61	11773	11792,3	11811,6	11830,9	11850,2	11869,5	11888,8	11908,1	11927,4	11946,7	11805,2	11837,3	11901,7	11933,8	11821,3	11917,8	61
62	11966	11985,3	12004,6	12023,9	12043,2	12062,5	12081,8	12101,1	12120,4	12139,7	11998,2	12030,3	12094,7	12126,8	12014,3	12110,8	62
63	12159	12178,3	12197,6	12216,9	12236,2	12255,5	12274,8	12294,1	12313,4	12332,7	12191,2	12223,3	12287,7	12319,8	12207,3	12303,8	63
64	12352	12371,3	12390,6	12409,9	12429,2	12448,5	12467,8	12487,1	12506,4	12525,7	12384,2	12416,3	12480,7	12512,8	12400,3	12496,8	64
65	12545	12564,3	12583,6	12602,9	12622,2	12641,5	12660,8	12680,1	12699,4	12718,7	12577,2	12609,3	12673,7	12705,8	12593,3	12689,8	65
66	12738	12757,3	12776,6	12795,9	12815,2	12834,5	12853,8	12873,1	12892,4	12911,7	12770,2	12802,3	12866,7	12898,8	12786,3	12882,8	66
67	12931	12950,3	12969,6	12988,9	13008,2	13027,5	13046,8	13066,1	13085,4	13104,7	12963,2	12995,3	13059,7	13091,8	12979,3	13075,8	67
68	13124	13143,3	13162,6	13181,9	13201,2	13220,5	13239,8	13259,1	13278,4	13297,7	13156,2	13188,3	13252,7	13284,8	13172,3	13268,8	68
69	13317	13336,3	13355,6	13374,9	13394,2	13413,5	13432,8	13452,1	13471,4	13490,7	13349,2	13381,3	13445,7	13477,8	13365,3	13461,8	69
70	13510	13529,3	13548,6	13567,9	13587,2	13606,5	13625,8	13645,1	13664,4	13683,7	13542,2	13574,3	13638,7	13670,8	13558,3	13654,8	70
71	13703	13722,3	13741,6	13760,9	13780,2	13799,5	13818,8	13838,1	13857,4	13876,7	13735,2	13767,3	13831,7	13863,8	13751,3	13847,8	71
72	13896	13915,3	13934,6	13953,9	13973,2	13992,5	14011,8	14031,1	14050,4	14069,7	13928,2	13960,3	14024,7	14056,8	13944,3	14040,8	72
73	14089	14108,3	14127,6	14146,9	14166,2	14185,5	14204,8	14224,1	14243,4	14262,7	14121,2	14153,3	14217,7	14249,8	14137,3	14233,8	73
74	14282	14301,3	14320,6	14339,9	14359,2	14378,5	14397,8	14417,1	14436,4	14455,7	14314,2	14346,3	14410,7	14442,8	14330,3	14426,8	74
75	14475	14494,3	14513,6	14532,9	14552,2	14571,5	14590,8	14610,1	14629,4	14648,7	14507,2	14539,3	14603,7	14635,8	14523,3	14619,8	75
76	14668	14687,3	14706,6	14725,9	14745,2	14764,5	14783,8	14803,1	14822,4	14841,7	14700,2	14732,3	14796,7	14828,8	14716,3	14812,8	76
77	14861	14880,3	14899,6	14918,9	14938,2	14957,5	14976,8	14996,1	15015,4	15034,7	14893,2	14925,3	14989,7	15021,8	14909,3	15005,8	77
78	15054	15073,3	15092,6	15111,9	15131,2	15150,5	15169,8	15189,1	15208,4	15227,7	15086,2	15118,3	15182,7	15214,8	15102,3	15198,8	78
79	15247	15266,3	15285,6	15304,9	15324,2	15343,5	15362,8	15382,1	15401,4	15420,7	15279,2	15311,3	15375,7	15407,8	15295,3	15391,8	79
80	15440	15459,3	15478,6	15497,9	15517,2	15536,5	15555,8	15575,1	15594,4	15613,7	15472,2	15504,3	15568,7	15600,8	15488,3	15584,8	80
81	15633	15652,3	15671,6	15690,9	15710,2	15729,5	15748,8	15768,1	15787,4	15806,7	15665,2	15697,3	15761,7	15793,8	15681,3	15777,8	81
82	15826	15845,3	15864,6	15883,9	15903,2	15922,5	15941,8	15961,1	15980,4	15999,7	15858,2	15890,3	15954,7	15986,8	15874,3	15970,8	82
83	16019	16038,3	16057,6	16076,9	16096,2	16115,5	16134,8	16154,1	16173,4	16192,7	16051,2	16083,3	16147,7	16179,8	16067,3	16163,8	83
84	16212	16231,3	16250,6	16269,9	16289,2	16308,5	16327,8	16347,1	16366,4	16385,7	16244,2	16276,3	16340,7	16372,8	16260,3	16356,8	84
85	16405	16424,3	16443,6	16462,9	16482,2	16501,5	16520,8	16540,1	16559,4	16578,7	16437,2	16469,3	16533,7	16565,8	16453,3	16549,8	85
86	16598	16617,3	16636,6	16655,9	16675,2	16694,5	16713,8	16733,1	16752,4	16771,7	16630,2	16662,3	16726,7	16758,8	16646,3	16742,8	86
87	16791	16810,3	16829,6	16848,9	16868,2	16887,5	16906,8	16926,1	16945,4	16964,7	16823,2	16855,3	16919,7	16951,8	16839,3	16935,8	87
88	16984	17003,3	17022,6	17041,9	17061,2	17080,5	17099,8	17119,1	17138,4	17157,7	17016,2	17048,3	17112,7	17144,8	17032,3	17128,8	88
89	17177	17196,3	17215,6	17234,9	17254,2	17273,5	17292,8	17312,1	17331,4	17350,7	17209,2	17241,3	17305,7	17337,8	17225,3	17321,8	89
90	17370	17389,3	17408,6	17427,9	17447,2	17466,5	17485,8	17505,1	17524,4	17543,7	17402,2	17434,3	17498,7	17530,8	17418,3	17514,8	90
91	17563	17582,3	17601,6	17620,9	17640,2	17659,5	17678,8	17698,1	17717,4	17736,7	17595,2	17627,3	17691,7	17723,8	17611,3	17707,8	91
92	17756	17775,3	17794,6	17813,9	17833,2	17852,5	17871,8	17891,1	17910,4	17929,7	17788,2	17820,3	17884,7	17916,8	17804,3	17900,8	92
93	17949	17968,3	17987,6	18006,9	18026,2	18045,5	18064,8	18084,1	18103,4	18122,7	17981,2	18013,3	18077,7	18109,8	17997,3	18093,8	93
94	18142	18161,3	18180,6	18199,9	18219,2	18238,5	18257,8	18277,1	18296,4	18315,7	18174,2	18206,3	18270,7	18302,8	18190,3	18286,8	94
95	18335	18354,3	18373,6	18392,9	18412,2	18431,5	18450,8	18470,1	18489,4	18508,7	18367,2	18399,3	18463,7	18495,8	18383,3	18479,8	95
96	18528	18547,3	18566,6	18585,9	18605,2	18624,5	18643,8	18663,1	18682,4	18701,7	18560,2	18592,3	18656,7	18688,8	18576,3	18672,8	96
97	18721	18740,3	18759,6	18778,9	18798,2	18817,5	18836,8	18856,1	18875,4	18894,7	18753,2	18785,3	18849,7	18881,8	18769,3	18865,8	97
98	18914	18933,3	18952,6	18971,9	18991,2	19010,5	19029,8	19049,1	19068,4	19087,7	18946,2	18978,3	19042,7	19074,8	18962,3	19058,8	98
99	19107	19126,3	19145,6	19164,9	19184,2	19203,5	19222,8	19242,1	19261,4	19280,7	19139,2	19171,3	19235,7	19267,8	19155,3	19251,8	99
100	19300	19319,3	19338,6	19357,9	19377,2	19396,5	19415,8	19435,1	19454,4	19473,7	19332,2	19364,3	19428,7	19460,8	19348,3	19444,8	100

194

		1/10 19.4	2/10 38.8	3/10 58.2	4/10 77.6	5/10 97.0	6/10 116.4	7/10 135.8	8/10 155.2	9/10 174.6	1/6 32.333	2/6 64.666	4/6 129.333	5/6 161.666	1/4 48.5	3/4 145.5	
1	194	213,4	232,8	252,2	271,6	291,0	310,4	329,8	349,2	368,6	226,3	258,7	323,3	355,7	242,5	339,5	1
2	388	407,4	426,8	446,2	465,6	485,0	504,4	523,8	543,2	562,6	420,3	452,7	517,3	549,7	436,5	533,5	2
3	582	601,4	620,8	640,2	659,6	679,0	698,4	717,8	737,2	756,6	614,3	646,7	711,3	743,7	630,5	727,5	3
4	776	795,4	814,8	834,2	853,6	873,0	892,4	911,8	931,2	950,6	808,3	840,7	905,3	937,7	824,5	921,5	4
5	970	989,4	1008,8	1028,2	1047,6	1067,0	1086,4	1105,8	1125,2	1144,6	1002,3	1034,7	1099,3	1131,7	1018,5	1115,5	5
6	1164	1183,4	1202,8	1222,2	1241,6	1261,0	1280,4	1299,8	1319,2	1338,6	1196,3	1228,7	1293,3	1325,7	1212,5	1309,5	6
7	1358	1377,4	1396,8	1416,2	1435,6	1455,0	1474,4	1493,8	1513,2	1532,6	1390,3	1422,7	1487,3	1519,7	1406,5	1503,5	7
8	1552	1571,4	1590,8	1610,2	1629,6	1649,0	1668,4	1687,8	1707,2	1726,6	1584,3	1616,7	1681,3	1713,7	1600,5	1697,5	8
9	1746	1765,4	1784,8	1804,2	1823,6	1843,0	1862,4	1881,8	1901,2	1920,6	1778,3	1810,7	1875,3	1907,7	1794,5	1891,5	9
10	1940	1959,4	1978,8	1998,2	2017,6	2037,0	2056,4	2075,8	2095,2	2114,6	1972,3	2004,7	2069,3	2101,7	1988,5	2085,5	10
11	2134	2153,4	2172,8	2192,2	2211,6	2231,0	2250,4	2269,8	2289,2	2308,6	2166,3	2198,7	2263,3	2295,7	2182,5	2279,5	11
12	2328	2347,4	2366,8	2386,2	2405,6	2425,0	2444,4	2463,8	2483,2	2502,6	2360,3	2392,7	2457,3	2489,7	2376,5	2473,5	12
13	2522	2541,4	2560,8	2580,2	2599,6	2619,0	2638,4	2657,8	2677,2	2696,6	2554,3	2586,7	2651,3	2683,7	2570,5	2667,5	13
14	2716	2735,4	2754,8	2774,2	2793,6	2813,0	2832,4	2851,8	2871,2	2890,6	2748,3	2780,7	2845,3	2877,7	2764,5	2861,5	14
15	2910	2929,4	2948,8	2968,2	2987,6	3007,0	3026,4	3045,8	3065,2	3084,6	2942,3	2974,7	3039,3	3071,7	2958,5	3055,5	15
16	3104	3123,4	3142,8	3162,2	3181,6	3201,0	3220,4	3239,8	3259,2	3278,6	3136,3	3168,7	3233,3	3265,7	3152,5	3249,5	16
17	3298	3317,4	3336,8	3356,2	3375,6	3395,0	3414,4	3433,8	3453,2	3472,6	3330,3	3362,7	3427,3	3459,7	3346,5	3443,5	17
18	3492	3511,4	3530,8	3550,2	3569,6	3589,0	3608,4	3627,8	3647,2	3666,6	3524,3	3556,7	3621,3	3653,7	3540,5	3637,5	18
19	3686	3705,4	3724,8	3744,2	3763,6	3783,0	3802,4	3821,8	3841,2	3860,6	3718,3	3750,7	3815,3	3847,7	3734,5	3831,5	19
20	3880	3899,4	3918,8	3938,2	3957,6	3977,0	3996,4	4015,8	4035,2	4054,6	3912,3	3944,7	4009,3	4041,7	3928,5	4025,5	20
21	4074	4093,4	4112,8	4132,2	4151,6	4171,0	4190,4	4209,8	4229,2	4248,6	4106,3	4138,7	4203,3	4235,7	4122,5	4219,5	21
22	4268	4287,4	4306,8	4326,2	4345,6	4365,0	4384,4	4403,8	4423,2	4442,6	4300,3	4332,7	4397,3	4429,7	4316,5	4413,5	22
23	4462	4481,4	4500,8	4520,2	4539,6	4559,0	4578,4	4597,8	4617,2	4636,6	4494,3	4526,7	4591,3	4623,7	4510,5	4607,5	23
24	4656	4675,4	4694,8	4714,2	4733,6	4753,0	4772,4	4791,8	4811,2	4830,6	4688,3	4720,7	4785,3	4817,7	4704,5	4801,5	24
25	4850	4869,4	4888,8	4908,2	4927,6	4947,0	4966,4	4985,8	5005,2	5024,6	4882,3	4914,7	4979,3	5011,7	4898,5	4995,5	25
26	5044	5063,4	5082,8	5102,2	5121,6	5141,0	5160,4	5179,8	5199,2	5218,6	5076,3	5108,7	5173,3	5205,7	5092,5	5189,5	26
27	5238	5257,4	5276,8	5296,2	5315,6	5335,0	5354,4	5373,8	5393,2	5412,6	5270,3	5302,7	5367,3	5399,7	5286,5	5383,5	27
28	5432	5451,4	5470,8	5490,2	5509,6	5529,0	5548,4	5567,8	5587,2	5606,6	5464,3	5496,7	5561,3	5593,7	5480,5	5577,5	28
29	5626	5645,4	5664,8	5684,2	5703,6	5723,0	5742,4	5761,8	5781,2	5800,6	5658,3	5690,7	5755,3	5787,7	5674,5	5771,5	29
30	5820	5839,4	5858,8	5878,2	5897,6	5917,0	5936,4	5955,8	5975,2	5994,6	5852,3	5884,7	5949,3	5981,7	5868,5	5965,5	30
31	6014	6033,4	6052,8	6072,2	6091,6	6111,0	6130,4	6149,8	6169,2	6188,6	6046,3	6078,7	6143,3	6175,7	6062,5	6159,5	31
32	6208	6227,4	6246,8	6266,2	6285,6	6305,0	6324,4	6343,8	6363,2	6382,6	6240,3	6272,7	6337,3	6369,7	6256,5	6353,5	32
33	6402	6421,4	6440,8	6460,2	6479,6	6499,0	6518,4	6537,8	6557,2	6576,6	6434,3	6466,7	6531,3	6563,7	6450,5	6547,5	33
34	6596	6615,4	6634,8	6654,2	6673,6	6693,0	6712,4	6731,8	6751,2	6770,6	6628,3	6660,7	6725,3	6757,7	6644,5	6741,5	34
35	6790	6809,4	6828,8	6848,2	6867,6	6887,0	6906,4	6925,8	6945,2	6964,6	6822,3	6854,7	6919,3	6951,7	6838,5	6935,5	35
36	6984	7003,4	7022,8	7042,2	7061,6	7081,0	7100,4	7119,8	7139,2	7158,6	7016,3	7048,7	7113,3	7145,7	7032,5	7129,5	36
37	7178	7197,4	7216,8	7236,2	7255,6	7275,0	7294,4	7313,8	7333,2	7352,6	7210,3	7242,7	7307,3	7339,7	7226,5	7323,5	37
38	7372	7391,4	7410,8	7430,2	7449,6	7469,0	7488,4	7507,8	7527,2	7546,6	7404,3	7436,7	7501,3	7533,7	7420,5	7517,5	38
39	7566	7585,4	7604,8	7624,2	7643,6	7663,0	7682,4	7701,8	7721,2	7740,6	7598,3	7630,7	7695,3	7727,7	7614,5	7711,5	39
40	7760	7779,4	7798,8	7818,2	7837,6	7857,0	7876,4	7895,8	7915,2	7934,6	7792,3	7824,7	7889,3	7921,7	7808,5	7905,5	40
41	7954	7973,4	7992,8	8012,2	8031,6	8051,0	8070,4	8089,8	8109,2	8128,6	7986,3	8018,7	8083,3	8115,7	8002,5	8099,5	41
42	8148	8167,4	8186,8	8206,2	8225,6	8245,0	8264,4	8283,8	8303,2	8322,6	8180,3	8212,7	8277,3	8309,7	8196,5	8293,5	42
43	8342	8361,4	8380,8	8400,2	8419,6	8439,0	8458,4	8477,8	8497,2	8516,6	8374,3	8406,7	8471,3	8503,7	8390,5	8487,5	43
44	8536	8555,4	8574,8	8594,2	8613,6	8633,0	8652,4	8671,8	8691,2	8710,6	8568,3	8600,7	8665,3	8697,7	8584,5	8681,5	44
45	8730	8749,4	8768,8	8788,2	8807,6	8827,0	8846,4	8865,8	8885,2	8904,6	8762,3	8794,7	8859,3	8891,7	8778,5	8875,5	45
46	8924	8943,4	8962,8	8982,2	9001,6	9021,0	9040,4	9059,8	9079,2	9098,6	8956,3	8988,7	9053,3	9085,7	8972,5	9069,5	46
47	9118	9137,4	9156,8	9176,2	9195,6	9215,0	9234,4	9253,8	9273,2	9292,6	9150,3	9182,7	9247,3	9279,7	9166,5	9263,5	47
48	9312	9331,4	9350,8	9370,2	9389,6	9409,0	9428,4	9447,8	9467,2	9486,6	9344,3	9376,7	9441,3	9473,7	9360,5	9457,5	48
49	9506	9525,4	9544,8	9564,2	9583,6	9603,0	9622,4	9641,8	9661,2	9680,6	9538,3	9570,7	9635,3	9667,7	9554,5	9651,5	49
50	9700	9719,4	9738,8	9758,2	9777,6	9797,0	9816,4	9835,8	9855,2	9874,6	9732,3	9764,7	9829,3	9861,7	9748,5	9845,5	50
51	9894	9913,4	9932,8	9952,2	9971,6	9991,0	10010,4	10029,8	10049,2	10068,6	9926,3	9958,7	10023,3	10055,7	9942,5	10039,5	51
52	10088	10107,4	10126,8	10146,2	10165,6	10185,0	10204,4	10223,8	10243,2	10262,6	10120,3	10152,7	10217,3	10249,7	10136,5	10233,5	52
53	10282	10301,4	10320,8	10340,2	10359,6	10379,0	10398,4	10417,8	10437,2	10456,6	10314,3	10346,7	10411,3	10443,7	10330,5	10427,5	53
54	10476	10495,4	10514,8	10534,2	10553,6	10573,0	10592,4	10611,8	10631,2	10650,6	10508,3	10540,7	10605,3	10637,7	10524,5	10621,5	54
55	10670	10689,4	10708,8	10728,2	10747,6	10767,0	10786,4	10805,8	10825,2	10844,6	10702,3	10734,7	10799,3	10831,7	10718,5	10815,5	55
56	10864	10883,4	10902,8	10922,2	10941,6	10961,0	10980,4	10999,8	11019,2	11038,6	10896,3	10928,7	10993,3	11025,7	10912,5	11009,5	56
57	11058	11077,4	11096,8	11116,2	11135,6	11155,0	11174,4	11193,8	11213,2	11232,6	11090,3	11122,7	11187,3	11219,7	11106,5	11203,5	57
58	11252	11271,4	11290,8	11310,2	11329,6	11349,0	11368,4	11387,8	11407,2	11426,6	11284,3	11316,7	11381,3	11413,7	11300,5	11397,5	58
59	11446	11465,4	11484,8	11504,2	11523,6	11543,0	11562,4	11581,8	11601,2	11620,6	11478,3	11510,7	11575,3	11607,7	11494,5	11591,5	59
60	11640	11659,4	11678,8	11698,2	11717,6	11737,0	11756,4	11775,8	11795,2	11814,6	11672,3	11704,7	11769,3	11801,7	11688,5	11785,5	60
61	11834	11853,4	11872,8	11892,2	11911,6	11931,0	11950,4	11969,8	11989,2	12008,6	11866,3	11898,7	11963,3	11995,7	11882,5	11979,5	61
62	12028	12047,4	12066,8	12086,2	12105,6	12125,0	12144,4	12163,8	12183,2	12202,6	12060,3	12092,7	12157,3	12189,7	12076,5	12173,5	62
63	12222	12241,4	12260,8	12280,2	12299,6	12319,0	12338,4	12357,8	12377,2	12396,6	12254,3	12286,7	12351,3	12383,7	12270,5	12367,5	63
64	12416	12435,4	12454,8	12474,2	12493,6	12513,0	12532,4	12551,8	12571,2	12590,6	12448,3	12480,7	12545,3	12577,7	12464,5	12561,5	64
65	12610	12629,4	12648,8	12668,2	12687,6	12707,0	12726,4	12745,8	12765,2	12784,6	12642,3	12674,7	12739,3	12771,7	12658,5	12755,5	65
66	12804	12823,4	12842,8	12862,2	12881,6	12901,0	12920,4	12939,8	12959,2	12978,6	12836,3	12868,7	12933,3	12965,7	12852,5	12949,5	66
67	12998	13017,4	13036,8	13056,2	13075,6	13095,0	13114,4	13133,8	13153,2	13172,6	13030,3	13062,7	13127,3	13159,7	13046,5	13143,5	67
68	13192	13211,4	13230,8	13250,2	13269,6	13289,0	13308,4	13327,8	13347,2	13366,6	13224,3	13256,7	13321,3	13353,7	13240,5	13337,5	68
69	13386	13405,4	13424,8	13444,2	13463,6	13483,0	13502,4	13521,8	13541,2	13560,6	13418,3	13450,7	13515,3	13547,7	13434,5	13531,5	69
70	13580	13599,4	13618,8	13638,2	13657,6	13677,0	13696,4	13715,8	13735,2	13754,6	13612,3	13644,7	13709,3	13741,7	13628,5	13725,5	70
71	13774	13793,4	13812,8	13832,2	13851,6	13871,0	13890,4	13909,8	13929,2	13948,6	13806,3	13838,7	13903,3	13935,7	13822,5	13919,5	71
72	13968	13987,4	14006,8	14026,2	14045,6	14065,0	14084,4	14103,8	14123,2	14142,6	14000,3	14032,7	14097,3	14129,7	14016,5	14113,5	72
73	14162	14181,4	14200,8	14220,2	14239,6	14259,0	14278,4	14297,8	14317,2	14336,6	14194,3	14226,7	14291,3	14323,7	14210,5	14307,5	73
74	14356	14375,4	14394,8	14414,2	14433,6	14453,0	14472,4	14491,8	14511,2	14530,6	14388,3	14420,7	14485,3	14517,7	14404,5	14501,5	74
75	14550	14569,4	14588,8	14608,2	14627,6	14647,0	14666,4	14685,8	14705,2	14724,6	14582,3	14614,7	14679,3	14711,7	14598,5	14695,5	75
76	14744	14763,4	14782,8	14802,2	14821,6	14841,0	14860,4	14879,8	14899,2	14918,6	14776,3	14808,7	14873,3	14905,7	14792,5	14889,5	76
77	14938	14957,4	14976,8	14996,2	15015,6	15035,0	15054,4	15073,8	15093,2	15112,6	14970,3	15002,7	15067,3	15099,7	14986,5	15083,5	77
78	15132	15151,4	15170,8	15190,2	15209,6	15229,0	15248,4	15267,8	15287,2	15306,6	15164,3	15196,7	15261,3	15293,7	15180,5	15277,5	78
79	15326	15345,4	15364,8	15384,2	15403,6	15423,0	15442,4	15461,8	15481,2	15500,6	15358,3	15390,7	15455,3	15487,7	15374,5	15471,5	79
80	15520	15539,4	15558,8	15578,2	15597,6	15617,0	15636,4	15655,8	15675,2	15694,6	15552,3	15584,7	15649,3	15681,7	15568,5	15665,5	80
81	15714	15733,4	15752,8	15772,2	15791,6	15811,0	15830,4	15849,8	15869,2	15888,6	15746,3	15778,7	15843,3	15875,7	15762,5	15859,5	81
82	15908	15927,4	15946,8	15966,2	15985,6	16005,0	16024,4	16043,8	16063,2	16082,6	15940,3	15972,7	16037,3	16069,7	15956,5	16053,5	82
83	16102	16121,4	16140,8	16160,2	16179,6	16199,0	16218,4	16237,8	16257,2	16276,6	16134,3	16166,7	16231,3	16263,7	16150,5	16247,5	83
84	16296	16315,4	16334,8	16354,2	16373,6	16393,0	16412,4	16431,8	16451,2	16470,6	16328,3	16360,7	16425,3	16457,7	16344,5	16441,5	84
85	16490	16509,4	16528,8	16548,2	16567,6	16587,0	16606,4	16625,8	16645,2	16664,6	16522,3	16554,7	16619,3	16651,7	16538,5	16635,5	85
86	16684	16703,4	16722,8	16742,2	16761,6	16781,0	16800,4	16819,8	16839,2	16858,6	16716,3	16748,7	16813,3	16845,7	16732,5	16829,5	86
87	16878	16897,4	16916,8	16936,2	16955,6	16975,0	16994,4	17013,8	17033,2	17052,6	16910,3	16942,7	17007,3	17039,7	16926,5	17023,5	87
88	17072	17091,4	17110,8	17130,2	17149,6	17169,0	17188,4	17207,8	17227,2	17246,6	17104,3	17136,7	17201,3	17233,7	17120,5	17217,5	88
89	17266	17285,4	17304,8	17324,2	17343,6	17363,0	17382,4	17401,8	17421,2	17440,6	17298,3	17330,7	17395,3	17427,7	17314,5	17411,5	89
90	17460	17479,4	17498,8	17518,2	17537,6	17557,0	17576,4	17595,8	17615,2	17634,6	17492,3	17524,7	17589,3	17621,7	17508,5	17605,5	90
91	17654	17673,4	17692,8	17712,2	17731,6	17751,0	17770,4	17789,8	17809,2	17828,6	17686,3	17718,7	17783,3	17815,7	17702,5	17799,5	91
92	17848	17867,4	17886,8	17906,2	17925,6	17945,0	17964,4	17983,8	18003,2	18022,6	17880,3	17912,7	17977,3	18009,7	17896,5	17993,5	92
93	18042	18061,4	18080,8	18100,2	18119,6	18139,0	18158,4	18177,8	18197,2	18216,6	18074,3	18106,7	18171,3	18203,7	18090,5	18187,5	93
94	18236	18255,4	18274,8	18294,2	18313,6	18333,0	18352,4	18371,8	18391,2	18410,6	18268,3	18300,7	18365,3	18397,7	18284,5	18381,5	94
95	18430	18449,4	18468,8	18488,2	18507,6	18527,0	18546,4	18565,8	18585,2	18604,6	18462,3	18494,7	18559,3	18591,7	18478,5	18575,5	95
96	18624	18643,4	18662,8	18682,2	18701,6	18721,0	18740,4	18759,8	18779,2	18798,6	18656,3	18688,7	18753,3	18785,7	18672,5	18769,5	93
97	18818	18837,4	18856,8	18876,2	18895,6	18915,0	18934,4	18953,8	18973,2	18992,6	18850,3	18882,7	18947,3	18979,7	18866,5	18963,5	97
98	19012	19031,4	19050,8	19070,2	19089,6	19109,0	19128,4	19147,8	19167,2	19186,6	19044,3	19076,7	19141,3	19173,7	19060,5	19157,5	98
99	19206	19225,4	19244,8	19264,2	19283,6	19303,0	19322,4	19341,8	19361,2	19380,6	19238,3	19270,7	19335,3	19367,7	19254,5	19351,5	99
100	19400	19419,4	19438,8	19458,2	19477,6	19497,0	19516,4	19535,8	19555,2	19574,6	19432,3	19464,7	19529,3	19561,7	19448,5	19545,5	100

195

		1/10 19,5	2/10 39,0	3/10 58,5	4/10 78,0	5/10 97,5	6/10 117,0	7/10 136,5	8/10 156,0	9/10 175,5	1/6 32,5	2/6 65,0	4/6 130,0	5/6 162,5	1/4 48,75	3/4 146,25	
1	195	214,5	234,0	253,5	273,0	292,5	312,0	331,5	351,0	370,5	227,5	260,0	325,0	357,5	243,8	341,3	1
2	390	409,5	429,0	448,5	468,0	487,5	507,0	526,5	546,0	565,5	422,5	455,0	520,0	552,5	438,8	536,3	2
3	585	604,5	624,0	643,5	663,0	682,5	702,0	721,5	741,0	760,5	617,5	650,0	715,0	747,5	633,8	731,3	3
4	780	799,5	819,0	838,5	858,0	877,5	897,0	916,5	936,0	955,5	812,5	845,0	910,0	942,5	828,8	926,3	4
5	975	994,5	1014,0	1033,5	1053,0	1072,5	1092,0	1111,5	1131,0	1150,5	1007,5	1040,0	1105,0	1137,5	1023,8	1121,3	5
6	1170	1189,5	1209,0	1228,5	1248,0	1267,5	1287,0	1306,5	1326,0	1345,5	1202,5	1235,0	1300,0	1332,5	1218,8	1316,3	6
7	1365	1384,5	1404,0	1423,5	1443,0	1462,5	1482,0	1501,5	1521,0	1540,5	1397,5	1430,0	1495,0	1527,5	1413,8	1511,3	7
8	1560	1579,5	1599,0	1618,5	1638,0	1657,5	1677,0	1696,5	1716,0	1735,5	1592,5	1625,0	1690,0	1722,5	1608,8	1706,3	8
9	1755	1774,5	1794,0	1813,5	1833,0	1852,5	1872,0	1891,5	1911,0	1930,5	1787,5	1820,0	1885,0	1917,5	1803,8	1901,3	9
10	1950	1969,5	1989,0	2008,5	2028,0	2047,5	2067,0	2086,5	2106,0	2125,5	1982,5	2015,0	2080,0	2112,5	1998,8	2096,3	10
11	2145	2164,5	2184,0	2203,5	2223,0	2242,5	2262,0	2281,5	2301,0	2320,5	2177,5	2210,0	2275,0	2307,5	2193,8	2291,3	11
12	2340	2359,5	2379,0	2398,5	2418,0	2437,5	2457,0	2476,5	2496,0	2515,5	2372,5	2405,0	2470,0	2502,5	2388,8	2486,3	12
13	2535	2554,5	2574,0	2593,5	2613,0	2632,5	2652,0	2671,5	2691,0	2710,5	2567,5	2600,0	2665,0	2697,5	2583,8	2681,3	13
14	2730	2749,5	2769,0	2788,5	2808,0	2827,5	2847,0	2866,5	2886,0	2905,5	2762,5	2795,0	2860,0	2892,5	2778,8	2876,3	14
15	2925	2944,5	2964,0	2983,5	3003,0	3022,5	3042,0	3061,5	3081,0	3100,5	2957,5	2990,0	3055,0	3087,5	2973,8	3071,3	15
16	3120	3139,5	3159,0	3178,5	3198,0	3217,5	3237,0	3256,5	3276,0	3295,5	3152,5	3185,0	3250,0	3282,5	3168,8	3266,3	16
17	3315	3334,5	3354,0	3373,5	3393,0	3412,5	3432,0	3451,5	3471,0	3490,5	3347,5	3380,0	3445,0	3477,5	3363,8	3461,3	17
18	3510	3529,5	3549,0	3568,5	3588,0	3607,5	3627,0	3646,5	3666,0	3685,5	3542,5	3575,0	3640,0	3672,5	3558,8	3656,3	18
19	3705	3724,5	3744,0	3763,5	3783,0	3802,5	3822,0	3841,5	3861,0	3880,5	3737,5	3770,0	3835,0	3867,5	3753,8	3851,3	19
20	3900	3919,5	3939,0	3958,5	3978,0	3997,5	4017,0	4036,5	4056,0	4075,5	3932,5	3965,0	4030,0	4062,5	3948,8	4046,3	20
21	4095	4114,5	4134,0	4153,5	4173,0	4192,5	4212,0	4231,5	4251,0	4270,5	4127,5	4160,0	4225,0	4257,5	4143,8	4241,3	21
22	4290	4309,5	4329,0	4348,5	4368,0	4387,5	4407,0	4426,5	4446,0	4465,5	4322,5	4355,0	4420,0	4452,5	4338,8	4436,3	22
23	4485	4504,5	4524,0	4543,5	4563,0	4582,5	4602,0	4621,5	4641,0	4660,5	4517,5	4550,0	4615,0	4647,5	4533,8	4631,3	23
24	4680	4699,5	4719,0	4738,5	4758,0	4777,5	4797,0	4816,5	4836,0	4855,5	4712,5	4745,0	4810,0	4842,5	4728,8	4826,3	24
25	4875	4894,5	4914,0	4933,5	4953,0	4972,5	4992,0	5011,5	5031,0	5050,5	4907,5	4940,0	5005,0	5037,5	4923,8	5021,3	25
26	5070	5089,5	5109,0	5128,5	5148,0	5167,5	5187,0	5206,5	5226,0	5245,5	5102,5	5135,0	5200,0	5232,5	5118,8	5216,3	26
27	5265	5284,5	5304,0	5323,5	5343,0	5362,5	5382,0	5401,5	5421,0	5440,5	5297,5	5330,0	5395,0	5427,5	5313,8	5411,3	27
28	5460	5479,5	5499,0	5518,5	5538,0	5557,5	5577,0	5596,5	5616,0	5635,5	5492,5	5525,0	5590,0	5622,5	5508,8	5606,3	28
29	5655	5674,5	5694,0	5713,5	5733,0	5752,5	5772,0	5791,5	5811,0	5830,5	5687,5	5720,0	5785,0	5817,5	5703,8	5801,3	29
30	5850	5869,5	5889,0	5908,5	5928,0	5947,5	5967,0	5986,5	6006,0	6025,5	5882,5	5915,0	5980,0	6012,5	5898,8	5996,3	30
31	6045	6064,5	6084,0	6103,5	6123,0	6142,5	6162,0	6181,5	6201,0	6220,5	6077,5	6110,0	6175,0	6207,5	6093,8	6191,3	31
32	6240	6259,5	6279,0	6298,5	6318,0	6337,5	6357,0	6376,5	6396,0	6415,5	6272,5	6305,0	6370,0	6402,5	6288,8	6386,3	32
33	6435	6454,5	6474,0	6493,5	6513,0	6532,5	6552,0	6571,5	6591,0	6610,5	6467,5	6500,0	6565,0	6597,5	6483,8	6581,3	33
34	6630	6649,5	6669,0	6688,5	6708,0	6727,5	6747,0	6766,5	6786,0	6805,5	6662,5	6695,0	6760,0	6792,5	6678,8	6776,3	34
35	6825	6844,5	6864,0	6883,5	6903,0	6922,5	6942,0	6961,5	6981,0	7000,5	6857,5	6890,0	6955,0	6987,5	6873,8	6971,3	35
36	7020	7039,5	7059,0	7078,5	7098,0	7117,5	7137,0	7156,5	7176,0	7195,5	7052,5	7085,0	7150,0	7182,5	7068,8	7166,3	36
37	7215	7234,5	7254,0	7273,5	7293,0	7312,5	7332,0	7351,5	7371,0	7390,5	7247,5	7280,0	7345,0	7377,5	7263,8	7361,3	37
38	7410	7429,5	7449,0	7468,5	7488,0	7507,5	7527,0	7546,5	7566,0	7585,5	7442,5	7475,0	7540,0	7572,5	7458,8	7556,3	38
39	7605	7624,5	7644,0	7563,5	7683,0	7702,5	7722,0	7741,5	7761,0	7780,5	7637,5	7670,0	7735,0	7767,5	7653,8	7751,3	39
40	7800	7819,5	7839,0	7858,5	7878,0	7897,5	7917,0	7936,5	7956,0	7975,5	7832,5	7865,0	7930,0	7962,5	7848,8	7946,3	40
41	7995	8014,5	8034,0	8053,5	8073,0	8092,5	8112,0	8131,5	8151,0	8170,5	8027,5	8060,0	8125,0	8157,5	8043,8	8141,3	41
42	8190	8209,5	8229,0	8248,5	8268,0	8287,5	8307,0	8326,5	8346,0	8365,5	8222,5	8255,0	8320,0	8352,5	8238,8	8336,3	42
43	8385	8404,5	8424,0	8443,5	8463,0	8482,5	8502,0	8521,5	8541,0	8560,5	8417,5	8450,0	8515,0	8547,5	8433,8	8531,3	43
44	8580	8599,5	8619,0	8638,5	8658,0	8677,5	8697,0	8716,5	8736,0	8755,5	8612,5	8645,0	8710,0	8742,5	8628,8	8726,3	44
45	8775	8794,5	8814,0	8833,5	8853,0	8872,5	8892,0	8911,5	8931,0	8950,5	8807,5	8840,0	8905,0	8937,5	8823,8	8921,3	45
46	8970	8989,5	9009,0	9028,5	9048,0	9067,5	9087,0	9106,5	9126,0	9145,5	9002,5	9035,0	9100,0	9132,5	9018,8	9116,3	46
47	9165	9184,5	9204,0	9223,5	9243,0	9262,5	9282,0	9301,5	9321,0	9340,5	9197,5	9230,0	9295,0	9327,5	9213,8	9311,3	47
48	9360	9379,5	9399,0	9418,5	9438,0	9457,5	9477,0	9496,5	9516,0	9535,5	9392,5	9425,0	9490,0	9522,5	9408,8	9506,3	48
49	9555	9574,5	9594,0	9613,5	9633,0	9652,5	9672,0	9691,5	9711,0	9730,5	9587,5	9620,0	9685,0	9717,5	9603,8	9701,3	49
50	9750	9769,5	9789,0	9808,5	9828,0	9847,5	9867,0	9886,5	9906,0	9925,5	9782,5	9815,0	9880,0	9912,5	9798,8	9896,3	50
51	9945	9964,5	9984,0	10003,5	10023,0	10042,5	10062,0	10081,5	10101,0	10120,5	9977,5	10010,0	10075,0	10107,5	9993,8	10091,3	51
52	10140	10159,5	10179,0	10198,5	10218,0	10237,5	10257,0	10276,5	10296,0	10315,5	10172,5	10205,0	10270,0	10302,5	10188,8	10286,3	52
53	10335	10354,5	10374,0	10393,5	10413,0	10432,5	10452,0	10471,5	10491,0	10510,5	10367,5	10400,0	10465,0	10497,5	10383,8	10481,3	53
54	10530	10549,5	10569,0	10588,5	10608,0	10627,5	10647,0	10666,5	10686,0	10705,5	10562,5	10595,0	10660,0	10692,5	10578,8	10676,3	54
55	10725	10744,5	10764,0	10783,5	10803,0	10822,5	10842,0	10861,5	10881,0	10900,5	10757,5	10790,0	10855,0	10887,5	10773,8	10871,3	55
56	10920	10939,5	10959,0	10978,5	10998,0	11017,5	11037,0	11056,5	11076,0	11095,5	10952,5	10985,0	11050,0	11082,5	10968,8	11066,3	56
57	11115	11134,5	11154,0	11173,5	11193,0	11212,5	11232,0	11251,5	11271,0	11290,5	11147,5	11180,0	11245,0	11277,5	11163,8	11261,3	57
58	11310	11329,5	11349,0	11368,5	11388,0	11407,5	11427,0	11446,5	11466,0	11485,5	11342,5	11375,0	11440,0	11472,5	11358,8	11456,3	58
59	11505	11524,5	11544,0	11563,5	11583,0	11602,5	11622,0	11641,5	11661,0	11680,5	11537,5	11570,0	11635,0	11667,5	11553,8	11651,3	59
60	11700	11719,5	11739,0	11758,5	11778,0	11797,5	11817,0	11836,5	11856,0	11875,5	11732,5	11765,0	11830,0	11862,5	11748,8	11846,3	60
61	11895	11914,5	11934,0	11953,5	11973,0	11992,5	12012,0	12031,5	12051,0	12070,5	11927,5	11960,0	12025,0	12057,5	11943,8	12041,3	61
62	12090	12109,5	12129,0	12148,5	12168,0	12187,5	12207,0	12226,5	12246,0	12265,5	12122,5	12155,0	12220,0	12252,5	12138,8	12236,3	62
63	12285	12304,5	12324,0	12343,5	12363,0	12382,5	12402,0	12421,5	12441,0	12460,5	12317,5	12350,0	12415,0	12447,5	12333,8	12431,3	63
64	12480	12499,5	12519,0	12538,5	12558,0	12577,5	12597,0	12616,5	12636,0	12655,5	12512,5	12545,0	12610,0	12642,5	12528,8	12626,3	64
65	12675	12694,5	12714,0	12733,5	12753,0	12772,5	12792,0	12811,5	12831,0	12850,5	12707,5	12740,0	12805,0	12837,5	12723,8	12821,3	65
66	12870	12889,5	12909,0	12928,5	12948,0	12967,5	12987,0	13006,5	13026,0	13045,5	12902,5	12935,0	13000,0	13032,5	12918,8	13016,3	66
67	13065	13084,5	13104,0	13123,5	13143,0	13162,5	13182,0	13201,5	13221,0	13240,5	13097,5	13130,0	13195,0	13227,5	13113,8	13211,3	67
68	13260	13279,5	13299,0	13318,5	13338,0	13357,5	13377,0	13396,5	13416,0	13435,5	13292,5	13325,0	13390,0	13422,5	13308,8	13406,3	68
69	13455	13474,5	13494,0	13513,5	13533,0	13552,5	13572,0	13591,5	13611,0	13630,5	13487,5	13520,0	13585,0	13617,5	13503,8	13601,3	69
70	13650	13669,5	13689,0	13708,5	13728,0	13747,5	13767,0	13786,5	13806,0	13825,5	13682,5	13715,0	13780,0	13812,5	13698,8	13796,3	70
71	13845	13864,5	13884,0	13903,5	13923,0	13942,5	13962,0	13981,5	14001,0	14020,5	13877,5	13910,0	13975,0	14007,5	13893,8	13991,3	71
72	14040	14059,5	14079,0	14098,5	14118,0	14137,5	14157,0	14176,5	14196,0	14215,5	14072,5	14105,0	14170,0	14202,5	14088,8	14186,3	72
73	14235	14254,5	14274,0	14293,5	14313,0	14332,5	14352,0	14371,5	14391,0	14410,5	14267,5	14300,0	14365,0	14397,5	14283,8	14381,3	73
74	14430	14449,5	14469,0	14488,5	14508,0	14527,5	14547,0	14566,5	14586,0	14605,5	14462,5	14495,0	14560,0	14592,5	14478,8	14576,3	74
75	14625	14644,5	14664,0	14683,5	14703,0	14722,5	14742,0	14761,5	14781,0	14800,5	14657,5	14690,0	14755,0	14787,5	14673,8	14771,3	75
76	14820	14839,5	14859,0	14878,5	14898,0	14917,5	14937,0	14956,5	14976,0	14995,5	14852,5	14885,0	14950,0	14982,5	14868,8	14966,3	76
77	15015	15034,5	15054,0	15073,5	15093,0	15112,5	15132,0	15151,5	15171,0	15190,5	15047,5	15080,0	15145,0	15177,5	15063,8	15161,3	77
78	15210	15229,5	15249,0	15268,5	15288,0	15307,5	15327,0	15346,5	15366,0	15385,5	15242,5	15275,0	15340,0	15372,5	15258,8	15356,3	78
79	15405	15424,5	15444,0	15463,5	15483,0	15502,5	15522,0	15541,5	15561,0	15580,5	15437,5	15470,0	15535,0	15567,5	15453,8	15551,3	79
80	15600	15619,5	15639,0	15658,5	15678,0	15697,5	15717,0	15736,5	15756,0	15775,5	15632,5	15665,0	15730,0	15762,5	15648,8	15746,3	80
81	15795	15814,5	15834,0	15853,5	15873,0	15892,5	15912,0	15931,5	15951,0	15970,5	15827,5	15860,0	15925,0	15957,5	15843,8	15941,3	81
82	15990	16009,5	16029,0	16048,5	16068,0	16087,5	16107,0	16126,5	16146,0	16165,5	16022,5	16055,0	16120,0	16152,5	16038,8	16136,3	82
83	16185	16204,5	16224,0	16243,5	16263,0	16282,5	16302,0	16321,5	16341,0	16360,5	16217,5	16250,0	16315,0	16347,5	16233,8	16331,3	83
84	16380	16399,5	16419,0	16438,5	16458,0	16477,5	16497,0	16516,5	16536,0	16555,5	16412,5	16445,0	16510,0	16542,5	16428,8	16526,3	84
85	16575	16594,5	16614,0	16633,5	16653,0	16672,5	16692,0	16711,5	16731,0	16750,5	16607,5	16640,0	16705,0	16737,5	16623,8	16721,3	85
86	16770	16789,5	16809,0	16828,5	16848,0	16867,5	16887,0	16906,5	16926,0	16945,5	16802,5	16835,0	16900,0	16932,5	16818,8	16916,3	86
87	16965	16984,5	17004,0	17023,5	17043,0	17062,5	17082,0	17101,5	17121,0	17140,5	16997,5	17030,0	17095,0	17127,5	17013,8	17111,3	87
88	17160	17179,5	17199,0	17218,5	17238,0	17257,5	17277,0	17296,5	17316,0	17335,5	17192,5	17225,0	17290,0	17322,5	17208,8	17306,3	88
89	17355	17374,5	17394,0	17413,5	17433,0	17452,5	17472,0	17491,5	17511,0	17530,5	17387,5	17420,0	17485,0	17517,5	17403,8	17501,3	89
90	17550	17569,5	17589,0	17608,5	17628,0	17647,5	17667,0	17686,5	17706,0	17725,5	17582,5	17615,0	17680,0	17712,5	17598,8	17696,3	90
91	17745	17764,5	17784,0	17803,5	17823,0	17842,5	17862,0	17881,5	17901,0	17920,5	17777,5	17810,0	17875,0	17907,5	17793,8	17891,3	91
92	17040	17959,5	17979,0	17998,5	18018,0	18037,5	18057,0	18076,5	18096,0	18115,5	17972,5	18005,0	18070,0	18102,5	17988,8	18086,3	92
93	18135	18154,5	18174,0	18193,5	18213,0	18232,5	18252,0	18271,5	18291,0	18310,5	18167,5	18200,0	18265,0	18297,5	18183,8	18281,3	93
94	18330	18349,5	18369,0	18388,5	18408,0	18427,5	18447,0	18466,5	18486,0	18505,5	18362,5	18395,0	18460,0	18492,5	18378,8	18476,3	94
95	18525	18544,5	18564,0	18583,5	18603,0	18622,5	18642,0	18661,5	18681,0	18700,5	18557,5	18590,0	18655,0	18687,5	18573,8	18671,3	95
96	18720	18739,5	18759,0	18778,5	18798,0	18817,5	18837,0	18856,5	18876,0	18895,5	18752,5	18785,0	18850,0	18882,5	18768,8	18866,3	96
97	18915	18934,5	18954,0	18973,5	18993,0	19012,5	19032,0	19051,5	19071,0	19090,5	18947,5	18980,0	19045,0	19077,5	18963,8	19061,3	97
98	19110	19129,5	19149,0	19168,5	19188,0	19207,5	19227,0	19246,5	19266,0	19285,5	19142,5	19175,0	19240,0	19272,5	19158,8	19256,3	98
99	19305	19324,5	19344,0	19363,5	19383,0	19402,5	19422,0	19441,5	19461,0	19480,5	19337,5	19370,0	19435,0	19467,5	19353,8	19451,3	99
100	19500	19519,5	19539,0	19558,5	19578,0	19597,5	19617,0	19636,5	19656,0	19675,5	19532,5	19565,0	19630,0	19662,5	19548,8	19646,3	100

196

		1/10 19,6	2/10 39,2	3/10 58,8	4/10 78,4	5/10 98,0	6/10 117,6	7/10 137,2	8/10 156,8	9/10 176,4	1/6 32,666	2/6 65,333	4/6 130,666	5/6 163,333	1/4 49,0	3/4 147,0	
1	196	215,6	235,2	254,8	274,4	294,0	313,6	333,2	352,8	372,4	228,7	261,3	326,7	359,3	245,0	343,0	1
2	392	411,6	431,2	450,8	470,4	490,0	509,6	529,2	548,8	568,4	424,7	457,3	522,7	555,3	441,0	539,0	2
3	588	607,6	627,2	646,8	666,4	686,0	705,6	725,2	744,8	764,4	620,7	653,3	718,7	751,3	637,0	735,0	3
4	784	803,6	823,2	842,8	862,4	882,0	901,6	921,2	940,8	960,4	816,7	849,3	914,7	947,3	833,0	931,0	4
5	980	999,6	1019,2	1038,8	1058,4	1078,0	1097,6	1117,2	1136,8	1156,4	1012,7	1045,3	1110,7	1143,3	1029,0	1127,0	5
6	1176	1195,6	1215,2	1234,8	1254,4	1274,0	1293,6	1313,2	1332,8	1352,4	1208,7	1241,3	1306,7	1339,3	1225,0	1323,0	6
7	1372	1391,6	1411,2	1430,8	1450,4	1470,0	1489,6	1509,2	1528,8	1548,4	1404,7	1437,3	1502,7	1535,3	1421,0	1519,0	7
8	1568	1587,6	1607,2	1626,8	1646,4	1666,0	1685,6	1705,2	1724,8	1744,4	1600,7	1633,3	1698,7	1731,3	1617,0	1715,0	8
9	1764	1783,6	1803,2	1822,8	1842,4	1862,0	1881,6	1901,2	1920,8	1940,4	1796,7	1829,3	1894,7	1927,3	1813,0	1911,0	9
10	1960	1979,6	1999,2	2018,8	2038,4	2058,0	2077,6	2097,2	2116,8	2136,4	1992,7	2025,3	2090,7	2123,3	2009,0	2107,0	10
11	2156	2175,6	2195,2	2214,8	2234,4	2254,0	2273,6	2293,2	2312,8	2332,4	2188,7	2221,3	2286,7	2319,3	2205,0	2303,0	11
12	2352	2371,6	2391,2	2410,8	2430,4	2450,0	2469,6	2489,2	2508,8	2528,4	2384,7	2417,3	2482,7	2515,3	2401,0	2499,0	12
13	2548	2567,6	2587,2	2606,8	2626,4	2646,0	2665,6	2685,2	2704,8	2724,4	2580,7	2613,3	2678,7	2711,3	2597,0	2695,0	13
14	2744	2763,6	2783,2	2802,8	2822,4	2842,0	2861,6	2881,2	2900,8	2920,4	2776,7	2809,3	2874,7	2907,3	2793,0	2891,0	14
15	2940	2959,6	2979,2	2998,8	3018,4	3038,0	3057,6	3077,2	3096,8	3116,4	2972,7	3005,3	3070,7	3103,3	2989,0	3087,0	15
16	3136	3155,6	3175,2	3194,8	3214,4	3234,0	3253,6	3273,2	3292,8	3312,4	3168,7	3201,3	3266,7	3299,3	3185,0	3283,0	16
17	3332	3351,6	3371,2	3390,8	3410,4	3430,0	3449,6	3469,2	3488,8	3508,4	3364,7	3397,3	3462,7	3495,3	3381,0	3479,0	17
18	3528	3547,6	3567,2	3586,8	3606,4	3626,0	3645,6	3665,2	3684,8	3704,4	3560,7	3593,3	3658,7	3691,3	3577,0	3675,0	18
19	3724	3743,6	3763,2	3782,8	3802,4	3822,0	3841,6	3861,2	3880,8	3900,4	3756,7	3789,3	3854,7	3887,3	3773,0	3871,0	19
20	3920	3939,6	3959,2	3978,8	3998,4	4018,0	4037,6	4057,2	4076,8	4096,4	3952,7	3985,3	4050,7	4083,3	3969,0	4067,0	20
21	4116	4135,6	4155,2	4174,8	4194,4	4214,0	4233,6	4253,2	4272,8	4292,4	4148,7	4181,3	4246,7	4279,3	4165,0	4263,0	21
22	4312	4331,6	4351,2	4370,8	4390,4	4410,0	4429,6	4449,2	4468,8	4488,4	4344,7	4377,3	4442,7	4475,3	4361,0	4459,0	22
23	4508	4527,6	4547,2	4566,8	4586,4	4606,0	4625,6	4645,2	4664,8	4684,4	4540,7	4573,3	4638,7	4671,3	4557,0	4655,0	23
24	4704	4723,6	4743,2	4762,8	4782,4	4802,0	4821,6	4841,2	4860,8	4880,4	4736,7	4769,3	4834,7	4867,3	4753,0	4851,0	24
25	4900	4919,6	4939,2	4958,8	4978,4	4998,0	5017,6	5037,2	5056,8	5076,4	4932,7	4965,3	5030,7	5063,3	4949,0	5047,0	25
26	5096	5115,6	5135,2	5154,8	5174,4	5194,0	5213,6	5233,2	5252,8	5272,4	5128,7	5161,3	5226,7	5259,3	5145,0	5243,0	26
27	5292	5311,6	5331,2	5350,8	5370,4	5390,0	5409,6	5429,2	5448,8	5468,4	5324,7	5357,3	5422,7	5455,3	5341,0	5439,0	27
28	5488	5507,6	5527,2	5546,8	5566,4	5586,0	5605,6	5625,2	5644,8	5664,4	5520,7	5553,3	5618,7	5651,3	5537,0	5635,0	28
29	5684	5703,6	5723,2	5742,8	5762,4	5782,0	5801,6	5821,2	5840,8	5860,4	5716,7	5749,3	5814,7	5847,3	5733,0	5831,0	29
30	5880	5899,6	5919,2	5938,8	5958,4	5978,0	5997,6	6017,2	6036,8	6056,4	5912,7	5945,3	6010,7	6043,3	5929,0	6027,0	30
31	6076	6095,6	6115,2	6134,8	6154,4	6174,0	6193,6	6213,2	6232,8	6252,4	6108,7	6141,3	6206,7	6239,3	6125,0	6223,0	31
32	6272	6291,6	6311,2	6330,8	6350,4	6370,0	6389,6	6409,2	6428,8	6448,4	6304,7	6337,3	6402,7	6435,3	6321,0	6419,0	32
33	6468	6487,6	6507,2	6526,8	6546,4	6566,0	6585,6	6605,2	6624,8	6644,4	6500,7	6533,3	6598,7	6631,3	6517,0	6615,0	33
34	6664	6683,6	6703,2	6722,8	6742,4	6762,0	6781,6	6801,2	6820,8	6840,4	6696,7	6729,3	6794,7	6827,3	6713,0	6811,0	34
35	6860	6879,6	6899,2	6918,8	6938,4	6958,0	6977,6	6997,2	7016,8	7036,4	6892,7	6925,3	6990,7	7023,3	6909,0	7007,0	35
36	7056	7075,6	7095,2	7114,8	7134,4	7154,0	7173,6	7193,2	7212,8	7232,4	7088,7	7121,3	7186,7	7219,3	7105,0	7203,0	36
37	7252	7271,6	7291,2	7310,8	7330,4	7350,0	7369,6	7389,2	7408,8	7428,4	7284,7	7317,3	7382,7	7415,3	7301,0	7399,0	37
38	7448	7467,6	7487,2	7506,8	7526,4	7546,0	7565,6	7585,2	7604,8	7624,4	7480,7	7513,3	7578,7	7611,3	7497,0	7595,0	38
39	7644	7663,6	7683,2	7702,8	7722,4	7742,0	7761,6	7781,2	7800,8	7820,4	7676,7	7709,3	7774,7	7807,3	7693,0	7791,0	39
40	7840	7859,6	7879,2	7898,8	7918,4	7938,0	7957,6	7977,2	7996,8	8016,4	7872,7	7905,3	7970,7	8003,3	7889,0	7987,0	40
41	8036	8055,6	8075,2	8094,8	8114,4	8134,0	8153,6	8173,2	8192,8	8212,4	8068,7	8101,3	8166,7	8199,3	8085,0	8183,0	41
42	8232	8251,6	8271,2	8290,8	8310,4	8330,0	8349,6	8369,2	8388,8	8408,4	8264,7	8297,3	8362,7	8395,3	8281,0	8379,0	42
43	8428	8447,6	8467,2	8486,8	8506,4	8526,0	8545,6	8565,2	8584,8	8604,4	8460,7	8493,3	8558,7	8591,3	8477,0	8575,0	43
44	8624	8643,6	8663,2	8682,8	8702,4	8722,0	8741,6	8761,2	8780,8	8800,4	8656,7	8689,3	8754,7	8787,3	8673,0	8771,0	44
45	8820	8839,6	8859,2	8878,8	8898,4	8918,0	8937,6	8957,2	8976,8	8996,4	8852,7	8885,3	8950,7	8983,3	8869,0	8967,0	45
46	9016	9035,6	9055,2	9074,8	9094,4	9114,0	9133,6	9153,2	9172,8	9192,4	9048,7	9081,3	9146,7	9179,3	9065,0	9163,0	46
47	9212	9231,6	9251,2	9270,8	9290,4	9310,0	9329,6	9349,2	9368,8	9388,4	9244,7	9277,3	9342,7	9375,3	9261,0	9359,0	47
48	9408	9427,6	9447,2	9466,8	9486,4	9506,0	9525,6	9545,2	9564,8	9584,4	9440,7	9473,3	9538,7	9571,3	9457,0	9555,0	48
49	9604	9623,6	9643,2	9662,8	9682,4	9702,0	9721,6	9741,2	9760,8	9780,4	9636,7	9669,3	9734,7	9767,3	9653,0	9751,0	49
50	9800	9819,6	9839,2	9858,8	9878,4	9898,0	9917,6	9937,2	9956,8	9976,4	9832,7	9865,3	9930,7	9963,3	9849,0	9947,0	50
51	9996	10015,6	10035,2	10054,8	10074,4	10094,0	10113,6	10133,2	10152,8	10172,4	10028,7	10061,3	10126,7	10159,3	10045,0	10143,0	51
52	10192	10211,6	10231,2	10250,8	10270,4	10290,0	10309,6	10329,2	10348,8	10368,4	10224,7	10257,3	10322,7	10355,3	10241,0	10339,0	52
53	10388	10407,6	10427,2	10446,8	10466,4	10486,0	10505,6	10525,2	10544,8	10564,4	10420,7	10453,3	10518,7	10551,3	10437,0	10535,0	53
54	10584	10603,6	10623,2	10642,8	10662,4	10682,0	10701,6	10721,2	10740,8	10760,4	10616,7	10649,3	10714,7	10747,3	10633,0	10731,0	54
55	10780	10799,6	10819,2	10838,8	10858,4	10878,0	10897,6	10917,2	10936,8	10956,4	10812,7	10845,3	10910,7	10943,3	10829,0	10927,0	55
56	10976	10995,6	11015,2	11034,8	11054,4	11074,0	11093,6	11113,2	11132,8	11152,4	11008,7	11041,3	11106,7	11139,3	11025,0	11123,0	56
57	11172	11191,6	11211,2	11230,8	11250,4	11270,0	11289,6	11309,2	11328,8	11348,4	11204,7	11237,3	11302,7	11335,3	11221,0	11319,0	57
58	11368	11387,6	11407,2	11426,8	11446,4	11466,0	11485,6	11505,2	11524,8	11544,4	11400,7	11433,3	11498,7	11531,3	11417,0	11515,0	58
59	11564	11583,6	11603,2	11622,8	11642,4	11662,0	11681,6	11701,2	11720,8	11740,4	11596,7	11629,3	11694,7	11727,3	11613,0	11711,0	59
60	11760	11779,6	11799,2	11818,8	11838,4	11858,0	11877,6	11897,2	11916,8	11936,4	11792,7	11825,3	11890,7	11923,3	11809,0	11907,0	60
61	11956	11975,6	11995,2	12014,8	12034,4	12054,0	12073,6	12093,2	12112,8	12132,4	11988,7	12021,3	12086,7	12119,3	12005,0	12103,0	61
62	12152	12171,6	12191,2	12210,8	12230,4	12250,0	12269,6	12289,2	12308,8	12328,4	12184,7	12217,3	12282,7	12315,3	12201,0	12299,0	62
63	12348	12367,6	12387,2	12406,8	12426,4	12446,0	12465,6	12485,2	12504,8	12524,4	12380,7	12413,3	12478,7	12511,3	12397,0	12495,0	63
64	12544	12563,6	12583,2	12602,8	12622,4	12642,0	12661,6	12681,2	12700,8	12720,4	12576,7	12609,3	12674,7	12707,3	12593,0	12691,0	64
65	12740	12759,6	12779,2	12798,8	12818,4	12838,0	12857,6	12877,2	12896,8	12916,4	12772,7	12805,3	12870,7	12903,3	12789,0	12887,0	65
66	12936	12955,6	12975,2	12994,8	13014,4	13034,0	13053,6	13073,2	13092,8	13112,4	12968,7	13001,3	13066,7	13099,3	12985,0	13083,0	66
67	13132	13151,6	13171,2	13190,8	13210,4	13230,0	13249,6	13269,2	13288,8	13308,4	13164,7	13197,3	13262,7	13295,3	13181,0	13279,0	67
68	13328	13347,6	13367,2	13386,8	13406,4	13426,0	13445,6	13465,2	13484,8	13504,4	13360,7	13393,3	13458,7	13491,3	13377,0	13475,0	68
69	13524	13543,6	13563,2	13582,8	13602,4	13622,0	13641,6	13661,2	13680,8	13700,4	13556,7	13589,3	13654,7	13687,3	13573,0	13671,0	69
70	13720	13739,6	13759,2	13778,8	13798,4	13818,0	13837,6	13857,2	13876,8	13896,4	13752,7	13785,3	13850,7	13883,3	13769,0	13867,0	70
71	13916	13935,6	13955,2	13974,8	13994,4	14014,0	14033,6	14053,2	14072,8	14092,4	13948,7	13981,3	14046,7	14079,3	13965,0	14063,0	71
72	14112	14131,6	14151,2	14170,8	14190,4	14210,0	14229,6	14249,2	14268,8	14288,4	14144,7	14177,3	14242,7	14275,3	14161,0	14259,0	72
73	14308	14327,6	14347,2	14366,8	14386,4	14406,0	14425,6	14445,2	14464,8	14484,4	14340,7	14373,3	14438,7	14471,3	14357,0	14455,0	73
74	14504	14523,6	14543,2	14562,8	14582,4	14602,0	14621,6	14641,2	14660,8	14680,4	14536,7	14569,3	14634,7	14667,3	14553,0	14651,0	74
75	14700	14719,6	14739,2	14758,8	14778,4	14798,0	14817,6	14837,2	14856,8	14876,4	14732,7	14765,3	14830,7	14863,3	14749,0	14847,0	75
76	14896	14915,6	14935,2	14954,8	14974,4	14994,0	15013,6	15033,2	15052,8	15072,4	14928,7	14961,3	15026,7	15059,3	14945,0	15043,0	76
77	15092	15111,6	15131,2	15150,8	15170,4	15190,0	15209,6	15229,2	15248,8	15268,4	15124,7	15157,3	15222,7	15255,3	15141,0	15239,0	77
78	15288	15307,6	15327,2	15346,8	15366,4	15386,0	15405,6	15425,2	15444,8	15464,4	15320,7	15353,3	15418,7	15451,3	15337,0	15435,0	78
79	15484	15503,6	15523,2	15542,8	15562,4	15582,0	15601,6	15621,2	15640,8	15660,4	15516,7	15549,3	15614,7	15647,3	15533,0	15631,0	79
80	15680	15699,6	15719,2	15738,8	15758,4	15778,0	15797,6	15817,2	15836,8	15856,4	15712,7	15745,3	15810,7	15843,3	15729,0	15827,0	80
81	15876	15895,6	15915,2	15934,8	15954,4	15974,0	15993,6	16013,2	16032,8	16052,4	15908,7	15941,3	16006,7	16039,3	15925,0	16023,0	81
82	16072	16091,6	16111,2	16130,8	16150,4	16170,0	16189,6	16209,2	16228,8	16248,4	16104,7	16137,3	16202,7	16235,3	16121,0	16219,0	82
83	16268	16287,6	16307,2	16326,8	16346,4	16366,0	16385,6	16405,2	16424,8	16444,4	16300,7	16333,3	16398,7	16431,3	16317,0	16415,0	83
84	16464	16483,6	16503,2	16522,8	16542,4	16562,0	16581,6	16601,2	16620,8	16640,4	16496,7	16529,3	16594,7	16627,3	16513,0	16611,0	84
85	16660	16679,6	16699,2	16718,8	16738,4	16758,0	16777,6	16797,2	16816,8	16836,4	16692,7	16725,3	16790,7	16823,3	16709,0	16807,0	85
86	16856	16875,6	16895,2	16914,8	16934,4	16954,0	16973,6	16993,2	17012,8	17032,4	16888,7	16921,3	16986,7	17019,3	16905,0	17003,0	86
87	17052	17071,6	17091,2	17110,8	17130,4	17150,0	17169,6	17189,2	17208,8	17228,4	17084,7	17117,3	17182,7	17215,3	17101,0	17199,0	87
88	17248	17267,6	17287,2	17306,8	17326,4	17346,0	17365,6	17385,2	17404,8	17424,4	17280,7	17313,3	17378,7	17411,3	17297,0	17395,0	88
89	17444	17463,6	17483,2	17502,8	17522,4	17542,0	17561,6	17581,2	17600,8	17620,4	17476,7	17509,3	17574,7	17607,3	17493,0	17591,0	89
90	17640	17659,6	17679,2	17698,8	17718,4	17738,0	17757,6	17777,2	17796,8	17816,4	17672,7	17705,3	17770,7	17803,3	17689,0	17787,0	90
91	17836	17855,6	17875,2	17894,8	17914,4	17934,0	17953,6	17973,2	17992,8	18012,4	17868,7	17901,3	17966,7	17999,3	17885,0	17983,0	91
92	18032	18051,6	18071,2	18090,8	18110,4	18130,0	18149,6	18169,2	18188,8	18208,4	18064,7	18097,3	18162,7	18195,3	18081,0	18179,0	92
93	18228	18247,6	18267,2	18286,8	18306,4	18326,0	18345,6	18365,2	18384,8	18404,4	18260,7	18293,3	18358,7	18391,3	18277,0	18375,0	93
94	18424	18443,6	18463,2	18482,8	18502,4	18522,0	18541,6	18561,2	18580,8	18600 4	18456,7	18489,3	18554,7	18587,3	18473,0	18571,0	94
95	18620	18639,6	18659,2	18678,8	18698,4	18718,0	18737,6	18757,2	18776,8	18796,4	18652,7	18685,3	18750,7	18783,3	18669,0	18767,0	95
96	18816	18835,6	18855,2	18874,8	18894,4	18914,0	18933,6	18953,2	18972,8	18992,4	18848,7	18881,3	18946,7	18979,3	18865,0	18963,0	96
97	19012	19031,6	19051,2	19070,8	19090,4	19110,0	19129,6	19149,2	19168,8	19188,4	19044,7	19077,3	19142,7	19175,3	19061,0	16159,0	97
98	19208	19227,6	19247,2	19266,8	19286,4	19306,0	19325,6	19345,2	19364,8	19384,4	19240,7	19273,3	19338,7	19371,3	19257,0	19355,0	98
99	19404	19423,6	19443,2	19462,8	19482,4	19502,0	19521,6	19541,2	19560,8	19580,4	19436,7	19469,3	19534,7	19567,3	19453,0	19551,0	99
100	19600	19619,6	19639,2	19658,8	19678,4	19698,0	19717,6	19737,2	19756,8	19776,4	19632,7	19665,3	19730,7	19763,3	19649,0	19747,0	100

197

		1/10 19,7	2/10 39,4	3/10 59,1	4/10 78,8	5/10 98,5	6/10 118,2	7/10 137,9	8/10 157,6	9/10 177,3	1/6 32,833	2/6 65,666	4/6 131,333	5/6 164,166	1/4 49,25	3/4 147,75	
1	197	216,7	236,4	256,1	275,8	295,5	315,2	334,9	354,6	374,3	229,8	262,7	328,3	361,2	246,3	344,8	1
2	394	413,7	433,4	453,1	472,8	492,5	512,2	531,9	551,6	571,3	426,8	459,7	525,3	558,2	443,3	541,8	2
3	591	610,7	630,4	650,1	669,8	689,5	709,2	728,9	748,6	768,3	623,8	656,7	722,3	755,2	640,3	738,8	3
4	788	807,7	827,4	847,1	866,8	886,5	906,2	925,9	945,6	965,3	820,8	853,7	919,3	952,2	837,3	935,8	4
5	985	1004,7	1024,4	1044,1	1063,8	1083,5	1103,2	1122,9	1142,6	1162,3	1017,8	1050,7	1116,3	1149,2	1034,3	1132,8	5
6	1182	1201,7	1221,4	1241,1	1260,8	1280,5	1300,2	1319,9	1339,6	1359,3	1214,8	1247,7	1313,3	1346,2	1231,3	1329,8	6
7	1379	1398,7	1418,4	1438,1	1457,8	1477,5	1497,2	1516,9	1536,6	1556,3	1411,8	1444,7	1510,3	1543,2	1428,3	1526,8	7
8	1576	1595,7	1615,4	1635,1	1654,8	1674,5	1694,2	1713,9	1733,6	1753,3	1608,8	1641,7	1707,3	1740,2	1625,3	1723,8	8
9	1773	1792,7	1812,4	1832,1	1851,8	1871,5	1891,2	1910,9	1930,6	1950,3	1805,8	1838,7	1904,3	1937,2	1822,3	1920,8	9
10	1970	1989,7	2009,4	2029,1	2048,8	2068,5	2088,2	2107,9	2127,6	2147,3	2002,8	2035,7	2101,3	2134,2	2019,3	2117,8	10
11	2167	2186,7	2206,4	2226,1	2245,8	2265,5	2285,2	2304,9	2324,6	2344,3	2199,8	2232,7	2298,3	2331,2	2216,3	2314,8	11
12	2364	2383,7	2403,4	2423,1	2442,8	2462,5	2482,2	2501,9	2521,6	2541,3	2396,8	2429,7	2495,3	2528,2	2413,3	2511,8	12
13	2561	2580,7	2600,4	2620,1	2639,8	2659,5	2679,2	2698,9	2718,6	2738,3	2593,8	2626,7	2692,3	2725,2	2610,3	2708,8	13
14	2758	2777,7	2797,4	2817,1	2836,8	2856,5	2876,2	2895,9	2915,6	2935,3	2790,8	2823,7	2889,3	2922,2	2807,3	2905,8	14
15	2955	2974,7	2994,4	3014,1	3033,8	3053,5	3073,2	3092,9	3112,6	3132,3	2987,8	3020,7	3086,3	3119,2	3004,3	3102,8	15
16	3152	3171,7	3191,4	3211,1	3230,8	3250,5	3270,2	3289,9	3309,6	3329,3	3184,8	3217,7	3283,3	3316,2	3201,3	3299,8	16
17	3349	3368,7	3388,4	3408,1	3427,8	3447,5	3467,2	3486,9	3506,6	3526,3	3381,8	3414,7	3480,3	3513,2	3398,3	3496,8	17
18	3546	3565,7	3585,4	3605,1	3624,8	3644,5	3664,2	3683,9	3703,6	3723,3	3578,8	3611,7	3677,3	3710,2	3595,3	3693,8	18
19	3743	3762,7	3782,4	3802,1	3821,8	3841,5	3861,2	3880,9	3900,6	3920,3	3775,8	3808,7	3874,3	3907,2	3792,3	3890,8	19
20	3940	3959,7	3979,4	3999,1	4018,8	4038,5	4058,2	4077,9	4097,6	4117,3	3972,8	4005,7	4071,3	4104,2	3989,3	4087,8	20
21	4137	4156,7	4176,4	4196,1	4215,8	4235,5	4255,2	4274,9	4294,6	4314,3	4169,8	4202,7	4268,3	4301,2	4186,3	4284,8	21
22	4334	4353,7	4373,4	4393,1	4412,8	4432,5	4452,2	4471,9	4491,6	4511,3	4366,8	4399,7	4465,3	4498,2	4383,3	4481,8	22
23	4531	4550,7	4570,4	4590,1	4609,8	4629,5	4649,2	4668,9	4688,6	4708,3	4563,8	4596,7	4662,3	4695,2	4580,3	4678,8	23
24	4728	4747,7	4767,4	4787,1	4806,8	4826,5	4846,2	4865,9	4885,6	4905,3	4760,8	4793,7	4859,3	4892,2	4777,3	4875,8	24
25	4925	4944,7	4964,4	4984,1	5003,8	5023,5	5043,2	5062,9	5082,6	5102,3	4957,8	4990,7	5056,3	5089,2	4974,3	5072,8	25
26	5122	5141,7	5161,4	5181,1	5200,8	5220,5	5240,2	5259,9	5279,6	5299,3	5154,8	5187,7	5253,3	5286,2	5171,3	5269,8	26
27	5319	5338,7	5358,4	5378,1	5397,8	5417,5	5437,2	5456,9	5476,6	5496,3	5351,8	5384,7	5450,3	5483,2	5368,3	5466,8	27
28	5516	5535,7	5555,4	5575,1	5594,8	5614,5	5634,2	5653,9	5673,6	5693,3	5548,8	5581,7	5647,3	5680,2	5565,3	5663,8	28
29	5713	5732,7	5752,4	5772,1	5791,8	5811,5	5831,2	5850,9	5870,6	5890,3	5745,8	5778,7	5844,3	5877,2	5762,3	5860,8	29
30	5910	5929,7	5949,4	5969,1	5988,8	6008,5	6028,2	6047,9	6067,6	6087,3	5942,8	5975,7	6041,3	6074,2	5959,3	6057,8	30
31	6107	6126,7	6146,4	6166,1	6185,8	6205,5	6225,2	6244,9	6264,6	6284,3	6139,8	6172,7	6238,3	6271,2	6156,3	6254,8	31
32	6304	6323,7	6343,4	6363,1	6382,8	6402,5	6422,2	6441,9	6461,6	6481,3	6336,8	6369,7	6435,3	6468,2	6353,3	6451,8	32
33	6501	6520,7	6540,4	6560,1	6579,8	6599,5	6619,2	6638,9	6658,6	6678,3	6533,8	6566,7	6632,3	6665,2	6550,3	6648,8	33
34	6698	6717,7	6737,4	6757,1	6776,8	6796,5	6816,2	6835,9	6855,6	6875,3	6730,8	6763,7	6829,3	6862,2	6747,3	6845,8	34
35	6895	6914,7	6934,4	6954,1	6973,8	6993,5	7013,2	7032,9	7052,6	7072,3	6927,8	6960,7	7026,3	7059,2	6944,3	7042,8	35
36	7092	7111,7	7131,4	7151,1	7170,8	7190,5	7210,2	7229,9	7249,6	7269,3	7124,8	7157,7	7223,3	7256,2	7141,3	7239,8	36
37	7289	7308,7	7328,4	7348,1	7367,8	7387,5	7407,2	7426,9	7446,6	7466,3	7321,8	7354,7	7420,3	7453,2	7338,3	7436,8	37
38	7486	7505,7	7525,4	7545,1	7564,8	7584,5	7604,2	7623,9	7643,6	7663,3	7518,8	7551,7	7617,3	7650,2	7535,3	7633,8	38
39	7683	7702,7	7722,4	7742,1	7761,8	7781,5	7801,2	7820,9	7840,6	7860,3	7715,8	7748,7	7814,3	7847,2	7732,3	7830,8	39
40	7880	7899,7	7919,4	7939,1	7958,8	7978,5	7998,2	8017,9	8037,6	8057,3	7912,8	7945,7	8011,3	8044,2	7929,3	8027,8	40
41	8077	8096,7	8116,4	8136,1	8155,8	8175,5	8195,2	8214,9	8234,6	8254,3	8109,8	8142,7	8208,3	8241,2	8126,3	8224,8	41
42	8274	8293,7	8313,4	8333,1	8352,8	8372,5	8392,2	8411,9	8431,6	8451,3	8306,8	8339,7	8405,3	8438,2	8323,3	8421,8	42
43	8471	8490,7	8510,4	8530,1	8549,8	8569,5	8589,2	8608,9	8628,6	8648,3	8503,8	8536,7	8602,3	8635,2	8520,3	8618,8	43
44	8668	8687,7	8707,4	8727,1	8746,8	8766,5	8786,2	8805,9	8825,6	8845,3	8700,8	8733,7	8799,3	8832,2	8717,3	8815,8	44
45	8865	8884,7	8904,4	8924,1	8943,8	8963,5	8983,2	9002,9	9022,6	9042,3	8897,8	8930,7	8996,3	9029,2	8914,3	9012,8	45
46	9062	9081,7	9101,4	9121,1	9140,8	9160,5	9180,2	9199,9	9219,6	9239,3	9094,8	9127,7	9193,3	9226,2	9111,3	9209,8	46
47	9259	9278,7	9298,4	9318,1	9337,8	9357,5	9377,2	9396,9	9416,6	9436,3	9291,8	9324,7	9390,3	9423,2	9308,3	9406,8	47
48	9456	9475,7	9495,4	9515,1	9534,8	9554,5	9574,2	9593,9	9613,6	9633,3	9488,8	9521,7	9587,3	9620,2	9505,3	9603,8	48
49	9653	9672,7	9692,4	9712,1	9731,8	9751,5	9771,2	9790,9	9810,6	9830,3	9685,8	9718,7	9784,3	9817,2	9702,3	9800,8	49
50	9850	9869,7	9889,4	9909,1	9928,8	9948,5	9968,2	9987,9	10007,6	10027,3	9882,8	9915,7	9981,3	10014,2	9899,3	9997,8	50
51	10047	10066,7	10086,4	10106,1	10125,8	10145,5	10165,2	10184,9	10204,6	10224,3	10079,8	10112,7	10178,3	10211,2	10096,3	10194,8	51
52	10244	10263,7	10283,4	10303,1	10322,8	10342,5	10362,2	10381,9	10401,6	10421,3	10276,8	10309,7	10375,3	10408,2	10293,3	10391,8	52
53	10441	10460,7	10480,4	10500,1	10519,8	10539,5	10559,2	10578,9	10598,6	10618,3	10473,8	10506,7	10572,3	10605,2	10490,3	10588,8	53
54	10638	10657,7	10677,4	10697,1	10716,8	10736,5	10756,2	10775,9	10795,6	10815,3	10670,8	10703,7	10769,3	10802,2	10687,3	10785,8	54
55	10835	10854,7	10874,4	10894,1	10913,8	10933,5	10953,2	10972,9	10992,6	11012,3	10867,8	10900,7	10966,3	10999,2	10884,3	10982,8	55
56	11032	11051,7	11071,4	11091,1	11110,8	11130,5	11150,2	11169,9	11189,6	11209,3	11064,8	11097,7	11163,3	11196,2	11081,3	11179,8	56
57	11229	11248,7	11268,4	11288,1	11307,8	11327,5	11347,2	11366,9	11386,6	11406,3	11261,8	11294,7	11360,3	11393,2	11278,3	11376,8	57
58	11426	11445,7	11465,4	11485,1	11504,8	11524,5	11544,2	11563,9	11583,6	11603,3	11458,8	11491,7	11557,3	11590,2	11475,3	11573,8	58
59	11623	11642,7	11662,4	11682,1	11701,8	11721,5	11741,2	11760,9	11780,6	11800,3	11655,8	11688,7	11754,3	11787,2	11672,3	11770,8	59
60	11820	11839,7	11859,4	11879,1	11898,8	11918,5	11938,2	11957,9	11977,6	11997,3	11852,8	11885,7	11951,3	11984,2	11869,3	11967,8	60
61	12017	12036,7	12056,4	12076,1	12095,8	12115,5	12135,2	12154,9	12174,6	12194,3	12049,8	12082,7	12148,3	12181,2	12066,3	12164,8	61
62	12214	12233,7	12253,4	12273,1	12292,8	12312,5	12332,2	12351,9	12371,6	12391,3	12246,8	12279,7	12345,3	12378,2	12263,3	12361,8	62
63	12411	12430,7	12450,4	12470,1	12489,8	12509,5	12529,2	12548,9	12568,6	12588,3	12443,8	12476,7	12542,3	12575,2	12460,3	12558,8	63
64	12608	12627,7	12647,4	12667,1	12686,8	12706,5	12726,2	12745,9	12765,6	12785,3	12640,8	12673,7	12739,3	12772,2	12657,3	12755,8	64
65	12805	12824,7	12844,4	12864,1	12883,8	12903,5	12923,2	12942,9	12962,6	12982,3	12837,8	12870,7	12936,3	12969,2	12854,3	12952,8	65
66	13002	13021,7	13041,4	13061,1	13080,8	13100,5	13120,2	13139,9	13159,6	13179,3	13034,8	13067,7	13133,3	13166,2	13051,3	13149,8	66
67	13199	13218,7	13238,4	13258,1	13277,8	13297,5	13317,2	13336,9	13356,6	13376,3	13231,8	13264,7	13330,3	13363,2	13248,3	13346,8	67
68	13396	13415,7	13435,4	13455,1	13474,8	13494,5	13514,2	13533,9	13553,6	13573,3	13428,8	13461,7	13527,3	13560,2	13445,3	13543,8	68
69	13593	13612,7	13632,4	13652,1	13671,8	13691,5	13711,2	13730,9	13750,6	13770,3	13625,8	13658,7	13724,3	13757,2	13642,3	13740,8	69
70	13790	13809,7	13829,4	13849,1	13868,8	13888,5	13908,2	13927,9	13947,6	13967,3	13822,8	13855,7	13921,3	13954,2	13839,3	13937,8	70
71	13987	14006,7	14026,4	14046,1	14065,8	14085,5	14105,2	14124,9	14144,6	14164,3	14019,8	14052,7	14118,3	14151,2	14036,3	14134,8	71
72	14184	14203,7	14223,4	14243,1	14262,8	14282,5	14302,2	14321,9	14341,6	14361,3	14216,8	14249,7	14315,3	14348,2	14233,3	14331,8	72
73	14381	14400,7	14420,4	14440,1	14459,8	14479,5	14499,2	14518,9	14538,6	14558,3	14413,8	14446,7	14512,3	14545,2	14430,3	14528,8	73
74	14578	14597,7	14617,4	14637,1	14656,8	14676,5	14696,2	14715,9	14735,6	14755,3	14610,8	14643,7	14709,3	14742,2	14627,3	14725,8	74
75	14775	14794,7	14814,4	14834,1	14853,8	14873,5	14893,2	14912,9	14932,6	14952,3	14807,8	14840,7	14906,3	14939,2	14824,3	14922,8	75
76	14972	14991,7	15011,4	15031,1	15050,8	15070,5	15090,2	15109,9	15129,6	15149,3	15004,8	15037,7	15103,3	15136,2	15021,3	15119,8	76
77	15169	15188,7	15208,4	15228,1	15247,8	15267,5	15287,2	15306,9	15326,6	15346,3	15201,8	15234,7	15300,3	15333,2	15218,3	15316,8	77
78	15366	15385,7	15405,4	15425,1	15444,8	15464,5	15484,2	15503,9	15523,6	15543,3	15398,8	15431,7	15497,3	15530,2	15415,3	15513,8	78
79	15563	15582,7	15602,4	15622,1	15641,8	15661,5	15681,2	15700,9	15720,6	15740,3	15595,8	15628,7	15694,3	15727,2	15612,3	15710,8	79
80	15760	15779,7	15799,4	15819,1	15838,8	15858,5	15878,2	15897,9	15917,6	15937,3	15792,8	15825,7	15891,3	15924,2	15809,3	15907,8	80
81	15957	15976,7	15996,4	16016,1	16035,8	16055,5	16075,2	16094,9	16114,6	16134,3	15989,8	16022,7	16088,3	16121,2	16006,3	16104,8	81
82	16154	16173,7	16193,4	16213,1	16232,8	16252,5	16272,2	16291,9	16311,6	16331,3	16186,8	16219,7	16285,3	16318,2	16203,3	16301,8	82
83	16351	16370,7	16390,4	16410,1	16429,8	16449,5	16469,2	16488,9	16508,6	16528,3	16383,8	16416,7	16482,3	16515,2	16400,3	16498,8	83
84	16548	16567,7	16587,4	16607,1	16626,8	16646,5	16666,2	16685,9	16705,6	16725,3	16580,8	16613,7	16679,3	16712,2	16597,3	16695,8	84
85	16745	16764,7	16784,4	16804,1	16823,8	16843,5	16863,2	16882,9	16902,6	16922,3	16777,8	16810,7	16876,3	16909,2	16794,3	16892,8	85
86	16942	16961,7	16981,4	17001,1	17020,8	17040,5	17060,2	17079,9	17099,6	17119,3	16974,8	17007,7	17073,3	17106,2	16991,3	17089,8	86
87	17139	17158,7	17178,4	17198,1	17217,8	17237,5	17257,2	17276,9	17296,6	17316,3	17171,8	17204,7	17270,3	17303,2	17188,3	17286,8	87
88	17336	17355,7	17375,4	17395,1	17414,8	17434,5	17454,2	17473,9	17493,6	17513,3	17368,8	17401,7	17467,3	17500,2	17385,3	17483,8	88
89	17533	17552,7	17572,4	17592,1	17611,8	17631,5	17651,2	17670,9	17690,6	17710,3	17565,8	17598,7	17664,3	17697,2	17582,3	17680,8	89
90	17730	17749,7	17769,4	17789,1	17808,8	17828,5	17848,2	17867,9	17887,6	17907,3	17762,8	17795,7	17861,3	17894,2	17779,3	17877,8	90
91	17927	17946,7	17966,4	17986,1	18005,8	18025,5	18045,2	18064,9	18084,6	18104,3	17959,8	17992,7	18058,3	18091,2	17976,3	18074,8	91
92	18124	18143,7	18163,4	18183,1	18202,8	18222,5	18242,2	18261,9	18281,6	18301,3	18156,8	18189,7	18255,3	18288,2	18173,3	18271,8	92
93	18321	18340,7	18360,4	18380,1	18399,8	18419,5	18439,2	18458,9	18478,6	18498,3	18353,8	18386,7	18452,3	18485,2	18370,3	18468,8	93
94	18518	18537,7	18557,4	18577,1	18596,8	18616,5	18636,2	18655,9	18675,6	18695,3	18550,8	18583,7	18649,3	18682,2	18567,3	18665,8	94
95	18715	18734,7	18754,4	18774,1	18793,8	18813,5	18833,2	18852,9	18872,6	18892,3	18747,8	18780,7	18846,3	18879,2	18764,3	18862,8	95
96	18912	18931,7	18951,4	18971,1	18990,8	19010,5	19030,2	19049,9	19069,6	19089,3	18944,8	18977,7	19043,3	19076,2	18961,3	19059,8	96
97	19109	19128,7	19148,4	19168,1	19187,8	19207,5	19227,2	19246,9	19266,6	19286,3	19141,8	19174,7	19240,3	19273,2	19158,3	19256,8	97
98	19306	19325,7	19345,4	19365,1	19384,8	19404,5	19424,2	19443,9	19463,6	19483,3	19338,8	19371,7	19437,3	19470,2	19355,3	19453,8	98
99	19503	19522,7	19542,4	19562,1	19581,8	19601,5	19621,2	19640,9	19660,6	19680,3	19535,8	19568,7	19634,3	19667,2	19552,3	19650,8	99
100	19700	19719,7	19739,4	19759,1	19778,8	19798,5	19818,2	19837,9	19857,6	19877,3	19732,8	19765,7	19831,3	19864,2	19749,3	19847,8	100

198	¹/₁₀ 19,8	²/₁₀ 39,6	³/₁₀ 59,4	⁴/₁₀ 79,2	⁵/₁₀ 99,0	⁶/₁₀ 118,8	⁷/₁₀ 138,6	⁸/₁₀ 158,4	⁹/₁₀ 178,2	¹/₆ 33,0	¹/₃ 66,0	²/₃ 132,0	⁵/₆ 165,0	¹/₄ 49,5	³/₄ 148,5	
1	198	217,8	237,6	257,4	277,2	297,0	316,8	336,6	356,4	376,2	231,0	264,0	330,0	363,0	247,5	346,5	1
2	396	415,8	435,6	455,4	475,2	495,0	514,8	534,6	554,4	574,2	429,0	462,0	528,0	561,0	445,5	544,5	2
3	594	613,8	633,6	653,4	673,2	693,0	712,8	732,6	752,4	772,2	627,0	660,0	726,0	759,0	643,5	742,5	3
4	792	811,8	831,6	851,4	871,2	891,0	910,8	930,6	950,4	970,2	825,0	858,0	924,0	957,0	841,5	940,5	4
5	990	1009,8	1029,6	1049,4	1069,2	1089,0	1108,8	1128,6	1148,4	1168,2	1023,0	1056,0	1122,0	1155,0	1039,5	1138,5	5
6	1188	1207,8	1227,6	1247,4	1267,2	1287,0	1306,8	1326,6	1346,4	1366,2	1221,0	1254,0	1320,0	1353,0	1237,5	1336,5	6
7	1386	1405,8	1425,6	1445,4	1465,2	1485,0	1504,8	1524,6	1544,4	1564,2	1419,0	1452,0	1518,0	1551,0	1435,5	1534,5	7
8	1584	1603,8	1623,6	1643,4	1663,2	1683,0	1702,8	1722,6	1742,4	1762,2	1617,0	1650,0	1716,0	1749,0	1633,5	1732,5	8
9	1782	1801,8	1821,6	1841,4	1861,2	1881,0	1900,8	1920,6	1940,4	1960,2	1815,0	1848,0	1914,0	1947,0	1831,5	1930,5	9
10	1980	1999,8	2019,6	2039,4	2059,2	2079,0	2098,8	2118,6	2138,4	2158,2	2013,0	2046,0	2112,0	2145,0	2029,5	2128,5	10
11	2178	2197,8	2217,6	2237,4	2257,2	2277,0	2296,8	2316,6	2336,4	2356,2	2211,0	2244,0	2310,0	2343,0	2227,5	2326,5	11
12	2376	2395,8	2415,6	2435,4	2455,2	2475,0	2494,8	2514,6	2534,4	2554,2	2409,0	2442,0	2508,0	2541,0	2425,5	2524,5	12
13	2574	2593,8	2613,6	2633,4	2653,2	2673,0	2692,8	2712,6	2732,4	2752,2	2607,0	2640,0	2706,0	2739,0	2623,5	2722,5	13
14	2772	2791,8	2811,6	2831,4	2851,2	2871,0	2890,8	2910,6	2930,4	2950,2	2805,0	2838,0	2904,0	2937,0	2821,5	2920,5	14
15	2970	2989,8	3009,6	3029,4	3049,2	3069,0	3088,8	3108,6	3128,4	3148,2	3003,0	3036,0	3102,0	3135,0	3019,5	3118,5	15
16	3168	3187,8	3207,6	3227,4	3247,2	3267,0	3286,8	3306,6	3326,4	3346,2	3201,0	3234,0	3300,0	3333,0	3217,5	3316,5	16
17	3366	3385,8	3405,6	3425,4	3445,2	3465,0	3484,8	3504,6	3524,4	3544,2	3399,0	3432,0	3498,0	3531,0	3415,5	3514,5	17
18	3564	3583,8	3603,6	3623,4	3643,2	3663,0	3682,8	3702,6	3722,4	3742,2	3597,0	3630,0	3696,0	3729,0	3613,5	3712,5	18
19	3762	3781,8	3801,6	3821,4	3841,2	3861,0	3880,8	3900,6	3920,4	3940,2	3795,0	3828,0	3894,0	3927,0	3811,5	3910,5	19
20	3960	3979,8	3999,6	4019,4	4039,2	4059,0	4078,8	4098,6	4118,4	4138,2	3993,0	4026,0	4092,0	4125,0	4009,5	4108,5	20
21	4158	4177,8	4197,6	4217,4	4237,2	4257,0	4276,8	4296,6	4316,4	4336,2	4191,0	4224,0	4290,0	4323,0	4207,5	4306,5	21
22	4356	4375,8	4395,6	4415,4	4435,2	4455,0	4474,8	4494,6	4514,4	4534,2	4389,0	4422,0	4488,0	4521,0	4405,5	4504,5	22
23	4554	4573,8	4593,6	4613,4	4633,2	4653,0	4672,8	4692,6	4712,4	4732,2	4587,0	4620,0	4686,0	4719,0	4603,5	4702,5	23
24	4752	4771,8	4791,6	4811,4	4831,2	4851,0	4870,8	4890,6	4910,4	4930,2	4785,0	4818,0	4884,0	4917,0	4801,5	4900,5	24
25	4950	4969,8	4989,6	5009,4	5029,2	5049,0	5068,8	5088,6	5108,4	5128,2	4983,0	5016,0	5082,0	5115,0	4999,5	5098,5	25
26	5148	5167,8	5187,6	5207,4	5227,2	5247,0	5266,8	5286,6	5306,4	5326,2	5181,0	5214,0	5280,0	5313,0	5197,5	5296,5	26
27	5346	5365,8	5385,6	5405,4	5425,2	5445,0	5464,8	5484,6	5504,4	5524,2	5379,0	5412,0	5478,0	5511,0	5395,5	5494,5	27
28	5544	5563,8	5583,6	5603,4	5623,2	5643,0	5662,8	5682,6	5702,4	5722,2	5577,0	5610,0	5676,0	5709,0	5593,5	5692,5	28
29	5742	5761,8	5781,6	5801,4	5821,2	5841,0	5860,8	5880,6	5900,4	5920,2	5775,0	5808,0	5874,0	5907,0	5791,5	5890,5	29
30	5940	5959,8	5979,6	5999,4	6019,2	6039,0	6058,8	6078,6	6098,4	6118,2	5973,0	6006,0	6072,0	6105,0	5989,5	6088,5	30
31	6138	6157,8	6177,6	6197,4	6217,2	6237,0	6256,8	6276,6	6296,4	6316,2	6171,0	6204,0	6270,0	6303,0	6187,5	6286,5	31
32	6336	6355,8	6375,6	6395,4	6415,2	6435,0	6454,8	6474,6	6494,4	6514,2	6369,0	6402,0	6468,0	6501,0	6385,5	6484,5	32
33	6534	6553,8	6573,6	6593,4	6613,2	6633,0	6652,8	6672,6	6692,4	6712,2	6567,0	6600,0	6666,0	6699,0	6583,5	6682,5	33
34	6732	6751,8	6771,6	6791,4	6811,2	6831,0	6850,8	6870,6	6890,4	6910,2	6765,0	6798,0	6864,0	6897,0	6781,5	6880,5	34
35	6930	6949,8	6969,6	6989,4	7009,2	7029,0	7048,8	7068,6	7088,4	7108,2	6963,0	6996,0	7062,0	7095,0	6979,5	7078,5	35
36	7128	7147,8	7167,6	7187,4	7207,2	7227,0	7246,8	7266,6	7286,4	7306,2	7161,0	7194,0	7260,0	7293,0	7177,5	7276,5	36
37	7326	7345,8	7365,6	7385,4	7405,2	7425,0	7444,8	7464,6	7484,4	7504,2	7359,0	7392,0	7458,0	7491,0	7375,5	7474,5	37
38	7524	7543,8	7563,6	7583,4	7603,2	7623,0	7642,8	7662,6	7682,4	7702,2	7557,0	7590,0	7656,0	7689,0	7573,5	7672,5	38
39	7722	7741,8	7761,6	7781,4	7801,2	7821,0	7840,8	7860,6	7880,4	7900,2	7755,0	7788,0	7854,0	7887,0	7771,5	7870,5	39
40	7920	7939,8	7959,6	7979,4	7999,2	8019,0	8038,8	8058,6	8078,4	8098,2	7953,0	7986,0	8052,0	8085,0	7969,5	8068,5	40
41	8118	8137,8	8157,6	8177,4	8197,2	8217,0	8236,8	8256,6	8276,4	8296,2	8151,0	8184,0	8250,0	8283,0	8167,5	8266,5	41
42	8316	8335,8	8355,6	8375,4	8395,2	8415,0	8434,8	8454,6	8474,4	8494,2	8349,0	8382,0	8448,0	8481,0	8365,5	8464,5	42
43	8514	8533,8	8553,6	8573,4	8593,2	8613,0	8632,8	8652,6	8672,4	8692,2	8547,0	8580,0	8646,0	8679,0	8563,5	8662,5	43
44	8712	8731,8	8751,6	8771,4	8791,2	8811,0	8830,8	8850,6	8870,4	8890,2	8745,0	8778,0	8844,0	8877,0	8761,5	8860,5	44
45	8910	8929,8	8949,6	8969,4	8989,2	9009,0	9028,8	9048,6	9068,4	9088,2	8943,0	8976,0	9042,0	9075,0	8959,5	9058,5	45
46	9108	9127,8	9147,6	9167,4	9187,2	9207,0	9226,8	9246,6	9266,4	9286,2	9141,0	9174,0	9240,0	9273,0	9157,5	9256,5	46
47	9306	9325,8	9345,6	9365,4	9385,2	9405,0	9424,8	6444,6	9464,4	9484,2	9339,0	9372,0	9438,0	9471,0	9355,5	9454,5	47
48	9504	9523,8	9543,6	9563,4	9583,2	9603,0	9622,8	9642,6	9662,4	9682,2	9537,0	9570,0	9636,0	9669,0	9553,5	9652,5	48
49	9702	9721,8	9741,6	9761,4	9781,2	9801,0	9820,8	9840,6	9860,4	9880,2	9735,0	9768,0	9834,0	9867,0	9751,5	9850,5	49
50	9900	9919,8	9939,6	9959,4	9979,2	9999,0	10018,8	10038,6	10058,4	10078,2	9933,0	9966,0	10032,0	10065,0	9949,5	10048,5	50
51	10098	10117,8	10137,6	10157,4	10177,2	10197,0	10216,8	10236,6	10256,4	10276,2	10131,0	10164,0	10230,0	10263,0	10147,5	10246,5	51
52	10296	10315,8	10335,6	10355,4	10375,2	10395,0	10414,8	10434,6	10454,4	10474,2	10329,0	10362,0	10428,0	10461,0	10345,5	10444,5	52
53	10494	10513,8	10533,6	10553,4	10573,2	10593,0	10612,8	10632,6	10652,4	10672,2	10527,0	10560,0	10626,0	10659,0	10543,5	10642,5	53
54	10692	10711,8	10731,6	10751,4	10771,2	10791,0	10810,8	10830,6	10850,4	10870,2	10725,0	10758,0	10824,0	10857,0	10741,5	10840,5	54
55	10890	10909,8	10929,6	10949,4	10969,2	10989,0	11008,8	11028,6	11048,4	11068,2	10923,0	10956,0	11022,0	11055,0	10939,5	11038,5	55
56	11088	11107,8	11127,6	11147,4	11167,2	11187,0	11206,8	11226,6	11246,4	11266,2	11121,0	11154,0	11220,0	11253,0	11137,5	11236,5	56
57	11286	11305,8	11325,6	11345,4	11365,2	11385,0	11404,8	11424,6	11444,4	11464,2	11319,0	11352,0	11418,0	11451,0	11335,5	11434,5	57
58	11484	11503,8	11523,6	11543,4	11563,2	11583,0	11602,8	11622,6	11642,4	11662,2	11517,0	11550,0	11616,0	11649,0	11533,5	11632,5	58
59	11682	11701,8	11721,6	11741,4	11761,2	11781,0	11800,8	11820,6	11840,4	11860,2	11715,0	11748,0	11814,0	11847,0	11731,5	11830,5	59
60	11880	11899,8	11919,6	11939,4	11959,2	11979,0	11998,8	12018,6	12038,4	12058,2	11913,0	11946,0	12012,0	12045,0	11929,5	12028,5	60
61	12078	12097,8	12117,6	12137,4	12157,2	12177,0	12196,8	12216,6	12236,4	12256,2	12111,0	12144,0	12210,0	12243,0	12127,5	12226,5	61
62	12276	12295,8	12315,6	12335,4	12355,2	12375,0	12394,8	12414,6	12434,4	12454,2	12309,0	12342,0	12408,0	12441,0	12325,5	12424,5	62
63	12474	12493,8	12513,6	12533,4	12553,2	12573,0	12592,8	12612,6	12632,4	12652,2	12507,0	12540,0	12606,0	12639,0	12523,5	12622,5	63
64	12672	12691,8	12711,6	12731,4	12751,2	12771,0	12790,8	12810,6	12830,4	12850,2	12705,0	12738,0	12804,0	12837,0	12721,5	12820,5	64
65	12870	12889,8	12909,6	12929,4	12949,2	12969,0	12988,8	13008,6	13028,4	13048,2	12903,0	12936,0	13002,0	13035,0	12919,5	13018,5	65
66	13068	13087,8	13107,6	13127,4	13147,2	13167,0	13186,8	13206,6	13226,4	13246,2	13101,0	13134,0	13200,0	13233,0	13117,5	13216,5	66
67	13266	13285,8	13305,6	13325,4	13345,2	13365,0	13384,8	13404,6	13424,4	13444,2	13299,0	13332,0	13398,0	13431,0	13315,5	13414,5	67
68	13464	13483,8	13503,6	13523,4	13543,2	13563,0	13582,8	13602,6	13622,4	13642,2	13497,0	13530,0	13596,0	13629,0	13513,5	13612,5	68
69	13662	13681,8	13701,6	13721,4	13741,2	13761,0	13780,8	13800,6	13820,4	13840,2	13695,0	13728,0	13794,0	13827,0	13711,5	13810,5	69
70	13860	13879,8	13899,6	13919,4	13939,2	13959,0	13978,8	13998,6	14018,4	14038,2	13893,0	13926,0	13992,0	14025,0	13909,5	14008,5	70
71	14058	14077,8	14097,6	14117,4	14137,2	14157,0	14176,8	14196,6	14216,4	14236,2	14091,0	14124,0	14190,0	14223,0	14107,5	14206,5	71
72	14256	14275,8	14295,6	14315,4	14335,2	14355,0	14374,8	14394,6	14414,4	14434,2	14289,0	14322,0	14388,0	14421,0	14305,5	14404,5	72
73	14454	14473,8	14493,6	14513,4	14533,2	14553,0	14572,8	14592,6	14612,4	14632,2	14487,0	14520,0	14586,0	14619,0	14503,5	14602,5	73
74	14652	14671,8	14691,6	14711,4	14731,2	14751,0	14770,8	14790,6	14810,4	14830,2	14685,0	14718,0	14784,0	14817,0	14701,5	14800,5	74
75	14850	14869,8	14889,6	14909,4	14929,2	14949,0	14968,8	14988,6	15008,4	15028,2	14883,0	14916,0	14982,0	15015,0	14899,5	14998,5	75
76	15048	15067,8	15087,6	15107,4	15127,2	15147,0	15166,8	15186,6	15206,4	15226,2	15081,0	15114,0	15180,0	15213,0	15097,5	15196,5	76
77	15246	15265,8	15285,6	15305,4	15325,2	15345,0	15364,8	15384,6	15404,4	15424,2	15279,0	15312,0	15378,0	15411,0	15295,5	15394,5	77
78	15444	15463,8	15483,6	15503,4	15523,2	15543,0	15562,8	15582,6	15602,4	15622,2	15477,0	15510,0	15576,0	15609,0	15493,5	15592,5	78
79	15642	15661,8	15681,6	15701,4	15721,2	15741,0	15760,8	15780,6	15800,4	15820,2	15675,0	15708,0	15774,0	15807,0	15691,5	15790,5	79
80	15840	15859,8	15879,6	15899,4	15919,2	15939,0	15958,8	15978,6	15998,4	16018,2	15873,0	15906,0	15972,0	16005,0	15889,5	15988,5	80
81	16038	16057,8	16077,6	16097,4	16117,2	16137,0	16156,8	16176,6	16196,4	16216,2	16071,0	16104,0	16170,0	16203,0	16087,5	16186,5	81
82	16236	16255,8	16275,6	16295,4	16315,2	16335,0	16354,8	16374,6	16394,4	16414,2	16269,0	16302,0	16368,0	16401,0	16285,5	16384,5	82
83	16434	16453,8	16473,6	16493,4	16513,2	16533,0	16552,8	16572,6	16592,4	16612,2	16467,0	16500,0	16566,0	16599,0	16483,5	16582,5	83
84	16632	16651,8	16671,6	16691,4	16711,2	16731,0	16750,8	16770,6	16790,4	16810,2	16665,0	16698,0	16764,0	16797,0	16681,5	16780,5	84
85	16830	16849,8	16869,6	16889,4	16909,2	16929,0	16948,8	16968,6	16988,4	17008,2	16863,0	16896,0	16962,0	16995,0	16879,5	16978,5	85
86	17028	17047,8	17067,6	17087,4	17107,2	17127,0	17146,8	17166,6	17186,4	17206,2	17061,0	17094,0	17160,0	17193,0	17077,5	17176,5	86
87	17226	17245,8	17265,6	17285,4	17305,2	17325,0	17344,8	17364,6	17384,4	17404,2	17259,0	17292,0	17358,0	17391,0	17275,5	17374,5	87
88	17424	17443,8	17463,6	17483,4	17503,2	17523,0	17542,8	17562,6	17582,4	17602,2	17457,0	17490,0	17556,0	17589,0	17473,5	17572,5	88
89	17622	17641,8	17661,6	17681,4	17701,2	17721,0	17740,8	17760,6	17780,4	17800,2	17655,0	17688,0	17754,0	17787,0	17671,5	17770,5	89
90	17820	17839,8	17859,6	17879,4	17899,2	17919,0	17938,8	17958,6	17978,4	17998,2	17853,0	17886,0	17952,0	17985,0	17869,5	17968,5	90
91	18018	18037,8	18057,6	18077,4	18097,2	18117,0	18136,8	18156,6	18176,4	18196,2	18051,0	18084,0	18150,0	18183,0	18067,5	18166,5	91
92	18216	18235,8	18255,6	18275,4	18295,2	18315,0	18334,8	18354,6	18374,4	18394,2	18249,0	18282,0	18348,0	18381,0	18265,5	18364,5	92
93	18414	18433,8	18453,6	18473,4	18493,2	18513,0	18532,8	18552,6	18572,4	18592,2	18447,0	18480,0	18546,0	18579,0	18463,5	18562,5	93
94	18612	18631,8	18651,6	18671,4	18691,2	18711,0	18730,8	18750,6	18770,4	18790,2	18645,0	18678,0	18744,0	18777,0	18661,5	18760,5	94
95	18810	18829,8	18849,6	18869,4	18889,2	18909,0	18928,8	18948,6	18968,4	18988,2	18843,0	18876,0	18942,0	18975,0	18859,5	18958,5	95
96	19008	19027,8	19047,6	19067,4	19087,2	19107,0	19126,8	19146,6	19166,4	19186,2	19041,0	19074,0	19140,0	19173,0	19057,5	19156,5	96
97	19206	19225,8	19245,6	19265,4	19285,2	19305,0	19324,8	19344,6	19364,4	19384,2	19239,0	19272,0	19338,0	19371,0	19255,5	19354,5	97
98	19404	19423,8	19443,6	19463,4	19483,2	19503,0	19522,8	19542,6	19562,4	19582,2	19437,0	19470,0	19536,0	19569,0	19453,5	19552,5	98
99	19602	19621,8	19641,6	19661,4	19681,2	19701,0	19720,8	19740,6	19760,4	19780,2	19635,0	19668,0	19734,0	19767,0	19651,5	19750,5	99
100	19800	19819,8	19839,6	19859,4	19879,2	19899,0	19918,8	19938,6	19958,4	19978,2	19833,0	19866,0	19932,0	19965,0	19849,5	19948,5	100

199

		1/10 19,9	2/10 39,8	3/10 59,7	4/10 79,6	5/10 99,5	6/10 119,4	7/10 139,3	8/10 159,2	9/10 179,1	1/6 33,166	1/3 66,333	2/3 132,666	5/6 165,833	1/4 49,75	3/4 149,25	
1	199	218,9	238,8	258,7	278,6	298,5	318,4	338,3	358,2	378,1	232,2	265,3	331,7	364,8	248,8	348,3	1
2	398	417,9	437,8	457,7	477,6	497,5	517,4	537,3	557,2	577,1	431,2	464,3	530,7	563,8	447,8	547,3	2
3	597	616,9	636,8	656,7	676,6	696,5	716,4	736,3	756,2	776,1	630,2	663,3	729,7	762,8	646,8	746,3	3
4	796	815,9	835,8	855,7	875,6	895,5	915,4	935,3	955,2	975,1	829,2	862,3	928,7	961,8	845,8	945,3	4
5	995	1014,9	1034,8	1054,7	1074,6	1094,5	1114,4	1134,3	1154,2	1174,1	1028,2	1061,3	1127,7	1160,8	1044,8	1144,3	5
6	1194	1213,9	1233,8	1253,7	1273,6	1293,5	1313,4	1333,3	1353,2	1373,1	1227,2	1260,3	1326,7	1359,8	1243,8	1343,3	6
7	1393	1412,9	1432,8	1452,7	1472,6	1492,5	1512,4	1532,3	1552,2	1572,1	1426,2	1459,3	1525,7	1558,8	1442,8	1542,3	7
8	1592	1611,9	1631,8	1651,7	1671,6	1691,5	1711,4	1731,3	1751,2	1771,1	1625,2	1658,3	1724,7	1757,8	1641,8	1741,3	8
9	1791	1810,9	1830,8	1850,7	1870,6	1890,5	1910,4	1930,3	1950,2	1970,1	1824,2	1857,3	1923,7	1956,8	1840,8	1940,3	9
10	1990	2009,9	2029,8	2049,7	2069,6	2089,5	2109,4	2129,3	2149,2	2169,1	2023,2	2056,3	2122,7	2155,8	2039,8	2139,3	10
11	2189	2208,9	2228,8	2248,7	2268,6	2288,5	2308,4	2328,3	2348,2	2368,1	2222,2	2255,3	2321,7	2354,8	2238,8	2338,3	11
12	2388	2407,9	2427,8	2447,7	2467,6	2487,5	2507,4	2527,3	2547,2	2567,1	2421,2	2454,3	2520,7	2553,8	2437,8	2537,3	12
13	2587	2606,9	2626,8	2646,7	2666,6	2686,5	2706,4	2726,3	2746,2	2766,1	2620,2	2653,3	2719,7	2752,8	2636,8	2736,3	13
14	2786	2805,9	2825,8	2845,7	2865,6	2885,5	2905,4	2925,3	2945,2	2965,1	2819,2	2852,3	2918,7	2951,8	2835,8	2935,3	14
15	2985	3004,9	3024,8	3044,7	3064,6	3084,5	3104,4	3124,3	3144,2	3164,1	3018,2	3051,3	3117,7	3150,8	3034,8	3134,3	15
16	3184	3203,9	3223,8	3243,7	3263,6	3283,5	3303,4	3323,3	3343,2	3363,1	3217,2	3250,3	3316,7	3349,8	3233,8	3333,3	16
17	3383	3402,9	3422,8	3442,7	3462,6	3482,5	3502,4	3522,3	3542,2	3562,1	3416,2	3449,3	3515,7	3548,8	3432,8	3532,3	17
18	3582	3601,9	3621,8	3641,7	3661,6	3681,5	3701,4	3721,3	3741,2	3761,1	3615,2	3648,3	3714,7	3747,8	3631,8	3731,3	18
19	3781	3800,9	3820,8	3840,7	3860,6	3880,5	3900,4	3920,3	3940,2	3960,1	3814,2	3847,3	3913,7	3946,8	3830,8	3930,3	19
20	3980	3999,9	4019,8	4039,7	4059,6	4079,5	4099,4	4119,3	4139,2	4159,1	4013,2	4046,3	4112,7	4145,8	4029,8	4129,3	20
21	4179	4198,9	4218,8	4238,7	4258,6	4278,5	4298,4	4318,3	4338,2	4358,1	4212,2	4245,3	4311,7	4344,8	4228,8	4328,3	21
22	4378	4397,9	4417,8	4437,7	4457,6	4477,5	4497,4	4517,3	4537,2	4557,1	4411,2	4444,3	4510,7	4543,8	4427,8	4527,3	22
23	4577	4596,9	4616,8	4636,7	4656,6	4676,5	4696,4	4716,3	4736,2	4756,1	4610,2	4643,3	4709,7	4742,8	4626,8	4726,3	23
24	4776	4795,9	4815,8	4835,7	4855,6	4875,5	4895,4	4915,3	4935,2	4955,1	4809,2	4842,3	4908,7	4941,8	4825,8	4925,3	24
25	4975	4994,9	5014,8	5034,7	5054,6	5074,5	5094,4	5114,3	5134,2	5154,1	5008,2	5041,3	5107,7	5140,8	5024,8	5124,3	25
26	5174	5193,9	5213,8	5233,7	5253,6	5273,5	5293,4	5313,3	5333,2	5353,1	5207,2	5240,3	5306,7	5339,8	5223,8	5323,3	26
27	5373	5392,9	5412,8	5432,7	5452,6	5472,5	5492,4	5512,3	5532,2	5552,1	5406,2	5439,3	5505,7	5538,8	5422,8	5522,3	27
28	5572	5591,9	5611,8	5631,7	5651,6	5671,5	5691,4	5711,3	5731,2	5751,1	5605,2	5638,3	5704,7	5737,8	5621,8	5721,3	28
29	5771	5790,9	5810,8	5830,7	5850,6	5870,5	5890,4	5910,3	5930,2	5950,1	5804,2	5837,3	5903,7	5936,8	5820,8	5920,3	29
30	5970	5989,9	6009,8	6029,7	6049,6	6069,5	6089,4	6109,3	6129,2	6149,1	6003,2	6036,3	6102,7	6135,8	6019,8	6119,3	30
31	6169	6188,9	6208,8	6228,7	6248,6	6268,5	6288,4	6308,3	6328,2	6348,1	6202,2	6235,3	6301,7	6334,8	6218,8	6318,3	31
32	6368	6387,9	6407,8	6427,7	6447,6	6467,5	6487,4	6507,3	6527,2	6547,1	6401,2	6434,3	6500,7	6533,8	6417,8	6517,3	32
33	6567	6586,9	6606,8	6626,7	6646,6	6666,5	6686,4	6706,3	6726,2	6746,1	6600,2	6633,3	6699,7	6732,8	6616,8	6716,3	33
34	6766	6785,9	6805,8	6825,7	6845,6	6865,5	6885,4	6905,3	6925,2	6945,1	6799,2	6832,3	6898,7	6931,8	6815,8	6915,3	34
35	6965	6984,9	7004,8	7024,7	7044,6	7064,5	7084,4	7104,3	7124,2	7144,1	6998,2	7031,3	7097,7	7130,8	7014,8	7114,3	35
36	7164	7183,9	7203,8	7223,7	7243,6	7263,5	7283,4	7303,3	7323,2	7343,1	7197,2	7230,3	7296,7	7329,8	7213,8	7313,3	36
37	7363	7382,9	7402,8	7422,7	7442,6	7462,5	7482,4	7502,3	7522,2	7542,1	7396,2	7429,3	7495,7	7528,8	7412,8	7512,3	37
38	7562	7581,9	7601,8	7621,7	7641,6	7661,5	7681,4	7701,3	7721,2	7741,1	7595,2	7628,3	7694,7	7727,8	7611,8	7711,3	38
39	7761	7780,9	7800,8	7820,7	7840,6	7860,5	7880,4	7900,3	7920,2	7940,1	7794,2	7827,3	7893,7	7926,8	7810,8	7910,3	39
40	7960	7979,9	7999,8	8019,7	8039,6	8059,5	8079,4	8099,3	8119,2	8139,1	7993,2	8026,3	8092,7	8125,8	8009,8	8109,3	40
41	8159	8178,9	8198,8	8218,7	8238,6	8258,5	8278,4	8298,3	8318,2	8338,1	8192,2	8225,3	8291,7	8324,8	8208,8	8308,3	41
42	8358	8377,9	8397,8	8417,7	8437,6	8457,5	8477,4	8497,3	8517,2	8537,1	8391,2	8424,3	8490,7	8523,8	8407,8	8507,3	42
43	8557	8576,9	8596,8	8616,7	8636,6	8656,5	8676,4	8696,3	8716,2	8736,1	8590,2	8623,3	8689,7	8722,8	8606,8	8706,3	43
44	8756	8775,9	8795,8	8815,7	8835,6	8855,5	8875,4	8895,3	8915,2	8935,1	8789,2	8822,3	8888,7	8921,8	8805,8	8905,3	44
45	8955	8974,9	8994,8	9014,7	9034,6	9054,5	9074,4	9094,3	9114,2	9134,1	8988,2	9021,3	9087,7	9120,8	9004,8	9104,3	45
46	9154	9173,9	9193,8	9213,7	9233,6	9253,5	9273,4	9293,3	9313,2	9333,1	9187,2	9220,3	9286,7	9319,8	9203,8	9303,3	46
47	9353	9372,9	9392,8	9412,7	9432,6	9452,5	9472,4	9492,3	9512,2	9532,1	9386,2	9419,3	9485,7	9518,8	9402,8	9502,3	47
48	9552	9571,9	9591,8	9611,7	9631,6	9651,5	9671,4	9691,3	9711,2	9731,1	9585,2	9618,3	9684,7	9717,8	9601,8	9701,3	48
49	9751	9770,9	9790,8	9810,7	9830,6	9850,5	9870,4	9890,3	9910,2	9930,1	9784,2	9817,3	9883,7	9916,8	9800,8	9900,3	49
50	9950	9969,9	9989,8	10009,7	10029,6	10049,5	10069,4	10089,3	10109,2	10129,1	9983,2	10016,3	10082,7	10115,8	9999,8	10099,3	50
51	10149	10168,9	10188,8	10208,7	10228,6	10248,5	10268,4	10288,3	10308,2	10328,1	10182,2	10215,3	10281,7	10314,8	10198,8	10298,3	51
52	10348	10367,9	10387,8	10407,7	10427,6	10447,5	10467,4	10487,3	10507,2	10527,1	10381,2	10414,3	10480,7	10513,8	10397,8	10497,3	52
53	10547	10566,9	10586,8	10606,7	10626,6	10646,5	10666,4	10686,3	10706,2	10726,1	10580,2	10613,3	10679,7	10712,8	10596,8	10696,3	53
54	10746	10765,9	10785,8	10805,7	10825,6	10845,5	10865,4	10885,3	10905,2	10925,1	10779,2	10812,3	10878,7	10911,8	10795,8	10895,3	54
55	10945	10964,9	10984,8	11004,7	11024,6	11044,5	11064,4	11084,3	11104,2	11124,1	10978,2	11011,3	11077,7	11110,8	10994,8	11094,3	55
56	11144	11163,9	11183,8	11203,7	11223,6	11243,5	11263,4	11283,3	11303,2	11323,1	11177,2	11210,3	11276,7	11309,8	11193,8	11293,3	56
57	11343	11362,9	11382,8	11402,7	11422,6	11442,5	11462,4	11482,3	11502,2	11522,1	11376,2	11409,3	11475,7	11508,8	11392,8	11492,3	57
58	11542	11561,9	11581,8	11601,7	11621,6	11641,5	11661,4	11681,3	11701,2	11721,1	11575,2	11608,3	11674,7	11707,8	11591,8	11691,3	58
59	11741	11760,9	11780,8	11800,7	11820,6	11840,5	11860,4	11880,3	11900,2	11920,1	11774,2	11807,3	11873,7	11906,8	11790,8	11890,3	59
60	11940	11959,9	11979,8	11999,7	12019,6	12039,5	12059,4	12079,3	12099,2	12119,1	11973,2	12006,3	12072,7	12105,8	11989,8	12089,3	60
61	12139	12158,9	12178,8	12198,7	12218,6	12238,5	12258,4	12278,3	12298,2	12318,1	12172,2	12205,3	12271,7	12304,8	12188,8	12288,3	61
62	12338	12357,9	12377,8	12397,7	12417,6	12437,5	12457,4	12477,3	12497,2	12517,1	12371,2	12404,3	12470,7	12503,8	12387,8	12487,3	62
63	12537	12556,9	12576,8	12596,7	12616,6	12636,5	12656,4	12676,3	12696,2	12716,1	12570,2	12603,3	12669,7	12702,8	12586,8	12686,3	63
64	12736	12755,9	12775,8	12795,7	12815,6	12835,5	12855,4	12875,3	12895,2	12915,1	12769,2	12802,3	12868,7	12901,8	12785,8	12885,3	64
65	12935	12954,9	12974,8	12994,7	13014,6	13034,5	13054,4	13074,3	13094,2	13114,1	12968,2	13001,3	13067,7	13100,8	12984,8	13084,3	65
66	13134	13153,9	13173,8	13193,7	13213,6	13233,5	13253,4	13273,3	13293,2	13313,1	13167,2	13200,3	13266,7	13299,8	13183,8	13283,3	66
67	13333	13352,9	13372,8	13392,7	13412,6	13432,5	13452,4	13472,3	13492,2	13512,1	13366,2	13399,3	13465,7	13498,8	13382,8	13482,3	67
68	13532	13551,9	13571,8	13591,7	13611,6	13631,5	13651,4	13671,3	13691,2	13711,1	13565,2	13598,3	13664,7	13697,8	13581,8	13681,3	68
69	13731	13750,9	13770,8	13790,7	13810,6	13830,5	13850,4	13870,3	13890,2	13910,1	13764,2	13797,3	13863,7	13896,8	13780,8	13880,3	69
70	13930	13949,9	13969,8	13989,7	14009,6	14029,5	14049,4	14069,3	14089,2	14109,1	13963,2	13996,3	14062,7	14095,8	13979,8	14079,3	70
71	14129	14148,9	14168,8	14188,7	14208,6	14228,5	14248,4	14268,3	14288,2	14308,1	14162,2	14195,3	14261,7	14294,8	14178,8	14278,3	71
72	14328	14347,9	14367,8	14387,7	14407,6	14427,5	14447,4	14467,3	14487,2	14507,1	14361,2	14394,3	14460,7	14493,8	14377,8	14477,3	72
73	14527	14546,9	14566,8	14586,7	14606,6	14626,5	14646,4	14666,3	14686,2	14706,1	14560,2	14593,3	14659,7	14692,8	14576,8	14676,3	73
74	14726	14745,9	14765,8	14785,7	14805,6	14825,5	14845,4	14865,3	14885,2	14905,1	14759,2	14792,3	14858,7	14891,8	14775,8	14875,3	74
75	14925	14944,9	14964,8	14984,7	15004,6	15024,5	15044,4	15064,3	15084,2	15104,1	14958,2	14991,3	15057,7	15090,8	14974,8	15074,3	75
76	15124	15143,9	15163,8	15183,7	15203,6	15223,5	15243,4	15263,3	15283,2	15303,1	15157,2	15190,3	15256,7	15289,8	15173,8	15273,3	76
77	15323	15342,9	15362,8	15382,7	15402,6	15422,5	15442,4	15462,3	15482,2	15502,1	15356,2	15389,3	15455,7	15488,8	15372,8	15472,3	77
78	15522	15541,9	15561,8	15581,7	15601,6	15621,5	15641,4	15661,3	15681,2	15701,1	15555,2	15588,3	15654,7	15687,8	15571,8	15671,3	78
79	15721	15740,9	15760,8	15780,7	15800,6	15820,5	15840,4	15860,3	15880,2	15900,1	15754,2	15787,3	15853,7	15886,8	15770,8	15870,3	79
80	15920	15939,9	15959,8	15979,7	15999,6	16019,5	16039,4	16059,3	16079,2	16099,1	15953,2	15986,3	16052,7	16085,8	15969,8	16069,3	80
81	16119	16138,9	16158,8	16178,7	16198,6	16218,5	16238,4	16258,3	16278,2	16298,1	16152,2	16185,3	16251,7	16284,8	16168,8	16268,3	81
82	16318	16337,9	16357,8	16377,7	16397,6	16417,5	16437,4	16457,3	16477,2	16497,1	16351,2	16384,3	16450,7	16483,8	16367,8	16467,3	82
83	16517	16536,9	16556,8	16576,7	16596,6	16616,5	16636,4	16656,3	16676,2	16696,1	16550,2	16583,3	16649,7	16682,8	16566,8	16666,3	83
84	16716	16735,9	16755,8	16775,7	16795,6	16815,5	16835,4	16855,3	16875,2	16895,1	16749,2	16782,3	16848,7	16881,8	16765,8	16865,3	84
85	16915	16934,9	16954,8	16974,7	16994,6	17014,5	17034,4	17054,3	17074,2	17094,1	16948,2	16981,3	17047,7	17080,8	16964,8	17064,3	85
86	17114	17133,9	17153,8	17173,7	17193,6	17213,5	17233,4	17253,3	17273,2	17293,1	17147,2	17180,3	17246,7	17279,8	17163,8	17263,3	86
87	17313	17332,9	17352,8	17372,7	17392,6	17412,5	17432,4	17452,3	17472,2	17492,1	17346,2	17379,3	17445,7	17478,8	17362,8	17462,3	87
88	17512	17531,9	17551,8	17571,7	17591,6	17611,5	17631,4	17651,3	17671,2	17691,1	17545,2	17578,3	17644,7	17677,8	17561,8	17661,3	88
89	17711	17730,9	17750,8	17770,7	17790,6	17810,5	17830,4	17850,3	17870,2	17890,1	17744,2	17777,3	17843,7	17876,8	17760,8	17860,3	89
90	17910	17929,9	17949,8	17969,7	17989,6	18009,5	18029,4	18049,3	18069,2	18089,1	17943,2	17976,3	18042,7	18075,8	17959,8	18059,3	90
91	18109	18128,9	18148,8	18168,7	18188,6	18208,5	18228,4	18248,3	18268,2	18288,1	18142,2	18175,3	18241,7	18274,8	18158,8	18258,3	91
92	18308	18327,9	18347,8	18367,7	18387,6	18407,5	18427,4	18447,3	18467,2	18487,1	18341,2	18374,3	18440,7	18473,8	18357,8	18457,3	92
93	18507	18526,9	18546,8	18566,7	18586,6	18606,5	18626,4	18646,3	18666,2	18686,1	18540,2	18573,3	18639,7	18672,8	18556,8	18656,3	93
94	18706	18725,9	18745,8	18765,7	18785,6	18805,5	18825,4	18845,3	18865,2	18885,1	18739,2	18772,3	18838,7	18871,8	18755,8	18855,3	94
95	18905	18924,9	18944,8	18964,7	18984,6	19004,5	19024,4	19044,3	19064,2	19084,1	18938,2	18971,3	19037,7	19070,8	18954,8	19054,3	95
96	19104	19123,9	19143,8	19163,7	19183,6	19203,5	19223,4	19243,3	19263,2	19283,1	19137,2	19170,3	19236,7	19269,8	19153,8	19253,3	96
97	19303	19322,9	19342,8	19362,7	19382,6	19402,5	19422,4	19442,3	19462,2	19482,1	19336,2	19369,3	19435,7	19468,8	19352,8	19452,3	97
98	19502	19521,9	19541,8	19561,7	19581,6	19601,5	19621,4	19641,3	19661,2	19681,1	19535,2	19568,3	19634,7	19667,8	19551,8	19651,3	98
99	19701	19720,9	19740,8	19760,7	19780,6	19800,5	19820,4	19840,3	19860,2	19880,1	19734,2	19767,3	19833,7	19866,8	19750,8	19850,3	99
100	19900	19919,9	19939,8	19959,7	19979,6	19999,5	20019,4	20039,3	20059,2	20079,1	19933,2	19966,3	20032,7	20065,8	19949,8	20049,3	100

200		1/10 20,0	2/10 40,0	3/10 60,0	4/10 80,0	5/10 100,0	6/10 120,0	7/10 140,0	8/10 160,0	9/10 180,0	1/6 33,333	2/6 66,666	4/6 133,333	5/6 166,666	1/4 50,0	3/4 150,0	
1	200	220,0	240,0	260,0	280,0	300,0	320,0	340,0	360,0	380,0	233,3	266,7	333,3	366,7	250,0	350,0	1
2	400	420,0	440,0	460,0	480,0	500,0	520,0	540,0	560,0	580,0	433,3	466,7	533,3	566,7	450,0	550,0	2
3	600	620,0	640,0	660,0	680,0	700,0	720,0	740,0	760,0	780,0	633,3	666,7	733,3	766,7	650,0	750,0	3
4	800	820,0	840,0	860,0	880,0	900,0	920,0	940,0	960,0	980,0	833,3	866,7	933,3	966,7	850,0	950,0	4
5	1000	1020,0	1040,0	1060,0	1080,0	1100,0	1120,0	1140,0	1160,0	1180,0	1033,3	1066,7	1133,3	1166,7	1050,0	1150,0	5
6	1200	1220,0	1240,0	1260,0	1280,0	1300,0	1320,0	1340,0	1360,0	1380,0	1233,3	1266,7	1333,3	1366,7	1250,0	1350,0	6
7	1400	1420,0	1440,0	1460,0	1480,0	1500,0	1520,0	1540,0	1560,0	1580,0	1433,3	1466,7	1533,3	1566,7	1450,0	1550,0	7
8	1600	1620,0	1640,0	1660,0	1680,0	1700,0	1720,0	1740,0	1760,0	1780,0	1633,3	1666,7	1733,3	1766,7	1650,0	1750,0	8
9	1800	1820,0	1840,0	1860,0	1880,0	1900,0	1920,0	1940,0	1960,0	1980,0	1833,3	1866,7	1933,3	1966,7	1850,0	1950,0	9
10	2000	2020,0	2040,0	2060,0	2080,0	2100,0	2120,0	2140,0	2160,0	2180,0	2033,3	2066,7	2133,3	2166,7	2050,0	2150,0	10
11	2200	2220,0	2240,0	2260,0	2280,0	2300,0	2320,0	2340,0	2360,0	2380,0	2233,3	2266,7	2333,3	2366,7	2250,0	2350,0	11
12	2400	2420,0	2440,0	2460,0	2480,0	2500,0	2520,0	2540,0	2560,0	2580,0	2433,3	2466,7	2533,3	2566,7	2450,0	2550,0	12
13	2600	2620,0	2640,0	2660,0	2680,0	2700,0	2720,0	2740,0	2760,0	2780,0	2633,3	2666,7	2733,3	2766,7	2650,0	2750,0	13
14	2800	2820,0	2840,0	2860,0	2880,0	2900,0	2920,0	2940,0	2960,0	2980,0	2833,3	2866,7	2933,3	2966,7	2850,0	2950,0	14
15	3000	3020,0	3040,0	3060,0	3080,0	3100,0	3120,0	3140,0	3160,0	3180,0	3033,3	3066,7	3133,3	3166,7	3050,0	3150,0	15
16	3200	3220,0	3240,0	3260,0	3280,0	3300,0	3320,0	3340,0	3360,0	3380,0	3233,3	3266,7	3333,3	3366,7	3250,0	3350,0	16
17	3400	3420,0	3440,0	3460,0	3480,0	3500,0	3520,0	3540,0	3560,0	3580,0	3433,3	3466,7	3533,3	3556,7	3450,0	3550,0	17
18	3600	3620,0	3640,0	3660,0	3680,0	3700,0	3720,0	3740,0	3760,0	3780,0	3633,3	3666,7	3733,3	3766,7	3650,0	3750,0	18
19	3800	3820,0	3840,0	3860,0	3880,0	3900,0	3920,0	3940,0	3960,0	3980,0	3833,3	3866,7	3933,3	3966,7	3850,0	3950,0	19
20	4000	4020,0	4040,0	4060,0	4080,0	4100,0	4120,0	4140,0	4160,0	4180,0	4033,3	4066,7	4133,3	4166,7	4050,0	4150,0	20
21	4200	4220,0	4240,0	4260,0	4280,0	4300,0	4320,0	4340,0	4360,0	4380,0	4233,3	4266,7	4333,3	4366,7	4250,0	4350,0	21
22	4400	4420,0	4440,0	4460,0	4480,0	4500,0	4520,0	4540,0	4560,0	4580,0	4433,3	4466,7	4533,3	4566,7	4450,0	4550,0	22
23	4600	4620,0	4640,0	4660,0	4680,0	4700,0	4720,0	4740,0	4760,0	4780,0	4633,3	4666,7	4733,3	4766,7	4650,0	4750,0	23
24	4800	4820,0	4840,0	4860,0	4880,0	4900,0	4920,0	4940,0	4960,0	4980,0	4833,3	4866,7	4933,3	4966,7	4850,0	4950,0	24
25	5000	5020,0	5040,0	5050,0	5080,0	5100,0	5120,0	5140,0	5160,0	5180,0	5033,3	5066,7	5133,3	5166,7	5050,0	5150,0	25
26	5200	5220,0	5240,0	5260,0	5280,0	5300,0	5320,0	5340,0	5360,0	5380,0	5233,3	5266,7	5333,3	5366,7	5250,0	5350,0	26
27	5400	5420,0	5440,0	5460,0	5480,0	5500,0	5520,0	5540,0	5560,0	5580,0	5433,3	5466,7	5533,3	5566,7	5450,0	5550,0	27
28	5600	5620,0	5640,0	5660,0	5680,0	5700,0	5720,0	5740,0	5760,0	5780,0	5633,3	5666,7	5733,3	5766,7	5650,0	5750,0	28
29	5800	5820,0	5840,0	5860,0	5880,0	5900,0	5920,0	5940,0	5960,0	5980,0	5833,3	5866,7	5933,3	5966,7	5850,0	5950,0	29
30	6000	6020,0	6040,0	6060,0	6080,0	6100,0	6120,0	6140,0	6160,0	6180,0	6033,3	6066,7	6133,3	6166,7	6050,0	6150,0	30
31	6200	6220,0	6240,0	6260,0	6280,0	6300,0	6320,0	6340,0	6360,0	6380,0	6233,3	6266,7	6333,3	6366,7	6250,0	6350,0	31
32	6400	6420,0	6440,0	6460,0	6480,0	6500,0	6520,0	6540,0	6560,0	6580,0	6433,3	6466,7	6533,3	6566,7	6450,0	6550,0	32
33	6600	6620,0	6640,0	6660,0	6680,0	6700,0	6720,0	6740,0	6760,0	6780,0	6633,3	6666,7	6733,3	6766,7	6650,0	6750,0	33
34	6800	6820,0	6840,0	6860,0	6880,0	6900,0	6920,0	6940,0	6960,0	6980,0	6833,3	6866,7	6933,3	6966,7	6850,0	6950,0	34
35	7000	7020,0	7040,0	7060,0	7080,0	7100,0	7120,0	7140,0	7160,0	7180,0	7033,3	7066,7	7133,3	7166,7	7050,0	7150,0	35
36	7200	7220,0	7240,0	7260,0	7280,0	7300,0	7320,0	7340,0	7360,0	7380,0	7233,3	7266,7	7333,3	7366,7	7250,0	7350,0	36
37	7400	7420,0	7440,0	7460,0	7480,0	7500,0	7520,0	7540,0	7560,0	7580,0	7433,3	7466,7	7533,3	7566,7	7450,0	7550,0	37
38	7600	7620,0	7640,0	7660,0	7680,0	7700,0	7720,0	7740,0	7760,0	7780,0	7633,3	7666,7	7733,3	7766,7	7650,0	7750,0	38
39	7800	7820,0	7840,0	7860,0	7880,0	7900,0	7920,0	7940,0	7960,0	7980,0	7833,3	7866,7	7933,3	7966,7	7850,0	7950,0	39
40	8000	8020,0	8040,0	8060,0	8080,0	8100,0	8120,0	8140,0	8160,0	8180,0	8033,3	8066,7	8133,3	8166,7	8050,0	8150,0	40
41	8200	8220,0	8240,0	8260,0	8280,0	8300,0	8320,0	8340,0	8360,0	8380,0	8233,3	8266,7	8333,3	8366,7	8250,0	8350,0	41
42	8400	8420,0	8440,0	8460,0	8480,0	8500,0	8520,0	8540,0	8560,0	8580,0	8433,3	8466,7	8533,3	8566,7	8450,0	8550,0	42
43	8600	8620,0	8640,0	8660,0	8680,0	8700,0	8720,0	8740,0	8760,0	8780,0	8633,3	8666,7	8733,3	8766,7	8650,0	8750,0	43
44	8800	8820,0	8840,0	8860,0	8880,0	8900,0	8920,0	8940,0	8960,0	8980,0	8833,3	8866,7	8933,3	8966,7	8850,0	8950,0	44
45	9000	9020,0	9040,0	9060,0	9080,0	9100,0	9120,0	9140,0	9160,0	9180,0	9033,3	9066,7	9133,3	9166,7	9050,0	9150,0	45
46	9200	9220,0	9240,0	9260,0	9280,0	9300,0	9320,0	9340,0	9360,0	9380,0	9233,3	9266,7	9333,3	9366,7	9250,0	9350,0	46
47	9400	9420,0	9440,0	9460,0	9480,0	9500,0	9520,0	9540,0	9560,0	9580,0	9433,3	9466,7	9533,3	9566,7	9450,0	9550,0	47
48	9600	9620,0	9640,0	9660,0	9680,0	9700,0	9720,0	9740,0	9760,0	9780,0	9633,3	9666,7	9733,3	9766,7	9650,0	9750,0	48
49	9800	9820,0	9840,0	9860,0	9880,0	9900,0	9920,0	9940,0	9960,0	9980,0	9833,3	9866,7	9933,3	9966,7	9850,0	9950,0	49
50	10000	10020,0	10040,0	10060,0	10080,0	10100,0	10120,0	10140,0	10160,0	10180,0	10033,3	10066,7	10133,3	10166,7	10050,0	10150,0	50
51	10200	10220,0	10240,0	10260,0	10280,0	10300,0	10320,0	10340,0	10360,0	10380,0	10233,3	10266,7	10333,3	10366,7	10250,0	10350,0	51
52	10400	10420,0	10440,0	10460,0	10480,0	10500,0	10520,0	10540,0	10560,0	10580,0	10433,3	10466,7	10533,3	10566,7	10450,0	10550,0	52
53	10600	10620,0	10640,0	10660,0	10680,0	10700,0	10720,0	10740,0	10760,0	10780,0	10633,3	10666,7	10733,3	10766,7	10650,0	10750,0	53
54	10800	10820,0	10840,0	10860,0	10880,0	10900,0	10920,0	10940,0	10960,0	10980,0	10833,3	10866,7	10933,3	10966,7	10850,0	10950,0	54
55	11000	11020,0	11040,0	11060,0	11080,0	11100,0	11120,0	11140,0	11160,0	11180,0	11033,3	11066,7	11133,3	11166,7	11050,0	11150,0	55
56	11200	11220,0	11240,0	11260,0	11280,0	11300,0	11320,0	11340,0	11360,0	11380,0	11233,3	11266,7	11333,3	11366,7	11250,0	11350,0	56
57	11400	11420,0	11440,0	11460,0	11480,0	11500,0	11520,0	11540,0	11560,0	11580,0	11433,3	11466,7	11533,3	11566,7	11450,0	11550,0	57
58	11600	11620,0	11640,0	11660,0	11680,0	11700,0	11720,0	11740,0	11760,0	11780,0	11633,3	11666,7	11733,3	11766,7	11650,0	11750,0	58
59	11800	11820,0	11840,0	11860,0	11880,0	11900,0	11920,0	11940,0	11960,0	11980,0	11833,3	11866,7	11933,3	11966,7	11850,0	11950,0	59
60	12000	12020,0	12040,0	12060,0	12080,0	12100,0	12120,0	12140,0	12160,0	12180,0	12033,3	12066,7	12133,3	12166,7	12050,0	12150,0	60
61	12200	12220,0	12240,0	12260,0	12280,0	12300,0	12320,0	12340,0	12360,0	12380,0	12233,3	12266,7	12333,3	12366,7	12250,0	12350,0	61
62	12400	12420,0	12440,0	12460,0	12480,0	12500,0	12520,0	12540,0	12560,0	12580,0	12433,3	12466,7	12533,3	12566,7	12450,0	12550,0	62
63	12600	12620,0	12640,0	12660,0	12680,0	12700,0	12720,0	12740,0	12760,0	12780,0	12633,3	12666,7	12733,3	12766,7	12650,0	12750,0	63
64	12800	12820,0	12840,0	12860,0	12880,0	12900,0	12920,0	12940,0	12960,0	12980,0	12833,3	12866,7	12933,3	12966,7	12850,0	12950,0	64
65	13000	13020,0	13040,0	13060,0	13080,0	13100,0	13120,0	13140,0	13160,0	13180,0	13033,3	13066,7	13133,3	13166,7	13050,0	13150,0	65
66	13200	13220,0	13240,0	13260,0	13280,0	13300,0	13320,0	13340,0	13360,0	13380,0	13233,3	13266,7	13333,3	13366,7	13250,0	13350,0	66
67	13400	13420,0	13440,0	13460,0	13480,0	13500,0	13520,0	13540,0	13560,0	13580,0	13433,3	13466,7	13533,3	13566,7	13450,0	13550,0	67
68	13600	13620,0	13640,0	13660,0	13680,0	13700,0	13720,0	13740,0	13760,0	13780,0	13633,3	13666,7	13733,3	13766,7	13650,0	13750,0	68
69	13800	13820,0	13840,0	13860,0	13880,0	13900,0	13920,0	13940,0	13960,0	13980,0	13833,3	13866,7	13933,3	13966,7	13850,0	13950,0	69
70	14000	14020,0	14040,0	14060,0	14080,0	14100,0	14120,0	14140,0	14160,0	14180,0	14033,3	14066,7	14133,3	14166,7	14050,0	14150,0	70
71	14200	14220,0	14240,0	14260,0	14280,0	14300,0	14320,0	14340,0	14360,0	14380,0	14233,3	14266,7	14333,3	14366,7	14250,0	14350,0	71
72	14400	14420,0	14440,0	14460,0	14480,0	14500,0	14520,0	14540,0	14560,0	14580,0	14433,3	14466,7	14533,3	14566,7	14450,0	14550,0	72
73	14600	14620,0	14640,0	14660,0	14680,0	14700,0	14720,0	14740,0	14760,0	14780,0	14633,3	14666,7	14733,3	14766,7	14650,0	14750,0	73
74	14800	14820,0	14840,0	14860,0	14880,0	14900,0	14920,0	14940,0	14960,0	14980,0	14833,3	14866,7	14933,3	14966,7	14850,0	14950,0	74
75	15000	15020,0	15040,0	15060,0	15080,0	15100,0	15120,0	15140,0	15160,0	15180,0	15033,3	15066,7	15133,3	15166,7	15050,0	15150,0	75
76	15200	15220,0	15240,0	15260,0	15280,0	15300,0	15320,0	15340,0	15360,0	15380,0	15233,3	15266,7	15333,3	15366,7	15250,0	15350,0	76
77	15400	15420,0	15440,0	15460,0	15480,0	15500,0	15520,0	15540,0	15560,0	15580,0	15433,3	15466,7	15533,3	15566,7	15450,0	15550,0	77
78	15600	15620,0	15640,0	15660,0	15680,0	15700,0	15720,0	15740,0	15760,0	15780,0	15633,3	15666,7	15733,3	15766,7	15650,0	15750,0	78
79	15800	15820,0	15840,0	15860,0	15880,0	15900,0	15920,0	15940,0	15960,0	15980,0	15833,3	15866,7	15933,3	15966,7	15850,0	15950,0	79
80	16000	16020,0	16040,0	16060,0	16080,0	16100,0	16120,0	16140,0	16160,0	16180,0	16033,3	16066,7	16133,3	16166,7	16050,0	16150,0	80
81	16200	16220,0	16240,0	16260,0	16280,0	16300,0	16320,0	16340,0	16360,0	16380,0	16233,3	16266,7	16333,3	16366,7	16250,0	16350,0	81
82	16400	16420,0	16440,0	16460,0	16480,0	16500,0	16520,0	16540,0	16560,0	16580,0	16433,3	16466,7	16533,3	16566,7	16450,0	16550,0	82
83	16600	16620,0	16640,0	16660,0	16680,0	16700,0	16720,0	16740,0	16760,0	16780,0	16633,3	16666,7	16733,3	16766,7	16650,0	16750,0	83
84	16800	16820,0	16840,0	16860,0	16880,0	16900,0	16920,0	16940,0	16960,0	16980,0	16833,3	16866,7	16933,3	16966,7	16850,0	16950,0	84
85	17000	17020,0	17040,0	17060,0	17080,0	17100,0	17120,0	17140,0	17160,0	17180,0	17033,3	17066,7	17133,3	17166,7	17050,0	17150,0	85
86	17200	17220,0	17240,0	17260,0	17280,0	17300,0	17320,0	17340,0	17360,0	17380,0	17233,3	17266,7	17333,3	17366,7	17250,0	17350,0	86
87	17400	17420,0	17440,0	17460,0	17480,0	17500,0	17520,0	17540,0	17560,0	17580,0	17433,3	17466,7	17533,3	17566,7	17450,0	17550,0	87
88	17600	17620,0	17640,0	17660,0	17680,0	17700,0	17720,0	17740,0	17760,0	17780,0	17633,3	17666,7	17733,3	17766,7	17650,0	17750,0	88
89	17800	17820,0	17840,0	17860,0	17880,0	17900,0	17920,0	17940,0	17960,0	17980,0	17833,3	17866,7	17933,3	17966,7	17850,0	17950,0	89
90	18000	18020,0	18040,0	18060,0	18080,0	18100,0	18120,0	18140,0	18160,0	18180,0	18033,3	18066,7	18133,3	18166,7	18050,0	18150,0	90
91	18200	18220,0	18240,0	18260,0	18280,0	18300,0	18320,0	18340,0	18360,0	18380,0	18233,3	18266,7	18333,3	18366,7	18250,0	18350,0	91
92	18400	18420,0	18440,0	18460,0	18480,0	18500,0	18520,0	18540,0	18560,0	18580,0	18433,3	18466,7	18533,3	18566,7	18450,0	18550,0	92
93	18600	18620,0	18640,0	18660,0	18680,0	18700,0	18720,0	18740,0	18760,0	18780,0	18633,3	18666,7	18733,3	18766,7	18650,0	18750,0	93
94	18800	18820,0	18840,0	18860,0	18880,0	18900,0	18920,0	18940,0	18960,0	18980,0	18833,3	18866,7	18933,3	18966,7	18850,0	18950,0	94
95	19000	19020,0	19040,0	19060,0	19080,0	19100,0	19120,0	19140,0	19160,0	19180,0	19033,3	19066,7	19133,3	19166,7	19050,0	19150,0	95
96	19200	19220,0	19240,0	19260,0	19280,0	19300,0	19320,0	19340,0	19360,0	19380,0	19233,3	19266,7	19333,3	19366,7	19250,0	19350,0	96
97	19400	19420,0	19440,0	19460,0	19480,0	19500,0	19520,0	19540,0	19560,0	19580,0	19433,3	19466,7	19533,3	19566,7	19450,0	19550,0	97
98	19600	19620,0	19640,0	19660,0	19680,0	19700,0	19720,0	19740,0	19760,0	19780,0	19633,3	19666,7	19733,3	19766,7	19650,0	19750,0	98
99	19800	19820,0	19840,0	19860,0	19880,0	19900,0	19920,0	19940,0	19960,0	19980,0	19833,3	19866,7	19933,3	19966,7	19850,0	19950,0	99
100	20000	20020,0	20040,0	20060,0	20080,0	20100,0	20120,0	20140,0	20160,0	20180,0	20033,3	20066,7	20133,3	20166,7	20050,0	20150,0	100

Mathematik in der Sammlung Göschen

Jeder Band DM 2,40

www.ingramcontent.com/pod-product-compliance
Lightning Source LLC
LaVergne TN
LVHW080755300926
849162LV00008BA/1818